国家科学技术学术著作出版基金资助出版

林产化学工业全书

第3卷

贺近恪　李启基　主编

中国林业出版社

《林产化学工业全书》编辑委员会

《林产化学工业全书》编著者名单

主　　编　贺近恪　李启基

副 主 编　沈守恩　程　芝　王定选　李忠正　李义洋　张宗和　沈兆邦

编 著 者（按姓氏笔画为序）

马自超	马鹏程	尤　新	毛祖舜	王子明	王书翰
王传槐	王体科	王定选	王清泉	王静霞	冯辉明
叶文才	毕松林	刘　启	刘汉超	刘光良	孙成志
孙达旺	汤洪良	许成文	严文瑛	吴在嵩	宋湛谦
张　矢	张飞龙	张长海	张宗和	张晋康	张继明
张梦琴	李　萍	李于熙	李义洋	李丙菊	李民栋
李齐贤	李启基	李忠正	杨殿隆	沈守恩	沈兆邦
肖尊琰	邰瓞生	邱　兵	佘允怡	陆夕娟	陈友地
陈笳鸿	陈焙章	周维纯	房桂干	范思伟	金　琦
侯开卫	姚文章	姚光裕	洪传贞	贺近恪	赵守训
赵群华	唐朝才	夏其武	徐纬英	殷　宁	袁子成
郭幼庭	郭明高	高传壁	高尚愚	曹光锐	曹朴芳
黄嘉玲	彭淑静	程　芝	粟子安	覃铭焕	谢国恩
赖永祺	蔡之权	蔡祖善	蔡德文	谭红梅	潘定如
潘锡五	魏朔南				

责任编辑

第 1 卷　徐小英　杨长峰

第 2 卷　杨长峰　吴金友

第 3 卷　徐小英　张　敏

技术设计　沈　江　黄　悦

责任校对　苏　梅　杨　静　沈会英

封面设计　聂崇文

前　言

林产化学工业，是以森林资源为原料进行化学或生物化学加工，制取人类生产和生活所需要的多种产品的工业群体，是林业产业的重要组成部分，也是充分合理地利用森林资源、提高林业科技含量和经济效益的有效手段。森林资源具有多样性并可以再生，在科学管理的前提下能实现永续利用并在质量上得到改进和提高。许多林产化学工业产品具有独特性能，目前还难以被其他产品所取代。因此，以森林资源为基础的林产化学工业具有长久的生命力。

我国国土面积辽阔，气候跨度大，有广阔的地域适于植物生长，是世界上的植物大国之一，森林类型多，林化原料品种丰富，有发展林产化学工业的优越先天条件。另外，我国山地比重大，农田面积相对不足，劳动力充裕，开发利用山地森林资源进行化学加工利用，不但能帮助山区人民脱贫致富，并使有限的粮田得到更好的利用，还可以为社会提供工业品、食品、饲料、药物等多种产品，满足人民日益增长的需要。

我国人民在长期的历史进程中积累了许多关于林产品化学利用的知识和经验。植物纤维造纸技术的发明推动了世界文明的进步，生漆、桐油、松脂、樟脑、五倍子、木炭、天然药物等林产品的采制和利用早已付诸实践。但是，现代化的林产化学工业研究和生产，主要是在近几十年间发展成长起来的，已初步形成体系，生产领域和技术水平都有较快地发展。当前；我国松香、天然橡胶、木质活性炭、树叶饲料、林产药物、栲胶、林产油脂和精油、木材制浆造纸和木材水解等都有一定的生产基础，我国林产化学工业领域的有些产品的产量和出口贸易额已跃居世界前列。

随着我国经济发展的需要，林产化学工业应继续加强传统产业满足国内外需要；大力发展木材造纸生产，争取自给自足；重视林产特效药物、活性物质、营养成分、杀虫剂等新品种的挖掘和推广；结合国际经验和我国实际，力争林产化学工业与林业其他领域的协调发展。为了作好这些工作必须认真总结过去，学习提高。在此情况下，编著一套综合面宽且较有深度的林产化工科技新著，是时代的需要。

《林产化学工业全书》是由中国林业出版社和中国林产工业公司提出倡议组织编写，由国内 86 位各方面具有代表性和权威性的专家、教授在《林产化学工业全书》编辑委员会的统一协调下参加撰稿，按原料类型和科技体系编排，是一套综合性的林产化学工业领域的大型科技专著，基本涵盖了当前我国林产化学工业领域的全部内容。在各专业领域的论述中，系统阐述了有关的原料性质、反应机理、加工工艺和设备、产品及其利用等，并论述了我国林产化学工业的发展实绩和国外的科技进展。为了保证《林产化学工业全书》的编著质量，在编审过程中还充分吸收了各方面专家、教授的建议，进行了多次修改和补充。因此，我们相信这部著作较好地反映了林产化学加工在学术上的完整性、系统性和我国林产化学工业的特点，展现了当前的林产化学工业的全貌和发展水平。

《林产化学工业全书》内含18篇65章约420万字，由于篇幅较大，分为3卷出版。第1卷综合论述了林产化学工业的涵义和领域、森林植物的生物量及其化学利用、国内外林产化学利用的历史概况和展望；系统介绍了木（竹）材和树皮原料的基本性质，包括宏观及微观构造、物理性质、纤维形态比较、主要成分的化学结构和反应、分析方法和分析数据等；详细介绍了纸浆、纸和纸板的生产技术及设备。第2卷重点论述了木材及其他植物原料水解、木材热解机理及工艺技术，各种水解和热解产品如酒精、糠醛、木糖醇、木质活性炭的生产等；各种树木分泌物（如松香、松节油、天然橡胶、生漆等）的原料采集及加工利用、各种产品的性质和用途等。第3卷专题论述了关于树木提取物如栲胶、林产油脂、林产精油及香料、林产药物、林产食品、林产饲料和生物活性物质等的原料采集、生产加工原理和技术、产品种类和用途等，并对有利用价值的树木寄生昆虫的放养和产品加工作了介绍；此外，还列有专篇讨论木材造纸工业和其他林产化学工业的污染防治问题。本著作的出版，可为林产化学工业领域从事科研、教育、生产、设计、规划、管理等方面工作的科技人员提供业务参考，还可作为高等院校有关专业师生的学习材料。

我们衷心感谢中国科学院院士、南京化工大学时钧教授，中国工程院院士、南京林业大学王明庥教授，中国科学院院士、中国科学院化工冶金研究所陈家福研究员，中国科学院院士、南京大学胡宏纹教授等对本著作的审阅、指教和帮助。特别感谢国家科学技术学术著作出版基金对本著作出版的资助。

《林产化学工业全书》的编著出版，是全体编著者和参与审稿、编辑、出版等有关工作的同志们紧密合作和辛勤劳动的结果，也是发起者、编著者和出版者对我国林化事业作出的重要奉献。在本著作出版之际，我们谨对所有为本著作作出贡献的同志们表示诚挚的感谢！

在本著作的编辑出版过程中，严文瑛、蔡之权两位高级工程师在编辑方面作出了重要贡献，姚文章、谭红梅、肖映榴等同志也付出了大量劳动，谨此致谢。

在本著作的筹划过程中，曾得到下述单位的大力资助，使工作得以顺利地进行。谨向广西梧州松脂厂、广东德庆林化厂、广西林业造纸厂、广东信宜松香厂、广东封开林化厂、广西岑溪松香厂、福建武平林化厂、福建省林业厅等单位致以诚挚的谢意！

由于参加本著作编著的人数较多，涉及的学科范围很广，加上我们知识的局限，难免还存在文字风格、论述深度、取材范围和学术见解等方面的某些差异，甚至于错误之处。对此，我们敬请读者批评指正。

贺近恪　李启基

1997年1月28日

总 目 录

第1卷

第 2 卷

第3卷

目　录

第11篇　栲　胶

第12篇 林产油脂

第 13 篇 林产香料及樟脑

第14篇 林产药材

第15篇 林产食品

第 16 篇 林产饲料和生物活性物质

第17篇 树木寄生昆虫放养及产物加工

第 18 篇 木材造纸工业及其他林化工业污染防治

第 11 篇

栲　胶

第38章 栲胶原料

李义沣　肖尊琰　高传壁

1 概　述[1,2]

1.1 栲　胶

栲胶（tannin extract）是从富含单宁的植物性物料（如树皮、木材、果壳、根皮、块茎、叶）经浸提、浓缩等过程制成的浓缩的产品，为棕黄到棕褐色的固体（粉状、粒状或块状）或浆状体。栲胶是以单宁为主要成分并含有非单宁、不溶物、水分等组分的混合物。

栲胶是重要的林产化工产品之一。它所含的单宁能将生皮鞣制成皮革。在制革业，栲胶被称做植物鞣剂。

除了皮革鞣剂外，栲胶还用于木工胶粘剂、泥浆稀释剂、锅炉除垢防垢剂、金属防蚀剂、水处理絮凝剂、矿石浮选抑制剂、锗沉淀剂、木材表面涂饰剂、染色固色剂、气体脱硫组成剂、医药用剂、铅蓄电池负极板添加剂等。

栲胶生产是伴随制革业而产生和发展的。古代人类就知道将生皮鞣制成革。从埃及古墓发掘的壁画可以知道，公元前1450年已有了植物鞣革技术。湖南长沙出土文物中有距今2300多年的春秋战国时期的植鞣革制品“革履”和“革束”。元代（公元1206～1368年）是我国古代皮革生产的鼎盛时期，当时在北京建有供给军用的“甸皮局”，日产羊皮2000张[1,3~5]。

早期的鞣革技术，是把含单宁植物物料与生皮一起用水浸泡来直接进行鞣制。这些富含单宁的用于鞣皮的植物性物料如槲树皮、漆叶、云杉树皮、栗木等被制革业称为植物鞣料。

19世纪逐渐形成了皮革工业，植物鞣料的需用量也相应增加，并开始采用鞣液鞣法，即将植物鞣料先用水浸提制成鞣液再用来鞣革，以缩短鞣革时间，从而出现了早期的栲胶生产。1803年已有用槲树皮液体栲胶鞣革的记载。以后又有块状栲胶和粉状栲胶，以便于使用、运输及贮存。栲胶品种也日益增多，诸如坚木、栗木、荆树皮、云杉树皮、栎木、槲树皮、漆叶、柯子、橡椀等栲胶。

进入20世纪，皮革工业继续发展，特别是两次世界大战期间军用革需要量的急剧增加，推动栲胶生产进一步增长。世界上栲胶生产于1920年左右出现第一次高峰，年需求量达40万t。1950年左右出现第二次高峰，年需求量达65万t。各国栲胶年消费量1951年美国15万～19万t，英国5.4万t，法国3.9万t，意大利3.5万t，德国3万t，日本3万t。1976年国外栲胶总需求量约50万t。据不完全统计约有80个国家从事栲胶或栲胶原料生产。除我国外，主要的栲胶生产国家有南非（黑荆树栲胶）、阿根廷（坚木）、巴西（黑荆树）、巴拉圭

注：本章第1节由李义沣编著；第2～3节由肖尊琰编著；第4节由高传壁编著。

（坚木）、前苏联（栎木、柳树皮）、坦桑尼亚（黑荆树）、印度（柯子）、意大利（栗木）、法国（栗木）、土耳其（橡椀）等。世界市场的主要栲胶品种是黑荆树、坚木和栗木栲胶。

从 20 世纪 60 年代开始，由于原皮价格的上升和合成材料的竞争，重革的需求量降低，栲胶产量不断下降。据报道 1990 年世界栲胶需求量约 30 万 t，其中黑荆树、坚木、栗木三种主要栲胶约 20 万 t，其余为其他品种的栲胶。预计今后由于皮源减少、合成革取代重革生产不会有较大的发展，栲胶的需求量也不会有大的发展[6]。今后栲胶生产的发展有赖于制革以外新用途的开发。

中国的栲胶工业始于 1942 年。1949 年全国只有一家栲胶厂（即原石泉植物鞣料厂，现陕西省石泉栲胶厂），1951 年产栲胶 3.7t。1955 年起新建的浙江温州光明火柴厂栲胶车间及湖北宜昌制民化工厂陆续投产。1957 年全国栲胶厂共 3 家，生产栲胶 1 633t，仅占当时国内皮革生产所需栲胶量（年平均需 14 200t）的 11.5%，其余部分依靠进口。1950～1957 年共进口 10 万 t，平均每年进口栲胶 12 620t。

1958～1960 年，各地土法上马建立了许多小型土法栲胶厂，曾利用单宁含量很低的松针、油茶壳生产栲胶。由于技术落后、产品质次价高，造成滞销积压。经过调整、巩固、提高及栲胶工业又蓬勃发展。在此期间我国从民主德国引进年产 5 000t 落叶松栲胶的大型企业——内蒙古牙克石栲胶厂。1967 年全国共有 14 家栲胶厂，年产栲胶 14 320t。

为了提高栲胶质量，解决当时国产栲胶在溶解性能、渗透速度、颜色及沉淀量等方面的不足，以及因此而引起的产品积压，农林部于 70 年代初期组织在广西百色、湖北罗田进行提高产品质量的攻关试验。此外还邀请阿根廷栲胶专家来华交流技术，开展扩大新用途调研等工作。此外，栲胶质量有了显著的提高，能够适应皮革工业速鞣新工艺的需要，同时又扩大了栲胶用于锅炉除垢、烟纸染色、泥浆稀释等新用途，使栲胶生产上升到新的水平，并且解决了当时产品积压的问题[7]。

20 世纪 70 年代后期，全国栲胶年产量 3 万多 t，栲胶品种已发展到 10 余种。国内所需栲胶已可以自给，且有少量出口。栲胶产地发展到广西、广东、福建、内蒙古、四川、云南、贵州、湖北、湖南、河南、河北、辽宁、安徽、甘肃、山西、山东、陕西、江西 18 个省（区）。80 年代初期有栲胶厂（车间）42 家，年产能力 59 400t。80 年代 10 年中栲胶产量 38 万余 t，平均年产量 38 221t。1987 年产量 50 306t，是历史最高产量。

在 1985 年生产的 36 875t 栲胶中，缩合类栲胶占 64.5%，水解类栲胶占 28.7%，混合类栲胶占 6.8%。栲胶的各个品种所占的比重是：毛杨梅、余甘共 36.3%、落叶松 23.2%、木麻黄 4.1%、红根 0.9%、橡椀 28.7%、混合类栲胶 6.8%。

1987 年起，由于原皮价格上涨、代用品增加、重革用量减少，栲胶的生产量下降，1990 年为 20 402t。

1991 年初全国有栲胶厂 30 家，年产能力 49 800t。其中：采用不锈钢加压浸提罐组的有 14 家，年产能力 25 500t（占 51.2%）；螺旋型连续浸提器 5 家（广西百色、四川成都、湖南吉首、河南南阳、四川达县），年产能力 11 000t（占 22.1%）；平转型连续浸提器 2 家（湖北老河口、山东台儿庄），年产能力 4 000t（占 8.0%）；转鼓型浸提器 3 家（四川通江、云南开远、广东雷州），年产能力 3 500t（占 7.0%）；木浸提桶 6 家，年产能力 5 800t（占 11.7%）。螺旋型浸提器因原料消耗较多，栲胶的不溶物含量较高，其使用范围已缩小。金属浸提罐组因适应性广，原料消耗少，栲胶质量好，其使用范围有增加的趋势。

随着市场经济的发展，特别是出口的需要，我国制革业日益重视使用颜色浅、渗透快的优质栲胶。部分国产栲胶因不能满足前述要求，只能少量使用（例如出口重革只用5%～10%橡椀、落叶松栲胶）。质量高的成革几乎全部使用进口栲胶。国产栲胶中质量较好的毛杨梅、余甘栲胶的产量比重由1978年的19%上升到1985年的36%，而同期橡椀栲胶的比重由近40%降低到29%[8]。

在栲胶的国际市场中，黑荆树栲胶的比重不断上升。1960年，在总产量36.6万t的3种主要栲胶中，黑荆树、坚木、栗木栲胶分别占35%、45%、20%，而在1989年的总产量20万t中分别占53%、34%、13%。黑荆树栲胶的优势来源于：①质量优良（易溶解、颜色浅、渗透快、结合牢）、多功能（适于鞣制各种高质量的重革与轻革）、符合现代制革工艺的要求（快速、优质、高效益）；②黑荆树为速生树种，单宁含量高、木材可利用、适于大面积人工栽培、有较高的经济效益。

20世纪90年代初期，在南非、巴西、肯尼亚、津巴布韦、坦桑尼亚的黑荆树林的面积分别为12.4万hm^2、12万hm^2、6万hm^2、1.4万hm^2、1.6万hm^2。大面积的黑荆树基地林为长期稳定地提供充裕的优质原料提供了保证。1987年我国黑荆树累计造林面积1.6万hm^2，已成林1万hm^2[9]。

中国在营造黑荆树林方面，还对黑荆树林推行了高密度短伐期矮林作业。乔林作业轮伐期约9年，提供树皮鞣料及木材，树皮含单宁41%～47%。矮林作业实行高密度栽培，轮伐期3～4年，提供树皮鞣料及薪材，树皮含单宁37%～41%[9]。

为避免栲胶生产供大于求，促进栲胶工业更好地发展，开辟制革以外的新用途显得更为重要。这是一个富有挑战性的和巨大发展潜力的领域。

南非、澳大利亚等国使用黑荆树栲胶制做单宁胶粘剂，用于刨花板、胶合板，以及结构木的冷固指接，年用量1万余t。鉴于美国苯酚价格不高，近年来着重研究用南方松树皮单宁取代价格昂贵的间苯二酚制冷固型胶粘剂，用于结构木的胶合。发展单宁胶粘剂的必要条件是：①有充裕的鞣料资源；②苯酚供应不足或价格较高；③人造板工业的需要。中国在这几方面具有发展单宁胶粘剂的充分条件。用国产落叶松栲胶取代60%苯酚的胶粘剂已可用于胶合板、刨花板及层压木并已小批量地用于竹材胶合板生产[8]。

80年代以来，对橡椀栲胶又开发了多方面的用途，如：改性橡椀栲胶制多功能复鞣剂；橡椀栲胶经磺甲基化及络合处理用作泥浆稀释剂，抗盐抗温能力达到了磺甲基单宁酸的水平；橡椀栲胶与苯酚、甲醛合成的树脂用于石油钻井高温堵剂[8]。其他方面应用的研究，如：落叶松单宁制双组分聚氨酯型涂料，黑荆树单宁用于锦纶丝染色固色剂，厚皮香单宁用于毛皮染色剂。落叶松、木麻黄、毛杨梅栲胶用作水处理絮凝剂，都取得一定成就[8]。

随着新用途的扩大，栲胶生产可望提高其重要性，在国民经济中得到稳步的发展。

1.2 栲胶原料

富含单宁、可用于栲胶生产的植物原料如某些树皮、木材、树叶、果壳等称栲胶原料。

1962年F.N.Howes著《植物鞣料》[10]一书中介绍了世界上已经利用的39种原料，同时列举了87科300多属800多种植物的单宁含量。1963年Ф.С.Первухин在《鞣料植物及其引种》[11]一书中列有250种栲胶原料的分析资料。1968年А.И.Якадин在其《植物鞣料》[12]一书中介绍了苏联重要的栲胶原料。1981年中国报道了中国的植物鞣料分析资料[13]。其他国家如法国、美国、日本、罗马尼亚等国也有类似文献报道。

在世界范围内,大量用作栲胶原料的树种较少。如黑荆树主产于南美洲的巴西、非洲的南非、坦桑尼亚。坚木主产于南美洲的阿根廷和巴拉圭。栗木主要分布在欧洲的法国和意大利。

在中国，栲胶原料以落叶松、橡椀、毛杨梅、余甘为主，分布情况如下：

落叶松分布于大兴安岭、小兴安岭（北坡），以天然林为主。

栓皮栎主产橡椀，分布于华北山地（秦岭以北）和华中、华东山地如大巴山、巫山、南岭山区、贵州高原东部。在云贵高原、青海东部宁夏南部、太行山以西。

毛杨梅和余甘主要分布于广东、福建、广西、云南和台湾沿海一带。

尽管含单宁植物很多，但因受到含量高低、性能优劣、集中程度、建厂条件等限制，能用于工业生产的品种（特别是生产规模大的）不过10多种。

2 含单宁植物[14]

自然界中,单宁广泛存在于植物体中。高等植物中双子叶植物有的含量高达40%，低等植物（如海藻、地衣、羊齿类植物）含单宁极少。单子叶植物如草类、百合草则不含单宁。

植物学和植物生理学家认为单宁是植物体中不能同化的代谢产物。在植物生长过程中作为纤维间氧化过程和木质化过程的调节剂。单宁是植物呼吸过程的部分参加者。它的存在有助于植物组织抗菌防腐，防止病菌侵袭和动物啮咬。单宁主要分缩合类、水解类两大类。

2.1 含单宁植物的类别[15]

按植物学分类主要有含羞草科（如黑荆树、金合欢、云实等）；漆树科（坚木、漆叶）；山毛榉科（栎树、栗木等）；松柏科（落叶松、云杉、铁杉等）；红树科（红茄冬、红树等）；使君子科（柯子等）。按利用部位分类如树皮类（如荆树、云杉）；木材类（坚木、栗木、栎木）；果荚、壳类（云实荚、橡椀等）；根类（塔壤等）和叶类（漆叶等）。

2.2 含单宁植物的分布

在世界范围内,寒带以针叶树种如落叶松、云杉等为主,主产区在俄罗斯、北欧诸国、德国、加拿大和美国。热带、亚热带以阔叶树为主，如坚木、荆树、桉树、柯子、云实等，分布于南美洲的阿根廷、巴西，南亚的印度和非洲的南非。

我国幅员辽阔,自然条件复杂,林木分布面积广。含单宁植物自北向南都有分布。除落叶松、木麻黄比较集中外,其他树种(如余甘、毛杨梅)比较分散,给采集加工带来一定困难。

根据中国林业区划，国内植物鞣料资源分布情况见表38-1。

表38-1 中国鞣料植物资源分布情况[15]

林业区划	树种分布	营林方式	副产品
东北、内蒙古	针叶树，分布于大兴安岭、小兴安岭（北坡）	天然林、人工林（用材林）	落叶松、云杉（树皮）
华北	针阔叶树，分布于秦岭以北	天然林（薪炭林）	栓皮栎、椀壳、槲树皮
华东、华中	针阔叶树，分布于秦岭、大巴山、巫山、江南丘陵地，南岭山区、贵州高原东部地区	天然林（薪炭林）	栓皮栎、麻栎等椀壳、槲树皮、毛杨梅皮
华南、台湾	亚热带阔叶树，分布于南岭以南、广东、广西、福建和台湾沿海	天然林（薪炭林） 人工林（防风林）	毛杨梅、余甘、木麻黄等树皮
云贵高原	青冈林，分布于云南东北部	天然林	云杉、青冈椀壳
西北	栎类林，秦岭以北、青海东部、甘肃乌峭岭以东、宁夏南部、太行山以西	天然林	落叶松、槲树皮、橡椀

中国自20世纪50～60年代开发利用内蒙古的落叶松树皮和河北、河南、山西、安徽、湖北、四川和云南等省的橡椀；70年代广东、福建、云南和广西等省（区）开始利用毛杨梅和余甘树皮，并利用这类原料建有年产2 000～10 000t栲胶的工厂多处，年产栲胶4万t左右。据1984年估算每年约需橡椀4万～5万t，毛杨梅和余甘树皮3万t，落叶松树皮6万～7万t。1988年以来由于市场需求减少等原因，上述原料的年需量下降，其中橡椀下降幅度最大。

中国从80年代初已开始进行黑荆树的引种栽培，并具一定规模。

2.3 单宁的含量

国内外重要栲胶原料见表38-2[1,10]。

表38-2 国内外重要栲胶原料

序号	中 名	学 名	英 名	部 位	类 别	单 宁（%）	主产国（或地区）
1	黑荆树	*Acacia mearnsii* De Wild.	black wattle	树 皮	缩合类	30～45	巴西、南非、坦桑尼亚、肯尼亚
2	阿拉伯金合欢	*Acacia arabica* Willd.	badul	树 皮	缩合类	12～20	印度
3	落叶松	*Larix* sp.	larch	树 皮	缩合类	9～18	前苏联、中国
4	挪威云杉	*Picea abies* Karst.	Norway spruce	树 皮	缩合类	10～12	美国、前苏联
5	柳 树	*Salix* sp.	willow	树 皮	缩合类	6～17	前苏联
6	耳状决明	*Cassia auriculata* L.	avaram senna	树 皮	缩合类	15～20	印度
7	红茄冬	*Rhizophora mucronata* Lam.	mangrove	树 皮	缩合类	25～35	澳大利亚、印度
8	褐桉桉	*Eucalyptus astringens* Maid.	brown mallet eucalyptus	树 皮	缩合类	40～50	澳大利亚
9	加拿大铁杉	*Tsuga canadensis*（L.）Carr.	Canada hemlock	树 皮	缩合类	10～15	加拿大、美国
10	余 甘	*Phyllanthus emblica* L.	emblic leafflower	树 皮	缩合类	25～30	中国、印度
11	毛杨梅	*Myrica esculenta* Buch.-Ham.	box myrtle	树 皮	缩合类	22～28	中国、印度
12	英国栎	*Quercus robur* L.	English oak	树皮、木材	水解类	8～15 6～12	前苏联
13	欧洲栗	*Castanea sativa* Mill.	European chestnut	心 材	水解类	10～13	法国、意大利
14	红坚木	*Schinopsis balansea* Engl.	Red quebracho	心 材	缩合类	20～25	阿根廷、巴拉圭
15	柯 子	*Terminalia chebula* Retz.	myrobalarnce	果 实	水解类	30～35	印度、巴基斯坦
16	栎 树	*Quercus* sp.	valonea	椀 壳	水解类	30～32	中国、土耳其、希腊

3 工业用栲胶原料

3.1 技术要求

栲胶生产对原料的要求是：含单宁高；容易干燥；便于运输；贮存中不易变质和损失单宁；鞣制性能（如渗透、结合）好；颜色较浅等。单宁含量高、性能好、资源集中，采运方便是建厂生产的重要条件。

3.2　主要栲胶原料简介

栲胶生产以利用树皮、木材为主，果壳、树叶较少。本节将重点介绍毛杨梅、余甘、落叶松、黑荆树、坚木、栗木和橡椀等国内、国外重要原料有关营造和利用等方面情况。

3.2.1　树皮类

树皮类栲胶原料种类多、树量大，如南非、巴西的黑荆树，国内的毛杨梅、余甘和落叶松树皮。

3.2.1.1　毛杨梅

毛杨梅 *Myrica esculenta* Buch. -Ham.[14]，土名叫坡梅，厚皮芙。属杨梅科杨梅属。多年生常绿小乔木或乔木。此外，还有杨梅 *M. rubra*（Lour.）Sieb. et Zucc 和青杨梅 *M. adenophora* Hance。生产栲胶用的是毛杨梅树皮，其他两种树皮因单宁含量低（16%左右），沉淀物高（30%左右），无利用价值。毛杨梅分布在广西、云南、四川、福建等省（区）。

毛杨梅根皮含单宁量高于茎皮，树叶含量低。生产上采用根皮和茎皮。

据调查分析：①广西29个采样点的毛杨梅树皮，其单宁含量最高为33.37%，最低为18.64%，平均为25.8%；树皮浸提液（分析浓度，以下同）总颜色号最低14.5，最高39.7，平均为21.9；②云南、四川五个采样点的毛杨梅树皮，其单宁含量最高为22.13%，最低为18.64%，平均为20.26%；树皮浸提液总颜色号最低8.9，最高20.9，平均14.5。

由此可见，从广西、云南和四川采集的毛杨梅树皮中广西样品的平均单宁含量（25.8%）高于云南和四川（20.26%），而树皮浸提液总颜色号后者（14.5）却远低于广西（21.9）。

调查分析了广西11家供销社和3家栲胶厂仓库贮存的毛杨梅树皮样品，其单宁含量最高29.46%，最低为24.89%，平均含量26.84%。总颜色号最低16.5，最高36.0，平均25.9。

云南、贵州、四川、广东等省栲胶厂仓库贮存的毛杨梅树皮，其单宁含量最高为27.99%，最低17.24%，平均含量25.35%。总颜色号最低16.0，最高35.9，平均25.3。

毛杨梅树皮的单宁含量和颜色，直接影响栲胶生产成本和质量。靠近产地的栲胶厂（如广西、云南几家工厂），由于运输距离短，能及时收购比较新鲜树皮，同时在生产中加强管理和质量监督，产品质优色浅，深受用户欢迎。生产成本低于内地各厂产品，效益显著。

经暴晒、雨淋、火烤、烟熏甚至霉变后的毛杨梅树皮，单宁损失，颜色加深。这类树皮的单宁含量低于17%，总颜色号高达45～82。因此，不宜用来生产栲胶。

毛杨梅栲胶含缩合类单宁，具有颜色浅、渗透快、鞣性好等特点。适用于鞣制各种软底革和轻革。在性能上可以代替部分进口荆树皮栲胶。

3.2.1.2　余甘子

余甘子[14]（或称余甘、油柑），是大戟科余甘属的落叶灌木或小乔木。树高3m，也有高达8m的。余甘属有3种，用作栲胶原料的是余甘 *Phyllanthus emblica* L.[14]，其他2种是大叶余甘 *Phyllanthus hainansis* Merr. 和小叶余甘 *P. parvifolius* Buch.-Ham.，未见调查研究报道。

余甘果可供食用，种子可榨油，根皮入药，有收敛止泻功效，树叶可治皮炎。

余甘树适生于疏林或阳坡上生长，是荒山荒地造林的先锋树种。早在70年代以前，广东、广西、海南等省（区）利用余甘树皮鞣染渔网。继后，大量余甘用来生产栲胶。

余甘和毛杨梅树皮相似，是中国栲胶工业的重要原料。据调查资料介绍，在余甘原产地采样的分析结果表明：①广西17个采样点的树皮的单宁含量最高48.09%，最低27.79%，平均 36.11%，总颜色号最低 13.6，最高 28.9，平均 20.1。②云南、四川 5 个采样点采集的余甘树皮单宁含量最高 31.71%，最低 27.79%，平均 29.65%。总颜色号最低 10.6，最高 13.6，平均 12.1。

从广西 11 家供销社、3 家栲胶厂选取的余甘树皮分析，单宁含量最高 29.81%，最低 23.49%，平均 35.02%。总颜色号最低 16.5，最高 32.6，平均 25.9。

从云南、贵州 2 家栲胶厂采收余甘树皮分析，单宁含量最高 39.81%，最低 24.22%，平均 29.9%。总颜色最低 16.5，最高 27.9，平均 22.0。

调查分析经日晒雨淋、火烤烟熏、发霉变质的余甘树皮，平均单宁含量低（17.13%），总颜色号高（56.88）。这类树皮，生产成本高、利用价值低，制成栲胶，不受用户欢迎。

早在 80 年代，广西曾为保护余甘资源推行过余甘立木剥皮技术。该法要求只剥干皮，不剥枝丫。剥时沿树干留一条宽 1～3cm 的树皮营养带，以利树皮再生。剥后 1 年即可长出再生皮，3 年左右可以再剥。再生皮树皮厚 3～4mm，单宁含量平均高达 40.5%，总颜色号 15.0。

余甘树皮最佳采剥时间在 5～6 月份。

余甘树皮与毛杨梅树皮单宁同属缩合类，鞣制性能相近，国内大多将两者混合生产栲胶。用这种栲胶鞣皮，具有渗透快、革色浅等优点。曾大量用来代替进口黑荆树皮栲胶鞣制出口用革如软底革、复鞣面革等。

3.2.1.3 落叶松

落叶松 *Larix*，包括兴安落叶松 *Larix gmelinii*（Rupr.）Rupr.[14]、西伯利亚落叶松 *L. sibirica* Ledeb. 和堪察加落叶松 *L. kamtschatica*（Rupr.）Carr.。兴安落叶松产于中国的大兴安岭和小兴安岭；西伯利亚落叶松产于前苏联西伯利亚和中国新疆阿尔泰山南部。堪察加落叶松产于前苏联东部堪察加半岛。树龄大多在百年以上。

落叶松树皮含单宁 12%～18%，属缩合类单宁。中国自 50 年代初开始研究，60 年代用树皮在内蒙古设厂生产栲胶。

落叶松在生长过程中，树皮表层开裂，附着的鳞片脱落由新的软木组织代替，使树皮越长越厚，树身也随之增粗。根部最厚，可达 200mm，向上逐渐减薄（10～20mm）。树皮棕褐色（表层）到棕红色（中层）。栓皮层中含单宁高（单宁难溶于水），韧皮层（内层活树皮）含单宁低（易溶于水）。不同部位不同皮层的单宁含量见表 38-3。

表 38-3 不同部位的落叶松树皮单宁含量

部位	单宁（%）	纯度
树干下部		
全树皮	12.3	60.0
栓皮层，82%	13.1	69.1
韧皮层，18%	9.2	34.5
树干上部		
全树皮	9.4	44.7
栓皮层，62%	10.5	64.0
韧皮层，38%	9.7	34.2
栓皮层	9.3	68.6
表层	5.9	66.1
中层	9.2	71.4
韧皮外的栓皮层	13.1	71.6

由表 38-3 可见，栓皮层的单宁含量比韧皮层高；树干下部比上部高，因而韧皮层和上部树皮的利用价值较低。

（1）化学成分：西伯利亚落叶松和堪察加落叶松树皮化学成分见表 38-4。

表 38-4　西伯利亚落叶松和堪察加落叶松树皮的化学组成

树　种	纤维素（%）	多缩戊糖（%）	易水解糖类（%）	还原物（%）	木质素（%）	聚糖醛酸（%）	浸出物（%）		灰分（%）
							L 醇-苯	水	
西伯利亚落叶松	19.40	6.28	8.28	9.60	36.12	2.12	11.40	18.73	2.8
堪察加落叶松	18.80	6.90	8.49	10.50	37.40	3.18	10.90	21.50	2.5

中国内蒙古兴安落叶松树皮的化学成分：乙醚抽出物 2.4%、3.5%；苯醇抽出物 16.8%、8.9%；冷水浸提物 25.2%、7.3%；热水浸提物 37.3%、14.2%；1%NaOH 抽出物 64.1%、56.4%；戊聚糖 7.4%、6.8%；纤维素 24.9%、23.0%；木质素和聚酚酸 19.5%、38.6%；灰分 2.8%、2.1%。

（2）浸提液组成：3 种落叶松树皮的水浸提液的组成见表 38-5。

表 38-5　3 种落叶松树皮的水浸提液组成比较

组成成分	西伯利亚落叶松		堪察加落叶松		兴安落叶松	
	树　皮	浸提液	树　皮	浸提液	树　皮	浸提液
水分（%）	9.3	50.0	9.0	45.00	10.0	—
总固物（%）	12.4	—	16.5	—	14.1	—
按总固物计：	100.0	100.0	100.0	100.0	100.0	100.0
其中：可溶物（%）	96.7	86.8	93.3	90.1	82.0	93.1
不溶物（%）	3.3	13.2	7.3	9.9	18.0	6.9
非单宁（%）	24.8	27.6	24.3	23.3	29.4	36.9
单宁（%）	61.9	59.2	69.0	66.8	54.3	56.2
纯度（%）	63.6	67.9	73.9	73.6	54.1	60.3

3 种浸提液的单宁含量和纯度为：堪察加落叶松＞西伯利亚落叶松＞兴安落叶松。

除上述 3 种落叶松外，欧洲有欧洲落叶松 *L. decidua* Mill.，树皮含单宁 9%～13%。

3.2.1.4　黑荆树

黑荆树[1]（Black wattle；Mimosa），植物学名 *Acacia mearnsii* De Wild.，属豆科含羞草亚科，是一种小乔木。

研究表明：① 单宁存在于黑荆树的各个部分，树皮中最集中，含量最多；② 人工林比天然林的树皮含量高；③ 以全株样品作为计算基准，一般含单宁 44%～48%，最高 53%；④ 7～13 年生的树皮单宁含量 29.1%～41.8%；⑤ 南非工业用气干黑荆树皮单宁含量平均在 36% 左右。

黑荆树树皮的质量，取决于单宁含量。单宁含量受树龄、树皮厚度、季节、气温、雨量、病害等条件影响。从根部到树梢，树皮厚度逐渐减薄。树龄越大，树皮厚度随之增厚。树皮厚，树龄大的单宁含量较高，反之含量低。

据有关报道，不同树龄的黑荆树在同一年内不同季节采收的树皮单宁含量变异情况，见表 38-6。

表 38-6 在同年不同月份中不同树龄黑荆树皮单宁含量

采收月份	单宁（干基） （%）				
	4年	5年	6年	7年	8年
11	36.0	38.1	37.7	39.6	39.6
1	37.5	37.4	39.7	39.0	38.6
2	35.4	38.2	39.9	38.4	38.9
3	35.8	37.5	38.2	39.8	40.6
5	36.0	38.4	39.1	39.8	38.9
平均	36.1	37.9	38.9	39.3	39.3

另外，P. R. Enslin 对黑荆树木材作了分析，其总抽出物、热水可溶物、苯醇可溶物、木质素、纤维素和 α-纤维素的含量，心材分别为 5.5%～8.4%、4.8%～7.6%、3.3%～6.9%、17.8%～24.8%、64.2%～69.2%和 42.9%～50.8%；边材分别为 3.5%～5.4%、2.8%～5.4%、1.8%～3.9%、16.5%～29.8%、69.4%和 45.7%～47.7%。

除黑荆树外，含单宁高的还有绿荆树 *A. decurrens* Willd.，银荆树 *A. dealbata* Link. 和金荆树 *A. pynantha* Benth.。4 种荆树的特征（如树皮单宁含量、化学成分等）见表 38-7。

表 38-7 4 种荆树特征比较

特 征		黑荆树	绿荆树	银荆树	金荆树
生长速度		较慢	生长快	较慢、萌勒强	
树皮厚薄		厚	厚	较薄 （约为黑荆树的 50%）	薄
单宁含量(%)		40	49	20	40
单宁颜色		浅	较深	深红	略深
单宁收敛性		较弱	较强	—	—
种子发芽率		低	高	—	—
虫害(袋虫)		较能抗	能抗	—	—
木材产量(10 年生)(t/hm²)		60～100	—	—	—
树皮产量(10 年生)(t/hm²)		15～25	—	—	—
化学成分	树皮	(+)儿茶素，(+)棓儿茶素，(−)刺槐亭醇		(+)儿茶素， (+)棓儿茶素， (−)表儿茶素， (−)表信儿茶素，棓酸	(+)儿茶素， (+)棓儿茶素， (−)表儿茶素，棓酸
	心材	(+)7,3′,4′-三羟基黄烷 3,4-二醇， (+)黄颜木素， 菲瑟酮醇， 菲瑟定		(+)7,3′,4′-三羟基 黄烷 3,4-二醇， (+)黄颜木素， 菲瑟酮醇， 菲瑟定	(+)7,3′,4′-三羟基 黄烷 3,4-二醇， (+)黄颜木素， 菲瑟酮醇， 菲瑟定 还含棓酸

几种荆树中，绿荆树干通直，抗虫、抗寒，生长快，易栽培，树皮含单宁高，有很高的利用价值；金荆树矮小、生长慢，树皮产量低；银荆树能耐寒，适于高海拔地区生长，树皮含单宁低，鞣性差，颜色深，不宜用作鞣料树种。

黑荆树树皮用作栲胶原料，每生产 1t 栲胶需要树皮 2.2t 左右。生产栲胶后的废渣约占原料的 50%。树皮废渣含纤维素较高，木质素次之。据南非资料介绍：黑荆树皮废渣纤维长1.0～2.2cm，用苏打法制浆可生产 28%～35%原浆。原浆漂白后可作强度高、耐折叠的包装纸，直至可作成浅至白色纸张。印度有过树皮渣制纸和作刨花板辅料的报道。

黑荆木容重为 0.63t/m³（干基）。一般用作柴薪；烧制木炭；作工具手柄；作细木工材与制件；镶嵌地板；结构件、建筑、矿柱和刨花板用材等。

据南非资料介绍：黑荆树木材热解，1 万 t 木材可生产碳酸钙 600t、甲醇 4 620t、木焦油 300t、木炭 3 000t。

黑荆树木材可用来造纸。巴西曾采用桉木与荆木混合年生产 16 万 t 亚硫酸盐浆。南非、印度曾报道利用荆木生产人造丝或浆粕。

1986 年中国林业科学研究院林产化学工业研究所测定江西赣州黑荆树木材和树皮废渣的发热值[9]，2 年生和 9 年生的干茎高位热值分别为：

木材（2 年）	19.09～19.15 kJ/g
木材（9 年）	19.33～19.44 kJ/g
树皮（9 年）	20.07～20.16 kJ/g
树皮废渣	19.43～19.44 kJ/g

据印度尼西亚有关资料报道：黑荆树干材发热值在 18.84kJ/g 以上。

除树皮、木材外，荆树叶含蛋白质 15%左右，可作混合饲料的氮源。

3.2.1.5　木麻黄

木麻黄 *Casuarina equisetifolia* Linn.[14]，一种抗风害树种，适于在沿海盐碱沙地生长。树高可达 30m，树皮暗褐色，含纤维较多，随树龄增大，树皮呈窄条片状脱落，3 年平均树高可达 8～9m，胸径 8cm 以上。树的寿命短，30 年以后衰退，一般树龄在 8 年左右即可利用，此时树高 7m 以上，胸径 10cm 左右。

木麻黄树皮较薄，容易风干，霉变情况较少。在采剥树皮时，可从每株树身上，将树皮整段剥下，表皮向阳光晒晾，干燥 1～2 天，得到颜色较浅树皮。

由于木麻黄是沿海防风林木，不可能大量采剥，中国只有广东、福建沿海加以利用，年供树皮数千吨，海南沿海采剥树皮人工费用太高，难以利用。

3.2.2　木材类

坚木和栗木是世界重要栲胶原料。

3.2.2.1　坚　木

坚木 (Quebracho)[1]，西班牙语读“Kay-brat-sho”，意为破斧者或特别坚硬的树，故亦称为破斧树。坚木有 4 种，其中 2 种可作栲胶原料，即红坚木 *Schinopsis balansae* Engl. 和白坚木 *Schinopsis Lorentzii* Engl.。

1877 年已发现坚木是一种鞣料。1889 年开始在巴拉圭建栲胶厂。1942 年以后，阿根廷、巴拉圭先后兴建了 20 多处坚木栲胶厂，年产量达 15 万 t 以上。第二次世界大战期间，军工、民用皮革增多，坚木栲胶年产量曾高达 30 万 t。至 70 年代，由于重革产量下降、黑荆树栲胶竞争等原因，坚木栲胶产量下落，80 年代末下降到 10 万 t 以下。

坚木属漆树科，树龄达百年以上。树高 16～25m，最高可达 30m。胸径 1.5m 左右。开小而色淡的花，翅果。心材致密质重，红棕色。红坚木树型较小，单叶，心材含单宁 15%～20%。白坚木树型较大，复叶，心材含单宁 16%左右。生产中以红坚木为主要原料。树龄至少在 80

年以上，树龄小单宁含量太低，利用价值不大。

阿根廷、巴拉圭的坚木系天然次生林。主要分布在阿根廷的科连特斯西北部的洽河省到巴拉圭接壤的亚松森草原地带，夏季炎热，冬季严寒。70年代阿根廷拥有坚木林9 000万hm^2，估计还可开发几十年。

采伐坚木前，工人先砍去杂草灌木，开好林道。伐木需用重斧，伐倒后，除去枝丫，劈去边材（仅含单宁3%左右），以减少运输量，同时防止甲虫危害心材，影响坚木质量。一般红坚木每株可得到心材0.5t，白坚木每株可得到心材1.2t。每公顷有12～15株坚木，能取得6～7.5t红坚木心材，或14.4～21.0t白坚木心材。

坚木除作栲胶原料外，因其材质十分坚硬，密度高达1.2～1.3，可作桥梁构件、枕木、电线杆柱，还可用作机车、工厂和家庭能源。

3.2.2.2 栗 木

栗木（Chestnut）[1]，包括美洲栗 *Castanea dentata* Borkh.、欧洲栗 *Castanea sativa* Mill.和中国栗 *C. mollissima* Bl.。可用于栲胶生产的是美洲栗和欧洲栗。但因美洲栗早已全部毁于立枯病，所以仅有欧洲栗用来生产栲胶。

1820年法国里昂一位化学家首先用栗木提取物染丝和鞣皮；1910年Koch使用栗木鞣剂鞣制重革；1918年美国S. William发表《栗木单宁鞣制与染色技术》；1956～1968年德国R. Sormonia、捷克M. Mladek、意大利G. Gior-dano等人先后分别介绍了西班牙、意大利等国种植栗木情况。R. Sormonia提供过60年代各国栗木林面积的资料：意大利73万hm^2、法国45万hm^2、西班牙11万hm^2、波兰8万hm^2、苏联10万hm^2。

法国早在1886年建栗木栲胶厂，1886～1916年，先后在Savoie、Lyonnais、Limousin、Corsica等地建厂40家，年产栲胶10万t。50年代后期，产量下降、工厂合并。到70年代只保存两家综合性工厂，一家在Saillat（Hante-vienne），另一家在Bruguiere（Tarn）。除生产栲胶外，还利用栲胶厂废渣生产栗木纤维、纸浆、硬质纤维板、刨花板等。

栗木含单宁量取决于树龄大小，例如8年生为1.3%、11年生3.5%、16～18年生6.3%、37年生10%、71年生10.7%。

C. Я. Cokolot[16]曾对前苏联栗木在不同生长条件下的单宁含量进行研究。木材含单宁6%～11.5%；树皮7.5%～14.8%；树叶8%～14.8%；花序11.7%～16.5%。M. Mladek曾对人工种植的栗木进行化学分析，测知纤维素47.6%、木质素21.5%、苯抽出物8.4%、水抽出物10.5%、单宁7.7%、还原糖0.7%、五碳糖17.7%、灰分0.36%。

3.2.3 果壳类

重点介绍土耳其橡椀和印度柯子。

3.2.3.1 橡 椀

橡椀，是一种栎树种子的总苞，或叫壳斗（Capsule）、橡壳（Acron cup），土耳其叫“palmut”，中国叫橡椀。产结橡椀的树种较多，主要有土耳其产大鳞栎 *Quercus aegilops*、橡椀栎 *Q. macrolepis* L.；中国产栓皮栎 *Q. variabilis* Bl. 和麻栎 *Q. acutissima* Carr. 等。

土耳其橡椀栎泛指小亚细亚、希腊的栎属树种。分布于达达尼尔海峡安哥拉山脉到地中海塞浦路斯北部。爱琴海诸岛、以色列与叙利亚都有分布。中国栓皮栎和麻栎分布在河北、河南、山西、安徽、湖北、湖南、贵州、四川、云南、广西、广东、台湾等省（区）。北美洲诸国、印度、朝鲜也有橡椀分布。

据 1962 年 F. N. Howes 在其专著"Vegetable Tanning Materials"中介绍：土耳其年采收橡椀壳约 6 万 t。

中国橡椀的年产量不详，仅从橡椀栲胶最高年产量估算，年收购橡椀量近 4 万 t。除前述几种栎树外，国外还有不少栎树产结橡椀，如 *Q. tornefortii*、*Q. ehrenbergii*、*Q. ungeri*、*Q. pyrami*、*Q. graeca*、*Q. ithaburensis*、*Q. oophora*、*Q. robur* 等。

土耳其橡椀栎与欧洲栎 *Q. robur* 相似。但树型较小树高 5m 左右，幼枝有密集茸毛，椀壳最大的内径约 5cm，椀深 2.5cm。

中国栓皮栎为大乔木，树高可达 22m。壳斗杯型，包坚果约 1/2。椀子较小，内径 2～3cm，被外小苞片，披针形，反曲，具灰色绒毛，坚果卵形或宽卵形。麻栎与栓皮栎形态相似，区别在于栓皮栎老树叶下密生有白色层状细毛；树干栓皮增厚；坚果球形或宽卵形；苞片粗大。

1956 年 V. O. Gerngross 等专门调查研究了土耳其橡椀大小、形状、鳞皮多少、单宁含量等。其结果见表 38-8。

表 38-8　土耳其橡椀类型与单宁含量①

类　型	特　征	形　状	椀刺（%）	单宁（%）
Ⅰ	常见品种	屋瓦状紧密排列	75.3	42.1
Ⅱ	常见品种，壳最轻，圆筒形呈锥状，椀口薄而松软	中下部紧密排列，上部披针形	66.0	57.8
Ⅲ	常见品种	屋瓦状，反曲，紧密排列	56.7	36.2
Ⅳ	常见品种，壳最轻，圆筒状略呈锥形，椀口薄而松软	屋瓦状，反曲，紧密排列，顶部刺细长，反曲	49.8	36.1
Ⅴ	常见品种，壳轻，圆筒状略呈锥形，椀口薄而松软	椀刺粗大，尖端反曲	43.0	32.0
Ⅵ	椀壳最大	下部刺细长，反曲	—	—
Ⅶ	椀口很小，椀刺多，形状奇特	刺细长，顶尖圆，像头发	72.8	39.3

① Ⅰ～Ⅵ在乌沙克、卡拉斯克采集，Ⅶ在德雷斯河流域采集。

中国栓皮栎和麻栎橡椀与土耳其橡椀（类型Ⅳ）外表相似，但椀子略小，椀刺稀疏，单宁含量略低。

橡椀采收时期，土耳其集中在 8～9 月份无雨季节，这个时期，橡椀容易风干，对质量有保证。10 月份进入雨季，橡椀容易发霉变质。中国大多在橡椀成熟落地后收集椀壳，由于潮湿、加上泥沙混杂，质量上无任何保证。但在土耳其采收时，系用长竹竿将树上椀子打下(同时破坏小枝、叶和未成熟椀子)，低处可用手采摘。采收椀壳后及时在平地上风干（用塑料布垫底)，质量得以保证。

土耳其新鲜橡椀含水 50%左右，气干后含水 14%以下。在风干过程中，绝大部分橡实脱落，椀壳呈淡黄褐色。如遇雨淋或干燥不好，则呈咖啡色，成为次品。

大鳞栎单株产结橡椀量，随立地条件、树龄大小变化。高产时，单株产新鲜橡椀可达 200kg，最高达 400kg。

土耳其大鳞栎橡椀和中国栓皮栎橡椀质量的比较见表 38-9。

表 38-9 大鳞栎和栓皮栎橡椀比较

指 标	大鳞栎橡椀	栓皮栎橡椀
单宁（原料）（%）	30～36	22～30
颜色（栲胶）：		
红	1.7	3.3
黄	5.4	13.0

两类橡椀，大鳞栎明显优于栓皮栎。

近10年来，土耳其、中国橡椀栲胶用量逐年下降，为了扩大产品利用，土耳其研究橡椀单宁作胶粘剂；中国利用橡椀单宁与多金属络合作复合鞣剂等。

3.2.3.2 柯 子

柯子(Myrobalans)[1]，产于印度、巴基斯坦。是柯子树 *Terminalia chebula* Retz. 的果实。成熟时显橙黄色，椭圆或卵圆形，长3～5cm。干缩后变成爪形，略尖，坚硬。种子卵圆形，大小约1.6～2.0cm×1.25cm×1.5cm。1kg柯子，有132～165颗。这种柯子（去核的）含单宁43%～53%。另有3种商品柯子（*T. citrina* Roxb.、*T. travancarensis* 与 *T. pallida*）去核后含单宁23%～35%。

柯子树高大通直，高达24～30m，树冠大、干枝短、树叶多。树皮棕褐色、厚约10mm，树叶长16～20mm。木材材质坚硬，可供家用。每年1～3月落叶，3～5月又萌发新叶。花浅绿色。果实至翌年3月成熟。

柯子树抗风抗水，靠天然更新。柯子树易受袋虫危害，果实易遭白蚁侵食。

每年11月至翌年2月为柯子采收时间。最好是在未完全成熟时，用力摇动树干使柯子落地后收集。有些地方是砍下树枝，再采摘柯子。新鲜柯子风干大约需要20天。风干后柯子体积减缩一半，十分坚硬。

印度柯子主产地在Salem、Bhimlies、Rajpura和Jabalpura等地区。柯子按其外观分两级。经粉碎、包装后统一出口。

柯子果核占全果20%～25%，含单宁2%～4%，全果含单宁20%，除去果核后，单宁含量高达40%～45%。

印度孟买皮革工业研究所曾分析柯子的单宁含量，见表38-10。

表 38-10 印度柯子的单宁含量

产 地	果核占余果的百分比（%）	单宁（%）
Salem（S-1级）	25	52.3
Bhimlies（B-1级）	40	42.0
Rajpura（R-1级）	35	43.6
Jabalpura（J-1级）	30	41.2

注：去核后压碎的柯子，按干基计。

1959年D.E.Hathway曾报道过印度柯子最高年产量在7.5万t以上，每年有3万～4万t出口到国外，其余用于本国。当时有3家工厂生产柯子粉状栲胶出口到英国，用于水处理。

70年代以后，制革与水处理用的柯子出口量减少，除将柯子作泥浆处理剂外，还用作软水剂和金属抗蚀剂，防止铁或钢表面生锈。

3.2.4　根叶类

野生或人工种植的根、叶类栲胶原料，品种较多。如漆叶（Sumac）、高山蓼（Taran）、酸模（Canaigre）、巴当（Badan）、矶松（Kermek）等。

在 20 世纪 50 年代，美国对酸模根进行过长时期研究。苏联从事人工栽培草本鞣料植物，大力发展高山蓼。有关苏联对草本根类鞣料研究情况见表 38-11。

表 38-11　苏联的草本植物鞣料

名　称	单宁（%）	纯　度	收获量（t/hm^2）	利用龄（年）	采收地区
高山蓼	18～25	～65	10～18	3	山区
外贝加尔蓼	20	50	6～10	3～4	西伯利亚东部
布哈尔斯克高山蓼	12～24	～84	25～30	3～4	天山西部
阿尔卑斯山蓼	15～20	40～50	—	—	天山
维利克蓼	12～18	36～44	—	—	库页岛

60 年代中期，制革用栲胶量有所下降，加以草本鞣料质量较差，很难和荆树、坚木栲胶竞争，上述几种鞣料的利用受到限制，70 年代至今，有关报道较少。

3.2.4.1　高山蓼

高山蓼 *Polygoum alpinum* All.[1]，属蓼科蓼属，系草本根性植物。地下部分由地下茎、直根和不发达的支根组成。直根深达 200cm 以上，到很深地方才长出支根。地下茎分三种：①直生：由 3～4 节组成，土层薄时可见到；②横生：横向延伸，经 7～8 节才到表土；③多年生：开始时横向延伸，两年左右茎粗 8～10mm，节上有芽，到第二年芽发育成长，长出直生或横生的 1 年生茎。

高山蓼随生长发育变化，单宁含量也随之变化。花蕾期（3 月）、开花期（6 月）的含量最高，成熟期（9 月）的含量最低，见表 38-12。

表 38-12　不同发育阶段高山蓼的单宁含量

发育阶段	单宁（%）	纯　度
幼　根（1 月）	16.48	31.3
花蕾期（3 月）	32.23	64.8
开花期（6 月）	32.28	65.3
成长期（7 月末）	23.98	47.7
成熟期（9 月）	15.86	33.3

就全株高山蓼而言：叶子含单宁 5%；种子 7%～8%；茎部 4%；根部 13%～36%；非单宁 9%～20%。根部单宁含量变化范围大，主要由于生长年龄、生长期、立地条件和植株性状不同所致。

前苏联科学院植物所曾考查了人工种植高山蓼的收获量和单宁产量。试验结果证明有 5 种 3 年生高山蓼的平均收获量（气干计）为 7～8t/hm^2，单宁含量 15%～20%，折算成单宁产量为 0.84～1.44t/hm^2。

提取单宁后的高山蓼废渣，含有较多淀粉，可作饲料或提制酒精。

3.2.4.2 漆 叶

漆叶 (Sumdc)[1]，在欧洲、美洲、亚洲均有分布，品种较多，过去用作鞣料或栲胶原料的主要是西西里漆树 *Rhus Coriaria* L.，通称欧洲漆叶，又叫西西里漆叶，是地中海沿岸国家传统鞣料。此外法国、意大利、西班牙和塞浦路斯都有分布。意大利的西西里是漆叶主要产地和出口地。

生长良好的漆树，可收获漆叶约 1.9t/hm^2。树叶产量随生长期逐年增加，但 7 年以后便逐年下降。漆 叶在 6～9 月采收，或砍下树枝，甚至从基部砍下整株，将其松散堆放 3～4 天，进行风干。在 11 月份采收时，可用竹竿打下树叶。或者分两次采集，第一次采摘即将成熟的叶子，第二次则在全部叶子快成熟采取。此法费工，成本高，较少采用。对漆叶要适时采收。太早，叶子产量和含量都低，太晚，由于部分落叶，收获量少，单宁也低。

风干后漆叶经过人工打碎，再经除尘分离、过筛和二次磨碎，得到粉状漆叶，即可直接鞣皮，或装袋后用于出口（每袋 75kg)，带枝漆叶用水压打包，每包 250～300kg。

优质漆叶含单宁 25%～30%，掺有细枝的漆叶质量差，单宁量低。

漆叶属水解类鞣料，鞣性温和，渗透较慢。浸提时宜在 50～60℃，温度过高单宁被破坏，影响质量。

工厂生产的漆叶栲胶含单宁 45%～55%，非单宁 35%～45%，不溶物 1%～5%，水分 2%～6%。

漆叶栲胶主要用于浅色轻革和辅助团革的鞣制。还可用来制取没食子酸。例如加入占漆叶单宁 25%的苛性纳，在 80℃反应 5h，没食子酸的得率为 56%。

4 采制、分级与检测

4.1 采 制[1]

含单宁的树皮（如落叶松）、木材（如坚木）、种苞（如橡椀）、块根（如塔壤等）等新鲜时含水 50%～70%，气干后含水 15%～20%。原料含水量多少对其采制难易和能否贮存有重要影响。

树皮采制分手工和机械两种方法：

(1) 手工剥皮法用于容易剥皮的树种如黑荆树，可采取带状法剥皮，从伐倒木大头，将树皮纵向切开，向树梢方向撕下成一带状。或在树身适当位置开一环状切口，再从树身开一纵切口，用刀铲将树皮剥离成一管状。这种方法比前法费力，较少采用。对于较难剥取的树皮（如落叶松），可用铁铲沿树身铲下。

剥皮四季都可进行。但夏、秋比冬、春易剥。一般冬春剥皮产量和劳动生产率均低于夏、秋季者。

新鲜树皮采下后，如在数日内能投产，可以不用干燥。但要存放的原料必须达到气干状态（含水 14%以下）。鲜树皮气干，水分损失 50%左右。气干后树皮有利于存放，可以减少运输费用，降低产品成本，保证产品质量。

(2) 机械剥皮代替人工剥皮，可减转剥皮工人劳动强度，国外早已采用。前苏联 60 年代已用 OK 型干式凸轮剥皮机。剥皮机由给皮机构、操纵机构、剥皮机构和金属框架组成。设备型号有 OK-1（或 OK-35），OK-2（或 OK-66）。

机械剥皮分切割法和摩擦法两种。切割法产量小，带木质多（15%左右）。栲胶生产采用摩擦法，如链轮式（图 38-1）或凸轮剥皮机（图 38-2）。

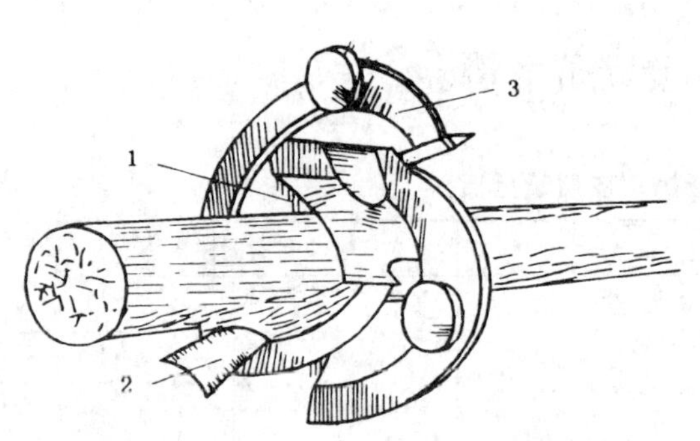

图 38-1　OM-3 型剥皮机剥皮器

1. 链条；2. 排料槽；3. 杠杆

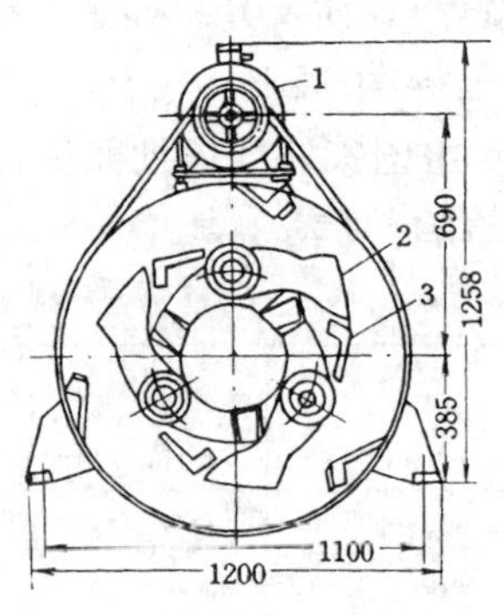

图 38-2　凸轮剥皮机剥皮器

1. 传动电机；2. 带凸轮杠杆；3. 制动杠杆

OM-3 型剥皮机由剥皮器、机架、旋转托盘和送料器组成，由电机带动，可剥取 6～25cm（直径）的伐倒木。

剥皮器上有环形链固定在杠杆上，转动接头装在平面板的端面上。剥皮器转动时由于离心作用，利用杠杆的负荷，使环形链紧贴在原木上，借助接受槽的帮助，链条被杠杆分开，靠表面摩擦，使树皮与木材分离。另一种剥皮机为带凸轮剥皮器的机器。用凸轮代替容易磨损的链。凸轮由合金制成，截面呈三角形。凸轮固定在环绕圆木周围旋转的滚筒上，用压缩空气、弹簧或离心力，使轮紧贴原木，刮下树皮，两种剥皮机曾在前苏联推广使用过。

除上述机械剥皮方法外，国外曾用化学法剥皮。例如用砷酸钠进行立木剥皮。经过实践证明此法使树皮单宁损失高达 40%，不宜采用。

4.2　贮　存

分室内堆垛、室外堆垛两种。室内堆存时，可建简易仓库，堆积树皮（成捆式袋装）或橡椀（散装或袋装）等。堆底下应有木质垫板，距地 0.2m 左右。堆间保持 1～1.5m 距离，堆顶有 1m 左右空间。室内应有通风装置，屋顶及四周不得漏水。堆与堆间最好装有通气筒，保持上下透气。露天堆放时可采用锥形或方形堆垛。垛底应有垫板，距地面 30cm 左右。垛顶盖防水雨布或塑料薄膜，从上到下均应覆盖好。垛周围有排水小沟，防止地面积水。一般存放期不超过 1 年，以防过多地损失单宁。

前苏联专利（su1730167）介绍一种在现场采集和贮存树皮的方法。树皮剥下后，不需干燥，直接用 0.8%～12%（以 SO_2 对绝干树皮重）亚硫酸氢钠溶液或亚硫酸铵溶液处理鲜树皮。处理后的树皮装入聚乙烯袋中，密封。此法与气干法的树皮（含水 10%～15%）相比；贮存 3 个月后，前法的树皮单宁含量提高 19%～50%，后法仅提高 7.7%。据介绍该法能使鲜树皮在贮存中的水分得到控制并可防止树皮霉变。

专利未指明这种方法因亚硫酸氢钠溶液具有强烈刺鼻刺眼气味，能否为剥皮工人所接受。

4.3　分　级[1,17]

各种栲胶原料成分复杂，性质各异。为了保证产品质量，衡量加工水平，根据原料特征、产品理化性能，国家制定了质量标准，作工业生产考核和商品检验的依据。

栲胶原料、产品分别制定的有国家标准（如中国、印度、日本、前苏联的国家标准）；有行业协会标准（如美国、英国等国皮革化学家协会标准）；还有公司标准（如英国 Hodgson 公司产品规格等）。简要介绍如下：

4.3.1 中国标准（GB）

1987 年由国家标准局批准施行有三类标准，包括余甘子类树皮、毛杨梅树皮和橡椀。其等级和质量指标见表 38-13。

表 38-13 余甘子及毛杨梅树皮质量指标

指 标	余甘子类树皮			毛杨梅树皮	
	特 级	一 级	二 级	一 级	二 级
单宁（%）（干计）	⩾38	⩾30	⩾20	⩾24	⩾17
水分（%）	⩽17	⩽17	⩽17	⩽17	⩽17
总颜色号（0.5%）	⩽16	⩽22	⩽35	⩽25	⩽37

各级树皮的外观特征，在标准中有如下规定：余甘子类树皮要求凡属特级品应全部是再生皮，皮厚 2mm 以上，外表新鲜、无霉斑，表皮干缩皱折明显，内表浅棕色，折断面黄白色略带微红。一级品要求皮厚 2mm 以上，新鲜、无霉斑。内表呈浅褐色，折断面浅棕色略呈粉红。二级品比较新鲜，个别出现霉斑，内表棕色，折断面红棕色。

中国橡椀因受各种条件影响，橡椀中杂质较多，颜色较暗，因此对商品橡椀的分类组成，作了某些规定如：霉变橡椀——指严重发霉，壳斗断面颜色深黑，无使用价值的橡椀；杂质——包括不能通过直径 2.0mm，圆孔筛的树皮、树叶、树枝、果梗、沙土、石子等异物。同时包括通过直径 0.2mm 圆孔筛的筛下物。

标准种按上述组成，根据壳斗断面颜色将橡椀分成三类，即：一类橡椀，断面呈浅黄白色，椀刺基本完整；二类橡椀，断面呈浅黄色，椀刺基本完整；三类橡椀，断面呈红棕或棕褐色，椀刺基本完整。

商品橡椀先按断面颜色进行品质分类捡选，再算出各类橡椀占有的分类百分组成指标，作为划分等级的主要依据。各个等级橡椀质量指标见表 38-14。

表 38-14 橡椀质量指标

级 别	分类百分组成（%）			水分（%）	霉变橡椀（%）	橡子（%）	杂质（%）	单宁（%）	总颜色号（0.5%）
	1	2	3						
一级	⩾90	—	⩽10	⩽16	无	⩽2	⩽2	⩾32	⩽13
二级	⩾75	⩾75	⩽25	⩽16	无	⩽2	⩽3	⩾30	⩽25
三级	⩽25	⩽25	⩾75	⩽16	无	⩽2	⩽4	⩾28	⩽32

上述几种原料质量检测方法，可参阅中国国家标准 GB 7645—87 余甘子类树皮，GB 7646—87 毛杨梅树皮和GB7647—87 橡椀。

4.3.2 印度标准（IS）

1969～1976 年印度鞣料及辅助材料委员会提出草案，经化学学会理事会批准，由标准局公布施行。

标准内容包括：范围、名词解释、质量要求、包装与标志、取样和分析方法等。几种原料质量指标见表 38-15。

表 38-15　印度栲胶原料质量指标

质量指标		黑荆树树皮 IS3968—1976	耳状决明树皮 IS5128—1969	金合欢树皮 IS5127—1969	婆罗双树皮 IS6657—1972	牛角果树皮 IS5465—1969	红树皮 IS3969—1975	腰果壳 IS6658—1972
单宁（%）	＞	30	15	15	8	13	22	20
非单宁（%）	＜	15	12	12	8	12	12	13
水分（%）	＜	15	12	15	15	15	15	12
pH 值(分析浓度)	＞	4.0	4.7	4.0	5.0～5.5	4.5	4.0	3.8～4.8
颜　色								
黄/红	＞	2	1.5	2.0	1.5	2	0.3	12
黄	＜	6	5.5	8.0	9.0	5	35	8

4.3.3　土耳其标准（TS）

1971 年土耳其标准研究所制定了“土耳其橡椀与椀刺标准”（TS1016—1971），并由政府批准实施。该标准包括椀壳、椀刺的说明、分类和特征、检验方法和监督原则等内容。简述如下：

（1）名词解释：标准中对椀壳、椀刺、瘦壳等作了解释，以免混淆。例如椀壳是指大鳞栎橡实外面包裹的带有鳞片状刺须的壳斗（或称总苞）。椀壳有全部带刺与部分带刺之分。椀刺指壳斗表面须刺等。

（2）分类特征：椀壳或椀刺按外观颜色分淡黄褐色（8 月产）；淡灰色（9 月产）和咖啡色（10 月产）。按混合橡椀又分优等 1、2、3 级；中等 1、2 级和劣等 1、2 级。

（3）分类标准：带刺、部分带刺和椀刺分类标准见表 38-16 和表 38-17。

表 38-16　带刺椀壳分类

分类级别		特征与百分比（重量）									单宁（%）（＞）
		8 月产(%)	9 月产(%)	10 月产(%)	附加物（%）（＜）						
					未成熟	瘦病果	橡实	碎渣	碎屑	粉末	
优等	1 级	＞90	＜8	＜2	1	0	2	1	1	1.5	33
	2 级		＞90	＜10	4	1	3	2	2	2.5	30
	3 级		＜25	＞75	不限	5	5	5	不限	3	25
中等	1 级	＜35	＜60	＞5	2	0	2	2	1	2.5	32
	2 级	＜25	＜65	＞10	4	0	3	3	2	2.5	30
劣等	1 级	15	70	15	4	1	3	3	2	2.5	29
	2 级	＜5	＜70	＞25	4	3	4	4	2.5	2.5	28
部分带刺椀壳分类											
优等		＞50	＜49	＜1	0	0	1	0.5	0	1	34
中等		＞45	＜53	＜2	0.5	0	2	0.5	0.5	1.5	32
劣等	1 级	＞90	＜8	＜2	1	0	2	1	1	1.5	32
	2 级	—	＞90	＜10	4	1	3	2	2	2	28

表 38-17 椀刺分类

分类级别	特征与百分比（重量）					单宁（%）
	8月产（%）	9月产（%）	10月产（%）	附加物（%）		
				碎渣	粉末、砂土等	
1级	>90	<8	<2	<1	<2	>42
2级	—	>90	<10	<2	<3	>38

注：① 水分<12%；②在颜色上发生争执时以单宁含量多少为准。

4.3.4 前苏联标准（ГОСТ）

前苏联各类栲胶原料标准都经全苏部长会议标准委员会批准实施。在原料标准中包括技术要求、交接规定、检验方法、运输贮存等项内容。

前苏联木材、树皮类原料的质量指标见表 38-18、表 38-19。

表 38-18 木材类栲胶原料质量指标（ГОСТ4106－74）

种类	长（m）	厚（cm）	缺陷限制
1类：			
栎木	0.30 0.50	12～19	表面褐色，腐朽<40%，批量不超过 30%
栗木	0.75 1.00		
2类：			
栎木	0.3 0.50	8～11	对腐朽不作要求
栗木	0.75 1.00		
伐根	0.30，0.50，0.75，1.00	5～19	伐根表面褐色，腐朽<20%，批量不超过10%对腐朽无要求
废料	<1.00	<20	

表 38-19 前苏联树皮类栲胶原料质量（ГОСТ6663－74）

原料品种	外表	内面
柳树皮	外观平滑、粗糙，黄、浅灰到褐色	平滑、无木质、颜色呈浅稻黄、浅玫瑰到浅肉桂色
云杉树皮	外观平滑或粗糙，深黄褐色	平滑、无木质、浅稻黄色、浅肉桂色、肉桂色
落叶松树皮	外观粗糙，棕红到深灰色	木栓层平滑，或粗糙、呈浅肉桂色、肉桂、到棕红色

4.4 检 测

在栲胶生产中，所有的原料、产品和半成品以及废渣都按标准规定的方法进行分析。作鞣皮用的栲胶，要求测定非单宁、总固体物、和可溶物，从而得到单宁和不溶物含量。为了适应鞣革需要，对栲胶的pH值、颜色、酸度、粘度以及金属离子（Ca^{2+}、Mg^{2+}、Fe^{3+}、Cu^{2+}等）也要进行测定。从原料的分析结果中可以计算出原料指数（即干废渣与总浸出物之比）；指数高，原料有效利用成分高，例如黑荆树皮，二者比值应在 2～3.5（生产要求在 3 左右）。从产品分析结果可以计算得到单宁与非单宁比值（或称质量指数）；例如黑荆树幼树皮在 2 左右，成熟树皮在 3 左右。原料指数用来判断树皮质量，质量指数用来表示产品质量。

现在采用的鞣剂检验方法是经过长时期的研究应用，结合鞣皮的实际制订的皮粉法[18]。此法又分震荡法和过滤法。20 世纪 50 年代以来由于先进分析技术的开发。一些新的单宁分析方法被应用，提高了单宁的检测水平，广泛用于制革、食品、饮料、医药等行业。

主要的单宁检测方法有沉淀法、氧化法、络合法、吸收法、明胶法、折光指数法、酪朊法、生物碱法、金属盐法、光电比色法、紫外分光光度法、硫酸铈法、醋酸铅法、聚酰胺法、磷钨酸法、香草醛-盐酸法、钼酸铵法、尿素-铁铵矾法，聚乙烯（撑）二醇法、电位滴定法、极谱法、荧光色谱法、层析法、^{13}C 核磁共振谱法等。

4.4.1　皮粉法[18]

1826 年 Stephen-Bell 最先使用皮粉分析单宁。1886 年 Simand 与 Welss 最先把皮粉法用于生产检验。1907 年国际皮革家协会（ISLTC）正式将皮粉法作为单宁的统一方法予以公布。第一次世界大战之后，重新恢复的皮革国际组织鉴于统一方法有困难，决定改由各国自行拟定，继后各国重新修订或制订了本行业的统一标准（或国家标准）。1908 年 ALCA 震荡法取代了 IALTC 过滤法，供分析用的铬皮粉也规格化。1950 年以后在世界范围内，栲胶分析主要用三种方法：即皮粉震荡法，包括美国皮革家协会标准（ALCA－1954）；和英国皮革工艺家与化学家协会标准（SLTC－1965）。其他如前苏联标准（ГOST9642－61）；日本工业标准（JISK6504－1964）；印度国家标准（IS5466－1969）；中国国家标准（GB2615－81）等标准一样使用白皮粉（或铬皮粉）测定单宁。还有皮粉过滤法，如德国皮革化学化工协会（VGCT）标准。东欧和西欧国家也都使用铬皮粉测定非单宁。

振荡法与过滤法，分析原理相同，操作略有差别。前一种方法用湿铬皮粉，放在瓶中，加单宁溶液（每升含单宁 4±0.25g）一并震荡，使皮粉脱去溶液中单宁。后者用干铬皮粉，予先按规定用量放在玻璃滤盅内，用虹吸法使单宁溶液按规定流量（ml/min）通过皮粉柱后脱除单宁。两种分析方法比较，其单宁的含量相差 5%～7%，过滤法高于震荡法。

1954 年戈伊索娃（Тоисова М.）对两种分析方法进行过比较[1]，有如下关系：

$$T=T_1+N_1\ (1-N/N_1)\ =T_1+KN_1$$
$$T_1=T-\ (N_1/N-1)\ N=T-K_1N \qquad (38\text{-}1)$$

式中：T、N——过滤法测定的单宁、非单宁；

T_1、N_1——震荡法测定的单宁、非单宁；

N/N_1——常数，可事先测定；

K——代替 $1-N/N_1$（过滤法），其值见表 38-20；

K_1——代替 $N_1/N-1$（震荡法），其值见表 38-20。

表 38-20　几种栲胶的 K 和 K_1 值

品　种	过滤法（K）	震荡法（K_1）
橡椀栲胶	0.4	0.29
坚木栲胶（热溶）	0.7	0.41
坚木栲胶（冷溶）	0.44	0.31
栗木栲胶	0.30	0.23
云杉栲胶	0.20	0.47
栎木栲胶	0.34	0.25

以黑荆树栲胶为例，震荡法分析的单宁（T_1）为70.1%，非单宁为24%，代入上式得到单宁（T）为74.8，非单宁（N）为20%。可见过滤法比震荡法的单宁高4.7%。

不论过滤法或震荡法，都应严格操作，注意下述各点，才能保证分析质量：① 皮粉质量必须符合标准要求；② 控制吸收单宁的湿铬皮粉水分（73%）；③ 供分析用单宁溶液浓度（含单宁3.75～4.25g/L）；④ 严格控制震荡时间（震荡法）或过滤时间（过滤法）。

皮粉法重复性好，不需精密贵重测试仪器，容易实施。缺点是必须有标准皮粉作对照，操作费时，一次分析需10h左右。

70年代曾有报道使用合成材料尼龙6代替皮粉作单宁分析。1976年V.H.Deshpande[19]，用10g尼龙6代替6.25g皮粉（绝干），分析一批原料，结果见表38-21。

表38-21 尼龙6与皮粉分析单宁结果

树 种	部 位	非单宁（%）		单宁（%）	
		皮 粉	尼龙6	皮 粉	尼龙6
阿拉伯金合欢	树 皮	3.9	3.4	16.2	17.1
相思树（属）	树 皮	3.4	3.6	4.0	3.8
山 槐	树 皮	3.4	3.3	3.4	3.5
车轴木	树 皮	6.2	5.5	16.6	17.3
罗望子	壳	7.3	6.7	32.3	32.9
柯 子	壳	29.6	29.7	40.8	40.7
木豆荚	树 皮	12.9	8.7	3.6	3.8

1982～1990年南非D.C.F.Garbutt[20]等人利用硫酸型的微晶二乙胺乙基纤维素(Diethylaminoethyl cellulose)，阴离子交换器DE32分析黑荆树皮和栲胶。两种方法结果一致。DE32可以多次再生，不影响分析结果的精确度，优于皮粉。

DE32的制备：取滤纸（Whatman DE 32），100g为一批，放在1.5L的0.25mol/L硫酸溶液中浸1h，用大漏斗吸滤，反复用水洗涤至pH值为4或略高为止。滤干后，将湿滤纸弄碎成小块，在100℃下进行真空干燥（或用冷冻干燥）。干燥后放入干燥瓶中，密封备用。

DE32可回收再生，使用后，将其从滤纸上移入玻璃漏斗中，用0.5mol/L NaOH溶液洗至滤液无色为止。洗至中性，加0.25mol/L的H_2SO_4（大约每克干粉15ml），用水洗至pH值为4或略高些，用上述方法干燥后，即可再次使用。

测定非单宁时称6.25gDE32，放入振荡瓶中，加100ml单宁溶液（未经过滤的）。用规定的折成32折的滤纸过滤。滤毕将滤纸与DE32取下另行再生。另用折叠过的滤纸过滤，滤液中加高岭土。具体作法与SLTC法一样。此法在计算中没有稀释因素，计算时不需乘系数1.2。

DE32分析法的主要优点是：①容易合成、质量一致；②DE32为干燥粉末，分析时不要稀释，因而消除了由稀释带来的影响；③可以大量制备使用，用后可以再生至少10次以上。

此法，除分析黑荆树单宁取得满意结果外，对栗木、坚木和柯子的分析结果与用皮粉法结果相符。

4.4.2 络合法[21]

有容量法和沉淀法两种：容量法是根据络合剂用量与单宁转换数来计算被测物中的单宁含量。沉淀法是使用醋酸锌沉淀溶液中的单宁。向滤液加缓冲液（pH值14），再用0.5mol/L EDTA滴定滤液中醋酸锌。滴定时，用铬黑体做指示剂。滴定至滤液颜色由红变蓝为止。按

1mol/L 醋酸锌溶液消耗 0.155 6g 单宁计算出溶液中单宁量。

4.4.3　氧化法

酚类物质在水溶液中存在不同的氧化电势电位，分析时选择合适的指示剂控制氧化终点，可以达到准确测定溶液中单宁含量目的。

1860 年 Lowenthal 提出高锰酸钾氧化法，是最早用于单宁分析的一种没有可供信赖的方法，经多次改进，采用低浓度高锰酸钾溶液［0.01～0.02mol/L（$\frac{1}{5}Mn^{7+}$）］滴定单宁和非单宁溶液（非单宁溶液用 1%明胶溶液和饱和食盐溶液脱去溶液中单宁得到）。滴定时用靛红［$C_6H_8O_2N_2$（SO_3Na）$_2$］作指示剂。滴定后两者耗用 $KMnO_4$ 体积差按 1mL 0.02mol/L（$\frac{1}{5}M_n^{7+}$）$KMnO_4$溶液消耗 0.042g 单宁计算溶液中的单宁含量。

1975 年英国 Leeds 大学皮革系推荐用硫酸铈氧化后，然后用硫酸亚铁铵回滴方法。1979 年 M.Kapel 等人[22]建议用过量硫酸铈氧化单宁溶液，以亚铁灵（Ferroin）作指示剂，用硫酸亚铁铵分别滴定单宁和非单宁溶液，两者耗用硫酸铈溶液体积差按 1mL0.05mol/L 硫酸铈溶液消耗 0.001 45g 单宁计算溶液中单宁含量。

上述两种方法简便、节省时间，测定数据偏差硫酸铈法较小。

4.4.4　沉淀法

沉淀法包括明胶法[23]、酪肮法、生物碱法[1]和金属盐法[24]。

明胶法：利用单宁与明胶生成不溶性络合物测定单宁。此法简便，操作容易。但某些非单宁遇明胶也生成沉淀（如倍酸、间苯二酚、儿茶素等 18 种）。因此适用范围受到限制。

酪肮法：在食品、饲料工业方面较多采用，利用蛋白质（酪肮）可沉淀食品或饲料中具有生物活性单宁进行单宁定量分析。

生物碱法：用辛可宁或硫酸辛可宁沉淀单宁，进行定量测定。两种方法经比较，分析坚木、柯子、漆叶等栲胶时，结果与皮粉法一致。分析荆树皮、红树皮、栎木等栲胶时，结果偏低（辛可宁法）。分析儿茶、槟榔时，两种方法与皮粉法相差较大。

金属盐法：用过量醋酸盐（锌、铜、镉等）可将溶液中单宁全部沉淀。滤液通入硫化氢或离子交换柱，除去其中残留金属离子，将滤液蒸发、干燥，得到非单宁，再计算出单宁量。

1984 年印度 Wamy.S. Bangarus 建议一种快速测定鞣料、栲胶或合成鞣剂中单宁的方法，即铅盐沉淀法。此法基于单宁能被醋酸铅沉淀，留下含醋酸铅的非单宁溶液，用过量氢氧化铵将滤液中铅全部转变为 Pb_2O（OH）$_2$ 和 CH_3COONH_4。

将滤液蒸发至干，干残物代表非单宁和过量醋酸铅重（A）。另取滤液 25ml，加 10ml pH 值 5.0 的醋酸缓冲溶液，稀释至 100mL，用 0.1mol/L EDTA 进行反滴定至终点显示柠檬黄为止。

上述 Pb_2O（OH）$_2$ 相当于过量醋酸铅中 Pb 量计算如下：

1ml0.01mol/L 的 EDTA 含有 2.0719mg Pb

0.01mol/L EDTA（V）ml 含有 V×2.071g/mg Pb

414.38mg Pb 相当于 464.4mg Pb_2O（OH）$_2$ 的铅量

V×2.071 9mg Pb 相当于 $\frac{464.4\times V\times 2.071\ 9}{414.38}$ mg Pb_2O（OH）$_2$ 的铅量

也相当于 $\frac{0.464\ 4\times V\times 2.071\ 9\times Pb_2O(OH)_2}{414.38}$ 的铅量

也相当于 W_3（相当于过量Pb盐中铅量）

可溶物总量（W_2）$=W_1/W\times4\,000$（W 为物料重，W_1 为可溶物干残渣重）

$$非单宁=W_2-W_3 \quad (38\text{-}2)$$

$$非单宁（\%）=\frac{(W_2-W_3)\times5\,000}{W} \quad (38\text{-}3)$$

$$单宁（\%）=可溶物（\%）-非单宁（\%） \quad (38\text{-}4)$$

以黑荆树等为例，此法与皮粉法分析结果比较见表 38-22。

表 38-22 皮粉法和沉淀法分析单宁比较

树 种	利用部位	皮粉法		沉淀法	
		单宁（%）	非单宁（%）	单宁（%）	非单宁（%）
黑荆树	树皮	30.09	19.26	29.20	20.13
	栲胶	48.15	31.89	48.70	31.34
柯 子	壳	35.29	13.32	34.02	14.59
	栲胶	53.16	33.67	54.25	32.58
红 树	树皮	12.34	6.39	12.49	6.24
	栲胶	65.82	26.54	66.03	26.33
刺云实	荚	30.85	26.73	29.64	27.64
	栲胶	39.85	25.32	38.28	26.29
坚 木	栲胶	61.08	18.44	62.10	17.42
栗 木	栲胶	68.13	24.28	66.69	25.22
合成鞣剂 L①	粉状	29.94	63.55	32.06	61.43

① 印度中央皮革研究所产品。

4.4.5 光电比色法[25,26]

单宁羟基酚中含有两个或三个羟基，在缓冲溶液能与酒石酸铁溶液生成蓝紫色络合显色物。羟基螯合基团通过两个原子加入铁原子中心形成一个环生成稳定的络合物。在一定浓度的溶液中，络合物的光密度随 pH 值变化而变化，但能维持一最大值（例如黑荆树单宁溶液在 pH 值为 6.5～8.5 时）。因此，可用缓冲剂使单宁溶液维持在最高大值范围。

当单宁溶液比色时，溶液颜色的光密度与其浓度成线性关系，可据以测定溶液中单宁含量。

测定时，称取栲胶 0.1～0.2g，加水溶解，稀释至 100ml，移入烧杯内，加醋酸铵溶液，将 pH 值调至 7，另加 2ml 酒石酸铁溶液，配至 50ml。将溶液放在光电比色计上，在波长 540nm 处测定其光密度。同时取纯单宁标准溶液，测定其光密度（标准溶液含 0.000 1g 纯单宁）。以 R_1、R_2 分别代表试样与纯品的光密度，M 为样品重，计算单宁（%）$=R_1/R_2\times10/M$。

此法快速、准确。但受显色剂用量、溶液 pH 值、反应时间和测试温度等影响。

4.4.6 紫外分光光度法[27~29]

一种以波长或频率的电磁放射作用的吸收或衰退为基础的方法。紫外光波长为 400～200nm，使用紫外分光光度计，对了解被测物的特性很有帮助。

在物质的分子中具有电子能、振动能和旋转能。电子能可利用可见光（发射）、紫外光（吸收）进行研究。振动能和旋转能只能用红外光（只有吸收）进行研究。根据物被测物的波谱，可以准确测定其中单宁量。

有机物中包含酚羟基、萘蒽、偶氮、硝基等共振结构。在可见光和紫外光谱带中能吸收发色基团。环状化合物具有苯环共振特性，在紫外光区（250～280nm）处有很强吸收作用，而非共振结构的某些糖类则无此作用。根据发色基团被吸收的位置和数量，可以定性定量。因此，具有发色基团的单宁适于用紫外分光光度法分析。

1957 年，C. G. Gorden 曾用此法对三种荆树皮进行大量分析。1951～1969 年 D. G. Roux、P. M. Feey Paul 及 J. G. Greifender 等人先后用紫外分光光度法测定黑荆树树皮、栗木等单宁。测定方法如下：

4.4.6.1 溶液配制

（1）零点标准液：取苯甲酸 0.8400g，加水溶解，稀释成 2L。取 200ml 稀释 5 倍。稀释液在 280nm，缝宽 1.9mm 处对照蒸馏水的吸收密度为 0.434；

（2）标准曲线用单宁溶液：将已知单宁含量（皮粉法分析）的栲胶样品充分混匀，称取一定量配成一定浓度的溶液。充分摇匀，配成浓度（g/L）为 2.1、2.2、2.3、2.4 和 2.5 的溶液。用 25ml 移液管分别吸取上述溶液，放入 1L 瓶中，加水稀释 40 倍。每升加 0.4%酸式硫酸钠配至刻度。

4.4.6.2 测定方法

用苯甲酸作对照，在 280nm，缝宽 1.9mm 测单宁溶液光密度，在坐标纸上作出浓度与吸收密度直线关系图。

测定时用苯甲酸配成的零点标准液作对照，测出吸取密度，由曲线图读出单宁含量。

1978 年（A. Blazej）用上述方法对栎木、橡椀、栗木、漆叶、荆树皮、云杉皮和坚木栲胶等进行测定。根据测定的最小和最大吸收系数把单宁分成三组，再按吸收曲线的最小和最大重量吸收系数之差（△Q）来测定单宁。

4.4.7 ^{13}C 核磁共振谱法（^{13}C NMR）[30]

近几年来^{13}C 核磁共振谱信号强度已用于各种木材的木质素含量测定，但只限于不含单宁的样品。采用自旋关闭脉动链简化 NMR 谱，从非质子化碳消除其信号，使木质素与单宁之比，可由 140～159μg/g 重叠信号带的相关面积计算中得到。

缩合类单宁信号集中在 145～155μg/g，没食子类单宁集中在 139～144μg/g。来自木质素的磷甲氧苯基与丁香基单元从 146 扩展到 153μg/g。原花色素的硬木单宁有最佳的信号源。

由 141～159μg/g 带总信号面积即木质素/单宁比值与木质素含量变值可通过计算得到。计算包括固体样品与 NMR 缔合的分配于自旋边界信号的强度。木质素和单宁（干木材计）的百分含量以图示法表示。

用上述方法测定了 14 种硬木的单宁含量，如桉树 *E. maelleriana* 含单宁 13%；山毛榉树 *N. fusca* 含单宁 5%～10%。

C-13NMR 为缩合类单宁提供一种快速测定方法。测定时无需从木材中把单宁完全浸出来，检测时间只需几个小时。

4.4.8 快速法

一种适用于大批量黑荆树皮单宁的快速测定法。于 1993 年正式发表[31～34]。

鞣革用的黑荆树栲胶采用皮粉法测定单宁含量。作单宁胶则用 Sfiasny 法测定甲醛缩合值。皮粉法不适用于制胶时单宁的测定。Sfiasny 法虽符合单宁胶用单宁的测定，但不适于鞣

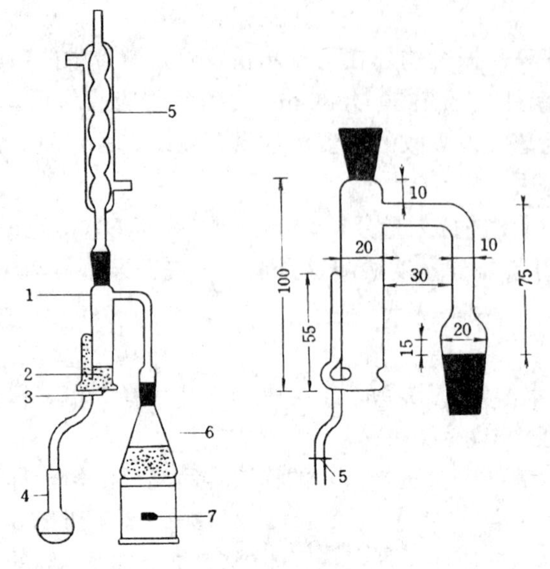

图 38-3 快速抽提器

1. 抽提器；2. 样品（底部为不锈钢孔板）； 3. 回流管；4. 容量瓶；5. 冷凝器；6. 1 000ml 三角瓶；7. 电炉（1 000W）

革用栲胶单宁的测定。两种方法都不能满足快速的要求。

经过研究和改进的黑荆树树皮单宁抽提器和紫外分光光度法，具有快速、简便、稳定和准确的测定单宁的效果。

快速抽提法，先将黑荆树皮（气干）切碎成 0.5cm 大小，经小型粉碎机粉碎成 0.3cm 以下的碎粒。

称取 0.5g 左右树皮样，置于快速抽提器（图 38-3）进行水抽提，抽提约 30min，收集提取液 250ml，供分析用。

改进后的抽提器和国家标准（GB2615－81）规定的抽提器（ALCA 型）抽提结果比较见表 38-23。

由表 38-23 可见：同一样品两种抽提器抽出的总固物、单宁量和 Sfiasny 值接近。但快速抽提器抽提时间大大缩短（约为 ALCA 型的 1/8），完全适合大批量黑荆树皮单宁的快速抽提，符合快速分析的要求。

表 38-23 快速抽提器和 ALCA 抽提器对比

样 品	抽提器	绝干样品 (g)	抽提时间 (min)	抽出液 (ml)	总固物 (%)	单宁量 (%)	Sfiasny 值 (%)
A	快速	0.466 5	35	250	59.0	44.0	92.9
	ALCA	17.018 3	210	2 000	58.1	43.2	92.9
B	快速	0.471 1	25	250	50.9	34.2	86.2
	ALCA	18.101 0	240	2 000	51.2	34.7	86.5
C	快速	0.466 3	28	250	54.1	37.0	86.0
	ALCA	18.317 5	240	2 000	54.9	38.0	86.5
D	快速	0.481 2	25	250	63.8	46.0	87.1
	ALCA	18.191 0	270	2 000	64.3	46.8	88.1

进行如下比较和研究后，得到单宁含量、结合值和紫外吸光系数三者的关系式，从而建立了快速分析方法。

比较前，将黑荆树栲胶溶液，用离心沉降，有机溶剂萃取和超滤分成 6 个分子不同大小的组分。每一组分分别用皮粉法 GB2615－81、甲醛缩合法和紫外分光光度法测定其单宁含量、缩合值和吸光系数 E_1。结果见表 38-24。

表 38-24 除沉淀、醚萃取物两个组分外（二者之和约占总重的 5%），三种方法分析结果成正比关系，而且原样和三个超滤物，与乙酸乙酯萃取物的比值很接近（见表 38-25）。

表 38-24 六个组分测定结果

组 分	缩合法（%）	皮粉法单宁（%）	紫外法 E_1
栲胶原样	95.4	81.1	105.3
沉 淀	89.4	35.5	74.4
醚萃取物	92.0	68.0	174.0
酯萃取物	108.9	93.0	120.4
膜上层＞10^4	106.4	89.0	115.5
膜上层＜10^4	89.6	77.9	100
超滤液	75.0	63.6	81.5

表 38-25 四个组分与酯萃取物的比值对照

组 分	缩合法（%）	皮粉法（%）	紫外法 E_2
原样/酯萃取物	87.6	87.2	87.5
膜＞10^4/酯萃取物	97.7	95.7	95.9
膜＜10^4/酯萃取物	82.3	83.8	83.1
超滤物/酯萃取物	68.9	68.4	67.7

表 38-26 列出三种分析方法对 18 个黑荆树树皮抽提物测定并根据计算和处理（由澳大利亚国际农业研究中心负责）的结果建立了两个精密关系式：

$$单宁含量（\%）=-38.1+0.871\times 总固体+0.353E_2 \quad (38\text{-}5)$$

$$结合值（\%）=13.3+0.915E_2 \quad (38\text{-}6)$$

（误差在 1%以内）

表 38-26 三种分析方法的比较

样品*	总固物*（%）	不溶物*（%）	水溶物*（%）	非单宁*（%）	单宁*（皮粉法）（%）	缩合值*（缩合法）（%）	吸光系数 紫外法 E_1	E_2
1	55.0	5.3	49.7	14.3	35.4	82.2	91.4	75.9
2	55.0	3.8	51.2	14.2	37.0	83.7	93.0	77.2
3	56.8	4.8	52.0	12.6	39.4	84.6	93.7	77.8
4	56.3	4.4	51.9	11.6	40.3	88.7	100.2	83.2
5	54.8	3.8	51.0	11.8	39.2	88.4	100.4	83.4
6	54.8	3.8	52.0	10.7	41.3	92.4	103.7	86.1
7	55.8	3.6	54.6	15.4	39.2	84.8	94.0	78.1
8	59.8	2.9	56.9	14.1	42.8	84.9	92.5	76.8
9	62.7	3.9	58.8	15.2	43.6	86.0	95.9	79.7
10	67.3	5.1	62.2	12.7	49.5	90.5	99.8	82.9
11	67.2	4.8	62.4	14.4	48.0	87.8	96.8	80.4

（续）

样品*	总固物*（%）	不溶物*（%）	水溶物*（%）	非单宁*（%）	单宁*（皮粉法）（%）	缩合值*（缩合法）（%）	吸光系数 紫外法	
							E_1	E_2
12	66.6	4.1	62.5	13.6	48.9	89.5	101.1	84.0
13	56.5	4.5	52.0	12.6	39.4	83.7	96.7	80.3
14	67.1	5.6	61.5	12.7	48.8	90.2	98.0	81.4
15	62.3	4.8	57.5	12.6	44.9	84.8	96.0	79.7
16	65.6	4.8	61.1	14.8	46.3	84.3	92.7	77.0
17	68.4	4.6	63.8	12.3	51.5	89.3	98.3	81.6
18	60.8	4.6	56.2	13.0	43.2	84.5	94.6	78.6

* 绝干样品；E_1—紫外法测定的吸光系数；$E_2=E_1/120.4\times100$；120.4——乙酸乙酯萃取物的吸光系数（标样）。

紫外分光光度法测定黑荆树单宁的方法如下：

(1) 树皮称取粉碎的树皮样品约 0.5g，使用前述的快速抽提器用水抽提 250ml。

(2) 栲胶称取样品 0.15～0.21g（准确至 0.000 1g）加少量 50～60℃的水溶解，稀释到 250ml。

从（1）或（2）的 250ml 溶液中取 50ml 用于测总固物。另取 5ml 用 0.1%$NaHSO_3$ 稀释到 100ml，在波长 280nm 下测定吸光值并计算吸光系数 E_1 和 E_2，再把 E_2 和总固物代入上述两个关系式，得出单宁%和结合值%。

大批量分析实践证明，紫外法简便、稳定、快速（树皮约 2h，栲胶约 1h）完全可以代替皮粉法和甲醛缩合法用于黑荆树皮单宁含量和缩合值的测定。

除上述方法外，还可参考以下方法：光度法[35]；吸附法[36]；重氮盐法[37]；荧光色谱法[38]；层析法[39]；比色法[40]；蛋白沉淀法[41]；旋光法[18]；磷钨酸法[42]；极谱法[18]；香草醛-盐酸法[43]；亚甲基蓝法[44]；钼酸铵法[45]；尿素-硫酸亚铁铵法[46]；EOTA 滴定法[47]；聚乙烯吡咯烷烯(PVP)[48~56]法等。

5 栲胶原料基地

发掘优质植物鞣料，建立原料基地是栲胶工业生产的保证。通过人工栽培（或改造）可为工厂提供单宁含量高、鞣革性能好的原料。

国外栲胶工业的发展与原料基地的建设有较好的经验可供借鉴。19 世纪末德国经营过栎树鞣料专用林。20 世纪 30 年代法国、美国等国发展了栗木，30 年代南非建立了黑荆树基地林。40 年代苏联开始营造了草本植物高山蓼基地。印度种植了耳决明（avaram）小乔林。到 70 年代世界上营造面积最大、效益最好的是黑荆树基地林。据不完全统计黑荆树原料基地林最多时约 40 万 hm^2。主要分布在南部非洲、南美洲。栽培面积最大的有南非、巴西、肯尼亚等国。南非 1864 年开始引种，20 世纪初作为原料基地进行营造。50 年代基地林的面积达 40 万 hm^2。70 年代面积稳定在 16 万 hm^2 左右。巴西 1932 年引种，50 年代开始有计划种植，基地面积最多时有 15 万 hm^2[1]。

南非、巴西两国在短短的几十年中发展并建立黑荆树基地取得了明显的经济效益。初步认为，除了有适宜于黑荆树生长的气候、土壤条件和廉价的劳动力外，还有一套科学种植与管理体系。其结果是：①为工业提供大量优质原料、短期内获得最大的经济效益；②解决了种植与加工之间的矛盾，把工业生产与基地建设紧密结合起来；③加强了科研与技术推广，及时解决生产中的问题，不断地提高单位面积产量，提高经济效益[2]。

中国在 50 年代初开始注意原料生产，除了重视栲胶原料资源调查研究外，并从国外引种黑荆树。60 年代开始林业部门引进了大量的黑荆树种子在南方各省种植。当时由于种植目的不明，造林资金不落实，加上选地不当、种植粗放，因而生长量小、经济效益差。导致很多地方缺乏营造积极性，基地建设发展缓慢。1980 年以后，由于林业部门的重视，工厂参加造林，栽培技术提高等原因，基地开始稳步发展。到 1990 年底全国约有黑荆树人工林 1.3 万 hm^2。种植面积较大的有福建、浙江、江西、广西、四川、贵州、云南等省（区）。

5.1　基地的重要性

在栲胶生产中，原料占成本的比重较大，原料是技术经济指标先进与否的决定因素，直接关系到栲胶工业生产与发展。长期以来，中国的栲胶原料资源分散、采集困难、运输距离长、原料质量不稳定，造成产品质量不稳定、经济效益较差等后果。因此，因地制宜地选择优质原料，建立原料基地，生产质地均一、适于现代化制革工艺要求（如渗透快、颜色浅、结合好）的优质栲胶原料，成为我国栲胶工业能否发展的重要前提条件。

国外出现过的多种类型的原料基地，其中以黑荆树原料基地最为优越、最成功。黑荆树适应性强、生长快、树皮含单宁量高、木材用途多。种后 2～3 年成林，6～8 年采伐利用。8 年生的黑荆树林，鲜皮产量高达 12～15t/hm^2。黑荆树具有下述优点：

树皮单宁含量高（40%以上），用它制成的栲胶，单宁含量高达 80%、纯度 80 以上、颜色浅、渗透快、鞣革性能好。废渣和枝丫可作食用菌的炭、氮等来源。木材除做矿柱、建筑、家具、农用具外，是造纸、纤维板和活性炭的好原料。枝、叶氮、磷、钾含量高可作腐质肥料；枝叶茂密、根系发达，又有根瘤菌、对保持水土，改良土壤具有良好的作用。

黑荆树生长适应性强，在年均气温 16～20℃，绝对低温不低于－5℃，年降雨量 800mm 以上亚热带地区都能种植。

5.2　建立基地的条件

建立基地的首要条件是：①国民经济发展的需要　我国缺少优质栲胶。国内制革厂每年需靠国外进口大量黑荆栲胶生产出口皮革和革制品；②具有建立黑荆树原料基地的条件　中国有三分之一的栲胶厂位于黑荆树适生区内。这些地区有较大面积的宜林荒山和丰富的廉价劳动力。在这些地区建立基地，交通比较方便，运距短成本也低。③具有发展黑荆树生产的技术条件　自 80 年代初起全国有不少科研、教学单位对黑荆树进行过较系统的研究。掌握了黑荆树主要生物和生态学特性及丰产栽培技术，并已筛选出一批优良种源。福建、浙江、江西、广西等省（区）已有营造较大面积基地林和生产栲胶的技术。1985 年以来，中国和澳大利亚两国在黑荆树良种选育、黑荆树栲胶扩大利用、木材制浆等方面进行了合作研究，已取得良好结果，研究工作对中国黑荆树原料基地的建设及栲胶生产起到了积极推动作用。

5.3　基地建设形式[57]

基地建设形式对基地的建立和发展具有重要的作用：①可协调种植和加工之间的利益；②解决原料销售和基地建设的资金，提高种植者的积极性。

南非和巴西的基地建设形式有三种：①公司（工厂）自办占主导地位。公司把基地作为生产第一车间。林地由公司购买或租用，造林投资和产品收益归公司。②公司与林场主合办，林场主出土地，公司投资，产品比例分成。③对分散私有林地采取签约收购。公司与林农签定中、长期合同，对有困难的林农给予贷款。

中国基地建设发展缓慢其重要原因是：①基地建设形式未解决，原料种植与产品加工脱节；②基地建设无资金或资金不足，工厂的利润不能投向基地建设；因而影响了种植的积极性。1980年以后，总结了经验教训，特别是工厂的介入，出现了多种办基地的形式，如：成立联合体（公司），基地和工厂统一由联合体经营。如福建省漳州市黑荆联合开发公司，是林、工、贸合一的经营实体。公司由省、市、县林业部门以股份形式参加。公司自建基地和工厂，土地租用或折价入股。建厂和建基地的资金由公司筹集，收益归公司；工厂自办基地。土地租用，资金和产品收益均由工厂解决；工厂扶助集体或林农造林。工厂与林农签定购销合同，预付定金作为造林费，收获时收回定金或以产品顶定金；国家指令性下达造林任务。上述四种形式前两种特别是第一种形式最好。它能按工厂的需要适时生产质量均一的原料，能解决种植和加工间的矛盾，造林资金也有保证。工厂办基地的形式虽然也好，但工厂资金有限、无力营造较大面积的基地。目前面积大、保证率高、生长好的林地都是采用这种形式办起来的。第三、四种形式由于种植分散、资金不足、管理粗放，效果不理想。

5.4 基地的效益

基地的效益取决于树种（优良品种）、建设期及成品售价等。其中最重要的是树种的选择。国内外目前最理想的树种是黑荆树。因其生产快，建设期短、效益好。

南非黑荆树基地地价高、劳动力费用大，但仍有较好的经济效益。以南非两个主产区夸祖鲁/纳塔尔（KwaZulu/Natal）和德兰士瓦（Transvaal）的基地为例：在一个伐期（10年）鲜皮产量均为20t/hm^2，气干木材分别为82.5t/hm^2、70.0t/hm^2，树皮和木材的运距为50km和20km。产品收入扣除地价、基地造林、抚育管理、采伐运输费后，净现值分别为946.85兰特和910.40兰特[58]。

中国福建漳州市黑荆树基地规模为1.73万hm^2。基地建设占总投资的78.37%；建设期贷款利息占总投资的16.12%；不可预见费占总投资5.51%。平均每公顷建设费为2 538.07元。建设期6年，1989年营造，1995年建成开始收益。到1991年6月保存率和生长量均达到或超过设计要求。预计采伐时每公顷产鲜皮12t，木材30m^3。投资利润率为38.6%、投资利税率53.38%，财务内部收益率13.08%，投资回收期9.35年。投资利税率和内部收益率比行业基准数高，投资回收期比行业基准数低，经济效益较高。黑荆树生长快、两年郁闭，郁闭后的黑荆树林可提高森林覆盖率1%以上。对保持水土、涵养水源、调节气候、净化空气、提高地力等都将产生良好的效果。基地建设和产品的收获约需劳工742.4万个，可以增加农民的收入，1年增加就业人员1.02万人。可见，建立黑荆树原料基地可以为栲胶工业提供优质、价廉、品种一致的原料，同时兼有经济、生态、社会效益明显等特点。

第39章 植物单宁化学

孙达旺

1 单 宁

1.1 单宁的定义及范围

植物单宁，又名植物鞣质，是植物体内生成的，能使生皮成革的复杂多酚。单宁是植物体的次生代谢产物，能被水或其他溶剂浸提出来，是植物提取物中的一类重要的天然有机化合物。

人类很早就将含单宁的植物用于鞣革。由动物体剥下的生皮不适于人们直接使用，因为生皮干燥后变得板硬、易断裂、易腐烂。将生皮与含单宁的植物物料一起在水中浸泡，生皮就成为革。革具有很多良好的性质。干燥的革仍然保持柔软耐折、有良好的透气性和透水性、在湿、热和微生物作用下不易腐烂。这些特点使革适于人类生活与生产的需要。1796 年 Seguin 首次提出单宁一词，即具有鞣性的物质，用以指来自植物体的、能使生皮成革的组分。当时人们已经知道单宁能将明胶从水溶液沉淀出来，遇某些金属盐（例如铁盐）生色，并利用这些特征判断单宁的存在。

但是，许多低分子量的多元酚，如儿茶素等也能使铁盐生色，却不能将生皮鞣制成革。单宁与这些非单宁多元酚的区别，在于单宁分子有较大的分子量（一般为 500～6 000）和较多的酚羟基（每 1 000 分子量单位约含酚羟基 10～15 个），因而在鞣革时，水溶液中的单宁分子能够进入生皮蛋白质分子的胶厚链之间、形成链间交联，将生皮转化成革。分子量小于 500 的多元酚的分子太小、酚羟基的数量不够多，不能形成链间交联，因而不属于单宁之列。分子量太大的多酚，也由于水溶性不足或分子体积太大不能进入胶原内部而不能做为单宁对待。

单宁一词是功能性名词，它是根据物质的特征属性而确定其范围的。事实上，很难在单宁与非单宁多元酚间划出一条明显的界限。

1962 年 Bate-Smith 给单宁提出的定义是“单宁是分子量 500～3 000 的，能沉淀生物碱、明胶和其他蛋白质的水溶性酚类化合物”。

随着单宁化学的进展，对各种单宁的化学结构有了更多的认识，目前人们已经开始用“植物多酚”或“复杂酚”来称呼单宁[60]。这些新的名称更符合科学命名的原则，有利于从化学物质的分子结构上研究这一类有机化合物的性质和特征。但从实用的角度来看“单宁”一词仍将继续得到普遍的沿用[8]。

1.2 单宁的通性

植物单宁具有酚类化合物的通性和自身的特征。单宁的通性大致归纳如下：

(1) 从植物体被溶剂浸提出来的单宁总是以多种组成相近的植物多酚的混合物状态存

在，且总是与非单宁（如碳水化合物、有机酸、非单宁多酚）伴存在一起。单宁的外观一般为米色、浅褐色到红褐色的无定形固体。但是有些单宁经单离后可以是结晶态的，或是无色的。

(2) 单宁有较强的极性，溶于水、丙酮、甲醇、乙醇，微溶于乙酸乙酯，难溶或不溶于乙醚,不溶于苯、氯仿、石油醚、二硫化碳。少量水的存在能够增加单宁在有机溶剂中的溶解性。

(3) 单宁能与蛋白质结合生成不溶于水的化合物，能使明胶从水溶液中沉出，能使生皮成革。

(4) 单宁有涩味，这是由于单宁与口腔的唾液蛋白、糖朊结合，使它们失去对口腔的润滑作用，并能引起舌的上皮组织收缩，产生干涩的感觉。

(5) 单宁能与许多金属离子形成配合物，因而产生颜色（例如单宁与三价铁盐生绿色或蓝色）或生成沉淀。

(6) 单宁与生物碱，亚甲基蓝生成不溶或难溶于水的沉淀。

(7) 单宁易于氧化。单宁的水溶液能吸取空气中的氧。氧化的最低 pH 值约为 2.5，在 pH 值为 3.5～4.6 时氧化速度加快,在碱性溶液或有氧化酶的条件下氧化很快,氧化后颜色变深。

(8) 单宁在水溶液中呈弱酸性。单宁水溶液有半胶体溶液的性质。单宁胶粒带负电荷，有动电电位。加入盐（氯化钠等）能使水溶液中的一部分单宁受到盐析而沉出。

(9) 绝大多数单离了的单宁是旋光的。这是由于单宁分子中有不对称碳原子的存在（例如缩合单宁中黄烷醇单元的杂环碳原子、水解单宁中糖基的不对称碳原子等)。

1.3 单宁的分类

在单宁的化学结构尚未清楚的时候，人们只能根据单宁的某种特征进行分类。1894 年 Procter 根据单宁在受热（180～200℃）时分解产物的不同，将单宁分为：①焦棓酚（焦性没食子酸）类单宁。这类单宁与三价铁盐生蓝色，受热分解产物含有邻苯三酚，例如橡椀单宁、五倍子单宁等。②儿茶酚类单宁。这类单宁与三价铁盐生绿色受热分解产物含有邻苯二酚，例如坚木单宁等。③混合类单宁。受热分解产物含有上述二种产物，例如某些槲树皮单宁等。Procter 的分类法具有实用的意义，并得到制革业的长期沿用。

1920 年 K. Freudenberg 按照单宁的化学结构特征，首次提出了更为科学的分类，将单宁分为水解单宁和缩合单宁。这个分类法至今仍得到公认。

水解单宁（或称可水解单宁），是棓酸，或与棓酸有生源关系的酚羧酸与多无醇结合组成的酯。水解单宁分子内的酯键在酸、碱或酶的水解作用下易于断裂，生成酚羧酸及多元醇。根据所生酚羧酸的不同，水解单宁又分为棓单宁（即没食子单宁）及鞣花单宁。

缩合单宁，是以羟基黄烷为组成单元的聚缩物。组成单元间以 C—C 键相连，在水溶液中很难分解。在强酸的作用下，缩合单宁发生聚缩，生成暗红色的水不溶沉淀物。在酸-醇作用下，多数单宁均生成花色素，这类缩合单宁属于聚合的原花色素，占缩合单宁的大部分。如松树皮单宁，荆树皮单宁等。此外，还有非原花色素型的缩合单宁，例如红茶中的单宁等，在酸-醇作用下不生成花色素。

大体上，焦棓酚单宁相当于水解单宁、儿茶酚单宁相当于缩合单宁。但是，Procter 的分类方法不能反映两类单宁的本质区别。例如，黑荆树皮单宁是缩合单宁，但它的热解产物含有焦棓酚和儿茶酚，将它做为混合类单宁对待是不正确的。因此，热分解的分类法只具有参考的意义，而 K. Frendenberg 的分类法则反映了各类单宁在本质上的共同性及差异性。

水解单宁与缩合单宁是化学结构很不相同的两类多酚。水解单宁分子内的酚羧酸基，是从棓酸衍生出来的。棓酸是具有三个邻位酚羟基的苯甲酸，属于 $C_6 \cdot C_1$ 型的酚类化合物（即分子骨架由一个 C_6 芳环及其一个酯族原子 C_1 组成）。水解单宁是棓酸或具氧化偶合产物的酯，因而也属于 $C_6 \cdot C_1$ 型酚类化合物。

缩合单宁分子内的羟基黄烷单元，属于 $C_6 \cdot C_3 \cdot C_6$ 型酚类化合物，分子骨架是两个芳环（C_6）以丙基（C_3）链相连接，因此缩合单宁也是 $C_6 \cdot C_3 \cdot C_6$ 型的酚类化合物。

80 年代以来人们发现了一批新的单宁，如蒙古栎单宁等。这类单宁分子中同时含有 $C_6 \cdot C_1$ 及 $C_6 \cdot C_3 \cdot C_6$ 型的结构单元，兼有水解单宁与缩合单宁的特征。日本学者已经提出，在两类单宁外，再增加一类复杂单宁，单宁分类可归纳如下：

Procter 分类法：

- 单宁
  - 焦棓酚类单宁
  - 儿茶酚类单宁
  - 混合类单宁

Freudenberg 分类法：

- 单宁
  - 水解类单宁
    - 棓单宁
    - 鞣花单宁
  - 缩合类单宁

新的分类法（建议）：

- 单宁
  - 水解类单宁
    - 棓单宁
    - 鞣花单宁
  - 缩合类单宁
    - 单纯缩合单宁（聚合原花色素型）
    - 复杂缩合单宁
  - 复杂单宁

混合单宁，则是缩合单宁与水解单宁的混合物。例如大黄及地榆中的单宁都是混合单宁。

1.4　单宁的鉴别

单宁的定性鉴别反应很多，其中最基本的定性反应是单宁使明胶溶液变混浊或生成沉淀。

用各种定性鉴别法可以大致辨认单宁的类别，例如：

与三价铁盐产生绿色的单宁是缩合类的，绿色来源于有邻二酚羟基参加的反应。与三价铁盐产生蓝色的单宁则不能确定是哪一类的。蓝色来源于有邻三酚羟基参加的反应。除了水解单宁外，缩合单宁中的原翠雀定、原刺槐定都有邻三酚羟基，都有蓝色反应。

与甲醛-盐酸共沸时，缩合单宁与甲醛发生缩合反应而生成沉淀。水解单宁则不生沉淀。

溴水与缩合单宁生成沉淀，与水解类单宁不生沉淀。

水解单宁与醋酸铅-醋酸生成沉淀，与缩合单宁一般不生沉淀。

浓硫酸与缩合单宁生红色，与水解单宁为黄或褐色。

有间苯三酚型苯环的缩合单宁，与香甲醛-盐酸生红色，与茴香醛-硫酸生橙色。

含六羟基联苯二酚基的鞣花单宁与亚硝酸-醋酸先生成红色或棕色，以后经绿、紫色变为蓝色。

2　缩合单宁[59,61,63]

2.1　前体化合物

黄烷-3-醇、黄烷-3，4-二醇是缩合单宁的前体化合物。它们通常总是和缩合单宁共同存在于植物体内，但是含量比单宁低得多。它们尽管本身不是单宁，却是缩合单宁化学研究的基本对象，其结构特征、波谱特征、化学性质无不反映在缩合单宁中。整个缩合单宁化学是在研究黄烷醇的基础上发展起来的。

黄烷醇属于黄酮类化合物，是具有 $C_6 \cdot C_3 \cdot C_6$ 型结构的多酚化合物。因此缩合单宁曾被称为聚黄烷类单宁。

2.1.1 黄烷-3-醇

天然存在的黄烷-3-醇，见表 39-1。

表 39-1 天然存在的黄烷-3-醇

名 称	羟基取代位置	绝对构型
(－)-菲瑟亭醇 (－)-fisetinidol (1)	3，7，3′，4′	2*R*，3*S*
(＋)-菲瑟亭醇 (＋)-fisetinidol (2)	3，7，3′，4′	2*S*，3*R*
(＋)-表菲瑟亭醇 (＋)-epifisetinidol (3)	3，7，3′，4′	2*S*，3*S*
(－)-刺槐亭醇 (－)-robinetinidol (4)	3，7，3′，4′，5′	2*R*，3*S*
(＋)-阿福豆素 (＋)-afzelechin	3，5，7，4′	2*R*，3*S*
(－)-表阿福豆素 (－)-epiafzelechin	3，5，7，4′	2*R*，3*R*
(＋)-表阿福豆素 (＋)-epiafzelechin	3，5，7，4′	2*S*，3*S*
(＋)-儿茶素 (＋)-catechin (5)	3，5，7，3′，4′	2*R*，3*S*
(－)-儿茶素 (－)-catechin (6)	3，5，7，3′，4′	2*S*，3*R*
(－)-表儿茶素 (－)-epicatechin (7)	3，5，7，3′，4′	2*R*，3*R*
(＋)-表儿茶素（对映-表儿茶素） (8) (＋)-epicatechin (*ent*-epicatechin)	3，5，7，3′，4′	2*S*，3*S*
(＋)-棓儿茶素 (＋)-gallocatechin (9)	3，5，7，3′，4′，5′	2*R*，3*S*
(－)-表棓儿茶素 (－)-epigallocatechin (10)	3，5，7，3′，4′，5′	2*R*，3*R*
(2R，3R)-5，7，3′，5′-四羟基-黄烷-3-醇	3，5，7，3′，5′	2*R*，3*R*
(＋)-牧豆素 (＋)-prosopin	3，7，8，3′，4′	2*R*，3*S*

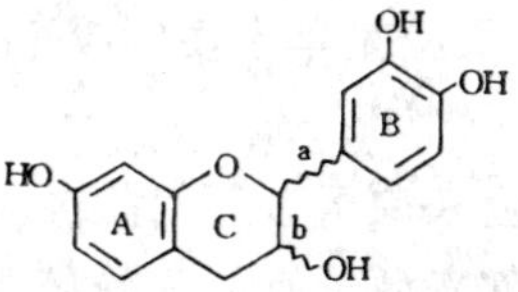

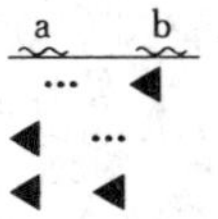

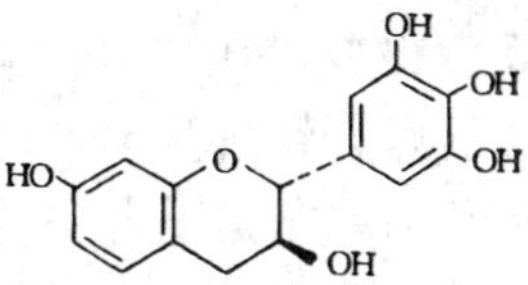

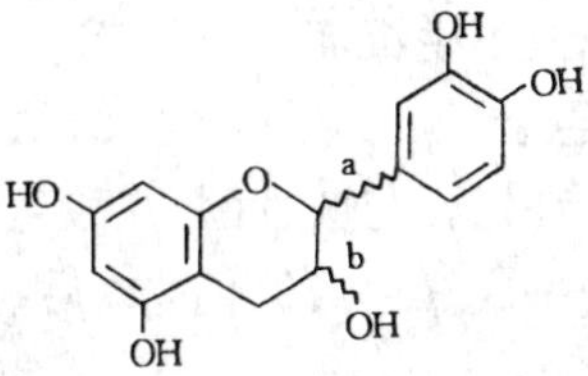

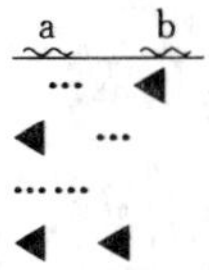

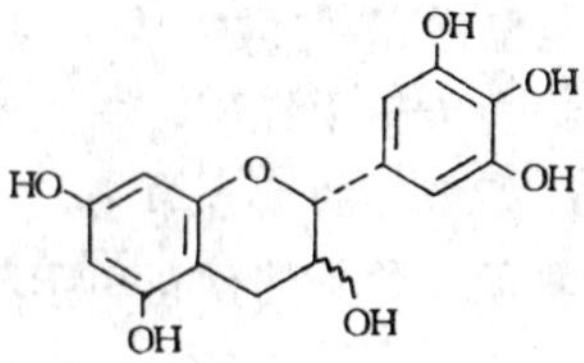

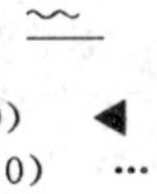

依照 A 环羟基取代格式的不同，黄烷-3-醇有 3 类：

间苯三酚 A 环（5，7-OH）型，如儿茶素、棓儿茶素、阿福豆素等，分布最广；

间苯二酚 A 环（7-OH）型，如非瑟亭醇、刺槐亭醇等，分布较狭；

邻苯三酚 A 环（7，8-OH）型，如牧豆素，分布最狭。

在黄烷-3-醇中，儿茶素是最重要的化合物，分布最广，共有四个立体异构体，即：（+）-儿茶素（5）、（-）-儿茶素（6）、（-）-表儿茶素（7）及（+）-表儿茶素（8）。其相对构型分别是 2，3-反；2，3-反；2，3-顺；2，3-顺。其绝对构型分别是 2*R*，3*S*；2*S*，3*R*；2*R*，3*R* 及 2*S*，3*S*。因此，（+）-儿茶素与（-）-儿茶素是一对对映异构体，（-）-表儿茶素与（+）-表儿茶素是一对对映异构体。

2.1.2　黄烷-3，4-二醇

黄烷-3，4-二醇是一种单体的原花色素，又名无色花色素，在酸-醇处理下生成花色素。黄烷-3，4-二醇的化学性质极为活泼，容易发生聚缩反应，在植物体内含量很少。最活泼的黄烷-3，4-二醇如无色花青定、无色翠雀定至今尚未能够从植物体中分离出来。

依照 A 环羟基取代格式的不同，黄烷-3，4-二醇也有 3 类，即：间苯二酚 A 环型（如：无色非瑟定、无色刺槐定）；间苯三酚 A 环型（如：无色花青定、无色翠雀定）及邻苯三酚 A 环型（如无色特金合欢定、无色黑木金合欢定）。

各种黄烷-3，4-二醇见表 39-2。

表 39-2　各种黄烷-3，4-二醇

名　　称	羟基取代位置	绝对构型
(a) 无色桂金合欢定类　leucoguibourtinidins	3，4，7，4′	
桂金合欢亭醇-4α-醇　guibourtinidol-4α-ol		2*R*，3*S*，4*R*
桂金合欢亭醇-4β-醇		2*R*，3*S*，4*S*
表桂金合欢亭醇-4α-醇　epiguibour+inidol-4α-ol		2*R*，3*S*，4*R*
表桂金合欢亭醇-4β-醇		2*R*，3*R*，4*S*
(b) 无色菲瑟定类　leucofisetinidins	3，4，7，3′，4′	
菲瑟亭醇-4α-醇［（+）-黑荆定］(11) fisetinidol-4α-ol　［（+）-mollisacacidin］		2*R*，3*S*，4*R*
菲瑟亭醇-4β-醇 (12)		2*R*，3*S*，4*S*
表菲瑟亭醇-4α-醇 (13)		2*R*，3*R*，4*R*
表菲瑟亭醇-4β-醇 (14)		2*R*，3*R*，4*S*
对映菲瑟亭醇-4α-醇 (15)		2*S*，3*R*，4*R*
对映菲瑟亭醇-4β-醇 (16)		2*S*，3*R*，4*S*
对映表菲瑟亭醇-4β-醇 (17)		2*S*，3*S*，4*S*
(c) 无色刺槐定类　leucorobinetinidins	3，4，7，3′，4′，5′	
刺槐亭醇-4α-醇［（+）-无色刺槐定］(18) robinetinidol-4α-ol［（+）-leucorobinetinidin］		2*R*，3*S*，4*R*
(d) 无色特金合欢定类　leucoteracacidins	3，4，7，8，4′	

（续）

名　　称	羟基取代位置	绝对构型
奥利素-4α-醇　oritin-4α-ol		2*R*，3*S*，4*R*
奥利素-4β-醇		2*R*，3*S*，4*S*
表奥利素-4α-醇		2*R*，3*R*，4*R*
表奥利素-4β-醇		2*R*，3*R*，4*S*
(e) 无色黑木金合欢定类　leucomelacacidins	3，4，7，8，3′，4′	
牧豆素-4α-醇　prosopin-4α-ol		2*R*，3*S*，4*R*
牧豆素-4β-醇		2*R*，3*S*，4*S*
表牧豆素-4α-醇		2*R*，3*R*，4*R*
表牧豆素-4β-醇		2*R*，3*R*，4*S*
(f) 无色天竺葵定类　leucopelargonidins	3，4，5，7，4′	
阿福豆素-4β-醇　afzelechin-4β-ol		2*R*，3*S*，4*S*
(g) 无色花青定类　leucocyanidins	3，4，5，7，3′，4′	
儿茶素-4β-醇（19）　catechin-4β-ol		2*R*，3*S*，4*S*
儿茶素-4α-醇（20）		2*R*，3*S*，4*R*

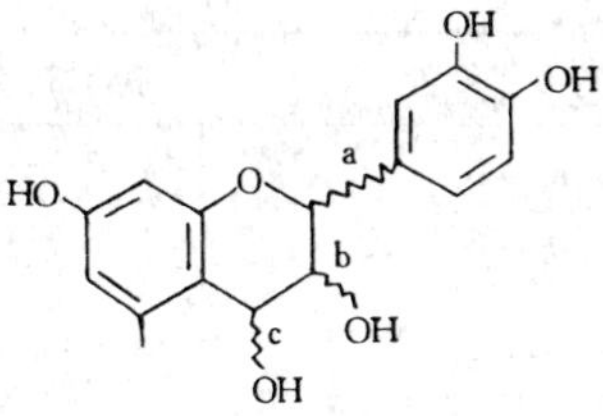

	a	b	c
(11)	～	◀	～
(12)	···	◀	◀
(13)	···	···	···
(14)	···	···	◀
(15)	◀	···	···
(16)	◀	···	◀
(17)	◀	◀	◀

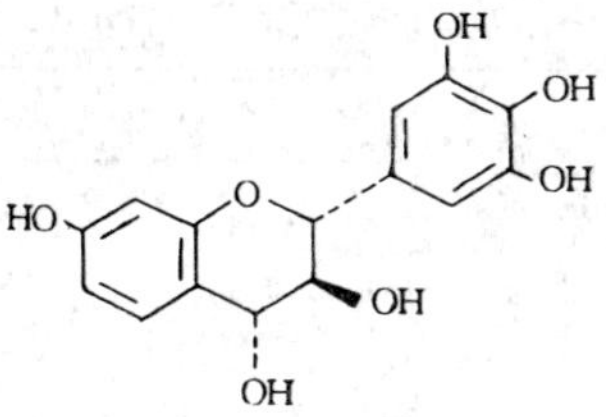

（18）

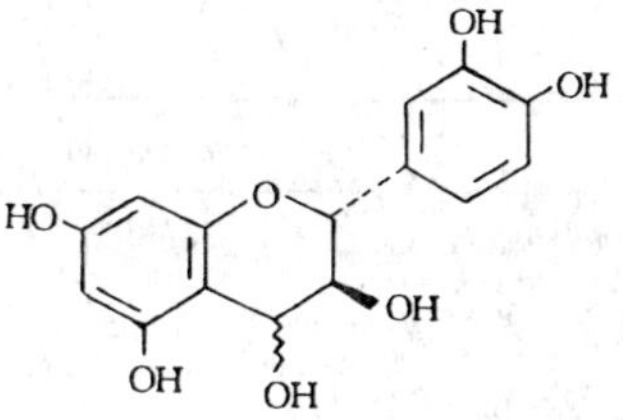

	～
(19)	◀
(20)	···

2.1.3　原花色素的生成反应[59,64]

黄烷-3，4-二醇与黄烷-3-醇间能发生缩合反应。此时，黄烷-3，4-二醇（亲电试剂）以其C-4亲电中心与黄烷-3-醇（亲核试剂）的C-6或C-8亲核中心结合生成二聚的原花色素。来自黄烷-3，4-二醇的单元（已失去4-OH）及来自黄烷-3-醇的单元分别组成了二聚体的“上部”及“下部”。二聚体仍然具有亲核中心，能够继续与更多的黄烷-3，4-二醇发生缩合，生成聚缩物，即聚合的原花色素（缩合单宁）。

这种反应在十分缓和的酸性条件下就可发生。例如：黑荆定（即菲瑟亭醇-4α-醇）(11)与过量的（+）-儿茶素（5）反应时（0.1mol/L HCl，水溶液，23℃，2h），生成三种二聚体(21)、(22)、(23)，其获得率分别为28%、10.5%及5.5%（相对比例5∶3∶1），主要生成物（21）是4→8位连接的和3，4-反式的。

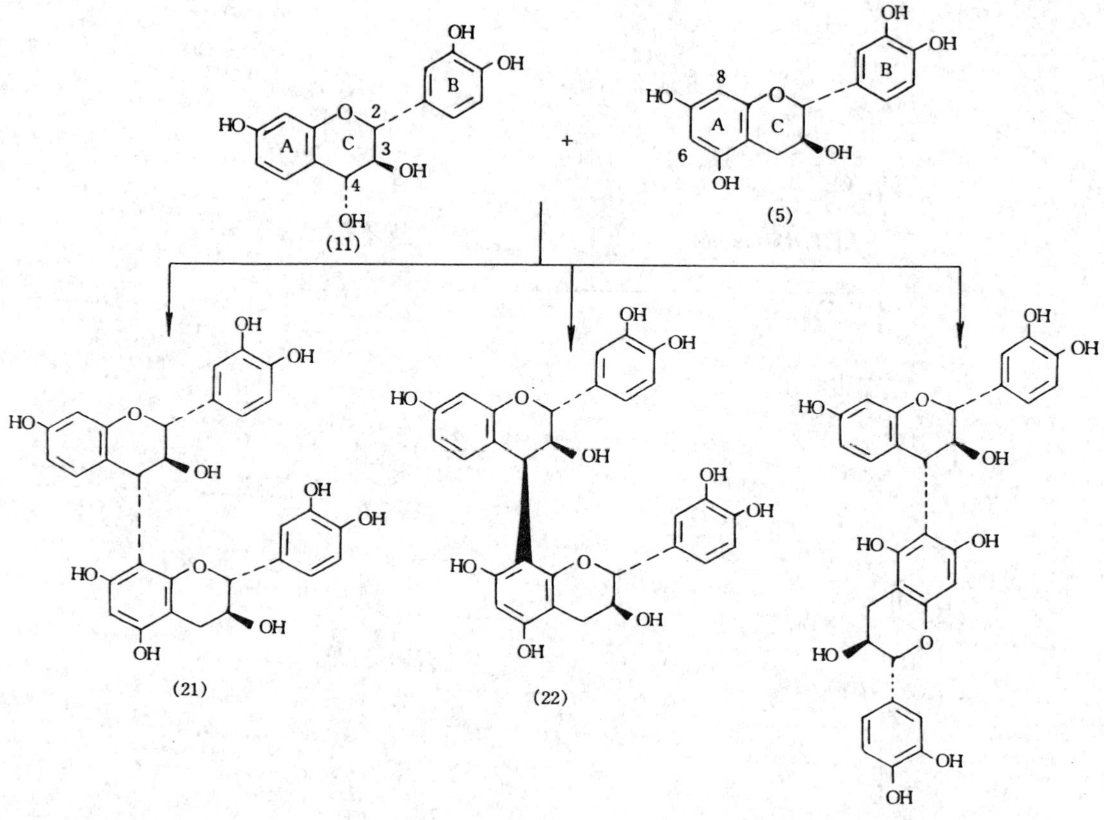

(11) + (5) → (21) (22) (23)

无色花青定（19，20）极为活泼，它与等量的（+）-儿茶素（5）在十分缓和的条件下（0.1mol/LHoAc，pH 值 5，20℃），反应仅 1h，（+）-无色花青定就已经耗尽了，而（+）-儿茶素只消耗了 42%。除了与（+）-儿茶素缩合生成二聚体（24）、（25）外，无色花青定还与刚生成的二聚体缩合，生成三、四聚体（26）、（27）、（28）。（24）至（28）的相对比例为 10：1：12：1：3。大部分生成物是 4→8 位连接的及 3，4-反式的。

缩合反应生成的不同产物及其数量的相互比例决定于反应物的构造、立体化学结构、反应物的比例、反应条件及产物的稳定性等。在缓和的反应条件下（弱酸性，常温），反应的产物比较稳定，不易发生分解。这时反应是动力学控制（kinetic control）的，所生成的几种产物中，数量最多的产物是形成速度最快的产物。在较不缓和的反应条件下（强酸性，加热，长时间），反应产物发生分解变成反应物，使反应成为可逆的。这时反应是热力学控制的。在所生成的几种产物中，数量最多的产物是最稳定的产物。

反应时，黄烷-3-醇 A 环的亲核中心的取代位置（C-6 或 C-8）主要决定于 A 环的羟基。A 环为间苯二酚型（7-OH）时（例如菲瑟亭醇），取代位置总是在 C-6 上。A 环为间苯三酚型（5，7-OH）时（例如儿茶素），取代位置以 C-8 为主、C-6 为次。取代位置也受黄烷-3-醇的构型的影响。与（+）-儿茶素相比，（－）-表儿茶素与（+）-黑荆定缩合时，4→8 位的优势大于（+）-儿茶素的。

缩合产物在 C-4 的构型（4α 或 4β）决定于亲核试剂在接近亲电试剂的 C-4 时的空间位阻。例如，2，3-顺式的黄烷-3，4-二醇的缩合产物总是 3，4-反式的，而 3，4-反式的黄烷-3，4-

无色花青定(19,20) + 儿茶素(5)

(24)

(25)

(26)

(27)

四聚原花青定(28)

二醇的缩合产物兼有3，4-反式及3，4-顺式，且以3，4-反式为主。

缩合反应的速率决定于反应物的活泼性。间苯三酚的A环型的黄烷醇反应最快，间苯二酚A环型次之，而邻苯三酚A环型则慢得多。

黄烷-3，4-二醇还能发生自缩合而形成单宁。例如，向无色花青定滴入盐酸，就立即生成聚合度很高的缩合单宁。

黄烷-3-醇［如（+）-儿茶素］在强酸的催化作用下也能发生自聚合，所生成的聚合物虽然也是单宁，但不具有原花色素型的化学结构。此外，黄烷-3-醇在适当的氧化条件下发生脱氢偶合反应也生成单宁，这类单宁也不具有原花色素型的化学结构，如红茶中的单宁。

2.2 原花色素

绝大部分天然的植物单宁都是聚合的原花色素。原花色素在热的酸-醇处理下能生成花色素。原花色素的鞣性（即对生皮的鞣制成革的能力）随聚合度而异。单体的原花色素（如黄烷-3，4-二醇）不具有鞣性，也不是单宁，二聚原花色素能将水溶液中的蛋白质沉淀出来，但它的鞣性是不完全的。自三聚体起有明显的鞣性，以后随着分子量的增加而鞣性增加到一定限度为止。

原花色素的上部组成单元不同，在酸-醇作用下生成的花色素也不同。据此，原花色素可分为原花青定、原翠雀定等不同类型，见表39-3。例如，原花青定的上部组成单元是3，5，7，3′，4′-OH取代型的黄烷醇单元（相当于儿茶素或表儿茶素基），原花青定在酸-醇处理下生成的花色素是花青定（29）。原翠雀定、原菲瑟定及原刺槐定在酸-醇处理下生成的花色素分别是翠雀定（30）、菲瑟定（31）及刺槐定（32）。各种原花色素见表39-3。

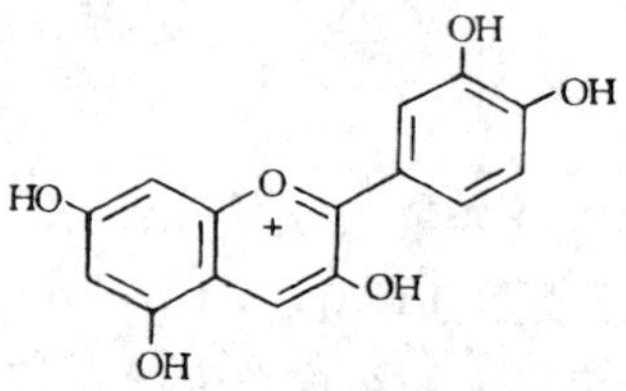

(29)

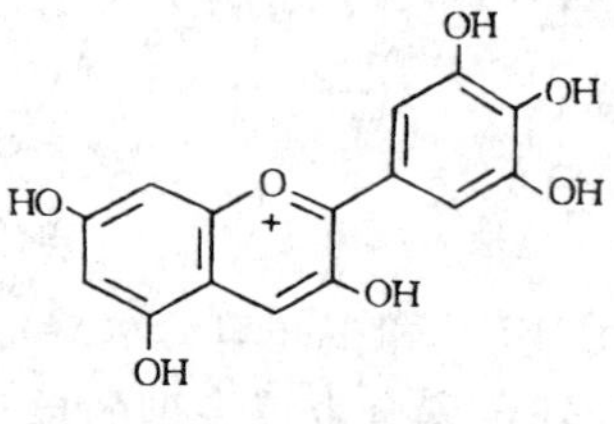

(30)

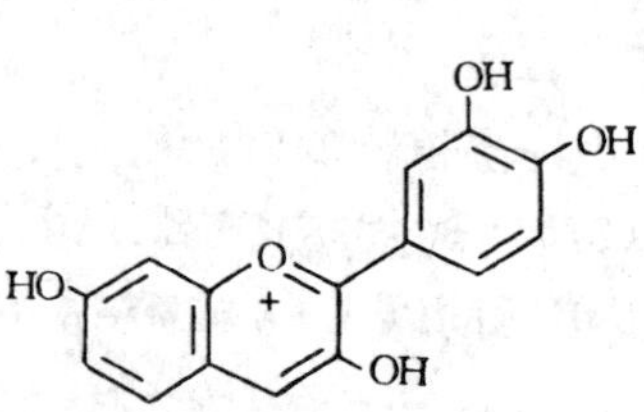

(31)

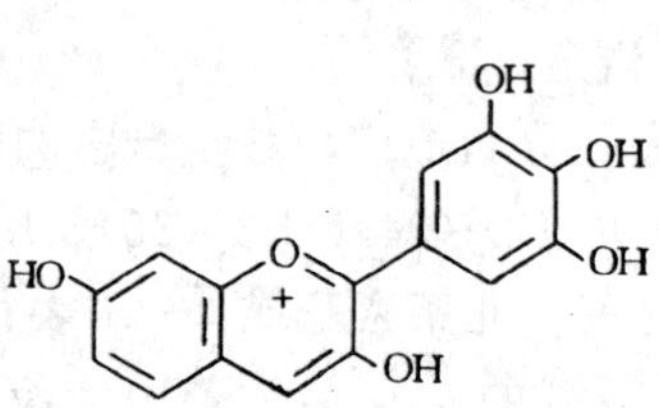

(32)

原花色素的组成单元之间，通常以一个4→8位或4→6位的C-C链相连接，这种单连接键型的原花色素分布最广，例如原花色素B。

双连接链型的原花色素的组成单元之间，除了有4→8或4→6位的C-C键外，还有一个C-O-C连接键（例如2→O→7或2→O-5位），例如原花青定A。

表 39-3 各种原花色素

名　称	对应于组成单元的黄烷-3-醇①或黄烷	组成单元的羟基取代位置
原天竺葵定 propelargonidin	阿福豆素 afzelechin	3，5，7，4′
原花青定 procyanidin	儿茶素 catechin	3，5，7，3′，4′
原翠雀定 prodelphinidin	棓儿茶素 gallocatechin	3，5，7，3′，4′，5′
原桂金合欢定 proguibourtinidin	桂金合欢亭醇 guibourtinindol	3，7，4′
原菲瑟定 profisetinidin	菲瑟亭醇 fisetinidol	3，7，3′，4′
原刺槐定 prorobinetinidin	刺槐亭醇 robinetinidol	3，7，3′，4′，5′
原特金合欢定 proteracacidin	奥利素 oritin	3，7，8，4′
原黑木金合欢定 promelacacidin	牧豆素 prosopin	3，7，8，3′，4′
原芹菜定 proapigenidin	芹菜黄烷 apigeniflavan	5，7，4′
原木犀草定 proluteolinidin	木犀草黄烷 luteoliflavan	5，7，3′，4′
原特利色定 protricetinidin	特利色黄烷 tricetiflavan	5，7，3′，4′，5′

① 表中仅列出构型为 2R，3S 的黄烷-3-醇。

聚合的原花色素的组成单元的排列型式有直链型、角链型及支链型。不同链型的下端均只有一个底端单元（B）。

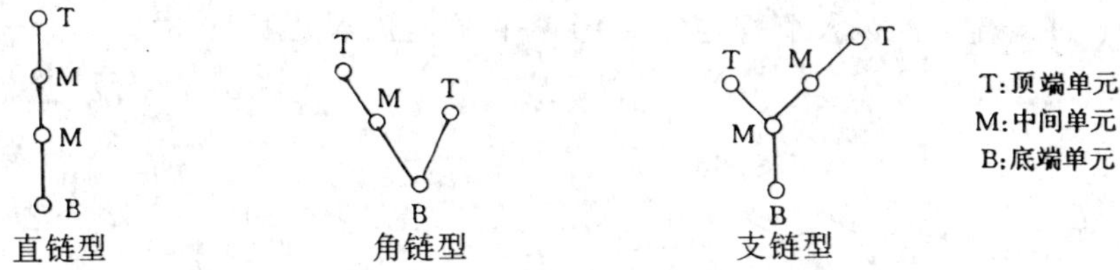

顶端单元（T）和中间单元（M）合称为延伸单元或上部单元。

普通的原花色素全由黄烷型的单元组成。复杂原花色素的组成单元除黄烷基外，还有其他类型的单元。它们在酸-醇处理下生成复杂的花色素，属于这类的有金鸡纳因及秋茄素（含苯丙基）、棕儿茶素（含查耳烷基）等少数缩合单宁。

2.2.1 原花青定

原花青定是分布最广，数量最多的原花色素，含于许多植物的叶、果、皮、木内。原花青定 B-1（33）、B2（34）、B3（35）、B4（36）、B5（37）、B6（38）、B7（39）、B8（40）的组成单元是（+）-儿茶素基或（−）-表儿茶素基上、下单元间以 4→8 或 4→6 位 C-C 键连接，且均是 3，4-反式的。

原花青定 C-1（41）是三聚原花青定，常与原花青定 B-2 及 B-5 共存在植物体内。

含于肉桂皮内的肉桂单宁（cinnamtannin）A-2（42）、A-3（43）及 A-4（44）分别是四、五、六聚的原花青定[65]，以表儿茶素单元经 4β→8 键相连接。含于槟榔籽内的槟榔单宁 B-2（45）及 B-3（46）分别是四、五聚的原花青定，上部单元为表儿茶素基，底端单元是以 4β→6 键连接的（+）-儿茶素[66]。

原花青定 A-1（47）有 2β→O-7 及 4β→8 两个连接键，它是原花青定 B1（33）的脱氢产物。原花青定 A-2（48）则是原花青定 B2（34）的脱氢产物。七叶树单宁 G（49）含于欧洲

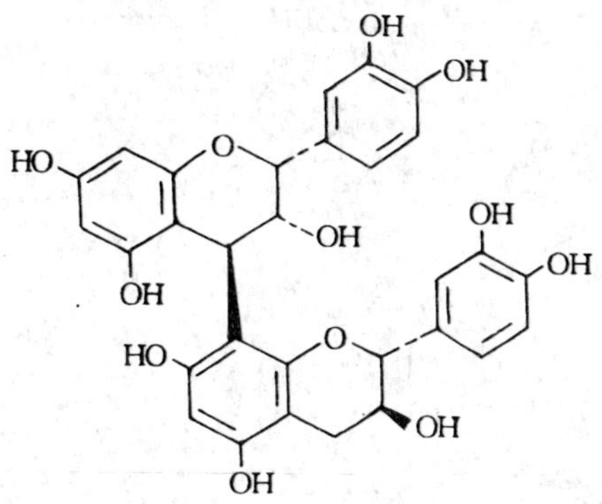

（33）

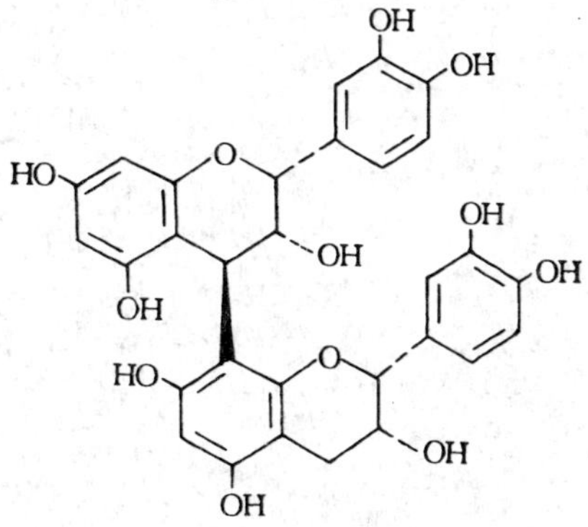

（34）

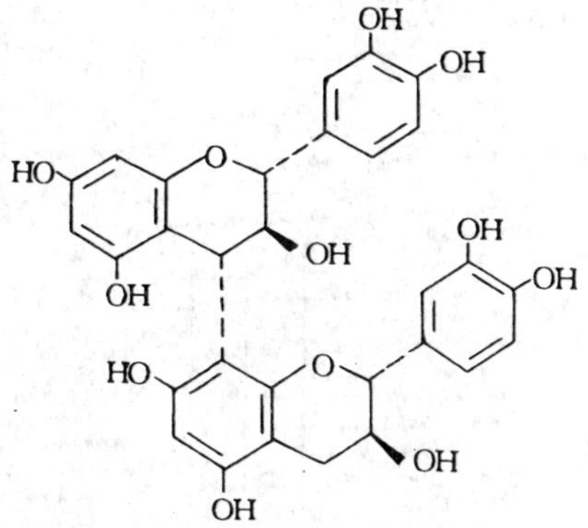

（35）

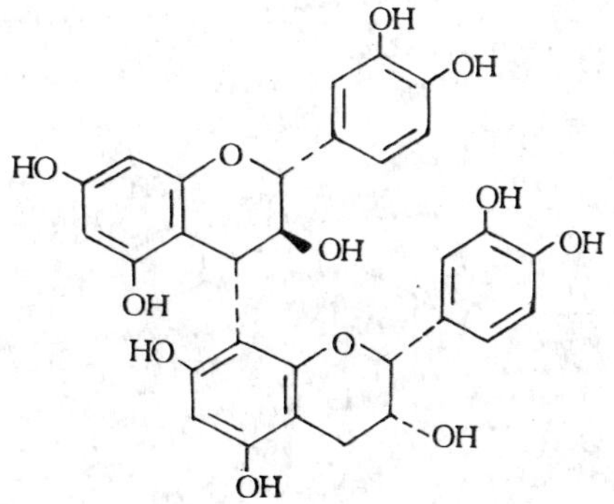

（36）

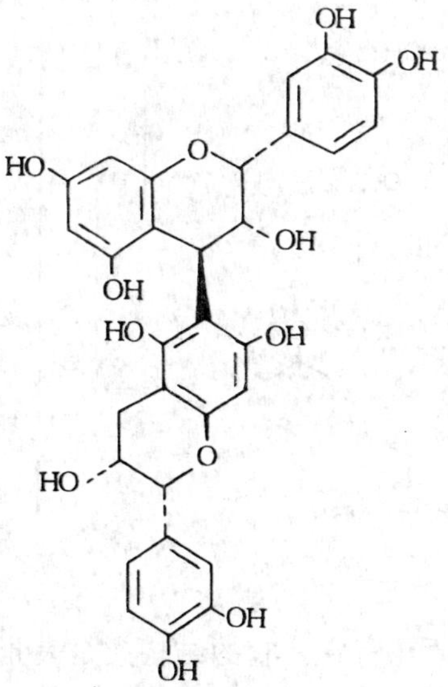

（37）

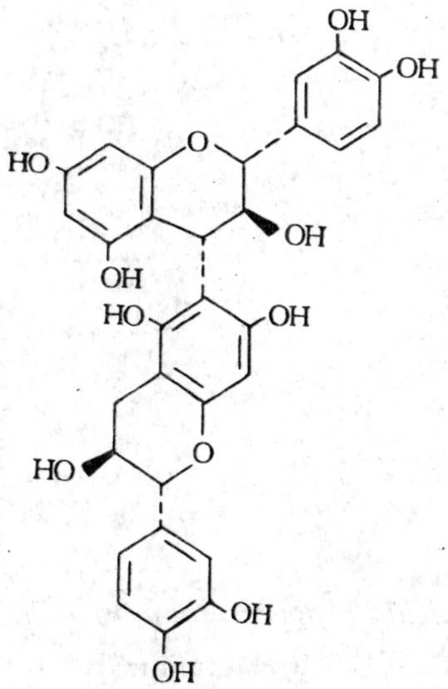

（38）

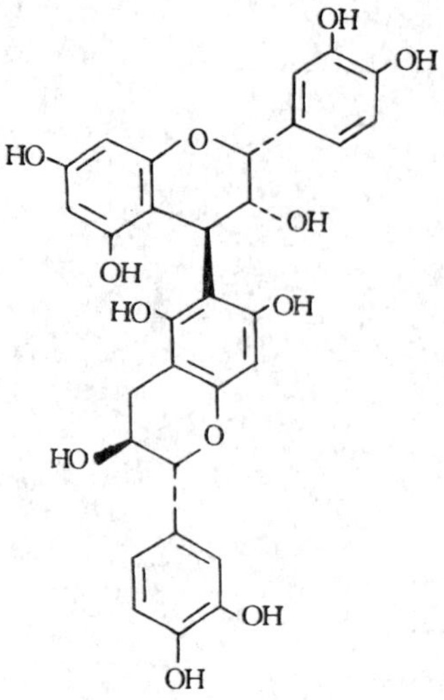

(39)

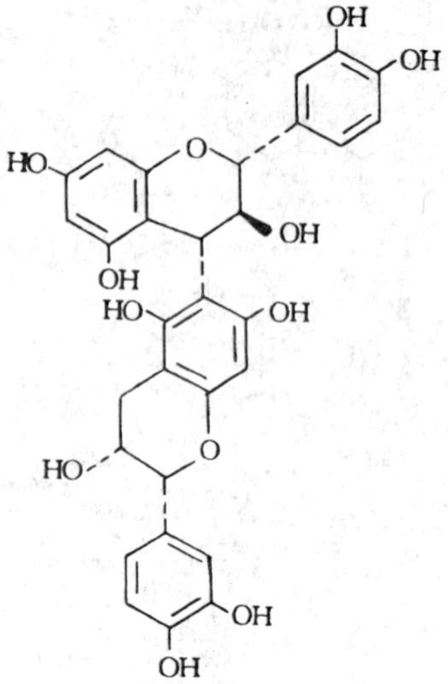

(40)

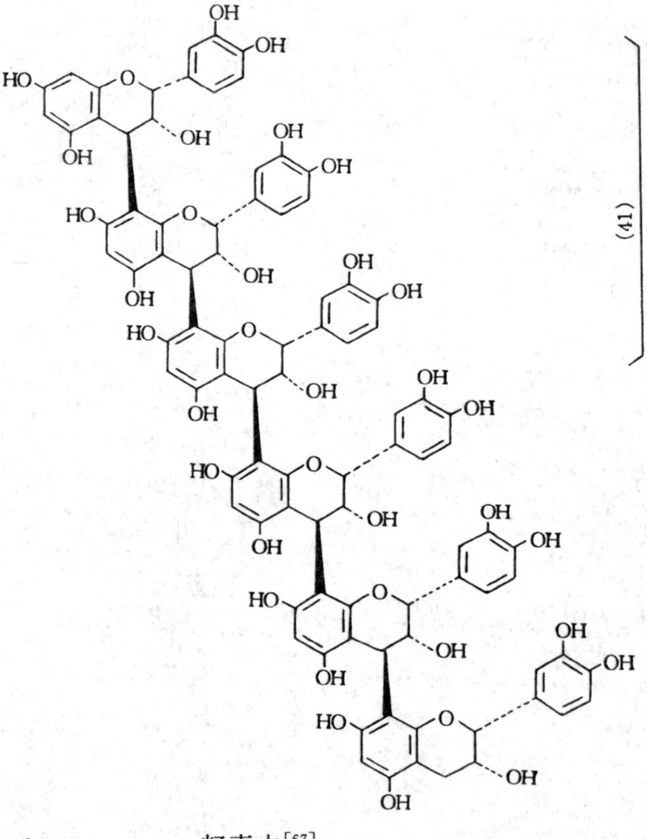

(41) (42) (43) (44)

七叶树 *Aescula hippocastanum* 籽壳内[67]。

茜木单宁 B-7（pavetannin B-7）（50）是三聚原花青定。它的结构式是表儿茶素-（4β→8，2β→O→7）-对映-表儿茶素-（4α→8，2α→O→7）-对映-儿茶素[68]。

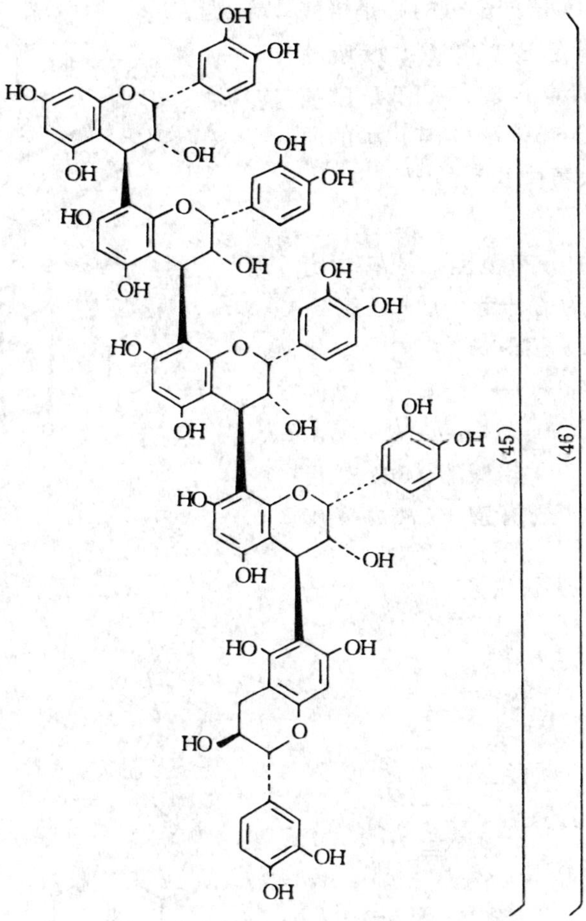

(45)

(46)

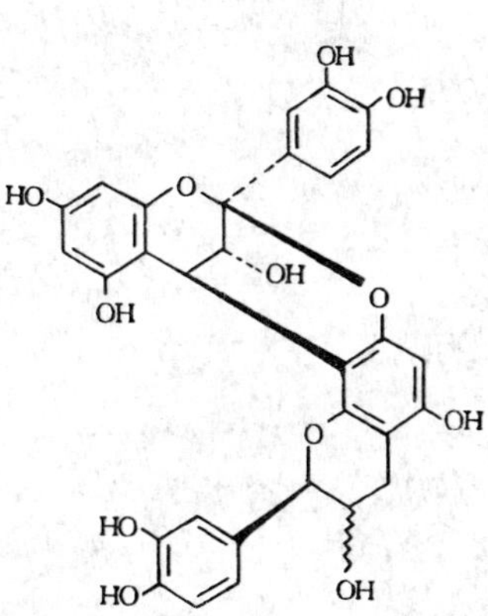

(47)

(48)

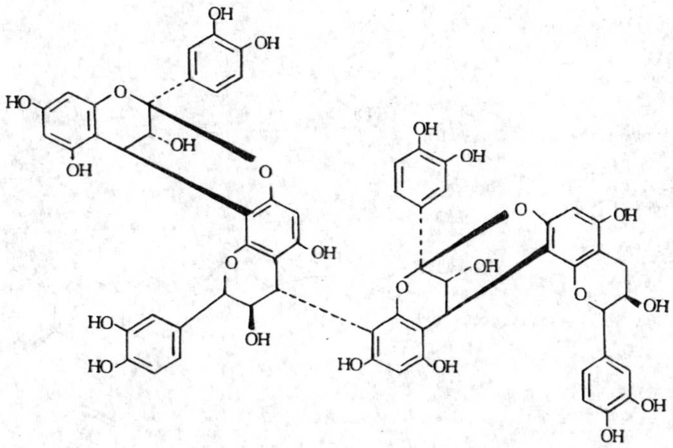

(49)

原花青定B-1 3-O-棓酸酯（51）是棓酸化的原花青定。原花青定B-1 8-C-β-D-吡喃葡萄糖苷(52)及原花青定B-3 7-O-β-D吡喃葡萄糖苷(53)分别是C-苷化及O-苷化了的原花青定，它们都是从大黄中找到的[69,70]。

2.2.2 原翠雀定

天然的原翠雀定的分布范围比原花青定窄，且多与原花青定共存在一起。原翠雀定B-3（54）含于槲树 *Quercus dentata* 皮内[71]。化合物（55）是双连键（2α→O→7；4α→8）型的原翠雀定，含于欧洲栎 *Quercus robur* 皮内[72]。原翠雀定B-1 3，3′-二-O-棓酸酯（56）是棓酰化了的原翠雀定，含于杨梅 *Myrica rubra* 皮内[73]。

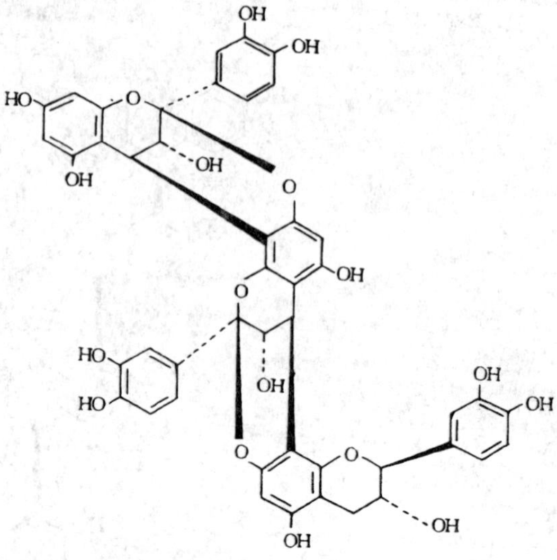

(50)

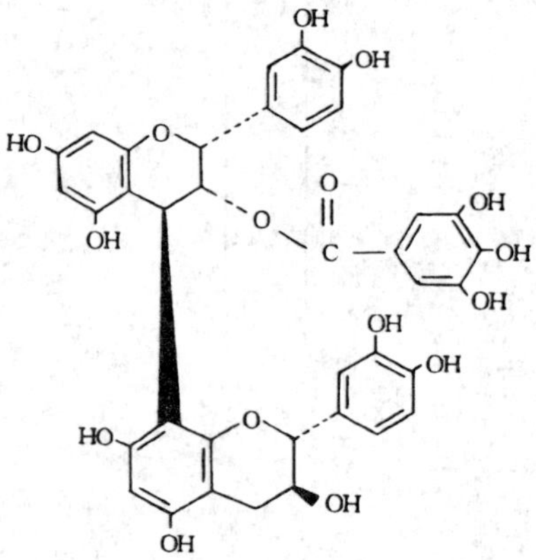

(51)

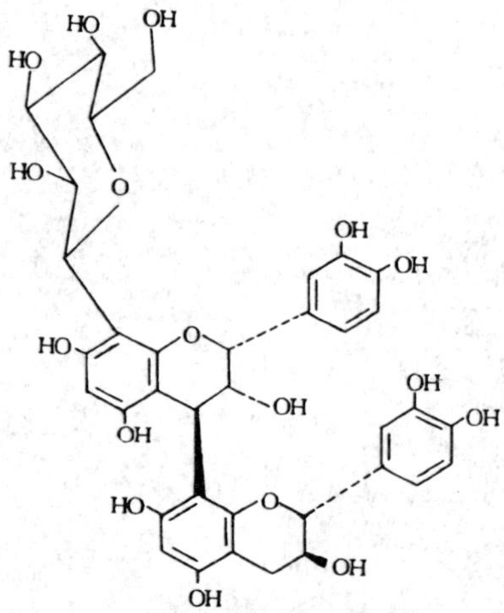

(52)

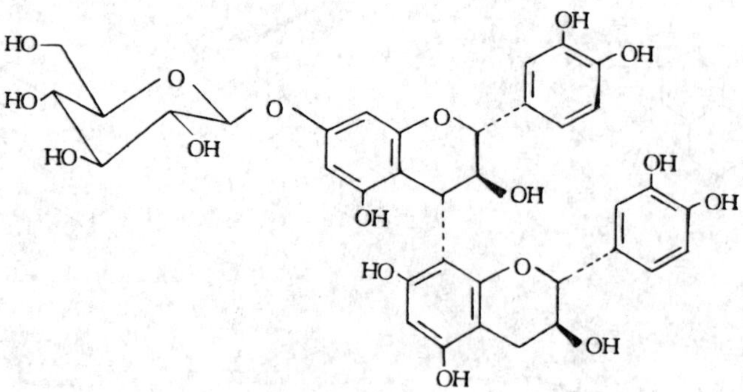

(53)

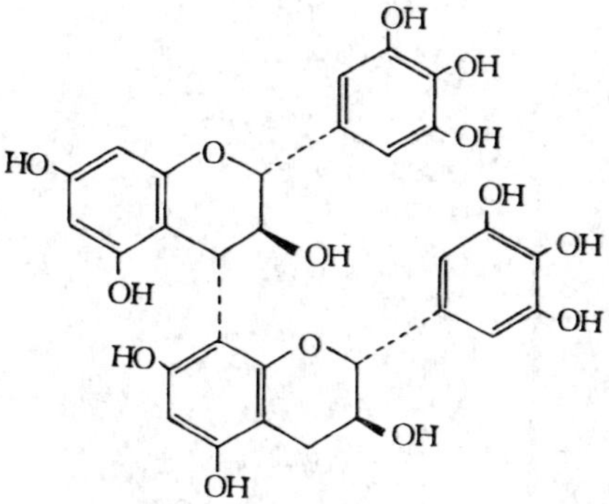

(54)

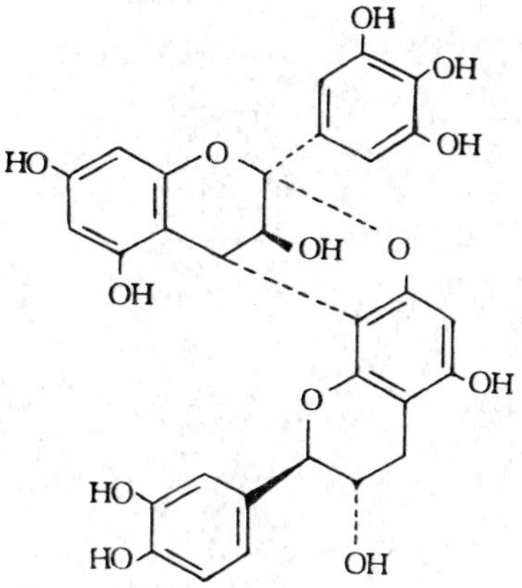

(55)

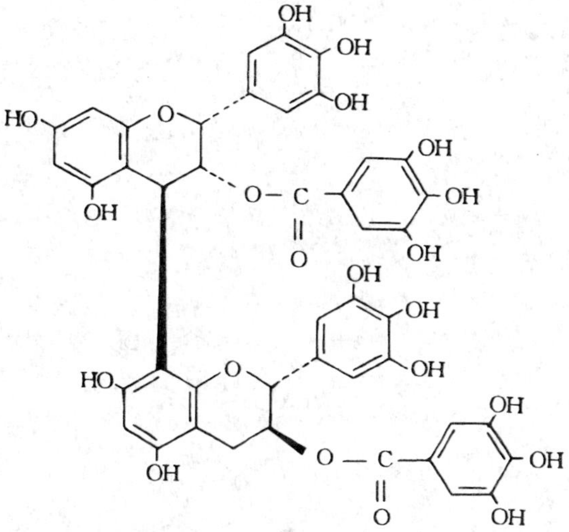

(56)

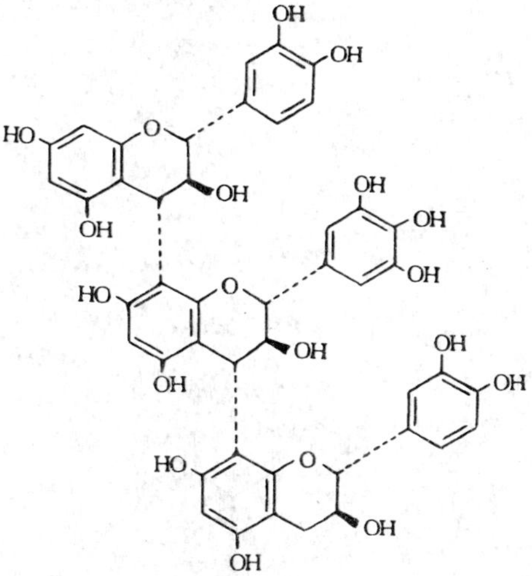

(57)

大麦 *Hordem vulgare* 籽皮中的儿茶素-（4α→8）-格儿茶素-（4α→8）-儿茶素（57）是三聚的原花青定-原翠雀定[74]，在酸-醇处理下产生花青定及翠雀定。

2.2.3　原菲瑟定

已发现的天然的三聚、四聚、五聚的原菲瑟定都是角链型的。菲瑟亭醇-（4β→6）-菲瑟亭醇-（4β→8）-儿茶素（6→4β）-菲瑟亭醇（58）含于黑荆树心材内[75]。

黑荆树心材中还含有菲瑟亭醇-（4β→6）-菲瑟亭醇-4α-醇（59）[76]，其底端单元是黄烷-3，4-二醇。还有菲瑟亭醇-（3β→O→4β；4β→O-3β）-菲瑟亭醇（60），它们都是黄烷-3，4-二醇的自缩合产物。

2.2.4　原刺槐定

已发现的原刺槐定都是从黑荆树皮分离出来的。三聚的原槐定都是角链型的，如：刺槐亭醇-（4α→8）-儿茶素-（6→4α）-刺槐亭醇（61）[77]。

2.2.5　红粉单宁[59,64]

红粉单宁是原花色素经过环异构化生成的缩合单宁，如三聚的红粉单宁（62）是从三聚

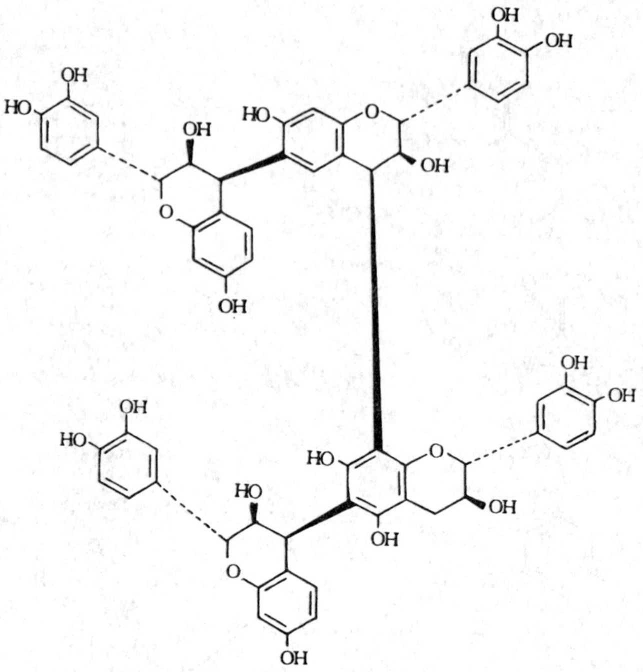

(58)

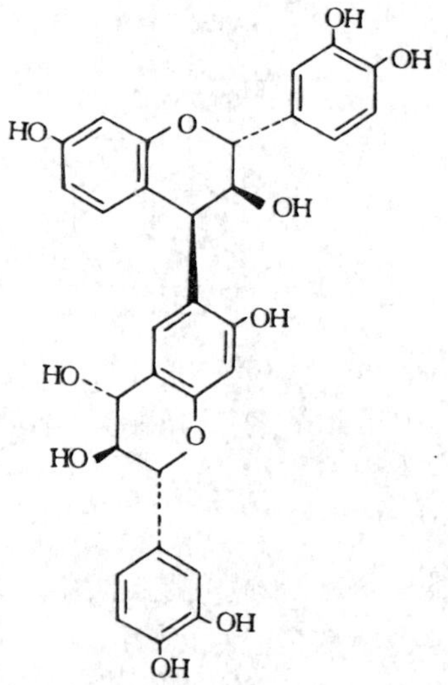

(59)

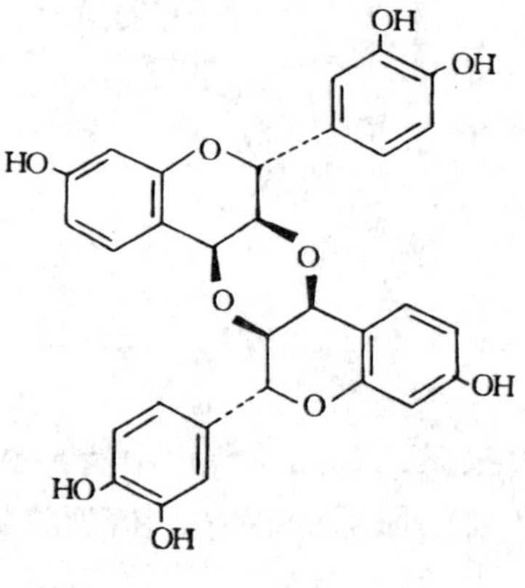

(60)

的原菲瑟定转化而来的，含于罗得西亚珐琷木 *Guibourtia coleosperma* 心材中[78]。

2.2.6 多聚原花色素

多聚原花色素构成了植物体内缩合单宁的主体，是聚合度不同的（自二聚到数百聚不等）、化学结构相似的原花色素的混合物。除了少数低聚的原花色素（二聚到六聚）已经单离出纯的化合物以外，其他大部分均不能逐个地分开。因此目前对多聚原花色素的研究是以混合物为对象，研究它们的平均化学结构特征，如：上部单元的组成（例如原花青定与原翠雀

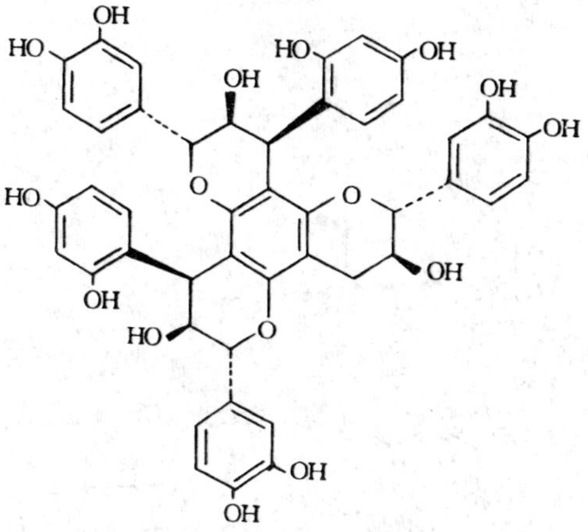

(61) 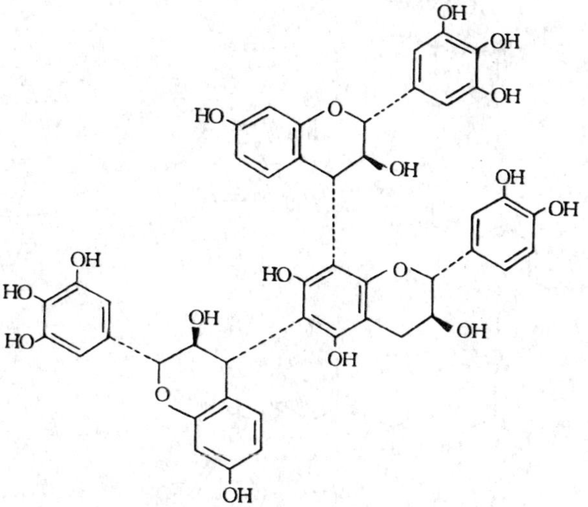 (62)

定的比例)、杂环构型(2，3-顺式及反式单元的比例)，底端单元的组成、平均分子量(数均、重均分子量)及分子量分布等。研究方法主要是：化学反应法(花色素生成反应、硫解反应、间苯三酚反应)、旋光法、紫外可见光谱法、红外光谱法，^{1}H-及^{13}C-核磁共振法及凝胶渗透色谱法等。

例如，辐射松树皮中水溶性原花色素是含有少量原翠雀定的原花青定，在上部单元中、原花青定与原翠雀定的比例为 90∶10，2，3-顺式与反式的比例为 43∶57。底端单元由儿茶素与表棓儿茶素组成，二者的比例为 65∶35，平均分子量 1 740[79]。

2.3 原花色素以外的缩合单宁

原花色素以外的缩合单宁在酸-醇的处理下不生成花色素。这类单宁与原花色素均属于聚黄烷类化合物，如棕儿茶素 A-1 (63)[80]、茶素 A (64)[84]、乌龙同二黄烷 B (65)[85]、茶黄素 3-O-棓酸酯 (66)[83]等。

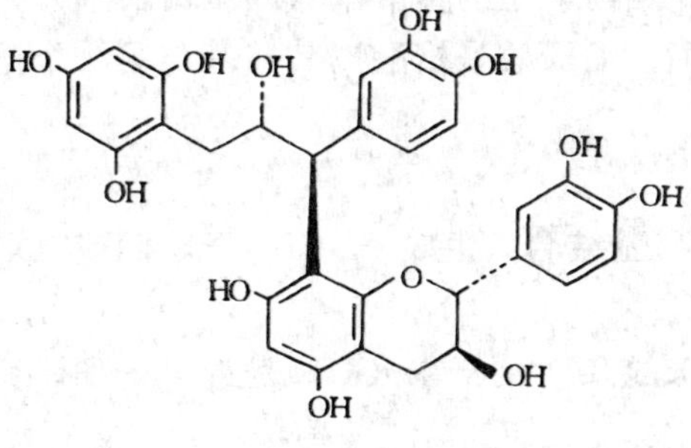

(63) 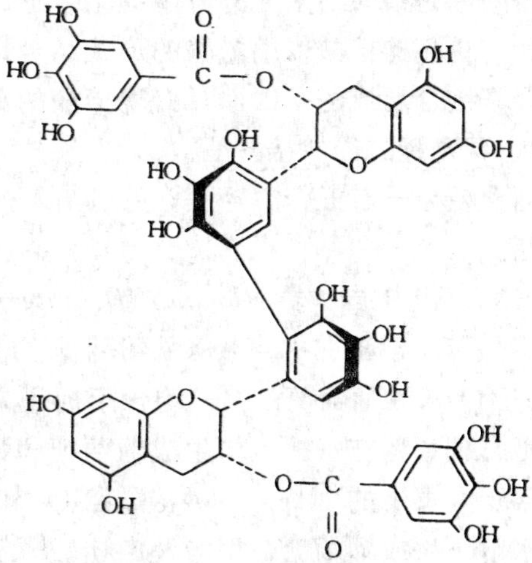 (64)

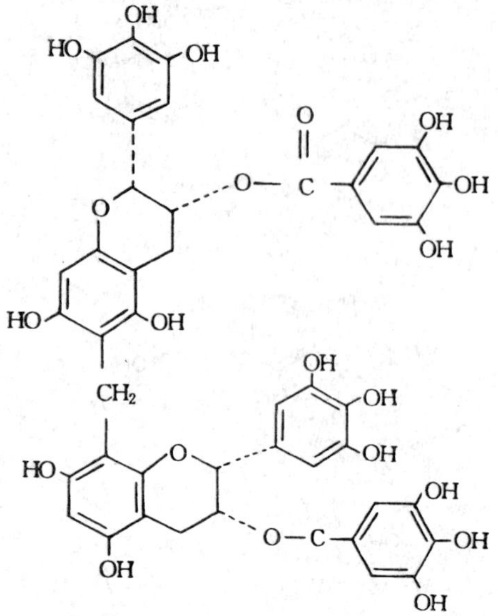

（65）

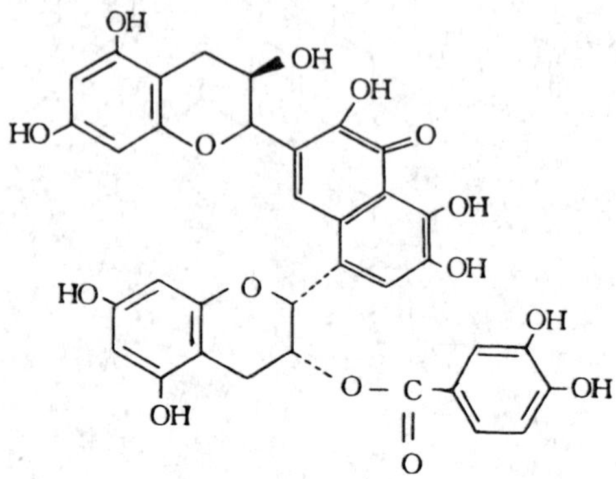

（66）

3 水解单宁[1,4]

3.1 棓单宁

酸酯是棓酸（即没食子酸）与多元醇组成的酯。棓酸酯在植物界的分布极为广泛，主要是葡萄糖的棓酸酯。此外，还有金缕梅糖、果糖、木糖、蔗糖、奎尼酸、莽草酸、栎醇等的棓酸酯。

棓单宁是具有鞣性的棓酸酯。一般说来，分子量在 500 以上的棓酸酯（分子中含棓酰基在 2 个以上）才具有鞣性，可被称为单宁。

根据棓酰基结合形式的不同，可将棓酸酯分为简单棓酸酯与缩酚酸型（depsidic）棓酸酯。简单棓酸酯是棓酸与多元醇以酯键结合形成的酯。缩酚酸型的棓酸酯（即聚棓酸酯）是简单棓酸酯与更多的棓酸以缩酚酸的形式结合形成的酯。缩酚酸是棓酸以其羧基与另一个棓酰基的酚羟基结合形成的，因而具有聚棓酸的形式。

3.1.1 葡萄糖的简单棓酸酯

葡萄糖分子有五个醇羟基，可以与 1～5 个棓酰基结合，生成一、二、三、四或五取代的棓酸酯。

1903 年从中国大黄 *Rheum officinale* 分离出来的 β-D-葡棓季（67）是最早得到研究的葡萄糖棓酸酯[84]。3，6-二-O-棓酰葡萄糖（68）、1β，3，6-二-O-棓酰葡萄糖（69）及 1β，2，3，4，6-五-O-棓酰葡萄糖（74）均含于柯子果实内[85]。

棓酰葡萄糖在水解下均生成葡萄糖和数量不等的棓酸。

含于大黄中的 1，6-二-O-棓酰-2-O-肉桂酰-β-D-葡萄糖（70）是含有其他酰基的棓酸酯，它在水解下生成葡萄糖、棓酸及肉桂酸[86]。

3.1.2 葡萄糖的聚棓酸酯

2-O-二棓酰-1，3，4，6-四-O-棓酰-β-D-葡萄糖（71）、3-O-三棓酰-1，2，4，6-四-O-棓

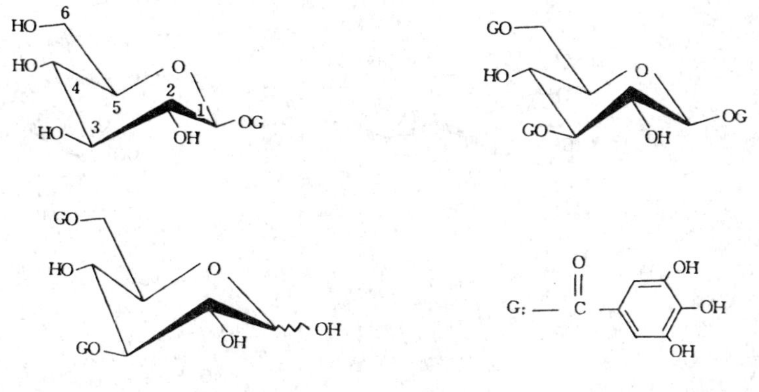

(67) (68) (69)

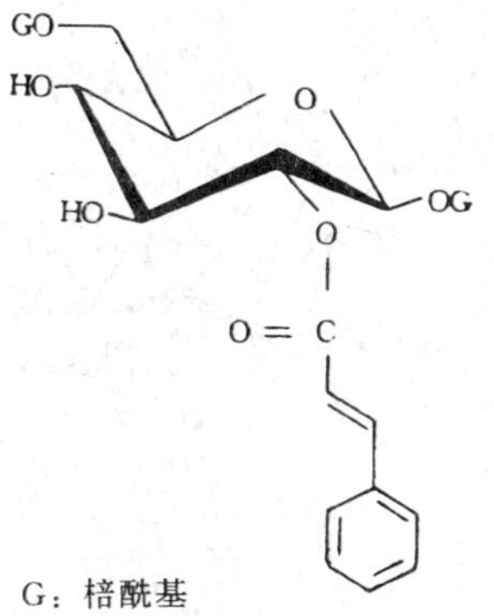

酰-β-D-葡萄糖(72)及 2,4-二-O-二棓酰-1,3,6-三-O-棓酰-β-D-葡萄糖(73)均含于五倍子内[87]。它们在酸水解下均生成葡萄糖及棓酸。在甲醇醇解条件下(甲醇溶液,pH 值 6.0,室温)均生成 1,2,3,4,6-五-O-β-D-葡萄糖(74)及棓酸甲酯(75)。化合物(72)的醇解产物中还有二棓酸甲酯(76)。可以认为,这一类聚棓酸酯是以 1,2,3,4,6-五-O-β-D-葡萄糖为“核心”,由更多棓的酰基以缩酚酸的型式连在“核心”上而形成。这种结构型式使得一个葡萄糖分子能够与五个以上的棓酰基(多的可达 12 个)相结合。

染色栎 *Quercus infectoria* 中含有以 1,2,3,6-四-O-棓酰-β-D-葡萄糖(77)为“核心”的聚棓酸酯,如 6-O-三棓酰-1,2,3-三-O-棓酰-β-D-葡萄糖(78)[88]。

G:棓酰基

(70)

二棓酸甲酯(76)是间-二棓酸甲酯和对-二棓酸甲酯的平衡混合物,它们是一对互变异构体,缩酚酸键在间位与对位间移动,不能把它们分离开来。但是用重氮甲烷对二棓酸甲酯(76)进行甲基化处理时,所生成的甲基醚只是间位的,这是由于对位酚羟基的酸性较强而优先甲基化,生成间-五-O-甲基二棓酸甲酯(76a)[87]。

在棓酸酯分子中、葡萄糖基以吡喃环的形式存在并具有正椅式构象,取代基(棓酰基)位于平伏键上,使分子呈盘形。

3.1.3 葡萄糖以外的多元醇的棓酸酯

“金缕梅单宁”是金缕梅糖的 2,5-二-O-棓酸酯(79),含于美洲金缕梅 *Hamamelis virginiana* 皮内[89]。朝鲜枫 *Acer ginnale* 叶内的“槭树单宁”[90]是远志糖的 2,6-二-O-棓酸酯(80)。莽草酸的棓酸酯,如 3-O-三棓酰-(—)-莽草酸(81)含于椎树 *Castanopsis cuspidata* 叶内[91]。台湾窄叶青冈 *Cyclobalanopsis stenophylloies* 皮内有奎尼酸的棓酸酯,如:3,4,5-三-O-棓酰奎尼酸(82)[92]。刺云实单宁(tara tannin)(83,可能的结构式之一)是含于刺云实 *Caesalpinia spinosa* 果荚内的棓单宁,平均由 1 个奎尼酰分子与 4~5 个结合,成为聚棓酰型的酯的混合物[93]。原栎醇及 scyllo-栎醇的棓酸酯含于窄叶青冈皮内[37],如:1,2,3,4,5-五-O-棓酰-原栎醇(84)及 1,2,3,4,5-五-O-棓酰-*scyllo*-栎醇(85)。

在水解下,这些棓酸酯均生成棓酸及相应的多元醇或多元醇酸。

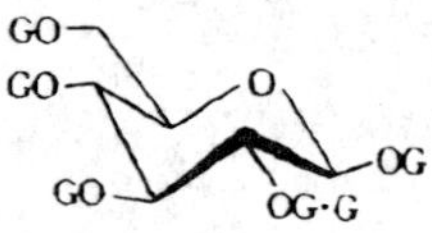

(71) 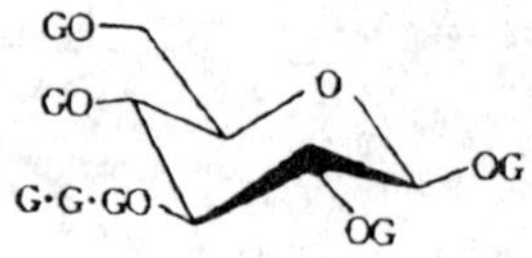 (72) 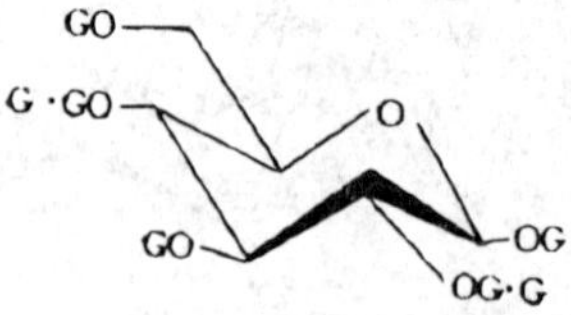 (73)

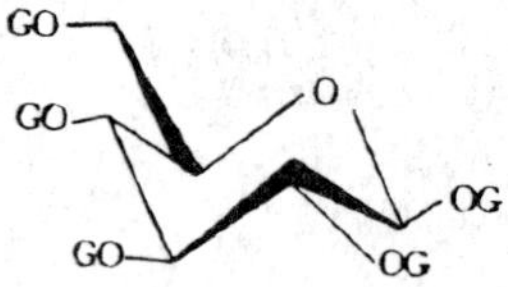

(74) 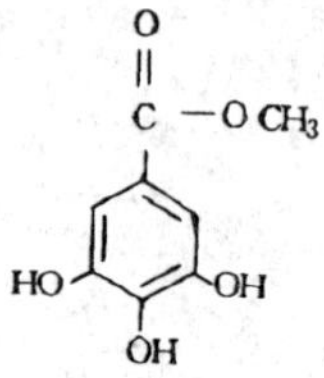 (75) 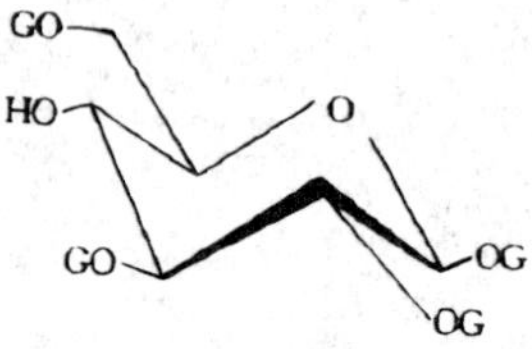 (77)

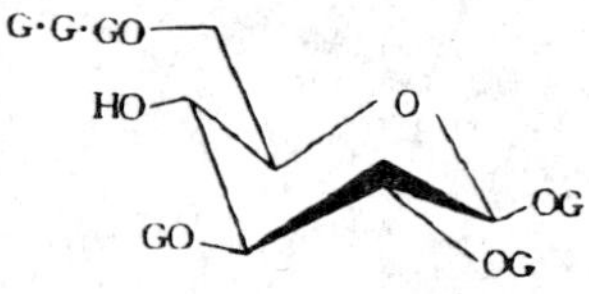

(78)

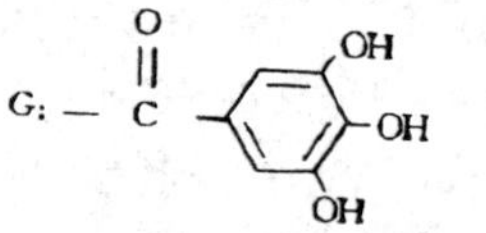

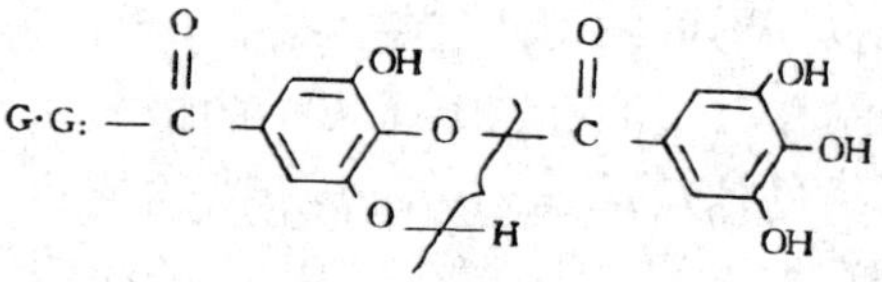

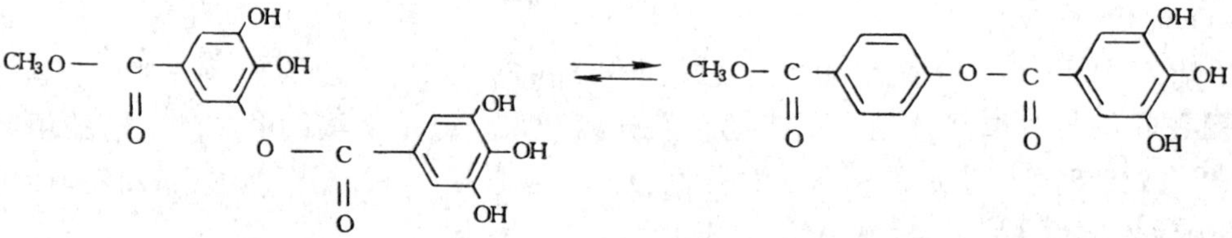

G: G·G:

(76)

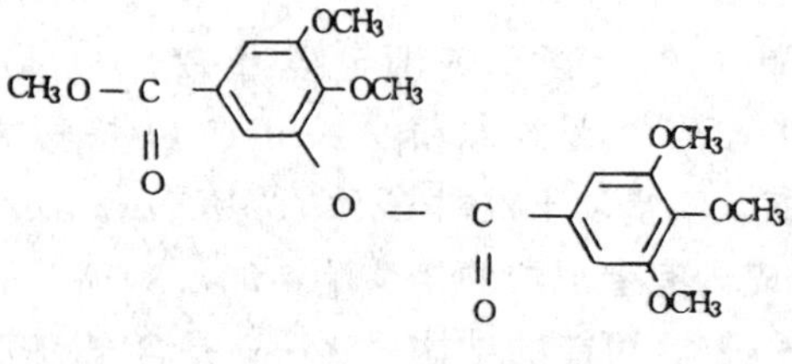

(76a)

3.2 鞣花单宁[59]

鞣花单宁是六羟基联苯二酰基，或其他与六羟基联苯二酰基有生源关系的酚羧酸基与多

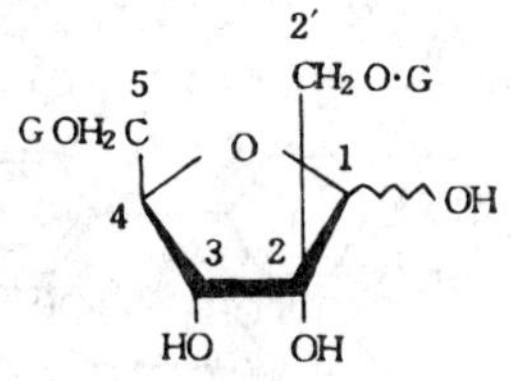

G:棓酰基

(79)

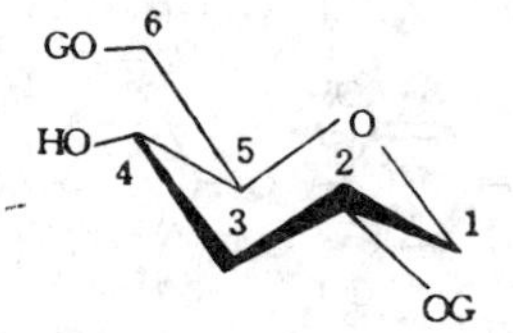

G:棓酰基

(80)

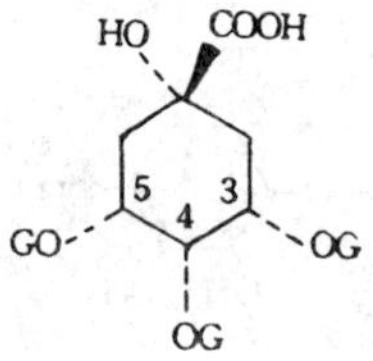

G:棓酰基

(82)

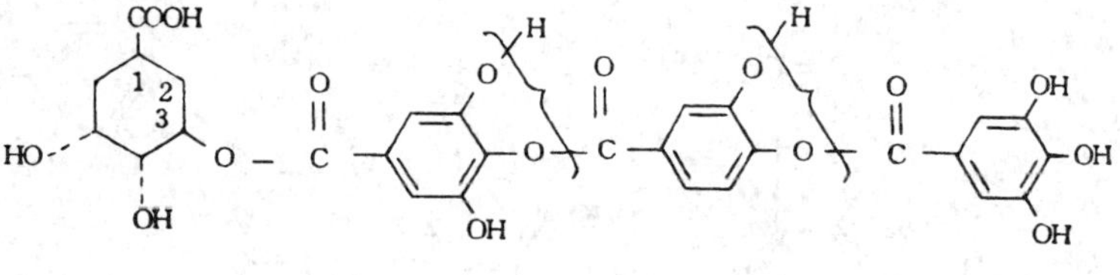

(81)

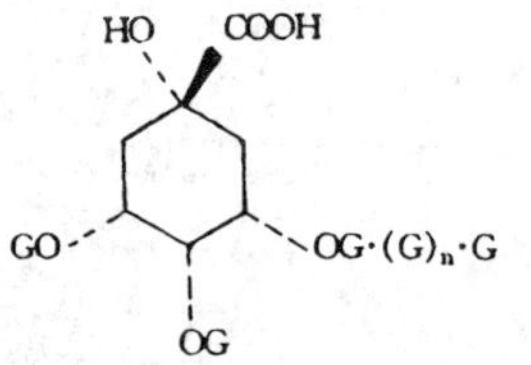

n=0 或 1
G:棓酰基

(83)

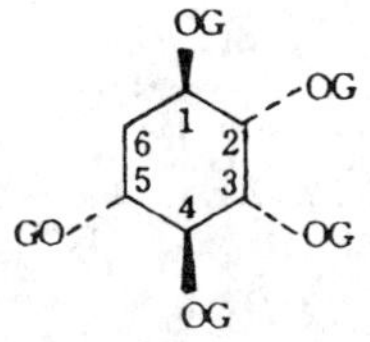

G:棓酰基

(84)

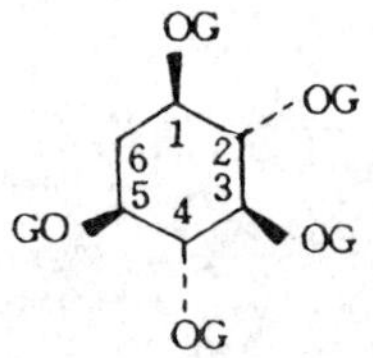

G:棓酰基

(85)

元醇（主要是葡萄糖）形成的酯。六羟基联苯二酸酯在水解时生成不溶于水的黄色沉淀——鞣花酸。鞣花单宁因而得名。鞣花酸（86）并不存在于鞣花单宁分子结构内，它只是在六羟基联苯二酰基（87）从单宁分子中被水解下来后发生内酯化的产物。

与六羟基联苯二酰基有生源关系的酚羧酸的酰基有：脱氢六羟基联苯二酰基（88）、脱氢二棓酰基（89a，89b）、水化柯子酰基（90）、云实酰基（91）、九羟基联三苯三酰基（92）、橡椀酰基（93）、地榆酰基（94）、榄棓酰基（95）、桤木酰基（96）、椀刺酰基（97）、棓鞣花酰基（98）等。这些以酰基态存在于植物体内的酚羧酸可能均来源于棓酰基，是相邻的二个、三个或四个棓酰基之间发生脱氢、偶合、重排、环裂等变化形成的。它们与棓酸的化学结构形式上的关系见表 39-4。除了云实素羧酸外，都是 $(C_6 \cdot C_1)_n$ 型的酚羧酸[59]。

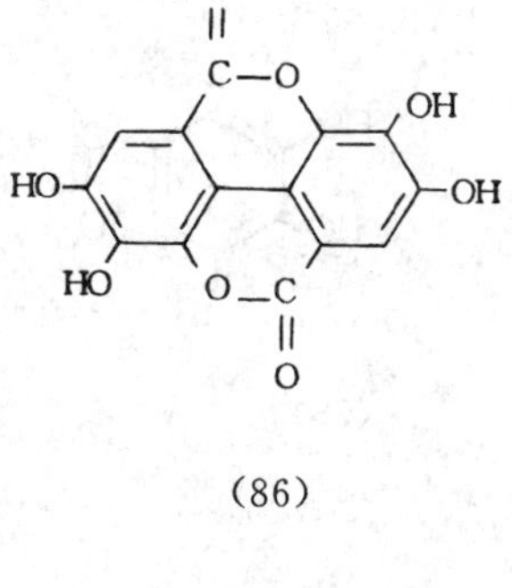

(86)

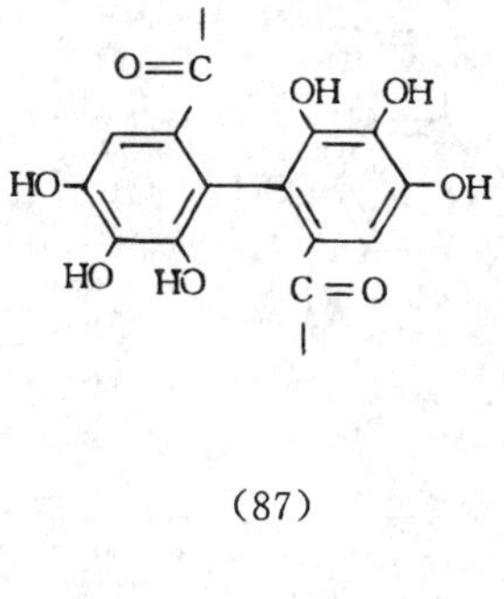

(87)

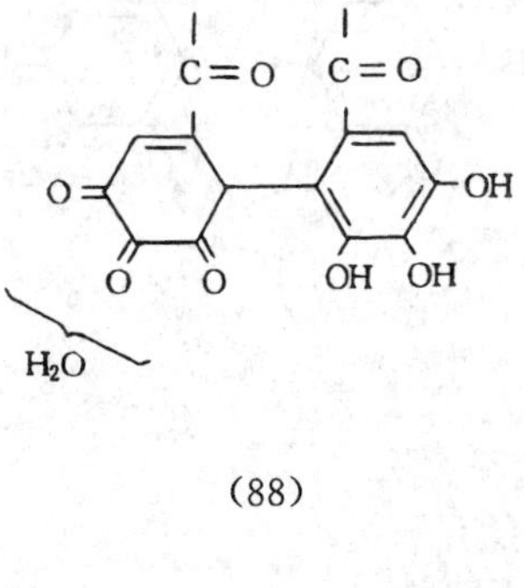

(88)

(89a)

(89b)

(90)

(91)

(92)

(93)

(94)

(95)

(96)

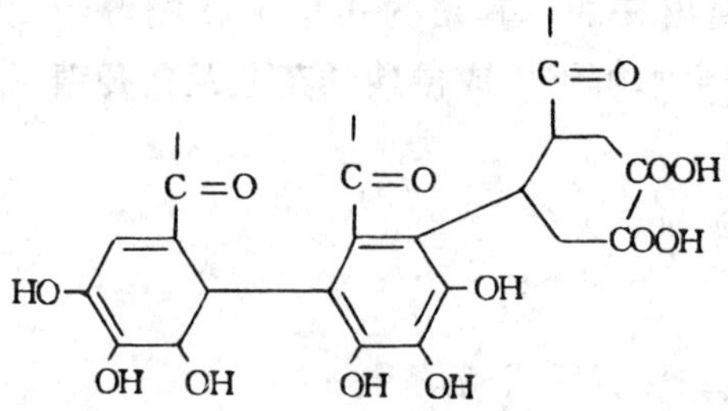

（97） 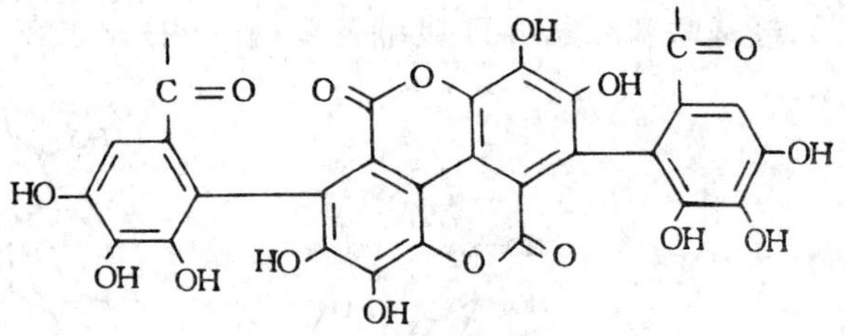　　（98）

表 39-4　棓酰与各种酚羧酸的化学结构形式的关系[59]

与酰基相应的酚羧酸	含棓酸基个数（n）	实验式的关系①	酯的水解产物
六羟基联苯二酸	2	2G－2H	鞣花酸
脱氢六羟基联苯二酸	2	2G－4H	氯化鞣花酸
柯子酸（水化的）	2	2G－2H＋H_2O	柯子酸
云实素羧酸	2	2G－4H－CO_2	云实素羧酸，云实素
脱氢二棓酸	2	2G－2H	脱氢二棓酸
橡椀酸	3	3G－4H	橡椀酸二内酯
九羟基联三苯三酸	3	3G－4H	黄棓酮酸
地榆酸	3	3G－4H	地榆酸二内酯
榄棓酸	3	3G－4H	榄棓酸二内酯
桤木酸	3	3G－4H	
椀刺酸	3	3G－4H＋$2H_2O$	椀刺酸三内酯
棓鞣花酸	4	4G－6H＋$2H_2O$	脱氢二鞣花酸

①　G≈棓酸≈$C_6H_3(OH)_3COOH$≈（$C_6\cdot C_1$）$_n$，n＝1。

与酚羧酸结合组成鞣花单宁的多元醇除了葡萄糖以外，还有葡糖酸、原栎醇、*scyllo*-栎醇、葡萄糖苷等。

3.2.1　含六羟基联苯二酰基的鞣花单宁

葡萄糖的六羟基联苯二酸酯在植物界的分布很广泛。在完全水解时生成葡萄糖及六羟基联苯二酸。但后者很不稳定，在反应条件下迅速内酯化生成浅黄色沉淀物（俗称黄粉），即鞣花酸。

游离的六羟基联苯二酸不大可能是单宁分子内六羟基联苯二酰基的前体，因为前者极不稳定。一般认为，植物体内单宁分子中的六羟基联苯二酰基产生于二个棓酰基，是位置相近的两个棓酰基之间发生脱氢偶合的产物。

二个相邻的棓酰基发生偶合而生成六羟基联苯二酰基后、分子内出现了环状链，这就引起吡喃葡萄糖基构象的变化，并使六羟基联苯二酰基有不同的构型（*R* 或 *S*）。在通常情况下，与吡喃葡萄糖基的 2，3-位或 4，6-位连接的六羟基联苯二酰基是 *S* 构型的，糖基的构象是正椅式（Cl）的。与糖基的 2，4-位或 3，6-位连接的六羟基联苯二酰基是 *R* 构型的，糖基是反椅式（1C）或接近于反椅式的。当糖基取正椅式构象时，大的取代基（棓酰基）位于平伏键上，此时分子的能态最低，也最为稳定。因此，以 2，3-或 4，6-位连接的六羟基联苯二酸酯在植物界的分布较广，而 2，4-及 3，6-位连接的酯的分布较窄，因为后者的糖基的反椅式构象处于“高能态”，棓酰基位于直立键上而较不稳定[95]。

地榆素H-5是从地榆 *Sanguisorba officinalis* 分离出来的，其结构式是1-O-棓酰-2，3-(S)-六羟基联苯二酰-β-D-吡喃葡萄糖（99）。它在完全水解下生成棓酸鞣花酸及葡萄糖[96]。

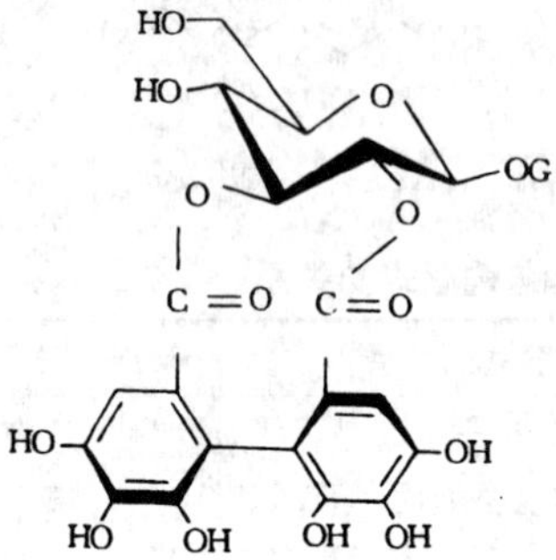

G:棓酰基

（99）

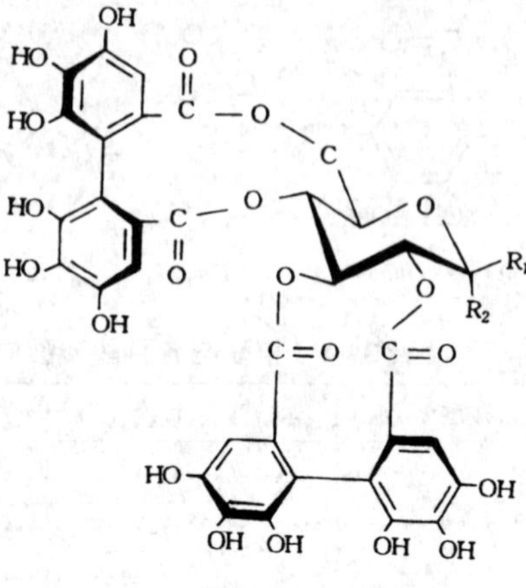

（100）$R_1=H, R_2=OH$

（101）$R_1=H; R_2=OG$

（102）$R_1=OG; R_2=H$

英国栎鞣花素（100）含于英国栎 *Quercus pedunculata* 棓子内[97]。委陵莱素（101）含于蛇委陵莱 *Potentilla kleniana* 内[98]。木麻黄亭（102）含于小木麻黄 *Casuarina stricta* 叶内[97]。三者都是2，3∶4，6-二-(S)-六羟基联苯二酰基型的鞣花单宁。委陵莱素与木麻黄亭是一对端基异构体，其区别在于糖基端基碳原子的构型不同。它们在酶的局部水解下都生成棓酸及英国栎鞣花素。英国栎鞣花素分子中，糖基C-1位上有未酯化的游离OH基，以α-与β-端基异构体的混合物的状态存在。

含于鞣料云实 *Caesalpinia coriaria* 果实内的鞣料云实素（103）是含3，6-O-(R)-六羟基联苯二酰基的鞣花单宁[99]。

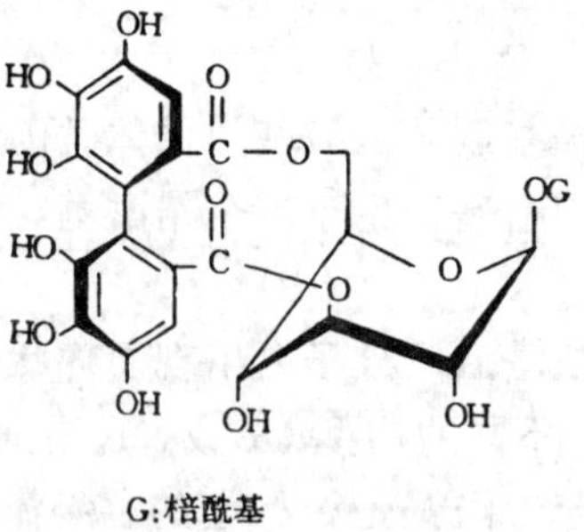

G:棓酰基

G:棓酰基

（103）

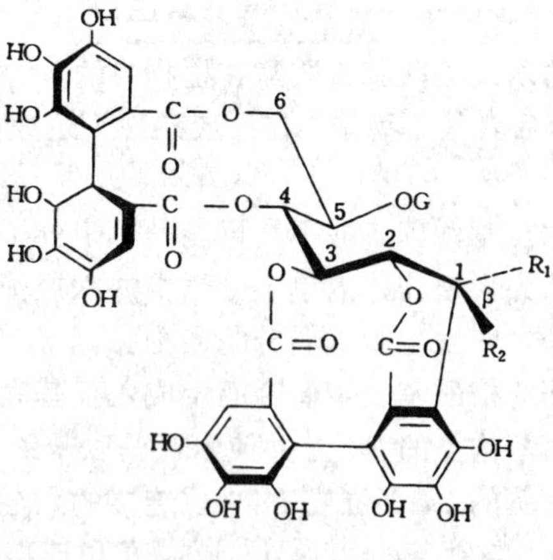

（104）$R_1=H$; $R_2=OH$

（105）$R_1=OH$; $R_2=H$

木麻黄宁（104）及旌节花素（stachyurin）（105）是一对端基异构体，葡萄糖基是开环的和 C-苷化了的，也就是在 2，3-O-（S）-六羟基联苯二酰基的芳环与糖基的 C-1 间增加了一个 C-C 键。这两个鞣花单宁都含于小木麻黄叶内[97,98]。

在沸腾的水溶液中，木麻黄宁发生端基异构化，变成旌节花季。

毛柳苷的六羟基联苯二酸酯含于台湾窄叶青冈 *Cyelobalanopsis stenophylloides* 皮内[100]，例如：2″，3″-二-O-棓酸-4″，6″-O-（S）-六羟基联苯二酰-毛柳苷（106）。

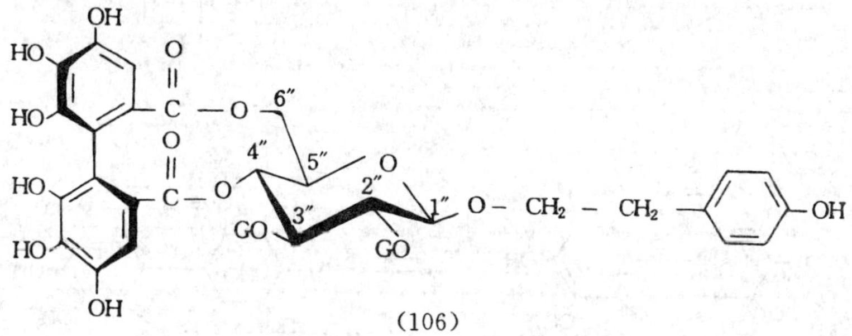

（106）

窄叶青冈皮中还有原栎醇及 scyllo-栎醇的六羟基联苯二酸酯，如：1，5-二-O-棓酰-3，4-O-（S）-六羟基联苯二酰-原栎醇（107）及 1，5-二-O-棓酰-2，3-O-（S）-六羟基联苯二酰-*scyllo*-栎醇（108）[100]。

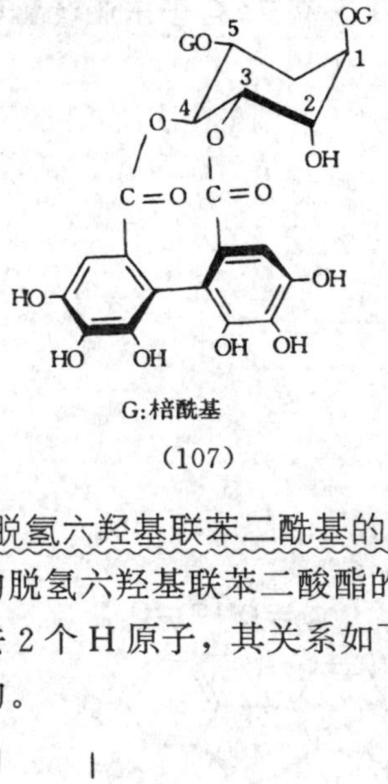

G:棓酰基

（107）

G:棓酰基

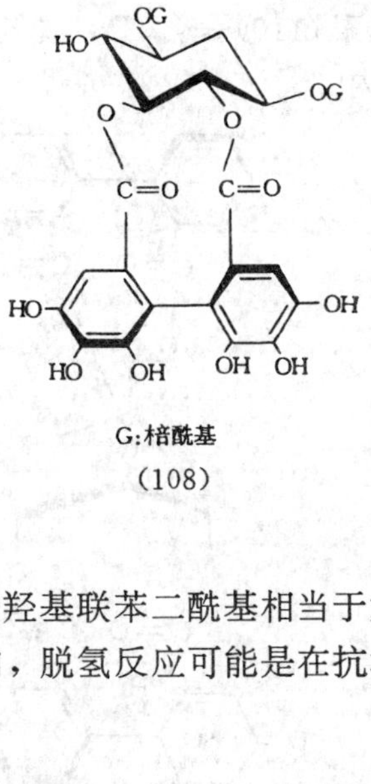

（108）

3.2.2　含脱氢六羟基联苯二酰基的鞣花单宁

天然的脱氢六羟基联苯二酸酯的分布较广泛。脱氢六羟基联苯二酰基相当于六羟基联苯二酰基失去 2 个 H 原子，其关系如下式所示。在植物体内，脱氢反应可能是在抗坏血酸的参与下进行的。

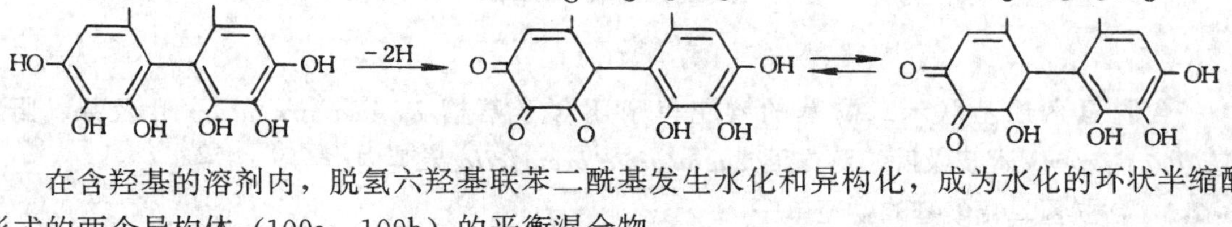

在含羟基的溶剂内，脱氢六羟基联苯二酰基发生水化和异构化，成为水化的环状半缩醛形式的两个异构体（109a，109b）的平衡混合物。

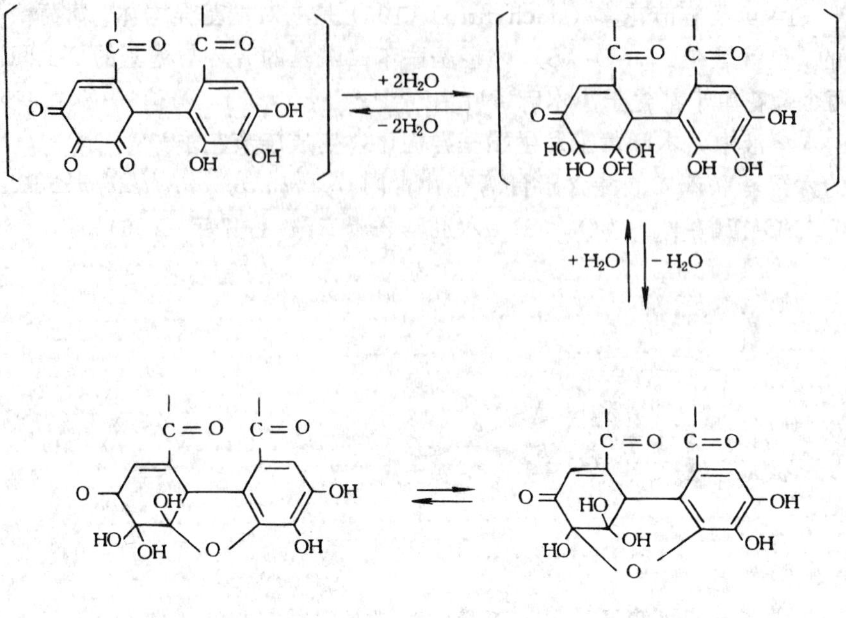

(109b) (109a)

在水溶液中水解时，脱氢六羟基联苯二酰基生成柯子酸、云实素羧酸和云实素。用浓盐酸水解时生成氯化鞣花酸。

老鹳草素(110)是含(R)-脱氢六羟基联苯二酰基的鞣花单宁，含于东亚老鹳草 *Geranium thunbergil* 内[101]。

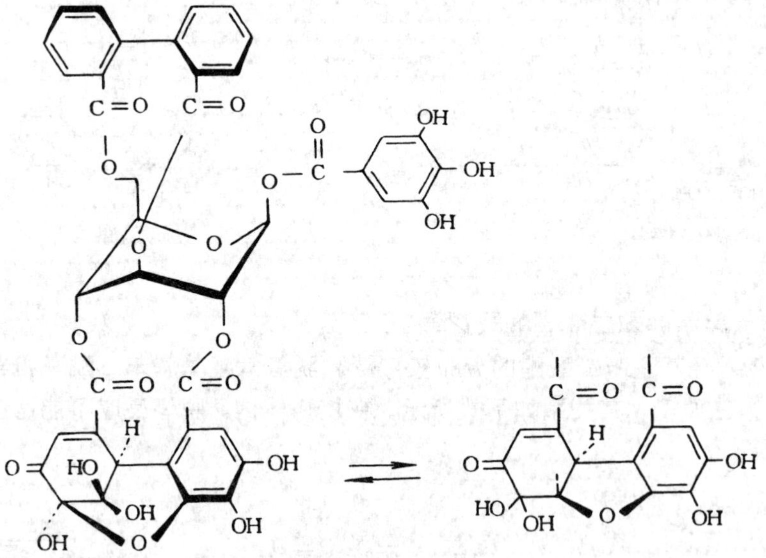

(110)

含脱氢六羟基联苯二酰基的鞣花单宁还含于石榴 *Punica granatum* 叶及果、野桐 *Mallotus japonicus* 皮及叶、苏方荚 *Caesalpinia brevifolia* 果荚内。

3.2.3 含脱氢二棓酰基的鞣花单宁

脱氢二棓酰基是两个棓酰基之间，在邻位或对位处以 C-O-C 键偶联形成的。在已发现的这一类鞣花单宁分子中，脱氢二棓酰基通常与糖基的C1位相连接。

金缨子素A(111)含于金樱子 *Rosa laevigata* 内，是含有间-脱氢二棓酰基的鞣花单宁[102]。

Hirtellin T-2(112)是一个36元环状的三聚的鞣花单宁。间-脱氢二棓酰基连在一个葡萄糖基的C1位与另一个葡萄糖的C2位之间[103]。

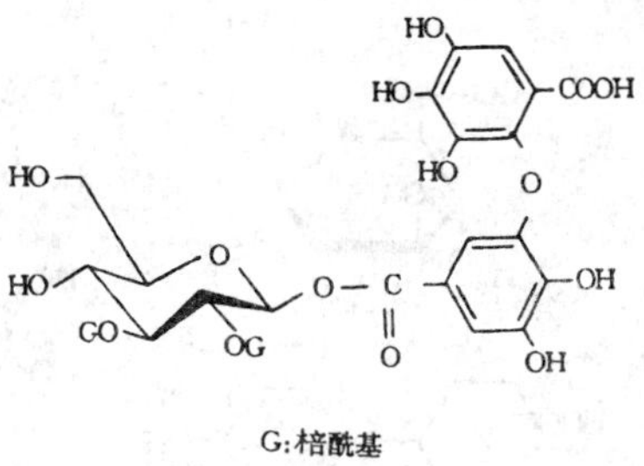

G:棓酰基

(111)

异栗宁（113）则是含对-脱氢二棓酰基的二聚的鞣花单宁。它是从板栗 *Casfanea mollissima* 叶分离出来的[104]。

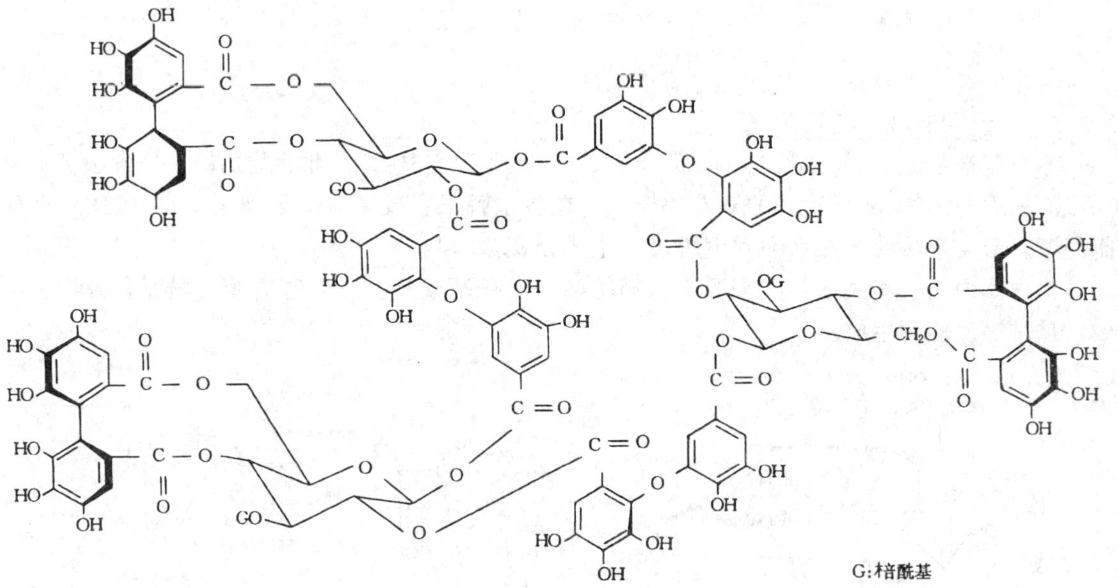

G:棓酰基

(112)

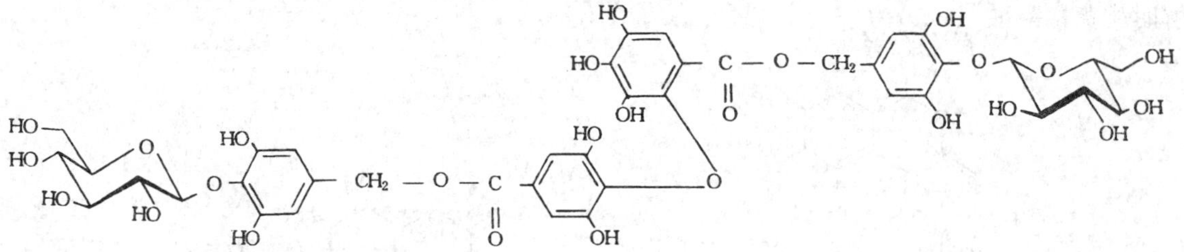

(113)

3.2.4 含柯子酰基的鞣花单宁

含柯子酰基的鞣花单宁，如：柯黎勒酸（114）及柯黎勒鞣花酸（115）含于柯子 *Terminalia chebula* 果实内[105]。在水解时柯子酰基变成柯子酸（116）。

柯子酸为三元羧酸，有一个芳环和一个内酯键，它的绝对构型是2S，3S，4S。植物体内的柯子酰基可能是脱氢六羟基联苯二酰基经过环裂、内酯化产生的。

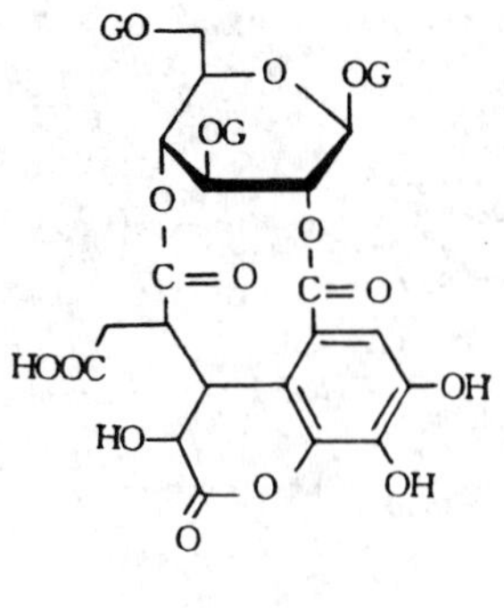

G:棓酰基

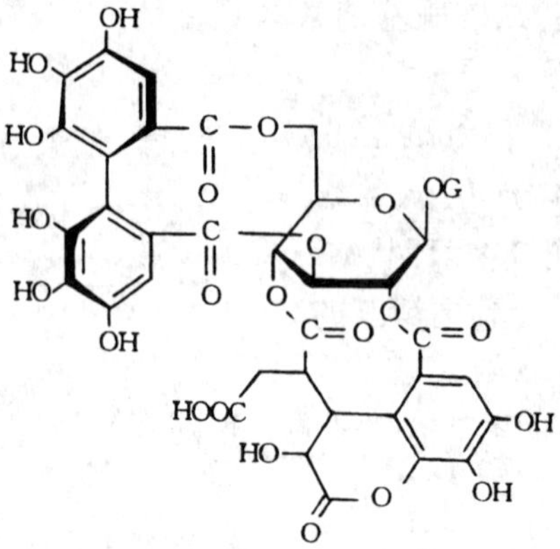

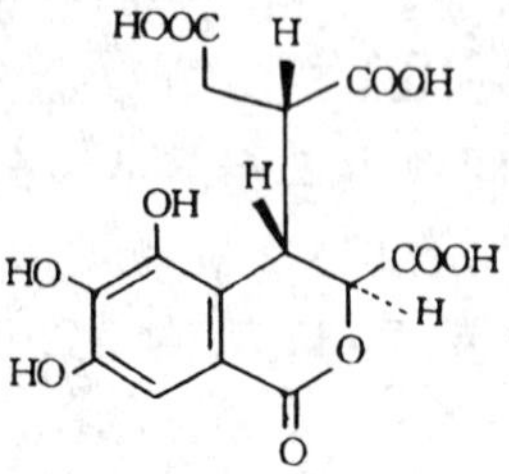

（114） （115） （116）

3.2.5 含云实酰基的鞣花单宁

苏方荚素（algarobin）(117)，即 4，6-O-（—）-云实酰-α-D-吡喃葡萄糖，是含于苏方荚 *Caesalpinia brevifolia* 果荚内的鞣花单宁。它在酸水解下生成（—）-云实素羧酸（118）及 D-葡萄糖。云实素羧酸在热水中发生脱羧，生成云实素（119）[106]。

植物体内的云实酰基可能来源于六羟基联苯二酰基或脱氢六羟基联苯二酰基，经缩环、脱羧、重排等反应而生成。

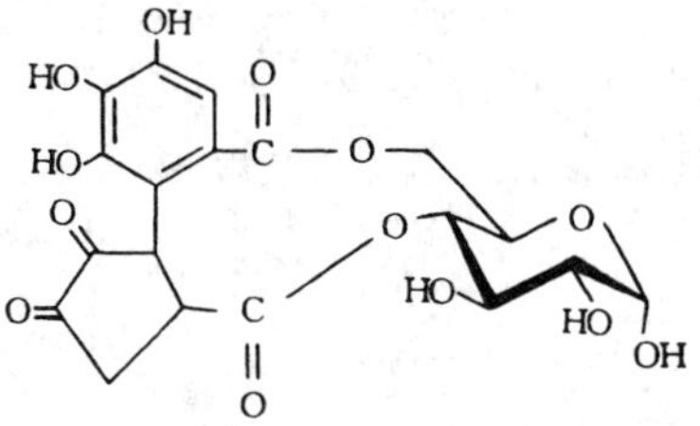

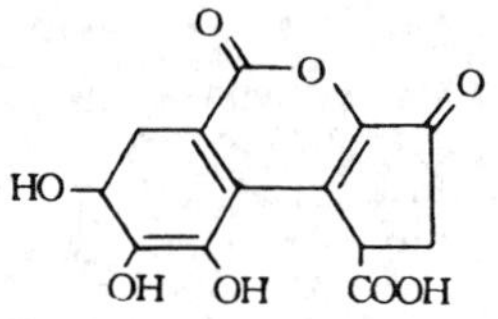

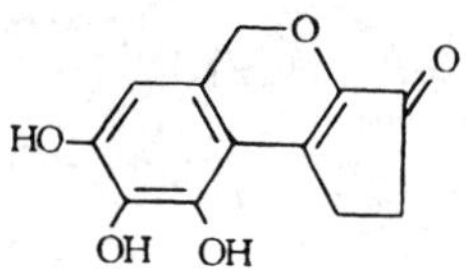

（117） （118） （119）

3.2.6 含黄棓酮酰基或九羟基联三苯三酰基的鞣花单宁

榄黄素 B（120）是含黄棓酮酰基的鞣花单宁[107]，来自榄仁树 *Terminalla catappa* 叶，水解时生黄棓酮酸（121）。

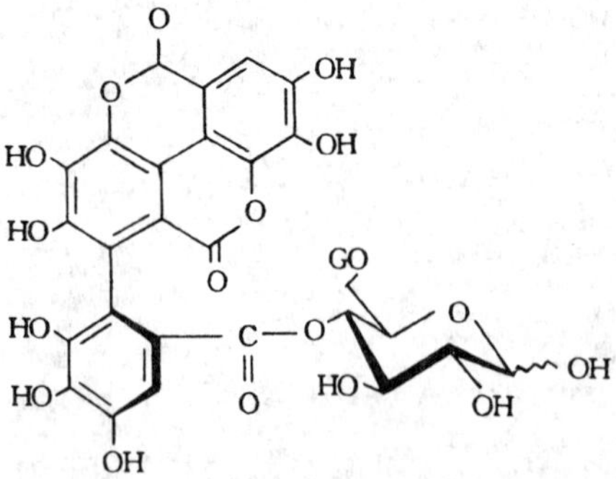

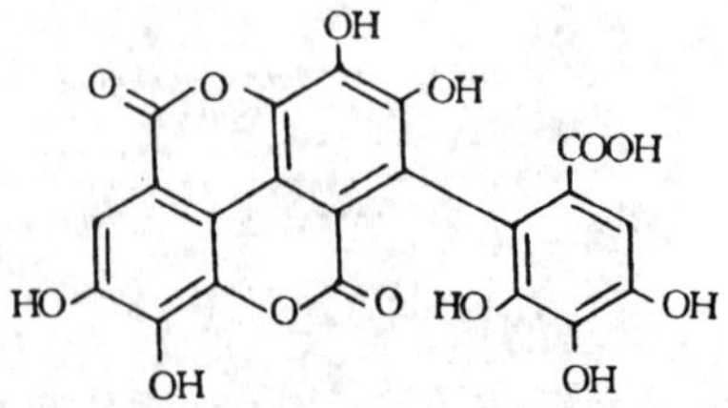

（120） （121）

欧洲栗 *Castanea sativa* 木材中的栗木素（castalin）（122）、甜栗素（vescalin）（123）、栗

木鞣花素（castalagin）（124）及甜栗鞣花素（vescalagin）（125）都是含（S，S）-九羟基联三苯三酰基的鞣花单宁。分子中的葡萄糖基是开环的。糖基 C-1 与九羟基联三苯三酚的 A 环间还有一个 C—C 键[108]。

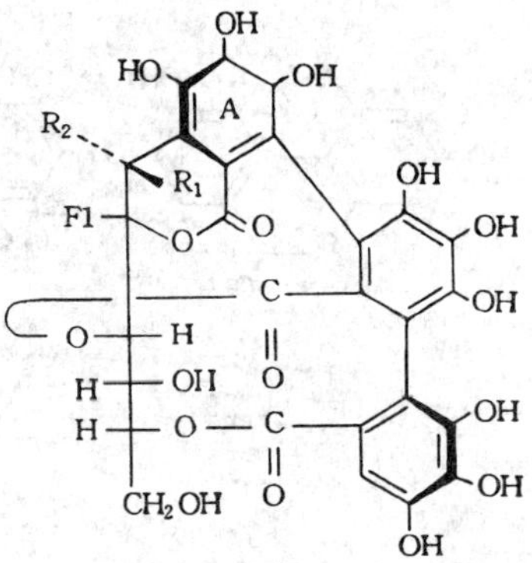

(122) R_1=OH；R_2=H
(123) R_1=H；R_2=OH

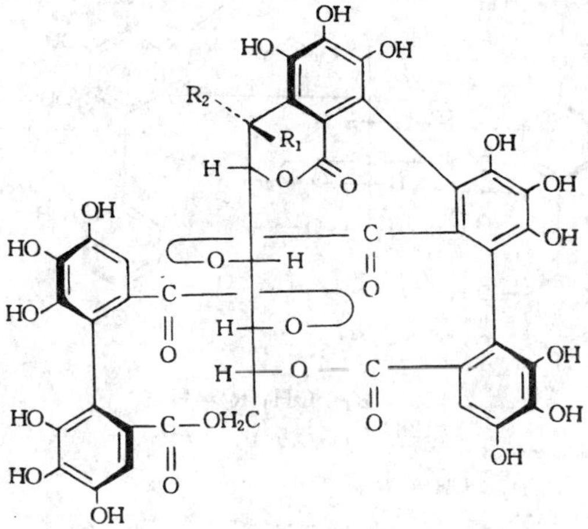

(124) R_1=OH；R_2=H
(125) R_1=H；R_2=OH

在激烈的水解条件下，九羟基联三苯三酰基被释出，成为黄棓酮酸。

板栗宁（126）是含（S，S）-六羟基联三苯三酰基的二聚的鞣花单宁，来自板栗 *Astanea mollissima* 皮。它的结构式相当于一个栗木鞣花素与一个甜栗鞣花素以 C—C 键连接而产生的二聚体[109]。

3.2.7　含橡椀酰基的鞣花单宁

橡椀含的栗宁酸（127）和甜栗椀宁酸（128）是一对端基异构体，葡萄糖基是开环的和 C-苷化了的[110]。

橡椀酰基在水解时发生内酯化，生成橡椀酸二内酯（valonic acid dilactone）（129）。

含橡椀酰基的二、三聚的鞣花单宁为数不少。这些聚合的鞣花单宁的糖基间借助于橡椀酰基相连接。例如：瑞木素 A（130）是二聚的，含于山茱萸 *Cornus officinalis* 果实内[111]。玫瑰素 G（131）是三聚的，含于玫瑰 *Rosa rllgosa* 花瓣内[112]。它们在完全水解下均生成棓酸，鞣花酸，橡椀酸二内酯及葡萄糖。

重阳木宁（132）含于重阳木 *Bischofia javanica* 叶内，它是通过老鹳草素（geraniin，为鞣花单宁）与五-O-棓酰葡萄

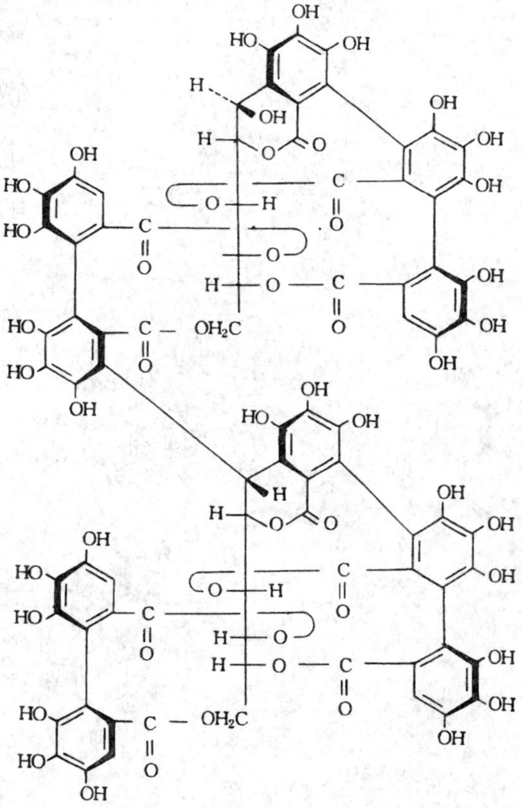

(126)

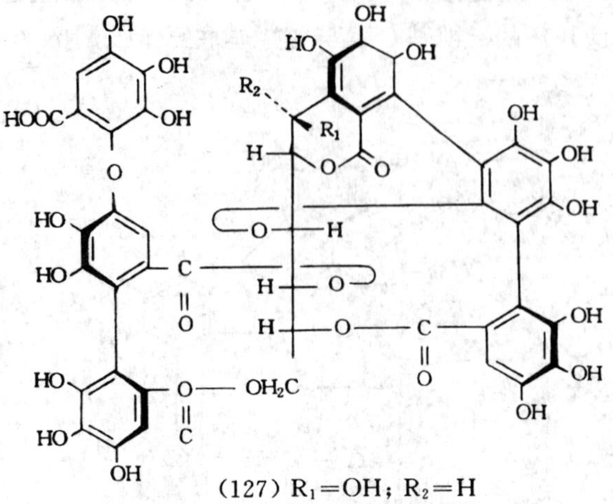

(127) $R_1=OH$; $R_2=H$
(128) $R_1=H$; $R_2=OH$

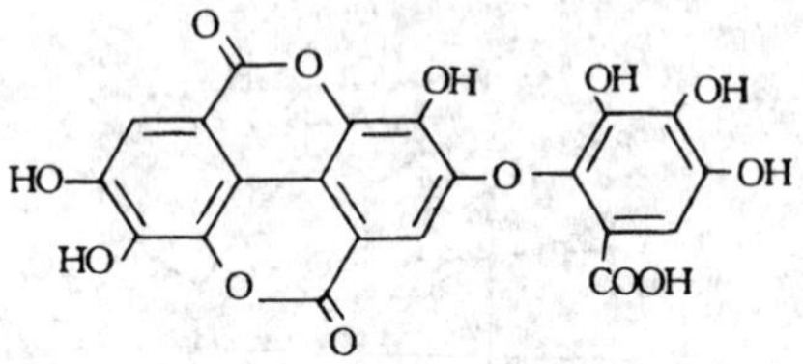

(129)

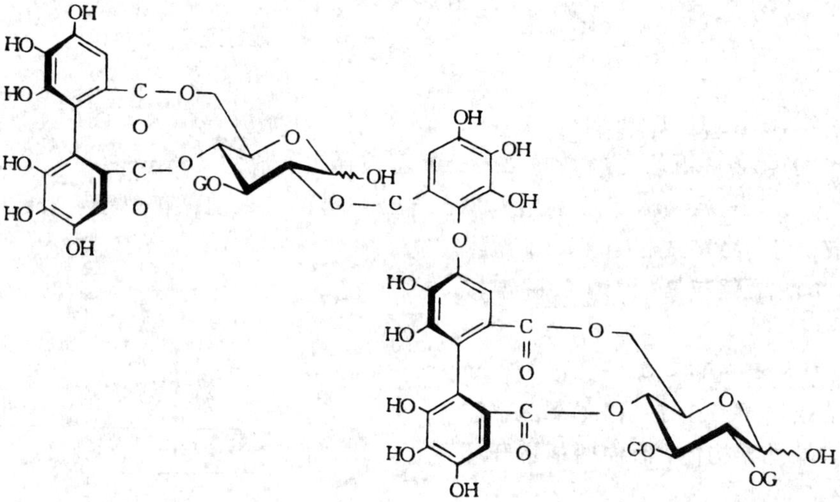

(130)

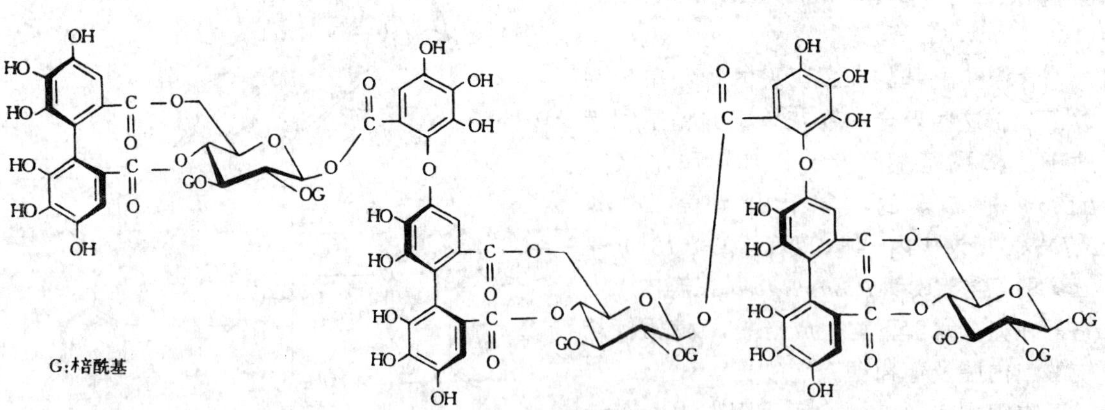

G:棓酰基

(131)

糖（为棓单宁）间的氧化偶合作用生成的[109]。

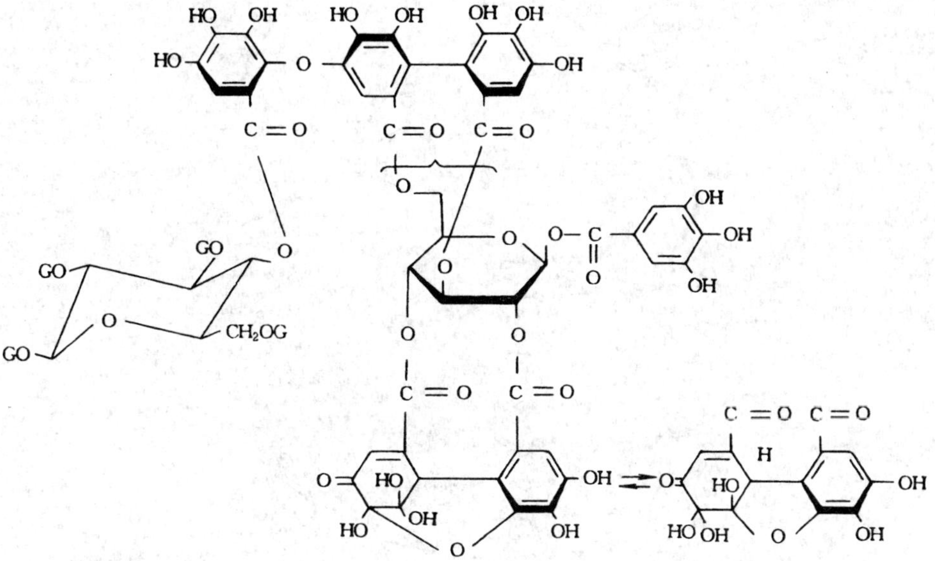

G:棓酰基

(132)

3.2.8　含地榆酰基的鞣花单宁

地榆 *Sanguisorba officinalis* 的地下部分含的多种地榆素都是含地榆酰基的鞣花单宁。如：地榆素 H-2（133）是 1-O-棓酰-2，3-O-（S）-六羟基联苯二酰-4，6-O-（S）-地榆酰-α-D-吡喃葡萄糖[113]。地榆酰基在水解下变为地榆酸二内酯（134）。

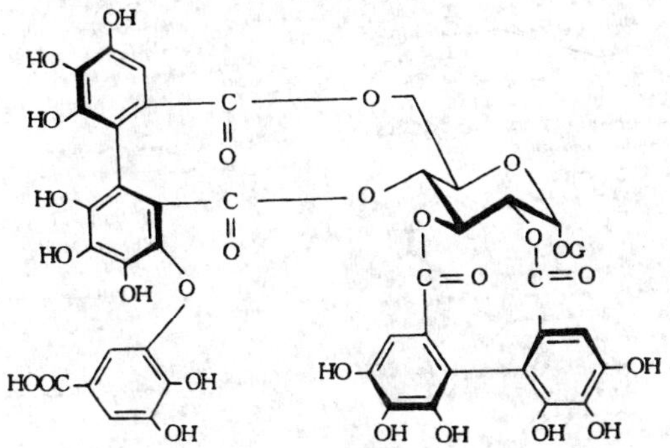

G:棓酰基

(133) 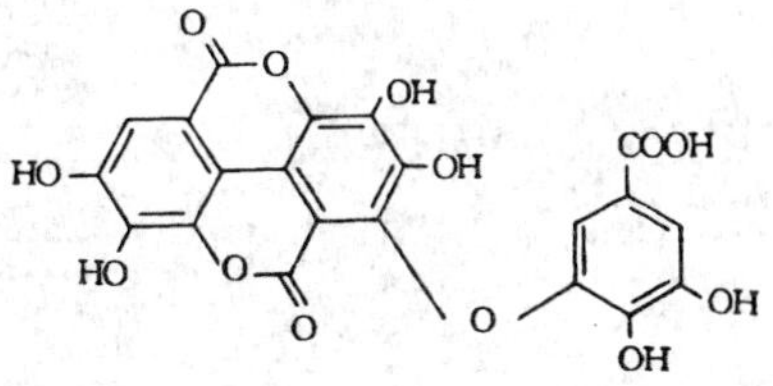　　(134)

地榆素 H-11（135）是四聚的鞣花单宁[39]。

3.2.9　含椀刺酰基的鞣花单宁

橡椀含有橡椀鞣花素酸（136）及异橡椀鞣花素酸（137），它们是一对互为端基异构体的、含椀刺酰基的鞣花单宁，在酸水解下，椀刺酰基转化为椀刺酸三内酯（138）[57]。

椀刺酸三内酯的结构相当于一个六羟基联苯二酰基以 C—C 键连接一个 γ-羟基-α-羟基己二酸的 γ 内酯。椀刺酸的绝对构型与柯子酸相同。

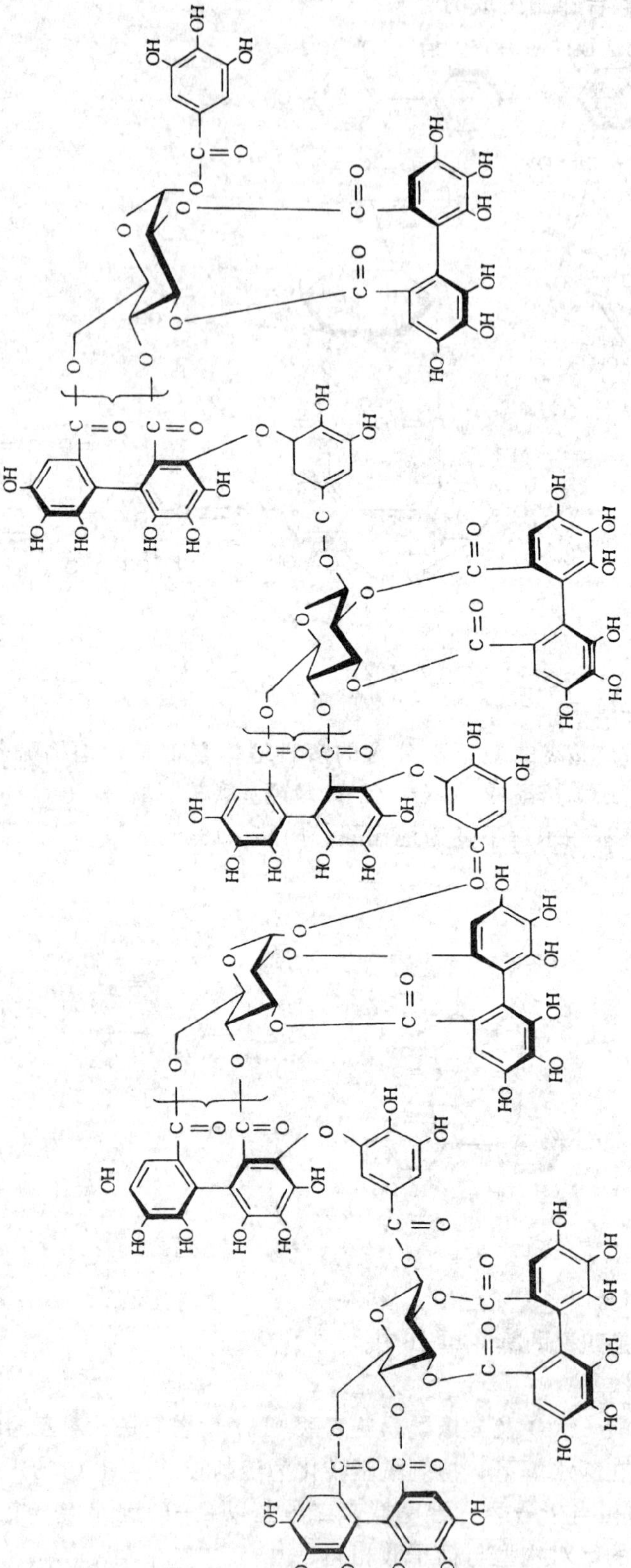

(135)

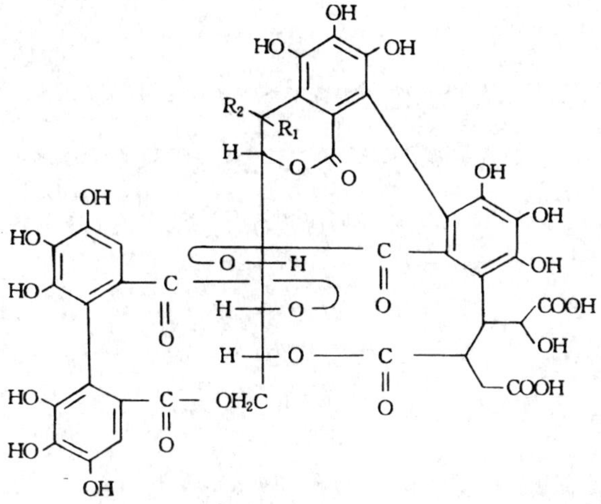

(136) $R_1=OH$; $R_2=H$

(137) $R_1=H$; $R_2=OH$

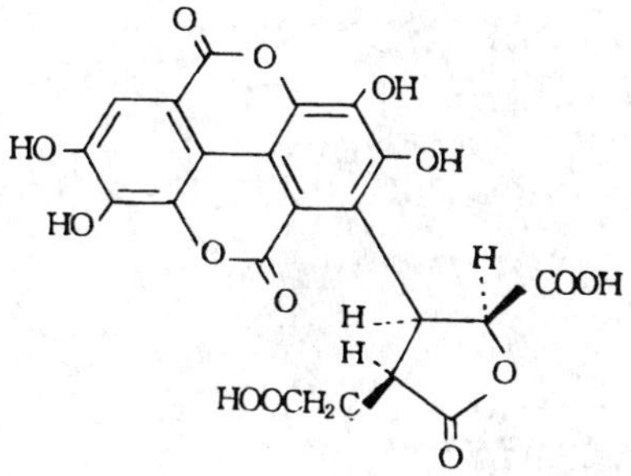

(138)

3.2.10　含棓鞣花酰基的鞣花单宁

含棓鞣花酰基（gallagyl）的鞣花单宁，如石榴鞣花素（139）、石榴可太因 C（140）、石榴可太因 D（141）均得自石榴果皮[115]。棓鞣花酰基在水解时转化为十二羟基联四苯四酸的四内酯（142a 或 142b）。

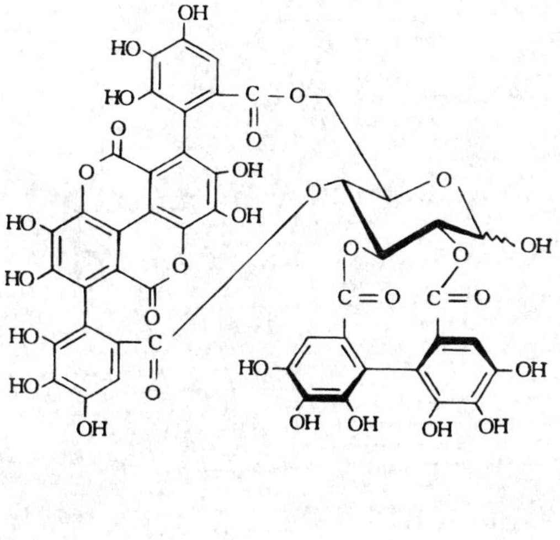

(139)

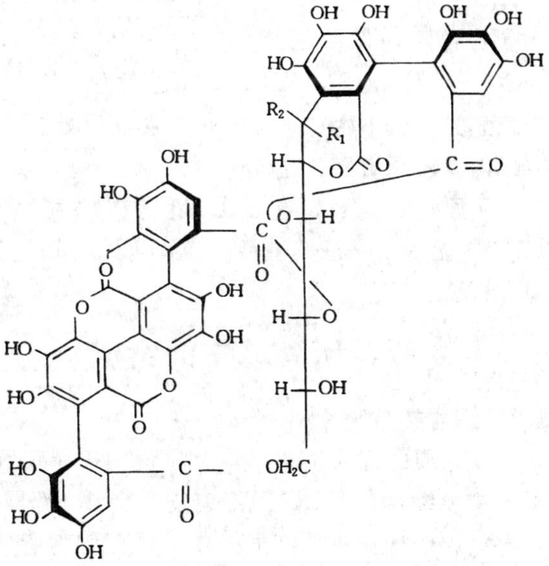

(140) $R_1=OH$; $R_2=H$

(141) $R_1=H$; $R_2=OH$

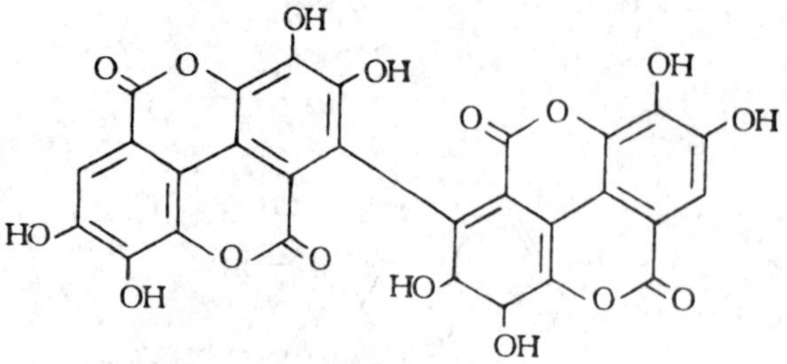

(142a)

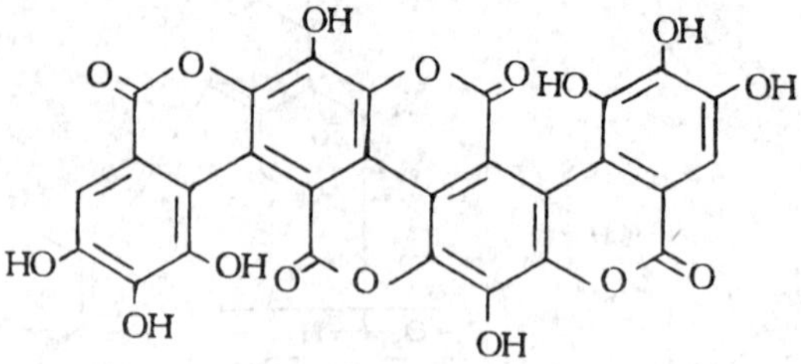

(142b)

4 复杂单宁

1985年起日本学者 Nonaka 等陆续从栎属 *Quercus* sp.、栲树属 *Castanopsis* sp.、番石榴属 *Psidium* sp. 等植物分离出含有黄烷醇基或黄酮醇基的鞣花单宁。例如：麻栎素A（143），含于麻栎 *Quercus acutissima* 皮内[116]。黄烷醇是组成缩合单宁的单元。因此这一类单宁属于复杂单宁。特别是含于蒙古栎 *Quercus mongolica* 皮中的蒙古栎单宁（144），它的结构式等同于一个甜栗鞣花素（为鞣花单宁）和一个原花青定B-3（为缩合单宁）的结合体，兼有水解单宁和缩合单宁二者的一切特征[117]。蒙古栎单宁遇 $FeCl_3$ 生蓝色，遇 $NaNO_2$-HOAc 生棕色。在苄硫醇的降解下生成（+）-儿茶素及硫醚。用阮内镍还原硫醚、生成麻栎素A。

用原花青定B-3与甜栗鞣花素在对-甲苯磺酸-无水二噁烷内进行反应，可以得到蒙古栎单宁。

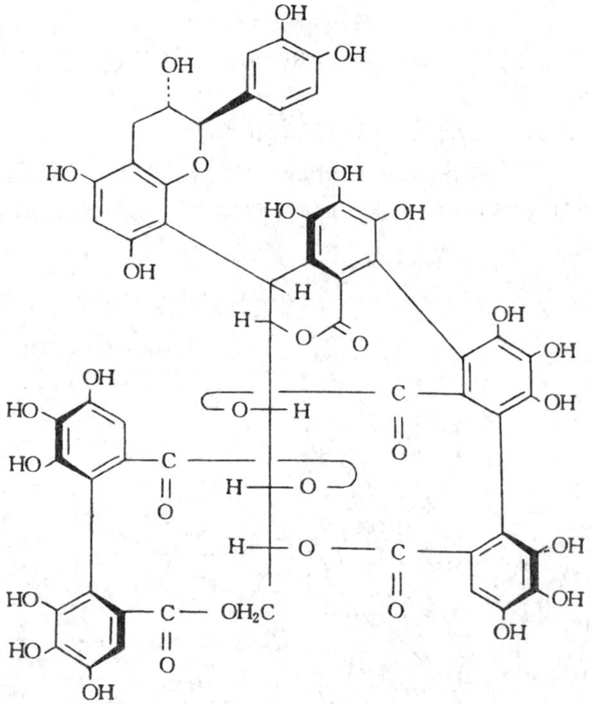

(143)

5 主要原料所含单宁的组成

5.1 缩合类单宁原料

在主要的缩合类单宁中，黑荆树皮单宁和坚木单宁都属于间苯二酚A环型的原花色素。国产主要缩合单宁，除黑荆树皮单宁外，都属于间苯三酚A环型的原花色素，例如：落叶松、木麻黄、山槐树皮、红根根皮、薯莨块茎所含的单宁为原花青定。余甘、槲树皮所含的单宁为原翠雀定-原花青定。毛杨梅树皮单宁为原翠雀定。槲树皮及毛杨梅单宁还含少量的鞣花单宁。全世界在数量上占了单宁资源绝大部分的针叶树（如云杉、铁杉、辐射松、北美云杉等）树皮所含单宁均为原花青定，间或兼有少量的原翠雀定[59]。

5.1.1 坚木单宁[59]

坚木单宁属于原菲瑟定，其特点是组成单元为2S构型的。坚木多酚的分子量在200～

50 000，重均分子量 3 680，数均分子量 1 230，分散度为 3。在坚木心材中，与聚合的原菲瑟定伴存在一起的黄烷醇有（—）-无色菲瑟定和（＋）-儿茶素。它们在坚木心材外缘部分的含量分别是 5.7%～9.5%及 2.6%～3.8%，其含量自心材边缘向中心递减，而心材单宁的平均分子量自外向内递增，心材中心几乎全是原菲瑟定（单宁）。

从坚木单宁中找到的二聚原菲瑟定有：对映-菲瑟亭醇-（4β→8）-儿茶素（145）、对映-菲瑟亭醇-（4α→8）-儿茶素（146）、对映-菲瑟亭醇-（4β→6）-儿茶素（147）、对映-菲瑟亭醇-（4α→6）-儿茶素（148）。（145）、（146）、（147）、（148）的相对含量为 11：5：3：1[118]。

坚木单宁中的三聚原菲瑟定全是角链型的。有：对映-菲瑟亭醇-（4β→8）-儿茶素-（6→4β）-对映-菲瑟亭醇（149）、对映-菲瑟亭醇-（4β→8）-儿茶素-（6→4α）-对映-菲瑟亭醇（150）、对映-菲瑟亭醇-（4α→8）-儿茶素-（6→4β）-对映-菲瑟亭醇（151）、对映-菲瑟亭醇-（4α→8）-儿茶素-（6→4α）-对映-菲瑟亭醇（152）。（149）、（150）、（151）、（152）的相对含量为 16：5：4.75：1。

5.1.2　黑荆树皮单宁[9,59,119]

黑荆树皮单宁的组成比较复杂，以聚合的原刺槐定为主（约占 70%），伴有原菲瑟定及少量的原翠雀定。单宁的分子量为 550～3250，数均分子量 1250。我国江西、福建、广西的黑荆树皮单宁分子量 1141～1266，分子量的分布很窄。

黑荆树皮内的黄烷醇有：（＋）-儿茶素、（＋）-棓儿茶素、（—）-菲瑟亭醇、（—）-刺槐亭醇、（＋）-无色刺槐定、（＋）-无色菲瑟定。

二聚原花色素有：菲瑟亭醇-（4α→8）-儿茶素、菲瑟亭醇-（4β→8）-儿茶素、刺槐亭醇-（4α→8）-儿茶素、刺槐亭醇-（4α→8）-儿茶素、刺槐亭醇-（4α→8）-棓儿茶素。

三聚原花色素都是角键型的，有：刺槐亭醇-（4α→8）-儿茶素-（6→4α）-刺槐亭醇

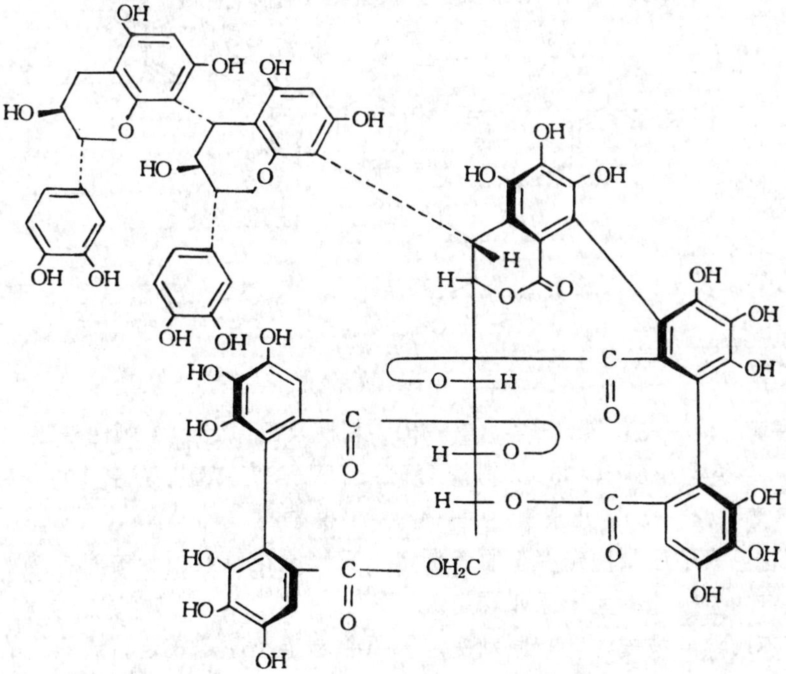

(144)

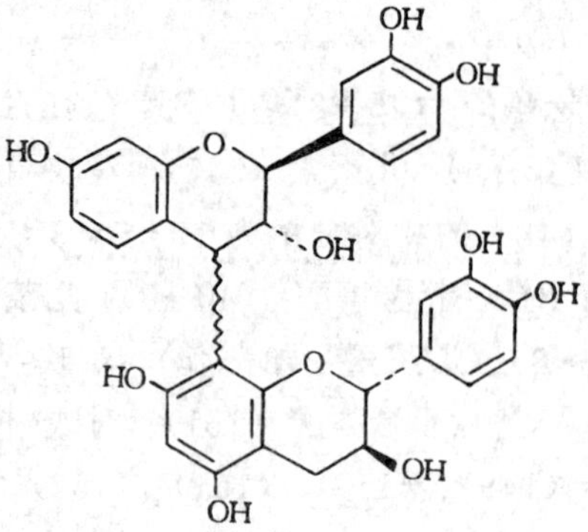

(145) → (146) …

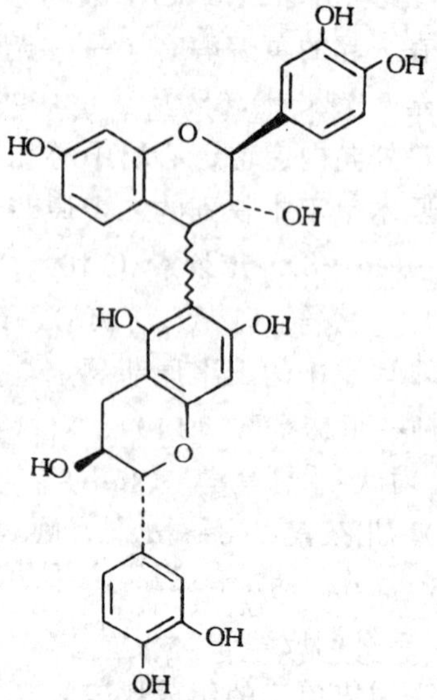

(147) → (148) …

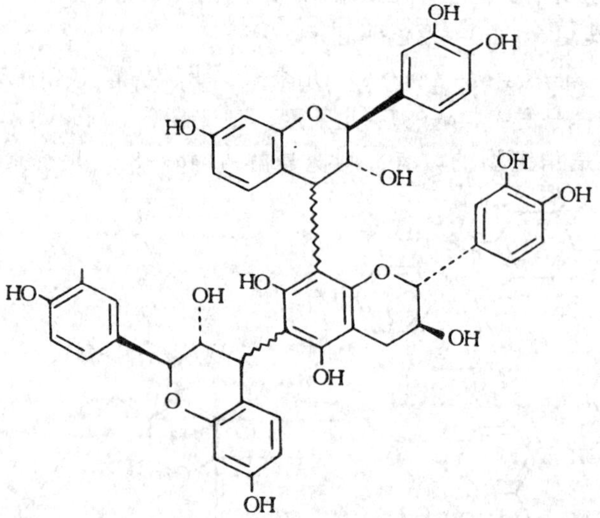

(149) ～ (152)

(153)、刺槐亭醇-（4α→8）-儿茶素-（6→4β）-刺槐亭醇（154)、刺槐亭醇-（4α→8）-棓儿茶素-（6→4α）-枣槐亭醇（155)、刺槐亭醇-（4α→8）-棓儿茶素-（6→4β）-枣槐亭醇（156)、枣槐亭醇-（4β→8）-儿茶素-（6→4β）-枣槐亭醇（157)。

在二聚原花色素中原刺槐定多于原菲瑟定、三聚原花色素则全由原刺槐定组成。这可能是由于原刺槐定的生成速率大于原菲瑟定。

黑荆树的不成熟的枝皮内含有原刺槐定、原菲瑟定及原翠雀定，成熟了的干皮只含前二者而几乎不含原翠雀定。在几种荆树皮中，金荆树皮含原翠雀定最多，其次是银荆树皮和绿荆树皮，黑荆树皮最少。

黑荆树皮单宁的四聚原刺槐定的可能的结构式如（158）。

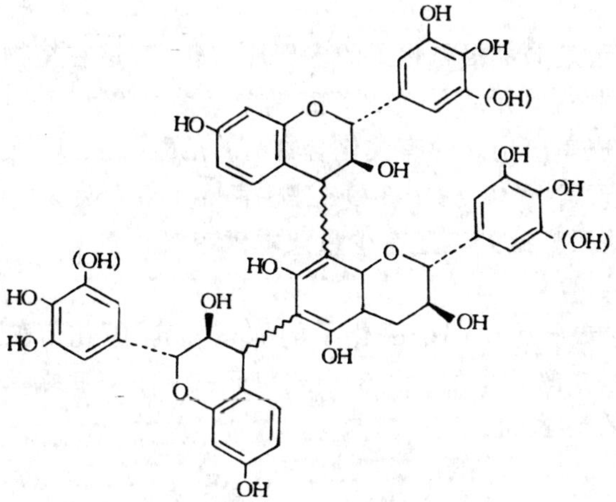

（153）～（157） 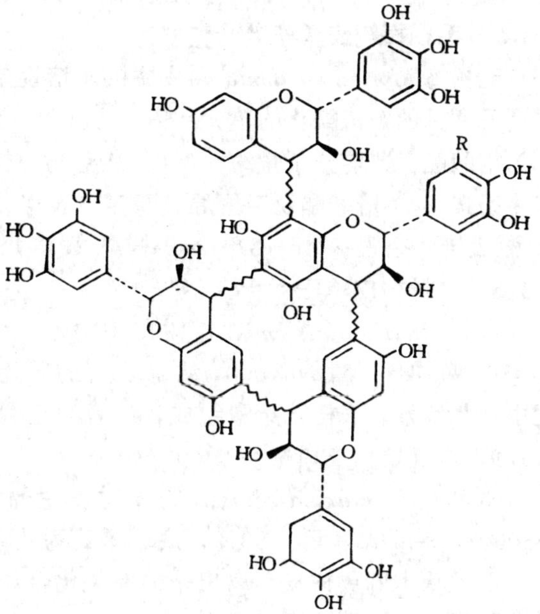　　（158）

5.1.3　落叶松树皮单宁

从兴安落叶松 *Larix gmelini* 树皮的黄烷醇有：（—）-表阿福豆素、（+）-儿茶素、（—）-表儿茶素。二聚原花色素有：原花青定 B-1、B-2、B-3、B-4。落叶松树皮的水溶性单宁是多聚原花青定，数均分子量约 2 800，相当于 9～10 聚体。多聚原花青定上部单元中，2，3-顺式与反式的比例约为 6∶4，底端单元由（+）-儿茶素、（—）-表儿茶素组成，二者的比例约为 8∶2[120,122]。除了水溶性单宁外，落叶松树皮还含有大量的水不溶性红粉单宁（约占水溶性单宁的 1/3～1 倍）。红粉单宁在酸-醇处理下也生成花青定[66]。

5.1.4　云杉树皮单宁[123]

欧洲云杉 *Picea abies* 树皮含多量的云杉鞣酚等芪类化合物。但是云杉树皮单宁的组成则是葡萄糖苷化了的多聚原花青定。2，3-顺式单元占 70%，底端单元为（+）-儿茶素。糖基可能连在组成单元的酚羟基上，但具体位置尚未确定。

5.1.5　辐射松树皮单宁[124]

辐射松 *Pinus radiata* 树皮单宁是多聚原花青定-原翠雀定，数均分子量达 8 400。内皮中原翠雀定较多，约占 50%，外皮中原花青定约占 90%。从树皮单离出来的有关化合物有（+）-儿茶素，二聚原花青定 B-1、B-3、B-6 及三聚原花青定 C-2。

5.1.6　火炬松与短叶松树皮单宁[125]

火炬松 *Pinus taeda* 与短叶松 *Pinus echinata* 树皮单宁的组成十分相似，均为 2，3-顺式的多聚原花青定。火炬松树皮单宁的重均及数均分子量分别为 4 100 及 2 150，4→8 与 4→6 位连接单元的比例约为 3∶1。

从火炬松树皮单离出来的有关化合物有：（+）-儿茶素、二聚原花青定 B-1、B-3、B-7、三聚原花青定有：表儿茶素（4β→8）-表儿茶素-（4β→8）-儿茶素、表儿茶素-（4β→8）-表儿茶素-（4β→6）-儿茶素、表儿茶素-（4β→6）-表儿茶素-（4β→8）-儿茶素。

5.1.7 毛杨梅树皮单宁[122,126]

毛杨梅 *Myrica esculenta* 树皮中的水溶性单宁是局部棓酰化了的多聚原翠雀定，这在植物界是不常见的。棓酰化的单元约占40%，2，3-顺式单元约占90%，底端单元为表棓儿茶素-3-O-棓酸酯。数均分子量约5 000。从毛杨梅树皮单离出来的有关化合物有：棓酸、（—）-表棓儿茶素-3-O-棓酸酯及二聚原花青定：表棓儿茶素-（4β→8）-3-O-棓酰-表棓儿茶素及3-O-棓酰-表棓儿茶素-（4β→8）-3-O-棓酰-表棓儿茶素。此外，还有少量栗木鞣花素。

5.1.8 余甘树皮单宁[122,127]

余甘 *Phyllanthus emblica* 树皮中的水溶性单宁是局部棓酰化了的原翠雀定-原花青定（3：1），数均分子量约4 000，约有25%的单元是棓酰化了的。2，3-顺式单元占90%，底端单元由棓儿茶素、表棓儿茶素组成，二者的比例约为2：1。

5.1.9 木麻黄树皮单宁[126]

木麻黄 *Casuarina equisetifolia* 树皮中的水溶性单宁是多聚原花青定，数均分子量约3 500，2，3-顺式单元占80%，底端单元为儿茶素及表儿茶素（6：4）。

已经从木麻黄树皮单离出来的有关化合物有：（＋）-儿茶素、（＋）-棓儿茶素、（—）-表棓儿茶素，二聚原花青定：B-1，B-2。

5.1.10 山槐树皮单宁[126]

白花合欢 *Albizzia kalkora* 树皮与木麻黄树皮单宁的组成十分相似，为多聚原花青定，数均分子量约4 000，2，3-顺式单元占80%，底端单元为儿茶素及表儿茶素（6：4）。从山槐树皮分离出来的有关化合物为：（＋）-儿茶素、（—）-表儿茶素、原花青定B-1、B-2。

5.1.11 红根根皮[127]

红根 *Rosa* sp. 根皮单宁的组成比较复杂，但主要为多聚原花青定，平均分子量4400。其特征是2，3-反式单元占了绝大部分（90%）。底端单元也全由儿茶素组成。与红根单宁伴存在一起的（＋）-儿茶素及原花青定B-3也全是2，3-反式的。

5.1.12 薯莨块茎单宁[127]

薯莨 *Dioscorea cirrhosa* 块茎含（＋）-儿茶素、（＋）-表儿茶素。已从薯莨块茎单离出来的二、三、四聚原花青定有：原花青定B-1、B-2、B-5、原花青定C-1、儿茶素-（4α→6）-表儿茶素-（4β→8）-表儿茶素、表儿茶素-（4β→6）-表儿茶素-（4β→8）-儿茶素、表儿茶素-（4β→8）-儿茶素-（4β→8）-表儿茶素、表儿茶素-（4β→8）-儿茶素-（4β→8）-儿茶素、［表儿茶素-（4β→8）-］$_3$表儿茶素、儿茶素-（4β→8）-［表儿茶素-（4β→8）-］$_2$表儿茶素[128]。

薯莨块茎单宁为多聚原花青定，数均分子量约4 800。2，3-顺式单元占80%，底端单元为儿茶素及表儿茶素（2：8）[127]。

5.1.13 槲树皮单宁

生于陕西的槲树 *Quercus dentata* 树皮中的单宁可能是以缩合单宁为主的混合类单宁。槲树皮多聚原花色素是混合型的多聚原翠雀定与原花青定（3：1），其中30%的组成单元是棓酰化了的，平均分子量3 700，2，3-顺式单元约50%，底端单元由儿茶素与棓儿茶素（3：1）组成。已经从槲树皮分离出来的有关化合物是：棓酸、（＋）-儿茶素、（＋）-棓儿茶素、原花青定B-3、棓儿茶素-（4α→8）-棓儿茶素、棓儿茶素-（4β→8）-儿茶素、棓儿茶素-（4α→6）-

儿茶素、3-O-棓酰-表棓儿茶素-(4β→8)-儿茶素。还有水解单宁三-O-二棓酰-1，2，4，6-四-O-棓酰-β-D-葡萄糖[129]。

5.1.14　厚皮香树皮单宁[130]

厚皮香 *Ternstroemia gymnanthera* 树皮所含单宁是葡萄糖苷化了的多聚原花青定，以 2，3-顺式单元为主。糖基可能连在 3-O-位上。

5.2　水解类单宁原料

5.2.1　五倍子单宁[87]

五倍子单宁是聚棓酰葡萄糖的混合物，其化学结构均是以 1，2，3，4，6-五-O-棓酰-β-D-吡喃葡萄糖为“核心”，在 2，3，4 位上有更多的棓酰基以缩酚酸的形式连在“核心”上而成。1982 年 Nishizawa 等将五倍子单宁分为 8 个组分，再从中单离出 8 个纯的化合物，见表 39-5。

表 39-5　五倍子单宁的组成

组分名称	相对含量（%）	组分的组成化合物
五-O-棓酰葡萄糖	4	(159)
六-O-棓酰葡萄糖	12	(160)、(161)、(162)
七-O-棓酰葡萄糖	19	(163) ～ (166)
八-O-棓酰葡萄糖	25	含异构体 8 个以上
九-O-棓酰葡萄糖	20	含异构体 9 个以上
十-O-棓酰葡萄糖	13	含异构体 7 个以上
十一-O-棓酰葡萄糖	6	
十二-O-棓酰葡萄糖	2	

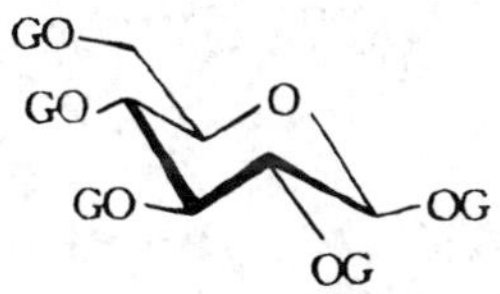

(159) 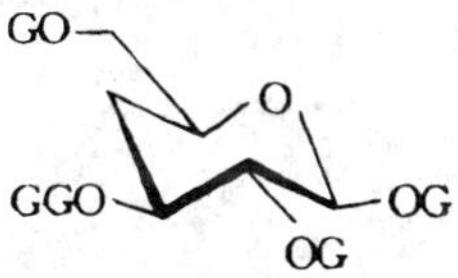　(160) 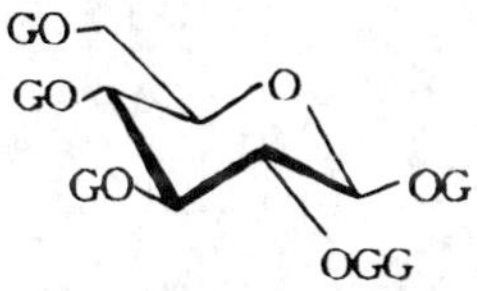　(161) 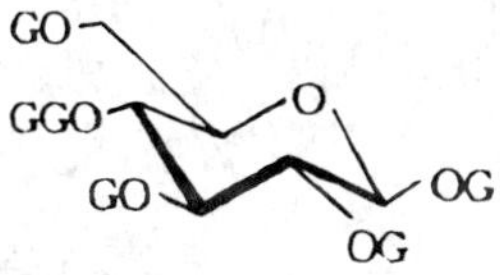　(162)

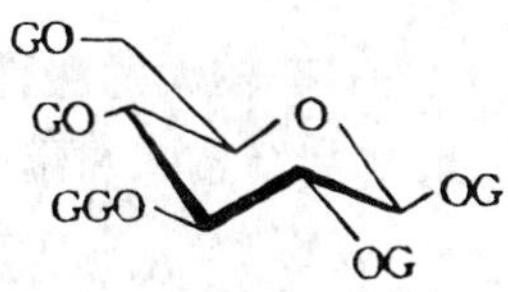

(163) 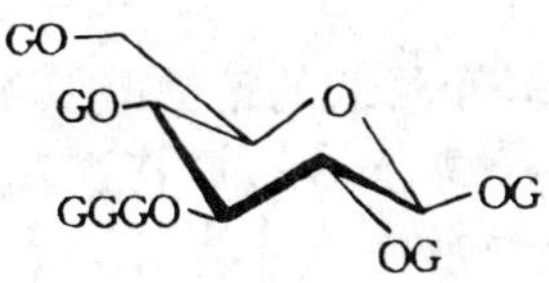　(164) 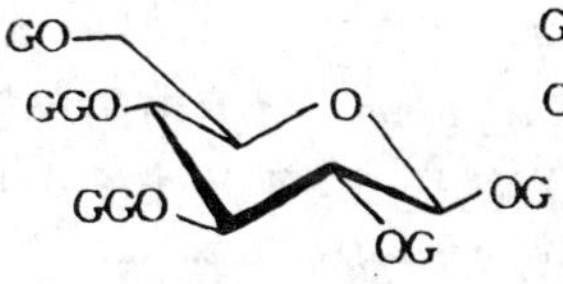　(165) 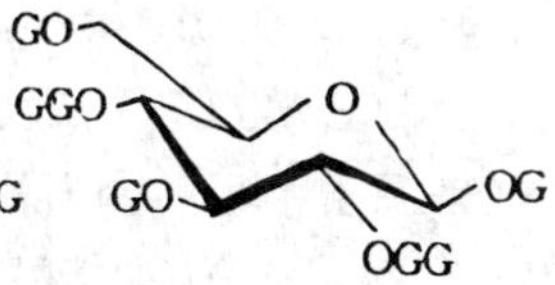　(166)

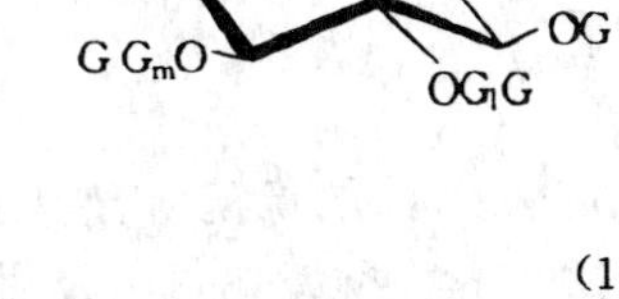

G:棓酰基
l,m,n:正整数
l+m+n=0~7

(167)

从表 39-5 可见，五倍子单宁是五至十二-O-棓酰-葡萄糖的混合物，最多的组分是七至九-O-棓酰葡萄糖。平均分子量 1 434。平均每个葡萄糖基结合了 8.3 个棓酰基。混合物的结构式可用（167）代表。

5.2.2 土耳其棓子单宁[88]

土耳其棓子单宁的组成比五倍子单宁复杂，有两种类型。一种是以 1，2，3，6-四-O-棓酰-β-D-吡喃葡萄糖为“核心”的缩酚酸型化合物，如化合物（168）、(169)、(170)。另一种以 1，2，3，4，6-五-O-棓酰-β-D-吡喃葡萄糖为核心，如化合物（171）、（172）、（173）、(174)。

土耳其棓子单宁是三至九-O-棓酰葡萄糖的混合物，最多的组分是五至六-O-棓酰葡萄糖，平均分子量 1 032，平均每个糖基结合 5.6 个棓酰基。混合物的结构式可用（175）与（176）来代表。

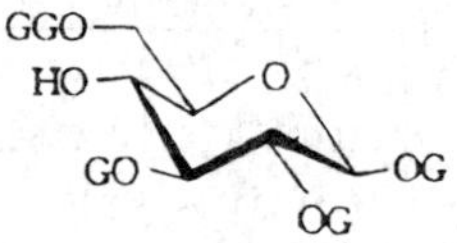

GGO HO O GO OG OG
(168)

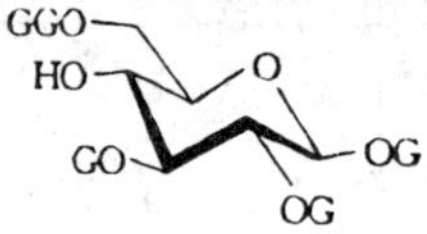

GGO HO O GO OG OG
(169)

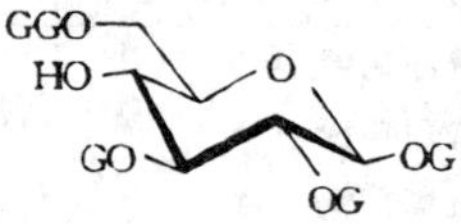

GGO HO O GO OG OG
(170)

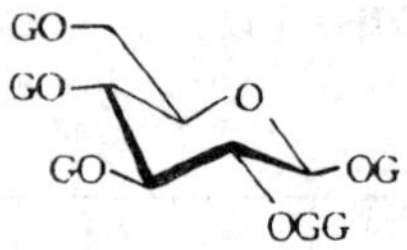

GO GO O GO OG OGG
(171)

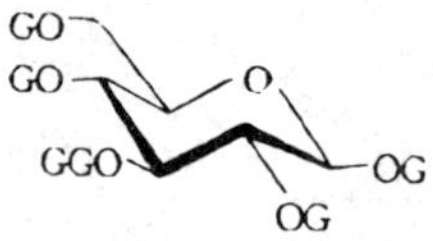

GO GO O GGO OG OG
(172)

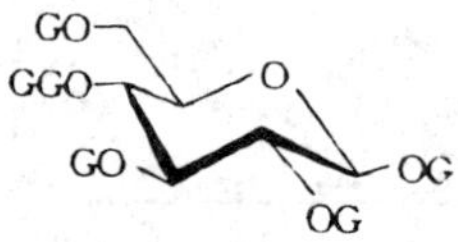

GO GGO O GO OG OG
(173)

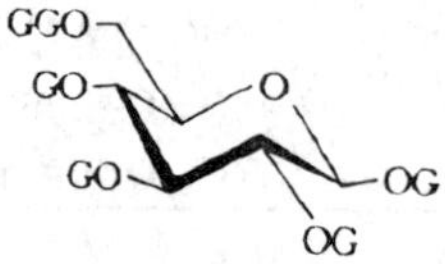

GGO GO O GO OG OG
(174)

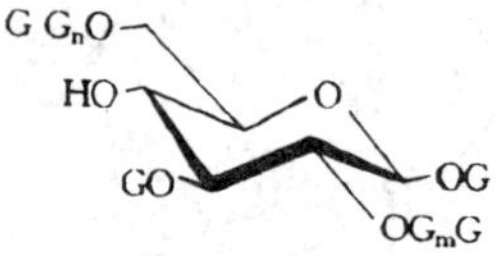

GG_nO HO O GO OG OG_mG
m,n:正整数
m+n=1～4
(175)

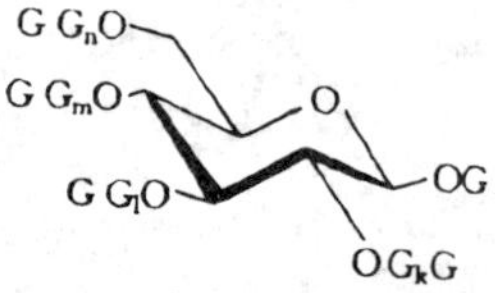

GG_nO GG_mO O GG_lO OG OG_kG
k,l,m,n:正整数
k+l+m+n=0～3
(176)

5.2.3 刺云实单宁[93]

刺云实 *Caesalpinia spinosa* 果荚内的单宁是奎尼酸的棓酸酯及聚棓酸酯，有较大的酸性，这来源于奎尼酸的游离的羧基。平均 1 个奎尼酸结合 4～5 个棓酰基。它的化学结构式可能是以 3，4，5-三-O-棓酰-奎尼酸为“核心”的聚棓酸酯。

刺云实果荚还含有少量的葡萄糖、奎尼酸、莽草酸、棓酸、二棓酸、β-葡棓素及茶棓素等。

5.2.4 栗木单宁、栎木单宁[108]

欧洲栗 *Castanea sativa* 及无梗花栎 *Quercus sessiliflora* 木材中的单宁组成十分相似。两种单宁的主要组分都是栗木素、甜栗素、栗木鞣花素及甜栗鞣花素，其含量在栗木单宁中分别占 3%、8%、25%、53%，在栎木单宁中分别占 7%、10%、19%、20%。

5.2.5 橡椀单宁[110]

小亚细亚栎 *Quercus valonea* 及大叶栎 *Q. macrolepis* 的橡椀所含单宁由栗木鞣花素、甜栗鞣花素、栗椀宁酸、甜栗椀宁酸、橡椀鞣花素酸、异橡椀鞣花素酸及甜栗素组成。它们在单宁中所占比例分别为 14.4%（栗木鞣花素与栗椀宁酸）、29.3%（甜栗鞣花素与甜栗椀宁酸）、

20.4%（橡椀鞣花素酸）及 14.2%（异橡椀鞣花素酸及甜栗素）。

5.2.6 柯子单宁[131]

柯子单宁含于柯子树 *Terminalia chebula* 的果实中。占单宁含量 2/3 的 6 种组分是：柯黎勒酸、柯黎勒鞣花酸、榄柯子素、1，2，3，4，6-五-O-棓酰-葡萄糖、鞣料云实素及1，3，6-三-O-棓酰葡萄糖。6 种组分在柯子粉中的含量分别为 16.4%、3.3%、1.3%、2.8%、0.8%及 5.2%。

6 栲胶的组成及其理化性质[132]

6.1 栲胶的组成

用水将植物鞣料中的单宁浸提出来，再经进一步加工浓缩而得到栲胶。栲胶中的有效组分是单宁，伴随在一起的还有非单宁、水不溶物及水，组成了复杂的混合物、单宁和非单宁均溶于水，二者合称为可溶物。可溶物与不溶物一起称为总固物。

事实上，单宁与非单宁之间，可溶物与不溶物之间并没有明显的界限，需采用公认的分析方法，在规定的操作条件下测定，才能得到比较可靠的、一致的数据。

单宁在可溶物中的相对含量，可以用单宁的比例值表示，也可以用纯度表示。纯度是单宁在可溶物中的百分率，亦即单宁在单宁与非单宁总量中所占的比率。

6.1.1 单 宁

单宁是栲胶中的有效组分，具有鞣制能力，在化验时能被皮粉所吸收。单宁总是以多种化学结构相近的植物多酚组成的复杂混合物状态存在。

6.1.2 非单宁

非单宁是栲胶中的不具有鞣制能力的水溶性物质，由非单宁酚类物质、糖、有机酸、含氮化合物、无机盐等组成、随栲胶的种类而异。

非单宁酚类物质中，有些是单宁的前体化合物或分解物（如黄烷醇、棓酸）、还有各种黄酮类化合物，羟基肉桂酸，低分子量棓酸酯等。有的低聚黄烷醇或低分子量的棓酸酯具有不完全的鞣性，被称为半单宁。半单宁的存在模糊了单宁和非单宁之间的界限，也造成了不同的单宁定量分析测定数据间的差异。

糖是非单宁中的主要部分，如：葡萄糖、果糖、半乳糖、木糖、阿拉伯糖、蔗糖等。橡椀栲胶含糖 6%～8%、落叶松栲胶 8%～10%。

栲胶中的有机酸有醋酸、甲酸、乳酸、柠檬酸等。无机盐中常见的是钙、镁、钠和钾盐，这些盐多从栲胶浸提用水及栲胶原料进入。栲胶经过亚硫酸盐处理及含盐量增加。

含氮化合物有：植物蛋白、氨基酸、亚氨基酸等。黑荆树皮栲胶含氮约 0.25%。

6.1.3 不溶物

不溶物是常温下不溶于水的物质，主要有：单宁的分解产物（黄粉）或缩合产物（红粉）、果胶、树胶、低分散度的单宁、无机盐、机械杂质等。

6.2 栲胶的物理性质[132]

块状栲胶的比重为 1.42～1.55。粉状栲胶的相对密度为 0.4～0.7。栲胶水溶液的相对密度随浓度增加而增加，但随温度增加而降低。在相同浓度下，水解类栲胶的比重大于缩合类栲胶，亚硫酸盐处理了的栲胶大于未经处理的。

栲胶对水有很大的亲和力，这在很大程度上来源于组成物的亲水性及各组分间的助溶作用。单离的单宁的溶解度较小。单宁的水溶性随分子中酚羟基的相对个数的增加而增加、随分子量的增加而减少。除了水以外，栲胶还溶于丙酮、甲醇、乙醇等有机溶剂。这些有机溶剂与水的混合物对栲胶的溶解性能大于纯的有机溶剂。

栲胶水溶液的粘度随浓度而增加，且快于浓度的增加，这是由于亲水性的栲胶能够与溶剂结合，产生结构粘度。缩合类栲胶粘度一般高于水解类。亚硫酸盐处理，升温或加入苯酚均使栲胶溶液的粘度降低。

6.3 栲胶的化学性质

栲胶水溶液具有弱酸性，这来源于单宁的酚羟基、羧基及伴存的有机酸。水解类栲胶水溶液的 pH 值为 3～4，缩合类栲胶 pH 值为 4～5，经亚硫酸盐处理后 pH 值为 5～6。

栲胶水溶液具有半胶体溶液的性质，这来源于它的亲水性及多分散性。单宁在胶体溶液中以胶团的形式存在。单宁胶粒带负电。落叶松树皮单宁的动电电位（浓度 19.5g/L 时）为－18mV。胶粒间的静电斥力，使栲胶溶液具有相对的稳定性而不易聚结。向栲胶溶液加入盐（例如 NaCl）后，溶液中一部分单宁因失去稳定性而析出。利用分级盐析法可将单宁分离为重的（粗分散的）、基本的（中等分散的）和轻的（细分散的）单宁组分。栲胶的盐析值是指不同加盐量下被盐析出来的单宁的重量百分率。例如，对落叶松栲胶溶液逐次加入 1g、11g、32g。NaCl 测得的盐析值分别为 44.35%、14.03%及 10.62%。在相同条件下，橡椀栲胶为 8.64%、23.55%及 14.15%[132]。

栲胶溶液产生沉淀，在很大程度上是胶体粒子的聚结稳定性降低的结果。多数栲胶在 8°Be′（约 10%浓度）时沉淀最多，浓度再高时沉淀反而减少。

栲胶的化学性质主要表现为单宁的化学性质。以下讨论的是单宁的主要化学反应。

6.3.1 花色素的生成反应[133]

在酸-醇作用下生成花色素是原花色素的最基本的反应之一，也是鉴别原花色素的简便方法。例如，原花青定 B-2 在正丁醇-浓盐酸（95∶5）内 90℃下处理 40min，生成花青定及（—）-表儿茶素。

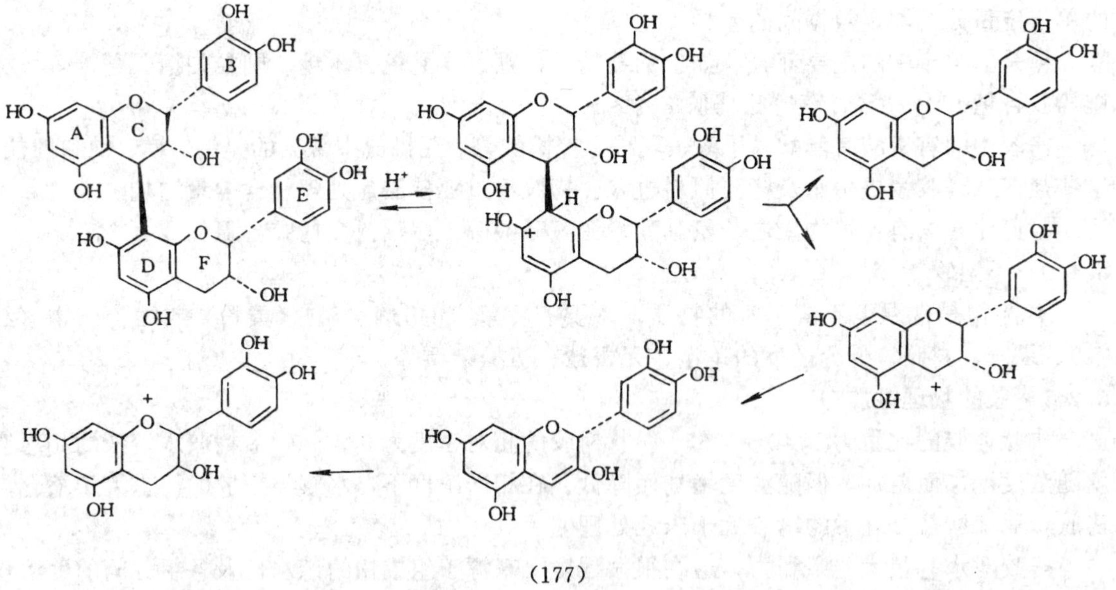

原花青定B-2的4→8连接键不稳定，在酸性介质内，质子进攻底端单元C-8 (D)、使4→8键断裂，下部单元形成（—）-表儿茶素，上部单元经正碳离子生成黄-3-烯-3-醇，然后在有氧的条件下被氧化为花青定。

在相同的条件，原花青定B-4、B-5、B-8也生成花色素及（—）-表儿茶素，原花青定B-1、B-3、B-6、B-7生成花青定及（+）-儿茶素。

6.3.2　原花色素的溶剂分解反应[134]

在伴有亲核试剂（如苄硫醇、间苯三酚）的弱酸介质内，原花色素的单元间连接键发生断裂，上部单元成为正碳离子，并立即与亲核试剂形成新的加成物。这是测定原花青定及原翠雀定的化学结构最常用的化学方法。

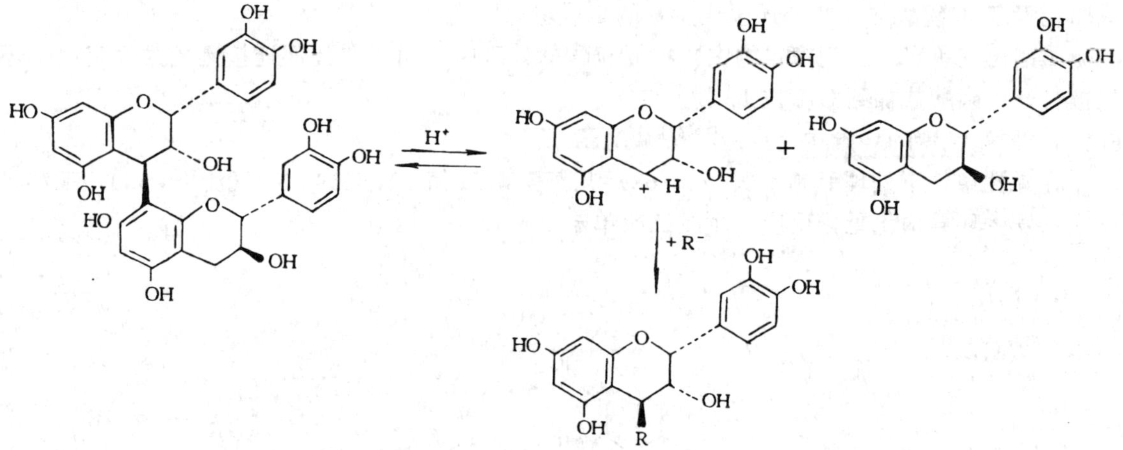

R^-：亲核试剂，如—$SCH_2C_6H_5$

(178)

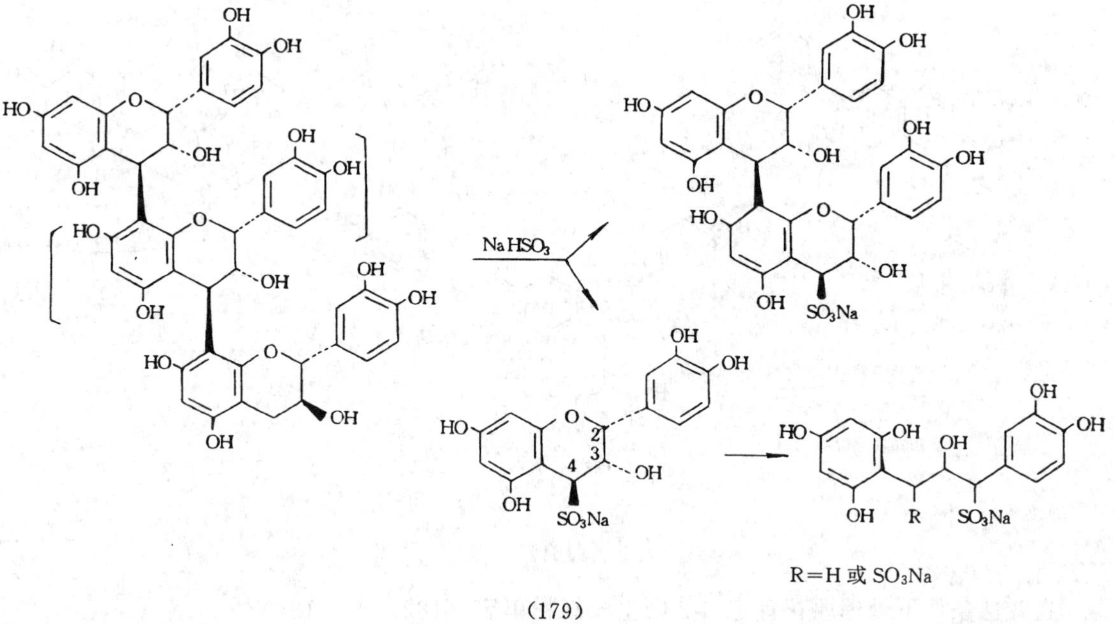

$R=H$ 或 SO_3Na

(179)

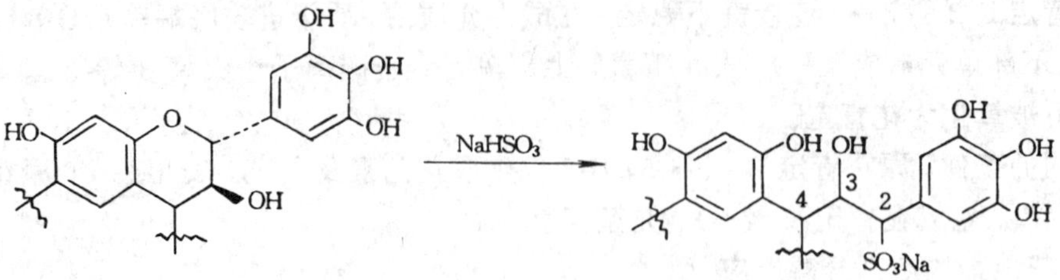

(180)

6.3.3 原花色素的亚硫酸盐反应

在用亚硫酸盐处理时，原花青定的一部分单元间连接键发生断裂，生成黄烷醇-4-磺酸盐或原花青定-4-磺酸盐。此外还生成少量的二磺酸盐[135]。

黑荆树皮单宁（原刺槐定为主）在亚硫酸盐处理时，由于单元间连接键较为稳定而杂环先被打开，磺酸盐加到C-2位上[136]。

6.3.4 原花色素的环异构化反应[59,64]

在碱性条件下处理菲瑟亭醇-(4α→8)-儿茶素（pH值10，50℃，N_2气流下，5h），有75%反应物发生环异构化重排反应，生成红粉单宁（177）～（181）。

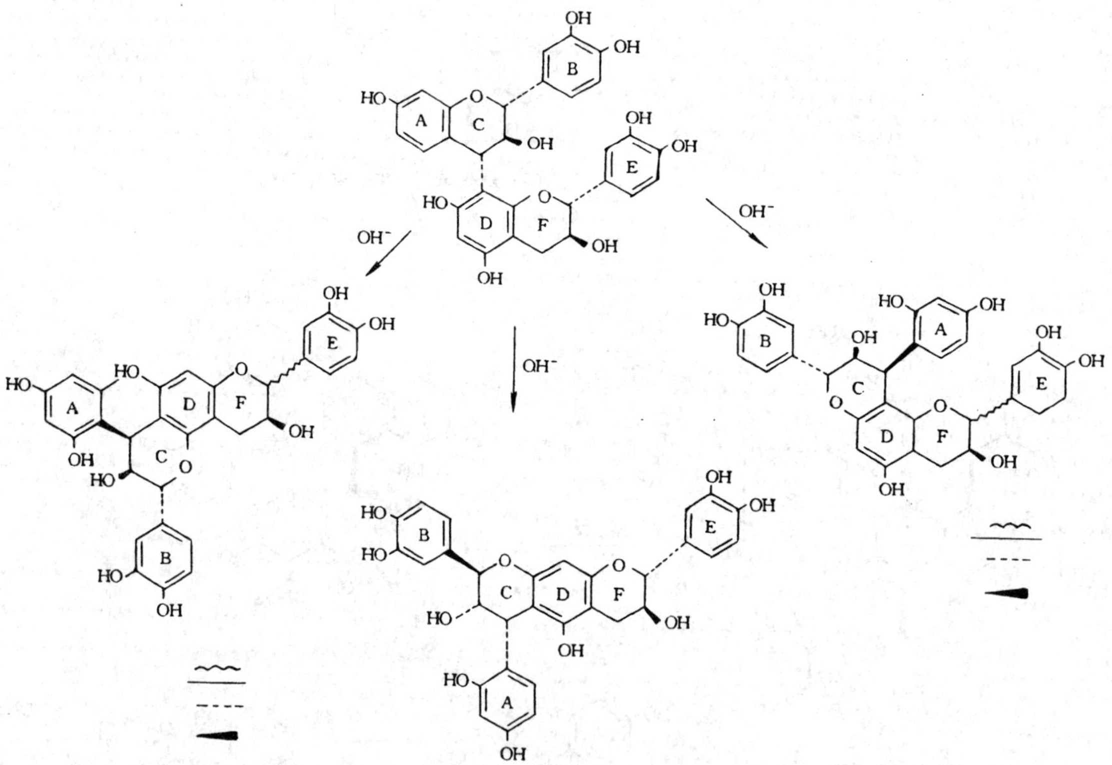

(181)

在碱性条件下处理原花青定B-2则生成红粉单宁（182）～（184）[137]。

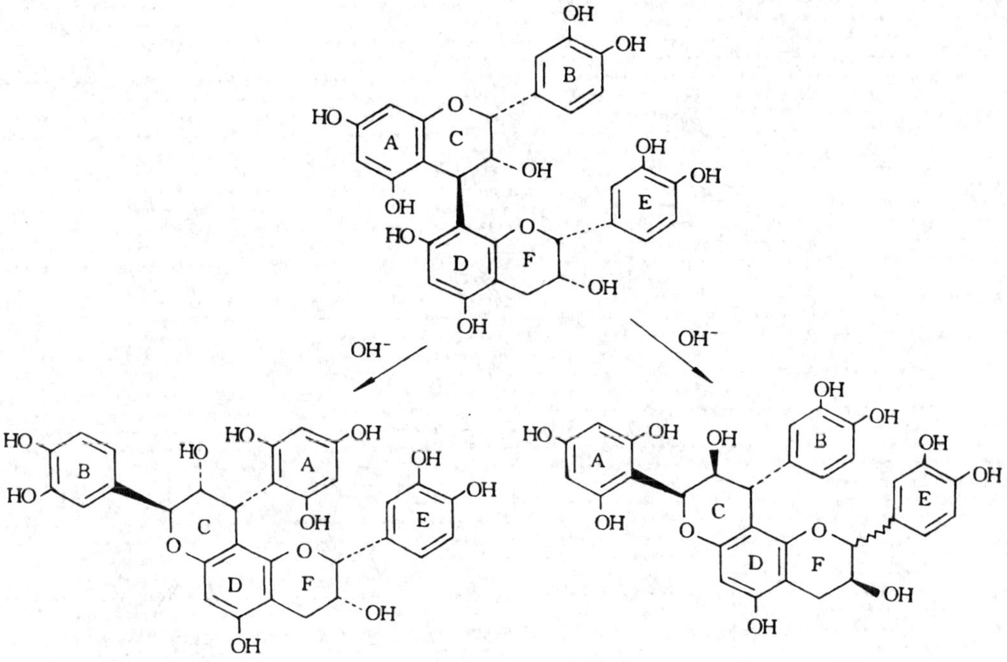

(182)

(183)
(184)

菲瑟亭醇-（4α→8）-儿茶素在酸性的乙醇溶液内回流加热，生成的产物中有氯化菲瑟定、（+）-儿茶素、二、三聚原菲瑟定及红粉单宁等[138]。

6.3.5　甲醛反应

缩合单宁与甲醛的反应是缩合单宁的定性反应之一。原花色素的黄烷醇单元 A 环有高度活泼的亲核中心（C-6，8 位），容易发生亲电取代反应。与甲醛反应时，先在 A 环的 C-6 或 C-8 位生成羟甲基取代基，然后与另一个 A 环发生脱水，生成亚甲基桥，将二个单宁分子桥连起来。

儿茶素与甲醛的反应式之一如下[139]：

反应继续进行时，产物的聚合度增加，成为热固性树脂，其原理与过程与酚醛树脂基本相同。

原花色素组成单元的 B 环，还有水解单宁的芳环均有邻位的酚羟基而使反应活性降低，只有在金属离子催化或在较高 pH 值条件下才与甲醛发生反应。

6.3.6　水解单宁的水解反应

在酸、碱或酶的水解作用下，水解单宁分子中的酯键发生断裂，生成多元醇（多数是葡萄糖）及酚羧酸。这是水解单宁的结构测定的基本方法。工业上对五倍子单宁或刺云实单宁进行水解，用以制取棓酸。

6.3.7　氧化反应

单宁分子具有邻位酚羟基取代的芳环（邻苯二酚型或邻苯三酚型）而易于氧化，生成邻醌或各种不同的氧化偶合产物，如（185）、（186）、（187）所示的几种类型[132]。

氧化反应的产物视反应物及反应条件而异。在碱性或有氧化酶的条件下，单宁的氧化很快。向栲胶溶液加入具有高于单宁分子中邻苯二酚或邻苯三酚基的氧化势的化合物，如亚硫

(185)

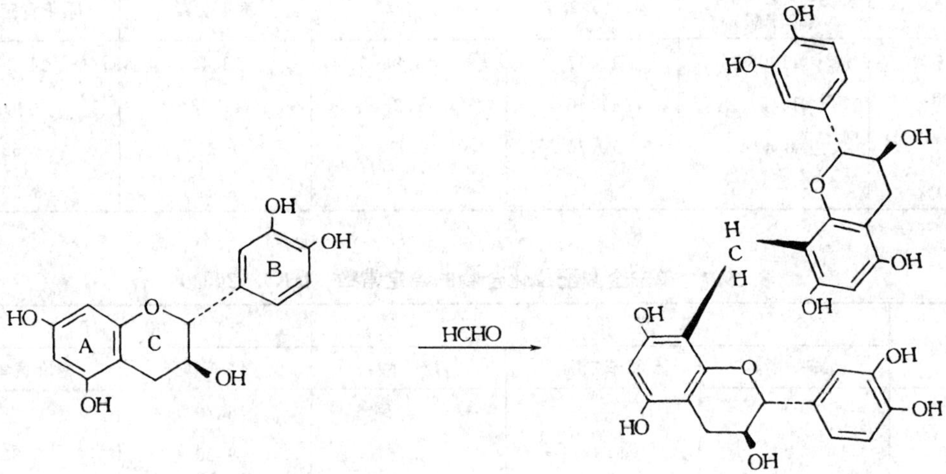

HCHO

(186)

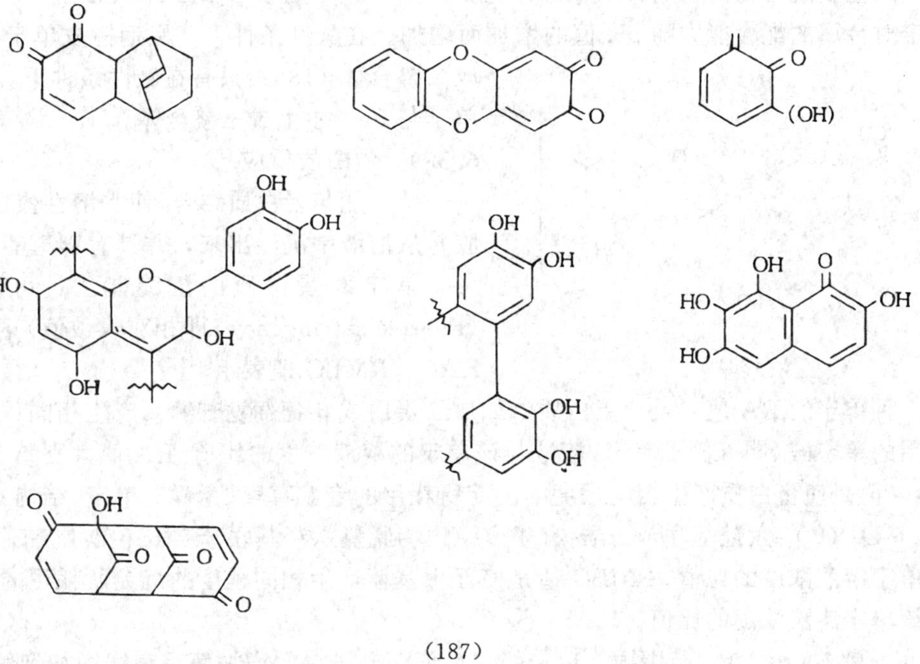

(187)

酸氢钠或二氧化硫，单宁的氧化就停止了。

6.3.8　金属配合反应

单宁分子内有许多邻位的酚羟基，对金属离子有较强的配位作用。表 39-6 为几种单宁及其前体化合物的加质子常数[140]。表 39-7 为两种单宁及有关的模型化合物与不同金属离子生成的配合物的稳定常数[140]。

表 39-6 几种单宁及其前化合物的加质子常数

lgK_i^K	五倍子单宁（单宁酸）	木麻黄单宁	儿茶素	表儿茶素	原花青定 B-2
lgK_1^H	11.05	11.47	13.26	13.40	11.20
lgK_2^H	10.81	11.40	11.26	11.23	9.61
lgK_3^H	8.42	10.70	9.41	9.49	9.52
lgK_4^H	—	9.92	8.64	8.72	8.59

表 39-7 单宁金属配位化合物的稳定常数（lgK）（20℃）

金属离子	模型化合物			单宁	
	苯酚	邻苯二酚	棓酸	五倍子单宁	木麻黄单宁
Ca^{2+}				6.70	
Mn^{2+}	3.09	5.93	8.46	9.20	5.80
Zn^{2+}	4.01	6.42	7.50	14.70	14.45
Cu^{2+}	5.57	10.67	13.60	18.30	18.80
Fe^{3+}	8.34	15.33	20.90	24.60	27.60

单宁的金属配合物的稳定常数依顺序为 $Fe^{3+}>Cu^{2+}>Zn^{2+}>Mn^{2+}>Ca^{2+}$。

单宁对金属的配合能力随 pH 值的增加而增加。在酸性条件下，黑荆树皮单宁与 Fe^{3+} 生成二螯合体（188）。只有在碱性条件下，黑荆树皮单宁与 Fe^{3+} 才生成三螯合体。

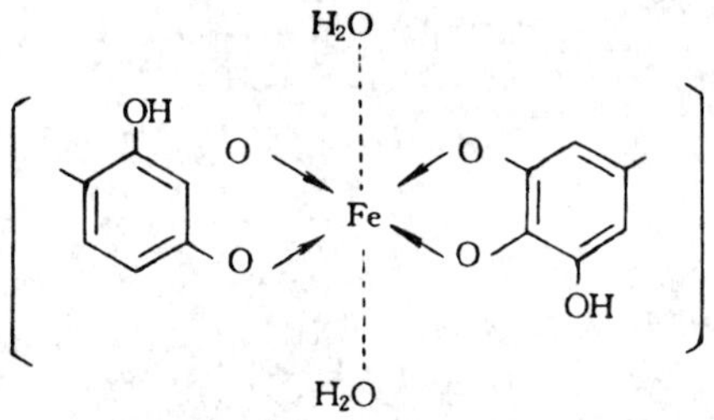

（188）

6.3.9 蛋白质反应

单宁能与蛋白质结合，使水溶性蛋白质（如明胶）从溶液中沉淀出来，并具有鞣革能力。

单宁对蛋白质的沉淀能力，可用 RA 值（relative astringency，即相对收敛值）表示，或用 RAG、RMBG 值表示[142]。

某一种单宁的 RA 值，是使蛋白质（如血红蛋白或 β-葡萄糖苷酶）产生相同程度的沉淀时所耗用的单宁酸（即五倍子单宁）溶液与该单宁的溶液浓度的比值。RA 值大则结合能力强。

RAG 值是使蛋白质产生相同程度的沉淀所耗用的老鹳草素（为鞣花单宁，结构式为：1-O-棓酰-3，6-O-（R）-六羟基联苯二酰-2，4-O-（R）-脱氢六羟基联苯二酰-β-D-吡喃葡萄糖）溶液与该单宁溶液浓度的比值。RMBG 值是使亚甲基蓝产生相同程度的沉淀所耗用的老鹳草素溶液与该单宁溶液浓度的比值。

在分子量 500～1 000 范围内，单宁的 RA 值随分子量的增加而呈直线增加到约为 1，分子量继续增加时 RA 值基本不变。表 39-8 及表 39-9 分别示出几种水解单宁及缩合单宁（以及有关化合物）的 RAG 值及 RMBG 值[142]。

此外，单宁分子的形状（构象）的挠变性小，也使它与蛋白质结合能力降低。例如：五-O-棓酰葡萄糖与木麻黄亭的分子量几乎相等，但后者的结合能力不及前者。这是由于前者的分子是可变形的盘状，而木麻黄亭（即 1-O-棓酰-2，3；4，6-二-O-六羟基联苯二酰葡萄糖）分子内有两个六羟基联苯二酰基环存在，使分子僵硬，难于变形，造成结合能力降低。

表 39-8　水解单宁及有关化合物的 RAG 值及 RMBG 值

化　合　物	分子量	RAG 值	RMBG 值
棓　酸	170	0.11	0.07
六羟基联苯二酸	338	0.23	0.20
1，2，6-三-O-棓酰葡萄糖	636	0.64	0.80
1，2，3，4，6-五-O-棓酰葡萄糖	940	1.29	1.21
木麻黄亭	937	0.59	1.20
老鹳草素	953	1.00	1.00
栗木鞣花素	935	—	1.07

表 39-9　缩合单宁及有关化合物的 RAG 及 RMBG 值

化　合　物	分子量	RAG 值	RMBG 值
(—)-表儿茶素	290	0.08	0.01
3-O-棓酰-表儿茶素	442	0.81	0.60
原花青定 B-2	578	0.10	0.05
原花青定 B-2　3，3′-二-O-棓酰酸酯	883	1.01	0.98
大黄单宁 C	1 100	1.03	0.91

皮革生产中的鞣制过程就是单宁与胶原结合，将生皮转变为革的质变过程。这个过程是由单宁（以及非单宁）的扩散、渗透、吸附、结合等过程组成的复杂的物理和化学过程。只有分子量合适的（500～3 000）单宁才能进入胶原纤维结构间并产生交联，以完成鞣制过程。

单宁分子参加反应的官能团主要是邻位酚羟基，其他基团如羧基、醇羟基、醚氧基等也参加反应，但不居主要地位。

单宁与蛋白质的可能的结合形式有：氢键结合、疏水结合、离子结合、共价结合。前面三种是可逆结合，共价结合是不可逆结合，但以哪种为主尚无定论。一般认为氢键结合是主要的形式，但近年来的研究表明，疏水结合可能是更主要的[143]。

单宁的邻位酚羟基与蛋白质之间有肽基（RCH—NH—CO—），其间的双点氢键结合之例如（189）。

6.3.10　栲胶的陈化变质[132]

栲胶水溶液经长期存放会发生变质，水解类栲胶一般比缩合类栲胶易于变质。

陈化变质是复杂的化学变化过程，如：单宁胶粘增大，溶液的聚集稳定性降低、盐析程度增加；单宁发生氧化颜色加深；水解单宁在酶的作用下水解；鞣花单宁水解后产生黄粉沉淀；缩合单宁在酶催氧化下进一步聚缩，产生红粉沉淀；非单宁中的糖，以及水解类单宁水解后产生的糖，在酵母菌的作用下发酵，先生成乙醇，再成为醋酸，此外还有其他产物如乳酸、丁酸、甲酸等。

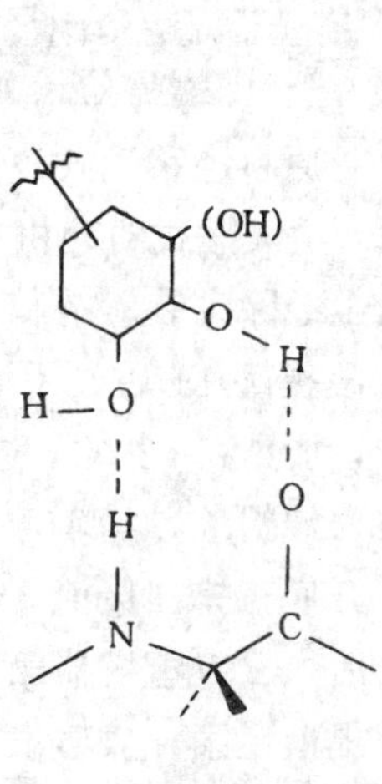

(OH)
O
H
H—O
H
O
N
C

(189)

第40章 栲胶生产技术

冯辉明

1 栲胶生产工艺流程[1,9,132,144,145]

栲胶是从富含单宁的植物原料经提取、浓缩制成的一种以单宁为主要成分的混合物。

栲胶生产过程包括备料（原料粉碎、筛选、净化和输送）、原料浸提、浸提液蒸发、浓胶亚硫酸盐处理（磺化）和干燥。其生产工艺流程分别如图 40-1 至图 40-3。

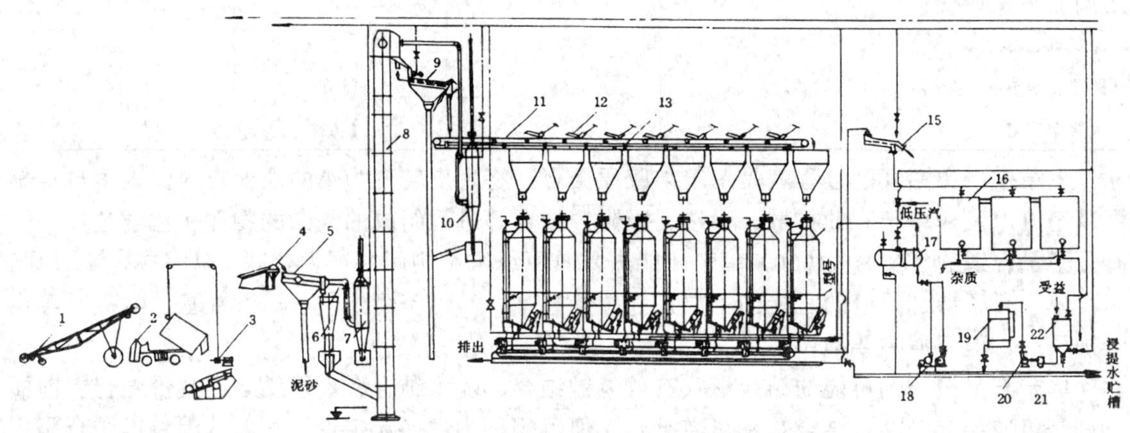

图 40-1 备料和浸提工艺流程

1. 移动式皮带输送机；2. 电瓶车；3. 卷扬机；4，11. 皮带输送机；5，9. 振动筛；6. 锤式粉碎机；7，10. 除尘装置；8. 斗式提升机；12. 卸料器；13. 贮料斗；14. 浸提罐；15. 料筛；16. 浸提液贮槽；17. 浸提水加热器；18. 浸提上水泵；19. 亚硫酸盐计量槽；20. 泵；21. 过滤器；22. 亚硫酸溶解槽

原料经移动式皮带输送机 1、电瓶车 2、卷扬机 3、皮带输送机 4 上送入振动筛 5 除去杂质，再入锤式粉碎机 6。粉碎料落入斗式提升机 8，被提升至振动筛 9，粗料返回粉碎机再碎，粉尘经除尘装置 7 和 10 排出，合格料由皮带输送机 11 运输给贮料斗 13 贮存备用。原料被加入浸提罐 14 后，用上水泵 18 把蒸发冷凝水和需要加入的亚硫酸盐溶液送经浸提水加热器 17，加热到 120℃，进入浸提罐组 14，按多罐逆流操作。首罐浸提液靠液压推动，经斜筛 15，放入浸提液贮槽 16。原料经多次浸提，变成废渣，待尾缸压力降至 0.06MPa 时，用水力开关打开底盖排出废渣，由铲车运至堆场。浸提液由蒸发上液泵 23 从贮槽 16 打入预热器 24，加热后入三效蒸发器第一效加热室 25，由锅炉来的蒸汽减压后入第一效加热室 25、加热浸提液。浸提液经第一效蒸发后靠压差自动流入第二效和第三效，不断蒸发，第一效分离室的二次蒸汽引入第二效加热室管间，第二效分离室的二次蒸汽引入第三次加热室管间，第三效的二次

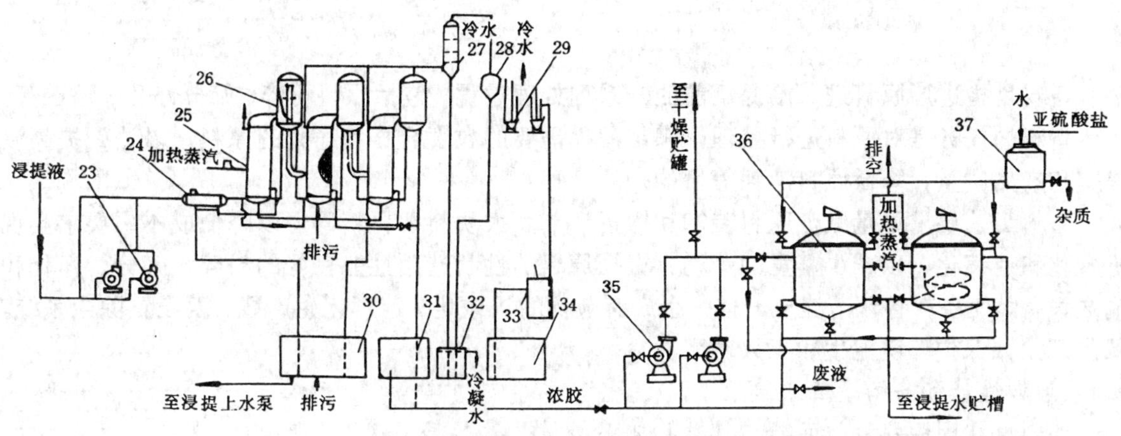

图 40-2　浸提液蒸发和浓胶磺化工艺流程

23. 蒸发上液泵；24. 浸提液预热器；25. 蒸发器加热室；26. 蒸发器分离室；27. 混合冷凝器；28. 捕集器；29. 真空泵；30. 冷凝水贮槽；31. 浓胶贮槽；32. 水封槽；33. 气水分离器；34. 冲渣水贮槽；35. 浓胶泵；36. 反应釜；37. 亚硫酸盐溶解器

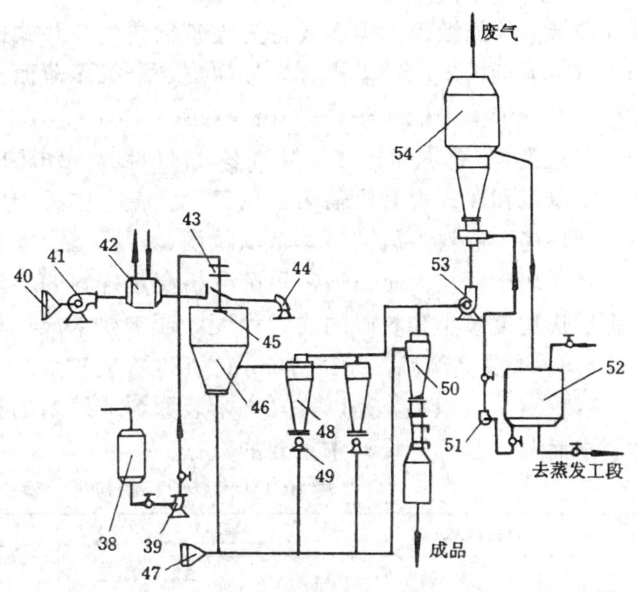

图 40-3　浓胶喷雾干燥流程

38. 搪玻璃贮罐；39. 螺杆泵；40. 空气过滤器；41. 鼓风机；42. 翅片式空气加热器；43. 浓胶过滤器；44. 冷却风机；45. 离心喷雾器；46. 干燥塔；47. 关风器；48，50. 旋风分离器；49. 星形排料器；51. 泵；52. 循环水箱；53. 风机；54. 湿法除尘器

蒸汽进入混合冷凝器 27 冷凝，冷凝水排入水封槽 32。第一效加热室不凝气体可排空，第二、三效加热室不凝气体经冷凝器 27、捕集器 28 由真空泵 29 排出室外。第一效蒸汽凝结水进入预热器 24、与第二、三效二次蒸汽凝结水通过水封槽一起流入冷凝水贮槽 30，作为浸提用水。蒸发至一定浓度的浓胶排至浓胶贮槽 31，由浓胶泵 35 送入反应釜 36，与亚硫酸盐液反应。反应液由浓胶泵 35 送入搪玻璃贮罐 38，再由螺杆泵 39 送入浓胶过滤器 43，经过胶管入离心喷雾器 45，在干燥塔 46 内喷成雾滴。空气经过滤器 40，由鼓风机 41 送入翅片式空气加热器 42 加热，热空气经涡旋壳入干燥塔 46 内，与雾滴相遇，雾滴被干燥成粉胶，落入塔底和吸风管中。废气夹带的粉胶，经旋风分离器 48 分离后也落入吸风管中。吸风管中的粉胶由风机 53 抽入旋风分离器 50，分离出粉胶、进行包装。风机 53 抽出的废气和冷空气排入湿法除尘器 54，与泵 51 送入的水或稀液相混，使气体夹带的粉胶溶于水或稀液中，废气被净化、排入大气，浓液回到蒸发。各处蒸汽冷凝水排入浸提水贮槽，供浸提用水。

2 备 料[1,9,132,144,145]

备料是指进厂原料进入浸提罐前的一系列处理过程，包括原料粉碎、筛分净化、输送等。

备料的任务是对原料进行处理，满足浸提需要的粒度合格和净化的原料，以达到提高浸提率和产品质量，降低原料消耗等目的。

备料工艺要求尽量减少原料装卸和搬运环节。大块料要再粉碎，以降低成本；要求实现机械化和连续化，以减少繁重的劳动；根据原料的性状选用性能良好的粉碎、筛分、净化和输送设备，使备料各环节连成一体，组成有节奏的机械化、连续化生产线；要设置除尘系统，减少灰尘，保护环境卫生和工人健康。

2.1 原料性状和备料设备

原料性状因原料种类而异，其性状如下：

(1) 橡椀、化香果等为颗粒状散料，外形规整、大小均匀，橡椀易脆，常用滚筒破碎机破碎、风送。化香果用滚筒破碎机或锤式粉碎机粉碎、风送或皮带输送机、斗式提升机输送。

(2) 毛杨梅、余甘树皮为短条状，具有脆性，常用锤式粉碎机粉碎，皮带输送机和斗式提升机输送。

(3) 落叶松树皮为大小厚薄不等的条状或块状，水分高、先用切断机切断，再用锤式粉碎机进行粗碎或细碎。输送设备为皮带输送机和斗式提升机。

(4) 黑荆树皮、红根皮、云杉树皮含纤维多薄而长，先用切断机切断，再用锤式粉碎机破碎。用皮带输送机和斗式提升机输送。

(5) 坚木、栗木和栎木等纤维多、材质硬，先用削片机削成片，再用锤式粉碎机破碎。用皮带输送机和斗式提升机输送。

(6) 栲胶原料多属散料，常以粒度、容积重、安息角表示原料的性状，见表40-1。

粒度表示颗粒大小，通常用筛分析测定碎料的不同粒度组成，并用各粒度组分的重量百分率反映粒度大小和粉碎的均匀程度，通常要求最佳粒度组成百分率愈大愈好，如余甘∶毛杨梅＝6∶4混合碎料，2.5～10mm为80%左右。

容积重（堆积重）是以每立方米装原料或碎料的重量（kg）表示，其值依原料种类和粒度要求而异，是工艺设计中重要的数据。

表40-1 栲胶原料的粒度、容积重、静安息角

原料种类	粒度（cm）	容积重（kg/m^3）	静安息角（°）
余甘树皮（含水15%～20%）	＞2	240～270	—
	1～2	330～360	—
	0.5～1	360～440	—
	0.25～0.5	320～460	—
	＜0.25	340～360	—
毛杨梅树皮	0.25～2	455	—
木麻黄树皮	2	366	—
	1	345	—
	0.5	356	—
	0.3	338	—

（续）

原料种类	粒度（cm）	容积重（kg/m³）	静安息角（°）
落叶松树皮 （含水28%～35%）	未粉碎	217	—
	0.6～0.8	201～245	—
	>1的占30%	240～260	—
橡　椀	椀　刺	400	35～38
	椀　壳	260～281	—
	椀刺、椀壳	312	30～33
	压片橡椀	320	30～33
	破碎橡椀	280	30～33
化香果	未粉碎	150～200	28～31
	压　片	250	28～31
	鳞　片	380	34～37
橡椀、化香果（7：3混合料）	压　碎	370	—

安息角（休止角、堆积角）是指自然形成的散料堆的表面与水平面的最大夹角，有静、动安息角之分，在静止平面上自然形成的叫静安息角，在运动的平面形成的叫动安息角，两者均由实验测定，常取动安息角为静安息角的2/3。设计浸提罐贮料斗时，与水平面的夹角应大于58°，碎粉方能畅通落下。

2.2　原料粉碎

2.2.1　目的和要求

原料粉碎的目的是为浸提提供适度粒度的物料，使单宁等水溶性物质能快速完全地浸出，从而提高浸提率，降低原料消耗，同时得到高质量浸提液。

要求粉碎料的粒度要小，以缩短单宁从原料内部扩散到浸提液的距离，增大碎料与水的接触面积。粉碎在一定程度上，使含单宁的植物细胞组织被破坏，因而加快其扩散过程，缩短浸提时间，浸出的单宁量多，单宁浸提率高，浸提液质量好。

木材和树皮的细胞绝大多数是顺树轴方向排列，横向切断可破坏更多的细胞，使单宁易于浸出。据研究，落叶松树皮横向切片能够切开鱼鳞片外壳、切断其中纤维，浸提效果最好，其次是径切和斜切，弦切最差。横切片随厚度的增加浸提率显著下降。横切成2mm厚的切片（粒度大于20mm占28%以上，小于2.5mm占3%左右）与生产用锤式粉碎机粉碎料（粒度大于20mm占3%，小于2.5mm占13%）浸提效果相比，切片的相对浸提率高28.13%，相对纯度高8.99%。

橡椀进行压片，由于机械作用，可使大部分的单宁细胞壁破坏，从而加快单宁的浸出，提高单宁的浸提率。

粉碎还增加原料的容积重，从而增加浸提罐的装料量，提高浸提罐的利用率。

原料粉碎对浸提是十分有利的，但并不是越细越好。粒度过小，反而使单宁的扩散条件变坏，粉末易结团使单宁难于浸出、液体流动阻力增加，堵塞过滤器和管路，增加栲胶中不溶物，多耗动力，提高粉碎成本，因此要求一定粒度即可。具体的粒度因原料种类和浸提设备型式而异，见表40-2。

表 40-2 各种粉碎原料的粒度

设备型式	原料名称	粒 度（mm）
压力浸提罐组	落叶松树皮	小于2.5不超过8%，2.5～10超过52%，大于10不超过40%
	毛杨梅树皮	小于1.2不超过3%，1.2～10超过87%，大于10不超过10%
	余甘树皮	1.5～12
	栎 木	小于2占11%，2～10占85%，10～30占4%
	坚 木	小于6占多数
	黑荆树皮	小于20
	云杉，柳树皮	小于20
常压浸提罐组	橡 椀	5～10
	红根皮	20
	木麻黄树皮	25～30
	毛杨梅树皮	小于20
	余甘树皮	小于20
螺旋型连续浸提器	橡 椀	1～10
	余甘树皮	2～10
平转型连续浸提器	橡 椀	厚1～2（压片）
	橡 刺	厚0.1～0.2（压片）

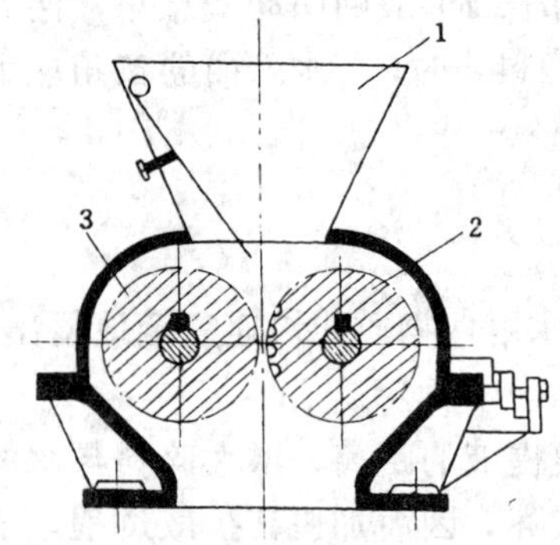

图 40-4 滚筒破碎机
1. 加料口；2. 移动滚筒；3. 固定滚筒

碎料粒度要比较均匀，大颗粒和细粉末尽量少。根据原料的性状选择合适的粉碎机，操作中注意调节篦条间距、滚筒间距和刀辊转速，还可以用筛分的方法，将大块料返回二次粉碎。

2.2.2 粉碎设备

根据原料的性状，栲胶生产中常选用滚筒破碎机、锤式粉碎机、切断机和削片机。

滚筒破碎机如图40-4，多用于破碎橡椀、五倍子。其结构为机架上装有两个表面具有齿纹的圆筒，滚筒2的轴承是可以移动的，轴承的后方装有推力弹簧等保险装置，滚筒3固定在轴承上。两滚筒相反方向旋转，橡椀进入滚筒之间被压碎，如有大块硬物进入，滚筒因弹簧伸缩而移动。滚筒圆周速度2.5～6m/s，速度过大时，橡椀在滚筒上跳动，不易被滚筒带入而压碎。

滚筒破碎机结构简单、紧凑、操作可靠。破碎是靠挤压作用，较小的物料可以从缝隙中落下，因此产生的粉末较少。

滚筒破碎机规格见表40-3。

表 40-3 滚筒破碎机规格

项 目	规 格	项 目	规 格
生产能力（t/h）	2	压转速（r/min）	286
压碎粒度（瓣/颗）	3～5	电动机型号	JO_2-41-4
压辊最大调节量（mm）	25	电动机功率（kW）	4
压辊直径×长度（mm）	210×400	电动机转速（r/min）	1430

锤式粉碎机如图 40-5，广泛用于落叶松、毛杨梅、余甘等树皮的中碎或细碎。它是利用

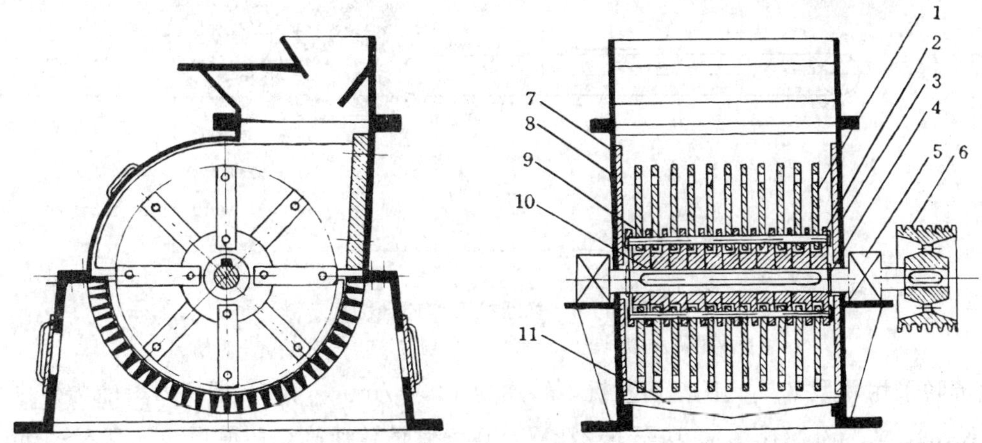

图 40-5　锤式粉碎机

1. 锤头；2. 圆盘；3、7. 衬板；4. 主轴；5. 滚珠轴承；6. 皮带轮；8. 侧板；9. 销轴；10. 套管；11. 篦条

快速旋转锤子的惯性力对树皮进行冲击和剪切破碎的。

物料的粒度，随锤式粉碎的转速、锤数、篦条距离、锤子端面与篦条距离而改变。通常是调整篦条距离、更换锤子方向，控制原料的粒度。

锤式粉碎机设备简单、紧凑、生产能力高，运转可靠，粉碎比（粉碎前后物料平均直径比）大，可达 30～40。80/75 型锤式粉碎机可粉碎冬天大块冻树皮，夏季长条湿树皮，一次粉碎成浸提合格料。粉碎过程中应防止铁、石块等进入机内，损坏机械。锤式粉碎机主要型号和规格见表 40-4。

表 40-4　锤式粉碎机规格

型　号	80/60	80/60	45/20	80/75
物料名称	毛杨梅、余甘树皮	落叶松树皮	毛杨梅、余甘树皮、橡椀	落叶松树皮
生产能力（t/h）	2～3	5～8	1.5～2	冬 $110m^3/h$，夏 $75m^3/h$
出料粒度（mm）	小于 10、15、20	小于 10、15、20	小于 15	小于 20
转子回转直径（mm）	780	780	450	810/770
转子长度（mm）	530	530	200	750
转子转速（r/min）	1 020	1 200	1 450	1 200
锤头数	22	44	24	54
锤头重量（kg）	4.45	4.45	—	4.5
外型尺寸（mm）	1 380×1 500×1 090	1 380×1 500×1 090	—	—
粉碎机重量（kg）	2 130	2 216	—	—
电动机型号	JO_3-180M-4	JO_3-180L-4	—	JO_3-200M
电动机功率（kW）	22	30	4	40
电动机转速（r/min）	1 460	1 460	—	1470

树皮切断机工作原理如图 40-6。

落叶松树皮由输送皮带 1 送入由两对相对转动的齿辊组成的喂料辊 2 中，树皮被推至底刀 3 上，被转动的刀轮 5 上的切刀 4 切断，切断的树皮沿下料槽 6 落到皮带输送机上送走。通过变速机构调节刀轮转速变快或变慢，树皮初切断的尺寸就变小或变大，达到控制树皮的粒

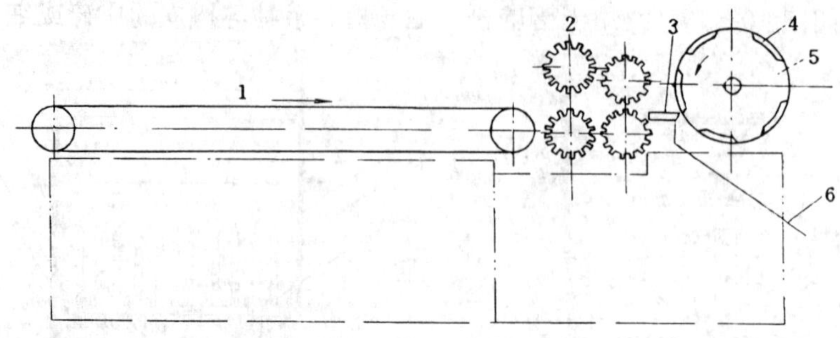

图 40-6 切断机工作原理图

1. 输送皮带；2. 喂料辊；3. 底刀；4. 切刀；5. 刀轮；6. 下料槽

度。前苏联采用新型 K_{c-1}、K_{c-2}切断机，转速为 1450r/min，有 12 把切刀，能力分别为 3～5t/h（K_{c-1}）、2.5t/h（K_{c-2}），功率为 22kW，其特点是转速高，切得短，只有 5～10mm 长，不需二次粉碎。

树皮切断机操作时，要求进料均匀，防止铁、石块带入机内、损坏切刀。两种切断机的规格见表 40-5。

表 40-5 切断机规格

技术规格	红根皮切断机	树皮切断机
生产能力（t/h）	2	3.5～4
刀辊转速（r/min）	330	288
切刀数	3	5
底刀数	1	1
刀长（mm）		800
刀与主辊夹角（°）		17
刀线速度（m/s）		8.82
理论切断长（mm）	15～20	8～16
喂料辊线速（m/s）		
第一辊	0.2	
第二辊	0.235	
进料皮带线速（m/s）	0.302	
出料皮带线速（m/s）	0.55	
切刀与底刀间隙（mm）	0.2～0.3	
前进、后退挡速度（m/s）		0.985、0.254
进料高度（mm）		100
进料槽宽度（mm）		500
转鼓直径（mm）		400
电动机型号	JO_2-71-6	
电动机功率（kW）	17	14
电动机转速（r/min）	917	

削皮机的种类很多，有圆盘式削片机和鼓式削片机。前苏联栲胶厂使用鼓式削片机，如图 40-7。它的主要部件有转鼓（两个空心截圆锥体，联成 135°）、皮带轮、飞轮、斜槽、闸门

和机架。前三个部件装在三个轴承支承的轴上。沿空心截圆锥体母线装有切削刀片（光面刀和铣凿刀）。铣凿刀将木材切成槽形切口，后经光面刀削去槽形间突出部分。在斜槽（与水平面成 33°）端安装有底刀，与切削刀间距不超过 15～20mm。木材进入斜槽，移至槽底时，被削成较细的碎片，进入鼓中，落到下边的输送机上送出。鼓式削片机的技术规格见表 40-6。

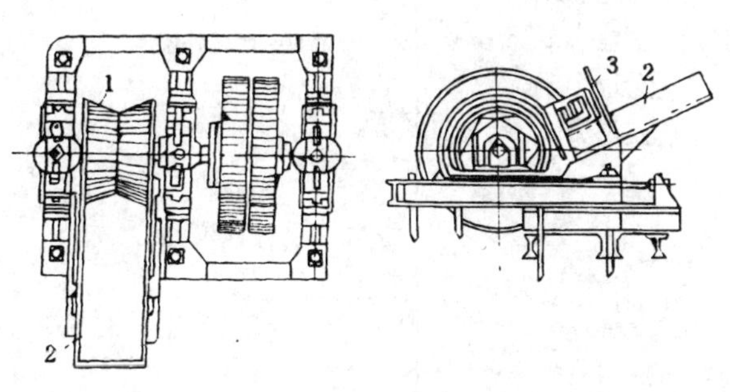

图 40-7 鼓式切碎机

1. 截面圆锥体；2. 斜槽；3. 小闸门

表 40-6 鼓式削片机规格

项 目	技术规格
鼓直径（mm）	
顶部	9 100
中部	6 700
鼓 长（mm）	7 020
斜槽长（mm）	5 550
刀片数	6
转 速（r/min）	250
生产能力（t/h）	4.5～5.5
功 率（kW）	50～60

2.3 原料筛选和净化

2.3.1 筛选和净化的目的

为了满足浸提对碎料粒度的要求，用筛除去粉末、大块料（大块料返回再次粉碎）、选出粒度合格的碎料；为了减少不溶物和单宁损失，降低颜色值，延缓蒸发器管垢形成，从而提高栲胶质量，提高蒸发器的传热效率。通过水洗、喷水筛选、磁选，除去原料中混入的泥砂、铁质、石块等有害物质。

2.3.2 筛选设备

栲胶生产中多用 2WXS-1 型万能悬挂筛。也有用回转圆筒筛。

2WXS-1 型万能悬挂筛如图 40-8，是振动筛的一种，装有两层筛网。树皮原料被筛分为合格、不合格、粉末三种规格，橡椀原料被筛分为橡椀、橡壳片和椀刺、泥沙。其结构简单，生产能力和筛分效率高，动力消耗少，成本低，操作方便。但是筛网寿命较短，需及时更换，噪音较大，灰尘飞扬，需吸尘措施。

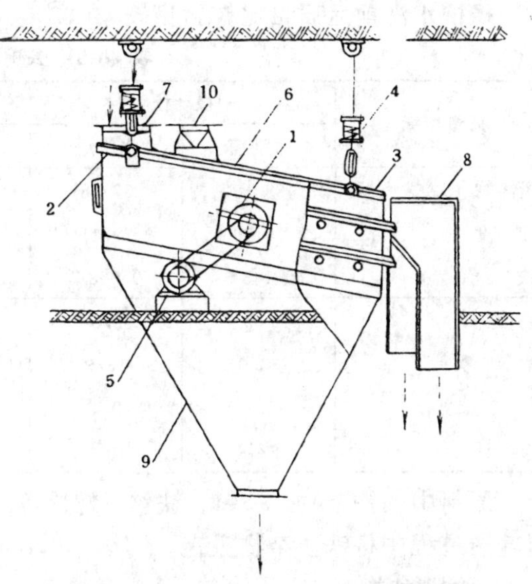

图 40-8 2WXS-1 型万能悬挂筛

1. 振动器；2. 筛箱；3. 筛网；4. 吊挂装置；5. 电动机；6. 盖板；7. 进料口；8. 卸料斗；9. 细粉卸料斗；10. 除尘管

回转圆筛内有二层筛网，内筛孔大，大块原料留在其上，从出口端排出再碎。外筛孔小，细粉和尘土通过外筛孔排出，合格料留于其上，从筛筒出口端排出，送去浸提。其结构简单、设备和维修费不大，但占地面积大，筛分效率低，筛孔易堵，单位产量耗电大。

振动筛和圆筒筛的技术规格见表 40-7。

表 40-7 振动筛和圆筛的规格

技 术 规 格	2WXS-1 万能悬挂筛	圆筒筛
生产能力（t/h）	3～4	1.1
筛网层数	2	2
筛网尺寸（mm×mm）	1 250×2 500	—
筛孔尺寸（mm）	上层 20，下层 1.8～3.0	内层 10，外层 1.5
每分振动次数	1 200	—
振幅（mm）	2～6	—
大头直径（mm）	—	980
小头直径（mm）	—	680
圆筒长（mm）	—	2 000
转速（r/min）	—	20
筛倾斜角（°）	—	4.3
电动机型号	JO_2-42-6	—
电动机功率（kW）	4	0.6

2.3.3 原料净化

原料中的泥沙、灰尘、石块等采用风选、喷水筛选、水洗，除铁用磁选。

压碎橡椀用吸式风力送料装置时，在滚筒破碎机出口和风送入口处分离石块和椽子，在旋风分离器出口处也有部分灰尘与空气一起从排气管排出。也用有坡度的长形槽水送料，除泥沙碎料悬浮在水中，流入浸提罐，泥沙等杂物沉于闸前而除去。

毛杨梅树皮粉碎前在振动筛上方喷适量水筛选，效果较好。不仅除去泥沙等杂物，而且粉碎时产生粉末少、粒度较均匀。

橡椀水洗前后质量比较，见表 40-8。

表 40-8 橡椀水洗前后质量变化

质量指标	橡 椀		椀 壳		椀 刺	
	水洗前	水洗后	水洗前	水洗后	水洗前	水洗后
可溶物（%）	38.18	37.88	31.23	31.01	42.57	41.89
纯 度（%）	76.36	79.15	70.56	72.71	81.23	84.01
铁 （%）	0.143 5	0.038 7	0.092 3	0.021 5	0.351 6	0.044 5
色值：红	9.5	6.5	8.5	6.0	12.2	5.8
黄	13.0	13.0	13.0	13.0	13.5	13.0
蓝	1.3	0.4	0.8	0.4	1.8	0.4
合 计	23.8	19.9	22.3	19.4	27.5	19.2

原料中的铁杂物（铁钉、铁丝、螺栓等），采用悬挂式电磁分离器、电磁分离滚筒，在原料输送过程中将铁质杂物吸走。

2.4 原料输送

栲胶生产中选用皮带输送机、斗式提升机、螺旋输送机、埋制板输送机等实现水平、倾斜和垂直输送物料，也使用风动输送装置输送粉料。

2.4.1 皮带输送机

广泛用于原料的水平或倾斜（倾斜角小于 18°）输送，它具有输送连续、动作平稳、输送

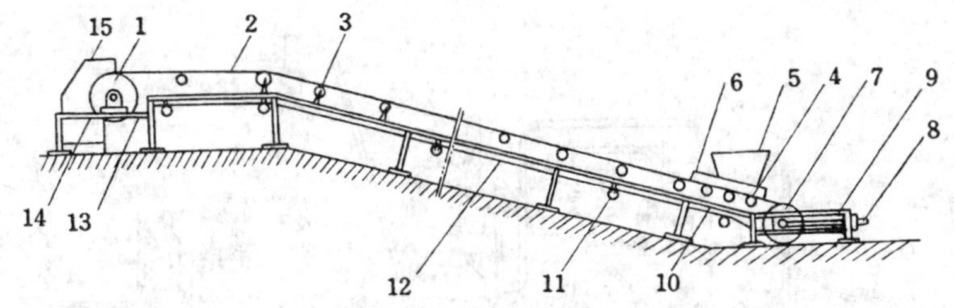

图 40-9　皮带运输机

1. 传动滚筒；2. 输送带；3. 上托辊；4. 缓冲托辊；5. 漏斗；6. 导料拦板；7. 改向滚筒；8. 螺杆张紧装置；9. 尾架；10. 空载段清扫器；11. 下托辊；12. 中间架；13. 头架；14. 弹簧清扫器；15. 头罩

量大、动力消耗低、对物料适应性强、可在皮带运输机的任意部位卸料、安装和维护保养较容易等优点，其缺点是价格较贵，倾斜输送时受坡度限制等。

皮带输送机如图 40-9。它是由一条无端橡胶输送带，绕于传动滚筒和改向滚筒，支承在若干托轴上，被螺杆张紧装置拉紧。工作时电动机通过传动机构驱动传动滚筒，借摩擦力使皮带运动，物料由装料处装入，由卸料处卸出。

输送带的托辊有两种形式。当托辊成水平时，叫做平面式。当托辊与水平面成一定角度时，称为槽式。后者的生产能力较前者大。

2.4.2　斗式提升机

斗式提升机（如图 40-10），是一种供散粒状物料垂直方向的运输设备，用链条或带作牵引件，环绕驱动鼓轮和张紧鼓轮，在牵引件上联结斗状工作件，斗子在下部通过喂入式或掏取式装料，引到顶部，绕过提升轮，在出口处以重力或离心力作用而卸出。斗式提升机用电动、减速器传动。

斗式提升机适于散料垂直提升，但有易磨损和运输效率不高等缺点。

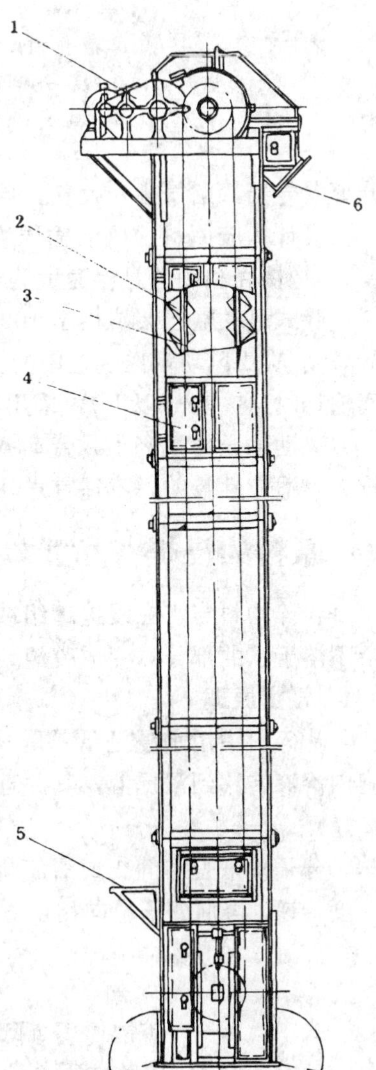

图 40-10　斗式提升机

1. 驱动装置；2. 牵引链条；3. 料斗；4. 检修口；5. 进料口；6. 出料口

2.4.3　风动输送装置

风动输送装置（如图 40-11），由输送管、旋风分离、星形排料器、引风机或鼓风机组成，分别为吸式或吹式风动输送装置。

吸式风动输送装置是借引风机尘管道中形成负压，由于压力差，空气被吸入管中，碎料也被带入管道中，进入旋风分离器时，碎料和空气混合物由于速度的急剧下降而分离，碎料通过星形排料器排入筛中分离。空气则通过引风机排入湍动旋流塔，除去灰尘后排入大气中。

吹式风动输入装置是借鼓风机将空风送入管道中，碎料由压片机料斗进入管道，空气与碎料混合物进入扩散式旋风

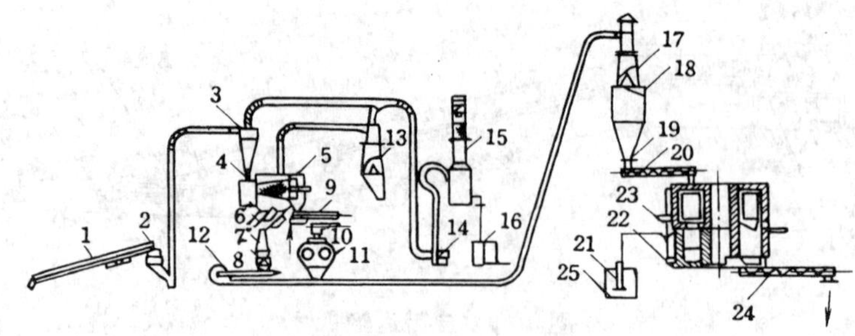

图 40-11 风送备料流程

1. 皮带运输机； 2. 对辊破碎机； 3. 旋风分离器； 4. 星形排料器；
5. 滚筒筛；6. 蒸料斜槽；7. 溜槽；8. 对辊小压片机；9. 蒸料螺旋；
10. 溜槽；11. 对辊大压片机；12. 送料鼓风机；13. 扩散式除尘器；
14. 吸料引风机；15. 湍动旋流塔；16. 水封槽；17. 扩散式卸料器；
18. 料仓；19. 送料螺旋；20. 预浸螺旋；21. 上水泵；22. 循环泵；
23. 连续浸提器；24. 出渣螺旋；25. 上水池

分离器分离，空气排入大气，碎料经碎料斗由星形排料器排出，供浸提用。

设计栲胶原料的风动输送装置时，通常取混合比为：橡椀 0.2，槲树皮 0.25，木片0.25～0.4。橡椀壳和刺的悬浮速度为 9～10m/s 和 3～4m/s，氧流速度可用 18～22m/s。

吸式风动输送装置用于 100m 以内，由各处向一点运送粒状及粉状物料，所用压力为50～60kPa。吹式风动输送装置中的空气压力一般为 30～40kPa，自一个地点向若干方向作较远距离输送时（0.8km 以下），采用吹式。

风动输送的投资小，劳动条件好，运料路程多样，生产率高，占地面积少，但所需功率较大，适应性较差，不适宜送块度大和粘性物料，在较弯处管道容易磨损。

3 原料的浸提[1,9,132,144,145]

粉碎物料与水在浸提罐组或连续浸提器中多次逆流接触，单宁等溶于水，形成浸提液，其余不溶于水的部分，变成废渣，使两者分离的过程，称为浸提或固-液萃取。

3.1 浸提原理

从碎料中用水浸提单宁是一种物质传递过程。依靠分子扩散，涡流扩散作用，使单宁从胞内溶液转移到浸提液。其原理如下：

3.1.1 分子扩散

分子扩散是指静止或滞流流体中，由分子热运动或胶粒布朗运动引起物质从高浓度向低浓度传递，溶剂分子也向相反方向传递，直到浓度还到平衡为止，由下式表示分子扩散速率：

$$N=\frac{dG}{Fdt}=-D\frac{\partial c}{\partial l}=-\frac{RT}{N_O}\frac{1}{6\pi\eta r}\frac{\partial c}{\partial l} \qquad (40\text{-}1)$$

式中：N——扩散速率〔kg/（m^2·h)〕；

G——扩散物质数量（kg）；

F——扩散表面积（m^2）；

t——时间（h）；

D——分子扩散系数（m^2/h）；

T——绝对温度（K）；

R——气体常数〔8.315J/（mol·K）〕；

N_O——阿伏加德罗常数（6.06×10^{23}/mol）；

η——溶剂粘度〔g/（cm·s）〕；

r——溶质粒子半径（cm）；

c——浓度（kg/m^3）；

l——沿扩散方向的长度（m）。

3.1.2　涡流扩散

涡流扩散是指湍流流体中，有浓度差存在条件下，借助流体质点的湍动和旋涡使物质朝着浓度降低方向传递。其作用比分子扩散大许多。

对流扩散是指湍流流体中同时存在涡流扩散和分子扩散，其扩散速率大为提高，用下式表示：

$$N=\frac{dG}{Fdt}=-(D+D_E)\frac{\partial c}{\partial l} \tag{40-2}$$

式中：D——分子扩散系数（m^2/h）；

D_E——涡流扩散系数（m^2/h）；

其他符号同前。

涡流扩散系数 D_E 不是物性常数，它与湍动程度有关，且随位置不同而不同，难以测定和计算。

根据膜模型，设想在相界面附近有一厚度为 Z 的有效滞流膜层，将对流传质作为通过距离 Z 的分子扩散，传质总阻力都包括在有效滞流之中。由碎料表面到外部溶液的对流扩散速率用下式表示：

$$N=-\frac{D}{Z}(C_i-C)=-K\triangle C \tag{40-3}$$

式中：Z——有效滞流层的厚度（m）；

C_i——碎料表面处溶质浓度（kg/m^3）；

C——浸提液中溶质浓度（kg/m^3）；

$\triangle C$——碎料表面与浸提液之间的浓度差（kg/m^3）；

D——液体中分子扩散系数（m^2/h）；

K——传质系数（m/h）。

在湍流流体中，溶质从碎料内部转移到碎料表面（分子扩散），再传递到浸提液中（对流扩散），总的传质方程式如下表示：

$$\frac{G}{t}=KF(C_x-C) \tag{40-4}$$

式中：F——总传质面积（m^2）；

C_x——碎料内部溶液浓度（%）；

C——浸提液浓度（%）；

K——总传质系数〔kg/（m^2·h）〕，由实验得；

G/t——传质速率（kg/h）。

在湍流条件下（如搅拌、泵循环、喷淋等）浸提时，传质过程的影响因素极复杂，可用准数关联式表示：

$$S_h = A\ (R_e)^m\ (S_c)^n \tag{40-5}$$

式中：S_h——施伍德准数，$S_h=\dfrac{Kl}{D}$；

l——定性长度（m）；

D——分子扩散系数（m^2/h）；

K——传质系数（m/h）；

R_e—雷诺准数，$R_e=\dfrac{du\rho}{\mu}$；

d——浸提器直径（m）；

u——流体速度（m/s）；

ρ——溶液密度（kg/m^3）；

μ——溶液粘度（$N\cdot s/m^2$）；

S_c——施密特准数，$S_c=\dfrac{\mu}{\rho D}$；

A、m、n——常数，由实验确定。

从分子扩散和对流扩散可知：①增加浸提温度 T、碎料表面积 F、浓度差$\triangle C$ 和溶液流动速度 u，减少扩散距离 l 和溶剂粘度 η，都可以加快浸提过程；②未破裂细胞的存在阻碍扩散作用，使扩散速率减慢；③单宁和非单宁同时浸出，并且分子大小不均；④浸出物和溶液间相互运动。这些因素使浸提过程趋于复杂，不能应用扩散速率公式来计算浸出物的数量。但扩散速率公式却指出了浸提过程的特征及其一般趋向。这对指导浸提过程有着很大的实际意义。

3.1.3 罐组逆流浸提

由 6～10 个浸提罐连成一组，碎料加入罐内（成为首罐），经多次浸提，逐渐变为废渣（成为尾罐），直到排出为止，始终停留在同一罐内。尾罐排出废渣后再加入新料，成为新的首罐。热水从尾罐进入，按碎料相对的方向逐次前进并浸提，最后在首罐内浸提新碎料后成为浸提液放出。因此，罐组内的每一个罐都依次轮流地从首罐、次首罐、……、陆续地成为次尾罐、尾罐。这样就使罐组在任何时间都保持着下列工作顺序：

首罐⟶次首罐⟶第三首罐⟶…⟶第三尾罐⟶次尾罐⟶尾罐

罐组逆流浸提的优点是浸提率和浸提液浓度均较高，缺点是浸提罐数较多，在栲胶生产中已广泛应用。

正常操作时，尾罐只进一次热水、首罐只放一次浸提液，尾罐离开罐组，则浸提次数与罐组罐数的关系为：

$$n=2m-1 \tag{40-6}$$

式中：n——浸提次数；

m——每组罐数。

若首罐排放二次浸提液，尾罐也加两次热水浸提，则浸提次数增加为 $n=3m-1$，可提高浸提率，但浸提液浓度变稀。

转液方式有两种：①同时转液，即尾罐加热水，各罐内的溶液依次转入前一罐内，首罐放浸提液。加热水、转液和放浸提液是同时进行，转液较快，相邻两罐内的溶液在一定程度上发生混合，降低浓度差和浸提率，常用于加压浸提罐组。②分别转液，即首罐放完浸提液后，再从次首罐向首罐转液，然后再从第三首罐向次首罐转液，照此依次类推，直到尾罐向次尾罐转液结束时才算完成一次罐组转液。这样，可以避免相邻罐内溶液混合，但转液时间较长。随罐数增加而增长，此法只适于常压浸提罐组。

以三个罐成一组为例，同时转液操作的罐组工作程序，依时间顺序从上到下表示各步操作。如图 40-12，三罐组的正常浸提次数为 5 次，保持 $n=2m-1$，其条件是出渣加料时间 t_3 不大于每次静止浸提时间 t_2，即 $t_3 \leqslant t_2$。此时罐组内处于浸提状态（即溶液浸没原料）的罐组在 m 与 $m-1$ 间交替变化。出渣加料时，只有 $m-1$ 个浸提罐处于浸提状态。

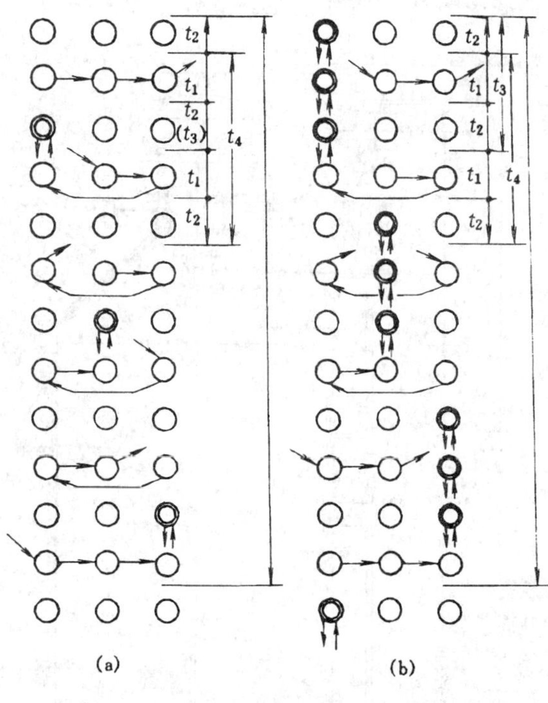

图 40-12　按照同时转液法操作的三罐组浸提的工作程序图

（a）$n=2m-1$ 时；（b）$n=2m-2$ 时

○浸提中的罐　加入清水

放出浸提液　◎未浸提中的罐

排出废渣，加入新原料

t_1. 一个罐的转液时间（等于一个罐加入清水或放出浸提液时间；

t_2. 一次静止浸提时间；

t_3. 一个罐排出废渣，再加入新原料的总时间；

t_4. 两次放出浸提液（或两次加入清水）的间隔时间；

T. 罐组的周期；

m. 每个罐组的罐数（个），图中 $m=3$；

n. 浸提次数

若出渣加料时间延长，而罐组的工作周期不能增加时，就得减少处于浸提状态的罐数，浸提次数也随之减少。采用同时转液操作时有下列关系：

$$n=2m-K \tag{40-7}$$

$$t_3=t_2\ (2m-n)\ +t_1\ (2m-n-1) \tag{40-8}$$

$$t_4=2\ (t_1+t_2) \tag{40-9}$$

$$T=mt_4 \tag{40-10}$$

式中：$K=\dfrac{t_1+t_3}{t_1+t_2}$，并取整数值；

T——罐组周期（h）。

例如，使处于浸提状态的罐数保持为 $m-1$，则浸提数次减为 $n=2m-2$ 次，出渣加料时间可延长到 $t_3=2t_2+t_1$。在生产中经常采用这一做法。

采用不停顿的同时转液时，$t_2=0$，这时处于浸提状态的罐数最多只有 $m-1$ 个，其工作状况接近于逆流连续浸提。

按照罐组每天加料的罐数 m_0 计算罐组周期如下式：

$$T=24\ \frac{m}{m_0} \tag{40-11}$$

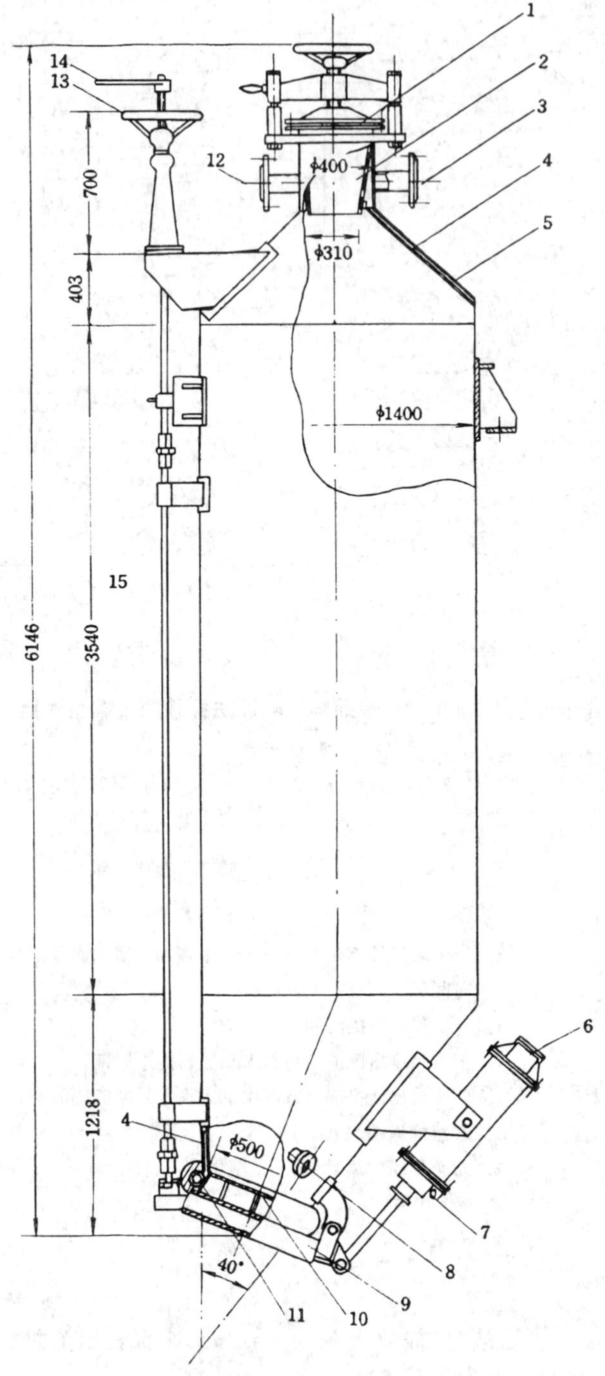

图 40-13 6.5m³ 金属浸提罐

1. 加料口；2. 活动筛板；3. 排气口；4. 上、下筛板；5. 上锥体；6、7. 水力开关进、出水口；8. 下转液管口；9. 底盖托梁；10. 底盖；11. 密封圈；12. 上转液管口；13. 手轮；14. 手柄；15. 拉杆

式中：T——罐组周期（h）；

m——每组罐数（个）；

m_0——罐组每天加料的罐数（个）。

例如，8罐组，每天加料9罐，罐组周期（浸提周期）为：

$$T=24\times\frac{8}{9}=21.33\ (\text{h})$$

碎料的实际浸提时间，应等于罐组周期减去出料和加料（包括抽空尾罐中液体）的时间。

3.2 浸提设备

浸提设备主要有浸提罐（器）、过滤器、阀门组和换热器等。

3.2.1 浸提罐

浸提罐（器）有金属浸提罐、转鼓浸提器、平转型连续浸提器和卧式螺旋移动床连续浸提器。其中金属浸提罐应用广泛。

3.2.1.1 金属浸提罐

金属浸提罐如图 40-13。容积 6.5m³ 的浸提罐，用 6～8mm 的不锈钢板或用普通碳素钢板（厚 8mm）内衬不锈钢板（厚 2～3mm）制成。工作压力 0.4MPa 左右。容积为 6.5m³（直径 1.4m，总高 6.2m）、12m³（直径 1.8m，总高 6.6m）、18m³（直径 1.94m，总高 7.2m）等。

常用的罐体材料为奥氏体不锈钢；如铬镍不锈钢（1Cr18Ni9）、（铬镍钛（1Cr18Ni9Ti）或铬镍钼不锈钢（Cr18Ni12Mo2Ti）等，具有良好的抗蚀、焊接和加工性能。不锈钢衬里的浸提罐可以节省不锈钢，但对面的碳素钢在一定条件下可能受到外部的腐蚀。铜材曾被广泛使用，但铜受到浸提液腐蚀，铜离子易引起色斑，早已被不锈钢代替。

浸提罐为圆柱形，长径比一般为

1.2～2.5。在相同的容积下，长径比值小，则物料的流体阻力小，溶液流速快，相邻罐内的溶液在转液时容易混合，使浸提率降低。长径比值大则相反。

浸提罐顶部加料口直径 0.4～0.5m，加料口与罐体间以锥形或碟形封头相连。罐体底部的排渣口直径 0.5～0.55m，排渣口与罐体以斜锥体或正锥体相连，锥顶角 40°左右，锥角太大不利于排渣。斜锥体一侧为直立面，废渣在直立面处受到的向托力最小，有利于先从此处排出，故较正锥体易于排渣。扩大排渣口直径到 1.4m 左右，或等于罐体直径，虽然有利于排渣，但底盖十分笨重。底盖用水力启闭或人工启闭。水力启闭不仅安全节力，且能利用罐内余压排渣。图 40-13 中的水启闭机构，活塞直径 210mm，行程 460mm，用 0.2MPa 的压力水驱动。活塞通过杠杆使底盖绕固定轴旋转（最大旋转角为 90°）而打开或关闭底盖。

底盖与排渣口之间以橡胶密封圈密封。密封圈似车轮的内胎，直径 50/28mm，用耐 120℃温度的橡胶夹纤维制成。关闭底盖后给密封圈通以压缩空气或压力水，使密封圈紧压在底盖的环形楔面上而起密封作用。密封圈的工作压力应不低于罐内的工作压力，因此也可利用浸提罐进水管施压。打开底盖前应先排除圈内压力。拉杆由工人在上面操纵，其下端扣紧底盖，以防自行开启而发生事故。

浸提罐上、下部各有一个转液口。上部的排气口供首罐进液时排放空气或尾罐排渣前减压用。上下锥体内有滤筛板。

金属浸提罐的工作压力由水压形成，允许使用较高的浸提温度（120℃），因此生产能力每立方米容积日产毛杨梅栲胶量（93kg 或坚木栲胶 437kg）和浸提率较高，避免单宁溶液接触空气而氧化，浸提液颜色浅。并且操作方便，劳动强度小，设备寿命长，易于维修。但消耗不锈钢较多，投资较大，制造较难，对原料粒度要求比较严格。由于它具有许多优点，在国内外栲胶生产中得到广泛的应用。

3.2.1.2　转鼓浸提器

金属转鼓浸提器是一个绕水平轴旋转的圆筒体，用 12mm 锅炉钢板内衬 3mm 厚不锈钢板制成。容积 10.9m^3，直径 2.5m，长 2.3m，允许内压 0.12MPa。穿过转鼓两侧壁中心的空心轴有 90°弯管两根，分别为进出液管。鼓正面有筒门，供出渣加料。由 7.5kW 电机驱动，转速 1.7r/min。用于毛杨梅、余甘树皮（8∶2）浸提时（4 罐一组，原料粒度 20mm 以上，每鼓装 2t 温度 80/120℃、出值系数 400%、1.8%亚硫酸盐、浸提周期 16h），每立方米容积日产栲胶 108kg，“抽出率”129%，浸提液的浓度高达 9.6%。尾鼓内的水由直接蒸汽压入次尾鼓，然后排渣。

金属转鼓浸提器也允许使用较高的浸提温度（120℃），避免单宁氧化，料液在鼓动搅拌下浸提，使扩散加快，浸提率高，浸提液浓度高，质量好，排渣比较容易。但金属材料多，造价高，动力消耗大，维修任务多。

3.2.1.3　平转型连续浸提器

平转型连续浸提器如图 40-14。它由回转料格、溶液格、喷淋装置及传动装置等组成。回转料格由两个同心圆构成，外圈直径 3.8m，内圈直径 2.0m，高 1.35m。两个同心圆圈构成的圆环沿径向被分隔成 18 格；每格装料 100～140kg（料层高 630～890mm）。回转料格由电动机经减速机驱动，绕轴心逆时针旋转，每 8h 转一周。每个格下面均有活动筛板，它的一侧为绞接，另一侧可以开启，借助筛板下面的两个滚轮，分别支承在内轨和外轨上，以保持水平紧合位置。当料格转到出渣口，滚轮由内外轨断口落下，筛底随之开启，排出废渣。其后，

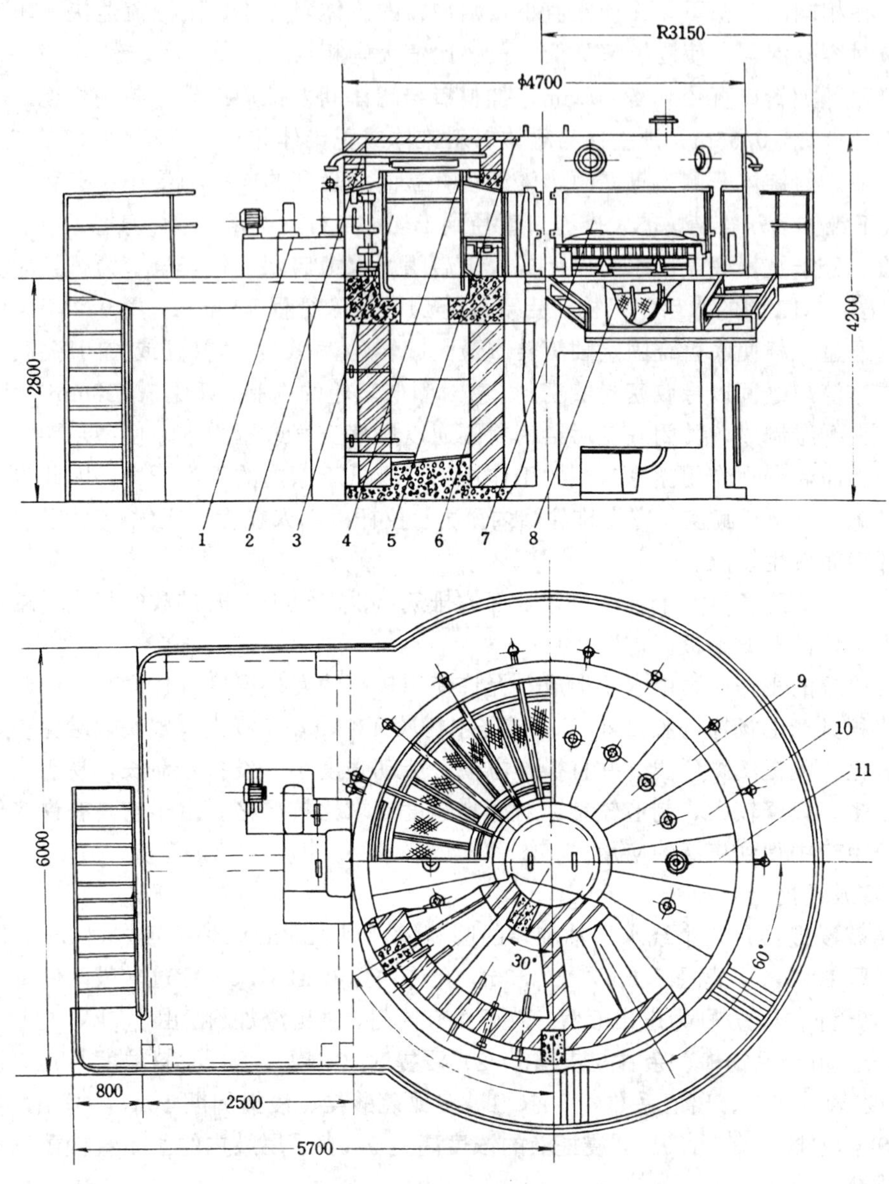

图 40-14 平转型连续浸提器

1. 驱动装置；2. 喷淋装置；3. 回转料格；4. 防水圈；5. 盖板；
6. 溶液格；7. 保温罩；8. 活动筛；9，10，11. 料格盖板

滚轮随斜轨上升而将筛底与格密合，并重行加入新料。溶液格位于回转料格之下，固定不动，沿径向被隔成13格以承纳溶液。每格底有出液管，通过循环泵、套管预热器将溶液送到喷淋装置（由带孔管及其下的分布板组成），溶液被喷淋到原料层上，借重力流经料层进行浸提，再落入下面的溶液格内，反复进行浸提。溶液与原料逆向移动，90～95℃的水进入尾溶液格（第12格），一面喷淋一面流入前一格，最后在首格（第1格）成浸提液排出。

压片后的橡椀经螺旋输送机预浸后从浸提器加入料格，废渣经由下部螺旋输送机排出。预浸（用来自首格的75～85℃溶液浸约2.0min）的目的是使原料吸湿膨胀（吸水110%～184%、

膨胀率 50％～65％），以保持良好的渗滤性，易于排渣并提高浸提率。

平转型连续浸提器结构较简单，占地面积小、操作安全、浸提过程连续化、浸提时间短、浸提液质量较好。主要用于橡椀刺和橡椀壳搭配生产，特别适于五倍子浸提。

3.2.1.4　卧式螺旋移动床

卧式螺旋移动床连续浸提器如图 40-15。它是由卧式筒体和端盖、带式面型螺旋、轴流泵、旋液分离器、蜗轮蜗杆等组成。卧式筒体直径 1.4m，长 6m，用 6mm 不锈钢板制成，容积 8.6m^3。内部有不锈钢制的三层带式面型螺旋（宽×厚为 100mm×6mm），固定在空心主轴（直径×厚为 250mm×8mm）上，由蜗轮传动，转速 0.8r/min。螺旋直径×节距（旋向）分别为：518mm×900mm（右旋），718mm×600mm（左旋）及 1368mm×600mm（右旋），轴流原扬程 2～3m，流量 40～50m^3/h，转速 1 000r/min，功率 2.2～3kW。旋液分离器直径 360mm。

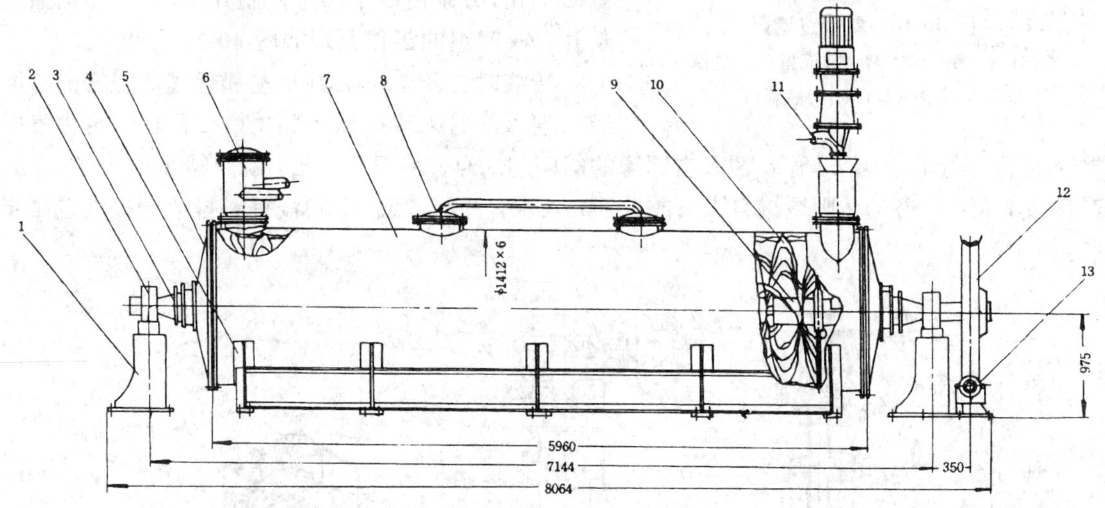

图 40-15　卧式螺旋移动床连续浸提器

1. 底座；2. 轴承座；3. 填料箱；4. 支座；5. 端盖；6. 旋液分离器；7. 筒体；8. 人孔；9. 主轴；10. 螺旋；11. 轴流泵；12. 蜗轮；13. 蜗杆

三个浸提器并联成一组，按逆流原则浸提。新原料与部分浸提液混合后，流入第一级首端，经二、三级，在三级尾端成为废渣，由轴流泵抽至斜筛分离，废渣排走，淡液落入热水槽。热水则以相反方向流动，在第三级尾端加入，借助位差（10cm）流经三、二、一级，在一级首端成为浸提液，由泵抽出、送至斜筛分离排走。在每级尾部均有轴流泵，将该段尾端料液抽出，送至下级首端旋液分离器分离，使原料落入该级首端，经螺旋作用移至尾端，液体则返回上级尾端。在螺旋和轴流泵的共同作用下，使固体颗粒和液体处于不断运动状态，固体与液体充分接触，有效滞流层厚度变薄，从而强化了对流扩散的作用。余甘、橡椀浸提时，粒度 2～10mm，料液比为 7∶1，首级浸提温度 85℃，尾级 95℃以上，出液系数 600％，浸提液浓度 5％～6％，总固物浸提率 85％～86％，浸提时间 2.5～3h，每立方米容积的栲胶日产量在 247kg 以上。该浸提器浸提温度低于 100℃，总固物浸提率低，原料消耗大，产品不溶物较高，如用来浸提筛选的粉末并与金属浸提罐组结合使用，可以降低原料消耗，提高设备生产能力。

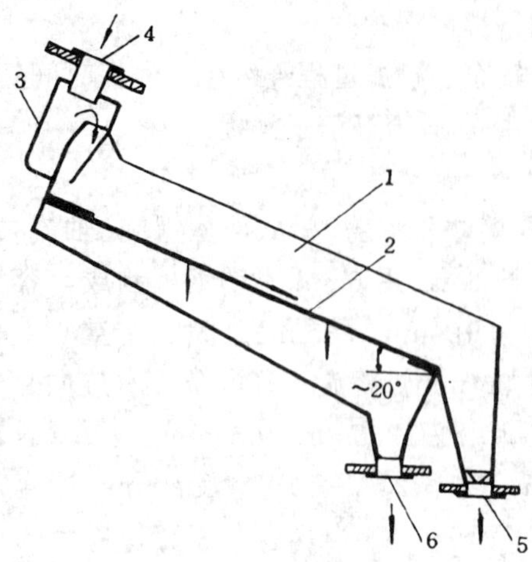

图 40-16 斜筛过滤器

1. 本体；2. 筛网；3. 溶液分配箱；4. 进液管口；5. 排渣管口；6. 出液管口

3.2.2 过滤器

斜筛过滤器如图 40-16。它是用 60～100 目不锈钢网和板制成，筛网宽 0.5～1m，长 1～2m。用于过滤浸提液，除去其中的细颗粒物料。

3.2.3 阀门组

阀门组如图 40-17。它与金属浸提罐配用，每罐一个，用于转液、放液、入水和排水等操作。阀体用不锈钢铸造，工作压力 0.4MPa。相当于 7 个阀门组合在一起，结构紧凑，易安装。阀体上部方箱被隔板分隔为前后两室。前室被横隔板分隔为上下两部。后室被纵隔板分隔为左右两室。前后室之间的隔板上有四个孔，分别由四个阀芯控制开闭，以互相沟通或断开。阀门组的工作原理如图 40-17（c）。

转液时，开 1、4，则从左邻罐阀门组来的渗液经 C 管及 a 管入浸提罐上部（上入下出），再由浸提罐 下接管经管 b 及阀 4，管 d 转入右邻罐的阀门组。若采用下入上出，就开阀 2、3 而关 1、4。若开阀 7 及 1（或 3），则尾罐自上（或自下）入水，开阀 5 或 6，则浸提罐排放浸提液或尾步水。

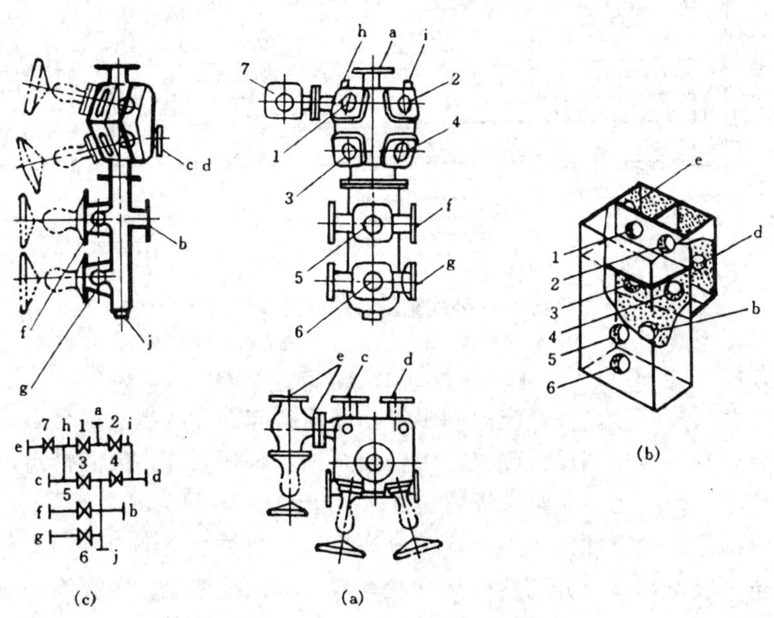

图 40-17 阀门组

(a) 阀门组的正、侧、俯视图；(b) 阀门组的透视示意图；(c) 相当于阀门组功能的阀门连接图

1、2、3、4. 转液阀 5. 放液阀 6. 尾步水阀 7. 进水阀

a. 上液管口（接浸提罐上转液管） b. 下液管口（接浸提下转液管） c、d. 左、右转液管口（接左、右邻阀门组） e. 进水管口 f. 浸提液排出管口 g. 尾步水排出管口 h. 压力计孔 i. 温度计孔 j. 排空口

3.2.4　换热器

换热器有多程列管式换热器和螺旋板式换热器（2 台串联），用于加热浸提用水。

3.3　浸提影响因素

栲胶原料的浸提极复杂，浸提效果受到许多因素的影响。如原料性质和粒度，浸提温度、罐数、次数和时间，出液系数，原料搅拌和溶液流动，化学添加剂，水质等。

3.3.1　原料性质和粒度

单宁含于植物细胞组织中，其分子大小和溶解性，原料细胞组织结构和渗水性各异，单宁被浸出的难易程度也不同。例如橡椀、化香果和漆叶等较易浸提，橡椀刺比橡椀果易浸提，甚至不粉碎也可以得到较高的浸提率（85%～90%），粉碎后压成厚为 1～2mm 的橡椀和 0.1mm 的椀刺，浸提率更高（近 100%）。落叶松和毛杨梅树皮等较难浸提，特别是落叶松树皮具有渗水性的栓皮，含有难溶于热水和不溶于热水的单宁，采用较小的粒度浸提时，单宁浸出较快、浸提率也较高。并且外皮以横切最好、径切次之、弦切最差，在相同的条件下（切片厚 2～3mm，柯氏法浸 7h）浸出物的相对浸提率和纯度为：横切 61.8%和 97.3%、径切 58.2%和 95.3%、弦切 26.4%和 90.2%。

根据扩散原理，原料的粒度小，扩散表面积大，溶质从原料内扩散到表面的距离也短，被打开的细胞壁多，使浸提加快。理论上，粉末的浸提最快。但粉末的渗水性差，在罐组浸提中，一部分形成不渗水的团块而无法浸提；粉末堵塞筛网、管路，造成转液、出渣困难。螺旋式连续浸提器和转动浸提器可以浸提粉末，但浸提液含不溶物增多。因此一般不采用粉末浸提，采用适宜的粒度范围见表 40-2。

3.3.2　浸提温度

在扩散速率公式中，扩散速率与绝对温度成正比，与溶剂粘度成反比。提高浸提温度，使单宁更快更完全浸出。但温度过高，水解类单宁发生分解，缩合单宁发生缩合，均使浸提液质量下降，因此浸提温度有一定的限制。各种原料最适宜的浸提温度见表 40-9。

表 40-9　各种栲胶原料的浸提温度

浸提方式	压力浸提							常压浸提									
原料名称	落叶松皮	毛杨梅树皮	余甘树皮	坚木	栎木	云杉树皮	柳树皮	橡椀	红根皮	化香果	木麻黄树皮	余甘树皮	毛杨梅树皮	云杉树皮	柯子	漆叶	五倍子
首罐（℃）	80	80～90	80	105	85	75	75	60～75	70～80	65	85	80～85	85～90	75	60	60	45～55
尾罐（℃）	120	115～120	105～115	120～125	115～120	105	105	85～95	98	75	98	98	98	98	80	70	65～75

在逆流浸提中，浸提温度是变化的，首罐的浸提温度最低，使新料中易溶的和热敏的单宁浸去并排走，中间各罐温度逐渐升高，尾罐温度最高，有利于难溶的和对热较稳定的单宁尽可能地浸出。

3.3.3　浸提罐数、次数、时间

生产中常用 6～10 个浸提罐连成一组，罐组浸提次数为 2×罐数－1 或 3×罐数－1，总的浸提时间等于各次（各步）浸提时间之和。浸提次数和每一次的浸提时间由试验确定。橡椀、落叶松和毛杨梅等浸提时，每一次的浸提时间为 1h，第二次浸出的溶质量最多，以后浸出量

逐渐减少，其解释为：水充分渗入原料中，造成胞内与浸液之间的浓度差大，扩散快，浸出量多。

浸提时间虽然因原料品种不同而异，但主要决定于浸提器型式和其他的浸提条件（温度、粒度、化学添加剂）的采用。常压浸提罐组的浸提时间为16～24h（甚至更长），压力浸提罐组的浸提时间为7～24h，连续浸提器采用了强化措施（如喷淋浸提和压片，搅拌和泵转料液），平转型连续浸提器的浸提时间为5h多。螺旋移动床连续浸提器的浸提时间为2.5～3.5h。

3.3.4　出液系数

浸提时放出的浸提液量与气干原料重量的百分比。增大出液系数，浸提液浓度低，胞内外溶液的浓度差大，单宁扩散加快、浸提较完全，使浸提率提高。但浸提液稀、量大，使蒸发负荷加大，蒸汽耗量增加。出液系数太小，浸提不完全，浸提率下降。因此常用的出液系数为250%～700%，难浸提、单宁含量高的原料，可用上限。相反用下限，出液系数最小值是浸没原料，否则不能正常进行浸提。浸提加水量由出液系数和原料吸水倍数而定，以气干原料计，落叶松碎料吸水量为2.7～2.8倍，橡椀吸水倍数为1.8～2.8倍，余甘树皮吸水倍数为1.5～3.0倍，黑荆树皮（10～20mm）为1.3倍。

3.3.5　原料搅拌和溶液流动

浸提时溶液流动速度为湍流，原料被搅拌，呈现分子扩散和涡流扩散，使传质过程得到强化，从而提高浸提率。对于浸提罐，适当增加罐数和长径比、增大出液系数，有利于提高流速。减少加水泵流量、不间断地转液放液，保持流动态浸提，均使浸提率提高。平转型连续浸提器，溶液循环喷淋、原料压片和预提（有利于溶液透滤和流动），也使单宁扩散加快。

3.3.6　化学添加剂

浸提时添加化学品，使不溶于热水的单宁溶解、浸出，从而提高单宁的产率，改变单宁性质而改善浸提质量。常用亚硫酸盐，其浓度为5%～10%，加入罐组中部或中部偏前或中部偏后。过份偏尾罐或首罐，造成亚硫酸盐未充分作用而随废渣排出或它与易溶性单宁进行不必要的反应而降低质量。浸提时添加亚硫酸盐量及部位见表40-10。

表40-10　几种原料浸提时亚硫酸盐用量

原料种类	浸提罐数（个）	步别	亚硫酸盐	
			品　种	用量（%）
落叶松树皮	8	6或8	亚硫酸钠：亚硫酸氢钠（1：1）	2.0（占绝干料）
落叶松树皮	8	6或8	亚硫酸钠：亚硫酸氢钠（1：3）	1.4（占绝干料）
毛杨梅树皮	8～10	6	亚硫酸钠	1.8（占气干料）
毛杨梅树皮	8～10	4或6	焦性亚硫酸钠	1.3～2.0（占气干料）
余甘树皮	8～10	6	亚硫酸钠	1.2（占气干料）
山槐树皮	8	4或6	亚硫酸钠	1.0～1.5（占气干料）
红根皮	6	3	亚硫酸钠：亚硫酸氢钠（1：2）	1.5～1.8（占气干料）
木麻黄树皮	8	4或6	亚硫酸钠	0.8～1.0（占气干料）
木麻黄树皮	6	7	亚硫酸钠：亚硫酸氢钠（1：1）	1.2（占气干料）
橡　椀	6	2或4	亚硫酸钠或亚硫酸氢钠	1.0（占气干料）
云杉树皮	6	4或6	亚硫酸钠：亚硫酸氢钠（1：1）	1.2（占气干料）
栎　木	6	6	亚硫酸氢钠（以二氧化硫计）	新料0.2～0.3（占栎木料）
栎　木	6	6	亚硫酸氢钠（以二氧化硫计）	旧料0.3～0.4（占栎木料）

加氢氧化钠浸提可增加获得率，制得碱性栲胶，用于制木工胶粘剂。如坚木 8 罐组浸提时，加碱量约为提取物的 1/17，加入前面的 4 个罐中。落叶松和马尾松树皮，用 10%的氢氧化钠（占气干料）浸提。用碳酸钠、亚硫酸钠、亚硫酸氢钠浸提落叶松树皮，其提取物用来制木工胶粘剂，已有报道。

3.3.7 水　质

浸提用水质量主要是水的硬度、含铁量、pH 值。水质对单宁产量和质量都有显著的影响。单宁与硬水中的钙、镁离子形成络合物，使单宁损失，溶液颜色加深，易在蒸发器内结垢。单宁与铁离子生成蓝色络合物。水的 pH 值高于 7，单宁受空气氧化，颜色变深，而 pH 值小于 3，使单宁水解或缩合成不溶物，质量变坏，适宜的 pH 值为 5～6。因此，浸提用水为蒸发工序中的凝结水，具有微酸性，无硬度，温度较高，既节热节水，又能提高栲胶质量。如凝结水不够用时，可补充软水。由此可知，物料粒度、浸提温度、亚硫酸钠浸提（主要指缩合单宁原料）是主要的影响因素、出液系数、浸提时间、次数和罐数等是次要的影响因素。

对于缩合类单宁原料，生产上宜适当减少原料粒度，采用较高的浸提温度和较短的浸提时间，尽可能借原料搅拌和溶液流动，添加亚硫酸盐，适当增加浸提次数和加水量，以达到优质、高产、降低单耗的目的。

3.4 浸提工艺条件

根据原种类、原料的新旧、设备条件，注意到浸提过程中各因素的作用，采取较合理的浸提工艺条件，在保证栲胶质量或有新提高的前提下降低单耗。现列出几种栲胶原料的浸提工艺条件等，见表 40-11，其中的数据供参考。

表 40-11　几种栲胶原料的浸提工艺条件

设备型式	原料名称	基本浸提条件				
		粒度（mm）	温度（℃）	罐数（个/组）	时间（h）	出液系数（%）
压力浸提罐组	落叶松树皮	多数<10	80～120	6～7	12～14	400～650
	毛杨梅树皮	1.5～2.2	90～120	6～8	12～20	500～700
	余甘树皮	1.5～2.2	80～115	6～8	12～20	500～700
	坚　木	多数<6	105～125	6～8	8	225
	栎木、栗木	多数<10	85～120	7～8	7～8	250～300
	云杉树皮	<20	75～105	7～10	10	400～500
	柳树皮	<20	75～105	7～8	10	350～450
常压浸提罐组	橡　椀	5～10	60～95	6～8	15～24	300～400
	红根皮	20	80～98	6～8	18～24	400～500
	木麻黄树皮	25～30	85～98	6～8	20～24	300～400
	毛杨梅树皮	<20	85～98	6～8	16～24	400
	余甘树皮	<20	80～98	6～8	16～24	400
螺旋移动床连续浸提器①	余甘树皮	2～10	85～98	3～5	2.5～3.5	600
	橡　椀	1～10	85～98	3～5	2.5～3.5	600
平转型连续浸提器②	橡　椀	厚 1～2	70～95	喷淋 11 次	5	300～400
	椀　刺	厚 0.1～0.2	70～95	喷淋 11 次	5	300～400

①器内液料比 7：1；②先经过压片及预浸提（2～5min，75～85℃），喷淋强度 200～300kg/（m^2·min）。

国内某厂采用 10 罐组（金属浸提罐 6.5m^3）浸提毛杨梅和余甘树皮，粒度 2～22mm，温度 90～110℃，亚硫酸钠 1.8%（气干料计），出液系数近 150%，浸提 20h，配以小流量高扬程上水泵，实现连续转液、连续放液，使溶液流动浸提时间增加，浸提率达 95%以上，单耗约为2.2t/t。

4 浸提液的蒸发[1,9,132,144,145]

浸提液的浓度低于10%，需要用蒸发的方法，除去其中大量的水，尽可能地提高浓度，以利喷雾干燥。

浸提液的蒸发是用饱和水蒸气加热浸提液，使其沸腾，水分不断汽化，产生的二次蒸汽，不断被排出，使其浓度提高。由于浸提液数量大，单宁易氧化、分解或缩合，生产中常用多效真空蒸发。

4.1 蒸发原理

浸提液的蒸发过程实质上是传热过程。蒸发时加热蒸汽不断冷凝，放出汽化潜热，经过加热管的管壁将热量不断地传给浸提液。传热速率方程如下式：

$$Q=KA\Delta t \tag{40-12}$$

式中：Q——传热速率（W）；

K——传热系数〔W/（m^2·℃）〕；

A——传热面积（m^2）；

Δt——有效温度差（℃）。

从上式看出，改变K、A、Δt中任何一项，都会影响蒸发过程的传热速率。

有效温度差是传热过程的推动力，对蒸发器的传热系数、生产能力和操作，栲胶质量都有影响。如其他条件一定，有效温度差越大，则传热速率越大。但是过大会使单宁缩合或分解，也使液体在管内沸腾的流动状态恶化。根据栲胶生产实践，每效有效温度差不少于10℃，不大于30～35℃，总温度损失不小于9℃。

总传热系数是两物体间温差为1℃，传热面积为1m²，在1h内由热物体传给冷物体的热量 。以下式表示：

$$K=\frac{1}{\left(\frac{1}{\alpha_1}\right)+\left(\frac{1}{\alpha_2}\right)+\left(\frac{\delta}{\lambda}\right)_w+\left(\frac{\delta}{\lambda}\right)_s} \tag{40-13}$$

式中：K——传热系数［W/（m^2·℃）］；

α_1——管外蒸汽冷凝的传热系数［W/（m^2·℃）］；

α_2——管内溶液沸腾的传热系数［W/（m^2·℃）］；

$\left(\frac{\delta}{\lambda}\right)_w$——管壁热阻（$m^2$·℃/W）；

$\left(\frac{\delta}{\lambda}\right)_s$——管内壁垢层热阻（$m^2$·℃/W）。

在上式中，管壁的热阻一般是小的，不锈钢管壁厚2.5～3.0mm，导热系数16.3～18.5W/（m·℃），管壁热阻（1.35～1.84）$\times10^{-4}m^2$·℃/W。垢层热阻随运行时间增长而加大，采用合理结构的蒸发器、防垢和除垢，减少垢层热阻，提高总传热系数。α_1的数值较大，经验值为5 000～15 000W/（m^2·℃），对总传热系数影响不大，但要排出不凝气体，增大α_1值。α_2的数值变动极大，它是影响传热系数的主要因素，受较多的因素影响，如蒸发器的类型，有效温度差，液面高度，加热面清洁程度等。常用的蒸发器的管内沸腾传热系数关联式如下：

自然循环蒸发器（适当的相对液面高度下）：

$$\alpha_2 = 3.25 \times 10^{-4} \left(\frac{\lambda_L}{d_0}\right) \left(\frac{q d_0 C_{PL} \rho_L}{r \rho_V \lambda_L}\right)^{0.6} \left(\frac{g d_0^2}{v^2}\right)^{0.125} \left(\frac{p d_0}{б_L}\right)^{0.7} \tag{40-14}$$

式中：d_0——气泡的脱离直径（m），$d_0 = \left(\frac{б}{\rho_L - \rho_V}\right)^{0.5}$；

λ_L——溶液的导热系数［W/（m^2·℃）］；

q——热通量（W/m^2）；

C_{PL}——溶液比热［kJ/（kg·℃）］；

ρ_L、ρ_V——溶液、蒸汽的密度（kg/m^3）；

r——蒸汽的蒸发潜热（kJ/kg）；

g——重力加速度（m/s^2）；

v——溶液的运动粘度（m^2/s）；

ρ——压力（N/m^2）；

б——溶液的表面张力（N/m）。

升膜式蒸发器（核状沸腾）：

$$\alpha_2 = 0.225\left(\frac{\lambda_L}{d}\right)\left(\frac{3600 c_p \mu g}{\lambda_L}\right)^{0.69}\left[\frac{(q/F)d}{r\mu v}\right]^{0.69}\left(\frac{\rho d}{б_L}\right)^{0.31}\left(\frac{\rho_L}{\rho_V} - 1\right)^{0.33} \tag{40-15}$$

式中：d——加热管内径（m）；

μ_L、μ_V——溶液、蒸汽的粘度（N·s/m^2）；

F——蒸发器加热面积（m^2）；

其他符号同前。

降膜式蒸发器：

$\frac{M}{\mu_L} \leqslant 0.61 \left(\frac{\mu_L^4 g}{\rho_2 б_L^3}\right)^{-1/11}$时

$$\alpha_2 = 1.163 \left(\frac{\lambda_L^3 g \rho_L^3}{3\mu_L^2}\right)^{1/3} \left(\frac{M}{\mu_L}\right)^{-1/3} \tag{40-16}$$

$0.61 \left(\frac{\mu_L^4 g}{\rho_L \sigma_L^3}\right)^{-1/11} < \frac{M}{\mu_L} \leqslant 1450 \left(\frac{C_{PL}\mu_L}{\lambda_L}\right)^{-1.06}$时

$$\alpha_2 = 0.705 \left(\frac{\lambda_L^3 g \rho_L^2}{\mu_L^2}\right)^{1/3} \left(\frac{M}{\mu_L}\right)^{-0.22} \tag{40-17}$$

$\frac{M}{\mu_L} > 1450 \left(\frac{C_{PL}\mu_L}{\lambda_L}\right)^{-1.06}$时

$$\alpha_2 = 7.69 \times 10^{-3} \left(\frac{\lambda_L^3 g \rho_L}{\mu_L^2}\right)^{1/3} \left(\frac{C_{PL}\mu_L}{\lambda_L}\right)^{0.65} \left(\frac{M}{\mu_L}\right)^{0.4} \tag{40-18}$$

$M = \frac{W_L}{\pi d m}$，称为单位宽度的液体流量[kg/(m·s)]

式中：W_L——流体流量（kg/s）；

d——加热管数。

刮板薄膜式蒸发器：

$$\alpha_2 = 110 \left(\frac{n}{\mu}\right)^{1/3} \lambda \tag{40-19}$$

式中：α_2——沸腾传热系数〔4.18×10^3J/(m^2·h·℃)〕；

n——刮板转数（r/min）；

μ——液体粘度（kg·s/m²）；

λ——液体导热系数［4.18×10³J/（m·h·℃）］。

μ和λ由加热室壁面和沸腾液体温度算术平均值t_m查取，即：

$$t_m=\frac{t_w+t_b}{2} \tag{40-20}$$

式中：t_m——加热室壁面温度（℃）；

t_b——沸腾液体温度（℃）。

栲胶生产中使用真空蒸发，其优点是：①真空下溶液沸点降低，减少单宁分解或缩合，避免单宁氧化，保证栲胶质量；②增大了加热蒸汽与溶液之间的温度差，在一定的传热量时，可以减少蒸发器的传热面积；③由于溶液沸点较低，可以减少蒸发器损失于外界的热量；④可使用低压蒸汽或废热蒸汽作热源，从而节省燃料。但是在顺流加料的条件下，末效沸点低，溶液浓度大，粘度大，导致传热系下降。此外，真空蒸发需要产生真空的设备，并消耗一定的能量。

产生真空的方法是：二次蒸汽引入冷凝器中完全冷凝，用真空泵或水射泵或蒸汽喷射泵抽出蒸发装置内的不凝性气体。

栲胶生产中常用多效蒸发，原因在于浸提液浓度很低（一般浓度低于10%），需要蒸发大量的水分从而消耗大量加热蒸汽。为了减少蒸汽用量，宜采用多效蒸发。在多效蒸发装置中，末效或后几效总是在真空下操作，这样造成后一效的操作压强和溶液沸点均较前一效低，才能实现第一效的二次蒸汽进入第二效加热室，作为第二效的加热蒸汽，第三、四效也相类似。由于各效（末效除外）的二次蒸汽都作为下一效蒸发器的加热蒸汽，仅第一效需要消耗生蒸汽，因而提高了生蒸汽的利用率。根据生产测定，单效、双效、三效、四效蒸发时，每蒸发1kg水分实际消耗加热蒸汽量分别为1.1、0.58、0.44、0.32kg。多效蒸发还减少了冷凝器的冷却水用量。但是，多效蒸发的经济性随效数增加而下降，浸提液的蒸发多用三效，也用双效和四效。

浸提液蒸发常用顺流加料法，溶液流向与蒸汽相同，即均由第一效顺序至末效。这种方法利用各效间的压差，溶液由第一效顺序流至末效，因而不必用泵。溶液的沸点逐渐下降，前效的溶液进入后效时，因过热而自蒸发，可产生较多的二次蒸汽，使下一效中蒸发较多的溶液。顺流法的主要的缺点是沿溶液流动方向，其浓度逐渐增高，但温度逐渐降低，粘度逐渐增大，导致传热系数逐渐下降。例如顺流加料法三效外加式，蒸发装置中，浓胶浓度为30%～35%，蒸发强度33～40kg/（m²·h）。

浸提液的蒸发使用错流加料法。例如四效降膜蒸发装置中，蒸流流向为1→2→3→4，而溶液流向为3→4→泵→1→2。蒸发黑荆树皮浸提液时，浓胶深度从10%提高到55%，蒸发强度达60kg/(m²·h)。这种加料法，各效溶液粘度变化不大，总传热系数下降小，仅使用1台泵。

浸提液的蒸发和浓胶的干燥均是除去其中的水分，在三效蒸发装置中蒸发1kg水分消耗0.44kg低压蒸汽（0.02MPa），而用喷雾干燥装置干燥1kg水分消耗高压蒸汽（约0.8MPa）约3kg，两者相差约7倍。从节能的观点出发，应采用多效降膜蒸发装置、错流加料法，并且尽可能地提高浓胶浓度。

4.2 蒸发设备

蒸发设备主要有蒸发器、预热器、冷凝器和真空设备。

4.2.1　蒸发器

蒸发器型式有多种，适宜于浸提液蒸发的蒸发器如下：

4.2.1.1　外加热式蒸发器

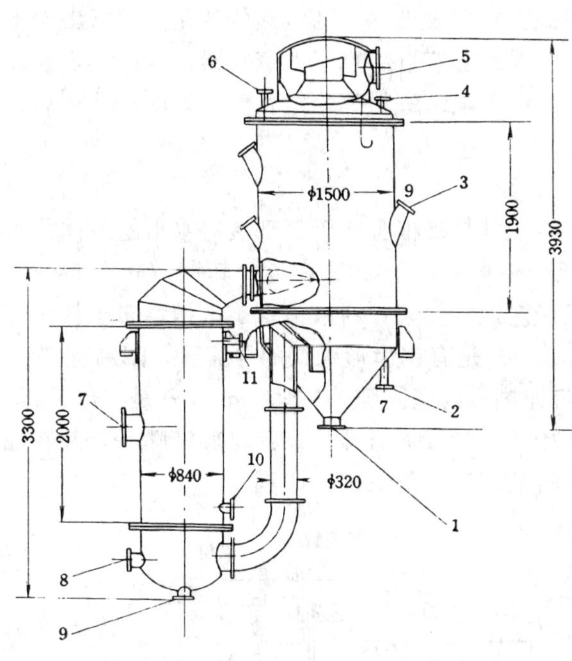

图 40-18　外加热式蒸发器

1. 排污口；2. 溶液出口；3. 视镜；4. 真空调节阀；5. 二次蒸汽出口；6. 接真空表；7. 加热蒸汽进口；8. 溶液进口；9. 排污口；10. 冷凝水出口；11. 不凝性气体出口

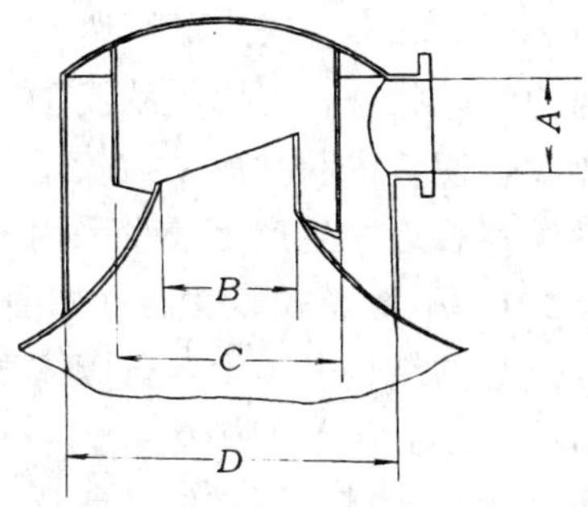

图 40-19　除沫器各截面尺寸

A. 二次蒸汽出口截面（m^2）

$B=2.5A$　$C=2.5B$　$D=1.8C$

外加热式蒸发器（如图 40-18）由加热室、分离室和循环管组成。加热管内径 30～50mm，加热管长 2～5m，管长与管径之比 50～100，管间距为外径的 1.5～2 倍。浸提液从蒸发器底部进，受热沸腾，生成汽、液混合物，而循环管溶液不受热，因重度差而循环。分离室主要为离心型，利用蒸汽混合物沿切线方向进入分离室，在离心力的作用下将蒸汽与溶液分离，并破碎泡沫。蒸汽夹带的液滴，通过顶部除沫器分离。其截面尺寸，如图 40-19。分离室直径按每平方米截面积每小时流过 600～900kg 二次蒸流量计算，其数值随效数的增加而递增。分离室高度为其直径的 1.3～1.5 倍。分离室蒸汽入口速度 10～12m/s。循环管直径宜大，其截面积约为加热管总截面积的 1 倍，以减小循环阻力，提高循环速度，从而提高总传热系数。外加热式蒸发器结构简单，操作稳定，蒸发强度较高，单效、双效、三效分别为 100、60～80、33～40kg/(m^2·h)。因此，得到广泛采用。

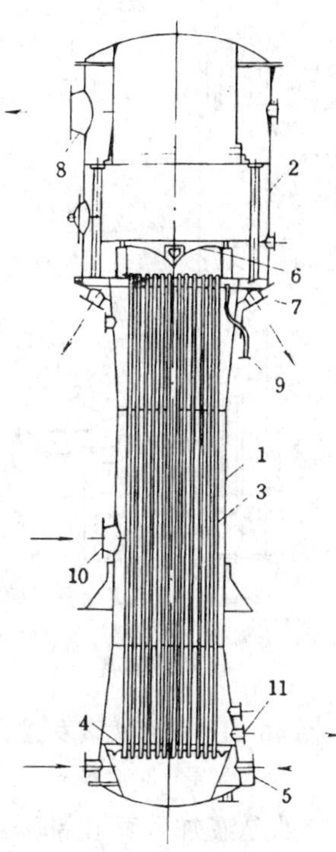

图 40-20　升膜式蒸发器

1. 外壳；2. 蒸发室；3. 加热管；4. 管板；5. 浸提液入口；6. 旋叶分离器；7. 浓胶出口；8. 二次蒸汽出口；9. 不凝性气体出口；10. 加热蒸汽入口；11. 冷凝水出口

4.2.1.2　升膜式蒸发器

升膜式蒸发器（如图 40-20）由加热室和蒸发室组成。加热管内径50mm，管长7.2m，长径比为100～150。浸提液由蒸发器底部进入，受热沸腾后迅速汽化，生成的二次蒸汽在管内高速上升，带动溶液沿管壁呈膜状上升，并不断蒸发。当汽、液混合物被分离后，分别从上部排出。常压下蒸发器出口处的二次蒸汽速度不小于10m/s，一般为20～50m/s。减压下可达100～160m/s或更高。在蒸发器内，随汽速的变化，可以出现不同的流动状态，但以膜状流动时传热系数最大，因此溶液近沸点下入蒸发器，以避免出现加热段，使其内膜状流动比较增大。还要保持加热汽压强、进料等稳定。蒸发强度与外加热式蒸发器相近，生产上较少采用。

4.2.1.3 降膜式蒸发器（如图40-21）

它的结构基本上与升膜式蒸发器相同。主要区别是每根加热管顶部装有水平的液体分布器，以保证溶液呈膜状沿管内壁均匀下降。常用的液体分布器如图40-22，其中：(a)是有2～3条螺旋形沟槽的圆柱体，四周有一个环形支架，掩盖加热管，料液沿螺旋沟槽均布于加热管内壁，圆柱体与加热管内壁间隙为1～1.5mm；(b)是有锯齿形缘口的导流管，四周有3～4个径向支脚，安装在加热管口上，导流管外壁与加热客内壁间隙1～1.5mm；(c)是二层筛板，下筛板孔与加热管口错开，孔的上半段为倒锥孔，下半段为直孔；(d)是旋液喷头，装在加热管口上。料液用泵送入旋液器，以离心力使料液均布于管的内壁四周。

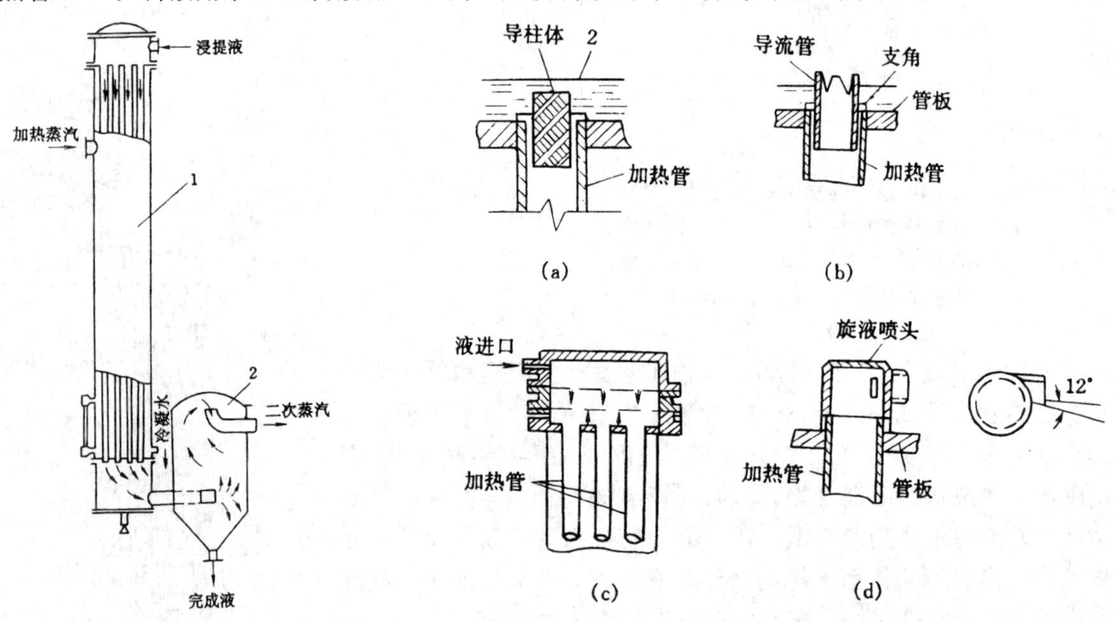

图40-21 降膜式蒸发器

1. 蒸发室；2. 分离室

图40-22 液体分布器

浸提液加入其顶部，经液体分布器入加热管内，在重力和二次蒸汽的拖带下呈膜状沿管内壁均匀下降，进行蒸发。浓胶、二次蒸汽分别从分离器底部和顶部排出。

降膜式蒸发器适于粘度较大(50～400Pa·s)、热敏性栲胶溶液的蒸发，其浓缩比为1∶5～10(四效错流浓度达55%)，蒸发强度大[双效为70kg/(m^2·h)，四效错流为60kg/(m^2·h)]。主要缺点是加热管中料液分布不均匀，可能出现局部干壁现象。

4.2.1.4 刮板式蒸发器（如图40-23）

它主要由加热夹套、分离器和旋转刮板组成。旋转刮板是具有沟槽的长方形塑料块，安放在固定于转轴的盒中，形成 2～4 条竖式刮板，与夹套内壁间距为 0.5～1.5mm。浓胶由加热夹套顶部沿二个对称切线口入，经甩料盘下降，被刮板带动旋转，由于受离心力、重力和刮板的刮带作用，溶液在夹套内壁成膜旋转下降，与此同时被蒸发浓缩，浓缩液由底部排出。二次蒸汽上升，经离心式分离器排入冷凝器。刮板蒸发器加热面积 6m^2，转速 134r/min，功率 7.5kW。进液浓度为 25%，加热蒸汽压力 0.3MPa（绝压），分离器温度 70～80℃，浓缩液浓度高达 48%，蒸发强度 83kg/（m^2·h），不结垢层，浓缩液质量和颜色几乎不下降，适于浓胶浓缩，进液浓度高于 25%、浓缩比小于 2，较经济。但是，轴的垂直度要求高，否则刮板和离心式除沫器易损坏。

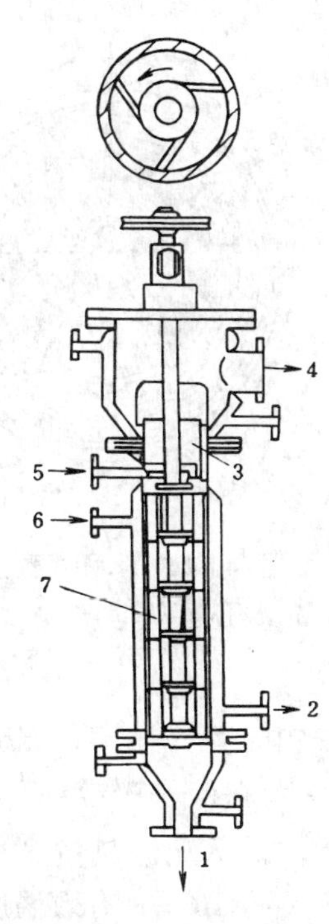

图 40-23　刮板式蒸发器

1. 浓缩液出口；2. 冷凝水出口；3. 液滴分离器；4. 二次蒸汽出口；5. 进液口；6. 蒸汽入口；7. 刮板

4.2.2　预热器

预热器为多程列管换热器，加热管径 30～35mm，长 2m，总传热系数约 756W/（m^2·℃）。

4.2.3　冷凝器

冷凝器常用混合式冷凝器，如图 40-24。直径 300～750mm，内有 6～8 块间距为 300mm 的弓形淋水板，其上钻有 3～5mm 的小孔，板的边缘有高约为 40mm 的溢流挡板。气压管高度不低于 10.5m，出水温度为 45～50℃。也将浮头式冷凝器与混合式冷凝器串联使用，图 40-25，回收部分冷凝、冷却

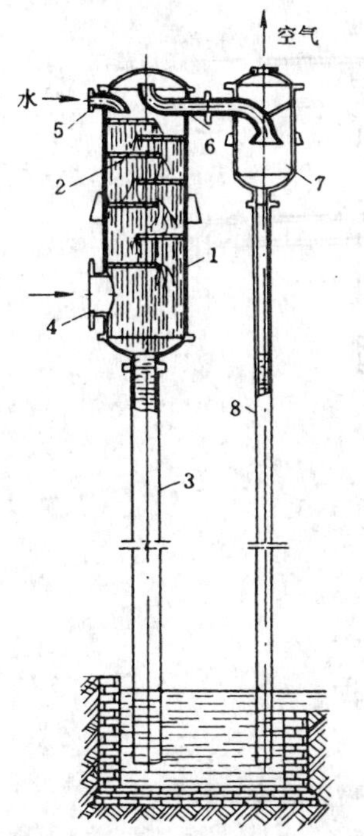

图 40-24　混合式冷凝器

1. 外壳；2. 淋水板；3. 气压管；4. 蒸汽入口管；5. 进水管；6. 空气出口管；7. 分离器；8. 气压管

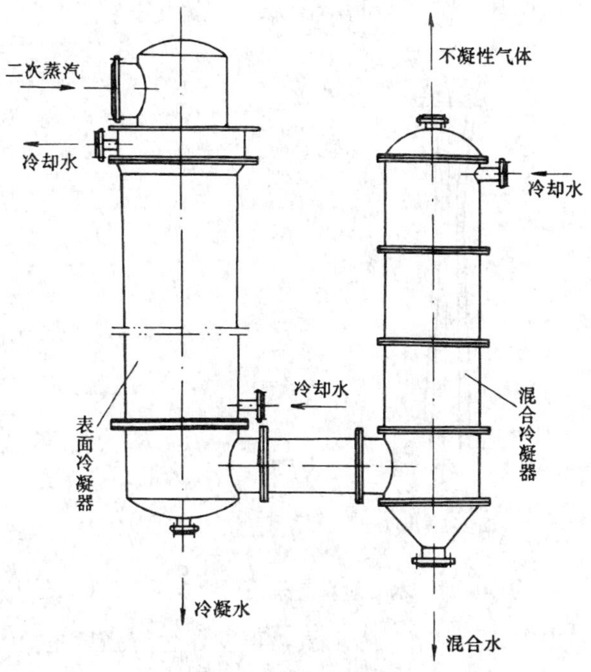

图 40-25　表面式冷凝器与混合式冷凝器串联使用

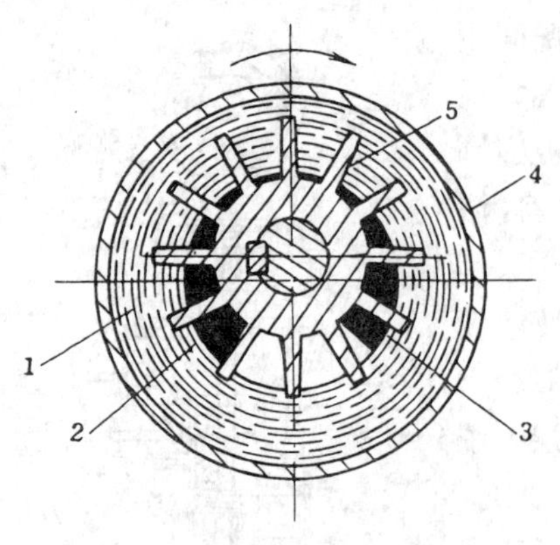

图 40-26 水环式真空泵

1. 水环；2. 压出口；3. 吸入口；4. 外壳；5. 叶轮

水和热量供浸提和生活使用。浮头式冷凝器的冷凝管直径 25～35mm，管长 3～4m，总传热系数为 1160W/(m^2·℃)。

4.2.4 真空设备

真空设备有往复式真空泵、水环式真空泵、水喷射真空泵、双级蒸汽喷射真空泵，如图 40-26 至图 40-28。

4.3 蒸发器生产强度和蒸发工艺条件

比较蒸发器性能时，常以单位加热面积每小时蒸发的水分量为依据，称为蒸发器的蒸发强度，其单位为 kg/(m^2·h)。它表示了蒸发器生产效率的高低和传热效果的好坏，蒸发强度 U 为：

$$U=\frac{W}{A}=3.6\frac{K\Delta t}{q} \qquad (40\text{-}21)$$

式中：W——蒸发水分速率（kg/h）；

A——传热面积（m^2）；

K——总传热系数［W/(m^2·℃)］；

Δt——有效温度差（℃）；

q——单位蒸发量所需的热量（kJ/kg）。

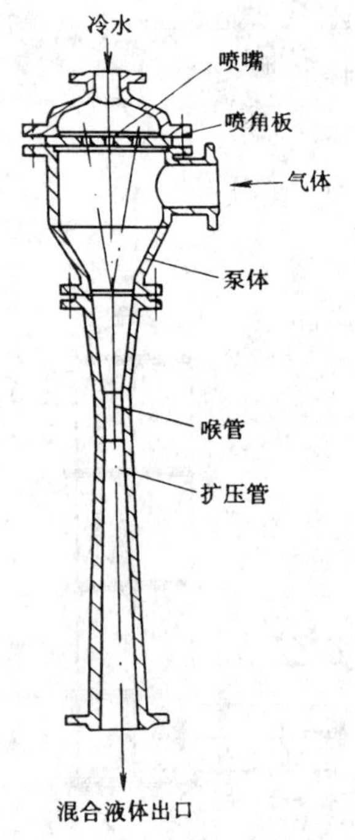

图 40-27 水喷射真空泵

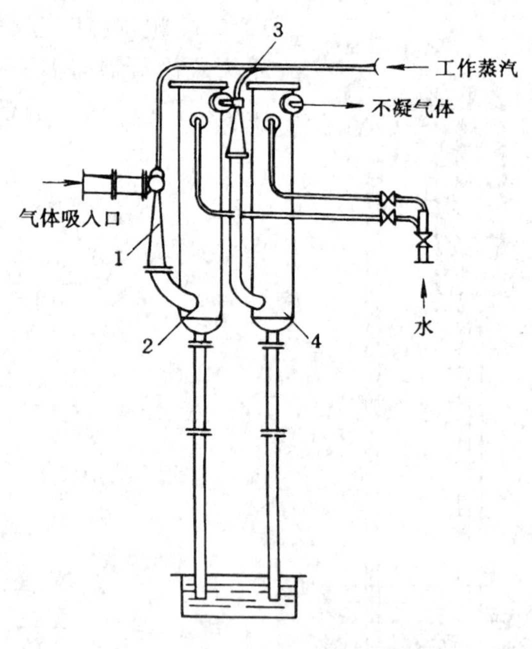

图 40-28 双级蒸汽喷射真空泵装置

1. 第一级蒸汽喷射真空泵；2. 冷凝器；3. 第二级蒸汽喷射真空泵；4. 冷凝器

由上式可知，q 为定值，蒸发器生产强度主要与有效温度差和总传热系数有关。

有效温度差主要取决于加热蒸汽和冷凝器内的压强。提高加热蒸汽压强和冷凝器中真空度，可以提高有效温度差，但这是有限度的：单宁承受的温度小于 120℃，冷凝器和真空泵造成冷凝器的真空度通常小于 88kPa。因此，常用加热蒸汽压强小于 0.3MPa，冷凝器中的真空度小于 88kPa，各效温度分配见表 40-12。

表 40-12　各效温度分配情况表

加热蒸汽		冷凝器真空度(kPa)	各效温度（℃）			
绝压（MPa）	温度（℃）		一效	二效	三效	四效
0.12	104.2	85	92～95	80～85	60～64①	—
0.15	112.7	86	103～105	80～89	54～59①	—
0.25	126.3	85	99	60①	—	—
0.3	132.8	76	112～120	99～104	80～83	66～67②

①顺流，外热式蒸发器浓胶浓度 30%～38%；②错流，降膜式蒸发器，三效进料，二效出料，浓胶浓度约 55%。

提高总传热系数是提高蒸发器蒸发强度的关键。及时排除冷凝渣和不凝性气体，防止跑胶导致下效传热面的污染，可以提高蒸汽冷凝的传热分系数 α_1，其值相当大，约为 1 000W/(m^2·℃)，对总传热系数影响不大。溶液沸腾传热分系数是影响总传热系数的主要因素：对自然循环的蒸发器，管内沸腾分为三区六段，如图 40-29。要提高 α_2，应使沸腾区，尤其是其中的膜状流动段尽可能地扩大，而相对地缩短预热区和饱和蒸汽区，增大循环管直径，减小溶液循环阻力，保持有效温度差 10～35℃，相对液面高为 1/3～1/2，从而提高循环速度。此外，溶液预热至沸点入蒸发器，从而缩短预热区。

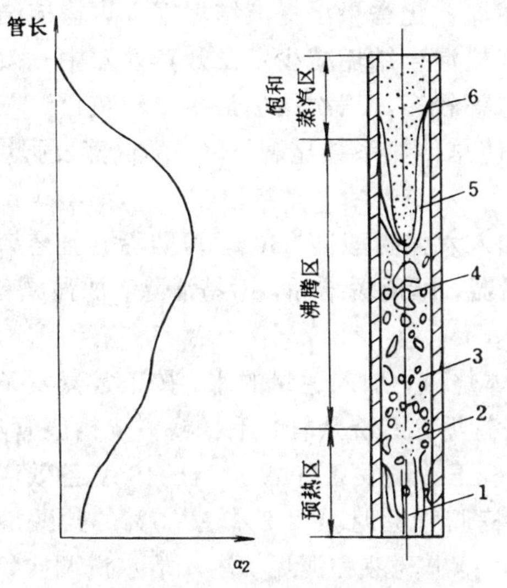

图 40-29　自然循环蒸发器管和内沸腾示意图

1. 自然对流段；2. 壁面生成汽泡段；3. 乳化段；
4. 转变段；5. 膜状流动段；6. 蒸汽流动段

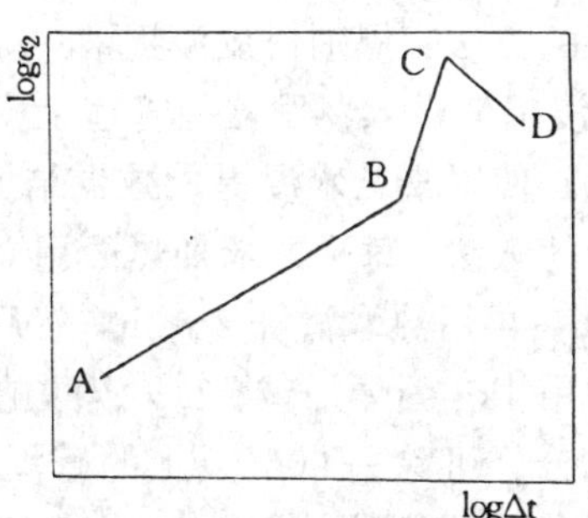

图 40-30　升膜式蒸发器内沸腾液体 α_2 与 Δt 关系

对于升膜式蒸发器，水、酒精等的管内沸腾实验表明，管内沸腾传热系数 α_2 与温度差关系如图 40-30。AB 段为对流传热，$\alpha_2 \propto \Delta t^{0.53}$；BC 段为泡核沸腾，$\alpha_2 \propto \Delta t^{0.22}$；CD 段是高温度差阶段，属膜状沸腾，管内壁被蒸汽覆盖，给膜热阻随 Δt 增加使 α_2 沿 CD 线下降。可见，蒸发器沸腾液体的液膜温度差应小于临界温度差，水的临界温度差为 22～28℃，水溶液蒸发时温度差为 20～35℃；蒸发水分量小于蒸发液量的 80%，避免干壁现象；接近沸点进液，保持进液、进汽和真空度等稳定。垢层热阻大时，使总传热系数显著下降，因此需要定期清洗。此外，采用双层底分离器，提高循环速度等可减少结垢。

浸提液蒸发时正常操作控制的工艺条件见表 40-13。

表 40-13 蒸发的工艺条件

条件	数值	条件	数值
加热蒸汽压力（表压，MPa）	0.02～0.2	浓胶浓度（°Be′）	17～22
冷凝器真空度（表压，kPa）	80～88	浓胶浓度（%）	30～38
浸提液浓度（°Be′）	1.0～8.0	冷凝水温度（℃）	45～50
浸提液浓度（%）	2～10		

水解类单宁蒸发时，采用加热蒸汽压力 0.02～0.12MPa，使第一效沸腾温度小于 100℃，避免单宁分解。缩合单宁（黑荆树、毛杨梅和余甘树皮单宁）蒸发时，加热蒸汽压力为0.12～0.2MPa，第一效沸腾温度达 120℃，由于浓度低、时间短、弱酸性，单宁不会破坏，还有利于提高蒸发能力。末效沸腾温度一般为 55～65℃，若末效温度太低，随浓胶浓度增加，粘度增加快，反而降低蒸发能力。冷凝器真空度常为 80～88kPa。

4.4 蒸发器的防垢、除垢

在蒸发过程中，浸提液中的钙、镁离子和有机酸（主要是草酸）形成的不溶性盐，不断析出，附着在管壁上而形成管垢，其主要成分是草酸钙（60%～70%），还有其他杂质。垢不溶于水，部分溶于稀酸和碱，全部溶于浓硝酸。它的形成与浸提用水的硬度，原料的种类和溶液浓度、温度有关：浸提用水硬度越高，结垢越厚；化香果浸提液结垢很少，橡椀结垢较多，红松、落叶松皮结垢最多，化香果与橡椀或红松混合结垢减少；二效蒸发器中一效结垢少，二效结垢多。三效蒸发器中一效结垢最少，二效较多，三次结垢最多、较疏松。蒸发器的结垢随浓度增高、温度降低而增加。管垢的生成使总传热系数显著下降，降低蒸发强度，因此需注意防垢和除垢。

防垢的方法：黑荆树皮浸提液中，每吨栲胶加入六偏磷酸钠 250g，可防垢，且溶解原有的积垢；浸提液进入蒸发器的管道上安装电磁防垢器，可延缓结垢，垢易清除；加强原料、浸提液净化，使用凝结水浸提，减少结垢。

除垢的方法：每平方米加热面用 0.5～1kg 固体烧碱，加入适量的水，按正常蒸发条件煮洗 8～16h，再用热水清洗 2～3h，然后刷洗，除去管垢；清洗余甘、毛杨梅树皮栲胶管垢时，每平方米用 1kg 固体烧碱、2kg 碳酸钠和适量水，按正常蒸发条件煮洗 24～40h，各效应补充蒸发的水分，可除去 90%以上的管垢，除毛杨梅栲胶管垢时，用 2%～2.5%的盐酸溶液和 0.6%的苯胺-甲醛缓蚀溶液，在 90℃以上煮洗 2h，排出药液和泥垢，注入清水洗两次，再加入 0.3%的烧碱溶液，煮 0.5h 放出，用水冲洗两次。放出的酸液可澄清后继续使用。

4.5 蒸发装置的热利用

在栲胶生产中充分利用蒸发装置产生的二次蒸汽和冷凝水（包括浸提水加热器、热空气加热器排出的冷凝水），对节能、降低成本和提高经济效益十分重要。栲胶生产中利用二次蒸汽和冷凝水的热量如图 40-31。

4.5.1 二次蒸汽热量利用

多效真空蒸发时，各效间存在压差，前一效的二次蒸汽作后一效的加热蒸汽，实现了热的多次利用，从而节省加热蒸汽的用量。还可以引出部分二次蒸汽加热浸提液。此外，采用

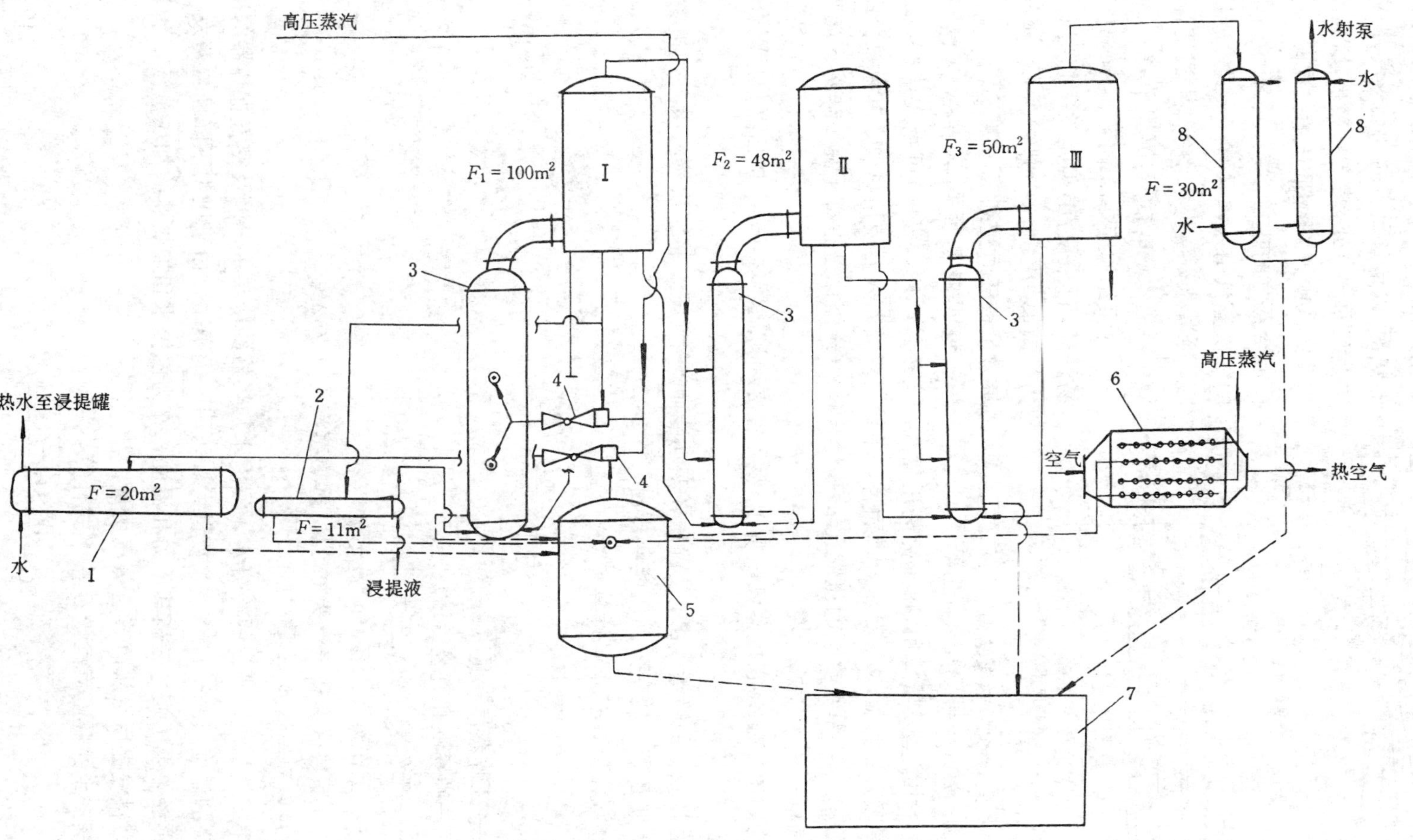

图 40-31　二次蒸汽凝结水热利用

1. 浸提水加热器；2. 浸提液预热器；3. 外加热式蒸发器；4. 热泵；5. 闪蒸罐；6. 空气加热器；7. 凝结水贮槽；8. 浮头式冷凝器

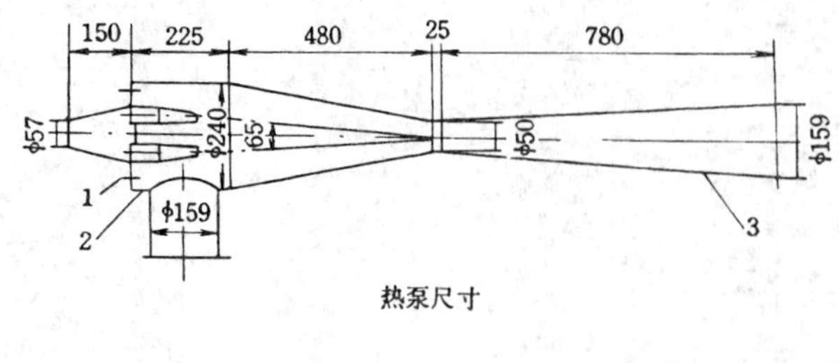

热泵尺寸

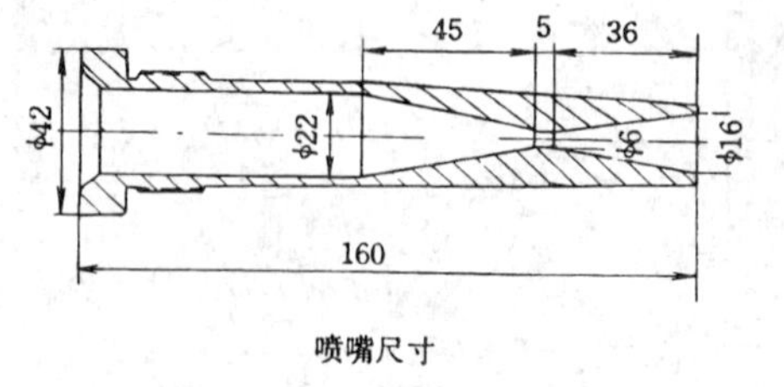

喷嘴尺寸

图 40-32 热泵结构

1. 蒸汽喷嘴；2. 吸入管；3. 扩压器

热泵（又称蒸汽喷射泵），提高二次蒸汽的压力和温度，就可以用作本效蒸发器的热源，以节省更多的加热蒸汽，即在二次蒸汽的出口处，装一只热泵，以高压蒸汽（1.1MPa）压缩低压的二次蒸汽，提高混合蒸汽的热力参数。还有最后一效的二次蒸汽引入串联的浮头式冷凝器冷凝，冷凝水做浸提水，冷却水温度升高，做生活用水（如洗澡等），也节省了热量。

热泵结构简单，内部无活动部件，容易保养，价格便宜。但是效率相当低（热力学效率为 25%～30%），二次蒸汽夹带微量料液而受到了污染。

每小时热泵吸入二次蒸汽量为 300～500kg，适合小型蒸发器应用，每千克高压蒸汽（0.5～1.4MPa，表压）可吸入 0.5～1.5kg 二次蒸汽。如果吸入比为 1∶1，就热效率而言，单效、双效蒸发器使用热泵，其效果分别相当于双效、三效蒸发器。单级热泵的压缩比 μ 不大于 1.8（压缩比是指每千克工作蒸汽能吸入热泵的二次蒸汽量）。

热泵的结构如图 40-32。它由蒸汽喷嘴 1、吸入室 2 和扩压器 3 组成。扩压器包括混合段、喉管和扩散段。

工作蒸汽由扩张口的喷嘴喷出，使静压转变动能而产生负压，将二次蒸汽吸入互相混合，经喉管高速进入扩压器，转变为静压能而排出。

热泵工作蒸汽耗量 G 按下式计算：

$$G=K\frac{\pi d_0^2}{4}\sqrt{\frac{P_1}{V_1}} \tag{40-22}$$

式中：G——工作蒸汽耗量（kg/s）；

d_0——喷嘴喉孔直径（m）；

P_1——工作蒸汽绝对压力（Pa）；

V_1——工作蒸汽比容（m^3/kg）；

K——系数（饱和蒸汽为 0.74，过热蒸汽为 0.752）。

4.5.2 冷凝水热量利用

第一效和第二效加热室排出的冷凝水，浸提水加热器的冷凝水，以及空气加热器的冷凝水，都有相当高的温度（95～170℃），数量大，可引入闪蒸罐，由于压力下降而自蒸发，产生低压蒸汽，再经热泵压缩，提高其压力和温度，作为浸提水和加热器的加热蒸汽，余下冷凝水排入贮槽，供浸提用水从而节省蒸汽用量。

冷凝水闪蒸产生的低压蒸汽量 G 按下式计算：

$$G=\frac{W\ (t_1-t_2)\ C}{r} \tag{40-23}$$

式中：G——冷凝水闪蒸产生的低压蒸汽量（kg/h）；

W——冷凝水量(kg/h);

t_1、t_2——闪蒸前、后冷凝水的温度(℃);

C——冷凝水的比热[kJ/(kg·℃)];

r——闪蒸温度时的蒸发潜热(kJ/kg)。

5 浓胶的亚硫酸盐处理

为了提高栲胶质量,增进其冷溶性,减少不溶物和沉淀物,提高渗透速度,浅化颜色,满足制革的需要,需要用亚硫酸盐处理浓胶。

5.1 浓胶亚硫酸盐处理的原理

在加热搅拌下,向浓胶中加入一定量的亚硫酸盐,与单宁反应,使部分单宁分子中引入磺酸基,称为单宁的亚硫酸盐处理,简称磺化。

常用的亚硫酸盐有如下几种:

亚硫酸钠(简称亚钠),分子式为 Na_2SO_3 或 $Na_2SO_4 \cdot 7H_2O$,在空气中易氧化成硫酸钠,与硫酸作用放出二氧化硫,受热发生自动氧化还原反应而产生硫化钠和硫酸钠。

$$2Na_2SO_3+O_2 \longrightarrow 2Na_2SO_4$$

$$Na_2SO_3+H_2SO_4 \longrightarrow Na_2SO_4+H_2O+SO_2\uparrow$$

$$4Na_2SO_3 \longrightarrow Na_2S+3Na_2SO_4$$

亚硫酸氢钠(简称氢钠),分子式 $NaHSO_3$,吸收空气中的氧而生成硫酸氢钠,在 pH 值为 4~5 的介质中它分解成亚钠、水和二氧化硫,它遇水产生硫酸氢钠和初生态氢。二氧化硫和初生态氢都具有还原作用,故氢钠的还原能力比亚钠强。

$$2NaHSO_3+O_2 \longrightarrow 2NaHSO_4$$

$$2NaHSO_3 \rightleftharpoons Na_2SO_3+H_2O+SO_2\uparrow$$

$$NaHSO_3+H_2O \longrightarrow NaHSO_4+2\,[H]$$

焦亚硫酸钠(简称焦钠),分子式 $Na_2S_2O_5$,相当于二个分子的氢钠脱水产物,其还原能力与氢钠基本相同。

$$2NaHSO_3 \underset{+H_2O}{\overset{-H_2O}{\rightleftharpoons}} Na_2S_2O_5$$

连二亚硫酸钠(又称低亚硫钠或保险粉),分子式 $Na_2S_2O_4$,它易溶于水、易分解,尤其在加热时与空气中的氧作用极为迅速,但在60℃以下还是稳定的,与水作用产生初生态氧,还原能力比氢钠强。

$$Na_2S_2O_4+H_2O+\frac{1}{2}O_2 \longrightarrow 2NaHSO_3$$

$$NaHSO_3+H_2O \longrightarrow NaHSO_4+2\,[H]$$

浓度10%的亚钠、氢钠的 pH 值分别为 9.8、5.2,亚钠:氢钠=1:1 时 pH 值为 6.4,2:1 时 pH 值为 6.8。

为了进一步浅化栲胶颜色,用亚硫酸盐处理后再以甲酸或乙酸处理。

亚硫酸盐与单宁作用的效果如下:

(1)单宁分子中引入亲水的磺酸基,其结构发生变化,使栲胶沉淀和不溶物减少,易溶于水。

(2) 单宁发生降解，分子变小，使单宁溶液稳定性增强，渗透速度得到提高。但是过分处理使单宁降解为非单宁，导致纯度下降，成革性能变坏，pH值及灰分增加等。因此，亚硫酸盐用量应适当。

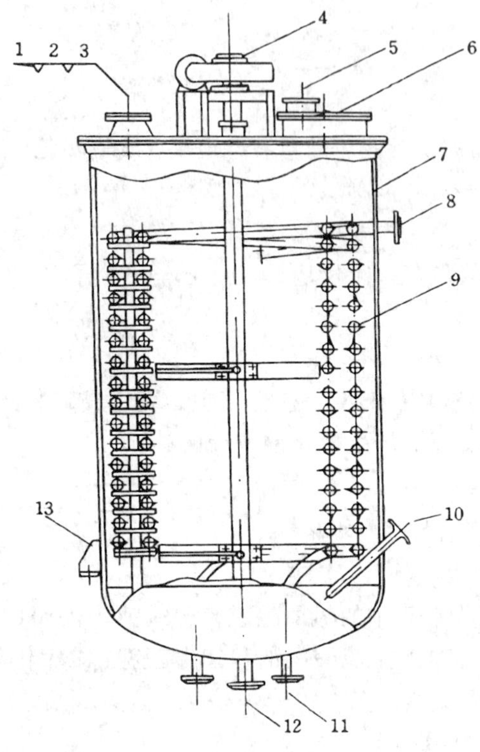

图 40-33 常压式亚硫酸盐反应器

1. 进液管；2. 视镜；3. 排气管；4. 搅拌装置；5. 手孔；6. 人孔；7. 槽体；8. 进汽管口；9. 加热蛇管；10. 温度计管；11. 冷凝水排出管；12. 出液管口；13. 支座

(3) 单宁易氧化成醌型深色物质，亚硫酸盐可以使醌型深色物质还原成酚型，单宁颜色变浅。亚硫酸盐的氧化势比单宁高，防止单宁的进一步氧化。此外，添加甲酸或醋酸，与未结合的亚钠、焦钠作用，使氧化单宁还原，降低pH值，颜色更加浅化。

(4) 栲胶溶液粘度显著下降，如47%的坚木栲胶溶液的粘度从14Pa·s下降为0.5Pa·s，有利于喷雾干燥和制备胶粘剂，缺点是胶粘剂耐水性下降。

5.2 亚硫酸盐处理的设备

主要设备是常压式亚硫酸盐反应器，其结构如图40-33。它由壳体、加热蛇管和搅拌装置组成，用不锈钢制做。为了防止处理时SO_2逸出，处理槽做成密闭的。蛇管或夹套加热面积应能在短时内将浓胶加热到所需温度。搅拌器为平浆式、推进式或涡轮式，由立式电动机经减速机构传动或直联传动。搅拌能使亚硫酸盐与浓胶充分混合，增加反应速度及传热系数，防止浓胶局部过热。在反应过程中，释放二氧化硫气体，对不锈钢腐蚀严重，尤其是顶盖腐蚀更厉害，使用2～4年，需要更换。为了防止二氧化硫腐蚀，已采用搪玻璃反应器。不锈钢和搪玻璃反应器的技术特征见表40-14。

表 40-14 反应器的技术特征

型 式	不 锈 钢				搪玻璃①
	1	2	3	4	
有效容积 (m^3)	0.5	1.3～1.4	1.5～1.6	2	1.5
直 径 (mm)	1 000	1 280	1 116	1 285	1 300
高 (mm)	1 000	1 500	2 340	2 310	总高约 3 600
加热面积 (m^2)	2	5	3	9.8	5.34
搅拌器型式	涡轮式	—	—	—	推进式
转速 (r/min)	320	60	53	54	96
功率 (kW)	1.0	1.5	—	2.2	4

① 允许工作压力0.4MPa，夹套工作压力≤0.6MPa。

5.3 浓胶亚硫酸盐处理的实例

迄今为止，亚硫酸盐处理改进栲胶质量的最有效的方法，以处理浓胶为最普遍，处理浸提液较少用。通常按照处理的效果（栲胶成分、色值）选用亚硫酸盐品种、用量、处理温度与时间。其中以亚硫酸盐用量对栲胶质量影响较大，用量应小于干物量的 7%，温度一般为 80～95℃，时间不等。亚硫酸化的条件与原料品种、原料新旧程度、栲胶品种（半冷溶栲胶、冷溶栲胶）等有关。几种浓胶亚硫酸盐处理实例，见表 40-15。

表 40-15　几种浓胶的亚硫酸盐处理

原料（栲胶）种类	半冷溶栲胶	半冷溶或冷溶栲胶	冷溶栲胶
余甘（新鲜）	焦钠 3.5%，95℃，1h①	焦钠 6%，80℃，1h，甲酸 0.6%，80℃，1.5h	—
余甘（陈旧）	焦钠 5%，95℃，1.5h	焦钠 7%，80℃，1h，甲酸 1%，80℃，1.5h	—
落叶松	亚钠：氢钠＝1：1，2%（气干树皮），浸提	—	亚钠：氢钠＝1：3，1.4%（气干树皮）浸提，6%（干物）处理浓度，90℃，6h
坚　木	氢钠 3.2%，大于 80℃，多于 8h 或 90～105℃，2～4h	氢钠 3.2%，大于 80℃，大于 8h，或 90～105℃，2～4h 甲酸 0.3%（85%），60～80℃，大于 1h②	氢钠 6%，80℃以上，8h 以上或 90～105℃，2～4h
木麻黄	—	—	焦钠 2%，醋酸 0.5%
橡　椀	—	—	焦钠 1.5%，85～90℃，1h
黑荆树	—	焦钠、甲酸　pH 值 4.2～5.2，78℃，2～6h	—

① 1.2%亚钠（气干皮）浸提余甘 1.8%亚钠（气干料）浸提毛杨梅，浓胶处理余甘与毛杨梅基本上相同；

②仅坚木是半冷溶脱色栲胶。

6　浓胶的喷雾干燥[146～150]

浓胶的浓度为 30%～58%，经过干燥，成为粉状或块状栲胶，以满足制革等工业的需要。粉状栲胶与块状栲胶相比较，粉状栲胶的含水率低，不易发霉变质，易溶解，特别适于干法速鞣。南非、巴西、阿根廷、巴拉圭、法国、印度、土耳其、中国等约 20 个国家使用喷雾干燥，生产粉状栲胶。如黑荆树、坚木、栗木、柯子、橡椀、落叶松和毛杨梅等粉状栲胶，前苏联较普遍地使用薄膜干燥，生产块状栲胶。

我国粉状栲胶的干燥工艺流程如图 40-34、图 40-35。

6.1　喷雾干燥原理

喷雾干燥是用雾化器将溶液、悬浮液或膏糊状物料喷成雾滴，与热气流相混合，使雾滴水分迅速蒸发而得到粉状干燥产品的过程。喷雾干燥的原理包括浓胶的喷雾、雾滴与热气流的运动方向和雾滴的干燥。

6.1.1　浓胶的喷雾

浓胶的喷雾有三种方式：离心盘式喷雾、机械式（压力式）喷雾和气流式喷雾。

6.1.1.1　离心盘式喷雾

是用高速旋转(转速为 6 000～15 000r/min)的圆盘将溶液从其中甩出，使溶液形成薄膜，然后断裂成雾滴。其大小和均匀性，取决于溶体的物性、离心盘的圆周速度和液体的喷雾量。离心盘的圆周速度小于 50m/s 时，喷雾很不均匀，雾矩主要由一群粗滴和靠近盘边缘处的一群细液滴所组成。喷雾不均匀性随离心盘的圆周速度或旋转速度增加而减少，当离心盘的周围速度 60m/s 时，喷雾均匀。所以，离心盘的圆周速度 60m/s 是设计时所采用的最小值。通

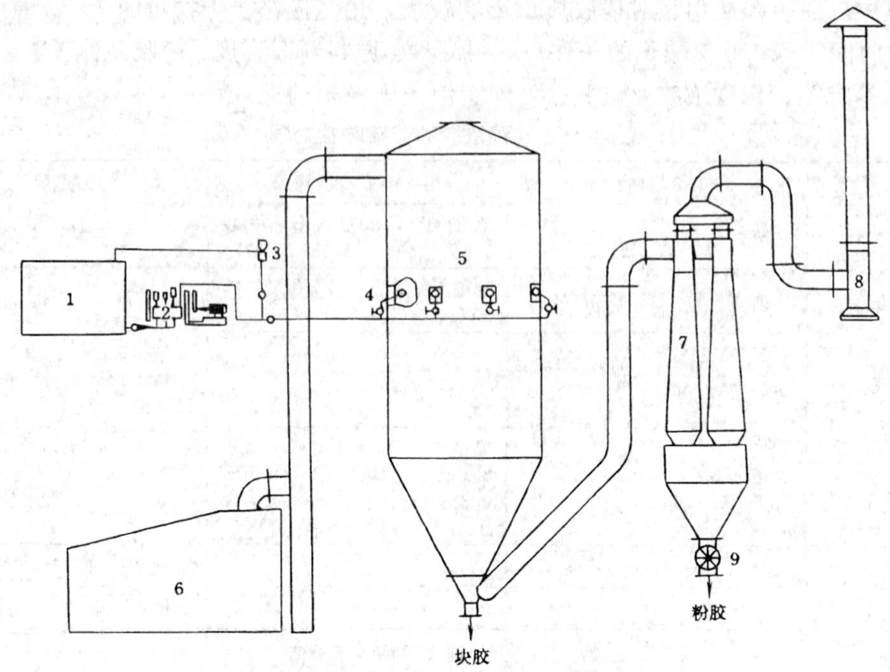

图 40-34　压力式喷雾干燥工艺流程

1. 浓度贮槽；2. 高压泵；3. 调节阀；4. 喷嘴；5. 干燥塔；
6. 热风炉；7. 旋风分离器；8. 抽风机；9. 星形排料器

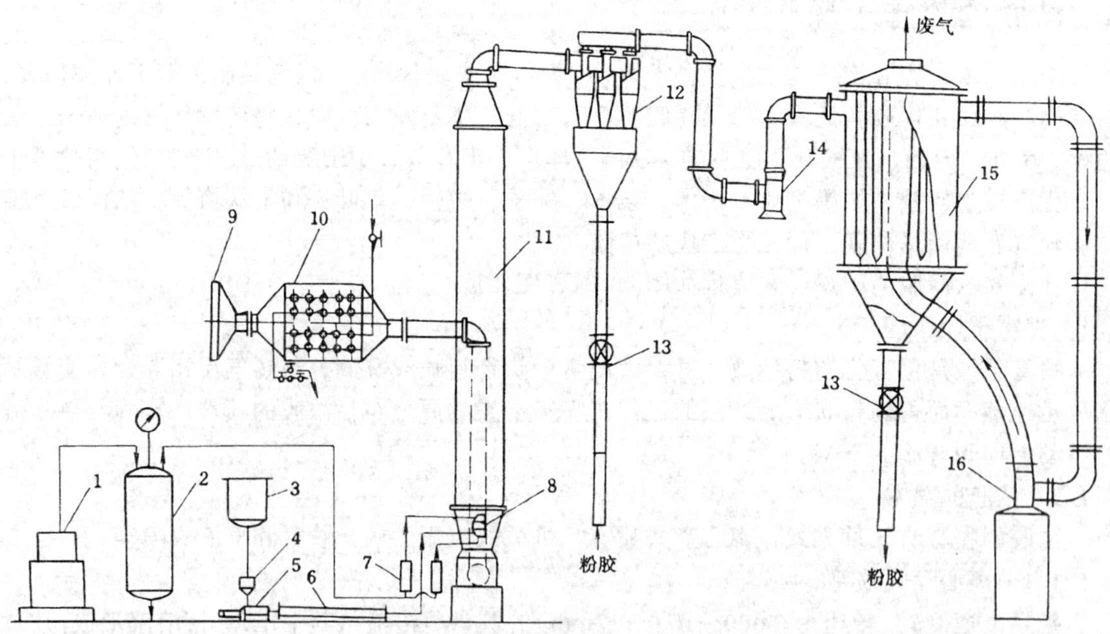

图 40-35　气流式喷雾干燥工艺流程

1. 空气压缩机；2. 贮气罐；3. 磺化浓胶贮槽；4. 加料斗；5. 螺杆泵；6. 预热器；
7. 流量计；8. 三流体内混式喷嘴；9. 空气过滤器；10. 空气加热器；11. 干燥塔；
12. 旋风分离器；13. 星形卸料器；14. 抽风机；15. 袋滤机；16. 反吹风机

常离心盘的圆周速度为 90～150m/s。浓胶浓度高于 40%。其粘度和表面张力增加较快，普通旋转速度（6 000～8 000r/min）和盘径（300～360mm）的喷雾器喷雾相当困难，必须采用高速离心喷雾器（如 QZR 型）实现浓胶的喷雾。栲胶生产上主要应用倒碗式、喷管式、三角形叶片式和直叶片式离心盘，它们的结构如图 40-36 至图 40-39。

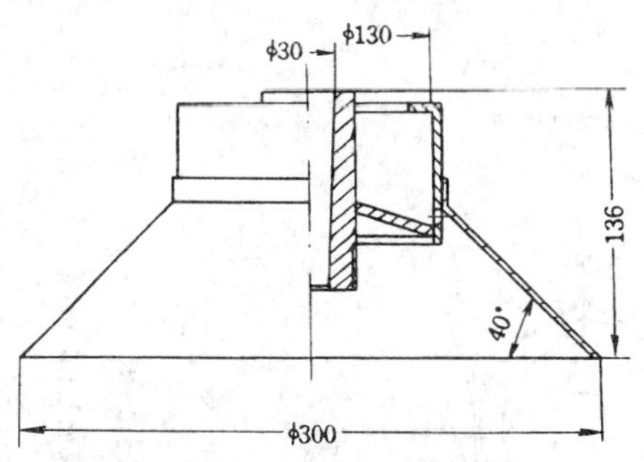

图 40-36　倒碗式离心盘

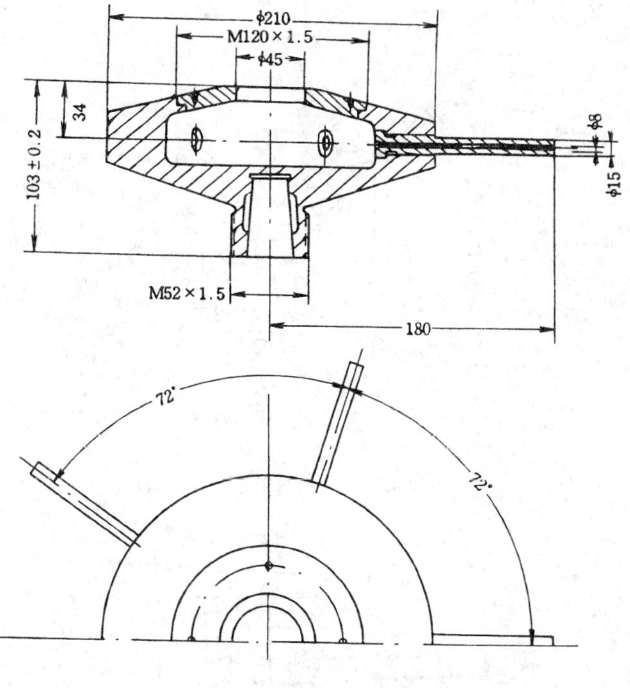

图 40-37　喷管式离心盘

ϕ140
ϕ32
ϕ35
10－ϕ7.5 均布
5×15
45
ϕ30
M56×2
ϕ300

图 40-38　三角形叶片式离心盘

倒碗式离心盘（图 40-36）是光滑盘中的一种。浓胶在离心力的作用下，从分胶盒射出，紧紧地压向盘的内表面，使浓胶与盘的内表面的摩擦力增大，从而减少滑动。雾滴离开盘边缘的切向速度就得到提高，不致于远远低于离心盘的圆周速度。这种盘具有较大的润湿表面，可

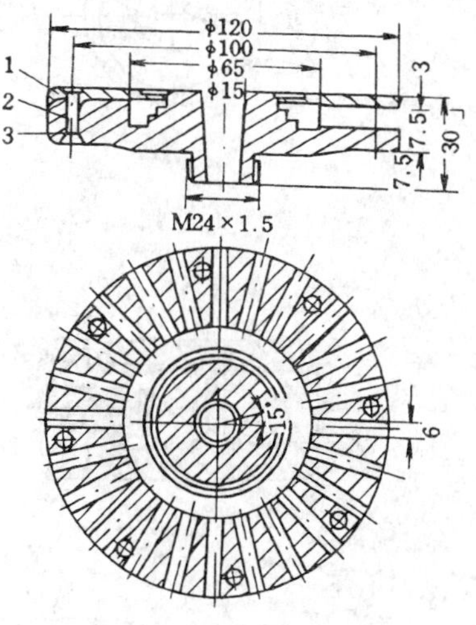

图 40-39　直叶片式离心盘

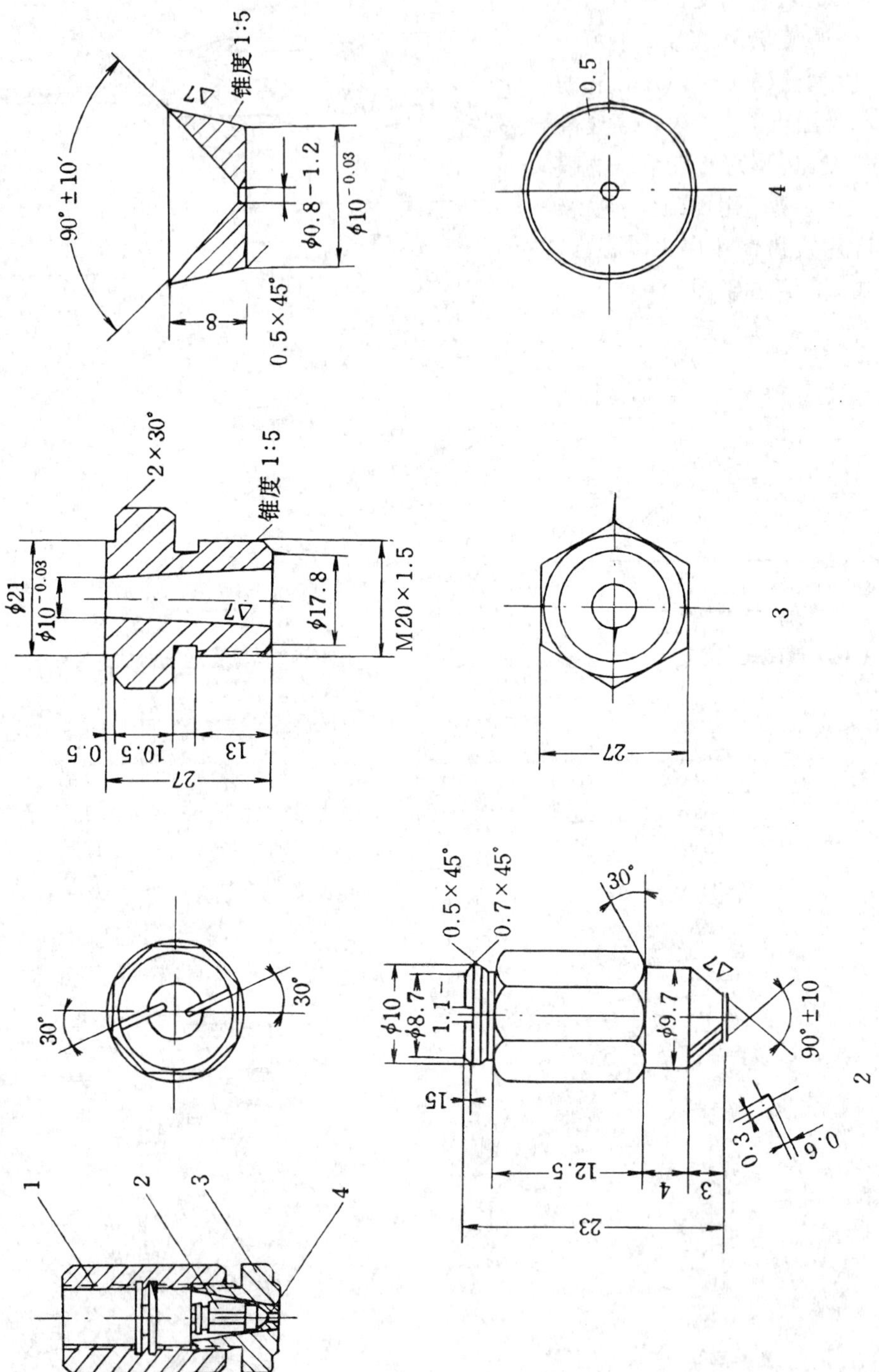

图 40-40　离心型压力喷嘴

1. 连接螺帽;2. 喷嘴芯;3. 喷嘴套;4. 喷嘴

以得到较均匀的、较粗的雾滴，还具有加工简单、重量轻的特点。

喷管式离心盘（图 40-37）有可更换的喷管和内表面平滑的圆盘。浓胶进入离心盘中央时，由于浓胶与离心盘内表面之间存在摩擦力，使浓胶作旋转运动。在离心力的作用下，浓胶产生滑动，在内表面上作曲线运动，而入喷管，再沿喷管运动，滑动可忽略，雾滴离开喷管时的切向速度接近于离心盘的圆周速度，雾滴稍细、均匀。

三角形叶片式、直叶片式离心盘（图 40-38、图 40-39）与喷管式离心盘一样，用不同形状的叶片将浓胶限制在不同形状的通道中，以减少液体在离心盘表面上的滑动，提高盘边缘处雾滴的切向速度，雾滴较均匀，滴径稍细。

6.1.1.2　机械式喷雾

是借助高压（10～15MPa）将浓胶从喷嘴的小孔（直径 0.8～1.8mm）喷出，形成一个绕空气心旋转的环形薄膜。由于液流强烈的湍动，液流和气体间的摩擦，液膜伸长、变薄、拉成细丝，断裂成雾滴。其直径取决于喷嘴结构、尺寸、压力和液体的物理性质。离心型压力喷嘴的结构和尺寸如图 40-40。浓胶浓度 30%～40%，喷孔直径 0.8～1.5mm，操作压力 10MPa 左右，使用 4 只喷嘴，平均日产 10t 粉胶。

6.1.1.3　气流式喷雾

是用压缩空气（表压为 0.4～0.6MPa）高速（一般为 200～300m/s）流动将浓胶从喷嘴喷出，液体流出速度不大（一般不大于 2m/s），两流体之间的相对速度相当高，摩擦力很大，使液体分裂成细而不够均匀的雾滴。气流式喷嘴有二流体喷嘴和三流体喷嘴。其结构如图 40-41、图 40-42。

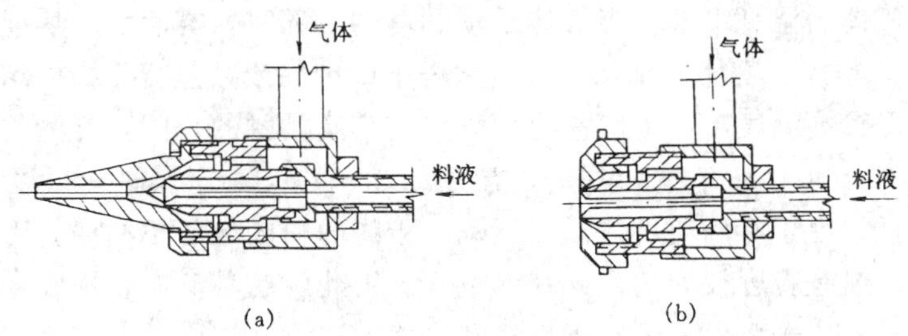

图 40-41　二流体喷嘴

（a）内混式；（b）外混式

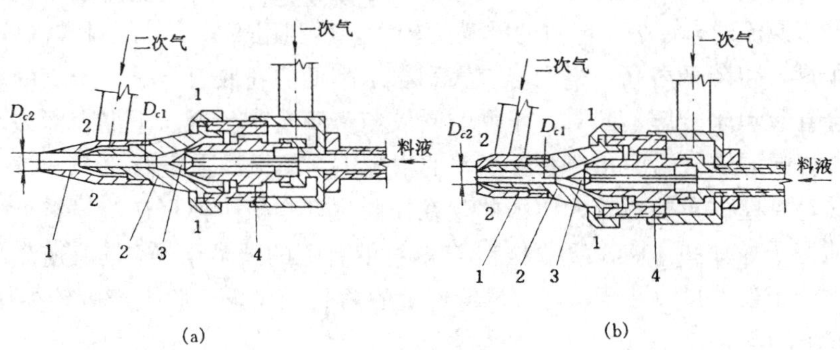

图 40-42　三流体喷嘴

（a）内混式；（b）内外混式

1. 二次气气嘴；2. 一次气气嘴；3. 中心锥；4. 液嘴

这四种喷嘴通过用水和聚乙烯基吡咯烷酮(PVP)高粘度液进行雾化试验表明:当气液比≥0.6条件下雾化，四种喷嘴雾化的液滴平均直径<90μm，二流体喷嘴雾化水的雾滴较均匀，而雾化 PVP 液的雾滴极不均匀。三流体喷嘴雾化水和 PVP 液的雾滴大小较均匀。因此，二流体喷嘴不适于高粘度物料的雾化（仅适于水和物性近于水的低粘度物料），三流体喷嘴适于高粘度液的雾化；以能耗而言，三流体内外混合式喷嘴>三流体内混式喷嘴>二流体内外混合式>二流体内混式喷嘴。三流体喷嘴能耗较大，但适于高粘度物料的雾化，气液比≥0.6，二次气占总气量的 0.3～0.5 为宜；三流体内混式喷嘴既能得到直径较小而均匀的雾滴，又节省能量，优于三流体内外混合式喷嘴。

与二流体喷嘴相比较，在压缩空气量相同的情况下，三流体喷嘴可以增加雾化量，提高雾化均匀性。

与压力式喷嘴、离心式喷雾机相比较，气流式喷嘴的雾化能耗虽大（约为它们的 2～4 倍），但是喷嘴结构简单，便于制造，投资少，操作弹性大，无块胶。

综上所述，中小型栲胶厂和小型单宁酸厂宜较多地应用三流体内混式喷嘴和二流体内外混式喷嘴。

6.1.2 雾滴与热气流的运动方向

取决于热气体入口和离心盘或喷嘴的相对位置，有三种流向：顺流、逆流和混合流，栲胶生产主要采用顺流，较少用混合流、极少用逆流。喷雾干燥流向简图如图 40-43。

顺流喷雾干燥如图 40-43（a）至（e）。气体进口位于塔顶，喷雾器位于塔上部，气体和雾滴混合，沿塔旋转向下运动，高温气体与含水较高的雾滴接触，雾滴水分迅速蒸发，大量吸收热量，而使气体的温度下降。当气体运动到塔的下部时，雾滴已干燥成为粉胶，气体温度降至 75℃左右，粉胶、气体分别从塔底、从塔下部中央或塔壁排出。以这种流向干燥浓胶时，气体入口可用较高温度，因为较高温度气体与雾滴接触的瞬间，雾滴的温度稍高于气体的湿球温度（约 45～50℃），粉胶出塔时的温度约 55～60℃，干燥时间很短（约几秒），因而单宁不分解。并且，由于雾滴与气体同向运动，干燥的粉胶与雾不相遇，不发生干湿粒子粘合，干燥强度高，粉胶粒度较均匀，外观颜色浅。因此，这种流向在栲胶生产中得到广泛使用。其缺点是喷雾器位于塔顶，不便于更换和维修。

逆流喷雾干燥如图 40-43（h）。气体从塔下部的塔壁进入，离心喷雾器位于塔上部，雾滴向下运动，干燥的粉胶从塔底排出，而气体向上运动，从塔顶的塔壁排出，气体与雾滴相反方向运动。虽然逆流时，传热、传质的推动力较大，热利用率较高，同时雾滴停留时间增长，有利于雾滴干燥，可降低塔高，得到容重大和含水率低的粉胶。但是，干燥的粉胶与高温气体相接触，会导致单宁分解，同时，干燥的粉胶与雾滴发生粘合，干燥表面减小，导致干燥强度下降。在相同的进气温度和产品含水率的情况下，其干燥强度低 30%～50%。粉胶外观颜色较顺流深，粘壁的可能性较大。因此，在栲胶生产中极少使用逆流喷雾干燥。

混合流喷雾干燥如图 40-43（f）、(g)。这两种混合流的喷雾干燥，具有逆流和顺流喷雾干燥的特点，适合于低浓度（小于 40%）、低产量的栲胶干燥，栲胶生产中较少使用。

6.1.3 雾滴的干燥

雾滴的干燥，同时发生传热和传质过程。雾滴与气体接触时，热量以对流方式由气体传给雾滴，使其中的水分蒸发，气体的显热转化为潜热，被蒸发的水分通过围绕每个雾滴的边界层，传送到气体中。

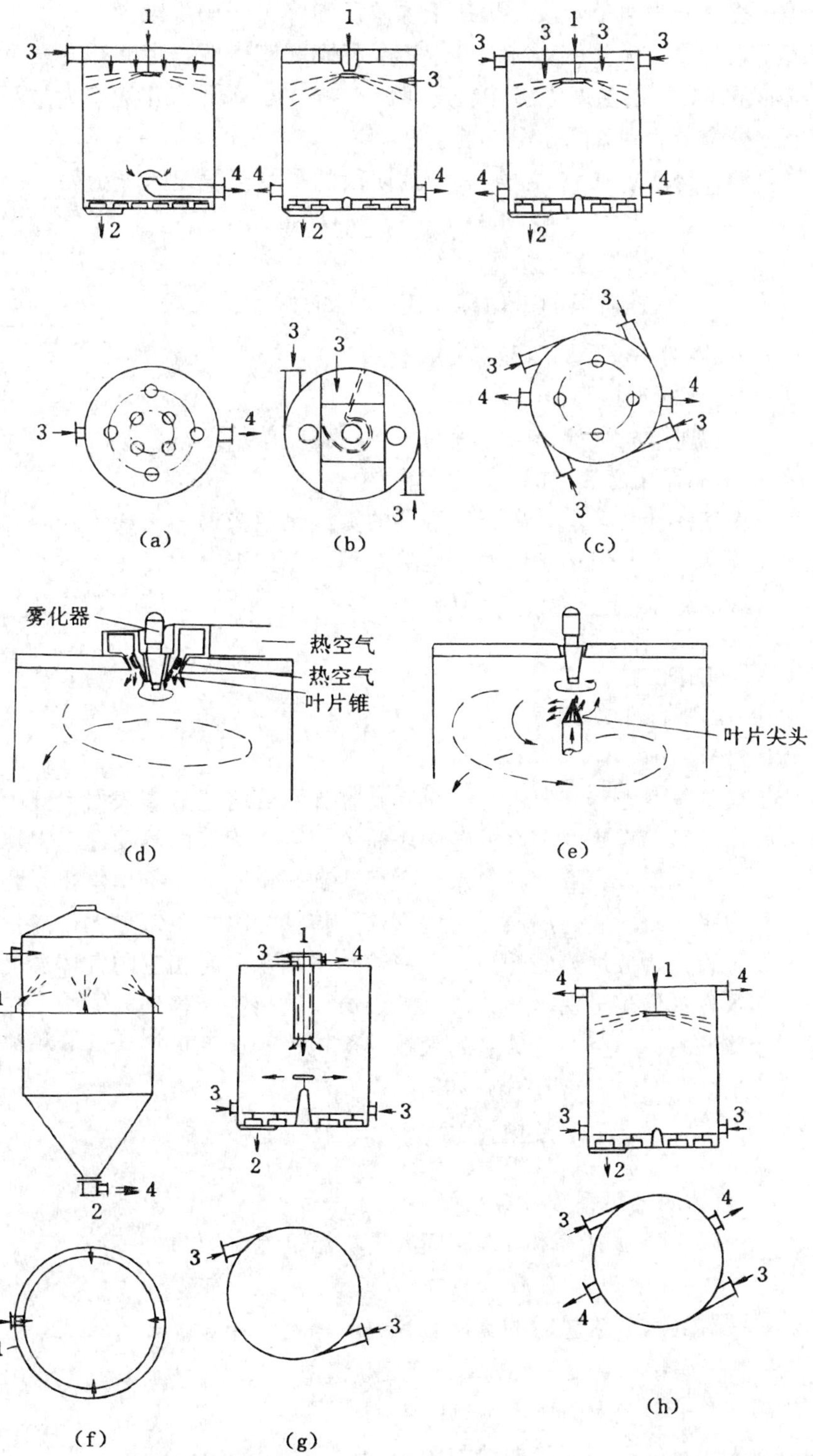

图 40-43　喷雾干燥流向简图

(a) ～ (e) 顺流；(f)、(g) 混合流；(h) 逆流

雾滴干燥过程可分为两个阶段：恒速干燥阶段和降速干燥阶段。

(1) 恒速干燥阶段：水分由雾滴内部很容易移到雾滴表面，足够补充表面汽化失去的水分，以保持表面湿润，雾滴温度为湿球温度（45～50℃）。水分汽化速率大致不变，此阶段一直进行到雾滴水分含量达到临界水分为止。

对于球形雾滴，努寒尔准数 $N_u=2$，恒速阶段的平均蒸发速率表示如下：

$$\left(\frac{dW}{d\tau}\right)_I=3.6\ \frac{2\pi\lambda D_{AV}\Delta t}{r} \tag{40-24}$$

式中：$\left(\frac{dW}{d\tau}\right)_I$——恒速阶段的平均蒸发速率（kg/h）；

λ——气体的导热系数〔W/（m·℃)〕；

D_{AV}——雾滴平均直径（m）；

Δt——恒速阶段中气体与雾滴间的平均温度差（℃）；

r——水的汽化潜热（kJ/kg）。

气体分配器使气体旋转入塔，离开喷雾器的雾滴迅速减速，与气体一同运动，边界层的厚度变薄，蒸发速率增大，恒速阶段的平均蒸发率表示如下：

$$\left(\frac{dW}{d\tau}\right)_I=3.6\ \frac{2\pi\lambda D_{AV}\Delta t}{r}\ (1+0.276R_e^{0.5}S_c^{0.33}) \tag{40-25}$$

式中：R_e——雷诺准数；

S_c——施密特准数；

其他符号同前。

(2) 降速干燥阶段：当雾滴的水分含量降到临界水分时，雾滴表面上开始出现固相，雾滴干燥就进入降速阶段。雾滴内部水分转向表面的速率小于表面蒸发速率，雾滴表面不能保持湿润，干燥速率不断下降，直到粉胶水分含量达到平衡水分，干燥停止。此阶段中，雾滴表面上固相不断增多，而形成外皮层，对内部水分传移的阻力愈来愈大，热量传递速率大于水分蒸发速率，雾滴开始被加热而升温，最高达到平衡水分时相应的气体温度。并且，热量足以使雾滴内部水分汽化，出现蒸汽，冲破外皮层而喷出，转移到气体中。在显微镜下观察粉胶，可看到近球形的、中空的、破裂的颗粒，橡椀栲胶比毛杨梅和落叶松栲胶破裂多。

降速阶段的平均蒸发速率（kg/h）如下：

$$\left(\frac{dW}{d\tau}\right)_I=-3.6\ \frac{12\lambda\Delta t}{rD_c^2r_D}\times G_c \tag{40-26}$$

式中：λ——气体的导热系数［W/（m·℃)］；

Δt——降速阶段中气体与雾滴间的平均温度差（℃）；

r——水的汽化潜热（kJ/kg）；

D_c——临界水分含量时的雾滴直径（m）；

r_D——干燥颗粒重度（kg/m^3）；

G_c——单个雾滴中固体质量（kg）。

橡椀浓胶放入烘盘的干燥速率曲线如图40-44。干燥温度80℃时，温度推动力使浓胶水分迅速蒸发，很快达到最大的蒸发速率，恒速干燥阶段极短，很快就进入降速干燥阶段，干燥速率逐渐下降。干燥温度高（120℃），浓胶不经历恒速干速阶段，一直在降速阶段干燥。

毛杨梅浓胶雾滴，在进风温度120°的顺流旋转气流中干燥时（排风温度约65℃），离干燥塔中心 1.5m 处插入贴有白纸的板条，白纸正对塔中心约 1～2s，立刻抽出，观察雾滴痕迹。离心盘下 0.65～0.775m 有许多湿雾滴，0.7～1.17m 有少许湿雾滴，1.17～3.5m 无湿雾滴。由此可知，离心盘下 0.0～1.2m 雾滴表面已干，处于恒速干燥区。离心盘下 1.2～3.5m 则处于降速干燥区。降速干燥区的塔高约为恒速干燥区的 2 倍，是主要的干燥区。

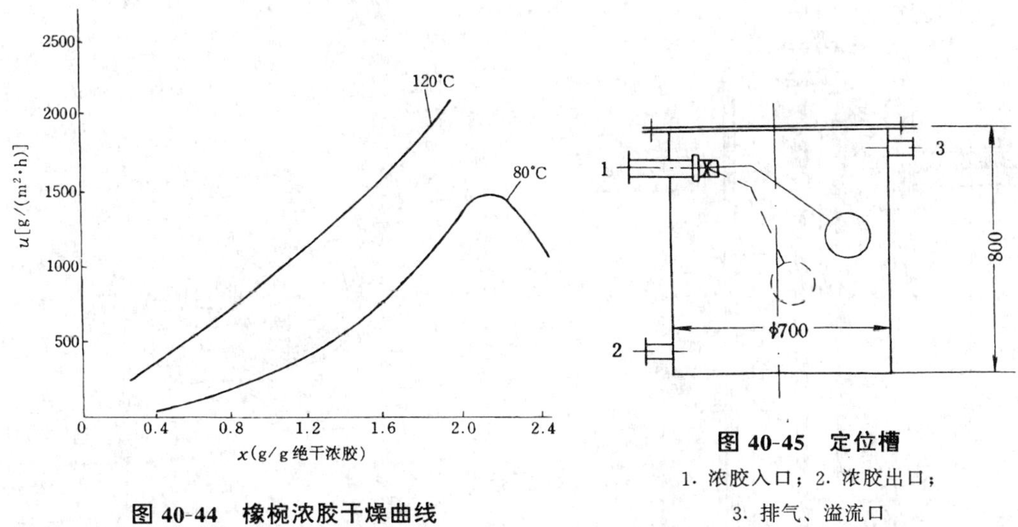

图 40-44　橡椀浓胶干燥曲线

图 40-45　定位槽

1. 浓胶入口；2. 浓胶出口；3. 排气、溢流口

6.2　干燥设备

喷雾干燥设备包括供料装置、喷雾器、干燥塔和空气分配器、空气过滤器、空气加热器、热风炉、粉胶分离装置等。

6.2.1　供料装置

离心喷雾干燥的供料装置是由高位槽和定位槽组成。高位槽为圆筒槽，定位槽（图 40-45）是带有浮球阀门的容器。两者具有位差，设置在干燥塔的上方，与离心喷雾器进液管连接，依靠位差流入离心喷雾器。高位槽与浓胶泵用连锁装置控制，定位槽依靠浓胶液位变化使浮球上升或下降，即阀关小或开大，控制进液量，以保持液位稳定，达到均匀供料。当浓胶液面达到规定的高度时，叶片阀关闭，即停止进料。当浓胶液面低于规定的高度时，叶片阀开大，使浓胶流入量增加，浓胶液位又上升到规定的高度，从而使液位保持稳定。

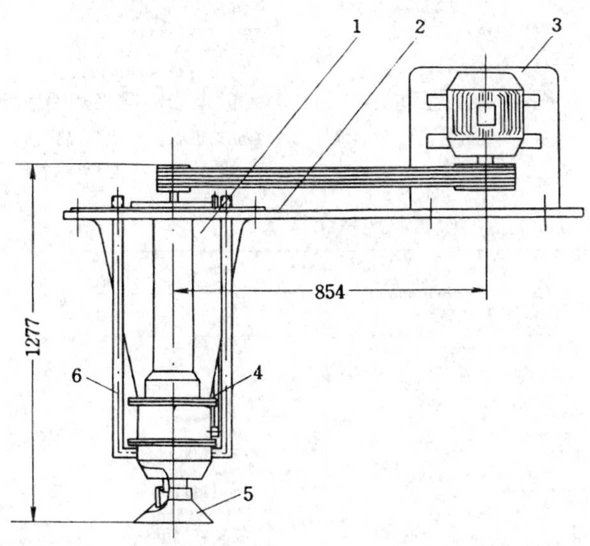

图 40-46　电动机-皮带轮驱动的倒碗式离心喷雾机

1. 机体；2. 机座；3. 电动机；4. 抽油管；5. 离心盘；6. 下胶管

机械式和气流式干燥的供料分别由柱塞式高压泵和螺杆泵把浓胶送入喷嘴，两个泵的操作压力分别为 10MPa、1MPa。

6.2.2　喷雾器

喷雾器有离心喷雾机、气体喷雾器和压力喷雾器。前者使用广泛，后者使用少，气流式喷雾器使用增多。

电动机-皮带轮驱动的离心喷雾机如图 40-46、图 40-47。它们主要由机体、机座、电动机、轴、油杯、分胶盒和离心盘等组成。它们的润滑系统，如图 40-48。离心喷雾机及其润滑系统设备的技术特征见表 40-16、表 40-17。

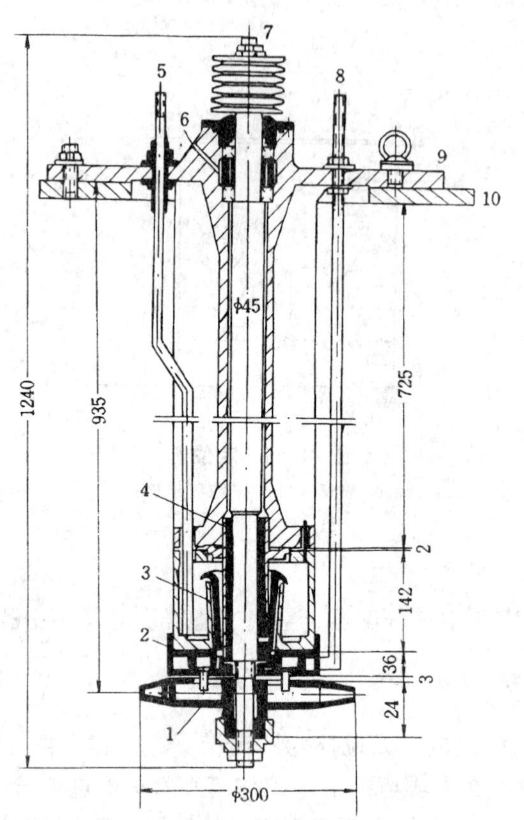

图 40-47 电动机-皮带轮驱动的短叶片式离式喷雾机

1. 离心盘；2. 分胶盒；3. 油杯；4. 轴瓦；5. 抽油管；6. 进油孔；7. 轴；8. 下胶管；9. 机壳；10. 机座

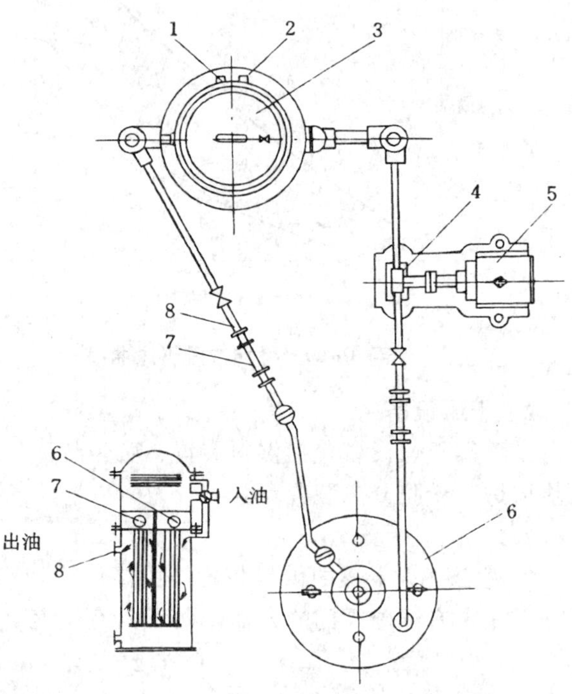

图 40-48 电动机-皮带轮驱动的离心喷雾机润滑系统

1. 出水管；2. 进水管；3. 冷却过滤器；4. 齿轮油泵；5. 电动机；6. 离心喷雾器；7. 观察管；8. 观察管接头

表 40-16 电动机-皮带轮驱动的离心喷雾机的技术特征

技术特征	形式	
	倒碗式	短叶片式
生产能力（以成品计）(kg/h)	140～230	230～350
主轴转速 (r/min)	7 000	7 200
离心盘直径 (mm)	300	300
矩形孔数（个）	—	10
矩形孔尺寸 (mm)	—	15×5
电动机功率 (kW)	5.5	7.5
净　重 (kg)	—	245

汽轮机驱动的离心喷雾机由喷管式离心盘、汽轮机及润滑系统组成。离心盘固定在汽轮机的主轴上。由汽轮机直接驱动而旋转。它的技术特征见表 40-18。

表 40-17　润滑系统设备的技术特征

技术特征	数值	技术特征	数值
齿轮油泵型号	F11-5	冷却过滤器型号	LLQ-1
流量（L/min）	5	冷却面积（m^2）	1
油压（MPa）	0.5	过滤面积（m^2）	0.1
允许吸入高度（m）	小于 0.5	冷却压力（MPa）	0.25
电动机型号	JO_2-21-6	滤网（目）	120
电动机转速（r/min）	1500	高速机油	7 号
电动机功率（kW）	0.8	动力粘度（m^2/s）	$(5.1\sim8.5)\times10^{-6}$

表 40-18　汽轮机驱动的离心喷雾机技术特征

技术特征	数值	技术特征	数值
生产能力（以产品计）（kg/h）	200～250	转速（r/min）	8 000
喷雾盘直径（mm）	210	进汽压力（MPa）	0.7
喷管数（个）	5	背　压（MPa）	0.02
喷管外径（mm）	14	耗汽量（kg/h）	314～347
喷管内径（mm）	8	润滑系统：	
喷管长（mm）	125	油泵流量（L/min）	18
喷雾盘转速（r/min）	8 000	油泵油压（MPa）	0.35
汽轮机：		电动机功率（kW）	1
功率（kW）	8.1	冷却器用水量（m^3/h）	0.9

电动机-皮带轮-齿轮驱动的离心喷雾机（QZR 型），如图 40-49。它由电动机、皮带轮、齿轮箱、主轴、机座、机罩、离心盘、润滑系统等组成。这种离心喷雾器的技术特征见表 40-19。

表 40-19　电机-皮轮-齿轮驱动的离心喷雾机技术特征

技术特征	数值	技术特征	数值
生产能力（以水分蒸发量计）（kg/h）	300～2 000	矩形孔数（个）	16～24
主轴转速（r/min）	15 000	电动机功率（kW）	11～17
离心盘直径（mm）	180～240	净　重（kg）	110.7

上述离心喷雾机中，倒碗式、三角形叶片和喷管式，其转速为 7 000～8 000r/min，适于浓度小于 40%的浓胶喷雾，干燥水分能耗大，生产能力较低，属于两支点力学模型，如图 40-50（a）。为了减少干燥水分的能量，适应高浓度（40%以上）、高生产能力的浓胶喷雾，可用国产 QZR 系列高速离心式喷雾机。QZR 系列产品是按三支点力学模型，如图 40-50（b）设计、制造的。经实践证明，结构合理，运行平稳、升速、停车及异常状态振动特性好，适应能力强，其性能达到 80 年代末期国外同类产品的水平，技术特征见表 40-20。

表 40-20　QZR 系列高速离心式雾化机的技术特征

型　号	雾化轮直径(mm)	最高转速(r/min)	雾化能力(kg/h)①	电动机功率(kW)	传动方式
QZR_5	50	30 000	10	7（空压机）	风动蜗轮
QZR_{25}	100	24 000	50	10（空压机）	风动蜗轮
QZR_{50}	120	24 000	400	4	三角皮带-正交螺旋齿轮
QZR_{150}	150	18 000	600	5.5	高速平皮带-斜齿轮
QZR_2T	150	18 000	1 500	7.5	二级斜齿轮
QZR_5T	210	15 000	5 000	30	二级人字齿轮
$QZR_{10}T$	240	15 000	10 000	90	准行星齿轮系

①　每小时喷水千克（kg）数。

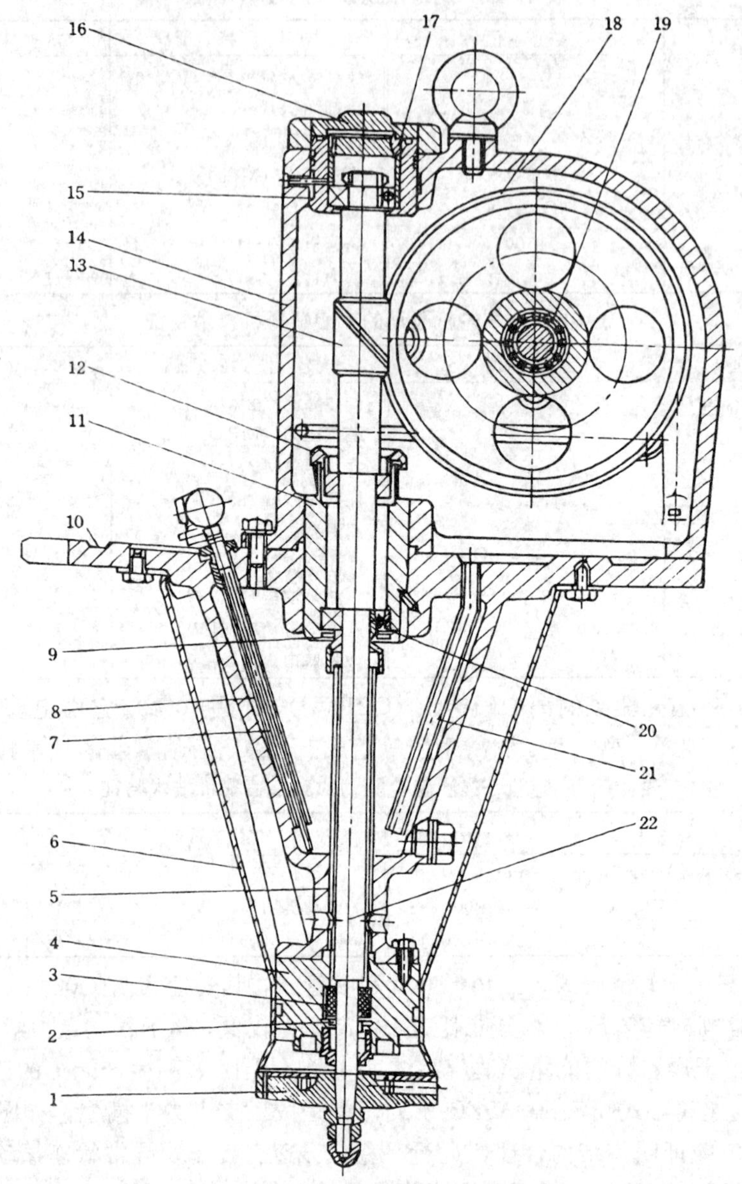

图 40-49 电动机-皮带轮-齿轮驱动的离心式喷雾器

1. 离心盘；2. 弹簧；3. 导向轴承；4. 进料管座；5. 套管；6. 外罩；7. 出油管；8. 进胶管；9. 下甩油杯；10. 机座；11. 下轴承座；12. 上甩油杯；13. 小齿轮；14. 齿轮箱；15. 上轴承座；16. 闷盖；17. 上轴承；18. 大齿轮；19. 大齿轮轴；10. 下轴承；21. 进油管；22. 轴

6.2.3 干燥塔和空气分配器

干燥塔和空气分配器分别如图 40-51、图 40-52。图 40-51 是砖-钢筋混凝土结构，塔径为 4.5～5.0m，塔高为 4.5～6.0m。塔顶设有热风道、蜗漩型热风分配器、离心喷雾器和电机机座及视孔。塔壁上设有塔门和排风口等，内壁用水泥砂浆抹面，保持内壁光滑，防止粉胶附于其上。塔底设有回转耙和卸料口，常为斜底。

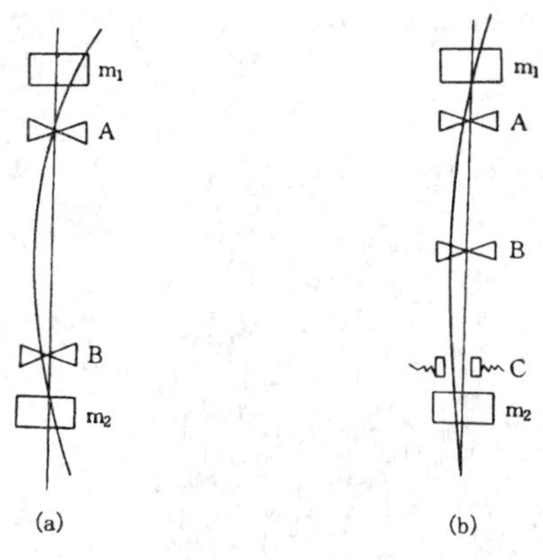

图 40-50　转子力学模型与阶振型示意

（a）二支点；（b）三支点

m_1—传动齿轮；m_2—雾化轮；

A、B—胶接支承；C—浮动支承

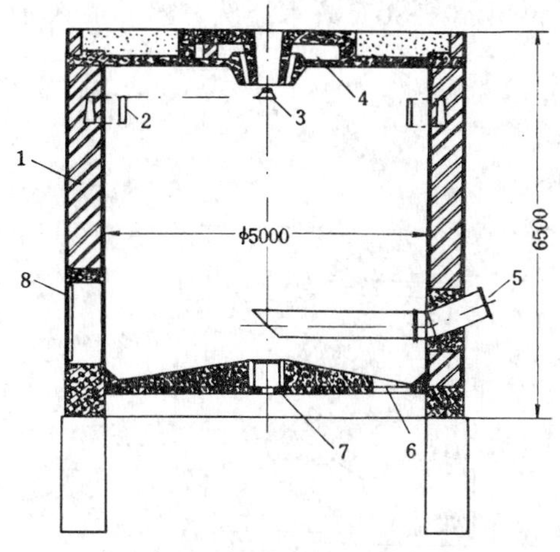

图 40-51　干燥塔

1. 塔壁；2. 侧进气口；3. 离心盘；4. 顶进气门；5. 排气口；6. 卸料口；7. 预埋件；8. 塔门

如图 40-3 中的干燥塔 46 为钢结构干燥塔，上部为圆筒体，下部为圆锥体，内壁为不锈钢（1Cr18Ni9Ti 或 1Cr13），外壁为普通钢板，夹层用硅酸铝纤维保温，下部锥角为 60°。根据塔径（6.0～8.5m）和塔高（9～16m），制成若干块部件，在现场装配焊接，磨削打光内壁，塔顶部有新型热风分配器。

新型热风分配器的结构如图 40-52。分配器的外形似同蜗壳，内缘为一圆形，离心喷雾机安装在中间。风道入口方形尺寸较大，在整个圆周上其截面积尺寸各处都不相等，风道上盖板的展开线是倾斜的，这样构成了渐缩形的风道截面。其特点是使锥形环隙进风均匀，在锥形的内外侧各设有许多导风板控制热风的方向，使热风与雾滴混合良好。导风板的角度可在 0°～35°内调整。

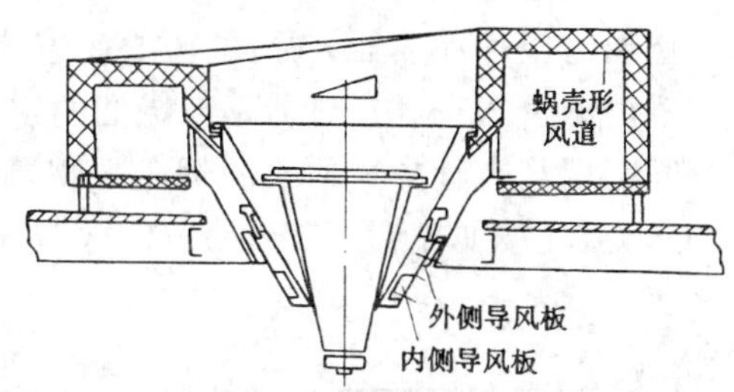

图 40-52　新型热风分配器

气流式干燥塔（图 40-35 中 11）为一圆筒体，上下为截头圆锥体，下锥入风口方设有正方筛板，使热风沿塔截面均匀分布。塔直径 1.1m，总高 11m。

热风分配器的作用是合理地分配进塔的热风，以控制雾滴及颗粒行径的路线，快速带走雾化区蒸发的水分，影响雾滴分布，涡漩型热风分配器的效果较好。

干燥塔应保证气体与物料足够停留时间，器壁不沉积粉胶，栲胶质量达到标准。大部分粉胶应从塔底排出，小部分粉胶随废气从旋风分离器排出，以减少粉胶的损失。

6.2.4　空气过滤器

空气过滤器有多种形式，如网格式、蜂窝孔板式等。设置于空气入口处，以除去空气中的灰尘，减少粉胶的不溶物。图 40-53 为 L_{WP}-D 型网格式过滤器，每块空气量1 500m^3/h，过滤面积 0.22m^2，空气含尘量 20mg/m^3，粗、细滤网各 9 层，滤尘效率 98%，阻力 140Pa，容尘量 0.75kg。按照所需的空气过滤面积，把许多块网格式过滤器并联在一起工作，当它的阻力超过规定值时，应拆下清洗，除去灰尘。过滤器的清洗方法是：用 60～70℃的 10%碱水清洗，再用 40～50℃清水漂洗，然后放入 10 号或 20 号机油中浸渍 1～2min，滴入 24h 后安装使用。

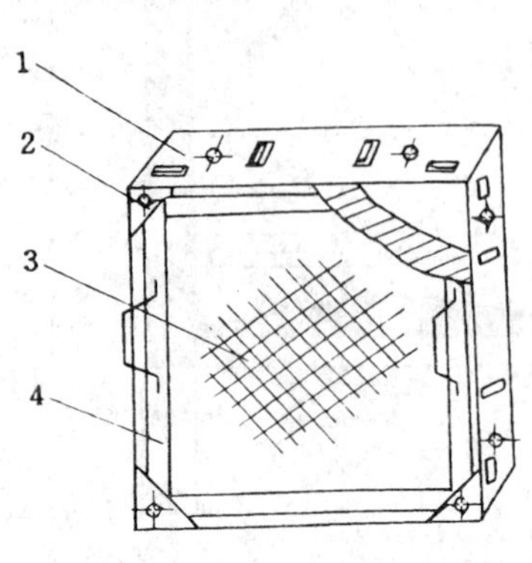

图 40-53 L_{WP}-D 型网格式过滤器

1. 外框；2. 压板螺钉孔；3. 波纹钢丝网；4. 内框

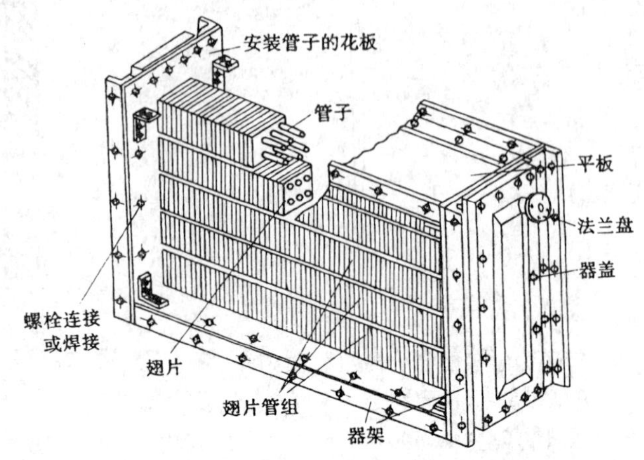

图 40-54 翅片式蒸汽加热的空气加热器

6.2.5 空气加热器

空气加热器主要有三种：蒸汽或油（煤燃烧炉加热油）加热的空气加热器，如图 40-54。也可用 GL Ⅱ 型钢制散热排管（图 40-55）串联在一组，两组并联。当空气速度为 5m/s 时，传热系数约为 46～58W/（m^2·℃），热效率为 98%～99%，冷空气被加热到 160～210℃。

烧油的空气加热器，如图 40-56。空气被加热到 230℃入干燥塔。

锅炉烟道气空气加热器，与烧油的空气加热相似，也是列管换热器。冷空气预热到 40℃入管间，烟气走管中，便于除烟尘，提高传热系数。烟气进、出的温度分别为 280～300℃、140℃，空气被加热到 200～220℃。

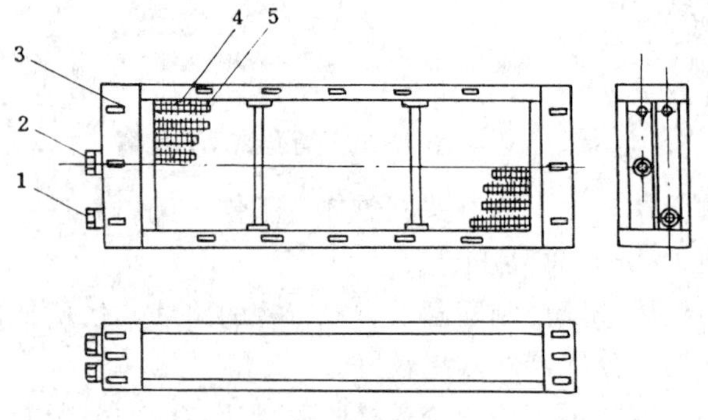

图 40-55 GL Ⅱ 型钢制散热排管

1. 冷凝水管；2. 蒸汽总管；3. 支架；4. 蒸汽支管；5. 翅片

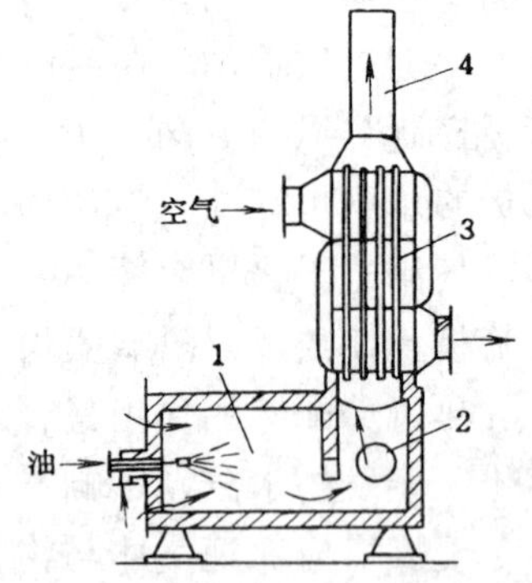

图 40-56 烧油的空气预热器

1. 燃烧室；2. 混合用空入口 3. 加热器；4. 排气管

6.2.6 热风炉

热风炉的结构如图 40-57。燃烧无烟煤或灰分低的煤或焦炭，产生温度较高的烟道气，干燥塔的热效率较高，节省燃料，不需要锅炉。但是，烟道气含尘量稍高，使产品不溶物增高，劳动和卫生条件较差，有时引起粉胶燃烧。热风炉在中小型栲胶厂中得到应用。

6.2.7 粉胶分离装置

粉胶分离装置有旋风分离器、袋滤机和湿法除尘器。旋风分离器型式多样，常使用CLT/A及扩散式除尘器。由于旋风分离器的除尘效率低于 99%，粉胶损失较多，环境污染较严重。国产 LHF（2C）机械回转反吹袋式除尘器，滤袋为 208 工业涤纶绒布，平均除尘效率为 99.2%，在气流式喷雾干燥流程中，旋风分离器和袋式除尘器串联，每天约回收粉胶 100kg（日产 10t 粉胶），效果较好。在离心盘式喷雾干燥流程中，旋风分离器和湿法除尘器（图 40-58）串联，回收栲胶溶液浓度约为 20%，返回蒸发，效果良好，既回收了粉胶，又使废汽得到净化。

6.2.8 其他设备

星形排料器如图 40-59。它由外壳、叶轮、轴和皮带轮等组成。

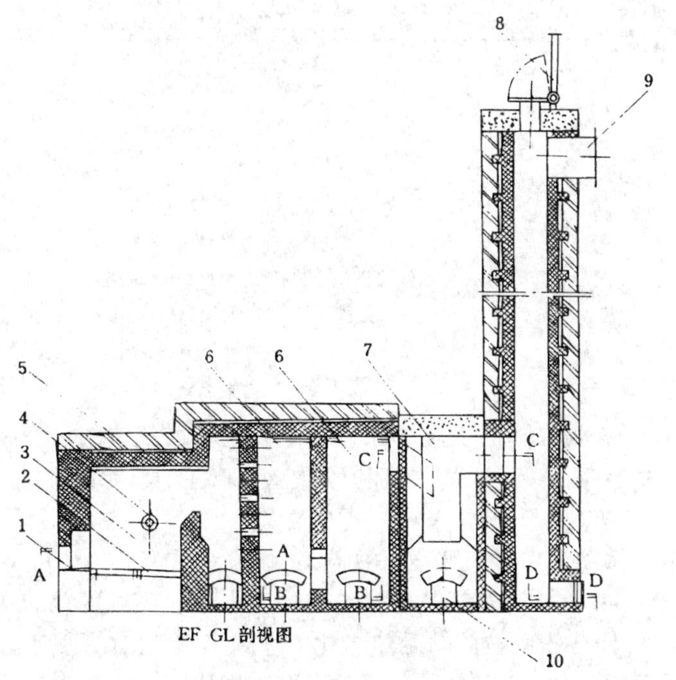

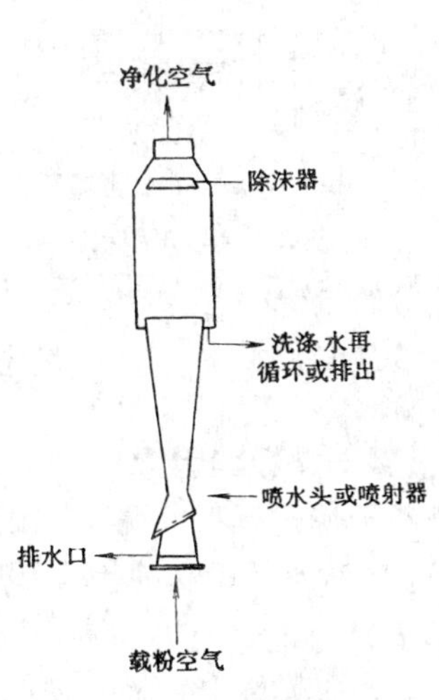

图 40-58 湿法除尘器

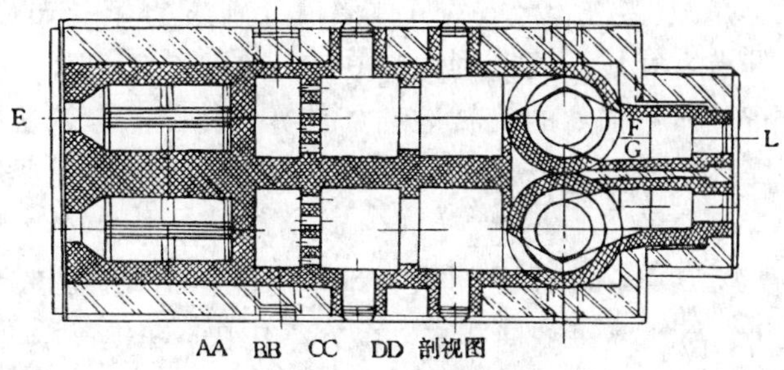

图 40-57 热风炉

1. 炉门；2. 炉条；3. 炉膛；4. 观察孔；5. 炉壁；6. 沉降室；7. 分离器；8. 升火和调温板；9. 烟道气出口；10. 灰门

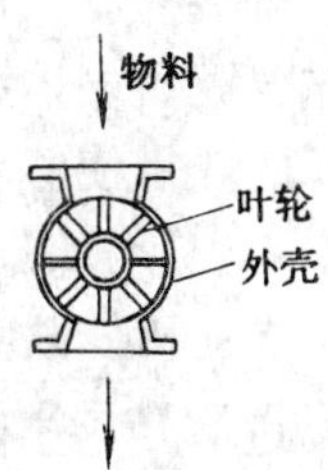

图 40-59 星形排料器

(1) 风机有中压和高压离心通风机，它通常安装在旋风分离器之后，使干燥装置在负压下操作，要求干燥塔，旋风分离器或袋滤机的出料口安装密封排料器，减少粉胶损失。如用两台风机时，一台安装在加热器前，一台安装在旋风分离器后，使干燥系统与外界的压差小，干燥塔中负压为100～300Pa水柱，达到控制排出空气中载粉量，提高回收系统的回收率，减少粉胶损失。

(2) 回转耙-螺旋卸料机用于平底或斜底干燥塔的出料，如图40-60、图40-61。

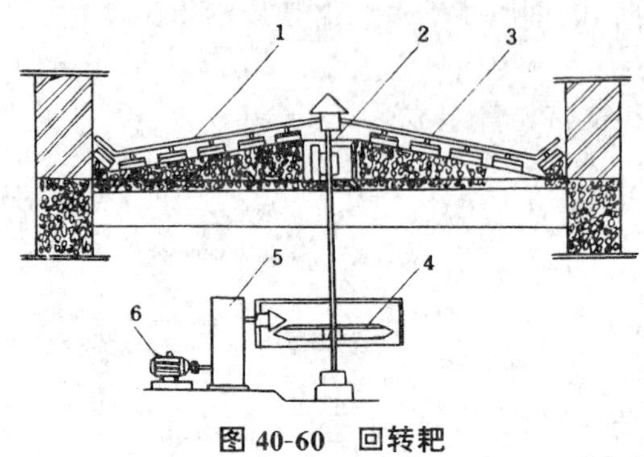

图40-60 回转耙

1. 主耙杆；2. 主轴；3. 活动耙；4. 伞齿轮；5. 减速箱；6. 电动机

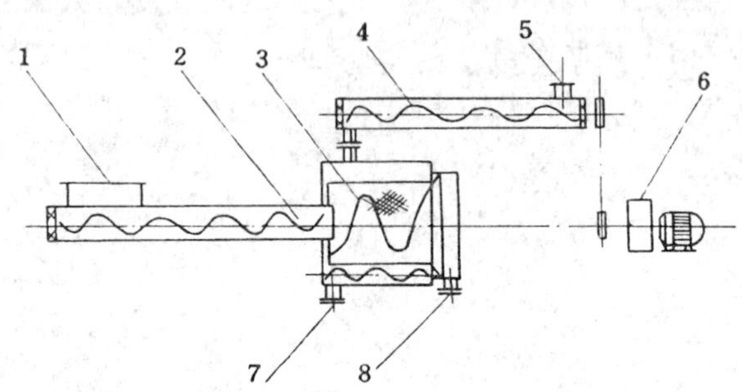

图40-61 螺旋卸料机

1. 下进料口；2. 下螺旋输送机；3. 滚筒筛；4. 上螺旋输送机；5. 上进料口；6. 减速箱；7. 粉胶出口；8. 块胶出口

6.3 喷雾干燥影响因素

喷雾干燥过程极其复杂，因为喷雾干燥是在随时变化的条件下进行的。如气体的温度和湿度、浓胶浓度、雾滴的大小和降落速度等都在变化。从提高粉胶质量和产量、节能出发，影响喷雾干燥的主要因素如下：

(1) 气体温度。气体进塔温度越高，雾滴温度接近于气体的湿球温度（为40～50℃），两者的温度差较大，可提高喷雾塔的生产能力和热效力。但是，粉胶粒度由于较高温度差的作用使颗粒破碎而变小，容量变小；进风口处若停留粒胶，受热炭化，达到燃点（250℃以上），会引起塔内、甚至旋风分离器内的粉胶燃烧，造成损失。为了避免粉胶燃烧，不宜采用过高的进气温度。缩合类栲胶（坚木、黑荆树皮等）喷雾进、出塔的气体温度分别为160～250℃、70～90℃；水解类栲胶（柯子、橡椀等）进出塔气体温度分别为200℃、70～85℃。

(2) 气体分配。气体沿塔截面均匀分布，和不强烈的旋转运动，与雾滴充分混合，在雾化区供给足够的热量使雾滴水分汽化，是提高干燥塔生产能力的关键，蜗漩形热风分配器使用较广。

(3) 浓胶浓度和分散度。提高浓胶浓度（40%～60%），可大大地节省能量消耗。浓胶预热约80℃时，浓胶粘度下降，雾滴直径减小，与气体接触面积大，水分汽化快。在提高浓度、降低粘度的条件下，使用高转速（15 000r/min）的离心喷雾器或三流体喷雾器，均能增大喷雾干燥生产能力。前者节省能量，雾滴大小较均匀，但制造难度较大；后者适于更高粘度的浓胶，制造方便，但雾滴大小不均匀，回收粉胶设备要求高。

栲胶干燥工艺条件见表40-21。

表 40-21　喷雾干燥工艺条件和塔的性能

工艺条件	顺　流			逆　流	混合流	
	热空气	热空气	烟道气	烟道气	热空气	烟道气
浓胶浓度（°Be′）	18～24	25～30	17～22	17～22	18～22	17～22
浓胶温度（℃）	65～70	90	70～80	60～65	70～80	—
气体进塔温度（℃）	200～250	160～170	220～250	230	160～180	350
气体出塔温度（℃）	80～90	70～80	65～70	65～70	70～80	65
塔内气体流速（m/s）	0.3～0.5	3.5	0.3～0.5	0.3～0.5	0.3～0.5	0.3～0.5
塔内真空度（Pa）	450	塔顶 840	300～400	300～400	—	—
离心盘直径（mm）	—	—	300	360	360	—
离心盘转速（r/min）	15 000	—	7 000	6 000	8 000～9 000	—
压缩机压力（MPa）	—	0.8	—	—	—	—
压缩机排气量（m^3/min）	—	6	—	—	—	—
三流体内混喷嘴数（只）	—	1	—	—	—	—
三流体内混喷嘴内径（mm）	—	14	—	—	—	—
一次气压力（MPa）	—	0.6	—	—	—	—
一次气流量（m^3/h）	—	76～78	—	—	—	—
二次气压力（MPa）	—	0.4	—	—	—	—
二次气流量（m^3/h）	—	54～60	—	—	—	—
高压泵压力（MPa）	—	—	—	—	—	10
离心型喷嘴数（只）	—	—	—	—	—	4
离心型喷嘴孔径（mm）	—	—	—	—	—	0.8～1.5
干燥塔直径（m）	5.34	1.1	5.0	5.0	4.5	5.0
干燥塔高（m）	圆筒 4 侧锥 4.4	11	5.6	5.6	4.5	15
产品含水率（%）	7～9	8～12	8～12	4～10	4～10	8～12
生产能力（kg/h）	370～400	400～550	250～300	138	250～300	400
干燥强度〔kg/（m^3·h)〕	3.7	46	3.6	2.5～2.7	6.7	4.7
气体量（m^3/h）	12 519	12 450	18 600	3 495	16 000	2 930

7　栲胶质量检验

7.1　质量指标[1～4]

栲胶质量关系使用效果，对企业的经济效益有很大影响。各国家都定有栲胶标准，规定的主要质量指标有：单宁、非单宁、不溶物、沉淀物、颜色号、pH 值等项。除质量指标之外，还要求易溶、渗透快、与生皮结合牢、成革质量好等性能。

7.1.1　质量指标

7.1.1.1　单宁、非单宁

单宁是栲胶中的主要有效成分，应达到规定的含量。非单宁不是有效成分，但有助于单宁的溶解、渗透。栲胶中单宁和非单宁的含量主要取决于原料。但单宁含量并不完全代表栲胶质量。例如用新原料制成的栲胶比用旧原料制成的栲胶，其中的单宁含量较低而非单宁含量较高，但后者有更好的鞣革性能和浅淡的颜色。

7.1.1.2　不溶物、沉淀物、灰分

不溶物和沉淀物应不超过规定含量。虽然黄粉沉淀在鞣革后期具有填充作用，但不具有鞣性而成为有害物质。沉淀物沉积在皮的表面，阻碍单宁的渗透，使皮难于鞣透而损失。

各种栲胶的灰分含量是不同的，中国标准没有规定，云杉树皮和栎木等少数栲胶标准有规定，如前苏联标准规定小于6%、罗马尼亚标准小于7.5%（干基）。栲胶灰分来源于原料（木材类原料少、树皮和果壳类原料多）、水、亚硫酸盐处理和设备等。几种栲胶样品的灰分含量及其组成，见表40-22。

表40-22 几种栲胶的灰分含量及其组成

栲胶名称		灰分含量（%）	金属含量组成（μg/g）					
			Cu	Fe	Ca	Mg	K	Na
中国	橡 椀	4.64	28	153	1 290	1 170	16 400	190
	落叶松树皮	7.49	30	255	2 140	1 790	5 100	17 200
	毛杨梅树皮	8.58	8	94	1 840	3 270	13 100	14 000
国外	橡 椀	4.92	16	79	2 000	1 300	15 900	1 200
	黑荆树皮	1.83	4	24	101	1 030	5 930	1.5
	坚木（天然）	1.0						
	坚木（亚盐处理）	5.7						

栲胶含铁量应不大于0.007%，含铜量应不大于0.02%，铁使栲胶颜色深暗，铁和铜过多在皮革上产生黑斑和绿斑，使皮革发脆，故栲胶设备材料以不锈钢为宜。

7.1.1.3 水分、pH值

粉状胶含水不应大于12%，块状胶不大于18%，粉胶含水过高易结成团块，块胶含水量过高暖季变粘，甚至淌流。云杉、柳树皮栲胶含水量低于14%～17%，块胶具有硬脆性，可轧碎制成粒状胶。落叶松树皮栲胶（用亚钠及氢钠各1.2%浸提）含水40%，于20℃仍可流动；含水降到30%热时呈稠液状，在常温下冷却时开始凝固；含水降到20%热时仍揉捏，冷却时凝成固体。坚木栲胶含水26%～29%时，在常温下凝成固体。

粉胶宜用防潮包装，以免在空气中吸湿。粉胶内含块胶量不大于2%。

在鞣制过程中栲胶的适宜pH值为3.5～5.0。初鞣时pH值宜高些（约5），以利于渗透。但pH值太高裸皮色变深，发软，甚至腐烂。终鞣宜用较低的pH值（约3.6～3.7），以增加皮质与单宁的结合量，浅化革色，使革具有一定硬度。但pH值小于2.4，单宁沉淀，皮过度膨胀易于断裂。

亚硫酸盐处理使pH值增加。缩合类栲胶的pH值为4.5～5.5，水解类热溶栲胶pH值为3.5～3.8，冷溶栲胶pH值为3.5～4.2。

用作钻井泥浆稀释剂的栲胶pH值为7～11.5，用于锅炉除垢的栲胶pH值为8～10，用于胶合剂的栲胶pH值为8.5。

7.1.1.4 颜 色

栲胶的颜色在很大程度上决定皮革的颜色。国际国内市场上一般要求皮革色浅悦目，国产箱具革传统上要求红色。

国产栲胶与国际主要栲胶相比较，在质量上存在的主要问题之一是颜色太深，差距相当大。这有赖于从原料品种、原料管理、新原料加工、生产技术等方面来解决。

栲胶的颜色以浓度0.5%水溶液在罗维邦色调(Lovibond tintometer)测得的颜色值为准，用红、黄、蓝三种单色值及总计值表示，应不超过规定值。

7.1.1.5　溶解性能

溶解性能指栲胶在水中的溶解能力。按照其溶解性的差异，有热溶、冷溶、半冷溶三种：热溶栲胶未经过化学改性，难溶于冷水，只溶于热水，冷却后有沉淀产生，2%溶液浑浊，1滴溶液滴在定性滤纸上中心留有深色小圈，缩合类栲胶用于染船帆和鱼网；冷溶栲胶经化学改性，溶于30℃以下的冷水中，2%浓度的溶液比较清澈，滴在滤纸上溶液很快分散、颜色均匀一致，主要用于鞣皮的前期，特别适应转鼓少浴速鞣，其渗透能力较强，但结合能力较低；半冷溶栲胶经轻度化学改性，溶于30℃以下的冷水中，2%溶液略显浑浊，滴在滤纸上中心留有色深难溶的小圈，其渗透力不及冷溶栲胶，但结合能力大于冷溶的栲胶，适用于鞣皮的各期，特别是中、后期。坚木栲胶有热溶、冷溶、半冷溶系列产品。中国栲胶标准中只有热溶和冷溶两种。

7.1.1.6　鞣制性能

鞣制性能指栲胶的渗透速度、成革质量等。

栲胶向裸皮内的渗透速度是鞣制成败的关键。裸皮纤维结构相当于半透膜，池鞣时渗透压作用不明显。高浓度鞣液鞣制时，特别是无溶速鞣时，因皮外的栲胶液很浓，单宁分子又大，故不能顺利通过皮纤维组织而产生渗透压，将皮内水分挤出，使皮脱水，鞣制作用停止，产生死鞣。因此，高浓度、无溶鞣制中应使用渗透速度快，脱水作用慢的栲胶。几种栲胶的渗透速度次序为：亚硫酸盐处理坚木栲胶＞甜化栗木栲胶＞栲树皮栲胶＞天然栗木栲胶＞黑荆树皮栲胶＞柯子栲胶＞橡椀栲胶＞栎木栲胶＞天然坚木栲胶。脱水作用的次序正好与渗透速度的次序相反。毛杨梅树皮、余甘树皮和木麻黄树皮栲胶渗透速度较快，落叶松树皮栲胶的渗透速度较慢，陈旧橡椀制的栲胶比新鲜橡椀制的慢得多。

成革质量应能在物理及化学指标、外观等方面达到规定的要求。例如底革应坚实丰满富有弹性，耐磨、色浅悦目，有较高的鞣制系数（达到60%～95%）、结合鞣质（大于20%）和收缩温度（不小于75℃），有良好的耐湿热稳定性。

任何一种栲胶都不能同时满足上述所有要求，因此常把几种栲胶配合使用（如毛杨梅、落叶松及橡椀栲胶搭配使用），可以取长补短，得到较好的鞣制效果。提高栲胶质量的途径：首先是选用优质原料（如黑荆树皮、毛杨梅、余甘、木麻黄等），适时采集、及时加工等，这些是提高栲胶质量的前提。其次是借助各种方法进行改性，以改进栲胶质量。最有效、广泛使用的是亚硫酸盐处理。用氨基苯磺酸钠和硼砂处理橡椀栲胶鞣制试验证明其渗透能力加强，革的湿热稳定性增加。第三，为适应不同皮革的不同要求，要进行多品种栲胶生产。如坚木栲胶有冷溶、半冷溶和半冷溶脱色栲胶。栗木栲胶有普通、半甜化和甜化等系列产品。

7.1.2　各国栲胶质量指标

中国在1981年颁布过栲胶的国家标准（GB2615－81），施行13年之后，修订为行业标准（部颁标准）LY/T1082～1091—93，于1993年开始实施。

国外在70年代前后，提出过多种栲胶标准（或规格），至今未见有关修改的版本。国外的一些主要栲胶质量指标及品种规格，见表40-23。

中国栲胶标准包括毛杨梅、落叶松、余甘、木麻黄、槲树、红松、黑荆树和橡椀等，见表40-24。

表 40-23 国外栲胶质量标准或商品规格

栲胶名称及品种		国名	质量指标														
			单宁(%)	非单宁(%)	不溶物(%)	水分(%)	pH值	颜色号(0.5%)			灰分(%)	铁	铜	游离酸	盐	沉淀(%)	二氧化硫(%)
								红	黄	黄/红		(mg/100g)					
黑荆树	块状	南非	75.7	23.6	0.7	17.4	4.75	1.3	2.2	—	1.47	—	—	30	85	—	—
	粉状		73.8	25.3	0.9	5.0	4.75	1.1	1.7	—	1.72	—	—	32	100	—	—
	块状	印度	>70	<28	<3.0	<17	4.8	<3.2	—	>1.5	5	5	—	—	—	—	—
	粉状		>72	<27	<2.5	<6.0	5.4	<3.2	—	>2.0	5	5	—	—	—	—	—
坚木	块状 热溶	阿根廷	63～64.5	8.3～8.9	8.5～9.2	18～19	5.1～5.2	2.2～3.5	7.0～11.5	—	0.5～0.6	—	—	—	—	—	—
	块状 冷溶		67～69	13～14.5	0	18～19.5	5.4～5.5	3.0～4.2	8.0～12.0	—	4.5～5.2	—	—	—	—	—	—
	粉状 冷溶	阿根廷	75～76	16～17	0	7～9	5.2～5.5	2.9～3.3	3～9	—	—	—	—	—	—	—	—
	粉状 半冷溶		72～74	15～16	2.8～3.2	7～9	4.2～4.6	2.5～2.8	6～6.3	—	—	—	—	—	—	—	—
栗木	块状	法国	75.1	24.9	0	19.4	—	—	—	—	—	—	—	—	—	0.1	—
	粉状		75.5	24.5	0	6.2	—	—	—	—	—	—	—	—	—	0.1	—
	块状	意大利	75.2	24.8	0	—	2.9～3.1	—	—	—	—	3～4	4～6	—	—	1.0	—
	粉状		74.7	25.3	0	6～8	4.1～4.3	—	—	—	—			—	—	0.15	—
栎木	块状	前苏联	>45	—	<4	<19	4.5～5.5	—	—	—	<6	<0.02 (Fe_2O_3)	—	—	—	—	<2
	粉状		>43	—		<8	4.5～5.5	—	—	—	<6		—	—	—	—	<2
	粉状	罗马尼亚	>55	—	<2.2	<5.5	4.3～5.0	—	—	—	<7.5	—	—	—	—	—	<1.8
橡椀	粉状	土耳其	69.3	20.6	1.7	7	1.6	6.4	—	—	—	—	—	—	—	—	—
	粉状	希腊	71.1	26.7	2.2	—	—	2.0	7.2	—	—	—	—	—	—	—	—
柯子	块状	印度	>53	<37	<4	<10	3.0～3.7	<2.0	—	<2.5	—	<5	<5	—	—	—	—
	粉状		>60	<36	<3.5	<6	3.4～3.7	<1.5	—	<3	—			—	—	—	—

注：①南非、印度黑荆树栲胶 pH 测定浓度是 50°Be′、0.6%溶液。土耳其橡椀栲胶 pH 值测定浓度 50°Be′，其他为分析浓度。②印度黑荆树栲胶、柯子栲胶标准为 IS6199－1971、IS5466－1972，前苏联、罗马尼亚栎木栲胶标准为 TOCT 9527－1960、STAS6829－1976。其他为商品规格。

表 40-24 中国栲胶质量标准（LY1084～1091－93 中规定）

栲胶名称	系列及级别		质量指标①									
			单宁(%)不小于	非单宁(%)不大于	不溶物(%)不大于	水分②(%)不大于	沉淀(%)不大于	pH值(分析浓度)	颜色号③，不大于			
									红	黄	蓝	计
毛杨梅栲胶	特级	浅色	67	30	3.0	12	1.5	4.5～5.5	2.5	5.5	0	8
		普通	69	27	4.0	12	2.0	4.5～5.5	3.0	7.0	0	10
	一级		68	27	5.0	12	4.0	4.5～5.5	5	11	0	16
	二级		66	28	6.0	12	6.0	4.5～5.5	9	17	0	26
落叶松栲胶	特级		59	37	4.0	12	3	4.5～5.5	25	20	0	45
	一级		58	37	5.0	12	4	4.5～5.5	20	23	0	52
	二级		53	41	6.0	12	5	4.5～5.5	31	25.5	0.5	57
余甘栲胶	特级		70	27	2.5	12	2	4.5～5.5	3	6	0	9
	一级		68	28	3.5	12	3	4.5～5.5	5	10	0	15
	二级		66	30	4.5	12	5	4.5～5.5	7	17	0	24

（续）

栲胶名称	系列及级别		质量指标①									
			单宁（%）不小于	非单宁（%）不大于	不溶物（%）不大于	水分②（%）不大于	沉淀（%）不大于	pH 值（分析浓度）	颜色号③，不大于			
									红	黄	蓝	计
木麻黄栲胶	特　级		71	26	3.0	12	1	4.5～5.5	5	9	0	14
	一　级		69	27	4.0	12	2	4.5～5.5	6	12	0	18
	二　级		67	28	5.0	12	3	4.5～5.5	9	16	0	25
槲树栲胶	一　级		68	29	3.0	12	3	4～5	8	24	0	32
	二　级		65	31	4.0	12	4	4～5	12	24	0	36
红根栲胶	特　级		67	29	4.0	12	5	4.5～5.5	12	26	0	38
	一　级		65	30	5.0	12	7	4.5～5.5	15	30	0	45
	二　级		60	33	7.0	12	9	4.5～5.5	18	32	0	50
黑荆树栲胶	特　级	浅　色	70	27	2.0	12	1.5	4.5～5.5	2.0	4.0	0	6
		普　通	73	24	2.5	12	2.0	4.5～5.5	2.5	5.5	0	8
	一　级		71	25	3.5	12	2.5	4.5～5.5	4.5	9.5	0	14
	二　级		68	27	4.5	12	4.0	4.5～5.5	8.0	16.0	0	24
橡椀栲胶	冷　溶	特　级	69	20	2.0	12	2	3.3～4.0	5	15	0	20
		一　级	67	30	2.5	12	3	3.3～4.0	7	21	0	28
		二　级	65	32	3.5	12	5	3.3～4.0	9.5	28	0.5	38
	热　溶	一　级	71	26	3.5	12	6	3.3～4.0	—	—	—	—
		二　级	68	29	4.0	12	8	3.3～4.0	—	—	—	—

① 除水分外，均按干基计算；②均为粉状栲胶；③0.5%，罗维邦。

7.2　检验方法[11,12,32,151]

栲胶的检验方法详见部颁行业标准 LY/T1082—93。该标准采用重量法测定总固物、可溶物、非单宁、单宁、不溶物、水分及沉淀含量。用罗维邦色调计（Lovibond tintometer）测定颜色。用酸度计测定 pH 值。供测定的试样水溶液浓度为含单宁 4±0.25g/L。总固物含量由分析液烘干称重测定。水分含量由试样与总固物重量的差值计算。可溶物含量由分析液（加高岭土）经滤纸过滤后烘干称重测定。不溶物含量由总固物含量减去可溶物含量计算。非单宁含量用铬皮粉振盈法（即分析液加入铬皮粉，经振盈、过滤、滤液烘干称气）测定。单宁含量由可溶物含量减去非单宁含量计算。

沉淀含量的测定采用较浓的溶液（10g 气干栲胶加 70ml 蒸馏水配制），以离心法（3 000r/min，20min）分离沉淀，经洗涤、干燥、称重。从清液和干渣的重量计算出沉淀含量。

颜色的测定采用浓度 5g/L 的水溶液。溶液过滤后装入 1cm 比色皿，放在罗维邦色调计内，目测读出红、黄、蓝色的数值。

pH 值测定的溶液浓度为分析液浓度（单宁 4±0.25g/L）。

8　栲胶生产技术经济指标

栲胶生产主要技术经济指标有单位产品原料、辅助材料、水、电、汽的消耗指标。这些指标主要取决于生产规模、生产工艺和设备条件、技术水平管理水平等。中国几种栲胶生产的主要技术经济指标见表 40-25。

表 40-25 几种栲胶的主要技术经济指标

规 模 (t/a)	毛杨梅、余甘栲胶	落叶松栲胶	橡椀栲胶	木麻黄栲胶
	1 500～3 000	5 000	1 000	500
树皮或橡椀（t/t）	2.3～2.8	7.4～9.6	2.6～3.1	6
亚硫酸盐（t/t）	0.1	0.12～0.14	0.04	0.09
水（t/t）	95～100	327	390	600
电（kW·h/t）	385～430	335～367	400～500	550
汽（t/t）	8.5～14.5	37～40	11～12	18

9 废渣的利用[1～4]

栲胶原料经浸提单宁后的剩余物，叫做栲胶废渣。栲胶生产中的废渣数量很大，一般占原料的50%～80%，应充分利用，以避免其积存或污染环境。废渣含水分多，一般为70%～80%，常用多辊式、螺旋式和双向液压式压榨机，使废渣水分由70%～80%降到50%～60%，再经露天自然晾晒或用卧式圆筒干燥器或立式多层干燥层或气流干燥器干燥成气干状态，加以利用。废渣可利用的主要成分是木素、纤维素、戊聚糖等，见表40-26。废渣还具有一定的发热量，见表40-27。

表 40-26 废渣主要成分

废渣品种	纤维素（%）	木素（%）	戊聚糖（%）	单宁（%）	灰分（%）
落叶松树皮	23.6	43.5	7.6	3.42	2.0～3.0
毛杨梅树皮	26.1～28.0	48.3～49.9	15.1～15.5	3.69	0.2～1.7
余甘树皮	24.1～26.7	30.7～36.7	15.0	—	6.3
橡 椀	31.3～34.4	28.5～36.0	25.6～32.5	4.64～5.6	1.94

表 40-27 废渣的发热量

废渣种类	水分（%）	发热量（kJ/kg）
落叶松树皮	11.8	17 090
	14	16 760
	40	10 400～11 000
	14（2.4%亚硫酸浸提）	16 130
橡 椀	13.0	15 700
	50.0	9 755
木麻黄树皮	12.6	18 680
云杉及槲树皮	20	13 040
	30	11 090
	40	9 130
	50	7 180
	60	5 220
	70	3 270
栎 木	20	13 810
	30	11 720
	40	9 630
	50	7 660
	60	5 650
	70	3 600
	80	1 570

9.1　燃　料

废渣含水分 50%～60%时，可作具有特殊燃烧室的锅炉燃料。如落叶松树皮废渣经辊式压榨机压榨后送入锅炉燃烧。

废渣用于普通锅炉时，除压榨外，还需要干燥。如橡椀、柯子等废渣需干燥后与煤掺合使用。

废渣除作锅炉燃料之外，晒干后做生活用燃料。如橡椀、余甘和毛杨梅等废渣。

废渣干燥至水分含量 10%左右，在加温、加压下成型，制成燃料棒，供锅炉和生活用燃料。

9.2　渗碳剂

用橡椀废渣生产液体渗碳剂、固体渗碳剂和盐溶电炉启动用炭。

（1）液体渗碳剂生产方法：橡椀废渣经自然晾晒干燥到含水量低于 25%，经筛选和挑选去杂质，送入砖砌的炭化炉内热解，约 72h，炭化到含挥发物 10%～15%，出炭率（占气干原料）在 20%以下，取出后经冷却、水选、干燥、手选、粉碎到 60～100 目，拌入盐溶液，其配比为：橡椀炭 50%、氯化钾 10%、氯化钠 10%、尿素 15%、水 15%。经潮解后含水量应在 15%～20%，进行包装。

液体渗炭剂无毒，用以代替氯化钠或与氰化钠合用。适于渗炭层在 1.2mm 以下的中小低碳钢工件渗碳。使用时以氯化钠及氯化钾为介质，其配方为：渗碳剂 10%、KCl 20%～40%、NaCl 40%～60%、无水 Na_2CO_3 10%，在内热或外热式盐溶炉内渗炭，温度 920～960℃，渗碳层厚 1.2mm 为 2～3h。

（2）固体渗碳剂的生产方法是用粒状热解炭和中性盐溶液拌和、干燥而制成。其配比为：粒炭 80%、$BaCO_3$16%、$Na_2CO_3$4%。使用时装入渗碳箱内，适于较大工件渗碳。

（3）盐溶电炉启动用炭的生产方法与液体渗碳剂基本相同，拌入盐溶剂配比为：橡椀炭 60%、KCl10%、NaCl10%、水 20%。适用于热处理用内热式电极中温盐溶炉的保温和启动。

橡椀废渣渗碳剂质量指标见表 40-28。

表 40-28　渗碳剂质量指标

品　种	密　度	水分(%)	粒度粒(目)	水不溶物①(%)	固定炭②(%)	挥发分②(%)	灰分②(%)
液体渗碳剂	1.6～1.7	15～20	<60	58～62	>80	10～15	—
电炉启动用炭	1.6～1.7	15～20	<60	68～72	>80	<15	—

①干基；②以水不溶物为 100%计。

9.3　活性炭

用氯化锌制试剂活性炭的工艺如下：橡椀废渣经自然干燥或烘干，筛去泥砂杂质，粉碎到 10 目以下，其中小于 25 目的不大于 30%。然后在浸泡池内用 60℃，47～50°Bé 的氯化锌溶液浸泡 8～12h；再入炭化炉，在 300～400℃下炭化后转入活化炉于 650～700℃活化 2.5～3.5h，在回收桶内多次用热水浸泡至不含过剩的 $ZnCl_2$，再加盐酸并通入蒸汽 2h 除去铁盐，然后用热水漂洗干净，经干燥、球磨、包装。活性炭脱亚甲基蓝的能力（0.2%亚甲基蓝，0.2g 样品）为 22～33ml。

橡椀废渣干燥后，破碎成粒度小于 3mm，用 48%的氯化锌溶液在瓷坩锅中浸渍 8h，在 600℃下活化，并保温 45min。试验得到脱色用粉状活性炭，产品吸附指标符合 LY216—79 标准。

9.4 减水剂

(1)用橡椀废渣制半纤维素减水剂：橡椀废渣加4%～5%(占干渣重)的硫酸，液比1∶4，在98～100℃下进行常压水解，时间3～4h，使半纤维素水解为各种单糖和糖醛酸，水解液浓度为6～8°Be′，经真空蒸发到17～20°Be′后，加NaOH调节pH值到8～9，在95～100℃下处理1～1.5h，得到产品为黑褐色液体，主要成分为羟基羧酸的钠盐。每吨产品（折为绝干）消耗废渣3.71t。它是一种阴离子表面活性剂，做为非加气型的、缓凝性的减水剂，对水泥具有较好的分散作用，混凝土中掺用0.25%～0.3%（占水泥重），可以减水10%～15%，3天强度提高23%，28天强度提高18%～30%，或减少水泥用量8%～11%。

（2）用毛杨梅、落叶松和橡椀废渣制木素减水剂：毛杨梅树皮废渣，经40%（占干渣重）的亚硫酸钠蒸煮，蒸者液经过滤、蒸发及喷雾干燥，得到黑棕色的粉状产品，含木素磺酸钠45%～66%，还原物0.4%～1.3%，水不溶物0.1%～1.9%，灰分31%～45%，pH值5.8～7.2，可做为减水缓凝剂，与糖蜜酒精糟、环氧乙烷-脂肪醇缩合物合用于混凝土拌制时减水率15%，缓凝时间(常温下)4h以上，28天强度提高约30%，或可少用水泥10%～15%。

落叶松树皮、毛杨梅树皮和橡椀的废渣，经35%亚硫酸钠及10%氢氧化钠（占干渣重），在固液比为1∶4～5，180～185℃下蒸煮8～10h。蒸煮液经过滤，蒸发及喷雾干燥，得到棕褐色的粉状产品，含有木质素、半纤维素的反应产物，其成分主要有：有机物56.8%～67.5%、还原物6.1%～10.2%、水不溶物2.9%～3.3%、无机物29.4%～38.1%、pH值9～10，可做为引气型混凝土减水剂，与酸焦油蒸吹液的干燥产物混合（混合比1～1.6∶1）用于混凝土拌制，用量占水泥的0.5%～0.75%，减水率15%～20%，28天抗压强度提高20%～30%，或可少用水泥15%。

9.5 植物生长剂

毛杨梅、余甘树皮废渣含腐植酸约14%。经碱蒸煮后，所含的腐植酸（以及木素等物）成为腐植酸钠而被溶解出来。蒸煮液经过过滤，即为液体腐植酸钠产品，每吨原料得蒸煮液约3t，或经喷雾干燥得固体腐植酸钠0.2t。

蒸煮条件为：废渣加氢氧化钠20%(占干渣重)，固液比1∶5，温度170～180℃，时间4h。

将腐植酸加水配成稀释液施于作物上，可以加强作物的呼吸和新陈代谢，促进作物对养分的吸收积累，加快作物的发育，使成熟期缩短，产量增加。水稻经喷施腐植酸钠溶液后增产6%～30%。

9.6 人造板

9.6.1 纤维板

用红根皮、落叶松树皮、云杉树皮等制纤维板时，废渣不需干燥。

红根皮（含纤维素约28%，木质素约32%）经过分离、打浆、施胶、成型、热压而成纤维板。湿废渣用锤式粉碎机分离，再用打浆机进一步打碎并去掉泥砂杂质。浆料在搅拌池内依顺序加入石蜡乳化剂（石蜡、氨水、油酸配制而成，用量各占绝干原料重的1%、0.4%、0.4%），明矾（5%）、血粉（1.2%），搅拌均匀，以增加产品的强度，减少吸水率。然后经长网（18目铁丝网）成型、热压。纤维板厚3～4mm，强度26MPa，吸水率39%。

落叶松树皮废渣在180～185℃，5MPa的热压条件下试制的纤维板，静曲强度为15～20MPa（平均16MPa），只有做建筑包装材料，若掺入10%～20%木纤维，则静曲强度提高到20～23MPa，可做家具用材料。

用云杉树皮废渣试制半硬质纤维板的工艺如下：粒度为10～40mm的云杉树皮废渣在磨浆机内磨到打浆度(肖氏)18～20度后，加2%石蜡乳液抗水剂，再加稀硫酸调节pH值到4～5使乳液沉降。在成型机上脱水成型后进行冷压，在1MPa压力及0.05MPa的真空下施压3～4.5min，使含水率降到60%，入连续干燥器干燥后，于160℃下处理120min，再经增湿堆放24h及锯边整理而得到产品。密度为0.45～0.5g/cm^3，静曲强度3.5MPa，抗拉强度0.68MPa，吸水（24h，20℃）增重25%，导热系数0.528W/（m·℃)，达到了质量指标的要求。

用栎木废渣制纤维板。废渣加6%～6.5%CaO在165℃下蒸煮1.5h。纤维浆拌以防水剂(3%的油酸石蜡乳浊液)。制成的硬质、半硬质及软质纤维板容重各为1052kg/m^3、540kg/m^{3}及380kg/m^3，静曲极限强度分别为21.9MPa、61MPa及5.45MPa。2h吸水率各为6.1%、9.6%及13.7%。

9.6.2 碎料板

用废渣制碎料板，工序简单，但需耗用胶料，且废渣需干燥。

用落叶松树皮试制碎料板，采用粒度5～10mm、含水率小于10%的废渣，施加20%血胶，在2.5MPa，120℃下热压20min。板厚11～12mm，容重0.8～0.9g/cm^3，静曲强度7.0～7.9MPa，吸水率32%～33%。可用做隔音保温的建筑材料。

用栎木、柳树皮、云杉树皮废渣分别制碎料板。采用粒度2～10mm，干燥到含水率5%，喷拌脲醛树脂胶5%～15%。成型后在2～3MPa，140～160℃下热压20～25min。板厚16mm。三种废渣碎料板的容重分别为1 000kg/m^3、940kg/m^3、860kg/m^3，静曲强度分别为12.5～15.0MPa、9～10MPa、10～12MPa。

9.6.3 热塑板

制热塑板不耗用胶料，成本低，产品可代替木材使用。干燥了的栎木、柳树皮或云杉树皮废渣，经锤式粉碎机粉碎后，在180±5℃下以10～25MPa的变压施压，时间为1min/mm厚。若废渣先经蒸汽水解处理或施用防水剂，质量还有提高。产品容重1.29g/cm^3、静曲强度40.2MPa，抗压强度128MPa，吸水率（24h）7.5%。

第41章 栲胶应用

肖尊琰 李丙菊 马自超 冯辉明 蔡德文 吴在嵩

1 鞣皮剂

鞣制皮革是栲胶的主要用途。国内外主要栲胶的成分、鞣革性能与用途见表41-1[63]。

表41-1 主要栲胶的成分、鞣革性能与用途

名称	类别	组成(%) 水分	单宁	非单宁	不溶物	灰分	单宁/非单宁	纯度	pH值	性能与用途
落叶松	缩合	10.6	53.2	33.9	2.3	—	1.6/1	61.0	4.3/5.2	渗透、结合中等,色红棕,作装具革和底革鞣制
毛杨梅	缩合	7.7	74.2	19.4	5.4	—	3.8/1	80.7	3.9/5.0	渗透快、结合好、颜色浅,作装具革、底革鞣制
木麻黄	缩合	10.3	61.4	25.7	2.5	—	2.4/1	70.5	5.0/5.5	渗透快、结合好、沉淀少、用于垂革、装具革鞣制
余甘	缩合	9.6	64.9	22.6	2.8	—	2.9/1	74.1	4.9/5.0	渗透快、结合好、颜色浅,作装具革、底革鞣制
橡椀	水解	10.6	66.2	21.6	1.5	—	3.6/1	75.4	3.2/3.9	土耳其产,渗透、酸度适当,适于软革鞣制。外观分子结构特别好,低温时成革不开裂,纤维结合好
		10.6	68.0	22.0	0.5	5.0	3.1/1	76.0	3.8	
坚木	缩合(热溶)	9.3	66.9	2.2	12.8	1	30.4/1	82.5	4.8	有块状和粉状之分。粉状栲胶渗透快;弱酸性;成革丰满;与纤维结合好;生产中等厚度皮革特别好;成革留有松软部分。
		22.0	65.0	5.0	8.0	1	15/1	93.0	5.0	
	(冷溶)	10.0	82.0	8.0	0.1	5	10.2/1	91.0	5.5	
		19.0	70.0	11.6	0	6	6.4/1	86.0	6.0	
黑荆树	缩合	6.0	73.0	20.4	0.1	—	3.6/1		4.5	渗透快;酸度适中;可生产扁平革,薄革;成革表面紧实;与纤维结合好
		6.0	73.0	20.7	0.3	—	3.6/1		4.5	
栗木	水解	22.0	66.0	12.0	0.4	1.5	5.5/1	84.0	3.3	渗透慢;酸性强,可生产丰满的厚革;成革表面紧适;与纤维结合好
		6.0	73.0	21.0	0.2	1.5	3.5/1	78.0	3.3	
柯子	水解	3.0	70.0	18.0	2.0	3.0	3.3/1	80.0	3.0	酸度适中,成革表面紧实;与纤维结合好。但渗透慢,颜色差

用栲胶鞣制生皮称为植物鞣法。栲胶与铬、铝、锆等金属盐配合使用进行鞣制叫做结合鞣法。植鞣的皮革包括底革(硬外底革、软外底革、内底革)、箱包革、家具革、运动器材革、假肢革、轮带革、皮辊革、皮圈革、护油圈革、装具革、马鞍革、打梭皮带革、仪器用革等;结合鞣制的皮革有鞋面革(包括小牛革、猪面革、多脂革、防水面革)、服装革、手套革、绒

注:本章第1、8~11节由肖尊琰编著;第2、5节由李丙菊编著;第3节由马自超编著;第4节由冯辉明编著;第6节由蔡德文编著;第7节由作者吴在嵩编著。

面革、球革、票夹革、衬里革、乐器用革等。

鞣制重革与轻革时使用栲胶的情况见表 41-2；栲胶与植鞣革标准号见表 41-3。

表 41-2　重革与轻革用的鞣剂与用量

序号		品种	原料皮	鞣制方法	使用鞣剂（%）	鞣剂品种
重革	1	硬外底革	牛	植鞣	40～45	坚木（毛杨梅、落叶松）
	2	内底革	牛、猪	植鞣	30～35	毛杨梅、落叶松、橡椀
	3	软外底革	牛	结合鞣	25～30	黑荆树（坚木、毛杨梅）
	4	家具革	牛	结合鞣	20～25	黑荆树、毛杨梅（落叶松）
	5	包袋革	牛、猪	结合鞣	15～20	黑荆树、毛杨梅
	6	油封革	牛	植鞣	40～45	坚木
	7	箱包革	牛、猪	植鞣	25～30	黑荆树、毛杨梅、落叶松
	8	农用革	牛、猪	植鞣	25～30	毛杨梅、落叶松、橡椀
	9	轮带革	牛	植鞣	30～35	坚木
	10	油仁革	牛	植鞣	35～40	落叶松、毛杨梅
	11	装具革	牛	植鞣	30～35	黑荆树
	12	皮圈革	牛	植鞣	30～35	黑荆树
	13	精梳机革	牛	植鞣	30～35	黑荆树
轻革	14	鞋面革	牛、猪	填充	2～4	黑荆树（或毛杨梅）
	15	绵羊和山羊革（里子革、美术革）	羊	植鞣	15～20	毛杨梅、落叶松
	16	粒面剖层革	牛、猪	植鞣	12～18	毛杨梅、落叶松
	17	票夹革	猪、牛	结合鞣	25～30	毛杨梅、（或荆树加落叶松）
	18	夹里革	猪	结合鞣	25～30	毛杨梅、落叶松
	19	衬里革	牛、羊	结合鞣	12	黑荆树
	20	书面革	羊	填充	3	落叶松、毛杨梅
	21	绒面革	牛、猪	结合鞣	10～12	落叶松、橡椀
	22	帽圈革	羊	结合鞣	30～35	黑荆树（或坚木）

表 41-3　国产栲胶与国产重革（部分）标准号

栲胶		重革	
类别	标准号	类别	标准号
栲胶原料与产品标准：	LY/T1802－93	皮革检验标准：	
检验方法标准：		物理试验	GB4618.1～4618.10－84
橡椀栲胶	LY/T1091－93	化学试验	GB4618.11～4618.19－84
毛杨梅栲胶	LY/T1084－93	植鞣猪外底革	QB190－62
余甘栲胶	LY/T1086－93	植鞣黄牛外底革	QB190－62
木麻黄栲胶	LY/T1087－93	植鞣水牛外底革	QB191－62
落叶松栲胶	LY/T1085－93	植鞣黄牛轮带革	QB194－62
槲树栲胶	LY/T1088－93		
黑荆树栲胶	LY/T1090－93		
红根栲胶	LY/T1089－93		

1.1 鞣制原理

1.1.1 植物鞣法

植物鞣法简称植鞣。生皮成革是单宁与胶原相互作用的结果，整个鞣制反应是植物单宁酚羟基结构及其胶体特性与胶原的多官能团的三肽螺旋结构和两性离子特性胶原之间产生的物理化学总效应。单宁与胶原的结合方式，单宁在成革中的稳定性可用图 41-1 表示[152]。

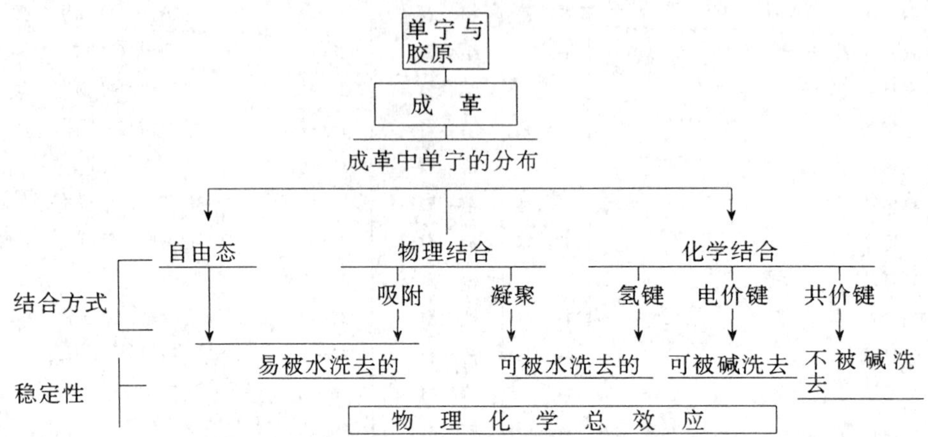

图 41-1 单宁在鞣制过程中与胶原结合方式及稳定性

图 41-2 说明单宁与胶原通过物理作用、化学结合使生皮成革。鞣制历程作如下假设[2]：

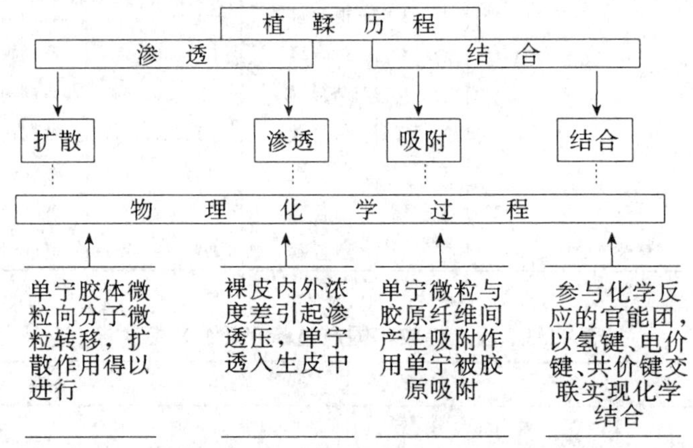

图 41-2 单宁与胶原的鞣制历程

上述植鞣历程中，胶原和单宁是主体，相互作用的过程表现为渗透与结合的两个方面。

鞣制开始时，单宁微粒依靠裸皮内外鞣液浓度差和单宁本身的热运动向裸皮内扩散和渗透，大量单宁进入裸皮深处被吸附于纤维表面或沉积于纤维间。随着皮液两相浓度差减小，内外平衡，渗透与结合并存。大分子单宁的酚羟基与胶原相邻分子链间通过多点氢键结合产生交联时，结合开始占主导地位。当皮内单宁微粒胶团与胶原不断结合而减少后，两相平衡被破坏，促使剩余单宁微粒继续向皮内渗透，以建立新的平衡。

在整个鞣制历程中，渗透与结合互相依存渗透是结合的前提，结合是渗透的结果。

单宁能使生皮成革有两种解释：一是化学学说；另一种是物理学说[153~154]。

持化学结合者认为：在单宁结构中，会有许多活性不同的酚羟基，胶原属于两性离子多官能团化合物，主链的多肽具有酰胺基，侧链上有氨基酸残基结构。单宁酚羟基中的氢或氧能与胶原上氮、氧或氢之间产生氢键。羟基的一部分电离态，由于离子的静电场作用，与胶原官能团及离子（如 NH_3^+）形成电价键结合。参与上述反应的除酚羟基外，还有羧基，但不起主要作用。植鞣时，单宁与胶原间氢键产生牢固的“桥合作用”，同时胶原结构中肽基（—CONH—，即酰胺基）以及能形成氢键的基团也参与反应。

氢键结合——胶原中羰基（>CO）或亚氨基（>NH）与单宁酚羟基相互作用，结合成革。

$$>C=O+HO—Tan^{①} \longrightarrow >C=O\cdots HO—Tan$$

$$>NH+HO—Tan \longrightarrow >NH\cdots \underset{\displaystyle H}{\underset{|}{O}}—Tan$$

制革化学家认为胶原官能团与单宁发生的多点氢键结合作用才是鞣制作用的核心，在植鞣中十分重要。

电价键结合——带或不带电荷的胶原碱性基都能与单宁中带相反电荷的羧基反应（这类反应不存在于缩合类单宁）。结合比较牢固，不易被水洗掉，但能被碱洗去。

$$—NH_2+HO—Tan \longrightarrow —NH_3^+\cdot {}^-O—Tan$$

单宁中羟基与胶原氨基先以电价键结合，然后经脱水形成稳定的共价键结合。由于结合牢固，不能被水和碱洗去。

$$—NH_3^+\cdot {}^-O—Tan \xrightarrow{-H_2O} —NH—Tan$$

单宁与胶原多点结合方式及其交联键，如图 41-3。

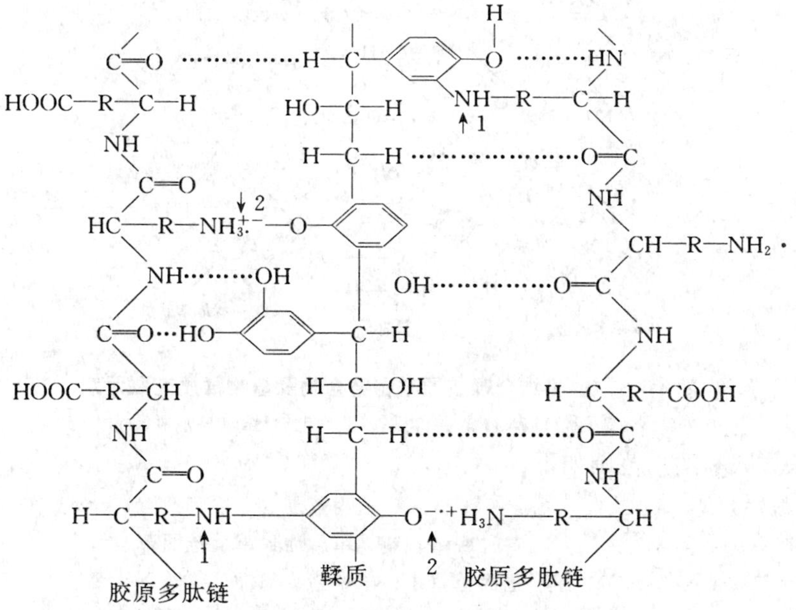

图 41-3 植物鞣质与胶原多点结合的交联“网络”示意

1. 共价键；2. 电价键；……. 氢键

① Tan，指单宁。

持物理学说者认为植物鞣法是植物单宁在胶原纤维上的沉积，属于物理吸附。当单宁进入裸皮后，胶溶的单宁分子被胶原吸收，失去了原有互溶效应，使原来的可溶物沉积在胶原纤维上，形成不溶解的单宁，靠范德华力（伦敦力）被吸附在纤维表面上。

近代研究表明从裸皮成革、鞣制效应等方面考虑，应着重化学结合（主要是多点氢键结合）。但从革内单宁分布来看，革中吸附、沉积的单宁以及非单宁所占比重较大。这种作用对革的坚实、丰满性等方面有重要作用，不能忽视。

总之，胶原与单宁的两类结合主要是酚羟基与胶原多肽键上的肽基（—NH・CO—）间以氢键为主的化学结合。其次才是胶原与单宁间依靠范德华力而形成的物理结合。

1.1.2 结合鞣法

结合鞣法兼有两种或多种鞣剂鞣制的优点，如植-铬，植-铬-铝等。此法能加快鞣制过程，降低鞣剂用量，提高成革质量，克服植鞣革抗张强度低、耐磨性差、耐湿热稳定性小、生产周期长、解决纯铬鞣革纤维松、吸水性大、粒面粗等缺点。因而制革生产效率和经济效益得以提高。

在生产中，进行铬预鞣时，带有阳电荷的铬络合物向裸皮渗透，与胶原羧基配位结合，一方面固定了皮纤维结构，使其收缩温度提高，另一方面使胶原的氨基活化，使其在植复鞣时有助于鞣质的渗透与结合。铬预鞣后用高浓度的植物鞣液复鞣，由于胶原氨基被活化，鞣质的结合量增加[152]。

植-铬结合鞣中，胶原与铬络合物多点反应交联“缝合”的鞣制作用如图 41-4[152]。

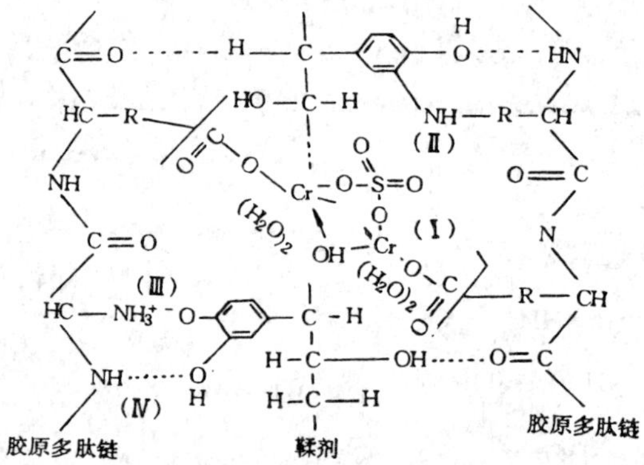

图 41-4 植-铬结合鞣胶原与铬络合物及植物鞣质交联示意

（Ⅰ）配位键；（Ⅱ）共价键；（Ⅲ）电价键；（Ⅳ）氢键

结合鞣法方式和适用范围如下：

结合鞣法方式	适用范围
植-铬	各种底革、装具革、油封革、鞋面革
植-铝-铬	正面革（牛、羊、猪）、修面革
植-铝	鞋面革、手套革、服装革、纳帕（NaPa）革
植-锆	底革及其他重革

上述各种结合鞣中，植-铬结合鞣已在重革、轻革生产中广泛使用。实践证明结合鞣、比纯植鞣的产品质量好，经济效益显著。

栲胶属于阴离子型鞣剂，与无机鞣剂结合使用，有助于增进胶原官能团的反应活性，提高单宁的结合量。使用两种鞣剂时应注意两者不同电荷作用会导致鞣剂分子反应活性降低，甚至产生沉淀。

1.2　鞣制方法

植物鞣法已有 6 000 多年历史，但直接使用植物鞣剂鞣革是近 200 多年才发展起来的。至今，植物鞣法在重革生产中仍占有一定位置。为了提高成革质量，在生产轻革中，也更多地使用植物鞣剂进行预鞣、复鞣和填充。

由于国内原料皮的差异大，鞣剂品种多，在众多鞣制的方法中，应用较多的是铬鞣（生产轻革）、植鞣（生产重革）与结合鞣（生产重革与轻革）。按使用不同鞣剂的鞣制方法可分做以下几种：

（1）有机鞣剂鞣法包括：①植鞣法（如传统池鞣、池-鼓结合鞣、无液速鞣）；②合成鞣剂鞣法包括芳族合成鞣剂与树脂鞣法；③醛鞣法和油鞣法。

（2）结合鞣包括植-铬、植-铬-铝、植-铝、植-锆、油-锆、锆-合等。

（3）无机鞣剂鞣法包括铬鞣法（一浴法、二浴法与变型二浴法）、锆鞣、铝鞣、钛鞣、硅鞣、以及多聚磷酸盐鞣等。

植物鞣法和结合鞣法的一般工艺流程如图 41-5。

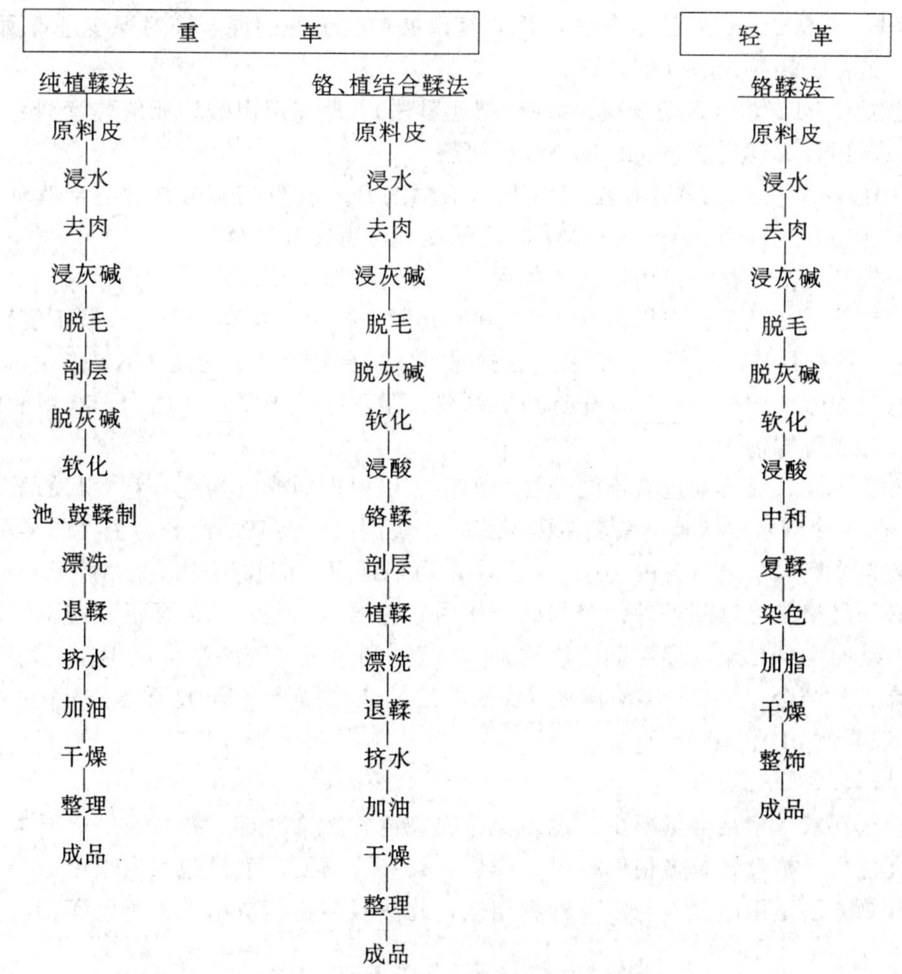

图 41-5　重革、轻革鞣制工艺流程示意

植鞣重革工艺由准备、鞣制、整理与检验等工序组成。结合鞣重革（或轻革）则以先植鞣后铬鞣（铝、锆等）或先铬鞣后植鞣工艺进行鞣制。

1.2.1 植鞣重革[155]

从鞣制方法的演变过程来看，植鞣可分池鞣法（传统鞣法）、池-鼓结合鞣法和少液（无液）速鞣法。

池鞣法的工艺流程为悬鞣⟶腌鞣⟶热鞣⟶退鞣。池鞣法鞣期长（80～120天），效率低、鞣剂损失大。从60年代开始已逐步被速鞣和快速鞣法取代。

池-鼓结合鞣法是池鞣法的改革。池鞣和鼓鞣结合，可加速鞣制，缩短鞣期。悬鞣腌鞣后的皮转入转鼓，以浓度为80°Bk的鞣液鞣制1～3天（间歇转动），出鼓进行干鞣。将高浓度（120°Bk以上）鞣液或粉状鞣剂直接加入鼓内，加少量辅助性合成鞣剂（如萘磺酸甲醛缩合物），转动1～2h，20天左右完成鞣制。

少（无）液速鞣法，是70年代发展起来的快速鞣法。此法通过裸皮预处理，选用优良植物鞣剂，采用高浓度甚至干粉鞣剂等措施，达到快速鞣皮成革的目的。此法鞣期短（3～4天）、成革质量好。

裸皮预处理方法有以下几种[1]：

(1) 南非Liritan法（池-鼓结合法）：用六编磷酸钠和硫酸的混合液对裸皮进行预处理，然后热（池）植鞣、转鼓无浴（植）鞣。

(2) 德国C-RFP法（调节-粉状鞣剂转鼓速鞣法）：裸皮用甲酸和亚硫酸氢钠的混合溶液进行调节，再用合成鞣剂Tanigan RFN进行预鞣。

(3) 德国BASF法（巴登速鞣法）：先用合成鞣剂Bascal D与硫酸铵的混合液对裸皮进行脱灰与调节。用合成鞣剂Basyntan RM进行预鞣，再用转鼓植鞣。

(4) 阿根廷无浴速鞣法：用铬盐预鞣后，再进行植鞣。

(5) 捷克溶剂速鞣法：先用Kortan A30① 初鞣，再用植物鞣剂与合成鞣剂复鞣。

预鞣后，应先用冷溶性好、渗透快、含盐量低、结合好、稳定性高（不易产生沉淀物）的鞣剂进行联合速鞣。国外一般是优先选用黑荆树、坚木栲胶等鞣剂。国内则选用毛杨梅、余甘、木麻黄栲胶等鞣剂。

速鞣方法不同，对鞣剂也有不同选择。如南非以黑荆树栲胶为主；意大利的栗木栲胶为主（占65%），冷溶坚木栲胶、黑荆树栲胶为辅；美国以冷溶坚木栲胶为主（55%左右），黑荆树栲胶与栗木栲胶次之（各占20%～25%）；阿根廷用冷溶和半冷溶坚木粉状栲胶。

速鞣必须严格掌握鞣制条件，控制结合作用。主要目的是：①加强机械转动作用，使裸皮随鞣液搅动时受到挤压以促使鞣液渗透，增进鞣速和单宁与胶原结合；②提高鞣液浓度，以利于增强渗透和结合；③控制鞣液温度（25～35℃），以提高单宁与胶原结合量；④控制鞣液pH值，一般限制pH值在3～5.0。

1.2.2 植鞣轻革[155]

植鞣轻革要求单宁结合量要少，过多会造成染色和涂饰困难。结合要好，要求皮革受潮后不会引起色斑。植鞣轻革多用作鞋里、鞋垫、票夹、书面、手提包和皮辊革等。

传统鞣制方法是用吊鞣，与重革鞣制相似，此法鞣期长、费用大、革色深，已被转鼓鞣法取代。

---

① 由氧化儿茶酚制成。

1.2.3　结合鞣法[156]

结合鞣法工艺（如植-铬、植-铝）应用于重革与轻革生产，产品有底革、鞋面革、汽车用革、飞机用革、家具革、服饰革、皮箱革、防护手套革、防火覆盖用革等。

结合鞣法的成革主要优点是：①革的收缩温度与铬革相似；②承受机械作用与铬革相同；③颜色浅（奶油色）；④比纯铬鞣污染小，甚至无毒，对人无过敏现象；⑤具有吸收和分散油脂能力，特别适于鞣制猪皮和绵羊皮；⑥结合鞣的坯革可长期保存，如需要时可分类进行剖层，削匀和磨里等。

1.3　应用实例[156]

1.3.1　植鞣重革

植鞣重革，用于底革（外底、内底革）、硬革、轮带革等。以下列举几种国内、国外鞣制实例以供参考。

1.3.1.1　南非无液植速鞣法

将裸皮在 5%六偏磷酸钠（calgon 按灰裸皮重）与足量硫酸溶液中浸酸，pH 值 2.8～3.0，处理 18h，然后用裸皮重的 2%硫酸洗灰皮。

浸酸后将皮在热鞣池中热鞣，35℃，pH 值 3.2～3.5，浓度 100°Bk；鞣 3～10 天。然后用 100%鞣剂（黑荆树、坚木和栗木栲胶）鞣制。鞣液靠添加鞣剂以维持鞣制能力。洗涤皮子的淡液，转入鞣池，一部分从下水道排去，只存留一小部分废水，整个鞣制过程为期 12 天。

1.3.1.2　阿根廷池-鼓结合鞣法

将脱灰裸皮放入转鼓中，经浸酸去酸后进行鞣制。使用冷溶和半冷溶坚木栲胶（用量为 2∶1），操作如下：

加 0.7%～0.9%硫酸铵在转鼓中处理裸皮，浴液 20℃，转动 2h，裸皮有 1/2～2/3 脱灰时，将硫酸铵处理液排去。转鼓中充满水，加 0.5%～1.0%粉状亚硫酸钠处理。

鞣制分三个阶段进行；①先用 2～3°Bk 淡鞣液池鞣，时间 24h；②用 49～65°Bk 鞣液在鞣池中鞣 6～7 天；③在转鼓中加 90～115°Bk 鞣液鞣制 16～20h，温度 38～40℃，转鼓转速 6～9r/min，转动中可停 3～4h，鞣液最终浓度为 90°Bk 左右，栲胶总用量为灰裸皮的 35%，每加一次栲胶可加 1%～2%粉状亚硫酸钠。皮出鼓后堆置 48h，使单宁完全固定，鞣期 10～12 天。

1.3.1.3　池-鼓无废液植鞣法

在前法基础上改进。光用六偏磷酸钠预鞣，然后转入热鞣循环池鞣制 3 天，检查渗透情况，如已在皮的两面各透 1/3，将皮折叠，折叠处粒面不增大时，再将皮从背部分切成两片，放入转鼓鞣制。先转动 10min（4r/min），加 10%粉状黑荆树栲胶和 0.3%亚硫酸氢钠，加 0.05%～0.1%E.D T.A 以隐蔽铁离子。转动 1h（7r/min），再加 15%黑荆树栲胶与 0.3%亚硫酸氢钠，继续转动 1h 后，检查鞣液与液温（液温已升高）。再加 20%粉状黑荆树栲胶与 0.3%亚硫酸氢钠，转 6h，加 1%甲酸（用水稀释后加入鞣液）调节 pH 值。酸液由转鼓空心轴加入，转动 6h，再加 1%甲酸调鞣液 pH 值，继续转动 22h。如鼓温接近 40℃，可将转速降低至 2r/min。鞣制完毕，皮子出鼓堆置 1 天，在转鼓或鞣池中退鞣。

转鼓留下的残液，浓度高的（22°Bk 以上）鞣液，可在热鞣时使用，低于 22°Bk 可在下一批池鞣使用。上述方法鞣期 6 天，没有废鞣液。

1.3.1.4　德国 C-RFP 速鞣法

碱性裸皮，按常规清洗，在转鼓中将pH值调到3.2～3.5，加4%～5%Bayselc和1.5%～2.0%甲酸（85%）。加0.1%～0.2%$NaHSO_3$以阻止H_2S挥发。加Tanigan-RFS转动3～5h进行预鞣。加水洗皮，加35%～40%黑荆树等栲胶植鞣，时间为14～20h。鞣期共36～48h，无残留浴液，废水的化学耗氯量（COD）低。

1.3.1.5 中国池-鼓结合无液快速鞣法

以鞣制黄牛皮底革为例，鞣制包括预处理，鞣制两部分，操作控制条件见表41-4[2]。

表41-4 植鞣黄牛底革操作实例

控 制	池鼓结合鞣法	无液快速鞣法
流 程	预处理──→初鞣──→悬鞣──→鼓鞣──→挤水──→干复鞣──→热鞣──→退鞣	预处理──→鼓鞣──→分割──→堆置
预处理	液比1.5，温度26～28℃ 时间（转动）2h，停后过液，pH值3.3～3.6 六偏磷酸钠2%，硫酸0.9%～1.0%	浸酸：液比0.8，常温 甲酸（含量60%～70%）0.8%～1.2% 硫酸0.2%～0.5% 食盐4%～6% 时间（转动）40～90min pH值（终点）3.2～3.5 去酸：弃去全部浸酸液 硫代硫酸钠3%～5% 时间（转动）1.5～2.0h pH值（终点）3.2～3.5
鞣 制	初鞣：末池鞣液浓度25±2°Bk，时间（转动）1h，废液含单宁5～6g/L 悬鞣：鞣液（末池）浓度60±2°Bk，pH值4.0～4.5温度20±2℃，悬鞣池7天，渗透度1/2～2/3 鼓鞣：鞣液浓度75±2°Bk，pH值3.7～3.8，温度38～40℃ 鼓鞣3～4天，每天转动20h（停鼓开盖） 干复鞣：NF3%，鞣液3%～5%，温度35～45℃，时间75min，转速16r/min 热鞣：鞣液85～90°Bk，温度45±2℃，时间5天，单宁含量130～150g/L 退鞣：第二池鞣液浓度＜8°Bk，温度30～45℃，NF2%，时间1天	粉状栲胶40%～45%（总量，分5次加入） ①8%～10%（落叶松5%～7%，余甘3%） ②10%余甘，2.5h ③10%余甘，5h ④7%～10%余甘，5h ⑤5%橡椀，54～56h ·鞣制总时间3d，（包括预处理）温度40℃以下，终点pH值约4 ·预处理与鞣制在同一转鼓内进行 ·鞣制以后，皮分割，堆置1～2天

1.3.2 结合鞣制重革

常用的有植-铬、植-铝、植-铬-铝等方法。植-铬结合鞣是最重要最普遍的方法之一。植-铝结合鞣有希望取代有公害的铬盐鞣法，这一鞣法已发展到包括底革在内的多种皮革如鞋面革、修面革、服装革、手套革以及装饰革等，例举一些结合鞣制重革方案与实例如下：

结合鞣重革方案见表41-5[152]。

结合鞣制重革——猪底革的实例：

工艺流程：浸酸──→铬鞣──→中和──→植鞣──→

·浸酸-液比0.8～1；工业盐8%～10%；硫酸1.2%～1.3%；时间（转动）2～3h；停后放置过夜；终点pH值3.5。

·铬鞣-利浸酸液；铬鞣2%～2.5%（Cr_2O_3计）；时间（转动）3h；升温提碱pH值3.8～4.0；时间（转动）3h；（停鼓过夜）。

·中和-蚁酸钙2%；小苏打1%～1.5%；时间（转动）2h；pH值（革表面）4.5～5.5。

·植鞣-弃去中和液；加植鞣液（杨梅、落叶松栲胶等鞣剂）50%～60%（浓度20°Bk）；分3～5次加入；时间（转动）3～5h；检查渗透1/2～2/3。

表41-5 结合鞣的预处理、预鞣、鞣制和复鞣

工 艺	鞣剂及其他材料	鞣 制 方 案
预处理	浸酸 盐类 不膨胀酸 油和乳液	盐和各种酸组成酸盐系统 用盐析和脱水作用强的盐类如Na_2SO_4，$(NH_4)_2SO_4$等 在浸酸时用硫酸和苯二甲酸钠以产生苯二甲酸 如阴、阳离子型、非离子型的油乳液、加脂剂
预 鞣	红矾 多聚磷酸盐 其他材料	如用大苏打还原，产生胶质硫，伴有轻微硫鞣作用 六偏磷酸钠
鞣 制	铬鞣 铬-铝结合鞣 植物鞣剂 合成鞣剂	用30%～40%碱度铬鞣液，如一浴法 用事先配好的铬-铝液 用进口或国产栲胶 用代替性合成鞣或树脂型鞣剂
复 鞣	铝鞣液 铬鞣液 其他复鞣剂	用50%以上碱度的$AlCl_3$鞣液 用40%～50%碱度铬鞣液，一浴法

1.3.3 结合鞣制轻革[157]

栲胶先行化学降解使单宁分子量降低，提高其在裸皮中渗透速度，并通过金属离子络合，使降解后单宁的总体呈正电性的有机-金属络合物，使单宁分子能通过金属离子的桥键作用（金属离子同时与单宁和胶原纤维的活性基络合），在胶原纤维间形成稳定的化学结合。由于单宁整体呈正电性，成革对加脂剂和染料的吸收能力明显增强，增色效果十分显著。

根据上述理论，生产一种HS鞣剂，用于轻革（服饰用）鞣制。这种鞣剂以改性橡椀栲胶为主，含$Cr_2O_3$10%～12%，Al_2O_3为3%～5%。HS鞣剂的渗透和结合性质与无机鞣剂的行为一致，即在酸性条件下分子小、利于渗透，提高碱度后，分子变大、利于与裸皮结合。

与普通橡椀栲胶相比，改性后HS鞣剂的耐盐析能力大大增强。例如向鞣液中加10%，20%，30%，50%，200%NaCl或Na_2SO_4时，HS鞣剂均无沉淀产生，而橡椀栲胶沉淀量在加10%NaCl时为26.4%，加10%Na_2SO_4时为19.3%。加30%NaCl或30%Na_2SO_4时沉淀量即分别高达82.3%与65.2%。由于HS鞣剂耐盐析能力显著增强，因而完全能满足制革生产的需要。

1.3.4 复 鞣

生皮鞣制后的湿革（轻革），还要进行一系列加工如削匀、剖层、复鞣、……、染色、填充等工序。复鞣是使已鞣过的革再进行重复鞣制，借以提高革鞣制效果，改善成革性能。轻革复鞣可提高的丰满性、耐湿热性、改善革的抗水性、耐碱性、柔软性、耐洗耐汗耐光、浅化革面颜色，提高可磨面性等。重革复鞣可提高革的坚实性和耐磨性等。

轻革复鞣，主要是鞋面革复鞣，如铬革及其他革用栲胶复鞣，用量为2%～3%，可以提高革的丰满性、可磨面性。但如工艺不当，易使革面粗糙。

重革复鞣，一般列入鞣制过程，如使用其他鞣剂复鞣，则可作为结合鞣的组成部分。例如：植鞣底革使用铬（铝）鞣剂复鞣，以提高革的耐汗性和耐磨性。操作时先进行表面退鞣，pH值4左右。铬鞣剂 Cr_2O_3（Al_2O_3）1%，转动1～2h完成复鞣。

1.4 展 望

根据资料报道[158]：50年代我国就已开展猪皮制底革新工艺-植-铬结合鞣的研究，通过研究和应用，选定了猪皮植-铬结合鞣工艺，同时解决了纯植鞣鞣制周期长；成革不耐磨；易氧化变脆变硬；铬鞣底革脱鞣产生游离酸；危害足底皮肤的健康等缺点，增强了产品抗裂性和耐穿性。

我国猪皮和栲胶资源具有一定优势，利用制革厂大量废铬液，采用植-铬或铬-植结合鞣工艺生产底革，完全适用于运动鞋、劳保鞋、旅游鞋，可以代替市场上不透气造成足臭的橡胶或塑料等鞋底结构，用以满足人民生活的需要。

2 胶粘剂

单宁用作热固性胶粘剂的研究已有40多年的历史。1950年L. K. Dalton开始进行用黑荆树等六种单宁作木工胶粘剂进行研究[159]。1960年K. T. Plomley完善了黑荆树皮单宁胶粘剂的配方，并用于室外级胶合板生产。澳大利亚自1966年以来一直使用酚类树脂作黑荆树单宁胶的加强剂，1969年进一步在刨花板生产中使用。南非黑荆树单宁胶粘剂的研究始于1964年[11]，最初在皮革工业研究所黑荆树研究室进行，70年代初J. A. Saayman将黑荆树单宁胶用于胶合板和层积木胶料，开始工业化生产，同时出口国外。70年代末到80年代初A. Pizzi[161～163]研究成功室外级刨花板和胶合板用的黑荆树单宁胶、脲醛树脂增强单宁胶以及木材指接用“密月”快速冷固性单宁胶，提出了用二价金属离子（如醋酸锌）作黑荆树单宁胶的催化剂，缩短了固化时间。R. W. Hemingway用美国松树皮提取物与间苯二酚或苯酚-间苯二酚-甲醛树脂混合，取代50%苯酚-间苯二酚-甲醛树脂作冷固性木工胶。日本则利用落叶松树皮提取物作单宁胶。印度从70年代开始进行黑荆树单宁胶的研究，现已在生产中应用。70年代中国曾研究用落叶松树皮试制木工胶粘剂，1978年发表了初步成果简报[164]，1981年张英伯等人发表了落叶松树皮胶应用于刨花板的研究报告[165]。制成1～2cm厚的中密度刨花板，各项质量指标可达国家规定的一级品标准。1990年南京林业大学孙达旺等人研究试制了落叶松单宁胶粘剂（TPF）。试验报告称胶粘剂由落叶松浓胶、苯酚、甲醛和苛性钠反应制成。栲胶与苯酚比为6∶4；TPF含固物40%～50%，暗红色，pH值7以上，粘度大于200mPa·s，有效期3个月以上，喷雾干燥成粉状，溶解性良好，可配成任何浓度使用。经生产性试验，压制的桦木三合板和五合板，胶合强度分别为1.5～1.7MPa和1.5MPa达到Ⅰ类胶合板标准。1991年张齐生等人在竹材胶合板中应用TPF[166]，试验报告称；TPF-64，TPF-65两种胶在胶合性能方面达到酚醛胶（PF-51）的水平，胶合强度分别为3.43MPa和3.98MPa。1991年姚忻等人也报道了落叶松单宁胶粘剂的实验室压板结果[167]。80年代中后期中国林业科学研究院林产化学工业研究所与澳大利亚协作研究了黑荆树单宁制胶。据1994年赵临五等人报道[168]，已研制出用活性PF或活性PUF作为交联剂的黑荆树单宁胶（30份PF或PUF树脂加70份45%的黑荆树栲胶溶液），中试压制60cm×60cm的胶合板强度符合GB9846.4—88

规定Ⅰ类板的要求，可代替 PF 胶用于生产室外级胶合板。1994 年李丙菊等人曾报道[169]，用江西黑荆树栲胶进行了木材胶粘剂的制备和胶合工艺的研究，以 PF 作为加强剂，用 50%黑荆树栲胶溶液 72.5 份、液体 PF22.8 份、37%甲醛 4.7 份和面粉适量配制的胶粘剂，成功地进行了生产性压板试验，板的胶合强度达 1.24～1.85MPa，符合 GB9846.4—88 规定Ⅰ类板的标准，可用于室外级胶合板的生产。1994 年陈西文等人还报道了用薯莨提取物制取木材胶粘剂，可节约苯酚 40%左右[170]。

据 A.Pizzi1982 报道[171]，南非、澳大利亚等国，每年胶粘剂耗用栲胶量已达 15 000t（干物）。其中 6 000～7 000t 用于制造室外级刨花板，2 000～3 000t 用于制造船用胶合板，100～300t 用于制造层积木胶粘剂，400～600t 用于制造防水硬纸板，100～500t 用于制造快速固化的指接胶粘剂。主要用坚木栲胶和黑荆树栲胶。

2.1　应用原理

缩合类单宁是黄酮类聚合物的复杂混合物。黑荆树和坚木栲胶含有大约 70%的单宁。单宁由间苯二酚型和间苯三酚型的黄酮类化合物单体组成，其单体结构为：

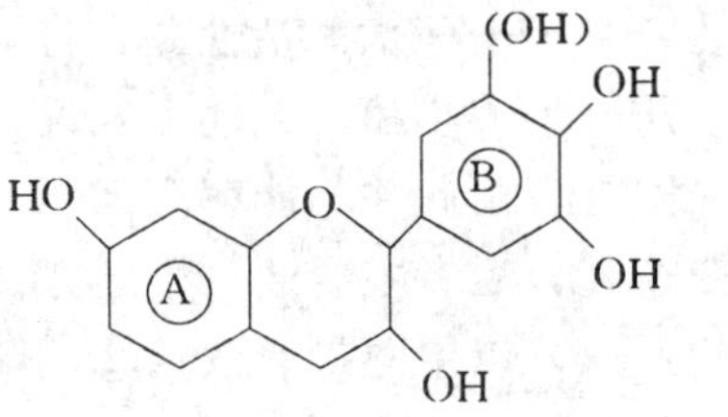

(OH) OH HO O Ⓑ OH Ⓐ OH

间苯二酚型

(OH) OH HO O Ⓑ OH Ⓐ OH OH

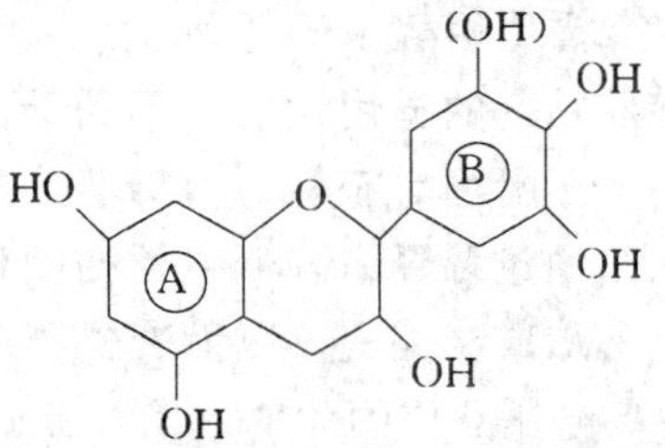

间苯三酚型

黑荆树单宁由 2～11 个单体聚合而成，单体 A 环上亲核中心的反应性比 B 环大，这是由于 B 环的邻位羟基取代只引起一般的活化作用，不具有 A 环的定域效应。间苯二酚型 A 环对甲醛的反应性，相当于间苯二酚，如苯酚是 1，间苯二酚是 10，则 A 环为 8～9。在碱或酸性条件下，缩合单宁同甲醛反应，通过亚甲基桥与多聚黄酮体化合物分子的 A 环反应位置键合，生成不溶性的聚合物，这是单宁制取胶粘剂的基本反应。但由于单宁分子的大小和构型，使其同甲醛的缩合作用始终固定在一个低水平上，结果聚合作用不完全，交联度低。加入酚醛、氨基树脂等加强剂，可大大增加交联度，提高胶粘剂的胶合强度。例如：

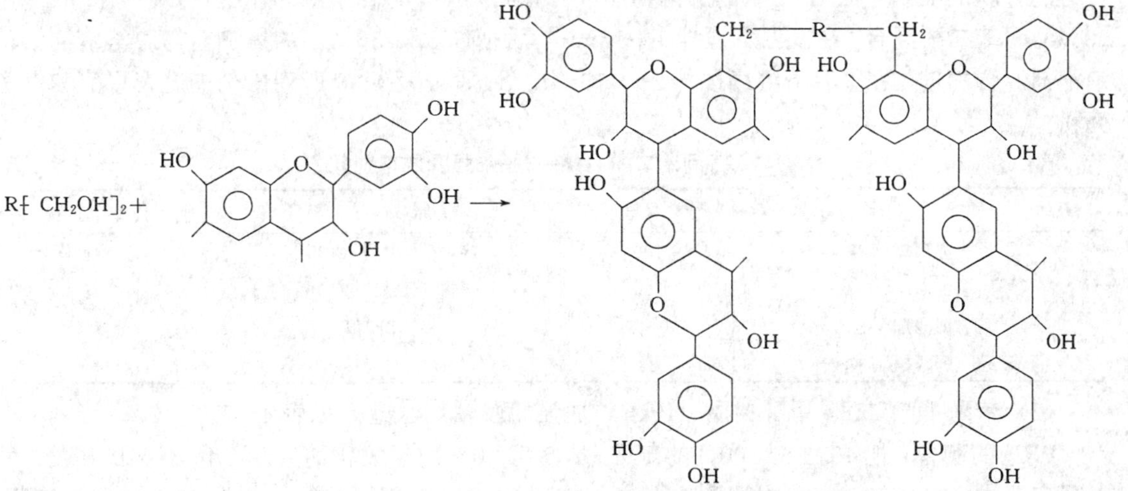

$R\{CH_2OH\}_2+$ [flavonoid unit: HO, O, OH, OH, OH] → [crosslinked product: $CH_2—R—CH_2$ bridging two flavonoid dimers; HO, OH labels]

$R=—NHCONH\{CH_2—NHCONH\}_n$

（接上页） 或

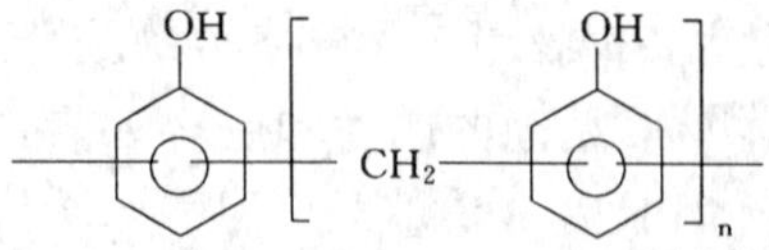

OH OH CH_2 n

栲胶的单宁含量差异很大，黑荆树栲胶和坚木栲胶含单宁70%～80%，松树皮只有50%～60%。栲胶中非单宁主要是糖和果胶类物质，不参与同甲醛形成树脂的反应，其数量与板的胶合强度及抗水性的降低成正比。为了改进胶粘剂的性能，提高胶合强度和木材破坏率，需加入加强树脂。工业应用中，对于黑荆树胶粘剂，在配方中只需加入10%～25%的加强树脂；对于松树胶粘剂，在配方中需加入更多的加强剂，可高达50%～60%。另外，一些研究者试图用超滤装置提纯栲胶的方法来达到改进胶粘剂的性能，但工业分离十分困难。澳大利亚和新西兰的研究者曾对松树皮栲胶的工业性分离作过一些有益的工作，证明分离不易、成本昂贵。

单宁分子大，同甲醛反应交联成树脂所需的甲醛量，与苯酚同甲醛反应相比，要少得多，一般为栲胶重的5%～10%。例如作胶合板用胶粘剂时，黑荆树栲胶需用甲醛量为3%～4%。作刨花板胶粘剂时，需用甲醛量最低为6%～8%。同时由于单宁分子大，活性高，与甲醛反应太快，致使单宁胶粘剂的适用期短，不利于工业应用。从分子大小和反应性上来说，间苯二酚型单宁要比间苯三酚型单宁好。但降低分子大小十分困难，由此并不能解决问题。延长适用期最好的办法是通过稀释来降低初始粘度和减慢反应速度，后者主要通过下述方法来实现：①加醇，醇同醛形成半缩醛，因而减慢了单宁甲醛的反应，以甲醇最有效；②调节胶粘剂的pH值；③用乌洛托品作固化剂；④加亚硫酸钠。其中以①和②两种方法最好。

栲胶溶液的粘度与浓度有关，浓度在50%以上时，粘度增加很快，对胶粘剂的应用不利。可用下述方法减少栲胶溶液的粘度：①酸、碱水解，把高分子量的树胶分解为糖；②加少量的氢键破坏剂（可达栲胶固体物的3%），如苯酚，苯基醋酸酯等；③亚硫酸盐处理等。

2.2 单宁胶粘剂配方

已在工业中应用的单宁胶粘剂配方。

2.2.1 室外级胶合板胶粘剂

（1）间苯二酚/脲醛树脂加强的胶粘剂[172]，配方见表41-6。

混合胶的配制：把40份重的脲醛树脂（含总固物63.8%）同4份甲醇，25份水和33份99%的间苯二酚混合，在室温下搅拌1～15min，后把825份50.2%的黑荆树栲胶溶液同2份消泡剂混合加进，在室温下继续搅拌10～15min。最后按表41-6所列比例加进聚甲醛和椰子壳粉。

表41-6 间苯二酚/脲醛树脂加强的胶粘剂配方

原　　料	份数（重量）	原　　料	份数（重量）
粉状黑荆树栲胶	100	96%聚甲醛（180目）	14
水	100	椰子壳粉（200目）	23
消泡剂	0.48	pH值	6.5
间苯二酚/脲醛树脂（液体）	24		

（2）苯酚-间苯二酚-甲醛树脂（PRF）加强的胶粘剂，配方见表41-7。

PRF的制备：把40.3份100%的苯酚，2.5份40%的氢氧化钠，34.5份38%的甲醛，装入反应器中，在10～15min内达到91℃，保持回流60min，后加进18.8份99%的间苯二酚，同时降温到 68℃，并把 24.2 份 100%的苯酚加进，温度降到 43℃，在 10～15min 内再次达到 93℃，回流 60min，然后冷却贮存。

表 41-7　PRF 加强的胶粘剂配方

原　　料	份数（重量）	原　　料	份数（重量）
粉状黑荆树栲胶	100	96%聚甲醛（180 目）	14
水	90	椰子壳粉（200 目）	21
消泡剂	0.5	pH 值	6.5
PRF（液体）	10～24		

（3）脲醛树脂（UF）加强的胶粘剂，配方见表 41-8。

表 41-8　UF 加强的胶粘剂配方

原　　料	份数（重量）	原　　料	份数（重量）
粉状黑荆树栲胶	100	96%聚甲醛（180 目）	11～14
水	110	椰子壳粉（200 目）	18
消泡剂	0.45～0.5	pH 值	4.9
UF（固体）	11～12.5		

（4）酚醛树脂（PF）加强的胶粘剂，配方见表 41-9。

PF 制备：把 100 份苯酚和 48 份 40%的甲醛，10.8 份 25%的氢氧化钠加入反应器中，搅拌，在 90℃下回流反应 90min，后冷却贮存。

表 41-9　PF 加强的胶粘剂配方

原　　料	份数（重量）	原　　料	份数（重量）
粉状黑荆树栲胶	100	96%聚甲醛（180 目）	14
水	90	椰子壳粉（200 目）	21
消泡剂	0.5	pH 值	6.5
PF（液体）	10～20		

（5）用二价金属盐作反应加速剂的胶粘剂，配方见表 41-10。

表 41-10　用金属盐作反应加速剂的胶粘剂配方

原　　料	份数（重量）	原　　料	份数（重量）
粉状荆树皮栲胶	100	96%聚甲醛（180 目）	3.5
水	100	椰子壳粉（200 目）	18.5
醋酸锌（水合的）	4	pH 值	3.5～5.5

（6）栗木栲胶改性的酚醛胶粘剂（PCF，马来西亚 Norsechem 公司提出，1976 年），配方见表 41-11。栗木栲胶和苯酚比为 33∶67。

表 41-11　PCF 胶粘剂配方

原　　料	份数（重量）	原　　料	份数（重量）
苯酚（100%）	100	氢氧化钠（50%）	110
栗木栲胶（含固物 93%）	53	水	138
甲醛（39%）	255	硬化剂（填料）	197

（7）作酚醛树脂固化加速剂的胶粘剂（前苏联和芬兰使用，1977 年），配方见表 41-12。

表 41-12　栲胶作 PF 树脂固化加速剂的配方

原　　料	份数（重量）	原　　料	份数（重量）
PF 树脂	100	小麦粉	2.5
坚木栲胶（pH8.5）	4	聚甲醛①	0.4
木粉	4	水	6～10
碳酸钙	2.5		

① 可用 1 份 37%的甲醛代替。

（8）室内或半室外用胶合板胶粘剂（纯黑荆树栲胶胶粘剂），配方见表 41-13。

表 41-13　纯黑荆树栲胶胶粘剂配方

原　　料	份数（重量）	原　　料	份数（重量）
粉状黑荆树皮栲胶	100	96%聚甲醛（180 目）	10
水	100	椰子壳粉（200 目）	10
氢氧化钠	1.15		

2.2.2　刨花板胶粘剂配方[173]

（1）改性黑荆树栲胶胶粘剂，配方见表 41-14。

表 41-14　改性黑荆树栲胶胶粘剂

原　　料	份数（重量）	原　　料	份数（重量）
55%改性黑荆树栲胶溶液	100	五氯酚钠（25%）	11
石蜡乳液（66%）	15	pH 值	6.5～7.0
聚甲醛（96%）	8		

改性黑荆树栲胶的制备。把 0.5 份消泡剂和 172 份 58%的黑荆树栲胶溶液装入反应器中，升温到 80～85℃，在搅拌下加入 3 份醋酸或马来酸酐，5min 后加 3 份苯基醋酸酯或苯基马来酸酯或苯酚/醋酸（2∶1.2）的混合物，在 90～93℃下加热 45～60min，把 25%～33%的氢氧化钠溶液加到反应混合物中，在 20～30min 内把 pH 值调整到 7.9～8.1，并在 92～93℃下加热 3h，pH 值降到 7.2～7.5，加醋酸或醋酸酐把反应混合物 pH 值调整到 6.5～7.0，冷却贮存或喷雾干燥 。

（2）脲醛树脂加强的胶粘剂，配方见表 41-15。

表 41-15　UF 加强的胶粘剂配方

原　　料	份数（重量）	原　　料	份数（重量）
55%黑荆树栲胶溶液	100	聚甲醛（96%）	6
消泡剂	0.3	五氯酚钠（25%）	10
UF（63.8%）	8.6	pH 值	4.9
石蜡乳液（66%）	13.5		

（3）二价金属盐作反应加速剂的胶粘剂，配方见表 41-16。

表 41-16　二价金属盐作反应加速剂的胶粘剂配方

原　　料	份数（重量）	原　　料	份数（重量）
55%黑荆树栲胶溶液	100	聚甲醛（96%）	8
消泡剂	0.3	五氯酚钠（25%）	11
醋酸锌（25%）	22	pH 值	4.9
石蜡乳液（66%）	15		

（4）苯酚-间苯二酚-甲醛加强的胶粘剂，配方见表41-17。

表 41-17　PRF 加强的胶粘剂配方

原　　料	份数（重量）	原　　料	份数（重量）
55%黑荆树栲胶溶液	100	聚甲醛（96%）	8.5
消泡剂	0.3	五氯酚钠（25%）	10
PRF（70%）	8	pH 值	6.5～7.0
石蜡乳液（66%）	13.5		

（5）纯坚木栲胶刨花板胶粘剂（阿根廷，1974年），配方见表41-18。

表 41-18　纯坚木栲胶胶粘剂配方

原　　料	份数（重量）	原　　料	份数（重量）
热溶坚木栲胶	100	甲醛（37%）	22
水	120	酒精	20
氢氧化钠（50%）	2		

（6）纯黑荆树栲胶刨花板胶粘剂（澳大利亚，1976年），配方见表41-19。

表 41-19　纯黑荆树栲胶胶粘剂配方

原　　料	份数（重量）	原　　料	份数（重量）
黑荆树栲胶	100	冰醋酸	6.7
水	122	甲醛（40%）	25
氢氧化钠（50%）	8.9		

2.2.3 冷固性胶粘剂配方[174,175]

（1）在单宁-甲醛树脂或单宁-脲醛共聚物上接枝间苯二酚。

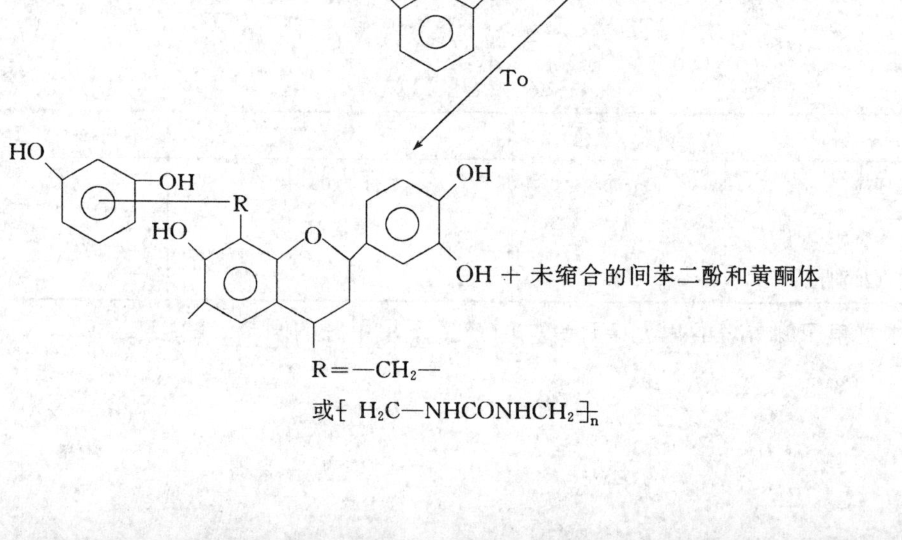

HCHO（或脲醛）＋黄酮体⟶ [产物结构式：OH—R，HO，O，OH，OH]

[间苯二酚结构式：HO，OH] —To→

[产物结构式：HO，OH，R，HO，O，OH] OH ＋ 未缩合的间苯二酚和黄酮体

R＝—CH_2—

或$[H_2C—NHCONHCH_2]_n$

制备：把 90 份 66.7%的黑荆树栲胶溶液，9.6 份 38%甲醛溶液，30 份甲醇和 0.3 份消泡剂，在室温下制成混合物，于 76℃下加热回流 10～15min，并在 pH 值 4.5 时维持回流 120min，然后加入 30 份 99%的间苯二酚和 30 份水的混合物，降温至 62℃，再加入 2.4 份 25%的 NaOH 溶液，回流 60min，然后蒸出过量的甲醇，直到树脂中水与甲醇比等于 80：20，混合物冷却，贮存。

(2) 间苯二酚-甲醛和单宁-甲醛缩合物同时生成或间苯二酚-脲醛和单宁-脲醛共聚物同时生成。

单宁＋间苯二酚（1,3-二羟基苯）＋HCHO（或脲醛）⟶ HO/OH-苯环—R—苯环-OH/OH ＋ 单宁—R—单宁 ＋ 未缩合的间苯二酚和单宁

$R = -CH_2-$

或 $[H_2C-NHCONHCOH_2]_n$

制备：259 份 58%黑荆树栲胶溶液，42.2 份甲醇，0.08 份消泡剂，74.9 份 99%的间苯二酚，在常温下制成混合物，并在常温下将 24.5 份 38%甲醛溶液和 25 份 45%的氢氧化钠溶液加到上述混合物中，在 70℃下保温 1h，冷却贮存。

(3) 合成间苯二酚-甲醛，苯酚-间苯二酚-甲醛或间苯二酚-脲素-甲醛树脂后，再与单宁缩合。

制备：81.9 份 99%的间苯二酚，20.9 份 38%甲醛溶液，在常温下制成混合物，然后慢慢加入 5 份 40%的氢氧化钠溶液，在 93℃回流 60min，冷却后贮存。将上述制备好的间苯二酚-甲醛树脂 80 份加到 180 份 64%的黑荆树栲胶溶液中，再加入 0.6 份消泡剂，32.3 份甲醇和 13 份 45%的氢氧化钠溶液。

混合胶制备：将上述 1，2，3 三种树脂按表 41-20 的比例制取。加聚甲醛前用 40%的氢氧化钠调节 pH 值，用高活性聚甲醛时，pH 值为 7.49～7.55，用中等活性聚甲醛时，pH 值为 7.87～7.93，并加水使粘度达 2 600～3 000mPa·s。混合胶的适用期在 25～27℃下为 2.5～3.0h。

表 41-20 混合胶配方

原 料	份数（重量）	原 料	份数（重量）
树脂固体	100	木粉（200 目）	7
聚甲醛（96%）	16	湿润剂	1
椰子壳粉（200 目）	7		

(4) 酸水解单宁的黄烷醇单元杂环并同时产生不用甲醛的间苯二酚接枝。

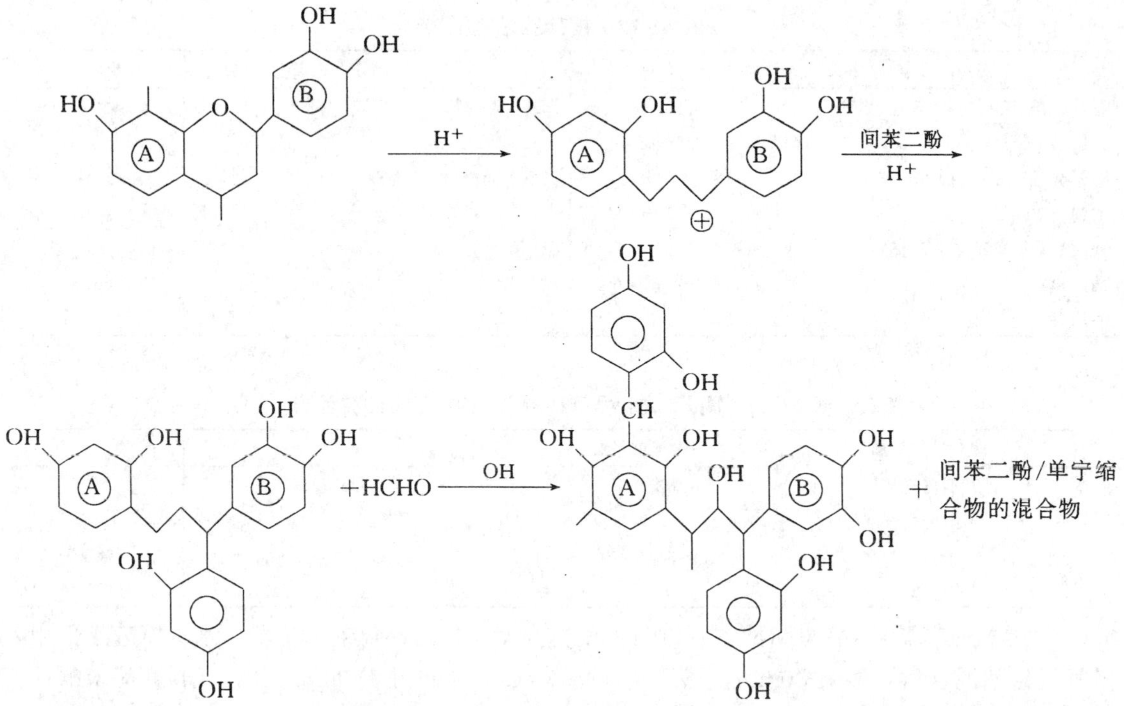

树脂及混合胶制备[176]：把 2g 消泡剂和 169g 间苯二酚加到 677g 53%的黑荆树栲胶溶液中，加热到间苯二酚完全溶解，然后加入 42g 三氯醋酸，在 86℃下回流 90min，冷却贮存。用 33%的氢氧化钠溶液将 pH 值调整到 7.41，加 180 目木粉 24g，200 目椰子壳粉 34g，高反应性的聚甲醛粉末 82g，加水调整粘度到 2 500～2 800mPa·s，在室温下混合胶的适用期为 135min。

（5）指接密月胶粘剂。胶粘剂由两部分组成，A 组分是一种低反应的树脂，包括过量的固化剂。B 组分是一种高活性树脂，包括 A 组分的催化剂，但没有固化剂。指接胶粘剂的 A 组分和 B 组分见表 41-21。

表 41-21　指接胶粘剂的 A 组分和 B 组分

A　组　分	B　组　分
A_1 黑荆树单宁-间苯二酚-甲醛冷固性胶＋固化剂＋填料（pH 值 7.5）	B_1 苯酚-间-氨基苯酚-甲醛加强的黑荆树单宁-甲醛胶，没有固化剂，pH 值 9.0
A_2 苯酚-间苯二酚-甲醛冷固性胶＋固化剂＋填料（pH 值 8.0）	B_2 黑荆树单宁-间苯二酚-甲醛冷固性胶，没有固化剂，pH 值 11.4
	B_3 松树栲胶，没有固化剂，pH 值 12.4
	B_4 黑荆树栲胶，没有固化剂，pH 值 12.6
	B_5 苯酚-间苯二酚-甲醛胶，没有固化剂，pH 值 11.4

全部 A 组分和 B 组分的组合（共 10 种），均能得到良好的指接胶合。使用时，将 A 组分涂在指接木的一边，B 组分涂在指接木的另一边，然后将 A 和 B 接合在一起，在室温下受压固化的时间约 30min。胶粘剂具体配方之一见表 41-22。

间苯二酚-黑荆树栲胶-甲醛冷固性胶配方及制备：配方见表 41-23；制备，将黑荆树栲胶、消泡剂、水、甲醇和聚甲醛混合，在 90～92℃下加热回流 120min，然后加进间苯二酚和氢氧化钠，再回流 60min，冷却，贮存。

表 41-22　指接胶粘剂配方

A　组　分		B　组　分	
间苯二酚-黑荆树栲胶-甲醛胶	100 份	苯酚-氨基苯酚-甲醛胶	42 份
聚甲醛	10～15 份		
椰子壳粉（200 目）	5 份	55%黑荆树栲胶溶液	100 份
木粉（200 目）	5 份		
pH 值（用氢氧化钠调整）	7.4～7.5	pH 值	9
粘　度	2 500mPa・s	粘　度	3 500mPa・s
适用期	2.5h		

表 41-23　间苯二酚-黑荆树栲胶-甲醛冷固性胶配方

原　　料	份数（重量）	原　　料	份数（重量）
黑荆树栲胶	33.6	聚甲醛	2.0
消泡剂	0.1	间苯二酚	15.8
水	38.5	NaOH	7.0
甲　醇	3.0		

苯酚-氨基苯酚-甲醛树脂配方及制备：配方见表 41-24；制备，苯酚、水、甲醇、聚甲醛和氢氧化钠混合后，回流 30min，然后在 82～83℃下再回流 150min，加入间-氨基苯酚回流 120min，冷却，贮存。

表 41-24　苯酚-氨基苯酚-甲醛胶配方

原　　料	份数（重量）	原　　料	份数（重量）
苯　酚	36.7	聚甲醛	14.4
水	10.8	氢氧化钠	6.2
甲　醇	9.4	间-氨基苯酚	22.5

冷固性胶粘剂用于中等密度木材（山毛榉）时，其单面涂胶量为 160～200g/m^2，开放陈化时间 15min，闭合陈化时间 10～40min，压力 1.02～1.53MPa，恒压 14～24h，固化温度20～27℃，胶合强度见表 41-25。

表 41-25　典型单宁基冷固性胶粘剂的剪切强度和木材破坏率（紧密连接接头）[177]

胶粘剂	干		冷水泡 24h		煮沸 6h	
	剪切强度（MPa）	木破率（%）	剪切强度（MPa）	木破率（%）	剪切强度（MPa）	木破率（%）
1	5.51	100	4.23	74	3.93	87
2	6.04	100	4.58	100	4.42	98
3	5.72	79	4.79	100	4.72	100
4	3.64	36	3.67	25	4.02	74
英国标准 BS1204—1965			3.45	—	2.24	—

2.2.4　瓦楞纸板胶粘剂

将黑荆树栲胶、脲醛树脂和甲醛加入到典型的淀粉（淀粉含量 18%～22%）配方中，形成黑荆树单宁与脲醛共聚物，游离的甲醛为黑荆树单宁所吸收，黑荆树栲胶的加入量为淀粉的 4%。这种黑荆树栲胶脲醛加强体系具有广泛的适应性，可用于多种碱性淀粉配方的防潮，制造抗水瓦楞纸板。典型的单宁淀粉胶有两部分组成，配方如下：

第一部分（媒载体）

水（冷）	300kg
淀粉	75kg
加热到 40℃后加 氢氧化钠 } 预先混合溶解	17kg
水	15kg
加热到 70～72℃，维持 10min 后加水（冷）	300kg

第二部分（稀浆部分）

水（冷）	1 450kg（加热到 30℃）
淀粉	525kg
硼砂 } 预先混合溶解	13kg
水	15kg

把第一部分滴加入第二部分中，加完后，加入下面抗水的树脂组分。

粉状黑荆树栲胶	25kg（约淀粉重的 4%）
脲醛树脂（65%）	4kg
甲醛	8kg

混合 10min 后，泵入贮槽中。配方的湿胶层平均胶合强度为 7MPa。

2.3 应用实例

(1) 胶合板胶粘剂：混合胶按表 41-26 给出的组分制备。在加聚甲醛前先用碱或酸调整到所需的 pH 值，加进适量的水使胶的最初粘度（22℃）达到 2 500～3 000mPa·s。混合胶的适用期（22℃）为 4～5h。

表 41-26 混合胶组分

组 分	混 合 胶 （份重）				
	1	2	3	4	5
PRFT①	100	—	—	—	—
PFT②	—	—	100	—	—
UFT③	—	100	—	—	100
消泡剂	0.21	0.23	0.24	—	0.23
醋酸锌	—	—	—	2	2
50%黑荆树栲胶	—	—	—	100	—
96%聚甲醛（180 目）	6.25	6.31	6.67	6.75	6.31
椰子壳粉（200 目）	10.9	8	10	9	9
pH 值	6.5	4.9	6.5	3.5～5.5	4.9

① 苯酚-间苯二酚-甲醛-单宁胶；② 酚醛-单宁胶；③ 脲醛-单宁胶。

胶合条件：单板含水率 5%～12%，涂胶量（双面）300～520g/m²，预压压力 0.51～0.92MPa，时间 5～10min，热压压力 1.22～1.63MPa，温度 120～150℃。

胶合板性质。用上述 5 种胶粘剂压制的三层 9mm 厚的胶合板质量见表 41-27[177]，这些胶粘剂配方已在工业中广泛应用，其中胶粘剂 1 是工业应用最古老的一种配方，且需用间苯

表 41-27 胶合板性质

胶粘剂	刀剔试验（英国标准 BS1088－1957）		
	干	冷水泡 24h	煮沸 72h
1	8	8	8
2	8	8	8
3	8	7	7
4	7	7	7
5	10	9	9

注：英国标准 BS1088－1957，评价胶层质量分为 0～10，0 表示胶层完全破坏，10 表示木破率 100%。

二酚，成本高，现大部分已被使用最多的胶粘剂 2，4 或 5 所代替。

（2）刨花板胶粘剂：胶的混合物按表 41-28 给出的组分制备。

表 41-28 刨花板混合胶的组分

组 分	混合胶（份重）			
	1	2	3	4
改性黑荆树栲胶（55%）	100	—	—	—
普通黑荆树栲胶（55%）	—	—	100	—
PRFT	—	—	—	100
UFT	—	100	—	—
消泡剂	0.3	0.28	0.3	0.28
醋酸锌（25%）	—	—	22	—
石蜡乳液	15	12.4	15	12.5
聚甲醛（96%）	8	5.5	8	7.9
五氯酚钠（25%）	11	9.2	11	9.3
pH 值	6.5～7.0	4.9	4.9	6.5～7.0

胶合条件：

木材种类：辐射松 *Pinus radiata* 和展叶松 *P. patula*，重量比为 50∶50。

刨花板尺寸：表层刨花板 10mm×10mm×0.2mm，芯层刨花板 5～30mm×1～5mm×1～2mm

芯层刨花板

长 5～30mm

宽 1～5mm

厚 1～2mm

树脂固体物用量（占干刨花）：表层 16%，芯层 11%

喷胶后刨花含水率：表层 27%～30%，芯层 18%～22%

刨花板厚度 12mm

热压：温度 175℃，最高压力 2.55MPa，时间 7.5min。

不同荆树栲胶胶粘剂的刨花板性质见表 41-29。

表 41-29 不同荆树栲胶胶粘剂的刨花板性质

胶粘剂	密度 (g/cm^3)	煮沸 24h 后膨胀 (%)	内胶合强度 (MPa)	V100 内胶合强度 (MPa)	冷泡 24h 后膨胀 (%)
1	0.708±0.007	12.6±0.2	1.34±0.03	0.75±0.04	4.6±0.2
2	0.743±0.012	17.3±0.4	0.94±0.05	0.64±0.05	4.9±0.7
3	0.732±0.010	34.6±0.9	0.74±0.02	0.21±0.04	14.5±0.8
4	0.749±0.014	12.9±0.6	1.34±0.04	0.98±0.05	5.0±0.1
荆树栲胶＋甲醛（荆树对照）	0.690±0.015	60.0±2.2	0.59±0.07	0.10±0.07	24.1±1.6
商业酚醛树脂	0.727±0.007	15.1±0.4	1.10±0.02	0.74±0.04	11.0±0.2
在室外风蚀 5 年后	0.714±0.010	13.0±0.4	1.11±0.06	0.57±0.04	7.7±0.4
DIN68761（27）	—	—	—	0.15（最小）	12.0（最大）

2.4 展 望

《世界林业研究》1994 年发表的《木材工业用胶粘剂发展前景》[178]一文中有关单宁基胶粘

剂部分，指出两点：

(1) 70 年代单宁胶粘剂已成功用于胶合板及层积木。单宁胶室内级刨花板在南非早已得到使用。但单宁胶比脲醛胶贵，配制和使用麻烦，在室内级胶合板应用上，一直受到限制，使单宁胶局限于室外使用。今后通过努力，有可能在技术上求得进展，经济上取得突破。

(2) 近十几年来，通过某些技术措施，单宁胶质量已进一步提高。例如通过加入适量的 MDI 与单宁中黄烷醇、糖类和树胶的酚羧基交联，提高其交联程度，使室外级刨花板质量大大改善；如使用脲醛树脂（pH 值 4.5～5.2）作增强剂，降低单宁的 pH 值，从而解决使用时单宁胶过早凝胶这一难题；又如加少量丙烯酸乳液，使胶的涂布性能明显改善；利用偶合反应，提高单宁胶的耐水性的固化性能。所有这些改进措施，都有助于单宁胶的推广使用和扩大用量。

1992 年德国 E. Roffael[179]评价单宁胶时指出；用作刨花板和纤维板的单宁胶粘剂具有不少优点。如固化时甲醛用量少，在最佳条件下压成的板材中，甲醛的释放量极少；可以使用含水率高（7%～8%）的刨花，压板时固化速度快；适于在弱碱范围内固化，胶合后的板材几乎不含碱等。

根据以上所述可以认为：生产胶合板、刨花板和纤维板所用的单宁胶粘剂技术比较成熟，十分有利于缺乏石油资源，无法提供苯酚；或者进口苯酚的关税远高于进口栲胶的关税；或者本国有缩合类栲胶生产，且需要大量木工胶粘剂时，利用上述技术，用缩合类栲胶代替苯酚是十分可取的。

一旦出现世界性的石油危机，采用生长快，树皮单宁含量高，制胶性能良好的栲胶生产单宁胶是最好的技术选择。

3　除垢防垢剂[2]

橡椀栲胶可用于中小型锅炉的除垢防垢，已在国内一些地区取得良好效果。

3.1　应用原理

3.1.1　除垢原理

(1) 橡椀单宁的渗透和化学作用：在碱性条件和高温作用下，橡椀栲胶向水垢内部不断渗透，水垢断面由白色变成棕色。处理后水垢变得疏松，容易断裂和脱落。未脱落水垢，断面是白色、垢质坚硬。在渗透过程中，橡椀单宁促使碳酸盐水垢转化为单宁酸盐。用 20 000 倍电子显微镜观察发现，未经栲胶渗透的水垢多呈针状或棒状晶型结构，经过栲胶作用后脱落的水垢，针状、棒状晶型结构消失，多呈团状结构，这种结构与用单宁酸制备的单宁酸钙沉淀的结构相似，说明除垢主要是橡椀单宁渗透和化学作用引起的。

(2) 对水垢的剥离作用：橡椀单宁通过水垢层或水垢裂纹处，渗透到水垢与炉体钢板之间，溶解了钢板表面氧化铁层，破坏了水垢对原钢板表面氧化铁层的附着作用，使水垢剥离。

(3) 促进水垢的龟裂作用：在锅炉运行中，水垢受热力作用会产生龟裂，用橡椀栲胶除垢，会促进垢层龟裂的产生。由于橡椀单宁分子中羟基和羧基具有较强的吸附性能，附着在水垢表面，形成一层隔离膜，在锅炉的热力作用下，加快了水垢的龟裂，促进了单宁的渗透和水垢的剥离作用。

3.1.2　防垢原理

橡椀栲胶防垢，主要是橡椀单宁与水中钙、镁离子的络合、吸附、凝聚作用。

橡椀单宁和炉水中所含钙、镁离子在碱性条件下生成络合物，在锅炉高温作用下，单宁酸钙、镁络合物沉淀凝聚下沉，并吸附其他有机杂质形成胶状软泥，随锅炉排污排出。

3.2 除垢防垢的方法

3.2.1 除垢方法

3.2.1.1 适用范围

当锅炉由于给水未经软化或原有水处理设备运行不好，经过一定时期运转后炉内积存水垢时，就可以进行橡椀栲胶除垢。实践表明：不同性质水垢，除垢效果也不相同。对碳酸盐水垢，特别是厚的碳酸盐水垢，在热力作用下易龟裂，可取得良好效果。对薄而硬的碳酸盐水垢，适当延长煮炉时间也能取得一定效果。对于硫酸盐为主的水垢，只要含有一部分碳酸盐，也可利用橡椀栲胶除垢，但必须配加适量纯碱或磷酸三钠。对硅酸盐水垢，不宜用橡椀栲胶除垢。

橡椀栲胶不能溶解水垢，只能使水垢成泥状或块状脱落，必须通过排污或停炉清理才能去掉。这就要求锅炉结构能便于排污和泥渣清理，对某些几何形状复杂，不便清理，易堵水管的锅炉则不宜利用此法。

3.2.1.2 除垢操作

(1) 确定水垢性质：用分析法或用盐酸滴加的简便方法，确定水垢是碳酸盐水垢还是其他类型水垢。根据水垢性质和锅炉水容量确定除垢剂配方。

对碳酸盐为主的水垢，炉水碱度较高、可单独使用橡椀栲胶除垢。用量按锅炉水容量计算，一般每吨水加橡椀栲胶 5～10kg。

对碳酸盐为主的水垢，炉水碱度不高，添加橡椀栲胶以后，pH 值在 7 以下，需加纯碱或磷酸三钠，碱用量一般为橡椀栲胶量的 1/3。

对硫酸盐含量高的水垢，除加栲胶外，必须配用纯碱或磷酸三钠，用量是橡椀栲胶量的 1/2～2/3，控制炉水 pH 值为 10 左右。

(2) 加药：将栲胶和碱称量，混合均匀，用少量水调成糊状，待泡沫消失后，再加热水溶解，用纱布过滤除去块状杂质。加药前锅炉进行一次排污，在低水位时用泵将药液送入炉内，或在停炉时从人孔投入，一次加完。加药后应保持中水位升温。炉水呈茶色，蒸汽带有中药味，都属正常情况。

(3) 锅炉运行：锅炉在运行中除垢的要求：①锅炉有较大用汽量，保持正常供汽炉内水循环好。这样除垢效果好。如降低压力、锅炉压火、不排汽、炉水不循环，则除垢效果不理想。②保持足够煮炉时间，一般 72h 以上。③控制排污和补水：为了保持炉水碱度和栲胶浓度，除垢期间要尽量少排污，火管锅炉可 3 天不排污，水管锅炉 24h 后再排污。排污后要补充橡椀栲胶和碱剂。

(4) 停炉清理：停炉时，先降低炉温，然后打开排污阀放水，边放水、边注水，尽量把炉渣冲干净。最后打开炉体，清理水垢，检查每根管子、防止被水垢卡住。

3.2.2 防垢方法

3.2.2.1 适用范围

栲胶防垢主要适用于高碱度水（即总碱度大于总硬度的水），对碳酸盐硬度的给水（即总碱度等于总硬度的水），要配用少量纯碱；对含有永久硬度的水（即总碱度小于总硬度的水），要配用适量纯碱。

栲胶防垢是一种炉内水处理方法，水中的钙、镁盐并不像炉外水处理那样被除掉，而是在炉水中形成流动性泥渣，必须及时排污，否则在锅炉底部和水循环较差的管内会出现堵塞或形成二次水垢。橡椀栲胶防垢适用于各种火管锅炉和一些水容大、压力低于 2MPa、便于排污的水管锅炉。有些水管锅炉下联箱直径较小，又没有排污阀，如果使用橡椀栲胶防垢，应适当增加排污阀。至于那些几何形状复杂、不便泥渣排出的锅炉和压力高、蒸发量大的锅炉，则不宜使用橡椀栲胶防垢。

3.2.2.2　防垢操作

使用栲胶防垢，操作步骤如下：

（1）分析锅炉给水水质：了解锅炉给水的水原及其给水的总硬度、碱度、pH 值、悬浮物等情况。

（2）根据水质确定加药配方：

高碱度水（总碱度＞总硬度），单独使用栲胶防垢，不另外加碱，橡椀栲胶用量为每吨水每德度 5～10g，但每吨给水最小用量不能少于 30g。

$$每班栲胶用量（g）＝给水硬度（德度）\times 每班给水量（t）\times A \tag{41-1}$$

式中：A——每吨水每德度加栲胶 5～10g。

碳酸盐硬度的给水（总碱度等于总硬度），防垢以橡椀栲胶为主，要配用少量碱剂（纯碱或磷酸三钠），以增加泥垢的流动性，栲胶用量按每吨水每德度 5～10g，纯碱用量为橡椀栲胶的 1/3 左右。

含有永久硬度的给水（总碱度小于总硬度），栲胶用量按每吨水每德度 5～10g，纯碱用量为橡椀栲胶的 1/3～1/2。

对于永久硬度较大的给水，须增加纯碱用量。

（3）加药：将橡椀栲胶、纯碱放在小容器中，用 80℃以上的热水溶解后，倒入水箱或水池中。也可以安装一加药漏斗，在用水泵进水或用注水器进水时送入炉内。

（4）排污：栲胶防垢是炉内水处理的一种方式，排污十分重要。排污量小，炉内残渣过高，会形成二次水垢。排污过多又损失热量和单宁，影响防垢效果。

排污分为连续排污和定期排污，中小型锅炉主要是靠定期排污。根据水质、炉型、用水量等情况，确定排污量和排污周期。对火管锅炉，排污周期可长一些，2～3 天排污一次，对水管锅炉，8～24h 排污一次，给水硬度高，用水量大的水管锅炉可以 8h 排污一次。给水硬度低，用水量小的水管锅炉可以 24h 排污一次，每次排污量为水位表的 1/3～1/2。

（5）定期清理：在防垢过程中，会有一部分二次水垢脱落下来，对于水管锅炉要防止堵管，应定期清理，开始 1～2 个月检查一次，经长期使用掌握规律后可 3～6 个月检查清理一次。火管锅炉可半年清理一次。

4　泥浆稀释剂[1,2,9,180,181]

栲胶是传统的石油钻井泥浆稀释剂。40 年代，美国每年用于石油钻井的单宁量约 4 万～5 万 t，50 年代，阿根廷等国石油钻井年耗单宁量为 3 万～4 万 t。60 年代起，南非用黑荆树磺化栲胶铬络合物（商品代号 Kr6D），我国使用倍子单宁、橡椀栲胶和磺化单宁。

4.1　泥浆性能和作用

在石油钻井过程中，由于地层多变，导致泥浆性能变坏，须经常加入适当的化学药品，以保持泥浆性能良好，满足钻进工程的要求。泥浆性能主要指标是：①密度：黏土、水和加重剂（$BaSO_4$、$CaCo_3$、PbS 等）形成泥浆重与同体积纯水在 4℃时的重量比。地层不同使用泥浆密度也不同；②粘度：表示流体内部阻碍其相对流动的一种特性；③切力：指破坏 $1cm^2$ 面积上的泥浆网状结构所需的最小切应力。由于泥浆有触变性，静止 1min 和 10min 后所测的切力值为初切和终切（初切/终切，mg/cm^2）；④失水：泥饼致密程度，取决于泥饼的渗透性；⑤pH 值：H^+离子浓度的负对数，主要与黏土水化、分散、有机稀释剂（单宁、栲胶等）、降失水剂（CMC）、井下石膏、盐层等浸污有关。如我国大庆、胜利、河北、江汉等油田和四川等地的几口 4700～7 000m 深井的泥浆性能为：密度 1.01～1.8，粘度 20～40cm^2/s（漏斗粘度计），切力 0～10/0～76mg/cm^2，失水 6ml，pH 值 9.5～13。

在钻井过程中，泥浆的主要作用是：①悬浮和携带岩屑，净化井底；②冷却钻头，提高钻井进尺和钻头寿命；③形成泥饼，减少失水，保护油渗透，提高其产量，并巩固井壁，防止井漏、井塌和卡钻；④泥浆柱静压平衡地层及油、气层压力，防止井喷和高压油、气、水浸入泥浆，损坏其性能。因此，人们常用“泥浆是钻井工程的血液”来形容泥浆在钻井中的重要性。

4.2 泥浆稀释原理

泥浆的组成是黏土、水、化学药品（稀释剂、烧碱等）和加重剂。黏土主要是高度分散的含水的铝硅酸盐，分散于水中，形成溶液，带负电荷，具有胶体性质（高度分散性，离子交换吸附性、水化性等）。在显微镜下观察泥浆中黏土颗粒时，可看到大于 0.1μm 的粒子，也可看到 0.1～1μm 的粒子。因此泥浆层于溶胶-悬浮体混合物。其中黏土颗粒是不规则的片状，其表面各处有不同的离子或原子，使其表面各处的水化能力和程度不同。当泥浆受到盐浸和钙浸时，由于这些电解质的絮凝作用，黏土颗粒表面水化弱的部位，水化膜变薄，颗粒间在这些部位的相互吸力增大，互相吸在一起，其余水化膜较厚的部位则互相排斥，导致泥浆中的黏土颗粒之间沿边-边或边-面互相吸引，形成网状结构，如图 41-6。在网状结构中，包容了大量的自由水，与网状结构一道运动。泥浆中自由水大为减少，固体含量相应增大，因此形成泥浆不断稠化，切力和黏度增高，流动性变差，泵压增高，钻具转动阻力增大等现象。

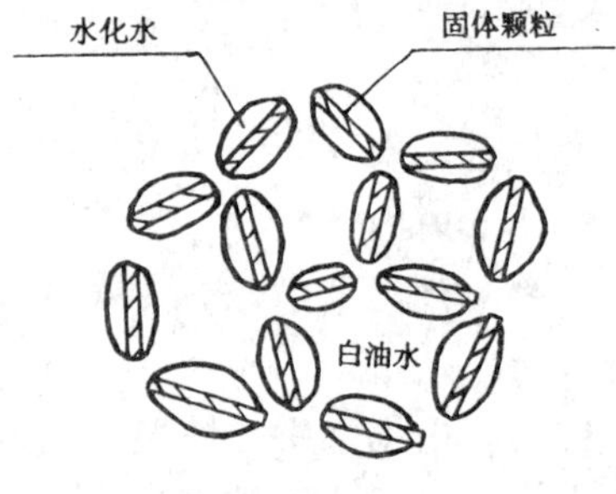

图 41-6 黏土颗粒间网状结构

用作泥浆稀释剂的五倍子单宁酸含 80%以上的单宁。橡椀栲胶中含 70%左右橡椀单宁，是一种由栗木鞣花素、甜栗鞣花素、栗椀宁酸、甜栗椀宁酸、橡椀鞣花素、异橡椀鞣花素酸及甜栗素等组成的混合物。黑荆和坚木栲胶含 70%单宁，主要是黄烷-3，4-二醇和黄烷-3-醇缩合成的聚合度不同的多聚物。上述多种成分又叫植物多酚。在碱性条件下溶于水，形成植物多酚钠或酚羧酸钠，可使黏土表面活化，增强黏土表面吸附能力，优先在黏土颗粒边缘水化弱处吸附植物多酚钠，通过亲水基的水化以增厚水化膜，削弱或拆散黏土颗粒间的网状结构，释放包容的自由水，增加泥浆的流动性。因此，泥浆的切应力粘度和失水作用得以降低。由于植物多酚钠盐的电离，粘土颗粒负电荷和水化度增大，泥浆稳定性进一步得到提高，形成致密的泥饼，达到降低失水，巩固井壁的效果。

4.3　应用和制备

根据有关资料报道，几种栲胶的应用情况列举如下：

坚木栲胶的应用：3 份热溶坚木栲胶与 1 份烧碱混合，加入泥浆中，pH 值 8.5。钻一口 2 000～2 200m 深的油井需要 1.1t 坚木栲胶。实践证明有的地方井温 80℃应用坚木栲胶困难，而另一些地方可到 110℃。

黑荆树栲胶的应用：黑荆树磺化栲胶铬络合物（商品代号 Kr6D）是用亚硫酸氢钙处理黑荆树栲胶，然后使其与铬盐螯合而成[34]：

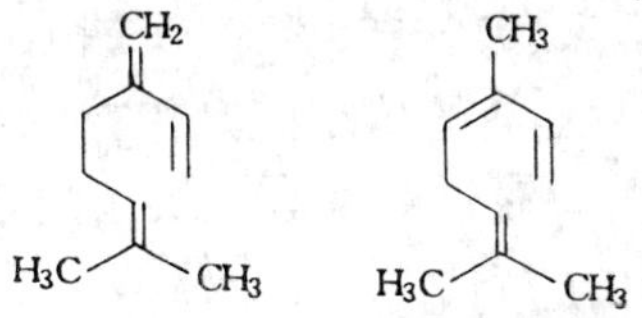

CH_2　H_3C　CH_3　月桂烯

CH_3　H_3C　CH_3　罗勒烯

螯合物的中心离子（Cr^{3+}）不易电离，比较稳定，因而有一定的抗盐、抗钙和抗温能力。其水溶性取决于亚硫酸氢钙处理程度。

Kr6D 成本较低，对高应力钢表面无腐蚀作用，在较高温度下陈化性能合格，在膨润土泥浆中具有满意的稀释和降失水性能。在正常钻井条件和地层中含盐不高的情况下，它用于 1820m 以下浅井的效果很好，钻进 3650m 井温约 140℃以上深井时易于分解。

倍子单宁与橡椀栲胶的应用：倍子单宁与碱配比为 2∶1、1∶1、1∶2 等，浓度为 1/10 或 1/5。橡椀栲胶配比为 2∶1、3∶1，浓度常取 1/10 或 1/5。使用时将其碱液分别加入泥浆中。可用于浅井、中深井。

另外，国内某厂用倍花为原料，对其浓胶用碱处理，再与亚硫酸盐和甲醛反应，生产磺甲基单宁。该产品曾由石油部列为石油钻井泥浆剂用于油田钻井效果较好。

单宁碱液和栲胶的应用：在循环坑中先放入 2～3t 石灰，以提高系统的 pH 值及 Ca^{2+} 量。钻到石膏层前、向泥浆槽加入石灰乳，烧碱水和单宁碱液，有时加入一些纯碱。泥浆在钻井过程中维护：在约 1 000m 深时，粘度约 $20cm^2/s$，切力 $0/0mg/cm^2$，密度约 1.18，pH 值7～8；在约 2 000m 深时，粘度 25～$30cm^2/s$，切力 0/10～40 mg/cm^2，密度约 1.2，pH 值 9～10（钻完时 pH 值>11），在约 2 000m 的中深井，约用石灰 3～6t，栲胶 2～2.5t，烧碱 1t，CMC 用100～300kg 或不用。

某油田 2 号井，深 5005.95m。用于各井段的泥浆组成和性能是：3630m 深：石灰、CMC、栲胶和烧碱，密度 1.10～1.14，粘度 20～$140cm^2/s$，失水 1～5.4ml，切力 0～12/0～$50mg/cm^2$，pH 值 10～12（Ca^{2+}150～395mg/L）；约 4 000m 深：石灰、石膏、$CaCl_2$、CMC 和单宁，密度 1.22～1.60，粘度 30～$60cm^2/s$，失水 1～4ml，切力 0～10/0～$20mg/cm^2$，pH 值 12；井深约 5005.95m：FCLS 和 CMC，密度 1.80～1.60，粘度 32～$50cm^2/s$，失水 4.2～13ml，切力 0～0/0～$20mg/cm^2$，pH 值 12，有高压盐水层。

5　用络合剂选矿

本节介绍一种用橡椀单宁提制成的、用于从含锗的硫酸锌浸出液中沉淀和分离锗的络合剂[182]。

5.1　应用原理

CT-2选矿络合剂，用于从含锗的硫酸锌溶液中分离和回收锗，是一种质优价廉的沉锗剂，可以100%代替比较紧缺、价格昂贵的单宁酸。

锗为优质半导体材料，用制半导体晶体管、整流器等，广泛用于雷达、收音机、电视机、无线电微波通讯、电子计算机和自动控制系统。此外锗还用于红外光源、催化剂、光导纤维等。

在湿法提锗的工业生产中，国内外广泛采用单宁沉淀法。该法工艺流程简短，操作方便，选择性好，锗精矿品位高，易于加工。由于五倍子资源不足，单宁酸价格昂贵，使用单位改用各种栲胶代替。栲胶单宁含量低（60%～70%），沉锗效果差，耗量大，锗精矿品位低，达不到工业生产要求，只能代替60%左右的单宁酸。用橡椀刺和化香果加工制成的CT-2络合剂，含单宁80%左右，沉锗性能好，脱锑效率高，沉锗的各项技术经济指标达到或接近单宁酸的水平，可全部代替单宁酸，用于沉锗。

单宁酸有若干含氧配位体与锗反应时，锗的外层电子轨道发生sp^3d^2杂化，每个锗原子接受六对孤电子（即与三对含氧配位体反应），生成一种六配位正八面体结构的螯合物。这种配位体可以由一个或几个单宁分子提供，使锗原子互相交联在一起形成网状结构，生成沉淀而被分离。用沉锗有利的化香果单宁和脱锑有效的橡椀单宁，通过特定条件加工制成的CT-2络合剂，与单宁酸同属水解类单宁，组成虽不完全相同，但性能近似，都含有多基（羟基）配位体，都能与多种金属离子（如锗、铁、锌、镁等）络合形成网状结构的螯合物，能从含锗的硫酸锌溶液中将锗沉淀下来，达到分离目的。

5.2　制造方法

原料及配比：生产CT-2络合剂的原料为橡椀刺和化香果。含总抽出物51.3%（其中非单宁9.6%，单宁39.7%）。生产CT-2络合剂的关键是根据橡椀刺和化香果的单宁含量及其对沉锗和脱锑性能的差异，做到两者搭配比例适当，生产工艺合理，才能制出合乎质量要求的产品。

生产工艺：原料经过严格的筛选、分离、净化后，在低温、短时间、大液比的条件下进行连续浸提，浸提液经净化、浓缩、干燥制得成品。其工艺流程如下：

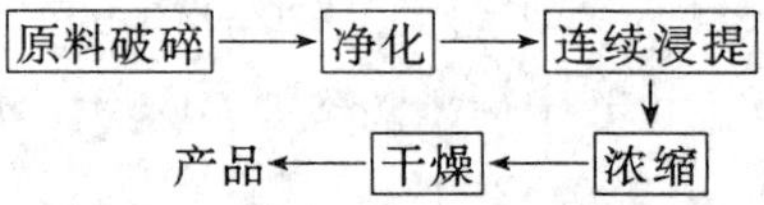

原料破碎 → 净化 → 连续浸提 → 浓缩 → 干燥 → 产品

产品检验方法：CT-2络合剂为棕褐色粉末，其质量指标见表41-30。

表41-30　CT-2络合剂质量指标

序　号	质量指标	标　准
1	水分（%）＜	12
2	单宁（%）＞	75
3	非单宁（%）＜	22
4	不溶物（%）＜	3
5	沉锗率（%）＞	96

注：2，3，4按干基计。

CT-2络合剂水分、单宁、非单宁、不溶物的检验方法见GB2615—81栲胶原料与产品的检验方法。沉锗率的测定方法如下：

仪器：581-G型光电比色计。

试剂配制：

0.03%苯芴酮乙醇溶液。称0.3g苯芴酮，溶于95%乙醇中，加入14ml 1∶1的H_2SO_4，用乙醇配至1 000ml，避光放置。

0.2%聚乙烯醇溶液。称2g聚乙烯醇，用冷蒸馏水调成糊状，倾入沸水中搅拌溶解，冷却后用蒸馏水配至 1 000ml。

磷酸、聚乙烯醇混合液。将 0.2%的聚乙烯醇、磷酸和蒸馏水按 3∶2∶4 的比例混合，冷却后使用。

锗标准溶液。准确称取 0.0720g 纯度 99.999%的 GeO_2，溶于含 0.5gNaOH 的水中，用 1∶1 硫酸中和，并加过量硫酸 10ml，移入 500ml 容量瓶中，用蒸馏水配至标线，摇匀。吸出此溶液 50ml 于 500ml 容量瓶中，加入 1∶1 硫酸 4ml，用蒸馏水配至标线，摇匀。此溶液每毫升含锗 10μg。

工作曲线绘制：分别取锗标准液 0、1、2、3、…、9μg 于一组精选的 25ml 具塞比色管中，加入 5ml 磷酸、聚乙烯醇混合液，3ml 苯芴酮乙醇溶液，用水稀释至 10ml 刻度，摇匀，置暗处 30min 后，在比色计上（50#滤色片），以蒸馏水作参比，在比色管中测消光值，绘制出工作曲线。

沉锗条件：沉锗前液含锗大于 30mg/L，酸度 0.5～1.4g/L，三价铁少于 10mg/L，沉锗温度 50～60℃，搅拌时间 15min，CT-2 络合剂的用量为锗的 45 倍。沉淀后用滤纸过滤，收集滤液，待测。

锗含量测定：依锗含量的高低吸取沉锗前液和沉锗后的滤液 0.1～1.0ml，于 25ml 的比色管中，按工作曲线绘制法操作，测定消光值，查曲线，计算出含锗量和沉锗率：

$$\text{锗含量（mg/L）}=G/N \tag{41-2}$$

式中：G——由曲线查得的锗含量（μg）；

N——取样数（ml）。

$$\text{沉锗率（\%）}=\frac{A_0-A_1}{A_0}\times 100 \tag{41-3}$$

式中：A_0——沉锗前液的含锗量（mg/L）；

A_1——沉锗后滤液的含锗量（mg/L）。

5.3　应用方法

用 CT-2 络合剂沉锗，主要分沉淀和灼烧两个工序，其生产工艺流程如图 41-7。

5.3.1　沉淀工序

沉淀工序包括络合剂溶化，络合沉淀，过滤和浆化。

(1) CT-2 络合剂溶化：将络合剂加入到 8～15 倍的热水中，在温度 80～90℃下搅拌至完全溶解。

(2) 络合沉淀：①CT-2 络合剂的用量，加入量根据浸出液中锗含量的高低而异，加入倍数见表 41-31；②沉锗操作技术条件如下：

酸度：0.2～1.5g/L；

温度：50～70℃；

搅拌时间：15～20min。

(3) 压滤：沉淀后的溶液用板框压滤机过滤，工作压力不大于 294.3kPa。

(4) 沉淀锗渣浆化：液固比不大于 10∶1，温度 70℃，搅拌，要求浆化液含锌小于20g/L。

(5) 沉锗技术经济指标。沉锗率要求见表 41-32。

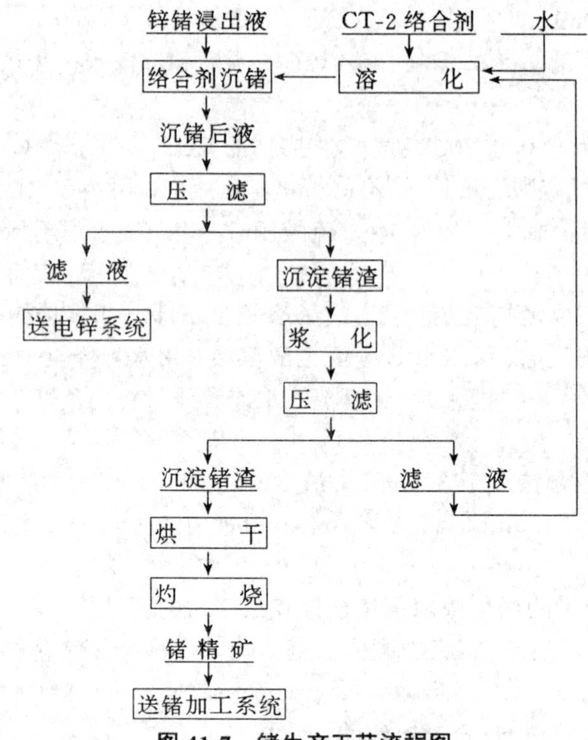

图41-7 锗生产工艺流程图

表41-31 CT-2络合剂加入倍数

浸出液含锗(mg/L)	络合剂加入量(倍)
10～20	55～65
20～30	50～55
>30	46～50

表41-32 沉锗技术经济指标

沉淀前液含锗(mg/L)	沉锗率(%)
10	>90
20	>95
30	>97

沉锗后液含锗小于0.8mg/L，送电锌系统溶液含锗小于1.4mg/L。

生产实践证明，影响络合剂沉锗的因素主要是：①络合剂用量；②溶液酸度；③锗的浓度；④锌离子浓度；⑤三价铁含量。

5.3.2 灼烧工序

包括烘干和灼烧。目的通过高温氧化焙烧，除去单宁等有机物，提高精矿含锗品位。

(1) 烘干：要求沉淀的锗渣烘烤前含水小于70%，含锗大于1.6%，含锌小于7%。干燥炕温度200～300℃。

(2) 灼烧：①进窑湿渣水分小于50%；②灼烧窑温不高于650℃；③精矿粒度小于60目。

(3) 技术经济指标：①精矿含锗品位：锗大于8.5%，砷小于0.5%，硫小于2%，没有碳化料；②锗回收率大或等于98.5%。

锗精矿经送锗加工系统进一步加工提制后，可得到还原锗、区熔锗、二氧化锗、精四氯化锗、锗粉等产品。

5.4 CT-2络合剂在工业中的应用

CT-2络合剂用于沉锗操作简便，沉锗与脱锑效果均好，锗的沉淀率高达98%以上，脱锑率 72%，锗精矿品位高于 10%。沉锗后液含锗低于 1mg/L，锌电解的电流效果 80%左右。CT-2 络合剂在某铅锌矿中的工业应用结果（平均值）见表 41-33 至表 41-36。

表 41-33　络合剂沉锗效果

浸出液含锗（mg/L）	沉锗后液含锗（mg/L）	络合剂用量（倍）	沉锗效率（%）
36.87	0.68	45.99	98.14

表 41-34　络合剂脱锑率和锌锗直收率

沉锗后液主要成分（mg/L）			技术指标（%）		
锑	锌	锗	脱锑效率	锌直收率	锗直收率
12.84	146.50	1.69	73.30	98.82	95.42

表 41-35　锗精矿成分

锗精矿成分（%）					按锗精矿计络合剂单耗（kg/kg 锗精矿）
锗	锌	铅	锑	硫	
10.01	39.05	2.91	11.61	1.44	55.13

表 41-36　锗蒸馏和锌电解有关指标

锗蒸馏		锌电解			
直收率（%）	盐酸单耗（kg/kg 锗锭）	高锰酸钾单耗（kg/t 锌片）	锌粉单耗（kg/t 锌片）	新液中还原物（mg/L）	电流效率（%）
95.78	80.98	1.68	38.5	726.5	79.18

除用于湿法提锗外，CT-2 络合剂由于含有大量羟基和羧基，能吸附于矿物表面，有形成亲水膜的作用，可降低矿物的可浮性，在矿石的浮选中，起抑制剂作用。在浮选萤石、白钨矿、锰矿和氧化锌矿等矿时作脉石（方解石、白云石等）的抑制剂；反浮选富集铁矿时作氧化铁矿的抑制剂。例如，某铅锌矿用于氧化锌的浮选，主要金属矿物有方铅矿、闪锌矿、白铅矿、铅铁矾、磷氯铅矿、菱锌矿、红锌矿、硅锌矿及水锌矿。主要脉石矿物有方解石、白云石等。选别流程，经过浮选硫化锌、氧化铅、硫化锌、硫化铁，再经脱泥后，最后浮选氧化锌。使用毛杨梅、橡椀栲胶或络合剂作脉石抑制剂，用量约 65g/t 原矿，氧化锌精矿品位达 35%以上，符合生产工艺要求。

6　脱硫剂（合成氨用）[183～187]

栲胶脱硫是一种湿式氧化脱硫法。它为合成氨原料气的净化提供了一种经济简易的脱硫剂。

6.1　脱硫原理

栲胶脱硫原理与改良的 ADA 法相似。栲胶主要成分是单宁，是由多元酚衍生物所组成，多元酚的羟基是很活泼的基团，容易被空气氧化，在碱性溶液中易氧化成醌类。栲胶脱硫就是利用栲胶碱溶液这一性质及其对钒酸盐的氧化作用建立起来的。脱硫反应过程如下：

碱性脱硫液吸收气相中 H_2S，生成 HS^-

$$Na_2CO_3+H_2S \rightleftharpoons NaHS+NaHCO_3 \quad ①$$

在液相中硫氢化钠与偏钒酸钠反应生成还原性焦钒酸钠，并析出元素硫。

$$2NaHS+4NaVO_3+H_2O \rightleftharpoons Na_2V_4O_9+4NaOH+2S \quad ②$$

栲胶组分经空气氧化形成的醌式组分将还原性焦钒酸钠氧化为偏钒酸钠。氧化态的醌式组分变成还原态的酚式组分。

$$Na_2V_4O_9+2T(OH)O_2+2NaOH+H_2O \rightleftharpoons 4NaVO_3+2T(OH)_3 \quad ③$$

式中：T——栲胶及其降解物结构中的主体部分；

OH——酚羟基；

O_2——醌式取代基。

还原态的酚式组分 T（OH）$_3$ 吸氧，被空气氧化生成醌式组分 T（OH）O_2。

$$2T(OH)_3+O_2 \rightleftharpoons 2T(OH)O_2+2H_2O \quad ④$$

上述式中生成的 NaOH 与溶液中的 $NaHCO_3$ 反应生成 Na_2CO_3。

$$NaHCO_3+NaOH \rightleftharpoons Na_2CO_3+H_2O \quad ⑤$$

其中①、②、③、⑤式主要在吸收反应阶段进行。④式在空气氧化再生阶段进行。栲胶水溶液呈弱酸性，不能直接吸收氧化 H_2S，吸收 H_2S 的主要介质是碱溶液。③、④式反应是迅速的，但还原态的焦钒酸钠不能直接为空气氧化再生，须依赖栲胶组分的氧化作用来完成。

脱硫过程的吸收及空气再生阶段存在如下反应：

$$2NaHS+O_2 \rightleftharpoons Na_2S_2O_3+H_2 \quad ⑥$$

生成的 $Na_2S_2O_3$ 进一步氧化为 Na_2SO_3、Na_2SO_4。栲胶法脱硫是二元氧化过程，被吸收到溶液中的 H_2S 大部分在进行空气再生反应前已按②式氧化为元素硫，因此副反应较中和法、氨水催化法低。

此外，单宁分子中的酚羟基、羧基能与四价钒离子生成可溶性络合物，可防止四价钒（VSO_3）的沉淀。

6.2 脱硫工艺与方法

6.2.1 脱硫流程

来自气柜的半水煤气经焦油过滤器由罗茨鼓气机送入两个串联的喷射塔，在塔内与脱硫液并流喷淋而下，然后进入旋流板塔与脱硫液逆流接触，脱除 H_2S。净化后的气体经气液分离塔送往压缩工段。

脱硫液由脱硫泵分别送到各脱硫塔，由塔底导出，经U型管液封进反应槽（循环槽），然后由再生泵抽送，经加热器加入再生槽。脱硫液在再生槽与罗茨鼓风机送来的空气接触氧化再生，然后溢流至贫液槽，再由脱硫泵分送至各脱硫塔。

从再生糟浮选出来的硫泡沫溢流到下硫泡沫槽，在泡沫槽内静置分层，然后经真空过滤机过滤，滤液流入反应槽（循环槽），硫膏排入熔硫釜，填装到一定高度，即进行熔硫。融熔硫磺从熔流釜底排出，冷却成块状硫磺（产品）。排硫排渣后余下的溶液排入溶液回收罐，待回收液澄清后排入反应槽。

6.2.2 脱硫剂的制备

（1）碱液的配制：经容积为 $1m^3$ 的制备槽灌注软水 $0.8m^3$，以直接蒸汽加热使水温升至60～70℃，将纯碱200～250kg倒入槽中，再继续通蒸汽加热，待全部溶解后放入地下循环槽。

（2）偏钒酸钠溶液的配制：偏钒酸钠溶液以 V_2O_5 与 Na_2CO_3 反应配制。在制备好的碱液中，加入粗钒150kg，待全部溶解后放入地下循环槽。

(3) 碱性栲胶液的配制：在泡沫槽（或其他大空槽）加入部分软水，以直接蒸汽加热至60～70℃，将纯碱倒入（加碱量按0.75mol/L浓度计），并通空气搅拌，待完全溶解后加入占碱量50%的橡椀栲胶，通空气氧化5h，即可放入地下循环槽。

(4) 溶液的预循环：将以上三种溶液混合，开泵打循环，补入软水，使组分浓度达到指标。同时在喷射再生槽及循环槽鼓入空气，循环2h进行充分混合。该溶液即可投入使用。

6.2.3 脱硫工艺条件

(1) 栲胶的浓度以4g/L配入，氧化处理后其单宁含量1g/L左右为宜。正常运转时单宁含量应大于0.6g/L。

(2) pH值及碱浓度：pH值8.0～9.0，碱浓度0.2～0.4mol/L。

(3) 偏钒酸钠浓度-偏钒酸钠浓度1～2g/L。

(4) 再生温度35～45℃，再生空气量450～550m^3/h。

6.3 KCA脱硫剂

橡椀栲胶在碱性溶液中的氧化降解物，经喷雾干燥成粉状称为KC，KC再与少量金属盐混配便成KCA脱硫剂，它所需的脱硫设备、操作条件及脱硫效率与栲胶法脱硫相同，化肥厂使用KCA脱硫剂可省去栲胶法脱硫剂制备工段。使用时可在正常运转下每天加入KCA2kg左右，加入量以保证脱硫效率合格及硫泡沫浮选正常为原则。使用时在小桶或槽中加入热水，慢慢倒入KCA不断用木棒或加热蒸汽搅拌，待溶解完全后再加入脱硫液中，KCA加入10～30min，再生槽（塔）顶气泡较多，要及时调节液位，或先适当降低液位再补料，以免溢流过大，甚至冒槽（塔）。随着多余气泡的消失，硫泡沫逐渐形成，一般经0.5～1.0h后便恢复正常。

6.4 脱硫实例及效果

6.4.1 脱硫实例

脱硫实例，见表41-37。

表41-37 脱硫实例

日期	班次	脱硫液成分									半水煤气流量 (m^3/h)	半水煤气成分(%)		
		pH值	碱度			$NaVO_3$ (g/L)	V^{4+} (g/L)		$Na_2S_2O_3$ (g/L)	栲胶浓度 (g/L) (丹宁)		CO_2	O_2	CO
			当量浓度 (mol/L)	$NaHCO_3$ (g/L)	Na_2CO_3 (g/L)		再生前	再生后						
6月6日	1										1870	21.2	0.8	21.0
	2		0.632	41.70	8.64	1.852	0.188	0.482	41.03	0.612	1860	22.0	0.7	18.6
	3										1750	22.5	1.0	18.1
6月7日	1										1870	21.2	0.7	19.2
	2		0.659	42.97	8.03	1.814	0.289	0.031	42.94	0.612	1995	20.5	0.7	19.4
	3										1910	21.2	0.8	18.1
6月8日	1										1790	21.1	0.8	18.5
	2		0.656	40.15	8.904	1.851	0.157	0.020	43.72		1860	20.5	0.8	19.3
	3										1750	21.6	0.8	18.0

（续）

日 期	班次	半水煤气成分（%）		喷淋量（m^3/h）				半水煤气 H_2S 浓度（g/m^3）		脱硫效率（%）	再生温度（℃）	系统压力（kPa）				
		H_2	N_2	1#喷射塔	2#喷射塔	旋流板塔	总喷淋量	脱硫前	脱硫后			罗茨风机出口	1#喷射塔出口	2#喷射塔出口	湍动塔出口	旋流板塔出口
6月6日	1	46.4	12.7	48.2	42.6	26.3	117.1	9.65	0.0885	99.1	39	35.9	33.9	31.9	31.5	28.6
	2	46.2	13.4	45.2	42.0	24.0	111.2	10.03	0.0943	99.1	40	36.6	34.5	32.6	32.3	30.6
	3	46.1	12.4	48.0	42.6	26.3	117.1	9.34	0.1006	98.9	39	35.0	33.9	31.9	31.5	28.6
6月7日	1	45.8	13.2	46.8	43.6	25.8	116.2	10.03	0.0815	99.2	39	34.5	31.9	29.9	29.7	27.9
	2	45.0	14.4	45.3	42.1	26.6	114.0	10.18	0.0628	99.4	39	37.2	34.5	31.9	31.5	29.9
	3	44.0	14.9	49.3	48.5	26.1	124.0	10.09	0.0506	99.5	40	31.9	29.3	26.6	26.3	25.0
6月8日	1	46.0	13.6	48.1	47.7	24.7	120.5	10.09	0.0761	99.2	40	35.0	33.9	32.6	32.3	31.3
	2	45.7	13.8	46.9	46.5	26.3	119.7	12.05	0.0893	99.2	40	34.5	31.9	29.9	29.7	27.9
	3	45.5	13.1	52.8	51.7	27.7	132.2	11.2	0.073	99.4	40	35.0	33.9	32.6	32.3	31.3

6.4.2 主要效果

(1) 栲胶脱硫液是无毒高效的脱硫剂，脱硫液活性好、较稳定。可将半水煤气中的 H_2S 从 8～15g/m^3 脱除到 0.1g/m^3，脱硫效率达 98%。

(2) 精炼铜消耗降低，操作稳定，栲胶法脱硫净化度较原氨水催化法显著提高，净化气 H_2S 含量低，因而大大减少碳化及二次脱硫的 H_2S 负荷。栲胶法脱硫铜耗（0.14kg/tNH_3）低于氨水催化法铜耗（1.2kg/tNH_3）。

(3) 栲胶法脱硫，减少氨的消耗，氨肥比提高，CO_2 损失率也较氨水催化法低。同时净化度高。因此栲胶法比氨水催化法每吨氨多生产化肥 300kg 左右。

(4) 栲胶法脱硫副反应较氨水催化法低，硫回收率可提高 85%～90%。

(5) 栲胶原料丰富易得，价格适宜。与 ADA 法脱硫相比，此法不易堵塔，腐蚀性小，脱硫成本下降约 2 元/t 氨。

(6) 脱硫工艺流程和主要设备与常用的改良 ADA 法、氨水催化法基本相同，有利于推广使用。

(7) 栲胶法脱硫主要原料消耗，见表 41-38。

表 41-38 主要原料消耗

项 目	主 要 原 料 消 耗		
	氨消耗（kg/t）		H_2S（g/kg）
	Ⅰ	Ⅱ	
碳酸钠	9.98	8.43	220
栲 胶	0.775	0.618	16.6
偏钒酸钠	0.0427	0.0367	0.94

注：Ⅰ——每吨氨的实际消耗；

Ⅱ——折算成 3800m^3/tNH_3 的消耗。

7 防蚀剂（金属用）

用栲胶防蚀始于20世纪初，其法将单宁和亚麻仁油混合加热乳化，涂在啤酒桶内壁可以防止生锈；英国国会大厦钟楼的铁顶刷漆前用栲胶处理，起到短期防护的作用。从50年代开始，栲胶用于金属防蚀及机理的研究报道迄未间断。其中以防止钢铁大气腐蚀的报道为最多，防蚀机理研究也较详尽。60年代以来，国外较多研究倍子单宁（单宁酸）及其水解产物没食子酸等用于防蚀。

7.1 应用原理

钢铁表面曝露于大气中时，因受大气中氧和水的双重作用生成铁锈，持续锈蚀的结果导致金属失去应有的性能。防止钢铁在大气中腐蚀的主要途径是减弱和隔绝氧和水对金属表面的作用。栲胶中所含单宁，无论是缩合类或水解类单宁，都具有上述功能。单宁易被氧化，涂于金属表面能减弱氧对金属的作用；50年代苏联学者E. Knowlers[188]等证实单宁分子中含有大量的相邻酚羟基能与多种金属离子反应生成对金属有保护作用的单宁盐[41]。50年代E. Knowlers等[188]先后研究过多种单宁与铁锈生成单宁铁的反应。基于单宁的上述性质决定了含单宁的栲胶能用于金属防蚀。

70年代末，T. K. Ross[189]和A. J. Seavell[190]等人进一步研究了荆树栲胶对低碳钢的保护作用。A. J. Seavell提出：荆树单宁在酸性介质中能与铁锈中的Fe^{3+}离子生成稳定的、不溶的蓝黑色配合物，具有下列结构：

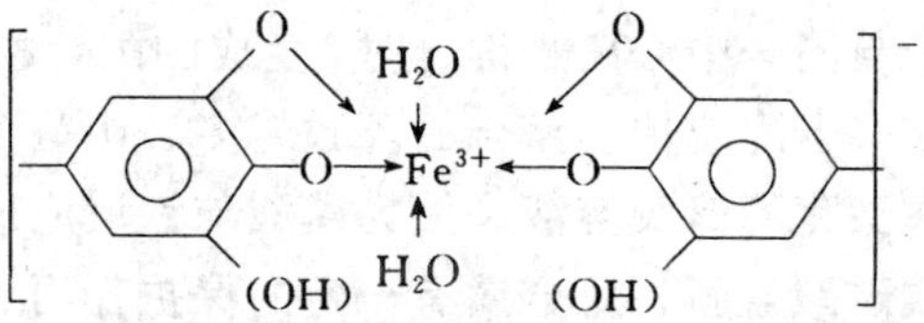

A. J. Seavell对单宁铁盐作红外光谱检测，在谱图上只见到酚羟基吸收峰有变化，未发现单宁分子中其他结构有明显改变。T. K. Ross等用X射线衍射法观察到锈层在一定时间后会起变化。他们还利用电子探针分析技术指出在钢的表面生成有裂隙的单宁铁盐膜，其中夹杂有未反应的单宁，并认为膜下的铁锈会因单宁铁盐的作用转化为有一定保护作用的Fe_3O_4。T. K. Ross等还提出，由于大气中水分的继续作用将溶去未反应的单宁，而使金属重又生锈。铁锈转化为Fe_3SO_4的论点未得到南非R. E. Cromarty[191]等人的确认，但生成有保护作用的单宁铁盐已被众多的研究者所认可。如果在其上再涂刷对水和氧以及其他腐蚀性气体稳定的保护涂层，就能达到长期保护金属的目的。

在一般情况下，配位化合物中心离子常见的配位数为其氧化数的2倍，故Fe^{3+}的配位数常为6。中心离子的半径大，容纳的配位体就越多。反之如配位体的半径大，则与中心离子键合的数目就越少。同时，配位原子在分子中的位置和分子的构型所造成的空间位阻对配位数也有重要影响。中心离子的配位数高，则不易饱和，配位往往被小分子的水所占据，由此也可解释A. J. Seavell提出的结构中有两个水分子的原因。由于金属离子在水中常形成水合物，因此单宁与铁离子的配合反应可视为酚羟基和水分子的交换反应，但有一个逐步形成的过程，亦即单宁与Fe^{3+}的完全反应需要一定的时间，或者要多次地用单宁来处理金属表面。

在A. J. Seavell之前，T. K. Ross等曾提出过单宁铁的如下化学结构表示式[189]：

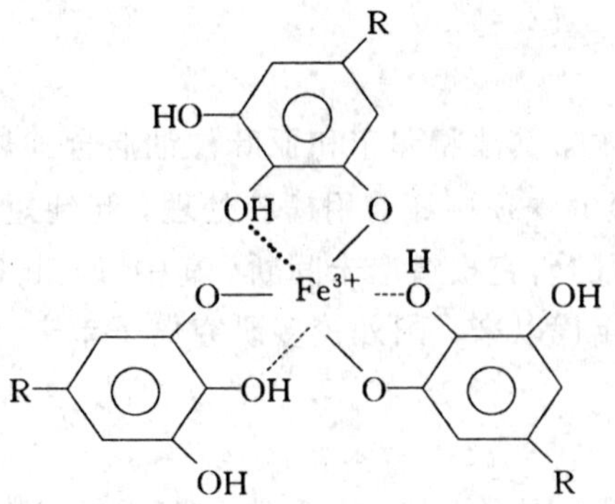

（R 表示单宁分子中其余部分）

不能肯定上述两种表示式中那一种更符合实际，可能在用不同种类的单宁与 Fe^{3+} 反应时，两种结构都存在。

捷克学者认为，除了酚羟基外，单宁分子中的羰基也能与铁离子配合[192]。酚羟基在分子间力的作用下可逐步离解，使羟基中的氧原子有提供孤对电子的可能，提供的数目则与羟基所处的位置和介质的酸碱性有关。如果配位体的酸性强，则不会影响酚羟基在酸性介质中离解，配合反应可以在酸性介质中进行。P. Bauer[193]对几种栲胶进行比较，认为水解类如柯子、栗木、橡椀等生成配合物的反应活性较强。R. N. Parkins[194]也曾研究过多种栲胶在 pH 值 6～10 范围内对低碳钢的防蚀作用，发现在中性范围内作用无明显差别，当 pH 值为 9.0～9.3 时，防蚀效果有所降低，降低的顺序是：橡椀→荆树→柯子→坚木栲胶。

当两个以上的配位原子与同一中心离子键合时，生成的配合物有环状结构，称为螯合物。因此单宁亦可称为螯合剂或多合配位体。螯合的环数越多，则螯合物愈稳定。

防锈除锈一般常用磷酸酸化的栲胶溶液。因为磷酸与铁反应生成可溶性磷酸盐既有利于除锈同时在金属表面上生成磷酸盐膜，对金属有一定的保护作用。实践证明仅用磷酸不可能完全除锈，它对单宁金属螯合物的生成有协合作用。栲胶和磷酸混合液的防蚀效果强于单用磷酸或常用的 Cr_2O_5-H_3PO_4 或 ZnO-H_3PO_4 处理液。因此，常将磷酸与栲胶液并用，或先用磷酸处理后再用栲胶液处理。

栲胶也可与铜、铝、锌、铅等金属生成螯合物[188,195]达到防蚀目的。为了增加螯合反应的活性及螯合物的稳定性，常在栲胶液中加入其他含氧、硫、氮原子的螯合剂，如葡萄糖酸钠、苯并三唑、硫脲或含氟化合物等，用以形成同一中心离子与不同配位体配合的混配化合物；也可在栲胶液中加入铁离子或其他耐蚀的金属离子（如钛）以形成几个中心离子与一种或几种配位体配合的多核配位化合物，对提高配合物的稳定性能起一定作用。

基于强氧化剂的阳极阻蚀作用，可在栲胶液中加入铬酐、铬酸盐等，以达到抑制金属的电化学腐蚀和生成惰性氧化膜的效果。

7.2 防蚀方法和实例

按使用方法可归纳为两种类型：

第一类是直接用栲胶水溶液（大多用磷酸或有机酸、无机酸酸化），或加入有机溶剂如乙醇、丁醇等提高处理液对锈层的渗透能力及涂敷性能；也可加入有增稳和增活作用的表面活性剂改善其润湿性能，有利于和金属表面充分接触；也可加入钝化剂、金属离子或另一种螯合剂；需要时可加入可溶性钡盐以除去金属表面残留的硫酸根。T. K. Ross 认为 $FeSO_4$ 对单宁铁螯合物与金属表面的结合不利。这一类用于处理带锈金属表面的混合液称为锈转化剂或清洗底漆，主要用作金属在涂保护漆之前的预处理，或用于金属加工前以及在贮运过程中的短期防护。长期防护则需在单宁金属盐膜之上再涂刷保护漆料。涂料的选择应考虑它和单宁盐膜之间的结合能力，常用的有酚醛、环氧、醇酸、丙烯酸树脂及硝基纤维素等。如保护的对象是地下管道，则可使用沥青等绝缘材料，以防止土壤的腐蚀和土壤中存在的杂散电流的影响。如果是防止液体对金属的腐蚀（如水循环系统等），可将栲胶液（加入pH调节剂等附加成分）投入与金属接触的液体中，就能起到一定的防蚀作用。

第二类是将栲胶液（根据需要加入其他附加成分）与成膜物质混合使用，一次形成对腐蚀介质稳定的保护涂层。成膜物质可用无机物（如水玻璃）或用有机物。在有机物中可用不能固化的物质如凡士林、油脂等，但大多用能固化成膜的聚合物乳液；可以单独使用这种保护层，也可以在其上再涂保护漆料。

现将两种类型的配方介绍如下。

7.2.1 栲胶液用作清洗底漆及防蚀剂①

7.2.1.1 用于钢铁防蚀

简单的防蚀方法是直接使用栲胶溶液处理金属，或用于经磷酸处理后的金属表面，报道较多的是使用磷酸（或用磷酸盐）与栲胶的混合液。处理的方法有喷淋、浸渍和刷涂等几种。使用的栲胶品种德国曾用过柯子、栗木、橡椀、红树皮、坚木栲胶[193,196,197]，英国报道过用荆树栲胶[190,198]，并研究了作用机理；罗马尼亚用橡椀[199]和栗木栲胶[200]；美国用坚木栲胶[201]；前苏联用栎木栲胶[202]；意大利用栗木、栎木、坚木和荆树皮栲胶[203]；古巴报道过将加勒比松、桉树及木麻黄栲胶与磷酸配合进行防蚀试验[204]等。由于栲胶的品种及单宁含量的差异，在螯合活性上有所差别，因而各种栲胶的用量也不相同。使用栲胶的浓度一般为2%～25%，加入磷酸量以调pH值为2～2.5为宜。

为了有利于栲胶溶解和处理液对锈层的渗透，常加入乙醇有机溶剂，乙醇的用量20%～35%。如美国专利[205]用2～5mol/L的磷酸酸化浓度为2%～10%的坚木栲胶，并加入20%～35%的乙醇；罗马尼亚[206]专利用10%～20%的栲胶溶液加入0.4%～0.5%的磷酸和20%～25%的乙醇。另有加甘油和丁醇的配方，如前苏联用栲胶10.5%、磷酸34.7%、甘油10.6%、乙醇17.1%和水27.7%作带锈钢铁的处理[207]。古巴M. I. Gonzalez[208]认为，用丁醇可提高渗透能力并可改善涂敷性能，单纯提高单宁浓度反而不利于对锈层的渗透。

其他酸也可代替磷酸并同时加入其他成分。例如英国专利[209]报道用红树皮或坚木栲胶与氯乙酸、硫酸、硝酸等混用；捷克专利[210]中有栲胶、黄血盐、磷酸和乙酰丙酮等；另一专利[211]将栲胶15份、1.2.3-苯并三唑0.5份、椰子脂酸烷醇酰胺3份溶于丙酮-丁醇-水（40：20：21.5）中配成清洗底漆。

7.2.1.2 用于铝、锌、铅、铜等金属防蚀

对铝、锌、铅、铜等防蚀在国外文献报道中较多地使用单宁酸，也有少数使用栲胶的实例。德国专利[212]曾报道用栗木栲胶处理铝和铝合金；1986年德国专利[213]报道的配方比较复杂。方法是将被处理的铝先用碱液洗涤，再喷上含有栗木栲胶0.07、$K_2ZrF_6$0.16、$NH_4HF_2$0.02、HNO_3（67.5%）0.19、HBF_4（49%）0.25、$NH_4H_2PO_4$0.56、EDTA0.02（g/

① 用栲胶处理后，通常都再涂一层保护漆，本文对使用的漆料品种略去未予介绍。

L）的混合溶液。经后处理再涂保护漆；欧洲专利[214]报道将含 Mg^{2+}0.5（g/L）和 HF（10%）1.17、H_3PO_4（10%）1.25、HNO_3（10%）1.7 或 2.23、单宁（62%）2.33（ml/L）的混合溶液处理铝和铝合金；德国专利[215]用含 N，N-二乙基羟胺 2 000、2-氨基-2-甲基丙醇 2 000、苯并三唑 40、单宁 2 000（mg/L）的混合液作试验，证明其对铝（及碳钢）的防蚀有效。此外，还有用 $TiOSO_4$ 和 HF 及栲胶溶液处理铝的报道[216]。

含 Ti 离子的配方可用于防止锌和锌合金的腐蚀。如德国专利[217]报道含 Ti 离子 0.05～2.5、磷酸 0.1～10、$H_2O_2$0.2～0.5（g/L）和单宁、植酸的配方；日本专利[218]报道先用碱液（pH 值≥12.5）处理锌和锌合金，然后再用酸化的单宁溶液处理，生成的膜结实，且与外层的漆有良好的结合力；美国专利[219]提出一种用于镀锌钢板的配方：先用磷酸处理镀锌钢板，再用盐酸酸化的栲胶溶液（1g 栲胶溶于 18.95L 水，pH 值 4.5）处理；前苏联专利[220]则在浓度为 2～100（g/L）单宁溶液中加入 1～4g $(NH_4)_2(SiF_6)$，用于镀锌钢板的处理。

前苏联 A. P. Мяткова 等[1]曾研究过栎木、云杉、柳树皮、栗木栲胶等对铅的防蚀作用，并证明其有效。

印度 M. N. Desai[221]研究过单宁抑制黄铜在 NaOH 和乳酸中的腐蚀；匈牙利 G. Bathy[222]曾以单宁、磷酸和苯并三唑作为主体成分的配方用于铜的防蚀。

另一种特殊处理方法[223]是用单宁溶液处理 Ne-Te-B 合金粉末，压制成型，同样具有良好的抗氧化和抗蚀性能。

7.2.2 栲胶溶液与成膜物质混合用于金属防蚀

基本方法是将栲胶溶液与成膜物质混合后使用，如日本报道[224]用一种涂料作为赋形剂，加入 10%～20%的单宁；英国专利[225]则将单宁液和石蜡或可熔树脂混合，用于处理钢丝及钢缆；欧洲专利[226]用氧化石蜡 25、NH_4OH（10%）5、H_3PO_4（60%）5、$HClO_4$（70%）5、单宁 6、ZnO 3、三氯乙烯 30、水 20（%）配成转化氧化铁有效的处理液；日本专利[227]用单宁和凡士林及 SiO_2 增稠剂混合涂在钢管上，再包一层聚氯乙烯带防蚀，前苏联专利[228]将单宁用磷酸酸化后与聚乙烯醇缩丁醛配合使用；瑞典专利[229]则以聚乙烯醇为粘结剂，加入黄血盐钾 2.3、草酸 1.2、单宁 15、水 5、乙醇 22（%）作为铁锈转化剂；欧洲专利[230]报道用聚氯乙烯乳液 100 份和 6 份单宁、2 份醋酸、20 份异丙醇混合，用以处理铁板，干燥后具有良好的抗湿和抗蚀性能。

日本专利[231]提出一种防锈膏的制法，内含炭黑 2 份、填料 15 份、分散剂 1 份、消泡剂 0.5 份、增稠剂 2 份、50%的单宁 9 份、水 10 份和丙烯酸树脂乳液 42.5 份，用于铸件防蚀。

捷克专利[232]报道用 5kg 栲胶加入 60L 含 30%SiO_2 水溶胶的溶液中，加 6L 丁醇，再加 1.2L H_3PO_4，调 pH 值为 2，用水稀释至 100L。溶液在 14 天内可保持不聚凝，可用于喷淋或浸渍钢或铸铁；另一捷克专利[233]则用栲胶 10 份、30%的 SiO_2 水溶胶 100 份、磷酸 2 份、丁醇 10 份、加水 60 份配成涂料，成膜后与油脂、硝基纤维素、环氧、丙烯酸树脂等有良好的结合力。

日本专利[234]用环氧树脂作成膜物质，配方用环氧树脂乳液，以多胺为固化剂，加入缩合类栲胶，其用量为固化剂量的 5%～30%，配成螯合涂料；捷克专利[235]则用 5 份环氧树脂、4 份 H_3PO_4（85%）、0.4 份单宁、0.5 份 2-（2′-羟基-5′-甲基苄基）苯并三唑和 40 份二甲苯、51 份异丙醇配成涂料，涂层能耐水和抗大气中含 SO_2 的腐蚀。

用于农业、工矿管道防蚀的配方有：捷克专利[236]报道将 15 份 NaOH、2 份六偏磷酸钠、

20 份单宁溶于 100 份水中，缓慢加入 240 份沥青乳液，充分混匀后可用于涂敷管道；日本专利[237]提出过用于地下管道接头的配方，用丁基橡胶 20 份、聚异丁烯 10 份、增粘剂 10 份、石油树脂 20 份、填料 28.5 份、防腐剂 0.5 份、单宁 15 份混合，加热至 150℃涂敷。

波兰曾提出几种用于钢筋（不需去氧化皮）防蚀的配方[238,239]，由可溶性酚醛树脂 20%、羧化的丁二烯-苯乙烯橡胶乳液 33%、聚甲基丙烯酸钠 4%、栎木栲胶 6%、合成栲胶 BWK10%、焦棓酚 0.5%、间苯二酚 0.5%、抗坏血酸 1%、滑石粉 5%、水 20%组成，聚合交联后有良好的抗蚀性能；也可用栲胶 15 份、合成单宁 3 份、羧化的丁二烯-苯乙烯橡胶乳液 34 份、聚甲基丙烯酸钠 10 份、间苯二酚甲醛树脂 20 份、膨润土 3 份、水 15 份配成处理剂，在贮存期内稳定[240]。波兰还提出一种用于铸铁和钢的涂料配方[241]，是由羧化的丁二烯-苯乙烯橡胶乳液 73 份、间苯二酚甲醛树脂 2 份、苯酚甲醛树脂 2 份、聚甲基丙烯酸铵 0.5 份、栎木栲胶 3 份、合成单宁 2 份、对苯二酚 1 份和水 16.5 份组成。

南非报道过用蜜胺-甲醛树脂的配方[242]，先在钢板上喷淋 $NaHPO_4$-$NaClO_3$ 的混合液，用水淋洗后，涂以含 0.19g/L 单宁的蜜胺-甲醛树脂乳液，烘干后再刷醇酸树脂漆；美国也曾用含植物单宁的蜜胺-甲醛树脂处理钢和铝的表面[243]。

德国将含纤维素的配方用于船舶在刷漆之前的预处理，取代常用的磷酸处理法[244]，先配制含 30%H_2PO_3、6%Zn（H_2PO_4）和 36%Zn（NO_3）的混合液，用此液 25.5 份和栲胶（分子量约 1 000）22.3 份、甲醛 2 份、异丙醇 10.5 份、乙二醇 10.5 份、丁基纤维素 2.5 份、纤维素 2.5 份、水 24.2 份配成处理液；利用纤维素的还有前苏联专利[1]，在处理液中含栎木栲胶 5%～15%、磷酸 5%～20%、正丁醇 2%～5%、乙醇 5%～15%、乙基纤维素 5%～15%、碳酸钡 1%～4%、碳酸锌 1%～2%、甘油 2%～4%、OTT-7 乳化剂 0.5%～1%，其余为水，用它处理带锈的金属，防蚀效果可达 85%～95%。

A. J. Seavell[245]还提出一种使用方法，先制成单宁铁螯合物，将其磨成细粉，用此粉 100 份和 180 份含 55%醇酸树脂的溶液以及 50 份酒精混合，配成具有防蚀作用的涂料。单宁铁的制法是将 1.144L 荆树栲胶溶液（1400g 干粉溶于 5L）和 500ml 含 56g$FeSO_4 \cdot 7H_2O$ 和 53g$NaOAc \cdot 3H_2O$ 的水溶液反应。

7.3 展　望

在国民经济中金属腐蚀问题占有重要位置，如能将栲胶这一天然资源用于金属防蚀，不仅起到保护金属作用，同时对提高栲胶生产的经济及社会效益有积极作用。以栲胶作为有效成分的防蚀配方具有无毒、易于操作、毋须彻底除锈和去氧化皮等特点。大量的文献报道表明，栲胶具有良好的应用前景。国内需要做更多的研究和推广工作。

国外在处理方法上大多趋向于一次成膜。栲胶中杂质对单宁-金属螯合物膜会产生不良影响，且有从使用栲胶转向大量使用纯度高的单宁酸、没食子酸等趋势。从螯合的机理分析，凡属使用单宁酸的配方应当可用适宜品种的栲胶代替，因此在应用栲胶于除锈、防蚀时，单宁酸的配方可供借鉴。

8　絮凝剂[132]（水处理用）

该絮凝剂用作城市饮用水净化或给水、污水的处理。由于絮凝剂在水中带正电荷，能中和悬浮于水中的粘土、有机物颗粒表的负电荷使其絮凝后沉于底部，使水得以净化。

缩合单宁（如黑荆树单宁或落叶松单宁）在酸介质中与 L 醇胺及甲醛反应，将胺甲基引入A环，制成胺化单宁，商品名叫絮凝丹（floccutan）。

处理污水时，可用黑荆树栲胶与其他絮凝剂配伍加入污 水中，用量50～2500g/g金属。处理时在一定温度和pH值条件下搅拌、澄清，生成不溶、难溶的螯合物可将污水中Cr，Zn，Ni，Cd等离子除去。用2 000mg/L单宁和4 000mg/L的硫酸铝在pH值6以下处理含聚乙烯醇1 000mg/L的污水时，脱除率可达98.7%。

除此之外，栲胶还可用于含有油、蛋白质、表面活性剂及有色，有臭污水的处理。

9 染色剂[132]（纤维用）

经过提高纯度的黑荆树胶，其单宁可由70%增至85%，可用作弹力锦纶丝袜染色的固色剂，效果与作用与五倍子单宁相同。

例如用酸性柴林6B蓝染料染成深蓝色的70D/2绵纶丝66弹力丝40kg，用纯黑荆树栲胶（含单宁85%）350g，水酯酸350ml，液比1∶17，70℃时处理20min，水洗，再用吐酒石处理（175g，溶液比1∶17，70℃，20min），经水洗，柔软处理、脱水，得到固色后的产品。

10 铅蓄电池负极板添加剂[132]

栲胶可以改善铅蓄电池负极板在低温条件下的工作能力，保持放电容量的稳定。由于单宁吸附在金属铅的表面上而不吸附于新形成的硫酸铅结晶体表面上，使负极板参与反应的活性物质的有效面积得到保证，从而减缓负极板的钝化，保证了板的使用效果。

用橡椀（含有化香果）栲胶的加入量约为0.5%。在外界气温－37℃下冷冻72h，仍能工作，外界气温在－42℃下冷冻10h还能工作。

比较负极板添加剂时，加入0.5%栲胶的添加剂均优于不加栲胶的1#硫酸钡、2#硫酸钡与腐殖酸。

11 医疗用药[132]

各种研究和应用表明单宁的多种生物活性物质可用于降压、驱虫、抗过敏、抗病毒、抗溃疡、抗癌等疾病的抑制和治疗。

缩合单宁和桋椰单宁对血管紧张肽转化酶（ACE）活性的抑制效果在浓度20μg/ml时的抑制率分别高达69%和96%。

鞣花单宁中的石榴素（punicdlin）和石榴可太因C（punicacorteinC），在浓度为20μg/ml时的抑制率分别高达89%±1%和83%±4%。

90年代研究中发现鞣花单宁石榴素和石榴可太因C对艾滋病毒（HIV即人体免疫缺陷病毒）——逆转录酶（RT）具有最佳的抑制效果。

除上述应用外，缩合类和水解类单宁在处理废水（如染料废水、含表面活性剂废水）[1]、木材抗腐剂[246]、硫矿粉浮选[247]、配制牙膏[248]、制取药用鞣花酸[249]等方面得到应用。

参 考 文 献

1. 中国林业科学研究院科技情报研究所. 国外栲胶技术. 北京：中国林业出版社，1981
2. 南京林产工业学院. 栲胶生产工艺学. 北京：中国林业出版社，1983
3. 诸炳生. 皮革春秋. 北京：轻工业出版社，1986
4. 吕绪庸. 多才多艺的万年仆人——皮革（史话）. 现实题材科学文艺征文选集. 北京：冶金工业出版社，1987
5. 邱姆巴洛夫 T K. 植物鞣质化学基础. 北京：科学出版社，1960
6. 肖尊琰. 林产化工通讯，1990，(4)：12～17
7. 中国农林科学院科技情报研究所. 国外林业科技资料——1974 年阿根廷栲胶技术座谈会专辑，1974
8. 孙达旺. 林产化学与工业，1993，13 (4)：339～345
9. 贺近恪等. 黑荆树及其利用. 北京：中国林业出版社，1991
10. Howes F N. Vegetable Tanning Materials. New York，Hafner Publishing Co.，1962
11. Первухин Ф С. Д уьильные растения и введение их в культуру. 1963
12. Я кадин А И. растительные луьильные матерцалы. издателъство легкая промышленость. 1968
13. 中国林业科学研究院林产化学工业研究所. 林产化学与工业，1981 (1)：40～45
14. 南京林产工业学院. 栲胶生产工艺学. 北京：中国林业出版社，1983
15. 肖尊琰. 中国林学会林产化学化工学会学术会议论文集（XⅡ），1986：406～411
16. 钟成发等. 中国林学会林产化学化工学会学术会议论文集（VⅡ），1986：578～585
17. 中华人民共和国国家标准. GB7645～7647—87
18. Waite. J. S. L. T. C.，1992，76 (6)：187～194
19. Despende V H. Leather Science，1976，23 (6)：211～212
20. Garbutt D C F et al. Report of Wattle Res. Inst. for 1982～1983
21. Неуфелд Е. учение запуск татар. госуд. унив，1959，74：142～151
22. Kapel M. Analyst，1979，99，1183，661～665
23. Milozarek I. Chem Anal. (Warsaw)，1972，17 (1)：31～40
24. Bangarus WS. Leather Science，1984，31 (4)：114～118
25. Alexa G. J. S. L. T. C.，1966，50：84
26. Фармакохимии институти. фармакохимии АН тр. сср，1973，1 (12)：15～18
27. Greifender J G. J. A. L. C. A.，1967，62 (10)：670～683
28. Blazej A. Leather Science，1978，25 (1)：1～7
29. 余盛迈等. 药学通报，1980，21 (10)：589～590
30. Morgan K R. A. P. P. I. T. A. J.，1987，40 (6)：450～454
31. Yazaki Y et al. Holzforschung，1993，47 (1)：57～61
32. 中华人民共和国国家标准. GB2615—81
33. Yazaki Y et al. Holzforschung，1980，34：125～130
34. 顾人侠等. 澳大利亚阔叶树研究. 1993：285～288
35. C. A，46，2831i
36. РЖХ 1965，1C733
37. РЖХ 1964，23C722
38. C. A，71，51253h

39. C.A，73，41627k
40. C.A，83，110721i
41. C.A，84，95669i；111，55873c
42. C.A，113，178359p
43. Burns R. E. Agron. J.，1972，63：511
44. Okuda T et al. Yakugakku Zushi，1977，97：1273
45. Anisimova KI. Rast Resur.，1967，3：128
46. C.A，64，16264a
47. C.A，63，3623f
48. C.A，105，183232t
49. C.A，77，124865v
50. Makkar HP. J. Agric. Food Chem.，1989，37（4）：1197～1202
51. Okuda T. J. Nat. Prod.，1989，52（3）：665
52. Nakajima J. JP01170837，1989
53. Hanif M. Sci. Int.，1989，1：247～251
54. 罗文玉等. 药物分析杂志，1990，10（4）：249～250
55. Hemingway RW. Chem. Signif. Condens. Tannins. 1988：197～202
56. Hermerdorfer U. DP287330，1991
57. 高传璧等. 世界林业研究，1990，3（1）：46～49
58. Stubbing JA. Wattle Research Institute Report Forestry，1977～1978：96～97
59. 孙达旺. 植物单宁化学. 北京：中国林业出版社，1992
60. Haslam E. 林产化学与工业，1992，12（1）：1
61. Rowe JW. Natural Products of Wood Plants；Chemicals Extraneous to Lignocellulosic Cell Wall. Berlin：Springer Verlag，1989
62. David WS Hon et al. Wood and Cellulosic Chemistry. Marcel Dekker Inc.，1991：257～330
63. Hemingway RW et al. Chemistry and Significance of Condensed Tannins. New York：Plenum Press，1989
64. Ferreira D et al. Tetrahedron，1992，48：1743
65. Morimoto S et al. Chem. Pharm. Bull.，1986，34（2）：633
66. Nonaka G et al. J. C. S. Chem. Comm.，1981：781
67. Morimoto S et al. Chem. Pharm. Bull.，1988，36：33；1987，35：4717
68. Balde AM et al. Phytochem.，1995，38（3）：719
69. Kashiwada T et al. Chem. Pharm. Bull.，1986，34：3208
70. Morimoto S et al. Chem. Pharm. Bull.，1986，34：643
71. Sun D et al. Phytochem.，1987，26：1825
72. Ahn B et al. Archiv. der Pharm.，1973，306：338
73. Nonaka G et al. J. Chem. Soc.，Perkin I，1983：2139
74. Ottrup H et al. Carlsberg Res. Commun.，1981，46：43
75. Young DA et al. J. Chem. Soc.，Perkin I，1985：2529；1985：2537
76. Young DA et al. J. Chem. Soc.，Perkin I，1983：2031
77. Viviers PM et al. J. Chem. Soc.，Perkin I，1983：17
78. Steenkamp JP et al. J. Chem. Soc.，Chem Commun.，1985：1678
79. Czochanska Z et al. J. Chem. Soc.，Perkin I，1980：2278

80. Nonaka G et al. Chem. Pharm. Bull., 1980, 28: 3145
81. Nonaka G et al. Chem. Pharm. Bull., 1983, 31: 3906
82. 西岡五夫. 化学と生物（日），1986，24：428
83. Nonaka G et al. Chem. Pharm. Bull., 1986, 34: 61
84. Gilson E, Compt. Rend. Acad. Sci., 1903, 136: 385
85. Schmidt QT et al. Liebigs. Ann. Chem., 1951, 571: 29; 1957, 609: 192
86. Kashiwada K et al. Chem. Pharm. Bull., 1984, 32: 3461
87. Nishizawa M et al. J. Chem. Soc., Perkin I, 1982: 2963
88. Nishizawa M et al. J. Chem. Soc., Perkin I, 1983: 961
89. Nonaka G et al. Chem. Pharm. Bull., 1984, 32: 483
90. Nielsen B et al. Phytochem., 1980, 19: 2033
91. Nonaka G et al. Chem. Pharm. Bull., 1985, 33: 96
92. Nishimura H et. al. Phytochem., 1984, 23: 2621
93. Haslam E et al. J. Chem. Soc., 1963: 2123; 1962: 3814
94. Nishimura H et al. Chem. Pharm. Bull., 1984, 32: 1741
95. Gupta R et al. J. Chem. Soc., Perkin I, 1982: 2525
96. Tanaka T et al. J. Chem. Research (s), 1985: 176
97. Okuda T et al. J. Chem. Soc., Perkin I, 1983: 1765
98. Okuda T et al. Chem. Pharm. Bull., 1982, 30: 766; 1984, 32: 2165
99. Okuda T et al. Phytochem., 1975, 14: 1877
100. Nishimura H et al. Chem. Pharm. Bull., 1984, 32: 1750
101. Okuda T et al. J. Chem. Soc., Perkin I, 1982: 9
102. 陈新民等. 林产化学与工业，1996，16（1）：69
103. Ahmed A F et al. Chem. Pharm. Bull., 1994: 254
104. Feng H et al. Phytochem., 1988, 27: 1185
105. Yoshida T et al. Chem. Pham. Bull., 1980, 28: 3713
106. Schmidt O T et al. Liebigs. Ann. Chem., 1958, 618: 71
107. Tanaka T et al. Chem. Pharm. Bull., 1986, 34: 1039
108. Mayer W et al. Leder, 1971, 22: 277
109. Nonaka G et al. Phytochem., 1995, 38 (2): 509
110. Mayer W et al. Leder, 1977, 28: 17
111. Okuda T et al. Chem. Pharm. Bull., 1984, 32: 4662
112. Okuda T et al. Chem. Pharm. Bull., 1982, 30: 4234
113. Nonaka G et al. J. Chem. Soc., Perkin I, 1982: 1067
114. Mayer W et al. Liebigs. Ann. Chem., 1976: 987; 1976: 2169; 1976: 2178
115. Tanaka T et al. Chem. Pharm. Bull., 1986, 34: 650; 1986, 34: 656
116. Ishmaru K et al. Chem. Pharm. Bull., 1987, 35: 602
117. 野中源一郎. 讲学交流资料. 南京，1988
118. Viviers PM et al. J. Chem. Soc., Perkin I, 1983: 2555
119. Viviers PM et al. J. Chem. Soc., Perkin I, 1983: 17
120. 沈兆邦等. 林产化学与工业，1986，5（1）：1
121. 孙达旺等. 林产化学与工业，1986，6（4）：1
122. 赵祖春. 南京林业大学研究生硕士学位论文，1986

123. Porter L J et al. Phytochem，1985，24：567
124. Yazaki T et al. Holzforschung，1977，31：20
125. Hemingway R W. Phytochem，1983，22：275
126. Sun D et al. Phytochem，1988，27：579
127. 孙达旺等．中国林学会林产化学化工学会学术会议论文集（Ⅶ），1986：412
128. Hsu FL et al. Chem Pharm. Bull.，1985，33：3293
129. Sun D et al. Phytochem.，1987，26：1825
130. 罗庆云等. 林产化学与工业，1994，14（3）：15
131. Schmidt O T. Liebigs. Ann. Chem.，1967，706：187
132. 孙达旺. 栲胶生产工艺学，第2版，北京：中国林业出版社，1995
133. Harborne J. The Flavonoids. Academic Press，1975
134. Beart J et al. J，Chem. Soc.，Perkin Ⅱ，1985：1439
135. Foo LY. J. Chem. Soc.，Chem. Commun.，1983：672
136. Roux DG et al. Appl. Poly. Symp.，1975，28：335
137. Burger JFW et al. Tetrahedron，1990，46：5733
138. Young DA et al. J. Chem. Soc.，Perkin I，1986：1737；1988：2345
139. Pizzi A. Wood Adhesives. New York：Marcel Dekker Inc.，1983
140. 黄剑胗等. 南京林业大学学报，1992，16（1）：13
141. Haslam E. 林产化学与工业，1987，7（4）：1
142. Okuda T et al. Chem. Pharm. Bull.，1985，33：1424
143. Butler LG et al. J. Am. Oil Chem. Soc.，1984，61：916
144. 南京林产工业学院主编．林产化学工业手册（上册）. 北京：中国林业出版社，1980：439～644
145. 林产工业手册编写组. 林产工业手册. 北京：中国林业出版社，1984：603～684
146. 上海轻工业设计院等. 干燥技术进展（第4分册，喷雾干燥）. 上海：上海科技情报研究所，1977
147. 郭宜祐等．喷雾干燥. 北京：化学工业出版社，1983
148. K. 马斯托思. 喷雾干燥手册. 黄照柏等译. 北京：中国建筑工业出版社，1983
149. 张先寿等. 林产化工通讯，1994，28（5）：15～19
150. 虞子云. 林产化学与工业，1992，12（2）：113～119
151. 中华人民共和国林业部标准，LY/T 1082—93. 栲胶检验方法
152. 温祖谋．制革工艺及材料学. 北京：轻工业出版社. 1981：243～246
153. 张文德. 植物鞣质化学及鞣料. 北京：轻工业出版社. 1985：197～205
154. 魏永元. 皮革鞣质化学. 北京：轻工业出版社. 1979：461～471，265～270
155. 万克武等. 制革技术基础. 北京：轻工业出版社. 1983：126～128
156. T. E. P. E.，A Survey of Mordern Vegetable Tannage 1974，85～90
157. 石碧等. 中国皮革，1993，22（6）：15～17
158. 马燮芳. 皮革科学与工程，1990，（4）：28～33
159. Coppens H A et al. Forest Products Journal，1980，30（4）：38～42
160. Sayman H M et al. Forest Products Journal，1976，26（12）：27～33
161. Pizzi A. Holz als Roh-und Werkstoff，1981，39（3）：85
162. Pizzi A. Adhesives Age，1977，20（12）：27～29
163. Pizzi A. J. of Applied Polymer Science，1979，23（5）：1257～1268
164. 中国林业科学研究院林业科学研究所树皮综合研究小组. 森工科技通讯，1978，（8）：10～11
165. 张英伯等. 林产化学与工业，1981，1（2），1～12

166. 张齐生等. 林产工业，1991，(4)：11～15
167. 姚忻等. 林业科技，1991，16 (2)：38～41
168. 赵临伍等. 林产化学与工业，1994，14 (3)：21～27
169. 李丙菊等. 林产化工通讯，1994，28 (4)：16～22
170. 陈茜文. 林产化工通讯，1994，28 (5)：6～8
171. Pizzi A. Industrial & Engineering Chemistry Product Research and Development，1982，21 (3)：359～369
172. Pizzi A. J. of Applied Polymer Science，1979，23 (9)：2777～2792
173. Pizzi A. Forest Products Journal，1978，28 (12)：42～74
174. Pizzi A. *et al.*，Holzforsch. Holzverwert，1980，32 (6)：140～150
175. Pizzi A，Roux D G. J. of Applied Polymer Science，1978，22 (7)：1945～1954
176. Pizzi A，Roux D G. J. of Applied Polymer Science，1978，22 (9)：2717～2718
177. Pizzi A. J. Macromol. Sci.，Rev. Macromol. Chem. C2 (18)：1980：247～315
178. 余钢. 世界林业研究，1994，7 (1)：44～51
179. Roffael E *et al.*，Adhäsion，1992，36 (5)：25～26
180. Roux DG. Applied Polymer Symposia. 1957，28：335～353
181. Roux DG. Tydskr Natuurwetensk 1970，10 (2)：139～163
182. 李丙菊等. 林化科技通讯，1987，(8)：9～13
183. 蔡德文. 林业科学，1979 (2)：81～86
184. 赵洪范. 中氮肥，1989，5：29～33
185. 李尚达等. 河南化工，1990，10：9～11
186. 文孙汉. 小氮肥，1989，3：10～11
187. 林桂就. 广西化工，1990，4：52～54
188. Knowlers E White T. J. Oil and Coulour Chemists' Assoc. 1958，41 (1)：10～23
189. Ross T K，Francis R A. Corr. Sci，1979 (18)：351～361
190. Seavell A J. J. Oil and Coulour Chemists' Assoc. 1978. 61 (12)：439～462
191. Cromarty R E. Corros. Coat S. Atrika 1985，12 (4) C. A，105：27922 (1986)
192. C. A，65：118118 (1966)
193. Bauer P. Metall-Reinig-Vorbehandlung 1964，13 (3)：41～46，C. A，61：1560 (1964)
194. Parkins R N. C. A，65：10234 (1966)
195. C. A，55，19275 (1961)
196. C. A，55，11277 (1961)
197. Ger. Offen. 2，320，547 C. A，80，51305 (1974)
198. C. A，62，8759 (1965)
199. C. A，63，18502 (1965)
200. C. A，76，131329 (1972)
201. C. A，68，53195 (1968)
202. C. A，78，61223 (1973)
203. C. A，55，10295 (1961)
204. C. A，111，196797 (1989)
205. C. A，53，1088 (1959)
206. C. A，68，98609 (1968)
207. C. A，79，147465 (1973)

208. C. A，108，224975 (1988)
209. BP1，023，414 C. A，65：3459 (1966)
210. C. A，68，70203 (1968)
211. C S 211982 C. A，100：125180 (1984)
212. Ger. Offen. 2，700，642 C. A，88：175678 (1978)
213. Ger. Offen. 3，535，135 C. A，105：99186 (1986)
214. C. A，97，221498 (1982)
215. Ger. Offen. 3，507，102 C. A，104：9522 (1986)
216. C. A，87，205342 (1977)
217. Ger. Offen. 2，701，321 C. A，88：125188 (1978)
218. JP 80，148，773 C. A，94：107964 (1981)
219. US 3，975，214 C. A，85：6445 (1976)
220. SU 956，620 C. A，98：94235 (1983)
221. C. A，76，7694，36740 (1972)
222. C. A，110，177805 (1989)
223. JP 63，297，505 C. A，111：43827 (1989)
224. C. A，82，87787 (1975)
225. C. A，68，4025 (1968)
226. EP 262，541 C. A，109：26080 (1988)
227. C. A，93，74039 (1980)
228. C. A，93，241238 (1980)
229. Swed. 385，384 C. A，86：125299 (1977)
230. EP 268，042 C. A，109：172234 (1988)
231. JP 57，139，155 C. A，98：36219 (1983)
232. CS 242，440 C. A，108：190793 (1988)
233. CS 242，433 C. A，108：190802 (1988)
234. C. A，89，45141 (1978)
235. CS 194，4965 C. A，97：74050 (1982)
236. CS 177，503 C. A，91：93095 (1979)
237. JP 81，111，659 C. A，95：205606 (1981)
238. PL 126，160 C. A，106：88529 (1987)
239. PL 130，207 C. A，108：26335 (1988)
240. PL 147，585 C. A，114：8314 (1991)
241. PL 147，584 C. A，114：45069 (1991)
242. C. A，86，159422 (1977)
243. US 174，980 C. A，92：60479 (1980)
244. Ger. Offen. 3，609，931 C. A，94：69710 (1981)
245. BP 2，174，386 C. A，106：215569 (1987)
246. JP 63132662 C. A，109：134384 (1989)
247. DE 3329340 C. A，103：7850
248. CS 241838 (Szech) C. A，110：93572 (1987)
249. JP 01215861 C. A，112：115848 (1989)

第12篇

林产油脂

第42章 概述

王子明

我国有丰富的木本油料植物资源,尤其在广阔的亚热带与热带是木本油料重要分布地区,当今世界上的商用植物油大约有22种,其中木本油占有重要地位。1986～1990年世界动植物油产量见表42-1。

表42-1 1986～1990年世界动植物油产量(百万t)

油 类	1986～1987年	1987～1988年	1988～1989年	1989～1990年
大豆油	15.2	15.28	14.55	15.87
油棕油	7.98	8.39	9.32	9.97
向日葵油	6.57	7.15	7.17	7.62
菜籽油	6.86	7.69	7.56	7.45
棉籽油	3.06	3.47	3.62	3.47
花生油	3.10	3.00	3.64	2.64
椰子油	2.93	2.65	2.74	2.84
橄榄油	1.56	1.90	1.43	1.75
鱼 油	1.34	1.40	1.57	1.61
棕仁油	1.07	1.21	1.28	1.30
亚麻油	0.64	0.62	0.54	0.57
总 计	50.31	52.76	53.42	55.09

资料来源:USDA The Cocomunity 15 December 1989。

木本油料树在生产上的特点是不需要年年播种,如椰子种植5～6年后结果期长达60年,油棕结果期达25年,油橄榄结果期达200年,油茶也是长寿树。这些树种种植后,只要经营管理好,产量是稳定的,这一特点受到世界上人们注意。为此,开发林产油脂生产受到较大重视。

油脂的结构与组成:油脂是由脂肪酸与甘油化合而成即甘油三酯。它可由三个相同的脂肪酸组成单三甘油酯;也可由不相同的脂肪酸与甘油化合而成混合三甘油酯(甘油杂酯),自然界的脂肪多为甘油三杂酯,仅有橄榄油和猪油含三油酸甘油酯较高。

一个甘油分子与三个脂肪酸分子的反应生成的油脂分子结构如图42-1。

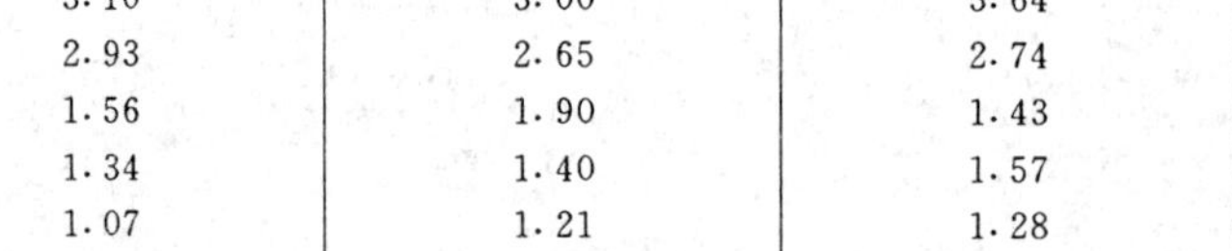

$$\begin{array}{c} \text{H} \\ | \\ \text{H—C—OH} + \text{HOOC—R}_1 \\ | \\ \text{H—C—OH} + \text{HOOC—R}_2 \\ | \\ \text{H—C—OH} + \text{HOOC—R}_3 \\ | \\ \text{H} \\ \text{甘油}\qquad\qquad \text{脂肪酸} \end{array} \longrightarrow \begin{array}{c} \\ \\ \\ \\ 3\text{HOH} + \\ \\ \\ \\ \\ \text{水} \end{array} \begin{array}{c} \text{H} \\ | \\ \text{H—C—OOCR}_1 \\ | \\ \text{H—C—OOCR}_2 \\ | \\ \text{H—C—OOCR}_3 \\ | \\ \text{H} \\ \text{甘油三酯} \end{array}$$

图42-1 油脂分子(甘油三酯)的反应结构式

1 脂肪酸

脂肪酸是甘油酯分子中的主要组分，它对甘油酯的物理及化学性质起很大作用。一般天然脂肪酸是由一个羧基连接在直链碳氢化合物的末端，凡是碳链中碳原子都与两个以上的氢原子连接的脂肪酸称为饱和脂肪酸（如图 42-2），含有双键的脂肪酸称为不饱和脂肪酸（如图 42-3），其不饱和程度取决于脂肪酸中双键的平均数。

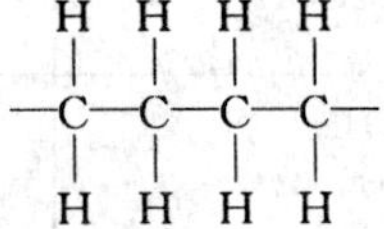

图 42-2 饱和脂肪酸的结构式

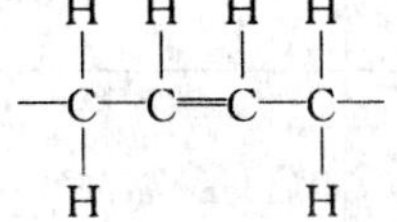

图 42-3 不饱和脂肪酸的结构式

常见天然脂肪酸列于表 42-2 和表 42-3，此外还有结构异常的脂肪酸如羟酸、环酸。一般天然油脂中脂肪酸碳链数在 C_4～C_{24}，多为偶数碳链，近来也曾发现有奇数碳链脂肪酸的存在，但很少。

表 42-2 饱和脂肪酸（$C_nH_{2n}O_2$）

名 称	英 文 名	分 子 式	存 在
丁酸（酪酸）	butyric acid	C_3H_7COOH	奶油
己酸（羊油酸）	caproic acid	$C_5H_{11}COOH$	奶油、羊脂、可可油
辛酸（羊脂酸）	capryic acid	$C_7H_{15}COOH$	奶油、羊脂、可可油
癸酸（羊腊酸）	capric acid	$C_9H_{19}COOH$	奶油、椰子油
十二烷酸（月桂酸）	lauric acid	$C_{11}H_{23}COOH$	鲸蜡、椰子油
十四烷酸（豆蔻酸）	myristic acid	$C_{13}H_{27}COOH$	肉豆蔻脂、椰子油
十六烷酸（棕榈酸）	palmitic acid	$C_{15}H_{31}COOH$	动植物油
十八烷酸（硬脂酸）	stearic acid	$C_{17}H_{35}COOH$	动植物油
二十烷酸（花生酸）	arachidic acid	$C_{19}H_{39}COOH$	花生油
二十二烷酸（山嵛酸）	behenic acid	$C_{21}H_{43}COOH$	山嵛、花生油
二十四烷酸（木焦油酸）	lignoceric acid	$C_{23}H_{47}COOH$	花生油
二十六烷酸（蜡酸）	cerotic acid	$C_{25}H_{51}COOH$	蜂蜡、羊毛脂
二十八烷酸（褐煤酸）	montanic acid	$C_{27}H_{55}COOH$	蜂蜡

2 油脂及脂肪酸的物理和化学性质

2.1 物理性质

一般无色、无臭、无味，呈中性，相对密度都小于 1，单位一般用“g/cm^3”表示。粘性——“油性”，是分子间内摩擦的一个度量，测定用粘度计。天然脂肪没有明确的熔点，因为它们多是几种脂肪酸的混合物。烟点、着火点、闪点都是油脂在空气中加热时热稳定性的一种量度。脂肪酸不溶于水，溶于脂肪溶剂。低分子脂肪酸（C_6 以上）组成的脂肪略溶于水，在乳化剂如肥皂和胆汁酸盐存在下油脂可与水混合成乳状液。脂肪溶解脂溶性维生素（维生素 A、D、E、K）。脂肪具有不同的折光指数，用它可以协助鉴别和确定油脂的品种、脂肪酸组成、碳链长短以及脂肪酸不饱和程度。因为折光指数之值与结构存在一定的关系，可用以代替皂化值。吸收光谱能检验出油脂是否变质。

表 42-3 不饱和脂肪酸

名称	英文名	分子式	存在
十八碳一烯酸（油酸）$\triangle^{9}$	oleic acid	$CH_3(CH_2)_7CH=CH-(CH_2)_7COOH$	动植物油脂（橄榄油、猪油、含量较高）
十八碳二烯酸（亚麻二烯酸、亚油酸）$\triangle^{9,12}$	linoleic acid	$CH_3(CH_2)_4CH=CH-CH_2$ $-CH=CH-(CH_2)_7COOH$	棉子油、亚麻仁油
十八碳三烯酸（亚麻三烯酸）$\triangle^{9,12,15}$	linolenic acid	$CH_3CH_2CH=CH-CH_2-$ $CH=CH-CH_2-CH=$ $CH-(CH_2)_7COOH$	亚麻仁油
二十碳四烯酸 花生四烯酸 $\triangle^{5,8,11,14}$	arachidonic acid	$CH_3(CH_2)_4CH=CH-CH_2-$ $CH=CH-CH_2-CH=CH-$ $CH_2-CH=CH-(CH_2)_3-COOH$	卵磷脂、脑磷脂

注：①括号前的脂肪酸名称是系统名，括号内的名称是俗名，如（酪酸）。

②不饱和脂肪酸字前加烯字，表示不饱和，烯字后带方括号的数字，表示双键的位置，双键也可用“△”右上角加数字表示。$\triangle^{9}$ 表示双键位置在从羟基起的第 9 位。

③脂肪酸分子式中羟基的位置，在羟字前加数字，例 α-羟二十四碳酸，即表示二十四碳羟酸的羟基在从羟基碳起的第二碳位上。

④摘自郑集著《普通生物化学》及贝雷著《油脂化学与工艺学》。

2.2 化学性质

（1）水解和皂化（表 42-4）：是根据其所含脂肪链产生的性质，一切脂肪都能被酸、碱，蒸汽及脂酶所水解，产生甘油及脂肪酸。如果水解剂是碱则得到甘油和脂肪酸的盐类，这种盐类称为皂，这种作用称为皂化作用。其定义是皂化 1g 脂肪中的游离脂肪酸或中和 1g 脂肪酸所需的 KOH 的毫克数称为皂化值。通常从皂化值的数值可以略知混合脂肪酸的分子量，这种表示方法现在逐步弃用，而直接用游离脂肪酸的百分数来表示脂肪的酸度。

表 42-4 脂肪的分子量与其皂化值的关系

脂肪酸的通称	化学名称	分子量	皂化值
乳 酸	丁 酸	302.4	558.6
羊脂酸	癸 酸	554.8	303.4
棕榈酸	十六烷酸	807.3	208.5
硬脂酸	十八烷酸	891.5	188.8
油 酸	十八碳烯酸	885.4	190.1

（2）氢化、卤化（表 42-5）：脂肪分子中不饱和脂肪酸可以与氢、卤起加成作用，即不饱和脂肪酸在催化剂（镍、铂、钯）的影响下，氢气可添加至不饱和脂肪酸的双键上，形成饱和酯，称作氢化，可以用它测定不饱和程度。这种作用可以使棉子油氢化制成人造奶油和酥油。

卤素如氯、溴、一氯化碘可以加成到不饱和脂肪酸的双键上产生卤化酯，这种作用称作卤化。加碘在油脂分析中是十分重要的，从加碘的数量可以推测油脂中所含脂肪酸不饱和的程度。碘值的定义是在标准条件下，100 g 脂肪吸收碘的克数。

表 42-5 油脂皂化值及碘值

脂 类	皂化值	碘 值
椰子油	246～265	8～10
橄榄油	190～195	94～95
茶籽油	190～195	80～87

(3) 氧化及酸败：油脂类所含不饱和脂肪酸与氧分子作用，可产生脂肪酸过氧化物，油脂暴露于空气中经相当时间后即败坏而发生臭味，这种现象叫酸败。酸败原因有：①细菌作用；②酶催化水解作用和氧化；③直接受空气中氧的自动氧化作用。由于氧化、水解作用放出游离（自由）脂肪酸，大分子脂肪酸经氧化裂解为低分子脂肪酸或为醛酮等有臭物质。酸败程度的大小，可用酸价和过氧化值来表示。酸价就是指中和 1 g 油样中的游离脂肪酸所需的 KOH 的毫克数，过氧化值是指 1 000 g 油样，测定其过氧化物的毫克当量数。这是利用过氧化物在酸性溶液中与 KI 或 I_2 以硫代硫酸钠进行测定的。

植物油中含有数量较多的抗氧化剂，对氧化酸败起一定的防止作用。生育酚是一种人们熟知的抗氧化剂，生育酚又称油溶性维生素 E，但它本身也易起氧化作用，形成不抗氧化的生育醌。

(4) 油脂的非甘油酯成分（表 42-6）：所有的油类中都含有少量的非甘油脂成分，在毛油中含 5%，经过精炼各工序可以除去。磷脂在毛油中是主要的非甘油酯成分。糖酯也属于复酯。甾醇是不皂化物的主要部分，皂脚是甾醇的主要来源，是维生素 D 的原料，植物中甾醇有两种，即 β-谷甾醇（$C_{29}H_{50}O$）和豆甾醇（$C_{29}H_{45}O$）。角鲨烯是一种高度不饱和烃，在油脂中含有少量，具有抗氧化活性。

表 42-6 几种油脂甾醇、角鲨烯、生育酚含量

脂 类	含甾醇量（%）	含角鲨烯量 mg/100g 油脂	含生育酚量（%）
椰子油	0.06～0.08	2	0.0083
橄榄油	0.23～0.13	383	0.003～0.03
棕榈油	0.03	—	0.056

(5) 色素：是使油脂带有颜色的物质，普通是指胡萝卜素、叶绿素、叶黄素、棉酚等。

3 油脂加工

从含油的植物原料中提取油脂，因原料的不同加工方法差别很多，因此机械设备的要求也不同，这些将在后面各章节详述，油脂的加工方法主要采用压榨法或溶剂浸出法。压榨法提取是榨油工业中的传统方法，一般要经过：①清洗；②剥壳和壳的分离；③原料的破碎；④原料热处理；⑤机械压榨。

压榨法是把油从固体中分离出来的一种有效方法，但油渣饼中仍残留一部分吸附的油，约占饼粕重的 5%左右，含油低的油料，榨后糟粕中的油可占油总量的 5%～8%（如大豆）。溶剂浸出法可以把饼粕中残油降到 1%以下，但其主要缺点是设备投资大，由于所用的溶剂是易燃物，所以发生火灾的危险性大，厂房建筑和工人操作必须注意防火。溶剂浸出法是较近代才发展起来的工艺，已为世界各国普遍采用。

我国的林产油脂工业在建国后有较大的发展，但因原料的分散使之具有点多面广规模小

的特点，1984年以来国内一些油厂向西方及日本引进了浸出、精炼、炼制色拉油、人造奶油的设备，在提高油的品质方面有大的提高。

由于林产油脂原料树，只种一次，多年收益，特别是食用木本油脂营养丰富，价格便宜，今后将随着人民生活水平日益提高，对木本油料的需要量越来越大，我国林产油脂的生产将会得到日新月异的发展。

第43章 茶油（油茶籽油）

王子明

1 我国油茶的概况

油茶是我国特有的木本油料树种之一，分布在南方各省，自淮河秦岭以南到南海、从云贵高原到台湾均有栽培，80年代初，全国有油茶林约3 331万hm^2，以湖南、江西、浙江、福建及广西为盛，仅湖南省有油茶林160万hm^2，年产茶籽达25万t。是南方诸省重要的食用油脂资源产区。

油茶在我国有2 000多年历史，公元1700年据《三农记》中清代张宗法引证公元3世纪前《三海经》绪书中“员木南方油食也”之句，员木即油茶，说明当时就能从油茶果实中制取油茶作为食用。公元1061年宋代油茶已发展到大量栽培的阶段。

油茶属茶科THEACEAE植物，品种繁多，国内种植的主要品种有普通油茶*Camellia oleifera*，小叶油茶*camellia meocarpa*又名珍珠籽，华南油茶又名大果油茶，浙江红花油茶*Camellia chekiagoleora*、广宁红花油茶*Camellia semiserata*、云南腾冲油茶*Camellia reticulata*、博白大果油茶*Camellia gigontocarpa*、攸县油茶*Camellia yansienensis*、宛田红花油茶*Camellia polyodanta*、茶陵红花油茶及贵州匹它山油茶*Camellia pitardi*等10余种，此外还有1种茶梅*Camellia sasanqua* thanb在我国和日本均有种植。上述品种由于生长环境及果实成熟季节不同，并且各有高产和高抗性品种，例如华南油茶产量高，茶林每公顷产茶折油1 102.5kg；云南腾冲油茶种仁含油高达58.94%；攸县油茶抗病性强，出油率为28%～36%，都是有发展前途的品种。为了提高油茶的经济效益，增产油脂，我国政府自80年代开始对产区老林进行更新改造，垦复和发展科技兴林，已取得显著成效。如湖南林业科学研究所培育的茶林每公顷产茶折油1989年为234kg，1990年为348kg，1991年提高到600kg。油茶因品种不同，单株产果和果实成熟季节亦不一样，林农以果实成熟的迟早划分为寒露籽，霜降籽及立冬籽。

2 茶仁中油脂的形成

茶仁中的油脂是由糖分转化而来的。中国林业科学研究院亚热带林业研究所在湖南怀化进行了3年观察试验，结果证明，茶果中油脂转化始于8月中，种籽中的水分随着干物质的积累逐渐降低，油脂含量则逐渐增加。以霜降籽青球为例，8月8日取样检验总糖为6.95%、油脂为11.92%；9月8日取样检验总糖为4.88%、油脂为22.50%；10月8日取样检验总糖为4.30%、油脂为40.0%。

浙江省常山县也有类似的试验结果，亚热带林业研究所及常山的采摘试验说明，霜降籽在霜降之后5天、立冬籽在立冬后5天采摘较为适宜，采摘过早果实未成熟，油分少经济上受损失。

3 茶籽收购质量标准

湖南省茶籽质量标准是1986年8月由湖南省标准局发布，茶籽按含油率高低分为三等，一等≥35%（干基）、二等≥33%（干基）、三等≥31%（干基），水分≤11%，杂质≤2%，气味色泽正常，无霉变发芽现象，并以二等为中等价标准，低于三等的为等外籽。

4 茶果各部分的化学组成

茶果中，茶蒲占60%～61.3%、茶籽占38.7%～40%，茶籽中壳占30.6%～34.0%、茶仁占66.0%～69.4%。新摘茶果水分甚高，烘干之后可得干茶籽18.33%～20%。

茶蒲是茶果剥出茶籽后剩下的果皮，每收茶籽100kg约有165～170kg茶蒲被遗弃。湖南省轻工研究所分析，茶蒲中水分10.99%、粗脂肪0.39%、灰分3.66%、多缩戊糖28.38%、咖啡因0.22%、单宁9.23%、皂苷8.73%、木质素44.36%，可从中提取单宁、糠醛和皂苷。

茶籽的化学组成：1979年浙江省粮食科研所和1981年湖南省粮油科研所均进行过分析，其结果见表43-1。

表43-1 茶籽的化学组成

样品来源	浙江			湖南安化	湖南浏阳	海南	备注
分析单位	浙江省粮食科研所			湖南省粮油科学研究所	湖南省轻工研究所	海南亚热带油脂研究所	
样品	茶籽	茶仁	茶籽壳	茶仁（干基）	茶籽壳	茶仁	
出仁率（%）	—	66.0	—	—	—	—	
粗脂肪（干）（%）	25.18	37.53	1.32	55.66	0.13	44.24	
粗蛋白（干）（%）	10.13	12.64	5.25	10.50	—	8.36	
粗纤维（干）（%）	22.57	7.13	52.28	5.50	52.15	4.91	
灰分（干）（%）	2.67	2.76	0.73	—	0.43	—	
咖啡因（干）（%）	0.34	0.33	0.36	—	—	—	
单宁（%）	0.02	0.006	0.05	—	2.47	—	即鞣质
皂苷（%）	—	—	—	10.60	5.43	—	
多缩戊糖（%）	—	—	—	—	30.27	—	
水分（%）	—	—	—	—	12.77	8.15	

5 茶油的理化性质和脂肪酸组成

茶油为暗黄色油状液体，有清淡的茶油味，冬天不易冻结，溶于丙酮、三氯甲烷、乙醚、石油醚等多种有机溶剂，不溶于水，属不干性油，见表43-2。

表43-2 茶油的理化性质

分析单位	浙江省粮食科学研究所		湖南省粮油科学研究所	海南亚热带油脂研究所
茶油样品来源	浙江	浙江常山县	湖南安化县	海南
相对密度（20℃/4℃）	0.916～0.917	—	0.9104～0.9205	0.9096～0.9205
颜色（罗维邦比色计1″槽）	—	黄35红7～10	黄35红4	—
折光指数（20℃）	1.4680～1.4690	1.4675～1.4687	1.4671～1.4714	1.4679～1.4719
皂化值	—	190～193	—	188～196

（续）

分析单位	浙江省粮食科学研究所		湖南省粮油科学研究所	海南亚热带油脂研究所
不皂化物（%）	0.9	—	—	—
碘　值	88～93	84	—	80～90
酸　度	0.68～2.7	1.0～3.0	1.0～5.0	—
凝固点（℃）	−15～−21	—	—	—

茶油的脂肪酸组是以油酸为主及少量棕榈酸和亚油酸，列举分析结果见表 43-3。

表 43-3　茶油的主要脂肪酸组成

分析单位	浙江省粮食科学研究所		海南亚热带油脂研究所
样品来源	浙　江	湖南安化	广　东
脂肪酸组分（%）：			
棕榈酸	7.40	8.36	7.50
棕油酸	微量	0.26	—
硬脂酸	2.40	2.16	0.80
油　酸	85.00	78.81	83.30
亚油酸	4.50	8.41	7.40
亚麻酸	微量	1.73	—
花生酸	—	—	0.60
肉豆蔻酸	—	—	0.30

注：不饱和酸占 80%以上。

6　茶油的用途

茶油是食用油脂之一，广泛用于烹调和煎炸行业，用作油炸食品和糕点，长期食用不会使人体胆固醇指数增加，不会引起心血管病，消化吸收值高，符合食用要求。通过精炼可供出口和用作起酥油，人造奶油。茶油的凝固点低，适合于炼制色拉油。工业方面用以制润滑油、化妆品、发油、乳化剂。茶油精炼时的皂脚，是制造油酸和肥皂的原料。

7　茶籽榨油工艺与设备

茶籽榨油 50 年代全为农村木榨，简单地榨油作业作为农村的副业而存在。60 年代全国大搞机械化，一批小型榨油机为日处理料坯 1t 的 ZLY-90 型、ZWY-100 型等液压式榨油机及日处理料坯 1～5t 的 68 型、95 型动力螺旋榨油机，以及剥壳、粉碎、轧坯等设备输送到农村，部分榨坊改用机榨开始剥壳榨油，出油率较土法提高 2%～3%，茶饼干基残油率达到 7%的水平。70 年代全国林业、轻工、农机和粮食部门的科研机构建立，一批初具规模的城市机榨油厂和浸出油厂投产，出油率进一步提高，1971～1976 年浙江青田及常山县粮食局用罐组式浸出器和平转式浸出器，以 6 号溶剂油和甲醇为溶剂，浸出茶饼中的茶油和皂苷以及将浸出毛油通过中和、脱酸、脱臭等精炼工序制取食用油取得成功，油的质量提高，粕中干基残油率降至 1.5%左右，加之皂苷迅速得到利用，促进了茶籽榨油向预榨浸出和综合利用方面发展。到目前为止茶饼浸油和提取皂苷及配制丝绸洗涤剂、石蜡乳化剂，浙江、江西及湖南已部分实现；茶饼脱毒作饲料，江西及贵州铜仁已研究成功；浙江常山，江西九江、宜春，湖南衡阳、长沙，广西柳州、梧州均建有完善的精炼厂为油脂精炼服务。

茶籽榨油和综合利用方案如图 43-1。

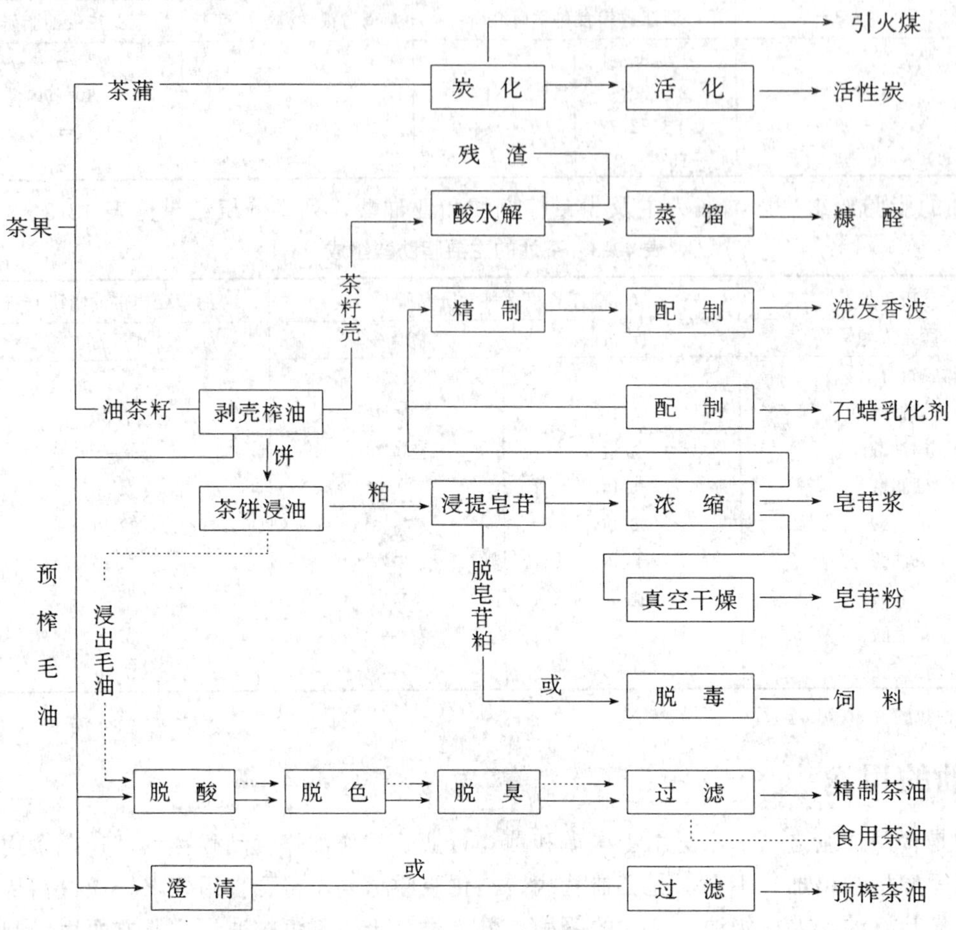

图 43-1　茶籽榨油及综合利用图

7.1　200 型动力螺旋榨油机

此法系中小型油厂普遍采用的方法，由蒸汽锅炉供给热源，其工艺流程如图 43-2；主要设备见表 43-4。

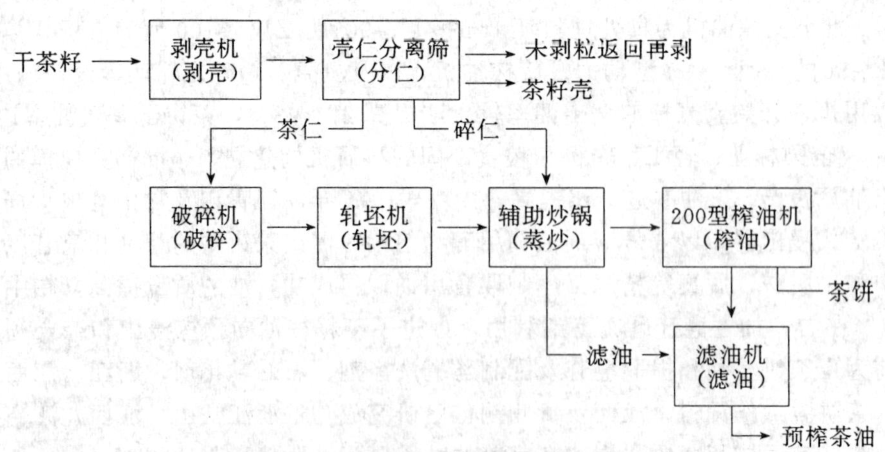

图 43-2　200型动力螺旋榨油机榨油工艺流程

表 43-4　日处理茶籽 20t 的主要设备表

设备名称	规格型号生产能力	台　数	备　注
烘　坑	烘床面积 $20m^2$，工作周期 12h，处理茶籽 24～30t/天，降低水分 3%～4%	1	湿茶籽烘干
剥壳机	CZ-250 型，1660r/min，800kg/h，3kW	1	
八角形分仁筛	Ø1 500mm×4 000mm，10r/min，带风机共 4.5kW	1	
圆盘式剥壳机	BK-01 型，1 200r/min，35t/d，17kW	1	作破碎用
三辊轧坯机	Ø400mm×760～800mm，150r/min，1.4t/h，10kW	1	
蒸炒锅	Ø1850mm×5P，40t/d，30r/min，20kW	1	作辅助炒锅用
榨油机	200 型（现名 2×18 型），8r/min，17kW，10t/d，17kW	2	
滤油机	650 型，过滤面积 $20m^2$，滤油 1t/h	1	

表 43-4 中介绍的主要设备结构分别如图 43-3 至图 43-6。

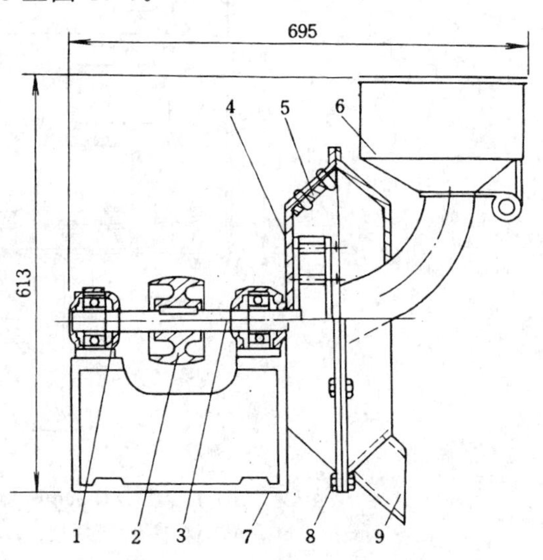

图 43-3　CZ-250 型茶桐籽剥壳机

1. 轴承座；2. 皮带轮；3. 轴；4. 甩盘；5. 冲击板；6. 进料斗；7. 机架；8. 外壳；9. 出料口

工艺要求：加工的茶籽杂质＜4%，水分＜14%。①剥壳：用 CZ-250 型剥壳机，转速1660～1800r/min（一次剥壳，脱壳率达 90%）；②壳仁分离：采用八角筛，调整好风力使茶仁、碎仁、茶籽壳分开，未剥粒返回再剥，要求壳中含仁＜0.5%，仁中带壳 10%左右；③破碎：采用圆盘式剥壳机，调整磨距使茶仁能破碎为 4～8 瓣，并防止破碎成粉；④轧坯：在三辊轧坯机或双对辊轧坯机上进行，要求下料均匀，坯片厚度 0.5mm，少成粉，不露油；⑤蒸炒：在层式蒸汽炒锅中进行，搅拌转速 30r/min，上层装料 90%，料温 95℃左右，水分15%～17%。经过四、五层炒锅后，坯色正黄有光泽，手捏出油，松手即散不结团，出锅料坯温度 105℃、水分 6%～8%。⑥压榨：辅助炒锅放出之料继续送入榨油机上炒锅再炒，入榨时料温 125～128℃，水分 1.5%～2%，榨螺主轴 8r/min，料坯在榨膛内受压时间为 160s 左右，榨条缝隙一、二档为 1.5mm，三档为 0.75mm，四档为 1mm。正常出油集中在一、二两道榨条之间，电动机负荷 25～28A。榨条水分过高，出油位置前移，负荷下降。榨料水分太低则负荷上升，饼发焦或出饼口有打炮现象，出油位置后移，出油少，含渣多。茶饼厚度一般为 6～8mm 出机后温度甚高应即摊凉以免燃烧。毛油则通过滤油机过滤后收集。一般出油率为 23%～24%，出饼率（剥壳饼）40%左右，干饼干基残油 5.1%～6%。生产 1t 茶油耗煤268～270kg、电40～42kW·h，配有浸出车间的油厂，预榨时可采用 202 型预榨机，控制干饼渣油在 12%～13%，一台预榨机处理量可达 25t/d，浸出时混合油浓度还可提高，预榨成本也较低，200 型榨油机须配置蒸汽锅炉，且配套附机多，建厂投资较大。

7.2　95 型动力螺旋榨油机

95 型（现为 ZX-10 型）动力螺旋榨油机，日处理油料 3.5～6t，是当前农村广泛采用的

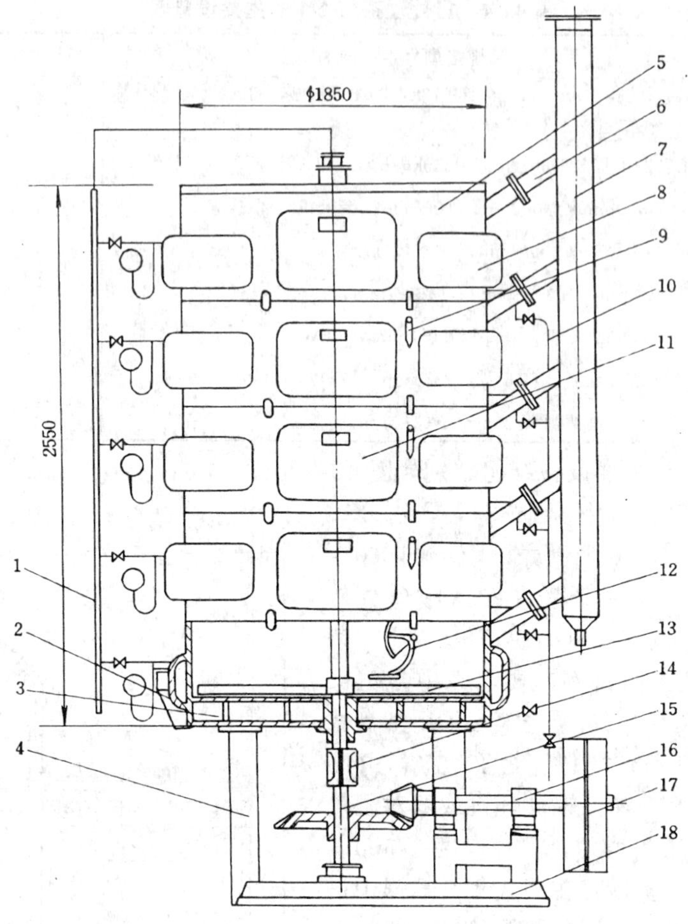

图 43-4 ∅1850mm×5P 层式蒸炒锅（辅助炒锅）

1. 进汽管；2. 出料门；3. 底夹层；4. 支架；5. 蒸锅；6. 泛汽筒支管；7. 泛汽筒；8. 边汽夹层；9. 料层指针；10. 排汽管；11. 检修门；12. 自动控料装置；13. 搅刀；14. 联轴器；15. 伞齿轮；16. 下轴承；17. 带轮；18. 底板

榨油机之一。安装在农村的达数万台，适合于压榨茶籽、桐籽、大豆及菜籽等油料，工艺流程和200型动力螺旋榨油机大致相同。茶籽用离心式剥壳机剥壳、压扁机破碎、直接火炒锅炒料，无需蒸汽锅炉和层式蒸炒锅，建厂费用较少。日处理10t油料的榨油车间的设备见表43-5。

表 43-5 日处理油料 10t 的榨油车间主要设备

设备名称	规格型号生产能力	台数	备 注
烘 炕	同200型榨油机的烘烤设备	1	
剥壳机	CZ-250型，1 600r/min	1	
吸风平筛	上层筛孔∅15mm，下层筛网6目带风机	1	壳仁分离用
茶籽压扁机	∅200mm×250mm，破碎能力450kg/h，150r/min，1.5kW	1	
直接火炒锅	130型，中轴转速30～40r/min，功率3kW	3	
榨油机	95型，榨螺主轴转速26～35r/min，7.5kW，5t/d	2	
滤油机	307型，附油泵	1	

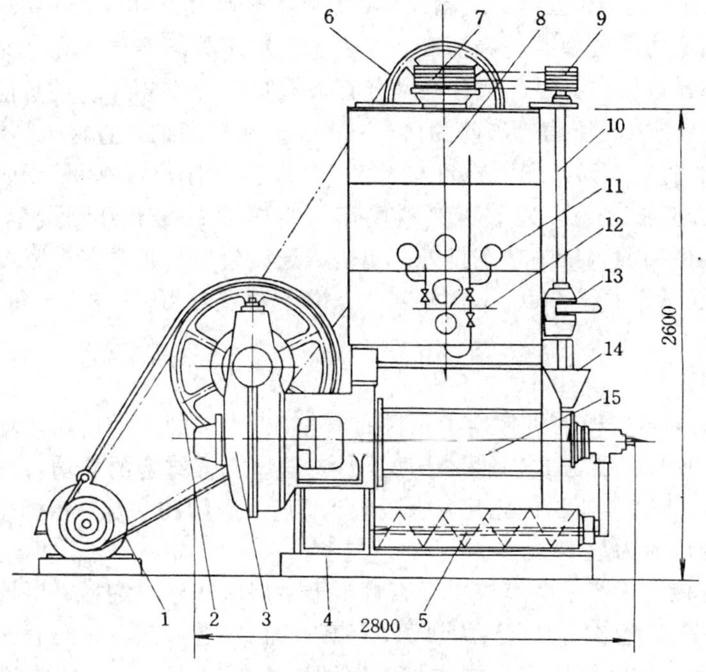

图 43-5　200型动力螺旋榨油机

（蒸锅内径1 200mm、蒸汽压力 4.9×10^5Pa、榨膛直径前段∅180mm后段∅152mm，
榨螺转速8r/min，喂料轴69r/min、搅拌轴转速35r/min，
功率17kW，24h榨料坯8～10t，机重5 000kg）

1. 电动机；2. 主皮带轮；3. 变速箱；4. 基础；5. 出渣绞龙；6. 炒锅带轮；7、9. 喂料轴皮带轮；8. 上层炒锅；10. 喂料轴；11、12. 中下层炒锅；13. 流量调节器；14. 料斗；15. 榨笼（包括榨螺主轴、榨条、装笼板）

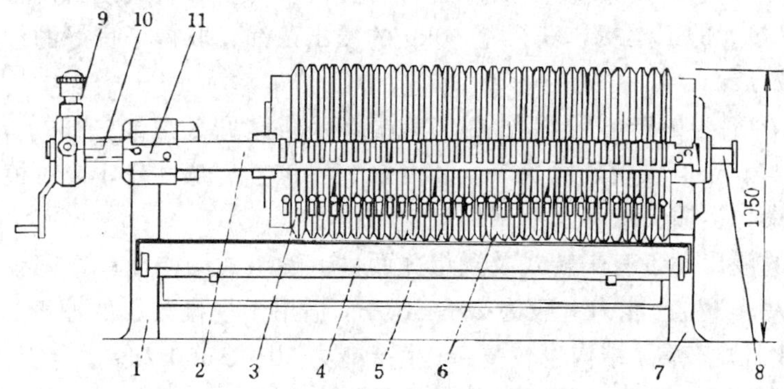

图 43-6　650型滤油机

1. 前架；2. 扁钢架；3. 旋塞；4. 滤油槽；5. 集油盘；6. 滤板；7. 后架；8. 进油管；9. 压紧装置；10. 丝杆；11. 螺母

工艺要求：采用CZ-250型离心式剥壳机，如果茶籽水分＞16%，籽壳缺乏脆性剥壳机叶轮，赋予茶籽的离心力不能使茶籽壳撞破，又由于茶籽水分高籽仁与壳之间的间隙甚小，纵然能破其壳，亦不易取其仁。因此茶籽的水分必须控制在14%以下，并且能摇之有声，超过时则须烘晒。剥出的茶仁经压扁机破碎为∅3～5mm的颗粒即纳入直接火炒锅炒料，料温到达110～115℃，水分3%～4%，送入榨油机榨油。130型直接火炒锅每一锅次炒料75kg，炒20～30min。榨油机榨油之前，先放进饼料腐车，使榨膛温度上升到烫手的程度再缓缓进料，调节出饼机构使出油（集中在条排处）出饼（连续成饼）正常，锁紧绞饼机构才可正常压榨。每台日处理量茶籽6 000～6 200kg。干饼干基残油6%～8%，每100kg茶籽去壳15～20kg。

7.3 液压式榨油机

60年代大量的液压式榨油机替换了农村的木榨，但大多数的油坊在制坯方面仍然是利用原来的土炕土碾，所以加工方式仍然是土蒸土炒，这些土洋结合的榨坊，大多是二三台榨油机，每日处理油料1～2t，油工们凭感官（眼看、耳听、鼻闻和手捻）指挥生产，这种类型的油坊湖南、江西和广西为数不少。

农村压榨茶籽传统工艺是两道榨干，茶籽烘干后用碾槽碾成细粉，手捏无粗粒即可，然后送入小甑蒸坯，铁锅烧水发生蒸汽为热源，每蒸一甑做一饼，蒸2～3min料温100～103℃、水分8%～9%即倒入饼斗中踩、压成饼。头道做双圈草包饼，二道做单圈无草饼，做好的饼装入榨油机内，摇动油泵使油缓缓挤出一直摇至断线。随即取出其饼趁热打碎碾粉，经蒸炒做饼再榨一次，农民称为“打翻枯”。做饼时二饼料坯水分10%～11%。含油25%的茶籽，头油出油率为18%～19%，二油（农民称为“翻枯油”）2%～3%。二饼干基残油7%～8%。要求头粉碾得细，蒸坯蒸得透（能达到100℃以上），做饼装榨精工细作，压榨时勤压轻压。

8 茶饼浸油工艺与设备

压榨法榨茶籽不论那种榨具都不能将所含油分全部榨出，200型榨油机一次榨干的干饼干基残油在5%～6%，95型为6%～7%。液压式榨油机两道榨干的，二道饼残油亦在7%～8%，过去残油无法回收。自1971年浙江省青田县粮食局用罐组式浸出设备浸茶饼成功，从每吨茶饼中以20多元的工本费，获得了40kg的浸出茶油，取得了良好的经济效益，从而推动了茶饼浸油的发展。

浸茶饼所用溶剂为国产6号溶剂油，其质量标准详见SY1022—67。溶剂中含正已烷74%，环已烷16%，还有戊烷、庚烷等。馏程为60～90℃，毒性较小，对植物油有较好的溶解性，但易燃易爆，运输、贮存及使用均宜倍加小心。

用于浸茶饼的浸出设备有平转式及罐组式两种。罐组式结构简单，间歇性作业，人工出粕，劳动强度较大，其生产能力一般为20～50t/d，适用于规模较小的油厂。平转式浸出器系连续作业，机械化程度较高，结构也较复杂，生产能力30～3 000t/d，适合于大规模油厂之用。浸出设备系属压力容器，造型、焊接及密封性能要求甚高，由国家定点制造。20～200t/d的设备已在浙江、四川及湖南的粮食机械厂定型生产。

平转式浸出器浸茶饼工艺流程如图43-7。

平转式浸出器浸茶饼工作原理如图43-8。

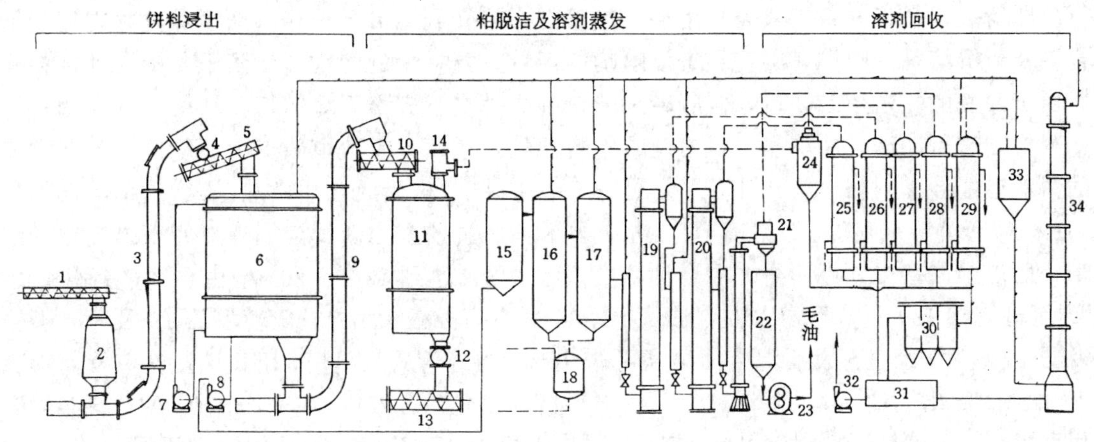

图 43-7　平转浸出器工艺流程

———混合油；-------溶剂蒸汽；—·—·—·—水；

溶剂；●—●—● 毛油；自由气体

1、13. 螺旋输送机（即绞龙）；2. 存料箱；3、9. 刮板输送机；4、12. 封闭阀；5、10. 料封绞龙；6. 平转浸出器；7. 喷淋泵；8. 混合油泵；11. 高料层蒸烘机（浸茶饼、桐饼则须改用卧式烘干机）；14. 捕集器；15. 混合油过滤器；16、17. 混合油罐；18. 蒸水缸；19、20. 长管蒸发器；21. 管式汽提塔；22. 毛油罐；23. 毛油泵；24. 湿式捕集器；25、26、27、28、29. 列管冷凝器；30. 分水器；31. 溶剂循环库（罐）；32. 溶剂泵；33. 空气平衡罐；34. 吸收塔

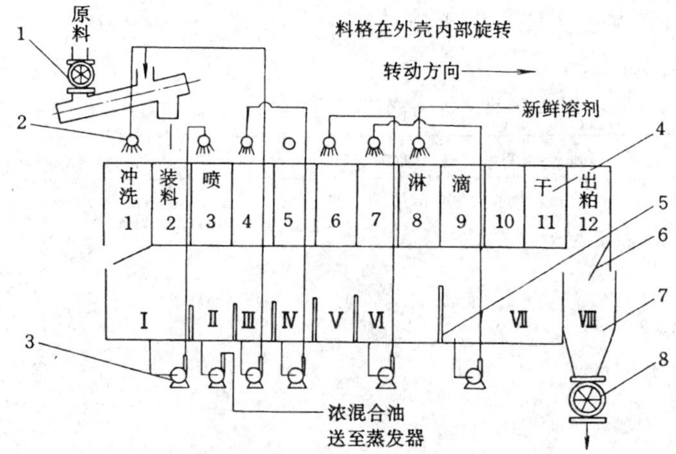

图 43-8　平转浸出器的工作原理

1. 装料绞龙；2. 喷嘴（喷头）；3. 混合油泵；4. 旋转料格；5. 混合油分格（焊在外壳底部）；6. 活动假底；7. 卸粕斗（焊在外壳底部）；8. 卸料器（平转浸出器的混合油分格、卸粕斗及混合油、溶剂的喷嘴均以适宜的角度固定于外壳的底和盖上）

工艺流程：茶饼打碎成颗粒（95 型机榨饼可以直接投料但宜少搭）水分 8%～10%，从绞龙 1 进入存料箱 2，保持箱内料层 1.4m 以上以防溶剂气体逸出。由刮板输送机 3 将料均匀地送到料封绞龙 5，中间通过封闭阀，以防溶剂气体外逸。在密封绞龙中加入混合油使饼料湿润便于垂直而准确地落到浸出器 6。以下请参阅图 43-8，平转器的料格转子是装在外壳内可以平面转动的筒体，一般分为 12～18 格，顺时针方向旋转。每一料格均有一个可以自动启开的假底，闭合时混合油通过假底上的过滤层起过滤作用。料格筒体旋转 360°为一个工作周期，需时 90～120min。筒体下面是装盛混合油的底盘分为 8～10 格，以区分浓度不同的混合油。饼料进入料格是一格一格地循序而进的，混合油、溶剂的喷淋，由泵 7、8 与料格旋转方向相反

进行。即新装入料格的茶饼最先是用混合油喷淋，旋转到稀混合油和溶剂喷嘴处，则接受稀混合油及新鲜溶剂的喷淋，旋转到未设喷嘴的区域，湿粕中的溶剂开始滴干。旋转到卸粕斗处，由于假底的托轨留有缺口，假底转到缺口处失掉支承骤然下塌遂将籽料格中滴干的粕卸出，料格则进行冲洗，冲洗净之料格旋转到料斗处，假底又受轨道的支承而复位，料斗中流下的饼料遂能装满料格。浸出料格的分配是1格装料，1格受混合油喷淋，4格受稀混合油喷淋，1格为新鲜溶剂喷淋。3格滴干、1格卸料和1格冲洗。由新鲜溶剂喷淋所得之混合油浓度最小而以最先接受喷淋所得之混合油浓度最大，含油达到15%～20%，由泵8（参阅图43-7）送至过滤器15，过滤后送入混合油罐16、17暂存，再流入第一长管蒸发器19及第二长管蒸发器20蒸发，经过蒸发后混合油浓度可达95%，再经管式汽提塔，用直接蒸汽蒸发而得到浓度99%的浸出毛油，存入毛油罐22。浸出料格卸出之粕含溶剂30%～35%，经卸料斗封闭阀用刮板输送机9送经料封绞龙10进入卧式烘干机11将溶剂蒸脱，干粕经封闭阀12绞龙13送往粕库冷却。由卧式烘干机蒸出的溶剂蒸汽经捕集器14和湿式捕集器24送入列管冷凝器27，冷凝之溶剂通过分水器30分水后送入溶剂循环库31循环使用。由长管蒸发器汽提塔蒸发之溶剂蒸汽经列管冷凝器25、26、28冷凝，冷凝之溶剂亦通过分水器30分水后进入溶剂循环库31。浸出器6混合油贮罐16、17长管蒸发器19、20及分水器30、蒸水缸18的自由气体（溶剂蒸汽与空气混合不易冷凝的气体）接至空气平衡罐33。空气平衡罐的气体出口一接至列管冷凝器29、另一侧接至吸收塔34，以液体石蜡或茶油为吸收剂进行捕吸，以降低溶剂损耗。目前每吨茶饼消耗溶剂10kg左右。本章所述200型、95型及90型榨油机榨茶籽及平转式、罐组式浸出器浸茶饼详细的操作要求详见1980年粮食部颁布的《榨油工厂操作规程》及《油脂浸出工厂（车间）建筑安装生产安全防火规范》。

日浸茶饼20t车间主要设备见表43-6。

表43-6 茶饼浸润车间设备一览表

设备名称	规格、型号、生产能力	台 数
平转浸出器	∅2 000mm×1 800mm，周期120min	1
卧式烘干机	∅500mm×5 000mm×3节，4.8r/min	1
混合油罐		
长管蒸发器	∅260mm×5 000mm	2
汽提塔	∅63mm×4 000mm	1
混合油过滤器		1
混合油贮罐		2
溶剂循环库	∅1 200mm×3 400mm，$8m^3$	1
隔板捕集器	∅800mm	1
空气平衡罐	∅430mm，冷凝面$5m^2$	1
烘干机冷凝器	∅630mm，冷凝面$30m^2$	1
溶剂库	∅2 000mm×4 000mm，$12.5m^3$	1
填料式吸收塔	∅200mm×4 500mm	1

罐组式浸出器浸茶饼，茶饼原料要求与平转浸出器相同，适宜的水分为8%，用混合油浸头道，新鲜溶剂浸二道，工作周期为6h，粕残油1.5%左右。每吨茶饼消耗溶剂8～10kg。工

艺要求请参阅本章罐组式浸出器浸桐饼一节。设备方面需增加卧式烘干机一台作降低茶饼中水分之用。∅1 600mm×1 600mm 浸出罐 3 台，可处理茶饼 20t/d。茶饼含皂甙容易结块，浸出完毕要求及时出粕。

9　茶油的精炼加工技术

9.1　茶油精炼的工艺流程及主要设备

茶油精炼是提高油品质量必要的手段。从茶饼中浸出的毛油含有溶剂、色素、汽油味，游离脂肪酸含量比预榨油高；从农村收购的茶饼，贮存条件不好，难免有霉变，因此浸出油的酸价和过氧化值均超过允许范围，作为食用油非精炼不可，预榨毛油准备出口的、久存后酸价升高的也须通过精炼。其工艺流程如图 43-9；主要设备见表 43-7。

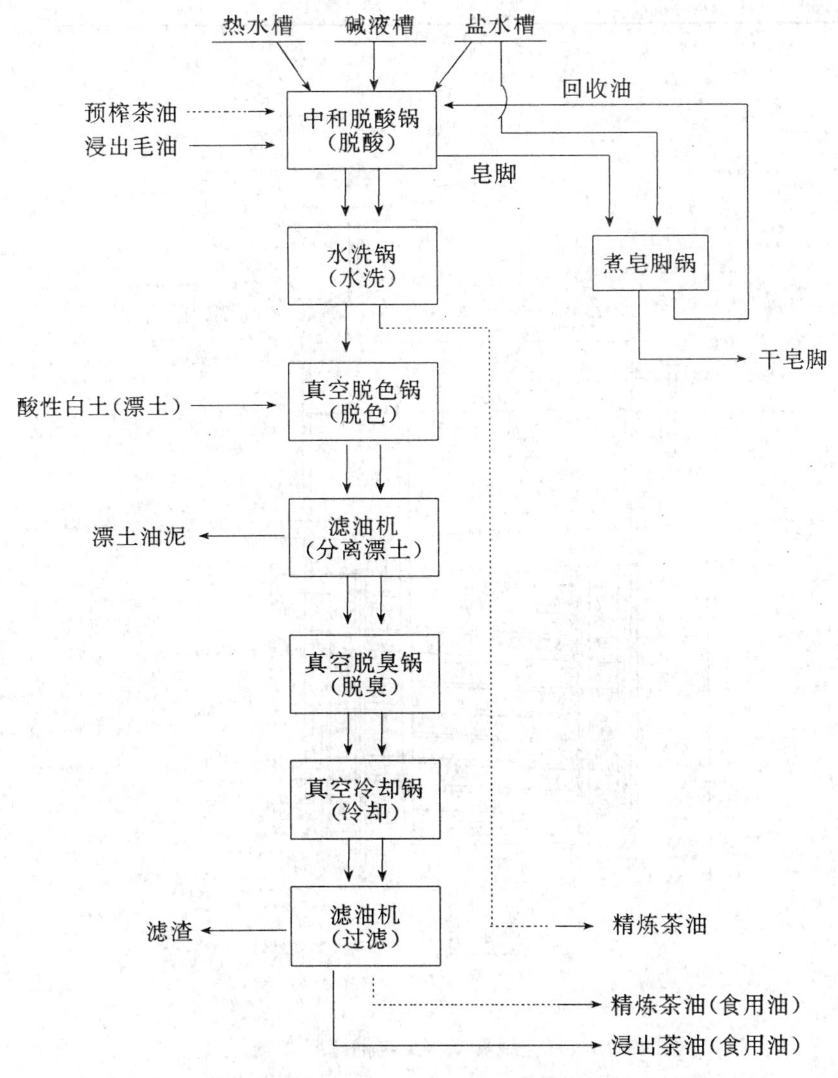

图 43-9　茶油精炼工艺流程

表 43-7 中的真空脱臭锅和真空脱色锅的结构分别如图 43-10 和图 43-11。

表43-7 茶油精炼主要设备

设备名称	规格、型号、生产能力	台数
碱液槽	1 200mm×800mm×1 100mm，$1m^3$ 附泵	1
盐水槽	1 200mm×800mm×1 200mm，$1m^3$ 附泵	1
热水槽	∅1 200mm×1 300mm，内装蒸汽加热管	1
中和锅	∅1 820～2 400mm×3 700mm，7.8～$13m^3$	1
水洗锅	∅2 300mm×3 600mm，$12m^3$	1
皂脚锅	∅1 700mm×2 300mm，$5m^3$，内装蒸汽加热管	1
真空脱臭锅	∅1 800mm×3 600mm，$9m^3$，内装蒸汽加热盘管及蒸汽喷射管	1
真空脱色锅	∅1 800～2 000mm×3 600mm，9～$10m^3$，内装搅拌器及蒸汽加热盘管	1
滤油机	650型，过滤面积 $20m^2$	2
真空冷却锅	∅1 600mm×2 500mm，$5m^3$，内装冷却盘管	1
真空泵	W5型	1
皂脚泵		1
三缸油泵	∅63mm	2

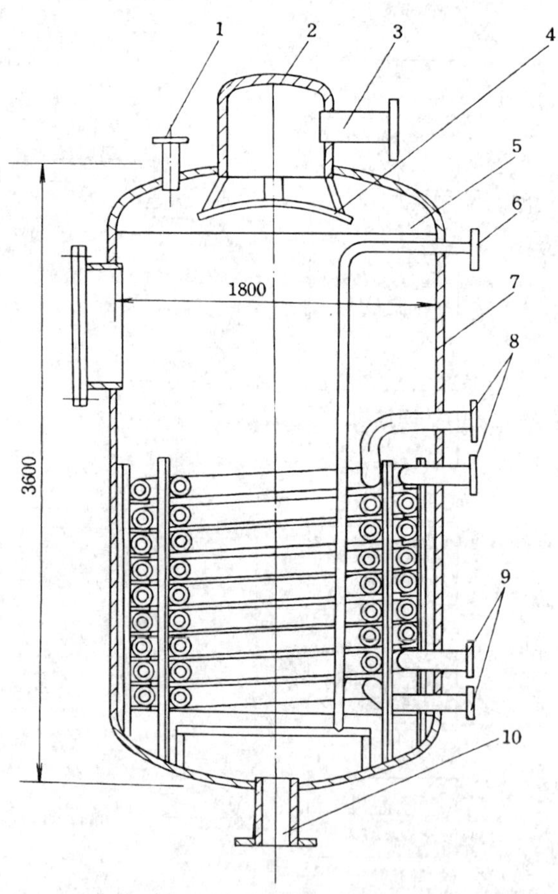

图43-10 真空脱臭锅（又名油脂脱臭罐）

1. 破空管及压力表接管；2. 汽胞；3. 抽真空管；4. 挡板；5. 封头；6. 直接蒸汽管；7. 筒体；8. 蒸汽加热盘管进汽管；9. 排汽管；10. 放油管

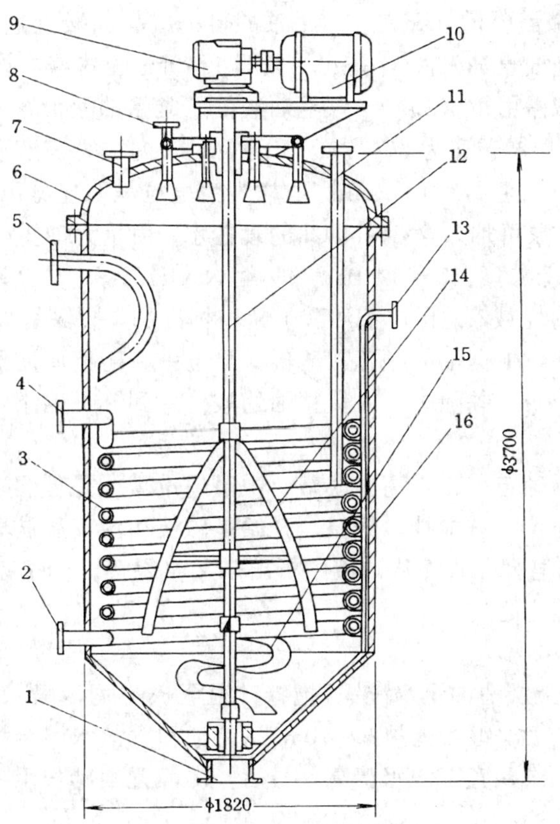

图 43-11　脱酸（中和）、真空脱色两用锅

1. 出油管口；2. 蒸汽出口；3. 蒸汽加热盘管；4. 蒸汽进口；5. 进油管；6. 上封头；7. 真空管道接口；8. 碱液管；9. 变速箱；10. 电动机；11. 白土（漂土）吸入管；12. 搅拌轴；13. 压缩空气管；14. 搅拌翅；15. 螺旋搅拌器；16. 锅体（脱酸和真空脱色都可采用此设备）

9.2　茶油精炼的工艺要求

浸出茶油颜色深、酸价高带有汽油味，必须通过脱酸、脱色及脱臭使其色香味变好、过氧化值降低才能合乎食用。预榨茶油作高级食用油或供应出口的须根据需方要求进行精炼，工业用油除了酸价有规定外，一般对颜色和气味无何要求，通过脱酸、水洗和脱水即可。

9.2.1　中和脱酸

中和脱酸是用氢氧化钠（又称烧碱、苛性碱）溶液中和油中的游离脂肪酸使之变成不溶于油的皂脚与油分离，其化学反应式为：

$$RCOOH + NaOH \longrightarrow RCOONa + H_2O$$

但在碱液过剩、油温较高时，部分中性油，即脂肪酸三甘酯，也会发生皂化反应，生成肥皂，使精炼损耗增加。

$$C_3H_5(RCOO)_3 + 3NaOH \longrightarrow 3RCOONa + C_3H_5(OH)_3$$

为了达到中和游离脂肪酸，又避免中性油脂发生皂化，用碱时必须准确计算。投炼茶油的数量计量准后，根据茶油的酸价按照下式计算理论用碱量（吨油）：

$$\text{固体碱需要量（kg）}=\text{（毛油酸价}-\text{成品油酸价）}\times 0.714$$

超碱量一般是按吨油重加入0.1%～0.3%即1～3kg固体碱，设取1.5，所以

$$\text{实际固体碱需用量（kg）}=\text{（毛油酸价}-\text{成品油酸价）}\times 0.714+1.5$$

碱液喷入油中，搅拌器转速为60～70r/min，10min内加完碱液再继续搅拌15～20min后开始升温到50～60℃，其速度为1℃/min。取样观察皂粒呈明显分离状则停止搅拌任其静置、沉淀。如皂脚有浮面现象可加入含3%NaCl的食盐水，用量为油重的6%～8%以促沉淀。茶油酸价10以下，碱液浓度12～14°Be′（即含NaOH8%～9%），10以上用16～18°Be′（NaOH11%～12%）的烧碱液；预榨茶油酸价超过标准的，按保留酸价3～4计算碱液；炼高级食油或供应出口的油，根据油的颜色和酸价，除了中和游离脂肪酸的理论碱量外，还需增加超碱，使其他色素杂质一并除去，并使精油的酸价降到0.2以下，以提高其烟点。浸出茶油颜色深要加超碱0.1%～0.3%。

根据毛油酸价高低确定采用：高温淡碱、中温适量碱或是低温浓碱，根据油品实际情况进行操作。一般情况是，下碱搅拌、升温、开始是碱液和游离脂肪酸结成絮状物，悬浮于油脂中，随着油温的提高皂脚即收缩从油液中析出来又叫裂解。这时应停止升温，慢速搅拌，终温温度根据不同情况确定之。

9.2.2 水 洗

静置一晚后，抽取上层清油至水洗锅，搅拌升温至85℃均匀喷入含4%NaCl的同温盐水，每次用水量为油量的10%，继续搅拌5～10min，待油和食盐水混合均匀后再行静置，0.5h后放出洗水，如此水洗2次，直至洗水清亮，最后一次静置须延长至60min。

9.2.3 脱 色

脱色又名漂白。分净洗水的油由真空吸入脱色锅后，搅拌升温至80～90℃，开动真空泵使水分挥发。油温到达90～95℃，由真空吸入全部白土（漂土），用量为油重的0.5%～1.5%，在真空残压即绝对压力为20×133.32Pa、油温90～95℃，保持25～30min，随即停止加热，破除真空边搅拌边用泵抽至滤油机分离漂土而得脱色油。

9.2.4 脱 臭

利用真空将脱色油吸入脱臭锅内，用间接蒸汽加热，同时开动真空泵，保持油温160℃以上，真空残压在20×133.32Pa，从底部吹入300℃的过热蒸汽，连续吹入4～6h，停止吹汽送入真空冷却锅冷却到60℃以下（一般是用冷油进行热交换，破除真空进行包装而得精炼油）。

中和时留在锅内的皂脚移至皂脚锅用间接蒸汽缓缓加热，并酌量撒入食盐，稍煮之后任其静置3～5h，又可从面上分出一部分油脂，一般要煮3～4次。回收的油当作毛油进行回炼。

广西柳州油脂厂用酸价9.3～16.72的茶油三批共488t，通过脱酸、水洗和脱水得到精炼茶油430t，精炼油得率为88.47%，精炼后茶油的保留酸价在4.0～4.96，酸价炼耗比为1%：1.09%～1.30%，未进行脱色和脱臭。

10 从脱脂茶饼中提取皂苷及脱毒茶粕作饲料

茶仁饼经浸出脱脂后，粕中蛋白和淀粉含量提高，粗蛋白质和无氮浸出物分别达到14.3%～20.7%及48.4%～49.3%。由于粕中含有9%～14%之皂苷，味苦辛辣为动物所拒食，又因皂苷有溶血作用，对鱼类毒性极大，含皂苷1μl/L的溶液即可致死，用作饲料和水田

肥料均不相宜，长期以来得不到利用，不少的茶饼被当作柴火烧掉。研究皂苷的分离技术和用途，使茶饼得到开发和利用实属一举两得。浙江、湖南的粮食、轻工部门对此进行了研究，从茶粕中提取皂苷粉(又名皂素粉)，利用皂苷配制洗涤剂和石蜡乳化剂已在常山和杭州实现。提出皂苷的茶粕用作配合饲料亦在江西省粮油科研所研究成功。唯因农村茶饼多系带壳压榨，纵有部分剥壳榨油的，去壳并不多，因此茶饼中粗纤维含量仍高。要推广茶粕作饲料，首先还须从加强饲料的质量意识、推广剥壳榨油着手。

皂苷的理化性状：皂苷又名皂素，茶饼中所含者为三萜皂苷，是皂苷元结构糖相连接的多糖苷，其代表结构如图 43-12。

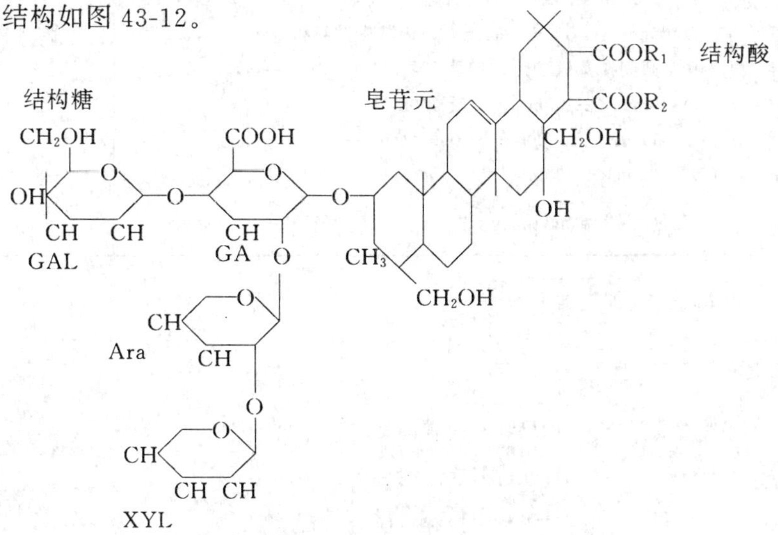

图 43-12　皂苷的结构

结构糖部分为半乳糖、葡萄糖醛酸、阿拉伯糖、木糖；皂苷元部分有 A、B、C 等 7 种皂苷元；结构酸为白芷酸及醋酸。

皂苷具有一定的亲水性，能溶于水、甲醇、乙醇和热水，不溶于乙醚和石油醚。从茶饼中提出之皂苷为颜色深褐的浆状物，其含量为 30%～40%，经真空喷雾干燥器干燥，可得黄色的粉末，有强烈的刺激性，闻之令人喷嚏不止，含量 60%～70%，放置空气中很快吸湿变成褐色的皂苷浆，味奇苦，具有表面活性，降低水溶液之表面张力，因而发泡性强而持久，能洗净衣服，特别在硬度极大的矿泉水中，发泡力不减，被誉为非离子型洗涤剂，其 HLB 值为 10 左右，能配制石蜡乳化剂和去油污、漂洗丝绸用的洗涤剂，不带碱性不伤衣料。误食之会引起流涕、流涎、腹泻，严重的会招致痉挛和昏迷。稀溶液容易发霉发臭，对金属（钢）有腐蚀作用，遇醋酸铅和氢氧化钡发生沉淀，将沉淀洗净通入硫化氢，又能还原为皂苷，颜色变浅。

10.1　油茶皂苷的用途

农村用茶饼泡水洗衣，农药厂用茶饼粉作乳化剂均属饼中皂苷的利用。皂苷浆与烷基苯磺酸钠即 ABS 等合成洗涤剂复配，制成石蜡乳化剂、丝绸漂洗剂及金属洗净剂供纤维板厂、丝绸厂及机械修理厂用。经过精制可以配制洗发香波，用后使人感到头发柔软、轻松和光亮，为妇女所喜爱。皂苷粉作起泡剂用于建筑行业制通气水泥构件。

10.2　皂苷的提取

提取皂苷常用的方法有水溶法和醇溶法。工业上大多采取醇溶法。提取设备和工艺流程与罐组式浸出器浸茶饼大致相同，列举日处理茶粕1.5t的浸出设备见表43-8，皂苷的提取工艺流程如图43-13。

表43-8　日处理茶粕1.5t浸出皂苷的设备

设备名称	规格、型号	台　数	备　注
浸出罐	∅1 200mm×2 000mm，2.2m³，每次装茶饼500kg，工作周期6h，装有搅拌器假底、蒸汽加热管、出粕门、进料门	1	全为不锈钢
皂苷液贮罐	∅1 200mm×2 000mm，2.2m³ 搪瓷罐	2	脱脂用
蒸发罐	∅1 200mm×1 500mm，内装蒸汽盘管	1～2	全为不锈钢
甲醇分馏塔	∅400mm×4 000～5 000mm，内装瓷波纹板	2	不锈钢制
喷雾干燥器	真空式间接蒸汽加热，带真空泵	1	不锈钢制
列管式冷凝器	∅340mm×2 300mm，冷凝面5m²	4	铝合金管
甲醇贮槽	∅1 600mm×5 000mm，10m³	1	
湿粕暂存罐	∅800mm×1 500mm	1	不锈钢
卧式烘干机	∅500mm×5 000mm，3节	2	烘干茶饼及粕脱溶用

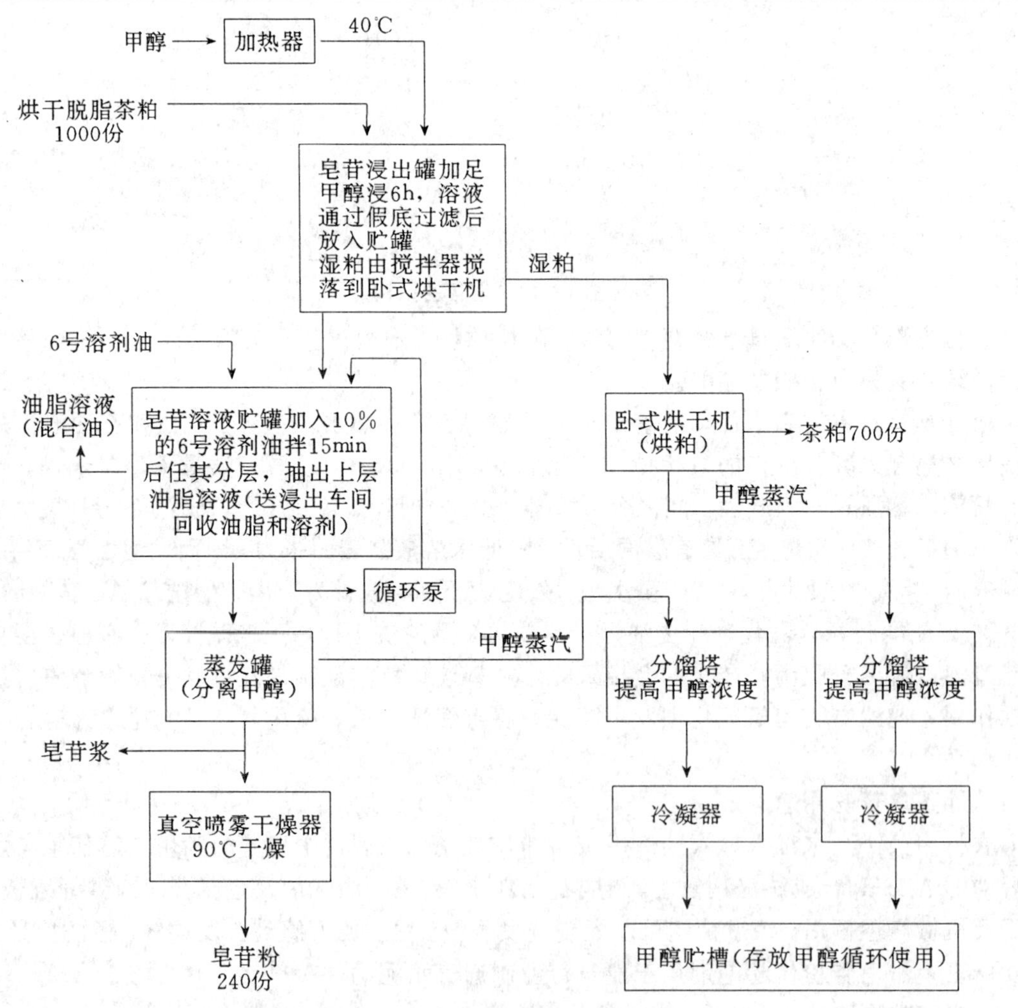

图43-13　皂苷提取工艺流程（脱脂工序也有在皂苷浆中进行）

皂苷提取的工艺要求是：甲醇或乙醇是较适合的溶剂，茶饼颗粒装入浸出罐升温至 50℃，加入 1～2 倍量的溶剂使之浸泡，溶剂加入后即停止加热，5～6h 后放出一浸液（头道浸出液），一浸液浓度最大，通过浸出器中假底过滤层过滤后，送入贮罐，加入 10%的 6 号溶剂油脱脂后送入蒸发罐蒸发，留在罐内的为皂苷浆。浸出罐之粕再加入 1～2 倍溶剂浸泡 1～2h 放出二浸液（作下次浸头道用），也有只浸一道的。放尽浸出液后通入直接蒸汽将粕压紧，使溶液挤干。开动搅拌器将湿粕搅至卧式烘干机脱溶而得脱皂苷的干粕（粕中皂苷含量为 1.5%～2%，由蒸发罐、烘干机蒸发之溶剂，因茶饼中水分转移，浓度降低，须通过分馏塔提高浓度后才能循环使用。皂苷浆通过真空喷雾干燥即得粉状皂苷。每日处理茶粕 1 500kg 可得皂甙浆 800kg（合皂苷粉 360kg），损耗甲醇 33～40kg，脱皂苷粕 750kg 左右。由于皂苷对金属具有腐蚀性，所用设备及容器均须采用不锈钢材料制作。

目前各地采用的方法，实际上是用两种溶剂两次浸出。第一次用 6 号溶剂油浸出茶饼中的油分，得到浸出毛油和脱脂茶粕；第二次用甲醇或乙醇为溶剂将脱脂茶粕再浸一次将粕中所含之皂苷浸出。1985 年湖南省粮油科学研究所王子明等人用 6 号溶剂油与乙醇混合液为溶剂，对烘干茶饼作一次性的浸出，发现茶饼中的油分与部分色素溶于 6 号溶剂油中，皂苷则溶于乙醇中，原来能部分在相溶解的两种溶剂变成了互不溶解的两种溶液，6 号溶剂油的油脂溶液在上部，乙醇皂苷溶液在下部，很快就能分层，界面极为明显。将上、下两层溶液分别蒸发，就可以得到浸出茶油、6 号溶剂油、皂苷浆和乙醇。由此推断两种溶剂一次浸出的工艺将取代两次浸出法，生产成本亦将大幅度降低。

10.3　皂苷的质量

油茶皂苷在国内尚属新产品。浙江省粮食科研所结合生产实际和轻工部门的要求制订暂行标准如下：皂苷粉为淡黄色非结晶粉末，容易吸潮。挥发失重（%）＜0.05，还原糖（%，干基）＜1.00，熔点 175～190℃，皂苷含量（%，干基）＞60，颜色 0.5%乙醇溶液（乙醇含 80%）置罗维邦比色计 5″槽中比色黄＜13，红＜2.5。皂苷浆为棕黄色稠液，皂苷含量＞30%，干燥后具有皂苷粉各项指标。

要提高浸出毛油、皂苷及粕的出品率和质量，必须具备以下条件：①茶籽榨油时必须剥壳并尽量减少仁中带壳量，茶籽带壳少，不仅饼中纤维含量少，其他养分相对提高，榨出的油颜色浅，浸出的皂苷颜色亦好；②坚持低温炒料，入榨料温不宜超过 110℃，料温过高油和皂苷的颜色都深，特别皂苷精制时需要大量漂白剂，生产成本提高；③霉变的茶饼不能用。茶饼霉变，养分为细菌所消耗，油中游离脂肪酸增加，皂苷的颜色和发泡力变差，出品率也锐减。如果在油厂内添置必要的设备把茶籽剥壳榨油，茶饼浸油和提皂苷紧密结合，综合利用的开展就容易得多。

11　茶籽壳的利用

茶蒲含有单宁 9.23%，茶籽壳含多缩戊糖 30.27%（相当于糠醛 19%），可用作提取单宁和糠醛的原料，茶籽壳还可烧制活性炭。

12　茶籽油的质量

国家标准 GB11765—89 规定，茶籽油的分级指标见表 43-9。

表 43-9 茶籽油分级质量指标

项 目	等 级	
	1	2
色泽（罗维邦比色计 25.4mm 槽）	黄 35 红≤2	黄 35 红≤5
气味、滋味	具有油茶籽油固有的气味、无异味	具有油茶籽油固有的气味、无异味
酸价（mgKOH/g） ≤	1.0	5.0
水分及挥发物（%） ≤	0.10	0.20
杂质（%） ≤	0.10	0.20
加热试验（280℃）	油色不得变深无析出物	油色允许变深、但不得变黑有微量析出物
含皂量 ≤	0.03	0.03

第44章 桐油

王子明

1 我国油桐的主要品种

油桐 *Alurites fordii* Hems L.，属大戟科 EUPHORIACEAE 植物，分为三年桐、千年桐两大类。油桐喜生长于气候湿润，阳光充沛、排水良好的沙质土壤，较低的山坡和沟旁。分布在四川、贵州、湖北、湖南、江苏、安徽、河南、陕西、甘肃、江西、浙江、广东、广西、福建、云南和台湾等省（区）。我国油桐早在唐代就有记载，唐藏器《本草拾遗》载："罂子生山中，树似梧。"宋代陈翥所著《桐谱》一书对油桐生态作了记述。明代朱元璋曾下令种桐、漆、棕于南京钟山之阳，凡五十亩，说明当时已经大量栽培；徐光启的《农政全书》中详细叙述了植桐和榨油的方法及桐油的用途。到了清末许多书报有"桐油的功用日宏，种植者益众"，"妇孺皆知其利"等记载，说明此时油桐生产已有了发展。历史资料记载，1935～1937年全国共有桐林近303万hm^2，1939年为近320万hm^2，1950为303万hm^2，其中四川产油最多为22 080t，湖南12 500t，湖北8 000t。我国桐油于1516年输入欧洲，1869年输入美洲，1875年法国用桐油和亚麻油制造油漆。据我国海关记载，桐油出口数量1921年为25 373t，1925年为54 073t，1930年为70 594t，1937年为102 979t，说明桐油在对外贸易方面的重要。抗日战争爆发，我国海港被封锁，江浙及华中大片产区沦陷，不仅桐油外销受阻，油桐生产几乎停顿，直到建国后在人民政府的扶持下，桐油外贸和油桐生产才得以恢复。

我国栽培的主要品种有小米桐、五爪桐、葡萄桐和柿饼桐等10多种。广东、广西、福建、湖南、浙江和江西还有大批雌雄异株的千年桐。近年来广西林业科学研究所与崇左县油桐实验研究所合作已育成千年桐高产无性系，较实生千年桐结果高5.43～9.28倍。国内主要油桐品种的种仁干基含油率绝大部分在63%～66%，桐果出籽率在52%～59%，桐籽出仁率为60%～64%，由此推算，我国各地推广的品种含油率在34%～38%。

2 桐籽的采摘、加工、质量标准和保管

2.1 适时采摘加工保证桐油增产

近年来桐油产量已有提高，掌握采摘和加工的季节对提高产量也很重要。桐籽采摘季节必须是果实完全成熟，籽仁含油达到最高值的时候。1983年湖南省常德地区粮食局在临澧县官停和杨板两地对不同采摘期和储存期的桐籽的含油率和出油率作了测试，10月25日采收较10月初采收的含油率高3%～4%，同一批桐籽次年2月份榨油比10月份榨油出油率高5.5%，说明存放久了，油分会氧化干涸。2月份榨的油酸价为2.6，10月份榨的为8.9。

2.2 桐籽的质量标准和桐籽的保管

国家收购桐油执行油籽兼收和优质优价的政策，收购桐籽较多的省均制有桐籽质量暂行标准见表44-1。

表44-1 油桐籽质量暂行标准

省别	四川			贵州			湖南		
制定年月	1972年9月			1973年			1975年5月		
等级	1	2	3	1	2	3	1	2	3
最低纯度（%）	95	94	92						
出仁率（%）最低标准				60	58	56			
全籽湿基含油（%）							38	36	34
杂质总量（%）	2.0	2.0	2.0	3.0	3.0	3.0	3.0	3.0	3.0
水分（%）	12	12	12	10	10	10	10	10	10
色泽	正常			正常					
其他							无霉变		

桐籽的保管，桐籽上市收购入库到次年春季榨油为止有一段长达3～4个月的存放时间。要做到安全储存，保管人员必须做到：①坚持干籽入库，例如浙江收购的多为桐仁，其水分须在7%以下，桐籽在10%以下，超过时则要烘干；②选择仓库条件，堆放桐籽的仓库必须阴（不受日光直射）、凉（气温较低）、干燥（不漏雨，不返潮）和通风（空气对流好）。凡装过硫酸、硫磺、硫化物、硫铁矿、食盐、黑色火药及化学药品的仓库或在其临近位置的均不能用，装过菜油、菜籽、菜饼的散仓也不可装桐籽，以免发生异构化；③散仓存放桐籽堆码高度不超过2m，垛内宜设置通风筒和留出人行道；④建立保管卡片，注明入库日期、来源、数量、等级及入库水分，分批分开存放，勤检查勤翻晒。有霉变的应优先送去榨油；⑤桐痴，桐油胶子（桐油干燥后结成的皮）粘了桐油的布，温度高的桐饼均属容易引起自燃的物质，要及时处理不要带进仓库；⑥准备好消防器材和消防用水，健全消防组织和岗位责任制，以确保仓储安全。

3 桐油的用途

我国桐油应用于手工业已有1 000多年历史。很早就是重要的出口物质。近20年来仍维持每年2.8万t之数。

桐油加热到240～250℃熬至一定的稠度，加入少量的土子(软锰矿)和它僧(Pbo. 密陀僧)熬成光油可用以涂刷雨具篷布。也可与红丹铅丹和其他颜料配制成防锈漆和各种颜色的调合漆作车辆、船只、桥梁及大型钢铁构件之防水防锈涂料。油漆匠人用此法配制油漆涂刷家具门面，涂膜光亮平滑，防水、耐晒、抗寒及耐酸碱性能良好。与酯化松香或合成树脂熬成高级清漆和绝缘清漆可用于涂刷家具、车船内部及电机之绝缘。桐油与石灰、麻绒锤成油泥填塞船缝，干后坚牢可靠，防止渗漏经久不掉。桐油与沥清可配制防腐涂料，桐油还可熬制洪油、秀油及作农具、船只、舰艇及电缆的保护涂料，每年或隔年涂刷一次，具有良好的防腐、防水性能和抗藻功效，能防止木材腐烂和螺蚌海藻寄生，保证船只的装载量和航行速度，延长其使用寿命。桐油配合亚麻油、梓油、树脂和聚酸酰胺等加热熬炼再配合颜料和少量的催干剂经过研磨可制成各种印刷油墨。机械行业用桐油作脱模油。桐油在医药上可作呕吐剂，用以解砒毒。肢体皮肤肿痛涂桐油可以痊愈。畜牧业用作杀虫剂，牲畜体上之顽癣、虫虱、疮疥均可用桐油杀除之。现代工业用桐油合成橡胶代用品。

4 桐油的理化性状

桐油为淡黄至棕黄色的油液，具有特有的气味，属强干性油，涂膜曝放于空气中容易干燥生成半透明的涂膜。溶于乙醚、三氯甲烷、石油醚等有机溶剂。2.1℃冻结，游离脂酸凝固点为31℃，闪点289℃，自燃点457℃。有毒不能食用，误食后会引起腹痛、腹泻和呕吐。

桐油极易异构化，桐油中α-桐酸为十八碳三烯酸，其分子结构式为：

$$CH_3—[CH_2]_3—CH{=}\underset{\displaystyle H}{\underset{|}{C}}—CH{=}\underset{\displaystyle H}{\underset{|}{C}}—CH{=}\overset{\displaystyle H}{\overset{|}{C}}—[CH_2]_7COOH$$

即十八碳三烯（9顺11反13反）酸，分子量278.44碘价273.47。桐酸中有三个共轭双键，化学性质非常活泼，受到紫外线照射、日光照射或硫、硒、碘及其化合物接触，第9个碳原子上的氢就会由顺位变成反位，生成十八碳三烯（9反11反13反）酸。其结构式为：

$$CH_3—[CH_2]_3—CH{=}\underset{\displaystyle H}{\underset{|}{C}}—CH{=}\underset{\displaystyle H}{\underset{|}{C}}—CH{=}\underset{\displaystyle H}{\underset{|}{C}}—[CH_2]_7COOH$$

分子量仍为278.44，碘价273.47，称为β型桐酸，这种异构化亦称为β化。α-桐酸熔点为48～49℃，其三甘酯α-桐油之熔点为2～3℃在常温为液体。变为β型桐油后熔点为62℃，在常温为猪油状的固体，不溶于乙醇、乙醚及石油醚，其经济价值大为降低。桐油在储存期也有一部分α-桐酸逐渐变为β型桐酸，但其变化的速度很慢。上海商检局加0.05%的硫磺粉于桐油中，水溶上加热半小时即生成黄色固体。1975年四川某地因桐油中混入硫磺引起β化，使百吨桐油不能出口遭到重大损失。菜油中残留的硫化葡萄糖苷，其含硫量相当于141.8μg/g，榨过菜油的榨具未经清洗就用以榨桐籽，或者用装过菜油的包装装盛桐油，都会引起桐油β化。浸过菜饼的溶剂含硫更多，切勿用以浸桐饼。

α-桐酸β化首先在容器底部析出白色晶体，(此时β桐酸的含量已在10%以上）再以晶体为触媒使β化速度加快。故发现晶体的桐油，几十天后就蔓延到局部，最后导致全部β化。要保护桐油不致β化，防止日光照射及硫、硒、碘的污染必须从桐籽储存、榨油、精炼到包装等所有的环节严加注意。

α-桐酸的异构体除β型桐酸外还有石榴酸双键氢原子的位置是9顺11反13顺，熔点为43.5～44℃，存在于石榴籽油中；另一种为括缕酸双键氢原子为9顺11顺13反，熔点35～35.5℃，存在于黄辰油中。

桐油酸为不饱和物容易聚合，桐油加热到200℃以上氧化和聚合作用明显地进行，随着油温的升高和加热时间的增长，分子逐渐变大，稠度增加。油温到达270℃时数分钟内就会迅速聚合为多聚体而凝固称为胶化。

Bradley 氏分析证明，桐油在惰性气体下加热其反应如下：

$$2CH_3—(CH_2)_3CH{=}CH—CH{=}CH—CH{=}CH(CH_2)_7COOH \rightarrow$$

```
CH3(CH2)3—CH═CH——CH—CH═CH(CH2)7COOH
          /          \
CH3(CH2)3—CH           CH—CH═CH(CH2)7COOH
          \          /
           CH═══CH
```

其中还有下列二聚合物存在：

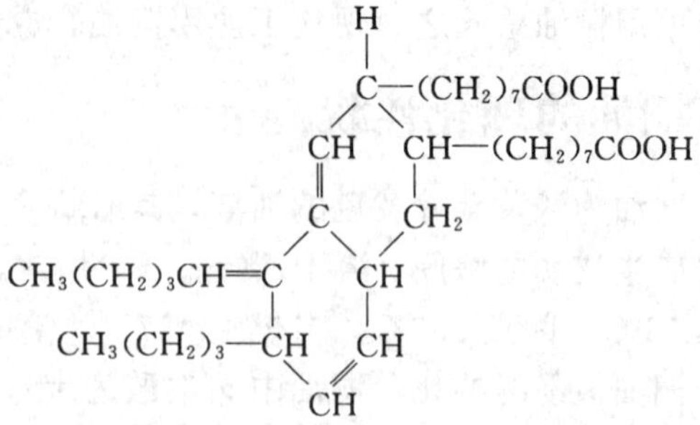

```
                          H
                          |
                          C—(CH₂)₇COOH
                        ／  ＼
                      CH      CH—(CH₂)₇COOH
                      ‖       |
                      C       CH₂
                    ／  ＼   ／
CH₃(CH₂)₃CH═C          CH
             |          |
 CH₃(CH₂)₃—CH          CH
               ＼     ／／
                  CH
```

控制加热温度和加热时间，可以避免三聚物之出现，涂料工业将桐油与树脂一道加热，使之聚合到一定程度，称为热炼，桐油经过热炼分子增大，涂膜强度包括弹性硬度，防水性能和耐候性都有增强，但一旦过火凝为胶体，则失掉涂料的特性。

桐油易氧化干燥，熬过的桐油在常温与空气接触，表面会氧化干固结皮，桐油涂片、油纸放在空中，几天之内能自行干燥。经过热炼或加入催化剂的干燥更快，干后表面光亮能耐固附着于涂面，不能被其他溶剂溶解，但是涂厚了就会起皱。

5 桐油的脂肪酸组成

桐油是以α-桐酸为主体的三甘酯，1983年西安油脂研究所分析了全国产区桐油，其中90型液压榨油机榨出的油样13种，95型榨油机的18种，200型的2种，木榨的1种，其他榨油机的26种，浸出桐油1种。除浸出桐油贮存了3年外，其他的不到1年其分析结果见表44-2。

表44-2 各省桐油脂肪酸组成（%）

项　目	四川	浙江	湖南	贵州	陕西	河南	六省综合
棕榈酸	2.66	2.94	2.83	2.66	2.92	2.68	2.66～2.94
硬脂酸	2.35	2.81	2.60	2.22	1.82	2.42	1.82～2.81
油　酸	5.49	6.74	6.69	5.20	5.54	6.35	5.20～6.74
亚油酸	7.88	9.50	8.53	7.43	10.10	8.10	7.43～10.10
亚麻酸	0.98	1.18	1.14	0.99	0.97	0.93	0.93～1.18
花生酸	0.19	0.21	0.25	0.14	0.17	0.19	0.14～0.25
花生二烯酸	0.53	0.45	0.40	0.42	0.35	0.28	0.28～0.53
桐　酸	80.01	76.16	77.86	80.99	78.29	79.10	76.16～80.99

61个样品中总桐酸含量超过75%的占91.3%。四川、贵州及河南的桐酸含量高达80%左右。陕西、湖南及浙江的为77%。

分析的样品中不论榨制方法、存放条件如何，都含有一定量的β型桐酸，最低含量0.91%，最高的浸出桐油含量达45.03%，用平底锅直接火炒料，95型榨油机压榨的β型桐酸含量比90型榨油机的要高。存放6个月以上为4%～6%，1年的为8%～9%，3年的10%以上。新榨出的油也含1%～3%。β型桐油含量10%以下时，油中不会析出晶体，β型桐油试验亦不能检出。

6 我国桐油的质量

1983年西安油脂研究所对四川、浙江、湖南、贵州、陕西及河南六省产地的桐油样品66种，分析结果是：①总桐酸84.68%～71.40%（其中α-桐酸54.90%～81.52%，β-桐酸0.66%～25.08%不包括浸出桐油）；②碘价164.9～172.1；③酸价0.6～11.51；④皂化价189.1～194.8；⑤粘度M $\frac{20℃}{E}$35.3～47.5；⑥折光指数20℃为1.5158～1.5231；⑦胶化试验又名华司脱试验（282℃电炉加热法）4min—262～568s；⑧β型桐油试验7.6%的样品有晶体析出，92.4%的样品合格；⑨色泽（罗维邦比色计1″槽）最浅的黄10红1.0，最深的黄70蓝2.2红20；⑩密度d $\frac{20℃}{4℃}$ 0.9358～0.9428；⑪透明度55%的油样透明，24%的微浑，21%浑浊；⑫烟点170～210℃。

7 桐痴的生成和防止

桐痴又名痴桐油为黄色透明的胶体，形成时吸附了桐油呈海绵状，大的重达2～3kg。桐痴系何物？上海商检局测定：①桐痴不溶于苯、三氯甲烷和乙醚，但在苯和乙醚中能膨胀；②桐痴分子量比正常桐油大，正常桐油为745～796，痴桐油为1020～1348；③碘价略低为166.55，从分析结果看，桐痴是聚合物。四川省联系生产实际，认为桐籽加工时用直接火炒料，锅底被烧红温度太高，人工搅拌不匀，部分坯粉过热，使坯中油分高度聚合，在压榨过程中虽被榨出，但分子已经变大比正常桐油更易氧化，以后吸收空中之氧成为胶体——桐痴，这种设想比较符合事实。由此推测，今后改用蒸汽炒锅炒料，过热现象不再发生，则桐痴就不致生成。

8 桐籽制油技术的发展

桐籽榨油建国以前农村基本上是用土榨法，所有的土榨法都是带壳碾粉两道榨干，干饼干基残油7%左右。60年代小型机榨输入农村，榨油技术才开始革新，1968年上海市粮食科研所同四川宣汉县榨油厂协作试用罐组式、平转式浸出器浸桐饼及浸出桐油加热处理获得成功，推动着桐籽榨油向预榨浸出方向发展，70年代乡镇油厂广泛采用机榨，出油率及油品质量均有提高，同时利用桐蒲制桐碱、碳酸钾、磷酸二氢钾及桐仁饼脱毒作家禽和鱼饲料获得进展，改变了桐饼只能作肥料的做法，使预榨浸出与饼粕皮壳综合利用形成完整系列。桐籽榨油及综合利用如图44-1。

9 桐籽榨油工艺和设备

9.1 桐籽榨油工艺

桐籽榨油工艺流程如图44-2。

(1) 筛选：桐籽混有果壳梗茎及砂石，桐籽表面有一层棕色粉末，这些不含油的杂质，如不除去会增加磨损影响油的颜色，一般采用振动平筛进行清理，上层筛网为∅22mm圆孔为清理大杂之用，下层为4目筛网，用以除去小型杂质。

(2) 烘晒、剥壳、壳仁分离及破碎：和榨茶籽相同，桐籽破碎后不需轧坯即可直接进入蒸炒。

(3) 碾粉：木榨、液压式榨油机榨坊采用此法，桐籽烘干变脆后一般采用园碾槽用水力畜力带动研成细粉，坯粉细度以无明显的粗粒为合适。

(4) 蒸炒：现行的有蒸炒和蒸坯两种方式，以锅炉蒸汽为热源用层式蒸炒锅炒料，以直接火加热平底炒锅炒料称为蒸炒，这种方式料温可达130℃水分可降至2%～3%，前者适用于200型动力螺旋榨油机，后者适用于95型。另一种是用水锅发生的水蒸气或蒸汽锅炉的直接汽进行蒸料的叫做蒸坯，料坯蒸后水分为9%左右比蒸前高，料温最高107℃，适合于木榨，液压式榨油机的压榨。

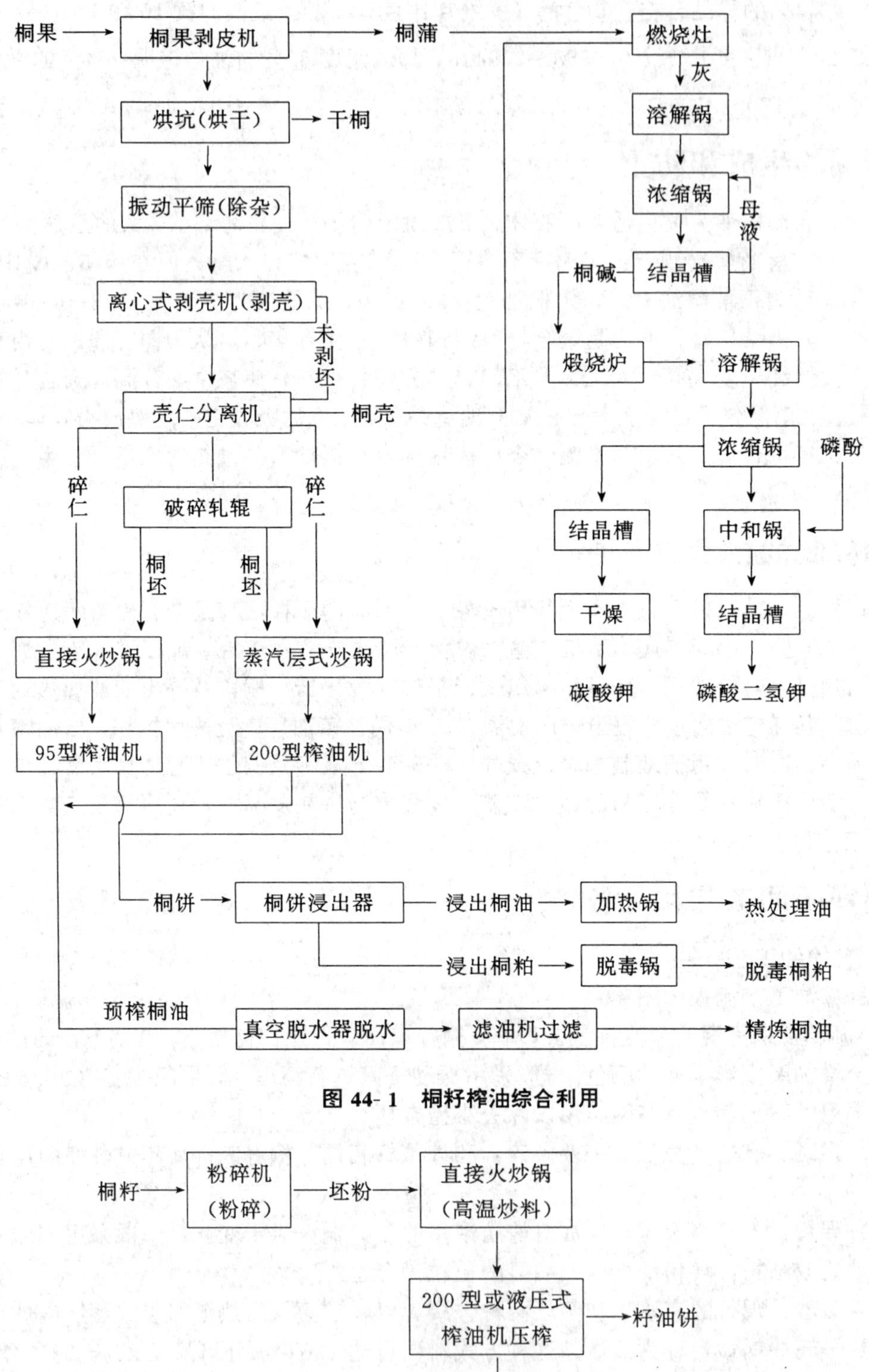

图 44-1 桐籽榨油综合利用

图 44-2 桐籽榨油工艺流程

（5）做饼：是木榨、液压式榨油机的过渡操作，非如此坯粉就不能承受强大的压力将油榨出。两道压榨时，头道做双圈草色饼，二道做单圈无草饼，工艺要求与榨茶籽同。

9.2　200 型动力螺旋榨油机

制坯、蒸炒所用设备和工艺基本上与榨茶籽相同，料坯入榨温度、水分分别为 120℃及 3%。榨条间隙一档 1.25，二档 1.1，三档 1.0，四档 0.8mm，榨螺主轴 8r/min 日处理桐籽 12t。出饼厚度 8～10mm。正常压榨出油集中在一、二档，三档滴油，四档出干粉。油色清亮无泡沫，结饼坚实连续成块无焦味和打炮现象，榨机负荷 28～30A。每 100kg 桐籽去壳 10～15kg，出油率 34%，出饼率 50%，干饼干基残油 6%左右。桐饼温度甚高容易自燃，必须摊凉才入库。

压榨时遇到停电时间超过 5min，要拉下电源开关，关闭进料口，用人工倒盘车的方法将榨料盘出，恢复供电后待榨膛内的老料排出才能进料榨油。停电时间超过半小时或榨机起不动时，则须折榨清理。并将蒸炒锅内存料，升运设备中之积料扒出使之冷却以免自燃。榨过蓖麻籽油菜籽油的榨具和容器，须彻底洗净，升运设备中的余料亦需扫除才能压榨桐籽，否则会有发生 β 化的危险。详细操作见 1980 年粮食部粮油工业局颁布的《榨油工厂操作规程》。

9.3　95 型动力螺旋榨油机

95 型榨油机压榨桐籽，各地方法有所不同，例如四川开县采用两次剥壳分仁的方法共去壳 18%，桐仁压碎以后筛分为粗细两种，炒料时 6mm 的先下，经直接火炒锅预炒后再进入炒锅继续炒料，碎仁则不需预炒，直接加入炒锅中。入榨料温 120～125℃，水分 3%。榨螺主轴转速为 28r/min，大量出油在 1～3 号圆排处，干饼干基残油 5%左右。桐油通过过滤送往贮存；贵州铜仁地区粮科所将桐籽喷入 60℃热水约 10%，浸润 72h，使桐籽水分达到 20%，再用圆盘式剥壳机剥壳，每 100kg 去壳 22～26kg。破碎后用筛网分为粗、细两种，炒料时先下粗的，炒至 110℃时加入细仁炒至料温 120℃水分 2.5%时入榨。最先和最后出的桐饼用液压式榨油机再压榨一次。印江县板漆粮店采用此法共榨桐籽 62.4 万 kg，平均出油率为 34.07%，干饼干基残油 5%左右。

9.4　液压式榨油机

液压式榨油机榨桐籽采用两道榨干的工艺，其工艺过程与榨茶籽大同小异，清理好的桐籽烘干后送至辊式或离心式剥壳机剥壳，经木风车风选，每 100kg 桐籽去壳 30kg，桐仁送入碾米机粉碎而得坯粉，经蒸坯、做饼，压榨榨出头油后，取出头饼趁热粉碎，再经炒料、蒸坯、做饼榨二道。头粉蒸至 100℃以上，水分 9.5%～10.5%，二粉 100℃及 12%～14%，头道做双圈草包饼，二道做单圈无草饼。四川巫溪用 2WY-100 液压式榨油机压榨桐籽（平均干基含油 41.95%）1 003.40t，得桐油 364.70t（包括二油），出油率为 36.34%。

9.5　榨制嫩色桐油

我国桐油畅销欧美，近年来我国又生产了嫩色桐油更受外商欢迎。如何改进生产工艺多生产嫩色桐色为国家创汇具有重要的经济意义。四川省开县巫溪用 2WY-100 液压式榨油机榨桐籽，工艺上作了些改进取得了较好的效果。其法：①桐籽不经烘烤直接剥壳，每 100kg 桐籽去壳 36kg；②桐仁进入游动筛，在筛面上由人工剔除霉变粒再进入碾米机粉碎，经蒸坯（温度 100℃，水分 9%～10%），做饼压榨，头油出油率 30%，酸价 2 以下，颜色罗维邦比色计 5 $\frac{1}{4}$″槽黄 35 红 5.4。二油出油率为 3%。β 型桐油试验，胶化试验合格。此法已在全县推广，嫩色桐油全部供应出口。

10　罐组式浸出设备

我国桐饼浸出始于四川省，1970年浙江建德县梅城油厂、宣汉及梁平油厂用加热法处理浸出桐油控制β化的试验成功，已经β化的油经处理后不再凝固，桐饼浸油获得推广。宣汉油厂以200型榨油机饼搭配一部分95型榨油机饼，用6号溶剂油为溶剂，罐组式浸出器浸出，桐粕残油0.6%左右，浸出桐油颜色棕红，酸价6.1～18.3，碘价159.3～162.61，折光指数20℃为1.516 9～1.519 0，粘度M $\frac{20℃}{E}$38.2～41。皂化价188.8～190.2，胶化试验341～441s。经盐水洗涤进行加热处理。经过加热处理之油存放两年尚未凝固，可以熬制油漆。

罐组式浸出设备浸桐饼工艺流程图，如图44-3。

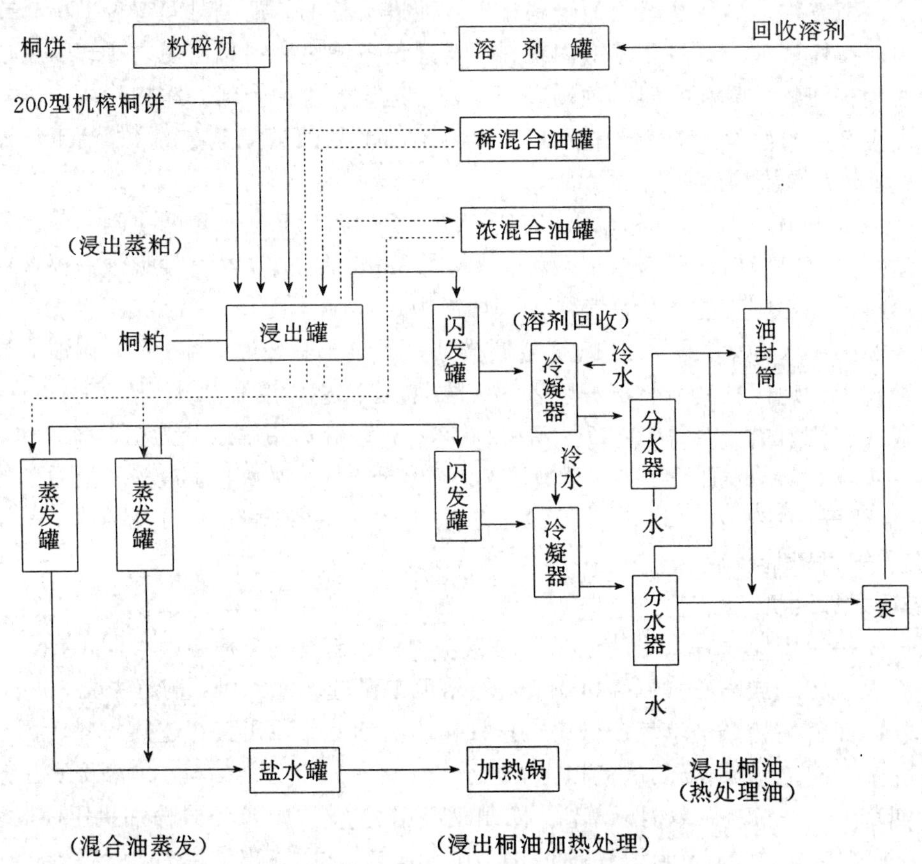

图44-3　罐组式浸出设备浸桐饼工艺流程

宣汉油厂日浸桐饼10t设备见表44-3。

表44-3　日浸桐饼10t设备

设备名称	规格型号、生产能力	台　数
浸出罐	Ø900mm×1 620mm，容量0.9m³	4
蒸发罐	Ø1 100mm×1 760mm，容量1.2m³	2
喷淋式冷凝器	冷凝面积40m²	2
小蒸发罐	Ø300mm×600mm，容积0.04m³	1

（续）

设备名称	规格型号、生产能力	台 数
列管冷凝器	冷凝面积 1.17m²	1
混合油贮罐	∅1 000mm×1 960mm，容积 1.4m³	2
溶剂罐	∅1 200mm×3 700mm，容积 4m³	1
盐水罐	∅600mm×1 500mm，容积 0.32m³	1
油封筒	∅300mm×1 330mm	1
分水器	400mm×800mm×1 200mm	1
粕分离器	∅300mm×1 000mm，旋风式	1
铜齿轮泵	$1\frac{1}{4}$″	2
加热锅	∅800mm×1 100mm，容量 0.57m³	1

注：未包括供汽供水供电设备。

液压榨油机的桐饼通过粉碎机打碎投入浸出罐中、200 型和 95 型的机榨饼可直接投料，第 1 次加入稀混合油浸 30min，放出浓混合油送到蒸发罐蒸脱溶剂而得浸出桐油。第 2 次加入新鲜溶剂同样的时间，将稀混合油放出，并开入直接蒸汽下压挤干，用泵送到稀混合油贮罐，作下次浸出之用。罐中湿粕用直接蒸汽将溶剂蒸脱后放出干粕。蒸发罐及浸出罐的溶剂蒸汽通过冷凝器冷凝和分水器分水后用泵送至溶剂罐循环使用。浸出桐油通过盐水洗涤和加热处理送往贮存。浸出车间的操作见粮食部粮油工业局 1980 年颁发的《油脂浸出工厂（车间）生产技术操作规程》，建厂和设备安装见《油脂浸出工厂（车间）建筑安装生产安全防火规范》（以后简称粮食部规程和规范）中的规定和要求执行。

11 平转型连续式浸出设备

1979 年四川省宣汉油厂兴建的日处理桐饼 20t 平转型浸出车间，通过长期生产考核，经济效果良好。设备和工艺流程与平转型浸出器浸茶饼相同。详细操作和建厂、安全生产注意事项详见粮食部规程和规范。

12 浸出桐油的加热处理

浸出桐油受溶剂中硫的影响很快 β 化需要及时处理。将浸出桐油加热到 200℃，保持 30min，冷后就不再凝固。四川达县地区粮食局认为浸出桐油中的硫，系微量之硫醇、硫醚及硫酚，这些物质当油温升到 215℃时就会基本上消失，因此经加热处理后不再凝固。事实上桐油在 200℃油温保持 30min，由于聚合双键减少，稳定性增加也是因素之一。

工业上处理浸出桐油的加热装置有移动式加热炉和电加热炉等。

13 桐油精炼

由产区收购的桐油，质量参差不齐，不能直接出口，需经挑选处理和加热脱水以提高质量。

挑选整理是行之有效的重要步骤，桐油入库首先要抽样检查，凡酸价低、折光指数高及颜色好的油（即低酸高度嫩色油）列为一类，其中有 1～2 项不合格的另列一类。含有 β 型桐油的随即剔出单独处理，从分类上控制桐油质量。其次是拣出油脚，散装油则放毛油池沉淀，择其澄清者而吸取之，桶装油先立置澄清后再吸取。吸取时用往复泵及透明管，做到见浑不抽，防止已经分离的油脚混入油中。

真空脱水法的桐油精炼工艺流程，如图 44-4。

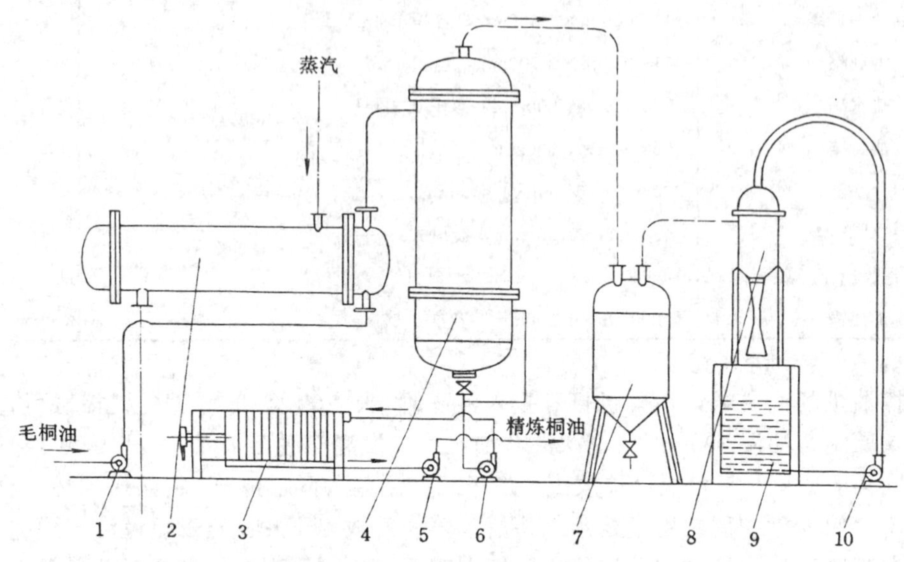

图 44-4 真空脱水法的桐油精炼工艺流程

1、5、6. 离心油泵；2. 热交换器；3. 滤油机；4. 真空脱水器；
7. 真空平衡罐；8. 水喷射泵；9. 水池；10. 离心水泵

整个精炼分为真空脱水和过滤两个步骤，最后送入大型储油罐贮存以获得质量均一澄清透明的精炼桐油。因此装有桐油精炼设备的厂库，须有大型油池、铁道专线或水运码头配套、日炼毛油 200t 的主要设备见表 44-4。

表 44-4 日炼毛油 200t 的主要设备

设备名称	规格、型号、生产能力	台 数	备 注
蒸汽锅炉	KZL2-8 型，蒸发量 2 000kg/h，压力 0.8MPa	1	供热
热交换器	∅600mm×2 800mm，双回程列管式，受热面积 27.3m^2	3	
真空脱水器	∅800mm×2 500mm，真空残压：60×133.32Pa	1	
水喷射泵		1	
离心泵	3Ba-9 1 台，2DS8×2 1 台	2	
滤油机	650 型	2	
精油接收罐	∅600mm×1 400mm	2	
储油池	总容量 5 000t 以上		

生产能力为：筒体∅600mm×600mm，热交换面积 27m^2，蒸汽工作压力 0.5MPa，每小时流量 4 000kg，油温从室温加热到 90℃。

毛油由泵送到热交换器 2（由 3 个热交换器串联，蒸汽工作压力 0.2～0.3MPa）将油加热到 80～90℃，流量每小时 8t，热油被吸入真空脱水器 4 的顶部，由自动旋转喷头把油喷到锥体上成为薄膜流下。器内真空残压为 60×133.32Pa，使油中水分在真空状态下迅速蒸发。7、8、9 为产生真空的设备。经过脱水的桐油由离心油泵 6 抽至滤油机 3 过滤，再由离心油泵 5

送往储油池。通过真空脱水器脱水和滤油机过滤，油中水分杂质减少，再经过储油池贮存透明度提高。颜色、折光指数和酸价由挑选整理时决定。

精炼桐油的质量：四川万县地区油脂公司炼油厂的实绩，水分 0.08%、杂质 0.05%、酸价 3.63、密度 20℃/4℃为 0.937 6、折光指数 20℃为 1.519 5、碘价 168、皂化价 190.6、胶化试验（华司脱试验）282℃为 258s，β型桐油试验无晶体析出，符合国家标准 GB8277—87 的规定。

14　桐油质量标准

1987 年制订的国家标准 GB8277—87 适用于收购、销售、调拨、储存、加工和出口的商品桐油。

14.1　技术要求

桐油应具备下列特性：

（1）相对密度（20℃/4℃）：0.936 0～0.939 5；

（2）折光指数（20℃）：1.518 5～1.522 5；

（3）碘价（韦氏法）：163～173；

（4）皂化价：190～195；

（5）热聚合试验（华司脱试验）：282℃时 450s 凝成固体，切时不粘刀，压之即碎。

14.2　等级指标

（1）桐油的等级指标见表 44-5；

（2）桐油以二等为计价基础；

（3）各级桐油中不得含有桐痴；

（4）各级桐油中均不得混有矿物油、松香和其他类油脂。

表 44-5　桐油质量标准

指　标		等　级		
		1	2	3
色泽（罗维邦比色计）		黄 35，红 ≤3.0	黄 35，红 ≤5.0	黄 35，红 ≤7.0
透明度（静置 24h/20℃）		透明	允许微浑	允许微浑
酸价（mgKOH/g）	≤	3.0	5.0	7.0
水分挥发物（%）	≤	0.10	0.15	0.20
杂质（%）	≤	0.10	0.15	0.20
β型桐油试验（3.3～4.4℃经 24h 后）		无结晶析出	无结晶析出	无结晶析出

我国外贸部及国外桐油质量标准，见表 44-6。

14.3　包装运输和储存

桐油的包装运输和储存，必须符合保护质量，运输安全和分等储存的要求。桐油装具必须具备明显的“桐油”标志，并且注明毛重、净重，出厂日期。

表 44-6 我国外贸部及国外桐油质量标准

项 目	我国外贸部 1962年2月订	美国 ASTM	前苏联 桐油	日本桐油	英国桐油	澳大利亚桐油
颜 色	不深于0.4g重铬酸钾溶于100ml密度1.84的硫酸溶液	Gardener 12				
水分挥发物（%）	最高0.3					
杂质（%）	含杂质					
折光指数（20℃）	1.518 5～1.522 0	1.516 5～1.522 0（25℃）	1.518 0～1.520 0	1.521 0	1.518 0～1.522 0（25℃）	1.515 0～1.522 0（25℃）
相对密度（20℃/4℃）	0.936 0～0.939 5	0.938～0.948（15℃）	0.939～0.945		0.939～0.943（15.5℃）	0.919～0.943（15.5℃）
酸 价	最高8	5以下			5以下	8以下
碘 价		163以上	145～176	163	155～167	最低163
皂化价		199～195	188～197		189～175	189～195
不皂化物（%）		0.7以下	0.4～1.0			
透明度（24h/20℃）		透明（25℃）				
华司脱试验	7.5min内凝固切时不粘刀，压之即碎	12min以内		7.5min以内	3min（热试验）	3min（热试验）
总桐酸（%）			80	83		
β型桐油试验	无结晶析出	无				
脂肪酸熔点（℃）			35～45			
硫氰值（sulfocyanide value）			78～87			

15 桐油脚、饼粕、果皮的综合利用

15.1 桐油油脚的处理

桐油容器底部含水较重的浑油，气候变冷析出的硬脂均称为桐油脚。有时还含有β型桐油的晶体。将桐油脚加热至90℃，通过16目筛网过滤一次，随即用泵送入滤油机过滤或灌入布袋放进包榨中压滤。滤出之油颜色深暗并带焦味，酸价也较高称为次桐油。滤片间及布袋中之油渣仍含油，可以拌入桐饼粉中用液压式或95型榨油机复榨回收。油渣和榨过次桐油的饼容易自燃须注意摊凉，次桐油可作洪油、秀油原料，但不可掺入桐油中。

15.2 桐饼粕的利用

桐饼中含有一定的养分，分析结果见表44-7。

表 44-7 桐饼中的养分分析

组 分	水分（%）	灰分（%）	粗脂肪（%）	粗蛋白（%）	粗纤维（%）	可溶性无氮浸出物（%）
带壳桐饼	10.5	5.2	6.8	16.2	34.7	26.2
桐仁饼	9.8	4.4	6.5	46.2	3.6	29.5
浸出桐粕	10～10.5	4.7～4.9	0.7～1.2	45～48	4.1～10	30～31.2

桐饼粕所含相当数量的蛋白质和淀粉，完全可以利用作饲料，但由于含有腈化物带有毒性和不好忍受的桐油味而未能实现。近来科研部门以桐饼作鱼饲料，通过试验效果良好。湖南怀化地区已经推广。早在 50 年代美国路易斯安娜大学的 Jordan G Lee 曾做过桐粕脱毒试验，经乙醇浸泡或水煮 2h 后用蒸汽烘干，可以作为雏鸡饲料。桐饼中含氮 3.6%、磷酸 1.0%、钾素 0.5%、每 100kg 肥效可与硫酸铵 25kg、过磷酸钙 20kg 及氧化钾 1kg 相当，是西南各省广泛采用传统饼肥之一，种植玉米用它施作底肥能防止虫蛀。

15.3　桐果皮制桐碱和碳酸钾

桐果皮又名桐蒲，含粗纤维 50.64%、钾 3%～5%，晒干以后用专门炉灶燃烧，灰烬中含有 K_2CO_3、K_2O 及 K_2SO_4，通过溶解、浓缩、结晶和煅烧，可制得桐碱和碳酸钾。所得碳酸钾纯度为 90%以上的白色晶体，可用于食品、玻璃、化妆品及洗涤剂的配制。未经煅烧的称为桐碱，用作软皂和调制面食。

15.4　碳酸钾制磷酸二氢钾

用工业磷酸与碳酸钾中和而得。磷酸二氢钾（KH_2PO_4）是喷施肥，用于水稻、小麦、玉米、高粱、花生、豆类等类均有增产效果。100kg 桐果皮可制得磷酸二氢钾 2～2.6kg。

16　洪油的制造

洪油是用桐籽、桐饼及桐油（洗油）为原料制成的一种传统产品。始于湖南洪江因地得名称为洪油。洪油不含树脂和催干剂，涂膜对气候具有较强的抵抗力，经受风雨袭击不致水解崩溃，防水性能良好，涂膜经久耐用。又由于桐油具有特殊的气味和毒性，用洪油涂刷船底可免藻类和螺蚌的寄生，从而保证了船只的装载量和航行速度，为船民所欢迎。建国以前以木船为主的内河航运业和沿海渔民每年需用大量洪油，在洪江一镇就有 12 家厂商组织生产，年产量为 3 500～5 000t。从此湖南洪油誉满长江和沿海一带。建国以后改由 3 家规模较大的机榨油厂生产，至今仍维持一定数量供应船民。工艺方面仍采用传统老法，但机榨生产工艺损耗降低，效率提高。其工艺流程如图 44-5。

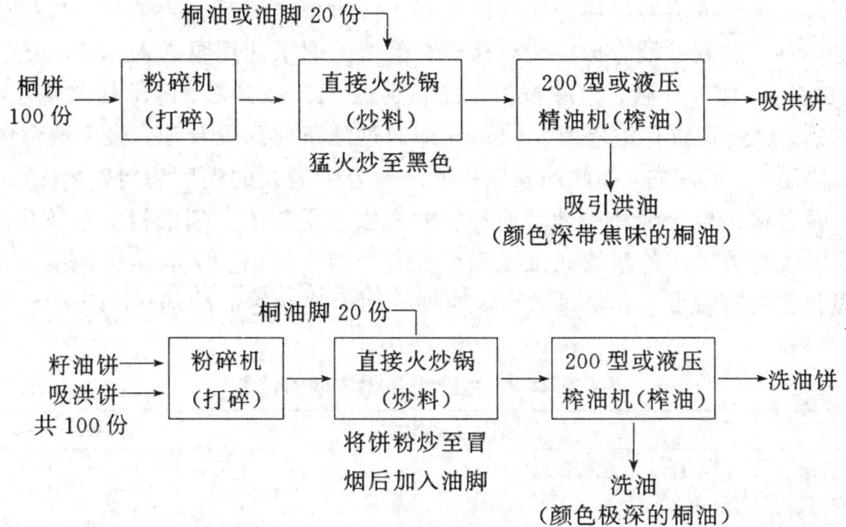

图 44-5　洪油制造工艺流程

16.1　配制洪油

籽油30%，吸引洪油30%，洗油40%于熬油锅中加热到180℃，转入贮油池任其澄清后进行包装即为熟洪油。如以桐油代替吸引洪油称为生洪油。洪油中籽油配量越多质量越好，成本也越高。制造1t洪油需桐籽1 100kg，桐油或搭用次桐油800kg。

16.2　洪油的质量

洪油秀油同属船舶保护涂料，涂膜强度和性能要检测的项目亦与秀油相同，但迄今为止完善的质量标准尚未制订，人们往往只能凭肉眼观察，认为油色棕红、油质纯净即为合格。生产厂家对现用的配方必须做涂膜的性能试验（例如干燥时间、抗老化、防水及曝露试验）。根据试验结果评估产品质量和选择良好的配方，使洪油质量具有科学的保证。

17　秀油的制造

秀油最初产于四川秀山因地得名，相传数百年前某榨坊失火，抢出的桐油因受高温变稠，当时为了减轻损失，有人将稠油作涂料之试探，发现比生桐油更好，从此出现了熬制秀油之创举。传至湖南常德后销路打开利润优厚，油商均自筹设备从事熬制。1937年常德一地运销长江中下游的秀油达4 000t，抗战期间一度衰落，建国以后才部分恢复。

17.1　熬制秀油的原料

①一般采用颜色深、折光指数低、酸价高及不合出口要求的桐油，还可搭配次桐油30%左右；②烟子系用桐饼末子炒至高温缓缓加入桐痴、硬脚油或β型桐油炒制而成。炒制时锅底烧呈暗红，加入的油或油脚裂解，大量油烟外逸，残留在饼末上的是一层类似沥清的焦油，焦油层能溶于苯、丙酮、石油醚及松节油。桐油中加入7%～9%烟子后，不仅使油染成了棕红色且有增稠的功用。桐油熬厚容易产生胶珠，加了烟子则无此弊。桐饼末子130kg加油脚或痴油32～36kg可炒得烟子90kg。

17.2　秀油的熬制法

①脱烟子，桐油与次桐油配合后加热至120℃，缓缓加入油量8%～9%的烟子，缓缓搅拌使泡沫下落，待焦油层溶解后即行捞出并加入油脚使之冷却，再通过压榨回收。溶解焦油的烟子油趁热过滤放到贮池存放；②熬秀油，澄清的烟子油用泵送入1.2m^3的秀油锅，每次熬油700～800kg，猛火升温，约需45min油温到达240～250℃，随即转入暂存池，秀油锅则进行熬第二锅。热油在暂存池停留4～5min即通过滤布滤到聚合池，聚合池容量3～4m^3，油进池后温度降至220℃左右。在此油温搅拌使之聚合到需要的稠度后再转入10m^3容量的秀油贮池冷却。暂存池、聚合池和秀油贮池传统的方法系用砖砌，墙面衬筑石灰瓦渣层。也可用钢板焊制安装搅拌器及水冷盘管。油出锅后在各个池中逗留多久，全凭稠度决定，到贮池后须及时加搅拌和检查稠度，必要时通冷水或加入烟子油冷秀油冷却。日产秀油7t生产设备见表44-8。

表44-8　生产7t秀油车间的设备

设备名称	规格型号生产能力	台数	备注
炒烟子生铁锅	Ø1 000mm，包括煤火炉灶	2	
锤片式粉碎机	Ø450mm×500mm，4.5kW	1	碎桐饼用
烟子油锅	Ø1 400mm×1 200mm	1	钢板制
烟子油贮池	1 400mm×1 200mm×5 000mm	1	砖砌

（续）

设备名称	规格型号生产能力	台 数	备 注
烟子油泵	3Ba-9，7kW	1	
秀油锅	Ø1 000mm×1 200mm，1.2m³	1	钢板制
暂存池	1 400mm×1 400mm×300mm	1	钢板制
聚合池	1 400mm×2 200mm×1 000mm	1	砖砌
秀油贮池	4 000mm×3 600mm×800mm	1	砖砌或钢板焊制
冷烟子油罐	Ø1 000mm×1 500mm	1	钢板制

生产秀油掌握的要点是：①色相，油色深棕纯净无杂质、无胶味；②稠度，冷油滴于薄钢板上手蘸之能抽成1.5m长的细丝，流动性好，涂刷后无刷痕；③干燥时间，薄层涂片曝晒于强日光下，15min内表面干燥，45min后全干，手按之无指纹；④防水性能，干硬后的涂片于冷水中浸96h，允许微白发滑。

17.3 秀油的用途

①作船身涂料，用法与洪油同，木船涂油后须在强日光下晒干，每天涂1～2次，涂刷3次以后即可获得光亮坚韧的保护层，防水防腐防蛀功效显著，能延长船只使用寿命。②涂刷农具、雨具。

第 45 章 棕榈油和棕仁油

王子明

1 棕榈油和棕仁油简介

油棕属棕榈科 PALMAE，是一种重要的热带油料作物，分布在赤道南北 5°～10°以内的热带地区，世界上主要产地有马来西亚、象牙海岸、扎伊尔和尼日利亚等国。

油棕是多年生乔木，生长在气温 24～28℃平均月降雨量不少于 1 000mm，阳光充足，排水良好的山坡和丘陵地带。油棕果实含油高，一般鲜果肉含油 45%～55%，其种仁亦在50%～55%。马来西亚的新品种，每 0.4hm^2 产果 1600kg 合棕油 226.7kg，单位面积产油是花生的 5 倍，菜籽的 10 倍，大豆的 20 倍，有世界油王之称。果肉榨出的油叫棕榈油，可供食用，种仁榨出的油叫棕仁油，是重要的工业原料。

油棕种植采取育苗移栽法，2.5 年开始结果，果期长达 10 个月之久。8～15 年为盛果期，20 年后衰老更新。我国海南、云南种植油棕是 50 年代从马来西亚引进的良种，种植面积 4 万 hm^2，每公顷产量折油 2295kg，试验场的高产片曾达到 3570kg。70 年代因自然灾害和管理方面种种原因出现减产。如能得到恢复，单产按马来西亚的 50%折算，年产棕油可达 8 万 t，为食用和工业提供大量油源。

2 油棕果穗各部分的比例

油棕果实生长在果穗上，这叫做果房，每棕结果房 4～10 个不等，常年每月都有成熟的果房。大的果房每个重 15～20kg，小的只有 5～6kg，大的果房长 300～400mm，外径 250～300mm，每个果房结果实 200～1 500 粒，平均为 500 粒左右。果实重占果穗的 60%，每粒重 5～20g，长 20～40mm，外径 10～30mm。品种、树龄及生长条件均影响结果的多少。果实的外层是果肉，果肉包着棕核，核内有仁。不同品种油棕果房各部分的比例见表 45-1。

表 45-1 不同品种油棕果房各部分比例表

品　　种	海南油棕果	薄壳 5 月果	薄壳 8 月果
果穗 100 份＝1＋2＋3			
①空果房	40	20.88	26.56
②果　肉	38	60.30	55.59
果肉加工后其中纤维水	22～24	28.06	23.70
棕榈油	14～16	32.32	31.89
③棕　核	22	18.74	17.85
棕核加工后其中核壳	17～18	6.98	6.31
棕仁油	2～3	5.74	5.71
棕仁饼	2	6.42	5.83

油棕果占果房的 60%，果实中果肉占 56%，果核占 44%，果肉含棕榈油 45%～50%，核仁含棕仁油 50%～55%，以果房计算含油率，棕榈油为 15%～16%（海南出油率为 14%），棕仁油 2.24%～2.26%（海南出油 1%）。

3　油棕果肉和棕仁的化学成分

海南亚热带油脂研究所 1979 年发表的分析结果见表 45-2。

表 45-2　油棕果肉与棕仁的化学成分

项　目	油棕果肉	油棕仁
水　分（%）	36.90	7.23
总糖（干基）（%）	1.43	0.46
淀粉（干基）（%）	7.32	14.06
粗脂肪（干基）（%）	52.91	54.41
粗蛋白质(干基)(%)	0.96	5.22

表 45-3　棕榈油及棕仁油的理化性质

项　目	棕榈油	棕仁油
色泽（罗维邦比色计 2″槽）	黄 20.9　红 4.0	黄 5.5　红 1.0
相对密度（20℃/40℃）	0.9053	0.9182
粘　度（恩氏粘度计）	E50°=4.6	E29°=6.3
折光指数	1.4550（50℃）	1.4529（20℃）
酸　价（mg KOH/g 油）	13.87	9.79
皂化价	201.3	250.9
不皂化物（%）	2.32	1.45
碘　价	61.6	19.30
磷　脂	0.012	0.031

4　棕榈油、棕仁油的理化性状

棕榈油在常温为棕黄色奶油状固体，熔点 30℃，溶于乙醇、乙醚、三氯甲烷和二硫化碳，无毒。棕仁油为黄色液体，1979 年海南亚热带油脂研究所分析结果见表 45-3。

5　棕榈油、棕仁油的脂肪酸组成

棕油的分析结果见表 45-4。

表 45-4　棕榈油及棕仁油的脂肪酸组成（%）

样品来源	中国海南海滨农场		马来西亚棕榈油		
分析单位	海南亚热带油脂研究所		1986 年调查		
品名、品种	棕榈油	棕仁油	EG 种	EO 种	杂交种
脂肪酸	—	—	—	—	—
辛　酸	—	3.80	—	—	—
癸　酸	0.20	4.20	—	—	—
月桂酸	0.70	49.90	—	—	—
肉豆寇酸	1.00	16.90	1.10	0.20	0.40
棕榈酸	49.80	0.80	44.00	17.20	33.80
硬脂酸	—	—	4.50	1.10	2.60
油　酸	47.90	16.50	39.20	59.50	50.50
亚油酸	—	—	10.10	19.10	12.50
其　他	—	—	1.10	3.40	1.00

注：EG 种即 *Elaeis Quineensis*，EO 种即 *Elaeis Oleifera*；杂交种系两者杂交而得。

6 棕榈油、棕仁油的用途

马来西亚运用分离技术从棕榈油中分出常温为固体的棕榈油和常温为液体的棕榈液油两个系列的产品。棕榈油有较好的热稳定性，不易氧化聚合通过精炼可作煎炸油。我国每年须从马来西亚进口棕榈油供应油炸食品和人造奶油之需，近年来的数量日有增加。由于棕榈油固体脂含量高，在相当温度范围内能保持其硬度，控制固脂指数可配制多种起酥油。棕油中含有维生素 A500～1 000μg/g、维生素 E500～800μg/g，可从中提取维生素。工业方面棕榈油可配制金属防锈剂及润滑剂，金属镀锡和拉丝助剂、橡胶软化剂、棉纺织品漂洗剂及化妆品用。棕仁油含月桂酸最多可作代可可脂和巧克力；日化行业用于制高级香皂及代替椰子油用于合成洗涤剂；提取月桂酸和肉豆寇酸作塑料稳定剂及润滑油抗冻剂。空果房仍含油，通过刹酵罐软化和切碎，用动力螺旋榨油机压榨一次，可回收棕油 1.5%～1.87%。饼渣可作燃料，油棕叶可作纤维板用。

7 棕榈油的制取

油棕加工在我国是一项新兴工业，规模不如马来西亚，从法国、荷兰引进的设备多为10～14t/d。较大的油厂建在海南，日处理果房 72t。

棕榈油果房在采集时，由于脂肪分解酶的作用和微生物作用，游离脂肪酸迅速增高，因此采集运输都要注意不得碰伤果实。

早在 1910 年 Fickendey 就提出了脂肪分解酶对油棕油酸价增高产生的影响，见表 45-5。

Wan Heurn 研究了剥皮后不同时间游离脂肪酸的变化情况，Desasis 作了 100 多次试验，他认为剥皮（或受伤后）1h 左右油的 FFA 常为 37%～45%，见表 45-6。

表 45-5 脂肪分解酶存在的影响

果肉的处理	FFA（%）	
	A	B
立即提油	43.1	2.4
立即提油	40.5	1.1
立即提油	49.8	0.8
立即提油	52.9	2.3
24h 后提油	66.9	—
48h 后提油	67.2	—

注：FFA—游离脂肪酸重量百分数；
A—新鲜果实剥皮；
B—加热 90～100℃后剥皮。

表 45-6 脂肪分解过程的速度

剥皮时间（min）	FFA（%）
尽快剥皮	22
5	33
15	39
50	40
60	42.5

表 45-7 制止脂肪分解酶活动的温度

温度（℃）	45	50	55	60	65
FFA（%）	11.6	2.7	1.1	1.1	1.0

Barnes 在剥皮前将果实加热至不同温度，其结果见表 45-7。

我国目前厂家采用的油棕制油工艺如图 45-1。

工艺要求：①刹酵：如上所述，油棕果肉含有脂肪酸分解酶，采摘以后如不迅速处理，油的酸价就会升高，高温蒸煮可以抑止解脂酶的活性降低其水解速度。将油棕果放入高压锅内，用 0.05MPa 的蒸汽蒸 2h，经过蒸煮刹酵外还会使果实松软，易从果房脱落，容易捣碎，经过刹酵的果穗可暂存 3～4d。海南南海农场采用 4t 果房刹酵罐，由直接蒸汽加热到 130℃，罐内

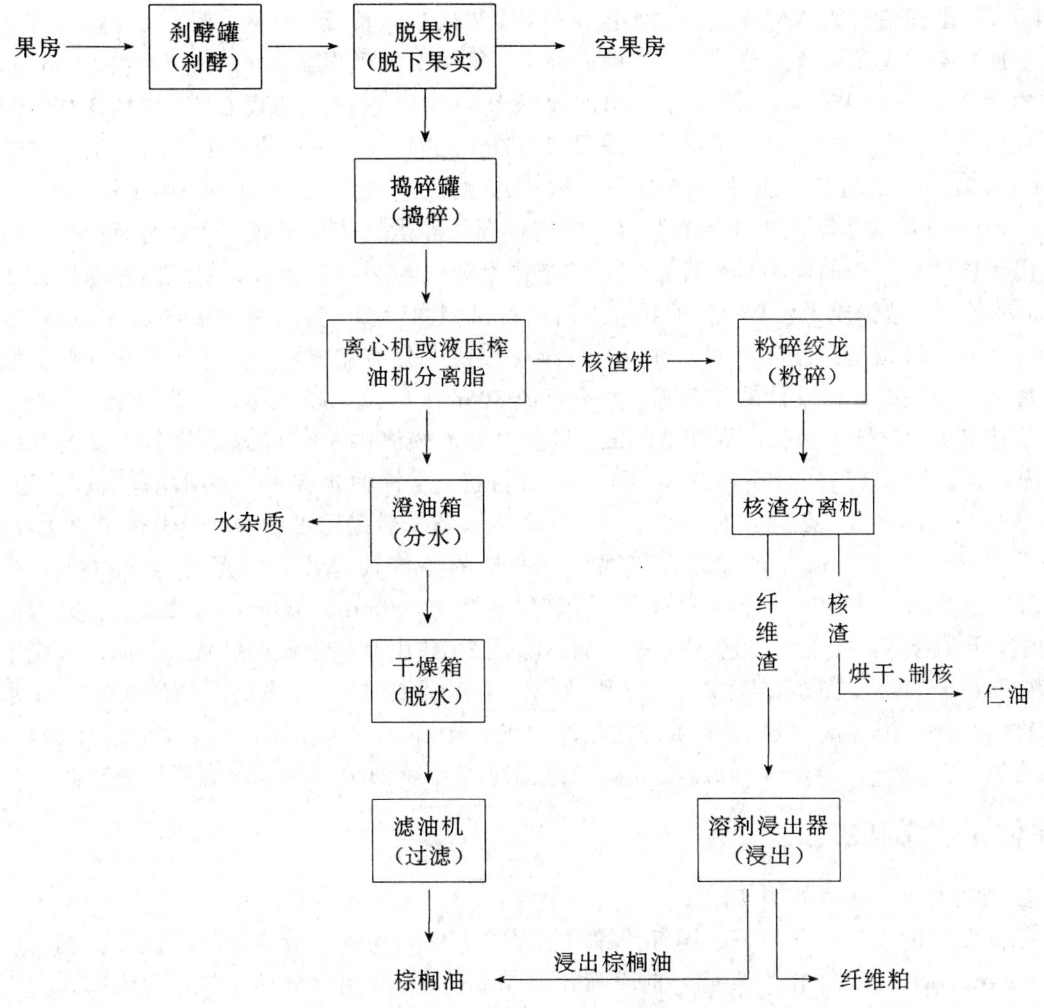

图 45-1　我国现行的油棕制油工艺

蒸汽压力为 0.3MPa，保持 45min 即可。温度过高、时间太长会将果肉蒸熟，反会增加油损。温度、时间不够，果实不易脱落。剎酵罐分卧式和立式，卧式容量大，成车的果房可从轨道推进罐内剎酵，我国所用者为立式∅988mm×1 400mm，每次装果房 700kg，罐内压力为 0.15MPa，剎酵时间为 90min，工作周期 2.5h，每台 24h 可处理果房 7 000kg。②脱粒：一般采用棒打式脱果机，我国自行设计的转速为 150r/min，螺旋绞龙 40r/min，每次装果房 4t，脱果时间 20～30s。③捣碎和加热：捣碎是撕破果皮使果肉与果核分离，捣烂果肉细胞组织以利压榨出油。海南南滨农场的试验捣碎率为 95%时；出油效率可达 91%～93%。捣碎时同时加热主要是使蛋白质凝固胶体破坏，油的稠度降低，压榨时易于分离，要求不含 1 粒未经破碎的果实。加热温度为 100～110℃。捣碎罐为立式，罐体有蒸汽加热夹层，内装直接蒸汽喷射管，中心搅轴上装有 3 对搅叶和 1 对出料叶，由伞齿轮传动，罐体内壁装有多块衬板，果实进入罐中被捣碎由下部排出。内径∅830mm×1389mm 的罐体，每罐可容果实 550～600kg，工作时夹层蒸汽压力 0.3MPa，料温 130～140℃，料坯太干时要加水调节，搅拌器转速 20r/min，

15min后捣碎率可达99%。用离心机分油的果浆含水宜在45%～50%。④液压式榨油机榨油：国产ZLY-90型榨油机的结构由照笼式水压机改装，果浆加入榨笼，活塞上升将油、水一齐挤出，饼渣通过碎饼绞龙和核渣分离机，将棕核分出。每一次处理果浆80kg，压榨时间20min，饼面压力为7.5MPa，出油率可达17%（出油效率为94%）。核渣干基残油（不包括核仁中的油分）为11%～13%。⑤用离心机提油：采用∅917mm的转鼓，每次装料150～200kg，转速1420r/min，5～7min分完，出油效率为91.3%～92.7%。一台离心机每24h内工作72次处理料10～14t，分出油水后渣中含水量仍高，棕核较湿须经烘晒使之干燥。⑥动力螺旋榨油机榨油：用于榨油棕果肉的动力螺旋榨油机，其结构大体上与200型相似，但螺旋榨的压缩比低，出饼亦较厚，榨膛压力也较低。世界上采用这种机型的较多，其压榨效果与ZLY-90型液压榨油机相同。纤维渣交浸出车间浸油。⑦纤维核渣饼中分离棕核：一般采用八角筛使棕核与纤维渣分开。我国自行设计的六角筛，大头直径800mm，小头700mm，长1 500mm，菱形筛孔，筛体转速35r/min，工作周期20min，每次可处理核渣饼50～60kg，分离效果95%以上。过筛时料温65℃左右，水分50%以下。⑧粗棕油净化：棕油含有40%的水，还有胶质物，果肉浆等容易引起水解，必须及时与水杂分离。净化设备一般采用澄油箱，干燥箱和滤油机。我国自行设计的澄油箱系3个油箱连接而成，两边的为澄油之用。其尺寸为1 000mm×1 000mm×800mm。中间的为干燥脱水之用，其尺寸为1 000mm×850mm×600mm。泵入澄油箱的油，开直接、间接蒸汽煮沸1h，停止加热静置3h放出水和杂质，用温水将油顶入脱水箱，加热到105℃趁热过滤即得净油。马来西亚规定毛棕榈油的质量：游离脂肪酸≤0.1%；水分≤0.1%，杂质≤0.3%，颜色（罗维邦比色计1″槽）黄≤35，红≤3.5，碘价53，熔点37℃，金属含量铁≤12μg/g，铜≤0.2μg/g（资料来源：1977年陕西粮油科学研究所调查）。

8 棕仁油的制取

棕仁制油的工艺流程如图45-2。

棕仁油制取的工艺流程与茶、桐籽预榨浸出基本相同，但壳仁分离系采用湿法。剥壳以后经∅400mm×1 500mm圆筒转筛，前段筛孔为5mm×2mm用以分离碎仁，后段筛孔为∅18mm，用以分离壳、仁的混合物。未剥的棕核由筛面末端流出。壳仁混合物用湿法分离。壳的密度1.26～1.31，仁的相对密度1.068～1.089；在相对密度为1.15～1.16的泥浆中，核壳下沉，棕仁上浮。运用这个原理设计的分仁机有刮板式泥水分仁机和连续式泥水壳仁分离机。后者已为南海农场所采用，分仁以后仁中含壳1.3%～2.0%，壳中带仁0.3%左右。湿仁进入烘干塔用蒸汽烘干再送入破碎机、轧坯机进行破碎轧坯和榨油。马来西亚棕仁的质量要求含水≤8%，含油50%～55%，杂质≤4%。

棕仁坯的入榨条件，因榨机型号而不同。如液压式榨油机蒸炒时间要求40～50min，动力螺旋榨油机ZX-10（95）型则要求60min。

棕仁含油50%以上，液压式榨油机要榨两道，配有浸出单间的油厂可将头道饼（预榨饼）破碎送往浸出车间浸油。200型榨油机处理量为7t/d，出油率45%左右。

棕仁饼含水分10%～12%、粗蛋白18%～19.46%、粗脂肪5.38%～6.0%、无氮浸出物46%～48.47%、粗纤维9%～10.6%、灰分3%～3.76%、钙（Ca）0.4%～0.47%、磷（P）0.3%～0.32%、可消化蛋白为156g，可作饲料。棕仁油通过过滤送往精炼，根据需要进行脱酸、脱色处理。

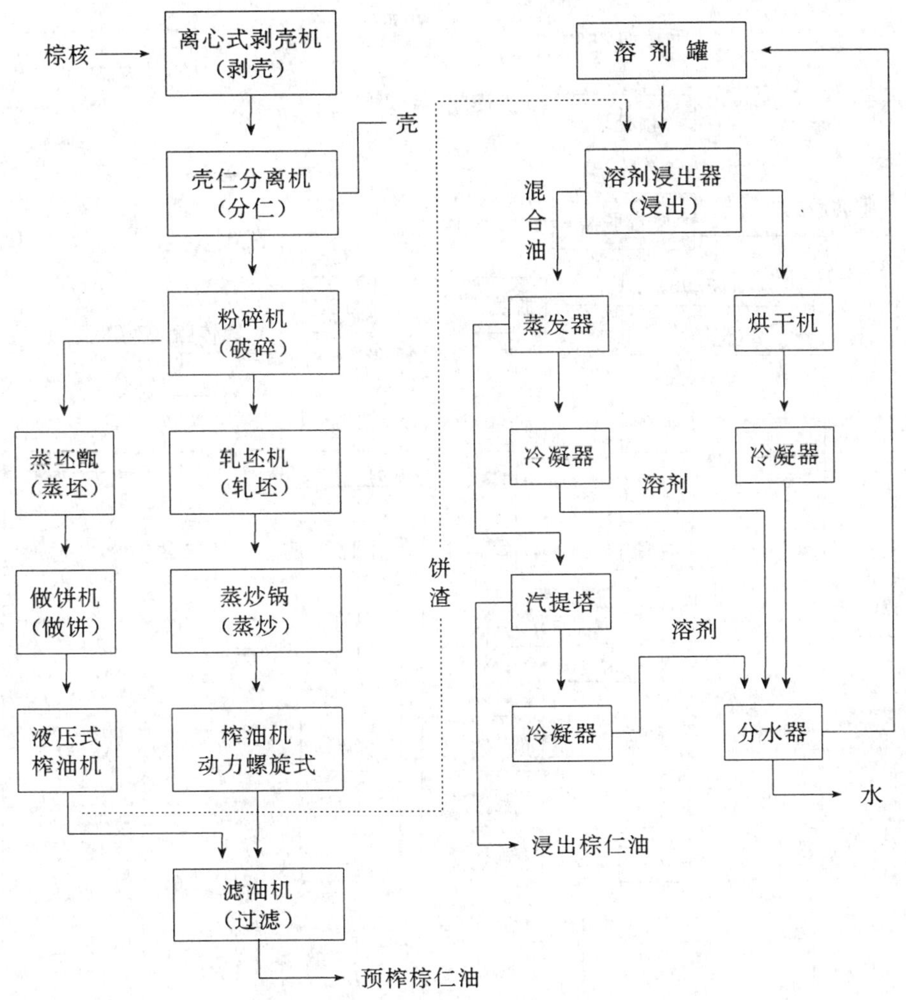

图 45-2　棕仁制油的工艺流程

9　棕榈油的精炼

棕榈油的精炼以马来西亚的方法较为完善，规模也较大。现行的方法第一种是 Felda 炼油厂规模为 250t/d，其工艺流程为：棕榈油→蒸馏脱酸→分提→脱色→脱臭→精油；第二种是 Unitata 炼油厂，规模 500t/d，其工艺流程为：棕榈油→分提→蒸馏脱酸→脱色→脱臭→精油；第三种是吉隆坡南顺炼油厂，生产规模 300t/d，其工艺流程为：棕榈油→分提→中和脱酸→脱色→脱臭→精油。各厂结合深加工和综合利用附设了人造奶油、混合油、硬化油脂肪酸、肥皂、活性炭、饲料等车间，规模大，产品多，经济效益高。现将马来西亚 Felda 厂每月炼棕榈油 5 000t 的产品方案列于图 45-3。

投入毛棕油 5 000t，花生油 15t，其流程如图 45-3，精油产品 9 种共 4 707t，精品得率为 93.85%。炼油厂以真空蒸馏脱酸为基础通过氢化、分提、脱色、脱臭以获得硬度、熔点高的脂肪酸、混合棕榈脂和抗氧化性良好不易聚合的烹调油、煎炸油、脱色脱臭油脂，为人造奶油、起酥油提供原料。增加品种扩大销路是该厂获得良好经济效益的保障。其工艺流程如下：

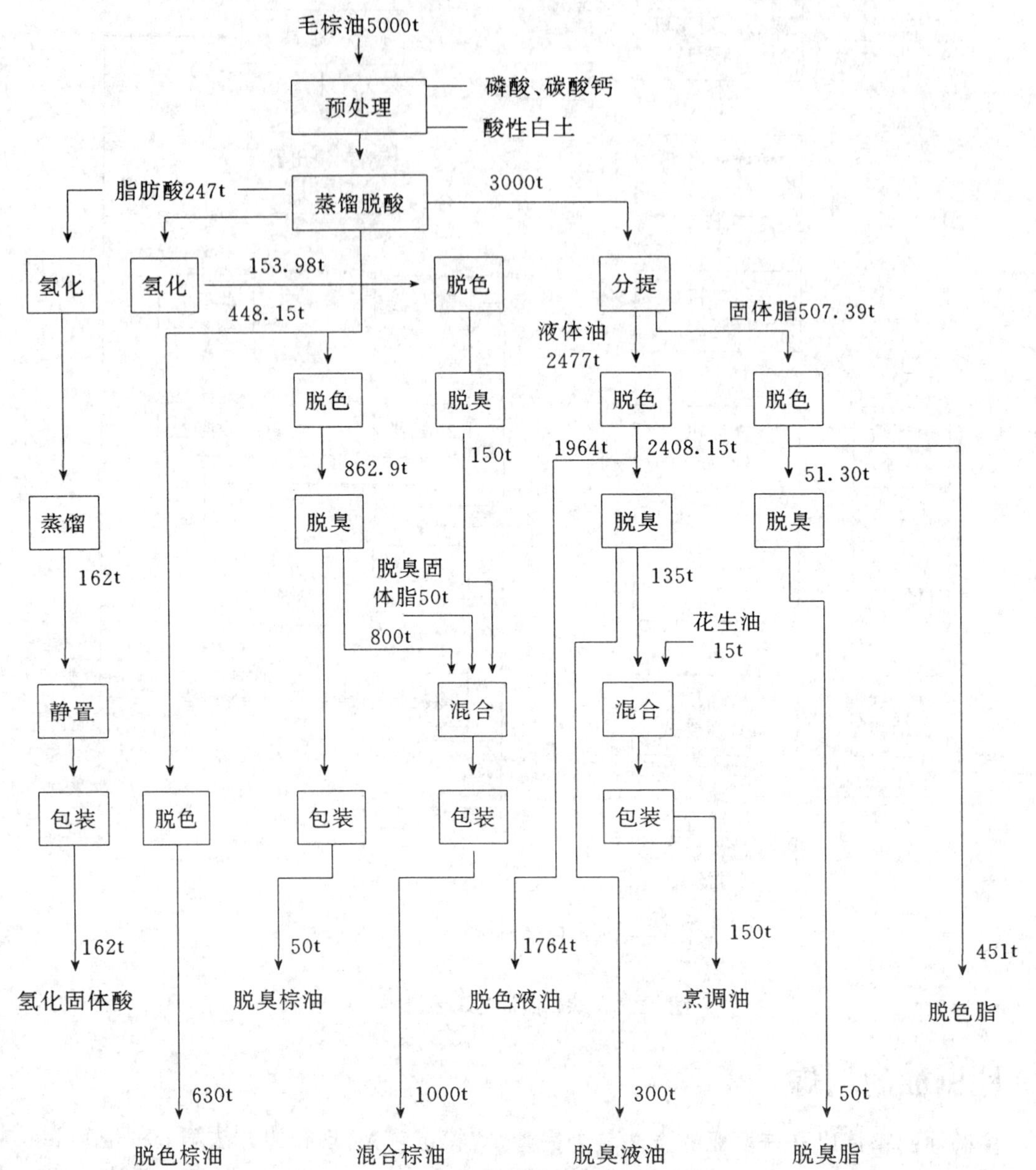

图45-3　棕榈油的精炼工艺流程

（资料来源:《油脂工业》1977，P1～24）

9.1　预处理（脱胶和预脱色）

毛油加热至90℃加入浓度80%的磷酸（用量为油量0.3%）充分搅拌使油中胶质和粘质物凝聚沉淀，加入碳酸钙，中和过量的磷酸，生成不溶于水的磷酸钙，用油重0.5%～1%的酸性白土进行预脱色，脱色时油温90℃，搅拌过滤而得脱胶油。

9.2　蒸馏脱酸

棕榈油抗氧化性强，不易聚合，为高温高真空脱酸提供了条件。蒸馏脱酸是使油中游离脂肪酸在真空下直接馏出的方法，在多层的不锈钢塔内进行，不需碱、炼耗低。

棕油用泵送往塔内，流经第七层时被加热至 100℃，进入第一层，由溢流管控制液面，一层一层往下流，在一二两层内由联苯热媒加热，油温升高至 260～270℃，各层通入水蒸气进行蒸汽蒸馏，使游离脂肪酸及低分子物馏出。直接蒸汽用量为油量 4%，棕油在塔内逗留时间为 80min，最下一层与棕油进行热交换，使油温降低。由泵抽至过滤器除去杂质，经冷却器冷至 60℃后送往贮存。蒸馏塔一至四层馏出的混合脂肪酸进入冷凝器冷凝后流入暂存罐，再经离心泵送到脂肪酸捕集器，将蒸馏塔五至七层馏出的脂肪酸冷凝。冷后脂肪酸温度为 60℃，可以循环使用，多余部分由旁路输入贮罐。脱酸时塔内真空残压为 266.6～399.9Pa，由多级蒸汽喷泵产生，蒸馏时部分色素被分解，颜色变浅，作煎炸油可以不再脱色脱臭。产生高温（260～280℃）的加热介质联苯醚为有毒物质应严加密封以防渗漏中毒。

9.3　中和脱酸法

是经过磷酸脱胶的油，用油碱混合泵混合。中和游离脂肪酸后所生成的皂脚由碟片式离心分离机分离，经过水洗、离心分水、真空干燥，而得脱色油。这种连续中和脱酸装置，我国和世界各国均有成套生产，其炼油能力自 30～150t/d 不等。

9.4　棕榈油的分提

（结晶分提法）有溶剂法、干法、比重法和表面活性剂分提法。溶剂法即以溶剂稀释冷冻分离的方法，在棕榈油中加入丙酮或己烷将油稀释，使固体油与液体油之间吸引力降低，然后冷冻即可析出固体脂，通过真空过滤分离固脂，经蒸发器将溶剂回收，而得固体脂。滤液经同样处理而得液体油。干法分提 1975 年始于比利时，即在棕榈油冷却结晶时，控制冷却速度和温度差，使固体经过养晶后，结晶颗粒增大，用真空吸滤可将固体脂和液体油二者分开。

9.5　氢　化

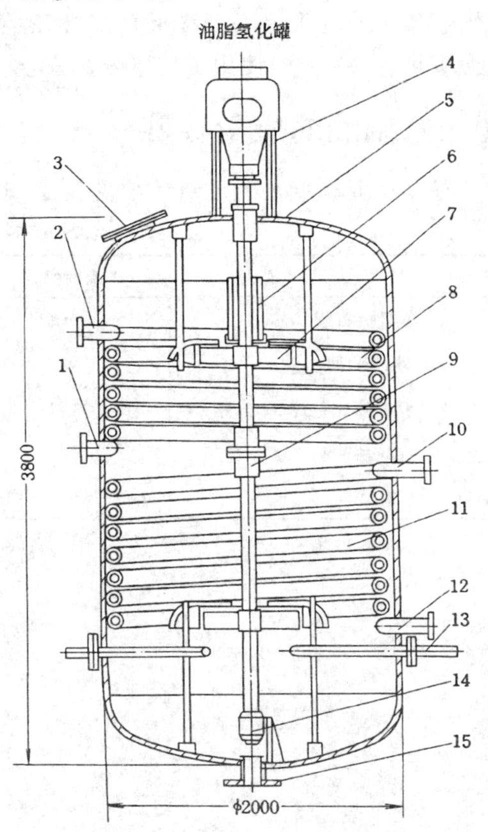

图 45-4　油脂氢化设备氢化罐

1. 冷水进入管；2. 出水管；3. 人孔；4. 变速电动机；5. 上封头；6. 搅拌器轴；7. 搅拌器；8. 水冷盘管；9. 联轴器；10. 蒸汽进口；11. 蒸汽加热盘管；12. 蒸汽出口；13. 氢气管；14. 下轴承；15. 油脂进出口

油脂加氢硬化是油脂中不饱和脂酸双键 $CH_2—CH＝CH—CH_2$……中的碳原子在一定的温度和压力下，加入铜镍的碳酸盐（由硅藻土吸收）作为触媒，通入氢气与双键的碳原子结合生成饱和脂肪酸的反应。精炼油加入氢化罐加热至 140℃，加入油重 0.16%～0.2%的触媒，通入氢气加热到 180℃，停止加热，保持氢化罐内压力 0.8～0.9MPa，氢化反应进行，油温继续上升，维持 230～240℃，反应 4～6h，检查熔点合格后，停止加氢趁热过滤分离触媒，即得氢化油，油脂极度氢化，饱和脂酸增加，熔点升高。一般氢化油脂工厂都设电解水制氢和触媒再生的设备以供应触媒和氢。食用氢化油各种重金属含量国际标准规定，铁<1.5μg/g，铜<

0.1μg/g，铅＜0.1μg/g，砷＜0.1μg/g，镍＜0.2μg/g。

规格：∅2 000mm×3 800mm 每次氢化油脂 6 000kg。

9.6 棕榈油的脱色

棕榈油中含有胡萝卜素、叶黄素和番茄红素，其总量为500～700μg/g，因而毛油带棕色，用白土吸附脱色是常规的方法，有连续和间歇式脱色设备两种，规模小的工厂可采用间歇式脱色锅，并增加热交换器以降低能耗。

9.7 棕榈油的脱臭

毛油含有醛、桐及其他低分子杂质，其总量为0.1%～0.4%，因而毛油具有不愉快的气味，工业上用水蒸气真空蒸馏（同本节所述蒸馏脱酸同样的原理）的方法除去气味物质，达到改善气味提高质量的目的。规模较小的工厂可采用真空脱臭罐间歇地进行脱臭。脱臭所需热媒近年来国外采用了工作压力8.5MPa高压纯水蒸气锅炉，工作压力为6.5～8.5MPa时蒸汽温度可达300℃，使用上比联苯炉安全。

10 棕榈油的质量标准

马来西亚棕榈油的质量标准见表45-8。

表 45-8 棕榈油质量标准

项 目	全炼棕榈油	全炼棕液油	全炼棕固脂	混合脂肪酸
游离脂肪酸（%）	＜0.1	＜0.1	＜0.1	＞96
水分杂质（%）	＜0.1	＜0.1	＜0.1	＜4
颜色（罗维邦比色计 $5\frac{1}{4}$"槽）	黄＜25 红＜3	黄＜25 红＜3	黄＜25 红＜3	淡灰色
碘 价	53	57～59	42～46	49～63
熔 点（℃）	7	20	48～52	44～49

第 46 章 椰子油、乌桕油和梓油

毛祖舜　邱　兵　王子明

1　椰子油

1.1　概　况

椰子是热带地区典型的木本油料作物，分布广，根据联合国粮农组织（FAO）统计，有 90 个国家种植椰子，目前栽培面积约 933 万 hm^2，年产椰果 420 亿个（December 1990, Quarterly Supplement Apcc）。椰子主要产品胚乳又称“椰肉”，主要加工椰干，然后再榨取椰油。其次加工食品椰干和其他椰子产品。

世界各国椰油产量，菲律宾居首位，年产椰油 100 万～150 万 t，其次是印度尼西亚，年产椰油 70 万～75 万 t，第三是印度，第四是斯里兰卡。

椰子油出口量：1986 年统计 168.6 万 t，1987 年统计 147.0 万 t，1988 年为 133.7 万 t，1989 年为 123.4 万 t，有逐年下降趋势。

椰油进口量美国居首位 50 万 t，其次德国 20 万 t 左右。1987 年与 1988 年相比进口量有下降趋势。

椰子结构：最外层很厚，为椰衣，占果实总重量的 35%，由许多粗丝状纤维组成；椰壳在椰衣里层，呈硬壳，占总重量的 12%；壳内为白色的椰肉占总重量的 28%；椰肉内层为椰子水，占总重量的 25%。

新鲜椰肉及烘干后椰干、椰乳、椰子水成分见表 46-1。

表 46-1　椰肉、椰乳及椰子水的成分

成分	椰　肉		椰　乳	椰子水
	新　鲜	烘　干		
水　分（%）	50.9	3.5	65.7	94.2
能　量（kJ）	1.44	2.77	1.05	0.09
蛋白质（%）	3.5	7.2	3.2	0.3
粗脂肪（%）	35.3	64.9	24.9	0.2
总碳水化合物（%）	9.4	23.0	5.2	4.7
粗纤维（%）	4.0	3.9	—	微量
灰　分（%）	0.9	1.4	1.0	0.6
钙（μg/g）	13	26	16	20
磷（μg/g）	95	187	100	13
铁（μg/g）	1.7	3.3	1.6	0.3
钠（μg/g）	23	—	—	—
钾（μg/g）	256	588	—	147
	0.05	0.06	0.03	微量
	0.02	0.04	微量	微量
	0.5	0.6	0.8	0.1
维生素 C（μg/g）	3	0	2	2

注：本章第 1 节由毛祖舜、邱兵编著；第 2 节由王子明编著。

1.2 椰子油加工技术

椰子油加工技术在世界榨油行业中比较古老，大概仅比橄榄油加工稍晚一些。

方法：首先把椰子胚乳干燥成椰干，含水率达5%～6%即可，把椰干捣碎，然后榨取椰油。

现在椰子油加工技术包括压榨和浸出，或者是预榨、浸出生产工艺。椰子压榨工艺生产流程如图46-1。

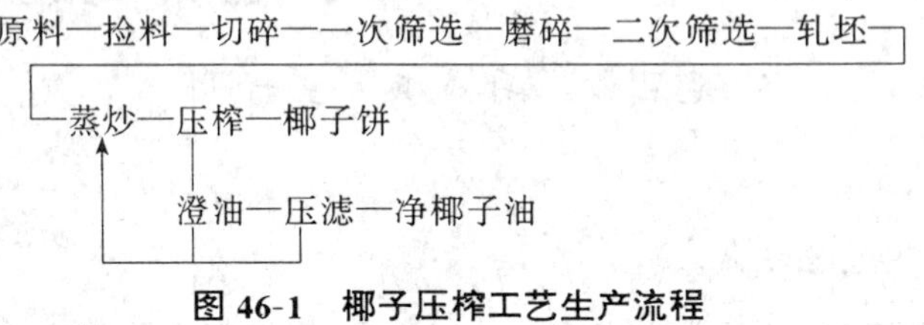

图46-1 椰子压榨工艺生产流程

椰干切碎需采用专用设备，一般为对辊刀片式，转速200r/min左右，磨碎可采用圆盘磨或钟式粉碎机即可。入榨温度120℃，水分1.5%，进行压榨。目前通用水压机或螺旋式压榨机榨取椰油，出油率达65%以上，椰干第一次榨取之后，椰渣又称椰麸仍含相当丰富的油，再经捣碎用蒸汽加热后，进行第二次榨油，或用溶剂（通常用乙烷）溶解出椰油，这样椰干出油率可达70%。

1.2.1 椰油制备

椰干必须干燥、质量良好，含水率5%～6%，无霉变、无毒；压榨设备先进，储藏椰油容器必须清洁。

椰油必须沉降、过滤，尽量把椰油中的杂质分离出来。椰油含水率要低（英国标准，含水率<0.25%），或接近于无水椰油，椰油过滤之后加热110～120℃除去水分、杀死细菌。

1.2.2 椰油精炼

椰油经碱洗，除去游离脂肪酸，使椰油成中性油，再进行物理或化学处理加以脱色，通过蒸汽或其他惰性气体加以脱臭，最后获得无臭无味的精炼油，一般可以做食用油、掺和食用椰子油、人造奶油、烹调油、糖果业用脂、人造黄油等。

1.3 椰子油的理化性质

1.3.1 物理性质

以湿法加工的椰子油（即用新鲜椰子加工提取的椰油），一般像水一样无色透明称无色椰子油；以椰干加工的椰油呈浅黄色或褐黄色，在温带气温条件下，椰油滑腻，稍呈白色晶状或淡黄色固体脂，熔点20～26℃，具有椰子特殊香味。

经过滤的液态椰油，用2.54cm的玻璃管测量，不深于罗维邦比色计刻度尺上5个黄色单位和1.2个红色单位的协调颜色（英国标准628：1976）（油脂表面活性剂工业标准委员会审定）。

椰子油燃烧热值为9285kJ/g，净值为9679kJ/g。

新鲜椰肉或椰油具有天然挥发性气味。其组成成分主要是S-内脂，其中主要是S-e8，S-e10内脂及正辛酸。

1.3.2 化学成分

椰油一般不溶于水，能与大多数羟基溶剂（石油醚、苯、四氯化碳等）完全溶混。在酒精中，椰子油比普通油脂更容易溶解。

(1) 粘度：椰子油粘度，随温度提高而降低，不同温度其粘度也有所不同。37.8℃粘度为 30mPa·s、43.3℃为 29.2mPa·s、50℃为 22mPa·s、90℃为 5.9mPa·s、100℃为 5.2 mPa·s。

(2) 皂化值：椰子油特点是月桂酸含量高，皂化值高 252～264，而碘化值 7%～10%。

(3) 不皂化物：所有天然油脂都含有脂肪酸、甘油脂以外的小量物质，不皂化物（即不与苛性苏打起化学作用形成皂的物质）大多数是甾醇，椰子油不皂化物含通常不到 0.5%，因此有时规定 0.5%为极限值，椰油如果掺杂矿物油，用此方法很容易检验出来。

(4) 游离脂肪酸：未精炼的商品椰子油含有一定数量的游离脂肪酸，一般以月桂酸来表示。

椰子油是商品油脂最重要的一个小族，含有大量低脂肪酸（特别月桂酸）、甘油脂。椰子油脂肪酸主要成分见表 46-2。

表 46-2　椰子油脂肪酸组成成分

名　称	碳原子	含　量（%）	名　称	碳原子	含　量（%）
羊油酸（己酸）	6	0.2～0.5	硬脂酸（十八烷酸）	18	1.0～3.2
羊脂酸（辛酸）	8	5.4～9.5	花生酸（二十烷酸）	20	0.2～1.5
羊腊酸（癸酸）	10	4.5～9.7	饱和酸共计　91%		
月桂酸（十二烷酸）	12	44.1～51.0	油　酸	18	5.0～8.2
豆蔻酸（十四烷酸）	14	13.1～18.5	亚油酸	18	1.0～2.6
棕榈酸（十六烷酸）	16	7.5～10.5	不饱和酸共计		9

1.4　椰子油质量标准

以下资料来源于《椰子产品谱》菲律宾椰业署（PCA）1983。

1.4.1　原椰子油（粗椰油）

游离脂酸值：<4%；色度（$5-\frac{1}{4}$罗维邦比色计）：9.14R/50—75Y；碘值：7.5～10.5；皂化值：250～264；水分和挥发物：<1%；不皂化物：<1%

1.4.2　精制漂白脱臭椰子油

游离脂肪酸值：<0.05%；色度（$5-\frac{1}{4}$罗维邦比色计）：1R/10Y；碘值：7.5～10.5；皂化值：250～264；水分和挥发物：0；过氧化值：0

1.4.3　精制漂白脱臭椰子油（92°）

熔点：53～56℃；碘值：<4.0；色度：1R/10Y；游离脂肪酸值：<0.05%；过氧化值：<0.05%；固体脂肪指数：28℃—65，39.2℃—40，45℃—13，50.4℃—4，56℃—1

1.4.4　精制漂白脱臭氢化椰子油（100°）

熔点：62～64℃；碘化值：<4.0；色度：1R/10Y；游离脂肪酸：<0.05%；过氧化值：<0.5%；固体脂肪指数：28℃—69，39.2℃—44，45℃—17，51.5℃—8，56℃—4

1.4.5　酸椰油

总皂化物：98%；水分和挥发物：<2%；碘化值：<17；皂化值：>250

1.5 椰子油用途

1.5.1 食用油

食用油严格规定：游离脂肪酸含量低于0.1%，芳香、中性、颜色完全符合标准。椰子油由于饱和程度高，脂肪酸链短，消化系数高，是一种比较理想的食用油。Dr. Hang、J. Kaunitz实验证明对缺乏维生素B和结核病人，椰子油有一定治疗价值，不易引起肥胖病和防止氯化物引起的白血病，食用椰子油标准（中国国家标准CNC）见表46-3。

表46-3 食用椰子油品质标准

项 目	合格标准	项 目	合格标准
外 观	温度40℃之下为澄清，风味良好	皂化价	246～264
颜 色	以罗维邦比色计测定黄色不深于10个单位，红色不深于1.5个单位	不皂化物（%）	1.0以下
水分及挥发物（%）	0.10以下	过氧化值	10以下
夹杂物（%）	0.10以下	铜（μg/g）	0.1以下
相对密度（40℃/20℃）	0.907～0.917	汞（μg/g）	0.05以下
折射率（40℃）	1.447～1.450	砷（μg/g）	0.1以下
上升熔点	20～28℃	铅（μg/g）	0.1以下
碘 价	7～12	黄曲霉素	0.025以下
酸 价	0.20以下		

卫生要求：应符合本国有关卫生法规定。

检验：本品检验依CNC3639食品油脂检验法（总则）。

1.5.2 工业用油

椰子油含有大量低脂肪酸（特别是月桂酸）、甘油脂，是制造肥皂、去垢剂、洗涤剂和其他清洁剂的理想的高发泡剂。工业用的椰子油标准见表46-4。

表46-4 工业用的椰子油标准

项 目	椰子油	未脱臭精制椰油
一般状态	无异臭，40°澄清	无异臭，40°澄清
色度罗维邦比色计133.4mm	黄50，红10以下	黄10，红1以下
水分和杂质	0.3%以下	0.1%以下
密度（50°/25℃）	0.907～0.917	0.907～0.917
折光指数（40℃）	1.447～1.450	1.447～1.450
上升熔点	20～28℃	20～28℃
酸 价	15以下	0.5以下
碘 价	7～11	7～11
皂化价	246～264	246～264
不皂化价	1.0以下	1.0以下

资料来源：根据植物油脂日本农林规格（昭和58年12月8日农林省）告示2411号，第43条工业用的椰子油规格。

椰子油制造的肥皂特别洁白，但椰子油和其他油脂混合制成的肥皂颜色变黄。由于皂化值高达246～264发泡力强，所以用其制造硬水肥皂、海水肥皂（供航海船只应用）特别好。

椰子油制造的去垢剂、洗涤剂在水里容易分解，与以石油为基础的洗涤剂不易水解有很大区别。由于生物降解，椰子肥皂在使用中防止了环境污染。

椰子油在制肥皂生产过程中副产品甘油占 14%，扩大了工业上的用途。可制造化妆品、雪花膏、药用物品，也是油漆、火药工业的基础原料。

此外，椰子油在工业不发达的国家里，可做机械燃料油、家庭照明油、机械润滑油。工业较发达国家里椰子油被用做表面活化剂、椰油系列化工产品，如脂肪酸、脂肪族醇、甘油、还有一醇胺、二醇胺、高比重甘油等。生产去垢剂、洗衣粉、纺织品软化剂、汽车、船用清洁剂、防臭剂、两性油、牙膏、人造香料和塑料胶软化剂。

1.6 椰子油的酸败

椰子油酸败最简单的变化是在含水分高的椰子油被脂解酶分解成甘油和游离脂肪酸。脂解酶可以来自植物组织，或是霉菌一类外来微生物。椰子油不饱和酸类氧化引起发酸败，和月桂酸一样，椰子油易发生哈喇味。原因是由于过于潮湿时几种霉菌作用结果。这些霉菌促进低脂肪酸发生 β-氧化，产生甲基甲酮，这种哈喇味具有浓烈的刺鼻气味。

2 乌桕油和梓油

2.1 我国种植乌桕的概况和乌桕籽的组分

乌桕 *Sapium sebiferum* Roxb. 属大戟科乌桕属植物，为落叶乔木，是我国特有的经济林木，其籽系重要的植物油料。乌桕可种植于田头地脚荒山丘陵地带，不与粮棉争地，具有培植费用少、受益时间长的特点。

我国栽培乌桕已有 1 000 多年历史。北魏时期《齐民要术》中就有了关于乌桕栽培技术的记载。清代末年乌桕在我国南方已普遍种植，主要分布在长江流域及以南的山区和丘陵地带，湖北、四川、浙江、贵州、湖南及云南 6 省占总产量之 97%。1984 年全国产乌桕籽 8 万 t，其中湖北、四川两省占 50%。

乌桕的果实为蒴果，梨形或球形，直径 10～15mm，成熟时皮呈黑色，自动裂开，每棵含乌桕籽 3 粒，乌桕籽外被白蜡层即桕白或称果肉，剥下单独压榨即得桕油（又称桕脂或皮油），剥下桕白的种籽近圆形、黑色，由种籽榨得的油称为梓油。建国前乌桕籽直接碾粉压榨，所得之油为桕脂和梓油的混合物称为木油。木油主要是制肥皂和蜡烛用。农村照明、民间婚丧喜庆及烧香拜佛，蜡烛必不可少，故有一定的销路，乌桕叶可治鱼病。

乌桕分为家桕和野桕两种。乌桕籽的组成，见表 46-5。

表 46-5 乌桕籽的组成

品 种	桕油含量（%）	梓 壳（占桕籽重%）	梓 仁（占桕籽重%）	籽的含油率（%）
家 桕	25.91～31.82	30～33	28～29	17.22～17.84
野 桕	21.9～27.01	33～37	29～30	17.8～18.45

浙江省对桕白分析的结果：水分 1.5%～3.5%，脂肪 72%～78.0%，蛋白质 2.9%～3.1%，粗纤维 5.3%～7.3%，无氮浸出物 12.2%～14.1%，灰分 2.2%～2.5%。

乌桕籽容易霉变，收购以纯净干燥为合格。浙江省及安徽省皖 D/CS 16－84 标准对中等乌桕籽的质量要求为含油率 40%～41%，水分 7%～8%以下，杂质不超过 1%～2%。储存时以选择干燥通风，地层设有谷壳垫等防潮设施的仓库为宜。袋袋堆码不要超过 8 包，散仓存放不宜超过1.3m，并插通风筒和坚持先进先出的原则以防陈化、变质。

2.2　柏油、梓油的理化性质和脂肪酸组成

柏油在常温为洁白坚硬的油脂，故名柏脂。农村土榨的油酸价高达50～60，熔点51～55℃，溶于石油醚、丙酮，不溶于水，属不干性油。梓油为淡黄色或棕色液体，属强干性油，加热熬炼能聚合变稠，带鱼腥味，很像亚麻油，尝之有芥子味，有毒不能食用。微溶于乙醇，溶解于石油醚和松节油，柏油和梓油的理化性质见表46-6。

表46-6　柏油及梓油的理化性质

项　目	柏油		梓油	
	浙江粮食科学研究所	西安油脂研究所	浙江粮食科学研究所	西安油脂研究所
相对密度	0.89～0.892	0.89（50℃）	0.936～0.940	0.94～0.946（15℃）
色泽（罗维邦比色计1″槽）	—	—	黄35，红2～3	—
折光指数	1.4545～1.4546（40℃）	1.4560～1.4580（40℃）	1.4805～1.4855（25℃）	1.4820～1.4850（25℃）
碘　价	20～37	20～29	170～187	169～187
皂化价	200～209	200～209	201～215	201～207
不皂化物（%）	—	0.5～1.5	<1.5	—
酸　价	16	—	6	—
乙酰价	—	—	—	8.5
脂酸凝固点（℃）	不低于51	45～53	—	4～12

柏油的脂肪酸组成分析结果见表46-7。

表46-7　柏油的脂肪酸组成

样号	脂肪酸组成（%）									
	癸　酸	月桂酸	肉豆蔻酸	棕榈酸	硬脂酸	油　酸	亚油酸	亚麻酸	棕油酸	花生烯酸
1	0.03	0.04	0.08	64.43	1.14	30.78	2.69	0.82	—	—
2	0.024	0.04	0.10	64.40	1.12	30.91	2.52	0.88	—	—
3	—	0.075	—	56.33	1.58	34.18	4.76	2.70	—	—
4	—	0.13	—	60.20	1.06	30.11	4.09	1.41	0.013	0.013

柏油的脂肪酸组成不仅与天然的可可脂相似，而且甘油三酸酯的构型也相类似，其中棕榈酸-油酸-棕榈酸（即P-O-P）居多。我国及世界上一些国家利用柏油制造可可脂代用品——类可可脂（CBE）就是利用其中对称性的P-O-P三酸甘油酯的特性。

梓油是由70%普通脂肪酸三甘酯和30%稀有不饱和脂肪酸三甘酯所组成。这种稀有不饱和脂肪酸三甘酯称为Estolide，其组成见表46-8。

表46-8　Estolide的脂肪酸组成

脂肪酸组成（%）	普通脂肪酸三甘酯	Estolide	脂肪酸组成（%）	普通脂肪酸三甘酯	Estolide
亚麻酸	54.90	29.10	硬脂酸	1.80	1.50
亚油酸	24.30	20.2	8-羟基-5，6-辛烯酸（HODA）	—	16.70
油　酸	13.30	10.80			
棕榈酸	5.70	5.10	2，4-癸二烯酸（DDA）	—	16.70

HODA　结构式为 $CH_3—CH(OH)—CH=C=CH—((OH)_2)_3COOH$

DDA　即（Deca-2. 4dienoic acid）结构式为：

$$CH_3—(CH_2)_4—CH=CH—CH=CH—COOH$$

梓油的脂肪酸组成以亚麻酸、亚油酸为主，在含有 30%的 Estolide 成分中存在着两种稀有的中碳链二烯酸，具有多种官能团可以衍生出多种有价值的化工产品。梓油在 260nm 处紫外线光谱吸收最大，油的旋光率 $[d]_{20}^{D}$为 5.0。梓油有毒，制取桕油时必须注意与梓籽完全分离。

2.3　桕油和梓油的用途

桕油可用于食品工业。浙江省用作冻米糖及制龙井茶的辅料；一部分地区作为食用油脂；桕油中的主要三甘酯 *P-O-P* 和 *P-P-P* 经分别结晶或溶剂分别提取处理后，*P-O-P* 是典型的类可可脂，江西省九江油厂已有生产。*P-P-P* 可用于起酥油。桕油可制纯棕榈酸，棕榈酸是重要的化工原料，广泛地用于橡胶、医药、化妆品、塑料稳定剂及制高档肥皂。桕油极度氢化可得到纯度高的硬脂酸和棕榈酸，配制三玉硬脂酸作塑料增塑（稳定）剂（Plasticizer）、乳化剂，润滑剂及脱模剂之用。

梓油是强干性油，可用以熬制油漆，代替亚麻油制造油墨、油布。用桐油熬制油漆加入适量的梓油，涂膜弹性增加，熬制也较安全。由于其用途广泛供应较为紧张。

2.4　乌桕籽榨油

过去乌桕榨油，桕白与梓籽未分开，只能生产木油作肥皂蜡烛之用，经济效益不高。建国以后由于梓油的需量增加，各产地才研制设备实行桕白与梓籽分开榨油。

用于乌桕籽榨油的设备有桕白脱白机（剥下桕白分离梓籽）、液压式或动力螺旋式榨油机和与之配套的蒸炒做饼设备等。液压式和动力螺旋式榨油机压榨乌桕的工艺流程，如图 46-2。

其工艺要求为：①清理：通过振动平筛进行，清理后的乌桕籽要求含杂 0.5%以下，混入籽中的根茎叶要清除洁净，下脚中乌桕籽不得超过 0.2%；②蒸籽：目的是软化桕白层便于脱白，料温要 100℃以上；③脱白和梓籽剥壳用乌桕脱白梓籽剥壳组合机进行；④要求脱白率达 99%以上，手捏梓籽外表无蜡迹，保持梓籽完整，不允许梓仁混入桕白中，梓籽剥壳率达 95%以上，通过风选剥仁分离，仁中带壳为 15%，壳中含仁 0.5%以下。

桕白剥下后成为粉状，解脂酶活动激烈，应随即榨油不宜搁置，否则桕油酸价上升很快。脱白后的梓籽流入对辊破碎机，调整辊间距离，使碎其壳而不伤其仁，通过风选吹走梓壳收集其仁，使剥壳工序合乎要求。供食用的桕油不仅不能混入梓籽，也不能共用榨具。生产不配套的榨坊，梓籽脱白后即行晒干贮存数日后再榨。桕白粉和梓仁的蒸炒压榨条件见表 46-9。

表 46-9　桕白粉和梓仁的蒸炒压榨条件

原料	榨油机型	入榨条件		榨螺主轴转速 (r/min)	饼的厚度 (mm)	干饼干基残油率 (%)	备　注
		料温（℃）	水分（%）				
桕白	95 型	135～140	0.5～1.0	32～34	2.5～3.5	<8.0	掺谷壳 2%
	200 型	128～130	0.8～1.2	6.8～7.0	5～6	<8.0	掺桕饼粉 15%～20%
梓仁	95 型	100～110	2.0～2.5	32～34	2.5～3.5	5.0	仁中含壳 10%～15%
	200 型	128～130	0.8～1.2	6.8～7.0	5～6	5.0	仁中含壳 28%～30%

液压式和动力螺旋式榨油机压榨乌柏的工艺流程，如图46-2。

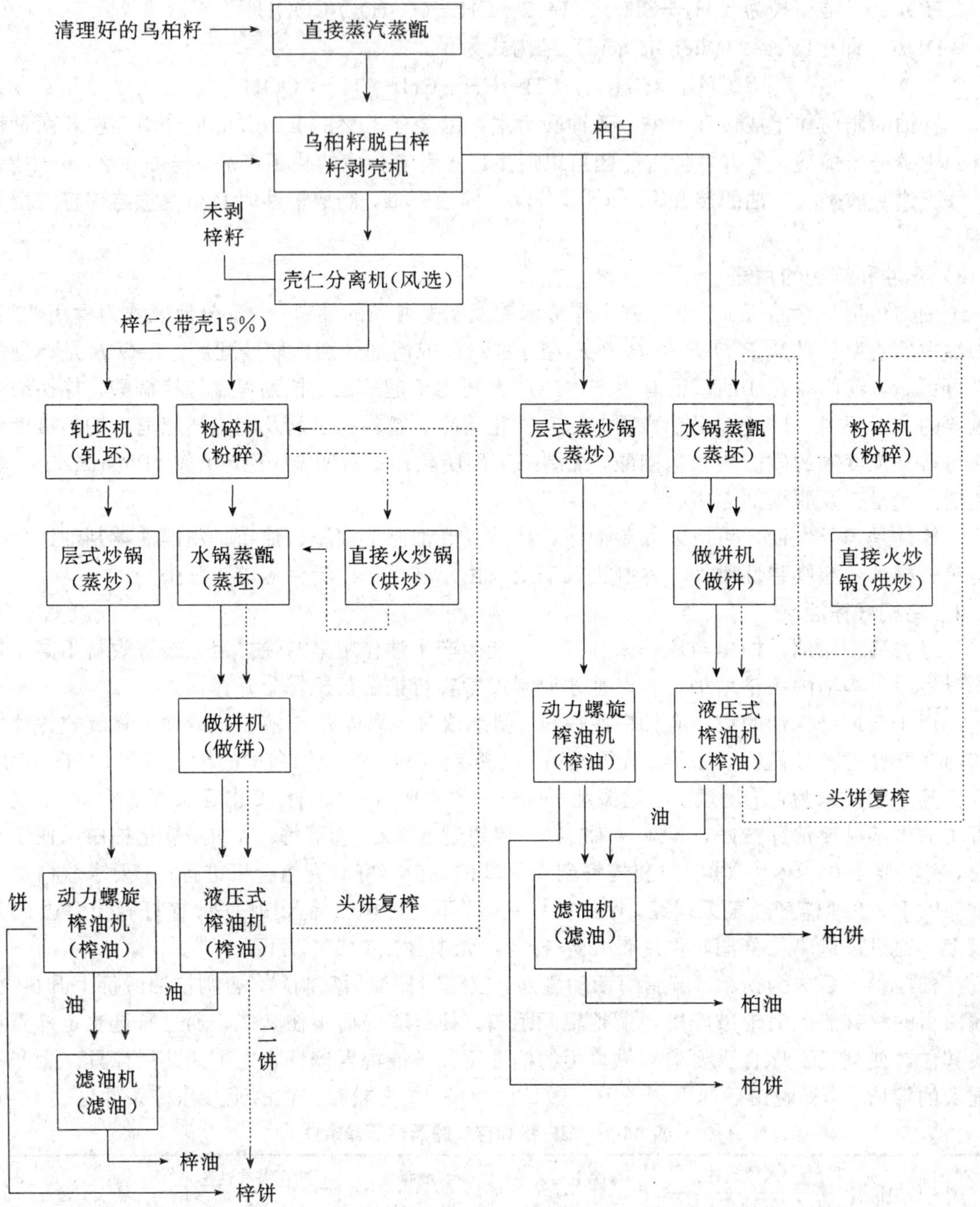

图46-2 液压式和动力螺旋式榨油机压榨乌柏的工艺流程

注:ZLY-90，ZWY-100型液压式、95型、200型动力螺旋式榨油机均适用，液压榨油机系两道榨干。

采用液压榨油机榨柏油，头道榨出含油的80%，100kg柏白头道能榨出柏油50kg左右。头道饼卸榨后趁热打碎，经烘炒蒸坯做饼复榨一次，头道饼100kg又能榨出2～3kg。柏白剥下立即蒸坯做饼，头道做双圈草包饼，二道做单圈无草饼，压榨后出油甚快，20min 可达到规定压力，压榨时间为 60min。

梓仁经粉碎机打粉后，蒸坯做饼榨头道，采用螺旋压饼机做饼时压出部分油再装榨顶压，亦为两道榨干。每 100kg 乌柏籽两道榨干可得柏油 19～22kg，梓油 16～17kg。柏饼、梓饼浸出法与茶饼相同，只是柏油过滤时要增加保温设施。

用于乌柏籽脱白的设备，除了专业厂生产外还可采用碾米机改制。国产 36 型乌柏籽剥白分仁机处理量 1 500～2 000kg/h；功率 7kW。其结构如图 46-3。

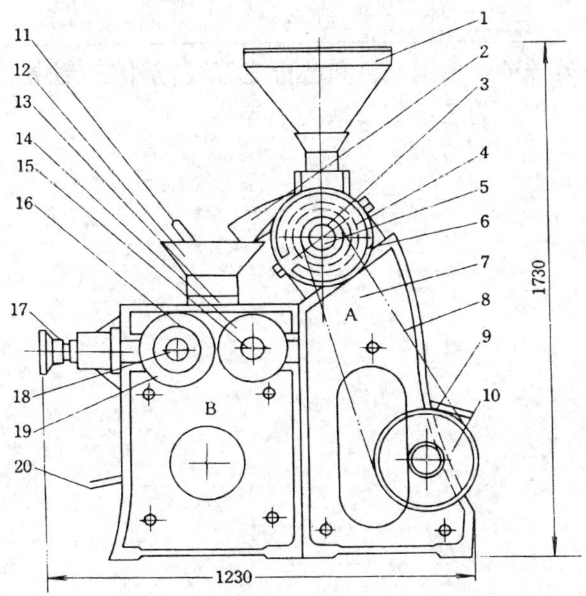

图 46-3　36 型乌柏籽剥白分仁机结构

A. 剥白机：1. 进料斗；2. 出料口；3. 轴承座；4. 辊筒；5. 主轴轮；6. 壳体；7. 墙板；8. 平皮带；9. 淌板；10. 手轮；B. 分仁机（脱白梓籽剥壳分仁）：11. 调节手轮；12. 进料斗；13. 横梁；14. 慢辊皮带轮；15. 慢辊轴；16. 快辊皮带轮；17. 松紧手轮；18. 快辊轴；19. 轧辊；20. 淌料板

2.5　柏油、梓油的质量标准

柏油和梓油的质量国家标准尚未颁布，外贸部及安徽省标准见表 46-10。

表 46-10　柏油与梓油的质量标准

项　目	柏　油		梓　油	
	外贸部 WMB 12—56	安徽省 皖 D/LS 07—82	外贸部 WMB 12—56	安徽省 皖 D/LS 17—84
相对密度（20℃）	—	0.89（50℃）	0.939 5～0.955	0.939 5～0.955
折光指数（20℃）	—	1.4560～1.458 0（40℃）	1.482 9～1.485 5	1.482 5～1.485 5
色　泽	—	白至乳黄色	—	—
碘价（常氏法）	—	20～29	169～187	169～187
皂化价	200～207	200～209	200～212	—
酸　价	最高 51	不规定	6 以下	8 以下

（续）

项 目	柏 油		梓 油	
	外贸部 WMB 12—56	安徽省 皖 D/LS 07—82	外贸部 WMB 12—56	安徽省 皖 D/LS 17—84
不皂化物（%）	—	0.5	—	—
水分挥发物（%）	2.0含杂质	2.0含杂质	0.4含杂质	0.5含杂质
熔点（℃）	—	52～56	—	—
脂酸凝固点（℃）	—	51～53	—	—

湖南省轻工部门收购梓油，根据颜色和酸价定等级，颜色（铁钴法）<9，酸价<4为一级；12及6为二级；15及10为三级。二级为中等品。

第 47 章 油橄榄油

徐纬英

1 油橄榄的生产及其重要性

油橄榄油在世界食用植物油中被誉为“植物油的皇后”。人类将它作为食用植物油至少有 4 000 年的历史。它是希腊、意大利、西班牙、法国、突尼斯、阿尔及利亚、阿尔巴尼亚等地中海沿岸各国人民的传统食用油。橄榄油是从油橄榄 *Olea europaea* L. 的鲜果榨出的油。由于长期以果树方式栽培，它的树型已栽培化。

油橄榄从野生状态经过人类长期栽培现在全世界约有 500 个品种，分为 3 类：①油用品种；②餐用品种（果用品种）；③两用品种。

全世界现有 8 亿株油橄榄树，意大利有 1.8 亿株，西班牙有 2 亿株。约有 30 个生产国。油橄榄和地中海沿岸的人民生活经济有着十分密切的关系。如西班牙种植油橄榄的面积 234 万 hm^2，占农耕地面积的 11.7%，在油橄榄主要生产省分则高达 55.6%，黎巴嫩的油橄榄生产占水果生产的第一位，农业上仅次于小麦，占第二位；叙利亚的油橄榄园占总耕地面积的 26%，许多农户其收入的主要来源大部分来自油橄榄[36]。

世界橄榄油的产量，据报道 1987～1988 年为 192.25 万 t。1988～1989 年的产量是 137.95 万 t。由于油橄榄有大小年的特性并受气候的影响较大，所以一般可以说产量波动在这一数量的上下。由于世界的需求增加，油橄榄油的产量大约从 1930 年以来逐年有 4%的增长率[50]，近年世界油橄榄的贸易总额约为 30 亿美元。

油橄榄果经过加工作为菜肴，称为餐用油橄榄。世界市场产量由 50 年代的 33.6 万 t，到 80 年代增为 81.0 万 t（1988～1989 年）。数十年间增加了 3 倍[51]。这种趋势说明了它的营养价值及人们的喜爱，从它的重要性来看可能要对油橄榄生产重新作出评价。世界的油橄榄渣油，年产 15.0 万 t 以上。主要供工业用。

前国际油橄榄协会主席 L. 丹尼斯写道，世界上对油脂，尤其是食用植物油的需求量日益增长。由于橄榄油具有的特性和理化性质，它在整个植物油市场上占据的令人羡慕的位置，如它不能满足这些需要方面作出贡献那将非常令人遗憾。

在我国，油橄榄是 1964 年引种的。其主要适应区是在我国的亚热带西部地区。它要求温暖、日照较多、空气湿度较低的气候条件；土壤要求透水性良好、富含钙质，这些适生区是：①金沙江流域河谷区。如四川的西昌、云南的宾川、永胜。②秦岭南坡，大巴山北坡。如甘肃省的武都、四川的广元、湖北的郧县、陕西的城固、安康等。③长江三峡河谷区。如四川的万县、达县，湖北的宜昌、巴东。此外，我国其他亚热带地区如云南昆明，贵州的毕节、遵义，湖南的零陵，江西的赣州等。

橄榄油已在我国日用化学工业中开发利用，如高级润肤露、洗发香波、唇膏等都有产品。食品工业中的开发利用也已开始，添加在奶粉中的作婴儿、老人营养品；油橄榄的果汁、果渣经酿制的橄榄酒已进入市场；餐用橄榄果，乳酸发酵盐水橄榄的工艺已通过鉴定，油橄榄蜜饯、糖水罐头已公开销售。我国油橄榄事业正在以欣欣向荣的形势向前发展，将为我国人民的健康、人民的经济作出贡献。

2 油橄榄的结实特性及果实的成分

橄榄油是从油橄榄果榨取的油。油橄榄在自然条件优越的地区，在集约栽培条件下，3年可以结果。油橄榄果为肉核果，由果皮及种子两部分组成。果皮分为外果皮、中果皮及内果皮；外果皮具有角质层及蜡粉，并布有白色果点；中果皮（即果肉）肉质，由含有大量油脂的薄壁组织构成，橄榄油就是从这部分组织中获取；内果皮（核壳）坚硬，由石细胞组成。果肉占果实总量的70%～90%；果核占总量的10%～30%，核仁的重量少于核的10%（占全果重的1%～3%）。

橄榄油主要含在果肉中，占全果含油量的96%～98%，种仁含油量约占2%～4%；果肉中的含油率占全鲜果的15%～30%，干果的35%～45%。

油橄榄新鲜果肉的成分是非常复杂的，主要的成分有：水分、类脂物（油）、糖、粗蛋白、纤维、灰分及其他。见表47-1。

表47-1 油橄榄新鲜果肉的成分

成 分	水 分	类脂物	还原糖	非还原糖	粗蛋白	纤 维	灰 分	其他成分
含量（%）	50～70	6～30	2～3	0.1～0.3	1～3	1～4	0.6～1	6～10

注：Fernandex Dler. 1971。

3 橄榄油的理化特性

这里所叙述的橄榄油是指“天然橄榄油”或我国有人称之为“初制油”，就是从新鲜果实中直接压榨出的橄榄油，橄榄油为黄绿色不干性油，常温下为液体状态，具有橄榄油特有的香气及味道，其理化指数见表47-2。

表47-2 橄榄油的理化指数

项 目	指 数	项 目	指 数
相对密度（20℃）	0.910～0.916	油中不溶性杂质（%）	<0.1
熔 点（℃）	2	折光指数（ND20℃）	1.4677～1.4709
烟 点（℃）	390	脂肪酸冻点（℃）	17～26
碘 值	80～90	不皂化物含量（%）	0.3～1.4
乙酰值	4～12	紫外线光谱及吸收值（在232mm处）	<3.5
皂化值	184～196	紫外线光谱及吸收值（在270nm处）	<0.25
酸价（mg KOH/g油）	0.6～1	过氧化值（毫克当量/kg）	0.3～1
油中水分及挥发物（%）	<0.1		

4 橄榄油的主要化学成分及其对人体的营养价值

橄榄油的理化指数是由橄榄油的组成成分决定。橄榄油主要成分是脂肪酸甘油酯，形成甘油酯的脂肪酸是饱和脂肪酸及不饱和脂肪酸。橄榄油是以含丰富的不饱和脂肪酸及不含胆固醇著称。橄榄油还含有非脂肪酸甘油酯物质即不皂化物。橄榄油中的脂肪酸的成分与含量见表 47-3。

表 47-3　橄榄油脂肪酸成分及含量（气相液相色谱测定）

脂肪酸成分	含量（%）	脂肪酸成分	含量（%）	脂肪酸成分	含量（%）
油　酸（C18：1）*	55.0～83.0	亚麻酸（C18：3）*	0.0～1.5	正十七碳烷酸（C17：0）	最大值 0.5
棕榈酸（C16：0）	7.5～20.0	肉豆冠酸（C14：0）	0.0～0.1	正十七碳烯酸（C17：1）*	最大值 0.6
亚油酸（C18：2）*	3.5～21	花生酸（C20：0）	最大值 0.3	顺芥子酸	不允许可辨量出现
硬脂酸（C18：0）	0.5～5.0	山俞酸	最大值 0.2	月桂酸	不允许可辨量出现
棕榈油酸（C16：1）*	0.3～3.5	廿四烷酸（C24：0）	最大值 1.0		

资料来源：国际橄榄油协会；* 为不饱和脂肪酸。

由于品种不同油橄榄油中的油酸含量也有所不同。郑州粮食学院徐达萍的测定，弗奥品种（15 个样油），昆明的样品油酸含量达 88%；武汉及陕西的样品含量在 83%～84%；中国林业科学研究院薛益民分析，不同品种中油酸的含量也有差异，其差异程度见表 47-4。

表 47-4　不同油橄榄品种含油率及脂肪酸含量的比较

（样品来自陕西城固及湖北武昌）

品　种	果肉率	全果含油率（%）		油酸含量（%）	亚油酸含量（%）	油溶性维生素含量（mg/100g）	
		鲜果含油	干果含油			V_E	V_K
皮瓜尔	83.3	15.1	43.35	77.2	4.94	38.01	1.01
科拉蒂	76.49	13.65	40.40	77.04	6.47	22.80	2.01
弗　奥	79.24	18.94	44.08	72.8	8.92	13.46	1.62
莱　星	83.8	15.46	36.4	74.94	6.85	20.40	1.78

资料来源：《林业科学研究》，1988，1（5）。

橄榄油中不饱和脂肪酸含量高达 77%～88%以上，其中油酸占 65%～83%，亚油酸占 3.5%～8%，亚麻酸占 0.1%～0.6%。这一组成分含量经过研究表明，是最适合人体生理需要的比例。

橄榄油的不皂化值很低（1%以下），这是人体对橄榄油吸收值高的原因之一，不皂化物甾醇中的主要成分是β-谷甾醇而不含胆固醇（胆甾醇）。不皂化物中角鲨烯的含量一般都在 50%以上，这是已发现的天然植物油脂中仅有的一种。角鲨烯是天然抗氧化剂之一，因此，橄榄油的过氧化值很低。橄榄油中含有的生育酚以α-生育酚（V_E）为主。另外有油溶性维生素 E、维生素 K。每 100g 油中含 V_E10～38mg，V_K1～2.5mg。橄榄油非甘油酯成分见表 47-5。

表 47-5　橄榄油中非甘油酯成分

成　分	含　量（%）	成　分	含　量（μg/g）
不皂化物	0.3～1.4	烯萜醇	500
碳水化合物总量	0.125～0.75	叶绿素	1～10
角鲨烯	0.125～0.7	类胡萝卜素总量	6～9.5
甾醇总量	0.125～0.25	α-生育酚	187～300

随着人类对食品营养学认识的深化，食品结构平衡的运用，橄榄油将被人们广泛地认识

和利用。

国产橄榄油的脂肪酸含量，在我国通过三次比较系统的研究：一是郑州粮食学院徐达萍等的研究，用了15个油样，其中昆明地区的3个，武汉地区的8个，广西、陕西各1个，进口试样2个；二是中国林业科学研究院薛益民研究分析了陕西城固油橄榄场品种园中的56个品种的油脂及其他成分的含量；三是中国林业科学研究院油橄榄技术开发公司俞宁研究采用了甘肃省武都县、四川省西昌市、万县生产的油橄榄油以及西班牙的橄榄油的试样分析。综合上列分析结果说明：

①我国的橄榄油脂肪酸甲酯色谱图的复现性很好。与西班牙的油橄榄的色谱图及日本化学期刊（1978年4月27日卷，4期第72页）所介绍的色谱图十分相似。

②我国产的橄榄油其不饱和脂肪酸含量在80%以上，一般在84%～85%，昆明的含量达88.3%，分别见表47-6、表47-7。生长在我国的56个品种的不饱和脂肪酸含量在72.2%～87.1%，这些分析结果说明，我国生产的橄榄油符合国际油橄榄协会公布的世界油橄榄脂肪酸含量的标准，而且是在比较好的范围。

表47-6 我国产橄榄油脂肪酸含量

产地试样号	饱和脂肪酸含量（%）	不饱和脂肪酸含量（%）	
		油 酸	亚油酸
云南昆明（2）	12.2	80.1	6.2
云南昆明（3）	11.7	81.4	5.7
云南昆明（7）	16.0	77.9	4.7
湖北武昌（10）	16.0	74.1	8.1
陕西城固（11）	14.2	73.4	10.7

资料来源：摘自《关于国产橄榄油的研究》，郑州粮食学院。

表47-7 在我国栽培的7个油橄榄品种的橄榄油的脂肪酸含量

品 种	饱和脂肪酸（%）				不饱和脂肪酸（%）				
	棕榈酸 C16：0	硬脂酸 C18：0	花生酸 C20：0	饱和酸 总 量	棕 榈 烯 酸	油 酸 C13：1	亚油酸 C18：2	亚麻酸 C18：3	不饱和酸 总 量
皮瓜尔	13.5	1.45	—	15.03	2.17	77.2	4.94	0.63	84.94
豆 果	13.3	1.55	0.28	15.63	2.14	72.5	8.95	0.74	84.37
科拉蒂	12.7	1.57	0.30	14.57	0.70	77.04	6.47	1.04	85.25
弗 奥	13.9	1.77	0.26	15.94	0.94	72.8	8.92	1.31	83.87
城 固	13.14	1.74	0.31	15.19	1.28	77.1	4.98	1.34	84.7
皮削利	10.45	1.65	0.32	13.42	1.23	78.1	7.55	0.60	87.54
莱 星	13.73	1.75	0.27	15.76	1.32	74.94	6.85	1.10	84.21

资料来源：《林业科学》，1988，1（5）。

5 橄榄油的加工技术

橄榄油是世界上惟一能以自然状态的形式供给食用的植物油。从新鲜、优质、成熟的橄榄果，以适合的机械方法加工，并且是从果肉中与其他成分分离出来的油汁，它具有独特的营养价值及芳香、美味。

橄榄油的产量仅占世界植物油总产量的 3%。它的重要性不在于它的生产量，而是以它的独特的优质著称于世界，竞争于国际市场。我国生产橄榄油的总目标，也在于为我国人民提供一种优质的、其他植物油不可替代的植物油。国外的经验证明，如果在收获、运输、储藏以及加工的各个工序中进行得不恰当，就能影响橄榄油质量。所以橄榄油的加工技术对油的最后经济价值影响是很大的。整个加工工艺与技术的关键，不仅涉及到出油率而且影响到产品的质量。

橄榄油的加工包括从橄榄果的采摘到成品的储藏、进入消费市场的全部过程。橄榄油的加工工艺流程如图 47-1。

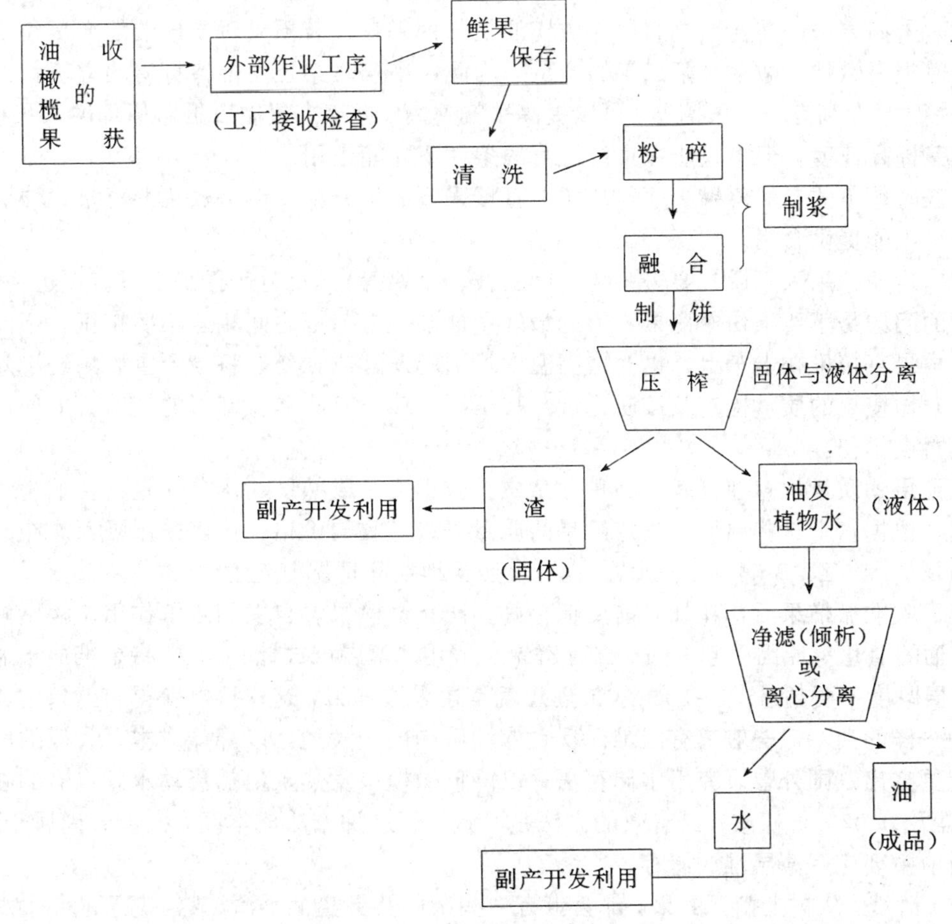

图 47-1　橄榄油加工工艺流程

5.1　初步工序

(1) 橄榄果的采收：从外观判断橄榄果的成熟方法是：橄榄果发育到一定的时期，它的重量、大小已达到基本定型，这时果实的颜色开始由绿转为浅绿色，称之为“青熟期”；随着果实顶部开始着色，出现红色或紫色逐渐全果呈紫红色，果皮上白粉增多，果肉内油脂迅速累积，是果实成熟的标志，这时称为果实“成熟期（转色期）”；此后果实由紫红转为紫黑色，甚至黑色，果实内积累大量油脂，肉质变软，是果实含油最高的阶段，这时可称为“完熟期”。但全树的果实不是同时一致地进入完熟期，而是一部分果尚在青熟期，一部分果已是成熟期，所以很难将所有的果实都在最适当的时候一次收获完毕。早收的果实产油率较低，酸度小，油呈绿色（含有较多的叶绿素），有果香味；而收获迟的橄榄果产油率高，酸价较大，油呈黄色，一般果香味少。晚收由于气候的原因造成落果，产量有损失。此外，晚收由于果实在树上留的时间长要消耗养分，对下一年的开花造成困难，为此，一般是以果实含油率与存留在树上果实量的乘积达到最高值时为经济采收期。各个地区对不同的油橄榄品种都应通过研究测定其最适采收期。如果没有条件做到这种测定，只能根据经验行事，一般认为油用果实采收期可以在树上有70%～80%的果达到成熟期进行采收。在有条件的情况下，可以在有20%～30%的果达到完全成熟期，70%～80%的果是成熟期时采收。

（2）采摘方法：需要注意的是，橄榄油是一种果汁，破损果对橄榄油的产量和质量都有影响同时损失嫩枝、嫩芽对第二年的产量。为此，采摘时禁止用棍棒打落的方法，大多采用手工采摘。意大利有一种采摘器，可以提高采摘速度。近年来研制以振颤原理的采果机械，既省人力又提高速度。但也只能在集约经营的条件下才能应用。

收获时地下的自然落果必须与从树上直接采下的果分开。地上收集的落果，酸价高，色泽异样，不能提供食用。

（3）运输：果采下后，要去杂物（叶、枝、土块等），及时运往加工厂。在运输过程中，最重要的问题是不要损伤橄榄果，为此最好用框装，框与框之间相互不要挤压，不能用麻袋装。橄榄果直接堆在卡车上，也会增高温度，引起发酵或损伤，将会严重影响经济效益。

（4）橄榄果的质量检查及按质论价：加工厂应该设有收购及卸货的场地，方便运送及避免果实再度损伤。

橄榄果的质量检查项目有：品种、杂质、破损度、成熟度、水分含量、含油量、油的游离酸度，根据以上这些项目，确定鲜果的质量等级及收购价格，可以采用国家颁布的油橄榄鲜果质量标准（ZB B 66 003—90）。也可参照当地实际情况制定。

工厂收购橄榄果后，在加工前要保存好，防止橄榄果，自发的水解作用、酶脂解、细菌脂解、油的氧化等原因引起变质。保存鲜果一般用“薄层堆放储存”，即将果堆放于通风凉爽处，果层厚度不要超过10～20cm。最理想就是边采边加工，这样可以获得与鲜果中原有的油的特性一样的油，但一般都有困难。现在榨油厂趋向于大型，以降低成本，大厂的鲜果保存问题就更突出。国外曾研究用水储存法，以降低橄榄果发热，但需流动水。也有的在水中加3%食盐及0.03%柠檬酸；最有效的方法是冷藏，但这种方法成本高，大部分尚属于试验性。我国目前主要应用薄层堆放储存。

（5）清洗：从树上摘下的果，都会带有一些杂质及果实上不清洁物，想要得到优质油，就要去掉这些杂物，一般用清水清洗，连续一次到两次。清洗工序中的主要问题在洗后必须使水与橄榄果完全分离，否则果带着水进入粉碎机，将会造成乳状液，使以后的工序操作困难。我国目前通常采用手工清洗，国外现代化的榨油厂，采用机械清洗系统包括：①接收场；②运输道槽；③振动回收；④调整箱；⑤升运及运送泵。

5.2 制 浆

（1）橄榄果的粉碎：目前我国采用四川省农机公司简阳机械厂制造的多用型粉碎机（GYG-F330型）。筛网孔径∅4mm（国外对粉碎机粒度的要求是3～5mm）。但这种机械全部是铁制。为了防止铁离子与油的氧化，内壁需要改用不锈钢。粉碎工序中工艺要求控温在26℃

以下，把握进果速度来控制果浆的温度。由北京农业大学食品科学系改进制造的粉碎机，电机功率7.5kW，旋转圆盘转速3800r/min，生产橄榄果能力为300～400kg/h。

(2) 融合：橄榄果中的油是以小滴形状存在于果肉的薄壁细胞组织中，如要取出油，必须把橄榄磨碎，破坏这些组织。被磨碎的橄榄果成为浆状，称之为果浆，它不是固体及液体的机械混合，而由下列几部分组成：①凝胶体状的系统（果浆的大部分）；②植物水及油。植物水及油形成大量的油汁存在于凝胶体结构的网状空间中；③磨碎的核，称之为“结石”。细胞组织中的小油滴在磨碎过程中被释放出来，很容易结合起来成为较大的油滴。

与此同时，最初的油滴又可以同植物水中溶解的蛋白质或溶液化的蛋白质接触在油滴表面形成一个脂肪蛋白膜，产生乳化。加工过程中就无法通过离心将液体中的这些小油滴取出来。为此，搅拌就是使分散的油在接触中聚集形成连续的油相。通过搅拌、融合使游离的油比例尽可能提高。

搅拌器是圆筒式，可以是双层壁，也可用夹层锅代，用热水循环。搅拌要求慢速均匀，一般18～20r/min，应有变速装置，速度如不恰当，会引起乳化。加热温度不超过25℃，搅拌时间为20～50min。根据情况决定，以保证融合均匀。

5.3 榨 油

在搅拌完成后，油已尽可能的形成油团或油滴在果浆液体中。加工的第二阶段就是将果浆中的液体提出来，这就是压榨的工序；加工的第三个阶段是将油从榨汁（果浆中的液体）中分离出来。

世界上榨橄榄油的机械有三类：一是压力榨油；二是离心提油；三是选择性过滤。目前我国主要采用压力榨油，它是世界上较为普遍的方法。四川省国营江东机械厂制造的门框式榨油机，机型是6YG-22G型，压力是400×10^5Pa（可达到480×10^5Pa），每榨进料100～150kg。这一门框式榨油机是引用意大利、西班牙的门框式榨油机，加以改造而成。西班牙的榨机一次进料可达700kg，压力也比国产的高。

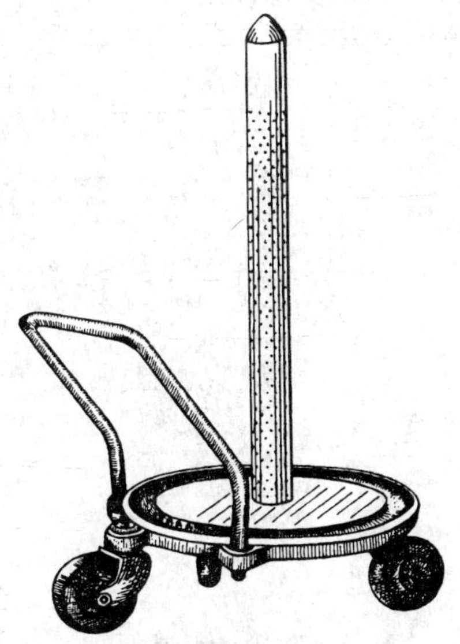

图47-2 运饼车（进料车）配备有孔的导向柱
（摘自Olive Oil Technology，FAO）

榨油使用的方法及步骤如下：

(1) 铺浆（又称制饼）：将粉碎与搅拌后的果浆搅匀，在“运饼车”（又称进料车）的平台上放上具有孔的“导向柱”（图47-2），套上“尼龙铺垫”。用对开式“框模”放在尼龙垫上；把果浆放入尼龙铺垫的框模内；铺制成外径560mm，厚25mm的浆饼，连续铺垫制饼4～5层，加不锈钢圆板（厚5mm）。在2～3层这种钢板间，用一层加强钢板（厚12mm），以免浆饼受压时水平变形引起受压不均。浆饼厚度要均匀一致。

(2) 压榨：在制饼及运饼车装满一定高度后，将运饼车推入门框式榨油机将导向柱对好位，就可以起动压榨。开榨后如果加压速度过快，会导致饼内油路阻塞，使出油率低，渣饼中残油增加；加压以较小的梯度增加，一般榨汁以不断流为宜。在压力表到7～8MPa时，换高压泵工作，在20MPa时间歇加压，逐渐将压力升到榨机允许值，采用间歇加压，可提高出油率。在压力达到 420×10^5Pa，后回压较快，特别是压力达到 440×10^5Pa，回压更快，以勤压维持稳压。如此，一台榨机加工能力为 1 000kg/20h。每榨 2.5～3.0h，汁液淌尽便减压，退出运饼车。渣饼中残油在 7%以下。压榨室温度要求 20℃，果浆温度 22～25℃。

5.4 液体分离

从压榨面出来的榨汁是橄榄果中所含的油（约 30%）及植物水的混合物，其中还含有一定数量的悬浮固体物质。为了榨出合格的油需要把这三种成分分离开来，首先清除榨汁中带有的固体物质。将油状榨汁通过不锈钢筛，清除去一部分固体物，然后用自然倾析法（或称滗滤）或离心法，或两种方法同时并用。

（1）倾析：是一种很古老的方法，是利用植物水及油这两种液体密度不同的原理（油的密度是 0.915～0.916，植物水的密度是 1.015～1.086），使用连续罐形物，有一主罐接收从榨油系统来的含油榨汁。主罐和毗连罐相连，罐与罐上边有一小口（水平差 2cm），供导出轻的含水油。另一边利用虹吸管以同样的水平差相连，将混有油的植物水流到下一个罐，每个罐底备有一个倾斜活塞（或阀），以便清理杂质，连续倾析数次，最后将留下的水与油混合液送入离心机。分别如图 47-3、图 47-4。

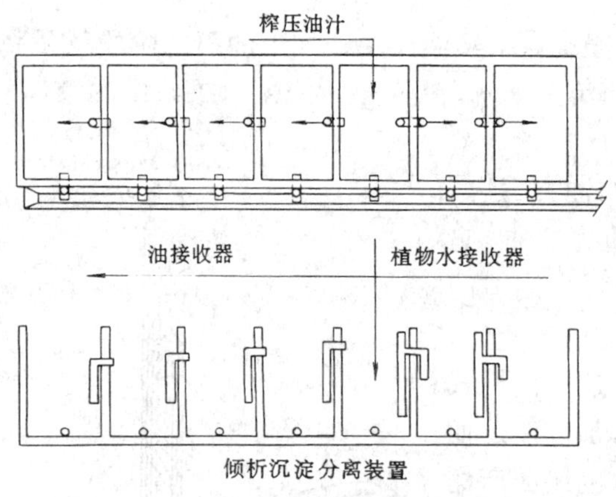

图 47-3 倾析沉淀分离装置
（摘自 Olive Oil Technology）

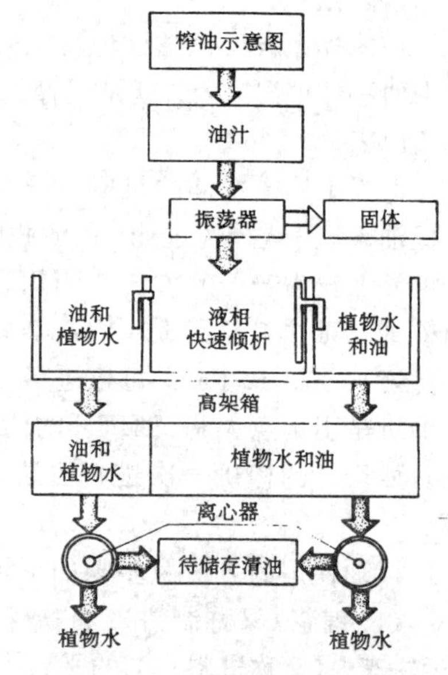

图 47-4 先倾析后离心系统
（摘自 Olive Oil Technolgy）

离心分离机一般有两种，常用的是锥形圆盘离心机。转速要求 8 000r/min。我国采用的是 GF-105（B）型超速离心机。不经倾析，直接将榨汁用离心法取出油，其优点是分离速度快，避免发酵。

理想的方法是先通过倾析，将油倾析出，将另一份混有油与植物水的部分再离心分离。

（2）真空过滤：经过倾析得到的橄榄油，还含有 0.2%～0.5%的水分和杂质，需要经过真空过滤，以保油的质量的稳定。北京农业大学食品系李秋庭的试验，经过真空过滤贮存 2 个月的油橄榄油仍保持优良品质。试验分析结果见表 47-8。

表 47-8 油橄榄油贮存 2 个月后的质量分析

处 理	水分（%）	杂质（%）	酸 度	过氧化值	色 泽	透明度	折光率
未经真空过滤	0.210	0.005	1.03	0.86	黄 色	混 浊	1.4667
真空过滤	0.155	0.002	0.51	3.72	淡黄色	透 明	1.4679

5.5 最后工序

(1) 质量控制：对加工厂生产的橄榄油要进行细致的检验来确定它的特性、质量和缺点。这种检验是为了控制产品的质量，使油具有稳定的质量，并符合商业的要求。油的质量检验采用两种方法：①人的感观测验，国际油橄榄协会很重视这种方法。有经验的人用味觉与嗅觉；②用化学方法测定以确定它的纯度，游离酸度，过氧化值，败坏的程度。对于生产出的每一批油，都要作质量测定。

油橄榄不同品种的油具有它的感观特性，为此，往往分品种榨的油被称为果油，高级品种的油是不和一般商业用油混合的，因为它具有特殊的优点。同时要注意不要将质量差的油混入优质油。

(2) 橄榄油的分级：这里所指的油是天然橄榄油，不包括精炼油或用化学方法提出的果渣油。按照国际贸易及国际橄榄油标准，天然橄榄油分为 4 个等级：①特级天然橄榄油：酸价≤2 (酸度≤1.0)，集合了各个具有优质品种的油，它具有很高的商业价值，是极好的色拉油，也可以和一般的天然油相配，为不同消费领域提供商品；②优级天然橄榄油：酸价≤3 (酸度≤1.5)，油质不应有任何缺陷，可直接供消费，或与精炼油相配成纯橄榄油；③普通天然橄榄油：酸价≤6.6 (酸度≤3.3)，有点缺陷（如榨油前果实有破损或堆放发热）但不影响食用，这种油大部分与精炼油相配，比例适当，可以弥补它的缺陷，可以成为普通食用油；④等外天然橄榄油：酸价 6.6 以上（酸度>3.3)，不供食用，在国外称为灯油。

(3) 储藏与保存：橄榄油在储藏期间会逐渐变质而影响油的质量，最后就不能食用了。因此，储藏对橄榄油是一个重要问题。一般食用橄榄油只能储藏一个短时期，即几个月，只有在特殊情况下才能储藏到下一年。

影响油变质的原因及处理方法：①从榨油机中分离出来的油含有 0.5%左右的水分及杂质。杂质是糖分及蛋白质，可以导致发酵，以致形成腐烂臭味。为此，储存油的罐底应为漏斗形，出口应有活塞，可以定期清除沉淀物。称之为“篦清”；②阳光、空气和温度都能引起油的氧化变质。故榨油厂的周围应保持清洁，避免阳光直接照射油，避免油暴露于空气。也可以抽掉储藏罐中的空气，注入惰性气体，罐要密封；③油中有一种基质很容易吸收空气中的其他气味，所以，储藏处周围应没有特殊的气味；④油罐不干洁也会引起变质；⑤金属会引起氧化，因此储藏罐应尽量避免铁质，采用不锈钢及玻璃钢或涂以环氧树脂；⑥储藏地点保持 15℃是最理想的温度。加工厂要根据生产量配置一定数量的储存罐。由于橄榄油要分级储存及分品种储存，所准备的罐往往应该比实际生产量要大些。

(4) 包装：为了不同的商品需要，包装要求不同。油的包装是很重要的，一方面要求在消费前保存得好，同时要有利于推销，使它在“特定时间内，产品能达到它预期的目的”。好的包装应有的条件是：不渗油、无毒、无污染物，保证质量，要有不易损坏的封口又便于人开关，不使油氧化，预见可以在销售的时间内保证产品不变质，便于推销，使人有美感或喜欢的感觉，不怕挤压，经济。要注明出厂日期及保质日期。

包装的容器可以分为大型和小型。大型的是指10kg以上，常见的是200kg的油桶。一般用于出口，容器内壁涂上环氧树脂或环氧衍生树脂效果较好。小型容器是指10kg以下，到250g或更小，一般用于家庭食用及新产品的试销。可用镀锡铁皮、玻璃、聚乙烯制成。

6　精炼橄榄油的加工技术

在橄榄油的加工过程中，由于采摘、储运和制油以及储藏过程中的措施不当，生产的天然橄榄油（初制油）往往有一部分油其酸度过高及其他指标超过质量标准，为此需精炼加工提高质量，称为精炼橄榄油。精炼橄榄油还有一种来源于橄榄油渣，用化学溶剂浸提出的油加以精炼，称之为精炼橄榄渣油。我国由于橄榄油的加工起步晚，种植零星，设备及技术等原因，天然橄榄油中的较大的一部分质量差，只能通过精炼提高质量，使其成为可利用的商品。精炼橄榄油的工艺流程如图47-5。

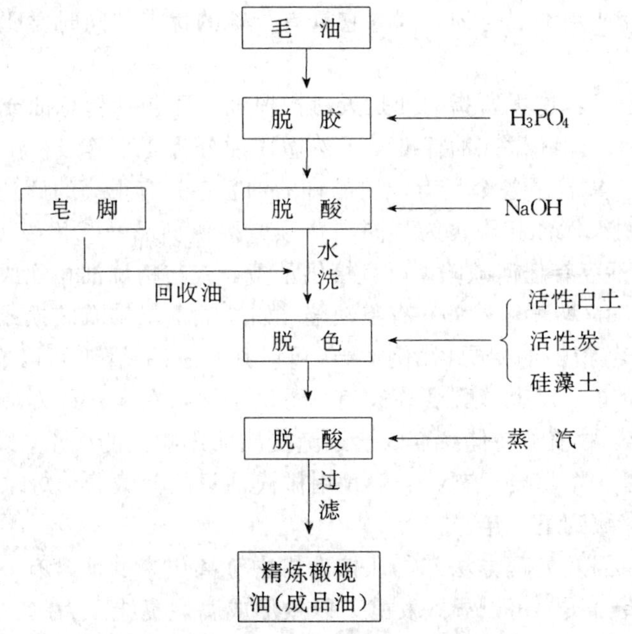

图47-5　橄榄油精炼工艺流程

6.1　脱　胶

将油预热到30～50℃，按油重加入1%～2%的脱胶剂，75%浓度的磷酸或柠檬酸，搅拌15～40min，一般搅拌速度≥120r/min，在室温静置，除去下层沉淀。

6.2　脱　酸

脱酸是精炼的关键。方法有多种，目前成功的方法是，预热油至50℃按理论加碱量及超碱量，加入碱液（NaOH）。边加边搅拌，并继续加热至65～70℃，反应完全后停止升温与搅拌，静置分离。再水洗，水温要求30～40℃，除去油中残皂。

以油酸为主的橄榄油的脂肪酸钠皂具有细腻、质轻、发泡率强和易于乳化的特性，在脱酸过程中要注意的是防止起泡、浮皂和乳化的发生。为此，碱的浓度、温度、搅拌时间要根据下碱后皂粒的形成快慢、皂粒大小来决定。温度在 70℃时皂粒最重，利于油皂分离。脱胶与脱酸两个程序也可以合并进行。

6.3 脱 色

将橄榄油升温到 50～60℃，使之在真空状态，油温升高到 70℃时，加脱色剂，并搅拌，趁热过滤。由于油橄榄油富含叶绿素，脱色剂用活性白土加入适量的活性炭，其比例是活性白土∶活性炭为 80～85∶20～15；硅藻土用 1%～2%，白土的用量为油重的 3%～4.5%。采用真空温度在 71℃，20min 可以达到。

6.4 脱 臭

先将油脂在真空脱臭器内预热到 80～90℃，启动蒸汽喷射，真空泵抽真空，达到一定真空度，继续加热油脂到 180℃（间歇脱臭）或是 250℃以上（连续式脱臭），同时喷入过热直接蒸汽，一般为 300℃，脱臭时间一般为 6～8h（间歇式）。脱臭完成后将油脂在真空状态下进行冷却，直到温度低于 60℃，才能进行过滤。通过上列工艺，掌握得好，可达到国际精炼橄榄油质量标准。

7 国际市场上橄榄油的分类

7.1 橄榄油

橄榄油共分天然橄榄油、精炼橄榄油、纯橄榄油 3 大类。在天然橄榄油中，又分适于食用的和不适于食用的。适于食用的共分特级天然橄榄油、优级天然橄榄油、普通天然橄榄油 3 种。不适于食用的有橄榄油灯油。

7.2 橄榄渣油

橄榄渣油共分粗制橄榄渣油、精炼橄榄渣油、精炼橄榄渣油及橄榄油 3 大类。

8 副产品的利用

油从橄榄果中取出后，留下两种副产品：橄榄渣饼及植物水。

8.1 橄榄渣饼

100kg 的油橄榄，经过压榨，留下的饼约 40kg。由于压榨取油的方法不同，油饼的成分也有差异。一般说来，其中油占 8%～12%，余下的成分为水（20%～30%）、浆（30%～35%）、碎核、纤维等（30%～53%）。

8.2 植物水

在榨取油的过程中，经过沉淀或离心分离出来的液体，是一种非油状的残留液体，称之为植物水。植物水的密度是 1.015～1.080、pH 值 4～5；成分：水 83.4%、有机物 15%、矿物质 1.8%。植物水的有机成分和矿物质成分分析见表 47-9 和表 47-10。

表 47-9 植物水中矿物质成分

名 称	含量（%）	名 称	含量（%）
P_2O_5	13.70	K_2O	47.00
CaO	5.85	CO	20.70
SiO_2	0.30	MgO	0.43
FeO	0.65	C_{12}	2.00
SO_3	2.75	Na_2O	6.53

资料来源：Olive Oil Technology，FAO。

表47-10 植物水有机物的成分

名 称	含 量（以植物水总量的百分比计）（%）
脂肪物质	0.03～1.0
氮物质	1.2～2.4
糖	2.9（包括蔗糖、葡萄糖甘露糖阿拉伯糖、木糖等）
有机酸	0.5～1.5（包括延胡索酸、甘油酸、乳酸、苹果酸、丙二酸、酒石酸、丙三羧酸、草酸等）
多元醇	1.0～1.5
果胶、胶质、单宁	1.0～1.5
糖 苷	微 量

资料来源：Olive Oil Technology，FAO。

橄榄渣饼及植物水经过发酵可以制成橄榄酒。橄榄饼渣通过饲养及生理指标试验分析是安全的饲料。其营养价值为1.3kg橄榄渣相当1kg玉米。因此，橄榄渣饼等副产品开发利用有很大的潜力。

第 48 章 橡胶种子油

唐朝才

1 橡胶种子利用及研究概况

巴西三叶橡胶树 *Hevea brasiliensis* 为大戟科产胶植物，种子是胶树生产的副产品，富含脂肪和蛋白质。三叶橡胶原产南美洲巴西亚马孙河流域，1876 年引种到东南亚。

近百年来三叶橡胶蓬勃发展，现在广泛分布亚、非、拉的 40 多个国家和地区。1988 年世界植胶面积达 8 000 万 hm^2，年产种子 360 万 t，产油 72 万 t，这是一批巨大的资源。三叶橡胶于 1904 年引种到我国，建国后得到迅速发展，主要分布在海南、广东和云南，以及广西、福建等省（区）。1988 年我国植胶面积近 57 万 hm^2，平均每公顷产种子 450kg，产油 90kg，年产种子 25 万 t，产油 5 万 t，相当于种植约 14 万 hm^2 油菜籽的产油量。这是不占耕地，不花费更多的劳动力、化肥等物资而获得的新油源。因此，对橡胶种子油及油饼蛋白的充分开发利用，对国民经济建设具有重要意义。

巴西橡胶种子在东南亚，1903 年就有人提出利用问题，未引起广泛重视。1928 年马来西亚开办过橡胶种子榨油厂，因出现经济危机，两年后即告倒闭。1930 年以后，西欧和日本的科技工作者，对橡胶种子油的成分和性质，初步作过一些研究。50 年代后期起，国外对橡胶种子油的脂肪酸组成、不皂化物、油饼中氨基酸成分等作了研究。到目前为止，世界各植胶国家生产的橡胶种子油，其用途主要是在工业方面。近几年斯里兰卡已大规模利用橡胶种子油生产醇酸树脂，以代替进口的大豆油和亚麻仁油。

我国于 50 年代末，华南热带作物研究所对橡胶种子油的工业用途和食用方面进行探索研究。60 年代后期起，云南省热带作物研究所进一步对橡胶种子油进行研究，包括分析测定油的物理性质与化学成分，种子油的加工精炼，试制人造奶油、起酥油、分离脂肪酸、测定种子蛋白质、氨基酸组成，以及进行动物食用实验、医用临床观察等，均取得显著效果。

2 橡胶种子成分含量及油的提取与精炼

三叶橡胶树的果实一般有 3 个种子。果实成熟果壳会自然爆裂，种子从树上掉落。收获种子的方法，即将成熟落地的种子从地面收拣。

2.1 种子成分含量

我国种植的三叶橡胶树，普遍使用 RRTM600、GT1、PR 107、PB86 共 4 个品系，其果实各部分比例见表 48-1。种子平均含油率为 24.5%，种仁含油率为 44%，种仁占种子的 54%，种壳占种子的 46%。橡胶种子壳和种仁的化学成分见表 48-2，种仁含蛋白质 20%左右，含各种矿物质见表 48-3。种子蛋白质富含各种氨基酸见表 48-4。

表 48-1 橡胶各品系种子成分含量

品系名称	平均种子重(g/个)	种子含油率(%)	种子含水量(%)	种仁占种子(%)	种仁含油率(%)	种仁含水量(%)	种壳占种子(%)	种壳含水量(%)
RRTM 600	2.57	24.19	11.24	55.14	43.46	9.46	44.86	13.27
GT 1	2.55	24.78	13.68	52.56	48.15	13.44	47.44	13.48
PR 107	2.74	22.40	10.01	47.75	41.33	8.08	52.25	11.78
PB 86	3.67	26.67	10.08	60.82	43.07	7.75	39.18	13.68
平 均	2.88	24.51	11.25	54.07	44.00	9.68	45.93	13.05

表 48-2 橡胶种壳和种仁的化学成分

项 目	种 壳(%)	种 仁(%)	项 目	种 壳(%)	种 仁(%)
可溶糖	6.85	7.50	木 素	32.48	—
还原糖	—	3.00	灰 分	0.92	3.03
淀 粉	10.02	12.79	Ca^{2+}	0.14	—
粗脂肪	1.46	44.00	Mg^{2+}	0.09	—
粗蛋白	2.00	19.95	Fe^{2+}	0.11	—
粗纤维	—	3.35	P	0.003	0.45
戊 糖	26.37	—			

表 48-3 脱胶橡胶种仁矿物质含量

矿物质(g/100g)		微量矿物质(mg/100g)		矿物质(g/100g)		微量矿物质(mg/100g)	
钙	0.17	铁	18	钠	0.05	铜	5
磷	0.24	锰	9	镁	0.24		
钾	1.22	锌	15				

表 48-4 橡胶种仁蛋白质氨基酸组成

名 称	中国云南产种子		斯里兰卡产种子	
	占脱脂粉(%)	占蛋白质(%)	g/10g 氮	NAS/NRC (1980) 参考模数
天门冬氨酸	2.80	8.56	10.1	—
苏氨酸	1.25	3.82	3.4	4.0
丝氨酸	1.21	3.70	4.2	—
谷氨酸	3.66	11.19	14.8	—
脯氨酸	1.21	3.70	3.9	—
甘氨酸	1.08	3.30	5.3	—
丙氨酸	1.23	3.76	3.9	—

（续）

名　称	中国云南产种子		斯里兰卡产种子	
	占脱脂粉（%）	占蛋白质（%）	g/10g 氮	NAS/NRC（1980）参考模数
缬氨酸	1.87	5.72	5.8	4.8
胱氨酸	0.45	1.38	1.6	—
蛋氨酸	0.49	1.50	1.2	—
蛋氨酸＋胱氨酸	—	—	2.8	2.6
异亮氨酸	0.81	2.48	3.3	4.2
亮氨酸	1.68	5.13	6.9	7.0
酪氨酸	0.59	1.80	2.6	—
苯丙氨酸	1.03	3.15	5.1	—
酪氨酸＋苯丙氨酸	—	—	7.7	7.3
赖氨酸	0.92	2.81	4.4	5.1
组氨酸	0.42	1.31	2.0	1.7
精氨酸	2.83	8.56	9.2	—
色氨酸	—	—	1.4	1.1

2.2 种子油的理化性质及脂肪酸成分

橡胶种子油属半干性油，含80%以上不饱和脂肪酸，特别是亚油酸和亚麻油酸含量高，分别占36.1%和20.4%。种子油的理化性质和脂肪酸成分见表48-5。表中的脂肪酸组成中，有两个未确定的脂肪酸，是否花生酸和花生四烯酸，尚有待进一步确定。据斯里兰卡V.Ravindran报道，Fetuga等测定橡胶种子油含有0.3的花生酸和0.2的花生四烯酸，其他脂肪酸成分含量和所测定的数据基本一致。

表48-5 橡胶种子油理化性质与脂肪酸成分

项　目	指　数	项　目	指　数
相对密度（D_{20}^{20}）	0.9199	油　酸 C18：1	24.0
折光指数（N_D^{20}）	1.4760	亚油酸 C18：2	36.1
酸　值①	0.47	亚麻油酸 C18：3	20.4
碘　值	132	未知酸1	0.8
棕榈酸 C16	8.5	未知酸2	1.5
硬脂酸 C18	8.5		

2.3 橡胶种子油的提取

橡胶种子油的提取方法，和其他含油植物种子提取方法基本相同，可采用压榨法和溶剂浸提法，或预榨浸提法。但是，由于橡胶种子油含不饱和脂肪酸高，容易被分解酸败，特别是新鲜种子受损、霉变等，会加速分解酸败过程。因此，成熟的橡胶种子拣收回来后，要尽快干燥及时榨油，并及时精炼，一般精油率可达90%以上。贮存6个月，精油率只能达50%～60%。新鲜种子晒干后及时榨的油，酸值一般在10mg以下，贮存3个月榨的油，酸值一般达20mg，贮存半年以上榨的油，酸值为30～50mg。种子经过榨油过程的高温，可破坏酶的活性，会减缓油的酸败。据试验，新鲜种子榨的油贮存7个月，酸值仅提高3.66mg。

2.4　橡胶种子油的精炼

橡胶种子油食用必须经过精炼。精炼之目的，是降低油的酸值，去掉混进油内的胶质、蛋白质、色素等杂质及不良气味。精炼方法，是根据油的酸值、杂质含量，以一定浓度、一定量的氢氧化钠溶液，中和油内的游离脂肪酸，经过脱胶、脱色、脱臭、过滤得可供食用的精炼油。精炼油标准要求：酸值在1mg以下，色泽淡黄澄清透明，无异味，具有橡胶种子油独特的风味。其工艺流程简述如下：

毛油→脱胶（在强烈搅拌条件下加入油量0.6%的HP_3O_4，温度不超过120℃）→脱酸（在缓慢搅拌条件下，根据毛油酸值等条件，加入一定量10%浓度的NaOH，温度控制在50～60℃。毛油酸值如超过10mg，则需要复炼，即要进行两次碱炼）→脱色（60r/min的缓慢搅拌条件下，加入油量7%的活性白土，温度控制85～110℃）→脱臭（带水的蒸汽温度160℃以上，通过管道对油进行加热，不带水的蒸汽由下至上通过油层带走油中臭味）→（过滤）→精炼成品油。其工艺流程图如图48-1。

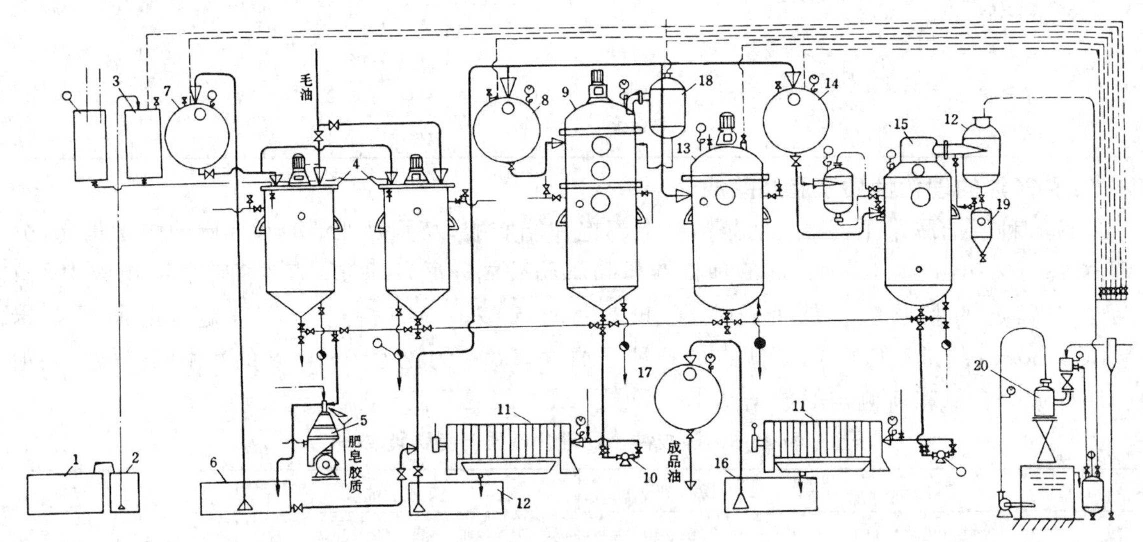

图48-1　橡胶种子油精炼工艺流程

1. 碱槽；2. 配碱缸；3. 碱高位槽；4. 脱胶脱酸锅；5. 脱胶脱皂分离机；6. 脱胶脱酸油池；7. 高位缸；8. 脱酸油高位缸；9. 真空脱色器；10. 齿轮油泵；11. 滤油机；12. 脱色油池；13. 氢化缸；14. 脱色或氧化油缸；15. 脱臭器；16. 成品油池；17. 成品油贮缸；18. 酸水分离器；19. 脂肪酸受器；20. 真空泵

3　我国对橡胶种子油的利用

橡胶种子油的性质与大豆油相近，经过精炼的橡胶种子油可以食用及医用；在工业上可用于代替大豆油。

3.1　橡胶种子油的食用

1970年云南省热带作物研究所与北京中国医学科学院劳动卫生研究所合作，进行橡胶种子油食用价值的动物实验，劳卫所还以海南的橡胶种子油作同样的实验。两次实验结果都表明：长期食用精炼橡胶种子油，动物生长、繁殖表现良好，营养效能较好，未发现中毒现象。

70 年代末，云南省热带作物研究所与昆明医学院、昆明动物研究所合作，作了进一步的动物实验。实验用大、小白鼠 383 只，分组喂以占饲料总热量 10%及 20%油量的橡胶种子油，以相应油量的花生油为对照；实验观察动物的生长、繁殖及慢性损伤等的影响。实验结果表明：长期食用橡胶种子油，动物的生长、繁殖、肝功能、血清蛋白、血钙等均无不良影响；经形态学观察，对肝、肾、心、肺、主动脉、胃、大小肠、肠系膜的淋巴结组织及部分生殖泌尿系统、脑组织等镜检观察，结果证明长期食用橡胶种子油的动物未发生特殊病变，也无一例发生肿瘤生长；对细胞遗传学观察结果，说明食用橡胶种子油，无潜在遗传学危害的证据。橡胶种子油的营养效能，表现略高于花生油的趋势。虽然两种油都含不饱和脂肪酸 80%以上，由于橡胶种子油含两个不饱和双键的亚油酸和三个不饱和双键的亚麻油烯酸达 50%以上，而花生油仅含 26%的亚油酸。据医学方面的报道，亚油酸和亚麻油烯酸的进食，可以促进体内花生油烯酸的形成，有助于消除脂肪缺乏症，促进细胞内卵磷脂合成，因而对动物和人体具有更良好的营养价值。所有的实验结果，均说明橡胶种子油可以作为食用的一种油源。

3.2　橡胶种子油的医用

50 年代初发现多价不饱和脂肪酸可降低人体血脂以来，国外对含有多价不饱和脂肪酸的红花油、玉米油、豆油等的降脂作用进行了大量研究；许多国家的医学机构，推荐食用含有多价不饱和脂肪酸的植物油，作为防治高脂血症和冠心病，以降低心脏病死亡率的重要措施之一，并取得明显效果。近几年国内卫生部门也证实了这一疗效。橡胶种子油含多价不饱和亚油酸和亚麻油酸达 60%，在 1975～1976 年进行食用价值的动物实验中，发现喂食橡胶种子油组的实验动物，其血清胆固醇与甘油三酯均比喂食普通食料组为低。据此，云南省热带作物研究所与昆明医学院等单位，对橡胶种子油的降脂和预防冠心病作用，进行了广泛深入的研究。实验从 1976 年开始持续到 80 年代，先后对大白鼠、家兔、恒河猴进行实验性降脂作用，和促使动脉粥样硬化病变的消退及降脂原理的研究。在动物实验基础上，又进行了橡胶种子油治疗高脂血症 220 例的临床疗效观察，以及对长期食用橡胶种子油的人群，其预防高脂血症和冠心病的作用进行普查，都取得了可靠有效的证据。试验结果证明：

(1) 橡胶种子油对实验大白鼠、家兔、猴均有明显的降脂作用。

(2) 橡胶种子油对家兔不仅可抑制由于高脂饮食所诱发血脂升高的程度，而且可延缓或减轻高脂饮食所诱发主动脉粥样硬化病变的程度，甚至可促进病变消退。食用橡胶种子油时间越长，病变消退越明显。

(3) 橡胶种子油治疗 221 例高胆固醇、高甘油三酯血症患者，每人每月进食 1 000ml，一半为炒菜膳食，一半生服，临床观察结果，对 125 例高胆固醇血症患者总有效率为 96%，对 171 例高甘油三酯血症患者总有效率为 77%。

(4) 在 938 人的人群普查中，长期食用橡胶种子油，每人每月食用 500ml，连续 5 年左右的人群组，其高脂血病、冠心病发病率均明显低于长期食用花生油的人群组。

实验证明长期食用橡胶种子油对机体无害，并有良好的营养价值，无副作用，是很好的食用和保健作用的新油源，有待进一步开发利用。

3.3　橡胶种子油的工业用途

根据橡胶种子油的性质，与其他半干性植物油一样，在工业上的用途，国内目前主要仍用于制皂、油漆以及提取工业用的脂肪酸等。

4 橡胶种子油粕（饼）的利用

1970年以来，世界植胶国家如斯里兰卡、印度、马来西亚、利比里亚、尼日利亚等国的科技工作者，先后利用橡胶种子及油饼作为鸡、猪的饲料试验和营养成分测定，一致认为橡胶种子是一种优质氨基酸饲料来源。我国海南、广东、云南、广西、福建等植胶区，60年代也开始利用橡胶种子作为禽畜饲料。云南省热带作物研究所分别于1963年和1983年，先后对橡胶种子油饼进行营养成分分析、喂猪和饲养蛋鸡等的毒性试验，饲料报酬率及肉脂品质分析等试验，试验结果总的评价是：①橡胶种子油饼营养丰富，牲畜适口性好，容易去毒，是安全可靠优质的蛋白饲料。②对畜禽生长发育及各项生理生化指标无明显影响，饲料报酬率高，增重快，产蛋率高，肉质好。调查700多头长期大量喂橡胶种子油饼的猪肉，均未发现有PSE和DFD肉。③经遗传毒理试验，未发现有潜在的诱变、致病因素；长期喂养的猪其染色体未受损伤。细胞中微粒无异常改变，姐妹染色单体交换（SCE）率与喂食普通饲料组的猪无差异。④猪肉脂肪中不饱和脂肪酸含量高（国外一些国家作为保健肉），猪油常温下不易凝固，猪肉滴油率大，宜鲜吃不宜作火腿、腌肉、不耐贮存。⑤长期以大量油饼喂种猪，要防止公、母猪过肥，注意调配饲料多样化，多喂青绿饲料，要补充维生素E和硒，否则会出现种猪性欲下降，甚至长期不发情失配，小猪白痢及仔白猪疾病发生。

橡胶种子作为饲料资源，以我国现有56.7万hm^2橡胶园，年可产油饼约10万t；粗蛋白含量为21%～24%，粗蛋白总量相当于5.8万t大豆，无氮浸出物相当于4.8万t玉米。这也有待进一步开发利用。

橡胶种子同其他大戟科植物种子一样，含有氢苷配糖体，经水解产生氢氰酸，对人畜有毒。经试验，氢氰酸容易挥发，易溶于水，经加温、浸泡水洗，以及榨油加工和贮存过程自然挥发等都可以除掉。但是新鲜未晒干的种子易造成中毒，不宜直接作为畜禽饲料。氢氰酸对动物毒性的特点是，不形成累积性中毒，不会在体内残留。因此，橡胶种子经晒干、贮存、榨油、配制成饲料或经蒸煮熟喂，对牧畜不会造成中毒。

第 49 章

山苍籽核仁油

王子明

1 概 况

山苍籽又名山鸡椒，属樟科 LAUACEAE 木姜子属 *Litsea* 山苍籽种 *Litsea cubeba* (Lour.) Pers.，原系野生。山苍籽树是落叶灌木，雌雄异株，多生长于向阳的丘陵或山地，自生自长。在我国分布很广，主要在湖南、福建、云南、广东、广西、台湾、浙江、江苏、江西、安徽、贵州及四川等省（区）。春末结实，7～8 月间果实成熟，鲜果直径 5～6mm，平均重 120mg，其核仁约为全果之半。果实、根、叶均属中草药。果实含有芳香油 5%～6%，其中含柠檬醛等可用蒸馏法取之供医药、化工及出口用。果实核仁中所含之油脂，一般用压榨法榨取。湖南一年所产之山苍籽即可榨出油脂 3 000t。

2 山苍籽核仁油的理化性状

压榨法所得之油颜色极深，属不干性油脂，能溶于乙醇、乙醚、三氯甲烷及二硫化碳，不溶于水。理化指标 80 年代初浙江粮食科学研究所、湖南粮油科学研究所均作过分析，结果见表 49-1。

表 49-1 山苍籽核仁油理化指标

分析单位	浙江粮食科学研究所	湖南粮油科学研究所
样品来源	浙 江	湖南西部
颜色：罗维邦比色计 1″槽（将油稀释 10 倍）	黄 35 红 5 蓝 18	
相对密度	0.9510（20℃）	0.9153（40℃/20℃）
折光指数		1.4510（40℃）
酸价（mg KOH/g）	13.20	
皂化价	209.54	212～254
碘 价	53.92	25.56
不皂化物（%）	2.87	
脂肪酸凝固点（℃）		12～20
乙酰值	8.18	
硫氰值	52.62	

3 山苍籽核仁油的脂肪酸组成

1980 年湖南粮油科学研究所及芷江县粮食局分析含癸酸 12.4%，月桂酸 57.84%，肉豆寇酸 2.69%，棕榈酸 2.13%，硬脂酸 0.33%，油酸 7.22%，亚油酸 4.19%，十碳一烯酸 1.51%，十二碳一烯酸（林德酸）8.82%。山苍籽核仁油中月桂酸比椰子油高，因颜色太深其制品之颜色次于椰子油，用途受到限制。

4 山苍籽核仁油的用途

山苍籽核仁油与椰子油基本相似，是提取中碳脂、制皂、牙膏起泡剂和合成洗涤剂的原料。水解后将混合脂肪酸分离提纯可得到正癸酸、月桂酸和十二碳一烯酸，为合成十二烷基磺酸钠（AS），烷基醇酰胺（6502）等化工原料。十二烯酸的钾盐和钡盐，是聚氯乙烯的增塑剂和稳定剂，石油工业用作润滑脂。

5 山苍籽榨油

山苍籽具有一层黑色果皮，籽仁含在核内。提过芳香油的籽，仍有较多的果胶和色素，必须用水泡去果皮晒干扬净再送往榨油，工艺流程如图49-1。

将含油24%的山苍籽100kg，榨两道可得山苍籽核仁油15～18kg，毛油颜色为酱色。

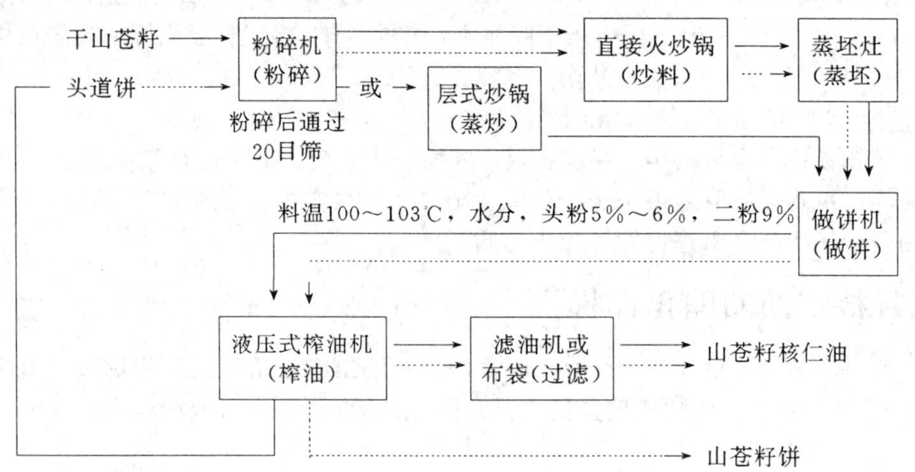

图49-1 山苍籽核仁油的榨油工艺流程

6 山苍籽核仁油的精炼

山苍籽核仁油的精炼分为酸炼和碱炼两个步骤。酸炼的目的是脱胶和脱色，将过滤毛油加热至30℃，放入内衬耐酸陶瓷并装有搅拌器的锅中，开动搅拌器喷入油量3%含80%H_2SO_4（相对密度为1.73）的硫酸充分搅拌，待油中磷脂和胶质物焦化产生沥清状的沉淀后，停止搅拌，静置分离底部沉淀。加入油量一半的同温清水，充分搅拌洗涤，使油中的硫酸溶于水中，静置0.5h放出洗水，如此同样方式进行两三次，即可得到颜色较浅的油。第二步为碱炼水洗好的油计量准确，开始搅拌取样检验酸价，烧碱用量除理论碱外再加20%的超碱量配成20°Be′浓度，当油温升到50℃时，将碱液喷入，搅拌至皂脚结粒，再加入油量2%的含10%NaCl的食盐水促使皂脚沉淀，静置一晚放出底部废液和皂脚，加入油量20%～30%、70℃左右的温水搅拌洗涤2～3次，洗至洗水变清为止。每次水洗搅拌20min，静置30～40min，最后将油温升到80℃搅拌脱水。通过以上精炼的山苍籽核仁油，颜色变淡，能耐贮藏，适合于制起沟剂和洗涤剂之用。

7　山苍籽核仁油的利用

山苍籽核仁油经过深加工可提制精细化工产品，完全可能代替椰子油的一些用途。

7.1　利用精炼时的皂脚提制脂肪酸

山苍籽核仁油碱炼时副产的皂脚主要是十二烷酸钠、中性油和其他脂肪酸钠、游离碱、色素的混合物。欲得到较纯的脂肪酸，须用多次皂化碱析的办法分离色素，以提高皂基的纯度。皂脚经补充皂化，多次碱析放尽黑皂和废液后加入含 25%H_2SO_4 的硫酸溶液，使 pH 值达到 3～4。煮至结块熔化明显地分为两层，静置 2h 后放掉下层废酸，放出中间层（留作下次酸解时加入），上层酸油加同温热水多次洗涤，直至洗液为中性时止，每次洗水用量为酸油的 30%。最后一次洗涤后送入不锈钢贮罐贮存。

7.2　利用脱色山苍籽核仁油常压水解制酸油

用脱色山苍籽核仁油常压水解制酸油的工艺流程如图 49-2。

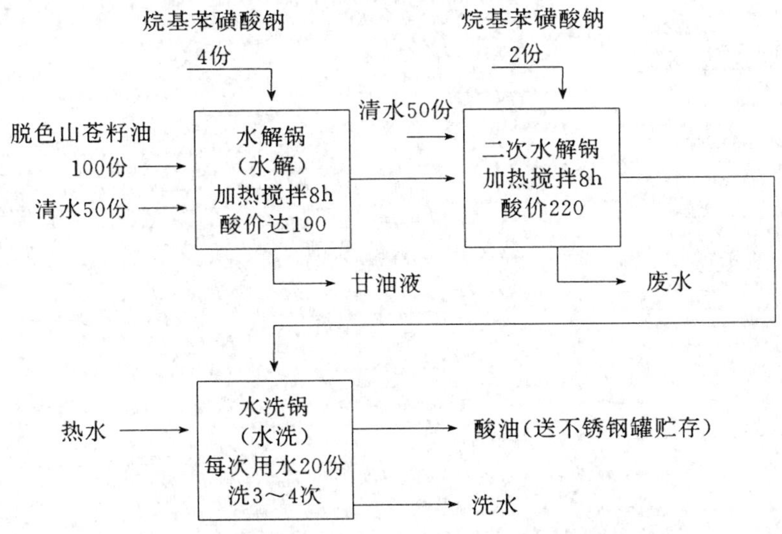

图 49-2　脱色山苍籽核仁油常压水解制酸油工艺流程

7.3　真空蒸馏

酸油经真空蒸馏得到混合脂酸，其工艺流程如图 49-3。

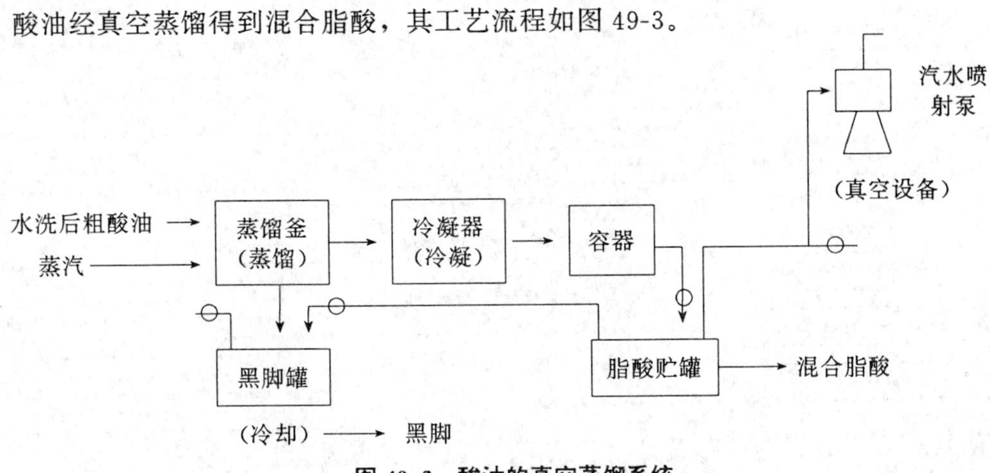

图 49-3　酸油的真空蒸馏系统

经水洗的酸油，吸入不锈钢蒸馏釜直接火加热到260℃（液相温度）。90℃时开始抽真空，液相达180℃真空残压为213.3kPa馏出最旺。以后汽相温度降至200℃，说明蒸馏已近尾声。馏出物为质量较好的混合脂肪酸。如进行截温蒸馏切取馏份，真空残压为26.7kPa、汽相温度190℃以前馏出物为癸酸，约占14.6%，月桂酸占70%，十二烯酸10.7%及少量十四烯酸的混合物。这种混合脂肪酸基本上能满足合成洗涤剂的要求。如再在真空残压26.7kPa截温蒸馏一次，在汽相温度175℃以前的馏份与176～190℃馏份分开，前者为癸酸、十碳一烯酸、十二碳一烯酸为主，后者为月桂酸，其纯度比190℃以前馏出的更高。可供医药、洗涤剂、化妆品行业之需。

参 考 文 献

1. 李振纪．油茶．北京：农业出版社，1980：32～47，302～320
2. 蒋万芳．油茶及油茶果壳加工．北京：轻工业出版社，1959：15～46
3. 亚热带林业研究站经济林室．油茶资料选编．1974：3～34
4. 广西粮油工业公司．油脂科技，1982，（Ⅱ）：14～18
5. 郭达．95-型榨油机榨茶籽．油脂科技，1981：（增刊）：333～339
6. 海南亚热带油脂研究所．95-型榨油机榨榨茶籽工艺、设备．油脂科技，1978：（Ⅲ）：98～104
7. 柳州市油脂厂．茶油的精炼．油脂科技，1982，（Ⅱ）：56～66
8. 浙江粮食科学研究所．茶籽饼粕综合利用．浙江省粮油科技，1979，（Ⅰ）：3～40
9. 中国科学院植物研究所．中国植物油脂手册．北京：科学出版社，1973
10. 江西粮油科学研究所．关于茶饼去毒作饲料试验报告，1986
11. 薛塘．柏油和梓油的制备．北京：轻工业出版社，1959：6～46
12. 林元一．中国乌柏皮油食用调查报告．中国油脂，1986．（Ⅲ）：34～38
13. 陈永楠等．乌柏脂制取类可可脂．中国油脂，1986，（Ⅳ）：45
14. 朱元言，荣载儿．可可脂代用品 CBRMH-HF 制备工艺．中国油脂，1986，（Ⅴ）：1～5
15. 黄连卿．山苍籽及山苍籽油．粮油科技，1983．(1)：57～58
16. 江开礼．关于木梓油生产与分榨皮的经验．油脂科技，1982，（Ⅰ）：18～21
17. 刘兴信，徐建中．中国考察马来西亚油棕种植和加工．油脂工业，1977，（Ⅳ）：1～25
18. 海南亚热带油脂研究所．海南植物油脂，1979．（Ⅰ）：14～18
19. 海南亚热带油脂研究所．海南岛的油棕加工，1978．（Ⅰ）：32～35
20. 刘兴信．马来西亚油棕榈油．油脂科技，1981：（增刊）：100～110
21. 李裕章．国外油棕加工．油脂科技，1982．（Ⅵ）：1～5
22. 黄福辉等．山苍籽核仁油脱色．粮油科技，1 期
23. 张贻仙译，R. CH：LD. “Coconut”．北京：农业出版社，1984：237～250
24. 毛祖舜译．菲律宾椰子工业．菲律宾椰业署（PCA)，1978
25. 椰子产品谱．菲律宾，1983
26. 云南省热带作物研究所综合组．橡胶种子油的理化特性及化学成分．云南热作科技，1977，(3)：21～22
27. 周淑云，陈建白．橡胶种子综合利用的研究（Ⅰ）橡胶种子成分分析．云南热作科技，1980，(2)：30
28. 周淑云，陈建白．橡胶种子综合利用的研究Ⅱ应用阳离子交换树脂从橡胶籽饼水解液中分离制备乙-精氨酸盐酸盐．云南热作科技，1980，(4)：47～49
29. 兵团热作所．橡胶种籽油精炼成食用油的方法介绍．云南热作科技，1973，(2)：7～16
30. 廖振民．橡胶种子油脱胶的研究．云南热作科技，1983，(2)：48～49
31. 廖振民．橡胶种了油脱色的研究．云南热作科技，1983，(3)：36～39
32. 唐朝才，杨树等．橡胶种子油食用价值的研究．热带作物学报，1981，2 (1)：1～10
33. 刘超然，唐朝才等．橡胶种子油医用的研究．热带作物学报，1980，1 (1)：88～95
34. 宋彩华，汤汝松等．橡胶种子油饼在蛋鸡饲料中的营养价值评定研究．饲料工业，1989，(8)：13～14
35. Lucien Denis D 等．现代油橄榄栽培．联合国粮农组织，1979

36. 斯沃恩 D，阿普尔怀特 T H主编．贝雷油脂化学与工艺学．秦洪万等译．北京：轻工业出版社（4版，1～3册），1989，1991
37. 王子明．秀油制造简介．粮油科技．1980，（Ⅸ）：37～42
38. 蔡必友．铜籽采摘与加工试验．粮油科技，1985，（Ⅰ）：37～42
39. 付梅轩．我国桐油（主要产区）的脂酸组成．油脂科技，1985，（Ⅰ）：2～8
40. 吴艳霞．全国桐油理化特性检验．油脂科技，1985，（Ⅰ）：9～16
41. 贵州铜仁地区粮食科学研究所．采用95-型榨油机压榨桐籽试验．油脂科技，1980，（Ⅰ）：69～72
42. 万县地区粮食局．在90-型榨油机上制取低酸嫩色桐油工艺方法．油脂科技，1981，（Ⅲ）：78～79
43. 王子明等．桐籽榨油．北京：中国财政经济出版社，1981：6～93
44. 邹旭圃．中国的油桐与桐油．北京：中华书局，2版，1946
45. 中华人民共和国专业标准．ZB B 66005－90
46. 中华人民共和国专业标准．ZB B 66004－90
47. 薛益民等．油橄榄不同品种果实经济性状的研究——工油用品种果实的研究．林业科学研究，1988，11（5）：499～507
48. Hilditch. The chemical constitution of natural Fat
49. Ravindran & V，Ravindran G. some Nutritional Anti-nutritional characteristics of para-rubber（Hevea brasiliensis）seeds. Food Chemistry，1988，30：93～102
50. Dr. Juan M. Martinez Moreno，Manual of Ulive Oil Technology. Rome Food and Agricultue organization of the United Nations，1975
51. Gabriele Luzi，Olive Oil and Health. Madrid（spain），lnternational olive Oil council，1987
52. State and Trend of the lnternational Olive Oil Marker，Madrid，Spain "OLIVAE" V1 year-No. 28 P9-10. October-89
53. State and Trend of the International Table Olive Market，Madrid，Spain，"OLIVAE" V1 year No. 28 P11-12，October 89
54. L. Di Giovacchino，Olive Prooessing System，separation of the Oil from the Must，Madrid，Spain，"OLIVAE" V1 year-26，April，89
55. FAO，IOOC，International Commercial Standard Applying Olive Oils and Olive Residue Oils，IOOC/T. 15/NE n I，April 23，1985
56. Unified Qalitative Standard Applying to Table Olives in International Trade T/OT/DO，no. 1. 5 of 2 October，1980，amended in May November 1981
57. International Agreement on Olive Oil and Table olives，1986，Article 26 (as amended)，Designations and Definitions of Olive Oils and Olive-Pomace oils- "OLIVAE" No. 38，October 1991
58. "A. S. T. M，Srandards on Point Varnish Laeouer and Related Priducts" Published by Amerlean sociely for Testing Materials，1941，P129

第 13 篇

林产香料及樟脑

第50章 林产香料

彭淑静　刘　启　王清泉

1 概　述

1.1 香料及其分类

香料是一种能被嗅感闻出香气或味感尝出香味的物质，它可能是一种“单一体”，也可能是一种混合体。不过绝对纯的单一体物质很少见。在具有一定质量规格的前提下，有它自己独特的香气或香味的特征。

根据来源不同，香料可分为天然香料和合成香料两大类。

天然香料是从含香的动、植物的器官或分泌物中经过加工提取出来的香成分物质，也就是习称的精油、浸膏、香树脂、净油、酊剂等产品。这类产品的成分组成十分复杂，是一类天然混合物。这些混合物所含的组分，按化学结构的特点或官能团来区分，有烃、醇、酚、醚、醛、酮、缩酮、酸、酯、内酯、大环、多环、杂环、卤代腈等类化合物。在精油化学上可以将其分为4大类，即含氮含硫化合物、芳香族化合物、脂肪族的直链化合物和萜类化合物。每一类组分各有其自己的香气或香味的特征和不同的理化性质。也有少数组分是不带香气的，如某些蜡质的烃类等。

习惯上把那些含有香成分的动物或植物分别称为香料动物或香料植物（芳香植物），把那些从动物或植物组织和分泌物中取得的含香物质（混合物）称为动物性香料（如天然麝香、天然灵猫香等），或植物性香料（如柠檬桉叶油、柏木油、玫瑰浸膏、可可壳酊剂等）。

合成香料又称单体香料，是林产精油、石油化学制品及煤化工产品为原料通过化学（或生物）合成法制得的“单一体”香料产品。

作为一种香料，不管它是天然的还是合成的，都应具备以下几个重要条件：

（1）要有一定的香气或香味质量。这些香气或香味是通过人们的嗅觉或味觉器官所感觉到的特征。

（2）要有一定的卫生标准。主要表现在它本身应是对人体（包括皮肤、毛发及吸收后对体内器官）是安全的。或在一定限度的使用量（接触量）下是安全的。不应含有对人体有害的杂质或污染物。

（3）要有一定范围的理化常数指标。

（4）对加香介质要有相应的适应性和稳定性。

1.2 香料的作用

单独一种香料所具有香气或香味的特征很难符合人们对香气和香味的各种要求，因此各种天然香料、合成香料都很少单独使用，而是按一定的比例将两种以上乃至几十种香料（有时也加入适量的溶剂或载体）混合，配制得到调合香料，即人们常说的香精。

香料具有令人喜爱的香气或香味，适度的香料能使人们有身心愉快的感觉，能松弛神经，消除疲劳。故香料常用于制造香水、化妆品；香料加入饮料、食品中，可增进食欲；香料还具有抑制细菌生长发育的作用，可用于杀菌、防虫、防腐、避臭等方面；也有加入药品当中。在卷烟、香皂、洗衣粉、洗洁精、牙膏、膏霜等产品中都加有香精。随着人们物质生活水平的提高，香料的需求量将不断增长，用途也将更加广泛。

1.3 林产香料的加工

具有芳香性的林产植物资源加工制得的香料称为林产香料，例如：

从植物的花或花蕾提取的香料：茉莉花浸膏、桂花浸膏、玫瑰油等。

从植物的茎、叶提取的香料：桉叶油、芳樟叶油等。

从植物的枝干提取的香料：檀香油、柏木油、樟脑油等。

从植物的树皮提取的香料：桂皮油等。

从植物的果皮或籽中所提取的香料：山苍子油、甜橙油等。

林产香料的加工方法主要有4种：水蒸气蒸馏法、溶剂浸提法、压榨法和吸附法。

水蒸气蒸馏法是指用水蒸气将香料植物中的香成分蒸馏出来的方法。此法有水中蒸馏、水上蒸馏和直接水蒸气蒸馏3种形式。

溶剂浸提法（萃取法）是指用溶剂将香料植物含香组织的香成分提取出来的方法。主要有固定浸提、搅拌浸提、转动浸提、逆流连续浸提4种方式。

压榨法是指用手工磨刺或机械从香料植物的含香部分提取出香成分的方法。

吸附法是利用吸收剂吸附香料植物的精油成分，再用溶剂进行脱吸，把精油从吸附剂中分离出来的方法。主要有脂肪冷吸法、油脂温浸法和吹气吸附法3种方式。

1.4 天然香料加工制品

（1）精油：又叫挥发油，商业上称为芳香油。它是从植物的根、茎、叶、枝、干、皮、花、果、籽以及分泌的树脂等含香部分，采取蒸馏、浸提、压榨等物理方法制取的具有特征香气的油状物质。因通过提取使香料植物原料中原有的含香成分得到提炼浓缩成为香气的精华，所以称为精油。精油是许多不同化学物质的混合物。一般精油都是易于流动的透明液体或膏状物，无色、淡黄色或带有特有颜色（黄色、绿色、棕色等），有的还有萤光。某些精油类在温度略低时成为固体，如玫瑰油、八角茴香油等。

（2）粗制原油和精制油：各个芳香植物产区，采用简易加工设备生产出来的各种精油叫作粗制原油。粗制原油常带有令人不愉快的杂香气和较深的颜色，同时一些主要成分含量达不到规格要求，必须进行二次蒸馏或处理，使之符合商品规格。这种经过精制处理的精油叫做精制油。

（3）浓缩油、去萜及去倍半萜精油：有些精油中所含的萜烯类成分（单萜类和倍半萜类）不仅对香气不起作用或起极小作用，反而将主体香气稀释变淡。而且萜类化学性质极不稳定，在精油贮存中容易变质。所以一般通过减压分馏、溶剂萃取、分子蒸馏以及柱层析等方法除去萜烯成分。从而使香气增浓和改善，溶解度与稳定性得到提高。这样的精油称为浓缩油、去萜的及去倍半萜的精油。

（4）酊剂和浸剂：将天然香原料用溶剂浸渍，使其香成分扩展到溶剂中。浸渍完毕后将部分溶剂回收，这样即获得一种天然香料产品。如果在浸渍处理时为室温或低温（60℃以下)，所得产品叫做酊剂。当浸渍温度超过60℃或沸腾条件下进行浸渍，所得产品叫浸剂。酊剂和浸剂在贮存之前过滤，或使用之前过滤。酊剂中香料的含量常用百分率来表示，其浓度无严格规定，随品种而异。

（5）香树脂：用有机溶剂浸提天然树脂类物质，获得浸提液后再经回收全部溶剂，所得产品叫做香树脂（俗称香膏）。香树脂通常用作定香剂。由于香树脂为粘稠液体、半固体或固体均质块状物，使用不方便，有时在制品中配有苯甲酸苄酯、邻苯二甲酸二乙酯、丙二醇等稀释剂。稀释后不仅流动性好，而且提高了溶解度。香树脂主要成分有树脂酸、精油、植物色素、蜡以及烃类等溶剂中能溶解的物质。颜色较深的橡苔树脂、树苔和岩蔷薇香树脂等，需要进行脱色。

（6）油树脂：一般是指用溶剂萃取天然辛香料，然后蒸除溶剂后而得到的具有特征香气或香味的浓缩萃取物。常用的溶剂有丙酮、二氯甲烷、异丙醇等。油树脂通常为粘稠液体，色泽较深、呈不均匀状态。例如辣椒油树脂、胡椒油树脂等。

（7）浸膏和净油：用精制石油醚或非极性溶剂浸提香料植物，如茉莉花、岩蔷薇枝叶等，得到的浸液再经蒸馏回收溶剂，剩余的蜡状物质叫做浸膏。浸膏中除精油和植物色素之外，还有在乙醇中不易溶解的植物蜡。为了改善浸膏在乙醇中的溶解度，可将浸膏用乙醇溶解，用低温冷冻过滤脱蜡，最后回收溶剂。这样处理后得到的产品称为净油。净油多数是流动或半流动的液体，溶解度获得改善，香气得到增浓，是配制高级花香型香精的重要香原料。

（8）香脂和花水：用脂肪吸收法制得的香料产品，称为香脂。由于脂肪很容易酸败变质，现在已不再大批量生产香脂。

蒸馏鲜花的蒸馏水，在分出精油之后残留的部分叫做花水。花水中含有亲水性的精油成分。花水中的精油虽能回收，但不经济，得率极微，因此，花水往往直接用于加香。

1.5 调合香料的组成及分类

由于一种香料很难满足人们对加香产品香气或香味的需要，所以调香师往往根据加香产品的性质和用途，将数种乃至数十种香料调配成调合香料，即配成香精以后加入各种加香产品中。一个比较完整的香精配方，应由哪些香料组成？对此主要有两种观点，一种观点认为香精应由主香剂、辅助剂、头香剂、定香剂4种类型的香料组成；另一种认为香精应由头香、体香、基香3种类型的香料组成。

1.5.1 香精的组成

1.5.1.1 香精的4种成分组成法

（1）主香剂：主香剂亦称香精主剂或打底原料。主香剂是形成香精主体香韵的基础，是构成香精香型的基本原料。

调香师要配某种香精，首先要确定其香型，然后找出能体现该香型的主香剂。在香精中有的只用一种香料做主香剂，如调合橙花香精往往只用橙叶油做主香剂，但多数情况下，都是用多种香料做主香剂。如调合玫瑰香精，常用苯乙醇、香茅醇、香叶醇、玫瑰醇、玫瑰醚、甲酸香叶酯、玫瑰油、香叶油等做主香剂。

（2）辅助剂：辅助剂亦称配香原料或辅助原料。主要作用是弥补主香剂的不足。添加辅助剂后，可使香精香气更趋完美，以满足不同类型的消费者对香精香气的需求。辅助剂可以分协调剂和变调剂两种：①协调剂。亦称和合剂或调和剂。协调剂的香气与主香剂属于同一类型，其作用是协调各种成分的香气，使主香剂香气更加明显突出。例如，在调配玫瑰香精时，常用芳樟醇，羟基香茅醛、柠檬醛、丁香酚、玫瑰木油等做协调剂。②变调剂。亦称矫香剂或修饰剂。用做变调剂香料的香型与主香剂不属于同一类型，是一种使用少量即可奏效的暗香成分，其作用是使香精变化格调，使其别具风格。例如，在调配玫瑰香精时，常用苯乙醛、苯乙二甲缩醛、乙酸苄酯、丙酸苯乙酯、檀香油、柠檬油等做变调剂。

(3) 头香剂：头香剂亦称顶香剂。用做头香剂的香料挥发度高，香气扩散力强。其作用是使香精的香气更加明快、透发，增加人们最初喜爱感。例如，在调配玫瑰香精时，常用壬醛、癸醛等高级脂肪族醛做头香剂。

(4) 定香剂：定香剂亦称保香剂。它的作用是使香精中各种香料成分挥发均匀，防止快速蒸发，使香精香气更加持久。

1.5.1.2　香精的 3 种成分组成法

1954 年，英国著名调香师扑却（Poucher）按照香料香气挥发度和在辨香纸上挥发留香时间的长短，将 300 多种天然香料和合成香料分为头香、体香、基香。他认为香精应由头香香料、体香香料和基香香料 3 个部分组成。但是应当说明的是，在用嗅觉去判定一个香料相对挥发度时会因人而异，调香师如何说明一个香料属于头香、体香或基香，也会因人而异。

(1) 头香香料：头香亦称顶香。属于挥发度高，扩散力强的香料。在评香纸上的留香时间在 2h 以下。由于留香时间短，挥发以后香气不再残留，头香能赋于人们最初的优美感，使香精香气富有感染力，做为香精的第一印象是很必要的。可做为头香的香料大部分香气是令人愉快的，因此，在创造头香时可以有更多的选择，可以充分体现调香师的创造精神。

(2) 体香香料：体香香料具有中等挥发程度，在评香纸上留香时间为 2～6h。体香香料构成香精香气特征，是香精香气最重要的组成部分。

(3) 基香香料：基香亦称尾香。基香香料挥发度低，富有保留性。在评香纸上残留的香气在 6h 以上，如麝香香气可以残留 1 个月以上。基香香料不但可以使香精香气持久，同时也是构成香精香气特征的一个部分。

在调香工作中，根据香精的用途，要适当调整头香、体香、基香香料的百分比。一般来讲，头香占 30%左右，体香占 40%左右，基香占 30%左右比较合适。

1.5.2　香精的分类

香精的分类方法很多，出发点不同，可以有不同的分类方法。大体上可以分类如下：

1.5.2.1　根据香精的用途分类

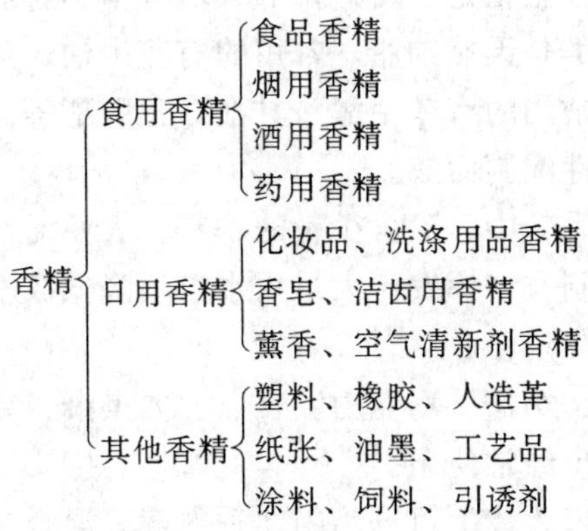

1.5.2.2 根据香精的香型分类

(1) 花香型香精：这类香精多是模仿天然花香调合而成。例如玫瑰、茉莉、金银花、山梅花、晚香玉、紫罗兰、铃兰、玉兰、丁香、水仙、葵花、橙花、栀子、风信子、金合欢、薰衣草、郁金香等。花香型香精一般用于化妆品中。

(2) 非花香型香精：这类香精有的是模仿实物调配，例如檀香、木香、蜜香、粉香、麝香、皮革香等；有的则根据幻想而调配。这类香精往往有一个美妙抒情的称号，例如力士、古龙、微风、素心兰、黑水仙、吉普赛少女、圣诞节之夜等。幻想型香精大多用于香水、化妆品中。

(3) 果香型香精：果香型香精大多是模仿果实的香气调配而成，例如橘子、香蕉、苹果、葡萄、梨、樱桃、草莓、柠檬、甜瓜等。这类香精大多用于食品、洁齿用品中。

(4) 酒用香型香精：如清香型、浓香型、酱香型、米香型、朗姆酒香、杜松酒香、白兰地酒香、威士忌酒香等。

(5) 烟用香型香精：如可可香、桃香、蜜香、朗姆香、薄荷香、乌尼拉香型、南味克香型、山茶花香型等。

(6) 食品用香型香精：在饮料中最常用的是果香型。在糖果、糕点中常用薄荷香、杏仁香、胡桃香、香草香、可可香、咖啡香、奶油香、奶油太妃香、焦糖香等。在方便食品中则多用肉香型、海鲜香型等。

1.5.2.3 根据香精的形态分类

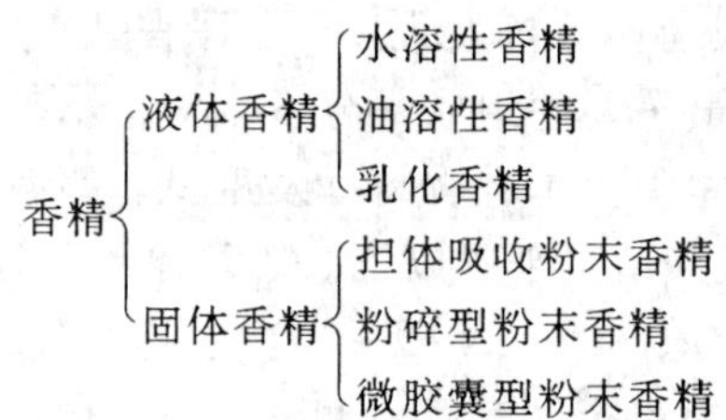

(1) 水溶性香精：水溶性香精所用的天然香料必须能溶于醇类溶剂中。常用的溶剂为乙醇或乙醇水溶液。有时在水溶性香精中也用少量丙醇、丙三醇代替部分乙醇做溶剂。

水溶性香精广泛用于果汁、汽水、果冻、果酱、果子露、冰淇淋、烟草和酒类中。在香水、花露水、化妆水等化妆品中也不可缺少。

(2) 油溶性香精：油溶性香精是由所选用的天然香料和合成香料溶解在油性溶剂中配制而成。油性溶剂分两类：一类是天然油脂，常用的有花生油、菜子油、芝麻油、橄榄油和茶油等；另一类是有机溶剂，常用的有苯甲醇、甘油三乙酸酯等。也有的油溶性香精不外加油性溶剂，由香料本身的互溶性配制而成。

(3) 乳化香精：在乳化香精中，除含少量的香料、表面活性剂和稳定剂外，其主要组分是蒸馏水。通过乳化可以抑制香料挥发。大量用水可以降低成本。因此乳化香精的应用发展较快。

乳化香精主要用于果汁、奶糖、巧克力、糕点、冰淇淋、雪糕、奶制品等食品中，在发乳、发膏、粉蜜等化妆品中也经常使用。

(4) 粉末香精：粉末香精大体上可分为固体香料磨碎混合制成的粉末香精、粉末状担体吸收香精制成的粉末香精和由赋形剂包覆香料而形成的微胶囊粉末香精等3种类型。粉末香精广泛应用于香粉、香袋、固体饮料、固体汤料、工艺品、毛纺品中。

1.6　香料工业在国民经济中的作用

香料工业是国民经济中不可缺少的配套性行业。香料、香精与人们日常生活息息相关，是食品工业、烟酒工业、日用化学工业、医药卫生工业以及其他工业不可缺少的原料。

近年来，随着保健事业的发展，出现了香疗法。香疗法的本质是通过香料飘逸出来的香气，经嗅觉器官吸入体内，或与皮肤表面直接接触而产生明显的生理反应。某些香气可以直接影响脏腑功能，改变气血运行状态，从而达到防病、保健、振奋精神的目的。在公害严重、空气污浊的城市，香疗法更加盛行。香疗袋、香织品、香纸张、香塑料、香橡胶、香涂料、香薰香、香功能空气清洁剂、香功能洗涤剂等将会被广泛应用。香料应用的范围将无限广阔。现将具有香疗作用的香料介绍如下：

（1）具有兴奋作用的香料：薄荷油、桉树油、柠檬油、香茅油、马鞭草油、鼠尾草油、牛藤草油、丁香罗勒油、百里香酚、白千层油、甲酸、乙酸、甲酸酯类、乙酸酯类。

（2）具有催眠作用的香料：茉莉油、橙花油、黄菊油、壬醇、癸醇、碳酸甲酯、碳酸乙酯。

（3）具有增进食欲作用的香料：紫苏油、月桂油、柠檬油、洋葱油、大蒜油、甘牛至油、刺柏子油、百里香酚、香芹酮。

（4）具有节制食欲作用的香料：艾蒿油、桉树油、没药油、迷迭香油、吲哚、吡啶、樟脑、苯乙酸酯。

（5）具有抗偏头痛作用的香料：柑橘油、柠檬油、香柠檬油、薰衣草油、迷迭香油、罗勒油、薄荷油、樟脑油、桉树油、薄荷脑、桉叶油素。

（6）具有忌烟作用的香料：柑橘油、柠檬油、香柠檬油、丁香油、肉桂油、肉豆寇油、姜油、丁香酚、柠檬醛、羟基柠檬醛。

（7）具有止呕吐、抗昏迷作用的香料：薄荷油、苦艾油、桉树油、迷迭香油、柠檬醛、樟脑、乙酸、乙酸乙酯。

（8）具有抗抑郁作用的香料：薰衣草油、薄荷油、柠檬油、香柠檬油、玫瑰油、茉莉油、橙叶油、肉桂油、丁香油、柠檬醛、香茅醛、龙脑、芳樟醇、香叶醇、橙花醇、玫瑰醇。

香精用量虽少，一般仅为0.2%～3%，但对加香产品的影响却很大。以1kg香精计，它可供生产食品300kg、汽水1 500瓶、香烟15 000包、香皂700块、牙膏1 700支、冷霜10 000盒。随着人们生活水平的提高，香精将起着更大的作用。

目前中国出口的香料已有50余种，如龙脑、薄荷脑、香兰素、香豆素、松油醇、苯乙醇、洋茉莉醛、酮麝香、桂皮油、香茅油、山苍籽油等在国际上享有盛誉。

尽管中国香料工业在丰富人民生活、积累资金和创汇中已取得一定成绩，但与国外先进水平相比较，在品种、数量和质量上尚有较大差距，仍需努力发展和提高其水平。

1.7　天然香料工业的现状与开发前景

天然香料工业随着加香工业的发展及国际市场的开拓，有了较快的发展。随着生活水平的不断提高，人们对健康长寿有了新的需求，消费心理发生了很大的变化。对清新香气、森林香气、海风香气等接近大自然的气息，产生了“回归大自然”思潮，而对食用香精合成品产生不信任感。为此对天然香料的需求与日俱增，如美国1989～1994年精油产值年增长4.6%，日本市场天然香料1989年比1980年增长294%，比1988年增长5.7倍。林产精油价格增长速度很快，几种林产精油价格上涨指数见表50-1。

表50-1 几种林产精油价格上涨指数（%）

品 种 名 称	1986年11月	1987年11月	1988年11月
香柠檬油	100	128	210
柏木油（中国）	100	136	163
柏木油（美国得克萨斯）	100	120	140
桉叶油（中国）	100	156	202
圆柚油（美国佛罗里达）	100	175	350
蒸馏白柠檬油（墨西哥）	100	115	260
山苍籽油（中国）	100	210	300
甜橙油（巴西）	100	126	290

我国天然香料出口额约占香料出口总额的50%，其中精油的比重约占70%，在世界精油总贸易额中约占8%～10%，是潜在的原料大国。几种林产精油资源及1994年出口量见表50-2。

表50-2 几种林产精油资源及出口量

品种名称	现有资源（t）	1994年出口量（t）	品种名称	现有资源（t）	1994年出口量（t）
柏木油	1 500	1 200	桂 油	400～500	440
山苍籽油	1 500	1 100	黄樟油	500	320
桉叶油	4 000	4 096	红橘油	150	100
茴 油	800	630			

我国具有良好的地域自然条件和丰富的林产香料资源，以及雄厚的天然香料加工工业。随着社会经济的发展和人们生活水准的提高以及科学技术的进步，我国林产香料工业将得到进一步的发展。

2 林产香料植物与精油化学[7～15]

2.1 中国林产香料植物分布概况

我国幅员辽阔，自然条件优越，芳香植物资源非常丰富，据不完全统计，我国的香料植物（包括引种）多达400余种[6～8]，分属于77个科，192个属，目前已利用的香料植物有110多种，其中较重要的林产香料植物有松科的马尾松，柏科的柏木，木兰科的白兰、含笑，八角科的八角，樟科的肉桂、樟树、山苍籽，桃金娘科的柠檬桉、蓝桉、岗松、丁子香；蔷薇科的玫瑰、墨红，含羞草科的金合欢，芸香科的香柠檬、甜橙、九里香、花椒，木犀科的桂花、茉莉，蜡梅科的蜡梅，茜草科的栀子，楝科的米仔兰，唇形科的薰衣草、麝香草，胡椒科的胡椒，番荔枝科的依兰、鹰爪花，杜鹃花科的烈香杜鹃、千里香杜鹃等等。现将其归类分布的中国木本香料植物资源名录列于表50-3。

表50-3 中国木本香料植物资源名录

序号	科别	植物名称	学名	别名	分布	主要化学成分
1	松科	马尾松	*Pinus massoniana* Lamb.	山松、枞松	黄河以南广大地区	松脂含松节油19%～25%，α-蒎烯、β-蒎烯、长叶烯、β-石竹烯
2		红松	*P. koraiensis* sieb. et Zucc.	海松、果松、红果松、朝鲜松	东北长白山区，吉林山区及小兴安岭等地	松针含精油1.73%，α-蒎烯、莰烯、β-蒎烯，月桂烯，……
3		思茅松	*P. kesiya* Royle ex Gord.		云南南部、思茅、普耳、景东等地	松脂含松节油、α-蒎烯、β-蒎烯、莰烯、长叶烯、月桂烯
4		湿地松	*P. elliottii* Engelm.		原产美国，我国华南及华东地区引种栽培	松脂含松节油19%～29%，β-蒎烯、α-蒎烯、α-蛇麻烯、柠檬烯
5		新疆五针松	*P. sibirica* (Loud.) Mayr	西伯利亚红松	新疆阿尔泰山的卡纳斯河和霍姆河流域	松针含精油2.8%、α-蒎烯、莰烯、β-蒎烯、1，8-桉叶油素、β-水芹烯
6	杉科	杉木	*Cunninghamia lanceolata* (Lamb.) Hook.	沙木、正木、刺杉		木材含精油、α-松油醇、雪松脑、α-雪松烯、β-榄香烯、β-石竹烯
7	柏科	柏木	*Cupressus funebris* Endl.	香扁柏、垂丝柏、黄柏、柏树	华东、华中、华南和西南等省，以四川、湖北、贵州最多	树根和树干精油3%～5%，雪松脑、β-雪松烯、α-雪松烯、松油醇
8		刺柏	*Juniperus formosana* Hayata	山刺柏、台桧、台湾柏	台湾、江苏、安徽、浙江、福建、江西等，在我国分布很广	根干含精油2%～5%，雪松脑、柏木烯、柏木酮、松油烯
9		侧柏	*Platycladus orientalis* (Linn.) Franco	香柏、扁柏、扁桧	我国南北各地均有	木材含精油1.1%，罗汉柏烯、α-雪松烯、雪松脑、愈疮木醇
10	木兰科	玉兰	*Magnolia denudata* Desr.	木兰、玉堂春	浙江、安徽、江西、湖南、广东、广西等省(区)	花蕾含精油0.29%～0.67%，桧烯、1，8-桉叶油素、β-波旁烯、α-依兰油烯
11		紫花玉兰	*M. liliflora* Desr.	辛夷	甘肃、四川、湖北	花蕾含精油0.17%，反式-α-金合欢烯咕玛烯、δ-杜松烯、月桂烯
12		白兰	*Michelia alba* Dc.	白兰花、白玉兰	原产印度尼西亚，现福建、广东、广西、云南、四川有栽培	叶含精油0.20%～0.28%，芳樟醇、α-橙花叔醇、罗勒烯
13		黄兰	*M. champaca* Linn.	黄玉兰、黄兰花	云南和长江以南各省	溶剂萃取，脱蜡净油，戊醇，氧化芳樟醇(呋喃型)、苯甲酸甲酯
14		含笑	*M. figo* (Lour.) Spreng.	含笑花	华南各省区广泛栽培	树脂吸附花精油、乙酸乙酯、异丁酸乙酯、异丁醇、乙酸异丁酯
15		云南含笑	*M. yannanensis* Franch. ex Finet. et Gagnep.	皮袋香	云南	花精油、雪松烯、乙酸龙脑酯、茉莉酮十五烷、樟脑、柠檬烯
16	八角科	八角	*Illicium verum* Hook. f.	大茴香	广西、广东、福建、云南	干果实含精油8%～12%，反式-茴脑

（续）

序号	科别	植物名称	学　名	别　名	分　布	主要化学成分
17	番荔枝科	鹰爪花	*Artabotrys hexapetalys* (Linn. f.) Bhanadari	莺爪、鹰爪兰、五爪兰	浙江、台湾、福建、广东、广西、云南	花精油0.75%，乙酸丁酯、丁酸乙酯、α-甲基丙酸乙酯、乙酸乙酯
18		依　兰	*Cananga odorata* (Lamk.) Hook. f. et Thoms.	香水树、依兰香、加拿楷	原产东南亚，我国台湾、福建、广东、广西	花精油、对甲酚甲醚、香叶醇、γ-依兰油烯、金合欢烯、金合欢醇
19	樟科	猴　樟	*Cinnamomum bodinieri* Levl.	香樟、大胡椒树、香树	云南、贵州	树干含精油1.2%～1.4%，黄樟油素、樟脑、甲基庚烯酮、α-松油醇
20		湖北樟	*C. bodinieri* Levl. var. *hupehaum* (Gamble) G. F. Tao		湖北、四川、湖南	叶含精油1.5%，樟脑、龙脑、莰烯、α-蒎烯，月桂烯
21		阴　香	*C. burmannii* (C. G. et Th. Nees) Bl.	桂树、香胶树野桂树、香柴	云南、广西、广东、福建	梅片树、叶含精油0.34%，α-龙脑、乙酸龙脑酯、月桂烯
22		樟　树	*C. camphora* (Linn.) Presl.	香樟、芳樟、油樟、脑樟、樟木	我国南方及西南各省（区）	脑樟：树干含精油3%～5%，樟脑、1，8-桉叶油素、黄樟油素
23		肉桂	*C. cassia* Presl.	玉桂、筒桂、桂	广西、广东、云南、福建	树皮含精油1. 07%～2.60%，肉桂醛、桂酸甲酯、桂酸乙酯
24		云南樟	*C. glanduliferum* (Wall.) Nees.	臭樟、红樟、香樟、香叶树、青皮树	云南、贵州、四川、西藏	枝叶精油0.5%，樟脑，对-伞花烃，芳樟醇、丁香酚
25		天竺桂	*C. japonicum* Sieb.	竺香、山肉桂、土肉桂	江苏、浙江、福建、台湾	木材含精油、丁香酚、芳樟醇、α-水芹烯、对-伞花烃
26		沉水樟	*C. micranthum* (Hayata.) Hayata.	水樟、臭樟、牛樟、黄樟树	广西、广东、湖南、江西、福建、台湾	根含精油1.52%，黄樟油素、芳樟醇、β-罗勒烯
27		黄　樟	*C. parthenoxylon* (Jack.) Nees.	油樟、大叶樟、冰片樟、樟脑树	广西、广东、福建、江西、湖南、贵州、云南	大叶油樟枝叶含精油2%，1，8-桉叶油素，β-蒎烯、α-松油醇
28		香　桂	*C. subavenium* Miq.	细叶月桂、月桂、土肉桂	云南、贵州、四川、广西、广东、福建、江西、湖北	叶含精油、黄樟油素、芳樟醇、丁香酚、对-伞花烃、α-蒎烯
29		细毛樟	*C. tenuipilis* Kosterm.		云南	叶含精油1.40%～2.09%，L-芳樟醇、金合欢烯、二苯胺
30		锡兰肉桂	*C. zeylanicum* Bl.		原产斯里兰卡，广东和台湾有栽培	叶含精油、丁香酚、苯甲酸苯酯、乙酸丁香酯、α-水芹烯、芳樟醇
31		山胡椒	*Lindera glauca* (Sieb. et Zncc.) Bl.	牛筋树、野胡椒、香叶子	山东、河南、陕西、甘肃、山西、江苏、安徽、浙江	果皮含精油、罗勒烯、1，8-桉叶油素、壬醛、β-蒎烯、黄樟油素

（续）

序号	科别	植物名称	学 名	别 名	分 布	主要化学成分
32	樟科	三桠乌药	*L. obtusiloba* Bl.	香丽木、三健风、三角枫	辽宁、山东、安徽、江苏、河南、陕西、甘肃、西藏	鲜叶含油0.9%～1.1%，樟脑、α-蒎烯、莰烯、罗勒烯、石竹烯、γ-松油烯
33		山 橿	*L. reflexa* Hemsl.	钓樟、野樟树生姜树、大叶钓樟	河南、江苏、安徽、湖北、湖南、江西、浙江、广西	叶含精油、芳樟醇、1，8-桉叶油素、α-蒎烯、莰烯、柠檬烯、γ-松油烯
34		山鸡椒	*Litsea cubeba* (Lour.) Pers.	山苍子、木姜子、毕澄茄、山胡椒	广西、广东、福建、台湾、江苏、浙江、安徽	鲜果含精油3%～4%，柠檬醛、柠檬烯、莰烯、甲基庚烯酮、香叶醇
35		清香木姜子	*L. euosma* W. W. Sm.	毛梅桑	广东、广西、湖南、江西、四川、贵州、云南、西藏	鲜果含精油2.5%～3.0%，柠檬醛、柠檬烯、香茅醛、甲基庚烯酮
36		毛叶木姜子	*L. mollis* Hemsl.	木姜子、香桂子、狗胡椒	广东、广西、湖南、云南、贵州、四川、西藏	果实含精油、柠檬醛、柠檬烯、甲基庚烯酮、芳樟醇、α-松油醇
37		木姜子	*L. pungeus* Hemsl.	兰香树、生姜树、香桂子、辣姜子	除同上外，甘肃、陕西、河南、山西等也有分布	果实含精油3.0%～4.0%，柠檬醛、香叶醇、柠檬烯，…
38	胡椒科	胡 椒	*Piper nigrum* Linn.		原产东南亚，我国台湾、福建、海南、广东、广西、云南有栽培	果实含精油2. 5%～3. 0%，β-石竹烯，α-侧柏烯、β-金合欢烯、β-甜没药烯
39	瑞香科	白木香	*Aguilaria sinensis* (Lour.) Gilg	土沉香、牙香树、女儿香	广西、广东、海南、福建、台湾	树脂经水蒸气蒸馏得精油5%～8%，白木香醛、白木香酸、β-呋喃沉香、卡拉酮
40	桃金娘科	岗 松	*Baeckea frutescens* Linn.	铁扫把，扫把枝	江西、福建、广东、广西	枝叶含精油1.4%，反式-葛缕醇、桃金娘烯、α-玷㞭烯、α-葛缕酮
41		水 翁	*Cleistocalyx operculatus* (Roxb.) Merr. et. Perry	水榕	广东、广西、云南	花蕾含精油0.18%，β-罗勒烯-Z、蛇麻烯、γ-依兰油烯、δ-杜松烯
42		柠檬桉	*Eucalyptus citriodora* Hook. f.	油桉树、留香久	原产澳大利亚，我国广西、广东、福建栽培甚广	鲜叶含精油0.5%～2%，香茅醛、香茅醇、乙酸香茅酯、1，8-桉叶油素
43		窿缘桉	*Eucalyptus exserta* F. V. Maell.	小叶桉、风吹柳	原产澳大利亚，我国华南广泛栽培	叶含精油0.8%～1%，1，8-桉叶油素，α-β-蒎烯、反式-蒎葛缕醇，小茴香醇
44		蓝 桉	*E. globus* Labill.	灰叶桉、玉树、蓝油木	原产澳大利亚，我国云南、广西、四川有栽培	叶含精油0.7%～0.9%，1，8-桉叶油素，α-蒎烯、乙酸α-松油酯
45		桉 树	*E. robusta* Smith.	大叶桉、大叶有加利、蚊子树	原产澳大利亚，广东、广西、云南、四川有栽培	枝叶含精油0. 6%，1，8-桉叶油素，α-水芹烯、α-蒎烯

（续）

序号	科别	植物名称	学名	别名	分布	主要化学成分
46	桃金娘科	白千层	*Melaleuca leucadendra* Linn.	玉树	原产澳大利亚，我国广西、广东、福建、台湾有栽培	叶含精油1.0%～1.5%，1，8-桉叶油素、松油醇等
47		番石榴	*Psidium guajava* Linn.	鸡屎果		果肉含精油，乙酸乙酯、己酸乙酯、丁酸乙酯、辛烷、丁酮、月桂烯
48		丁子香	*Syzygium aromaticum* (Linn.) Merr. et Perry.	丁香、公丁香、支解香、雄丁香	原产马来群岛和非洲，我国华南有栽培	叶含精油6.6%，丁香酚、β-石竹烯、α-蛇麻烯、环氧石竹烯
49	蔷薇科	榅桲	*Cydonia oblonga* Mill.	木梨	原产中亚细亚，我国新疆、陕西、江西、福建有栽培	果实含精油0.41%，反式-β-金合欢烯、反式-紫花前胡内醛、癸酸乙酯
50		墨红	*Rosa Chinensis* Jacq. Crimson Glory' H. T.	株墨双辉	浙江、江苏、河北有栽培	鲜花浸膏得率0.14%～0.16%，净油主含：香茅醇、芳樟醇、香叶醇等
51		玫瑰	*Rosa rugosa* Thunb.	徘徊花、笔头花、湖花、刺玫花	各地有栽培	净油主含：β-香茅醇、香叶醇、乙酸香茅酯、甲基丁香酚、γ-依兰油烯
52	蜡梅科	蜡梅	*Chimonanthus praecox* (Linn.) Link.	蜡梅、黄梅花、素心蜡梅	山东、江苏、安徽、湖北、湖南、河南等10多省有栽培	花浸膏得率0.19%～0.20%，芳樟醇、1，8-桉叶油素、龙脑樟脑、α-和β-蒎烯
53	含羞草科	金合欢	*Acacia farnesiana* (Linn.) Willd.	鸭皂树、牛角花	浙江、福建、台湾、广东、广西、云南、四川	花浸膏得率0.4%～0.6%，香叶醇、苯甲醇、大茴香醛、癸醛、香豆素、莳罗醛
54	云实科	油楠	*Sindora glabra* Merr. ex De Wit	火水树	海南岛	树干含精油、α-依兰烯、β-石竹烯、β-毕澄加烯、γ-依兰油烯
55	蝶形花科	降香	*Dalbergia odorifera* T. Chen	降香檀、花梨母	海南岛	心材含精油2.75%、β-甜没药烯、顺式-β-金合欢烯、反式-橙花叔醇
56	芸香科	山油柑	*Acronychia pedunculata* (Linn.) Miq.	降真香	广东、广西、云南	叶含精油0.8%～0.9%、β-侧柏烯、柠檬烯、乙酸松油酯、反式一氧化芳樟醇
57		柚	*Citrus grandis* (Linn.) Osbeck	文旦、朱栾、香栾	长江流域以南各省	花精油主含芳樟醇、玫瑰呋喃、皮精油主含α-柠檬烯、β-月桂烯
58		柠檬	*Citrus limon* (Linn.) Burm. f.	洋柠檬	广东、广西、四川	皮含精油1.5%、柠檬烯、柠檬醛、香茅醛、乙酸香叶酯
59		甜橙	*Citrus sinensis* (Linn.) Osb.	橙、广柑	长江流域以南各省	果皮含精油0.7%～0.9%、柠檬烯、月桂烯桧烯、曹烯-3、壬醛
60		广西九里香	*Murraya kwangsiensis* (Huang) Huang	广西黄皮	广西	叶含精油0.27%，乙酸香叶酯、香叶醛、香叶醇、橙花醇、γ-松油烯

（续）

序号	科别	植物名称	学　　名	别　　名	分　　布	主要化学成分
61	芸香科	千里香	*Murraya paniculata* (Linn.) Jack.	九里香	广东、广西、福建、湖南等省	全株含精油，γ-榄香烯、橙花叔醇、反式-石竹烯、蛇麻烯、榧烯醇
62		千只眼	*Murraya tetramera* Huang		云南	枝叶含精油1.8%，柠檬烯、月桂烯、乙酸香叶酯、紫苏醇
63		两面针	*Zanthoxylum nitidum* (Roxb.) DC.		福建、广东、广西、云南、台湾	叶含精油0.21%～0.60%，柠檬烯、糠醛等
64		勒　榄	*Zanthoxylum avicennae* (Lam.) Dc.	鸟不宿、鹰不泊	福建、海南、广东、广西等省	果皮含精油0.5%，枞油烯、辛醛、依兰烯、β-橙香烯、β-榄香烯
65		花　椒	*Zanthoxylum bungeanum* Maxim.	秦椒、蜀椒、巴椒	我国除东北及新疆外各地有产	果皮含精油0.2%～0.4%，辣薄荷酮、芳樟醇、棕榈酸、1，8-桉叶油素
66		吴茱萸	*Evodia rutaecarpa* (Juss.) Benth.		长江流域以南各省	果含精油0.4%，吴茱萸烯、罗勒烯、吴茱萸内酯、吴茱萸醇
67		大叶臭椒	*Zanthoxylum rhetsoides* Drake		福建、广东、广西、湖南等省	果皮含精油0.32%，β-松油烯、月桂烯、β-水芹烯、乙酸辛酯
68	楝科	米仔兰	*Aglaia odorata* Lour.	碎米兰、树兰	福建、广东、广西、云南、四川	鲜花含精油、蛇麻烯、α-玷𤩽烯、β-榄香烯、反式-β-金合欢烯
69	杜鹃花科	杜　香	*Ledum palustre* Linn. var. *dilatatum*		我国东北地区及内蒙古	叶含精油0.2%，对-伞花烃、桧烯、松油烯、小茴香烯、β-蒎烯
70		烈香杜鹃	*Rhododendron anthopogonoides* Maxim.	白香柴、黄花杜鹃	青海、甘肃、四川	叶枝含精油0.7%～1.9%，杜鹃烯、苄基丙酮、牻牛儿酮、γ-芹子烯
71		千里香杜鹃	*Rhododendron thymifolium* Maxim.		青海、甘肃	枝叶含精油0.5%～2.0%，牻牛儿酮、月桂烯、蛇麻烯、金合欢烯、β-蒎烯
72	木犀科	连　翘	*Forsythia suspensa* (Thunb.) Vahl.	绶带、黄绶丹	云南、江苏、河南、河北、黑龙江、辽宁、吉林等	种子含精油4%，β-蒎烯、α-蒎烯、芳樟醇、对-伞花烃、降-拉柏醇
73		茉　莉	*Jasminum sambac* (Linn.) Ait.	茉莉花、没利、末利	广东、广西、福建、云南、贵州等	花萃取物脱腊净油主含：芳樟醇、苯甲酸、顺式-β-己烯酯、乙酸苯甲酯
74		桂　花	*Osmanthus fragrans* Lour.	木犀	我国西南部和南部	花含精油、α-和β-紫罗兰酮、顺反-氧化芳樟醇、芳樟醇、……
75	茜草科	栀　子	*Gardenia jasminoides* Ellis	黄栀子	我国南部、西南部	花含精油、α-金合欢烯、茉莉内酯、惕各酸顺式-3-己烯酯、芳樟醇

2.2 精油性质

精油又称挥发油。从植物的花、果、叶、根和分泌物中得到的具有挥发性并有芳香气味的物质，即所谓精油，最常见的精油是松节油，它来自松树的分泌物——松脂。

精油大多数呈由数种、数十种乃至上百种化合物组成的复杂的液体有机混合物。精油和植物油不同，它是由许多种单萜类、倍半萜类，芳香族、脂环族和脂肪族等有机化合物组成的混合体。其中萜类化合物是精油最重要的成分，具挥发性。后者的主要成分系脂肪酸的甘油酯。

精油多以游离态或苷的形式存在于植物的叶、杆（茎）、花、果、种子、树皮、根和分泌物中，它的主要提取方法有3种：水蒸气蒸馏法，挥发性溶剂浸提法和压榨法。近年来，在使用液态二氧化碳和超临界二氧化碳从辛香料如酒花、丁香、胡椒、八角、肉桂等提取芳香成分方面取得了很大进展。

此外，精油几乎不溶于水，能随水蒸气一同气化而被蒸出，在乙醇中都具有一定的溶解度，长时间与热或空气接触易变质。但精油具有强杀菌力和防腐力。人们可根据它的各种性质采用不同方法对它进行加工、利用和贮存。

2.3 精油在植物体内的存在形式及分布

精油存在于植物的腺毛、油室、油管、分泌细胞或树脂道中，大多数呈油滴状存在（如柠檬桉的幼嫩叶片和新鲜的橘子皮表现得非常明显），也有些与树脂、粘液质共同存在。还有少数以苷的形式存在，如冬绿苷。冬绿苷水解后产生葡萄糖、木糖及水杨酸甲酯，后者为冬绿油的主要成分。

精油在植物中的分布，有的含于整个植株，有的则在花、果、叶、根或茎等器官中含量较多，且随植物品种而有差异。有的虽为同一植物，但由于部位不同，其所含精油的组成成分也有差异。如八角树的八角果的出油率和含茴脑量均比八角叶要高，而八角叶油中的甲基佳味醇和芳樟醇的含量比果油要高出数倍。有的植物由于采集时间不同，同一部分所含的精油成分也不完全一样。如胡荽子当果实未熟时，其精油主含桂醛和异桂醛，成熟时则主含芳樟醇、杨梅叶烯。

2.4 影响精油含量与成分变化的因子

芳香植物体内精油的含量与成分，常会在不同生态环境、不同生长发育期和不同季节产生明显变化，这不仅影响原料采收、精油生产和精油产量，而且影响到精油品质、价值和质量的稳定性。

芳香植物的精油因种类不同，其集中分布的部位也有所不同。如沉水樟的精油以树根含量最高，肉桂的精油以树皮含量最高；樟、柏木的精油以根和树干的木质部含量最高；山苍子、花椒等的精油以果皮含量最高；柠檬桉的精油以叶含量最高。

同种植物由于地理分布环境条件的差异，其精油的组分和含量也有变化，因而产生的含有某种化学成分为主的生理化学型变种。如黄樟种群中的芳樟型的枝叶含油1.1%～1.5%，油含右旋芳樟醇90%；根材含油0.6%，油含黄樟油素57%；油樟型的枝叶含油2.1%，油含1，8-桉叶油素60%。根材含油1.2%，油含黄樟油素65%。

同种芳香植物的精油含量和油的品质随植株年龄而变化，如樟树21～25年生含油1.35%、含樟脑0.01%；51～55年生含油0.91%，含樟脑0.67%；111～115年生含油1.43%，含樟脑1.14%。

总之，芳香植物精油的含量和化学组成，在不同情况下往往有很大变化，人们只有在了解和掌握上述现象和变化规律的基础上，将其用于指导生产，才有可能获得高产和优质的精油。

2.5 精油化学

精油是多组分的混合物，人们为了能很好地认识其中的香成分以达到有效利用，使用了各种分离和鉴定方法，波谱技术的迅速发展，为精油的研究提供了非常重要的手段，人们利用这种手段，发现的精油成分越来越多，而且发现有些成分是精油香气的特征性香成分。由于微量成分的揭示，为合成香料新品种指明了方向。因此，1967～1977年间，新成分发现3 000多种，但在1967年以前，仅发现750种。伴随着许多关键性和微量香成分的发现，无论对合成香料和调香都起到较大的推动作用。尤其是近年来，精油香成分从立体化学方面的研究，发现许多立体异构体对香气有较大的影响，如左旋香茅醇的香气较好，左旋薄荷脑的凉味比较强，这是光学异构体与香气的关系。作为几何异构体与香气的关系，有叶醇和茉莉酮人们都喜欢它们的顺式体的香气。因此，研究精油的化学成分和它的分子结构，是发展香料工业的重要一环，这已引起人们的充分重视。精油成分在化学上可分为4大类：

2.5.1 含氮和含硫化合物

吲哚和吡嗪类是含氮的香成分，如大花茉莉和腊梅花中均含有吲哚。而重要的食品香成分吡嗪类则含于可可，咖啡、花生、芝麻和茶叶中。

含硫的香成分则以醚的形式存在于姜油和大蒜油中，前者含二甲基硫醚（$CH_3—S—CH_3$），后者含二丙烯硫醚（$CH_3—CH═CH—S—CH═CH—CH_3$）。

2.5.2 芳香族化合物

在植物精油中，这类化合物较多，仅次于萜类。在精油成分中可列举的芳香族化合物很多，有的还是该植物的特征性香成分，如大茴香脑（$CH_3—CH═CH—C_6H_4—OCH_3$）是八角茴香油的特征香成分，肉桂醛（$C_6H_5—CH═CH—CHO$）则是肉桂油的特征香成分。而苯甲醛（$C_6H_5—CHO$）不仅含于苦杏仁油中，也存在于桂皮中，而且常以苷的形式存在。

2.5.3 脂肪族直链化合物

此类化合物的成分在精油中分布之广仅次于萜类和芳香族化合物。它们多以醇、醛、酮、酸、酯的形式存在，但也有一些烃类化合物。醇类：如存在于甜橙、圆柚等精油中的正辛醇及存在于柑橘、玫瑰油中的正壬醇；醛类：脂肪族醛类在精油中不占重要地位，它在未成熟的植物中比成熟的植物中含的较多。由于未成熟的植物常有低级醛类存在，往往使精油带有不适的气息，如庚醛具有明显的脂肪气息。在不饱和的脂肪醛中，有α-已烯醛，又称叶醛，是构成黄瓜青香的天然重要醛类；酮类：脂肪族酮在精油中不多见，甲基庚烯酮是山苍子精油的一种成分；酸类：许多精油因含有一定数量的脂肪酸而具有一定的酸值。酸值的增加说明精油质量变劣。低级脂肪酸多半以酯类状态存在，酯在蒸馏中分解成羧酸并游离存在。但有些精油含高级脂肪酸，如鸢尾油含85%的肉豆蔻酸，秋葵子油中含棕榈酸。

2.5.4 萜类化合物

天然存在的萜类化合物主要由 Wallach. V. Baeyer. Semmler 和 Tiemann 作了大量研究工作，其中除碳氢化合物外，也包括醇、醚、醛和酮。它们存在于植物的根、茎、叶、花、果实、树皮和分泌物中，可以从粉碎了的这些植物原料经水蒸气蒸馏或有机溶剂提取而得到富含萜类的挥发油。许多萜类衍生物由于它们具有芳香气味而用作香料。

萜类化合物在结构上有一个共同的特点，表现在它们的碳架可以看作是由两个分子的异戊二烯连接而成，这就是1887年首先由Wallach提出的所谓“异戊二烯定则”。该定则在阐明不论是简单的或复杂的萜类结构时，曾经证明是非常有价值的假设，它对萜类化学的发展起到很大的推动作用。后来，这一“异戊二烯定则”的含义又有了扩大，它不仅包括初级的异戊二烯分子的相加，而且也可以包括次级的转化和重排。根据异戊二烯定则，萜类的主要分类方法是基于分子中异戊二烯的单位数，一个萜烯单位等于两个异戊二烯单位，据此，最小的萜类化合物应为含两个异戊二烯单位的单萜[Monoterpene C_{10}(H)]，含三个异戊二烯单位的称倍半萜[Sesquiterpene C_{15} (H)]，含四个异戊二烯单位也就是分子中含C_{20} (H)的化合物为二萜，C_{30} (H)的为三萜，……碳原子数>40的则为多萜。但从植物精油考虑，它的主要成分是单萜和倍半萜类。为此，讨论的重点也将是单萜类和倍半萜类化合物。单萜是各种精油香气的主要成分，根据其结构的不同又可分成直链萜、单环萜和双环萜三类。

2.5.4.1　单萜类——直链萜（或脂肪族萜）

（1）萜烃：这类化合物的代表物质为月桂烯和罗勒烯。它们存在于月桂油和罗勒油中，月桂烯是啤酒花的香成分。在黄柏中含量较高，是合成新铃兰醛的重要原料。罗勒烯不如月桂烯稳定，薰衣草油含有罗勒烯和月桂烯。两者各含三个 C═C 双键，它们的区别在于一个双键的位置不同，二者均含有共轭二烯系统。

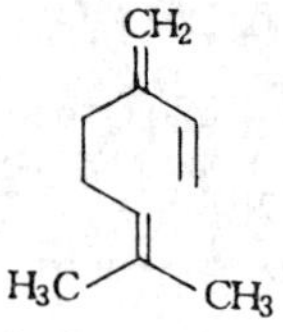

月桂烯 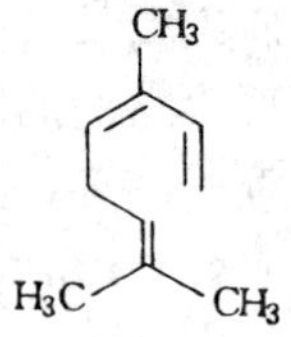　　罗勒烯

（2）萜醇：萜醇比萜烃重要，前者具有花香香味和某些植物特有的香味。如香茅油中的香茅醇、香叶油中的香叶醇和芳樟油中的芳樟醇。这3种醇是骨干的天然香料，香茅醇和香叶醇均有愉快的玫瑰香气，而芳樟醇则有类似百合的香气。从橙花中提出的橙花醇和香叶醇互为顺反异构体，香叶醇为反式，橙花醇为顺式，这两种醇无旋光性，而芳樟醇和香茅醇均有旋光性。芳樟醇为叔醇，而香叶醇、香茅醇和橙花醇都是伯醇。

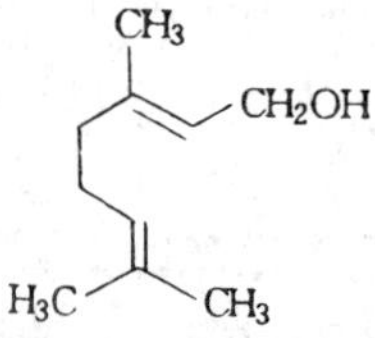

香叶醇(反式) 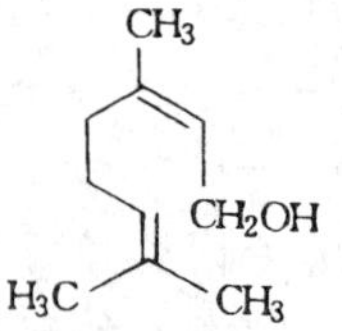　　橙花醇(顺式) 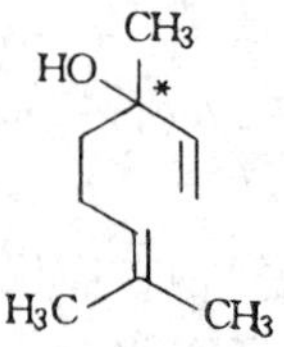　　芳樟醇 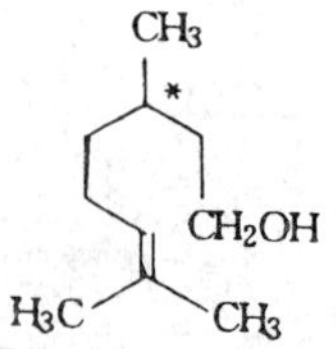　　香茅醇

（3）萜醛和萜酮：有代表性的萜醛为香茅油中的香茅醛和山苍子油中的柠檬醛。香茅醛又是柠檬桉叶油的主要成分，而柠檬醛也是枫茅油（柠檬草油）的主要成分。香茅醛是合成具有类似铃兰和百合花香气的羟基香茅醛的原料，而柠檬醛则是合成紫罗兰酮的原料，柠檬醛存在两种顺反异构体，柠檬醛、香茅醛和紫罗兰酮的结构如下：

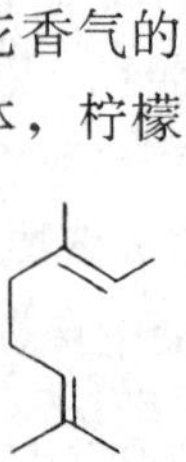

柠檬醛a(反式)(香叶醛)　　柠檬醛b(顺式)(橙花醛)　　香茅醛 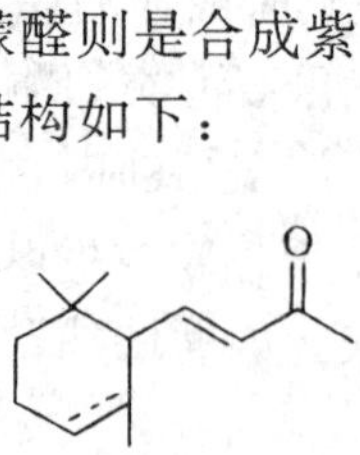　　α-或β-紫罗兰酮

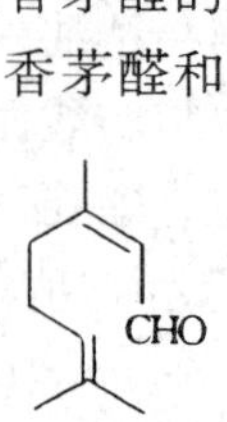

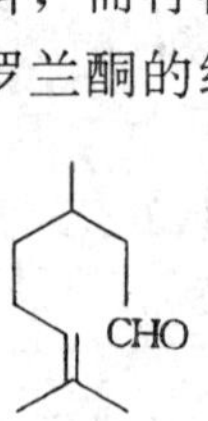

2.5.4.2　单萜类——单环萜类

（1）单环萜烃：主要包括自然界存在的薄荷二烯衍生物，可能的异构体从挥发油中发现了6种：

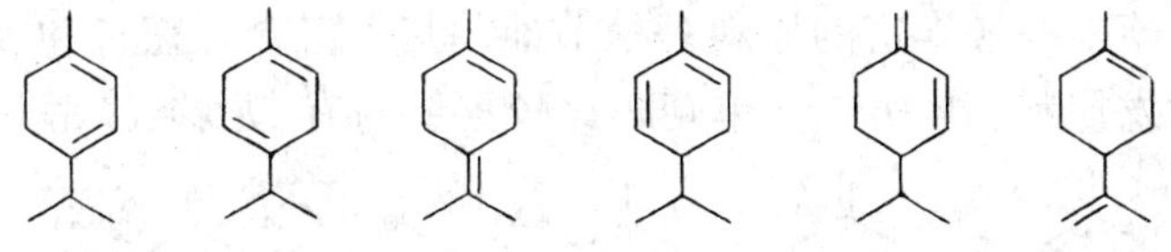

α-萜品烯　γ-萜品烯　萜品油烯　α-菲兰烯　β-菲兰烯　苎烯

其中苧烯更为重要，它存在于橘子油中。

（2）单环萜醇：薄荷醇是这一类中最重要的饱和萜醇，自然界仅存在（一）-薄荷醇，是薄荷油的主要成分。薄荷醇结构如下：

OH

（±）-薄荷醇

（3）单环萜酮：常见的有 3 种，即薄荷酮、胡薄荷酮、香芹酮，其中薄荷酮最重要。

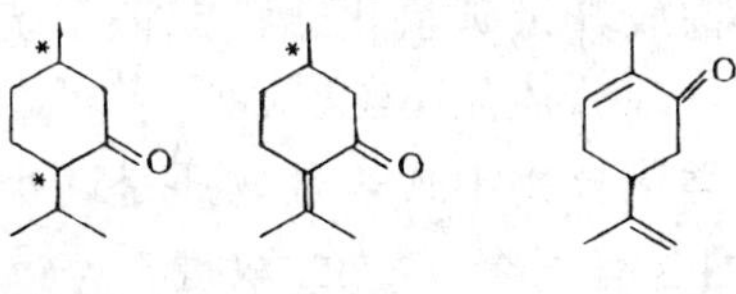

薄荷酮　胡薄荷酮　香芹酮

在自然界中，（＋）-薄荷酮存在于牻牛儿油中，（一）-薄荷酮存在于薄荷油中。

单环萜可以看作是萜-1-甲基-4-异丙基-环己烷（$C_{10}H_{20}$）的衍生物，萜并不存在于自然界，由于把它作为各种单环萜类的母体，而规定了它的各个碳原子的位次。此类化合物多以烃或醇的形式存在。

$^7CH_3$
CH (1)
H_2C^6　$^2CH_2$
H_2C^5　$^3CH_2$
CH (4)
^8CH
H_3C (9)　CH_3 (10)

萜（对-蓋烷，对-薄荷烷）

2.5.4.3　单萜类——双环萜类

这类萜化合物也是由对-薄荷烷衍生来的，4-位 C 原子上的异丙基经 8-位 C 原子再次与环己烷结合并成为第二个环，异丙基除去两个 H 后，可以用 3 种方式与环己烷的环连接而生成环丙烷、环丁烷或戊烷环。

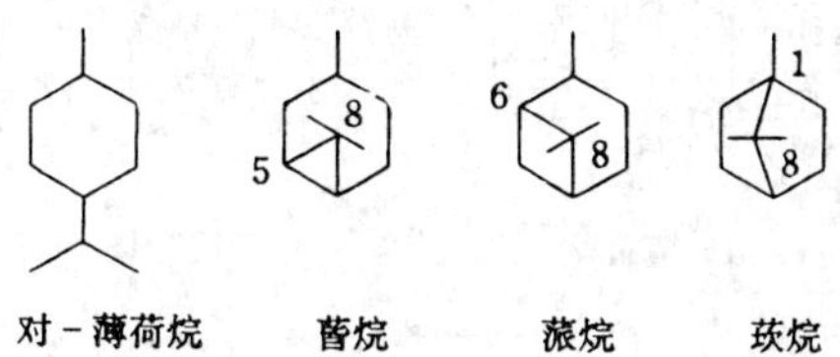

对-薄荷烷　蒈烷　蒎烷　莰烷

在精油中，二环萜来源最丰富的原料是松节油，其中富含α-蒎烯和β-蒎烯，它们是合成一系列重要香料的始发原料。作为二环单萜醇比较重要的有：龙脑、苧醇和桧醇，其结构如下：

α-蒎烯　β-蒎烯　龙脑(莰醇)　苧醇　桧醇

2.5.4.4 倍半萜类

这类化合物在自然界分布较广，异构体较多，沸点高，很多是香气中比较重要的微量成分，如柚子中的圆柚酮，卡南加油中的金合欢醇，大花茉莉中的橙花叔醇以及香根油中的香根酮等。柏木油中的柏木烯、松节油中的长叶烯都是合成香料的重要原料。啤酒花和丁香花蕾中的石竹烯，姜油中的姜烯以及杜松子油中的杜松烯，在各自的精油中都起到一定的香气作用。

倍半萜由3个异戊二烯分子构成开链碳氢化合物或环系统，后者有3种类型，即单环倍半萜、双环倍半萜和三环倍半萜，现分述如下：

（1）直链倍半萜化合物：此类化合物中代表性物质是两个倍半萜醇，金合欢醇和橙花叔醇，化学式为$C_{15}H_{26}O$，两个醇均含有三个 C═C 双键。

金合欢醇(法尼醇)　橙花叔醇

金合欢醇具青香韵的花香气味，而橙花叔醇则具木香的花香气味，两者都可用于花香型香精。

（2）单环倍半萜化合物：这类化合物中包括甜没药萜烯，它存在于柠檬油和松针油中，也可由金合欢醇（或橙花叔醇）和甲酸作用，脱水环合而生成。

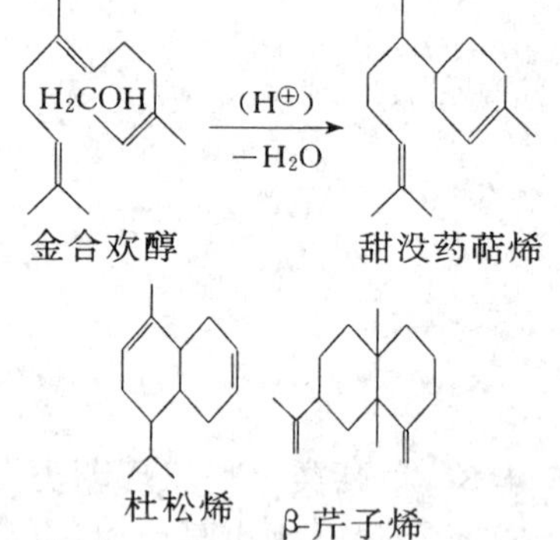

金合欢醇　甜没药萜烯

杜松烯　β-芹子烯

（3）双环倍半萜化合物：这类中的两个烃化合物是杜松烯和β-芹子烯，它们的碳骨架是氢化的萘环。它们和甜没药萜类似，同样可以想象是由金合欢醇形成的。杜松烯含于松柏类的杜松油中，芹子烯含于伞形科植物香芹子中。

（4）三环倍半萜化合物：具有代表性的三环倍半萜α-檀香烯存在于檀香木油中，而另一种三环倍半萜化合物长叶烯则是松节油重油的主要组分，其结构如下：

α-檀香烯　长叶烯

2.5.5 主要天然单体香料的理化特性[9~15]

我国主要天然单体香料的理化特性见表50-4。

表 50-4 主要天然单体香料的理化特性

名称	分子式及结构	状态	相对密度 d_4^{20}	折光率 n_D^{20}	旋光度 $[\alpha]_D^{20}$	沸点(℃)(101.33kPa)	熔点(℃)
β-红没药烯 β-bisabolene	$C_{15}H_{24}$	液体	0.9223 d_4^{23}	1.4917 n_D^{23}		155～157 (1.6kPa)	
δ-杜松烯 δ-Cadinene	$C_{15}H_{24}$	液体	0.9175	1.5086	+94	274～275 148～149 (2.67kPa)	
莰烯 Camphene	$C_{10}H_{16}$	无色结晶	0.8486 d_4^{50}	1.5514 n_D^{54}	d体：+107	159	51
蒈烯 Carene	CH_3 CH_3 H_3C $C_{10}H_{16}$	液体	0.8586 d_{30}^{30}	1.469 n_D^{30}	+7.69 α_D^{30}	168～169 (9.4kPa)	
β-石竹烯 β-Caryophyllene	$C_{15}H_{24}$	无色油状物	0.9052 d_4^{14}	1.5009 n_D^{17}	−8.5	129 (1.87kPa) 256°	
柏木烯 Cedrene	CH_3 CH_3 CH_3 CH_3 $C_{15}H_{24}$	无色液体	0.9359 d_{15}^{15}	1.5001 n_D^{19}	−52.6	262～263 124～126 (1.6kPa)	
玷㶉烯 Copaene	$C_{15}H_{24}$	液体	0.9077 d_{15}^{15}	1.4894 n_D^{15}	−13.3	246～251 119～120 (约1.3kPa)	

（续）

名 称	分子式及结构	状 态	相对密度 d_4^{20}	折光率 n_D^{20}	旋光度 $[\alpha]_D^{20}$	沸点(℃) (101.33kPa)	熔 点 (℃)
对-伞花烃 *p-cymene*	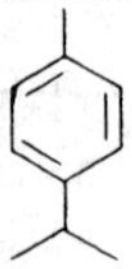 $C_{10}H_{14}$	无色液体	0.856	1.4917		179	
β-榄香烯 β-elemene	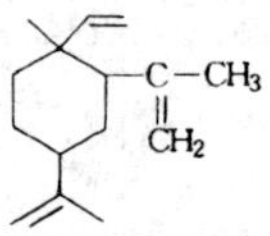 $C_{15}H_{24}$	液体	0.8749 (0.8803)	1.4935 (1.4949)	−9.83 (氯仿中)	117～124 (约2.1kPa)	
β-金合欢烯 β-farnesene	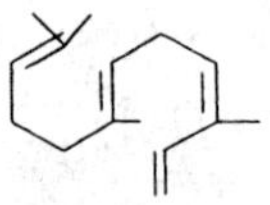 $C_{15}H_{24}$	油状物	0.841	1.8436		125 (1.6kPa)	
β-小茴香烯 β-fenchene	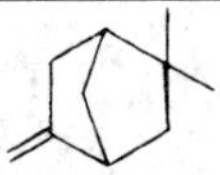 $C_{10}H_{16}$	液体	0.8599	1.4651	+62.5 α_D^{25}	150.5～153.5	
葎草烯 humulene	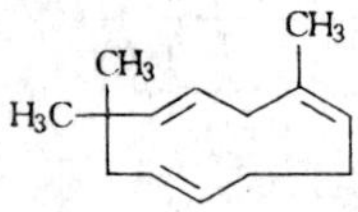 $C_{15}H_{24}$	液体	0.8933	1.5015 n_D^{25}	−3.7° α_D^{36}	147～148 (1.6kPa)	
d,l-柠檬烯 d,l-limonene	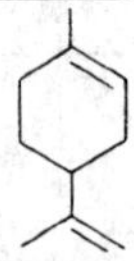 $C_{10}H_{16}$	无色液体	0.8481 d_{15}^{15}	1.4719		175.5～176.5	
长叶烯 longifolene	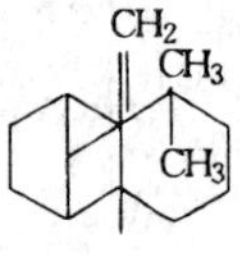 $C_{15}H_{24}$	液体	0.9284 d_{30}^{30}	1.495 n_D^{30}	+42.73	254 (94.1kPa)	

（续）

名　称	分子式及结构	状　态	相对密度 d_4^{20}	折光率 n_D^{20}	旋光度 $[\alpha]_D^{20}$	沸点(℃) (101.33kPa)	熔　点 (℃)
月桂烯 myrcene	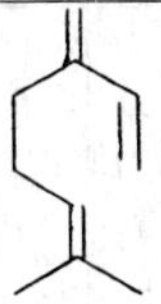 $C_{10}H_{16}$	无色或淡黄色液体	0.8047 d_4^{15}	1.4722		166～168，51～51.5 (1.13kPa)	
罗勒烯 ocimene	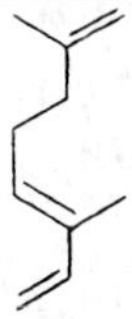 $C_{10}H_{16}$	液体	0.799 d_4^{21}	1.4857 n_D^{18}		176～178 (分解) 73～74 (2.8kPa)	
β-水芹烯 β-phellandrene	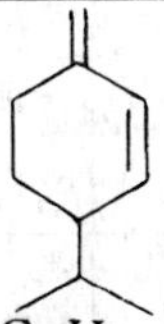 $C_{10}H_{16}$	无色液体	0.8497 d_4^{15}	1.4710～1.4770	+45.2	171～172	
α-蒎烯 α-pinene	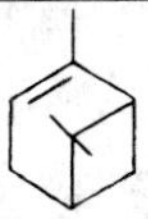 $C_{10}H_{16}$	无色液体	0.86	1.4662	+或－51.9°	156	闪点 31 C
β-蒎烯 β-pinene	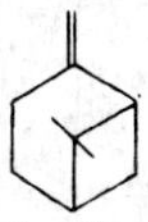 $C_{10}H_{16}$	无色液体	0.8712	1.4763	+或－22.6°	164	
桧烯 Rabinene	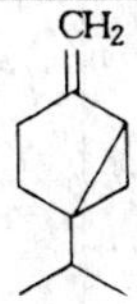 CH_2 $C_{10}H_{16}$	液体	0.842	1.4678	+80.17°	163～165 66 (4kPa)	
β-檀香烯 β-santalene	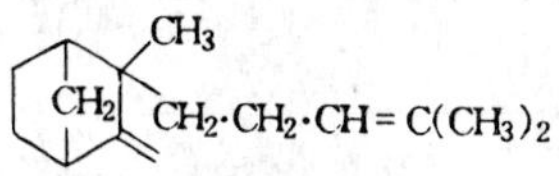 CH_3 CH_2 $CH_2 \cdot CH_2 \cdot CH=C(CH_3)_2$ $C_{15}H_{24}$	液体	0.8931	1.4959	－35°	125～127 (1.2kPa)	
γ-松油烯 γ-terpinene	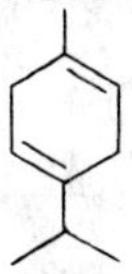 $C_{10}H_{16}$	无色液体	0.8493	1.4747		183	

（续）

名 称	分子式及结构	状 态	相对密度 d_4^{20}	折光率 n_D^{20}	旋光度 $[\alpha]_D^{20}$	沸点(℃) (101.33kPa)	熔 点 (℃)
苧 (柠檬烯) Limonene	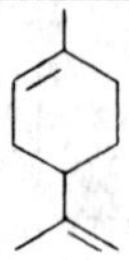 $C_{10}H_{16}$	无色液体	0.848 d_{15}^{15}	(+)1.4743 (−)1.4713	d体： +126.84 l体： −123.7	175.5～176 175.5～176.5	
异松油烯 Terpinolene	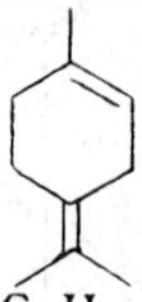 $C_{10}H_{16}$	无色液体	0.86			184	
苯甲醇 benzyl alcohol	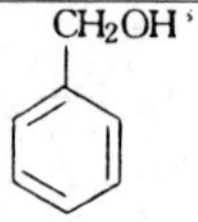 CH_2OH C_7H_8O	无色液体	1.0579 d_4^4			205.3 93 (约1.3kPa)	
龙脑 borneol	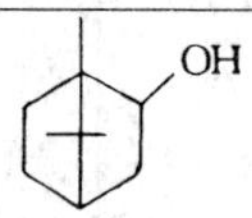 OH $C_{10}H_{18}O$	白色结晶	1.01		d体：+37 l体：−37 $[\alpha]_D^{19}$	212～214	203～ 204
反式-香芹醇 tranb-car -veol	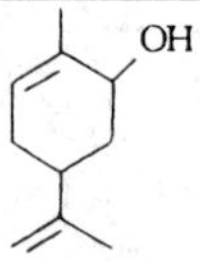 OH $C_{10}H_{16}O$	液体	0.9484 d_4^{25}	1.4942 n_D^{25}	+213.1° d_D^{25}	102.2～102.4 (约1.3kPa)	
柏木脑 (柏木醇) cedrol	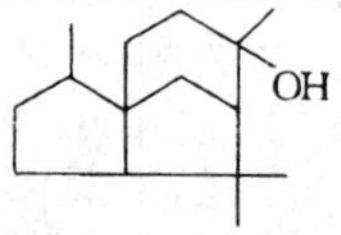 OH $C_{15}H_{26}O$	针状结晶			+10.5 (丝柏) +9.31 (杉木)	291～294 150～155 (约1.1kPa)	87
肉桂醇 cinnamic alcohol	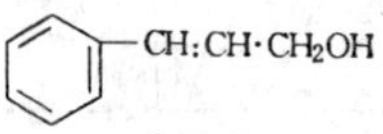 $CH:CH\cdot CH_2OH$ $C_9H_{10}O$	液体	1.0440 d_4^{30}	1.5819		257	33
香茅醇 citronellol	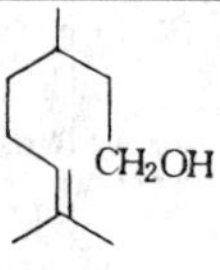 CH_2OH $C_{10}H_{20}O$	无色液体	0.8604～ 0.8629	1.4617 n_D^{17}	+2.11 ～2.5	119～121 (2.67kPa)	

（续）

名 称	分子式及结构	状 态	相对密度 d_4^{20}	折光率 n_D^{20}	旋光度 $[\alpha]_D^{20}$	沸点(℃) (101.33kPa)	熔 点 (℃)
金合欢醇 farnesol	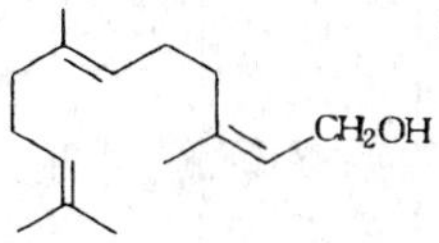 $C_{15}H_{26}O$	无色液体	0.8934	1.4877		160 (约1.3kPa) 263 (101.33kPa)	
葑醇 fenchyl alcohol	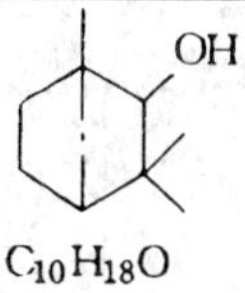 $C_{10}H_{18}O$	α-体无色或草黄色结晶 β-体室温下为液体					d−48 l−49
香叶醇 geraniol	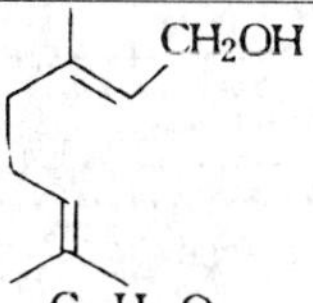 $C_{10}H_{18}O$	无色液体	0.883～0.886	1.4766		230 110～111 (约1.3kPa)	
愈疮木醇 guaiol	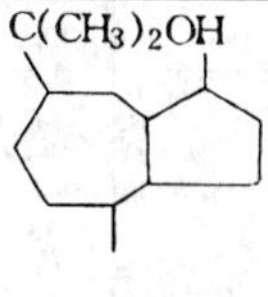 $C(CH_3)_2OH$ $C_{15}H_{26}O$	三角柱状晶体				288	91
薰衣草醇 lavandulol	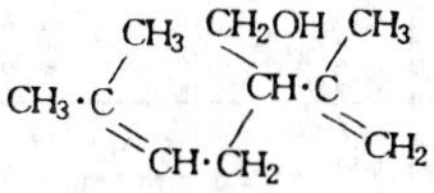 CH_3 CH_2OH CH_3 $CH_3\cdot C$ $CH\cdot C$ $CH\cdot CH_2$ CH_2	液体	0.8785 d_4^{17}	1.4683 n_D^{17}	−10.2 α_D^{16}		
芳樟醇 linalool	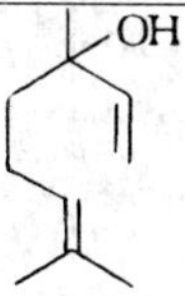 $C_{10}H_{18}O$	无色液体	0.866～0.873	(±)体：1.4627 (+)体：1.4614 (−)体：1.4668	(+)体：+19°8′ (−)体：−20°7′	198 85～87 (约1.3kPa)	
氧化芳樟醇 linalool oxide	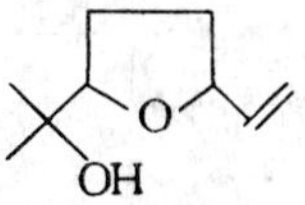 $C_{10}H_{18}O_2$	无色液体	0.939～0.944	1.451～1.455		188	
桃金娘烯醇 myrtenal	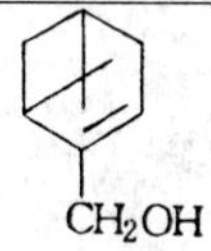 CH_2OH $C_{10}H_{16}O$	液体	0.9763	1.4967	+45.45	218 103～104 (约1.3kPa)	

(续)

名　称	分子式及结构	状　态	相对密度 d_4^{20}	折光率 n_D^{20}	旋光度 $[\alpha]_D^{20}$	沸点(℃) (101.33kPa)	熔　点 (℃)
橙花醇 nerol	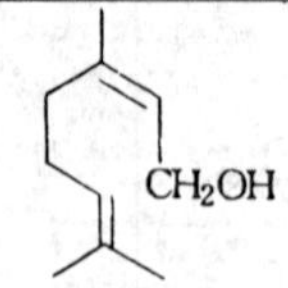 CH_2OH	无色液体	0.88	1.4746	±0	227 125 (3.33kPa)	
顺式-橙花叔醇 nerolidol	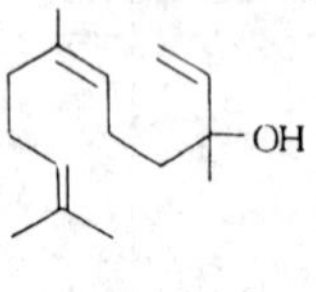 OH $C_{15}H_{26}O$	液体	0.8816	1.4795	+15.5	276～277 128～129 (0.8kPa)	
紫苏醇 perillalcohol	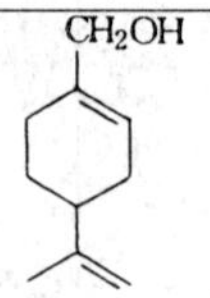 CH_2OH $C_{10}H_{16}O$	稠油状液体	0.9690	1.5005	−7	244.5 118～121 (约1.47kPa)	
α-松油醇 α-terpineol	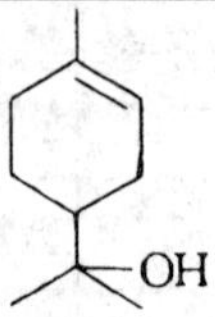 OH $C_{10}H_{18}O$	液体	0.94	1.4819	+95	219	
反式-大茴香脑 trans-Anethole	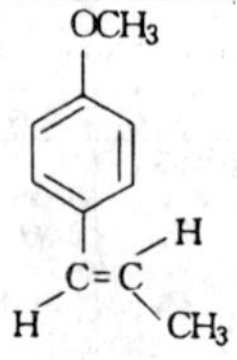 OCH_3 H, C=C, H, CH_3 $C_{10}H_{12}O$	无色液体或结晶	0.986 d_4^{25}	1.5595 n_D^{25}		234～235 108 (1.3kPa)	21～22
桉叶油素 Cineole	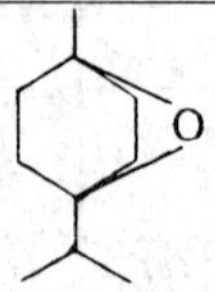 O $C_{10}H_{18}O$	液体	0.928～0.930	1.456～1.459		176～177	1～1.5 (胶凝点)
龙蒿脑 estragole	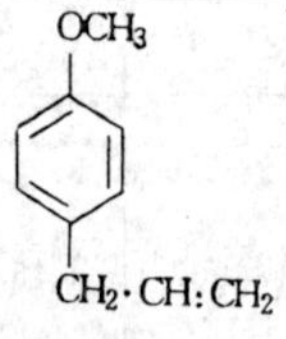 OCH_3 $CH_2 \cdot CH{:}CH_2$ $C_{10}H_{12}O$	液体	0.9714～0.9720	1.5137 n_D^{22}		213～215 97～97.5 (1.6kPa)	

（续）

名　称	分子式及结构	状　态	相对密度 d_4^{20}	折光率 n_D^{20}	旋光度 $[\alpha]_D^{20}$	沸点(℃)(101.33kPa)	熔　点(℃)
苯乙醇 (rose P) Phenethyl aleoho	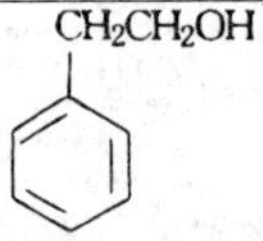 CH_2CH_2OH	无色液体	1.017 d_{25}^{25}	1.530		220	
檀香醇 Santalol	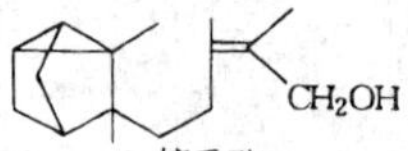 CH_2OH α-檀香醇 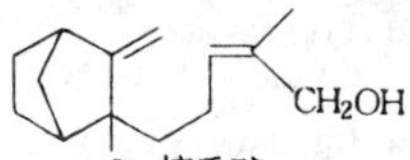 CH_2OH β-檀香醇	无色粘性液体	α体:0.977 β体:0.972 d_{25}^{25}	α体:1.502 β体:1.510 n_D^{25}		302～309	
桂醇 Cinnamyl alcohol	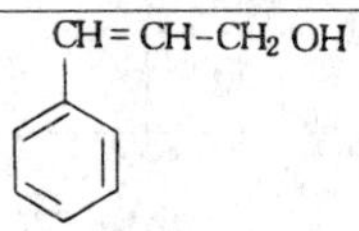 $CH=CH-CH_2OH$ $C_9H_{10}O$	白色针状结晶	1.04 (液体)	1.5819		258	32～33
玫瑰醇 Rhodinol	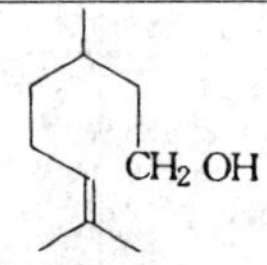 CH_2OH $C_{10}H_{20}O$	无色液体	0.850～ 0.880	1.451～ 1.456	−4～−10	225～230	
麦芽酚 Maltol	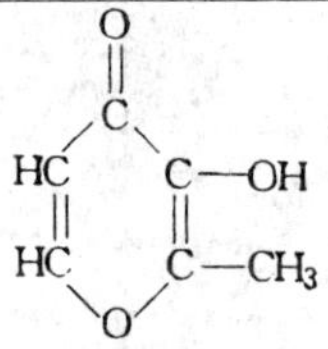 O C HC　C—OH HC　C—CH_3 O $C_6H_6O_3$	白色结晶				93℃升华	160～ 164
正-辛醇 1-Octanol	$CH_3(CH_2)_6CH_2OH$ $C_8H_{18}O$	无色油状液体	0.822～ 0.830	1.428～ 1.431		195	
丁子香酚甲醚 methyl eugenol	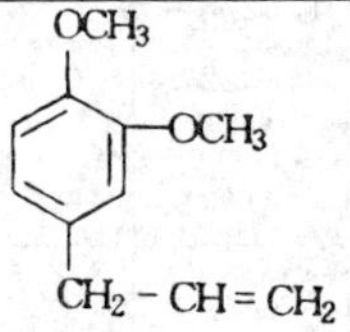 OCH_3 OCH_3 $CH_2-CH=CH_2$ $C_{11}H_{14}O_2$	无色液体	1.032～ 1.036	1.532～ 1.536		249	
异丁子香酚 Iso-eugenol	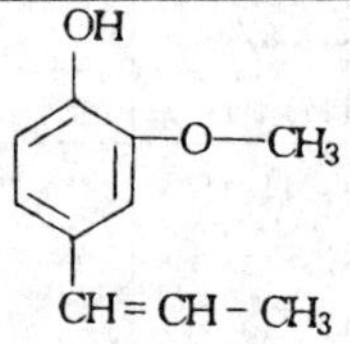 OH $O-CH_3$ $CH=CH-CH_3$ $C_{10}H_{12}O_2$	白色结晶通常为淡黄色液体	1.081～ 1.085	1.572～ 1.577		反式体:266 顺式体: 260～262	24～25

（续）

名 称	分子式及结构	状 态	相对密度 d_4^{20}	折光率 n_D^{20}	旋光度 $[\alpha]_D^{20}$	沸点(℃) (101.33kPa)	熔 点 (℃)
丁香酚 eugenol	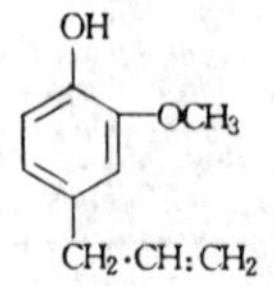 OH, $-OCH_3$, $CH_2\cdot CH{:}CH_2$ $C_{10}H_{12}O_2$	无色至浅黄色液体	1.0696	1.5410		253 121.3 (约1.3kPa)	10.3
愈疮木酚 guaiacol	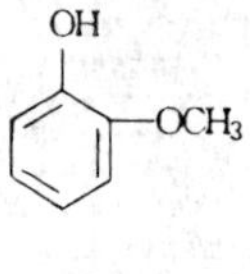 OH, $-OCH_3$ $C_7H_8O_2$	白色或淡黄色晶块或无色至黄色液体	1.129			204～206	28
丁子香酚甲醚 methyl eugenol	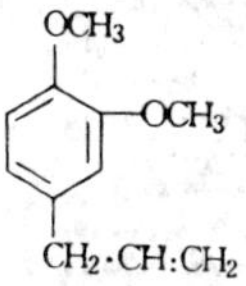 OCH_3, $-OCH_3$, $CH_2\cdot CH{:}CH_2$ $C_{11}H_{14}O_2$	无色至浅黄色液体	1.0568	1.5673 n_D^{15}		270 136～137 (1.07kPa)	5.5～6.5
黄樟油素 Safrole	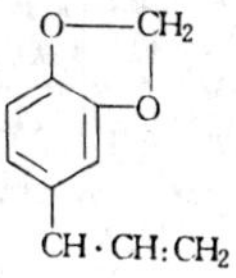 O—CH_2, O, $CH\cdot CH{:}CH_2$ $C_{10}H_{10}O_2$	无色至微黄色油状液体	1.100～1.107 d_4^{15}	1.536～1.540		234.5	11
百里香酚 (麝香草酚) thymol	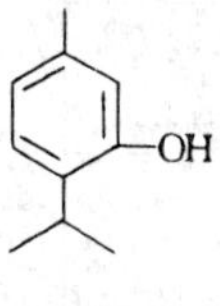 OH $C_{10}H_{14}O$	固体	0.950～1.028 (液态时)	1.5226～1.5227		232～233	51.5
苯甲醛 benzaldehyde	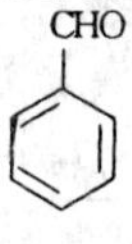 CHO C_7H_6O	淡黄色液体	1.050 d_4^{15}	1.546		179	
大茴香醛 anisaldehyde	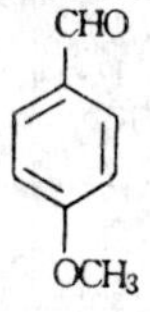 CHO, OCH_3 C_8H_8O	无色或淡黄色液体	1.12	1.5740		248	

（续）

名　称	分子式及结构	状　态	相对密度 d_4^{20}	折光率 n_D^{20}	旋光度 $[\alpha]_D^{20}$	沸点(℃) (101.33kPa)	熔　点 (℃)
肉桂醛 cinnamic aldehyde	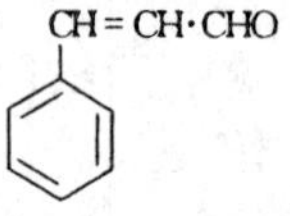 CH=CH·CHO C_9H_8O	黄色液体	1.11	1.619		252	−7.5
柠檬醛 citral	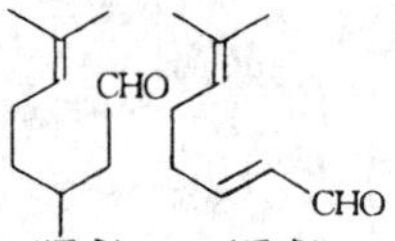 CHO CHO （顺式） （反式） $C_{10}H_{16}O$	无色液体	0.89			228	
香茅醛 citronellal	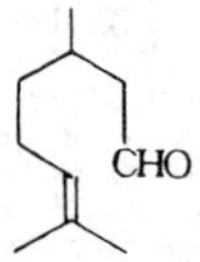 CHO $C_{10}H_{18}O$	无色或淡黄色液体	0.85			206 d-体：203～204	
枯茗醛 cuminal	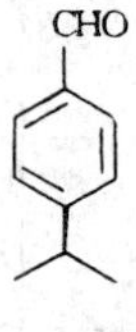 CHO $C_{10}H_{12}O$	无色液体	0.98	1.5287		236	
癸　醛 decanal	$CH_3\cdot(CH_2)_8\cdot CHO$ $C_{10}H_{20}O$	无色液体	0.85	1.429		209	
壬　醛 nonyl aldehyde	$CH_3\cdot(CH_2)_6\cdot CH_2\cdot CHO$	无色油状液体	0.83	1.425 n_D^{16}		191	6
紫苏醛 perill aldehyde	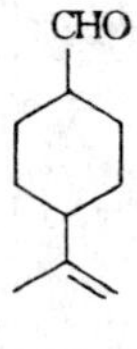 CHO $C_{10}H_{14}O$	淡黄色液体	0.96			237	

（续）

名称		分子式及结构	状态	相对密度 d_4^{20}	折光率 n_D^{20}	旋光度 $[\alpha]_D^{20}$	沸点(℃) (101.33kPa)	熔点 (℃)
樟脑 camphor		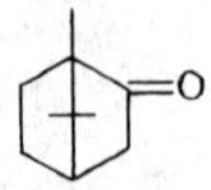 $C_{10}H_{16}O$	白色半透明状结晶	0.992 d_4^{25}			204	174～179
α-香芹酮 α-carvone		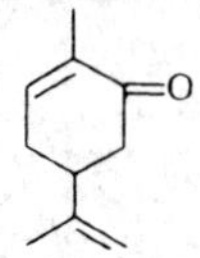 $C_{10}H_{14}O$		0.97	1.4939 $n_D^{18.7}$	+62.30	230 104 (1.5kPa)	
甜旗酮 Calacone		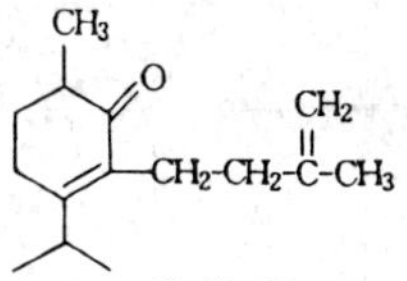 $C_{15}H_{24}O$		0.9569	1.5170	+0.9		
紫罗兰酮 Ionone	甲位	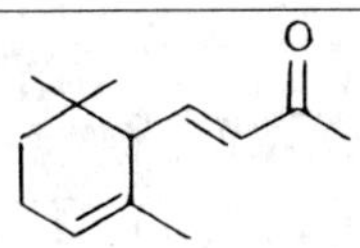 $C_{13}H_{20}O$	无色至淡黄色液体	0.927～0.933	1.497～1.502		237 127/1.6kPa	
	乙位	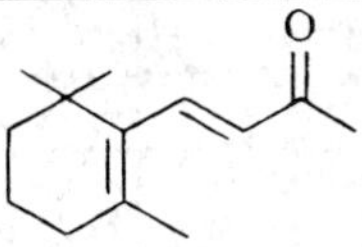 $C_{13}H_{20}O$	几乎无色液体	0.941～0.947	1.519～1.5215		239 134/1.6kPa	
薄荷酮 menthone		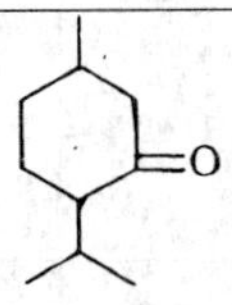 $C_{10}H_{18}O$	无色油状液体	0.90	1.4504	−29.60	207	
甲基庚烯酮 methyl heptenone		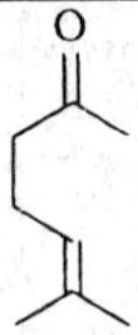 $C_8H_{14}O$	淡黄色油状液体	0.86	1.4404		174	
l-胡椒酮 l-piperitone		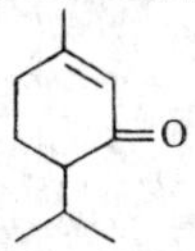 $C_{10}H_{16}O$	无色或黄色液体	0.93	1.4848		233	

(续)

名 称	分子式及结构	状 态	相对密度 d_4^{20}	折光率 n_D^{20}	旋光度 $[\alpha]_D^{20}$	沸点(℃) (101.33kPa)	熔 点 (℃)
洋茉莉醛(俗) 胡椒醛 Heliotropine	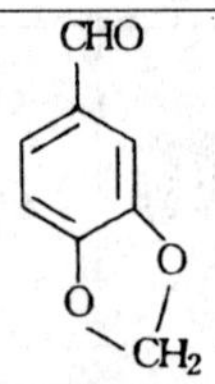 $C_8H_6O_3$	白色结晶				261～263 135/1.33kPa	37
香兰素 Vanillin	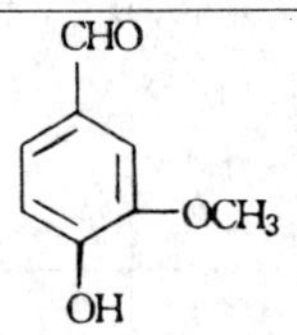 $C_8H_8O_3$	白色或微黄结晶	1.056 (液体)			155 (约1.3kPa) 170/2.0kPa 具升华性	82～83 81～82
马鞭草烯酮 Verbenone	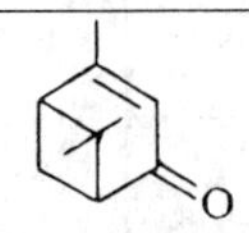 $C_{10}H_{14}O$	粘稠液体	0.978 0	1.499 3 n_D^{18}		227～228	6.5
黄癸内酯 ambrettolide	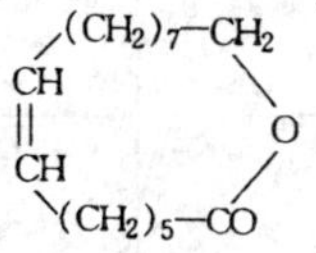 $C_{16}H_{28}O_2$	无色粘性液体	0.958 0	1.481 5		300 154～156 (约0.13kPa)	
苯甲酸 benzoic acid	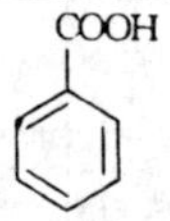 $C_7H_6O_2$	固体	1.337	1.539 7 n_D^{15}		249～250	121～122
肉桂酸 cinnamic acid	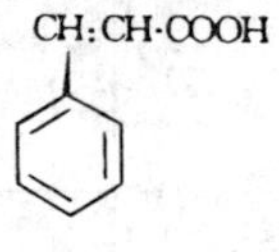 $C_9H_8O_2$	固体结晶	1.249			300	133
香豆素 coumarin	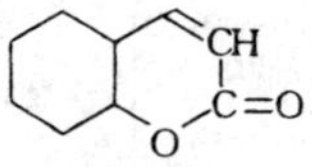 $C_9H_6O_2$	升华性白色结晶				291	68
茉莉内酯 jasmine lactone	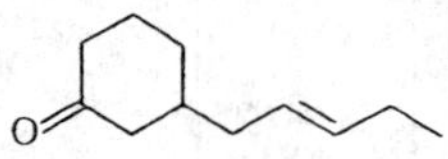 $C_{10}H_{16}O_2$	无色或淡黄色油状液体	0.996 3 d_4^{24}	1.475 1 $n_D^{22.5}$		70～71 (0.13kPa)	

（续）

名 称	分子式及结构	状 态	相对密度 d_4^{20}	折光率 n_D^{20}	旋光度 $[\alpha]_D^{20}$	沸点(℃)(101.33kPa)	熔 点(℃)
乙酸龙脑酯 boryl acetate	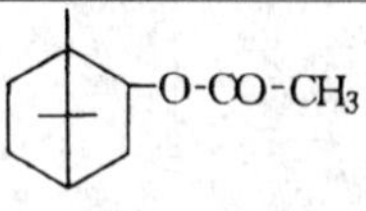 -O-CO-CH_3 $C_{12}H_{20}O_2$	固体，一般为液体	0.991 d_{15}^{15}	1.4639	−44°17′	225～226 98 (1.3kPa)	27.7
乙酸香茅酯 citronellyl acetate	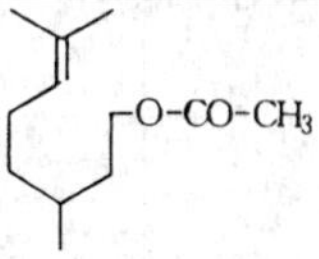 -O-CO-CH_3 $C_{12}H_{22}O_2$	液体	0.8901	1.4515		240	
乙酸乙酯 ethyl acetate	$CH_3COOC_2H_5$ $C_4H_8O_2$	无色液体	0.90	1.7323		77	
丁酸乙酯 ethyl butyrate	$CH_3\cdot(CH_2)_2\cdot COOC_2H_5$ $C_6H_{12}O_2$	无色液体	0.88	1.3879		121	
桂酸乙酯 ethyl cinnamate	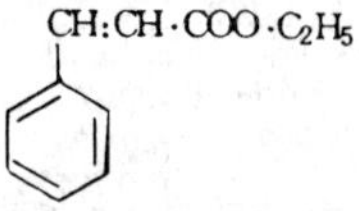 $CH{:}CH\cdot COO\cdot C_2H_5$ $C_{11}H_{12}O_2$	无色油状液体	1.05	1.5598		271	12
乙酸香叶酯 geranyl acetate	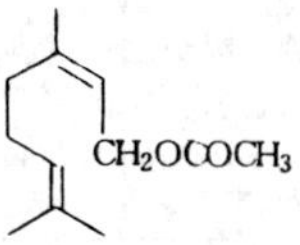 CH_2OCOCH_3 $C_{12}H_{20}O_2$	无色液体	0.9080 d_4^{25}	1.4624		245 98 (1.5kPa)	
乙酸芳樟酯 linalyl acetate	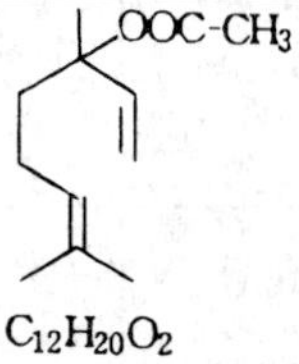 OOC-CH_3 $C_{12}H_{20}O_2$	无色液体	0.91	1.450	−7.42～8.18	220	
苯甲酸甲酯 methyl benzoate	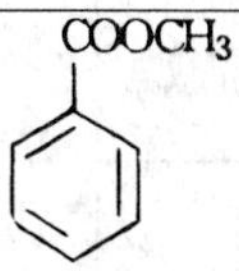 $COOCH_3$ $C_8H_8O_2$	无色液体	1.09	1.5205 n_D^{15}		200	
桂酸甲酯 methyl cinnamate	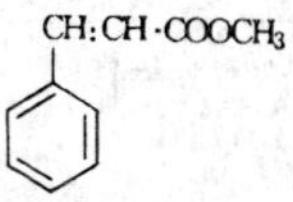 $CH{:}CH\cdot COOCH_3$ $C_{10}H_{10}O_2$	反式体白色结晶	1.04 (液体)	1.5670		263	38

（续）

名称	分子式及结构	状态	相对密度 d_4^{20}	折光率 n_D^{20}	旋光度 $[\alpha]_D^{20}$	沸点（℃）（101.33kPa）	熔点（℃）
水杨酸甲酯 methyl salicylate	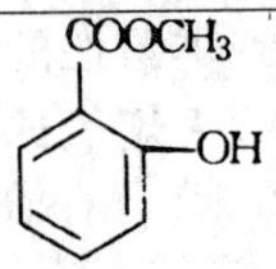 $COOCH_3$, OH $C_8H_8O_3$	无色油状液体	1.18	1.535～1.538		223	
乙酸松油酯 terpinyl acetate	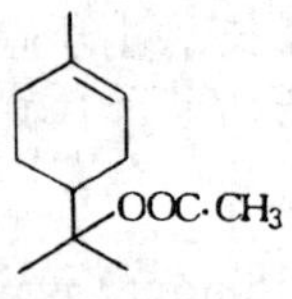 $OOC\cdot CH_3$ $C_{12}H_{20}O_2$	无色液体	0.9659	1.4689 n_D^{21}	－79	220 140（5.3kPa）	
茉莉酮酸甲酯 Mechyl jasmonate	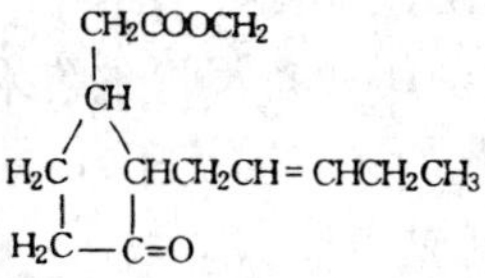 CH_2COOCH_2 CH H_2C $CHCH_2CH=CHCH_2CH_3$ H_2C—C=O $C_{13}H_{20}O_3$	无色液体	1.02			＞300	
苯甲酸苄酯 Benzyl benzoate	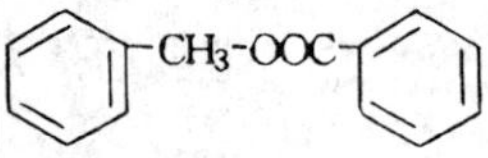 CH_3-OOC $C_{14}H_{12}O_2$	无色稠厚液体	1.116～1.120	1.568～1.570		323～324	＞18
桂酸苄酯 Benzpl cinnamate	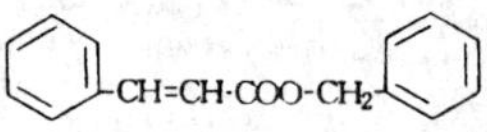 CH=CH-COO-CH_2 $C_{16}H_{14}O_2$	结晶				335～340	35
邻氨基苯甲酸甲酯 Methyl anthranilate	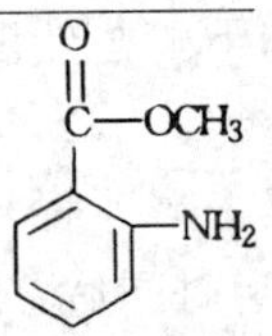 O C-OCH_3 NH_2 $C_8H_9NO_2$	液体	1.161～1.169	1.582～1.584		237	＞23.8
吲哚 Indole	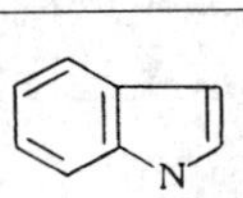 N H C_8H_7N	白色结晶				254（分解）	＞51

3 林产香料植物的加工

3.1 香料植物加工方法的演变[7,16~26]

古代，人类在生活实践中已经认识到香料植物的利用受到季节性的限制，也发现采摘下来的花朵会枯萎，香气会散失。为了保存花朵的优美香气，曾采用了许多办法。据罗维斯提(Rovesti)介绍，大约3000年前已有原始蒸馏器，现陈列在巴基斯坦的塔黑拉(Taxila)博物馆里。大约在8世纪波斯(现在的伊朗)曾生产玫瑰水以医治眼疾，后来成为水蒸气蒸馏法的先驱。12世纪，阿拉伯人发明了通过蒸馏从鲜花中提取芳香油的新方法，制取出玫瑰香水。至13世纪蒸馏知识传播到欧洲、印度等地。到16世纪蒸馏技术才渐趋完善。

为了保持鲜花香气，地中海的古老国家将鲜花放在脂肪油上进行吸附，这是最初的冷吸法。后来这一方法逐步得到改进，此法仍沿用至今。

采用挥发性溶剂提取香料是近代才开始的。罗比奎(Robiquet)于1835年最先用乙醚浸提长寿花，获得了香气浸膏，但当时未能引起人们的注意。直到1856年，米隆(Millon)采用氯仿、苯、二硫化碳、甲醇、乙醇等溶剂进行浸提，获得了良好的结果。但由于溶剂损耗大，未能用于生产。1879年瑙丁(Naudin)发明了采用密闭设备浸提的专利，减少了溶剂损耗，并且由于使用了低沸点石油醚作溶剂，具备了工业化的条件，终于在1890年实现了工业化生产。后来纳阜(Nares)又采用溶剂脱蜡法从浸膏制成净油。

大约在20世纪60年代前后，法国格拉斯地区用丁烷作溶剂浸提紫丁香、铃兰以及栀子等鲜花，统称为丁烷香花浸膏，使产品质量大大提高。70年代前后，苏联等国发明了用液态二氧化碳提取食用香料的专利。由于产品不残留溶剂，不受热，能自动蒸发溶剂，产品质量较好，有些国家已经开始工业化。

3.2 香料植物的预处理[7]

为了取得更好的加工效果，对原料必须有一定要求或作适当的预处理。其主要目的如下：

(1) 尽量保持原料在采集时的精油含有率和质量。

(2) 使原料发香或香气变好。

(3) 加速加工过程和获得最佳的加工效果。

根据上述目的和要求，应按具体情况相应地对原料作如下一些处理：

3.2.1 鲜花鲜叶的保养和保存

(1) 未发香的鲜花保养：茉莉、大花茉莉、晚香玉等是采集即将开放的成熟花蕾。在未开放前不发香，只有不断通过呼吸作用和代谢过程，经过一定时间后，花蕾才开放和发香。在上述作用和过程中，花蕾会不断地放出一定热量。在运输和贮存过程中，如不加以妥善保养，花蕾因受热过度，会发酵变质。一般在运输途中，常用竹箩把花蕾松散地盛装，有时在箩的中间还设置一个竹制的通风筒。在贮存过程中，花蕾以薄层放置进行保养，花层厚度不高于5cm。

花蕾的充分开放和发香与下述条件有关：①花层面上或花层周围的空气应适当流通。②贮存花蕾的花库中，应具有合适的室温，一般以28~32℃为宜。③花库中应保持适宜的相对湿度，一般以80%~90%为宜。为了使成熟花蕾能全部均匀一致的开放，应每隔一定时间，把花层轻轻地进行上下翻动。大花茉莉花蕾，在干热的7~8月里，要喷洒雾水，使之开得更好，香气更浓。

（2）已开鲜花的保养：白兰、黄兰、栀子、玫瑰等是采集当天刚开的花。这些开放的花已具有新鲜浓郁的花香，但仍在进行着代谢过程，仍在放出热量，所以一旦采集后，应立即用竹箩松散地送厂加工，以保持香气质量，减少香气损失。如来不及加工，也必须薄层放置进行保养，使鲜花不因受热发酵而变质。

（3）鲜叶的保存：一般鲜叶采集后，不要立即加工，应薄层放置一定时间，有时可以放置至半干，再进行加工，其出油率常高于鲜叶的出油率，如白兰叶、树兰叶、玳玳叶、橙叶等，放置数天后，其出油率常比原来鲜叶高5%～20%（按鲜重计）。但鲜叶在运输和贮存过程中，和鲜花一样，也要防止发热发酵，否则会影响出油率和质量。鲜叶经薄层放置一定时间后，叶表面水分均匀散失了一部分，而又不十分干枯，叶表面细胞孔扩大，有利于精油扩散，提高了出油率。

娇嫩的鲜叶，如香叶天竺葵等，不需放置，采集后应立即加工。

作长期保存的鲜叶，常在采集后，采用阴干或晒干法。但在干燥过程中，精油会损失一部分，尤其是晒干方法，所以以采用薄层阴干为宜。

3.2.2　浸泡处理

（1）柑橘类鲜果皮的浸泡处理：由于果皮的中果皮含有大量水溶性果胶，不利于果皮的压榨和油水分离，因而常采用某种浸泡剂，使果胶变为不溶于水的果胶酸盐类，这就有利于水油的分离。当果皮浸泡到呈弹性而又不折断时，油囊易破裂，精油喷射力强，有利于压榨。

干果皮浸泡前，先用清水把果皮泡软，然后再加入浸泡剂，作上述浸泡处理。

（2）鲜花的浸泡保藏：桂花花期极短，为了便于长期生产，常在采集后，用饱和盐水加某种保藏剂进行保藏，保存期可达半年以上。浸泡过的桂花在香气上变为浓郁，甜醇。

玫瑰花在采集后，也可以用饱和盐水作短时间的保藏。有时为了提高玫瑰精油的得率，先用饱和盐水作适当处理后再进行加工。

3.2.3　破碎处理

某些原料，应采用机械方法进行不同程度的磨碎、压碎与切碎等处理，以加快“水散”过程和提高水蒸气蒸馏效率。

（1）磨碎：树干、树皮类原料如檀香、柏木、桂皮等，常采用磨粉或磨碎预处理。某些干花，如树兰花干，也常采用磨粉处理。

磨碎后的原料必须立即加工，因部分精油已暴露在组织表面，即使在组织内精油也处于易扩散的状态，如不及时加工，就易造成精油的挥发损失。

磨碎的程度，既要有利于“水散”作用，又要不影响水蒸气蒸馏的加工过程。

（2）压碎：某些果（如浆果）和籽，如茴芹籽、肉豆蔻、众香籽等，常采用压碎方法进行处理，因精油主要存在于果皮和种皮中，压碎后有利于加快蒸出。但一经压碎也必须立即进行加工。

（3）切碎：樟树、桉树等枝条常切成大小不等的小段再进行加工。

3.2.4　发酵处理

有些原料如香荚兰豆等在未发酵处理前是不香的，经过一段时间发酵处理后，才发香。香荚兰豆内的种子，经2～3个月自然发酵处理后，就会发香。用“热水法”或“晒法”处理可以缩短发酵时间。

有些原料如广藿香、树苔等原来香气较为粗糙，经过发酵处理后，香气就变得调和。广藿香是在干燥过程中进行发酵，树苔是在阴干打包后保存一年以上进行自然发酵。

树苔在生产前应适当回潮，使组织膨胀，有利于浸提过程中渗透、溶解和扩散。

加工前原料除鲜花、鲜叶类已详述外，其余所有原料，均不应存在发霉和腐烂变质现象，否则就会大大影响精油品质和出油率。

3.3 水蒸气蒸馏法[4~5,7,16]

精油是各种挥发性液体及固体的混合物，其成分及沸点各不相同。凡有一定沸点的物质均有挥发性，而且在不同温度下有相应的饱和蒸汽压。精油成分在常压下沸点一般为150～300℃，而且在沸点时有的易于分解。采用水蒸气蒸馏可以在低于100℃时把精油从芳香植物原料中提取出来。精油又具有不溶于水或微溶于水的性质，因此利用水蒸气蒸馏提取精油是十分有利的。

3.3.1 蒸馏原理

水蒸气蒸馏原理的依据是道尔顿分压定律。当精油和水在一起蒸馏时，组成了互不相溶体系。此时，精油和水的蒸汽总压等于相同温度下它们各自单独存在时的饱和蒸汽压之和，即

$$P_t = P_w^0 + P_e^0$$

式中：P_t——体系的总蒸汽压；

P_w^0——水的饱和蒸汽压；

P_e^0——精油的饱和蒸汽压。

当体系的温度升至总蒸汽压和外界的气压相等时，体系就开始沸腾。显然其沸点比水和精油的沸点都低。根据道尔顿分压定律可知，蒸汽中精油和水的分压之比就是它们的摩尔数之比。将此混合蒸汽冷凝静置即可得到相互分离的油层和水层，从而使精油与蒸锅内其他非挥发性物质分离。

从植物原料中提取精油时，水蒸气、植物原料、水、精油及其混合蒸汽均参与了传热传质过程，其提取机制很复杂。

20世纪初，人们已经认识到，在沸腾条件下，水向植物细胞内的渗透和细胞内精油和水穿过细胞壁向原料表面扩散的循环过程。近来人们又进一步认识到，植物原料的表面被水润湿后，到达原料表面的精油呈被水包围的油斑状。在蒸锅里，惟有水蒸气凝缩时释放出来的潜热方能汽化这些精油。因此水蒸气的温度必须高于油水体系沸腾时的温度。只有这样，水蒸气才能凭借温度梯度把凝缩时释放出的潜热传递给这些精油而使之汽化。而水蒸气是无法直接进入油斑中汽化精油的，只有到达油水界面处的那部分水蒸气才能以此界面为传热面，在凝缩进入水中时释放出潜热使该界面处的精油汽化。随着蒸馏进行，这些油斑将逐渐缩小，因此精油的汽化速度将越来越慢，馏出的精油越来越少，水蒸气的提油效率亦越来越低。

国内学者曾用气-质-计算机联用法，以油樟叶为对象，研究了蒸馏过程中提出精油的各种化学成分含量的变化，发现随着蒸馏的进行，馏出精油中轻馏份（低沸点组分）的含量逐渐递减，最后达到一恒定值（图50-1）；重馏份（高沸点组分）的含量逐渐递增（图50-2）；沸点介于两者之间的馏份其含量开始时逐渐增加，后又逐渐下降（图50-3）。

分析上述变化对蒸馏的影响。精油作为若干馏份的混合物，上式应更具体表示为：

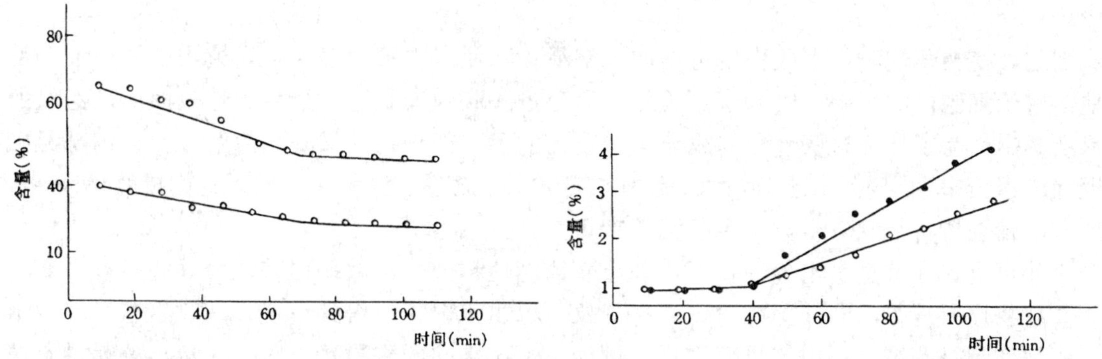

图 50-1 蒸馏过程中精油的低沸点组分含量的变化 图 50-2 蒸馏过程中精油的高沸点组分的含量变化

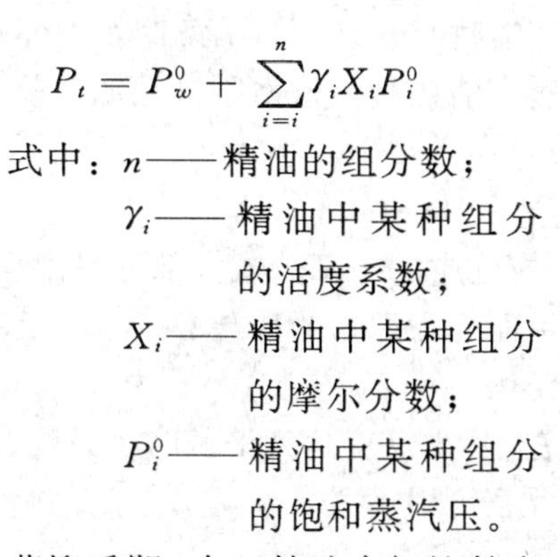

$$P_t = P_w^0 + \sum_{i=i}^{n} \gamma_i X_i P_i^0$$

式中：n——精油的组分数；

γ_i——精油中某种组分的活度系数；

X_i——精油中某种组分的摩尔分数；

P_i^0——精油中某种组分的饱和蒸汽压。

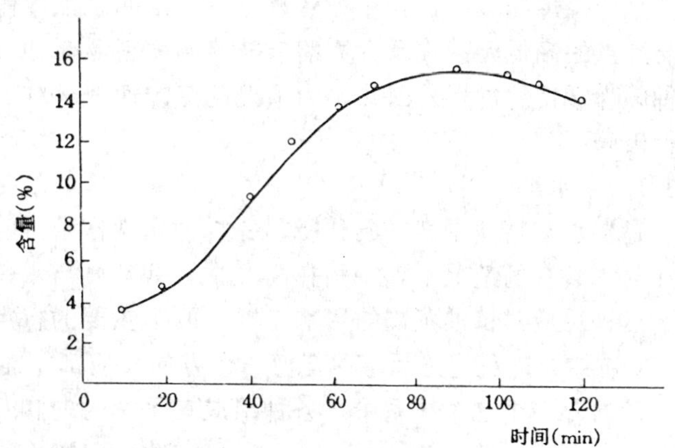

图 50-3 蒸馏过程中，沸点介于两者之间的 α-松油醇含量的变化

蒸馏后期，由于精油中轻馏份含量的减少和重馏份含量的增加，若仍处于蒸馏前期的温度，精油的蒸汽分压 $\sum_{i=i}^{n} \gamma_i X_i P_i^0$ 将有所下降，混合蒸汽的总压 P_t 也将随之下降。一旦混合蒸汽总压低于外界气压，油水体系就不会像蒸馏前期那样处于沸腾状态，蒸馏也就无法进行。因此随着蒸馏的进行，锅内油水体系沸腾的温度必需逐渐升高。只有这样锅内的精油蒸汽分压才不致于因其轻馏份含量的减少、重馏份含量的增加而有所下降，混合蒸汽总压才能始终和外界压力处于相等的平衡状态。

据资料介绍[5]，香料植物在水蒸气蒸馏过程中同时发生水散、水解和热解 3 种作用。

3.3.1.1 水散作用

即精油及热水透过植物细胞壁的扩散（渗透）作用。植物原料蒸馏时，其油分必须暴露在植物组织表面才能被蒸汽汽化带出。即使原料在加工前经过仔细的处理，但暴露在表面的油分仍然只是一小部分，其余都存在于植物的细胞中。这些组织内的油分必须依靠水散作用才能到达表面而汽化。

根据研究，精油的水散作用与水分的存在有关。曾经有人用干燥的高压蒸汽蒸馏，证明干蒸汽并不能透入植物原料的干细胞壁而带出油分，必须改用饱和水蒸气始能提出精油。

另外，精油的水散作用与温度的高低有关。在普通温度下，细胞表面精油的渗透压极小，冷水浸泡植物原料所得的精油量也极少，甚至没有。而改用热水浸泡，则其得油率远较前者为多。

因此，植物蒸馏时的水散作用可作如下解释；在使水沸腾的温度下，植物中的精油会部分地溶解于细胞内的水中，以后借渗透作用而透过膨胀的细胞壁，最后到达表面而被经过的蒸汽所蒸出。为了补充这些蒸出的成分，植物内的另一部分精油又开始溶解，并自内部经细胞壁而渗透出来。同时水分自外渗入，弥补内部水分的损失。这种作用周而复始持续不断，直至所有的精油皆自油腺渗出，并为蒸汽所带走为止。

由此可见，在有适量水分存在下，加热蒸馏能使精油的水散作用获得最好的条件。

在植物原料进行水蒸气蒸馏时，许多现象可以由水散作用得到解释，同时这些解释也证实了水散作用是蒸馏过程中的重要过程。例如蒸馏未破碎的香旱芹子时，先蒸出的是沸点高而水溶性大的香芹酮，稍后蒸出的是沸点较低而水溶性较差的柠檬烯。破碎的香旱芹子则相反，是柠檬烯先蒸出，香芹酮后蒸出。这说明了水散作用的快慢主要取决于各成分的水溶性而与沸点的高低无甚关系。蒸馏未破碎的原料需要加长蒸馏时间，这一事实证明水散作用是一种颇为缓慢的过程。因此，为了提高蒸馏速率，减少蒸汽消耗量，植物原料在加工前必须进行破碎。

3.3.1.2 水解作用

是指水与精油中某些成分所起的一种化学作用。这些成分中的一部分或大部分是酯类。酯类在与水共存的情况下，特别在高温中，常常要与水作用而变为原来的酸与醇。

这种反应对精油蒸馏的影响有以下两个重要的特点：

(1) 这是一种可逆反应，任何一个方向反应都不能完全，当反应达到平衡时则是酯、水、酸、醇共存在于这个体系中。各种组成在平衡时的相互关系可用下式表示：

$$\text{酯}+\text{水}\rightleftharpoons\text{酸}+\text{醇}$$

$$K=\frac{[\text{酸}]\times[\text{醇}]}{[\text{酯}]\times[\text{水}]}$$

式中：K——在任一温度下的离解常数；

[酸]——在平衡时酸的分子浓度；

[醇]——在平衡时醇的分子浓度；

[酯]——在平衡时酯的分子浓度；

[水]——在平衡时水的分子浓度。

由上式可知，在一定温度下，K是个定值。如水量甚大，则醇及酸的量亦随之增大，当原料中的水解作用进行至一定程度后，就会影响精油的得率。这就是水中蒸馏法的主要缺点。因此，原料不宜用水中蒸馏，这种情况下水解作用相当严重。

(2) 水解作用进行的程度取决于油与水接触的时间，接触愈久，水解愈厉害，这就是水中蒸馏的另一个明显缺点。因为在这种情况下油水接触的时间最长。

3.3.1.3 热解作用

即蒸馏过程中蒸馏温度偏高时，精油则易受热而分解。操作的压力（常压、加压、减压）是可以任意选择的，但在操作过程中水蒸气与油汽的混合物自蒸馏锅中穿过原料而上升，其温度时有变化。蒸馏开始时被切碎或压碎的植物表面上有许多油分，其中低沸点的组分最先挥发，故此时温度最低。而后油分渐少而高沸点的组分比例增大，温度逐渐升高，直至在该压力下的饱和水蒸气的温度为止。为了防止精油的热分解，得到优良品质的产品，必须在蒸馏时保持低温或尽可能缩短受高温的时间。

实际上，在蒸馏过程中，上述的 3 种作用是同时发生而相互影响的。例如温度高则扩散率随之增高，精油在水中的溶解度一般也因温度的升高而增大。水解率及水解程度也是如此。而且水解的产品皆易溶于水，从而又影响了扩散。为了提高得油率和产品的质量，在保证一定蒸馏速度的情况下，应采用尽可能低的蒸馏温度。提取含酯类化合物高的精油最好采用水上蒸馏或直接蒸汽蒸馏。

3.3.2　蒸馏方法

水蒸气蒸馏法可分为水中蒸馏、水上蒸馏和直接蒸汽蒸馏 3 种。在上述 3 种方法中，又因工作压力的差异而分为常压、加压、减压 3 种。

（1）水中蒸馏：水中蒸馏又叫水煮法或泡蒸法。被蒸植物原料浸入蒸馏锅内的水中，加入的水是清水或上一锅的馏出水，加水高度一般是刚满过料层。蒸馏开始后，水和原料同时受热，热水不断渗入原料组织，开始水散作用。锅内油水混合液加热到沸腾温度时，植物原料随水翻腾，产生大量的油水混合蒸汽，通过锅顶蒸气导管导至冷凝器，经冷凝冷却后流入油水分离器分离，即得粗制精油。为了防止原料在锅底被烧焦产生异味，锅底部设有一筛板。水中蒸馏设备结构简单，便于移动，可在农村、山区就地加工。加热方式可根据当地条件选择直接火加热或蒸汽夹套、密闭盘管间接蒸汽加热，也可采用开孔的活气喷管把蒸汽直接引入水中加热。水中蒸馏的特点是，水散作用效果好。适用于磨成细粉的原料及在蒸汽中易于粘着结成团块的原料。例如杏仁粉、玫瑰花、橙花等在蒸馏时必须完全浸在水中才能自由翻动。水中蒸馏具有下列缺点：装料量少，设备利用率低，物料与水比大，能耗增加，装料、出料和蒸馏的时间都较长，且高沸点物质不易蒸出、得油率偏低。由于原料与水直接接触，故不适于含有易水解或高沸点精油成分的原料。

在蒸馏过程中，经油水分离器分离精油后的馏出水最好回流至锅内，以保持锅内的水量一定，避免蒸干。如图 50-4 是一具有自动回水装置的水中蒸馏设备工艺流程图。

（2）水上蒸馏：水上蒸馏又叫隔水蒸馏。它是在蒸锅下部装一多孔隔板，隔板上再铺一层麻布，防止植物原料落入锅底而产生焦气。原料放在隔板上面，水在隔板下面，水面与隔板应保持一定距离，通常约 30cm，避免沸腾的水将原料打湿，影响蒸汽与原料的正常接触。

水上蒸馏的加热方式可采用直接火加热、间接蒸汽的盘管加热。蒸馏时，生成的低压饱和水蒸气通过原料，进行加热和蒸馏。初期，加热蒸汽通过原料层被冷凝，冷凝水浸润原料，形成水散作用。随着温度的升高，水散作用加强，油分随之汽化蒸出。简易的水上蒸馏设备结构简单、造价低廉、操作方便，适用于在原料产区就地加工。此法的关键在于装料均匀和防止物料过湿。

水上蒸馏的特点是：蒸汽永远是饱和的湿蒸汽，而不可能成为过热蒸汽；植物原料只与蒸汽接触而不与水接触，从而避免了原料与水长时间接触而导致的水解作用。加工原料范围较广，如树枝树叶类、干花、破碎后的干燥原料都可以。水上蒸馏一般在常压下操作，也可在加压或减压下操作。

一般来说，水上蒸馏在得油率、精油质量、能耗、蒸馏时间等方面均较水中蒸馏好。水解、聚合等破坏性反应也小。但高沸点成份仍然难以蒸出。

（3）直接蒸汽蒸馏：直接蒸汽蒸馏是利用来自锅炉的水蒸气进行蒸馏。料层装在带孔筛板上，锅底部装有活汽喷管，外来蒸汽通过喷管小孔直接喷出，锅内不加水。

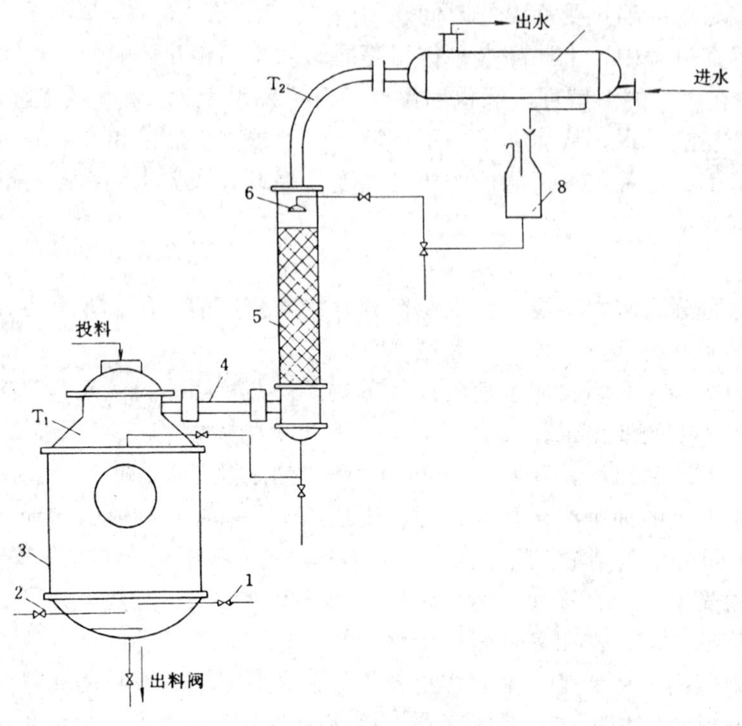

图 50-4 具有回水蒸馏装置的水中蒸馏工艺流程

1. 间接蒸汽阀；2. 直接蒸汽阀；3. 蒸馏锅；4. 导气管；5. 回水柱；6. 回水管喷头；7. 冷凝器；8. 油水分离器

蒸馏开始后，由小孔喷出的蒸汽通过筛板孔直接进入料层。由锅炉送来的蒸汽具有一定压力，是温度较高而含湿量又较低的饱和蒸汽，能很快加热料层。但料层上蒸汽被冷凝成水较少，因此干的原料在装锅前应淋水湿润，以利水散作用。

此法蒸馏速度快，得油率高，节省燃料，效率高，一般大批量加工均采用此法。原料适用范围广，除粉状原料和鲜花外，都能应用，尤以种子、根及木质原料为佳。备料时破碎粒度要均匀，装料时更要均匀，防止蒸馏时蒸汽穿孔。与水中蒸馏、水上蒸馏比较，本法的蒸馏速度、得油率、油的质量、能耗等都有明显改善和提高。

加压直接蒸汽蒸馏能加速蒸汽蒸馏过程，加大油水比，缩短蒸馏时间。由于加压提高了蒸汽温度，加强了水散作用，使精油中粘度大、沸点高的成分也能蒸出。但压力不能过高，否则会引起精油成分的热解。一般压力为 200～400kPa。

3.3.3 蒸馏设备

蒸馏设备一般分为简易蒸馏设备、间歇蒸馏设备及连续蒸馏设备 3 种类型。

3.3.3.1 简易蒸馏设备

简易蒸馏设备分为水上蒸馏设备及水中蒸馏设备。

(1) 水上蒸馏设备：适用于山区就地加工，如在野外就地加工山苍子等的设备如图 50-5，其蒸馏锅的容积一般在 0.8～0.9m^3。锅内配有 3 个重叠的提篮式蒸架，以免物料堆压过紧。蒸架边设有内水封槽，使蒸架之间密合，防止蒸汽走短路沿锅壁空隙直上锅顶，降低出油率。蒸汽透过三层物料，把精油蒸出，油水分离器分出的蒸馏水则通过回水管不断回流入锅内。蒸锅高径比约为 1∶0.8。

（2）水中蒸馏设备：这一方法是将原料放入装有水的蒸锅中，使原料与沸水直接接触。根据原料的坚实度，在蒸馏中有的沉在水底，大部分飘在水中，少量浮在水面。随着加热水分向植物组织内的渗入，则改变它们的分布。

水中蒸馏设备如图50-6，比较简单、轻便，适合于原野、边远地区小规模生产。可在原料产地应时安置设备就地加工。但是它的缺点是：加热不能保持恒定；蒸馏速度忽快忽慢；沉底的原料与锅底接触，易烧焦，影响精油香气；原料长时间在水中受热，会使香成分破坏，特别是含酯成分高的品种，易水解。

这种蒸馏设备由锅身、鹅颈（曲颈，以与锅盖连接）、锅盖3个部分构成。锅身多为圆桶形（高：直径为1.2～1.5：1），锅身上缘有一个水封圈。水封接口高25～38cm、宽5～7cm，为直接火加热的水封式设备。

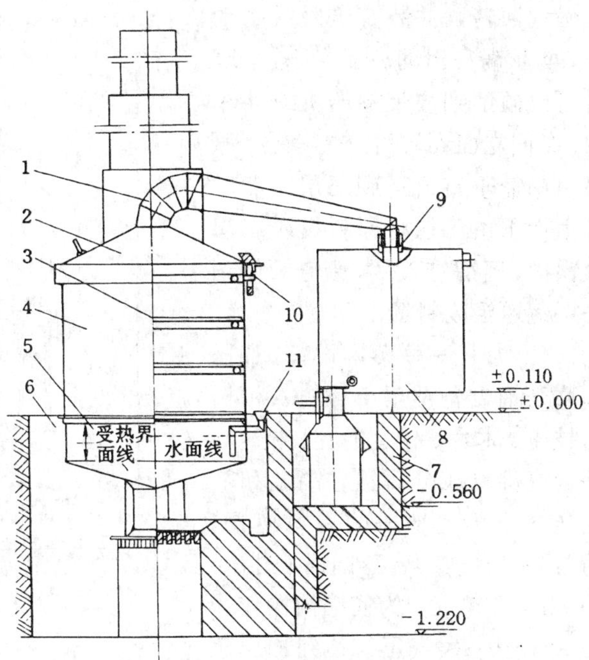

图50-5　山苍子简易蒸馏设备

1. 导汽管；2. 锅盖；3. 蒸架；4. 锅身；5. 锅底；6. 炉灶；7. 油水分离器；8. 冷凝器；9. 水封；10. 水封；11. 回水管

在圆锥型锅盖中央有一个蒸汽出口，形象鹅颈弯曲。这样上升的蒸汽由曲颈再经一个与冷凝器连接的导管进入冷凝器，导管与锅盖连接端口大，与冷凝器连接端口小，而且有一个向下的坡度，使途中冷却的精油和冷凝液不致回流锅中。

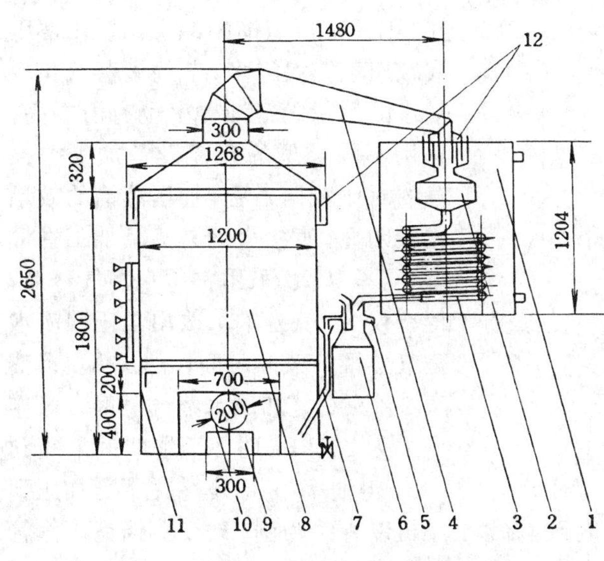

图50-6　水中蒸馏器

1. 冷凝桶；2. 分配器；3. 冷凝蛇管；4. 鹅颈；5. 出油管；6. 油水分离器；7. 回水管；8. 蒸馏釜罐；9. 炉灶；10. 火口；11. 出料力门；12. 水封口

3.3.3.2　间歇式蒸馏设备

间歇式蒸馏设备有倾倒式蒸馏设备及加压串联式蒸馏设备等几种。

（1）倾倒式蒸馏设备：适用于以水上蒸馏法加工肉桂枝叶、樟树枝叶、树兰花和叶等香料植物。设备如图50-7。可在工作压力为200kPa时进行加压串联蒸馏。锅容积一般为7～11m^3。整个锅身装在有回转轴的支架上，两支点略高于锅的重心。蒸馏完毕后将锅盖移去，锅中废料可用倾斜锅身的方法完全倒出。蒸汽进出管是从左右两倾轴中心通入，再分别与顶盖和锅底相通。锅内压力则通过调节截止阀或安装阻流孔板来控制。锅身是由电动机带动减速器使锅身慢慢地回转，并装有电磁铁制动器，防止锅身滑动。为了安全，废料可以倾倒到皮带输送机或斗车内。车间立面布置可分为三层，原料由吊篮垂直升运到三层，然后自上而下由三层将原料投入二层蒸锅内，蒸馏结束后，废渣倾倒到底层运送至废料场。

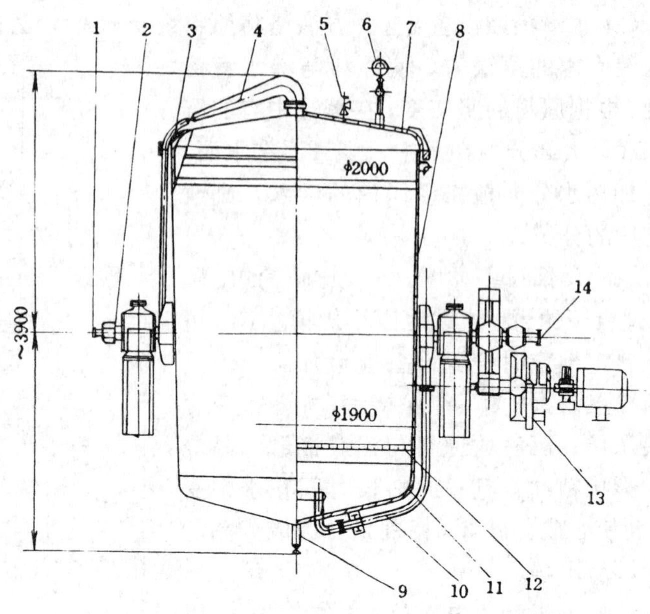

图 50-7 倾倒式蒸馏设备

1. 出气口；2. 转轴；3. 出气管；4. 鹅颈；5. 安全阀；6. 压力表；7. 顶盖；8. 锅体；9. 废液出口；10. 进气管；11. 锅底；12. 栅格；13. 传动装置；14. 进气口

(2) 加压串联蒸馏设备：加压串联蒸馏设备适用于樟树、柏树的枝干、木片、树兰的花、枝、叶等含高沸点成分而且在高温和一定压力下不易变质的香料植物，通常是二台或三台蒸馏锅（图 50-8）为一个单元。为使锅内操作压力大于一个大气压，达到加压蒸馏的目的，一般是在蒸馏锅的出汽管上装一截止阀来调节锅内的操作压力，或者装一块起阻流作用的孔板。在加压下进行蒸馏，可以加速蒸汽对植物体内油腺细胞的渗透，加速水散作用，从而缩短蒸馏时间。因此加压蒸馏的油水比要比常压或减压蒸馏大得多，节约了蒸汽和冷却水的用量，精油得率也有所提高。从用不同类型的蒸馏设备加工香根草的对比数据来看，加压蒸馏的效果比较明显。直接火简易蒸馏加工香根草，得率甚微。采用常压水蒸气蒸馏，得率仅为 1%左右。改用常压回流水蒸气蒸馏，蒸馏时间长达 72h，得油率 2%左右。加压水蒸气蒸馏，操作压力为 200kPa 时，蒸馏时间缩短到 40h，得油率为 3.5%左右，当加压到 400kPa 时，蒸馏时间可缩短到 20h，得油率达到 4%以上。再以香茅为例，改变蒸馏锅出汽管上阻流孔的总截面积，能使操作压力产生变化，提高得油率。例如阻流孔的总截面积为 $4cm^2$ 时，锅顶压力为 50kPa 得油率是香茅鲜草含油量的 83%～85%；当总截面积缩小到 $3cm^2$ 时，锅顶压力为 150kPa 得油率是鲜草的 95.3%～96.2%。加压蒸馏虽然缩短了蒸馏时间，得油率也有所提高，但对精油的质量有一定的影响，主要是香气香味稍差，色泽较深，使香根草油

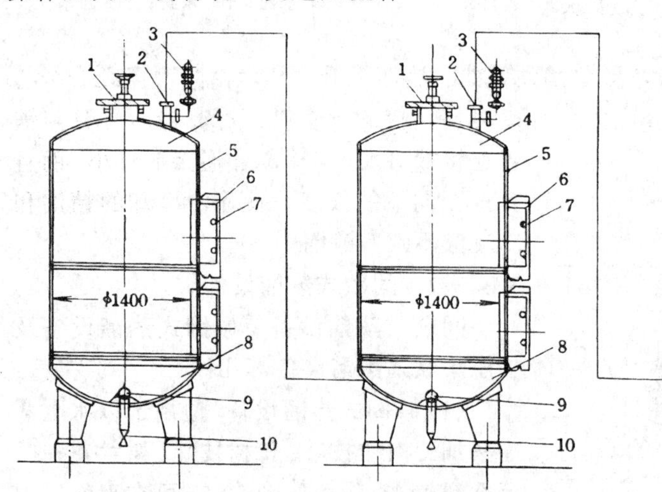

图 50-8 加压串联蒸馏锅

1. 加料机；2. 出气口；3. 压力表；4. 锅盖；5. 锅体；6. 加出料门；7. 蒸架；8. 锅底；9. 喷气筒；10. 排污口

的酸值偏高，香茅油的醛值偏低。因此对蒸馏的操作压力要作适当的选择。采用加压串联蒸馏比较有利于节约能源，并不影响产品质量，同时又缩短了蒸馏时间。加压串联蒸馏是加压蒸馏的发展。在香根草 20h 的加压蒸馏过程中，开始 6h 的出油量占总得油量的 65%左右，馏出液中的油水比较高。但愈是接近蒸馏的终点时其油水比愈低，形成了蒸馏前期与蒸馏后期出油量和油水比都有较明显的差别。如果把蒸馏后期 14h 的油水比始终维持在蒸馏前期同样水平，就可以大大节省能耗。具体措施可以是把蒸过 6h 的含油蒸汽导入装上新原料的蒸馏锅中，从而形成一串联蒸馏，这就是加压串联蒸馏的基本原理。馏液量一般在 200L/h 左右。

加压串联蒸馏具有如下优点：大量节约能源，四台一组蒸馏时可节约燃料和冷却水 66%；提高得油率，较常压蒸馏时增加 24%，较单锅加压蒸馏增加 9%；产品香气较好，酸值有所下降；节约设备投资，一组四台串蒸只需要一套冷凝器和油水分离器。

3. 3. 3. 3　连续蒸馏设备

连续式蒸馏设备有单柱式连续蒸馏和双柱式连续蒸馏设备两种。设备构造复杂，维修要求较高，但处理能力大，精油的得率和主要成分的含量都很高；能耗低，与间歇式蒸馏相比可节能 50%左右；机械化程度高，即机械化代替人工加料出渣。连续式蒸馏适用于大型种植场或大型香料加工厂。

（1）单柱式连续水蒸气蒸馏设备：单柱式连续水蒸汽蒸馏设备如图 50-9，本设备适用于加工香叶天竺葵、丁香罗勒等香料植物，日处理量达 30t 左右，蒸馏塔容积 3.2m³，塔身直径 0.86m，高 5.5m，加料螺旋直径 0.3m，长 1.2m。工作原理是原料和蒸汽在塔内进行逆流蒸馏。原料切碎后由刮板式输送机升运到进料斗，再由螺旋加料机推入塔内。为了防止在蒸馏过程中塔内蒸汽从加料口外溢，在螺旋加料机的前端留一段料封使塔内蒸汽与冷原料在料封处冷凝，从而起到封闭作用。料封的长度按照原料特性可取相当于 1～2 个

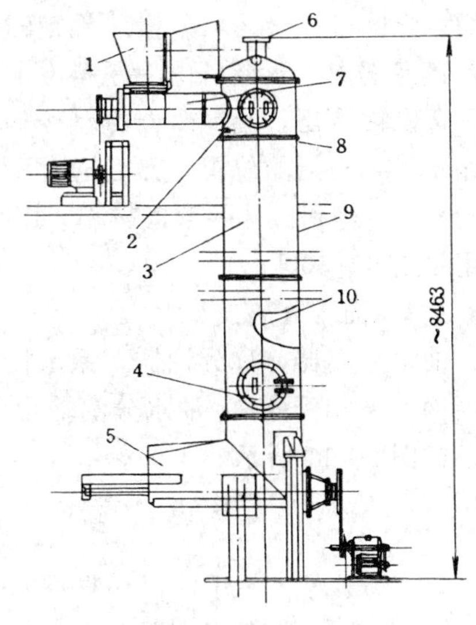

图 50-9　单柱式连续蒸馏塔

1. 加料斗；2. 蒸汽进口；3. 蒸馏塔；4. 入孔；5. 卸料口；6. 出气口；7. 进料器；8. 高料位；9. 低料位；10. 蒸汽喷管

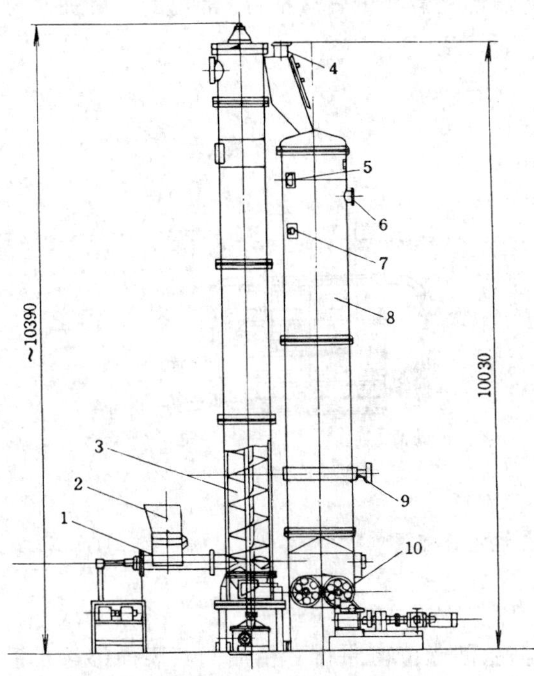

图 50-10　双柱式连续蒸馏塔

1. 螺旋加料器；2. 加料斗；3. 升运塔；4. 出气口；5. 高料位；6. 蒸汽进口；7. 低料口；8. 蒸馏塔；9. 补充蒸汽进口；10. 双螺旋出料器

螺旋节距。原料自上而下与来自主蒸汽管喷口的蒸汽逆流而过，馏出蒸汽经冷凝和油水分离即得精油。塔内料位及原料在塔内的停留时间采用调节卸料螺旋的卸料量来控制。一般馏液速度在250L/h左右。主蒸汽管操作压为50kPa。

单柱式连续蒸馏设备与间歇式蒸馏设备相比，利用率高，蒸汽及冷却水耗量低，劳动强度有所改善。但是单螺旋出料器出料时由于松紧边产生气封性差，以改为可调速的双螺旋出料器为宜。

(2) 双柱式连续蒸馏设备（图50-10）：适用于大批量加工香叶天竺葵、薰衣草、留兰香、薄荷、香紫苏香茅等茎叶及花序。日处理量为60t左右，蒸馏塔容量6m³，升运螺旋塔容量3.1m³，塔身直径1m，高7.6m，加料螺旋直径0.3m，长1.1m。蒸馏塔塔底采用2×∅320mm双料螺旋出料器。香料植物的茎叶或花序切成20～30mm的短料后加入料斗内，由加料螺旋从切线方向推入升运塔。慢速旋转的垂直螺旋即将碎料送至塔顶，塔顶设有刮料器，使原料落入蒸馏塔内。蒸馏塔内的原料由上往下移动，与上升的蒸汽相遇，精油变成了气体，随着上升蒸汽被蒸出，经冷凝器冷凝冷却，送至油水分离器分离。在蒸馏塔顶部有高低料位指示计显示塔内料层的位置，然后通过调节双螺旋出料器的转速来控制料位和原料在塔内的停留时间，以便得到最佳的蒸馏得率，并使废料中的精油含量最低。主蒸汽操作压力50kPa。蒸汽耗用量250～300kg/h。

3.3.3.4 油水分离器

油水分离器亦称分油器，系承接从冷凝器流出的馏出液，然后根据精油与水之间的密度不同而使之相互分离。油水分离器容积一般为蒸馏锅容积的3%左右。常用的2种油水分离器设备如图50-11所示。

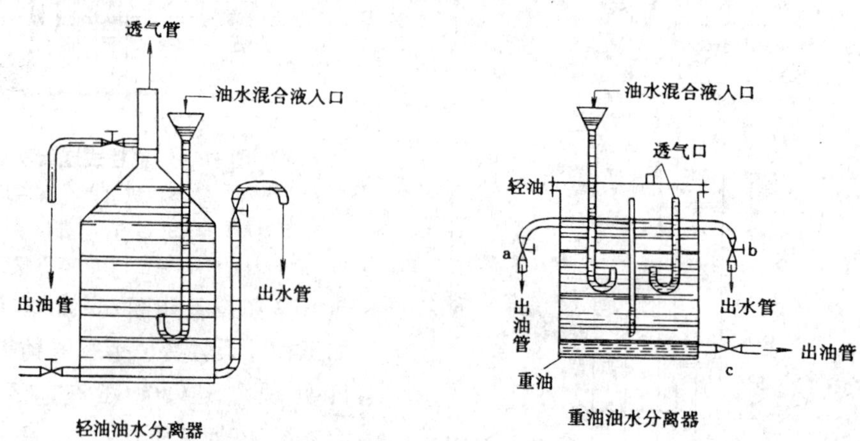

图50-11 油水分离器

3.3.4 蒸馏工艺

3.3.4.1 蒸馏工艺参数的选择

合理的蒸馏工艺条件应体现出以下几点：能创造植物原料中精油向其表面渗透扩散的有利条件，使提取精油时的传热传质阻力小、途径短；提供给蒸锅的水蒸气应具有足够的热焓，以确保在蒸馏的任何时间里进入锅内的水蒸气和锅内沸腾的油水间有显著的温度梯度；要解决蒸馏后期因馏出精油大幅度减少而导致的水蒸气提油效率下降和由于沸腾温度升高，又需要更多的水蒸气供热才能提尽精油而造成的矛盾。

(1) 水蒸气流量：水蒸气是气化蒸锅内精油的载热体。状态已经确定的水蒸气，其流量必须有一个合理的值。精油生产中水蒸气流量偏低是造成精油生产得率不高的主要原因。若供汽量不足，将造成水蒸气与沸腾油水间的温度梯度偏低，到了蒸馏后期，由于沸腾温度的上升，温度梯度就变得更低，从而抑制了热量从水蒸气向精油的传递，再加上蒸锅内各处的温度分布差异，就有可能造成锅内某些区域出现止沸，精油也就无法被充分提取出来。

(2) 蒸馏压力：具有一定的蒸馏压力，将使蒸锅内植物原料的组织结构变得疏松软烂，再升至一定值后，馏出蒸汽中精油和水的比例也将发生明显的变化。只要蒸馏压力升至一定值并维持一段时间，原料就能蒸烂，此时疏松的组织结构就有利于水蒸气更多地进入原料内部，促进水蒸气、水和精油的相互扩散。这样传热传质的距离缩短阻力降低，植物原料内部的精油也能和表面的精油一样被充分提取出来。如对八角枝叶的蒸馏实验，蒸馏压力在150kPa下维持2h，原料就被蒸烂，与未加压的蒸馏相比，蒸后原料发白，八角茴香油的得率从0.8%升至1.2%。十分适合对粗厚原料的蒸馏。若蒸馏压力再进一步提高，易挥发组分对难挥发组分的相对挥发度将明显降低。作为较易挥发的水和较难挥发的精油此时在蒸汽压大小上的差异将缩小。即蒸汽压力的大幅度上升使精油蒸汽分压上升的幅度比水的蒸汽分压上升的幅度要大得多。同样，精油中重馏份蒸汽分压上升的幅度也显著地大于轻馏份蒸汽分压上升的幅度。结果减少了蒸馏时水蒸气的用量，缩短了蒸馏时间，降低了能耗，十分适合高沸点精油（如柏木油）的生产。

(3) 串联蒸馏：在蒸馏后期由于馏出精油不断地减少，水蒸气的提油效率将明显下降；同时由于蒸锅内油水体系沸腾温度的上升，还要向蒸锅内提供更多的蒸汽，以通过强化传热避免水蒸气和油水体系间温度梯度的下降。在蒸馏后期欲提尽精油又降低能耗，应当增加蒸馏后期水蒸气的供应量，以提尽精油，然后再把这些提油效率不高的馏出蒸汽作为另一蒸锅开始蒸馏时的供热蒸汽，通过二次蒸馏使水蒸气的提油效率得以提高。这就是串联蒸馏。

(4) 馏出液水层部分的循环使用：为了充分收集馏出液中的精油，就应当使馏出液中的油和水得以充分分离。对于不溶于水的精油，可以通过精油和水在相对密度上的差异得以充分分离。对于某些微溶于水的精油，靠单纯的力学手段是不可能将它们充分分离的。而且微溶于水的那部分精油，由于馏出液的油水比小，在整个馏出精油中所占的比例是相当可观的。如仅用重力分离方法收集馏出液中的桂油，其得率仅为0.7%～0.8%，而将溶于水中的桂油也提出，其得率可达1.1%～1.2%，溶于水的桂油占馏出桂油总量的30%以上。与此情况类似的还有玫瑰油。生产规模小，自产蒸汽的生产点，可以将馏出液水层直接送回至蒸汽发生器中循环使用；生产规模大，用锅炉供汽的生产厂家蒸锅和油水分离器中的水是封密循环使用的。前一种方法的优点是能耗不再增加，但生产出的精油油质差；后一种方法的优点是生产出的精油油质好，但能耗增加30%左右，但由于高价值的精油得率也提高了30%左右，所以经济上还是合算的。

3.3.4.2　蒸馏工艺条件

(1) 装料：不同植物原料进行水蒸气蒸馏，应有其最适宜的装载密度。一般植物的装载密度为0.2～0.4。所谓装载密度是指蒸锅单位容积（L）中所装载的原料重量（kg）。合理的装载密度有利于蒸汽的穿透和上升，一般可由生产实践试验而得。如山苍籽的装载量为300kg/m^3，即装载密度为0.3。

装料高度一般为蒸锅高度的80%。有些原料在蒸后会膨胀，应适当装得低些，有些鲜料在蒸后会迅速变软收缩，可以适当装高些。油水混合蒸汽在冷凝过程中会产生较小的负压现象，有时会把轻质或细小的原料吸入导气管，因此一般应在蒸锅顶盖蒸汽出口下面设置不锈钢网或铜网。

料层要装得均匀，松紧一致。鲜花或干花一类的装料以松散为宜；枝叶一类的装料必须分层适当压实；粉碎后的颗粒原料要求装得均匀和松紧一致，四周料层还可稍加压紧；对蒸后会膨胀的果实、种子类原料，如山苍籽等，要实行分格装料，料层不能很厚。如果料层装得松紧不一致，蒸汽就会只从松散的地方透过，而较紧的料层则很少甚至没有蒸汽透过，严重时还会产生料层穿洞现象，这对得油率影响很大。

(2) 蒸馏速率和蒸馏时间：单位时间内馏出液的数量称蒸馏速率。调节蒸馏速率需要考虑的因素有原料品种、破碎情况、蒸锅的直径和高低以及原料装载密度等。蒸馏速率一般控制在每小时相当于蒸锅容量的7%～10%。蒸馏叶、草及花穗等原料时，蒸馏速率可快些，按蒸馏设备容积计算，每小时馏出液的数量保持在蒸锅容积的10%左右。直接火加热的蒸馏设备要达到这一水平有些困难，但也应保持在7%～8%。蒸馏中测定蒸馏速率大小的方法是用量筒观察1min馏出液的数量，测定几次求其平均值，然后换算成每小时的馏出量。由此算出每小时通过锅中原料最小横截面积的蒸汽量。以此数与得自经验或试验的最适当的蒸馏速率相比较，即可决定如何控制操作中的蒸馏速率。

直接蒸汽蒸馏时，在掌握最适合的蒸馏速率、馏出液的油水比以及原料精油含量后，即可算出整个蒸馏过程所需要的蒸汽量。再根据蒸汽的供给速率，换算出整个蒸馏过程中所需的时间。蒸馏结束后，算出得油率，并与期望得油率对照，判断蒸馏效率的高低。

例如有1 000kg薰衣草原料需要蒸馏，原料含油量为1.25%。从小型试验中得知馏出液的油水比为0.5%，蒸出1 000kg原料中所含的12.5kg精油需要2 500kg蒸汽。如果所用蒸锅容量为1m^3，每锅投料200kg，所用蒸馏速度为250kg/h，则每锅的蒸馏时间就是2h。1 000kg原料分5次蒸馏，蒸馏时间共需10h。但一般蒸出的精油相当于理论得率的90%～95%时，就可视为蒸馏结束。

任何蒸馏方法，开始阶段的馏出速率应稍慢，然后逐渐增大，但应防止突然增大。操作正常后，蒸馏速率应保持恒定。

(3) 油水混合蒸汽的冷凝：蒸馏开始后，首先从蒸锅的鹅颈和冷凝器中排出不凝性空气。排出空气的速率宜慢，让水油混合蒸汽缓慢地自下而上取代空气，以免混合蒸汽和空气一起排出，影响冷凝效果，造成精油损失。鲜花类原料的蒸汽更要注意这一点。不凝性空气排净后，进入冷凝器的蒸汽应完全冷凝成液体，然后在冷凝器中继续冷却。大多数馏出液都要求冷却到室温或接近室温，鲜花类宜冷却至室温以下。但对于粘度大、沸点高的精油，馏出液的温度应保持在35～45℃。

(4) 馏出液的油水分离：馏出液除含水溶性油分和与水密度相当的悬浮油分外，通过油水分离器就能把精油分出。馏出液在油水分离器中的动态分离时间以1h左右为宜。为了加强分离效果，可设置两个以上的油水分离器，进行两级以上的油水分离。

从油水分离器分离出的精油称为粗制原油，水液为馏出水。水中蒸馏和水上蒸馏一般把馏出水回流锅中，馏出水所含油分得到重蒸回收。未能回流入锅中的馏出水常采用溶剂萃取和复馏办法将其中的精油回收。

(5) 馏出水的萃取和复馏：由于馏出水所含精油中大多数成分是含氧化合物，往往质量较好，所以常采用萃取和复馏的方法进行回收。

水溶油分的回收多采用萃取法。常用的萃取溶剂有石油醚、苯、环己烷等。

将馏出水重新蒸馏的方法称为复馏。馏出水在复馏前首先在贮槽集中，然后分批复馏。复馏过程比蒸馏过程快得多。但复馏速度也不宜过快，尤其是开始阶段要稍慢些，以便将不凝性空气排净。空气排净后控制适当的馏出速度和温度。通常复馏出量为加入量的 10%～15% 时，即可停止，这时锅内水液已基本无油，可以弃去。如馏出水中含沸点高、粘度大的油分较多，可以适当加大复馏出的量。馏出蒸汽经冷凝和油水分离后得复馏粗油。

（6）产品净化与精制：各种粗油均须澄清、过滤，以除去水分并分离杂质，有的还需加入少量脱水剂进行脱水。粘度小、杂质少、易过滤的精油多用常压过滤的方法净化精制。较难过滤的精油就要采用减压过滤法。

粗制原油和复馏粗油经净化精制后，混合作为精油产品。如果作为药用，净化精油就不得混入萃取回收的精油。

有些精油净化精制后，头香气息不好，可以开盖静置，让不好的气息挥发。有些精油须放置一段时间，香气才变得柔和。

图 50-12 为直接蒸汽蒸馏法具有萃取与复馏装置的工艺流程图。

3.4　浸提法[4,7]

利用具有挥发性并能很好溶解精油的溶剂从芳香植物中提取精油的方法称为浸提法，又叫萃取法。浸提法最适用于香花和果汁的加工。因为有些植物的花（如茉莉、白兰、桂花、栀子和墨红等）和果汁（如甜橙、柠檬等）中的芳香油遇热容易分解或大部分能溶解于水，因而不能采用蒸馏法进行加工。浸提法也可用于提取树脂类香料，例如树苔、橡苔等。

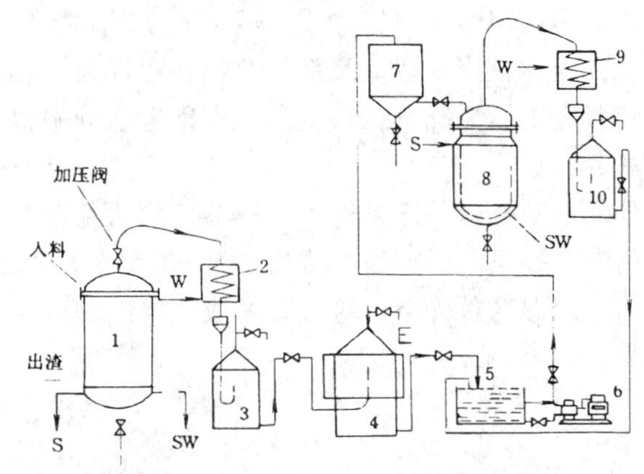

图 50-12　具有萃取与复馏装置的工艺流程图

1. 蒸馏锅；2. 冷凝器；3. 油水分离器；4. 馏出水提取器；5. 贮水槽（提后馏出水）；6. 蒸汽往复泵；7. 高位槽；8. 复馏锅；9. 冷凝器；10. 油水分离器；S. 蒸汽；SW. 蒸汽冷凝水；O. 油；E. 提取液；W. 冷水

3.4.1　浸提过程和原理

芳香植物的浸提一般是采用液-固萃取法，即在一定温度下，根据原料的性质选取适当的溶剂和浸提方式，从植物原料中将精油成分有选择地浸提出来，得到含精油的溶剂称为浸提液。浸提液与植物残渣分离，经澄清、过滤之后，在精油成分少发生或不发生变化的情况下将溶剂回收制得产品，称为浸膏。浸膏通过再浸提，低温除蜡，制成净油。植物残渣中滞留的溶剂通过加热或通入蒸汽回收再用。

芳香植物的精油存在于细胞内的原生质中。浸提过程是一个物理过程：首先是溶剂渗透通过细胞壁对原生质中的精油进行选择性溶解；溶入溶剂中的精油再扩散出细胞外。浸提过程一般可分为渗透、溶解、扩散和分配 4 个阶段。

3.4.1.1　渗　透

在浸提干燥的原料时，加料前应先使其湿润，以加快浸提。植物原料与溶剂接触时，首先是植物组织表面被溶剂浸润，然后通过细胞间隙的毛细管进入到植物组织的内部，再透过细胞壁进入细胞内，这一过程叫渗透。一般鲜花中水含量多达80%，鲜叶含水也有60%左右。当新鲜原料与疏水性石油醚溶剂接触时，溶剂向植物组织内部渗透就比亲水性溶剂困难。为了加快渗透，可在疏水性非极性溶剂中加入少量极性溶剂如乙醇、丙酮等。

3.4.1.2　溶　解

溶剂渗入细胞后，可溶物质按溶解度的大小先后溶解到溶剂中去，形成胞内溶液。但这不单纯是溶解过程，还有分配问题，不过在液-固浸提中，起主要作用的是溶解而不是分配。

3.4.1.3　扩　散

扩散作用的实质就是含有溶质的不同浓度的溶液相互接触时，彼此之间将相互渗透。一方面溶质将透入周围含有溶质的低浓度的溶液中，引起浓度的上升；另一方面，溶剂也透入高浓度溶液内，使溶液浓度降低。通过扩散细胞原生质中的可溶物就会不断地溶解到溶剂中去，浓度差成为扩散的推动力。溶质从高浓度的溶液中不断地向低浓度的溶液中扩散，直至平衡为止。

这种浓度差实际上形成一个梯度，称为浓度梯度。

3.4.1.4　分　配

如果是从固体中浸提物质，浸提效率基本上取决于混合物各组分在所选用溶媒中的不同溶解度、固体粉碎的程度及新鲜溶剂在浸提时与物料接触时间的长短。精油从细胞原生质中浸提到溶剂中，情况就比较复杂，必须考虑到被提取物质在两种不相溶的溶液内的分配及其分配系数。

分配系数是在一定条件下，被溶解物质在两相内，即精油在原生质汁液和精油在溶剂两个液相内达到完全平衡后的浓度关系。其大小大约相当于该物质在两个液相内溶解度的比值。

在一定温度条件下，每一种香成分在细胞原生质汁液与溶剂之间的分配系数是一个恒定的常数，即

$$\frac{C_1}{C} = K$$

式中：C_1——两相平衡时被浸提组分在浸提液中的浓度；

C——两相平衡时被浸提组分在被浸提混合物中的浓度；

K——分配系数。

从上式可见，该比值通常对溶剂比较有利。这是因为，溶剂的数量比细胞原生质中汁液的数量要大得多，因此浸提能进行得比较完全。

因此，从香料植物浸提芳香物质的过程可用下列公式表示：

$$G = DF\Delta Ct$$

式中：G——扩散出的精油数量；

D——萃取平衡系数（扩散系数）〔$kg/(h \cdot m^2)$〕；

F——相接触表面（m^2）；

ΔC——浓度差；

t——时间（h）。

根据上述公式，在浸提工艺和设备方面需要考虑下列因素：

(1) 加大浓度差 ΔC：在分批式浸提中采用花与溶剂为1∶3的溶剂比及浸一次洗涤二至

三次的工艺。在连续式浸提中采用逆流萃取的方法使新鲜的溶剂与浸提即将终了的原料相接触，使之产生最大的浓度差。

（2）扩散系数：这一因素取决于溶剂的种类、被浸提物的物理化学性质以及植物组织的结构等，一般通过试验求得。目前常用的溶剂有石油醚、乙醇、苯、丙酮及氯化烃类等。在鲜花浸提中一般采用沸点为 60～70℃的石油醚（正己烷）。石油醚有较好的选择性，其沸点较低，易于在浓缩时回收。且石油醚对水的溶解度较低，溶剂油水容易分离，价格相对便宜。

（3）接触面：对草、根、茎类原料经适当粉碎，通过溶液的循环或浸提器的转动形成相对运动，加大植物原料同溶剂的接触面和接触机会。

（4）浸提时间：适当增加浸提时间可以增加浸提效率，但时间过长也会因鲜花破碎后酶的作用而影响质量，还会增加溶剂损耗。

3.4.2　浸提方式

浸提方式大致可分为四种，即固定浸提、逆流浸提、转动浸提和搅拌浸提。选择何种浸提方式，应根据生产条件和原料性质而定。

（1）固定浸提：早期固定浸提即静止浸提，原料和溶剂都不运动。为间歇操作法。原料先加入浸提器中，加入溶剂，并浸没原料。由于两相处于相对静止状态，不管溶剂渗入原料组织中还是香成分向溶剂中扩散，其速度均较低，因而浸提时间长、得率低。

为了克服这一缺点，后来改为原料静止，而使溶剂进行循环运动。方法是用泵从浸提器底部抽出浸提液，再从顶部回入浸提器。这样不仅提高了传质效率，缩短了浸提时间，而且原料中精油成分能被均匀地浸出，传质均匀，提高了得率。

经一定时间浸提后，由于浓度差越变越小，原料中的精油成分就难以扩散到浸提液中，这时就要更换溶剂，以加大浓度差，将原料中所余的精油成分浸提出来。通常称更换溶剂前的过程为浸提过程，更换溶剂后的过程为洗涤过程。浸提所得含精油的溶剂称为浸提液。一般浸出率可达 70%～80%（按全部得率计）。在洗涤过程中，以洗为主，浸为辅。为了减少杂质的浸出，一般洗涤时间约为浸提时间的 1/3，洗涤次数为 2～3 次。各次洗涤后所得洗液，按次序称为第一次洗液，第二次洗液和第三次洗液。

第一次洗液精油含量高，常与浸提液合并，经澄清后蒸发浓缩。第二、三次洗液则可依次套用作为下一罐新鲜原料的浸提液。蒸发浓缩回收的溶剂仍可用于浸提或洗涤。

采用固定浸提方法，原料固定不动，因而减少了酶的活动，有利于提高浸膏的质量，适宜于加工娇嫩的鲜花。

（2）逆流浸提：逆流浸提是浸提过程中原料和溶剂相互按逆流方向移动。一般新鲜溶剂或回收的溶剂在出料端前加入，浸提液从加料端流出。这一过程是连续进行的。在加料端溶剂含香成分的浓度最高，在出料端浓度最低，而原料中所含香成分则相反。因此在整个浸提过程中始终保持着较大的浓度差，所以提油效率高。而且这一过程是浸提与洗涤同时进行的，所得产品质量和香气都比较好。

逆流浸提最早应用的形式是柱式逆流浸提或罐组式逆流浸提。溶剂是连续的，而原料则是间歇地轮流出料和加料。目前，我国已有平转式逆流连续浸提和泳浸桨叶式连续浸提。

平转式逆流连续浸提可用于生产鲜花浸膏，溶剂向原料逆流喷淋。喷淋级数与浸提时间视原料而定，例如茉莉花的喷淋级数为 9 级，浸提时间为 96min。

图 50-13 为用于茉莉花生产的平转式逆流浸提工艺流程图。

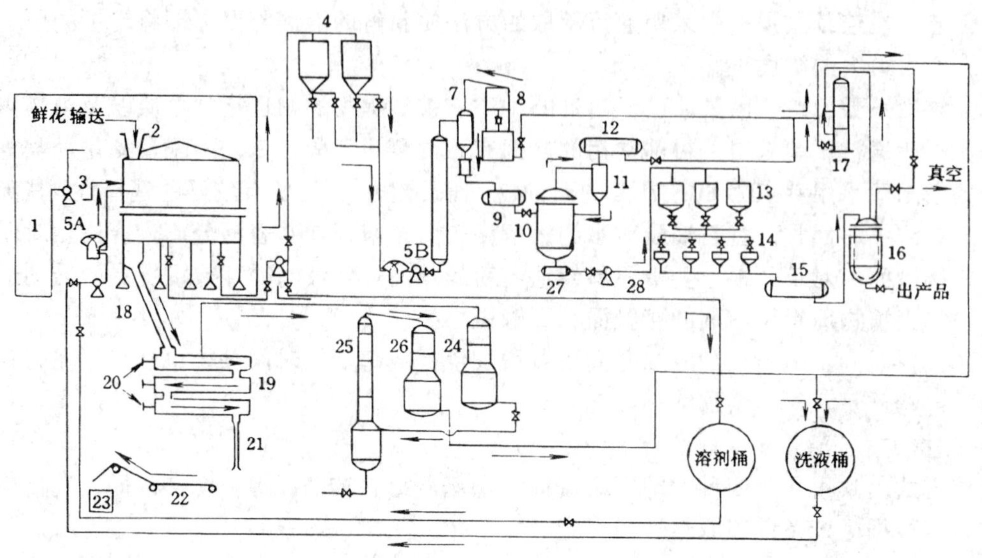

图 50-13 平转式逆流浸提工艺流程图

1. 平转式逆流浸提主机；2. 螺旋进料机；3. 溶剂循环喷淋泵；4. 浸液澄清桶；5. 5A、5B. 转子流量计（指示式）；6. 升膜蒸发器（即升膜浓缩）；7. 旋风分离器；8. 冷凝与接受器；9. 初浓液贮存桶；10. 常氏浓缩锅；11. 旋风分离器；12. 冷凝器；13. 浓缩液沉淀桶；14. 浓缩液过滤器（常压）；15. 滤液贮存桶；16. 真空浓缩锅；17. 盐水冷凝器与接受器；18. 浸提后带溶剂残渣输送机；19. 残渣溶剂回收器；20. 回收器传动装置；21. 残渣螺旋输送机；22. 残渣皮带输送机；23. 残渣池；24. 残渣溶剂回收冷凝器与接受器；25. 残渣溶剂处理塔（筛板塔）；26. 冷凝器与接受器；27. 浓缩液贮存桶；28. 浓缩液输送泵

泳浸桨叶式连续浸提适用于大批量加工墨红、玫瑰、栀子等香花。原料由低处靠桨叶和导向板翻动，以泳动式向高处出料端推动，溶剂由高处逆向缓慢而下。在浸提过程中由于保持了较大浓度差，故浸提效率好。

(3) 转动浸提：转动浸提就是原料与溶剂因转动而作相对运动。我国普遍采用圆鼓形外壳和分格式转动花筛。原料装在花筛内，溶剂加入量约为圆鼓形浸提器的一半左右，转动速度为 2～8r/min。此法系间歇操作。转动浸提的优点是溶剂使用量少，传质速率快，浸提时间也比固定浸提短。缺点是原料碰伤的可能性大，杂质浸出率较高。

转动浸提对不怕碰伤的原料或碰伤后对质量影响不大的鲜花类较适宜。

转动浸提也和固定浸提一样，浸提到一定时间以后需要更换溶剂。浸出率常高于固定浸提，达 80%～90%。因此洗涤时间可更短一些，一般为浸提时间的 1/3～1/4，洗涤二次即可。洗液作下批料的浸提溶剂使用。浸提液经蒸发浓缩后所得回收溶剂作为下批料最后一次洗涤用。如图 50-14 为鼓式转动浸提工艺流程图。

(4) 搅拌浸提：搅拌浸提是由固定浸提发展而来的一种浸提方法，属间歇操作。所谓搅拌是以缓慢速度把原料在溶剂内作适当的搅动，物料与溶剂产生运动，因而其浸提效率就远比完全固定浸提为高。由于搅拌速度慢，不会使物料有较大的损伤，所得产品质量优于转动浸提。

这种浸提方法对小颗粒的原料（包括鲜花）较为适宜，还常应用于酊剂类产品（枣酊、香荚兰酊）的生产以及树苔、岩蔷薇的乙醇加热回流浸提。此法浸提一定时间后，也需要更换溶剂再进行洗涤，方法与固定浸提类似。

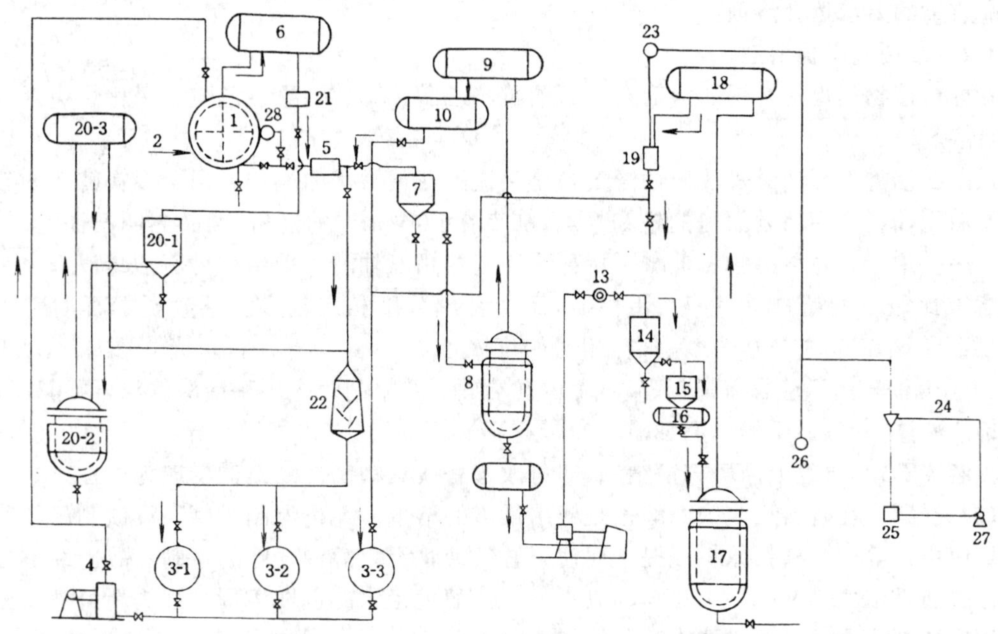

图 50-14　鼓式转动浸提工艺流程图

1. 浸花机（转动浸提器）；2. 浸花机外壳；3. 溶剂桶，其中 3-1. 系贮存上批原料的第一次洗液；3-2. 系贮存上批原料的第二次洗液；3-3. 系贮存上批浸液的回收溶剂；4. 溶剂输送泵；5. 过滤器（粗过滤）；6. 冷凝器（回收残渣溶剂时用）；7. 浸液澄清桶；8. 常压浓缩锅；9. 冷凝器；10. 回收溶剂中间贮存桶；11. 浓缩液贮存桶；12. 浓缩液输送泵；13. 压滤器；14. 浓缩液沉淀桶；15. 浓缩液过滤器（常压）；16. 滤液贮存桶；17. 真空浓缩锅；18. 盐水冷凝器；19. 接受器（具盐水冷却装置）；20-1. 系残渣溶剂澄清桶；20-2. 系残渣溶剂处理设备；20-3. 系冷凝器；21. 溶剂水分离器；22. 洗液分离桶；23. 盐水冷却器；24. 水射真空器；25. 循环水箱；26. 活塞式真空泵；27. 水循环泵；28. 渣与溶剂临时分离器

3.4.3　浸提溶剂

3.4.3.1　浸提溶剂的选择

从植物原料提取芳香成分制取浸膏、净油时，浸提是否成功，除植物原料本身的因素之外，对产品质量、生产工艺成本影响最大的是溶剂选择是否合适。如果选择不当，就不能达到应有的提取效果。选择溶剂时要注意以下几个方面：

（1）选择性：所选用的溶剂应对芳香成分有选择性溶解作用，即对香料植物中的香气成分能完全迅速地溶解，而其他无用物质，如植物蜡、色素、蛋白质等应溶解极少。常用的溶剂中，石油醚的选择性最好。

（2）挥发性：溶剂的沸点应比较低，以便浓缩时能在较低的温度下将溶剂除净，以免因为高温而破坏香成分。但沸点也不可太低，否则会因易挥发造成溶剂损失。

（3）化学性质：溶剂不可有化学活性，不可与任何香成分起化学反应。

（4）与水的混溶性：要求溶剂对水的溶解要低，否则原料的水分将溶解在溶剂中，使产品的香成分浓度降低，如果蒸除这部分水分，又会导致香成分的损失。

（5）要有较高的纯度：溶剂沸程范围应小，特别是蒸发后不得有任何残留物，否则会带入产品中，影响质量。

目前所采用的溶剂还不可能完全符合上述全部要求。此外，还应根据原料的品种、性质和产品质量的要求选择溶剂。

3.4.3.2 常用的浸提溶剂

在香料植物浸提中常用的溶剂有：石油醚、乙醇、苯、丙酮、乙醚、氯化烃类以及其他低沸点溶剂。

(1) 石油醚：石油醚是非极性溶剂，是浸提鲜花最常用的溶剂。用于浸提鲜花的石油醚是从石油原油经分馏精制而得的饱和烃类，沸点在60～70℃的馏份，商品名叫石油醚，主要成分是己烷。用于香花浸提的石油醚又特称香花浸提用石油醚。采用这种石油醚浸提出来的成品中含有比较少的植物蜡、色素、蛋白质，而芳香成分则相应较多。一般要求石油醚馏程中80%以上应该在60～75℃的馏程内，相对密度α_4^{15}为0.682～0.701，折光指数n_0^{20} 1.382 6～1.392 0。石油醚中不应含有烯烃、硫或氮的化合物。在精制时先用稀硫酸洗涤，再用碱性的高锰酸钾溶液洗涤，然后干燥。石油醚不应带有不愉快的气味，如果带有异味，可加0.5%～1%的无臭液体石蜡，再经分馏塔分馏精制，即可改善香气。精制好的石油醚应为中性。

(2) 乙醇：在香料工业中乙醇也是使用最多的溶剂。无论配制香精、浸渍制酊和制备净油都要使用乙醇。在植物原料浸提中要使用香气纯正无杂醇油气味的精制乙醇。经过分馏精制的乙醇通常浓度为95.6%，含4.4%水分。乙醇为亲水的极性溶剂，浸提新鲜植物原料之后，浓度转淡，用后必要时要进行分馏增浓。

工业用酒精中常含有还原性物质（醛类）、不饱和有机物、高级醇、有机酸以及一些不易挥发的杂质，因此不能用于香料浸提。为了除去这些杂质，应事先用氢氧化钠进行苛化，再行分馏。这样既能除去还原性杂质和酸性物质，也能除去不易挥发的高沸点馏份。氢氧化钠的用量可根据乙醇原料的质量，加入乙醇数量5%的40°Be′以上氢氧化钠溶液，回流2h之后经分馏塔分馏。分馏中除去头馏份和高沸点馏份，取中段沸点为77～78.5℃的馏份。以乙醇作溶剂浸提植物原料，除将芳香成分溶出之外，树脂类、树胶、生物碱、甙类、色素都会溶出，所得浸膏通常颜色较深而溶解度差，一般需要采用另外的溶剂进行二次抽提，以改进产品质量。

(3) 苯：苯的毒性大，应用较少。使用时要求设备密闭。浸提中使用的苯多为结晶品，沸点80～81.5℃，不应含有噻吩和二烯烃。因此工业苯必须用浓硫酸、水及烧碱溶液交替洗涤，再经分馏得到香料浸提用的苯。

(4) 丙酮：在食用香料中油树脂的浸提常用丙酮作溶剂。虽然丙酮也能将色素溶解出来，但比苯、乙醇等溶解得少。丙酮沸点较低（55～56.5℃），毒性不大。但丙酮蒸汽与空气混合会生成爆炸混合物，要特别注意。丙酮是极性溶剂，可与石油醚配成混合溶剂使用。

(5) 氯化烃类：含氯的溶剂，例如氯仿、二氯甲烷、三氯甲烷等，有很多优点：价格便宜，溶解能力强，不燃烧。但它们的完全精制比较困难，与水接触会游离出盐酸，腐蚀设备。由它浸提而得到的产品含有有机氯，产品的颜色深，香气不稳定，故很少使用。但在生产油树脂中，二氯甲烷仍常作为溶剂使用。

(6) 乙醚：乙醚价格昂贵，沸点仅34～36℃，使用起来损耗较大。更重要的是乙醚不仅易燃，而且在空气中很容易形成过氧化物，在有过氧化物生成时，使得蒸馏结束时常会有发生爆炸的危险。此外，它的溶解能力和溶解范围都比较广，无选择性。只有原苏联的香料工业曾将它作为吸附香花成分的活性炭的脱吸剂。

(7) 其他低沸点溶剂：各种液态气体，如二氧化碳、一氧化二氮、二氧化硫、氨、乙烷、丁烷、戊烷以及氟利昂等也可以用作浸提溶剂，其中尤以液化二氧化碳应用较多。液化二氧化碳无味无臭，不燃烧，无刺激性，化学性质比较稳定，对精油的提取有选择性。浸提完毕解除压力后溶剂自动蒸发，产品能保持原有香味风格。用液化二氧化碳浸提酒花、咖啡，制得的产品在饮料行业中很受欢迎。

(8) 水：经过离子交换处理的水可以用于提取食用香料。非挥发性香味成分可在提取精油之后，用水浸渍进行浸提。

3.4.4　浸提设备[7]

浸提设备的型式很多，根据操作的特点和设备结构的不同，一般可分为以下几种：固定浸提设备、转动浸提设备、刮板式搅拌浸提设备、平转式连续浸提设备、泳浸浆叶式连续浸提设备、浮滤式浸提设备以及适用于制备酊剂的热回流浸提设备等。

3.4.4.1　固定浸提设备

适用于浸提大花茉莉、晚香玉、紫罗兰叶等香料物质。设备材质均为不锈钢 1Cr18Ni9Ti，一般以 3 台 $2m^3$ 固定浸提器为一组，共用一套供回收溶剂用的列管式冷凝器和油水分离器。浸提器的大盖采用液压或平衡锤开启，器内装有载料的多层铝制栅架，放置原料。栅架的中央有一根起吊轴。还可用隔篦将原料分隔成数层，便于吊出卸料和使溶剂与原料充分接触，以免原料在浸提时被压实而产生沟流，影响得率。备有溶剂循环泵。浸提器内有闭汽盘管和活汽喷管，在每批浸提洗涤周期结束后通入蒸汽回收废花上粘附的溶剂。然后吊出废花，再装新料。$1m^3$ 容量的固定浸提器，每次投料 120～130kg，一般每 10h 可加工两批（包括装料和出料时间）。每批总浸提洗涤时间为 3～4h。一昼夜总处理量约为 1 500kg 鲜花原料。

澄清后的浸提液由初步浓缩锅或升膜蒸发设备进行初浓。初浓液经冷却过滤后吸入真空浓缩锅，在减压下将溶剂蒸出。然后加入可得浸膏量的 5%左右的无水乙醇，快速脱去最后残留溶剂，即得浸膏。

该设备的特点主要是原料在浸提器内固定不动，组织不易损伤，且浸没在循环溶剂里，阻止了酶的活动，有利于提高浸膏的质量。主机造价比较低，但处理能力小，溶剂比大，加花出渣操作繁琐。

3.4.4.2　转动浸提设备

一般采用转鼓式浸提器，适用于茉莉、白兰、墨红、黄兰等鲜花的浸提。浸提器结构如图 50-15 所示。设备材料一般采用不锈钢。通常用二台浸提机为一组，配以一套列管式冷凝器、油水分离器、升膜浓缩器、真空浓缩器、澄清桶、过滤器等。设备容量有 $1.5m^3$ 和 $3m^3$ 两种。设备形式为圆鼓式，外壳固定，内胆转动。内胆为圆柱形，四分格。花筛圆周上开有 4 个内门，供加料出渣用。外壳有进料门和出料门。花筛上布满 1.5～2mm 的小孔，使溶剂能够进入筛内与鲜花接触，也防止了鲜花漏出。花筛主轴上装有轴承支承于机体上，外壳两端装有填料函以保证设备的气密性。加料后，从溶剂进口打入一定数量溶剂，然后开动电机，经一组减速装置来带动花筛转动，转速为 2～8r/min。浸（洗）液则通过放液口放出。浸提结束后，在转动情况下，从两根多孔喷气管通入蒸汽，缓缓加热蒸馏，冷凝回收粘附在原料上的溶剂。废花渣则通过出料门卸出。出料前可开启进水阀淋入冷水以降低机体内花渣的温度。每 $1m^3$ 设备可装鲜花 200kg 左右。

转动浸提设备的特点是，原料在转动时上下翻动，浸沥交替，增强和加快了溶剂渗透和扩散作用，也有利于水蒸气蒸馏回收粘附在废渣上的溶剂。但翻动过程可能损伤鲜花，促进

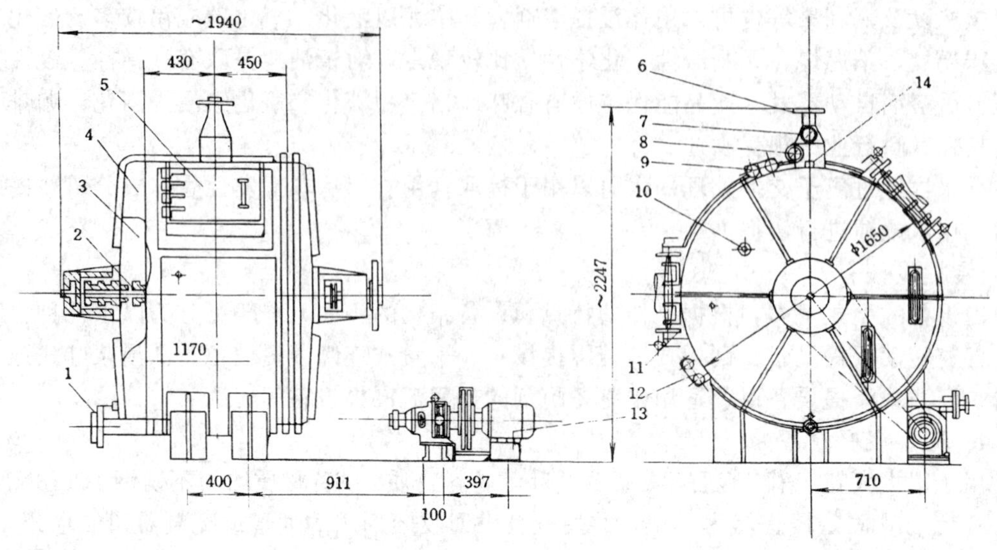

图 50-15 转鼓式浸提器

酶的活动而影响浸膏质量，且主机加工要求和造价均较高。

3.4.4.3 平转式连续浸提设备

平转式连续浸提设备能够及时地在香花开放的最佳条件下大批量加工大花茉莉、茉莉、白兰、黄兰、金合欢等香料物质来制取优质浸膏，同时也适用于加工植物的茎、叶、块根及颗粒状原料，生产糊状叶绿素、植物碱等。平转式连续浸提器结构如图 50-16 所示。所用材料可根据原料性质确定，但香花浸提则以不锈钢为宜。平转浸提器的气密性外壳固定不动，内有 15 或 18 个绕主轴缓慢转动的扇形料斗。用以支承原料的筛门是用绞链绞结在料斗底部。在浸提、洗涤和沥干周期结束后，筛门转到出料段即自动打开。卸下带有溶剂的花渣，经双螺旋运输机，埋刮板升运机送到高料位蒸脱机将粘附的溶剂回收。回转的料斗在卸完料后借撑杆的作用将筛门重新关闭，料斗转至加料口下端时再次进料。料格的传动是由带有无级调速器的减速装置和电动机通过围绕在格子外周边的链条来转动，也可用液压传动系统或者主轴直联传动取代机械传动装置。浸提器料格下面有若干溶剂格，作用是贮存不同浓度的浸液，同时兼有储存料格中鲜花里的持液量的作用，以免在突然停机时（发生故障或停电），多余的持液量淋下时造成溶剂溢流到出料格。每格的分格板上开有溢流口，使浸提液按料斗回转相反的方向从一个溶剂格流到另一个溶剂格。溢流口逐格低 12mm。浓浸液则从第二格中抽至沉清桶和升膜蒸发器进行初浓。第二溶剂格与料斗之间设有帐篷式过滤网（倾斜 120°左右，80～100 目）。浓浸液中所夹带的固形物经此滤网分离，卸到相邻的溶剂格内，随着喷淋液一起泵

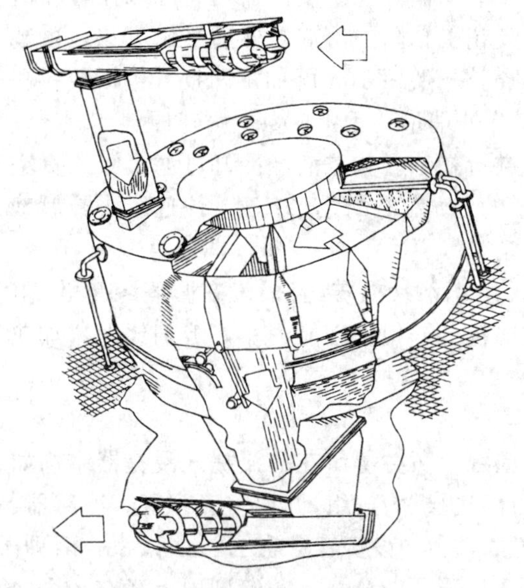

图 50-16 平转式连续浸提器剖视图

送到料层上面，并随着物流带到出料口。这种设备总加工能力有3.6t/d和8～10t/d两种。

平转逆流浸提是溶剂喷淋在料层上面，由上而下透过料层，把精油成分浸出。浸液则通过筛网流入溶剂格内，再用泵喷淋到次级料层上，形成溶剂和原料的多级逆流连续浸提过程。原料在料斗内按顺时针方向转动，浸液浓度自沥干段按逆时针方向逐级递增。喷淋级数随品种而异。浸提时间可在30～120min，个别情况亦可在1.5～10h内调节。

平转式连续浸提设备的主要特点是处理量大，能够及时地在原料最佳条件下大批量加工；料斗内原料不产生相对运动；溶剂喷淋量大，浓度梯度大；得率稳定；浸膏中有效成分完整；连续化生产因而劳动条件有所改善。但溶剂大量喷淋后使尾气中溶剂含量高，因此应与尾气溶剂回收装置配套使用。

3.4.4.4　搅拌浸提设备

亦称刮板式浸提机，结构如图50-17所示，适用于桂花、玫瑰花等花类物质的加工。设备材料采用不锈钢。根据搅拌原理，一般要求花层始终浸没在溶剂里。机内没有花筛。固定的

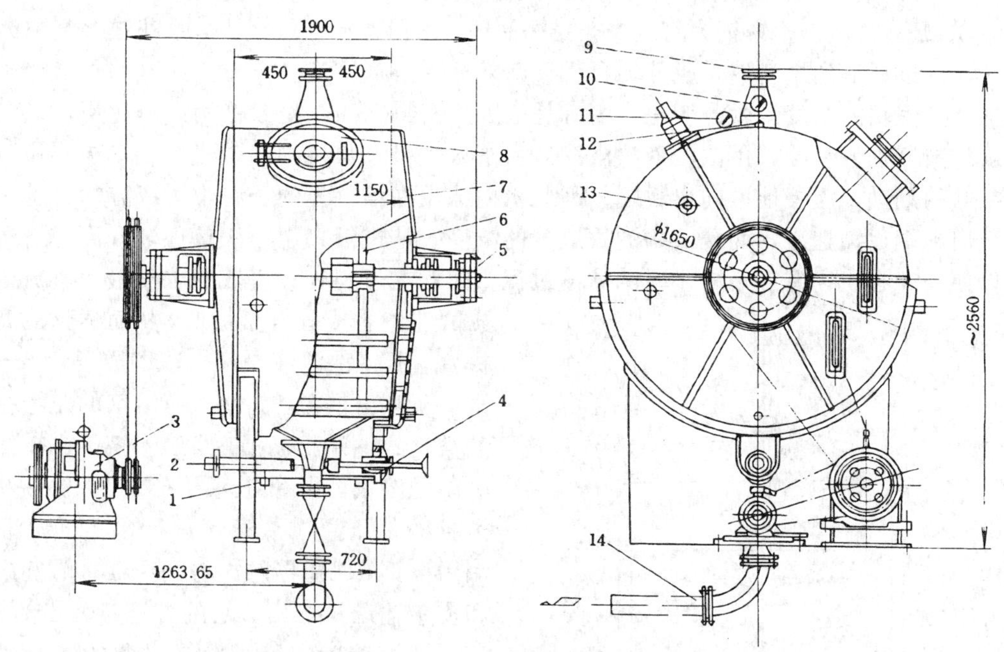

图50-17　1.5m³刮板式浸提机

1. 浸液出口；2. 蒸汽进口；3. 传动装置；4. 废液出口；5. 主轴；6. 刮板；7. 外壳；8. 进料门；9. 出气口；10. 压力表；11. 温度计；12. 透气口；13. 溶剂进口；14. 排污口

外壳内设有中心轴，轴上装有两组刮板，能翻动鲜花，使花与溶剂在动态下充分接触，转速2r/min。加料口设于外壳右上方，不需逐格加料，可一次直接投料。主轴的轴承和密封装置与转鼓式相同。浸提结束后可开启蒸汽，经多孔喷管在转动下回收沾附的溶剂。排渣口设在外壳最下部，废花渣可借水力输出，既可冲洗干净，又可节省时间，减轻劳动强度。单位容量的加花量和总处理能力与转鼓式大致相同。其主要特点与转鼓式浸提机相同，加料出渣既方便省力又节省时间。

3.4.4.5　泳浸桨叶式连续浸提设备

适用于大批量加工墨红、玫瑰、栀子等香花来生产各种优质浸膏。泳浸桨叶式连续浸提

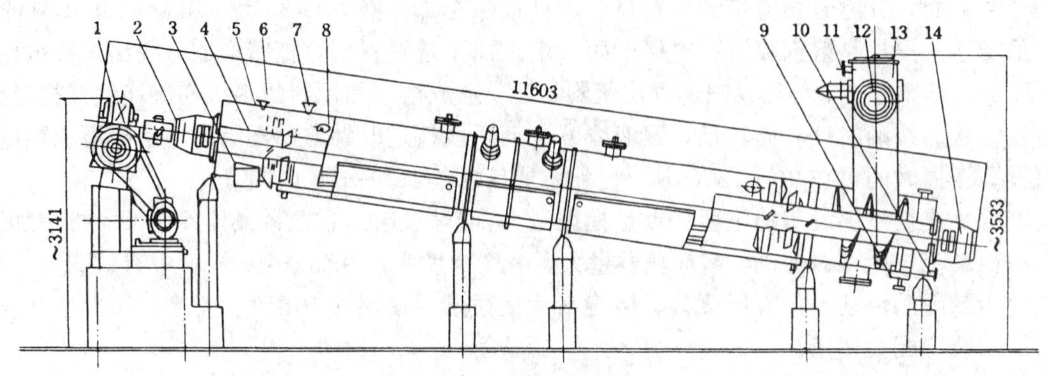

图 50-18 桨叶式连续浸提器

1. 传动装置；2. 后轴承座；3. 废料出口；4. 主轴装置；5. 下半筒体；6. 透气口；7. 溶剂进口；8. 上半筒体；9. 浸液出口；10. 浸液出口；11. 透气口；12. 鲜料进口；13. 进料斗；14. 前轴承座

器如图 50-18，材质以不锈钢为宜。根据浸提原理，采用逆流连续浸提，香花在溶剂中泳浸向前行进，从进料端到出料端香成分的含量逐渐降低。溶剂则逆流而过，所含的香料物质则逐渐增加。液固相的浓度呈微分变化。主机是一卧式密封圆筒，呈 8°仰角。鲜花用带式提升机经螺旋加料器加入料斗，用浓浸液喷淋润湿后落入主机，靠机内的带式螺旋推进器和节距不同的桨叶的翻动，缓慢地推向出料端。因此机内泳浸在溶剂里的香花中香成分的含量，从进料端至出料端逐渐递减，而浸液中的香成分的浓度，从进液口至出液口逐渐升高。筒身的容量足以使香花在机内有一个多小时的泳浸过程，因此在进料处浸提液的浓度最大，出料处排出的花渣香成分含量极低，从而达到最高的浸提率。所得浓浸液一部分浓缩成浸膏，一部分则用于喷淋润湿鲜花。带有溶剂的花渣在出料处被耙式输送机沥滤后，送入挤干机挤去部分吸附的溶剂，再经进料闭风器进入蒸脱机，在搅拌条件下用过热蒸汽进行水蒸气蒸馏回收沾附溶剂，残渣再经出料闭风器被螺旋出渣机和皮带输送机送出。总的处理量为 15t/d。

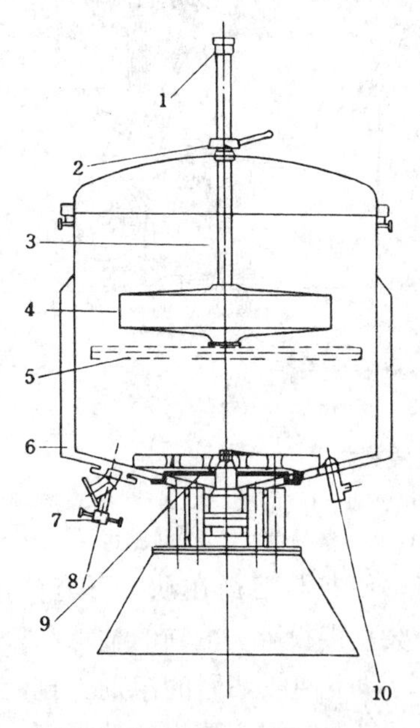

图 50-19 浮滤式萃取器

1. 接软管；2. 锁紧装置；3. 中心吸滤管；4. 浮筒；5. 过滤片；6. 夹套；7. 涡轮搅拌器；8. 放料阀；9. 底部蒸汽室；10. 直接蒸汽

泳浸桨叶式连续浸提设备的特点是能连续、大批量、及时地在香花最佳条件下加工，得率稳定，质量优良，溶剂损耗低，能源省，投资费用小，操作条件和劳动强度均有所改善。

3.4.4.6 浮滤式浸提设备

浮滤式浸提设备如图 50-19。本设备专用于浸提粉末状、颗粒状及树脂状原料，适用于加工树兰花、芸香、田七等香料植物，制取浸膏。浸提器快开大口盖，壳体外焊有半圆形蛇管供加热和冷却用。器内底部装有涡轮搅拌器，由转动翼轮及固定导向轮组成，能使物料与溶剂充分搅拌混合。动力来自器底，设有双端面机械密封。器内有叶片式过滤片（外包滤布），上连浮筒。中心吸滤管由顶盖中央伸出，可上下滑动，由盖上的轧头定位。管外由软管接至自吸式电动泵，中心吸滤管中所得清浸液由泵通过过滤器送至浓缩锅或浸液贮罐。浸提器另有回收溶剂气管接至冷凝器及油水分离器以回收沾附溶剂。

操作方法是先升高过滤片并轧紧吸滤管，加料后上盖，加入溶剂，开动搅拌器充分拌和。搅拌时间根据原料特性确定。搅拌停止后澄清一定时间，然后松开轧头放下滤片，澄清液由泵吸出。由于浮筒的浮力，滤片始终恰好浸在澄清液中，至清液滤完碰到沉淀物而浮筒不再继续下沉时，开启吸滤管，再加溶剂，开动搅拌、进行第二次浸提，方法如前。浸提及浓缩部分与鲜花浸提基本相似。

浮滤式浸提设备的特点是浸提、澄清、过滤在一台设备中进行，过滤是在澄清液中进行。过滤面在清液上部由上而下，滤布不易受细粒原料或胶状物堵塞，适用于粉末状、颗粒状及树脂状原料的浸提。

3.4.4.7　热回流浸提设备

适用于岩蔷薇、树苔、鸢尾、灵香草、云木香、枣、桂圆、可可、田七等，以加热回流法制备各种酊剂。根据索氏浸提原理，原料浸没在溶剂里，在加热情况下回流浸提其中香成分，得浓浸液。原料不同，使用的溶剂也不同。如树苔、岩蔷薇、灵香草、枣、桂圆、田七等选用乙醇为溶剂，鸢尾、云木香等则用石油醚为溶剂。浸提锅如图 50-20，是一密封形立式圆筒，下面焊接一倾斜状锥形底，卸料门则装在锥形底下面。出料门上装有浸流出口，蒸汽进口和筛网。操作时先加料，后加溶剂，开蒸汽控制浸提温度。回流浸提若干小时后，放出浸液到酊剂制备工序，再进行二次洗浸或三次洗浸。二、三次洗浸液可以依次套用。浸提结束后，开夹套蒸汽回收沾附溶剂。溶剂蒸汽经气管到冷凝器和贮存罐，所得稀乙醇溶液分馏后复用。出料时放松锁紧气缸，用开盖气缸将料门开启，同时开动推料气缸使推料杆上下移动，以利出料。上述操作可由气运逻辑元件组成的程序控制器来控制。$1m^3$ 的回流浸提器则采用电动搅拌装置取代气运通料器。

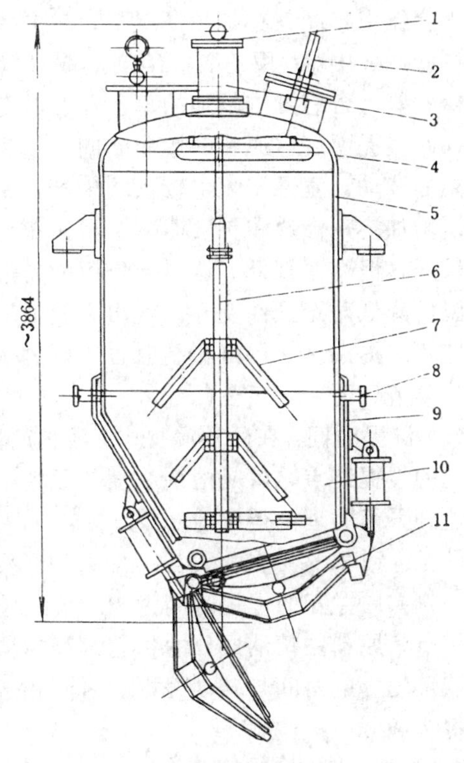

图 50-20　$3m^3$ 浸提锅

1. 压力表；2. 入孔加料口；3. 伸缩气缸；4. 锅顶；5. 锅身；6. 轴；7. 桨；8. 蒸汽进口；9. 夹套；10. 锥底；11. 出渣门

3.4.5　浸提工艺

（1）装料：原料应松散地加入浸提器中，料层要保持均匀，高低一致。固定浸提、搅拌浸提及逆流浸提的装载高度一般为浸提器的 60%～70%。与溶剂接触后会迅速收缩的原料可适当多装。转动浸提的装载高度一般为浸提器的 80%～90%。

装载量与浸提效率密切相关，故装料时应注意下列几点：①为了使原料与溶剂接触充分，应保证最大的接触面积；②为了有利于溶剂渗透和精油扩散，应确保最好的传质效率；③料层太厚会影响浸出率，因而固定浸提最好分格装载；④坚硬或颗粒较大的原料应破碎处理后再装载。

(2) 溶剂量：固定浸提和搅拌浸提的溶剂应盖没料层，一般为1：4～1：5kg/L。转动浸提的溶剂量为1：3～1：3.5kg/L。逆流浸提的溶剂是连续加入的，总加入量为原料4倍左右(体积)。

固定、搅拌和转动浸提在浸提后常要更换溶剂进行洗涤，这时溶剂加入量可按原料吸收溶剂的情况适当减少。

选择合适溶剂比十分重要。溶剂量太少会影响得率，太大会降低溶剂的选择性，将更多的杂质浸提出来。

(3) 植物原料的粉碎度：如前所述，植物原料经粉碎后，一部分含精油的细胞破碎，精油暴露在植物组织表面，增加了与溶剂接触的机会。物料的表面积越大，与溶剂接触面也就越大，提取率也就越高。但是如果粉碎过细，因吸附作用加强，反而不利于浸润和扩散的进行，结果导致得率下降。原料粉得过细，植物原料间的空隙就越小，有些原料可能会发生较强的水合作用，尤其在加热情况下，较易生成糊状。这不仅影响有效成分的浸出，而且给下一步过滤增加困难。用乙醇等溶剂提取时以20～30目最好，含淀粉较多的原料象鸢尾根等根茎宜粗一些，含有纤维较强的草、花、叶等可略细一些，一般以40～50目为宜。

(4) 浸提温度：原料的性质不同，适宜的浸提温度也各不相同，最常用的是室温。但由于气温的波动，室温变化也较大。生产上常在升温或降温下进行浸提，这是由于适当提高温度可以增加溶剂渗透和扩散速率，浸出率会显著提高。温度降低可以控制酶的活动，产品的质量较好，但得率较低。这里起作用的是溶剂的选择性：温度升高，选择性变差，浸出率就高；温度降低时选择性变好，浸出率就低。生产上应根据生产条件和生产要求以及原料的性质来选定浸提温度。用鲜花制取香气好的优质浸膏往往采用低温浸提，因为高温会使部分香气成分分解。

(5) 浸提时间：在间歇浸提中，浸提时间主要是指从浸提开始到放出浸提液时所需时间。理论上的浸提终点，就是溶剂浓度与原料中浓度开始呈动态平衡之时。但在实际生产中，往往在达到平衡时理论得率的80%～85%即停止浸提。有时对要求快速浸提的原料，如大花茉莉，只要达到70%～75%浸出率即可停止浸提。浸提时间主要决定于原料品种和原料的组织情况，例如白兰花的浸提时间为3h，而大花茉莉为15min。浸提时间一般不宜过长，越接近浸提终点，原料中精油成分的扩散速度越慢，而杂质的溶解和扩散相反会增加。

连续浸提的时间与转动浸提的时间相近，例如茉莉花的平转式逆流浸提为96min，鼓式转动浸提为90min。

3.4.6 浸提液的蒸发与浓缩

由于所用溶剂均为挥发性有机溶剂，溶剂与溶质的沸点往往相差较大，因而浸提液就容易蒸发浓缩。蒸发浓缩一般用常压间接蒸汽加热方法进行，蒸发回收的溶剂可直接用于生产。溶剂蒸发后，溶液中溶质的浓度逐渐增加。根据产品的要求可浓缩成下述不同浓度的浓缩液。

(1) 浓缩浸液：通常根据产品规格要求，按浸提液所含主香成分的百分比浓缩成不同的倍数。

(2) 酊剂：常按原料比例来控制浓缩液量，如成品浓度为1∶1，则100kg原料制成酊剂量也为100kg。

(3) 鲜花浸膏：这类产品的浸提液常溶有花粉等杂质。花粉在浓度低时能溶解，达到一定浓度后就会析出。所以对每种鲜花都要选择较适宜的浓缩液的浓度范围，例如茉莉花浓缩液的适宜浓度为20～30kg/L。析出的花粉可以用滤纸在室温常压条件下滤除。

(4) 一般浸膏和香膏：这类产品浸液可初步进行常压蒸发浓缩到较少量，以利于下一步减压浓缩。一般以百分比控制浓缩量（浸提液为基准）。粘度大，沸点高的产品也可以直接用常压蒸发浓缩制成浸膏或香膏。

浸液用常压蒸发浓缩时，如存在热敏性香成分，尤其是鲜花类浸液，应采用连续式薄膜蒸发器浓缩，蒸发速度快，浸液受热时间短。

3.4.7 浸膏的制备

常压蒸发浓缩回收大部分溶剂后所得的浓缩液，为了保护其有效香成分和加快浓缩速度，常采用减压浓缩方法进行二次蒸发浓缩，最后制成浸膏和香膏等产品。

鲜花类或含热敏性成分的浓缩液，在减压浓缩过程中必须控制好以下一些工艺参数：

(1) 真空度：真空度一般控制在80～84kPa，常采用水循环式的喷射真空泵。

(2) 加热温度：一般保持在35～40℃，常用夹套热水加热。

(3) 溶剂冷凝冷却：冷凝介质一般采用－10℃左右的盐水（氯化钙溶液），接受器要用－10～－5℃的盐水冷却保温。

(4) 搅拌：在减压蒸发浓缩接近一半后，为了加大浓缩液受热面积并使受热均匀，可连续进行搅拌，加快蒸发浓缩速度。搅拌速度以120～150r/min为宜。

当减压浓缩到半凝固状态（粗膏）时，绝大部分溶剂已被回收，粗膏中含溶剂量已很少，约为15%～30%。为了把残留溶剂在较短时间内快速脱除，常采用无水乙醇与溶剂共沸法。无水乙醇与石油醚的共沸组成为1∶4。

无水乙醇加入后的制膏条件如下：

搅匀　将无水乙醇与粗膏充分搅匀。

温度　由原来的35～40℃加热到比浸膏的最高熔点（根据质量指标）高出2～3℃。

真空度　由原来的80～84kPa提高到93.3～94.7kPa。

时间　脱除溶剂制成成品的时间控制在15～20min。

对于热敏性强的鲜花类浸膏，在上述条件下，更要控制好制膏时间，越短越好。

3.4.8 净油的制备

在浸提过程中，大量植物蜡溶入溶剂，在蒸发浓缩过程中又未能析出除去。为了进一步提纯，必须把浸膏中大部分蜡除去。所得的制品至少在常温下呈液状或半流动状，质量高的在0℃下仍呈液状。这些不同质量的精制品均称为净油。

制备净油时用95%以上的精制乙醇除蜡。乙醇对蜡的溶解度随温度下降而下降，而乙醇对精油成分的溶解几乎不受温度影响。制备净油就是利用这一特性达到除蜡的目的。但蜡一般不能完全除净，只能按产品质量要求来控制除蜡时的冷冻和过滤温度，尽可能将蜡除去。除去的蜡应洗涤至基本无精油成分。

一般制备净油常用如下4种温度：①浸膏用乙醇溶解后，溶液的冷冻和过滤全部在15～25℃的室温中进行；②将上述初滤液和洗涤液合并后，浓缩到原浸膏量的3倍，然后在10℃

下冷冻和减压过滤；③将室温所得的初滤液和洗涤液合并后，置于0℃下冷冻和减压过滤；④在③的基础上所得滤液，再置于－15℃～－20℃的低温中冷冻，并在同样低温下进行减压过滤。

通过上述4种温度所得滤液均可直接使用，或通过浓缩制成不同温度的净油产品。

净油制备过程中应掌握如下几个要点：

(1) 先将浸膏和乙醇进行充分溶解，可以加温，也可在室温下进行。

(2) 乙醇用量：乙醇用量为浸膏量的12～15倍。乙醇用量过多，会造成除蜡困难，过少也会影响乙醇对芳香物质的提取效率。一般溶解浸膏的乙醇用量为总用量的50%左右，其余一半用于洗涤滤蜡。洗涤时应把所用乙醇量均匀分成3～4份，在室温下反复搅拌洗涤3～4次。至于各种低温除蜡，可用少量乙醇以同样低的温度在滤纸上搅拌洗涤2～3次。

(3) 冷冻时间：一般为2～3h。

(4) 过滤要求：采用80～93.3kPa的真空度进行减压过滤。过滤速度要求快，但滤纸边缘处不能有短路现象，过滤器按要求温度进行保温。

(5) 浓缩与制净油的工艺要求：①采用减压蒸发浓缩，真空度为73.3～80kPa。当乙醇基本蒸发完时，提高真空度到93.3kPa。②加热温度，用水浴加热。水浴温度由40℃逐渐升温到65℃，但不要高于65℃。一般应保持在45～55℃。③在减压蒸发浓缩过程中也采用搅拌，以加快乙醇的蒸发，但要防止液泛。④净油产品的乙醇残留量应不大于0.5%。

3.4.9　残渣中溶剂的回收与处理

经过最后一次洗涤，吸附在残渣中的溶剂一般为原料的40%～60%。残渣中的溶剂常用直接蒸汽蒸馏回收。回收的溶剂常带有青辣味或其他异味，重新使用会影响产品质量。用精馏法处理回收的溶剂时，每次处理约留下5%残液，使青辣味和其他异味滞留在残液中。也可以采用吸附剂除去回收溶剂中的异味。

有些原料如白兰花、玳玳花、橙花等，存在于花萼或花蕊中的精油，大部分难于浸出，在用水蒸气回收残渣溶剂时，只有一小部分溶入回收溶剂中，所以溶剂回收后的残渣，还要用直接蒸汽蒸馏4～5h，以回收其精油。另外在回收溶剂时也通过蒸发浓缩的方法回收其精油。把这两种所得精油混合在一起，即为副产品。

3.5　压榨法

压榨法主要是指柑橘类果实或果皮通过磨皮或压榨而提取精油的一种方法。

在柑橘类的精油中（例如红橘油、甜橙油、柠檬油、香柠檬油、圆柚油、佛手油等），萜烯和萜烯衍生物含量高达90%以上，这些化合物在高温下或经长期放置，会发生氧化、聚合等反应，而导致精油变质。由于水蒸气蒸馏法是在95～100℃高温下进行的，在高温下沸水中生产出来的柑橘类精油质量不好，产品香气失真。压榨法的最大特点是生产过程可以在室温下进行，这样可以确保柑橘油中的萜烯类化合物不发生化学反应，从而确保精油质量，使精油香气逼真。

压榨法生产柑橘类精油，一般生产方法可以分为两类：一种是传统的手工生产法，这些方法最早起源于意大利和法国，属于小规模生产；另一种是近代的机械生产法，这些方法在中国香料厂已广泛使用。

3.5.1　冷法压榨原理

柑橘类精油的化学成分多为热敏性物质，如甜橙油，除含有大量易于变化的萜烯类成分外，其主要香成分为醛类（癸醛、柠檬醛），受热易变质，因此，柑橘油的提取适于用冷榨和冷磨法。

柑橘类果皮中精油位于外果皮的表层，直径一般可达0.4～0.6mm，无管腺，周围无色壁，是由退化的细胞堆积包围而成，如果不经破碎，油囊则不易破裂。但橘皮放在水中浸泡一定时间后，水渗入油囊中，使油囊内压增加，施加外压时，油囊就容易破裂，从而射出精油。因此，冷法压榨就是利用尖刺的突起物刺伤用水浸泡过的柑橘类外果皮，使油囊破裂，精油释放出来，然后用水喷淋，经澄清、分离、过滤，除去部分胶体杂质，最后高速（6 000r/min）离心，利用油水比重的不同将油分出。

橘皮的中果皮是纤维素所构成的较厚的海绵层，内含丰富果胶质。在压榨过程中，海绵层将会吸收从破裂油囊中流出的精油，而且采摘下来多时，或在树上过熟的果实，其果皮失水变得坚韧不易破裂，两者都不利于提油，因此，在压榨前用浸泡剂浸泡果皮使之变软，这样海绵层吸收精油的能力将大大降低，果皮吸收浸泡液后变软，也使油囊容易破裂，有利于提高得油率和压榨效率。

由于海绵层的果胶很容易渗于水中，能使水和油起乳化作用，造成油水分离困难，还会导致油液浑浊不清，因此压榨时，必须调整好磨刺程度和压力，尽量减小果胶混入油水混合液中，橘类不同，果皮厚薄各异，油囊在外果皮中的位置有深有浅，大小也不一，因此要求柑橘提油机的设计有不同大小的尖刺，不同的转速以及不同的压力。磨果与压榨时，必须注意，橘果受伤过多，或压力过大，橘皮浸泡时间过长使之过软，都会导致过多橘皮碎片进入油水混合液中，以及大量的果胶溶解在油水混合液中。

浸泡剂一般为清水或过饱和石灰水，利用石灰水作浸泡剂，可以使果胶先变为不溶于水的果胶酸盐，这对压榨后油水分离十分有利。

3.5.2　压榨方法

压榨法提取柑橘油分为手工法和机械法。也可按采油时是整果还是散皮分为整果采油法和散皮采油法。

3.5.2.1　手工法

手工法有整果刬榨法和果皮海绵吸收法两种方式。

(1)整果刬榨法：刬榨法是法国南部尼斯和意大利北部生产橘油的一种传统方法。生产的主要设备是直径20cm的黄铜制漏斗形刬榨器，如图50-21。在刬榨器内壁上装有很多小尖钉，把柑橘类果实放在漏斗上，用手进行滚磨。外果皮上的油囊被刺破，精油和碎皮屑一起流经漏斗管进入油水接受器内。集中油水混合液于瓷罐中，放在5～10℃冷室里，静置后分出上部精油。此法特点是手工操作，生产效率低，常温加工，精油气味尚好。

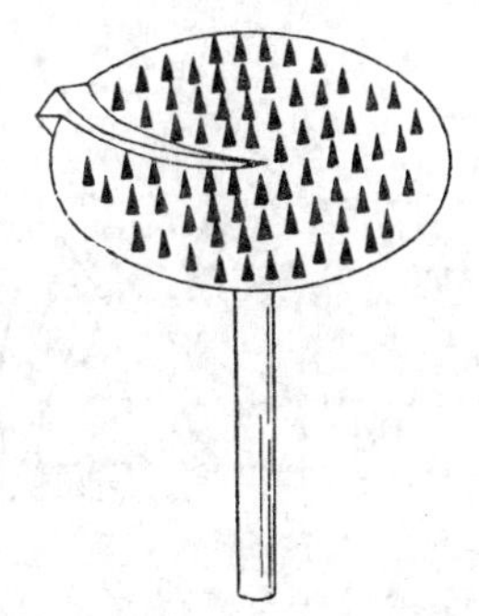

图50-21　漏斗形刬榨器

(2)海绵吸收法：海绵吸收法是意大利西西里岛生产橘油的传统方法。主要设备是在木桶内装有1个凹形海绵下压板，在海绵凸形上压板上装有1个螺杆手柄，如图50-22。将橘皮放在海绵下压板凹形中间，以手旋动螺柄，带动螺杆和上压板向下压榨。压榨中将橘皮翻动多次，使油囊破裂，精油流出吸附在海绵上。逐渐达到饱和后，再将上下压板海绵进行挤压，把油和水压入接受瓶中，静置澄清后分出上部精油。

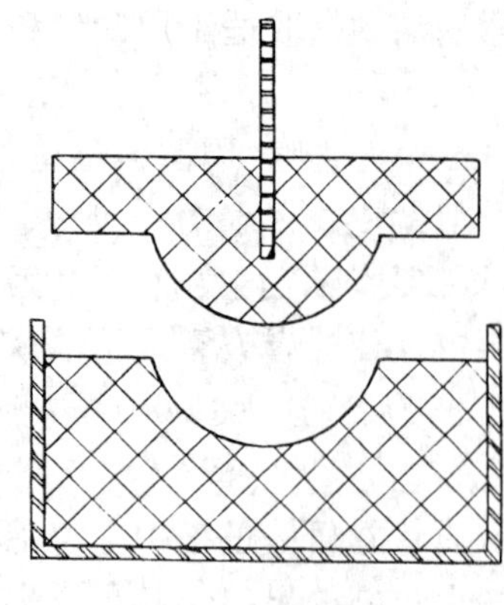

图 50-22 海绵吸收器

此法手续繁琐，产率低，只能吸收橘皮中50%～70%的精油，但精油质量较好。

3.5.2.2 机械法

（1）整果冷磨法：整果冷磨法分为平板式磨皮法和简易磨皮法，以及散皮螺旋压榨法。

平板磨橘机是利用两块转动的磨盘和四壁的磨钉来磨刺整果果皮，转速（120～150r/min）和磨皮时间均可调节，以适应不同的果实。一般皮厚而坚实的果实，磨盘转速可适当加快，磨皮时间也可适当延长，皮薄而软的果实，磨盘转速可适当减慢，磨皮时间也宜减少。总之，磨皮时间既要掌握磨油效率，也要防止磨得过分，伤及中果皮，因为中果皮中含有大量水溶性果胶，致使油与水不易分离。此法最适宜于柠檬，甜橙和广柑等，所得精油品质较优。

（2）螺旋压榨法：是利用具有一定压榨比的螺旋压榨机进行压榨。压缩比一般为 8∶1～10∶1。由于果皮破碎时，海绵组织也被破坏，用水喷淋时，大量果胶溶于水中，随精油一起从多孔板流出。果胶溶于水中后，能使水和油起乳化作用，造成分离困难。所以果皮在生产前必须用适当的浸泡剂，如石灰水，使果胶先变为不溶于水的果胶酸钙，同时也使果皮变得软硬适度，以利于压榨和分离过程，在压榨前，必须把果皮上多余的浸泡剂用清水洗净。此法对各种零散鲜果皮或干果皮均较适宜。

3.5.3 压榨设备

系柑橘、柠檬之类鲜果的综合利用设备。大致可分为整果或碎散果皮加工两种类别。整果加工是在既不破坏果实的完整性，又从其表皮中提取精油，如冷磨广柑油、冷磨柠檬油等。碎散果皮加工则适用于橘皮、柚皮，经压榨使其表皮里的油囊破裂提取冷榨油。兹将各类压榨设备和高速橘油分离机分述如下：

（1）柑橘取油机：亦称磨橘机，适用于柑橘、柠檬等鲜果。整果在机内上下振动的齿条尖端撞击下，刺破表皮里的油囊，在不破坏果实完整性情况下，从其表皮中提取冷磨柑橘油或冷磨柠檬油，如图 50-23。

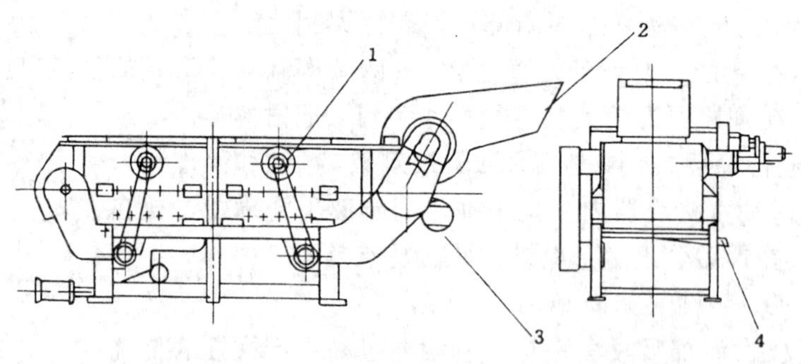

图 50-23 柑橘取油机外形图

1. 激振器；2. 进料口；3. 出料口；4. 油水混合物出口

该机由进料传动、机架、激振器、刮板、水泵等部分组成。

经过洗刷干净后的整个柑橘、柠檬等鲜果，由进料口经进料滚筒分配到刮板输送链上，在往前推移的过程中，和不断上下振动的齿条尖产生撞击和翻动，被刺破的表皮中油囊将精油射出，由喷淋水冲洗下来，通过出液槽和出液斗，将油水混合液送出。取油后的鲜果则随着刮板输送链由下层的出料口输出。油水乳化液经高速橘油分离机得冷磨油。

该机的振幅和鲜果被刺时间可在一定范围内进行调节，处理能力为2 500kg/h（鲜果），刮板速度1.3～2.5m/min，无级调节，振动频率2300次/min。鲜果应分级、清洗，浸泡后再加工。

(2) 整果磨橘机：亦称阿文那磨橘机，适用于柑橘、柠檬等。鲜果在旋转的磨盘上借助于离心力使整果与盘面和器壁上磨橘板相磨撞，使表皮里的油囊破裂，在保持鲜果的完整性的同时，从表皮中提取冷磨柑橘油或冷磨柠檬油。

机体内主轴上有上下两个水平磨盘，磨盘面上镶不锈钢磨橘板，机体四周则砌有玻璃磨橘板，磨橘板的表面均带有棱锥体尖刺。该机是由机身、料斗、加料门、磨盘、主轴传动机构、喷淋系统、出汁刮板、出料门、阻尼器及由蜗轮和凸轮组成的定时机构等部分组成。

分级后的鲜果经洗刷干净后，在加料门关闭时定量的加入二格料斗内，根据给定的程序，料门自动打开，整果即落到磨盘面上，同时喷淋水也自动开启不断冲洗，在盘上的鲜果被离心力推向机壁，与水平方向和垂直方向的磨橘板相碰击。被刺磨破裂的油囊，将精油射出，在水的喷淋冲洗下，得油水混合液。鲜果在机内停留一定时间后，出料门自动向机体内开启，整果随之滚出，出料门动作时喷淋阀也随之关闭。

磨盘转速由无级调速器在120～220r/min调节，鲜果刺磨时间也是由无级调速器在每次60～150s调节，转速与时间随品种、成熟度、新鲜程度和大小等级的不同而异。以柠檬为例，可分为四级，磨盘转速为200～220r/min停留时间每次90～135s，加料量每批10～12kg，平均得油率为4.3/1 000。广柑可分为大中小三级，磨盘转速145～175r/min，停留时间每次65～80s，加料量每批14～16kg，平均得油率2.33/1 000。每小时每套整果磨橘设备约可加工柠檬320～400kg，广柑340～390kg。根据我国柑橘产地分布情况，设计了简易平板磨橘机，如图50-24，以适应分散就地加工鲜果或落果用，其工作原理与阿文那磨橘机相同，人工操作，转盘与外壳内壁则采用金刚砂涂层，磨盘转速375r/min。

一般甜橙整果冷磨得油率为0.35%～0.37%。

(3) 螺旋压榨机：该机系柑橘类果皮的综合利用设备，适用于各种柑橘类碎散果皮。在连续作用的机械力压榨下，将表皮中油囊破碎，提取冷榨柑橘油，亦可用作整果榨汁用。

该机由机架、进料斗、加料螺旋、螺旋轴、多孔榨笼、调压头、喷淋管等部分组成，其传动是由电动机通过三角皮带轮及减速器后驱动螺旋轴。加料螺旋是由螺旋轴通过链轮等机构带动，如图50-25。

原料（碎散柑橘类果皮）加入料斗后，由加料螺旋均匀地推入压榨膛内，由推进段螺旋推进，原料在自动的连续推进的过程中，前进的速度越来越慢，螺旋与榨笼之间构成的空间体积逐渐缩小，促使原料的密度增加，压力逐渐加大，形成了对原料的压榨作用，表皮中的油囊破裂，柑橘皮压成碎渣，油囊里的精油受压射出，在喷淋水冲洗下形成油水混合液，通过多孔榨笼，流入接液斗，碎渣则通过螺旋机尾排出。为保证橘油得量及控制碎渣的干湿度，可调节调压头的环形间隙。

处理能力：碎散果皮400～500kg/h，果肉约2t/d，最大压缩比10∶1，榨笼外径锥度1∶5，压榨螺旋转速80r/min。

螺旋压榨法：香柠檬果皮得油率为0.48%。

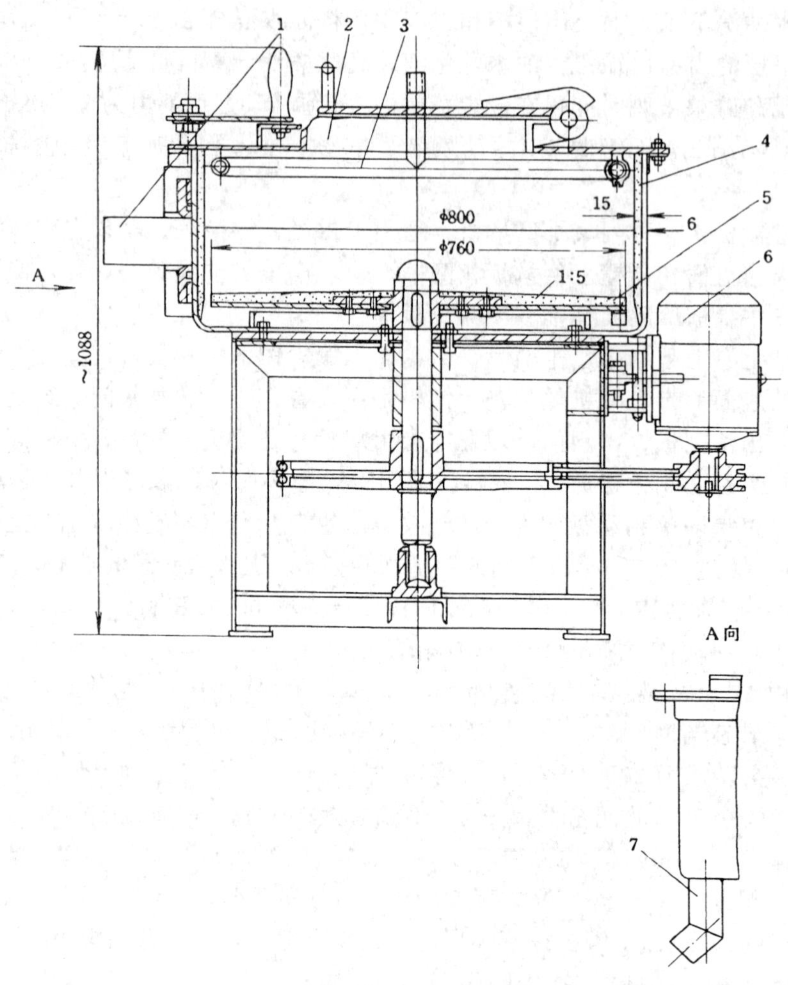

图 50-24　简易平板磨橘机

1. 排橘口；2. 进料口；3. 喷淋管；4. 壳体；5. 底盘；6. 传动机构；7. 出油口

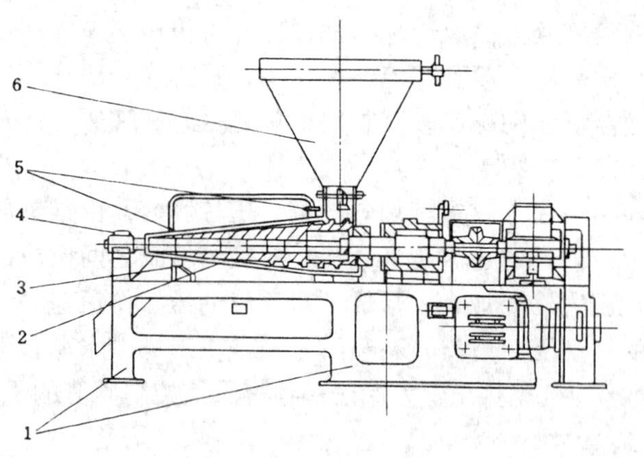

图 50-25　螺旋压榨机

1. 支座；2. 榨笼；3. 螺旋；4. 螺旋轴；5. 喷淋水管；6. 加料斗

(4) 橘油分离机：橘油分离机又称为蝶式高速分离机。该机适用于冷磨、冷榨出来并经沉淀过滤后的柑橘油的分离。油水混合液借助于离心力将两种不同密度的液体分离，以分得粗制柑橘油。

该机内部的分水环，是控制排水量的零件，可根据不同种类选择使用。选择是否适当，对精油分离效果和得率都有直接关系。根据生产实践，所选用的分水环大体是：广橘油∅110～116mm；红橘油∅110～113mm；柚子油

∅113mm；柠檬油∅116mm。

本机属于间歇式高速分离机，由于混合液带入的固形物逐渐堆积在转鼓内，使分离效果降低，因此运转一定时间后要停机清洗。分离能力为 1 000～1 500L/h 混合液。

(5) 自动排渣离心机：该机用途是从冷磨，冷榨柑橘油，水混合液中分离橘油。生产能力为 3 000L/h，其结构如图 50-26。主机由传动装置、机架、分离盘、分离碟片、计数装置、排渣装置、刹车等组成，电动机由离合器斜齿传动主轴带动分离钵转动。

柑橘油水混合液进入该机后，高速钵的离心作用将柑橘油从水中分离出来，分离钵内的渣和杂质当操作液进入分离室时，由于离心力的作用，滑座向下滑动而打开转钵达到排渣目的。

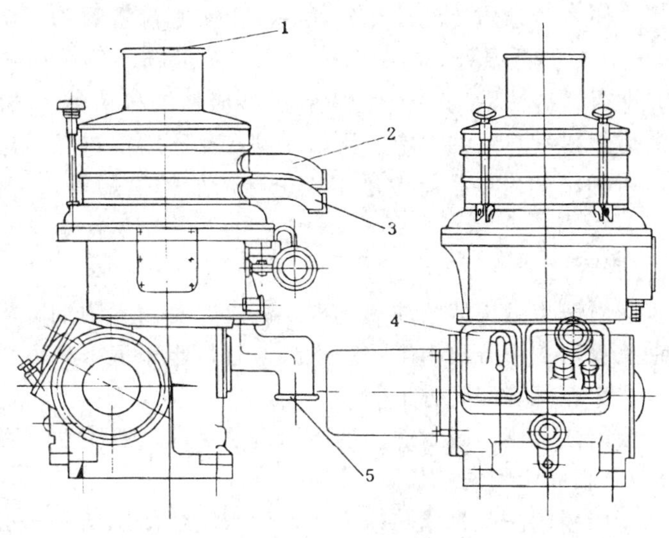

图 50-26　自动排渣橘油分离机

1. 进料口；2. 出油口；3. 出水口；4. 出渣口；5. 传动装置

3.5.4　压榨工艺及注意事项

(1) 循环喷淋水：所谓循环喷淋水是指从离心机分离出来的水液继续用于磨皮或榨皮时的喷淋。无论是磨皮或榨皮，当油囊破裂后，精油虽会喷射而出，但仍有部分精油留在油囊中，或已喷出的精油为果皮碎屑或海绵组织所吸收，所以在磨或榨的同时，必须用循环喷淋水不断喷向被磨或被榨物，把精油从物料中冲洗出来。循环喷淋水一般使用一天后就要另外处理，需用蒸汽蒸馏法回收水中精油。如喷淋水已开始变质，经离心分离精油后，即应弃去。

为防止压榨法生产过程中精油粘稠液乳液的生成，常在喷淋水中加入少许水溶性电解质，例如硫酸钠等，其浓度为 0.2%～0.3%，还要用碳酸氢钠或乙酸，使喷淋液的 pH 值控制在 7～8 或 6～7，弱碱性有利于抑制酶菌的活动，微酸性可保护柑橘类精油中的有效成分。

(2) 过滤与沉降：磨皮或压榨皮时，由循环喷淋水从果皮上或碎片上冲洗下来的油水混合物，常常带有果皮碎屑，尤其是螺旋压榨后，碎屑更多，为此，经常采用连续旋转式或圆筛过滤器进行过滤。粗滤铜网网眼为 24～60 目。细滤铜网网眼为 80～120 目。经过滤后得到的油水混合液有时还需要通过多级隔板式沉降槽进行沉降，使形成的果胶盐类物质逐渐沉降下来。

(3) 离心分离：经过过滤或沉降后的油水混合液，还须经高速离心分离后，才能获得精油。离心机分离一定时间后，由于机内逐渐集中残渣杂物，分离效率也随之下降，因而进料流量也应逐渐减慢。所以离心机在连续使用几小时后，要停机拆洗一次，在停机之前，先将机内存油冲出，方法是加大进料量，先将精油冲出，然后再冲出浑油和油脚，浑油在下批离心分离时加入，油脚经水稀释后加入粗过滤中。

(4) 榨磨后果皮处理：螺旋压榨后的碎片可用水中蒸馏法回收残渣中的精油。水中蒸馏时所用水液可用未变质的循环喷淋水。磨皮后果实如用于加工橘罐头，往往要把磨过的果皮剥下，破碎后用水蒸气蒸馏法回收其精油。水中蒸馏所加的水也可以用作循环喷淋水。

3.5.5 产品净化与精制

由高速离心机分得的精油，还没有完全澄清，含有水和杂质。因此应先经过一段时间的静置，使水、杂质等能较充分地沉淀下来。静置时为了防止柠檬烯等萜烯化合物聚合，常置于5～10℃的低温处。静置后分出水和沉淀物，然后用减压过滤和助滤剂除去油中的悬浮杂质，即得“冷法油”。由残渣得到的残渣精油和从循环喷淋水蒸馏所得的“水中油”，经脱水过滤后即得“热法油”副产品，此副产品不得混进“冷法油”中。

柑橘精油由于含有大量不稳定萜烯如柠檬烯等，在使用前常用60%～70%乙醇进行除萜。

3.6 吸附法

吸附法也是提取精油的一种方法，即利用吸附剂吸附精油成分，再用溶剂进行脱吸，把精油从吸附剂中分离出来。吸附法最宜用于采摘下来后仍有放香作用的鲜花原料的加工。如茉莉、大花茉莉和晚香玉等。

吸附法分脂肪吸附法、油脂温浸法和吹气吸附法3种。其中前两种是较古老的方法。

3.6.1 脂肪吸附法

脂肪吸附法又称脂肪冷吸法，该吸附法的脂肪基一般用一份高度精炼的牛油和两份精炼的猪油混合而成，软硬适中，吸附力强，非常适宜于鲜花的冷吸。

采用的花框是一个长方形的木框，高50mm、长500mm、宽400mm，中间镶着一块玻璃。加工时用铲子在玻璃的两面涂满脂肪基，然后手工将鲜花平铺于涂有脂肪基的玻璃板上。必须注意，有露水或雨水的花绝对不能用，因为水分会使脂肪基变坏。铺好花的框层叠起，框中铺上花的一面脂肪与花直接接触，起溶剂作用，另一面的脂肪层则不与花直接接触，用来吸收下面花框挥发出来的精油。一般放24h后，花中的精油大部分已挥发被吸收。花开始凋败而渐有不好的气味，这时就必须除花。花框中每一朵残花、碎瓣都除去后，立即换铺新花、铺花时所有花框均上下反转，把花铺在原来不铺花的一面，这样周而复始，直至脂肪基吸收精油达到饱和，然后将脂肪基从玻璃板上刮下，即得冷吸香脂。冷吸香脂可以利用乙醇精制成冷吸净油。大花茉莉的冷吸过程需要70天左右，即需换花70批。

另外每天从花框上取下的残花还含部分精油，可以用石油醚浸提制取浸膏。但浸膏中含较多脂肪、浸膏用乙醇溶解后进行低温冷冻和过滤可以除去脂肪和蜡质，得到残花净油。

3.6.2 油脂温浸法

此法可以用来加工已开放的鲜花。过程是将鲜花浸在温热的精炼过的油脂中，经一段时间后更换鲜花，反复操作，直至油脂被精油饱和。已饱和的油脂除净废花后，即得香花香脂。香脂可用乙醇精制成香脂净油。但由于操作繁杂，油脂作为吸附剂有不少弊端，目前已不再采用此法加工鲜花。

3.6.3 吹气吸附法

即利用具有一定温度和湿度的空气按一定风速均匀地鼓入一格格盛有鲜花的花筛中，把精油成分从花中吹出，然后通过活性碳吸附层，精油则被活性炭吸附。当活性炭吸附达饱和时，再用溶剂进行多次脱吸，回收溶剂即得吸附精油。所用活性炭为颗粒状，使用前必须置于120℃的烘箱中干燥2～3h。活性炭层一般分装三层，每层高度为10cm。

吹气吸附法适用于加工大花茉莉、茉莉、晚香玉等鲜花类原料。以茉莉花为例，吹气吸附的工艺条件为：①风量：1kg花50L/min；②空气（风）的相对湿度：85%～90%；③每格花筛的鲜花厚度：5～7cm；④吹气吸附时间：18～24h。

饱含精油的活性炭用精制石油醚（沸程68～71℃）以1∶2的比例进行脱吸。脱吸液经常压浓缩和真空分馏回收石油醚后，即得吹吸精油。茉莉花的吹吸精油得率为0.2%左右。残花用溶剂浸提法制得的浸膏得率为0.17%～0.2%，再由吹吸残膏制得浸提净油，得率为残膏的45%～60%。由此可见采用吹气吸附法加工后的残花再浸提，精油总得率比单纯采用溶剂浸提法要高得多。

吹气吸附设备如图50-27。主要由空气过滤器、增湿室、鼓风机、花室、活性炭吸附层等部分组成。

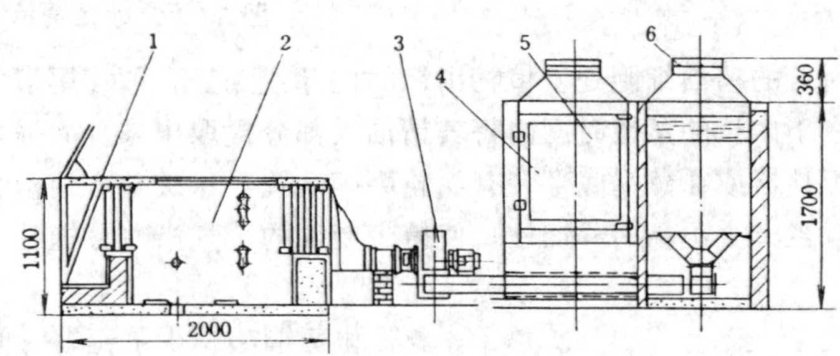

图50-27　固体吸附剂吸收法设备

1. 空气过滤器；2. 增湿室；3. 鼓风机；4. 花室门；5. 花盘；6. 活性炭吸附器

3.7　林产香料加工的新工艺和新方法[2]

在天然香料的加工过程中，由于方法不同，所得香料质量各不相同，在加工过程中，影响质量的因素主要有：

（1）天然香料在加工时，产生水解以及长时间受热，致使化学成分发生重排、氧化、树脂化，甚至发生聚合，从而丧失原有的芬芳气息。

（2）一部分挥发成分随着溶剂流失，或溶解在水中未能回收，造成香成分损失。

（3）所采用的加工方法有一定的局限性，尚不能将其所含的香成分全部提取出来，有的则因含量极微（10～20μg/g），用一般方法提取难以达到。

（4）加工中，除香成分外，一些非香成分也被提取出来，致使香气变性。

（5）香料植物在加工前保藏得不合理，导致发热、酶解，使制品质量变劣。

为了改善和提高产品的质量，近年来开发出一些新的加工工艺，主要有：水渗透蒸馏法、强化蒸馏法、降膜式高效精馏、分子蒸馏法、液体超临界二氧化碳萃取法、溶剂循环固定萃取新工艺以及浓缩果汁的香气回收等。下面就各种方法分别叙述如下：

3.7.1　水渗透蒸馏法[2,18,19]

这是国际上新近采用的一种蒸馏方法，它与蒸汽蒸馏法相反，冷凝器设置在蒸锅的下面，从容器顶部引入蒸汽，带有芳香物质的蒸汽在容器的下部冷凝，然后送入油水分离器进行油水分离。设备内设有装料盘，装料盘架由一侧推进或滑出而无须提升进出料，如图50-28。送入蒸锅的水蒸气可以是低压的，在蒸馏时，物料只与蒸汽接触，不与水接触，因为只要有冷凝液，就会自然地由底部流向冷凝器，水散出来的精油，也无须全部气化，就可以进入冷凝器，精油在高温区停留的时间短，水蒸气也不会产生压缩和积留，致使一些破坏性反应如水解、热力反应很少发生，因此，所得油的质量较高；同时大大缩短了蒸馏时间和蒸汽消耗量，因而节省了能源。对白芷、胡萝卜籽、葛缕籽、芹菜籽、莳萝籽、欧芹籽等籽类的蒸馏效果较好，其他如罗勒、罗马春黄菊、月桂、柏木、薰衣草、杂薰衣草、柠檬草、薄荷、肉豆蔻、广藿香、香紫苏的蒸馏也比较适合。但对于需要水解条件下才能使精油分离出来的品种如鸢尾的蒸馏则不适合；另外含有阻碍设备作用的树脂类固体物也不适用。

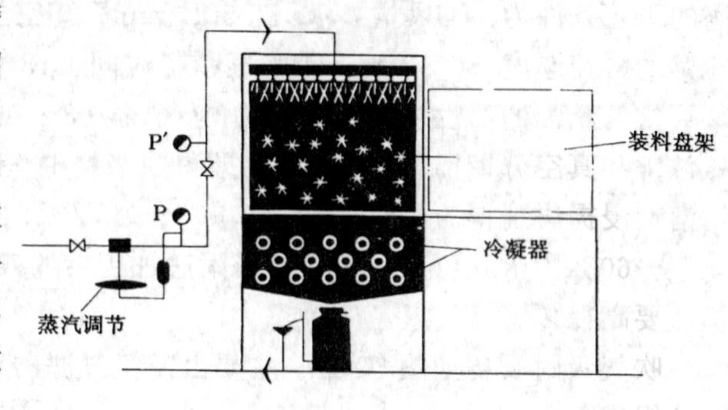

图 50-28 水渗透示意图

3.7.2 强化蒸馏法[2]

有些香料植物所含的精油细胞处于植物组织的内部或深处，如鸢尾根、菖蒲根等采用一般的蒸馏方法很难在不太长的蒸馏时间内将其精油大部分提取出来。而强化蒸馏法是在蒸馏锅内设有强有力的搅拌器或在蒸锅底部装有涡轮磨碎装置；从破碎含油植物细胞，强化蒸馏效率。同时在锅上设置一个不高的分馏柱，使携带精油的蒸气沿着分馏柱上升，经冷凝，分离获取精油。

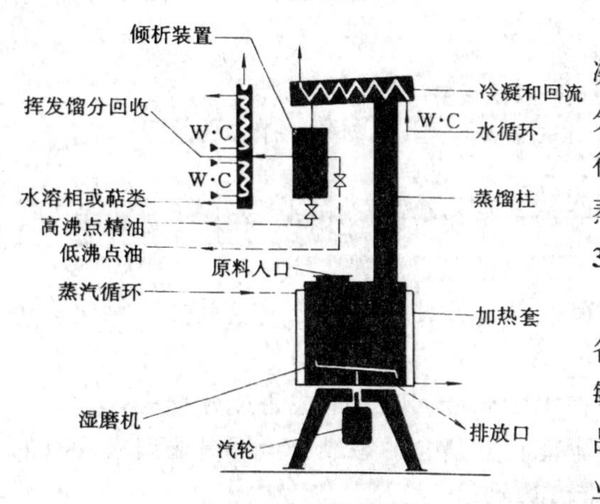

图 50-29 强化水蒸气蒸馏

强化蒸馏法减少了蒸馏时间，并有可能在冷凝器顶部捕集到饱和气体中最易挥发的香气成分，而这些香气成分是不能用普通水蒸气蒸馏法得到的。此法也可以提高萃取的得率。强化水蒸气蒸馏如图 50-29。

3.7.3 降膜式高效精馏塔

法国通耐尔公司（Tounaire co.）专门为世界各国香料工业制造的降膜式高效精馏塔，用于热敏性天然精油单体香料的分离提纯和合成香料产品的精制。其分离提纯效果显著、深受各国轻化工业用户的青睐。这种精馏设备具有塔顶真空度高（0.266～1.333kPa），塔内压力降小（每米填料压力降 0.173 3kPa），传热系数高〔$K=3\ 336\text{kJ}/(\text{m}^2\cdot\text{h}\cdot℃)$〕的降膜式蒸发器，因而能在低温下进行精馏，减少物料因加热而产生的聚合、分解、氧化等现象，获得高纯度高质量的产品。近几年来国内先后在昆明香料厂、江西樟脑厂，四川林科院精油实验工厂引进这种设备，用于山苍子油柠檬醛提纯，香茅油中香叶醇和香茅醛的分离，松节油中β-蒎烯的精制。精馏获得的单体纯度均可达到98%以上。降膜式高效精馏塔为间歇操作，适宜于处理多组分而批量不大的高档精油产品，能有效分离提纯出试剂纯和香料级的单体。目前，降膜式高效精馏，超临界萃取和分子蒸馏，被公认为香料工业现代加工技术的三大先进设备，广泛为各国轻化工业所采用。

3.7.3.1 降膜式高效精馏塔的结构

降膜式高效精馏塔主要由塔釜、塔身、降膜蒸发器、冷凝器、馏出液连续回收装置、真空泵组、控制台、传感装置等组成（图 50-30）。

（1）塔釜：容量 600L，卧式，由 1Cr18Ni9Ti 板材制成，壳体底部夹层保温，下部连接料液循环泵。

(2) 降膜式蒸发器：列管加热面积 4m²，蒸发器顶端设有喷淋装置，釜液由循环泵打入喷淋装置，均匀成膜状流入管内壁进行加热汽化，蒸汽不断抽入塔内。蒸发强度大小藉助压差传感器与气动蒸汽调节阀来控制，如本塔设定全塔压力降为 1.999 8kPa，当塔内压力降超过设定值即关闭气动调节阀，减少蒸汽通入，料液蒸发强度减弱。压力降恢复到设定值后，再行自动启开，这样，塔内压力降一直处于稳定状态，以利于精馏正常操作。塔顶真空度和塔釜真空度保持恒压状态。

(3) 塔身：1Cr18Ni9 板制成全塔高 15m、填料总高 11m，塔径 350m/m，分为 3 个塔节。内装 BX 型不锈钢丝纲波纹填料，每米填料 5～6 个理论塔板，总共 60 个理论塔板数。每个塔节安装有特殊的分布器它由 4 个重叠式的集液锥、一个降液管和排管式喷淋器组成，这种装置不致缩小气体流通面积，扰乱气体流动，达到塔内液体均匀分布润湿填料提高传质效果。顶部塔节装有内回流定时回流器，控制回流比大小，如塔顶冷凝液以 5s 时间流进塔内，1s 时间抽出塔外，则回流比为 5∶1。

(4) 塔顶冷却器：为盘管式，换热面积 8m² 盘管分两层用盖板隔开，引导上升气流沿盘管外壁接触进行热交换而冷凝成液体。盘管内强制以 450kPa 压力压入 20℃冷水，并以每小时 15m³ 的流速通过管内。这种冷却方法，可以提高 K 值为一般冷却方式的 2～3 倍。为保证冷却水充满盘管，出水口还设有平衡的溢流管。

(5) 馏出液连续回收装置：包括一个盘管冷却器，一个特殊的液体回收套管，和一台专用的防爆离心泵来实现，能不断地把馏出液排出装桶。

(6) 真空泵组：它是实现高真空的装置，由两个蒸汽喷射器，一个卧式冷凝器和一台防爆电机带动的水环泵组成。空塔真空达到 0.266 6kPa。真空系统中装有真空传感器与之连接的气动调节器，执行塔顶真空度的控制。

(7) 控制台：包括数字温度显示器、六路换向器、真空装置开关、防爆安全压力开关、气动定时器及密封电子线路和气动控制装置等。

(8) 传感元件：包括 3 个温度探测器（铂电阻）、一个压差传感器、一个真空传感器、一个汞真空计、一个气动蒸汽调节阀和一个气动真空调节阀等。

降膜式高效精馏流程如图 50-30。

3.7.3.2　降膜式高效精馏塔的技术特性

(1) 本塔属间歇式高效精馏，自控程度较高，操作灵活方便。首先启动真空泵组和冷水系统设备把料液抽入塔釜内，分批进行精馏，然后借助釜底下面的循环泵将料液不断泵入降膜式蒸发器顶部，喷淋进入列管加热器管壁加热蒸发，蒸汽沿填料塔上升和回流液进行相际传质。位于塔顶的冷凝器使上升蒸汽冷凝成液体，部分冷凝液回流返回塔顶，部分冷凝液作为塔顶产品馏出。在整个精馏过程中，汽液两相逆流接触进行相质。液相中易挥发组分进入汽相，汽相中的难挥发组分转入液相。这样塔顶产品中易挥发组分浓度增高，釜液中易挥发组分浓度不断下降，直到降至规定的浓度时，停止操作，最后排出釜液。本塔因系间歇精馏，回流比随时间而不断变化，为保证塔顶产品纯度。回流比靠塔顶定时回流器来控制，如回流时间 5s，馏出时间 1s，则回流比为 5∶1，间歇精馏回流比从 3∶1、4∶1、……、25∶1。一般要根据塔顶产品浓度不断进行调整。

(2) 塔顶真空，塔顶温度和全塔压力降的自动控制系统比较稳定，这是法国降膜式精馏

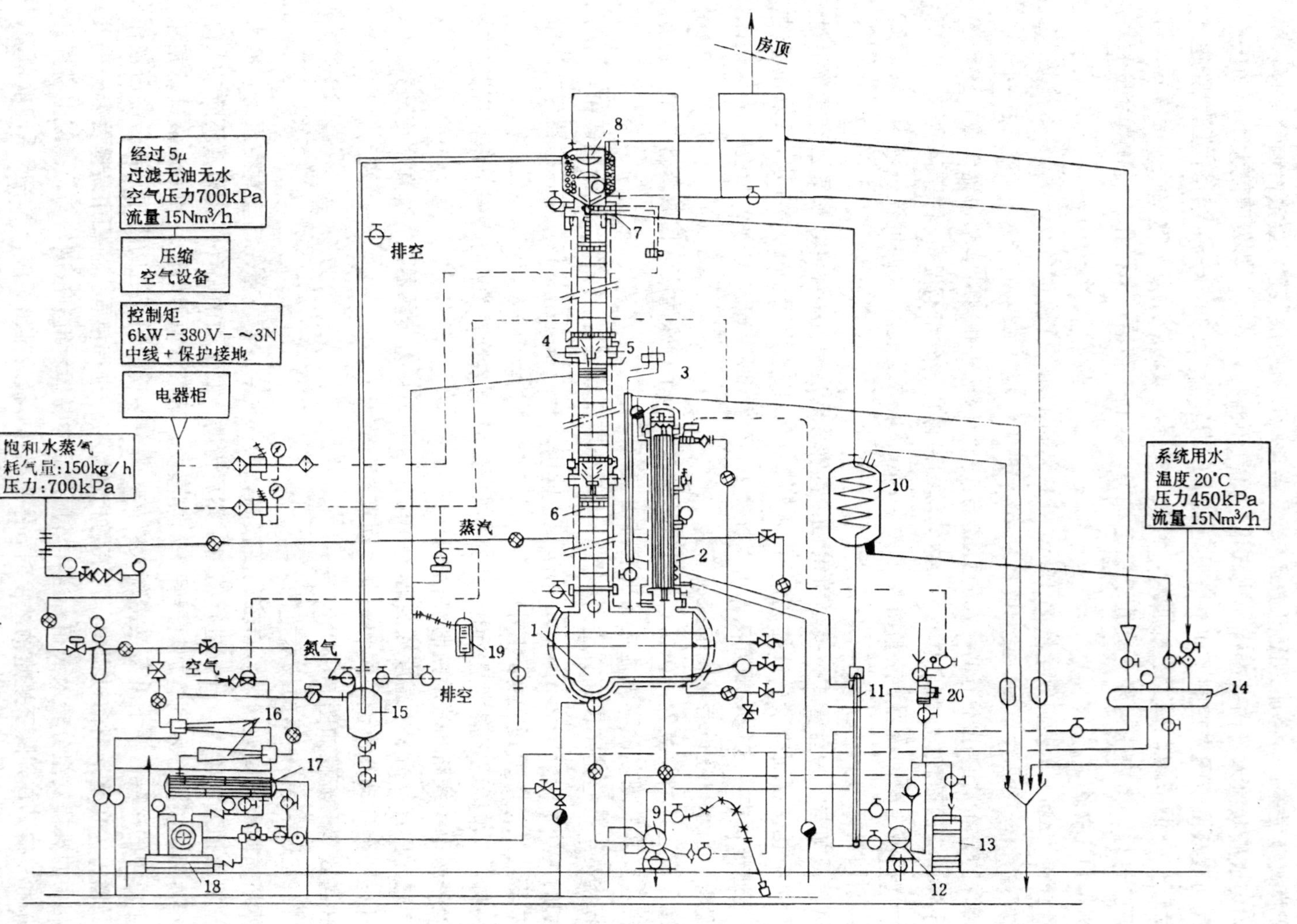

图 50-30 法国通耐尔公司降膜式高效精馏塔流程图

1. 塔釜；2. 降膜式蒸发器；3. 压差传感器；4. 塔身；5. 分布器；6. 波纹填料；7. 定时回流器；8. 盘管冷凝器；9. 循环泵；10. 盘管冷凝器；11. 出料装置；12. 料泵；13. 油桶；14. 分水缸；15. 真空缓冲罐；16. 蒸汽喷射器；17. 列管冷凝器；18. 水环泵；19. 水银压差计；20. 乙二醇贮槽

塔能精馏出高纯产品的关键。例如分离云南松松节油 α-蒎烯和 β-蒎烯操作工艺：首先在塔顶真空 13.332kPa，塔顶温度 89～90℃压力降 1.999kPa，回流比 5∶1、……、25∶1 工艺条件下馏出 α-蒎烯其纯度为 99.14%～99.85%，精馏 β-蒎烯时工艺条件为塔顶真空 13.332kPa，塔顶温度 94～96℃，全塔压力降控制 1.999kPa，回流比由 5∶1，再逐步增至 25∶1 馏出纯度含 β-蒎烯 99.31%～99.97%。两种产品在一塔内完成。产品纯度高达 99%以上。

（3）全塔压力降小（每米填料压力降仅 0.173 32kPa），塔釜液温低，同时采用降膜蒸发器加热蒸发，可以防止料液过热，有利于热敏物料的分离。

综上所述，法国降膜式精馏塔分离纯度高，适用于香料工业各种精油单体的提纯，尤其对热敏性精油更为有利。但此类型精馏塔属于间歇操作，为保证产品纯度，回流比必须不断增大。回流增加，产出减少，因而在热能消耗上大于连续精馏塔，生产能力也不如同直径的连续精馏塔大。其次，气液，冷却水和转液出料依靠动力传动，电能耗用比较大。对工业上不需要高纯度的精细化工产品分离提纯，可采用一般真空连续精馏塔。

3.7.4　分子蒸馏法[2,18]

分子蒸馏法是一种特殊的液-液分离方法。其设备是由多级连续操作的通用设备所组成。蒸馏时，将要处理的原料与一个由低沸点和高沸点溶剂组成的混合溶剂结合，经脱气处理，除去溶解于原料中的一部分空气，然后通过短径蒸发器蒸发，原料中最易挥发的部分在蒸发器的中部被低沸点溶剂冷凝，作为第一馏份被回收，如图 50-31，其他部分则冷凝在第一短径蒸发器的壁上，被抽入第二蒸发器。同样，油的其他挥发组分在第二蒸发器的中部冷凝，作为第二馏份被回收。残余物和高沸点溶剂在釜残罐中冷凝和回收。物料可以连续进入和排出，加料前，应将加料器预热至所需温度（通常为 70～80℃），并开启搅拌器处于中等转速，然后控制加料速度。如加料过快，则难以维持所要求真空度。通常刮板式搅拌器的速度可维持在 150r/min，使料滴在蒸发器壁上形成一个均匀的薄膜。

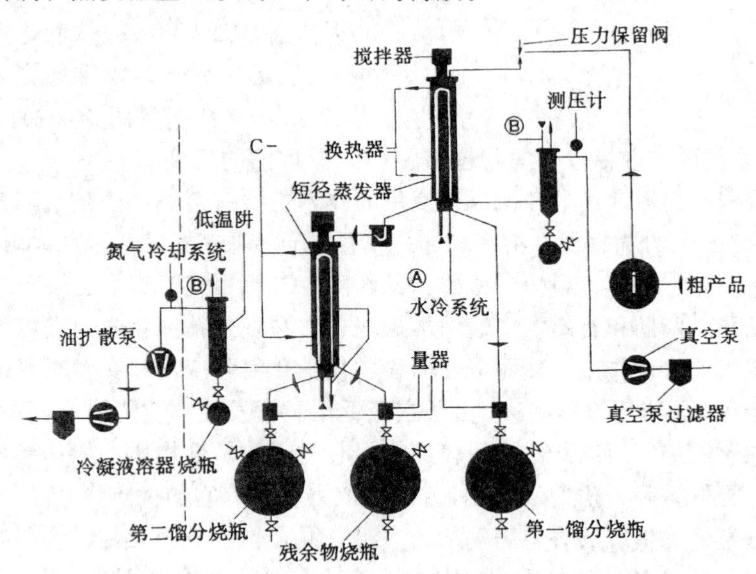

图 50-31　分子蒸馏

由于分子蒸馏法工作压力和温度范围宽，可以根据需要进行调节，故可适用于不同物料的分离。因为它可以在较高真空下操作，所以特别适用于高沸点及热敏性物料的分离，而且沸点和提取时间都大大地降低，从而防止了油中某些热敏性成分的损失。

分子蒸馏法已经生产出一系列产品；称为 UV（Utra Vacuum）分子蒸馏产品，新近开发的产品有：UV 岩兰草精油（essence Vetyer UV）、乳香精油（essence olibanum UV）、UV 杂薰衣草净油（Absolue Lavandin UV）以及 UV 丁子香净油（Absolue Clove UV）等。乳香精油具有极好的质量，价值很高；UV 杂薰衣草净油与 Abrialis 或者 Grosso 杂薰衣草精油混合，可使调香师获得香气纯正，留香持久易得的薰衣草香韵。上述各种产品都是无色的，香气较普通净油更加浓烈。

3.7.5 超临界二氧化碳萃取法[2,20~25]

3.7.5.1 超临界 CO_2 的特性及其在物质提取分离过程中的作用

二氧化碳的临界温度（Tc）为 31.15℃，临界压力（Pc）7351 kPa，所谓超临界 CO_2 是处于临界温度和临界压力以上状态的 CO_2，在此情况下，CO_2 只有一个相，呈现气液不分的状态，它既不是一般的气体，也不是液体，而是一种稠密的气体，被称作流体。这时，尽管增加很高的压力，也不可能使它凝聚为液体。在此条件下，超临界 CO_2 的密度接近液体，粘度与气体相似，其扩散系数约比液体大 100 倍，也就是说超临界流体既具有液体对溶质有较大溶解度的特点，又具有气体易于扩散和流动的特性。因此，其传质速率大大高于液相的传质过程。正是由于这些特性，尽管温度不高，却能使难挥发物质转入流体，其数量与该物质同温度下的蒸汽压相比，竟要高出 10^5～10^{10}倍。将富集了难挥发物质的载气压力降低，由于 CO_2 密度减小，溶解度下降，难挥发物质便可以从流体中凝析出来，从而达到提取物被分离的目的。超临界 CO_2 萃取的物化原理可用它的 P-T 图[62]来说明（图 50-32）。

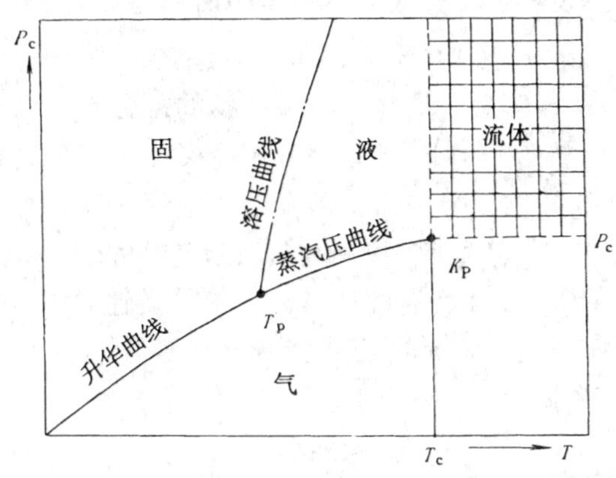

图 50-32 CO_2 P-T 图

3.7.5.2 植物香料的传统提取方法与超临界 CO_2 萃取法的发展

以往植物香料的提取常用的和大规模使用的技术主要有两类：一是水蒸气蒸馏；二是有机溶剂萃取。后者又可分为挥发性溶剂和非挥发性溶剂提取。挥发性溶剂常用的有：丙烷、丁烷、戊烷、己烷；苯、甲苯；甲醇、乙醇、异丙醇；二氯甲烷、二氯乙烷、二氯乙烯等。非挥发溶剂有：油脂、脂肪和石蜡等。这两类提取方法在促进精油化学的进步和香料工业的发展方面起到了很大的推动作用。然而，任何科学技术在实际应用和在解决复杂的问题中都不可能做到十全十美，如水蒸气蒸馏法，由于它广泛用于挥发性物质的提取，而且设备简单、工艺容易掌握，便于实施，所以此法应用较广。但它对于热敏性物质，如：茉莉花和柑橘皮等则不宜采用此法提取香料，显然，用这种方法提取香料既有它的优点，也存在着它的局限性。况且，用水蒸气蒸馏法提取的香料属复杂的多组分混合物，少则几种，多则数十种，用这种方法所得精油成分的沸点大多在 150～300℃，正是由于采用此法得到的产品成分复杂，香气不纯，应用前往往需要进行精制，精制常用的手段是采用减压分馏，使物料在能保持其热稳定性的温度条件下得到分离。真空度越高，操作温度降低得也就越多，如：某种化合物的常压（101.325kPa）沸点为 180℃，根据经验规则粗略估计，外压每降低一半，液体的沸点即大致降低 15℃，如压力从 101.325kPa 降到 50.663kPa 时，该化合物沸点温度则由 180℃降为 165℃，若外压减至 0.4kPa 时，沸点温度则可降至约为 60℃。但真空度越高，工业上实现就越困难。如果要处理的物料沸点更高，且有较高的热敏性，即便是高真空蒸馏也无济于事。

溶剂萃取法适用于一切植物性香料的提取，特别适合于花类香料的提取，因花中的香成分热敏性较强，不适合在较高的温度下如水蒸气蒸馏法处理鲜花，若有选择地采用单一溶剂或二元混合物，三元混合物对物料进行抽提，在保存香气和提高产品得率方面都能获得较满意的效果。然而，用有机溶剂萃取天然物带来的两个问题不容忽视，一是溶剂的回收；二是萃取物中的溶剂残留量，特别是后者，因为有许多天然萃取物多用于食品和化妆品中，这就引起了消费者对这些萃取物危险性的注意。特别是一些浸膏脱除溶剂困难，因而浸膏中包藏的溶剂残留量会更高些。

上述提取和分离植物香料的方法各有利弊，但对于植物原料来说，如何做到既能保持其固有的天然香气而又对人体无害是制造产品的技术关键。超临界 CO_2 萃取法这一新工艺的突出特点是，用超临界状态的 CO_2 作萃取介质对植物性原料的有效成分进行提取，它与传统的提取方法相比具有明显的优点：①对生产者、生产环境和消费者无害（萃取物中无有毒溶剂的残留物）；②萃取介质属惰性物质，不易燃烧和爆炸，而且，还具有无毒、无色、无味等特性；③对被萃取物和设备的化学惰性及稳定性好；④对大多数香气或香味物质有高度溶解性；⑤在不太高的温度下能快速传质，对提取热敏性物质非常有利；⑥容易脱除溶剂。这些优点综合起来，基本上达到了使产品既能保持原香，又能对人体无害的效果。为此，用超临界 CO_2 萃取法提取植物有效成分的技术越来越多地受到人们的欢迎和重视。为此，这项科学技术近期内得到长足的发展。但从其发展过程考虑还应追溯到 100 年前，1879 年 Hannay 和 Hogarth[63]研究了无机盐碘化钾在超临界乙醇和乙醚中的溶解度。此后，在 1900～1950 年间许多科学家进而对有机化合物的溶解度进行了测定，从 1955 年起把溶解现象应用于物质萃取。到 20 世纪 70 年代才将此项技术应用于萃取植物工艺的开发。1978 年 Hubert 和 Vitzthum[64]把超临界 CO_2 应用于提取啤酒花的工业生产，伴随着超临界流体的科研和应用的迅速发展，这一领域中的学术交流开展的也十分活跃，1978 年在德国的埃森（Essen）召开了世界上第一次超临界流体萃取国际性学术讨论会，1981 年美国化学工程师年会举办了“超临界条件化学工程”座谈会；英国在 1982 年曾两次召开名为“二氧化碳溶剂萃取”和“超临界流体化学和应用”的学术报告会；1991 年 9 月在我国沈阳召开了国际性的超临界流体技术研讨会。

3.7.5.3　超临界 CO_2 在植物香料提取中的实际应用

为了能很好地发挥 CO_2 溶剂的萃取作用，并使植物香料的原香物质能有效地溶入 CO_2，对萃取剂和被萃取物的基本性质先有所了解，然后，根据各种参数和实际经验确定萃取方案，是萃取工作少走弯路的基本保证，需考虑的问题是：

（1）超临界 CO_2 的作用属非极性溶剂，根据“相似相溶和不似不溶”的原则，天然物中极性较低的化合物易溶入超临界 CO_2 中，事实表明，植物香料中的主要成分如醇、醛、酮、酯、醚等化合物的极性较低，易被超临界 CO_2 所提取；极性强的物质如：氨基酸和糖类化合物在 CO_2 中不能增溶，故不易被 CO_2 所提取。

（2）植物性原料不宜在较高温度下操作，为此，在超临界 CO_2 提取植物香料时，最高萃取温度以不超过 CO_2 临界温度的 20℃为宜，即把萃取温度应控制在 50℃以下。

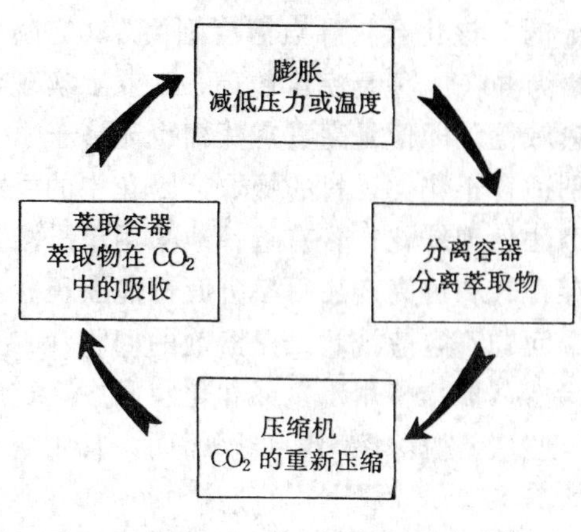

图 50-33　CO_2 萃取过程示意图

(3) 超临界 CO_2 的提取物往往是多组分的混合物，用此法分离单一的化合物则有较大的局限性。

参考上述原则，给出萃取压力和温度的设定值，即可开始萃取，萃取工艺基本上分四步进行。CO_2 萃取过程如图 50-33。

如图 50-33 所示，萃取设备由 4 个基本元件组成：萃取器、减压阀、分离器、再循环压缩机，此外，还需加上一些附属设备，如流体源、阀门、换热器等。为了更明确地了解这项技术，现给出高压萃取法简图（图 50-34）。

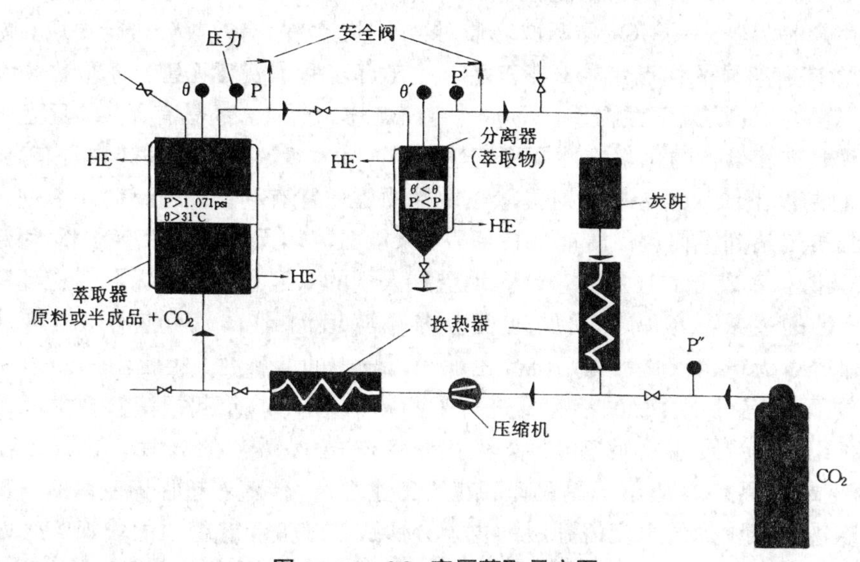

图 50-34　CO_2 高压萃取示意图

若干植物香料和植物有效成分提取实例[65~68]如下：

植物原料名称	萃取条件 bar	萃取条件 ℃	主要成分
胡椒	100	35	只提出精油
	220	35	可选择性地提取胡椒碱
咖啡豆	160～220	70～90	除去咖啡因
啤酒花	80～300	35～80	提葎草酮、蛇麻酮
烟草	300	35～100	脱除尼古丁达 95%
紫丁香花	90	34	苯甲酸苄酯、概香素、紫丁香醇、苯甲醇、植物醇、肉桂醇、十六醇
柠檬皮	300	40	单萜、柠檬烯、α-萜品醇、牻牛儿醇、橙花醇等
八角果	150～250	40～50	茴脑、大茴香醛、草蒿脑
肉桂	100	40	肉桂醛、单萜、倍半萜、含氧单萜

3.7.6 溶剂循环固定萃取新工艺[2]

对于质地比较娇嫩的鲜花来说，采用转动式设备萃取时，容易造成鲜花损伤，促进酶活动，导致浸膏质量变劣；此外，转动式萃取设备结构复杂，造价较高。目前已先后采用溶剂循环的固定萃取工艺与设备。

在溶剂循环固定萃取器中，花料被分层放置，有利于循环溶剂的充分渗透，含香物质得以均匀扩散，从而达到比较有效的“传质”，避免转动式所得浸膏往往会带有的酸熟气息。采用新工艺也使浸膏得率有所提高，如大花茉莉由用转动式的3.488/1 000提高到3.75/1 000，而且头香具鲜花香韵。

3.7.7 浓缩果汁的香气回收[2]

柑橘类提取果汁工艺，无论过去和现在多使用压榨法。一般压榨的果汁经浓缩后，并不含有整果的特征香味料，代表该水果的特征香气的挥发成分与香味仅存在于新鲜压榨的果汁之中，而且其浓度因品种不同而异。挥发的香气香味成分通常在0.007%左右，主要是果汁浓缩中挥发损失的缘故。

在果汁浓缩中要保留原有的香气和香味，就必须在比较低的温度下蒸发浓缩。一种方法是将蒸发出来的蒸汽进行冷凝，回收其中的芳香成分；另一种方法是在减压浓缩系统中设一个冷阱，收集未冷凝的蒸汽，在冷凝后将其加入最终浓缩液中。这两种方法都必须先将浓缩度超过原定的倍数，因为这两种方法都会导致浓缩液的某种程度稀释。

以苹果果汁浓缩液为例，最有效的回收芳香成分方法，是通过闪蒸的升膜和降膜蒸发器组，使果汁迅速蒸发汽提，通过旋风分离器获得约10%的分离液，从而回收大部分挥发性香成分。果汁浓缩过程中的关键问题是受热温度不能高于70℃，否则会使香气变劣，而且当温度超过60℃时，果汁中的糖质会变成焦糖而被带出，使回收液颜色加深。所以，在常压蒸发时先进行预热，使受热时间维持在35～60s之内，如果采用减压浓缩法，回收香气时，为防止溶解在果汁中的空气在蒸发时变成不凝性气体将香成分带走，可在出口处连接一个洗气塔，由塔顶上不断喷淋下的水将香成分洗脱下来，洗脱液再经分馏塔分馏回收香成分。

目前除了使用较多的蒸发浓缩法外，还有冷冻浓缩法和薄膜浓缩法。

3.7.8 精油原料加工后废渣的综合利用[2,26]

在精油原料的加工过程中，多数情况下只规定提取精油，而原料中精油的含量一般只有0.1%～0.5%，大部分（99.8%）成分则成为残渣，在这些残渣中常含有一些有价值的天然物质，如在提油后的薄荷残渣中含有：叶绿素、类胡萝卜素、生育酚、甾醇、磷脂、植物醇、维生素D、单宁、有机酸、胆碱、甜菜碱、类黄酮（橘皮甙和芸香甙）氨基酸等；薰衣草和香紫苏植物残渣中有高分子的烃类物、色素、胡萝卜素和叶绿素、甘油三酯、游离脂酸和甾醇等许多有价值的天然物质。另外，有许多精油原料加工残渣中还常含有蛋白质、纤维素、脂肪、钙等许多对动物生长有利的物质，是生产牲畜饲料的很好原料。

早先，国外一些香料生产厂家常将废渣堆积起来，使其经过一定时间内转化为高效有机肥料，应用于农业生产。

随着香料工业的发展，人们在对加工废渣的多次研究和试验中，总结提出了许多废渣的加工和利用方法，使香料工业中的大量残渣变成为有价值的副产品。

最近，国外研究出一种加工含叶绿素萃取物的方法，该法从植物原料中除了得到精油外，还可获得能用于化妆品工业的天然产物和中间体：生物浓缩物和精蜡（类脂化合物），生物浓缩物的得率可达60%～70%，精蜡（类脂化合物）20%～30%。每年在精油部门可汇集10万～17万t花草类植物残渣，从中可生产500～800t萃取物，随后加工成生物浓缩物350～600t和类脂化合物150～260t，这是获取含叶绿素制品和类脂化合物的很好原料。

茉莉浸膏制取净油时，可形成40%～50%蜡，由于会引起过敏和颜色深，它在化妆品中的应用受到限制。经研究可从蜡中分出两种天然产物：香味物和精蜡（茉莉类脂化合物），该蜡没有过敏作用，固体物总得率占加工蜡的50%～65%。

茉莉蜡中获得的新香味物称“фиалан”，它是棕色的膏状物，具茉莉香带吲哚韵，溶于96%乙醇，得率28%～30%，已确定在“фиалан”中含植醇（25%～35%）、苄醇（13%～14%），还有异植醇、金合欢醇、酯、包括苯甲酸乙酯、茉莉酮、甘油酯和有机酸。

茉莉蜡中分出的第二个天然产物——精蜡，是淡黄到黄色的固体，具带茉莉韵的花香，主要含类胡萝卜素和高级正构烃，熔点50～60℃，产物无过敏作用，可推荐用于化妆品中。得率38%～40%。

4 辛香料加工[27]

4.1 概 述

所谓辛香料是一类不仅对味细胞，而且对舌表面的神经末梢也产生刺激，因此会产生“热”感觉的一类香料的总称。辛香料是人类最早的交易项目之一，如肉桂、生姜、姜黄、胡椒等辛香料，很早以前就在东方国家得到使用。它们能给食品呈现各种辛、香、辣味，通常用作食品调理或饮料调配之用。

辛香料植物的利用部位：

辛香料植物含香味的部分常集中于该植物的特定部位，如：①果实：胡椒、小茴香、莳萝、八角、辣椒等；②叶及茎：薄荷、留兰香、月桂等；③种子：芹菜、芫荽、莳萝等；④树皮：斯里兰卡肉桂、中国肉桂等；⑤鳞茎：洋葱、大蒜等；⑥地下茎：姜、姜黄等；⑦花蕾：丁香、芸香科植物等；⑧假树皮：肉豆蔻；⑨果荚：香荚兰；⑩柱头：番红花。

4.2 辛香料品种

有一部分辛香料是直接使用植物的原来形态，如八角茴香等，有的是制成粉末状态，如胡椒粉、花椒粉，直接使用于各种赋香目的的产品中。世界上对加工的辛香料和辛香料制品的需要，正在不断地增加，如辛香料油、油树脂、辛香料乳液、辛香料煎液、分散辛香料、胶囊化辛香料，以及溶解或速溶辛香料。

4.2.1 粉末型辛香料

粉末型辛香料是目前使用最多的辛香料，如黑胡椒粉。生产黑胡椒时，是采收青色未熟的果，堆集成堆，令其自然发酵数天。再将这些浆果铺在草席上，并在日光下晒20多个小时，直到颜色变成黑褐色为止，再通过碾粉机和过筛，就制成各种粉粒大小不同的黑胡椒粉。

白胡椒则是取自然成熟的、青黄色带点红色的浆果，采后将它浸在流动的清水中7～8天，然后将浆果皮剥掉，清洗，日光下晒至变成奶油色，即成为成品白胡椒。

传统的粉末型辛香料存在着很多缺点，例如：①调味质量不稳定；②赋香力不稳定；③不卫生，容易污染，有微生物；④容易被无价值的材料掺假；⑤有脂肪酯存在；⑥在存放中，香气口味既有损失又会变质；⑦会给加香的最终产品带来不漂亮的外观；⑧香味的分配不均，尤其在制成稀薄的调味汁后就更为明显；⑨由于单宁的存在，产品容易变色；⑩占地面积较大，运输不便，管理保存中会散发出大量粉尘和不愉快的气息。

为了减少粉碎过程中香气质量的下降，1962年Wistreioh和Schafer提出一种低温粉碎工艺，即在粉碎中通入液氮，以降低粉碎中产生的过热。但是这种措施，也不能从根本上解决上述缺点。

4.2.2 灭菌辛香料

辛香料原料，在采集、运输、晒干、贮存过程中，会沾染很多细菌和微生物。灭菌辛香料是将干燥辛香料粉碎后在耐压灭菌器中通入环氧乙烷等杀菌气体进行灭菌。通常使用的是环氧乙烷和二氧化碳的混合气体。

灭菌辛香料存在的问题如：①经过杀菌的辛香料仍然保留一些细菌尸体，有些细菌尸体还保留一些内毒素。②灭菌时要仔细操作，既要将残余灭菌气体排净，又要控制好温度、湿度。有时装料不均，灭菌气体未能全面渗透，则微生物尤其是芽胞不能全部被杀灭。如果原料中杂有昆虫等动植物残骸碎片，就会成为微生物繁殖孳生的媒体，对食品来说是极为忌讳的。③用灭菌气体消毒杀菌，尤其是采用真空操作，常常会导致挥发性头香的损失；④环氧乙烷气体遇有盐类会生成少量的氯乙醇，在食品中尽管是微量的也有毒性。残留的灭菌气体含量必须符合最大的含量极限以下，不能在限量之上。

4.2.3 辛香料精油

现代食品加工工业鼓励开发辛香料的各种提取物。辛香料的香气大部分来自精油。由于精油具有挥发性，最先出现的辛香料提取物就是用蒸馏法制得的挥发性精油。

采用的蒸馏法有水中蒸馏法、水上蒸馏法和水蒸气蒸馏法。

蒸馏之前大部分原料须先经粉碎，但丁香和斯里兰卡肉桂可不经粉碎，直接装料进行水蒸气蒸馏。因为蒸馏中色素一般很少馏出，所得产品颜色不会太深。

精油的优点是：虽然精油中含有各种萜类物质，在高温下容易发生氧化、聚合，但如果保存在冷暗处一般比较稳定，而且不会感染微生物，并能缩小贮存空间和减少运输车辆。

制取精油得到的是原料中的挥发成分，有些品种在口味上起重要作用的非挥发性树脂类成分就不能单离出来。胡椒和生姜的麻辣成分在精油中就并不存在。另外，原来在辛香料中的天然抗氧剂也未能抽提出来。精油价格比较昂贵，容易有掺假等情况发生，而且在干燥产品的加香中不能良好地得到分散。

4.2.4 油树脂

采用适当的溶剂能从粉碎的辛香料原料中几乎全部地将其香气和口味成分抽提出来，再将溶剂蒸馏回收，制得粘稠的、颜色略深的含有精油的油树脂。

所用溶剂随产品的不同而异，一般常用的溶剂有食用酒精、石油醚、丙酮、二氯乙烷、二氯甲烷等。对溶剂的纯度要求很高。如果溶剂中的微量高沸点异臭成分处理不好，就会残存在油树脂产品中而影响香气和口味。又因含氯溶剂有致癌的危险，所以国外还采用液化CO_2萃取油树脂。超临界二氧化碳萃取不仅无残存的溶剂，同时还避免了高真空脱溶剂而损失优美的头香。

油树脂除含精油外，还含有不挥发的辛辣成分、色素、脂肪和其他溶解于溶剂中的物质，具有辛香料中原有的各种有效成分，香气和口味也比较平衡。唯一要注意的是残余溶剂含量。

制备油树脂时溶剂的选择是关键。不同的溶剂所得产品的质量（外观、颜色、香气等）会有较大的差异。

同粉末辛香料相比，油树脂的优点是：①制造过程本身使微生物丧失生长繁殖能力，这对食品制造工业极为重要。②能将香料植物中的绝大部分赋香调味成分提取出来。③以粉末状态形式保存时，其挥发性成分在长期存放中会大量挥发散失，有的甚至会发生氧化、聚合而变质。④制成油树脂后，使用、管理方便，能提高加香产品的质量。

4.2.5 辛香料乳液

鉴于精油和油树脂本身溶解性差，分散不匀，应用不方便等缺点，采用可以食用的溶剂如丙二醇、异丙醇、甘油和油脂作稀释剂，将精油和油树脂稀释成辛香料乳液。有些用户不喜欢溶剂，可以添加如吐温一类的乳化剂将油树脂调制成乳液。有一种辛香料叫做分散辛香料，是将油树脂同盐、糖、谷粉、面粉进行均匀地混合而成。这种产品又称干溶物，在湿、干产品中都能应用。

4.2.6 微胶囊辛香料

为了防止精油香气的挥发损失并使油树脂更加稳定，可以把它们与环糊精、树胶、明胶等均匀混合，乳化并经喷雾干燥制成微胶囊化制品。制备微胶囊用的表面活性剂，在食品中常用磷脂类物质（卵磷脂、大豆磷脂）。磷脂质分子中有疏水性的脂肪酸的烷基和亲水性的磷酸基，可用来作辛香料精油的乳化成膜剂，干燥后制备微胶囊。

4.2.7 吸附型辛香料

吸附型辛香料是使辛香油、含油树脂吸附在食盐、乳糖、葡萄糖等赋形剂上的一种类型。由于香气成分露在表面上，所以香气的发散性好，价格也比较便宜，是欧美等国常用的一种类型。缺点是香气容易挥发、易氧化。

4.2.8 调味料

调味料是将各种粉末辛香料和烹调香料，采用一定的配方按使用要求调配而成。调味料一般含有不超过10%的食用淀粉，各种食用香料不少于85%，并含有5%以下的食盐。调味料不得配有食用色素，并要求口味香气清鲜，具有特征的调味作用，严禁有腐败气味和霉味，不能有昆虫碎片和啮齿动物污染物，更不能生虫、发霉变质。

4.3 辛香料植物的加工

4.3.1 加工前的准备

（1）干燥脱水：新鲜原料含有水分，不易保藏。在不影响或少影响质量和得率的前提下，如能进行干燥处理，将会给下一步的加工带来很多方便。例如，薄荷在加工之前经过干燥，可以使重量减轻，体积减少，以后蒸馏时精油比较容易为蒸汽带出，蒸馏过程所消耗的蒸汽，燃料以及工时都可大大减少。

干燥脱水大致有3种方法：①晒干；②阴干；③红外线照射。红外线照射法是干燥香料植物的一项新工艺，在八角茴香的干燥中获得了良好的效果。

（2）发酵：酶在生命活动中起着多种重要作用。香料植物中的酶在适宜的水分、温度和pH值条件下活动，有的活动能改进或增加香气，有的活动也会使香料发生酸败变质。如鸢尾根经干燥后长期贮放，会逐渐变得带有乳油的类似香气和类似紫罗兰的木质香气。

（3）热烫：各种荚果类原料，采取后用热水或蒸汽进行短时间热处理，并立即冷却，可以破坏果荚中的氧化酶系统，使果荚保持特定的颜色。

热烫可以加速以后的干燥过程，还可以杀灭荚果表面的微生物。

（4）粉碎：无论是直接利用食用香料植物本身，还是进一步加工蒸馏提制精油和浸提制成油树脂，粉碎是充分利用植物组织中有效成分的重要工序。

粉碎可以增加蒸汽或溶剂同原料接触的机会，缩短蒸馏或浸提时间，提高得率。但如果粉碎得过细，在蒸馏和浸提中容易产生冲料和结团，增加精油的挥发损失，不需要的非香味成分也会更多的萃取出来。因此应当根据各个品种的特点找到适当的粉碎度。一般来说，直径为 0.3mm 的粗粉对于溶剂的穿流比较适合。

4.3.2　蒸馏提制精油

虽然各种食用香料植物中精油成分的沸点为 150～300℃，但是将它们的含香部分——根、茎、叶、花、果、籽、树皮，经过适当粉碎后，均匀地装在蒸馏锅中，与水蒸气接触时，从细胞组织中渗出的精油和水分形成多相、多组分系的混合物。精油是与水不相混合的两相混合物。互不相溶的混合物的蒸汽总压等于各个组分蒸汽压的总和。因此，在精油的蒸汽压和水的蒸气压之和等于蒸馏锅内的压力情况下，在低于 100℃的温度下，精油就能与水蒸气一起被蒸馏出来。

已经干燥的食用香料植物多数可以采用蒸馏法提制精油，例如丁香花蕾、中国肉桂、八角茴香、小茴香、胡椒等。

4.3.3　萃取法制取油树脂

为了避免蒸馏提油的缺点，可采用溶剂萃取法浸取经适度粉碎的食用香料植物原料（温浸或室温浸提）得浸提液，浸提液澄清过滤，常压回收溶剂制成浓浸液，再经减压浓缩脱溶剂，制成油树脂产品。

4.3.4　食用辛香料乳化液的制备

多数食用香原料（精油和油树脂）为疏水性，难溶于水。要想直接加到各种饮料和汤料之中，必须先进行乳化。食品用乳化剂必须是无毒的，常使用的有：阿拉伯树胶、果胶、藻酸钠、琼脂、甲基纤维素及其钠盐、异丁酸醋酸蔗糖酯、松香酸单甘酯以及脂肪酸单甘酯等。其中异丁酸醋酸蔗糖酯为比重调节剂。通常制成水包油型（O/W），代表性制法如下：

（1）内相（油相）和外相（水相）的调整：将事先调配好的要乳化的香精基与天然树脂或异丁酸醋酸蔗糖脂（SAIB）相混合，制成均相的内部油相。另外将阿拉伯胶粉碎用温水完全溶解后用滤纸过滤，然后将稳定剂（增稠剂）溶解于其中，再经加热灭菌构成外部水相。作为辅助的乳化剂，除甘油脂肪酸脂之外，还可使用聚乙二醇等。

（2）预备乳化：调整好的内相和外相溶液，先利用一般机械搅拌机进行预备乳化。通常先将外相搅匀，在缓慢地搅拌下将内相加入搅拌均匀。为了使乳化得均匀，选用胶体磨更为适宜。

使用机械搅拌机，选用的搅拌桨很重要。叶桨最好能产生涡流，上下循环流以及放射流为佳，为了提高乳化效果，在器壁上安装挡板，可产生上下循环流和放射流。挡板可装 4 个，挡板幅宽根据叶桨形式不同而稍有不同，如涡轮式透平机，其幅宽可为搅拌槽径的 1/12，如为推进桨式，则为 1/18 即可。一般机械搅拌机，在预备乳化中乳化粒度可达到 100～200μm。

（3）均质乳化：采用均质机进行，使混合物在 2.94～29.4MPa 高压下，控制一定流速强制地通过事先调整好的孔眼。被乳化的原料在高压下从孔眼流出时，在蓄积的高压下瞬间压力缓解，从而引起高速液流，与器壁冲撞发生剪切、变向、乳化，达到均质作用，得到低粘度的生成物。通过均质机的颗粒度一般可达 0.5～20μm，乳化香料的颗粒度 1～3μm 即可。实验室用胶体磨的粒度可达到 2～50μm。

4.3.5 微胶囊型粉末香料的制备

4.3.5.1 概 述

微胶囊型食用辛香料是20世纪60年代开始的新型香料，它具有在粉末食品中加香方便，保香期长和不易变质的优点，广泛应用于方便食品、饮料的加香料。

所谓微胶囊型粉末香料系指直径为5～500μm的微小胶囊，其中封有食用香料的一种粉末香料。微胶囊的包膜是作为保护膜，使内部被包的物质不受外部影响，并通过膜壁厚薄的选择调节，使之能再度释放。用作膜壁的材料多数为天然或合成的高分子化合物。如明胶、阿拉伯树胶、海藻酸钠、环糊精以及纤维素衍生物等。环糊精无毒，进入体内后能为酶所分解，其分解产物通过代谢而被排出。

4.3.5.2 制备方法

(1) 基本步骤：①先将食用香料植物的精油或油树脂乳化。作为食品用的乳化剂脂质体，最常用的是卵磷脂和大豆磷脂，使内包物质分散在脂质等惰性物质之中。②添加脱水物质，吸附水分，从而使封闭的树胶处于溶解状态。③树胶固化，形成包埋食用香料物质的胶囊。④分离胶囊，通过特殊的处理清除辅助材料（脂肪、脱水剂），从而获得微胶囊制品。

(2) 制备方法：制备微胶囊的方法很多，但常用的是凝聚法和喷雾干燥法。

在水溶液系统中，利用相分离法设想出来微胶囊化方法，是属于改进的微胶囊制法。以水溶性聚合物作为囊材原料，使用各种手段将这一聚合度通过相分离成为浓厚相包绕在蕊材周围，从而形成微胶囊的壁膜，构成微胶囊化，其方法可分为：

复凝聚法。用具有两种相反电荷的高分子材料作囊材，将囊蕊物分散在蕊材的水溶液中，在特定条件下，相反电荷的高分子材料互相交连联合，溶解度降低，自溶液中凝聚析出成囊。

具体步骤包括：原料准备、乳化、包囊、固化、分散、干燥。

该法形成的囊膜，在固化时加甲醛，如不溶于水，微胶囊则不能从系统中得到相分离；另外控制pH值操作困难，而且生产比较烦琐，操作时间长，不易实行。

单凝聚法。在含有囊蕊物的亲水胶体包囊材料的水溶液中，加入乙醇或丙酮非电解质或中性电解质硫酸钠，硫酸铵溶液作为凝聚剂，使亲水胶体在囊蕊物颗粒上产生凝聚，发生相分离形成微胶囊。其操作包括：原料准备、乳化、固化、离心分离、洗涤干燥。

4.3.6 喷雾干燥制粉末香料

微胶囊型食用香料的制造，可采用喷雾干燥法制取。喷雾干燥法是用于溶液、乳液或悬浮液等的一种干燥工艺。制取粉末香料时，可将含有食用香料的乳化液雾化成小的液滴。一般雾化法可采用压力式、离心式及气流式，使雾化的雾滴分散到热空气流中，物料与热空气呈并流或逆流或混流的方式互相接触，从而使物料迅速干燥。即通过瞬间的温度升高（使水分瞬间蒸发汽化，获得10～500μm的粉状或粒状制品。由于干燥时间极短（5～30s），使得食用香料植物中热敏性成分在较少被破坏的情况下达到干燥的目的。它不仅适合热敏物质的干燥，而且对于浓缩过程中出现粘稠状态物料的干燥也极为有利。干燥后的产品流动性和速溶性好。其优点表现为：①低沸点易挥发性成分和热敏性成分损失破坏较少，制好的产品能比较多的保留原来香气特征。②在保存过程中，由于香成分为胶囊所保护，隔绝了与水分和空气中氧的接触，使香成分不易挥发散失，保持稳定。③香料从液态转复成粉末状，速溶性佳，使用方便。

所用设备为喷雾干燥器。

食用香料植物加工举例：

世界上对加工的食用香料植物的需要量日益增加，诸如灭菌的粉碎食用香料植物、调味粉、辛香料油、油树脂、乳化辛香料、辛香料煎剂、分散辛香料、辛香料微胶囊、可溶性辛香料、快餐用辛香料等。现就白胡椒、柠檬油微胶囊的加工方式介绍如下：

4.3.6.1　白胡椒的加工

世界胡椒总用量 70 000～75 000t 中，25%为白胡椒。欧洲国家传统喜爱白胡椒，而美国喜爱黑胡椒。在白胡椒的生产中，相继出现不少改进方法，最常用的有蒸煮法。这一方法为印度-Mysore 地区 Lewis 等所改进。其法简述如下：即将成熟的青浆果装在篓筐中用蒸气处理10～15min 后，用机器脱壳（脱皮）。再经清洗及漂白后，洗涤、干燥即制成为白胡椒。脱掉的果皮（壳）可收集起来进行水蒸气蒸馏回收其中精油。

4.3.6.2　柠檬油微胶囊的制备

利用明胶在凝固点温度下冷却凝胶化的特性使囊蕊物进行凝胶化，然后把它分散在混合的亲水性胶体中分散悬浊，最后在碱土金属离子作用下进行相分离，从而形成分散的凝胶颗粒制成微胶囊，其操作方法如下：

(1) 原料配方：明胶（凝固点 25.5℃）10g、香料柠檬油作为包蕊材料、藻酸钠 2g、羧甲基纤维素钠 2g、氯化钙 2g、硫酸铝少量。

(2) 制法：称取作为低温凝胶的亲水性溶胶原料的明胶 10g，放入 40℃200ml 温水中进行溶解。然后在搅拌下加入 50g 柠檬油乳化分散。在另一容器中将 1g 藻酸钠和 2g 羧甲基纤维素钠在 100ml 冷水中溶解制成混合聚合物胶体溶液。

将上述在明胶中分散的柠檬油，在 5℃下进行凝胶化之后，加入配好的混合聚合物胶体溶液中，在凝胶化温度以下搅拌分散悬浊。随后在继续搅拌下，作为碱土金属离子 2g 氯化钙溶解于水的水溶液添加到上述悬浊液中。再将三价金属离子硫酸铝 4g 溶解于少量水的水溶性溶液在搅拌下加入其中，分 3 次缓慢添加使之发生相分离，全部成为微细凝胶的分散性悬浊液。然后再继续搅拌 30min，放置 0.5h 则制成柠檬微胶囊溶液。这一胶囊溶液除可直接应用之外，亦可经过滤、水中分散、脱水干燥制成颗粒状微胶囊。

5　主要林产精油

我国地域辽阔，气候从南到北跨热带、亚热带、温带和寒带，地形变化复杂，蕴藏着极为丰富的林产香料资源。根据初步调查有工业价值的香料植物有 380 多种，分属 56 科。其中绝大部分为林产香料资源或林下香料植物。我国的茴香油产量居世界首位，年产八角茴香果 1 500～2 500t，产茴香油约 400t，广西产量占全国 80%[28]。产品畅销至欧美、中东、东南亚等 50 多个国家。广西中国肉桂油在国际市场久负盛誉，产量占世界总产量 80%。我国山苍子油年产量达到 2 000t 以上，出口约 1 500t，1983 年出口产值达 500 万美元，远销英国、美国、瑞士、荷兰等国。主产区湖南 1981 年高达 1 052.7t。桉叶油是我国大宗出口香料，1974 年出口量为 1 400～1 500t，约占全世界桉叶油贸易量的一半[29]。贵州、四川、湖南山区有丰富的柏木资源，利用柏木根，提取的柏木油年产量达到 900～1300 t，我国柠檬桉叶油含香茅醛高达 72.8%，产于广东、广西、云南、福建、四川、湖南及江苏南部等亚热带地区，叶含精油 0.5%～2%，由于柠檬桉生长快，叶出油率高，材质坚直，是目前大力推广的品种之一[30]。柠檬桉叶油年出口量 400～600t 左右。樟科植物是重要的香料资源，国内已投入生产的有樟脑油、芳樟油、黄樟油、油樟油、楠木油等。其中江西的天然樟脑油年产量曾达到 1 000t，仅次于台湾。四川宜宾地区的油樟油年产量 800～1 000t，占全国油樟油产量 75%。此外，云南的依兰依兰油；四川的柠檬油、红橘油；广西的桂花浸膏；福建的茉莉花、白兰花、金合欢、树兰、玳玳；海南、广东雷州半岛的檀香；山东、甘肃和北京妙峰山的玫瑰；浙江杭州的墨红，吉林浑江地区的黄柏（含月桂烯 90%）都是我国宝贵的林产香料植物。主要林产精油现代特性与质量标准见表 50-5。一些产量大，主香成分含量较高的林产精油，主成分经单离后，除用作香料外，还可加工制备经济价值高的系列半合成香料。主要林产精油中的柏木油、八角茴香油、中国肉桂油、柑橘油、黄樟油、山苍籽油、柠檬桉叶油、丁香油及茉莉浸膏与净油等的单离和半合成香料的制备将在第 6 节中详述。我国其他主要林产精油在本节加以叙述。

5.1　松针油[7,36,38,57]

松针油（pine needle oil）主要是来自我国东北红松和南方马尾松，取其针叶用水上蒸馏法所得的精油。

5.1.1　红松松针油[7,38,57]

红松 *Pinus koraiensis* Sieb. et Zucc. 别名：海松、红果松、朝鲜松。属松科 PINACEAE 松属。常绿乔木。高达 50m，胸径 1m；树皮灰褐色，纵裂成不规则的长方鳞状块片，裂片脱后露出红褐色内皮；树干上部常分叉，枝平展，树冠圆锥形；一年生枝密被黄褐色或红褐色柔毛；冬芽淡红褐色，矩圆状卵圆形，微被松脂，芽鳞排列较疏松。针叶 5 针一束，长 6～12cm，直或扭旋，横切面呈三角形，两面有白色气孔线，一面无气孔带呈暗绿色，边缘有细锯齿，树脂道 3 个，中生，位于三角部；叶鞘早落。单性花，雌雄同株，雄球花椭圆状圆柱形，红黄色，生于新枝上部，密集成穗状；雌球花绿褐色，圆柱状卵圆形，单生或数个集生于新枝顶端。球果甚大，圆锥状卵圆形，长 9～14cm，径 6～8cm。球果成熟后种鳞不张开，种子不脱落；种子大，倒卵状三角形，微扁，无翅、褐色，成对着生于种鳞腹面下部凹槽中，每球果有种子 80～90 粒。花期 5 月，种子翌年 9～10 月成熟。

（1）产地：分布在我国东北长白山、小兴安岭爱珲以南海拔 150～1 800m 山区，气候温寒、湿润、棕色森林土地带。红松喜光性强，对土壤流水分要求较高，在温寒多雨，相对湿度较高的气候与深厚肥沃，排水良好的酸性棕色森林土上生长良好。原苏联、朝鲜、日本也有分布。

（2）加工：一般在采伐迹地梢头采收叶子，鲜叶收后，剔去树枝，即可加工。最好随采随用，否则要平摊于阴凉处，以免发热霉烂。加工方法可采用水上蒸馏法，鲜叶含松针油 0.5%。

（3）理化特性与化学成分：松针油为无色或淡黄色液体，似松节油香气，相对密度（20℃）0.857～0.885，折光指数（20℃）1.473 0～1.478 5，旋光度（20℃）$-4°$～$+10°$；溶解度：1∶6溶于 90%乙醇。含酯量（以乙酸龙脑酯计）1.5%～5%。主要化学成分有乙酸龙脑酯约 2%～4%，此外尚有 α-蒎烯、β-蒎烯、莰烯、Δ^3 蒈烯、香桧烯、月桂烯、双戊烯、β-水芹烯、γ-松油烯、对伞花烃、瑟柏醇、4-表异瑟柏醇、贝壳杉二醇等。

（4）用途：用于配制香皂及化妆品香精。

表 50-5　主要林产精油理化特性和质量标准

名称	标准类别	原料植物名称	利用部位及出油率	色状及香气	相对密度	折光指数	旋光度	溶混度(V/V)	主要成分	其他
中国贵州柏木油(Oil of Cedarwood Gui Zhou China)	GB8793-88	扁柏(*Cupressus funebris* Endlicher)	根、干 3%～4%	淡黄色或黄色清澈液体，具有中国贵州柏木油香气	0.941～0.966	1.503 0～1.5080	−25°～−35°	1∶5 于 95% 乙醇中	含柏木醇、α-和 β-柏木烯等	柏木脑含量(填充柱气相色谱内标法)≥10%
德克萨斯柏木油(Oil of Cedarwood Texas)	ISO 4725-1986 或参照 EOA 36-A	墨西哥柏木(*Juniperus mexicama* Schiede)	树根树干 1%～6%	棕色至红棕色粘稠液体。具有特征香气	0.952～0.966	1.5050～1.5080	−32°～−50°	1∶5 于 90% 乙醇中	含柏木醇、α-与 β-柏木烯、松油醇、松油烯等	含醇率(以柏木醇计)34%～48%，柏木脑含量(GLC 法)：≥20
西伯利亚冷杉油(Oil of fir needles, Siberian.)	EOA 50 或参照 FCC Ⅲ P125	西伯利亚冷杉(*Abies sibirica* Ledeb.)	叶 3% 嫩枝 1.2%	无色至微黄色液体，具有芳香松树香韵	0.898～0.912	1.4685～1.4730	−33°～−45°	1∶1 于 90% 乙醇中，继续稀释呈雾状	含乙酸龙脑酯，α-和 β-蒎烯、莰烯、柠檬烯、桧烯、水芹烯、月桂烯、松油烯等	含酯量(以乙酸龙脑酯计)32%～44%
侧柏叶油(Thuja Leaf oil)		侧柏(*Thuja occidenalis* L.)	枝叶	无色油状液体，具有特征香气，似乙酸龙脑酯	0.910～0.935	—	−5°～−15°	1∶4 于 70% 乙醇中	含 α-蒎烯、L-小茴香酮、侧柏萜酮等	酯值 8～12 酸值 0～1
杉木油(San-mon oil)		杉木(*Cumninghamia lanceolata*)	叶、根、干	无色或淡黄色液体，具有杉木特征香气	0.9570～0.9621	1.4932～1.4999	−16°～−23°	1∶1 于 80% 乙醇中	含杉木脑、柏木烯、龙脑、α-蒎烯等	酯量 7%，醇量 29% 酸值 0～1.1 酯值 21～27
玷玴油(Copaiba oil)	EOA 10 或参照 FCC Ⅲ P89	玷玴(*Copaifera reticulata* Ducke.)	天然树脂	无色至微黄色液体，具有特征的玷玴香脂香气和芳香微苦的刺激味	0.8800～0.9070	1.4930～1.5000	−7°～−33°	1∶5～10 于 95% 乙醇中	含 α-和 β-石竹烯、L-杜松烯和其他倍半萜烯类	古芸油检验：负反应
香苦木油(卡藜油)(Cascarilla oil)	EOA 175 或参照 FCC Ⅲ P76	香苦木(*Croton eluteria* Benn.)	细枝上的薄树皮 2%	浅黄色至棕琥珀色液体，具有愉快辛香	0.892～0.914	1.4885～1.4940	−1°～+8°	1∶≥0.5 于 90% 乙醇中	含 L-柠檬烯、对伞花烃，丁香酚，双戊烯卡藜酸、香兰素等	酸值 3～10 皂化值 8～20 乙酰化后酯值：62～83

（续）

名　称	标准类别	原料植物名称	利用部位及出油率	色状及香气	相对密度	折光指数	旋光度	溶混度(V/V)	主要成分	其　他
刺柏子油(Oil of Juniper Berries)	EOA 113 或参照 FCC Ⅲ P 155 安全食用规定按 FEMA 2602	刺柏(*Juniperus communis* L.)	干浆果 0.5%～2%	无色或微绿或黄色液体，具有特征香气和芳香苦味	0.854～0.879	1.4740～1.4840	−15°～0°	1∶4于95%乙醇中常呈混浊	含α-，γ-杜松烯、β-蒎烯月桂烯、α-松油醇、龙脑等	
铁杉(云杉)油(Hemlock Spruce oil)	EOA 32 安全食用规定按 FEMA 3034	铁杉(*Tsuga canadensis* (L.) Carr-Eastern hemlock) 云杉(*Picea glauca* (Moench) Voss.)	针叶和嫩枝	灰黄或淡黄色液体，具有愉快的膏香样新鲜的松针气息	0.900～0.915(25℃)	1.4670～1.4720	—	1∶1于90%乙醇中	含乙酸龙脑酯，龙脑、蒎烯、莰烯、月桂烯等	酯值(以乙酸龙脑酯计)37%～45%
香脂冷杉油(Fir balsam oil)	EOA 112	香脂冷杉(*Abies balsamea* (L.) Mill.)	针叶、嫩枝、香脂。香脂出油率为15%～25%	无色至微黄色液体，具有愉快的带膏香香气	0.872～0.878	1.4730～1.4760	−24°～−19°	1∶4于90%乙醇中	含乙酸龙脑酯、β-水芹烯、α-和β-蒎烯等	含酯率(以乙酸龙脑酯计)8%～16%
松针油(Pine needle oil)		红松(*Pinus koraiensis* Sieb. et Zucc.) 马尾松(*Pinus massoniana* Lamb.)	红松针叶0.5% 马尾松针叶0.2%	无色或黄色液体。似松节油香气	0.857～0.885	1.4730～1.4785	−4°～+10°	1∶6于90%乙醇中	含蒎烯、乙酸龙脑脂、香桧烯、苜烯、月桂烯、莰烯、β-水芹烯等	含酯量(以乙酸龙脑脂计)1.5%～5%
香榧壳油(Torreya shell oil)		香榧(*Torreya grandis* Fort.)	种子的外种皮。1.0%～1.2%～	无色或淡黄色液体，具有香榧皮特征香气	0.851～0.859	1.4700～1.4740	+20°～+30°(25℃)	1∶1于95%乙醇中		酸值<2 酯值>1 醛含量>4 不挥发物(105℃)≤5%
山萩油(Anaphalis oil)		山萩(*Anaphallis margaritacea* (L.))	花序0.1%～0.25%，叶0.25%，全草0.28%	淡黄色液体，具有清甜香气，近似树兰	0.8989～0.9219(15℃)	1.4987～1.4994	+35°～+39°	—	含石竹烯(约22%)，2-甲基-顺式-3-乙烯酸的正己酯和庚酯，苯乙酯类	酸值2.07，含酚量36%，乙酰化后酯值:145

(续)

名称	标准类别	原料植物名称	利用部位及出油率	色状及香气	相对密度	折光指数	旋光度	溶混度(V/V)	主要成分	其他
檫树油(Sassafras oil)		北美檫树(*Sassafras albidum*(Nutt.)Nees)	根皮和叶片 6%～9%	橙黄色液体，具有辛香香味	1.065～1.076(25℃)	1.5270～1.5311	+2°～+3°38′(25℃)	1∶1～2于90%乙醇	含α-蒎烯、水芹烯、黄樟油素，丁香酚，α-樟脑	凝固点 4.5～6.9℃
香桃木油(Myrtle oil)		香桃木(*Myrtus communis* L.)	叶片 0.25%	淡黄色液体，具有特征性香气，有些苦涩和辛辣味	0.8752～0.8920	1.4650～1.4700	+17°～+30°	1∶0.5于90%乙醇	含蒎烯、莰烯、桉叶素，二戊烯、α-L-香桃木烯醇、香叶醇等	
黄樟油(Yellow camphor Oil)		黄樟(*Cinnamomum parthenoxylon*(Jack.)Nees)	树根 2%～4%	黄色液体	1.0387～1.0950		−7°12′～+4°		含黄樟油素 60%～95%	
月桂树叶油(Laurel leaf oil)		月桂(*Laurus nobilis* L.)	叶片及小枝 0.3%～0.5%	无色，淡黄色至浅绿色液体，具玉树油样气息和丁香酚香气	0.905～0.929	1.4650～1.4700	−19°～−10°	1∶1于90%乙醇	含桉叶素、乙酰基丁香酚、芳樟醇、丁香酚甲醚等	
中国肉桂油(Cassia oil)China	GB 11425-89	中国肉桂(*Cinnamomum cassia* Blume)	树皮：1%～2% 枝叶：0.3%～0.4%	深棕色液体，具辛烈、暖甜香气，中国肉桂的特征香气	1.052～1.070	1.6000～1.6140	—	1∶3于70%乙醇	含桂醛(～95%)、乙酸桂酯、香豆素等	含醛率(以肉桂醛计)≥80%肉桂醛含量(气相色谱内标法)≥74%
斯里兰卡肉桂皮油(Oil of Cinnamon Bark, ceylon)	FCC ⅢP·85	斯里兰卡肉桂(*Cinnamomum zeylanicum* Nees)	树皮 0.2%～0.35%	黄色液体，并有辛香辣味，甜而持久	1.030～1.010	1.573～1.591	−2°～0°	1∶3于70%乙醇	含桂醛(～78%)	含醛量(以桂醛计)55%～78%
斯里兰卡肉桂叶油(Oil of Cinnamon Leaf, Ceylon)	ISO 3524-1979(E)	斯里兰卡肉桂(*Cinnamomum zeylanicum* Nees)	叶及小枝 0.5%～0.7% 叶片 1.25%	红棕至深棕色澄清流动液体，具特征性辛香味，似肉桂醛	1.037～1.053	1.530～1.540	−2°～+2°	1∶2于70%乙醇，继续稀释，有时呈乳光	含丁香酚(有时高达95%)，桂醛 1%～2%	含酚率(以丁香酚计)75%～85%；含醛率(以肉桂醛计)≤5%

(续)

名　称	标准类别	原料植物名称	利用部位及出油率	色状及香气	相对密度	折光指数	旋光度	溶混度(V/V)	主要成分	其　他
山苍子油(Litsea Cubeba Oil)	ISO 3214-1974 参照标准 GB11424-89	山苍子(*Letsea Cubeba* (Lour) Pers)	果实3%～5%	苍黄色澄清流动液体,具有新鲜,类似柠檬醛的香气	0.880～0.892	1.4800～1.487	−1°～+10°	1∶3于70%乙醇中	含柠檬醛60%～82%,蒎烯	含醛率(以柠檬醛计)≥74% 柠檬醛含量(气相色谱内标法)≥66%
楠木叶油(Machilus leaf oil)		红楠(*Machilus thumbergii* Sieb. et Zucc.) 滇润楠(*M. yunannensis* H. Lec. var. *ducluxii* H. Lee)	叶0.5%～0.75%	绿色液体	0.910～0.933(15℃)	1.498～1.502	−2°～+5°			
芳樟油 Ho oil		芳樟(*Cinnamomum Camphora* Sieb. var. *linaloolifera* Fujita)	叶0.3%～0.7%	浅黄色或无色液体	0.860～0.865	1.4613～1.4621	−14°		含芳樟醇50%～65%,乙酸芳樟酯、丁香酚、桉叶素等	
蓝桉油 Eucalyptus globulus oil		蓝桉(*Euca lyptus globulus* Labill)	枝叶0.75%～2.89%	无色或浅黄色液体,具青滋香,清凉桉叶气息	0.906～0.925	1.459～1.467	0°～+10°	1∶5于70%乙醇	含桉叶素70%～90%	闪点:100～110℉
柠檬桉油(Eucalyptus citriodora oil)	ISO 3044-1974	柠檬桉(*Eucalyptus citriodora* W. J. Hooker)	叶片0.5%～2%	无色或淡黄色液体,具青涩草香,带玫瑰—香茅样香气	0.858～0.877	1.450～1.459	−2°～+4°	1∶2于80%乙醇	含香茅醛、香叶醇、香茅醇、异薄荷醇、蒎烯等	羰基化合物含量(以香茅醛计)>70%,闪点:165℉
大叶桉(Eucalyptus robusta oil)		大叶桉(*Eucalyptus robusta* Smith)	嫩枝叶0.6%	淡黄色液体,具桉叶特征香气	0.877(15℃)	1.4744	−4°		含桉叶醇、α-蒎烯、倍半萜类等	

（续）

名　称	标准类别	原料植物名称	利用部位及出油率	色状及香气	相对密度	折光指数	旋光度	溶混度（V/V）	主要成分	其　他
80%桉叶油（Oil of Eucalyptus，80% Cineole content）	GB 8800-88	蓝桉（*Eucalyptus globulus* labill）	嫩枝及叶片	无色或微黄色液体，色泽<3#色标，具有1.8桉叶素特征香气	0.909～0.919（20℃）	1.4590～1.4650（20℃）	+2°～+9°（20℃）	1∶5于70%乙醇	含桉叶素80%	含黄樟素%：无
		其他精油为原料	叶片		0.904～0.925	1.4580～1.4700	−10°～+10°	1∶5于70%乙醇	含桉叶素80%	含黄樟素<0.002%
白千层油（Cajeput oil）	EOA No. 22	白千层（*Melaleca leucadendron*，L.）	枝条和叶片	无色或绿色或黄色液体，具有樟脑样气息和芳香苦味	0.908～0.925	1.4660～1.4720	0°～−4°	1∶1于80%乙醇	含桉叶素、戊醛、苯甲醛，蒎烯、苧烯等	含桉叶素50%～65%
杜松油（Cade oil）		杜松（*Juniperus oxycedrus* L.）	木屑干馏	粘稠红棕色液体，赋烟熏香味	0.952～0.961（25℃）	1.511～1.520	+4°17′～+4°40′	1∶5于95%乙醇	含α-杜松烯、倍半萜，杜松醇，二甲基萘	
苦杏仁油（Bitter Almond oil）	EOA No. 215	扁桃（*Prunus amygdalus* Batsch.） 桃（*Amygdalus persica* L.） 杏（*Armeniaca vulgaris* Lam.）	核仁0.6%～1.8%	无色至微黄色液体，具杏仁般樱桃香气和微带收敛的温和味觉	1.0400～1.0505	1.5410～1.5460	无旋光～+0°25′	1∶2于70%乙醇	含苯甲醛等	含醛量（以苯甲醛计）≥95% 酸值：≤8 氰化氢：无 重金属：无
八角茴香油（Star anise oil）		八角茴香（*Illicium verum* Hook. f.）	鲜果2%～3% 鲜叶0.3%～0.5%	淡黄色或琥珀色液体，低温时凝成固体，具有清而辛香的大茴香香气、味甜	0.986～0.990（果油） 0.9790～0.9870（叶油）	1.5330～1.5560（果油） 1.5525～1.5580（叶油）	−2°～+1°	1∶2于90%乙醇	含大茴香脑、芳樟醇、桉叶素等	凝固点：15～19℃ 含脑量（以大香茴脑计）：果油：88%以上，叶油：70%～85%

（续）

名称	标准类别	原料植物名称	利用部位及出油率	色状及香气	相对密度	折光指数	旋光度	溶混度(V/V)	主要成分	其他
东印度檀香油(Oil of Sandalwood East Indian)	ISO 3518-1979	印度檀香(白檀香)(*Santalum album* L.)	木材4%～5%	无色至黄色、澄清、轻微粘稠液体	0.968～0.983	1.5030～1.5080	−21°～−15°	1∶5于70%乙醇	含α-和β-檀香醇等	酯值≤10 含醇量(以檀香醇计)≥90%
澳大利亚檀香油(Oil of Sandalwood Australian)	ISO 3062-1974(E)	澳大利亚檀香(穗檀香)(*Eucarya Spicata* (R. Br.))	木材1.4%～2.6%	无色至黄色稍带粘稠的澄清液，具有木香香气	0.968～0.978	1.5040～1.5100	−3°～−8°	1∶5于70%乙醇	含α-和β-檀香醇等	酸值≤5， 酯值4.5～18， 乙酰化后酯值≥199
精馏桦焦油(Oil of Birch tar rectified)	EOA NO.105 FCC Ⅲ P 39	欧洲白桦(*Betula pendula* Roth) 白桦(*Betula alba* Burk.)	树皮干馏物20%～30%	澄清、暗棕色液体，具有强烈皮革般气息	0.886～0.950	—	—	1∶3于无水乙醇	含2-甲氧基-4-甲基苯酚、甲酚、愈创木酚、儿茶酚等	
香柠檬油(Bergamot oil)	ISO 3520-1980(E)	香柠檬 *Citrus bergamia* Risso.； *Citrus aurantium* L. subspecies *Bergamia* Wright & Arn	果皮冷榨油0.5%	绿色至绿黄色澄清液体，有时带沉淀，具有愉快、凉爽的鲜柠檬果皮香	0.876～0.884	1.4640～1.4680	+8°～+30°	1∶1于85%乙醇	含柠檬烯，乙酸芳樟酯，芳樟醇，α-松油醇、橙花醇、香叶醇、柠檬醛、香柠檬亭、石竹烯等	酸值≤2 酯值86～129 蒸发残渣：4.5%～6.5% CD值：0.800～1.200
白柠檬油(Lime oil)	ISO 3809-1976 另参照 (EOA NO.88 FCC Ⅲ P.172)	白柠檬(*Citrus aurantifolia* Swingle)	果皮冷榨油0.1%～0.35%	黄色至绿黄色液体，具有特征的、强烈的柠檬样香气	0.874～0.882	1.4820～1.4860	+35°～+40°	—	含α-柠檬烯、α-蒎烯、dL-柠檬烯、壬醛、癸醛及柠檬醛等	含醛率(以柠檬醛计)：4.5%～9.0%，蒸发残渣：8～13.5%
柠檬油(Lemon oil)	EOA NO. 272	柠檬(*Citrus Limon* L. Burm. f.)	全鲜果冷磨油0.4%	苍黄至深黄或绿黄色液体，具有新鲜柠檬果皮特征香味	0.846～0.851	1.4736～1.4755	+70°～+78°	1∶3于90%乙醇(有时，微呈雾状)	含柠檬烯、α-蒎烯、橙花醛、香叶醛、香柠檬烯、β-红没药烯等	含醛率≥1.7%，CD值≥0.2

（续）

名　称	标准类别	原料植物名称	利用部位及出油率	色状及香气	相对密度	折光指数	旋光度	溶混度(V/V)	主要成分	其　他
蒸馏柠檬油(Oil of lemon distilled)	EOA NO. 291	柠檬(*Citrus Limon* L. Burm. f.)	果皮冷磨皮渣 0.1%	无色或苍黄色液体，具有新鲜柠檬果皮特征香气	0.842～0.856	1.470～1.475	+55°～75°	用 95%乙醇溶解后出现雾状	α-柠檬烯、石竹烯、β-红没药烯、香叶醛、橙花醛、柠檬醛等	含醛率(以柠檬醛计)：1%～3.5% 紫外圈吸收：≤0.01
冷榨红橘油(Oil of tangerine expressed)	EOA NO. 94 安全食用规定：按 FEMA NO. 3041	红橘(*Citrus reticulata* Blanco. var. *tangerine*)	果皮冷榨油 1.8%～2.4%	红橙色至棕橙色、澄清流动液体，来自未成熟果呈绿色具有愉快的柑橘香气	0.844～0.854	1.4731～1.4752	+88°～+96°	—	含柠檬烯 80%以上，还有蒎烯、α-松油烯，C_7-C_8 醛、C_{10}～C_{12}醛等	含醛率(以癸醛计) 0.8%～1.9%，蒸发残渣： 2.3%～5.8% 紫外吸收 CD 值≥0.28 砷：≤3ppM 重金属：≤0.004% 铅：≤10ppM
冷压甜橙油(Oil of orange expressed)	ISO 3140 安全食用规定：按 FEMA-2824	甜橙(*Citrus sinesis* L. Osbeck)	果皮 0.3%～0.5%	黄色至深橙黄色液体，具有甜清果香	0.842～0.846(25℃)	1.4723～1.4742	+96°～+99°(25℃)	1：10 于 95%乙醇(有时不完全)	含柠檬烯 90%以上，还有月桂烯癸醛、柠檬醛、异松油烯等	含醛量(以癸醛计) 0.8%～2.2%，干燥后残留物：1.6～4.5%
蒸馏甜橙油(Oil of orange distilled)	EOA NO. 292，FCC Ⅲ P. 210，安全食用规定：按 FEMA NO. 2821	甜橙(*Citrus sinesis* L. Osbeck)	果皮 0.4%～0.7%	无色或苍黄色液体，具有新鲜甜橙果皮特征香气	0.840～0.844	1.471～1.474	+94°～+99°	溶解后呈现雾状	含柠檬烯癸醛等	含醛率(以癸醛计) 1%～2.5%，紫外吸收 CD 值：≤0.01
苦橙油(Oil of orange bitter)	EOA NO. 155 安全食用规定：按 FEMA NO 2823	苦橙(*Citrus aurantium* L. subsp *amara* L.)	全果 0.15%～0.33%	苍黄至黄棕色液体，似橘香，带有一些苦味	0.845～0.851	1.4725～1.4755	+88°～+98°	—	含 d-柠檬烯，各种酸、醛类及双酯类	含醛率(以癸醛计)0.5%～1%，蒸发残渣：2%～5%，紫外吸收 CD 值：≥0.32

（续）

名　称	标准类别	原料植物名称	利用部位及出油率	色状及香气	相对密度	折光指数	旋光度	溶混度(V/V)	主要成分	其　他
冷榨圆柚油（Oil of grapefruit expressed）	ISO 3053 或，EOA NO. 30 安全食用规定：按 FEMA NO. 2530	圆柚（*Citrus paradisi* Macfad；*C. decumana* L.）	全果 0.07%～0.08%	绿色澄清液体，类似甜橙油香气	0.852～0.860	1.4740～1.4790	+91°～+96°	—	含柠檬烯90%以上，尚有辛、癸醛、香叶醇、松油烯，甲基邻氨基苯甲酸甲酯，柠檬醛等	含醛率（以癸醛计）≥1%，蒸发残渣：5%～10%，紫外吸收CD值≥0.42
苦橙叶油（Petitgrain oil）	参照 EOA NO. 3 安全食用规定：按 FEMA 2855	苦(酸)橙（*Citrus aurantium* L. subsp. *amara* L.）	叶片和嫩枝 0.2%～0.3%	淡黄色至琥珀色液体，具有强烈的青甜气	0.888～0.898（意大利油）0.878～0.889（25℃）（巴拉圭油）	1.4560～1.4620（意大利油）1.4580～1.4640（巴拉圭油）	+6°～+1°（意大利油）+1°～−4°（巴拉圭油）	1∶3～5 于70%乙醇中（意大利油）1∶2～4 于70%乙醇（巴拉圭油）	乙醇芳樟酯、芳樟醇、氧化芳樟醇（呋喃型）、松油醇、乙酸香叶酯、橙花酯和吡嗪类等	酸值＜1，含酯量（以乙酸芳樟酯计）49%～76%，（意大利油）酸值＜2，含酯量（以乙酸芳樟酯计）45%～60%
玳玳叶油（Petitgrain Dai-Dai oil）	同苦橙叶油	玳玳（*Citrus aurantium* var. *amara* Engl.）	叶片，嫩枝 0.3%～0.5%	淡黄色或黄绿色液体，具有带甜青香，近似苦橙叶油	0.8780～0.8880（25℃）	1.4570～1.4630	−5.2°～−6°	1∶2 于70%乙醇中	含乙酸芳樟酯、芳樟醇、橙花醇、乙酸香叶酯，邻氨基苯甲酸甲酯等	酸值＜1.5 含酯量（以乙酸芳樟酯计）＞50%
苦橙花油（Orange blossom oil）		苦橙（*Citrus aurantium* L. subsp. *amara* L.）	苦橙花 0.1%	浅黄色澄清液体，日久变深，变稠、溶于乙醇时有萤光。具有强烈花香气息伴有苦味	0.866～0.899	1.469～1.474	+2.5°～+11.5°	1∶2 于80%乙醇中	含蒎烯、莰烯、二戊烯、芳樟醇、乙酸芳樟酯、松油醇、香叶醇、橙花醇、吲哚、金合欢和邻氨基苯甲酸薄荷酯	酯值 20～44
岩蔷薇油（俗称：赖百当油）（Labdanum oil）	EOA NO. 181 FCC Ⅲ P. 158	岩蔷薇（*Cistus* sp. *C. ladaniferus* L.；*C. creticus*.）	叶、嫩枝	鲜黄色粘稠液体，放置后转成暗棕色，具有强烈膏香稀释似龙涎香	0.905～0.993	1.4920～1.5070	0°15′～+7°	1∶0.5 于90%乙醇，继续稀释成蜡沉淀，常有乳光至混浊	含萜烯、苯甲醛、苯乙酮、丁香酚和一个具有薄荷香气的酮等	酸值:18～86 酯值:31～86

（续）

名称	标准类别	原料植物名称	利用部位及出油率	色状及香气	相对密度	折光指数	旋光度	溶混度（V/V）	主要成分	其他
黄葵子油（Ambrette seed oil）	EOA NO.147 安全食用规定按：FEMA 2051	黄葵（*Hibiscus abelmoschus* L. 或 *Abelmoschus moschatus*（L.）Medic）	种子蒸馏油0.2%～0.6%	黄色至琥珀色清澈液体，具有黄葵内酯的强烈麝香香气	0.898～0.920	1.4680～1.4850	－2°30′～＋3°	—	含金合欢醇、黄葵内酯、葵醇等	酸值：≤3 皂化值：140～200
丁香叶油（Clove leaf oil）	ISO 3141～1975(E) 安全食用规定按：FEMA 2325	丁香（丁子香）（*Eugenia caryophyllata* Thunb. *Synzygium aromaticum*）	叶 2%～3%	黄色至淡棕色液体，接触铁变暗，具有辛香、丁香酚香气特征。	1.039～1.051	1.5310～1.5350	—	1∶2于70%乙醇	含丁香酚、乙酰丁香酚、糠醛及同系物等	含酚量（以丁香酚计）：82%～90%
丁香茎油（Oil of clove stem）	ISO 3143～1976 另参照 EOA NO 178	（*Synzigium aroma ticum*（L.）Merrill & Perry）	茎	黄色至浅棕色液体，接触铁变暗，具有辛香，丁香酚特征	1.041～1.059	1.5310～1.5360	—	1∶2于70%乙醇	含丁香酚等	含酚量（以丁香酚计）85%～95%
丁香花蕾油（Clove flower bud oil）		（*Synzigium aroma ticum*（L.）Merrill & Perry）	花蕾15%～18%	无色或棕色液体，久放褐色加深，具有辛香、丁香酚香气特征	1.044～1.057	1.528～1.538	0°～0°5′	1∶2于70%乙醇	含丁香酚、丁香酚酯、石竹烯、甲基-n-戊基甲酮等	含酚量（以丁香酚计）85%～93%
丁香罗勒油（Basil oil Eugenol Type）		丁香罗勒（*Ocimum gratissimum* L. var. *Suave*（Willd.）Hook. f.）	花穗	黄色至棕黄色液体，具有辛甜、丁香样香气	0.995～1.042（15℃）	1.526～1.523	＋1°～－18°	1∶7于90%乙醇	含丁香酚（60%～70%）、罗勒烯、芳樟醇等	

（续）

名 称	标准类别	原料植物名称	利用部位及出油率	色状及香气	相对密度	折光指数	旋光度	溶混度（V/V）	主要成分	其 他
甜罗勒油（Sweet Basil oil）	参照标准 EOA NO. 120	甜罗勒（*Ocimum basilicum* L.）	叶及顶部花朵	淡黄色或琥珀色液体，具有强的辛香，带薄荷样香味	0.891～0.924（地中海型）0.952～0.973（25℃）（留尼旺型）	1.4730～1.4900（地中海型）1.5120～1.5190（留尼旺型）	－7°30′～－14°50′（地中海型）＋2°～0°（留尼旺型）	－（地中海型）1：4于80%乙醇中。（留尼旺型）	含芳樟醇(40%)、甲基黑椒酚(25%)。桉叶素等(地中海型)。含甲基黑椒酚(70%)、樟脑、桉叶素等(留尼旺型)	
荜澄茄油（Cubeb oil）	参照 ISO 3735 EOA 89 安全食用规定按:FEMA 2338	荜澄茄（*Piper cubeba* L. f.）	未成熟浆果（种子）10%～18%	苍黄色至蓝绿色略带粘性液体具有木香和辛香，似愈创木树脂苦味	0.915～0.930（15℃）0.906～0.924（20℃）	1.4938～1.4981	－25°～－43°	1：10于90%乙醇中	含1.4桉叶素、单萜烯、倍半萜醇类、荜澄茄素等	酯值:1.9～5.1 酸值:0.1～1 乙酰化后酯值:25～30
愈疮木油（Guaiawood oil）	参照EOA 63 安全食用规定按FEMA 2533, 2534	愈疮木（*Guaiacum offcinale* L.）	木材或锯屑3%	橙褐色粘稠液体，具甜木香，似茶玫瑰的甜香和岩兰草干甜木香	0.960～0.975（25℃）	1.5020～1.5070	－3°～－12°	1：2于70%乙醇中	含愈疮木烯醇等	
牡荆油 Vitex negundo oil		牡荆（*Vitex negundo* var. *cannabifolia* (Sieb. et Zucc.) H-M）	鲜枝叶 0.09%～0.2%	浅澄黄色液体，具有清香、醛香药草香、木香及微弱花香，有些似香紫苏	0.9056（25℃）	1.4903	＋18°05′（11℃）	－	含β-石竹烯30.31%，1.8桉叶素13.49%，桧烯11.5%等	酸值:0.59 酯值:33.5
伽罗木油（香榄木油）（Linaloe wood oil）	EOA 70 安全食用规定按：FEMA：2634	伽罗木（*Bursera delpechiana* Poiss；*B. glabrifolia*；*B. fagaroides* var. *ventricosa*）	木材8% 果实3%	无色至黄色液体，具有愉快的青香、似玫瑰样香气	0.876～0.883	1.4599～1.4630	－5°～－13°	1：5于60%乙醇	含芳樟醇60%～75%，香叶醇、橙花醇、甲基庚烯酮、甲基庚烯醇月桂烯等	酸值:≤3 含醇量(以芳樟醇计):≥85% 含酯量(以乙酸芳樟酯计):14%～27%

（续）

名称	标准类别	原料植物名称	利用部位及出油率	色状及香气	相对密度	折光指数	旋光度	溶混度(V/V)	主要成分	其他
肉豆蔻衣油(Mace oil)	ISO 4734-1981(E) 另参照 EOA. 182 FCC Ⅲ P. 176 FEMA 2653	肉豆蔻(*Myristica fragrans* Houttuyn)	内豆蔻衣 13%	无色或苍黄色澄清流动液体，具辛香香气的特征香气	0.883～0.934(东印度型) 0.857～0.880(西印度型)	1.474～1.488(东印度型) 1.469～1.480(西印度型)	+2°～+30°(东印度型) +20°～+45°(西印度型)	1∶3于90%乙醇中	含肉豆蔻酚醚，丁香酚、异丁香酚、黄樟素、香叶醇、松油醇、芳樟醇、对伞花烃、蒎烯等	酸值：≤6 酯值：6～9(东印度型)。3～8.5(西印度型)
乳香油(Olibanum oil)	EOA 68 安全食用规定按 FEMA-2817	乳香(*Boswellia carterii* Birdw.)	乳香树胶树脂(渗出物)蒸馏油	苍黄色油状物，具有膏香、带淡淡的柠檬香	0.862～0.889	1.4650～1.4820	−15°～+35°	1∶5于90%乙醇中	含双戊烯、杜松烯、右旋龙脑酯类，对异丙基甲苯、马鞭草烯酮、马鞭草烯醇	酸值：≤4 酯值：4～40
没药油(Myrrh oil)	参照标准 EOA 141 安全食用规定按 FEMA 2765	没药(*Commiphora abyssinica* (Berg.)Engler)	没药树胶蒸馏油 3%～8%	浅棕色发绿的液体，氧化和光照后，色变深，液变稠，具有丁香酚，肉桂醛香气	0.985～1.010(25℃)	1.5190～1.5275	−60°～−80°	1∶10于90%乙醇	含肉桂醛、枯茗醛、丁香酚、间甲酚、萜类、甲酸、乙酸等	酸值 2～13
胡椒油(Pepper oil)	参照标准 EOA 102，ISO 3061	胡椒(*Piper nigrum* L.)	浆果 1%～2.6%(黑胡椒) 0.8%(白胡椒)	浅黄色液体，具有胡椒特征性香气	0.860～0.904	1.4800～1.5020	+8°～+4°	1∶10～15于90%乙醇	含胡椒碱，六氢吡啶，α-氢化香芹醇，β-没药烯、桧烯、柠檬烯、水芹烯、金合欢烯等	酯值>11
黑胡椒油树脂(Oleoresin of Black pepper)	EOA 240，FCC Ⅲ P. 310	黑胡椒(*Piper nigrum* L.)	浆果	深绿色或橄榄黄褐色萃出物，具有黑胡椒特征香气和香味	—	1.4890～1.4790	−23°～−1°	—	含胡椒碱、油状胡椒酯碱等	挥发油含量(mg/100g)：15～35%总氮(以胡椒碱计)≥55%
花椒油(Zanthoxy lum oil)		花椒(*Zanthoxy lum bungeanum* Maxim.)	果实 4%～7%	油状液体，具有花椒特征香气和香味	0.8660～0.8665(15℃)	1.4670～1.4690	+7°30′～+12°54′	—	含花椒油素，柠檬烯、枯茗醇、花椒烯、水芹烯、香叶醇、香茅醇、植物甾醇等	

（续）

名　称	标准类别	原料植物名称	利用部位及出油率	色状及香气	相对密度	折光指数	旋光度	溶混度(V/V)	主要成分	其　他
众香子油（Oil of pimenta berry）	ISO 3043-1975（E）或参照 EOA 255;FCC Ⅲ P. 226	众香树（*Pimenta officinalis* Lindl.）	浆果 4%～4.5%	苍黄至棕色流动液体，具辛香，似丁香酚	1.027～1.048	1.5250～1.5400	−5°～0°	1∶2于70%乙醇中	含丁香酚，水芹烯、石竹烯、甲基丁香酚、桉叶素等	含酚量≥65%
众香叶油（Pimenta leaf oil）	ISO 4729，或参照 EOA 73 安全食用规定按：FEMA 2901	众香树（*Pimenta officinalis* Lindl.）	叶片 1%～3.5%	橙黄至深棕色，或橙黄色至红棕色液体，具有木香，似丁香酚香气	1.036～1.053	1.5310～1.5360	—	1∶2或大于2，于70%乙醇中	含丁香酚（约70%），石竹烯、酸类、醛类	含酚率：60%或70%
迷迭香油（Rosemary oil）	EOA 287，或参照 FCC Ⅲ P. 265 安全食用规定按：FEMA 2991	迷迭香（*Rosmarinus officinalis* L.）	花或叶 0.3%～0.7%	无色或苍黄色液体，具有特征的迷迭花香，温和樟脑样口味	0.894～0.912	1.464～1.476	−5°～+10°	1∶1于90%乙醇中，继续稀释呈混浊	含龙脑10%～15%，乙酸龙脑酯，桉叶素，樟脑，蒎烯，莰烯等	含醇率（指游离和结合的总龙脑量）：≥8%，含酯率（以乙酸龙脑酯计）：≥1.5%
百里香油（Thyme oil）	EOA 286 或参照 FCC Ⅲ P. 326 安全食用规定按 FEMA 3064	百里香（*Thymus vulgaris* L.）等品种	开花期的地上整株植物 0.5%～1.2%	无色，黄色或红色液体，具有百里香特征的愉快香气，刺激持久的口味	0.910～0.935	1.495～1.505	−3°～0°	1∶2于80%乙醇中	含百里香酚，香芹酚，γ-松油烯、芳樟醇、龙脑、乙酸龙脑酯等	总酚量≥40%
九里香油（Murraya oil）		九里香（*Murraya paniculata*（L.）Jacks.）	叶 1.5%	无色，或浅黄色液体，具有九里香特征香气	0.8961（19℃）	1.4800	+16°1′	—	含 dl-水芹烯，d-杜烯，蒎烯，二聚戊烯，松油醇，异黄樟素，石竹烯，杜松烯，杜松醇等	酸值 1.73，酯值 66.48，乙酰化后酯值：160,31，醛酮含量 2.5%
芸香油（Rue oil）	EOA 90，或参照 FCC Ⅲ P. 266 安全食用规定按：FEMA 2995	芸香（*Ruta graveolens* L.）等品种	叶或新鲜开花期植株 0.5%～0.8%	黄色至黄琥珀色液体，具有芸香特征的油脂气息	0.826～0.838	1.4300～1.4400	+1°～+3°	1∶2～4于70%乙醇中	含甲基壬基甲酮，甲基庚基甲酮，甲基辛基甲酮，甲基癸基甲酮，柠檬烯、桉叶素，乙酸异辛酯等	含酮率（以甲基壬酮计）≥90%，凝固点：7.5～10.5℃

（续）

名　称	标准类别	原料植物名称	利用部位及出油率	色状及香气	相对密度	折光指数	旋光度	溶混度(V/V)	主要成分	其　他
苏合香油(安息香油)(Styrax oil)	EOA 153 安全食用规定按 FEMA 3036	苏合香(*Liquidambar styraciflua* L.)	病理渗出物,0.5%～1%	苍黄至淡黄色液体,具有甜的膏香	0.975～1.005	1.5300～1.5450	0°～+4°	1∶≥5于80%乙醇中,偶呈乳光或混浊	含安息香荚,肉桂酸和其酯类,香兰素,苏合香烯,苏合香莰烯	酸值≥30,皂化值5～50
冬青油(Wintergreen oil)	安全食用规定按 FEMA 3112	葡萄白株木(*Gaultheria pro-Cumbens* L.),地檀香(*G. forrestii Diels*)	枝、叶 0.7%	无色或淡黄色至粉红色液体,具有水杨酸甲酯香气	1.180～1.193(15℃)	1.535～1.536	−0°25′～−1°30′	1∶6～8于70%乙醇中	含水杨酸甲酯量达97%～99%	酯值354～356,含酯量(以水杨酸甲酯计)96%～99%
特级依兰油(Oil of ylang ylang Extra)	ISO 3063-1983(E)或参照 EOA 81 安全食用规定按: FEMA 3119	依兰(*Cananga odorata* Hook. f. et Thoms. forma *genuina*)	花朵1%～2.5%	苍黄色至深黄色液体,具有特征性的有类似大茉莉花香气	0.950～0.965(马达加斯加)0.956～0.976(科摩罗)	1.5010～1.5090(马达加斯加)1.4980～1.5060(科摩罗)	−45°～−36°(马达加斯加)−40°～−25°(科摩罗)	—	含芳樟醇、香叶醇、苯甲醇及其酯类,对甲酚甲醚,乙酸对甲酚酯,丁香酚,水杨酸甲酯,γ-依兰烯等	酯值:125～160(马达加斯加)145～185(科摩罗)酸值:均≤3
树兰花油(Oil of Aglaia odorata,flower)	ZBY-41005-86 安全食用规定:国内许用	树兰(米兰)(*Aglaia odorata* Lour.)	鲜花0.3% 干花0.7%	淡棕色至棕色澄清液,0℃下析出微量针状结晶,具有树兰花特征香气	0.901～0.920	1.4985～1.5025	−11°～−4°	1∶11于95%乙醇	含α-蛇麻烯、β-芹子烯、蛇麻烯含氧衍生物,石竹烯,β-榄香烯等	酸值≤10 酯值≥8
卡南加花油 Cananga flower oil	EOA 75 或参照:(ISO 3523)安全食用规定按: FEMA 2232	卡南加(*Cananga odorata* & Thoms)与依兰依兰为同品异型物	花朵	淡黄色至深黄色液体,具有依兰依兰的花香,但不及依兰好	0.906～0.923	1.495～1.503	−30°～−15°	1∶0.5于95%乙醇(稍浑)	含倍半萜、倍半萜醇、芳樟醇、香叶醇、丁香酚、杜松烯苯苄醇、水杨酸甲酯等	酸值<20 酯值13～35
白兰花油(Oil of Michelia alba,flower)	ZBY 41006-85 安全食用规定:国内许用	白兰花(*Michelia odorata* Lour)	花 0.22%～0.26%	橙黄色至浅黄色澄清液体,具有白兰花特征香气	0.870～0.895	1.4600～1.4900	−9°～−13°	1∶2于70%乙醇中	含芳樟醇、月桂烯、柠檬烯、桉叶素、丁香酚甲醚,反式香芹酮、芳樟醇氧化物等	酸值≤7 酯值≥20 含醇率(以芳樟醇计)≥50%

（续）

名　称	标准类别	原料植物名称	利用部位及出油率	色状及香气	相对密度	折光指数	旋光度	溶混度（V/V）	主要成分	其　他
白兰叶油（Oil of Michelia alba,leaf）	ZBY 41007-86	白兰花（*Michelia odorata* Lour）	叶 0.2%～0.28%	黄色或黄绿色液体，具白兰叶特征香气	0.860～0.890	1.4550～1.4800	−11°～−16°	1：2于70%乙醇中	含芳樟醇、丁香酚甲醚，橙花叔醇、石竹烯、罗勒烯等	酸值≤1 酯值≥2 含醇率（以芳樟醇计）≥70%
白兰花浸膏（Michelia alba Concrete）	QB948-84	白兰花（*Michelia odorata* Lour）	花 0.22%～0.25%	棕红色到深棕色膏状物具白兰花特征香气	—	—	—	—	净油成分与白兰花油相同	熔点：47～53 酸值：≤50 皂化值：≥80 净油含量：≥50%
黄兰花油（Champaca glower oil）		黄兰花（*Mechelia champaca* L.）	花 0.2%	黄色或黄绿色液体，具有类似茶花，橙花，依兰香气	0.9543～1.020（30℃）	1.4550～1.4830（30°）	—	—	含异丁香酚，苄醇、苯乙醇、苯甲醛、氧化芳樟醇、吲哚、邻氨基苯甲酸甲酯等	皂化值 160～180 酚类（以异丁香酚计）3%
栀子花油（Gardenia oil）		栀子花（*Gardenia Jasminoides* Ellis）	鲜花 0.4%～0.5%	黄色液体，具有清甜果香	1.009	—	+2°56′	—	含α-金合欢烯、芳樟醇、惕各酸顺式乙烯-3酯、顺式茉莉花内酯，β-罗勒烯等	
留兰香油（Oil of spear mint rectified）	ISO 3033-1975（E） 参照标准： QB 864-83 EOA 57，FCC Ⅲ P.309	留兰香（*Mentha spicata* L.）	带花序叶茎 0.3%～0.4%	无色至带灰绿色澄清流动液体，具有留兰香特征香气	0.920～0.937	1.4850～1.4910	−45°～−60°	1：10于80%乙醇中	含L-香芹酮、水芹烯、苧烯、桉叶素、二氢香芹醇、二氢香芹酮、蒎烯等	含酮率（以香芹酮计）：≥55%
当归根油 Oil of Angelica Root	EOA 96 或参照 FCC Ⅱ P.23	当归（*Angelica archange Lica* L.）	干根 0.2%～0.4%	苍黄色至琥珀色液体，具有暖和的刺激气息和苦甜口感	0.850～0.880	1.4735～1.4870	0°～+46°	1：≥1于90%乙醇中	含水芹烯、蒎烯、倍半萜烯，十五内酯，丁二酮、糠醇、甲醇、乙醇及当归酸	含酯率 10%～65%
斯里兰卡香茅油 Oil of Citronella Ceglon	EOA 12 或参照 ISO 3849 安全食用规定按 FEMA 2308	斯里兰卡香茅（*Cymbopogon nardus*；Ceylon de Tong）	半干草 0.04%～0.12%	苍黄至苍棕黄色液体，具有斯里兰卡香茅特征香气	0.8940～0.9100	1.4790～1.4870	−12°～−22°	1：2于80%乙醇中	含香叶醇、香茅醛、莰烯、柠檬烯、甲基庚烯酮、丁香酚甲醚、金合欢醇、龙脑、橙花醇等。	含醇率（以香叶醇计）55%～65%，含醛率（以香茅醛计）5%～15%，羰值：18～55

（续）

名 称	标准类别	原料植物名称	利用部位及出油率	色状及香气	相对密度	折光指数	旋光度	溶混度(V/V)	主要成分	其 他
爪哇香茅油（Oil of Citronella Java Type）	EOA 14 或参照 ISO 3848 安全食用规定按 FEMA 2308	爪哇香茅（*Cymbopogon winterianus.*；Java de Tong）	半干草 0.04%～0.12%	苍黄色至苍棕黄色液体，具有显著醛香	0.875 ～ 0.893	1.4660 ～ 1.4740	−6° ～ −0°30′	1∶1～2 于 80%乙醇中继续稀释有时呈乳光	含香叶醇、香茅醛、柠檬醛、丁香酚、丁香酚甲醚、丁酸香叶酯、香兰素等	含醇率(以香叶醇计)32%～35% 含醛率(以香茅醛计)30%～45%
甘松油（Spikenard oil）		匙叶甘松（*Nardostachys jatamansi* DC.）	根状茎（秋季）2%～5.5%	黄色、棕色或绿色透明液体，具干甜药草香	0.928 ～ 0.975 (15℃)	1.5020 ～ 1.5170	−4°45′ ～ −11°40′	—	含异戊酸香叶酯、异戊酸香茅酯，缬草烷酮，甘松醇、β-古芸烯，β-马榄烯、马兜铃烯等	皂化值 45.7 乙酰化后酯值：66.43
穗薰衣草油（Lavender spike oil）	EOA 4 或参照 ISO 4719 FCC Ⅱ P.311 安全食用规定按：FEMA 3033	穗薰衣草（*Lavandula latifolia* Vill.（*L. spica* DC)）	花序 0.5%	苍黄色至黄色液体，具有樟脑气息，似薰衣草	0.8930 ～ 0.9090	1.4630 ～ 1.4680	−5° ～ +5°	1∶1～3 于 70%乙醇中	含芳樟醇，芳樟醇酯类，桉叶素，莰烯、樟脑等	含醇率(以芳樟醇计)40%～50%
杂薰衣草油（Lavendin oil）	EOA 41 安全食用规定按：FEMA 2618	杂薰衣草（*Lavandula hybrida* Rev.）	花序 0.7%～0.85%	苍黄至黄色液体，具有强烈薰衣草香气，微带樟脑样气息	0.878 ～ 0.891	1.4600 ～ 1.4650	−2° ～ −6°	1∶3 于 70%乙醇中继续稀释稍呈乳光	含芳樟醇、乙酸芳樟酯，薰衣草醇，桉叶素、莰烯等	含酯量(以乙酸芳樟酯计)22%～27%
柠檬草油(枫茅油)（Lemongrass oil）	EOA 7 安全食用规定按：FEMA 2624	东印度型柠檬草（*Cymbopogon flexuosus*(Nees.) Stapf.） 西印度型柠檬草（*C. citratus* stapf.）	地上茎叶 0.2%～0.37%	东印度型：深黄至浅棕红色液体。 西印度型：淡黄至橙黄色液体。 均具柠檬香气，东印度型重郁	东印度型：0.8940 ～ 0.9040 西印度型：0.8690 ～ 0.8940	东印度型 1.4830 ～ 1.4890 西印度型 1.4830 ～ 1.4890	−3° ～ +1°	1∶2～3 于 70%乙醇中，常微浑浊	含柠檬醛 70%～85%，其余还有异戊醛、糠醛、月桂烯、双戊烯、甲基庚烯酮、香叶醇香茅醛、癸醛、芳樟醇等	含醛量(以柠檬醛计)：均≥75%。 真空蒸馏残渣：≤7%（西印度型）≤8%（东印度型）

(续)

名 称	标准类别	原料植物名称	利用部位及出油率	色状及香气	相对密度	折光指数	旋光度	溶混度(V/V)	主要成分	其 他
薄荷油(Peppermint oil)或称亚洲薄荷油(Mentha arvensis oil)	EOA 199或参照GB 8319-87 QB 863-83 FCC Ⅲ P 193	亚洲薄荷(*Mentha arvensis* L.)	枝叶、花序0.5%～1%	无色至黄色液体，具有亚洲薄荷特征清凉香气	0.888～0.904	1.4650～1.4585	−20°～−30°	1∶2～3于70%乙醇中	含L-薄荷脑65%～85%，乙酸薄荷酯3%～6%，薄荷酮25%～45%等	含酯率5%～20%，含醇率(以薄荷醇计)40%～60%，含酮率(以薄荷酮计)30%～50%
香叶天竺葵油(俗称香叶油)(Geranium oil)	GB 11426-89安全食用规定按：FEMA 2508	香叶天竺葵(*Pelargonium graveolens* L′ Her)	鲜嫩茎叶，0.1%～0.2%	绿黄色或琥珀色澄清液体，具有薄荷样香韵和玫瑰香气	0.802～0.899	1.4615～1.4690	−7°～−14°	1∶3于70%乙醇中	含香叶醇60%～70%，香茅醇、异薄荷酮、芳樟醇、松油醇等	酸值≤8 酯值50～80 乙酰化后酯值：215～240 羟值≤58
玫瑰草油(别名：东印度天竺葵)(Palmarosa oil)	EOA 29或参照ISO 4727，FCC Ⅲ P.212安全食用规定按：FEMA 2831	玫瑰草(*Cymbopogon martini* Stapf var. *motia*)	全草(叶、茎、花)	浅黄至黄色油，具有玫瑰香叶样花香	0.879～0.892	1.4730～1.4775	−2°～+3°	1∶2于70%乙醇	含香叶醇及其酯类，还有橙花醇、柠檬醛、甲基庚烯酮、金合欢醇等	含醇率(以香叶醇计)88%～94%，含酯率(以乙酸香叶酯计4%～13%
莳萝油(又名：欧洲莳萝子油)(Dill seed oil)	EOA 158或参照FCC Ⅲ P.100安全食用规定按：FEMA 2383	莳萝(*Anethum graveolens* L.)	干果实2.5%～3.5%	微黄至黄色液体，具有葛缕子般的香气和香味	0.890～0.915	1.4830～1.4900	+70°～+82°	1∶2于80%乙醇，有时出现轻微乳光	含香芹酮、柠檬烯、水芹烯、二氢香芹酮、香芹醇、异丁香酚、莳罗脑等	含酮率(以香芹酮计)42%～60%
枯茗油(Cumin oil)	EOA 115或参照FCC Ⅲ P.92安全食用规定按FEMA 2341	枯茗(别名：孜然芹)(*Cuminum cyminum* L.)	种子3%	浅黄色至棕色液体，具有强烈的特殊的枯茗醛香气	0.905～0.925	1.5010～1.5060	+3°～+8°	1∶4～8于80%乙醇中，继续稀释有时呈混浊	含枯茗醛，蒎烯。对伞花烃，β-水芹烯，枯茗醇等	含醛率(以枯茗醛计)45%～52%
贳蒿油(葛缕子油)(Cara way oil)		贳蒿(葛缕子)(*Calum carvi* L.)	果实3%～7%	黄至琥珀色液体，具有特征辛香气	0.903～0.931	1.4840～1.4930	+66°～+80°	—	含贳蒿酮，α-葛缕酮，柠檬烯、香芹醇等	

（续）

名　称	标准类别	原料植物名称	利用部位及出油率	色状及香气	相对密度	折光指数	旋光度	溶混度（V/V）	主要成分	其　他
榄香油（Elemi oil）		榄香（*Canarium commune* L.）	树脂样渗出物20%～30%	无色至苍黄色液体，具有新鲜、愉快似水芹烯香气	0.880～0.910（15℃）	1.4800～1.4880	+40°50′～+64°	1∶0.5～1于90%乙醇中	a-右旋水芹烯、双戊烯、榄香素，和倍半萜烯醇	
防臭木油（Lemon Verbena）		防臭木（又名桃叶香草）（*Lippia citriodora* H. B. K.）	嫩株及叶0.1%～0.7%	浅黄色至黄绿色液体，具有新鲜柠檬样香气	0.883～0.900	1.4800～1.4900	−9°～−20°	—	含柠檬醛外、还有桉叶素、dl-柠檬烯、芳樟醇橙花醇香叶醇、橙花叔醇	含醛量（以柠檬醛计）20%～40%
爬岩香油（Little pepper oil）		爬岩香（又名岩胡椒）（*Piper arboricola* C. DC.）	藤叶0.11%～0.22%	淡黄至深棕色的澄清流动液体，具有甘甜药香而隐含花香，似格蓬样青滋香	0.9084（25℃）	1.4936	+18°35′	—	含桧烯、Δ^3蒈烯、乙酸芳樟酯等	酸值0.36，酯值4.71，含酯量（以乙酸芳樟酯计）1.65%，乙酰后酯值：55.04
甘牛至油（Marjoram sweet oil）	EOA 76 安全食用规定按FEMA 2662	甘牛至（*Origanum marjorana* L.）	带花序的全草<0.3%	黄色或黄绿色油，具有辛香和小豆蔻香韵	0.890～0.906	1.4700～1.4750	+14°～+24°	1∶2于80%乙醇中	含芳樟醇、甲基对烯丙基苯酚、桉叶素，丁香酚，和松油醇	酸值≤2.5 乙酰化酯值：68～86，皂化值23～40
格蓬油（Galbanum oil）		格蓬（*Ferula galbaniflua* Boiss et Buhse）	叶、芽渗出液生成的油树脂，10%～22%	黄色液体，具有特征性的温暖、脂般辛香	0.870～0.930	1.4760～1.4880	+1°～13°30′	1∶6于90%乙醇	含蒎烯、月桂烯、杜松烯，杜松醇等	酸值≤2 皂化值5～20 闪点42℃
金合欢浸膏（Cassic concrete）		金合欢（*Acacia farnesiana*（L.）Willd.）	花朵0.4%～0.6%	黄色膏状物，具有幽雅香气	1.029～1.043（15℃）	1.5018～1.5120	+1°10′～−0°15′	—	含金合欢醇、香叶醇、芳樟醇、苄醇、大茴香醛、苯甲醛、癸醛，等	酸值18～55 酯值>34
啤酒花油（忽布油）（Hop oil）	EOA 161 或参照FCC Ⅲ P144 安全食用规定按FEMA 2580	啤酒花（*Humulus lupulus* L.）	藤本上的花序和腺毛状物0.25%	浅黄或绿黄色液体，时久变深，变稠，具啤酒花特征香气	0.825～0.926	1.4700～1.4940	−2°～+2°5′	1∶10于95%乙醇中（混浊）	含β-月桂烯、石竹烯、葎草酮、甲基壬基甲酮、葎草酮、蛇麻酮等	酸值≤11 皂化值14～69

（续）

名称	标准类别	原料植物名称	利用部位及出油率	色状及香气	相对密度	折光指数	旋光度	溶混度（V/V）	主要成分	其他
露兜花净油（Kewda absolute）		露兜树（*Pandanus odoratissimus* L. f.（Syn. *P. tectorius*））	花序 0.03%	黄色液体具有紫丁香和依兰样的甜花香味	0.9614（15℃）	1.4903	+2°5′	—	含甲基苯乙基醚65%～80%，芳樟醇19%，还有乙酸苯乙酯、柠檬醛、香叶醇、苯乙醇、苯甲醇等	
玫瑰木油（Bois de rose oil）	EOA 2 或参照 ISO 3761 安全食用规定按：FEMA 2156	玫瑰木（*Aniba rosaeodora* Ducke）等	木屑	无色至苍黄色澄清液，具有愉快花香、微带樟脑样气息	0.8680～0.8890	1.4620～1.4680	−4°～+5°	1∶6于60%乙醇中	含芳樟醇84%～93%，α-松油醇，桉叶素等	含醇率（以芳樟醇计）84%～92%
广藿香油（又名派超力油）（Patchouli oil）	EOA 23 或参照 ISO 3757-1978（E） 安全食用规定按 FEMA 2838	广藿香（*Pogostemon cablin* Benth）	叶片 1.5%～3%	绿棕色至暗棕色液体。具有典型性香气，持久微带樟脑气息	0.950～0.975	1.5070～1.5150	−48°～−65°	1∶10于10%乙醇中偶呈混浊	含广藿香醇、苯甲醛、丁香酚、肉桂醛、广藿香烯、广藿香酮、石竹烯、愈疮木二烯等	酸值≤5 皂化值≤20
缬草油（Valerian oil）	EOA 165 安全食用规定按：FEMA 3100	缬草（*Valeriana officinalis* L.）	干根茎 0.4%～0.6% 高原地带的缬草可达2%	黄绿色至黄棕色液体，遇空气变深变稠。具缬草特征尖刺香气	0.942～0.984	1.4860～1.5025	−2°～−28°	1∶0.5～2.5于90%乙醇中（稀释至1∶10会出现乳光）	含乙酸龙脑酯40%～50%，莰烯16%～19%，还有蒎烯、乙酸葛缕酯、柠檬烯、乙酸二氢葛缕酯等	酸值5～50 皂化值30～107
香根油（岩兰草油）（Vetiver oil）	EOA 24 或参照 ISO 4715	岩兰草（别名香根）（*Vetiveria Zizanioides* Stapf）	根茎1%～4%	棕色至红棕色粘稠液体，具有香根特征香气，芳香带木香	0.984～1.035	1.5200～1.5280	+15°～+45°	1∶1～3于80%乙醇中	含岩兰草醇、岩兰草酮、岩兰草醇酯类、岩兰草烯、棕榈酸，苯甲酸等	乙酰化后酯值：110～165
鸢尾根油（Orris root oil）	EOA 116 或参照 FCC Ⅲ P.211 安全食用规定按 FEMA 2830	鸢尾（*Iris germanica* L.）	根茎（贮存2～3年） 0.2%～0.3%	室温下浅黄色至棕黄色固体，40～50℃为液体，具有紫罗兰般香气	—	—	—	—	含鸢尾酮、苯甲酸、十四酸甲酯、油酯甲酯、棕榈酸甲酯、苄醇、芳樟醇、香叶醇、苯甲醛、癸醛等	酸值（以肉豆蔻酸计）175～235，含酮率（以鸢尾酮计）9%～20%，熔点：38～50

（续）

名　称	标准类别	原料植物名称	利用部位及出油率	色状及香气	相对密度	折光指数	旋光度	溶混度（V/V）	主要成分	其　他
姜油（Ginger oil）	GB 8318-87 或参照 EOA 13 FCC Ⅲ P.1 安全食用规定按:FEMA 2522	姜（*Zingiber officinale* Rose）	干燥粉碎的根茎 0.25%～1.2%	淡黄色至黄色液体，具有生姜特征香气	0.871～0.880	1.488～1.494	−28°～−48°	—	含α和β-姜烯芳姜黄烯、红没药烯、β-榄香烯、β-金合欢烯、姜酮、姜烯酚等	酸值:≤20 重金属:≤0.001%，砷:≤0.0002%
广木香根油（Costus root oil）	EOA 179 或参照 FCC Ⅲ P91 安全食用规定按: FEMA 2336	广木香（*Saussurea lappa* Clarke.）	干根 0.7%	浅黄色至棕色粘稠液体，具有独特的持久香气似紫罗兰，鸢尾和香根	0.995～1.039	1.5230～1.5120	+10°～+36°	1 : 0.5 于 90%乙醇，继续稀释成云雾状，偶有蜡结晶析出	含月桂烯，对伞花烃、β-紫罗兰酮，倍半萜烯、木香内酯等	酸值≤42（通常 8～40）酯值 90～150

名　称	标准类别	原料植物名称	利用部位及出油率	色状及香气	酯　值	酸　值	净油含量（%）	熔　点（℃）	主要成分	其　他
玫瑰浸膏（Rose concrete）		苦水玫瑰（*Rosa sertata* X.；*Rosa rugosa* Yü et Ku）	花 0.28%	橙花色膏状物，具有玫瑰花甜香	3.01	26.7	>50	46～48℃	含香茅醇、香叶醇、橙花醇、苯乙醇、丁香酚、柠檬醛、壬醛等	
赖百当浸膏（Labdanum Concrete）	QB 950-84	岩蔷薇（*Cistus species*；*C. Ladaniferus* L.）	叶与嫩枝 4%～7%	黄绿色至褐黄色膏状物，具有龙涎、琥珀膏香气，有些花香、药草香气	72～89	73～76	55～60	48～52℃	含苯甲醛、苯乙酮、丁香酚、萜烯等	全溶于10倍邻苯二甲酸二乙酯中
麝香石竹浸膏（又名康乃馨浸膏）（Carnation Concrete）		麝香石竹（*Dianthus caryophyllus* L.）	花 0.2%～0.3%	淡绿色固体，具有特征，辛甜香韵	15.2	23.8	14～25	56～62℃	含丁香酚30%，苯乙醇7%，苯甲酸苄酯，柳酸苄酯，甲基水杨酸酯等	凝固点 54～58℃。旋光度±0°
丁香浸膏（Lilac concrete）		紫丁香（*Syringa vulgaris* L.）白丁香（*Syringa amurensis* Rupr.）	鲜花 0.24%～0.36%	深绿色至黑绿色固体，具有茉莉、山楂花香韵和金合欢的蜜甜	158	94.7	—	44℃	含紫丁香醇、苯乙醇、芳樟醇、大茴香醛等	

（续）

名称	标准类别	原料植物名称	利用部位及出油率	色状及香气	酯值	酸值	净油含量（%）	熔点（℃）	主要成分	其他
蜡梅浸膏（Wintersweet Concrete）		蜡梅（*Chimonanthus praecox*（L.）Link）	花 0.19%～0.2%						含芳樟醇、桉油素、龙脑、樟脑、蒎烯及倍半萜醇等	净油：相对密度（15℃）0.9243，折光指数：1.4714，旋光度：+1°45′
铃兰浸膏（Muguet concrete）		铃兰（*Convallaria majalis* L.）	花、根茎 0.4%～0.6%，单用花朵 0.9%～1.05%	黄色膏状物，具有铃兰花幽雅香气	108.5	47.8	—	—	含桂醇80%，还有苄醇、苯乙醇、苯丙醇、吲哚、香茅醇、香叶醇、芳樟醇、橙花醇、苄腈等	相对密度（25℃）：0.9159，折光指数：1.4687
香根浸膏（Vetiver Concrete）		岩兰草（又名香根草）（*Vetiveria zizanioides* Stapf）	根茎，须根 2%～4%	淡褐色至黑褐色膏体，具干甜木香兼草香壤香	≤70	≥10	—	—	含岩兰草醇、岩兰草酮、岩兰草烯、岩兰草醇的酯类、棕榈酸、苯甲酸等	含醇量≥45%，溶混度（V/V）：1∶5于95%乙醇中
紫罗兰浸膏（Violet Concrete）		紫罗兰（*Viola odorata* L.）	花和叶片 0.1%～0.12%	花浸膏为黄绿色膏状物，具有紫罗兰花香，叶浸膏为深绿色膏状物，具有紫罗兰鲜叶香气	花浸膏 11.2～47.7 叶浸膏 12.4～52	花浸膏 42.9～58.6 叶浸膏 42.6～49.7	叶浸膏 ≥30%	花浸膏 49～52 叶浸膏 54～55	均含丁香酚、苄醇、异紫罗兰酮、紫罗兰酮、紫罗兰叶醛、紫罗兰叶醇、乙醇、辛烯醇、庚烯醇等	
苦橙花浸膏（Neroli Concrete）		苦橙花（*Citrus aurantium* L.）	花 0.24%～0.28%	黄色膏状物，具有强烈花香气息伴有苦味	—	—	—	—	含蒎烯、莰烯二戊烯、芳樟醇、乙酸芳樟酯、松油醇、橙花醇、橙花叔醇、邻氨基苯甲酸薄荷酯，吲哚，金合欢醇和苯乙酸酯等	净油得率50%

（续）

名　称	标准类别	原料植物名称	利用部位及出油率	色状及香气	酯　值	酸　值	净油含量（%）	熔　点（℃）	主要成分	其　他
茉莉浸膏（Jasmine Concrete，China）	GB 6779-86 安全食用规定按 FEMA 2599	小花茉莉（*Jasminum sambac*(L.)Ait）	鲜花 0.3%	黄绿色或浅棕色膏状物，具有茉莉鲜花香气	≤11	≥80	≥60	46～52	含乙酸苄酯、芳樟醇、乙酸芳樟酯、苯甲酸甲酯、石竹烯、油酸甲酯、苯甲醇等	含砷量≤3ppM 重金属≤20ppM
大花茉莉浸膏（Jasmine Concrete Grandiflorum）	QB 948-84	大花茉莉（*Jasminum officinale* L. Var. *grandiflorum*）	鲜花 0.33%～0.36%	黄红色至浅棕色膏状物，具有大茉莉花香气息	≤12	≥80	≥45	48～54	含苯甲酸苄酯、茉莉内酯、乙酸苄酯、芳樟醇、顺式茉莉酮、吲哚、甲香酚植酮、异植醇等	
桂花浸膏（Osmanthus Concrete）	GB 6780-86 或参照 QB 790-81 安全食用规定按 FEMA 2578	桂花（*Osmanthus fragrans* Lour）	鲜花 0.13%～0.2%	黄色或黄棕色膏状物，具有天然桂花香气	—	≥40	≥60	40～50	含 α-和 β-紫罗兰酮，芳樟醇氧化物，芳樟醇香叶醇橙花醇、水芹烯等	砷含量≤3ppM，重金属≤40ppM
墨红浸膏（Crimson Glory Rose concrete）	QB 865-83 安全食用规定:国内许用	墨红（*Rosa chinensis* Jacq "Crimson Glory"H. T）	花 0.14%～0.16%	橙红色膏状物，具有纯正墨红鲜花香气	≤20	≥20	≥30	40～50	含香茅醇、芳樟醇、香叶醇等	
栀子花浸膏（Gardenia Concrete）		栀子	花 0.1%～0.13%	淡黄色或黄色膏状物，具有栀子花鲜花香气	≤20	≥60	≥40	35～40	含乙酸苄酯，乙酸苏合香酯、芳樟醇、乙酸芳樟酯、松油醇邻氨基苯甲酸甲酯	
橡苔和树苔浸膏（Oakmoss，Tree moss Concrete）		附生在栎、松、枞、杉等树皮和树枝上的地衣，习惯上称 *Evernia prunastri*（L.）Ach. 为橡苔，其余为树苔	地衣 1.5%～4.0%	暗绿色稠厚液体，橡苔浸膏具有苔清的青滋香；树苔浸膏具有青香与松木香	橡苔 22～68 树苔 <80	橡苔 42～79 树苔 <130	— —	橡苔 50～52 —	橡苔浸膏主要成分有扁枝衣二酸、苔黑酚、酸类、α-和 β-苧酮、樟脑、龙脑、桉叶素等	

（续）

名　称	标准类别	原料植物名称	利用部位及出油率	色状及香气	酯　值	酸　值	净油含量（%）	熔　点（℃）	主要成分	其　他
金银花浸膏（又名忍冬花）（Honeysukle Concrete）		金银花（*Lonicera japonica* Thumb）	花蕾、花 0.33%	深绿色固体。具有风信子、玫瑰样的膏甜香和茉莉、苦橙花样鲜香	—	—	23.8	—	含黄酮类木犀草黄素，木犀草黄素-7-葡萄糖甙、肌醇、皂甙等	
风信子浸膏（Hyacinth Concrete）		风信子（*Hyacinthus orlentalis* L.）	花朵 0.13%～0.22%	绿色蜡状物，具有强烈膏甜香，带茉莉的鲜韵和清香			10～14		含肉桂醇、苄醇、丁香酚等	
山楂浸膏（Hawthorn Concrete）	DB/3706X 41002-87（中国药典，烟台市轻局制订）	山楂（又名红果子）（*Crataegus pinuatifida* Bge.）	果实乙醇提取	红色透明液体，具有山楂果香，辛香，稍带杏花气息	—	—	—	—	含大茴香醛，对甲氧基苯乙酮，大茴香醇，香豆素等	相对密度 0.9～0.93，乙醇含量 50%～58%，含膏量 7%～10%

表中所列质量标准说明：

一、ISO——International Organization for standardization 的缩写，即国际标准化组。

二、EOA——Essential oil Association〔美〕香精油协会。

三、FCC——Food chemicals Codex〔美〕食品化学药典。

四、GB——国家标准；QB——轻工部标准。

五、相对密度：ISO 规定为 20℃，EOA 和 FCC 规定为 25℃。

六、溶混度：ISO 规定为 20℃，EOA 和 FCC 规定为 25℃。

七、ISO 标准中称溶混度：EOA 和 FCC 标准中称溶解度。

八、FEMA——Flavor and Extract Manufactures' Association of the United States　美国食品香料及萃取物制造者协会，FEMA 编号代表该协会公布的允许作为安全食用的香料的名称号码。

5.1.2　马尾松松针油[7,35,38,57]

马尾松 *Pinus massoniana* Lamb. 别名：青松、山松、铁甲松、枞松。属松科 PINACEAE 松属。常绿乔木。高达 45m，胸径 1.5m；树皮红褐色，下部灰褐色，裂成不规则鳞状块片。树冠宽塔形或伞形，枝条每年生一轮，淡黄褐色，无毛。冬芽褐色、卵圆柱形。针叶 2 针 1 束，稀 3 针一束，长 12～20cm，细柔、微扭曲，两面有气孔线，边缘有细锯齿；横切面皮下层细胞单型，第一层连续排列，第二层由个别细胞断续排列而成，树脂道约 4～8 个，在背面边生，或腹面也有两个边生；叶鞘膜质，宿存。雌雄同株，雄花淡红褐色，密集成螺旋状排列，雌球花单生或 2～4 个聚生于新枝近顶端。花期 3 月上旬至 4 月中旬。两年球果成熟，卵圆形或长卵圆形，种脐常无刺，微凹，成熟时栗褐色。种 2 枚，长卵形，具翅。

(1) 产地：主产于我国南方的广东、广西、江西、湖南、贵州、四川、湖北、福建、浙江、台湾等省（区）。马尾松为深根性树种，喜光，不耐庇荫，喜温暖湿润气候，能生于干旱，瘠薄的红壤，石砾土及沙质土或生于岩石缝中，为荒山恢复森林的先锋树种。在肥润、深厚的沙质土壤上生长迅速，在钙质土上生长不良，不耐盐碱。

(2) 加工：采收第二年生针叶进行加工，采用水蒸气蒸馏法提取芳香油，针叶含芳香油 0.2%。

(3) 理化特性与化学成分：马尾松针叶油相对密度（15℃）0.888 6，折光指数（20℃）1.475 5，旋光度（20℃）$-28°27'$。主要化学成分有柠檬烯、乙酸龙脑酯等。

(4) 用途：马尾松松针油用于配制日用品、香皂、化妆品香精。还可作为喷雾消毒剂。将原油与醋酐反应其含酯量可提高到 35%以上。

5.2　冷杉油[2,32,33,38]

冷杉为常绿乔木，树干端直；枝条轮生，小枝对生；冬芽卵圆形或圆锥形，常具树脂。叶条形，扁平或弯曲，先端凸尖或钝，微具短柄，螺旋状着生于枝。叶内具有两个（稀 4～12 个）树脂道，位维管束鞘的两侧或靠近下面两端的皮下层细胞。雌雄同株，球花单生于去年枝上叶腋；雄花穗状圆柱形，下垂，有梗，雄蕊多数，螺旋状着生。雌球花直立，短圆柱形，具有多数螺旋状着生的珠鳞和苞鳞。珠果当年成熟，直立、卵状圆柱形或短柱形，有短梗或几无梗；种鳞木质，肾形或扇形四边形，腹面有 2 粒种子。种子上部具膜质长翅。

5.2.1　产　地

冷杉属有 50 种，我国有 19 种 3 个变种。提取冷杉油（Abies oil）的主要品种有：①西伯利亚冷杉 *Abies sibirica* Ledeb 分布在原苏联。我国新疆的阿尔泰山也有分布。②香脂冷杉 *Abies balsamifera* Mich. 分布在加拿大和美国北部。③欧洲冷杉 *Abies alba* Mill. 分布在南斯拉夫、保加利亚、德国。④辽东冷杉 *Abies holophylla* Maxim.，分布在我国辽宁、吉林、黑龙江。

冷杉多为耐寒耐荫较强的树种，常生于气候凉润、雨量较多的高山区。

5.2.2　加　工

采取冷杉枝梢和针油，水蒸气蒸馏加工提取精油，西伯利亚冷杉针叶出油率可达 3%，树梢出油率 1.2%；欧洲冷杉针叶出油率 0.2%～0.56%，树梢出油率为 2.11%。

5.2.3　理化特性与化学成分

冷杉油理化特性及化学成分因树种不同差别甚大，见表 50-6、表 50-7。

表 50-6　各种冷杉油理化特性表

理化指标	冷杉			
	香脂冷杉	西伯利亚冷杉	欧洲冷杉	辽东冷杉
相对密度（25℃）	0.872～0.878	0.898～0.912	0.867～0.878	
折光指数（20℃）	1.4730～1.4760	1.4685～1.4730	1.470～1.4750	
旋光度（20℃）	－19°～－24°	－33°～－45°	－34°～－67°	
含酯量（按乙酸龙脑酯计）	8%～16%	32%～44%	4%～10%	11.8%
溶解度	1∶4于90%乙醇中	1∶1于90%乙醇中	1∶7于90%乙醇中	

表 50-7　各种冷杉油主要化学成分

冷杉油主要化学成分			
香脂冷杉	西伯利亚冷杉	欧洲冷杉	辽东冷杉
主成分有乙酸龙脑酯8%～16%。还有β-水芹烯，α-和β-蒎烯和醇类等	主成分有乙酸龙脑酯32%～44%。还有α-和β-蒎烯、三环烯、柠檬烯、莰烯、双戊烯、α-苧烯、α-葑烯、Δ^3-蒈烯、桧烯、α-和β-水芹烯、月桂烯、α-和γ-松油烯、乙酸异龙脑酯、乙酸松油酯、龙脑、红没药烯等	主成分乙酸龙脑酯4%～10%。其余成分与西伯利亚冷杉油相同外，还含有月桂醛和癸醛	主成分乙酸龙脑酯11.8%。其余还有檀烯（1.68%），α-蒎烯（14.8%）、莰烯（17.86%），β-蒎烯（3.5%）香叶烯（1.86%）、Δ^3蒈烯（2.44%）、萜二烯-1.8（40.08%），α-萜品烯（2.06%）、醋酸葑酯（0.22%），α-醋酸萜品酯（0.69%）。

5.2.4　用　途

冷杉油用于肥皂、洗涤剂、消毒剂、脱臭剂、空气清洁剂和其他香妆品加香。

5.3　杉木油[36,38]

杉木 *Cunninghamia lanceolata*（Lamb.）Hook. 别名：沙木、沙树、正杉、正木、大头树。属杉科 TAXODIACEAE 杉木属乔木，高达30m，胸径可达2.5～3m。树冠圆锥形，树皮灰褐色，裂成长条片脱落，内皮淡红色。大枝平展，小枝近对生或轮生，幼枝绿色，光滑无毛。叶在主枝上辐射伸展，侧枝之叶基部扭转成二列状，披针形或条状披针形，通常微弯，呈镰状，革质，长3～6cm，宽3～5mm，边缘有细缺齿，先端渐尖，上面深绿色，有光泽，除先端和基部外两侧均有窄气孔带，微具白粉或白粉不明显，下面淡绿色，沿中脉两侧各有1条白粉气孔带。雄球花圆锥状，有短梗，通常40余个簇生枝顶；雌球花单生或2～3个集生，绿色，苞鳞横椭圆形，先端急尖，上部边缘膜质，有不规则的细齿。球果卵圆形，熟时苞鳞革质，棕黄色；种子扁平，遮盖着种鳞，长卵圆形，暗褐色有光泽，两侧边缘有窄翅。花期4月，球果10月下旬成熟。

5.3.1　产　地

我国淮河、秦岭以南广泛栽培，分布区北起秦岭南坡，河南省桐柏山和安徽省大别山，南至两广、云南省东南部和中部。

杉木适于湿润，气温较高的地区生长。一般在长江以南温暖地区生长快，是南方主要速生用材树种。

5.3.2　加　工

采取树干及叶提取芳香油，一般水蒸气蒸馏提取，杉木油（China fir oil）含量为鲜叶的

0.2%～0.5%。

5.3.3　理化特性与化学成分

杉木油主要理化特性：相对密度(20℃)0.957～0.962，折光指数(20℃)1.4932～1.4999，旋光度（20℃）－16°43′～－23°6′，酯值21～27，酸值0～1.1，溶解度1∶1溶于80%乙醇中。杉木油主要成分为杉木脑，此外尚有α-蒎烯、β-蒎烯、β-菲蓝烯、苧烯、松油醇、柏木烯及龙脑等。

5.3.4　用　途

杉木油所含结晶体称杉木脑。杉木脑香气很淡，常被单离后用作定香剂或填充剂，单离后残留的素油还可用作皂用香精中的调合香料。

5.4　杜松油[2,38]

杜松 *Juniperus rigida* Sieb. et Zucc.，别名崩松（东北）、刚松、棒儿松（河北）。属柏科CUPRESSACEAE柏属。灌木或小乔木，高可达10m。枝条直展，形成塔形或圆柱形树冠，树皮灰褐色，纵裂。小枝下垂，幼枝三棱形，无毛。三叶轮生，条状刺形，质厚坚硬，长1.2～1.7cm，宽约1mm，上部渐窄，先端锐尖，上面凹下成深槽，槽内有一条窄白粉带，下面有明显的纵脊，横切面成内凹的“V”状三角形。雄花椭圆状或近球状，长2～3mm，药隔三角状宽卵形，先端尖，背面有纵脊。球果圆球形，径6～8mm，成熟前紫褐色，成熟时则淡褐黑色或蓝黑色，常被白粉。种子近卵圆形，长约4mm，顶端尖，有四条不明显的棱角。

5.4.1　产　地

杜松分布在黑龙江、辽宁、吉林、河北、山西、陕西、甘肃、宁夏及内蒙古等省（区）。生长在比较干燥的山地，在东北常分布在海拔500m以下，在华北、西北地区则分布在1 400～2 200m地带。此外，软叶杜松 *Juniperus utilis* Koidz. var. *modesta* Nakai 产于吉林、黑龙江东部山地岩角地带。

国外杜松 *Juniperus oxycedrus* L. 产于意大利、奥地利、捷克共和国、斯洛伐克、匈牙利、南斯拉夫、法国、德国、波兰、原苏联、葡萄牙、西班牙、保加利亚、印度等国。

5.4.2　加　工

杜松木屑经过裂解干馏，获得杜松油（Cade oil）或称刺柏焦油。

5.4.3　理化特性及化学成分

杜松油是一种粘稠性的红棕色液体。通常须在真空条件下精制以改进颜色和溶解度。精制杜松油的相对密度(25℃)0.952～0.961，折光指数(20℃)1.511～1.520，旋光度＋4°17′～＋4°40′，溶解度1∶5溶于95%乙醇。

杜松油主要化学成分为α-杜松烯、倍半萜、L-杜松醇、二甲基萘等。

5.4.4　用　途

杜松油主要用于日用香精，赋于烟熏香味。有时也用于肉罐头和鱼罐头加香。

5.5　白兰花浸膏和白兰花油[1～2,36,66]

白兰花 *Michelia alba* DC. 别名缅桂花（云南）、黄桷兰（四川）、释簸迦（台湾）、白玉兰。属木兰科MAGNOLIACEAE含笑属。常绿乔木，高可达10m以上。矮化后树高可为4～5m。树皮灰褐色，分枝甚多。幼枝及芽绿色，密被淡黄色微柔毛，后渐脱落。叶革质，互生，具有浓郁的青鲜香气，长椭圆形或披针状椭圆形，长10～27cm，宽4～9.5cm，上面无毛，下面疏生毛。叶柄长1.5～2cm，疏被微柔毛，叶托痕约为叶柄长的三分之一。花两性白色，单生于叶腋，具浓郁芳香，长3～4cm。萼片与花瓣狭长，披针形，先端渐尖，约10片以上。雄蕊多数，螺旋状排列在隆起花托的下部。离心皮雌蕊多数，螺旋排列于花托上部。聚合果通常部分蓇葖不发育，蓇葖宿存。

5.5.1　产　地

原产印度尼西亚的爪哇，我国福建、广东、海南、云南、广西等省（区）均栽培。

白兰性喜温暖潮湿，阳光充足的地方，忌积水，耐寒力弱。以土层深、微酸性、排水良好的砂质土壤为宜。

5.5.2　加　工

当白兰花呈微开状花朵时，就应采收。一般在晨6～9时进行采摘。未成熟的花蕾或前一天已开放的花朵不宜采收，采摘时留花柄宜短。采收后的花朵尽快进行加工，来不及加工的花朵应薄层放置在花筛上，上下透气，避免发热变质。在贮运和保存过程中，要防止花朵变黄而产生发酵味。

加工方法，采用石油醚室温浸提法。设备用鼓式转动浸花机，一次浸提两次洗涤，时间分别为3∶1∶1h，浸液和一次洗液浓缩成膏、二次洗液循环使用。花和溶剂比例1∶3～3.5(kg/L)。在浸提过程中，花中水分游离较多，注意排放水分2～3次，以保证浸提效率和产品质量。经过浸提、洗涤和回收花渣中的石油醚后，花渣还可直接进行水蒸气蒸馏、得白兰花蕊油，得率为0.1%左右。浸提温度低，产品质量好，色泽浅。白兰花浸膏(Michelia alba Concrete)得率为鲜花的0.2%～0.25%。

白兰花油（Michelia alba oil）也可采用水中蒸馏法提取，得率为鲜花的0.24%。白兰叶油可用常压直接蒸汽蒸馏，得率为0.2%～0.3%，一般秋叶比春叶得率高。

由浸提得到的浸膏还可进一步精制成净油，采用95%的乙醇除蜡。乙醇对蜡的溶解随温度下降而降低，而乙醇对芳香物质溶解一般不受温度影响，利用这一物性，控制除蜡时的冷冻温度和过滤温度来达到脱蜡的目的。除去的蜡应洗涤或蒸馏至基本无香气为止。

5.5.3　理化特性和主要化学成分

白兰花浸膏为深黄到棕橙蜡状固体，具有清新鲜幽花香，熔点47～53℃，皂化值不低于80。主要化学成分有芳樟醇，2-甲基丁酸甲酯，异丁酸甲酯、异戊酸乙酯等。

白兰花净油为黄至棕黄色液体，具有白兰花香，略带花蕊气息。主要化学成分为芳樟醇(76.29%)，dL-α-甲基丁酸甲酯，1.8桉叶油素、苯乙醇、石竹烯、己酸甲酯、芳樟醇氧化物、丁香酚甲醚、异丁香酚甲醚、反式香芹醇等。

白兰花叶油为浅黄色至棕色透明液体，化学成分有芳樟醇、丁香酚甲醚、橙花叔醇、石竹烯、桉叶油素等。

5.5.4　用　途

白兰花净油和浸膏是很好的花香香料，可用于各种高档香精配方，主要用于化妆品、香皂用香精，透香力强，用量少即起作用。白兰花可直接薰制茶叶。花及根皮还可供药用。

5.6　黄兰浸膏和精油[57,59]

黄兰 *Michelia champaea* L. 属木兰科 MAGNOLIACEAE 含笑属。常绿乔木，高达20m，幼枝、嫩叶和叶柄均被黄色平伏柔毛。叶互生，薄革质，披针状卵形或披针状长椭圆形，长10～20cm，宽4～9cm，顶端长渐尖或近尾状，基部楔形，全缘；叶柄长2～4cm，托叶痕达叶柄中部以上，花单生于叶腋，橙黄色，极香；花被片15～20，披针形，长3～4cm；雄蕊的药隔顶端伸出成长尖头；雌蕊群柄长约 3mm，穗状聚合果长 7～15cm；蓇葖倒卵圆状矩圆形，长 1～1.5cm；种子 2～3 颗有皱纹。

5.6.1　产　地

分布于云南南部或西南部，在长江以南各省均有栽培。喜生长于温暖潮湿，阳光充足的地方。

5.6.2　加　工

黄兰浸膏和精油（Champaca Concrete and oil），花、叶均可提油。花油得率 0.2%，叶油得率 0.2%～0.3%；鲜花浸膏得率 0.2%～0.3%，加工方法参照白兰浸膏与精油。

5.6.3　理化特性与化学成分

黄兰浸膏香气类似茶花、橙花、依兰、康乃馨和茶玫瑰的香气，相对密度（30°/30℃）0.954 3～1.020，折光指数 1.455 0～1.483 0；皂化值 160～180，酚类（以异丁香酚计）3%。主要化学成分有异丁香酚，苄醇、苯乙醇、苯甲醛、戊醇-3、己醇-3、氧化芳樟醇、吲哚、邻氨基苯甲酸甲酯、对甲基苯甲醚等。

5.6.4　用　途

主要用于配制食品、日化香精。

5.7　依兰依兰油[7,2,36]

依兰依兰 *Cananga odorata*（Lam.）Hook. f. et Thoms. 别名：锅裸刹纳（傣语）、夷兰。属番荔枝科 ANNONACEAE 夷兰属。常绿乔木，树高可达 15～20m，经矮化后可降低 6～7m。树皮呈灰色。单叶互生，椭圆形，长 15～20cm，叶面绿色光亮，叶背淡绿色，微有短柔毛。先端尖，基部圆形。花腋生，一朵或数朵丛生。似鹰爪形，花大，下垂、两性。花早期绿色，末期黄色，由绿转黄需 5～7 天，采花取油最好采黄绿色，此时放出悦人的香气，完全黄色的花香气淡，含油减少。花瓣 6 片、披针形，萼 3 片，雄蕊多数、聚合成头状。果实成熟时，呈紫褐色，橄榄形或椭圆形。种子褐色，扁圆形。光滑，大如绿豆。

5.7.1　产　地

原产菲律宾、印度尼西亚等地，我国 1961 年从斯里兰卡、越南引进。现在云南、福建、广东、广西等省（区）均有栽培。

依兰依兰为热带和亚热带树种，适生于高温潮湿环境，分布区年平均 20～22℃，月平均低于 17℃则生长不良，5～6℃幼苗会受害，年降雨量 1 500～1800mm 均能生长。长期干旱对生长不利。依兰依兰要求充足光照，花期，光照充足开花越多。适合于生长在酸性，土层深厚、排水良好的肥沃土壤。

5.7.2　加　工

定植 2～3a 即开始开花，以后花量逐年增加。当天开放的绿黄色花朵得油率高，未成熟的绿花得油率低，香气差。绿黄色鲜花得油率为 1.83%～2.35%，绿花为 1.9%～1.98%，过熟的黄花为 1.83%～1.94%。采花时间以上午 9 点以前为佳，晴天采花得率高、香气好。雨天不宜采花。采下的花应妥善放置，勿使受伤，尽快加工蒸馏。盛花期每隔 5 天采花 1 次。

加工方法：可采用常压回水式水中蒸馏法，蒸馏时间 10～20h，出油率平均 2.4%～2.5%。蒸馏时，要求水将要沸腾时迅速装花，以减少受热时间。装花量为蒸馏锅体积的 20%左右，花和水重量比为 1∶4～5，以淹没鲜花为度，馏出液温控制在 40℃左右出油率约 1%～2.5%。蒸馏时间越长，馏液质量越差，特级油是最初几小时，蒸出的馏份，约占总馏份的 35%～40%。

国外采用水蒸气蒸馏，分四段蒸出精油：第一段特级油，第二，第三为一级和二级油，第四段为三级油。特级油相对密度不小于0.945，一级油0.927～0.940，二级油0.912～0.926，三级油0.905～0.916。

5.7.3 理化特性与化学成分

依兰依兰油（Ylang Ylang oil）为淡黄色或黄色液体，具有温和花香。依兰依兰油根据蒸馏过程取得的馏份不同。分为特、一、二、三级，理化常数见表50-8。

表50-8 依兰依兰油理化特性

理化常数	特 级	一 级	二 级	三 级
色 泽	淡黄色	淡黄色	淡黄色	淡黄色
相对密度（20℃）	0.946～0.982	0.928～0.949	0.918～0.933	0.906～0.923
折光指数（20℃）	1.498 0～1.509 0	1.500 0～1.509 0	1.505 7～1.511 7	1.507 0～1.515 0
旋光度（20℃）	−25°～−40°	−33°～−60°	−40°～−68°	−35°～−67°
酸 值	<2.8	<2.8	<2.8	<2.8
酯 值	130～182	89～130	56～89	34～56
溶解度（90%乙醇）	1∶0.5	1∶0.5	1∶0.5	1∶0.5

主要化学成分有芳樟醇、松油醇、石竹烯、丁香酚、乙酸苄酯、对甲酚甲醚、乙酸香叶酯、香叶醇、苯甲酸甲酯、邻氨基苯甲酸甲酯、金合欢醇、橙花醇、橙花叔醇、苯甲酸苄酯等。

5.7.4 用 途

依兰依兰油广泛用于日用香精中，可增加其花香香韵，并有一定定香效果，有时也作为食品加香，如糖果、口香糖、焙烤食品加香，赋予花香香韵。

依兰依兰油宜包装在玻璃、白铁皮或铝制容器内。贮放在低于15℃的阴暗处。

5.8 金合欢浸膏及净油[2,7]

金合欢 *Acacia farnesiana*（L.）Willd. 别名鸭皂树、牛角花、消息树。属豆科LEGUMINOSAE金合欢属。有刺灌木或小乔木，枝条多成Z字形，高2～4m。树皮粗，淡褐色或暗褐色，有明显皮孔。叶为两回羽状复叶，长4～8cm，有羽片4～8对，小叶10～20对，线状长圆形，长2～6mm，托叶棘刺状，锐利，长1～2cm。头状花序腋生、单生或2～3个成束，球形，花多而密集，直径约1cm。花序梗纤细，被毛，花两性，辐射对称，黄色，芳香，花瓣镊合状排列，雄蕊多数，花丝分离，子房上位，近筒形，柱头先端弯曲。荚果膨胀，近圆筒形，几乎不开裂，长4～7cm，径1cm，劲直或弯曲，暗棕色，无毛，表面密生斜纹，先端尖锐。花期10月。

5.8.1 产地与栽培区域

原产于热带美洲和西印度群岛，温带气候的地中海沿岸国家（黎巴嫩，摩洛哥）和热带地区均有野生或栽培，我国福建、广东、广西、台湾、四川、云南、浙江等省（区）均有栽培，福建樟州是我国金合欢生产基地。

金合欢是热带植物，喜干热，年平均19～23℃，最低月平均温度11℃以上，最高月平均温度27～30℃，能耐−2℃左右低温，温度25～33℃生长较好。金合欢喜阳光，遮荫的地区生长不佳，疏松肥沃，稍湿润的沙质土壤生长良好。雨季积水易脱叶，生长不良。高温干旱季节，花多，叶绿。

5.8.2 加 工

采鲜花用石油醚（60～70℃）萃取得浸膏，浸膏再用乙醇溶解，在冷冻条件下，经过滤，浓缩可得净油。

5.8.3 理化性质和化学成分

鲜花用石油醚萃取（60～70℃），得棕色膏状物，得率 0.4%～0.8%，其理化性质：相对密度（15℃）1.029～1.043，折光指数（20℃）+1°10′～−0°15′，酸值 18～55，酯值＞34。浸膏主要化学成分有金合欢醇，香叶醇，苄醇，大茴香醛、苯甲醛、癸醛、α-松油醇、香豆素、羟基苯乙酮、丁酸、苯甲酸、水杨酸、棕榈酸、对甲酚、水杨酸甲酯、莳罗醛等。

5.8.4 用 途

金合欢浸膏及净油（Acacia oil），为名贵香料之一，香气幽雅，近紫罗兰花带橙花样鲜清，复盆子及香豆素香韵，又有温和的粉香、辛香及药草香，留香较长。主要用于高级香水及化妆品香料中。

浸膏再用乙醇溶解，在冷冻条件下，经过滤，浓缩可得净油，多用于高级花香型日用香精中，也用于食品香精中以增强果香。

5.9 山胡椒叶油[36,39]

山胡椒 *Lindera glauca*（S. et Z.）BL. 别名牛筋条，雷公子、黄叶树、红叶果子，属樟科山胡椒属。落叶小乔木，树高 8m。树皮灰色或灰白色，平滑。小枝灰白色，幼时被毛。叶坚纸质，宽卵圆形，椭圆形或倒卵形长 4～9cm，宽 2～4cm，先端尖，基部楔形下面粉绿色，被灰白色柔毛，羽状脉 4～6 对。叶柄幼时被毛，后无毛。伞形花序腋生，总梗短或不明显；花被裂片椭圆形或倒卵形；花丝无毛。果球形，径约 6mm，黑褐色。花期 3～4 月；果期 7～9 月。

5.9.1 产 地

产于山东、河南南部及秦岭北坡甘肃南部，山西南部。此外还分布在江苏、安徽、浙江、江西、福建、湖南、湖北、四川、贵州、广西、广东、台湾等省（区）。东部海拔 700m 以下，西部海拔 1 000～1700m 以下；生于山坡灌丛，林缘或疏林中。中南半岛，朝鲜、日本也有分布。山胡椒适生于土壤润湿肥沃的地方，也能耐旱，耐贫瘠土壤，常呈灌木状。

5.9.2 加 工

叶在夏秋季采收，加工前应稍切碎。用水蒸气蒸馏法提取精油。

5.9.3 理化性质及化学成分

山胡椒叶含油量 1.0%。中国科学院西北植物研究所分析山胡椒叶油化学成分，主要有罗勒烯 77.99%，1.8 桉叶醇 4.47%，β-蒎烯 2.75%，黄樟油素 2.6%，莰烯 2.27%，壬醛 1.08%，γ-绿叶烯 0.69%，乙酸龙脑酯 0.6%。此外还有少量的 α-蒎烯、癸醛、龙脑、柠檬醛、对伞花素等。

5.9.4 用 途

山胡椒叶油（Lindera glauca leaf oil）用于日用化妆品及肥皂香精原料。油在医药工业上具有明显的平喘、止咳作用。

5.10 楠叶油[1,44]

利用叶片提取楠叶油的有红楠、滇润楠两种。我国红楠分布长江以南各省（区），资源丰富。

红楠 *Machilus thunbergii* Sieb. et Zucc. 属樟科 LAURACEAE 润楠属，常绿乔木，高10～

15m；树干粗短，径可达2～4m；树皮黄褐色，老枝粗糙，嫩枝紫红色。叶倒卵形至倒卵状披针形，先端突尖或渐尖，基部楔形，革质，上面黑绿色，有光泽，下面较淡，带粉白，中脉上面稍凹下，下面明显突起，侧脉每边7～12条，斜向上升；叶柄比较纤细，长1～3.5cm，上面有浅槽，和中脉一样带红色。花序顶生或新枝上腋生，无毛。长5～11.8cm，在上端分枝；多花，总梗占全长的2/3，带紫红色，下部的分枝常有花3朵，上部分枝的花较少；苞片卵形，有棕红色贴伏绒毛；花被裂片长圆形，外轮的较窄，略短，先端急尖；花丝无毛，退化雄蕊基部有硬毛；子房球形，花柱细长，柱头头状。果扁球形，初时绿色，后变为紫黑色。花期2月，果期7月。

5.10.1 产 地

红楠分布于浙江、江西、福建、湖南、四川、广东、广西、台湾、山东等省（区）。

红楠稍耐阴、多生于湿润阴坡，山谷和溪边，喜中性、微酸性而多腐殖质土壤，也能在瘠地上生长。在我国东南沿海各地低山地区，可选作防风林和用材林。

滇润楠 *Machilus yunannenses* Lec. 主产云南中部，西部及西北部和四川西部，生长于1 500～2 000m海拔的山地常绿阔叶林中。喜湿润和土壤肥沃的山坡。为深根性树种，生长良好。

5.10.2 加 工

一般在秋冬季采叶，用水蒸气蒸馏提油，得油率0.5%～0.75%。

5.10.3 理化特性及化学成分

楠叶油（Machilus leaf oil）为淡黄液体，具有脂蜡香。稍带甜香与膏香。气质稍浓闷。相对密度（15℃）0.9233，折光度(20℃)1.4996，旋光度(20℃)+3°21′。主要成分尚未见报导。

5.10.4 用 途

多用于重香型香精中，如晚香玉型，玫瑰麝香型。亦可作为修饰剂，少量用于轻香型香精中，如玫瑰百花型，茉莉百花型等香精。

5.11 蓝桉叶油[2,7,45～47]

蓝桉 *Eucalyptus globulus* Labill. 别名：有加利，灰杨柳，玉树，洋草果。属桃金娘科桉属。大乔木，高达40～60m。树皮灰色或银白色，呈条状脱落。萌芽枝与幼苗之茎四棱形，被白粉。新枝条幼态叶对生，近无柄，被白霜，矩圆状卵形；上部枝条互生，革质，披针状，镰形，长11～19cm，宽1.8～3cm，具有明显的腺点。伞形花序，腋生；花大，径约4cm单生或2～3朵集生，花梗短、扁平，花盖与萼筒坚实而呈瘤状，被灰白色蜡粉；花盖两层，较花萼筒为短；雄蕊多数，较长，淡黄色。蒴果呈杯状，具有4条棱线或不明显瘤状体或沟纹，果缘平，果瓣下陷；种子多枚，黑色。

5.11.1 产地与分布

蓝桉原产澳大利亚的维多利亚及塔斯马尼亚岛。1896～1900年间在云南引种栽培成功，是我国亚热带地区“四旁”绿化的主要树种，蓝桉是速生树种，建国以来，发展很快，以云南省内栽培最多，生长最好。广东、广西、福建、江西、四川等省（区）有栽培，生长较差。从我国栽培区的气候条件观察，有一定抗寒能力，短时低温可耐－8℃，在年降雨量900～1 300mm，分布均匀的地区生长良好，喜排水良好的酸性或微碱性红壤或黄壤及红褐土。

5.11.2 采 收

蓝桉定植3年后即可采收枝叶，在春夏生长旺季采收最好，每年可收2～3次，6～8年生幼树平均可采新鲜枝叶 20～60kg。顶部枝叶含油高于基部枝叶，幼态叶含油率为 1.5%，成熟叶为 2%，干叶含油率 1.5%～3.9%。

5.11.3 加 工

蓝桉枝叶采用水蒸气蒸馏法，蒸馏期 4～9 月最适宜，桉叶油素的含量 63%～73%。冬季出油率低，含桉叶油素为 60%～65%。经精馏提纯，桉叶油素的含量可提高到 85%以上。

5.11.4 理化性质和化学成分

桉叶油是无色透明液体，具有桉叶素香气。相对密度（23℃）0.9146～0.9304，折光指数(20℃)1.4592～1.4608，旋光度(24℃)+5.95°～+7.2°。主要化学成分为桉叶油素65%～75%，其余还有α-蒎烯，桧烯，芳樟醇，β-松油醇，龙脑，乙酸龙脑酯，α-荜澄加烯，α-玷玔烯和香树烯（aroma dendrene）等。

5.11.5 用 途

蓝桉叶油（Eucalyptus globulus oil）具有清凉尖刺的桉叶气息，在医药工业上，常用于杀菌防腐，也用于牙膏、爽身粉、药皂、口香糖、咳嗽糖等，兼有香气和卫生两方面作用。在喷雾剂，香皂香精也用之，性质稳定能提调其他香料。

5.12 白千层油[2,45]

白千层 *Melaleuca leucadendra* Linn. 别名：玉树，千层皮，纸树皮。属桃金娘科白千层属。乔木，高 18m；树皮灰白色，厚而松软，呈薄层状剥落。叶互生，革质，披针形或狭长圆形，长 4～10cm，宽 1～2cm，两端尖，基出脉 3～5 条，多油腺点，香气浓郁；叶柄极短。花白色，密集于枝顶成穗状花序，花序轴常有短毛；萼管卵形，萼齿 5，圆形，花瓣 5，卵形；雄蕊 5～8 枚成束；花柱线形，比雄蕊略长。蒴果近球形，直径 5～7mm，花期每年多次。

5.12.1 产 地

原产澳大利亚，野生于摩洛哥、马来西亚等地。美国佛罗里达州也有生长。我国广东、福建、广西、台湾等省（区）均有栽培。

5.12.2 理化特性与化学成分

白千层下部的幼枝和鲜叶经水蒸气蒸馏得到无色精油，比重（25℃）0.908～0.925，折光率（20℃）1.466～1.472，旋光度（20℃）0°～－4°，溶解度 1∶1 溶于 80%乙醇。主要成分为桉叶油素 56%～65%，其余还有戊醛、苯甲醛、α-松油醇、α-蒎烯、L-苧烯、二戊烯和倍半萜等。

5.12.3 用 途

白千层油（Cajuput oil）主要用于提取桉叶油素，与蓝桉油同样用于医药和食品工业。精油具有强烈樟脑气和苦味灼热感，用于糖果、饮料和焙烤食品加香，亦用于日用品香精中，在医药上可作兴奋剂，防腐和祛痰剂。此外树皮和叶直接供药用，有镇静神经之效。

5.13 黄葵油[2,27]

黄葵 *Abelmoschus moschatus* Medic. 别名：麝葵、冬葵、山油麻、假棉花、山芙蓉、鸟笼胶。属锦葵科木槿属。一年或二年生草本主根长 20～30cm，须根发达。茎长约 1～2m，被白色粗硬毛。单叶互生，5～7 掌状深裂，裂片披针形至三角形，边缘具不规则锯齿，有时叶浅裂似槭叶状，两面均被疏硬毛，叶柄长约 7～15cm，被疏硬毛，托叶线形。花单生于叶腋间，花梗长约 2～3cm，5 裂，常早落。花冠鲜黄色，中央蓝紫色；小苞片 8～10，条形；花萼佛焰苞状，5 裂，常早落；雄蕊柱长约 2.5cm，平滑无毛；花柱 5，柱头盘状。花期 6 月至翌年 2

月。蒴果圆形；种子肾形，长4mm，厚3mm，具腺状脉纹，有麝香味，芳香成分聚集在外种皮中。种子灰红色，有时绿色。

5.13.1 产 地

黄葵原产印度东部地区及亚洲热带地区和赤道附近国家。分布在越南、老挝、泰国。现在埃及、斯里兰卡、厄瓜多尔、哥伦比亚、马达加斯加均有栽培和生长。我国广东、广西、云南、江西、湖南及台湾等省（区）有栽培。黄葵是喜光，喜高温，较耐干旱的植物。生长地区要求年平均温度高于20℃，雨量年平均700～800mm，海拔高150～1 200mm的荒山坡地均可生长，但以富含腐殖质的砂粘土壤最适宜。

5.13.2 采收与加工

果荚成熟变为黑色时采收。收获期，从9月到翌年4月底，我国云南种栽的黄葵12月开始收获，分期采收3～10天采收1次，整个收获期共采收20～25次。人工剥荚取种子，产量为750～1050kg/hm^2。种子粉碎后，用水蒸气蒸馏，得油率0.4%，粗油中含大量脂肪酸（主要为棕榈酸）在35～39℃即固化，用乙醇萃取或使其形成钙，锂皂的沉淀来除去脂肪酸，得到净油。10%酊剂是用65%乙醇浸渍种子（压碎）而得。

5.13.3 理化特性及化学组成

黄葵精油为黄色透明液体，具有麝香香气和白兰地酒香。相对密度(25℃)0.898～0.920，折光指数（20℃）1.4680～1.4580，旋光度（20℃）$-2°30'\sim+3°$，最大酸值3皂化值140～200，溶解度1：2～1：5溶于80%乙醇。油的主要成分为黄葵内酯（Ambrettolide)，黄葵酸，金合欢醇，癸醇等，其他成分还有（2）-5-十四烯-14-内酯、乙酸-（2）-5-十二烯醇酯、乙酸-（2）-5-十四烯醇酯。其中黄葵内酯和（2）-5-十四烯-14内酯具有麝香香气。此外油中还有棕榈酸和豆蔻酸等。

5.13.4 用 途

黄葵油（Ambrette seed oil）具有浓郁麝香味，是天然名贵香料，黄葵精油和净油用于高档香水、香粉、香脂、香肥皂、清洁剂中。液体精油或浸膏可用于软饮料、冰制品、糖果、焙烤食品的加香。酊剂以及根、叶、花均可药用，具有清热利湿，排脓拔毒功效。黄葵精油、净油及酊剂也用于配制苦艾酒和味美思酒。黄葵花色鲜艳，有观赏价值。茎皮纤维可用作纺织原料，根含粘质，可制棉纸的糊料。

5.14 岩蔷薇浸膏[1~2,7,51]

岩蔷薇 *Cistus ladaniferus* L. 别名赖百当。属半日花科CISTACEAE岩蔷薇属。多年生亚灌木。常绿，茎直立，株高1.5～2.5m。叶对生，披针形或线状披针形，长6～8cm，宽0.5～1.5cm，先端尖，黑褐色，叶面无毛，具粘胶状分泌物，背面具白色绒毛。花两性，白色，花瓣5，每瓣茎部具有黄色斑点，花直径8～9.5cm，萼片3鳞片，蒴果，扁球形或近椭圆形，灰褐色，种子棱形，褐色。

岩蔷薇还有其他品种和变种，如 *C. creticus* L.，*C. populifolius* L. 等。

5.14.1 产 地

岩蔷薇原产地中海沿岸国家：西班牙、法国、摩洛哥、塞浦路斯等国。我国江苏、浙江等省有栽培和加工。

岩蔷薇性喜温暖、湿润条件。适宜在我国长江中下游地区栽培。以肥沃疏松的酸性或中性土壤为宜。芳香物质90%存在于嫩茎和幼枝中，生长期追施氮肥能显著提高产量。

5.14.2 加 工

每年8～9月采摘岩蔷薇上端枝叶及分泌的树脂，用溶剂法萃取得到各种制品。鲜枝叶先用乙醇浸提，再将乙醇浸提液浓缩用苯进行液-液萃取，可以得到得率高和质量好的浸膏，浸膏得率0.7%～2%。采用干料浸提，得率偏低，但质量好。岩蔷薇树胶是由茎叶经煮沸得到的物质，内含树脂；用苯或石油醚浸提，浓缩即可得岩蔷薇香树脂。岩蔷薇枝叶浸膏得率为2%～2.5%，嫩叶可达8.2%，粗秆仅1.3%，质量也差。

5.14.3 理化特性及化学成分

岩蔷薇浸膏（Labdanum Concrete）为黄绿色至褐黄色膏状物，具有龙涎香和琥珀膏香香气，有些花香和药草香；熔点为48～52℃，酸值72～89，酯值73～96；溶解度：全溶于10倍量邻苯二甲酸二乙酯中。自浸膏提取的净油得率约55%～60%，为半固体的橄榄绿色物质，也具有龙涎香—琥珀香气，有花香、药草香。用水蒸气蒸馏粗树脂，得到鲜黄色的精油，但时间长变为棕色。相对密度（25℃）0.905～0.993，折光指数（20℃）1.492～1.507，旋光度0°15′～+7°，酸值18～86，酯值31～86，溶解度1∶0.5于90%的乙醇。另一种商品叫岩蔷薇精油，是用水蒸气蒸馏法直接蒸馏干燥叶片和嫩枝，获得的淡橘黄色液体，似春黄菊样的特征草药香气。相对密度（15℃）0.9450，指光指数（20℃）1.4900，旋光度−20°36′，酸值16.8，酯值22.4，溶解度1∶0.5于90%乙醇（微浑）。

精油的主要化学成分有萜烯、苯甲醛、苯乙酮、三甲基环己酮、月桂烯、β-水芹烯、α-松油醇、岩蔷薇醇（Labdanol）、龙脑等。

5.14.4 用 途

岩蔷薇浸膏、精油、净油是膏香中极重要的品种，具有显著的定香特性，广泛用于配制人造琥珀香和龙涎香。常用于各种香水、化妆品、香皂等香精中。近年来也用于熏香，燃烧时产生浓郁香气。

5.15 墨红玫瑰浸膏和净油[1,7]

墨红 *Rosa chinensis* Jacq.“Crimson Glory”H. T. 别名：珠墨双辉。属蔷薇科蔷薇属，落叶或半落叶灌木，枝条丛生，株高60～80cm，皮刺肥大，钓状。羽状复叶，5～7枚小叶，宽卵形，边缘有锯齿，基部宽楔形或近圆形，叶面平滑，浓绿色。花常数朵簇生或单生。花梗长，花深红带墨色，有绒毛，重瓣；雄蕊多枚，盛开时花径10～14cm，具芳香。果实红色卵圆形，萼片宿存。花期5～10月，果实成熟期9～11月。

5.15.1 产 地

墨红是德国W. Kordes 1935年培育而成。我国主要栽培区为浙江，浙江有一定栽培面积，产浸膏1 000kg，此外江苏、河北等省各地公园内，供香料和观赏。墨红性喜温暖，也具有一定耐寒力，20～30℃温度最适宜生长，日平均温度低于5℃以下，植株进入休眠期，枝干能耐−8℃～12℃的低温。整个生长期不能缺水，尤其在开花期耗水较多。墨红是阳性植物在阳光充足条件下，生长旺盛，花朵大，瓣数多，色鲜艳。墨红喜有机质丰富的、疏松肥沃的微酸性砂质土壤为宜。

5.15.2 采收与加工

墨红定植第二年开花，一般从4月下旬至10月上旬陆续采摘，可连续采收10年左右。每天上午9～10时采摘，花含油量最高和香气最好。鲜花立即用石油醚提取浸膏，以保证香气质量。盛花期，墨红得膏率0.14%～0.16%。

5.15.3 理化性质和化学成分

墨红浸膏为橙红色膏状物，具有纯正墨红鲜花香气，酸值≤20，酯值≥20，熔点40～50℃，净油含量≥30%，(标准类别：QB 865—83)。主要化学成分：香茅醇、芳樟醇、香叶醇等。墨红净油理化性质：橙花色澄清油状液体，有甜浓的墨红花香，相对密度(25℃)0.9100～0.9500，折光指数（20℃）1.4800～1.4940，酸值≤10，酯值≥20。

5.15.4 用 途

墨红浸膏和净油（Crimson Glory Rose Concrete and Absolute）用于食品、化妆品和香皂香精。

5.16 玫瑰花浸膏和净油[1,7,35,48]

玫瑰 *Rose rugosa* Thumb 别名：皱叶玫瑰，属蔷薇科蔷薇属。落叶丛生灌木，高可达2m，枝条粗壮，密被绒毛，皮刺及刺毛。羽状复叶互生，小叶5～9片，椭圆形或倒卵形。边缘有钝锯齿。叶上面无毛，有皱纹，下面灰绿色，被绒毛，网脉显著。叶柄及叶轴被绒毛、疏生小皮刺及腺毛。托叶与叶柄连合，具细锯齿，两面均被绒毛，花单生或3～6集生，径6～8cm，花淡紫红色具芳香。花梗密被绒毛及刺毛。雄蕊多数。离心皮多数。柱头头状，被绒毛。聚合瘦果包藏在花托内，扁球形，径2～2.5cm，红色，萼片宿存。

由于长期栽培，玫瑰有不少变种，常见有紫玫瑰 *R. rugosa*. f. *typica* Reg.，红玫瑰 *R. rugosa* f. Rosea Rehd，重瓣玫瑰 *R. rugosa* f. *alba*（Ware.）Rehd.。此外符合香料要求的品种还有大马士革玫瑰，亦称突厥玫瑰 *R. damascena*，百叶或五月玫瑰 *R. centifolia* L.，香水玫瑰 *R. odorata* Sweet.，白玫瑰 *R. alba* L.，苦水玫瑰 *R. sertata* × Rosa rugosa Yü et Ka

5.16.1 产 地

玫瑰（皱叶玫瑰）*R. rogosa* Thumb 原产我国北部，山东平阴种植较多。北京、山东、江苏、浙江、安徽、广东、四川、东北、西北等地均有生长。大马士革玫瑰 *R. damascena* Mill. 花红色，原产小亚细亚，著名保加利亚红玫瑰即此品种。原苏联、土耳其、印度、摩洛哥等国也产，我国有引种。苦水玫瑰产于我国甘肃省，以甘肃永登县栽培面积最大，兰州次之。四川眉山县，山东平阴县和北京等地已引种栽培。重瓣玫瑰 *R. rugosa* var. *plena* Rehd. 别名中国玫瑰，原产我国北部。朝鲜、日本也有分布。主要栽培区有北京、山东、江苏、河南、河北、四川、辽宁、黑龙江、山西和新疆等地。玫瑰品种甚多，生长习性有差异，一般具有萌蘖力强，生长迅速、耐寒和耐旱的特点，以微碱性土壤最适宜，微酸性土壤也可栽培。性喜阳，在生长过程中需要充分光照，宜栽培在排水良好的阳坡和田梗边缘，忌低洼易涝地。

5.16.2 采收与加工

一般定植后2～3年摘花，采花在清晨5时到9时为佳，采摘大半开放或花瓣刚展开的花朵，此时出油率最高。鲜花采摘时间和花朵开放程度直接影响出油率：如重瓣玫瑰花朵大半开呈杯状时出油率为0.035%，花朵全开后花芯变黑，出油率下降到0.013%；采摘时间在上午7:00时出油率为0.034%，10:00时则出油率下降到0.027%。鲜花采收后，2h内加工处理，来不及加工的花朵保持在净水里，保存16h内，浇水温度25～30℃；超过16h、18～20℃水温。24～48h内可用20%盐水浸泡保存。

5.16.3 玫瑰花浸膏加工方法

玫瑰花浸膏（Rose Concrete）采用石油醚在室温下浸提，花与溶剂比1∶2～3，浸3h。浸提液和一次洗液，经初浓后得的浓缩液，过滤后放入真空浓缩锅进行精浓，控制在35～45℃

下进行。最后加入 5%（定量）的乙醇，快速升温至 80℃左右，维持几分钟将溶剂蒸尽。即可得玫瑰浸膏。浸膏还可用乙醇精制成净油。

5.16.4　玫瑰油加工

采用特殊的直接蒸汽和间接蒸气加热的水中蒸馏设备来完成。

5.16.5　理化性质及化学成分

我国玫瑰油（Absolute）主要品种为重瓣玫瑰和苦水玫瑰两个，保加利亚和摩洛哥等国产的主要是大马士革玫瑰 *Rosa damascena* Mill. 其精油理化特性见表 50-9。

表 50-9　主要玫瑰油品的理化特性

品种 理化指标	重瓣玫瑰油 *Rosa rugosa* var. *plena* Rehd	苦水玫瑰油 *Rosa sertata* × *Rosa rugosa* Yü et Ku	大马士革玫瑰油 *Rosa damascena* Mill.（保加利亚产）
相对密度	0.845～0.865	0.891 7（18°/4℃）	0.848 0～0.863 5（30℃）
折光指数（20℃）	1.453 0～1.464 0	1.464 7（25℃）	1.453 8～1.464 6（25℃）
旋光度（20℃）	−2°18′～−4°24′	−4°36′	−2°12′～−4°24′
酸　值	0.5～3	2.87	0.93～3.8
皂化值	10～17		8.4～18.7
酯　值		1.57	7.4～16.8

重瓣玫瑰精油主要化学成分有：香叶醇 24.25%，苯乙醇 15.85%，乙酸香叶酯和香茅醇 11.45%，丁香酚 10.22%和香叶酸 12.49%。

苦水玫瑰油主要化学成分有：β-香茅醇 60.4%，苯甲醇 0.8%，香叶醇 7.6%，乙酸香茅酯 3.8%等。

保加利亚产的大马士革玫瑰精油主要成分：左旋香茅醇（玫瑰醇）24%～64%，橙花醇 10%，苯乙醇 1%（总醇量 63%～84%），香叶醇、芳樟醇及其酯类 3.5%～10%，甲基紫罗兰酮，玫瑰醚（Rose oxide 顺，反式）反式金合欢醇、丁香酚共约 1%，葛缕子酮，反式乙位突厥酮、橙花醛、柠檬醛、壬醛、倍半萜醇、玫瑰腊等约 17%～25%，其余为：乙酸香茅酯、乙酸橙花酯、苄醇等。

我国重瓣玫瑰油香叶醇含量很高外，还有大量的香叶酸存在于含氧化物馏份中，对香气起显著作用。苦水玫瑰油的 β-香茅醇含量很高是其主要特征。

我国苦水玫瑰浸膏净油含量>50%，酸值 3.01，酯值 26.7，熔点 46～48℃。

5.16.6　用　途

玫瑰油是高级名贵香料，配制多种花香型香精，并用于化妆品和香皂等。也用于食品、酿酒、熏茶、烟香等。玫瑰浸膏和净油起定香作用。鲜花可直接用于腌制玫瑰酱或用于糕点或其他食品等。

5.17　苦杏仁油[1,35,36,49]

苦杏仁油（Bitter almond oil）是香料工业的商品名称，最早从扁桃果仁提取，现在还可从以下蔷薇科品种的果仁提取精油，统称苦杏仁油。

（1）扁桃 *Amygdalus communis* L.（*Prunus amygdalus* Batsch）别名：巴旦杏，八担杏，属蔷薇科桃属，原产伊朗，现欧洲、亚洲、非洲、美洲都有种植。我国新疆、陕西、甘肃各省（区）普遍栽培，东北、内蒙古、山东、江苏、四川也有分布。生长于低，中海拔山区，常见于多石砾的干旱坡地，特别适宜生长温暖干旱地区。形态特征参见《中国植物志》38卷。

（2）桃 *Amygdalus Persica* L.（*Prunus persica*（L.）Batsch）蔷薇科桃属，原产我国，分布广泛。世界各国均有栽植。种仁味苦，稀甜味。形态特征见《中国植物志》第38卷P13。

（3）杏 *Armeniaca vulgaris* Lam，（*Prunus armeniaca* L.）属蔷薇科杏属，杏是我国原产树，久经栽培，品种很多。我国有7种，分布范围大致以秦岭和淮河为界，秦岭和淮河以北杏的栽培渐多，尤以黄河流域各省为分布中心，淮河以南杏树栽培较少。主产区：新疆、吉林、辽宁、黑龙江、甘肃、河北、山西、内蒙古及陕西、四川、湖北诸省（区）。杏树生于干燥向阳山坡，抗旱、耐寒。常与落叶乔灌木混生。

此外尚有：洋李 *Prunus domestica* L.，山杏 *Armeniaca sibirica* L. 等品种的核仁均可提取杏仁油。

5.17.1 加 工

从上述果实中的核仁榨油后的饼渣，置水中（1∶10）浸渍10～20h，保持温度50～60℃，热水水解其中的苦杏仁甙。再用水蒸气蒸馏法提取精油。所得精油须再用碱洗或精制除去其中剧毒的氢氰酸，一般用石灰乳水硫酸铁处理，使氢氰酸生成氰亚铁酸钙沉淀。得油率为0.4%～1.8%（扁桃仁0.6%～1.8%，桃仁0.7%）。

5.17.2 理化特性及主要化学成分

不含氢氰酸的苦杏仁油为无色透明液体，相对密度（15℃）1.050～1.055，折光率（20℃）1.5420～1.5460，无光学活性，沸点179℃，全溶于1～2体积70%乙醇中。主要成分苯甲醛85%～95%。

5.17.3 用 途

苦杏仁油具有强的杏仁味，带樱桃香气，坚果香兼豆香，温存的干苦气息，易扩散，不久留。主要用于食用香精。苦杏仁油在医药方面需要量大，用作软膏剂，涂布剂及注射药的溶剂等。

5.18 蜡梅花浸膏[7,50]

蜡梅 *Chimonanthus praecox*（L.）Link. 别名腊木，素心蜡梅、石凉茶、大叶蜡梅。属蜡梅科蜡梅属。落叶灌木，高达4m，幼枝四方形，老枝近圆柱形，灰褐色，有皮孔。芽鳞片多片，覆瓦状排列，外面被短柔毛。单叶、对生、叶片纸质、近革质，卵圆状，椭圆状披针形或卵状椭圆形。长5～25cm，宽2～8cm，顶端急尖至渐尖，基部圆形。花着生于第二年生枝条叶腋内，先花后叶，芳香，腊黄色；花径2～4cm，花被片圆形，长圆形，或匙形；内部花被片短，基部有爪；雄蕊5～6枚，雌蕊多数着生于壶状花托内，花托随果实发育增大，成熟时椭圆形或梨形，半木质化，上部具棱，顶端缢缩，呈蒴果状宿存。瘦果栗褐色，内含种子1粒。花期11月至翌年3月。

5.18.1 产 地

原产我国中部地区。野生于山东、江苏、安徽、浙江、福建、江西、湖南、湖北、河南、陕西、四川、贵州及云南等省。广东、广西等省（区）均有栽培。蜡梅喜温湿气候，又具有一定耐寒性，在北方低温达－20℃，只要栽培在背风向阳处也可安全露地过冬。蜡梅对土壤适应范围广，耐瘠薄，在pH值5～7.5的酸性至微碱性土壤均能生长。

5.18.2 加 工

蜡梅花期，每天上午露水干后采摘含苞待开的花朵。以鲜花加工质最好。未能及时处理的鲜花采用盐水保存法处理。蜡梅花浸膏（Chimonanthus fragrans Concrete）一般用石油醚萃取法制得，得率为0.19%～0.2%。

5.18.3 理化特性及化学成分

蜡梅净油理化性质：相对密度（15℃）0.9243，折光指数（20℃）1.4714，旋光度+1°45′。主要化学成分有苄醇、乙酸苄酯、芳樟醇、金合欢花醇、松油醇、吲哚等。蜡梅浸膏用于配制日用化妆品香精。花蕾和花供药用，有清热解毒、润肺止咳的疗效。根主治跌打损伤、风湿麻木和咳喘诸症。种子含蜡梅碱（Calycanthine）。

5.19 枫香树脂[7,36,56]

枫香 *Liquidambar formosama* Hance 别名鸡爪枫、三角枫、三角兰。属金缕梅科 HAMAMELIDACEAE 枫香属。落叶乔木，高达30m，胸径达1m，树皮灰褐色，方块状剥落；小枝干后灰色，被柔毛，略有皮孔；芽体卵形，略被微毛，鳞状苞片敷有树脂，干后棕黑色，有光泽。叶薄革质，掌状3裂，基部心形，有掌状脉3～5条；叶边缘有小锯齿，齿尖有腺状突；叶柄长11cm，常有短柔毛；托叶线形、游离，或略与叶柄连生，雄性短穗状花序常多个排成总状，雄蕊多数。雌性头状花序有花24～43朵；花序柄长3～6cm；萼齿4～7个，针形，子房下半部藏在头状花序轴内，上半部游离，有柔毛，花柱先端常卷曲。头状果序圆球形，木质径3～4cm；蒴果下半部藏于花序轴内，有宿存花柱及针刺状萼齿。种子多数，褐色，多角形或有窄翅。花期3～4月，果期10月。树脂及叶片均有香气。

5.19.1 产地

枫香原产我国，分布在广东、广西、福建、江西、江苏、浙江、安徽、湖北、湖南、云南、贵州、四川及台湾等省（区）丘陵或路旁。

枫香喜阳光，温暖湿润的气候，在微酸性中性和钙质土壤均能生长，土壤深厚，肥沃为佳。属深根性，耐旱，抗风，速生，耐火烧。常见于路旁或灌木丛中。

5.19.2 加工

枫香胸径达到20cm以上，每年10～11月进行采割香液和枫脂，采割香液方法是在树干割切一条斜沟，树液沿斜沟从树体内渗出，呈棕黄色粘性半固体。具松脂芳香气味。树叶每年5～8月采收，用水蒸气蒸馏法提取精油。枫香树脂（Liquidambar resinoid）用酒精浸提，从浸提液回收酒精后，即得枫香浸膏50%～70%。

5.19.3 理化特性及化学成分

枫香树液或枫香脂，相对密度（15℃）0.895 49，折光指数（20℃）1.979 5，旋光度（20℃）−39°30′。主要成分有龙脑、肉桂醇和桂皮素。

5.19.4 用途

枫香树液或枫香脂是较好的定香剂。用于调配多种香精，有很强的定香效果，是医药及显微技术，薰香片或粉的定香剂。叶、种子也可提取精油，其质量差，用途不广。枫香脂能解毒止痛，有化血生肌功效。叶、根、果实均可入药，有祛风除湿，通经活络作用。

5.20 白桦焦油[1]

白桦 *Betula platyphylla* Suk. 别名粉桦、臭桦。属桦木科 BETULACEAE 桦木属。乔木。高达27m；树皮白色，纸质薄片剥落。幼枝有时疏被毛和树脂粒。叶三角状卵形或卵圆形，长3～7cm，先端尾尖或渐尖，基部楔形或近心形，无毛，下面密被树脂点，重锯齿钝尖或具小尖头，有时不规则缺刻，侧脉5～7对，每对侧脉间具1～5小齿；叶柄长1～2.5cm，无毛。果序圆柱形，长2～5cm，果序柄长1～1.5cm，无毛；果苞长3～6mm，中裂片三角形，较侧裂片稍短，侧裂片卵圆形，基部楔形；小坚果椭圆形或倒卵形，果翅与果等宽或稍宽。花期4～5月；果期8～9月。

5.20.1 产 地

产于我国东北大兴安岭、小兴安岭、长白山，河北、山西的米山区，四川西北部的马尔康、甘孜、黑水、康定、木里山区，云南西北部的中甸、丽江、德钦，内蒙古大青山，西藏米林甲格沟、太昭、林芝等高海拔地区。

白桦喜光，耐寒性强。在沼泽地，干燥阳坡及湿润阴坡均能生长，采伐后的迹地和火烧后的迹地上常成纯林或其他阔叶树混交林。

前苏联、芬兰、瑞典、德国等国主要提取桦焦油的树种有：毛叶桦 *Betula pubescens* Ehrh.，欧洲白桦 *Betula pendula* Roth.，白桦 *Betula alba* Burk.。

5.20.2 加 工

用干馏法，从上述品种的树皮所得的干馏产物，粗油得率约在20%～30%，再经水蒸气蒸馏而得的精油，称为精制桦木焦油。

5.20.3 理化特性与化学成分

精制桦焦油是浅黄色至深棕色澄清液体(粗油为棕黑色)，相对密度(25℃)0.886～0.950，全溶于3倍体积无水乙醇中，含酚量5%～20%，闪点185℉。主要成分为：2-甲氧基-4-甲基苯酚（Creosel），甲酚、愈创木酚、二甲酚、儿茶酚，以及其他非酚化合物。

5.20.4 用 途

白桦焦油（Betula alba tar）具有焦嗅皮革气息。用于制革，能掩盖皮革的不良气息，又可防腐。多用于所谓俄国皮革香，烟草香和药皂香，在香薇、素心兰、现代幻想型香基能提供甜而重的革香香气。药用具有消毒作用，对皮肤病，慢性湿疹有疗效。

5.21 檀香油[1,2,51]

檀香油（Sandalwood oil）是指从檀香科和芸香科一些品种的芯木，根或枝提取的天然檀香油的商品名称。主要包括下列一些品种：

（1）白檀香 *Santalum album* L. 别名东印度檀香、真檀、白旃檀，属檀香科檀香属，常绿乔木，心材黄褐色，具有强烈、持久的檀香香气。是主要的檀香油生产原料，现印度年产白檀香油100～200t，占世界各种檀香油总产量的70%～80%。

（2）穗檀香 *Santalum spicatum* (R. Br.) A. DC. 习称西澳大利亚檀香，属檀香科檀香属。

（3）披针叶檀香 *Santalum lanceolatum* R. Br.，习称澳大利亚檀香，属檀香科檀香属。

（4）细叶沙针 *Osyris tenuifolia* Engl.，习称非洲檀香，属檀香科 SANTALACEAE 沙针属。

（5）沙针 *Osyris wightiana* Wall.，习称香疙瘩（云南），属檀香科沙针属（中国植物志第24卷）。

（6）香脂檀 *Amyris balsamifera* L.，属芸香科，习称西印度檀香。

5.21.1 产 地

白檀香原产印度、马来西亚、印度尼西亚及斯里兰卡。主要产区为印度迈索（Mysore）地区。我国广东、台湾有栽培。穗檀香与披针叶檀香原产澳大利亚西部与南部地区。细叶沙针原产非洲东部，现主产区为肯尼亚。沙针产于西藏、四川、云南、广西等省（区），生长于海拔600～2 700m灌木丛中。印度、柬埔寨、尼泊尔、不丹、缅甸、越南也有分布。香脂檀原产墨西哥海湾地区，主产国为海地、牙买加。

5.21.2 加 工

用水蒸气蒸馏法从芯木，根或枝提取精油。白檀香木精油得率4.5%～8%，穗檀香木精油得率1.4%～2.6%，披针叶檀香木精油得率2%～2.5%，细叶沙针木油得率3%～4.9%，香脂檀木油，用枝、干提油得率2%～3%。

5.21.3 理化特性及化学成分

主要五个檀香油品种理化特性及化学成分见表50-10。

表50-10 各檀香品种理化特性与化学成分表

指标 \ 品种	白檀香木油 *S. album* L.	穗檀香木油 *S. spicatum*	披针叶檀香木油 *S. lanceolatum*	细叶沙针木油 *Osyris tenuifolia*	香脂檀木油 *Amyris balsamifera*
色 状	无色至暗黄色粘稠液体	无色至淡黄色粘稠液体		橙黄或红棕色粘稠液体	淡黄至琥珀色澄清粘稠液体
相对密度(20℃)	0.968～0.983	0.968～0.978	0.947 4～0.962 8	0.958 9～0.963 7	0.946～0.978
折光指数(20℃)	1.503～1.508	1.504～1.510	1.506 8～1.508 5	1.507 6～1.521 9	1.505～1.510
旋光度	−21°～−15°	−8°～−3°	−61°～−45°	−60°～−40°	+10°～+60°
酯 值	<10	4.5～18			
酸 值		<5			<3
乙酰化后酯值	>199		200～205	80～203	180～198
溶解度	全溶于1体积70%乙醇中	全溶于5体积70%乙醇中	全溶于1.3～1.7体积70%乙醇中	全溶于4体积70%乙醇	全溶于1体积90%乙醇中
伯醇含量（按檀香醇计）	>80%			30%～90%	
主要化学成分	α与β-檀香醇 α与β-檀香烯	α-檀香醇、红没药烯、穗檀醇、愈创木酚，1-甲氧基-4-烯丙基-愈创木酚	含有：澳檀醇等	一种未鉴定的倍半萜醇等	含有：α-杜松醇，石竹烯，杜松烯等

5.21.4 用 途

白檀香油是天然檀香油上品，久已闻名于世，有极柔和、温暖而甜的木香，又微带玫瑰香，膏香和动物香，香气前后一致，而持久。白檀香油用途广泛，是东方型香精必用的基体香料。其他如檀香、玫瑰麝香、龙涎香、素心兰及香薇等香型中亦常用。在很多类香型中用作定香剂。其他品种的檀香油与白檀香油用途大体相同。我国的沙针尚未提油，民间用其根代替檀香木来焚薰。

由于天然檀香资源少，生长慢。原油价格昂贵，在一般香皂、香波、化妆品香精中常用合成檀香油（803）代替。

5.22 柠檬油[7,27,52,1]

柠檬 *Citrus limon* (L.) Brum. f. 别名洋柠檬。属芸香科RUTACEAE柑橘属。常绿小乔木，树冠开张，圆头形；枝条柔软，具短刺，嫩枝顶端紫色。单叶互生，幼时带红色，以后灰绿色，叶片薄革质，长椭圆形或卵状椭圆形，先端尖、基部楔形，边缘有浅锯齿，上面深绿色具黄色腺点；叶柄短，具极窄翼叶或翼叶不明显。花单生或排成短总状花序，腋生。花大，径3.5～4.5cm，花蕾带红色，花瓣上部白色下部紫色，雄蕊20～40，子房上部渐狭，柱分离，先端有粗花柱。果实卵形或椭圆形，长6～8cm，顶端乳头状突起，基部圆形。果皮厚，不易剥离，密布油点，囊瓣8～10，多汁而味酸。种子小，卵状，多胚或单胚，果期11～12月。

我国栽培品种有尤力克柠檬，里斯本柠檬，北京柠檬，粗柠檬。尤力克柠檬质量最佳，其栽培也广泛，但绝大多数果实着生枝条顶端，易遭风害和日灼，植株易冻害。里斯本柠檬树势强，果大多倾向结在内膛、耐风、晒和霜冻比尤克力柠檬强。北京柠檬最耐寒。

5.22.1 产 地

柠檬原产印度。尤克力品种原产意大利，我国已引种栽培。四川、台湾省为主产区，江苏、浙江、福建、湖南、广东、云南等省（区）都有栽培。四川冷榨柠檬油质量最佳。柠檬耐寒性差特别是尤力克柠檬要求年平均温度17℃以上，冬无冻害，最冷月平均温度8℃以上的地区才适宜栽培，冬季长期低温（－2～－5℃）会引起脱叶，不结果甚至全株死亡。柠檬也不耐高温天气，如遇连续晴天高温（42～45℃），土壤干燥易产生日灼，严重时落叶，落果，以致死亡。柠檬对土壤要求不严，pH值6.5～7.5的紫色土，黄土，冲积土均能生长。年降雨量950～1300mm，分布均匀适宜柠檬生长。

5.22.2 加 工

柠檬具有多次开花多次结果的特性，春花果在11月采收，夏花果在12至翌年1月采收，秋花果在翌年5～6月采收。果实成熟，果皮黄绿色采收为宜。柠檬果及果皮油提取，采用机械冷磨最佳，油质量好，香气纯正得率0.2%～0.6%（按全果计），亦有水蒸气蒸馏的，得率0.6%（按鲜果计）。柠檬叶也可采用水蒸气蒸馏取油，得油率0.1%。

5.22.3 理化特性与化学成分

柠檬油（Lemon oil）为淡黄色和绿黄色液体，具有柠檬香气和辛辣的味道。相对密度（25℃）0.853 3～0.857 8；旋光度（20℃）＋56°～＋68°；折光指数（20℃）1.471～1.478；溶解度：1体积精油溶于0.5～1倍体积96%的乙醇中。

柠檬油化学成分主要有右旋-柠檬烯（冷榨或蒸馏油可高达90%），其余为柠檬醛、辛醛、壬醛、癸醛、十二醛、香茅醛、甲基庚烯酮、蒎烯、α-水芹烯、莰烯、γ-松油烯、松油醇、芳樟醇、香叶醇、香茅醇和这些醇的乙酸酯类、杜松烯、乙酸、辛酸、癸酸、十二酸等。

5.22.4 用 途

柠檬油是重要的果香香料，具有青甜鲜的果香，柠檬样香气。大量用于饮食香精，冰制食品，糖果，焙烤食品。牙膏、烟用香精也用之。在化妆、皂用香精也广为应用。

由于柠檬油中的苧烯（d-柠檬烯）和柠檬醛遇空气和阳光易氧化聚合，应注意保存或加入抗氧剂。

5.23 花椒油[7,57,58,2]

花椒 *Zanthoxylum bungeanum* Maxim. 别名岩椒、金黄椒、大红袍、川椒。属芸香科(Rutaceae)花椒属。落叶灌木或小乔木，高3～7m，茎干通常有增大的皮刺。单数羽状复叶，互生，叶柄两侧常有一对扁平基部特宽的皮刺；小叶5～11，对生，近于无柄，纸质，卵形或卵状矩圆形，长1.5～7cm，宽1～3cm，边缘有细钝锯齿，齿缝处有粗大透明腺点，下面中脉基部两侧常被一簇锈褐色长柔毛。聚伞状圆锥花序顶生；花单性，花被4～8，一轮，子房无柄。蓇葖果球形，红色至紫红色，密生疣状突起的腺体；种子 1～2 粒，黑色有光泽，5 月中旬开花，果实 9～10 月成熟。

5.23.1　产　地

我国除东北、新疆、内蒙古少数地区外，几乎分布全国各地，野生或栽培。主要产区为陕、豫、冀、鲁、川等省。喜生于阳光充足，温暖，肥沃的地方，尤喜湿润砂质土壤和山地钙质土，适宜栽培在降雨量 400～700mm 的平原地区和丘陵山地。花椒树萌芽力强，根系发达，具有保持水土作用。

5.23.2　加　工

花椒树定植 3 年后开始收获，采收方式以手摘为宜；切忌连枝剪下，影响翌年结实。晴天采摘，摊开晾晒，晒干后装袋保存我国花椒果实含精油 4%～7%，用水蒸气蒸馏法提取精油。

5.23.3　理化特性与化学成分

花椒油(Zanthoxylum oil)相对密度(20℃)0.866 0～0.866 3，折光指数(20℃)1.467 0～1.469 0，旋光度(20℃) 7°30′～12°54′。精油主要成分为花椒烯 (Zanthoxylene)，水茴香萜，香叶醇和香茅醇等。

5.23.4　用　途

用于调配食品香精，调味料和日化香精。果实直接用于调味香料，入药可止牙痛、腹泻，有助消化及杀虫等功效。

5.24　柚皮油[2,7,35,42,52]

柚 *Citrus grandis* (L.) Osbeck (*C. maxima* Burm.) 别名：沙田柚、文旦柚、香泡、坪山柚。属芸香科 RUTACEAE 柑橘属。常绿乔木，高 4～8m，树冠圆形，枝粗壮，具棱角，被柔毛有刺。单叶互生，卵形或近椭圆形，顶端急尖或近圆钝，边缘有浅锯齿，上面深绿色，有光亮，具黄色细腺点；下面淡绿色，沿中脉具白色短柔毛；翼叶宽大，呈倒心形。叶柄与叶接处具关节。花大，单生、簇生或排列成总状花序，生于叶腋；花瓣 5，白色，长圆形，顶端急尖或近钝圆，具腺点，花开时反卷；雄蕊 20～25，联合成一束；子房球形或倒卵形，花柱粗壮，柱头膨大。柑果大，成球形、扁球形或葫芦形，直径 10～25cm；外果皮光滑或粗糙，密被腺点；果皮厚难剥离，囊瓣 12～18，肾形；汁泡粗大，浅黄色、白色、或淡紫色。种大而多，也有少核或无核，扁厚、卵球形，单胚；花期 4～5 月，果期 10～11 月。

5.24.1　产　地

我国柚类品种较多，广西容县产沙田柚；福建樟州、浙江温岭和台湾省产文旦柚，江西双金，永兴和广东，湖南等省产金兰柚；湖南黔阳，邵阳地区产安江香柚；四川垫江产垫江柚；浙江平阳、瑞安产四季柚，湖南慈利县产金香柚；四川金堂县产无核柚，江津红心柚，重庆五步柚；都是很好的地方良种。

柚喜温暖湿润气候，生长期最适宜温度 23～29℃，最低 11℃，能忍受－7℃；夏季 40～42.2℃，土壤水肥充足无大害；土壤干燥，高温易发生日灼，落叶、落果，甚至枯枝。生长期需水量大，但不耐水涝。年降雨 900～1 500mm 以上地区，均适宜生长。pH 值 5.5～7.5 的各种土壤均能生长；深根性，土层厚肥沃为宜。抗风力弱，台风频繁地区，要注意选地。

5.24.2　加　工

柚果主要鲜食，利用回收碎散果皮提油，一般用螺旋压机加工冷榨油，得率为 0.3%。柚果皮蒸馏油得率0.9%。柚叶、花及幼枝也含精油，通常用水蒸气蒸馏法，柚叶含油量0.2%～0.3%，柚花含油量0.2%。柚花浸膏得率0.12%～0.15%。

5.24.3 理化特性及化学成分

柚皮油（Yuh-tsu oil）为黄绿色澄清液体，相对密度（20℃）0.8573，折光指数（20℃）1.4765，旋光度+89°29′，酸值0.53，含酯量2.77%，含醛量（以癸醛计）0.62%，不挥发残渣8.64%，主要成分：柠檬烯、芳樟醇、柠檬醛、香叶醇、松油烯、乙酸芳樟酯、乙酯香叶酯、邻氨基苯甲酸甲酯、辛醛、癸醛等。

柚叶油主要成分为二聚戊烯25%，芳樟醇15%，乙醛10%等。

5.24.4 用 途

柚叶、花、皮油主要用于食品、化妆品、牙膏、香皂等香精。

5.25 玳玳花、叶油[1,2,7,27,36,52]

玳玳 *Citrus aurantium* L. var. *amara* Engl. 别名：苦橙、酸橙、回青橙、苏枳壳、枳壳、代代圆。属芸香科RUTACEAE柑橘属。是酸橙的变种。常绿乔木或小乔木。高6～10m，根木质，黄白色，具有香气。枝绿色，细长疏生有刺。叶深绿，革质，互生，含有透明油点；叶椭圆形，顶端急尖，基部圆形，边缘全缘或具浅锯齿；翼叶大，呈耳状。花着生于新梢叶腋或顶端，单生或数朵集生，白色，芳香，花瓣5，长椭圆形而质厚，开时瓣反卷，花萼短，肉质，5裂，宿存，成熟时橙红色。雄蕊多数，花丝白色，分离或数枚连合。果实扁圆形，味苦而酸，果皮厚，橙红色，表面粗糙具瘤状突起，内有囊瓣10个，淡黄色，果实多年不落，故名玳玳。种子椭圆形。

5.25.1 产 地

玳玳原产我国。现主要栽培区有：江苏、浙江、福建、广东、贵州、四川等省。法国、意大利、非洲北部也是重要产区。

玳玳在温暖湿润，雨量充沛的亚热带气候最适宜生长。生长期最适宜温度20～30℃，比较耐寒，不低于−4℃的地区均宜栽培。当低于此温度时，生长停滞，落叶，甚至死亡。春季抽梢现蕾开花期，需水量，如土壤水分不足影响花产量，光照有利于精油合成。玳玳在土层深厚、肥沃，排水良好的黄壤、红壤，紫色土及冲积土最适宜生长。

5.25.2 加 工

玳玳花期集中，只有20天。一般在4～5月采收，在含苞待放或刚开放时采的花含油量最高，为0.2%～0.3%。浸提用花，必须在晴天采摘的含苞待放的花。以晴天上午露水干后采摘的质量最佳。玳玳花加工宜用水蒸气蒸馏或溶剂浸提，馏出水溶液为橙花水，橙花水用石油醚提取可得橙花水净油得油率0.2%～0.3%。用溶剂进行萃取得玳玳花浸膏，得率为0.2%左右。叶枝用水蒸气蒸馏，得油率为0.3%～0.55%，馏出的水溶液用石油醚萃取，可得橙叶水净油。

5.25.3 理化特性及化学成分

玳玳油是深黄到浅棕色液体，具有橙花香气兼有柑橘类果香，相对密度（20℃）0.8765，折光指数（20℃）1.4695，旋光度（20℃）+4°～+5°，含酯量（以乙醇芳樟酯计）13.47%～16.77%。溶解度：能以任何比例溶于苯甲酸苄酯，邻苯二甲酸二乙酯，以及植物油和矿物油中。玳玳油主要成分有：右旋苧烯、L-α-蒎烯、罗勒烯、L-芳樟醇、L-乙酸芳樟酯、香叶醇、乙酸香叶酯、橙花醇、乙酸澄花酯、橙花叔醇、金合欢醇、邻氨基苯甲酸甲酯、吲哚、苯乙酸、安息香酸、棕榈酸、茉莉酮、癸醛等。

玳玳叶油理化特性：相对密度（25℃）0.8959～0.8981，折光指数（20℃）1.4560～1.4599，旋光度（20℃）−5.2°～−6°，含酯量（以乙酸芳樟酯计）77.09%～80.76%。玳玳叶油主要成分为乙酸芳樟酯 44.04%，芳樟醇 11.72%，其次为乙酸香叶酯 1.73%，乙酸橙花酯 0.83%，α-松油醇 1.26%，香叶醇 0.98%，以及柠檬烯、石竹烯等。

5.25.4　用　途

玳玳花油用于配制高级香水、化妆品和香皂用香精。也是花香型、果香型香精的重要原料。橙花水用于饮料、面包、糕点加香。玳玳叶油具有强烈浓郁橙花香气，用于配制橙花香精，并广泛用于高档的茉莉、古龙、薰衣草、香薇等香型香精中。此外玳玳果皮入药是健胃剂。果实制成枳壳入药，有理气消积功效。

5.26　栀子花浸膏[7,2,1,57,60]

栀子 *Gardenia jasminoides* Ellis 别名黄栀子、山栀、白蟾、重瓣栀子。属茜草科 RUBIACEAE 栀子属。常绿灌木，通常高 1m 余。茎多分枝。叶对生或三叶轮生，有短柄，叶片革质、椭圆状倒卵形或矩圆状倒卵圆形，长 5～14cm，宽 2～7cm，顶端渐尖，稍钝头，上面光亮，仅下面叶腋内簇生短毛；托叶鞘状。花单生于枝端或叶腋，大型，白色，重瓣，芳香，有短梗；萼全长 2～3cm，裂片 5～7，条状披针形，通常比筒稍长；花冠高脚碟状，筒长 3～4cm，裂片倒卵形或倒披针形，伸展，花药露出。果黄色，卵状至长椭圆状，长 2～4cm，有 5～9 条翅状直棱，1 室；种子很多，嵌于肉质胎座上，花期 6～7 月，果期 8～10 月。

5.26.1　产　地

分布在我国长江以南的江苏、浙江、湖南、安徽、江西、广东、广西、云南、贵州、四川、河南、福建和台湾等省（区）。以湖南产量最大，浙江品质最好。越南、日本、美国也有栽培。

栀子喜温暖润湿，不耐寒，宜种植在年平均温度 14℃以上地区。成年植株较耐旱，但幼苗期必须有充足水分，在向阳温暖地方栽培，生长好，花产量高。幼苗期要求遮荫，以利生长。土壤条件要求不甚严格，以排水良好，中性至微酸性的砂壤土和黄泥土较好。

5.26.2　加　工

采收含苞欲放的花朵，进行加工，贮存不宜超过 12h，必须薄层贮存，以免发热变质。加工方法采用石油醚浸提，浸提温度 60～70℃。也可用吹气吸附法提取头香部分的精油，然后再用浸提法提取浸膏。浸提时必须及时排水，否则会严重影响浸膏的质量。无花托的栀子花浸膏，质量较好。浸膏得率为 0.1%～0.13%。

5.26.3　理化特性与化学成分

栀子花浸膏（Gardenia concrete）为黄色或淡黄色膏状物，具有栀子鲜花香气；熔点 35～40℃，酸值≤20，酯值≥60，净油含量≥40%，净油主要化学成分为乙酸苄酯，乙酸苏合香酯、芳樟醇、乙酸芳樟酯、松油醇、邻氨基苯甲酸甲酯。影响香气主成分为乙酸苏合香酯。

5.26.4　用　途

用于配制化妆品和香皂香精，也可用于高级香水香精。

栀子花、果实入药，有解热、消炎、止血功效。还可提取天然食用黄色素。

5.27　树兰花油[1～2,7,53]

树兰 *Aglaia odorata* Lour. 别名：米仔兰、鱼子兰、米兰、暹罗花。属楝科 MELIACEAE

米仔兰属。多枝常绿灌木或小乔木，高4～7m，小枝顶常被褐色星状鳞片。叶为奇数羽状复叶，互生，叶长5～12cm，有小叶3～5枚，总轴稍有翅；小叶具短柄，倒卵圆形至矩圆形，先端钝，基部楔形。圆锥花序腋生，长5～10cm，花小而多，黄色，极芳香，杂性异株；花萼4～5齿裂；花瓣5，近圆形；雄蕊5，花丝合生成管状，较花瓣略短，倒卵形，花药5枚，子房卵形，密被黄色短柔毛。浆果卵形或近球形，径12mm。花期长，华南地区2～11月，6～7月盛开期。

5.27.1 产 地

树兰原产东南亚，我国主要栽培区有：广东、广西、福建、四川与贵州等省（区）。福建龙海县栽培面积最大。长江河谷沿岸，已有小面积栽培。

树兰性喜温暖润湿，年平均气温18～24℃月平均最低温度在7℃以上，年降水量1 000mm以上的地区均可栽培。成年树喜阳光，在荫蔽条件下开花受抑制，花量少。对土壤适应范围广，但以微酸性，土层深厚，沙质肥沃土壤最适宜生长。排水不良，雨季常发生“黑腐病”，严重时，全株死亡。

5.27.2 加 工

树兰花期长，以6～7月盛花期采摘的鲜花精油质量最佳，及时采收，及时加工。若鲜花一时来不及加工，可放置阴凉通风处，薄层放置，并常翻动。树兰花油采用水蒸气蒸馏法，得油率：鲜花为0.3%，干花为0.7%。树兰叶油得率为1%。

5.27.3 理化特性与化学成分

树兰花油（Aglaia odorata oil）为淡黄色至棕色澄清液体，0℃下析出微量细针状结晶。相对密度（30℃）0.9071～0.9163，折光指数（30℃）1.5015～1.5161，旋光度（30℃）−9.5°～−13.5°，酸值1.98～8.51，酯值11.28～22.70。树兰叶油的理化特性：相对密度（30℃）0.9197，折光指数（28℃）1.5040，旋光度（30℃）−13.4°，酸值1.65，酯值6.96。

树兰花油主要化学成分有：α-蛇麻烯（Humulene）、玷玭烯，榄香烯（elemene），反式-β-金合欢烯，芳樟醇，壬醛，杜松醇，依兰烯，瑟林烯（Selienene），石竹烯等，尤以β-蛇麻烯-7-醇为代表的蛇麻烯含氧衍生物为主要成分。因产地不同，树兰花精油成分有差异。如福州产精油主成分为β-水芹烯、β-石竹烯；重庆产精油α-蛇麻烯，β-芹子烯的含量均高；而漳州产的精油主成分有正十一烷，L-芳樟醇、癸醛、胡椒烯、石竹烯、α-蛇麻烯、β-榄香烯、β-芹子烯、蛇麻烯环氧物及一些烷类等。

树兰叶油主成分有：α-胡椒烯、β-石竹烯、α-蛇麻烯、芳樟醇、α-榄香烯、β-榄香烯、β-芹子烯等。

5.27.4 用 途

树兰花油为我国天然香料的独特产品，具有清甜花香，有些似茉莉，依兰和茶香韵，香气有力而留长。广泛用于高档日用香精中，并且是很好的定香剂。树兰叶油香气比花油差，可作花油的部分代用品。花油与浸膏可用于食品香精中，花、叶精油或花浸膏也用于烟用香精。此外鲜花可供熏茶。花、叶、枝供药用，具有活血散瘀，消肿止痛，行气解郁功效。

5.28 桂花浸膏及净油[1～7,27,54]

桂花 *Osmanthus fragrans* Lour. 别名：木犀岩桂、九里香、桂。属木樨科 OLEACEAE 木犀属。常绿灌木或小乔木，高达12m。叶对生，革质，椭圆形至椭圆状披针形，长4～12cm，宽2～4cm，顶端急尖或渐尖，基部楔形，全缘或上半部疏生细锯齿，侧脉每边6～10条，网脉不显明，上面下凹，下面隆起，叶柄长1～2cm，花序簇生于叶腋；花梗纤细，长3～10mm；

基部苞片长 3～4mm；花萼长 1mm，4 裂，边缘啮蚀状；花冠白色，极芳香，长 3～4.5mm，4 裂，花冠筒长 1～1.5mm；雄蕊 2，花丝极短，着生于花冠筒近顶部。核果椭圆形，长 1～1.5mm，熟时紫黑色。花期 9～10 月。

桂花因长期栽培变异，尚有下列品种：①金桂 *O. fragrans* var. thunbergii Makino 花金黄色，易脱落，花香浓郁。②银桂 *O. fragrans* var. Latifolius Makino 花白色，花香宜人。③丹桂 *O. fragrans* var. aurantiacus Makino 花橙色带红，花香杂味。④四季桂 *O. fragrans* var. *semperflorens* Hort. 花白色或淡黄色，一年多次开花。以上品种均可提取浸膏，以金桂、银桂香气最佳，丹桂有杂味，是观赏品种，四季桂产花少，是盆栽观赏品种。

5.28.1 产　地

桂花原产我国西南部，现南方各省均有栽培，主要分布广西、湖南、贵州、浙江、湖北、江西、安徽、江苏、福建、四川、河南。其中以桂林、杭州、温州、宁波、扬州、无锡、成都、武汉和遵义等为大面积栽培区。

桂花适于温暖的亚热带气候生长。种植地区年平均 14～18℃，能耐短期最低温度－13℃，最适宜生长温度 15～28℃，年平均湿度 76%～83%，年降雨量 1 000mm 左右对生长发育极为有利。土壤以肥沃，排水良好的中性或微酸性砂质壤土为宜。

5.28.2 加　工

一般 10 年树龄以上桂花即可收花加工，花期每年 9 月至翌年 4 月。在桂花盛开期，应于清晨露水未干前，在树下铺放塑料布，摇动树干和枝条，震落鲜花，除去枝叶、杂质后收集鲜花并及时加工。鲜花采收 6h 后，香气挥发变淡，影响浸膏得率和质量，可用腌制法贮存。其法是将鲜花用腌制液（水：食盐：白矾＝100：30：3）浸湿，放入缸内，再加满腌制液，压实密封贮存。加工时，取出桂花用清水冲洗，滤干后，随即加工。

桂花浸膏加工采用转鼓式浸提机，石油醚浸提，花和溶剂比 1：2.5（重量：体积），浸提时间 2h。浸提机转速 3～4r/min。浸提后再用回收的石油醚分两次洗涤，第一次洗 2h，第二次洗 1.5h。第二次的洗涤液用作下次浸提。浸提液和第一次洗涤液合并，在圆锥形的澄清槽中澄清 0.5h 分层后，放去下层水分和花粉等杂质，然后放入常压浓缩锅中回收石油醚，浓缩至固体含量在 2%～2.5%，温度不能超过 70℃。浓缩液冷却后压滤，澄清 30min，制得澄清浓缩液，如滤液不清，要重复压滤至清澈为止。最后进行减压浓缩，在 55～50℃下回收大部分石油醚。然后加入无水乙醇于粗膏中进行真空蒸馏脱去石油醚，便可得桂花浸膏。得率 0.13%～0.2%。

5.28.3 理化特性及化学成分

桂花浸膏及净油（Osmanthus concrete）：桂花浸膏为黄色或棕黄色膏状物，具有桂花香气。熔点 40～50℃，酯≥40，净油含量≥60%。

净油主要化学成分为：α-紫罗兰酮，β-紫罗兰酮，反式-芳樟醇氧化物，顺式-芳樟醇氧化物，庚酸乙酯、芳樟醇、C_9 醛、香茅醇、橙花醇、香叶醇、反式-茶螺烷（Trans-theaspirane）、顺式茶螺烷，对甲氧基苯乙醇、二氢-β-紫罗兰醇、γ-癸内酯、苯二甲酸二丁酯及甲酸己烯酯等。

5.28.4 用　途

桂花浸膏是高档花香天然香料。广泛用于花香型香精。如紫罗兰，金合欢等香精中。桂花浸膏亦用于食用香精，可与紫罗兰酮等同用以增加桂花风格。桂花还可直接窨茶。

5.29 可可酊[2,57,58]

可可树 *Theobroma cocoa* L. 属梧桐科 STERCULIACEAE 可可属。常绿乔木，高达 12m；嫩枝被短柔毛。叶卵状矩圆形，长 20～30cm，宽 7～10cm，无毛或在叶脉上略被星状毛。花序簇生树干或主枝上；花直径 18mm；萼粉红色，5 深裂，裂片长披针形；花瓣 5，淡黄色，略比萼长，下部凹陷成盔状，上部匙形而向外反；雄蕊的花丝基部合生成筒状，退化雄蕊 5，条状，发育雄蕊 1～3 枚聚成一组，与退化雄蕊互生。果椭圆形或长椭圆形，长 15～20cm，深黄色或近于红色，5 室，每室有种子 12～14 颗；种子卵形，长 2.5cm。

5.29.1 产 地

原产南美洲。主要栽培于中美洲、南美洲和近赤道的非洲地区。我国广东、海南、云南有栽培。

5.29.2 加 工

可可酊（Cocoa tincture）剂加工方法，通常是将可可籽粉碎后，在 40%～70%的酒精中进行萃取，即得具有可可香气的可可酊剂。有两种规格：A，3 份可可粉制 1 份酊剂（即 3：1），B，1 份可可粉制 1 份酊剂（即 1：1）。

（3：1）可可酊剂理化常数为：深棕色澄清液体，具有浓郁的可可特征香气，固体含量≥7%，含醇量 40%～55%，酸值 40%～50%，沉淀≤5%（体积）。（1：1）可可酊理化常数除固体含量为≤5%外，余均与 3：1 可可酊规格相同。

经处理过的可可籽用水蒸气蒸馏制得精油，得率 0.001%，主要成分为芳樟醇（约 50%），脂肪族酸类和几种相应的酯类，相对密度（15℃）0.9075，折光指数（20℃）1.4728。

可可壳也可制成酊剂，为棕色液体，具有可可特征香气。固体含量≥15%，乙醇含量40%～55%，酯值 20～30KOH/g，沉淀≤3%（V/V）。

5.29.3 用 途

主要用于调配食用香精。在露酒配方中，可可酊剂是极重要原料。作为香基可用于特殊品种中，如马沙拉型白葡萄酒。可可粉入药有强心、利尿功效。

5.30 橡苔和树苔浸膏[1,7,57]

橡苔和树苔都是附生在林木树枝、树干上的地衣，这种地衣通称“苔”，可以用来提取香树脂。因不同树木，不同地区的制品，香气有差异。品种较多，以栎扁枝衣（亦称煤地衣）学名 *Evernia prunastri*（L.）Ach，为正宗，附着在桃树上，称为橡苔。其他品种如 *Evernia furfuraceae* L. Mann.、*Usneabarba ta*，它们多附生于松、枞、云杉、冷杉的树干上，习称树苔。

附生在桃、杏、苹果、含羞花及刺槐树上的地衣（Lichen），也可以用来提取香树脂。

我国云南有一种附生于栎树或麻栎树干上的丛生树花 *Ramalina fastigiata* Ach. 为主要品种来提取的树苔制品。

5.30.1 产 地

我国生产橡苔浸膏的厂家，主要在黑龙江省哈尔滨日用香料厂；树苔浸膏为昆明香料厂和福建樟州申龙联合香料公司。

国外橡苔主产于南斯拉夫、法国、摩洛哥、阿尔及利亚。

5.30.2 加 工

不同加工方法，制得各种制品，石油醚提取的浸膏，得率 1.5%～3%；苯浸提的得率2%～4%，再制净油得率 35%～80%；用热乙醇浸提香树脂 8%～14%，香树脂再用苯或石油醚复抽提可得香树脂浸膏。

5.30.3　理化特性和化学成分

浸膏是暗绿色稠厚液体；香树脂为黑绿色或褐绿色液体，时有结晶物析出，在乙醇中不能全溶。净油为暗绿色液体，其馏净油为无色液体。橡苔浸膏熔点 50～52℃，酸值 22～68℃，酯值 42～79。树苔净油的酸值 80 以下，酯值 130 以下，全溶于 5 倍 95%乙醇中。

橡苔浸膏的主要成分有扁枝衣二酸，苔黑酚、甲酸、乙酸、硬脂酸、棕榈酸、油酸、α-和β-苧酮、樟脑、龙脑、桉叶素、萘、酮类和痕量的香兰素。

5.30.4　用　途

橡苔和树苔浸膏（Oakmoss，Tree moss concrete）：橡苔浸膏具有苔清的青滋香，兼有豆香和茴香香气；树苔浸膏具有松木气息、强的青香和木香；树苔净油带药草香，香气持久。橡苔和树苔浸膏用于极广的青香香料，和日用香精中。净油可微量用于食品加香，但必须不含苧酮。还可用于烟草香精。

埃及古代曾将橡苔用于制面包，我国云南也用树花菜佐餐。

6　林产精油的单离及香料制品

6.1　林产精油的单离[4,36,104]

林产精油是多种化合物的混合物，其中的某种化合物从林产精油中分离出来，称为单离。单离取得的香料化合物称为单离香料。尽管从天然精油中分离出来的单离香料，绝大多数用有机合成方法可以合成出来，而这种单离香料与合成香料，在结构上也并无区别，但是目前我国还有一些天然精油，如香茅醛、香叶醇、柠檬醛、桂醛、黄樟素等还是从天然精油中分离出来的，而且在国内外贸易中，单离香料要比合成品倍受人们的欢迎，如自中国肉桂油中单离得到的肉桂醛要比合成的桂醛价格贵得多。因此我们认为将这些“单离香料”划归入天然香料中比较合适。

单离香料生产方法分为两大类。其分类方法和具体生产实例介绍如下：

单离方法：
- 物理方法——分馏、冻析、重结晶
- 化学方法——硼酸结酯法、酚钠盐法、亚硫酸钠加成方法

6.1.1　分馏法

林产精油的主香成分常采用高效精密分馏方法分离提纯，例如从芳樟油中单离芳樟醇，从山苍籽油中单离柠檬醛、从蓝桉叶油中单离桉叶素等。

分馏法生产的主要设备常采用填料塔。为防止分馏过程中受热温度过高引起香料组分的分解、聚合等一般均采用减压分馏法。

6.1.2　冻析法

冻析是利用低温使林产香料中某些化合物呈固体状析出，然后将析出固体状化合物与其他液体状成分分离，从而得到较纯的单离香料。例如从薄荷油中提取薄荷脑，从柏木油中提取柏木脑，从樟脑油中提取樟脑等。

以从薄荷油中单离薄荷脑为例，其工艺过程简单归纳如下：

薄荷油 → [一次冻析]（−10℃，20 h）→ [过滤] → 母液 → [二次冻析]（−40℃，40 h）→ [过滤]（粗薄荷脑）→ 母液 → [减压蒸馏] → 薄荷素油（含脑 50%）

（第一次 [过滤] ↓ 粗脑）

粗薄荷脑 → 加热熔化 → 过滤 → 真空脱水 → 冷却 → 分离（↓滤去母液） 薄荷脑粗晶体 → 烘油（30～40 h，42～43℃） → 分离（↓除去低熔点物） → 冷却 → 薄荷脑晶体

6.1.3 硼酸结酯法

在玫瑰木油中含约80%芳樟醇，在檀香木油中约含80%檀香醇，硼酸酯法是从天然香料中单离醇的主要方法之一。硼酸与精油中的醇可以生成高沸点的硼酸酯，经减压分馏，先将精油中低沸点成分回收，所剩高沸点硼酸酯，经皂化反应使醇游离出来，分离出来的醇再经减压蒸馏即可得到精醇。其反应原理和生产过程简单归纳如下：

6.1.3.1 反应原理

$$3R—OH + B(OH)_3 \longrightarrow B(O—R)_3 + 3H_2O$$

$$B(O—R)_3 + 3NaOH \longrightarrow 3R—OH + Na_3BO_3$$

6.1.3.2 生产过程

精油、硼酸 → 装锅 → 减压分馏（↓有机相） → 硼酸酯 → 皂化（NaOH↓） → 分离 → 粗醇 → 减压蒸馏 → 精醇

分离 ↓ 硼酸钠 → 酸化 → 分离（↓NaCl 溶液） → 回收硼酸

6.1.4 酚钠盐法

在丁子香油和丁香罗勒油中，均含有约80%丁香酚，要想将丁香酚从精油中单离出来，可采用酚钠盐法。酚类化合物与碱作用生成溶于水而不溶于有机溶液的酚钠盐，将酚钠盐分离出来以后，再用无机酸酸化，酚类化合物便可重新析出。其反应原理和生产过程可以简单归纳如下：

6.1.4.1 反应原理

$$\text{(OH, }OCH_3\text{, }CH_2CH{=}CH_2\text{ 取代苯)} + NaOH \longrightarrow \text{(ONa, }OCH_3\text{, }CH_2CH{=}CH_2\text{ 取代苯)} + H_2O$$

$$\text{(ONa, }OCH_3\text{, }CH_2CH{=}CH_2\text{ 取代苯)} + HCl \longrightarrow \text{(OH, }OCH_3\text{, }CH_2CH{=}CH_2\text{ 取代苯)} + NaCl$$

6.1.4.2 生产过程

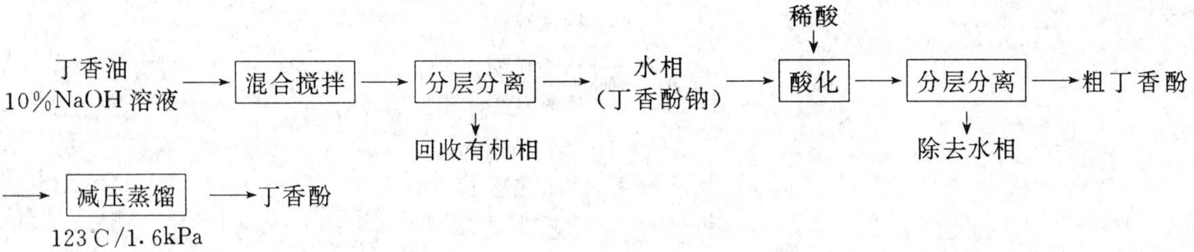

丁香油 10%NaOH溶液 → 混合搅拌 → 分层分离（↓回收有机相）→ 水相（丁香酚钠）→ 酸化（稀酸↓）→ 分层分离（↓除去水相）→ 粗丁香酚 → 减压蒸馏（123℃/1.6kPa）→ 丁香酚

6.1.5 亚硫酸氢钠加成法

在山苍籽油中含有约60%～80%柠檬醛，在柠檬桉叶油中含有约70%香茅醛，在桂皮油中含有约70%肉桂醛，用分馏的方法只能得到80%左右的粗醛产品，为了制取精醛产品，经常采用亚硫酸氢钠加成法。

醛和某些酮类的羰基如果用亚硫酸氢钠发生加成反应，生成不溶于有机溶剂的磺酸盐晶体加成物。该化合物用碳酸钠或盐酸处理，醛或酮便可重新生成。但含有双键的醛与大量亚硫酸氢钠直接反应时，双键与亚硫酸氢钠发生加成反应，会有稳定的二磺酸盐加成物生成，故在实际操作时常用亚硫酸钠、碳酸氢钠和水的混合溶液代替亚硫酸氢钠。其反应原理和生产过程如下：

6.1.5.1 反应原理

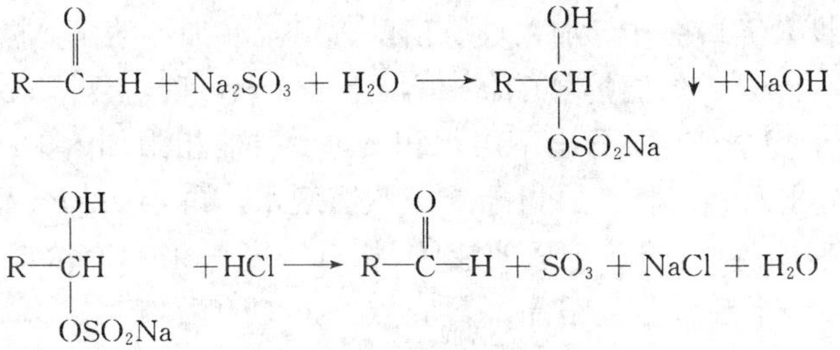

$$R-\overset{O}{\overset{\|}{C}}-H + Na_2SO_3 + H_2O \longrightarrow R-\underset{OSO_2Na}{\underset{|}{\overset{OH}{\overset{|}{C}}}}H \downarrow + NaOH$$

$$R-\underset{OSO_2Na}{\underset{|}{\overset{OH}{\overset{|}{C}}}}H + HCl \longrightarrow R-\overset{O}{\overset{\|}{C}}-H + SO_3 + NaCl + H_2O$$

6.1.5.2 生产过程

$Na_2SO_3 \cdot 7H_2O$（3.5份）、$NaHCO_3$（1.25份）、清水（10份）→ 搅拌溶解 → 加成反应（粗醛（1份）↓；10℃，5h）→ 分层分离（↓有机杂质）→ 加成物水溶液 → 环已醇萃取（↓杂质萃取液）→ 加成物分解 → 三次萃取（石油醚↓；↓碱液）→ 石油醚萃取液 → 二次水洗（↓水相）→ 常压蒸馏（↓回收石油醚）→ 减压蒸馏（1.03kPa）→ 精制醛

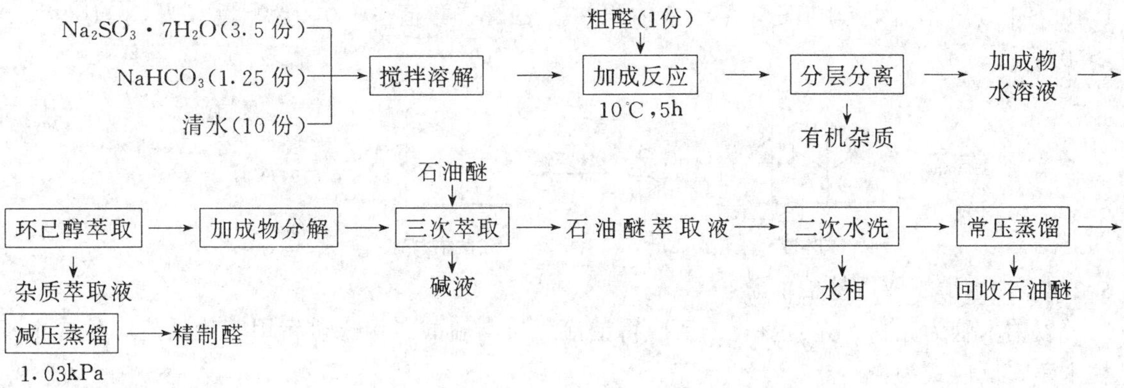

6.2 柏木油[2,62～69]

6.2.1 来源及主要成分

柏木油资源是我国蕴藏量较大的一种天然精油，柏木油除广泛用于香料工业外，还可在光学仪器中用作传光接触剂，塑料硬化剂等。柏木油的主要成分是柏木醇（柏木脑）和柏木烯，它是合成香料的珍贵原料，现已开发成系列的香料产品：

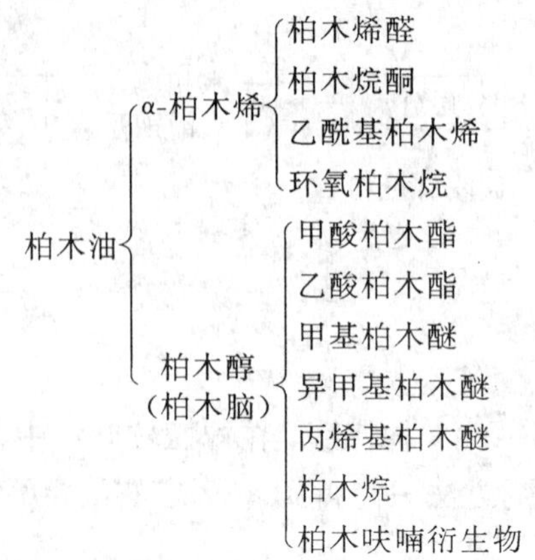

6.2.2 主要成分的单离

柏木脑（柏木醇）沸点135℃/0.667kPa，熔点85.5～37℃，柏木烯沸点123～126℃/1.60kPa。柏木粗油经减压分馏，得柏木烯（α-，β-体混合物），釜底的柏木脑再减压蒸馏，收集160～184℃馏份得精柏木脑油。然后将精柏木脑油与柏木精油，按1∶0.3的料比混匀，加热至80℃后，自然降温结晶，经过滤、甩干得粗大白色晶体，然后再放入乙醇中溶解、冷冻重结晶，得精制柏木脑。

6.2.3 柏木醇制取乙酸柏木酯

将110g柏木脑投入三口瓶中，加入50g磷酸，用盐浴加热溶解，搅拌下加入51g醋酐和30g冰醋酸，升温至120℃，保温搅拌酯化2h，停止加热，降温至60℃，加入等量清水，用分液漏斗振摇，静置，完全分层，分出下层水相。向上层油相中加入10%碳酸钠调pH值7～8，振摇，静置，再分出水相。将上层粗酯减压蒸馏脱水，再于92kPa真空度下，收集220℃的馏份，加入无水硫酸钠脱水，得黄色透明液体，相对密度0.975，有浓厚柏木香味，收率73%。乙酸柏木酯提纯结晶，纯品为白色结晶，凝固点>39℃，酸值<1.0，含酯量（按$C_{17}H_{28}O_2$计）>97%。一般等级为无色至棕色稠厚液体相对密度：d_4^{20}：0.966～1.012，折光指数n_D^{20}：1.495～1.506 0，闪点100℃，溶于6体积90%乙醇，酸值<3.0，含酯量（按$C_{17}H_{28}O_2$计）≥50%。

柏木醇（OH） + 乙酐（$(CH_3CO)_2O$） $\xrightarrow{H_3PO_4}$ 乙酸柏木酯（OAc） + CH_3COOH

6.2.4 柏木醇制取甲基柏木醚

以柏木脑为原料，先与氢化钠反应得钠浍，再与硫酸二甲酯进行甲基化反应，生成甲基柏木醚，反应式为：

柏木醇（OH） + NaH（氢化钠） ⟶ 钠浍（ONa） + H_2

$2\ \text{钠盗(ONa)} + (CH_3O)_2SO_2 \longrightarrow 2\ \text{甲基柏木醚}(OCH_3) + Na_2SO_4$

钠盗　　硫酸二甲酯　　甲基柏木醚

(1) 制备方法：将 575g 甲苯，164g 氢化钠（纯度 54%，分散在矿物油中），加入配有搅拌器，温度计，回流冷凝器和加料漏斗的四口烧瓶中，搅拌混合，升温至沸。缓缓加入 575g 柏木脑甲苯溶液（575g 脑溶于 2 875g 无水甲苯中），然后在沸腾温度下，回流反应 1～3h，回流时有氢气放出，此时反应液呈浅黄色。之后再在回流液中加 253g 硫酸二甲酯，在 30min 内加毕，回流反应 6～8h，然后冷却反应液倒入 50%NaOH 水溶液中，中和，水洗至中性，得 645g 粗醚。最后经精馏提纯得 577g 甲基柏木醚，得率 94%。

(2) 理化常数：水白至淡黄色液体，沸点 258℃，折光指数 n_D^{20}：1.494～1.498，闪点 93.5℃以上，溶于 95%乙醇，不溶于水，含量（按 $C_{16}H_{28}O$ 计，气相色谱法）≥92%。龙涎香气，扩散力和持久性均好。配制花香和非花香香精，功效好。对木香、粉香型能给于清鲜、高贵香气。

6.2.5　柏木烯制取乙酰基柏木烯

在多聚磷酸的催化下，α-柏木烯与醋酐于 50℃反应，生成乙酰基柏木烯。反应式为：

$\text{柏木烯} + (CH_3CO)_2O \xrightarrow[50^\circ C]{\text{多聚磷酸}} \text{乙酰基柏木烯}(C(=O)CH_3) + CH_3COOH$

柏木烯　　醋酐　　乙酰基柏木烯

制备方法：在装有搅拌器、滴加漏斗、温度计和回流冷凝器的反应容器内，放入 0.5g 分子多聚磷酸，2g 分子醋酐和 1.2g 分子二氯甲烷，在强烈搅拌下升温至 50℃，慢慢滴加 0.5g 分子 α-柏木烯。维持 50℃，反应 4～5h。反应结束后，在搅拌下加入适量碎冰，搅拌 0.5h，并保持器内温度不超过 50℃。然后分离油层水层，水层用二氯甲烷或苯萃取 2～3 次，萃取液与油层合并。有机层依次用饱和碳酸氢钠、饱和盐水洗至中性。水浴回收溶剂，减压分馏回收一部分柏木烯，收集 161～164℃/533.28Pa 的馏份为成品。

乙酰基柏木烯为淡黄色油状液体，具有龙涎香和麝香样的香气。折光指数 n_D^{20}：1.516～1.518，相对密度 d_4^{20}：1.001～1.004，沸点：161～164℃/0.53kPa，溶于 3～7 体积 80%乙醇，溶于邻苯二甲酸二乙酯，不溶于水。

6.2.6　柏木烯制取柏木烷酮

α-柏木烯，甲酸乙酯和过氧化氢在 58～82℃反应 6～7h，得柏木酮（或称柏木烷酮），其反应式为：

$\text{柏木烯} + H_2O_2 \xrightarrow{H\text{-}C(=O)\text{-}OC_2H_5} \text{柏木酮} + C_2H_5OH + CO_2 + H_2O$

柏木烯　　柏木酮

制备方法：将α-柏木烯204g放入三口瓶中，加入150g甲酸乙酯，用水浴加热至55～60℃，保温回流1h，在此温度下滴加30%过氧化氢156g，控制在2h内加完。加毕继续反应6～7h，反应结束时温度接近80℃，取样，用碘化钾试纸检验是否还存在有过氧化氢，同时用pH值试纸检验应显酸性，反应完毕用等量饱和食盐水搅拌洗涤一次，用分液漏斗除去下层水层，用10%碳酸氢钠将上层相洗涤至中性，静置分层，分出下层水层，将上层油层减压蒸馏脱水，收集150～155℃的馏份，得淡黄色液体，沸点：136～138℃/0.67kPa，折光指数n_D^{20}：1.498 3，相对密度d_4^{20}：1.003 5，具有甜味的木香气，用于配制香精。收率50%，纯度≥95%（NH_2OH法）。

6.2.7 柏木烯制取柏木醛

柏木烯在130℃进行氯化作用，然后在2-硝基丙烷下氧化，得α-氯甲基衍生物，在加热状态下生成柏木醛，产品有木香香气。反应式为：

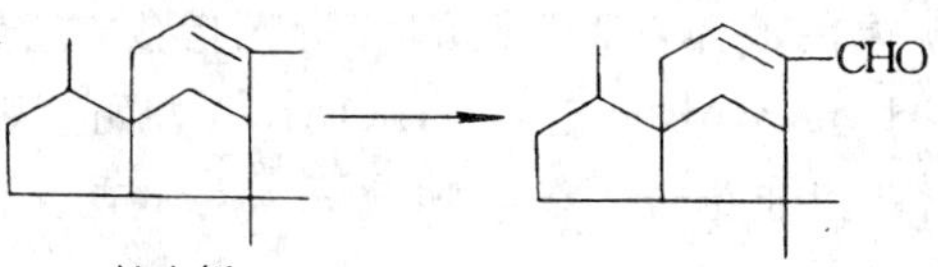

CHO

柏木烯　　　　柏木醛

6.2.8 柏木脑醚类

除上述的甲基柏木醚外，柏木脑醚类化合物，还有乙基、丙基、烯丙基、丁基和甲基烯丙基醚等。其结构式为：

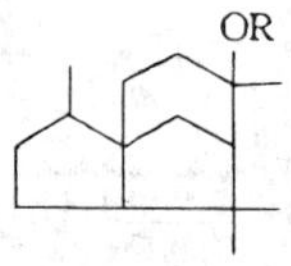

OR

柏木脑醚

制备方法：是用柏木脑碱金属衍生物与卤代羟或卤代烯羟，或者与硫酸二乙酯进行反应而得。其中柏木脑丙基醚具有琥珀-木香气。

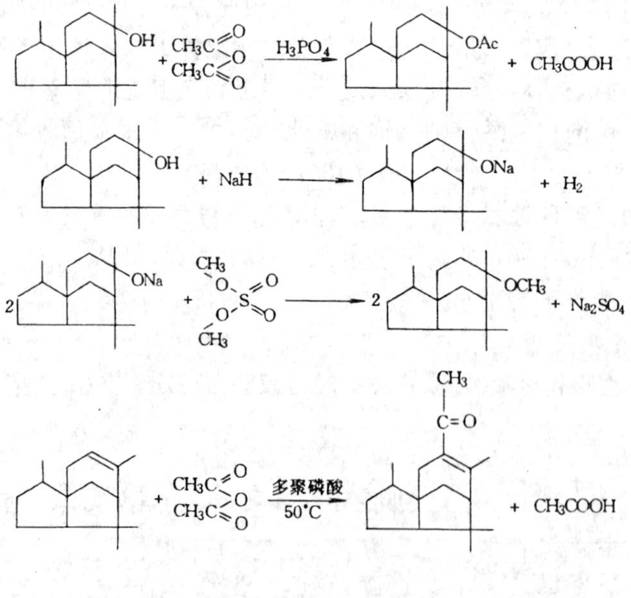

OH + $CH_3C(=O)OC(=O)CH_3$ $\xrightarrow{H_3PO_4}$ OAc + CH_3COOH

OH + NaH ⟶ ONa + H_2

2 ONa + $CH_3OSO_2OCH_3$ ⟶ 2 OCH_3 + Na_2SO_4

CH_3 | C=O

+ $CH_3C(=O)OC(=O)CH_3$ $\xrightarrow[50^{\circ}C]{多聚磷酸}$ + CH_3COOH

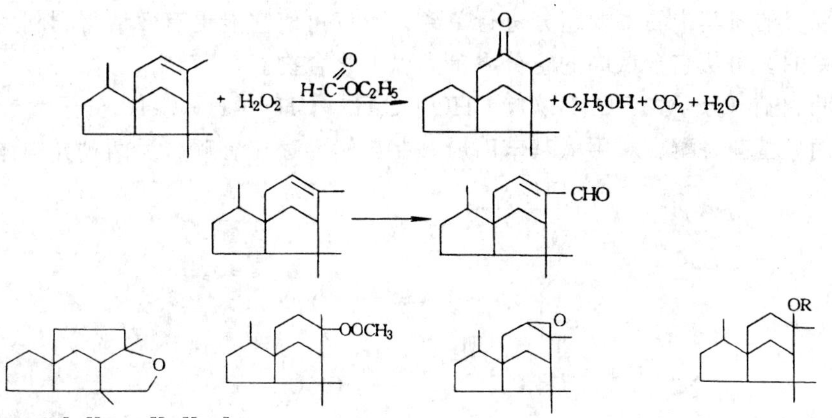

$+ H_2O_2 \xrightarrow{H\text{-}\overset{O}{\overset{\|}{C}}\text{-}OC_2H_5} + C_2H_5OH + CO_2 + H_2O$

CHO

OOCH3

O

OR

6.3 八角茴香油[37][70～79][97][104]

6.3.1 茴油的来源

茴油又称大茴香油。八角茴香油或大料油，存在于我国南方常绿乔本八角树 *Illicium verum* Hooker f 的果实。叶片和幼嫩枝条中，对新鲜原料的试验表明，果实的出油率最高，叶片其次，枝条较低。因果实售价较高，用果实作原料蒸茴油没实际意义。因此，大量的茴油是从叶片和嫩枝中制得的。我国为茴油的主要出产国，世界茴油产量的 80%以上集中在我国。广西为茴油的主要产地，全国茴油产量的 90%以上则集中在广西，其他省为广东、福建和云南也有少量生产。广西的八角林基地多分布在广西南部和西北各县，如德保、靖西、那坡、百色、龙州、宁明、防城、藤县等。

6.3.2 茴油的制法

茴油属挥发油，为易流动的油状液体。具香味和挥发性。可随水蒸气蒸馏而与水不相混溶，借助油水比重的不同使两者彼此分开。目前广西茴油生产都采用蒸馏法。但由于设备不同，加工方式又可分成土法蒸馏和改进法蒸馏两种，土法生产茴油的出油率为鲜枝叶的 0.7%～0.8%，设备改进后的出油率可达到 1.0%，八角干果实的出油率可达 8%～9%。

茴油的生产季节多在秋冬两季，因这时蒸油出油率较高，以往生产的茴油主要是叶油。

6.3.3 茴油的特性及其质量指标

茴油为无色或淡黄色并具有强折光的液体，具有浓馥的八角特有的香气并带有天然适口的甜味。由于其中含有大量茴脑，在稍冷（温度低于 15℃）时即凝成固体。它的质量指标[70]如下：相对密度 d_{25}^{25}0.984～0.988，折光指数 n_D^{20}1.558 0～1.561 0，旋光度 $[\alpha]_D^{20}$ －0.5～＋0.7，可溶性，20℃时 1 容积的茴油可溶于 1 容积 90%的乙醇中。合格茴油的凝固点为 15～18℃，我国商业部门按照茴油凝固点的不同把它分成 5 个等级[71]，见表 50-11。

表 50-11 茴油以凝固点分级表

凝固点（℃）	等级	茴脑含量（%）	备 注
18	最优级	90	极为少见
17	优 级	85～90	
16	甲 级		
15	合格级	＞80	
＜15	劣 级	＜80	

6.3.4 茴油的主要化学成分及其单离

茴油为多组分的混合物，据报道[37]，广西八角果油含有 22 种化学成分，八角叶油含有 26 种化学成分。八角茴香油的主要成分为反式大茴香脑，含量为 80%～90%，其次为龙蒿脑、茴香醛、对丙烯基苯酚异戊烯醚、柠檬烯、芳樟醇、α-萜品醇、茴香酮、茴香酸、α-蒎烯等。根据不同的需要目的将其中的主要组分进行单离，不仅可使它能更有效地得到利用，同时还可达到增值的目的，可从它含量高的组分中单离以下化合物。

(1) 大茴香脑（分子式：$C_{10}H_{12}O$，$CHO\cdot C_6H_4\cdot CH{=}CH\cdot CH$，分子量148·20）：又名茴脑、对丙烯基茴香醚、对甲氧基苯丙烯，在自然界存在有顺、反两种异构体，

顺式　　　　反式

茴油中主要含反式茴脑，占75%～90%，顺式茴脑的含量极微，它和反式茴脑的比例约为1：2 000[72]并具有毒性，由于它在茴油中含量很少，加之它的沸点和反式茴脑相差很大，故将茴油用作食品香料之前可通过分馏将其除去。两种茴脑的异构体及其特性如下：

顺式茴脑为液体，相对密度d_4^{20}0.987 8，沸点79～79.5℃。

反式大茴香脑为无色结晶，熔点21.5℃，沸点232～234℃，沸点（14 mm）113.5℃，相对密度d_4^{20}0.988 3，折光指数n_D^{20}1.561 5；分离方式可采用减压分馏，冷冻分离和共沸蒸馏。

茴脑易溶于有机溶剂，几乎不溶于水。

(2) 龙蒿脑[73]（分子式：$C_{10}H_{12}O$，$CH_3O\cdot C_6H_4\cdot CH_2{-}CH{=}CH_2$，分子量148.20）：又名甲基黑椒酚。为无色并具微弱茴香气味的液体，沸点213～215℃，沸点97℃（1.6kPa）沸点（7 mm）86℃，相对密度d_{15}^{15}0.971 4～0.972 0；折光指数n_D^{22}1.513 72，易溶于乙醇和氯仿，分离方法可采用减压蒸馏得到纯度较高的龙蒿脑。

(3) 大茴香醛（分子式：$C_3H_3O_2$，$CH_3O{-}C_8H_4\cdot CHO$，分子量136.14）：又名对甲氧基苯甲醛或奥比品，常和茴脑伴随在一起而存在于许多精油中，带有含羞草和山楂的气味，为无色或淡黄色液体，沸点248℃，沸点（14 mm）132℃，沸点（5 mm）107℃，相对密度d_d^{25}1.119 2；折光指数n_D^{26}1.570 3，可溶于7～8倍容积的50%的乙醇中和大约500份的水中，可借助于减压分馏或亚硫酸氢钠加成分离。

(4) 柠檬烯（分子式：$C_{19}H_{16}$，CH_3—(环)—$C(CH_3){=}CH_2$ 分子量136.24）：又名苧或萜二烯-[1，8]有3种光学异构体，即D-型，L-型和DL-型。柠檬烯广布于自然界的许多精油中，它是具有柠檬气味的油状液体，在空气中能很快氧化，不易得到纯净的柠檬烯。因此，其常数多少总有些变动。据文献报导[74]，八角茴香油中所含的柠檬烯为L-柠檬烯，其特性如下：沸点175.5～176.5℃，相对密度d_4^{20}0.842 2；折光指数n_D^{20}1.474，旋光$[\alpha]_6^{19.5}$−101°3′易溶于乙醇和乙醚。

(5) 芳樟醇（分子式：$C_{18}H_{18}O$，$(CH_3)_2C{=}CHCH_2CH_2(CH_3)C(OH)CH{=}CH_2$，分子量154.25）：又名里哪醇、沉香醇或芫荽醇，为无色液体，存在于许多天然精油中，具有铃兰的清香气味，回味带甜。作为叔醇它对酸特别敏感，它受酸的影响能很快发生变化，然而它对碱却比较稳定，它能够经受住加热到100℃的醇碱液而不发生本质的变化[75]；由于芳樟醇

来源的不同，其物理常数则有一定的波动，其各项指标为：沸点198℃，沸点（10mm）85～87℃，相对密度d_4^{20}0.862 2～0.873 3，1-芳樟醇旋光$[\alpha]_D^{20}-20°7'$，芳樟醇可溶于10～15倍50%，4～5倍60%，2倍70%的乙醇中，据C. 库斯托娃给出的材料，大茴香油中所含的是L-芳樟醇[76]。

（6）大茴香酮（分子式：$C_{10}H_{12}O_2$，$CH_3O\cdot C_6H_4\cdot CH_2\cdot CO\cdot(CH_3)_2$）：沸点267～269℃，沸点（10 mm）136～137℃，相对密度d_{17}^{17}1.070 7；折光指数n_D^{20}1.5253，具有茴香气味，茴香酮可通过分馏茴油得到。

（7）茴香酸（分子式：$CH_3O\cdot C_6H_3COOH$，分子量152.14）：又名对甲氧基苯甲酸，无色晶体，熔点184℃，沸点275℃，溶于乙醇和乙醚，微溶于水。

6.3.5　茴油主要组分的半合成产品

茴油的某些组分单离后，由于更加符合使用的目的，因此，其经济价值与原油比有着明显的提高，但如果将某些单离产品通过化学加工，制备出更加适用的产品，它的价值将会成倍地增长，为此，用天然原料进行半合成是扩大新产品来源和多次增值的重要途径，现将茴油主要组分化学加工的重要途径简介如下：

（1）茴脑氧化制茴香醛：$CH_3O\cdot C_6H_4\cdot CH=CH—CH_3+2MnO_2+2H_2SO_4\longrightarrow CH_3O\cdot C_6H_4\cdot CHO+2MnSO_4+3H_2O$，用此法制醛原材料易得，产品香味纯正。

（2）茴香醛制大茴香腈[77]：两步合成，先使醛和羟氨作用生成醛肟，再将醛肟脱水生成腈：

$$CH_3O\cdot C_6H_4\cdot CHO+H_2NOH\longrightarrow CH_3O\cdot C_6H_4\cdot CH=NOH\xrightarrow{-H_2O}CH_3O\cdot C_6H_4\cdot CN$$

腈作为一类新的芳香化合物已引起香料界的广泛重视，特别是近10多年来得到了很大的发展，这是因为腈香料[78]具有许多优点，其基本特征是：香气一般来说类似相应的醛而比醛温和；对皮肤无刺激作用，而某些醛则不具备这一优点；它的抗氧化，耐酸碱和热敏性等方面都比相应醛稳定。为此，腈类香料是很有发展前途香料新品种。

（3）龙蒿脑异构化制茴脑：龙蒿脑和醇碱液共热，可异构成茴脑[104]：

$$\underset{\text{沸点215℃}}{CH_3O\cdot C_6H_4\cdot CH_2—CH=CH_2}\xrightarrow{KOH}\underset{\text{沸点233℃}}{CH_3O\cdot C_6H_4\cdot CH=CH—CH_3}$$

6.3.6　茴油的利用

八角茴油主要用于饮料工业，其次是用于食品加香和牙膏[79]。国外大量用它配制利口酒（如Pernod和Ouzo），用于汤类、蛋糕，面包中，也用于肉类及糖果中，此外，还用于改善药剂的味道及口腔保护剂等。

近数年来，广西林业科学研究所在八角茴油的加工和利用方面作了一些工作，研制出一些新产品。

（1）茴香甘露酒：1984年研制成功并通过了技术鉴定，为我国的酒类增添了一个具有独特八角茴香风味的新品种。该酒色泽淡黄清澈透明，茴香突出，醇正甘爽，尾味悠长，具有开胃和增进食欲的作用。

（2）食用香料——八角茴香精：系采用广西的特产八角茴油等植物原料精制而成，该产品系油状液体，色泽淡黄，芳香可口，香味全同于八角，在－15℃时仍保持液体状态。因此，即使冬季寒冷的北方，使用起来也非常方便。它可用于肉类、汤类、菜类和调拌饺子馅等，它是食用香精的一个新品种。

(3) 大茴香腈：1985年通过技术鉴定，此产品系白色针状结晶，熔点58～60℃，纯度达99%，据评香报告，本品具有浓郁细腻的山楂香气，可用于各种日化香精及烟草香精中。

6.3.7　茴油的深加工和应用前景

茴油深度加工和利用的关键在于茴脑的利用，因为它是茴油的主要成分，占茴油的85%以上。用茴脑作原料可制造一系列有价值的产品。

(1) 用茴脑制醇、醛、酮、酸、酯、腈等：

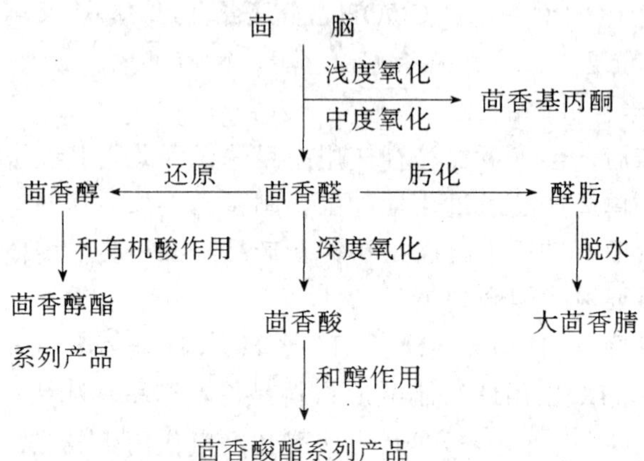

(2) 饮料、食品加香和调味品：用茴脑可以制一系列的茴香味饮料和加香食品，国外的茴香味饮料和食品有：酒精饮料、非酒精饮料、调味料、肉类产品、冰淇淋、糖果、焙烤食品和口香糖等。这是一个广阔的利用领域。茴香味饮料和食品不仅在欧洲具有很大的市场，预测在我国北方也将会有很大的市场潜力，我国茴香甘露酒和八角茴香精的出现，为茴油在这个领域的进一步应用打下了基础。

(3) 口腔保护剂的加工制造：口腔保护剂的加工制造是茴脑利用的一个重要方面，因茴脑有消炎止痛作用，误食无害，故适用于作口腔保护剂的配制。

(4) 单离和利用茴油中的次要组分。

6.4　中国肉桂油[80～85,99]

6.4.1　中国肉桂油的来源

中国肉桂油也称桂油冠以“中国”二字主要是为了和锡兰肉桂油相区别，此油存在于常绿乔木肉桂 *Cinnamomum cassia* Presl Bl.（也称玉桂、筒桂）的叶片、幼枝和树皮中，因肉桂皮是传统的中药材且价格较高，实际上很少有用树皮蒸油的，而都是用叶和小枝条蒸制桂油，我国桂油占世界总产量的80%(1)，产区在我国南方，主要分布在广西和广东。福建和云南也有栽培，广西的肉桂产地主要有平南、桂平、防城、岑溪、藤县等。

6.4.2　肉桂油的制法

肉桂油属挥发油，可采用水蒸气蒸馏法提取。由于肉桂油的比重大于1，馏出液油水分离后油沉于水的底部，肉桂油蒸馏有一定的难度，因为在蒸馏过程中油水较难分离，产生乳白色的液体，为此，破乳技术的应用是提高肉桂出油率的关键步骤，此外，蒸油季节的选择，叶子的存放都是提高出油率的重要环节。蒸馏器最好采用镀锡材料或不锈钢制作，以免桂油变色变质。桂油的包装最好采用镀锡容器，但也有用容量为25kg铝桶包装的，忌用铁桶。

6.4.3　肉桂油的特性及其质量指标

肉桂油是一种红褐色流动液体，它具肉桂醛特有的香味和辛辣味，肉桂油长时间放置会逐渐氧化变成深褐色的粘稠液体；因考虑到对外贸易，现将国际标准 ISO 3216—1974（E）介绍如下[81]：

肉桂油：用水蒸气蒸馏法从肉桂 *Cinnamomum cassia*（Nees）的叶子、叶梗和细枝所取得的精油。其规格要求：

（1）外观：流动液体。

（2）色泽：红棕色。

（3）香气：类似肉桂醛的香气。

（4）味觉：辛香和辣味。

（5）相对密度 20/20℃，最低：1.052，最高：1.070。

（6）折光指数，20℃，最低：1.600 0；最高：1.614 0。

（7）在 70%（V/V）乙醇中的溶解度，在 20℃时 1 容积精油溶解在 3 容积的（V/V）乙醇中，应呈澄清溶液。

（8）酸值：最高 15.0。

（9）羰基化合物含量，用肉桂醛表达最低 80%。

6.4.4　肉桂油的主要组分[80]及其单离[8]

肉桂油是多组分的混合物，由于原料不同，所得产品含有的化学成分存在着一定的差异，根据不同原料将肉桂油分为桂皮油和桂叶油两类，它们所含的各种组分如下：

肉桂皮精油：树皮含精油 1.1%～2.6%，其主要组分为肉桂醛（98.2%）其次为 α-水芹烯、1，8-桉叶油素、对-伞花烃、樟脑、芳樟醇、β-石竹烯、α-依兰烯、α-葎草烯、α-松油醇、香叶醇、黄樟油素、桂酸甲酯、桂酸乙酯、丁香酚、肉桂醇等。

肉桂叶精油：鲜叶含油 0.2%～0.4%，其主要组分为肉桂醛（70%～93%），其次为 1.8-桉叶油素、樟脑、β-石竹烯、香叶醇、丁香酚等。

由于肉桂油的主要组分肉桂醛含量高，在香料工业中常用肉桂叶油单离肉桂醛，再由它作原料合成一系列香料，如肉桂酸及其酯、肉桂醇及其酯和溴化苏合香烯等，肉桂醛的物化性质[82]如下：肉桂醛（Cinnamaldehyde，3-Phenyl-2-Propenal，C_9H_8O，M132.16）为中国肉桂油的主要成分，约占 90%，自然界中发现的主要是反式-肉桂醛。反式-肉桂醛是一种具有肉桂独特甜辛香味的黄色液体，沸点$_{1013\ mbar}$253℃，相对密度 d_4^{20}1.049 7，折光指数 n_D^{20}1.619 5；同 α-、β-醛的多种可能反应，氢化成肉桂醇、二氢肉桂醛和二氢肉桂醇等是最重要的。通过自动氧化则生成肉桂酸。

6.4.5　肉桂醛的半合成产品

（1）Ponndorf 还原制肉桂醇[9]：

$$C_6H_5CH=CHCHO \xrightarrow{\text{异丙醇铝}} C_6H_5CH=CHCH_2OH$$

用作定香剂、修饰剂。主要用作廉价的加香商品和皂用香精，此外，也用作杏子、李子、坚果复盆子、草莓等香精。

（2）肉桂醛催化氢化制苯丙醛[83]：

$C_6H_5CH=CHCHO \xrightarrow{[H_2]} C_6H_5CH_2CH_2CHO$

苯丙醛对碱稳定，可用于香皂香料和化妆品方面。

(3) 肉桂醛催化还原制氢化肉桂醇：

$C_6H_5CH=CHCHO \xrightarrow{[H_2]} C_6H_5CH_2CH_2CH_2OH$

用于紫丁香、风信子型香精。

(4) 肉桂醛制肉桂酰腈[84]：

$C_6H_5CH=CHCHO+H_2NOH \longrightarrow C_6H_5CH=CH—CH=NOH \xrightarrow{-H_2O} C_6H_5CH=CH—CN$

具肉桂香气和辛香的花香气对碱稳定，被用于香皂和除垢剂中。

6.4.6 肉桂油的利用

肉桂油主要用于食品、化妆品和药物。在调配食品方面[85]主要用作餐后甜点心的香料，焙制甜味食品，水果罐头、利口密酒、可乐饮料、糖果、冰淇淋和渍水果等。肉桂油是食品加香用的重要香料之一。单离的肉桂醛用于皂用、洗剂用香精，主要调配玫瑰、风信子、木香及东方香型等香精；由于它具有很好的消毒能力和镇痛作用，它适用于口腔保护剂。

6.5 柑橘油[86~96,98]

6.5.1 来源及主要成分

我国柑橘栽培历史悠久，品种繁多。1985年全国柑橘产量180万t，1986年上升至220万t，1990年超过400万t。随着我国农村经济的发展，全国柑橘产量有激增趋势，有关专家预测，到2 000年全国柑橘总产量将达到1 000万～1 500万t。世界柑橘油产量1984年为1.56万t。其中巴西8 415t，美国3 185t，意大利942t，我国目前柑橘油产量不到450t，只利用柑橘鲜皮总量的$\frac{1}{25}$～$\frac{1}{30}$，资源潜力很大。

柑橘油的主要成分是苧烯，因品种不同苧烯在柑橘油中的含量65%～95%，苧烯是一种重要的单环萜，苧烯可以制备苧烯树脂、驱蚊剂外，还可以合成系列的单体香料。

柑橘油中还含有醇、醛、酮、酯这类含氧化物，虽然在柑橘油中仅占1%～5%，但具有强烈而浓郁的香气和香味，是浓缩橘油的主要成分，柑橘油经过脱萜后的浓缩油、香气和香味质量更为纯正，是配制香精的重要原料。10倍、25倍的脱萜柑橘油，目前国内尚需大量进口才能满足香料工业需要。柑橘油系列产品开发如下：

柑橘油系列产品
- 脱萜浓缩油（含醛、酮、酯、醇等含氧化物5%～10%）
- 苧烯
  - 橙花酮、香芹酮、苧烯树脂、对蓋烯二醇、胡椒酮、紫苏醇、
  - 紫苏醛—紫苏糖、对蓋氨基醇、蓋烷过氧化氢、对伞花烃、香柠檬酯

6.5.2 脱萜浓缩柑橘油

浓缩甜橙皮油，红橘皮油，柠檬皮油，酸橙皮油，提高柑橘油中醇、醛、酮、酯、酚这类含氧化合物的含量，增加有效香气和香味。浓缩精油的目的主要是脱去萜类，无论是单萜和倍半萜因具有不饱和特性，在空气和光的影响下，容易氧化和树脂化产生不愉快的气味，损坏了柑橘油的纯正香气和香味。同时精油还存在类胡罗卜素而带色，使产品色泽变深因此必须对精油浓缩进行脱萜和脱色处理。

国内多采用稀乙醇法脱萜，柑橘油中单萜沸点较低（150～180℃/101.33kPa），倍半萜沸点又高于含氧化合物。单萜只微溶于稀乙醇中，倍半萜和烷烃几乎不溶于稀乙醇，而含氧化

合物在稀乙醇中却有较高溶解度，浓缩除萜方法利用上述特点进行。稀乙醇脱萜方法：把 1 份柑橘油（重量计）加入 2.8～3.5 份 60%～75%浓度的稀乙醇，在常温下充分搅拌溶解柑橘中的含氧化合物，待静置分层，取出酒精层，在高真空（666.6Pa）下，蒸馏出稀酒精，剩下的脱萜浓缩油如色泽太深，可以用柠檬酸或酒石酸等脱色剂处理柑橘油中带色的重金属离子，脱色剂与重金属离子形成络合物而沉淀。分离后将油用清水洗至中性并脱去水分即得浅色精油。如精油中含有植物色素，可以采用少量活性炭吸附脱去部分色素。

国外使用高真空蒸馏法，如 Aluwa 公司使用旋转薄膜蒸发器。在真空度 666.6～1333.2Pa，温度 57～62℃下浓缩柑橘油、使 Valencia 甜橙油的含氧化物浓度由原油的 1%，提高到 10 倍浓缩油的 5.84%和 25 倍浓缩油的 9.94%（见表 50-12）。法国通耐尔公司，利用高效降膜精馏塔，浓缩柑橘油，同样可达到脱萜的目的。

表 50-12　冷榨甜橙油浓缩前后含氧化合物的浓度变化（%）

化合物	油类浓度			化合物	油类浓度		
	冷榨甜橙油	10 倍浓缩油	25 倍浓缩油		冷榨甜橙油	10 倍浓缩油	25 倍浓缩油
α-蒎烯	0.43	0.23	0.17	紫苏醛	0.01	0.06	0.08
桧　烯	0.24	0.14	0.11	乙酸辛酯	0.01	0.06	0.07
月桂烯/辛醛	1.86	1.05	0.77	十一醛	0.02	0.16	0.29
水芹烯	0.05	0.03	/	十二醛	0.07	0.92	1.94
苧　烯	95.17	79.91	57.09	β-石竹烯	0.02	0.22	0.47
L-辛醇	0.03	0.03	0.03	玷玾烯	0.02	0.31	0.65
壬　醇	0.03	0.03	0.03	金合欢烯	0.02	0.14	0.30
芳樟醇	0.25	0.52	0.57	巴伦西桔烯	0.05	0.72	1.65
香茅醛	0.05	0.14	0.16	β-甜橙醛	0.03	0.55	1.20
α-萜品醇	0.03	0.17	0.26	α-甜橙醛	0.02	0.37	0.86
癸　醛	0.28	1.48	2.15	诺卡酮	0.01	0.26	0.59
橙花醛	0.07	0.41	0.65	含氧化合物总量	1.0	5.84	9.94
香叶醛	0.1	0.68	1.13				

浓缩柑橘油一般采用倍数表示，n 倍浓缩油的产量为原油数量的 $\frac{1}{n}$，但浓缩倍数增加，浓缩油含氧化合物并不等倍数增加。这是因为各种醇、酯、酮、醛等含氧化合物挥发度不一样，易挥发组分容易随单萜馏份一起蒸出或挥发损失。为保护含氧化合物不致挥发损失，和避免蒸馏苧烯时产生过氧化物引起爆炸危险，美国有专利[86]提出在浓缩前的原油中加入石蜡油高沸点惰性物质，以提高含氧化合物含量。如在 500ml 粗油中加入 50ml 石蜡油，可以使浓缩油中醛，酮、酯、醇含量从原来的 6.6%提高到 9.6%。

6.5.3　苧烯制取橙花酮（Nerone）

其反应式如下：

$$\xrightarrow{H_2} \quad + \ (CH_3CH_2O)_2O \xrightarrow{ZnCl_2} \quad -COCH_2CH_3 + CH_3CH_2COOH$$

制备方法：将纯度90%以上的苧烯1.82kg，投入5L高压反应釜中，加雷尼镍催化剂25～30g（湿重），关闭压力釜通入少量氮气或氢气将釜内空气排出，重复上述操作，务求排尽空气，加热至80℃左右，保持压力2.0MPa加入氢气，并控制加入量，使环外一个双键被氢化即行停止。取出反应物，滤去催化剂，蒸馏得对蓋烯-1。

将丙酸酐88g和经烘干脱水的氯化锌34g混合于反应器中，在搅拌下，升温至35℃滴加100g蓋烯-1（含蓋烯85%以上），在30min内加完，加完后，继续在35℃左右搅拌3h，此时氯化锌应全部溶解在反应液中。然后加入100ml水，搅拌30min，以分解未反应的丙酸酐，分离水层和油层。油层依次用水及10%氢氧化钠溶液，洗涤至中性。

为了除去反应中生成的酯类物质，再将油液放入反应器中，加入20%氢氧化钠溶液100～150ml，加热回流1～2h。分去水层，油层用水洗至中性，并用无水硫酸钠干燥。经分馏收集如下范围为产品：91～94℃/399.96Pa，或102～105℃/666.6Pa。

橙花酮物理性质及质量指标：无色至微黄色液体，具有强的橙叶香气，相对密度d_D^{20}：+3.5°～+10.5°，D_{30}^{30}：0.910～0.918，折光指数n_D^{20}：1.470 5～1.473 5，含酮量＞85%（羟氨法），含酯量：＜5%，1份橙花酮溶于1份95%乙醇。

由于环己烯的立体异构，而使丙酰基与异丙基在空间的位置不同而存在顺式、反式异构体。两者香气以顺式异构体为佳。

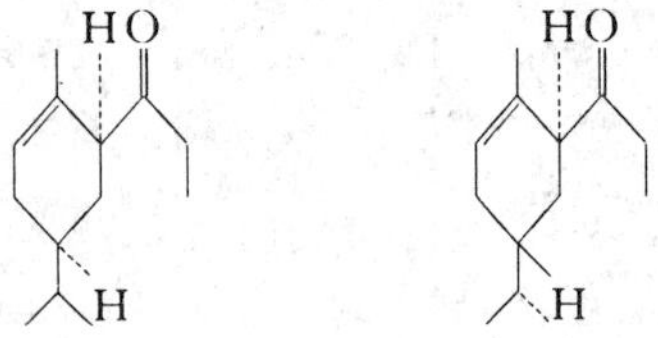

顺式　　反式

橙花酮具有明显的、温和的天然香气，能使人感到新鲜马铃薯枝叶的气息。橙花酮加入1%浓度在花香型、柑橘型香精中，能取得良好植物样的香气，这种香气有些类似天然花精油中存在的气息。少量加入紫罗兰、风信子、玫瑰、茉莉或铃蓝型香精中能增加其香气强度和天然气息。还可增强海狸香，橡苔和树苔气息。因有鲜清柔和似橙叶油香气，常用于现代柑橘古龙等东方型香基，用途颇广。

6.5.4　苧烯制取香芹酮

香芹酮是天然精油中常见的重要成分，d-香芹酮存在于黄蒿子油和莳萝油中，含量50%～60%；L-香芹酮存在于留蓝香油中，含量约70%；dl-香芹酮存在于姜草油。香芹酮已广泛用于食品香精中，特别是牙膏、硬糖、口香糖和各种饮料中。国外在20世纪50年代开始利用柑橘油中的d-苧烯，通过化学合成方法生产旋光转向的L-香芹酮，以dL-苧烯则生产dL-香芹酮。美国、日本、英国、瑞士、德国、前苏联和印度等国均生产这一产品，世界合成香芹酮产量为1 000t/年。

近年来我国橘子油产量逐年增加，脱萜柑橘油剩下大量苧烯，除部分用作溶剂外，目前大量积压，利用苧烯制取香芹酮是较理想的原料。从苧烯合成香芹酮工艺路线：第一步，苧烯经过亚硝基氯化反应生产苧烯亚硝基氯化物；第二步，脱氯化氢反应生成香芹酮肟；第三步，水解反应得到香芹酮。

NOCl → −HCl → H^+

d-苧烯 苧烯亚硝基氯化物 香芹酮肟 L-香芹酮

[制法之一][87]在 3 000ml 三口瓶中，装配有搅拌器、温度计、NOCl 导入管。先装入 d-苧烯 136g 及 200ml 无水异丙醇，然而鼓入 NOCl 进行苧烯亚硝基氯化反应，鼓入速度以控制反应温度在 0℃以下为准。通完 80gNOCl（约需 45min）后，继续在 0℃下反应 1h。为了脱去苧烯亚硝基氯化物的 HCl，以生成香芹酮肟，再加入 200ml 无水异丙醇，将混合物缓缓加热至回流，此时脱 HCl 反应，要小心，防止暴沸冲料，当回流开始，立即加入 300ml 丙酮，并在 30min 内加完。再加 500ml 含 57g 的磷酸水溶液，控制在 30min 加完，然后再继续沸腾回流 3h，在弱酸存在条件下进行水解香芹酮肟生成香芹酮。然后，在减压真空蒸馏除去水和溶剂，直至反应混合物出现云雾状浑浊物或深色油层分离物为止。将釜温降至 40℃后，从混合物中分出油层，同时将水层用苯提取 4 次（每次 200ml），合并提取液，用 $NaHCO_3$ 水溶液中和，并水洗至中性。分离水层蒸出苯和溶剂后，在 533.28Pa 条件下蒸馏出 97～100ml 油状物，含L-香芹酮 91%～95%，产品得率为苧烯的 65%～70%，三步平均得率为理论值的 85%。

本方法产品得率高，三步反应可在同一反应器中进行，操作方便。但亚硝基氯气体工业生产需要特殊装置，亚硝基氯气体腐蚀性很强也要求设备具有耐腐性能。

[制法之二][88]dL-苧烯合成 dL-香芹酮。第一步，亚硝基氯化反应，采用亚硝酸钠-盐酸法；第二步，脱氯化氢反应，采用丙酮-吡啶法或异丙醇-尿素法；第三步，水解反应，采用草酸法。

(1) dL-苧烯亚硝基氯化物的制备：将 40.8g 含量为 95%的 dL 苧烯和 40ml 异丙醇加入装有温度计和搅拌器的 500ml 三颈烧瓶中，进行搅拌，于冰盐浴中冷却至－5℃以下，将盐酸-异丙醇溶液（100ml 浓盐酸与 80ml 异丙醇）和亚硝酸钠溶液（20.7g 亚硝酸钠溶于 30ml 水）同时分别滴加，控制反应温度在－5℃以下。滴加完毕，继续搅拌 15min。滤去反应液滤饼用异丙醇和水依次洗涤，烘干，即得白色固体产物 35.0g，产率 61.4%，熔点 88～87℃用乙醚重结晶得白色粉末，熔点 98～101℃。

(2) dL-香芹酮肟的制备：粗制 dL-苧烯亚硝基氯化物 8g 加入 32ml 无水丙酮中，再加 6ml 无水吡啶，回流 45min。冷却后在搅拌下倒入过量的冰水中，放置澄清，抽滤，滤饼用水洗涤数次，烘干得浅黄色固体物 5.5g，产率 83%，熔点 85～88℃；异丙醇-水重结晶得白色粉末；熔点 90～91℃。

(3) dL-香芹酮的制备：将 2g 粗制 dL-香芹酮肟放入 25ml5%草酸溶液，回流 2h 后，用水蒸气蒸馏，馏出液用乙醚萃取，萃取液用无水硫酸钠干燥，蒸去乙醚，减压收集 79～81℃/266.6Pa 馏份，得 0.8g，含香芹酮 97%，产率 44%。

香芹酮主要物理化学特性见表 50-13。

表 50-13 香芹酮的物理化学特性

	L-香芹酮	d-香芹酮	dL-香芹酮
外 观	无色或浅黄色液体	无色或浅黄色液体	无色或浅黄色液体
成 分	含酮量>97%	含酮量>95%	含酮量>95%
沸 点	230℃/100.66kPa	230～231℃/101.725kPa	230℃
相对密度 D_4^{15}	0.956～0.960	0.956～0.960	0.964 5
指光指数 n_D^{20}	1.495 0～1.499 0	1.496 0～1.499 0	1.499 5
旋光度 $[\alpha]_D$	−57°～−63°	+50～+60	±59.8°
溶解度	以1∶2溶于70%乙醇	以1∶5溶于60%乙醇	以1∶17溶于50%乙醇中
分子量	150.21	150.21	150.21
感官特性	留蓝香气味	贳蒿样香味	葛缕子油及莳罗油香气

6.5.5 苧烯制取香柠檬酯[89,103]

香柠檬酯，分子式 $C_{13}H_{20}O_2$，分子量 208.29，无色液体，具有花香香气，玫瑰-柑橘凉爽香气。

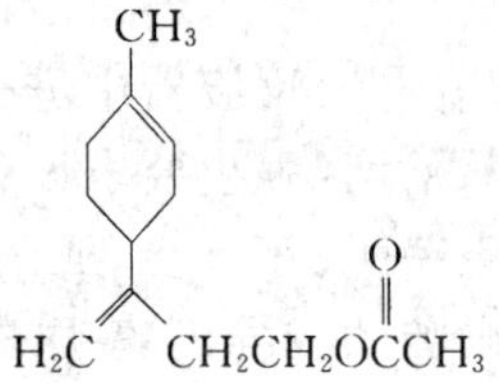

CH₃ … H_2C $CH_2CH_2OCCH_3$ (O)

工业产品含酯量约为85%，折光指数 n_D^{20}1.480～1.482。在生产条件下，香柠檬酯由苧烯与甲醛在醋酸存在下经缩合反应而得。然后经中和、洗涤，并将反应物进行水蒸馏，蒸出未反应的苧烯。分出水后将粗制香柠檬酯进行真空蒸馏，即得产品。香柠檬酯用于配制香水香精和皂用香精。

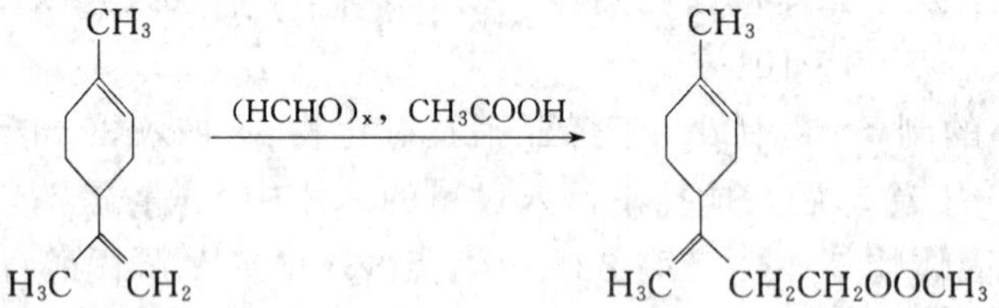

$$CH_3 \ldots H_3C\ \ CH_2 \xrightarrow{(HCHO)_x,\ CH_3COOH} CH_3 \ldots H_3C\ \ CH_2CH_2OOCH_3$$

6.5.6 苧烯制取紫苏醛和胡椒酮[90,91]

二氧化硒氧化苧烯生产不饱和酮、醛，其中包括紫苏醛、胡椒酮等。紫苏醛肟化得紫苏糖，甜度为蔗糖的2 000倍，是低热量的甜味剂和防腐剂。广泛用于饮料、牙膏、烟草、医药及调味品中。胡椒酮具有樟脑样气味和辛辣的薄荷味，用于软饮料、冰冻食品、糖果和烘烤食品中。

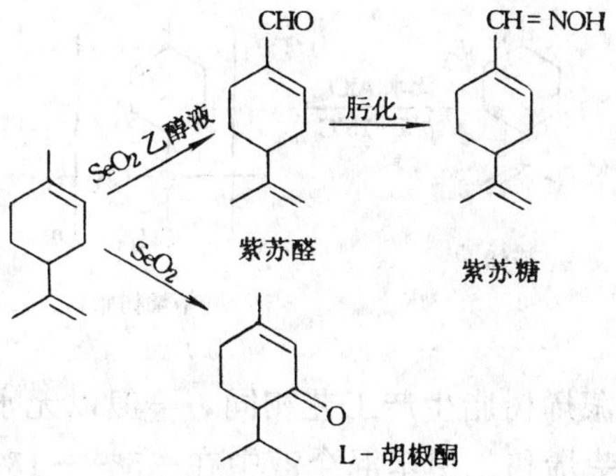

CHO

SeO2 乙醇液

肟化

CH=NOH

紫苏醛

紫苏糖

SeO2

O

L-胡椒酮

6.5.7　苧烯制取对-蓋烯二醇-1.2[92,93]

对-蓋烯二醇-1，2 是一种白色片状结晶，有愉快的柠檬香气。对蚊、蠓有良好的驱避效果，毒性小，对动物内脏器官无损害，对人体皮肤无不良作用。用于配制驱蚊香精，野外工作使用驱蚊效果达 4～5h。目前国内生产对-蓋烯二醇-1，2 合成路线为钨酸催化法。配料比：双戊烯：丙酮：双氧水：钨酸＝1：2.57：0.57：0.002 3。

制备方法：300L 搪瓷反应锅中，加入双戊烯 70kg，丙酮 180kg。在 80～100r/min 下进行搅拌。开夹套蒸汽加热至 40℃，滴加双氧水 40kg，5～6h 加完，反应温度控制在 45℃。加完双氧水后，控制反应温度 45～48℃，并在夹套开冷水控制温度。反应 14h 后，温度不上升，即无活性，反应结束。主要反应式如下：

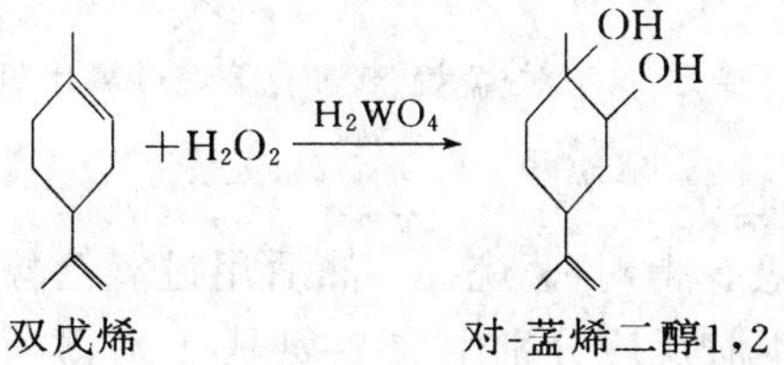

$$+H_2O_2 \xrightarrow{H_2WO_4}$$

OH　OH

双戊烯　　对-蓋烯二醇1，2

上法所得的蓋烯二醇粗制品加碱液（45°Be′）调节 pH 值 6～7 进行皂化，然后在 70～80℃的丙酮溶剂，加水 3～5 倍进行冷冻结晶，冷至 0～4℃待其充分结晶后，经离心干燥，得成品对-蓋烯二醇 1，2 晶体。所得晶体为 3 分子结晶水的对-蓋烯二醇 1，2，其熔点 50℃以上，比旋光度 $[\alpha]_D^{20}-29°$以上，对-蓋烯二醇 1，2 含量 97％。

不含结晶水的对-蓋烯二醇 1，2，其熔点较高 70～73℃，比旋光度 $[\alpha]_D^{20}-43°$。

除钨酸法生产对-蓋烯二醇 1，2 外，还有过氧乙酸法，因具有腐蚀性，易爆性，工业生产困难较大。

6.5.8　苧烯制取苧烯树脂

苧烯树脂制备方法与双戊烯树脂制备相同，苧烯树脂聚合度 $n=8$，比 α 蒎烯的聚合度（$n=5～6$）高。粘接性能强，1980 年，美国消耗萜烯树脂 18 200～22 750t，其中利用柑橘油中的苧烯占 35％，约 7 000t。用苧烯生产萜烯树脂软化点高达 135℃，色泽浅2～3 号（铁钴法）、得率达 95％以上。随着我国柑橘产品的增加，柑橘油价格下降，发展苧烯树脂的资源潜力很大。由苧烯制取苧烯树脂反应式如下：

无水 $AlCl_3$ / $-5\sim15^\circ C$

苧烯　苧烯树脂

苧烯树脂生产工艺与α-蒎烯树脂生产工艺相同，一般以无水三氯化铝为催化剂，加入适量的三氯化锑为助催化剂于苧烯和二甲苯混合液中在－5～－15℃温度下搅拌5～6h，然后经水洗、蒸馏而得苧烯树脂。所得苧烯树脂色浅（加特纳色价≤2），软化点125～130℃，得率95%以上。用柑橘油中的苧烯生产萜烯树脂色泽最浅，软化点高，得率高，是理想的萜烯树脂原料。

6.5.9 苧烯制取蓋烷过氧化氢

苧烯在雷尼镍催化剂作用下，加氢得对-蓋烷，再氧化得对-蓋烷过氧化氢。对-蓋烷是微带薄荷气味的液体，纯度≥97%，折光指数 n_D^{20} 1.437，相对密度 D_4^{20} 0.792 9，沸点167～170℃/101.33kPa，可作溶剂和加热介质。对-蓋烷过氧化氢是优良的引发剂。

H_2　氧化　OOH

苧烯　对-蓋烷　对-蓋烷过氧化氢

6.5.10 苧烯制取对-蓋烯氨基醇[94~96]

苧烯的环外双键局部加氢，得对-蓋烷-1，然后用过氧乙酸氧化桥环双键得对-蓋烷-1，2环氧化物，最后再与氨或二甲胺反应分别生成2-氨基-1-对薄荷醇（Ⅰ），和2-二甲氨基-1-对薄荷醇（Ⅱ）以上两种产物，通过对烟草，水果和食品的杀菌试验，都具有良好的杀菌活性。

H_2　CH_3COO_2H　NH_3　OH NH_2　Ⅰ　$N(CH_3)_2$　OH $N(CH_3)_2$　Ⅱ

6.6 黄樟油[100~102,104]

6.6.1 来源及主要成分

黄樟油是指以含黄樟油素为主要成分的樟科植物用水蒸气蒸馏法提取的精油的统称。中国樟科植物中的猴樟、大叶油樟、卵叶樟及香桂等树中富含黄樟油素。

（1）猴樟：别名香樟、大胡椒树、香树。乔木，高达16m。主产贵州和云南东北及东南部，多生于石灰岩山地疏林中或阳坡灌木丛中。树干含精油1.2%～1.4%，主含黄樟油素的树种所得精油的主要化学组成为：黄樟油素84.00%，樟脑和甲基庚烯酮1.80%，其余为莰烯、α-蒎烯、柠檬烯、芳樟醇、α-松油醇、1，8-桉叶油素、丁香酚等。

(2) 黄樟：别名黄槁、山椒、油樟、大叶樟、香樟、冰片树、樟脑树。乔木，高达10～20m。主产广西、广东、福建、江西、湖南、贵州、云南等省（区）。生于海拔1 500m以下的常绿阔叶林或灌木丛中。黄樟中的大叶油樟枝叶含精油2%，其根油中含黄樟油素65%；大叶芳樟枝叶含精油1.1%～1.4%，根油含黄樟油素57%。

(3) 卵叶樟：别名卵叶桂、硬叶樟。乔木，高3～20m。主产广西、广东、台湾等地。生长于林中沿溪边，海拔1 700m以下。根含精油1.44%，其主要化学组成为：α-蒎烯0.66%，莰烯0.38%，β-水芹烯0.40%，β-蒎烯0.09%，间-伞花烃0.39%，1，8-桉叶油素0.40%，樟脑0.57%，龙脑0.22%，松油醇-40.25%，黄樟油素61.72%，甲基丁香酚28.61%，榄香脂素1.18%，α-甜没药烯0.23%，α-依蓝油烯0.81%等。根油是提取黄樟油素和丁香酚甲醚的理想原料。

(4) 香桂：别名细叶月桂、细叶香桂、月桂、香槁树、土肉桂。乔木，高达20m。产于云南、贵州、四川、湖北、广西、广东、安徽、浙江、江西、福建及台湾等省（区）。生于山坡或山谷常绿阔叶林中，海拔400～1 500m。叶含精油3%～3.5%，其主要化学组成为：α-蒎烯1.28%，莰烯0.17%，对-伞花烃1.40%，1，8-桉叶油素0.85%，芳樟醇14.35%，α-松油醇0.22%，黄樟油素69.70%，丁香酚4.29%，癸醛0.40%，壬醛0.16%，β-石竹烯0.11%，橙花叔醇0.75%等。为一种以叶为原料的黄樟油素新资源。

黄樟油素含量大于90%的黄樟油，相对密度1.082～1.094，折光指数n_D^{20} 1.533 0～1.537 0。

黄樟油主要用作单离黄樟油素它是合成洋茉莉醛和浓馥香兰素的起始原料，此外在洗衣皂、药皂、防腐剂、祛臭剂等卫生日用品中用作加香剂。

6.6.2 主要成分的分离

黄樟油的主要成分是黄樟油素，在粗制的黄樟油中一般含有85%～90%的黄樟油素。黄樟油素沸点233～235℃，冻点，+10～11℃。可将其冷冻析出，达到分离提纯的目的。黄樟油素冻点及其含量的关系见表50-14。

表50-14　黄樟油素冻点与含量关系

℃ \ % ℃	0.0	0.1	0.2	0.3	0.4	0.5	0.6	0.7	0.8	0.9
2					69.1	69.4	69.8	70.2	70.5	70.9
3	71.2	71.6	72.0	72.3	72.6	73.0	73.4	73.7	74.0	74.4
4	74.8	75.1	75.4	75.8	76.2	76.6	76.9	77.3	77.6	78.0
5	78.3	78.7	79.0	79.4	79.7	80.1	80.4	81.8	81.2	81.5
6	81.9	82.2	82.6	83.0	83.3	83.6	84.0	84.3	84.7	85.0
7	85.4	85.8	86.1	86.4	86.8	87.2	87.5	87.9	88.2	88.6
8	89.0	89.3	89.6	90.0	90.3	90.6	91.0	91.4	91.8	92.1
9	92.4	92.8	93.1	93.4	93.8	94.2	94.6	94.9	95.2	95.6
10	96.0	96.3	96.6	97.0	97.4	97.8	96.1	98.4	98.8	99.1
11	99.5	99.8								

6.6.3 黄樟油素制备洋茉莉醛

洋茉莉醛（3）也称葵花油精或胡椒醛，具洋茉莉花香。除供调配香精外，电镀工业用作光泽剂，也是合成生物碱的原料。工业合成应用较多的是首先用氢氧化钾-乙醇溶液将黄樟油素（1）异构成异黄樟油素（2）、（3）再在重铬酸钠硫酸溶液中氧化，产品经减压蒸馏得半结晶状洋茉莉醛(3)粗品，接着用95%乙醇重结晶。纯品熔点37℃，含醛99.5%，凝固点35.3℃，沸点135℃/1.3kPa。合成法如下：

（1）异构：将100份黄樟油素和5份5%氢氧化钾乙醇溶液加入异构化釜中，170℃下减压回流反应6h左右，直至反应液折光指数达1.578为止。冷却后洗至中性精馏即得异黄樟油素。反式异黄樟油素（3）的熔点为8.2℃，沸点85～86℃/0.4kPa，折光指数n_D^{20}1.578 18；顺式异黄樟油素（2）的熔点为21.5℃，沸点77～79℃/0.4kPa，折光指数n_D^{20}1.569 10。

$$\text{(1)}\ \xrightarrow[170^\circ C]{KOH-EtOH}\ \text{(2) 顺式} + \text{(3) 反式}$$

据资料报道，以氢氧化钾与氢氧化钠混合碱异构反应，异黄樟油素产率为93.3%。其实验为：在两颈烧瓶中加入60ml黄樟油素，3.5gKOH，1.5gNaOH，5g碎瓷片，于球形回流管中分散放入15gNaOH，回流装置稍倾斜，避免NaOH熔化后流入反应瓶，反应温度为220～230℃。每隔1h测定产物的折光率。反应完成后，回收回流管中的NaOH，将产物进行蒸馏，收集沸点为248℃的馏份，得到异黄樟油素56ml，产率为93.3%。反应速度很快，反应1h就基本上达到所需要求，3h几乎完全转化。碱的用量为原料的31%。

（2）氧化：投料重量比为异黄樟油素：重铬酸钠：水：对氨基苯磺酸：32%的硫酸＝1：1.58：8.4：0.027：6.6。

将异黄樟油素、重铬酸钠、水和对氨基苯磺酸加入氧化反应釜，在搅拌下逐渐滴加32%的硫酸溶液，滴加温度不得超过50℃，40min内滴完。然后在60℃下保温氧化50min。反应中加入少量的对氨基苯磺酸以避免醛基进一步氧化，可提高产品得率。

$$\text{异黄樟油素} + Na_2Cr_2O_7\cdot 2H_2O \xrightarrow[H_2SO_4]{H_2N-C_6H_4-SO_3H} \text{(3)} + Cr_2(SO_4)_3 + Na_2SO_4 + CH_3CHO + H_2O$$

（3）萃取洗涤：氧化结束，冷却至40℃左右，用苯萃取，水洗除去硫酸铬。并用碳酸钠中和油层中的酸，再用食盐水洗涤，使之成为中性。

（4）蒸馏：油层以水蒸气冲蒸回收苯，剩余的粗油凝固点要求达25～27℃。再进行减压蒸馏，蒸出洋茉莉醛。导气管要保持在35℃以上，以防洋茉莉醛凝固堵塞。蒸出的粗制品液体立即用少量的5%碳酸钠溶液洗涤除去酸性杂质。冷却后，粗制品为黄白色固体。产率为85%。

（5）重结晶：粗制品盛于浅盘中，在冷冻室结晶后，轧碎过滤，再用等量的95%乙醇重结晶，制得白色晶体，烘干即得成品。

以上方法的异构化需用大量的碱处理，环境污染严重。有人用五羰基铁和氢氧化钠异构化法，用 250W 中压汞灯光照 2h，再在 100℃以下加热 2h，可得到 90%以上的以反式为主的异黄樟油素混合物。五羰基铁加入量为黄樟油素的 1%。

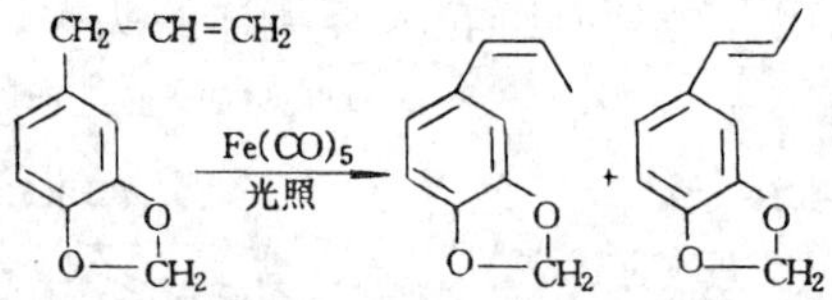

用臭氧法将异黄樟油素氧化成洋茉莉醛工艺研究，也获得了很大成功。臭氧氧化法主要是将空气通过一臭氧发生器，将含有臭氧的空气通入异黄樟油素溶液，使丙烯基上的双键成为臭氧化物。然后将这臭氧化物用水蒸气迅速冲蒸，使臭氧化物分解，获粗制洋茉醛，得率可达 87%。

6.6.4　黄樟油素制备浓馥香蓝素和乙基香蓝素

浓馥香蓝素（1），鳞片状结晶，熔点 85.5℃，沸点 138～141℃/1.1kPa，香气较香蓝素强 16～25 倍。乙基香蓝素（2），呈白色针状结晶，熔点 77℃，沸点 149～150℃/1.7kPa，浓郁香荚蓝豆香气，较香蓝素香气强 2～4 倍。天然尚未发现。

（1）加压法：将精制脱水的黄樟油素和预先配制成的甲醇钠或甲醇氢氧化钾溶液置于高压釜内，在 130～140℃，0.6～0.7MPa，反应 5h。冷却取出，水蒸气蒸馏回收甲醇后，冷却加入 1.5 倍水分，用苯萃取，除去未反应的异黄樟油素。将此浓碱液冷却至 10℃以下，滴加 30%硫酸至酸性，析出的油层用苯萃取。萃取液先用稀酸氢钠溶液洗涤至无树脂状物析出，再用水洗涤，分去洗液。苯萃取液回收苯后，减压蒸馏收集 140～150℃/1.33kPa 馏份。在此开环产物中加入乙基硫酸钠和 50%氢氧化钾，在 150～155℃醚化 2～3h，反应后的酚类混合物加入 50%乙醇和少量硫酸回流水解，生成物先分离去浓馥香蓝素粗品，用 50%乙醇重结晶得浓馥香蓝素精品。滤液中为丙烯基-乙氧基苯酚，将其溶于 10%氢氧化钠中，并加入间硝基苯磺酸回流 3h，接着以稀硫酸酸化、苯萃取后，用 35%亚硫酸氢钠结盐提纯，酸解后重结晶，则得到乙基香蓝素。

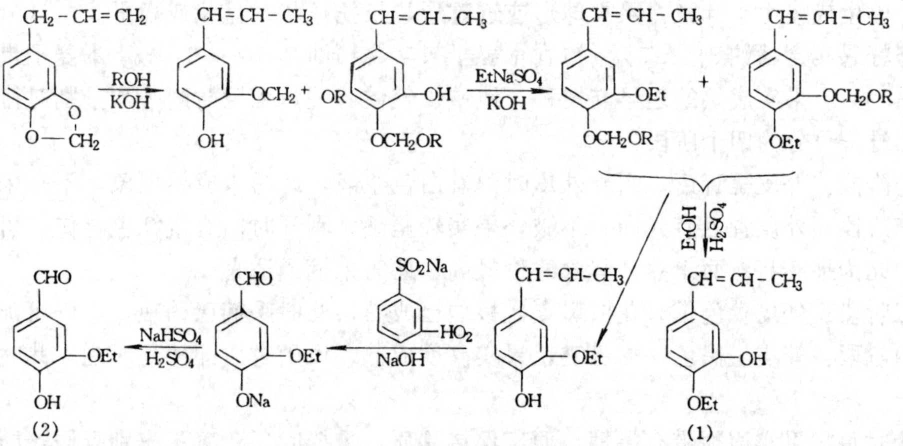

（2）常压法：将无水甲醇、苛性钾和金属钠加入反应釜，全溶后再加入黄樟油素，缓缓加热，蒸出甲醇，待反应液温度升至 140～145℃时，回流反应 6h。冷却至 100℃以下，加入

冷水，使生成的酚类析出，用苯萃取回收来开环的异黄樟油素。水洗后减压蒸馏，收集开环主馏份为150～160℃/667Pa。以下操作与加压法相同。

6.6.5　黄樟油素制备新洋茉莉醛

黄樟油素异构成异黄樟油素，与2个摩尔分子的甲醛进行Prins反应，经还原生成新洋茉莉醇，氧化得到相应的醛。此化合物具有鲜花和臭氧样的头香，带有新割草香气。

$CH_2-CH=CH_2$ $\xrightarrow[EtOH]{KOH}$ $CH=CH-CH_3$ $\xrightarrow[H^+]{2HCHO}$ CH_2 CH_2 O O $CHCH_3$ CH $\xrightarrow{Na/ROH}$ CH_3 CH_2CHCH_2OH $\xrightarrow{[O]}$ CH_3 CH_2CHCHO（各苯环均带 O—CH_2—O）

亦可利用黄樟油素制备的洋茉莉醛与丙醛在稀碱中进行Claisen-schmidt缩合反应生成烯醛，然后在钯-碳催化氢化下，制得新洋茉莉醛。

CHO $\xrightarrow[OH^-]{CH_3CH_2CHO}$ CH_3 $CH=CCHO$（60%） $\xrightarrow[\sim 100^\circ C]{5\%\ Pd-C;H_2;(6.9\sim 98)\times 10^4 Pa}$ CH_3 $CH_2-CHCHO$（90%）（各苯环均带 O—CH_2—O）

6.7　山苍籽油[103～121,131]

6.7.1　来源及主要成分

山苍籽油是指用水蒸气蒸馏法从山苍籽鲜果中提取而得的精油，其主要成分是柠檬醛。

山苍籽学名 *Litsea cubeba*（Lour.）Pers. 别名山鸡椒、山苍籽、毕澄茄等，属樟科木姜子属，该属有乔灌木约200种，我国约70余种。除山苍籽外，已知可以提取山苍籽油的还有清香木姜子、木姜子等都是落叶小乔木，叶互生，雌雄异株，伞形花序或由伞形花序组成的圆锥花序，单生或簇生于叶腋，浆果球形或近球形，果托杯状、盘状或扁平。

山苍籽果实含精油3%～7%，清香木姜子果实含精油2.5%～3.0%，木姜子果实含精油3.0%～4.0%。果实成熟的迟早与树种、地域、气候有关，采摘时间必须分别对待。山苍籽果实成熟过程可分为四个阶段：

第一阶段：外皮呈青色，剥开外皮时内有白色浆液，此为未成熟现象，不宜采摘。

第二阶段：外皮青色有光泽，不皱，果实较坚硬，剥开时内有浅红色核仁，可能尚有微量浆液，此为果实将熟而未熟，其含醛量最高，此时采摘最适宜。

第三阶段：外皮青色带有花白斑点，核仁已成熟，此时采摘已稍晚，但仍可加工利用。

第四阶段：外皮呈黑色，皮已皱，果实高度成熟，风雨过后即掉落腐烂，此时柠檬醛已渐损失。

采摘时每粒果实均须带有果梗，便于保持品质。采摘时还要善于辨别真假，能够提取山苍籽油的果实压碎后有浓烈而带有生姜味的柠檬醛气味，入口有麻舌感。

新鲜有光泽的青色山苍籽果实出油率高，最好随采随加工，不能立即加工的应薄摊于阴凉通风处，厚度不宜超过 5cm。并勤翻动，防止发热变质。需要外运者，必须将其阴干或日晒（防止强烈日光暴晒）干至 70%（可保持品质 15～25 天）或干至 40%～50%（可以保存七、八个月）。包装时要注意通风，最好用容量为 40kg 左右的篓筐装运。装运时不能重压，不得损坏果实外皮，且要及时迅速运输，以免霉烂变质。一般装运期不超过 6 天。未装运前需铺在阴凉通风处，随装随运。

山苍籽果实的大小，成熟时的颜色，物候期和产地见表 50-15。

表 50-15　山苍籽果实、物候期及产地比较表

种　名	果　实			物候期		产　地
	直径（mm）	成熟时颜色	果梗长（mm）	花期（月）	果期（月）	
山苍籽	5	黑	2～4	2～3	7～8	江苏南部、浙江、安徽南部及大别山区、江西、福建、广西、广东、湖南、湖北、四川、贵州、云南、西藏
清香木姜子	5～7	黑	5～7	2～3	9	江西、湖南、广西、广东、贵州、云南
木姜子	7～10	蓝黑	10～12.5	3～5	9～10	河南南部、山西南部、陕西、甘肃、浙江南部、广西、广东北部、湖南、湖北、四川、贵州、云南、西藏

山苍籽果实加工采用水上蒸馏或直接蒸汽蒸馏。一般装料 200kg 的蒸锅，每锅蒸馏时间约 12h。山苍籽果实加工量较大时可采用两灶三甑法。即将三甑布置成三角形，前面两甑较低，后面一甑稍高。前面两甑的生火加热灶各有一火门通入后一甑灶，后灶背面开一烟道，砌一较高的烟囱。前面两灶生火时，由于烟囱的吸力，火及高温的烟气就通过火门给后甑锅加热蒸油。

果实蒸馏后晒干，种子核仁含脂肪油 25%～30%，土榨法加工核仁出油率 10%左右，一般油脂化工厂以螺旋机械压榨法加工核仁，出油率 13%～15%，最高达 18%。核仁油可用于制造肥皂，作机器润滑油的代用品和表面活性剂等工业原料。油饼作肥料。

我国山苍籽油年产约 2 000t 左右，其中大部分用于外贸出口。

山苍籽油的组成受到山苍籽树的立地条件、采集时间、加工工艺条件等因素的影响。各地所产山苍籽油组成及定量关系略有差异，但主要含有柠檬醛（60%～85%）、苧烯、α-蒎烯、莰烯、对-伞花烃、甲基庚烯酮、α-松油醇等。如皖南祁门地区山苍籽油的化学组成（色谱分析）为：α-蒎烯 0.042%，莰烯 1.401%，苧烯 18.48%，对-伞花烃 1.085%，甲基庚烯酮 1.186%，香茅醛 2.235%，樟脑 0.556%，乙酸香叶酯 0.429%，β-柠檬醛 30.081%，α-柠檬醛 38.601%，α-松油醇 0.077%。

山苍籽油的外观为浅黄色至黄色液体，有柠檬醛香气。柠檬醛含量 75%以上（羟胺法测定）的山苍籽油品质规格为：相对密度（15℃）0.872 5～0.916 8，折光指数（20℃）1.4675～1.486 4，旋光度（20℃）+5°～+35°，溶解度（20℃）1 体积山苍籽油混溶于 3 体积 70%（V/V）乙醇中。

6.7.2　主要成分的分离

（1）柠檬醛理化性质：柠檬醛（化学名：3，7-二甲基-2，6-辛二烯-1-醛）是具有化学反应性强的不饱和醛基的直链单萜烯。其 C_2—C_3 双键配位不同的化合物与香叶醇、橙花醇相对应，反式结构的化合物称为香叶醛，顺式结构的化合物称为橙花醛。天然柠檬醛是含香叶醛和橙花醛的混合物。

柠檬醛分子式 $C_{10}H_{16}O$，分子量 152.24，顺反异构体的结构式为：

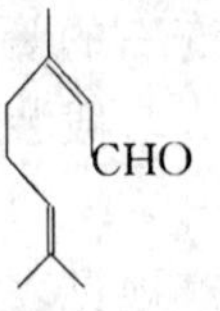

β-柠檬醛(橙花醛) 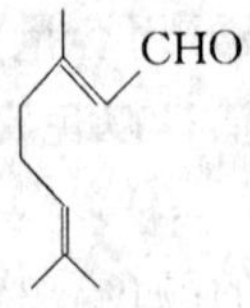 α-柠檬醛(香叶醛)

柠檬醛具有清甜的柠檬柑橘果香气息，可直接用于各类果香型香精，主要用于调配食用香精和牙膏香精。

柠檬醛 α-及 β-位上不饱和醛具有典型的萜烯结构，对酸和碱非常灵敏，其化学性质极不稳定，容易氧化、还原、环化和聚合，故常把柠檬醛作为中间体进一步合成各种香料。

已知柠檬醛有 α、β、γ 三种异构体，香气以 γ-体为佳，α-体偏甜，β-体偏青。γ-柠檬醛（化学名：3，7-二甲基辛二烯-3，6-醛-1）。3 种异构体的物理常数见表 50-16。

表 50-16 柠檬醛异构体物理常数

名 称	分子结构式	沸点（℃/kPa）	相对密度	折光指数（20℃）
α-柠檬醛（香叶醛）	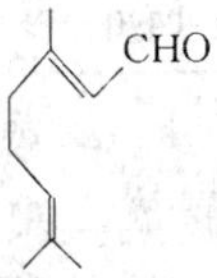 CHO	118～119/2.7 110～111/1.6	0.889 8（20℃）	1.489 1
β-柠檬醛（橙花醛）	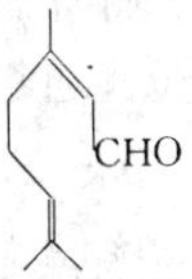 CHO	117～118/2.7 102～104/1.6	0.888（20℃）	1.490 0
γ-柠檬醛	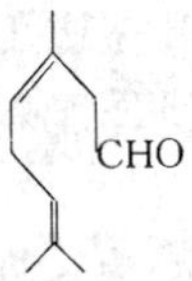 CHO	95～97/1.6	0.890 0（15℃）	1.483 8

（2）柠檬醛的单离[104,107]：在一般情况下，利用山苍籽油各组分之间相对挥发度的差异，用减压精密分馏操作分离提纯柠檬醛，柠檬醛纯度可达 97%以上。如欲获得高纯度的柠檬醛产品，则在分馏前必须经过化学处理。其法是先形成柠檬醛亚硫酸氢盐加成物，再将其水解以产生纯粹的柠檬醛，这样释出的柠檬醛再进行分馏，所得的产品含醛量可达 98%以上。在用亚硫酸氢钠处理时，柠檬醛趋向于形成稳定态磺酸盐，不能再从其中释出柠檬醛，故在一般操作时，常用亚硫酸钠溶液，并将溶液保持在微碱性状态。例如在室温下将 1 750g 晶状亚硫酸钠（$Na_2SO_3 \cdot 7H_2O$），625g 碳酸氢钠及 5L 水混和并搅拌约 2h，或搅拌直至固体碳酸盐不见为止。然后用冰浴将温度降至 5～10℃，加入市售柠檬醛 500g，剧烈搅拌 3～4h，以使油与溶液充分接触，同时要减少与空气的接触。在这情况下，柠檬醛可形成不稳定态的二氢-二磺酸衍生物。将溶液与约 500ml 乙醚充分搅拌，除去乙醚，如此重复数次以除去所有不能溶解的杂质。柠檬醛在碱中很不稳定，易于发生聚合作用，可将上法改为：在 400ml 柠檬醛二氢二磺酸溶液中加入约 150ml 乙醚，继以 10%氢氧化钠（加入时充分搅拌）直至油差不多全部析出。将混合物剧烈振荡 30s，将乙醚分出，如果发现有微量碱存在，应当立即用数毫升酒

石酸溶液将液体洗涤以中和之，再用少量水洗涤以除去酒石酸。在同一母液中，再加乙醚，后加碱，直至其中柠檬醛全部析出为止。将混合物振荡，再中和并洗涤如前。前后二次乙醚萃取液加以合并。另取 400ml 新鲜柠檬醛二氢二磺酸溶液用同样方法处理，直至全部溶液处理完为止。用硫酸钠干燥乙醚溶液，除去乙醚，残留物再真空蒸馏。如果柠檬醛的品质佳，则得率约为 80%，产品沸点为 110°～111℃/1.6kPa。

6.7.3　柠檬醛制备柠檬腈

柠檬腈化学为：3，7-二甲基-2，6-辛二烯-1-腈，国外商品名为："Citralva"。这一香料具有强烈和持久的柠檬香气，可代替柠檬醛使用于日化香精中，尤其适用于香皂、洗涤剂中。

柠檬腈的合成，可以用天然山苍籽精油或单离出来的柠檬醛为原料，经过肟化反应可获得柠檬醛反式构型（Ⅰ）和顺式构型（Ⅱ）两种异构体相应的醛肟（Ⅲ）和（Ⅳ）。反应式如下：

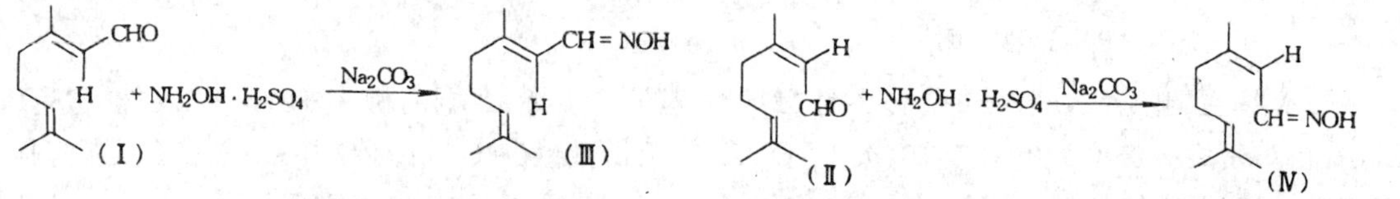

将醛污脱水，得到反式和顺式两种构型的混合物（Ⅴ）和（Ⅵ），即柠檬腈。反应式如下：

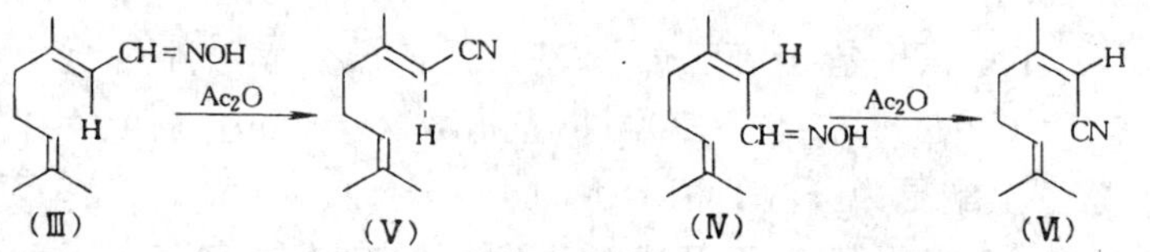

（1）柠檬醛的肟化反应：在一装有搅拌器、温度计、二个滴液漏斗的 5 000ml 四口烧瓶中，加入硫酸羟氨水溶液 2170ml（3.25mol），外用水浴控制在40～41℃，在搅拌下，加入粉状碳酸钠，中和至 pH 值 6，然后在高速搅拌下，分别从两个滴液漏斗，同时滴加含醛 72%的山苍籽油 530g，或 94%的柠檬醛 400g（2.5mol），及 16%Na_2CO_3 水溶液，温度须严格控制在40～41℃，其间用 Na_2CO_3 溶液控制 pH 值 6.2～7，共 30min 加料完毕。在同样温度下继续搅拌 2.5h，并随时调节 pH 值至 6.2～7。反应完毕后，将反应物移至分液漏斗，弃去水层。油层用饱和食盐水及水各洗 2 次。用水泵减压下蒸去水分后，进行减压蒸馏，收集 108～124℃/2.67kPa 馏份，得醛肟（Ⅲ）（Ⅳ）316.6g，收率 85%，折光指数（20℃）1.500 0 以上。

（2）柠檬腈的制备：在一装有搅拌器、回流冷凝管和滴液漏斗的 1 000ml 四口烧瓶中，加入醋酐 265g，在搅拌下升温至 80℃后，由滴液漏斗中慢慢滴加柠檬醛肟（Ⅲ）（Ⅳ），同时让反应物温度上升至 132℃，沸腾回流，继续滴加柠檬醛肟，滴加 1h 左右完毕，然后再保温搅拌 1h，冷却。在水泵减压下蒸馏，回收反应混合物中的乙酸和醋酐后，用水洗涤 3～4 次，得粗制柠檬腈，得率 82%～84%。粗制品进行减压分馏，分馏塔容积为 3 000ml，不锈钢制，塔高 1.3m，ϕ2.5cm，ϕ3mm×3mm 不锈钢压延环填料，在控制回流比 6∶1 和 3∶1 时，收集84～86℃/0.267kPa 馏份。一次分馏得率为 70%（Ⅴ）（Ⅵ），总分馏得率为 97%～98%。产品（Ⅴ）（Ⅵ）含量 99%（GC）；折光率（20℃）1.473 0～1.475 0。

除了得到顺式橙花腈（Ⅵ）和反式香叶腈（Ⅴ）外，还有副产物，3，7-二甲基辛二烯腈（Ⅶ），3-次甲基-7-甲基 6-辛烯腈（Ⅷ），反式-3，7-二甲基-3，6-辛二烯腈（Ⅸ），顺式-3，7-二甲基-3，6-辛二烯腈（Ⅹ）。香气以（Ⅴ）、（Ⅵ）最佳，浓郁甜香比其他几个异构体柔和优雅。结构式如下：

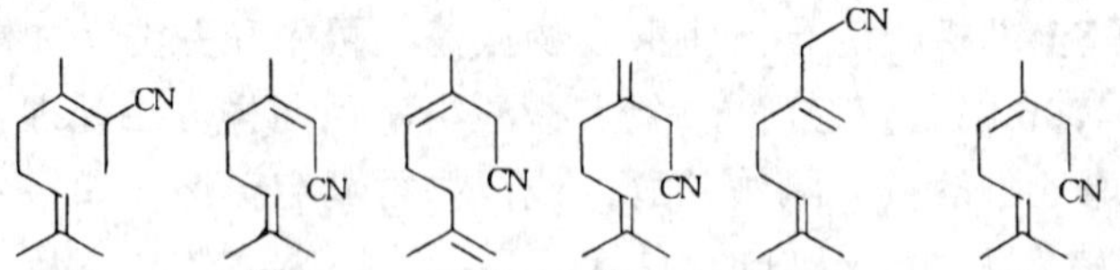

(Ⅴ) (Ⅵ) (Ⅶ) (Ⅷ) (Ⅸ) (Ⅹ)

6.7.4 柠檬醛制备紫罗兰酮

紫罗兰酮，分子式 $C_{13}H_{30}O$，分子量 192.29，一般以 3 种异构体形式存在，由于双键的位置不同分为α-紫罗兰酮、β-紫罗兰酮、γ-紫罗兰酮，结构式如下：

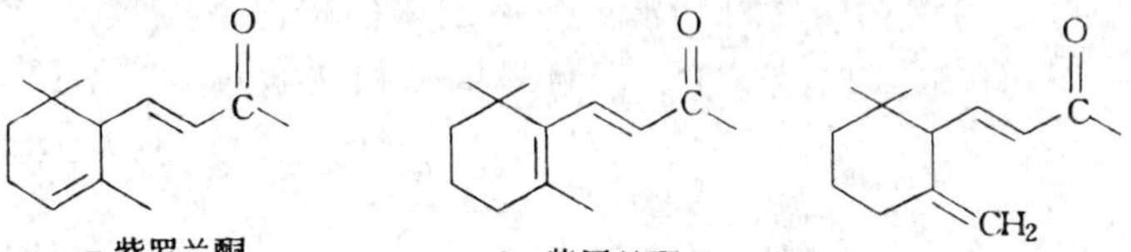

α－紫罗兰酮 β－紫罗兰酮 γ－紫罗兰酮

α-紫罗兰酮[4-(2,6,6-三甲基-2-环己烯-1-基)-3-丁烯-2-酮]，沸点 121～122℃/1.33kPa，EOA 相对密度（25℃）0.927～0.933。EOA 折光指数（20℃）1.477 0～1.502 0。具有强烈的花香，稀释时有类似紫罗兰的香气；顺-（±）-α-紫罗兰酮有柏木香气，反-（±）-α-紫罗兰酮有紫罗兰香气。

β-紫罗兰酮[4-(2,6,6-三甲基-1-环己烯-1-基)-3-丁烯-2-酮]，沸点 127～128℃/1.33kPa，EOA 相对密度（25℃）0.941～0.947，EOA 折光指数（20℃）1.519 0～1.521 5。有紫罗兰香气，但带有比α-紫罗兰酮更为鲜明的柏木香韵。

γ-紫罗兰酮 [4（2，2-二甲基-6-亚甲基环己基）-3-丁烯-2-酮]，沸点 80℃/1.33kPa，折光指数（20℃）1.514 0。香气类似α-紫罗兰酮，但更为浓重、刺鼻。

美国精油有限公司采用见表 50-17 的紫罗兰酮标准。

紫罗兰酮是一种重要的香料，又是合成维生素 A、β-胡罗卜素及视黄质的基本原料。视黄质具有延缓衰老、预防肿瘤等特殊的生命活性物质。

表 50-17 美国精油有限公司紫罗兰酮标准

纯净α-紫罗兰酮		
	颜色，气味，外观	无色至淡黄色液体，具有木香紫罗兰气味
	相对密度 $d_4^{25°}$	0.927～0.933（温度校正系数 n℃：0.000 5/℃）
	折光指数 n_D^{20}	1.497 0～1.502 0
	酮含量	不少于 98%
	α-紫罗兰酮含量	不少于 85%
	乙醇中溶解度	全溶于 3 体积 70%乙醇中
纯净β-紫罗兰酮		
	颜色，气味，外观	微黄色液体，呈比α-紫罗兰酮强的水果及木香气味
	相对密度 $d_4^{25°}$	0.941～0.947（温度校正系数 n℃：0.000 5/℃）
	折光指数 n_D^{20}	1.519 0～1.521 5
	酮含量	不少于 98%
	β-紫罗兰酮含量	不少于 95%
	乙醇中溶解度	全溶于 3 体积 70%乙醇中

（续）

商业紫罗兰酮		
	外观与气味	无色至黄色液体，类似紫罗兰的气味
	相对密度 $d_4^{25°}$	0.927～0.936（温度校正系数 n℃：0.005 0/℃）
	折光指数 n_D^{20}	1.497 0～1.506 0
	酮含量	不少于 90%
	α-紫罗兰酮含量	不少于 60%
	乙醇中溶解度	全溶于 3 体积 70%乙醇中
甲基紫罗兰酮		
	外观与气味	微黄色至黄色液体，并有象紫罗兰的气味
	相对密度 $d_4^{25°}$	0.926～0.933（温度校正系数 n℃：0.000 62/℃）
	折光指数 n_D^{20}	1.497 0～1.502 0
	酮含量	不少于 92%
	α-酮含量	不少于 50%
γ-甲基紫罗兰酮		
	外观与气味	微黄色液体具有柔和而持久的紫罗兰气味
	相对密度 $d_4^{25°}$	0.929～0.934（温度校正系数 n℃：0.000 62/℃）
	折光指数 n_D^{20}	1.498 5～1.501 0
	酮含量	不少于 92%
	γ-酮含量	不少于 60%

合成紫罗兰酮的中间体是假性紫罗兰酮（1），一般是由柠檬醛（2）与丙酮在碱性条件下缩合制得：

$$\text{(2)}\ \text{CHO} + CH_3\overset{O}{\overset{\|}{C}}CH_3 \xrightarrow{[\text{碱}]} \text{(1)}$$

工业上采用 2%NaOH 水溶液作为催化剂，收率 75%。实验室采用相转移催化技术可以大大加快反应速度，40℃反应 6h 收率 80%左右；用氧化铝固载的 NaOH 作固体碱催化上述反应，40～45℃反应 7h 时收率 80%；直接用粉状 NaOH 催化，以山苍籽油为原料，收率可达 92%；用氢氧化钡及离子交换树脂等固体碱催化剂，收率达 95%。

假性紫罗兰酮经催化环化则可得到紫罗兰酮。而催化剂酸性的强弱及浓度对环化的得率及形成产物的分子结构有较大的影响。例如用 85%的磷酸或 BF_3 等环化可得 α-紫罗兰酮，若酸的浓度增加至 90%以上则 β-紫罗兰酮的量就增加。浓硫酸一般是用于制取 β-紫罗兰酮，然而浓度减到 60%～65%，其环化的产品则以 α-紫罗兰酮为主。另一方面环化得率的高低与假性紫罗兰酮的分子构型也有关系。

6.7.4.1 α-紫罗兰酮的合成

（1）缩合反应：原料重量配比：山苍籽油（68%）：丙酮：2%氢氧化钠水溶液＝1：2：2。将山苍籽油、丙酮、氢氧化钠溶液加入反应釜中，在强烈搅拌下升温至 50℃保持 2h，然后再升温至 60℃保持 3.5h。静置分层，除去下层碱水。在搅拌下加入稀醋酸，中和反应混合液使其呈酸性。静置分层，排除下层废液。所得油状物先常压蒸馏，回收丙酮；然后再减压分馏，于 145～155℃/1.6kPa 下得淡黄色油状假性紫罗兰酮，得率约为原料油的 65%，折光指数 n_D^{20}1.529 5 以上。

（2）环化反应：原料重量配比：假性紫罗兰酮：62%硫酸：苯＝1：1.5：1.23。将 62%

硫酸溶液置于反应釜中，加入苯，搅混后冷却至20℃左右，慢慢加入假性紫罗兰酮，因系放热反应，须注意勿使温度超过29℃。当反应物呈黄色时，在30～35℃下保持30min。迅速加入冰块，当冰块溶解后即分成两层。上层油状物用水洗涤除去硫酸，下层水液用苯萃取数次，合并上层液用纯碱中和至碱性，再用醋酸中和至微酸性。以水蒸气冲蒸蒸出溶剂。然后减压蒸馏，于126～130℃/1.6kPa下收集以α-异构体为主的紫罗兰酮，淡黄色液体，折光指数n_n^{20}1.500以上。

6.7.4.2　β-紫罗兰酮的合成

(1)缩合反应:原料重量配比:75%山苍籽油：95%丙酮：30%氢氧化钠：水=1：2.62：0.17：2.4。按配比将料加入反应釜，以间接蒸汽加热，使反应液迅速升至50℃，2h后迅速提高至60～61℃，反应4h，静置分层。下层丙酮碱水放入贮罐，上层油液加2倍于原料油的清水洗涤，然后以稀醋酸洗至pH值=6左右。油层用间接蒸汽蒸馏除去少量的丙酮，然后用直接蒸汽冲蒸蒸出低沸点物,要求剩下的粗假性紫罗兰酮折光指数n_D^{20}1.518 5左右。最后减压分馏,收集折光指数n_D^{20}1.529 5以上的馏份,即为假性紫罗兰酮,含酮量95%以上,得率65%以上。

(2)环化反应:原料重量配比:假性紫罗兰酮：95%硫酸：乙酸乙酯=1：2.5：1.25。先将硫酸加入反应釜，冷却至5℃，在不超过15℃情况下滴加乙酸乙酯，然后将混合液冷却至-2℃,再滴加假性紫罗兰酮，于-2～4℃滴加总量的3/4，4～8℃滴加总量的1/4。滴加完毕后在10min内升温到15℃，反应30min，升温至20℃，反应15min。反应结束即停止搅拌，将反应液打入盛有3倍量的冰块中进行水解。上层油液用6%的氢氧化钠溶液中和至pH值9～10，再用30%醋酸中和至pH值6。然后进行冲蒸、于132～136℃/1.6kPa减压分馏，得以β-异构体为主的粗紫罗兰酮，折光指数n_D^{20}1.518 0左右，得率约78%。

6.7.4.3　γ-紫罗兰酮的合成

当假性紫罗兰酮的分子构型为[结构式]时，其中共轭双键的碳原子都为反式—反式的构型，在三氟化硼-乙醚溶液中用二甲酰胺作用即可得到γ-紫罗兰酮。反应式如下：

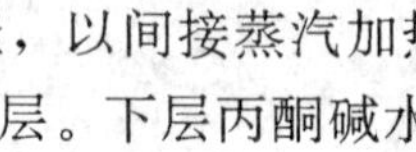

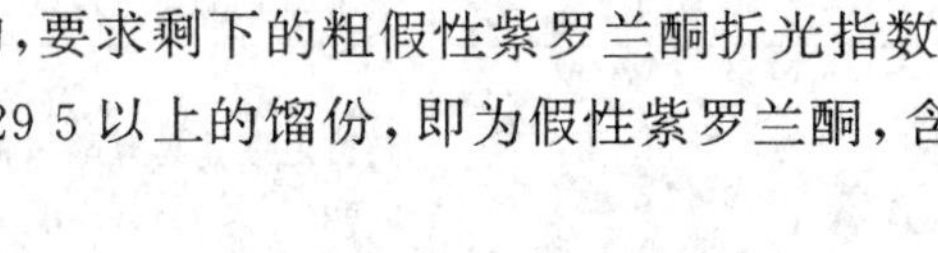

$$\xrightarrow[\text{二甲基甲酰胺}]{BF_3\text{-}Et_2O}$$

6.7.5　柠檬醛制备甲基紫罗兰酮

甲基紫罗兰酮，分子式$C_{14}H_{22}O$，分子量206.2，以6种异构体形式存在：α-甲基紫罗兰酮、β-甲基紫罗兰酮、γ-甲基紫罗兰酮、α-异甲基紫罗兰酮、β-异甲基紫罗兰酮及γ-异甲基紫罗兰酮。市场售的合成产品一般为除了γ体外的4种异构体的混合物。具有柔和而细腻的紫罗兰香气，类似鸢尾酮和金合欢醇的气息。它是桂花香精的重要基香，广泛用于紫罗兰、桂花、紫丁香等花香型香精中。各种异构体的结构和性质如下：

α-甲基紫罗兰酮，微黄色至黄色液体，具有木香紫罗兰样香气。沸点125～126℃/1.466kPa，折光指数n_D^{20}1.500 9。结构式：

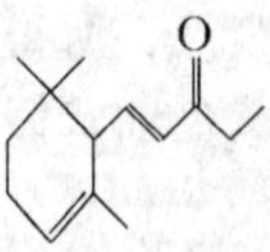

β-甲基紫罗兰酮，具紫罗兰和柏木香气并带皮革、复盆子酮香韵。沸点133℃/1.466kPa，

折光指数 n_D^{20}1.509 7。结构式：

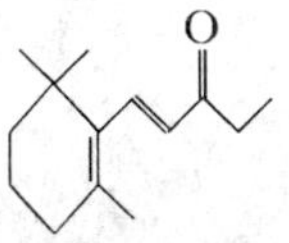

γ-甲基紫罗兰酮，类似 α-紫罗兰酮样香气。沸点 26℃/4.0Pa。折光指数 n_D^{25}1.4969。结构式：

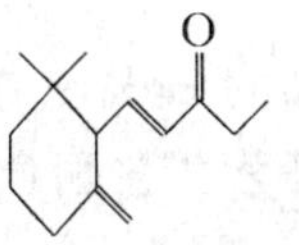

α-异甲基紫罗兰酮，有很细腻和接近紫罗兰的香气，在所有的甲基紫罗兰酮中香气最为强烈。沸点 121～122℃/1.466kPa，折光指数 n_D^{20}1.5008。结构式：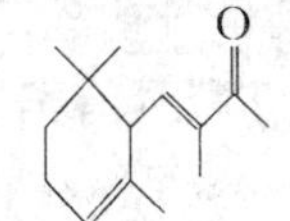

β-异甲基紫罗兰酮，有木香和岩兰草样香气。沸点 124℃/1.466kPa，折光指数 n_D^{20}1.5073。结构式：

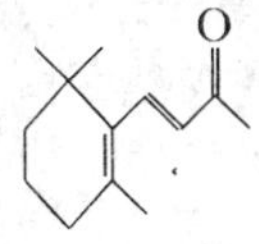

γ-异甲基紫罗兰酮，沸点 76℃/4.0Pa。结构式：

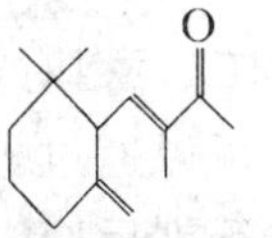

甲基紫罗兰酮是由柠檬醛在碱存在下与丁酮加成后经脱水生成假性甲基紫罗兰酮和假性异甲基紫罗兰酮，接着用磷酸或三氟化硼环化剂作用环化，理论上即可得到上述 6 种异构体。由于 α-异甲基紫罗兰酮香气最佳，因此合成过程中要尽量提高丁酮-(2) 的次甲基与柠檬醛缩合的得率，这与加入缩合剂的品种、用量、反应温度有关。通常的缩合反应是在氢氧化钾的甲醇溶液中进行，反应温度维持在 28℃以下。环化在酸性条件下有利于与亚甲基的反应。

柠檬醛与丁酮缩合时，根据反应条件的不同，柠檬醛与丁酮的羰基相邻的甲基反应得到假性甲基紫罗兰酮，柠檬醛与丁酮的羰基相邻的亚甲基反应则得到假性异甲基紫罗兰酮：

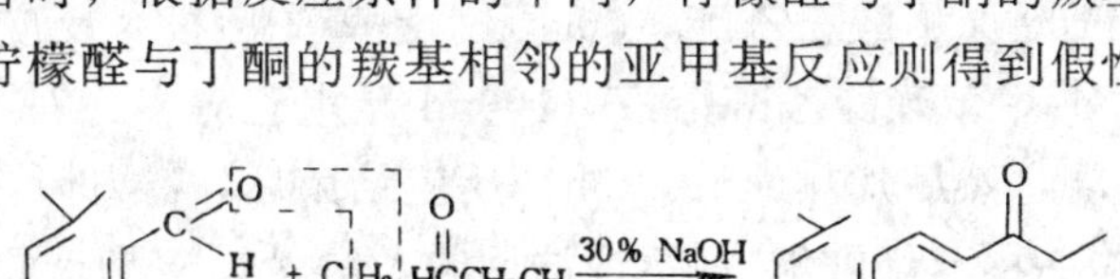

柠檬醛 + $CH_2HCCH_2CH_3$ (丁酮) $\xrightarrow{30\%\ NaOH}$ 假性甲基紫罗兰酮

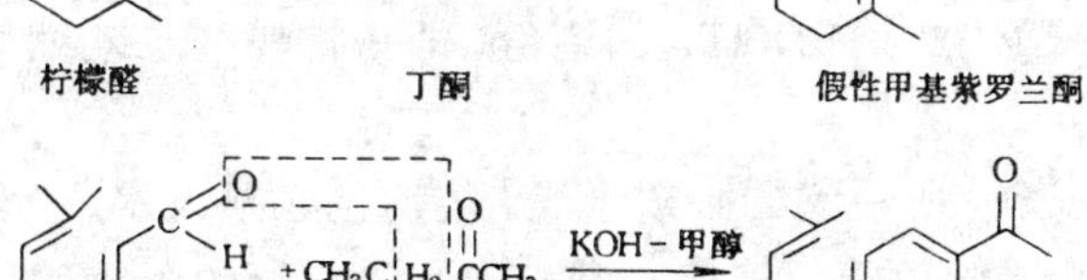

柠檬醛 + $CH_3CH_2CCH_3$ (丁酮) $\xrightarrow{KOH-甲醇}$ 假性异甲基紫罗兰酮

柠檬醛（93%和 97%含量）与丁酮的缩合反应，在氢氧化钾-甲醇溶液存在下，室温下反应 6h，假性异甲基紫罗兰酮的得率为 88%～89%，异甲基异构体的含量可达 69%。

假性异甲基紫罗兰酮在磷酸存在下进行环化反应，除了生成 α-和 β-异甲基紫罗兰酮外，还有甲基紫罗兰酮生成：

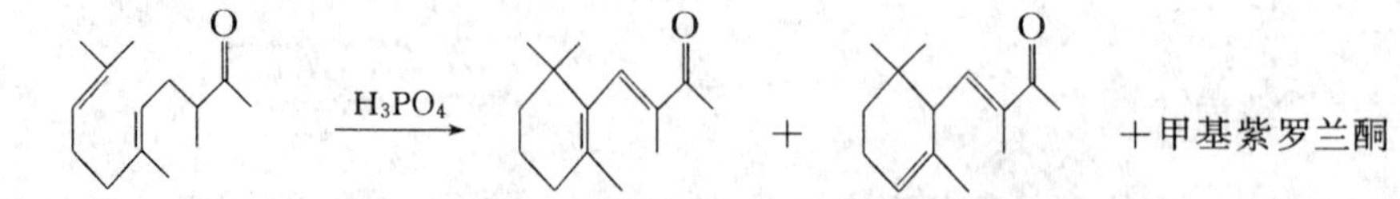

$\xrightarrow{H_3PO_4}$ + +甲基紫罗兰酮

假性异甲基紫罗兰酮 β-异甲基紫罗兰酮 α-异甲基紫罗兰酮

环化粗制品经分馏得到含有90%α-异甲基紫罗兰酮的馏份，数量占成品的30%左右，含酮量为95%～97%；余下的70%作为α-甲基紫罗兰酮成品，其中α-异甲基紫罗兰酮含量为55%～60%，含酮量大于95%。

6.7.6 柠檬醛制备柠檬醛二乙缩醛

柠檬醛二乙缩醛具有柔和的青香，类似新鲜蔬菜及柑橘类的香气，并有青果的新鲜香韵。宜用作调配香精的头香，在香皂中较稳定。该产品中如杂有5%以上的游离柠檬醛时，香气则完全改变。

分子式：$C_{14}H_{26}O_2$ 结构式：$CH(OC_2H_5)_2$

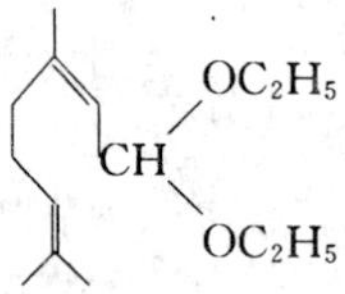

其沸点为117～118℃/1.33kPa，相对密度d_4^{20}0.8730，折光指数n_D^{20}1.450 5。

二乙缩柠檬醛的制备，可以通过柠檬醛与无水乙醇直接脱水缩合得到。但由于柠檬醛较活泼，容易发生环化、聚合等副反应，使产物中杂质及未反应的柠檬醛含量都很高，而缩醛得率甚低，难于精制。采用原甲酸乙酯-对甲苯磺酸法制备时，则可得到产率较高的产物：

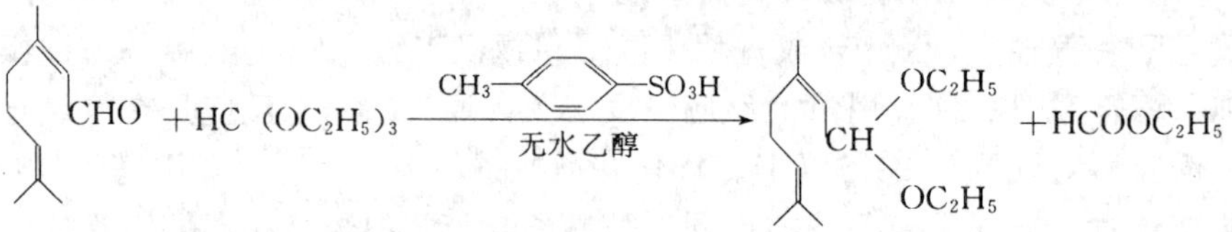

CHO $+HC(OC_2H_5)_3 \xrightarrow[\text{无水乙醇}]{CH_3-C_6H_4-SO_3H}$ $CH(OC_2H_5)_2$ $+HCOOC_2H_5$

将100g柠檬醛，110g原甲酸三乙酯，70g无水乙醇先后投入反应容器内，搅拌均匀后，再加入1.5～2.4ml的对-甲苯磺酸乙醇溶液（100ml无水乙醇中含对-甲苯磺酸1g的乙醇溶液）。于室温下静置1.5h，然后加热回流1.5h。反应结束后，冷却反应物，并加入少量无水碳酸钠以破坏催化剂“对-甲苯磺酸”。用蒸馏法回收乙醇及反应副产物“甲酸乙酯”，再减压蒸馏，收集沸程96～102℃/（27～40）kPa的馏份，即得柠檬醛二乙缩醛。产量约120～130g，得率为85%～92%。

原甲酸三乙酯极易水解，所用仪器必须干燥，溶剂也必须无水。为隔绝外界潮湿空气，反应过程中在接通大气的冷凝管顶端，连接一装有无水氯化钙的干燥管。

6.8 柠檬桉叶油[101,103,104,122～126]

6.8.1 来源及主要成分

柠檬桉叶油是指用水蒸气蒸馏法从柠檬桉枝叶中提取的精油。

柠檬桉学名*Eucalyptus citriodora* Hook.f.，属桃金娘科桉属。常绿大乔木，树高可达28m，叶及枝密生棕红色腺毛，成熟叶无毛，两面有黑腺点，具柠檬香气。原产澳大利亚，我国广西、广东、福建有栽培。桉属中除柠檬桉外，我国还从蓝桉、细叶桉、赤桉、柳叶桉等枝叶中提取芳香油。

柠檬桉叶中含精油0.5%～2.0%，其主要化学组成为：异丙基环己烷0.26%，α-蒎烯

0.22%，β-蒎烯 0.29%，对-伞花烃 0.14%，1，8-桉叶油素 2.11%，2，6-二甲基-5-庚烯醛 0.23%，γ-松油烯 0.13%，1，8-萜二烯 0.21%，α-异松油烯 0.15%，香茅醛 72.8%，芳樟醇 1.51%，异胡薄荷醇 0.34%，α-松油醇 0.12%，香茅醇 14.51%，顺式-氧化芳樟醇 0.40%，1，8-水合松油二醇 0.80%，乙酸香茅酯 3.10%，反式-石竹烯 0.65%，蛇麻烯 0.10%，β-毕澄茄烯 0.15%，γ-橄香烯 0.14%，斯潘连醇 0.12%等。

6.8.2　主要成分的单离

柠檬桉油是淡黄色透明油液，具有特殊的强烈柠檬芳香味。相对密度(20℃/20℃)0.859～0.877，折光指数（20℃）1.451 1～1.468 1，旋光度（15.5℃）+5°～+16°。主要化学成分有香茅醛 65%～85%，香茅醇 15%～20%，此外还有 1，8-桉叶油素，芳樟醇，异胡薄荷醇乙酸香茅酯及倍半萜烯类成分。

柠檬桉油中的主要成分香茅醛及香茅醇的分离首先采用高效塔进行减压分馏得到纯度为 85%以上的粗产品，再经精制而得纯度 95%以上的香茅醛及香茅醇。

(1) 香茅醇提纯：粗香茅醇首先进行胶化处理，即加入适量碱液破坏其中少量的酚类物质。然后再与硼酸酯化反应生成硼酸香茅酯，减压分馏除去低沸点物后，所剩高沸点硼酸香茅酯加碱皂化，使香茅醇游离再经减压分馏即得精制高纯度香茅醇。

香茅醇（3，7-二甲基辛烯-6-醇-1），分子式 $C_{10}H_{20}O$，分子量 156.27，结构式：* CH_2OH

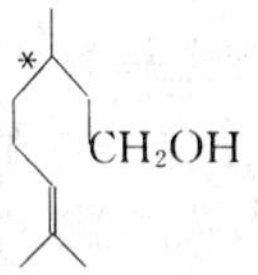

天然香茅醇及香茅醛、柠檬醛、香叶醇等是 β 型；α 型不存在，或者少量的作为杂质存在。香茅醇分子里存在不对称碳原子（结构式中用星号表示），而引起具有右旋（+）、左旋（-）、消旋（±）之旋光型式。由柠檬醛氢化得到的香茅醇没有旋光性；（+）-香茅醇含在香叶油（35%～40%）、柠檬桉叶油（15%～20%）、香茅油中；（-）-香茅醇又称玫瑰醇，一般存在于玫瑰油（10%～40%）、香叶油中，来源于柠檬桉叶油的香茅醇以右旋体为多。香茅醇沸点 224～225℃/101.32kPa，116～118℃/1.6kPa，相对密度（20℃）0.853～0.864，折光指数（20℃）1.453～1.463，酸值 1 以下，酯值 4 以下，溶于 15 倍（V/V）50%乙醇中。左旋香茅醇（常称玫瑰醇）为无色液体，具有比香叶醇更优雅的玫瑰香，是玫瑰系列各种花香香精调合不可缺少的原料，几乎可以应用于一切化妆品中。

(2) 香茅醛提纯：香茅醛具有醛基和双键，与亚硫酸氢钠加成生成 3 种化合物：

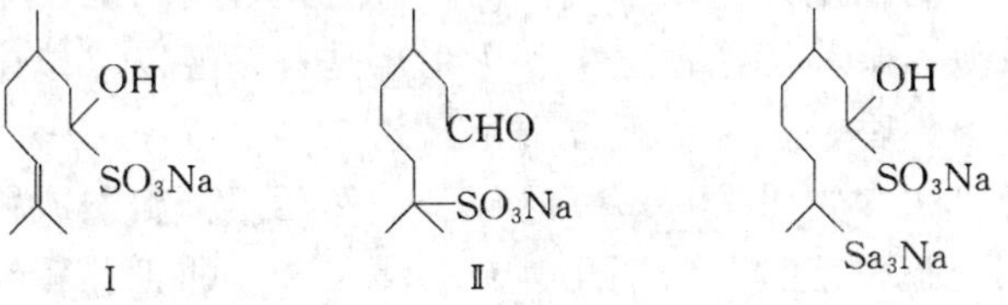

OH SO_3Na Ⅰ　　CHO SO_3Na Ⅱ　　OH SO_3Na Sa_3Na Ⅲ

在香茅醛中加不含亚硫酸的亚硫酸氢钠水溶液，则生成（Ⅰ），（Ⅰ）可溶于温水，部分分解生成香茅醛。（Ⅰ）与稀酸或稀碱作用可完全分解，生成香茅醛。把香茅醛用过量的亚硫酸氢钠处理，则生成（Ⅲ）。（Ⅲ）吸湿性极强，把（Ⅲ）用稀碱处理，生成（Ⅱ），（Ⅱ）即使用稀碱处理也不能生成香茅醛。

香茅醛的不稳定态的亚硫酸氢盐加成物的制备，先将柠檬桉叶油减压分馏份离出粗香茅醛。将粗制香茅醛 100 份加入反应锅内，一边缓缓搅拌一边加入当量（68 份）的 35%亚硫酸氢钠溶液。一般必须加1～2份氢氧化钠或碳酸钠以中和其中的游离二氧化硫，因为若有二氧化硫的存在，会阻止亚硫酸氢盐衍生物的形成。在0℃时搅拌混合物约1h，直至反应完成而混合物成为一稠厚的浆状物为止。在离心机中分去固态亚硫酸氢盐加成物中的水及未起反应的杂质，并用惰性溶剂如苯等洗涤。溶剂的洗涤可重复几次以获得一纯粹雪白的香茅醛亚硫酸氢盐加成物，其中并不含其他杂质如萜类、香茅醇及香叶醇等。

从亚硫酸氢盐加成物中重行释出香茅醛的方法，是先将固态加成物与大量水混合，然后加苯等惰性溶剂吸收释出的香茅醛，以避免其受碱的影响而发生聚合作用。在充分搅和的亚硫酸氢盐加成物和水的混合物中，缓缓加入过量的氢氧化钠，直至所有的香茅醛全都释出。放出苯层，用水洗涤以除去所含微量的碱。然后将苯层溶液蒸馏，先在常压下除去苯，再将香茅醛真空分馏，获得高纯度的香茅醛。

香茅醛（3，7-二甲基辛烯-6-醛-1)，分子式$C_{10}H_{18}O$，分子量154.25，结构式：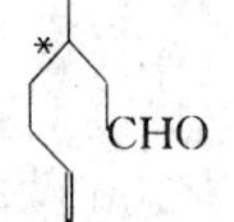

由于存在不对称碳原子，香茅醛就有（+）－，（－）－，以及（±）－型式。由柠檬桉叶油中单离出的(+)-香茅醛，沸点204～205℃/101.32kPa，90℃/1.9kPa；相对密度(17℃)0.855；折光指数（20℃）1.445 6；旋光度（20℃）+10.6°～+12°。由爪哇柠檬油等精油中单离出的（－）－香茅醛，沸点205～206℃/101.32kPa，103.8℃/3.7kPa；相对密度（15℃）0.856 7；折光指数（20℃）1.457 0；旋光度（20℃）－2.5°～－14°。由柠檬醛氢化得到的（±）-香茅醛，沸点106～108℃/2kPa。

香茅醛使用于香皂和化妆品香精中，但一般用作制造羟基香茅醛的原料。

6.8.3 香茅醛制备羟基香茅醛

羟基香茅醛（3，7-二甲基-7-羟基辛醛-1)，分子式$C_{10}H_{20}O_2$，分子量172.26，结构式 CHO OH 沸点241℃/101.32kPa，103℃/0.4kPa；相对密度（20℃）0.917～0.955；折光指数（20℃）1.446 0～1.455 0；旋光度+9°～+10°31′；闪点241℃；溶解于1倍容积50%的乙醇中。纯度95%以上。是香料工业中一个多用途的香料，既可用于各种花香型，也用于许多非花香型。有铃兰、菩提花及百合花香气，用于铃兰型香精，能使香气细腻。它的青甜香气有些似橙花醇，在玫瑰、茉莉等花香型中，可用羟基香茅醛以比拟橙花醇。是香水香精中很好的修饰剂，可赋花香头香，在香精配方中用量为1%～40%。

羟基香茅醛的半合成法，先保护香茅醛的羰基，然后用稀硫酸或稀盐酸催化水合，中和后在碱作用下分解得到羟基香茅醛。以下几种制备法①②③的工艺较经典但操作麻烦，三废较突出；④⑤法采用氨和胺类使之变成烯胺和亚胺化合物，然后水合羟化、碱作用得到所需产物。若水合羟化用甲醇、硫酸，最后可得到略带青气、清甜花香的甲氧基香茅醛⑥。

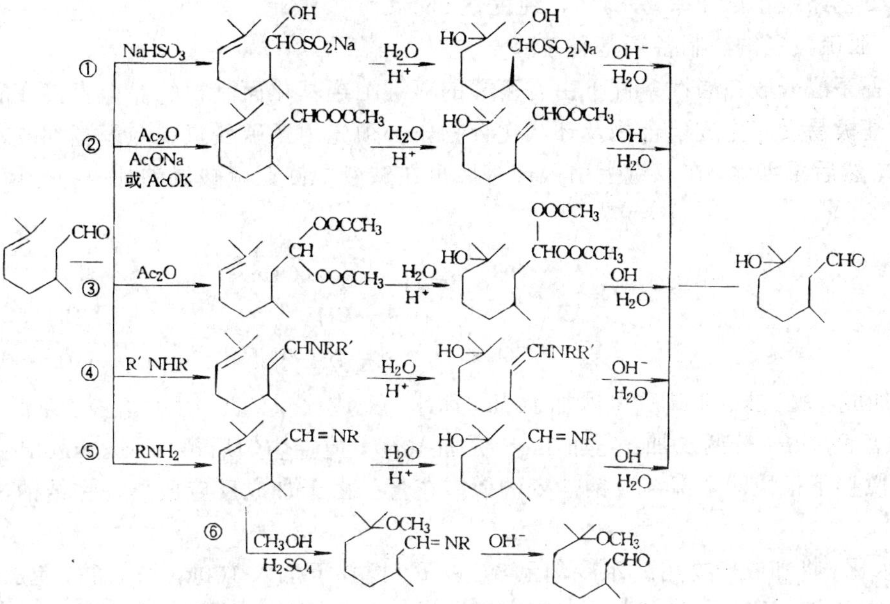

CHO

① $NaHSO_3$ → OH, $CHOSO_2Na$ →(H_2O, H^+) HO, OH, $CHOSO_2Na$ →(OH^-, H_2O)

② Ac_2O, AcONa 或 AcOK → $CHOOOCCH_3$ →(H_2O, H^+) HO, $CHOOCCH_3$ →(OH, H_2O)

③ Ac_2O → $OOCCH_3$, CH, $OOCCH_3$ →(H_2O, H^+) HO, $OOCCH_3$, $CHOOCCH_3$ →(OH, H_2O) → HO, CHO

④ R′ NHR → CHNRR′ →(H_2O, H^+) HO, CHNRR′ →(OH^-, H_2O)

⑤ RNH_2 → CH= NR →(H_2O, H^+) HO, CH= NR →(OH, H_2O)

⑥ CH_3OH, H_2SO_4 → OCH_3, CH= NR →(OH^-) OCH_3, CHO

6.8.3.1　胺法制备羟基香茅醛

羟基香茅醛为合成香料的老产品，国内多采用亚硫酸钠法生产。此法繁琐、产率低，还产生大量二氧化硫、硫化氢等恶臭有毒气体。为此有人采用胺法，探索新的工艺路线：

（1）加胺。

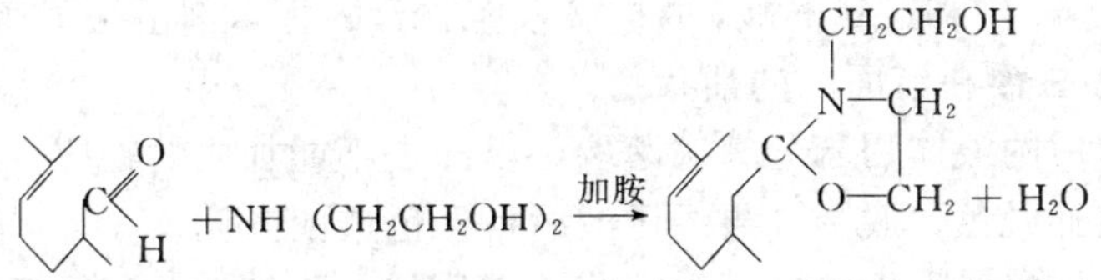

香茅醛 + $NH(CH_2CH_2OH)_2$（二乙醇胺） →(加胺) 香茅醛噁唑烷衍生物 + H_2O

（2）酸化。

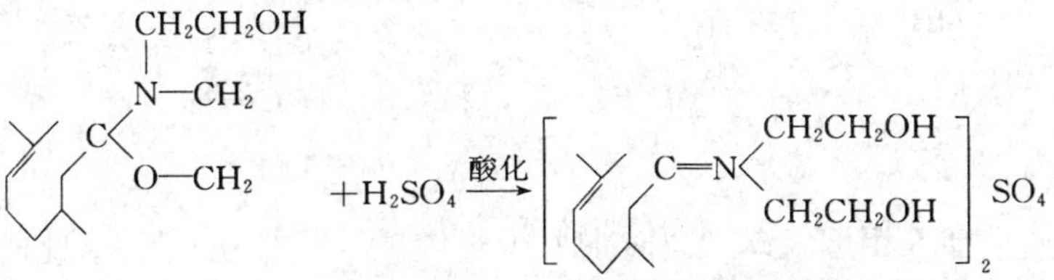

香茅醛噁唑烷衍生物 + H_2SO_4 →(酸化) $[\ C{=}N(CH_2CH_2OH)_2\ ]_2SO_4$（香茅醛硫酸亚铵）

（3）水合。

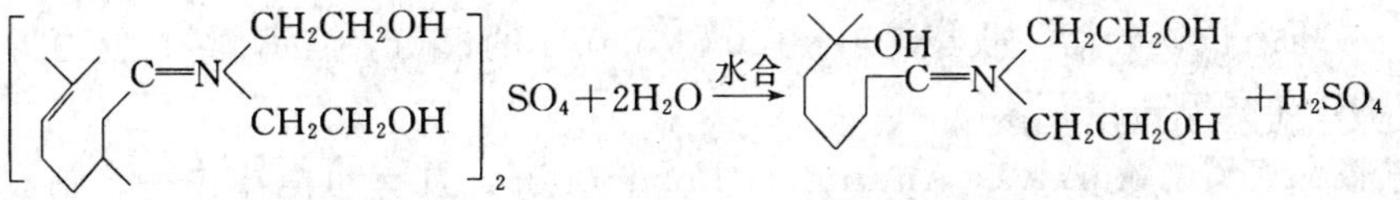

$[\ C{=}N(CH_2CH_2OH)_2\ ]_2SO_4 + 2H_2O$ →(水合) OH, $C{=}N(CH_2CH_2OH)_2$（羟苯香茅醛胺） $+ H_2SO_4$

（4）水解。

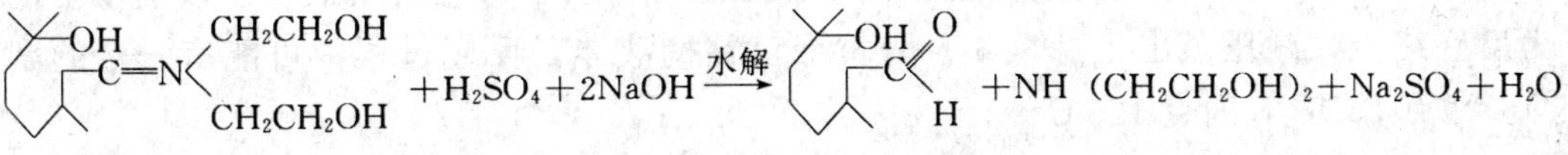

OH, $C{=}N(CH_2CH_2OH)_2$ $+ H_2SO_4 + 2NaOH$ →(水解) OH, CHO（羟基香茅醛） $+ NH(CH_2CH_2OH)_2 + Na_2SO_4 + H_2O$

胺法工艺路线小试产率达84%，纯度达95%。

6.8.3.2 亚硫酸氢钠法制备羟基香茅醛

羟基香茅醛一般在酸性条件下由香茅醛的双键上羟基化而制得的。但直接在酸性条件下羟化，醛基极易反应生成聚合物及环状化合物，必须先用亚硫酸氢钠与醛基加成，以将醛基保护起来，然后再水化，在双键上引入羟基后再在碱液中使亚硫酸氢钠加成物分解复原醛基。反应式：

$$\text{CHO} \xrightarrow{NaHSO_3} \text{CH(OH)}SO_3Na \xrightarrow[H^+]{H_2O} \text{CH(OH)}SO_3Na,\ \text{—OH} \xrightarrow{OH^-} \text{CHO},\ \text{—OH}$$

(1) 加成：取22kg亚硫酸氢钠加100kg冰水，配成比重约1.18的溶液，在低于8℃下加入95%的乙醇7kg（分两次加，先加3kg，后加4kg），搅拌均匀后再加入25kg85%的香茅醛。混合物在搅拌下很快即全部结成钠盐变稠似雪花膏。由于加成反应放热，在结钠过程中温度可升至30℃。

(2) 水化：将加成产物用冰水冷却至8℃以下，搅拌下加入150kg浓盐酸，使加成物水化。随着双键被水化，反应物在水中的溶解度逐渐增加，由于反应放热，允许水化时每小时温度升高1.5℃，而最终不得超过14℃。水化过程应在4h内结束。反应结束的标志是液体由乳白色的糊状物变成澄清微黄色透明的液体。

(3) 中和：反应结束，停止搅拌，将浮于液面的油状物撇去。在搅拌下分批加入固体碳酸钠（此时放出大量CO_2气体）中和过量的酸，取样滴入麝香草酚指示剂至微黄蓝色为止，约需纯碱60kg。停止搅拌，撇去浮在液面上的油状物。

(4) 萃取、脱色：中和后的液体用苯分3次萃取，以除去不能加成的物质。经萃取后的水溶液加入活性炭，室温搅拌脱色、脱臭，再经压滤后得无色透明液体。

(5) 置代、萃取：由于甲醛活性大于羟基香茅醛，甲醛加入羟基香茅醛的亚硫酸氢钠加成物中后，即生成甲醛的亚硫酸氢钠加成物，游离出不溶于水的羟基香茅醛。

$$\text{CH(OH)}SO_3Na,\ \text{—OH} + H\text{—}C(H)\text{=}O \longrightarrow \text{CHO},\ \text{—OH} + H\text{—}C(H)(OH)\text{—}SO_3Na$$

在脱色后的水溶液中加入甲醛及苯，同时加入少量纯碱，调节pH值8，此时即生成甲醛的亚硫酸氢钠加成物，析出的羟基香茅醛则溶于苯中。

(6) 精制：苯萃取液用碳酸钠溶液洗涤（稍加固体氯化钠）至无HCHO气味。蒸馏回收溶剂后，在减压下快速分馏，收集100～120℃/530Pa的馏份，含醛量可达95%。

6.8.4 羟基香茅醛制备橙花素

橙花素商品名称：Auralva；Anthralal；Londonflor，具有甜橙花花香，制成西呋碱后克服了羟基香茅醛（Ⅰ）的不稳定和邻氨基苯甲酸甲酯（Ⅱ）容易变色之弊。制备方法将（Ⅰ）和（Ⅱ）以等克分子混合后静置12h，然后水浴加热、减压蒸馏脱水至没有明显的水蒸出为反应终点，减压蒸出正品（Ⅲ）为黄绿色粘稠液体，反应过程中可能有一定的副产物（Ⅳ）。沸点237℃，闪点125℃。

(Ⅰ)　　(Ⅱ)　　(Ⅲ)　　(Ⅳ)

6.8.5　香茅醛还原制备香茅醇及其酯

香茅醛因遇光、碱不稳定，又有不愉快的肥皂气息，故多用于制备香茅醇、羟基香芳醇等。合成香茅醇的方法很多，如用醋酸、钠汞齐还原、镍催化氢化、铂黑催化还原、钴汞齐还原、活化镁、乙醇铝等还原，其中以镍催化氢化较为常用，条件 490kPa 氢压，反应温度 140℃，转化率 90%。各种方法如下：

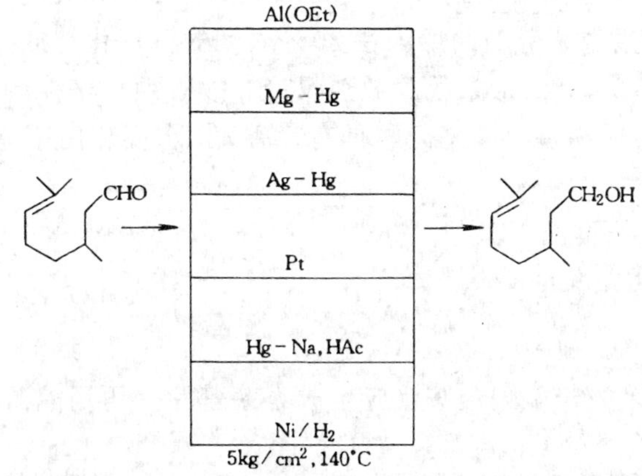

香茅醇可制备成各种酯类，调香中最常见的香茅醇酯见表 50-18。

表 50-18　香茅醇酯类理化常数表

酸　类	BP（℃/Pa）	$d_4^{t_1}$（t_1）	n_D^t（t）	d_D	闪　点（℃）	香　气
甲　酸	235/0.1MPa 97～98/1.5×10^3	0.89～0.903 (25)	1.443 0～1.449 0 (20)	±1°30′	92	浓烈水果玫瑰香气
乙　酸	240/10^5 119～121/2×10^3	0.883～0.890 (25)	1.440 0～1.450 0 (20)	−1°－＋4°		鲜果香和玫瑰香气
丙　酸	242/10^5 120～124/1.9×10^3	0.877～0.883 (25)	1.443 0～1.449 0 (29)	±1.5°	＞100	玫瑰样香气梅子似的苦甜味道
丁　酸	134～135/1.6×10^3	0.873～0.883 (25)	1.444～1.448 (20)	＋1°30′	＞100	浓郁果香玫瑰香气
异丁酸	294/10^5	0.870～0.880 (25)	1.440～1.448 0 (20)	±1.3°	＞100	甜果香玫瑰样香气微甜，杏子样味道
戊　酸	237/10^5 195/4.1×10^3	0.890 (15.5)	1.443 5 (20)			玫瑰、药草和蜜样香气
苯乙酸	342/10^5	0.992/（15.5）	1.510 0 (20)			淡蜂蜜、玫瑰甜香

此外还有已酸、乙酰乙酸、苯甲酸、甲酸二氢、乙酸二氢、丁酸二氢等香茅酯。

6.8.6　柠檬桉叶油氢化制备香茅醇

柠檬桉叶油含有香茅醛65%～90%。由香茅醛制取香茅醇有好几种方法。而加氢制香茅醇法选择性好、收率高、简便易行，且可直接用柠檬桉叶油作原料，原料的香茅醛含量不影响加氢反应的结果。

将柠檬桉叶油及催化剂加入氢化反应釜，用真空抽尽釜内空气后通入氢气至0.5MPa，再抽真空，反复两次，第三次通入氢气至1.0MPa保压检漏5min，启动搅拌及加热系统，搅拌转速500r/min，反应温度165℃，氢气压力5MPa。当压力相对下降0.2MPa时，再打开氢气阀升至原来压力。如此反复操作，当反应釜内氢气压力维持10min基本不变时，反应结束。打开冷却水阀，在搅拌下冷到60℃，停止搅拌，放空至常压出料，并趁热抽滤除去催化剂。香茅醛转化率98%。加氢产物经过滤后，减压蒸馏，香茅醇含量达90%以上，符合食用规格。

6.8.7　香茅醇、香茅醛制备腈化合物

(1) 香茅氧基丙腈：用香茅醇与丙烯腈在20%浓度的氢氧化钾或苄基氢氧化铵为催化剂，使用量为丙烯腈的1%～5%，反应过程为放热反应，故必须严格控制反应温度以防止丙烯腈聚合而降低得率。反应生成物香茅氧基丙腈具有晚香玉、水仙和白丁香香韵的香茅醇气息。沸点138℃/530～670Pa。

$$CH_2{=}CH{-}CN + [\text{香茅基}]CH_2OH \xrightarrow{20\%KOH} [\text{香茅基}]CH_2OCH_2CH_2CN$$

(2) 香茅腈：用香茅醛与硫酸羟胺反应生成香茅基肟，再用醋酐脱水制得香茅腈。

$$[\text{香茅基}]CHO + NH_2OH\cdot H_2SO_4 \xrightarrow{Na_2CO_3} [\text{香茅基}]CH{=}NOH \xrightarrow[-CH_3COOH]{(CH_3CO)_2O} [\text{香茅基}]CN$$

6.8.8　香茅醇制备香茅基含氧乙醛与香茅基乙醚

(1) 香茅含氧乙醛：将香茅醇溴化转化为香茅基溴，再和乙二醇单钠作用脱溴化钠，然后氧化得香茅基含氧乙醛，具有浓烈玫瑰样香气，可用于调配铃兰等花香型香精。沸点130℃/1.6kPa。

$$[\text{香茅基}]CH_2OH \xrightarrow{NBS} [\text{香茅基}]CH_2Br \xrightarrow[-NaBr]{NaOCH_2CH_2OH} [\text{香茅基}]CH_2OCH_2CH_2OH \xrightarrow{[O]} [\text{香茅基}]CH_2OCH_2CHO$$

亦可用香茅醇在甲醇钠或异丙醇钠存在下与氯代甲基二乙缩醛作用，再在稀草酸溶液中反应制取香茅基含氧乙醛。

$$[\text{香茅基}]CH_2OH + ClCH_2CH(OEt)_2 \xrightarrow[(CH_3)_2CHONa]{NaOCH_3,\ Or} [\text{香茅基}]CH_2OCH_2CH(OEt)_2 \xrightarrow{HOOCCOOH} [\text{香茅基}]CH_2OCHCHO$$

(2) 香茅基乙醚：将香茅醇溴化转化为香茅基溴，再与乙醇钠作用脱溴化钠，即制得具有清新玫瑰柑橘香气的香茅基乙醚。

$$\text{(香茅醇)}CH_2OH \xrightarrow{NBs} CH_2Br \xrightarrow[-NaBr]{NaOCH_2CH_3} CH_2OCH_2CH_3$$

6.9　丁子香油[101,103,104,122～123,127～128]

6.9.1　来源及主要成分

丁子香油系由丁子香树的花、叶、花梗经水蒸气蒸馏所提取的精油。

丁子香（桃金娘科），别名丁香、公丁香、支解香、雄丁香。乔木，高达10～20m；叶柄细长，叶片长方倒卵形或椭圆形，全缘；聚伞圆锥花序顶生，花萼肥厚，绿色后转紫红色，花冠白色稍带淡紫；浆果红棕色，稍有光泽，长方椭圆形。花开始发芽时呈绿色，随后花蕾变为粉红色。即要采摘花蕾，此时油质最好。当花全部开放变成深红色并结成果子，油分变差，俗称母丁香，品质较差。

丁子香原产于摩鹿加群岛，现主产地是非洲东部，东南亚的印度尼西亚、马来西亚等地。我国华南地区已引种栽培。

用水蒸气蒸馏法从丁子香花提取的油，称为丁子香花油，通常所说的丁子香油指的就是这种油。丁子香花的出油率为16%～19%。花蕾油是黄色至棕色液体，遇铁后呈暗紫棕色。相对密度（20℃）1.044～1.057，折光指数（20℃）1.528～1.538，旋光度（20℃）$-1.5°\sim0°$，全溶于同量的70%乙醇中，含酚量（V/V）85%～90%。闪点101.7℃。

花茎出油率约为6%。花茎（梗）油是黄色或棕色液体，遇铁质变为紫棕色。相对密度（20℃）1.041～1.059，折光指数（20℃）1.531～1.536，旋光度（20℃）$-1°30'\sim-0°32'$，全溶于α体积70%乙醇中，含酚量（V/V）85%～88%。闪点105.6℃。

丁子香叶出油率为2%～3%。油呈深绿色或紫棕色液体，精制后为浅黄色。相对密度（20℃）1.039～1.051，折光指数（20℃）1.5310～1.5351，旋光度（20℃）$-0°40'\sim+1°53'$，全溶于α体积70%乙醇中，含酚量（V/V）82%～90%。闪点104.4℃。

还有浸膏是深棕或橄榄绿色半固体，净油是橄榄绿色或橙色稠厚液体，低温时结晶或半结晶。

主要成分为丁香酚（95%），石竹烯，乙酸丁香酚酯，甲基戊基甲酮。

在价值方面，由于丁子香花油的香气良好，属于上等；丁子香叶油最差。

在用途方面，丁子香即丁子香花是最有名的，作为香辣调味料可用于各种食品，在家庭也使用。此外，除了医药用特别是中药用之外，在东南亚特别是在印度尼西亚大量用于烟草。丁子香花油同样可用于多种食品和医药。丁子香花油的杀菌力强，有麻醉和镇痛作用，可用于牙科。由于丁子香花油是香料，除用作化妆品、香皂等的香料外，还用作肉类、调味料(辣酱油等)、糕点等的加香材料。

丁子香茎油和丁子香叶油，因香气差，故用作制造丁香酚的原料。丁香酚可直接作为调合香料的原料，还可作为丁香酚甲醚、异丁香酚、异丁香酚甲醚、苄基异丁香酚等合成香料的原料。以前是合成香兰素的重要原料，但由于利用纸浆废液的木质素生产香兰素取得成功，致使从丁香酚生产香兰素锐减。

6.9.2　主要成分的分离

丁子香油中的丁香酚的分离首先用3%浓度的氢氧化钠碱液（丁香酚与碱的克分子比为

1：1.1)与丁香油混合，室温搅拌30min，使丁香酚转化为丁香酚钠盐，而碱与油中的其他萜类成分不作用。

$CH_2CH{=}CH_2$　　　　　　　$CH_2CH{=}CH_2$

$-OCH_3$　$+NaOH \longrightarrow$　$-OCH_3$　$+H_2O$

OH　　　　　　　　　ONa

成盐液用水蒸气冲蒸蒸出油萜，留下黄色丁香酚钠盐。徐徐加入50%淡硫酸，搅拌酸化，液温控制在50℃以下，直至料液呈明显酸性为止。丁香酚钠盐又转化为丁香酚油分析出。

$CH_2CH{=}CH_2$　　　　　　　$CH_2CH{=}CH_2$

$-OCH_3$　$+H_2SO_4 \longrightarrow$　$-OCH_3$　$+Na_2SO_4$

ONa　　　　　　　　　OH

中和液静置分层，上层丁香酚油层用水洗涤至中性，下层液即为粗制丁香酚，再进行减压分馏，即得含酚量98%以上的淡黄色成品。

丁香酚（2-甲氧基-4-烯丙基酚，4-羟基-3-甲氧基烯丙基苯），分子式 $C_{10}H_{12}O_2$，分子量164.20，结构式：

$CH_2CH{=}CH_2$

$-OCH_3$

OH

，本品基本无色，经过一段时间，颜色逐渐变深，具有丁香香气和轻微焦糊味，不溶于水，易溶于乙醇、乙醚、三氯甲烷、丙二醇等。沸点为253～254℃/101.32kPa，111℃/0.67kPa；相对密度(20℃)1.065～1.074；折光指数(20℃)1.538～1.543。

本品可用于化妆品香料，香皂香料调合用，也可作为辛香料用于食品调味，例如腊肠、辣酱油等。同时还是制造香茅醛的重要原料，还可作为枣、香蕉、樱桃、梨、胡桃等水果的增香剂。

6.9.3 丁香酚制备异丁香酚

异丁香酚（4-羟基-3-甲氧基-1-丙烯基苯），分子式 $C_{10}H_{12}O_2$，分子量164.2，结构式：

$CH{=}CHCH_3$

$-OCH_3$

OH

，为无色液体，具有丁香香气，较丁香酚更令人愉快和柔和，是康乃馨香精的主剂，在皂用香精中较稳定，久贮后也会变成褐色。

异丁香酚有顺、反两种异构体，物理性质差别很大。顺式体为液体，结构式：

OH

$-OCH_3$

CH_3

H—C=C

H

，沸点134～135℃/1.73kPa；相对密度(20℃)1.0851；折光指数(20℃)1.5726。

反式体为固体，结构式：（苯环：OH，OCH_3，H—C=C(H)—CH_3），沸点 266.52℃/101.32kPa，141～142℃/1.73kPa；熔点 33～34℃；相对密度（20℃），1.0852；折光指数（20℃）1.5786。

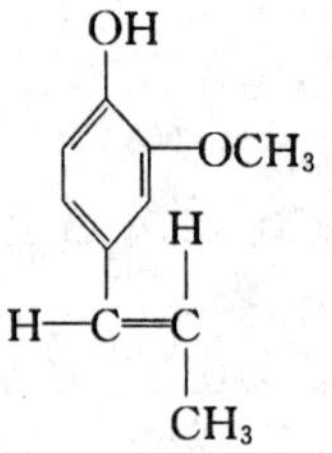

市场销售的异丁香酚商品是顺式和反式的混合物，同时还常含有丁香酚。通常比例是反式 82%～88%，顺式 12%～18%，凝固点>12℃，相对密度（20℃）1.081～1.085，折光指数（20℃）1.573～1.578，闪点 100℃以上，溶于同体积 70%乙醇中，溶于丙二醇及油质香料，不溶于水和甘油，溶于矿油中时呈浑浊，含酚量（容积法）≥99.5%。

由丁香酚异构制备异丁香酚的经典方法，是在苛性碱作用下发生的。将丁香酚与 40%～45%浓度的氢氧化钾溶液混合，搅拌加热至 130℃，迅速升温到 220℃左右，取样分析丁香酚残留量。反应结束后采用水蒸气冲蒸除去非酚油成分，留下的异丁香酚盐加酸酸化，析出异丁香酚，经水洗至中性后，蒸馏得异丁香酚成品。

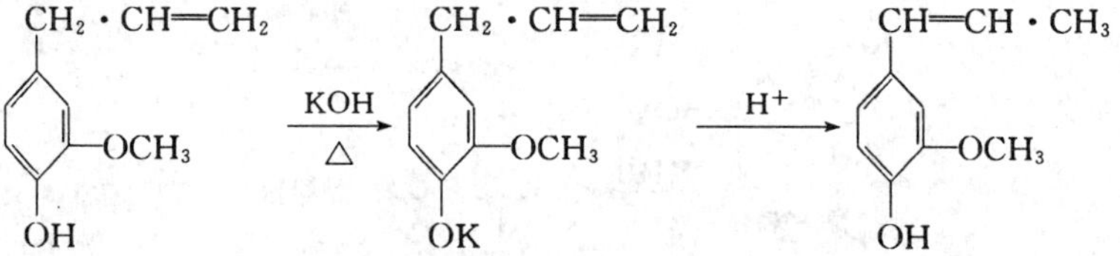

$$CH_2\cdot CH{=}CH_2,\ OCH_3,\ OH \xrightarrow[\triangle]{KOH} CH_2\cdot CH{=}CH_2,\ OCH_3,\ OK \xrightarrow{H^+} CH{=}CH\cdot CH_3,\ OCH_3,\ OH$$

另外，有报道用五羰基铁和氢氧化钠异构法制备异丁香醇。将含有 0.15%的九羰基二铁的重量组成的丁香酚在 80℃光照约 30min，停止光照在 80℃加热 5h，异构化的丁香酚转化率达到 90%以上。实验过程可以通入惰性气体鼓泡搅拌以提高得率。

6.9.4　丁香酚制备香兰素

香兰素学名 3-甲氧基-4 羟基苯甲醛。分子式 $C_8H_8O_3$，结构式：（苯环：CHO，OCH_3，OH）

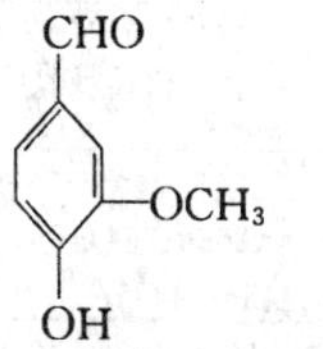

香兰素是贵重香料，无色至微黄色晶体，具有甜巧克力香气及香兰素的芳香味。熔点大于等于 81℃，沸点 285℃，170℃/2×10^{4}Pa，140℃/5.3×10^{2}Pa，纯度 99%，溶解度 1g 香兰素全溶于 100ml 水、20ml 甘油、3ml70%乙醇、2ml95%乙醇。主要用于食品工业加香剂。

由于香酚制备香兰素，首先丁香酚用浓碱高温法异构成异丁香酚，然后用酰化法保护易被氧化的酚羟基，再在对氨基苯磺酸的存在下，用重铬酸钾及硫酸作氧化剂，使 C=C 处氧化成醛基。采用弱氧化剂硝基苯，则酚羟基可不必进行保护，直接氧化成香兰素。或用电解、铬酸、空气、氧气、臭氧化、过氧化物、氧化高汞等氧化法制备香兰素。

6.9.5　丁子香酚制备醚或酯化合物

丁子香酚的衍生物醚和酯的制备是用甲（乙）酰化法。现将常见的一些有关化合物见表 50-19。

$CH_2-CH=CH_2$ / OCH_3 / OH

KOH ↓ $CH=CH\cdot CH_3$ / OCH_3 / OH

硝基苯 → CHO / OCH_3 / OH $+CH_3CHO+$ N=N (偶氮苯)

酸酐 → $CH=CH\cdot CH_3$ / OCH_3 / $OCOCH_3$ —[O]→ CHO / OCH_3 / $OCOCH_3$ —水解→ CHO / OCH_3 / OH

O_2 对氨基苯甲酸 ↓ CHO / OCH_3 / $OCOCH_3$ —$NaHSO_3$→ OH, $HCSO_3Na$ / OCH_3 / $OCOCH_3$ —水解→ OH, $HCSO_3Na$ / OCH_3 / OH —SO_2→ CHO / OCH_3 / OH

O_3 → HC(O—O)(O)CH—CH_3 / OCH_3 / HO —[H]→ CHO / OCH_3 / OH $+CH_3CHO$

表 50-19 丁香酚、醚、酯化合物理化常数表

名 称	BP(℃/Pa)	MP(℃)	$d_4^t(t)$	$n_D^t(t)$	香 气	备 注
丁子香酚甲醚	244～245/10^5		1.055(15) 1.032～1.036(25)	1.532～1.536 (20)	优雅康乃馨香气、丁香带苦辣味	
异丁香酚甲醚	tran 262～264/10^5 143～144/1.5×10^3	16～17	1.047～1.053(20)	1.566～1.569(20)	优雅康乃馨香气、丁香带苦辣味	
	CiS 138～140/1.7×10^3				优雅康乃馨、丁香香气	
异丁香酚乙醚	245°/10^5	63～64 升华			类似异丁香香气	
异丁香苄基醚	282°/10^5	混合 59～60 顺 32～34			玫瑰-康乃馨香气	凝固点(℃) >57
丁香酚	111/2×10^3； 121/1.3×10^3；253/10^5	10.3 9.2	1.053～1.064(25)	1.5416(19.5)	浓焦甜辛辣香	闪点(℃) 104
异丁香酚	266/0.1MPa； 142～/6.1×10^3	14～16	1.079～1.085	1.572～1.577(20)	似康乃馨花香	凝点(℃)>12 闪点(℃)>00

（续）

名 称	BP(℃/Pa)	MP(℃)	$d_4^t(t)$	$n_D^t(t)$	香 气	备 注
甲酸丁香酯	270°/10^5		1.105～1.109(15)	1.524～1.526(20)	接近鸢尾香气	闪点(℃) 102
甲酸异丁香酯	282°/10^5		1.038(15.5)	1.566(20)	弱鸢尾样甜香、青香木香、带丁香样底香浓郁辛香风味	
乙酸丁香酯	281～282/100 256Pa 142～143/8×10^2	29～30	1.0842(15) 1.077～1.082(25)	1.520 69(20)	特殊丁香油香气、辣的芳香风味	凝点(℃)>25
乙酸异丁香酯		Ca:80 反式:79			弱玫瑰-康乃馨香气、微带药香有辣味、甜味	凝固点(℃) >8.2
苯甲酸丁香酯		顺式:70 反式:104			丁香底香和香脂香气	
苯乙酸异丁香酯			1.113～1.117	1.575～1.577	似康乃馨浓郁芸芳香气、丁香焦甜蜜样香气	闪点(℃) >100
顺式异丁香酚	132/1.5×10^3 115/6.7×10^2		1.085 1(20)	1.5726		
反式异丁香酚	266/0.1MPa 118/6.7×10^2	30～33 31～34	1.085 2(20)	1.5786		

6.9.6 丁子香油中非酚物质的利用

丁子香油精制提取丁香酚及生产异丁香酚的过程中留下的萜烯部分，最有价值的为倍半萜中的石竹烯，可用氯化锌、醋酐进行 Kondakov 反应，将不饱和烃转化为相应的不饱和酮。由丁香油非酚部分获得的产品为同分异构的乙酰基石竹烯的混合物，还有一定量的酯类，含酮量在 50%以上。产物具木香、鸢尾的甜润香气。若将非酚部分中 60%～70%的石竹烯分离出来，可再由石竹烯合成其他产品。

6.10 茉莉浸膏及净油[1,7,8,129]

6.10.1 来源及主要成分

用于提取茉莉浸膏的树种，主要有两种：茉莉 *Jasminum sambac* (Linn.) Ait. 即小花茉莉；另一种为素馨花茉莉 *Jasminum officinale* var. *grndiflorum* (Linn.) Kobuski，又称大花茉莉。它们属于木犀科茉莉属，此属植物在我国有 43 种。

小花茉莉原产于印度，早在 1 000 多年前即传入我国，初时作为观赏栽培，后来被用于熏制茉莉花茶。近百年来长江流域以南及西南、华中地区广为栽培。广州地区栽培最多，其次是福州，均为露地栽培，在江苏、浙江一带则有大量盆栽。

大花茉莉原产地为法国南部格拉斯、摩洛哥、意大利、埃及以及西班牙。我国是从前苏联引入法国种，现在大多数栽培在广东地区，福建、台湾、四川、浙江、云南也有少量栽培。

小花茉莉浸膏为淡绿色至浅棕色粘稠膏状物，有强烈的茉莉花香气，香气细致而透发，有清新之感。熔点 46～53℃，酸值 11 以下，酯值 75 以上，浸膏含净油量 50%以上。小花茉莉净油的主要成分有：芳樟醇 14.33%，乙酸苯甲酯 11.04%，石竹烯 13.24%，苯甲醇 10.12%，苯甲酸顺-3-己烯酯 16.51%等。

大花茉莉浸膏为红棕色蜡状固体，香气浓郁、持久。熔点 48～54℃，相对密度(60℃/60℃) 0.8860～0.8987，折光指数 1.4640～1.4658，旋光度＋5°～＋12°(10%乙醇液中)，酸值以下，酯值80以上，净油含量45%以上。大花茉莉净油为深橙色或红橙色微稠厚液体，具浓花香，香气温和醇厚，扩散力很强，带蜡、草、果及茶叶样底香。相对密度0.912～0.976，折光指数1.4807～1.5250，旋光度+0°18′～+4°95′，酸值4～18，酯值90～150。我国大花茉莉浸膏制得的净油有40多种成分，已知的主要成分为：苯甲酸苄酯约17%，乙酸苄酯约12%，茉莉内酯约9%，右旋芳樟醇约8%，顺式茉莉酮约7%，异植物醇约7%，顺式溴苯甲酸己烯酯约6%，苄醇约3%，邻苯二甲酸二丁酯约3%，棕榈酸甲酯约2%，吲哚约2%，茉莉酮甲酯约1%，丁香酚约1%，植物酮约1%。上述14种主要成分占大花茉莉净油的80%左右；法国的占70%左右。

茉莉与玫瑰为人们最喜爱的两种花香之一，因此茉莉与玫瑰是调香上最适宜应用的两种花香香料，广泛应用于各种类型的香精配方。用于茉莉香精有笼罩全局作用，用于其他香精中也有添鲜增清的效能，甚至在甜韵的玫瑰香精亦用之。

6.10.2　茉莉花的采收

茉莉花一般用插条繁殖栽培，在华南则于大田育苗，在苏杭等地多用瓦盆繁殖和栽培。定植后第二年便有茉莉花可收。植后3～6年花的产量最高。一般连续收花6年后的老植株其生活力逐渐衰退，植株渐弱，枯枝增多，新枝萌发减少，花产量减少，此时应及时更新。

茉莉花从花蕾形成到花朵开放约需15天左右，花期内每隔30～35天有一造花，一般广州地区的花期为4～11月。因为花生长在新生枝梢顶部，每抽一次新的梢便有一造花。花为聚伞花序，顶端的一朵先开放，其次为两侧的两朵同时开放，当四朵同时开放时，形成每次花量的高峰，一般可持续一星期，形成一造花。每造花中初期花少，以后逐渐增多，达到高峰后急剧下降，以后便是采收不整齐的零星花而结束一造花；这样，一年中形成4～6造花，花的产量是波浪式的，全年中花产量以5～6月最多，约占50%～60%；8～9月鲜花得膏率最高，可达0.26%～0.3%。初期和末期的花开放得不好，花小，质量和得膏率都差，得膏率约0.24%，酯值常低至70以下。即每1 000kg茉莉花可得2.4kg茉莉花浸膏，可得茉莉花净油1.4～1.8kg。

茉莉花在田间树上的开放时间一般是晚上7～9时。采摘下的花蕾在适当条件下也能和田间树上的花蕾一样同时开放，不过花瓣没有在田间树上开的那样大，这是茉莉花的特性。

茉莉花目前都是人工采摘，一般在上午10时采下可以在当天晚上开放的花蕾，但以越靠近开放时间采下为好。已开放了的鲜花采收时不要带花蒂。采收花蕾时，不要将花蒂全部摘下，应在离花蕾0.3cm处摘断。采下的花蕾带蒂柄越短越好，因花蒂会给鲜花浸膏产品带有草青味。采得的鲜花应放在干净的筐内，不要压实，以免损伤花蕾。

成熟的茉莉花蕾每公斤有4 440朵左右，已开放了的茉莉花朵每公斤4 500朵左右。

每亩每年可收茉莉花200～350kg。

大花茉莉定植后第二年也有花收。其特性和茉莉花近似，也是傍晚开始开放的，但比茉莉花约早半小时。而大花茉莉不带花蒂的花蕾也能开放。

大花茉莉定植后第二年花产量年亩产达100～150kg，第三、四年花年亩产量可达250kg。大茉莉连续收花四年后，植株渐渐衰老，产花量大大减低，应进行更新。

6.10.3　茉莉花的运输、存放及管理

在田间采下的茉莉花蕾应放在清洁、无异味的阴棚下或房内，拣去枝叶等杂质，用清洁无异味的竹箩将花及时运到加工厂花库。

花库通常是用光滑的水泥地。花库面积不够时，可以增设花架，用花筛放花。花在花库内应均匀摊放，花层一般厚 4～5cm，过厚会增加下层花的压力而妨碍花的继续发育和开放，同时会使花层温度逐渐升高，花变黄，酸值增加，从而影响鲜花浸膏质量。一般花层内温度不超过 35℃为好。在花层温度不影响花的健康而能正常发育时，不要随意过多翻动或作其他处理。因花香是花生理新陈代谢生物化学的产物，生产上只要求刚开的花就可以投产了。花瓣过于散开而香气也散发得快，同时翻动过多，会使花机械损伤和揉软，这对香花反而不利。

6.10.4　茉莉花的加工

茉莉花与大花茉莉的加工方法基本上相同。现介绍生产茉莉花浸膏的生产工艺。图 50-35 为工艺流程简图。

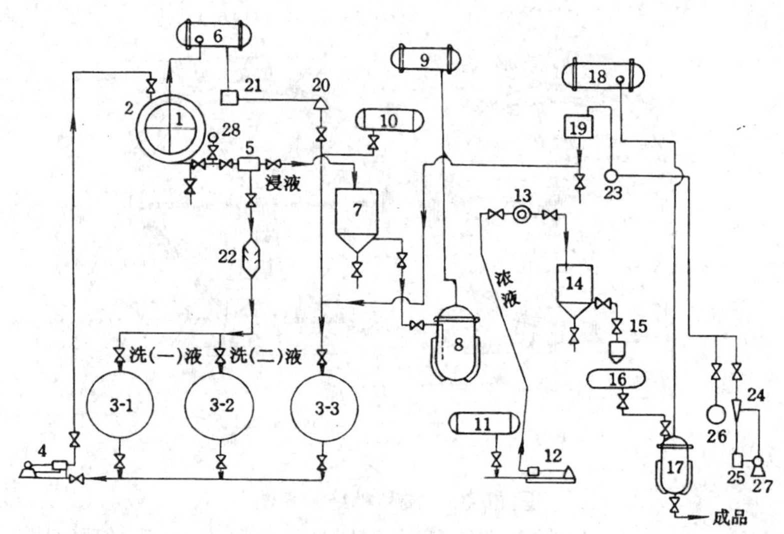

图 50-35　茉莉浸膏生产工艺流程图

1. 浸花机花筛（即浸提器花筛），(1 500L)；2. 浸提机外壳；3. 溶剂桶，其中 3-1 系贮存上批花第一次洗液，3-2 系贮存上批花第二次洗液，3-3 系贮存上批花回收溶剂；4. 输送溶剂的蒸汽往复泵（3VC）；5. 浸花机的过滤器（初步过滤浸液和洗液之花渣）；6. 浸花机的冷凝器（为回收花渣中的残留溶剂用），(列管式)；7. 沉清桶（为沉清浸液用）(1 400L)；8. 初步浓缩锅（浓缩浸液用）(500L)；9. 初步浓缩锅冷凝器（列管式）；10. 初步浓缩回收溶剂用的中间贮存桶；11. 浓缩液贮存桶；12. 输送浓缩液的蒸汽往复泵（2VC）；13. 浓缩液压滤器（滤去粗花粉和杂质）；14. 浓缩液沉淀桶；15. 浓缩液过滤器（滤去悬浮与细小的花粉以及其他细小杂质粒子）；16. 浓缩液贮存桶；17. 真空浓缩锅（75kg）；18. 真空浓缩锅冷凝器（列管式）；19. 真空浓缩回收溶剂贮存桶（内具有盐水冷却用的蛇管装置）

浸花机的结构如图 50-36。

茉莉花生产工艺可分为 3 个主要工序：浸提工序、常压浓缩工序和真空浓缩工序。

（1）浸提工序：我国目前用于茉莉花生产的浸提设备一般为鼓式转动浸提机，其外壳固定，内部结构为一圆柱形的四分格花筛，依浸提机中心轴 90°分格，每格花筛都开有进出料口（进出料共用）。外壳也有进、出料口，在进出料时，只要对准花筛的料口，就可以进行装料或卸料。花筛上满布着直径 1.5～2mm 的小孔，使溶剂能透入且可防止鲜花漏出。花筛的容积约 1.5m^3，可装 300kg 左右的茉莉花。转动浸提机的花与溶剂适宜的比例为 1∶3.5（kg/L）。花装好后即按此比例将溶剂打入浸花机内。进行转动浸提。转动速度一般为 5～8r/min。

浸提温度可采用室温，也可采用低温（10～15℃），低温浸提时对蜡质和杂质的溶解能力低，所得的浸膏质量更好。

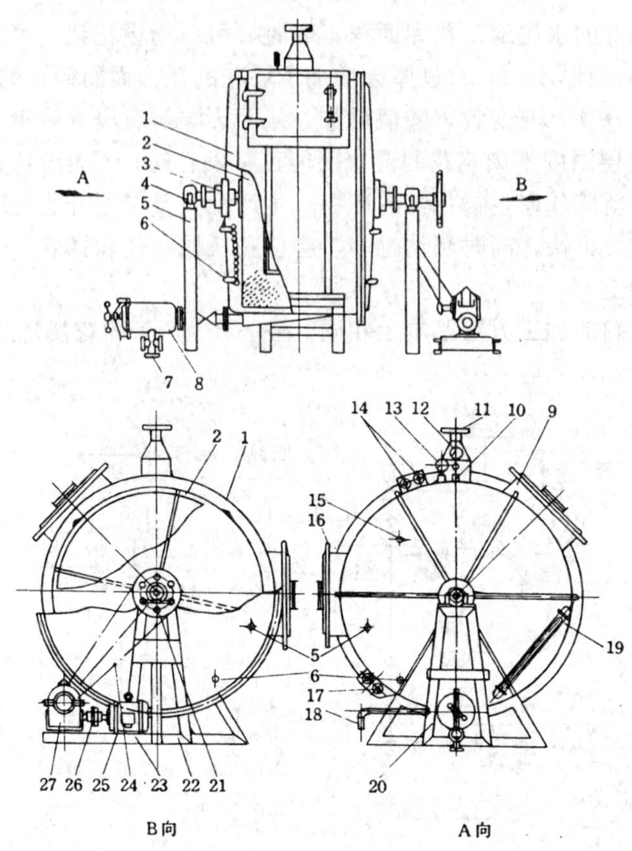

图 50-36 浸花机结构简图

1. 外壳；2. 四分格花筛；3. 填料函；4. 轴承；5. 低温盐水出口；6. 低温盐水进口；7. 浸液出口；8. 过滤器；9. 进料门；10. 透气口；11. 溶剂蒸汽出口；12. 温度计；13. 压力计；14. 冷水进口；15. 溶剂进口；16. 出料门；17. 蒸汽进口；18. 废水出口；19. 液位计；20. 大机架；21. 大链轮；22. 右机架；23. 传动装置底座；24. 链条；25. 防爆电动机；26. 联轴器；27. 螺杆减速器

浸提共分3次，第一次主要起浸提作用，第二、第三次主要起洗涤作用。浸提时间要长些，洗涤时间要短些，一般第一次浸提时间为90～120min，第二次为30min（称“洗一”），第三次为30min（称“洗二”）。浸洗次数越多，花渣残留浸膏量就越少，但浸洗次数太多失去经济意义，一般洗3次已足够了。

溶剂在正常使用过程中，为了减少浓缩量，减少损耗，又不影响浸洗效率下，应采用循环使用的方法。即浸提时所用溶剂为上一批花的第一次洗液；第一次洗涤时所用溶剂为上一批花第二次洗液；第二次洗涤所用溶剂为上一批浸液浓缩后的回收溶剂或是处理过的新鲜石油醚。各次所用溶剂含膏率越低越好，否则就会直接影响浸提和洗涤效率，一般最大浓度不能超过如下数据：

洗一液含膏率最大不应超过0.05%；

洗二液含膏率最大不应超过0.01%。

花渣所吸附的溶剂用直接蒸汽蒸出，回收到的石油醚带有青杂味。在回收的石油醚中用5%干燥的活性炭搅拌处理30min或重新蒸馏1次，可把这种杂味去掉。

(2) 初步浓缩工序：初步浓缩采用常压蒸馏的方法，其目的是将浸液中的大部分石油醚溶剂蒸发回收，得到含浸膏量较大的浓缩液。

从浸提机放出的浸液，经过滤器滤去花渣，流入沉清桶沉清10～15min后放出下层尖顶内沉清出的废水与废渣，然后将沉清液放入初步浓缩锅内进行浓缩。初步浓缩用间接蒸汽加热，一般采用低压饱和蒸汽加热。常压浓缩锅如图50-37。

浓缩锅容量为500L，具有夹层和蛇管间接蒸汽加热装置，锅顶安装一根空柱蒸出管。

在浓缩过程中，锅内液温一般不得超过74℃。为了使浸液中大部分花粉析出，又不使浓度过高影响质量和得率，茉莉花浓缩液适宜的浓度为20～30g/L。据生产经验，每100kg花量应得10L浓缩液。

初步浓缩液放入浓缩液贮存桶中，然后经压滤器后进入沉淀桶，沉淀2h后从沉淀桶下端尖顶放出花粉杂质。另有一些悬浮和细小的花粉不易沉淀，可用室温常压过滤的方法进行过滤。滤器为0.5m直径的圆形过滤器，滤器筛板上放二层过滤纸，滤纸规格为600mm×600mm。滤纸在筛板上四周均匀摺转50mm以上的高度，并用铝环或竹环压紧摺转处。滤液不准满过滤纸摺转高度，过滤器盖必须密闭，盖上装有两个窥镜，可以观察内部的情况。

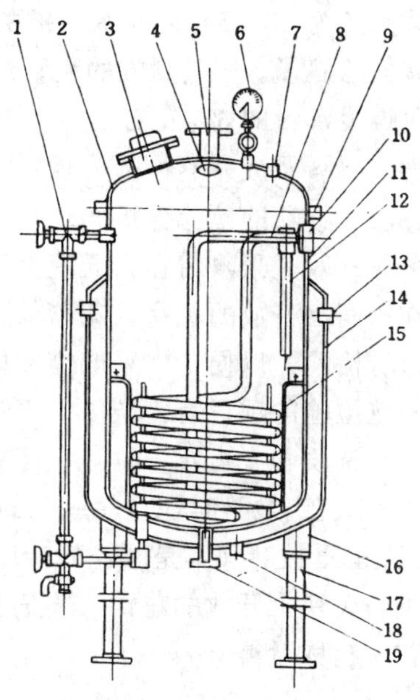

图50-37 常压浓缩锅

1. 液位计；2. 锅盖；3. 手孔；4. 视孔（二只）；5. 出汽口；6. 压力计；7. 透气口；8. 加热蛇管；9. 蛇管法蓝；10. 接缘；11. 锅体；12. 加料口；13. 蒸汽进口；14. 加热夹套；15. 蛇管支架；16. 支座（4只）；17. 支脚（4只）；18. 凝结水出口；19. 初浓液出口

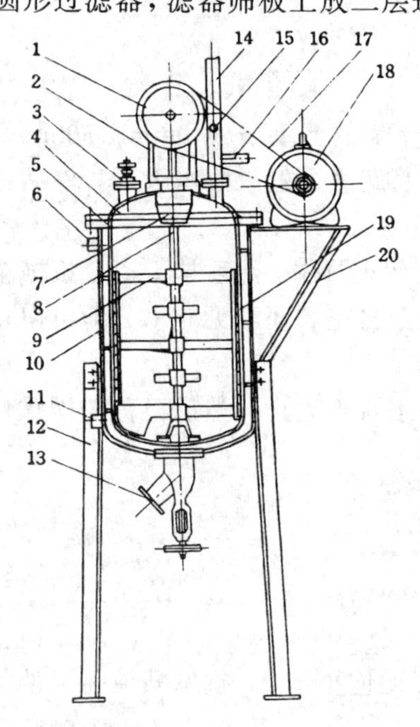

图50-38 减压浓缩锅结构简图

1. 三角带轮；2. 伞齿轮减速器；3. 手孔；4. 锅盖；5. 锅体；6. 热水出口；7. 填料函；8. 轴；9. 搅拌桨；10. 夹套；11. 热水进口；12. 支脚；13. y型出料阀；14. 溶剂蒸汽出口；15. 无水乙醇吸入口；16. 进料口；17. 三角胶带；18. 电动机；19. 挡板；20. 电动机支架

从沉淀桶中放出的花粉杂质与滤器内换出的滤纸，用1∶1（kg/kg）回收石油醚搅洗3次，将3次所得洗液沉清后分出清液，并入尚未初步浓缩的浸液。

（3）真空浓缩工序：浸液经初步浓缩后，还有少量的溶剂。真空浓缩就是在减压下进行蒸发，回收残留的溶剂。其设备结构如图50-38。

经常压过滤后所得的滤液流入贮存桶内，满一锅（75L容积）后用真空吸入真空浓缩锅（约加45L）。真空浓缩是在较低温度下，把石油醚尽快回收干净。真空浓缩分为减压浓缩、制粗膏、制浸膏3个阶段，这3个阶段都要在搅拌状态下进行。搅拌可大大提高浓缩速度，而且易将醚脱尽。真空浓缩液温约56℃。

石油醚与无水乙醇的共沸组成为4∶1（kg/kg），常压下共沸点为58.68℃。无水乙醇的用量就按照制成的粗膏含有的石油醚量计算其共沸组成时所需的乙醇量。一般制成的粗膏约含有石油醚量为15%～18%。工艺生产规定无水乙醇用量为可得浸膏量的5%左右。

6.10.5　原料及成品的检验分析

6.10.5.1　鲜花的检验分析

鲜花一般是采收将在当天晚上开放的花蕾，在初期花的头几天或其他特殊的情况下可以采收在田间已开放的花朵。花蕾以颗粒大、洁白、饱满而含苞待放的最好。鲜花送到工厂时应该进行检验，以便花农采取措施提高鲜花质量，工厂可采取措施提高产品质量。

鲜花检验的项目有：杂质、青虫花、水分。其检验方法如下：

（1）杂质和青虫花含量：枝叶等是杂质；不是当天晚上开放的花蕾称青花；有虫蛀食过的花蕾称虫花。检验时在花库放花的四角和中间以梅花式抽样1～5kg，混合均匀后，称取100g样品。先检出枝叶等不是鲜花的杂质放在瓷盘一角；然后检出青花和虫花与杂质放在一起；最后检查当天晚上开放的花蕾，花蒂超过3mm的过长部分摘下作为杂质计算。将检出的杂质和青虫花一起称量得W_1：

$$杂质和青虫花\% = \frac{W_1}{W} \times 100\%$$

式中：W——鲜花样品重量。

杂质和青虫花应在3%以下。

（2）鲜花附着水的测定：鲜花附着水可用以下3种方法之一来测定：

滤纸条吸水法：即将花样品放在干燥瓷盘中，然后将干燥的滤纸条（10mm×50mm）撒在样品上，用手轻轻翻动，使纸条和花的表面充分接触而将花表面的吸附水吸干，然后拣去吸有水分的滤纸条，再称花的重量。

离心除水法：将花样分两分，各50g，分别装入两个铜丝钢袋中，然后挂于离心机横梁两端。开动离心机，用离心力的作用将花表面的附着水除去，当花表面不见有水分即可停止转动。再称花重。

吹干法：用电风扇或手摇扇吹花样，将花的表面附着水吹干为止，然后再称花样重量。

$$附着水\% = \frac{W - W_2}{W} \times 100\%$$

式中：W——花样重量；

　　　W_2——除去附着水后的花样重量。

6.10.5.2　石油醚的规格

用于鲜花浸提的石油醚溶剂规格为：馏程60～70℃，碘值小于2，挥发残渣无火油等杂臭味，酸碱度为中性，芳香烃试验不变色。

6.10.5.3　产品的检验分析

茉莉花浸膏和大花茉莉浸膏的检验分析项目为：色状、香气、熔点、酸值、酯值和纯油。

色状：用直径约4mm，长约60mm的无色玻璃管，插入样品瓶中取浸膏约30mm，其色泽应为黄绿或浅棕色。

香气：用闻香纸分别沾取试样与标准样品，进行闻香评比。浸膏应具有原来鲜花的香气，不能有其他特殊异样气味。

熔点：用样瓶抽取浸膏试样约10g，在60℃以下的水浴加热熔化。搅匀后将毛细管一端插入试样中，使浸膏样品吸入毛细管一端中高10mm。将取有样品的毛细管放入试管中，塞紧，放入冰浴中冷却2h以上或在10℃以下放置24h。将完全凝固的样品用胶圈紧缚于温度计上，使毛细管有样品部分之下端于温度计的水银球中部。然后将温度计放入盛有50～60ml的冷却蒸馏水的烧杯中，并固定在支架上，使毛细管底距烧杯底约20～30mm，管中存样部分之上端在水面下10mm。然后加温不断搅拌，在温度升到距熔点5℃时，调节加热温度，使每分钟升高0.5～1℃。记录样品开始熔化和完全液化时的温度，作为熔程。

平行试验结果的容许差为0.3℃。

第51章 中国天然樟脑、樟油生产

彭淑静

1 概 述[133~135]

天然樟脑、樟油含在樟科樟属树种的根、干、枝、叶中。用水蒸气蒸馏法，樟脑与樟油随水蒸气气化、冷凝、冷却成固液混合物，其冷凝物中结晶部分为粗樟脑，非结晶的油状液体则为樟脑油。樟脑油经减压分馏可制得油樟脑及各种香精油产品。粗樟脑及油樟脑经升华提纯而制得精制樟脑。

樟脑是一种双环单萜酮，色白如脑髓状物，故名樟脑。因盛产于潮州、韶州，过去又俗称潮脑、韶脑，中国特产[133]。早在明万历三十一年（1603 年）李时珍著的《本草纲目》中已有记载："樟脑出韶州、漳州，状似龙脑，白如雪，樟树脂膏也。"1661 年郑成功开发台湾，制脑业由泉州、漳州传入台湾。清同治二年（1863 年），订立樟脑专卖制度，行销国外，自此台湾樟脑闻名世界。1895 年日本侵占中国台湾后的约 50 年间，台湾樟脑由日本经营。1933 年台北市创建台湾南门制脑厂，年处理樟脑原油达 4 000t[2]。

樟油是樟树经水蒸气蒸馏所得组分不同的香精油的总称，包括樟脑油。本章对樟脑油的加工作重点叙述，其他樟油仅在资源中作一般介绍。

2 中国提取樟脑、樟油的资源及理化性质

中国提取樟脑、樟油的樟属树种，盛产于长江以南。自浙江、安徽交界起，经江西、福建、湖南、贵州、四川，入广东、广西、云南、海南及台湾。中国南部地处温带与亚热带，气候温暖，土质和雨量等自然条件均宜樟属植物生长。因此中国天然樟脑、樟油资源十分丰富。

樟属树种品种繁多，但适宜提取樟脑、樟油的树种有限，其中以樟（又名樟树）最宜于提制樟脑及樟油。近年来发现含脑量高的还有湖北樟（为猴樟的一个变种）、黄樟（其中的大叶脑樟枝叶的精油含脑量高达 80%）、三桠乌药等。本章所介绍的其他樟属品种除含有樟脑外，其枝叶及根中尚含有不少重要的天然精油，可提制桉叶素、芳樟醇、α-松油醇、松油醇-4、d-龙脑、黄樟素等。

2.1 樟[8,135~141]

（1）樟 *Cinnamomum camphora*（Linn.）Presl，别名：香樟、芳樟、油樟、樟木、乌樟、栳樟。

形态特征[8]：常绿乔木。高达 30m。叶革质，互生，卵状椭圆形，长 6～12cm，宽 2.5～5.5cm，两面无毛或背面幼时被微柔毛，离基三出脉。圆锥花序腋生，长 3.5～7cm；花绿白色或带黄色，长约 3mm。果卵球形或近球形，直径 6～8mm。

（2）产地：产于我国南方及西南各省区。常生于山坡或沟谷中，亦常有人工栽培林（如福建、湖南、四川等地）。

（3）理化性质：樟精油的含量及组分随着立地条件、不同部位、树龄及品种不同而异。

历年来沿用砍树、挖根法提取樟脑、樟油，农民将樟树树干中段材质较好的用于出售或制造樟木家具，其余的根、干、枝、叶、木屑等则用于蒸制樟脑、樟油。采伐一棵成年樟树至少需要生长30～50年，资源近于枯竭。根据近年来的研究分析，樟叶含油量可达1.5%～2.5%，具有很高的经济利用价值，育林早期就可以采摘枝叶。运用分类种植矮林灌木化等作业技术就可以得到高质量的各种类型的樟叶油。这些原樟油经过精制即可获得高纯度的天然樟脑和芳樟醇等。为提制天然樟脑、樟油提供了取之不尽的资源。本节将对利用树干及枝叶两种采制方法的产油率及其主要化学成分作介绍。

2.1.1 樟树树干精油

按主要化学成分不同可区分为3个生理类型[44]，即本樟（含樟脑为主）、芳樟（含芳樟醇为主）、油樟（含桉叶素为主）。

（1）本樟：树干含精油3%～5%，其主要化学组成为樟脑（30%～55%），1,8-桉叶油素（14%～22%），黄樟油素（10%以下）等。

本樟产脑量高，因此又称作脑樟。水蒸气蒸馏时，所得油液中有结晶樟脑析出，油脑分离后的粗樟脑得率约0.8%；油状物樟脑油的得率约1.6%，其中含溶解樟脑45%～50%，可用减压分馏法分离。本樟油的成分见表51-1。

表51-1　本樟油的成分与物理性质[35]

项　目	江南各省产	台湾省产①
白油（%）	30	22
樟脑（%）	45～50	50
松油醇（%）	15～17	2
红油（赤油）（%）	4～6	20
蓝油（%）	2～3	2
沥青（%）	2～3	1.5
旋光度	+25°～+30°	+30°
相对密度（25℃）	0.937～0.940	0.950
折光指数（30℃）	1.4734～1.4751	1.5000

① 损耗3%。

（2）油樟：树干含精油2%～3%，其主要化学组成为1,8-桉叶油素（25%～30%），其余尚有α-蒎烯、莰烯、柠檬烯、樟脑、黄樟油素、丁香酚、杜松烯、甜没药烯、α-松油醇等。

油樟用水蒸气蒸馏时，可得油樟油1.8%～2%，也有高达3%以上的，无樟脑析出。油樟油一般含溶解樟脑18%～35%，主要成分是桉叶素和松油醇。油樟油的成分及物理物质见表51-2。

通过多次试验检测，发现中国所产本樟油、油樟油的旋光度与樟脑含量有着一定关系，见表51-3，可作为本樟与油樟的鉴别方法。

（3）芳樟：树干含精油2%～4%，其主要化学组成为L-芳樟醇（40%～90%），其余尚有1，8-桉叶油素、柠檬烯、松油烯、樟脑等。

芳樟用水蒸气蒸馏时，芳樟油得率约2.4%，无樟脑析出，其中溶解樟脑含量因地而异，一般含量40%左右，主要成分为具有清甜香气的芳樟醇。旦尼格（Deniges）试剂比色法粗略地估计芳樟油中芳樟醇的含量，此法可用在山区原料收购时的分类及包装。芳樟油的成分与物理性质见表51-4。

表51-2 油樟油的成分与物理性质[153]

白油（%）	35～40
樟脑（%）	25～35
松油醇（%）	15～20
红油（赤油）（%）	4～6
旋光度	+7°～+18°
相对密度（20℃）	0.915～0.920
折光指数（25℃）	1.470 4～1.473 5

表51-3 旋光度与本樟油、油樟油含脑量的关系[153]

旋光度	樟脑含量（%）
+10°以下	30以下
+10°～+15°	30～37
+15°～+20°	37～40
+20°～+25°	40～45
+25°以上	45～50以上

表51-4 芳樟油的成分与物理性质[153]

项 目	江南各省产	台湾省产①
白油（%）	28～30	18
芳樟醇（%）	15	18
樟脑（%）	14～20	40
松油醇（%）	20	2
红油（赤油）（%）	15	16
蓝油（%）	15	1.5
沥青（%）	15	1.5
旋光度（30℃）	+0°36′	+17°14′～21°58′
相对密度（25℃）	0.9088	0.9231～0.9306
折光率（25℃）	1.4673	1.4692～1.4702

① 损耗3%。

2.1.2 樟树枝叶精油

枝叶精油按主要化学成分的不同，可区分不同的类型。如中国江西的樟树 *C. camphora* 叶精油有樟脑、芳樟醇、1，8-桉叶素、龙脑、异橙花叔醇等5个生理化学型，其樟叶精油化学成分见表51-5[139]。

表51-5 江西樟叶精油化学成分

峰 号	化合物	含 量 （%）				
		Ⅰ	Ⅱ	Ⅲ	Ⅳ	Ⅴ
1	α-侧柏烯	0.14	0.07	—	0.18	—
2	α-蒎烯	1.29	0.12	1.65	2.01	0.08
3	莰烯	1.55	—	—	1.51	0.25
4	β-蒎烯	0.77	0.05	6.92	0.81	0.06
5	桧烯	0.25	0.05	0.25	0.33	0.06
6	月桂烯	0.35	0.08	—	0.93	0.10
7	α-水芹烯	0.81	0.05	—	0.05	0.47
8	柠檬烯	0.03	0.01	—	1.62	0.17
9	1，8-桉油素	1.73	0.21	50.00	1.63	0.92
10	罗勒烯	—	0.09	—	0.07	0.03
11	γ-松油精	0.19	0.30	—	0.16	0.04
12	ρ-伞花烃	0.02	0.01	1.12	0.16	0.03
13	异松油烯	0.03	0.02	0.03	0.08	0.05
14	樟脑	83.87	0.47	0.25	2.95	0.31

（续）

峰　号	化合物	含　量（%）				
		Ⅰ	Ⅱ	Ⅲ	Ⅳ	Ⅴ
15	芳樟醇	0.53	90.57	2.02	0.92	2.31
16	α-玷玔烯	0.45	0.11	0.23	0.72	0.14
17	乙酸龙脑酯	0.60	0.18	0.14	0.51	0.03
18	丁香烯	0.75	1.99	0.20	0.93	1.42
19	萜-4-醇	0.02	0.04	0.11	0.03	1.27
20	乙酸香茅酯	0.50	—	0.15	0.03	0.09
21	β-没药烯	0.13	—	1.73	0.63	—
22	龙脑	1.10	0.16	0.31	81.78	1.14
23	α-松油醇	1.29	0.53	14.35	0.27	3.58
24	葎草烯	0.16	0.17	0.13	0.12	0.39
25	乙酸松油酯	0.11	0.18	0.22	0.06	0.12
26	β-香茅醇	0.11	0.25	0.12	—	—
27	乙酸香叶酯	0.04	0.03	0.08	—	0.47
28	异-香叶醇	0.05	0.19	0.17	—	0.04
29	黄樟油素	0.16	0.88	0.20	0.20	0.48
30	甲基丁香酚	0.50	0.11	0.12	0.03	0.29
31	异-橙花叔醇	0.51	0.46	0.65	0.11	57.67
32	甲基异丁香酚	0.03	0.05	0.33	0.38	0.98
33	β-桉油醇	0.14	0.11	0.31	0.14	0.23
34	愈创木醇	0.03	0.02	1.46	0.17	0.15

Ⅰ.樟脑型　Ⅱ.芳樟醇型　Ⅲ.桉油素型　Ⅳ.龙脑型　Ⅴ.异橙花叔醇型。

2.2　猴樟[8,142]

（1）猴樟 *Cinn amomum bodinieri* Levl.，别名：香樟、大胡椒树、香树。

（2）形态特征：常绿乔木，高达16m。叶坚革质，互生，卵圆形或椭圆状卵圆形，长8～17cm，宽3～10cm，背面密生绢状微柔毛，侧脉每边4～6条，最基部的一对近对生，其余互生。圆锥花序长10～15cm，花序总梗和各级序轴均无毛；花绿白色，长约2.5mm；花被筒及花被裂片的外面近无毛。果球形，直径7～8mm，绿色，无毛。

（3）产地：主产贵州、四川东部、湖北、湖南西部及云南东南部。大多生于石灰岩山地疏林中或阳坡灌木丛中。

（4）化学成分：树干含精油1.2%～1.4%，根含精油2.90%，叶含精油0.46%～0.60%。依据其叶精油主要成分的差异，已知猴樟可区分为3个生理类型[8]。

黄樟油素型（香茅樟）：主含黄樟油素（84.0%），樟脑和甲基庚烯酮（1.80%），其余尚含莰烯、α-蒎烯、柠檬烯、芳樟醇、α-松油醇、1，8-桉叶油素、丁香酚等。

1，8-桉叶油素型（桉叶油樟）：化学组成主含1，8-桉叶油素。

水芹烯型（单萜烃樟）：化学组成主含单萜烃水芹烯。

2.3　湖北樟[8,139]

（1）湖北樟 *Cinnamomum bodinieri* Levl. var. *hupehamum*（Gamble）G.F.Tao（Comb. nov.），形态特征为猴樟的一变种，是天然樟脑的新资源。它与猴樟不同之点在于其

花序除总梗外各级序轴常被微柔毛，花被筒及花被裂片的外面被绢状微柔毛或近无毛。

（2）产地：主产湖北西部，四川东部和湖南西部。生于海拔250～1 300m的河谷盆地或向阳山坡。

（3）化学成分：叶含精油1.5%，其主要化学组成为α-蒎烯（1.15%）、莰烯（1.47%）、柠檬烯（2.18%）、樟脑（88.46%）、龙脑（1.08%），其余尚含香桧烯、β-蒎烯、月桂烯、对-伞花径、1,8-桉叶油素、芳樟醇、松油-4-醇、α-松油醇、葎草烯等。

2.4 阴香[8,138]

（1）阴香 *Cinnamomum burmannii*（C. G. et Th. Nees）Bl.，别名：桂树、香胶树、野桂树、香柴、炳继树等。

（2）形态特征：常绿乔木，高达14m。叶革质，互生或近对生，卵圆形、长圆形至披针形，长5.5～10.5cm，宽2～5cm，两面无毛，离基三出脉。圆锥花序长3～6cm；花绿白色，长约5mm。果卵球形，长约8mm。

（3）产地：云南、广西、广东、福建等省（区）。生于疏林、密林或灌木丛中，以及溪边、路旁等处，海拔100～1 400m（云南境内可达2 100m）。

（4）化学成分：依据叶精油主要化学组成的不同，可分为3个生理类型。

梅片树：叶含精油0.35%～0.7%，其主要化学组成为：萜烯-4(2.09%)、α-蒎烯(1.24%)、β-水芹烯（0.92%）、β-蒎烯（1.11%）、月桂烯（1.59%）、α-水芹烯（1.47%）、1,8-桉叶油素(10.73%)、芳樟醇(0.96%)、α-龙脑(70.81%)、α-松油醇(1.22%)、乙酸龙脑酯(5.02%)，其余尚含β-侧柏烯、α-侧柏烯、乙酸β-松油烯、乙酸α-松油酯、樟脑、β-柠檬醛（橙花醛）、香叶醇、α-柠檬醛（香叶醛）、丁香酚、γ-榄香烯、4-乙烯基环己烷甲醇、橙花叔醇等。梅片树是具有重要经济价值的天然右旋龙脑（梅片）新资源。

油汁树：叶含精油0.3%～0.4%，其主要化学组成为：1,8-桉叶油素（48%以上）。

油脑汁树：叶含精油0.3%～0.4%，其主要化学组成为：d-龙脑（32.50%）、1,8-桉叶油素（20.80%）等。是油汁树和梅片树的过渡类型。

2.5 云南樟[8,142]

（1）云南樟 *Cinnamomum glanduliferum*（Wall.）Nees，别名：臭樟、红樟、香叶树、青皮树、香樟、白樟、樟脑树。

（2）形态特征：常绿乔木，高5～20m。叶革质，互生，椭圆形至卵状椭圆形或披针形，长6～15cm，宽4～6.5cm，背面无毛或少被毛，羽状脉，脉腋于叶背有腺窝。圆锥花序长4～10cm；花淡黄色，长达3mm。果球形，直径达1cm，黑色。

（3）产地：贵州、云南、四川、西藏。多生于山地常绿阔叶林中，海拔1 500～2 500m。

（4）化学成分：枝叶含精油0.5%，其主要化学组成为：樟脑、α-蒎烯、对-伞花烃、芳樟醇、β-松油醇、α-樟脑、柠檬醛、癸醛、甲基庚烯酮、1,8-桉叶油素、丁香酚等。

2.6 天竺桂[8]

（1）天竺桂 *Cinnamomum japonicum* Sieb.，别名：竺香、山肉桂、土肉桂。

（2）形态特征：常绿乔木，高10～15m。叶革质，近对生或枝条上部者互生，卵圆状长圆形至长圆状披针形，长7～10cm，宽3～3.5cm，两面无毛，离基三出脉。圆锥花序腋生，长3～4.5cm；花长约4.5mm。果长圆形，长7mm，宽达5mm，无毛。

（3）产地：江苏、浙江、安徽、江西、福建、台湾等省。生于低山常绿阔叶林中，海拔

300～1 000m。

（4）化学成分：叶含精油主要化学组成为：α-蒎烯（2.93%）、桧烯（1.42%）、β-月桂烯（3.30%）、α-水芹烯（3.28%）、柠檬烯（1.30%）、1,8-桉叶油素（13.17%）、对-伞花烃（13.20%）、樟脑（3.51%）、芳樟醇（2.56%）、松油醇-4（2.86%）、β-石竹烯（1.43%）、α-松油醇（2.85%）、乙酸α-松油酯（1.37%）、δ-杜松烯（2.97%）、丁香酚（15.26%），其余尚含有莰烯、β-蒎烯、α-松油烯、β-水芹烯、γ-松油醇、β-榄香烯、γ-依兰油烯、α-依兰油烯、香叶醇、榄香醇、甲基丁香酚等。

树干含精油主要化学组成为：α-水芹烯（5.97%）、1,8-桉叶油素（16.07%）、对-伞花烃（7.13%）、樟脑（1.34%）、芳樟醇（11.42%）、松油醇-4（2.05%）、α-松油醇（2.10%）、乙酸α-松油酯（1.96%）、α-依兰油烯（1.21%）、δ-杜松烯（1.36%）、丁香酚（29.49%），其余尚含有α-蒎烯、β-蒎烯、桧烯、β-月桂烯、β-水芹烯、γ-松油烯、β-榄香烯、β-石竹烯、γ-依兰油烯、香叶醇、黄樟油素、反式-依兰油醇（0.30%）、反式-δ-杜松脑等。

根含精油主要化学组成为：1,8-桉叶油素（6.25%）、樟脑（30.28%）、松油醇-4（1.03%）、α-松油烯（1.47%）、黄樟油素（45.91%）、丁香酚（3.20%），其余尚含有α-蒎烯、莰烯、β-蒎烯、β-月桂烯、α-水芹烯、α-松油烯、柠檬烯、γ-松油烯、对-伞花烃、芳樟醇、β-石竹烯、γ-依兰油烯、δ-杜松烯、反式-杜松脑、反式-依兰油醇等。

2.7 黄樟[8,144,146]

（1）黄樟 *Cinnamomum Parthenoxylon*（Jack）Nees.，别名：黄槁、山椒、油樟、大叶樟、香樟、冰片树、樟脑树。

（2）形态特征：常绿乔木，高10～20m。叶革质，互生，常为椭圆状卵形或长椭圆状卵形，长6～12cm，宽3～6cm，两面无毛，羽状脉，侧脉每边4～5条，脉腋于叶背面无明显腺窝。圆锥花序腋生或近顶生，长4.5～8cm；花绿色带黄，长约3mm。果球形，直径6～8mm，黑色。

（3）产地：广西、广东、福建、江西、湖南、贵州、云南等省（区）。生于海拔1 500m以下的常绿阔叶林或灌木丛中。

（4）化学成分：叶含精油。依据叶精油主要化学成分不同可分为姜樟、大叶芳樟、大叶油樟、大叶脑樟和柑味樟等类型。

姜樟枝叶含精油0.5%～0.8%，其主要化学组成为：α-蒎烯（2.42%）、莰烯（1.26%）、β-蒎烯（1.38%）、α-柠檬烯（1.57%）、芳樟醇（8.43%）、樟脑（1.10%）、龙脑（1.07%）、β-柠檬醛（橙花醛）（28.28%）、α-柠檬醛（香叶醛）（35.83%）、石竹烯（4.67%）、β-芹子烯（0.97%），其余尚含有桧烯、月桂烯、α-水芹烯、对-伞花烃、1,8-桉叶油素、β-水芹烯、表樟脑、香叶醇、香茅酸甲酯、香叶酸甲酯、α-玷𤫩烯、β-榄香烯、β-毕澄茄烯、α-榄香烯、β-金合欢烯、β-甜没药烯、雪松烯等。根油含黄樟油素26%等。

大叶芳樟枝叶含精油1.1%～1.4%，主产于广东惠阳地区，其主要化学组成为：α-芳樟醇（95.08%）、樟脑（1.09%），其余尚含有萜烯-4、α-蒎烯、β-蒎烯、α-水芹烯、对-伞花烃，$\Delta^{1,8}$-萜二烯、1,8-桉叶油素、香茅醇、石竹烯等。

大叶油樟枝叶含精油2%，其主要化学组成为：α-蒎烯（3.10%）、β-蒎烯（13.40%）、1,8-桉叶油素（62.40%）、α-松油醇（9.50%），此外尚有莰烯、癸醛、柠檬醛等。根油含黄樟油素65%。

大叶脑樟枝叶含精油，其主要化学组成为：d-樟脑（80.00%），此外尚含有莰烯、α-蒎烯、β-蒎烯、1,8-桉叶油素等。

柑味樟枝叶含精油，其主要化学组成为：α-水芹烯（43.00%）、对-伞花烃（40.00%）、香茅烯（1.40%）等。

2.8 香桂[8,147]

（1）香桂 *Cinnamomum subavenium* Miq.，别名：细叶月桂、细叶香桂、月桂、香槁树、土肉桂。

（2）形态特征：常绿乔木，高达20m。叶革质，互生或近对生，椭圆形、卵状椭圆形至披针形，长4～13.5cm，宽2～6cm，两面被黄色平伏绢状短柔毛，但老时脱落，三出脉或近离基三出脉。花序腋生，具花3～4朵；花淡黄色，长3～4mm。果椭圆形，长约7mm，宽5mm，熟时蓝黑色。

（3）产地：云南、贵州、四川、湖北、广西、广东、安徽、浙江、江西、福建及台湾等省（区）。生于山坡或山谷常绿阔叶林中，海拔400～1 500m。

（4）化学成分：叶含精油，其主要化学组成为：α-蒎烯（1.28%）、对-伞花烃（1.40%）、芳樟醇（14.35%）、黄樟油素（69.70%）、丁香酚（4.29%），以及莰烯、1,8-桉叶油素、α-松油醇、癸醛、壬醛、β-石竹烯、橙花叔醇等。

香桂是一种以叶为原料的黄樟油素新资源，四川宜宾等地已有人工种植的基地林。

2.9 细毛樟[8,148,149]

（1）细毛樟 *Cinnamomum tenuipilis* Kosterm.，形态特征：乔木，高4～16m。单叶互生，倒卵形或近椭圆形，长7.5～13.5cm，宽4.5～7cm，初时两面密被毛，先端钝或短渐尖。圆锥花序腋生或顶生，长4.5～8.5cm，密生灰绒毛；花被两面被绢状微柔毛。果近球形，直径达1.5cm；果托长达1.5cm，顶端浅杯状，宽达8mm。

（2）产地：云南南部及西部，生于海拔600～2 000m的山谷或谷地灌木丛中或林中。

（3）化学成分：叶含精油1.40%～2.09%，其主要化学组成为：L-芳樟醇（97.51%）、金合欢烯（1.39%），以及3-已烯醇、罗勒烯、香叶醇、α-玷玴烯、β-石竹烯、反式-β-金合欢烯、α-蛇麻烯、δ-杜松烯、顺式-β-金合欢烯、二苯胺等。

2.10 三桠乌药[8]

（1）三桠乌药 *Lindera obtusiloba* Bl.，别名：红叶甘橿、香丽木、三钻风、三角枫、绿绿柴、橿军。

（2）形态特征：落叶乔木或灌木，高3～10m；幼枝黄绿色。单叶互生，近圆形或扁圆形，长5.5～10cm，宽4.8～11cm，先端常3裂，三出脉。花序在腋生混合芽中，无总梗。果宽椭圆形，长8mm，直径5～6mm。

（3）产地：辽宁、山东、安徽、江苏、河南、陕西、甘肃、浙江、江西、福建、湖南、湖北、四川、西藏等省（区）。从北向南生于海拔20～3 000m的山谷、密林灌木丛中。

（4）化学成分：鲜叶含精油0.9%～1.1%，其主要化学组成为：α-蒎烯（6.00%）、莰烯（4.20%）、β-蒎烯（2.20%）、β-月桂烯（2.50%）、顺式-罗勒烯（3.20%）、γ-松油烯（3.20%）、樟脑（52.70%）、β-榄香烯（0.50%）、石竹烯（3.20%）、β-芹子烯（2.50%）；其余尚含α-侧柏烯、桧烯、β-水芹烯、柠檬烯、蒈烯-3、1,8-桉叶油素、柠檬醛、葛缕酮、芳樟醇、龙脑、薄荷脑、α-松油醇、松油醇-4、乙酸龙脑酯、乙酸香叶酯等。

3　樟树的生物学习性对樟脑、樟脑油组分的影响[135,136,143]

影响樟脑、樟油得率的因素很多，主要有树种、立地条件、树龄、树的部位、采收季节等。

3.1　树　种

用于提取樟脑的树种主要是樟树，而只有本樟（脑樟）在水蒸气蒸馏时，可得到结晶樟脑；油樟及芳樟只能得到含有溶解樟脑的油樟油与芳樟油。其他樟属树种含有不同组分的香精油。外部形态相同的樟，其所含精油的成分各不相同。如樟科黄樟属不同生理型的樟精油化学组分差异很大，见表 51-6。

表 51-6　黄樟属不同树种精油化学组分

树　种	枝　叶　(%)									根（%）
	β-蒎烯	α-水芹烯	对-伞花烃	1,8-桉叶素	d-樟脑	α-芳樟醇	α-柠檬醛	β-柠檬醛	α-松油醇	黄樟油素
大叶脑樟	—	—	—	—	80.00	—	—	—	—	—
大叶油樟	13.40	—	—	62.40	—	—	—	—	9.50	65.00
大叶芳樟	0.11	0.26	0.12	0.40	1.09	95.08	—	—	—	57.00
柑味樟	—	43.00	40.00	—	—	—	—	—	—	—
姜　樟	1.38	0.32	0.21	0.82	1.10	8.43	35.85	28.28	—	26.00

江西樟叶精油所含主成分不同划分为樟脑、芳樟醇、桉叶油素、异橙花叔醇及龙脑 5 个生理类型。其精油含量和主要成分含量见表 51-7。

表 51-7　不同类型樟叶精油与精油中主成分含量

叶油类型	叶含油量（%）	精油中主成分含量（%）
樟脑型	1.59～2.53	65.23～84.83
芳樟醇型	1.37～2.16	68.87～85.93
桉叶素型	1.60～2.35	36.04～47.02
异橙花叔醇型	0.24～0.56	20.74～45.42
龙脑型	1.53～1.93	67.06～81.78

3.2　立地条件

野生樟树比人工栽植樟树含脑、含油量均较多。单独生长的樟树比密林樟树所含脑和油量均较多。生长在排水良好、土壤湿润的樟树比生长在积水地方者含脑、含油量多。

3.3　树　龄

幼龄本樟树含油多，含脑少；60 年的老樟树，樟脑和樟油含量几乎相等；超过 60 年的高龄樟，其含脑量逐渐增多，含油量逐渐减少。如 120 年生的樟树含脑量，比 20 年生的樟树多 2.4 倍；含油量减少约 25%。

研究发现樟树叶部精油的主要成分类型在实生幼苗期已稳定形成，不随树龄的增长而改变；然而根部精油的主要成分随树龄增长而变化。幼树的根部精油尽管其同株叶油分别是樟脑型、芳樟醇型和桉叶素型，然而它们的根油却以黄樟油素为主要成分。成龄树根油的主要成分却与叶油是一致的，只是含量没有叶油中高。

3.4　树体部位

樟树的根、干、枝、叶等部位的脑和油的含量各不相同。一般根部含脑、含油最多，干部次之，枝叶最少。根部含脑及含油量，粗根又比细根多。树干所含脑及油量随离地面的高度而变化，离地面越近，含脑油量越多，反之越少。也有些樟树枝叶中含樟脑，而根干不含樟脑或含量很少。如有的云南樟，叶出脑3%，出油0.44%；枝出脑0.15%，不出油；根不出脑，出油0.33%。

江西栽培幼樟不同部位精油的组分及含量分析结果见表51-8。

表51-8　栽培幼樟不同部位精油分析结果

类　型	部　位	含　量　(%)					
		产油率	樟脑	芳樟醇	桉油素	α-松油醇	黄樟油素
樟脑型	叶	1.70	72.0	1.3	3.3	3.5	0.7
	根	1.86	33.6	1.2	10.1	4.6	38.3
芳樟醇型	叶	2.05	0.7	80.2	4.8	2.1	0.8
	根	1.15	5.8	8.9	0.5	0.5	78.8
桉叶油素型	叶	2.22	1.4	0.5	48.1	15.9	0.3
	根	1.52	12.2	2.1	10.6	5.5	60.7

3.5　采脑季节及采收处理

秋冬季节，樟叶的含脑量最高，一般都于秋冬季节采摘枝叶制脑。采下的枝叶摊地阴干3～5天，避免阳光直接照射，否则脑油损失大。待树叶变软即将枝、叶分开，分别加工，否则因小枝含油多含脑少，混合加工时，由于油分增多而使溶解樟脑增多，降低粗脑产量。雨天不便阴干而直接用鲜枝叶制脑，产量稍低。树干制脑要有计划合理砍伐，木屑、木渣要充分利用，及时加工制脑。

4　樟脑及其副产油的性质和用途

4.1　樟脑的性质和用途[5,122,135,136,152,153]

（1）樟脑的性质：双环单萜酮樟脑，分子式$C_{10}H_{16}O$，分子量为152.24，又名莰酮-（2）；系统命名为1,7,7-三甲基双环［2,2,1］庚酮-（2）。化学结构式如下：

CH_3
*C
H_2C　　CO
H_3C-C-CH_3
H_2C　　CH_2
*C
H

虽然樟脑事实上有二个不对称碳原子，从而理应有四个旋光体及二个外消旋体，但是只有二个旋光体及一个外消旋体是已知的。可用这样的事实来解释：樟脑分子中之谐-二甲基桥对其六员环“面”为顺式。从模型及键长来考虑，一个反式桥将具有高度张力，因而反式樟脑必将极不稳定，以致不能存在。

天然常见的为右旋樟脑。左旋体或外消旋体罕见。迄今发现过右旋体的有：樟树 *Cinnamomam camphor* (Linn.) Presl. 等樟属植物产中国、日本及东印度，北美檫木 *Sassafras albidum*，穗薰衣草 *Lavandula spica* 植物。在大花鼠尾草 *Salvia grandiflora*、母菊属 *Matricaria* 等植物的精油中发现有左旋体。外消旋体仅发现于菊属 *Chrysanthemum* 的一种植物中。

樟脑为粒状、针状、片状结晶体；无色或白色；具粘性，可压制成半透明团或块；易升华，在室温中即缓慢挥发，挥发率为30℃2.75%，40℃6.8%，50℃13.0%，60℃20.3%（60min）。挥发率约为冰片（龙脑）的3倍。天然樟脑有特异香气。刺鼻；味初辛，后清凉。微溶于水（14～17℃时溶解度为0.167%）。对纯水的溶解度随着温度的上升而减小，但有CO_2

气体存在时增大。将小片樟脑投在水面时，则激烈旋转，而再加入1滴油时，则旋转停止。本品极易溶解于三氯甲烷；加少量氯仿，乙醇或乙醚后易研碎成细粉。易溶于多种有机溶剂及二硫化碳、石油醚、橄榄油和挥发油中。樟脑比旋度 $[\alpha]_D^{20}+40°\sim+43°40'$（5g，乙醇，50ml100mm），熔程为174～179℃，沸点为204℃（101.32kPa），樟脑固、液、气三相共存点为179℃（50.66kPa），天然樟脑纯度可达96%以上。吸收峰最大波长为292nm（三氯甲烷）。相对密度（25/4℃）0.9920，固态樟脑比热1.8kJ/kg；液态樟脑比热2.4kJ/kg；熔融热42kJ/kg；汽化热304kJ/kg；升华热346kJ/kg。樟脑易燃烧，并伴有光亮的火焰和黑烟。樟脑的闪点为52℃，爆炸极限为0.6%～3.5%。樟脑油的闪点为55℃，如按闪点来衡量，属于"乙类"火灾危险性；但按爆炸极限来衡量，应属于"甲类"。

（2）樟脑的用途：樟脑最早用于家庭防虫、防蛀、尸体防腐等。后来大量用在赛璐珞和照相软片制造上。赛璐珞就是硝化纤维溶解在樟脑中所形成的胶状透明溶液制成的。

在制造无烟火药时，高纯度的天然樟脑，可用作稳定剂，以减缓火药的燃烧速度。

医药方面用于制备中枢神经兴奋剂（如樟脑磺酸钠等）、局部麻醉剂、十滴水、仁丹、万金油及樟脑酊等。有消毒、杀菌、防腐等功效。且具馨香气息，是衣物、书籍、标本、档案的防蛀剂。此外，还用作冷饮、糖果、调味品等的微量添加剂。

4.2　白樟油的性质与用途[2,5,6,135,150～153]

（1）白樟油的性质：白樟油是粗制樟油经减压分馏后所得的前段轻油馏份；其主要化学成分为α-蒎烯、莰烯、β-蒎烯、月桂烯、柠檬烯，1,8-桉叶油素等。白樟油为无色至微黄色透明油状液体；常压馏程160～185℃（101.3kPa），减压下馏程115～125℃（20kPa）相对密度（20/20℃）0.850～0.910；乙醇中溶混度（20℃）1∶1全溶于95%乙醇中。主要成分为桉叶油素含量20%～35%。提去桉叶素之副产品称为"白油乙级"，其品质如：馏程160～170℃（101.3kPa），相对密度（15/4℃）约0.860，旋光度 $\alpha_D^{25}+20°\sim+30°$；折光指数 n_D^{20} 约1.4680；桉叶油素含量约5%。

中国产桉叶油（单离自樟脑油）的品质如下例，相对密度（20°/4°）0.9058～0.9186；旋光度－2.0～＋5.0；折光指数 n_D^{20}1.4593～1.4639；桉叶油素含量（邻-甲苯酚法）70%～86.9%；溶混度（15.5℃）溶于3～5倍容积70%乙醇中。

（2）白樟油的用途：白樟油主要含桉叶油素，通过精密分馏或化学法制得桉叶油（单离自樟脑油）含桉叶油素80%左右。提去桉叶油后的副产品——"白油乙级"是极好的溶剂，医药上用来配制某些消毒剂，防腐剂、防臭剂，也有用于浮选矿石。其蒎烯馏份可作为合成松油醇、合成樟脑及合成龙脑的原料。

（3）1,8桉叶油素：桉叶油素属内醚类香料，分子式 $C_{10}H_{18}O$，分子量154.25，结构式如下：

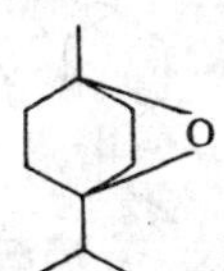

性质：无色油状液体，具有桉树特有的气味。在水中可溶0.4%，溶于乙醇等有机溶剂中。沸点176.4℃，凝固点＋1°，相对密度 d_{25}^{25}0.921～0.923，折光指数 n_D^{20}1.4575。

用途：少量用于牙膏、口腔清洁剂中，主要用于医药工业。

4.3 芳油的性质和用途[3,136,150]

(1) 芳油的性质：芳油亦称芳樟油。它是芳樟油减压精馏所得的第二馏份，按其芳樟醇含量多少，分芳油A和芳油B两种。其主要物理常数和化学组成见表51-9。

表51-9 芳油的理化性质

指 标	芳 油 A	芳 油 B
馏程 (101.32kPa) (℃)	190～210	190～210
(10.66kPa)	120～130	120～130
相对密度 (25℃/4℃)	0.860～0.865	0.860～0.865
旋光度 >	-14°0′	-12°0′
折光指数 n_D^{25}	约1.4613	约1.4621
樟脑含量 <	0.7%	1.5%
芳樟醇含量 (氯化锌脱水法) >	94%	85%～90%

中国天然芳油一般分为四级[150]，见表51-10。

表51-10 芳油级别

指 标	芳油级别			
芳樟醇含量 (%) (氯化乙酰-二甲基苯胺法) >	75	80	85	90
旋光度	-8°～-13°	-9°～-14°	-10°～-15°	-16°以上

据上海商检局检测，中国产芳油品质见表51-11。

表51-11 芳油规格

指 标	数 值	指 标	数 值
相对密度 (25℃/4℃)	0.8621～0.8795	折光指数 n_D^{20}	1.4612～1.4638
旋光度	-7.9°～16.6°	芳樟醇含量 (氯化乙酰-二甲基苯胺法)	75.6%～92.0%

粗制芳油 (芳樟油) 约含50%～60%芳樟醇，芳樟醇与旦尼格试剂呈特征性的红色：取10ml旦尼格试剂置入试管中，加入等量的油样。在20℃时振荡 (此时逐渐有沉淀生成)，油样与水层的接触处呈玫瑰红色，然后变成深红色。同时溶液的颜色由紫红色变成棕紫色，最后成深灰色。

旦尼格试剂的配制方法：取5g氯化汞溶于热的20ml浓硫酸和100ml水溶液中即得。

从粗制芳油与旦尼格试剂生成的红色，可以约略估计出芳樟醇的含量。

(2) 芳油的用途：主要用于单离芳樟醇，少量用于清洁剂等的日用香精中。

(3) 芳樟醇：旋光性的芳樟醇以(+)－及(－)－形式存在于芳樟油中，它是一个不饱和的叔醇($C_{10}H_{18}O$)，具有两个非共轭的稀键。分子式$C_{10}H_{18}O$，分子量154.25，结构式如下：

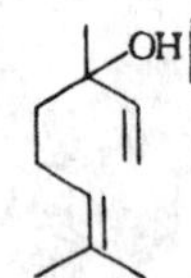

性质：无色液体，具有铃兰花香香气。芳樟醇具有3种旋光异构体。左旋体存在于芳樟油中。芳樟醇；折光指数n_D^{20}1.4668，旋光度$[\alpha]_D^{20}$－20°7′。相对密度(25℃/4℃) 0.858～0.862，沸点198℃，闪点78℃；微溶于水，溶于乙醇、丙二醇和油类。几乎不溶于甘油。

用途：芳樟醇用途极广，在茉莉、铃兰、玫瑰、橙花、金合欢、晚香玉、紫丁香等花香型、果香型、木香型香精中均可应用。在奶油、葡萄、杏子、菠萝等香型的食用香精中也经常使用。

4.4 粗松油醇的性质和用途[3,136,150]

(1) 粗松油醇的性质：粗松油醇是樟油减压精馏时次于樟脑的馏份。粗松油醇主要成分见表 51-12，主要物理常数见表 51-13。

表 51-12　粗松油醇的主要成分

组　成	含　量 (%)	组　成	含　量 (%)
松油醇	约 72	樟　脑	14
黄樟油素	10	残　液	4

表 51-13　粗松油醇主要物理常数

指　标	数　值	指　标	数　值
馏程 (101.32kPa) (℃)	210～225	相对密度 (25/4℃)	0.94～0.95
(10.66kPa) (℃)	140～150	旋光度 $[\alpha]_D^{25}$ (度)	−7

(2) 粗松油醇的用途：粗松油醇主要用于单离松油醇和肥皂香料等。

(3) α-松油醇：α-松油醇是最重要的单环萜醇，有一个不对称碳原子，因此有 (+) -体、(−) -体、(±) -体 3 种型式。左旋体 (−106°) 存在于松针油、柠檬油、白柠檬油、桂叶油、樟脑油、玫瑰木油中。右旋体 (+96°) 存在于松节油、橙花油、甜橙油、茉莉油中。消旋体存在于蓝桉油、香叶油、玉树油中。

松油醇有 α-、β-和 γ-3 种异构体。天然樟叶油中含 14%以上的 α-松油醇，喜马拉雅柏油里以游离态或酯的形式存在 γ-松油醇，而 β-松油醇在精油中尚未发现。

松油醇的分子式 $C_{10}H_{18}O$，分子量 154.25，α-松油醇的系统命名：1-甲基-4-异丙基环己烯-1-醇-8 (又名对-蓋烯-1-醇-8)。几种异构体的结构式如下：

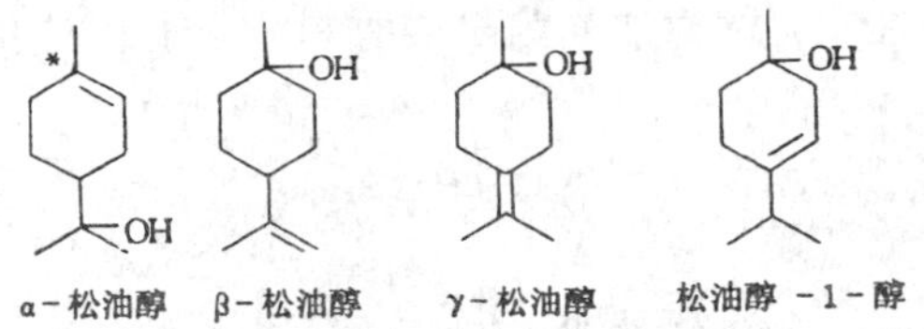

$C_{16}H_{18}O$, MW=154.25

高纯度的 α-松油醇具有类似紫丁香的青香香气，纯品是结晶体，熔点 35℃。市场出售松油醇大多为合成品，其中尚含有 3%～5%β-松油醇、萜烯醇-1 等，是液体状混合物。沸点 219℃，折光指数 n_D^{20}1.48268，相对密度 25/25℃0.930～0.936，闪点 90℃，溶于 3 体积 60%的乙醇或 2 体积 70%乙醇、及油质香料、丙二醇、石蜡油中，微溶于水 (0.5%) 及甘油。

α-松油醇有较好的香气适应性，和对空气及在许多加香介质中的良好的稳定性，因此广泛用于各种用途的香精配方中，同时用作新鲜气息剂。主要用于调配丁香、森林香型香精等。为许多皂用、日化制品和消毒剂香精的主要成分。纯 α-松油醇尚可用于柠檬、甜橙、桃子、生姜、茴香及辛香香精。是价格低廉的大宗香料产品，每年世界用量在 1 万 t 以上。

4.5 红油 (赤油) 的性质和用途[134～136,150～153]

(1) 红油的性质：红油也叫赤油，是樟油减压精馏时所得的后段馏份，因呈红棕色而得名。其主要成分见表 51-14。

表 51-14 红油主要成分

组 成	含 量（%）	组 成	含 量（%）
黄樟油素	50～60	倍半萜烯和倍半萜醇	5
松油醇	20	樟 脑	小于 3
丁香酚	少量		

中国红油品质见表 51-15。

红油提取黄樟油的品质见表 51-16。

红油经提取黄樟油素后的残油，称为黄油（黄樟脑油），其品质见表 51-17。

表 51-15 中国红油主要物理常数

指 标	数 值	指 标	数 值
馏程（101.32kPa）	210～250℃	折光指数（n_D^{25}）	约 1.5150
相对密度（25/4℃）	1.000～1.035	樟脑含量（%）	<3.0
旋光度（α_D）	0～+12°	黄樟油素含量（%）	50～60

表 51-16 黄樟油主要物理常数

指 标	数 值	指 标	数 值
馏程（101.32kPa）	220～225℃	折光指数（n_D^{20}）	约 1.5255
相对密度（15/4℃）	1.070～1.085	黄樟油素含量（%）	约 80～90
旋光度（α_D）	<+5°		

表 51-17 黄油主要物理常数

指 标	数 值	指 标	数 值
馏程（101.32kPa）	215～225℃	折光指数（n_D^{20}）	约 1.5010
相对密度（15/4℃）	0.97～0.99	黄樟油素含量（%）	约 20

（2）红油的用途：红油主要用于单离黄樟油素，提取黄樟油素后的黄樟脑油可用于防虫、防臭，及用作选矿剂。

（3）黄樟油素[3,150～153]性质：黄樟油素为醚类香料，分子式 $C_{10}H_{10}O_2$，分子量 162.19，结构式：

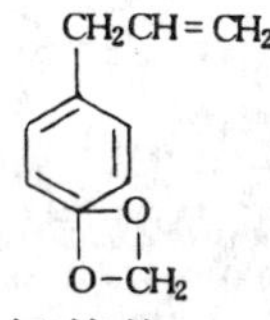

系统命名为 4-烯丙基-1,α-亚甲基二氧基苯。一般为无色至淡黄色油状液体，具有黄樟树特有的香气。相对密度（15℃）1.10，沸点 235℃（101.32kPa），闪点 100℃，冻点 11℃，折光指数（n_D^{25}）1.5387。不溶于水，溶于乙醇和油类，微溶于聚乙二醇和甘油。在强酸和强碱中易变色。天然存在于黄樟油（含 80%～90%）、樟脑油、肉桂叶油等。自樟脑红油中，用冻析法（0℃左右），制得的黄樟油素，再经减压精制后的黄樟油素其品质见表 51-18。

表 51-18 精制黄樟油素理化常数

指 标	数 值	指 标	数 值
馏程（101.32kPa）	230～235℃	折光指数（n_D^{20}）	约 1.5367
相对密度（15/4℃）	1.104～1.105	冻点（℃）	10～11
旋光度	±0°至稍呈右旋		

用途：主要用于合成洋茉莉醛、香兰素和浓馥香兰素等。微量用于低档香皂、洗涤剂香精中。

4.6　蓝油的性质和用途[135,136,152,153]

（1）蓝油的性质：蓝油是樟油减压精馏的最终高沸点馏份，因其呈蓝色而得名。主要成分是倍半萜烯、倍半萜醇、及薁类化合物。蓝油的品质见表 51-19。

表 51-19　蓝油的主要物理常数

指　　标	数　　值	指　　标	数　　值
馏程（101.32kPa）	220～300℃	折光指数（n_D^{25}）	约 1.5050
相对密度（15/4℃）	<1.000	樟脑含量（%）	<2.5%

（2）蓝油的用途：蓝油可用作选矿剂，对白蚁等防虫效果好。

5　天然樟脑、樟油生产[132,133～136,151～153]

樟脑、樟油生产首先是备料，然后经蒸馏粗制、再制和精制 3 个工序。

备料，主要是原料的采收。

粗制工序系以樟树的根、干、枝、叶为原料，在樟林地区就地设灶，利用水蒸气蒸馏法，提取粗制樟脑（山制樟脑）与粗制樟油。

再制工序系以减压分馏法将粗制樟油中的溶解樟脑及沸点不同的白油、芳油、松油醇、红油（赤油）、蓝油、沥青等副产油分别提出。提出的樟脑称再制樟脑，又名油脑。

精制系以再制樟脑与山制樟脑按一定比例混合，利用升华结晶的方法，除去所含的油分、水分及其他杂质，得到纯度达 99.3%（碘滴定法）以上的精制樟脑成品（又称改乙樟脑）。

樟脑、樟油生产工艺流程如图 51-1。

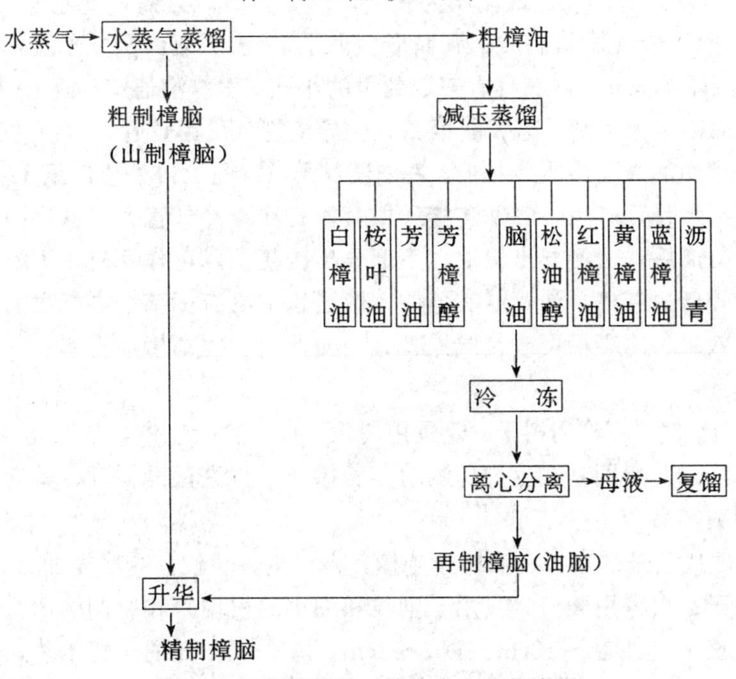

图 51-1　天然樟脑、樟油生产工艺流程

5.1 原料的采收

5.1.1 树干采收

以采收树干提取樟脑、樟油为目的的，可以全株或全林砍伐。由于樟树有较强的萌芽能力，为了迅速更新，可以在中龄或接近成熟时在冬季或早春砍伐。伐口尽量接近地面，便于根部萌芽，也避免伐口感染病菌。以后整枝去掉多余的萌条，选留一株健壮的加以培养，10余年后便可再次成林。

5.1.2 枝叶采收

以采收枝叶提取樟脑、樟油为目的的，有3种方式：

(1) 截枝林：栽植10年左右截取枝条利用，保护主干不受损伤，以后大约每隔2～3年可以再次截取枝叶。

(2) 头木林：幼林5～10年生，截去离地面约2m以上的主干和枝叶利用，使主干萌发枝叶，以后大约每隔2～3年用同样方式截取主干梢头加以利用。

(3) 矮林：栽植5～6年后离地面20cm截断幼树，利用其枝叶和茎干，并促使根株萌芽成林。以后每3～4年进行1次，大约可以连续进行3～4次。

为了每年都能采收到足够的原料，可将截枝林、头木林和矮林划分小区，每年轮回利用一部分小区；还可以在各小区中每亩选留5～10棵较好的植株加以培育，不截枝干而长成大树。

5.2 水蒸气蒸馏法提取樟脑、樟油

5.2.1 简易水蒸气蒸馏

简易水蒸气蒸馏装置由汽化锅、蒸馏甑、樟脑结晶器、冷凝器、油水分离器等部件组成。本樟油含脑量高，在水蒸气蒸馏时有樟脑结晶析出，其蒸馏工艺流程及装载蒸馏原料的木甑，设备结构，如图51-2、图51-3。汽化锅为铁制，形如大型炒菜锅，直径为1m左右，中部深0.45m。蒸馏甑用2～5cm木板制成；圆筒形（上小下大）。甑体竖立于汽化锅上，锅、甑之间设一木制假底，厚约6cm，假底具有一定数量的小孔，作蒸汽通道，甑底侧设有出渣口、加水及回流水孔。甑顶盖为木制平盖，甑顶侧设一导汽管（可用竹管），直径为10cm左右。冷凝桶为置于冷水槽中的表面冷凝冷却器，铁制圆筒形。铁桶上口处覆以铜（或白铁、铝等）制笠形盖，盖内盛冷水作冷却用，底部连接一根套管式冷凝冷却管，将铁桶内的油水导入油水分离器；经澄清分离后，上侧导出樟油，下部导出冷凝水，可作回流水不断回流入汽化锅。

蒸馏含脑量较低的芳樟、油樟或其他在蒸馏过程中没有樟脑结晶析出的樟树原料时，为了提高冷凝冷却效果，冷凝桶可改装成蛇管式冷凝器，以提高樟油得率。

蒸馏操作如下：

(1) 选料：选料时，不论用树干，还是用树根、枝丫和叶生产，首先应鉴别区分本樟、油樟和芳樟，以防混杂。特别是在生产樟脑时，若掺杂有少许黄樟树叶，就会使全甑原料受到破坏，得不到樟脑产品。

(2) 整料：砍伐下来的本樟、油樟和芳樟，将树梢、幼枝、叶尽先加工，避免原料变质，影响出油率。树干、根等用柴刀（只用于削枝和细小的根块）和特制的弯月形锄头横挖（横绕树干方向）成长不超过10～13cm，宽3～7cm，厚3～7mm的小樟木片，木片过大过厚都会使出油量和出脑量减少。枝条则切成3～3.5cm长的碎枝。

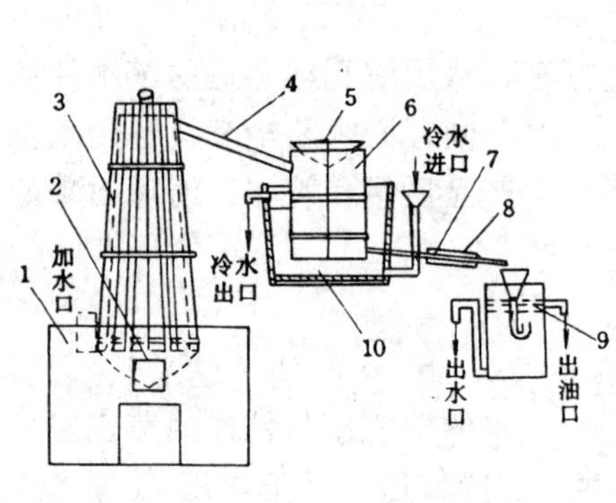

图 51-2 水蒸气蒸馏制粗樟脑的工艺流程

1. 炉灶；2. 汽化锅；3. 木甑；4. 导汽管；

5. 樟脑结晶器；6. 冷凝器；7. 冷却管；

8. 套管；9. 油水分离器；10. 木桶

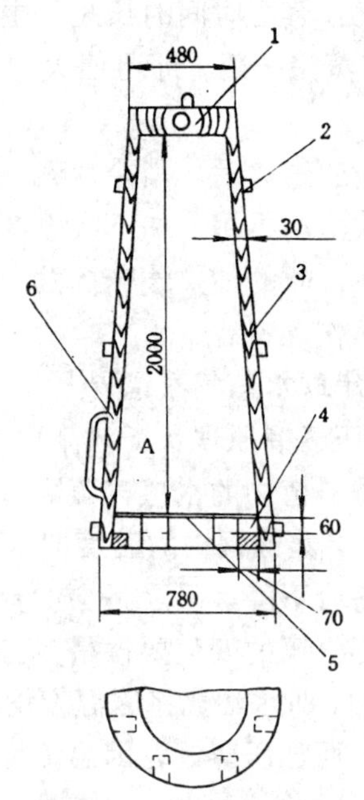

图 51-3 粗樟脑和樟脑油生产木甑结构

1. 甑盖；2. 桶箍；3. 甑体；

4. 木格子；5. 篾排；6. 甑门

(3) 装料：将小木片均匀装入油甑内，每甑装料 250kg，装料高度与甑盖距离 10cm 为宜，不要装得过满。在装木片时要松密均匀，甑身周围要踏实，中间用手扒平，防止产生气道，致使装料紧密地方蒸汽不足，影响该部分木片内所含的樟脑和樟油的提取，同时甑的假底离水面 7cm，以防止水沸腾后浸泡木片，将油分带入水内，降低出油率。

(4) 密封：装料完毕，将甑盖盖紧密封，然后检查甑身周围、导气管、冷却器各接口处是否密封好，即用稻草与黄泥混合的泥浆（不能太稀，加水量以用手捏紧而无水滴出为宜）将甑盖、甑身周围进行保温。如果甑盖甑身没有保温，水蒸气上升到甑上部会冷凝而重复流入锅内，既影响出油率又浪费燃料和工时。

(5) 加热：密封和保温工作完毕，生铁锅内放满清水，然后烧火加热。在加热蒸馏过程中，加热的火力要猛，并保持灶内火焰均匀。火力忽大忽小，会影响出油率。同时锅内要有充足的水量，如水位低，产生蒸汽减少，蒸出的油呈暗黄色，既影响樟油质量和香味，还会有烧焦的危险。此外，还要严格检查甑身与各接头处有否漏气。如发现漏气，应及时密封。

(6) 出料：烧火加热使水沸腾后，蒸汽上升穿过木片，樟脑、樟油随水蒸气气化上升，通过甑上端的导气管，进入水箱中冷凝铁桶内，樟脑遇冷后凝成固体，集结在冷凝铁桶桶壁周围和顶部的笠形盖底部，从生火到出油一般需要 40～80min，待蒸馏完毕将其刮下，装入麻袋吊干分去水分，即为粗制樟脑。樟油冷凝成液体，因比水轻浮于水面，未冷凝的蒸汽，再经水沟中的导气管冷却降温后，进入油水分离器，分出水分后就可按质量标准分装灌桶。冷凝水可以导回油甑内重复使用，既节约用水，又可提高樟脑和樟油的得率。各种樟树出油率不一样，一般在 2.5%～5%。

(7) 停火：蒸馏时间的长短，主要由原料的大小厚薄而定，木片薄，蒸馏时间短，一般12～17h可以蒸完一甑，即可停火。当蒸馏冷凝液中没有油珠或只有很微量的油液时就可停火。

(8) 出渣：停火后，稍冷片刻，将甑盖和出渣孔打开，从出渣孔把蒸过的废木片清理干净，以备下次生产再用。如下次生产的樟树种类与上一次不同，必须将全套设备用水空蒸一段时间，让上一甑的油类气味挥发干净，以免影响下一次产品质量和香味。清理出来的废木片晒干后，可作燃料。

5.2.2 加压串联水蒸气蒸馏[132]

5.2.2.1 加压蒸馏原理及工艺流程

在天然香料植物的水蒸气蒸馏（用饱和水蒸气）中，水的蒸气压与精油的蒸汽压的总和等于操作压力，蒸馏锅内的温度即水与精油的共沸温度。若操作压力低于常压（101.32kPa），则蒸馏温度将会下降，反之将会上升。一般来说，由于温度变动导致水的蒸汽压的下降或上升比精油的蒸汽压的变化要慢得多。所以，水对精油的重量比（即蒸馏时的水、油比）将是成反比地增加，即水油比将因温度增高而下降。因此，减压蒸馏因温度降低，水油比增大，蒸汽耗量就大；而加压蒸馏，因温度增高，水油比减小，蒸汽耗量就显著降低。

被蒸馏原料的精油中，含有易产生化学变化的酯类化合物时，如香柠檬油、橙花油、桉叶油、松节油等的蒸馏则采用加压蒸馏是可取的，它可以大大降低蒸汽耗用量而节省燃料消耗。如在岩兰草20h加压蒸馏过程中，因开始6h的出油量占总出油量的65%左右，馏出液中的油水比较高，愈接近蒸馏终点，油水比愈低。如果能把后14h的出油量和油水比始终维持在前6h的水平，就可大大节约蒸汽耗用量。把已蒸过6h后导出的含油蒸汽再串进新装原料的蒸锅，而形成一组串联蒸锅，从而大大降低蒸汽耗用量，这就是“加压串联蒸馏工艺”的基本原理。

“串联蒸馏”即是几台单独加压蒸馏锅用管道串联组合，耗用蒸馏一台蒸锅原料的蒸汽，利用压力差来蒸馏二台或三台馏锅的原料。四锅串联蒸馏工艺流程如图51-4。

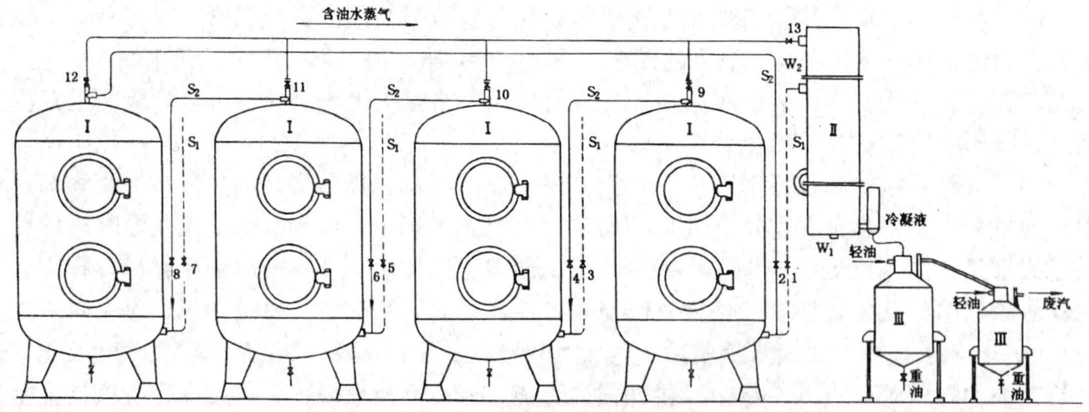

图51-4 四锅串联蒸馏工艺流程图

Ⅰ. 蒸馏锅；Ⅱ. 列管/蛇管复合式冷凝冷却器；Ⅲ. 两用油水分离器；

S_1. 生蒸汽；S_2. 串联蒸汽；W_1. 冷却水入口；W_2. 冷却水出口；

1～13. 蒸汽阀门

四锅串联蒸馏工艺流程实际上是三锅串联蒸馏，其中一台锅是装出料的备用锅。其工艺流程如下：

樟原料⟶切碎⟶装料⟶ 蒸馏⟶含油蒸汽⟶串入第二台蒸馏锅
└蒸汽
蒸馏⟶含油蒸汽⟶串入第三台锅蒸馏⟶含油蒸汽⟶冷凝器⟶粗制油⟶精制⟶樟脑油

工艺条件：蒸馏压力（第一台蒸馏锅）4～4.5×98.07kPa，蒸馏时间（每台锅）20h，蒸馏速度 2 800～3 200ml/min。

主要设备（按一组计）：1.6～2m^3 加压蒸馏锅 2 台（或 4 台）；10m^2 列管/蛇管复式不锈钢冷凝器 1 台；100L、45L 铝制轻、重油二用分油器各 1 台；辅助设备有切片机、磨刀机、进出料运输车等。

6　樟油的加工

樟油的加工是将樟油内所含的各主要组分分离提取出来，制成油樟脑（再制樟脑）及各种香精油和单离香料。

6.1　原樟油的分类贮存

大批运到工厂的原樟油，一般可分为 3 类，即油樟油、本樟油和芳樟油。因为各类油的主要成分不同，因此必须分类贮藏，便于加工。由各地运来的原樟油，一般用容积为 200～240L 的大铁桶包装。原樟油到厂后，必须在每桶内抽样检验，检验项目主要是测定其物理常数，即气味、相对密度、旋光度 3 项。通过检验即可迅速地将 3 类油分开。

原樟油的分类标准见表 51-20。

表 51-20　原樟油的分类标准

指　标	芳 樟 油	油 樟 油	本 樟 油
气　味	具有特殊的清香气息	—	—
相对密度（20℃）	0.88～0.91	0.91～0.93	0.93～0.945
旋光度	−13°～+5°	0°～+14°	+14°以上

原樟油经过检验分类后，倾入地下油槽，用油泵分别送到不同的油池（本樟油池、油樟油池和芳樟油池）贮藏备用。

油池容量可为 50t、100t 或 200t，型式可采用直立式或横卧式。油池附有计量仪表，一般多采用浮标式，附有刻度标尺，从标尺上可确知油池内存油数量。立式油池须装置避雷针。为了防火安全，油池和生产车间的距离，至少应在 50m 以上。

6.2　粗樟油的组成和性质

水蒸气蒸馏所得的粗樟油是一种多组分的萜类混合物，主要成分有 α-蒎烯、β-蒎烯、柠檬烯、萜二烯、桉叶油素、芳樟醇、樟脑、松油醇、黄樟油素、丁香酚、倍半萜烯及倍半萜烯醇等。其中桉叶油素、芳樟醇、黄樟油素等是贵重的香料。一般采用减压精馏将其主要成分分离开来。

本樟、油樟、芳樟 3 种主要树干樟油的组成和性质见表 51-21。

表 51-21　3 种树干樟油的组成和性质

指标名称（%）	本樟油	油樟油	芳樟油
白樟油	30	35～40	28～30
芳樟油			15
樟　脑	45～50	25～35	14～20
松油醇	15～17	15～20	20
赤　油	4～6	4～6	
蓝　油	2～3		
沥　青	2～3		
旋光度 $[\alpha]_D^{20}$	+25°～+30°	+7°～+18°	(30℃) +0°36′
相对密度	(25℃) 0.937～0.940	(20℃) 0.915～0.920	(25℃) 0.9088
折光指数	(30℃) 1.4734～1.4751	(30℃) 1.4704～1.4723	(25℃) 1.4673

6.3　樟油减压精密分馏

樟油是一种多组分的均相混合液体，组成混合物液体的各组分具有不同的挥发度，即在相同温度下各自的蒸气压不同，可通过精馏方法，控制一定的馏程范围，顺次将易挥发组分从塔顶分别馏出，难挥发组分则由塔底抽出，使樟油内的主要组分得到分离。

由于樟油内有些组分的沸点高达 230℃以上，常压精馏很难进行，因此常采用减压精馏，以降低组分的沸点。

精馏过程中回流比的大小，直接影响到产品的品质及成本费用。同时回流比的选定与组分分离的难易程度要相适应。通常回流比采用 5～10。

生产中采用的连续式精馏设备常为 3 个串联的泡罩式精馏塔，每组精馏设备主要由下列各部分构成：塔底蒸馏釜（釜内装有加热管）、精馏塔、冷凝器、冷却器及馏出液的受器。真空度在塔釜和受器上测量，温度在塔釜与塔顶导气管处测量，回流液量用转子流量计测量，馏出液数量直接在受器中计量。

6.3.1　本樟油、油樟油的精馏

本樟油、油樟油三塔串联连续减压精馏流程如图 51-5。樟油从地下油槽 4 经油泵送至塔顶高位槽 8，然后靠重力流入 1 号蒸馏塔内。进料口设在第 13 块塔板上，待油充满加热釜 2/3 时为止。开动真空泵，维持塔顶压力 20kPa，塔顶温度为 120℃。塔釜用导热油（210～260℃）间接加热（2 号、3 号两塔也一样），釜内油温控制在 150℃。塔内各板沸腾，应先全回流 1h，回流比 5，检定塔顶白油馏份的品质合格后［白油相对密度（25℃）0.86～0.87，旋光度（25℃）+16～+19］，收集成品白油于成品承受器 6。接着连续加入原油，1 号塔底残油流入残油承受器 5，经计量后流入地下贮槽，利用真空由贮槽连续抽入 2 号蒸馏塔。2 号蒸馏塔塔顶压力维持在 10.67kPa，塔顶温度 135℃左右，塔釜油温 155℃。塔顶蒸出脑油，经成品承受器 6 计量后用离心泵送至樟脑结晶器 10，利用冷盐水间接冷却使结晶析出，再用篮式离心机将晶体与油分离。所得的母液为第一母液，其中约含白油 22.2%，樟脑 57.56%，松油醇 20.22%。积成一定量后，可重新精馏，提取白油和樟脑。樟脑冷却会析出结晶，堵塞管道，应注意保温。同时，在塔底抽出 2 号残油进入粗松油醇承受器 5，经计量后利用真空压差连续抽入 3 号精馏塔。3 号塔塔顶压力保持在 10.67kPa，塔顶温度约 145℃，釜内油温 170℃。塔顶蒸出粗松油醇，回流比 10，经成品承受器 6 计量后入地下贮槽。待积成一定数量后，可用间歇精馏塔回收樟脑和提纯松油醇。3 号塔塔底抽出的残油经残油承受器冷却计量后放入贮槽，待积成

一定量后，可重新精馏，提取松油醇和黄樟素中间产品及可冻黄樟素，相对密度(20℃)0.980～1.00，主要成分为黄樟油素。

6.3.2　杂芳樟油精馏

杂芳樟油精馏份两步进行。第一步按图 51-5 三塔串联流程进行杂芳樟油蒸馏；第二步按图 51-6 芳油塔流程进行芳脑油精馏。

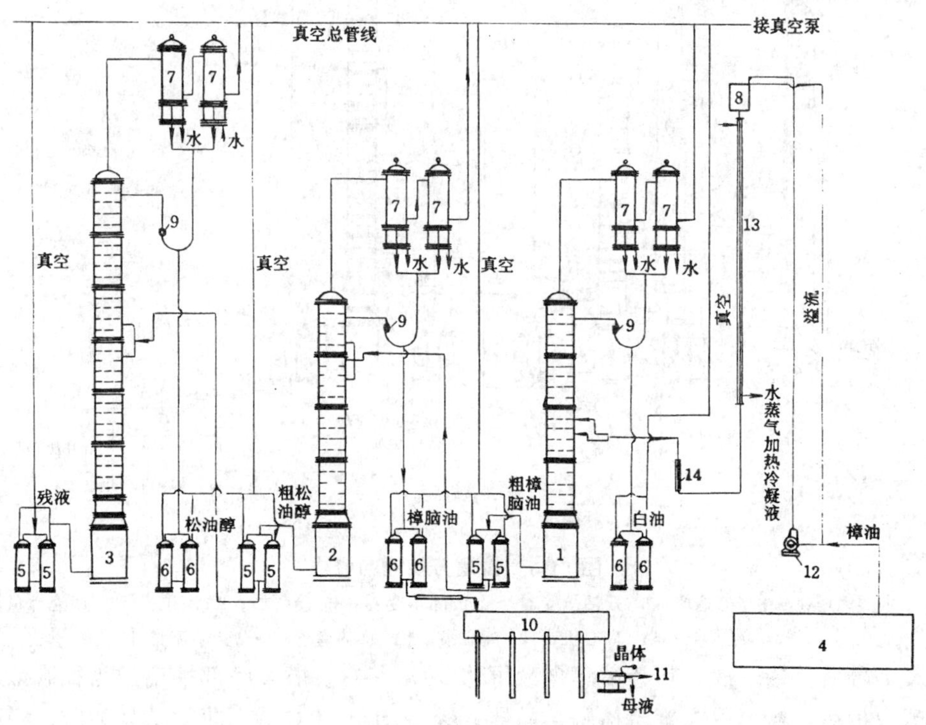

图 51-5　精馏本樟油、油樟油或芳樟油的流程图

1. 1 号蒸馏塔；2. 2 号蒸馏塔；3. 3 号蒸馏塔；4. 地下油槽；5. 残油承受器；6. 成品承受器；7. 冷凝器；8. 高位槽；9. 回流计量器；10. 结晶器；11. 离心机；12. 离心泵；13. 加热套管；14. 转子流量计

杂芳樟油蒸馏操作与本樟油、油樟油法相同。1 号塔进料口在第 12 块塔板上，塔顶压力维持在 20kPa，塔顶温度 120℃，塔底维持油温 150℃。塔顶蒸馏白油，塔釜 1 号残液从 2 号塔第 13 块塔板进入。2 号塔塔顶压力约 10.67kPa，气相温度 135℃左右，塔釜油温 155℃左右。由塔顶馏出的芳脑油为白油、芳樟醇、樟脑及松油醇的混合物，主要成分为芳樟醇及樟脑，故称芳脑油。2 号塔釜放出的残液经残液承受器计量后，送入 3 号塔精馏。3 号塔塔顶压力维持 10.67kPa，气相温度约 145℃，塔釜油温约 170℃左右。由塔顶馏出的为粗松油醇，其成分为樟脑 17%，松油醇 68%，残油 15%。可以依照蒸馏油樟油粗松油醇法精馏，提取樟脑及纯化松油醇。3 号塔釜釜底抽出残油，残油成分因芳樟油品种不同而异。

芳脑油的精馏为先将芳脑油（成分为白油 3.3%，芳樟醇 46.4%，樟脑 47.3%，松油醇 3%）用油泵送入高位槽（8）进入 1 号塔第 13 块塔板上。开车及操作与蒸馏油樟油相同。塔顶压力约为 20kPa，气相温度 120℃左右，塔釜油温约 150℃。塔顶馏出白油，塔釜 1 号残油不断输入 4 号塔(即芳油塔)，进料口在第 12 块塔板上。塔顶压力约 10.67kPa，气相温度 130℃左右，塔釜油温维持 155℃左右。塔顶馏出粗芳油，含芳樟醇 71%，樟脑 29%。集中一定量

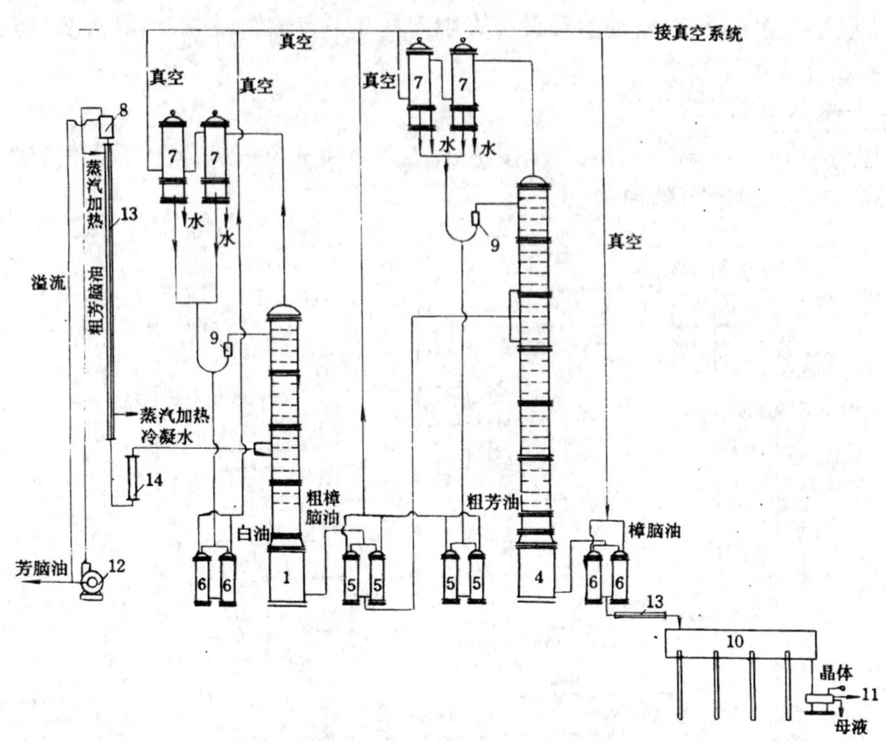

图 51-6 精馏芳脑油的流程

1. 1号蒸馏塔；4. 4号蒸馏塔；5. 残油承受器；6. 成品承受器；7. 冷凝器；8. 高位槽；9. 回流计量器；10. 结晶器；11. 离心机；12. 离心泵；13. 加热套管；14. 转子流量计

后再进入4号塔复馏一次，其芳樟醇含量可达90%左右。塔釜底部抽出的为樟脑浓缩液，经残油贮罐计量后，趁热用泵打至樟脑结晶器，经冷却至10℃后，即得结晶油脑。经离心分离所得的第一母液，成分为芳樟醇32.54%，樟脑56.15%，松油醇11.31%。此母液可重复送回4号塔蒸馏，继续由塔顶馏出粗芳油，塔釜底部抽出樟脑液。4号塔称芳油塔，专为提取芳樟醇之用。

6.4 白油中提取桉叶油素[152,153]

精馏所得白油中，含桉叶油素25%以上。桉叶油素的单离可以采用化学法或物理法。

6.4.1 化学法单离桉叶油素

取160～185℃(101.32kPa)馏出的白樟油与间苯二酚水溶液(相对密度1.090,浓度40% W/W)，按2∶3的重量比，分别放置冷冻盐水槽内冷至5℃左右，然后将两种液体混合搅拌约5min，结晶开始形成。继续搅拌5min，再在冷冻盐水内静置0.5h后取出，迅速用离心机甩滤，即得到桉叶油素与间苯二酚的复合结晶和部分未起作用的樟油和间苯二酚溶液。

将复合结晶放入蒸馏锅内，先用间接蒸汽预热使之熔解，然后用活汽蒸馏，桉叶油素随水蒸气蒸出，而间苯二酚溶液则留在锅内。得到的桉叶油素含量达70%～85%左右，桉油蒸馏完后，继续加热浓缩间苯二酚溶液，间苯二酚溶液可重复使用。

离心机分离出来的滤液亦用水蒸气蒸馏，回收部分白樟油与间苯二酚溶液。

本法操作繁琐，且间苯二酚对人体有害，生产成本较高，因此现在很少采用。

6.4.2　分馏法与冻析法单离桉叶油素

将含有 25%以上桉叶油素的白樟油，利用减压精馏法提纯到含桉叶油素达 70%以上的白油，随即采用低温冷冻槽在－50℃下冷冻结晶 2～3h 后，迅速用离心机甩滤，结晶部分为桉叶油素，分离的母液继续采用重复精馏法以提取剩余的桉叶油素。

6.5　从芳油中单离芳樟醇[152,153]

从杂芳樟油精馏得到的芳油 A，其中芳樟醇含量达 90%以上，及少量的樟脑（0.7%～1.5%）、桉叶油素、黄樟素等。芳油 A 带有樟脑等气息，不能满足商品香料及芳樟醇质量指标。80 年代，中国从法国吐纳尔（Tournaire）公司引进 628 型间歇真空精馏装置，用于杂芳油的精馏提纯，所得芳樟醇产品中的樟脑含量降至 0.5%以下，且完全除掉了桉叶油素、黄樟素等组分。产品气味清香，达到了商品香料级质量指标。

芳油真空精馏装置如图 51-7。该装置是在原 628 型基础上再行设计的。设备组成简介如下：

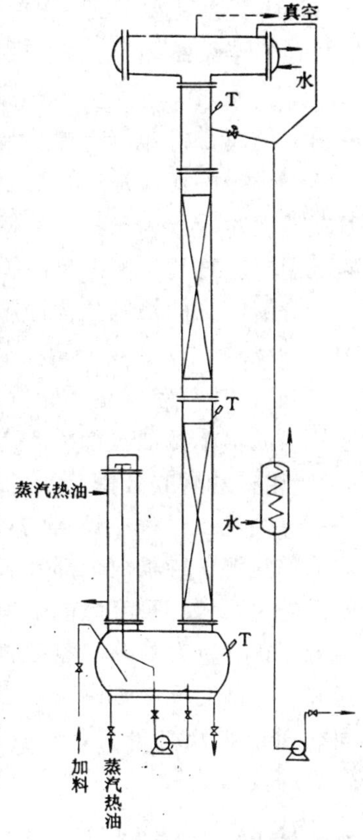

图 51-7　芳油真空精馏装置

（1）填料塔：∅700mm×11 000mm，采用 Hyrerfil 和 Variknit2 种填料组合安装。塔顶和塔中部配置多管式分布器和再分布器，并配有多盘式集液器，使填料塔中的液体得以均匀分布和再分布，以确保填料的分离效率。

（2）加热釜：卧式，容量 1 000 L，底部有夹套。

（3）料液输送泵：流量 15m^3/h，使用温度约 300℃。其作用是把釜内料液抽出送至降膜蒸发器加热气化。泵的轴封无泄漏。

（4）降膜蒸发器：加热面积 10m^2，连续地使部分料液加热气化，避免了釜内全部料液长时间地处于沸点状态。

（5）列管冷凝器：冷凝面积 20m^2，卧于塔顶，形成内回流操作。

（6）蛇管冷却器：冷却面积 2m^2。

（7）出料泵：流量 1.5m^3/h。

（8）真空泵：多级水环式真空泵，抽气量 97m^3/h，真空度约 8.0kPa。

（9）热油泵：流量 15m^3/h，连接热油系统，供加热釜底夹套和降膜式蒸发器的热油进行循环。

（10）空气净化装置：气动调节阀所用气源净化装置包括预过渡器（除去＞70μm 的杂物）和微孔过滤器（除去＞0.01μm 的杂物），由差压转换器显示滤芯清洁状况，以定期清除杂物。

空压机和热油系统由工厂配套。

整套装置由于采用降膜蒸发器和塔顶冷凝器内回流，总安装高度布置紧凑，操作方式可连续补料或间歇退料。

6.6　樟脑馏液的加工[135,152,153]

2 号塔顶馏出的樟脑馏液中含有 70%的樟脑，可借助冷冻结晶过滤而分离。

冷冻设备主要分为两种：

(1) 连续结晶器：为一卧式夹层空筒，内装螺旋推进搅拌器，电动搅拌和出料。冷盐水(－15℃)通入夹套间与热的樟脑液作逆向流动，樟脑馏液在器内冷却结晶后即由器的另一端流出，经离心机即可将樟脑与母液分离。

(2) 冷冻槽：是一个具有搅拌器的保冻铁槽，内装多根冷却管，管中导入冷却液氨，液氨在蒸发时吸收大量热能，使槽内温度下降至－50℃左右。也适用于黄樟油素、桉叶油素等的低温冷冻结晶。冷冻槽的操作为间歇式。

分离出来的樟脑称为油脑，须再行升华精制。分离出来的馏液称为第一母液，第一母液中约含樟脑57%，可利用1号塔复馏提取白油和樟脑。塔顶不断馏出白油成品，塔底连续抽出樟脑浓缩液，经承受器计量后，用泵送至樟脑利用离心机分出樟脑晶体及第二母液。第二母液的组成与本樟油蒸馏后的1号塔残液组分相似，可与之混合一并送入2号塔提取樟脑馏液。

6.7 粗松油醇的分馏[152,153]

樟油加工过程中所得的粗松油醇，沸点在250℃左右。常采用间歇式真空精馏提纯，以导热油作热源。待釜内全部沸腾，再全回流1h后，开始取样检验，进入正常蒸馏操作。蒸馏速度须先快后慢，回流比根据馏份质量要求不断加以调整。蒸出的第一馏份为含脑38%的粗松油醇，馏出量为16%，蒸馏时间约2.5h。蒸出的第二馏份为含脑18%的粗松油醇，馏出量为17%，蒸馏时间2.5h。蒸出的第三馏份为含脑7%左右的松油醇，馏出量约为29%，蒸馏时间约3h。釜残约38%，其主要成分为黄樟油素，集中一定数量后予以重新分馏，以得到纯度较高的黄樟油素。

7 樟脑的精制

樟脑精制的原料是樟树水蒸气蒸馏得到的粗樟脑，及由樟油精制得到的粗樟脑。樟脑精制的目的是除去粗樟脑中的水分、油分和杂质，以制得纯度高、品质好的精制樟脑粉（台湾称为改良乙种樟脑或改乙樟脑)。精制的方法用升华法。

7.1 升华的原理

升华是一种挥发性物质由固体变成气体，或由气体冷凝直接成为固体的变化过程。

升华主要应用在挥发性固体物质的提纯，或使已提纯的块状物体具有一定的结晶形态。

为了避免热敏性物质在升华过程中发生分解或炭化，升华可在减压下或吹风的情况下进行。

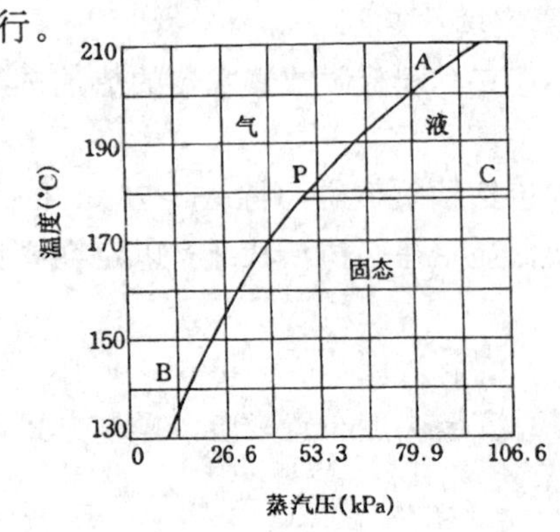

图 51-8 樟脑的三相图

对于一个纯粹物质的相平衡状态，可用压力-温度图来表示。樟脑是易挥发固体物质，其固-液-气三相共存点为179℃（50.66kPa)。樟脑三相图如图51-8。

图中：PA——饱和蒸汽-液相之间的平衡关系；

PB——物质固相-饱和蒸汽之间的平衡关系；

PC——物质固相-物质液相之间的平衡关系；

PA——液相物质的蒸汽压与温度的关系曲线；

PB——不是PA的延长线，而是固态物质的蒸汽压与温度的关系曲线；

PC——固体物质的融点与温度的关系。

它是一条直线，说明物质的融点与压力无关。折点 P 是三相点。表示在此压力与温度下，固、液、气可以三相共存。

当加热一种固体时，它可能先熔融然后汽化，也可能直接汽化。这就要看当时的压力是大于三相点压力，还是小于三相点压力。反之，当蒸汽冷凝时，它是凝成液体还是固体全看当时该蒸汽的分压是大于还是小于三相点压力而定。

升华后的天然樟脑纯度可达 99%以上。

7.2　吹风升华法

吹风升华法精制樟脑是一种较简单而又实用的方法。樟脑吹风升华流程如图 51-9，吹风升华锅尺寸如图 51-10，第一升华室的尺寸如图 51-11。

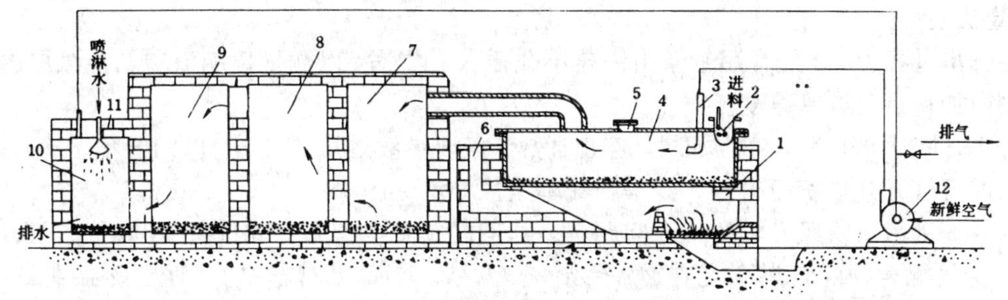

图 51-9　樟脑吹风升华流程图

1. 炉灶；2. 加料器；3. 吹气管；4. 升华锅；5. 人孔；6. 烟道管；7. 第一升华室；8. 第二升华室；9. 第三升华室；10. 喷淋洗涤室；11. 喷淋器；12. 鼓风机

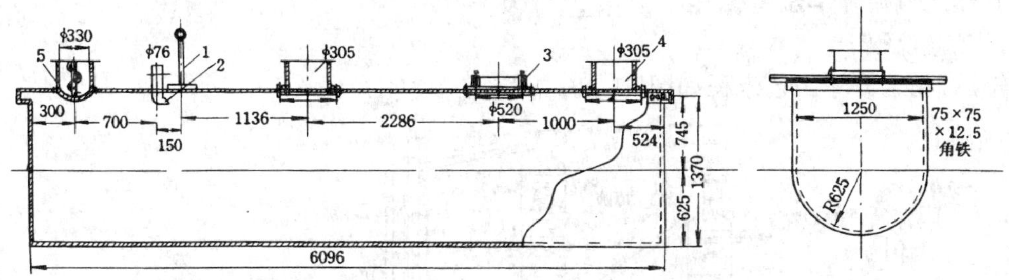

图 51-10　吹风升华锅的尺寸

1. 吹风管检查口；2. 吹风进口；3. 人孔；4. 樟脑蒸汽出口；5. 樟脑加料器

升华方法系将山制樟脑与再制樟脑加入圆底长方形的升华锅（4），用煤炭间接加热使樟脑熔融、汽化，然后由吹气管（2）吹入空气。空气即将樟脑蒸汽带出，由导气管进入第一升华室(7)，纯度较高的樟脑即在此室凝结成固体。由于升华室(7)内的温度较高(90～100℃)，沸点较低的油分及水分不可能在此冷凝，因此伴同部分樟脑蒸汽进入第二升华室（8）及第三升华室（9）。第二、第三升华室的容积较第一升华室小，温度较低，油分和水分就在此冷凝。在这里得到的樟脑因含有油及水分较多，有时达 8%以上，故称为粗品。该粗品在重新作为升华原料之前，必须经过压榨或离心分离处理，使其所含油分达 2.1%左右才能使用。

原料樟脑的配料比为 3 份再制樟脑加 2 份山制樟脑加 1 份粗品，或完全采用再制樟脑。必须保证原料樟脑的油分含量不超过 2.1%。这样才能使升华得到的成品纯度达到 99.3%以上

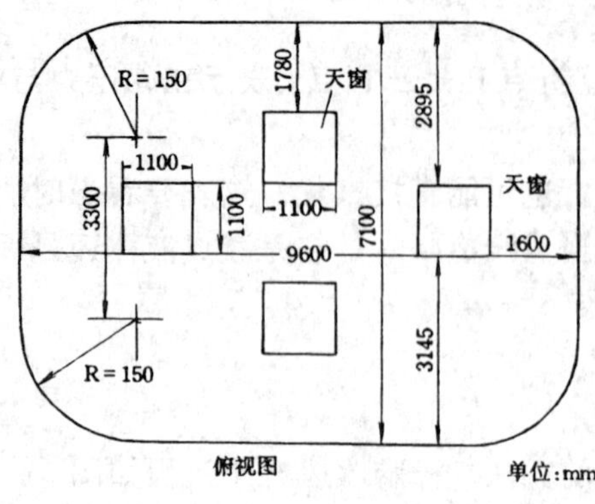

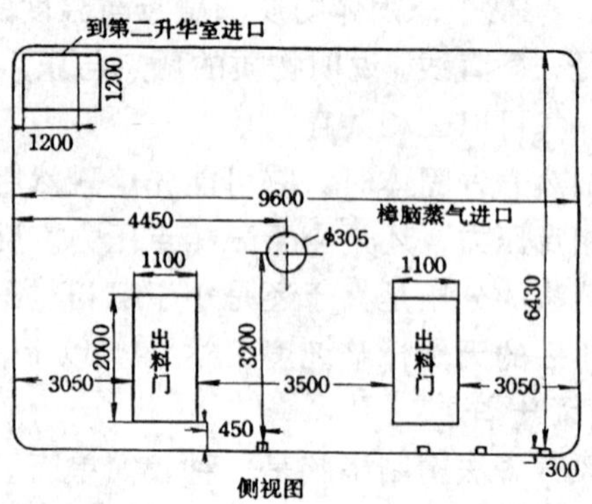

图 51-11 第一升华室的尺寸

(碘滴定法)。

在升华过程中，要经常用铜条由锅盖小孔插入升华锅，以测量樟脑液层及蒸汽层的高度。以此判断加料量及送风速度。

升华时间达96h后，停止加料，停止加热。但要继续送风约20h，以助升华室冷却。送风停止后即可打开升华室门出料。升华损耗率一般5%～6%。

提纯樟脑采用吹风升华的最大问题是爆炸问题。日本有人对此进行专题研究，得出樟脑蒸汽与空气混合物的自燃浓度在2%～40%（V/V），而以7%～12%时自燃温度最低约为520～560℃。中国樟脑厂的实际操作经验，吹风升华时送风量为5倍于樟脑蒸汽，气体浓度为16.7%（V/V）。若采用高温导热油加热，准确控制送风速度及避免火花或明火的存在，爆炸完全可以避免。

7.3 连续式精馏升华法

7.3.1 工艺流程

连续式精馏升华工艺流程如图51-12。

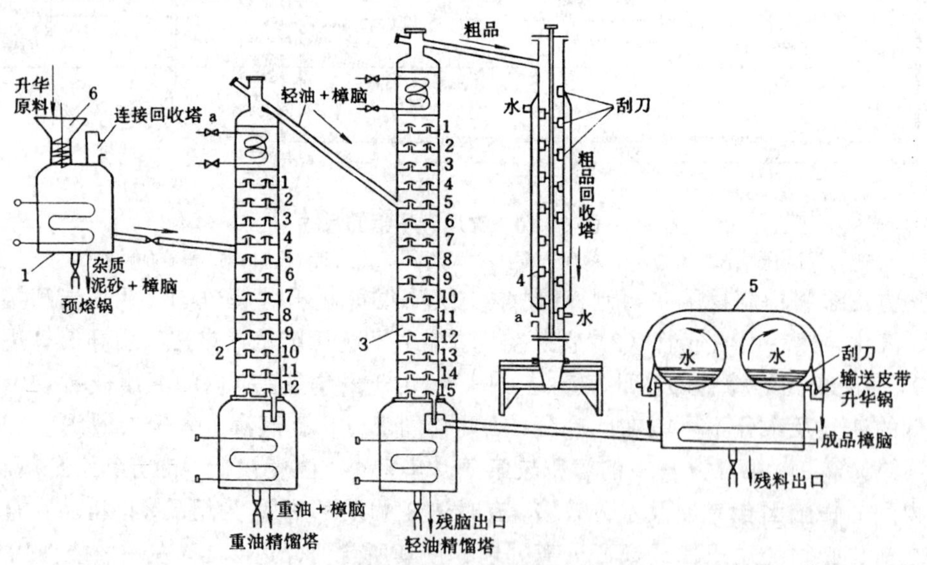

图 51-12 樟脑连续式精馏升华流程图

1. 樟脑预熔锅；2. 重油精馏塔；3. 轻油精馏塔；4. 粗品回收塔；5. 升华锅；6. 螺旋加料器

7.3.2　工艺过程和条件

原料应含脑 95%以上，轻油（主要成分为蒎烯与柠檬烯）3%以下、重油（主要成分为黄樟油素等）1%以下。原料由螺旋加料器加入预熔锅，用导热油间接加热，保持锅内液相温度 175～180℃，气相温度 160～175℃。原料中含有的少量水分连同部分轻油和少量樟脑蒸汽，从预熔锅顶部逸出进入粗品回收塔下部，经冷却、结晶回收其中的樟脑和轻油。粗品回收塔夹层中通入冷水，中轴由电动机带动旋转（10r/min），轴上装有刮刀，旋转时将冷却结晶的粗樟脑刮下。在粗品回收塔冷凝的水蒸气和轻油，与樟脑一起由粗品回收塔下部落入麻袋中，粗樟脑留在袋中，油与水经麻袋过滤进入油水分离器。

预熔锅内大部分熔融的樟脑，自预熔锅底流入重油分离塔中部（由塔顶下数第五层塔板）。重油分馏锅亦用导热油间接加热，保持锅内温度 209℃，液层深度 730mm。塔顶装有蛇管回流冷凝器，以控制温度及回流量。轻油和樟脑蒸汽由塔顶蒸出通入轻油分馏塔中部（由塔顶下数第六层塔板）。沸点比樟脑高的重油则由塔底放出，重量约为加入原料量的 5%。

轻油分馏塔亦用导热油加热，锅内樟脑液层深度控制在 730mm，温度保持 209℃，塔顶装有蛇管回流冷凝器，维持塔顶温度 160～165℃。轻油连同部分樟脑蒸汽由塔顶蒸出，从导气管引入粗品回收塔顶部，经冷凝结晶而回收，其重量为原料量的 10%。轻油分馏塔最低一层塔板上的樟脑纯度最高，在此塔板下的回流管口处，装设一方型小槽，由此可直接引入滚筒式连续升华锅。锅底用导热油盘管加热，锅内温度保持在 209℃，樟脑蒸汽不断升华，遇有冷却水流过的双滚筒表面而凝结，滚筒间隙为 1.5mm，以 1r/min 的速度作相反方向转动。靠滚筒两侧的刮刀将樟脑刮下，由运输皮带送出，化验合格即为成品，过秤装箱。

粗品回收塔回收所得的粗制樟脑，含油量高达 20%左右，应用离心机除去大部分油分后，才能重新作为升华原料。或将其堆放于竹片地板仓库中，予以较长时间贮藏，利用樟脑自身的重量压出油分，滴入地下油槽中。

重油和轻油分馏塔塔顶回流冷凝器，使用的冷却剂可用水或樟油精制后的蓝油，高沸点的蓝油在控制温度上较稳定。也可用其他高沸点油作冷却剂。控制回流冷凝器进口温度 50℃，出口温度 140℃。

100kg 粗樟脑原料经加工后得纯度 99.3%以上（碘滴定法）的樟脑 85kg。分出的重油与轻油则与第一母液一起再行加工。回收的粗制樟脑除去油分后与新原料一起装入预熔锅，作为精制樟脑的原料。

在樟脑连续升华过程中，各设备的温度及液层高度对樟脑质量有影响，根据生产经验，操作条件见表 51-22。

表 51-22　樟脑连续升华法操作条件

设备名称	操作条件	
	液层高度（mm）	温　度（℃）
预热锅	730	锅内 175～180　上部 160～175
重油分馏塔	730	209
轻油分馏塔	730	锅内 209　上部 160～165
升华锅	400	209

天然精制樟脑粉的规格要求纯度 99.3%以上，熔点 174～179℃，蒸发残余物在 0.3%以下，溶解度为 1g 樟脑溶于 1ml96%乙醇中的不溶物低于 0.1%。

本工艺流程在生产实践中，对滚筒式出料装置作了改进。

7.4 安全防火[135]

樟脑及樟油均为易燃有机物，因此不仅在建造生产车间时对房屋和结构物的耐火性须有一定的要求，且在生产过程中安全技术方面必须采取一定措施。

樟脑的闪点为52℃，爆炸极限为0.6%～3.5%。樟油的闪点为55℃。如按闪点来衡量，同属乙类火灾危险物；按爆炸极限来说，则属于甲类。因此在厂房、车间设计建造时，要符合国家有关各种火灾危险性生产厂房建筑规定。为了避免火灾发生时，波及其他车间，因此各车间之间要保持一定的安全距离。

樟油的闪点为55℃，根据防火标准属于可燃液体，因此贮油槽与各建筑物之间应保持一定安全距离。

樟油槽一般是在户外，而且有一定的高度，故一般都设置避雷装置。尤其在我国的南部地区，雷电较多，更须加倍注意，以保安全。

樟脑厂的消防供水和其他化学工业一样，是根据建筑物的耐火度及体积来决定供水量的。如果是由贮水池供给消防用水时，则应保证足够3h救火所需的储水量。

在樟脑厂的各车间内，除了遵守工厂的一般防火规则外，尚须遵守防火辅助要求的规定。

车间内不准有明火存在，严禁吸烟。车间内部应该有消防水管和一定数量的消火栓及特种灭火设备。电线、断路器、保险器应装设在墙外。照明用灯应装在玻璃罩内的防爆灯。手提灯采用带保险包皮的双心电缆，电压为36V或24V的低压安全电压。每一盏白炽灯均应装有金属网密闭装置。电动机应采用防爆式的。

精馏塔的附属设备，如分凝器、冷凝器及冷却器的装设位置应保证便于检查和看管。操作平台及楼梯应用防火材料制成，并应分别装设安全装置和栏杆。

为了便于管理和控制设备，仪表（温度计、真空表、压力表等）盘应设在工作岗位的附近。

升华与精馏车间均为热过程，因此车间温度较高。为了使车间内通风良好，车间应建得比较高些，并装设气楼或天窗。这样可进一步减少空气中樟脑或樟油蒸汽的含量。

除了上述的防火技术及安全技术外，更重要的是经常地教育车间所有工作人员能很好的理解和运用车间的防火及安全措施。

8 天然樟脑原料规格及检验方法[135,153]

8.1 原料规格

8.1.1 粗樟脑规格

粗樟脑规格见表51-23。

表51-23 粗樟脑规格

指 标	要 求
外 观	白色或带土黄色粉末状结晶，味芳香清凉。加热时，应全部挥发，不得掺入杂质
不挥发物含量（%）	0.5以下（指泥沙）
含液量（%）	5以下（指水分和油分）

8.1.2　油樟脑规格

油樟脑又称再制樟脑。油樟脑的规格见表 51-24。

表 51-24　油樟脑规格

指　标	要　求
外　观	白色或淡黄色粉末状结晶
樟脑含量（%）	95 以上（碘滴定法）

8.1.3　樟油的规格

樟油包括本樟油和油樟油。樟脑油的规格见表 51-25。

表 51-25　樟脑油规格

指　标	要　求
外　观	无色或带黄色透明液体，澄清或稍带混浊，易挥发，无掺杂油
水分含量（%）	0.5 以下
杂质含量（%）	0.5 以下

8.1.4　芳樟油的规格

芳樟油的规格见表 51-26。

表 51-26　芳樟油规格

指　标	要　求
外　观	无色或带黄色透明液体，具类似百合香味和带樟脑味
含醇量（%）　>	
一　级	50
二　级	45
三　级	40
四　级	35
杂芳油	35 以下

8.2　检验方法

8.2.1　粗樟脑的检验

（1）不挥发物：取 5～10g 样品，放入清洁干燥的瓷蒸发皿内，置于酒精灯上加热，樟脑受热逐渐溶解沸腾以至挥发，初闻有“劈啪”的爆炸声，这是因内含水分的关系，水分蒸发完毕即无声息。加热后樟脑应全部挥发，如有残渣即有杂质，应进一步对残渣进行分析。如无残渣留存，即为合格品。

（2）含液量：取样时，观察容器下部粗樟脑含液量的情况，如果距离容器底部 3cm 以上的樟脑样品，目测未发现水分或油分，即可认为含液量在 5%以下，应为合格品。

8.2.2　油樟脑的检验

油樟脑的检验采用碘滴定法测定其油分，再计算其樟脑含量，适用于粗品和半成品的检验。

在分析天平上精确称取樟脑粉试样 2g，放入 500ml 具磨口塞锥形瓶中，加 6ml 三氯甲烷（$CHCl_3$）或四氯化碳（CCl_4）将其溶解。用移液管吸取 10ml 混合碘液，加入瓶中后充分摇动，于瓶塞边缘涂抹少许碘化钾（KI）液，以防碘挥发。塞紧瓶塞，放暗处静置 4～6h 取出，加 15ml10%碘化钾液于样品中。充分摇动后加 150ml 蒸馏水。用 0.1N 硫代硫酸钠（$Na_2S_2O_3$）液滴定样品。由棕色滴到淡黄色时，再加淀粉指示剂 1ml，并继续用 0.1N 硫代硫酸钠滴定至无色，即为终点。

同时另做一空白试验。

计算公式：100g 油能吸收碘量（g），即碘值：

$$碘值=\frac{(A-B)\times 0.012693}{G}\times 100$$

$$油分含量=\frac{碘\quad 值}{1.3}\qquad (\%)$$

式中：A——空白试验所消耗的硫代硫酸钠量（ml）；

B——样品所消耗的硫代硫酸钠量（ml）；

G——样品重（g）；

1.3——碘值常数。

8.2.3　樟脑油的检验

（1）水分杂质：樟脑油都是用镀锌铁桶包装，其中所含水分，根据虹吸原理用玻璃取样管进行测定。先用拇指将玻璃管上端壁侧的小孔按住，然后将玻璃管插入桶底，慢慢松开拇指，水分杂质先被吸入管内，再用拇指按住小孔，将取样管提起，油液如呈水珠状或有少量黄黑色杂质，则可认为水分杂质含量合格。若吸入管内之液体尽为水分或有大量黄黑色杂质，则说明水分杂质很多。可将取样管慢慢插入桶底（开始不要封住上端小孔），再用拇指封住上端小孔，很快抽出，并用另一只手的食指封住取样管之下端，按管内水分或杂质的高度，确定水分或杂质的数量。如取样管放入桶中发觉下部如棉絮状，取样管放下无响声，表明杂质很多。

（2）樟脑油和芳樟油的简易鉴定方法：

气味辨别法：芳樟油具有百合和蜜糖香味，香味越浓芳樟醇含量越高。樟脑油味清凉，带刺鼻的樟脑气味。

比重分类法：

芳樟油比重（20℃）＝0.880～0.915

樟脑油比重（20℃）＝0.910～0.960

如测定时不在20℃，应用下列公式换算为20℃时的比重，然后进行比较：

$$d_{20℃}=d_t+(t-20)\times 0.00081\text{（测定时温度高于 20℃）}$$

$$d_{20℃}=d_t-(20-t)\times 0.00081\text{（测定时温度低于 20℃）}$$

式中：$d_{20℃}$——油样在20℃时的比重；

d_t——油样在t时的比重；

t——测定比重时油样的温度；

0.00081——樟脑油每相差1℃时的比重换算系数。

樟油的比重不是一个常数，它是随樟树不同的因素而变化，如樟树的生长条件和不同部位、提取和精制的方法以及原料贮藏时间的长短等。因此要与气味辨别结合进行。芳樟油可进一步以旦尼格试剂进行辨别。

8.2.4　芳樟油的检验

芳樟油在检验时，应有含芳樟醇50%、45%、40%、35%等四个标准油样，并要配制旦尼格试剂。其配法是：称取氧化汞5g，氯化高汞10g，倒入1 000ml烧杯中，加入适量蒸馏水（数量随气候温度高低而异，一般冬季300～330ml，夏季360～390ml），再将浓硫酸110g缓缓加入蒸馏水内，并不断用玻璃棒搅拌。加完后，充分搅拌均匀，置于酒精灯上加热至沸腾，保持30min（注意沸腾不要过猛，要保持缓慢沸腾），然后静置一天，用滤纸过滤后，盛入小口瓶内保存备用。

检验时，选择内径一致的试管3支，放在试管架上，分别用滴管滴入含芳樟醇量45%、

35%标准油样及待检油样各3～5滴（各试管滴取数必须相同，夏季少滴几滴，冬季多滴几滴），再分别加入一滴管旦尼格试剂，视其试管内液面高低是否一致，如不一致，可用旦尼格试剂调整至高度一致，然后均匀振摇试管架，并仔细观察各试管内显出红色的快慢，红色变得越快，表明芳樟醇含量越高。如待检油样与35%标准油样同时变红，则为四级芳樟油，如比35%标准油样红得快，而比45%标准油样红得慢，或比45%标准油样红得快，则需用同法分别再用40%与50%标准油样进行试验，如比35%标准油样红得慢，则定为杂芳油。如不红或红得很慢，则证明该油不是芳樟油，可作为一般樟脑油。

旦尼格试剂腐蚀性很强，携带与使用时，必须注意不要与皮肤或衣物接触。

9　天然樟脑成品规格及检验方法[135,153]

9.1　中国天然樟脑产品规格及检验方法

9.1.1　药用产品规格及检验方法

《中华人民共和国药典》1990年版的天然樟脑性状为白色结晶性粉末或无色半透明的硬块，加少量的乙醇、氯仿或乙醚，易研碎成细粉；有刺激性特臭，味初辛、后清凉；在常温下易挥发，燃烧时发生黑烟及带光的火焰。本品在氯仿中极易溶解，在乙醇、乙醚、脂肪油或挥发油中易溶，在水中极微溶解。

(1) 熔点：天然樟脑熔点176～181℃。取试样研成细末（可置于干燥器中干燥过夜），分取适量，置毛细管（中性硬质玻璃管，长9cm以上，当所用温度计浸入传温液在6cm以上时，管长应适当增加，使露出液面3cm以上，内径2.0～2.5mm，壁厚0.10～0.15mm，一端熔封）中，轻击管壁，或借助长短适宜的洁净玻璃管，垂直放在表面皿或其他适宜的硬质物体上，将毛细管自上口放入使自然落下，反复数次，使粉末紧密集结管底，装入的试样高度为3mm。另将温度计（分浸型，具有0.5℃刻度，经熔点测定用对照品校正）放入盛装传温液（硅油或液体石蜡）的容器中，使温度计汞球部的底端与容器的底部距离为2.5cm以上（用内加热的容器，温度计汞球与加热器上表面距离2.5cm以上）；加入传温液至传温液加热后的液面恰在温度计的分浸线处。将传温液加热，俟温度上升至较规定的熔点低限尚低约10℃时，将毛细管浸入传温液，贴附在温度计上，位置须使毛细管的内容物部分恰在温度计汞球中部；继续加热，调节升温速度每分钟上升1.0～1.5℃，加热时须使用搅拌器不断搅拌使温度保持均匀。记录毛细管内试样开始局部液化时的温度，作为初熔温度；试样全部液化时的温度，作为全熔温度。

(2) 比旋度：天然樟脑的比旋度为+41°～+44°。取本品，精确称量，加乙醇溶液并定量稀释制成每1ml中约含0.1g的溶液测定。

本药典系用钠光谱的D线（589.3 nm）测定旋光度，除另有规定外，测定管长度为2 dm（如使用其他管长，应进行换算），温度为20℃。

测定旋光度时，用读数至0.01°并经过检定的旋光计。将测定管用供试液体或溶液（取固体供试品，按各该药品项下的方法制成）冲洗数次，缓缓注入供试液体或溶液适量（注意勿使发生气泡），置于旋光计内检测读数，即得供试液的旋光度。使偏振光向右旋转者（顺时针方向）为右旋，以“+”符号表示；使偏振光向左旋转者（反时针方向）为左旋，以“－”符号表示。用同法读取旋光度3次，取3次的平均数，照下列公式计算，即得供试品的比旋度。

对液体样品 $[\alpha]_D^t=\frac{\alpha}{ld}$

对固体样品 $[\alpha]_D^t=\frac{100\alpha}{lc}$

式中：$[\alpha]$ ——比旋度；

D——钠光谱的D线；

t——测定时的温度；

l——测定管长度（dm）；

α——测得的旋光度；

d——液体的相对密度；

c——每100ml溶液中含有被测物质的重量（g，按干燥品或无水物计算）。

旋光计的检定，可用蔗糖作为基准物进行。取经105℃干燥2h的蔗糖（化学试剂一级），精密称定，加水溶解并定量稀释制成每1ml中含0.2g的溶液，依法测定，结果应如下表：

温　度	15℃	20℃	25℃	30℃
比旋度	+66.68°	+66.60°	+66.53°	+66.45°

【注意事项】

（1）每次测定前应以溶剂作空白校正，测定后，再校正1次，以确定在测定时零点有无变动；如第2次校正时发现零点有变动，则应重新测定旋光度。

（2）配制溶液及测定时，均应调节温度至20±0.5℃（或各该药品项下规定的温度）。

（3）供试的液体或固体物质的溶液应不显浑浊或含有混悬的小粒。如有上述情形时，应预先滤过，并弃去初滤液。

（3）不挥发物：取本品2.0g，在100℃加热使樟脑全部挥发并干燥至恒重，遗留残渣不得超过1mg。

（4）水分：取本品1.0g，加石油醚10ml，应澄清溶解。

（5）吸收度：取本品，加乙醇制成每1ml中含2.5mg樟脑的溶液，用分光光度法在230～350nm的波长范围内测定吸收度，仅在289nm处有最大吸收，其吸收度约为0.53。

9.1.2 工业用产品规格及检验方法

9.1.2.1 产品质量规格

产品的质量规格见表51-27。

表51-27 工业用产品规格

指标名称	特制樟脑粉	精制樟脑粉	精制无酸樟脑粉
熔点（℃）	174～179	174～179	>174
樟脑含量①（%）	>96	>96	>96
不挥发物量（%）	最高0.025	0.05	<0.03
水分（%）	合格②	0.3	合格
灰分（%）		0.05	
酸值（硝酸计）（%）			≤0.0063
醇不溶物		≤0.1	≤0.1

①用2，4-二硝基苯肼法测定；

②取樟脑1g加石油醚10mL，应澄清溶解。

9.1.2.2 精制樟脑的检验

（1）熔点测定：见药用产品熔点测定。

（2）樟脑含量的测定：称取0.2g（准确到0.0001g）样品于250ml锥形烧瓶中，加入25ml95%中性无醛乙醇使其溶解，再慢慢加入75ml新配制的2，4-二硝基苯肼试液［配制法：称取3g（准确到0.01g）2，4-二硝基苯肼溶于40ml50%硫酸中用水稀释至200ml过滤备用］并且摇匀，塞上球形回流冷凝器，置水浴上沸腾回流4h。取出冷却后，再加入100ml2%硫酸溶液，放置24h。将沉淀移入在100℃恒重过的3或4号玻璃烧结坩埚中抽滤，再用冷蒸馏水洗涤数次（每次用10ml，夏季最好用冰水）至洗液呈中性为止（用石蕊试纸检验）。然后，置于80℃烘箱中干燥至恒重。按下式计算樟脑含量：

$$\text{樟脑含量}=\frac{M\times 0.458}{W}\times 100\ (\%)$$

式中：M——苯腙结晶重（g）；

W——样品重（g）；

0.458——樟脑换算系数。

检验时应注意：①经醋酸铅、氢氧化钠或硝酸银处理好的无醛乙醇，时间不能放置太长，最多不能超过两天，否则需再蒸馏。②所用50%和2%硫酸，都是容量百分比，即由50ml浓硫酸与50ml蒸馏水配成50%硫酸溶液，或由2ml浓硫酸与98ml蒸馏水配成2%硫酸溶液。③加2%稀硫酸以后，放置24h，根据实际情况缩短至5～16h，亦影响不大，但时间不能过长，否则未起作用的过剩药品会析出来，使结果偏高。④冬季配制2，4-二硝基苯肼溶液时，应加温水（20℃左右），否则易析出结晶。

（3）不挥发物的测定：称取2.5g样品（准确到0.01g）置于已知重量的瓷蒸发皿内，在沸腾水浴锅上加热，待樟脑完全挥发后，移置于100℃烘箱中干燥至恒重为止。然后按下式计算不挥发物百分率（%）：

$$\text{不挥发物}=\frac{A}{B}\times 100\ (\%)$$

式中：A——残渣重（g）；

B——样品重（g）。

两次平行试验结果允许误差为0.01%。

（4）水分的测定：①取样品1g置于试管中，加石油醚10ml，振荡后，应完全澄清溶解，无混浊。②称取40g樟脑样品（准确至0.01g）置于干燥的250ml圆底烧瓶中，注入二甲苯50ml，将烧瓶与冷凝器和承受器连接，在电炉上加热1h。将承受器中所得的蒸发出来的水分，冷至室温后，测定其重量，按下式计算水分含量：

$$\text{水分}=\frac{A}{B}\times 100\ (\%)$$

式中：A——受器中水的体积（ml）；

B——樟脑样品重（g）。

（5）灰分的测定：称取3g样品（准确至0.01g）置于已知重量的瓷坩埚中，在约150℃的沙浴上加热。然后在马福炉内灼烧至恒重，按下式计算灰分含量（%）：

$$\text{灰分}=\frac{A}{B}\times 100\ (\%)$$

式中：A——残渣重（g）；

B——样品重（g）。

(6)醇不溶物的测定：称取10g样品(准确到0.01g)于烧杯内，加100ml中性乙醇(96%)，然后用在105℃已知恒重的4号烧结玻璃坩埚抽滤，再用96%的中性乙醇洗涤6次再移入105℃烘箱中干燥至恒重。按下式计算醇不溶物含量（%）：

$$醇不溶物=\frac{A}{B}\times 100\ (\%)$$

式中：A——残渣重（g）；

B——样品重（g）。

两次平行试验结果容许差为0.02%。

(7) 酸值的测定：称取约10g样品（准确到0.01g），置于锥形瓶中，加入100ml96%中性乙醇摇匀，完全溶解后，再滴入二滴酚酞乙醇溶液，用0.1N氢氧化钠标准溶液滴定至显微红色30s内不褪为止。并同时做一空白试验，酸值换算成硝酸（%）计算：

$$酸值=\frac{V\times N\times 0.063}{W}\times 100$$

式中：V——滴定用去氢氧化钠标准液（ml）；

N——氢氧化钠标准溶液的当量浓度；

W——试样重（g）；

0.063——以硝酸计的毫克当量数。

9.2 世界天然樟脑产品规格及检验方法

9.2.1 英国天然樟脑产品规格及检验方法

英国药典1988年版第一卷，从樟树中获得经升华纯化的天然樟脑的规格及检验法为：

(1) 特征：樟脑是无色透明的晶体、晶团、坚固难碎的块或易碎的团，称之为“樟脑花”；散发出特有的气味，有渗透性；味道芳香而有刺激性，具有清凉感。

在少量乙醇（96%）、乙醚和氯仿存在下，易于粉化。

(2) 溶解性：微溶于水，1份乙醇（96%），0.25份氯仿。易溶于乙醚，可任意地溶于不挥发油。

(3) 鉴定：①樟脑易燃，并伴有光亮的火焰和黑烟。在20℃下慢慢地挥发。②光吸收，在0.5%（W/V）樟脑乙醇（96%）溶液，光吸收范围是230～350nm，仅在289nm处呈现最大吸收。在289nm处的最大光吸收约为1.04。

(4) 熔点：174～180℃，毛细管内径不大于2mm。

(5) 比旋度：以10%（W/V）樟脑乙醇（96%）溶液进行测定，天然樟脑比旋度+40°～+43°。

(6) 水分：1.0g样品于10ml石油醚（沸点范围40～60℃）中形成透明的溶液。

(7) 不挥发物：5g样品在105℃下挥发后，残留物不大于0.1%。

9.2.2 美国天然樟脑产品规格及检验方法

美国药典第21版天然樟脑产品规格及检验法为：

(1) 熔点：174～179℃。

(2) 比旋度：天然樟脑比旋度+41°～+43°，在10ml含1g樟脑的乙醇中测定。

(3) 水分：1∶10形成的正己烷溶液透亮。

(4) 不挥发物：20g试样于衡重的蒸发皿中在蒸汽浴上加热至完全升华，然后在120℃下干燥 3h。冷却、称重，残留物重量不应超过 1.0mg（0.05%）。

（5）卤素：100mg 粉碎的樟脑和 200mg 过氧化钠在一个清洁、干燥的硬质玻璃管中，试管内径约为 25mm，长 200mm，用夹子夹其上端呈 45°倾角，使试管悬起来并慢慢加热此试管。起始近上端加热，但不热至夹子，逐渐往下加热试管的下部，直至完全灰化。溶残渣于 25ml 的热水中，用硝酸酸化。然后溶液滤至比色管内，洗涤试管，用两份 10ml 的热水洗涤过滤器，加洗涤液至过滤后的溶液中。往滤液中加 0.50ml 的 0.10N 的硝酸银，用水稀释至 50ml 并湿润，混浊程度不超过用同样试剂量和 0.05ml 的 0.020N 盐酸（0.035%）的空白试验的浊度。

9.2.3　德国天然樟脑产品规格及检验方法

德国药典 DAB-8，1978 年版天然樟脑产品规格及检验法为：

（1）特性：粉状、块状结晶或无色透明晶体；具有特殊的、强烈刺激性的味道。该物质在加热过程中全部挥发，在室温下极易溶于乙醇、乙醚、氯仿中，易溶于花生油、橄榄油中，难溶于水。

（2）鉴定：①熔点：174～179℃。②将 1g 樟脑溶于 30mlAR 级甲醇中，用 1gAR 级盐酸羟胺和 1g105℃干燥过的 AR 级醋酸钠加热回流 2h。冷却，然后加入 100ml 水，抽滤，干沉淀用水洗涤，并在 4 份乙醇和 6 份水的混合液中重结晶。此结晶体（樟脑肟），在 3 000Pa 下干燥后，测其熔点为 118～121℃。

（3）纯度检验：①检验液：1g 物质溶于 20ml 的 AR 级无水乙醇中。检验液需清洁（卷 1，P.53，方法 B）和无色（卷 1，P.54，方法Ⅱ）的碱性或酸性物测定。②溶液外观：取 5ml 检验液加入 0.1ml 中性酚酞溶液呈无色。再加入 0.1ml 的 0.1N 氢氧化钠溶液，溶液应呈红色。

（4）不挥发物：在水浴上蒸发 1.0g 样品，残渣在 100～105℃下干燥恒重，残留物最多为 0.1%。

（5）含量测定：准确称量在干燥器中干燥后的样品 0.200g，与 10.00ml 盐酸羟胺溶液和 3.0ml 新配制的 5.0%碳酸氢钠溶液于 100ml 圆底烧瓶中，在水浴上回流加热 4h。同样方式做空白试验。冷却后，加入 0.15ml 二甲基黄溶液后，这两个溶液用 3mol/L 盐酸滴至红色不褪。然后用 0.5mol/L 氢氧化钾乙醇溶液滴定至相同的黄红色调。加入 0.1ml 酚酞溶液之后，用 0.5mol/L 氢氧化钾乙醇溶液滴至相同红色。

从试样和空白样消耗 0.5mol/L 氢氧化钾乙醇溶液之差计算含量。1ml0.5mol/L 氢氧化钾乙醇溶液相当于 76.10mg 樟脑，所得之含量必须≥96%。

试剂：

盐酸羟胺溶液：5g 盐酸羟胺溶于 5.0ml 热水中，再以 96%乙醇稀释至 100ml。

碳酸氢钠溶液：5g/100ml，此溶液须新鲜配制。

3mol/L 盐酸溶液：31g 浓盐酸用蒸馏水稀释至 100ml。

0.5mol/L 氢氧化钾-乙醇溶液：32g 氢氧化钾溶于 30ml 蒸馏水中，冷却后用 95%乙醇稀释至 1 000ml，混合液充分振荡，放置 24h，从上部倾出澄清液，放置 3 天。

二甲基黄溶液：20.0mg 二甲基黄［$(CH_3)_2N-C_6H_4-N=N-C_6H_5$］溶于 90%乙醇 100ml 中。

酚酞溶液：1.0g 酚酞溶于 100ml70%乙醇中。

参考文献

1. 张承曾，汪清如编著. 日用调香术. 北京：轻工业出版社，1989
2.《天然香料手册》编委会编. 天然香料手册. 北京：轻工业出版社，1989
3. 孙宝国，何坚编著. 香精概论——香料、调配、应用. 北京：化学工业出版社，1996
4. 何坚，孙宝国编著. 香料化学与工艺学——天然、合成、调合香料. 北京：化学工业出版社，1995
5. [美] 坤斯 E. 著，江希张、洪慰慈、屠伯范合译. 精油（第一卷）. 北京：轻工业出版社，1960
6. 钮竹安编译，屠伯范校订. 香料手册. 北京：轻工业出版社，1958
7.《中国香料植物栽培与加工》编写组编著. 中国香料植物栽培与加工. 北京：轻工业出版社，1985
8. 朱亮锋，陆碧瑶等编著. 芳香植物及其化学成分. 海口：海南人民出版社，1988
9. [日] 印藤元一著. 轻工业部香料工业科学研究所译. 香料实用知识. 北京：轻工业出版社，1987
10. [日] 刈米达夫著，杨本文译. 植物化学. 北京：科学出版社，1985
11. A.R. 品德尔著，刘铸晋、张及贤等译. 刘铸晋校. 萜类化学. 北京：科学出版社，1964
12] Beyer，H. Walter，W. Lehrbuch der organischen Chemie，S. Hirzel Verlag Stuttgart，1978
13. Zieger，E. Die natürlichen und Künstlichen Aromen. Huthig. 1982
14. Hanson，J R. Terpenoids and Steroids. J. W. Arrowsmith Ltd，Bristol，England，1982
15. Ullmanns Encyklop ädie der technischen Chemie，4，Aufl，Bd. 20 Verlag Chemie Gmbh，Weinheim，1981
16. 张晓明. 水蒸气蒸馏的工艺条件对精油得率和能耗影响分析. 香料香精化妆品，1994：3
17. 许美芬. 天然香料浸提工艺和设备的改造. 香料香精化妆品，1991：4
18. Bemara Meyer－Wamod. Camilla Natural. Essential oil. Perfumer & Flavorist，1984，9（2）
19. 陈健行，倪同汉. 天然香料的水蒸气加工及其进展.
20. H. D. Brannolte，Lebensmitleltechnix，Nr. 5. Mai 1982. 14
21. Organikum S. 30，VEB deutscher Verlag der Wissenschaften Berlin 1962
22. Louis Peyron，赵正祥译，居宗雍校. 液体二氧化碳和超临界二氧化碳. 香料香精化妆品，1984：3
23. Hannay J. B.，Hogarth J——J. Proc. Roy. Soc.（Londen），1879，324：29
24. P. Hubert and O. G. Vitzthum，Extraction with Super－. critical Gases，Verlag Chemie 1980
25. J. P. Calame and R. Steiner，Chemistry and Industry，19. June 1982
26. Cкворuова А Б，гуринович，ЛК. 王国强整理. 精油原料加工后废料的综合利用——香料化妆品工业新的天然产物. 香料香精化妆品，1992，（2）
27. 林进法等编著. 天然食用香料生产与应用. 北京：中国轻工业出版社，1991
28. 梁宗初. 从八角叶提取茴香油的探讨. 林化科技通讯，1985，（5）
29. 陈友地. 林产香料的研究、生产及利用. 林化科技通讯，1986，（5～6）
30. 陈友地. 桉叶精油化学组分研究. 林产化学与工业，1983，3（2）
31. [苏] ·С·Д ·库斯托娃著，刘树文、胡宗藩译. 精油手册. 北京：轻工业出版社，1982
32. 李淑秀等. 辽东冷杉针叶油化学成分研究. 林产化学与工业，1982，2（4）
33. 黄远征等. 黄果冷杉挥发油化学组成的研究. 林产化学与工业，1984，4（4）
34. 蒲自连等. 鳞皮冷杉挥发油化学成分研究. 林产化学与工业，1988，8（1）
35. 王宗训. 中国资源植物利用手册. 北京：中国科学出版社，1989
36. 黄有识. 芳香油化学. 上海：上海科学技术出版社，1959
37. 李淑秀等. 八角茴香油化学成分的研究. 林产化学与工业，1985，5（1）

38. 中国科学院中国植物志编辑委员会. 中国植物志. 第七卷. 北京：科学出版社，1978
39. 郑万钧主编. 中国树木志. 第一卷. 北京：中国林业出版社，1983
40. 中国科学研究院四川分院农业生物研究所. 四川野生经济植物志. 上册. 成都：四川人民出版社，1962
41. 林正奎等. 四川宜宾地区樟科十四种精油化学成分研究. 林产化学与工业，1987，7（1）
42. 王清泉等. 四川森林资源化学利用现状与发展战略. 四川林业科技，1990，4
43. 方文培等. 四川植物志. 第一卷（种子植物）. 成都：四川人民出版社，1981
44. 中国科学院中国植物志编委. 中国植物志. 第31卷. 北京：科学出版社，1982
45. 中国科学院中国植物志编委. 中国植物志. 第53卷. 第一分册. 北京：科学出版社，1984
46. 中国树木志编委. 中国主要树种造林技术. 上册. 北京：农业出版社，1976
47. 林正奎等. 蓝桉叶精油化学成分. 四川日化，1988，4
48. 陈耀祖等. 苦水玫瑰精油化学成分研究. 有机化学，1985（6）
49. 中国科学院中国植物志编辑委员会. 中国植物志. 第38卷. 北京：科学出版社，1986
50. 中国科学院中国植物志编辑委员会. 中国植物志. 第30卷. 第一分册. 北京：科学出版社，1996
51. 中国科学院中国植物志编辑委员会. 中国植物志. 第24卷. 北京：科学出版社，1988
52. 四川植物志编委. 四川植物志. 第九卷. 成都：四川民族出版社，1989
53. 中国科学院华南植物研究所. 广州植物志. 北京：科学出版社，1956
54. 中国科学院北京植物研究所. 中国高等植物图鉴. 第3册. 北京：科学出版社，1974
55. 中国科学院北京植物研究所主编. 中国高等植物图鉴. 第5册. 北京：科学出版社，1976
56. 中国科学院中国植物志编辑委员会. 中国植物志. 第35卷. 第二分册. 北京：科学出版社，1979
57. 日用化工原料手册编写组. 日用化工原料手册. 北京：中国轻工业出版社，1991
58. 中国科学院植物研究所. 中国高等植物图鉴. 第2册. 北京：科学出版社，1972
59. 中国科学院植物研究所. 中国高等植物图鉴. 第1册. 北京：科学出版社，1982
60. 中国科学院北京植物研究所. 中国高等植物图鉴. 第4册. 北京：科学出版社，1975
61. 王清泉. 松节油利用现状和前景. 四川日化，1986，（4）
62. 黄兆俊等. 倍半萜烯在香料工业上的利用. 林化科技通讯，1981（10）
63. J. org. Chem，1972，37（1）6
64. Ger. offen.，2322359
65. Us，Patent，1975，2927109
66. Us，Patent，1975，3887622
67. Us，Patent，1968，3373208
68. Us，Patent，1966，3281432
69. Ger. offen.，1973，2242381
70. Ullmanns Encyklopadie der technischen chemie. 4. Anfi Bd. 20. S. 280. 1981
71. 焦启源. 芳香植物及其利用（上）. 上海：上海科学技术出版社，1963
72. Ziegler E. Die oaturlichen. B. Kunstlichen Aromen. S 59. Huthig，1982
73. Ullmanns Encyklopadie der technischen Chemie. 3 Aufl. 14. Bd. S. 761，1963
74. Guenther E. The essential oils. 374. 1952，5：374
75. Klein G. Hanadbuch der pflanzenanatyse organische Stoffe. S. 509. Wien. 1932
76. 库斯托娃著，刘树文等译. 精油手册. 北京：轻工业出版社，1982
77. Die Methoden der organischen chemie. Hov－ben－Weyl. Bd. Ⅷ. S. 325. 1952
78. 舒宏福等. 腈类香料的香气特征及安全性. 香料与香精，1984（3）
79. Ullmanns Encyklopadie der technischen chcmie 4. neuberbeitete u. erweiterle Aufl. 20. Bd. 1981
80. 李淑秀. 肉桂油的成分研究. 林产化学与工业，1987，7（3）：29

81. 刘景华译，张承曾校．肉桂油国际质量标准．香料香精，1980（4）
82. Ullmanns Encyklopadie der technischen chemie 4. Aufl. Bd. 20，1981
83. 精细化学品辞典．北京：化工出版社，1987
84. Methoden der organischen Chemie，Bd. Ⅷ，S. 325
85. Ziegler E. Die naturlichen und Kunstlichen Aromen. S. 102
86. Us Patent，1974，3819737.
87. Us Patent，1966，3293301.
88. 张小林．dL-香芹酮的合成．林化科技通讯，1986（3）
89. Nagaok Koryo Co. Kakai Takkyo Koho，82/22588 1982：5
90. Taher and Vbiergo，Essenze Deriv，Agrum，52（2～3）157. 1982
91. Montell，Lopez－Sequra et al. Electrochim Acta 29（B），1123，1984
92. 李世新．合成萜类驱避剂．林化科技，1984（10）
93. 南京林产工业学院主编．林产化学工业手册（上册）．北京：中国林业出版社，1980
94. Newhall W F.，Devivatives of（＋）-Limonene-I Esters of trans-p-menthane-1. 2diol. J. Org. chem.，1958，23：1274～1276
95. Newhall W F. Devivatives of（＋）－Limenene－Ⅱ 2-amino-1-P-menthenols. J. Org. Chem.，1959，24：1673～1676.
96. New hall W F. Devivatives of（＋）-Limenene-Ⅲ A Stereospecific shynthesis of cis-and tran-P-menthene-1，2-epox-ides. J. Org，Chem.，1964，29：185～187
97. 国际标准．ISO 3475～1974（E）．茴香油．香料与香精．1980（4）
98. 国际标准．ISO 3571～1975（E）．橙花油．香料与香精．1980（4）
99. 国际标准．ISO 3216～1974（E）．肉桂油．香料与香精．1980（4）
100. 张绍周．由黄樟油素试制浓馥香兰素和乙基香兰素．化学世界，1960：4
101. 陈煜强，刘幼君编著．香料产品开发与应用．上海：上海科学技术出版社，1994：12
102. 陈小原、罗光炎等．黄樟油素的异构化及胡椒醛的电氧化合成．林产化学与工业，1991，11（4）
103. [苏] N·H 勃拉图斯著，刘树文译，顾永康校．香料化学．北京：轻工业出版社，1984
104. P. Z. 毕道金著、张承曾等译．合成香料与单离香料．北京：轻工业出版社，1960
105. 郭茂道，王定生，曾毓龙等．异甲基、甲基紫罗兰酮工艺改进研究．香料与香精，1980（1）
106. 陈兆森．山苍子资源的综合利用．林化科技通讯，1987（1）
107. [美] 塞默主编 E J，陈祖福，林丽英等译，叶秀林校．香味与香料化学—嗅觉的科学．北京：科学出版社，1989
108. 上海日用化学工业研究所．新产品“柠檬腈”(3,7-二甲基-辛二烯-2,6-腈）实验室阶段试制工作小结．上海日用化工，1976（3）
109. 上海大众香料厂，上海日用化学工业研究所，香料技工学校．柠檬二乙缩醛试制小结．上海日用化工，1976（1）
110. 刘亚华，王洪钟．橙花醛和香叶醛对合成假性紫罗兰酮反应的影响．香料香精化妆品，1995（3）
111. 范毓铭．皖南山区山苍籽油精馏高纯度柠檬醛的研究．安徽林工，1988
112. 顾其威，李月眉．用醇醛缩合反应合成假性紫罗兰酮的机理及其宏观反应过程分析．化学世界，1988（11）
113. 陈庆之．山苍子成熟期的研究．经济林研究，1983（1）
114. 卢永志，吴萱阶．山苍籽油的精制、分析及成分研究．天然产物研究与开发，1990，2（2）
115. 萧春生．柠檬醛生产工艺的研究．江西工业大学学报，1990，12（2）
116. 黄永平．紫罗兰酮粗油环化成品精馏工序的改进．林产化工通讯，1997（3）

117. 马增欣等. 固体碱催化合成假性紫罗兰酮. 天然产物研究与开发，1997，9 (3)
118. 王汉忠. 山苍籽油的提取及精密分馏. 林产化工通讯，1990 (6)
119. 刘亚华等. 假性紫罗兰酮合成方法的改进. 香料香精化妆品，1994 (3)
120. 王汉忠. 山苍籽油精馏柠檬醛. 林业科技开发，1991 (1)
121. 国际标准，ISO 3214—1974 (E). 山苍籽油. 香料与香精，1980 (3)
122. 中国香料香精化妆品工业协会编译. 日本化妆品原料标准. 沈阳：辽宁科学技术出版社，1994
123. [日]精细化学品辞典编辑委员会编，禹茂章等译校. 精细化学品辞典. 北京：化学工业出版社，1994
124. 陈小鹏. 柠檬桉叶油催化加氢制香茅醇. 香料香精化妆品，1993 (1)
125. 庄逊瑾. 二乙醇胺法制羟基香茅醛工艺路线初探. 香料香精化妆品，1991 (3)
126. 国际标准，ISO 3044～1974 (E). 柠檬桉油. 香料与香精，1980 (4)
127. 国际标准，ISO 3141～1975 (E). 丁香叶油. 香料与香精，1981 (3/4)
128. 国际标准，ISO 3142～1974 (E). 丁香花蕾油. 香料与香精，1982 (1)
129. 刘少鹏，陆生椿编著. 茉莉花的栽培和加工. 北京：轻工业出版社，1984
130. 刘景华. 近年来国外天然香料生产设备概况. 香料与香精，1982 (2)
131. 鲍逸培. 中国山苍子油研究概况与进展. 林产化学与工业，1995，15 (2)：73
132. 杭州香料厂革委会. 岩兰草油加压串联蒸馏试验小结. 上海日用化工，1976，1：9～11
133. 华兼善. 说世界宝藏之一. 台樟通讯，1948，1 (1)：3～4
134. 林复祥. 樟脑油之工业蒸馏法. 台樟通讯，1948，1 (4)：11～15
135. 杨庆贤编著. 天然樟脑生产过程与设计. 北京：中国工业出版社，1962
136. Guenther E. The Essential oils，Volume Ⅳ. new york：Van nostrand company，Inc. 1953：4
137. 石皖阳，何伟等. 樟精油成分和类型划分. 植物学报，1989，31 (3)：209～214
138. 李毓敬，朱亮锋等. 天然右旋龙脑新资源——梅片树的研究. 植物学报，1987，29 (5)：527～531
139. 陶光复，孙汉华等. 天然樟脑和芳樟醇的新资源植物. 植物学报，1987，29 (5)：541～548
140. 黄远征，温鸣章等. 关于油樟叶芳香油化学成分的研究. 武汉植物学研究，1986，4 (1)：59
141. 林正奎，华映芳. 四川宜宾地区樟科十四种精油化学成分的研究. 1987，7 (1)：46～63
142. 蔡宪元，丁靖凯等. 云南樟科植物精油的研究. Ⅰ. 云南樟和猴樟的精油化学成分. 药学学报，1964，11 (12)：801～808
143. 蔡宪元等. 云南樟科植物精油的研究，Ⅱ. 黄樟和毛叶樟的叶油化学成分. 药学学报，1965，12 (1)：24～29
144. 朱亮锋，陆碧瑶等. 大叶芳樟精油的化学成分研究. 植物学报，1985，27 (4)：407～411
145. 王静平等. 木姜子属 3 种植物油的脂肪酸成分. 植物学报，1983，25 (3)：245～249
146. 朱亮锋，陆碧瑶等. 姜樟叶油的化学成分研究. 植物学报，1984，26 (6)：639～643
147. 林正奎，华映芳. 香桂叶精油成分的研究. 植物学报，1980，22 (3)：252
148. 喻学俭，程必强. 细毛樟精油的化学成分研究. 植物学报，1987，29 (5)：537～540
149. 程必强，勐岺，喻学俭等. 新香料植物细毛樟的研究. 林产化学与工业，1993，13 (1)：57
150. 张志贤编译. 芳香油检验. 上海：上海科学技术出版社，1959
151. 梁希遗著. 林产制造化学. 北京：中国林业出版社，1985
152. 南京林学院树木提炼物工艺学教研组编. 树木提炼物工艺学. 北京：农业出版社，1961
153. 徐韫裘. 林产化学工业手册. 下册. 北京：中国林业出版社，1980

第 14 篇

林产药材

第 52 章

林产药材有效成分的提取工艺与常用设备[1~8]

马鹏程　叶文才　赵守训

本篇分粗提、分离、纯化 3 个部分，按实验室中试和中、小型生产的要求介绍一些常用的提取工艺与设备。

植物中的成分非常复杂，情况各异。有些有效成分的提取较困难，就需要用 3 个部分中的多种工序。而有些则较简单，甚至在粗提时就能获得粗结晶，再反复重结晶即可得纯品。所以选择什么工作程序，使用哪些设备，主要根据被提取的有效成分的理化性质、伴有的杂质情况及实验室小试结果来决定。

1　林产药材有效成分的粗提

粗提就是用适当的方法从植物组织中获取有效组分，这种有效组分又称粗提物。选择粗提的工艺非常重要，它影响粗提物的质量，以至直接影响后续的有效成分的分离纯化。

1.1　浸提法

林产药材有效成分的浸提就是选用适当的溶剂，从固体状药材中把有效成分浸提出来。浸提是提取有效成分的重要步骤。有些有效成分可通过浸提而直接获得，大多数有效成分则是通过对浸提液的进一步分离纯化获得，所以浸提效果的好坏直接影响有效成分的提取。

1.1.1　浸提的基本原理

一般林产药物的浸提，就是将固体药材中的可溶物由固体团块中转移到液体中（即从固相转移到液相），得到含有溶质的浸提液（以扩散理论为基础）。其浸提过程可分 3 个阶段：第一阶段是溶剂浸入药材的组织和细胞；第二阶段是溶剂溶解药材组织和细胞中的可溶性物质；第三阶段是溶质通过药材组织和细胞向外扩散，即溶质从高浓度向低浓度方向转移。

1.1.2　浸提的基本方法

（1）浸提法：是林产药材有效成分提取过程中常用的处理方法，应用广泛。该方法是将一定量的经过处理的药材置于提取器中，加入一定量溶剂，经一定时间进行固液分离，收集浸提液。按提取温度不同可分为：①常温浸提法：即通常所指的浸提法，其浸提液的透明度往往具有持久的稳定性。有时为提高浸提速度还增加搅拌装置。②温浸法：指在沸点以下的加热浸提法。一般利用夹套或蛇管进行加热。③煎煮法：指加热到近于沸腾状态或沸腾状态的浸提法。如用有机溶剂则外加冷凝管回流。此法对含挥发性成分或对热敏性组分不宜采用。

（2）渗漉法：指适度粉碎的药材于渗漉器中，由上部连续地加入溶剂进行有效成分浸提的方法。渗漉法属于动态浸提法，因此浸提效率优于浸提法，并且省去了浸提液的分离操作，溶剂耗量也较小。由于一些连续渗漉器的出现，使这一动态浸提法得到越来越广泛的应用。

（3）连续循环回流冷浸法：此法在实验室通常称为索氏浸提取法，也属动态浸提法。指加热浸提时溶剂被蒸发，经安置在提取器上的冷凝器冷凝后又回流到提取器进行冷浸，如此反复直至完成浸提的方法。该法溶剂可循环使用，适用于易挥发（低沸点）溶剂的浸提。本法由于浸提液受热时间长，不适于对热不稳定成分的浸提。

1.1.3　影响有效成分浸提的因素

（1）浸提温度：浸提温度越高，扩散的速度越快，浸提的速度也越快。但是温度的选择还取决于有效成分对热的稳定性，同时也受溶剂沸点的限制。在没有搅拌的情况下，一般选择沸点温度之下或接近于沸点的温度进行浸提。

（2）浸提压力：对于溶剂较难渗进药材内部的浸提，提高压力有利于有效成分的浸提。提高压力主要是加快浸润过程，使药材内部的毛细孔内和细胞内更快地充满溶剂，使药材中的可溶物被溶解，形成浓溶液，与外面周围的溶剂之间产生浓度差，从而使浸提时间缩短。

（3）药材的粒度：粉碎后的药材颗粒越小，其比表面积越大，从而传质表面积越大，溶质扩散距离缩短，浸提速度也就越快。但粒度过小会使药材中的胶体物质、淀粉等被浸提，影响以后有效成分的进一步分离纯化。另外粒度太小也增加了浸提液过滤时的困难。再者细粉难被润湿，有时还会产生粉包水、水包粉的现象，不利于浸提。因此，药材的粒度要在实际工作中根据不同的药材进行选择。

（4）固体药材颗粒与液体之间流体力学状态或相对运动速度：一般情况下，相对速度越高，由于它们之间的摩擦作用，使扩散边界层越薄或边界层的更新越快，从而使浸提速度也越快。

1.1.4　浸提溶剂的选择

选择较合适的林产药材有效成分浸提溶剂，是获取最佳浸提效果的关键。选择浸提溶剂要根据药材的主要化学组成成分和有效成分的化学结构、物理和化学性质等来进行。选择浸提溶剂应掌握的原则为：①采用的溶剂浸提速度快；②对有效成分的溶解度尽可能大，对杂质的溶解度尽可能小；③易于回收，成本低廉；来源丰富；④不污染产品，不与所需有效成分发生不可逆的化学反应。值得注意的是，在复杂的混合物中，由于一些物质的助溶等因素，对各成分的溶解度影响很大，许多有效成分伴有杂质时，溶解度显著增加。如用水浸提时，时常有水不溶性或难溶性物质被带出。用酒精浸提时常带有酒精不溶性物质。所以溶剂的选择，除上述原则外，还必须以实验研究结果为依据。下面介绍几种常见的浸提溶剂：

（1）水：水是最常用的浸提溶剂之一，由于价格低廉、无污染、无毒害，应用最广。根据使用情况又可分为常温水、热水、酸水和碱水等。

一般情况下，水主要浸提一些水溶性化合物，包括糖类、多糖类、苷类、酶、蛋白质、氨基酸类及一些极性较大的成分。有时也利用一些杂质的助溶性，用水将一些水不溶性物质浸提，再以有机溶剂萃取或提取出纯化合物。

碱性水溶液主要用于浸提带有羧基、酚羟基和内酯的化合物。如从土槿皮中用稀碳酸氢钠浸提土槿皮酸等。但在用碱性水溶液浸提内酯化合物时要注意；碱使内酯开环浸提后，再用酸使其内酯环合，有时会引起化合物立体构型上的改变，从而引起有效成分的活性改变。

酸性水溶液多用于浸提生物碱类化合物。生物碱在药材中以有机酸盐或游离状态存在，它们在水中的溶解度不高，必须将其转化为易溶于水的盐浸提。另外有些低级有机酸在药材中是以钙盐的形式存在，难溶于水和有机溶剂，也可用酸水处理后再浸提。

（2）乙醇：乙醇也是常用的极性成分浸提溶剂之一，根据需要可选择不同的温度。乙醇主要用于药材中强心苷类、黄酮、木脂素类、某些生物碱、三萜类、苦味素及某些挥发油等的浸提。

为了提高浸提速度和浸提物纯度，常采用50%～80%的乙醇水混合溶剂，它既可以克服乙醇浸提时一些杂质（如叶绿素、甾固醇和油脂等）的干扰，又能防止浸提时淀粉、树胶、果胶和粘液等物质的干扰，而且又有利于一些化合物的浸提，尤其是一些苷类，如芥子苷、皂苷、香豆素苷、苦味素苷、蒽醌苷、靛苷、氰苷、酚性苷及一些生物碱等。

另外，也可在乙醇中加氯仿、苯等，通过增加低极性或非极性溶剂，以调解浸出溶剂的极性，提高浸提物的纯度，简化后续加工工艺。

(3) 丙酮、甲醇：丙酮主要适用于极性或中等极性有效成分的提取。由于其沸点较低，尤其适用于连续循环回流冷浸法。如从鸦胆子中提取鸦胆子苷，就是先将鸦胆子脱脂后，再用丙酮回流，丙酮浸出液浓缩后即得鸦胆子苷。

甲醇也是很好的极性成分浸出溶剂，实验室中常采用，由于本身具有毒性，工业生产中很少采用。

(4) 氯仿、乙酸乙酯：这两种溶剂主要用于提取生物碱和许多中等极性的化学成分，优点是浸提物中杂质较少。

(5) 乙醚：主要用于浸提一些树脂、脂肪酸、挥发油及某些低极性化合物，包括某些甾体、萜类、生物碱、有机酸、黄酮、香豆素等。由于沸点低、常用于连续循环回流冷浸法。但它极易燃烧，从而在一定程度上限制其在工业生产中的应用。

(6) 石油醚、汽油：一般使用的石油醚沸程为30～60℃或60～90℃；汽油则大多使用30～70℃精炼过的轻汽油，其主要成分为戊烷与己烷。它们主要用于浸出一些低极性或非极性化合物，如油脂、挥发油，某些甾体、萜类、蒽醌类、叶绿素、蜡等。

(7) 苯：苯是一种非极性浸提溶剂，其浸提范围与石油醚相似。由于苯具有一定的毒性，并可能对环境造成污染，故在实验室和小型生产中应用，大工业生产不常采用。

(8) 油脂：主要将油脂加热以浸提挥发油，浸提的成分再用乙醇浸洗。这种方法现在已很少使用。

1.1.5 浸提的常用设备

药材浸提设备选择要求：①易于投料，批量适宜，排渣时间短；②加热面积大，传热性能好、升温快、耗能低；③设备材质与药材成分不起化学反应；④温度、压力、泡沫易于控制；⑤占地小、价格低、易操作等。

1.1.5.1 单罐浸提器

用浸渍罐浸提，一般以溶剂浸提一次为度。也可反复浸渍数次。所用单罐浸提罐多为搪瓷、不锈钢罐或木制罐等，有时需要增设搅拌器、泵、加热蛇管，并装设假底以便于出渣，如图52-1。

1.1.5.2 多功能浸提罐

是一类可调节温度、压力的密闭间歇式浸提或蒸馏等多功能设备。一般可进行直接蒸汽加热，也可利用夹层加热。可用于药材的水煎、温浸、热回流、连续循环回流冷浸、常压或加压的水浸、醇浸、油浸及残渣中有机溶剂的回收。因附有气动活底，故易于排渣，活底上装有直接蒸汽口，可供水蒸气蒸馏和药渣内溶剂回收。可单罐使用，也可作罐组进行逆流浸提。多功能提取罐的底呈微倒锥形如图52-2，其特点是底口大，易于排渣。

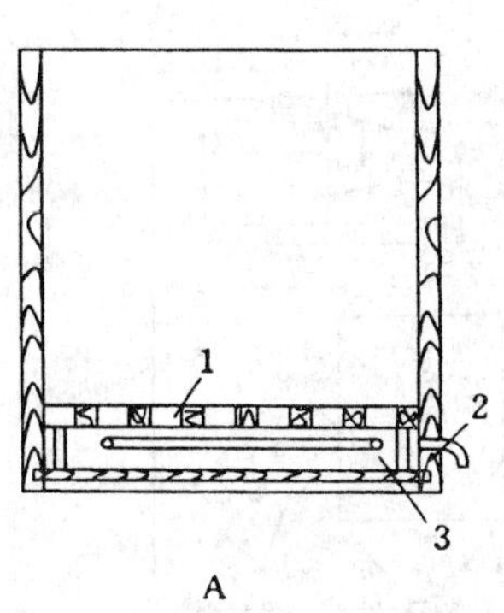

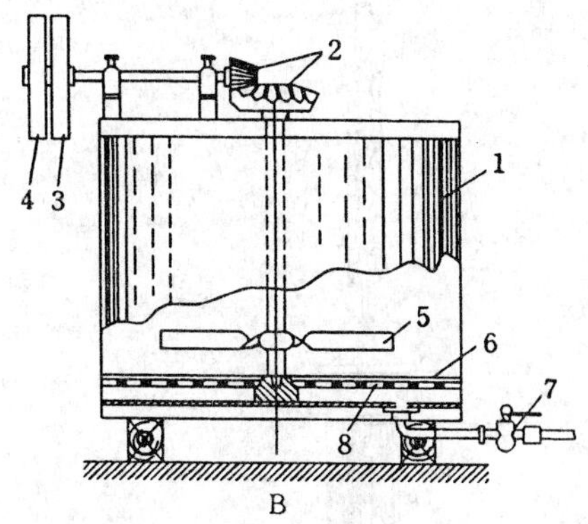

图 52-1　两种常见的浸提罐

A. 普通浸提罐　1. 假底；2. 出液口；3. 加热管

B. 具有搅拌的浸提罐　1. 罐体；2. 传动齿轮；3、4. 皮带轮；5. 搅拌桨；6. 过滤网；7. 出液阀；8. 假底

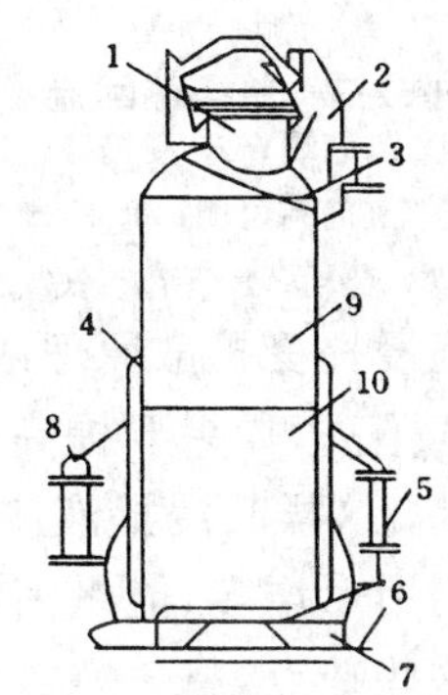

图 52-2　微倒锥形多功能浸提罐

1. 投料门；2. 加料门气缸；3. 封头；4. 夹套；5. 锁紧气缸；6. 假底；7. 排渣门；8. 启闭气缸；9. 圆柱形筒体；10. 倒锥形筒体

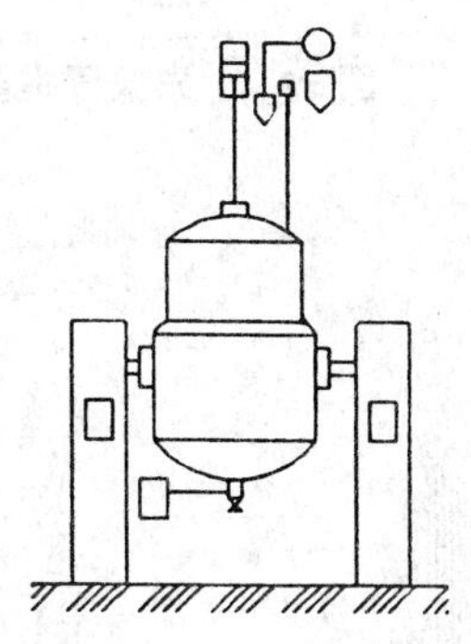

图 52-3　翻斗式浸提罐

1.1.5.3　翻斗式提取罐

翻斗式提取罐如图 52-3，有液压传动和机械传动。浸提过程是动态的。由于传热、传质效果好，所以浸提效率高。如图 52-3，罐体可旋转 180°，多采用手动，水煎时不动，蒸汽由空芯轴内通入。

1.1.5.4　单罐循环浸提器

单罐循环在工业上又称单级热回流，其设备在实验室就是索氏浸提器，如图 52-4，在工业上则由浓缩罐、浸提罐、冷却塔等组成，如图 52-5。

1.1.5.5　渗漉罐

渗漉罐一般有圆柱形和圆锥形两种（如图 52-6）。容易膨胀的药粉多采用圆锥形，其他则采用圆柱形。此外，如以水为溶剂则多采用圆锥形，用有机溶剂的可选用圆柱形。渗漉效果与渗漉设备的几何形状有关，浸提效果与渗漉器的直径成反比，与高度成正比。

1.1.5.6　浸提罐组

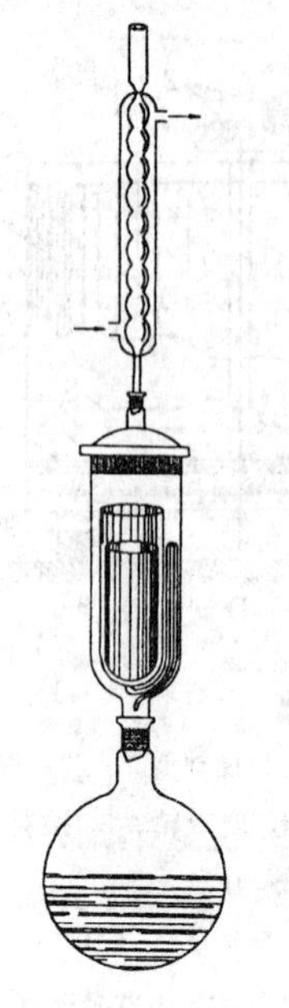

图 52-4 索氏浸提器

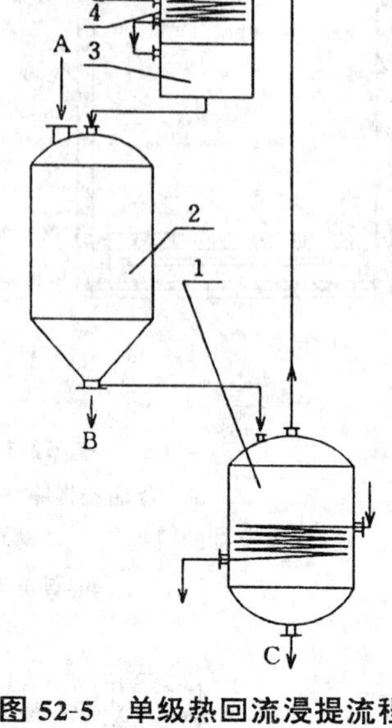

图 52-5 单级热回流浸提流程

1. 浓缩罐；2. 浸提罐；3. 热溶剂高位槽；4. 冷却塔

A. 药粉；B. 药渣；C. 浓药液

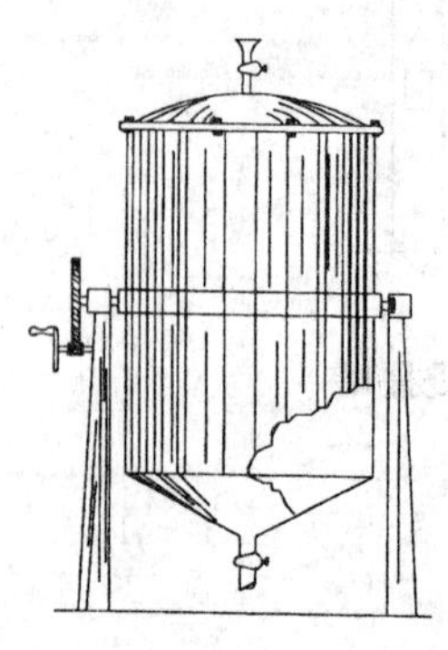

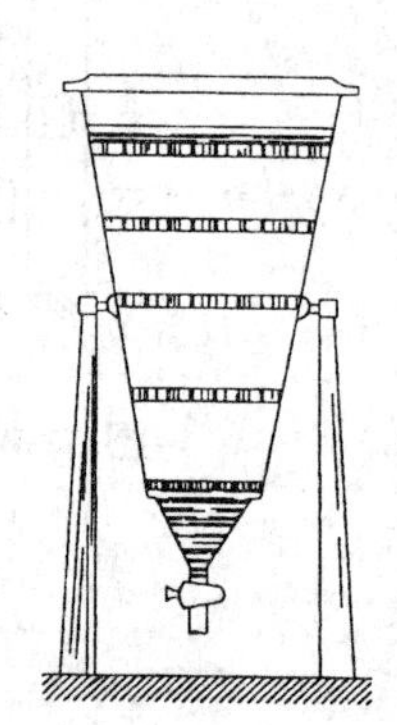

图 52-6 常用小型渗漉罐

由于单罐浸提受扩散原理浓度差的影响，一次浸提的效率不高，如果要提高浸提效率就需要进行多次浸提，这样其浸提液体积也随之加大。因而所需溶剂用量增多，能量消耗大，生产周期长。为了克服这些缺点，将一定数量的浸提罐用输液管道连通，先后排成一定顺序，组成罐组。在浸提过程中，浸提液逐步由第1罐向最后一罐流动，而第1罐经过多次浸提后排出药渣，再装入新药材成为最后一罐，原第2罐则变为第1罐，依此类推。第1罐加入新鲜溶剂浸提，浸提液从最后一罐流出时其溶质浓度已达到最大，而第1罐的原料经过多次浸提，其浸提效果最为完全。此法优点是浸提完全，用时短，省溶剂，成本低。这种罐组又可分为浸提组罐与渗漉组罐。

1.1.5.7 连续逆流浸提器

渗漉式浸提使药材相对固定，而溶剂不断地朝一个方向流动，造成一种动态浸提，此法用于较大规模生产就显得麻烦，不易操作，生产周期也较长，而且浸提液在浸提过程中常有反混现象（指在渗漉过程中不同层次浸提液的相互混合），影响效果。为克服这些缺点，同时也为自动化操作，设计连续逆流浸提器。该浸提器就是使固体药材与溶剂分别从浸提器的两端，朝相反方向作连续流动，即从一端连续加入新药材，从另一端不断地排出药渣；从排出药渣的一端又不断地加入新鲜溶剂，从加入新药材的一端不断地流出浓度最大的浸提液，形成固体药材与溶剂同时逆向运动的状态。这种浸提工艺的操作简单、自动化程度高、浸提速度快，收率高。下面介绍几种主要的连续逆流浸提器。

(1) U 型螺旋式连续逆流浸提器：这种浸提器如图 52-7，是由竖立的两根螺旋输送机和一根水平的短螺旋输送机组成。固体药材由左边螺旋器上部送入，由于各螺旋的运动迫使药材向前移动，并在右边螺旋器上部排出药渣；与此同时，溶剂由右边螺旋器上部（低于出渣口一定距离，使药渣干后排出）加入，最后经设在左边杆上的粗滤器而排出浸提液。

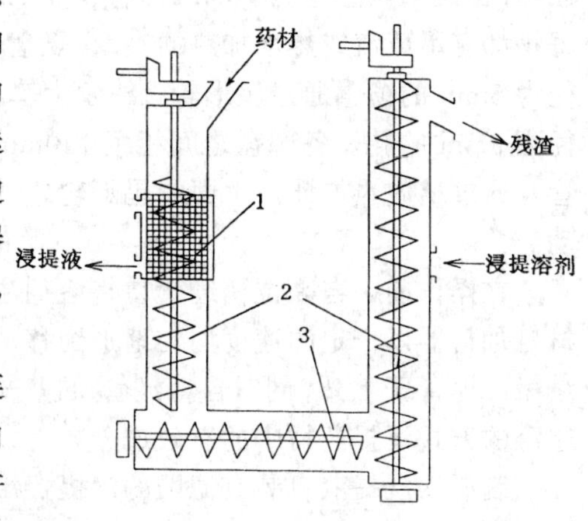

图 52-7　U 型螺旋式连续逆流浸提器

1. 粗滤器；2. 立式螺旋器；3. 水平螺旋器

(2) U 型拖链式逆流浸提器：这种浸提器内有连续移动的拖链，链上连有带许多小孔的刮板，药材由一端加入，在拖链板的推动下由一端移向另一端，并排出药渣；而溶剂则由排药渣的一端加入，经与药材作逆流流动接触，并浸提有效成分，由装药材的一端流出。

(3) V 型连续浸提器：V 型连续逆流浸提器如图

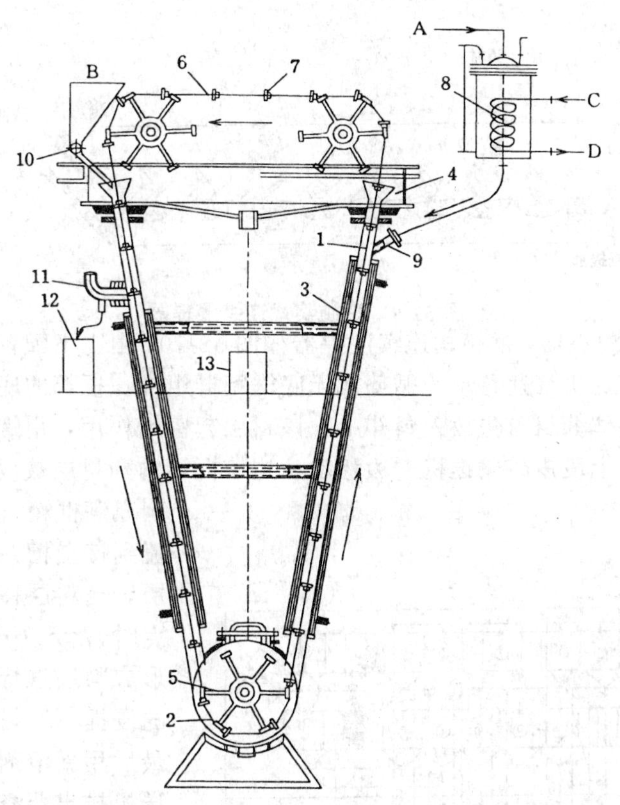

图 52-8　V 型连续逆流浸提器

1. 管；2. 小室；3. 夹套；4. 槽；5. 星形轮；6. 缆索；7. 多孔圆盘；8. 高位槽；9. 管口；10. 加料器；11. 出口；12、13. 接收器

A. 溶剂；B. 药材；C. 蒸汽；D. 冷凝水

52-8，由两根内径各为105mm、各长3.7m并互为约30°角的管构成。两管的下部由小室相连，每管都有用蒸汽或热水加热的夹套。两管上面的开口伸入槽中，槽内有两个转动的星形轮。直径为5mm的缆索通过星形轮，缆索上套有许多直径为100mm的多孔圆盘。圆盘上有许多直径为3mm的孔。各圆盘之间相距120mm，缆和圆盘经装有星形轮的管下部的小室而通过两管，通过槽内也如此。上面的星形轮之一借电动机由两个顺次连接的减速器和链传动装置带动。

在操作前，自高位槽经管口将溶剂注入浸提器，使缆和圆盘转动。同时将已加工过的药材自加料器以一定的速度均匀地加到移动中的圆盘上，药材从加料器下降，通过下面的小室，沿第二根管子上升。同时自槽经管口以一定的速度输入溶剂。溶剂与圆盘上的药材相接触，按逆流的方式浸提药材中的有效成分。

制得的浸提液自装有滤网的浸提器出口流出，收集到接收器中。已浸过的残渣送出管外，冲入槽，再进入接收器。

(4)螺旋桨式连续浸提器：这种浸提器具有连续排列成水平或倾斜式的半圆断面的槽，各个槽内设有4个叶片状的桨。通过它的旋转，药材和溶剂对流接触浸提。同时桨又起搅拌作用，加速了浸提，如图52-9。它的特点是可以改变桨的旋转速度和叶片数目来适应各种药材的浸提。

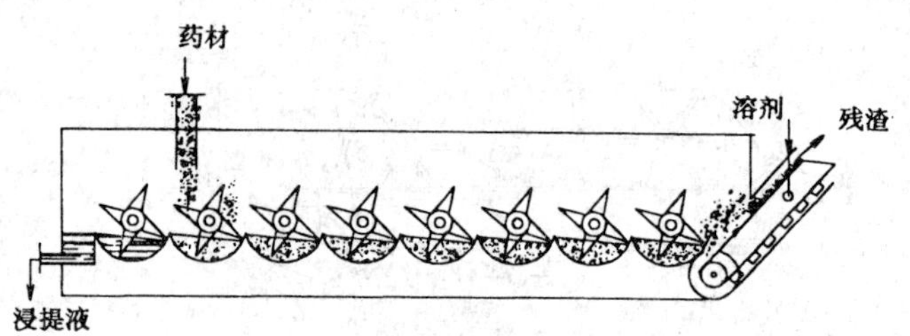

图52-9 螺旋桨式连续浸提器

(5)框箱式连续浸提器：框箱式连续浸提器如图52-10，由上下配置的两个特殊的钢丝网造的皮带输送机和与此机等速移动的循环式无底框箱群组成。框箱的底由上述皮带输送机构成。从上部送进的固体药材首先放入料斗上，该料层起密闭作用，用螺旋输送机将预先润湿过的药材送入框箱，上段皮带输送机一边移动一边使框箱内药材层被浸提。由上面注入的溶剂充满框箱，框箱不断移动，溶液下流到接受槽并用泵输送到下段的料层，当料层移到皮带输送机回转落点时，落入下一段皮带输送机上，再形成料层进行浸提，这样即使上段的浸提不均匀，下段还可继续浸提，最后用新溶剂淋洗，然后由螺旋输送机排出药渣。新溶剂进入第1、2级主要为清洗药渣，由第1、2级出来的溶剂用泵送到第3级，第3级出来后再送到第4级，依此类推，最后送到第8级，再用泵打出，并用少

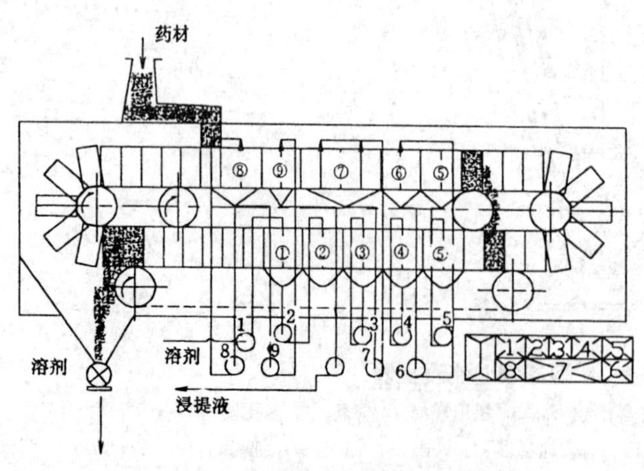

图52-10 框箱式连续浸提器

部分该浸提液喷淋第9级固料层，由此出来的液体再送入此泵与第8级浸提液一起输出。这种浸提器的特点是由于用框箱可与溶剂充分接触，同时由上一段向下一段移动料层时，因而可以进行料层的转换，所以能均匀而高效的浸提。一般浸提时间为60～90min。

(6) 米阿格框篮传送带式连续浸提器：米阿格框篮传送带式连续浸提器如图52-11，是由框篮组成的水平型式，主要在其上层水平部分进行渗滤浸提，在下层的水平部分进行浸提。它综合运用了浸提和渗滤两个过程。固体药材由上部中间处通过加料器倒入每个篮内，当篮移动时就从浸提器上面加入溶剂。在篮的下面有浸提液槽，用来接受已进行渗滤浸提的浸提液。框篮由上层的水平部分移向下层的水平部分时，篮就浸入浸提器底部的溶剂槽中，进行浸提。篮框在下层移动到中间时，从溶液中露出一次，此时进行第1部分渗滤浸提，然后又浸于第2溶液槽中，下层终了时又移向上层，再按照以前进行同样的渗滤浸提，浸提终了后在中间附近旋转框篮倒出药渣。溶剂同以上药材的移动成逆流接触浸提。这种浸提器浸提比较充分，且能得到较均匀的浸提液。

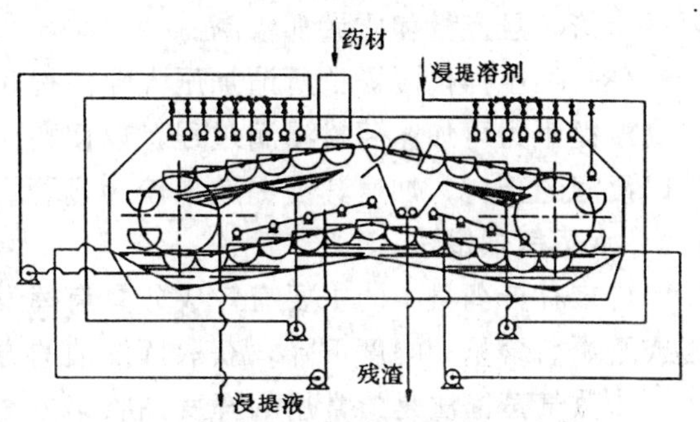

图52-11　米阿格框篮传送带式连续浸提器

1.1.6　浸提的强化技术

强化技术就是利用外加力以加速浸提、提高浸提率、增进效益的技术方法，加温、搅拌、逆流浸提均属于这个范畴。下面介绍几种强化技术：

(1) 流化强化浸提：流化就是使固液两相形成流态化状态，它是根据流化床原理设计的。因为处于流态时，两相接触面大，边界层更新快，所以浸提速度快；而且浸提率高。将药材磨成细粉，实际上也是一种分散式浸提，只不过固液两相相对运动速度更快。

(2) 电磁场强化浸提：这种技术就是在浸提器的外壳上绕上多层线圈，并通入交流电或直流电。其技术可用于浸提浸出或渗漉浸提。浸提浓度较不使用电磁场技术高得多。

(3) 电磁振动强化浸提：此法就是用一种特殊设计的电磁振动头，插入浸提器中进行浸提。对柔软的药用植物（花、草、叶）的浸提时间较不用振动头的方法要缩短4%左右。

(4) 超声波浸提：这种加强的作用是因水中已有溶解的气体，在用超声波处理时，这些气体扩散并通过植物细胞膜，使细胞遭受破坏，加速有效成分的浸提。

(5) 电场强化浸提：前苏联学者在锥型浸提器（内衬橡胶）的底部装上不锈钢筛孔板作为电场的阴极，同时装有过滤用的帆布和棉花，然后在药材层上面平放一块钢板当作阳极。用曼陀罗果仁和果壳细粉进行东莨菪碱试验浸提，结果表明，在电场作用下，其浸提浸出的生物碱浸提率比同样条件下而无电场作用的浸提浸出高出20%，而浸提时间缩短1/2。

(6) 脉冲强化浸提：脉冲强化浸提的技术有多种。一种是气压或液压脉冲，即在密闭浸提器内加脉冲气压或液压，其压力时大时小或时而加压、时而减压。另一种是液相脉冲，即在多纹浸提塔中，溶剂从塔底脉冲进入。再一种是机械脉冲，即在浸提器内装有脉冲板，使它时上时下，搅动固液两相。还有一种称回转脉冲，即先把被浸的药材磨成细粉，将固液两相在回转脉冲发生器中进行浸提，回转脉冲发生器由回转和固定的构件（转子和定子）组成，转速2 820r/min，外筒直径180mm，转子与定子的间隙0.5mm。

（7）压缩强化浸提：该技术的原理是将药材送入一小室内，使其进到一个挤压梁下，挤压梁的单位压力在 9.81×10^5～14.72×10^5Pa。挤压一次的时间为 10～25s，挤压前，应将粉碎过的药材润湿使其膨胀。一般情况下，压缩浸提的速度要比普通浸提浸出快数倍，有时甚至数十倍，且产量和质量都较高。

（8）加压强化浸提：所谓加压强化浸提就是提高浸提压力，加速浸提过程的技术。因为提高浸提压力可加速药材浸润过程，以使药材的毛细孔内快速地充满液体溶剂。这对坚实而难以浸润的药材，加速其浸提效果较为显著。而对较易渗透的药材，其效果就不显著。

1.2 水蒸气蒸馏法

许多林产药材中的主要有效成分具有挥发性。在新鲜药材中挥发油含量较高，但经过泡制或干燥后含量大幅度下降。获取挥发油的方法一般有 3 种：水蒸气蒸馏法、浸提法和榨取法。水蒸气蒸馏法是最常用的挥发油收集方法。

1.2.1 水蒸气蒸馏的原理

水蒸气蒸馏就是将蒸汽直接通入，使被分离的物质能在比原沸点低的温度下沸腾，生成的蒸汽和水蒸气一同逸出，经冷凝后分成水、油两层，再用澄清分层或离心分离法将水除去仅留油层。该法广泛用于收集挥发油。

水蒸气蒸馏法一般在常压下进行，但根据需要也可在减压或加压下进行。如有些成分在常压下易分解，可选用减压法。而有些低沸点的成分，对高温较稳定，但在常压下回收其蒸汽较困难，可应用加压水蒸气蒸馏法。

1.2.2 水蒸气蒸馏的生产工艺与设备

（1）药材的前处理：林产药材中的挥发油常存在于特殊的油腺或油囊中，有时存在于组织的细胞间隙内，在蒸馏之前应尽量设法切碎，破坏其组织或油腺，使其挥发性成分与水气直接接触而气化。未经切细压碎的药材在蒸馏时须经“水散作用”后其油方能脱出。所谓水散作用，就是在使水沸腾的温度下，一部分挥发油溶解于油腺内的水内，透过膨胀的细胞壁到达细胞表面而被路过的水气带走，水分则同时渗入细胞内，细胞中的挥发油再溶解透出，此种过程周而复始，直到所有挥发油自油腺中散出为止。需要注意的是，切碎药材要适当，如采用水上蒸馏时，决不可使药材碎成粉状，否则粉末中空隙过小，蒸汽不能透过各个部位。另外，对于树叶及大多数花朵，一般不需粉碎可直接蒸馏。

（2）水中蒸馏法：此法是将药材完全浸在水中，使它与沸水直接接触，让挥发油随沸水的蒸汽蒸馏出来。此法适用于细粉状药材及遇热易于结团的药材，但含有较多粘质、胶质或淀粉的药材不宜采用。加热方法有直接火加热法、蒸汽夹层法、蒸汽蛇管法等，一般设备如图 52-12，也可使用多功能浸提罐。

（3）水上蒸馏法：此法将药材放在一个多孔的隔板上，下面放水且与药材相间 10cm 左右，用蒸汽夹层法或蒸汽蛇管法加热，使水沸腾，所产生的蒸汽通过药材将挥发油蒸出，此法适用于草本植物和叶片含挥发油的蒸馏，对于种子及根类药材则应适当选用粉碎，此法最大缺点是不易蒸出高沸点成分，有时需耗费大量蒸汽及极长的时间。但通过减压法往往能得到较好的效果。此法的示意图如图 52-13。

（4）水气蒸馏法：此法使用较高压力的蒸汽，一般为 0.4～0.6MPa（表压），藉以增加蒸馏速度。根据需要可利用进气阀任意调节蒸汽量，以控制蒸馏速度。但在蒸汽温度较高、药材水分又不足以使细胞壁膨胀和油的扩散作用不完全状况下，应补充药材的水分；或在蒸馏

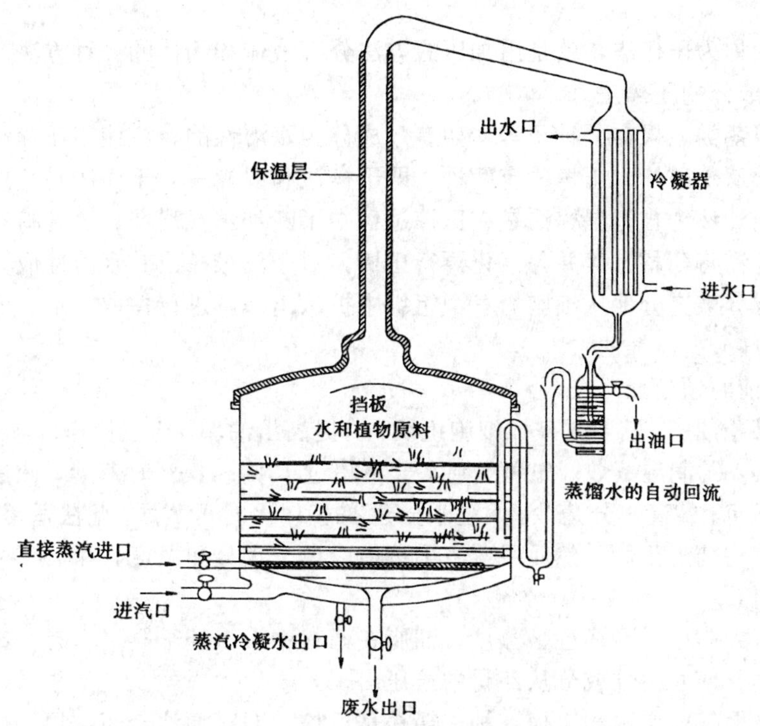

图 52-12　水中蒸馏设备

罐底部喷入蒸汽，或再另加蒸汽蛇管，如图 52-14。

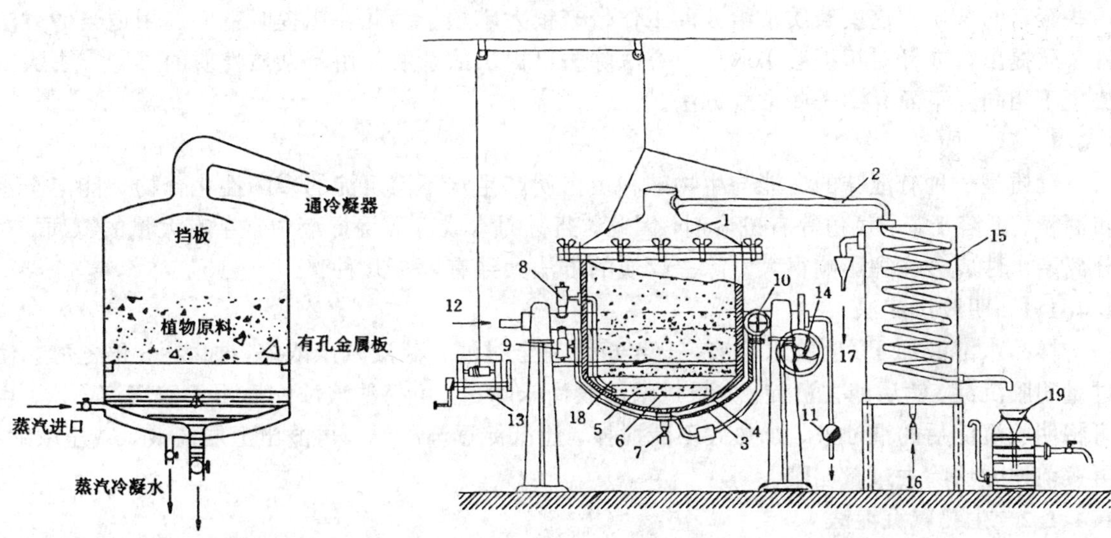

图 52-13　装有夹层的常压蒸馏罐

图 52-14　水蒸气蒸馏罐

1. 罐盖；2. 蒸汽输出管；3. 罐壳；4. 加热夹层；5. 通汽管；6. 蒸汽出口；7. 放液阀；8. 罐中通汽阀；9. 夹层通汽阀；10. 废汽阀；11. 疏水器；12. 热蒸汽；13. 绞辘；14. 绞盘；15. 冷凝器；16. 冷凝水入口；17. 冷凝水出口；18. 假底；19. 芳香油接收器

1.3 榨取法

榨取法一般称为压榨法，就是用加压的方法分离液体和固体的一种方法。

1.3.1 水溶性成分的压榨法

对新鲜的根茎类、果实、种子等，如有效成分为水溶性的，应使用压榨法，这样可防止一些不稳定成分遭受破坏。压榨法有两种，即干榨法和湿榨法。干榨法是直接对药材加压榨取，直到榨不出汁液为止；湿榨法是在压榨过程中不断加水或稀汁，直到将有效成分全部榨尽为止。有时还需将药材打碎并匀浆化再行压榨，对于较难榨出其水溶性成分的药材可用胶体磨，使有效成分被充分地从细胞的各个组织中扩散出来，进行榨取。

1.3.2 脂溶性成分的压榨法

1.3.2.1 压榨前的预处理

对于榨取某些油脂，需要先破坏细胞组织，以提高出油率，往往将药材润湿后再蒸炒。蒸炒的方法有3种：①润湿蒸炒。先润湿到水分不超过13%～14%时蒸炒，此法适用于螺旋压油机或台式水压机；②高水分蒸炒。润湿水分达16%以上时再蒸炒，此法适用于螺旋榨油机；③加热蒸炒。先将药材干炒，然后用蒸汽熏蒸借以调节水分和温度，而后再行压榨。

1.3.2.2 压 榨

油脂存在于细胞中，经润湿、蒸炒，油脂在药材中大多处于凝聚状态。压榨法就是借助于机械外力作用，使脂溶性成分从药材中挤压出来。

压榨一般分轻榨、中榨和重榨3种。轻榨是顶榨，即对高油分药材预先榨取一部分油脂的一种方法；中榨主要用于高油分药材的预先取油；重榨是一次性压榨取油。

1.4 粗提物中常见杂质的处理

就有效成分的浸提而言，无论是用浸提法蒸馏，还是用压榨法所获得的粗提物，都带有一些废弃的杂质，这些杂质常给分离工作带来很大麻烦。为此在粗提时就应选用适当的方法将杂质提出，或针对粗提液采取适当方法除去已提出的杂质。由于杂质性质的不同，去除方法也不相同。下面介绍一些常规方法。

1.4.1 鞣 质

鞣质是一种有涩味的、能与生物碱和蛋白质产生水不溶沉淀的多酚性化合物，能溶于水和酒精，不溶于苯、氯仿等有机溶剂，因此，药材的水或乙醇浸提液中常杂有大量的鞣质，对分离亲水性成分往往影响很大。除去鞣质的方法大致有以下几种：

1.4.1.1 明胶沉淀法

样品水溶液加4%明胶水溶液，直至沉淀完全过滤，滤液减压浓缩，加3～5倍乙醇，使过量明胶沉淀，然后滤去沉淀。如果过量明胶尚未除尽，可将滤液浓缩后用乙醇沉淀一次。也可将明胶沉淀后的混浊液，加热并不断搅拌，让沉淀逐渐凝结，再滤出上层清液，减压浓缩，再按前述方法除去过量明胶。

1.4.1.2 生物碱沉淀法

常用咖啡碱或其他生物碱及吡啶。样品水溶液中加入1.5%生物碱水溶液至沉淀完全，过滤滤液，再用氯仿萃取，以除去过量的生物碱，即得除去鞣质的水溶液。使用此法需防止有效成分被氯仿提出。由于此法需用生物碱，生产成本较高，一般多用于实验室去除鞣质，工业生产中较少应用。沉淀中的生物碱和鞣质可行回收，回收的生物碱仍可反复使用。回收的方法是将沉淀置空气中自然干燥或低温烘干，磨细，热溶于50%～55%甲醇中，再用氯仿萃取。生物碱进入氯仿中，鞣质留在稀甲醇中。

1.4.1.3　醋酸铅沉淀法

样品液中加入饱和醋酸铅水溶液至沉淀完全，鞣质被沉淀出来。

将沉淀悬浮于水或稀甲醇中进行脱铅。滤液可按下法除去过量铅离子：①通硫化氢气体，使铅变成黑色硫化铅沉淀出来，至滤液通硫化氢不再产生沉淀为止。过滤，沉淀用水洗，将洗液与滤液合并，减压抽去硫化氢。②加硫酸钠或磷酸钠饱和水溶液，使铅成为硫酸铅或磷酸铅沉淀出来，滤出沉淀即可。③加磷酸或稀硫酸，调节 pH 值至 3 左右，滤去沉淀即可。④加入强酸型阳离子交换树脂氢型并搅拌，即可除去铅离子。

上述①③④法脱铅后的溶液为酸性，对酸敏感的成分不能采用，可直接采用新鲜制备的氢氧化铅或改用②法。但②法的产物中有无机盐。①④法脱铅最为完全。但①法在除去硫化氢时，常伴有极细的硫磺析出，难于过滤，此时可用二硫化碳使其溶解除去。在采用④法时，要注意某些物质同时被交换上去。

醋酸铅沉淀法的缺点是专一性不强，除了鞣质外，其他许多物质往往也被沉淀。

1.4.1.4　氧化镁吸附法

对一些浓醇浸提液加新煅烧过的氧化镁拌匀，60℃以下烘干，磨碎，在单罐循环浸提器（实验室用索氏浸提器）中用甲醇或乙醇浸提，鞣质则被氧化镁吸附。

1.4.1.5　聚酰胺法

聚酰胺对鞣质的吸附性特别强，对一些高分子鞣质吸附往往是不可逆的。因此常将药材浸提液流经聚酰胺柱以除去鞣质。

1.4.1.6　氨水沉淀法

将含有鞣质的乙醇浸提液，加氨水调节到合适的 pH 值至沉淀完全，过滤即可。

1.4.2　叶绿素

叶绿素是植物中普遍存在的绿色色素，叶中含量最高，能溶于一般有机溶剂，但难溶于水。

对于水浸提液中的叶绿素，可用苯、石油醚或氯仿萃取除去。

如是酒精浸提液，可将浸提液浓缩后加水，再置于 4℃以下、叶绿素即可沉淀出来。

用 70%酒精浸提的溶液，可回收乙醇至浓缩液中含 15%～20%乙醇时止，在 4℃以下放置，绝大多数叶绿素可被沉淀。如不能析出，可用苯、汽油或石油醚萃取除去叶绿素。

如生物碱与叶绿素共存，可用酸水处理，生物碱进入酸水，而叶绿素不溶于酸水则可除去。

叶绿素能溶于碱水，有时可用碱水处理以去除叶绿素。但这种方法的前提是被分离物质不溶于碱或对碱稳定。

另外，叶绿素的除去也可用 1.4.1.3 所述的醋酸铅沉淀法。

1.4.3　油脂、蜡和树脂

一般在浸提之前，可将药材先用石油醚或苯处理，以除去这些杂质。

如果不预先处理，而直接用乙醇浸提，则可将浸提液蒸去大部分酒精后，再用石油醚或苯萃取，以除去油脂、树脂和蜡。

1.4.4　蛋白质

一般用有机溶剂浸提时，蛋白质不会被浸提。如用水浸提，蛋白质可采用甲醇或乙醇沉淀除去，也可用铅盐沉淀法或加热变性沉淀法除去。

还可使用等电点沉淀法除去蛋白质。这是利用蛋白质带有不同的电荷，当向其中加入电解质，中和了蛋白质所带电荷，致使蛋白质沉淀。使用这种方法要多次调节pH值，多次沉淀，多次过滤。在使用该法时要注意的是到达等电点后立即加热，以使蛋白质形成稳定的凝固体。

1.4.5 无机盐

一般用有机溶剂浸提时，无机盐不会被浸提，当然有少数无机盐（如硝酸钾）能溶于甲醇或乙醇。

少量无机盐一般不影响下步分离，但有时水浸提液中有大量无机盐，且影响后续分离时，就必须除去。可将水浸提液浓缩至浸膏或干，再用无水乙醇或甲醇提取有机成分，也可用氯仿从水浸提液中萃取有效成分而除去盐。具体选择方法，应根据所含有效成分的性质来确定。

如果有效成分是蛋白质、多肽、多糖等，可用透析法除去无机盐和单糖、双糖等。

有时也用离子交换树脂、聚酰胺，活性炭来除去无机盐。

1.4.6 糖和淀粉

许多林产植物的根含有大量的糖和淀粉，且易被水浸提。在这种情况下一般避免用水浸提，而改用丙酮、甲醇、乙醇来浸提，因为糖和淀粉几乎不溶于这些有机溶剂。如果必须用水浸提，可将水浸提液蒸干，再用有机溶剂溶解。另外也可选用氯仿或乙酸乙酯直接从水浸提液中萃取有效成分，而将糖和淀粉留在水液中除去。

1.4.7 压榨液的除杂

压榨法所得的油，一般含有游离脂肪酸、蜡、磷脂、植物甾醇、树脂和水分等，需要通过碱炼、脱色、脱水和脱蜡处理。

1.4.8 挥发油的除杂

挥发油的除杂一般用分馏或脱水的方法进行。

2 林产药物有效成分的分离

对于一些成分较为简单、有效成分含量较高或具有特殊的理化特性的林产药物，其有效成分可直接从药材中分离出。例如鸦胆子混合苷的分离，就是先用苯脱脂，再用丙酮回流浓缩，即得产物。又如白头翁苷的提取，也是先用乙醚脱脂，再用乙醇回流，浓缩后加丙酮，即得白头翁苷。再如麻黄碱可以通过水蒸气蒸馏法直接从麻黄中蒸馏出。咖啡碱具有升华特性，就可以将茶叶加热使咖啡碱升华而获得。从药材直接分离出有效成分的例子不少，但绝大多数有效成分的分离，仍需对通过浸提法、压榨法及蒸馏法获得的药材粗提物再进一步分离。下面简述一些对粗提物进行分离的常用方法。

2.1 溶剂浸提法

将药材浸提液浓缩成浸膏状，加入适量惰性填充剂，如硅藻土或纤维粉等，然后低温干燥，使其成粉末状，再用循环浸提器（实验室常用索氏浸提器，如图52-4、图52-5）以石油醚、乙醚、氯仿、乙酸乙酯、丙酮、乙醇等依次浸提，也可利用其沸点采取复合溶剂浸提。由于不同极性的有效成分在不同溶剂中的溶解度不同而获得分离。

2.2 液液萃取法

所谓液液萃取是指从一种液体混合物中用另一种互不相溶的溶剂萃取某一种或多种化合物的分离技术。这是林产药材有效成分分离最常用的一种技术。萃取所使用的溶剂可以是单一溶剂，也可以是两种或两种以上溶剂组成的混合溶剂。要求萃取溶剂必须对被萃取的有效成分有较大的溶解度；同时必须不溶于或很少溶于被萃取的浸提液。

萃取也可应用于萃取蒸馏液及精馏前的液体，以提高被蒸馏或被精馏溶液中被分离化合物的浓度。

2.2.1　液液萃取的原理

液液萃取的基本原理在于把一种液体（溶剂）加到另一种溶有某些物质的混合溶液中去，利用混合物中各成分在二液相间的分配系数的差异而使各成分得以分离。

分配系数与液体和溶于其中的成分的物理性质、浓度以及温度有关。由于分配系数为变数，所以在选择萃取的溶剂、萃取的时间、萃取的次数以及萃取所用的设备时，应根据实验结果来确定。

2.2.2　萃取溶剂的选择

萃取溶剂选择的原则是尽可能多地将所需成分分离出，将不需要的成分留在被萃取液中。如浸提液是氯仿、乙酸乙酯、石油醚，可用水作为萃取溶剂；如果浸提液是水浓缩液，可依据被分离成分的极性等理化特性，选择一种或几种与水不相溶的有机溶剂进行萃取，如石油醚、汽油、苯、乙醚、氯仿、乙酸乙酯、正丁醇、戊醇。如果是乙醇、丙酮为溶剂的浸提液，而乙醇与水或氯仿等一般萃取溶剂又互相混溶，可将乙醇、丙酮等浸提液浓缩后再在水与有机溶剂两相中分配。有时为了防止浓缩液不易在两相中分散溶解，可在乙醇或丙酮浸提液中加适量水，再减压蒸去乙醇或丙酮，这样浸提物在水中呈混悬或絮状，便于萃取。

2.2.3　萃取前的浸提液处理

一般情况下，只要将浸提液适当浓缩后即可进行液液萃取，但对于一些具有化学特性，而且经处理后有利于分离的化合物，可在萃取前进行适当处理。

（1）酸碱处理：各种总浸提物用酸水（一般用 1%～2%盐酸）及碱水（一般用 0.1mol/L 氢氧化钠）处理，可分为 3 个部分：①溶于酸水的为碱性成分；②溶于碱水的为酸性成分；③酸碱均不溶的为中性成分。例如一些生物碱的分离，如用有机溶剂浸提，可在回收大部分有机溶剂后，用酸水和氯仿等与水不相混溶的有机溶剂进行液液分配，生物碱与酸成盐而溶于酸水中，分出酸水，然后用氨水、石灰水、碳酸钠等碱溶液调节 pH 值至碱性，再用非极性有机溶剂如氯仿、二氯甲烷、苯等进行萃取，游离出的生物碱溶解于有机溶剂中而被分离。另外，根据生物碱的化学特性，可用控制 pH 值的方法或选用不同的碱试剂来分离不同碱性的生物碱。

对于酸性化合物，也可利用不同酸碱度来分离。酸性化合物可分为强酸性、弱酸性和酚性 3 种，它们分别溶于碳酸氢钠、碳酸钠和氢氧化钠，如在氯仿等非极性浸提液中，先后加入上述不同的碱液进行萃取，各种酸性成分可得到分离。

在进行酸碱处理时应注意一些例外的情况，一般生物碱不溶于碱水，但酚性生物碱（如吗啡）却能溶于氢氧化钠水溶液中；而有些生物碱的盐不溶于水而溶于有机溶剂，不能被酸水萃取。

（2）制备衍生物：有时萃取原来的化合物较困难，可先将这些化合物进行衍生化后再萃取，分离出后再使其恢复成原来的形式。

直接对具有仲胺碱和叔胺碱的混合物进行分离有一定困难，如将仲胺碱制成亚硝基或乙酰基衍生物，利用仲胺碱衍生物与叔胺碱在两相间分配系数的差异而被分离。

对于一些羟基化合物的分离，可先进行酯化后用氯仿从水浸液中萃取，这些羟基衍生物被分离后，再经碱水解恢复到原来的化学结构形式。当然，进行化学衍生化的前提是这些化合物对所用试剂是稳定的，衍生化反应是可逆的。

利用某些化合物具有的酮基，用Girard试剂使其衍生为水溶性腙而被水萃取，萃取液经酸化后又成原来的酮，再用氯仿等有机溶剂从水液中萃取出。

（3）形成次生产物：有些化合物的分离非常困难，但其次生产物易于分离，且次生产物的生物活性与原生产物相同或更强，在这种情况下，可对生药或浸提液进行生物方法或化学方法的处理，使原生物质转变为次生物质再分离。例如，在分离皂苷、强心苷时，有的苷分子中糖比较多，极性大而难以分离，可在分离前进行酶解，使苷分子中糖部分水解，产生次生苷后再行分离。

2.2.4　常用的萃取方法

（1）实验室常用方法：实验室一般使用分液漏斗振摇萃取，反复进行至萃取完全。振摇时会发生严重乳化现象。碰到这种情况，可以先把乳化层分出，再行振摇即可避免，分出的乳化层经抽滤后一般可以分层。如仍乳化，可以采用连续液-液萃取装置（如图52-15）。高位槽中放两相中相对密度轻的一相如图52-15（a），萃取管中则放相对密度重的溶剂。如用氯仿萃取时也可采用如图52-15（b）的装置。

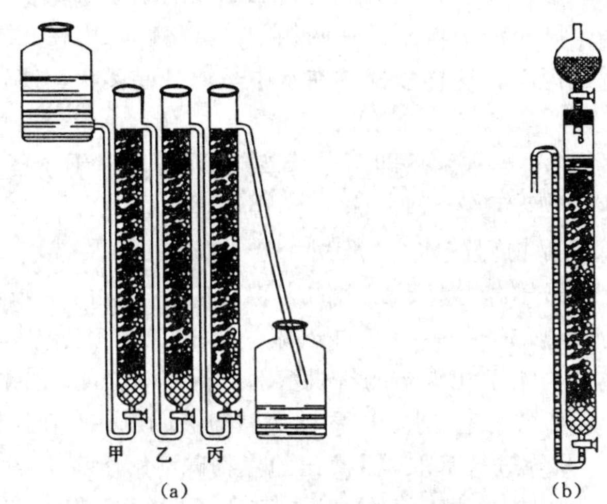

图52-15　连续液-液萃取装置

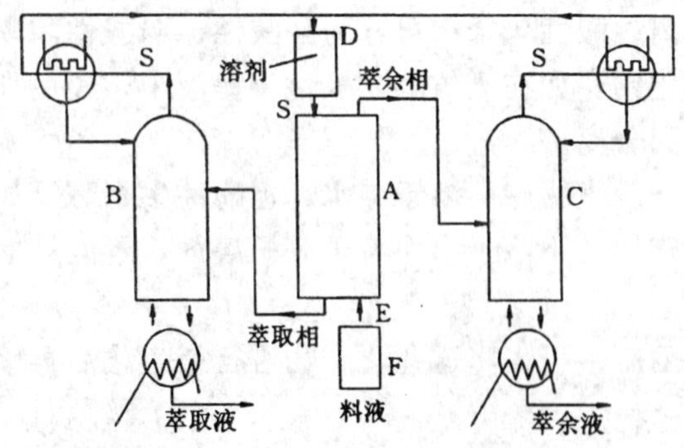

图52-16　逆流萃取流程

A. 萃取塔；B、C. 蒸馏塔；D、F. 贮器；E. 浸提液；S. 溶剂

（2）错流萃取法：错流萃取法是工业化生产中的常用方法之一，原理和操作程序基本与实验室分液漏斗法相同，也可讲是同种方法的放大。此法在工业中最大的缺点是溶剂用量相当大，不太经济。

（3）逆流萃取法：工业上常用萃取塔进行逆流萃取，将浸提液和溶剂分别连续地引入萃取塔的顶部和底部，并且在重力的影响下，形成两股流动方向相反的液流。逆流萃取流程如图52-16。溶剂（S）由贮器（D）流入萃取塔（A）的顶部，浸提液（E）由贮器（F）流入塔的底部。当浸提液和溶剂以逆流方式通过萃取塔（A）时，那些要从浸提液中萃取出来的成分就部分地或近乎全部地为溶剂所萃取。最后得到的溶液（萃取相）由塔底流入蒸馏塔（B），并在此蒸馏塔中蒸出溶剂，浓缩后的萃取液就从蒸馏塔中放出。

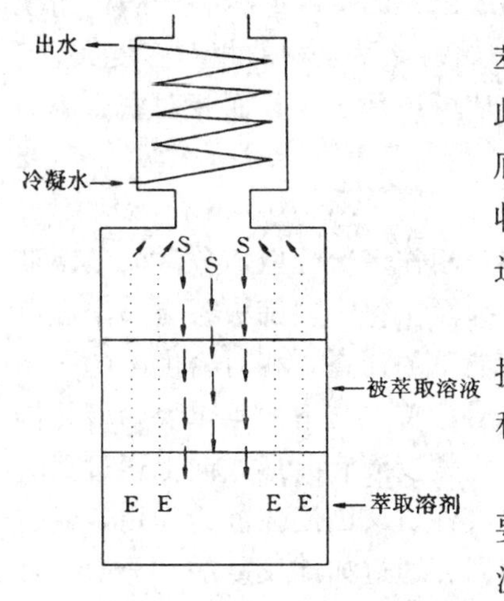

图 52-17　回流萃取示意

E. 蒸汽；S. 溶剂

对于已被萃取过的浸提液（萃余相），因其中仍含有少量萃取溶剂，可将萃余相由萃取塔的顶部流入蒸馏塔（C），在此塔中溶剂作为顶部产物除去，除去了溶剂的萃余液则作为底部产物而排出。另外，用蒸馏方法自萃取相和萃余相中回收所得的溶剂送到贮器（D），并由此送回萃取塔（A）。这个过程是连续进行的，操作过程必须符合下列条件：

（1）溶剂的相对密度要大于浸提液的相对密度，如果浸提液的相对密度大于溶剂的相对密度，则图 52-17 中的溶剂和浸提液各自的引入点就要相互对调。

（2）溶剂的沸点比浸提液中任何一个有效成分的沸点都要低。如果情况与此相反，在蒸馏萃取液和萃余液时，先行流出的就是低沸点的有效成分，而加以收集。

（3）双溶剂萃取法：此法的主要特点是同时采用两种互溶度很小的溶剂，并且要分离的两种（或两组）物质之一能优先溶解于其中的一种溶剂。在双溶剂萃取过程中，两种溶剂通常以逆流方式通过整个萃取系统。

（4）回流萃取法：此法适用于萃取溶剂较浸提液的相对密度大、而且萃取溶剂的沸点要低于浸提溶剂或被分离的有效成分的沸点。当溶剂与浸提液一同置于反应锅内（带蒸汽盘管），溶剂在下层，浸提液在上层。刚加热时，下层的溶剂被蒸发，形成的蒸汽（E）通过浸提液而溢出液面进冷凝器，冷凝后的溶剂（S）又落入反应锅经浸提液进入下面的溶剂层（如图 52-18）。当冷凝溶剂穿过浸提液时，发生两相分配，并将溶解的有效成分带入下层，另外萃取溶剂蒸发时的蒸汽经过浸提液时，又使浸提液得到不断的运动。如此周而复始的蒸发-冷凝-萃取，而使有效成分得以分离。此法的缺点是由于萃取温度高，萃取液中杂质较多，另外含对热不稳定的成分时不宜采用。

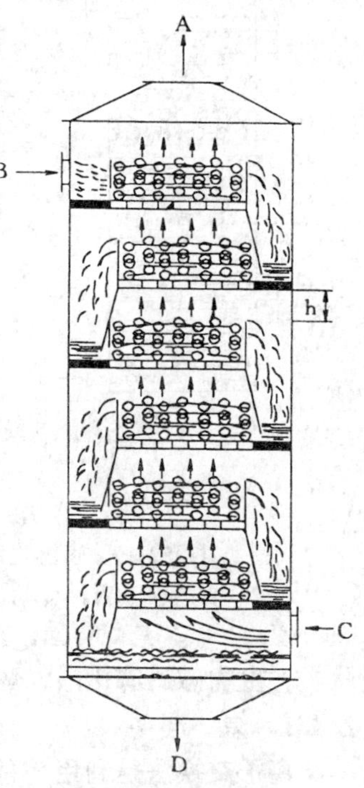

图 52-18　筛板塔的萃取示意

A. 相对密度轻的一相出口；
B. 相对密度重的一相入口；
C. 相对密度轻的一相入口；
D. 相对密度重的一相出口

2.2.5　常用的萃取设备

2.2.5.1　用于萃取的混合器和分离机

实验室使用分液漏斗萃取，一般是靠人工振摇。而工业上常用泵喷淋或机械搅拌或用回流法。

当化合物在两相中进行分配达到平衡后，就必须将两液分离。经典的方法是用静置的方法，但该法费时，而且遇有乳化时不易破乳。可使用分离机械进行分离。液相的分离全靠两相的相对密度差别，可以是重力式的也可以是离心式的。而高效率的分离器都是各种形式的超速离心机。另外，分离也可使用各种类型的沉降器。

除此之外，工业上也使用由混合装置和分离设备组成的混合萃取器。

2.2.5.2 填充塔

填充塔是将坚实的填料堆置在萃取塔中的栅板上，以构成巨大的接触面积。一般使用填充环为填料。在许多情况下，萃取相的相对密度在萃取过程中始终比萃余相的相对密度大，但有时也会有相反的情况，不管如何，相对密度大的一项总是从塔顶部送入；而相对密度小的一项则总是从塔底部送入，再从塔顶部流出。

2.2.5.3 筛板式萃取塔

筛板式萃取塔有许多类型，它们的共同特点就是使其中一相作多次分散，分散的液滴随后又部分地或全部聚结起来。这种萃取塔被圆形筛板分隔成为段。每一块筛板各有一个溢流管（如图 52-18），借此可以将相邻各段沟通起来，形成一个向下的通道，相对密度重的一相就通过这种溢流管向下流动。相对密度轻的一相从塔底送入后，首先与下面第 1 块筛板相接触，且当通过筛板时即被分散成滴状。所以相对密度轻的一相是以液滴的形式向上通过另一相。此种液滴在第 2 块筛板下聚结起来形成一层高度为 h 的液柱。又因流体静力作用，使这种聚结起的液体通过第 2 块筛板，以后各段的情况均与此相同。通过如此反复的“分散→聚结→再分散→再聚结”，大大加速了筛板塔中的被萃取物的传递作用，提高了扩散速率，增强了萃取效果。

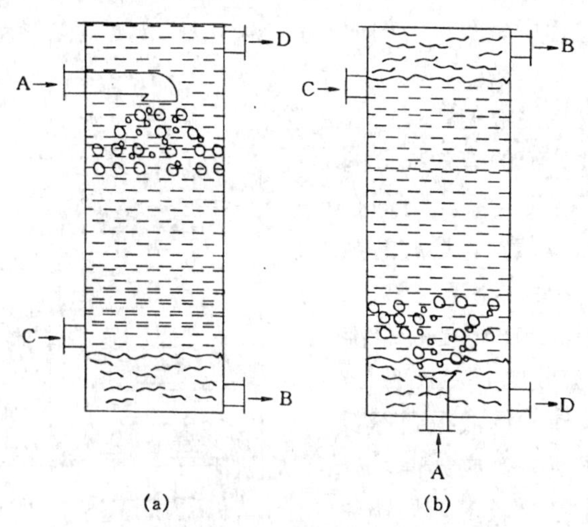

图 52-19 喷淋式萃取塔示意图

A. 被萃取液相入口；B. 萃余相出口；C. 萃取相入口；D. 萃取液出口

2.2.5.4 喷淋式萃取塔

图 52-19 (a) 所示的萃取塔中，相对密度轻的液体（浸提液）从塔下端流入并充满塔内；相对密度重的萃取溶剂从上端喷入，并呈液滴状分散在萃余相中，再在底部汇集流出；萃余相则从塔顶排出。如被萃取液的相对密度较萃取溶剂的相对密度重，则采用如图 52-19 (b) 所示的喷淋塔，即喷淋器装在塔的底部，喷淋溶剂在上行过程中与下行的浸提液进行有效成分的分配，再在上部的出口联接管中形成呈连续层的轻液体层并流出。

2.3 离子交换法

离子交换法分离中药有效成分在工业上应用较广，它主要适合于糖类、氨基酸、肽类、生物碱、有机酸、酚类等的分离。

2.3.1 原 理

离子交换法是利用一种不溶性高分子化合物，它的分子中具有解离性基团（交换基），在水溶液中能与溶液中的其他阳离子或阴离子起交换作用。此种交换反应都是可逆的，反应式如下：

$$R-SO_3^-H^+ + Na^+Cl^- \rightleftharpoons R-SO_3^-Na^+ + H^+Cl^-$$

$$R\equiv N^+OH^- + Na^+Cl^- \rightleftharpoons R\equiv N^+Cl^- + Na^+OH^-$$

遵循化学平衡的规律。虽然交换反应都是平衡反应，但在交换器上进行时，由于连续添加新的交换溶液，平衡不断按正反应方向进行，直至完全，因此可以把离子交换剂上的原有离子全部洗脱下来。当一定量的溶液通过交换器时，由于溶液中的离子不断被交换而浓度逐渐减少，因此也可全部被交换而吸着在交换剂上。根据这一原理可用离子交换法直接从药材浸提液中交换含游离离子基团的酸、碱及两性成分，使其与糖类等无游离离子基团的中性物质分开，而被吸着的物质也可用另一洗脱液洗脱下来。

如有两种或两种以上的成分被吸在离子交换剂上，用另一洗脱液洗脱时，它们的被洗脱能力决定于各洗脱反应的平衡常数。利用洗脱液对各成分的洗脱能力的差异而将各成分分离。

2.3.2　离子交换树脂的种类及性能

离子交换树脂是一种合成高分子化合物，一般呈球状或无定形粒状。离子交换树脂主要可分为两大类，即阳离子交换树脂和阴离子交换树脂，还有两性离子交换树脂、络合树脂等，但后两者在有效成分分离上不常用。各类树脂根据它的解离性能大小，还可分强、中、弱等。

阳离子交换树脂中的解离性基团是磺酸（ $—SO_3H$ ）、磷酸（ $—PO_3H_2$ ）、羧酸（ —COOH ）、和酚性羟基（ —OH ）等酸性基团。阴离子交换树脂中含有季、伯、仲、叔胺等碱性基团。目前国内外常用的离子交换树脂简介如下：

2.3.2.1　强酸性阳离子交换树脂

（1）苯乙烯强酸型树脂：一般为黑褐色，是最常用的强酸性阳离子交换树脂。它具有一种以苯乙烯为单位，向上下左右延伸的网状结构，而且在这种结构上连有许多 $—SO_3H$ ，结构如下：

$—CH—CH_2—CH—CH_2—CH—CH_2—$

SO_3H　　SO_3H　　SO_3H

$—CH—CH_2—CH—CH_2—CH—CH_2—$

SO_3H　　SO_3H

国产树脂强酸 1×7（上海树脂厂#732）、强酸性#1（南开大学树脂厂）和国外产品 Dowex50、Amberlite IR-120、Zeo Karb 225、Zerolit 225、Wofatit K、Permutit Q、Lewatit S 100 都属此种。这种树脂很稳定，经过几百次交换，交换当量也改变不大。对各种试剂也较稳定，如较长时间浸在5%氢氧化钠、0.1%高锰酸钾、过氧化氢水溶液及 0.1mol 硝酸中也不会改变性能。不溶于水及一般有机溶剂，耐热性能好，可在沸水浴上100℃左右处理。

（2）酚磺酸型树脂：是在苯乙烯树脂出现以前应用较广的强酸性树脂，是用对-羟基苯磺酸和甲醛缩合而成。由于交换量较苯乙烯树脂小，而且遇碱或氧化剂时不稳定，所以应用范围较小。

2.3.2.2　强碱性阴离子交换树脂

树脂的母体与苯乙烯强酸性树脂相同，所不同的是母体上连接有季铵，结构如下：

—CH——CH₂—CH—CH₂—CH—CH₂—

$CH_2N^+(CH_3)_3$　CH—　$CH_2N^+(CH_3)_3$

Cl^-　　Cl^-

国产树脂强碱性#201（南开大学树脂厂）、强碱性201×7（上海树脂厂#717）和国外产品Nalcite SAR、Dowex 1、Dowex 2、Amberlite IRA-400、Amberlite IRA-410、Amberlite XE-98、Permutit SI、Permutit SII、Lewatit MII、Zerolit FF等都属于此类型。这种强碱性树脂对酸、碱和有机溶剂亦较稳定，但在浓硝酸中不稳定。游离型（OH型）比盐型（如Cl型）的耐热性差，超过40～45℃就不稳定，因此一般商品都是Cl型。

2.3.2.3　弱酸性阳离子交换树脂

含有 —COOH 的树脂，母体有芳香族和脂肪族两种。脂肪族类中用甲基丙烯酸和二乙烯基苯聚合的较多。芳香族类的用二羟基苯酸和甲醛聚合的较多。国产树脂中弱酸101×128（上海树脂厂#724）、弱酸性#101（南开大学树脂厂）和国外产品Amberlite IRC-50、Wofatit C、Zerolit 226都属于此种类型。

2.3.2.4　弱碱性阴离子交换树脂

主要指含有 $—NH_2$、═NH、≡N 等基团的阴离子交换树脂。国产树脂中弱碱330（上海树脂厂#701）、弱碱311×2（上海树脂厂#704）、弱碱性#301（南开大学树脂厂）、弱碱性#330（南开大学树脂厂）及国外产品Amberlite IR-4B、Wofatit M、Wofatit N、Lewatit M、Dowex 3、Permutit W等都属于此种类型。

2.3.3　离子交换树脂分离有效成分的一般原则

对于水浸提液或其他有机溶剂浸提后的水溶部分，一般可通过强酸性（磺酸型）再通过强碱性（季铵型）树脂，分别洗脱，分成酸性、中性及碱性成分。一般程序如下：

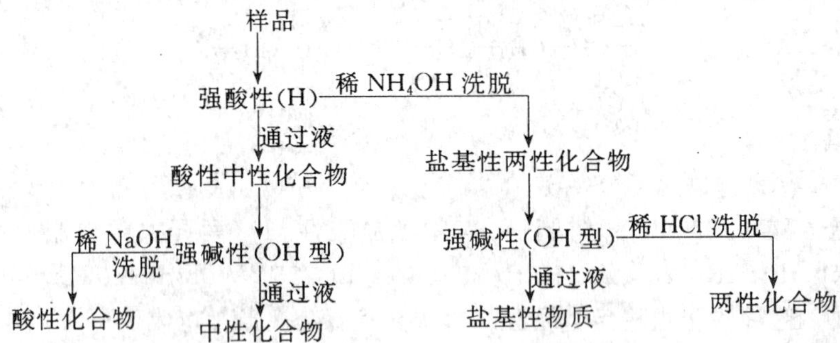

对于水溶性生物碱的分离，可用强酸性树脂从水浸液或酒精浸提液中直接交换生物碱，再用氨水或氨性酒精洗脱。

2.3.4　离子交换常用设备

一般林产药物有效成分的分离可使用小型离子交换器。这种交换器一般都是采用硬聚氯乙烯塑料板制成的，化学稳定性好，耐酸碱腐蚀。罐内充满树脂，工作时可向上托起压实，不易乱层，因而可以提高流速，增大出力。同时可采用逆流再生及末段再生液回收重复使用措施，以此降低成本。这种离子交换器呈柱形，直径250～800mm，高2～3m，多数是以硬聚氯乙烯制成，也有少数用有机玻璃制作。另外在进行少量分离时，可使用一般玻璃层析柱或聚氯乙烯管作树脂的填充器。

2.3.5　树脂的预处理

一般的树脂都含有在合成时混入的可溶性小分子有机物和铁、钙等无机物，因此在进行离子交换以前必须作预处理，将杂质除去。首先把新树脂在蒸馏水中浸泡 1～2 天，使它膨胀后，装入离子交换器或层析柱中，并用下法处理：

(1) 强酸性阳离子交换树脂的预处理：新树脂一般是 Na 型。可先用树脂体积的 20 倍的 2mol/L 盐酸以 1ml/cm^2/min 左右的速度进行交换，使它变成 H 型后用水洗到流出液呈中性。而后用树脂体积的 10 倍量的 1mol/L 氢氧化钠（或食盐）进行交换，使它变为 Na 型。再用水洗到流出液不含 Na^+为止（可利用颜色反应观察，如含钠，灼烧时有黄色火焰出现）。再重复一次盐酸→氢氧化钠（或食盐）处理。最后用树脂体积 10 倍量的 1mol/L 盐酸进行交换，使它变为 H 型，最后用蒸馏水洗到流出液呈中性为止。

(2) 强碱性阴离子交换树脂的预处理：新树脂一般呈 Cl 型。先用树脂体积 20 倍的1mol/L 氢氧化钠溶液使它变为 OH 型，用树脂体积的 10 倍量水洗涤，再用树脂体积的 10 倍量的 1mol/L 盐酸溶液使它变为 Cl 型。用蒸馏水洗到流出液近中性为止。而后重复一次氢氧化钠→盐酸处理。最后用树脂体积的 10 倍量的 1mol/L 氢氧化钠溶液进行交换，使它变为 OH 型。由于 OH 型树脂容易吸收空气中的二氧化碳，保存时应加注意，使用时把 Cl 型树脂变为 OH 型为好。

(3) 弱酸性阳离子交换树脂的预处理：新树脂一般是 Na 型。先用树脂体积的 10 倍量的 1mol/L 盐酸溶液使它变为 H 型，用水洗到流出液呈中性为止，再用树脂体积的 10 倍量的 1mol/L 氢氧化钠溶液使它变为 Na 型，此时体积膨胀，而后用树脂体积的 10 倍量的水洗涤，使流出液呈弱碱性。再重复一次盐酸→氢氧化钠处理。最后用树脂体积的 10 倍量的 1mol/L 盐酸溶液使它变为 H 型，用水洗至中性。

(4) 弱碱性阴离子交换树脂的处理：新树脂一般是 Cl 型。预处理方法与强碱性阴离子交换树脂基本相同。变为 Cl 型后用水洗涤时因为水解的原因不容易洗到中性。一般用树脂体积的 10 倍量水洗涤即可。

2.3.6　树脂的再生

用过的树脂，如还要交换同一样品，只要把盐型变为游离型即可。如要交换其他样品，要用预处理的方法再生。

若遇耐热性离子交换树脂，则可在加温条件下处理。市售商品往往是湿的，若遇到干燥状态的树脂时，不要立即加水，否则易引起龟裂，影响物理性能。为了避免此种现象发生，可先加饱和氯化钠，待湿润后加水，再按预处理法处理。

2.3.7　影响离子交换的有关因素

(1) 溶液的酸碱度：离子交换剂可以简单地理解为一种高分子不溶性酸或碱，因此溶液的酸碱度对离子交换有很大的关系。当交换溶液中氢离子的浓度明显增高时，则因同离子效应，抑制了阳离子交换剂中的酸性基团的电离，故离子交换反应就很少进行，甚至不进行。通常强酸性交换剂交换液的 pH 值应大于 2，弱酸性交换剂的交换液 pH 值应在 6 以上。同样，在阴离子交换剂中，当溶液的 pH 值增大时，也会发生同样情况，故交换剂的交换液强碱性的 pH 值应大于 12，弱碱性应大于 7。

(2) 交换离子的选择性：离子交换剂对交换化合物来说，主要取决于化合物的解离离子的电荷、半径及酸碱性的强弱。解离常数大，酸碱强者置换容易，但洗脱相对较难。解离离子价数越高，电荷越大，则它的吸附性越强，越易在交换树脂上交换。碱金属、碱土金属及稀土元素还与它们的原子序数有关，碱金属、碱土金属原子序数大则交换吸附就强，稀土元素的原子序数小，其交换吸附就弱。

(3) 被交换物质在溶液中的浓度：欲交换分离的化合物，离子交换操作通常是在水溶液或含有水的极性溶剂中进行，这样有利于解离与交换。浓度低的溶液对离子交换剂的选择性大。在高浓度时解离度会趋向减少，有时会影响吸附次序及选择性；浓度过高时，也会引起树脂表面及内部交联网孔收缩，影响离子进入网孔。所以，一般选用较稀溶液，以利于提取分离。

(4)温度的影响：稀溶液温度的改变对交换的性能影响不大，但在0.1mol/L以上浓度时，温度升高对水合倾向大的离子容易交换吸附。同时，离子的活性系数增大，对弱酸、弱碱交换剂来说，其交换率有较大的影响。一般温度增高，离子交换速度加快，在洗脱时也可能提高洗脱能力。但对不耐热的交换剂应注意提高温度的条件，避免引起交换剂的破坏。

(5) 溶剂的影响：交换通常在水中进行，也可采用含水的极性溶剂。但在极性小的溶剂中难以进行交换或不进行交换，而选择性也减少或消失。

2.4 吸附层析法

层析法的特点是能满意地分离一系列结构较为相似的成分，以完成一般分离方法难以达到的目的，目前该法是实验室分离有效成分常用的方法。由于操作技术要求细致，操作周期较长，且处理量较小，因此工业生产上还较少应用。目前，工业上主要把它作为一种手段，即利用此法在实验室分离未知的有效成分，再鉴定出化学结构，最后依据化学结构的理化特征来设计工业上的浸提、分离和纯化的方法。当然也有直接应用于工业生产的，一般是用于分离其他方法难以分离的结构相似的有效成分。如工业上生产三尖杉酯碱，就是先用萃取法获得三尖杉酯碱与高三尖杉酯碱的混合物，最后通过硅胶柱层析法将两者分开。

层析法包括气相层析、液相层析、凝胶层析和离子交换法。离子交换法在前面已作了介绍，在其他层析方法中，除液相层析中的液-固吸附层析外，其余的层析法在工业生产中不太应用，下面主要介绍液-固吸附层析法：

2.4.1 原 理

吸附层析法主要利用吸附过程的两个规律。即吸附过程是可逆的。也就是吸附和解吸附处于一种动态平衡中；再就是吸附剂对不同物质的吸附行为（即吸附力的大小）是有差异的。

这两个规律就是吸附层析法所以能将混合物分离的依据。当用一定溶剂洗脱时，不同物质在吸附剂和溶剂之间发生连续不断地吸附-解吸附-再吸附-再解吸附。易被吸附的物质（也就是吸附力强的物质）相对地移动得慢一些，而较难被吸附的物质（也就是吸附力弱的物质）则相对地移动得快一些，经过一定时间的洗脱，移动得快的成分被先收集，而移动得慢些的成分被后收集，这样，有效成分就得以分离。

2.4.2 常用吸附剂

(1) 硅胶吸附层析：层析用硅胶为一多孔性物质，可用通式 $SiO_2 \cdot XH_2O$ 来表示。分子中具有硅氧烷（ —Si—O—Si— ）的交链结构，同时在颗粒表面又有很多硅醇基（SiOH）。硅胶吸附作用的强弱与硅醇基的含量多少有关。硅醇基能够通过氢键的形成而吸附水分，因此硅胶的吸附力随吸着的水分增加而降低。若吸水量超过17%，吸附力极弱，就不能用作吸附剂。

如吸水过多，可通过加热的方法去除部分水分而“活化”。当硅胶加热至 100～110℃时硅胶表面因氢键所吸附的水分即可被除去。当温度升高至 500℃时，硅胶表面的硅醇基也能脱水缩合转变为硅氧烷键，从而丧失了因氢键吸附水分的活性，同时也丧失了对有效成分的吸附性，而且这种“失活”是不可逆的，即虽用水处理仍不能恢复其吸附活性。所以硅胶的“活化”一般不宜在较高温度下进行（一般在 170℃以上即有少量结合水失去）。硅胶是一种酸性吸附剂，适用于酸性或中性成分的分离。同时硅胶又是一种弱酸性阳离子交换剂，其表面上的硅醇基能释放弱酸性氢离子，当遇到较强的碱性化合物时，则可因离子交换反应而吸附碱性化合物。

硅胶吸附层析既能用于非极性化合物，也能用于极性化合物的分离，适用于芳香油、萜类、甾体、生物碱、苷类、蒽醌类、酸性、酚性化合物、磷脂类、脂肪酸、氨基酸等。

（2）氧化铝吸附层析：氧化铝可能带有碱性（因其中可混有碳酸钠等成分），对于分离一些碱性成分颇为理想。但碱性氧化铝不宜用于醛、酮、酯、内酯等化合物的分离，因为有时碱性氧化铝可与上述成分发生次级反应，如异构化、氧化、消除反应等。如要除去氧化铝中的碱性物质，可用水洗氧化铝至中性，称为中性氧化铝。中性氧化铝仍属碱性吸附剂的范围，不适用于酸性成分的分离。用稀硝酸或稀盐酸处理氧化铝，不仅可中和氧化铝中含有的碱性杂质，而且可使氧化铝颗粒表面带有 NO_3^- 或 Cl^- 的阴离子，从而具有离子交换剂的作用，适合于酸性成分的分离，这种氧化铝称为酸性氧化铝。柱层析所用氧化铝，其粒度一般要求在 100～160 目。如粒度大于 100 目，其分离效果差；小于 160 目，流速太慢，易使谱带扩散。

氧化铝吸附层析法适用于亲酯性成分的分离。可应用于生物碱、甾体、苷、精油、内酯化合物等化学成分的分离。但是氧化铝与部分酚性化合物（如有些黄酮类化合物）、部分酸性化合物（如三萜酸）结合而限制了其应用范围，另外，氧化铝吸附层析周期长、处理量不大限制其在工业生产中的应用。

除硅胶和氧化铝外，作为吸附剂的还有活性炭、硅酸镁、聚酰胺、硅藻土等，这些吸附剂在工业上应用较少。

2.4.3　吸附层析法的操作

工业用层析柱与实验室相似，不同的是柱口径粗，长度长些，其内径与柱长的比例一般在 1∶10～1∶20。有时根据需要，也可变更这种比例。

装柱的方法有多种。常用的为湿法装柱和干法装柱。

（1）湿法装柱：先准确量取一定体积的溶剂（V_0）倒入层析柱。另取一定体积溶剂与吸附剂一起调匀后再倒入层析柱中，待自然沉降后，从柱下端收集多余的溶液（V_1）。从 V_0-V_1 之差可以知道层析柱中吸附剂所包含溶剂的体积。这样在层析过程中就能主动掌握大致在什么时候开始收集流分；在变换溶剂时，也可知道新换溶剂大致从哪一流分开始。

（2）干法装柱：直接向层析柱中倒一定量吸附剂干粉，减压抽压，不时地用橡皮管击打柱体，使吸附剂填充均匀。然后倒入一定体积的溶剂（V_0），当溶剂走通后（赶完柱中所有空气），从柱下端收集的溶液（V_1），算出 V_0-V_1 的差值。计算差值的意义同湿法装柱。

吸附剂的用量主要依据被分离物质分离的难易而定，一般是 1∶20～1∶50，但有时也能达到 1∶1 000。

2.4.4 溶剂的选择

层析过程中溶剂的选择，对有效成分的分离关系极大。所用溶剂称洗脱剂，可用单一溶剂，也可用混合溶剂。洗脱剂的选择，须根据被分离物质与所选用的吸附剂性质这两者结合起来加以考虑。工业上的应用，仍主要参考实验室小试的结果。

洗脱剂选择的原则是：在用极性吸附剂进行层析时，当被分离物质为弱极性物质，一般选用弱极性溶剂为洗脱剂；被分离物质为强极性成分，则须选用极性溶剂为洗脱剂。如果对某一极性物质用极性较弱的吸附剂，则洗脱剂的极性则须相应降低。

在洗脱时，可采用“梯度洗脱”法，即在洗脱过程中，逐渐加大洗脱剂的极性，使吸附在层析柱上的各个成分被逐个洗脱。但是必须注意梯度增加不能太大，否则影响分离。溶剂的洗脱能力，有时可以用溶剂的介电常数 ε 来表示。介电常数高，洗脱能力就大，见表 52-1。

表 52-1 常用溶剂的介电常数

溶剂	介电常数 ε		溶剂	介电常数 ε	
己烷	1.88	洗脱能力依次增强↓	丙酮	21.5	洗脱能力依次增强↓
苯	2.29		乙醇	26	
乙醚（无水）	4.47		甲醇	31.2	
氯仿	5.20		水	81.0	
乙酸乙酯	6.11				

以上的洗脱顺序仅适用于极性吸附剂，如硅胶、氧化铝等。对非极性吸附剂，则正好与上述顺序相反。

2.4.5 被分离物质的性质与层析分离的关系

被分离物质与吸附剂、洗脱剂共同构成吸附层析中的3个要素，彼此紧密相联。在指定的吸附剂与洗脱剂的条件下，各个成分的分离情况，直接与被分离物质的结构及性质有关。对极性吸附剂而言，成分的极性大，吸附性强。一般按下列顺序增强吸附性：

$—CH_2—CH_2—$ ， $—CH{=}CH—$ ， $—OCH_3$ ， $—COOR$ ， $>C{=}O$ ， $—CHO$ ， $—SH$ ， $—NH_2$ ， $—OH$ ， $—COOH$

当然，林产药材成分的整体分子观是重要的，例如极性基团的数目越多，被吸附的性能就会越大；在同系物中碳原子数目越小，被吸附的性能越强。总之，只要两个成分在结构上存在差别，就有可能分离，关键在于条件的选择，在于吸附层析3个要素的综合考虑。

2.5 挥发油的分馏

分馏法是一种主要用于从挥发油中分离挥发性有效成分的方法。许多挥发油在从原药材中蒸馏出来时，往往混入一些药材受热后的分解产物，如硫化氢、氨、甲醇、乙醛、丙酮和乙酸等，这些成分的除去，可采用分馏法。一般挥发油是混合物，如有效成分为单一成分，也可用分馏的方法将有效成分从混合物中分离出来。实验室常用分馏冷凝管，工业上常用连续分馏装置和间歇分馏装置。分馏可根据被分离物质的性质与要求，选用高压、常压或减压条件。

2.5.1 分馏原理

当液体混合物被加热到沸点时，低沸点液体蒸发得较多。因此蒸汽中的低沸点组成增多，而液体中的低沸点组分则减少。当蒸汽在绝热状态下（即容器有保温的情况下）冷凝时，一部分高沸点组分被冷凝逐渐析出，而将冷凝热传给低沸点组分，使低沸点组分不断地在蒸汽中增加。因此利用蒸发一部分混合物和冷凝一部分蒸汽的方法，可以得到富于低沸点液体的馏分。通过多次的分馏，使两种或两种以上的成分分开。

2.5.2　分馏装置

（1）间歇式分馏装置：间歇式分馏塔的装置如图 52-20。它由蒸馏罐、塔身、分凝器、冷却器、观测罩和馏出物贮罐等组成。将每一批料液，一次装入蒸馏罐中，并用蛇管或列管将它加热到沸腾，生成的蒸汽由导管引入分馏塔的下部，在穿过最下层板上的液体层时被凝缩，同时它将板上的液体加热至沸腾。生成的蒸汽稍微富于低沸点组分。它上升至第 2 层板并且通过板上的液层，使液体气化而得到更富于低沸点的蒸汽，这种冷凝与蒸发的过程不断地在塔板上生成，最后在最高层塔板上得到最富于低沸点组分的蒸汽。当蒸汽进入分凝器中，部分冷凝为液体，而回流至分馏塔的最上层塔板上，然后通过塔板上的溢流管逐板下降，一直回到蒸发罐中。余下的冷凝液及未经冷凝的蒸汽，一并进入冷却器中全部冷凝并冷却到一定的温度。再经观测窗罩进入馏出物贮罐。在观测罩中，可放置比重计及堰用以测定馏出液的浓度与速度。在整个操作期间，罐中液面不断下降，高沸点组成物含量逐渐增加，以致生成的蒸汽中，低沸点组成含量逐渐减少。为了得到一定浓度的馏出物，必须将回流量逐渐增加，而塔的生产能力则相对地逐渐减少。倘若不增加回流量，则馏出物的浓度将逐步减低。当蒸馏罐中的液体达到一定组成后，或残液降到一定数量时，必须停止加热。将残液放出并重新加入一批新的料液，再进行分馏。因此操作是间歇进行的。间歇式分馏装置适用于小规模地分离多组分挥发油中的各个成分，而且纯度极高。

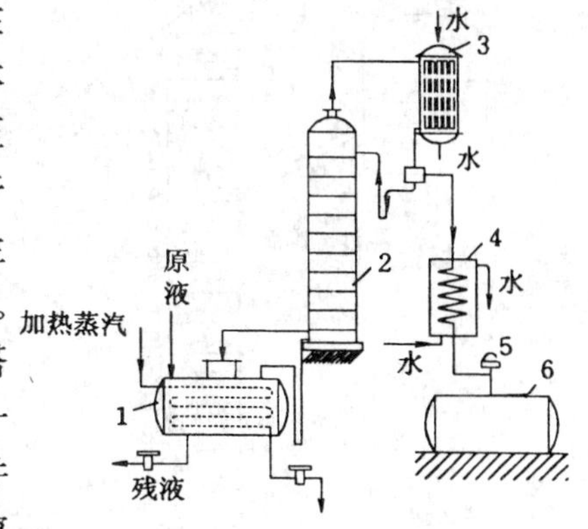

图 52-20　间歇式分馏装置

1. 蒸馏罐；2. 塔身；3. 分凝器；4. 冷却器；5. 观测罩；6. 馏出物贮罐

（2）连续式分馏装置：连续式分馏装置如图 52-21，塔由上下两段组成。下段称为提馏段，上段称为分馏段。操作时料液不断地由高位槽流下，通过预热器加热至沸腾温度，经两段之间进料板加入塔中。塔内的蒸发及回流的行程与间歇式塔相似。因其操作为连续性，一定纯度的馏出液及残液必须不断地分别由冷却器及提馏段下部提出，使馏出液流入贮槽中，而残液则引入残液贮槽中。

在此操作中，如加料速度、加热速度、回流量均为一定，则每层塔板上的液体及蒸汽组成均固定不变，操作较间歇式简便，且操作时不停工，故生产能力较间歇式大，蒸汽耗量也少。一般用于大规模生产。

在工业生产中，为了得到较高纯度的有效成分，生产又具一定规模，往往使用分体式连续分馏的方法。即将一组分馏塔串联起来。将第一分馏塔获得的粗组分再通过第二、第三分馏塔分馏，最后获得纯品。例如工业上生产樟脑，就是先利用水蒸气蒸馏法从樟树木材的粉碎料中蒸出粗樟脑油，再用分体式

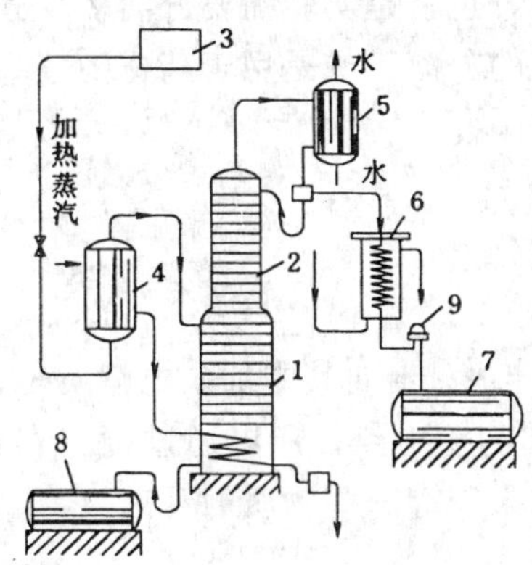

图 52-21　连续式分馏塔的简图

1. 提馏段；2. 分馏段；3. 高位槽；4. 原料预热器；5. 分凝器；6. 冷却器；7. 馏出液贮槽；8. 残液贮槽；9. 观测罩

连续分馏的方法分馏。如图52-22，粗樟脑油先经第一分馏塔分馏，分得的轻油与樟脑的混合物直接进入第二分馏塔分馏，获得樟脑粗品再直接进入粗品回收塔，得纯度在99.3%以上的天然樟脑粉，这种天然樟脑粉直接进入升华锅升华提纯，则可获纯度在99.6%以上的樟脑。

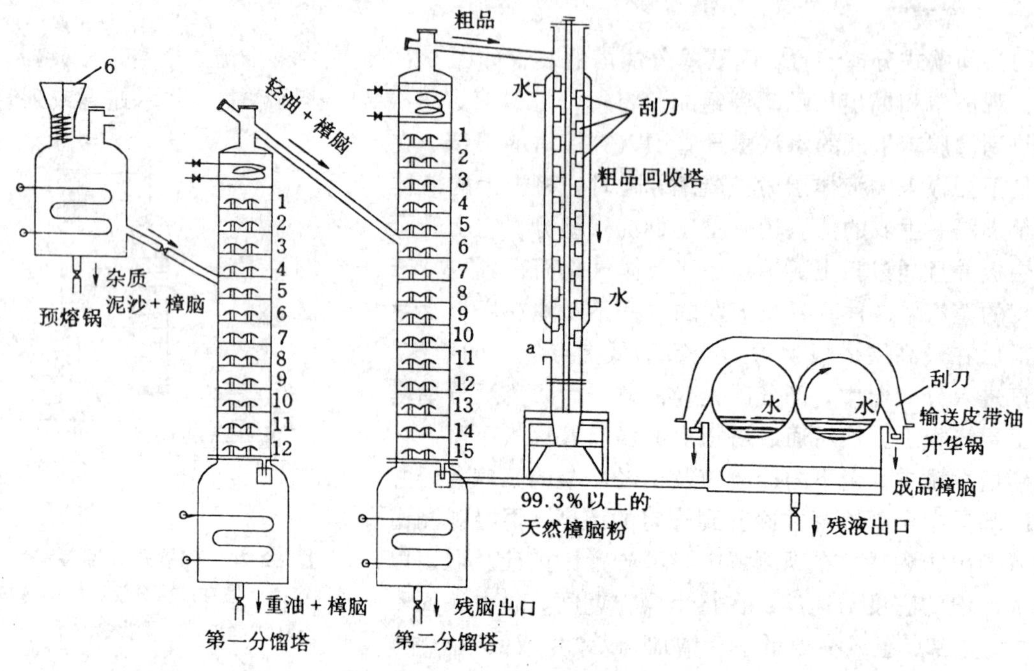

图52-22 樟脑连续分馏流程

2.6 透析法

透析法主要是指利用一些人工薄膜孔的大小来分离有效成分的方法。在操作过程中，混合物溶液中分子较小的化合物进入透析膜外溶液，较大分子的化合物不能通过膜的孔而留在原溶液中，以此分离大小不等的分子。有些高分子聚合物透析膜，使用不对称锥形多孔膜，它的孔大小不是以孔径尺寸为指标，而是以分子量截留值为规格，也就是实验需要分离多少分子量的化合物就选用相应的膜。它多用于天然高分子或大分子的分离。或是用于药材中一些化学性质不稳定，对热及各种化学处理敏感的化合物的分离。

2.7 沉淀法

沉淀法即是用物理或化学的方法从液体中析出所需成分的分离方法。

2.7.1 等电点沉淀法

在林产药物中含有许多胶体物质，它们都带有正电荷或负电荷。当向其中加入电解质时，它们的电荷被中和而产生沉淀。由于不同的胶体物质都有不同的等电点，所以通过调节pH值，使不同的胶体物质被分离出来。这种方法可用于蛋白质和果胶等一些物质的分离。

2.7.2 盐析法

水溶液加无机盐（常用氯化钠、硫酸钠、硫酸铵等）饱和时，可使某些成分的溶解度降低，甚至成为沉淀析出。这种性质可用于分离和纯化。

2.7.3 同离子效应沉淀法

在水浸提液或水溶液中的某些生物碱盐类，特别是生物碱的季铵碱的矿物酸盐，因为它是一种极性较强的化合物，同时又是电解质。它们在饱和溶液中游离离子的浓度乘积等于该电解质溶度积常数。如果根据生物碱盐的阴离子种类，再加入同种离子，则可促进这种生物碱盐从溶液中析出。例如在盐酸小檗碱的饱和水溶液中加入盐酸或氯化钠，可以使小檗碱沉淀析出。这也是小檗碱和小檗胺生产过程中常用的方法。

2.7.4　溶剂极性沉淀法

各种物质的溶解度主要决定于溶质和溶剂的极性。非极性或极性很小的化合物易溶于非极性或极性很少的溶剂中，极性大的化合物或离子型化合物则易溶于极性大的溶剂中。每种化合物在各种溶剂中的溶解不尽相同。当在一种溶有某化合物的溶液中加入另一种溶解度小的溶剂，整个溶液的极性发生变化，降低了对该化合物的溶解性能，化合物即析出。这种方法除用于分离外，还常用于有效成分的纯化。

3　林产药物有效成分的纯化

所谓纯化，其内涵与分离并无明确界限，也可以说纯化过程是一种再分离过程，是使被分离物质纯品化的过程。在使用这些方法时，可重复使用单一方法，也可两种或两种以上方法配合使用。除此之外，还有一些纯化方法，如结晶法应用较广，升华法则较少应用。

3.1　结晶法

一般地讲，一个固体成分达到了一定的纯度，而且在溶液中呈过饱和状态时，由于这种饱和状态的不稳定性，此固体成分就会从溶液中析出，并成结晶状。但植物中有些游离生物碱、皂苷、多糖、蛋白质等常不能结晶或不易结晶；有些化合物结晶所用复合溶剂的种类及比例难以寻找，也不易使化合物很好地结晶。对于这些情况，可用一般分离方法反复分离纯化，也可对某些化合物进行结晶性衍生物的制备，获得衍生物纯品后再用化学方法处理，使其回复到原来的化合物。

由于初析出的结晶多少带有一些杂质，因此需要通过反复结晶（一般称重结晶），才能得到纯品。

结晶过程包括两个阶段，即晶核的形成和晶体的生长。晶核的形成可以用自行结晶的方法进行。同时，晶核的形成和晶体的成长这两个阶段是同时进行的。若晶核的形成大于结晶成长的速度，得到的则是大量细小的结晶体。如果结晶成长的速度大于晶核的形成速度，得到的则是粗大的结晶体。所以改变影响晶核形成和结晶成长速度的条件，可控制晶体的大小。如采用迅速冷却、搅拌可促进晶核形成，得到细小晶体；相反地缓慢冷却、溶液静止不动、低温可促进结晶的生长过程而得到较粗大的结晶体。结晶也可用外加晶种的方法来加速，晶种是细小颗粒状的结晶物质，它和晶核的作用一样。在此情况下，结晶基本上是由于加入到溶液中的晶种的成长而进行的。结晶的大小各有优缺点，粗大的结晶易于过滤、洗涤，而细小的结晶在洗涤时易于溶解而损失，但一般较细的结晶比较粗的结晶纯度高，因为粗结晶往往含有杂质母液。

3.1.1　结晶的条件

（1）欲结晶成分的纯度和浓度：一般地讲，纯度越高越容易结晶。有些化合物纯度虽不高，但与所含杂质对某种溶剂的结晶性差距较远，如条件选择得当，也可使之结晶。如喜树根中的氯仿提取部分中含喜树碱量较低，但用氯仿甲醇混合液处理时可使喜树碱粗结晶析出。

对较纯化合物的结晶，浓度高时易于结晶，可直接制成饱和或过饱和溶液；如纯度不高，杂质较多时，浓度就不宜过高；浓度高了，相应杂质的浓度或溶液的粘度就增大，有时反而阻止结晶的析出。实际操作中，有时将较稀的溶液静置，待溶剂自然挥发到适当的浓度和粘度时，结晶即自行析出。

(2) 结晶溶剂的选择：结晶溶剂是结晶非常重要的条件。寻求合适的溶剂最好是能对有效成分热时溶解度大，冷时溶解度小，而对杂质则冷热都不溶解或冷热全能溶解。实际上很少能找到如此理想的溶剂。一般生产中应用的条件主要参照小试的条件而定。另外，预计有效成分极性的大小对选择溶剂也很为有用。一般游离生物碱可溶于下列溶剂：苯、乙醚、氯仿、乙酸乙酯及丙酮；而其盐类不溶于苯、乙醚、乙酸乙酯，但多数能溶于乙醇、甲醇或水。苷类可溶于多种醇（如甲醇、乙醇、……、戊醇）、丙酮、乙酸乙酯、氯仿等。氨基酸在水中溶解度很大，可考虑用甲醇或乙醇重结晶。其他大部分中性物质由于基本结构不同，溶解度没有规律。以上是较常用的溶剂，有时也可考虑不常用的有机溶剂，如二氧六环、二氯甲烷、二甲基亚矾、乙腈、甲酰胺、二甲基甲酰胺及其他酯类，有时也用混合溶剂。使用混合溶剂一般先将不纯化合物溶于易溶的溶剂中，在加热的情况下滴加难溶的溶剂直至混浊，再加热溶解或稍加易溶的溶剂使全溶后放冷。例如在生物碱的盐类结晶时往往在甲醇或乙醇中加醚而使其结晶。在选择混合溶剂时，最好能选择在低沸点溶剂中较易溶解，而在高沸点溶剂中较难溶解，这样在放置过程中，先塞紧瓶塞看其是否结晶；如不结晶，可打开塞子，使其逐步在室温中自然挥发，这样低沸点的溶剂较易挥发而比例逐渐减少，慢慢析出结晶。

在重结晶时，溶剂可参照初结晶的溶剂来选择，但有时也有变化，因为纯度不同的化合物，溶解也不太相同。有时为去除不同的杂质，而选用不同的溶剂重结晶。

(3) 结晶时的温度与放置时间：一般的说，温度低些较好，若在室温下结晶久不析出，可将它放置冰箱内或阴凉处让其析出。由于结晶的形成常需一定的放置时间，放置时间的长短视化合物的纯度、浓度，对结晶大小的要求等而定，短则几分钟即可，长的需要十几天甚至几十天，一般需放置3～5天。

(4) 制备盐类和衍生物：有些化合物不易结晶，也不易用一般分离方法纯化，可将其制成盐或乙酰化物再结晶，然后再使用一些方法将其还原为原来的化合物，而得纯品。如生物碱可做成各种有机酸或无机酸的盐。有机酸可制成钾、钠、钙、铵等盐。羟基化合物可制成酰衍生物（一般是进行乙酰化或苯甲酰化）。羰基化合物可以制成脎或肼类衍生物。内酯可以开环并制成盐。

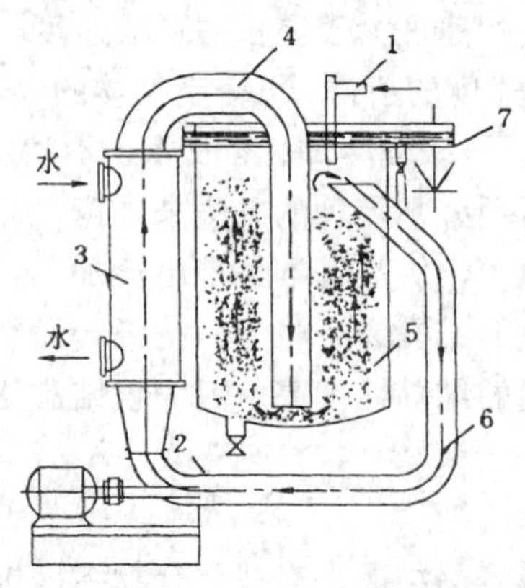

图 52-23 具有外部冷凝器的结晶器

1. 溶液进入管；2. 循环泵；3. 冷凝器；4、6. 溶液循环管；5. 容器；7. 捕集器

3.1.2 结晶常用设备

林产药物中的有效成分，一般特性是含量不高，但生物活性却很强。在工业生产中等到化合物纯化这一步时，量不会太大，所以结晶或重结晶时所用设备只要1～2容量的圆底烧瓶即可。一般用玻璃的，也有用不锈钢的，但前者易于观察结晶的成长。也有一些有效成分在植物中含量高，纯化量较大，就得使用一些专门的结晶器。常见的有下列几种：

(1) 带冷却器的结晶器：具有外部冷凝器的结晶器如图52-23，由容器5和管式冷凝器3组成。溶液进入管1，而后用循环泵2沿溶液循环管6送入冷凝器3，通过冷凝器管内（水在管间流动）再沿溶液循环管4回到容器5中。溶液在冷凝器中变成过饱和。晶体形成后随溶液循环，直到它们的沉降速度大于溶液的流速时为止，此后晶体就沉于容器 5 的底上。因为在容器 5 中晶体按粒度分级。晶体的大小可用改变溶液循环速度和改变自冷却器 3 中放出热量来调节。母液通过捕集器 7 排出，在其中分离出细小的结晶体。

(2) 转筒结晶器：转筒结晶器如图 52-24，是借助于溶液与空气接触并挥发部分溶剂而形成结晶的一种机械。主体为一圆柱形筒，在水平方向稍有倾斜。筒身支撑在两对可转动的托轮上而借齿轮 3 传动。溶液从筒的一端进入，结晶和母液从另一端排出。空气用送风机送入，在筒内与溶液成相反的方向流动。此类结晶器依靠部分溶剂的汽化来从溶液中吸取大部分热量。为了加强转筒的冷却有时在筒外喷水，然后水流入设于结晶器下面的槽中。

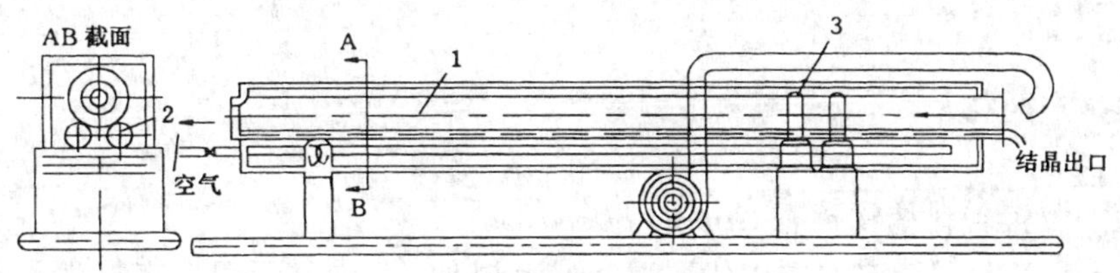

图 52-24　转筒结晶器

1. 转筒；2. 托轮；3. 齿轮

(3) 真空结晶器：如果将溶液装在密封的容器内而使其中造成真空，则随着真空泵抽走溶剂的蒸汽，则溶液将发生冷却，因为溶液汽化所需要的热量是取之于溶液。冷却一直要继续到它的温度等于在设备内压强下的饱和温度为止。因此在真空结晶器中同时会发生部分溶剂的汽化和溶液的冷却。

最简单的间歇式真空结晶器是具有搅拌器的密封容器，其中充以溶液，然后再在设备中造成真空，打开通气管以便在容器中造成常压。然后母液随同晶体一起通过底部短管排出。为了造成真空，通常采用蒸汽喷射器，从设备中抽出溶剂的蒸汽。溶剂的蒸汽与喷射器中的操作蒸汽相混合后进入冷凝器，不冷凝的气体从冷凝器中用蒸汽喷射器或者其他的真空泵抽走。

3.2　升华法

植物中有的成分在加热时，直接变成气态，遇冷凝形成结晶。如茶叶加热时，咖啡碱即升华出来。有时先从植物中获得粗提物，再用升华的方法将易升华的有效成分从粗提物中提纯。如樟脑的生产，就是先用水蒸气蒸馏的方法得天然樟脑粉，然后升华提纯，获 99.6%以上纯度的樟脑。

第53章 林产药材、林产原料药物及其他药用林产资源

叶文才　马鹏程　赵群华　赵守训

1　林产药材

1.1　乔木类林产药材

1.1.1　银　杏

［来　源］　银杏科植物银杏 *Ginkgo biloba* L.

［分　布］　为我国特产的中生代孑遗的稀有树种。仅浙江天目山有野生状态的树木。栽培区甚广，几乎遍及全国。

［成　分］　银杏种仁含蛋白质64%、脂肪2.4%、碳水化合物36%、糖、少量组氨酸及微量胡萝卜素、核黄素等。银杏肉质外种皮含白果酸、氢化白果酸、氢化白果亚酸、白果二酚及白果醇等。银杏叶含有芸香苷、山萘素、槲皮素、异鼠李素、山萘素-3-鼠李糖葡萄糖苷、银杏双黄酮、异银杏双黄酮、7-去甲基银杏双黄酮等黄酮类化合物。另还含有银杏苦内酯A、B、C及银杏新内酯A等苦味质。银杏叶中还含有八乙酰基异槲皮苷、五乙酰基－（＋）儿茶精、五乙酰基槲皮素（－）表儿茶精乙酯（＋）没食子儿茶精六乙酯（－）表没食子儿茶精六乙酯、原花青素和蜡质。银杏根皮含银杏苦内酯A、B、C、M。银杏心材含d-芝麻素约0.52%，另含有挥发油约5%，其中主要成分为银杏木酮。

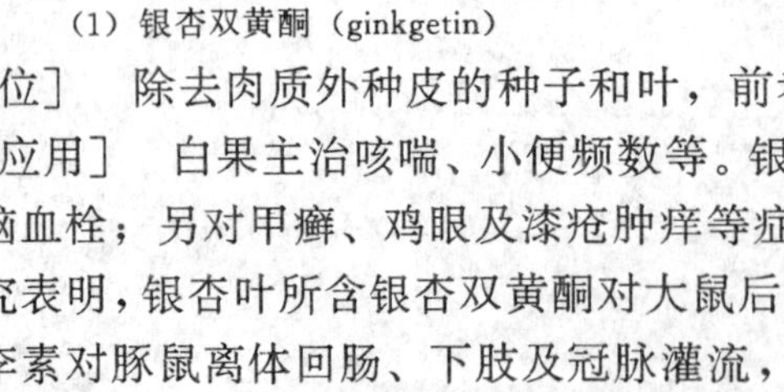

(1) 银杏双黄酮 (ginkgetin) 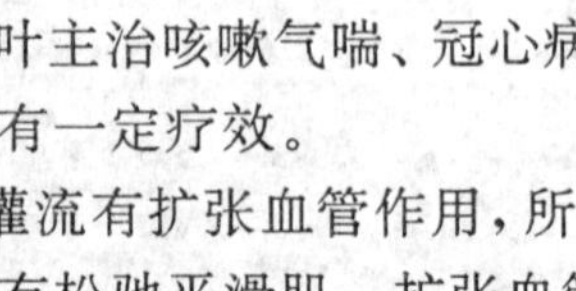　　(2) 银杏内酯B (ginkgolide B)

［药用部位］　除去肉质外种皮的种子和叶，前者即为中药白果。

［功效和应用］　白果主治咳喘、小便频数等。银杏叶主治咳嗽气喘、冠心病、心肌梗塞、大动脉炎、脑血栓；另对甲癣、鸡眼及漆疮肿痒等症也有一定疗效。

近代研究表明，银杏叶所含银杏双黄酮对大鼠后肢灌流有扩张血管作用，所含槲皮素、山萘酚和异鼠李素对豚鼠离体回肠、下肢及冠脉灌流，均有松驰平滑肌、扩张血管作用，认为银杏叶治疗冠心病、心肌梗塞和脑血栓的活性物质为叶中的总黄酮成分。国内曾研制出6911片和6911注射液，其有效成分为银杏叶中的总黄酮成分，临床上用于冠心病、心绞痛、高脂

血症等疾病有一定的疗效。在西欧市场上有银杏叶总黄酮制剂出售，颇受欢迎。如德国商品名为 Tebonin 和法国商品名为 Tanakan 的银杏叶制剂，由于疗效较好，年销售额十分可观。我国现有银杏叶浸膏和干浸膏出口，并以银杏叶干浸膏为原料开发出了多种银杏叶药物制剂和保健品，如银可络、天宝宁等产品。

此外，银杏叶中的苦内酯类成分具有血小板活化因子（PAF）拮抗效应，认为该类物质在治疗支气管哮喘等症方面亦具有开发应用前景[9]。

1.1.2　油　松

［来　源］　松科植物油松 *Pinus tabulaeformis* Carr.

［分　布］　为我国的特有树种，产吉林南部，辽宁、河北、内蒙古、宁夏、山东等省（区）。

［成　分］　松节含挥发油，油中主成分为 α-蒎烯和 β-蒎烯，二者共占 90%以上。另含少量左旋樟烯、二戊烯等；花粉含脂肪油和色素；种仁含蛋白质、脂肪、碳水化合物。

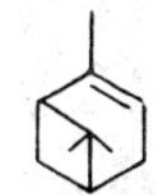

(3) α-蒎烯（α-pinene）

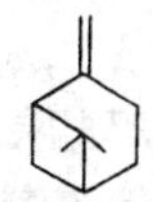

(4) β-蒎烯（β-pinene）

［药用部位］　松节，松针，松树皮，松球和松脂。

［功效和应用］　松节有祛风除湿、止痛的功能，用于风湿性关节疼痛、痉挛、蛀牙痛。松针有祛风活血、明目安神的功能，用于体虚浮肿、腰酸无力、脱发、夜盲等症。松树内皮有祛风胜湿、祛瘀敛疮功能，用于风湿骨痛、跌打损伤、肠风下血、长年久痢、金疮、小儿湿疹等症。松果用于风痹、肠燥、便秘、痔疾等症。松花粉外用为撒粉剂，用于湿疹等，工业上为铸模撒布剂，戏台上用为烟火剂。松节油外用为局部刺激剂、皮肤发赤剂，并可制备药用洗浴肥皂；精制品可用于支气管炎，并为合成冰片原料等。松香为医药上硬膏原料、优良肥皂原料之一。

1.1.3　金钱松

［来　源］　松科植物金钱松 *Pseudolarix kaempferi*（Lindl.）Gordon

［分　布］　为我国特有树种，分布苏南、皖南、闽北、浙江、江西、湖南、鄂西至川东一带。

［成　分］　树皮含土槿酸甲、乙、丙、丙$_2$，为金钱松的抗真菌成分。其中土槿酸乙为主成分，并有抗生育活性[10]。又分得土槿酸甲苷及乙苷，是土槿酸甲、乙的 β-D-葡萄糖酯苷[11]。

近又从金钱松种子中分出多种新的三萜成分——金钱松三萜酯甲、乙、丙、丁、戊、己、庚、辛[12]。

［药用部位］　树皮，根皮。

［功效和应用］　树皮或根皮称土槿皮或土荆皮，有杀虫止痒的功效，配制酊剂外用治手足癣、头癣、神经性皮炎、湿疹等。《本草纲目拾遗》卷六记述有“合芦荟香油调抹杀虫瘴癣”。

1.1.4　侧　柏

［来　源］　柏科植物侧柏 *Platycladus orientalis*（L.）Franco

［分　布］ 除青海、新疆外，分布几乎遍及全国。

［成　分］ 叶含β-和γ-欧侧柏酚、侧柏烯、侧柏酮、小茴香酮、槲皮素、杨梅树素、山萘酚、扁柏双黄酮、穗花杉双黄酮、香橙素等。种仁含脂肪及皂苷成分。

［药用部位］ 侧柏叶，柏子仁（种仁），根白皮及油脂，其中侧柏叶和柏子仁又为较常用的中药材。

［功效和应用］ 侧柏叶有凉血、止血、祛风湿、散肿毒的功能，用于治疗吐血、便血等各种出血症、慢性气管炎、百日咳、菌痢、脱发、丹毒及漆疮、皮炎等症。柏子仁用于惊悸、失眠、遗精、盗汗、便秘等症。根白皮外用可治疗烫伤。油脂外用治疥癣、秃疮、丹毒等症。制剂有侧柏叶片和复方侧柏叶片，用于治疗老年慢性气管炎。

1.1.5 榕

［来　源］ 桑科植物榕树 *Ficus microcarpa* L.

［分　布］ 广西、广东、福建、台湾、浙江南部、云南和贵州。

［成　分］ 榕属（*Ficus*）植物的乳汁中含有羽扇豆醇（*lupeol*）。预试气生根含酚类、氨基酸、有机酸和糖类。

［药用部位］ 叶，树皮和气生根。

［功效和应用］ 树皮用于感冒、气管炎、百日咳、扁桃体炎，叶用于菌痢、肠炎、老年慢性气管炎等症；榕须（气生根）用于治疗神经性皮炎、风湿性关节炎。果实、乳汁能消肿解毒，治疮疖疣赘。

1.1.6 桑

［来　源］ 桑科植物桑 *Morus alba* L.

［分　布］ 全国各地有栽培。

［成　分］ 桑叶含牛膝甾酮、羟基促脱皮甾酮、羽扇豆醇、芸香苷、桑苷、异槲皮苷、伞形花内酯、东莨菪素、东莨菪苷、绿原酸等化合物。桑枝心材含桑木素、二氢桑木素、二氢山萘素、2,4,4′,6-四羟基二苯甲酮及2,3′,4,4′,6-五羟基二苯甲酮阿波他醇。桑枝茎皮和桑白皮（根内皮）含有桑皮素、桑皮色烯素、环桑皮素、环桑皮色烯素及桦皮酸、桑根皮中含桑根酮C、D、桑酮A、B、D、E、F、K、L[13]。皮含桑根酮B与桑色醇黄酮[14]。桑椹子（果穗）含芸香苷、花青素苷、胡萝卜素、维生素B_1、B_2、C、烟酸等。

［药用部位］ 桑叶，桑枝，根内皮（桑白皮），果穗（桑葚）。

［功效和应用］ 桑叶具祛风清热、凉血明目功效，用于风热感冒发热、头痛、咳嗽、急性结膜炎及血虚头晕等症，制剂为桑菊感冒片，治感冒发热、头痛鼻塞、咽喉肿痛。桑枝具祛风湿，利关节利尿功效，用于关节肿痛、手足麻木、足癣等症。桑白皮具泻肺平喘、行水消肿功效，用于治疗肺热喘咳、水肿、糖尿病、小儿鹅口疮等症。桑葚具滋阴补血、生津润燥功效，临床上用于治疗肝肾血虚失眠、头昏目眩，阴虚津少、口干、舌燥及血虚便秘等症。叶的蒸馏液（桑叶霜），治目疾红筋。木材烧成的灰（桑柴灰），用于水肿、金疮出血、目赤肿痛。枝条经烧灼后沥出的汁液（桑沥）可治大风疮疥，生眉发。桑瘿（树生瘿）能去风痹诸湿，浸酒用可治胃病。

1.1.7 八 角

［来　源］ 木兰科植物八角茴香 *Illicium verum* Hook. f.

［分　布］ 台湾、福建、广东、广西、云南、贵州。

［成　分］　果实含挥发油4%～9%，油中主成分为茴香醚80%～90%，其余为α-蒎烯、L-水芹烯、黄樟醚、甲基胡椒酚、茴香醛、茴香酸、茴香酮、3,3-二甲基烯丙基-对-丙烯基苯醚。叶中含茴香醚、茴香醛。

［药用部位］　果实。

［功效和应用］　具温中、散寒、理气之功效，用于中寒呕吐，疝气痛、腹胀、腹痛等症。

［附　注］　毒八角 *I. anisatum* L. 的果实有剧毒。其果皮和种子中分离出毒八角亭、新毒八角亭、伪毒八角亭、毒八角酸以及挥发油等。

1.1.8　厚　朴

［来　源］　木兰科植物厚朴 *Magnolia officinalis* Rehd. et Wils.

［分　布］　陕西、安徽、浙江、江西、湖南、湖北、广西、云南、四川、贵州多为栽培品种。

［成　分］　树皮含挥发油0.3%，油中主要成分为桉叶醇94%～98%；另还含厚朴酚、四氢厚朴酚、木兰箭毒碱、木兰花碱、氧化黄心树宁碱、番荔枝碱、白兰花碱[15]。

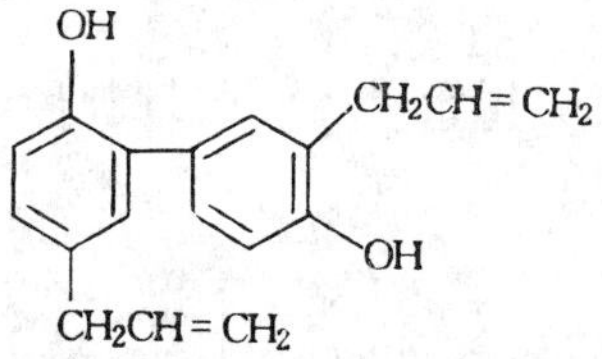

(5)和厚朴酚(komokiol) 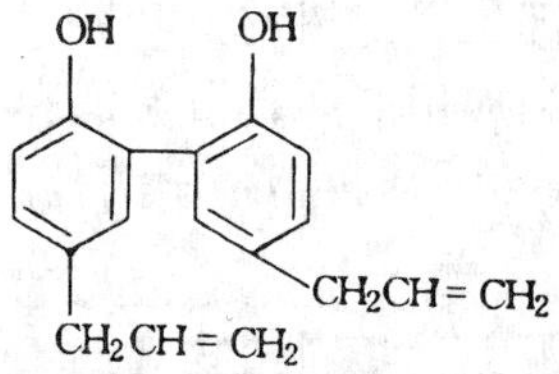　　(6)厚朴酚(magnolol)

［药用部位］　树皮，为常用中药。厚朴花、果实也作药用。

［功效和应用］　树皮有温中下气、化温行滞的功能，用于胃寒气滞胀满消化不良、呕吐、泻痢、咳嗽气喘等症。厚朴花有宽中理气、开郁化温的功能，用于胸膈胀闷、胸闷不适等症。果实治感冒咳嗽、胸闷等症。

1.1.9　樟

［来　源］　樟科植物樟 *Cinnamomum camphora*（L.）Presl

［分　布］　长江以南及西南各省（区）。

［成　分］　全株各部分均含挥发油，树干及根含量达3%～5%，枝、叶含0.6%～2%，树皮含0.8%～2%。挥发油的主要成分为樟脑（高达30%～60%），其他成分为桉叶素、黄樟醚、蒎烯、莰烯、二戊烯、α-松油醇、香芹酚、丁香烯、α-樟脑烯等成分。根尚含新木姜子碱和牛心果碱。

［药用部位］　植物全株。

［功效和应用］　具祛风散寒、理气活血、止痛止痒的功能。根、木材用于感冒头痛、胃寒痛、风湿骨痛、跌打损伤、克山病。皮、叶外用于慢性下肢溃疡、皮肤瘙痒。干果用于胃肠炎、胃寒腹痛、消化不良。植物全株均为提制樟脑、樟油原料。

1.1.10　肉　桂

［来　源］　樟科植物肉桂 *Cinnamomum cassia* Presl

［分　布］　广东、广西、福建、台湾、云南。

［成　分］　桂皮（干）含挥发油1%～2%，鲜枝叶含0.3%～0.4%，桂子可提桂子油1.5%。挥发油主要成分为桂皮醛78%～95%、乙酸桂皮酯[16]。树皮中还分离出锡兰肉桂素、

锡兰肉桂醇、去氢锡兰肉桂素[17]及新二萜化合物肉桂醇 A、A_1、B、C_1、C_2、C_3、D_1、D_2、D_3 和 A_1、B、C_1、D_1、D_2 的葡萄糖苷[18]。茎皮中分得 3-(2-羟基苯) 丙酸及其葡萄糖苷[19]及 (±) 丁香树脂酚等 7 种酚类芳香化合物[20]。桂枝含反式肉桂酸、原儿茶酸、香草酸等化合物[21]。

［药用部位］ 植物全株，其树皮及嫩枝（桂枝）为常用中药。

［功效和应用］ 肉桂（树皮）具温肾、散寒、止痛功效。用于胃肠冷痛、肾阳不足腹泻、肾虚腰腿冷痛等症。桂枝用于治疗风寒感冒发热、恶寒、心悸、疟疾等症。

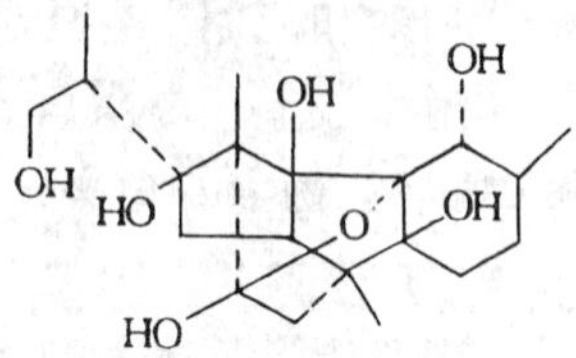

(7) 肉桂醇 B(cinncassiol B)

1.1.11 香叶树

［来 源］ 樟科植物香叶树 *Lindera communis* Hemsl.

［分 布］ 陕西、湖南、湖北、广东、福建、贵州、四川、江西、浙江等省（区）。

［成 分］ 果含挥发油 0.2%～0.5%，含脂肪油 52.6%，果皮含脂肪油 42.7%，果仁含 71.2%。全果脂肪油称臭油，油脂中脂肪酸为癸酸、软脂酸、蓖麻酸、油酸等。

［药用部位］ 树皮，叶。

［功效和应用］ 具散瘀消肿、止血止痛、解毒功能。用于骨折、跌打肿痛、外伤出血、疮疖痈肿等症。从果中精制的油脂用于医药上的栓剂基质。

1.1.12 乌 药

［来 源］ 樟科植物乌药 *Lindera strychnifolia* (Sieb. et Zucc.) F. — Vill.

［分 布］ 中南各省（区）及台湾、福建、浙江、安徽、江苏。

［成 分］ 根含挥发油 0.1%～0.2%，主要有龙脑、柠檬烯、α 及 β-葎草烯等，根中含有乌药烯醇、乌药烯、乌药根烯、乌药内酯、异乌药内酯、氧化乌药烯、乌药根内酯、新乌药内酯等十几种呋喃倍半萜烯化合物；不同地区的乌药中呋喃倍半萜烯的含量差别很大。此外，尚含月桂木姜碱、乌药醇和乌药酸。

［药用部位］ 根为常用中药。

［功效和应用］ 具温中散寒、理气止痛功效，用于心胃气痛、吐泻腹痛、痛经、疝痛、尿频、风湿疼痛、跌打伤痛、外伤出血等症。

1.1.13 枫 香

［来 源］ 金缕梅科植物枫香 *Liquidambar taiwaniana* Hance，epith. mut.

［分 布］ 中南、西南、华东及陕西。

［成 分］ 果序含挥发油等，预试含黄酮苷、酚类、有机酸及糖类。此外，尚含齐墩果酮酸甲酯、3-表齐墩果酸甲酯。从枫香树脂中分得苏合香脂新酸[22]。枫香叶含挥发油约 0.2%，油中主含 *l*-龙脑、莰烯、α-蒎烯、β-蒎烯、水芹烯等。

［药用部位］ 果实，中药名为“路路通”。

［功效和应用］ 果实具祛风除湿、通经、利尿功效。用于治疗风湿性关节炎、月经不调、水肿、小便不利、荨麻疹、湿疹、皮炎等症。枫香树脂（白胶香）有解毒止痛、活血功能，用于治疗痈疽、疮疥、牙痛、吐血、衄血等症。叶有祛风除湿、行气止痛的功能，用于肠炎、痢疾、胃痛等，外用治毒蜂螫伤，湿疹等。树皮可用于泄泻、痢疾等症。树根有祛风止痛功效，用于牙痛、风湿性关节痛。

1.1.14　杜　仲

［来　源］　杜仲科植物杜仲 *Eucommia ulmoides* Oliv.

［分　布］　产于四川、贵州、云南、陕西、湖北、河南，为我国特有植物。

［成　分］　含松脂醇-双-β-D-葡萄糖苷，为一降压有效成分。树皮、枝、叶及果实均含杜仲胶。树皮尚含果胶、树脂、有机酸、维生素C、微量生物碱、2，6-双（羟基苯）-3，7-二氧二环（3，3，0）辛烷糖苷、杜仲戊烯醇[23]、杜仲苷。叶含山萘酚、绿原酸、珊瑚苷、玄参苷乙酸酯、杜仲醇、阿睢告苷、雷朴妥苷等。茎中含5-羟基-2-呋喃甲醛、杜仲醇、1-去氧杜仲醇、京尼平苷、京尼平苷酸等10种成分[24]。

［药用部位］　树皮为常用中药。

［功效和应用］　具补肝肾、强筋骨、安胎的功能。用于腰脊酸痛，足膝痿弱，小便余沥，阴下湿痒，胎动不安，高血压等病。杜仲具有持久的降血压作用。杜仲胶用于医药上作为补牙材料，对牙齿无刺激性。

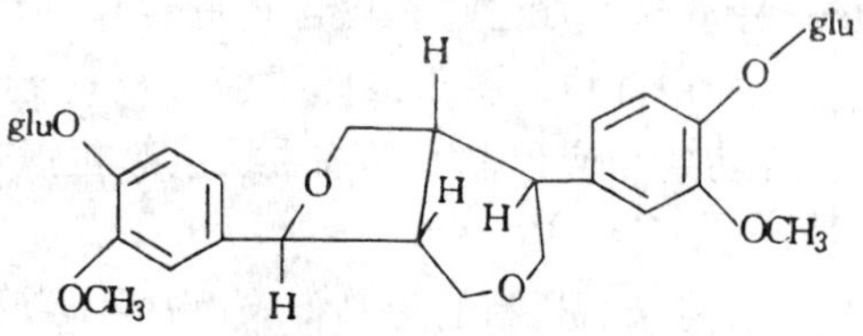

gluO　H　O-glu　O　H　H　OCH$_3$　OCH$_3$　H　O

(8)松脂醇-双-β-D-葡萄糖苷
(pinoreinol-di-β-D-glucoside)

日本大学农学部发现杜仲在促进蛋白质代谢方面具有提高合成能力的作用，可以在微重力环境中防止筋骨老化，被称为“长生不老药”，为在太空长期停留的宇航员提供抗衰老药物。前苏联宇航基地的地面实验结果证实了其作用效果。

1.1.15　枇　杷

［来　源］　蔷薇科植物枇杷 *Eriobotya japonica*（Thunb.）Lindl。

［分　布］　华东、中南、西南及陕西、甘肃。

［成　分］　叶含皂苷、糖类、熊果酸、齐墩果酸、儿茶素类鞣质及维生素B_1、槲皮素3-葡萄糖苷、反式橙花醇和反式金合欢醇。

［药用部位］　叶。

［功效和应用］　具止咳化痰、止呕、解渴功效，用于咳嗽痰多，胃热呕吐等症。制剂有枇杷叶冲剂、川贝枇杷叶糖浆及蛇胆川贝枇杷膏，具润肺止咳、化痰作用。

1.1.16　石　楠

［来　源］　蔷薇科植物石楠 *Photinia serrulata* Lindl.

［分　布］　长江以南各省（区）。

［成　分］　叶含野樱皮苷及游离的氢氰酸约0.015%～0.120%，游离的氢氰酸可能为野樱皮苷水解所致；另含异绿原酸、山梨醇等。

［药用部位］　叶，果。

［功效和应用］　果具祛风补肾功效，用于风湿筋骨痛，阳痿、遗精等症。果亦名“鬼目”，有破积聚，逐风痹的功能。叶治头风。

1.1.17　杏

［来　源］　蔷薇科植物杏 *Prunus armeniaca* L.，山杏 *Prunus armeniaca* var. *ansu* Maxim. 等的种子。

［分　布］　东北、华北、华中、华东及西北。

［成　分］　种仁含苦杏仁苷、苦杏仁酶及脂肪油（杏仁油），并含胆甾醇、Δ^{24}-胆甾醇、

雌性酮及α-雌性二醇。

[药用部位] 种子，药材名为“苦杏仁”。

[功效和应用] 具祛痰止咳、润肠功效，用于感冒咳嗽、气喘、大便燥结等症。苦杏仁酶可用于水解某些苷类物质。

1.1.18 梅

[来 源] 蔷薇科植物梅 *Prunus mume* (Sieb.) Sieb. et Zucc.

[分 布] 全国各地均有栽培。

[成 分] 果实含多量的枸橼酸，另含少量苹果酸、柠檬酸、琥珀酸、酒石酸、齐墩果酸。种子含苦杏仁苷。皮含乌梅苷和柚皮素。木质部含有梅树苷元、梅树苷、二氢梅树苷。

[药用部位] 未成熟果实，药材名为“乌梅”。

[功效和应用] 具杀虫、生津止渴功效。用于蛔虫病腹痛、烦热口渴、久泻、牛皮癣等症。

果实以烟薰制的称乌梅，以盐汁渍晒的称白梅（话梅），二者皆有镇咳、祛痰、镇呕、清热、止泻、杀虫的功效。未成熟果实加工成乌梅干。现代研究证实乌梅干具有使体液保持弱碱性、消除疲劳，显著的整肠作用，增加食欲，促进消化，防止肩周炎、动脉硬化、抗衰老及抗幅射作用。

1.1.19 桃

[来 源] 蔷薇科植物桃 *Prunus persica* (L.) Batsch；山桃 *P. davidiana* Franch.

[分 布] 桃南北各地均有栽培；山桃产于辽宁、河北、河南、山东、四川、山西、陕西等省。

[成 分] 种子含苦杏仁苷、苦杏仁酶、挥发油、脂肪油；桃花含三叶豆苷；桃树树皮含桃树苷及柚苷元等。

[药用部位] 种子，药材名为“桃仁”，为常用中药。

[功效和应用] 具有止血散瘀、止咳、通便之功效。用于治疗血滞经闭，产后恶露不净，阑尾炎、高血压、慢性肠胃炎、子宫血肿、镇咳、跌打损伤、便秘等症。

1.1.20 儿 茶

[来 源] 豆科植物儿茶 *Acacia catechu* (L.) Willd.

[分 布] 产于云南西双版纳傣族自治州一带，以大勐龙产量最大。

[成 分] 树干的干浸膏（黑儿茶）含儿茶鞣酸 20%～50%，并含 d-儿茶素、表儿茶素、儿茶鞣红、槲皮素、树胶等。

[药用部位] 树干的干浸膏，又称黑儿茶。

[功效和应用] 具有清热、生津、化痰、敛疮止血生肌功效。用于痰热咳嗽、口渴、急性扁桃体炎、湿疹、痔疮及中毒性消化不良等症。

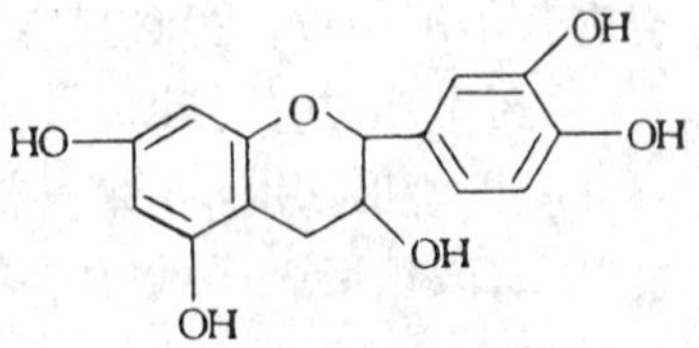

HO OH OH OH OH

(9)儿茶素(catechin)

[附注] 棕儿茶（方儿茶）为茜草科植物儿茶钩藤 *Uncaria gambier* Roxb. 带叶嫩枝的干浸膏。主产于马来西亚和印度尼西亚。含有 d-儿茶素和 dl-儿茶素 30%～35%，儿茶鞣酸约 24%。功效与黑儿茶类同。

1.1.21 苏 木

[来 源] 豆科植物苏木 *Caesalpinia sappan* L.

［分　布］　产台湾、广东、广西、云南、贵州及四川。

［成　分］　心材含巴西苏木素约 2%，在空气中易氧化成巴西苏木色素，另含苏木酚及挥发油，油中主成分为 d-α-水芹烯、罗勒烯。

［药用部位］　心材。

［功效和应用］　具有行血散瘀、消肿止痛功效。用于经闭腹痛，产后瘀血胀痛、跌打损伤及刀伤出血。

1.1.22　皂　荚

［来　源］　豆科植物皂荚树 *Gleditsia sinensis* Lam.

［分　布］　全国各地均产。

［成　分］　果实（皂角）含黄酮苷、酚类、氨基酸及三萜皂苷、鞣质。皂苷的苷元为阔叶合欢萜酸。另还含蜡醇、廿九烷、豆甾醇、谷甾醇。

［药用部位］　果实，药材名为“皂角”。

［功效和应用］　具有祛痰通窍、消肿功效。用于痰多咳喘、疮疖未溃、中风、产后急性乳腺炎。

［附注］　猪牙皂　因皂荚树衰老、受外伤等结的畸形果实。具开窍、祛痰、杀虫等功效。用于中风牙关紧闭、喉中痰鸣、疥癣肿毒等症。皂荚和猪牙皂为同种植物上所结不同形态果实。

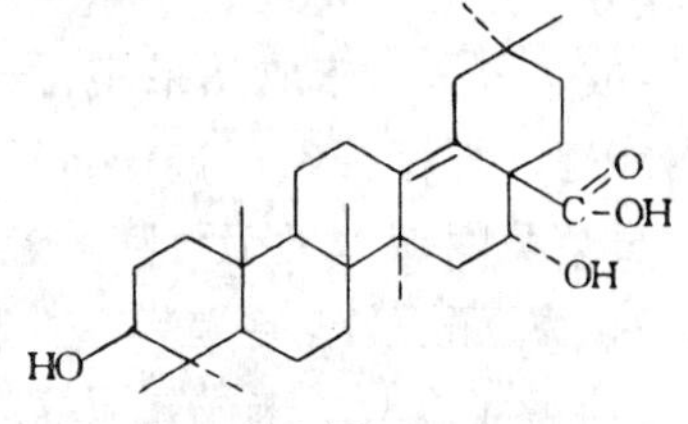

(10)阔叶合欢萜酸(albigenic acid)

1.1.23　槐

［来　源］　豆科植物槐树 *Sophora japonica* L.

［分　布］　我国南北各地普遍栽培，尤以黄土高原和华北平原为多。

［成　分］　花蕾（槐米）含芸香苷、桦木醇、槐二醇及葡萄糖醛酸，多种皂苷成分。槐角含 10 个黄酮类和异黄酮类化合物，如染料木素、槐属苷、槐属双苷、染料木素-4′-葡萄糖苷。根含 d-山槐树葡萄糖苷和 dl-山槐素[25]。芽中含异鼠李黄素并具抗止血成分[26]。

［药用部位］　花蕾，药材名为“槐米”，为常用中药。

［功效和应用］　具凉血止血功效，用于便血、尿血、吐血、鼻血、子宫出血、痔血、崩漏、赤白痢、高血压、声带发炎等症。

槐米中主成分芸香苷（芦丁）对过敏性紫癜及各种因毛细管脆性增加而引起的出血性疾患有效。制剂为芦丁片。另芦丁在食品工业上可作为食用黄色素，在医药工业上作合成维脑舒通原料。

(11) 芦丁(rutin)

1.1.24　罗望子

［来　源］　豆科植物罗晃子 *Tamarindus indicus* L.

［分　布］　广西、四川、台湾、福建、广东、云南南部。

［成　分］　果皮含多种有机酸，如酒石酸、苯甲酸、琥珀酸、枸橼酸、草酸、乳酸，葡萄糖、果糖及粘液质。并含有丝氨酸、β-丙氨酸、脯氨酸、亮氨酸和哌啶酸-2。

［药用部位］　果皮，药材名为“酸果”或“罗望子”。

［功效和应用］　具清热解暑，消食化积功效。用于夏季暑热、食欲不振、妊娠呕吐、大便干燥、小儿疳积。

1.1.25 降真香（山油柑）

［来 源］ 芸香科植物山油柑 *Acronychia pedunculata*（L.）Miq.

［分 布］ 广东、广西、云南。

［成 分］ 茎皮含三萜类化合物山油柑萜醇等。根皮含6-去甲基山油柑素、山油柑双素及山油柑素。叶含挥发油，油中含α-蒎烯、柠檬烯等。心材含β-谷甾醇、降真香碱。

［药用部位］ 叶，果，根及心材。

［功效和应用］ 具活血行气、健脾、止咳功效；根或心材用于风湿性腰腿痛，跌打瘀痛、心胃气痛；果治消化不良，叶治跌打损伤和感冒咳嗽等症。

降真香碱具有抗癌作用，抗癌谱较广。

1.1.26 吴茱萸

［来 源］ 芸香科植物吴茱萸 *Erodia rutaecarpa*（Juss.）Benth.

［分 布］ 中南、华东及云南、贵州、四川、陕西等省（区）。

［成 分］ 未成熟果实含吴茱萸碱、羟基吴茱萸碱、吴茱萸次碱、吴茱萸卡品碱、吴茱萸内酯醇、柠檬苦素、柠檬苦素地奥酚。果实还含吴茱萸烯、罗勒烯、吴茱萸内酯、吴茱萸酸、吴茱萸因碱、吴茱萸啶酮、吴茱萸精和吴茱萸苦素等。叶含羟基吴茱萸碱、去氢吴茱萸碱、对-香豆酸、对-羟基苯酸、间苯三酚等。

［药用部位］ 未成熟果实，叶及根。

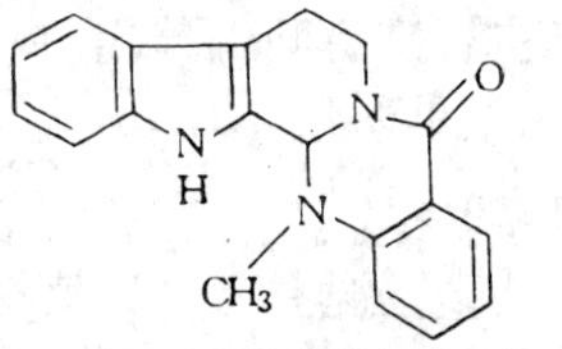

［功效和应用］ 果实具温中止痛、止呕、杀虫功效。用于腹痛泻痢、寒疝脚气、皮肤湿疹、高血压等症。叶有下气、止心腹冷气作用，根有行气温中、杀虫的功效。

(12)吴茱萸碱(evodiamine)

1.1.27 黄 柏

［来 源］ 芸香科植物黄檗 *Phellodendron amurense* Rupr.；黄皮树 *P. chinense* Schneid.

［分 布］ 黄檗产于东北及河北，山西，内蒙古；黄皮树产于四川、贵州、云南、广西、陕西。

［成 分］ 黄檗树皮含小檗碱约1.6%，并含黄柏碱、木兰碱、药根碱、掌叶防己碱、白栝楼碱、蝙蝠葛任碱、黄柏内酯、黄柏酮N-甲基大麦芽碱等化合物。

黄皮树树皮含小檗碱3%，木兰花碱、黄柏碱、掌叶防己碱、内酯、甾醇、粘液质等。

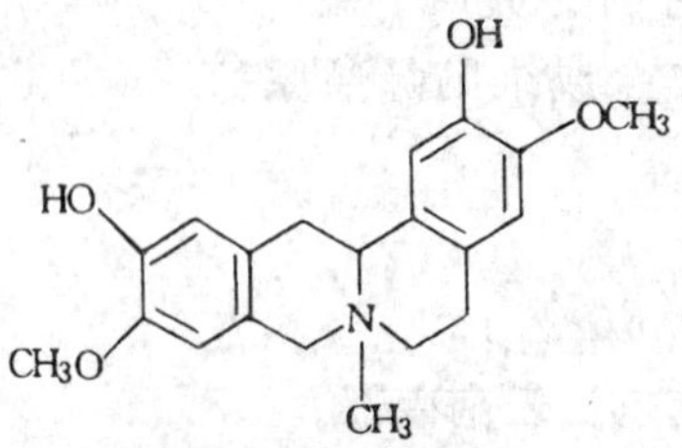

(13)黄柏碱(phellodendrine)

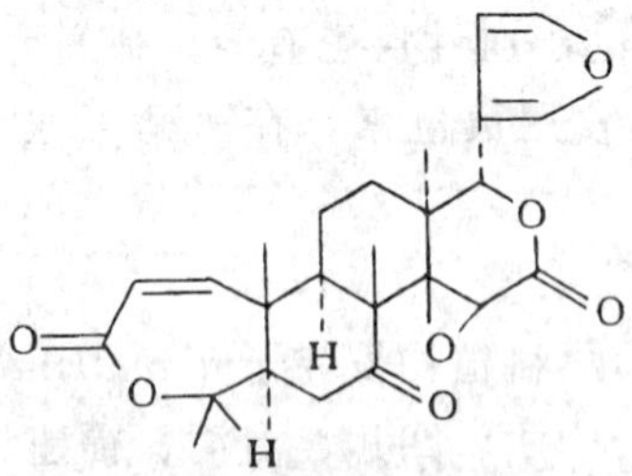

(14)黄柏酮(obacunone)

［药用部位］ 树皮。黄檗树皮称“关黄柏”，黄皮树树皮称“川黄柏”。

［功效和应用］ 具清热、泻火、燥湿作用。用于湿热泻痢、带下、小便不利、湿疹及化脓性疾患。其树皮提取液用于化妆品内，有较好的稳定性和安全性，也可使皮肤保湿，减少对皮肤刺激，制成预防皮炎的外用药；还可作口腔用药物，预防牙周病[27]。

1.1.28 臭　椿

［来　源］　苦木科植物臭椿 *Ailanthus altissima*（Mill.）Swingle.

［分　布］　浙江、安徽、江苏、湖北、河北等地。

［成　分］　树皮含苦味成分臭椿内酯、11-乙酰臭椿内酯、臭椿苦酮、苦木苦素、新苦木苦素、脂肪油、鞣质、皂苷、羟基香豆素苷等。根皮含苦楝素、鞣质、赭朴吩等。叶含槲皮苷、异槲皮苷、槲皮素、山萘素、阿福豆苷和鞣质。果实含苦味成分臭椿酮。

［药用部位］　根皮或干皮、果实，前者称椿树皮，后者称风眼草。

［功效和应用］　椿根皮具清热燥湿、涩肠、止血功效，用于痢疾、腹泻、湿热白带、月经过多、皮肤疮癣等症。风眼草具止血、杀虫功效，治疗便血、尿血、子宫出血、阴道滴虫功效。

1.1.29 楝

［来　源］　楝科植物楝 *Melia azedarach* L.

［分　布］　华北、华东、中南及西南。

［成　分］　根皮、树皮中含苦楝素、苦楝萜酮内酯、苦楝萜醇内酯、苦楝皮萜酮及苦楝萜酸甲酯、印楝波灵 A、B、梣皮酮等。果实中的苦味成分有苦楝子酮及 21，23：24，25-二环氧-甘遂-7-烯-12 醇[28]。

［药用部位］　根皮，药材名为“苦楝皮”。

［功效和应用］　具有驱虫功效。用于蛔虫、钩虫病及疥癣等症。

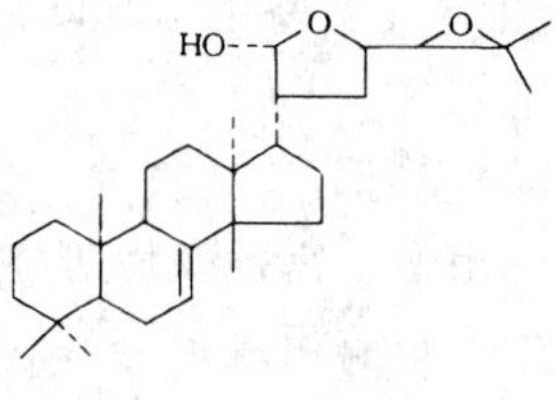

(15)21,23:24,25－二环氧－甘遂－7－烯－12 醇
(21,23:24,25－diepoxi－tria－call－7－en－12－ol)

1.1.30 川　楝

［来　源］　楝科植物川楝 *Melia toosendan* Sieb. et Zucc.

［分　布］　四川、贵州、云南、湖南、湖北、河南、甘肃。

［成　分］　树皮含驱蛔有效成分川楝素和楝树碱、异川楝素[29]，山萘酚、树脂、鞣质、香豆素的衍生物。根皮中川楝素的含量较树皮中略高。果实含川楝素、苦味成分麦克辛。有效成分为一中性树脂，性质不稳定，贮存 1 年，效用即大减。又含 21-O-乙酰基-川楝三醇[30]、楝脂醇、楝酮[31]。树叶中分离出楝紫罗酮苷 A 和 B[32]。

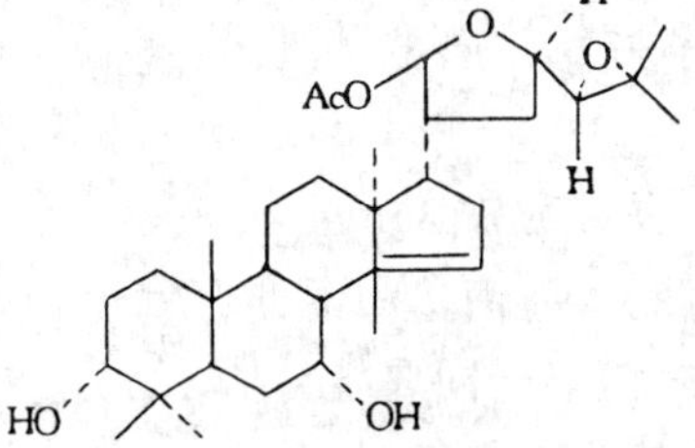

(16)21－O－乙酰基－川楝三醇
(21－O－acetyl－toosendautriol)

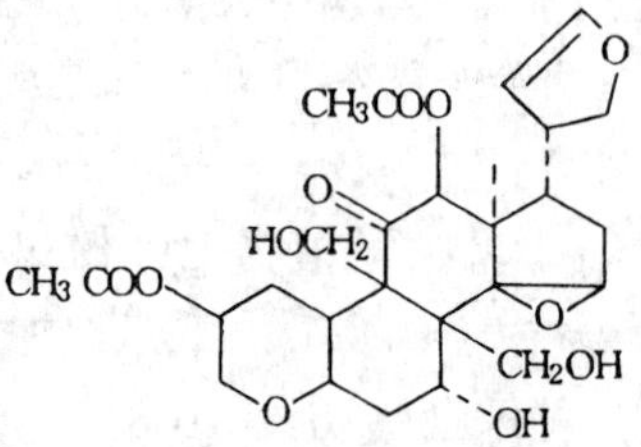

(17)川楝素
(toosendanin)

［药用部位］　果实和树皮，前者药材名为“川楝子”，后者为“川楝皮”。

［功效和应用］　川楝子具利气止痛，杀虫功效，用于治疗胁痛、骨痛、腹痛、湿热疝痛等症；川楝皮具杀虫解毒功效，用于治疗蛔虫病和游风疮毒。制剂有“川楝素片”，为驱蛔虫药。

1.1.31 巴 豆

[来 源] 大戟科植物巴豆 *Croton tiglium* L.

[分 布] 广东、广西、福建、台湾、四川、云南、湖北。

[成 分] 种子含巴豆油53%～57%，除常见的脂肪酸外，还含巴豆油酸、惕各酸。现已从油中分离出巴豆醇和多种具有特殊结构的二萜类化合物，为一系列巴豆醇-12，13-二酯化合物和巴豆醇-12，13，20-三酯化合物，如大戟二萜醇-12-十四烷酸-13-乙酸酯和大戟二萜醇-12-癸酸-13-乙酸酯等。另外，还含巴豆毒蛋白（巴豆毒素）、巴豆苷及生物碱。

[药用部位] 种子，为常用中药。

[功效和应用] 具热下寒积，逐痰行水作用，用于寒积停滞、胸腹满急胀痛、腹水实肿、白喉、疟疾等症。

[附注] 巴豆全株有毒，种子毒性更大，误食严重者可引起死亡。

1.1.32 盐肤木

[来 源] 漆树科植物盐肤木 *Rhus chinensis* Mill.

[分 布] 主产于四川、贵州。

[成 分] 五倍子含五倍子鞣质，医药上称五倍子鞣酸，含量为60%～70%，另含没食子酸2%～4%，脂肪、树脂及其他鞣质。

[药用部位] 寄生于其叶翅上的五倍子蚜 *Melaphis chinensis*（Bell.）Baker 所形成的虫瘿（五倍子）。

[功效和应用] 具收敛、止泻、止汗、止血功效，用于久痢久泻、便血、脱肛、盗汗、皮炎、外伤出血、宫颈糜烂等症。制剂有消痔灵片。五倍子鞣质除供药用外，在制革工业及其他化工生产也有用途。

1.1.33 枸 骨

[来 源] 冬青科植物枸骨 *Ilex cornuta* Lindl.

[分 布] 长江中、下游各省（区）。

[成 分] 叶含三萜皂苷，如冬青苷甲、乙等[33]，苷元为坡模酸及29-羟基齐墩果酸。树皮及枝叶含咖啡碱；果实含生物碱、皂苷、鞣质、苦味质、强心苷、脂肪油9.84%。

[药用部位] 叶和果实，前者药材名为“功劳叶”，后者称“功劳子”。

[功效和应用] 功劳叶具凉血、退虚热、强腰膝，用于结核性潮热、咯血、腰膝痠软、头晕耳鸣等症。功劳子能补肝肾、止血，治体虚低热、崩带、泄泻。

1.1.34 七叶树

[来 源] 七叶树科植物七叶树 *Aesculus chinensis* Bunge.

[分 布] 主产于浙江、江苏，甘肃、河北、河南、山西亦有分布。

[成 分] 种子含脂肪油31.8%，另含七叶树皂苷同属植物欧七叶树（马栗）*A. hippocastanum* L. 种子含七叶树皂苷，用酶水解得原七叶树皂苷元、玉蕊醇C及其衍生物；用酸水解皂苷得七叶树皂苷元。尚含多种以槲皮素和山萘素为苷元的黄酮苷类。

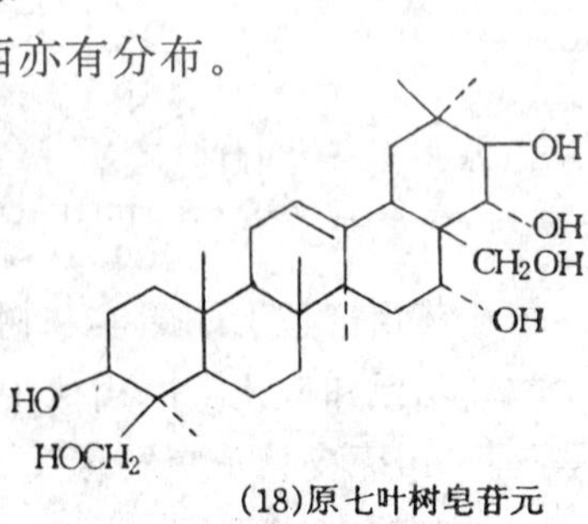

OH
OH
CH_2OH
OH
HO
$HOCH_2$

(18)原七叶树皂苷元
(protoescigenin)

[药用部位] 果实，药材名为“娑罗子”。

[功效和应用] 具宽中、下气、杀虫功效，用于寒性胃痛、

腹胀、疳积虫痛、疟疾、痢疾、经前腹痛、乳房作胀等症。

1.1.35 枳　椇

［来　源］　鼠李科植物枳椇 *Hovenia dulcis* Thunb.

［分　布］　华东、中南、华北、西北及西南等省（区）。

［成　分］　果实含蔗糖、葡萄糖及果糖，并含多种三萜皂苷成分。木部含三羧基三萜类化合物枳椇子酸。

［药用部位］　种子。

［功效和应用］　种子具解酒毒、止吐、利尿等功效，用于热病烦渴、呕吐、小便不利、醉酒不醒等症。制剂有“枳椇解酒冲剂”，用于解酒毒。果柄（拐枣）含多量糖分和有机酸、维生素，可食用，现陕西已开发出拐枣系列产品。

1.1.36 枣

［来　源］　鼠李科植物枣 *Ziziphus jujuba* Mill. var. *inermis*（Bunge）Rehd.

［分　布］　全国各地均有栽培。

［成　分］　大枣含碳水化合物约 73%，蛋白质约 3.7%，另含维生素 C、维生素 B_2，胡萝卜素及钙、磷及铁等化合物。果实含光千金藤碱、N-去甲基荷叶碱、阿士米洛宾[34]、枣碱、枣宁碱及大枣皂苷Ⅰ、Ⅱ[35]。另外，还分离出桦木烯醇、白桦脂酸、β-谷甾醇及糖苷、山萘酚及 12 个新的环肽生物碱，并已知含有前列腺 I_2 诱导体化合物[36]。

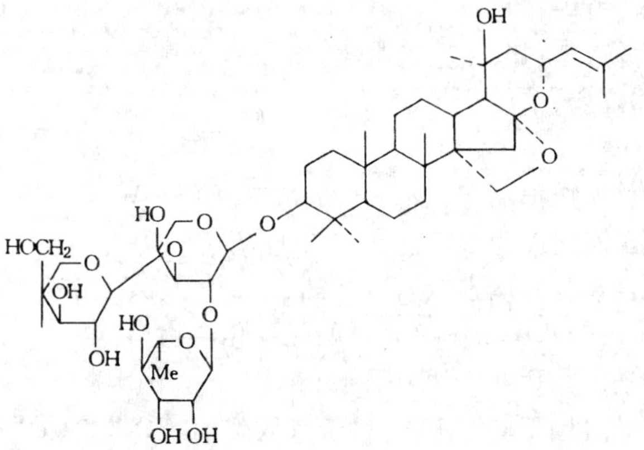

(19)大枣皂苷Ⅱ
(ziziphus saponin Ⅱ)

［药用部位］　果实。

［功效和应用］　具补脾和胃、安神、生津、调和诸药功效，用于脾虚腹泻、癔病、体虚感冒、气血津液不足、阴虚劳损等症。

1.1.37 酸　枣

［来　源］　鼠李科植物酸枣 *Ziziphus jujuba* Mill.

［分　布］　我国中部、北部。

［成　分］　酸枣仁含酸枣仁皂苷 A 和酸枣仁皂苷 B，皂苷 B 水解得酸枣仁皂苷元，皂苷元经硫酸水解得红子木内酯。另含桦皮酸、桦皮醇、多量脂肪酸、多量维生素 C、蛋白质、甾醇及微量具强烈刺激性的挥发油。另含阿朴啡及环酞生物碱。

［药用部位］　种子，药材名为“酸枣仁”，为常用中药。

［功效和应用］ 酸枣仁具安神、敛汗功效，用于失眠、心悸、自汗、盗汗等症。

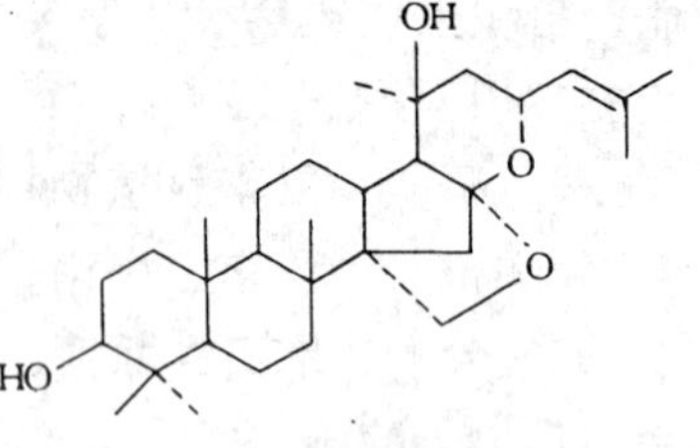

(20)酸枣仁皂苷元
(jujubogenin)

1.1.38 木芙蓉

［来 源］ 锦葵科植物木芙蓉 *Hibiscus mutabilis* L.

［分 布］ 全国各地均有栽培。

［成 分］ 花含棉花黄苷、蜡梅苷、金丝桃苷，花中主要色素为矢车菊素-3-接骨木二糖苷、矢车菊素-3，5-二葡萄糖苷、矢车菊素-3-芸香糖基-5-葡萄糖苷等；叶含芦丁等黄酮苷、酚类、氨基酸、还原糖及粘液质等。叶中分出二十五碳烷、二十四烷酸和β-谷甾醇，从花中分得二十九烷和β-谷甾醇。

［药用部位］ 花，叶和根。

［功效和应用］ 具清热解毒、散瘀止血、消肿排脓功效。叶用于治疗腮腺炎、带状疱疹；叶和花均可用于疔疮痈肿、水火烫伤；花还可用于月经过多、久咳吐血；根皮可治头癣。

1.1.39 木 棉

［来 源］ 木棉科植物木棉 *Gossampinus malabarica*（DC）Merr.

［分 布］ 广东、海南岛东南部山坡及云南干热地区，我国南方有栽培。

［成 分］ 根、花含鞣质，并含木棉胶，水解后得阿拉伯糖、半乳糖、半乳糖醛酸和微量鼠李糖；根皮含羽扇豆醇；叶及树皮含酚性苷元和鞣质。

［药用部位］ 根，根皮和花。

［功效和应用］ 具清热利湿、化痰功效。治肠炎、菌痢、气管炎、肺结核咯血、慢性胃炎、风湿病、跌打损伤等症。

1.1.40 梧 桐

［来 源］ 梧桐科植物梧桐 *Firmiana simplex*（L.）W.F.Wight

［分 布］ 华南至河北广为栽培。

［成 分］ 嫩叶含β-香树脂素及其乙酸酯、三十一烷、β-谷甾醇、甜菜碱、胆碱、芸香苷。树皮含羽扇豆酮、二十八醇及一高含量的无色化合物。

［药用部位］ 种子，花，叶，树皮及根。

［功效和应用］ 花、叶具清热解毒，种子具健脾消滞，根具除风祛湿功效。花可治水肿、烧烫伤；种子治伤食腹泻；根称“梧桐蔃”，治风湿痛、跌打损伤、哮喘；叶治痈疮肿毒；树皮治痔疮、脱肛。制剂有梧桐叶糖浆，用于治疗高血压病。

1.1.41 茶

［来 源］ 山茶科植物茶 *Camellia sinensis*（L.）O.Ktze.

［分 布］ 原产我国南部山区。现各地有栽培。

［成 分］ 茶叶中含有咖啡碱、茶碱、可可豆碱等多种嘌呤类衍生物、茶多酚类鞣质等化合物。咖啡碱在茶叶中大部分是与鞣质结合而存在，以春季的嫩叶中含量较高，茶叶发酵可使游离的咖啡碱含量的比例增加。绿茶中含鞣质约10%～24%，红茶因经过发酵，鞣质含量减少，一般仅6%左右。茶叶含挥发油约0.6%，是茶叶中的香气成分。

果实（茶子）含皂苷，水解得茶皂醇A、B、C、D、E、山茶皂苷元B、D，还含有少量黄酮类化合物。

根含水苏糖、棉子糖、蔗糖、葡萄糖、果糖等糖类，并含少量多元酚类化合物。

［药用部位］　叶，果实，根。

［功效和应用］　叶具清头目，除烦渴、化痰、消食、利尿、解毒功效。治头痛、目昏、多睡善寐、心烦口渴、食积痰滞等症。果实治喘急咳嗽、去痰垢。根治心脏病、口疮、牛皮癣。

茶叶是人类三大饮料之一，其种仁可供食用或作工业用油。现保健茶类品种也较多，如防牙病、白内障保健茶、绞股蓝保健茶等，这类茶叶品种既能作为饮料，同时也起抗衰老、抗血管疾病等防病治病作用，故有较大的发展前景。英国现已通过处理从茶叶提取抗癌制剂和用其复合多糖治疗糖尿病。

1.1.42　柽　柳

［来　源］　柽柳科植物柽柳 *Tamarix chinensis* Lour.

［分　布］　华北至长江中、下游，南至广东、广西、云南等省（区）。

［成　分］　含树脂、槲皮素，树皮含鞣质约5.21%。

［药用部位］　带叶嫩枝，药材名为“西河柳”。

［功效和应用］　具祛风解表、透疹解毒功效，用于麻疹初期不适、感冒、老年慢性气管炎、风湿症、皮肤瘙痒、癣等症。

1.1.43　番木瓜

［来　源］　番木瓜科植物番木瓜 *Carica papaya* L.

［分　布］　广东、广西、云南南部、福建、台湾等地普遍栽培。

［成　分］　果实含糖类，果胶，酒石酸，苹果酸，维生素 B_1、B_2、C，菸酸，β-胡萝卜素，隐黄质及多种酶。果实的乳汁和种子含微量番木瓜碱；种子含旱金莲苷；叶含番木瓜碱、伪番木瓜碱、胆碱、烟碱、可亭林、米喔斯明，另含皂苷及番木瓜苷。

［药用部位］　果实。

［功效和应用］　具消食驱虫、消肿解毒、通乳、降压功能，用于消化不良、蛔虫、痈疖肿毒、高血压、产妇乳少、痢疾等症。

1.1.44　土沉香

［来　源］　瑞香科植物白木香 *Aquilaria sinensis*（Lour.）Gilg.

［分　布］　广东、广西、台湾省（区）。

［成　分］　含挥发油和树脂，油中成分为沉香萜醇、芹子烷等萜类化合物以及癸烯的异构物。从受霉菌感染的沉香挥发油中分离出沉香螺萜醇、沉香萜醇、α-及β-沉香萜呋喃、二氢沉香萜呋喃、去甲基沉香萜呋喃酮等成分。

［药用部位］　含有树脂的心材。

［功效和应用］　具降气、温中、暖肾功效，用于肾虚气逆喘促、气滞心腹疼痛、胃寒呃逆、呕吐、大便虚秘等症。

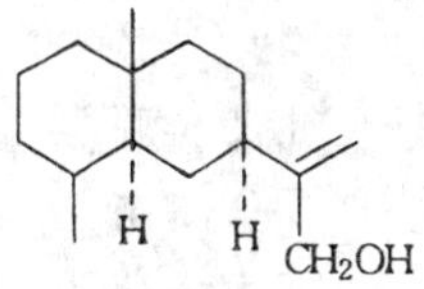

(21)沉香萜醇
(agarol)

1.1.45　石　榴

［来　源］　石榴科植物石榴 *Punica granatum* L.

［分　布］　各地有栽培。

［成　分］　果皮含鞣质28%～32%，粘液质34%，苦味质石榴皮素，并含熊果酸、桦皮酸、没食子酸、异槲皮苷。根皮和茎皮含石榴碱、异石榴皮碱、伪石榴皮碱和甲基异石榴皮碱等生物碱。嫩叶含2-(2-丙烯基)-Δ-哌啶和β-1,6-(s)六羟基二苯酰-2,4-去氢六羟基二苯

酰-D-吡喃葡萄糖[37]。

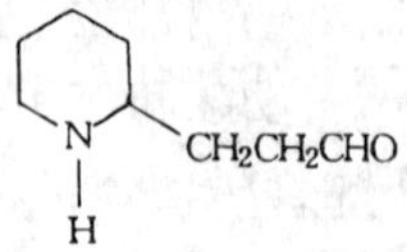

［药用部位］ 果皮，药材名为“石榴皮”。

［功效和应用］ 具涩肠、止血功效，主治慢性痢疾、腹泻、脱肛、带下、慢性扁桃体炎、烫伤、烧伤等症。

(22)石榴皮碱
(pellitierine)

1.1.46 诃 子

［来 源］ 使君子科植物诃子 *Terminalia chebula* Retz.

［分 布］ 产广东、广西、云南等地。

［成 分］ 果实主要含诃子素、诃子酸、诃黎勒酸、1，3，6-三没食子酰葡萄糖、1，2，3，4，6-五没食子酰葡萄糖，并含鞣云实素、原诃子酸、毒八角酸、去氢毒八角酸等化合物。

［药用部位］ 果实。

［功效和应用］ 具涩肠、敛肺功效，用于久泻、久痢、脱肛、久咳失音、久咳痰中带血、崩漏带下、遗精盗汗等症。

1.1.47 楤 木

［来 源］ 五加科植物楤木 *Aralia chinensis* L.

［分 布］ 华东、华南、中南及西南。

［成 分］ 主含齐墩果酸为苷元的三萜皂苷。并含原儿茶酸、鞣质、挥发油等。

［药用部位］ 树皮及根。

［功效和应用］ 具祛风除湿、活血功效。用于风湿性腰腿痛、胃痛、胃溃疡、糖尿病、肾炎、乳糜尿等症。

现从楤木总皂苷水解物中提取齐墩果酸，含量较高，作为提制齐墩果酸原料之一。

1.1.48 山茱萸

［来 源］ 山茱萸科植物山茱萸 *Cornus officinalis* Sieb. et Zucc.

［分 布］ 主产于浙江，河南、安徽、陕西、山东、四川，山西也有分布。

［成 分］ 果实含环烯醚萜苷及甾体皂苷，其中甾体皂苷含量甚高达13%。环烯醚萜苷有莫罗忍冬苷、7-O-甲基莫罗忍冬苷、当药苷及番木鳖苷。叶中分离得到一新的鞣质1，7-二-棓酰-D-景天庚酮糖以及已知的6个棓酰葡萄糖和五个鞣花鞣质[38]。

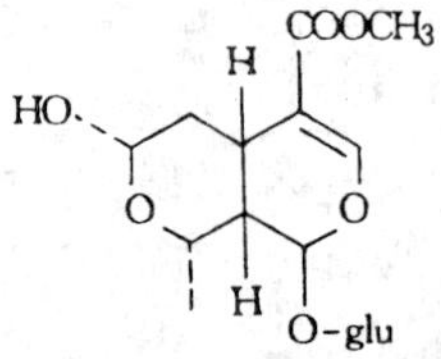

［药用部位］ 果肉，为常用中药。

［功效和应用］ 具补肝肾、涩精、敛汗功效，用于腰膝酸痛，遗精，阳痿，小便频数，体虚多汗，月经过多等症。

(23)莫罗忍冬苷
(morroniside)

1.1.49 柿

［来 源］ 柿树科植物柿 *Diospyros kaki* L. f.

［分 布］ 各地有栽培。

［成 分］ 柿蒂和柿叶含齐墩果酸、熊果酸、白桦酯酸、葡萄糖、果糖等。柿根含3-甲氧基-7-甲基胡桃叶醌和柿醌。果实含无色花青素、瓜氨酸、无色飞燕草-3-葡萄糖苷，7-甲基胡桃醌、异柿醌、双异柿醌、山萘酚、槲皮素等化合物。柿霜由甘露醇、葡萄糖、果糖、蔗糖等组成。柿漆又称柿涩，多为柿漆酚，为含鞣质的物质。

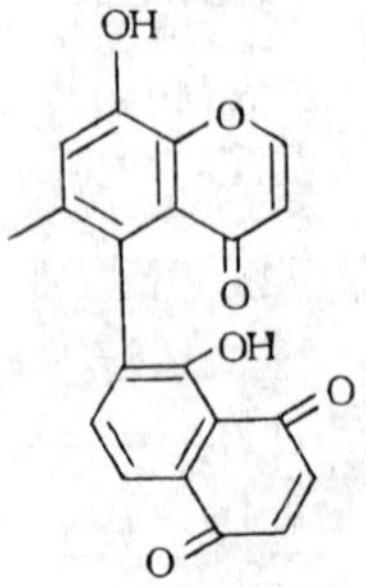

［药用部位］ 果实的宿萼（柿蒂）。

(24)异柿醌
(isodiospyrine)

［功效和应用］　具止呃功效，用于治胃寒气滞引起的呃逆和治疗夜尿症。柿饼为柿成熟果实加工而成，是市场上常见的干果之一。柿漆为未成熟果实压榨取汁并干燥而成，本品为胶粘剂。柿叶的提取物有止血作用；用于胃溃疡出血、肺结核出血、功能性子宫出血、痔漏出血、血小板减少性紫癜、白血病等。柿幼叶具有降压和治疗心脏病作用，为一茶剂，适用于冠心病患者或老年人饮用。

1.1.50　小叶白蜡树

［来　源］　木犀科植物小叶白蜡树 *Fraxinus bungeana* DC.

［分　布］　产于东北、华北及河南、陕西、四川。

［成　分］　树皮含秦皮素、秦皮苷、七叶树素及七叶树苷，还含多种香豆素、鞣质。

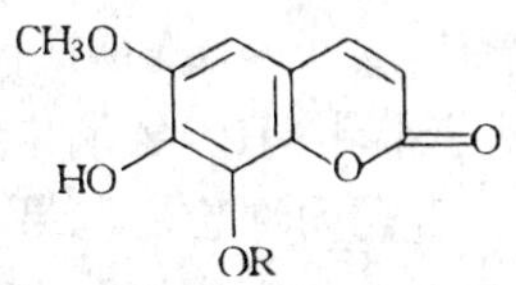

［药用部位］　树皮，药材名为“秦皮”，为常用中药。

［功效和应用］　具清热燥湿、凉肝明目功效，用于湿热痢疾、慢性气管炎、牛皮癣等症。

(25)R = H，秦皮素(fraxetin)
(26)R = glc，秦皮苷(fraxin)

1.1.51　女　贞

［来　源］　木犀科植物女贞 *Ligustrum lucidum* Ait.

［分　布］　主产于江苏、浙江、湖南、福建、广西、江西、四川。

［成　分］　果实含女贞子苷、齐墩果苷、4-羟基-β-苯乙基-β-D-葡萄糖苷、齐墩果酸、α-甘露醇及脂肪酸。树皮、叶含丁香苷。

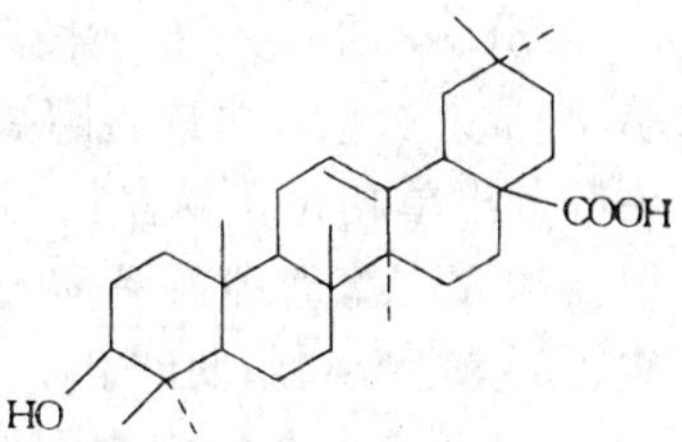

［药用部位］　果实（女贞子）。

［功效和应用］　具补肝肾、强腰膝、明目功效，用于肾亏遗精、头晕、耳鸣、腰膝酸软、视物模糊、目眩等症。

(27)齐墩果酸
(oleanolic acid)

女贞子果肉部位齐墩果酸含量较高，是现提取齐墩果酸的主要原料之一。齐墩果酸片具抗肝炎作用。除去果肉和外种皮的果核部分含多量脂肪酸，且大部分为不饱和脂肪酸，故果核可提制食用油。

1.1.52　海州常山

［来　源］　马鞭草科植物海州常山 *Clerodendrum trichotomum* Thunb.

［分　布］　主产江苏、浙江，黄河以南各地均有分布。

［成　分］　叶含海州常山苷、内消旋肌醇、刺槐素-7-二葡萄糖醛酸苷、海州常山苦素 A、B 及海州常山素 A、B。茎、叶还含有无羁萜、表无羁萜醇。树皮含云杉素、无羁萜和表无羁萜醇。根中主含海州常山甾酮及海州常山甾醇。果实含臭梧桐碱、臭梧桐碱 G1，并含 N，N′-双葡萄糖吡喃臭梧桐碱。[39]。

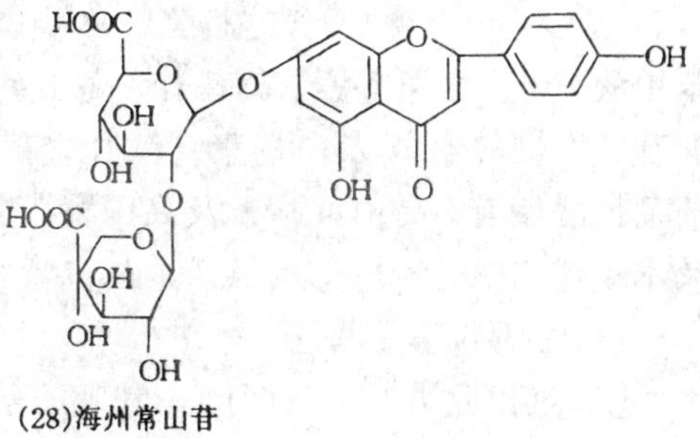

(28)海州常山苷
(clerodendrin)

［药用部位］　叶和嫩枝，药材名为“臭梧桐”。

［功效和应用］　具祛风湿、降血压功效，用于风湿痛、骨节酸痛、高血压病、便血、小便不通等症。制剂有臭梧桐浸膏片，用于治疗高血压病及风湿疼痛。茎、叶的水煎剂是良好

的牛马用杀虱药。

1.1.53　黄　荆

［来　源］　马鞭草科植物黄荆 *Vitex negundo* L.

［分　布］　全国各地均分布。

［成　分］　叶含挥发油；黄酮类化合物，如黄荆素、荭草素、异荭草素；环臭蚁蝰苷类，如珊瑚苷、淡紫花牡荆苷；有机酸类如对羟基苯甲酸、原儿茶酸等化合物。

茎皮含3，6，7，3′，4′-五甲氧基-5-O-吡喃葡萄糖-鼠李糖苷，4′-O-甲基杨梅树皮素-3-O-［4″-O-β-D-半乳糖］-β-D-吡喃半乳糖苷。牡荆素咖啡酸酯，并含几种黄酮苷类化合物。

(29)黄荆素
(vitexicarpin)

［药用部位］　果实，根，叶。

［功效和应用］　叶解表化湿；果实利气、止咳；根祛风除湿、利关节。叶治感冒、痢疾、小儿疳积、急性胃肠炎；根治风湿关节痛、腰痛；果实治哮喘、胃痛、吞酸、便秘等症。

1.1.54　梓　树

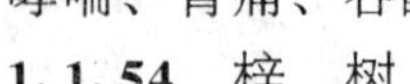

［来　源］　紫葳科植物梓树 *Catalpa ovata* G. Don.

［分　布］　分布于长江流域及以北地区。

［成　分］　树皮含阿魏酸、异阿魏酸、对香豆酸；从果叶分出单萜化合物梓苷、梓次苷；木材含梓木内酯、α-拉杷醌和α-二氢茯醌等萘醌类化合物。种子含对-羟基苯甲酸、β-谷甾醇和脂肪酸。

(30)梓苷(catalposide)

［药用部位］　树皮（梓白皮），叶，果实。

［功效和应用］　梓白皮用于治疗黄疸、反胃、皮肤瘙痒、疮疥等症；梓叶用于手脚火烂疮；梓实用于浮肿病的利尿。

1.1.55　木蝴蝶

［来　源］　紫葳科植物木蝴蝶 *Oroxylum indicum*（L.）Vent.

［分　布］　云南、广西、广东、贵州、福建、四川。

［成　分］　种子含白杨素、木蝴蝶苷A、B及特土苷和少量苯甲酸。树皮含黄芩素、黄芩苷、高山黄芩素、高山黄芩素-7-芸香糖苷、木蝴蝶素A及白杨素。鲜叶含黄芩素、黄芩苷、黄芩素-6-葡萄糖醛酸苷、高山黄芩素及高山黄芩苷。根皮含黄芩素、白杨素及木蝴蝶素A。

(31)杨素(chrysin)

［药用部位］　种子。

［功效和应用］　具润肺、利咽、舒肝和胃功效，用于风热咳嗽、音哑、咽喉肿痛等症。

1.1.56　金鸡纳树

［来　源］　茜草科植物莱氏金鸡纳树 *Cinchona ledgeriana* Moens.

［分　布］　云南、广东、海南、台湾均有栽培。

［成　分］　树皮含多种生物碱，如奎宁7%～12%，奎尼丁、辛可尼丁、辛可宁、氢化

奎宁、表奎宁等生物碱。此外，尚含金鸡纳苷等三萜皂苷。叶含有奎胺、辛可菲胺和异辛可菲胺。

［药用部位］　树皮，根皮。

［功效和应用］　抗疟药，为提制奎宁及全金鸡纳碱的原料，用于治疗疟疾，并有镇痛解热及局部麻醉的功用。古方煎服治疟及解酒。本植物的制剂还有苦补剂、健胃剂。

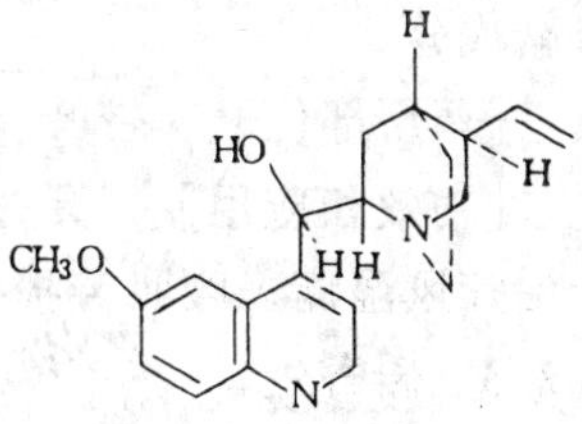

(32)奎宁(quinine)

1.1.57　槟　榔

［来　源］　棕榈科植物槟榔 *Areca catechu* L.

［分　布］　主产于海南岛，广西、云南、福建、台湾也有少量栽培。

［成　分］　果实含生物碱0.3%～0.6%，缩合鞣质15%，脂肪14%及槟榔红色素。生物碱主要为槟榔碱、槟榔次碱、去甲基槟榔次碱、去甲基槟榔碱、槟榔副碱、高槟榔碱等。这些生物碱均与鞣质结合而存在。槟榔内胚乳含儿茶素、花白素及其聚合物。

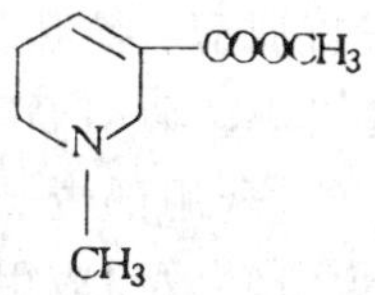

(33)槟榔碱(arecoline)

［药用部位］　种子和果皮，前者称“槟榔”，后者称“大腹皮”，均为常用中药。

［功效和应用］　槟榔具杀虫消积、通便利尿功效，用于治疗虫积、胸腹气滞、泻痢不畅、脚气肿痛、疟疾、青光眼等。大腹皮具下气、宽中、行水功效，用于治疗食积不化、腹胀泄泻、水肿、小便不利、妊娠恶阻胀闷等症。

制剂有胆道蛔虫合剂和槟榔抗青光眼药水。

1.2　灌木类林产药材

1.2.1　麻　黄

［来　源］　麻黄科植物草麻黄 *Ephedra sinica* Stapf、中麻黄 *E. intermedia* Schrenk et C. A. Meyer 和木贼麻黄 *E. equisetina* Bunge.

［分　布］　主产于河北、山西、内蒙古及西北，渤海沿岸和黄河一带也有分布。

［成　分］　全草含多种生物碱，总含量为1%～2%，其中主要成分为*l*-麻黄碱40%～90%，d-伪麻黄碱。此外，尚含微量的甲基麻黄碱、甲基伪麻黄碱、去甲基麻黄碱、去甲基伪麻黄碱、2，3，5，6-四甲基吡嗪及1-d-萜品烯醇。麻黄根中含有麻黄考宁、麻黄新碱A、B、C[40]。

［药用部位］　嫩枝和根，前者为常用中药“麻黄”。

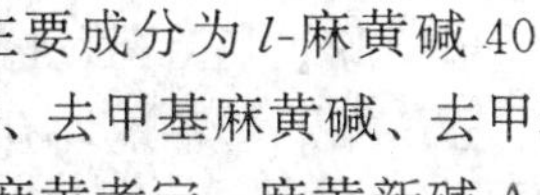

［功效和应用］　麻黄具发汗、平喘、利水功效，用于治疗风寒感冒、恶寒发热、无汗而喘、急性支气管炎、肺炎、哮喘、急性肾炎等症。根能止汗，治疗自汗、盗汗。制剂有哮喘冲剂、气管炎片等。麻黄又为提取麻黄素的原料植物，麻黄素是拟肾上腺素药，临床用于支气管哮喘、过敏性反应、鼻粘膜肿胀以及低血压等症的治疗。

(34)1-麻黄碱(1-ephedrine)

1.2.2　桑寄生

［来　源］　桑寄生科植物桑寄生 *Loranthus parasiticus*（L.）Merr.

［分　布］　福建、台湾、广东、广西、云南等省（区）。

［成　分］　桑寄生的茎、叶、枝含槲皮素及萹蓄苷。不同的寄主植物，其化学成分不尽相同，若寄主为马桑 *Coriaria nepalensis*，则其含有神经毒马桑内酯，杜亭内酯和马桑亭等倍

半萜成分。

［药用部位］　带叶茎枝，为常用中药。

［功效和应用］　具祛风湿、补肝肾、强筋骨、安胎功效，用于治疗风湿痛、腰肌劳损、胎动不安、冠心病、高血压等症。

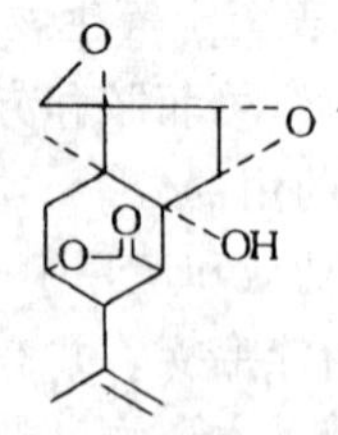

(35)马桑内脂(coriamyrtin)

1.2.3　槲寄生

［来　源］　桑寄生科植物槲寄生 *Viscum coloratum*（Kom.）Nakai

［分　布］　东北、华北及陕西、甘肃、四川、湖北、安徽、河南等地。

［成　分］　茎、叶含齐墩果酸、β-乙酸香树素脂、内消旋肌醇、蛇麻脂醇。叶还含黄槲寄生苷 A、B、高黄槲寄生苷 B、羽扇豆醇、肉豆蔻酸。

［药用部位］　带叶茎枝，为常用中药。

［功效和应用］　具祛风湿、强筋骨、安胎功效，用于治疗风湿腰腿痛、胎动不安、高血压头痛，头晕、脚癣等症。

(36)黄槲寄生苷 A(flavoyadorinin A)

1.2.4　威灵仙

［来　源］　毛茛科植物威灵仙 *Clematis chinensis* Osbeck.

［分　布］　主产于安徽、江苏、浙江，华东其他地区、中南、西南及河南、陕西亦产。

［成　分］　根含原白头翁素、三萜皂苷，苷元为齐墩果酸或常春藤皂苷元，糖有阿拉伯糖、核糖、鼠李糖和葡萄糖。

［药用部位］　根，为常用中药。

［功效和应用］　祛风湿、活血止痛功效。用于治疗风湿性关节炎、肢体麻木、偏头痛、鱼骨梗喉、牙痛、咽喉炎、急性扁桃体炎、丝虫病等症。

(37)原白头翁素(protoanemonin)

1.2.5　牡　丹

［来　源］　芍药科植物牡丹 *Paeonia suffruticosa* Andr.

［分　布］　各地均有栽培，其中以安徽铜陵凤凰山产品质最优。

［成　分］　根皮含牡丹皮原苷、牡丹皮苷、牡丹酚、芍药苷、氧化芍药苷、苯甲酰氧化芍药苷及羟基芍药苷[41]。

［药用部位］　根皮，药材名为“丹皮”，为常用中药。

［功效和应用］　具清热、凉血、活血、消瘀功效，用于吐血、衄血、阑尾炎初起、血瘀经闭、感冒风热、咽喉肿痛、跌打损伤、痈肿疮疖等症。另外，临床上使用单味药治疗高血压和过敏性鼻炎。

丹皮中丹皮酚含量较高，利用水蒸气蒸馏可提制出，在日用化学工业上可作为牙膏等调味剂。

(38)牡丹酚(丹皮酚)(paeonol)

1.2.6　阔叶十大功劳

［来　源］　小檗科植物阔叶十大功劳 *Mahonia bealei*（Fort.）Carr.

［分　布］　中南、甘肃、河南、浙江、安徽、四川、贵州等省（区）。

［成　分］　主含小檗碱。

［药用部位］　根、茎、叶和果实。

［功效和应用］　具补肺气、退潮热，益肝肾功效。叶和种子用于肺结核潮热、咳嗽；根或茎治肠炎腹泻，黄疸型肝炎及防治流行性感冒。另本植物为提取小檗碱的原料之一。

1.2.7　南天竹

［来　源］　小檗科植物南天竹 *Nandina domestica* Thunb.

［分　布］　长江中下游各地。

［成　分］　分离出近 20 种异喹啉类生物碱，主要属于阿朴啡型，有南天竹碱、O-甲基南天竹碱、木兰碱、异包尔定、南天竹任碱、阿朴啡、蝙蝠葛任碱等。此外，还有小檗碱、药根碱、尖清风藤碱和原阿片碱。另从该植物中尚分出含氰苷和多种黄酮苷，如南天竹苷 A、B。

［药用部位］　果实（天竹子）、茎、叶和根。

［功效和应用］　果具敛肺镇咳功效，治久咳气喘、百日咳；茎、叶具健胃强筋骨功效，治腹泻、疝气、水火烫伤；根治风湿痛、肝硬化腹水、颈淋巴结核、跌打损伤、消化不良性腹泻。

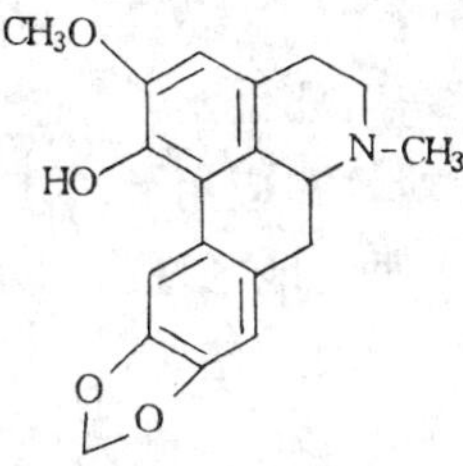

(39) 南天竹碱(domesticine)

1.2.8　千金藤

［来　源］　防己科植物千金藤 *Stephania japonica*（Thunb.）Miers

［分　布］　河南、江苏、安徽、浙江、江西、福建、台湾、湖北、湖南、四川等省。

［成　分］　全株含多种生物碱，总碱含量达 0.19%。其中含千金藤碱、原千金藤碱、表千金藤碱、次表千金藤碱、轮环藤酚碱、千金藤季铵碱等生物碱。

［药用部位］　根及茎藤。

［功效和应用］　具清热泻火，利湿消肿功效。用于治疗咽喉肿痛、疮疖痈肿、牙痛、胃痛、尿急尿痛、风湿性关节炎等症。

(40)千金藤碱(stephanine)

1.2.9　木　兰

［来　源］　木兰科植物木兰（辛夷）*Magnolia liliflora* Desr.

［分　布］　华东及云南、河南、湖北、陕西、河北，现多栽培。

［成　分］　花蕾含挥发油 0.26%，油中主要成分为 α-蒎烯。树皮含柳叶木兰碱、木兰箭毒碱。叶及小枝含凡拉桂辛、细叶青蒌藤烯酮和辛夷酮等木脂类。

［药用部位］　花蕾和树皮；前者为中药“辛夷花”，为一常用中药；后者在西北地区称姜朴，作姜朴药用。

［功效和应用］　辛夷花具祛风散寒、通肺窍的功能，用于急性鼻窦炎、副鼻窦炎及过敏性鼻炎等。姜朴功效同厚朴。

(41)木兰箭毒碱(magnocurarine)

1.2.10　黄常山

［来　源］　虎耳草科植物黄常山 *Dichroa febrifuga* Lour.

［分　布］　长江以南各地及甘肃、陕西两省南部。

［成　分］　根含多种喹唑酮生物碱，其中常山碱甲、乙、丙为抗疟的有效成分。还有黄常山次碱、4-喹唑啉及中性成分伞形花内酯，叶亦含上述生物碱，量比根中略多，并含少量三甲胺。

［药用部位］ 根。

［功效和应用］ 具截疟，涌吐痰涎功效，治疗各种疟疾、痰饮停积等症。制剂有七宝丹和复方常山注射液。

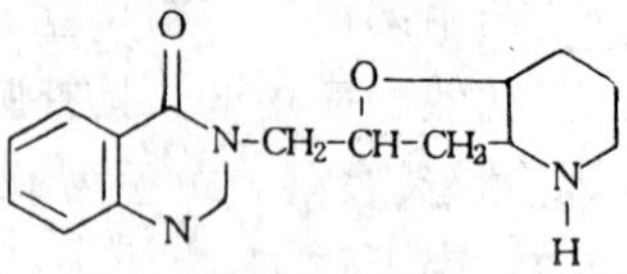

(42)常山碱甲 (α-dichroine)

1.2.11 贴梗海棠

［来 源］ 蔷薇科植物贴梗海棠 *Chaenomeles lagenaria* (Lois.) Koidz.

［分 布］ 华东及湖北、江西等地，南北各地均有栽培，其中以安徽宣州产宣木瓜为道地药材，质量最佳。

［成 分］ 含齐墩果酸及其类似化合物，预试并含有皂苷、黄酮类及鞣质，还含有苹果酸、酒石酸、枸橼酸、维生素C等。

［药用部位］ 果实，药材名为“皱皮木瓜”，为一常用中药。

［功效和应用］ 具祛风湿、平肝舒筋功效，用于治疗风湿疼痛、脚气水肿及吐泻引起的转筋。西南地区现有“木瓜冲剂”制剂，用于治疗肝炎等症。

1.2.12 山 楂

［来 源］ 蔷薇科植物山里红 *Crataegus pinnatifida* Bunge var. *major* N. F. Br. 和野山楂 *C. cuneata* Sieb. et Zucc.

［分 布］ 山里红产于东北、华北及江苏，野山楂产于我国中部及南部。

［成 分］ 山里红果实含微量核黄素、胡萝卜素及钙、磷、铁等。野山楂果实含绿原酸、咖啡酸、齐墩果酸及槲皮素等。

［药用部位］ 果实。

［功效和应用］ 具消食、散瘀消食，用于治疗食积、肉积、胃酸过少、疝气肿痛、泄泻下痢等症。制剂有大山楂丸和山楂冲剂。另山楂可制成山楂膏和山楂片供食用。

1.2.13 郁 李

［来 源］ 蔷薇科植物郁李 *Prunus japonica* Thunb.

［分 布］ 华东、河南、河北、山西、广东、湖北。

［成 分］ 种子含苦杏仁苷、皂苷、脂肪酸、挥发性有机酸等。茎皮含鞣质6.3%；茎叶含芸香苷、李苷。

［药用部位］ 种子。

［功效和应用］ 具润肠、利水功效，用于大便干燥不畅、慢性肾炎水肿等症。

1.2.14 月 季

［来 源］ 蔷薇科植物月季 *Rosa chinensis* Jacq.

［分 布］ 江苏、山东、山西、湖北、河北、四川、贵州等省，全国各地大多有栽培。

［成 分］ 花含微量挥发油，成分与玫瑰油相似，主要为牻牛儿醇、橙花醇、1-香茅醇及其葡萄糖苷，还含有没食子酸。

［药用部位］ 花蕾或初开放的花，叶，根。

［功效和应用］ 花具活血调经、消肿功效，用于治疗月经不调、痛经、痈肿等症；叶治淋巴结核、脚膝肿痛、跌打损伤等症；根治月经过多、赤白带下。月季是重要的观赏植物，香水月季的花是提取芳香油的原料。

1.2.15　玫　瑰

[来　源]　蔷薇科植物玫瑰 *Rosa rugosa* Thunb.

[分　布]　东北及陕西、甘肃、河北、山东、江苏、浙江，各地均有栽培。

[成　分]　鲜花含槲皮苷、没食子酸、花色素苷等挥发油约0.03%，油中主成分为香茅醇、牻牛儿醇，并含橙花醇、丁香酚和苯乙醇等。叶含槲皮素和黄酮苷。

[药用部位]　花蕾或初开放的花。

[功效和应用]　理气、活血、调经功效，用于胃神经官能症、慢性胃炎、胃部胀痛、食道痉挛、轻度扭伤、月经不调、痛经等症。玫瑰花是提取芳香油作为香料和化妆品的原料。

1.2.16　锦鸡儿

[来　源]　豆科植物锦鸡儿 *Caragana sinica*（Buchoz）Rehd.

[分　布]　华东、西南及湖南、湖北、陕西、河南、河北等地。

[成　分]　预试根含生物碱、皂苷等。

[药用部位]　根。

[功效和应用]　具补气血、活血、祛风功效，用于治疗体虚乏力、浮肿、乳汁不足、跌打损伤、风湿关节炎、高血压、月经不调、白带。

1.2.17　望江南

[来　源]　豆科植物望江南 *Cassia occidentalis* L.

[分　布]　华东及广东、广西、台湾、河北。

[成　分]　种子含大黄素甲醚等蒽醌类化合物。根含大黄素、大黄素甲醚、决明蒽醌、大黄酚、α_3-谷甾醇及色素等化合物。叶中含有杜鹃花醇-7-鼠李糖苷、加西定-7-鼠李糖苷。

[药用部位]　种子，根，叶。

[功效和应用]　种子清热明目，健脾，润肠；根祛风湿；叶解毒。种子治疗高血压、肝热目赤、慢性便秘、伤食胃痛、痢疾、哮喘、疟疾等症，根治风湿痛，叶治毒蛇、毒虫咬伤。

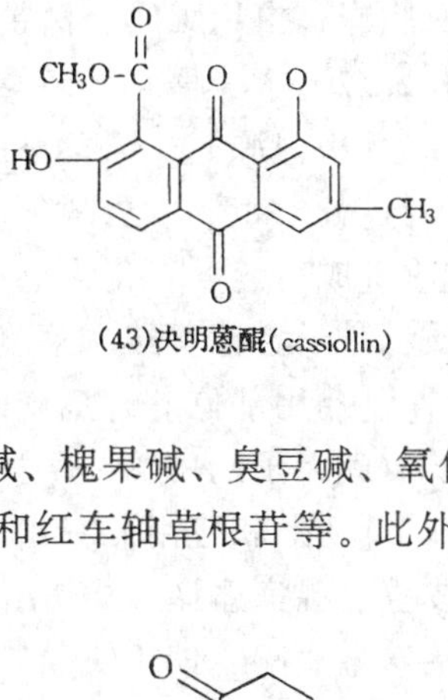

(43)决明蒽醌(cassiollin)

1.2.18　苦　参

[来　源]　豆科植物苦参 *Sophora flavescens* Ait.

[分　布]　全国各地。

[成　分]　根含多种生物碱，有苦参碱、氧化苦参碱、槐醇碱、槐果碱、臭豆碱、氧化槐果碱等。此外，尚含多种黄酮，如苦参素、次苦参素、次苦参醇和红车轴草根苷等。此外，尚含有n-氧化槐果碱和槐定碱[42]。

[药用部位]　根，为常用中药。

[功效和应用]　具清热去湿、祛风杀虫功效。用于急性痢疾、热性病、狂躁、黄疸、头癣、湿疹、滴虫、中耳炎、急慢性肾炎、水肿等症。制剂有苦参片，治急性细菌性痢疾。

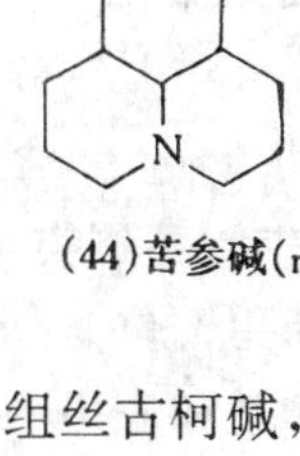

(44)苦参碱(matrine)

1.2.19　古　柯

[来　源]　古柯科植物古柯 *Erythroxylum coca* Lam.

[分　布]　广东、广西有栽培。

[成　分]　叶含多种生物碱，有*l*-古柯碱、桂皮酰古柯碱、α-及β-组丝古柯碱，另含苯甲酰爱康宁、古豆碱、红古豆碱等。

[药用部位] 叶。

[功效和应用] 具有局部麻醉作用，对中枢神经系统有兴奋作用，并具成瘾性。本品为局部麻醉药，并作为提取古柯碱的原料。

(45) 1-古柯碱(1-cocaine)

1.2.20 鸦胆子

[来 源] 黄楝树科植物鸦胆子 *Brucea javanica* (L.) Merr.

[分 布] 广东、福建、广西、台湾以及西南各地。

[成 分] 种子含脂肪油、鸦胆子苦醇、去氢鸦胆子苦素A、B、鸦胆子苷A、B、鸦胆子酮酸、鸦胆辛素。根和果主要含鸦胆子苦素A、B、C、去氢鸦胆子苦素A、B，鸦胆宁、鸦胆他宁。茎皮和茎木质部含少量鸦胆子苦醇和鸦胆子苦素A、B等[43]。

(46)鸦胆子苦醇(brusatol)

[药用部位] 果实。

[功效和应用] 具杀虫、止痢、止疟功效。治阿米巴痢疾、疟疾、早期血吸虫病、鸡眼。

1.2.21 卫 矛

[来 源] 卫矛科植物卫矛 *Euonymus alatus* (Thunb.) Sieb.

[分 布] 长江中下游、吉林等地。

[成 分] 含草乙酸钠、卫矛宁碱、卫矛明碱、雷公藤定碱等生物碱。叶含槲皮素、卫矛醇、表无羁萜醇、无羁萜等。

[药用部位] 枝翅或带翅嫩枝。

[功效和应用] 具破血、止痛、杀虫功效。治闭经、产后瘀血腹痛、虫积腹痛、白带过多、过敏性皮炎等症。

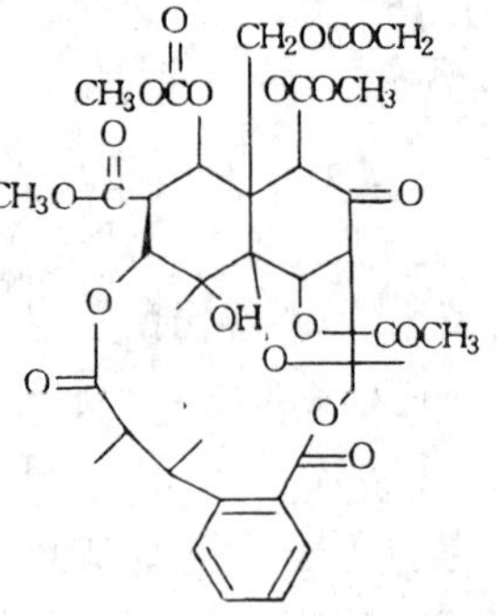

(47)卫矛宁碱(evonine)

1.2.22 木 槿

[来 源] 锦葵科植物木槿 *Hibiscus syriacus* L.

[分 布] 全国各地均有栽培。

[成 分] 花含皂草苷、粘液质等。根皮含鞣质及粘液质。种子含锦葵酸、苹婆酸和二氢苹婆酸。

(48)皂草苷(saponarin)

[药用部位] 茎皮或根皮（川槿皮）、花（白槿花）、果实（朝天子）。

[功效和应用] 川槿皮具杀虫、止痒、止血功效，用于皮癣、湿疮瘙痒、外伤出血等症；花能清热解毒，治痢疾腹泻、湿热白带；果实能清肺化痰，治咳嗽痰喘、偏正头痛。

1.2.23 芫 花

[来 源] 瑞香科植物芫花 *Daphne genkwa* Sieb. et Zucc.

[分 布] 分布于河北、河南、陕西、山东及长江流域各省。

[成 分] 含芫花酯甲、芫花酯乙、芫花酯丙及12-O-苯甲酰基瑞香毒素。根还含芫花苷。花中含黄酮类化合物芫花素、羟基芫花素、芹黄素。

[药用部位] 花蕾（芫花）及根。

[功效和应用] 芫花具逐水、祛痰功效，用于治疗腹水、肾炎水肿、鼻炎、慢性支气管炎。根皮具引产作用，并可治牙疼。根皮捣烂外敷可发泡，全株捣碎可杀天牛等害虫，可毒

鱼。

1.2.24　使君子

［来　源］　使君子科植物使君子 *Quisqualis indica* L.

［分　布］　四川、福建、台湾、广东、广西、江西、湖南、贵州、云南。

［成　分］　种子产油 27%，种子、叶等含使君子酸钾、胡芦巴碱、芦丁等。另外，叶和花含芦丁、缔纹天竺素-3-O-β-D-葡萄糖苷[44]。

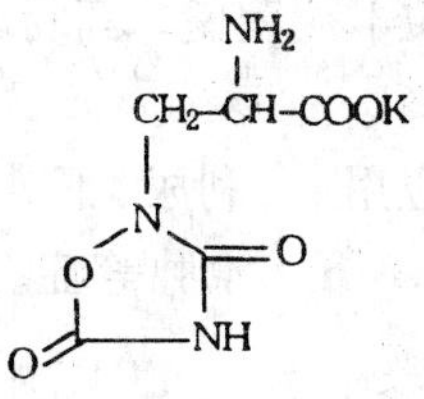

(49)使君子酸钾(potassium quisqualate)

［药用部位］　果实。

［功效和应用］　具杀虫消积功效，用于治疗小儿疳积、蛔虫痛。使君子氨酸为一祛虫药物。原植物可作为装饰、观赏品。

1.2.25　五　加

［来　源］　五加科植物细柱五加 *Acantho panax gracilistylus* W. W. Smith

［分　布］　主产于河南、湖北、湖南、浙江、四川，山东、安徽、江苏、江西、贵州、云南、陕西、甘肃亦产。

［成　分］　根皮含 d-芝麻素、紫丁香苷、异秦皮素葡萄糖苷以及 16α-羟基（—）-贝壳杉-19-酸、谷甾醇、胡萝卜苷、硬脂酸。根皮芳香成分以 4-甲氧基水杨醛为主。

［药用部位］　根皮，药材名为“五加皮（南五加皮）”。

［功效和应用］　具祛风湿、强筋骨功效。用于治疗风湿性关节炎肢体疼痛、麻木、水肿、跌打损伤、外伤骨折等症。叶治皮肤风痒。

1.2.26　刺五加

［来　源］　五加科植物刺五加 *Acanthopanax senticosus*（Rupr. et Maxim.）Harms.

［分　布］　东北及河北、山西。

［成　分］　根、茎含多种苷，如胡萝卜苷、紫丁香苷、刺五加苷 B_1、C、D、E、F 和 G。叶中含多种三萜皂苷，如刺五加苷 I、K、L、M 以及刺五加叶苷 A、B、C、D、E、F，其苷元均为齐墩果酸。叶中还含刺五加苷 B、C_1、C_2、D_2、E、C_3、C_4 和 D_1[45]及刺五加苷 A_1、A_2、A_3、D_3 和 A_4，均为三萜皂苷[46]。

［药用部位］　根皮。

［功效和应用］　临床功效同“南五加皮”。刺五加提取物能增强耐力、反射和精神集中，尤其是长时间竞赛的场合。特别适用于增大运动量的训练，运动员能耐受而不会被伤害。惟一的副作用是偶发的和暂时性的血压升高。有刺五加冲剂和刺五加片生产。前苏联已有刺五加提取物面世。

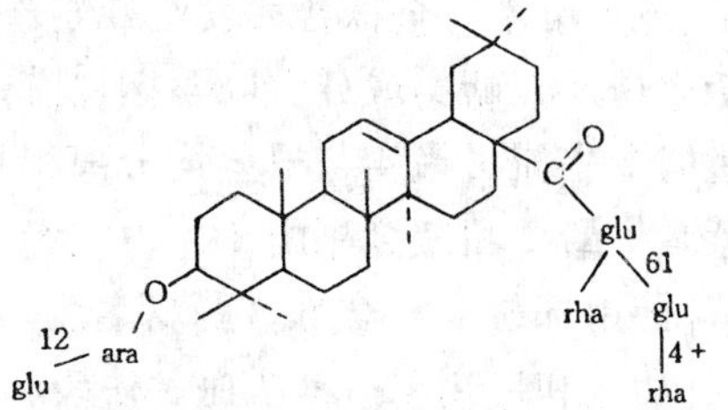

(50)刺五加苷 A_1(ciwujianoside A_1)

1.2.27　通脱木

［来　源］　五加科植物通脱木 *Tetrapanax papyriferus*（Hook. f.）K. koch

［分　布］　主产于四川、广西、云南、贵州、台湾，华东各地亦产。

［成　分］　根含多种齐墩果酸型皂苷，如齐墩果酸-3-［半乳糖基（1→2）］-葡萄糖醛酸

苷、齐墩果酸-3-[阿拉伯呋喃糖基(1→4)]-葡萄糖醛酸苷等[47]。另尚含其他几种皂苷成分，苷元均为齐墩果酸[48]。从叶中分离出4种新的三萜化合物[49]。

[药用部位] 茎髓，药材名为“通草”。

[功效和应用] 利尿、下乳功效，小便癃闭、乳汁不下、水肿等症。

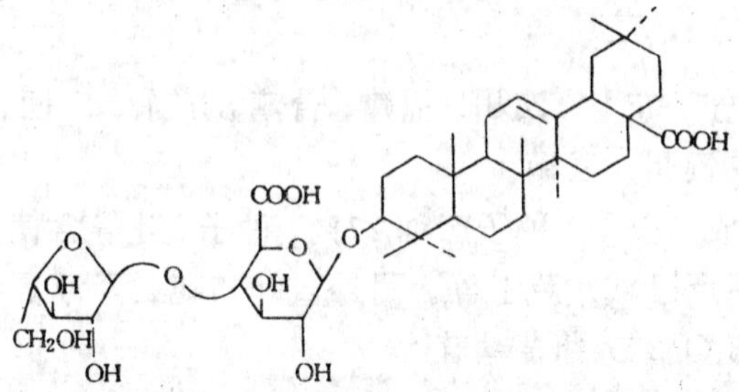

(51)齐墩果酸-3-阿拉伯呋喃糖基(1→4)-葡萄糖醛酸苷

1.2.28 羊踯躅

[来 源] 杜鹃花科植物羊踯躅 *Rhododendron molle* (Bl.) G. Don

[分 布] 长江流域至南部各地。

[成 分] 果实主要含八厘麻毒素。花含梫木毒素、石楠素。叶含杜鹃花毒素，干巴菌酸甲酯。

[药用部位] 花，药材名为“闹羊花”。

[功效和应用] 散瘀消肿、祛湿杀虫、止痛止痒功效。用于风湿性关节炎、跌打损伤、疟疾、疥疮等症。该品全株有毒，历史流传的所谓“蒙汗药”组成之一就是闹羊花，闹羊花浓汁与酒同服，能使人麻醉、丧失知觉。花、茎、叶和根粉是昆虫的触杀剂和胃毒剂，南方各省农村有作农药使用习惯。

1.2.29 百两金

[来 源] 紫金牛科植物百两金 *Ardisia crispa* (Thunb.) A. DC.

[分 布] 中南、西南及江西、浙江、安徽、福建。

[成 分] 根含紫金牛酸甲和乙、岩白菜素、对羟基代苯二甲酮、生物碱($C_{26}H_{34}O_2N$)等。

[药用部位] 根，叶。

[功效和应用] 具清热利咽、舒筋活血功能，用于咽喉痛、扁桃体炎、风湿、骨结核、蛇咬伤等症。岩白菜素为镇咳药。

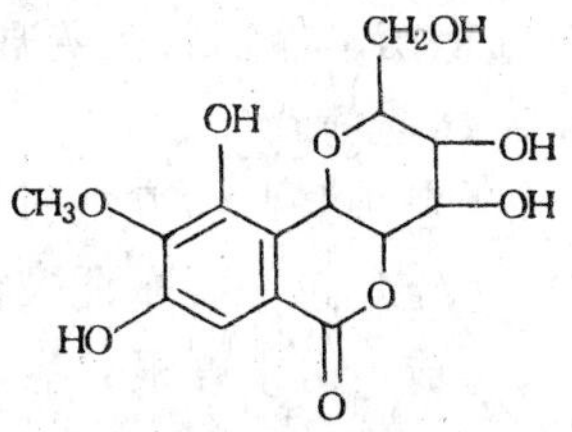

(52)岩白菜素(bergenin)

1.2.30 紫金牛

[来 源] 紫金牛科植物紫金牛 *Ardisia japonica* (thunb.) Blume

[分 布] 长江流域至华南、西南。

[成 分] 全株含挥发油0.1%～0.2%，还有岩白菜素、蒽苷、鞣质、苦味质、羟基苯醌衍生物及三萜类成分。叶含槲皮苷、杨梅树皮苷、岩白菜素和冬青醇。根茎含信筒子醌和微量酸金牛醌。果实与根茎均分离得羟基苯醌衍生物Ⅰ、Ⅱ、Ⅲ的混合物。另从全草中分离出紫金牛酚Ⅰ和紫金牛酚Ⅱ。

[药用部位] 全株，药材名为“平地木”、“矮地茶”等。

[功效和应用] 具活血、祛痰、利尿功效，治慢性气管炎、肺结核、黄疸性肝炎、急性肾炎、小儿疳积、跌打损伤等症。制剂有复方矮地茶冲剂，用于急性及慢性支气管炎、上呼吸道感染、肺炎等。紫金牛酚Ⅰ和Ⅱ是抗结核活性成分。

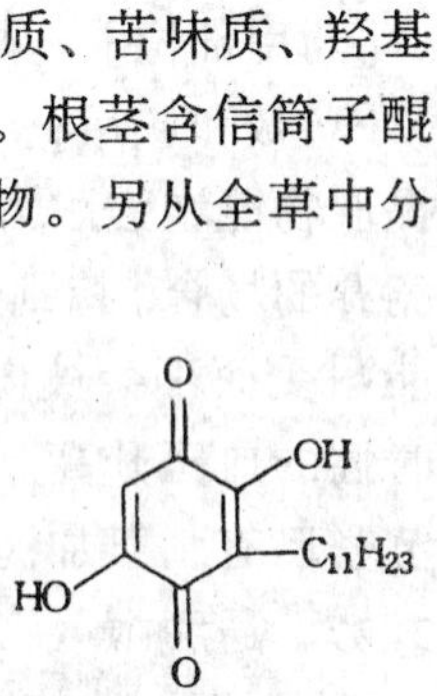

(53)信筒子醌(embelin)

1.2.31 连 翘

[来 源] 木樨科植物连翘 *Forsythia suspensa* (Thunb.) Vahl

［分 布］ 主产于山西、河南、陕西、辽宁、河北、江苏、江西等地。

［成 分］ 成熟果实含连翘酚、连翘脂素和连翘苷、甾醇化合物、熊果酸、白桦酯酸、齐墩果酸、牛蒡子苷元、牛蒡子苷、罗汉松脂素、罗汉松脂酸苷、皂苷及黄酮苷类。叶含连翘苷、连翘脂素、熊果酸、芸香苷[50]。又报道从中分离出 3 个乙酰化三萜成分，为β-香树脂醇乙酸酯、*iso-bauerenyl acetate*，20（s）-*dammar-24-ene*-3β，20-diol-3-*acetate*[51]。

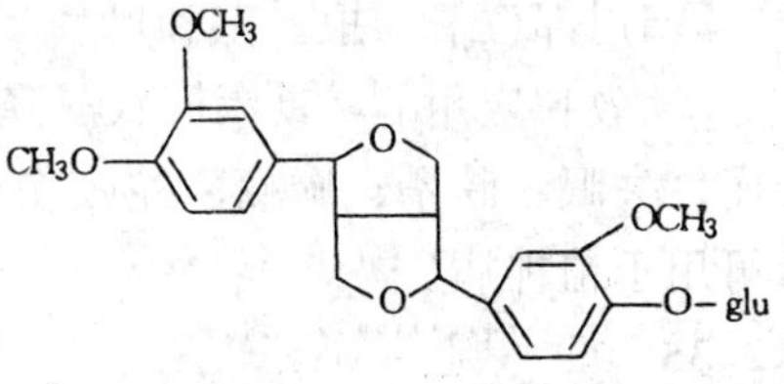

(54)连翘苷(phillyrin)

［药用部位］ 果实，为一常用中药。

［功效和应用］ 具清热解毒、散结排脓功效。治风热感冒、热病烦渴、咽喉肿痛、痈肿、疮疖、颈淋巴结核、小便不利等症。制剂有银翘解毒片。

1.2.32 密蒙花

［来 源］ 马钱科植物密蒙花 *Buddleia officinalis* Maxim.

［分 布］ 陕西、甘肃以及西南和中南各地。

［成 分］ 含刺槐素等多种黄酮类，花穗含碎鱼草苷。

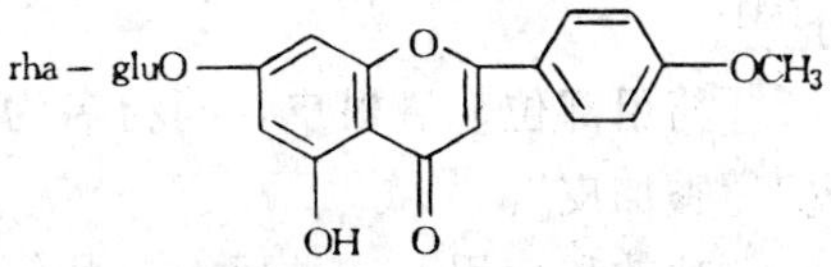

(55)刺槐素(acacetin)

［药用部位］ 花穗或花序。

［功效和应用］ 润肝明目功效，治疗目赤肿痛，多泪、羞明、青盲翳障等症。

1.2.33 夹竹桃

［来 源］ 夹竹桃科植物夹竹桃 *Nerium indicum* Mill.

［分 布］ 我国各地均有栽培。

［成 分］ 富含多种强心苷-夹竹桃苷 A、B、D、G、H、K（odoroside A、B、D、G、H、K），主要存在于叶、茎皮和根中，系由洋地黄苷元、夹竹桃苷元、乌沙苷元、欧夹竹桃苷元、奈利苷元等与不同的糖组成，其中主要有欧夹竹桃丙、葡萄糖尼哥苷、龙胆二糖夹竹桃苷 A 等。此外，还含孕甾烯醇酮苷等甾体化合物以及黄酮、三萜、甾醇等。

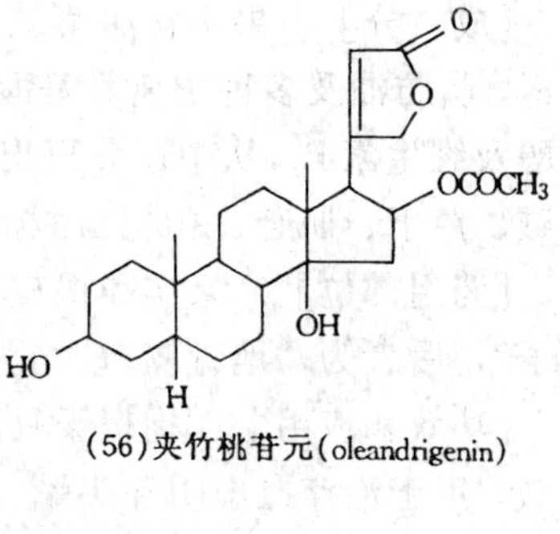

(56)夹竹桃苷元(oleandrigenin)

［药用部位］ 叶。

［功效和应用］ 具强心功效，用于治疗心力衰竭等症。

1.2.34 萝芙木

［来 源］ 夹竹桃科植物萝芙木 *Rauvolfia verticillata*（Lour.）Baill.

［分 布］ 台湾、广东、广西、云南、贵州。

［成 分］ 根含多种生物碱，有利血平、育亨宾碱、毛萝芙木碱、四氢蛇根碱、蛇根次碱、萝芙木碱等，根的总生物碱含量为 1%～2%。木质部含萝芙木碱、育亨宾、维洛斯明碱、霹雳萝芙木辛碱以及β-谷甾醇。叶含马蹄叶碱、维洛斯明碱、佩热克辛碱、蛇根碱、β-香

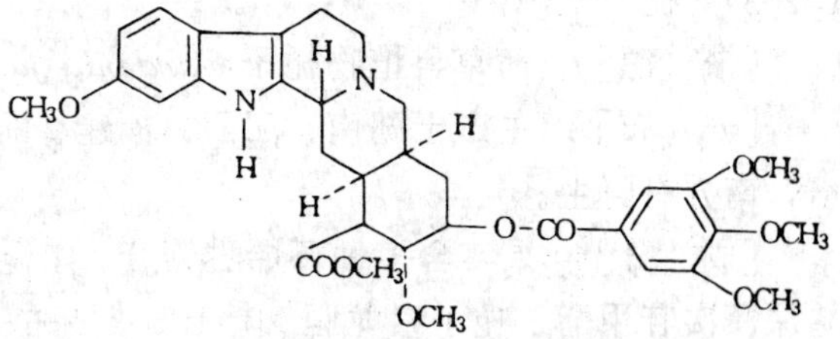

(57)利血平(reserpine)

树脂素乙酸酯、刺槐苷等。

［药用部位］ 根，茎和叶。

［功效和应用］ 具泻肝火、降血压、镇静、散瘀功效，用于治疗高血压及高血压引起的头痛、失眠、眩晕、癫痫、蛇咬伤、跌打损伤。制剂有利血平片，用于早期高血压症，大剂量可用于精神病。

1.2.35 杠 柳

［来 源］ 萝藦科植物杠柳 *Periploca sepium* Bunge

［分 布］ 主产于山西、河南、河北、山东，甘肃、湖南、辽宁，吉林也有分布。

［成 分］ 皮含多种甾体成分，称北五加皮苷或杜柳苷，其中苷G即杜柳毒苷是有毒成分，属于强心苷，而苷E、H_1、H_2、K等属于21碳甾体苷。其苷元有杜柳苷元、Δ^5-孕甾烯3β，20α-二醇和Δ^5-孕甾烯3β，16α，20α-三醇[52]。幼苗中也含有强心苷和香豆素类成分[53]。

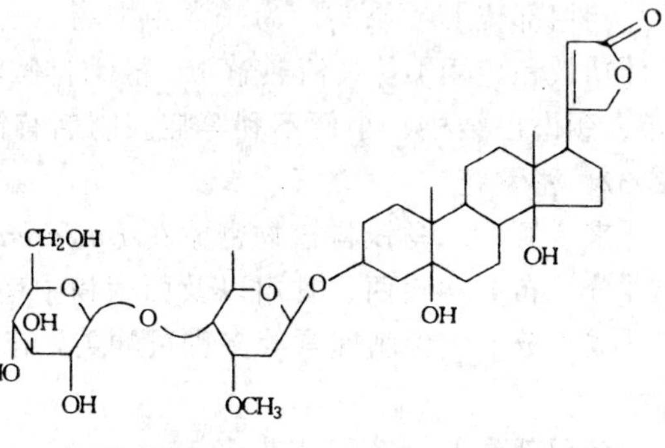

(58)杠柳毒苷(perilocin)

［药用部位］ 根皮，药材名为“北五加皮”“香加皮”。

［功效和应用］ 祛风湿、壮筋骨、消水肿功效，用于风湿筋骨疼痛、脚气拘挛、痿软、水肿小便不利等症。

1.2.36 枸 杞

［来 源］ 茄科植物枸杞 *lycium chinensis* Mill.

［分 布］ 全国大部分地区，主产地为宁夏、甘肃、内蒙古。

［成 分］ 果实含甜菜碱、玉米黄质、酸浆红色素、脂肪油及多种游离氨基酸。根皮含甜菜碱、谷甾醇及维生素B_1，从中还分离出苦柯胺A[54]。叶含甜菜碱、芦丁、肌苷、枸杞甾酮A、B。

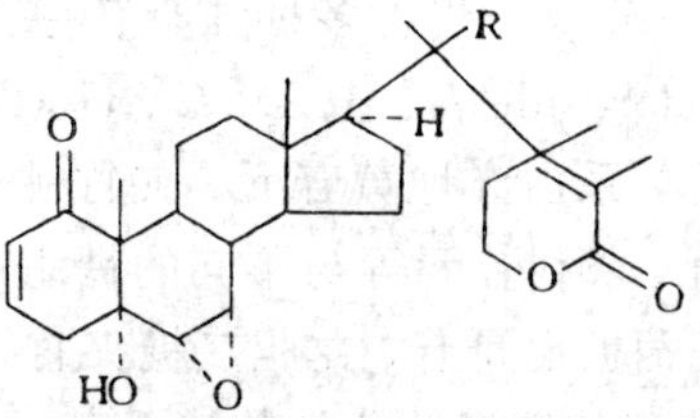

(59)R＝OH 枸杞甾酮 A
(60)R＝H 枸杞甾酮 B (lyciumsubstance A、B)

［药用部位］ 果实和根皮，前者药材名为“枸杞子”，后者为“地骨皮”，均为常用中药。

［功效和应用］ 枸杞子具滋肾补血、养肝明目功效，用于治疗血虚阴亏头晕、目花、腰脊酸痛、阳痿、视力模糊、糖尿病、肺结核等症。地骨皮具清热凉血、退虚热功效，用于治疗阴虚骨蒸潮热、夜间低热持久不退、肺热咳嗽气急、吐血、尿血等症。

1.2.37 栀 子

［来 源］ 茜草科植物栀子 *Gardenia jasminoides* Ellis

［分 布］ 主产于湖南、江西、福建、浙江、安徽、四川、湖北，全国大部分地区有栽培，南方有野生。

［成 分］ 果实含多种环烯醚萜苷，如栀子苷、去羟栀子苷、栀子新苷、去羟栀子酮苷、鸡屎藤次苷甲酯、栀子素龙胆二糖苷、熊果酸及栀子黄色素等。

［药用部位］ 果实，为常用中药。

［功效和应用］　具清热泻火功效，用于治疗感冒发热、烦燥失眠、肺热咳嗽、黄疸肝炎、发热、吐血、疮疡肿毒、外伤肿痛等症。栀子中的栀子黄色素是食品工业中广泛应用的天然食用色素，用量较大，已有一些厂家生产。

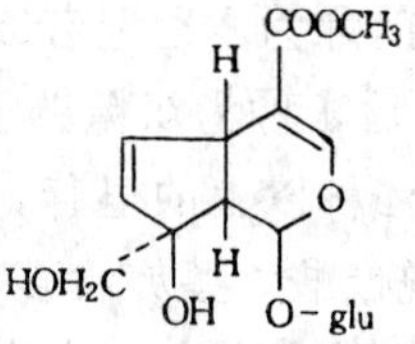

(61)栀子苷(gardenoside)

1.2.38　钩　藤

［来　源］　茜草科植物钩藤 *Uncaria rhynchophylla*（Miq.）Jacks.

［分　布］　四川、云南、广东、广西、湖南、福建、陕西、甘肃等省（区）。

［成　分］　钩藤中的主要活性成分为生物碱，茎、根含钩藤碱、异钩藤碱、去氢钩藤碱、异去氢钩藤碱等。从叶中还分出牛眼马钱亭、牛眼马钱灵和牛眼马钱定。还从该植物中分离出两个微量新生物碱——缝籽木任碱甲醚和阿枯米精[55]。双氢柯楠因能明显降低清醒和麻醉大鼠的血压[56]。

［药用部位］　带钩茎枝，为常用中药。

［功效和应用］　具清热平肝、镇痉熄风功效，用于治疗小儿高热惊风、高血压头晕、目眩、神经性头痛、风湿性关节痛、坐骨神经痛等症。

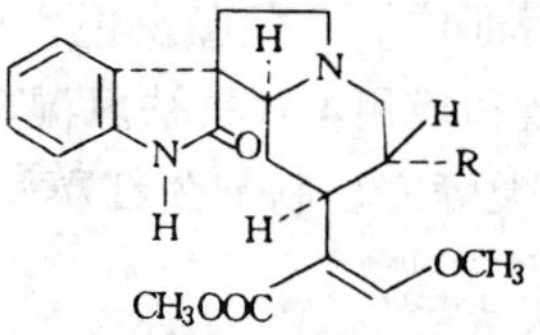

(62) R = CH_2CH_3，钩藤碱(rhynchophylline)
(63) R = $CH=CH_2$，去氢钩藤碱(corynoxeine)

1.2.39　忍　冬

［来　源］　忍冬科植物忍冬 *Lonicera japonica* Thunb.

［分　布］　主产河南、山东，全国大部分地区均有分布。

［成　分］　花含木犀草素、皂苷、肌醇、绿原酸、挥发油。叶含忍冬苷、忍冬素、番木鳖苷及鞣质。

［药用部位］　花蕾和带叶茎藤，前者为常用中药“金银花”，后者为“忍冬藤”。

［功效和应用］　具清热解毒功效，用于治疗风热感冒，咽喉肿痛、腮腺炎、菌痢、肠炎、痈肿疮疖等症。制剂有银黄片和金银花露。并有金银花茶和金银花浴剂面市。

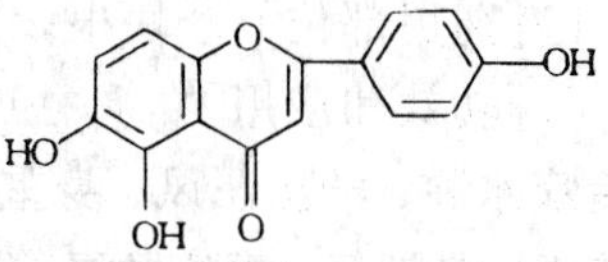

(64)忍冬素(loniceraflavone)

1.2.40　光菝葜

［来　源］　百合科植物光叶菝葜 *Smilax glabra* Roxb.

［分　布］　华东、中南、西南及陕西、甘肃、山西。

［成　分］　根茎含多种甾体皂苷、生物碱、挥发油等成分。

［药用部位］　块茎，药材名为“土茯苓”。

［功效和应用］　具祛风湿、强筋骨、解毒功效。用于治疗风湿性关节炎、消化不良、腹泻、皮炎、疮疡肿毒、肾炎、钩端螺旋体病。

1.3　藤本类林产药材

1.3.1　木　通

［来　源］　木通科植物木通 *Akebia quinata*（Thunb.）Decne.

［产地和生境］　中南及浙江、江苏、安徽、河南、四川、云南，生于山坡、山沟杂林中。

［成　分］　含多种三萜皂苷，皂苷元为常春藤皂苷元和齐墩果酸。从种子中分出7种单

体皂苷，称为木通皂苷 A、B、C、D、E、F、G，前 3 种为单糖链皂苷，后 4 种为双糖链皂苷。新鲜果皮中皂苷含量更高，并含有 14 种以上的皂苷，苷元为常春藤皂苷元，齐墩果酸及阿江榄仁酸。茎亦含多种木通皂苷及甾醇类化合物。

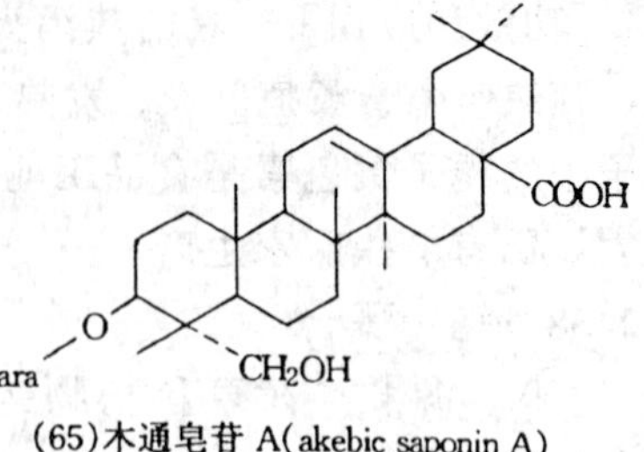

(65)木通皂苷 A(akebic saponin A)

［药用部位］ 茎藤。

［功效和应用］ 具泻火行水、通血脉功效。用于治疗尿路感染、小便不利、乳汁不通、口舌生疮、心烦不眠、闭经等症。

1.3.2 大红藤

［来 源］ 大血藤科植物大血藤 *Sargentodoxa cuneata* (Oliv.) Rehd. et Wils.

［产地和生境］ 华东、中南及西南，陕西亦产。生于山坡疏林、溪边。

［成 分］ 茎含鞣质约 7%。

［药用部位］ 茎藤及根。

［功效和应用］ 具祛风湿、通经络、活血功效。用于治疗风湿痛、麻木拘挛、经闭腹痛、急性阑尾炎等症。制剂为红藤片（661 片）治急性单纯性和化脓性阑尾炎。

1.3.3 防 己

［来 源］ 防已科植物石蟾蜍 *Stephania tetrandra* S. Moore

［产地和生境］ 浙江、安徽南部、湖北、江西、福建、广东、广西、台湾。生于山坡、丘陵的草丛及林缘，以石灰岩山地生长最好。

［成 分］ 含粉防已碱、防已诺林碱、轮环藤酚碱、防已菲碱、2-N-甲基粉防已碱、粉防已碱的二氯甲烷加成物、软脂酸和 β-谷甾醇等。从地上部分分离得到 11 种单体成分，其中有防已双黄酮甲、乙及防已碱等化合物。

［药用部位］ 块根，为常用中药。

［功效和应用］ 具祛风除湿、利水消肿功效。治疗水肿、汗出恶风、身重、小便不利、风湿性关节炎、湿脚气、痈疮肿毒等症。制剂有汉防已甲素片和汉防已甲注射液，用于治疗风湿痛、关节痛及神经痛。

(66)粉防已碱(tetrandrine)

粉防已碱有镇痛、抗炎、降压、抗肿瘤作用，并用于治疗矽肺，甲基化产物“汉肌松”为横纹肌松弛剂。

1.3.4 五味子

［来 源］ 木兰科植物五味子（北五味子）*Schisandra chinensis* (TurCZ.) Baill.

［产地和生境］ 主产于东北、华北及陕西、甘肃。生于半阴湿的山沟、灌木丛中。

［成 分］ 果实和成熟的果皮含有木脂素约 5%左右，为本品的有效成分，另含挥发油。种子含多种木脂体类成分，主要有五味子甲素、五味子乙素、五味子丙素、五味子醇乙、五味子酯

(67) $R=CH_3, R_1=H$，五味子甲素（deoxyschizandrin）
(68) $R=CH_3, R_1=OH$，五味子乙素（r－schizandrin）

甲、五味子酯乙等 20 余种成分[57]。

［药用部位］　果实，为常用中药。

［功效和应用］　具敛肺、滋肾、生津、收涩功效。用于治疗肺虚喘咳、体虚多汗、口干、脉弱，神经性衰弱、失眠、遗精、阳痿、慢性肝炎等症。制剂有“五仁醇”，已用于临床，治疗肝炎疾患。另有五味子冲剂和人参五味子糖浆面世。

1.3.5　南蛇藤

［来　源］　卫矛科植物南蛇藤 *Celastrus orbiculatus* Thunb.

［产地和生境］　东北、华北、华东及湖北、陕西、甘肃。生于山坡、丘陵、山沟或灌丛中。

［成　分］　叶含卫矛醇和多种黄酮苷成分，从种子油的碱性水解产物中分离得到 2 种倍半萜醇酯南蛇藤三醇和异南蛇藤三醇。从果实的石油醚溶解部位分得 4 个倍半萜内酯化合物。从其根皮中分离出两种新的倍半萜成分从种子中分得 10 多个倍半萜，均属于 β-二氢沉香呋喃型倍半萜。[58][59]

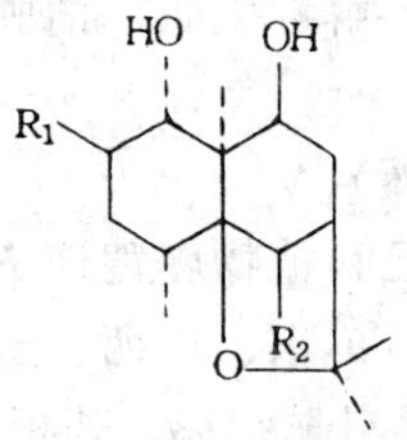

(69) R_1 = H, R_2 = OH, 南蛇藤三醇(celorbicol)
(70) R_1 = α-OH, R_2 = H, 异南蛇藤三醇(isocelorbicol)

［药用部位］　全株。

［功效和应用］　具安神解郁、活血止痛功效。用于治疗神经衰弱失眠、头痛、心烦不安、外伤、关节痛、毒蛇咬伤、痈肿等症。该植物是我国民间的低毒杀虫剂。

1.3.6　络　石

［来　源］　夹竹桃科植物络石 *Trachelospermum jasminoides* （Lindl.） Lem.

［产地和生境］　我国南北各地。生于山野、荒地，常攀援于石上，墙上或其他植物上。

［成　分］　含生物碱、糖醇橡胶肌醇、木脂素苷、牛蒡苷、络石糖苷、去甲络石苷、穗罗汉松树酯酚苷、黄酮苷 1，3-二甲基肌醇和三萜化合物。

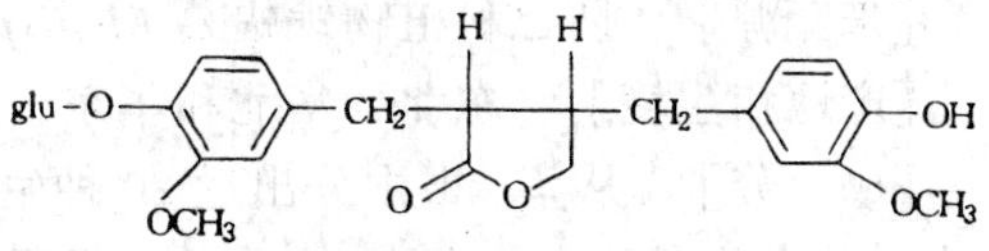

(71)牛蒡苷(arctiin)

［药用部位］　带叶茎藤，药材名为“络石藤”。

［功效和应用］　具祛风湿、凉血通络功效。用于治疗风湿关节酸痛、跌打损伤、喉痹、痈肿、外伤出血等症。

1.3.7　巴戟天

［来　源］　茜草科植物巴戟 *Morinda officinalis* How.

［产地和生境］　主产于广东、广西，福建也有分布。生于山谷、溪边或林下。

［成　分］　含 β-谷甾醇、2-甲基蒽醌、甲基异茜草素-1-甲醚和 24-乙基胆甾醇等 16 种单体成分[60]。

［药用部位］　根，为常用中药。

［功效和应用］　具补肾阳、强筋骨功效，用于神经衰弱、阳痿、遗精、腰背冷痛、腿膝无力、体虚小便频数。制剂有巴戟天药酒，用于补肾阳和壮筋骨。

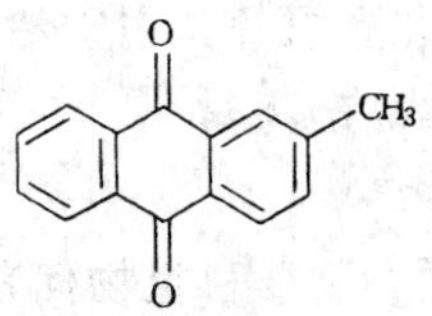

(72) 2-甲基蒽醌(2-methyl-anthraquinone)

1.3.8 木鳖子

［来 源］ 葫芦科植物木鳖 *Momordica cochinchinensis* (Lour.) Spreng.

［产地和生境］ 分布于江西、浙江、湖南、广东、广西、四川等省（区）。生于山坡林下或灌木丛中，有栽培。

［成 分］ 种子含多种皂苷，其皂苷元为木鳖子酸，即三萜烯苦瓜酸和丝石竹皂苷元，两者为同分异构体。根含木鳖子苷，苷元是齐墩果酸、α-菠甾醇、木香醇。茎皮含生物碱。

(73)木鳖子酸(momoxdic acid)

［药用部位］ 种子。

［功效和应用］ 解毒生肌、消肿止痛功效。用于治疗化脓性炎症、乳腺炎、淋巴结核、痔疮等症。

1.3.9 天仙藤（黄藤）

［来 源］ 防己科植物藤黄连 *Fibraurea recisa* Pierre

［产地和生境］ 广东、广西、云南。生于山谷密林中。

［成 分］ 含掌叶防己碱、药根碱、小檗碱、黄藤素甲、黄藤素乙、黄藤内酯等化合物。

［药用部位］ 根茎、根，茎和叶。

［功效和应用］ 具清热解毒、利尿功效。治疗急性扁桃体炎、咽喉炎、结膜炎、黄疸、热痢等。根、根茎细粉制备软膏（5%）用于外敷消炎。

黄藤含掌叶防己碱约3%，经氢化后得延胡索乙素，故黄藤可作为生产延胡索乙素原料。

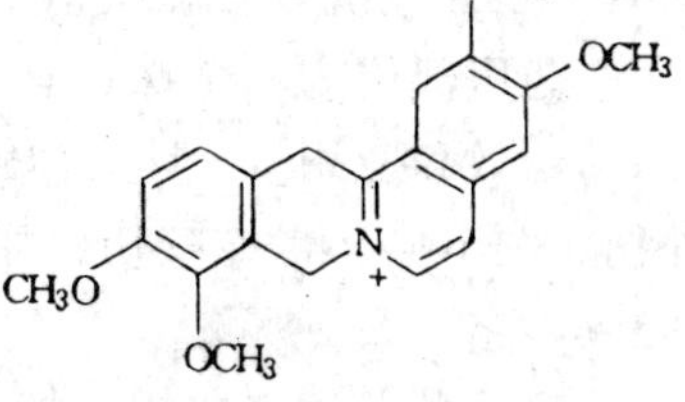

(74)掌叶防己碱(palmatine)

1.3.10 北豆根

［来 源］ 防己科植物蝙蝠葛 *Menispermum dauricum* DC.

［产地和生境］ 东北、华北和华东。生于山地灌木丛中，或攀援于岩石上。

［成 分］ 从茎、根中分出近20种生物碱，根茎中含总生物碱约1%以上，其中以蝙蝠葛碱和蝙蝠葛任碱含量较多[61]。从不同地区产的北豆根中，分离得到双苄基四氢异喹啉类生物碱：蝙蝠葛碱、蝙蝠葛诺林碱、蝙蝠葛新诺林碱、蝙蝠葛苏林碱、蝙蝠葛可林碱、蝙蝠葛新林碱[62]；另含2种季铵生物碱，7种氧化阿朴啡类生物碱[63]，及其他类型生物碱。

(75)蝙蝠葛碱(dauricine)

［药用部位］ 根茎。

［功效和应用］ 清热解毒、消肿止痛功效。治疗咽喉肿痛、口腔炎、肺炎、支气管炎、肠炎、痢疾等症。

制剂有北豆根片，用于治疗咽喉炎等症。

1.4 草本类林产药材

1.4.1 何首乌

［来 源］ 蓼科植物何首乌 *Polygonum multiflorum* Thunb.

［产地和生境］ 主产于河南、湖南、湖北、贵州、四川、华东及广东、广西。生于灌丛、

山脚阴处或石隙中。

［成 分］ 块根主含大黄素、大黄酚、大黄素甲醚、大黄酸、大黄酚蒽酮、食用大黄苷及卵磷脂、二苯乙烯衍生物、2、3、5、4′-四羟基芪-2-O-β-D-葡萄糖苷。

［药用部位］ 块根，为常用中药。

［功效和应用］ 何首乌炮制前后药效和作用不同。鲜、干首乌通便、解毒，消痈肿；制首乌补肝肾、益精血。鲜、干首乌用于治疗产后及老人便秘、疮疖、瘰疬、疥癣、湿疹等症。制何首乌用于治疗血虚头晕、心悸、失眠、遗精、带下、体虚头晕、眼花、气血虚弱等症。还有降低血清胆固醇的作用。

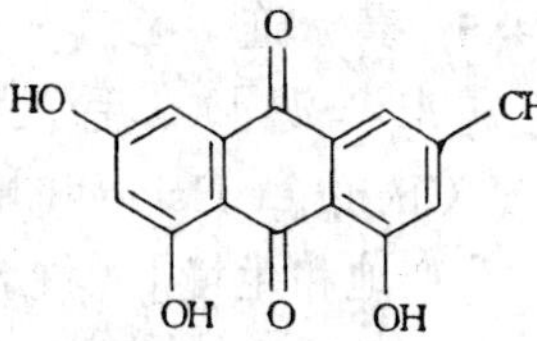

(76)大黄素(emodin)

1.4.2 商 陆

［来 源］ 商陆科植物商陆 *Phytolacca acinosa* Roxb.

［产地和生境］ 主产于河南、湖北、安徽、陕西，我国大部分地区有分布。生于水边、林下。

［成 分］ 根含多种皂苷，主要为商陆皂苷 E，水解得到商陆二酸及 D-木糖和 D-葡萄糖。根还分得去甲商陆皂苷元、加里高酸及抗真菌活性的蛋白，结构为不含糖而高含半胱氨酸、分子量小于 200KD 的单肽链蛋白[64]。果实含皂苷，皂苷元也为加里高酸及商陆二酸、斯普古拉杰酸。干叶中得商陆皂苷元及商陆种苷元[65]。

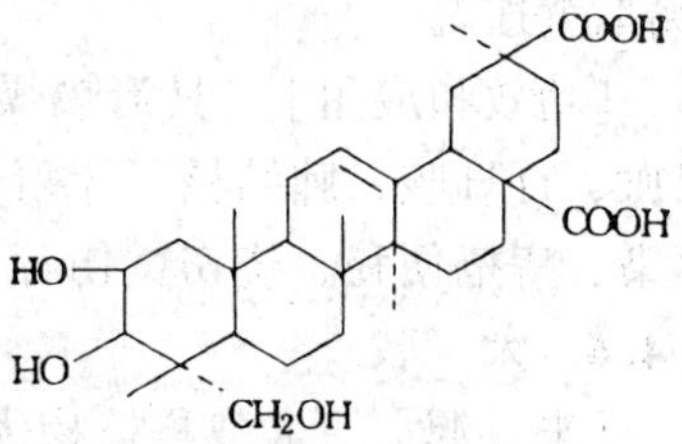

(77)加里高酸(jaligonicacid)

［药用部位］ 根，为常用中药。

［功效和应用］ 具通二便、泻水功效，用于治疗水肿胀满、喉痹不通、恶疮、脚癣等症。

1.4.3 孩儿参

［来 源］ 石竹科植物异叶假繁缕 *Pseudostellaria heterophylla* (Miq.) Pax ex Pax et Hoffm.

［产地和生境］ 主产于江苏、山东、安徽、河南、河北、辽宁，吉林也有分布。生于林下肥沃阴湿地或阴湿山坡石缝中。

［成 分］ 根含棕榈酸、山嵛酸、太子参环肽 A、B。α-吡咯甲酸、β-谷甾醇及蔗糖[66]。

［药用部位］ 块根，药材名又称“太子参”。

［功效和应用］ 具补气养血、健脾生津功效，用于病后或慢性病者身体虚弱、疲倦乏力、食欲不振、肺虚喘咳、津液不足、口渴尿多等症。

1.4.4 升 麻

［来 源］ 毛茛科植物升麻 *Cimicifuga foetida* L.，大三叶升麻 *C. heracleifolia* Komar. 及兴安升麻 *C. dahurica* (TurCZ.) Maxim.

［产地和生境］ 主产于四川、陕西、青海、云南，贵州、河南、山西亦产。多生于林下、灌木丛中。

［成 分］ 含阿魏酸、异阿魏酸、咖啡酸及升麻苷等化合物。从兴安升麻中还分离出黄色素 Ⅰ 和 Ⅱ，Ⅰ 为 (E)-3-(3′-甲基-2′-丁烯叉)-2-吲哚酮，Ⅱ 为 (2)-3-(3′-甲基-2′-丁烯叉)-2-吲哚酮[67]。

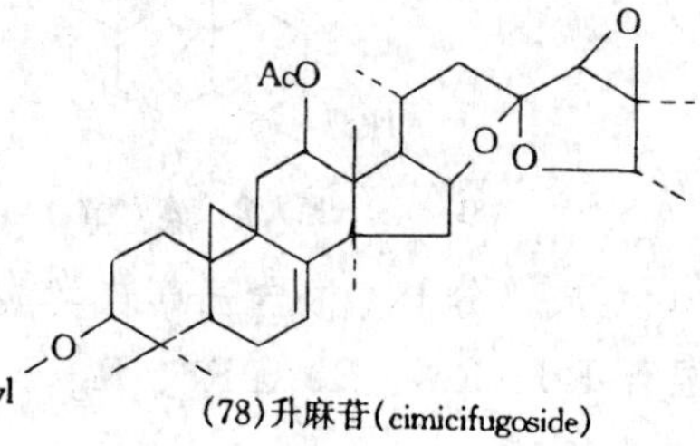

(78)升麻苷(cimicifugoside)

[药用部位] 根茎，为常用中药。

[功效和应用] 具发表透疹、清热解毒、升提功效。用于治疗麻疹初起，透发不畅、牙龈肿痛糜烂、急性咽炎、气虚脱肛、子宫脱垂等症。

1.4.5 黄 连

[来 源] 毛茛科植物黄连 *Coptis chinensis* Franch.，三角叶黄连 *C. deltoides* C. Y. Cheng et Hsiao 和峨眉野连 *C. omeiensis* (Chen) C. Y. Cheng.

[产地和生境] 主产于四川、湖北、贵州，陕西亦产。生长于海拔 1 500～1 800m 的山区。

[成 分] 根茎含多种异喹啉类生物碱：小檗碱、黄连碱、甲基黄连碱、巴马汀、药根碱、木兰碱、表小檗碱等生物碱；酚性成分有阿魏酸、氯原酸等。须根中含小檗碱 6%左右，叶含小檗碱 1.4%～2.8%。

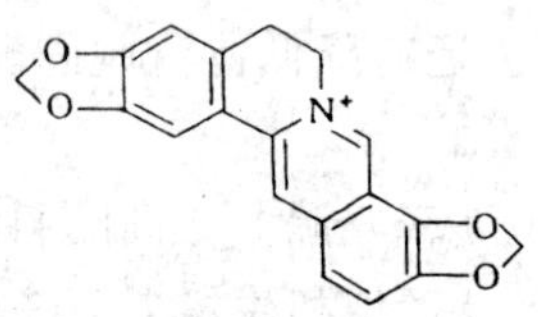
(79)黄连碱(berberine)

[药用部位] 根茎，为最常用中药之一。药材名为“味连”、“鸡瓜黄连”。

[功效和应用] 具清热燥湿、泻火解毒功效，用于治疗肠胃湿热泄泻、痢疾、热病狂燥、吐血、百日咳、肺结核、牙疳、口舌溃烂疼痛、眼结膜炎、化脓性中耳炎、疖痈肿毒、化脓感染、痔疮便秘、烧伤烫伤等症。

1.4.6 大 戟

[来 源] 大戟科植物大戟 *Euphorbia pekinensis* Rupr.

[产地和生境] 我国南北各地。生于山坡林下或路旁。

[成 分] 根含京大戟苷，由大戟苷元和 D-葡萄糖、L-阿拉伯糖缩合而成，另含大戟酸、大戟醇及树脂等。根皮含3种色素：大戟色素 A、B 及 C。

(80) r－大戟甾醇(r－euphorbol, euphol)

[药用部位] 根，为最常用中药之一。药材名为“京大戟”。

[功效和应用] 具逐水通便功效，用于治疗水肿胀满、血吸虫病肝硬化腹水等症。大戟醇具降压活性[68]。

1.4.7 人 参

[来 源] 五加科植物人参 *Panax ginseng* C. A. Mey

[产地和生境] 主产于东北。生于深山阴湿林下。

(81)20(s)－原人参二醇 (20(s)－protopanaxadiol)

(82)20(s)－原人参三酮(20(s)－protopanaxatriol)

[成 分] 根含三萜苷类成分，已经从白参和红参中分离并鉴定有29种皂苷，如人参皂苷-Ro、Ra_1、Rb_1、Rc、Rg_1、Rs_1 等[69,70]。其三萜苷类按其苷元的结构，可分为 20 (s) -

原人参二醇、20（s）-原人参三醇及齐墩果酸类。从人参的低极性部位检出人参炔醇、人参醚醇、β-谷甾醇、豆甾醇、菜油甾醇等化合物。[71]从人参水溶性部分还分离出酸性酞类成分。人参中还含有挥发油、有机酸及 10 余种氨基酸。

［药用部位］　根，为最常用中药。

［功效和应用］　具补气固脱、生津安神功效，用于治疗虚脱、脾胃虚弱、食欲不振、肺虚咳喘、心血虚弱失眠、心悸、自汗等症。制剂有人参精、人参片、人参皂苷片及人参蜂王浆、人参败毒散、参苓白术散等。

1.4.8　三　七

［来　源］　五加科植物三七 *Panax notoginseng*（Burk.）F. H. Chen.

［产地和生境］　产于江西、湖北、广西、四川、云南等地。生长于野山山坡丛林下。

［成　分］　含总皂苷约 12%，主要为人参皂苷 Rb_1、Rg_1、Rg_2，并含少量 Ra、Rb_2、Rd、Re、Rc，含量低于人参，不含人参皂苷 Ro；总皂苷水解后主要得人参三醇，其次为人参二醇。另含三七皂苷 R_1、R_2 及三七皂苷 D_1、C_3、D_2、E_2，以及三七黄酮 B、槲皮素、β-胡萝卜苷等。花蕾中含人参皂苷 F_2、Rd、Rc、Rb_1、Rb_2[72]；从根中还分离出田七氨酸，并具止血活性[73]。

［药用部位］　根，为常用中药。药材名为“人参三七”“田七”。

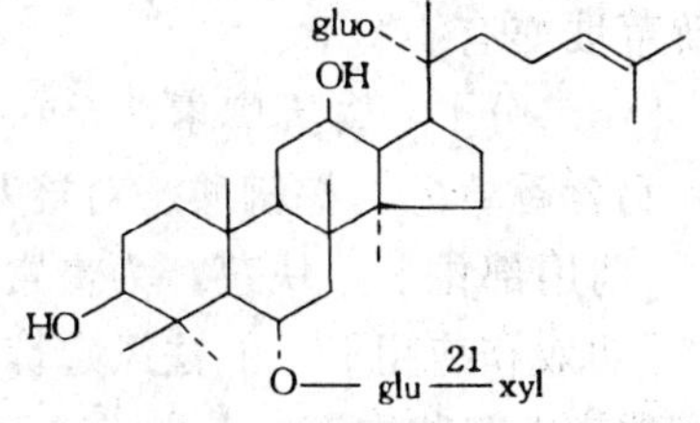

(83)三七皂苷 R_1(notoginsenoside R_1)

［功效和应用］　具活血止血、祛瘀止痛功效，用于治疗咳血、吐血、便血、尿血、鼻血、子宫出血、跌打损伤、无名肿痛等症。

制剂有三七片和花粉田七口服液，前者用于治疗冠心病、心绞痛等症，后者具滋补、健身和治疗作用，用于增强记忆力，恢复疲劳和增加抵抗力作用。

1.4.9　当　归

［来　源］　伞形科植物当归 *Angelica sinensis*（Oliv.）Diels

［产地和生境］　主产于甘肃、云南、四川，青海、陕西、湖南、湖北，贵州也产。生于高寒多雨山区，现多栽培。

［成　分］　主要含挥发油和水溶性成分。挥发油含量 0.4%，油中含 29 种以上化合物，其中正丁烯酞内酯有特殊香气，藁本内酯在油中含量约 45%，为油中主要成分。另有邻羧基苯正戊酮、$\Delta^{2,4}$-二氢邻苯二甲酸酐、倍半萜类化合物等。

［药用部位］　根，为常用中药。

［功效和应用］　具补血、活血、调经、润肠作用。用于治疗血虚月经不调、崩漏、血滞经闭、经期腹痛、子宫脱垂、经络不利、风湿痛、痈疽疮疡、慢性化脓性颌窦炎、肠燥便秘、脱发等症。制剂有复方当归注射液等。

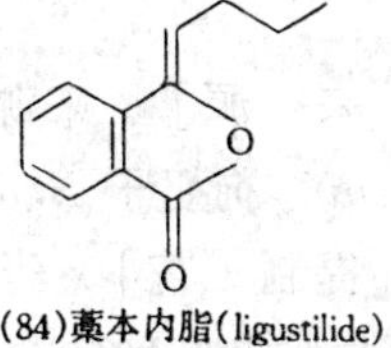

(84)藁本内脂(ligustilide)

1.4.10　过路黄

［来　源］　报春花科植物过路黄 *Lysimachia christinae* Hance

［产地和生境］　西南、中南及华东。生于林缘、沟边和路旁。

［成　分］　全草含酚性成分、黄酮类、鞣质、甾醇、挥发油、胆碱、氨基酸等。

［药用部位］　全草，为常用中药。

［功效和应用］ 具利尿排石、消热解毒功效，用于治疗肾及膀胱结石、胆结石、跌打损伤、腹水肿胀、黄疸型肝炎等症。

1.4.11 半 夏

［来 源］ 天南星科植物半夏 *Pinellia ternate*（Thunb.）Breit.

［产地和生境］ 全国大部分地区约有分布，生长于山坡草地、田埂、河边及树林下。

［成 分］ 含β-与r-氨基丁酸、天门冬氨酸等多种氨基酸、*l*-麻黄碱、胡萝卜苷、尿黑酸及其葡萄糖苷、胆碱、三萜类化合物等。近还分离出一种结晶性蛋白质-半夏蛋白Ⅰ。

［药用部位］ 块茎，为常用中药。

［功效和应用］ 具祛痰、镇咳、止呕、消肿功效。用于咳嗽痰多、慢性支气管炎、神经性呕吐、妊娠呕吐或其他各种原因的恶心呕吐和眩晕等症。

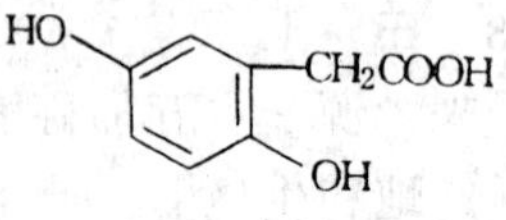

(85)尿黑酸(homogentisic acid)

1.4.12 天 麻

［来 源］ 兰科植物天麻 *Gastrodia elata* Bl.

［产地和生境］ 主产于四川、云南、贵州、湖北、陕西等地。生于湿润的林下，向阳灌丛及草坡亦有。

［成 分］ 含天麻素、天麻苷元、派立辛、天麻醚苷。天麻醚苷水解得天麻苷及天麻苷元；另含香草醇、棕榈酸、对羟基苯甲醛等[74]。

［药用部位］ 块茎，为最常用中药之一。

［功效和应用］ 能祛风定惊。用于头昏、眼花、语言蹇涩、风寒湿痹、四肢拘挛、小儿惊风等症。制剂有天麻片、天麻苷片。天麻苷现已人工合成。

(86)天麻苷(gastrodin)

2 林产原料药物

2.1 黄连素

［结 构］ 黄连素（Berberine）结构如下：

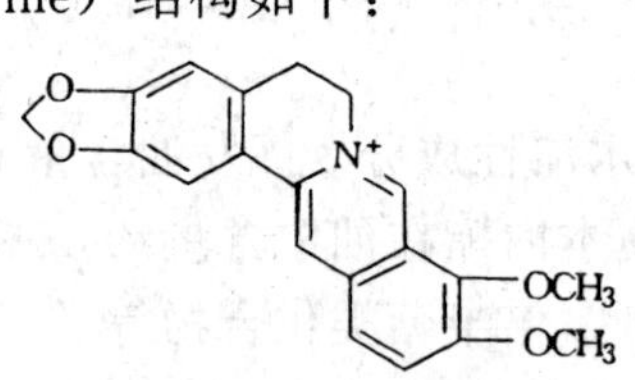

(87)黄连素(berberine)

［来 源］ 来源较广，大约有4科10个属内发现有小檗碱，如三颗针 *Berberis julianae Schneid*；狗奶子 *B. amurense* Rupr.；华南木大功劳 *Mahonia japonica* DC. 等。

［提制工艺］ 药材原料碎片用0.3%H_2SO_4渗漉，渗漉液加石灰乳调至pH值10～12，过滤，滤液加浓HCl至pH值1～2，再加食盐达6%～10%，放置，析出沉淀。加约50倍水煮沸沉淀近溶解，趁热过滤，滤液冷却、放置、结晶，用少量水洗至中性，抽干，80℃以下干燥，得盐酸黄连素。

［性质和用途］ 黄连素有较好的抗菌作用，对菌痢、百日咳、猩红热、小儿肺炎、各种急性化脓性感染、急性外眼炎症以及化脓性中耳炎等症有效。供药用的多为小檗碱的盐酸盐，但其枸橼酸盐，硫酸盐也常供药用。

近期，日本研究发现黄连素可以阻断促癌物质对具有潜在发生癌变细胞的作用，从而使这种细胞不能进一步转变为真正的癌细胞，起到防癌的效果。另黄连素不仅有抗心律失常、降血糖、血脂的药理作用，而且具有极好的降压效果。

黄连素在临床上用量很大，除部分从植物中提取外，已人工合成成功黄连素，以满足需要。最近，国内已研制出无味黄连素，并已投产。

2.2　颅痛定

［结　构］　颅痛定（Rotundine）结构如下：

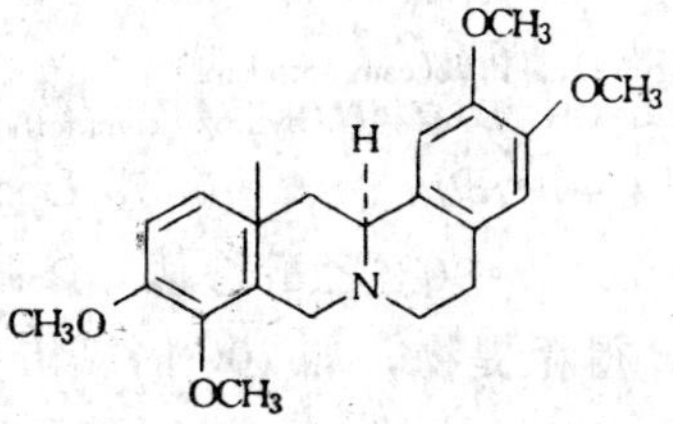

(88)颅痛定(rotundine)

［来　源］　防已科千金藤属华千金藤 *Stephanla sinica* Diels 和圆叶千金藤 *S. rotunda* Lour. 的块根。

［提制工艺］　药料粗粉用含 0.5%H_2SO_4 的 80%乙醇湿润、浸泡，提取 3 次，合并提取液，调 pH 值 6～7，回收乙醇，至糖浆状。放置，过滤，取滤液，并将沉淀弃去。滤液用氨水调成碱性，静置、过滤、弃去滤液，沉淀即为颅痛定粗品。将粗品用 10 倍量 0.5NH_2SO_4 加热溶解，过滤，不溶物用热蒸馏水洗涤，水洗液与滤液合并，弃去残渣。滤液用氨水调成碱性至无沉淀物生成为止，然后加入氯仿，使沉淀全部溶解，弃去水层，将氯仿层液回收，得颅痛定。

［性质和用途］　颅痛定具有镇痛、镇静、镇痉及安眠等作用。适用于胃及十二指肠溃疡的疼痛、神经性胃痛、经痛、紧张性失眠、痉挛性咳嗽等。

2.3　齐墩果酸

［结　构］　齐墩果酸（Oleanolic acid）结构如下：

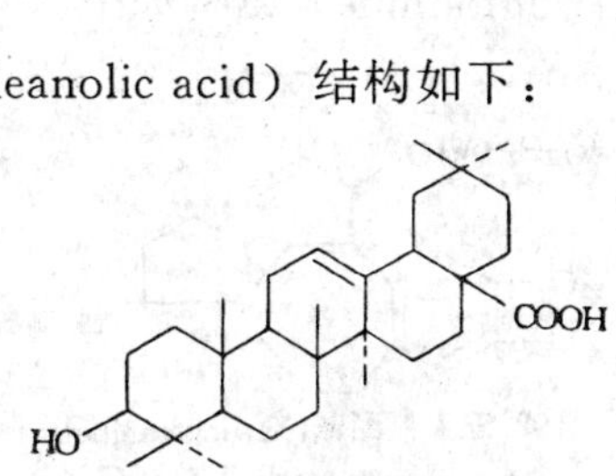

(89)齐墩果酸(oleanolic acid)

［来　源］　广泛来源于植物，一般含量 0.2%～2%。如女贞子 *Ligustrum lucidum* Ait，青叶胆 *Swertia milensis* T. N. Heet 等。

［提制工艺］　女贞子用乙醇回流提取，回收乙醇得浸膏。用热水溶解浸膏，水不溶物用乙醇溶解，脱色，用 NaOH 调至 pH 值 11。碱性乙醇液放置后过滤，滤液用 HCl 酸化至 pH 值 1 后，放置，过滤。析出物用碱水溶液煮沸，过滤，碱化物水洗后用乙醇溶解脱色，酸化至 pH 值 1，结晶，水洗至无氯离子，得齐墩果酸。

［性质和用途］　本品为广谱抗菌药，临床上用于支气管炎、肺炎、急性扁桃体炎、牙周炎、菌痢、急性胃肠炎、泌尿系统感染。另外，临床上还用于治疗急性病毒性肝炎。

湖南长沙中药一厂、贵阳中药厂等厂家已生产齐墩果酸片，用于治疗各型肝炎。

2.4　喜树碱和羟基喜树碱

［结　构］　喜树碱（Camptothecine）和羟基喜树碱（Hydroxy camptothecine）结构如下：

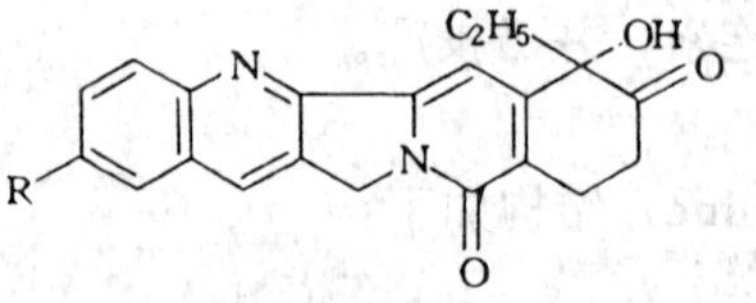

(90)R＝H，喜树碱(camptothecine)
(91)R＝OH，羟基喜树碱(hydroxy camptothecine)

［来　源］　珙桐科植物喜树 *Camptothea acuminata* Decne 的果实、根皮、树皮和叶。

［提制工艺］　喜树根粗粉用 70%～90%乙醇渗漉，渗漉液浓缩，放冷、静置、过滤，滤液用氯仿萃取，萃取液回收至干，得粗提物，加 200 倍氯仿-甲醇（1∶1）回流加热，溶液回收溶剂至结晶析出放冷为止，过滤，得粗结晶，氯仿-甲醇反复重结晶，得淡黄色喜树碱结晶。

用氯仿提取后的水液再用乙酸乙酯萃取，萃取物拌入硅胶，装柱，以氯仿洗脱，可得残留的喜树碱；以含 5%甲醇-氯仿洗脱，可得羟基喜树碱。

［性质和用途］　喜树碱和羟基喜树碱均具抗癌作用，对各种动物肿瘤均有明显的抑制作用，并具抗病毒、早孕作用。其中羟基喜树碱的抗癌活性剂量仅为喜树碱的 1/30。

最近，湖北黄石第三制药厂等单位已扩大羟基喜树碱的临床应用，对膀胱癌 12 例，肿瘤消失 2 例，显效 10 例；用于慢性粒细胞型白血病 11 例，白细胞均有不同程度的下降，脾脏明显缩小，症状改善，甚至对马利兰和靛五红产生耐药性的白血病例也显示了一定疗效。认为其毒副作用低，对耐药病例有一定的作用，有可能发展成为治疗白血病的重要药物之一。湖北黄石第三制药厂等单位现将增加对肝癌、非小细胞肺癌的临床应用研究。

2.5　三尖杉酯碱

［结　构］　三尖杉酯碱（Harringtonnine）结构如下：

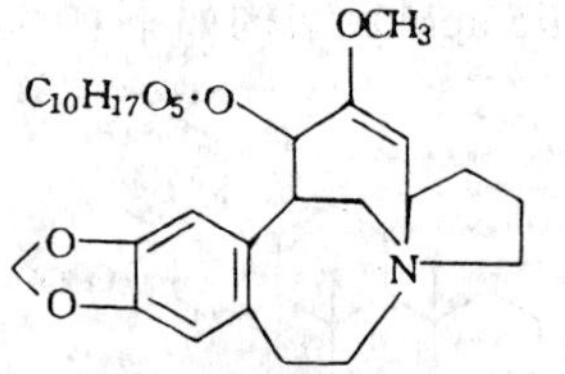

(92)三尖杉酯碱(harringtonnine)

［来　源］　三尖杉科植物的三尖杉 *Cephalotaxus fortunei*、粗榧 *C. harringtonia* 等植物的种子、根、茎、树皮。

［提制工艺］　原料用 95%乙醇提取，提取液浓缩，浓缩物转溶于酸液，酸液用经洗涤、碱化处理过的氯仿来萃取，氯仿萃取液回收得三尖杉总碱。总碱用硅胶进行柱层析，缓冲液饱和后进行分配柱层析，用氯仿洗脱，薄层层析检识，收集三尖杉酯碱成分。

［性质和用途］　三尖杉酯碱对肉瘤-180，瓦克氏肉瘤-256 有一定的抑制作用，对小鼠 P-388 有显著的抑制作用。临床应用对淋巴肉瘤有一定疗效。三尖杉酯碱注射液国内已生产出产品。

2.6 奎　宁

［结　构］　奎宁（Quinine）结构如下：

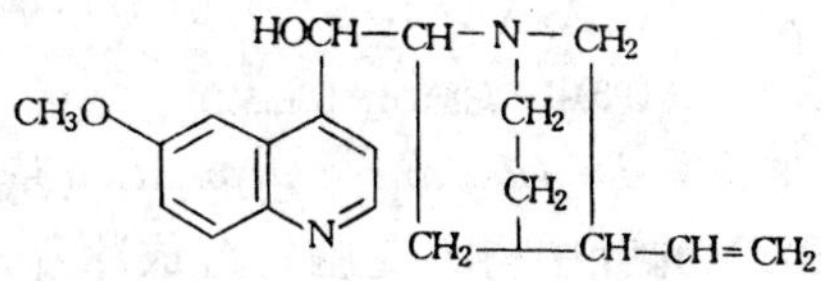

(93)奎宁(quinine)

［来　源］　茜草科植物红色金鸡纳树 *Cinchona succirubra* Pav. 或莱氏金鸡纳树 *C. ledgeriana* Moens. 的树皮（包括茎皮、根皮）。

［提制工艺］　提取奎宁时首先将金鸡纳树皮干燥、粉碎后用石灰与氢氧化纳液处理，再用石油醚反复热抽提，合并提取液，澄清后加入硫酸，便成硫酸奎宁。由于奎宁分子中有二个呈碱性的氮原子，系二价盐基，故它与酸结合时能形成中性和酸性二种盐类。如单分子奎宁与单分子硫酸结合，二个氮原子均被硫酸中和，因硫酸是强酸奎宁是弱碱，当它们结合时形成酸性硫酸奎宁。如二分子奎宁与一分子硫酸结合成盐便成为中性硫酸奎宁，但中性硫酸奎宁在水中溶解度比酸性奎宁溶解度小得多，故医药上大多用硫酸奎宁。

［性质和用途］　本品对恶性疟的红细胞内型疟原虫有抑制其繁殖或将其杀灭的作用，系一重要抗疟药。由于其盐酸盐水溶性好，生产上常用其盐酸盐作为注射剂，主要用于脑型恶性疟。本品还有抑制心肌（降低兴奋性、减弱其收缩力）及增加子宫节律性收缩的作用。

2.7 黄花夹竹桃素

［结　构］　黄花夹竹桃素（Theveresin）是由酶解后的黄花夹竹桃果仁中分离出的次级总苷，其中以次苷 B 含量最高。

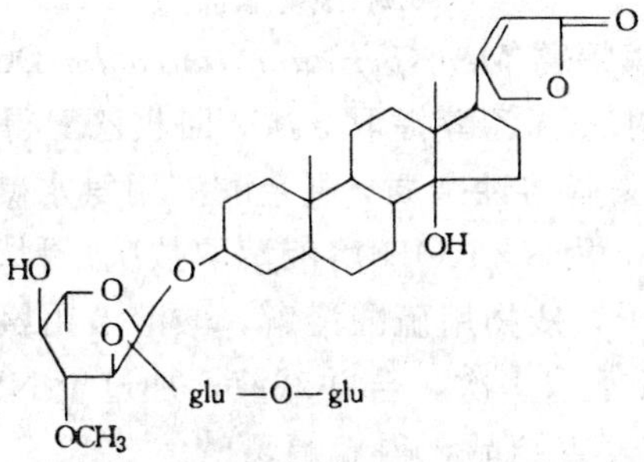

(94)黄花夹竹桃苷 B(thevetin B)

［来　源］　夹竹桃科植物黄花夹竹桃 *Thevetia peruviana*（Pers.）K. Schum. 的果仁。

［提制工艺］　黄花夹竹桃果仁粉用汽油回流脱脂，脱脂后的果仁粉加入 5 倍量水及 2.5%量的甲苯，于 35～40℃放置 24h，然后用乙醇浸泡渗漉，渗漉液于 60℃减压下回收乙醇至体积为生药的 2.5 倍，加适量水，放置析晶过滤，精制，得黄花夹竹桃次级总苷。

［性质和用途］　结晶体、味极苦，制剂较稳定。有强心作用，其活性比黄花夹竹桃原生苷强 5 倍。主要用于心力衰竭等症的治疗。

2.8 冰　片

［结　构］　天然商品冰片（Bornol，Camphol）成分为右旋龙脑，尚含少量的倍半萜和三萜类化合物。合成品为消旋龙脑。

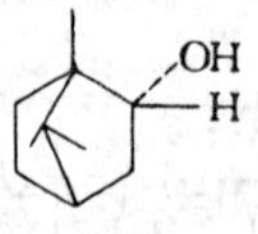

(95) d－龙脑(d－borneol)

［来 源］ 龙脑香科植物龙脑香 *Dryobalanops aromatica* Gaertn. f. 中得 d-龙脑；菊科植物艾纳香 *Blumea balsamifera* DC. 的叶中得 *l*-龙脑；合成冰片一般为 dl-龙脑。

［提制工艺］ 从龙脑香树干的裂缝处，采取干燥的树脂，进行加工。或砍下树干及树枝，切成碎片，经水蒸气蒸馏升华，冷却后即成冰片（d-龙脑）。艾纳香的叶经水蒸气蒸馏，冷却而得的结晶称艾粉，再将艾粉精制成冰片，又称艾片，为 *l*-龙脑。

用自松节油蒸馏得的蒎烯，加接触剂偏硼酸，与无水草酸作用，直接生成龙脑草酸酯，再以氢氧化钠加热水解为粗龙脑，然后用汽油重结晶精制得 dl-龙脑。

［性质和用途］ 其作用与樟脑相似。应用于局部对感觉神经的刺激很轻，而有某些止痛及温和的防腐作用。临床用于治疗慢性气管炎、蛲虫病、小儿烧伤、溃疡性口腔炎、慢性鼻腔炎、化脓性中耳炎、鸡眼等症。

2.9 蝙蝠葛碱

［结 构］ 蝙蝠葛碱（Dauricine）结构如下：

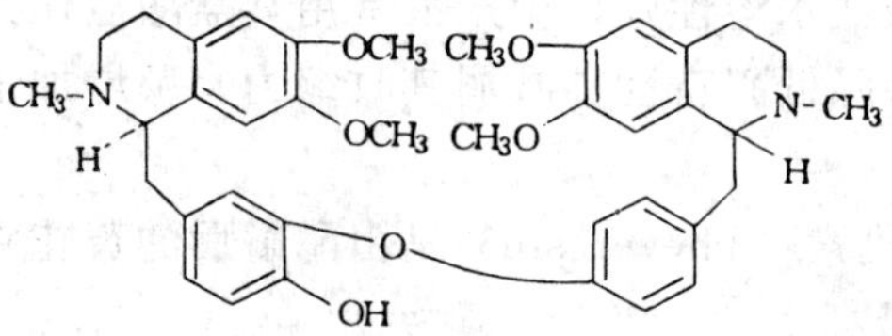

(96) 蝙蝠葛碱(dauricine)

［来 源］ 防己科植物蝙蝠葛 *Menispermum dauricum* DC. 的根茎。

［提制工艺］ 根茎粗粉用95%乙醇提取3次，回收乙醇得浸膏，浸膏用2%H_2SO_4提溶数次，H_2SO_4溶液用氯仿萃取去脂溶性杂质，剩余酸液用氨水碱化至pH值9～10，再用氯仿萃取数次，氯仿液浓缩至适量，用3%KOH溶液萃取数次。剩下氯仿液用水洗至中性并用无水Na_2SO_4脱水，回收氯仿至干，残物用硫酸溶解，酸溶液用氨水碱化至pH值9～10，乙醚萃取数次，乙醚液用3%KOH萃取多次，合并碱液，加过量NH_4Cl至pH值9～10，混浊液用乙醚萃取多次，合并乙醚液，重结晶，得蝙蝠葛碱。

［性质和用途］ 有解热、镇痛、解痉、降压、利尿作用。主要用于扁桃体炎、风湿痛及哮喘等症。用量30～40mg/次。

2.10 五味子酯甲

［结 构］ 五味子酯甲（Schisantherin A）结构如下：

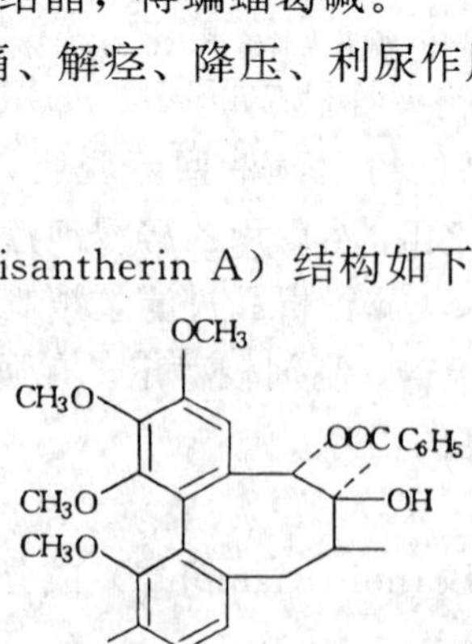

(97) 五味子酯甲(schisantherin A)

［来 源］ 木兰科植物北五味子树 *Schisandra chniensis*（Turcz.）Baill. 的成熟果实。

［提制工艺］ 五味子果实用水煮去水溶物后，干燥、磨粉，用 80％乙醇热提，提取液加 3 倍量的水，胶状沉淀物用汽油-80％乙醇分配萃取 3 次，稀醇层浓缩，母液蒸干后用 Al_2O_3 柱层析，得五味子酯甲和其他成分。

［性质和用途］ 本品有降低转氨酶作用，可用于治疗肝炎等症。对各型病毒性肝炎均有良好的疗效，降酶速度快，近期疗效肯定，副作用少。慢性肝炎和中西药无效的肝炎，都获得较好的效果。

2.11 萝芙木总碱

［结 构］ 萝芙木总碱（Total alkaloids from Rauwolfia）包括利血平、阿马里新和阿马林等生物碱。从中国萝芙木根中提取出的弱碱性混合生物碱，称为“降压灵”。

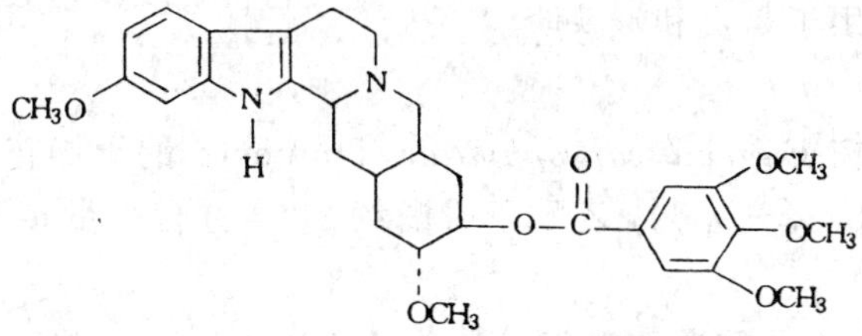

(98)利血平(reserpine) 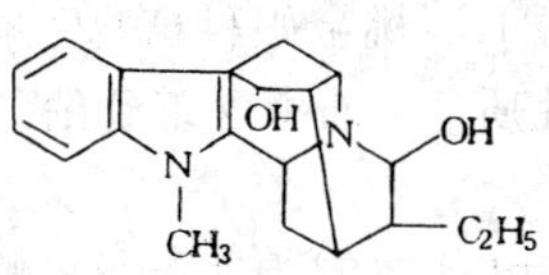　(99)阿马林(a jmaline)

［来 源］ 夹竹桃科植物中国萝芙木 *Rauwolfia chinensis* Hemal，云南萝芙木 *R. yunnanensis* Tsiang 的根、叶。

［提制工艺］ 萝芙木根粗粉用 0.1％盐酸乙醇渗漉，渗漉液回收，加氨水调至 pH 值 6.5，再减压浓缩，浓缩液加 2 倍量水，并加盐酸调至 pH 值 3～4，放置，过滤，滤液加浓氨水调至 pH 值 9.5～10，搅拌均匀，充分放置，过滤、沉淀、洗涤，干燥得萝芙木总碱。

［性质和用途］ 具有降压作用，其降压疗效温和而缓慢，作用持久，副作用少，易为病人耐受，对初期高血压患者疗效尤为满意。

3 其他药用林产资源

3.1 林产药用鞣质——儿茶（棕儿茶和黑儿茶）

［来 源］ 棕儿茶（Gambier）来源于茜草科植物干巴儿茶树 *Uncaria gambier* Roxb. 的叶及幼枝的水煎剂浓缩而得的浸膏。黑儿茶来源于豆科植物 *Acacia Catechu* Willd. 树干心材碎片的煎剂，经浓缩干燥而得的浸膏。

［成 分］ 棕儿茶和黑儿茶均含儿茶素约 7％～33％、儿茶鞣酸约 22％～50％。两者成分区别点在于黑儿茶不含有前者所含有的儿茶萤光素。

［提制工艺］ 棕儿茶：干巴儿茶树的叶及幼枝加水煎煮 6～8h，并经常搅拌，取出残渣，压榨洗涤，将洗液和煎剂一并滤过，置于木桶中，蒸发至糖浆状，放冷，倾于浅盆中，当浸膏至适当硬度时切成小方块，以日光或火力干燥，得棕儿茶，得率约为 14％。

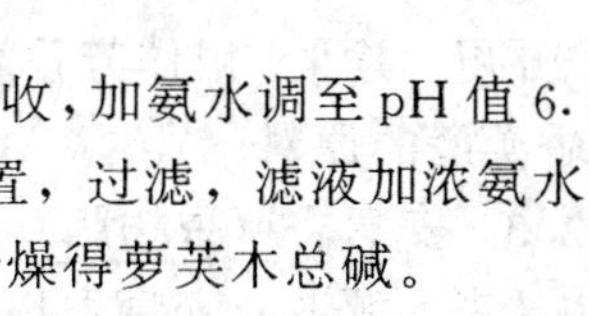

(100)d-儿茶素(d-catechin)

黑儿茶：将含黑儿茶的树干砍下，取其心材，劈成小块，加水煎煮，过滤，蒸发至糖浆状，稍冷，倾于叶片或纸上，使其干涸，打碎后即为商品黑儿茶。

附：提制过程中忌用铁制器皿，以免儿茶鞣质氧化。

［用　途］　药用作为局部收敛剂，治水泻及痰热咳嗽、口渴、急性扁桃体炎、湿疮、痔疮、中毒性消化不良等症。药用品主要为棕儿茶品种，黑儿茶少用。另儿茶鞣质还用作鞣料和染料，在制革工业中常用来制造深红棕色的底革。制剂有复方棕儿茶酊等。

3.2 林产药用芳香油、树脂

3.2.1 桉油

［来　源］　桃金娘科植物蓝桉树 *Eucalyptus globulus* Labill. 的干燥老叶。

［理化性质］　主含桉油精50%～70%，并含α-蒎烯，松油脑及其他成分。相对密度0.905～0.925，折光率1.4580～1.4700。

［提制工艺］　新鲜桉叶中通入水蒸气蒸馏出挥发油，即为桉油。

［用　途］　祛痰剂、杀菌剂，用于鼻炎和喉头炎。

3.2.2 丁香油

［来　源］　桃金娘科植物丁香树 *Eugenia caryophyllata* Thunberg 的干燥花蕾。

［理化性质］　油中含丁香酚约84%～95%，乙酰丁香酚约3%，并含少量α-及β-丁香油烯。

丁香油相对密度为1.038～1.060，折光率（20℃）为1.5300～1.5350，旋光度（25℃）为－1°30′以下。

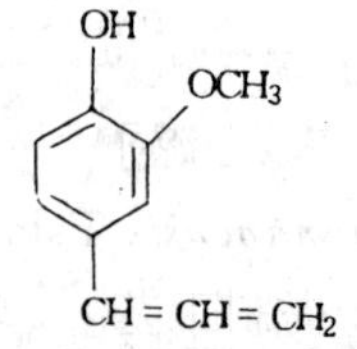

［提制工艺］　干燥花蕾中通入水蒸气蒸馏出挥发油，即为丁香油。

［用　途］　用作芳香剂及杀菌剂，可用于蛀牙局部镇痛剂。并为制做香荚醛的原料。

OH
OCH3
CH = CH = CH2

(101) 丁香酚(eugenol)

3.2.3 安息香（香树脂）

［来　源］　安息香科安息香 *Styrax tonkinensis*（Pierre）Craib ex Hartw.

［理化性质］　干品为微扁圆的泪滴状物或块状。常温下质坚脆，加热则软化，气芳香，味微辛，升华后得细小的杆状结晶（苯甲酸）。本种树脂称为香树脂，又因主要成分为苯甲酸和苯甲酸酯，并含有少量香兰素，又称安息香树脂。

［提制工艺］　于夏秋两季，选择5～10年的树干，凿口流汁法采集。香树脂以最先流出而凝固者品质为最佳。

［用　途］　供药用，有开窍、辟恶、行定血之功效。主治中风昏厥、产后血晕及心腹诸痛。

3.2.4 枫香（白胶香枫香）

［来　源］　金缕梅科植物枫香树 *Liquidamber taiwaniana* Hance 的树干中的树脂。

［理化性质］　树脂含桂皮醇、桂皮酸酯、桂皮酸、左旋龙脑等，树脂的不挥发性部分含肉桂酸、龙脑酯和五环三萜醛。

树干流出的树脂称白胶香，为大小不一的椭圆形或球状颗粒，亦有块状或原片状。表面淡黄色，半透明，质松脆、易碎、气清香，燃烧时更强烈。

枫香树脂可萃取枫香浸膏50%～70%；亦可用水蒸气蒸馏方法提取枫香油，油的相对密度（15℃）为0.8955，折光率（20℃）1.4795，旋光度－39°30′。

［提制工艺］　生长20年以上大树，于7～8月间凿开树干外皮，从树根起每隔15cm左右交错凿开一洞，从11月至次年3月间，采收流出的树脂，于日光下晒干，或加入石灰粉搅均后，任其自然干燥即得。

［用　途］　白胶香为常用的中药，能活血解毒、止血生肌止痛，主治吐血、咯血、衄血、金疮出血，一切痈疽疮痛及牙痛等症。可代替苏合香入药，开窍祛痰，主治中风痰厥，惊痫等症。

枫香树脂在香料工业中是一种较好的定香剂，并具有解毒止痛、止血生肌作用。树脂经精制后可用作调配烟用和皂用香精，如添加于牙膏内，除用作香精用途外，还有止血止痛的功效。

3.2.5　山苍籽油

［来　源］　樟科植物山鸡椒 *Litsea cubeba*（Lour.）Pers. 果实。

［理化性质］　鲜果含芳香油 2.5%～5.5%；油呈淡黄色，具柠檬醛油香气，相对密度（15℃）0.8725～0.9168，折光率（20℃）1.4675～1.4864，旋光度（20℃）＋5°～＋35°，醛酮含量 75%～85%，主要成分为柠檬醛（60%～80%）及甲基庚烯酮。叶含芳香油 2%～4%，含柠檬醛量甚低，主要含桉油素和香叶醇等。

［提制工艺］　果实用水蒸气蒸馏方法提取出山苍籽油。加工时应注意用鲜果，可保存大量的柠檬醛。油最好保存在不透光的密封容器内，以免氧化。

［用　途］　果供药用，称“澄茄子”，与根或全株，用于祛风散寒，健胃止痛。

工业上主要利用油中的柠檬醛部分，为合成紫罗兰酮和维生素甲的原料，也用于香皂和去垢剂的香料。果经提取芳香油后还可压榨脂肪油。此外，果和花蕾还可直接用作腌菜的香料。

3.3　林产药用树胶

3.3.1　桃　胶

［来　源］　桃树 *Prunus persica*（L.）Batsch 受机械损伤或致病后分泌出的透明物质。

［理化性质］　桃胶呈淡红色或淡黄色至黄褐色，为半透明块状固体。外表平滑，难溶于水，一般只能浸胀，水解后可水溶，其水溶液呈粘性，为一种聚糖类物质。水解能生成阿拉伯糖、半乳糖、木糖、鼠李糖、D-葡萄糖醛酸等。

［提制工艺］　在桃树生长季节，收集树干裂口处分泌的胶块，除去树叶、树皮等杂质，晒干，即为桃胶。

［用　途］　具有破血、和血、益气功效。可用作粘接剂和赋形剂，可食用。

3.3.2　白及胶

［来　源］　兰科植物白及 *Bletilla striata*（Thunb.）Reichb.f. 的假鳞茎。

［理化性质］　白及胶质和胶浆都具有一定的粘性。

［提制工艺］　白及胶质：白及磨粉，加水浸渍，离心取出上面清液，即得胶液。在胶液中徐徐加入 95%乙醇，析出全部沉淀，过滤，沉淀物于 90～100℃干燥，即得成品。

白及胶浆：取白及胶质，置干燥玻璃瓶中，加醇使粉末全部湿润，然后加氯仿水，迅速剧烈振摇，再加氯仿水配制成一定体积即得。

［用　途］　白及胶质可作阿拉伯胶与西黄蓍胶的代用品，作混悬剂或乳化剂。在制药工业上，白及胶浆代替阿拉伯胶作片剂的粘合剂，用量小且效果好。另白及假鳞茎内服可治吐血、肺结核咯血、胃溃疡吐血等。

3.3.3　杜仲胶

［来　源］　杜仲科杜仲 *Eucommia ulmoides* Oliv.

［理化性质］ 全植物均含有杜仲胶（硬橡胶），含胶量因植物的部位和树龄而有所不同，树皮含量为6%～10%，根皮含量为10%～12%。杜仲胶为不饱和的碳氢化合物，易溶于乙醇，难溶于水的硬性树胶。相对密度0.945～0.955；折光率50℃时α-型为1.514，β-型为1.509；软化点α-型为65℃，β-型为56℃。

［用 途］ 医药上用作补牙材料，对牙齿无刺激性。

3.4 林产药用油脂和蜡

3.4.1 山鸡椒脂

［来 源］ 樟科植物山鸡椒 *Litsea cubeba*（Lour.）Pers. 的果实。

［理化性质］ 核仁占果重27.2%，含油量61.8%；油的皂化值219.45，碘值77.88，酸值53.66。油粕含氮2.785%，蛋白质17.41%，有机质89.51%，水分13.73%。主要脂肪酸为月桂酸。另含异薄荷醇、胡萝卜苷及山鸡椒醇[75]。

［提制工艺］ 9～11月果熟并呈红色时采下，先提取芳香油（山苍子油），经提取芳香油后果实，晒干、再榨油。可用压榨法榨油。

［用 途］ 油可代替椰子油，并用于分离脂肪酸及制造高级肥皂。

3.4.2 乌桕脂

［来 源］ 大戟科植物乌桕 *Sapium sebiferum*（L.）Roxb. 的种子。

［理化性质］ 种仁含油量50%，种子含油量35.95%。油的相对密度（20℃）为0.9184，折光率（20℃）为1.4747。油中的主要成分为油酸15.8%，亚麻酸45.5%，次亚麻酸29.4%，棕榈酸5.9%～6.3%，硬脂酸2.6%～2.8%，花生酸0.2%。种子外层蜡质部分的脂（皮油）的主要成分为月桂酸1.9%，肉豆蔻酸3.7%，棕榈酸66.3%，硬脂酸1.2%，油酸26.9%。

［提制工艺］ 种子加热蒸之，使种子外被的脂肪融解流出，蒸后取出捣碎，使壳（种皮）与种仁分离，再筛去种仁，取壳蒸热榨之，前后蒸得的脂肪合并，称为“皮油”。由种仁榨取的油为“桕油”或“子油”。整个种子研碎榨取的油，称为“毛油”，系皮油和子油的混合物。

［用 途］ 桕脂为制造肥皂、蜡烛等原料。桕脂中加入适量脂肪油类，可用作药物制剂中的栓剂基质。桕仁油系干性油，适宜于作油漆工业上的重要原料。桕子外用，可治皮肤病及肿毒。

3.5 林产药用色素染料

3.5.1 栀子黄

［来 源］ 茜草科植物栀子 *Gardenia jasminoides* Ellis 的果实。

［理化性质］ 淡黄色粉末（或黄褐色流浸膏），易溶于水，含水乙醇，不溶于油酯中。

［提制工艺］ 干燥的栀子果实破碎成小块，用冷水浸泡，将浸泡好的原料用压滤机压滤，使果皮、果肉、种子与浸提液分离。浸提液用真空薄膜蒸发浓缩，将浓缩物加食用酒精稀释，除去酒精不溶物，用减压浓缩形式回收酒精，得50%以上的固形物，即流膏状产品，将产品置喷雾干燥机内干燥，得含7%水分的粉末状产品。

［用 途］ 主要用于食品染色，如蛋卷、饼干、糖果、蜜饯、冰棒等的染色。一般应用量为万分之一至万分之三，色泽鲜艳，稳定性好，是一种很有发展前途的食用植物色素。

3.5.2 芦 丁

［来 源］ 豆科植物槐树 *Sophora japonica* L. 的花蕾。

［理化性质］　为一单体成分，黄色或微带绿色的粉末或细微结晶体。难溶于冷水，略溶于沸水及沸乙醇，易溶于吡啶及稀碱液中，不溶于乙醚及苯中。

［提制方法］　槐米粗粉在搅拌下加入石灰水，调 pH 值 8～9，继续加热至沸，保持 pH 值 8～9 微沸 20～30min，然后抽滤，滤液在60～70℃下用浓盐酸调 pH 值 5 左右，放置 24h 以上，过滤，得沉淀物。将沉淀悬浮于蒸馏水中，加热 15min，使充分溶解，趁热过滤，滤液放置 24h，再过滤，沉淀于 70～80℃干燥得精制芦丁。

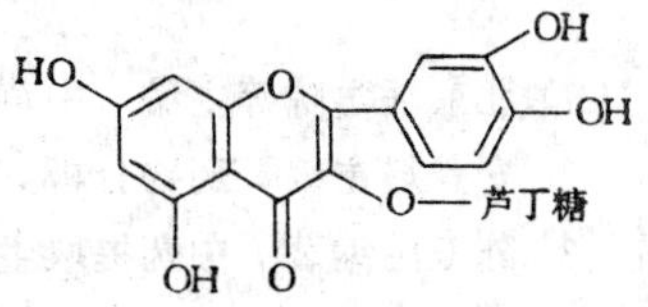

(102)芦丁(rutin)

［用　途］　为药物维脑舒通原料。本品具有维持毛细血管正常抵抗力的作用。临床上用于高血压的辅助治疗及防治脑溢血等，制剂有芦丁片，可配合维生素 C 合并服用。另可作为黄色素，用于食品染色，如用于饼干及德国汉堡面包等食品的着色。

3.6　林产药用花粉及蜜料

3.6.1　松花粉

［来　源］　松科植物马尾松 *Pinus massoniana* Lamb. 等植物的花粉。

［理化性质］　松花粉主要含脂肪油和色素。以粒细、质轻、色黄、无杂质、不粘成块的为好。

［提制方法］　药用松花粉于 5 月开花时采收，采取雄花放入盒内，晒干，过筛，收集细粉，再晒至全干，装袋，贮于干燥处。

［用　途］　药用作润滑剂，赋形剂及吸收剂等；又可作创伤止血药；制小儿夏季爽身粉，以防治汗疹；用松花粉做汤菜，味鲜美，也是做糕点的好配料。

3.6.2　柿　霜

［来　源］　柿科植物柿 *Diospyros kaki* L. f. 的果实。

［理化性质］　主要成分为甘露醇及果糖、葡萄糖。

［提制方法］　1～2 月扫下柿饼上的白霜，过细筛，即为柿霜。用纸包好，装箱，贮于干燥处。质量以色白无杂质的为好。

［用　途］　内服能清热、生津止咳化痰，治喉痛、口疮、干咳等症。

参 考 文 献

1. 北京医学院等主编．中草药成分化学．北京：人民卫生出版社，1980
2. 安登魁主编．药物分析．济南：济南出版社，1992
3. 陈玉昆编著．中药提取生产工艺学．沈阳：沈阳出版社，1992
4. 邵锡宸．医药工程设计．1988，(5)：14
5. 杨基森主编．中药制剂设计学．贵州：贵州科学技术出版社，1992
6. 徐任生等主编．中草药有效成分提取与分离（第二版）．上海：上海科学技术出版社，1983
7. 梁祝胜．中草药，1980，11（7)：301～304.（8)：355～357.（9)：400～405
8. 蔡琼英译．制剂工艺学及生产设备．北京：人民卫生出版社，1960
9. Pierre Braquet，Drugs of Furture，1987，12（7)：643
10. 王伟成等．中国药理学报，1982，3（3)：188
11. 李珠莲等．化学学报，1985，43：786
12. 李珠莲等．全国天然有机化学学术讨论会（第四届）论文摘要集．1990
13. 野村太郎等．日本生药学会第29回年会（札幌）讲演要旨集．1982
14. Nomure T et al. Planta Medica，1983，47（2)：95
15. 难波恒雄等。和汉药原色图鉴，1980：146
16. 赵建国等．中草药，1988，19（3)：108
17. Yagi Akira et al. Chem. Pharm. Bull.，1980，28（5)：1432
18. Nohara T et al. Tetrahedron letlers，1980，21（27)：2647
19. Nohara T. et al. Planta Medica，1989，55（3)：245
20. Mitsuhiko Miyamura et al. Phy to chemistry，1983，22（1)：215
21. 袁阿兴等．中药通报，1982.7（2)：26
22. C. A. 1978，88：898795f.
23. Horii zenichi et al. Tetra. Lett.，1978，(50)：5015
24. Gewali MB. 生药学杂志（日文），1988，42（3)：247
25. 刘嘉森等．中草药 1980，11（3)：102
26. Ishida H et al. Chem. Pharm. Bull.，1989，37（6)：1616
27. CPI（B)，1989，(8849)，44，45
28. Schulte K E.，Planta Medica，1979，35（1)：76
29. 钟炽昌，化学学报，1975，33（1)：35
30. Tsutomu Nakanishi et al. Chem. Pharm. Bull.，1986，34：100
31. Tsutomu Nakanishi et al. Chem. lett.，1986，(1)：69
32. 中西 勒等．Chem. Pharm. Bull.，1990，38（3)：830
33. Nakanishi et al. Phy to chemistry，1982，21（6)：1373
34. Irshad K et al. Par. J. Sci. Res.，1976，30：816
35. 冈村信奉．日本药学会第99年会讲演要旨集，1982：166
36. Shan A H et al. Phy to chemistry，1989，3（6)：232
37. Haddock EA et al. J. Chem. Soc. Perkin Trans. 1982，1（11)：2535
38. Seung No Lee. Phy to chemistry，1989，28（12)：3469
39. Gonzalez AG et al. Planta Med.，1978，33（4)：356

40. Konno Chohachi et al. Heterocycles，1980，14（3）：295
41. 北川勋等．生药学杂志（日文），1979，33（3）：171，178
42. 白世泽等．中草药，1982，4，8
43. Darwish FA. Planta Med.，1980，39（3）：232
44. Aravindakahan Nair G. et al. Indian. J. Chem. 1979，18B（3）：291
45. Shao CJ et al. Chem. pharm. Bull.，1989，36（2）：601
46. Shao CJ et al. Chem. pharm. Bull.，1989，37（1）：42
47. Takabe S et al. J. Chem. Research，1981，（5）：16
48. 高部诚一等．生药学杂志（日文），1980，34（1）：69
49. Miyako Asada et al. J. Chem. Soc. Perkin I，1980，325
50. 梁文藻等．药物分析杂志，1985，5（1）：1
51. 胡旺云．中草药，1991，22（4）：147
52. Sakuma S et al. Chem. Pharm. Bull.，1980，28：103
53. Komissarenka NF，Khim. Prir. Soedin.，1983，1：102
54. Shinji Funagama et al，Tetrahedron lett. 1980，21（14）：1355
55. 刘贵，冯孝章．中国药学杂志，1991，26（10）：583
56. Chang P et al. J. Ethmopharmacol. 1989，25（2）：213
57. 宋万志等．中草药，1982，13（1）：40
58. 涂永强等．化学学报，1991，49：1014
59. 涂永强等．化学学报，1993，51：404
60. 李赛等．中国中药杂志，1991，16（11）：675
61. 南京药学院．中草药学（中册）．南京：江苏科技出版社，1980，289
62. 潘锡平等．药学学报，1991，26（5）：387
63. 谭宁华，赵守训等，中国医科大学学报，1990，21（6）：377
64. 陶应双 胡中．云南植物研究，1991，13（4）：417
65. Spengel S et al. Planta Medica，1990，55（7）：625
66. 谭宁华，赵守训等．云南植物研究，1991，13（4）：440
67. Kimiye Baba et al. Chem. Pharm. Bull.，1981，29（8）：2182
68. Singh G B et al. Planta Medica，1989，55（6）：498
69. 杨崇仁等．云南植物研究，1988年增刊Ⅰ：47
70. Osamu Tanaka et al. Abstracts of Chinese Medicines，1986，1（1）：130
71. 北川勋等．药学杂志（日），1987，107：495
72. 小菅卓夫等．汉方研究（日），1980，（11）：409
73. Taniyasu S et al. Planta Medica，1982，44（2）：124
74. Taguchi H et al，Chem. Pharm. Bull. 1981，29（1）：55
75. 陈风庭等．中草药，1991，22（9）：425

第15篇

林产食品

第54章 天然浆果

陈友地

天然浆果主要系指野生或部分人工栽培的可供食用的浆汁果实。例如沙棘、猕猴桃、越橘、刺梨、黑加仑、刺玫、余甘子、金樱子、白刺、蓝靛、树莓、悬钩子、刺果茶藨、火棘、野草莓、桃金娘、山葡萄、山丁子等。这类浆果的共同特点是维生素、有机酸、蛋白质、糖、矿物质等营养成分十分丰富，且多数生长在高原、山区、河谷等远离城市的地区，工业污染少，是一部分对人体很有营养价值的正在开发或尚待开发利用的天然财富。

人类在远古时代就懂得摘取某些植物的果实充饥、解渴和治病。西北山区老百姓至今仍保留采集一些野生浆果如沙棘等制成果汁和果酱，保存在地窖里以备食用的习惯。公元8世纪，藏医经典著作《四部医典》就对沙棘等浆果的药用价值进行了详细的论述。

我国近些年对野生浆果的食用价值引起广泛重视并着手进行资源的普查、加工方法的研究和产品的多样化等工作。虽然时间不长，但发展迅速，特别是对沙棘、猕猴桃、黑加仑、山葡萄、越橘等经济价值较高、资源较丰富的浆果品种的研究、开发利用的成绩更为突出，主要表现在：

(1) 全面地或局部地调查现有浆果资源的分布、储量、品种和开发利用的条件。

(2) 浆果营养成分包括各种维生素、蛋白质、有机酸、糖、油脂、色素、矿物质、香气成分等的全面分析研究，确定优良品种及最佳采收期。

(3) 野生浆果植物的选优及向人工栽培、园林化发展。

(4) 加工利用技术的改进，生产设备的不断更新和产品品种的多样化和系列化。由于野生浆果普遍存在果实小、分散、交通不便，有些浆果植物枝条带刺等问题，给天然浆果的采收带来很多困难，国外着手研制各种特殊采果机和人工培育无刺、大果型优良品种及建立浆果园生产。我国吉林、黑龙江、辽宁、福建等地在山葡萄、黑加仑、沙棘、猕猴桃等的选育方面及建立人工园等工作做出了一定的成绩。

加工设备的研究及选用。野生浆果加工时不能套用现成的水果清洗设备和榨汁设备，必须结合各种浆果的特点研制适宜的机械设备。目前发展起来的离心式榨汁机及改良式篮框式压榨机较适合带枝条或果皮厚实的浆果品种榨汁用。此外，由于浆果汁营养成分丰富，热敏性成分含量高，风味独特，为了使加工浓缩过程能更好地保持原汁的风味，色泽和营养成分，在浓缩设备上进行不断的更新换代，目前选用的离心式薄膜蒸发器能较好地达到这一目的。

抑制果汁褐变。天然浆果的第三个特点是果汁中单宁含量高，而且贮存过程容易发生褐变。例如沙棘汁、刺梨汁、黑加仑汁等都存在这个问题。目前国内有关单位已探索出有效的克服褐变的办法，主要是针对引起褐变的原因而采取钝化氧化酶、驱除氧气和降低贮存温度等技术来达到抑制褐变的发生。

加工产品的多样化和系列化。目前，国内浆果的主要生产部门逐步增加各种浆果的加工产品品种，并逐渐形成本系统的产品系列化。就沙棘而言，全国已有 160 多家沙棘加工厂，年生产能力已达 2 万多 t，用沙棘做原料加工的产品共计 200 多种，并逐步系列化。如饮料方面有沙棘原汁、浓缩汁、糖浆汁、充气果汁、汽水、固体饮料、运动饮料等几十种；果酒方面有甜果酒、半干型酒、汽酒、香槟、啤酒等各种规格；沙棘油作化妆品已形成系列。如香波、护发素、发乳、面霜、奶液、发油、保健化妆品等系列产品。其他浆果的产品也向多样化和系列化方向发展，逐步形成一个不容忽视的工业体系。

1　中国主要天然浆果

1.1　沙　棘

1.1.1　资　源

沙棘 *Hippophae rhmnoaides* L. 俗称醋柳、酸溜溜（山西）、酸刺、酸刺柳（陕西）、黑刺（青海）、察日嘎纳（内蒙古）、达日布（西藏）。胡颓子科乔灌木。资源分布较广，东经2°～115°，北纬 27°～68°50′，包括欧洲与亚洲的大部分地区。我国是世界上沙棘资源最丰富的国家，总面积约 92 万 hm^2。生长最集中的地区位于黄河中上游的山西、陕西、甘肃、内蒙古、宁夏、青海等省（区），其面积总和约 71.45 万 hm^2，占全国总面积的 77.5%。其次，西藏、新疆、河北、辽宁、四川等省（区）也有沙棘生长。全世界沙棘有 4 种，9 个亚种；中国有 4 种，5 个亚种，其资源分布及果实大小见表 54-1、表 54-2。

表 54-1　我国沙棘种、亚种的分布和果实大小

种　　名	主要分布地区	海拔高度 (m)	果实大小 (mm)
沙棘 *H. rhamnoides*			
1. 中国沙棘	山西、陕西、甘肃	800～3 500	d① 4～6（圆）
2. 中亚沙棘	新疆	800～3 000	l② 6～9，d 5～8
3. 云南沙棘	云南、贵州	2 200～3 700	d 7～9（圆）
4. 内蒙古沙棘	内蒙古	1 800～2 100	l 6～9，d5～8
5. 江孜沙棘	西藏	3 500～3 800	l 5～7，d 3～4
肋果沙棘 *H. neurocarpa*	青海、甘肃、四川、西藏	3 400～4 300	l 6～9，d3～4
柳叶沙棘 *H. salicifolia*	西藏	2 800～3 500	l 5.5，d 3.2
西藏沙棘 *H. thibetana*	青海、甘肃、四川、西藏	3 300～5 200	l 8～10，d6～10

①果实直径；②果实长度。

资料来源：引自《沙棘资料选编》1986. 第 35 页 . 黄河中游治理局编印。

表 54-2　中国沙棘属植物资源统计表

地　区	面　积（万 hm^2）		
	合　计	天然林	人工林
山　西	29.40	26.40	3.00
陕　西	15.88	13.34	2.54
甘　肃	14.38	12.21	2.17
青　海	5.96	4.98	0.98
内蒙古	5.37	1.44	3.93

（续）

地区	面积（万 hm^2）		
	合计	天然林	人工林
宁夏	0.46	0.40	0.06
新疆	3.33	2.89	0.44
四川	2.67	2.67	—
河北	2.66	2.66	—
西藏	0.56	0.55	0.10
辽宁	11.33	—	11.33
总计	92.00	67.54	24.46

资料来源：引自《国际沙棘学术交流会论文集》1989. 第21页。

沙棘果每年8～9月开始成熟，橙黄色或橙红色，野生林产量较低，每公顷500～1 000kg，前苏联人工沙棘果园高达12t/hm^2。

1.1.2 营养成分

沙棘果富含各种维生素、有机酸、油脂、黄酮、氨基酸、糖、色素、矿物质等，有维生素仓库的美称。中国主要沙棘品种的生化组成见表54-3。

表54-3 中国主要沙棘品种果实的生化组成

品种	百粒果重（g）	含汁率（%）	总糖（g/100ml）	维生素C（mg/100ml）	游离氨基酸（mg/100ml）	总酸（g/100ml）	种籽含油率（%）
沙棘	18.3	79.1	6.8	1 289.0	83.6	6.2	9.8
柳叶沙棘	19.0	76.6	10.3	1 729.0	264.0	8.3	18.0
西藏沙棘	40.0	82.5	8.9	159.0	76.4	3.8	19.5
肋果沙棘	4.5	极少	2.1	3.5	666.6	1.6	8.6
江孜沙棘	6.5	33.5	3.7	23.4	65.7	2.2	—

沙棘果中除含有大量V_C之外，还富含其他各种维生素，例如含10～15mg/100g的V_E，1～15mg/100g的V_K，75～480mg/100g的V_P，24～85mg/100gV_A，即类胡萝卜素等。沙棘鲜果中还含有238～854mg/100g的黄酮类化合物，主要包括：异鼠李素及其苷，槲皮素及其苷，山萘素及其苷，杨梅素等。它们能促进机体代谢和再生能力。沙棘果汁、果皮和种籽中还含有药效很高的油脂及脂溶性生物活性物质。沙棘油中含有100～800mg/100g类胡萝卜素，80～600mg/100gV_E，1%～2%甾醇，脂肪酸中约有65%～85%为不饱和脂肪酸，特别是籽油中含有约20%的亚麻油酸，详见表54-4，对治疗心血管疾病有良好效果。

野生沙棘果肉中湿蛋白的含量为2.4%左右，果汁中为0.9%～1.2%，种籽则高达30%左右，几乎接近黄豆的蛋白质含量。与其他水果比，沙棘的蛋白质含量明显高。据测定，苹果和梨只有0.4%，葡萄0.6%。蛋白质的营养价值不仅取决于氨基酸含量，而且还与各种氨基酸的相对比例有关。沙棘蛋白中含有全部不可取代的氨基酸成分，如赖氨酸、苏氨酸、亮氨酸、异亮氨酸和苯丙氨酸等。

沙棘果具有其特征香味，主成分为己酸乙酯等，详见表54-5。

表 54-4　不同沙棘油的脂肪酸组成

脂肪酸	中亚沙棘（新疆）		沙棘（山西）		肋果沙棘油（%）
	果肉油（%）	种籽油（%）	果肉油（%）	种籽油（%）	
豆蔻酸（14：0）	0.22	0.17	0.57	0.20	0.53
十四碳烯酸（14：1）	微	0.20	0.47	0.18	0.11
棕榈酸（16：0）	20.86	8.81	16.59	8.70	15.73
棕榈油酸（16：1）	15.78	2.48	18.25	1.90	1.22
硬脂酸（18：0）	2.33	3.13	1.38	2.55	2.30
油酸（18：1）	33.87	18.16	15.16	18.77	21.09
亚油酸（18：2）	1.45	32.77	5.73	30.92	24.51
花生酸（20：0）	0.27	微	0.68	0.81	0.78
亚麻油酸（18：3）	0.32	15.87	1.26	21.08	7.58
不饱和脂肪酸总量	51.42	66.78	40.87	72.85	54.51

表 54-5　沙棘果中最重要显味化合物的味值

化合物	含量（mg/kg）	味值	在水中的临界味值（mg/kg）
己酸乙酯	1.1	3 700	0.000 3
3-甲基丁酸甲基丁酯	6.2	310	0.02
3-甲基丁酸	5.7	38	0.15
苯甲酸 3-甲基丁酯	5.4	22	0.25
己酸 3-甲基丁酯	6.4	20	0.32
辛酸 3-甲基丁酯	1.0	14	0.07
2-甲基丁酸甲基丁酯	1.1	8	0.14
苯甲酸乙酸	0.5	5	0.10

1.1.3　加工利用

我国历史上西北地区民间多有直接摘食沙棘果或当药物使用的习惯。目前，以沙棘果为主要原料研制的产品已有 8 个系列 29 个品种，见表 54-6。

表 54-6　中国研制并生产的沙棘产品品种

类别		产品名称
中间产品		沙棘清原汁、浊原汁、浓缩汁；果油、籽油、渣皮油；沙棘原粉；色素；黄酮
饮料	软饮料	糖浆汁、果汁饮料（浊汁型、清汁型）、充气果汁饮料、汽水
	硬饮料	甜型酒、半干型酒、汽酒、香槟、啤酒
	固体饮料	沙棘晶
	功能饮料	运动饮料、沙棘浆
果酱		沙棘果酱、果冻
化妆品		香波、美容霜、护发素、乌发灵
药品		咳乐、黄酮液、复方油栓、浸膏

1988 年统计，全国沙棘原汁和浓缩汁的生产能力已超过 5 000t/年，由它配制的各种饮料生产能力超过 2 万 t。1999 年统计，全国沙棘鲜果用量达 6 万 t，沙棘加工业总产值约 3 亿元。加工厂几乎遍布全国（表 54-7），并已开始批量出口。沙棘药品及化妆品也已进入市场。

表 54-7 中国沙棘产品加工（车间）的分布及主要产品（1988）

省（区、市）	生产厂家个数	主 要 产 品
北 京	5	饮料、果油、化妆品
天 津	2	饮料、化妆品
河 北	7	原汁、酒、饮料、食品
山 西	40	原汁、饮料、酒、药品、化妆品、食品
内蒙古	9	原汁、酒、药品
辽 宁	9	原汁、饮料
吉 林	1	饮料
黑龙江	2	饮料
上 海	1	固体饮料
江 苏	1	饮料、化妆品
浙 江	2	饮料、啤酒
安 徽	2	饮料
山 东	3	饮料、酒、茶叶
河 南	2	饮料
湖 北	2	饮料
广 东	4	饮料、化妆品
四 川	7	原汁、药品、饮料
陕 西	25	原汁、酒、啤酒、饮料、油
甘 肃	22	原汁、酒、饮料、药品
青 海	7	原汁、饮料、药品
宁 夏	5	原汁、饮料、茶叶
新 疆	8	原汁、饮料、果油

1.2 中华猕猴桃

1.2.1 资 源

中华猕猴桃 *Actinidia chinensis* planch 属猕猴桃科落叶藤本果树，又名阳桃（江苏、安徽、湖南、湖北、贵州、河南、陕西）、野洋桃、公洋桃（湖南）、鬼桃（湖南、陕西）、藤梨、绳梨（浙江、湖南）、毛桃子、毛梨子（四川）、外国人称“中国果”。我国是猕猴桃的发源地，本属已发现有54种。东北、华北、陕西、甘肃及长江以南各省均有生长，其中分布较广、数量多、质量好的品种为中华猕猴桃 *A. Chinensis*，此外，软枣猕猴桃 *A. arguta*、黑蕊猕猴桃 *A. melanadra*、狗枣猕猴桃 *A. kolomikta*、葛枣猕猴桃 *A. polygama*、京梨 *A. callosa*、金花猕猴桃 *A. chrysantha*、毛花猕猴桃 *A. eriantha* 等也有一定资源和可供食用。野生猕猴桃主要攀附在乔灌木树上或沿地面生长，花期4～6月，果期8～10月，浆果呈卵形或球形，表皮布满黄色长硬毛。一般每个果实30～50g，人工栽培可达200g以上。资源十分丰富，为我国四大野生果实之一。

1.2.2 营养成分

猕猴桃是现代新兴的果品，有“果中之王”的美称，在新西兰称猕猴桃为“基维果”，在日本称作“美容果”。其 V_C 等营养成分丰富，颇受食品界和医学界的重视。主要营养成分和氨基酸含量见表54-8、表54-9。

猕猴桃最重要的营养特性在于其 V_C 含量特别高。品种不同，其 V_C 含量相差甚大，最高达2 337mg/100g，最低只有2.8mg/100g，相差100倍。

表 54-8　不同品种的猕猴桃果实的营养成分

种　类	Vc含量 (mg/100g)	转化糖 (%)	酸度 (%)	可溶性固形物 (%)	蛋白质 (%)
中华猕猴桃（软毛变种）	114.0	10.53	1.47	13.8	4.17
毛花猕猴桃（紧毛型）	587.1	4.24	1.35	9.8	5.45
毛花猕猴桃（脱毛型）	1 337.6	3.98	1.85	10.6	6.16
阔叶猕猴桃	1 760.0	3.93	1.76	—	7.17
阔叶猕猴桃（紫花型）	2337.3	3.96	1.87	10.0	—
异色猕猴桃	21.8	2.23	0.79	—	5.79
毛叶硬齿猕猴桃	2.8	2.23	0.53	—	—
小叶猕猴桃	32.6	4.04	1.20	—	—
长叶猕猴桃	28.9	11.93	1.61	14.1	—
软枣猕猴桃	65.3	13.57	1.82	14.2	—
葛枣猕猴桃	73.9	3.37	0.46	16.0	—
对萼猕猴桃	28.6	5.26	0.91	9.2	—
浙江猕猴桃	397.8	8.55	1.72	13.0	—

注：①分析用原料产于福建。②蛋白质含量以干果为基准，其余均以鲜果为基准。

资料来源：《山西果树》　1985，No4，22。

表 54-9　猕猴桃果实氨基酸含量

氨基酸	中华猕猴桃（软毛）（%）	毛花猕猴桃（脱毛）（%）	毛花猕猴桃（紧毛）（%）	阔叶猕猴桃（%）	异色猕猴桃（%）
天门冬氨酸	0.446	0.569	0.567	0.712	0.731
苏氨酸	0.210	0.242	0.228	0.339	0.317
丝氨酸	0.185	0.242	0.232	0.321	0.344
谷氨酸	0.600	0.753	0.771	1.015	0.777
脯氨酸	0.362	0.461	0.450	0.552	0.627
甘氨酸	0.240	0.293	0.291	0.405	0.359
丙氨酸	0.245	0.304	0.304	0.464	0.439
胱氨酸	0.102	0.145	0.117	0.165	0.111
缬氨酸	0.295	0.345	0.351	0.455	0.429
甲硫氨酸	0.023	0.044	0.048	0.072	0.083
异亮氨酸	0.237	0.304	0.257	0.388	0.521
亮氨酸	0.294	0.392	0.375	0.456	0.188
酪氨酸	0.140	0.210	0.189	0.249	0.319
苯丙氨酸	0.197	0.239	0.234	0.288	0.368
赖氨酸	0.214	0.238	0.216	0.308	0.444
组氨酸	0.125	0.152	0.152	0.174	0.194
精氨酸	0.304	0.520	0.493	0.661	0.625

资料来源：《山西果树》1985，No4，23。

有机酸含量在1.4%～2%，主要为柠檬酸，苹果酸和奎宁酸。必须指出的是，其奎宁酸含量高达1 000mg/100g，这在其他水果是少见的。总糖含量在8%～17%，主要为葡萄糖和果糖，其次尚有少量蔗糖及环己六醇。果胶在果皮中含1.5%左右，在果肉中约0.5%。矿物质含量很高，主要为钾、钙、磷、铁等元素。

猕猴桃具有特殊清香味，生吃不仅营养丰富，而且香甜可口，其风味物质经一系列提取浓缩之后，进行仪器分析，主要成分为丁酸乙酯、己醛、丁酸甲酯、反式己烯醇等。

1.2.3 加工利用

野生猕猴桃的采收季节很集中，果实不易贮存，要及时进行加工处理。果实进库后，注意通风避光，如存放时间较长，则需放在−2℃左右的冷库中。在加工过程中，V_C的变化最大，因此要尽量创造无氧或少与空气接触的环境。同时，随着温度升高及pH值增大，V_C受氧化破坏的速度也加快。因此，加工过程，特别是果汁浓缩和灭菌过程应尽可能缩短时间及降低温度。糖、盐和果胶质等在果汁中的存在具有保护V_C的作用。猕猴桃果皮粗糙且多纤毛，在生产糖水罐头、果酱、果脯等产品时，必须设法脱皮。目前在生产中多采用苛性碱溶液烫洗，使果皮开裂而脱落的加工方法。

猕猴桃加工产品主要有：糖水罐头、蜜饯、果酱、果汁、饮料、果酒、猕猴桃晶、果冻、猕猴桃饼和腌渍猕猴桃等10多类食用产品，风味别具一格。此外，猕猴桃还具有滋补强身，清热利尿，生津润燥等功效。近年来的研究结果表明，猕猴桃果汁能阻断亚硝胺在胃里的形成，其阻断率可达98%，说明猕猴桃产品是一种理想的防癌保健食品，颇受国内外消费者的欢迎。

1.3 黑加仑

1.3.1 资 源

黑加仑，学名黑穗醋栗 *Saxifraga nigrum* L. 俗名黑豆果、黑茶藨子、斯马劳金。虎耳科茶藨子属多年生小灌木，高0.8～1.3m，根部深长，是一种耐寒浆果树种。主产于我国东北地区，尤以黑龙江的牡丹江、松花江一带更集中。1980年黑龙江林区开始人工种植，截至1988年仅黑龙江省人工栽培黑加仑已有2.26hm^2。定植2年可见果，3～4年进入盛果期。果实略呈椭圆形，直径为0.7～1.2cm，紫黑色有光泽。平均颗粒重0.6～0.8g，果皮厚，汁多。7月上旬成熟，每丛结果3～4kg，人工栽培者每公顷地可产果15 000～22 500kg。

1.3.2 营养成分

黑加仑果中含糖7%～11%，V_C120～300mg/100g，果胶2～4mg/100g，以及各种有机酸、维生素、氨基酸和矿物质等营养成分，见表54-10。药理实验表明，黑加仑果汁能阻断强致癌物亚硝基吗啉的生成，对癌细胞有一定抑制作用，是一种比较理想的保健食品和饮料，颇受

表54-10 黑加仑主要营养成分表

维生素	种 类	V_C		V_{B_1}	V_{B_2}		V_{PP}
	含量(mg/100g)	120～300		0.01～0.07	0.031～0.088		20～94
有机酸	种 类	柠檬酸	奎尼酸	苹果酸	乌头酸		富马酸
	含量(mg/100g)	1 200～1 600	53～125	153～240	105～340		16～35
	种 类	琥珀酸	酒石酸	戊二酸	草酸	甲酸	乙酸
	含量(mg/100g)	3～15	5～8	4～9	微量	1～17	7～15
氨基酸	种 类	丙氨酸	甘氨酸	缬氨酸	丝氨酸	亮氨酸	异亮氨酸
	含量(mg/100g)	2.73	0.34	0.65	0.70	0.52	0.88
	种 类	正亮氨酸	脯氨酸	半胱氨酸	羟脯氨酸	蛋氨酸	天门冬氨酸
	含量(mg/100g)	11.60	10.33	1.99	0.73	24.87	5.54
	种 类	苯丙氨酸	谷氨酸	赖氨酸	酪氨酸	精氨酸	组氨酸
	含量(mg/100g)	0.76	3.29	0.62	0.69	1.21	1.81
矿物质	种 类	K	Na	Ca	Mg	Fe	Cu	P
	含量(%)	0.16×10^{-3}	5.76×10^{-3}	3.6×10^{-2}	2.8×10^{-2}	1.9×10^{-3}	2.0×10^{-4}	5.3×10^{-2}

国内外食品界的重视。

果汁风味高雅可口，香气成分主要有乳酸乙酯、棕榈酸乙酯、癸酸乙酯等酯类化合物和2,3 丁二醇等醇类化合物。果汁色泽呈紫红宝石色，悦目喜人，可提取天然食用色素。

1.3.3 加工利用

黑加仑取汁的工艺主要有两种：第一种是将果实进行热烫速冻之后压汁。此法所得的果汁有机酸、糖、色素、果胶等溶出效率高，V_C 损失率也低，果汁味鲜美浓厚，但后处理操作较复杂，成本高；第二种是将果实粉碎后自然发酵或加入人工筛选过的果胶半纤维素混合酶进行酶解，然后再取汁。此工艺压汁及后处理方便，但 V_C 有一定损失，且所得果汁有一定酒度。

黑加仑果汁贮存时保护不当，很容易发生褐变，主要是酶促褐变及羰氨基反应而引起的褐变。V_C 也能自动氧化生成羟基糠醛，进一步与氨基又发生反应。降低褐变的主要措施有：在70～95℃下加热 7s 或加入 SO_2 等使酶失活；使 pH 值降至 3 以下；降低贮存温度，并避免与金属铁、铜离子接触。

黑加仑的主要加工产品有：浓缩果汁、果汁饮料、果酒、果酱、果冻、糖果、果脯、果品、果馅食品等。截至 1990 年，黑龙江省已有 20 多条黑加仑果汁生产线，年加工原果汁能力为 6 000 余 t。

1.4 越 橘

1.4.1 资 源

越橘主要有红豆越橘 *Vaccinium vitisidaea* L.，又名牙疙瘩、小苹果和笃斯越橘 V. *uliginosum* L. 杜鹃花科浆果树。主要生长在我国东北地区，目前多为野生状态。同属植物约有 300 种，我国已发现有 47 种，有些品种仅供观赏，有些则可生食或加工成各类产品，已见报道可供食用且有经济开发价值的越橘共有 8 种，其特征及分布状况见表 54-11。

表 54-11 我国有开发利用价值的越橘品种特征及分布

品 种	别 名	果 色	分 布
笃斯越橘	都柿、甸果、地果、杜实	蓝紫色、披有白霜	东北、新疆、内蒙古
红豆越橘	牙疙瘩、小苹果	红色	新疆、内蒙古、黑龙江、吉林、辽宁
蔓越橘 V. *oxyco-cous* L.	大果毛蒿豆、酸果蔓	红色	大小兴安岭、长白山
黑果越橘 V. *myrtillus* L.		黑色、被有浅蓝色粉	新疆、大小兴安岭、内蒙古
乌饭树 V. *bracteatum* Thunb		紫黑色、稍被白粉	江苏、浙江、湖北、江西、广东、海南、台湾
黄背越橘 V. *iteophyllum* Hance			长江以南各省
苍山越橘 V. *delayayi* Farancn			西藏、云南、四川、贵州
乌鸦果 V. *fragile* Francn	午饭果		云南、四川、西藏、贵州

在越橘属果树中，笃斯越橘分布面积最大，大小兴安岭共约有 $1\times10^5hm^2$，每公顷产野生果约 750kg。

1.4.2 营养成分

越橘果营养丰富，被誉为“森林紫珍珠”。成熟果实质软而富含果浆，甜酸适口，可供食用、药用和提取色素。越橘果实果汁，出汁率一般可达 80%～85%，果汁中含有多种有机酸、糖、维生素、氨基酸、黄酮和各种矿物质，见表 54-12 和表 54-13。

越橘果含有大量天然色素，每100g鲜果中约含70mg红色素，可食用。越橘果也具有独特的香味，其可挥发生香气成分为香芹醇、橙花醛、β-紫罗兰酮、金合欢醇、芳樟醇和香叶醇等。

表 54-12 越橘、笃斯越橘的营养成分

成 分	越 橘	笃斯越橘
水 分（%）	85.1	89.4～90.6
灰 分（%）	0.49	0.25
蛋白质（%）	1.16	0.15～0.42
脂 肪（%）	0.15	1.71～1.97
单 宁（%）	0.07	0.22～0.25
果 胶（%）	1.13	1.26～2.52
总 酸（%）	2.04	1.73～2.32
总 糖（%）	4.60	4.96～5.81
还原糖（%）	3.89	4.80～5.14
V_C（mg/100g）	48	31～50
V_{B_1}（mg/100g）	0.01	0.12～0.17
V_{B_2}（mg/100g）	0.017	0.027～0.503
V_{PP}（mg/100g）	30	25

表 54-13 越橘、笃斯越橘果中氨基酸的组成（mg/100g）

氨基酸	越 橘	笃斯越橘
丙氨酸	8.42	3.01
甘氨酸	0.29	0.41
缬氨酸	1.30	—
丝氨酸	3.14	0.51
亮氨酸	0.80	0.84
异亮氨酸	1.84	—
正亮氨酸	14.48	—
脯氨酸	0.82	0.87
半胱氨酸	1.98	1.40
羟脯氨酸	1.36	0.45
蛋氨酸	1.73	11.86
天门冬氨酸	2.33	2.48
苯丙氨酸	0.96	0.35
谷氨酸	13.97	0.81
赖氨酸	0.45	0.45
酪氨酸	0.52	0.84
精氨酸	1.13	—
组氨酸	—	1.31
胱氨酸	5.14	5.00
苏氨酸	1.20	—

1.4.3 加工利用

目前东北地区已普遍采用越橘果酿造芳香可口的果酒，此外还用来取汁生产饮料、果酱或提取食用色素等。

越橘果皮较薄，易破裂而使果汁外流，装运需用木桶之类。当采用越橘汁酿酒时，为了提高各档次果酒的质量，将自流汁与压榨汁分开发酵。发酵温度在20～26℃最佳，所得的越橘酒呈宝石红色，清亮透明，醇厚芳香。

1.5 刺 梨

1.5.1 资 源

刺梨，学名缫丝花 *Rosa roxburghii* Tratt 又名文先果、木梨子（四川），蔷薇科多年生落叶小灌木。果实7～8月开始成熟，呈扁球形或圆球形，绿色至黄色，每颗一般重10～20g，味酸甜，微涩。主产于我国四川、云南、贵州、广东、江苏、浙江、湖北等省。适宜生长在海拔800～1 200m的温暖、湿润的山地、沟旁。野生刺梨株产最高可达18.5kg。贵州省86个县、市几乎都有刺梨生长，资源丰富，全贵州省每年收购鲜果达6 000t。

1.5.2 营养成分

刺梨含有丰富的营养物质，如蛋白质、脂肪、糖、有机酸、胡萝卜素、单宁、多种维生素、矿物质等，特别是 V_C 含量高达3 540mg/100g，比苹果和柑橘高几十倍以上，人们冠以“V_C 之王”的美称。其次 V_P 含量为6 000mg/100g。刺梨有独特的清香风味、酸度适中，其营养成分含量见表54-14。

表 54-14　鲜刺梨营养成分含量

分析项目	最高含量	最低含量	平均含量
可食部分（%）	98.39	57.27	81.37
水分（%）	89.68	67.37	83.94
总糖（%）	6.22	1.83	3.30
总酸（以苹果酸计）（%）	2.79	0.11	1.45
还原糖（%）	2.93	1.38	2.06
单宁（mg/100g）	2 214.90	138.00	701.20
维生素 C（mg/100g）	3 541.13	939.48	2 818.09
胡萝卜素（mg/100g）	1.18	0	0.07
蛋白质（%）	—	—	0.61
脂肪（%）	—	—	0.97
粗纤维（%）	—	—	7.23
灰分（%）	—	—	0.46
钙（mg/100g）	—	—	8
磷（mg/100g）	—	—	27
铁（mg/100g）	—	—	1.9

1.5.3　加工利用

刺梨不仅有很高的营养价值，而且具有多种药效。食其汁能消食健胃，去热利尿，降低血液中胆固醇含量，有防止高血压、动脉粥样硬化的作用。

刺梨加工产品主要有刺梨原汁、浓缩汁、果酒、汽酒、汽水、刺梨大枣露、刺梨羹、刺梨冻、果酱、软糖等 10 多个品种，其中尤以刺梨饮料及果酒最受消费者欢迎，是很有发展前途的食品。

刺梨生产果汁的方法有萃取法和压榨法两种。实践证明，压榨法优于萃取法，其得率高 5%左右，且所得果汁中的 V_C 含量约高 4 倍。未成熟的刺梨果味淡、V_C 和糖分含量低，酸涩味重，不宜采用，成熟果由绿色转为黄色，香味浓，质脆，适宜于加工。由于刺梨果小，且通体都是小刺，种籽多而硬，纤维多而粗，故要先用打浆机破碎之后，再用篮框式压榨机压汁。所有加工设备要用不锈钢制造，以免金属离子进入汁液、加速 V_C 氧化破坏和防止单宁和金属离子发生化学反应而使果汁颜色加深。

1.6　余甘子

1.6.1　资　源

余甘子 *Phyllanthus emblica* L. 又名余甘、油甘、山柚甘、滇橄榄、庵摩勒、杨甘等，大戟科叶下珠属落叶乔灌木果树。广泛分布于热带、亚热带的干热河谷，在我国，主要生长于南方的福建、台湾、广东、广西、云南、贵州以及浙江、江西、四川的南部地区。其中，福建、广东，种植面积最大，产量最高。嫁接或萌发枝 2～3 年即可结果，10 年大树单株产鲜果 10～30kg。果呈圆形，黄绿色，一般重为 5～8g，果肉约占果实总重量的 90%。

1.6.2　营养成分

余甘子果实含有丰富的维生素 C、B_1、B_2，有机酸，糖，蛋白质，脂肪，生物碱，果胶，单宁和钙、磷、铁、钾、钠等微量矿物质（见表 54-15）。

表 54-15 余甘子果实成分分析

成 分	含 量 (%)	矿物元素	含量 (μg/g)
水 分	83.80	硫	143.53
灰 分	0.62	锰	28.11
总 糖	3.94	镁	130.14
总 酸	2.07	磷	376.12
粗蛋白	2.45	锌	6.72
粗脂肪	2.00	铁	4.11
粗纤维	1.77	钠	96.91
无氮抽出物	8.90	钾	5 265.16
单 宁	1.38	钙	222.81
果胶质	0.46	铝	3.84
V_C (mg/100g)	398.00	硒	0.30

资料来源：引自1990年林区浆果开发利用学术会论文《余甘子的保健价值》。

我国余甘子品种有40多种，各品种间的 V_C 含量不同，“秋白”品种含 V_C 最多，达到 470.9mg/100g。最少的品种“柳穗”只有169.4mg/100g。14种主要品种的余甘子 V_C 含量见表54-16。

表 54-16 我国余甘子主要品种 V_C 含量

品种	秋白	粉甘	山甘(大果)	白本	长穗	人仔面	至号	狮头	六月白	算盘子	枣甘	赤皮	山甘(小果)	柳穗
V_C (mg/100g)	470.9	400.1	309.8	279.7	264.8	264.7	259.9	227.0	221.5	220.6	218.8	212.1	190.1	169.4

资料来源：引自《食品科学》1988年《余甘子果实及其制品 V_C 含量变化的研究》。

1.6.3 加工应用

余甘子鲜食酸甜可口，略带涩味，风味独特，食后回甜生津。在医学上，余甘子果实有消炎解渴作用，并有润肺、止咳、化痰、治喉疼和牙痛的功效。临床实验证实，它能阻断N-亚硝基形成，有防癌能力。同时，它能增加机体超氧化物歧化酶（SOD）的活力，并能降低血液中过氧化脂质（LPO）的含量，故有抗衰老的作用。

余甘子的传统加工产品有盐渍、糖水、蜜饯等，为我国南方民间喜爱的食品。近年已发展了生产余甘子鲜果汁、浓缩果汁、饮料、粉剂等产品。余甘子的加工产品色、香、味俱佳，营养成分也基本上保持不变，特别是 V_C 的保存率较高，见表54-17。

表 54-17 不同加工方法对余甘子 V_C 含量的影响

产 品	鲜 果(粉甘)	糖水果	盐腌果	蜜 饯	鲜果汁	浓缩汁	粉 剂	干 渣
V_C 含量 (mg/100g)	400.1	133.6	392.5	53.9	364.4	2 283.6	229.0	364.3

资料来源：引自《食品科学》1988年《余甘子果实及其制品 V_C 含量变化的研究》。

1.7 刺玫果

1.7.1 资 源

刺玫 *Rosa davurica* Pall 又名山刺玫（山西）、野玫瑰、刺玫蔷薇、红根（辽宁），是蔷薇科多年生落叶灌木。主要分布在北半球的温带和亚热带地区，我国的黑龙江、吉林、辽宁、内蒙古、河北、山西为主要产区。大小兴安岭一带贮量最为丰富，仅绥芬河每年可收购刺玫干果1 000～1 500t。刺玫果于8～9月成熟，果实近似球型或卵圆形，直径1～1.5cm，红色。果实成熟后应立即采收，迅速晒干，利于贮存。干刺玫果含水率约17%，果肉占64%。

1.7.2 营养成分

刺玫果含有与人体健康关系密切的多种维生素、氨基酸、糖类、有机酸、油脂、甾醇、果胶、黄酮和14种微量元素。其中尤以V_C含量高而著称，每100g果含V_C500～2 000mg。各种成分含量见表54-18。

表54-18 刺玫果营养成分表

一般成分	含量（%）	有机酸	含量（mg/100g）	氨基酸	含量（mg/100g）
水分	56.68	柠檬酸	690	丙氨酸	0.94
灰分	1.22	奎尼酸	88	缬氨酸	1.11
蛋白质	2.70	苹果酸	180	丝氨酸	1.23
脂肪	0.29	乌头酸	140	脯氨酸	5.55
单宁	0.10	富马酸	230	蛋氨酸	0.68
果胶	2.64	琥珀酸	38	天门冬氨酸	5.36
总酸	0.98	酒石酸	17	苯丙氨酸	0.21
总糖	11.46	戊二酸	5	谷氨酸	1.49
还原糖	9.54	甲酸	9	赖氨酸	0.24
维生素（mg/100g）	803.00	乙酸	5	酪氨酸	0.33
维生素B_2	0.21			精氨酸	0.80
				组氨酸	3.48
				苏氨酸	0.67

资料来源：引自1990年林区浆果会议论文《野生浆果营养成分剖析》。

刺玫种籽中含有10%左右的油脂，棕红色，其中亚油酸约占56%，且含有大量V_E和胡萝卜素等。刺玫果汁具有特殊香气，其化学成分为丙醇、异丁醇、异戊醇、2，3-丁二醇、乳酸乙酯、癸酸乙酯、辛酸乙酯、已酸乙酯等醇类和酯类化合物。

1.7.3 加工利用

刺玫果具有健脾理气，养血调经，有抗疲劳，促进生物体RNA、DNA和蛋白质的合成，对单胺氧化酶有抑制作用，能增强机体免疫功能和抗衰老作用。民间多用刺玫果熬汤内服，治疗胆囊炎、肾类、胃炎和肝病。目前正开发应用的产品有：

1.7.3.1 医疗保健药品

糖衣片、剂、颗粒冲剂、糖浆、酊剂等。适用于老年人提高抵抗力，防病、抗衰老；孕妇、病后体弱者滋补健身。

1.7.3.2 营养食品

饮料类：鲜果汁、浓缩果汁、果汁糖浆、汽水、固体饮料等；酒类：果酒、汽酒、加料啤酒等；果酱类：刺玫果酱、什锦果酱、强化刺玫果酱等；糖果类：高级刺玫果酒糖、夹心奶糖、胶糖等；食品类：刺玫果饼干、蛋糕、果冻、洋羹等。

1.8 白 刺

1.8.1 资 源

白刺 *Nitraria sibirica* Pall. 俗名酸胖、沙樱桃、蒺藜科矮生灌木、萌生力强，是荒漠中的优势种群之一。我国已发现8个种，主要有唐古特白刺 *N. tangutorum* Bobr. 和大果白刺

N. roborouskii Komak。分布在新疆、内蒙古、辽宁、陕西、甘肃、宁夏、青海、河北、河南、山西、山东、四川等省（区）的盐碱干旱地带。仅甘肃省统计，白刺生长面积达18万hm^2，每年可采果16 000t。白刺花小，黄绿色，果期6～7月，果呈圆锥状，长8～10mm，大如樱桃，成熟后深紫红色，外果皮薄，内果皮呈骨质，酸甜可食。

1.8.2 营养成分

白刺果富含营养，据分析，唐古特白刺果肉含蛋白质8.36%，脂肪0.4%，总糖26%，总酸8.67%，总黄酮0.27%，V_C31.2mg/100g，此外，还含有19种氨基酸和22种矿物质。种籽含油12%，主要为亚油酸，占全油脂的60%以上，适宜于作保健和药用油脂。氨基酸含量见表54-19。

表54-19 白刺果肉中氨基酸组成

氨基酸	含量（mg/100g）	氨基酸	含量（mg/100g）
天门冬氨酸	5.57	亮氨酸	8.85
苏氨酸	16.93	酪氨酸	29.78
丝氨酸	10.58	苯丙氨酸	7.74
谷氨酸	7.45	赖氨酸	0.89
甘氨酸	2.87	组氨酸	1.52
丙氨酸	118.34	精氨酸	2.75
缬氨酸	19.75	脯氨酸	79.24

1.8.3 加工利用

根据白刺果实的生化成分和民间食用和药用的传统经验，它的使用价值不低于沙棘。野生白刺资源的开发利用已引起西北地区各界的重视，甘肃等地已于1987年开始采用白刺果加工成原果汁、饮料、汽水、糖浆、果酱、果丹皮等产品。1988年凉州野生食品厂生产沙樱桃汁300t，产值44万元。

白刺多生长在荒漠地带，气候干燥，所以采收时有些果实已变为干果。同时，由于白刺果胶质含量很高，鲜果压榨取汁有困难，为了便于保存白刺果，将采收的果实晒干。所以目前加工白刺果汁等产品多采用干果为原料。加工时要经洗涤后，用软水进行浸泡10h，再放入打浆机中打浆脱籽，过滤和灭菌等工序。

1.9 其他浆果

除了上述8种浆果外，东北、西北、西南等广大林区还有资源相当丰富的可食用浆果，例如草莓、树莓、山葡萄、火棘、桃金娘、斯坦氏忍冬、金樱子、悬沟子、刺果茶藨、山丁子等。这些浆果大多数已经开发或正在研究开发利用，有可能发展成一个相当规模的产业，成为山区经济发展的一个重要组成部分。

1.9.1 资　源

（1）草莓 *Fragaria orientalis* L. 又名高力果、瓢儿（甘肃），蔷薇科多年生草本植物。分布于辽宁、黑龙江、吉林、陕西、甘肃、青海、内蒙古、河北、山东、河南、山西、四川、湖北等省（区），资源丰富。花期6～7月，白色稍带红色。果期8～10月，果实聚合成球形，成熟时呈鲜红色至暗红色，可食用，酸甜适口。目前黑龙江的一面坡、石头河子、帽儿山等地已有人工种植。

（2）树莓，学名蓬蘽 *Rubus crataegifolius* Buuge 俗名托盘、马林果（东北）、安门头、红

眼耳、菠罗盘、拉午珠（山东），蔷薇科落叶灌木。分布于辽宁、黑龙江、吉林、内蒙古、河北、山东等省（区）。花期 6 月，果期 8～9 月，果实为聚合球形、状似“鸡心”，红色，果实多汁。

（3）山葡萄 *Vitis amurensis* Rupr. 又名阿穆尔葡萄、野葡萄，葡萄科落叶藤本植物。分布于黑龙江、辽宁、吉林、河北、山东、江苏、浙江、安徽、河南、陕西和甘肃等省。野生浆果，果期 8～9 月，果实呈圆球形，成熟果皮呈紫黑色，附有蓝白色果霜。东北的黑龙江、吉林等地均有人工栽培。引誉中外的通化葡萄酒即以山葡萄为原料酿造而成。

（4）火棘 *Pyracantha fortuneana*（Maxim.）Li 又名火把果、救军粮（四川、贵州、湖北）、水沙子（四川）、红子（贵州、湖北），蔷薇科常绿灌木。分布于广西、云南、贵州、四川、湖南、湖北、江苏、安徽、江西、浙江、河南、陕西等省（区），果期 8～10 月。果呈球形、深红色，资源丰富，仅四川初步查明，年可收果 1 000t 以上。

（5）桃金娘 *Rhodomyrtus tomentosa* Hassk. 又名山稔、岗稔、稔子（广东）、姚娘、唐莲（福建），桃金娘科常绿小灌木。分布于广东、广西、台湾、福建、云南、贵州、湖南等省（区）。花期 5～6 月，果期 8～9 月，浆果呈椭圆形，暗紫红色，果肉紫红色，多汁，味甘甜，民间采果自食。果实中多小籽，一般 10～30 粒。

（6）斯坦氏忍冬 *Lonicera standishii* Carr. 忍冬科灌木，主要分布于华中山区混交林缘或灌木丛中，尤以秦岭山区海拔 700～1 500m 更为集中。4～5 月果实成熟。果形奇特，呈分叉状，为合生果，平均果重 1.7g 左右。果皮薄，色泽艳红，整果呈半透明状，单株产量约1～2kg。果味甜，有特殊香气，是山区群众喜食野生浆果。

（7）金樱子 *Rosa laevigata* Michx.，又名糖罐子、糖利桠、灯笼果、鸭板子、山鸡头（湖南）茨梨、白玉带（四川）、糖刺子果、红根（湖北）、塘莺、藤安刺（广东）、黄茶瓶（广西）、蜂糖罐、美人脱衣（贵州）山石榴（河南）、糖橘子、野石榴（江苏）、油瓶子（安徽）、刺猪、刺橄榄、草鞋锉（福建）、刺糖瓶、刺瓶果、棉花锤、鸡头刺、刺棚果（浙江），蔷薇科常绿藤本植物，分布于黄河以南各省（区）。经查明，湖北、安徽山区资源丰富，仅英山县年收购金樱子果约 1 500t，生产金樱子果酒 100 多 t。

1.9.2　营养成分

上述各种野生浆果的共同特点是营养成分含量高，富含各种维生素、蛋白质、氨基酸、有机酸、糖、矿物质等。民间长期作为食用和药物使用。其营养成分含量汇总见表 54-20。

表 54-20　9 种浆果营养成分含量

品　种	水　分（%）	蛋白质（%）	单　宁（%）	果　胶（%）	总　酸（%）	总糖（%）	Vc（mg/100g）
草　莓	89.1	0.53	0.30	1.02	1.72	3.79	50～119
树　莓	85.5	0.23	0.18	1.97	1.15	7.33	35
山葡萄	79.7	1.40	0.11	1.11	2.33	4.30	6.9
火　棘	75.8	1.03	0.40	2.80	0.9～1.13	11～15	10.9
桃金娘	72.9	—	1.10	—	0.58	10.40	8.1
斯坦氏忍冬	87.8	—	—	—	0.18	7.06	19.7
金樱子	54.7	—	—	—	—	40	200～1 500
悬钩子	85.4	2.79	—	0.89	1.28	1.46	2.8～12
刺果茶藨	85.6	0.80	—	—	2.73	6.0	75

1.9.3 加工利用

上述浆果主要用于加工果酒、果汁饮料、果酱等产品。东北地区主要用于生产果酒，例如通化葡萄酒（山葡萄酿制），一面坡的香梅酒（树莓酿制），金梅酒（草莓酿制）、火棘果酒、蓝靛果酒、靛果葡萄酒等。近年，更注重利用这些浆果榨取果汁并制成浓缩果汁外运。由于野生浆果资源较分散，可利用各种浆果成熟期的差别，分开加工，连续作业。例如6月份收草莓，7月收树莓，8月收越橘，9月山葡萄等。发挥生产设备的利用效率，保证各种浆果都能及时加工处理。

2 天然浆果产品加工

天然浆果不仅品种多，其加工产品的种类和方法也比一般水果多且复杂。其主要包括汁、饮料、果酱、果冻、果酒、汽酒、油脂、醋、食用色素等。此外尚有应用酱果或其油脂等再加工成酊剂、浓缩维生素、化妆品、饲料添加剂、保健食品和其他治疗性中成药等。

2.1 天然浆果汁

天然浆果汁是由新鲜的浆果经过压榨或浸渍所制得的汁液。果汁中的主要成分是水、有机酸、糖、维生素、矿物质、芳香物质、色素、少量的黄酮类化合物、单宁、蛋白质等。一般浆果汁中固形物含量在10%～20%，相对密度大约1.05左右。天然浆果汁是一种高级保健饮料和食品，除了能给人们补充必要的水分、矿物质、维生素等必需物质外，还对高血压、多种内脏炎症起辅助治疗作用，它的重要性已为人们所逐步认识。

2.1.1 果汁种类

（1）原果汁：它是由天然浆果直接榨出的果汁。主要产品有两类：一是混浊汁，果汁中保留有原浆果肉微粒、果胶质等。一般要经过乳化、调整其糖酸比，必要时也加点色素、香精或防腐剂等。这类果汁风味和色泽好，营养价值也比较高；二是清果汁，也称透明果汁，它是将榨出的浆果汁经过澄清、脱果胶过滤等工序以除去原汁中的果肉、杂质、果胶及蛋白质等不溶物或在放置过程中可能逐渐释出的物质，然后再调糖酸比，灭菌、装罐。这类果汁外观清晰透明，便于加工成各种饮料，但风味及营养价值远不如混浊汁好。沙棘、黑穗醋栗等目前多用于生产此类产品。

（2）加糖汁：也称调配浆果汁。它是在原果汁中加入较大量的砂糖、柠檬酸（或苹果酸）香精、色素、维生素等，有些还加入一定量的乳化剂，一般调整至总糖含量为60%以上，总酸为0.9%～2.5%（以柠檬酸计）加热溶解，过滤、制成与鲜果汁的色、香、味相近的果汁饮料。果汁中加入的糖和柠檬酸的量也可以根据不同浆果品种和不同产品要求而定，但一般规定原浆果汁的含量应占30%以上。

（3）浓缩汁：采用加热真空蒸发浓缩或冷冻浓缩的方法将原浆果汁浓缩至1～6倍（重量计），同样也包括清浓缩汁和浊浓缩汁两种。该类果汁便于保存和远距离运输。作为原料或半成品使用，在销售地再根据用户需要冲稀调配成所需饮料或生产果酒等产品。生产浓缩果汁的设备投资较大，能源消耗高，果汁风味也有一定损失，所以对于规模太小的天然浆果加工厂（目前林区此类工厂为数不少）及能在本地当时销售完的工厂，则不采用加工浓缩汁这种中间产品。

2.1.2 果汁加工工艺

2.1.2.1 生产工艺流程

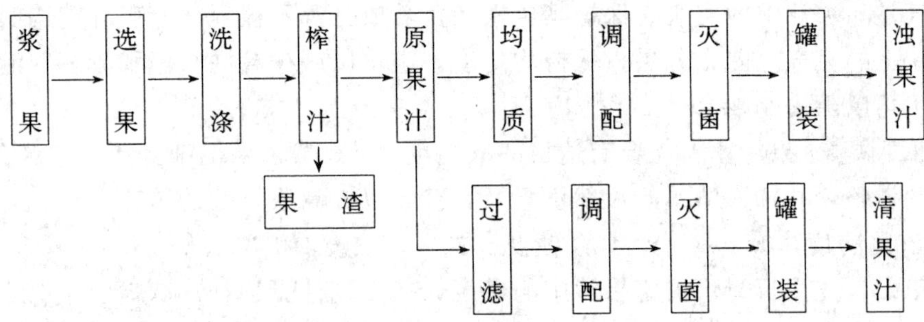

2.1.2.2　工艺技术要点

(1) 选果和洗果：天然浆果多为野生，因此病虫果机械杂质较多，成熟度差别也较一般水果大，为了保证果汁质量，在加工前必需进行较严格的筛选、去掉霉烂果、病虫果、未熟果、杂质等。

果汁中的微生物主要来自原料、特别是带皮榨汁的浆果，更应注意良好的洗涤方式，一般可分下列两步进行：第一步清水洗涤。浆果实倒入清水槽中，水槽形状多为长方形，内壁砌磁砖，槽内有金属滤水板，并安装冷却水管和喷头，侧壁上方有溢水管，下方有排水管。槽底安装压缩空气喷管，利用压缩空气搅动洗涤水。第二步化学洗涤。常用的化学洗涤液有 3 种：①将用清水洗涤过的浆果放在 0.5%～1.5%的稀盐酸溶液中，浸泡几分钟后取出用清水漂洗；②将果实浸泡在含 0.1%高锰酸钾溶液中，经数分钟后取出，用清水漂洗至无红色为止；③漂白粉溶液洗涤。浆果放在 0.06%浓度的漂白粉液中浸泡几分种后取出再用清水漂洗。上述化学洗涤法可以选用其中一种，也可多种方法并用，视实际需要而定。

(2) 榨汁：榨汁的方式可分为热榨法和冷榨法；从榨汁的工艺设备而言可分为连续式和间歇式两种。连续式主要是采用螺旋榨汁机，优点是生产效率高、劳动强度低、操作较方便；缺点是出汁率较低、果汁中酱肉含量高、难以过滤，只适合于生产混浊型果汁。间歇式主要采用螺旋顶压、水压机或油压机压榨，浆果置于篮筐中，出汁率较高，且因为果汁通过滤布流出，含酱肉量低，适合于过滤生产清果汁；缺点是劳动强度大、榨汁时间长，效率低，榨汁工艺应根据浆果本身的特性而选用专门设备，我国目前沙棘榨汁多采用间歇式。

(3) 澄清和过滤：对于生产清晰度好的清果汁，此道工序格外重要。目前分离浆果汁中的果肉、油脂、果胶、杂质等的方法主要有两种：一是采用多段（一般为三段串连）蝶式离心机将果汁中的上述物质分开，此法优点是能同时得到油脂、清汁和渣肉等产品。由于生产周期短，所得清汁变质小、味正，缺点是设备投资高，所得的果肉与泥沙等杂质混在一起，进一步加工利用有困难。二是先澄清后过滤。澄清的方法有：①自然澄清法。将果汁放入密闭容器中，经较长时间静置而分层。此法易使果汁发酵变质，可向果汁中加入 17%～20%的酒精搅拌均匀，以防发酵并加速自然澄清速度，一般在 15 天左右完成澄清过程。②加明胶及单宁澄清法。一般 100L 果汁中加入 10g 单宁和 20g 明胶，在 8～12℃下 6～10h 即可澄清。③酶法澄清。向果汁中加入一定量的果胶酶，分解果汁中阻碍澄清作用的果胶质，使果汁较快澄清。④冷热澄清法。将果汁迅速加热到 75～80℃停留一定时间后迅速冷却，蛋白质与其他胶体物质发生凝固沉淀，果汁粘度降低加快澄清速度。

澄清后的果汁再通过板框过滤，得到清晰透明果汁。

(4) 均质和脱气：均质和脱气是生产浊型浆果汁必须的工序。均质处理可以提高浊型汁的均匀度和稳定性，一般采用高压均质机，个别工厂采用胶体磨来完成此项工作。

果汁脱气是除去汁中的空气，保护其色素和营养成分等不被氧化所破坏，同时，除去附着在果肉颗粒上的空气，防止分层，保持均匀度，也可以减少高温灭菌和罐装时起泡，一般的真空脱气机可以除去90%以上的气体。

(5) 酸甜度调整：果汁饮料需要有适口的酸甜度，而天然浆果很难自然达到这个要求，必须经过适当的调整，并加入适量的天然色素及香精，以提高浆果汁的风味。例如，沙棘果汁糖度14%～20%酸度≥0.30%，刺梨汁糖度≥10%，酸度≥0.30%等。

甜度调节。首先用折光仪测定果汁中的糖度，按下列计算法补加浓糖液量：

$$X=\frac{W\ (B-C)}{D-B}$$

式中：X——需补加浓糖液重量（kg）；

B——要求果汁调整后的含糖量（%）；

C——调整前果汁的含糖量（%）；

D——浓糖液的浓度（%）；

W——调整前原果汁的重量（kg）。

酸度调节。经上述调整糖度后的果汁，取样用酸碱滴定法测定酸值，再用柠檬酸进行适当的酸度调整。

$$m=\frac{A\ (Z-X)}{Y-Z}$$

式中：m——应补加柠檬酸重量（kg）；

A——果汁重量（kg）；

X——调整前原果汁含酸量（%）；

Y——柠檬酸液浓度（%）；

Z——要求调整的酸浓度（%）。

每种浆果汁产品必须规定糖酸比，一般在25～60。

(6) 灭菌及罐装：果汁生产必须有良好的卫生条件和严格的卫生措施，才能保证有合格的质量。灭菌工艺的正确与否，不仅影响到产品的保藏性，而且直接关系到人民群众的健康。目前，绝大部分果汁生产都采用高温瞬时杀菌法，一般采用93±2℃，保持15～30s，特殊情况可采用120℃以上3～10s的灭菌工艺。灭菌与罐装的配合方式一般有3种：①先灭菌再灌装、密封。经高温瞬时灭菌之后的浆果汁，用灌装机装罐，保证装罐后的果汁在70℃以上时密封。然后把容器倒立1min，快速冷却至38℃以下。此法适用于易拉罐之类，如果用玻璃瓶，要注意先预热，以防炸瓶。②配料后的果汁先灭菌，在无菌条件下进行冷却灌装。一般使用复合塑料膜或容器作为包装材料时可用此法。③热灌装，密封后再灭菌。调整后的果汁保持65～70℃下装瓶。密封后沸水杀菌，再冷至37℃以下。此法国内目前较普遍使用。

此外，榨汁机、管道、泵、过滤器、贮罐、灌装容器等必须及时清洗，有些地方如包装容器等还必须用消毒液消毒。

(7) 果汁的浓缩：在选用浓缩果汁的生产工艺时，首先要考虑成品的质量，使之在稀释复原时，能保持与原汁相似的风味、色泽、混浊性和营养成分等。天然浆果的主要特色是营养成分高，风味独特，这些物质都具有较高的热敏性，所以浓缩加工时所采用温度不宜过高。同时加热时间要尽可能缩短，目前所采用的浓缩方式主要有：

①真空浓缩法。在减压下使果汁中的水分迅速蒸发，真空度一般为 94.7kPa，温度不超过 40℃。所采用真空浓缩设备的工作原理，主要有离心薄膜蒸发式、降膜蒸发式、平板蒸发式、强制循环蒸发式等。这些浓缩设备的特点是果汁在蒸发中都呈薄膜流动，热交换效果好，特别是离心薄膜蒸发很适合于热敏性很高的沙棘汁浓缩使用。浆果汁中的芳香物质通常含有 50～100 多种不同的化合物，大多数为醇、醛、醚和酯类物质，在浓缩过程中随水分蒸发一起损失，失去原果汁的风味，对此必需设法加以回收。对于规模较大的浆果浓缩汁加工厂来说，安装相应的芳香成分回收装置是适宜的，回收的芳香物质再重新加到浓缩汁产品中以强化果汁的香气，改进浓缩汁的质量。

②冷冻浓缩法。浆果汁在低温下进行冻结，果汁中的水即形成冰块，分离出冰块，果汁中的可溶性固形物浓度就提高。冷冻浓缩的程度取决于冰点，例如，沙棘清汁的可溶性固含量为 13%时，在－1.5℃时开始结冰；固含量提到 29%时，冰点为－9℃。冷冻浓缩法的最大优点是避免了加热和真空的副作用；没有热变性，不发生加热臭；挥发性芳香物质无损失，产品的风味、色泽，营养成分等远较加热浓缩者优越。其次，热量消耗少，冻结水所需的热量为 335kJ/kg，而蒸发水所需的热量为 2261kJ/kg，在理论上冷冻浓缩所消耗的能量约为蒸发法的 1/7。冷冻浓缩法的缺点是效率低，所得到的产品浓度很难达到 60%固含量，同时，结晶冰块中含有少量果汁成分，如果不设法回收，则会造成损失。解决的办法是将结晶冰块送至饮料调配车间代替一部分饮用水使用，或者按美国专利介绍的方法将冰块送去真空加热浓缩。

③反渗透浓缩和超滤浓缩。反渗透法和超滤法的原理基本相同，都是利用溶质在半透膜两边浓度差所造成的压力来达到传质，从而实现浓缩的目的。反渗透法一般用于小的溶质分子的处理，用来处理溶质分子量和溶剂分子量相差约 1 位数的溶液。果汁浓缩时，反渗透法的操作压力为 2.94～14.7MPa，由泵来提供压力。使用的半透膜是醋酸纤维及其衍生物，一般做成管道式或管柱式。超滤法是以溶质分子量比溶剂分子量差 100 倍以上的分离为对象。例如：用以除去果汁中的蛋白质和果胶等高分子物质。超滤法的操作压力为 49～58.8kPa，使用的半透膜是聚丙烯腈及其他聚烯烃类的材料。反渗透法和超滤法具有不需加热、操作过程果汁品质变化极小、而且是在密封回路中进行，不受氧化，挥发性芳香物质损失少，能耗较低等优点。因此，从成品质量和节能角度出发是有利的。为了避免半透膜受压而破裂，须加支撑加固。

2.1.3　产品的质量要求

天然浆果汁主要用于生产果汁饮料、汽水、保健饮料等产品，直接为人们所饮用，故其品质的好坏，不仅关系到产品的价值，更重要的是直接关系人民的身体健康。更需要把好产品的质量关及卫生关。

(1) 果汁质量：果汁质量直接通过色泽、风味、组织形态、总可溶固形物、酸度、糖度、维生素含量等指标来反映。目前，浆果汁的产品尚未有国家级标准，暂时仍采用地方标准，几种主要浆果汁的质量规格见表 54-21。

(2) 卫生要求：国家食品卫生法对于果汁的卫生指标有严格的规定，天然浆果汁也一定要按国家的规定指标执行。主要指标包括细菌总数≤100 个/ml、大肠菌群≤6 个/100ml、致病菌不得检出的微生物指标和铅、砷、铜等重金属元素含量的控制。同时，如果为了果汁短期保鲜或增加色、香、味而需加入某些食品添加剂的话，一定要严格按照《食品添加剂使用卫生标准》执行。

表 54-21 几种浆果汁理化指标

项 目	沙棘汁①	沙棘浓汁	刺梨鲜汁②	刺梨浓汁	黑穗醋粟浓汁③
色 泽	橙黄色或橙红色	橙黄色或橙红色	浅黄色，久置后色泽稍加深	浅棕黄色，久置后色泽稍加深	宝石红色，有光泽
风 味	具有沙棘果特有的风味酸甜适口，无异味	具有沙棘特有风味及香甜感，酸甜适口，无异味	具刺梨独特风味，甜酸适口，无异味	稀释5倍后，有刺梨独特风味甜酸适口，无异味	具有黑醋粟的香气味，气味浓厚
组织形态	外观为均匀浊液，久置允许有微量果肉沉淀	外观为均匀混浊液，久置允许有微量沉淀	透明液体，无杂物，静置后允许有少量沉淀	透明粘稠液，久置后允许有少量沉淀	透明液体，无杂质，久置允许有少量沉淀
可溶性总固形物（%）	14～20	≥25	≥10	≥62	≥60
总酸度（柠檬酸计）（%）	≥0.30	≥0.5	≥0.3	≥1.1	≥1.2
V_C(mg/100g)	≥25	≥50	≥50	≥300	≥160

①山西省标准；②贵州省标准；③黑龙江省标准。

2.2 固体饮料

固体饮料是指水分含量≤2.5%，具有一定形状，须经冲溶后才可饮用的颗粒状，鳞片状，或粉末状的饮料。由于固体饮料体积小；便于运输、贮存、携带，营养丰富等特点，生产的品种和产量发展很快。例如，沙棘晶、沙棘原粉、沙棘冲剂等品种很多。已逐步形成组分营养化、品种多样化、包装优雅化、携带方便化的系列产品。

2.2.1 固体饮料种类

（1）固体果汁；它是由天然浆果汁采用物理干燥方法除去大部分水分、或在天然浆果中加入干燥助剂而制得。一般是粉末状或小颗粒状，其特点是保持天然浆果的新鲜色泽、风味，可以用来配制各种汁液体饮料和其他果汁制品。

（2）晶状固体饮料：它是将果汁和一些所需要营养成分加入到白糖和助干剂中，造粒并在干燥机中干燥后过筛而成。直接冲水即可饮用。

2.2.2 生产工艺

2.2.2.1 工艺流程

固体饮料的生产工艺流程如下：

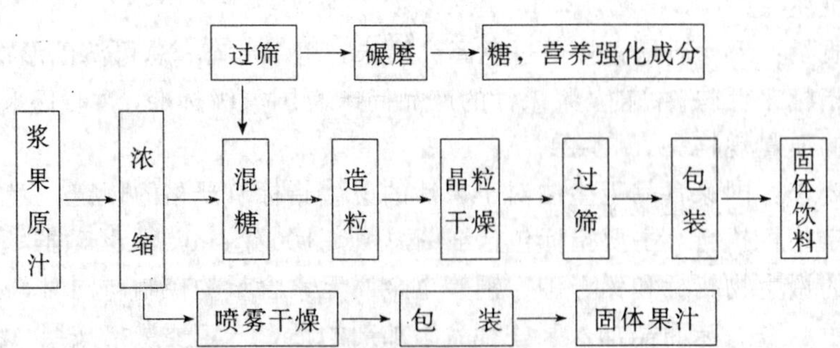

2.2.2.2 工艺技术要点

(1)原料准备：将明胶以1∶3.5的比例用水泡浸4～8h后，置于水浴上加热溶化成胶液。也可用果胶或CMC代替明胶。

(2)果汁浓缩：浆果汁经真空浓缩至可溶性固含量为60%以上，用手持糖量计测定。

(3)煮糖：将白糖、液体葡萄糖加清水（或用乌梅水或山楂水代替），加温溶化、过滤、放入熬糖锅内，置火上熬煮至116～118℃离火。

(4)混料：将糖液倾入搅拌机中，缓慢搅拌，加入已熬化的明胶液，继续搅拌至成乳白色加入浓缩果汁、香精、色素等。混合后物料水分控制在10%左右，水分过大造粒时易粘网，水分过小则粘性差，形成不了颗粒。混合好的物料通过摇摆式造粒机进行造粒。

(5)干燥：生产果汁晶多采用混合造粒干燥法。干燥机有固定床干燥机和流动床干燥机等形式，前者便于操作，适合于小厂使用，后者产量高、劳动强度小、但一次投资较大。将上述已造粒好的固体饮料，送入干燥机中，在热气流中加热干燥。干燥温度一般控制在50～70℃，时间1～2h。

(6)果汁粉的生产：将浆果汁浓缩至可溶性固含量达60%以上，加入必要的助干剂。常用的助干剂有阿拉伯胶、果胶、糊精、淀粉糖浆、羧甲基纤维素（CMC）等，以防止干燥过程中果汁粉在干燥器壁上粘结，采用喷雾干燥的方式，浓果汁经喷嘴时被喷成微细浓雾，在流动的干热气体中迅速失水干燥，大约在15～30s内完成。

(7)固体饮料的包装及保存：固体饮料的水分越低质量越稳定。例如水分含量低于2%时，即使在40℃的高温下存放也无褐变现象发生；水分在3.5%以上时，在37℃下贮藏1个月就发生褐变。因此，生产的产品应干燥至水分含量在2%～3%，并在相对湿度10%～20%，温度在15～20℃的室内进行包装，同时，为了防止贮藏过程中发生氧化变质，可适当加入一定量的抗氧剂如L-抗坏血酸或D-异抗坏血酸等。

2.2.3 产品质量要求

原轻工部对固体饮料质量的要求如下：

(1)理化指标：

水分≤2.5%，铜≤10mg/kg，铅≤1mg/kg，砷≤0.5mg/kg，添加剂按GB/T 8449—87，GB/T 8450—87和GB/T 8451—87规定执行，溶解度>90%，比容：真空法>195cm^3/100g，喷雾法>160cm^3/100g。

(2)细菌指标：

杂菌数<15 000个/g；大肠菌群<30个/100g；致病菌不得检出。

(3)感官指标：

色泽：具有相应鲜果的色泽，均匀一致；

杂质：无肉眼可见的外来杂质；

组织形态：呈颗粒或粉末状，溶解后允许均匀混浊和微量果屑；

香味：柔和浓郁，并应与原鲜果相呼应；

包装：美观完整，清洁无污染，封口严密，重量准确。

2.3 果 酒

果酒为低酒精度饮料酒，含有丰富的维生素等营养成分，而且色美味香，适量饮用可增进身体健康，为人们普遍喜爱的酒精类饮料。因此不论产量或品种方面均发展迅速，有些已成为国内外名酒，如河北生产的中华沙棘酒，四川生产的中华弥猴桃果酒和黑龙江生产的越橘酒，已畅销国内外，多次被评为优质果酒。

2.3.1 果酒种类

浆果酒的种类繁多，分类方法也不统一，一般来说可分为下列几大类：

(1) 发酵果酒：它是浆果造酒的主要产品，采用浆果或果汁，经酵母菌发酵而制成的果酒，这一类产品又有下列几种分法：①按浆果来源分：有沙棘酒、猕猴桃酒、越橘酒、山葡萄酒、黑加仑酒、刺梨酒等。②按果酒的含糖量分：有干果酒（含糖量：3g/L）、半干果酒（含糖量：4～12g/L）、半甜果酒（含糖量：12～50g/L）、甜果酒（含糖量：＞50g/L）。③按果酒中含酒精量分：有高酒精度果酒（酒精含量＞180ml/L）和低酒精度果酒（酒精含量＜170ml/L）。④按果酒中果汁含量分：有全汁果酒（含果汁在80%以上）、半汁果酒（果汁含量在±50%左右）。

(2) 汽酒：又称起泡酒。它含有一定量的CO_2气。分为天然汽酒（即酒中的CO_2是由酵母发酵产生的）和人工汽酒，其中的CO_2气是人工添加的，一般的汽酒多为此类。如沙棘汽酒，猕猴桃汽酒等。

(3) 露酒：又称配制酒。采用食用酒精、果汁、糖、色素、香精等经人工调配而成的果酒。一般酒精度为25°～40°。常见的配制酒有红果酒、青梅酒、芬兰生产的沙棘酒也属此类。

2.3.2 生产工艺流程

果酒的生产工艺流程如下：

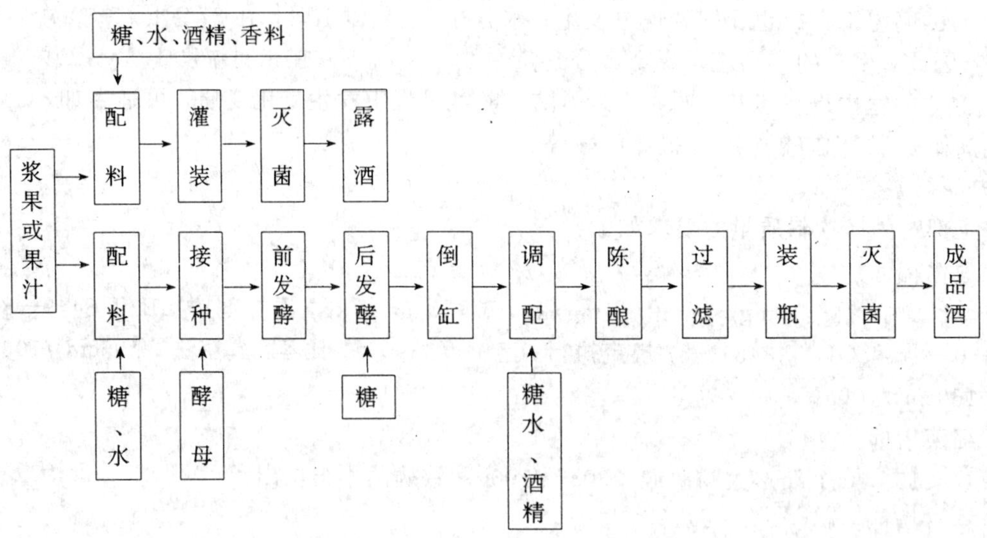

2.3.3 工艺技术要点

2.3.3.1 酵母的选育与酒母的制备

根据浆果性质的不同，选择优良的酵母菌种，是获得色、香、味俱全的优良果酒的先决条件。好的菌种应满足以下基本条件：①酵母菌可协助果汁产生良好的果香、醇香并带有悦人的滋味；②能将果汁中的糖尽可能发酵完（残糖在0.4%以下）；③有较强的抗二氧化硫能力；④酵母沉底要快，并在底部易结成块或粒状；⑤酒精发酵能力应达到16%以上；⑥发酵速度较快，但又不致过于剧烈。

为了满足上述的要求，一般要通过实验筛选适宜的菌种。筛选出的优良菌种要先在培养基中培养，并用该浆果汁淳化，接种应在无菌室、超净工作台或灭菌接种箱内进行。接种的试管放在 25℃的恒温箱培养 3 天后，就可看到红白色的菌体生长，将试管中的酵母培养液倒入装有培养液的 500mL 三角瓶中，继续培养 1 天，然后全部倒入装有培养液的 3 000mL 三角瓶中，继续培养 2 天，最后倒入装有 20L 果汁并在灭过菌的罐中再培养 2 天，每天搅动 3～4 次。

2.3.3.2　发　酵

（1）配料：果汁一般要先加入一定量的 SO_2 作防腐剂（小厂也可使用偏重亚硫酸钾），SO_2 不仅可以杀灭杂菌还有防腐作用。而且可使果汁澄清，防止果汁和果酒发生氧化混浊。同时加 SO_2 制得的果酒香气素淡、清雅、味道更柔和、爽口。一般加入量控制在 80～100μl/L。在发酵前，还要向果汁中加入一定量的糖。

（2）发酵操作：将调好的果汁倒入洗净并消毒的发酵罐中，装料量为容器的 4/5，调节温度至 20～26℃，加入约 2%～5%发酵母液，进行主发酵，温度保持在 24±2℃，如夏天气温过高，应采用外夹套或蛇管通冷却水降温。发酵过程中，酒味渐浓，产生大量 CO_2 气，将果皮及果肉等冲至液面；此时听到容器发出喳喳声响，每天要搅动两次，把浮起的皮渣压下；5～6 天后浮起的皮渣越来越少，喳喳声响也变小时，温度开始下降，主发酵结束。

（3）后发酵：经过主发酵后的液体，将上层飘浮的“酒帽”除去，然后过滤后得到自流酒，剩下的皮渣压榨后得到压榨酒。两种酒合并在一起添加适量的糖液，送到后发酵的柞木桶内，装量不要超过桶容积的 95%，送进酒窖（地下室）进行后发酵，酒窖温度应控制在15～20℃，经时 30～35 天。

（4）陈酿：用胶管将后发酵的果酒液虹吸至另一酒桶中，并将桶置于 8～12℃的酒窖贮存，3～6 个月采用虹吸法换桶一次，以除去原桶中的沉淀物（酒脚）。贮存一定时间后即成清滢、酸甜、馨香的美酒。

（5）澄清与过滤：为了使酒液进一步澄清，可使用澄清剂。一般选用蛋白质类澄清剂，如明胶等。每升果酒加 0.1g 明胶和 0.1g 单宁，然后用板框过滤机进行过滤，得到清澈透明的酒液。

（6）调配：根据市场的需求及果酒的品种，加入适量的砂糖及熏蒸过的食用酒精，调配成所需的酒度及含糖量。如沙棘果酒的各种规格的含糖量及酒度见表 54-22。

表 54-22　沙棘果酒理化指标

项　　目	干沙棘果酒	半干沙棘果酒	半甜沙棘果酒	甜沙棘果酒	沙棘汽酒	起泡沙棘果酒	加香沙棘果酒
酒精（以容量计，20℃）（%）	7～13	7～13	7～13	12～24	4±1	10～13	14～24
总糖（以葡萄糖计）（g/L）	≤4.0	4.1～12.0	12.1～50.0	≥50.1	≤110	干、半干、半甜、甜与左列四类产品同	
总酸（以苹果酸计）（g/L）	5.0～10.0	5.0～10.0	5.0～10.0	3.0～12.0	2.0～4.0	3.0～12.0	3.0～12.0
挥发酸（以醋酸计）(g/L)≤	1.0	1.0	1.0	1.0	—	0.8	1.0
游离二氧化硫（mg/L）≤	50	50	50	50	—	—	—

2.3.4 浆果酒的质量要求

浆果酒的品种甚多，但销量较大的几种质量要求相近，见表54-23。

表54-23 几种浆果酒的质量要求

项目	沙棘酒	猕猴桃酒	刺梨酒	刺梨汽酒
色泽	淡黄色至深金黄色	橘黄色	橙黄色或橙红色	浅黄色，久置稍加深
风味	具有本果品新鲜果香及酒香，香气协调悦人，无异味	具猕猴桃果香，酒香浓馥，醇和爽口	具刺梨特有香味，甜酸适口，醇厚甘美，无异味	
组织形态	清澈透明，有光泽，不应有明显悬浮物，沉淀物	澄清透明，有光泽，无沉淀和悬浮物	清亮透明，无异物，长期静置后允许少量沉淀	
总糖含量（%）	4～12	8～12	6～12	≥1
总酸含量（%）	≤1.0	0.05～0.06	0.25～0.4	≥0.2
维生素C含量（mg/100g）	≥50	≥10	80～100	≥30
酒精含量（V/V，20℃）（%）	12～24	10～15	8～20	3～6
单宁含量（%）	—	<0.05	<0.06	—
二氧化碳含量（ml/100ml）（20℃）	—	—	—	0.18～0.23

2.4 果酱、果冻和果丹皮

果酱、果冻和果丹皮是人们喜爱的食品。果酱和果冻的制作方法相似，其最大区别是果酱采用果肉或带肉果汁作原料，所得产品成肉酱状，色泽、味道与原浆果相似。果冻则采用清果汁为原料，所得产品成透明晶莹膏状体，色泽鲜艳、质地滑爽。果丹皮的制作工艺，第一阶段与果酱相似，但在产品成形上则较为考究，需经过摊皮，烘烤等手续，所得产品成半透明的薄片状，香甜可口，为儿童所喜爱的食品。

2.4.1 果酱生产技术

2.4.1.1 生产工艺流程

果酱生产工艺流程如下：

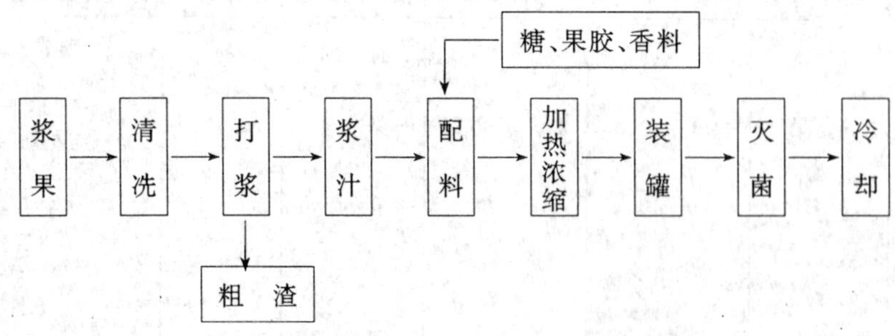

2.4.1.2 生产技术要点

严格挑选无霉烂，完好浆果，洗净后放入破碎机中进行破碎，再进入打浆机打成浆状，粗滤除去皮果及种籽；浆汁倒进反应锅中；反应锅有常压加热式和真空加热式两种，根据不同的浆果及对果酱产品的稠度、甜度、风味等的不同要求，可以在制酱时加入适量的果胶、糖水和香料等。例如制作沙棘果酱，一般每 100kg 浆汁加入经过滤的 75%浓度的糖水 133kg，分两次加入，先将一半倒入反应锅里煮沸 20min，待果肉煮成透明时，再加入剩余的糖水，继续煮 25～30min，直至酱以可溶性固形物含量达 68%以上即可（用折光法测定）。

将装果酱用的回旋瓶或胜利瓶、铁盖和热圈均用碱水浸泡，再用清水洗净，果酱趁热装罐，注意勿使液中产生气泡，影响美观及质量。盖拧紧后，趁热放入热水锅中加热杀菌，在 100℃下保持 15min，冷至 50℃时取出放平。

2.4.2　果冻生产技术

2.4.2.1　生产工艺流程

果冻生产工艺流程如下：

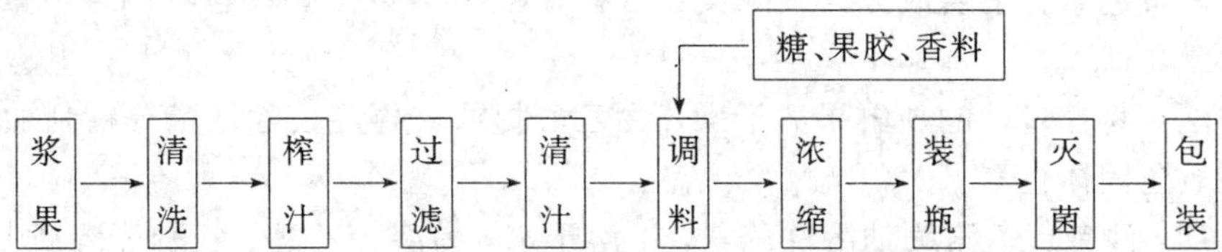

2.4.2.2　工艺技术要点

生产果冻的果汁必须采用清果汁，每 100kg 果汁加入 100kg 糖，并加入浓度为 4%的阿拉伯胶溶液（或食用级果胶）60kg 在浓缩锅熬煮。开始 30min 要用大火（或蒸汽）加热使果汁迅速沸腾起泡，扩大蒸发面积，缩短浓缩时间，接近终点时，应减少蒸汽锅的汽量或明火火力，此时浓缩液气泡逐渐变小，直至液面形成一层薄膜。这时溶液温度约 105℃，其可溶性固形物约 65%（用手持式折光糖度计测定），用搅拌器沾起浓缩液时，呈片状滴落。浓缩液滴在水中不分散，则可起锅、灌装与灭菌等工艺与上述果酱相同。

2.4.3　果丹皮生产技术

2.4.3.1　生产工艺流程

果丹皮生产工艺流程如下：

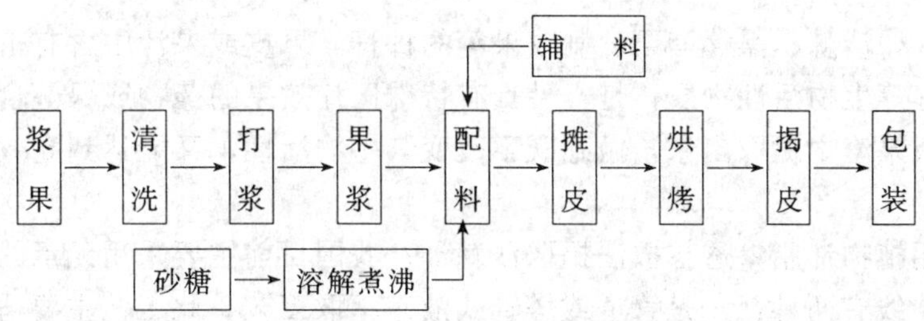

2.4.3.2　工艺技术要点

果丹皮的强度主要是靠果胶的凝冻力起作用，在加工过程需要进行加热，随着温度的增高，果胶在果胶酶作用下，水解成没有粘结能力的半乳糖醛酸，所以，加工温度过高会导致果胶大量水解，产品强度降低，出现发粘。但加工温度过低，则出现清毒不彻底和水解不充分，造成产品过硬。生产过程需要根据不同原料摸索合适的加工温度及加热时间。

所用的蔗糖最好先加入一定量的水，在 95℃下熬煮一定时间，并用鸡蛋白除去糖液中的杂质，得到晶莹透明、无团块、无气泡的糖浆后再加入到果浆中。

调好料的果浆在盛盘中摊开之后，放入烘箱中烘烤。在烘烤过程中，如果温度过高，湿度过大，产品表面发粘；温度过高，湿度过小，制品干硬；温度过低，湿度过小，则产品干皱。如果烘干时间过长，产品失去光泽。一般温度控制在50℃左右为宜。烘烤结束后，趁热揭皮，即能得到柔软富有弹性和光泽的果丹皮。

2.5 浆果及其他加工产品

利用天然浆果加工的产品除上述的果汁饮料、果酒、果酱之外，尚有食用色素、保健油脂、醋、鲜果罐头、蜜饯（果脯）等系列产品。

2.5.1 食用色素

天然浆果如越橘、黑穗醋栗、沙棘、山葡萄等含有丰富、鲜艳的天然色素，这部分色素多存在于果皮和果汁之中，可以采用适当的溶媒将其提取出来，制成优质、无毒的食用色素。

（1）沙棘黄色素：主要成分为黄酮类化合物，占95%以上，还含有胡萝卜素、维生素E等。

提取方法：将榨过汁的新鲜果渣干燥，用乙醇提取，再经去除油脂等精制加工，最终产品为粉状橙黄色固体色素。

理化性质：沙棘黄色素为油溶性色素，不溶于水，易溶于乙醇、乙醚等溶剂中；色价$E_{1cm}^{1\%}$ 445nm＞20；色素粉及其溶液均耐热，干粉在220℃烘烤20min，溶液在100℃煮2h，均对色调无任何影响；对光稳定，pH值的影响也较小。

应用：沙棘黄色素可用作人造奶油、蛋糕、糖果、冰淇淋等的着色剂，用量一般为0.2～2g/kg。

（2）越橘红色素：它是采用酸性乙醇溶液等溶剂从成熟的越橘果实中提取出来的天然食用红色素。主要成分为矢车菊苷元-3-单半乳糖苷、芍药花苷元-3-单半乳糖苷、矢车菊苷元-3-单阿拉伯糖苷和芍药花苷元-3-单阿拉伯糖苷。

越橘红色素能溶于水、乙醇中，但不溶于丙酮。在酸性溶液中呈红色，但随着pH值增大，溶液呈红黄色、橙褐色，碱性时呈黄色。紫外光谱的最大吸收波长从598nm逐渐变为581nm。在酸性溶液中，红色对热不很稳定，加热至100℃20min则从红色变为黄色。

2.5.2 油　脂

某些浆果，如沙棘、黑穗醋栗、刺玫果等的种籽、果皮或果汁中含有植物性油脂和脂溶性维生素、甾醇等生物活性物质，是一种具有特殊医疗效果的药物或保健食品。如何将这部分物质从浆果或果渣中提取出来，做到既不改变其生物活性，又能达到高效率、低成本是一项专门的技术。

前苏联采用植物油脂渗透扩散法提取沙棘油；我国目前主要采用无毒的有机溶剂萃取法提油。其工艺路线有两种：一是管道或塔管式液态萃取工艺，此工艺主要适用于果汁飘浮物和湿果渣的提油；二是罐组式固液萃取工艺，适用于种籽和干果渣提油。

2.5.2.1 液态萃取工艺

油脂的液态萃取工艺如下：

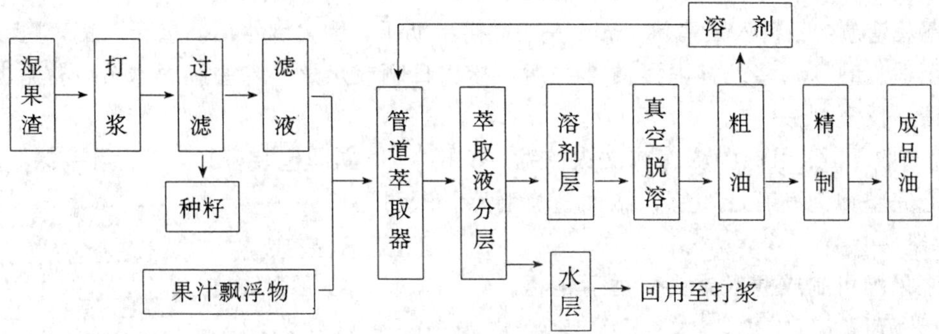

榨汁后的果渣，加入一定量的水浸泡，在打浆机中打浆，果皮及果肉渣均成酱状物，而种籽有硬壳保护，仍然完好。经过粗筛机将籽分出，酱状物与果汁的飘浮物一道送入萃取器中，用无毒有机溶剂（一般采用石油烃）进行液态萃取。从萃取器中出来的液体静置一定时间后即分层，上层含有油脂的溶剂层送至薄膜蒸发器进行脱溶剂，回收溶剂送回萃取器中再使用。所得毛油送精炼车间除去残留溶剂和杂质，使其达到食用级的质量规格要求。由于此法所采用的果渣未经加热干燥工序，生物活性物质保存较好。

2.5.2.2 固液萃取工艺

油脂的固液萃取工艺如下：

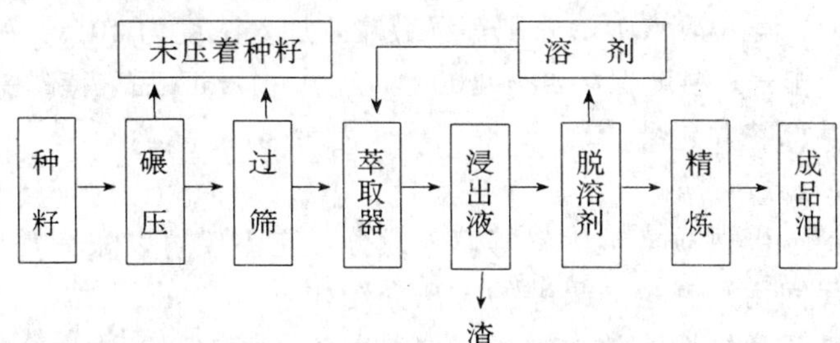

由于所生产的油脂主要作药用，生产过程不能采用普通油脂工业的蒸炒处理法，同时，萃取温度也要求尽可能低些，因此，必须延长萃取时间或增加多次新鲜溶剂才能使油脂萃取完全。如果采用罐组式至少需要 3 罐，每罐每次萃取时间为 45min 左右。若采用单罐萃取器，则需要使溶剂外循环，以提高萃取效率。

2.5.3 蜜饯（果脯）

某些浆果如刺梨、猕猴桃等可以加工成美味香甜的蜜饯。现以刺梨为例介绍其加工方法：

2.5.3.1 工艺流程

蜜饯（果脯）生产工艺流程如下：

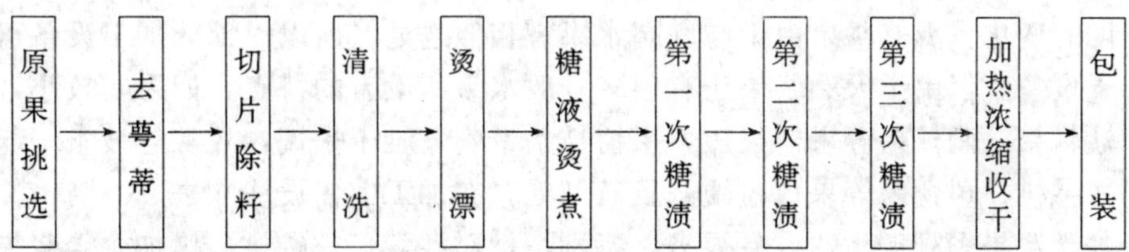

2.5.3.2 工艺技术要点

（1）原料选择及处理：挑选成熟、无霉烂及无病虫害的大型果，用不锈刀切去花萼及果蒂等，每个果切成四瓣，除去种籽，用清水洗干净。

(2) 烫煮及糖渍：胚料入锅煮沸 5min 左右，捞出沥干，倒去沸水后，重新入锅，用 30% 的糖液烫煮至适当熟度，移入缸内浸渍 24h 后，捞出日晒或烘焙，除去胚料水分，然后加糖 10%烫煮浸渍，反复 2～3 次。

(3) 浓缩与收干：采用低温浓缩或文火浓缩，移出冷却，立即包装密封，产品得率约 65%。产品要求形态完整，饱满有透明感，嫩而富有嚼感，酸甜适口。

2.5.4 糖水罐头

大部分浆果均可制成糖水罐头，远运销售。

2.5.4.1 工艺流程

糖水罐头的生产工艺流程如下：

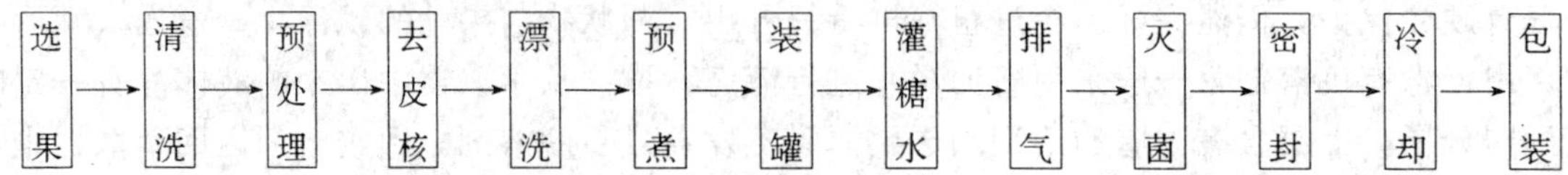

2.5.4.2 技术要点

选择成熟度约 8～9 成的果实为原料，剔除霉烂、过软、病虫伤、畸形的果实，清水洗净。大部分果实如猕猴桃等需要去除果皮，可将 10%～20%浓度的烧碱液煮沸，再把已洗净的果实放入碱液中，不断翻动，约 1～3min，果皮变黑并开裂时捞出，放在冷水中冲洗，将果皮去净，并剔除果蒂及斑疤，浸入清水中，分别等级装罐，加入浓度为 40%、温度 75℃左右的糖水，放在排气箱内进行排气，温度保持 98～100℃，经 9～12min 后，待罐头中心温度达 85℃时立即封口，冷却后贴标签并包装。

2.5.5 果 醋

浆果含有丰富的糖、蛋白质、维生素等营养成分，它不仅可以酿造各种果酒，也可用来生产食用果醋。现将民间用沙棘生产果醋的方法介绍如下：

将选好的浆果清洗干净之后，放入缸里，加入大麹（每 100kg 浆果约加 20kg 大麹），上下搅均，在室温 20℃下发酵 15 天。在发酵后的浆果中掺入 175kg 麸皮，用粉碎机打碎，放入缸内搅拌均匀，进行第二次发酵，二次发酵的温度不得超过 40℃。为避免温度过高，每天倒缸一次，经 10 天后，发酵完毕，装入淋醋缸内进行淋醋。将头醋淋过后的醋渣再浸泡 10h 后进行第二次淋醋。成品为棕黄色、稍混浊、芳香浓郁的食用醋。

3 天然浆果加工设备

质量优良的浆果加工产品不仅取决于所采用的浆果质量的好坏，而且也取决于所采用的加工工艺及加工设备是否能使优质浆果的丰富营养成分和诱人的风味、色泽在加工过程中保持最小程度的变化。天然浆果由于与庭园水果有相似之处，所以一部分加工设备可采用现有的水果加工设备。但由于天然浆果还有很多一般水果所没有的特点，如果实较小，果软，有些浆果如沙棘果、刺玫果等果柄很短，果树枝条带刺，难于采摘，故常连枝条一起榨汁；有些浆果如猕猴桃、树莓果等果皮粗硬，且有细毛，在加工前需设法除去。

用于加工浆果系列产品的设备很多，特别是针对沙棘、猕猴桃、黑加仑等浆果的特殊性研究和生产的各种清洗设备、去皮设备和榨汁设备、果汁浓缩设备以及除油设备等。本节分别介绍浆果的洗涤、榨汁、过滤、浓缩、干燥、发酵、打浆、均质、灭菌和灌装等设备。

3.1 浆果洗涤设备

浆果洗涤设备形式很多，常用有下列几种：

3.1.1 喷气式洗果池（槽）

用砖砌成长方形，表面贴瓷砖，池的下半部设有一层金属滤水板，上部设有供水管道和淋洗喷头，供水管道对面的池壁设一根溢流管，底部安装排污管和压缩空气喷管。使用时，将浆果放入池中，放水后通入压缩空气使浆果在水中翻动，洗完后排除污水，再淋洗一次。

3.1.2 震动式洗果机

设备上部设有喷淋管，下部设有震动器与筛盘。洗果时，将浆果从上部装入筛盘中，通入高压水源喷淋洗涤并开动震动器，筛盘不断震动而使浆果平铺于盘上，并逐渐向盘的下部跳跃，跳出筛盘即完成洗涤。

3.1.3 转筒式洗果机

该机由一个布满圆孔的铜板（或不锈钢板）制成的圆形洗果筒、喷头、水柜等组成。洗果时将浆果装入洗果筒内，开动转筒机使果实不断翻动，通入清水洗涤，污水可从圆孔排出。

3.1.4 旋涡式洗果机

浆果通过皮带运输机或真空管道输送至旋涡洗果机内，洗果机形状似旋风分离器，洗涤水以切线方向喷入，带动浆果在洗果机中转动，一部分废水及飘浮杂质从上口排出，干净果实和一部分废水从旋涡洗果机下口排出，经过一道斜筛将水滤去，洗净果实进入榨汁机。

3.2 榨汁机

3.2.1 间歇式榨汁机

此类榨汁机适用于小厂，特别适用于带枝条的沙棘果使用。虽生产能力不大，但具有结构简单、造价低和所压榨出的果汁含果肉少，便于过滤生产清果汁等优点。缺点是生产效率低，劳动强度较大。

(1)螺杆式压榨机：它由一个四周和底部带孔眼的篮框装料器和一个螺杆加压器（手动或油压）所组成。操作时先将压榨螺杆升起，把浆果装入压榨板下的不锈钢篮框中，转动手柄，使螺杆向下移动，迫使压榨板下降，对浆果进行加压。这样，浆果中的果汁被压穿过不锈钢滤网从篮框四周的孔眼流出，集中流入台板下的收集器内，直至无果汁排出时，松开螺杆，提上压板然后排渣。

(2)板式压榨机：如图54-1。压榨机支柱之间安装有数个加压板，并相互重叠，加压板上刻有通汁沟槽。在各加压板之间放入装好原料的布袋，同时加压板上还覆盖有压榨布。该机采用油压对压板进行加压，榨出的果汁通过沟槽流向下部，并从下口排出。

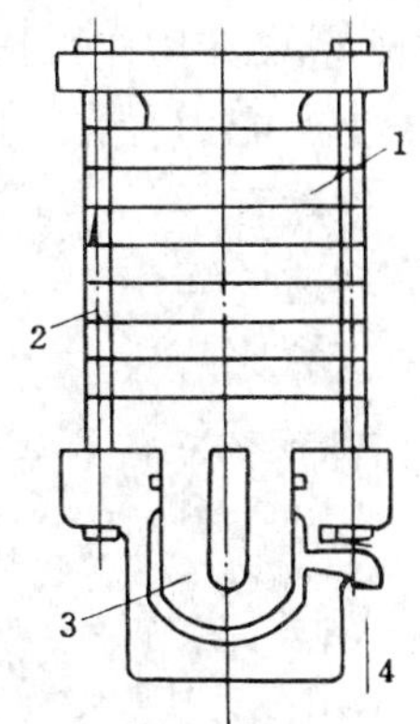

图54-1 板式压榨机

1. 加压板；2. 汁液通道；3. 活塞；4. 油出入口

3.2.2 连续式榨汁机

(1)螺旋式连续榨汁机：这是目前采用较普遍的榨汁设备，国内几家生产螺旋榨汁机产品的主要技术参数见表54-24。

此类榨汁机主要部件为一种锥形螺旋体，如图54-2。在动力装置带动下，锥形体旋转，螺旋转子轴径逐渐变细，它与外壳的间隙也逐渐变窄，因此，能产生很大的压力，浆果在狭小的空间逐渐受挤压，果汁流向锥形圆筒下部，然后经靠近中央部位的孔排出，榨汁后的果渣通过螺旋转子从尾部排出机外。转子的转速可根据其用途在5～500r/min的速度选择；压力

表 54-24 螺旋榨汁机主要技术参数

型 号	技术参数				厂 家
	能 力 (kg/h)	孔 径 (mm)	转 速 (r/min)	电功率 (kW)	
PZ20	2 000	筛筒直径∅250	380	5.5	湖南湘潭食品机械厂
GT6G7	1 500	0.4	400	4	浙江轻工机械厂
GT6G5（双螺旋）	2 500	—	20	4	广东汕头专用机械厂
GT6G5K	500	—	20	1.5	广东汕头专用机械厂

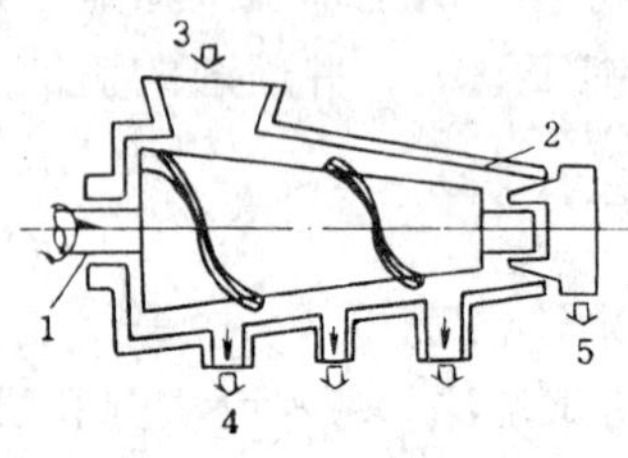

图 54-2 螺旋式压榨机

1. 驱动轴；2. 多孔锥形筒；3. 原料入口；4. 果汁出口；5. 固体渣出口

在28～140MPa。此类榨汁机生产效率高，适用于大批量生产。榨汁后果渣含水率低，但所得果汁由于含有大量浆果肉，还须经过离心分离过滤进一步处理。

（2）锥盘式连续榨汁机：该机是由电机通过无级减速器带动两个锥盘同向转动，如图54-3。浆果从料斗喂入，受到两边锥盘的压榨，并被转动的锥盘带入下部，两锥盘下部之间的间隙逐渐变小，物料所受的压力越来越大。果汁从锥盘后的出汁孔流经出汁槽，再一起排出；果渣经刮刀刮下后，由排渣口排出。这种压榨机所得的果汁较清，易于过滤。

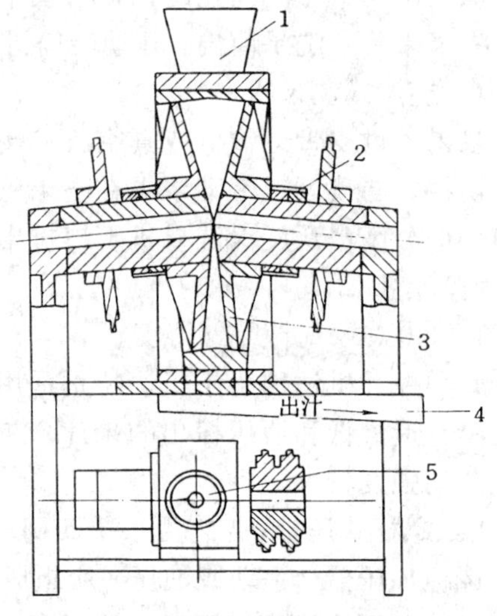

图 54-3 锥盘式榨汁机

1. 料斗；2. 压榨比调节帽；3. 锥盘；4. 出汁槽；5. 调速手轮

湖南省湘潭市食品机械厂生产的GZV20和GZ10型果汁压榨机技术参数如下：

生产能力	1 000～2 000kg/h
锥盘直径	500mm
转速	3～8r/min
压榨比	3.1～5.6
功率	3kW

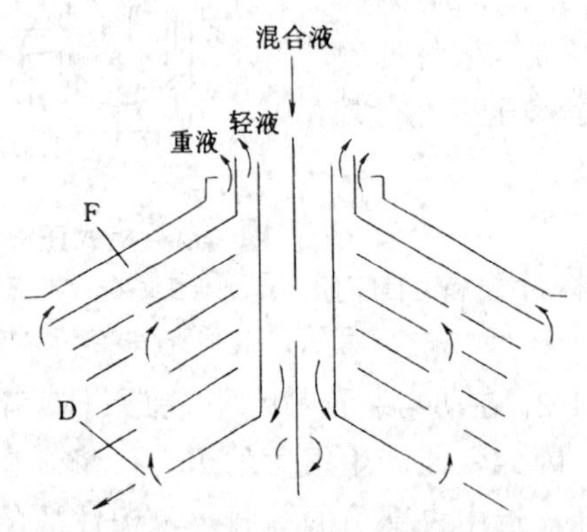

图 54-4 蝶式离心机工作原理图

3.3 过滤设备

3.3.1 离心分离机

采用蝶式离心机分离压榨果汁近来在浆果生产中开始采用并获得良好效果。其优点是在把果肉和杂质与清汁分离开的同时，利用油与果汁比重不同的原理，将果汁中含有的少量油脂也分离出来。果汁从盘架中心进入分离筒，在离心力作用下甩向下盘的外空间，开始进行分离，重液通过通道F排出，如图54-4，轻液流向转轴中心由出口排出，固体微粒集结在分离筒周壁上定期清除。

南京绿洲机器厂和浙江轻工机械厂所生产的

用于分离果汁的蝶式离心机见表 54-25。

表 54-25　分离果汁用蝶式离心机

型号	主要技术参数			厂家
	生产能力 (L/h)	转速 (r/min)	功率 (kW)	
DZD-20	1 800	6 430	10	绿洲机器厂
DZZ-15	1 500	6 425	5.5	
DZR-50	5 000	5 890	10	
DBP-50	≤5 000	5 890	10	
DBP-30	≤3 000	6 425	5.5	
QTD-350HZ	2 000～4 500	6 069	5.5	浙江轻工机械厂
DRY-366	1 000	6 670	5.5	

3.3.2　过滤机

板框过滤机是浆果汁加工中普遍使用的过滤设备，它是由许多个滤板及滤框组合而成，滤板的数目是根据机器的生产能力和果汁的状况而定。在安装时，滤板和滤框交替排列，被过滤的果汁装在每两个滤板之间的滤布中。转动机头螺旋，使板框紧密接合，滤板与滤框的右上角有小孔，相互连通构成一条通道，果汁经此流入滤框，透过覆盖于滤板上的滤布，然后沿着板上沟渠从下端的小管排出。汁中的固体物被截留在滤框内，形成滤饼。当滤饼积存到一定厚度时，松开机头螺旋，除去滤饼并清洗之后，重新组合，重复上述操作。

国内一些果汁用过滤机产品性能见表 54-26。

表 54-26　部分果汁过滤机产品

型号	主要技术参数					厂家
	能力 (t/h)	过滤面积 (m^2)	滤网尺寸 (mm)	板数	压力 (MPa)	
GL400	4～5	3.3	ϕ400	20	0.25～0.3	湘潭食品机械厂
GL330	2.5～3	2.1	ϕ330	20	0.25～0.3	
GL330-1	1.3～1.5	1.05	ϕ330	15	0.25～0.3	
BKAY65/820-3 (膜式充气)		65	ϕ820	36	0.8	徐州轻工机械厂

3.4　浓缩设备

浓缩设备性能的好坏，直接影响到浓缩果汁的质量，目前生产上所采用的果汁浓缩设备基本是属于真空蒸发的范畴。设备的型式较多，主要有：罐式浓缩锅，盘管式浓缩器，刮板式浓缩器，升膜式浓缩器，降膜式浓缩器，片式浓缩器，离心薄膜浓缩器等。用于浆果汁浓缩的设备类型，主要考虑原料的热敏性，要求受热面积大，受热时间尽可能短。升膜式、降膜式和离心薄膜式等浓缩器能较好满足这个要求，得到普遍的采用。

3.4.1　升膜式浓缩器

它是由多根垂直平列的加热机管体和一个蒸发分离室所组成，如图 54-5。加热管子一般用∅30～50mm 不锈钢管，管长与管径之比为 100∶150。果汁自加热器底部进入管内，而加热蒸汽在管间冷凝，将热量传给管内果汁。果汁被加热沸腾，迅速汽化，高速上升，在真空条件下，管的出口二次蒸汽速度可达 100～160m/s。果汁被上升的二次蒸汽所带动，沿管内壁成膜状上升，并不断受热汽化而被浓缩。进入分离室时，在离心力作用下与二次蒸汽分开，浓

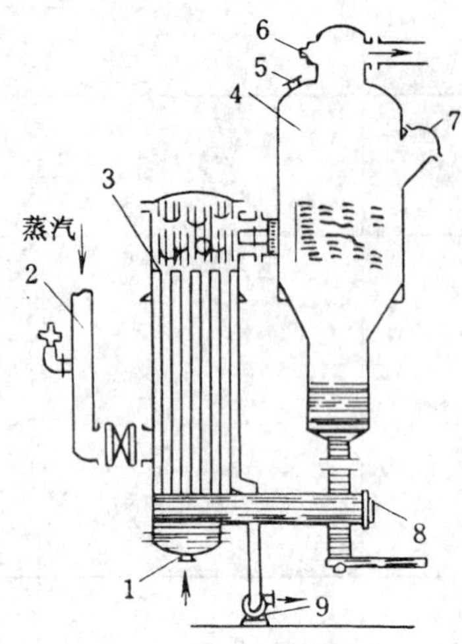

图 54-5　升膜式浓缩装置

1. 料液进口；2. 蒸汽进口；3. 吊盖；4. I效蒸发分离室；5. 视孔；6. 清洁孔；7. 人孔；8. 清洁孔；9. 冷凝水排出泵

缩液一部分通过循环管再进入加热器底部，继续浓缩。工业上采用2～3效蒸发器串连使用，操作时要很好控制进料量，一般经过一次浓缩的蒸发水量不能大于进料量的80%。果汁在管中的停留时间10～20s，时间短，热敏性物质得以较好的保存。升膜式浓缩器特别适合于易起泡沫和容易结垢的果汁使用。

3.4.2　降膜式浓缩器

从结构上看，降膜式近似于升膜式浓缩器，如图54-6。主要区别在于果汁中由加热器顶部加入，利用本身的重力作用，沿管内壁成膜状向下流动。为了使液体能均匀分布于各加热管内壁，在管的顶部或管内安装降膜分配器，主要有导流管和分配板等形式。

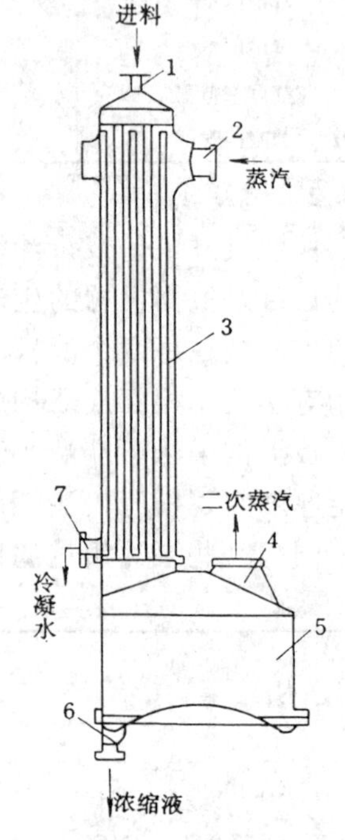

图 54-6　降膜式单程浓缩装置

1. 料液进口；2. 蒸汽进口；3. 加热器；4. 二次蒸汽出口；5. 分离器；6. 浓缩液出口；7. 冷凝水出口

3.4.3　离心式薄膜浓缩器

此种浓缩器在结构上与碟式离心机相似，如图54-7。进入浓缩器的果汁经分配管的喷嘴喷入各离心盘之间的间隙，在旋转的离心盘的离心力作用下，形成薄膜，分布于离心盘外表面。离心盘为有夹套的梯形碟，离心盘之间有一定间隙，成为果汁加热蒸发的空间。当离心盘夹套内通入蒸汽之后，对其外表面液膜进行加热，冷凝水被离心力甩到周边汇集排出。浓缩液迅速向盘的周边运动，汇集于周边液槽内，二次蒸汽经离心盘中央孔上升，进入片式冷凝器冷凝，由真空泵抽走。离心薄膜浓缩器是一种传热效率高，蒸发强度大，受热时间短的新型浓缩设备。果汁受热时间1～2s，液膜厚度0.1mm，特别适合于热敏性高的浆果汁浓缩之用。

厦门化工医药机械厂的离心薄膜浓缩器主要技术参数见表54-27。

表 54-27　离心薄膜浓缩器主要技术参数

指　　标	LZ-0.1型	LZ-2.6型
传热面积（m^2）	0.09	2.6
蒸发能力（kg/h）（水）	50	900
传热系数〔W/（m^2·K）〕	6 629	3 940
真空度（MPa）	−0.083～−0.091	−0.083～−0.091
加热蒸汽耗量（kg/h）	55	1 000～1 100
转速（r/min）	1 400	625
功率（kW）	1.5	4

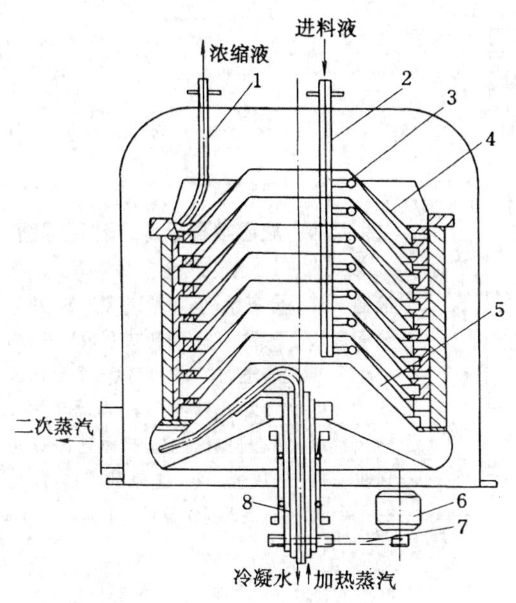

图 54-7　离心式薄膜浓缩设备

1. 吸料管；2. 分配管；3. 喷嘴；4. 离心嘴；5. 间隔盘；6. 电机；7. 皮带；8. 空心转轴

3.5　干燥设备

干燥机械是生产浆果汁原粉和固体饮料必不可少的设备。用于果汁干燥的设备主要有喷雾干燥设备和沸腾干燥装置等。

3.5.1　喷雾干燥设备

喷雾干燥是将果汁通过喷嘴，分散成很细的雾状微粒，与热空气接触后在一瞬间失去大部分水分而使果汁中的固体物质干燥成粉末。它是含热敏性物质多的果汁制取固体物的最普遍采用的技术。

（1）压力喷雾干燥设备：主要分为水平箱式并流型和立式并流型两种，后者占地面积小，较为常用，如图 54-8。空气经加热器升温至 130～160℃，进入塔顶热风分配室，果汁由高压泵输送进入干燥室，从喷嘴喷出，与热空气相遇，并流自上向下，同时，用冷气吹进干燥塔内壁，调整热风在塔内的流动，使出口处的焦粉和壁上的粘粉减少到最低程度。大部分干粉末因重力作用落入下部冷却器，废气带走的细粉由旋风分离器回收。喷雾压力可达 15.17～20.26MPa。

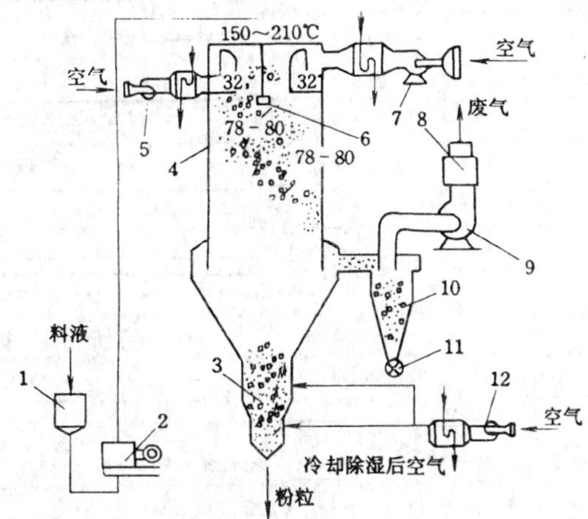

图 54-8　立式圆锥塔压力喷雾干燥装置

1. 贮液桶；2. 高压泵；3. 粉末冷却器；4. 干燥塔；5. 冷风机；6. 喷嘴；7. 鼓风机；8. 消音器；9. 排风机；10. 旋风分离器；11. 旋转阀；12. 冷风机

（2）离心喷雾干燥：如图 54-9。果汁由离心泵输送至料液分配槽，再由分离机喷成细雾，与热风并流同向垂直下降到干燥室，颗粒落入室底，经回转刮粉器将粉刮到中央输导管内。废气和干粉同经输送管进入旋风分离器，干粉通过出粉器进入震动筛粉机筛分收集，废气排入大气中。

3.5.2　沸腾干燥设备

沸腾干燥又称流态化干燥，是指固体颗粒被热气流吹起呈悬浮状态的干燥形式。果晶的生产即采用此形式。

（1）粒状物料的沸腾干燥器：属于此类干燥器的形式有很多种，但果晶固体饮料生产多采用振动沸腾干燥器，如图 54-10，它适用于不易流态化的物料，如易粘结成块和对产品质量有特殊要求的物料，保持完整晶体及晶体闪光性好的果晶生产用。振动沸腾干燥装置由分配段、沸腾段和筛选段三部分组成。物料从加料装置进入分配段，由于平板振动使它均匀地加到沸腾段去，干燥后进入筛选段，将细粉和大块去掉，中间组分即为成品。

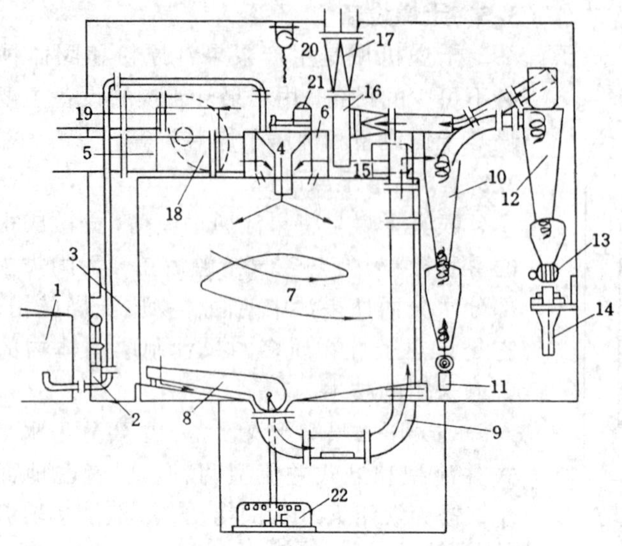

图 54-9 离心喷雾干燥工作原理图

1. 浓奶贮槽；2. 离心泵；3. 输料管；4. 料液输入离心分离盘；5. 热风管道；6. 热风分配室；7. 干燥室；8. 回转式刮板出粉器；9. 气流输送管道；10、12. 旋风分离器；11. 冷空气进口；13. 出粉器；14. 震动筛；15. 冷风进口；16. 排风机；17. 排风管；18. 进风机；19. 送风管；20. 电动葫芦；21. 电动机；22. 刮粉器传动机构

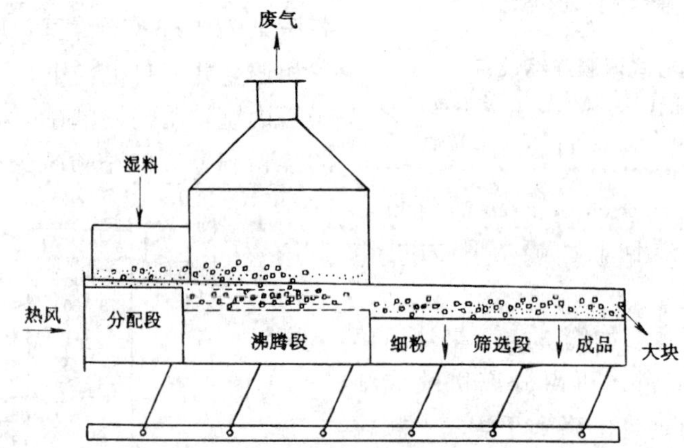

图 54-10 振动沸腾床干燥器

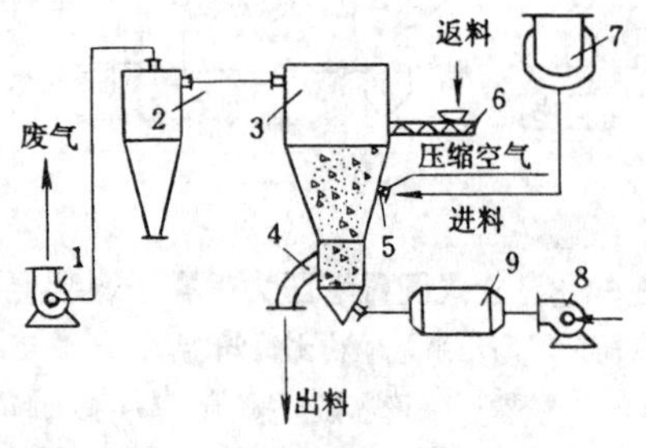

图 54-11 果汁沸腾造粒干燥装置

1. 抽风机；2. 旋风分离机；3. 沸腾干燥器；4. 卸料管；5. 喷雾器；6. 高位槽；7. 加热器；8. 鼓风机；9. 螺旋加料器

(2) 液体物料的沸腾干燥器：近年来，采用沸腾造粒干燥方法直接生产固体产品可使果汁的蒸发、结晶、干燥一步完成，缩短工艺流程，提高生产效率，降低生产成本。

果汁经喷雾器喷成雾状后进入沸腾干燥管，一部分已蒸发结晶成微粒，成为晶种，另一部分雾液与这些晶种碰撞，涂布在它的表面，不断蒸发、结晶、干燥、使流态化粒子不断增大，以致于最后沸腾不起来，落入下部，从出料口排出，如图 54-11。也可以通过改变工艺条件及其他措施来控制所生成的固体晶粒符合所要求的大小规格。

3.6 发酵设备

果酒生产用的设备主要包括浆果的前处理设备、主发酵设备、化糖设备、过滤器、酒精蒸馏设备和果酒陈化罐等，这里只重点介绍主发酵设备。

发酵罐是果酒生产的核心设备，它要根据果酒的生产能力来选用合适的容量。此外，还要考虑果汁的 pH 值较低，必须选用耐酸材料如不锈钢、木材、耐酸砖或耐酸树脂衬里。在发酵过程中，发热使温度升高，为了保证全过程在 20～26℃下发酵，设备必须有冷却水夹套或用蛇形管冷却器，容积大的发酵罐可采用泵将发酵液进行外循环冷却。同时，在发酵过程中由于产生 CO_2 气体，使果肉等固体物飘浮在发酵液表面，必须有搅拌器进行定期搅动。

主发酵罐一般为立式，底部呈圆锥形（图 54-12），果汁经进口管 1 流入发酵罐，出口管 2 用于放料和洗涤水，并可引入杀菌蒸汽，支管 3 用于排放 CO_2 气体，下部人孔 4 用于清除放料后残存于罐底的 CO_2，上部人孔 5 用于检修和清理，支管 6 分别用于测量温度、取样和安装压力表等。

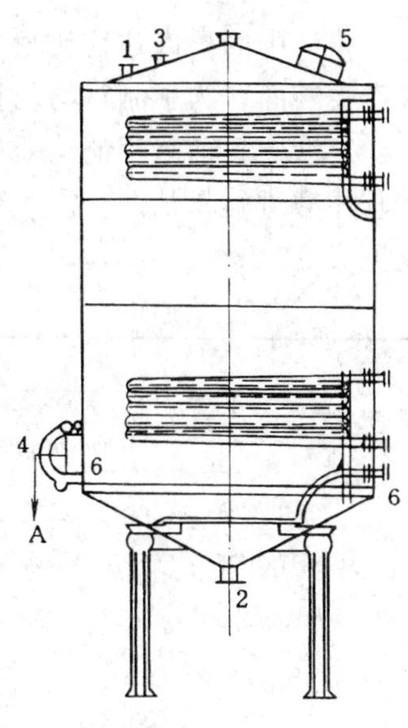

图 54-12　发酵罐

1. 人口；2. 出口；3. 支管；4. 下部人孔；5. 上部人孔；6. 支管

后发酵罐一般用柞木加工而成，亦有采用钢板，内部涂以保护层（特殊涂料）。后发酵罐多为卧式，其罐数量及大小根据果酒的生产能力计算求得。

3.7　其他设备

3.7.1　打浆机

打浆机常用于生产各种果酱的作业流水线中。开口的圆筒筛水平安装在机壳内部，如图 54-13。筒身用 0.35～1.2mm 厚的不锈钢板冲眼并弯曲而成。在轴上装有螺旋推进器，将物料推向浆叶。夹持器上安装刮板，可以调节它与筛筒壁之间的距离。刮板与主轴有一夹角，称导程角，一般为 1.5°～2.0°。浆果进入筛筒内后，由于刮板回转和导程角的作用，使物料向出口端移动，浆果受离心力作用而破碎，汁液及果肉通过筛孔进入收集器，果皮和种籽等则从圆筒另一端出口排出。几种国产打浆机性能见表 54-28。

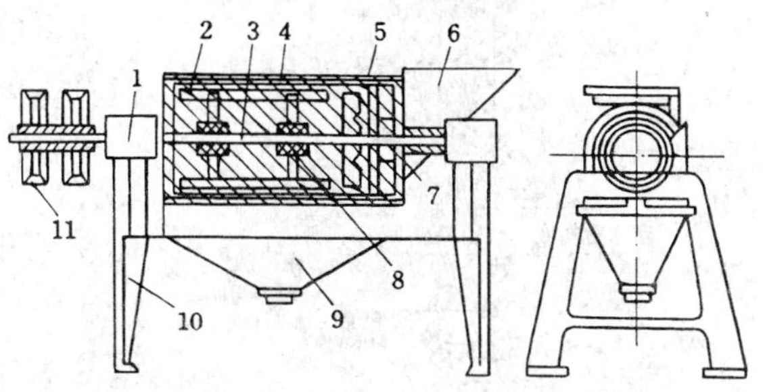

图 54-13　打浆机

1. 轴床；2. 刮板；3. 主轴；4. 圆筒筛；5. 破碎浆叶；6. 下料斗；7. 螺旋推进器；8. 夹持器；9. 收集漏斗；10. 机架；11. 皮带轮

表 54-28　几种国产打浆机性能

型号及名称	主要技术参数				厂　家
	生产能力 (t/h)	转　速 (r/min)	筛孔径 (mm)	功　率 (kW)	
GT6F6 单道打浆机	1	350		4	汕头专用机械厂
GT6F5 三道打浆机	4	750～850	一道∅1.1，二道∅0.8，三道∅0.6	10	汕头专用机械厂
GT6F7 单道打浆机	2			5.5	上海前卫机械厂
GT6F5 三道打浆机	7		一道∅1.1，二道∅0.8，三道∅0.6	18.5	上海前卫机械厂

3.7.2 均质机

果汁中的果肉往往比较粗糙，很容易产生沉淀；同时，有些浆果汁中含有一定量油脂，易飘浮在液面，为了制得均匀稳定的浊型果汁，必须采用均质机将它们破碎成微细颗粒，增加其稳定性。目前采用的均质机主要有高压均质机、离心均质机和超声波均质机，也有采用均质胶体磨进行果汁的均质处理。浆果汁生产厂家较普遍采用高压均质机。几种高压均质机性能见表54-29。

表54-29 几种高压均质机性能

型号	主要技术参数					厂家
	工作压力(MPa)	流量(L/h)	柱塞行程(mm)	功率(kW)	噪音(dB)	
GYB60-6S	0～60	60	50	3	<80	上海东华高压匀浆泵厂
GYB120-3S	0～30	120	50	3	<80	上海东华高压匀浆泵厂
GYB60-6D	0～60	60	50	3	<80	上海东华高压匀浆泵厂
3ZJ-2.4/150	15	2 400	70	15	<80	四川自贡高压容器厂
3ZJ-0.35/200	20	350	50	4	<80	四川自贡高压容器厂

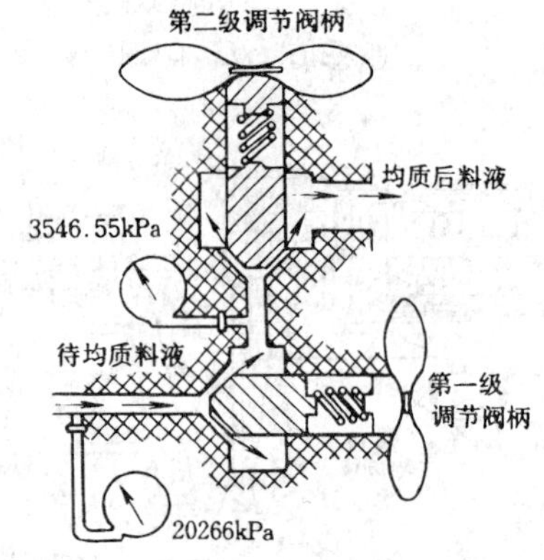

图54-14 双级均质阀工作示意图

高压均质机利用高压泵使果汁处于150～200m/s的瞬时高速流动，在隙缝处产生剪切作用和高速撞击而使固体物和油脂滴破碎。均质机采用的高压泵为三柱塞往复泵，在物料的出口处安上双级均质阀头，如图54-14。第一级流体压力达20.26～25.33MPa，主要使果肉及脂肪球碎裂，成为小于2μm的小颗粒；第二级流体压力为3.55MPa，主要是使碎裂的微粒均质分散。

3.7.3 灭菌器

灭菌器的形式很多，根据所使用温度不同大致可分为常压灭菌器和加压灭菌器。前者用于pH值小于4.5的产品，浆果汁多属于此类，根据巴氏灭菌原理设计的设备亦属于这一类。加压灭菌常用120℃，在密闭容器中进行，水果罐头等多用此法。

(1) 灭菌锅：常用的灭菌锅分为立式和卧式两种，属间歇式操作，适合于水果罐头厂和果酱厂使用。立式锅一般体积较小，与之配套的设备有装罐头用的灭菌篮。电动葫芦、空气压缩机及检测仪表等。卧式锅的容量较大，同时不需用电动葫芦，一般作为高压灭菌用。

(2) 管式灭菌器：此类设备很适合果汁高温瞬时灭菌之用，是目前浆果饮料厂普遍采用的灭菌设备，它是利用管道换热器，果汁流经其中，温度迅速上升至120℃之后，又急剧降低至100℃以下来达到灭菌目的。

(3) 软包装灭菌装置：用复合塑料薄膜代替金属容器作包装的饮料，可以降低包装成本，但除静水压灭菌设备可用于软包装灭菌之外，其余均不适用。软包装的灭菌必须以空气加压方式进行，温度与压力分开控制。

国内浆果生产常用的几种灭菌器规格见表54-30。

表 54-30 几种国产灭菌器技术指标

型号及名称	主要技术参数				厂家
	生产能力	工作压力(MPa)	温度(℃)	蒸汽耗量(kg/h)	
MJ80 灭菌器	80 瓶/次	常压	90	—	湘潭食品机械总厂
MJ120 灭菌器	500 罐头/次	0.2～0.4	120	—	湘潭食品机械总厂
RPX-1 000 管式灭菌器	1 000L/h		加热面积 1.82m^2	140	上海前卫机械厂
RP-CT-2 超高温灭菌器	2 000L/h		135	500	上海前卫机械厂
SPR-L_1 转鼓式巴氏灭菌器	1 000～2 000L/h	0.03	加热面积 0.6m^2	110	陕西美乐公司
SRP-L_2 管式灭菌器	1 000L/h		加热面积 1.82m^2	140	陕西美乐公司

3.7.4 灌装机

浆果汁饮料、果酱和果晶等可以用玻璃瓶包装，也可以用铁罐、易拉罐、纸盒、塑料瓶等容器，产品不同，所采用的灌装机也各异。果汁类最好采用真空加汁灌装机，减少与空气接触，保证产品质量；果酱类最好用机械挤压式装料机。不管采用何种形式，都必须包括定量机构、灌料控制系统、升降机构、送瓶机构及传动系统等。定量机构是确保每瓶装入物料的量一致，对于果汁及果酱来说，采用容积定量法，而对于果晶则采用称重计量法。罐体由输送带送至螺旋分罐器，经进罐拨盘送至旋转灌装工作台上，托罐机构在底部凸轮作用下向上升，使罐体压紧加汁头，当罐体完成抽气和加汁（酱）之后，托罐机受凸轮作用下降，罐体离开加汁头，经出罐拨盘拨出，由出罐输送带送走，进入封罐机，所有这些工作过程都是互相密切配合，自动完成的。

第55章 林产食品添加剂

马自超

1 天然食用色素[38]

食用色素，也称食品着色剂，用以改善食品的色泽，以增进人们对食品的喜爱，对提高食品的质量有很大作用。

食用色素有天然色素和合成色素。合成色素一般较天然色素色泽鲜艳，着色力强，性质比较稳定，曾发展很快。然而由于合成色素有毒性问题，而天然色素的安全性高，有的本身又是营养品或含有营养成分，因而天然色素得到各方面的重视。特别是近几年来，随着人们保健意识的提高，许多国家对合成色素的使用作了严格的规定，使合成色素使用的品种大为减少（由 20 世纪 50 年代的 90 多种减少到现在的 50 余种）。而天然色素的使用和开发日益增多，成为食用色素发展的主要倾向。

林产食用色素是天然食用色素的重要来源，在现有品种中居近半数。我国目前开发利用较少，但资源丰富，大有发展潜力。

1.1 天然食用色素的分类

1.1.1 按色素的来源分类

(1) 植物色素：从植物的某一部位得到的色素，如叶绿素、姜黄色素、越橘色素等。

(2) 动物色素：是指从动物体和动物分泌物得到的色素，如血红素、紫胶色素、虾红素等。

(3) 微生物色素：是从微生物得到的色素，如从红曲霉得到的红曲色素。

1.1.2 按色素的化学结构分类

(1) 花青素类：如玫瑰茄红色素、越橘色素。

(2) 黄酮类及其他酮类：如红花黄色素、姜黄色素。

(3) 类胡萝卜素类：如胡萝卜素、番茄红素。

(4) 四吡咯类：如叶绿素、血红素。

(5) 醌类：如紫胶红色素、紫草红色素。

(6) 焦糖类：如焦糖色素。

(7) 其他类：如甜菜红色素。

此外，还可按溶解性质不同，分为水溶性和脂溶性色素。

1.2 天然食用色素的一般化学性质

1.2.1 花青素类[39]

花青素色素多以糖苷的形式存在，它的结构多包括两部分，花色苷元和糖。花色苷元结构是 2-苯基苯并吡喃，形成黄锌盐，结构为：

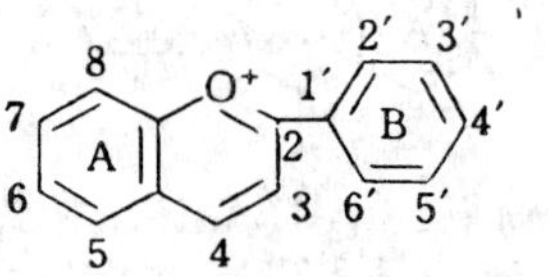
8
7
6
5
4
3
2
A
B
1′
2′
3′
4′
5′
6′

由于 A 环和 B 环取代基的数量、种类不同构成了各种苷元，已知有几十种，最常见的有：

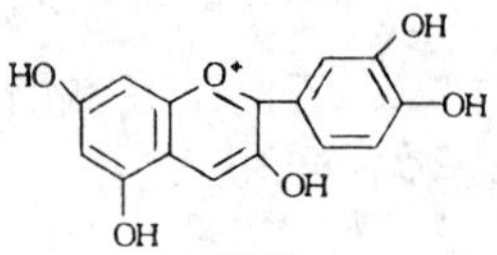

花青定

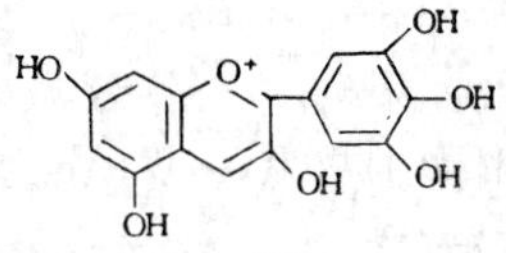

翠雀定

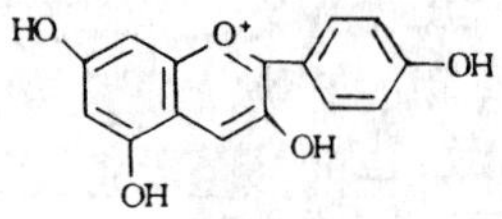

天竺葵定

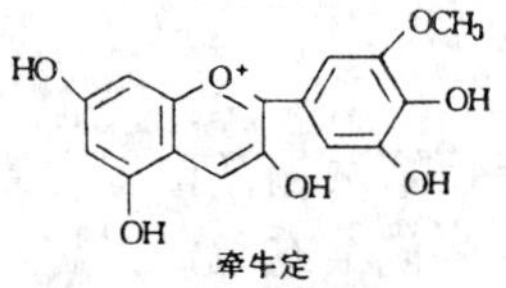

牵牛定

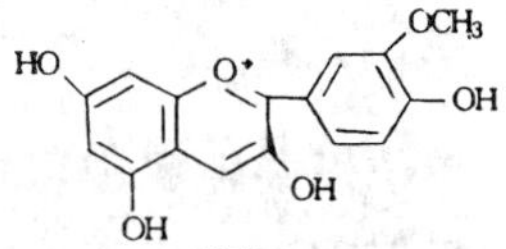

芍药定

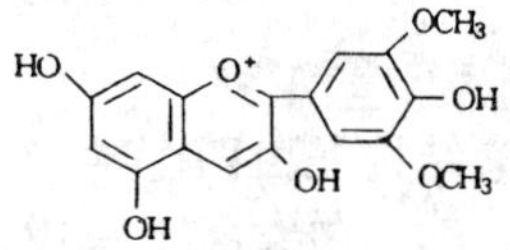

锦葵定

与苷元成苷的糖有葡萄糖、鼠李糖、半乳糖、阿拉伯糖及木糖。除单糖外还可能有双糖或叁糖，如槐糖、龙胆二糖、芸香糖及龙胆三糖等。成苷的位置大多在 3、5、7 碳位上。

花青素类色素的色泽多种多样，且十分鲜艳，但稳定性很差。在酸、碱作用下，不同 pH 值时花青素化学结构发生变化，颜色也随之产生变化。

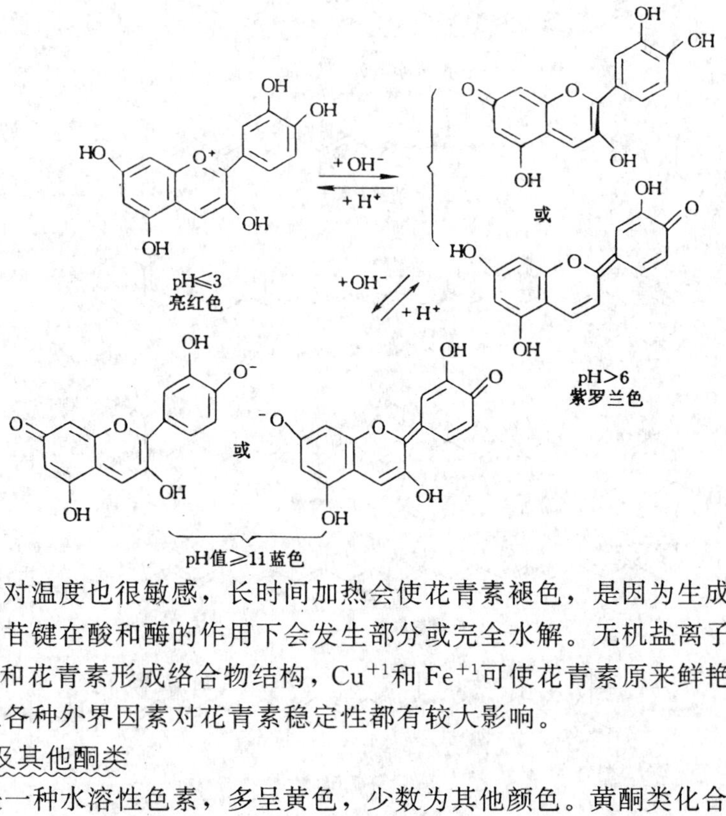
+OH⁻
+H⁺
或
pH≤3
亮红色
pH>6
紫罗兰色
pH值≥11蓝色

花青素色素对温度也很敏感，长时间加热会使花青素褪色，是因为生成无色的查尔酮结构。花青素中的苷键在酸和酶的作用下会发生部分或完全水解。无机盐离子对花青素结构也有影响，Al^{3+}能和花青素形成络合物结构，Cu^{+1}和 Fe^{+1}可使花青素原来鲜艳颜色消失而成深绿和茶色。以上各种外界因素对花青素稳定性都有较大影响。

1.2.2　黄酮类及其他酮类

这类色素是一种水溶性色素，多呈黄色，少数为其他颜色。黄酮类化合物母核结构是 2-

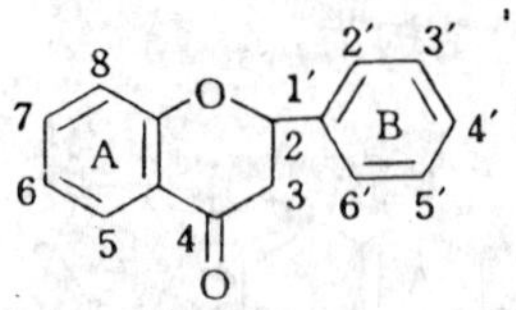

苯基苯并吡喃酮，在这个结构的基础上，由于A环、B环取代基种类、数量的不同，吡喃环上取代基数量、饱和程度、开闭环等的不同而形成了不同结构型式的黄酮类化合物。黄酮类色素也常以苷的形式广泛存在于植物体中，成苷的糖有葡萄糖、鼠李糖、半乳糖、阿拉伯糖芸香糖、新橙皮糖等。

黄酮化合物的苷类一般易溶于水、甲醇、乙醇等，难溶于苯、乙醚。在盐酸的作用下生成锌盐，显出鲜艳的颜色。遇三氯化铁则呈蓝、蓝黑、紫、棕等不同颜色。

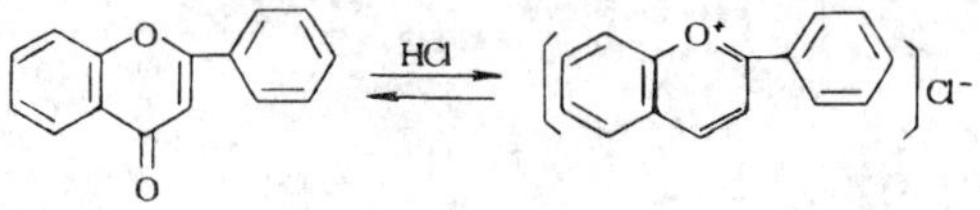

1.2.3 类胡萝卜素类[40]

这类色素结构是由四个异戊二烯单位以共轭双键型式连接，两端又由二个异戊二烯单位组成环结构，即一般有8个异戊二烯单位构成，这类色素主要代表有：

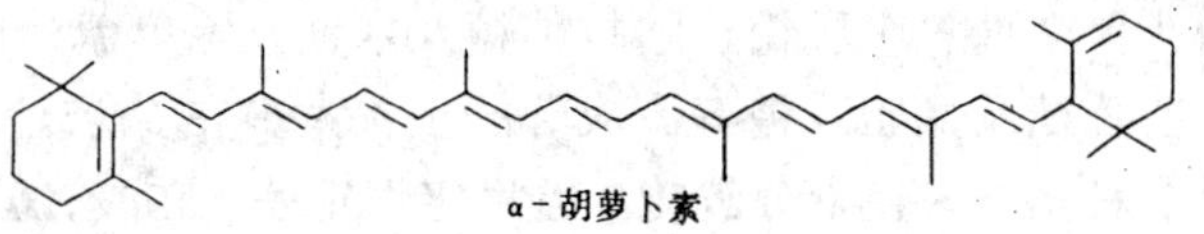

α-胡萝卜素

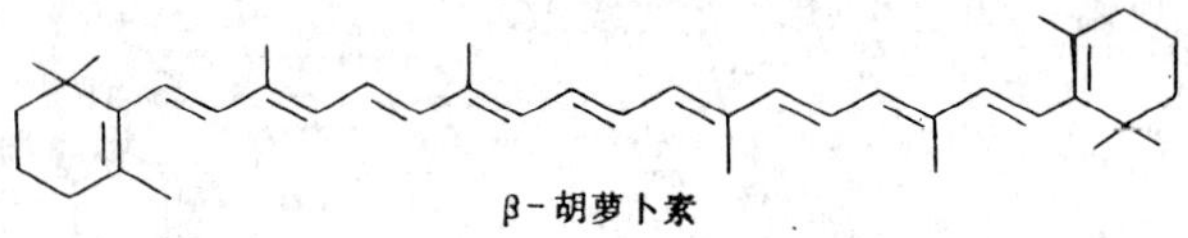

β-胡萝卜素

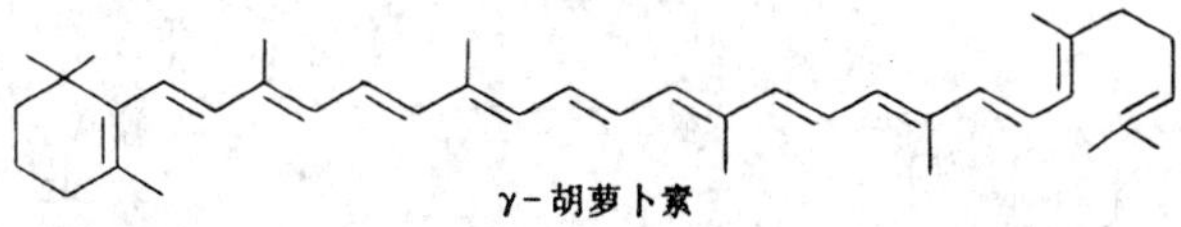

γ-胡萝卜素

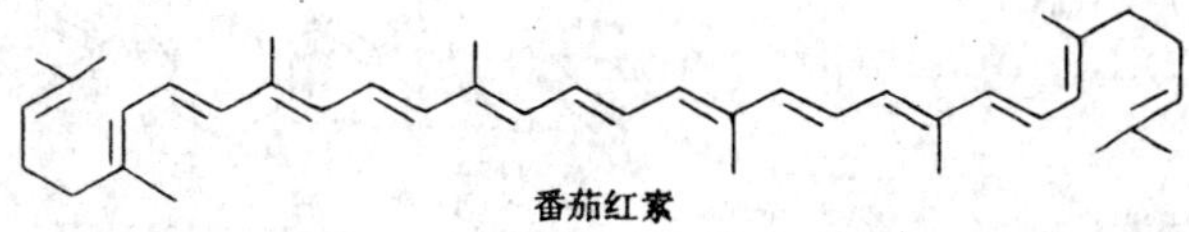

番茄红素

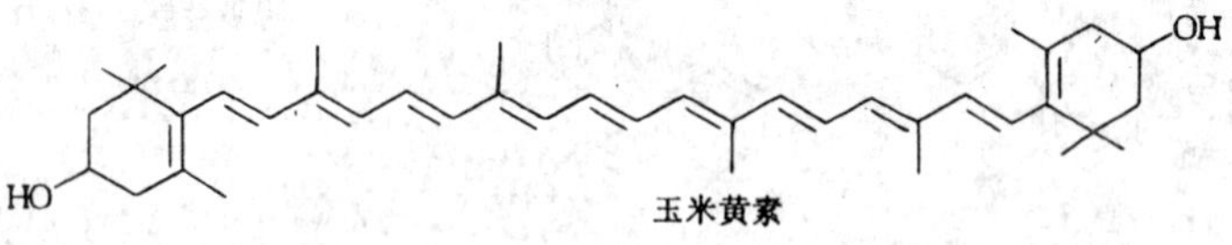

玉米黄素

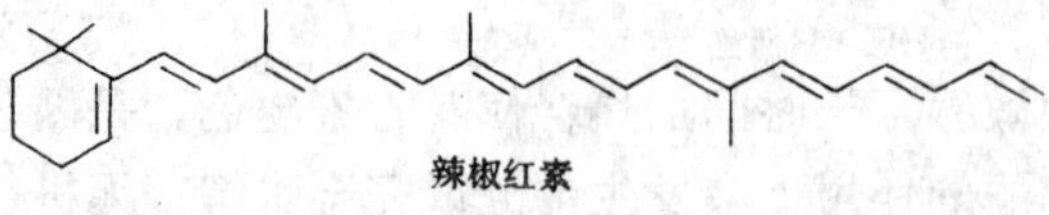

辣椒红素

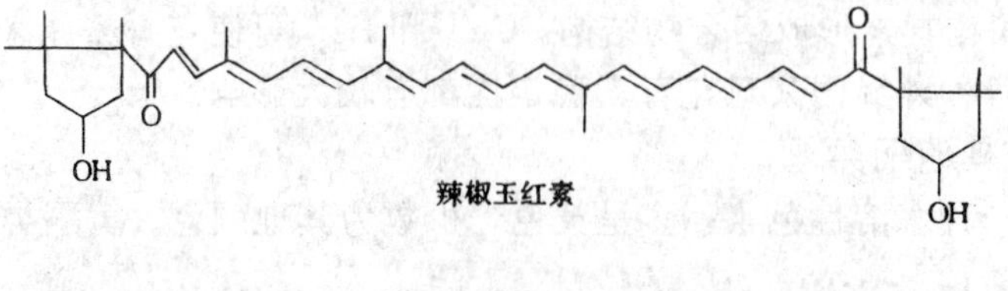

辣椒玉红素

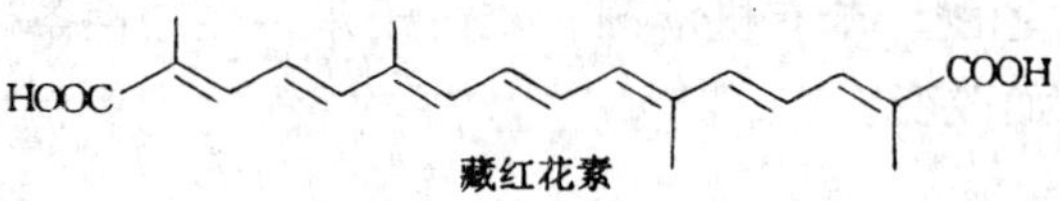

$HOOC$ ... $COOH$

藏红花素

$HOOC$ ... $COOH$

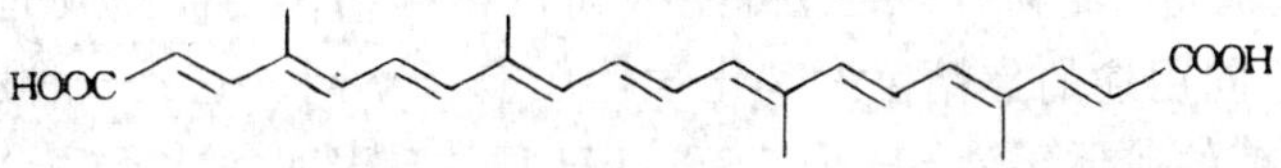

胭脂红素

类胡萝卜素类色素具有较强的亲脂性，几乎不溶于水、酒精、甲醇，易溶于氯仿、苯等。随着分子中含氧基数目增多，亲脂性减弱，在石油醚中溶解度减小，在酒精中溶解度增大。存在于自然界的类胡萝卜素多与蛋白质形成络合物，此时比游离状态更稳定。这类色素热稳定性较好，pH值变化对它影响不大，但抗氧抗光性能较差，并易被酶分解而褪色。在氯仿溶液中与三氧化锑反应产生蓝色，与浓硫酸作用产生蓝绿色。

1.2.4 四吡咯类

这类色素的分子结构中都有四个吡咯环构成，例如叶绿素铜钠盐和藻蓝素。叶绿素不溶于水，但经过置换、皂化反应后制成的叶绿素铜钠盐溶于水，pH值9.5～10.5，对酸碱变化、对热稳定性大大提高。藻蓝素溶于水，不溶于酒精、油脂，对热、光、酸稳定性差。

1.2.5 醌 类

此类色素是醌类衍生物，有苯醌、萘醌、蒽醌等型式。主要的有紫草色素、胭脂红色素和紫胶红色素。

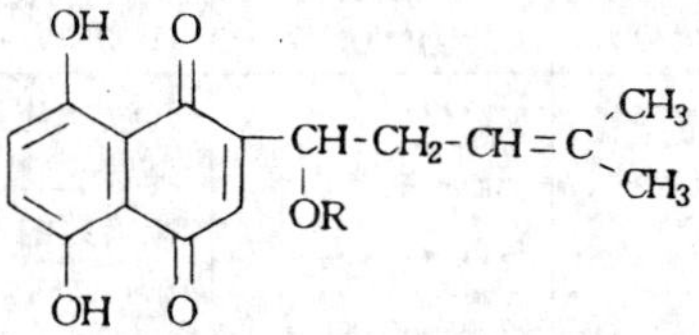

R＝－H 紫草素

R＝－$COCH_3$ 乙酰紫草素

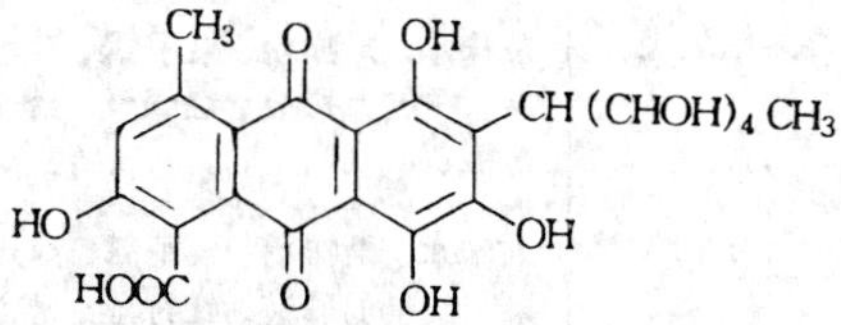

胭脂红酸

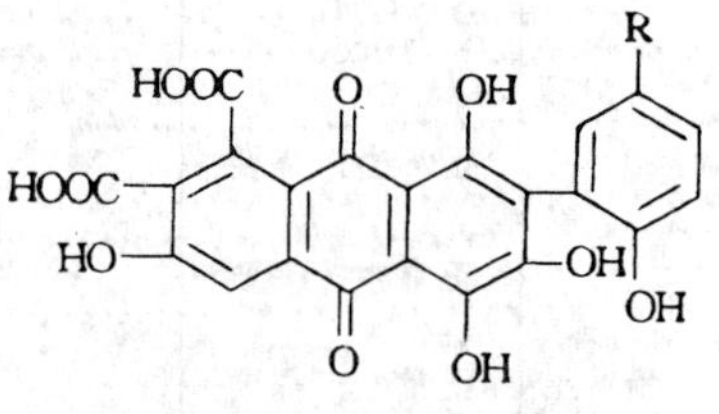

紫胶红酸A R＝$CH_2CH_2NHCOCH_3$

紫胶红酸B R＝CH_2CH_2OH

紫胶红酸C R＝$CH_2CHCOOH$（NH）

紫胶红酸E R＝$CH_2CH_2NH_2$

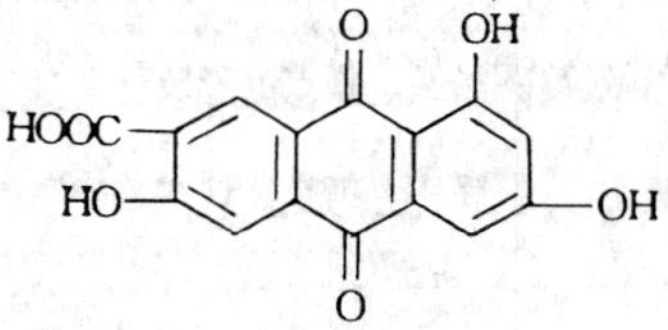

紫胶红酸D

醌类色素大多溶于乙醇、乙醚、苯有机溶剂，难溶于水，在酸性条件下大多对光、热稳定性较好。颜色随pH值变化而改变。

1.2.6 焦糖类（酱色）

是由糖质原料（糖蜜、淀粉等）经过高温或和铵化合物作用而制成的，含有多种酮类、醛类及杂环化合物。不同用途的焦糖色素其化学性质有所不同。它是一种胶态物质，等电点在pH值3.0～6.9。焦糖的胶体溶液pH值3～5，pH值≥5表明焦化不完全或中和时用碱过多，并容易污染微生物。pH值低于2.5，则在短时间就会树脂化，或变成凝胶，pH值越低则这种变化愈加速。焦糖胶体溶液应具有一定稳定性，1%浓度的焦糖溶液，在13ml中加12ml单宁酸溶液充分混合，混合液24h仍澄清。耐酸能力表明焦糖在酸作用稳定性情况，配制1.0%焦糖水溶液，将此溶液50ml稀释为250ml，加7ml浓盐酸，煮沸30min，回流冷凝，冷却至室温，在正常光线下，观察其混浊情况，经48h后应保持清亮。

1.2.7 其他类

主要是甜菜红色素，易溶于水及乙醇、丙二醇的50%水溶液，几乎不溶于无水乙醇，不溶于乙醚、丙酮、氯仿等。在pH值3.0～7.0时较稳定，pH值＜4.0时溶液的颜色由红变紫，当pH值＞7时溶液颜色亦相应地由红变紫，pH值超过10.0时，溶液颜色迅速变黄。甜菜红色素耐热性较差，金属离子对稳定性也有影响。

1.3 国内外使用的主要天然食用色素[41,42]

我国食品添加剂标准委员会允许10余种天然食用色素用于食品着色，见表55-1。世界主要国家允许使用的天然食用色素种类见表55-2。

表55-1 我国天然食用色素种类及使用范围

名称	分类	使用范围	最大使用量(g/kg)	备注
甜菜红 姜黄	其他酮类	果味水、果味粉、果子露、汽水、配制酒、糖果、糕点上彩装、红绿丝、罐头、浓缩果汁、青梅	正常生产需要	红绿丝使用量可加倍，果味色素加入量按稀释倍数的50%加入
红花黄	黄酮类	果味水、果味粉、果子露、汽水、配制酒、糖果、糕点上彩装、红绿丝、罐头、浓缩果汁、青梅、冰淇淋	0.20	
紫胶红	醌类	果味水、果味粉、果子露、汽水	0.50	
叶绿素铜钠盐	四吡咯	配制酒、糖果、罐头	0.50	
越橘红	花青素类	果汁、冰淇淋	正常生产需要	
辣椒红 辣椒橙	类胡萝卜素类	罐头、糕点上彩装	正常生产需要	
酱色（不加铵盐生产及加铵盐生产）	焦糖类	罐头、糖果、饮料、冰淇淋、酱油、醋	正常生产需要	
红米红		冰淇淋、糖果，配制酒	正常生产需要	
栀子黄	类胡萝卜素类	饮料、配制酒，糕点上彩装	0.3	
菊花黄	黄酮类	饮料、糖果、糕点上彩装	0.3	

（续）

名 称	分 类	使用范围	最大使用量(g/kg)	备 注
黑豆红		饮料、糖果，配制酒，糕点上彩装	0.8	
高粱红		熟肉制品、果子冰，糕点上彩装	0.4	
玉米黄	类胡萝卜素类	人造黄油、人造奶油、糖果	5.0	
萝卜红	花青素类	饮料、糖果，配制酒、罐头、蜜饯、糕点上彩装	正常生产需要	
可可亮色		汽水，配制酒	1.0	
		可乐型饮料	2.0	
		糖果、糕点上彩装	3.0	
红曲米	酮类	配制酒、糖果、熟肉制品，腐乳	正常生产需要	
玫瑰茄红	花青素类	饮料、糖果，配制酒	正常生产需要	

表55-2 国外主要国家和国际组织使用的天然食用色素

天然色素种类	美 国	英 国	日 本	欧洲经济共同体（EEC）	FAO/WHO
叶绿素铜钠盐				√	
叶绿素铜钾盐					√
β-胡萝卜素	√		√	√	√
辣椒红色素			√	√	√
栀子黄色素					
葡萄皮色素	√				√
红花黄色素			√		√
红花红色素					
高粱红色素			√		
可可色素			√		
胭脂虫红素			√	√	√
紫胶色素			√		
茜草色素			√		
紫根色素			√		
甜菜红色素			√	√	√
姜黄色素	√		√	√	√
红曲色素			√		
藻蓝素			√		
焦糖色素			√	√	√
叶绿素			√	√	√

1.4 天然食用色素加工工艺和设备[38]

天然食用色素产品的得率和质量与加工工艺关系很大，选择加工工艺应注意的是，天然食用色素一般稳定性较差、对光、热、酶等都很敏感，易分解、破坏，所以加工中应尽量避免；天然食用色素大多从植物体中提取的，在提取过程中会带有其他杂质成分，如果胶、蛋白质、单宁、树脂、有机酸等，因此在加工中须采用适当的精制方法除去杂质，保证色素纯度；此外天然食用色素主要用于食品着色，为了保证食用无毒害，在加工中不能随意添加对人体有害的化学试剂，即使允许使用的化学试剂在产品中也应保留最小限度。

不同种类的天然食用色素原料，加工工艺不同，有的甚至差别很大，但根据大多数原料情况，其主要工艺过程如下。

1.4.1 原料预处理

原料在生产前必须经过预处理，主要包括除去大块杂物，粉碎、筛选等过程。粉碎原料是为了提高抽出率和装料量，原料粉碎度是根据原料色素含量和抽出的难易程度来决定的，一般是2～4mm，粉碎力求均匀，经过筛选后粉碎度达不到要求的粗料可进行再碎。对于花瓣类型的原料可不进行粉碎，因为这类原料色素易浸出，装料容积比较大。

1.4.2 色素的提取

提取工艺要求是保证达到足够的抽出率，废渣中所残留的色素少，降低单位产品原料消耗量及相应成本。同时要保持提取的色素溶液有较高浓度，减少浓缩时蒸汽的消耗量。所以在保证足够抽出率的前提下，应尽量提高提取液浓度。天然食用色素的提取有两种方法。

1.4.2.1 压榨法

是从天然新鲜浆果、花朵原料中提取色素最简单的方法，即利用手工或机械的压力使果皮内和包含在果肉细胞内的色素溶液，透过被压力破碎的果皮与细胞壁被压榨出来。压榨的方法有手榨法和螺旋压榨法，手榨法只能用于小批量生产。螺旋压榨法一般利用压缩比为8：1～10：1的螺旋压榨机进行。浆果在经过压榨后，一部分色素溶液被挤压出来，但仍有一部分保留在果皮等部位中，必须用循环喷淋水喷淋洗出残余色素。得到色素溶液再经过沉降与过滤式离心分离，除去杂质以便进一步加工。

1.4.2.2 溶剂提取法

根据不同原料选择不同溶剂进行浸提。对所用浸提溶剂要求无色无味；选择性强，即溶解色素能力强，对其他杂质如果胶蛋白质、树脂等溶解能小；对人体健康危害较小，容易回收；价格便宜并容易获得等。一般使用的溶剂有水，酒精，丙酮，乙酸乙酯，石油醚等。新型的浸提溶剂是超临界或临界的液体CO_2。浸提方法常用的是：

(1) 单罐多次浸提：将原料放入一个罐中，加溶剂浸提，当原料内外部色素溶液浓度基本平衡，放出溶液，再加新的溶剂进行下一次浸提，如此反复多次，直到色素大部被浸提出为止。单罐浸提的方法其采用的工艺有索氏提取法和自身循环浸提法，如图55-1、图55-2。

索氏提取法适合于使用有机溶剂浸提，浸提剂和原料细胞组织始终保持最大浓度差，加快了浸提速度和提高了浸提率，最后得到的浸提液浓度较高，克服了单罐浸提中浸提液浓度过低的缺点。此法生产周期也短。缺点是浸提液受热时间长，对温度很敏感的色素原料不适用。自身循环法可用于水或有机溶剂浸提，液固比较大，不少于9：1，所得浸提液澄清度较好，但溶液浓度较稀。

(2) 罐组逆流浸提：由3～4个浸提罐组成罐组，原料不动，溶剂按逆流原则依次前进并浸提，这种浸提方式优点是所得浸提液浓度较高，部分色素受热时间可缩短，如图 55-3。

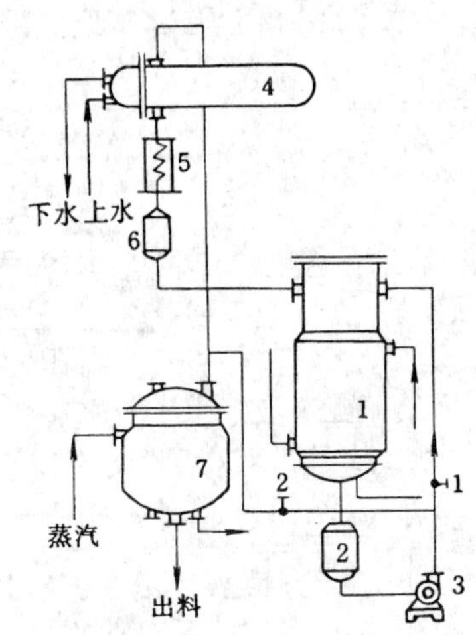

图 55-1　索氏提取法工艺流程

1. 浸提罐；2. 缓冲罐；3. 输送泵；4. 冷凝器；5. 冷却器；6. 凝液管槽；7. 浓缩锅

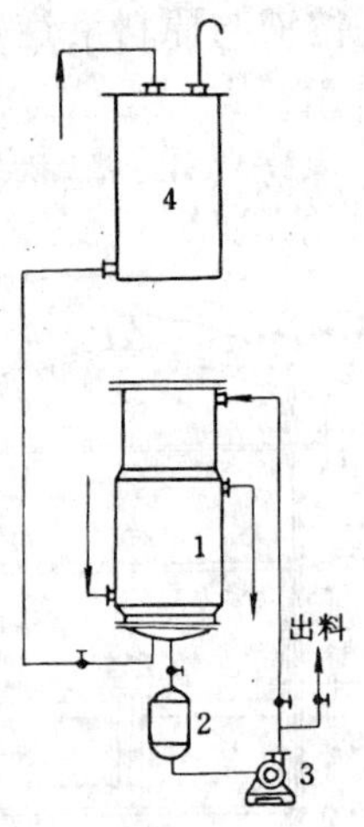

图 55-2　自身循环法工艺流程

1. 浸提罐；2. 缓冲器；3. 循环泵；4. 计量槽

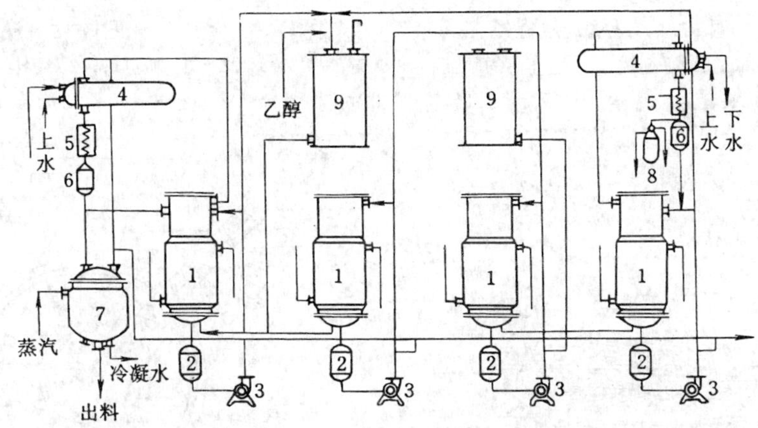

图 55-3　多罐逆流浸提工艺流程

1. 浸提罐；2. 缓冲罐；3. 输送泵；4. 冷凝器；5. 冷却器；6. 凝液受槽；7. 浓缩锅；8. 油水分离器；9. 酒精溶液计量槽

浸提所用的设备主要是浸提罐，浸提罐的型式有很多种主要有带平衡锤的顶盖开启式，如图 55-4。这种型式罐优点是进出料可用悬筐架，很方便，但顶盖密封难，装料容积较小。

图 55-5 为底部出渣的浸提罐，底盖与排渣口用橡胶密封圈密封，密封圈还通以压缩空气或压力水。这种浸提罐出渣很方便，罐装容积大，装料多，适用于各种溶剂的浸提和回收，是常用的一种浸提罐。

（3）连续浸提：采用平转型连续浸提器进行喷淋浸提，其结构如图 55-6，喷淋原理如图 55-7。它是由中心部分连通的上下转料格和溶液格组成，用隔板隔开成 12 个相同扇形格，转料格在圆形的轨道上缓慢旋转，原料经预处理连续加入 1、2 扇形格，以后原料受到多次浸提液的喷淋，每一段浸提液依次比它前面一段要稀，而料渣排出前再用热水洗涤。转料格底部装有翻板，浸提终了时，废渣能自由落下。溶液格接受各转料格流下的浸提液，用泵输送到隔室上方，再喷淋下来。溶液格分成10个扇形隔室，其中b、c、d、e、f、g、h、i隔室为30℃，a、j隔室为60℃。溶液与原料沿逆向移动，清水进入尾格（第10号格）喷淋萃取，最后在首格（第3号格）排出。

这种浸提器，连续操作，结构简单，占地面积小。

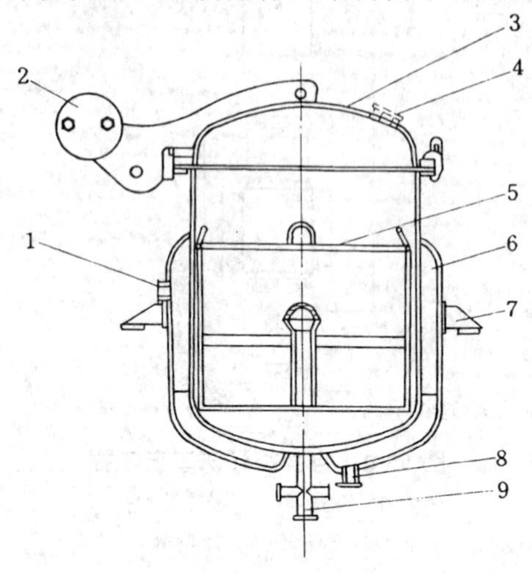

图 55-4　悬框式浸提罐

1. 加热蒸汽进口；2. 平衡锤；3. 可开启的顶盖；4. 视镜；5. 加料悬框；6. 夹套；7. 罐耳；8. 冷凝水排出口；9. 出液口

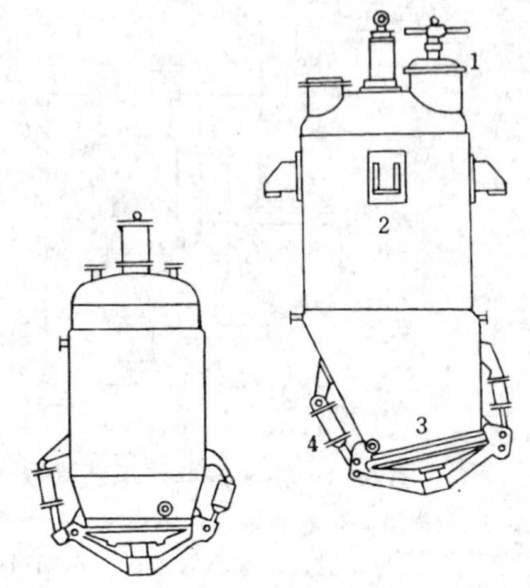

图 55-5　浸提罐

1. 加料口；2. 罐体；3. 出渣口；4. 出渣盖气缸

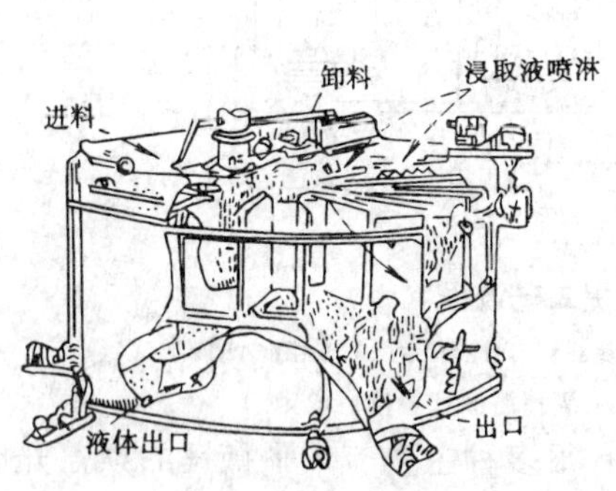

图 55-6　平转型连续浸提器

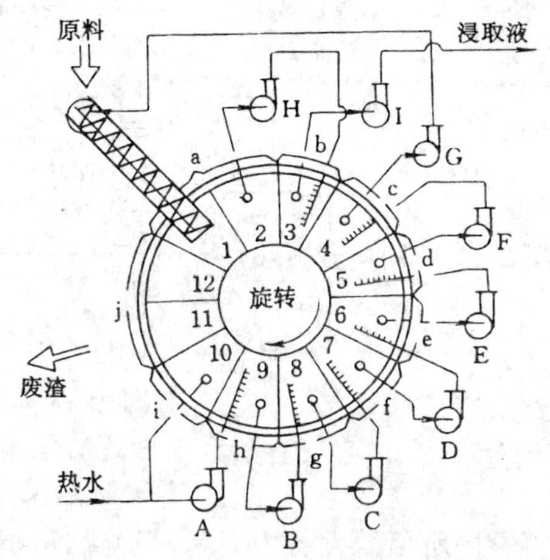

图 55-7　喷淋原理

1.4.3　色素萃取液的浓缩[42]

无论是用水或有机溶剂所萃取的萃取液其浓度均较低，一般为1%～8%，必须浓缩并回收有机溶剂。浓缩是在蒸发器中进行，以饱和蒸汽加热，可采用单效蒸发和多效蒸发，一般蒸发有机溶剂多用单效蒸发，蒸发水分多用多效蒸发。天然食用色素大多对热很敏感，为降低蒸发温度，多采用真空蒸发，蒸发有机溶剂时可不用真空蒸发。

图55-8为一般天然食用色素溶液浓缩工艺流程。

浓缩过程中，蒸发器进汽压力一般为19.6～98.07kPa，真空度为95.98～99.98kPa。

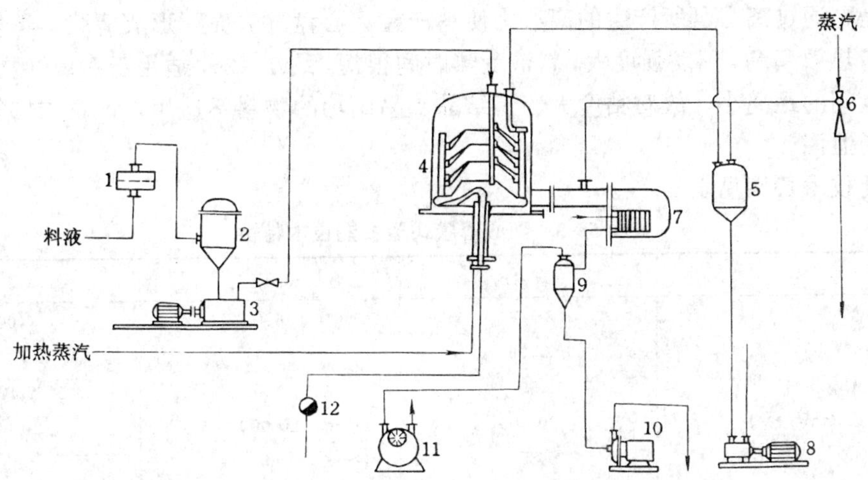

图 55-8　天然食用色素溶液浓缩工艺流程

1. 过滤器；2. 平衡桶；3. 进料泵；4. 离心薄膜蒸发器；5. 骤冷器；
6. 蒸汽喷射泵；7. 板式冷凝器；8. 浓缩液泵；9. 旋风器；
10. 凝结水泵；11. 真空泵；12. 疏水器

浓缩用蒸发器有多种型式，常用的有外加热式蒸发器如图 55-9。它加热面积大，结构简单、操作方便。另外一种带循环管式的薄膜蒸发器也有使用，结构与外加热式相似，主要特点是加热室加热管管径比达 100～150，料液在长管中呈膜状上升并蒸发水分，传热系数大，传热效率高。

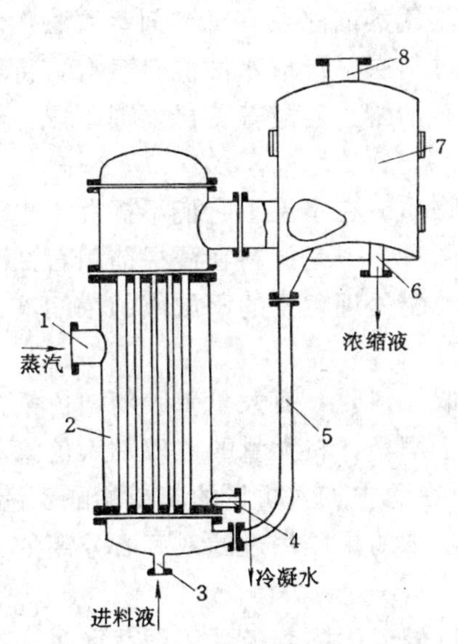

图 55-9　外加热式蒸发器

1. 加热蒸汽管；2. 加热管；3. 进料口；
4. 排冷凝水口 5. 循环管；6. 浓缩液排出
口；7. 蒸发室；8. 二次蒸汽排出口

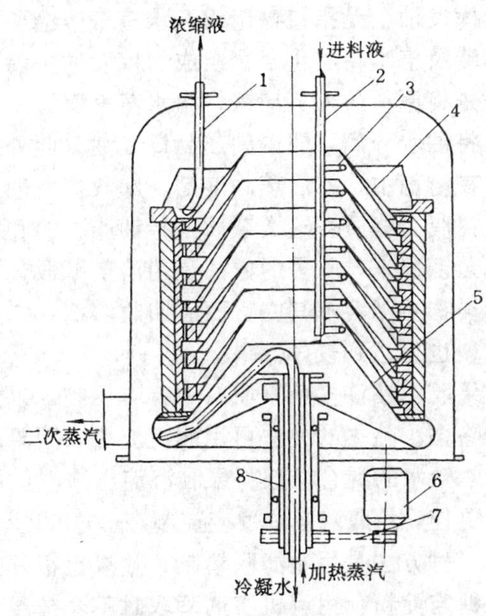

图 55-10　离心薄膜式蒸发器

1. 浓缩液出口管；2. 进料管；3. 喷嘴；
4. 离心盘；5. 间隔盘；6. 电机；
7. 三角皮带；8. 空心转轴

因为某些天然色素溶液热敏性极强，常选用离心式薄膜蒸发器，结构如图 55-10。其结构主要特点是，通过离心盘所产生的离心力使料液在离心盘外表面，形成薄膜，蒸发水分，这种蒸发器传热效率高，蒸发强度大，料液受热时间很短，约1～2s，适用于热敏性物料的蒸发，由于离心盘间的距离小，故对粘度大、易结晶、易结垢的物料不适用，设备结构复杂，传动系统密封易泄漏。

其主要技术特性见表55-3。

表55-3 离心薄膜式蒸发器技术特性

型 号	CT-1B	CT6	CT9
转速（r/min）	1 500	600	400
传热面积（m^2）	0.09	2.4	7.1
蒸发水分量（kg/h）	50	800	2 400
最高产品粘度（mPa·s）	20 000	20 000	20 000
最高浓度（%）	85	85	85
锥形盘数量	1	6	9
体积（m^3）	3.2	20	46
净重（t）	0.51	3.4	8.5

1.4.4 色素溶液的精制

溶剂在萃取色素原料时，除夹带有机械杂质用过滤、离心等方法除去外，还有许多非色素的杂质成分也被浸出，如挥发油、树脂、果胶、蛋白质、糖和淀粉等，这些杂质的存在都会降低色素产品的纯度，影响产品质量必须设法除去。

1.4.4.1 主要杂质成分和分离

（1）挥发油：是指植物组织经水蒸气蒸馏所得挥发性成分的总称，大部分具有香味，主要是由单萜及倍半萜类化合物组成。挥发油去除可用水蒸气蒸馏法或有机溶剂萃取法。水蒸气蒸馏法是将原料放入蒸馏锅，用水蒸气蒸馏。蒸汽通过料层，形成水油混合蒸汽，待蒸汽冷凝后，将油水分离，即得副产品挥发油。此外还可用石油醚、乙醚等有机溶剂萃取，将挥发油溶解在溶剂中，然后蒸去溶剂，回收挥发油。

（2）树脂类物质：这类杂质是指油脂、蜡和树脂类物质。在室温下它们不挥发，也不能用水蒸气蒸馏出来，除去的方法是用溶剂萃取，方法有两种：一是原料在浸提前用石油醚萃取，树脂类物质则溶解其中，而后回收溶剂；二是用石油醚处理色素的萃取液的浓缩液，经过多次处理也可达到较好效果。

（3）果胶：在许多色素原料中存有果胶，以热水萃取原料时，有大量果胶随同色素被浸出，必须除去。除去的方法可用醇沉淀法，因果胶不溶于酒精，将大量的乙醇加入色素萃取液中，形成醇-水的混合溶剂将果胶沉淀出来。据介绍如果在醇中加入少量的苯或醋酸乙酯等，沉淀效果更佳，乙醇溶液浓度应控制在60%以上，沉淀出来的果胶用过滤或离心分离的方法分离。另一种方法是用超滤膜精制，效果也很好。

（4）糖与淀粉：用有机溶剂萃取时不会被浸出，用乙醇、丙酮等极性溶剂萃取时，有时会带出少量糖。若用水萃取则大量淀粉和糖被浸出。因此避免用水做萃取剂，如必须用水萃取时，则应将水分蒸干，再用无水酒精处理，淀粉和糖可被除去。

多糖类溶于热水而不溶于冷水，在萃取后立即冷却可分离多糖，或将萃取液浓缩，加入等量或数倍量的乙醇，此时多糖类以纤维状或胶状沉淀析出。在沉淀时应注意，溶液浓度不宜太浓，否则沉淀的多糖体有时会与溶剂一起包含杂质，并形成大块胶状沉淀。反之浓度过稀，多糖生成乳状，难于分离，且有机溶剂耗量大。因此应适当控制溶液的浓度，但这与多糖的种类和聚合度有关。

（5）蛋白质：用有机溶剂萃取，蛋白质不被浸出，但用水萃取时则被浸出，此时可加等量或过量的乙醇或丙酮使其沉淀，再用过滤或离心分离除去沉淀。也可用盐沉淀法去除蛋白质，例如氯化钠、磷酸钾都可做沉淀剂。

1.4.4.2　精制方法

目前国内外采用的精制方法有：

（1）酶法：酶是具有专一性的高效催化剂，酶法精制就是利用酶的催化作用，使天然色素粗制品中杂质通过酶反应除去而达到精制。日本从蚕沙中提取叶绿素作为天然食用色素，未经精制产品带有某种异样气味，采用酶法精制，在 pH 值 7 的缓冲溶液中加入脂肪酶制剂，在 30℃下搅拌 30min，进行活化。再把活化酶液加到 37℃粗制的蚕沙叶绿素中，搅拌反应 1h，即可除去令人不快的刺激性气味。此外日本还将栀子黄色素经食品加工用酶处理后制成栀子蓝色素。栀子绿色素。或将栀子果实萃取物，使其中所含的呈色配糖体水解后，添加天然氨基酸，再经酶作用而制得栀子红色素。

（2）膜分离精制：膜分离有 3 级分离体系。反渗透膜的孔径在 0.5nm 以下，可阻留无机离子和有机小分子；超滤膜的孔径 1～10nm，可阻留各种不溶性大分子，如多糖、蛋白质等；微孔滤膜孔径在 0.01～10μm，可截留固体颗粒、细菌病毒。目前我国已有生产 WG 系列外压管式超滤器，其技术性能见表 55-4。使用超滤器工艺流程，如图 55-11。

表 55-4　WG 系列外压管式超滤器技术性能

名称	机　能	效　果	透过量 [(L/m²·h)]	备　注	
超滤膜 CA PS PAN PSA HNA	由膜的孔径进行分子的筛网分离（截留分子量在 0.3 万～20 万的各种规格，截留率在 90%以上）	将胶质或高分子与低分子物质分离开来（适用于有机物、细菌等的去除）	一般 30～60 100～1 000	截留率 90%～95%，浓缩 5～10 倍	进口压力 0.4MPa，出口压力 0.25MPa
微孔管板 PE PVC PAC	由微孔进行粒子的筛滤（孔径在 5～140μm）	分离微粒子	500～1 000	进口压力需要≥0.1MPa	

例如可可色素溶液采用管式聚砜超滤膜分离精制，操作温度 50℃，pH 值 9，入口压力 500kPa，可除去杂质。用此法可制得无异味的可可色素。红曲色素是利用红曲菌发酵后的产物。萃取液中含有菌体、蛋白及胶状不溶物。将红曲菌萃取液用 1～800nm 孔径的纤维酯、聚酰胺、聚丙烯腈膜过滤，再减压处理，反渗透处理、干燥，可得到质量优异的红曲色素。

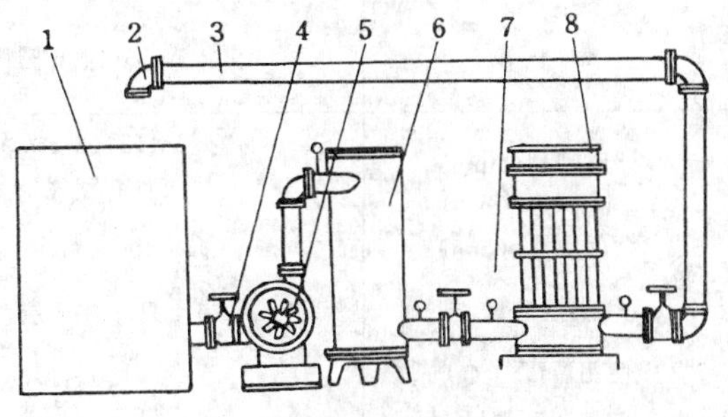

图 55-11　WG 超滤器工艺流程

1. 贮槽；2. 管道；3. 钢管；4. 闸阀；5. 电机水泵；6. 预滤器；7. 压力表；8. 超滤器

（3）吸附、解吸法精制。根据不同色素的性质选择各自特定的吸附剂，用吸附、解吸法精制色素。意大利用吸附剂精制葡萄汁色素。我国用吸附剂精制萝卜红色素，用吸附、解吸法精制后的精制萝卜红色素，除去了90%以上的糖和果胶等杂质，原有的萝卜臭味也大大降低。选用的吸附剂可以再生，吸附容量无明显变化，可反复使用。

(4) 离子交换树脂精制。选择适宜的离子交换树脂也可达到精制目的。美国用磺酸型阳离子交换树脂精制葡萄皮萃取浓缩液，可除去其中的糖和有机酸，经过如此精制后的葡萄皮红色素稳定性有所提高。

1.4.5 浓缩液的干燥

天然色素浓缩液干燥方式常用的是喷雾干燥和烘箱干燥。

(1) 喷雾干燥：最常用的是离心喷雾干燥，利用高速旋转的喷雾器将浓缩液分散成细滴，在干燥室内被热空气干燥。我国生产的QZ型离心喷雾干燥器使用较多，表55-5列出了QZ型高速离心喷雾干燥器基本参数。

表55-5 QZ型高速离心喷雾干燥器基本参数

项目	型号		
	QZ-5	QZ-25	QZ-50
最大水分蒸发量（kg/h）	5	25	50
离心喷雾头最高转速（r/min）	25 000	20 000	15 000
离心盘直径（mm）	50	102	120
电加热最大功率（kW）（三相380V）	3	31.5	31.5
离心风机电功率（kW）（三相380V）	1.1	2.2	4
外形尺寸（长×宽×高）（m）	2×1×1.9	3.2×7.4×2	

(2) 烘箱干燥：某些种类天然色素亲水性极强，在短时间里很难立即干燥，可选用箱式干燥。为了降低干燥温度，避免外界空气氧化作用，利用真空泵或水射泵抽湿，干燥箱内形成真空状态，目前色素工业使用的真空干燥箱有圆形和方型两种，图55-12所示是YZG-1400圆筒真空干燥箱。表55-6列出了两种型式干燥箱的技术参数。干燥后所得产品经破碎可得粉状产品。

表55-6 两种型式真空干燥器的主要技术参数

指标	YZG-1400圆筒型	FZG-12方型
外形尺寸（mm）	Ø1 412×2 160×1 912 （外径×长×高）	1 700×1 900×2 000 （长×宽×高）
烘盘尺寸（mm）	400×600×45	480×665×45
烘盘数量	每层4只，共8层，计32只	每层4只，共8层，计32只
使用温度（℃）	50～100	50～100
真空度（kPa）	93.31～101.31	93.31～101.31
重量（kg）	1 000	2 600

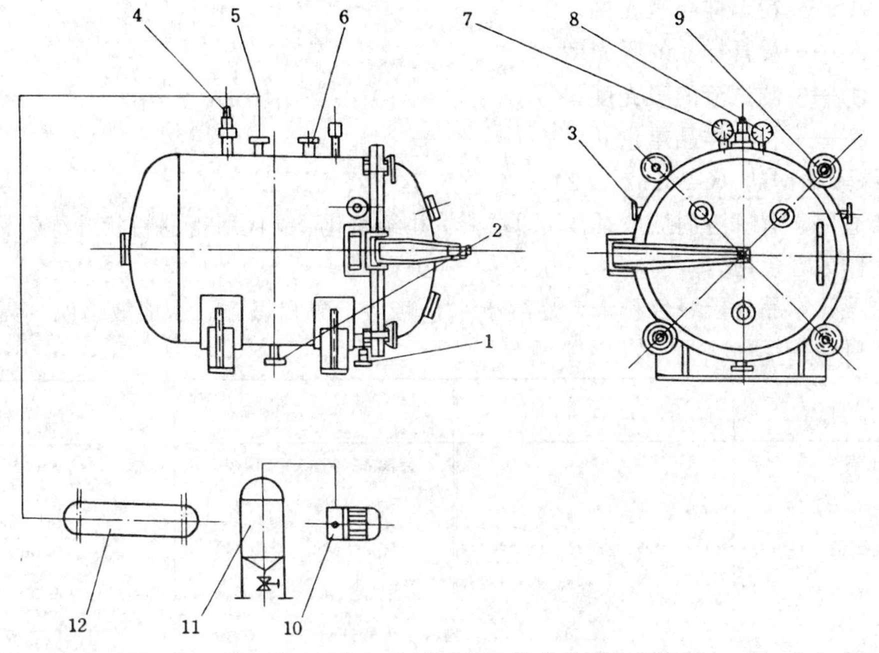

图 55-12　YZG-1400 圆筒真空干燥箱

1. 冷凝水出口；2. 排污口；3、9. 蒸汽进口；4. 安全阀；5. 排气口；6. 蒸汽消毒口；7、10. 真空泵；8. 温度表；11. 贮槽；12. 冷凝器

1.5　天然食用色素产品质量指标和分析方法[43]

天然食用色素质量指标和分析方法由相应的国家标准做出严格的规定，现列出主要品种天然食用色素的质量指标。

1.5.1　栀子黄色素（GB7912—87）

本标准适用于以栀子果实为原料所提取的栀子黄，在食品工业中作为着色剂。

（1）外观：本品粉末呈橙黄色，浸膏呈黄褐色。

（2）项目和指标

项目		指标		项目		指标	
		粉末	浸膏			粉末	浸膏
吸光度（$\frac{1\%}{1cm}$）440nm	≥	24	15	砷（AS）（μg/g）	≤	2	1
干燥失重（%）	≤	7	50	铅（Pb）（μg/g）	≤	3	2
灰分（%）	≤	9	5	重金属（μg/g）	≤	10	10

（3）吸光度测定方法：精确称取粉末样品 0.15g（精确到 0.0002g）或吸取浸膏样品 1ml，稀释至 100ml，然后吸取粉末液 10ml 或浸膏液 5ml 于 100ml 容量瓶中稀释至刻度，此液即为测试液，再用 721 或 751 型分光光度计、1cm 比色皿在 440nm 处，以蒸馏水作空白对照，测其吸光度。

计算公式：

粉末
$$A_1=\frac{A}{G}\times 10$$

浸膏
$$A_2=A\times 20$$

式中：A_1——粉末样品吸光度；

A_2——浸膏样品的吸光度；

A—— 测试液的吸光度；

G—— 粉末样品重量 g。

1.5.2　叶绿素铜钠盐（GB3262—82）

本标准适用于有机溶剂提取蚕沙（即蚕粪）并经皂化、铜代所得的粉状叶绿素铜钠盐，在食品工业上作为着色用。

（1）外观：本品为墨绿色粉末。易溶于水，略溶于醇和氯仿。水溶液透明、无沉淀。

（2）项目和指标

项　目	指　标	项　目	指　标
pH 值	9.0～10.7	游离铜（Cu）　（%）⩽	0.025
$E_{1cm}^{1\%}$ 405nm⩾	568	砷（As）　（%）⩽	0.000 2
消光比值	3.2～4.0	铅（Pb）　（%）⩽	0.000 5
总铜（Cu）（%）	4.0～6.0	干燥失重　（%）⩽	4.0
		硫酸灰分　（%）⩽	36.0

（3）吸光度测定方法：称取经 105℃干燥 1h 的样品 0.1g（称准至 0.000 2g），加水溶解，移入 100ml 容量瓶中，加水至刻度摇匀。再将上述水溶液以 pH 值 7.5 磷酸盐缓冲液，稀释 100 倍摇匀，即为 0.001%溶液，用分光光度计测定，在 15min 以内以 1cm 的比色杯在 405nm 与 630nm 波长测定消光值 E，以缓冲液作空白对照。其计算公式为：

$$E_{1cm}^{1\%}405nm=\text{消光值}\times 1\,000$$

式中：1 000——试样 1mg 折算到 1g 的系数。

$$\text{消光比}=\frac{E_{405nm}}{E_{630nm}}$$

1.5.3　紫胶红色素（GB4571—84）

本标准适用于以紫胶为原料用钙盐法生产的紫胶红色素。可作为食品着色剂。

（1）外观：鲜红色粉末。粒度，80 目 100%通过。

（2）项目和指标

项　目	指　标	项　目	指　标
干燥失重（%）　⩽	10	铅（Pb）（%）　⩽	0.000 5
灼烧残渣（%）　⩽	0.8	铜（Cu）（%）　⩽	0.001 5
水溶液 pH 值　⩾	3.0	砷（As）（%）　⩽	0.000 2
吸光度（$E_{0.5cm\ 比色皿}^{0.01\%溶液}$）⩾	0.62	汞（Hg）（%）　⩽	0.000 03

（3）吸光度测定方法：称取样品 0.1g（称准至 0.000 2g），置于 150ml 烧杯中，加入 1%碳酸钠溶液 10ml 搅匀，待色素全部溶完后，倾入 100ml 容量瓶中，用少量水洗涤烧杯，洗涤液并入 100ml 容量瓶中，再用水稀释至刻度，摇匀。取出 10ml 置于 100ml 容量瓶中，用 0.1M 盐酸溶液调 pH 值至 3.0 左右，用 pH 值 3.0 缓冲液稀释至刻度，摇匀，取出稀释液置于 0.5cm 比色皿中，用分光光度计 490nm 波长处测量吸光度。

1.5.4　红花黄色素（GB5176—85）

本标准适用于以红花为原料生产的红花黄色素作为食品着色剂。

（1）物性：红花黄色素为黄色或棕黄色粉末，易吸潮，吸潮时呈褐色，并结成块状。易溶于水、甲醇、微溶乙醇，不溶于乙醚和石油醚。耐光性好，在pH值5～7内色调稳定。吸潮后产品不影响使用效果。

（2）项目和指标：

项　目	指　标	项　目	指　标
干燥失重（%）　≤	10	铅（Pb）（%）　≤	0.000 5
灼烧残渣（%）　≤	14	砷（As）（%）　≤	0.000 1
吸光度（E 0.01%溶液 1cm比色皿）　≥	0.4	汞（Hg）（%）　≤	0.000 03

（3）吸光度测定方法：称取样品0.1g于一称量瓶内，置于干燥器中，在室温下干燥24h。准确称量（称准至0.0001g）溶解于100ml容量瓶中，用蒸馏水稀释至刻度，摇匀、过滤。用移液管吸取10ml滤液于100ml容量瓶中，用水稀释至刻度，此液作为被测定的溶液。取出稀释液置于1cm比色皿中，用紫外分光光度计于400nm波长处，以蒸馏水作参比液，测定其吸光度。其计算公式如下：

$$A_2=\frac{0.1A_1}{G_1}$$

式中：A_1——实测样品吸光度；

G_1——准确称量的样品质量（g）。

1.5.5　辣椒红色素（GB10783—1996）

本标准适用于以茄科植物辣椒干燥果皮为原料生产的红色素，作为食品着色剂。

（1）外观为暗红色的油状液体。

（2）项目和指标：

项　目	指　标	项　目	指　标
色价 $E_{1cm}^{1\%}$460nm　≥	50	己烷残留量（%）　≤	0.002 5
砷（以As计）（%）　≤	0.003	总有机溶剂残留量（以正己烷计）　≤	0.005
重金属（以Pb计）（%）　≤	0.003	辣椒素（%）　≤	0.5
灰　分（%）　≤	1.0		

（3）吸光度测定方法：准确称取0.1g试样，（精确至0.000 2g）用丙酮稀释于100ml容量瓶中，再精确吸取稀溶液100ml，稀释至100ml，用分光光度计于460nm波长处，用丙酮做参比液，于1cm比色皿中测定其吸光度（比色液吸光度A的范围为0.3～0.7）。其计算公式如下：

$$E_{1cm}^{1\%}460nm=\frac{Af}{m}\times\frac{1}{100}$$

式中：$E_{1cm}^{1\%}$460nm——被测试样为1%，1cm比色皿，在最大吸收峰460nm处的吸光度；

A——实测试样的吸光度；

f——稀释倍数；

m——试样质量（g）。

2 果 胶[44]

2.1 果胶的性质和化学组成

果胶存在于水果、蔬菜及其他植物体中，植物体内果胶在细胞内以胶态碳水化合物与纤维质结合在一起，故也称为果胶质。

2.1.1 果胶质的三种状态

(1) 原果胶：与纤维素结合在一起的甲酯化聚半乳糖醛酸的苷链，存在于细胞壁中，不溶于水。

(2) 果胶酯酸：羟基不同程度甲酯化的聚半乳糖醛酸苷键。

(3) 果胶酸：羟基完全游离的聚半乳糖醛酸苷键，溶于水。

商品果胶是从天然果实内提取、经过化学式酶变性再标准化处理后制成。

果胶是由多个 D-半乳糖醛酸通过 1-4 配糖键连接而成的链状化合物，部分羟基为甲醇酯化，其结构式如下。果胶分子的链状结构，比纤维素链短，比淀粉链长，分子量为 5 万～20 万。

OH COOH OH COOH OH OH OH OH OH HO O O O O O COOH OH COOH n OH

2.1.2 果胶的一般性质

(1) 果胶为白色无定形物质，无臭无味，能溶解于水成为乳浊状胶体溶液，不溶于乙醇，果胶溶液中加入酒精，即凝固而沉淀。果胶是一种可逆性的胶体，沉淀后又可重新溶解于水，如经过多次重复溶解和沉淀，则可得到相当纯净的果胶。和其他亲水胶体相同，在溶液中添加适量的电解质，果胶可从溶液中凝析出来。

(2) 果胶的酯化度：果胶中酯化的半乳糖醛酸基对总的半乳糖醛酸基的比值称为酯化度，简称 DE。果胶中含甲氧基的最大理论值是 16.3%，该值以酯化度表示是 100%，则酯化度 100%＝甲氧基 16.3%。这是同一种含义的两种表示方法。一般酯化度 45%（甲氧基约 7%）以上属于高酯果胶，以下为低酯果胶。从天然原料浸提果胶最高的酯化度约为 75%，在各种类型和等级的果胶加工过程中，控制的酯化度为 20%～70%高酯果胶需在可溶性固体大于 55%，pH 值 3 时才产生胶凝效应，而低酯果胶对糖、酸没有严格要求。但用不同方法脱酯影响很大。用酸脱酯的低酯果胶对 Ca^{2+} 不太敏感，要用大量钙来凝结，用酶脱酯的则对 Ca^{2+} 非常敏感，少量钙即可使其凝结，用碱脱酯的则在上述二者之间。

(3) 果胶的凝胶特性：果胶的凝胶特性包括两个方面，一是凝胶强度，另是凝胶速度。两者密切相关，又有各自条件。果胶的凝胶特性和本身分子量及酯化程度有关。果胶凝胶强度与果胶分子量成正比关系见表 55-7。果胶分子量与果胶来源和加工条件有关。

表 55-7 果胶分子量与凝胶强度关系

果胶分子量	果胶凝胶强度 (g/cm^2)	果胶分子量	果胶凝胶强度 (g/cm^2)
180 000	220～300	90 000	100～130
140 000	180～220	50 000	20～50
110 000	130～180	30 000	不形成凝胶

酯化程度也直接影响其凝胶特性，果胶凝胶强度随着酯化度增长而增长，凝胶速度随着酯化度的减少而减少，凝胶速度还与物料温度密切有关。

2.2　生产果胶的原料

许多植物体中含有果胶，特别是某些果实和蔬菜含量较高，目前国内外生产果胶的原料有下列几种：

2.2.1　果实类

果实中所含果胶是随着果实成熟度增加而减少，主要是由于果实中的酸和果胶酶的作用而引起。表55-8列出了常见的果实和果皮中果胶含量。但其中常使用的是橘、柚皮、橘橙渣等。

表55-8　几种果实和果皮中果胶含量

名　称	果胶含量（%）	名　称	果胶含量（%）
杏	0.45～0.80	柠　檬	2.5～4.0
樱　桃	0.20～0.50	鲜山渣（较生）	约0.46
草　莓	0.35～0.80	鲜山渣（较熟）	约0.39
树　莓	0.30～0.90	鲜苹果皮	0.45～0.50
桑　椹	0.20～0.90	橘、橙渣（干）	15～20
李　子	0.90～1.60	鲜橘皮	40以上
无花果	0.35～1.15	干橘皮	20～25
桃　子	0.56～1.25	鲜柚皮	6～8
梨	0.5～1.4	干柚皮	21～22
苹　果	1.5～3.5	鲜西瓜	≤0.45

2.2.2　其他类

除果实外，其他一些植物原料也可用来生产果胶，见表55-9。

表55-9　其他植物原料生产果胶含量

名　称	果胶含量（%）	名　称	果胶含量（%）
鲜向日葵托盘	1.56	甜　菜	4.8～7.8
鲜向日葵梗茎	0.77		

我国土地广阔，长江以南盛产柑橘和柚，东北、华北一带有大量苹果、甜菜等，这些都是生产果胶的好原料，此外近年来许多研究表明，香蕉皮、西瓜皮、松树皮都可提制果胶。

2.3　果胶生产工艺

生产果胶的方法有多种，不同种原料或根据不同商品要求可采取不同的工艺方法，同一种原料也可采用不同方法生产。现按不同原料做介绍。

2.3.1　柑橘皮生产果胶工艺

柑橘种类很多，柑橘皮也各不相同，因而其果胶含量、性质有较大差别。柑橘皮是目前工业生产果胶的主要原料，采用的提取工艺有3种。

（1）酸提取法：是最古老的工业生产果胶的方法，主要流程如下：

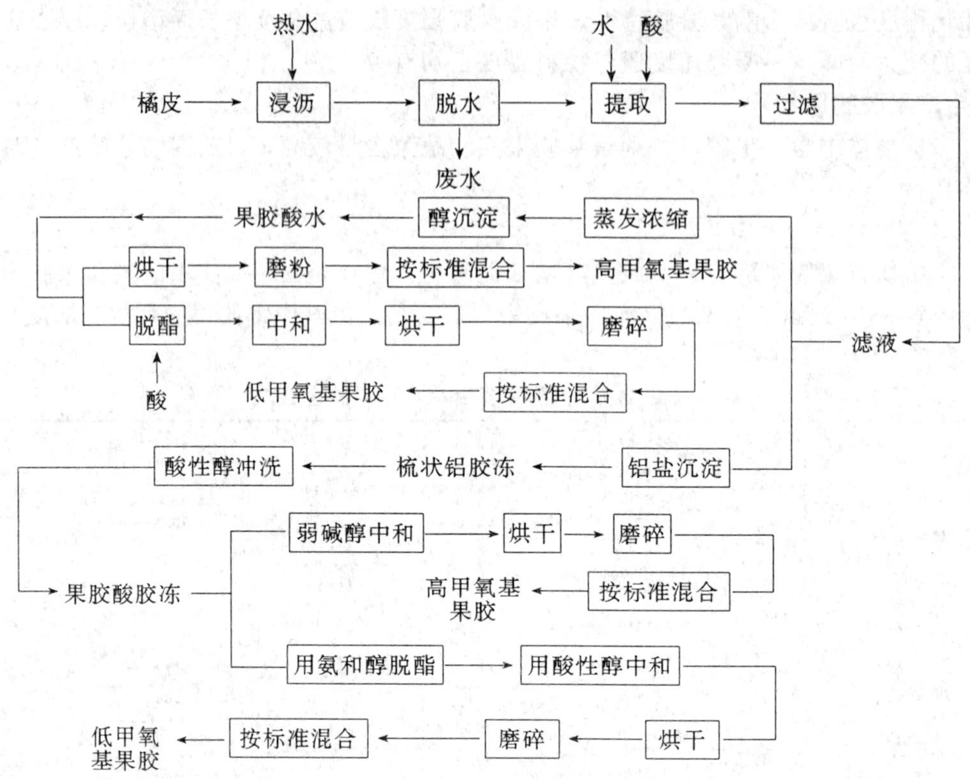

柑橘皮中除果胶外，还含有许多其他物质，如糖类、酸类或苷类等成分，这些成分混入提取的果胶会影响风味，因此提取之前对柑橘皮浸沥，需用热水不断冲洗；处理后的柑橘皮经脱水，作为提取果胶原料。

酸提取，一般使用盐酸，pH 值 0.8～1.5，温度 90～95℃，时间 30～40min，萃取液经过滤，滤掉废果皮，得到果胶浓度为 0.7%～2%萃取液，此步操作十分重要，最后用硅藻土进行精滤，这样可保证胶冻完全透明。再将稀的萃取液浓缩至浓度为 4%～5%。

沉淀果胶是用乙醇、异丙醇加入浓缩液中得到，加入乙醇，使其浓度达 55%～60%。乙醇浓度低果胶得率低，杂质含量高。沉淀的果胶用离心机分离，在真空下干燥，再经粉碎即得果胶成品。沉淀果胶也可用铝盐进行，但必须用酸性乙醇进行冲洗，以便将不溶性的果胶转变为果胶酸，然后用含轻度碱性乙醇去冲洗。

制取低甲氧基果胶，可用酸式氨脱酯，由此得到两种低甲氧基果胶。

(2) 离子交换法：酸提取法，在提取过程中，果胶分子易发生部分水解和降解。这样降低了果胶分子量，影响果胶的收率和质量。离子交换法则有所改善，其方法是：

经过处理的橘皮脱水后粉碎，与离子交换剂和水在 pH 值 1.3～1.6 制成淤浆，方法是原料先与 30～60 倍水混合，加入一定量离子交换剂，调节淤浆的 pH 值到 1.3～1.6，在搅拌下，加热 2h，经过滤，分离出不溶性的离子交换剂和废橘皮，含有溶解了果胶的滤液再用醇沉淀方法沉淀果胶。用此法果胶得率为 22%～30%（占干橘皮），胶凝度 130～300。

所用离子交换剂是用磺化聚苯乙烯基型树脂，必须在 100℃不发生降解，在中等酸性条件下不发生水解，加入数量按每份橘皮 0.3～0.5 份。例如，60g 粉碎干橘皮加入 1 800g 水，加入 18g 磺化聚苯乙烯树脂（树脂对干皮比率为 0.3∶1），水溶液 pH 值为 5.0，用稀盐酸调节到pH值为1.6，再加热混合物85℃，并在此温度下搅拌3h，然后过滤，滤液用1 800g异丙醇沉淀果胶，再用细棉布过滤，用50%异丙醇水溶液冲洗沉淀，减压下40℃干燥，果胶得率为干皮的24.5%，胶凝度为159。

(3) 微生物法：日本Takuosakai等人首先研究出利用微生物发酵从橘皮中萃取果胶的方法。例如用30g橘皮切至大约1cm宽，浸入100ml杀菌水中，放入发酵罐，用5%的种液接种，30℃震荡培养，15～20h后过滤培养液，加入3倍体积的乙醇，沉淀出果胶，并用乙醇洗涤沉淀，减压干燥得到产品。

所用菌种系一种可溶于果胶的菌种，是*Tvichosporon penioieea* tun的变种，命名为SND-3，菌种保存于一斜琼脂中，其中含有2%葡萄糖，0.2%果胶和0.1%酵母萃取液，pH值为5.0。

据悉，用微生物发酵法萃取果胶分子量大，果胶的胶凝能力也提高，果胶质量稳定。

2.3.2 从向日葵盘和杆提取果胶

采用新鲜的向日葵盘和杆，经干燥和粉碎，使其含水量低于12%，粒度10～80目。然后放入容器中，加入15～25倍的水，再用无机碱调节水溶液至pH值7～9呈微碱性。在室温下搅拌10～30min进行脱色，离心分离除去脱色液，留下碎渣，并用水作多次洗涤，直至流出液呈无色为止。将碎渣放入耐酸提取罐中，加入0.1～5N的无机酸使其在室温下浸泡和搅拌，再用离心分离方法除去废酸液。渣用水充分洗涤，取出后放入另一容器中，用酸液浸渍，浸渍液pH值维持在3.5～5，经过充分搅拌使果胶全部溶出，过滤得到含有果胶的滤液，再用乙醇使果胶沉析。经压滤和压榨，除去水分，再用等容积酸醇溶液清洗，搅拌30min后，压榨除去酸醇液，再加入等容积的95%乙醇水，再经压榨，然后烘干、成粉、过80目筛，可获得色白、亮度好灰分低的食用低酯果胶粉状产品。

加拿大于1978年发表了从向日葵盘和杆提取果胶的方法。将原料向日葵盘和杆以1∶1相混合粉碎，用75℃的热水淋洗原料15min，固∶液=1∶25，以除去水溶性果胶酸、碳水化合物和色素等水溶性杂质，再脱水。脱水后原料用0.75%浓度的六甲基磷酸钠溶液在75℃，pH值3.5时萃取1h，固液比为1∶2，过滤，滤液用浓盐酸在pH值1时酸化沉析1h，温度5℃，再用压力为2.45～2.9MPa水压机压滤15min，压滤所得果胶再用0.25mol HCl，60%乙醇和95%乙醇洗涤，最后经干燥即得产品。

2.3.3 从西瓜皮中提取果胶

选用新鲜、无霉、无腐烂的西瓜皮清洗后放入蒸笼，蒸至瓜皮变软，再压榨。榨干的原料置于萃取罐中，加水3～4倍，用酸调pH值至2左右。用布袋压榨过滤，收集滤液，把滤渣进行二次水解，弃去滤渣，合并二次滤液，在滤液中加入0.3%～0.5%的活性炭，55～60℃脱色30min，把脱色液真空浓缩至总固体达8%左右为止，在浓缩液中加入90%的乙醇溶液，果胶絮凝出，用细布袋过滤，压除液体，压榨的果胶用95%醇液洗涤，过滤除去乙醇溶液，然后再烘干，研磨成粉。得率0.4%。

2.3.4 从松树皮中提取果胶

将松树皮破碎至1～2mm大小的碎粒，用60℃热水冲洗30min，以除去单糖等水溶性杂质，滤去洗净的皮屑，再用1%的草酸铵溶液萃取。萃取在具有回流装置中进行，回流1h，此时树皮中果胶原水解成果胶，溶解在草酸溶液中，过滤除去水解后的皮屑，滤液为果胶的草酸溶液，再真空浓缩，除去90%水分后，用活性炭脱色、过滤，得到无色透明的滤液。用盐酸酸化到 pH 值 3，再用乙醇沉淀出果胶。乙醇与萃取液的体积比为 2.5∶19。沉淀的果胶用酸性沉淀剂洗数次。最后用浓度为 50%的沉淀剂洗涤到无氯离子，分离后干燥，研碎到 60 目即可。

2.4 果胶产品质量指标和分析方法

2.4.1 果胶产品的质量指标

根据国家标准（GB_n246—85）要求，以柚子、柑橘类等果实的白皮层加盐酸萃取、压榨过滤，真空浓缩，用乙醇沉淀，洗涤脱水干燥粉碎所制得的果胶，要求达到如下指标。

外观灰白色或淡黄褐色粉末。无异味，溶于 20 倍水，形成乳白色粘稠状胶态溶液，呈弱酸性。耐热性强。在酸性溶液中比碱性溶液中稳定。主要质量指标见表 55-10。

表 55-10 果胶质量指标

指 标	GB_n246—85	FAO/WHO，1984	FCC，1981
胶凝度：高酯果胶	130±5	—	150±5
低酯果胶	—	—	100±5
干燥失重（%）	≤12	≤12	≤12
总灰分（%）	≤7		≤10
pH 值	2.8±0.2	—	—
砷（以 AS 计）	≤0.000 2%	≤3mg/kg	≤3μg/g
重金属（以 Pb 计）	≤0.001 5%	—	
酸不溶灰分（%）		≤1	≤1
高酯果胶酯化度（%）	—	—	≥50
低酯果胶酯化度（%）	—	—	≤50
低酯果胶的酰胺化度（总羟基）（%）	—	≤25	≤40
铅		—	≤10μg/g
总本乳糖醛酸（%）	—	≥65	≥70
二氧化硫（mg/kg）		≤50	—
甲醇、乙醇和异丙醇单项或总含量（%）	—	1	—
含氮量	—	≤2.5	—
铜（mg/kg）	—	≤50	—
锌（mg/kg）	—	≤25	—
硫酸甲酯钠	—	—	0.1

2.4.2 果胶主要质量的分析方法

(1) 高酯果胶胶凝度：准确称取已标准化的样品 4.33g，与蔗糖 40g 混合，在搅拌情况下，加入一内盛 405ml 水的不锈钢汤盆中，继续搅拌 1～2min，直到试样完全水合为止。在搅拌下加热至沸，再加蔗糖 606g，并继续搅拌、煮沸，直到净重 1 015g 时为止。移去热源，并冷却至 95℃。

准备 3 只下陷仪，如图 55-13 专用杯子，用玻璃带纸沿杯子的上沿标记线缠绕一周，使杯子上端绕上一层有一定强度并高出杯子顶边约 12mm 的玻璃带纸。在每一只杯子中加入 8%～48%的酒石酸溶液 20ml，然后在搅拌下加入上述已制备的凝胶液，加入量以低于纸带边约 2mm 为宜。用盖子盖好，然后在 25℃下维持 18～24h。

去掉杯子上的纸带，用细金属丝切割器沿杯口切去多余部分，然后小心地转动并倒转杯子，使杯内凝胶体倒在下陷仪的专用玻璃板上，倒时应尽量减低应力，防止凝胶体破裂。在玻璃板上准确静置 2min 后，转动下陷仪的侧微螺杆，使刚触及凝胶体表面，然后分别记录所得百分率读数。取三者平均值，然后按下式求取胶凝度：

$$胶凝度=\frac{650}{W}\times\ [2.00-\ (读数\%/23.5)]$$

式中：W——所取试样质量（g）。

说明：①凝胶体中的固形物含量应在 64.8%～65.2%。②凝胶体的 pH 值应在 2.2～2.4。③3 个试样的读数差应在 0.6%以内；而所测得的凝胶度百分率读数应在 20.0～28.0。

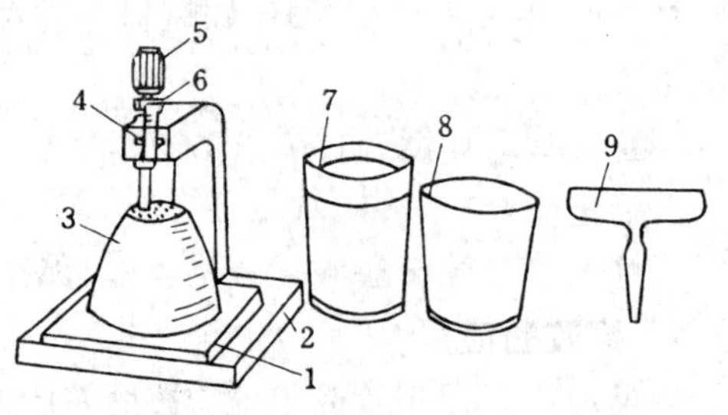

图 55-13　果冰强度测定仪及专用杯

1. 玻璃底板；2. 底座；3. 截锥体胶冻；4. 垂直标尺；5. 螺旋杆；6. 分度盘；7. 可移去加高部分；8. 标准玻璃杯；9. 切割钢丝

（2）低酯果胶的胶凝度：准确称取已标准化的试样 6.00g，加蔗糖 40g，混合后在搅拌下加入一内盛 425ml 水的不锈钢汤盆中，水中预先混有柠檬酸液 5.0ml（543g 柠檬酸定容至 1 000ml）和柠檬酸钠液 10.0ml（60g 柠檬酸钠定容至1 000ml）。继续搅拌，直到试样完全水合分散为止。然后边搅拌、边加热至沸，加入蔗糖 140g，继续煮沸并搅拌，直至完全溶解。然后在加热并搅拌下，加入氯化钙溶液 25.0ml（22.05g 氯化钙定容至 1 000ml）并继续加热并搅拌，直至净重达 600g 为止。移去热源。如有泡沫，则可迅速撇去，并立即注入已准备好的两只下陷仪杯子中（见上述高酯果胶胶凝度的测定）按同样程序测定其胶凝度百分率后，按下式求取胶凝度：

$$胶凝度=\frac{600}{W}\times\ [2.00-\ (读数\%+4.5)\ /25.0]$$

式中：W——所取试样重量（g）。

说明：符合下列情况的胶凝度值有效：①凝胶体中的固形物含量应在 30%～32%。②凝胶体的 pH 值应在 2.9～3.1。③两试样的读数差应在 0.6%以内；而所测得的胶凝度百分率读数应在 16.0～25.0。

（3）酯化度、酰胺基取代度和半乳糖醛酸：正确称取试样 5g，放入一盛有浓盐酸 5ml 和 60%异丙醇 100ml 的烧杯中，搅拌 10min 后，将该混合物通过干燥并已知重量的多孔性烧结滤管（容量 30～60ml）进行过滤。用盐酸-异丙醇混合液洗涤 6 次，每次 15ml，然后用 60%异丙醇反复洗涤，直至滤液无氯离子为止。最后用无水异丙醇 20ml 仔细洗涤，在 105℃下干燥 2.5h，冷却并称重。

精确称取上述洗涤并干燥后的试样 500.0mg，移入一个 250ml 圆锥烧瓶中，用 2ml 乙醇湿润，加入脱二氧化碳蒸馏水 100ml，摇匀，直至试样完全水合。加入酚酞试液（TS-167）5 滴，用 0.1mol 氢氧化钠液滴定，记录所耗体积的毫升数，作为 V_1（最初滴定值）。

将烧瓶中内容物移入一 500ml 蒸馏瓶中，蒸馏瓶与凯氏球连接，凯氏球与冷凝器相连，冷凝器下端的导管插入一内盛 20ml0.1mol 盐酸液和 150ml 脱二氧化碳蒸馏水的收集瓶中，在蒸馏瓶中加入 10%氢氧化钠液 20ml 后，按上述方式接好装置，然后开始小心加热，注意馏出气泡不要过多。连续加热到收集的馏出物达 80～120ml 时为止。加入甲基红试液（TS-149）数滴，用 0.1mol 氢氧化钠液滴定过量的酸，记录所消耗体积的毫升数为 S。另用 20.0ml0.1mol 盐酸液作空白滴定，记录所耗容积为 B（ml）。则酰胺基的滴定度为 $B-S=V_3$，而总滴定度

为 $V_1+V_2+V_3=V_t$。(如已知试样为非酰胺化型，则仅需测定 V_1 和 V_2，而将 $V_3=0$)。各项计算如下：

酰胺基取代度：$100\times V_3/V_t$

酯化度：$100\times V_2/V_t$

总无水半乳糖醛酸化合物：$3.52V_1+3.80V_2+3.5V_3$

2.5 果胶的应用[45]

果胶主要用于食品工业，按照GB2760—86规定可用于罐头、果酱、糖果、果汁、冰淇淋和巧克力作增稠剂，还可以用于果酱、果冻的制造、蛋黄酱、精油的稳定剂，防止糕点硬化，改进干酪质量，制造果汁粉等。高酯果胶主要用于带酸味的果酱、果冻、凝胶软糖，糖果馅芯以及乳酸菌饮料等的稳定剂。

低酯果胶主要用于低酸味的果酱、果冻、凝胶软糖，以及冷冻甜点，色拉调味酱，冰淇淋，酸奶等稳定剂。具体介绍如下：

2.5.1 低热量果酱

对身体肥胖，患有高血压、冠心病的人可食用低甲氧基果胶。在产品中含55%以下的固形物即可形成凝胶。含42%固形物，可降低食品热量的1/3。低糖草莓酱的配方见表55-11。

表55-11 低糖草莓酱配方

配　料	百分比（%）	配　料	百分比（%）
草　莓	50.0	酰胺化低甲氧基果胶	0.6
砂　糖	36.0	柠檬酸	0.4
水	13.0		

2.5.2 果汁饮料

在果汁或果汁汽水中加入适量的果胶溶液能延长果肉的悬浮作用，可保持制品有较好的外观，并可改善饮料的口感。如果制作浓缩汁，可加入果胶使其凝成胶冻，需用时把胶冻打碎，浓缩汁冲稀即可饮用，同样达到上述效果。果胶在果汁饮料中起着悬浮剂和稳定剂作用。

2.5.3 乳品和酸乳酪饮料

酸牛奶中加高甲氧基果胶，可使牛奶和果汁结合成一种含有牛奶蛋白、维生素、矿物质及果汁的重制饮料，则其糖类热量、维生素C和矿物质很容易为人体吸收。如果短缺果胶，牛奶和酪蛋白出现凝固，产品分离成两相。在加入果胶，当pH值低于酪蛋白的等电点时(4.6)，酪蛋白胶体微粒带阳电荷，果胶带负电荷，从而产生稳定的酪蛋白——果胶溶和物，果胶便起到抑制酪蛋白发生沉淀作用。

果胶还可以用来制造酸乳酪饮料，果酸加到冷的、发酵过的牛奶制品中，产生酪蛋白-果胶络合物能防止在后面杀菌中产生沉淀。酸乳酪饮料配方：酸乳酪90.4%，砂糖9.0%，块凝高甲氧基果胶0.6%。

2.5.4 速溶饮料粉

速溶饮料粉冲制的饮料，质感和风味都不佳，加入果胶便能得到改善。速溶饮料粉其营养质量差，热量几乎全部从蔗糖中得到的，常要加维生素C或蛋白质给以强化，这必须利用果胶的稳定作用。

2.5.5 果胶软糖

采用果冻相似的制法用果胶作为凝胶剂制成高级糖果食品，根据糖果的品种选用不同特性的果胶。不同类型果胶形成胶凝有不同的 pH 值范围，高甲氧基果胶制软糖适宜 pH 值3.3～3.6，低甲氧基果胶制软糖其 pH 值应为 4.0～4.5，使用低甲氧基果胶制作糖果时需添加钙盐。此外在制作果味海绵糖、夹心巧克力、果味充气糖都要添加果胶。

2.5.6　色拉油酱

过去做色拉油酱是利用黄胶素作胶粘剂和乳浊液稳定剂。由于果胶具有良好酸稳定性和清爽利口的味道，可以改进色拉油酱的特性，使得效果更好。

3　类可可脂

天然可可脂从可可豆中取得。可可树生长在热带和亚热带，由于受地区气候条件限制，其产量远不能满足工业需要，造成了可可脂价格上涨。自 20 世纪 50 年代末以来，人们研究寻找新的加工油脂来代替可可脂原料。这种供加工的油脂要求在熔点、凝固点、膨胀系数、固体脂肪指数、硬度、碘值、皂化值等物理和化学特性上接近可可脂，人们称之为类可可脂。目前我国生产使用的类可可脂主要是乌柏脂，国外常使用的还有棕榈脂、双罗果脂、婆婆罗脂等。

3.1　类可可脂的化学成分和性质[46]

我国使用的类可可脂主要是从乌柏脂中加工而制得的。其化学成分和物理常数见表 55-12。根据分析，类可可脂主要含有三甘酯，三甘酯的脂肪酸主要为如下 4 种：棕榈酸：含 16 个饱和碳（用符号 P 代表）。硬脂酸：含 18 个饱和碳（用符号 S 代表）。油酸：含 18 个碳（其中有一个不饱和碳）（用符号 O 代表）。亚油酸：含 18 个碳（其中有两个不饱和碳）（用符号 L 代表）。类可可脂主要是上述各种脂肪酸的异构体，异构体的结构形式有两种：

一种为对称性结构，即不饱和油酸（O）位于中间碳上，例如 POP 型、POS 型，POL 型等。

表 55-12　类可可脂与可可脂成分与性质的比较

指标名称	可可脂	类可可脂
油　酸（%）	39～40	40
硬脂酸（%）	34～35	33
棕榈酸（%）	23～24	18
亚油酸（%）	＜2	4
碘　值	35～40	32～35
皂化值	188～195	195～205
游离脂肪酸（%）（以油酸计）	＜1.0	＜1.0
熔　点（℃）	29～34	32～35
折光率（40℃）	1.457 7～1.458 5	1.455 9
色　泽	白或乳黄色	乳黄色，无斑点
气　味	纯正可可香气和滋味	无味
固体脂肪指数		
20℃	82～84	64～68
30℃	61～63	36～39
35℃	0	5～7

POP 型

$$
\begin{array}{l}
CH_2-O-\overset{O}{\overset{\|}{C}}-C_{15}H_{31} \\
| \\
CH-O-\overset{O}{\overset{\|}{C}}-C_{17}H_{33} \\
| \\
CH_2-O-\overset{O}{\overset{\|}{C}}-C_{15}H_{31}
\end{array}
$$

POS 型

$$
\begin{array}{l}
CH_2-O-\overset{O}{\overset{\|}{C}}-C_{15}H_{31} \\
| \\
CH-O-\overset{O}{\overset{\|}{C}}-C_{17}H_{33} \\
| \\
CH_2-O-\overset{O}{\overset{\|}{C}}-C_{17}H_{35}
\end{array}
$$

POL 型

$$
\begin{array}{l}
CH_2-O-\overset{O}{\overset{\|}{C}}-C_{15}H_{31} \\
| \\
CH-O-\overset{O}{\overset{\|}{C}}-C_{17}H_{33} \\
| \\
CH_2-O-\overset{O}{\overset{\|}{C}}-C_{17}H_{31}
\end{array}
$$

另一种为非对称性结构，它包括一些全饱和甘油三酸酯（如SSS，PPP，PPS，SSP）和部分不饱和三甘酯（PPO，PLO，PSO）。类可可脂中其对称性三甘酯含量在65%以上。由于对称性结构三甘酯成分高，表现出多晶形性能，这是类可可脂重要性能之一。

SSS 型

$$
\begin{array}{l}
CH_2-O-\overset{O}{\overset{\|}{C}}-C_{17}H_{35} \\
| \\
CH-O-\overset{O}{\overset{\|}{C}}-C_{17}H_{35} \\
| \\
CH_2-O-\overset{O}{\overset{\|}{C}}-C_{17}H_{35}
\end{array}
$$

PPO 型

$$
\begin{array}{l}
CH_2-O-\overset{O}{\overset{\|}{C}}-C_{15}H_{31} \\
| \\
CH-O-\overset{O}{\overset{\|}{C}}-C_{15}H_{31} \\
| \\
CH_2-O-\overset{O}{\overset{\|}{C}}-C_{17}H_{33}
\end{array}
$$

PLO 型

$$
\begin{array}{l}
CH_2-O-\overset{O}{\overset{\|}{C}}-C_{15}H_{31} \\
| \\
CH-O-\overset{O}{\overset{\|}{C}}-C_{17}H_{31} \\
| \\
CH_2-O-\overset{O}{\overset{\|}{C}}-C_{17}H_{33}
\end{array}
$$

3.2 生产类可可脂的原料

生产类可可脂是从天然植物脂中制取的，目前一些国家使用牛油坚果脂，棕榈油、双罗果脂、婆罗脂生产类可可脂，印度亦有采用芒果脂生产类可可脂。我国生产类可可脂的主要原料是乌桕脂。

3.2.1 乌桕籽含桕脂量

乌桕属大戟科落叶乔木，主要产地为长江流域及以南各省，我国年产桕籽约10万t，可得到1/3乌桕脂。乌桕籽的化学成分如下：

水分　4.5%～7.5%

脂肪　41.9%～47.0%

　其中：桕脂　24.4%～28.7%

　　　　梓油　17.5%～18.1%

其他有机物（蛋白质、纤维素）47.9%～50.4%

不同地区的乌桕籽，其桕脂含量略有不同。

3.2.2 乌桕脂的成分

乌桕脂含25%～28%的三饱和三甘酯，其余大部分为不饱和三甘酯。乌桕脂的物理常数及脂肪酸组成见表55-13。

表55-13　乌桕脂的物理常数及脂肪酸组成

项　目	指　标	项　目	指　标
乌桕脂的物理常数		碘　值	20～29
相对密度　$d_{40℃}^{40℃}$	约0.984 4	不皂化物	0.5～1.5
折光指数　$n_D^{40℃}$	1.456～1.458	脂肪酸组成（%）	
熔　点	52°～55°	月桂酸	0.8～2.5
脂肪酸凝固点	45～53℃	豆蔻酸	3.6～5.8
乌桕脂的化学常数		棕榈酸	57.6～69.6
皂化值	200～209	硬脂酸	1.8～3.1
		油　酸	20.7～34.5

3.3 类可可脂生产方法

3.3.1 生产流程

利用乌柏脂加工成类可可脂工艺流程：

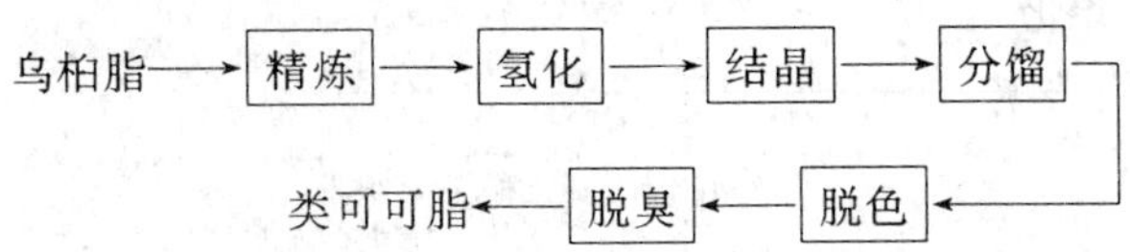

3.3.2 生产方法

以乌柏籽制得的乌柏脂，生产食用的类可可脂必须经过精制，其主要生产过程如下：

(1) 精炼：通过静置、过滤或离心分离进一步除去悬浮杂质。并利用加碱的方法脱酸。氢氧化钠用量根据测定的酸价来决定。

(2) 氢化：油脂中不饱和脂肪酸在催化剂镍作用下，不饱和键上加氢，使碳原子达到饱和或比较饱和，以提高油脂的固化及乳化性能。

压力一般为150～250kPa，温度125～190℃。

氢化后的乌柏脂，颜色变浅、臭味减少，稳定性增加。

(3) 结晶：是将油脂中各个单脂（即甘油脂），彼此之间进行脂肪酸交换反应，即为互换交酯化作用，使油脂凝固后晶体细小，更适宜于人造奶油或糖果用。

结晶反应使用的催化剂有氢氧化钠和甲醇钠两种，前者要求反应温度高，操作条件比较复杂，甲醇钠通常在50～70℃低温下即可反应，用量0.2%～0.4%，反应后通过水洗即可除去残留成分。

(4) 脱色：油脂中可能含有类胡萝卜素及叶绿素等，脱酸时可脱去一部分色素，但作为食用类可可脂仍需进一步脱色。脱色方法多用吸附法，吸附剂有酸性白土和活性炭，用量一般为油脂的0.5%～2%。

(5) 脱臭：为了脱除乌柏脂本身特殊气味，采用减压下0.27～27kPa，将油脂加热至220～250℃，通入水蒸气后，即可基本除去有气味物质。

3.4 类可可脂的应用

3.4.1 利用类可可脂生产巧克力工艺流程（见下页图）

3.4.2 主要工艺过程要求

(1) 精磨：浆料精磨是基本环节。通过精磨可使浆料有一个足够的搅拌、精炼、增香和乳化过程。浆料精磨平均细度在20～25μm，较长时间的精磨可减弱和消除类可可脂所固有的蜡味并能改善巧克力色泽。精磨时间16～22h，精磨温度在40～50℃。

(2) 调温：通过正确调温使类可可脂能形成稳定、细小、均匀的结晶，巧克力物料收缩性较好，产品外观光亮、色泽明快、组织结构坚实并具脆性。未经调温或调温不好的巧克力料会使巧克力在冷却后难于脱模，且产品色泽晦暗，结构松散，缺少脆性。类可可脂调温是按第一冷却、第二冷却、温度回升3个阶段进行的，不同类型的类可可脂感温特性不同，调温温度也不相同。

(3) 浇模成型：关键在于控制浆料温度与浇模模板温度，类可可脂在冷却固化过程中的温度一般比可可脂低3～4℃，这有利于防止类可可脂巧克力表面油脂的析出，冷却温度应控制在4℃左右，冷却时间为25～30min。

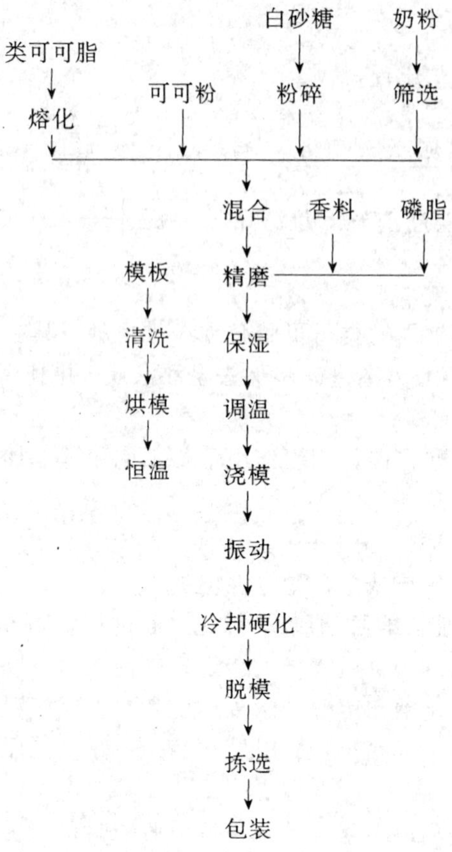

实践表明，利用类可可脂生产巧克力或巧克力制品在工艺技术上是可行的，如果针对产品可能出现的某些质量缺陷，在用料配方及工艺操作上采取有效措施是可以制造出品质优良的巧克力。

4 甜叶菊苷及其他天然林产甜味剂[47]

4.1 甜叶菊苷的化学成分和性质

甜叶菊 *Stevia rebaudiana* Bertoni 系菊科甜菊属多年生草本植物。

OR_2　$=CH_2$　$COOR_1$

甜叶菊原产于南美洲巴拉圭和巴西。1955 年开始人工苗圃栽培，从 60 年代起，由于叶片中含有多种低热量、高甜度、安全无毒的甜味物质，受到人们重视，并得到迅速发展，我国 1977 年首先在江苏省引种成功。甜味物质有效成分有甜菊苷，其含量约为总苷量的 60%，甜度为蔗糖的 300 倍。甜菊精苷 A 含量约占总苷量 20%～30%，但甜度更高，其他还有甜菊精苷 B、C、D、E，卫茅苷 A、B。都是四环二萜化合物。

表 55-14　甜叶菊的甜味成分

成分名称	R_1	R_2	甜　度	含量（%）
甜菊苷	G	G-G	150～200	6.0～8.0
甜菊精苷 A	G	G(G,G)	200～250	2～3
甜菊精苷 B	H	G(G,G)		
甜菊精苷 C	G	G(Rh,G)		
甜菊精苷 D	G-G	G(G,G)	200～250	0.3～0.9
甜菊精苷 E	G-G	G-G	150～200	0.2～0.6
卫茅苷 A	G	G-Rh	40～60	0.1 以下
卫茅苷 B	G	G(G,G)	40～60	

注：甜度是指对蔗糖的倍数；G 代表葡萄糖，Rh 代表鼠李糖。

甜叶菊苷是白色结晶状粉末，可溶于水和乙醇，常温下在水中溶解度 0.12%，30℃时约为 2%，b.p. 为 196～198℃。精制程度越高，水中溶解速度越慢。在空气中有吸湿性。热稳定性强，溶液 pH 值为 3 时较稳定，如遇碱则水解，即使总甜菊苷不变，但会降低甜味。耐高温，在酸性及碱性溶液中较稳定。如加入 pH 值 3.0 的软饮料中，室温保存 30 天无变化，比旋光度 $[\alpha]_D^{20}-39.3°$在空气中会迅速吸湿。不会引起美拉德褐色反应，可保持制品白色，是天然甜味剂最接近蔗糖的一种。

4.2　甜叶菊苷生产方法

甜叶菊苷生产方法有多种，目前国外采用离子交换法、透析法、分子筛法、硫化氢法等，下面介绍我国采用的方法。

4.2.1　工艺流程

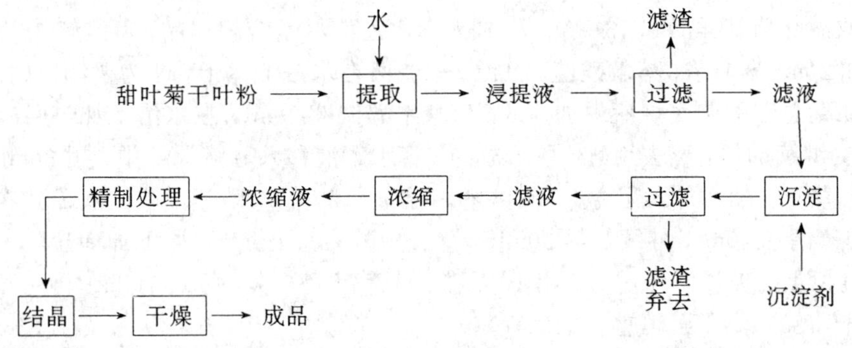

4.2.2　操作方法

（1）水浸提：粉碎后的干燥甜叶菊粉加 10～15 倍水在 60～80℃温度下浸提 4h，过滤，收集滤液，滤渣可再加水浸提 2 次，直到无甜味为止，将 3 次浸提液合并，浸提液呈褐色。滤渣可喂猪。

（2）沉淀脱色：加沉淀剂沉淀并脱色，使用硫酸亚铁并用石灰水调至 pH 值 6～8，可将蛋白质、有色杂质等除去，得到淡黄色滤液。

(3) 精制处理：目前采用的方法有萃取法和离子交换树脂法。萃取法是将上述滤液浓缩后，得浓缩液，用正丁醇萃取，萃取剂用量是正丁醇：浓缩液＝1：1。离子交换树脂法是将上述黄色滤液不经浓缩直接上离子交换树脂柱，上柱完后用去离子水洗柱，合并上柱液和洗液得到无色离子交换树脂处理液。

(4) 浓缩与干燥：将上述所得精制处理液，经真空浓缩到原来体积约1/5，再在60～80℃下真空干燥，得淡黄色甜叶菊苷。

(5) 淡黄色结晶加甲醇（1：6）在5℃下析出白色结晶。

4.3 甜叶菊苷测定方法

甜叶菊苷测定项目主要是总苷含量的测定，定量测定的方法有多种，主要是气相色谱法、高效液相色谱法、薄层层析法、比色法等，这些方法速度快，但需昂贵仪器及各种甜叶菊苷的标准品，有时难以采用。常用的方法是2，4-二硝基苯肼重量法测定总苷含量。

4.3.1 方法原理

将样品用乙醇溶解，经处理后的糖苷，在酸性溶液中水解，产生非糖配基。非糖配基是一种甾酮酸，具有羟基和羰基，当加入2，4-二硝基苯肼后，能生成苯腙，从水中析出。滤取沉淀，干燥，精确称重，即可换算成甜菊糖苷。其反应式如下：

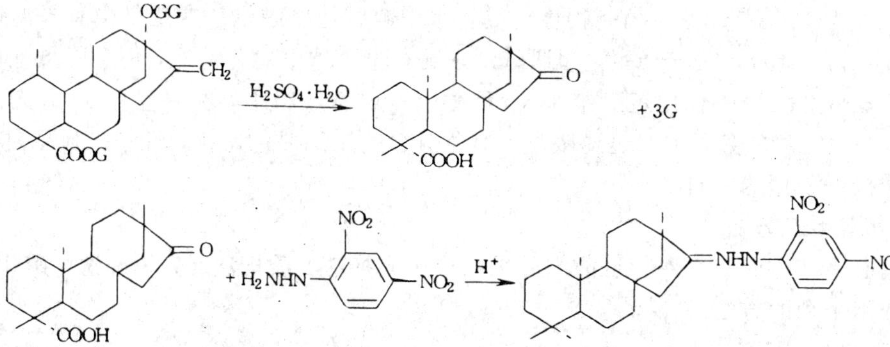

OGG, $=CH_2$, COOG $\xrightarrow{H_2SO_4 \cdot H_2O}$ =O, COOH + 3G

=O, COOH + $H_2NHN-C_6H_3(NO_2)_2$ $\xrightarrow{H^+}$ $=NHN-C_6H_3(NO_2)_2$

4.3.2 测定方法

精确称取甜叶菊苷样品0.15～0.2g，加入无水乙醇尽量溶解样品，可溶解3～4次。回收乙醇。然后加20ml蒸馏水，溶解残渣，过滤，取滤液在水浴上蒸干，即为要测定的甜菊总苷。

往盛有甜菊总苷的圆底烧瓶中加入5％硫酸甲醇试液20ml，在水浴上加热回流1h，加入蒸馏水10ml，继续加热，蒸去甲醇，取下放冷。将水解液移入分液漏斗中，用36ml乙醚萃取后，在水浴上蒸干。然后加入甲醇20ml溶解，再加入2，4-二硝基苯肼试液1ml在水浴上加热20min，加蒸馏水10ml，继续加热20min，除去甲醇，沉淀析出。取下加稀盐酸10ml稀释，放冷。用经过恒重的玻沙漏斗过滤，用10％盐酸洗涤沉淀3次，每次10ml。再用蒸馏水洗涤至中性。抽干，80℃烘干至恒重。精确称重。

4.3.3 结果计算

$$甜菊总苷含量（\%）=\frac{R\times 1.61}{W}\times 100\%$$

式中：R——称样重量；

W——沉淀重量；

1.61——换算因素。为甜菊苷和非糖配基二硝基苯腙的分子量比值：

$C_{38}H_{60}O_{18} \longrightarrow C_{20}H_{30}O_{2} \longrightarrow C_{26}H_{36}O_{6}N_{4}$

（甜菊苷）　（非糖环基）　（非糖环基二硝基苯腙）

804.9　　318.5　　500.6

804.9÷500.6＝1.61

4.4　甜叶菊苷的应用

甜叶菊苷可以取代糖精或部分蔗糖应用于食品加工，同时作为无热量食品的甜味剂，兼有降血压，促进代谢、治疗胃酸过多的作用。常作为甘草苷或蔗糖的增甜剂。并往往与柠檬酸钠并用，以改进甜味。主要用于苦味饮料、碳酸饮料、腌渍制品等。现介绍有关应用实例。

4.4.1　在饮料中的应用

在饮料中添加甜叶菊苷可代替50%白糖，降低成本35%～40%。见表55-15。

表55-15　甜叶菊苷应用举例

用量与评价	饮料			冷饮	
	橘子汽水	柠檬汽水	小香槟酒	甜菊汽水	冰　棒
加工量（kg）	50	25	50	1 000	360（支）
蔗糖量（kg）	2.5	—	1.6	58.5	1.9
甜叶菊苷用量（g）	25	26.5	16	586	18.9
代替白糖	50	100	50	50	50
评　价	甜味纯正清凉可口		无异味无沉淀	甜味纯正	甜味纯正略带清香

4.4.2　在糕点中应用

甜叶菊苷可应用在许多糕点代替白糖，降低成本，据介绍。喜饼，用甜叶菊苷可代糖20%，降低成本3.4%。蛋杏元，可代糖20%，降低成本5.2%。饼干，可全部代糖，降低成本15.3%。蛋糕，可代糖20%，降低成本3%。几种糕点用甜叶菊苷代替糖的配方如下：

（1）喜饼：

	原配方	现配方
面粉（g）	2 000	2 000
菊饼（g）	30	30
红糖（g）	500	400
白糖（g）	135	—
糖稀（g）	450	500
大麻油（g）	50	50
甜叶菊苷（g）		6

（2）蛋杏元：

	原配方	现配方
面粉（g）	1 000	1 000
氨基酸混合粉（g）	25	25
白糖（g）	250	—
糖稀（g）	100	100

蛋（g）	1 000	1 000
甜叶菊苷（g）		2

（3）饼干：

	原配方	现配方
面粉（g）	1 000	1 000
糖稀（g）	500	500
白糖（g）	200	—
甜叶菊苷（g）	—	5

（4）蛋糕：

	原配方	现配方
蛋	500	500
白糖	400	320
面粉	400	400
甜叶菊苷	—	0.3

此外甜叶菊苷还可加工成甜叶菊糖片、甜叶菊茶。其甜味纯正，美味可口。

4.5 其他林产甜味剂

4.5.1 甘草甜素（甘草酸）

（1）结构式：

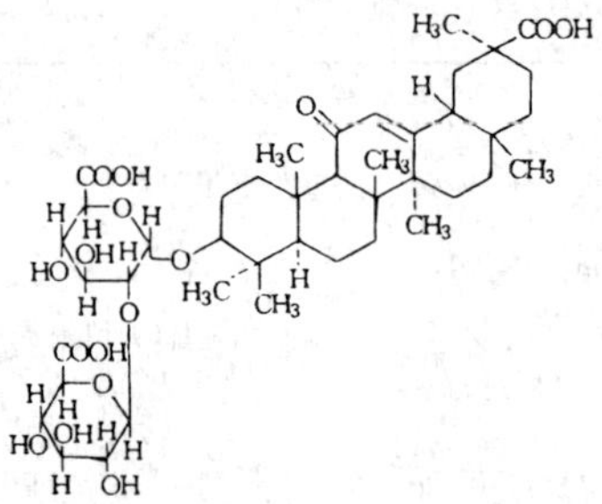

（2）性质：由甘草酸与两个分子葡萄糖醛酸组成的苷，白色结晶性粉末，水溶液呈弱酸性，在酸作用下加水分解，难溶于水和稀乙醇，易溶于热水，冷却后呈粘稠状胶冻，不溶于油脂，溶于丙二醇。甜度约为蔗糖的200倍。其甜味与蔗糖不同，入口后要略等片刻才有甜味感，但留存时间长，少量甘草苷与蔗糖合用可减少20%蔗糖而甜度不变。本身无香气，但有增香效能，熔点220℃。

（3）制法：由豆科多年生草本甘草 *Glycyrrhiza uralensis* 和欧洲甘草 *G. glabra* 的根和根茎清洗干燥，粉碎，加5倍水冷浸2天，过滤，再浸滤渣，合并滤液，蒸发、干燥后得粗结晶，然后用稀酒精进行重结晶，得率6%～14%。

（4）质量指标（日本，1983）：

含量	95%以上
重金属（以Pb计）	≤20μg/g
干燥失重	≤8.0%
灼烧残渣	≤9.0%

(5) 用途：甜味剂；甜味改良剂；调味剂（与食盐配合使用，效果特别好），香味增强剂（乳制品、可可制品、蛋制品、羊肉等除膻增香用）我国多用于酱、酱制品、腌渍品等。

4.5.2 甘草甜素二钠和甘草甜素三钠

(1) 结构式：

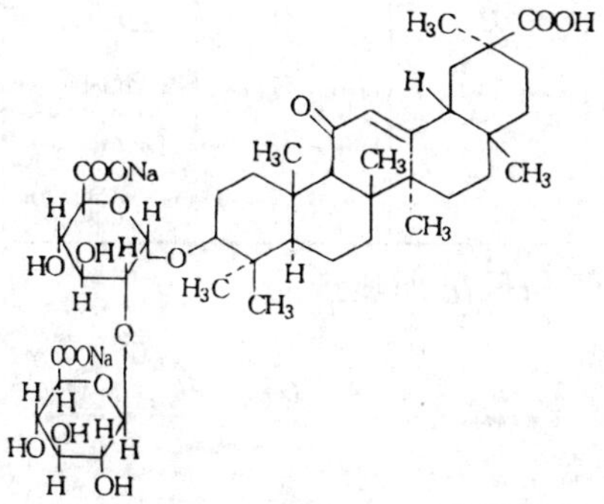

甘草甜素二钠 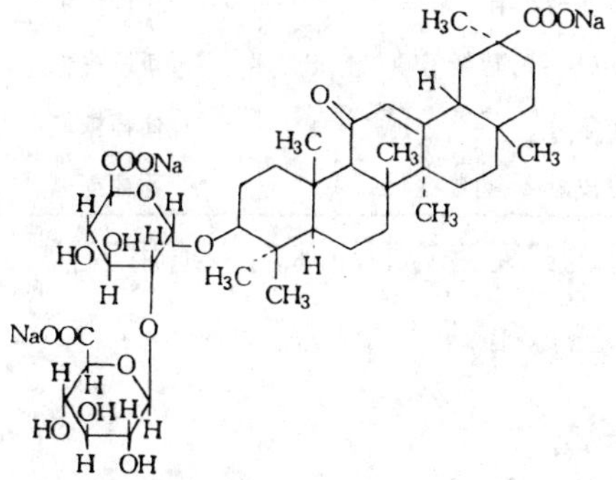　　　　甘草甜素三钠

(2) 性状：白色至淡黄色粉末。味极甜，4 000倍水溶液仍有甜味，甜度约为蔗糖的150～200倍，且甜味残留时间长，易溶于水，溶于稀乙醇、甘油、丙二醇，不溶于无水乙醇、乙醚、氯仿和油脂。

(3) 制法：由甘草粉末抽提得甘草酸后与钠碱中和而得。

(4) 用途：甜味剂，仅限用于酱油（0.015g/l）和豆酱（0.03～0.07g/kg）。

4.5.3 罗汉果浓缩汁

(1) 性状：黑色膏状物，甜度约为蔗糖的15～20倍，略有后味。干燥失重25%～45%，灰分10%以下，稀酒精抽出物70%～95%，熔点为97～201℃（分解）。

(2) 制法：将干燥罗汉果的纤维质果肉和外表薄皮用水或50%乙醇抽提，然后浓缩而成。

(3) 用途：甜味剂、并能改进风味，促进着色作用，用量约0.7%～3.0%。它能治疗感冒、咽痛和肠胃不适等。

4.5.4 二氢查耳酮[48]

(1) 结构式：

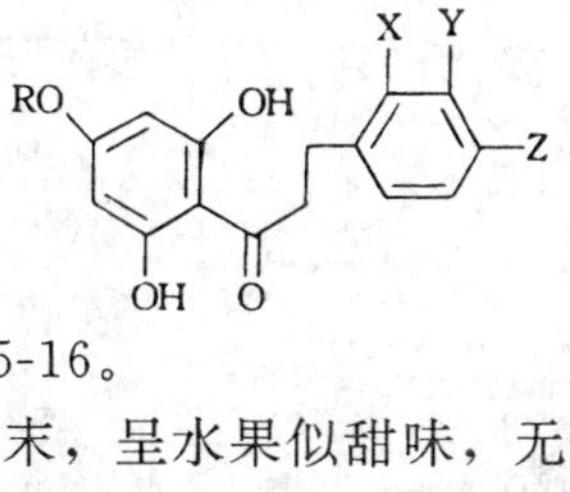

各种二氢查耳酮衍生物见表55-16。

(2) 性状：白色针状结晶性粉末，呈水果似甜味，无苦回味，对热稳定性较差，在室温下pH值2.0以上较稳定。饱和水溶液25℃时pH值为6.25。无吸湿性。熔点152～154℃，相对密度d_4^{25}=0.807 5，微溶于水，溶于稀碱，不溶于乙醚及无机酸。

(3) 制法：由未成熟柑橘皮中浸提出橙皮苷，用橙皮苷酶切去橙皮糖基上鼠李糖残基，在碱性条件下加氢，得葡萄糖橙皮素二氢查尔酮，再用淀粉葡萄糖苷基转移酶使之接上几个葡萄糖基即成。

表 55-16 二氢查耳酮衍生物

名 称	R	X	Y	Z	甜度
二氢查耳酮柚皮苷	新橙皮糖	H	H	H	100
二氢查耳酮新橙皮苷	新橙皮糖	H	H	OH	100
二氢查耳酮高新橙皮苷	新橙皮糖	H	OH	OCH_3	1 000
二氢查耳酮 4-O-n-丙基新圣草柠檬苷	新橙皮糖	H	OH	OC_2H_5	1 000
二氢查耳酮洋李苷	葡萄糖基	H	H	OH	40
二氢查耳酮橙皮苷-7-葡萄糖	葡萄糖基	H	OH	OCH_3	100

（4）用途：无营养型甜味剂。适用于低 pH 值和低温加热产品。

5 阿拉伯树胶[43]

5.1 主要成分

高分子量多糖类及其钙、镁和钾盐。一般由 D-半乳糖（36.8%），L-阿拉伯糖（30.3%），L-鼠李糖（11.4%），D-葡萄糖醛酸（13.8%）组成，分子量约 25 万～100 万。

5.2 性 状

无色至淡黄褐色半透明块状，或为白色至淡黄色粒状或粉末。无臭，无味。在水中可逐渐溶解成呈酸性的粘稠状液体，溶解度约 50%（W/V），不溶于乙醇。与明胶或清蛋白形成稳定的凝聚层，酸性醇能使其沉淀，得游离阿拉伯酸。

5.3 制 法

从阿拉伯胶树 *Acacia senegal* 或亲缘种金合欢属树的茎和枝割流收集胶状渗出物，除去杂质后经干燥并粉碎而成。

5.4 质量指标（FAO/WHO 1955）

项目		指标
干燥失重		
颗粒状（105℃，5h）	≤	15%
喷雾干燥法（105℃，4h）	≤	10%
总灰分	≤	4%
酸不溶灰分	≤	0.5%
酸不溶物	≤	1%
淀粉或糊精、单宁结合胶		阴性
砷（As）	≤	3mg/kg
铅（Pb）	≤	10mg/kg
重金属	≤	40mg/kg
比旋光度 $[\alpha]_D^{20}$（干基计）		$-26°\sim-34°$
氮（凯氏定氮法）		0.27%～0.39%
沙门氏菌		阴性/g
大肠菌群		阴性/g

5.5　使　用

可用做食品的增稠剂，稳定剂，乳化剂。例如果汁饮料或固体饮料用量约 2%。各种罐头食品如青刀豆、黄刀豆、甜玉米、蘑菇、芦笋、胡萝卜等罐头用量约为 10g/kg。硬糖、止咳糖用量 46.5%。软糖用量 85%。乳制品 1.3%。

5.6　阿拉伯糖、半乳糖、鼠李糖和葡萄糖醛酸的鉴别

将试样 100mg 与 10%硫酸 200ml 的混合液煮沸 3h。放冷后，搅拌混合，加过量碳酸钡至溶液的 pH 值为 7，过滤。滤液在真空旋转蒸发器中于 30～50℃下蒸发至取得结晶或浆状残渣。溶于 10ml40%甲醇中，即为水解液。

在两块层析板的起点线上标滴 1～10μl 水解液，以及含有 1～10μg 阿拉伯糖、半乳糖、鼠李糖和葡萄糖醛酸（预期存在于水解液中）的溶液。每块层析板分别用两种展开剂：A 为甲酸：丁酮：叔丁醇：水＝15：30：40：15（体积）；B 为异丙醇：吡啶：醋酸：水＝40：40：5：20（体积）。展开后，用 1.23g 茴香胺和 1.66g 苯二甲酸溶于 100ml 乙醇所组成的溶液喷射，并在 100℃下加热层析板。如有己糖则呈黄绿色，有戊糖呈红色，有糖醛酸呈棕色。将试样液色斑与含阿拉伯糖、半乳糖、鼠李糖和葡萄糖醛酸标准溶液的色斑进行对比。

6　其他林产食品添加剂

6.1　罗望子多糖[49]

罗望子 *Tamarindus indical* 又名酸豆，豆科植物，热带生长的高大乔木，我国福建、广东、广西、贵州、云南等省（区）都有栽培，海南尤为普遍。罗望子多糖是由罗望子属植物的种子胚乳部分，用热水抽提，过滤除去半纤维素、果胶等非结晶成分后精制、减压浓缩、干燥、粉碎而成。

6.1.1　化学结构与性质

罗望子多糖是以若干 β-D1-4 联结葡萄糖为主链并侧链为 α-D1-6 联结木糖和 β-D1-2 联接半乳糖的多聚糖，其结构如下：

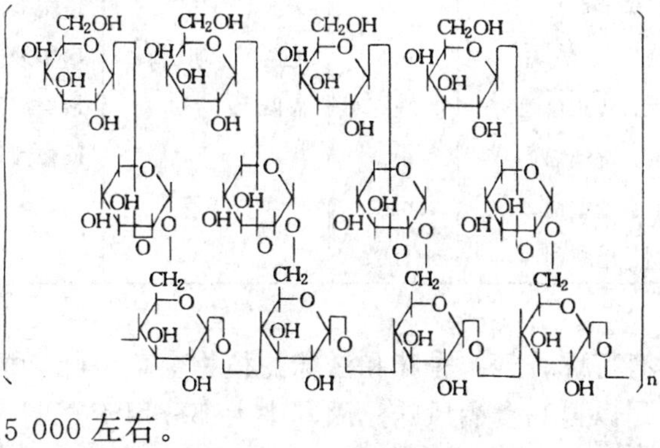

其分子量一般为 115 000 左右。

罗望子多糖和其他植物胶和动物胶相比具有良好的化学和热稳定性。其溶液的粘度随浓度增大而上升，如图 55-14。但 pH 值影响不大，在 pH 值 3～11 内溶液粘度很少变化，并能保持较长时间不变。罗望子多糖溶液粘度在加热 90℃以上时有所下降，但与其他植物胶相比仍是比较稳定的。20%浓度 NaCl 溶液中其粘度几乎不变。

6.1.2 制备工艺

制取罗望子多糖是以罗望子种子为原料经过一系列加工可制得，其工艺过程一般是：

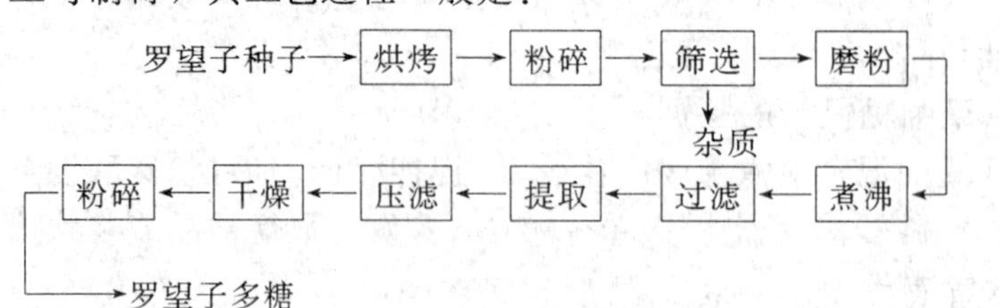

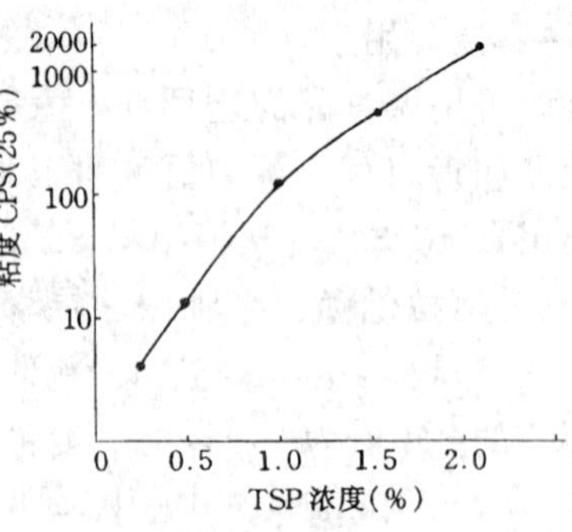

图 55-14　罗望子多糖溶液浓度与粘度关系

6.1.3 应　用

罗望子多糖具有胶粘、凝结、增稠、分散、乳化、稳定、保水、成膜等作用，在食品工业作为添加剂。

由于罗望子多糖对于酸度、糖类、盐类、温度都具有良好的性能，其优点超过国外食品中常使用的刺槐豆胶，瓜儿胶一类的半乳甘露聚糖。我国食品中常使用的果胶与明胶，其某些性能也不及罗望子多糖。在相同的温度下罗望子多糖的胶冻强度是果胶的2倍，在提高罐头食品的抗冲击强度方面果胶也不如罗望子多糖。明胶的增稠性较差，并受温度影响大，食品中使用罗望子多糖用量比明胶少，例如在冰砖中明胶用量为0.5%，而罗望子多糖仅用0.3%。罗望子多糖用于食品添加剂情况见表55-17。

表 55-17　罗望子多糖应用于食品添加剂情况

名　称	使用目的	添加量(%)	名　称	使用目的	添加量(%)
冰淇淋	稳定剂	0.3	蛋　糕	品质改良剂	0.3
果子露	稳定剂	0.3	棒　冰	稳定剂	0.3
辣酱油	调味	0.2	冰　霜	稳定剂	0.3
炸猪排	增稠、稳定剂	0.5	速溶汤粉	增粘剂	0.1～0.5
番茄酱	粘度、调节剂	0.2	家常菜	增塑剂、上糖色	0.2～0.3
罐　头	增稠剂	0.5	色拉、三明治	增塑剂、乳化稳定剂	0.5～1.0
红烧鱼虾	上糖色，防止松弛	0.2～1.0	浓果汁	增稠剂、改善口感	0.2～0.5
果子酱、橘子果酱	冻结剂、增塑剂	0.3	酱　菜	增稠剂、上糖色	
果子冻	冻结剂、增塑剂	0.3			
羊　羹	冻结剂、增塑剂	1.0			

6.2 辛香料[50]

辛香料是指各种具有特殊香气、香味和滋味的植物全草、叶、根、茎、树皮、果实或种子，如桂皮、茴香等，用以提高食品风味。因其中大部分用于烹调，故又称“调味香料”。

按美国辛香料协会（American Spices Association）的定义为：“凡主要用来供食品调味用的植物，均可称之为辛香料。”

辛香料均含有一定量的挥发性精油。常为提取精油、酊剂、油树脂、浸膏等的原料，或用以配制五香粉、咖喱粉等调味料。

辛香料中的有效成分一般可用溶剂提取，而其中纤维素、淀粉、糖等无辛香作用的成分可除去，所以提取精油和油树脂等制品，已成为辛香料重要发展趋势。

有些植物，具有辛香料的作用，长期以来人们将其作为蔬菜食用，如大蒜、姜、辣椒等。但其提取制品（精油、油树脂等）已失去原蔬菜使用价值，只具有调味增香作用，如姜油、辣椒油树脂等。

辛香料主要是利用其各自的特殊香气和滋味，同时也具有一定的营养成分。现将主要辛香料分述如下：

6.2.1　大茴香

（1）主要成分：含精油2.2%～3.5%，其中80%～90%为茴香脑（$C_{10}H_{12}O$），其他还含有甲基姜叶酚、大茴香酮、大茴香醛、柠檬烯、双戊烯、α-水芹烯等。

（2）应用：辛香料。用于烹饪调味、汤类、或肉类制品，或供提制精油。用量一般是软饮料2～30μg/g，调味料96～5 000μg/g，肉类制品1 200μg/g，糖果3～4μg/g，焙烤食品490μg/g。

6.2.2　肉　桂

（1）主要成分：含精油1%～2.5%，主要成分为桂醛（占80%～95%），另有甲基丁香酚、桂醇、桂酸、乙酸桂酯等。

（2）应用：主要用作肉类烹饪用调味料，也用于腌渍、浸酒及面包、蛋糕、糕点等焙烤食品。并且是五香粉的主要原料之一。用量是软饮料9.2μg/g，冷饮5.1μg/g，糖果130μg/g，焙烤食品3 000μg/g。

6.2.3　芫荽子

（1）主要成分：含精油约1%，其中主要为芫荽萜醇（60%～70%）、d-芳樟醇、α-蒎烯、β-蒎烯、萜品烯、牻牛儿醇、莰醇、樟脑等。

（2）应用：粒制品多用作腌渍香料，粉状者多用于糖果、肉类、汤类罐头、焙烤食品、酒（特别是杜松子酒）、可可饮料、热狗、香肠等产品，也是配制咖喱粉的主要原料。用量是肉类1 300μg/g，酒类1 000μg/g，焙烤食品880μg/g，无醇饮料7.4μg/g，冰淇淋1μg/g，糖果1～20μg/g，调味料54μg/g。

6.2.4　小茴香籽

（1）主要成分：含精油3%～4%，其中茴香醇占50%～60%，小茴香酮10%～20%，其他还含有莰烯、α-蒎烯、水芹烯、双戊烯、胡椒酯碱等。

（2）应用：做增香用，常用于面包、汤类、腌渍品、肉类、水产品等调味。

6.2.5　八　角

（1）主要成分：含精油2.5%～5%，其中以茴香脑为主（80%～85%），其他还有蒎烯、茴香酸、对甲氧基苯乙酮、水芹烯、异松油烯、芳樟醇和松油醇等。

（2）应用：直接供烹饪调味，亦为配制五香粉的重要原料。或用来提取精油。用量是软饮料13μg/g，冷饮18μg/g，糖果83μg/g，焙烤食品140μg/g，酒类40～60μg/g，肉类制品500～1 050μg/g。

6.2.6　薄荷叶

（1）主要成分：含精油0.3%～0.7%，其主要成分为薄荷脑、薄荷酮、萜品烯、α-蒎烯、苧烯、水芹烯等。

（2）应用：具有清新的强烈薄荷味，闻吸时有清凉感，味略甜。我国多用于薄荷糖、胶姆糖、清凉饮料及酒类等。国外亦用于汤类、肉类（多用于羊肉）、色拉等食品。用量是饮料

99μg/g，酒类 240μg/g，糖果 1 200μg/g，果冻 75～200μg/g，胶姆糖 8 300μg/g。

6.2.7 辣椒油树脂

（1）主要成分：辣椒素、二氢辣椒素、正二氢辣椒素和高辣椒素 4 种辣味物质，其他还含有辣椒红色素，辣椒玉红色素及胡萝卜素，还含有酒石酸、苹果酸等。

（2）性状：暗红至橙红色澄明液体，有强烈辛辣味，并有灸热感。可部分溶于乙醇、溶于大多数非挥发性油。

（3）制法：由茄科植物辣椒 *Capsicam annuum* ，尤其是牛角椒 *C. annuum* var. *longum* 等的果实粉碎后，用有机溶剂（乙醚、丙酮或乙醇）抽提而得，得率占果实的 15%或种子的 28%。

（4）质量指标（据美国食用化学品法典，1981）：

砷（以 As 计）	≤3μg/g
重金属（以 Pb 计）	≤0.004%
铅	≤10μg/g
残存溶剂	含氯碳氢化物总量≤0.03%
	丙酮≤30μg/g，异丙醇≤0.03%
	甲醇≤0.005%，己烷≤0.0025%
斯 氏	热单位 10 万～200 万

（5）应用：调味剂、着色剂，广泛用于食品增香。用量是焙烤食品 14μg/g，调味料 92 μg/g，肉类制品 50～100μg/g，饮料 14μg/g，糖果 11μg/g。

6.2.8 姜油树脂

（1）主要成分：含精油 30%～40%，含有姜酮、姜醇、姜烯、樟烯、龙脑等成分。

（2）性状：黑褐色粘稠液体，呈姜的强烈辛辣味和香气。溶于乙醇。

（3）制法：用草本植物姜 *Zingiber officinale* 的干燥块茎经酒精抽提而得。得率 4%～6%。

（4）质量指标（据美国食用化学品法典，1981）：

挥发油含量	18～35ml/100g
砷（以 As 计）	≤3μg/g
重金属（以 Pb 计）	≤0.004
铅	≤10μg/g
残存溶剂	

其中：氯化碳氢化物总量≤0.003%，丙酮≤30μg/g，异丙醇≤0.003%，
甲醇≤0.005%，己烷≤0.002 5%

（5）应用：调味香料。用量是调味料 10～1 000μg/g，肉类制品 30～250μg/g，糖果 27 μg/g，焙烤制品 52μg/g，冷饮 36～65μg/g，软饮料 79μg/g。

7 林产食品添加剂的筛选[41]

我国已使用的林产食品添加剂种类很多，随着食品工业的发展和人们对天然食品的喜爱，需要开发更多的林产食品添加剂。但这需要应用合理科学的方法加以筛选。

7.1 使用特性

每一种食品添加剂添加到食品中去都有其具体的使用目的和方法，选择食品添加剂首先

要考虑其使用特性，主要是：

（1）满足使用要求：选择某种食品添加剂应能满足食品添加此物的要求，其相应的指标不低于其他同类产品，例如，色素要颜色鲜艳，甜味剂要有足够的甜度等。

（2）溶解性：不同食品添加剂溶于不同溶剂，例如类胡萝卜素溶于丙酮、石油醚，花青素色素溶于水，但不溶于有机溶剂石油醚。甜叶菊苷溶于水等，各种食品添加剂溶解性能直接影响到它在食品中使用范围或效果。所以选择食品添加剂时应详细了解其在各种溶剂中的溶解能力。

（3）颜色：各种不同食品对添加剂的颜色有不同要求，例如，天然色素要求给食品带来各种鲜艳的颜色，而果胶则被要求为无色或淡黄色，否则食品颜色变暗。此外食品添加剂颜色过深或带有杂色常常说明产品纯度不高，需要进一步精制。给使用带来困难。

（4）吸水性：要求食品添加剂尽量不吸湿，否则会在使用中带来许多困难，特别是天然食用色素，吸湿性很强，即使在瓶装密封下也会吸湿结块。所以各种产品要经过各种处理使其减低吸湿性。

7.2　稳定性试验

食品添加剂在使用和贮存过程中应具有较强的稳定性，不发生外观、纯度、结构等方面的变化，其稳定性具体表现在：

（1）对热的稳定性：某些食品添加剂添加到食品中，食品需要加热蒸烤，这就要求食品添加剂在加温的过程中比较稳定，不发生物理或化学上的变化。例如蛋糕中加天然色素和甜食中加甜味剂，都要求它们在烘烤时不发生变化。

（2）对光的稳定性：许多食品添加剂在阳光的照射下都会发生某些分解破坏，例如多数天然食用色素在光照下易褪色，致使食品很难长期保存，所以一般食用天然色素宜放在暗处。不同食品添加剂对光的稳定性不同，需用对光有较好稳定性的食品添加剂。

（3）对氧的稳定性：食品添加剂要求对氧具有较好的稳定性，以避免添加到食品中会发生氧分解或氧化作用。

（4）对酸碱的稳定性：各种食品具有不同的酸碱度，因此要求食品添加剂在酸碱变化的一定范围内保持较好的稳定性，例如罗望子多糖在 pH 值 3～11 时粘度变化很小。食用天然色素中栀子黄色素对酸碱稳定性较好，姜黄色素较差，所以栀子黄色素使用范围广。

（5）对金属无机盐离子的稳定性：许多食品含有大量的食盐，例如酱油、醋、果酱、酱菜等食品，添加到这类食品的添加剂要求在 NaCl 存在下保持较好的稳定性，例如用于酱油的焦糖色素要求在 NaCl 存在下不发生分解和沉淀。又如果胶在果酱中使用时也不会发生盐析等。

在选用林产食品添加剂时应对该品种进行上述 5 个方面稳定性进行试验，在不同 pH 值，不同光照时间，不同温度作用下，求出该品种残留率作出相互关系曲线。经过比较选择稳定性较好的食品添加剂品种。

7.3　安全性评价

安全性评价是筛选林产食品添加剂很重要的内容，要求长期食用对身体健康无害。安全性评价内容主要包括毒性毒理试验和卫生检验。

7.3.1　毒性毒理试验

研究该添加剂随食品进入机体及代谢产物在体内引起的生物学变化，即对机体可能造成的毒性损害及机制，其中包括急性毒性、慢性毒性、对生育繁殖影响，胚胎毒性、致畸性、致突变性、致癌性和对神经功能、行为和免疫机能的影响。其研究方法主要是动物毒性试验或对群体进行病理调查。毒性试验的工作主要包括如下方面：

（1）毒性剂量与鉴定作用：所谓食品毒性指的是一种物质对机体造成损害的能力。而且只有在一定剂量和一定接触条件下才能造成损害，衡量其损害的大小所常用的指标是半数致死量（LD_{50}），即引起一群动物的50%死亡的最低剂量。我国卫生部门根据此指标的高低，把各种物质分为剧毒、高毒、中毒、低毒、实际无毒、基本无毒。作为食品添加剂所测得的指标必须在实际无毒或基本无毒范围。除此以外还有绝对致死量（LD_{100}）、最小致死量(MLD)、最大耐受量等指标，这些指标都可在某种程度上说明食品的毒性。在食品毒理学中，以经口服为主。

（2）动物毒性试验：选用与人类近似的哺乳动物，以在一定时间内以一定剂量进入机体引起毒性效应或反应的试验。目前动物毒性试验包括急性毒性试验、亚急性毒性试验、慢性和蓄积毒性试验、致畸试验、致突变试验、致癌试验、繁殖试验、代谢试验、迟发神经毒性试验。关于毒性试验的内容和程序，我国目前大多分为3个阶段。

第一阶段，急性毒性试验，它是整个毒性试验的基础，通过试验掌握LD_{50}数据。

第二阶段，包括3方面内容：一是亚急性毒性试验。二是几种特殊毒性作用试验，如致突变试验，致畸试验等，只要发现有任何一种毒性作用，便不再考虑继续进行全部鉴定。三是进行被检物代谢试验，同时还可进行蓄积试验。

第三阶段，通过前两阶段尚不能确定是否禁用于食品，可进行慢性试验，包括致癌试验、繁殖试验等。

决定某种化学物质能否用于食品添加剂，主要取决毒性在现阶段生产和生活条件下是否有控制可能，即通过制定相应的食品卫生标准限制它在食品中使用数量，消除对人体危害。而目前生产和生活条件下无法控制其毒害作用的物质，概不允许在食品中应用。

根据全国食品添加剂标准化技术委员会第6次年会建议，对从国内已食用多年的动植物可食部分中提出的天然食品添加剂，只需进行第一阶段和一种致突变试验，即可做出评价内容，不再进行3个阶段试验。

7.3.2 卫生检验

用做食品添加剂卫生检验也是很重要的，其中主要为致病微生物，呈阴性反应，对重金属砷、汞、铅、铜应符合安全规定。制定出相应的卫生标准，这样才能根据需要进行生产。

7.4 使用范围

各种食品添加剂本身理化性质不同，稳定性也不相同，添加到食品中所起的作用也不一样，所以每一种天然食品添加剂都有一定使用范围，在它适用的范围内使用，效果显著。所以应该根据食品的要求和添加剂本身的性质，确定出该品种的使用范围，可最大限度满足食品的要求。

第56章 林产食用菌及其制品

陆夕娟

1 中国和世界的食用菌生产

1.1 概 述

人们常说的菇、菌、蕈、耳统称为食用菌，它们和霉菌、酵母菌一样，在生物分类学上属同一生物群—真菌，但在形态发生和个体发育上，菇类能形成十分醒目的、形体较大的、肉质、胶质、膜质、革质、木栓质或木质子实体。因此，霉菌、酵母菌又被称为“微观真菌”“丝状真菌”或“低等真菌”，而菇类则被称为“大型真菌”或“高等真菌”。

大型真菌包括食用菌、药用菌和毒菇。本章讲述的食用菌是指可供人们食用或药用的大型真菌。

我国食用菌资源十分丰富，据1985年统计，我国已知的食用菌有600多种[51]，具药用价值的食用菌有200种左右[2][52]。它们在真菌分类学上，大多数属于担子菌亚门，极少数属于子囊菌亚门。目前能进行人工栽培的有40余种，但作为商品生产的仅有20多种，其中主要是双孢蘑菇 *Agaricus bisporus*、香菇 *Lentinus edodes*、草菇 *Volvariella volvecea*、灵芝 *Ganoderma lucidum*、金针菇 *Collybia velutipes*、平菇 *Plenrotus ostreatus*、银耳 *Trernella fuciformis*、木耳 *Auricularia auricula*、猴头菌 *Hericlum erinaceus* 等。另外我国已发现的毒菇约有80余种[53]，可供研究提取特用药物。在采食野生菇时务必谨慎识别，以防误食中毒。

食用菌营养丰富，味道鲜美，自古以来就被人们列为佳肴美食。现今，它被公认为高蛋白、低脂肪的“健康食品”。食用菌含多糖和诸多药效成分，具有防衰老，提高免疫力和抗癌作用，受到国内外医药界重视。近10年来，我国食用菌和药用菌生产发展迅速，已成为一项新兴产业。

食用菌中的香菇、蘑菇、草菇、木耳、银耳等是我国传统出口商品，在国际市场上占据着重要地位。然而，当前国际菇类市场竞争激烈，我们必须谨慎地注视菇类生产动向和市场消费结构的变化，才能更好地把握今后发展方向。

1.2 发展食用菌生产的意义

近年来，各国对食用菌的需求量不断增加，我国的食用菌生产还不能满足国内外市场的需要。加快发展食用菌生产，增加食用菌品种，对于扩大对外贸易、增加外汇收入、满足人民需求、改善食物结构、变废为宝、发展农林副业生产和多种经营、增加农村和林区人民收入都具有十分重要的现实意义。

发展食用菌生产，可不与农业生产争地、争时间、争劳力。在室内室外、房前屋后和早期人防工事[54]均能进行栽培；它原料来源广，除用椴木外，树枝、树皮、树叶、锯木屑、刨花、栲胶渣、松针叶渣等废料废渣和棉子壳、稻草、麦秸、玉米芯、甘蔗渣、油菜秸以及醋糟、酒糟等食品厂废渣废水均可栽培食用菌。食用菌栽培，投资少，成本低，个体、集体、国营均可经营；易推广，收效快，有显著的经济效益和社会效益，是落后山区、边远农村脱贫致富的好副业。食用菌栽培后的废基质具有较好的营养价值，含有氮、磷、钾、无机元素、维生素和生长素等营养成分，可用作饲料或肥料。

1.3 世界食用菌生产和消费

随着科学技术的进步和对食用菌需求的增加，食用菌的栽培已在全世界普及，尤其近30年来，食用菌生产发生了很大的变化，主要表现在：食用菌生产由少数发达国家，迅速扩展到许多发展中国家；栽培的种类由单一品种发展到多品种；由手工式副业生产发展到机械化、自动化生产；近几年来，由于生物技术迅猛发展和电脑技术的广泛应用，出现许多新型的联农企业。由于采用集约化周年栽培，使食用菌的产量、质量和深度加工技术都有明显的提高。

据统计，1994年世界商品化栽培的食用菌产量达490万t[5]。美国是世界上蘑菇生产大国之一。日本原是香菇产量最多的国家，但在1988年，我国香菇产量已超过日本，1990年我国产干香菇达3.0万t，比1977年增加24倍。

经调查，近年来世界食用菌消费量每年以10%的速度递增，越是发达国家和地区食用菌耗量越大。据报道，法国人均食用菌消费量为4.5kg，日本为3kg，德国为2.5kg，美国为2～3kg，而中国仅为0.5kg，从地区消费看，西欧和北美两地对蘑菇的消费占世界总耗量的87%；香菇的消费地主要是日本、中国；草菇的消费地区主要是亚洲；平菇主要是中国、欧洲和日本。中国在1985年的香菇消费量比1984年增长20%。可见，中国将是食用菌产品的巨大的消费市场。

1.4 我国食用菌生产和国际地位

据1989年中国食用菌协会年会报道，我国运用先进科学技术，大力发展人工栽培食用菌，已步入规模化、集约化阶段。1994年我国步入世界食用菌第一大国，总产量达300万t[55]，占世界食用菌总产量的60%，年总产值约150亿元。其中黑木耳产量占世界总产量的67%，香菇、草菇、平菇、银耳、黑木耳、猴头菌、茯苓等食用菌产量均居世界第一。双孢蘑菇罐头制品的出口量居世界首位。香菇出口也超过香菇出口大国日本。

我国人工栽培食用菌已有1 400多年历史，是世界上香菇、草菇、黑木耳、银耳、金针菇、竹荪 *Dictyophora indusinta*、茯苓人工栽培的发源地。但长期以来，大多数食用菌处于半人工栽培、半野生的状态。20世纪70年代以来，食用菌事业才得到迅速发展。我国食用菌产区主要是福建、江苏、浙江、山东等省。福建的主要菇种是蘑菇、银耳、香菇；江苏主要是蘑菇、平菇、金针菇；浙江主要是蘑菇、香菇、平菇、猴头菌。通过多年努力，我国已建立了一批规模较大的食用菌生产基地。如江苏丹阳市的平菇；福建古田县的银耳和香菇；浙江常山县的猴头；湖北房县的黑木耳；山西临县的山平菇；黑龙江的黑木耳；浙江庆元县、龙泉市的椴木栽培香菇；辽宁丹东市的滑子菇等都是全国的重要生产基地。还有山东淄博市的香菇工厂化生产已成为北方最大的香菇生产基地。另外双孢蘑菇栽培基地涉及东南沿海四个省，如江苏金坛市、浙江富阳市、福建龙海市和广东高州市等。

目前，我国食用菌总产量50%以上用于出口。当前出口的品种有蘑菇罐头、盐水蘑菇、银耳、黑木耳、毛木耳、香菇、滑菇、金针菇、平菇。另外，松茸、美味牛肝菌、鸡枞菌、尖顶羊肚菌、鸡油菌、榛蘑、红菇、干巴菌等野生食用菌也有出口。主要出口到美国、德国、日本以及中东、东欧和东南亚等国家和地区。

1.5　食用菌的营养价值和药用价值

食用菌质地柔嫩、香味袭人、味道鲜美，且含有相当高的蛋白质和各种对人体健康有益的多糖类、矿物质、维生素以及人体不可缺少的必需氨基酸等营养物质。所以食用菌享有“素食之王”、“植物肉”和“健康食品”等美称，它已被人们列为继动、植物性食物后的第三类食品，将成为人类未来重要的保健食物。主要食用菌的营养成分请参考有关技术书籍[56~57]。与动植物食品营养比较，食用菌为高蛋白、低脂肪、高维生素食物；而动物性食物属高蛋白、高脂肪、低维生素食物；植物性食物属低蛋白、低脂肪、高维生素食物。三者比较，食用菌当是最为理想的食物。

食用菌还含有帮助消化的各种酶和抗流感病毒的物质以及具有降低胆固醇、防治心血管病和利尿、健脾胃、强身滋补、消热解毒的功效。近年来，国内外科学家对食用菌抗肿瘤多糖的研究十分活跃。动物和临床实验表明，从一些食用菌中提取出来的多糖分子对癌细胞有抑制作用。因此用这些本来就是人们所喜爱的名贵食用菌制成各种药品，既可充分发挥食用菌的药用价值，又可增强患者的安全感，服后无副作用。另外，还可以通过人工栽培和深层发酵技术，获得足够的药源，以满足用药的需要。近 10 多年来，我国已从食用菌资源中挖掘了许多药材，先后制成猴头菌片、蜜环菌片、亮菌片、云芝肝泰、健肝片、香云片、灵芝糖浆、银耳糖浆和复方树舌片等。食用菌不仅是美味佳肴，而且是可口良药，经常食用，可增强机体免疫能力，防病治病，延年益寿。各种食用菌的药用价值详见文献[51]。

2　食用菌的生物学特性

2.1　食用菌的形态结构

食用菌的种类繁多，结构各异，色彩缤纷，有伞形、扇形、耳形、花朵形、珊瑚形等大小不一，造形优美。

食用菌不论大小、草生、木生，都是由营养器官——菌丝体和繁殖器官——子实体两大部分组成的。

菌丝体相当于高等植物的根、茎、叶，它是食用菌的主体。能从其生长的基质中吸收水分、有机物和无机物，供食用菌生长发育的需要。通常它们分散在基质——土壤、朽木、腐草内，外观呈放射状白色丝状。

子实体主要指可食部分，相当于高等植物的花、果。子实体分肉质和胶质两种，蘑菇、香菇、草菇、平菇等菇类属肉质；黑木耳、毛木耳、银耳、金耳等耳类属胶质。常见的伞形食用菌子实体形态分为 6 个组成部分：菌盖、菌褶、菌环、菌柄、菌托、菌丝体。如图 56-1。

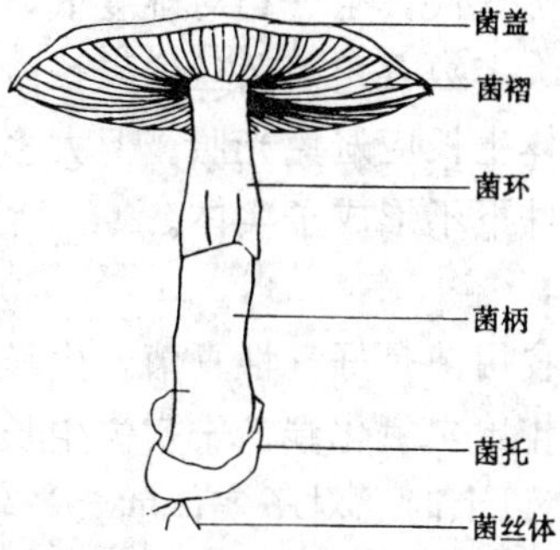

图 56-1　食用菌子实体形态

2.2　食用菌的生长条件[1]

食用菌生长需要一定的条件，且各种食用菌所需的生长条件也各不相同，了解其各自所需的生长条件，可为在人工栽培时充分满足其要求，以达到高产稳产的目的。

食用菌的生长条件主要是：温度、湿度、光照、空气、营养物、pH 值等。

2.2.1 温 度

各种食用菌只能在一定的温度范围内生长，而且各有其最低生长温度、最高生长温度和最适生长温度。温度低于最低生长温度时，生长便停顿。低温只是抑制菌的生长而无杀伤作用；高温能使菌丝体蛋白质凝固变性、破坏酶的活力，使菌体死亡。

同一菇种的菌丝生长温度和子实体分化温度以及子实体生长温度都不一样。通常菌丝最适生长温度在25℃左右，子实体最适分化温度要低些，子实体生长最适温度介于两者之间。不同种食用菌的子实体分化温度有一定差异，通常分3种类型：

低温型：最适温度20℃以下，最高不超过24℃，如香菇、金针菇、紫孢平菇等。

中温型：适温20～24℃，最高不超过28℃。如木耳、银耳等。

高温型：适温24～28℃以上，最高可达40℃，如草菇等。

同一菇种不同菌株的子实体分化温度也不相同，如香菇分高、中、低温型3类。

不同菇种的子实体分化对温度变化的反应各不相同，通常分恒温结实型或变温结实型两类。前者如金针菇、蘑菇、黑木耳等，后者如香菇、平菇等。

2.2.2 湿 度

食用菌的菌丝生长及子实体形成对湿度的需要分两个方面：基质含水量和空气中的相对湿度。食用菌菌丝体是通过基质中的水分来输送吸收营养的；子实体生长阶段除需基质中水分外，还需空气中的水分来促进其正常生长。

通常在菌丝生长阶段，基质含水量要求60%～65%，空气相对湿度为70%左右。水分过多，透气少，妨碍菌丝生长；水分过少，难以吸收养料，菌丝也生长不好。在子实体生长阶段，基质含水量为65%～70%，空气相对湿度为85%～95%。

不同种类的食用菌对水分要求不一，根据湿度对菌丝体和子实体发育的影响，食用菌分为喜湿性和厌湿性两类。前者指草菇、平菇、金针菇、黑木耳等。后者指香菇、双孢蘑菇、松菇等。

2.2.3 光 照

食用菌的生长不需要直射光，因为日光中的紫外线能杀死食用菌菌丝，且在日光下基质水分蒸发快，空气相对湿度低，不利于食用菌生长。

大多数食用菌菌丝体生长阶段不需要光线，甚至光线对菌丝体的生长有抑制作用，因此，菌丝体生长应避免光照。但大多数食用菌在子实体发育阶段需要一定量散射光线，在完全黑暗条件下不形成子实体。

2.2.4 空 气

食用菌是好气性真菌，生长发育全过程的一系列生理代谢、吸收作用都是从周围吸收氧气，排出二氧化碳。子实体生长阶段所需氧气比菌丝体生长阶段要多，当二氧化碳浓度达到0.1%以上时，对子实体就会产生毒害作用。

2.2.5 pH值（酸碱度）

酸碱度对食用菌的影响很大，它能改变细胞膜上的电荷，影响细胞对营养物质的吸收，它还能影响各种酶的活性，从而影响细胞的代谢活动。

食用菌和绝大多数真菌一样，适宜于生长在中性或偏酸性的环境下，各种食用菌都有它一定的生长pH值范围和生长最适pH值，通常适合菌丝生长的pH值3～8，以6～6.5为最适宜，pH值大于7时，生长受阻；pH值大于9时，生长停止，除个别菌种例外。

2.2.6 营　养

食用菌与绿色植物不同，它没有叶绿素，因此，不能通过光合作用来制造养料，其生长发育整个过程所需的营养物质，全是从周围环境中摄取，即靠培养基提供。营养物质是食用菌生命活动的物质基础，食用菌的主要营养物质有碳源、氮源、矿物质、生长素和生长刺激素等，下面分别介绍各类营养物质。

(1) 碳源：葡萄糖和蔗糖是最常用的碳源，而有机酸、氨基酸、醇类、淀粉、纤维素、半纤维素、木质素、果胶等也可以作为食用菌碳源。其中除淀粉、纤维素、半纤维素、木质素等大分子化合物食用菌不能直接吸收、需通过自身复合酶类的分解作用后才能吸收外，其余小分子化合物均能直接吸收。为降低成本，常用食糖作低分子碳源，用农林有机废料作高分子碳素来源。

(2) 氮源：食用菌所需的氮素营养物质主要来自有机氮，如蛋白质、氨基酸、尿素等，其次为无机氮。通常使用有机氮比无机氮效果好。在食用菌栽培时，要注意培养基中的碳、氮比例。在营养生长阶段和生殖生长阶段适宜的碳、氮比也不同。几种食用菌生长发育适宜的碳、氮比见文献[1]。常用的氮源有米糠、麸皮、畜粪。

(3) 矿物质：在无机盐类中，对磷、钾、硫、镁四种元素的需要量相当大，另外还需要一些微量元素，如铁、锌、铜、锰、钼等。在栽培中，由于农村有机废料和水中都含有各种矿物元素，因此，除有时适当添加无机元素外，其余微量元素可不添加。

(4) 生长素：生长素是一种刺激生长和调节生长的物质。在培养基中加入微量生长素，如V_{B_1}、V_{B_2}、V_H、泛酸、烟酸、叶酸等物质，对菌丝生长有明显的促进作用。对子实体形成也有利。马铃薯、麦芽汁、酵母膏、米糠等天然物质中就有很丰富的生长素。

(5) 生长刺激素：它与生长素不同，生长素是不可缺少的物质，而生长刺激素则可以没有，但它的存在则可加快生长速度及提高产量。如三十烷醇、蘑菇，健壮素、恩肥等。

3　食用菌的食品再加工技术

新鲜的食用菌在常温下易腐烂变质，不耐贮藏，在包装、运输过程中易破损，使商品价值降低。因此，食用菌除了一部分鲜销外，在产菇旺季，尤其在远离城市和交通不便的山区，对鲜菇必须进行及时加工，制成耐贮藏、易运输的商品，以调节淡、旺季节的市场供应，从而满足国内外市场的需要。

食用菌的加工方法主要有罐制、干制和盐渍 3 种。除此以外，目前正在向深加工方向发展。通过深加工，不仅可提高食用菌的商品价值，满足人们对各种花色品种的要求，同时可使食用菌资源得到综合利用，提高经济效益，如用制罐残留的次菇、下脚菇加工成美味可口的酱菜；用制罐过程的杀青水加工成酱、醋调料、浸膏和保健饮料；用香菇剪下的柄加工成肉松、蜜饯等风味食品或面条、糕点等保健食品；用猴头菌丝体制成真菌制剂。

3.1　食用菌罐头的加工工艺

常见的食用菌罐头有蘑菇、香菇、草菇、金针菇、平菇、猴头、滑菇、银耳等。

食用菌罐头可分两大类：一类是以菇类为主料配制的各种风味菜肴，可直接食用；另一类是清水罐头，作配菜原料使用。

食用菌罐头生产分为以下几个步骤[58]：选料→水洗→预煮→冷却→精选→装罐→注液→排气→封罐→灭菌→冷却→检验→包装。

3.2 食用菌的干制加工工艺

干燥就是在自然条件或人工控制条件下促使食用菌中水分蒸发的工艺过程。水分蒸发的结果，使菇体中可溶性物质的浓度提高到微生物难以利用的程度，同时，食用菌本身所含酶的活性也受到抑制，以利贮藏和运输。干制后的菌类含水量在12%～13%。

自然干制，即依靠太阳晒干或自然热风吹干（阴干），这是传统的干燥方法。优点是节约能源，设备简单，只需晒场或简易的晒具即可，操作简便，成本较低，但受气候限制和影响较大。鲜菇采收后，若遇上连绵阴雨，会造成大量腐烂。食用菌的栽培、出菇往往集中在秋、冬、春三季，此时日照强度小，时间短，气温低，自然干制时间必然延长，这样会导致菇类在干制过程中滋生霉菌、产生毒素。因此，自然干制不能适应生产形势的发展。

人工干制，即人为创造干燥条件，加快干制过程，从而减少因腐败而造成的损失，保证产品质量，延长可贮藏的时间，且由于干菇的含水量一致而简化贮藏管理。此法虽需消耗能量，提高干燥成本，但有利提高干菇商品性状和售价，有条件地方和单位大多采用此法。

食用菌产品的干制，是国内外被广泛采用的一种加工保存方法。其中以香菇、黑木耳、银耳干制为最多。而以鲜吃为主的平菇、草菇、蘑菇、金针菇虽也有干制的，但干制后鲜味和风味均不及鲜菇好。有关干制原理、干制设施和干制方法请参见有关书籍[59]。

3.3 食用菌的盐渍加工工艺

所谓盐渍法，就是用食盐把鲜菇腌制起来，以利保藏和食用。此法技术简单，设备少，成本低，效果好。虽是保存食品的古老方法，但至今在我国乡镇企业以及家庭仍被广泛采用，尤其适合于边远山区。盐水菇也可以直接出口换取外汇。

几乎所有的食用菌都可以盐渍加工。但目前盐制出口的种类不多，仅限于双孢蘑菇、各种平菇以及滑菇、猴头菌等。

3.3.1 盐渍机理

盐渍法保藏基本原理是：将食用菌放入高浓度的食盐溶液中，食盐产生的高渗透压使得食用菌体内外所携带的微生物处于生理干燥状态，原生质收缩，这些微生物虽未被杀死，但也不能活动。这样便可以保证食用菌久藏不腐。

3.3.1.1 食盐的防腐能力

食盐对微生物的抑制能力，与微生物的种类、微生物生长的基质种类以及该食用菌上携带的菌种有关。试验证明：6%的食盐水溶液能抑制腐败细菌（如肉毒梭菌）的繁殖；9%的食盐水溶液中只有乳酸菌和酵母菌能繁殖；但12%食盐水溶液中乳酸菌也不能活动；大于15%时，细菌和大部分真菌停止生长繁殖；大于25%只有个别酵母菌（Torula 酵母）还可以活动。

食盐水溶液具有很高的渗透压。1%食盐水溶液渗透压为0.6MPa。10%食盐水溶液可高达6.3MPa。腌渍时常用的盐水浓度为15%～20%，可具有9～12MPa的渗透压。而细菌和真菌细胞的渗透压仅为0.35～1.78MPa。因此，微生物均因反渗透而脱水干燥，不能活动。另外，经腌渍的食用菌组织也有所软化。

3.3.1.2 影响食盐防腐力的因素

盐渍时的温度、pH值都可以影响食盐的防腐力。

(1) 温度：夏天气温高，微生物繁殖快，要抑制食用菌上其他微生物的活动，盐的浓度相应要高些，而冬季温度低，食盐的防腐力增强，盐的浓度可降低。

（2）pH值：食盐水的pH值对食盐的防腐力影响很大。如当pH值为7.0时，防止霉菌繁殖要20%食盐浓度，防止酵母活动需要25%食盐浓度，当pH值为2.5时，14%的食盐水即可抑制酵母生长发育。因此，在腌渍时，食盐水中均需加一定量的柠檬酸，以增加其防腐力。

3.3.2　食用菌盐渍方法

各种食用菌盐渍的工艺流程基本上相同，这里仅介绍盐渍加工的一般过程。

（1）原料菇的选择：凡供盐渍加工的原料菇，都应适时采收、分级，清理杂质，去掉生霉和被病虫害危害的鲜菇。其中蘑菇要切除菇柄基部；平菇应把成丛的逐个分开，淘汰畸形菇，并将柄基老化部分剪去；滑菇则要剪去硬根，保留嫩柄1～3cm。猴头菌切去带苦味的菌柄。

（2）漂洗：平菇、猴头菌、滑菇通常用清水漂洗，有的也用稀盐水漂洗。蘑菇除用清水洗去菇表面的泥沙杂质外，还需用0.6%以下的稀盐水或0.03%～0.05%的焦亚硫酸钠溶液护色10min，以保持菇体色泽洁白。否则菇体内的酪氨酸氧化酶会在受伤处与氧接触发生氧化，导致菇体发红。但处理后，必须把残存的焦亚硫酸钠溶液冲净。通常应冲洗3～4次，二氧化硫残留量不得超过0.002%。也有用0.05M柠檬酸溶液（pH值4.5）来漂洗蘑菇，以抑制菇体内多酚氧化酶的活性，也能显著改善菇色。

（3）预煮、冷却：预煮的作用有3个：①破坏酶活性，阻止菇体氧化褐变。②杀死细胞和破坏细胞壁，增强细胞透性，有利盐水渗入。③使组织软化，缩小体积，增加塑性，便于加工盐渍和运输。

具体做法如下：将菇体浸入5%～10%的精盐水中，用不锈钢锅、铝锅或搪瓷锅煮沸5～7min，以煮透为宜，达到熟而不烂。然后捞出并在流动清水中充分冷却，通常需20～30min。操作中需注意以下几点：①为防止菇体内的硫氨基酸与铁结合形成黑色硫化铁，故在预煮时忌用铁锅。②在预煮时，因平菇菌盖较脆，易破碎，故不宜用棍子搅动。平菇预煮中，有时还在盐水中加入0.5%明矾。③猴头菌通常是在0.1%柠檬酸水溶液中进行预煮。④滑菇预煮时间不宜过长，通常以1～2min为宜。⑤每锅水最多用来预煮3次。

（4）盐渍：取浓度为20～22°Bé的食盐溶液（100kg清水中，加入食盐40kg，加热溶解后，即得浓度为20～22°Bé的食盐溶液75kg），盛于陶瓷缸内，倒入经预煮、冷却的菇125kg。然后加食盐封面，每天测定盐卤的浓度，并上下翻动一次。若盐卤浓度下降，需添加食盐至其浓度为20～22°Bé。经盐渍4～6天，浓度稳定在22°Bé不变时即可。为提高保藏效果，可将食盐水的pH值控制在3.5左右。即在盐渍罐内另加已配制好的调整液，其法如下：偏磷酸55%，柠檬酸40%，明矾5%。混匀后加入饱和食盐水中。在调整过程中，若达不到pH值3.5时，可多加柠檬酸。

盐渍过程必须注意如下几点：①菇体要全浸在盐水中，装好后上端用石头加压。②缸口蒙上纱布或盖上盖子，以防尘土杂物落入。③盐渍所需要的盐最好分批加入，逐渐加大浓度，以便使盐分渗入组织的速度加快，缩短达到平衡的时间，这样菇体舒展饱满，富有弹性。若将所需的盐量一次加入，盐液浓度突然升高，导致渗透压亦突然上升。在高渗透压的作用下，菇体表皮组织骤然失水，细胞质壁分离，造成菇体外表紧缩和皱皮，影响外观，还阻止盐分的渗入。

（5）包装：盐渍好后的菇，取出沥净盐水，按不同级别分别定量装入桶内的双层塑料袋内，并加入新配制的饱和食盐水及加入占总重量的0.4%的柠檬酸调节酸度，使pH值在3.5以下，再用盐层封面，并将塑料袋分别扎紧，加盖封严，即可长期保存或运输销售。

3.4 食用菌的深度加工工艺[52]

近年来我国食用菌除鲜销和加工成罐头、干制品、盐渍菇外还在深度加工方面取得了较快的发展。制成了各种保健类食品、药品和化妆品等。主要品种有保健饮料类；食用菌调料类；风味食品和小食品类；真菌制剂类；化妆品类等。食用菌深度加工产品除保持原有食用菌风味外，还具有防病治病功效。分别介绍如下：

3.4.1 保健饮料类的加工

当前，国际医学界已瞩目菇类的研究，认为菇类营养丰富，味道鲜美，且含有抗癌物质，对癌细胞有明显的抑制作用，还有治疗其他多种疾病的效果，故菇类食品颇受欢迎。日本饮料业利用菇类制作各种饮料，并获得专利权。我国饮料业也在向保健、营养方面发展，销售量日趋增大，并已打进国际市场。

保健饮料类品种很多，有酒类、饮料类、冲剂类、口服液类等100种左右。

3.4.1.1 酒 类

据调查，常见的有灵芝甜酒、灵芝青梅酒、灵芝黄茂酒、灵芝花粉蜜酒、灵芝酒、灵芝啤酒、蘑菇酒、猴头补酒、香菇糯米酒、猴头露以及茯苓酒等传统滋补药酒25种，这类保健酒都是以食用菌或药用菌作为主原料，通过发酵而制得，具体工艺以“香菇酒”为例介绍。

在香菇粉中加水30%，蒸汽处理50min进行糊化，后按每12g香菇粉加20g蔗糖、100g果糖、340ml水搅匀后进行糖化。结束后加入酒母，酒母是在马铃薯葡萄糖酵母培养液内培养好的圆形酿酒酵母（又名葡萄酵母，中国科学院微生物研究所保藏此菌种，菌株代号为AS_2·163，AS_2·612，AS_2·559），在15℃下发酵4天。再加入前述糖化液1 600ml，在15℃下进行发酵。再次加入前述糖加液8 000ml，在15℃下发酵2天后进行上槽，可得滤液9 000ml。在滤液中加入偏亚硫酸钾80μg/g。过滤后除渣，在60℃下加热10min。保存6个月后再用活性炭过滤，可得8 500ml的香菇酒。此酒呈淡琥珀色，香醇，酒精浓度为11%，pH值为3.4，酸度为6.2，香菇精含量为2.7mg/100ml。香醇可口，有降胆固醇作用。

3.4.1.2 饮料类

有灵芝清凉饮料、灰树花保健饮料、日本香菇饮料、灵芝保健饮料、玉米蘑菇保健饮料、香菇露、香菇冲剂、香菇饮料、日本菌丝饮料、香菇保健饮料、银耳蛋白乳饮料、日本蘑菇饮料、猴头菌保健饮料、猴头露、香菇发酵液饮料、香菇玉米花保健饮料、香菇菌丝饮料、蘑菇大蒜饮料、无苦味灵芝饮料、多孔菌和印度紫阳花饮料、香菇豆汁、猴头菌汽水、香菇可乐、银耳可乐、木耳香菇饮料、灵芝复方饮料、香菇汽水、金菇露、蕈露饮料、食用菌悬彩珍珠可乐等。这些保健饮料除用有关食用菌子实体或菌丝提取液外，有些是用液体发酵法制成的。这里分别举例说明。

（1）猴头露生产工艺：猴头露是用猴头菌液体发酵方法加工制取的高级滋补饮料，其生产工艺如下。①菌丝体发酵培养。将猴头菌种接种在三角烧瓶盛装的培养液内，在25～27℃下振荡培养7天；将摇瓶培养的液体种子，接种在种子罐内，在26～27℃下通气培养7天；再将经种子罐培养的液体种子，接种到发酵罐内，在26～27℃下，通气培养5天。当发酵液呈黄棕色、布满菌丝球，pH值4.0～4.5时，中止发酵。②分离滤液、配料。用板框压滤发酵液，滤渣菌丝体供压制猴头露用；滤液作为配制猴头露的原料。其配方如下：猴头发酵液50%，白砂糖 7%，柠檬酸 0.11%，苯甲酸钠 0.02%，香精 0.04%，软化水加至 100%。③保温、过滤、分装。将配料后的混合液在 50℃下保温 15～20min，其目的是溶解调料，并使发酵液中细微菌体蛋白变性沉淀，以利下一步过滤，提高溶液的透明度和稳定性。而后分装、封瓶口。④灭菌、冷却。将封口过的瓶子在 70℃左右水浴中灭菌 30min，然后分级冷却至 30℃。分级冷却的目的是防止瓶子骤然冷却而炸裂；也可避免自然冷却时，因时间过长而影响到配制液的味觉。最后速冷至 5℃，即为成品。

（2）香菇汽水制作方法：取干香菇 30g，去菇柄，洗净，放入锅中，加水 1 000ml，煮沸片刻，用 4 层纱布过滤，取滤汁，加开水补足至 1 000ml。再加入适量白糖，待冷后装瓶，加入柠檬酸 9g，小苏打 6.5g，迅速盖上瓶盖，以防气体溢出。最后将瓶子放入冷水或冰箱中，过 20min 后即可饮用。此法只适用于家庭制作饮用。

（3）蘑菇保健饮料：用甘蔗渣或甜菜渣作培养基，培养蘑菇菌丝，经干燥处理，把培养物研磨成粉末，与水一起出封在容器内加热，促使菌丝体自溶，过滤后得到悬浮液，即可调制成风味良好的保健饮料。其中含有 40 多种酶、18 种氨基酸和多糖、多肽、维生素 B_2、维生素 B_{12}、麦角甾醇等。

3.4.1.3　冲剂类

用食用菌的提取液或提纯有效成分制成粉状冲剂或液体口服液，以便于保存和运输，饮用方便，用开水冲服即可，经常饮用有健身防病作用。常见的有香菇粒状食品、灵芝冲剂、菌藻粉末化饮料、速溶银耳豆浆晶、银耳麦乳晶、银耳猕猴桃晶、银耳百合晶、健脑利血晶，健乐饮、仙耳强身晶、仙菇长寿晶、育麟宝、灵芝参茸精、猴头粉末酒、灵芝蜂王晶、速溶香菇茶、中国灵芝花粉精、老年口服液、银耳蜂王浆等。以香菇茶为例介绍其生产工艺。

速溶香菇茶具有特殊的香菇风味，营养价值高，深受用户欢迎。其生产工艺如下：

（1）粉碎、浸制：挑选优质干香菇，用清水漂洗干净，沥干水分，并迅速烘干，粉碎成粗大颗粒（如绿豆大小）。切勿用未经干燥的香菇进行粉碎，否则冲服时会出现混浊沉淀现象，影响商品观感。然后将香菇颗粒放在糊精液中进行浸制，其配比为干菇∶糊精∶水＝1∶1.2∶1.5。先将糊精放入水中；加热至 70～80℃，使糊精完全溶解，再逐渐降温至 40℃，投入干燥的香菇颗粒，温度维持在 40℃，浸制 6～12h。

（2）压滤、干燥：用板框压滤器或其他方法滤取香菇浸制液，压力要适中，以防滤液出现沉淀和混浊现象。最后使滤液在 50～60℃下进行喷雾干燥。

（3）混合配料：将所得的干香菇浸制粉末与干燥精制盐、复合鲜味剂进行干态混合，其比例为 100∶15∶4，搅拌均匀。（复合鲜味剂含 95%谷氨酸钠、2.5%肌苷酸和 2.5%乌苷酸。）其混合制剂即为速溶香菇茶成品，用开水冲泡 3～5min 后即可饮用。应注意速溶香菇茶暴露在空气中，极易回潮粘结，要及时用防潮材料密封包装。为节约香菇好原料，亦可用等外香菇、残碎香菇或菇柄，以实现香菇综合利用。

加工过程中所剩香菇滤渣，仍具有良好的味感和营养价值，可以将其烘干，磨成粉状，并加入一定量的调味剂，即为香菇快餐汤料。

3.4.2　调料类的加工

用食用菌的提取液浓缩加工成膏状或干燥成粉末以及发酵成醋、酱等，以用作烹饪的调味料。常见的有香菇营养调味液、菇类速溶寿汤料、香菇方便汤料、香菇汤料、菇味汤料、复合菇味汤料、银耳蜜饯汤料、日本菌丝调味汁、日本香菇调味汁、香菇鲜味提取液、混合调味菌粉、蘑菇浸膏、蘑菇酱油、香菇酱油、蘑菇固体酱油、蘑菇豆酱、杀青水制醋、香菇豆酱、平菇豆酱、木耳红枣酱、虫草酱油等。现举例介绍其生产方法。

(1) 平菇预煮汁加工酱油：收集平菇（草菇、金针菇、蘑菇等也可）的预煮液，用四层纱布过滤，在夹层锅内浓缩，随时撇去泡沫。浓缩到原体积的30%时，加入2.5%食盐、1%味精（与预煮液中的核酸降解物有协调助鲜作用），酌加少量花椒、胡椒、桂皮等香料，而后放缸内静置一星期，吸取上层清液，即为平菇酱油。每100kg平菇酱油加苯甲酸钠、焦亚硫酸钠各60g，灌封于灭菌的瓶内保存。

(2) 蘑菇浸膏的制造方法：将蘑菇浸在含有0.2%～3.0%柠檬酸、30%～100%的乙醇溶液中，捞出后再浸渍在含有维生素C及金属络合剂的水溶液中，通过均质机处理，使组织破坏，加热抽提。维生素添加量为0.01%～2.0%，金属络合剂添加量为0.1%～0.4%，最适抽提温度为70℃以上，时间5～20min。抽提后，通过离心分离，得第1次抽提液。将残渣浸渍在碱浓度为0.01%～0.5%、pH值为8～9的食盐水中加热抽提。使用的碱有碳酸钠、氢氧化钠、氢氧化钾、磷酸钠等。盐水浓度为0.1%～2.0%，热抽提温度为60℃以上，时间15min，再离心分离，得第2次抽提液。而后将残渣用担子菌的酶制剂进行处理，其pH值为3.4～6.3，温度为30～50℃。经酶处理后离心分离，得第3次抽提液。合并3次抽提液，浓缩至一定程度，经过滤、脱色、再次浓缩，即可获得蘑菇浸膏。膏体含水分48.3%，蛋白质18.1%，脂肪0.1%，糖类20.2%，纤维素1.8%，灰分11.5%。用此法制取的蘑菇浸膏，能较彻底地破坏蘑菇组织。因此，不但浸出物的得率可达87%（一般方法得率只有22%），而且含有各种必需氨基酸，营养价值高，可作调味使用。

3.4.3 风味食品和小食品

用食用菌的子实体、菌丝（固体或液体培养均可）、杀青水、菇柄或等外品菇等通过食品加工或烹饪成为味美可口、营养丰富的食用菌风味食品或快餐食品。常见的有菇味虾片、菇味香肠、香甜冬菇干、油炸食用菌、糟渍蘑菇、香菇面包、茯苓夹饼、猴头或香菇挂面、菇味蜜饯、灵芝酥糖、金针菇夹心糖、香菇肉松、扬州菇、耳酱菜蘑菇泡菜等。现举例说明其加工方法。

3.4.3.1 菇味虾片生产工艺

菇味虾片是用菇类加工的下脚料，加少量新鲜带鱼肉调制成的仿生食品，具有龙虾的风味，这种虾片经油炸后即成为酥松香脆、鲜美可口的食品，也可在发软后凉拌，别具风味。

(1) 原料组成：晚籼米100kg、干菇7kg、新鲜带鱼3kg、精盐2.5kg、蔗糖3kg、味精250kg、桂皮0.5kg、八角0.5kg、花椒0.3kg、生姜0.5kg。

(2) 生产工艺：①原料处理。将晚籼米在水中淘洗干净，加水250kg，浸泡3h，然后在磨浆机上磨浆。将菇类加工余剩的残次菇、开伞菇和菇脚漂洗干净，去除杂质，沥干水，烘干后磨成菇粉备用。将桂皮、八角、花椒、生姜用纱布包好，加水4kg，用小火熬制3h，滤取香料水2kg。②配料打浆。将制备好的菇粉和香料放入打浆机内，混匀后，通入蒸汽，继续打浆20min，然后倒入木桶内，用布盖好，以便保温。③搓条。在木桶内依次取出浆料，放在木板上揉搓，待充分搓匀后，加工成直径约5cm的细条。④上蒸。将搓好的条子排在垫有纱布的蒸笼内，用大火蒸煮，约1h后取出，摊放在通风处，冷却8～12h。⑤切片。待料条冷却变硬，且不粘刀时，即可放在切片机上切片或用手工切片，片厚1mm。⑥干燥。将虾片放在阳光下晒干或入烘房烘干，凉后，装入塑料袋内，封口，即可。

3.4.3.2　香菇柄制作蜜饯的方法

香菇柄与香菇一样营养丰富，含有多种人体必须的营养素，具有抗病毒、抗肿瘤，提高人体免疫能力的作用，它是一项重要的食用菌下脚料加工产品。但是，目前香菇柄除极少量被加工成汤料、香菇松外，大部分菇柄废弃。下面提供一种香菇蜜饯的制作方法，为香菇柄的综合利用开辟一条新的途径。

(1) 原料预处理：选新鲜、未变质的香菇柄，剪去菇柄基部所带培养基，挑去杂质，然后根据菇柄大小进行分级，再对一、二级菇柄进行切分。

(2) 发膨体：将处理好的菇柄加压至 49～137kPa，而后骤然减至常压。

(3) 漂洗：用 0.1%的食盐水将膨体菇柄漂洗 3～5min，洗去表面污物、杂物，再用清水漂洗 3～4 次。

(4)预煮：以 10kg 干菇柄加入 2～3 倍预煮液煮沸 3～5min 取出。预煮液配方：食盐1%～2%，石灰 0.5%～1%，柠檬酸 0.05%～0.2%，白砂糖 5%～10%，明矾适量。

(5) 蜜制：预煮毕的菇柄，置于糖液中蜜渍。糖液浓度 60°Be′。蜜渍过程中，要不断添加糖液。

(6) 裹粉：蜜制好的菇柄放入用 85%～90%熟淀粉加 10%～15%糖液配成的粉末中裹上一层，即为产品。

3.4.3.3　快餐平菇的加工方法

将平菇（或其他菇类）1kg 切块，撒上 200g 玉米粉，摆放在金属网上，用 60℃热风干燥 2h，保留干菇表面的玉米粉，接着撒上酱油、料酒、谷氨酸钠、蔗糖、食盐等调味品，待表面稍稍干燥即可。干燥后的平菇表面组织很少收缩，仍保持柔软状态，可作为快餐点心及烹饪菜汤的原料。

3.4.3.4　茯苓饼的制作方法

茯苓饼是北京地方特产小食品，外观洁白酷似中药中的云茯苓片而得名。它具有桃仁、松仁、桂花、蜂蜜的特殊风味。

(1) 原料配方：

皮料：老干淀粉（高级淀粉）5kg，富强粉 1.25kg，茯苓粉适量。

馅料：桃仁 10kg，松仁 9kg，桂花 1.25kg，白糖 11kg，蜂蜜 9kg。

(2) 工艺流程：

淀粉、面粉 → 茯苓粉调糊 → 烤皮 ┐
　　　　　　　　　　　　　　　　├→夹馅 → 包装 → 成品
馅料 → 配料 → 和馅 ──────┘

(3) 加工方法：①和馅。先配全原料。制馅时先用蜂蜜调白糖，搅拌均匀后，将核桃仁和松子仁用绞碎机或刀剁碎成大米粒状，连同桂花一起加入，调馅至粘稠适宜为止。②烤皮。先将淀粉和富强粉、茯苓粉调和成稀糊，再将特制的圆形烤模放在火上烤热，在其内壁刷上一层薄薄的热素油，并倒入一小匙淀粉稀糊。将烤模在火上稍烤一下，取出后，用剪刀除去毛边，再上火烤一下即成饼皮。烤好的皮很薄，厚约 1mm，直径 10cm 左右，呈白色透明，皮的厚薄靠模的深浅来决定。③夹馅。将调配好的馅，平铺在一张饼皮上，铺馅时不要铺满整个饼皮，在其半径 3/5 处即可。再另取一张饼皮压在馅上，便为成品。保管时注意防潮变软。

3.4.3.5　菌丝体糕点的生产工艺

将蘑菇、平菇、凤尾菇、草菇等食用菌通过液体培养得到的菌丝体应用到糕点中去，制成菌丝体桃酥、菌丝体广式月饼、菌丝体饼干、菌丝体百合酥、菌丝体莲花酥等保健食品，既保持食用菌风味，又有丰富的营养。此种糕点增添菌丝体后蛋白质增加80%。下面以菌丝体百合酥为例介绍其配方及生产工艺流程。

配方：菌丝体125g，精面粉1 100g，猪油800g，磨粉糖700g，鸡蛋150g，水400g，小苏打19g。

工艺流程：将糖、菌丝体、猪油（一部分）、精面粉（一半）等调配制成芯料；另将精面粉（剩余一半）、猪油（一部分）、水等搅拌制成合皮。然后用合皮包芯料→成型→划瓣→刷蛋液→着色→上盘→烘烤→冷却→整理→包装→成品。

3.4.3.6 香菇松的生产工艺

香菇松是将香菇柄进行调味加工后再变成松散纤维状的食品。香菇松具有浓郁的香菇风味，又兼有肉松的质地口感，是一种营养丰富，可食纤维含量高的保健食品，也可作粉肠、饼馅、包馅的风味填料。

(1) 原料及配方：菇柄100kg、优质酱油4～6kg、白糖3～4kg、花生油2～3kg、葱5kg、精盐0.6kg、复合味精0.2kg（含谷氨酸钠95%、5′-肌苷酸2.5%、5′-鸟苷酸2.5%)、黄酒4kg及生姜、茴香、食用色素、五香粉适量。

(2) 制作工艺：①选择无锯屑、无杂质、无虫蛀、无霉烂的香菇菇柄，用切碎机或手工切成1cm左右小段，用清水洗净泥沙后，在水中浸泡1～2天，使其充分吸水软化。②在锅中加入花生油，烧热后，放生姜、油炸片刻，再放进酱油、精盐、茴香汁及其他调料。文火煮制30min，过滤后，加入复合味精，成为复合鲜味汁，待用。③将菇柄放入锅中，加水适量，大火煮沸后，改用小火焖数小时，用木棒捣散，取出菇柄，沥干，放入高速搅拌机中捣碎。④将捣碎的菇柄放入锅中，用文火烧煮，并不断翻炒，至菇柄呈半干纤维状。取出，摊放在竹筛上，冷却后加入复合鲜味汁。⑤将调味后的材料在锅内焙炒，随着水分减少，要逐渐减弱火候，勤翻勤炒，至纤维全部松散即可起锅。

(3) 成品特点：香菇松呈金黄色，质地疏松、柔软，无焦斑，色泽均匀，口味鲜美，并有浓郁香菇芳香气味，包装时，含水量不能超过17%。

3.4.3.7 香菇营养面条加工工艺

香菇营养面条是湖南省东安实用技术研究所新近推出的一种生产工艺独特的香菇面条。它是将小麦浸泡灭菌后，接入香菇菌种，经过培养发菌，再行磨粉制面。它把培养香菇菌同制面合为一体，使营养成分发生了本质的变化，同时还简化了操作工序，降低了成本。这是通常采取的在面粉中加入香菇的香菇面条制作法所不及的。分析结果表明：香菇菌丝面条富含多种营养素，其中蛋白质含量达15.49%，较普通精面蛋白质含量高6%。认为这是香菇发菌过程中实现了营养转化的结果。此外，该产品不仅有菇香、鲜味，还具有光洁度好、断条率低、耐煮、口感爽滑、耐嚼等特点。其生产过程如下：

(1) 工艺流程：麦粒接种→培养菌种→烘晒→磨粉→配料→揉压→成品。

(2) 操作技术：以小麦作培养基，经浸泡、高压灭菌后，在无菌条件下接入香菇菌种，在适温中进行培养。当麦粒长满菌丝后，烘干或晒干，也可先晒后烘，以烘干或半晒干的香味较浓，烘烤时要严防烧焦。菌粒粉碎后即成菌粉，菌粉的细度要达到160目以上，否则成品面条的光洁度和柔韧度达不到质量标准。配料要严格控制比例。豆浆与面粉的比例以3∶10为宜，并加入1%葡萄甘聚糖和1%的香菇菌粉，材料要均匀，并要多次揉压后加工成面条。

食用菌不仅能制作风味小食品，而且利用其下脚料同时可提取鲜、香味物质。如广东省微生物研究所新近利用香菇下脚料，采用低温酶解工艺，同时提取香菇素和香菇鲜液获得成功。它不仅保持着香菇的天然风味和鲜味，而且含有多种氨基酸、多糖及营养成分，用它可配制成各种香菇食品，如香菇口服液、冲服剂、调味剂、汤料等系列保健食品，也可作为糖果、饼干、米面制品的添加剂。该项技术设备简单、工艺技术先进，改变了国内外用香菇子实体或菌丝体作原料，并采用溶剂浸提法或溶剂——生物酶法提取单一性的鲜味或香味物质的方法。

3.4.4　真菌制剂

将食用菌或药用菌子实体、菌丝体及其浸提液或有效成分抽提液和液体培养液进行药物加工成丸药、片剂和液体制剂的都称为真菌制剂，这种制剂主要用于提高肌体免疫能力，防病治病、抗肿瘤等。对人体无毒、无副作用，使用安全可靠。这类制剂在日本 10 多年前就已商品化。我国近 10 多年来发展也较快，常见的有猴头菌片、云芝肝肽、云芝糖浆、银耳糖浆、灵芝糖浆、安络痛酊、健肝片、香云片、亮菌糖浆、蜜环片、蜜环菌糖浆、羧甲基茯苓多醣注射液、1，3-β 葡萄糖苷酶制剂、β-茯苓聚糖制剂及香菇、灵芝、银耳、裂褶菌提取液以及灵芝孢子粉破壁等，这些药物疗效好、副作用也小。下面举例说明其生产工艺：

3.4.4.1　猴头菌片

本品是由猴头菌固体培养产物经过水煎浓缩制成的片剂，由上海和南京等地的制药厂提供。

（1）制备：取甘蔗渣基质的猴头菌培养产物水煎 2 次，每次 2h，药汁滤过，浓缩至相对密度 1.04（热测），沉淀 24h，再过滤，所得滤液再减压浓缩至相对密度 1.30（热测），得清膏（本品得膏率 20%左右，175kg 清膏可生产 76.86 万片）。每 100g 清膏加淀粉 50g 拌匀，干燥、制成颗粒，拌入润滑剂适量，压制成片，片重 0.25g，外包糖衣即得。

（2）性状：本品为糖衣片，片心呈棕褐色，味微苦。

（3）检验：成品应符合中国药典新版试行稿附录片剂项下有关的各项规定。

（4）功能与主治：抗恶性肿瘤和治消化道溃疡药。用于胃癌及胃溃疡、十二指肠溃疡、慢性胃炎。对食管癌也有一定治疗作用。

3.4.4.2　长白云芝多糖的提取及制剂

长白云芝多糖是从长白山野生云芝的子实体中，用热水提取法制成的云芝多糖粗制品。

云芝多糖主要是存在于云芝子实体内的结构多糖和一些储备多糖；其主要成分具有 β(1→3)主链和 β(1→6) 侧链的葡聚糖，其分子量约在 100 万以上，能溶于水和弱碱性的溶液中，而不溶于醇及醚之类有机溶剂。

（1）云芝多糖提取工艺流程及操作：

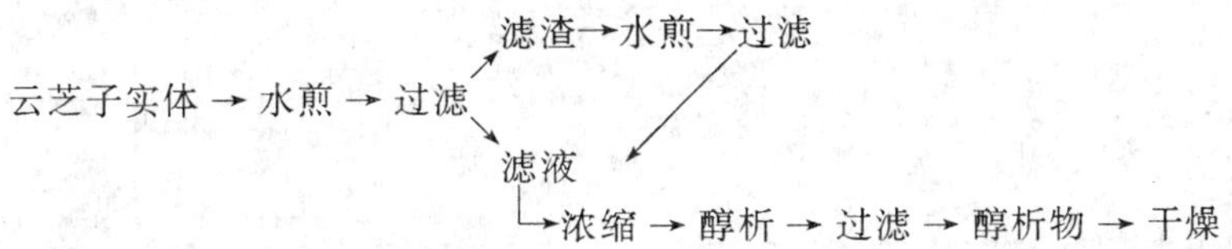

滤渣→水煎→过滤
云芝子实体 → 水煎 → 过滤
滤液
└→浓缩 → 醇析 → 过滤 → 醇析物 → 干燥

将原料药晾干，除去杂质，研成碎粒，加 10 倍水，在常压下煎煮 16～18h（保持 90～100℃），在煎煮过程中，要经常搅动，以使原料药中的有效成分溶于热水中。煮好后，用白细布过滤，保存黑褐色的滤液。药渣中再加水 8～10 倍，在常压下煎煮 16～18h。把第 2 次煮过的药液过滤。两次滤液混合，在常压（或减压）下浓缩至浓稠状（约为原药的1/10左右），待浓液冷却后，利用多糖类不溶于醇类等有机溶剂的特性，在浓缩液中加入3～5倍95%食用酒精（最后要保持混合液中含酒精浓度为60%～70%），静置1天后，滤去酒精（或用离心机去掉酒精），所得之沉淀即为长白山云芝多糖。在自然干燥条件下，该云芝多糖为黑色结晶，在冷冻条件下干燥，则得到褐色至灰褐色的结晶。

（2）长白云芝多糖制剂的制备：①长白云芝多糖水剂。将长白云芝多糖溶于温水中，滤掉不溶物，加入0.05%的尼泊金乙酯防腐，再分装成瓶。每瓶500ml长白云芝多糖水剂中，含有云芝多糖7.5～9.5g和一些蛋白及脂类。②长白云芝多糖胶囊。将黑褐色的长白云芝多糖干燥物研磨成粉，过60～80目筛，分装于空心胶囊中，制得长白云芝多糖胶囊供口服用。每粒胶囊装干粉0.5g，其中含有云芝多糖110.5mg左右，单糖72.88mg及一些蛋白和脂类。③长白云芝多糖素片。将长白云芝多糖干粉磨成细粉，过100目筛，然后加入8%黄糊精及45%的水，制成颗粒，再加0.5%硬脂酸及0.5%滑石粉，混合后压成灰褐色的素片。

3.4.5 化妆品制备

利用食用菌的营养和有效成分作为美容药物调制成化妆品，可以起到滋润和营养肌肤的作用。目前我国用食用菌调制的化妆品是在继承我国医药传统的基础上采用现代工艺制作的。常见的食用菌化妆品有茯苓润肤霜、灵芝营养霜、银耳雪花膏及其复合型霜膏等，总共有200种之多。现以茯苓冷霜为例说明其制备方法：

配方：液态凡士林52%，硼砂1%，香料适量，蜂蜡14%，茯苓1%，水32%。

操作：将凡士林与蜂蜡放在容器中，水溶加热后，缓缓加入硼砂和水，用力搅拌，当温度降至60℃时，加入0.5ml香料，继续搅拌，温度达50℃时，再加入经研磨过筛后的茯苓粉，搅匀即可。

参 考 文 献

1. 邵长富，赵晋府．软饮料工艺学．北京：轻工业出版社，1987
2. 孙学谦等．饮料制造技术．太原：山西人民出版社，1985
3. 国家科委科研成果管理办公室．水果蔬菜和食品加工技术．北京：科技文献出版社，1986
4. 郑友军，王滨．饮料加工实用手册．南宁：广西人民出版社，1986
5. 无锡轻工业学院等．食品工厂机械与设备．北京：轻工业出版社，1981
6. 陈驹声，桂祖发．葡萄酒、果酒与配制酒生产技术．北京：化学工业出版社，1991
7. The secrelariat of Internationl Symposium on Sea Buckthorn，Proceedings of Internationl Symposium on Sea Buckthorn，Xian，1989
8. 山西医药研究所．山西医药研究．沙棘专辑，1985，(2)
9. 陈友地等，林产化学与工业．1990，10 (3)：163～175
10. 纪兰菊等．植物学报．1989，(6)：487～488
11. 卢开椿等．山西果树．1985，(4)：21～23
12. 蒋茂贵等．食品科学．1989，(12)：34～37
13. 章道性．中国野生植物．1988，(1～2)：27～28
14. 万定良．食品科学．1988，(7)：26～28
15. 梁楚泗等．食品与发酵工业．1989，(1)：76～82，(3)：52～56
16. 黄悼伟等．食品科学．1989，(4)：40～42
17. 刘晓枚等．食品科学．1989，(4)：19～21
18. 李文炳等．食品科学．1989，(8)：12～14
19. 李严巍．食品与发酵工业．1990，(2)：36～41
20. 张希德．黑河科技．1988，(1)：6～10
21. 邓健等．天然产物研究与开发．1990，(1)：73～80
22. 青岛食品所．青岛轻工科技．1988，(1)：33～36
23. 牟君富．食品科学．1988，(1)：19～24
24. 王铁健等．广州食品工业科技．1987，(4)：50～52
25. 牟君富．中国水土保持．1988，(7)：30～33，(9)：50～52
26. 蔡伟然等．中国野生植物．1989，(1)：29～30
27. 吕荣欣．食品科学．1988，(3)：46～50
28. 洪启征等．食品科学．1988，(11)：36～37
29. 吕荣欣．中国野生植物．1988，(1～2)：50～54
30. 侯开卫等．食品科学．1990，(4)：2～5
31. 董敏玉等．食品科学．1988，(10)：22～25
32. 陈克杰．中国果品研究．1987，(7)：21～23
33. 邓如福等．四川食品工业科技．1989，(1)：17～19
34. 邓如福等．中国野生植物．1989，(1)：34～37
35. 曲东等．中国野生植物．1990，(3)：10～12
36. 姚武．中国野生植物．1989，(4)：31～34
37. 晁无疾．中国野生植物．1989，(4)：18～20
38. 马自超，庞业珍编．天然食用色素化学及生产工艺学，北京：中国林业出版社，1994

39. Qyrind Moksheim Andersen. Chemical studies of Anthocyanins in Plants, Norway, 1988
40. 黄梅丽等编．食品化学．北京：中国人民大学出版社，1986
41. 蔺定远编著．食用色素的识别与应用．北京：中国食品工业出版社，1987
42. 天津轻工学院食品工业教研室编．食品添加剂，北京：轻工业出版社，1985
43. 凌关庭等编．食品添加剂手册．北京：化学工业出版社，1997
44. 梁希遗著．林产制造化学．北京：中国林业出版社，1985
45. 梅家骏等．果胶在糖果中的应用与配方．食品科学，1984，(11)
46. 刘光亮等．乌桕油脂生产巧克力技术．食品科学，1989，(1)：25
47. 全其荣等．天然甜味物质化学研究进展．食品科学，1989，(6)：23
48. 俞福惠等．新颖甜味剂——二氢查耳酮衍生物食品科学，1991，(9)：18
49. 肖光辉等．从罗望子种子提取罗望子胶．食品科学，1992，(8)：20
50. 中国香料植物栽培与加工编写组编．中国香料植物栽培与加工．北京：轻工业出版社，1985
51. 黄年来．自修食用菌．南京：南京大学出版社．1989，(1)：25～36，58～118
52. 陈士瑜．食用菌生产大全．北京：农业出版社．1988，(1)：597～659
53. 中科院微生物研究所真菌组．毒蘑菇．北京：科学出版社，1979，(1)
54. 陆锡娟．人防地道栽培食用菌．北京：中国林业出版社，1989，1～68
55. 沈光伟等．食用菌生产技术．南京：江苏科学技术出版社，1997，(1)
56. 杨庆尧．食用菌生物学基础．上海：上海科学技术出版社，1982，(2)
57. 罗信昌等．家庭种菇．北京：农业出版社，1982，9
58. 吴锦文．食用菌栽培与加工．北京：轻工业出版社，1988，129～149
59. 河南农业大学植保系微生物教研室．食用菌栽培与加工．北京：金盾出版社，1988，141～150，157～158

第 16 篇

林产饲料和生物活性物质

第57章 树叶粉饲料

周维纯

1 树木嫩枝叶概念[1]

树木嫩枝叶的概念是指在新伐倒(采伐或抚育)的树木上,收集切面直径不超过0.6cm没有木质化的嫩枝条,其中包括针叶(阔叶)、嫩枝、树皮、嫩芽、花、果等部分。这些部分混合在一起,统称为树木嫩枝叶,它是用于生产生物活性物质、林产饲料和精油的原料。

1.1 树木嫩枝叶资源

中国现有森林面积1.2亿hm^2,其中松林面积约占50%以上。松树树种多,分布广泛,遍及全国。作为饲料资源部分的松树嫩枝叶,主要是利用抚育间伐或主伐后残留在林地上的嫩枝叶。

根据实际调查测试,抚育一棵5~10年生的松树,可得0.6cm粗的嫩枝条7.3kg左右,以每公顷抚育1 500株树,约可得11t树木嫩枝叶(表57-1)。几种主要松树如马尾松、落叶松、云南松、红松、油松、樟子松、华山松、赤松等,每年在抚育时,得到的树木嫩枝叶数量约为3.9亿t(表57-2)。以马尾松为例,$1m^3$木材大约需要采伐10株10年生的树木,每株树按得15kg嫩枝叶,则采伐$1m^3$木材可得150kg嫩枝叶。

表57-1 5~10年生赤松树木嫩枝叶的生物量

树木生长年限(a)	树高(m)	树冠宽度(m)	树干直径(cm)	枝丫(kg)	树木嫩枝叶(kg)
4	1.33	0.8	3.3	1.4	3.6
5	1.65	1.0	4.0	2.2	4.3
6	1.73	1.3	4.3	4.1	5.1
7	2.30	1.5	6.0	5.3	6.5
8	2.50	1.3	6.5	5.1	5.8
9	3.10	1.5	7.5	7.9	8.5
10	3.40	1.3	9.0	11.0	13.0

表57-2 几种主要松树嫩枝叶资源数量

树 种	有林地面积(万hm^2)	蓄积量(万m^3)	树木嫩枝叶数量(万t)
落叶松	700	70 000	7 665
马尾松	2 000	50 000	21 900
云南松	600	46 500	6 570
红 松	45	9 000	493
油 松	170	7 000	1 862
樟子松	30	3 000	329
华山松	30	1 200	219
赤 松	4	30	44
合 计	3 579	186 730	39 082

若不考虑采伐收集起来的树木嫩枝叶资源，仅从部分国营林场松林抚育间伐地上收集树木嫩枝叶，其数量近 3 997.4 万 t（表 57-3）。

表 57-3　部分国营林场每年在抚育时能够得到的松树嫩枝叶数量

省（区）	亟待抚育间伐面积（万 hm^2）	松树嫩枝叶的数量（万 t）	省（区）	亟待抚育间伐面积（万 hm^2）	松树嫩枝叶的数量（万 t）
安　徽	4.67	51.1	湖　北	7.8	85.4
江　西	16.0	175.2	云　南	11.80	129.2
浙　江	10.0	109.5	贵　州	7.33	80.3
福　建	5.33	58.4	四　川	42.66	467.2
广　东	13.33	146.0	辽　宁	15.4	168.6
广　西	14.73	161.3	吉　林	208.0	2 277.6
湖　南	8.0	87.6	合　计	365.05	3 997.4

很早以前，人们就利用阔叶树嫩枝叶作动物饲料，如杨树、柳树、泡桐、白榆、槐树、刺槐、银合欢、沙棘、荆条等树木嫩枝叶。据生物量测定，一般阔叶树的树叶占全树重量约 5%。中国是多树种的国家，估计阔叶树的树叶资源，每年有 3 亿 t 左右。

1.2　树木嫩枝叶机械组成[2]

树木嫩枝叶应保持原有的新鲜绿色，变色发黄的树叶和没有木质化的嫩枝，按规定不允许超过总量的 10%，不允许掺有发霉和腐烂的嫩枝叶，树木嫩枝叶机械组成为：鲜针叶数量不低于 60%；树皮与木材数量不高于 30%；有机杂质数量不高于 10%；无机杂质数量不高于 0.2%。

树木嫩枝叶机械组成中针叶、树皮和木材的比例是十分重要的，对于工业利用来说，针叶、树皮和木材最适比例为 8∶3∶2。试验表明，树木嫩枝叶机械组成与树种，见表 57-4。树龄和嫩枝直径有关，其变化范围（%）：针叶 65.4～75.2，树皮 11.9～20.8，木材 12.9～13.0。嫩枝直径越粗，针叶数量越少，针叶数量最多的枝条直径为 6～8mm。树木嫩枝叶机械组成与嫩枝直径的关系，可用以下方程式表示：

$$Y=a+bX \tag{57-1}$$

式中：Y——针叶、树皮和木材数量（%，为绝干物质重）；

X——嫩枝直径（mm）；

a，b——相关系数。

表 57-4　树木嫩枝叶机械组成与树种的关系

树　种	树木嫩枝叶机械组成（%，为树木嫩枝叶重）		
	针　叶	树　皮	木　材
云　杉	64.90	16.30	18.80
冷　杉	68.70	15.60	15.70
松　树	80.99	10.64	8.35

阔叶树与针叶树相比，阔叶树的树叶数量少，树皮和木材数量多。在透光伐时，白桦树嫩枝叶中的树叶和枝条数量分别为 58.1%和 41.9%，欧洲山杨的树叶和枝条数量分别为 63.3%和 36.7%。

用机械加工的树木嫩枝叶，其机械组成数据见表57-5。将树木嫩枝叶切碎成2～8mm，用气动分选机分选，可降低树木嫩枝叶中木质粒子数量达7%～10%。从而使树木嫩枝叶中针叶数量提高到90%以上，采用这种方法分离树木嫩枝叶木片、树皮等残渣，可提高树木嫩枝叶原料的质量。

表57-5　树木嫩枝叶经机械加工后的机械组成

树木嫩枝叶机械组成	组成重量（%）	
	云杉，松树	白桦，赤杨
叶（针叶，阔叶）	54～68	39～55
直径3mm没有木质化嫩枝	14～26	35～48
直径超过3mm的嫩枝	7～14	5～8
木片	2～4	3～4
地衣，苔藓	1～3	—
碎料，树皮等	1～2	1～2

2　针叶维生素粉[3～6]

针叶维生素粉是一种新型的畜禽补充饲料，它的原料主要来源于松林抚育和采伐丢弃在林地上的枝丫、梢头、嫩枝、绿叶等废料。也可以使用云杉和冷杉嫩枝叶作原料。

针叶维生素粉生产工业发展很快，主要原因是利用松树嫩枝叶作原料比其他青绿饲料（如苜蓿粉等）有以下的优越性：①松针叶可以从森林抚育、采伐废料中收集，不需要用专门的农田进行培育；②针叶维生素粉生产可常年作业，原料和产品无需贮藏；③松针叶中水分含量低，干燥时燃料消耗少，生产成本低；④使用树叶全部重量，不产出废物；⑤生产工艺简单，容易推广；⑥目前已具有高度的机械化和自动化生产设备。

2.1　针叶维生素粉生产与发展状况

（1）前苏联：在世界上是生产针叶维生素粉最早的国家，1955年在拉脱维亚建成第一个工业化生产工厂，生产能力为年产45t叶粉。由于针叶维生素粉生产工艺过程简单和产品销售情况好，所以这种新型加工业得到迅速发展，目前拥有的工厂达数百个之多。据文献报道，80年代初苏联有针叶维生素粉工厂350多家，产量约20万t，其中国营林场每年生产17.5万t，森林造纸工业部每年生产1.8万t。1966～1975年苏联国营林场生产针叶维生素粉情况见表57-6。1990年统计，苏联针叶维生素粉年产量已达30万t。其中乌克兰所有林业企业均生产针叶维生素粉，年生产量为6万t。

（2）捷克斯洛伐克：在80年代末期已建成一座年产500t针叶维生素粉加工厂和年产加有针叶维生素粉的颗粒饲料约2 000t。

表57-6　1966～1975年苏联国营林场历年针叶维生素粉生产情况[2]

年　份	针叶维生素粉生产量（t）						
	合　计	俄罗斯	乌兹别克	白俄罗斯	哈萨克	拉脱维亚	立陶宛
1966	32 304	12 246	7 089	8 865	1 866	1 864	374
1967	35 992	12 900	8 900	8 850	2 450	2 254	638
1968	36 689	13 138	10 750	9 371	2 687	628	115
1969	36 210	13 060	11 000	9 350	2 800	—	—
1970	41 785	14 600	13 456	10 523	3 000	206	—
1971	51 837	15 700	17 753	14 627	3 400	357	—
1972	64 994	20 500	22 631	22 600	3 400	863	—
1973	89 056	27 830	31 014	24 779	4 412	1 021	—
1974	105 107	31 397	39 544	27 093	5 957	1 116	—
1975	139 098	55 700	46 474	29 232	6 423	1 269	—

（3）加拿大：在 70 年代末期和 80 年代初期，在多姆他建成一个半商业性的针叶维生素粉加工厂。从事针叶维生素粉研究工作的单位有东部的魁北克研究和发展总部和西部的温哥华林产品实验室。

（4）中国：在 70 年代末期，中国林业科学研究院林产化学工业研究所开始松树嫩枝叶的加工研究，于 1980 年完成针叶维生素粉中间试验，1982 年在安徽省滁州市沙河集林总场建成第一个针叶维生素粉加工厂，生产能力为年产 500t 针叶维生素粉。针叶维生素粉加工业在中国发展较快，截至 1991 年底，中国投产的针叶维生素粉加工厂有 203 家，年产针叶维生素粉约 8 万 t，产区已扩大到全国 24 个省（区），使用的原料树种达 15 个品种。据不完全统计中国针叶维生素粉历年产量见表 57-7。

表 57-7　中国针叶维生素粉历年产量

年　份	投产厂数（家）	针叶维生素粉生产量（t）	年　份	投产厂数（家）	针叶维生素粉生产量（t）
1982	1	271	1987	125	40 000
1983	6	680	1988	160	60 000
1984	15	2 000	1989	180	67 500
1985	35	12 500	1990	200	75 000
1986	90	27 000	1991	203	77 500

2.2　针叶维生素粉原料收集

松树嫩枝叶来源，主要靠人工从松林采伐、间伐和抚育地上收集新砍下的枝条、细径木和幼树等剩余物，打成捆，用汽车或拖拉机运往针叶维生素粉加工厂；也可以将收集的枝条，就地加工分离出嫩枝叶。松树嫩枝叶应新鲜，不允许在生长的树木上采集嫩枝叶，发黄、变色的落叶、腐叶切勿混入，贮放过久的枝叶不应收购，因这些原料营养价值差（表 57-8）。

表 57-8　贮放时间对原料质量的影响

树木嫩枝叶贮放时间	含水率（%）	β-胡萝卜素（mg/kg）	叶绿素（mg/kg）
贮放 1 个星期	8.19	121.8	1 349
贮放 2 个星期	7.20	81.4	1 057
贮放 1 个月	6.20	60.0	557
遭雨淋发霉枝叶	8.26	45.1	1 105

原料收购范围：对公路、铁路而言，松树采集半径以 40km 内为适宜；对水路来讲，嫩枝叶采集半径可适当延长至 60km。路程太远的原料，运输费用大，产品成本高，运输周期长，不能保证嫩枝叶的新鲜程度。

收购松树嫩枝叶，其嫩枝大头直径应小于 6mm，枝叶颜色鲜绿，并以原料含水多少确定原料的等级（表 57-9）。

表 57-9　原料收购质量标准

树木嫩枝叶原料等级	嫩枝叶含水量（%）	嫩枝叶大头直径（mm 以下）	原料外观色泽
一级品	30	6	绿色
二级品	40	6	绿色
三级品	50	6	绿色
四级品	60	6	绿色

松树嫩枝叶常见的运输方法，是将嫩枝叶装进网袋或麻袋，装上汽车或拖拉机；也有将嫩枝叶散装在车厢内，用大网袋封顶，以防运输途中嫩枝叶散落。每车载重量为 2.5～3t。

原料进厂后，应尽快组织加工处理，夏季必须在一星期内处理完，冬季可延至两星期。原料堆放期间不能受雨淋、日晒，贮存地方应通风良好，堆垛不能发热，这样才能确保产品质量。

2.3　针叶维生素粉生产工艺及设备

2.3.1　针叶维生素粉间歇式加工方法

间歇式加工针叶维生素粉生产设备由TO-I-560型脱叶机、QJ-1-390型切碎机、厢式干燥机、FS-500型粉碎机组成。这套设备装置是由中国林业科学研究院林产化学工业研究所、连云港市农业机械厂和连云港市林产化工厂协作，于1982年共同研制成功的。设备配套后的生产能力，针叶维生素粉日产量为1.5 t左右，年生产能力为300～500 t。按针叶维生素粉生产能力300 t/a计，得到的经济效益为10.8万元，一座投资14万元的针叶维生素粉加工厂，估计一年半时间即能回收全部投资（表57-10）。

表57-10　间歇式加工针叶维生素粉的主要技术经济指标

项　目	数　据	项　目	数　据
叶粉生产量（t）	300	煤年耗量（t）	153.7
叶粉日产量（t）	1.5	每天用水量（t）	12
工作日（d）	200	生产能力（t/h）	0.063
班次（次）	3	基建投资〔元/（t·a）〕	267
厂区面积（m^2）	3200	基建所需金属材料（t）	2.72
建筑面积（m^2）	430	电（kW·h/t）	100
定员（人）	26	煤（kg/t）	528
全厂装机容量（kW）	55	加工成本（元/t）	399.41
全年用电（kW·h）	30 000	出售价格（元/t）	760
总投资（万元）	14	劳动生产率〔t/（人·a）〕	11.5
原料贮存（d）	15	每年总产值（万元）	22.8
成品贮存（d）	30	每人每年产量（元）	8769
鲜针叶年耗量（t）	600	每年利润（万元）	10.8
枝条年耗量（t）	1 200	基建投资回收年限（a）	1.5

针叶维生素粉生产过程主要包括：脱叶、切碎、烘干、粉碎、包装等工序（图57-1）。其生产操作步骤为：

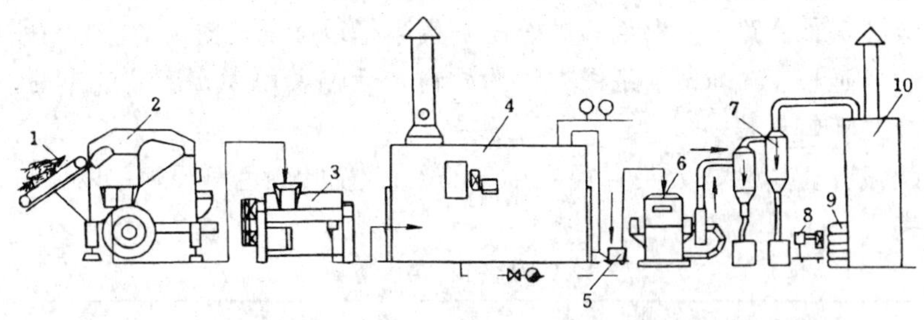

图57-1　针叶维生素粉间歇式生产工艺流程

1. 抚育间伐枝条；2. TO-1-560型脱叶机；3. QJ-1-390型切碎机；4. 厢式干燥机；5. 手推车；6. FS-500型粉碎机；7. 旋风分离器；8. 磅称；9. 成品；10. 沉降室

脱叶系采用TO-1-560型脱叶机，将枝条上的嫩枝叶和粗枝丫分离，脱叶机脱叶程度达85%～90%，脱叶机可设在针叶维生素粉加工厂，亦可设在林地加工点，在加工点脱下的枝叶需用网袋打捆或散装入拖车中，再用拖拉机运往针叶维生素粉加工厂，脱叶后的光枝丫，应打捆堆成垛，供作燃料或作其他用途。

切碎系采用 QJ-1-390 型切碎机，将松树嫩枝叶初步切成长 30～40mm，有利于干燥和粉碎加工，并将针叶表皮角质层破坏，使针叶内部水分容易逸出，可提高干燥速度，保证产品质量。

干燥系采用厢式干燥机，将树木嫩枝叶含水率由 50%降低至 8%～10%，便于粉碎加工和产品贮藏、运输，在干燥过程中除去部分芳香油，可提高动物的适口性。被切碎机切碎的枝叶，定量的铺在料车上，然后送入厢式干燥机中干燥，干燥温度 80～120℃，定时抽样测定含水率，当枝叶含水率降到 8%～12%时，即可出料，干燥后的嫩枝叶颜色要基本保持原有的绿色。

粉碎系采用 FS-500 型粉碎机，将干燥的嫩枝叶粉碎成粉状产品，叶粉粒度直径在 1mm 以下。

为了避免针叶维生素粉中叶绿素和胡萝卜素等营养物质的损失和减少运输途中破损，针叶维生素粉应用黑色或有色聚乙烯塑料袋包装，外套化纤编织袋。成品应贮藏在避光、通风、干燥、清洁的库房内，并应堆放在垫仓板上，以防产品受潮霉变。

2. 3. 2　针叶维生素粉连续式加工方法

连续式加工针叶维生素粉生产设备是由中国林业科学研究院林产化学工业研究所和连云港市农业机械厂协作，在 90 年代初共同研制成功的。设备配套后的生产能力，每小时生产针叶维生素粉为 150～200 kg，年生产能力为 900～1 200 t。该装置特点：生产工序连续化，劳动强度低，生产能力大，干燥速度快，节能，每小时耗电 18～24 kW・h，耗煤 40～52 kg。

生产装置主要由 XZG-3×0. 8 型振动干燥机、LR-22 型热风炉和配套设备如带式输送机、引风机、切碎机、粉碎机组成。生产工艺过程包括：原料切碎、进料、烘干、出料、粉碎、包装等工序（图 57-2）。

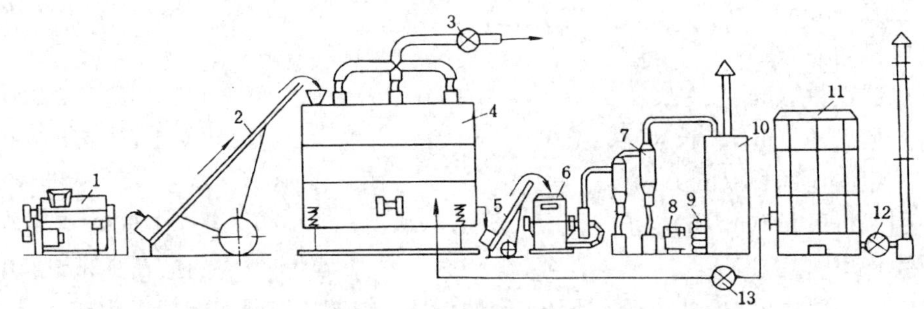

图 57-2　针叶维生素粉连续式生产工艺流程

1. QJ-1-390 型切碎机；2、5. B400 固定式皮带输送机；3、12、13. 离心式风机；
4. XZG-3×0. 8 型振动干燥机；6. FS-500 型粉碎机；7. Φ600 旋风分离器；
8. 磅称；9. 成品；10. 沉降室；11. LR-22 型热风炉

树木嫩枝叶经 Q1-J-390 型切碎机切碎，碎枝叶用带式输送机供给 XZG-3×0. 8 型振动干燥机，干燥温度160～180℃，由 LR-22 型热风炉供热，干燥的绿色物料经带式输送机输入 FS-500 型粉碎机，粉碎后的物料通过 8 号筛（筛孔直径为 0. 8mm)，用旋风分离器收集成品。

连续式加工针叶维生素粉主要设备为：

(1) XZG-3×0. 8 型振动干燥机：由主机体、机架、隔振弹簧、振动电机组成。其机器结构如图 57-3。

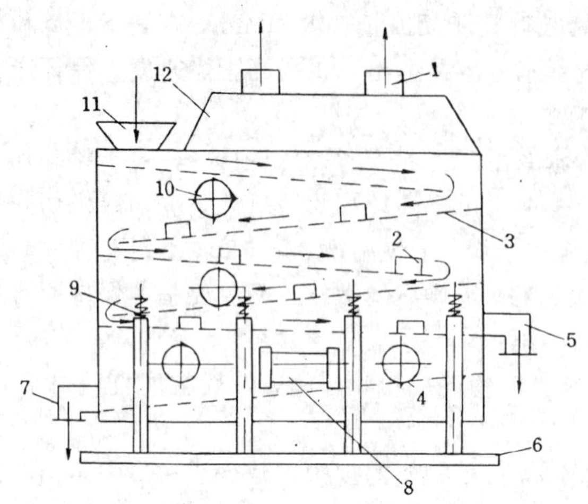

图 57-3 XZG-3×0.8型振动干燥机结构

1. 排风口 2. 导风筒 3. 孔板 4. 进风口 5. 出料口 6. 机架 7. 出灰口 8. 振动电机 9. 隔振弹簧 10. 补风口 11. 进料口 12. 主机体

主机体是一个矩形箱体，内装有五层角度可调的孔板，下部有出料口和出灰口。进料口，出风口装在箱体顶部，两台同一型号规格的振动电机装于箱体两侧，箱体用隔振弹簧支撑在机架上。

机器工作原理是两台相同型号的振动电机同步反向运转，其激振力使主机体沿垂直线振动。物料在振动力作用下，沿倾斜孔板从上层向下层连续运动，热风从下向上依次穿过孔板，透过物料层使物料烘干。改变振动电机的轴端偏心块夹角，即改变激振力，从而改变机体振幅。设计振幅为1～3mm，频率为930次/min。热风主要从下部进风口压入，依次穿过各层孔板，透过物料层由顶部排风口排出湿空气，为了提高上部各层风温，在二、三、四、五层孔板上开有导风口。机器外部包有可拆卸的保温层。

主要技术性能参数：

振槽面积（m^2）	0.8×2.7
振槽层数（层）	3～5
振槽倾角（°）	1.5～5
振动频率（次/min）	930
振幅（mm）	1～3
电机功率（kW）	2.2×2
机器重量（kg）	2 500
外形尺寸（mm，长×宽×高）	3 700×1 500×3 500
机组占地面积（m^2）	约40
引风机风量（m^3/h）	1 600～2 900
生产率（kg/h）	150～250

（2）LR-22型热风炉：由外壳、烟环、密肋炉胆、炉芯、炉栅和炉门等组成（图57-4）。冷风在风机的抽力作用下，经冷风罩由上而下到达炉底后，绕过烟环，进入密肋炉胆主换热区，然后又由下而上从热风炉顶部进入炉芯风管，冷空气经三回程吸热后，热风温度即达到规定数值。

烟气在炉膛经过充分燃烧后，由炉膛顶部联接弯管进入烟气环，然后由上而下从底板出烟孔排入基础烟道，在烟气引风机的抽力作用下，排出烟囱。

主要技术参数：

最大换热能力（kJ/h）	92
热效率（%）	>60
热风温度（℃）	60～130
热风风量（m^3/h）	4 000～11 000

小时耗煤量（kg/h） ＜74

外形尺寸（mm，直径×高） 1 770×2 700

重量（kg） 2 500

烟气引风机型号 Y6-30-12，No.4，8

烟气引风机功率（kW） 2.2

加热方式 间接加热，机械抽风

燃料种类 煤或枝丫

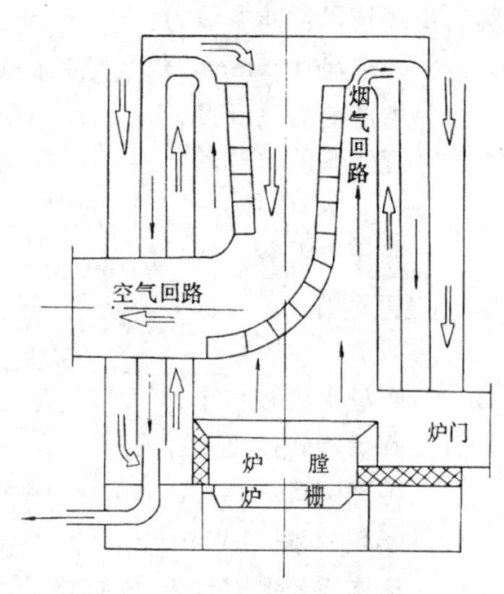

图 57-4 立式三回程热风炉示意图

前苏联针叶维生素粉生产多半采用 CФБП-0.1 型移动式设备和 ABM-0.4 及 ABM-0.65 型固定式设备，移动式设备生产率每小时为 100kg，即年生产能力为 160～180t；固定式设备生产率每小时为 400～650kg，即年生产能力为 600～800t。个别工厂也有年生产能力超过 1 000t 针叶维生素粉产品的。针叶维生素粉工业生产过程主要包括树木嫩枝叶收集、分离、保存和加工等步骤[7]。

树木嫩枝叶收集：

一种方法是靠人工或伐木工收集。森林采伐和抚育过程中的新砍伐的枝丫、树冠、细径木和幼树等剩余物，每收集和堆集 1t 枝条，可得 2.5～4 卢布的报酬。

另一种方法是用机器收集采伐剩余物主要用森林抚育采伐机，生产上使用的设备有两种：一是 MVP-35 型先进切削采伐归堆机；二是伐区用的 ЛП-30 型自行式打枝机。打下的枝条，用 ЛП-23 型归装机收集装入 CAC-34A 型自动装卸载重汽车，汽车载重量为 3～5t。

树木嫩枝叶分离：

树木嫩枝叶分离可在伐区上下楞场进行，亦可在加工地点进行。主要是将树叶与枝丫分离开来。在伐区上下楞场分离枝叶，主要用 O3П-1.0 型移动式分离机。主要技术性能参数为：

形式	移动式，双滚筒
处理枝条或细径木最大直径（mm）	80
机器重量（kg）	1 320
外形尺寸（mm，长×宽×高）	3 480×2 250×1 550
运输速度（km/h）	达 25
操作人员数（人）	4
树木嫩枝叶生产率（kg/h）	达 1 000
脱叶程度（%）	达 97
树木嫩枝叶木材数量（%）	达 18

在加工地点分离树木嫩枝叶，用专门设计的固定型 ИПС-1.0 型气动分选切碎机。机器由 КИК-1，4 型饲料切碎机和气动分选机组成。切碎机将原料切碎到一定长度，分选机将粉碎物料分离开。分选机工作原理，主要是利用垂直空气流分选切碎料。树木嫩枝叶经切碎机切碎后，将碎料吹入旋风分离器，通过给料阀进入垂直筛选塔，上升的空气流将切碎的树木嫩枝叶带入旋风分离器，而碎木片从塔中落入特制的容器中，机器对树木嫩枝叶的分离率不低于

95%。主要技术性能参数为：

外形尺寸（mm，长×宽×高）	7 200×3 200×7 910
生产能力（kg/h）	600～1 000
脱叶程度（%）	达97
总功率（kW）	17.2
操作人员数（人）	2
切碎机	
形式	圆盘式
圆盘上刀数（个）	3
圆盘旋转速度（r/min）	770
传动装置	电动
安装功率（kW）	7.5
树木嫩枝叶切碎长度（mm）	13～60
重量（kg）	800
切碎枝条最大直径（mm）	50
气动分选机	
形式	固定气流式
传动装置	电动
安装功率（kW）	9.7
外形尺寸（mm，长×宽×高）	2 640×2 770×5 780
重量（kg）	2 600
鼓风机	Ц4-70 No.6
分级塔直径（mm）	300
运输支管直径（mm）	280
杂质最适浓度（kg/kg）	0.5～2.0

树木嫩枝叶保存：

针叶维生素粉生产，要求原料新鲜。影响保鲜的贮存条件有存放期、温度、房舍照明度、堆放容积，以及原料种类，其中主要是存放期与温度。实践证明，在低温和在枝条上贮存树木绿叶能较好地保存胡萝卜素和其他的生物活性物质，同时为了制备高质量的产品和提高生产利润，必须采取一切措施，使树木嫩枝叶贮存期缩短。

2.3.3 针叶维生素粉生产

前苏联针叶维生素粉生产工艺流程如图57-5。树木嫩枝叶由工厂原料场地供给分离机，分离出的针叶和嫩枝，用带式运输机供给切碎机，在这里将嫩枝叶切碎成30～40mm，采用气动的方法，将切碎绿叶输入贮槽。在连续操作条件下，输入贮槽中的绿叶，应能保证干燥4h内所需的数量。经切碎的树木嫩枝叶，部分绿叶细胞结构已被破坏，进行快速干燥能得到高质量的产品。贮槽里绿叶经运输机供给ABM-0.65P型滚筒干燥机，干燥机靠热能发生炉供热，干燥温度为250～300℃，干燥后树木嫩枝叶含水率为6.5%～9.0%。干燥的绿色物料用粉碎机破碎，破碎时间为40～50s，粉碎料过筛，筛孔为1.5～2mm，将大块废料分离，针叶维生素粉输入旋风分离器后供给主产品旋风分离器，用螺旋包装机包装，包装袋为三层牛皮

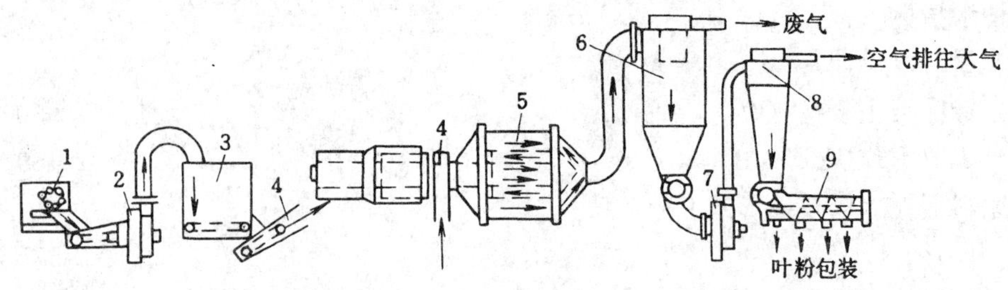

图 57-5　前苏联针叶维生素粉生产工艺流程

1. 树木嫩枝叶分离机；2. 切碎机；3. 绿叶贮槽；4. 带式运输机；5. ABM-0.65P 型滚筒干燥机；6. 旋风分离器；7. 筛；8. 主产品旋风分离器；9. 螺旋包装机

纸袋或聚乙烯袋，每袋装针叶维生素粉 20kg，装好后，用 2～2.5mm 输送机输入库房中贮存。针叶维生素粉贮存的地方最好是在无光线照射和气温较冷及较好通风条件的砖砌房间内，针叶维生素粉其堆积高度为 0.3～0.5m，这样可保存 5～12 个月。

主要技术性能参数：

传动装置	电动
电动机类型	封闭，吹风
燃料	柴油
蒸发能力（kg 水/h）	1 690
燃料消耗（kg/h）	160
电安装功率（kW）	101.5
设备外型尺寸（mm）：	
长	20 936
宽	8 224
高	8 690
设备重量（kg）	16 237
班生产效率：	
针叶维生素粉（kg）	1 280
工艺木片（实积立方米）	7.5～10
干燥滚筒尺寸（m）：	
内径	1.5
总长	9.0
每个网筛部分长度	0.8～1.0
筛目（mm）：	
滚筒前端（入口）	14～17
滚筒后部（出口）	12～14
滚筒最低转速（r/min）	3.0
滚筒倾斜度（度）	1.3
削片机	ДУ-2A 型

针叶维生素粉生产效益：

技术指标

产量（以年计）：	
针叶维生素粉（t）	650
工业木片（m^3）	2 489
原料消耗（以枝条形式）：	
云杉（t）	3 575
松树（t）	4 030
单耗：电（万 kW·h）	17.32
柴油（t）	130
纸袋（只）	43 340
水（m^3/d）	1.90
成本估算（卢布）：	61 610
其中设备（卢布）	19 410

经济指标

在前苏联林业部门用采伐剩余物加工针叶维生素粉是有利可图的。生产1t针叶维生素粉成本不超过110卢布，针叶维生素粉销售价为194～220卢布。一般情况下，一个工人年产值为5 000卢布。建一个年产1 000t针叶维生素粉和5 000m^3工艺木片加工厂，总产值为25万～27万卢布，耗用采伐剩余物8 000万～10 000万m^3，土建、设备购置及安装费用为2万～2.5万卢布，投资回收期4～6个月。

针叶维生素粉生产成本和利润与工厂生产能力有关。一般情况下，工厂生产能力越大，利润越高（表57-11）。

表57-11　针叶维生素粉生产成本和利润

生产能力（t/a）	工厂数（个）	生产成本（卢布/t）	利润率（%）
0～100	66	190.3	18.2
101～200	38	172.0	28.9
201～300	17	161.3	34.2
301～600	6	100.0	41.0
超过600	2	156.0	27.7

2.4　针叶维生素粉营养价值

针叶维生素粉营养价值与它含有的生物活性物质、蛋白质及矿物元素有关。

针叶维生素粉生产的原料，生产上已采用的树种有：马尾松、黄山松、赤松、黑松、湿地松、落叶松、云南松、油松、华山松、樟子松、红松、雪岭云杉、冷杉、偃松、思茅松等。经中国林业科学研究院林产化学工业研究所分析，不同树种嫩枝叶制成的针叶维生素粉产品中含有的维生素、蛋白质和矿物元素的量不同。

2.4.1　维生素

针叶维生素粉中含有的生物活性物质主要是维生素，维生素是维持家畜、家禽正常生理机能所必需的低分子有机化合物，与其他营养物质比较，畜禽对维生素的需要量极微，有的在饲料中只需百万分之几，甚至亿万分之几，但它却是饲料中必不可少的。饲料中缺少维生素，就会使机体生理机能失调，出现各种维生素缺乏症。所以维生素是维持生命的营养要素。

分析表明，针叶维生素粉中含有脂溶性和水溶性两大类维生素，脂溶性有维生素 A、维生素 E 等，水溶性有维生素 B 族和维生素 C 等。近年研究指出，针叶维生素粉中最有价值的生物活性物质是胡萝卜素和维生素 E。

胡萝卜素又称维生素 A 原。它被动物食用吸收后，在小肠壁和肝脏内转化为维生素 A。这种在动物体内转化成维生素的物质，称为维生素原。胡萝卜素在动物营养上有着重要作用，它是维持动物正常生长，保持视觉及上皮组织的必需营养成分。缺乏时要发生皮肤障碍，如皮毛无光泽、脱毛、皮肤硬化等，并能引起贫血和神经系统、消化系统、呼吸器官的生理障碍，减弱对细菌及寄生虫的抵抗能力，影响繁殖能力，特别要发生黏膜障碍，如干性眼炎、角膜软化症、夜盲症等。对幼小动物会影响骨骼的生长。

分析表明，中国各地生产的针叶维生素粉中 β-胡萝卜素含量（mg/kg）分别为：马尾松 292、黄山松 273、赤松 117、黑松 167、湿地松 183、落叶松 356、云南松 123、油松 119、华山松 342、樟子松 121、红松 126、雪岭云杉 140、冷杉 92、偃松 69。由此可见，针叶维生素粉中 β-胡萝卜素含量，除偃松和冷杉针叶维生素粉中含量稍低外，其他树种针叶维生素粉中 β-胡萝卜素含量均超过 100mg/kg。β-胡萝卜素含量是针叶维生素粉一个极其重要的产品质量指标。按国家专业标准 ZBB72005-87 规定，冷杉针叶维生素粉达到一级品的规格（β-胡萝卜素含量≥80mg/kg），偃松针叶维生素粉达到二级品的规格（β-胡萝卜素含量≥60mg/kg），其他树种针叶维生素粉，如马尾松、黄山松、赤松、黑松、湿地松、落叶松、云南松、油松、华山松、樟子松、红松、雪岭云杉的针叶维生素粉达到特级品的规格（β-胡萝卜素含量≥100mg/kg），且落叶松、华山松针叶维生素粉中 β-胡萝卜素含量均超过 300mg/kg。

维生素 E 又称抗不孕维生素，或称生育酚，属于酚类化合物。它对家畜、家禽消化道及体组织中维生素 A 具有保护作用，是促进幼畜幼禽生长和增强其生活力的营养物质；更重要的是，它可提高家畜、家禽的繁殖能力。饲料中缺乏维生素 E，会引起动物生殖机能的破坏，母畜虽能怀孕，但胎儿很快死亡；公畜的精液品质降低，性细胞的活力减退，数量减少，最后完全消失；仔畜则会引起肌肉失调。家畜、家禽严重缺少维生素 E 时，不仅妨碍生殖，而且神经和肌肉组织的代谢发生障碍，从而引起肌肉萎缩营养不良症（白肌病），以及羔羊僵直病，鸡小脑软化症，皮下水肿，肝脏病变坏死。因此维生素 E 在畜牧业上使用价值较大。

分析表明，中国各地生产的针叶维生素粉中维生素 E 含量（mg/kg）分别为：马尾松 704、赤松 670、黑松 801、湿地松 369、落叶松 1 080、云南松 538、油松 885、华山松 869、樟子松 918、红松 1 099、雪岭云杉 1 006、冷杉 1 266、偃松 201。由此可见，针叶维生素粉中维生素 E 含量，除偃松和湿地松针叶维生素粉中含量稍低外，其他树种针叶维生素粉中均含有丰富的维生素 E，而且发现生长在北方地区的针叶树，如红松、雪岭云杉、冷杉、落叶松等针叶维生素粉中维生素 E 含量更高，均超过 1 000mg/kg。

针叶维生素粉中还含有大量的维生素 C 和维生素 B 族。其中维生素 C 含量超过 2 000mg/kg的产品有马尾松、云南松和雪岭云杉等针叶维生素粉。针叶维生素粉中含有的维生素 C 比柠檬和柑、橙高 5 倍多，比葱和马铃薯高 25 倍多。分析表明，中国各地生产的针叶维生素粉中维生素 C 含量（mg/kg）分别为：马尾松 2 505、黄山松 527、赤松 954、黑松 627、湿地松 749、落叶松 1495、云南松 2 231、油松 1 091、华山松 465、樟子松 412、红松 1 684、雪岭云杉 2 000、冷杉 889、偃松 441。针叶维生素粉中含有如下维生素 B 族，其含量（mg/kg）为：B_1（硫胺素）19，B_2（核黄素）5，B_3（泛酸）27.7，B_5（菸草酸）141.4，B_6（吡哆醇）1.96，B_7（生物素）0.153，B_c（叶酸）8.2。

2.4.2　蛋白质

蛋白质是一种复杂的有机化合物。它主要由碳、氢、氧、氮4种元素组成，有的含有少量硫，在某些蛋白质中还含有微量的铁、铜、碘、锰、钙、磷等元素。这些元素先合成基本结构单位氨基酸，然后由氨基酸联结而成蛋白质。畜、禽对蛋白质的需要，实际上就是对20多种氨基酸的需要。氨基酸是一种含氨基的有机酸，对猪、鸡的营养需要来讲，通常分为必需氨基酸和非必需氨基酸两类。在猪、鸡体内不能合成，或虽能合成，但合成的速度及数量不能满足其正常生长需要，而必须由饲料供给的氨基酸，叫必需氨基酸。在畜、禽体内可以由其他物质合成，或需要量较少，不必由饲料来供给的氨基酸，叫非必需氨基酸。

猪需要10种必需氨基酸，即赖氨酸、色氨酸、蛋氨酸、组氨酸、亮氨酸、异亮氨酸、苯丙氨酸、苏氨酸、缬氨酸和精氨酸。

鸡需要13种必需氨基酸，即精氨酸、赖氨酸、组氨酸、蛋氨酸、胱氨酸、色氨酸、亮氨酸、异亮氨酸、苯丙氨酸、酪氨酸、苏氨酸、甘氨酸和缬氨酸。

上述氨基酸，如在饲料中供应不足，就会影响家畜、家禽的生长发育。分析表明，中国各地生产的针叶维生素粉中蛋白质含量（%）分别为：马尾松9.8、赤松10.6、黑松7.1、湿地松6.1、落叶松15.2、云南松8.5、油松8.1、华山松10.7、樟子松9.4、红松9.4、雪岭云杉10.0、冷杉9.3、偃松11.1、黄山松11.9。由此可见，针叶维生素粉中蛋白质含量变化幅度为6%～12%，也有蛋白质含量特别高的树种，如落叶松针叶维生素粉中蛋白质含量就高达15.2%，此种树叶可作蛋白质资源开发利用。针叶维生素粉中蛋白质含有的氨基酸种类比较全，分析表明，至少含有18种不能代替的氨基酸（表57-12）。其中又以赖氨酸和蛋氨酸在畜、禽饲养上，显得比其他氨基酸更为重要，其作用在于：

表57-12　某些针叶维生素粉中蛋白质含有的氨基酸

氨基酸	含　量　（%）			
	马尾松	赤　松	油　松	云南松
天门冬氨酸	0.73	0.62	0.56	0.34
苏氨酸	0.36	0.29	0.28	0.28
丝氨酸	0.39	0.27	0.30	0.31
谷氨酸	0.76	0.69	0.62	0.57
甘氨酸	0.43	0.53	0.32	0.81
丙氨酸	0.46	0.37	0.33	0.54
胱氨酸	0.10	0.17	0.08	1.60
缬氨酸	0.47	0.46	0.36	0.24
蛋氨酸	0.06	0.34	0.23	—
异亮氨酸	0.32	0.33	0.26	—
亮氨酸	0.66	0.54	0.49	0.53
酪氨酸	0.27	0.24	0.14	0.11
苯丙氨酸	0.45	0.44	0.49	1.59
赖氨酸	0.51	0.43	0.35	0.85
组氨酸	0.13	0.14	0.11	0.12
精氨酸	0.34	0.27	0.33	0.40
色氨酸	—	0.09	0.11	—
脯氨酸	0.29	0.29	0.21	1.26

(1) 赖氨酸是饲料中必需的限制性氨基酸之一。缺乏赖氨酸会引起奶汁不足，幼畜、幼禽生长停滞，氮平衡失调，皮下脂肪减少，消瘦，骨的钙化失常等。猪饲料中添加赖氨酸，可改善肉质，提高瘦肉率。

(2) 蛋氨酸是组成蛋白质的必需氨基酸。缺少蛋氨酸，畜、禽表现为发育不良，体重减轻、肝肾机能受到破坏、肌肉萎缩、皮毛变质等。

这两种氨基酸，除云南松针叶维生素粉中缺蛋氨酸外，其他 3 种针叶维生素粉中都含有这两种氨基酸，且含量都较高，因此，在畜、禽饲料日粮中添加针叶维生素粉，可以补充赖氨酸和蛋氨酸的不足。

2.4.3 矿物元素

动物在生长过程中，还需要补充矿物元素。矿物元素有常量元素和微量元素之分。常量元素是指含量占体重 0.01%以上矿物元素，如钙、磷、氯、钠、钾、硫等；微量元素是指含量占体重 0.01%以下矿物元素，如铁、铜、钴、碘、锰、锌、硒、钼等。这些元素是日粮中比较短缺的成分。矿物元素主要是为了保证畜、禽的骨、牙、毛、羽、蹄、角、软组织、血液和细胞生长的需要，特别是蛋壳、牛奶、羊奶的需要。

畜、禽需要的常量元素主要是钙和磷。分析表明，针叶维生素粉中含有大量的钙和磷，中国各地产的针叶维生素粉中钙和磷含量(%)分别为：马尾松 0.39 和 0.05、赤松 0.45 和 0.03、黑松 0.57 和 0.04、湿地松 0.83 和 0.08、落叶松 0.65 和 0.20、云南松 0.89 和 0.14、油松 0.48 和 0.13、华山松 0.63 和 0.16、樟子松 0.46 和 0.12、红松 0.61 和 0.16、雪岭云杉 0.83 和 0.80、冷杉 0.44 和 0.13、偃松 0.44 和 0.13、黄山松 1.04 和 0.04。

猪、鸡需要的微量元素主要有铁、铜、钴、碘、锰、锌、硒等。针叶维生素粉中除含有常量元素钙和磷外，经分析测定，还含有大量的微量元素，如马尾松、黄山松、赤松、黑松等针叶维生素粉中硒、钴、铁、锰等元素含量较高（表 57-13）。实践证明，在饲料日粮中添加针叶维生素粉，基本能满足畜、禽对微量元素的需要。

表 57-13 某些针叶维生素粉中含有的部分微量元素

微量元素	含量 (mg/kg)					
	马尾松	黄山松	赤 松	黑 松	油 松	云南松
锌	42	25	38	57	24	25
硒	3.6	2.1	3.5	3.0	—	—
铁	504	481	329	335	802	411
锰	921	278	215	774	76	377
铜	6.6	3.9	56	41	3.6	4.2
钴	1.2	0.46	0.56	0.67	0.32	0.77
钼	0.6	0.46	0.87	0.67	0.49	0.45

针叶维生素粉中还含有许多其他营养物质，如叶绿素、粗脂肪、纤维素等。

叶绿素对一般动物有机体能起止血、愈合、降低血压的作用。分析表明，中国各地生产的针叶维生素粉中叶绿素含量（mg/kg）分别为：马尾松 1 840、赤松 1 057、黑松 927、云南松 1 713、油松 1 505、红松 794、雪岭云杉 6 649、冷杉 1 003、黄山松 2 220。

粗脂肪主要由树脂物质组成，树脂物质中含有蜡、色素、甾醇和脂肪酸等。分析表明，中国各地生产的针叶维生素粉中粗脂肪含量（%）分别为：马尾松7.62、赤松13.1、黑松3.80、云南松6.59、油松10.18、红松7.78、雪岭云杉6.80、冷杉7.71、黄山松7.06。

针叶维生素粉中不溶解部分称为粗纤维。粗纤维包括纤维素、半纤维素、木素、多缩戊糖等。针叶维生素粉中粗纤维含量最高可达52%，其中约有50%是木素，半纤维素含量达15.7%。粗纤维和无氮浸出物，动物能消化约50%。从饲料单位看，针叶维生素粉的营养价值应不次于苜蓿粉。苜蓿粉饲料单位为0.17，松针维生素粉饲料单位为0.28，云杉针叶维生素粉饲料单位为0.21。针叶维生素粉中β-胡萝卜素、维生素E和硒的含量高，更证明了它的营养价值高。

2.5 针叶维生素粉产品质量标准及分析方法

2.5.1 针叶维生素粉产品质量标准

按中华人民共和国专业标准（ZBB72005—87）规定，针叶维生素粉产品质量标准共分3个等级，即特级品、一级品和二级品。针叶维生素粉产品质量各级标准的质量指标见表57-14。

表57-14 针叶维生素粉产品质量标准

项目名称		特级品	一级品	二级品
颜色			草绿色或黄绿色	
气味			保持针叶固有的特殊气味	
β-胡萝卜素含量（mg/kg）	≥	100	80	60
粗纤维含量（%）	≤	30	32	34
粗蛋白质含量（%）	≥	7	6	5
水分（%）	≤	12	12	12

2.5.2 针叶维生素粉产品质量分析方法

参见中华人民共和国专业标准，松针粉ZBB72005—87中规定的分析方法。

2.6 针叶维生素粉应用

针叶维生素粉可用于配合饲料或制成颗粒饲料，也可直接用于畜、禽日粮中作补充饲料。针叶维生素粉对各类畜、禽具有抗疾病、增重快、产蛋多的作用，并能节省饲料。一般情况下，在猪的日粮中添加2.4%～4.5%针叶维生素粉，猪的增重率比对照组提高15%以上，猪皮毛光亮、红润，瘦肉率提高。在蛋鸡配合日粮中，添加3%～5%针叶维生素粉，鸡的产蛋率可提高13%以上，蛋黄色泽变深，较长时间饲喂后，鸡的喙、趾、皮肤、脂肪色泽加深。在奶牛日粮中添加5%～8%针叶维生素粉，产奶量可提高4.5%～7.4%。

针叶维生素粉既可提供维生素和其他生物活性成分，与微量元素一起促进牲畜健康，提高生产率和抵抗疾病，又可以取代其他饲料，作畜、禽营养的来源。但如在日粮中添加到20%～30%的针叶维生素粉，动物生长就会受到抑制，体重和生产率就会降低。针叶维生素粉在畜、禽日粮中最适添加量应为3%～8%。

2.7 针叶维生素粉毒性试验

赤松、黑松、马尾松、黄山松、油松、云南松等针叶维生素粉，分别进行急性毒性试验，证明是无毒的。实验方法：取18～21g雄性小白鼠5只，剂量按小白鼠体重每千克灌胃，给针叶维生素粉8g。实验结果：观察72h，未见小白鼠死亡且无不良反应。

3 阔叶树叶粉

许多阔叶树叶子含有较多的维生素和蛋白质，可直接用于制造维生素粉作畜禽补充饲料，如槐树、杨树、泡桐、桦树、槭树、椴树、柳树、柞树、榆树的叶子。有些树叶蛋白质含量高，但叶子中也含有一些对动物有害成分，如银合欢叶中含有含羞草碱，栎树叶含有过多的单宁，这些树叶必须经过处理后，方可用于喂畜禽；再如鼠李、漆树、瑞香、西洋接骨木、榛、胡桃、山毛榉和卫茅等树叶中含有高浓度的糖苷、单宁、苦味物质和生物碱等有害物质，不能用作动物饲料。

3.1　槐树叶粉

槐树叶粉通常是指刺槐树叶加工的叶粉。这种树叶最大的特点是蛋白质含量高，一般在20%～25%。经空气干燥、粉碎后的叶粉可直接代替部分粮食饲料，大约1t叶粉可以代替1t谷物。在粮食和蛋白质饲料短缺的地区值得采用。

中国是槐树叶粉出口国，每年经土产进出口公司向日本、东南亚各国出口槐树叶粉和叶粒约8万～9万t。在当前中国饲料短缺情况下，扩大槐树叶粉的应用是十分必需的。

3.1.1　槐树叶粉的采集和加工

刺槐树成片的纯林较少，大多分布在山坡、路边、河岸等地。刺槐叶的采集要适当，注意爱护树木。具体的采法如下：①要结合修剪树枝和砍伐薪柴时采集树叶。②刺槐树叶在生长旺季，富含蛋白质时可组织群众，在林业管理人员安排和指导下有计划地采叶。为了做到不损害树木，采叶量最多不能超过1/3。③可在生长后期采集树叶。用长竿敲打刺槐树上的叶，落地后加以收集。④刺槐叶经霜打后，渐次脱落，每天可组织专人收集落叶。这种落叶虽然质量差一些，但是青干叶仍是猪的好饲料，已枯黄的叶子可做牛羊的饲料。

槐树叶粉加工方法十分简单，只要选择适当的季节，合理的采集树叶，经晾干、晒干或烘干，粉碎成粉末，或压制成颗粒，装入塑料袋中保存即可。注意防止吸潮发霉。变质的叶粉或叶粒，不能做饲料，以防中毒。

3.1.2　槐树叶粉的营养价值

槐树叶粉的营养价值比较全面，经分析：粗蛋白质20.1%，粗脂肪3.56%，粗纤维19.5%，无氮浸出物31.75%，灰分13.86%，钙1.92%，磷0.07%，水分11.2%，叶绿素2 400 mg/kg，胡萝卜素120～160 mg/kg，维生素C 259 mg/kg。此外还含有大量的微量元素，以及维生素B族和E等。刺槐和紫穗槐叶粉中的氨基酸也较全面（表57-15）。这些营养成分都是畜、禽有机体，在生长发育过程中所不可缺少的。

表 57-15　刺槐和紫穗槐叶粉中氨基酸的含量

氨基酸	含量（%）		氨基酸	含量（%）	
	刺　槐	紫穗槐		刺　槐	紫穗槐
天门冬氨酸	2.37	1.54	异亮氨酸	0.85	0.64
苏氨酸	0.91	0.74	亮氨酸	1.62	1.30
丝氨酸	0.89	0.76	酪氨酸	0.74	0.59
谷氨酸	1.79	1.42	苯丙氨酸	1.08	0.86
甘氨酸	0.98	0.82	赖氨酸	1.18	0.82
丙氨酸	1.18	0.93	组氨酸	0.42	0.28
胱氨酸	0.44	0.22	精氨酸	1.08	0.79
缬氨酸	1.06	0.88	色氨酸	0.29	—
蛋氨酸	0.27	0.10	脯氨酸	1.43	0.80

树木的生理活动与季节有关，因此树叶中有机物质的含量在生长过程中是变化的，为了

提高树叶的利用价值，选择适宜的采集季节是很重要的。刺槐叶蛋白质含量以春季最高，夏季次之，秋季较少（表 57-16）。为了保证刺槐叶的营养成分不受损失，采收工作在不影响树木生长的前提下，要尽量提前，一般在 7～8 月份采集较好，最迟不要超过 9 月。此时采收的叶子青嫩、营养丰富、质量高、粗纤维含量少，如采集时间过迟，叶子变老，营养价值降低。

表 57-16 不同季节刺槐叶的营养成分

季 节	粗蛋白质（%）	粗脂肪（%）	粗纤维（%）	无氮浸出物（%）	灰 分（%）
春 季	27.7	3.6	12.8	38.1	7.8
夏 季	24.7	3.6	14.8	49.1	7.9
秋 季	19.3	5.0	19.4	48.9	5.5

3.1.3 槐树叶粉的应用

（1）槐树叶粉喂鸡：选取 128 只 10 日龄雏鸡，分两组，每组雌雄同数各 64 只。在第一组的基础配合饲料中添加 5%刺槐叶粉，在第二组用同样的基础饲料，添加 5%脱水紫花苜蓿粉。试验结果表明，两组鸡的体重，饲料消耗量和死亡率没有不同，几乎一致。同时也发现，刺槐叶粉对蛋黄的着色效果，与脱水紫花苜蓿粉对蛋黄着色也差不多。江苏省家禽研究所禽场，用槐树叶粉在家禽日粮中搭配 7%～8%，饲喂雏鸡、肉用鸡、后备鸡、种鸡，经多年来喂养，效果良好，不仅能节省部分粮食饲料，又可代替部分禽用多种维生素或青绿饲料。

（2）槐树叶粉喂鹅：选取健康的同日龄江苏太湖鹅共 63 只，随机取样分三组。每组母鹅 18 只，公鹅 3 只。第一组：基础日粮 80%＋槐树叶粉 20%；第二组：基础日粮 60%＋槐树叶粉 40%；第三组；全喂基础日粮，作为对照组。将其分三个小间饲养，每间 10 m^2，没有陆地，水面运动场，不放牧。在正式试验前进行 20 天的预备试验。试验期间喂用的基础日粮（%）为：小麦 38，碎米 10，豆饼、鱼粉 2，米糠饼 34.5，统糠 10，骨粉 2.5，贝壳粉 2.5，食盐 0.5。基础日粮粗蛋白质含量 14.13%，代谢能为 10 111.122kJ。

饲喂方法：各组混合料加水拌湿润饲喂，有青饲料供给时与混合粉料 1∶1 喂给，无青饲料供给时喂混合粉料，不足加多种维生素，日喂 2 次，不限量，自由采食。

经 5 个月的饲养对比，结果是每只平均产蛋数 20%叶粉组为 41.99 枚，平均蛋重 118.4g；40%叶粉组为 28.98 枚，蛋重 114.26g；对照组为 38.63 枚，蛋重 106.14g。喂 20%叶粉组产蛋比对照组提高 8.69%，比喂 40%叶粉组提高 48.48%。整个试验，种鹅的健康状况良好，没有发生疾病死亡，每月称个体重，各组差异不显著。

在春孵期间，收集种蛋入孵，在无青饲料供给期间（未加多维素），20%叶粉组、40%叶粉组、对照组的受精率（%）分别为：92.95、89.29、78.38；受精卵的孵化率（%）分别为：84.3，90，68。在有青饲料供给时（青、粉料为 1∶1），20%、40%、对照组的受精率（%）分别为：95，94，84.8；孵化率（%）分别为：86，90，80.5。可见饲喂槐树粉的试验组，种蛋的受精率、孵化率都高于对照组。

用槐树叶粉喂种鹅，在混合粉料中添加 20%的叶粉，效果最好，不仅有较好的产蛋数，还能提高种蛋的受精、孵化率。在青饲料缺乏时，提高更为显著。此外，饲喂槐叶粉的种鹅所下鹅蛋，蛋黄色泽呈深黄色，比对照组有明显差别。

（3）槐树叶粉喂猪：选用 12 头各重 25kg 的猪，分成两组进行对比试验，在饲料相同条件下，试验组增喂 10%的紫穗槐叶粉，饲喂 83 天，平均日增重 0.6kg，每增重 0.5kg 耗混合料 1.66kg；对照组饲喂 99 天，平均日增重 0.5kg，耗混合料 1.88kg。试验证明搭配一定比例的紫穗槐叶粉喂猪，对促进增重、节省饲料是有效的。如在混合饲料中，搭配刺槐叶粉喂猪，最合适的用量，以一般不超过 15%为宜。曾对 30 头仔猪进行试验，在混合料中添加 7%的刺槐叶粉，饲喂 65 天，平均每头由始重 8.42kg，增长到 20.1kg，日增重 180g。每 0.5kg 增重消耗混合精料 1.67kg，粗料 0.24kg，青料 1.1kg。

（4）槐树叶粉喂鱼：用槐树叶粉配制颗粒饲料喂草鱼，未发现对鱼有中毒现象，且鱼病减少，成活率提高在 92%以上，鱼产量也有提高。该饲料的配制方法：先将槐树叶 30%、青干草 10%、稻草 30%、粉碎，混合均匀，糖化发酵；然后再与花生饼 10%、麸皮 10%、玉米 10%、骨粉 1%、食盐 0.5%、土霉素 0.5%等物料混合拌匀，用颗粒饲料机制成适口的颗粒，晒干后喂鱼。日投饲喂量为吃食鱼总体重的 7%。饲养期间，每星期投喂 5 天颗粒饲料，间隔 2 天投喂一次青饲料。利用槐树叶粉制作鱼用颗粒饲料，可以补充鱼饲料资源的不足。

（5）槐叶发酵饲料喂猪：槐树叶经发酵后猪喜吃，长肉快。该饲料的制作方法是：用切碎的槐树叶 40kg、碎稻糠 16.5kg、酒糟 10kg、酵母 1kg 混合均匀，放入池内，加适量水，用麻袋盖严，保温 40～45℃，发酵 48h 后，呈黄色，即可用于喂猪。

3.2　杨树叶粉

杨树叶粉是中国林业科学研究院林产化学工业研究所，1985 年研制的产品，该产品含有粗蛋白质、粗脂肪、叶绿素、胡萝卜素，各种常量和微量元素，多种维生素和氨基酸等生物活性物质。杨树叶粉喂鸡，鸡爱吃，适口性好，能代替 50%的多种维生素，且能提高蛋黄色泽 4～5 个扇级，经济效益明显。

3.2.1　杨树叶营养成分

杨树叶中蛋白质含量较高，通常在 10%～20%。分析表明，意大利杨树叶粉营养成分含量为：水分 15.9%，灰分 10.1%，粗脂肪 4.5%，粗蛋白质 13.4%，粗纤维 16.3%，无氮浸出物 55.5%，磷 0.086%，钙 2.38%，叶绿素 3076mg/kg，β-胡萝卜素 197mg/kg，维生素 C 1 891mg/kg，消化率 60.1%。欧洲山杨叶粉：灰分 5.71%～8.7%，粗脂肪 4.7%～6.2%，粗蛋白质 8%～17%，粗纤维 16.2%～23.1%，无氮浸出物 50%～57.7%，磷 0.34%，钙 1.80%，镁 0.01%，饲料单位 0.49，消化率 40%～50%，叶绿素 848～2 349mg/kg，β-胡萝卜素108～197mg/kg，维生素 C3 800～5 990mg/kg。微量元素（mg/kg）：铁 220，锰 249，铜 28，锌 68，钴 0.18。表 57-17 介绍了各种杨树叶中氨基酸的含量。

3.2.2　杨树叶的采集

应遵循不妨碍树木生长的原则，结合修枝、采伐时收集。杨树丰产林一般在第三年开始修枝，修枝高度逐年升高，达到 5～8m，每棵杨树每年通过修枝平均可提供鲜叶 1～3kg。如按 3 m×6 m 密度计，每公顷杨树丰产林修枝可获鲜叶 555～1 665 kg。在生长季节采伐杨树可得大量鲜叶，每公顷的鲜叶量为 11～15 t。但杨树最好在生长旺季过后采伐，即 9～10 月份。

从抚育和采伐地上收集带有新鲜树叶的枝丫，用人工或机械方法脱叶。将分离下来的树叶进行干燥，新鲜杨树叶含水率为 60%～70%，杨树叶粉含水率为 8%～12%，约需 3 kg 新鲜杨树叶加工成 1 kg 杨树叶粉成品。干燥的杨树叶，用粉碎机粉碎成叶粉，叶粉的粒度控制在 1.2 mm 以下。杨树叶粉可加工成粉状，也可加工成颗粒状。

3.2.3　杨树叶粉喂鸡试验[8]

选用 35 周龄的母鸡 200 只、公鸡 20 只，分 4 个组，每组母鸡 50 只、公鸡 5 只。1 组，基础配合料 97%＋叶粉 3%；2 组，基础配合料 95%＋叶粉 5%；3 组，基础配合料 93%＋叶粉

7%；4组，为对照组，全部喂基础配合料。基础配合料（%）为：玉米38，小麦30，豆饼14，进口鱼粉5，麸皮6.6，骨粉2，贝壳粉4，食盐0.4。并在基础配合料中添加多种维生素，其营养水平，粗蛋白质16.4%，代谢能11 781 655.2kJ。

表57-17 各种杨树叶中氨基酸含量（%）

氨基酸	箭杆杨	沙兰杨	毛白杨	日本杨	青杨	键杨	马里兰德杨	加拿大杨	北京杨	银白杨	小黑杨	群众杨	大官杨	新疆杨	斯大林工作者杨	欧美杨	密苏里三角杨	意大利杨
天门冬氨酸	1.32	1.36	1.02	1.42	1.36	1.27	1.26	1.32	1.38	1.21	1.34	1.16	1.11	1.01	1.35	1.43	1.38	0.73
苏氨酸	0.70	0.70	0.52	0.73	0.73	0.66	0.64	0.62	0.72	0.61	0.69	0.61	0.57	0.52	0.71	0.74	1.70	0.39
丝氨酸	0.64	0.71	0.51	0.73	0.68	0.63	0.63	0.62	0.69	0.59	0.65	0.58	0.55	0.49	0.67	0.72	0.66	0.40
谷氨酸	1.73	1.71	1.22	1.73	1.77	1.61	1.72	1.42	0.80	1.58	1.71	1.46	1.40	1.32	1.81	1.85	1.66	1.29
甘氨酸	0.74	0.77	0.56	0.80	0.77	0.72	0.69	0.69	0.78	0.66	0.75	0.65	0.62	0.57	0.77	0.81	0.77	0.43
丙氨酸	0.89	0.87	0.63	0.91	0.84	0.82	0.78	0.73	0.88	0.76	0.85	0.74	0.70	0.66	0.87	0.94	0.82	0.46
胱氨酸	0.30	0.32	0.22	0.36	0.34	0.30	0.30	0.30	0.31	0.26	0.30	0.27	0.25	0.29	0.32	0.32	0.30	0.04
缬氨酸	1.01	1.02	0.74	1.05	1.05	0.95	0.89	0.72	1.05	0.86	0.99	0.85	0.80	0.76	0.99	1.10	1.20	0.48
蛋氨酸	0.19	0.19	0.15	0.20	0.22	0.19	0.18	0.28	0.20	0.16	0.19	0.17	0.11	0.15	0.20	0.15	0.28	0.15
异亮氨酸	0.73	0.70	0.63	0.74	0.67	0.66	0.63	0.58	0.73	0.60	0.70	0.60	0.58	0.53	0.69	0.80	0.65	0.40
亮氨酸	1.28	1.28	0.93	1.34	1.27	1.20	1.14	1.14	1.31	1.21	1.25	1.09	1.05	1.95	1.29	1.38	1.24	0.70
酪氨酸	0.61	0.55	0.39	0.61	0.56	0.53	0.52	0.41	0.55	0.45	0.54	0.46	0.44	0.40	0.56	0.62	0.54	0.27
苯丙氨酸	0.78	0.84	0.60	0.80	0.82	0.77	0.74	0.81	0.82	0.08	0.79	0.71	0.69	0.60	0.81	0.88	0.88	0.43
赖氨酸	0.83	0.84	0.59	0.87	0.83	0.82	0.74	0.68	0.82	0.65	0.79	0.72	0.66	0.61	0.84	0.87	0.87	0.47
组氨酸	0.27	0.27	0.19	0.28	0.26	0.26	0.24	0.25	0.26	0.22	0.25	0.21	0.21	0.20	0.25	0.29	0.26	0.12
精氨酸	0.87	0.74	0.64	0.88	0.86	0.81	0.80	0.68	0.88	0.78	0.82	0.74	0.68	0.68	0.86	0.73	0.91	0.39
色氨酸	0.19	0.15	0.11	0.17	0.16	0.13	0.16	0.22	0.16	0.12	0.12	0.12	0.11	0.10	0.13	0.22	0.18	—
脯氨酸	0.40	0.45	0.31	0.58	0.55	0.35	0.35	0.56	0.43	0.31	0.36	0.47	0.34	0.24	0.57	0.35	0.65	0.42

饲喂方法，以水拌粉料，日喂3次，自由采食，不限量。正式试验共60天，在正式试验前预试30天，各组产蛋率较接近（57.60%～58.40%），试验结束后，喂同一饲料，观察30天。

试验结果，各组产蛋情况良好，其中以1组喂3%叶粉组产蛋率最好，达67.38%；2组为62.58%；3组为64.48%；对照组60.48%。各组产蛋情况见表57-18。

表57-18 各组产蛋比较

级别	预试期	正式试验期			试后观察期
	产蛋率（%）	产蛋率（%）	比较	孵重（g）	产蛋率（%）
1组	58.40	67.38	111.41	55.09	62.59
2组	58.25	62.58	103.34	54.54	61.30
3组	57.60	64.48	106.61	54.62	60.58
对照组	57.80	60.48	100	53.44	60.20

试验表明，各组种蛋受精率均在90%以上，孵化率在85%以上。喂杨树叶粉组后裔雏鸡正常，1～10日龄成活率在95%以上。喂杨树叶粉的母鸡，经品尝鸡肉及鸡蛋均无异味。经比色扇测定蛋黄色泽，3个试验组的蛋黄色泽为6～7级，对照组蛋黄色泽为2～3级，即试验

组蛋黄色泽比对照组提高 4～5 个扇级。此外，试验还发现，杨树叶粉在日粮中占 7%，可减少 50%禽用多维素。

3.2.4　杨树叶粉毒性试验

取体重 17～20 g 昆明种小白鼠 5 只，按体重每千克灌胃 5.75 g 叶粉后，观察 72 h，无不良反应和死亡。

3.3　银合欢叶粉[9]

银合欢是常绿多年生灌木或乔木树种，我国广东、广西、福建、台湾等省（区）都有分布，在热带豆科植物中，银合欢叶中蛋白质含量最高，这种树木可供放牧或定期砍伐，是牛、马、猪、羊、兔和其他家畜的好饲料。经过干燥的叶粉，可补充复合饲料中蛋白质和维生素的不足。一般说，6 年生长势较好的一株银合欢可获得饲料粉 20kg 左右。

3.3.1　银合欢叶粉营养成分

经分析银合欢叶粉中含有的营养成分（%）为：粗蛋白质 24～33，总氮量 4.0～4.3，纤维素 18～20，灰分 10～11，无氮抽出物 40～44，磷 0.23，钾 1.4，钙 0.8，硫 0.14。此外还含有胡萝卜素（约 434mg/kg）、维生素 K 和核黄素。银合欢叶粉中含有的氨基酸（%）为：精氨酸 0.294～0.349，胱氨酸 0.042～0.088，组氨酸 0.112～0.125，异亮氨酸 0.451～0.653，赖氨酸 0.313～0.349，蛋氨酸 0.083～0.1，苯丙氨酸 0.250～0.294，酪氨酸 0.232～0.263，缬氨酸 0.255～0.338。

3.3.2　银合欢叶作饲料

因嫩叶中含有含羞草碱，在食用时如超过一定限度，可出现中毒症，最明显的是非反刍动物毛发脱落，鸡的产蛋量下降。反刍动物因其胃中的微生物能转化含羞草碱为二羟基吡啶，其毒性大量反映在甲腺肿病症上。为了减少其毒性反映，饲喂银合欢叶粉必须控制一定的比例。喂鸡在日粮中的添加量不要超过 10%，喂猪不要超过 20%。叶粉脱毒的方法：在饲喂前，叶粉需用 0.4%～1.0%的硫酸亚铁浸泡，以消除或降低含羞草碱的毒性，用水浸泡洗涤，每 24 h 内换水 3 次，或用开水煮沸，都能降低叶粉中含羞草碱的含量。

3.3.3　银合欢叶粉喂猪试验

选 90 日龄断奶杂交仔猪，按性别、体质、体重等相仿原则均匀搭配，分试验和对照两组。每组 6 头，圈养，以干粉料为主，日喂 3 餐，顿喂尽食，自由饮水，预饲期 1 个月即进入试验期。在预饲期间进行去势、驱虫和防疫注射。对照组日粮为 100%基础料，营养指标：可消化能 12 953.96kJ，粗蛋白质 11.9%，可消化蛋白质 9.2g。试验组日粮为 95%基础料+5%银合欢叶粉。试验期共 3 个月，经过 90 天试验，银合欢叶粉组比对照组的猪多增重 0.55kg。饲料耗用：银合欢叶粉组和对照组的猪，每增重 1kg，消耗精料分别为 3.907kg，3.91kg；可消化能分别为 50 611.13kJ、50 650kJ；可消化蛋白质分别为 395.4g，395.7g，两组相差无几。屠宰成绩：银合欢叶粉组屠宰率、瘦肉率、眼肌面积分别为 77.98%，48.62%和 30.64cm，比对照组分别高 1.77%，1.74%和 3.01cm，脂肪也比对照组低 2.15%。用 5%银合欢叶粉喂猪试验未发现异味或不吃现象，临床上也未发现脱毛，屠宰后两组进行甲状腺、脾、肝比较，均正常，说明 5%银合欢叶粉用量是适宜的。

3.4　泡桐叶粉[10]

泡桐是我国优良树种之一，分布很广，目前全国在 23 个省（区、市）都有自然分布或人工栽培。泡桐树生长快，5～6 年即可成材。据 1980 年调查统计，全国有泡桐 10 亿多株，按

10年为一轮伐期，每年可采伐1亿株。泡桐叶大且厚，据测定1株10年生的泡桐树，可产鲜叶100 kg左右，折合干叶28 kg左右，每年采伐1亿株，可获得干叶28亿kg，如用其50%作饲料也有14亿kg；加上正在生长的9亿株，每株平均按10kg干叶计，即可得90亿kg，取其20%作饲料，可取得18亿kg。二者合计在中国至少有泡桐干叶32亿kg可作为补充饲料。

泡桐叶作为饲料由来已久，早在《博物志》中记载："桐花、叶饲猪极能肥大且易养。"李时珍《本草纲目》中记载："花，主治猪疮。"泡桐的叶、花、花蕾、果都可作饲料，特别是猪、羊、兔爱吃，吃后不易生病。

3.4.1 泡桐树叶营养成分

不同品种的泡桐叶营养成分含量有一定差异，但变化幅度不大。综合有关资料，泡桐树叶粉的营养成分（%）：水分7.32～8.34，粗蛋白14.29～19.33，粗脂肪4.60～7.59，粗纤维10.20～13.30，灰分4.79～6.18，磷0.044～0.140，钙1.56～2.29。泡桐的不同部位（如花蕾、花、叶、嫩果等）营养成分的含量不同（表57-19）。分析表明，桐杂泡桐叶和兰考125泡桐叶中均含有18种必需氨基酸（表57-20），并含有常量和微量元素（表57-21）。

表57-19 泡桐不同部位的营养成分

样品	乙醚提取物（%）	葡萄糖（%）	可溶性糖（%）	淀粉（%）	可消化蛋白质（%）
花蕾	4.11	5.75	12.51	20.56	1.42
花	4.65	3.99	10.58	8.16	2.26
叶	11.35	3.96	4.87	1.75	2.88
嫩果	4.55	7.22	8.04	1.64	1.00

表57-20 泡桐叶中氨基酸的含量（%）

氨基酸	一年生桐杂泡桐叶	六年生桐杂泡桐叶	一年生兰考泡桐叶	五年生兰考泡桐叶
天门冬氨酸	1.713	1.527	1.722	1.676
苏氨酸	0.831	0.676	0.819	0.793
丝氨酸	0.808	0.669	0.798	0.768
谷氨酸	2.271	1.894	2.222	2.261
脯氨酸	0.805	0.689	0.785	0.794
甘氨酸	1.008	0.840	0.987	0.990
丙氨酸	1.120	0.939	1.116	1.132
胱氨酸	微量	0.050	微量	微量
缬氨酸	1.093	0.905	1.133	1.110
蛋氨酸	0.112	0.110	0.085	0.151
异亮氨酸	0.833	0.692	0.836	0.812
亮氨酸	1.706	1.421	1.684	1.670
酪氨酸	0.489	0.410	0.493	0.530
苯丙氨酸	1.021	0.871	1.017	1.032
赖氨酸	0.819	0.674	0.791	0.879
组氨酸	0.280	0.219	0.271	0.248
精氨酸	0.925	0.765	0.938	0.935
色氨酸	0.348	0.296	0.328	0.355

表 57-21　泡桐叶常量和微量元素含量

矿物质元素	桐杂泡桐叶	兰考泡桐叶	矿物质元素	桐杂泡桐叶	兰考泡桐叶
钙（%）	2.42	2.20	锌（mg/kg）	26.4	27.5
磷（%）	0.16	0.18	硼（mg/kg）	35.7	31.8
镁（%）	0.64	0.82	镍（mg/kg）	2.89	0.91
钾（mg/kg）	0.89	0.85	钴（mg/kg）	1.80	1.66
铁（mg/kg）	700	600	铅（mg/kg）	1.62	1.58
锰（mg/kg）	826	109	铬（mg/kg）	1.61	1.35
铝（mg/kg）	373	248	钠（mg/kg）	409	360
铜（mg/kg）	13.1	14.6	钒（mg/kg）	1.34	1.05

3.4.2　泡桐叶毒性试验

将兰考泡桐叶和桐杂泡桐叶各半，充分混合粉碎后，过 80 目筛孔，然后用于雄性和雌性大白鼠进行灌胃急性毒性试验。试验结果表明，雌雄性大白鼠半数致死量 LD_{50}均大于 15 000 mg/kg 体重，整个试验过程中未发现任何中毒症状。根据食品安全性毒理学评价，急性毒性（LD_{50}）剂量分级规定，泡桐叶的安全性属于无毒级。

3.4.3　泡桐叶粉喂禽喂猪试验

用泡桐叶粉喂鸡，鸡数 50 只，喂养 4 周后，试验组比对照组每只平均增重提高17.34%～31.4%。

用泡桐叶粉喂猪，30 天后，增重比对照组提高 14%；60 天后，比对照组提高 32.86%。饲料报酬比对照组，30 天提高 12.63%，60 天提高 22.29%。

3.5　其他阔叶树叶粉

除上述的槐树、杨树、银合欢和泡桐的树叶可用作饲料外，白桦、槭树、椴树、柳树和柞树的树叶也是营养价值较高的好饲料。这些树叶每公斤干物质饲料单位分别为 0.8，0.77，0.70，0.75 和 0.79。可消化蛋白质（%）分别为：5.6，5.5，4.6，6.8 和 7.7。

3.5.1　某些阔叶树叶营养成分

阔叶树叶中含有畜禽动物需要的蛋白质、维生素、脂肪和矿物质元素等营养成分。阔叶树叶中蛋白质含量与苜蓿叶粉相比，阔叶树叶蛋白质中的酪氨酸、苯丙氨酸、甘氨酸稍低于苜缩叶粉，但是阔叶树叶中丝氨酸的含量要高于苜蓿叶粉，而某些树叶（如椴树、齿榆、光榆、相思树等）中赖氨酸含量也高于苜蓿叶粉（表 57-22）。

表 57-22　某些阔叶树叶中氨基酸组成和含量

氨基酸	含量（占蛋白质重量的%）							
	齿榆	椴树	柃树	槭树	相思树	光榆	白桦	苜蓿
半胱氨酸	0.7	0.7	0.95	1.4	0.5	1.4	0.8	1.4
赖氨酸	5.2	5.5	2.0	3.9	4.5	4.9	3.6	4.2
蛋氨酸	1.4	1.0	1.5	1.5	0.5	2.2	1.8	1.9
苏氨酸	3.4	3.0	3.0	4.5	3.7	4.5	3.6	4.6
精氨酸	2.1	3.2	4.0	5.9	3.7	5.2	2.7	4.3
组氨酸	1.7	2.1	1.8	0.95	1.6	2.6	1.4	2.1
酪氨酸	1.6	1.7	1.7	1.4	0.6	1.9	2.0	5.7
苯丙氨酸	1.4	2.3	2.5	1.9	1.6	0.98	1.5	4.5
丝氨酸	2.8	2.6	3.0	3.3	3.0	2.9	2.7	1.3
甘氨酸	2.9	3.4	3.7	3.4	3.2	3.3	3.0	5.0

维生素是饲料日粮中的重要组成部分，它能促进动物正常的生长和发育。研究发现阔叶树叶中含有维生素A、C、PP、B和E等。阔叶树叶中胡萝卜素含量要高于苜蓿粉（91mg/kg）。各种阔叶树叶中的胡萝卜素含量（mg/kg）分别为：白桦235～380，赤杨289～501，椴树205～372，水曲柳314～445，栎树177～359，柳树200～322，槭树314～450，榆树262，榛树178～401，白杨337～379。维生素C含量（mg/kg）分别为：疣皮桦2 500～3 200，毛桦2 480～4 610，欧洲山杨3 800～5 990，白杨2 500～4 500，蒙古栎6 140，水曲柳6 550，花楸2 000～3 450，椴树1 000。叶绿素含量（mg/kg）分别为：赤杨18 825，白桦12 460，柳树11 245。维生素PP含量（mg/kg）分别为：柞树11，刺槐35，榆树6，山毛榉12。维生素B_1含量（mg/kg）分别为：椴树4，柞树4，刺槐3.5，榆树3，槭树12。维生素B_2含量（mg/kg）分别为：椴树3，柞树1.5，刺槐2.5，榆树4，槭树3，榛树3，白桦3。维生素E含量(mg/kg)分别为：椴树16，榆树18，槭17，榛树9。脂肪含量(%)分别为：白桦8.2～13.0，花楸5.0，赤杨4.9～5.6，柳树2.8～4.8，柃树2.2～3.3，椴树2.3，柞树2.5，刺槐3.0。灰分含量(%)分别为：桦树3.5～6.0，赤杨1.9，水曲柳11.3，榆树14.7，柳树8.2～8.6，柃树7.3～10.1。白桦叶中含有的微量元素(mg/kg)为：铁101，锰30，铜8，锌121，钴0.09。

3.5.2　栎树叶

栎属植物在中国有300余种，且植株高大，枝叶繁茂，丰富的枝叶是家畜的好饲料，但栎属植物的叶子，因单宁含量高，阻碍这一丰富资源的开发利用。

分析表明，栎树叶粉含水分5.08%，粗蛋白质9.5%～16.83%，粗脂肪9.19%，粗灰分6.53%，β-胡萝卜素177～359mg/kg，维生素PP 12mg/kg，维生素$B_1$2mg/kg，维生素B_2 5mg/kg，维生素E18mg/kg。栎树叶中蛋白质含量较高，是生产叶蛋白的原料之一，可用来补充畜禽日粮中蛋白质饲料的不足。表57-23介绍了中国北方生长的11种栎树叶中氨基酸的含量。

表57-23　11种栎树叶中氨基酸的含量（%）

氨基酸	短柄泡栎	锐齿槲栎	北方麻栎	蒙古栎	白栎	栓皮栎	北方槲栎	北京麻栎	槲树	辽东栎	扁果麻栎
天门冬氨酸	1.17	1.05	0.99	1.17	1.33	0.96	1.26	1.25	1.32	1.87	0.89
苏氨酸	0.57	0.54	0.47	0.56	0.52	0.48	0.58	0.60	0.67	0.85	0.44
丝氨酸	0.52	0.51	0.47	0.56	0.54	0.49	0.59	0.60	0.65	0.79	0.42
谷氨酸	1.35	1.24	1.16	1.37	1.33	1.13	1.40	1.47	1.66	2.16	1.06
甘氨酸	0.66	0.62	0.53	0.63	0.57	0.53	0.64	0.70	0.73	0.91	0.43
丙氨酸	1.08	1.02	0.59	0.67	0.68	0.62	0.74	0.76	0.17	1.06	0.53
胱氨酸	0.27	0.27	0.21	0.30	0.28	0.29	0.29	0.28	0.31	0.29	0.20
缬氨酸	0.27	0.31	0.84	0.94	0.85	0.72	0.86	1.00	1.02	1.21	0.76
蛋氨酸	0.20	0.18	0.18	0.21	0.14	0.15	0.17	0.20	0.22	0.23	0.18
异亮氨酸	0.55	0.52	0.49	0.57	0.60	0.52	0.61	0.62	0.64	0.82	0.44
亮氨酸	1.05	0.99	0.88	1.04	0.90	0.89	1.07	1.13	1.19	1.48	0.80
酪氨酸	0.44	0.36	0.36	0.43	0.38	0.38	0.47	0.48	0.56	0.71	0.30
苯丙氨酸	0.68	0.67	0.59	0.68	0.61	0.57	0.66	0.78	0.78	0.95	0.55
赖氨酸	0.78	0.77	0.70	0.77	0.68	0.62	0.69	0.81	0.79	0.89	0.65
组氨酸	0.26	0.29	0.22	0.25	0.24	0.20	0.26	0.28	0.28	0.35	0.26
精氨酸	0.79	0.71	0.64	0.82	0.70	0.63	0.73	0.77	0.81	0.98	0.62
色氨酸	0.12	0.10	0.09	0.22	0.11	0.12	0.12	0.18	0.16	0.10	0.13
脯氨酸	0.52	0.53	0.50	0.24	0.26	0.30	0.53	0.63	0.49	0.80	0.14

3.5.2.1　栎树叶的毒性和毒理[22]

家畜采食栎属植物中毒现象曾先后在英国、美国、前苏联、日本、法国等国家发生。中毒家畜包括牛、羊、马、猪。目前中国已确认的栎属植物有 17 种能引起家畜中毒。引起中毒一种是由幼芽、嫩枝叶及花序引起的，称之为栎树叶中毒；另一种是由果实引起的，即橡子中毒。前者多发生于春末夏初的放牧家畜，后者多发生在秋季，以前一种发生最多。

家畜采食栎属植物时，精神沉郁，反刍减少，甚至停止，厌青，喜食干草，急性病牛无尿，往往未出现腹泻即死亡，慢性病牛会阴、股内、胸腹及颌下有明显水肿，后期四肢软弱，常不能直立行走，最后强直性痉挛，直到窒息而死。

导致家畜中毒的物质是栎属植物中的单宁。单宁中毒的毒理至今尚不十分清楚，通常认为有下列三种：①单宁与消化道内食糜中的蛋白质结合，形成不易消化吸收的鞣酸蛋白，随粪便排出，从而造成机体蛋白质缺乏；②单宁有收敛作用，可与消化道黏膜上的蛋白质结合成不溶性的鞣酸蛋白质沉积下来，影响肠道毛细血管扩张，消化液分泌及肠道蠕动，甚至引起便秘；③单宁在瘤胃中发酵，分解产生低分子的焦性没食子酸和没食子酸，经胃肠道的吸收进入血液，直接对家畜肝、肾产生毒性。

3.5.2.2　栎树叶脱毒方法

物理脱毒法：①冷水浸泡 24 h，每 8 h 换水一次，经常翻动搅拌；②温水（40～50℃）浸泡 12 h，捞出晾干；③开水煮沸，90min。

化学脱毒法：①草木灰处理，3%～5%草木灰水溶液浸泡 90 min，捞出晾干；②尿素处理，5%尿素溶液浸泡 60～90min；③生石灰处理，3%石灰水浸泡 18 h；④Na_2CO_3 处理，0.1% Na_2CO_3 溶液浸泡 10 h。

栎树叶经上述方法脱毒后，可全部或部分地除去单宁，既改善栎树叶适口性，又提高了消化率，对栎树叶中其他营养成分几乎无影响。

第 58 章 林产饲料添加剂

周维纯

1 粉状松针生物活性物质[12]

粉状松针生物活性物质是一种新型的天然产物饲料添加剂。这种添加剂是中国林业科学研究院林产化学工业研究所研制成功的。中国现已建成粉状松针生物活性物质饲料添加剂工厂 6 家，年产粉状松针生物活性物质饲料添加剂 4 000 t，企业的主要技术指标为：

生产能力（t/a）	1 000
职工定员（人）	55
针叶维生素粉原料（t/a）	1 800
能源消耗：	
水（t/a）	30 000
电（kW·h/a）	142 000
煤（t/a）	583
总产值（万元/a）	580

1.1 原料组成和质量要求

粉状松针生物活性物质饲料添加剂的原料，主要有针叶维生素粉、松针叶绿素-胡萝卜素软膏及其他天然物质和微量元素等，以针叶维生素粉作吸收剂，松针叶绿素-胡萝卜素软膏作活性添加剂。

（1）吸收剂有马尾松、樟子松、赤松、黑松、冷杉、新疆云杉等针叶维生素粉，其产品质量要求达到国家专业标准的特级品（松针粉 ZBB 72005—87）。

（2）活性添加剂有马尾松、樟子松、赤松、黑松、冷杉、新疆云杉等针叶叶绿素-胡萝卜素软膏，其产品质量达到国家行业标准的一级品（松针叶绿素-胡萝卜素软膏 LY/T 1177—95）。

1.2 加工方法

粉状松针生物活性物质饲料添加剂生产过程主要包括吸收剂和活性添加剂的制备，天然物质的配合，以及活性添加剂被吸收剂吸附成粉等工艺过程。

1.2.1 吸收剂的制备

收集松林抚育和采伐下的嫩枝梢和绿叶，用切碎机切成 0.5～1cm 大小的粒度，输入干燥机中干燥，当破碎的嫩枝叶含水率降到 8%～10%时出料，输入粉碎机破碎成粉，然后过孔径为 1mm 的筛。制得的产品，β-胡萝卜素含量应不低于 100 mg/kg。

1.2.2　活性添加剂的制备

开动空气压缩机，将气源压力调整稳定在 0.6MPa 以上，然后将气动滑阀接上电源，关闭出渣门。按物料比为针叶维生素粉：有机溶剂＝1：2.5～3.5 称取针叶维生素输入萃取罐，再分次加入有机溶剂，萃取温度 50～60℃，萃取时间 2～3h。在萃取过程中，应将气动滑阀的电源断开，以防失误。萃取结束，放完萃取液，向萃取罐中放进活气，进行吹蒸，吹蒸压力 0.1～0.2MPa，当萃取罐内温度达到 100～110℃时，关闭活气，停止吹蒸。此时合上气动滑阀电源，打开出渣门，使提升杆作往复上下运动，破拱排渣。

提取液通过转子流量计，按流速 800～1 000L/h，经预热器预热，由蒸发器底部均匀进入加热管，在管外加 0.1～0.2MPa 蒸汽的作用下，管内料液受热沸腾并迅速汽化，在加热管中部形成蒸汽柱，蒸汽密度急剧变小，蒸汽在管内高速上升，料液则被上升的蒸汽所带动，沿壁管成膜状迅速上升，并继续蒸发，汽液在分离器中分离，蒸发出的有机溶剂气体，经螺旋板换热器冷凝成液体，流入贮槽备用。蒸发变浓的液体因残留高沸点溶剂和水分，需要继续加工处理。除去高沸点溶剂和水分的产品，β-胡萝卜素含量应不低于 500mg/kg。

1.2.3　天然物质的配合

按一定的比例称取针叶维生素粉、松针叶绿素-胡萝卜素软膏、其他天然物质和微量元素等物料输入轮式混合器中，混合均匀后，输入振动筛中进行筛分，筛下的物料即为成品，用内衬黑色无毒塑料袋，外用化纤编织袋进行包装，每袋装 20kg 或 5kg，编织袋上印刷：产品名称，饲料编号，生产日期，等级，净重，厂名和商标，以及防雨、防潮、防火、防污染等标志。

1.3　产品营养成分和产品贮藏

1.3.1　产品营养成分

粉状松针生物活性物质饲料添加剂中含有脂溶性维生素（如β-胡萝卜素，维生素 E 等），水溶性维生素（如维生素 B 族，维生素 C 等），植物激素和植物杀菌素等生物活性物质，并含有多种微量元素和 18 种必需氨基酸。各种营养物质的具体含量如下：

（1）维生素（mg/kg）：β-胡萝卜素 136，维生素 E 1 047，维生素 B_1 4，维生素 B_2 17，维生素 C 2505。

（2）氨基酸（%）：天门冬氨酸 0.488，苏氨酸 0.236，丝氨酸 0.235，谷氨酸 0.565，脯氨酸 0.244，甘氨酸 0.291，丙氨酸 0.336，胱氨酸 0.013，缬氨酸 0.328，甲硫氨酸（蛋氨酸）0.021，异亮氨酸 0.269，亮氨酸 0.478，酪氨酸 0.154，苯丙氨酸 0.303，赖氨酸 0.313，组氨酸 0.091，色氨酸 0.134，精氨酸 0.690。

（3）常量元素（%）：钠 0.02，镁 0.13，磷 0.08，钙 0.40，钾 0.38。微量元素（mg/kg）：铜 66，锰 475，铁 295，锌 29，钴 1.2，钼 0.12，硒 3.6。

1.3.2　产品贮藏

粉状松针生物活性物质饲料添加剂在室温避光条件下贮藏期间，生物活性物质（β-胡萝卜素，维生素 E 和叶绿素等）有所降低，其含量百分率与贮藏时间关系，符合 $Y=-ax^b(0<b<1)$ 的变化规律，生物活性物质降低幅度，因水分含量和维生素种类而异。贮藏试验表明，粉状松针生物活性物质饲料添加剂贮藏期定为 1 年期限较为合适。

粉状松针生物活性物质饲料添加剂在贮藏时，水分是影响产品质量优劣的重要因素之一。因为水分能使贮藏物质发生各种生物化学反应，水分增大，酶的活性加强，呼吸旺盛，贮藏物质水解，产品稳定性降低。所以粉状松针生物活性物质饲料添加剂在贮藏时，将产品中水分控制在安全范围内是极其重要的。由于粉状松针生物活性物质饲料添加剂生产工艺限制，生产时要求产品水分含量低于10%，是不容易做到的。实践表明，含水分11%～12%的产品，呼吸强度弱；当产品中水分超过15%时，呼吸强度增强，产品在贮藏期会发热、结块、生虫、变色和霉变。

在规定的安全水分（11%～12%）范围内，各种粉状松针生物活性物质饲料添加剂产品贮藏时，生物活性物质的变化视水分大小和维生素种类不同而各异。

β-胡萝卜素是粉状松针生物活性物质饲料添加剂重要营养指标之一。在室温避光条件下贮藏，β-胡萝卜素损失随水分增加而增加，如水分含量为12.1%的马尾松粉状松针生物活性物质饲料添加剂，贮藏1年后，β-胡萝卜素下降50%，而水分含量分别为11.4%和10.6%的马尾松粉状松针生物活性物质饲料添加剂，贮藏1年后，β-胡萝卜素损失分别为45%和43%。

维生素E在粉状松针生物活性物质饲料添加剂贮藏中较为稳定，但在贮藏不良的条件下，如有氧贮藏，损失就显著。一般情况下，变化较小，氧化缓慢。在室温避光下贮藏，维生素E损失随水分增加而增加，如水分含量为12.1%的马尾松粉状松针生物活性物质饲料添加剂产品，贮藏1年后，维生素E下降37%，而水分含量分别为11.4%和10.6%的马尾松粉状松针生物活性物质饲料添加剂产品，贮藏1年后，维生素E损失分别为25%和12%。

在贮藏期间，马尾松粉状松针生物活性物质饲料添加剂中β-胡萝卜素比维生素E损失多，这可能由于β-胡萝卜素比维生素E易氧化和易被紫外光破坏有关。

维生素E在粉状松针生物活性物质饲料添加剂贮藏期间稳定性的高低，不仅决定于维生素本身性质，而且更重要的决定于饲料添加剂品质情况和贮藏条件。合理的加工工艺和适当的贮藏条件，对保持粉状松针生物活性物质饲料添加剂中原有的维生素的正常含量是十分重要的。根据综合因素考虑，粉状松针生物活性物质饲料添加剂，从生产日起，贮藏1年，对产品质量不会有太大的影响。

粉状松针生物活性物质饲料添加剂在贮藏过程中，有许多变化的基本规律是相同的。但是不同树种的粉状松针生物活性物质饲料添加剂，由于化学组成和含有的生物活性物质数量不同，在贮藏过程中也有影响。水分含量变化，对同一饲料添加剂品种讲，生物活性物质的损失随水分增加而增加，对不同品种饲料添加剂来讲，就不完全符合这一规律。由于树种不同，所含的抗氧剂多少有较大差异。产品中含有的抗氧剂，在贮藏过程中对其他生物活性物质具有保护作用。

粉状松针生物活性物质饲料添加剂中叶绿素开始损失速度快，3个月后叶绿素损失速度减慢，并渐趋稳定。因为粉状松针生物活性物质饲料添加剂中部分叶绿素呈钠盐形式存在，所以贮藏时稳定性能好。

贮藏试验结果表明，粉状松针生物活性物质饲料添加剂贮藏期在1年内，产品质量降低幅度不明显。贮藏1年后产品，其质量仍达到国家行业标准要求。

1.4　产品安全性试验

1.4.1　急性毒性试验

江苏省药品检验所检验结果：参照《中国药典（1990年版）》检验粉状松针生物活性物质饲料添加剂的异常毒性。取13～20g昆明小鼠5只，以7.2g/kg的剂量灌胃72h内无死亡。另取健康，体重20～25g NIH小鼠，雌、雄各10只，以10g/kg剂量经口灌胃，观察一周，无死亡，亦无任何不良反应，表明受试样品经口灌胃 LD_{50} 大于 10g/kg。按食品毒理学评价规定，属无毒级别，可免去蓄积毒性试验。

1.4.2　致突变试验

小鼠骨髓微核试验，取体重 18～22g 雄性 NIH 小鼠 25 只，设 10，5.0，2.5（g/kg）三个剂量组及阴、阳性对照组。每组动物 5 只，随机分组，连续灌胃二次，中间间隔 24h，第二次灌胃后 6h，取一侧股骨制成骨髓细胞涂片，镜检，每只动物观察 1 000 个嗜多染红细胞（PCE）。记录其出现微核的 PCE 数，结果经过统计处理，试验组与对照组无显著差异，说明粉状松针生物活性物质饲料添加剂量达 10g/kg，未能引起小鼠骨髓微核率的增加。

小鼠睾丸生殖细胞染色体畸变分析试验，取体重 20～22g 健康的雄性 NIH 小鼠 25 只。设 2.5，1.25，0.625（g/kg）三个剂量组及阴、阳性对照组。每组动物 5 只，随机分组。各试验组，连续经口给粉状松针生物活性物质饲料添加剂 5d，第 6 天用秋水仙素预处理，3h 后取材，制片。每只动物观察 100 个初级精母细胞中期相，记录染色体畸变的细胞数，结果经统计处理，试验组与阴性对照组比较无显著差异（$P>0.05$），说明受试样品对小鼠睾丸初级精母细胞无损伤作用。

鼠伤寒沙门氏菌营养缺陷型回复突变试验表明，不同剂量的粉状松针生物活性物质饲料添加剂的回变菌落数与对照组差不多，且低于阳性对照组回变菌落数的 50%以上，这充分说明用鼠伤寒沙门氏菌营养缺陷型回复突变试验，粉状松针生物活性物质饲料添加剂非但无诱变作用，且还有抗诱变性。

1.5　产品质量标准及分析方法

（1）产品质量标准：按中华人民共和国林业行业标准（LY/T1175—95）规定，粉状松针生物活性物质饲料添加剂产品质量标准共分 3 个等级，即特级品、一级品和二级品。粉状松针生物活性物质饲料添加剂产品质量各级标准的质量指标见表 58-1。

表 58-1　粉状松针生物活性物质饲料添加剂产品质量标准

项目名称		特级品	一级品	二级品
水分（%）	≤	10	12	13
β-胡萝卜素含量（mg/kg）	≥	130	110	90
维生素 E 含量（mg/kg）	≥	1 000	800	600
粉末粒度（在孔径 1mm 筛上残留物料）（%）	≤	1	2	2

（2）产品质量分析方法：参见中华人民共和国林业行业标准，粉状松针膏饲料添加剂 LY/T1176—95 中规定的分析方法。

1.6　粉状松针生物活性物质饲料添加剂产品应用

1.6.1　喂产蛋鸡

为研究粉状松针生物活性物质饲料添加剂产品对蛋鸡的产蛋量、死亡率、饲料报酬、蛋黄色泽和经济效益的影响，江苏省家禽研究所、西安市机械化养鸡场等单位在机械化养鸡场进行了喂养试验。试验组鸡数 44 709 只，对照组鸡数 47 708 只，均为商品代京白蛋鸡。

（1）试验方法：试验组和对照组鸡舍均为全密闭式。鸡笼设备是引进匈牙利的，为 KKT-4 型双层并列式，人工光照，链式料槽，乳头式饮水器，机械刮粪板，链棍式传动带集蛋，机械负压通风。饲喂、饮水、通风、光照、集蛋、消粪等工艺均为机械或自动化作业。试验期从 1 月 15 日开始至 8 月 26 日结束，全期 224d。试验组鸡群和对照组鸡群均从 141 日龄起开始，对照组鸡仅喂全价配合饲料；试验组鸡喂全价配合饲料和加喂0.4%粉状松针生物活性物质饲料添加剂。

基础日粮配方（%）：玉米55，豆饼23，秘鲁鱼粉3.7，麸皮15，骨粉3，食盐0.3。饲料的营养水平：代谢能11 555 568kJ/kg，粗蛋白18.5%，钙3.81%，总磷0.79%，有效磷0.55%，胱氨酸0.33%，蛋氨酸0.27%，脯氨酸0.27%，赖氨酸0.95%，色氨酸0.25%，食盐0.37%。在基础日粮中还添加了下列添加剂（g/t）：维生素A_6，维生素D_a 1，维生素E 20，维生素K_3 1，维生素B_2 7，泛酸20，烟酸54，维生素B_{12} 0.02，维生素B_6 6，叶酸1，胆碱2 600，7水硫酸亚铁400，5水硫酸铜32，1水硫酸锰185，7水硫酸锌180，亚硒酸钠0.33，碘化钾0.4，蛋氨酸464，粉状松针生物活性物质饲料添加剂4 000。

（2）试验结果：在蛋鸡日粮中添加0.4%粉状松针生物活性物质饲料添加剂，试验期限224d，试验组比对照组产蛋期早两星期，产蛋率提高5%～8%（$P<0.01$），并能提高蛋黄色泽，节省饲料23%。粉状松针生物活性物质饲料添加剂喂雏鸡，试验组比对照组鸡抗病力强，成活率提高5.9（$P<0.05$）。每只鸡在试验期可增加毛利约1.10元。试验还表明，粉状松针生物活性物质饲料添加剂可代替饲料中的部分多种维生素。采用占配合饲料0.2%粉状松针生物活性物质饲料添加剂代替50%多种维生素的办法，使每吨配合饲料中多种维生素配入量降到60g。代替后鸡群未见有维生素缺乏症出现。在饲料等能、等蛋白质、等氨基酸的水平下，代替后，年平均饲养蛋鸡25万只，平均产蛋率较代替前提高6%，平均蛋重与代替前相同，蛋鸡饲料转换率提高4%，受精率和受精蛋孵化率分别提高2%。代替后，每吨配合饲料成本下降1.44元，成本较代替前下降1%。

1.6.2 喂肉猪

华南农业大学畜牧系熊福祥等人，用粉状松针生物活性物质饲料添加剂喂60日龄左右的杜长约杂交猪120头，随机分组，各组品种、性别比例及日龄、体重无显著差异。试期60d，试验组日粮中添加0.4%粉状松针生物活性物质饲料添加剂。对照组中不添加粉状松针生物活性物质饲料添加剂。

（1）饲养管理：在平面水泥地板开放式猪舍上饲养，每组一栏，饲养密度为每头猪占地平均1.5m^2，粉料全价饲料，自由采食，自动饮水器供水，每天早上8～10时清猪粪及清洗猪舍1次。

饲料配方及营养成分：玉米56%，麸皮24%，鱼粉2%，豆粕14%，骨粉2.2%，复合维生素0.02%，猪矿精0.1%。粗蛋白18%，消化能12 979 080kJ/kg，钙0.9%，磷0.7%。

（2）试验结果：试验组日增重与对照组比提高6.2%（$P<0.01$），饲料利用率提高5.7%（$P<0.01$），在疾病防治方面，试验组的猪没有腹泻及咳嗽，比对照组猪明显活泼、生长良好、肤色红润，减少皮肤病及咬尾等。试验表明，粉状松针生物活性物质饲料添加剂对生长猪具有显著的增重、提高饲料报酬、减少疾病等效果，并且没有产生不良的副作用。

2 松针膏微囊[13]

松针膏微囊是一种水貂专用饲料添加剂。这种新型的饲料添加剂是中国林业科学研究院林产化学工业研究所与上海市兽药厂共同协作，于1981年研制成功的。添加剂特点是：抗疾病能力强，能治疗水貂肠炎，比现有市售的多维药好，可节省抗菌素药的用量；换毛速度快，而且杂毛少，具有光泽；对水貂生长有明显的促进作用，既增重又能提高皮张幅度；适口性好，尽管松针叶绿素-胡萝卜素软膏有针叶油气味，但不影响水貂的适口性；新药剂的成本比市售多维药低，且使用方便，能节省饲料。

2.1 微囊组成和质量要求

松针膏微囊主要由松针叶绿素-胡萝卜素软膏和辅助材料如明胶、阿拉伯胶、醋酸、生淀粉、氢氧化钠、脂溶性维生素和水溶性维生素等物质组成。产品中的脂溶性维生素和水溶性维生素都是以成药与松针膏微囊混合，这些维生素药物，在混合前已知成分含量指标，故不需测定。产品中需要测定的惟一质量指标是维生素 A 原（β-胡萝卜素）的含量，其测定方法如下：

称取松针膏微囊样品（0.3～0.6g）放入皂化瓶中，加 3ml 50% KOH 水溶液和 30ml 乙醇，回流 30min，冷却后用少许蒸馏水自冷凝管顶端冲洗，移入分液漏斗中，用 1∶9＝丙酮∶正己烷液萃取，用蒸馏水洗涤烷层，至酚酞不变色，将烷层倾入装有 9ml 丙酮的 100ml 容量瓶中，用正己烷定容，通过层析柱（氧化镁∶硅藻土＝1∶1，干法装柱），定容，用分光光度计在 436nm 处测定光密度。按下式计算：

$$C = 1000A/196LW \tag{58-1}$$

式中：A——吸收度；

L——比色杯厚度（cm）；

W——样品（g/ml）；

C——样品中维生素 A 原含量（mg/kg）。

用于生产松针膏微囊的原料，应选用一级品松针叶绿素-胡萝卜素软膏，其质量要求为：固体物质含量应不低于 60%，pH 值（1%水溶液）为 8～10，灰分不高于 5%，β-胡萝卜素含量不低于 500mg/kg，叶绿素含量不低于 3 000mg/kg，维生素 E 含量不低于 5 000mg/kg，不溶于水的挥发物不高于 4%。

2.2 松针膏微囊加工

松针膏微囊饲料添加剂制备过程主要包括明胶液和阿拉伯胶液的配制、松针膏微囊的制备和复合添加剂的配制等。其工艺流程如图 58-1。

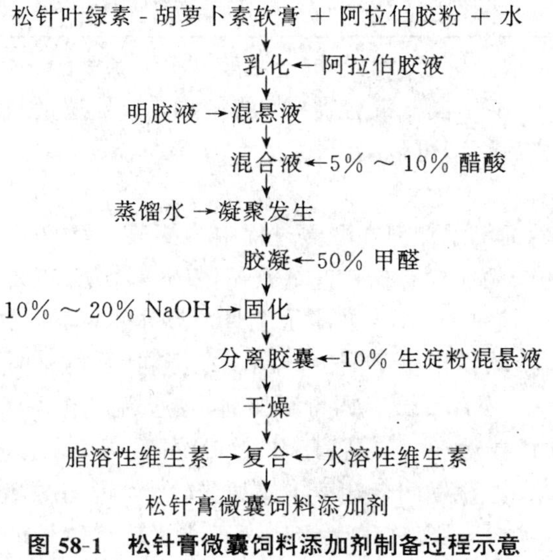

松针叶绿素 - 胡萝卜素软膏 ＋ 阿拉伯胶粉 ＋ 水
↓
乳化 ← 阿拉伯胶液
↓
明胶液 → 混悬液
↓
混合液 ← 5% ～ 10% 醋酸
↓
蒸馏水 → 凝聚发生
↓
胶凝 ← 50% 甲醛
↓
10% ～ 20% NaOH → 固化
↓
分离胶囊 ← 10% 生淀粉混悬液
↓
干燥
↓
脂溶性维生素 → 复合 ← 水溶性维生素
↓
松针膏微囊饲料添加剂

图 58-1 松针膏微囊饲料添加剂制备过程示意

2.2.1 明胶液的配制

称取明胶 2g，加水 60ml 浸泡数小时后，置水浴加温至 60℃，搅拌溶解后备用。

2.2.2 阿拉伯胶液的配制

称取阿拉伯胶粉 2g，加水 60ml 置水浴上，加温 70℃，搅拌，制成的胶液用脱脂棉过滤后备用。

2.2.3 松针膏微囊制备

称取松针叶绿素-胡萝卜素软膏 4g，加阿拉伯胶粉 0.5g，仔细碾匀，再加水 2ml，继续研匀后，先加阿拉伯胶液 10ml，而后分数次加入余下的阿拉伯胶液 30ml，制成松针叶绿素-胡萝卜素软膏乳化液。此时，将水浴加热至 50℃，搅拌，再加入已配好的明胶液，在制成的混合液中，滴入 5%～10%醋酸调节 pH 值为 4.0～4.5，产生凝聚作用，待成胶囊后，注入蒸馏水 200ml，使水浴温度降至 40℃以下，再搅拌 30min，移至冰浴中冻凝，在温度低于 5℃时，加入 50%甲醛液 3～4ml，使微囊进行固化，同时滴入 10%～20% NaOH 调节 pH 值为 8.0～9.5，以增强甲醛与明胶的交联作用。继续搅拌 1h，再加入 10%生淀粉混悬液 6～8ml，搅拌 1h，过滤、洗涤、过筛，置入减压干燥器中，在低于 60℃温度下进行真空干燥，最后得流动性较好的绿色微型胶囊颗粒。

2.2.4 复合添加剂的配制

貂用松针膏微囊饲料添加剂，系采用松针膏微囊为基料，再配入少量的脂溶性维生素、水溶性维生素和填充剂等物质，制成绿黄色的微型胶囊复合添加剂，其配方见表 58-2。

表 58-2 松针膏微囊饲料添加剂的配方

组　分	重　量（%）	组　分	重　量（%）
松针膏微囊	50～60	氰钴胺素（维生素 B_{12}）	0.8～1.2
抗干眼醇（维生素 A）	0.2～0.6	泛酸（维生素 B_5）	0.1～0.5
胆沉钙固醇（维生素 D_3）	0.03～0.07	叶酸（维生素 B、C）	0.01～0.05
生育酚（维生素 E）	0.5～0.9	菸酸（维生素 PP）	1.0～1.5
硫胺素（维生素 B_1）	0.1～0.5	填充剂	余下部分
核黄素（维生素 B_2）	0.15～0.2		

按配方规定量分别称取松针膏微囊、抗干眼醇、胆沉钙固醇、生育酚、硫胺素、核黄素、氰钴胺素、泛酸、叶酸、菸酸于同一混合器中，搅拌均匀，加适量的填充剂，再继续搅拌，待呈粉末状，取样化验合格后，即可包装出售。

2.2.5 产品贮藏

为了查明松针膏微囊饲料添加剂在贮藏过程中β-胡萝卜素的稳定情况，将含有松针叶绿素-胡萝卜素软膏 55%的产品和含有松针叶绿素-胡萝卜素软膏 33%的产品，分别置入恒温箱中（25℃）贮藏 586d 和烘箱中（45℃）贮藏 1 个月，定期测定样品中β-胡萝卜素含量的变化，观察松针叶绿素-胡萝卜素软膏用量不同的产品，在不同贮藏条件下β-胡萝卜素的损失情况（表 58-3）。试验结果表明，松针膏微囊饲料添加剂，在室温条件下（25℃），贮藏 586d 后，含松针叶绿素-胡萝卜素软膏数量多的产品和含松针叶绿素-胡萝卜素软膏数量少的产品，二者β-胡萝卜素含量变化不大，贮藏期间β-胡萝卜素损失较少，说明对产品质量几乎无影响。在高温条件（45℃）下贮藏 1 个月，含松针叶绿素-胡萝卜素软膏数量多的产品，β-胡萝卜素损失约 40%；含松针叶绿素-胡萝卜素软膏数量少的产品，β-胡萝卜素损失超过 1 倍。试验证明，松针膏微囊饲料添加剂在室温条件下（25℃）贮藏，一般说来，不会影响产品质量。

表 58-3　松针膏微囊饲料添加剂贮藏试验结果

样品中含软膏数量（%）	β-胡萝卜素含量（mg/kg）					
	在 25℃条件下贮藏		在 45℃条件下贮藏			
	1d	586d	7d	14d	21d	30d
55	708	644	640	542	530	510
33	376	370	332	182	155	160

2.3　松针膏微囊饲料添加剂应用

松针膏微囊饲料添加剂是一种新型的具有生物活性的貂用饲料添加剂。试验证明，在水貂日粮中添加 0.01%～0.04%松针膏微囊饲料添加剂，能促进水貂生长，一般说来，公貂增重约 7.7%，母貂增重约 16.1%，且水貂换毛速度快，毛皮质量好，另具有增强水貂的抗病能力。1980 年 6～8 月，中国林业科学研究院林产化学工业研究所科研人员，在江苏连云港市外贸水貂场曾对 486 头幼貂投喂松针叶绿素-胡萝卜素软膏，每天每头喂食剂量为 0.14ml，试验证明，增重效果明显，试验组比对照组公貂体重日平均提高 3.64g，且发病率低 7%，并能有效地预防和治疗水貂的黄脂肪病。

1981 年在上海市南汇县横沔乡畜牧场，在水貂换毛季节，曾利用松针膏微囊饲料添加剂喂养水貂。试验共设计 3 个试验组和 1 个对照组，试验兽群总数共 299 头。

试验一组：基础日粮＋0.01%松针膏微囊饲料添加剂，水貂数共 74 头；

试验二组：基础日粮＋0.02%松针膏微囊饲料添加剂，水貂数共 76 头；

试验三组：基础日粮＋0.04%松针膏微囊饲料添加剂，水貂数共 76 头；

对照组：基础日粮，水貂数共 73 头。

试验期限从 1981 年 9 月 5 日开始至 12 月 15 日结束。试验一、二、三组在 11 月 30 日检查均基本成熟，12 月 5 日开始取皮。对照组一直推迟至 12 月 15 日才开始取皮。试验结果表明，饲喂松针膏微囊饲料添加剂的水貂，开始换毛速度比喂多维药对照组快，到后期换毛速度更快，而且松针膏微囊饲料添加剂喂用量越大，换毛速度越快。试验还发现，试验一、二、三组的貂皮杂毛少，且毛色具有光泽。

1982 年在上海市南汇县周西乡种畜场用松针膏微囊饲料添加剂饲喂水貂，观察产品对水貂身体生长影响的试验。试验组和对照组选用的水貂，均系当年繁殖的幼貂，采用同窝生同性别分别列入试验组和对照组的方法。对编列后的幼貂进行 1 星期喂养观察，在确定无异常情况后，才开始投喂松针膏微囊饲料添加剂进行对比试验。

试验一组：每日每头喂松针膏微囊饲料添加剂 2.5mg＋基础日粮，公水貂 5 头；对照一组：每日每头喂基础日粮，公水貂 5 头；

试验二组：每日每头喂松针膏微囊饲料添加剂 5mg＋基础日粮，母水貂 22 头；对照二组：每日每头喂基础日粮，母水貂 22 头。

试验组与对照组的饲养方法相同，其他药物与剂量完全相同，试验起止时间为 8 月 20 日至 12 月 22 日，共 124d。

试验结果表明，用松针膏微囊饲料添加剂饲喂公、母水貂，均有增重趋势。公水貂增重提高 7.7%，母水貂增重提高 16.1%。母水貂增重显著，可能与松针膏微囊饲料添加剂喂用量有关。试验还发现，两组无论是公水貂，还是母水貂，其试验组水貂的个体比对照组大。水貂个体增大，相应地水貂在饲养成熟时，屠宰后水貂皮张幅度也会增大。

3 杨树皮提取物饲料添加剂[14]

杨树皮提取物饲料添加剂是中国林业科学研究院林产化学工业研究所和山东省莒县林产化工厂等单位共同研制成功的。到1993年止，中国已建成杨树皮提取物饲料添加剂工厂2家，年产杨树皮提取物饲料添加剂1 000t左右，企业的主要技术指标为：

生产能力（t/a）	1 000
职工定员（人）	60
杨树皮（t/a）	1 800
能源消耗：	
水（t/a）	42 500
电（kW·h/a）	430 000
煤（t/a）	680
总产值（万元/a）	800

3.1 原料组成和安全试验

杨树皮提取物饲料添加剂的原料，主要有杨树皮提取物、针叶维生素粉、麦饭石等天然物质组成。以针叶维生素粉、麦饭石作吸收剂和杨树皮提取物作活性添加剂。

3.1.1 吸收剂Ⅰ（马尾松针叶维生素粉）

其产品质量要求达到国家专业标准的特级品（松针粉ZBB72005—87）。产品各项质量指标为：β-胡萝卜素含量127mg/kg，粗纤维27.4%，粗蛋白8.9%和水分10.6%。

急性毒性试验：取体重19～22g雄性小白鼠10只，按体重每千克口服马尾松针叶维生素粉8g，给药后观察72h，无不良反应和死亡。

3.1.2 吸收剂Ⅱ（麦饭石）

产品主要成分为钾长石、斜长石、黑云母和闪角石等。其化学组成为SiO_2（72.4%），Al_2O_3（13.50%），Fe_2O_3（0.82%），FeO（1.62%），CaO（1.50%），MgO（0.71%），Na_2O（3.74%），K_2O（3.71%），TiO_2（0.32%），P_2O_5，MnO（0.78%），H_2O（0.78%）和CO_2等。

急性毒性试验：取体重18～22g健康小白鼠60只，随机分为6组，每组10只，雌雄各半，设98.77g/kg、88.89g/kg、80.00g/kg、72.00g/kg、64.80g/kg 5个剂量组及对照组，试验组以水煎药液灌胃，按体重给予不同剂量，不足1ml者用蒸馏水补足，对照组给予1ml蒸馏水，试验观察72h，记录小鼠的精神、活动、粪便等情况，结束时扑杀剖检，并取肝、肾组织作电镜观察。试验观察结果，受试小鼠的精神、活动、粪便等与对照组相比未发现异常，且无一例死亡，剖检内脏器官均正常。电镜观察肝、肾组织结构完整，细胞清晰，无异常变化。

3.1.3 活性添加剂

使用的活性添加剂为杨树皮提取物，其产品质量要求达到企业标准的一级品。产品各项质量指标为：固体物含量95.4%，维生素E 1 927mg/kg，磷脂1.86%，碘值125.8mg KOH，酸价14.2mg KOH，皂化值139.4mg KOH。急性毒性试验：取体重18～21g雄性小白鼠，分组喂给杨树皮提取物，用冠氏法测定小白鼠灌胃的半数致死量，结果为LD_{50}>11 200mg/kg。

3.2 加工方法

杨树皮提取物饲料添加剂生产过程主要包括树皮及原料的处理，提取物的制取，天然物质的配合，筛分等过程，其生产工艺流程如图58-2。

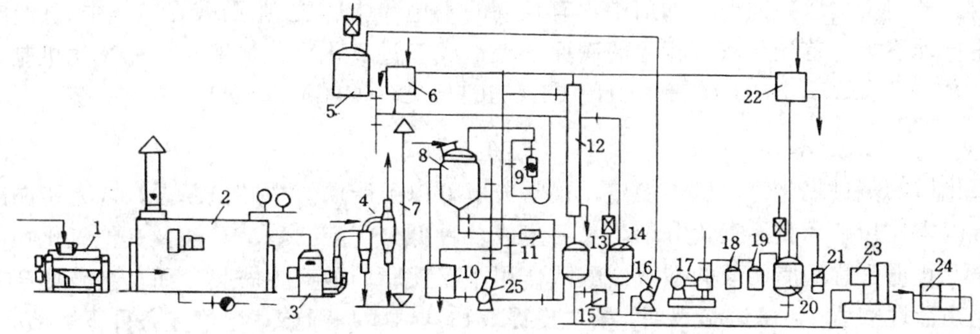

图58-2　杨树皮提取物饲料添加剂生产工艺流程

1. 切碎机；2. 干燥机；3. 粉碎机；4. 旋风分离器；5. 高位计量贮罐；6、22. 冷凝器；7. 物料输送装置；8. 萃取罐；9. 转子流量计；10. 热水器；11. 视镜；12. 保温管；13. 回流蒸发罐；14. 醚贮槽；15. 过滤器；16. 离心泵；17. 真空泵；18. 真空罐；19. 缓冲罐；20. 贮槽；21. 醚桶；23. 碾轮式混合器；24. 振动筛；25. 热水循环泵

具体操作步骤为：从火柴厂取回的树皮，投入切碎机，切成一定的粒度，置入连续振动干燥机，干燥温度为160℃，当树皮干燥至含水率达10%～15%，将干树皮物料投入粉碎机破碎成0.4～0.5cm粒度的树皮粉末。称量投入萃取设备，以沸点为60～90℃的石油醚萃取。萃取工艺条件：萃取温度55～60℃，料液比为石油醚（体积）：干树皮（重量）＝2.5：1，萃取时间4～5h。将得到的萃取液经蒸发除去石油醚，制成橙色油状提取物，提取物中维生素E含量应不低于1 500mg/kg。

杨树皮提取物饲料添加剂系采用杨树皮提取物为基料，作饲料添加剂的活性添加剂。并复配其他天然物质，如针叶维生素粉、麦饭石等，作饲料添加剂的吸收剂。制成高效天然物质饲料添加剂。

3.3　产品营养成分和产品贮藏

3.3.1　产品营养成分

杨树皮提取物饲料添加剂中含有不饱和脂肪酸、β-胡萝卜素、维生素E、磷脂、甾醇和植物杀菌素等生物活性物质，并含有硒、锰、铁、锌、钴、钼等多种微量元素和18种必需氨基酸。

（1）饲料营养成分（%）：粗蛋白质7.7，粗脂肪18.9，粗纤维25.7，无氮浸出物45.0，灰分2.7。

（2）维生素（mg/kg）：β-胡萝卜素109，维生素E 896，维生素B_1 4，维生素B_2 17，维生素C 540。叶绿素1 558mg/kg。

（3）氨基酸（%）：天门冬氨酸0.621，苏氨酸0.308，丝氨酸0.318，谷氨酸0.811，脯氨酸0.286，甘氨酸0.385，丙氨酸0.414，胱氨酸0.067，缬氨酸0.418，甲硫氨酸（蛋氨酸）0.049，异亮氨酸0.343，亮氨酸0.590，酪氨酸0.209，苯丙氨酸0.371，赖氨酸0.408，组氨酸0.122，色氨酸0.146，精氨酸0.381。

（4）常量元素（%）：钠0.12，镁0.09，磷0.06，钙0.36，钾0.25。微量元素（mg/kg）：铜51，锰347，铁726，锌41，钴0.76，钼0.12，硒3.6。

3.3.2 产品贮藏

由于杨树皮提取物饲料添加剂中含有较高的不饱和脂肪酸，脂肪酸在空气中氧的作用下，会发生自动氧化，首先与双键相邻的碳原子上形成氢过氧化物，如亚油酸的氧化机制为：

$$\begin{array}{c} CH_3(CH_2)_4CH{=}CH\underset{\displaystyle \begin{array}{c}|\\ OH\end{array}}{C}HCH{=}CH(CH_2)_7COOH \end{array}$$

氧化后的氢过氧化物，极不稳定，很易分解，以致脂肪酸中碳链断裂，或者脂肪酸在微生物等因素作用下，直接氧化分解，最后生成各种低分子醛、酮、羟酸及其他氧化物等。这种化学变化通常称为脂肪酸的酸败。酸败作用不仅使脂肪酸产生恶臭，而且会破坏产品中脂溶性生物活性物质。贮藏试验表明，杨树皮提取物饲料添加剂在室温避光条件下贮藏1年后，维生素E损失在40%～60%。所以，杨树皮提取物饲料添加剂生产厂家与用户必须尽量缩短产品的贮藏期，一般以出厂后，贮藏以不超过半年为宜。在贮藏时，杨树皮提取物饲料添加剂产品中生物活性物质的损失，随水分的增加而增加。

3.4 产品质量标准及分析方法

（1）产品质量标准：按照杨树皮提取物饲料添加剂的企业标准（Q/28JLH002—92），将产品质量分为一级品和二级品两个等级。杨树皮提取物饲料添加剂产品质量各级标准的质量指标见表58-4。

表58-4 杨树皮提取物饲料添加剂产品质量标准

项目名称		一级品	二级品
水分（%）	≤	12	15
脂肪含量（%）	≥	16	14
维生素E含量（mg/kg）	≥	800	600
粉末粒度（在孔径1mm筛上残留物料）（%）	≤	4	5

（2）分析方法：参见山东省莒县林产化工厂企业标准，杨树皮提取物饲料添加剂企业标准Q/28JLH002—92中规定的分析方法。

3.5 杨树皮提取物饲料添加剂产品应用

3.5.1 喂产蛋鸡和肉鸡

山东农业大学牧医系石天虹，高登文用杨树皮提取物饲料添加剂喂220日龄罗曼蛋鸡1 512只，随机分组，试验期限84d。试验组日粮中添加0.3%杨树皮提取物饲料添加剂，试验结果：试验组比对照组产蛋率提高5%左右（$P<0.01$）；试验组日粮中添加0.2%杨树皮提取物饲料添加剂，试验结果：试验组比对照组产蛋率提高6%左右（$P<0.01$），每年每只鸡可增加收入3元左右。

山东诸城市家禽研究所袁凤来用杨树皮提取物饲料添加剂喂伊莎褐蛋鸡1 200只，随机分组，试验期限81d。试验组日粮中添加0.2%杨树皮提取物饲料添加剂，试验结果：试验组比对照组产蛋率提高5.9%。试验组蛋料比为1∶2.89；对照组蛋料比为1∶3.02。试验组鸡群体质健壮，羽毛光亮，且蛋黄色泽好。

山东莒县外贸良种场用杨树皮提取物饲料添加剂喂养蛋鸡1 200只，随机分组，试验期限240d。试验组日粮中添加0.35%杨树皮提取物饲料添加剂，试验结果：试验组比对照组产蛋率提高21.1%，产蛋量提高20.5%。

河北邯郸市肉鸡场王文林用杨树皮提取物饲料添加剂喂北京白鸡。育雏鸡试验，试验组 400 只，对照组 2 000 只，试验期限 40d；育成鸡试验，试验组 300 只，对照组 1 800 只，试验期限 80d；产蛋鸡试验，试验组 550 只，对照组 1 100 只，试验期限 120d。所有的试验组在日粮中均添加 0.2%杨树皮提取物饲料添加剂，试验结果：育雏和育成鸡成活率，试验组分别为 96%和 94%，对照组分别为 93%和 91%；增重试验表明，试验组比对照组提高 9.9%（$P<0.05$）；种蛋孵化试验表明，试验组种蛋的受精率和孵化率分别为 92.98%和 87.77%，对照组分别为 82.38%和 80.5%。试验组种蛋受精率提高 10.6%（$P<0.01$），孵化率提高 7.3%（$P<0.01$）。试验组鸡群明显体质健壮，羽毛光亮。

山东莒县畜牧办公室用杨树皮提取物饲料添加剂喂养肉鸡 1 280 只，随机分组，试验期限 27d。试验组日粮中添加 0.4%杨树皮提取物饲料添加剂，试验结果：试验组比对照组肉鸡增重提高 5.95%～7.6%，且毛色光亮，肉鸡发病率低。

3.5.2　饲喂仔猪

山东临沂地区畜牧站祝仰同和临沂地区种畜场王金刚用杨树皮提取物饲料添加剂喂养仔猪 101 头，随机分组，试验期限 60d。试验组日粮中添加 0.2%杨树皮提取物饲料添加剂，试验结果：试验组比对照组平均窝重提高 20kg，个体重 2kg，提高 11.5%，每窝仔猪增重 20kg，按每千克仔猪 4 元计算，则增加收入 80 元，除去 2.8 元杨树皮提取物饲料添加剂费用，净增收入 77.2 元，经济效益非常显著。

山东莒县畜牧办公室用杨树皮提取物饲料添加剂喂养肉猪 16 头，随机分组，试验期限 121d。试验组日粮中添加 0.4%杨树皮提取物饲料添加剂，试验结果：试验组比对照组平均日增重多 77g。

4　细胞液汁

细胞液汁存在于植物细胞间隙、液泡、原生质中，含有丰富的营养物质。它对于植物有机体的生长和发育是必需的。

细胞液汁是一种绿色液体，或为绿褐色，具有特殊的针叶气味和苦、酸、涩味。液汁中存在大量的植物杀菌素、维生素，以及各种矿物元素、淀粉、糖、蛋白质、酶、芳香族化合物等。天然的细胞液汁，相对密度为 1.05～1.09g/cm^2。通常细胞液汁含有干物质 10%～20%。据分析，松树嫩枝叶制备的细胞液汁中，含有β-胡萝卜素 100～220mg/kg、维生素 C 1 500～2 000mg/kg、维生素 B_1 5～9mg/kg、维生素 B_2 1.5～3.0mg/kg、生物素 100～110mg/kg。细胞液汁中含有的微量元素有锰、钴、铜、镍、钒。这些元素都是禽、畜所必需的。特别重要的是，细胞液汁中还含有碘，这对患有甲状腺肿的牲畜，具有预防和治疗的作用。

4.1　细胞液汁加工[15]

从树木嫩枝叶原料生产细胞液汁的方法有许多种，如渗流扩散、渗透、压榨、离心等。但工业生产中，多数采用压榨法，使用的设备为螺旋压榨机。

生产细胞液汁的原料可以用新鲜的树木嫩枝叶，但为了提高细胞液汁的产量，也可预先用发酵或瞬时通蒸汽的方法预处理原料。例如云杉树木嫩枝叶，在没有进行热处理时，榨出的液汁产量为 8.1%～10.7%，液汁的相对密度为 1.030～1.036g/cm^3；通蒸汽压榨时，因脱去针叶中的脂肪和蜡，细胞液汁容易榨出，液汁的产量可增加到 24.2%～28.1%，液汁的相对密度为 1.041～1.048g/cm^3。树木嫩枝叶预先用 Aspergillus niger 培养菌处理，制备的液汁会产生大量的沉淀（沉淀物质约为液汁的14%）。

树木嫩枝叶用螺旋压榨机压榨，压机出口处最适压力为1 765.2～1 961.3kPa。细胞液汁的产量与树种、采集季节、生长条件，以及压榨工艺条件有关。压榨工艺条件包括原料的粉碎度和预处理。采用同一台压机，树木嫩枝叶的粉碎粒度低，液汁产量可提高12%；原料经热处理后，液汁产量可提高1.8倍；原料经发酵处理后，液汁产量可提高3倍。针叶和阔叶生产的细胞液汁，产量不同，阔叶明显高于针叶。春季采集的树木嫩枝叶，细胞液汁产量最高。生长在潮湿土壤里的树木嫩枝叶，比生长在干燥土壤里树木嫩枝叶，细胞液汁产量要高出14%。

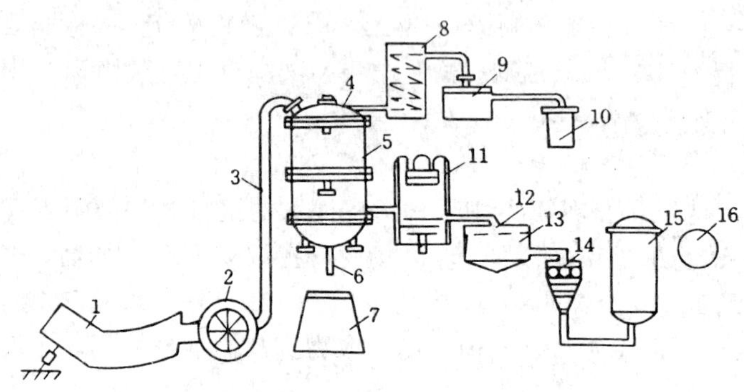

图58-3 细胞液汁生产工艺流程

1. 供热装置；2. 破碎机；3. 原料供给罐的管道；4. 精油和水供给冷却器的管道；5. 装有假底的罐；6. 蒸汽管；7. 水抽出物收集槽；8. 冷却器；9. 油水分离器；10. 精油收集槽；11. 压榨机；12. 液汁收集槽；13. 滤网；14. 压滤机；15. 蒸发器；16. 包装机

工业生产中采用的细胞液汁生产工艺流程如图58-3。其操作过程为：将分离去木片和细木粒的嫩枝叶输进供料装置，再供给破碎机进行仔细的粉碎，经粉碎的嫩枝叶用气动装置输送入具有假底的罐中，通入活气，蒸出精油，精油与水蒸气一起进入冷却器，经冷却后进入油水分离器，分离出水，精油输入收集槽中。树木嫩枝叶经水蒸气蒸煮形成水抽出物，收入水抽出物收集槽，用于进一步制备浴用医药浸膏。蒸出精油后的嫩枝叶，供给压榨机，在1 765.2～1 961.3kPa压力下，榨出天然液汁，从压榨机得到的液汁，沿管道滤网流出，将液汁收集入天然液汁贮槽。液汁通过滤网滤出蜡后，再输入压榨机，滤出各种杂质，经过滤和净化的天然细胞液汁输入蒸发器，经灭菌和浓缩后，装入瓶或罐中。

4.2 细胞液汁贮存方法

天然细胞液汁因含各种杀菌素，能够在室温条件保存2～3d，如放置在凉爽处，在5℃时可保存10d。超出这个时间，细胞液汁表面就会出现霉菌，细胞液汁中营养物质就要受到破坏。为了有效地保存细胞液汁中的营养物质，延长贮存期，可采用两种方法：①蒸浓细胞液汁（可浓缩到1/2的体积）和采用2%硫酸进行酸化。经过这样处理的细胞液汁，一般贮放6个月时间，不会引起维生素B_1、B_2的含量变化。②用乙醇灭菌。即向细胞液汁中添加适量的乙醇，然后将细胞液汁装入玻璃瓶或木质容器中，可贮放1年。

4.3 细胞液汁应用

4.3.1 在畜、禽饲养上的应用

细胞液汁是高效的饲料添加剂之一，可以代替昂贵和缺乏的维生素制剂。用细胞液汁喂小猪，每天每只在日粮中添加100g，小猪每日增重平均提高17.5%～20%。用细胞液汁喂牛犊，每日按0.5L喂给，饲喂1个月，试验组比对照组牛犊增重提高7.5%。用细胞液汁喂蛋鸡，在蛋鸡日粮中，按每只每日喂10ml细胞液汁，试验组比对照组蛋鸡产蛋率提高14%。并发现，喂细胞液汁的蛋鸡，血液中的血红素的数量增加8%，红血球数量增加4.7%。

4.3.2　在食品工业上的应用

细胞液汁含有极其丰富的营养成分，能够添加入不含酒精的饮料、糖果、酒中，供人食用。例如在细胞液汁中加入 20%乙醇和 10%糖，就能制成一种供人食用的“针叶露”制剂。

5　叶蛋白

叶蛋白原料可用针叶树和阔叶树的树叶，也可以用绿色植物的叶子如苜蓿和紫花苜蓿等，生产中使用的原料以后者为主。许多蛋白质含量高的树叶，如槐树叶、松针等，也是生产叶蛋白的好原料。据统计，1hm^2 森林覆盖面积能得到 1～2t 蛋白质，大致相当于大豆蛋白质产量的 2 倍。

从树木嫩枝叶生产蛋白质有如下优点：①针叶和阔叶都含有高浓度的易消化的蛋白质和维生素；②树木嫩树叶制备的叶蛋白能长期贮存，与其他蛋白质浓缩物相比，价格便宜；③用针叶和阔叶制备叶蛋白，加工方法简单。

5.1　生产与发展状况

从事叶蛋白的研究与开发的国家，在 1965 年前世界上仅有 10 个国家。到 80 年代初期，已超过 50 个国家，许多国家已建有生产性试验工厂及车间，如英国、苏联、美国、匈牙利、法国、新西兰、保加利亚、丹麦等国。兹将各国叶蛋白研究、生产情况概述如下：

(1) 英国：1980 年开始研究叶蛋白，1970～1980 年研究叶蛋白用作饲料和食品。目前正在完善叶蛋白的加工设施，从三叶草中提取的叶蛋白，其蛋白质含量达 78%～80%。

(2) 苏联：1952 年开始生产叶蛋白，1980 年建有数种规模的叶蛋白加工厂，每小时可处理 20t 或 50t 绿叶，叶蛋白提取残渣用于制沼气。除自行设计制造生产装置外，并从法国进口三套生产装置。对从针叶和阔叶提取叶蛋白的工艺进行了研究，并用树叶叶蛋白开展喂养动物的试验。

(3) 美国：1948 年开始研究叶蛋白，有两个加工厂。其中一个工厂处理绿叶能力为 30t/h，另一个工厂处理绿叶能力为 120t/h，是世界上叶蛋白生产能力最大的加工厂，该厂建在加利福尼亚州。

(4) 匈牙利：1971 年建成叶蛋白加工厂，生产装置处理绿叶能力为 10t/h。使用的绿叶原料，粗蛋白质含量为 8%～15%。制成的叶蛋白产品，粗蛋白质含量达 50%。

(5) 德国：1970 年开始研究叶蛋白，1975 年确定叶蛋白产品质量指标，1978 年研究了新的叶蛋白提取方法，现在已建成一个叶蛋白加工厂。

(6) 保加利亚：已建成一个叶蛋白加工厂，生产装置处理绿叶能力为 10t/h。1970 年曾利用试产的叶蛋白进行喂畜、禽试验。试验结果表明：叶蛋白喂猪能代替日粮中 100%大豆粉、鱼粉和酵母饲料；喂肉用仔鸡能代替 50%鱼粉，100%酵母饲料；喂产蛋鸡能代替 50%大豆粉和 100%鱼粉。利用叶蛋白喂牛，同样取得较好的喂养效果。

(7) 法国：1970 年开始研究叶蛋白，建有 3 个加工厂，处理绿叶能力为 40～80t/h。产品外观为绿色，pH 值为 4.5～4.8。

(8) 丹麦：1960 年开始研究叶蛋白，1970 年建成叶蛋白加工厂，处理绿叶能力为 45t/h。近年又建成一个现代化叶蛋白加工厂，处理绿叶能力为 50t/h。使用的原料是苜蓿和紫花苜蓿。

(9) 加拿大：1979 年在多伦多大学研究了叶蛋白的提取方法，以及叶蛋白质中氨基酸的测定方法，并研究了从杨树叶提取叶蛋白的加工工艺。

(10) 意大利：1940年开始研究叶蛋白，1950年测定叶蛋白的活性，1970年研究成含水叶蛋白，1981年建成叶蛋白加工厂，处理绿叶能力为5t/h，提取叶蛋白后的残渣，用作补充饲料。

(11) 加纳：1961年研究了70多种植物的叶蛋白提取，1980年开始组织饲料和食品级叶蛋白的生产。

(12) 新西兰：1960年开始研究叶蛋白，已建成叶蛋白加工厂，处理绿叶能力为5t/h。1971～1975年开始叶蛋白的应用研究。

(13) 西班牙：1975年开始生产叶蛋白，加工厂处理绿叶能力为13t/h，1977年测定叶蛋白中成分，1979年进行叶蛋白喂养动物试验，取得较好的经济效果，目前叶蛋白生产量为1 200t/a。

(14) 瑞典：1965～1974年，利用叶蛋白进行喂养肉用仔鸡、蛋鸡和牛的试验。1977～1978年进行叶蛋白的小试和中试。1979～1981年研究了从树叶提取叶蛋白的生产工艺。

(15) 南非：1981年建成叶蛋白加工厂，处理绿叶能力为25t/h。

(16) 墨西哥：1970年开始研究植物的叶蛋白提取，1976年组织叶蛋白的生产。

(17) 葡萄牙：1975年开始组织叶蛋白的生产。

除上述国家外，从事叶蛋白研究开发的国家还有日本、澳大利亚、比利时、巴西、智利、厄瓜多尔、埃及、埃塞俄比亚、冰岛、印度、爱尔兰、以色列、牙买加、挪威、尼日利亚、秘鲁、波兰、波多黎各、罗马尼亚、泰国、斯里兰卡、乌干达、委内瑞拉、越南、南斯拉夫、赞比亚、捷克共和国、斯洛伐克等。

5.2 叶蛋白的提取方法

5.2.1 水提取

新鲜的松针经破碎后，过筛孔径为1cm，用水浸泡5h，温度为18～20℃，水用量为松针重的3～4倍，水提取后用离心的方法分离去针叶残渣，提取液经浓缩可制成膏状，或经干燥制成粉状。针叶水取物中蛋白质变化决定于温度、时间和萃取系数(图58-4)。

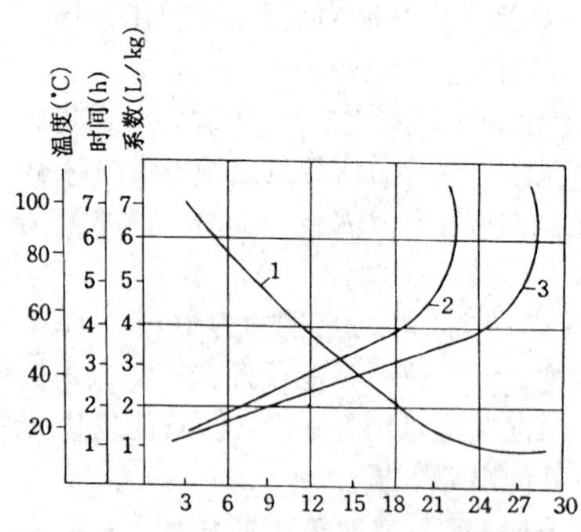

图58-4 针叶水萃取物中蛋白质的含量与萃取工艺条件之间的关系

1. 萃取温度；2. 萃取时间；3. 萃取系数

膏状叶蛋白组成为：水分10.81%，干物质89.19%。干物质中含有脂肪11.8%、纤维素12.18%、蛋白质55%、钙1.30%、磷0.7%、β-胡萝卜素500～1 500mg/kg、维生素C 1 000～1 500mg/kg。由此可见，叶蛋白中含有大量的β-胡萝卜素、蛋白质和矿物元素。蛋白质中氨基酸成分较全，至少含有19种氨基酸(表58-5)。

表 58-5 松针叶蛋白中氨基酸组成

氨基酸	蛋白质-维生素浓缩物（%）	松针蛋白质（%）	氨基酸	蛋白质-维生素浓缩物（%）	松针蛋白质（%）
赖氨酸	3.91	0.411	丙氨酸	3.08	0.349
组氨酸	1.36	0.056	胱氨酸＋半胱氨酸	0.85	0.130
精氨酸	3.27	0.301	缬氨酸	3.02	0.247
天门冬氨酸	4.41	0.459	蛋氨酸	0.92	0.046
苏氨酸	3.35	0.221	异亮氨酸	2.01	0.331
丝氨酸	2.38	0.274	亮氨酸	3.70	0.407
谷氨酸	4.05	0.636	酪氨酸	1.31	0.103
脯氨酸	0.31	0.405	苯丙氨酸	1.94	0.171
甘氨酸	2.82	0.321	色氨酸	0.80	0.120

5.2.2 氢氧化钠提取

将阔叶树叶粉碎，用0.2%～0.3%氢氧化钠溶液提取，提取时间1h，在80℃条件下，将pH值调至2～3，沉淀出蛋白质。蛋白质产品得率为绝干物质的10%，生产的蛋白质产品是浅绿色粉末。提取的叶蛋白经分析含有17种氨基酸，其中含量最多的有谷氨酸、亮氨酸、天门冬氨酸、苯丙氨酸和赖氨酸（表58-6）。在猪和家禽饲料中必需的氨基酸有赖氨酸、蛋氨酸、色氨酸、精氨酸、组氨酸、亮氨酸、异亮氨酸、苯丙氨酸、苏氨酸、缬氨酸。此外，雏鸡还需要甘氨酸。由阔叶生产的叶蛋白中，这11种氨基酸占氨基酸总量的60%，和占树叶粗蛋白质重量的13.2%。可见，阔树叶制造的叶蛋白，是禽、畜的优良饲料。

表 58-6 阔叶树的叶蛋白中氨基酸含量

氨基酸	白桦		山杨	
	精制蛋白（mg/g）	粗蛋白重（%）	精制蛋白（mg/g）	粗蛋白重（%）
赖氨酸	16.6	6.3	17.5	4.4
组氨酸	6.9	2.6	8.7	2.0
精氨酸	11.5	4.4	20.0	5.1
天门冬氨酸	20.5	7.8	31.9	8.1
苏氨酸	10.0	3.8	16.1	4.1
丝氨酸	9.7	3.7	15.8	4.0
谷氨酸	23.5	8.9	34.2	8.6
脯氨酸	15.2	5.7	20.7	5.2
甘氨酸	13.1	4.9	20.3	5.1
丙氨酸	12.3	4.6	19.7	5.0
缬氨酸	14.3	6.3	22.8	5.8
蛋氨酸	3.6	1.1	5.0	1.3
异亮氨酸	13.6	4.9	19.7	5.0
酪氨酸	7.8	3.0	11.5	3.0
苯丙氨酸	17.8	6.8	30.9	7.8
色氨酸	2.0	0.8	2.1	0.5
亮氨酸	22.5	8.5	33.4	8.5
合计	220.9	84.1	330.3	83.5

5.2.3 碳酸钠提取

树叶破碎后，用2%碳酸钠溶液浸渍，再用滤布滤出浸提液，并用柠檬酸略加酸化，待蛋白质物质沉淀后加热。经酸化和加热后的浸提液再用滤布过滤，即可得到一种绿色的浓缩物。

5.2.4 机械压榨提取

将新鲜树叶用打浆机打成浆状，再将浆料送入压榨机，压出叶汁。含蛋白质的液汁经过布袋过滤，滤去残渣；然后，通入蒸汽，使蛋白质在70～80℃时凝结。再用布袋滤出凝固的蛋白质，放入水中洗涤，并滤出叶蛋白。如果产品气味浓，可用水多次洗涤，最终产品是一种绿色浓缩物，产品含水分达60%。

5.3 叶蛋白加工原理

绿色植物的叶子，经过粉碎、压榨，将可溶性蛋白质挤压出来，然后加温凝结、过滤、干燥即为叶蛋白。叶蛋白生产过程主要分两个阶段：

5.3.1 粉 碎

主要作用是破坏绿色植物叶子的细胞壁。粉碎质量好，可提高蛋白质的提取率，一般原料的总氮提取率为60%～70%。粉碎设备可用锤片式粉碎机；也可以用压榨机，如蔗糖生产用的压力机，葡萄用的压力机，或褐藻酸脱水用的HX-500型螺旋压榨机。

5.3.2 分 离

从绿色粉碎料中分离出浆汁，浆汁中蛋白质与水分的分离也是生产过程中的关键技术之一。早期采用80℃左右的加热法凝结蛋白质，再过滤分离出叶蛋白。后来研究出使用酸类和醇类添加剂，以提高浆汁的凝结分离效果。80年代初，苏联研究出发酵分离法，将浆汁置于乏氧发酵罐内发酵，再用离心机或压滤机脱水。此法不需加热，可破坏绿色植物叶子浆汁中所含皂角苷和胰蛋白酶抑制物等对禽、畜有害的物质。

挤出浆汁后的绿叶废渣，约有70%以上的细胞壁受到破坏，它有利于动物消化吸收，可直接用于喂牛、羊等反刍家畜。浆汁废液可用于培养饲料酵母，用紫花苜蓿浆汁废液培养的饲料酵母，蛋白质含量达52%。

粉碎与分离过程也可用一台机器完成。在生产过程中，可使用高压螺旋压力机（如食品工业中使用的设备），或辊式压力机（如处理甘蔗用的设备）。

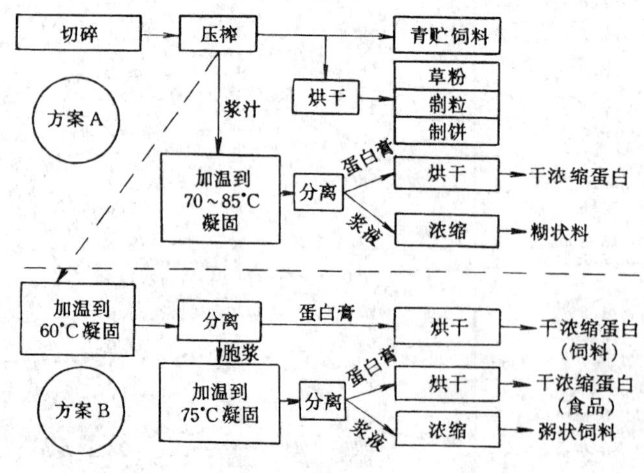

图58-5 前苏联叶蛋白生产工艺流程方案

5.4 叶蛋白生产工艺流程[16]

前苏联叶蛋白生产工艺有两个方案，其工艺流程如图58-5。方案A基本流程如下：绿色植物的叶子，在含营养物质最多的季节收割，然后切碎，压榨出营养价值高的浆汁和含水量低的叶渣。叶渣可制青贮饲料，或烘干后制成叶渣粉，叶渣颗粒和叶渣饼。将浆汁加温到70～85℃凝固，再经分离得叶蛋白膏和浆液（剩余液）。叶蛋白膏经烘干得干浓缩蛋白，是优质的叶蛋白饲料。浆液经浓缩得到糊状料，或不再浓缩就直接用于喂猪。

方案 B 的基本流程如下：绿色植物的叶子经压榨得到的浆汁，采用两次热凝固的加工方法。第一次将浆汁加温到 60℃凝固，分离得到的胞浆再加温到 75℃凝固，然后分离得叶蛋白膏和浆液。叶蛋白膏经烘干、精加工后，供作食品原料。浆液经浓缩后，供作饲料。

前苏联叶蛋白加工厂采用的生产设备有：进料斗、定量输送器、切碎机、螺旋式压榨机、输送器、ABM-1.5 型滚筒式烘干机、斗式升运器、冷却器、浆液槽、输浆泵、离心机、蒸汽式凝固器、沉淀池、叶蛋白膏稳定器、粉碎机、OГM-1.5 型压粒机、叶蛋白烘干机等。处理绿叶能力为 20t/h 的叶蛋白加工厂工艺流程如图 58-6。该工厂由 5 个车间组成：收集与输送车间；将绿叶加工成浆汁、叶渣饼、叶蛋白质膏与褐色废液车间；生产叶渣粉、叶渣颗粒车间；干燥叶蛋白膏剂车间；利用废液生产饲料酵母车间。此外，工厂还设有原料库、成品库等附属建筑。

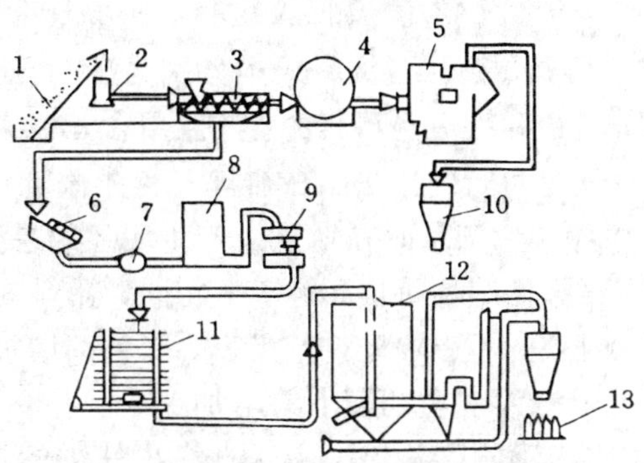

图 58-6　前苏联叶蛋白工厂生产工艺流程

1. 输送喂入机；2. 粉碎机；3. ВПО-20 型压榨机；4. ABM-1.5 型烘干机；5. OГM-1.5 型压粒机；6. 纤维素分离机；7. 喷嘴；8. 冷凝罐；9. 冷却器；10. 成品准备仓；11. ФПАКМ-25 型过滤压榨机；12. 喷雾干燥机；13. 叶蛋白成品

叶蛋白生产过程：用 KCK-100 型青饲料联合收获机收割绿色植物青饲料，运到工厂卸入输送喂入机，后经粉碎机破碎，并连续经螺旋式葡萄压榨机压榨。叶渣由输送机送到 ABM-1.5 型滚筒式烘干机中烘干后，进入 OГM-1.5 型压粒机中压粒。从压榨机得到的绿色浆汁经纤维素分离机清洗纤维素后，进入缓冲仓中。为稳定生物活性物质，加入抗氧剂。除去纤维素的浆汁，经喷嘴输入冷凝罐，后经冷却器冷却，再输入 ФПАКМ-25 型过滤压榨机分离，用热水洗净的蛋白质膏剂输入喷雾干燥机中干燥，由旋风分离器收集干粉，卸出的叶蛋白干粉用牛皮纸袋包装，外套麻袋，送至成品仓库。

工厂的技术特性：按处理绿叶能力 20t/h 计，年生产浓缩叶蛋白 1 334t，年生产叶渣颗粒或叶渣饼 13 517t，年生产饲料酵母 445t。工厂电动力总装机容量为 3 000kW，每小时蒸汽消耗量为 6～8t，每昼夜耗水 400～500m^3，每年工作日数 175d。在苏联南方，工厂可开工 204 个昼夜，其生产能力为：处理绿叶能力 85 520t，生产浓缩叶蛋白 1 497t，生产叶渣颗粒 13 922t 或叶渣饼 44 118t，生产饲料酵母 513t。为向工厂供给原料，需要专用的原料基地。处理绿叶能力 20t/h 的工厂，约需 2 147hm^2 土地用于种植紫花苜蓿或其他绿色饲料植物。工厂建造价格为 250 万～350 万卢布。年作业 200 昼夜，在正常生产的情况下，投资回收期为 3.7 年。每吨浓缩叶蛋白生产成本约 300 卢布。浓缩叶蛋白生产成本比饲料酵母低 1/4 左右。

工厂制得的叶蛋白产品品质：用紫花苜蓿作原料，制成的 1kg 浓缩叶蛋白中，含蛋白质 580g，为 1.45 个饲料单位。浓缩叶蛋白的品质与大豆蛋白或豆饼蛋白相近。浓缩叶蛋白中叶黄素丰富，每千克浓缩叶蛋白中叶黄素含量可达 1 560mg。

5.5　叶蛋白的应用

叶蛋白可与其他饲料混合饲喂动物，其用量，成年鸡每只每日可喂15～20g，幼禽可喂 10～15g，牛每头每日可喂 50～100g。试验证明，叶蛋白能代替家禽日粮中的动物性蛋白饲料，并能节省 25%的粮食饲料。用叶蛋白喂猪，可代替饲料日粮中等量的鱼粉。据测定，叶蛋白中叶黄素含量高达 1 500mg/kg，所以，用叶蛋白饲喂蛋鸡，可免去饲喂特定的着色剂。

在蛋鸡、肉鸡及奶牛的日粮中加入适量的叶蛋白，均获得较好的饲养效果。例如：中国武汉粮食工业学院用12～14月龄星杂288产蛋鸡作试验，在试验日粮中用4%叶蛋白代替基础日粮中1.5%的秘鲁鱼粉和2.5%的大豆。经25d饲喂，结果表明：试验组和对照组产蛋率平均分别为66.75%和70.00%，产蛋量平均为39.02g/只和40.04g/只，软、破蛋率为0.4%和4.49%，商品蛋饲料成本分别为1.55元和1.60元。结果认为，用叶蛋白代替基础日粮中部分鱼粉和大豆是可行的。波兰用含40%粗蛋白的叶蛋白饲喂蛋鸡和肉鸡，用量不超过12%时证明是可行的。法国在雏鸡日粮中添加2.5%、5%、10%、15%的叶蛋白，发现只有添加2.5%和5%剂量时在增重上产生明显效果。西班牙用叶蛋白代替肉用仔鸡日粮中1/2的花生粕，结果肉鸡增重快，屠宰率相同，耗料减少。苏联用叶蛋白浓缩物代替全部鱼粉和肉骨粉，试验证明，不影响母鸡产蛋率，受精率增加0.8%～2.4%，成活率提高3.4%～4.2%，蛋黄内维生素A和类胡萝卜素增加1.9～5.0μg/g。用叶蛋白代替5%葵花籽饼或用叶蛋白＋赖氨酸＋蛋氨酸代替其中50%的葵花籽饼饲喂乳牛，前者提高标准乳产量13.2%，后者提高21.7%，氨基酸总量明显增加。

6 其他饲料添加剂

6.1 树皮制WB-901饲料添加剂

该饲料添加剂系南京林业大学研制的。是以某种树皮为原料，经低温干馏，得到炭化料和木醋液，再加工精制，按一定比例混合而成。它是一种有机物和无机物双重复合新型饲料添加剂，无毒无臭，无副作用。对提高早期仔猪消化液酸度，防止45日前龄仔猪白痢；提高饲料利用率及促进生长均有显著效果。

6.2 酶制剂

酶制剂可促进家畜的消化，更好地利用饲料中有关组分。酶制剂有多种，但对富含纤维素的林副产物来说，添加纤维素酶则可提高其利用效果。纤维素酶制剂的生产可以在原料上接种绿色木酶等菌种，以固态或液态法进行生产，产物可不精制作为粗酶制剂使用，也可精制得到精制酶。精制酶便于保存和运输，但成本较高。粗制酶剂（尤其用固态法制造）成本低廉，工艺简便，设备要求不高，便于推广。经试用，可提高畜禽增重，降低饲料消耗。

第 59 章 林产生物活性物质

周维纯

1 松针叶绿素-胡萝卜素软膏[17]

松针叶绿素-胡萝卜素软膏是树叶萃取物的一种。该产品可用石油醚作溶剂，也可用三氯代乙烯、压缩的液体二氧化碳、醋酸乙酯，以及汽油和乙醇混合物（1∶1）等作溶剂。工业上通常采用低沸点石油醚（沸点范围为 60～90℃）溶剂萃取。

制取松针叶绿素-胡萝卜素软膏的原料，可用松树（马尾松、黄山松、赤松、黑松、樟子松、云南松、油松等）和云杉树叶，也可以用阔叶树（白桦、杨树等）的树叶，还可以用树皮和幼芽作原料。工业生产上主要利用松树和云杉嫩枝叶作原料，也有将两种以上的嫩枝叶混合使用的。使用的枝叶为新采集或新伐倒树木的嫩枝叶，枝条的直径应不超过 0.6cm，颜色为绿色，不能用发霉和腐烂的嫩枝叶，嫩枝叶在使用前要预先破碎成 0.5cm 长的粒度，烘干至含水率 12%以下，或者将新鲜的树木绿叶预先进行机械压榨脱水后，再用于萃取，这样处理的目的，主要是为了提高有机溶剂的萃取效果。

1.1 松针叶绿素-胡萝卜素软膏生产与发展状况

（1）苏联[18]：用松针生产叶绿素-胡萝卜素软膏产品。早在 20 世纪 50 年代，列宁格勒基洛夫林学院和拉脱维亚科学院林业问题研究所就开始了树木嫩枝叶利用的研究，并试制出维生素叶粉和松针叶绿素-胡萝卜素软膏产品。1960 年基洛夫林学院成立了树木活性元素利用问题研究室，30 多年来，这个研究室对松树和云杉嫩枝叶的汽油萃取物的研究，实现了松针叶绿素-胡萝卜素软膏综合加工工艺，完成了许多新产品新工艺科研项目。例如：1968 年完成了叶绿酸钠的研究；1970 年研制成维生素原浓缩物；1971 年制成香脂膏；1978 年完成针叶蜡制备工艺的改进；1979 年完成脱树脂嫩枝叶加工饲料粉的研究；1980 年完成在旋转薄膜蒸发器中蒸出针叶精油的研究。据报道，苏联已有 20 多个科学研究机构在从事这方面的科研工作，提出 30 多种新的树木嫩枝叶化学加工工艺流程。

苏联已建立起一个以松针为原料的新型林产工业，松针叶绿素-胡萝卜素软膏加工厂有 13 家，合计年产松针叶绿素-胡萝卜素软膏 350t。

20 世纪 50～60 年代，苏联生产 1t 松针叶绿素-胡萝卜素软膏需要消耗原材料为：

新鲜针叶（欧洲松和欧洲云杉）（t）	25
汽油（t）	1.6
碱（kg）	32

1kg 松针叶绿素-胡萝卜素软膏成本平均为 3.03 卢布，纯利占成本 50%。

70 年代苏联开展了松针叶绿素-胡萝卜素软膏的综合利用的研究，使原来的一次萃取法，改为两次萃取法。松针叶绿素-胡萝卜素软膏产量几乎增加1倍，生产成本也大幅度降低。例如从1t新鲜松树嫩枝叶能生产（以kg计）：叶绿素-胡萝卜素软膏75，针叶蜡3，精油10，针叶药物浸膏（浓度50%）150，木粉250。从1t新鲜云杉嫩枝叶能制备（以kg计）：叶绿酸钠0.15，维生素原浓缩物12，香脂膏40，针叶蜡3，精油10，针叶药用浸膏（浓度50%）150，木粉250。

80年代由于对松针化学产品进行综合加工，使商品价值有了大幅度的提高（表59-1）。从1t树木嫩枝叶生产的商品价值见表59-2。这里以利辛斯基教学试验林场为例：该林场依靠制备精油和针叶药用浸膏，提高了商品产量和商品价格，比同行企业生产率高15%～16%。

表59-1 树木嫩枝叶加工技术经济指标

指标	斯特伦琴林产生化厂		沃鲁林产生化厂		利辛斯基教学试验林场	
	1980年	1981年	1980年	1981年	1980年	1981年
原料消耗（t/a）	1025	1020	737	751	350	305
其中树木嫩枝叶数量：						
松树	398	492	230	191	350	7
云杉	627	528	507	560	—	235
阔叶树	—	—	—	—	—	63
每年商品年产量：						
叶绿素-胡萝卜素软膏（t）	21.2	25.2	18.8	15.2	—	—
叶绿酸钠（kg）	80.7	77.6	60.6	67.4	57.6	50.0
维生素原浓缩物（t）	1.843	1.780	1.915	1.990	1.388	1.285
香脂膏（t）	1.348	2.167	—	—	1.624	1.175
针叶蜡（kg）	654.0	660.0	170.0	150.0	660.0	565.9
针叶药用浸膏（t）	—	—	3.0	2.8	—	—
精油（t）	1.2	1.8	1.8	3.2	1.0	0.8
饲料粉（t）	—	—	—	—	89.7	70.9
商品年生产成本（万卢布）	48.15	50.58	38.50	39.35	27.14	24.15
1t原料得到商品价值（卢布）	470	496	522	524	776	792
操作人员数（人）	35	35	23	23	14	14
每人年生产值（万卢布）	1.38	1.45	1.67	1.71	1.89	1.73
利润（万卢布）	—	—	9.22	10.55	11.45	10.79

表59-2 从1t云杉树木嫩枝叶制备的商品产量和价值

商品名称	产量	1982年产品单价（卢布-戈比）	商品价（卢布-戈比）	
			1981年	1982年
叶绿酸钠（g）	163.0	3-20	492-00	521-60
维生素原浓缩物（kg）	4.5	90-00	267-00	405-00
香脂膏（kg）	4.7	4-80	16-45	22-56
蜡（kg）	2.0	5-76	8-60	11-52
精油（kg）	0.85	60-00	51-00	51-00
饲料粉（t）	0.4	156-00	36-00	62-40
针叶药用浸膏（t）	0.15	850-00	102-75	127-50

（2）中国：松针叶绿素-胡萝卜素软膏产品。中国1979年开始研制，1980年完成中间试验，1984年在江苏连云港市林产化工厂投入工业化生产，随后又分别在广东、安徽、黑龙江、

新疆、湖南等省（区）建成松针叶绿素-胡萝卜素软膏加工厂，到 1995 年底，中国已有松针叶绿素-胡萝卜素软膏加工厂 6 家，年产松针叶绿素-胡萝卜素软膏约 450t。以湖南省宜章县林产化工厂为例，松针叶绿素-胡萝卜素软膏生产主要经济指标如下：

生产能力（t/a）：松针叶绿素-胡萝卜素软膏 100

针叶维生素粉 800

原辅材料消耗（t/a）：松针粉 1200

石油醚 80

烧碱 5

燃料动力：		工作制度：	
电（kW·h/a）	300 000	每班工作时间（h）	8
汽（t/a）	3 500	全年生产日数（d）	300
水（t/a）	225 000	建筑面积（m^2）	2 050
职工定员（人）	60	项目投资（万元）	420
		年销售收入（万元）	500
		年生产成本（万元）	302
		年销售利润（万元）	134

1.2　松针叶绿素-胡萝卜素软膏化学组成

从树木嫩枝叶提取生物活性物质，用非极性溶剂（如石油醚、汽油等）作萃取剂，制成的松针叶绿素-胡萝卜素软膏通常含有下列物质：挥发物质（单萜、倍半萜、二萜、醇、醛、酮、酯、酚、酸等）、类胡萝卜素（胡萝卜素、叶黄素）、绿色素（叶绿素、脱镁叶绿素）、维生素（维生素 E、维生素 K、维生素 D、维生素 F）、中性物质（烃、醇、醛、酮、酸、蜡、酯、甘油酯等）、酸性物质（脂肪酸、树脂酸）、磷酯（甘油磷酸酯、磷酯、神经磷酯）和灰分物质（常量和微量元素）。表 59-3 介绍了松针叶绿素-胡萝卜素软膏的主要化学组分。

表 59-3　松针叶绿素-胡萝卜素软膏主要化学组分①

化学组分	针叶叶绿素-胡萝卜素软膏						
	马尾松	赤　松	樟子松	雪岭云杉	雪　松	冷　杉	欧洲松
水　分（%）	41.3	46.3	42.1	39.0	48.0	46.0	44.8
灰　分（%）	3.6	3.9	3.7	3.2	—	—	—
生物活性物质（%）	1.2	1.0	1.1	1.7	0.7	0.6	1.0
挥发物质（%）	3.1	4.1	5.4	1.6	2.1	3.4	2.6
酸性物质（%）	28.0	22.8	26.4	22.0	24.0	27.2	28.8
不皂化物质（%）	22.3	21.2	21.0	32.0	26.0	24.4	15.8

①　松针叶绿素-胡萝卜素软膏分析结果，总的组分数量不等于 100%，因部分挥发物质包含在不皂化物质中，且不皂化物质中还含有胡萝卜素，维生素 E 等生物活性物质，此外松针叶绿素-胡萝卜素软膏产品中还有若干未鉴定的微量化合物。

1.2.1　挥发物质[19]

松针叶绿素-胡萝卜素软膏中挥发物质含量与树种有关。分析鉴定表明：马尾松叶绿素-胡萝卜素软膏中挥发物质含量为 2%～4%，从该挥发物质分离出的 30 个色谱峰中鉴定出 24 个化合物，其中主要成分为 α-蒎烯（21.24%）、β-蒎烯（9.63%）和长叶烯（21.83%）。鉴定出的组分占总挥发物质的 94.12%；赤松叶绿素-胡萝卜素软膏中挥发物质含量为 3%～5%，从该挥发物质分离出的30个色谱峰中鉴定出24个化合物，其中主要成分为α-揽香烯（21.90%）、α-香柠檬烯（14.16%）和长叶烯（9.70%）。鉴定出的组分占总挥发物质的95.89%；樟子松叶绿素-胡萝卜素软膏中挥发物质含量为4%～6%，从该挥发物质分离出的30个色谱峰中鉴定出24个化合物，其中主要成分为γ-木罗烯（16.23%）、α-葎草烯（9.24%）和乙酸龙脑酯（8.20%）。鉴定出的组分占总挥发物质的94.00%。

松针叶绿素-胡萝卜素软膏挥发物中均含有单萜、倍半萜及含氧化合物等，但彼此间其主要化合物的含量有所不同。樟子松叶绿素-胡萝卜素软膏挥发物中含氧化合物的含量较高，其中乙酸龙脑脂含量高达8.20%，而这种物质在赤松和马尾松两种软膏的挥发物中，含量却非常少。赤松叶绿素-胡萝卜素软膏挥发物中主要成分是倍半萜烯，其中α-揽香烯含量达21.90%、α-香柠檬烯含量达14.16%，这两种成分在马尾松和樟子松叶绿素-胡萝卜素软膏挥发物中含量则很少（表59-4）。

表59-4 松针叶绿素-胡萝卜素软膏中挥发物质的化学组成

峰 号	化合物	含量（占针叶软膏挥发物质重%）		
		马尾松	赤 松	樟子松
1	三环烯	0.48	0.35	0.64
2	α-蒎烯	21.24	6.17	3.92
3	莰 烯	2.64	0.89	1.87
4	β-蒎烯	9.63	4.41	2.02
5	未 知	0.34	0.34	0.27
6	苧 烯	0.72	1.75	4.32
7	对伞花烃	6.86	3.96	5.33
8	未 知	0.84	0.24	0.20
9	未 知	0.64	0.41	0.22
10	未 知	1.26	0.19	0.20
11	乙酸龙脑酯	1.22	3.57	8.20
12	α-玷玔烯	0.44	0.87	4.62
13	β-榄香烯	1.84	0.98	2.89
14	未 知	0.67	1.44	1.48
15	长叶烯	21.83	9.70	1.65
16	α-榄香烯	1.84	21.90	1.43
17	香橙烯	3.18	1.46	2.88
18	β-古芸烯	1.72	5.39	1.92
19	γ-杜松烯	2.93	3.12	7.49
20	未 知	2.12	1.51	3.62
21	α-木罗烯	3.00	4.46	8.13
22	γ-木罗烯	2.47	4.31	16.23
23	去氢白菖烯	3.40	0.56	2.56
24	4，5-二甲基-4-苯基-Δ^2环己酮	0.47	0.43	1.74
25	1，2-二氢-1，5，8-三甲基萘	0.88	0.83	1.33
26	α-香柠檬烯	0.52	14.16	0.78
27	α-葎草烯	2.84	3.53	9.24
28	β-桉叶醇	1.00	1.37	2.34
29	异乙酸龙脑酯	1.35	1.58	2.38
30	愈创木薁	1.39	0.89	2.39

1.2.2　酸性物质[20]

松针叶绿素-胡萝卜素软膏中酸性物质主要由脂肪酸和树脂酸组成，其中树脂酸占60%～75%，脂肪酸占 20%～30%。酸性物质中各组成的含量与树种有关。分析鉴定表明，马尾松叶绿素-胡萝卜素软膏中含酸性物质 28.0%（占软膏重），从该酸中分离出 31 个色谱峰，鉴定出 25 个化合物，其中主要成分为海松酸（10.96%）、去氢枞酸（19.06%）和油酸（8.29%）等，鉴定出的组分占总酸量的 91.57%；赤松叶绿素-胡萝卜素软膏中含酸性物质 22.8%（占软膏重），从该酸中分离出 31 个色谱峰，鉴定出 25 个化合物，其中主要成分为山达海松酸（29.75%）和去氢枞酸（23.50%）等，鉴定出的组分占总酸量的 98.20%；樟子松叶绿素-胡萝卜素软膏中含酸性物质 26.4%（占软膏重），从该酸中分离出 31 个色谱峰，鉴定出 25 个化合物，其中主要成分为松叶酸（36.01%）、油酸（15.66%）和去氢枞酸（14.8%）等，鉴定出的组分占总酸量的 98.30%。

樟子松叶绿素-胡萝卜素软膏中含有大量的不饱和脂肪酸和二萜树脂酸，不饱和脂肪酸以油酸为主，其量达 15.66%；二萜树脂酸以松叶酸和去氢枞酸为主，其量分别为（%）：36.01 和 14.8。赤松叶绿素-胡萝卜素软膏中二萜酸含量最多的成分是山达海松酸（29.75%）和去氢枞酸（23.50%）。马尾松叶绿素-胡萝卜素软膏中二萜酸含量最多是海松酸（10.96%）和去氢枞酸（19.06%），不饱和脂肪酸以油酸含量最多，其量达 8.29%（表 59-5）。

表 59-5　松针叶绿素-胡萝卜素软膏中酸性物质的化学组成

化合物	含量（占针叶软膏酸性物质重%）		
	马尾松	赤　松	樟子松
不饱和脂肪酸小计：	24.28	9.80	21.38
亚麻酸	2.64	2.04	3.30
油　酸	8.29	4.69	15.66
5，8-十四碳二烯酸	0.47	0.35	0.13
亚油酸	4.15	0.43	0.48
蓖麻油酸	2.81	0.68	0.46
8，11-二十碳二烯酸	2.76	1.28	1.25
环戊烯十三碳烯酸	0.16	0.33	0.10
饱和脂肪酸小计：	13.32	11.45	6.04
月桂酸	0.60	0.43	0.24
十二碳酸乙酯	0.17	0.11	0.12
肉豆蔻酸	0.43	0.26	0.29
棕榈酸	3.43	2.07	3.74
十六碳酸乙酯	0.37	0.40	0.19
十七碳酸	0.29	0.14	0.33
硬脂酸	1.89	0.89	0.41
花生酸	1.56	3.88	0.36
山萮酸	4.58	2.84	0.36
二萜树脂酸小计：	57.01	77.38	70.88
海松酸	10.96	1.80	1.96
山达海松酸	4.16	29.75	2.03
异海松酸	0.83	1.48	6.03

（续）

化合物	含量（占针叶软膏酸性物质重%）		
	马尾松	赤松	樟子松
8，11，13-去氢枞酸	19.06	23.50	14.80
枞酸	5.11	9.35	3.27
复瓦杉醛酸	4.59	0.34	0.82
6，8，11，13-去氢枞酸	2.64	3.16	2.31
松叶酸	7.44	5.43	36.01
14（13-15ε）Abco-13ε-pimar-8（14）-en-16-Oate	2.22	2.57	3.65
合 计	94.61	98.53	98.30

1.2.3 不皂化物质[21]

松针叶绿素-胡萝卜素软膏中不皂化物质主要由倍半萜类、二萜类、三萜类、甾类化合物、脂肪族醇和生育酚等化合物组成。分析鉴定表明：马尾松叶绿素-胡萝卜素软膏中含不皂化物质22.3%，其中主要成分为β-谷甾醇（18.65%）、植醇（9.46%）和香橙烯（7.98%）等，共鉴定出37个化合物，占不皂化物质总量的98.39%；赤松叶绿素-胡萝卜素软膏中含不皂化物质21.2%，其中主要成分为香橙烯（15.25%）、β-谷甾醇（7.46%）和环阿屯醇（6.84%）等，共鉴定出37个化合物，占不皂化物质总量的97.10%；樟子松叶绿素-胡萝卜素软膏中含不皂化物质21.0%，其中主要成分为δ-杜松烯（16.80%）、α-愈创木烯（9.25%）和植醇（7.57%）等，共鉴定出37个化合物，占不皂化物质总量的97.48%。

松针叶绿素-胡萝卜素软膏的不皂化物质中各种化合物的含量与树种有关。分析表明，马尾松叶绿素-胡萝卜素软膏的不皂化物质中主要化合物是β-谷甾醇（18.65%）和植醇（9.46%），赤松和樟子松叶绿素-胡萝卜素软膏的不皂化物质中主要化合物是倍半萜烯，前者主要成分是香橙烯（15.25%），后者主要成分是δ-杜松烯（16.80%）。研究发现三种叶绿素-胡萝卜素软膏的不皂化物质中均含有相当数量的β-谷甾醇和植醇（表59-6）。

表59-6 松针叶绿素胡萝卜素软膏中不皂化物质的化学组成

化合物	含 量（占针叶软膏不皂化物重%）		
	马尾松	赤 松	樟子松
倍半萜类小计：	35.51	50.42	62.96
β-榄香烯	1.86	1.06	3.32
香橙烯	7.98	15.25	3.64
葎草烯	2.49	2.88	3.50
α-愈创木烯	1.92	6.24	9.25
δ-杜松烯	3.80	5.19	16.80
β-雪松烯	0.88	0.60	4.78
喇叭烯	0.91	1.83	0.65
α-玷�烯	0.70	0.67	4.10
雪松醇	0.72	0.73	3.81
喇叭茶醇	0.34	0.32	0.28
雪松烯醇	1.85	1.79	0.64
金合欢醇	0.42	0.84	0.47
β-红没药醇	3.24	2.87	3.13

（续）

化合物	含　量（占针叶软膏不皂化物重%）		
	马尾松	赤　松	樟子松
δ-榄香醇	2.85	2.90	2.87
橙花叔醇	2.46	2.03	1.82
δ-杜松醇	2.72	3.42	3.13
α-石竹烯醇	0.37	1.80	0.77
二萜类小计：	21.22	20.45	14.47
冷杉醇	0.67	1.43	0.58
植醇	9.46	6.56	7.57
去氢纵酸酯	1.84	1.92	0.89
甲基枞酸酯	1.86	2.45	0.69
7，13-枞酸二烯-18-甲基酯	2.24	3.24	2.48
新枞酸酯	0.45	1.05	0.96
8（14）-异海松烯-18-甲基酯	0.23	0.24	0.27
3-异乙酸冰片酯	3.65	2.67	0.31
甲基植酯	0.82	0.89	0.72
三萜类小计：	8.96	8.78	5.23
羊毛甾-7-烯-3-酮	6.06	1.94	0.58
环阿屯醇	2.90	6.84	4.65
甾类化合物小计：	26.98	13.14	13.02
5β-麦角甾-22，23-烯-3α-醇	2.84	1.78	1.87
19-羟基-β-谷甾-4-烯-3-酮	1.43	1.96	1.58
麦角甾醇	1.79	1.12	1.76
菜油甾醇	2.27	0.82	0.33
β-谷甾醇	18.65	7.46	7.48
生育酚			
α-生育酚	1.80	0.89	0.98
脂肪族醇小计：	3.92	3.42	0.82
二十四烷醇	0.94	1.58	0.32
二十九烷醇	1.19	0.41	0.13
三十二烷醇	1.79	1.43	0.37

松针叶绿素-胡萝卜素软膏中的不皂化物质部分，发现存在聚戊烯醇、环阿屯醇、亚甲基环阿屯醇、牻牛儿醇、羟基-反式-双形蕈素、3β-21α-二甲氧基锯齿石松-14-烯、3β-甲氧基锯齿石松-14-烯-21-酮、羟甲基去氢枞酸酯、松叶酸单甲基酯、乙酰反式玷玶酸等化合物，其结构式如图59-1。

1.3　松针叶绿素-胡萝卜素软膏提取溶剂的选择

松针叶绿素-胡萝卜素软膏的生产，对溶剂的选择有一系列的要求：要溶解度大、沸点低、选择性强、纯度高的溶剂；不能选择破坏产品中的营养物质和与产品形成有害的化合物，以及在产品中留下气味的溶剂；更不能选择易燃易爆和对设备有腐蚀的溶剂；溶剂要来源广、数量多、价格便宜。

1.3.1　石油醚

这是松针叶绿素-胡萝卜素软膏生产上使用最为广泛的一种非极性溶剂。该溶剂能较好地从树叶中提取出类脂化合物和色素，例如精油、类胡萝卜素、绿色素、维生素、中性脂肪、磷脂、乙二醇脂、灰分物质等。石油醚沸点低（60～90℃），容易从萃取物中回收，含在萃取残

$$(CH_3)_2C=CH-CH_2-(CH_2-\underset{}{\overset{CH_3}{\overset{|}{C}}}=CH-CH_2)_3-(CH_2-\overset{CH_3}{\overset{|}{C}}=CH-CH_2)_{11\sim13}-CH_2-\overset{CH_3}{\overset{|}{C}}=CH-CH_2OH$$

Ⅰ. 聚戊烯醇

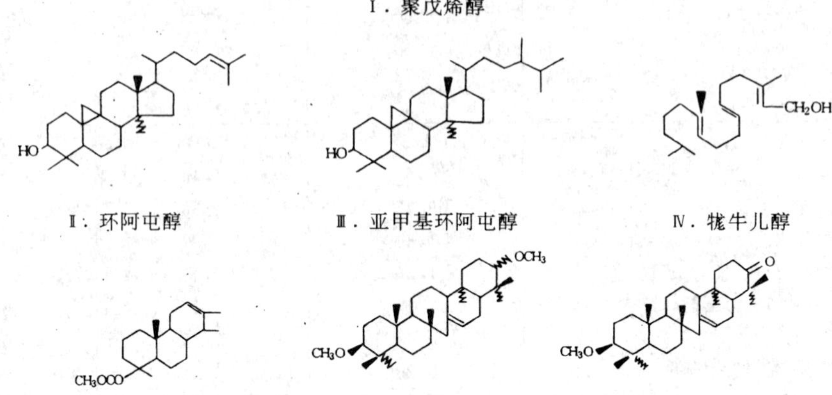

Ⅱ. 环阿屯醇　　Ⅲ. 亚甲基环阿屯醇　　Ⅳ. 牻牛儿醇

Ⅴ. 羟基-反式-双形蕈素　Ⅵ. 3β-21α-二甲氧基锯齿石松-14-烯　Ⅶ. 3β-甲氧基锯齿石松-14-烯-21-酮

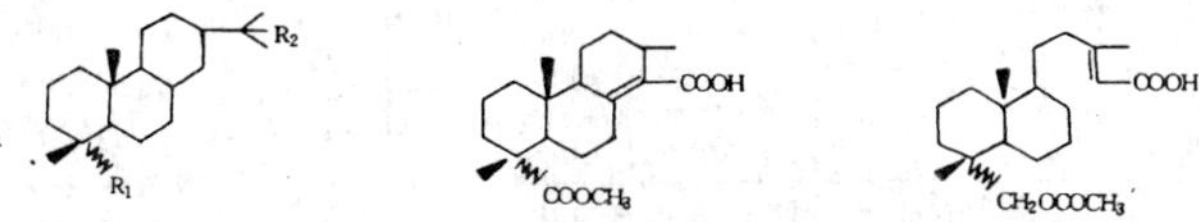

Ⅷ. 羟甲基去氢枞酸酯　　Ⅸ. 松叶酸单甲基酯　　Ⅹ. 乙酰反式玷玭酸

图 59-1　松针叶绿素-胡萝卜素软膏不皂化物质中某些化合物的结构式

渣中的石油醚亦能用蒸汽吹出。石油醚不影响产品质量，不与萃取的生物活性物质形成有害的化合物，对设备没有腐蚀，且来源广，价格便宜。

用石油醚进行分馏喷淋萃取，工艺条件选择：萃取温度 70℃，液比 1∶1.2（即树叶∶石油醚＝1∶1.2），萃取时间为 3.5～5.0h，一般能从嫩枝叶中萃取 50%～55%的生物活性物质。非极性溶剂（石油醚、汽油等），在正常条件下，仅仅能萃取胡萝卜素、部分叶黄素和很少的叶绿素（1%～5%）。为了充分取出色素，在非极性溶剂中，需混加极性溶剂，极性溶剂最好选用 80%～85%丙酮或 90%乙醇，在石油醚中加入量为 2%～3%。

1.3.2　三氯代乙烯

石油醚萃取，采用的萃取温度是 70～75℃，由于温度高，不能保证有价值的成分萃取数量和质量。所以，近年研究提出用三氯代乙烯作溶剂，在较低温度条件下，萃取树木嫩枝叶中的生物活性成分，制成的松针叶绿素-胡萝卜素软膏，不仅保证了有价值成分的萃取质量和数量，而且简化了萃取工艺。具体的萃取方法：树木嫩枝叶经破碎后，装入萃取器，用三氯代乙烯按逆流法萃取，萃取温度 40～50℃，得到的萃取液用蒸发器浓缩，并用活气从萃取残渣里蒸出溶剂。蒸出溶剂后的浓缩物，再用活气吹出剩余溶剂和挥发性的精油，最后用 40%氢氧化钠溶液皂化浓缩物，趁热装入金属容器。

试验证明，含氯有机溶剂（三氯代乙烯、四氯代乙烯和四氯化碳）萃取效果是理想的，不仅萃取物产量高（比石油醚萃取能力提高 0.5 倍），而且在萃取物中叶绿素和胡萝卜素的含量也高（比用石油醚萃取高 1.5～2.0 倍）。但必须指出，这些溶剂用于树木嫩枝叶的萃取，还存在许多缺点。例如四氯化碳易分解，产生氯化氢，强烈腐蚀设备，此外，会促进萃取物质中的不皂化物的聚合作用和缩聚作用。全氯乙烯虽然比四氯化碳稳定，但沸点太高（121℃），蒸馏困难，蒸馏温度高，对产品中的生物活性物质破坏非常严重。因此，最好选用较为理想的含氯有机溶剂三氯代乙烯，它的优点是萃取时最稳定，沸点低（87.0℃），溶剂回收容易，火灾危险性为一级，比石油醚低。三氯代乙烯的缺点是：毒性高，与其他氯素衍生烃一样，对人类有机体是有害的，在作业地区空气中，三氯代乙烯蒸汽最大浓度限制为10mg/m^3，实际上在工业条件下，很难保持这个标准。此外，在生产时，三氯代乙烯与水和其他物质接触，能成为腐蚀介质，在有光的条件下，长期贮存，与空气中氧接触，会氧化成光气（碳酰氯）。

1.3.3 液体二氧化碳

用液体二氧化碳萃取树木嫩枝叶中的生物活性物质是可能的。试验证明，可以从树木嫩枝叶中提出精油、叶绿素、胡萝卜素、类胡萝卜素、维生素C、维生素F、维生素E、醋、酸、类脂化合物和其他物质等。目前研究较多的是用冷杉嫩枝叶作原料，制备冷杉二氧化碳萃取物。

萃取方法是将含水率20%～25%的树木嫩枝叶，破碎成0.5～0.7mm长的粒度，装入萃取器，向萃取器供给液体二氧化碳溶剂，用量按1∶1计，进行间歇萃取，萃取温度20～21℃，萃取时间3h，产品得率约为绝干树木嫩枝叶重的8%。由于萃取温度低，所以就更能保存产品中的生物活性物质，从而能保证制出高质量的产品。冷杉嫩枝叶二氧化碳萃取物，是暗绿色产品，呈黏稠状，带有特殊的冷杉针叶气味，在乙醇中能全部溶解。该产品的物理化学指标如下：

水分（%）	10～12	不皂化物质含量（%）	达40
密度（g/cm^3）	0.970 0～0.996 8	维生素E含量（%）	0.104 4
酸价（mg KOH/g）	40～80	类胡萝卜素含量（%）	0.05
酯价（mg KOH/g）	60～90	维生素C含量（%）	微量
酯含量（按乙酸冰片计，%）	20～40	精油含量（%）	10～12

用液体二氧化碳作溶剂的缺点是，在萃取过程中溶剂损耗大，需要特制的设备。

1.3.4 异丙醇

为了获得高产量的萃取物质，特别是绿色素，可选用75%浓度的异丙醇作溶剂，萃取温度为20～25℃或40～60℃，按逆流罐组（4个浸提器）萃取。实践证明，萃取第一阶段，平均得到47%干物质和38%绿色素；在第二阶段，萃取出的干物质平均降低50%，而绿色素降低20%。两阶段合计取出的物质约为总脂溶性和水溶性物质的70%；进行第三阶段的萃取，生物活性物质可增加到80%，而绿色素可增加到87%。但是异丙醇作溶剂，能同时萃取出水溶性和脂溶性物质，缺点是萃取物质进一步分离加工困难。

除上述介绍的溶剂外，对树木嫩枝叶的萃取，也可以采用综合萃取的方法。即先用冷水浸提树木嫩枝叶，再用石油醚萃取，最后用热水处理萃取过的残渣。冷水浸出物可利用作微生物培养基，培养饲料酵母；热水浸出物可用于制备针叶药用浸膏；石油醚萃取物质可以综合加工各种生物活性物质；萃取残渣经烧碱处理后，可制成糖化饲料。

1.4 松针叶绿素-胡萝卜素软膏提取机理[22]

在生产条件下，用非极性溶剂从树木嫩枝叶提取生物活性物质，确定萃取过程有两个周期。前期，在萃取1h内，生物活性物质萃取容易，速度快。这个期间主要是溶解碎树木嫩枝叶表面生物活性物质。后期主要是溶解碎树木嫩枝叶内部的生物活性物质，萃取较难，且速度慢。当树木嫩枝叶原料含水率为47.5%～57.7%，溶剂运动速度为0.000 1～0.005m/s，温度为30～70℃，在运动流中，前期的质体移动符合流体动力学中的质体交换条件，其方程式为：

$$N_n = f(Re, Pr)$$

或次数式为：

$$N_n = ARe^m(Pr)^n \quad (59\text{-}1)$$

式中：N_n——努谢利特扩散系数。

$$N_n = \frac{kFd_e}{D} \quad (59\text{-}2)$$

式中：D——扩散系数（m^2）；

R_e——雷诺系数。

$$R_e = \frac{W_e d_e}{v} \quad (59\text{-}3)$$

式中：P_r——普兰德扩散系数。

$$P_r = \frac{v}{d} \quad (59\text{-}4)$$

式中：v——粘度系数（m^2）；

K——质体抽出系数（m/s）；

W_e——相对流速（m/s）。

$$W_e = \frac{W}{\varepsilon} \quad (59\text{-}5)$$

式中：W——平均流速（m/s）；

d_e——管道直径（m）；

ε——空隙体积（m^3）。

萃取溶剂量大，萃液中含有的生物活性物质浓度低，因此，溶液的密度Q（kg/m^3）和动态粘度μ（$H \cdot s/m^2$）可看作为常数，这时P_r为零。雷诺系数与溶剂运动速度成正比。因此，扩散系数与温度的变化的关系式为：

$$D_1 = D_0 \frac{T_1 \mu_0}{T_0 \mu_1} \quad (59\text{-}6)$$

式中：T——温度。

物质从一相转到另一相时，质体抽出的主要微分方程为：

$$d_M = K\Delta CFdtV \quad (59\text{-}7)$$

式中：d_M——单位时间内溶液中物质的质量（kg）；

$$\Delta C = C_H - C_P$$

C_H—分离相表面浓度，等于生物活性物质干剩余物的密度（kg/m^3）；

C_P——在溶液中生物活性物质的浓度（kg/m^3）；

V——树木嫩枝叶层体积（m^3）；

F——接触的表面积（m^2/m^3）；

t——萃出时间（s）。

F值不能直接测定，但是在质体交换时，溶剂移动速度和萃取温度有关，所以在体积中的

质体抽提系数 k_F 能用下式计算：

$$k_F = \frac{M}{\Delta C V \tau} \tag{59-8}$$

从 k_F 值与溶剂运动速度关系（图 59-2）说明，溶剂移动速度为 0.000 1～0.001m/s 时，k_F 值变化大，当溶剂移动速度达到 0.005m/s，k_F 值增加不显著。提高萃取温度，k_F 值也会提高（图 59-3）。

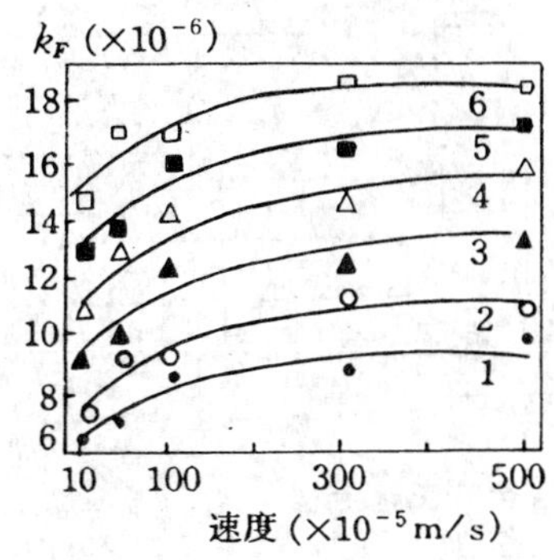

图 59-2　在树木嫩枝叶层中质体抽提系数 k_F 值与溶剂移动速度的关系

1，3，5. 树木嫩枝叶含水率为 57.7%；
2，4，6. 树木嫩枝叶含水率为 47.5%。
萃取温度：1，2. 30℃；3，4. 50℃；5，6. 70℃。

图 59-3　萃取温度与质体抽提数量的关系

溶剂移动速度（m/c）：1. 0.000 1；2. 0.000 5；
3. 0.001；4. 0.003；5. 0.005

树木嫩枝叶原料含水率为 45.5%～57.7%时，k_F 值与溶剂移动速度和温度有关。在对数坐标中，成直线关系，其关系式为：

$$k_F = AW^m(T/273)^n$$

当树木嫩枝叶含水率为 57.7%时，

$$k_F = 0.108 \times 10^{-4}(W)^{0.11}\left(\frac{T}{273}\right)^{5.0}$$

当树木嫩枝叶含水率为 47.5%时，

$$k_F = 0.142 \times 10^{-4}(W)^{0.11}\left(\frac{T}{273}\right)^{4.3}$$

1.5　松针叶绿素-胡萝卜素软膏生产工艺和设备

1.5.1　中国松针叶绿素-胡萝卜素软膏生产方法[23]

将松林抚育和采伐下的枝梢，经脱叶、切碎、烘干、破碎成一定粒度后，运入车间。其工艺过程如图 59-4。将醚桶 20 中的石油醚用真空泵 16 吸入贮槽 19，再用离心泵 11 输入高位计量贮罐 1。向萃取锅 3 料口投入 250kg 嫩枝叶原料，由高位计量贮罐放入萃取剂，关闭进料口，静置浸泡 1h，开启排液阀，萃取液通过视钟 6 缓缓流入回流罐 7，同时用间接蒸汽加热回流罐，使回流罐中的混合溶剂蒸汽穿过保温管 8，进入冷凝器 4，经冷凝后的溶剂，通过转子流量计 2 喷淋入萃取锅中的枝叶上，这样连续喷淋 3～4h，停止加温萃取，放出萃取液，关闭排液阀。向回流罐夹套内通入冷水冷却，待针叶蜡析出后，脱蜡的萃取液，通过过滤器 9 用离心泵 11 输入蒸发罐 13 中蒸发。回流罐中的蜡，经加温溶化后从底部阀门放出。含在萃取

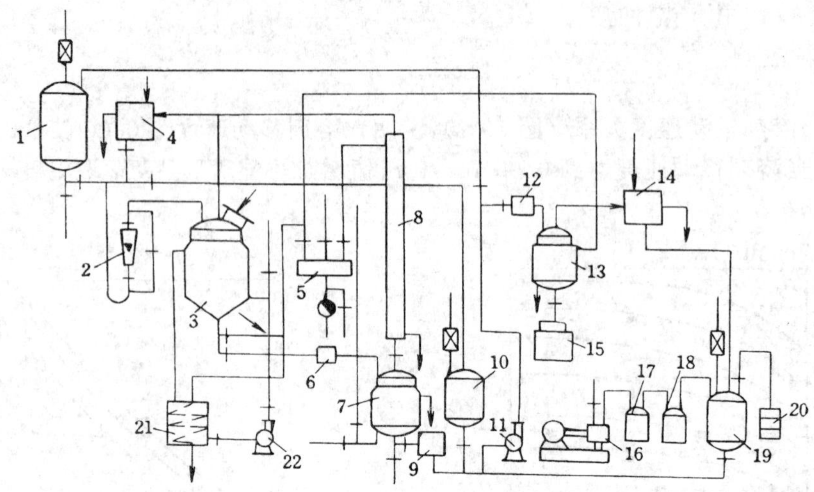

图 59-4 松针叶绿素-胡萝卜素软膏生产工艺流程

1. 高位计量贮罐；2. 转子流量计；3. 萃取锅；4. 冷凝器；5. 蒸汽分配器；6、12. 视钟；7. 回流罐；8. 保温管；9. 过滤器；10. 贮槽；11. 离心泵；13. 蒸发罐；14. 冷凝器；15. 皂化桶；16. 真空泵；17. 真空罐；18. 缓冲罐；19. 贮槽；20. 醚桶；21. 热水器；22. 热水循环泵

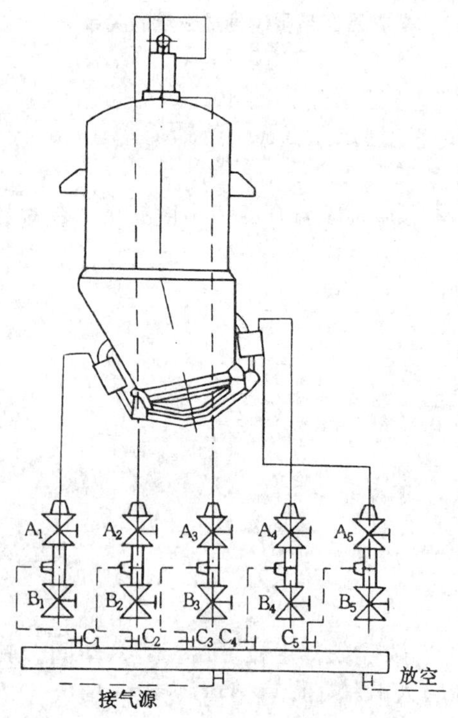

图 59-5 气动装置的气路控制程序

提升杆向下时：打开 C_2，A_2，A_3，B_3；关闭 B_2，C_3

提升杆向上时：打开 C_3，A_3，A_2，B_2；关闭 B_3，C_2

关门时：打开 C_1，A_1；关闭 B_1

上钩锁紧时：打开 C_4，A_4，A_5，B_5；关闭 B_4，C_5

脱钩松门时：打开 C_5，A_5，A_4，B_{34}；关闭 B_5，C_4

开门时：打开 A_1，B_1；关闭 C_1

残渣内的混合溶剂，用活汽吹出。使混有石油醚和乙醇的水蒸气经冷凝器 4 冷凝进入贮槽 10。经分层后，放出水层，溶剂层用离心泵输到高位计量贮罐，供下次萃取用。当萃取锅内温度达到 95℃时，关闭活汽，停止吹蒸。

萃取锅中的残渣是用气动装置，打开装有不锈钢过滤网的出渣门。利用提升杆装置，上下作往复运动，破拱出渣。出渣门的启闭和锁紧有气缸控制，气缸的气源有 10 只针形阀进行控制，气缸气路控制程序（图 59-5）如下：

萃取液输入蒸发罐 13 后，用间接蒸汽加热，蒸出溶剂，溶剂经冷凝器 14 冷凝后进入贮槽 19，在常压条件下蒸不出溶剂时，启动真空泵 16，用真空减压的方法，抽出树脂物质中残存的溶剂和部分水。浓稠的树脂物质趁热放入皂化桶 15 内，用 40%浓度的氢氧化钠皂化，保温在 60℃左右，制成 pH 值 7～9 膏体，碱的加入量按树脂物质的酸值计算，测定皂化软膏的含水率，并补加适量的水，将软膏浓度调至 50%～60%时，产品用带色无毒的塑料桶包装，每桶装 50kg。

1.5.2 前苏联松针叶绿素-胡萝卜素软膏生产方法[24]

松针叶绿素-胡萝卜素软膏产品的提取，现在利用比较多的是分馏喷淋的萃取设备，设备是锥形圆柱体，或者是球形底盖的萃取器，容积为 $1m^3$。设备底部装有活汽的鼓泡器和闭汽蛇管。内部冷却器制成半透镜形状，冷却器上的入水口和出水口与顶盖接管连接，接管和半透镜冷却器之间的连接，用防水软管，平时半透镜挂在空中，萃取时半透镜能够下降和收缩，与萃取的嫩枝叶表面直接接触。这种设备在拉脱维亚和爱沙尼亚使用较普遍。

松针叶绿素-胡萝卜素软膏生产过程主要包括下列操作步骤（图 59-6）。树木嫩枝叶粉碎；粉碎的树木嫩枝叶用汽油萃取；从萃取液中蒸出溶剂和精油；用 40%氢氧化钠水溶液皂化树脂物质和加水使软膏产品含水率达 40%～50%。

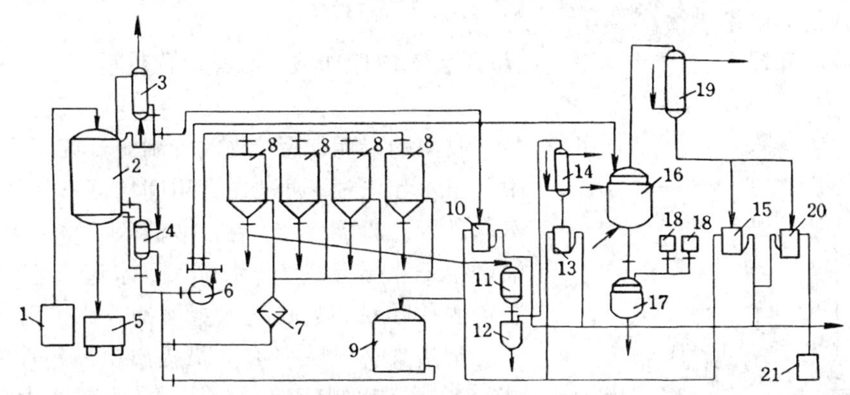

图 59-6　前苏联松针叶绿素-胡萝卜素软膏生产工艺流程

1. 升降机；2. 萃取器；3、14、19. 冷凝器；4. 预热器；5. 手推车；6. 泵；7. 过滤器；8. 沉澄器；9. 汽油贮槽；10、13、15、20. 油水分离器；11. 蜡贮槽；12、16. 蒸馏釜；17. 皂化器；18. 计量槽；21. 精油贮槽

将准备好的树木嫩枝叶装入容器，用电葫芦吊入萃取器，然后盖好萃取器的旋转盖。槽中的汽油用泵输入预热器，经预热后汽油供入萃取器。预热器用间接蒸汽加热，蒸汽压力为 1.98×10^5～3.92×10^5Pa，预热器中的汽油蒸汽也进入萃取器。在开始阶段，汽油蒸汽被冷的树木嫩枝叶冷却，冷却后的冷凝液流入下面的萃取器。碎树木嫩枝叶加热后，原料中的汽油和水蒸气通过冷凝器被冷却成液体，再用于回流洗涤溶解树木嫩枝叶表面的物质，萃取时间为 3～3.5h。

提取后，汽油提取液用泵送至沉澄器，进行静置沉澄，因部分蜡析在表面，需加以搅动，以使蜡沉下。

萃取结束后，向萃取器通直接蒸汽吹出溶剂。形成水和汽油蒸汽混合物进入冷凝器，经冷却输入油水分离器进行分离，从油水分离器中分离出的汽油输入贮槽中重新利用作萃取剂；从油水分离器中分离出的水排入下水道。

打开萃取器底部出渣孔，将提取过的废渣卸入手推车中，然后用电葫芦将手推车送出车间外面，倒出车中废渣。提取操作总时间为 5～6h。

提取液从第 4 个萃取器输入澄清器中，向澄清器夹套通入冷却水，冷却提取液，此时冷却水和机械杂质连续地排入下水道。分离出的蜡状产品（蜡的粗制品）排入特制的收集器中，汽油提取液经过滤后，用泵输入蒸馏釜。每个澄清器要保持 24h，沉积在澄清器壁上的蜡状产品，用直接蒸汽吹熔后，放入粗蜡收集器中。

用间接蒸汽加热蒸馏釜，从提取液蒸出溶剂，然后用直接蒸汽吹，汽油和水蒸气进入冷凝器，经冷凝后，冷凝液流入油水分离器，在这里分离出汽油和水，汽油输入贮槽供作提取溶剂，分离出的水排入下水道。

蒸出的汽油含有水，其比例为1：25（汽油：水），粗制精油馏分是汽油和精油的混合物，在特制的油水分离器中，将粗制精油和水分开，粗制精油收入贮槽，油水分离器中水排入下水道。精油的蒸馏直至蒸不出精油为止，蒸馏时间为5.5h，釜中得到的树脂物质放入中间容器。

从中间容器里取样，并称重树脂物质，然后放入皂化器内，用40% NaOH水溶液皂化树脂物质，在加热搅拌条件下皂化，皂化时间5～6h。热水和碱溶液经计量后加入树脂物质，计量槽中苛性钠溶液用泵供给。

制好的针叶叶绿素-胡萝卜素软膏，趁热装入玻璃瓶或金属桶，称重后用封罐机装好瓶盖或桶盖。

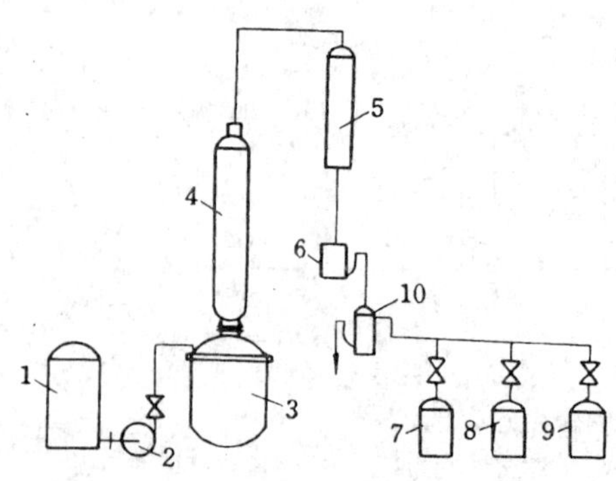

图 59-7 粗精油蒸馏工艺流程

1. 粗精油收集槽；2. 泵；3. 蒸馏釜；4. 精馏塔；5. 冷凝器；6. 分离器；7、8、9. 馏分收集器；10. 油水分离器

收集的蜡粗制品，放入特制的蒸馏釜中，从针叶蜡中蒸出水和汽油，通过蛇管用间接蒸汽加热，水和汽油蒸汽进入冷凝器冷凝，混合液流入油水分离器，得到汽油供给工业循环系统，水排入下水道。处理时间为5h。制得的针叶蜡，趁热装入金属桶，称重后装好桶盖。

基洛夫林学院研究人员提出粗制精油的蒸馏方法（图59-7）。粗制精油用泵从收集器输入蒸馏釜进行蒸馏，先用间接蒸汽加热，再用直接蒸汽加热，分出各馏份。精油和水形成蒸气混合物进入装有陶瓷填料塔，然后进入冷凝器，冷凝液进入计量的油水分离器，分成精油和水。先收集精油的轻馏分（密度0.815～0.840g/cm^3），然后收集精油的中间馏分（密度0.845～0.875g/cm^3），收集的精油密度超过0.875g/cm^{3}称为重精油。蒸重精油时，直至蒸不出精油为止。分离出的水放入下水道，精油装入玻璃瓶。1t树木嫩枝叶生产出的产品数量为：松针叶绿素-胡萝卜素软膏50～60kg，针叶蜡25kg，重精油0.14kg。

1.6 松针叶绿素-胡萝卜素软膏皂化过程控制

石油醚萃取物经浓缩后，从蒸馏釜放入皂化器的过程中，应取样分析浓缩软膏之酸价。

1.6.1 酸价测定

称取约0.2g的浓缩的松针叶绿素-胡萝卜素软膏，置于250ml三角烧瓶中，加中性无水乙醇20ml，待全部溶解后，加4～5滴酚酞，用0.1mol/L KOH溶液滴定至微红色时为终点。浓缩软膏酸价按下式计算：

$$X=\frac{VN\times 56.11}{W} \tag{59-9}$$

式中：X——酸价（KOH mg/g）；

V——滴定时氢氧化钾溶液的消耗量（ml）；

N——氢氧化钾溶液的当量浓度（mol）；

W——样品重（g）；

56.11——氢氧化钾溶液的克当量。

1.6.2　碱度检查

取松针叶绿素-胡萝卜素软膏少许，均匀地涂在滤纸上，然后滴上一滴酚酞，观察松针叶绿素-胡萝卜素软膏呈粉红色，说明加碱量适当；如不呈粉红色，需继续加碱，直至样品呈粉红色不褪为止。

1.7　松针叶绿素-胡萝卜素软膏产品质量和分析方法

松针叶绿素-胡萝卜素软膏产品质量，中华人民共和国林业行业标准规定，松针叶绿素-胡萝卜素软膏（LY/T 1177—95）外观为草绿色或墨绿色。具有松针气味，呈均匀、浓稠和油膏状的糊膏。产品质量指标分为特级品、一级品和二级品。具体的质量指标见表 59-7。

表 59-7　松针叶绿素-胡萝卜素软膏产品质量标准（LY/T 1177—95）

项　目		指　标		
		特级品	一级品	二级品
干物质含量（%）	≥	55	50	50
pH（1%水溶液）		8.0～10.0	8.0～10.0	8.0～10.0
灰分含量（%）	≤	4	5	5
β-胡萝卜素（mg/kg）	≥	600	500	400
叶绿素含量（mg/kg）	≥	3 500	2 500	1 500
维生素 E 含量（mg/kg）	≥	6 000	5 000	4 000
不溶于水的挥发物（%）	≤	4	4	4

松针叶绿素-胡萝卜素软膏产品质量具体分析方法，详见中华人民共和国林业行业标准，松针叶绿素-胡萝卜素软膏试验方法（LY/T 1178—95）中规定。

1.8　松针叶绿素-胡萝卜素软膏产品的应用[17]

1.8.1　在医药上的应用

在医药上，松针叶绿素-胡萝卜素软膏主要用于治疗维生素 A 缺乏症的皮肤病；镇痛、烫痛、烫伤、烧伤；各种溃疡、湿疹、阴道炎症、糜烂；毛囊炎、疥子、白癣、鼻臭症、子宫内膜炎、冻疮等疾病。临床报道如下：

治疗皮肤疾病。用于治疗皮肤疾病，一是以纯膏形式直接涂抹在伤口处或溃疡处，用纱布包扎好，或不予包扎。二是用 1%奴弗卡因或凡士林油配制成 30%或 50%膏剂使用。

药膏剂型的选择应根据刺激作用而定。松针叶绿素-胡萝卜素软膏按刺激作用大小可以分为强、中、弱。

弱刺激型：提尔克反应，+6%～20%；

中刺激型：提尔克反应，+20%～40%；

强刺激型：提尔克反应，+40%。

松针叶绿素-胡萝卜素软膏的主要医疗作用在于能使上皮迅速复原和杀滴虫作用。

治疗灼伤、营养性溃疡和滴虫病时，应使用弱刺激剂型。

治疗一度或二度热灼伤或化学灼伤时，洗去致伤的酸碱后，立即涂布薄层消毒膏剂在伤口上。涂布药物后 10～20min，有轻微的烧灼感，在邻近灼伤部分的皮肤处及粘膜上特别明显。治疗一度和二度灼伤，使用刺激作用 20%以下的松针软膏药物，已证明十分有效。

治疗营养性溃疡时，最好先在溃疡周围涂以中性软膏或氢化可的松软膏，然后在溃疡区涂以消毒的松针叶绿素-胡萝卜素软膏，以免浸渍到皮肤上。

松针叶绿素-胡萝卜素软膏经江苏省中医院和南京鼓楼医院皮肤科临床观察100多病例，初步认为，对斑秃、慢性溃疡、隐翅虫皮炎、接触性皮炎、冻疮、固定性药疹、急性湿疹、红斑性天疱疮、龟头疮、青春痣等皮肤病均有显著疗效。

治疗滴虫性阴道炎、尿道炎、外阴炎、子宫颈糜烂，应选用刺激性弱到中等的松针软膏制剂，将软膏用无菌水冲淡到30%～50%后，浸湿在棉栓上，浸有软膏的棉栓放入阴道8～10h后，用温水冲洗。同时也可将2汤匙药膏用1L水稀释，用于冲洗阴道。

在应用时，发生软膏强烈刺激，感到疼痛，可用温水冲洗。为了止痛可涂0.5%～1%奴弗卡因（一种镇痛剂）溶液；也可以直接取用1%的奴弗卜因配在软膏中，制成复合膏剂。

治疗鼻臭症和萎缩鼻炎。应选用中等刺激作用的松针软膏，用凡士林油配制成50%的擦剂。也可用棉花团浸泡药剂后放入鼻道2～4h。

1.8.2 在兽药上的应用

在畜牧兽医上，松针叶绿素-胡萝卜素软膏主要用于治疗牛犊和羊羔肠胃病，母牛阴道炎和子宫内膜炎、母牛的不孕症、牲畜的表面创伤、牲畜的皮肤病等。临床报道如下：

治疗羊羔下痢病。北京农业大学兽医系中兽医教研组，在内蒙古达藏乌兰图格用松针叶绿素-胡萝卜素软膏产品治疗54例羊羔下痢病。使用时将松针叶绿素-胡萝卜素软膏用白开水稀释10倍，每只羊羔口服2ml，试验结果表明，松针叶绿素-胡萝卜素软膏对羔羊下痢病取得较好疗效，有效率达86.7%。

治疗母牛阴道炎和子宫内膜炎。松针叶绿素-胡萝卜素软膏用于治疗母牛阴道炎和子宫内膜炎具有良好效果。曾对19头患阴道炎的牛和27头患子宫内膜炎的牛，进行治疗试验。阴道炎的治疗方法：将棉花或纱布栓子涂上用2～3倍煮沸过的水稀释的松针叶绿素-胡萝卜素软膏，放在阴道内10～12h，每天治疗1次，平均在治疗7次后，得到治疗效果。化脓性子宫内膜炎的治疗方法：用1/60沸水稀释液洗涤子宫（用2～3L），等洗涤液从子宫排出后，再灌注1∶6～8的溶液200～300ml，在6～10d中隔日洗涤1次，治疗8～10d后都逐渐恢复健康，所有治疗的牛发情期都恢复正常。用这种方法治疗，对牛没有看到产生不良影响和剧烈的反应，仅在给松针叶绿素-胡萝卜素软膏10～15min，牛略有不安的表现。

治疗母牛不孕症。用松针叶绿素-胡萝卜素软膏治疗母牛不孕症也有显著效果。浙江省永嘉县畜牧办公室技术人员，曾对15头患不孕症的奶牛进行试验，发现松针叶绿素-胡萝卜素软膏对卵巢机能衰退，长期不发性的奶牛进行治疗，疗效显著。服药前后牛的饲养和管理方式均不改变。试验详细结果见表59-8。

表59-8 松针叶绿素-胡萝卜素软膏治疗母牛不孕症的效果

畜 龄	症 状	直 检	用药量	用药天数(d)	效 果
25月龄	被毛粗乱，不发情，阴道黏膜苍白	卵巢如蚕豆大小	鲜松针4kg/天	30	服鲜松针后25天发情，配一次受孕
6岁	发情不规则，不明显，配过10多次未孕	卵巢如蚕豆大小	鲜松针4kg/天	3	服鲜松针后30天发情，配后受孕
8岁	产后前4个月配过5次未孕，后2个月不表现发情	卵巢2.5cm×3cm	松针软膏50g/天	5	服用松针软膏后18天发情，配一次受孕

（续）

畜　龄	症　状	直　检	用药量	用药时间(d)	效　果
10 岁	不发情，屡配不孕	卵巢 2.5cm×3cm	松针软膏 60g/天	5	第二个情期受孕
4 岁	发情不规则，阴道粘膜苍白	卵巢 2.5cm×3cm	松针软膏 50g/天	7	服用松针软膏后 20 天发情，配一次受孕
24 月龄	被毛粗乱，发情不规则，阴道粘膜苍白	卵巢如蚕豆大小	松针软膏 50g/天	5	服用松针软膏后 20 天发情，配一次受孕
25 月龄	发情正常，屡配不孕，其他无异常表现	卵巢 2.0cm×2.5cm	松针软膏 50g/天	5	服用松针软膏后 20 天发情，配一次受孕

松针叶绿素-胡萝卜素软膏的用量及使用方法：按每千克体重喂 0.15g 松针叶绿素-胡萝卜素软膏，每头牛每天喂松针叶绿素-胡萝卜素软膏约 45～60g。用时将松针叶绿素-胡萝卜素软膏溶于 2 倍量的白酒溶液里，再用水稀释 2 倍，内服，每天 1 次，5～7 天为一疗程。奶牛用鲜松针喂时，可将鲜松针捣碎，人工强迫饲喂。

1.9　松针叶绿素-胡萝卜素软膏提取残渣利用

松针经石油醚萃取后，留下的残渣，其外观为浅绿色，工业生产上，将这些残渣进行干燥，加工成细粉，作为补充饲料出售。

松针残渣饲料粉中含有的氨基酸接近三叶草，其中赖氨酸含量高达 3 200～6 100mg/kg，色氨酸含量达 1 830～2 450mg/kg；胡萝卜素含量接近干草和青贮饲料，即松针残渣饲料粉中含胡萝卜素 20～60mg/kg，干草中含胡萝卜素 30～50mg/kg，青贮饲料中含胡萝卜素 15～30mg/kg。松针残渣饲料粉中除脂溶性物质含量大幅度降低外，但是对粗蛋白、维生素 C 等营养物质影响不大，且灰分和粗纤维含量还有增高的趋势。粗蛋白中的白朊、球朊含量降低，而谷朊含量增高（表 59-9）。

表 59-9　松针残渣饲料粉中营养成分

项目指标	树木嫩枝叶原料	松针残渣饲料粉
粗蛋白（%）	6.73	8.72
非蛋白质物质（%）	14.7	16.9
白朊（水溶性的%）	29.7	21.7
球朊（盐溶性的%）	9.5	8.4
醇溶谷朊（醇溶性的%）	27.2	19.6
谷朊（碱溶性的%）	17.5	27.8
不溶解的剩余物（%）	2.5	6.9
色氨酸（%）	2.7	3.0
赖氨酸（%）	6.2	5.5
脂溶性物质（%）	11.08	4.07
β-胡萝卜素（mg/kg）	157	37
维生素 E（mg/kg）	670	185
维生素 C（mg/kg）	343	304
叶绿素（mg/kg）	940	264
灰　分（%）	3.2	3.5
粗纤维（%）	30.6	34.7

松针残渣饲料粉技术要求：

颜　色	浅绿色到褐色
气　味	具有较好的针叶气味，不应有发霉、腐烂气味
含水率（不超过%）	8～12
β-胡萝卜素（mg/kg）	没有要求
纤维素（不超过%）	32
粗蛋白（不低于%）	5
粉碎粒度，残渣通过筛孔直径2mm（不超过%）	5
消化率（不低于%）	30
金属磁石，粒度2mm（不超过mg/kg）	10
砂子（不超过%）	1

松针残渣饲料粉在家禽的基础日粮中，一般要求添加2%～5%，例云杉树木嫩枝叶残渣饲料粉，在家禽的基础日粮中添加2.5%，能明显促进家禽生长，家禽体重试验组比对照组平均提高9.6%。用松针残渣饲料粉喂产蛋鸡，对产蛋率具有良好影响。试验证明，试验组产蛋率为74%，对照组产蛋率仅有72%。从产蛋率、鸡蛋质量、家禽成活率等指标看，松针残渣饲料粉作用和牧草一样。

江苏省家禽研究所曾利用松针残渣饲料粉喂太湖种鹅，试验组和对照组各21只，在种鹅日粮中添加20%松针残渣饲料粉代替等量统糠，日喂2次，种鹅可自由取食。试验结果表明，用20%松针残渣饲料粉代替等量统糠喂种鹅是完全可以的。饲喂45天，种鹅下蛋、体重和取食情况，试验组和对照组相比无显著差异。

松针残渣饲料粉最大缺点是粗纤维含量高，消化率低。为了提高松针残渣饲料粉消化率，生产上常常采用碱或微生物发酵方法处理松针残渣饲料粉，以提高营养价值。

1.9.1　碱处理法

将松针残渣饲料粉装入带有搅拌器的设备中，然后按液比1∶10注满碱液。松针残渣饲料粉用碱处理最适条件为：温度90℃，碱浓度8%，液比1∶10，搅拌速度500r/min，处理时间6h，碱处理后风干时间为10天。按这样的工艺条件处理，松针残渣饲料粉消化率可提高至48%。松针残渣饲料粉经碱处理后制成的饲料产品性质：外观为浅褐色，无味；机械强度低，吸水性高，pH值8～8.5。产品组分（占绝干物质重%）：灰分2.6，易水解多聚糖7.5，难水解多聚糖28.5，木质素21.5。由此可见，用碱处理过的松针残渣饲料粉不但提高了消化率，而且提高了营养价值。

1.9.2　微生物发酵法

微生物发酵方法也是提高松针残渣饲料粉营养价值的一个行之有效方法。具体加工过程：先在松针残渣饲料粉中添加各种营养盐（g/L）：KNO_3 0.01，$MgSO_4$ 0.1，$FeSO_4$ 0.005，KH_2PO_4 0.01，KCl 0.1。待各物质混合均匀后，通活气处理30～50min，再接入菌种（*Penicillium viridoe* 或 *Panus tigrinus*）。然后，在28～30℃下，液比1∶5放置10～15昼夜。用微生物发酵方法处理松针残渣饲料粉，产品消化率提高至63%～65%，蛋白质含量增至10.7%（占绝干物质重）。蛋白质中氨基酸组成（%）分别为：赖氨酸0.83，组氨酸0.24，精氨酸0.28，天门冬氨酸1.67，苏氨酸0.61，丝氨酸0.8，色氨酸1.53，脯氨酸0.15，甘氨酸1.15，丙氨酸0.91，缬氨酸1.08，蛋氨酸0.07，异亮氨酸0.16，亮氨酸1.14，苯丙氨酸0.97。用这种发酵的松针残渣饲料粉喂养家禽、家畜，比用碱处理制备的松针残渣饲料效果更好。

2　松针水浸物

松针水浸物又称针叶药用浸膏。产品中除含维生素 C 和维生素 B 族外，还含有糖类、鞣质、少量有机酸和苦味物质等。维生素 C 又称抗坏血酸，是一种水溶性维生素。外观白色或微黄色晶体，无臭、味酸，熔点 190～192℃（分解），干燥纯品在空气中稳定，不纯制品和存在于天然产物中时不稳定。溶于水，稍溶于乙醇，不溶于乙醚、氯仿、苯、石油醚、油类和脂肪。易被氧化，是强还原剂。抗坏血酸最好在酸性环境中保存，在碱性环境中会降低它的稳定性。

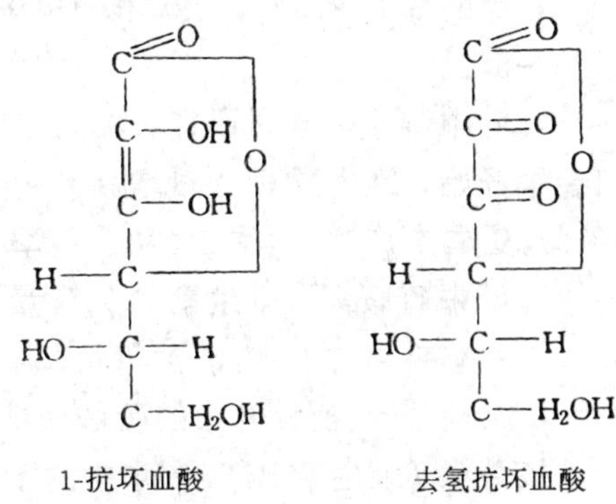

图 59-8　抗坏血酸结构式

抗坏血酸有两种结构式：1-抗坏血酸和去氢抗坏血酸（图 59-8）。抗坏血酸分子上失去 2 个氢原子，就会变成去氢抗坏血酸，这个过程需要在氧化酶作用下，或在氧作用下才能转变，但是这个过程是可逆的。

2.1　松针水浸物组成

松针水浸物是一种水溶性物质，在树木嫩枝叶中含有 30%～35%，这部分物质按照化合物性质可划分成 6 类化合物（图 59-9）。

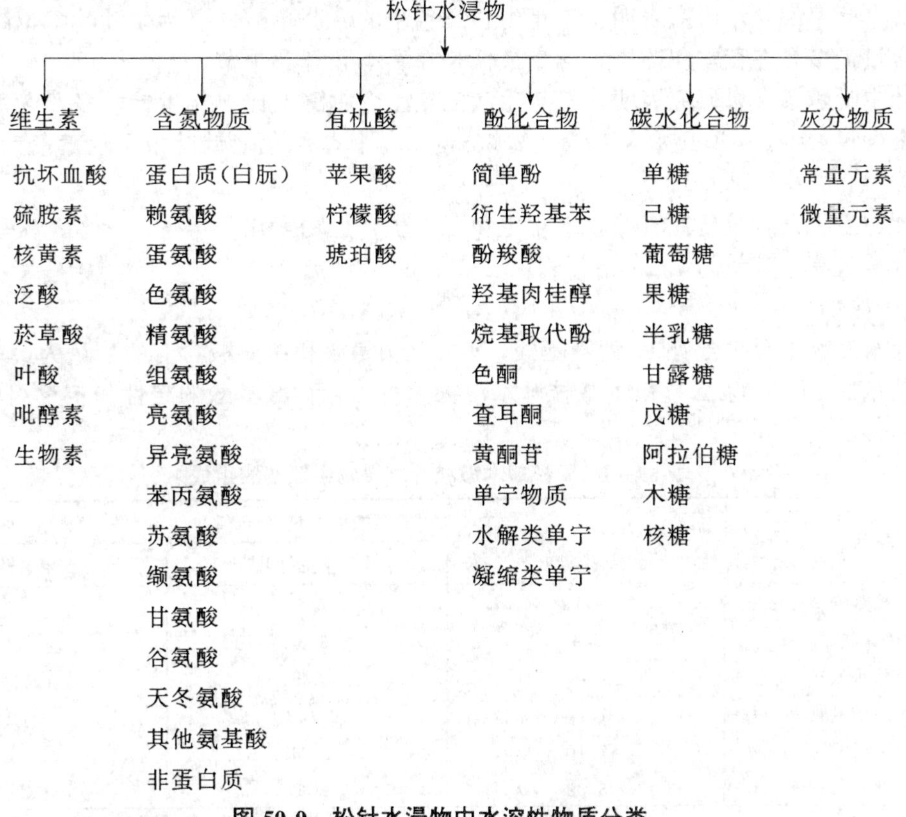

图 59-9　松针水浸物中水溶性物质分类

2.1.1 维生素

松针水浸物中含有大量的水溶性维生素，即维生素C和维生素B族。在松针水浸物中各种水溶性维生素含量（mg/kg）分别为：维生素C 2 000～5 000，维生素B_1 4～9，维生素B_2 5～8，泛酸3.8～13.7，菸草酸16.9～38.3，叶酸2.2～4.0，吡醇素7.45～21.13，生物素1.29～5.1。

针叶中维生素含量研究表明，二年生和三年生的针叶含维生素C比一年生针叶多。冬季和春季开始，维生素C含量增高。在一年中，松树针叶中维生素C含量变化（mg/kg）：春季6 040,夏季4 170，秋季5 490，冬季6 130。

针叶中硫胺素（维生素B_1）含量研究表明，一年生针叶含硫胺素比二年生、三年生针叶多，在秋季针叶中硫胺素含量最低，其量为0.3mg/kg，花粉中硫胺素含量高，其量可达6.9mg/kg，开花前针叶中的硫胺素能增至最大值。

核黄素（维生素B_2)，在水中的溶解度随温度变化而变化，温度升高，溶解度增大，例如：27℃为0.12mg/kg，40℃为0.19mg/kg，100℃为2.3mg/kg。核黄素水溶液紫外吸收光谱最大在445nm、374nm、268nm、223nm，荧光色谱在黄绿范围（515～615nm)，最大吸收峰为530nm。核黄素在酸水溶液中稳定，而在碱性环境中很快破坏。试验表明，红外线和紫外线辐射1h，核黄素将损失达20%～27%。

针叶中泛酸含量研究表明，一年生含有泛酸比二年生和三年生多，且在一年中以秋季、冬季和早春期间含量增高，而幼芽和嫩枝中的泛酸含量增加是在夏季或在花期后。

针叶中菸草酸含量研究表明，二年生和三年生的含菸草酸比一年生针叶多，绿色针叶中菸草酸含量最多是在秋季和冬季，含量最低是在春季和开花季节。

针叶中吡醇素含量研究表明，二年生和三年生含吡醇素比一年生针叶多，春季的嫩枝条中吡醇素含量最低，夏季开始为1.99～2.63mg/kg，秋季绿色老针叶中含吡醇素为21.13mg/kg。

针叶中生物素含量研究表明，二年生和三年生含生物素比一年生针叶多，秋季黄色落叶生物素含量最高，其量为1.29mg/kg。

2.1.2 含氮物质

松针水浸物中至少含有17种氨基酸，其中以赖氨酸和组氨酸含有的数量为最多，其量为氨基酸总量的51%。以云杉树木嫩枝叶水浸物为例，各种氨基酸的定性和定量组成见表59-10。

表59-10 云杉树木嫩枝叶水浸物中氨基酸组成

氨基酸	氨基酸提取量（mg/L）		
	一年生针叶	二年生针叶	三年生针叶
赖氨酸	36.92	7.47	0.35
组氨酸	36.91	3.30	0.33
精氨酸	4.96	18.94	19.48
天门冬氨酸	1.77	3.43	4.89
苏氨酸	7.10	19.38	0.71
丝氨酸	3.32	2.61	微量

（续）

氨基酸	氨基酸提取量（mg/L）		
	一年生针叶	二年生针叶	三年生针叶
谷氨酸	11.42	0.88	3.68
脯氨酸	1.75	1.67	2.76
甘氨酸	10.91①	4.27	0.38
丙氨酸	—	1.60	0.62
胱氨酸	12.29	1.08	2.73
缬氨酸	0.23	0.78	4.83
蛋氨酸	0.85	4.25	微量
异亮氨酸	2.56	0.12	3.20
亮氨酸	2.76	1.61	0.15
酪氨酸	1.29	1.25	微量
苯丙氨酸	9.66	8.63	0.97

① 甘氨酸和丙氨酸的总量。

2.1.3 有机酸

松树嫩枝叶水浸物中存在脂肪族的一羧酸、二羧酸、三羧酸和苯羧酸。在芳香族酸中发现存在苯甲酸，这种酸的存在会降低水浸物的营养价值。脂肪族酸以苹果酸、柠檬酸、戊二酸为主。苹果酸为总酸量的 10%，柠檬酸为总酸量的 5%。这些酸能够促进微生物同化糖，作为微生物的营养源。欧洲松嫩枝叶水浸物中各种有机酸的组成（为总酸量的%）分别为：甘油酸 13.5，草酸 0.4，琥珀酸 3.2，苯甲酸 15.3，延胡索酸 3.2，苹果酸 10.6，戊二酸 3.9，肉桂酸 0.4，酒石酸 2.0，柠檬酸 5.2，苯连三酸 0.6，偏苯三酸 0.5。

2.1.4 酚化合物

植物酚化合物称为芳香基团物质，含有游离的或结合的酚羟基。植物酚化合物起源于单体苷、游离苷、或与糖结合的苷。在糖苷部分多数是已糖分子，少量的是二糖和低聚糖。在三羟基衍生物中发现的化合物是焦倍酸、苯间三酚和少量的苯偏三酚。

简单的酚化合物包括衍生的羟基苯（磷苯二酚、苯二酚、苯间二酚、苯间三酚）、酚羧酸（焦倍酸、倍酸、莽草酸、对羟基苯酸、香草酸、丁香酸和其他的酸）、羟基肉桂醇和烷基取代酚（松柏醇、芥子醇、丁子香酚）、香豆素（香豆素、6，7-羟基香豆素、7-羟-6-甲氧基香豆素）、色酮、苯酚、氧杂蒽酮、芪和查耳酮等。

酚化合物中的黄酮苷（维生素 P）含有 15 个原子碳（C_6-C_3-C_6），如黄酮醇、黄素、黄烷醇、黄烷酮、黄烷、儿茶酸等化合物，各种天然的黄酮苷是靠苯核上存在不对称的碳原子进行取代，与单糖苷、二糖苷和三糖苷形成黄酮苷，现已知约有 1 000 多种酚类化合物，其中仅有儿茶酸、黄烷酮、黄烷醇等是无色物质，其他是有色物质。在针叶水浸物黄酮苷复合体中存在芸香苷（主要是槲皮素苷和微量的槲皮素）。定量测定表明，松针水浸物中芸香苷含量大于云杉针叶水浸物中芸香苷含量。研究表明，在秋、冬季，针叶中黄酮苷含量累积最多，在生长期（3～6 月），黄酮苷含量最低。沈兆邦等人研究马尾松针叶酚类化合物，共分离鉴定出 31 种酚类化合物，它们分属黄酮化合物，木脂素类化合物，黄烷-3-醇及其二聚体和其他苯丙素酚类化合物（图 59-10）。其中有 10 种酚类化合物是首次研究发现的，即图 59-10 中的化合物（3）、（4）、（6）（8）、（9）、（10）、（17）、（19）、（20）和（25）。生物活性黄酮苷是人和动物必需的营养成分，在日粮中不足会增加毛细血管的脆性。研究发现，香豆素、花青素、儿茶酸和某些酚酸都具有抗毛细血管脆性的作用，某些黄酮苷还具有抗肿瘤和防止射线的作用。

（1）R＝H

（2）R＝β-D-葡萄糖基

（3）R＝β-D-（6″-O-苯乙酢酢酰）-葡萄糖基

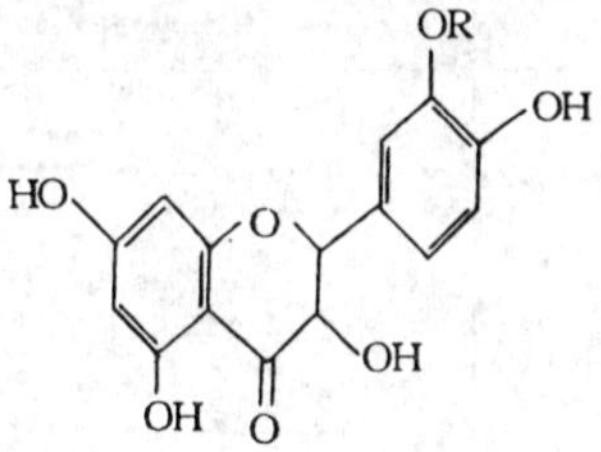

（4）R＝β-D-葡萄糖基

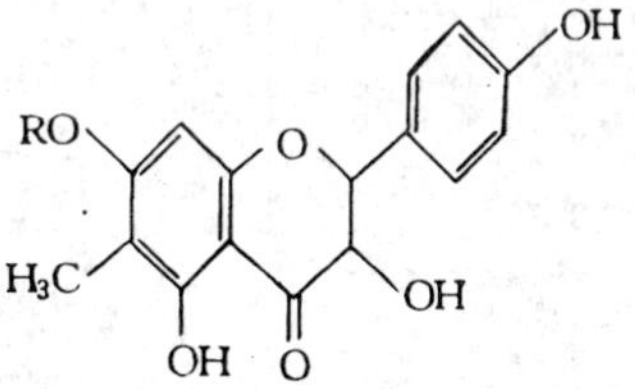

（5）R＝β-D-葡萄糖基

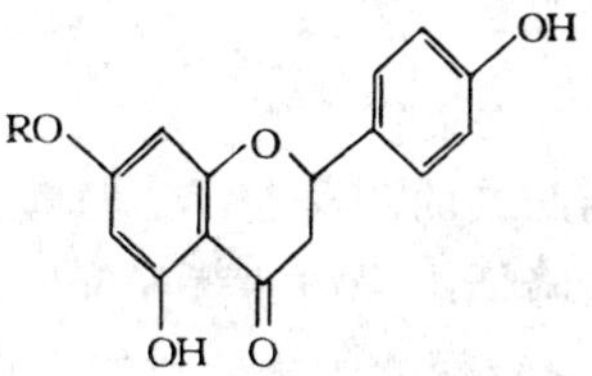

（6）R＝β-D-葡萄糖基

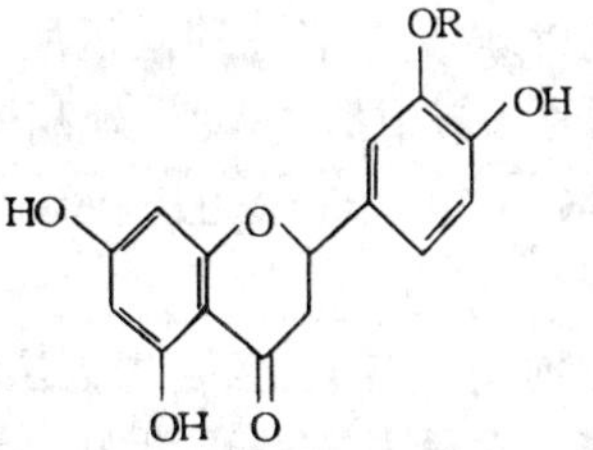

（7）

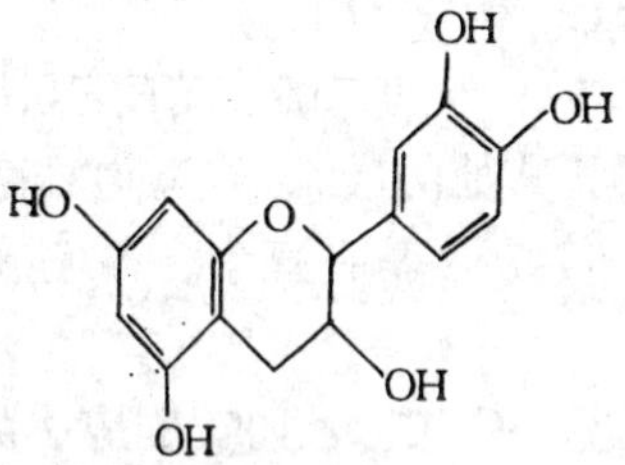

（8）

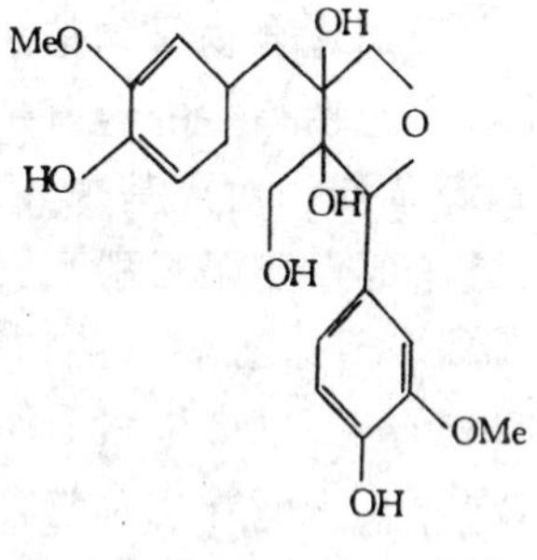

（9）R_1＝α-L-鼠李糖基，R_2＝R_4＝H，R_3＝Me

（10）R_1＝R_2＝H，R_3＝Me，R_4＝α-L-鼠李糖基

（11）R_1＝α-L-鼠李糖基，R_2＝R_3＝R_4＝H

（12）R_1＝R_2＝R_3＝H，R_4＝α-L-鼠李糖基

（13）R_1＝R_2＝R_3＝H，R_4＝β-D-葡萄糖基

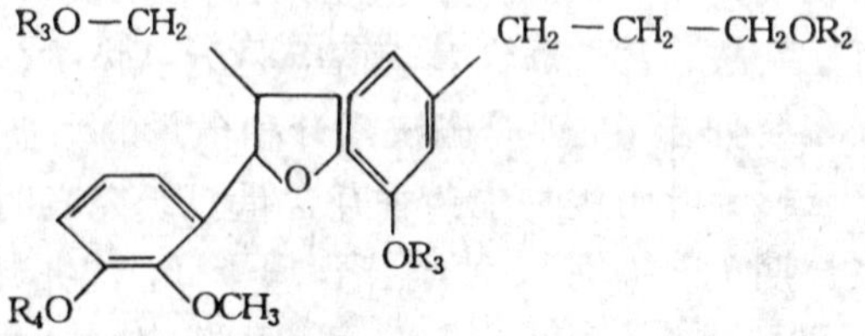

（14）$R_1=R_2=R_3R_5=H$，$R_4=\alpha$-L-鼠李糖基
（15）$R_1=R_3=R_4R_5=H$，$R_2=\beta$-D-葡萄糖基
（16）$R_2=R_3=R_4R_5=H$，$R_1=\beta$-D-木糖基
（17）$R_1=R_2=R_3R_4=H$，$R_5=\beta$-D-葡萄糖基
（18）$R_1=R_2=R_3R_4=R_5=H$
（19）$R_1=R_2=R_5=H$，$R_3=Me$，$R_4=\alpha$-L-鼠李糖基
（20）$R_1=R_2=R_5=H$，$R_3=Me$，$R_4=\beta$-D-葡萄糖基

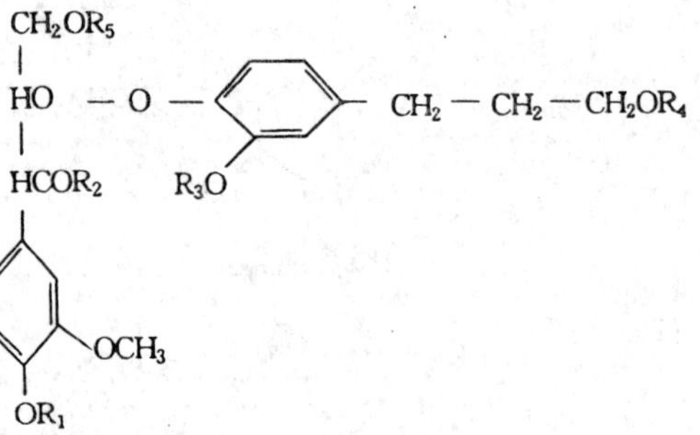

（21）$R_1=H$，$R_2=\beta$-D-木糖基
（22）$R_2=H$，$R_1=\beta$-D-葡萄糖基
（23）$R_1=H$，$R_2=\alpha$-阿拉伯糖基

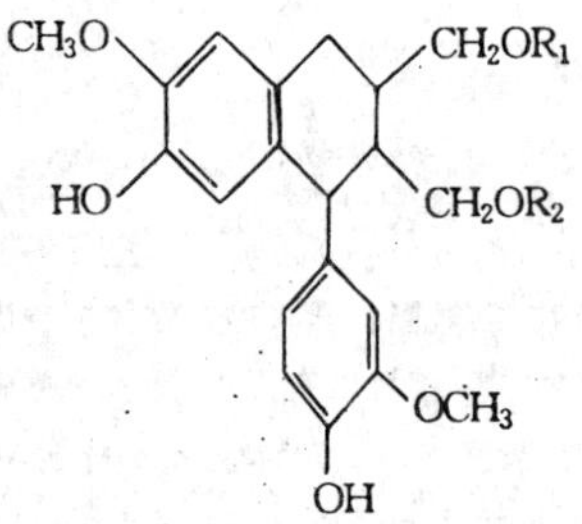

（24）$R=\beta$-D-葡萄糖基
（25）$R=\beta$-D-木糖基

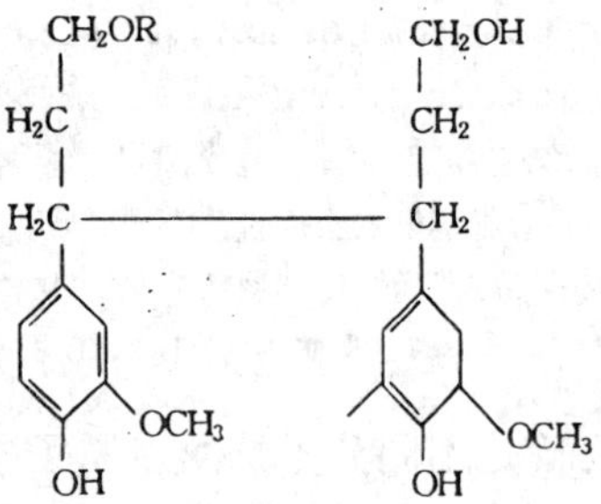

（26）$R=\beta$-D-葡萄糖基

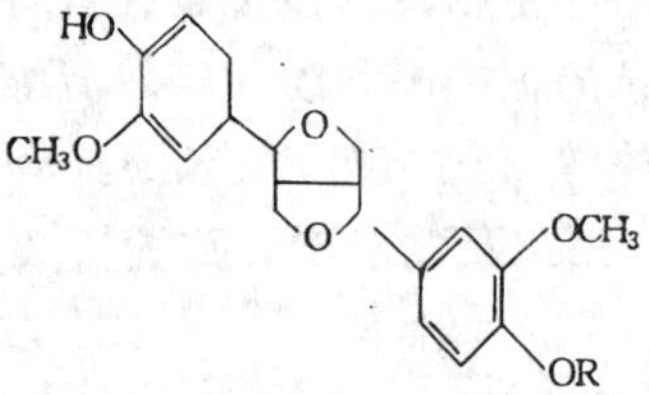

（27）B-1

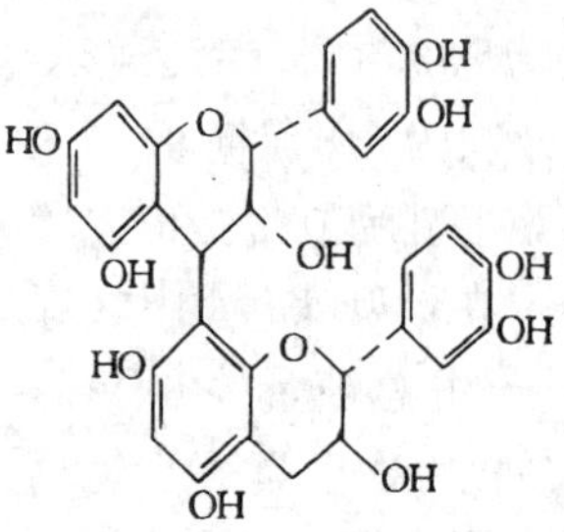

（28）B-3

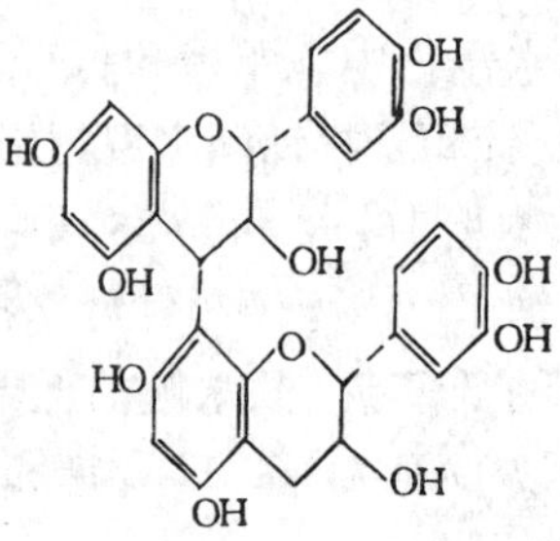

（29）B-6

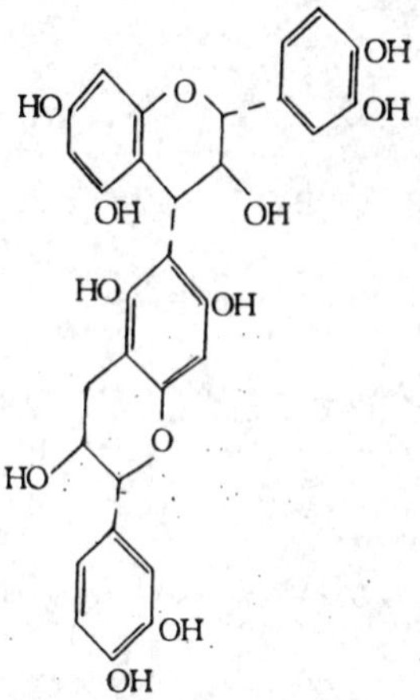

（30）R=H
（31）R=OCH_3

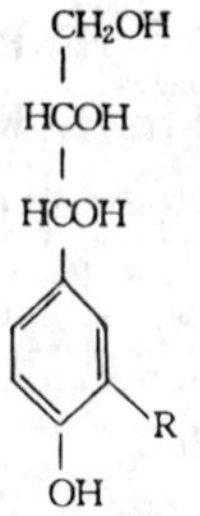

图 59-10　马尾松针叶酚类化合物[25]

1. 黄酮类化合物-双氢槲皮素（1），双氢槲皮素-3′-O-β-D-葡萄糖苷（2），双氢槲皮素-3′-O-β-D-（6″-O-苯乙酰）-葡萄糖苷（3），6-C-甲基-双氢山奈素-7-O-β-D-葡萄糖苷（4），柑橘素-7-O-β-D-葡萄糖苷（5），圣草素-3′-O-β-D-葡萄糖苷（6）和（+）儿茶素（7）；2. 木脂素类化合物-（一）马尾松脂素（8），2，3-二氢-2-（4′-羟基-3′-甲氧苯基）-3-羟甲基-7-甲氧基-5-苯并呋喃丙醇之二种α-L-鼠李糖苷（9，10），2，3-二氢-7-羟基-2-（4′-羟基-3′-甲氧苯基）-3-羟甲基-5-苯并呋喃丙醇之二种α-L-鼠李糖苷和一种β-D-葡萄糖苷（11～13），1-（4′-羟基-3′-甲氧苯基）-2-［2″-羟基-4″-（3-羟丙基）苄基］-1，3-丙二醇的一种α-L-鼠李糖苷，二种β-D-葡萄糖苷和一种β-D-葡萄糖苷（14～17）及该木脂素（18），1-（4′-羟基-3′-甲氧苯基）-2-［4″-（3-羟丙基）-2″-甲氧苄基］-1，3-丙二醇的α-L-鼠李糖苷和β-D-葡萄糖苷（19，20），（+）异落叶松脂素的β-D-木糖苷，β-D-葡萄糖苷和α-L-阿拉伯糖苷（21～23），（一）裂环异落叶松脂素（Secoisolariciresinol）的β-D-葡萄糖苷和β-D-木糖苷（24，25）以及（+）松脂素的β-D-葡萄糖苷（26）；3. 黄烷-3-醇二聚体-B-1，B-3，B-6（27～29）；4. 二个芳基丙三醇化合物（30，31）。

单宁物质是不同分子量的多原子酚，一般说来，具有涩味，能鞣皮和沉淀蛋白质，以及能冲稀溶液中的生物碱。按化学结构分类，单宁物质可分为水解单宁和凝缩类单宁。水解类的单宁是复杂的糖类酯和酚羧酸；凝缩类单宁是一些不同分子量的聚氧酚。近年研究确定儿茶酸具有黄酮醇-3的结构，聚氧酚具有黄酮醇-3和黄烷醇-3，4的结构。某些针叶水浸物中单宁含量（%）为：云杉5.81，欧洲松3.37，马尾松4.43。针叶水浸物中的苦味物质是芸香苷和松柏苷。

2.1.5　碳水化合物

针叶水浸物中含单糖和低聚糖。松针水浸液含单糖30.5%，而云杉针叶水浸物含单糖31.1%。松针和云杉针叶水浸物中各种单糖含量（%）分别为：葡萄糖9.53和6.50，戊糖2.92和5.07，木糖16.52和5.36，阿拉伯糖1.57和1.43，半乳糖0.26和12.76。松树针叶水浸物含低聚糖13.5%，云杉针叶水浸物含低聚糖15.8%。在针叶水浸物中存在易水解的低聚糖和难水解的低聚糖。易水解的低聚糖以醛糖、酮糖为主，占总糖量的6.1%～19.5%；难水解的低聚糖以D-葡萄糖、D-戊糖和D-木糖为主。

2.1.6　灰分物质

松针水浸物中的灰分物质主要包括常量元素和微量元素。松树针叶水浸物含灰分2.9%～4.6%，云杉针叶水浸物含灰分2.3%～4.6%。松树和云杉嫩枝叶水浸物灰分的组成及含量见表59-11。

表 59-11　松树和云杉嫩枝叶水浸物灰分的组成及含量（为灰分重量的%）

灰分组成	针叶水浸物			
	云杉针叶	云杉嫩枝	松树针叶	松针嫩枝
钠	1.0	1.1	2.2	2.6
镁	2.1	2.3	3.6	4.2
硅	+	+	+	+
钾	1.1	2.6	4.4	6.2
钙	+	+	+	+
铝	1.5	1.2	5.6	8.1
磷	11.4	13.8	13.8	13.2
钛	0.06	0.06	0.07	0.09
锰	5.7	8.7	10.8	9.9
铁	1.7	1.7	1.7	2.3
镍	0.002	0.004	0.005	0.004
铜	0.002	0.004	0.004	0.004
锌	0.3	0.3	0.3	0.4
银	0.01	0.01	0.01	0.01
铅	0.04	0.06	0.06	0.03
硼	0.6	0.6	0.7	0.7

2.2　松针水浸物加工

松针水浸提应选用不锈钢、铝、搪瓷、木质设备，严禁采用铁和铜设备，铁和铜会破坏维生素 C。采集的树木嫩枝叶原料，先用切碎机切碎，再过 2～3mm 孔径的筛，破碎后的绿叶要立即送入浸提设备，最好不要超出 30min。生产上常用的是罐组浸提，木制浸提槽的容积为 100～1 000L，其槽内设有假底木格，在木格上铺一层薄的粗皮，假底与槽的高度为 200～250mm，其间装置供汽蛇管，浸提槽底部装有排料阀，用于浸提液的排出。使用的水为普通饮用水，但要除去氯离子，以防维生素 C 的破坏。

2.2.1　热法浸提

热法浸提采用罐组浸提，使用的浸提槽有 3 个，具体操作如下：破碎的树木嫩枝叶装进第三槽后，先向第一槽加进 70～75℃的热水，浸泡 30min 后，将第一槽中的浸提液供给第二槽，在 70～75℃温度下保持 30min，再将浸提液供给第三槽，在 70～75℃温度下保持 30min 后排出浸提液。

第一槽浸提液放出后，卸出浸提过的绿叶，接着就装进新破碎的树木嫩枝叶。先向第二槽供给热水，浸泡 30min，然后将第二槽中的浸提液供给第三槽，同样对树木嫩枝叶浸泡 30min，以后将第三槽的浸提液供给第一槽，再用 70～75℃热水浸提 30min，将制备好的浸提液排出。

第二槽嫩枝叶卸出后，就装入新破碎的绿叶，先向第三槽供给热水，进行浸提，从第三槽得到的浸提液再供给第一槽，浸提 30min 后，再供给第二槽，浸提 30min 排出。然后，将第三槽嫩枝叶卸出后，装进新破碎的嫩枝叶。再向第一槽供给 70～75℃的热水，进行重复循环浸提。浸提全过程不应超过 100～120min，浸提温度始终保持 70～75℃。最后将制得的浸提液用细布过滤，此产品就称松针水浸物。一般的情况下，树叶水浸物的产量约为树木嫩枝叶重量的2倍。

2.2.2 冷法浸提

冷法浸提就是将磨细的树木嫩枝叶，用冷水浸泡30～40min。这种方法的特点是，浸提液产品质量高，浸液中的维生素C含量高达300～350ml/kg，几乎能溶解大部分的维生素C和糖，而树木嫩枝叶中含量丰富的苦味物质和树脂，却溶解较少；这是热法浸提不可比拟的。

冷法浸提也采用罐组法完成的，浸提桶3个，按逆流原理浸提，具体工艺过程如下：先在浸提桶（容积50～80L）灌入2/3体积的水，然后将磨碎的树木嫩枝叶装入麻袋中，麻袋外面用木框加固，先移入第一个浸提桶中，混合搅拌30～40min，提高滤袋（麻袋），挤压10～15min，待水流出，移入第二桶，操作同上，再移入第三桶，重复操作，最后将浸提过的树木嫩枝叶排出，收集全部浸提液，经细布过滤后，用作动物饲料。按照这样方法处理树木嫩枝叶，一般的情况下，35kg的粉碎树木嫩枝叶，可得50L水浸物。

2.2.3 高温浸提

高温浸提能够同时生产针叶药用水浸物和精油。生产装置如图59-11。具体生产工艺如下：收集的树木绿叶用粉碎机破碎，然后用带式运输机将粉碎料输入萃取器，萃取器加温靠蒸汽锅炉供给蒸汽，使萃取器温度达120～150℃。树木绿叶经蒸汽处理后，蒸汽和精油一起进入冷凝器，经冷凝后流入油水分离器，并分成油和水。在油水分离器中收集的精油，用棉花或粗布过滤，过滤后的精油，用于制备针叶药用提取物。萃取器中的水溶性物质放入澄清器，经澄清的物质用泵输入蒸发器，蒸发后即得到一种暗绿色粘稠物质，将该物质输入贮槽（13）中，并定量加入精油。在搅拌条件下，制成针叶药用提取物。针叶药用提取物产量为树木绿叶重量的11%～12%。

2.3 松针水浸物提纯

从松针制备的水浸物，味苦，有树脂味，主要是在生产过程中，部分树脂、鞣料和酚类物质，也同时被提取出来。浸液经过净化，可除去苦味和树脂味。

2.3.1 活性炭净化

因为活性炭是抗坏血酸的氧化剂，1g活性炭会氧化60mg抗坏血酸，因此，为了避免抗坏血酸受活性炭氧化，活性炭用于净化松针水浸物时需要进行还原，其方法有两种：

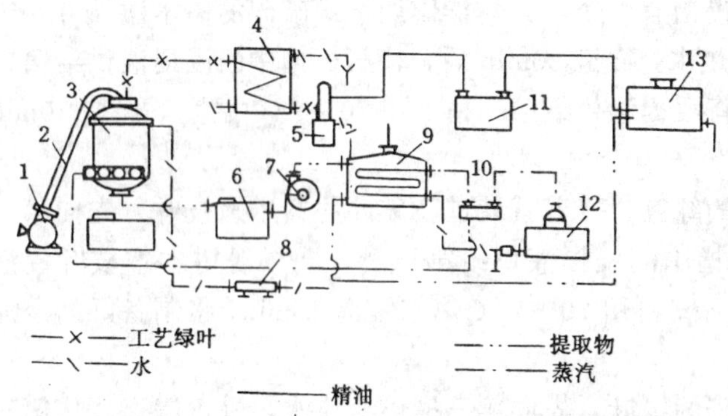

图59-11 针叶药用水浸物生产工艺流程图

1. 粉碎机；2. 带式运输机；3. 釜式萃取器；4. 冷凝器；5. 油水分离器；6. 澄清器；7. 泵；8. 热交换器；9. 蒸发器；10. 蒸汽分配器；11. 精油收集器；12. 蒸汽炉；13. 贮槽

(1)在100℃温度下，用饱和的石灰水与活性炭混合，1kg活性炭加10L饱和的石灰水。在混合物中继续添加亚硫酸钠，1kg活性炭添加100g亚硫酸钠。搅拌5min，再添加3%盐酸溶液，1kg活性炭添加1L盐酸溶液。最后用活性炭的50～100倍量热水洗涤活性炭，并防空气吸入活性炭。

(2)在冷饱和石灰水(15～17℃)中，与活性炭混合，1kg活性炭添加10L冷饱和的石灰水。然后向混合物中添加葡萄糖，1kg活性炭添加100g葡萄糖。煮沸2min，活性炭用热水洗涤。

松针水浸物加入容积为500～800L的蒸煮器（不锈钢或铝制）中，蒸煮器上装有蒸汽套管和搅拌器，先将水浸物加热到70℃，再加入少量的还原活性炭，搅拌处理水浸物5～10min，过滤后用泵将水浸物输入蒸发器浓缩。纯化的水浸物是透明的，无气味和苦味。

水浸物经活性炭净化，活性炭吸附了10%～12%抗坏血酸和5%～7%的糖，维生素C损失12.5%。松针水浸物在净化前含干物质3.5%～3.6%，维生素C含量800mg/kg。活性炭处理后，松针水浸物含干物质2.7%～2.8%，维生素C含量为700mg/kg。

净化后废的活性炭可以进行再生，其方法为：将废活性炭放入2%碱液中煮沸1h，用热水洗涤，然后放入1%盐酸中煮沸1h，压滤，重新用热水洗涤。最后在500～600℃条件下，隔绝空气煅烧，除去杂质。经这样处理，活性炭损失5%。

2.3.2　发酵处理

为了提高松针水浸物的稳定性和改善味道，可采用发酵的方法。发酵的方法有两种：

（1）面包发酵。将上等的松针水浸物加热到40℃时，加入酵母，一般在100L浸液中加入1.5～2L的液体面包酵母。在20～22℃时，发酵24～30h，将水浸物再倒入瓶中，在15～16℃发酵两昼夜。然后加入糖（100L加4kg）、葡萄糖或蜜糖（100L加6kg），使水浸物变甜，并在75～80℃灭菌30min，冷却后，加入香精，将水浸物装入瓶中，塞上软木塞，外用蜡封。

（2）乳酸发酵。将松针水浸物加热到40～50℃时，加入麦芽、糖或蜜糖，然后加入乳酸酵母，装入桶中，盖好盖，发酵24h，待温度降低到20～25℃，100L水浸物中加入2L的面包酵母或啤酒酵母，再发酵24h，发酵结束，将水浸物放出装瓶。每瓶装16kg发酵水浸物，塞上橡胶塞或软木塞。一玻璃瓶发酵水浸物约含有350人剂量的维生素C。

用这种方法制备的水浸物，味好，酸度适宜，苦味完全去除，在贮存时比较稳定。

发酵水浸物可用于维生素水果水，一杯水中加30～50g。这种饮料的味道几乎与普通饮料没有区别。

此外，松针水浸物提纯，还可以用1%盐酸和乙醇等有机溶剂处理，同样得到去除苦味的水浸物。但这些试剂的缺点是处理时会引起部分维生素C的分解。

2.4　松针水浸物利用

2.4.1　饲喂家畜和毛皮动物

松针水浸物喂猪，能促进幼猪生长，防止母猪产死胎和畸形仔猪，对防止肠胃病也有效。松针水浸物喂量，应按每千克体重喂给30～50ml水浸物。如用桧树叶水浸物喂猪，在猪的日粮中，按每头每天喂1.5L，分3次喂给，猪的增重率可提高7.8%～14.8%，而且能改善猪肉和猪油的质量和味道。

松针水浸物喂牛犊，在牛犊日粮中，按每头每日添加0.5L松针水浸物，30天后，试验组比对照组体重提高7.5%。

松针水浸物喂水貂，在水貂日粮中，每头每天添加10ml水浸物，水貂的体重提高5.4%，而且增加了毛皮的幅度和质量。

2.4.2　在食品上的应用

(1)浸液维生素饮料。取松针水浸物1L(含有10人剂量的维生素C)，向水浸物加糖30g、柠檬酸或酒石酸3g，用醋酸酸化，在1L水浸物中加2g醋酸，然后添加红橘、柠檬或越橘食用香精，添加量为饮料量的0.05%，樱桃食用香精添加量为饮料的0.15%。制备的饮料，加热到90℃，用布过滤，趁热倒入灭菌的桶、玻璃瓶或坛中，塞上软木塞，用火漆封住。这种饮料含维生素C 200mg/kg。

浸液维生素饮料在0℃可贮存10d，在5～10℃可贮存3～4d，在15～20℃可贮存1d。因此，这种饮料在20℃条件下，需当天生产当天销售。

（2）维生素C浓缩饮料。松针水浸物中含有少量的有机和无机物质（约3%），这些物质会导致水浸物中的抗坏血酸的氧化，在室温下2～3d就完全被氧化；其次松针水浸物易发酵和发霉；此外松针水浸物中固体物含量低，包装体积大，运输困难。所以松针水浸物纯化后需要浓缩。

松针水浸物浓缩通常采用薄膜蒸发设备完成。最好在真空条件下进行蒸发，可用一级或多级不锈钢蒸发设备。蒸发工艺条件：温度不应超过65℃，真空度应不低于800kPa，蒸发时间不超过1h。松针水浸物浓度从5%浓缩到50%，坏血酸的损失不应超过4%。

松针水浸物经浓缩后，贮存稳定性提高，贮存36d，维生素C保存100%，贮存59d，维生素C保存88.4%。一般来说，这种维生素浓缩饮料可贮存4～6个月。

向浓缩饮料添加糖和香精后，在温度不低于75℃时，用灭菌瓶包装，并密封。维生素浓缩饮料，可用于制果子糕、维生素果冻、糖果等。

（3）活性维生素糖浆。取含有92%～95%的维生素C浓缩浸膏，加热到90～100℃，按浸膏的重量添加50%糖，麦芽糖浆或蜂蜜。冷却后，再添加0.07%～0.1%食用香精，装入瓶中，塞紧塞子。

这种糖浆可贮存6个月，10～12g糖浆就含有一人剂量的维生素C，16kg糖浆含有1 300人剂量的维生素C。

该糖浆能用于充碳酸气的饮料，水果水、清凉饮料，还可用作果子糕、水果冰淇淋和其他产品的组分。一般情况下，在一杯饮料中添加10～12g糖浆。

2.4.3 在医药上的应用

（1）松针浴剂：松针药用浸提物是树木嫩枝叶水溶性部分和精油的混合物，生产的产品有液态和块状。液态药用松针提取物称为松针浴剂。在浴剂中加有针叶精油，浓度为50%，每瓶装0.5L。产品具有松针气味，外观为黑褐色液体。制备1t 50%浓度松针浴剂，需要5.8t松针嫩枝叶（枝叶含水率50%）。

（2）松针盐块：为了制备块状药用浸提物盐，取用50%浓度的水浸物，加入装有蒸汽夹套的反应器，反应器还装有搅拌器，底部安装排出口，将水浸物蒸浓到含有80%的水溶性物质，加入食盐和针叶精油，然后倒入长方型模具中，每块重50g。块状药用浸提物盐具有针叶气味，外观为黑褐色。按50g一块计，制备1 000块，需消耗40kg液态松针浴剂（50%浓度）和35kg食盐。

松针浴剂和松针盐块在洗澡时应用，可以治疗中枢和末梢神经系统、心脏血管系统和风湿痛等疾病。

3 杨树皮类脂

杨树皮类脂是非极性溶剂的提取物，其量占树皮干物质重量的6%～14%。类脂是表示不同基团的物质混合在一起，它易溶于有机溶剂，但不溶于水，这些基团化合物主要包括脂肪酸、甾醇、维生素E、胡萝卜素、磷脂等。其中不饱和脂肪酸能够利用作生物活性物质的原料，具有维生素P的生物活性。

70年代末期，苏联首先完成了从欧洲山杨树皮萃取类脂产品的中间试验，后在爱沙尼亚沃鲁林产生物化学厂建成中试车间，进行工业化生产，使用的萃取剂为三氯代乙烯，车间生产规模为年产杨树皮类脂5t。

中国林业科学研究院林产化学工业研究所，从1985年开始进行杨树皮类脂萃取研究工作，1989年完成中间试验，使用的萃取剂为石油醚，至1982年末，在山东莒县和安徽安庆市建成两家杨树皮类脂加工厂，年产杨树皮类脂120t。

3.1　原　料

杨树是一种速生树种，在黑龙江、吉林、辽宁、山东、江苏、河南、湖南、湖北、安徽、新疆等省（区）都栽种大片杨树林。据不完全统计，中国杨树天然林面积约300万hm^2，杨树人工林面积约400万hm^2[26]，许多成片杨树林均已进入轮伐期。

杨树皮资源较丰富，仅从火柴厂调查得知，江苏省有6家火柴厂，每个厂每年约耗杨树原木5 000m^3，初步估算，每年至少产生2 000t树皮。中国有160家火柴厂，每年至少要产生6万t树皮。这些树皮，几乎没有得到很好地利用，仅作燃料烧掉。

用于生产杨树皮类脂的原料，应符合下列要求：

树种：应以小叶杨、毛白杨、欧洲山杨等树木的树皮为主。

来源：可用制材、木材加工、火柴、造纸等工厂企业的废弃物，或直接从新砍伐的树上剥下树皮，其量占总量的12%～15%。

质量：外观没有腐败的树皮，呈绿色，有特殊的新鲜杨树皮气味。

木材含量：不超过15%。

粉末粒度：厚度＜1.5mm；长度＜4.0mm；宽度＜1.5mm。

粉末数量：＜10%。

水分：＜12%。

杂质：无机砂粒＜1%；金属不允许有。

树皮原料应贮存在室内或遮棚下，温度在零上最多可贮藏10～15天，在零下最长可贮藏1个月。为了防止树皮原料自身发热，造成营养物质破坏，树皮原料堆放高度不应超过0.3m，并且需要定期翻动。

3.2　杨树皮化学组成

不同树种的树皮，其化学组成定量是不同的见表59-12。同一种树皮，树皮的各部位化学组成也是不同的见表59-13。从杨树皮萃取类脂物质目的出发，中国东北地区小叶杨和毛白杨树皮具有工业利用价值。因为小叶杨和毛白杨树皮石油醚抽出物（类脂物质）比意大利杨和加拿大杨高出3～4倍。

树皮含有碳52.4%，氮2.7%，氧38.3%。树皮总的营养价值仅次于树木绿叶，接近绿色的细枝条。一般情况下，树皮中含有的营养物质数量为：蛋白质1.1%～3.7%，粗脂肪2.5%～11.0%，粗纤维11.0%～19.7%（老树皮为35%～40%），无氮浸出物29.3%～46.3%，糖3.4%～9.2%，灰分1.3%～3.6%。此外，树皮中还含有许多生物活性物质和矿物元素等。山杨树皮中含有的生物活性物质为：叶绿素1.4mg/kg，β-胡萝卜素1.6mg/kg，维生素E 0.6%，磷脂0.1%。矿物元素（%）：Ca 1.13，P 0.05，K 0.31，Mn 0.19，Fe 0.004，Zn 0.009，Co 0.000 01。颤杨树皮中含有的矿物元素为（%）：Si 0.015，Ca 1.9，Ba 0.012，

表 59-12 杨树皮的化学组成

化学组成	含量（%占绝干物质重）			
	意大利杨树皮	加拿大杨树皮	小叶杨树皮	毛白杨树皮
灰 分	6.5	5.2	7.7	8.3
木质素	22.8	29.1	22.1	22.8
纤维素	27.6	27.2	18.7	19.1
多缩戊糖	23.5	20.4	24.5	20.7
还原物质	1.0	1.1	1.6	2.2
果胶质	5.9	5.9	5.6	6.5
蛋白质	2.3	3.8	3.0	2.7
单 宁	0.9	1.3	1.4	2.0
综纤维素	62.0	61.6	50.4	47.8
石油醚抽出物	2.6	2.1	8.4	8.0
乙醇抽出物	11.3	8.9	19.8	20.3
乙醚抽出物	3.0	2.7	8.8	12.3
1% NaOH 抽出物	40.0	36.1	51.3	51.1
冷水抽出物	10.1	11.3	16.9	14.6
热水抽出物	13.3	15.4	22.6	20.2

表 59-13 白杨树皮各部位的化学组成

化学组成	含 量（%）							
	2.0 木栓层		17.2 栓内层		67.2 外次生韧皮层		13.6 内次生韧皮层	
	占本层	占树皮	占本层	占树皮	占本层	占树皮	占本层	占树皮
灰 分	8.64	0.17	2.46	0.42	1.59	1.06	2.75	0.37
石油醚抽出物	13.30	0.26	14.90	2.56	1.07	0.71	2.59	0.35
乙醚抽出物	2.92	0.06	3.02	0.52	1.70	1.14	2.52	0.35
苯抽出物	1.11	0.02	1.28	0.22	0.27	0.18	0.52	0.07
乙醇抽出物	5.72	0.11	31.78	5.45	13.78	9.26	16.48	2.25
热水抽出物	8.0	0.20	26.50	4.55	9.50	6.38	13.40	1.83
戊聚糖	3.28	0.06	21.80	3.74	22.50	15.12	17.50	2.38
果胶质	0.00	0.00	27.40	4.71	3.71	2.49	3.21	0.44

资料来源：郑志芳编．树皮化学与利用．北京：中国林业出版社，1988。

P 0.074，Mn 0.001 9，Al 0.002 8，Fe 0.005 2，Mg 0.096，Cu 0.003 1。部分杨树皮中含有的营养成分见表 59-14。

用石油醚浸提颤杨树皮，除得到蜡和脂肪外，还可得到大量的醇类等物质。图 59-12 为杨树皮石油醚抽出物的分离过程。从石油醚抽出物的皂化产物，分离出廿四烷酸、亚油酸；从不皂化物组分中分离出熔点为 56～57℃的烃、β-谷甾醇、廿六烷醇和甘油。在杨树皮丙酮浸提的中性物质中，发现存在棕榈酸、棕榈油酸、硬脂酸、油酸和亚油酸等脂肪酸类物质，以及 11-烯-廿烯酸、山嵛酸、廿四烷酸和廿六烷酸等蜡酯型的酸。蜡醇碳的数目在 C_{18}～C_{28}。

表 59-14　部分杨树皮中含有的营养成分

营养成分	含　量			
	意大利杨树皮	加拿大杨树皮	小叶杨树皮	毛白杨树皮
水分（%）	7.8	8.1	11.3	8.3
粗蛋白质（%）	2.3	3.8	3.0	2.7
粗脂肪（%）	3.0	2.7	8.8	12.3
粗纤维（%）	45.4	31.0	49.3	31.3
无氮浸出物（%）	35.0	49.2	19.9	37.2
灰分（%）	6.5	5.2	7.7	8.3
钙（%）	2.9	2.2	3.0	1.7
磷（%）	0.09	0.10	0.07	0.04
消化率（%）	40.0	37.8	44.0	46.0
β-胡萝卜素（mg/kg）	—	—	—	7
维生素 E（mg/kg）	94	56	142	153
维生素 C（mg/kg）	103	26	100	504

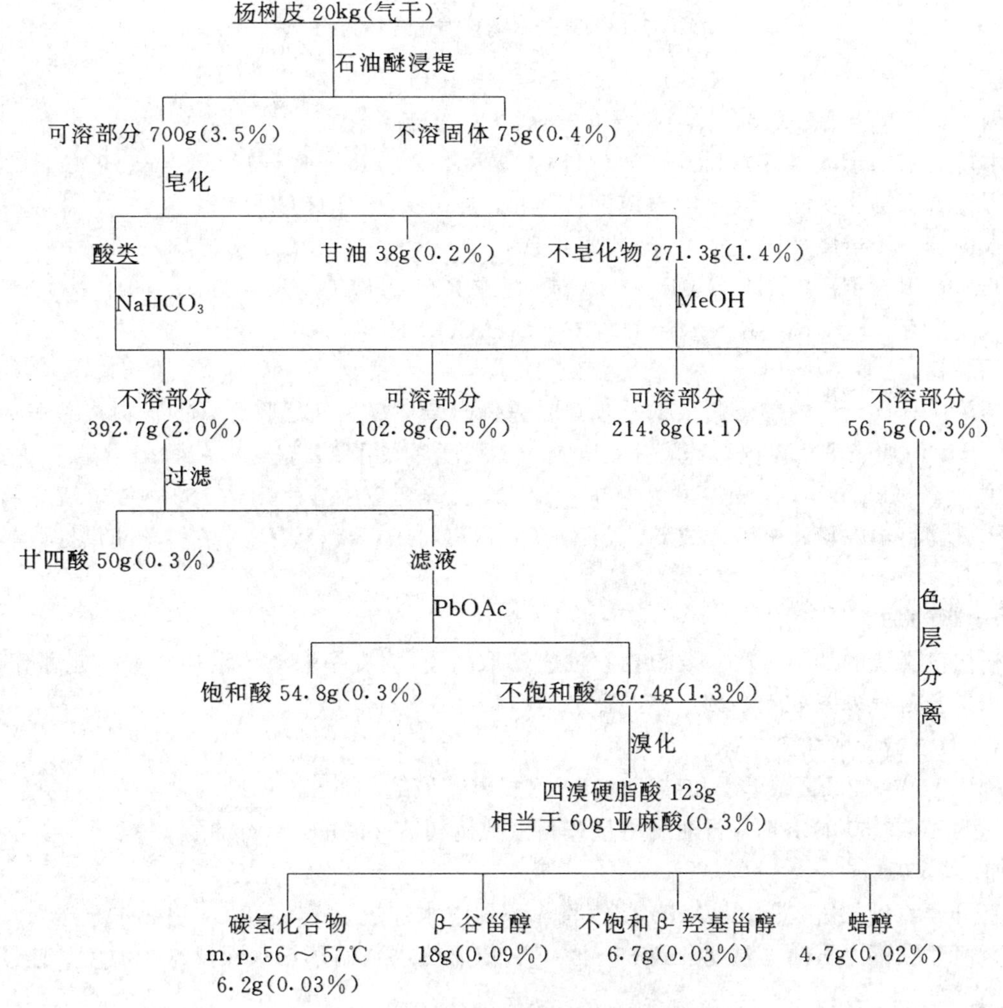

图 59-12　杨树皮石油醚浸出物的分离

早在1830年，就有人研究了山杨树皮化学成分，从山杨树皮中分离出了白杨苷和水杨苷。水杨苷是有名的止痛药和退热药。水杨苷类化合物可用于制药的中间体，如颤杨定(Tremuloidin)因为在它的α-O-葡萄糖位置上有惟一的苯酰取代基，特别适用于生产3，4，6-三-O-甲基-D-葡萄糖作起始物质。某些水杨苷类化合物结构如图59-13。

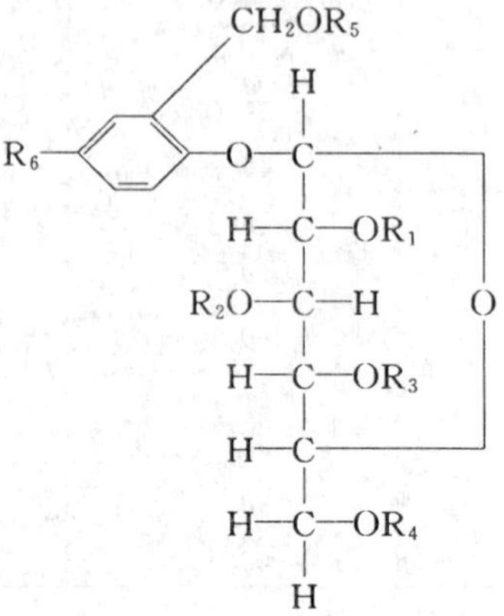

图59-13 某些水杨苷类化合物结构

杨属灵：$R_1=R_2=R_3=R_5=R_6=H$，$R_4=C_6H_5CO$；

颤杨定：$R_1=C_6H_5CO$，$R_2=R_3=R_4=R_5=R_6=H$；

水杨酰水杨苷-α-苯甲酸酯：$R_1=C_6H_5CO$，$R_2=R_3=R_4=R_6=H$，$R_5=\sigma\text{-}HOC_6H_4CO$；

水杨酰水杨苷：$R_1=R_2=R_3=R_4=R_6=H$，$R_5=\sigma\text{-}HOC_6H_4CO$；

水杨苷：$R_1=R_2=R_3=R_4=R_5=R_6=H$；

Triploside：$R_1=C_6H_5CO$，R_2 或 R_3 或 R_4 或 $R_5=CH_3CO$，$R_6=H$；

水杨亭苷：$R_1=R_2=R_3=R_5=H$，$R_4=C_6H_5CO$，$R_6=OH$。

3.3 原料的处理

杨树皮是火柴厂的加工剩余物，收集时需拣出杂树皮。然后将选好的杨树皮装车运回类脂加工厂，用切碎机将树皮切碎，树皮切成一定粒度后，用带式输送机将物料供给干燥机，供料速度为4～5kg/min，干燥温度为160～180℃，当碎树皮中含水率达10%～15%后，将经干燥的树皮物料输入粉碎机破碎成0.4cm粒度的树皮粉末，装袋、运入备料车间供提取类脂产品用。

3.4 类脂的加工[27]

杨树皮类脂的加工过程主要包括石油醚萃取树皮，树皮萃取液蒸发和残渣后处理等工序，其生产工艺流程如图59-14。

3.4.1 石油醚萃取树皮

称取300～320kg经干燥和破碎的树皮，投入萃取罐，加入60～90℃馏分的石油醚，石油醚流量为400～600L/h时，石油醚用量按料液比为树皮（重量）：石油醚（体积）=1：2.5～3.0加入萃取罐。

打开蒸汽阀，用0.1～0.2MPa蒸汽将热水器中水加热至95～98℃，用热水泵送入萃取罐夹套，使萃取罐内石油醚温度升到55～60℃，依靠热水泵循环热水保持这个温度，连续萃取4～5h。

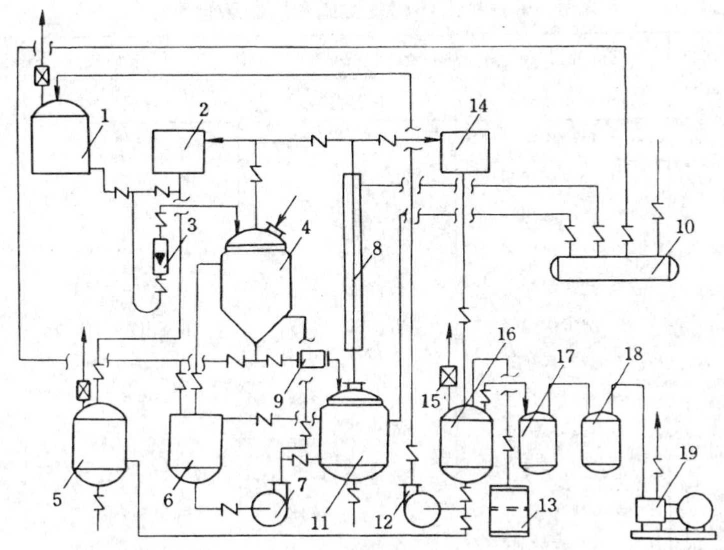

图 59-14　杨树皮类脂萃取生产工艺流程

1. 高位计量贮罐；2. 冷凝器；3. 转子流量计；4. 萃取罐；5. 醚贮槽；6. 热水器；7. 热水循环泵；8. 保温管；9. 窥镜；10. 蒸汽分配器；11. 回流蒸发罐；12. 离心泵；13. 醚桶；14. 冷凝器；15. 阻火器；16. 醚贮槽；17. 真空罐；18. 缓冲罐；19. 真空泵

3.4.2　树皮萃取液蒸发

打开萃取罐上排液阀，将提取液放入蒸发罐，用 0.05～0.1MPa 蒸汽加热蒸发罐夹套，使罐中石油醚沸腾，蒸发温度保持 70℃左右，回蒸 4～5h 后，升温到 75～80℃，蒸出蒸发罐中的石油醚，最后停止夹套加热，开真空泵，真空度保持－0.04MPa，直至蒸发罐中残留的石油醚蒸完为止。打开放料阀，用塑料桶收集类脂产品。

3.4.3　残渣后处理

打开萃取罐底部进气，通活气 0.01MPa，将萃取罐中的树皮残渣中含有的石油醚蒸出，直到残渣中的温度升到 98～100℃为止。启动空压机，打开出渣门，排出萃取罐中残渣，将其输入干燥机中干燥至含水率达 12%，包装备用。将蒸出的石油醚水混合物收集在贮槽中静置，待石油醚和水分开后，放出贮罐中的水。

3.5　杨树皮类脂化学组成[28]

杨树皮类脂经分离可得脂肪酸和不皂化物质两部分。脂肪酸主要由饱和脂肪酸和不饱和脂肪酸组成；不皂化物质主要由醛、酮、甾醇、脂肪醇、饱和烃和不饱和烃组成。

杨树皮类脂中的脂肪酸数量为 60%～70%。类脂产品是橙黄色油质产品。山杨树皮类脂中游离酸和结合酸的物理化学性质分别为：折光指数 1.489 和 1.468，酸价 145 和 174，碘价 56.5 和 112.0，分子量 386 和 323。

杨树皮类脂中的脂肪酸经气液色谱分析表明，不饱和脂肪酸含有 18 个碳原子，这部分脂肪酸的数量要超过酸的总组分 80%；饱和脂肪酸含有碳原子数为 C_{17}，C_{21}和 C_{23}，这部分酸以二十二烷酸和二十四烷酸的数量为主（表 59-15）。

表 59-15　山杨树皮类脂中脂肪酸含量①

脂肪酸	新鲜树皮类脂中脂肪酸含量（%）		贮藏过树皮类脂中脂肪酸含量（%）	
	游离酸	结合酸	游离酸	结合酸
葵　酸	0.446/0.026	—	0.189/0.036	—
月桂酸	0.169/0.009	0.151/0.085	0.939/0.188	—
异肉豆蔻酸	0.160/0.009	0.132/0.057	—	0.162/0.063
肉豆蔻酸	0.215/0.018	—	0.447/0.089	0.333/0.126
异棕榈酸	0.385/0.027	0.198/0.122	1.911/0.403	0.837/0.342
棕榈酸	7.250/0.502	3.810/2.778	6.891/1.450	5.940/2.430
棕榈油酸	0.672/0.045	0.151/0.047	0.689/0.143	0.675/0.252
硬脂酸	0.672/0.045	0.574/0.358	0.191/0.027	0.567/0.225
油　酸	2.016/0.134	3.446/2.486	0.349/0.080	2.520/1.035
亚油酸	67.386/4.713	75.901/48.873	70.794/14.866	70.657/28.983
亚麻酸	7.079/0.493	7.251/4.642	3.365/0.707	7.291/2.988
未鉴定酸	7.370/0.510	6.312/3.851	4.250/0.890	1.140/0.423

① 分子为洗提出物质的百分率；分母为类脂的百分率。

山杨树皮类脂中的不皂化物质数量为20%～24%。不皂化物质是一种黄色蜡状产品，熔点为57℃，分子量为283。表59-16介绍了山杨树皮类脂不皂化物质的化学组成。

表 59-16　山杨树皮类脂不皂化物质的化学组成

化学组成	含量（%）	
	占不皂化物质重	占类脂重
烃	31.25	6.5
其中不饱和烃	2.20	0.44
醛和酮	3.70	0.74
甾　醇	16.25	3.25
其中β-谷甾醇	8.90	1.78
脂肪醇		
十六烷醇	0.05	0.01
二十二烷醇	0.85	0.17
二十三烷醇	0.50	0.10
二十四烷醇	2.15	0.43
二十五烷醇	0.70	0.24
二十六烷醇	5.02	1.05
二十八烷醇	2.40	0.48
不溶解己烷的物质	2.15	0.43

3.6　杨树皮类脂的生物学价值

杨树皮类脂产品经分析测定，产品中含有不饱和脂肪酸、甾醇、维生素E、磷脂、β-胡萝卜素等生物活性物质，这些物质的含量多少与树种有关，见表59-17。

表59-17中所述这些成分经药理研究，证明杨树皮类脂具有高的生物活性。能有效地预防和治疗某些皮肤疾病。

表 59-17　一些杨树皮类脂中含有的生物活性物质

项目名称	杨树皮类脂				
	小叶杨	毛白杨	加拿大杨	意大利杨	欧洲山杨
维生素 E（mg/kg）	2 291	1 386	1 939	2 764	700
β-胡萝卜素（mg/kg）	59	116	78	206	16
磷脂（%）	2.76	0.96	5.29	7.47	0.72
甾醇（%）	4.54	1.95	6.63	5.27	3.25
不皂化物质（%）	20.5	27.6	22.3	24.3	21.0
不饱和脂肪酸（%）	72	69	73	64	70
游离酸（%）	6.7	5.5	6.4	9.4	12.1
结合酸（%）	63.8	65.2	61.5	52.6	59.3
总脂肪酸（%）	70.5	70.0	67.9	62.0	71.4

杨树皮类脂中含有大量的 18 碳原子的不饱和脂肪酸，如油酸、亚油酸、亚麻酸等。这些不饱和脂肪酸具有维生素 P 的生物活性，能够用作生物活性物质的原料。并可用于治疗湿疹和皮肤溃疡等疾病。

杨树皮类脂中的甾醇是非常有价值的生物活性物质，在人和动物有机体的生活中起着重要作用，用它可以制取各种药品，维生素等。β-谷甾醇具有降低血中胆固醇、止咳、抗癌、抗炎等药理作用，临床已用于降血脂及治疗慢性气管炎、皮肤溃疡等。

杨树皮类脂急性毒性试验结果如下：

实验方法：取体重 18～21g 雄性小白鼠，分组喂给杨树皮类脂，用冠氏法测定小白鼠灌胃的半数致死量。

实验结果：小白鼠灌胃半数致死量 LD_{50}＞11 200mg/kg。

3.7　类脂的利用

3.7.1　在化妆品工业上

杨树皮类脂已经成功地用于苏州月中桂日用化工厂生产的希利康系列化妆品防裂膏中，目前每年约销售 25 万瓶。

希利康防裂膏内含杨树皮类脂生物活性物质，临床验证对皮肤皲裂有较好的疗效，该产品是一种安全新型的劳动保护用品。

希利康防裂膏经苏州市卫生防疫站审核，产品质量指标符合化妆品卫生标准（GB7916—87）要求。

杨树皮类脂用于面霜、奶液、护发素、发乳等日化产品，亦已投放市场。其中面霜经江苏省中医院皮肤科临床观察，对面部溃疡疾病有显著疗效。在配制面霜、奶液时，选用杨树皮类生物活性物质和十八醇、单甘酯、羊毛脂、甘油等与皮肤相容性好，可滋养皮肤并具有保温作用。在配制发乳、护发素时，选用杨树皮类脂生物活性物质外，还选用了油性、保温成分，以及添加了具有柔软、平滑、抗静电作用的调理剂。

杨树皮类脂在化妆品中的添加量为 0.2%～1.0%，添加方式是将杨树皮类脂提取物先加入油相再乳化。用杨树皮类脂制备的上述日化产品，外观细腻光亮，膏体耐寒耐热均符合部颁标准，试制产品贮放半年以上，无杨树皮类脂提取物析出和被氧化现象。

3.7.2　在医药工业上

杨树皮类脂制成的健肤膏，经江苏省中医院皮肤科临床观察 100 例病人，男性 32 例，女性68例。证明对冻疮、皮肤皲裂、皮肤干燥、寒冷性多形红斑、湿疹、脂溢性皮炎、单纯糠疹、皮肤瘙痒等皮肤病有显著疗效，其总有效率达85%，其中冻疮有效率达73%，皮肤皲裂有效率达100%。

杨树皮类脂制成的冻疮乳膏经中国医学科学研究院皮肤病研究所临床观察23病例，对冻疮有消肿、止痒、促进溃疡愈合、缩小皮损面积等作用，有效率达86.9%。该乳膏用于治疗皮肤溃疡，疗效亦明显。

杨树皮类脂制成的外用药膏，经安庆市立医院皮肤科临床观察132病例，证明对冻疮、手足皲裂、鱼鳞病、湿疹、脂溢性皮炎等皮肤病进行治疗有效，该药有降低血浆中纤维蛋白朊，血流粘度，溶栓，扩张血管，改善微循环，有抗炎脱敏，抗瘙痒，保护创面，润滑皮肤，促进内芽生长，恢复上皮的作用。其中对治疗冻疮、皮肤皲裂、湿疹有效率达90%以上，治疗鱼鳞病、脂溢性皮炎有效率为100%。

杨树皮类脂制成的外用药膏，经上海医科大学华山医院皮肤科临床观察60病例，证明对冷性多形红斑和湿疹病人疗效肯定，有效率分别为93.3%和86.6%。

第60章 林产品糖化、发酵饲料

王传槐　王书翰

树皮、树叶、锯屑、木材边材废料、果渣、果壳、制浆废纤维等是面广量大的可再生资源，但大多未能物尽其用，甚至形成污染源。人们可以应用糖化和发酵技术将其转化为饲料。

1　糖化饲料

1.1　基本原理

各种木质纤维原料（包括竹、森林的采伐和加工剩余物）经过化学法、物理法、生物法或上述几种方法相结合处理后，均可将其中所含的纤维素、半纤维素转变为单糖，人们已习惯将实现这种转变的工艺称之为糖化，而这些糖化物大都具有饲料价值，故多将这些可用作饲料的糖化物称为糖化饲料。

1.2　酸法糖化饲料

酸法糖化，通常是将木质材料通过稀酸或浓酸在高温或常温条件下经过加工处理，将其中的半纤维素或纤维素水解转化为单糖，这种糖化法通称酸法糖化。

酸法糖化主要有两种不同的工艺路线：一种是在高温加压条件下进行，称加压酸水解工艺；另一种是在常压条件进行即常压水解工艺，这一种工艺只适于小规模生产，工艺简便，但糖化率不高。70年代初，我国南方某木材加工厂曾进行过稀酸常压水解锯木屑生产糖化蛋白饲料的研究。其酸法水解条件是：每20g木屑（大多为松木）加水120L，加入浓硫酸使其最终浓度为3%，在常压、100℃温度下，水解6h。水解液用新配石灰乳调pH值到4.8～5.2，升温至85℃，加入0.01%$FeSO_4$，通风1h，以去除单宁和其衍生物以及胶体沉淀物和挥发性杂质，再加石灰乳使pH值提高至6.6～7.0，除去沉淀物，然后静置8h，过滤可获得澄清的含糖溶液，加入营养盐并静置8h后取其澄清液，即可用于发酵培养酵母，终于再经分离，浓缩和干燥，即可制得饲料酵母粉[29]。

近10多年来，前苏联在发展林产品酸法糖化饲料方面作了大量研究工作，如基洛夫生物化学厂以稀硫酸加压水解木片（70%针叶材、30%阔叶材）制取糖化饲料。其主要生产过程是：木片酸法水解→水解液中和、澄清→除去石灰渣→饲用糖化液的净化、澄清及其加工浓缩。水解在80m^3的水解锅中进行，糖液浓缩采用二效真空蒸发器，其工艺流程见图60-1[30]。

据苏联森林工业出版社1982年出版的《从林产废料生产饲料产品》一书介绍，当时的苏联已建成多座水解糖化饲料工厂，年产量大都在1.0万～1.2万t。此产品的干物质大多在30%左右。已知水解糖化饲料中主要成分（以干物质计）无氮浸出物75%～85%，灰分7%～8%，蛋白质5%～8%，脂肪3%～7%，木纤维约1%。主要的饲料成分水解糖——还原物都在无氮浸出物中，还原物的平均含量各厂有别，大多在18%～26%。不同原料生产的水解糖

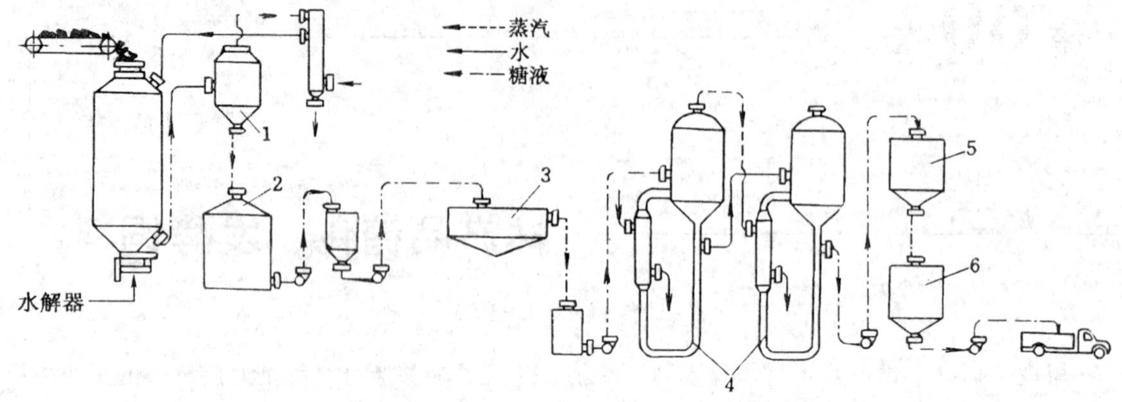

图 60-1 糖化饲料生产工艺流程

1. 热交换器；2. 中和器；3. 澄清池；4. 真空蒸发装置；5. 净化器；6. 成品贮槽

化饲料中的还原物组成见表 60-1。

表 60-1 不同原料水解糖化饲料的还原物组成[30]

成 分	针叶原料（g）	针、阔叶原料	
		阔叶占 50%	阔叶占 30%
单 糖	82.6	96.0	83.8
葡萄糖	51.9	39.3	50.7
甘露糖	18.5	8.5	1.4
半乳糖	微量	3.9	2.9
己糖合计	70.4	51.7	55.0
阿拉伯糖	微量	12.9	2.9
木 糖	12.2	31.4	25.9
戊糖合计	12.2	44.3	28.0
低聚糖	17.4	4.0	16.2

对水解糖化饲料的检验和应用试验表明，这种糖化饲料无急性毒性和亚急性毒性。饲养效果也好。一系列试验证明，当用这种饲料喂养奶牛和生猪，试验组牛奶的脂肪、蛋白质和干物质含量均比对照组高；试验组猪肉的质量与对照组相似，但屠宰试验表明，试验组猪肉的胴体率比对照组高出许多个百分点。

白俄罗斯科学院物理-有机化学研究所曾研究出从木质废料制取糖蛋白饲料的酸法糖化工艺[30]，既可采用工业化装置也适用于小型生产。其工艺要点是在木制或水泥槽中加入粉碎过的风干木料，注入 0.1%～0.2% 稀 HCl 溶液和补充微量元素如钙、碘、锰、铜等，并加以蒸汽处理。结果是部分多糖解聚，生成占原料干物质 5%～20%的还原糖。用此糖化物培养酵母取得了良好效果，所产酵母含 46%～52%的蛋白质，36% ～45%的碳水化合物，2%～4%的脂肪和 5%～10%的无机盐及多种 B 族维生素。

按此工艺在工业装置上运行时，用 0.3～0.4MPa 蒸汽处理木粉，可大量提高糖的得率，在此条件下，不仅半纤维素被水解糖化，且有部分纤维素水解，从而提高了水解效果，糖的得率提高，酵母繁殖良好，糖-蛋白饲料的产率可达原材料的 75%～80%。产品所含可消化的蛋白为 10%～15%。

1.3 生物法糖化饲料

生物法糖化饲料是利用某些适宜的微生物将来源广、种类多的农林副产物如秸秆、某些青草、树叶以及林产加工和粮食加工剩余物，在适宜条件下进行糖化发酵，将这些物料中大量不易消化吸收的纤维原料变为比较容易消化、吸收的成分，如单糖、蛋白质等。这里主要讨论林产品的生物转化，尤其是其糖化技术及其研究进展。有关发酵微生物及其发酵工艺将在发酵饲料一节中简略介绍。

林产废料制取糖化饲料的此项研究，近几十年来一直为世界各国所关注，但总的说来此项技术目前还处于中试阶段，离规模化生产还有一定距离，特别是林产废料的生物转化，其难度比一般农作物秸秆还要困难些，这是由于木材的木质素含量远高于农业废料，这对其生物转化是不利的。几种纤维废料的平均化学组成见表 60-2。

表 60-2　几种纤维废料的平均化学组成[31]

纤维废料	木质素（%）	纤维素（%）	半纤维素（%）				
			葡萄糖	半乳糖	甘露糖	木糖	阿拉伯糖
小麦秆	14	40	4.0	0.6	0.3	20	4.5
大麦秆	13	38	3.6	1.9	1.4	17	4.4
玉米秆	14	31	8.0	1.1	0.6	15.5	1.9
甘蔗渣	20	46	1.7	0.6	—	24	1.7
纸浆厂污泥渣	15	55	总量 18				
阔叶材	23	45	2.5	0.9	1.4	18	0.2

林产废料及其他纤维废料的生物转化制取糖化饲料，其关键技术主要是三个方面：即高分解力微生物的筛选、纤维废料的有效预处理和固体发酵酶法转化工艺与设备等。

已知，在自然界，木材的腐朽主要是由属于担子菌的木材腐朽菌来完成的，其中有两种类型的木材腐朽菌即白腐菌、褐腐菌起着关键性的作用。一般认为，褐腐菌优先作用于纤维素和半纤维素，留下未降解的木质素，使腐朽木变为褐色，与之相反白腐菌优先作用木质素留下纤维素使朽木呈白色。多年来，许多学者致力于木腐菌降解木质纤维材料的研究，作了大量理论性的研究工作，至今还在进行。

值得注意的是除对木腐菌的研究外，有更多的人致力于从半知菌中筛选出能降解纤维废料的微生物，这方面已取得好的成果。如人们已发现的木霉 *Trichoderma* 特别是 *T. viride* 是一种分解纤维素能力很强的霉菌，可产生高活性的纤维素酶，这对纤维废料的酶法水解糖化是十分有利的。早在 1972 年，日本学者 Toyama 和 Ogawa 就对用绿色木霉 *T. viride* 所产生的酶从纤维废料中生产糖的可能性进行过研究[32]。他们在酶水解前，对纤维废料先使用 1%的 NaOH 和稀的过醋酸溶液依次进行预处理，此法对除去废物中的木质素很有效，再用 5%的 *T. viride* 纤维素酶酶解 2d，则可得到含有 10%～15%还原糖的糖溶液。

除碱法预处理外，还有爆碎法预处理。据日本学者桑原正章等介绍[33]，他们于 1984 年前后对北美黄杉 *Pseudotsuga menziesii*（Mirb.）Franco、柳桉 *Pentacme* sp. *Shorea* sp. 等进行过爆碎法预处理，再进行酶法糖化，使纤维素的糖化率达到 90%。结果见表 60-3。

表 60-3　爆碎木片的化学成分与酶法糖化[33]

试　材	蒸汽处理		成分（%）				综纤维素的糖化率（%）
	压力（MPa）	时间（min）	综纤维素	溶解性半纤维素	木质素	溶解木质素	
北美黄杉	4.51	5	39.0	11.9	28.7	14.9	90
北美黄杉	4.51	10	23.5	18.5	29.0	17.0	75
柳　桉	4.51	10	37.1	7.4	36.3	19.3	90

进入80年代以来，苏联林业饲料资源研究所对白杨木屑的绿色木霉酶法糖化制取糖化饲料的工艺进行过很多研究[30]。其主要理论根据是在开始时先加入少量葡萄糖以培养木霉，让其生长，在其生长后期，该菌即可产生能分解多聚糖的纤维素酶，使纤维废物酶解得糖化。其工艺要点是：先用由25%啤酒糖液和75%水组成的营养液处理木屑，并接入菌种，为加速菌种繁殖，再加入1%～3%的30%浓度的水解糖液及营养盐（如硫铵、过磷酸钙、氯化钾，其比例为2：1：0.2)，营养盐的加入量以每吨加工木屑加入50～60kg。木屑处理量为每吨上述营养液加入200～300kg。混合发酵物要周期性搅拌并通入空气，在27～30℃的条件下生物糖化24～36h。有些情况下，也可不加水解糖。用此法处理木屑所得产品含水分70%～90%，含糖8%～13%，其组成见表60-4。

表60-4 绿色木霉酶法糖化白杨木屑[30]

木屑酶解前的预处理	添加糖量（%）	木霉生长情况	产品中水、糖含量（%）	
			水分	糖分
1. 对照（未进行酶解）	—	—	9.8	1.77
2. 酶解天然木屑（加有营养盐）	—	差	84.5	8.30
3. 酶解天然木屑（加有营养盐）	1	中等	85.0	10.59
4. 酶解天然木屑（加有营养盐）	2	良好	84.9	11.81
5. 酶解天然木屑（加有营养盐）	3	很好	85.0	12.55
6. 0.15MPa处理30min（未酶解）	—	—	74.2	3.28
7. 0.15MPa处理30min（加营养盐并酶解）	2	很好	84.9	19.98
8. 爆碎处理	—	—	69.30	7.78
9. 爆碎预处理加营养盐并酶解	—	良好	90.0	12.76

表60-4说明，杨木屑经预处理后再行酶解，可收到明显效果，尤其是适当加入营养盐和补添少量糖液，效果更佳。如经0.15MPa处理过的木屑，再添加营养盐和少量糖液进行酶解，糖化率很高，产品中的含糖量可达近20%。

至今，林产品及其他纤维废料的生物糖化研究，大多是引用半知菌中的微生物，尤其是木霉和曲霉，其中又以绿色木霉 *Trichoderma. viride* 和黑曲霉的研究最为常见。在自然界，特别是在大森林里那些面广量大的残枝断木，其分解腐烂主要是靠一些种类繁多的木材腐朽菌来完成的。这说明此类菌具有很强的分解纤维素、半纤维素和木质素的能力。如何充分利用这类菌来进行林产品废料的生物糖化，以制取饲料和其他产品，将是今后值得重视的研究课题。人们有理由相信在21世纪，在这一领域的研究获得突破性的进展。

1.4 爆碎法糖化饲料

1.4.1 基本原理

蒸汽爆碎糖化法（steam ques），又称自水解爆碎法，此法最早是由加拿大的Iotech法发展起来的。其一般过程是向耐压容器中加入木质原料，然后送入饱和蒸汽在很短的时间内，使原料达到200～250℃，保温数分钟后迅速打开底部阀门，加热的原料由于突然减压而被爆碎并发生化学变化，其中包括自水解。这是因为原料中有20%～30%的半纤维素，其糖基上含有很多乙酰基。这些乙酰基在高温下水解产生乙酸，从而使被加工原料处于微酸性条件，使其中的部分半纤维素和纤维素发生酸水解产生单糖类物质。此外，木质素也会发生塑化、软化，致使木质素在微纤维外围分布更不均匀，暴露出纤维的裸露面，有利于秸秆消化率的提高。随着温度的升高，木质素的溶解度增大，水解增强、木质素含量减少，木质素与纤维素的镶嵌结构疏松，也会有利于内部营养物质的消化作用。

林产及其他纤维废料经此法处理后，由于发生糖化和部分变性，可成为良好饲料，尤其适宜于反刍动物的喂养。

1.4.2　简要工艺流程与条件

至今，加拿大、日本、新西兰和我国等一些国家，已对爆碎法糖化饲料进行了多方面的研究，研制出各有特点的生产工艺，但其主要设备和生产过程都大同小异。现以日本学者桑原正章等研制出的工艺流程为例如图 60-2[33]。

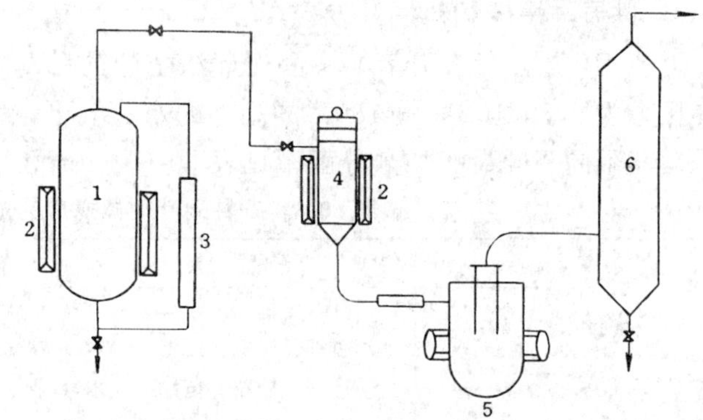

图 60-2　蒸汽爆碎工艺流程

1. 蒸汽发生器；2. 加热器；3. 水位指示计；4. 蒸汽爆碎反应釜；5. 受器；6. 冷凝器

目前，此法在新西兰、澳大利亚和智利已成功地用于辐射松 *Pinus radiata* D. Don 和桉木 *Eucalyptus* sp. 等木材加工剩余物的糖化和利用。据报道智利学者对幼龄和成熟桉木废料用蒸汽爆碎法对在不同温度和处理时间的糖得率进行过试验，所得结果见表 60-5。

表 60-5　桉木经蒸汽爆碎处理后还原糖的得率[34]

试　材	压力（kPa）	温度（C）	时间（s）	溶解物（%）	还原糖（mg/ml・24h）
	3 100.5	239	5		25.3
幼龄桉木			30		28.8
			60		28.8
			120	21.6	34.3
	3 651.7	245	5	24.4	26.4
			30	27.1	30.5
			60	27.5	37.0
			120	28.2	40.6
	3 996.2	251	60	28.5	30.5
成熟桉木	2 067.0	218	60	18.2	16.2
	3 651.7	245	5		20.6
			30		24.2
			60	21.3	40.3
			120	27.5	36.7
			160	32.8	38.8
	3 996.2	251	60	28.6	36.2

资料来源：引自 Martm R.S.，Biomass. 1988，15：284。

从表 60-5 可见，对幼龄桉树木材来说，随着处理时间的增加还原糖和可溶物的得率均随之递增；但对成熟桉树木材而言，当温度达到 245℃后延长处理时间至 120～160s 时，还原糖的得率即有减少的趋势，这可能是由于温度升高后，出现了小分子木质素、半纤维素和反应副产物如糠醛等的缩合，并将纤维素的纤维束包围起来的缘故。研究表明：爆碎法所产生的单糖主要来自半纤维素的降解产物。对针叶材来说，半纤维素溶解所得到的单糖主要是甘露糖及少量的葡萄糖和木糖。

为了提高爆碎法的得糖率，目前世界上已出现了在爆碎原料中加 SO_2 及爆碎后接着进行酶法水解的研究，并已取得了明显效果。如澳大利亚学者采用添加 SO_2 的爆碎法处理辐射松木材其总还原糖得率是直接爆碎法的 3.6～4.2 倍。

1.4.3　进展与爆碎饲料的开发应用

近些年，国内外在开展蒸煮和爆碎法生产饲料方面已取得了很大进展。如日本采用阔叶材在压力为 9.8×10^5Pa 及 180℃的高温的水蒸气下，经 15min 加压蒸煮并再用商品纤维素酶处理后其不同阔叶材的加水分解率见表 60-6。

表 60-6　各种阔叶树蒸煮后的加水分解率[35]

水解率（%）	树　　种
80 以上	日本山杨
70～80	白桦、橡栎、山樱、栓木、赤杨、桐
60～70	岳桦、橡胶、苗榆（铁木）、枫、水曲柳、日本大叶柳
50～60	白杨、山毛榉、柯木（石栎）、辽东桤木、山赤杨、栗、日本怀槐
40～50	核桃、血槠、硬叶赤杨、日本椴木、黄波罗
30～40	春榆、鸡桑、桂（连香树）、日本七叶树、日本厚朴
20～30	米槠、水青冈、红楠
10～20	樟木、白蜡

这些树种间的差异，一般都认为是由于木质素的含量以及化学构造的不同所引起的。虽然经爆碎处理而低分子化了的木质素可以溶于有机溶媒，但也有不溶于这种熔媒的木质素含量较多的木材，其消化性就可能较高，为了检验蒸煮爆碎后能否提高反刍动物对它的消化性，日本有关学者在畜牧试验场进行了用蒸煮爆碎材作为山羊和牛饲料的饲养试验。对山羊的消化试验和生长试验的结果表明：尽管山羊对这些饲料的嗜好性并非特别良好。但仍可作为饲料得以充分利用。值得注意的是：由于木材几乎不含蛋白质，矿物营养素也很少，仅仅只用爆碎材作饲料是不足的，但如作为配合饲料去混合培养，其能量价值可以与紫苜蓿相媲美。如用在 180℃温度下蒸煮处理 20min 的桦木进行霍尔斯坦种去势小公牛喂养试验，并以紫苜蓿作对照，试验结果见表 60-7[35]。

表 60-7　利用蒸煮桦木对霍尔斯坦种去势小公牛的长期喂养试验成绩

试　验　期	前　期			后　期		
蒸煮木材喂养比例（干重%）	0	30	60	0	30	60
开始时的体重（kg）	196	191	225	411	413	455
终了时的体重（kg）	343	355	389	518	530	566
增加体重（kg/天）	1.3	1.4	1.4	1.0	1.1	1.1
干物质摄取量（kg/天）	7.6	8.0	8.3	9.8	12.5	12.6
与体重之比（%）	2.9	2.9	2.7	2.1	2.6	2.5
蒸煮木材摄取量（kg/天）	0	2.4	5.0	0	3.8	7.6
饲料要求率（%）	6.2	5.9	6.2	9.7	10.6	10.9
TDN 要求率（%）	3.9	3.7	3.6	5.7	6.6	6.4
TDN 充足率（%）	93	91	91	87	103	94

从表 60-7 中可见，以 30%和 60%蒸煮桦木为饲料的试验组每天体重增长量前期为 1.4kg，后期为 1.1kg，与以紫苜蓿为饲料的对照组相比毫不逊色，且适口性和肉质均无异常。

据计算，一个用阔叶材废料为原料、年工作 330d、日处理（三班，能力为 25t 的工厂）以每头每日喂 3kg 蒸煮饲料计，该厂一天的产量可供 8 000 头牲畜对粗饲料的需要量。其汽电消耗量为每吨木片需 0.5t 汽、电 100kW，产品回收率为 90%。

我国浙江省林业科学研究所柴文淼等[36]自 1985 年以来，利用含纤维的农林废料如阔叶树枝丫、豆秆、玉米秆等进行过爆碎糖化饲料的研究，他们采用的工艺路线是：

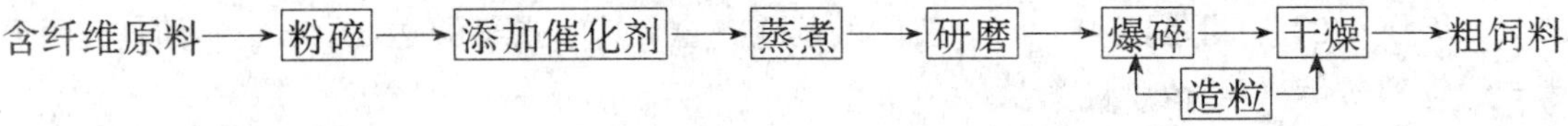

含纤维原料 → 粉碎 → 添加催化剂 → 蒸煮 → 研磨 → 爆碎 → 干燥 → 粗饲料（爆碎 → 造粒 → 干燥）

该工艺的特点是在爆碎前增加了蒸煮工序，物料在粉碎后添加酸性磷酸盐并在 180℃左右温度下蒸煮，使半纤维素乙酰基游离成乙酸，加强催化水解。从而达到半纤维素部分溶解和水解，纤维素和木质素的低分子化，已塑化的纤维物料再通过研磨，使其与木质素分离，加热爆碎，致使纤维束破裂，晶格破坏，从而大大提高纤维素表面积，有力地增强消化液的接触面，提高了饲料的消化率。

他们进行的牛饲养试验说明：用爆碎料代替部分青草干作牛的粗饲料，增重效果明显：平均日增重分别比对照组提高 150%、74%和 18%。试验牛都显得丰满，毛皮光滑。屠宰分析结果肉质和内脏发育均正常，见表 60-8 和表 60-9。

表 60-8　奶公犊增重效果

项　　目	第一组①	第二组②	对照组
试验前平均重（kg）	224	205	219
试验后平均重（kg）	334.5	282	263
净增重（kg）	110.5	77	44
日增重（kg）	1.214	0.846	0.484
增重率（%）	151	75	0
外　观	体丰满、健壮、皮毛光滑	体丰满、健壮、皮毛光滑	肋骨显露、毛干

①　爆碎料代替 2/3 的青草干；②　爆碎料代替 1/3 的青草干。

表 60-9　培育牛增重效果

项　　目	试验组①	对照组
试验前平均体重（kg）	177	174
试验后平均体重（kg）	290	270
净　增　重　（kg）	113	96
日　增　重　（kg）	0.729	0.619
增　重　率　（%）	18	0
外　　观	体肥壮、毛起亮光	肋骨外露、皮毛干燥

①　试验组，爆碎料代替 2/3 的青草干。

该所还用爆碎料代替 1/2 青草干喂泌乳牛，从奶产量、乳脂率和增重三方面进行观察，所得结果说明：无论在干奶期还是在产奶期，经方差分析，奶产量的差异都不显著，乳脂率试验组比对照组提高 0.29%。试验结束奶牛都增重，试验组比对照组要高 0.87%。

山东大学微生物研究所[37]通过选用较温和的条件处理秸秆等几种农业废料，经 7.8×10^5Pa 蒸汽（175℃）10min 处理的麦秸秆，其大部分半纤维素通过自水解作用而得到的溶化水抽提物可由 15.7%提高到 31.8%，经粗纤维素酶水解 24h 的产糖率可由 10.1%提高到 33.8%。如在处理前向秸秆中添加 2%生石灰或 1%硫酸，可使其产糖率进一步提高到 41.4%和 47.4%。该所的试验还证明：如用温度为 197℃的高温处理麦秸秆，其产糖率并无明显改善。因此，他们认为采用低压蒸汽爆碎工艺是可取的。此外，他们还对半纤维素蒸汽爆碎水解物生产菌体蛋白饲料的菌种选育及发酵条件进行过研究，将造纸厂麦秸备料废渣经燥碎处理（1.0MPa，20min）后，加水煮沸，过滤得水提液，添加4g/L硫酸铵和1g/L尿素作为培养基，30℃振荡培养16～18h，从所收藏的18株酵母，7株丝状真菌中，选育出皮状丝孢酵母851s优良菌株，经16～18h培养后，菌体浓度可到最大值（10.5g/L），风干菌体含水分6.81%，灰分6.2%，粗蛋白47.4%，菌体氨基酸齐全，其中蛋氨酸达27.7mg/g菌体，明显高于一般饲料酵母（8.8mg/g）[37]。

2 发酵饲料

饲料经微生物发酵提高糖分、蛋白质、维生素等营养成分的含量，或使其色、香、味得到改善，这种饲料叫做发酵饲料。

2.1 基本原理

有些植物原料由于纤维素、半纤维素等难消化糖类含量较高，蛋白质含量较少，缺乏动物所必须的维生素，口感粗硬、味道欠佳等原因不适于用作饲料。但有些微生物可以在这类原料中生长繁殖，通过其生命活动产生的酶类，将难消化的多糖转变成易消化的单糖类。同时合成其菌体蛋白质、维生素、色素、有机酸、醇、酯类等营养物质或呈味剂，改善了原料的组成和性质，使其易于为动物食用和消化，成为较好饲料。

由于发酵过程是微生物生命活动的过程，所以制备发酵饲料需要微生物的菌种及创造适宜微生物生长繁殖的必要条件，如温度、湿度、空气等。由不同的微生物菌种、不同的发酵原料和发酵条件，可以得到不同风味的发酵饲料。

2.2 与发酵饲料有关的主要微生物

根据使用的原料和对发酵饲料的要求不同，需使用不同种类的微生物。常用的微生物主要是真菌中的霉菌和酵母菌，也有少数担子菌、细菌和放线菌。

2.2.1 霉 菌

是指那些具有疏松的绒毛状、网状或絮状菌丝体的真菌。发酵饲料生产中常用的有曲霉、木霉、根霉等。

（1）曲霉 *Aspergillus*：属半知菌纲，菌丝体由具有横隔膜的菌丝构成。孢子常有不同的颜色，是分类的特征之一。曲霉具有多种活性很强的酶系，可以降解多种高分子有机物，并合成一些新的物质。发酵饲料生产中常用的有黑色曲霉 *Asp. niger*，其分生孢子黑色或黑褐色，能产生较强的淀粉酶及半纤维素酶、纤维素酶、果胶酶、蛋白酶，能产生多种有机酸类；黄色曲霉 *Asp. flavus*，分生孢子黄绿色，可产生淀粉酶、脂肪酶、蛋白酶等，其蛋白酶的活力比黑曲霉强。有些黄曲霉菌株会产生黄曲霉毒素，使用应注意。

（2）木霉 *Trichoderma*：菌丝透明，密集如毡，分枝繁复。木霉含有多种酶系，尤其具有高活性的纤维素酶，在纤维类植物原料的饲料化研究和生产中有重要的意义。代表种有康宁木霉 *T. roningii* 和绿色木霉 *T. viride*。

（3）根霉 *Rhizopus*：属藻状菌纲，毛霉菌科。菌丝不分隔，生长时由营养菌丝体产生匍匐枝，并在匍匐枝的节间生有假根，深入营养基质吸收养分。根霉具有强大的淀粉酶活力，同时有较弱的酒精发酵能力，并能产生一些有机酸。主要的种类有黑根霉 *Rhizopus nigricans* 和米根霉 *Rhizopus oryzae*。

2.2.2 酵母类

酵母菌一般系单细胞真菌，包括子囊菌纲和半知菌纲的一些属。酵母菌一般只能利用单糖或双糖以合成菌体蛋白及维生素等。可用于单细胞蛋白生产，或使之在发酵饲料原料中增殖来提高饲料中蛋白质及维生素的含量，改善饲料的风味等。常用的酵母菌有：

(1) 酵母 *Saccharomyces*：子囊菌纲，内孢霉科。营养细胞圆形、卵圆形，生长快，有强大的发酵能力，蛋白质、维生素含量高，并使发酵饲料有酒香味。常用的有啤酒酵母 *S. cerevisiae*、葡萄酒酵母、台湾 396 号酵母及南阳酵母等[38]。

(2) 假丝酵母 *Candida*：属半知菌纲，细胞圆形、卵形或长形，能形成假菌丝或真菌丝[38]。有些种类有酒精发酵能力，一般能利用五碳糖或有机酸。常用菌种有产朊假丝酵母 *C. utilis*：其蛋白质、维生素 B 含量比啤酒酵母高，可以利用五碳糖及简单氮源。还有热带假丝酵母 *C. tropicalis* 及休哈塔假丝酵母 *C. shehatae* 等。

(3) 毕赤氏酵母属 *Pichia*：其细胞具有不同形状，多边芽殖，多数种会形成假菌丝，通常能利用某些烷烃。日本曾用石油、农副产品或工业废料培养毕赤氏酵母来生产蛋白质。

2.2.3 放线菌类

是一类其菌丝呈放射状的微生物，属细菌门真细菌纲。单细胞，菌丝没有横隔，菌丝体分为基内菌丝体和气生菌丝体，前者长入培养基内吸收营养物质；气生菌丝伸展在空气中，发育到一定程度即在顶端形成不同形状的孢子丝，有直立、波曲、螺旋、轮生等[38]。

有的放线菌种类能产生多种酶类，较快地把木质纤维素类原料分解为易被动物消化的组分，如已在试验应用的高温放线菌 *Thermoactinomyces* spp. 等。

2.3 木质发酵饲料

木质发酵饲料是指以木屑等废料为主要原料，经微生物固态发酵而成的饲料。目前尚无大规模的工业生产，一般是饲养单位自制自用。曾用配方之一为：筛去杂质的木屑 80kg，新鲜的米糠 20kg 和研细的黄酒曲 0.8kg，配以适量的水份（80%～100%），在 30℃左右下发酵若干天后可用于饲喂蛋鸡等。另一配方为：60kg 木屑、20kg 农作物秸秆粉，20kg 精饲料，0.1～0.2kg 食盐，加黄豆菌种，在 20℃左右发酵。发酵后的饲料呈酸甜味道[39]。

2.4 叶类发酵饲料

很多树叶可直接用做饲料，但经微生物发酵后可进一步提高其营养价值和便于动物吸收利用。南京林业大学王传槐等研究成功了以速生杨叶为原料制造高蛋白饲料的工艺技术。其工艺流程如下：

树叶采集──→干燥──→粉碎──→配料──→热处理──→接种──→固态发酵──→干燥──→成品包装。

要求杨树叶最好在落叶前采集（南京地区大约在 11 月下旬前），落叶的营养成分很低，不利于应用。杨树叶采下后晒干或烘干备用，粉碎时不宜过细，控制粒度在 1.5mm 左右。热处理的目的是使原料软化并杀死部分杂菌。热处理前需添加适量的营养盐及水分；其后，待温度冷却到 30℃再接种液体菌种，而后在 28～30℃下发酵约 30h。发酵结束，要及时干燥，包装待用。

2.5 其他林产品发酵饲料

除木屑和树叶外，林副产物中树皮、果壳及加工剩余物（如制浆废纤维、果渣、油饼等）也可作为发酵饲料的原料。南京林业大学王传槐等将杨树皮先粉碎至 40～60 目，再加适量水和营养盐等，经灭菌后接入一种褐腐菌或酵母和这种褐腐菌的混合菌种，在28℃左右通气培养3d。据测定，发酵后产物中蛋白质含量比原料树皮提高1.6倍。另据报道，在挪威曾把树皮青贮发酵，用做小牛、山羊、鹿等动物的饲料。

2.6 发酵饲料的应用

发酵饲料可用于喂猪、牛、鸡、兔、鱼等。不同原料、不同的发酵方法所得的发酵饲料对不同的动物适用性有所不同。发酵饲料可以单独饲喂，也可以和其他饲料搭配使用。这要根据发酵饲料的成分、不同的动物、不同的生长期所需营养的比例来确定。

2.6.1 锯末发酵饲料

可以用来喂养蛋鸡。使用时每40kg配合饲料加锯末发酵饲料10kg，再加水3kg，拌匀后分次定量投喂。据试验报道，喂养7d后，产蛋率提高42.5%。锯末发酵饲料也可用来喂猪，可促进猪的食欲，加快生长，而且成本降低50%左右[39]。

2.6.2 树叶发酵饲料

南京林业大学王传槐、王书翰等用杨树叶发酵饲料进行了多种动物的喂养试验。该饲料用以喂兔，可以代替3.2%的混合精料，其增重率比对照组高11%，而饲料消耗和增重比低于对照组，并可降低死亡率（试验组存活率100%，对照组90%）。用以喂养肉鸡时，在配合饲料中加4%的杨叶发酵饲料，并不影响鸡的采食和生长发育，可节约部分粮食，降低饲料成本1.77%。在草鱼饲养试验中，添加15%的杨树叶发酵饲料可减少相应量的菜子饼，不影响鱼的生长和增重，并可大大提高鱼的抗病能力，减少死亡率（试验组存活率为100%，对照组仅30%）。杨树叶发酵饲料还可以按20%的比例加入混合饲料中，代替原来使用的麸皮喂仔鹅，试验结果比对照组增重率提高11%以上。

2.7 发酵饲料的质量控制

发酵饲料种类很多，而且往往是饲养单位就地加工，随制随喂，规模较小，并无统一的质量标准，仅由研制或生产单位自定产品标准。如杨树叶发酵饲料质量指标为，外观呈淡褐色粗粉末状，具杨树叶特有香气，并有酵母香味。其他指标见表60-10。木屑等其他发酵饲料的质量要求主要是无霉变、无不正常气味，要软、熟，有愉快的酸、香、甜味。

表60-10 杨叶发酵饲料质量标准[38]

项目名称		质量指标		
		特级	一级	二级
干燥失重（%）	<	9	10	10
燃烧残渣（%）	<	14	16	16
粗蛋白质（%）	≥	20	15	12
酵母细胞数（亿个/g）	≥	30	25	20
粗纤维（%）	<	18	20	22

3 林业青贮饲料

富含汁水的新鲜植物饲料、比干饲料营养价值高，适口性好，但受气候的影响，有些季节不能得到新鲜的植物饲料。为此可以采收适当生长期的植物茎叶、经过加工贮存，使其保持鲜饲料的部分特点，在缺乏新鲜饲料的季节使用常用而又易行的方法就是青贮。

3.1 青贮的种类

采收适当生长期的水分含量高的植物饲料，经过切碎、加入（也可不加）某些添加剂，密闭贮存一定时期再使用的饲料，就是青贮饲料。具体分为以下 3 种：

（1）高水分青贮：即一般青贮，将采收的新鲜植物立即切碎进行青贮，其含水率在 70%以上。这样青贮简单、省工，但水分太高，难以保证质量。

（2）低水分青贮：或称半干青贮。把采收的植物晾晒 24h，待干物质含量达到 25%以上，再行切碎青贮。这样可使质量稳定，制成良好的青贮饲料。

（3）添加剂青贮：在青饲料中添加某些酸类或盐类进行青贮的叫添加剂青贮。对那些含糖量低的饲料或易污染的原料常要猛加添加剂，以抑制有害菌的繁殖，减少蛋白质的分解，提高青贮饲料的营养价值等。使用的添加剂有甲酸、丙酸、甲酸盐、硝酸纳、丙烯酸钠、甲醛、甘蔗糖浆、木材水解糖液等。

3.2　青贮原理

把新鲜的植物原料切碎、密封进行青贮时，植物体内活细胞及带进的好氧微生物还在进行呼吸作用，消耗贮存空间里的氧气，放出二氧化碳及热量，在不太长的时间内形成缺氧条件。在缺氧条件下，厌氧微生物大量繁殖，将糖类变成乳酸及醇类，使所贮饲料的 pH 值下降。当 pH 值下降到 3～4 时，青贮饲料处于缺氧状态。在低 pH 值条件下，各类微生物都不能生长繁殖，从而达到不变质的贮藏目的。由于产生酸、醇得以形成特有香味，可提高牲畜的食欲；由于某些成分的分解，饲料变软，能改善适口性，所以使用青贮饲料可促进家畜的生长繁殖及肉奶的产量。

3.3　青贮方法

3.3.1　原　料

制作青贮饲料的原料很多，农作物的秸秆及牧草是良好的青贮原料。林副产物中可用于青贮的有某些树种的树叶、嫩枝条、树皮等。也可以将农作物秸秆、青牧草和林副产物混合进行青贮。如果青贮的原料中含糖太少时，需添加糖类或含糖高的原料进行青贮。

3.3.2　建　窖

青贮前首先要建窖，窖可以建在地面上或地面下，也可建在山坡。以下介绍地下窖的建造：

挖窖地点要选择地势较高、排水良好、土质粘硬的地方。为取用方便，不宜离畜舍太远。

窖可建成圆形或方形，挖窖时应将土壁削平、拍打坚实。如用砖、石块砌成，则要求用水泥抹平表面，保持内壁光滑、平直，以利原料下沉，避免霉烂。挖出的泥土需沿窖边堆积，以增加窖的深度及利于排水。

窖的深度一般相当于直径的 1.5 倍左右。窖越深，原料积压的越坚实，也就越不易霉烂，但越深、取用时就不方便。青贮过程中，原料沉降压缩使体积减少 10%～20%，挖窖时要据此将存量适当放大。

3.3.3　青贮操作

先把原料按种类切成一定大小的颗粒（表 60-11），而后边装窖边压实，赶出原料空隙中的空气，以利形成缺氧环境。装满后要立即封窖，避免压实的原料又变松。封窖时，先在原料上均匀地撒上细碎料，压实后用塑料薄膜遮蔽，再加盖潮湿的粘土，使呈馒头形，最后压实、拍平即可。贮存期要随时检查，如发现封土开裂应即时修补[5,40]。

表 60-11　各种林副产物青贮时粉碎的程度[5]

林副产物种类	粒　度（mm）	
	厚度	长度
树木绿叶	6	5～30
直径1.5cm绿叶枝条	3	5～20
直径1.5～3.0cm绿叶枝条	2	5～10
老树皮	3	5～10
嫩树皮	3	5～20

除窖青贮外，还可用塔贮或袋贮。塔贮建造要求高，又需配套机械，我国很少应用。袋贮仅用塑料袋即可，省去了建窖的费用，又方便运输，便于推广。

3.4　青贮饲料的使用

林副产物青贮1个月后即可开窖使用。开窖时，先将窖面上的覆土清除，掀开塑料薄膜，除去表面腐败变质的原料层。取用时应从上往下一层层地取，不要乱挖或局部深挖，取用后再盖好塑料布，防止空气、雨水进入。

良好的青贮饲料呈黄色、绿色或棕色，外观光亮，具有令人愉快的水果味或酸味。使用中根据青贮饲料的营养成分，可跟适量的精料混合喂养。林副产物青贮饲料的喂养效果见表60-12。

表 60-12　林业青贮饲料喂小母牛的结果[5]

饲料日粮	可食率（%）	增重		增重1kg（活重）消耗的饲料	
		每头（kg）	日平均（g）	饲料单位	可消化蛋白质（g）
基础日粮	—	16.6	553.3	8.67	903
基础日粮＋5kg白桦和山杨树干叶	70.9	21.6	720.0	7.60	764
基础日粮＋5kg枝条絮棉青贮饲料	46.0	18.0	600.0	8.83	908
基础日粮＋5kg白桦树皮青贮饲料	38	1.60	533.0	9.57	976
基础日粮＋5kg山杨树皮青贮饲料	54	19.0	633.0	8.37	869
基础日粮＋2kg锯末青贮饲料＋3kg糖化稻草	49.3	14.7	490.0	10.81	1071
基础日粮＋5kg枝条絮棉青贮饲料＋5kg稻草	48.0	17.0	566.6	9.35	936

4　其他饲料

林副产物中还有很多种类能直接或进一步加工作为饲料应用，如油饼类、培养食用菌后的培养料（又叫菌渣）、花果废渣、木片加工物等。

4.1　油饼类

很多树种的种子是重要的油料来源，也有的是作为其他原料的下脚再来榨油。榨油后的剩余物称为油饼。其中富含蛋白质、糖类、脂肪、维生素等多种营养成分，是重要的饲料资源，尤其是重要的蛋白质资源。但是有些种类的油饼中含有有毒物质，不能直接用以饲喂牲畜。对从未试用过的油饼种类，需先进行分析、经试验证明无毒才能使用，避免畜禽食用后造成中毒。

4.1.1　茶籽饼

油茶树 *Camellia oleosa* 油茶籽榨油时，有用茶籽直接榨油和脱壳后用种仁榨油之分。带壳榨的油饼中杂质多，可利用营养成分含量过低，故不宜做饲料。种仁榨油后的油饼中含有粗脂肪1.50%、粗蛋白质17.26%、淀粉44.90%、粗纤维16.88%[41]。从以上成分看是良好的饲料。但其中含有 10%～15%的油茶皂素，对动物有毒，尤其对于鱼类，百万分之一的溶液就可致鱼死亡。

茶籽饼用做饲料需进行脱毒处理。方法是用 80%甲醇溶液浸提茶籽仁油饼，油茶皂素即溶于甲醇中而脱毒。再在浸提液中加入过量的乙醚，皂素即可沉淀，经过滤、干燥即得粗皂素。也可以用水浸提溶出皂素使其脱毒。为利用溶于水中的皂素，可在浸提液中加 2%的明矾，沉淀一部分杂质后，将清液浓缩、再加入 30%的碳酸氢钠，搅匀、烘干即为粗皂素。处理过的油饼中，皂素下降到 1.8%以下，用来喂猪，结果试验组每日每头平均增重 234g，对照组为 186g[41]。

4.1.2　山苍籽饼

山苍籽 *Litsea cubeba* 系野生木本植物山苍树上所结的果实，经蒸馏、压榨可提取山苍籽芳香油和核仁油。提油后的饼渣，可以作饲料。据湖南省芷江县粮食局等单位报道，山苍籽油饼中含粗蛋白 14.1%、粗脂肪 9.33%、粗纤维 28.5%、消化能 8.5MJ/kg、可消化蛋白 73g/kg，并含有丰富的钙、磷等无机元素。在混合饲料中加 10%的山苍籽饼用以喂猪，其适口性好，对猪的健康无害，猪肉品质符合国家卫生标准，而且瘦肉率比对照组高出 4%[42]。

4.1.3　橡胶种子油饼

橡胶树 *Hevea brasiliensis* 的种子可以榨油，其油饼含粗蛋白 21.6%～24%，粗脂肪 12.3%，营养丰富、适口性好，是一种很好的蛋白质资源。新鲜的橡胶种子含有约 0.065%的氰苷物质。但这种氰苷物质很不稳定，易于除去，只要晒干贮存 3 个月后，其氰氢酸的含量就可减少 96%以上，再经过压榨取油，油饼中氰氢酸的含量则更少。

国外利用橡胶种子油饼较早，利比里亚曾用其代替 30%的椰子饼和麻仁饼喂蛋鸡；马来西亚则在饲料中加 30%的橡胶种子油饼喂蛋鸡；国内云南热带作物研究所也用其进行过喂鸡试验。另外，国内外都进行过喂猪试验，效果良好。

据云南热带作物研究所试验，在产蛋鸡日粮中配入 12%～15%的橡胶种子饼以代替花生饼，不但对蛋鸡的产蛋量、蛋的品质、蛋的受精率无影响，且饲料利用率提高 19.4%，而橡胶种子油饼的价格还不到花生饼的 50%[43]。

4.1.4　其　他

林产品加工的副产物如漆树籽、沙棘种子等，都含有相当的脂肪和蛋白质，其油饼中的蛋白应加以利用，可直接把种子作为饲料应用。

漆树 *Rhus verniciflua* 的种子含粗蛋白质 10.34%、粗脂肪 29.68%、钙 0.33%、磷 0.06%。据试验，在饲料中添加 10%～30%的漆树籽喂猪，取得了较好的效果[44]。

沙棘 *Hippophae rhamnoides* 种子含蛋白质 26.06%、粗脂肪 9.02%、钙 0.27%，还有其他多种无机营养元素，氨基酸种类也比较齐全。据报道，罗马尼亚等国用沙棘种子榨油后的饼粕喂鸡，可促进鸡生长且产蛋率高。我国有丰富的沙棘资源，应抓紧开发其种子及油饼的利用，以丰富蛋白饲料来源[45]。

4.2　食用菌渣饲料

食用菌渣又称菌糠，是指用固态农林副产物培养食用菌时，采收子实体后剩下的原培养料。其中除含有原始培养物料中的大部分纤维素、半纤维素、木质素、矿物成分、含氮化合物外，还有食用菌的菌丝体。培养物料经食用菌的分解，其木质素、纤维素的比例降低，性状变软，有利于动物的食用和消化。据报道，以玉米芯做培养料时，接菌种前纤维素含量为

36.1%，菌渣中仅为24.4%，木质素则由13.2%下降到9.5%，而粗蛋白则由2%上升到9.5%。菌渣可以掺入其他饲料中喂猪或鸡等。四川省峨眉山市畜牧局进行了喂猪试验，在基础日粮中加入30%的菌渣进行喂养，其增重比对照组提高14.68%，饲料消耗减少11.30%～12.79%[46]。

食用菌的种类很多，用以栽培的原料组成各不相同，所以各类菌渣的成分差异很大，有些甚至还含有药物成分。作为饲料使用时各种菌渣的效果不尽相同，应分别进行喂养试验。

4.3 花、果等废渣饲料

林副产品中花、果加工过程的废渣，往往含有一定的营养物质，可以作为饲料的资源进行开发利用，如茉莉花渣、越橘果渣等。

4.3.1 茉莉花渣

茉莉花 *Tousmanum sambac* 木樨科茉莉花属，木本植物其花苞常用来薰制茶叶。据分析，薰茶后的花渣中含粗蛋白质18.95%，粗脂肪4.46%、粗纤维10.10%、钙0.66%、磷0.37%，并有浓厚的茉莉香气。经喂猪试验，在配合饲料中添加10%的茉莉花渣粉，可代替原来需添加的豆饼（占饲料的2%）和麸皮（占饲料的8%），从而使每100kg饲料降低成本3～4元。并提高猪的增重速度和饲料报酬[47]。

4.3.2 越橘果渣

越橘 *Vaccinium vitis idaea* 是北方林区的野生浆果，在内蒙古林区分布尤为广泛。越橘可用于酿制果酒，制造清凉饮料和食用色素。果渣占鲜果重量的25%，经烘干磨碎后呈棕色糠粉状，口感微酸。其中含粗蛋白11.83%、粗脂肪10.88%、粗纤维18.75%、钙0.38%、磷0.21%及其他无机元素，并含有一定量的维生素。蛋鸡饲养试验表明，在饲料中添加3%～5%越橘果渣，其适口性好、无毒性反应，对产蛋率、种蛋受精率、孵化率均无影响，并可提高饲料报酬，减少饲料费用[48]。

参 考 文 献

1. Keays J L. Foliage, Part Ⅰ., Practical Utilization of Foliage. 8th Cellulose Conf., 1976：445～464

2. Калнинъша А Я. Лес-Сельскому Хозяйству (Производство и Применение Продуктов Переработки Древесных Отходов), М, Лесная Промышленностъ, 1978：1～192.

3. 周维纯，阙妙英，赵秀藏，袁庆荣.几种针叶营养成分的测定和利用.林产化学与工业，1981，1，(4)：31～39

4. Левин Э Д, Релях С М. Переработка Древесной Зелени, М, Лесная Промыщленностъ, 1984：1～120.

5. 周维纯编著.林业废料饲料加工技术，南京：江苏科学技术出版社，1985：1～164，144～156

6. 周维纯，赵秀藏，徐永刚.松针粉饲料研究进展（简报），林产化学与工业，1984，4，(1)：44～45

7. 周维纯.苏联松针饲料粉工业生产概况.苏联科学与技术，黑龙江省科技情报研究所，1983，(1)：22～26

8. 李育才，周维纯.杨树叶粉饲喂产蛋鸡试验.饲料与畜牧，1987，(2)：37～39

9. 林茂，木本饲料之王——银合欢.饲料研究，1984，(6)：20

10. 宋永芳.泡桐叶的营养成分及其作饲料的探讨.林产化学与工业，1988，8（3)：44～49

11. 姚爱兴.木本饲料——栎树叶的开发利用.中国饲料，1990，17～19

12. 周维纯，赵秀藏，徐永刚等.粉状松针生物活性物质的研制和应用.林产化学与工业，1991，11，(1)：25～32

13. 周维纯，袁庆荣，夏元逑.貂用松针软膏微囊复合添加剂的研制和应用.林产化学与工业，1989，9，(2)：49～56

14. 周维纯，王金秋，徐永刚等.杨树皮类脂饲料添加剂.饲料工业，1991，12，(1)：16～17

15. Томчук Р М, Томчук М Р, Логинов В М, Иванов Н И, Зоров Б В. Промыщленное Исполъзование Кроны Дерева, Обзорная Информация——Лесоэксплуатация и Лесосплав. М., ВНИПИЭИлеспром, 1982，12：1～44

16. 饶应昌，庞声海等编著.非谷物饲料生产技术.北京：科学技术文献出版社，1990：1～436

17. 周维纯编著.松针综合利用.北京：中国林业出版社，1987：1～130

18. 周维纯.苏联树叶化学产品生产研究现状.苏联科学与技术.黑龙江省科技情报研究所，1984，(6)：28～33

19. 周维纯，姜紫荣，宋强.松针叶绿素-胡萝卜素软膏挥发物质化学组成的研究.林产化学与工业，1995，15，(1)：51～56

20. Zhou Weichun, Jiang Zirong, Wang Jinqiu, Song Jinbiao. Study on the Chemical Constituents of Acidic fraction in Chlorophyllcarotene Paste from Pine Needles and Twigs. Chemistry and Industry of Forest Products, 1994, 14, (3)：35～40

21. 周维纯，姜紫荣.松针叶绿素-胡萝卜素软膏不皂化物质化学组成的研究.林产化学与工业，1997，17，(2)：53～57

22. Малютина Л А, Выродов В А. Экстракция Биологически Активных Веществиз Древесной Зелени. Гидролизнаяи Лесохимическая Пром-сть, 1981, (2)：21～22

23. 周维纯，徐永刚，王金秋等.改性松针软膏中试报告.林化科技通讯，1986，(7)：16～19

24. Barton G M. Foliage, Part Ⅱ, Foliage Chemicals, Their Properties and Uses. 8th Cellulose Conf. 1976：465～484

25. 沈兆邦，Theander O. 马尾松针叶酚类化合物研究.林化科技通讯.1987，(6)：2～6

26. 徐纬英主编. 杨树. 哈尔滨：黑龙江人民出版社，1988：1～12
27. 周维纯，宋金表，王金秋等. 杨树皮类脂萃取中试报告. 林产化学与工业，1992，12，(1)：83～90
28. Демченко Е А，Некрасова В Б.，Осиновая Коры и Возможности Её Использования，Экспресе-Информацня Лесохимия и Подсочка，1978，(9)
29. 微生物资料汇编第四集. 北京：科学出版社，1972，111～115
30. Эрист Л. К. Кормовые Пробукты цз Отхолов Лесэ. Леснач Промыщлениость 1982.
31. Young M. M. The Canadian J. of Chem. Eng. 1979，57 (12)
32. Han Y. W. Microbial utilization of straw
33. 桑原正章. 木材爆碎处理与酶法糖化. 酸醇工学，1985，63. (5)
34. Martin R S. Biomass 1988，15：284
35. 志水一允. 木材工业 [日]，1985，(7)
36. 柴文淼等. 森林资源开发利用学术讨论会论文. 1990
37. 陈洪章等. 微生物学报. 1993，33 (3)：236～238
38. 南京林业大学主编. 林产工业微生物学. 北京：中国林业出版社，1991. 3
39. 涂先喜. 充分利用我国林业资源发展新型林业饲料. 饲料研究，1988. (7)，19～21
40. 刘继业，李德发等. 饲料加工技术（上册）. 北京：化学工业出版社，1989，9
41. 李玉善. 油茶的栽培和利用. 西安：陕西科学技术出版社，1986. 7.
42. 田春. 用山苍籽饼作猪饲料，饲料研究，1986，(6)：23
43. 汤汝松，宋彩华. 橡胶种子油饼喂蛋鸡试验. 饲料研究，1987，(8)：14～16
44. 余有平. 张永平. 漆树籽喂育肥猪的效果. 饲料研究，1989，(4)：16～17
45. 乔太生，孙秀玲等. 沙棘种子——一种待开发的蛋白质饲料资源. 饲料研究，1988，(2)：40～41
46. 钟云鹤. 菌糠饲料喂猪试验. 饲料研究，1989，(1)：17～18
47. 叶耀辉，王金室等. 茉莉花渣饲喂育肥猪试验. 饲料研究. 1989，(1)：24～25
48. 阎照升. 越橘果渣喂产蛋鸡试验. 饲料研究，1989，(3)：10～12

第17篇

树木寄生昆虫放养及产物加工

第61章 紫胶

侯开卫　王定选

紫胶（Lac）又名虫胶，古称赤胶、麒麟竭、紫铆、紫梗、紫草茸。我国紫胶生产利用的历史悠久，古籍中有关紫胶的记述不少，如历代本草、笔记、省志和类书等对紫胶的名称、产地、生物学、繁殖、用途等都有记载。其中最早的记载出现在公元69年（东汉明帝11年）张勃（公元265～289）所著的《吴录》一书中，称为赤胶。苏恭（公元659年）在《新修本草》中称为紫铆，纠正了唐朝以前把紫胶称为麒麟竭的混乱状况。到元朝，周达观（1328年）在《真腊风土记》中称为紫梗。明朝李时珍（1578年）的《本草纲目》中仍沿用紫铆名称，并在释名下指出“连枝折取谓之紫梗”。到了清朝，余庆远（1765年后）在《维西见闻记》中开始用紫胶这个名称。后来朱钥（1829年）在《本草诗笺》中称为紫草茸，至今许多中药店成药方上仍用紫草茸这个名称。

紫胶具有绝缘、耐高电压、防潮、防锈、防腐、防紫外线、耐酸、耐油、易干、可塑性强、固色性好、化学性稳定、粘合力强等优良特性，广泛用于电气、五金、塑料、橡胶、机械、油漆、印刷、医药等行业，是迄今为止化学合成物质所不能完全代替的重要工业原料。

紫胶的产地为印度、巴基斯坦、斯里兰卡、尼泊尔、不丹、孟加拉国、泰国、缅甸、老挝、越南、柬埔寨和中国。印度是紫胶主产国。其次是泰国和中国。中国的紫胶主产于云南省，有历史记载的还有台湾省和西藏自治区。50年代末和60年代初，南方部分省（区）先后开始紫胶虫及其寄主植物的引种工作，通过20多年的试验研究和技术推广，中国的紫胶产区由云南省的35个县扩大到包括云南、福建、广西、广东、四川、贵州、江西、海南、湖南9个省（区）的200多个县。紫胶虫的地理分布由北纬25°以南扩大到北纬28°，由东经103°以西扩大到东经118°。

紫胶主产国印度气候温暖，寄主植物资源丰富，生产紫胶的自然条件优越，产区面积大，年产胶量居世界第一位。为使紫胶原胶生产达到稳产高产，印度政府和有关的邦政府先后建立了数十个种胶农场，以保证胶农放养所需的种胶供应。并建起500多家紫胶加工厂，至今还保留100多家。大多为手工作坊式加工；有几家机制片胶厂，机械化程度不高。加工产品有粒胶、片胶、脱色脱蜡胶、漂白胶等几十种。原胶年产量最高达5万余t，到80年代后期降为1万余t。

我国紫胶生产，60年代以前处于野生野长状态，产量不足100t。从1963年起逐步纳入生产计划，在国务院提出“发展紫胶新产区，逐步达到自给自足”的要求下，紫胶生产和科研不断得到发展，产量由1962年的287t增加到1985年的3 635t，截至1987年，25年的合计总产量约为5万余t。紫胶产品由依靠进口发展到可供出口。紫胶加工厂由云南原有的1个增加到6省（区）的22个；年加工能力由几十吨增加到7 000t左右。紫胶产品由原来的两种增加到 11 种。25 年来所生产的原胶、种胶、片胶、紫胶色素等产品的总值达 58 908.28 万元，其中农民出售原胶、种胶所获收入为 36 143.05 万元，工商上缴利税 16 135.37 万元。紫胶产区新营造的寄主林达 8 万 hm^2，改造野生寄主林 2 万 hm^2。在发展紫胶生产的过程中，中国已形成了具有一定规模的紫胶科研-推广-生产体系，造就了一支紫胶科技队伍和几十万人的生产大军，在南亚热带辽阔的贫困山区，紫胶生产已发展成一项脱贫致富的产业，中国的紫胶产量已上升为世界第三位。

1　紫胶原胶的生产

1.1　紫胶虫

紫胶虫是一种微小的昆虫。属同翅目胶蚧科紫胶蚧属。紫胶蚧属约有 18 种，中国已定名记载的有 6 种，生产上广泛利用的为 *Kerria yunnanensis*［编者注：中国农业百科全书用名为 *Kerria lacca*（Kerr.）］从幼虫至成虫体形变化较大，雌雄虫体形各异，变态也不同。雌虫为不完全变态，一生只经历卵-幼虫-成虫三个发育阶段；雄虫则为完全变态，一生则经历卵-幼虫-前蛹-蛹-成虫五个发育阶段。紫胶原胶生产与紫胶虫的世代、生活史和生物学特性密切相关，分述如下：

1.1.1　世　代

紫胶虫从胚胎发育开始至成虫性成熟产卵时为止的发育周期称为世代，即从卵、幼虫(雄虫经历前蛹和蛹)、到成虫为止。在生产上常以幼虫涌散到下一代幼虫涌散作为一个世代。我国紫胶产区一年发生两个世代，故在生产上一年可放养 2 次，收获 2 次。4～5 月放养，9～10 月收胶，历时 5 个月左右，中间经过一个夏季，故称为夏代或第一世代。9～10 月放养，翌年 4～5 月收胶的一代，历时 7 个月左右，中间经过一个冬季，故称为冬代或第二世代。

1.1.2　生活史

紫胶虫在每个世代各虫期出现及其历期称为生活史。随着虫种、种群、世代、地理分布、气候条件、寄主植物种类和二性变态时间的不同，生活史也表现出差异。一般情况下，雌虫、雄虫的生活史为：

雌虫：第一代卵 6 月上旬出现，卵期甚短，约 15min，随即孵化出幼虫。6 月上旬至 7 月下旬幼虫出现后，历时 1 个多月变为成虫。成虫期从 7 月下旬至 10 月中旬，历时约 3 个月后开始第二代。第二代幼虫于 10 月下旬出现，越过冬季，到翌年 3 月上旬进入成虫期，历时近 5 个月。成虫期则在 3 月上旬出现至 5 月下旬开始产卵为止，历时 3 个月左右。

雄虫：第一代卵仍出现在 6 月上旬，卵期亦短。幼虫 6 月上旬孵化，到 7 月中旬即化为前蛹，历时 1.5 个月左右。前蛹历时 5 天左右即进入蛹期。蛹期历时约 7 天。成虫于 7 月下旬出现，与雌虫交配后相继死亡。第二代卵出现于 10 月下旬，随即孵化为幼虫，幼虫自 10 月下旬至翌年 2 月下旬，历时 4 个月左右化为前蛹。前蛹期和蛹期各历经 12 天后于 3 月中旬羽化为成虫。成虫交配后即死亡。

1.1.3　泌胶物候与龄期

紫胶虫分泌的紫胶树脂把自己包围起来形成胶壳，起保护作用，紫胶虫则在胶壳内生长发育。这种胶壳随着紫胶虫的生长发育表现出不同的征状，形成一定的泌胶物候。这种泌胶物候与胶虫的发育龄期密切相关，通过胶表物候的观察，便能反映出紫胶虫的不同龄期。

雌性紫胶虫一生有如下的泌胶物候期：固定→泌薄胶→瓦片状胶→屋脊状胶→小胶突胶

→放射状胶→爪状胶→丘状胶→纽珠状胶→粒状胶。雄性紫胶虫的一生泌胶物候期为：固定→泌薄胶→瓦片状胶→屋脊状胶→小胶突胶→圆盖胶。

泌胶物候与龄期的关系：一龄幼虫具有固定、泌薄胶、瓦片状胶、屋脊状胶4个物候期。到屋脊状后期，当出现脱皮现象即为第二龄幼虫的开始。二龄幼虫阶段雌虫有2个物候期，即小胶突胶和放射状胶。到放射状胶时出现脱皮就是第三龄幼虫的开始。雌性三龄幼虫仅有一个物候期，即爪状胶。爪状胶时脱皮即进入成虫期。此外，雄性二龄幼虫后期惟一泌胶物候为圆盖胶。打开胶壳观察，如无肛门蜡丝而见粗短的阳茎鞘突则为前蛹；若无肛门蜡丝而见长而角质化阳茎鞘突则为蛹，若见两条长而白色蜡丝就是成虫。

1.1.4　主要生物学特性

（1）涌散：幼虫孵化后，经过一段时间便从胶壳内鱼贯爬出，四处扩散，即为涌散。紫胶虫的涌散时刻、数量和涌散期的长短，随世代、种胶成熟度、温度、光照的不同而异。一般情况下，涌散时刻为白天，晚上基本上不涌散。涌散数量以上午为多，下午少。涌散期夏代短（16～20天），冬代长（26～35天）。种胶成熟度越高，涌散数量越多，涌散期亦长。

（2）固定：涌散后的幼虫在寄主枝条上爬行，选择到适当部位时即把口针插入树皮，并将足和触角收入腹下，从此不再迁移，即为固定。一般幼虫涌散后约1h即开始固定，一个群体约经20h大部分幼虫即可固定。由于紫胶虫的群栖性，固定时总是一个挨一个地在适宜取食的枝条上群栖在一起，形成大小不等的生活群体。这种群体固定密度一般夏代为140～220头/cm^2；冬代为160～240头/cm^2。

（3）泌胶：紫胶虫固定取食以后即开始泌胶。初分泌的紫胶为琥珀色的半流体，与空气接触后便逐步变硬。随着虫体的不断生长，泌胶逐渐增多，颜色逐渐变深，虫体和虫体之间的枝条表面也逐渐被胶层所盖住，形成一个连片丰满的胶被。收获的紫胶主要靠雌虫分泌，雄虫泌胶量很少。

（4）泌蜡：幼虫固定取食后即开始泌蜡。蜡丝可防止呼吸排泄孔道被堵塞，对紫胶虫的生命活动起重要作用。

（5）排泄蜜露：蜜露是紫胶虫的一种排泄物。蜜露含有糖分、水分及其他成分，其味甜形似露珠，故称为蜜露。如遇天气干旱，蜜露排泄不畅，会在胶表聚集，导致堵塞胶室孔口或滋生霉病，影响紫胶虫呼吸、排泄、泌胶等生理活动。

（6）脱皮：和其他昆虫一样，紫胶虫在生长发育过程中，一生要脱几次皮才达到发育成熟。每脱皮一次，虫体显著增大，形态也发生变化。由于雌雄两性变态不同，脱皮的次数也不同。雌性幼虫脱皮三次进入成虫期；雄性幼虫脱皮二次进入前蛹期，前蛹脱皮进入蛹期，蛹再经脱皮进入成虫期。

（7）生殖：紫胶虫的生殖有两种方式，即有性生殖和孤雌生殖。后者怀卵量不高，主要靠有性生殖。雌成虫以卵胎生方式产生后代，即先行产卵，卵在卵巢微管内脱去卵壳，以幼虫体顺卵巢管产出体外，而孵化腔则是紫胶虫产卵和孵化的场所。

1.2　寄主植物

寄主植物是紫胶虫的食料来源和栖居场所。幼虫自固定后，就终生寄生在寄主植物枝条上，从中吸吮营养物质来维持其生命活动。寄主植物种类的不同和生长的好坏，都直接影响到紫胶虫的生长发育、泌胶多少和胶质的好坏。可见，寄主植物是紫胶生产的物质基础。

1.2.1 种 类

紫胶虫是一种广食性的昆虫，寄主植物的种类较丰富，在世界的整个自然分布区中约有350种。中国近300种，生产上常用的种类约为30种，其中优良种类为13种，即钝叶黄檀 *Dalbergia obtusifolia*、思茅黄檀 *D. szemaoensis*、南岭黄檀 *D. balansae*、木豆 *Cajanus cajan*、大叶千斤拔 *Flemingia macrophylla*、瓦氏葛藤 *Pueraria wallichii*、山合欢 *Albizzia kalkora*、光腺合欢 *A. calcarea*、苏门答腊金合欢 *Acacia sumatrana*、聚果榕 *Ficus racemosa*、哈氏榕 *F. harlandii*、火绳树 *Eriolaena spectabilis*、广西芒木 *E. kwangsiensis*。

1.2.2 育苗造林

上述13种优良寄主除木豆宜采用直播造林外，其他树种均宜采用育苗造林。育苗造林中需特别注意之点分述如下：

1.2.2.1 育 苗

一般宜采用种子育苗，其中聚果榕、哈氏榕、钝叶黄檀、思茅黄檀和南岭黄檀也可采用插条育苗。

(1) 种子育苗：多数树种种子成熟后即陆续脱落，故应适时采种。钝叶黄檀一般在夏季（5月下旬）采种；其他树种为秋冬季（9～11月）采种。钝叶黄檀应于采种当年（5～6月）播种；其他树种宜于翌年2～3月份播种。火绳树和合欢种子的外种皮较坚硬，不易发芽，播种前需进行沸水和浓硫酸（30min）处理。

(2) 插条育苗：插条的成活率与母树年龄和枝条的阶段发育年龄密切相关。一般宜选择幼树枝条；如系大树老树，则可选择基部萌生的已木质化的枝条。扦插期视母树物候期而定，一般在芽出现膨胀但尚未发芽时（2～4月份）采条扦插为好。插条制作长以15～20cm为宜，下端切口宜削成楔形，木质部与韧皮部不能分离；上端削平（圆形），切口距上芽约2cm。插植时最上一个节露出土面即可。扦插前一天对苗床淋水，使土壤充分湿透，插植后如出现日晒，需遮荫。萌芽后留1～2个健壮芽，其余抹掉。

1.2.2.2 造 林

(1) 林地选择：主要考虑适地适树。钝叶黄檀、火绳树、广西芒木、山合欢、苏门答腊金合欢的耐旱性较强，对立地条件要求不甚严格，可种植于半山坡、阳坡；思茅黄檀、南岭黄檀、聚果榕、哈氏榕等树种，对水湿条件要求较高，宜选山坡下段、河谷、溪边等较湿润地方。

(2) 整地：整地方式及质量对造林成活率及植株生长影响较大，一般以带状、撩壕整地为好，并应在头年秋冬季进行。

(3) 造林季节：一般宜在雨季进行。华南沿海地区（广东、广西、福建等）多在2～3月份；西南地区（云南、贵州和四川）多在6～7月份。

(4) 定植：上山定植的苗木如系裸根苗，要求壮苗、大苗，尤其是钝叶黄檀，应以二年生大苗上山为宜。起苗前应剪除叶子和未木质化的嫩梢乃至截干，最好在起苗前1～2天进行。同时剪去过长的主根。

1.3 紫胶虫放养和紫胶采收

1.3.1 放养前的准备工作

(1) 选好放养地：为使紫胶生产能持续发展，放养前必须对林地进行全面规划。应选择背风向阳、日照时间长的南坡和西南坡安排放养冬代，使胶虫能获得更多的太阳热能，有利于度过寒冷的冬天。寒潮通道、背阴山坡和海拔较高的地段放养夏代。规划时还要确定寄主利用方式，以便对寄主进行管理和修剪。

(2) 选择和修整寄主树：放养地确定后，要对寄主树进行选择和修剪。冬代放养应选择保种性能良好的优良寄主，如木豆、钝叶黄檀、南岭黄檀等。放养前，应先除去林内杂灌木和攀缘植物，剪除病虫枝、干枯枝、细密枝等，以利通风透光。夏代放养如系日照强烈地段，应适当保存地被物，以利降低地表辐射热的影响，以免胶表软化和造成胶虫的死亡。

(3) 准备好种胶：根据放养计划，准备好自繁种胶。如系外地调入，应做好调种准备。拟调入的种胶应是发育充分成熟，采种时需有80%以上的卵粒进入第5期。胶被丰满连片，胶块率不低于30%。母虫怀卵量不少于250粒。

1.3.2 适时采种

这是紫胶生产中的关键环节。采种过早，紫胶虫卵粒还未发育成熟，放养后没有或仅有极少数幼虫涌散，虫体虚弱，会直接引起紫胶减产；采种过迟，幼虫已经大量涌散，可供放养的幼虫量少，也同样导致减产。因此，在种胶接近成熟时，必须专人负责经常观察，及时测报，准确掌握采种期。采种测报应用的方法有：

(1) 看涌散采种：就地采种就地放养，应用此法可靠有效。即在种胶快成熟时，每天或隔日观察一次，看到幼虫普遍开始涌散时就采种，随采随放。如需由外地调入种胶，运输路程需二三天者，在同一地形同时放养的胶园内，冬代（4～6月采收）有20%的植株胶虫开始涌散即可采种；夏代（9～11月采种）见到半数以上植株出现胶虫涌散才能采种。

(2) 根据胚胎发育情况进行采种测报：紫胶虫卵的胚胎发育与幼虫涌散之间有一定规律性的联系，可根据胚胎发育情况测报涌散日期，从而可准确确定采种期。紫胶虫的胚胎发育期分为六期。

第1期：分化不明显，只见一个紫红色的卵细胞。

第2期：胚体在卵黄的表面，但胚体尚小，外观上可看到排列较紧密的卵黄球，整个卵好像被一个桑椹体充满其间一样。

第3期：胚体沉入卵黄之中，胚体伸长，原头分化，在外观上与第2期的区别是卵黄球较大，卵纵轴中央透明，透明部分即为胚体。

第4期：胚体较长，卵黄球被挤到两边，卵的纵轴中央呈"S"形（此系胚体），两侧为紫红色的卵黄球。

第5期：胚体与卵几乎等长，胚体伸到卵黄的表面，背向卵黄，侧面可看到半透明的胚体，附肢形成，半边为紫红色的卵黄球。到后期，卵黄球由紫红色变为混浊的橘红色。

第6期：卵黄球由混浊变消失，胚体已分节明显，足也分节，初具幼虫形态。

在冬代（4～6月采收）当胶枝上卵胚胎发育有50%以上卵粒进入第5期，夏代（9～11月采收）有80%以上卵粒进入第5期，就可以采种。

1.3.3 放养技术

(1) 选择优良种胶：用优良种胶放养，出虫多，幼虫生活力强，产胶量高。优良种胶的标准是充分成熟，无病虫害，胶被厚硕、丰满连片，胶块率在30%以上。

(2) 放养时间与部位：当紫胶虫幼虫普遍涌散时即可放养。放养宜选择晴天的清晨或傍晚，以利于大量幼虫涌散固定。绑种时应将种胶尽量接近幼虫可固定生长的有效枝条，一般不宜超过4～5m。挂放方向冬夏代不同，冬代温度较低，阳光较弱，应放在向阳的枝条上；夏代以背阴面的枝条为好，以免阳光强烈直射。

(3) 适宜固虫量：固虫量的多少可用固虫率表示，即一根枝条（或一株树）固定有虫长度的总和，同有效枝条长度总和相比的百分率，称该枝条（树）的固虫率。有效枝条一般是指枝径在1～3cm适宜紫胶虫固定的枝条。可用下式计算：

$$固虫率=\frac{固虫长度}{有效枝条长度总和}\times 100\%$$

树种不同，世代不同，其固虫率也不同。如南岭黄檀在全株放养情况下，夏代固虫率不宜超过60%，冬代不宜超过50%。木豆的耐虫力较低，夏代固虫率应控制在40%以下，冬代在20%左右。掌握放养时的固虫率，目的是合理利用寄主树。对于小树应“以养为主，养用结合”。为培育良好树型，小树的主枝、骨干枝都不宜放养，故绑种部位要高，放种量要少。大树“以用为主，用养结合”，同时保留骨干枝。

1.3.4 放养后的管理

(1) 及时检查、移放和回收：放养后2天应检查种胶是否松脱，挂种部位是否合适，固虫量是否适宜等。如固虫量已够，可将种胶转移到固虫量少的枝条上。固虫过量的枝条，应适当抹去。涌散基本完毕时，应及时收回种胶。

(2) 加强寄主树的抚育管理：放养后应加强管理，防畜防火。如因固虫过量，寄主树出现枯黄落叶现象时，可施适量磷肥，并抹去过量胶虫，或剪除部分固虫过量的细小枝条，促使寄主恢复正常生长。

(3) 防除病虫：放养后应随时检查胶虫及寄主树上病虫害的发生情况，因地制宜地采取相应措施，及时防除病虫害。

1.3.5 紫胶的采收

作种用的紫胶必须及时采收。因胶虫涌散集中，时间较短，尤其是冬代胶，大量涌散只4～7天，故应严密注意发育进度，做好安排，一到成熟应立即采种。不作种的紫胶，应提前采收，防止胶虫及病虫的扩散。

采收一般采用“砍枝法”，即用利刀、剪等将有胶的枝砍（剪）下。切口应平滑，避免撕破树皮，以防病虫害滋生，并利于新枝的萌发。胶量很少的枝条可不砍去，而采用“剥胶法”，以利于枝条的再利用。采下的种胶或剥下的原胶都不能日晒雨淋，应置于凉胶棚内，种胶运输过程中也需注意防止烈日曝晒。

1.4 紫胶原胶的质量控制

紫胶原胶的质量体现在原胶的色泽、厚度、水分、颜色指数、热乙醇不溶物和热硬化时间等指标上。这些指标的高低受原胶生产过程中诸因素的影响，因而原胶质量的控制必须从原胶生产入手。

1.4.1 原胶质量的影响因素

(1) 色泽和颜色指数：原胶的外观色泽包含水溶性的紫胶红色素和不溶于水而溶于醇类的紫胶黄色素。颜色指数则主要反映紫胶黄色素，两者密切相关。外观色泽越深，颜色指数越高。由浅色到深色，其质量也随之降低。浅色胶可与其他颜料调制出各种色调，应用范围广。半成品和成品胶颜色的深浅取决于原胶颜色的深浅（漂白胶、脱色胶与加工方法有关）。色泽深浅、颜色指数高低与寄主树种、胶虫世代、虫种和原胶的贮藏条件、贮藏时间有关。同一树种生产的原胶，夏代的颜色要比冬代的浅。原胶贮藏时间长或贮藏不当造成发霉结块，颜色指数便增高。

（2）胶被厚度和热乙醇不溶物：原胶胶被厚度越大，热乙醇不溶物含量越低，质量越好。胶被厚度的大小与寄主树种、世代、地区（气候条件）、固虫量和病虫害等因素有关。夏代胶虫放养在干热地区，胶被较薄；偏凉地区则较厚。冬代胶虫放养在暖和地区胶被较厚；放于偏冷地区（可以保种范围内）则较薄。就同一地区同一树种而言，夏代的胶被厚度大于冬代的。固虫量过大，胶被较薄；固虫量适中或较少，胶被则较厚。病虫为害严重的胶枝，胶被较薄；反之则较厚。

（3）水分：水分反映原胶的干湿程度。过高的含水量是导致原胶发霉、结块、变质的主要原因。霉变原胶颜色指数高，热寿命降低，导致原胶质量明显下降。原胶中的水分含量与采收时的成熟度、原胶风干程度、采收季节的空气湿度等有关。未成熟就采收的原胶，势必增高其含水量。采收后未及时摊晾风干的原胶含水量较高，收购后如不经再次摊晾即包装运输，便会导致霉变、结块。

（4）热硬化时间：热硬化时间的长短反映原胶热塑性能的好坏，这也是衡量原胶质量好坏的指标之一。影响原胶热硬化时间的主要因素是：贮存时间与温度以及结块霉变。贮存期越长，温度越高，热硬化时间就越缩短。

1.4.2 提高原胶质量的技术措施

根据上述原胶质量的影响因素，需从原胶生产开始至包装运输，采取如下技术措施：①放养紫胶虫应选择优良寄主树种和健壮植株；②冬夏代放养地应作规划。冬代应选择寒害轻的温暖地方；夏代选择偏凉地方。原胶生产应以夏代为主；③因树制宜，掌握适当的放种量；④采收适时，回收种胶要及时，胶枝采收后应及时剥胶，同时消灭害虫。采收时应尽量收净，避免剩下残留胶；⑤摊晾、贮存地点应选择地势较高位置，并采取防潮措施。已完全风干的原胶应及时交售，不宜长期贮存；⑥采收前和贮存期间均应采取适当措施，预防害虫为害；⑦包装时应检查干燥程度，未风干的原胶切勿装运。

2 紫胶的理化性质

2.1 紫胶原胶的组成

紫胶的主要成分是树脂，还有色素和蜡质等，它们的含量随寄主、产地和采收季节而变化，一般原胶的组成见表61-1。

表61-1 原胶的组成

组成	含量（%）
树脂	65～80
蜡	5～6
水溶物	2～6
其中色素	0.6～3
杂质（主要为虫尸）	6～18
水分	1～4

2.2 紫胶色素的性质与组成

紫胶色素分为两类：溶于水的色素叫紫胶红色素；不溶于水的色素叫紫胶黄色素。

2.2.1 紫胶红色素

（1）紫胶红色素的组成：紫胶红色素是一些蒽醌衍生物，已知的紫胶色酸A、B、C、D、E五种，其结构如下页上图。

（2）紫胶红色素的理化性质：

溶解性：微溶于水，易溶于碱、甲醇、乙醇、丙醇、丙酮，溶于甲酸后结晶良好，不溶于醚、三氯甲烷、苯等。

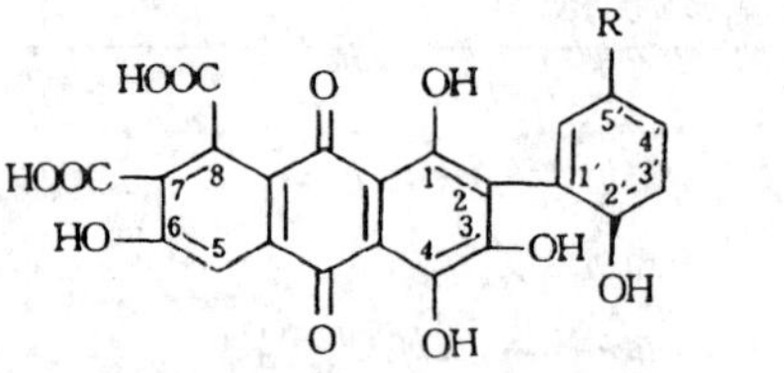

紫胶色酸 A: R = $CH_2CH_2NHCOCH_3$
紫胶色酸 B: R = CH_2CH_2OH
紫胶色酸 C: R = $CH_2CH(NH_2)COOH$
紫胶色酸 E: R = $CH_2CH_2NH_2$

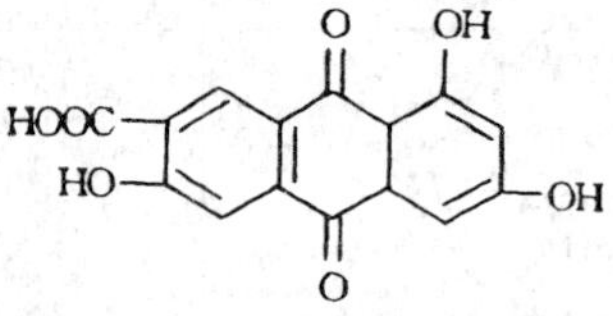

紫胶色酸 D:

耐热性：热稳定性好，180℃开始分解。

色调变化：pH 值 4.5 以下为橙黄色，pH 值 4.5～5.5 为橙红色，pH 值 5.5 以上为紫红色，pH 值 12 以上放置则退色。

化学反应：与蛋白质或铁离子反应变成紫蓝色、容易与碱金属之外的金属离子生成有色沉淀。

2.2.2 紫胶黄色素

这部分色素不溶于水，而溶于乙醇等所有紫胶溶剂中，是成品片胶颜色的主要来源。它也可溶于乙醚等溶剂，可以被低亚硫酸钠破坏。最先发现的一种叫红紫胶素，结构式为：

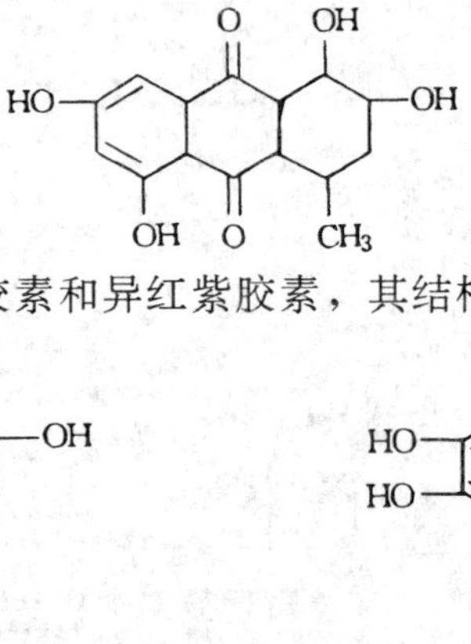

后来又相继发现了脱氧红紫胶素和异红紫胶素，其结构式依次为：

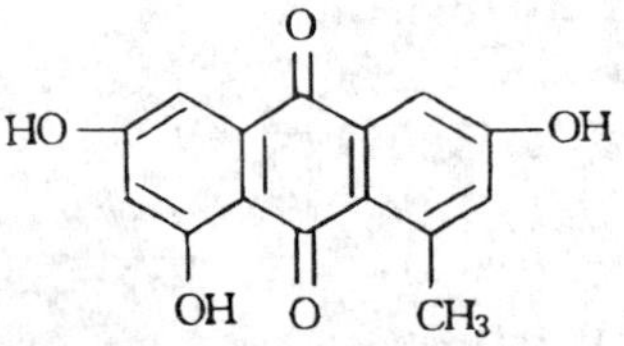

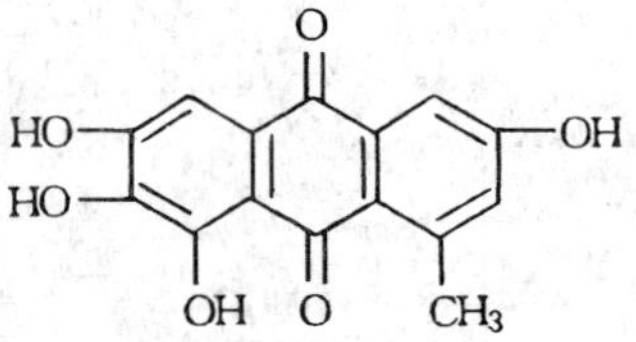

2.3 紫胶蜡的化学组成与性质

紫胶蜡可分为热乙醇可溶部分（约占 80%）和热乙醇不溶（苯可溶）部分（约占 20%）。紫胶蜡的组分见表 61-2。

表 61-2 紫胶蜡的组成

组成	含量（%）
醇类	77.2
酸类	21.0
碳氢化合物	1.8

醇中主要是 C_{28} 醇（66.6%）、C_{30} 醇（21.0%）和 C_{32} 醇（9.0%），少量 C_{34} 醇（2.8%）和 C_{26} 醇（0.6%），没有发现奇数碳原子醇。蜡中含醇量大大超过含酸量说明游离醇含量高，酸有偶数碳原子酸 $C_{28\sim34}$，只有痕量奇数同系物存在，碳氢化合物中 C_{27} 烷和 C_{29} 烷为主要组分，并有小量 C_{31} 烷和偶数碳氢化合物。

紫胶蜡的击穿电压比紫胶树脂高。放置一段时间会发生轻微变质，如出现轻微熔点下降和硬化等。30～100℃有 16%体积收缩。

其他物理性质见表 61-3。

表 61-3 紫胶物理性质

指　　标	特　征	指　　标	特　征
外观	黄色固体	酯值（mgKOH/g）	54.12
熔点（℃）	75～80	相对密度（30℃）	0.970
酸值（mgKOH/g）	4.65	相对密度（100℃）	0.828
皂化值（mgKOH/g）	58.77	介电强度（V/h/1 000）	356～416

3 紫胶树脂的化学组成[1]

紫胶树脂主要是由羟基脂肪酸和羟基倍半萜烯酸构成的聚酯混合物，平均分子量在 1 000 左右，每个平均分子中含有一个羧基、五个羟基和一个醛基。

紫胶树脂经碱水解，得到一种复杂的酸混合物，从中分离出了Ⅰ．紫胶桐酸、Ⅱ．壳脑酸、Ⅲ．紫铆醇酸、Ⅳ．表壳脑酸（这种酸是壳脑酸的异构体）、Ⅴ．壳脑醛酸。

后来又分离到了Ⅵ．表壳脑醇酸、Ⅶ．壳脑醛酸、Ⅷ．紫胶壳脑酸、Ⅸ．表紫胶壳脑酸、Ⅹ．紫胶壳脑醛酸，它们的结构式如下：

$CH_3(CH_2)_7CHOH(CH_2)_4COOH$

Ⅲ．紫铆醇酸

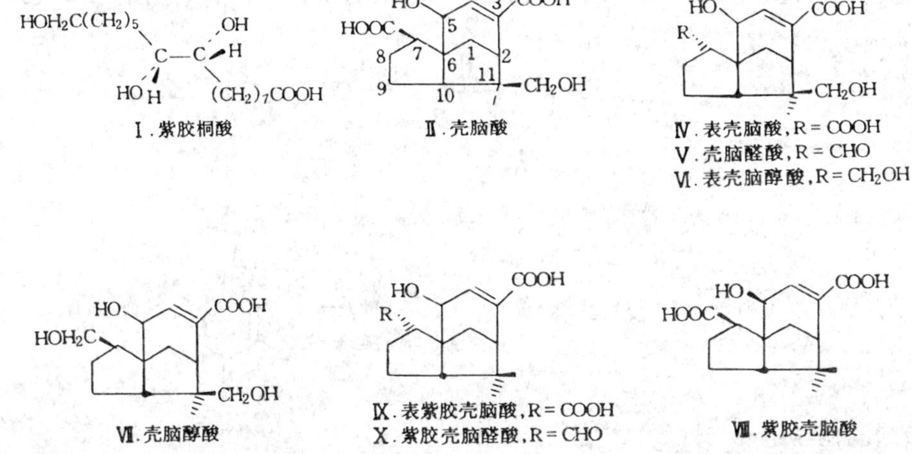

Ⅰ．紫胶桐酸　Ⅱ．壳脑酸

Ⅳ．表壳脑酸，R＝COOH
Ⅴ．壳脑醛酸，R＝CHO
Ⅵ．表壳脑醇酸，R＝CH_2OH

Ⅶ．壳脑醇酸　Ⅸ．表紫胶壳脑酸，R＝COOH　Ⅹ．紫胶壳脑醛酸，R＝CHO　Ⅷ．紫胶壳脑酸

在研究紫胶树脂组成时，发现壳脑酸、表壳脑酸、壳脑醇酸和表壳脑醇酸只有在紫胶碱水解后才能产生，而且将纯粹的壳脑醛酸长期放在氢氧化钠水溶液中，也会产生以上这几种酸。这些事实说明，壳脑醛酸和紫胶壳脑醛酸是紫胶树脂中基本的萜烯类紫胶酸，而其他几种酸则是在树脂碱水解时通过第七个碳原子上支链的差向异构化和坎尼扎罗反应而产生的。

为了研究树脂化学结构，可以用乙醚将紫胶树脂分成两部分，可溶于乙醚的部分称为"软树脂"，不溶于乙醚的部分称为"硬树脂"。

"软树脂"和"硬树脂"都是混合物，从"软树脂"中分离出四种主要酯类，并已确定为：Ⅺ．紫胶壳脑醛酸酯 1、ⅩⅡ．壳脑醛酸酯Ⅰ、ⅩⅢ．紫胶壳脑醛酸酯Ⅱ、ⅩⅣ．壳脑醛酸酯Ⅱ，它们的结构式如下：

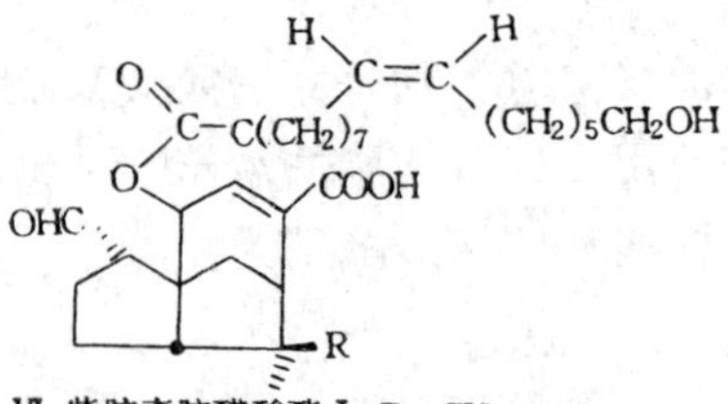

Ⅺ.紫胶壳脑醛酸酯Ⅰ,R = CH_3
Ⅻ.壳脑醛酸酯Ⅰ,R = CH_2OH

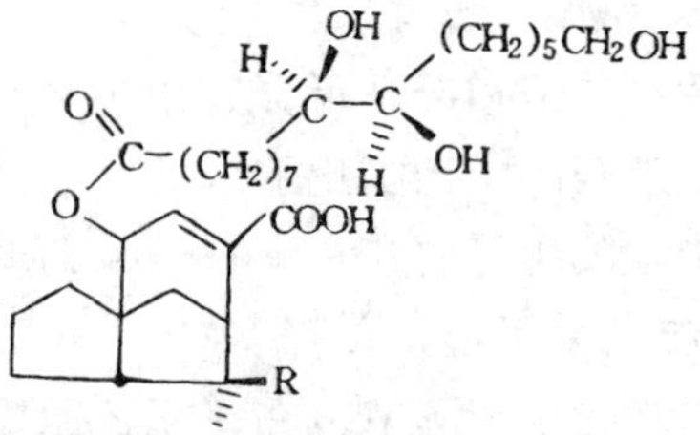

ⅩⅧ.紫胶壳脑醛酸酯Ⅱ,R = CH_3
ⅪⅤ.壳脑醛酸酯Ⅱ,R = CH_2OH

此外，还从软树脂中分离出了紫铆醇酸。

“硬树脂”约占紫胶树脂70%，在紫胶树脂中起着主要的作用，曾经从其碱水解产物中分离出Ⅰ．紫胶桐酸、Ⅱ．壳脑酸、Ⅴ．壳脑醛酸、Ⅹ．紫胶壳脑醛酸、Ⅳ．表壳脑酸等，但未检出Ⅲ紫铆醇酸。研究证明，在硬树脂中占优势的是1个分子的紫胶壳脑醛酸、3个分子的壳脑醛酸和4个分子的紫胶桐酸组成的内酯和交酯，其结构式如下：

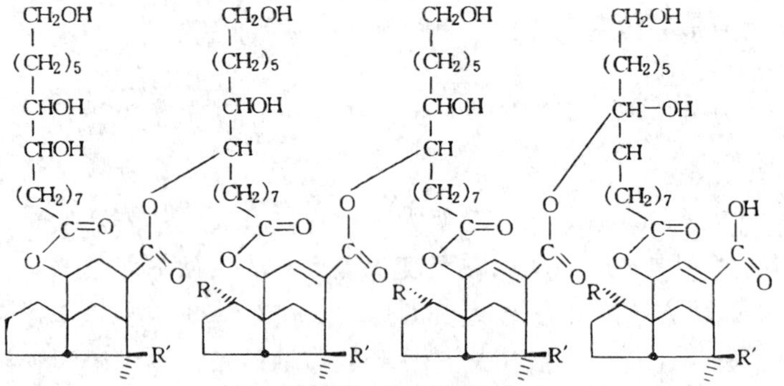

R = CHO或COOH,R′ = CH_2OH或CH_3
(平均每4个单体中有3个R = CH_2OH)
ⅩⅤ.硬树脂的结构

从以上的结构，似乎有理由认为“硬树脂”是由“软树脂”组成的，或者说“软树脂”是组成“硬树脂”的单体，其中以四个单体组成的分子在“硬树脂”中占多数，也很可能存在3个单体或5个单体组成的分子。

4 紫胶树脂的物理化学性质

紫胶树脂的化学结构决定了它具有多方面的化学反应性和物理特性。

4.1 紫胶的化学反应

4.1.1 水解反应

紫胶树脂用苛性碱皂化后，用酸沉淀出来，得到一种不溶于水的软的粘性物质，称为水解紫胶。其得平视水解程度不同在65%～80%，曾用作胶粘剂的增粘剂和制备其他衍生物。

若用氯化钠饱和的5N氢氧化钠溶解紫胶，滤去杂质和蜡质，静置2天使之进一步水解，加入5%亚硫酸钠，静置10天，紫胶桐酸钠盐沉淀出来，过滤，并用饱和碳酸钠洗数次，沉淀物溶于热水中，过滤后冷至室温，用稀酸酸化使紫胶桐酸析出。过滤、洗涤并重新结晶，得到纯紫胶桐酸，得率达30%，是合成香料、药物和胶粘剂的原料。从紫胶桐酸钠的母液中可提取萜烯类紫胶酸。

4.1.2 酯化反应

紫胶游离羧基和羟基可分别用醇和酸酯化。紫胶醇溶液（特别是漂白胶液）存放过久涂膜变软就是羧基部分乙酯化造成的。用醇酯化的紫胶曾用作某些树脂的增塑剂和助粘剂。用低碳酸酯化紫胶所得的酯具有粘性，而紫胶树脂的月桂酸和硬脂酸酯则为蜡状。

4.1.3 接枝共聚反应

紫胶树脂在氨溶液中，在氧化还原型催化剂作用下，萜烯酸叔碳原子上生成氢过氧化物分解，生成游离基。可与乙烯型单体生成接枝共聚物，紫胶树脂的结构保持不变。

$$\text{RH（紫胶分子）} + O_2 \longrightarrow \text{ROOH}$$

$$\text{ROOH} \xrightarrow{CH_2OHSO_2Na} \text{RO}\cdot + \text{OH}^{\cdot}$$

$$\text{RD} + nCH_2{=}\underset{\displaystyle X}{\underset{|}{CH}} \longrightarrow \text{RO}\left(CH_2{-}\underset{\displaystyle X}{\underset{|}{CH}}\right)_n$$

HO·的生成会影响单体的均聚，生成紫胶均聚物与接枝共聚物的混合物，需加入高铁离子，以消除HO·游离基、阻止紫胶均聚物的生成。

紫胶接枝共聚物的水分离液的涂膜，附着力强，坚韧抗水，且有高度光泽，曾引起高度重视。

4.1.4 聚合作用

4.1.4.1 紫胶的老化

紫胶在贮存期中因聚合作用分子逐渐变大，软化点升高，热寿命缩短，最后甚至变为不熔的三维网状结构的聚合物。这一现象在温度和湿度高的条件下尤为严重，因此紫胶应贮存在阴凉、通风和干燥的地方，最好在温度25℃以下，相对湿度60%以下贮存。紫胶贮存性质与加工程度有关，原胶老化快，粒胶次之，片胶贮存期最长，漂白胶因含结合氯，释放出氯化氢与水汽结合，催化树脂聚合，通常漂白胶只能存放5～10个月。

4.1.4.2 紫胶受热条件下的聚合作用[2]

紫胶的热聚合首先是分子间反应，通过半缩醛生成线型聚合体，线型聚合体多了就会发生分子内反应而形成网状结构。通常认为聚合过程可分为ABC三个阶段，新鲜紫胶能熔化和溶于酒精时属A阶段，受热逐渐变为橡胶状，但仍能溶于酒精时属于B阶段，由A到B的转化时间称为热硬化时间（或称热寿命），继续受热时，分子内基团（主要是羟基）之间发生反应形成网状结构，进入C阶段，由B到C的过程称为熟化时间。

紫胶树脂受热过程中、热寿命不断缩短（图61-1）软化点逐步提高（图61-2），平均分子量不断增大（图61-3）。各图中前一段直线关系表明树脂的线性聚合，聚合到一定程度后，曲线突然变化，说明出现了网状结构。

脱蜡紫胶的酒精溶液具有高分子溶液的特性，是亲液溶胶。其特性粘度随分子量直线上升，到分子内反应开始后突然急增。含蜡紫胶溶液的情况则大不相同，粒胶溶液中蜡粒较大，对溶液粘度的影响较小。在加工成片胶的过程中，蜡被以极细的粒度均匀分散到树脂中，当树脂溶于酒精时，具有很高表面能的极细的蜡粒析出，集聚成针状或丝状晶体，充斥整个溶液空间，形成具有一定机械坚固性的网状结构，使溶液具有很高的“结构”粘度，给使用带来困难。若在这种溶液中加入树脂量3%～5%小分子乙基纤维素，粘度立即下降到脱蜡胶液的程度。这是因为，作为“表面活性剂”的乙基纤维素分子在蜡粒表面形成一吸附层，并在某种程度

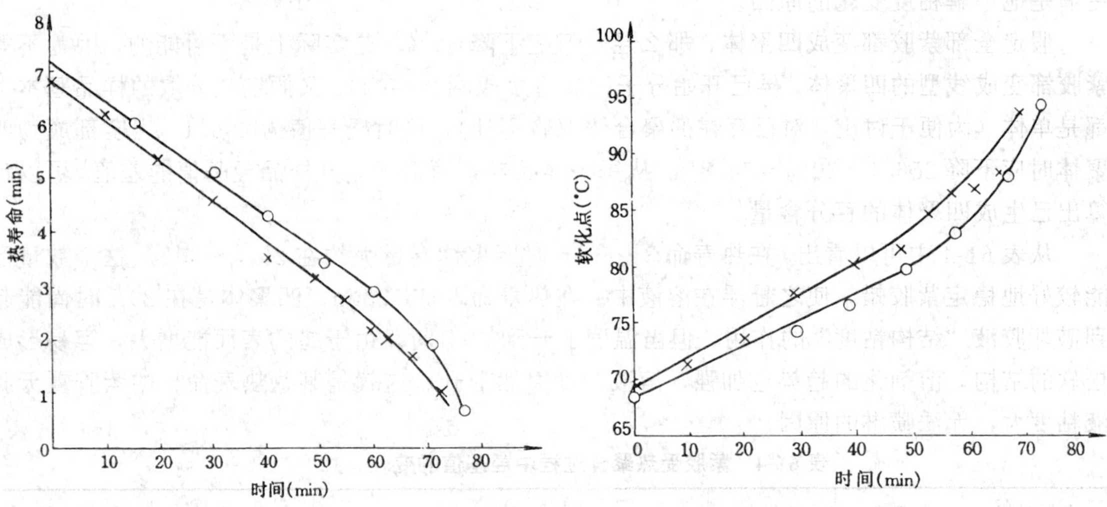

图 61-1　紫胶热寿命与热聚合时间的关系

—×—南京胶（未脱色）120℃

—○—昆明胶（脱色）115℃

图 61-2　紫胶软化点与热聚合时间的关系

—×—南京胶（未脱色）120℃

—○—昆明胶（脱色）115℃

上生成二维软胶，降低了蜡的表面能，使原来的网状结构瓦解，变成了稳定的悬浮体。

在受热过程中，含蜡紫胶液的粘度发生规律性的变化，其结果如图 61-4。

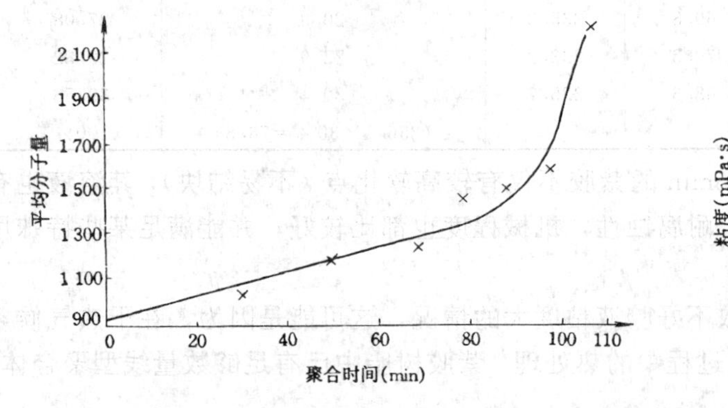

图 61-3　平均分子量随聚合时间的变化

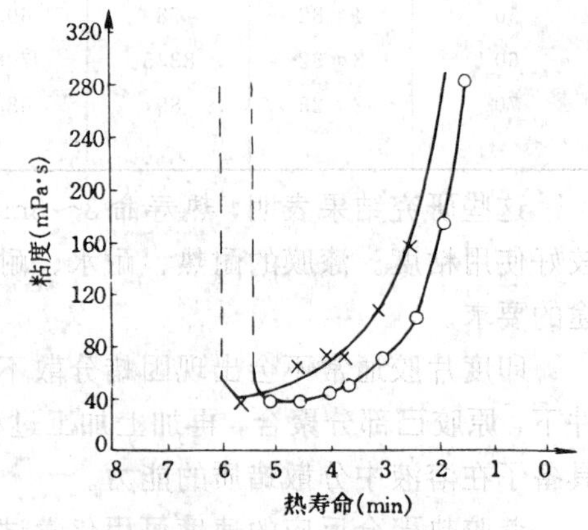

图 61-4　紫胶粘度与热寿命的关系

(C＝35%)

—×—20℃的粘度　—○—30℃的粘度

热寿命长的紫胶溶液，因蜡不分散造成粘度很高。在加热聚合过程中，紫胶分子通过半缩醛生成线型大分子时，不断消耗羟基，增加醚键。四个紫胶“平均分子”有 20 个羟基，在形成四分子半缩醛过程中减少 6 个羟基，却增加 6 个醚键。这就是说，随着四聚体的增加紫胶中增蜡的羟基不断减少，而亲蜡的醚键逐步增多，到热寿命 4min 左右时已有了这样多的四聚体，使紫胶树脂本身具有可分散其中所含 4%的蜡的能力。这就是粒胶和热寿命长的片胶的溶液中蜡容易下沉、便于过滤，而热寿命短的片胶溶液中的蜡不下沉、难于过滤的原因。

通过测定紫胶受热聚合过程中羟基值的变化，并假定聚合过程中主要生成四聚体，可以更清楚地了解粘度变化的原因。

假定全部紫胶都变成四聚体，那么羟基值应下降30%（这实际上是不可能的，因为不等紫胶都变成线型的四聚体，早已开始分子内反应生成网状结构）。又假定0分取的样品基本上都是单体（为便于讨论，对已存在的聚合体忽略不计），这时羟基值为256.1，当全部成为四聚体时应下降256.1×30%＝76.8%。从每个样品羟基值低于0分样品羟基值的差值，可以计算出已生成四聚体的百分含量。

从表61-4中可以看出，在热寿命3～5min时四聚体含量大约在25%～30%，这个数量已能较好地稳定紫胶蜡，使之悬浮在溶液中。在热寿命5～5.5min，四聚体是在20℃时尚能起到破坏胶液“结构粘度”的作用，但当温度上升到30℃时，由于蜡的表面能增大，容易形成松软的结构，溶剂化的趋势也加强，溶液粘度突然上升。这就是某些热寿命长的紫胶夏天胶液粘度大，无法喷淋的原因。

表61-4　紫胶受热聚合过程中羟基值的变化（120℃）

取样时间(min)	热寿命(min：s)	软化点(℃)	酸　值	羟基值	羟基值下降	四聚体量(%)
0	7：49	70	71.8	256.1		
10	7：32	71	70.5	249.5	6.6	8.59
20	6：40	72.5	70.9	246.9	9.2	11.98
30	6：10	74.5	70.4	242.2	13.9	18.10
40	5：46	75.5	69.8	239.1	17.0	22.14
50	4：32	78	69.8	235.3	20.8	27.08
60	3：32	83.5	70.3	233.2	22.9	29.82
70	2：25	89	68.6	225.7	30.4	39.58
					(256.1×30%＝76.8)	(100%)

这些研究结果表明，热寿命3～5min的紫胶不仅有较高软化点（不易结块），其溶液也有较好使用粘度。漆膜的耐热、耐水、耐腐蚀性，机械程度也都比较好，并能满足某些特殊用途的要求。

印度片胶通常不会出现因蜡分散不好胶液粘度大的情况，这可能是因为，在干热气候条件下，原胶已部分聚合，再加上加工过程中的热处理，紫胶树脂中已有足够数量线型聚合体，具备了在溶液中分散蜡质的能力。

紫胶热聚合反应的速度可用化学试剂加以控制，一般地说，酸类物质加速聚合而碱性物质则起延缓作用。

紫胶聚合生成不溶物质而失去使用价值，但聚合过程是可逆的。

$$\text{未聚合紫胶} \rightleftharpoons \text{聚合紫胶} + \text{水}$$

把水分加到聚合紫胶分子中，可使之解聚，重新获得可溶可熔性。如把聚合紫胶溶于甲酸或乙酸中，然后加水使之沉淀出来；或将聚合紫胶在酒精中加5%浓盐酸（或浓硫酸）煮沸回流，使之很快溶解，或放置24h以上，也可溶解；或将聚合紫胶置于反应釜中，在0.5～1.0MPa水蒸气压力下处理，使之恢复可溶和可塑性；用15%氢氧化钠溶液煮沸溶解后，用酸沉淀出来，也能得到可溶性的紫胶。

4.2　紫胶的物理性质

紫胶是来源于昆虫的天然产物，它的物理性质随原料和加工条件不同而有差别。此外，早期的某些测试对温度和湿度等条件不够注意，有些结果不是十分可靠。

4.2.1　紫胶的一般物理性质

紫胶是强氢键树脂，有很强的粘着力，相当高的抗张强度、坚硬、耐磨，它的膨胀系数在 46℃时发生突变，从 100℃冷却到 46℃时收缩相当大，而在 46℃以下收缩很小，这一性质对在室温下用作涂料、胶粘剂和模型制品是很重要的。紫胶曾大量用于制唱片，在 40～50℃，唱片可以安全地脱膜；紫胶电绝缘性好，特别是在经电弧后不留电花径迹；紫胶树脂最重要的光学性质是对紫外线稳定；紫胶有良好热塑成型性和热硬化性，是少有的兼热塑性和热固性的树脂；紫胶还有耐酸、耐油、无味、无臭、无毒的优点，迄今为止，还没有一种合成树脂全面具有这些性质。

4.2.2　紫胶的溶解性

紫胶作为强氢键树脂，虽然分子量仅 1 000 左右，其溶液却能生成强韧的连续膜，而在工业聚合物中，分子量在 10 000 以下能生成漆膜的是很少见的。

紫胶在强氢键溶剂（如低碳醇）中溶解最好，醇的溶解力随碳链加长而降低。紫胶也溶于低碳酸、醛和酮以及胺中，而在酯碳氢化合物和卤代烃中不溶解。某些非紫胶溶剂的混合物（如丙酮加水 5%～10%，醋酸甲酯与乙二醇等体积混合）可溶解紫胶，这是由于紫胶分子极性和非极性部分分别吸引极性和非极性溶剂而造成的。

紫胶在稀溶液中呈分子状态，浓度加大时发生集聚作用，粘度增大。用双溶剂溶解紫胶，溶液粘度大幅度下降。如用乙醇和甲醇混合时，溶液粘度只有用乙醇时的一半。用甲醇加丙酮（75：25，60：40），乙醇加乙酸乙酯（60：40），乙醇加丙酮（40：60）时也能得到低粘度溶液。

紫胶是酸性树脂，易溶于碱的水溶液中，通常用碳酸钠、硼砂、氨水、吗啉等弱碱溶解紫胶，溶液的稳定程度取决于碱的用量和制备方法，碱量不够时会生成乳化液。一般情况下，碱性溶液的粘度高于酒精溶液，增加固含量时，粘度差越大，固含量达 30%～40%时，紫胶碱性水溶液变成硬凝胶。

当紫胶碱溶液中阳离子浓度达到 $n=1.1 \sim 1.7$ 时，紫胶盐沉淀出来，而色素和蛋白质仍留在溶液中，利用此原理可纯化紫胶。

4.2.3　紫胶的理化常数

（1）普通物理性质见表 61-5。

（2）机械性质见表 61-6。

（3）热性质见表 61-7。

（4）电性质见表 61-8。

（5）化学性质常数见表 61-9。

表 61-5　普通物理性质

指　　标	数　　值		
	片　　胶	脱蜡胶	漂白胶
相对密度	1.143～1.207		1.110～1.196
折射率（20℃）	1.521 0～1.527 2	1.522 8	1.520（23℃）
温度系数	－0.000 112～0.000 210（20～40℃）	－0.000 200（20～30℃）	

表 61-6 机械性质

性质	数值		
	片胶	脱蜡胶	漂白胶
粘附力（×6895Pa）			
对于钢	3 200		
在光学平面上	6 400		
对于铜	3 300		
对于黄铜	2 500～3 300		
对于玻璃		1 100	970
弹性模数（15～20℃）（kg/cm^2）	13.5×10^3		
极限拉力（20℃）（kg/cm^2）	132		
硬度（肖氏）（kg）	60～61		
（白氏）（kg）	18.1～19.1		

表 61-7 热性质

指标	数值	
	片胶	脱蜡胶
比热 10～40℃（J/g·℃）	1.51～1.59	
40～50℃（J/g·℃）	2.34	
45～50℃（J/g·℃）	1.05	
导热系数 35℃（mol·wt./cm·℃）	2.42	
63℃（mol·wt./cm·℃）	2.09	
热膨胀（体积）（−80℃～46℃）（1/℃） （46～200℃）（1/℃）	$\alpha=2.73\times10^{-4}$ $\beta=0.39\times10^{-5}$ $\alpha=13.10\times10^{-4}$ $\beta=0.62\times10^{-8}$	
热阻系数（干料）（33℃）（cm·g·s）	394	
（27℃）（cm·g·s）	400	
（35～27.9℃）（cm·g·s）		429
热阻系数（浸水24h的样）（27～35.8℃）（cm·g·s）	394	
（28.6～32.5℃）（cm·g·s）		421～414
聚合时间（150℃）（min）	30～120	
软化点（水银表面法）（℃）	65～70	
熔点（水银表面法）（℃）	77～90	
流动性（用韦斯汀霍斯装置测定）（s）	55～480	
Victor 装置测定（mm）	84～17	

表 61-8 电性质

指标	数值	
	片胶	脱蜡胶
醇漆胶膜的体积电阻系数（20℃）（Ω/cm）	1.8×10^{15}	
（30℃）（Ω/cm）	1.2×10^{16}	
醇漆膜的表面电阻系数（湿度20%）（Ω）	2.2×10^{14}	
（湿度40%）（Ω）	1.1×10^{14}	
电强度（20℃）（V/ml）	420～1 550	416
（高温高湿）（V/ml）	900～1 200	
介电强度（V/cm）	$200\sim400\times10^3$	

（续）

指 标	数 值	
	片 胶	脱蜡胶
漆膜介电强度（V/cm）	360～480×10^3	
高频率时介电常数（cm·g·s静电单位）	3.6	
50周/s（30～90℃）（cm·g·s静电单位）	3.91～7.85	
1 000周/s（30～90℃）（cm·g·s静电单位）	3.63～7.36	
10 000周/s（30～90℃）（cm·g·s静电单位）	3.57～6.46	
100 000周/s（30～90℃）（cm·g·s静电单位）	3.48～5.42	
介电损耗（30～90℃和1 000周/s）（cm·g·s静电单位）	0.026～0.329	
介电损耗（30～90℃和50 000周/s）（cm·g·s静电单位）	0.020～0.435	
清膝表面闪光强度（湿度60%）（V/cm）	6.2×10^3	
功率系数（20℃）（tgθ）	0.001×0.007 2	
功耗系数（ktgθ）	0.015 2～0.023 0	
磁化系数（cm·g·s电磁单位）	−0.30×10^{-6}	

表61-9 化学性质常数

指 标	数 值			
	片 胶	漂白胶	硬树脂	软树脂
酸值（mgKOH/g）	65～75	73～118	55～60	103～110
皂化值（mgKOH/g）	220～230	176～276	218～225	207～229
酯值（mgKOH/g）	155～165	113～158	163～165	104～119
羟基值	250～280		235～240	116～117
碘值（韦淅斯法1h）	14～18	10～11	11～13	50～55
（鸠布尔法）	8～12			
硫氰值	18～20	9～11		
羰基值				
亚硫酸钠法	7.8～27.5		17.6①	17.8①
盐酸羟胺法	1.6～23			
碱性过氧化氢法	35～65			
分子量				
兰斯特法	1 006	947	1 900～2 000	513～556
渗透压法			1 800～1 857	480～489
酸值与碱性法			1 918～1 932	535

① 指修正值。

5 紫胶的加工与利用

紫胶原胶中含大量虫尸、树枝和泥沙等杂质，需经加工精制后才能利用。

在印度，最古老的方法是将原胶用石磨破碎、分筛、簸去其杂质，将胶粒放在石穴或缸中用水浸泡，然后人立其中，用脚摩擦，并加水漂洗干净后，用布过滤并在场上晒干。

将粒胶装入约长10m，直径5～7.5cm的布袋中，从一端开始，在一半圆形木炭炉前烘烤，熔胶工手持布袋接近炉火，绞袋工不停地转动布袋，胶和蜡受热熔化后挤滤出来。熔胶工用铁铲刮下熔融物置于炉前的石板上，到一定数量后，拉片工将胶包在一个长75cm，直径25cm的装有热水的上釉瓷筒上，调整到适当温度，然后用双手、双脚和牙齿从五个方向拉伸成大张薄片。冷至室温后，敲碎即为TN级手工胶。在印度，至今仍有少数工厂沿用此法，产品在国际市场上受到欢迎，因为除杂质含量较高外，其他质量指标并不低于机制热滤法胶。但大部分工厂已改用较为先进的设备。

5.1 粒胶的加工

印度和泰国的粒胶产量占世界的80%以上，其加工方法仍比较简陋。粒胶厂装有双棍破碎机和振动筛，有许多还是用皮带轮起动的。一般都没有物料输送和提升设备而用人力搬运。原胶经破碎、分筛分去树枝等杂质后，合格的胶粒送入洗桶洗色。

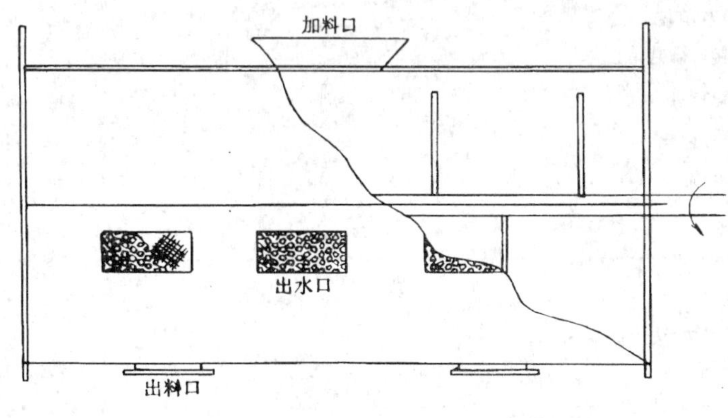

图61-5 卧式洗色桶示意

洗色桶为卧式（图61-5），长2.4m，直径1.2m，中轴上朝不同方向装有8个搅拌叶片，搅拌转速为120r/min，桶的正上方有进料口，底部有出料口，正侧面有3个50cm×30cm的长方形出水口，用80目金属丝网防止胶粒随水流出。每次投料为1t，有时加入0.2%碳酸钠为助洗剂，浸水后开动搅拌，待浸胀的虫尸被运动的胶粒磨碎后，调节进出水量进行漂洗，一般1.5h可洗完一桶，效率是相当高的，洗好的湿粒胶装入竹框内，搬运到场上（有时用小车搬运）铺开晾晒，不时加以翻动。晒干的粒胶经精心筛簸，除去细粉胶和杂质。在合格的粒胶中掺入一定比例细粉胶，调配成不同规格的商品粒胶出售，多余的细粉胶另作处理。

我国原胶产量比印度和泰国低得多，但粒胶加工的机械化程度则比较高。双辊破碎机和振动筛通常都配有物料输送和提升设备，而洗桶则为立式，由桶体、搅拌器、排料阀、机架和传动等几部分组成，桶底略倾斜便于排料，下部有1～2个装有金属丝网的排水门，立式洗桶的搅拌轴上通常只能装2对搅拌桨叶，否则启动和带动所需功率太大，而且不能在加水少的情况下搅拌而使虫尸难以磨烂，因而大大延长了洗胶时间，通常洗一桶胶要8h，甚至10h，效率比卧式洗桶要低得多。

我国紫胶加工厂采用多种烘干设备，有振动干燥机、风管干燥装置和履带式茶叶烘干机等，也有小厂将自然晾干的粒胶用于生产热滤法片胶。

5.2 紫胶色素的回收与利用

紫胶原胶中的水溶性色素，在粒胶加工过程中，大部分溶解于洗色水中，可以回收并加以精制利用。

印度曾用明矾或石灰水，从原胶的洗色水中沉淀色素，制成紫胶染料（只含色素约10%），1796年起向英国出口。19世纪上半叶，印度与欧洲的紫胶贸易以紫胶染料为主，到1868～1869年出口量高达885t。1880年以后，紫胶染料才被迅速兴起的苯胺染料所取代。

近年来，人们趋向于在食品工业中用天然色素取代合成品，紫胶色素再次得到重视。60年代末，日本从泰国进口原胶提取色素，70年代起，中国和泰国的几家紫胶加工厂，从洗色水中回收色素出口日本，印度也试图从洗色水中回收食用色素，曾将样品送往美国进行了大量生物毒性试验，但一直没有将产品投入市场。

从洗色水中回收紫胶色素的基本方法是，在洗色水中加入稀酸把 pH 值调到 4.5 以下，使蛋白质和树脂等杂质沉淀分离，在清色水中加入氯化钙，并将 pH 值调至弱碱性使色素钙盐沉淀，过滤分离色素钙盐，用盐酸酸化色素钙盐使生成色素并在母液中结晶，将结晶色素取出，洗净、烘干、磨碎过筛即得成品。

虽然原胶中可回收的色素远在 1%以上，各厂也都希望提高回收率。但由于对一些问题认识不清，国内外各厂色素回收率长期徘徊在 0.1%～0.3%。

经试验中认识到，提高色素回收率有三点是至关重要的：①原胶中的水溶性色素主要存在于虫尸中，在各地收集到的夏代和冬代原胶中，虫尸含量在 9%～18%，而绝干虫尸中色素回收率可达 8.5%～10%。②在洗胶过程中，只有把虫尸充分磨碎，才有可能使更多色素溶于洗色水中得到回收，虫尸未充分磨碎即被水漂走将严重影响色素回收率。③用盐酸酸化色素钙盐时，若加酸过快，会立即生成大量黑色胶状物，厂家往往认为此物很不纯而反复处理使之结晶，造成大量损失。其实，只要在加氯化钙前已从洗色水中完全排除了蛋白质、碳水化合物和树脂等杂质，酸化时析出的黑色胶状物基本上是包含部分母液的纯色素，会逐渐从无定形状态转变为结晶色素。

在此认识的基础上发展了回收色素的方法：

在卧式洗色桶（或其他类似设备）中，加少量水浸泡破碎的原胶，充分搅拌，使浸胀的虫尸被胶粒摩擦成碎屑，加水漂洗，虫尸和胶粒中的色素溶于水中，收集足够量含有大部分色素的洗色水于水泥池中供回收色素用。

在搅拌下，在洗色水中加稀盐酸把 pH 值调至 4～4.5，蛋白质、树脂等杂质析出缓慢下沉。待沉清后，抽取上层清液到另一池中，将下沉杂质过滤弃去，收集滤液一并贮于清液池中以提高色素回收率。

将清色水调至 pH 值 6～7，在搅拌下加入稀氯化钙溶液（至不再产生沉淀），色素钙盐立即析出缓慢下沉经数小时或过夜下沉到一定高度后，排走上层清水，由于色素钙盐是多羧基紫胶色酸和二价钙离子形成的多分子连续性絮状物，分散在大量的水中形不成紧密的沉淀层，过滤十分困难，至今没有十分有效的过滤方法。通常是用大量挂在架上的布袋或布制的滤框过滤，随着水慢慢渗出不断补充物料，最后得到的浓缩色素钙盐仍含水 90%以上。

用盐酸在塑料桶或搪瓷桶中在强烈搅拌下酸化浓缩的色素钙盐，色素析出并逐渐结晶，氯化钙溶于母液中。为了避免色素钙盐与酸盐接触不均匀，色素析出过快而包裹大量钙离子使产品灰分过高，可在强搅拌下，将色素钙盐分批加入食盐酸的色素母液中。使色素从高度分散的钙盐中析出来。结晶的色素经过滤后，用蒸馏水洗多次，直到 pH 值 4 为止。烘干后磨碎过 200 目筛即得成品。

此产品已在日本和我国大量用于食品和饮料。

5.3 紫胶片的加工

5.3.1 热滤法片胶的加工

印度加工片胶主要采用压滤机，如图 61-6。其主体是装在活动支架上的组合式滤框。框底为多孔板，孔径 0.5cm，板上铺平纹布，布上为一排 70 根直径 1cm 的不锈钢加热管，长 90cm，金属方框紧靠加热管外压在平纹布上，框内装粒胶 30kg，框上方为一固定活塞，塞头上可加热的不锈钢板正好成为方框紧密配合的上盖，孔板下的支架上分为 3 格，每格内有一

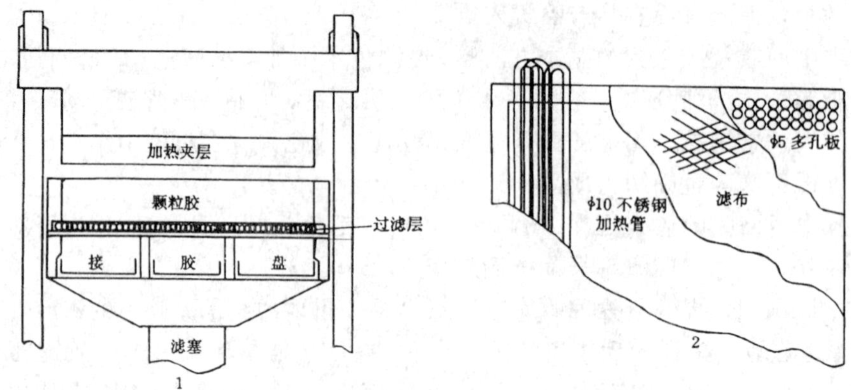

图 61-6　压滤机及过滤层示意

1. 压滤机　2. 过滤层

接胶盘。开始加热后，启动支架下的油压系统，滤框慢慢上升，固定活塞进入方框在粒胶上施压，被蒸汽管加热熔化的胶经滤布挤压出来落入接胶盘中。粒胶全部熔化过滤后，放下组合系统，清理滤布和不锈钢管，滤渣含胶 50%，用于制溶剂法片胶或漂白胶。每次过滤需25～45min。

接胶盘上经过滤的胶送到压片机上制成片胶。压片机为双辊式，上辊直径 10cm，被动，下辊直径 60cm，内有冷水管，可调节温度，用 3kW 电动机趋动，转速为 10～12r/min。100 多年来，印度向世界各国出口的片胶，除手工胶外，都是用这种方法加工出来的。

50 年代，印度紫胶研究所还发展了一种将粒胶盛于多层滤盘中，通蒸汽熔化自流过滤从中心管带压排出的热滤釜，为个别工厂所采用。

60 年代我国发展了紫胶热滤釜（图 61-7）。

热滤釜下部锥体上有多孔板和过滤介质(尼龙布)，可以为平面，为了增加过滤面积，也可以设计为小叶片形，釜上部为盛粒胶的空间，由一组加热列管与下部过滤介质连通。将 25kg 粒胶（混有 8%河沙）投入釜中，密封后通蒸汽加热夹套和列管使粒胶熔化，然后用压缩空气将熔化的胶压滤出来，经双辊压片机（炼胶机）制成片胶。昆明虫胶厂曾用水蒸气直接加热熔化粒胶并用蒸汽压力将胶压滤出来，这种含水的胶需先在赶水盘上脱水后才能压片。

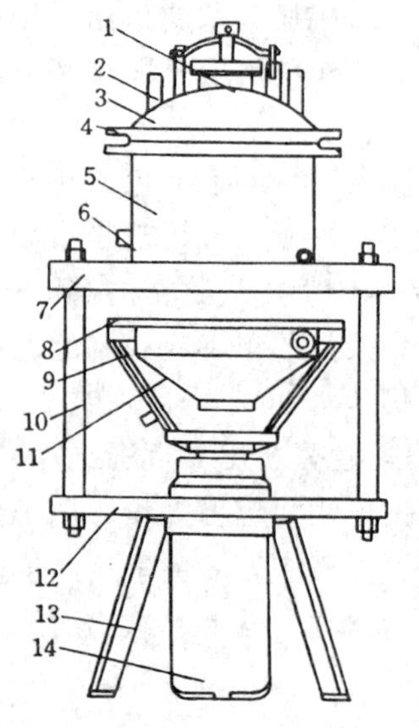

图 61-7　热滤釜

1. 加料口；2. 加压用蒸汽进口；3. 釜盖；4. 上法兰；5. 釜身；6. 预热用蒸汽进口；7. 盆形法兰；8. 下法兰；9. 支撑架；10. 拉杆；11. 锥形釜底；12. 支撑板；13. 支架；14. 油压罐

5.3.2　溶剂法片胶的加工

昆明虫胶厂也曾用溶剂法生产片胶，在溶胶釜中用酒精在室温下在缓慢搅拌下溶解粒胶，过滤后在蒸胶釜中蒸馏回收酒精，蒸干的胶经双辊压片机压制成片。溶剂法的优点是滤渣少，片胶得率高；缺点是车间要防火防爆，建设费用提高，损耗酒精会提高成本，而且酒精不易蒸干，片胶软化点低，易结块。往往要在回收酒精后，加水洗掉残余的酒精来提高软化点，降低片胶结块趋势，但能耗也会因此而提高。

6 脱蜡胶的生产

原胶中含蜡 6%以上，普通片胶中含蜡不到 5%，蜡质作为紫胶树脂的天然增塑剂和增亮剂在许多用途上是有益的，但某些用途要求紫胶溶液均相透明，则需要脱除蜡质，如某些电器产品、军工涂料、墨汁、烫金纸以及食品、医药和紫胶改性产品等方面，都要使用脱蜡胶。生产脱蜡胶有三种方法：

6.1 控制酒精温度和浓度的脱蜡法

蜡质在酒精中的溶解度随酒精浓度和温度的升高而增加，在 18℃的浓酒精和 25℃的稀酒精中紫胶蜡基本不溶解。

例如，将 360kg 粒胶溶于 910kg 冷至 18℃的浓酒精中，以布作过滤介质，硅藻土为助滤剂用压滤机过滤即得到脱蜡胶液，在有搅拌的釜中蒸干酒精，压片得到脱蜡片胶。此种产品很容易结块，贮存温度不能超过 18℃。

6.2 沉降脱蜡法

用 4 倍量浓酒精在 40～50℃经 5h 溶解粒胶，在澄清槽中静置 10 多个小时，上层清液放出过滤，蒸干、压片即得产品。残渣用于回收蜡质。

6.3 溶剂萃取法

用酒精和汽油两种溶剂加热萃取粒胶，或用汽油加热萃取酒精清漆，经 40～50h 澄清，下层为脱蜡胶液，可放出制成脱蜡片胶，上层为含蜡汽油层，中层为悬浮蜡粒，均用于回收紫胶蜡。

7 脱色胶的生产

加工粒胶时大部分水溶性色素已被洗掉，粒胶中还含有水不溶色素和少量水溶性色素。我国原胶颜色深变色快，无论是热滤法还是溶剂法都生产不出浅色的、颜色稳定的片胶，只有通过活性炭脱色或次氯酸钠漂白才能生产出浅色的、颜色稳定的产品。

生产脱色胶历来是一项复杂的技术，由于紫胶溶液、特别是含蜡胶溶液粘度大，过滤十分困难。加入大量活性炭后，要把活性炭彻底分离开，并充分回收被活性炭吸附的树脂和酒精就更不容易。

为此，笔者等在 70 年代开发了一套先进的脱色技术，在一个不算复杂的不锈钢釜中，可以完成溶胶、脱色、加压（利用酒精蒸汽）、过滤以及洗炭、排炭等一系列操作（图 61-8）。

1 000L 的不锈钢釜下部只有一个容量很小的锥体，锥体上面是多孔板，铺有不锈钢丝网和帆布过滤层妥善固定，紧靠滤层上有一排炭口，脱色釜有加热夹套和搅拌装置。

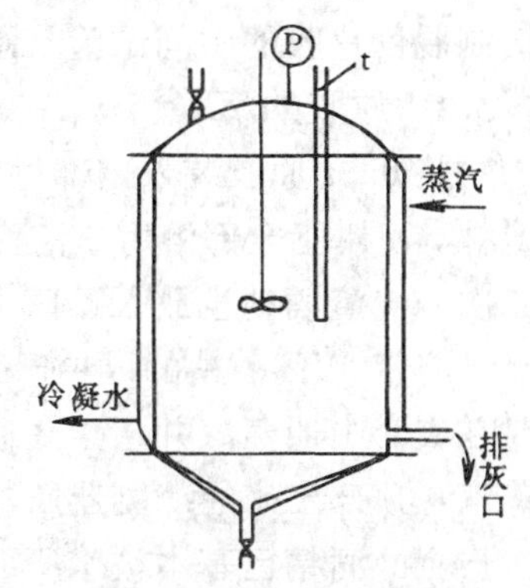

图 61-8 脱色过滤釜

7.1 含蜡脱色胶的生产

将 600kg 溶有 200kg 粒胶的胶液或直接将 200kg 粒胶和 400kg 酒精投入 1 号釜中，加入所需活性炭（10%～15%），搅拌加热，升温到 100℃左右时，压力达 0.2MPa 上下，粒胶的溶解和脱色已经完成，打开底部阀门，釜内酒精蒸汽压力使已脱色的胶液经滤层排出，由于在此温度下，紫胶蜡溶解很好，胶液粘度低，过滤很快，开始排出的胶液带有黑色活性炭微粒，收集于釜上方的高位中间槽中，从视镜观察胶液已不带活性炭后进入蒸馏釜中，过热的胶液在闪蒸器或蒸馏釜中产生的酒精蒸汽经冷凝器回收，已脱色一次的活性炭还具有吸附活性，可加入同样量的物料进行一次预脱色，预脱色的胶液压入高位中间槽中。用酒精将已用两次的活性炭加热清洗二次，洗炭酒精同样压入中间高位槽，加热将活性炭烘干回收大部分酒精。然后在釜中加水，开动搅拌，使废炭分散于水中，打开排炭口，用水冲走全部废炭，用压缩空气压出过滤介质上的水，这样介质得到了更新，脱色釜已可投料再用。

在Ⅱ号釜中加入必要量活性炭，将中间高位槽中预脱色胶液放入釜中，用同样操作再脱色一次，脱色胶液进入蒸胶釜。Ⅱ号釜中的炭用于预脱色，这样轮流转换，活性炭都使用二次，胶液都经二次脱色，可以达到更好的脱色效果。如果对产品颜色要求不高，活性炭用量少时，一次脱色后已没有多少吸附活性，没有再次利用的价值，胶液经一次脱色后即可进入蒸胶釜。

由于活性炭中往往会有未洗净的盐酸，会使脱色胶寿命缩短，甚至在蒸胶时聚合于釜中。需添加适量氢氧化钠中和其中盐酸来保证产品必要的热寿命。而在偏碱的条件下活性炭脱色的效果很差，因此有必要加入少量有机酸（甲酸或乙酸）把物料调到酸性，以保证活性炭的脱色效果。

胶液在蒸胶釜中在搅拌下加热回收酒精，加水洗去胶中残留的酒精，然后脱水压片。经水洗的片胶不易结块。

7.2 脱蜡脱色胶的生产

生产脱蜡脱色胶时，在脱色釜中投入脱蜡胶液和活性炭，其他操作与生产含蜡脱色胶完全相同。脱蜡脱色胶更容易结块，不仅需要洗去残留的酒精，而且产品要在18℃以下贮存。

7.3 由原胶直接制片胶[3]

将原胶加工成粒胶，再加工成片胶，两个步骤都损失紫胶树脂。若用酒精直接萃取未破碎的原胶来制取片胶，不仅省去了粒胶加工过程，得率比传统方法提高10%～20%，可达80%，成本可大幅度下降。因虫尸保持完整，尸体内的色素基本上未被萃取出来，片胶的颜色比传统方法加深不多。若辅以活性炭脱色，则可从原胶直接制取颜色浅且不变色的片胶。60年代，印度紫胶研究所进行了原胶直接制脱色脱蜡片胶的小型试验。70年代，进行了原胶直接制脱色片胶的中间试验（图61-9）。

7.3.1 原胶的萃取

将0.5t原胶装入内部衬有不锈钢丝网套的2m³溶解釜中，加2倍酒精充分浸泡后，略加搅拌，使树脂全部溶解。将胶液放入贮槽中，加酒精清洗网套中的虫尸和杂质（10%～20%）二次，洗渣酒精也放入贮槽中。

将带30%酒精的以虫尸为主的杂质取出装入一腰部直径0.4m、长2m的腰鼓型釜中，同时在夹套中通蒸汽并从釜底通入活汽，冷凝的水分取代虫尸上的酒精，酒精汽化上升，酒精蒸汽从顶部出来经冷凝器回收，大部分酒精的浓度在90%以上，到冷凝的酒精浓度到80%时，虫尸上的酒精已基本被水所取代了，回收的酒精可用于溶胶，从釜中取出潮湿的虫尸，晾干后保存供回收色素用。

7.3.2 原胶制含蜡胶液的脱色

贮槽中含蜡的原胶溶液按本章7.1的方法在脱色釜中用活性炭脱色，可得到含蜡脱色紫

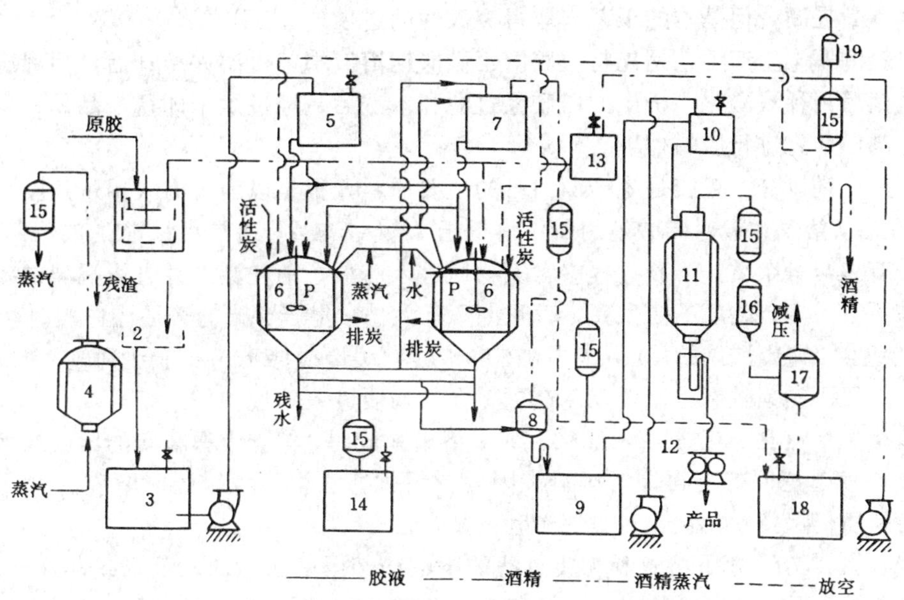

图 61-9　用原胶直接制脱色胶工艺流程图

1. 溶胶釜；2. 滤槽；3. 原胶液贮槽；4. 烘渣釜；5. 原胶液计量槽；6. 脱色过滤釜；7. 中间贮槽；8. 分离器；9. 脱色胶液贮槽；10. 高位槽；11. 薄膜蒸发器；12. 压片机；13. 酒精计量槽；14. 稀酒精贮槽；15. 冷凝器；16. 冷却器；17. 贮槽；18. 酒精贮槽；19. 阻火器

胶片。

7.3.3　原胶制脱蜡脱色片胶

贮槽中的胶液按 7.2 的方法经压滤机过滤脱蜡后，再投入脱色釜中脱色，可制成脱蜡脱色片胶。

8　漂白胶的生产

粒胶中含有不溶于水的色素和残留的水溶性色素，直接加工成片胶颜色较深，影响在许多方面的利用。活性炭脱色制成的脱色胶可以制成浅色清漆，但因含残留色素，其碱性水溶液颜色深暗，故脱色胶不宜用作合成树脂的碱溶组分。唯有用化学方法彻底破坏色素，才能得到浅色的紫胶碱性溶液。

长期以来，人们对用化学方法漂白紫胶作过许多尝试，但行之有效而被广泛采用的是次氯酸钠漂白法。

在微碱性介质中次氯酸钠主要发生下列反应：

$$NaClO \longrightarrow NaCl + [O]$$

$$NaClO + NaCl + H_2O \rightleftharpoons Cl_2 + 2NaOH$$

新生氧是破坏色素的主要氧化剂，氯与紫胶树脂反应使之含有害的结合氯，也可能对色素有某些破坏作用。

德国自 1800 年起，美国自 1850 年起用次氯酸钠为漂白剂生产漂白胶，在世界紫胶用量中，漂白胶的用量早已超过 50%。

100 多年来，各生产厂家总结和改进自己的技术，各国学者也进行了广泛的研究，漂白胶生产技术不断提高，但基本的工艺未取得突破性的进展。

漂白胶的基本生产工艺是先将粒胶溶于碳酸钠溶液中，过滤并冷却后，用稀次氯酸钠溶液漂白，然后用稀酸酸化，析出的白胶经过滤和水洗后，经过烘干即得产品，在生产脱蜡漂白胶时，漂白前先进行脱蜡处理。

溶解　长期以来，粒胶是生产漂白胶的主要原料，很早以前曾有人用过片胶。粒胶的酸值在70左右，溶解粒胶时碳酸钠用量不得低于7%～7.5%，通常用量定在8%～10%。因为粒胶中含有虫尸等杂质，溶胶过程中含氮物质进入胶液，消耗漂液并且影响漂白效果，故溶胶时用碱不宜过多，温度不能太高，时间也不宜太长。生产含蜡的普通漂白胶时，通常将10份粒胶加到含1份碳酸钠的40份水中，在80～90℃缓慢搅拌40min能达到较好的效果。胶液及时用200目不锈钢丝网过滤，以免有更多含氮物质进入胶液。

紫胶蜡的熔点在80℃左右，在80～90℃溶解粒胶时，粒胶中颗粒状的紫胶蜡熔化而分散于胶液中，使过滤脱蜡变得非常困难。因此，用过滤法生产脱蜡胶时溶胶的温度不要超过70℃，使蜡质仍保持颗粒状，对过滤有利。

脱蜡　将在70℃以下溶解和初步过滤的胶液冷却至室温，加入纸浆或硅藻土作助滤剂，用压滤机过滤，但过滤速度较慢。也可在胶液中加入10%汽油，加热至90℃维持20min，分离上层的紫胶蜡汽油溶液回收其中蜡质。下层为脱蜡紫胶溶液。此法的缺点是会有溶剂残留于漂白胶中，影响在食品和医药中的使用，而且产品软化点有所降低，更易结块。美国漂白胶厂家采用高速离心分离脱蜡法，将经过粗滤的浓度为12%～35%的碱性紫胶溶液在装有蒸汽加热管的离心机中在82～99℃进行离心分离，胶液分为三部分排出，上部为熔化的蜡，中部为脱蜡胶液，下面是不溶性杂质。此法要求离心机鼓和出蜡管的保温良好，否则易出现蜡质凝固和导管阻塞现象。

漂白：早年多在30～40℃进行漂白，最高不超过46℃，认为超过此界限会影响漂白效果。后来，对温度的要求越来越苛刻，甚至要求在20℃以下进行漂白。漂白液含氯量要在10%以上，游离碱在0.02～0.04当量。漂白前，把漂液稀释到氯含量3%，先加所需量的50%～70%于稀释到10%的胶液中，经2～3h，待有效氯基本耗尽后，再分批加入余下的漂液，整个过程约18h可以完成。

酸化：将硫酸稀释至5%，在强搅拌下喷入含胶量10%，温度20℃以下的胶液中，直至pH值4～5，放置10min，使中和完成。

将中和好的粒状白胶过滤，用水漂洗多次，尽可能去掉游离酸和盐分。

干燥：洗净并经滤干的粒状白胶应在42℃以下晾干或烘干，在空气流动条件下干燥过程加快。冷水洗净的白胶也可在85～90℃的水中烫软，压成薄片状，这种薄片含水率低得多，更易烘干。

这样生产的白胶，有较浅的颜色，存放期间不同程度的发黄，一般可存放3～5个月。存放期间溶解度逐渐变差，直至完全不溶不熔。

漂白胶贮存期短，使得主要紫胶生产国印度和泰国无法生产漂白胶出口，只能向美国、日本和欧洲国家等廉价提供粒胶。人们早已认识到，存放期短是因为加成到紫胶树脂上的结合氯在存放期中，以氯化氢的形式脱落下来，遇到湿气就成了紫胶树脂聚合的催化剂。漂白胶结合氯含量在1%～3.5%，设若有1%脱落下来，即每吨漂白胶释放10kg氯化氢，相当于28kg 36%的浓盐酸。当紫胶中含有这样多浓盐酸时，其变质之快是可想而知。

人们需要用次氯酸钠来漂白紫胶，又担心氯进入树脂而影响寿命。这就导致出现以下结果：①尽可能少用漂液，选用优质粒胶；②对漂白温度和物料质量与浓度提出苛刻要求。这样就提高了成本，增加了操作困难。尽管如此，产品存放期仍然很短。学者们曾使用各种硫代硫酸盐（钠盐、铅盐）和过氧化氢来消氯，未取得满意效果。因为损害贮存期的并非游离氯，而是结合氯生成的氯化氢。在漂白胶中加入环氧树脂未结合氯化氢，操作不方便，还会使产品失去天然性，影响在食品和医药上的利用，而且延长寿命的效果不显著。漂白胶贮存性差的问题困挠了紫胶界 100 多年，已被视为“攻不破的难关”。

漂白胶贮存期短的问题长期未获解决，根本原因是缺乏深入的理论研究，因而没有找到科学的解决办法。其实，既然漂白胶在室温下会有氯化氢脱落下来，说明氯化氢与树脂的结合并不牢固。在加工过程中，设法把氯化氢脱下来，消除损害漂白胶寿命的隐患应该是可能的。

从这点出发，研究了漂白胶的脱氯反应[4~7]。发现漂白胶在脱氯过程中，结合氯含量的对数与脱氯时间的关系是两段直线，说明脱氯是一级反应，前段的反应常数是后段的 3.6 倍，说明紫胶分子上氯的结合至少有两种形式：一部分容易以氯化氢形式脱落下来，另一部分则比较稳定。

通过对漂白前后紫胶树脂碘值，氯含量、羟基值和酸值变化的研究，证明氯主要以自由基加成进入树脂分子的双键，同时有少量自由基取代反应，脱氯过程中，结合氯发生消除反应恢复一部分双键，同时发生取代反应增加一些羟基，二者摩尔数大体相当于脱下氯原子摩尔数。

为了确定紫胶漂白过程中出现的不稳定结合氯和稳定结合氯在分子上的位置，用壳脑酸和壳脑酸二甲酯和溴模拟了紫胶树脂与游离氯之间的反应，二者的溴加成产物分别为 α，β-二溴壳脑酸和 α，β-二溴壳脑酸二甲酯，后者的脱产物为 β-溴壳脑酸二甲酯，用各种波谱确定了上述三种化合物的结构。

试验证明了在漂白过程中游离氯加成在紫胶树脂萜烯酸双键上生成 α，β-二氯衍生物，脱氯时 α 位结合氯和 β 位上一个氢原子作为氯化氢脱落下来而恢复双键，留下 β 位上稳定的结合氯。这是因为，β 位结合氯与碳基形成 p-π 共轭，使碳氯键能增加，难以脱落。

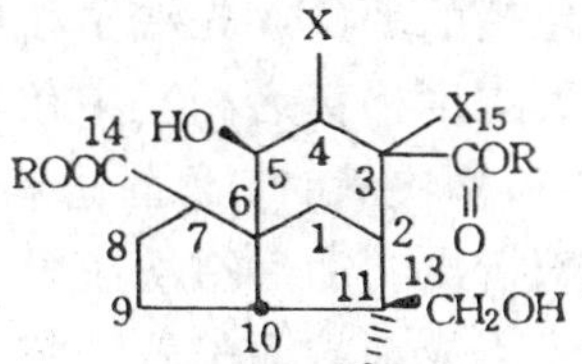

α－β二卤壳脑酸二甲酯 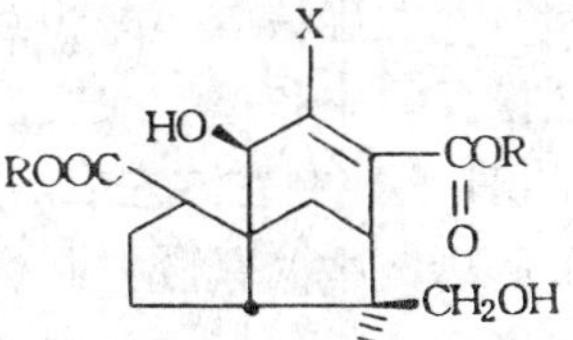　　β－卤壳脑酸二甲酯

上述研究准确无误地证明了在漂白过程中游离氯主要加成在紫胶树脂萜烯酸的双键上，产品存放期间不稳定 α-氯原子和 β 位氢原子以氯化氢形式脱落下来，使树脂加速聚合而逐渐失去可溶性。若在漂白之后脱除这部分不稳定结合氯，使产品中只含有较稳定 β 位结合氯，漂白胶的贮存性就不会受到损害。

紫胶次氯酸钠漂白在理论和实践上的这一突破性进展，不仅为生产可长期贮存的漂白胶奠定了基础，同时也为漂白工艺一系列问题上的创新提供了下述条件：

由于可以在漂白之后进行脱氯处理，没有必要担心太多氯进入紫胶树脂，消耗漂液多的低质原料，如细粉胶、滤渣胶等都可用来生产漂白胶、差一些的漂液也可使用。

漂白胶普遍存在返黄问题，这显然是漂白时少部分结构未彻底破坏的有色物质在存放条件下由无色形态逐渐获得较稳定的显色形态。在脱氯条件下，这一过程很快完成，胶液颜色变为深暗。只需加少量漂液就可漂白，大部残留的显色物质遭到破坏，产品反黄的趋势大幅度降低，从理论上讲，此过程多重复一次，产品颜色就越稳定。

通常把30g粒胶漂白所需有效氯3%的漂液的毫升数称为漂白指数。迄今，测定漂白指数，是利用通常方法对原料进行一次性漂白，没有考虑是否返黄和返黄的程度。实验证明，把每种原料制成颜色稳定的漂白胶所需漂白液量基本上是一定的。漂白温度和漂液浓度对漂液耗量和漂白效果无明显影响。这一结论为选择漂白条件留下了广阔的空间。

100多年来，由于对解决漂白胶贮存性问题缺乏正确的思路，在一些非本质问题上下了不少功夫，把生产工艺搞得越来越繁琐、苛刻，而产品仍然是寿命短，易返黄。

对脱氯的研究使漂白胶两大质量问题得到解决，也为设计出简便易行的生产工艺创造了条件。

脱氯漂白胶的生产工艺如下：

粒胶溶解、过滤和脱蜡可采用前面叙述的方法：

将1份碳酸钠溶于40份水中，加温至80～90℃，在缓慢搅拌下溶解10份粒胶，经200目过滤。胶液可直接用于漂白生产普通漂白胶，生产脱蜡漂白胶时，在70℃以下溶解，粗滤后降温至室温，在压滤机中加助滤剂过滤脱蜡。

漂白和脱氯：

将过滤的胶液投入漂白脱氯釜中，在30～90℃，在不断搅拌下加入未经稀释的漂液，至胶液达到所要求的漂白程度。漂液用量大时需在釜中加水使钠离子浓度保持在1.1mol/L以下，以免固体紫胶钠盐析出。

漂白完成后，控制适当的条件进行脱氯处理。经脱氯过程胶液颜色有所加深，可补加少量漂液使颜色变浅。

脱氯漂白胶液经螺旋板冷凝器降温后进入贮槽。

中和和水洗：

为了达到均匀中和，不发生白胶和酸相互包裹的现象，先在中和槽中加一定量水，当胶液和稀酸同时进入正在搅拌的中和槽，在突然大幅度稀释后相互中和，析出细粒白胶，中和温度最好不超过25℃，pH值控制在5左右，中和槽快满时，停止进料，加少许酸将pH值调至4维持一短暂时间，使母液中的紫胶树脂全部析出。随后在洗胶槽中将细粒状白胶洗涤多次至基本中性，中和温度过高时，析出的白胶形不成细粒而呈软质絮状至成团，在这种情况下，只能用沸水反复洗涤。

干燥：

已洗至中性的粒状白胶在滤干或离心脱水后仍含水40%左右，可烘干或铺开晾干得到粉状白胶。也可将洗净的白胶放到热水中烫软，取出用压片机制成片状，使其含水量达到20%以下，且结构疏松，干燥过程可大为缩短。中和温度高用沸水洗涤的白胶只能在压片后干燥。白胶的干燥温度必须控制在42℃以下，以免结块。

9 紫胶的利用[8]

紫胶树脂是多种羟基羧酸聚酯的复杂混合物，虽然平均分子量只有1 000左右，但因每个平均分子上有五个羟基、稍多于一个羧基，属强氢键树脂，有很强的粘着力，相当坚硬，在46℃以下膨胀系数极小，对紫外光稳定，有良好的醇溶性和碱溶性，耐油，耐酸，绝缘性好，经电弧后不留电花径迹，有良好成型性和热硬化性，并有无味、无臭、无毒等优点。迄今为止，还没有一种合成树脂全面具有这些性质。

很早以前，紫胶就已广泛用作药物、涂料、粘接剂、火漆、其色素用作染料。进入工业社会，紫胶获得了更重要的地位。

紫胶曾是重要军用物资，第一次世界大战中广泛用于配制火药、涂刷武器弹壳和作胶粘剂。第二次世界大战中被列为战略物资，英美控制印度紫胶供应盟国，日本则为战争发展了自己的紫胶工业。由于紫胶产量小，在性质上也有局限性，现在紫胶在军工上的大量用途已被合成树脂所取代。

1878年爱迪生发明留声机，1898年紫胶唱片问世，此后整整60年中制唱片曾是紫胶的主要用途，占总用量的1/3，在日本甚至达到2/3。1958年聚氯乙烯密纹唱片出现，很快取代了紫胶。

在唱片工业上被淘汰并未引起用量下降，美国当时兴起塑料地板，并推广到欧洲，需大量紫胶用作白光蜡，在很大程度上起了推销作用，但很快也被合成树脂所取代，只有少量紫胶用作碱溶组分，赋予地板更好的硬度和光泽。虽然这一市场早已发生变化，但紫胶作为碱溶组分仍在某些合成树脂乳液中得到利用。

紫胶曾大量用于电器工业。低压电模制品方面的用途早已被酚醛树脂所代替，但在高压电方面，由于紫胶经电弧后不留电花痕迹，使之在制云母板变压器材料方面曾大量使用，在电子管、日光灯管和绝缘纸方面也使用了相当时间。由于合成树脂的发展，紫胶在电器工业上已失去了重要性。

紫胶的粘接性和热塑性使它在手表和精密仪器粘石加工时用作胶粘剂，将毛坯粘石在施有紫胶层的圆钢板上均匀铺开，加热圆钢板使紫胶熔化把粘石粘接牢固，在砂光机上磨光后加热圆钢板使紫胶熔融，将磨光的一面与一同样施有紫胶的圆钢板紧密接触随后又分开时，粘石全部转移到冷板上，在砂光机上打磨尚未加工的一面，然后用酒精溶解紫胶得到两面都已磨光的粘石，可进行激光打孔工序。

紫胶高度的耐油性是油库内壁的优良涂料。脱蜡紫胶的酒精溶液（泡力水）常用作金属表面的装饰和保护涂层。紫胶用作制帽定型胶、皮革整饰剂也有一定市场。

由于合成树脂的快速发展和紫胶产量的下降、紫胶的许多用途都已由合成树脂所取代，但在以下几个方面紫胶仍深受欢迎。

9.1 紫胶用于木器

紫胶清漆制备容易、使用方便、漆膜干燥快、光泽好、透明、附着力强、有弹性、对木材分泌物有良好封闭作用，保持表面干净，对挥发分的封闭使木材不易变形、长期以来用于家具、地板、门窗、家用电器外壳、缝纫机台板、乐器、玩具及文体用品以及交通工具，工业木模等。近年来浅色家具倍受欢迎，透明浅色清漆受到重视。

紫胶清漆主要用作头面漆（6%～8%）和底漆（22%～25%），以稀涂料作头面漆的目的是：①硬化木材表面松软的纤维，便于干燥后用砂纸打磨；②渗进木材，封闭木材纹孔，防止油污渗入木材，也使木材中树脂和染色的色素不污染表面涂层；③能使木材天然纹理出现光泽。在施头面漆并打磨后，施一至二道紫胶底漆并进行打磨，再涂一道面漆即可得到丰满光泽的表面。如不涂紫胶底漆，在木材表面直接涂三层油漆或清漆，虽然也有遮盖效果，但干燥慢，施工费时，对木材封闭效果不好，而且涂刷第二层时会把第一层拖起来。尤其是浸过油的木材，必须涂刷三层紫胶底漆，才能涂其他面漆。用硝基面漆时，通常以紫胶作底漆，可保证对基底的附着力。

紫胶底漆配方：紫胶 450g，乙醇 1 000ml，邻苯二甲酸二丁酯适量，可加入紫胶量50%～100%的丁醇以改善漆膜的流平性。

紫胶通常用作底漆，但从前常用作抛光面漆。现在只有在特殊要求下，如制作精美的乐器和家具才这样作。采用特殊技术，紫胶抛光面漆几乎像金属板一样光亮，还没有其他面漆能产生像紫胶抛光漆那样美丽的木纹。

抛光漆的涂饰工艺包括染色，涂底漆，添填料，上封闭漆和上擦光漆。

若用水溶性染色剂，需先刷一层水，使木纹突起，干燥后用砂纸打掉突起的木纹，再进行染色。干燥后刷稀紫胶漆，干后打磨光，再添填料，填满孔隙和裂纹，干燥打磨后，再均匀涂刷 35%的紫胶清漆，干后用砂纸打光。用一两层无绒毛的软布包裹鸡蛋大的棉团或软布团，在上面加 12%的紫胶漆，轻轻挤压，便有清漆渗出，在棉团底部放一两滴石蜡油，先在一木板上试擦，再开始擦光待加工的木器。棉团轻轻作圆圈或 8 字形滑动，每擦一次尽可能形成最薄的漆膜。先横着木纹擦，再顺着木纹擦。第二次用 10%的紫胶漆，第三次用 8%的紫胶漆，最后用纯酒精擦一次，这样可得到完美的表面。

抛光漆配方：脱蜡胶 25～35 份，酒精 55～65 份，亚麻油 1.5～2 份，丙酮 5～10 份。用此配方时可不必再滴油。在紫胶清漆中加 40%丁基化三聚氰胺树脂，可得到耐热防水面漆。

用紫胶作填充物体，在紫胶清漆中加入白粉、重晶石粉或熟石膏配成快干而坚硬的腻子，用于填补木材裂隙和凹陷，特别适用于砂模的木模型。

紫胶常用于涂饰地板，由于紫胶良好的封闭性，地板表面坚固柔韧、防尘、耐磨、不易开裂。涂刷前木材应干燥，打好腻子，磨光，上紫胶漆（25%）1～3 道，然后打磨上蜡，涂刷时相对湿度应在 70%以下。

9.2 紫胶用于医药、食品、水果涂料及化妆品

紫胶是昆虫分泌物，早已用作药物，为了将紫胶用于医药、食品和水果涂料中，只需注意在加工过程中不混入有害物质。国家为此专门制定了食品添加剂紫胶标准 GB4093—83，符合标准的产品在急性毒性试验中，大白鼠给食量＞1 500mg/kg 无明显中毒现象。

9.2.1 用于医药

紫胶主要用于药丸、药片的防潮糖衣，肠用药包衣和近年来广泛采用的胶囊等。

某些药物在胃中溶解后会刺激胃或遇胃酸而失去作用，有的药物会与胃中的消化酶生成不溶性化合物，紫胶耐酸，涂紫胶的药丸和药片在酸性胃液中不溶解，进入碱性的小肠后，紫胶层溶解，药物发挥作用。

其制法是将紫胶溶于异丙醇或氨水中，再加上染料和增塑剂制成涂料，在转盘涂布锅中，将涂料喷涂于药片表面，使药片均匀地调湿，药片在转动过程中得到气干。一般防潮糖衣只喷 1～2 次即可，而肠用药则需喷 10～20 次。所用染料和增塑剂必须符合食用标准，常用染

料是食品级黄色或红色染料，常用的增塑剂有丙二醇、鲸蜡醇、蓖麻油、聚乙二醇等。

此涂料在药丸上涂30～35μm的涂层，在胃中能耐胃液至少6.5h，而在小肠中14～18min即可溶解。如果增塑剂是蓖麻油，则药丸在肠中溶解时间要1.5～2.5h。药丸贮存一年后溶解时间未起变化，在40～60℃贮存对质量也无影响。

医药用紫胶以脱蜡紫胶片为好，如果作成色糖衣或药粉造粒，最好用脱色脱蜡紫胶或精制漂白胶。

9.2.2 用于食品

在食品工业中，紫胶用于糖果的上光和防潮，如巧克力糖球在转动锅中造粒后，喷入紫胶酒精溶液，漆膜干燥后，巧克力糖既有光泽又能防潮，长期保存不会发粘。我国过去曾用糯米纸包苏糖防潮，效果不佳，一两周后，糖就不酥了，改用浅色紫胶清漆涂膜后，提高了防潮效果，也大大提高了生产能力。

紫胶还曾用于清凉饮料、果汁、汽水、冰糕等的乳浊液，使饮料浑浊而显得浑厚。

配制方法：将1份紫胶的酒精溶液（1∶5）在强烈搅拌下加入1～20份、10%～60%的阿拉伯胶水溶液中，使之生成均匀的分散体，饮料中只需加入0.01%～0.5%紫胶乳浊液，便能获得稳定的浑浊产品，加入不同的色素和香精，可制成色香味不同的饮料。

紫胶除用作添加剂外，还用于蛋品保鲜，金属食品罐头的内壁涂料。紫胶附着力强，烘熔后，金属罐在加工成型过程中不会脱落，能耐酸、耐油，是理想的涂层材料。

9.2.3 紫胶水果涂料

水果用紫胶涂膜后，能在一定程度上抑制新陈代谢，减缓水分蒸发，从而达到保持新鲜、减少腐烂、延长保存时间的目的，同时也改善了外观。

我国曾由日本进口水果涂料，1973年后，我国自制的几种牌号的紫胶水果涂料问世，效果良好。

其配方是：漂白紫胶26份、丙二醇13份、油酸0.7份、氨水（工业级26.5%）3.0份、水57份，外加少量防腐抗菌剂。

配制时，先在一反应釜中将丙二醇加热到110～115℃，在搅拌下慢慢加入漂白紫胶、保持温度使之溶解，降温到100℃以下，加入油酸。在另一容器中将氨水加入到70～75℃的热水中。然后在搅拌下慢慢把氨水加到紫胶丙二醇溶液中，使之混合均匀。最后加入所需防腐抗菌剂，在搅拌下冷却到30℃以下，用氨水将pH值调至8.1～8.2，即为产品。使用前，用水稀释3～4倍或所需要的浓度。

9.2.4 紫胶头发化妆品[4]

头发造型的化妆品有喷发剂和发型洗涤剂两种。紫胶无毒、光泽好，有弹性，不吸潮，制成的化妆品能很好地保持和固定发型，使用很方便。

自气溶胶问世以来，紫胶就是制造喷发剂的主要成分，由于现代喷发剂必须适应发型发展的趋势，而高发型、长发型、飘垂发型以及软发、男发和短发对喷发剂有不同要求，在市场销售的头发化妆品中，某些合成品、合成树脂及混合物成了紫胶有效的补充剂。

下面例举气溶胶软、中、硬三种喷发剂参考配方：

软喷发剂

紫胶	0.7g
聚乙烯吡咯烷酮	0.7g

乙醇或异丙醇	30.0g
二氯甲烷	18.3g
柠檬酸三酯	0.2g
香料	0.2g
助喷剂（丙烷/丁烷）	50.0g

中等硬度喷发剂

紫胶	1.0g
VA 37 1/E	2.5g
乙醇或异丙醇	46.3g
香料	0.2g
助喷剂	50.0g

硬喷发剂

紫胶	0.7g
VA 37 1/E	4.5g
异丙醇或乙醇	34.2g
二氯甲烷	5.0g
柠檬酸三酯	0.4g
香料	0.2g
助喷剂	55.0g

喷发剂的生产宜选用脱蜡脱色的浅色紫胶片。助喷剂可使用丙烷或丁烷，可单独使用，或与氟-氯衍生物结合使用。

机械喷雾的发剂：

气溶胶喷发剂配方中的有效物质溶液也适用于橡皮喷球、喷雾器和挤压瓶等机械喷雾，但在此情况下要将原来的气溶胶助喷气体部分换成等量的异丙醇，这里以使用漂白胶为好，因为漂白胶价格较低，而且能制成颜色很浅的溶液，但在装入前要很好过滤。

发型洗涤剂或溶液：

理发造型助剂，如发型洗涤剂，也适合用紫胶来制造。为了达到所要求的吸湿性，可选用聚乙烯吡咯烷酮作为添加剂，这些物质与头发结合好，与紫胶互配也很理想。

其参考配方如下：

水（蒸馏水或软水）	500～750g
乙丙醇或乙醇	150～400g
水溶性紫胶	30～40g
乙二胺四醋酸钠盐	2～6g
多甘醇或甘油	2～10g
能与水混合的香料	1～4g
三乙醇胺	不超过 4g

加水或酒精将总重量调至 1 000g。

若发现溶液出现混浊，可用三乙醇胺调节 pH 值，使其保持或稍高于 7。

脱蜡漂白胶配制发型洗涤剂前要用适量的碱或胺溶解，制成 pH 值 7.3～7.5 的与水可混用的溶液。

发型洗涤剂一般配成蓝色或淡蓝色，因此最好选用颜色很浅的脱蜡漂白胶。

9.3　紫胶用于印刷油墨

紫胶对各种表面附着力好、干燥快、防潮耐磨、有光泽，并对颜料有良好结合力，适合用作油墨的展色剂（连接料），与不同的颜料、添加剂均匀地结合在一起，附着于印刷物表面，能形成牢固、光泽的薄膜。

油墨制造过程大致如下：将紫胶配制成一定浓度的溶液，与颜料和助剂一起在砂磨机中或球磨机中研磨均匀，达到 20μm 以下的细度。油墨的粘度十分重要，它关系到油墨的贮存性，印刷膜的厚度、颜色强度和印刷清晰度，也在很大程度上影响干燥速度，为了防止分层，粘度以大一些为好，通常以脱蜡脱色胶和漂白胶为原料，紫胶含量一般在 20%～30%，可以使用无机颜料或有机颜料，无机颜料用量在 35%～40%，有机颜料为 20%，炭黑为 5%左右，有时为了加深颜色，也可加一些可溶性的染料。为改善印刷工艺性和油墨性能，常添加助剂，如增塑剂、催干剂等。

紫胶油墨大致可分为以醇为溶剂的溶剂型油墨和以水为主要溶剂的水基油墨，前者多用于不吸收材料的挠曲性印刷油墨，如塑料薄膜和金属箔印刷墨，或金属容器和金属板用的喷涂油墨，后者多用于吸收性纸张印刷或其他纤维纸箱的印刷或喷涂。

由于紫胶主要以酒精作溶剂，对胶板无腐蚀作用，也不像苯类溶剂有毒性，因此在苯胺印刷上得到快速发展。从发展趋势看，以水为溶剂是发展方向，紫胶水基油墨比其他水基油墨耐磨性好，印刷的漆膜虽不及溶剂墨，但相对来说也比较好，因此紫胶水基油墨也得到了重视。

9.3.1　醇溶性紫胶油墨

主要以酒精为溶剂，也可适当添加其他溶剂，如乙酸乙酯、乙酸丁酯、乙丙醇和丁醇等混合溶剂，以加快溶解、调节粘度和改善印刷性能。

透明的醇溶性油墨，主要采用溶于溶剂的染料着色，与紫胶醇溶液混合均匀，常用于苯胺印刷油墨、袋用油墨、金属箔油墨，在展色剂中根据需要加入溶于溶剂的不同染料，常加些硝基纤维素，起防止油墨冻结的作用，其用量一般为紫胶的 7%～8%。

配制玻璃纸印刷墨时，用脱蜡漂白胶 44 份、染料 12 份、酒精 40 份、冰醋酸 2 份。而印刷纤维素酯薄膜时，用紫胶 80g，油溶苯胺墨 1～20g、双丙酮醇 200g，将染料溶于醇中，过滤，再将紫胶溶于溶液中，也可用其他醇溶性染料得到不同颜色。油墨的干燥速度可用甲基丙酮加速，或用甘油三醋酸酯减慢。也可用乙基乳酸酯或二甘醇作溶剂。

不透明醇溶油墨以颜料代替染料作为着色剂，配方的变化不大，只是加工时要进行研磨，得到均匀细微的悬浮液，在颜料中以白色用量最大，任何其他叠色都是以白色打底的。

其基本配方为：①展色剂　50%无水酒精紫胶溶液 55 份、30%1/4 酒精可溶硝基纤维素 5 份、DOP1 份、无水酒精 39 份；②各种颜料用量二氧化钛 30%、铬黄和橙色钼酸盐分别为 30%，立索红、联苯胺黄、维多利亚蓝 PTA、甲基紫 PTA、红色色淀 C、槽法炭黑、酞花绿、酞花蓝分别用 12%、米洛丽蓝用 15%。

将展色剂和所需颜料一起研磨，可配制各种颜色的油墨。

9.3.2　水基紫胶油墨

因为紫胶盐能生成抗水性好并有优良光泽的薄膜，特别适用于制水基油墨。

紫胶可与氨水、苏打、硼砂或三乙醇胺制成水溶液，也可用水——醇混合液制成紫胶清漆，再与颜料一起研磨成水基墨。

配方：丁基溶纤剂10份、苏打2.2份、AF防泡乳液（4%）0.1份溶于65.7份水中，并升温至60～66℃，然后在搅拌下慢慢加入紫胶22份，加完升温至82℃，强烈搅拌10min，在搅拌下冷至54℃。实践证明，硅酮防泡剂在清漆制备和印刷或喷涂时抑泡效果甚好。

着色剂用量：立索红、酞花蓝、联苯胺黄分别为15%，铬黄、橙色钼酸盐分别用40%，槽法炭黑用12%。

因碱与某些颜料发生反应，水基油墨选用颜料应十分注意。例如米洛丽蓝绝对不能用，炭黑在水基油墨中易稠化，通常用过量的碱来阻止稠化倾向。为防止长霉菌，必须加入紫胶量0.2%的水杨酸酚或对羟基安息香酸甲酯等防腐剂。

9.3.3 防水炭素绘图墨水

紫胶很早就用于加工高级炭素墨水，主要用于机械制图，紫胶作为炭黑的分散剂使墨水长期存放不会分层。此墨水绘制的线条清晰发亮、耐磨防水。

配制时在加热条件下将紫胶溶于碳酸钠、硼砂或其他碱溶液中，然后加入适当比例炭黑(最好是气体炭黑)，在研磨机中研成非常均匀的糊状物，用热水稀释需要的浓度，再加入少量甘油、甲醛或其他防腐剂。静置数周，使没有悬浮好的炭粒子沉淀出来，这种墨水总固含量为10%～14%，炭黑占50%。

加工炭素墨水必须用脱蜡胶，否则悬浮的蜡质会使墨水划线不流畅或中断。

由于紫胶产量越来越少且不稳定，可以预测，它将不断失去其用量较大的市场。80年代，因紫胶大幅度减产，德国、瑞典一些生产紫胶油墨的厂家不得不转向其他原料，现在只有少数油墨厂以紫胶为原料了。家具行业也发展了许多表面装饰材料和工艺，使用涂料的厂家也只用紫胶作为底漆，减少了对紫胶的需求。然而，紫胶毕竟是一种具有多方面优异性能的天然树脂，食品、医药、水果涂料以及化妆品等关系人们健康的行业仍将继续使用紫胶。此外，许多主要关心使用性质和产品质量而不十分考虑原料、价格的、用量不大的行业，也不会放弃使用紫胶，而且紫胶还会不断得到新的用途。

第62章

五倍子

赖永祺　张宗和　黄嘉玲　陈筎鸿

1　生成、来源、分布、产量

五倍子是瘿绵蚜科 PEMPHIGIDAE 一些种类的蚜虫寄生在漆树科 ANACARDIACEAE 盐肤木属 *Rhus* L. 盐肤木 *Rhus chinensis* Mill. 等植物叶上所形成的、富含单宁物质的各种虫瘿的总称。能形成五倍子的蚜虫称为倍蚜。倍蚜在寄主树上营寄生生活时，用刺吸式口器刺伤植物幼嫩组织，并分泌出含有大量酶的涎液，通过刺伤处浸入形成层，使附近细胞的淀粉和醣类代谢增强，刺激细胞分生，渐次形成囊状性的赘生物。随瘿内蚜虫数量不断增加，瘿体逐渐膨大，最后瘿体爆裂，倍蚜自瘿内飞出。习惯上，将刚形成不久的虫瘿叫雏倍，瘿内蚜虫已开始羽化的叫成熟倍，介于两者之间的称嫩倍。商品上以未爆裂的成熟倍为好。瘿体腐烂则失去商品价值。

1.1　生产历史与现状[9]

中国最早有关五倍子的记载为晋代郭璞（276～342 年）著《山海经注》："今蜀中有构木，七八月中吐穗。穗成，有如盐粉著状，可作酢羹。" 986～1018 年，宋人《开宝本草》载："五倍子味苦，酸平、无毒。" 宋代苏颂《图经本草》载："五倍子以蜀中为胜，生于肤木叶上，七月结实，无花……其实青，至熟而黄，九月采子曝干，染家用之。" 明代李时珍（1518～1593）《本草纲目》述："肤木即盐肤木也，……五六月有小虫如蚁，食其汁，老则遗种，结小球于叶间。……初起甚小，渐渐长坚。其大如拳，或小如菱，形状圆长不等。……山人霜降前采收，蒸杀货之，否则虫必穿坏，而壳薄且腐矣。""皮工造为百药煎，以染皂色，大为时用。" 1888 年德国人用五倍子制造黑色染料和鞣料。继后欧美等国用五倍子生产没食子酸（棓酸）和焦性没食子酸（焦棓酸）作医药、染料和照像用显影剂，五倍子成为重要的化工原料。五倍子主产中国。过去，因其用途窄，用量少而一直处于野生野长、自生自灭状态。由于农耕地和其他林业用地的扩大，五倍子产地面积越来越小，倍林环境不断遭到破坏，以致产量越来越少。20 世纪 40 年代以前，据不完全统计，中国年产五倍子近万 t，但到 20 世纪 70 年代平均仅 3 000 余 t。随五倍子用途扩大，用量增加，中国的五倍子生产已开始从野生野长、人为采收向人工培植的基地化生产过渡，到 20 世纪 80 年代末，年产已过 5 000t。据现有资源和技术水平，中国的五倍子不但能恢复到历史最高水平，还可依世界的需要，生产出足够的原料和各类加工产品。

1.2　产倍条件

五倍子为虫瘿，是倍蚜年生活周期中某一生长发育阶段的产物。倍蚜需经历第一寄主（即夏寄主树）和第二寄主（即冬寄主藓）的交替寄生才能完成生活史，在夏寄主树上结出五倍子来。所以，产结五倍子必须具有倍蚜、夏寄主树和冬寄主藓三个要素。倍蚜种类不同，其生活经历和寄主种类也不相同，或不尽相同。

1.2.1 倍 蚜

据报道，倍蚜计14种：角倍蚜 *Schlechtendalia chinensis* (Bell)、倍蛋蚜 *Schlechtendalia peitan* Tsai et Tang、圆角倍蚜 *Nurudea* (*Nurudea*) *sinica* Tsai et Tang、倍花蚜 *Nurudea* (*Nurudeopsis*) *shiraii* (Mats.)、红倍花蚜 *Nurudea* (*Nurudeopsis*) *rosea* (Mats.)、枣铁倍蚜 *Kaburagia ensigallis* Tsai. et Tang.、蛋铁倍蚜 *Kaburagia ovogallis* Tsai. et Tang.、红小铁枣倍蚜 *Meitanaphis elongallis* Tsai. et Tang.、黄毛小铁枣倍蚜 *Meitanaphis flavogallis* Tang.、铁倍花蚜 *Floraphis meitanensis* Tsai. et Tang.、肚倍蚜 *Kaburagia rhusicola* Takagi、蛋肚倍蚜 *Kaburagia ovarhusicola* Xiang.、米倍蚜 *Meitanaphis microgallis* Xiang.、周氏倍花蚜 *Floraphis choui* Xiang.。分布最广、数量最多、经济价值最大的为角倍蚜，其次为枣铁倍蚜、肚倍蚜、倍蛋蚜、蛋铁倍蚜和蛋肚倍蚜。倍蚜需经历几种虫型才能完成生活周期。不同的倍蚜，侨蚜在冬寄主上繁殖的世代数不一样，但各种倍蚜都是1年完成一个生活周期（有的种类大部分个体1年完成一个生活周期，部分个体2年或3年才能结束侨居，转移到夏寄主上，完成一个生活周期），且经历的虫型一致，发生期也大体相同。春天，寄生在冬寄主上的倍蚜羽化为春型有翅孤雌蚜（即春迁蚜）迁飞到夏寄主树的枝干上产雌雄性蚜。性蚜不取食，在树皮裂缝内生长发育，成熟交配后雌蚜产干母。干母爬到嫩叶上取食致瘿，形成五倍子。干母在瘿内取食，成熟后产干雌，干雌再产干雌。干雌数量不断增加，虫瘿越来越大。不同种的倍蚜，在夏末至秋末期间，最末一代干雌在瘿内羽化为秋型有翅孤雌蚜（即秋迁蚜），虫瘿爆裂后，迁飞到冬寄主上产幼蚜。这些幼蚜在冬寄主取食生长发育。依倍蚜种类不同，有的直接生长到翌年春羽化为春迁蚜；有的孤雌生殖几代，最末一代在翌年春羽化为春迁蚜；有的种类，侨蚜一直在冬寄主上繁殖，一些个体在第二年春羽化为春迁蚜，一些个体要生长繁殖到第三年或第四年春再羽化为春迁蚜。春迁蚜迁飞到夏寄主上产性蚜，再至干母形成五倍子，完成一个生活周期。

1.2.2 倍蚜的夏寄主

倍蚜的夏寄主为盐肤木、红麸杨 *Rhus punjabensis* Stew. var. *sinica* (Diels) Rehd. et Wils.、青麸杨 *Rhus potaninii* Maxim. 和滨盐肤木 *Rhus chinensis* Mill. var. *roxburghii* (DC.) Rehd.。以盐肤木分布最广，数量最多，其次为红麸杨和青麸杨。滨盐肤木虽分布广，数量亦多，但结倍效果较差，生产上不宜栽植。

盐肤木在各地有很多别名，如肤杨树、肤盐树、盐酸果树等。落叶小乔木或灌木。奇数羽状复叶，叶轴具宽的叶状翅，小叶无柄。圆锥花序，顶生，宽大多分枝。核果球形，成熟时红色。喜光，适生范围广，根株萌发力强。易栽植。滨盐肤木的叶状翅少而窄或无。除内蒙古、青海、宁夏、新疆、吉林、黑龙江外，中国其他省（区）均有分布，以贵州、四川、湖南、湖北、云南较多。东亚、南亚一些国家也有分布。

红麸杨，不少地方叫漆倍树或漆乌倍树。落叶乔木、小乔木或灌木；树皮光滑；奇数羽状复叶，叶轴上部具窄翅或稀不明显，小叶无柄或近无柄；圆锥花序，顶生；核果略扁形，成熟时深红色。生于海拔400～3 000m的山坡、山谷或溪边的密林、疏林或灌木丛中。四川、云南、贵州、湖北、湖南、陕西、甘肃、西藏等省（区）有分布。

青麸杨，为落叶乔木或小乔木。树皮粗糙，小枝无毛；奇数羽状复叶，叶轴无翅，小叶具短柄；圆锥花序，顶生；核果近球形，成熟时红色。多生于海拔400～2 500m的向阳山坡、山谷的疏林或灌丛。四川、陕西、山西、河南、湖北、甘肃、云南等地有分布。

1.2.3　倍蚜的冬寄主

倍蚜的冬寄主均为藓类植物。该类植物是由水生生活转向陆生生活的典型，稍缺水，叶片即卷缩，缺水时间较长，植株就会萎蔫，枯萎，甚至死亡。因其为绿色植物，其生活也需一定的光照。对温度的适应范围较广。

角倍蚜的冬寄主均为提灯藓科MNIACEAE植物。现知10种。主要种类有：侧枝匐灯藓 *Plagiomnium maximoviczii*（Lindb.）T. Kop.、湿地匐灯藓 *Plagiomnium acutum*（Lindb.）T. Kop.、钝叶匐灯藓 *Plagiomnium rhynchophorum*（Hook.）T. Kop.、圆叶匐灯藓 *Plagiomnium vesicatum*（Besch.）T. Kop.、大叶匐灯藓 *Plagiomnium succulentum*（Mitt.）T. Kop.，以侧枝匐灯藓分布最广、数量最多，在生产上的作用最大。倍蛋蚜的冬寄主与角倍蚜基本相同。

枣铁倍蚜的冬寄主多为青藓科BRACHYTHECIACEAE植物。现知11种。主要种类有：石地青藓 *Brachythecium glareosum*（Spruc.）B. S. G.、长肋青藓 *Brachythecium populeum*（Hedw.）B. S. G.、褶叶青藓 *Brachythecium buchananii*（Hook.）Jaeg.、林地青藓 *Brachythecium starkei*（Brid.）B. S. G. 等。蛋铁倍蚜的冬寄主为弯叶青藓 *Brachythecium reflexum*（Stark.）B. S. G.、绒叶青藓 *Brachythecium velutinum*（Hedw.）B. S. G. 和密叶尖喙藓 *Oxyrrhynchium savatieri*（Besch.）Broth.。肚倍蚜的冬寄主主要为美灰藓 *Eurohypnum leptothallum*（C. Muell.）Ando.，原称细枝赤齿藓 *Erythrodontium leptothallum*（C. Muell.）Nog.，在肚倍产区分布广、数量多。红小铁枣倍蚜的冬寄主有细枝羽藓 *Thuidium delicatulum*（Hedw.）Mitt.、大羽藓 *Thuidium cymbifolium*（Doz. et Molk.）Doz. et Molk.、毛尖羽藓 *Thuidium recognitum*（Hedw.）Lindb. *ssp. philibertii*（Limpr.）Dix. 和灰羽藓 *Thuidium glaucinum*（Mitt.）Bosch et Lac.。

倍花蚜的冬寄主有：大灰藓 *Hypnum plumaeforme* Wils.、东亚金灰藓 *Pylaisia brotheri* Besch. 尖叶灰藓 *Hypnum callichroum* Brid.、鳞叶藓 *Taxiphyllum taxirameum*（Mitt.）Fleisch.、狭叶绢藓 *Entodon angustifolius*（Mitt.）Jaeg.、短肋青藓 *Brachythecium wichurae*（Broth.）Par.、大灰气藓 *Aerobryopsis subdivergens*（Broth.）Broth.、船叶塔藓 *Hylocomium cavifolium* Lac. 等。铁倍花蚜的冬寄主仅知砂藓 *Rhacomitrium canescens*（Hedw.）Brid.。

1.3　产区分布

五倍子产东西亚，以中国为最多，土耳其、朝鲜和日本等也有出产。在中国，从南亚热带到暖温带的常年湿润山地和丘陵几乎都有倍蚜分布。

1.3.1　产区分布

尽管五倍子产地分布范围很广，但主产区却相当集中，几乎都在四川盆地周围及附近山区。以盆地东南川鄂湘黔毗邻的武陵山、大娄山、巫山余脉的产量为最多，其次为位于盆地东北的大巴山、武当山，再次为盆地西南的大凉山和乌蒙山，西部邛崃山也有一定产量。这些地区的五倍子产量约占全国总量的80%以上。其他产倍地虽范围很广，但多零星分散，单位面积产量也不高。

角倍产地广而面积大，几乎各五倍子产区都产角倍。其产量约占五倍子总量的65%。在以角倍为主的角倍产区，角倍类倍子约占总量的80%，其余为混生或镶嵌分布于产区内的红麸杨结的肚倍类倍子和倍花。贵州的遵义、铜仁、黔东南；四川的黔江、涪陵、乐山、宜宾；湖北的鄂西、宜昌；湖南的湘西；云南的昭通为我国角倍主产区。

肚倍类倍子的产地也很广，但主产区为陕西的汉中、安康、商洛；四川的达县和湖北的郧阳，其他肚倍产地多分散在角倍产区内。

倍花产地分布最广，但数量很少，其产量约占五倍子总量的5%。

1.3.2 产区的气候特点

不同的倍蚜对气候条件有不同的要求，但倍蚜的冬寄主均为藓类植物，其生长对基质水分和空气湿度的要求较高，所以五倍子产区总的气候特点是气候温和、雨量充沛、雨日多、云雾多、日照少，湿度大，全年无干季或干季不明显。角倍主产区和肚倍主产区的气候条件见表62-1。

表62-1 角倍、肚倍主产区气候条件表

气候条件	角倍主产区	肚倍主产区
年平均温度（℃）	16.2	15.9
最高温度（℃）	44.1	43.3
最低温度（℃）	−10.4	−14.4
≥10℃积温（℃）	4 966.2	4 738.4
年平均降水（mm）	1241.8	917.5
年平均≥0.1mm雨日（d）	173.8	128.5
年平均相对湿度（%）	80.6	73.8
10～3月平均相对湿度（%）	81.0	73.6
年平均日照时数（h）	1 208.4	1 748.3
日照百分率（%）	27.2	39.6

1.4 培植、采收与干制

五倍子素为野生野长，靠人为生产活动培植五倍子的时间还不长，但经近年各地的科学研究和生产实践，已形成一整套五倍子增产技术措施，可供各产区因地制宜地选择应用。

1.4.1 保护利用野生倍林

通过人为保护措施，使现存的倍林不致遭到破坏，让其在自然条件下充分发挥产倍能力。这种方式最为简单，省工省事，但结倍多少，完全受自然条件的制约。其保护措施应落实倍林管理权限，做到谁管理，谁采收；对倍林进行封山育林；要适时采收。无论何种五倍子，以林内约有5%的爆裂倍出现时采收为宜。一般来讲，6月下旬至7月上旬采收枣铁倍和肚倍，7月中旬至下旬采收蛋铁倍和蛋肚倍，9月下旬至10月上旬采收角倍较为适时；采倍留种是保护利用野生倍林的关键性措施。留种量一定要足。一般每株留种倍2～5个，树大树少，多留，树小树多少留。若林内本来倍子就少，则待全部爆裂，倍蚜飞完后再采收。采收爆裂倍必须及时，以免腐烂。

1.4.2 改造利用野生倍林

野生倍林常因倍蚜和冬、夏寄主数量不足或搭配不合理而造成五倍子产量很低。欲获高产，需对其进行改造利用。通过改造要达到的目的是：创造出适于倍蚜越冬（或过夏越冬）生长的林地环境；增加冬寄主数量；增加倍蚜数量；增强夏寄主长势和增加结倍枝叶；方便生产活动和管理。具体技术措施如下：

（1）选择自然结倍较多的野生倍林进行改造利用。

（2）疏掉多余的杂灌高草，根除藤蔓荆刺，保留常绿杂灌木，或栽植常绿杂灌木。更新、补植或疏伐夏寄主树。使夏寄主树为群落上层，郁闭度在 0.8 左右。常绿杂灌木或高草的覆盖度为 0.5～0.6，且分布较为均匀。有一定的裸露地面供植藓。林下散射光较强。

（3）一般的倍林冬寄主藓都不足，有的倍林即使有较多的冬寄主藓，其生长位置并不都适于倍蚜生存。所以需在倍林内补植冬寄主藓。①在可能的条件下，要求补藓数量多而分布均匀。一般选取覆盖度较大，少阳光直射、涵水保水较好而地表水又不常流经的斜坡植藓。过于阴湿的深沟崖壁或林下不宜选用。②植藓前的整地方式随倍林水湿条件、地形和地表状况而异。或顺坡开成小条小块，或沿石开成倾斜的窄带，或开沟起垅，或挖坑垒堆。一般应使植藓面向太阳直射光照较弱的方向。湿度小的倍林植藓面宜在沟内、坑内；湿度大的倍林，植藓面应在垅上、堆上；在不崩塌的前提下，植藓面的斜度越大越好。无论何种方式，都要求植藓面平整。无残根枯叶等杂物。③8～9 月初栽植角倍蚜的冬寄主，3～4 月上旬栽植肚倍蚜的冬寄主。雨后植藓或植前喷水。把择纯的种藓切成长 1～3cm 的枝段，或把种藓撕成小束均匀丢放土面，至盖度 0.4～0.5 时用手压紧，使藓株贴土或部分嵌入土内，听其自然生长。

（4）补植夏寄主，使夏寄主的盖度达 0.8 左右。以 1～2 年生的壮苗为好，11 月至翌年 2 月都可栽植，早栽更有利于生长和结倍。

（5）采倍留种或人工散放秋迁蚜。人工散放的方法为：利用趋光习性收集倍子内的秋迁蚜，无雨的下午，最好是黄昏时散放到藓上。遇雨，存放 3 天后亦需放出。也可设法挂放爆裂倍于林内，让秋迁蚜自然迁飞到藓上。为防止倍壳腐烂，雨天需收回。

（6）通过改造后的结倍实践，进一步改善林分结构，调节植藓位置，增加藓的数量，使自然结倍条件越来越好，逐步建成高产稳产倍林。

1.4.3　营建高产稳产倍林

高产稳产倍林是五倍子基地化生产的基础。营建高产稳产倍林有两条技术路子。一是选择自然结倍条件好的野生倍林进行强度改造，通过常年性的护藓、植藓养蚜活动，使倍林高产稳产。二是在适于倍蚜越冬的环境（不一定在倍林内）利用藓圃植藓养蚜，春季人为收集春迁蚜并装入纸袋内，挂放性蚜于夏寄主树让其结倍。后一条路子不受倍林环境一定要适合虫、藓、树同地生长的限制，在产区，只要有夏寄主树就可做到高产稳产。

（1）相对较为集中地、在适于倍蚜自然繁衍的范围内补植或成片栽植夏寄主树。其苗木来源为：①利用自然不能结倍处或过密地的野生苗；②在倍林内铲除灌木杂草后，用锄深挖而不翻土，切断夏寄主树的根，在林内培养根蘖苗；③插根育苗；④种子育苗。各种农事活动同一般林木育苗。为使发芽率高和出苗整齐，播种前种子需经脱蜡和浸种催芽处理。苗高超过 1m，地径达 1cm 以上的苗木可出圃移栽。取苗时去梢，控制苗高在 0.8m 左右。盐肤木密度为 3 000～3 750 株/hm^2，红麸杨和青麸杨为 1 500～2 250 株/hm^2。

（2）在天然种藓地采种藓时，需留下少量遗种，以保证种藓地能持续利用。天然种藓来源不足的地方应建立种藓圃。方法是选择阴湿的林下或沟谷，12 月至翌年 2 月植藓，保护藓自然生长，注意定时拣出藓上的落叶。藓层密布后可移栽。采种时留种，以保永续利用。

（3）在改造利用野生倍林的基础上，选择结倍多而年际间产量相对较稳定的倍林，增加经营强度，使其成为高产稳产倍林。基本方法同改造利用野生倍林部分，但需作如下改进：①

每年都需重新补藓，使林内藓面积不少于750m^2/hm^2。栽后即插杉、柏等不落叶的树枝、棕叶或用他物遮荫蔽雨。定期拣出藓上的枯枝落叶。接种倍蚜前，若藓量不足还需补植。②接种秋迁蚜前割去藓层上的杂草。尽量争取藓层无水时人工散放倍蚜，接种量不少于5万头/m^2。辅以采倍留种效果更好。③倍蚜寄生冬寄主期间，若阳光强，需加覆盖，藓层湿度过大时揭开覆盖物并除去藓层内的杂草。定时拣除藓上的枯枝落叶。④越冬蚜即将羽化时，割除藓层上方的灌木杂草，以增强光照，促进迁飞。

(4) 藓圃植藓养蚜、挂放性蚜技术的具体作法如下：①选择任何适于倍蚜越冬（或过夏越冬）生长的环境，在陡坡或坎壁，铲去杂草后植藓。或用杉树皮、竹片等制成50cm×50cm的小板，在板上铺土后植藓。人为散放秋迁蚜于藓上，6万～8万头/m^2，若有必要再补充接种。通过选择合适的环境、覆盖物的揭盖和移动藓板位置来控制和调节藓层水湿状况，高密度地培养出春迁蚜来。②利用春迁蚜的趋光习性，于晴天或温度较高的阴天，挂透明薄膜收集春迁蚜。陡坡或坎壁养蚜，则挂下端向内弯折成兜的透明薄膜于前方，上部遮光；养蚜于藓板上，宜在阳光充足的地方立架，放藓板于架内各层，两端遮光，架顶遮光蔽雨。挂膜于两侧或向阳一侧（另侧遮光）。春迁蚜飞出后触膜则落下聚于兜内。③用长12cm、宽10cm的牛皮纸折成一等腰直角三角形纸袋，三个角处的内侧和一个直角边粘贴严实，另一直角边留封皮。内装一指头大的松软棕丝球。收集春迁蚜的当晚，最迟到翌日上午，用羽毛挑取200头或300头春迁蚜放入纸袋内，严封。存放于通风蔽雨，无阳光直接照射的地方。④贮蚜袋存放25d后抽样检查，发现有干母出现时，即将同期的贮蚜袋挂到夏寄主树上。挂放时竖握纸袋，纵剖三角袋的斜边，然后用图钉钉于枝干的背阴面。任何操作都不要弯折纸袋，以免压死袋内的倍蚜。

1.4.4 混 作

五倍子与农作物、药材和它种林木混作的方式多样，依产区结倍条件、土地状况、耕作水平、作物种类和五倍子的经济地位而灵活应用。选择结倍条件较好的地方进行混作，才能创造出更好的经济效益。

(1) 在土地利用率较高、特别是浅丘地的肚倍产区进行农倍混作，可植青麸杨于田埂地边，或沿坡足或林地边缘栽一行或二行青麸杨于农地内。保护或栽植冬寄主藓于林沿坡足、山坡下段或地坎田坎。用采倍留种或人工散放的方法接种倍蚜于冬寄主，靠倍蚜自然繁衍而获得高产，对农作物生长亦无大的妨碍。

(2) 在湿度大、冬寄主藓多、杂草亦多的低产玉米地或轮歇地，可行角倍—玉米混作。春迁蚜迁飞后种玉米，最后一道薅锄后护藓或种藓于地内，冬寄主藓可在玉米的遮荫下迅速生长。收玉米后割去玉米秆和杂草让藓露出，用采倍留种或人工散放的方法接种倍蚜于冬寄主。不种冬季作物，让藓、倍蚜自然生长。翌年春迁蚜迁飞后再种玉米。若第二年轮歇，秋迁蚜迁飞前需割除地内杂草，使藓显露。

(3) 黄连（*Coptis*属植物）是一种经济价值极高的药材，适生阴湿地，种植期间需遮荫。盐肤木最宜作为黄连的遮荫植物。对植于黄连地内的盐肤木可用两种方式生产角倍：一是利用藓圃植藓养蚜，挂放倍蚜于盐肤木上；二是在地坎地边或留出部分土面植藓养蚜，让倍蚜自然迁飞上树结五倍子。角培-茶混作，角倍-棕榈混作也可如此进行。

1.4.5 采 收

适时采收五倍子才能获得优质高产。采收早、体积小、倍蚜未羽化，既减少当年产量又影响来年产量；采收晚，爆裂倍多，影响产量和质量。就商品倍讲，在同一片倍林，以 5%左右的倍子爆裂时采收较为适时。同一倍林或同一株树结了几种五倍子，应按成熟期不同分别采收。有的种类生长不整齐，可分批采收。若就地作种倍，最好采摘刚爆裂的个体，若采后运往异地作种倍，则应在 20%左右的个体爆裂时采摘。采收时先摘下或勾落结倍的叶片，然后再摘。勿让倍子破裂。严禁折枝、断枝和砍树摘倍。

1.4.6　干　制

五倍子采收后按倍子和倍花分别处理。干制的方法有二：一是多批少量地投入沸水浸烫，待倍壁变色时即捞起晒干或烘干；二是直接晒干或烘干。前一种方法的优点是杀青后容易晒干，商品外观好，但单宁稍有损失；后者简单省事，但干得慢，容易出现烂倍，颜色深，商品外观差。生产上多采用前一种方法，但浸烫的时间一定要短。晒干后分倍子和倍花用编织袋包装，存放在通风干燥的地方。

2　种　类

准确地划分五倍子种类，应以致瘿蚜为依据。但习惯上依瘿体的形状、质地和单宁含量，将五倍子分为倍子和倍花两大类。前者除具明显角状突起的角倍外，其余均为不同形状的圆形个体，壳厚，质地较硬，单宁含量高。倍花多分枝，呈花状，壳薄易碎，单宁含量较低。依结倍的夏寄主种类不同，又将倍子分为角倍类和肚倍类。角倍类倍子产量多，肚倍类倍子质量好。

2.1　角倍类

指结于盐肤木或滨盐肤木树上的倍子，共三种。角倍，致瘿蚜为角倍蚜。瘿体形状变化大，但绝大部分个体具角状或不规则突起，单宁含量 60%～65%。倍蛋倍，致瘿蚜为倍蛋蚜，瘿体椭圆或偏圆形，圆滑无突起，端部略大于基部，单宁含量 65%～70%。圆角倍，致瘿蚜为圆角倍蚜，具钝圆角状突起，该种倍子极少见。生产上主要为角倍，其次为倍蛋倍。

2.2　肚倍类

结于红麸杨和青麸杨的倍子归为肚倍类。共 7 种。生于红麸杨上的 4 种：枣铁倍，致瘿蚜为枣铁倍蚜；蛋铁倍，致瘿蚜为蛋铁倍蚜；红小铁枣倍，致瘿蚜为红小铁枣倍蚜；黄毛小铁枣倍，致瘿蚜为黄毛小铁枣倍蚜。生于青麸杨的 3 种：肚倍，为肚倍蚜所致；蛋肚倍，为蛋肚倍蚜所致；米倍，为米倍蚜所致。枣铁倍和肚倍外形近相同，长枣形或桃形，端部稍小于基部，顶端钝兴或有勾状突起，单宁含量均在 65%～70%。蛋铁倍和蛋肚倍的外形相似，圆球形、卵形或倒卵形，顶端圆滑，单宁含量 65%～70%。红小铁枣倍与米倍相似，个体小，形如枣，端部略大于基部，表面光滑，单宁含量 65%～70%。黄毛小铁枣倍形同红小铁枣倍，但表面密被锈黄色绒毛。

2.3　倍花类

倍花共 4 种。生于盐肤木上的 2 种：倍花和红倍花，致瘿蚜分别为倍花蚜和红倍花蚜。倍花如树枝状分枝，最后一次分枝端部膨大为不规则的拳状突起。红倍花一般分枝二回，第二回分枝作扁形膨大，先端为角状，单宁含量分别为 35%和 40%。铁倍花蚜形成的铁倍花生于红麸杨上，周氏倍花蚜所致周氏倍花生于青麸杨上，两者形状相似：自基部作辐射状分枝，分枝长，呈刀状，端部膨大或具圆角状突起。铁倍花的单宁含量约为 45%。

3 主要成分

五倍子的主要成分为五倍子单宁、纤维素、木质素、淀粉、树胶、树脂等。随种类、产地、采收期不同，各组分的含量存有很大差异。中国角倍的一般组成及其含量为：单宁 56.0%；没食子酸 2.0%；鞣花酸及双没食子酸 2.0%；纤维素 10.5%；木质素 9.0%；树胶 2.5%；褐色酒精浸出物（类似树脂物）2.5%；淀粉 2.0%；醣、蛋白质、无机盐等 1.3%；叶绿素 0.7%；水分 10.5%。

4 质量标准及检测方法

商品五倍子应具有色泽纯正、个体饱满、无潮湿、无霉烂、质地脆、手感重等特征。中国对角倍、肚倍和倍花三大类五倍子的分级指标见表 62-2。

表 62-2 中国五倍子标准[10]（GB5848—86）

指标	肚倍		角倍		倍花
	一级	二级	一级	二级	不分级
个体数（个/500g）≤	80	130	100	180	—
夹杂物（%）≤	0.6	1.0	0.6	1.0	3.0
水分（%）≤	14.0	14.0	14.0	14.0	14.0
单宁（%）≤	67.0	63.0	64.0	60.0	30.0

检测方法参照《中华人民共和国标准》GB5848—86（1986 年发布）。

5 加工技术及其系列产品[11～34]

5.1 五倍子单宁酸

五倍子单宁酸是用水从五倍子原料中提取的化工产品。该产品的有效成分为五倍子单宁。一般认为五倍子单宁是一系列不同“多倍酰葡萄糖”的混和物，它是以五棓酰基葡萄糖为核心，在葡萄糖（1）不同位置的碳原子上，通过缩酚键连接几个不同数目的棓酰基（2）。

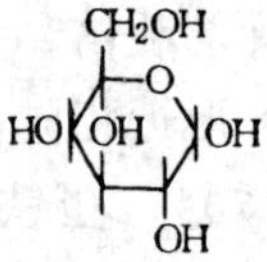

(1)

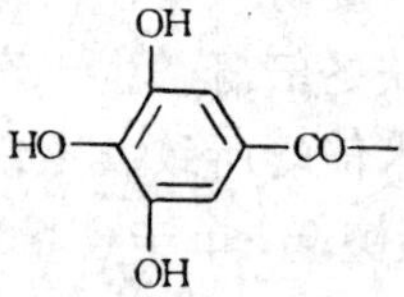

(2)

五倍子单宁酸生产的主要工序属化工单元操作，其中有备料、浸提、蒸发、干燥、冷冻澄清、离子交换、溶剂萃取等过程。采用不同的化工单元操作就会生产出不同品种的单宁酸，目前国内生产的五倍子单宁酸有工业单宁酸、墨水单宁酸、染料单宁酸、医用单宁酸、试剂单宁酸和食用单宁酸等，这些产品主要应用在医药、食品、化工、轻工、冶金、石油及国防等工业部门。

5.1.1 五倍子单宁酸的一般性质

5.1.1.1 物理性质

（1）外观：五倍子单宁酸是一种无定形淡黄至浅棕色粉末，有收敛性与涩味。

（2）溶解性：五倍子单宁酸能溶于水，形成胶体溶液，也能溶于多种有机溶剂如乙醇、甲醇、丙酮、乙酸乙酯，特别能溶于这些溶剂的水溶液中。它不溶于无水醚、氯仿、苯、石油醚和二硫化碳。

(3) 分子量：单宁酸是一种混合物，分子量只能用平均值表示，过去将五倍子单宁酸分子式写为$C_{76}H_{52}O_{46}$,分子量为 1 700。目前按每个葡萄糖含有 8 个倍酰基计，分子式可写成$C_{62}H_{44}O_{38}$,平均分子量为 1396。根据 80 年代 M. Nishizawa 的研究，五倍子单宁酸的平均分子量为 1434，每个分子中平均有 8.3 个棓酰基。

(4) 相对密度与粘度：粉状单宁酸的容积重约 0.4～0.6kg/L。单宁酸水溶液的粘度增加快于浓度的增加，这是由于它是亲液的，能与溶剂结合，当浓度较大时，就有结构粘度，这时随着浓度增加，粘度增加得特别快，如图 62-1。

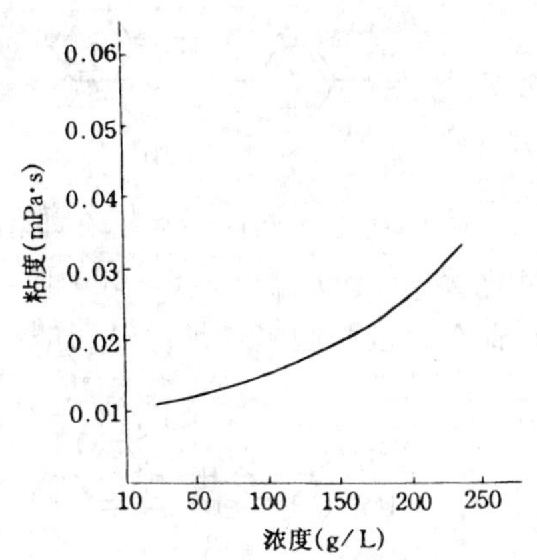

图 62-1　五倍子单宁酸溶液浓度与粘度的关系

5.1.1.2　胶体性质

五倍子单宁酸水溶液属于多分散体系，从热力学上讲是不稳定体系,但因单宁酸粒子具有亲水性,易产生缔合作用,而使其溶液呈稳定状态。从理论上分析，胶体的聚结稳定性使胶粒保持分散避免聚结的能力，来源于胶粒的扩散双电层结构。即胶团外层水化离子所构成的水化层及胶粒间的静电压力，来阻碍胶粒的靠近和聚结。

五倍子单宁酸水溶液的稳定性，对生产单宁酸和使用单宁酸都有重要的意义，因此对影响稳定性的各种因素应该了解。

(1) 浓度、温度对稳定性的影响：五倍子单宁酸的浓度在 15℃以下时，随着浓度增加，胶粒缔合作用增大，稳定性降低；但浓度高于 15%，溶液呈胶体状态，稳定性增加；浓度在 15%以下时，温度对稳定性的影响比较明显；当温度高于 30℃时，溶液随着温度提高而澄清，温度下降时，溶液则变浊，在 10℃以下时呈乳浊状，在 3～5℃时呈云絮状，降至 0℃时，云絮状物质沉淀，上层呈澄清，再连续冷却至－3℃时，上层清液又开始变浊出现分层。经分析，冷冻后的上层清液为单宁酸胶体分散系，下层沉淀为单宁酸胶体分散部分和粗分散部分。一般生产医用单宁酸，采用冷冻的上层清液。

(2) 电解质对稳定性的影响：在五倍子单宁酸溶液中加入大量的电解质能破坏其稳定性并产生沉淀。电解质的作用，首先是中和单宁酸粒子上所带的电荷，接着吸去作为分散媒剂的自由水，最后夺取单宁粒子上所吸持的溶剂化水。单宁粒子失去水后，就失去了自卫能力，随即聚结沉淀，这种用电解质使单宁粒子凝聚沉淀的过程，称之为盐析。用盐析法可将不同分散度的单宁进行分离。

(3) pH 值对稳定性的影响：向单宁酸溶液中加入酸，pH 值降低，溶液中的H^+浓度增加，这样就使单宁酸的胶体结构发生变化，扩散层减薄，动电电位降低；当继续加酸使扩散层减薄到零，动电电位降至零时，胶粒失去了静电斥力，聚结稳定性降低而使沉淀析出。此时的 pH 值为单宁酸的等电点，一般为 2～2.5。当 pH 值＞2～2.5 时，单宁酸微粒带负电荷；pH 值＜2～2.5 时，单宁酸微粒带正电荷，单宁酸溶液在等电点时稳定性最低。

向单宁酸溶液中加碱，pH 值增高，使溶液清亮但颜色加深。

五倍子单宁酸溶液产生的沉淀，主要是胶体状态变化的产物（胶体稳定性的破坏）。这种沉淀在概念上与不溶物不能混为一谈，否则就会由于分离沉淀而造成单宁的损失。

5.1.1.3 化学性质

(1) 水解：五倍子单宁的分子结构中，具有酯键及酯式苷键，在酸、碱或酶的作用下，可水解成葡萄糖和没食子酸；在缓和条件下，可局部分解为不同程度的中间产物，包括一个分子葡萄糖和五个分子以下的没食子酸结合的酯以及间双没食子酸 (3)、间三没食子酸 (4)。

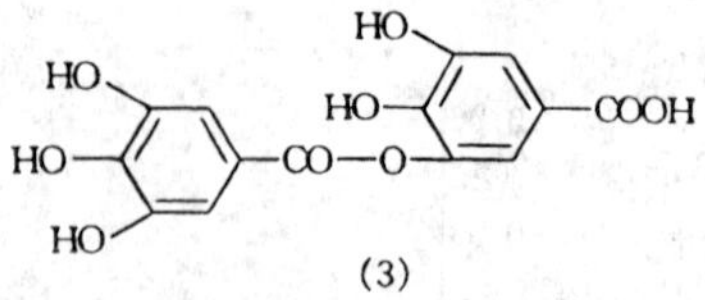

(3) 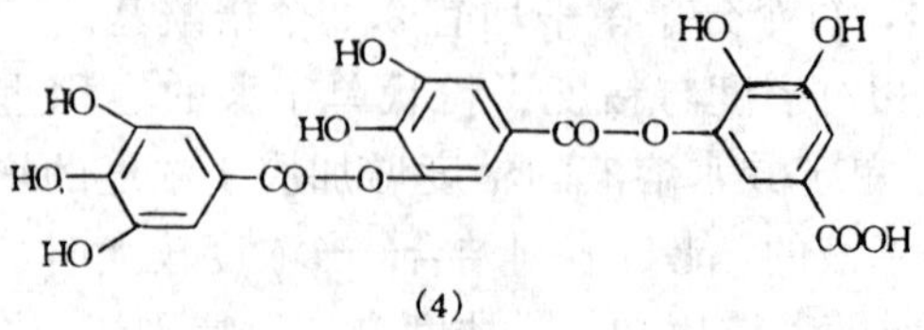　　(4)

(2) 氧化：五倍子单宁在水溶液中，随 pH 值的增加而被氧化，一般 pH 值在 2 以下时，氧化缓慢，pH 值为 3.5～4.6 时，氧化加快。单宁中的棓酰被氧化成醌型或发生芳环间的氧化偶合，进而脱水，形成鞣花酸 (5)。

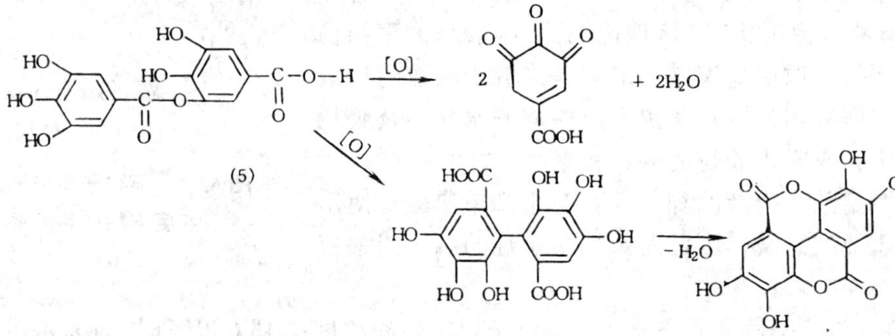

(5)

由于五倍子单宁酸溶液易氧化，在生产单宁酸时，避免与空气、阳光接触，采用密闭式设备，低温短时间的操作，对生产优质产品是有利的。

(3) 与蛋白质反应：五倍子单宁酸与蛋白质结合，生成不溶于水的复合物，这种复合物在酸、碱、酶的作用下，被分解重新释放，单宁酸具有原来的性质，蛋白质也保持原来的生物活性。

蛋白质是由多种氨基酸通过肽键（ $-\overset{\overset{\displaystyle O}{\|}}{C}-\overset{\overset{\displaystyle H}{|}}{N}-$ ）连接而成的高分子化合物，五倍子单宁酸与蛋白质的结合主要是多点氢键结合。氢键产生于单宁酚羟基的 H 或 O 与蛋白质肽键上的 N 或 O 之间，或单宁酚羟基的 O 与蛋白质肽键上 H 之间，蛋白质上其他功能团也能与五倍子单宁酸产生氢键，如图 62-2。

利用五倍子单宁酸与蛋白质反应的特点，可用于医药上做鞣酸蛋白治疗肠炎、腹泻、痢疾等病；与生物碱配制可加强药效；在食品工业上可做酒的澄清剂等。

(4) 与金属离子络合反应：五倍子单宁酸能与三价铁、铬、铝盐形成具有特殊颜色的络离子，与三价铁盐的反应是单宁重要的定性反应。

$$C_6H_7O\cdot(C_{14}H_9O_9)_5+Fe^{3+}\longrightarrow C_6H_7O\cdot(C_{14}H_9O_9)_4(C_{14}H_6O_9Fe)+3H^+$$

$$C_6H_7O\cdot(C_{14}H_9O_9)_4(C_{14}H_6O_9Fe)+Fe^{3+}\longrightarrow C_6H_7O\cdot(C_{14}H_9O_9)_3(C_{14}H_6O_9Fe)_2+3H^+$$

$$C_6H_7O\cdot(C_{14}H_9O_9)_3(C_{14}H_6O_9Fe)_2+Fe^{3+}\longrightarrow C_6H_7O\cdot(C_{14}H_9O_9)_2(C_{14}H_6O_9Fe)_3+3H^+$$

$$C_6H_7O\cdot(C_{14}H_9O_9)_2(C_{14}H_6O_9Fe)_3+Fe^{3+}\longrightarrow C_6H_7O\cdot(C_{14}H_9O_9)(C_{14}H_6O_9Fe)_4+3H^+$$

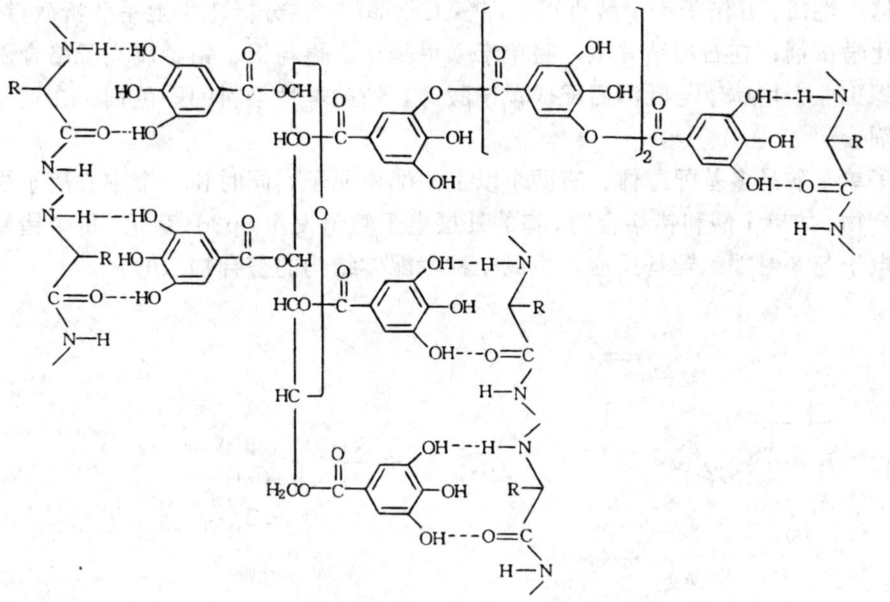

图 62-2　五倍子单宁与蛋白质的多点氢键结合

$$C_6H_7O\cdot(C_{14}H_9O_9)(C_{14}H_6O_9Fe)_4+Fe^{3+}\longrightarrow C_6H_7O\cdot(C_{14}H_6O_9Fe)_5+3H^+$$

五倍子单宁酸与铁盐反应，可制成日常所用的蓝黑墨水。利用五倍子单宁酸与铁离子结合在钢铁表面形成稳定鞣酸铁盐的特性，可做带锈底漆、锅炉和水循环热交换器的防腐剂和防垢剂。

五倍子单宁酸与 Pb^{2+}、Ca^{2+}、Sn^{2+}、Bi^{2+}、Zn^{2+}、Hg^{2+}、Ge^{2+} 等金属离子形成络合沉淀，在维持一定的酸碱度条件下，可使各元素按顺序沉淀出来，其颜色变化见表 62-3。

表 62-3　单宁与各元素络合沉淀顺序及颜色变化

酸碱度	在氯化物介质中	在草酸盐介质中
	Ge　乳白色	Sn　白色
	Sn　乳白色	Td　黄色
酸	Zr　乳白色	Ga　白色
	Ti　橙色	Ti　橙色
度	Bi　黄色	No　红色
	Sb　白色	Sb　白色
增	Th　白色	Bi　黄色
	Mo　红色	
加	AI　白色	
	Cr　棕色	
	Fe^{3+}　紫色（刚果变红色）	Mo　红色
碱	V　蓝黑色	V　蓝黑色
度	Ce　蓝色	W　黄色
增		Al　白色
加	U　暗棕色	Fe^{3+}　紫色
	Cu　暗棕色	Zr　白色

利用这一性质，五倍子单宁酸可用于许多工业部门，在分析化学上是分析微量铀、钍、钚等元素的化学试剂；在石油钻井上，将单宁磺甲基化，再与铝、铬金属离子络合做泥浆稀释剂；在纺织工业上用单宁与吐酒石配成单宁酸锑，做盐基性染料的固色剂；在选矿上做反浮选的抑制剂。

五倍子单宁酸是多基配位体，有两个以上的配位原子，同时和一个中心离子络合形成环状结构螯合物；如单宁酸和锗络合时，锗的外层电子轨道发生 $Sp3d^2$ 杂化，每个锗原子可以接收6对孤电子与3对邻二羟基反应，生成一种六配体结构的螯合物（6）。

(6)

(顺式)　　(反式)

5.1.2　五倍子单宁酸生产工艺与设备

5.1.2.1　备　料

（1）备料过程：由于五倍子原料为人工采摘，泥砂杂质较多，质量不均，特别是生产要求把倍子壳中的虫尸去掉，因此备料过程不是单一的物料搬运，而是重要的加工过程。根据五倍子原料特点，备料过程应考虑到：①要解决粉尘污染问题，选择密闭设备和除尘装置，做到文明生产；②降低能量消耗和原料损失，选择适宜的节能设备，把散装物料的搬运由人工肩扛的繁重劳动向机械化、连续化过渡；③解决仓贮技术，改善原料贮存质量。

五倍子单宁酸备料生产过程，如图62-3。

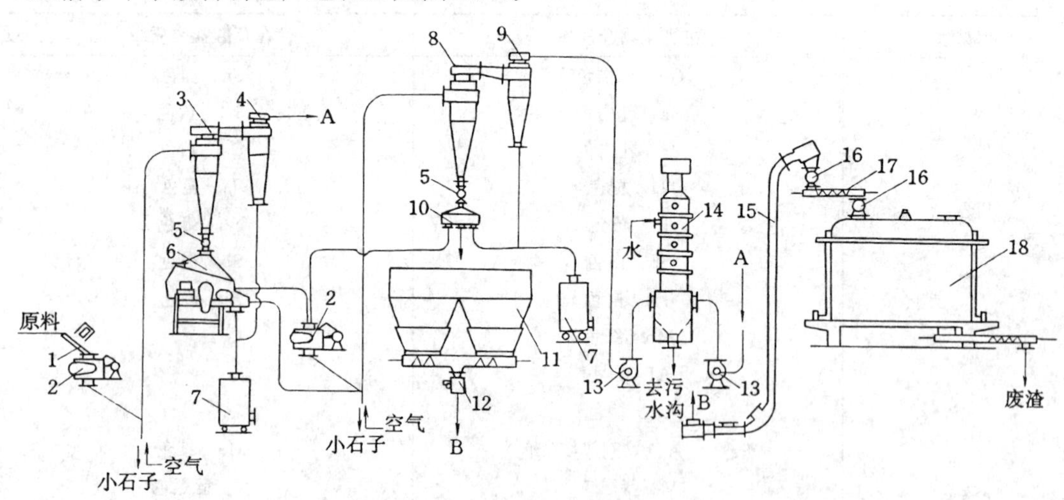

图62-3　备料生产工艺流程

1. 吸铁溜槽；2. 对辊破碎机；3，4，8，9. 旋风分离器；5. 星形排料器；6. 振动筛；7. 贮灰斗；10. 摇动筛；11. 贮料斗；12. 回转吸铁机；13. 吸风机；14. 旋流塔；15. 埋刮板输送机；16. 星形排料机；17. 预浸螺旋输送机；18. 连续浸提器

此备料过程基本实现了过程的机械化和连续化，备料系统处于密封状态。原料经过二次风选、二次筛选、二次除铁、二次破碎等净化措施，保证了质量。

(2) 原料的物理特性：原料的物理特性主要是指静止角（休止角或内摩擦角）、自流角（物料对仓壁的摩擦角）、容重、导热性及吸湿性等。①静止角：是指贮料颗粒由高点自然散落到平面上所形成的圆锥的斜面与平面之间的角度。它主要反映贮料颗粒间的摩擦力的大小。摩擦力越大、静止角越大。②自流角：是指将贮料放在某种物质的平面上，提起物体的一端，慢慢倾斜。当达到一定角度时，贮料开始滑动，这时物体平面与水平面所成的角度称自流角。自流角主要反应贮料与仓壁摩擦力的大小，摩擦力越大则自流角越大。③容重：是指贮料单位体积的重量。影响容重的因素除贮料自身的固有特性、含水率外，还和它所处的状态有关，它可以有松散容重、压实容重及动态容重。这三种状态的容重对设计贮仓是很重要的。在进行容积计算和输送设备能力计算时，要选用松散容重；在进行设备强度计算时，要选用压实容重；在进行加料装置能力计算和定量精确度确定时，要选用动态容重。

总之，原料的上述系列特征，都与形状有密切关系。现将粉碎前后的不同粒度的原料特性列出，分别见表 62-4、表 62-5。

表 62-4　角倍原料物理特性

物理特性	破碎前			破碎后		
	1	2	3	1	2	3
大小（mm×mm）	15×30	25×45	30×50	3～5	7～10	15～20
松散容积重（kg/m^3）	291	235	188	642	459	370
静止角	41°～43°	44°～46°	46°～49°	46°～47°	48°	49°～50°
自流角	31°～32°	28°～29°	27°～28°	34°～35°	32°～33°	29°～30°

表 62-5　肚倍原料物理特性

物理特性	破碎前			破碎后		
	1	2	3	1	2	3
大小（mm×mm）	20×45	25×50	35×65	3～5	7～10	15±
松散容积重（kg/m^3）	375	331	295	680	633	565
静止角	31°～32°	33°～34°	34°～35°	40°～41°	40°～41°	41°～42°
自流角	26°～27°	25°～26°	23°～24°	34°～35°	32°～33°	30°～31°

(3) 原料粉碎：粉碎是指在外力作用下，将大块物料变成小块物料的过程。在五倍子单宁酸生产中，它是加速浸提过程，提高质量，降低消耗的重要手段。

选择粉碎物料的方法，主要根据物料的物理性质、物料大小、粉碎程度，特别注意物料的硬脆性。对脆性物料，挤压和冲击比较有效。五倍子原料较脆，选用对辊破碎机较适宜。

(4) 原料筛选：将颗粒大小不一的物料通过具有一定孔径的筛面，分成不同粒度级别的过程称之筛选（筛分）。筛选的目的，一是改善粉碎原料粒度的分配情况；二是除去尘粒杂质，净化原料。五倍子单宁酸生产所采用的筛选设备有：滚筒筛、振动筛和摇动筛。

(5) 原料输送：固体原料的输送关系到改善劳动条件、提高工作效率、特别是满足连续化生产的要求，因此它在生产上占有重要的地位。目前在植物单宁生产中较普遍采用的原料输送装置有：皮带输送机、斗式提升机、螺旋输送机、气力输送设备及机动车等。

（6）贮料：在五倍子单宁酸生产中，贮料不仅起缓冲、计量等作用，而且是一种重要的节能装置。它可以充分发挥粉碎、筛选、输送等设备的最大生产能力，节省人力，节省时间。

五倍子为散装颗粒物料，它在料斗中的流动是非常重要的。因为它具有固态和液态间的流动特性，又有呆滞性。因此解决贮料斗的排放问题，消除“搭挤”和“挂料”现象，对贮料斗的结构一般做多方面考虑。

（7）主要设备：①对辊破碎机：对辊破碎机的特点是结构简单、维修容易、调节方便，主要缺点是生产能力小。五倍子原料应选用带压条不锈钢辊，双传动，一轴固定另一轴可调的对辊破碎机，结构如图 62-4。

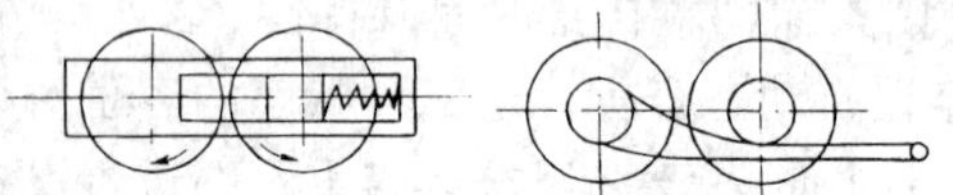

图 62-4　对辊破碎机结构图

生产能力及动力消耗计算：

$$辊子圆周速度\ \omega=\frac{\pi Dn}{60}\ (m/s)$$

式中：D——辊筒直径（m）；

n——辊筒转速（r/min）。

对五倍子原料，ω 取 2.5～3.5（m/s）、D 取 0.3～0.35（m）。

$$生产能力\ Q=60\pi DnbL\beta\gamma\ (kg/h)$$

式中：b——辊筒长度（m）；

L——两辊隙距离（m）；

β——系数（对脆性物料 $\beta=0.1\sim0.3$）；

γ——容重（kg/m^3）。

$$动力消耗\ N=1.148bDn\ (\gamma+0.411\,7b^2)\ (kW)$$

②螺旋输送机：螺旋输送机具有结构简单、紧凑、工作平稳、造价低等优点。主要用途有：作定量加料器，利用螺旋旋向（左旋、右旋）和回转方向，改变物流方向，可使给料卸料的位置具有灵活性。作预浸和出渣等湿料的短距离输送装置，有利于发挥螺旋的搅拌脱水等特性。

生产能力及动力消耗计算：

$$生产能力\ Q=60\times\frac{\pi}{4}D^2Sn\gamma\varphi c\ (t/h)$$

式中：D——螺旋直径（m），常用数据有 0.1、0.15、0.2、0.25、0.3 等；

S——螺距（m），一般 $S=(0.5\sim1.0)D$，脆料取小值；

n——转速（r/min），对于脆料 $n\leqslant\frac{40}{\sqrt{D}}$；

γ——物料容重（t/m^3）；

φ——填充系数；

c——倾斜系数（0°时 $c=1$，5°时 $c=0.9$，10°时 $c=0.8$，15°时 $c=0.7$，20°时 $c=0.65$）。

$$功率\ N=\frac{Q}{367\eta}(LW+H)\ (\mathrm{kW})$$

式中：Q——输送能力（t/h）；

L——输送长度（m）；

H——升运高度（m，水平时 $H=0$）；

η——效率（0.6～0.85）；

W——阻力系数（对五倍子取 1.2～3）。

③埋刮板输送机：目前国内通用的有 3 种类型（Mc、Ms、Mz），埋刮板输送机结构简单，质量轻，体积小，密封性强，安装维修比较方便。此设备已用在五倍子原料的输送上。制作材料为不锈钢，输送的速度控制在 0.1～0.15m/s，使用效果良好，操作平稳，无噪音，对原料无粉碎现象。

生产能力及动力消耗计算：

$$生产能力\ Q=3600\beta hv\gamma\eta\ (\mathrm{t/h})$$

式中：β——机槽宽度（m）；

h——机槽高度（m）；

v——刮板链条速度（m/s）；

γ——物料容重（t/m^3）；

η——输送效率（0.6～0.9）。

$$功率\ NMs=K\frac{Tv}{102\eta_m}$$

$$NMc=K\frac{(T_1-T_2)\ v}{102\eta_m}$$

$$NMz=K\frac{(T_1-T_2)\ v}{102\eta_m}$$

式中：v——链条速度（m/s）；

K——备用系数（$K=1.1$～1.3）；

T——刮板链条绕入头轮时张力（kg）；

T_1——刮板链条最大张力（kg）；

T_2——刮板链条绕出头轮的张力（kg）；

η_m——传动效率。

④料斗：五倍子生产所用的贮料斗如图 62-5。

它的特点是料斗非对称性结构，下料口二处用变距螺旋定量排料。它具有物料不架桥的特点。

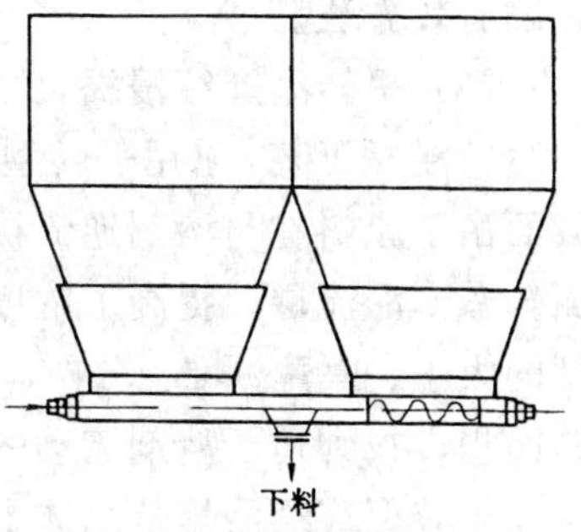

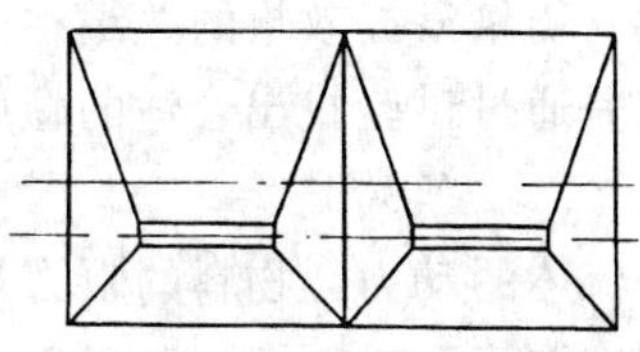

图 62-5　料　斗

5.1.2.2　浸　提

（1）浸提过程：浸提过程是用水浸泡五倍子原料，把有效成分从固体转到液体中去。评价浸提过程，主要是以优质、高产、低消耗等指标为依据，即在保证浸提液质量的前提下，达到抽出率高（原料消耗低）、浓度高（能量消耗低）、产量高（劳动生产率高）。

抽出率是指被抽出的物质占原料含量的重量百分率，对五倍子原料而言，可按下式计算：

$$S=\frac{100\ (A-A_1)}{A\ (100-A_1)}\times 100\%$$

$$T=\left(1-\frac{100-A}{100-A_1}\times\frac{B_1}{B}\right)\times 100\%$$

式中：S——抽出物抽出率（%）；

T——单宁抽出率（%）；

A——绝干原料含抽出物的重量百分数（%）；

A_1——绝干废渣含抽出物的重量百分数（%）；

B——绝干原料含单宁的重量百分数（%）；

B_1——绝干废渣含单宁的重量百分数（%）。

为了达到预想的浸提效果，对影响浸提的因子需要逐个分析，特别是设计浸提器时，必须从浸提速度上加以研讨。以往都试图将扩散理论应用到浸提过程中，用菲-爱公式来分析浸提过程。

$$dG=-K_0\frac{T}{\eta}F\frac{\partial c}{\partial L}dt$$

从此公式中看出原料表面积 F，长度 L，溶剂的粘度 η，浸提温度 T，浸提时间 t 等，都直接影响着浸提效果。

由于固体内部结构具有方向性，特别是植物原料细胞壁的存在，给浸提过程带来了复杂性，同时固液接触时，有滞流状态，也有湍流状态，因此从传质过程上去分析，浸提过程不但有扩散过程，而且也有洗涤过程。渗透理论和薄膜理论，对其过程都有指导意义。用数学方法去解析浸提过程目前都有很大难度，一般都以实验为依据探索出经验方程式。

五倍子单宁属于热敏物质，温度一般不超过80℃，浸提时间受单宁时间长易氧化及设备生产率的约束，因此要提高浸提浓度差（ΔC），关键是溶液流动状态和物料的形状，而决定这两种状态的因素是生产设备，把浸提过程同设备联系在一起分析，针对性强，是解决实际问题的有效方法。

（2）平转型连续浸提：

①浸提工艺：采用平转型连续浸提器浸提五倍子原料，基本满足了该原料的浸提特点。一方面由于原料在与溶剂逆流接触中，处在喷淋和浸泡状态，通过泵的外动力，不断更新接触面，减薄滞流层，提高了浓度差，加速了传质过程；另一方面，根据原料的物质状态（即粒度的大小、厚薄、堆积分布、吸水膨胀），来选择料层高度和回转速度，以提供扩散所需要的总面积，找到适于溶剂流动的孔隙率，充分发挥孔尺寸二次效应的重要作用。

平转型连续浸提从总体上看呈连续逆流浸提，但对每一格物料和浸提液来讲，并不是连续的。衡量浸提效果的关键在于原料的质量，设备的结构和操作水平。起主导控制作用的因素应是通过试验找出合适的粒度、料层高度和喷淋强度（每分钟通过 $1m^2$ 原料层的溶液千克数）。

流体的动力，物料的阻力是通过粒度、料层高度进行协调的。调节不当、浸提过程就会出现“沟流”或“膨液”现象，影响浸提过程的正常进行。

五倍子原料浸提的工艺条件：

原料粒度：1～1.5cm；浸提时间：18～20h；浸提温度：55～75℃；喷淋次数：12次；料层高度：40～60cm；总固物抽出率：95%以上。

②平转型连续浸提器结构：主要由回转料格、溶液格及喷淋装置等部分组成，如图62-6。

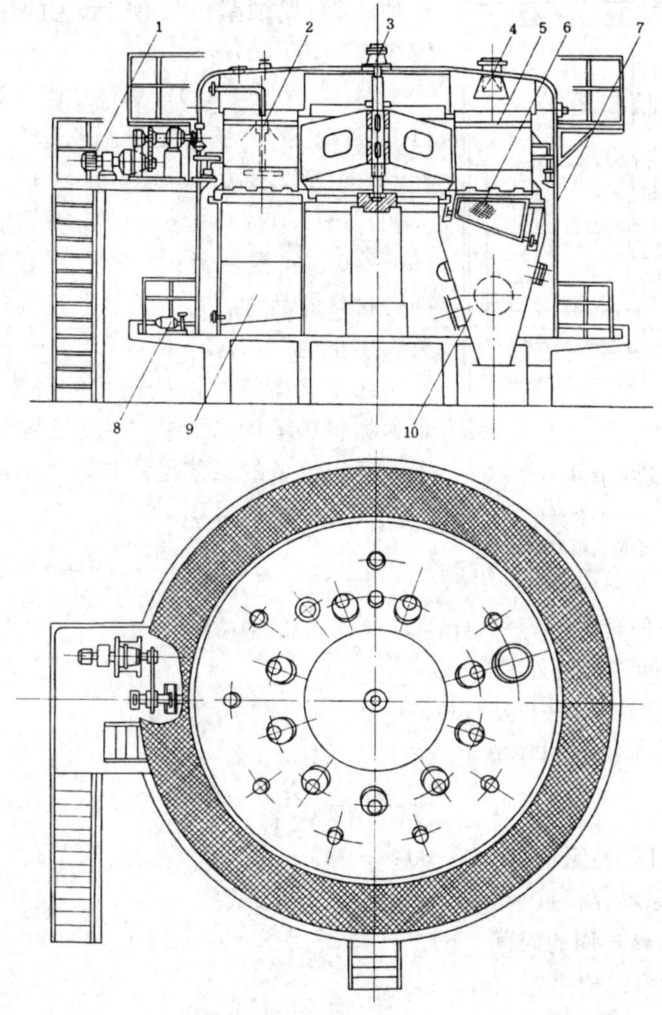

图62-6 平转型连续浸提器

1. 外传动装置；2. 喷淋槽；3. 中心轴；4. 加料口；5. 回转料格；6. 活动筛板；7. 保温罩；8. 循环泵；9. 溶液格；10. 出渣斗

原料与溶液逆流移动，连续加料、进水、放液和自动排渣，整个过程处于连续化状态。

平转型连续浸提器结构简单，操作方便，生产灵活性大，对原料自身状态的适应性较强，浸提时间短，浸提液质量好；干法除渣，减轻了环境污染，又利于废渣利用。主要缺点是传动部件多，维修不便。

结构形式的选择：由于五倍子原料渗透性较差，吸水后溶胀性大（吸水率、膨胀率），出渣有困难，因此在溶液和原料接触方式上采用浸泡式。在筛底出渣的方向上采用后出渣结构比较合理。五倍子单宁吸氧能力很强，比其他单宁高几倍，为减少与空气接触，设备需密封，预浸器采用真空抽气装置。改静止喷淋管为动喷淋槽，使可调式喷淋槽插入料格，其结构如

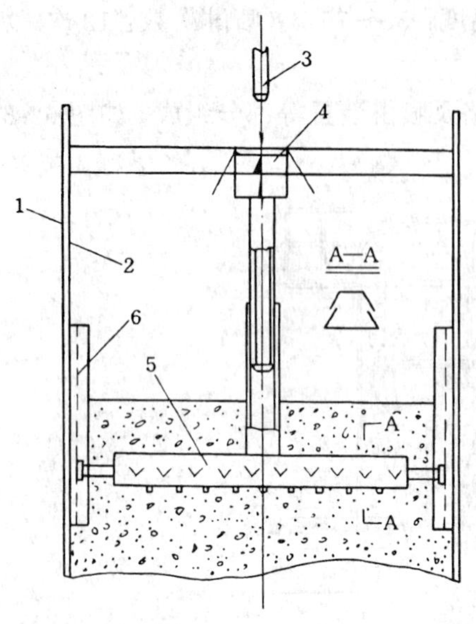

图 62-7　动喷淋槽

1. 回新料格外壁；2. 回新料格内壁；
3. 静喷淋管；4. 动液流喷淋槽；
5. 下喷淋槽；6. 调节导轨

图 62-7。传动装置采用调速电机，扩大调节范围，增加设备灵活性。

材料选择：单宁酸易被铁离子污染，在选择设备材料时，都以腐蚀率和对单宁颜色的影响两个指标进行比较选取。

对钛板（TA_2）、钛合金（TiNiMo）、不锈钢（1Cr18Ni9Ti）、铜合金等材料进行测定，其腐蚀深度（mm/α）纯钛板为 0.004 3～0.003（90～40℃），钛合金 0.007 5～0.004（90～40℃），不锈钢 0.001 2～0.000 7（90～40℃），铜合金 0.078～0.042 7（90～40℃）。根据国内材料的品种，五倍子单宁酸生产设备材料，应选择奥氏体不锈钢（1Cr18Ni9Ti）。

③平转型连续浸提器尺寸确定　主要根据工业要求和物料热量衡算结果，在满足强度和经济效果的前提下，确定设备的工艺尺寸和动力消耗。

回转料格的容积：

$$V_{格}=\frac{\pi}{4}\left(D_1^2-d^2\right)H_{料}$$

式中：$V_{格}$——回转料格容积（m^3）；

D_1——回转料格外径（m）；

d_1——回转料格内径（m）；

$H_{料}$——回转格料层高度（m）。

当
$$V_{格}=\frac{Gi}{V24}$$

式中：G——日处理原料量（kg/d）；

V——原料容积重（kg/m^3）；

i——回转一周的时间（h）。

d_1 由设备结构决定（m）

则
$$D_1=\sqrt{\frac{4V_{格}}{\pi H}+d_1^2}$$

溶液格的容积：

$$V_{溶}=\frac{\pi}{4}\left(D_2^2-d_2^2\right)H_2$$

式中：$V_{溶}$——溶液格容积（m^3）；

D_2——溶液格外径（m）；

d_2——溶液格内径（m）；

H_2——溶液格高度（m）。

一般取
$$V_{溶}=（加水倍数-原料吸水率）G/V_{料}$$

式中：G——日处理气干原料重（kg/d）；

$V_{料}$——气干原料容积重（kg/m^3）。

传动功率计算：

计算公式可采用：

$$N=M_{摩}n/i\eta975$$

式中：N——电动机轴功率（kW）；

$M_{摩}$——托轮摩擦力矩（kg·m）；

n——电动机转数（r/min）；

i——传动速比；

η——传动效率（对星形减速机取 0.015）。

$$M_{摩}=Q\left(\frac{2f+\mu d}{D_{托}}\right)\frac{D}{2}B$$

式中：Q——物料和设备总重（kg）；

μ——滑动摩擦系数（取 0.1）；

$D_{托}$——托轮外直径（m）；

d——托轮内轴直径（m）；

B——系数（取 1.5）；

D——回转料格直径（m）；

f——托轮轴承滚动摩擦系数（0.002）。

（3）罐组逆流浸提：

①浸提工艺：目前大多数单宁酸厂采用罐组式逆流浸提，工艺流程如图 62-8。

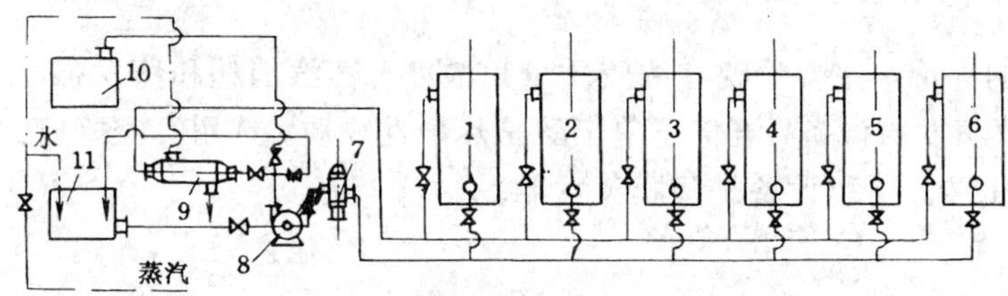

图 62-8　罐组逆流浸提流程

1～6. 浸提罐；7. 过滤器；8. 转液泵；9. 加热器；10. 浸提液贮槽；11. 软水池

由于五倍子单宁含量高，可采用双头部浸提法，即每一罐原料改原来的放一次头部液为放二次头部液，这样增加每罐浸提次数，结果质量没有降低，而抽出率却提高了，这种方法对五倍子这样比较贵重的原料是行之有效的，以 6 罐为一组的生产为例，每罐浸泡 14 次，具体工艺参数如下：

5 罐生产 1 罐备料，每罐投料 1 000kg。

新料投入后，打开下部排污阀用冷水喷淋 10min，然后关闭排污阀进行正常转液。

浸提用水加蒸发冷凝水不够，再补充加软水。

加水量规定加至距桶口 20cm 处，每罐新料浸提 14 次。

每罐放出头部液 6～6.5m^3，50℃时浓度为 3°Be′以上。

浸提温度控制如下：

步别	1—2—3	4—5—6	7—8—9—10	11—12	13—14
温度（℃）	45	50	55　60	65	70

②工艺计算：罐组逆流浸提的级数可用代数法和三角相图法计算。

③浸提罐容积计算：金属罐容积（V）、高度（H）的计算：

$$V=\frac{V_{水}+\left(\frac{Q}{r_{容积}}-\frac{Q}{r_{实积}}\right)}{n+\frac{24}{i}\times 0.7}$$

式中：$V_{水}$——浸提用水重量（kg/m^3）；

Q——每日加入原料重量（kg/d）；

$r_{容积}$——原料的容积重（kg/m^3）；

$r_{实积}$——原料的实积重（kg/m^3）；

n——金属罐数；

i——浸提周期（h）；

24——每日小时数（h）；

0.7——有效装载系数。

H 可根据下面经验方式来确定：

$$\frac{H}{D}=1.2\sim 2.5$$

式中：D——浸提罐直径（m）。

5.1.2.3　蒸　发

（1）蒸发过程：借助加热的作用使溶液中一部分溶剂汽化，因而获得浓缩溶液的过程称为蒸发。

对蒸发过程的评价，主要反映在浓胶质量和浓度。蒸汽消耗和蒸发强度等四个指标上。

（2）真空降膜蒸发与设备：五倍子单宁酸是热敏性物质，选用真空降膜式蒸发是适宜的，其工艺流程如图62-9。所用设备是降膜蒸发器。

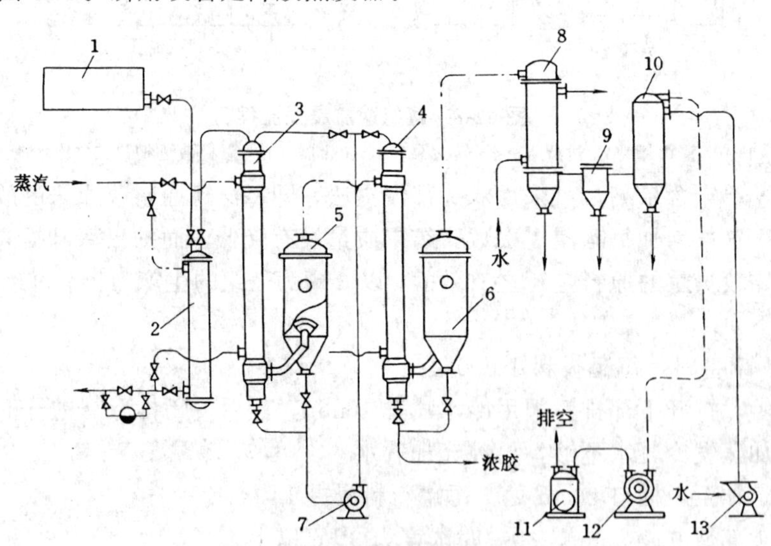

图62-9　真空降膜蒸发工艺流程

1. 浸提液高位槽；2. 预热器；3、4. 加热室；5、6. 分离器；7. 循环泵；8. 表面冷凝器；9. 捕集器；10. 混合冷凝器；11. 排空罐；12. 水环式真空泵；13. 水泵结构如图 62-10。料液从加热管上部经分配装置均匀进入加热管内，在自身重力和二次蒸汽运动的拖带力作用下，溶液在管壁内呈膜状下降，进行蒸发、浓缩的溶液由加热室底部进入汽液分离器，二次蒸汽由顶部逸出，浓缩液由底部排出。

降膜式蒸发器的优点是蒸发强度高〔双效降膜蒸发大于 70kg/（m^2·h），双效外加热式为 30～40kg/（m^2·h）〕；节省蒸汽（每蒸发 1kg 水耗新蒸汽约 0.4kg）；溶液受热时间短，质量好，特别适用于热敏性物料蒸发。缺点是操作控制较难。降膜式蒸发器的料液分配是操作的关键，当分配不均匀时，则会出现在有些管子液量很多，液膜很厚，溶液蒸发的浓缩比很小；有些管子液量很小，浓缩比就很大，甚至没有液体流过而造成局部或大部分干壁现象，影响蒸发器的传热或蒸发能力。

单效降膜式蒸发器已在五倍子单宁酸生产中应用。其工艺条件：

加热室蒸汽压力	0.05～0.08MPa
浸提液浓度	2°Be′（50℃）
浓胶浓度	18～20°Be′（50℃）
真空度	80～83（kPa）
蒸发结构	
加热面积	16（m^2）
加热管道	5（m）
加热管直径	∅38×2（mm）
分离器直径	∅1 000（mm）
材料	1Cr18Ni9Ti

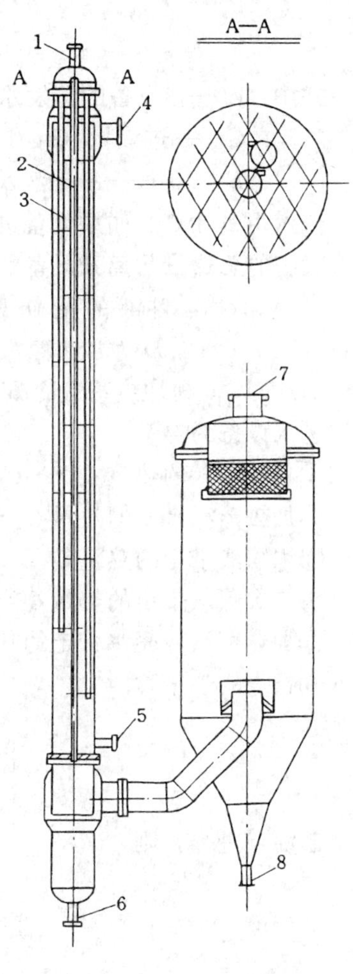

图 62-10　降膜蒸发器

1. 进液管；2. 蒸发管；3. 定距管；4. 蒸汽进口；5. 冷凝水出口；6. 循环液出口；7. 二次蒸汽出口；8. 浓缩物料出口

该蒸发器经生产考核后，具有以下优点：①降膜蒸发器不存静液层效应，物料沸腾均匀，传热系数高，停留时间短，因此对五倍子单宁酸浓胶质量无影响，纯度不下降，特别是蒸发稀溶液（1.5～2°Be′，40℃时），其优点更为突出。②蒸发强度大，经测定在 100～120kg/（m^2·h）结垢少，平均每 2 个多月清洗一次。③操作方便，极少发现跑胶现象。④加热室管板采用薄管板结构，加工方便，造价低。

缺点是加热室在分离室之上，若连续放胶则增加厂房高度，否则必须设有真空排料箱。

为了克服降膜蒸发器因料液分配不均匀造成局部过热和焦壁现象的缺陷，该蒸发器采用了以下几个措施：①加大加热室上封头的高度，设有二级分布装置。第一级为筛板，第二级为切线进料旋流器。②增设一个低扬程、小功率的离心泵进行溶液循环，以稳定放胶浓度及平衡蒸发过程的作用。③控制好放胶和循环液的比例。

降膜蒸发工艺计算。

蒸发水量的计算：蒸发水量可根据进出设备的物料总量、干物质量相等的物料平衡原理进行计算：

$$W=G\left(\frac{B_2-B_1}{B_2}\right)=G\left(1-\frac{B_1}{B_2}\right)$$

式中：W——设备的蒸发水量（kg/h）；

G——进液量（kg/h）；

B_1、B_2——浸提液及浓胶的浓度（百分比浓度）。

蒸汽用量计算　如果设备进行连续操作时最初设备加热所需要的热量可以忽略，可以按进入设备的总热量与离开设备的总热量的热量平衡和所用蒸汽热焓进行计算。

设 t_0、t_1 为料液的最初和最终温度（℃），C_0、C_1 为料液最初和沸点时的比热〔kJ/（kg・℃）〕，D 为加热蒸汽消耗量（kg/h），I 为加热蒸汽热焓（kJ/kg），i 为二次蒸汽热焓（kJ/kg），θ 为加热蒸汽冷凝水温度（℃），q_n 为损失的热量（kJ/h）。

进入设备的热量：

①料液带入的热量 $Q_1=GC_0t_0$

②加热蒸汽带入的热量 $Q_2=DI$ 离开设备的热量。

③浓缩液带走的热量 $Q_3=(G-W)C_1t_1$

④二次蒸汽带走的热量 $Q_4=W_i$

⑤加热蒸汽冷凝水带走的热量 $Q_5=D\theta$

⑥损失的热量 $Q_6=q_n$

$$Q_1+Q_2=Q_3+Q_4+Q_5+Q_6$$

$$D=\frac{W(i-C_1t_1)+G(C_1t_1-C_0t_0)+q_n}{I-\theta}$$

若沸点进料，则：

$$G(C_1t_1-C_0t_0)=0$$

$$D=\frac{W(i-C_1t_1)+q_n}{I-\theta}$$

若浓溶液温度等于二次蒸汽温度，则：

$$i-C_1t_1=r \qquad I-\theta=R$$

R、r 是该温度下的汽化潜热（kJ/kg）

$$D=\frac{Wr+q_n}{R}$$

损失于外界的热量可用下式进行计算：

$$q_n=Fa_0(t_{壁}-t_{空气})$$

式中：F——设备的表面积（m^2）；

$t_{壁}$、$t_{空气}$——设备表面与周围空气温度（℃）；

a_0——对流及辐射给热系数〔kJ/（m^2・h・℃）〕。

a_0 可采用下面经验公式近似计算（$t_{壁}<150$℃时适用）：

$$a_0=4.186[8.4+0.06(t_{壁}-t_{汽})]$$

蒸发设备传热面积计算

按 $$q=KF\Delta t$$

得 $$F=\frac{q}{K\Delta t}$$

式中：q——需要供给物料的热量［kJ/h，$q=W\ (i-t_1)\ +G\ (C_1t_1-C_0t_0)$］；

K——总传热系数〔kJ/（m^2·h·℃）〕；

Δt——加热蒸汽与料液的平均温度差（℃）。

Δt 通常为25～30℃，根据物料的性质，要求的浓缩比及设备的型式选择。

K 值可采用相似设备，相同物料，相同的操作状况，通过实验方法来测定比较准确，或按已有的相似设备经验公式进行计算。降膜式 K 为4.186×（1 500～4 000）。

设备尺寸确定：

①加热管长度、管径、根数的确定。按一般管径为25～80mm，选取合适的管径以后，用 $L/d=100$～150的范围计算管子长度，用所得管子表面积来求得所需用的管子根数。管子根数要符合管板的合理排列，最后根据所用加热管的截面积计算二次蒸汽流速，对照是否符合一般爬膜状况的蒸汽流速。

$$n=\frac{F}{\pi dL}$$

式中：n——管子根数；

L——加热管长度（m）；

d——加热管平均内径（m）。

$$W=\frac{4Wv}{\pi d^2 n}$$

式中：W——蒸发水量（kg/s）；

v——二次蒸汽比容（m^3/kg）。

②加热器壳体直径的确定。加热器壳体直径根据管子排列情况而定。管子可按六角形、正三角形或同心圆排布，加热管的中心距一般为管子外径的1.25～1.35倍，管边与管板周边距离为管外径的1.5倍，安装方法不同，也可作适当变动。壳体直径为对角二根管子的最大距离加上二个周边距。

③加热蒸汽管径确定。管中蒸汽流速一般取20～30m/s，则管径为：

$$d_{蒸}=\sqrt{\frac{4Dv}{\pi W_{蒸}}}$$

式中：D——蒸汽用量（kg/s）；

$W_{蒸}$——蒸汽流速（m/s）；

v——蒸汽比容（m^2/kg）。

④物料管径确定

$$d=\sqrt{\frac{4G}{\pi W_{物}\rho}}$$

式中：G——进料量（kg/s）；

$W_{物}$——物料管中流速（m/s）；

ρ——物料密度（kg/m^3）。

⑤二次蒸汽管径计算

$$d_{二次}=\sqrt{\frac{4Wv}{\pi W_{二次}}}$$

式中：$W_{二次}$——二次蒸汽在排气管中的流速（m/s），一般为50～100m/s；

　　v——蒸汽比容（m^3/kg）。

5.1.2.4　干　燥

（1）干燥过程：五倍子单宁酸的干燥大都为喷雾干燥。喷雾干燥是采用雾化器使料液分散为雾滴，并用热干燥介质（通常为热空气）干燥雾滴而获得产品的一种干燥技术。喷雾干燥过程可分为四个阶段：料液雾化为雾滴；雾滴与空气接触（混合和流动）；雾滴干燥（水分蒸发）；干燥产品与空气分离。通过对四个阶段的分析，就可以在满足产品质量和技术经济指标要求的前提下，选择干燥设备结构，进行合理的工艺布置。

目前生产能力为300t/a以上的单宁酸厂采用自制离心喷雾干燥装置。生产能力为50～150t/a的单宁酸厂则采用专用设备厂生产的汽流式喷雾干燥设备。

离心喷雾干燥与其他干燥相比其优点是：干燥时间短，热交换温度低，适于热敏性物质干燥。在操作上易于调节，产品质量稳定，生产连续化，劳动强度低。其缺点是设备体积大，能耗高，排气净化设备要求高。

（2）五倍子单宁酸干燥生产流程与设备：其工艺流程如图62-11。

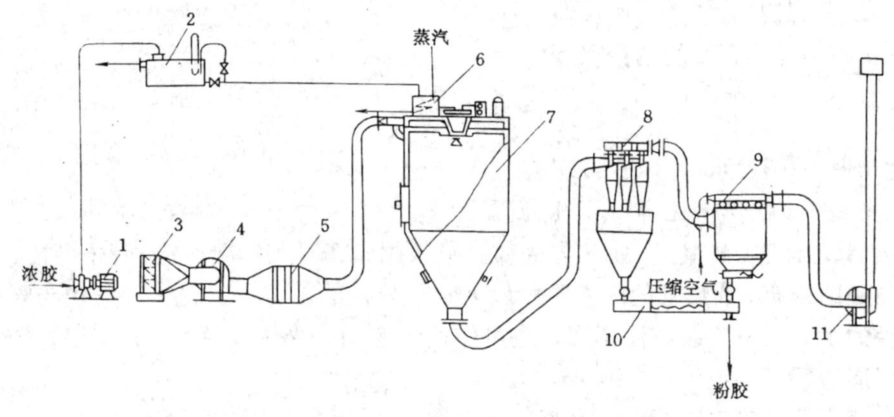

图62-11　五倍子单宁酸干燥生产流程

1. 浓胶泵；2. 高位槽；3. 空气过滤器；4. 鼓风机；5. 空气加热器；6. 预热器；7. 干燥塔；8. 旋风分离器；9. 袋滤机；10. 出料螺旋；11. 预热器

①工艺条件：

进胶浓度	18～20°Be′（50℃）
进胶预热温度	65～75℃
进风温度	150～160℃
排风温度	65～70℃

该流程主要特点：在雾滴与空气接触上采用顺流方式；干燥产品与空气分离上采用单点排料，二级回收方式（CTL/A型分离器组和BLM-F型脉冲袋滤机）。由于单宁酸为热敏物质，生产规模小，产品价值高，因此采用上述工艺流程使其干燥过程具有操作方便、产品质量稳定、回收率高的优点。

气流喷雾干燥是采用压缩空气或蒸汽以很高的速度（300m/s或更高）从喷嘴喷出，靠气液两相间速度差所产生的摩擦力将料液雾化。气流喷雾干燥的特点是适用范围广、操作弹性大、制造简单、维修方便，其缺点是动力消耗大，对小型生产较为适用。气流喷雾干燥在药用单宁酸及试剂单宁酸生产中的工艺条件：

热空气温度 120℃；排风温度 70℃；压缩空气压力 400kPa；排气量 $0.75m^3/min$；喷液量 15～20L/h；收粉量 5～8kg/h；喷嘴气流式外混合嘴。

在五倍子单宁酸干燥生产过程中，对产品的水分及容重的控制非常注重，它关系到工厂的经济效益。目前生产厂在保证产品质量的前提下，使产品的水分接近国家标准（10%）。

干燥产品的水分和容重问题，不仅是一个质量问题，而且更重要的是反映出干燥过程的综合效率。它与干燥过程中的运行参数、设备结构等有直接关系。一般认为进胶浓度大，进胶速度快及干燥后的产品进行冷却，则产品含水率高、容重大。改变物料与空气的顺流接触为逆流接触，也会使产品含水率增高，容重加大。

从理论上分析，影响产品水分和容重的关键是产品的粒径大小和粒度分布。在离心喷雾干燥中，雾滴的大小 D 与喷雾器的转速 N、进料效率 M、料液的粘度 μ、密度 ρ、表面张力 σ 有关，可用下式表示：

$$D\infty\left(\frac{1}{N}\right)^{0.8}\infty M^{0.2}\infty\mu^{0.2}\sigma^{0.1}\infty\left(\frac{1}{\rho}\right)^{0.5}$$

因此在干燥生产过程中，产品水分偏低时一般可采取如下措施：

在干燥上，提高进胶浓度，加大下胶量，并相应地调整好进口、出口空气温度。在设备上，可降低离心喷雾器的转速。

离心雾化器有两种型式。一种是由电动机齿轮（或皮带轮）驱动的离心喷雾器，另一种是由汽轮机驱动的离心喷雾器。离心喷雾器的喷盘结构形式有：倒碗式；多管式；多叶式；多层式等。林业部镇江林机厂专供离心喷雾器。

气流式雾化器的喷嘴有：内混合（气液二相在喷嘴内部混合室混合，雾化后从喷出口喷出）二流体喷嘴；外混合（气液二相在喷嘴出口外部雾化）二流体喷嘴；内混合、外混合、先内混后外混的三流体喷嘴。无锡县前州喷雾干燥设备厂、武汉制药机械厂、杭州轻工设备厂等专供气流式喷雾器。

②工艺计算：

物料衡算主要是算水分蒸发量和空气消耗量，它是设备计算和热量衡算的基础。在物料衡算中一般将湿基含水量（x_0）换算成干基含水量（x），其换算关系：

$$x=\frac{x_0}{1-x_0}\qquad x_0=\frac{x}{1+x}$$

热量衡算主要是确定干燥操作的耗热量及各项热量的分配。根据它计算预热器传热面积，加热介质消热量，干燥器尺寸及干燥热效率等。

物料与热量衡算可按图 62-12 的示意计算。

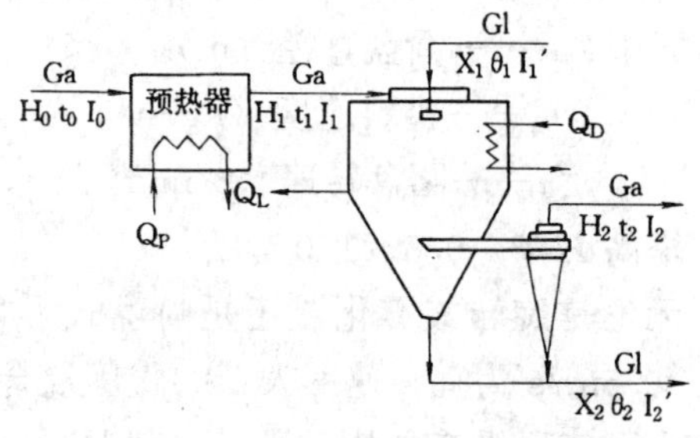

图 62-12　物料、热量衡算示意图

物料：$W=G_1(x_1-x_2)=L(H_2-H_1)$

$$L=\frac{W}{H_2-H_1}$$

式中：W——水分蒸发量（kg/h）；

L——蒸发水分所消耗的绝干空气重（kg/h）；

H_1、H_2——空气进、出干燥器湿度（kg 水/kg 绝干气）；

x_1、x_2——湿物料进、出干燥器的干基含水量（kg 水/kg 绝干物）。

热量：$Q=Q_P+Q_D$

$=L(I_2-I_P)+G_1(I'_2-I'_1)+Q_L$

如果 $Q_D=0$，则 $Q_P=1.01L(t_2-t_0)+W(2490+1.88t_2)+G_1C_m(Q_2-Q_1)+Q_L$

式中：Q——进入干燥系统总热量（kJ/h）；

Q_P——预热器传入热量（kJ/h）；

Q_D——干燥器补充热量（kJ/h）；

Q_L——干燥器损失热量（kJ/h）；

t_0、I_0、H_0——新鲜空气的温度、热焓和湿度；

Q_1、Q_2——进、出干燥器的物料温度（℃）；

t_1、t_2——进、出干燥器的空气温度（℃）；

I'_1、I'_2——进、出干燥器湿物料的焓（kJ/kg）；

C_m——湿物料比热〔kJ/（kg·℃）〕。

在干燥操作中，通常采用热空气为干燥介质，因此在干燥过程的计算中，对湿空气的物理性质（温度、相对湿度、比容、比热焓、干湿球湿度、绝对饱和温度及露点等）要了解，并掌握它们之间的关系。由于公式计算湿空气的性质比较繁琐，常利用算图查取有关参数，常利用的湿度——焓图（$H—I$），温度——湿度图（$t—H$）。

干燥塔直径和高度的计算　在喷雾干燥塔内，空气——雾滴（和颗粒）的运动非常复杂，它与空气分布器的结构与配置，雾化器结构、配置与操作，雾滴的干燥特性，空气进出塔的温度及塔内的温度分布等等因素有关。目前还没有一种精确的计算方法能够直接算出塔径与塔高。因此塔径和塔高只能靠经验式计算。

对于热敏物料的离心喷雾干燥，其塔径可按下式计算：

$$D=(3\sim3.4)R_{99}$$

式中：D——塔径（m）；

R_{99}——离心雾化器的雾矩半径（m）；

$(R_{99})_{0.9}=3.46d^{0.3}G^{0.25}n^{-0.16}$（圆盘 0.9m 处实验式）；

$(R_{99})_{\overline{0.9}}=4.33d^{0.2}G^{0.25}n^{-0.16}$（圆盘下 2.04m 处实验式）；

式中：d——圆盘直径（m）；

G——供料速度（kg/h）；

n——圆盘转速（r/min）。

塔高 $H/b=0.5\sim1.0$

无论是旋转式雾化器还是喷嘴式雾化器的干燥塔，其塔内的操作空塔速度保持在 $u=0.2\sim0.5$m/s 为宜。速度太低，气固混合不好，对干燥不利；速度过快，停留时间太短。

为了使干燥产品从干燥塔底部顺利排出，喷雾干燥塔下锥角要等于或小于 60℃。

5.1.2.5　冷冻澄清

(1) 冷冻澄清在单宁酸生产中的应用：用水浸提五倍子时，与五倍子单宁一起进入水的物质主要有没食子酸、多缩没食子酸、植物蛋白、无机盐、叶绿素、树脂和淀粉等。这些物质对单宁的溶解性、灰分、颜色和纯度等均有影响。为了提高单宁酸质量，增加单宁酸品种，通常采用冷冻澄清、离子交换等手段，以达到清除上述物质的目的。特别指出，用离子交换来提纯单宁酸，一般都先经过冷冻澄清，否则提纯效果很难达到质量要求，同时也会增加生产成本。

五倍子单宁酸溶于水，形成胶体溶液，其中单宁缔合成大小不同的粒子，在溶液中作布朗运动，温度对其稳定性的影响比较明显。当单宁酸溶液冷却到－3～0℃时，较大的粒子布朗运动减慢，因而产生沉淀。这样单宁酸溶液就发生分层，上层清溶液为单宁酸胶体分散系，下层沉淀为单宁酸胶体分散部分和粗分散部分，其中包括树脂、植物蛋白及淀粉等物质。药用单宁酸及试剂单宁酸均采用冷却的上层清液。

五倍子单宁酸溶液浓度在 6～8°Be′时，产生的沉淀物较多。因此，生产上常用 6～8°Be′的浸提液进行冷冻。

(2) 冷冻澄清流程及设备：对于生产规模较大的冷冻澄清，一般是将 6～8°Be′的五倍子浸提液放入沉清桶中，送到冷库中（0～3℃）冷冻 1～8d，即可达到分层目的。

对于生产规模较小的冷冻澄清，首先将五倍子浸提液放入冷冻罐中，在不断地搅拌下被冷盐水冷却到－3～0℃，由泵送到澄清罐中澄清 25～30h，即可达到分层目的。上层清液制药用单宁酸，下层沉淀物用水解方法制没食子酸，冷冻澄清流程如图 62-13。

生产医药用单宁酸的冷冻罐可采用不锈钢材料制作，生产试剂单宁酸或高纯度单宁酸时一定要采用搪玻冷冻罐。

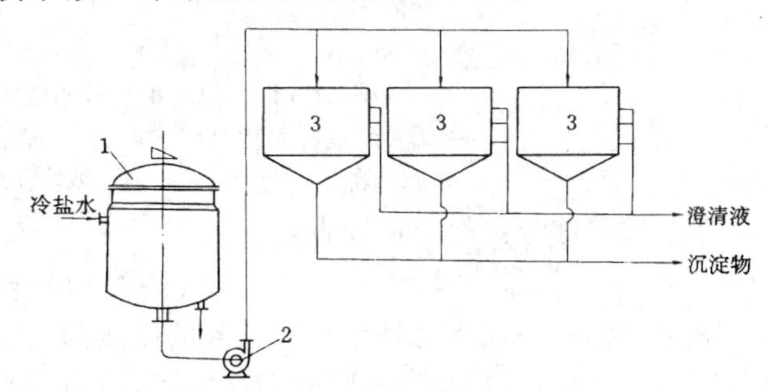

图 62-13 冷冻澄清流程

1. 冷冻罐；2. 泵；3. 澄清罐

由于单宁酸的沉降速度慢，澄清过程可采用间歇式。间歇式澄清设备的计算，主要是确定沉降面积和沉降容积。

澄清的生产能力为 Q（以上层清液体积计）。

则：$Q=\dfrac{V}{t_0}=\dfrac{h_0A_0}{t_0}$

∵ $h_0=u_0t_0$

∴ $Q=u_0A_0$

式中：h_0——澄清液层高度（m）；

V——清液相的容积（m^3）；

t_0——沉降时间（s）；

u_0——沉降速度（m/s）；

A_0——沉降面积（m^2）。

由此可见，间歇式澄清的设备生产能力等于沉降速度和沉降面积的乘积，而与澄清设备的高度无关。因澄清设备的结构特点是截面积大、高度低，呈矮胖圆锥状，其体积则以贮存必要数量的沉淀和清液为依据。

要注意冷冻罐和澄清罐保温材料的选择，具体要求：热绝缘性好，相对密度小，抗湿性强，耐火，耐冻，无味，价格便宜。

常用的绝热材料有软木板、壳糠类、锯木屑、泡沫玻璃、玻璃丝、矿渣棉、泡沫塑料等。

制冷流程及计算：

由于单宁酸冷冻分离所控制的温度范围属于一般冷冻，采用单级制冷就够了。单级制冷系统分直接式（氨系统）和间接冷却式（盐水系统）两种。目前单宁酸厂大多采用单级间歇式流程，如图62-14。

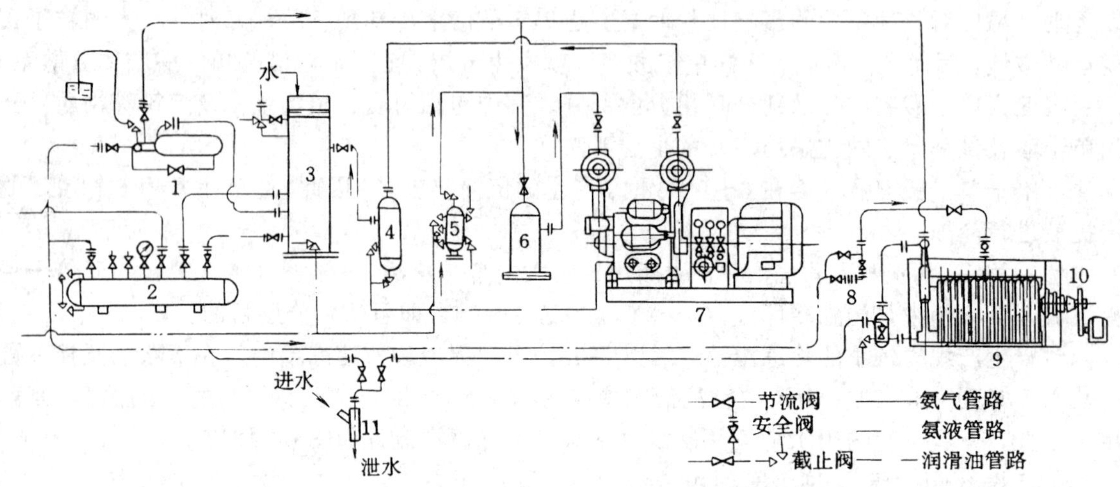

图62-14　8AS-10型氨压缩机盐水冷却系统

1. 空气分离器；2. 氨贮液器；3. 冷凝器；4. 油氨分离器；5. 集油桶；6. 过滤器；7. 氨压缩机；8. 过滤机；9. 蒸发器；10. 搅拌器；11. 紧急减氨器

单宁酸冷冻分离耗冷量计算：

$$Q_{总}=Q_1+Q_2+Q_3$$

式中：Q_1——盐水池外壁传热引起的冷量消耗（kJ/h）；

Q_2——使单宁酸降温所耗的冷量（kJ/h）；

Q_3——由管路外壁传热引起的冷量消耗（kJ/h）。

Q_1 可按下式计算：

$$Q_1=K_1F\Delta t_C+K_2F_2\Delta t$$

式中：K_1——盐水池壁的传热系数〔可取4.186×（0.5～0.8）kJ/（m²·h·℃）〕；

K_2——透过地板的传热系数〔可取0.2×4.186kJ/（m²·h·℃）〕；

F_1——盐水池壁及顶盖的总面积（m²）；

F_2——盐水池底的总面积（m²）；

Δt_C——盐水与室内的空气温度差（℃）；

Δt——盐水与地板的温度差（℃）。

Q_2 可按下式计算：

$$Q_2=(GC+G_mC_m)(t_1-t_2)$$

式中：G——被冷却单宁酸溶液的重量（kg/h）；

C——被冷却单宁酸溶液的比热〔kJ/（kg·℃）〕；

G_m——被冷却分离缸的重量（kg/h）；

C_m——被冷却分离缸的比热〔钢板的比热为4×0.1kJ/（kg·℃）〕；

t_1——被冷却单宁酸溶液的初温（℃）；

t_2——被冷却单宁酸溶液的温度（℃）。

Q_3 可按下式计算：

$$Q_3 = KdL\Delta t_C$$

式中：K——管壁的传热系数〔kJ/（m^2·h·℃）〕；

d——管径（m）；

L——管长（m）；

Δt_C——管内温度与室温温度差（℃）。

管壁的传热系数可由下式计算：

$$K = \frac{1}{\frac{1}{\alpha_1} + \frac{\delta_1}{\lambda_1} + \frac{\delta_2}{\lambda_2} + \cdots\cdots + \frac{1}{\alpha_2}}$$

式中：δ_1、δ_2——各层绝热材料厚度（m）；

λ_1、λ_2——各层绝热材料导热系数〔kJ/（m^2·h·℃）〕；

α_1——空气对管壁的给热系数〔可取 10kJ/（m^2·h·℃）〕；

α_2——由管壁到水的给热系数〔kJ/（m^2·h·℃）〕；

$$\alpha_2 = \beta = \frac{W0.8}{\alpha_1 0.2} \text{〔kJ/（m}^2\text{·h·℃）〕}$$

式中：β——介质的物理状态特性系数，对于水 β＝1200＋20t；

W——介质的运动速度（m/s，通常 W＝0.5～0.2m/s）。

冷冻机的操作能力 $Q_{操作}$ 为：

$$Q_{操作} = \frac{Q_{总}}{0.7}$$

式中：0.7 为冷冻机的安全运转系数。

冷冻机的选择：根据计算得出的冷冻机的操作能力，查阅制冷设计手册冷冻机的规格，选择适当的冷冻机台数。

5.1.2.6　离子交换

（1）离子交换过程：用五倍子制取药用鞣酸和试剂单宁酸时，因产品质量要求严格，药用鞣酸要符合英国药典 1973 年版，试剂鞣酸要符合美国化学试剂标准“罗森版”和日本国家标准 K_{8929} 试剂规格。单宁酸溶液冷冻澄清后，其澄清液中，还含有没食子酸，多缩没食子酸，无机盐和色素等。因此在生产上述产品时，必须经过精制、提纯处理。

离子交换和吸附过程相似，它是通过离子交换树脂来完成，离子交换树脂是不溶于水的固体颗粒，带有活性离子的高分子化合物，有阴、阳两种。因生产药用的单宁酸中含有钙、镁、铁等阳离子和没食子酸、多缩没食子酸、色素等阴离子，用阴离子和阳离子交换树脂，就可以清除上述物质。交换反应如下：

$$2R{-}SO_3H + Me^{2+} \rightleftharpoons R{-}N^+ (CH_3)_2Me + 2H^+$$

$$R{=}N^+ (CH_3)_4OH^- + Ac^- \rightleftharpoons R{-}N^+ (CH_3)_4Ac + OH^-$$

式中：$R{-}SO_3H$——氢型阳树脂；

$R{-}N^+ (CH_3)_4OH$——氢氧型阴树脂；

Me^{2+}——单宁酸中的阳离子（Ca^{2+}）、（Mg^{2+}）；

Ac^-——单宁酸中的阴离子，指的是没食子酸根等。

在药用单宁酸和试剂单宁酸的生产中，采用了离子交换技术，工艺流程如图 62-15。

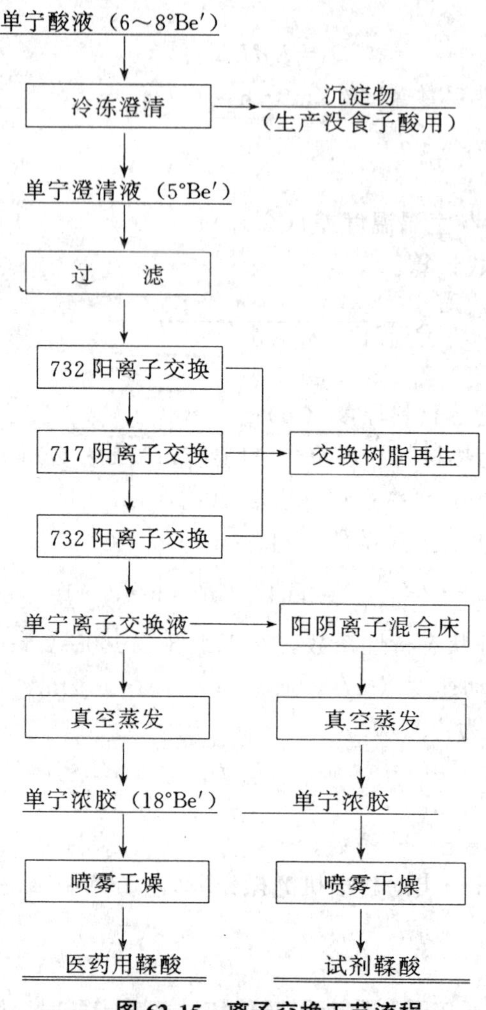

图 62-15　离子交换工艺流程

（2）离子交换操作与设备：固定床离子交换装置离子交换操作通常在交换柱内进行。目前用的最多的是固定床操作。溶液由上而下透过固定床，进床溶液称为流入液，出床溶液称流出液。离子交换循环主要包括两个步骤：第一步为交换阶段或“吸附阶段”；第二步为再生或淋洗阶段。再生是将交换柱恢复到交换前的状态，即除去所吸附的离子。

工业上离子交换操作是动态操作，即交换树脂与溶液是在相对运动状态下进行的操作。就方式而言，可分固定床、半连续移动床和流动床式操作。

固定床离子交换装置如图 62-16，交换柱内的树脂处于静止状态，而被处理的溶液则在交换柱内不断流动。固定床离子交换方式由于设备简单、管理方便，所以仍是目前工业上占优势的交换方式。固定床法存在的缺点是：由于树脂层固定不动，下层树脂不能充分利用，树脂交换容量利用率低，再生产费用大。另外，因树脂层固定，滤速提高时，溶液在层中流动的压损增加很快，不利于提高滤速，提高生产能力。

固定床交换柱可分阳离子交换柱、阴离子交换柱及混合离子交换柱，后者将阳、阴两种

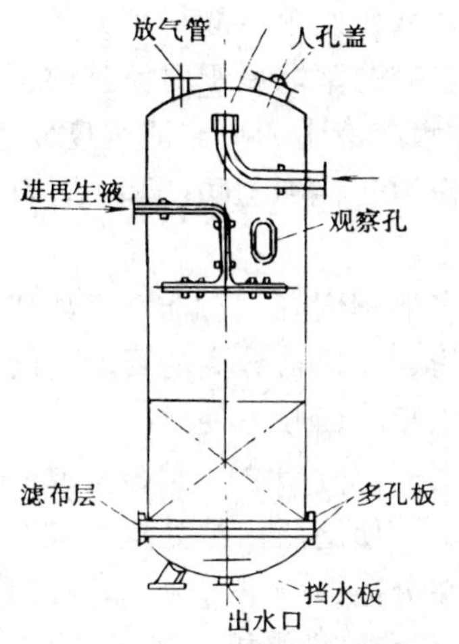

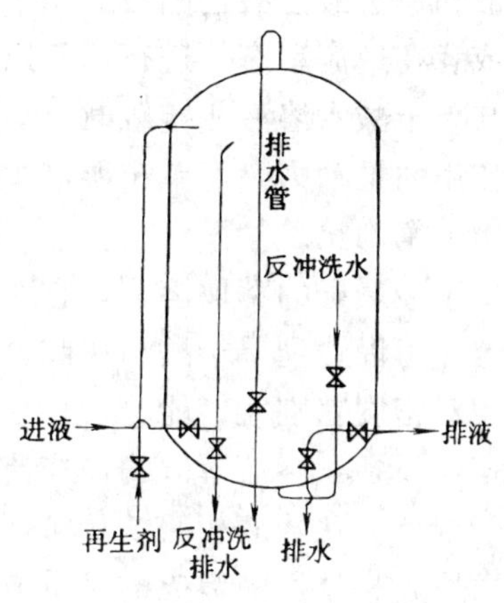

图 62-16 固定床结构

离子交换树脂按一定比例充填而成的交换柱，俗称混合床。

混合床装置具有设备少，装置集中，便于操作等优点。缺点是树脂交换容量利用率低，树脂磨率大，在柱内分层再生时，操作条件要求较严格。

为了尽可能地除去钙、镁阳离子以及有机酸阴离子，常采用联合式离子交换，通常称为复床系统，如图 62-17，或者将复合床与混合床串联使用，称为复-混床系统，这种形式的优点是交换液质量好，pH 值稳定，但流程复杂，再生不方便。

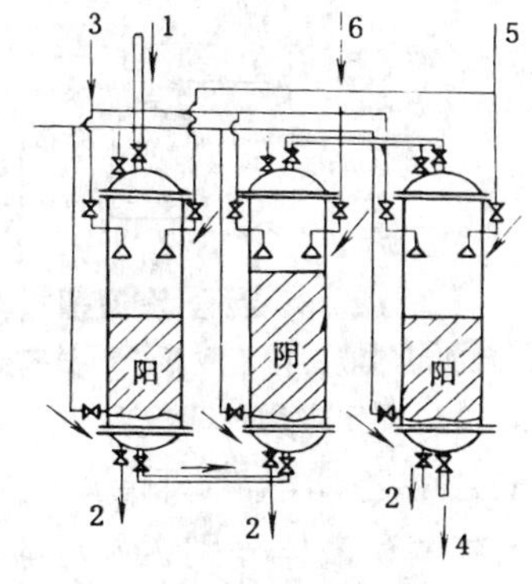

图 62-17 复合床

1. 原液；2. 废液；3. 水；4. 精制液；5. HCl；6. NaOH

(3) 离子交换操作的计算：主要是计算离子交换柱的大小，树脂用量，交换柱的工作周期，反洗和正洗的洗涤液耗量以及再生剂的用量。

5.1.2.7 溶剂萃取

(1) 萃取过程：溶剂萃取有液-固萃取和液-液萃取，如五倍子原料用乙醇或丙酮水溶液萃取可得到纯度较高的单宁酸，这属于液固萃取。液-液萃取是利用溶剂将某一液相中的可溶性溶质溶入其中，以达到分离的目的。萃取过程是传质过程，溶液被分离的基本理由是溶剂对溶质的选择能力。利用溶剂对物质溶解能力的差异，进行物质的分离是萃取操作的理论基础。

如将压碎的五倍子 (10g) 在室温下与水 (100ml) 振摇 2 天，用乙酸乙酯提取浸提液，每次用 100ml 提取 8 次，合并单宁乙酸乙酯液，除去乙酸乙酯，可得胶状物 (2g)，并经冷冻干燥去水。得到淡黄色定型粉末。

五倍子提取物或商品单宁酸 (4.4g) 加到磷酸氢二钠和磷酸二氢钠的缓冲液 (pH 值 6.8, 100ml) 中，用乙酸乙酯提取单宁酸缓冲液 8 次 (每次用乙酸乙酯 100ml)，直到单宁酸缓冲液与三氯化铁不再反应为止。在 30℃下蒸出乙酸乙酯，剩余物溶于 100ml 水中，再用乙酸乙酯提取，蒸出乙酸乙酯，残留物又溶于 100ml 水中，经冷冻干燥 12h 得到白色无定形粉状单宁酸 (3.95)，其单宁酸含量可达 99%以上。

单宁酸的萃取是利用单宁酸能溶于乙酸乙酯的特性，借助单宁酸与乙酸乙酯的扩散作用，形成单宁酸水溶液和单宁酸乙酸乙酯液二相溶液，从而使单宁酸得到分离。由于溶液萃取是在搅拌下进行，或者在逆流动态下进行，所以单宁酸的萃取属于对流扩散。

当乙酸乙酯与单宁酸水溶液相接触时，单宁酸水溶液中的单宁酸浓度较乙酸乙酯中的大，此浓度差为扩散作用的推动力。而单宁酸借扩散作用转移到乙酸乙酯中，直到单宁酸液中的单宁酸在二相液中平衡为止。

乙酸乙酯是单宁酸最好的萃取溶剂，它对单宁溶解度好，对非单宁如树脂、淀粉、无机盐是不溶解的，这样可以达到单宁酸与树胶、淀粉、无机盐分离的目的，同时乙酸乙酯与水之间溶解度小，相对密度差别大，能分层，形成二相，回收方便。

（2）萃取流程与设备：溶液萃取的操作流程由三部分组成：①被萃取的液体混合物在混合器中与溶剂充分混合，在两液相密切接触情况下，使溶质由被处理的液体混合物中溶于溶剂中。②萃取结束后，将过程中形成的轻重液层在分离器中进行分离，分离后得到萃取相和萃余相。③萃取相经溶剂再生器，将其中的溶剂加以回收，使之循环再用。必要时也可将萃余相进行溶剂再生。因此，萃取全过程由混合、分离、溶剂再生三部分组成。萃取设备包括混合器、分离器、溶剂再生器等设备。根据不同形式设备的安排，以及溶剂和被萃取物料的接触方式，萃取流程有许多不同类型。

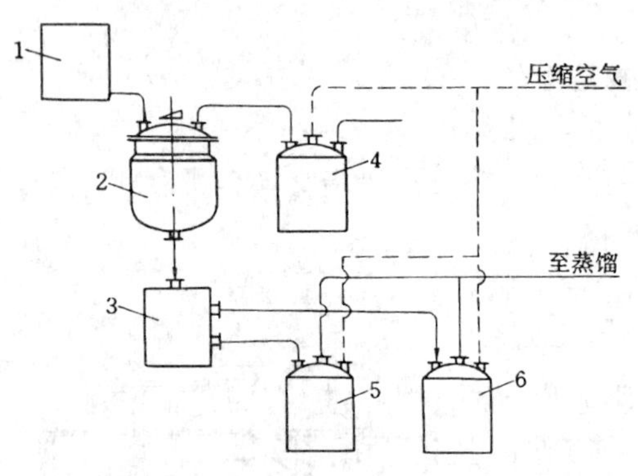

图 62-18　混合-澄清槽式萃取流程

1. 冷冻澄清液；2. 萃取器；3. 分离器；4. 乙酯贮槽；5. 单宁酯水液贮槽；6. 单宁乙酯液贮槽

混合-澄清槽式萃取流程如图 62-18。单宁酸溶液与乙酸乙酯借助于搅拌器的作用在萃取器内进行充分混合，然后将混合液引入分离器分为两层，上层为单宁酸乙酸乙酯溶液，下层为单宁酸乙酸乙酯水溶液，最后将两种液体分别送入乙酸乙酯回收设备，回收溶剂，还得到纯度较高的单宁酸。

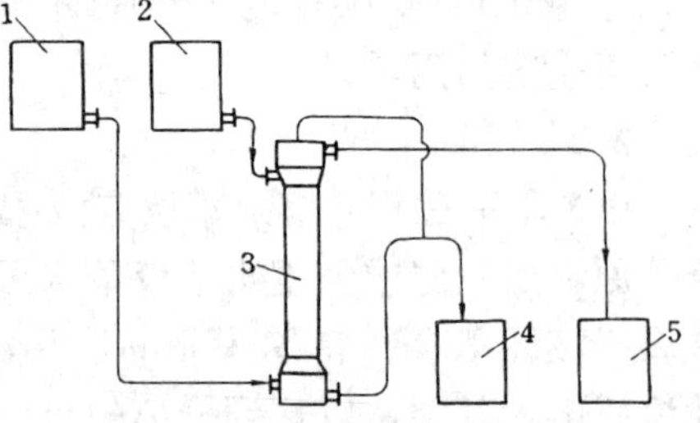

图 62-19　连续萃取流程

1. 乙酸乙酯高位槽；2. 单宁酸液高位槽；3. 萃取塔；4. 单宁酸酯水液贮槽；5. 单宁酸乙酯液贮槽

连续萃取流程如图 62-19。由于单宁酸水溶液相对密度比乙酸乙酯相对密度大，单宁酸水溶液自萃取塔连续加入，乙酸乙酯从塔底连续加入，单宁酸水溶液与乙酸乙酯在塔中充分接触，单宁酸水溶液中的单宁酸不断地转入乙酸乙酯中。单宁酸水溶液中的单宁酸逐渐地减少，水和杂质逐渐增多，相对密度增大，逐渐下降至塔底。为了保持塔中液位，单宁酸水液经虹吸管（与塔顶相连）排入贮槽。

萃取设备由于高纯度单宁酸生产能力小，萃取设备主要采用混合-澄清槽萃取器和填料萃取塔。

混合-澄清槽萃取器是装有搅拌装置的圆形槽，具有混合和澄清的作用。混合是借搅拌装置的搅拌使单宁酸液体分散成小液滴，与乙酸乙酯液体充分接触，由于二相液体的相际界面大，单宁酸很快地扩散到乙酸乙酯液中。当搅拌停止时，进行澄清。分散的单宁酸水液滴在重力的作用下，在乙酸乙酯液中向下沉降，并合并成大液滴，分成两层而分离。

填料塔主要由塔体、喷淋装置、填料、支承板等组成。塔中大部分容积为填料充填，填料的作用是增大两相液体的接触面积，加速单宁酸向乙酸乙酯中转移。支承板是用来支承填料的，液体可以自由地通过，喷淋装置是使单宁酸液均匀分布在填料上层。在塔运行中，两相液体作逆流流动。在重力的作用下，单宁酸水溶液通过填料孔道分散成液滴，它在乙酸乙酯中向下沉降，并在塔下部合并成大液滴，从塔底排出。而乙酸乙酯溶液逐渐上升，经塔上部澄清段而排出。

在两相逆流运动过程中，相际界面也较大，单宁酸易转移到乙酸乙酯中，达到单宁酸分离的目的。

填料塔内运行的两相液体进入速度要稳定适当，尽可能地使单宁酸水溶液滴大小均匀，避免乙酸乙酯液夹带单宁酸液滴。

填料塔的优点是结构简单，易制造，压降小，适宜小直径。

5.1.3　产品质量及检验方法

5.1.3.1　工业单宁酸

用水直接浸提五倍子原料，将浸出的溶液经真空浓缩，喷雾干燥，所得的粉剂为工业单宁酸。工业单宁酸国家标准为 GB3308—85。

技术要求：

外观　淡黄色至浅棕色无定型粉末。

技术指标　见表 62-6。

检验方法　见国标 GB5308—85。

表 62-6　工业单宁酸技术指标

指标名称	一级	二级	三级
单宁酸（干基计）含量（%）≥	81.0	78.0	75.0
干燥失重（%）≤	9.0	9.0	9.0
水不溶物（%）≤	0.6	0.8	1.0
总颜色	2.0	3.0	4.0

5.1.3.2　医用单宁酸

将浓度为 6～8°Be′（100～150g/L）的五倍子浸提液进行冷冻澄清，上层清液经过滤，离子交换后，再进行真空浓缩和喷雾干燥，所得粉剂为医用单宁酸。

产品质量标准由贵州遵义第二化工厂制定，国内用医用单宁酸符合中国药典 1963 年版，出口医用单宁酸符合英国药典 1973 年版。

①技术要求：

性状：国内医用单宁酸为淡黄色至浅棕色无晶或疏松有光泽的鳞片，或海绵状的块，微有特臭，味极涩，水溶液显酸性反应，久置则缓缓分解。出口医用单宁酸是淡黄色或浅棕色闪光鳞屑状，轻质片状或无定形粉末，有特殊气味，味涩。

溶解度：国内医用单宁酸在水或稀乙醇中极易溶解，在无水乙醇中微溶；在乙醚、苯、氯仿或石油醚中几乎不溶，在甘油中溶解，出口医用单宁酸能溶于不多于 1 份的水和 1 份 90% 乙醇，不溶于溶剂乙醚和氯仿，易溶于丙酮，很慢地溶于 1 份的甘油中，本品水溶液在贮存时易分解。

质量指标：见表 62-7。

②检验方法：

树胶、糊精或树脂：取本品 2g，加蒸馏水 10ml，应溶解成透明的溶液，或至多显极微的浑浊，放冷过滤，滤液分成 2 等份，1 份中加乙醇 10ml，另 1 份中加蒸馏水 10ml，均不得发生浑浊。

表 62-7　医用单宁酸质量指标

指标名称	国内医用单宁酸	出口医用单宁酸
树胶、糊精或树脂	符合测定标准第一条规定	符合测定标准第一条规定
干燥失重	<12%	<9%
灼烧残渣	<1%	
硫酸盐灰分		0.2%

干燥失重：取本品在105℃干燥至恒重，减失重量不得超过12%。

灼烧残渣：称5g样品，准确至0.01g，低温碳化，冷却后，加浓硫酸2ml，使恰润湿，用低温加热至硫酸蒸汽除净后，再在500～600℃灼烧至恒重，残渣重量不超过50mg。

5.1.3.3　试剂单宁酸

经离子交换后的浸提液，再经过阴、阳离子混合树脂进行交换，然后进行真空浓缩和喷雾干燥，其粉剂为试剂单宁酸。产品标准由遵义第二化工厂制定，主要参照美国化学试剂标准，罗森第五版制定：JROSIN.REAGENT.CHEMICALS AND STANDARDS (V EDITION)。

①技术要求：

性状：淡黄色到浅棕色的粉末，溶于水、乙醇或丙酮，不溶于氯仿或乙醚。

技术指标：见表62-8。

表 62-8　试剂单宁酸技术指标

指标名称	试剂单宁	指标名称	试剂单宁
水溶解试验	符合第一条规定	灼烧残渣	≤0.16%
糖类、糊精	符合第二条规定	重金属	<0.002%
干燥失重	≤12%		

②检验方法：

测定中，样品重量称至0.01g，新杂质标准液按GB602—65，GB603—65之规定制备。

水溶解试验：取本品2g，溶于热水10ml，溶液应澄清，或至多显极微的浑浊。

糖类糊精：取本品2g，溶于水10ml和加95%乙醇10ml溶液应透明保持1h，再加乙醚5ml，不发生浑浊。

干燥失重：取本品在105℃干燥至恒重，减失重量不得超过12.0%。

灼烧残渣：称1g样品低温炭化并冷却后加硫酸1ml蒸干，在600～800℃灼烧至恒重，残渣重量不大于0.0010g（1mg）。

重金属：将上述灼烧后的残渣，加2mlHCl和0.5mlHNO_3，在水浴上蒸干，残渣加2ml0.1mol/LHCl和40ml水，及10ml新制备的饱和硫化氢水，摇匀，所呈暗色不得浑于标准。

5.1.3.4　食用单宁酸

将试剂单宁酸溶于乙酸乙酯中，经过滤除去不溶物，在真空低温下回收乙酸乙酯，并将其浓胶再溶于无水乙酸乙酯中，重新过滤，在其滤液中加入纯苯，单宁析出。经过滤除去乙酸乙酯苯混合的溶剂，将所得的滤饼经真空烘干，所得产品为食用单宁酸。目前生产的食用单宁酸质量标准与美国食品化学药典FCCⅣ（1981）的标准相同，现西欧国家和美国的啤酒厂大部分使用比利时QMNI CHEM公司的标准。

技术指标：见表62-9。

表 62-9　食用单宁酸标准

指标名称	食用单宁酸	指标名称	食用单宁酸
单宁（%）　≥	97.5	树胶、糊精	无反应
没食子酸(%)　≤	0.75	杂质含量：	
非单宁（%）　≤	0.75	砷（mg/L）　≤	3
色泽（%）　≤	7.5	重金属（mg/L）　≤	0.004
水分（%）　≤	7.5	铝（mg/L）　≤	10

5.1.3.5　染料单宁酸

将五倍子的水浸提液去除混浊部分，制得的低没食子酸含量的单宁酸作染料固色用，称作染料单宁酸。由中国林业科学研究院林产化学工业研究所提供技术在四川丰都康乐化工有限公司建成车间，产品每年出口日本。

染料单宁酸的质量标准是根据日本染料工业的需要由日本制定的，见表62-10。

表 62-10　染料单宁酸标准

项　目	指　标	项　目	指　标
性　状	黄白色至淡褐色无定形粉末	溶状、透明度	微浊以内
灼烧残渣（%）	＜1.0	比吸光度	＞420
干燥失重（%）	＜9.0	没食子酸（%）	＜7.0

检测方法：

灼烧残渣：称1g样品进行低温碳化，冷却后加硫酸1ml，蒸干，在600～800℃灼烧至恒重。

干燥失重：称0.5g样品在105℃干燥至恒重。

溶状、透明度：称样品1g，加蒸馏水10ml，溶解后观察其浑浊度。

比吸光度：称样品1g加蒸馏水溶解并于100ml容量瓶中定容，取其1ml清液稀释至10ml，用此溶液在紫外分光光度计测其吸光度。

没食子酸含量：称样品1g，加甲醇溶解至50ml，再称取没食子酸标准样0.025g，加甲醇溶解至100ml，分别用焦儿茶酚作内标，用高效液相色谱仪进行测定。

5.1.4　技术经济指标

五倍子属于可再生资源，其生产的政策性、区域性、季节性、技术性比较强，加之市场供求变化大，因此，五倍子生产具有艰苦性和复杂性，原料价格上涨，产品市场不断的开拓，各生产厂的规模各异，从而造成技术经济指标年年都在变化。1991年年产360t单宁酸厂的技术经济指标见表62-11。

表 62-11　单宁酸生产技术经济指标

序号	项　目	单耗（t/t）	单价（元/t）	单位成本（元/t）	年成本（万元）
一、	直接费用			34 482	124 135
1	原料（t）	1.40	24 000.00	33 600	1 209.6
2	水（t）	220	0.20	44	1 584
3	电（kW/h）	500	0.25	125	4.5
4	汽（t）	24	20.00	480	17.28

(续)

序号	项 目	单耗(t/t)	单价(元/t)	单位成本(元/t)	年成本(万元)
5	工资与附加	35人×12月	200元/(人·月)	233	8 388
二、	车间经费			494	17.784
1	固定资产折旧			170	6.12
2	大修理基金			120	4.32
3	车间管理费			204	7.344
三、	企业管理费			638	22.968
	生产成本			35 614	1 282.10

5.2 没食子酸

没食子酸又称棓酸，五倍子酸，其化学名为3，4，5-三羟基苯甲酸，分子式为$(OH)_3C_6H_2COOH \cdot H_2O$，分子量188.1。

没食子酸的应用范围很广，主要应用在有机合成、医药、墨水、涂料、国防、食品和轻工业部门等。由于没食子酸的广泛应用。国内外对没食子酸的生产和研究都比较重视。

目前生产没食子酸有两种技术路线：一是合成路线；二是从天然植物提取路线。合成路线报道很多，但至今没见到其产品投放市场。含没食子酸的植物原料很多，用于工业生产的除五倍子外，还有刺云实（商品名为塔拉Tara）、漆树叶等。论其质量、五倍子原料为上乘，但因其价格高，数量限制，因此开拓新的植物原料势在必行。

从天然植物提取没食子酸方法有：酸水解、碱水解和酶水解。酶水解制取没食子酸做为生物工程展示了新的前景，但因生产周期长、设备庞大，所以目前从五倍子原料制取没食子酸以酸水解和碱水解法占据主导地位。从塔拉生产没食子酸一般采用碱水解，其优点：工艺简单、产品收率高、三废少，其不足是辅助化工原料消耗多。

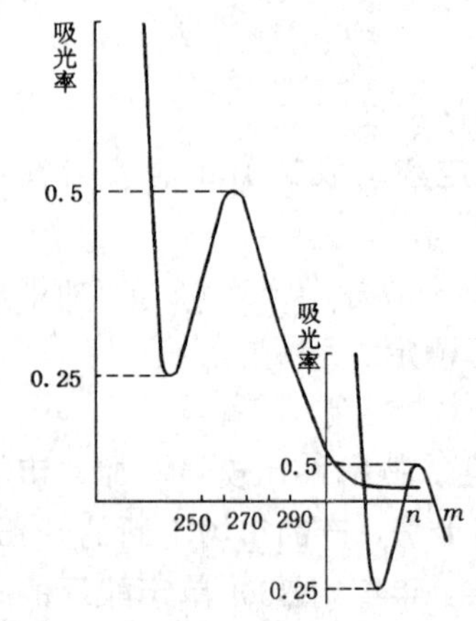

图62-20 没食子酸的紫外光谱图

5.2.1 没食子酸的一般性质

5.2.1.1 物理性质

没食子酸是白色或微白色晶体，有针状和片状两种，相对密度约1.694，熔点235～240℃，溶于水（热水）、乙醇、丙酮及甘油，难溶于乙醚，不溶于氯仿。

5.2.1.2 光谱性质

（1）紫外光谱　没食子酸的紫外光谱如图62-20。没食子酸用蒸馏水作溶剂在213nm和263nm处有两个吸收峰，其摩尔吸光系数分别为：2.86×10^4和8.35×10^3。

（2）红外光谱　没食子酸的红外光谱如图62-21。

5.2.1.3 有机试剂反应

（1）颜色反应：

①利用三价铁［Fe（Ⅲ）-没食子酸（$(OH)_3C_6H_2$—COOH）-苯胺（$C_6H_5NH_2$）］形成多配位铁络合物，进行铁的定量分析。在试剂溶液中加入HCl没食子酸溶液，苯胺溶液等，并稀释，用正戊醇抽取铁络合物，在560nm处测定有机物的吸光度，络合物中铁：没食子酸：

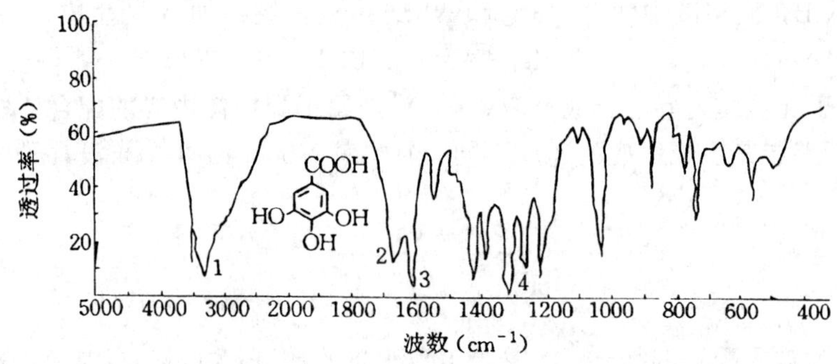

图 62-21　没食子酸的红外光谱图

1. O—H 的拉伸振动；2. C=O 的拉伸振动；
3. O—H 弯曲振动；4. C—O 的拉伸振动

苯胺的摩尔比为 1∶2∶5，摩尔吸光系数为 5.6×10^3；另外还可以形成没食子酸与铁的络合物，这一络合物的最大吸收波长为 580nm，摩尔吸收光谱系数为 1.5×10^3，不妨碍碱土金属和铜、钨、铀、铌、钽、锌、钴、锰、铬、钛、钼、铋等稀土类元素的测定。

②在醋酸胺溶液中，没食子酸与二价铁反应生成蓝紫色络合物，在酸度 pH 值 4～8.3 时，络合物在 540nm 处呈最大吸收，摩尔比 Fe（Ⅲ）：$(HO)_3C_2H_2COOH$=1∶1，在 pH 值为 6.8 的醋酸胺缓冲介质中，测出络合物的吸光系数为 2.7×10^3，用示差分光光度法可测没食子酸含量，没食子酸浓度在 0.33mg/ml。

③用没食子酸和 N-甲氨基、硫醛基-N-苯胲，在 pH 值 2～7 时反应，用分光光度法测定钛（Ti），反应得到混合配体的络合物，吸收波长 400nm。

④在醋酸介质中、没食子酸的甲醇溶液同 $NaCO(NO_2)_6$ 在 100℃煮沸，生成橙色络合物，在 400μm 处，有最大吸收峰，可进行测定没食子酸含量，符合比尔定的浓度范围为 1～35 mg/L。

（2）沉淀反应：有机试剂作为无机物的重量测定，最显著的优点是具有较高的选择性，沉淀过滤和洗涤比较容易。

①用铋盐法测定没食子酸含量。没食子酸同铋盐作用产生沉淀，将沉淀用盐酸溶解，以甲基百里酚蓝为指示剂进行络合测定。

②用铜盐法测定没食子酸含量。没食子酸溶液用硝酸盐溶液调节 pH 值为 4，加入过量的 0.1mol/L 的标准硫酸铜溶液，用 0.1mol/L 标准 EDTA 溶液回滴。

③铌（Nb）的重量测定。在有氨羧络合剂 EDTA 条件下，用没食子酸以重量法可以进行金属铌的定量分析。

由于铌是高价金属离子，容易形成稳定的多配位络合物，将 EDTA 称 A，没食子酸称为 B 对于这种混合配位络合应当注意到 A 与 B 的相互竞争及 A 与 B 加入铌中的先后顺序。

在 Nb-B-A 络合体系中，B 的浓度超过 A 的 40 倍，则这种体系就不存在了，络合物就会变成 $(NbOB_3)^{n-}$，这是因为在该条件下，铌与没食子酸生成具有竞争能力的 $(NbOB_3)^{n-1}$，而络合配位体 EDTA 和铌形成的络合物，竞争能力不强。

在含有金属的溶液中先加入 A，再加入 B，则生成混合物配位络合物 NbAB。

$$NbA+B \rightleftharpoons NbAB \qquad (\text{I})$$

如果先加入B，测溶液中就有NbB_2和NbB_3生成，继续加A则生成NbAB。

$$NbB_2 + A \rightleftharpoons NbAB + B \qquad (Ⅱ)$$

（Ⅰ）是属于配位体内界的合成反应；（Ⅱ）是属于配位体内界的配合体取代反应，这种不同机制反应的差异是生成反应的速度不同。因此对Nb和EDTA与没食子酸的络合物形成要予以注意。

5.2.1.4 化学性质

（1）酯化：没食子酸（$(HO)_3C_6H_2COOH$）的羧基，由于与羟基氧上的电子共轭，降低了羰基碳的亲电能力，但在酸、碱的催化下，能与亲核试剂发生反应。羧酸酯化时，在大多数情况下提供羟基。

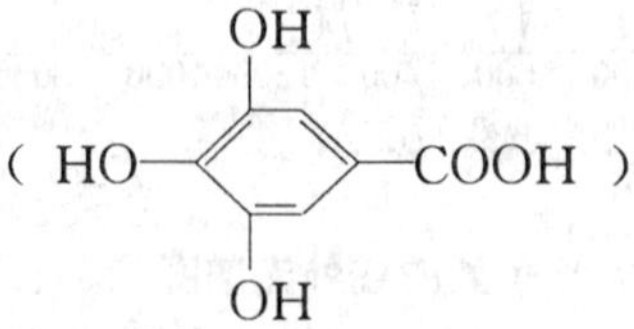

没食子酸羧基酯化可生成没食子酸乙酯（1）、没食子酸丙酯（2）、没食子酸辛酯（3）、没食子酸十二烷酯（4）、没食子酸十六烷酯（5）等。

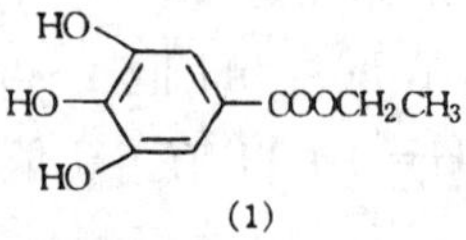

$(HO)_3C_6H_2COOCH_2CH_3$ (1)　$(HO)_3C_6H_2COO(CH_2)_2CH_3$ (2)　$(HO)_3C_6H_2COO(CH_2)_7CH_3$ (3)

$(HO)_3C_6H_2COO(CH_2)_{11}CH_3$ 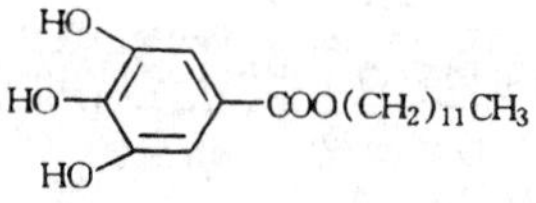 (4)　$(HO)_3C_6H_2COO(CH_2)_{15}CH_3$ (5)

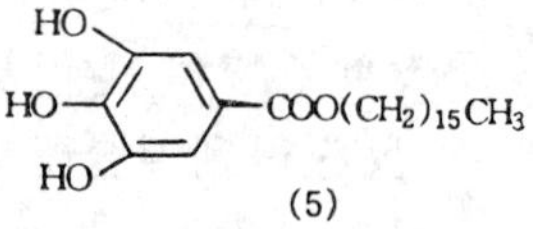

（2）酰卤化：没食子酸的羧基可以与卤化物（如三卤化磷、五氯化磷、氯化亚铜）反应生成酰卤。3，4，5-三甲氧基苯甲酰氯是合成药物的中间体，它可与对一（二甲基胺乙氧基）苄胺缩合制成止吐剂，与氨基酸缩合制成血管扩张药物；与吗啉或氨基乙酸缩合制成止痛、安神药物。

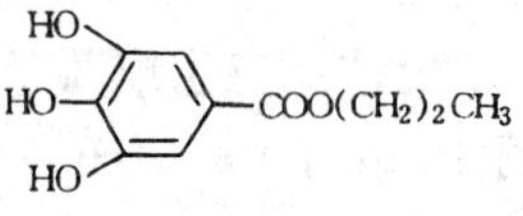

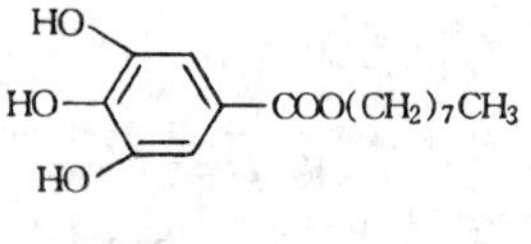

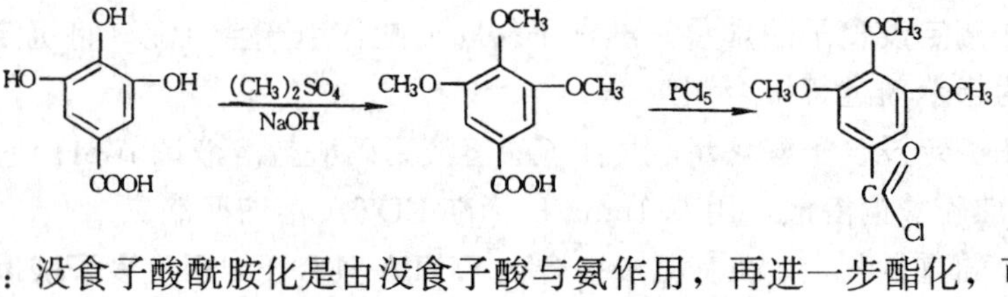

$$(HO)_3C_6H_2COOH \xrightarrow[NaOH]{(CH_3)_2SO_4} (CH_3O)_3C_6H_2COOH \xrightarrow{PCl_5} (CH_3O)_3C_6H_2COCl$$

（3）酰胺化：没食子酸酰胺化是由没食子酸与氨作用，再进一步酯化，可以得到三甲没食子酰胺，也可以由三甲没食子酰氯直接与氨作用其反应过程：

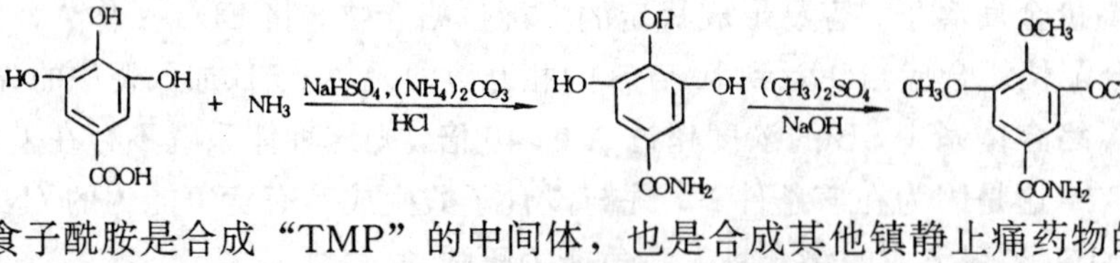

$$(HO)_3C_6H_2COOH + NH_3 \xrightarrow[HCl]{NaHSO_4,(NH_4)_2CO_3} (HO)_3C_6H_2CONH_2 \xrightarrow[NaOH]{(CH_3)_2SO_4} (CH_3O)_3C_6H_2CONH_2$$

三甲没食子酰胺是合成“TMP”的中间体，也是合成其他镇静止痛药物的中间体。

与金属化合物的反应：没食子酸与硝酸铋反应，生成次没食子酸铋，是一种收敛剂。

$$\underset{\text{没食子酸}}{(HO)_3C_6H_2COOH} + \underset{\text{硝酸铋}}{Bi(NO_3)_3} \longrightarrow \underset{\text{次没食子酸铋}}{C_6H_2(OH)_3 \cdot COOBi(OH)_2}$$

没食子酸与三氧化锑反应生成二没食子酸锑三钠，是治疗血吸虫病药物。

$$\underset{\text{没食子酸}}{(HO)_3C_6H_2COOH} + \underset{\text{三氧化锑}}{Sb_2O_3} \xrightarrow{NaOH} \underset{\text{二没食子酸锑三钠}}{C_{14}H_8Na_3O_{11}Sb}$$

(4) 脱羧：没食子酸加热到 80～120℃，脱去结晶水，再加热到 250～260℃脱去羧基，生成焦性没食子酸（又称连苯三酚、邻苯三酚、1，2，3-三羟基苯），310℃焦性没食子酸分解，生成多环化合物和水。

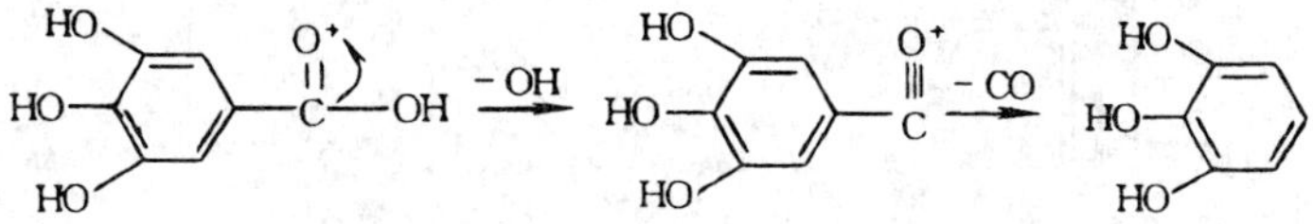

$$(HO)_3C_6H_2-C(=O)-OH \xrightarrow{-OH} (HO)_3C_6H_2-\overset{+}{C}=O \xrightarrow{-CO} C_6H_3(OH)_3$$

5.2.2 酸水解法生产工艺

酸水解是指五倍子单宁酸或五倍子原料，在酸的作用下水解成没食子酸和葡萄糖的方法。酸水解法过程基本分为水解、粗制、精制、干燥和回收。由于酸水解法具有周期短、操作容易控制、设备少、得率高的特点，目前一直在生产上应用，工艺流程如图 62-22。

5.2.2.1 原　料

生产没食子酸的原料有单宁酸溶液、五倍子原料，生产单宁酸的废渣和其他水解类单宁（刺云实豆夹、漆叶、朝鲜枫树叶、金缕梅树皮等)。对于原料的选取，要从经济性和生产实际情况来考虑，生产药用单宁酸、试剂单宁酸的工厂，可采用下述工艺线路：

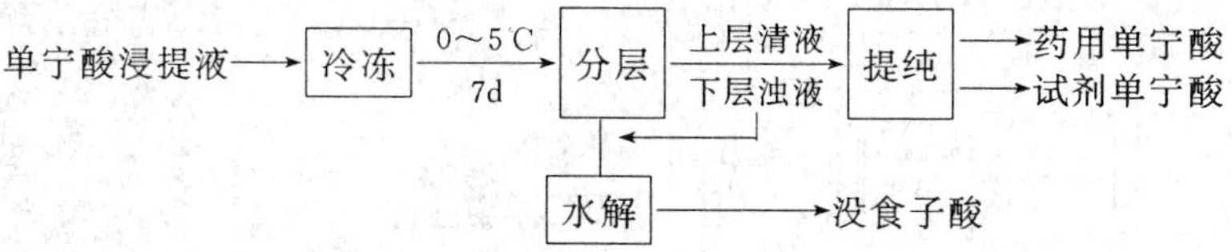

单宁酸浸提液 → 冷冻 →(0～5℃, 7d)→ 分层 →(上层清液)→ 提纯 → 药用单宁酸 / 试剂单宁酸；分层 →(下层浊液)→ 水解 → 没食子酸

如果不生产单宁酸，就可以直接用原料进行水解，省去浸提过程，以降低成本；对于生产单宁酸的厂家，可以采用浸提浓缩液、五倍子原料的联合水解工艺线路。

辅助原料有硫酸、活性炭和草酸，硫酸与其他酸相比，具有成本低、来源广、设备材料易解决的优点。水解操作时，其水解时间的控制应由酸用量的多少（酸浓度）来决定。酸的用量和单宁含量有直接关系，酸量过多，产品颜色加深，增加脱色剂的用量；过少则使水解时间长，影响产品的收率。

活性炭具有特异的吸附性能，利用它在液相中的吸附作用，可以脱去色素、胶体等物质，提高没食子酸的纯度。不同方法、不同原料所制成的活性炭，在选择吸附性能上差异很大。因此，对脱色炭的选择上针对性要强，它直接影响着产品的得率和质量，并对降低成本起着重要作用。没食子酸的脱色炭一般为粉状化学炭，它具有吸附时间短、效率高的优点，尽管过滤性能差，但人们一直采用。

草酸能置换出没食子酸中的铁离子，形成更稳定的络合物，从而提高了没食子酸的纯度。草酸的用量以正好消除没食子酸与金属离子的络合物为佳。用量过多，产品中含有草酸，颜色会发红，用量过少则使提纯不完全。

5.2.2.2 水　解

包括水解、冷却结晶、离心分离等过程。

(1) 工艺流程：单宁酸浸提液和硫酸分别从高位计量罐 1、2 进入水解罐 3 进行水解，水解液压入冷却结晶罐 4 进行冷却结晶，然后放入离心机上离心甩干，出料为水解粗晶体，出

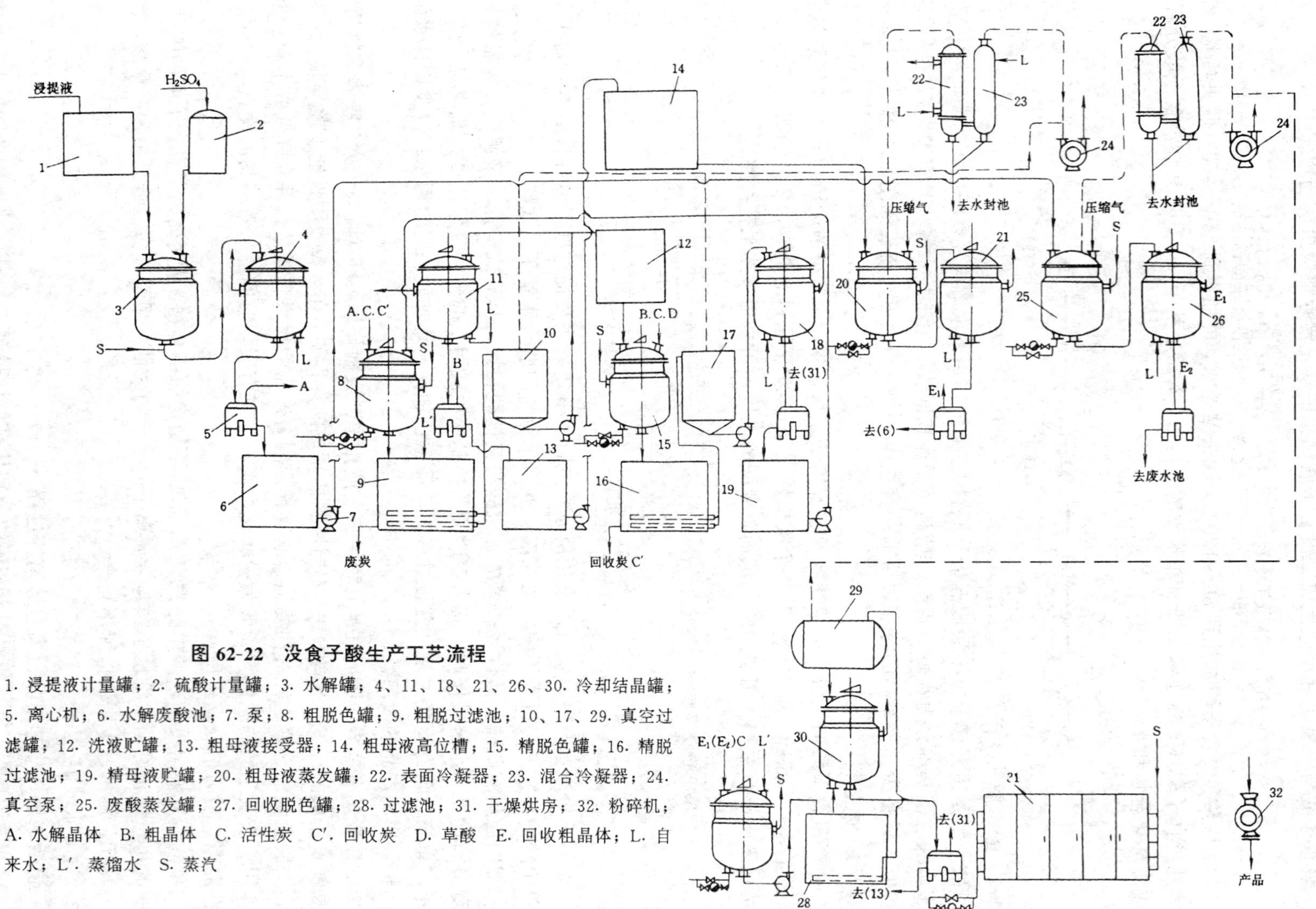

图 62-22　没食子酸生产工艺流程

1. 浸提液计量罐；2. 硫酸计量罐；3. 水解罐；4、11、18、21、26、30. 冷却结晶罐；5. 离心机；6. 水解废酸池；7. 泵；8. 粗脱色罐；9. 粗脱过滤池；10、17、29. 真空过滤罐；12. 洗液贮罐；13. 粗母液接受器；14. 粗母液高位槽；15. 精脱色罐；16. 精脱过滤池；19. 精母液贮罐；20. 粗母液蒸发罐；22. 表面冷凝器；23. 混合冷凝器；24. 真空泵；25. 废酸蒸发罐；27. 回收脱色罐；28. 过滤池；31. 干燥烘房；32. 粉碎机；A. 水解晶体　B. 粗晶体　C. 活性炭　C′. 回收炭　D. 草酸　E. 回收粗晶体；L. 自来水；L′. 蒸馏水　S. 蒸汽

液进入水解废酸池准备回收。

(2) 工艺条件：单宁酸浓度 26%～35%；水解时间 2～3h；硫酸浓度 95%～98%；水解温度 125～135℃；硫酸：单宁酸总固物为 1：3～4（重量比）。

(3) 工艺控制：水解是没食子酸生产主要的工序之一，水解过度会产生部分焦棓酸和其他产物，造成没食子酸得率减少，没食子酸溶解度增加和水解液颜色深；水解不完全，有部分单宁酸存在，也降低没食子酸得率和增加没食子酸的溶解度。有少量的单宁酸或焦倍酸存在都会大大的增加没食子酸在水中的溶解度。因此检验水解是否完全很重要。方法是：①将橡皮手套的手指部分浸入没食子酸中 1～2min 后取出，如果手套上结出厚厚一层白色没食子酸，即为完全，如果几分钟后仍未结出，或淡薄一层，则反应未完成。②明胶试验，取 2ml 反应液稀释到约 40ml，摇匀后，取一些加几滴明胶，看是否有白色沉淀。③取 1ml 反应液稀释到 1 000ml 做紫外测定。④用乙酸乙酯萃取水溶液 100ml，酯液蒸干称重，①、②种方法可以指导生产，③、④种用于科研。

水解过程中的升压阶段，一定要保持锅炉蒸汽压力高于罐内，否则会发生“倒罐”事故。

冷却结晶是从水解液中把没食子酸结晶出来的一种物理手段。结晶过程是物质传递的过程，它的关键是物质的溶解度。溶解度与溶质的自身化学性质及外界温度有关，没食子酸的溶解度随温度的降低而降低。对于敞开式的结晶罐，用冷却水的方法，冷却时间为 20～40h。

湿水解没食子酸收率的计算公式：

$$\text{水解粗品收率（\%）}=\frac{\text{粗没食子酸湿重}\times\text{粗没食子酸含量（湿基）}\times 100}{\text{单宁酸液重}\times\text{总固物含量}\times 0.8}$$

5.2.2.3　粗　制

包括粗制脱色、过滤、冷却结晶、分离等过程。

(1)工艺流程：水解粗晶体、活性炭及来自精制工序的回收炭和精母液加进粗脱色罐 8 中，脱色后的溶液进入粗脱过滤池 9，由真空将滤液抽往真空过滤罐 10；粗滤液用泵送到冷却结晶罐 11 中，废炭洗涤水用泵送往洗液贮罐 12；冷却后的结晶液放到离心机上分离，粗晶体送去精制，粗母液流至粗母液接受器 13，再用泵送至粗母液高位槽 14 浓缩回收。

(2) 工艺条件：

活性炭用量	10%（相对干基粗棓酸量）
回收炭用量	批量（精制）
精母液用量	5～7 倍粗晶体量
脱色温度	80～90℃
脱色时间	30min

(3) 工艺控制：在粗制工序中，洗炭程度是没食子酸产品收率的关键之一。一般活性炭中吸附 15%没食子酸，可以洗脱下来 10%。脱色时，液固比越大，母液中没食子酸越多。在 26℃时没食子酸溶解度为 3%，液固比最佳条件为 5：1。

粗制收率的计算公式

$$\text{粗制收率（\%）}=\frac{\text{湿粗制没食子酸量}\times\text{没食子酸含量（湿基）}}{\text{投入水解湿没食子酸量}\times\text{没食子酸含量（湿基）}}\times 100$$

5.2.2.4　精　制

包括精脱色、过滤、冷却结晶、分离等过程。

(1) 工艺流程：粗晶体、草酸、活性炭及来自粗制的洗液投入精脱色罐15中加热脱色，脱色液放入精脱过滤池16中过滤，精滤液真空抽到真空过滤罐17后，用泵送到冷却结晶罐18中结晶，精废炭回收使用，精晶体放入离心机中甩干后送往干燥，精母液流进贮罐作为粗制用水。

(2) 工艺条件：活性炭用量10%（相对粗晶体）；草酸用量2%（相对粗晶体）；溶解液进量5～7倍晶体量；脱色温度85～95℃；脱色时间30～60min；结晶温度15～30℃；结晶时间18～24h。

(3) 工艺控制：精制过程要控制好草酸加入的时间，一般控制在脱色结束前10min投入，如果脱色完再加入草酸，则会使产品在溶解时变浊，草酸投入量过大，则产品变红，过少则产品有蓝色出现。精制过滤过程中，应注意防止跑炭，离心甩干后的产品水分要低，含水率最好不超过23%，水分越少，越不容易氧化，从而减少产品表面在干燥烘箱中的发黑现象。

精制收率计算公式：

$$精制收率（\%）=\frac{湿精制没食子酸量\times 没食子酸含量（湿基）}{投入湿没食子酸量\times 没食子酸含量（湿基）}\times 100$$

5.2.2.5　干　燥

(1) 工艺流程：来自精制的精晶体在干燥烘房31中烘干后，送到粉碎机32上粉碎，成包装即为没食子酸产品。

(2) 工艺条件：出风温度65～75℃；加热蒸汽压力≤0.4mPa。

(3) 工艺控制：严格控制产品的含水量，要保持在9%左右。

5.2.2.6　回　收

分粗母液的回收和废酸的回收两部分，包括蒸发、冷却、结晶、离心分离、脱色、过滤再冷却结晶、离心分离等过程。

(1) 粗母液回收工艺流程：粗制离心出的粗母液由泵打到粗母液高位槽14后，放进粗母液蒸发罐20进行浓缩，达到一定浓度后压入冷却结晶罐21，结晶后的晶液进入离心机上甩干，晶体送往脱色，离心出液去水解废酸池6，与废酸一起回收。

其工艺条件：蒸发真空度66.65～79.98kPa；加热蒸汽压力0.15～0.2mPa；放液浓度15～20°Be′。

(2) 废酸回收工艺流程：水解废酸液用泵7打到废酸蒸发罐25中蒸浓，浓缩液用压缩空气压至冷却结晶罐26中结晶后，再放入离心机上甩干，出液去废水池，出料送往回收脱色罐27中脱色，脱色液经泵打入过滤池28中，真空抽滤至真空过滤罐29，抽完后排真空将滤液放至冷却结晶罐30中冷却结晶，结晶后的液体在离心机上甩干。出液去粗母液接受器13中回收，晶体去干燥或精制。

其工艺条件：蒸发加热蒸汽压力：≤0.2mPa；真空度：66.65～79.98kPa；放液浓度：25～30°Be′；脱色活性炭用量：10%（相对粗晶体重）；溶解液用量：5～7倍晶体重量；脱色温度：80～90℃；脱色时间：30～40min。

工艺控制：精母液的蒸发要使浓度尽量提高，保持在15°Be′以上，这样有利于结晶，提高回收率。废酸蒸发的作用不仅是提高浓度（25°Be′）有利于结晶，同时还使未水解完全的单宁酸继续水解，所以废酸蒸发要连续进料，当达到浓度后，一次放胶，这样可以增加废酸在蒸发罐中的停留时间。

要求严格控制粗母液，废酸液（结晶分离后）的排出浓度，否则影响收率。

工业没食子酸生产过程中产生的三废有废酸母液、废活性炭，其中废酸母液含硫酸 30%、没食子酸 6%、有机物质；废活性炭含没食子酸 6%～8%，炭粉 42%。对废酸母液的治理措施有：①经磷矿粉处理烘干后干馏回收粗焦性没食子酸；②用石灰中和干馏回收焦性没食子酸。对废活性炭的处理措施是回收没食子酸，剩下废渣作燃料。

5.2.3　主要设备与计算

5.2.3.1　搪玻璃反应罐

在没食子酸生产中的水解，冷却结晶、蒸发及贮存等过程，大都采用搪玻设备，搪玻璃反应罐如图 62-23。搪玻璃设备是将含高二氧化硅的玻璃釉喷涂在钢制容器表面，经高温灼烧而成耐蚀衬里设备。它具有玻璃化学稳定性和钢制容器承压能力的双重优点。

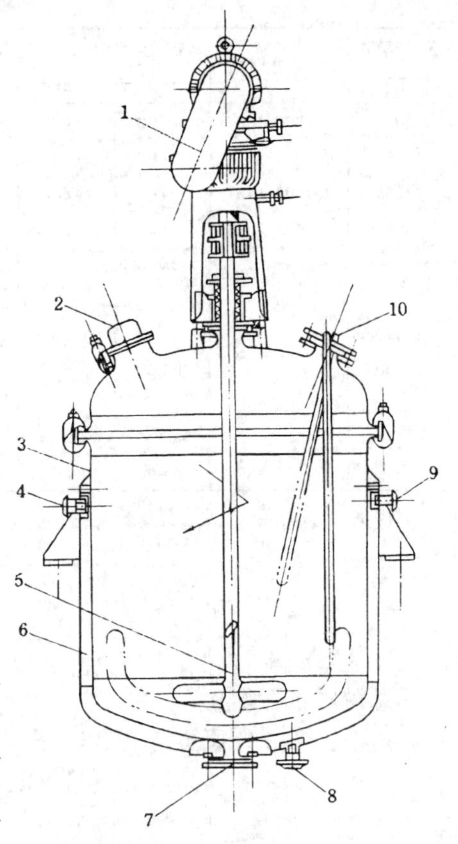

图 62-23　搪玻璃反应罐

1. 电动机；2. 手孔；3. 壳体；4. 进气口；5. 搅拌器；6. 夹套；7. 放料口；8. 废气出口；9. 进气口；10. 温度计

因为搪玻璃设备的涂层比较脆，所以在设备的安装、使用上要注意以下几方面：①所购设备要妥善保管，最好放在库内，如在室外放置时，凡搪玻璃的表面必须盖好，以防雨淋和硬物损坏。②在搬运、吊装时，避免震动和碰撞，检查罐内时要穿胶鞋。③紧固设备时，对衬垫要认真选择，设备上的卡子要完整无缺，保证设备的运行安全和密封性能；法兰在紧固时受力要均，不能一次拧紧；安装搅拌机要防止异物入罐中，并有防止松动的措施；严禁在无夹套的搪玻璃设备外壁直接焊接。④设备的使用，加料时要严防任何金属硬物掉入容器内，尽量避免冷罐加热料或热罐加冷料；使用有夹套的搪玻璃设备时，夹套内要徐徐加压升温，在加热和冷却操作时，必须遵照规定的使用温度和温差范围，一般使用温度 0～200℃，热冲击 120℃，冷冲击 110℃。⑤严禁酸液进入夹套，在清理粘壁物料或放料口发生堵塞时，不能用金属工具而应用竹竿或塑料棒捅掉。搪玻璃反应罐有关规格（北京化工设备厂产品）见表 62-12。

水解罐的计算：主要计算水解罐的容积与个数。

设日处理原料为 Q（t），水解周期为 L（d），则水解罐的总体积为 V（m^3）。

$$V=\left(4\sim5Q+\frac{Q}{\gamma_1}-\frac{Q}{\gamma_2}\right)/C$$

式中：γ_1——原料的容积重（t/m^3）；

γ_2——原料的实积重（t/m^3）；

C——容积有效利用系数（取 0.7）；

4～5——液比值。

表 62-12 搪玻璃开式反应罐

公称容积(L)	减速机规格	内径(mm)	外套内径(mm)	罐 高(mm)	导热面积(m^2)	搅拌轴径(mm)	壁厚 t(mm)	壁厚 t_1(mm)	壁总高(mm)	产品净重(kg)
50	A100-380	500	600	400	0.54	40	8	5	1 620	350
100		600	700	500	0.86	40	8	5	1 775	450
200	A100-443	700	800	700	1.45	50	8	6	2 060	700
300		800	900	800	1.95	50	8	6	2 155	800
500		900	1 000	1 000	2.7	75	10	8	2 700	1 300
	A120-590									
1 000		1 100	1 200	1 250	4.35	75	12	10	2 955	1 800
1 500		1 200	1 300	1 500	5.7	100	12	10	3 480	2 200
	A150-630									
2 000		1300	1450	1600	6.6	100	14	10	3 600	2 700
	A150-630	1 600	1 750	2 705	14.92	100	16	10	4 670	5 200

设：V_0 为一个水解罐容积，n 为个数

则：
$$V_0=\frac{V}{n-\frac{1}{C}}=\frac{VC}{n}$$

冷却结晶罐计算

总物质量平衡：
$$G_1=G_2+G_3+W$$

式中：G_1——原料溶液量（kg）；

G_2——结晶后母液量（kg）；

G_3——结晶量（kg）；

W——蒸发溶剂（水蒸气）量（kg）。

溶质物料平衡：
$$G_1B_1=G_2B_2+G_3B_3$$

式中：B_1——原料液的浓度（%）；

B_2——母液的浓度（%）；

B_3——结晶所含溶质的百分数。

$$B_3=\frac{\text{溶质分子量}}{\text{晶体水合物分子量}}$$

当结晶不含有结晶水时，$B_3=1$

结晶产量为：
$$G_3=\frac{G_1\ (B_1-B_2)}{B_3-B_2}$$

热量衡算：

进入结晶设备的热量：

原料液带入热量：
$$Q_1=G_1C_1t_1$$

式中：C_1——原料液的比热〔kJ/（kg·℃)〕；

t_1——原料液的温度（℃）。

溶质结晶时放出的热量 Q_2（kJ)，其数值与物质的溶解热相等。

离开结晶设备的热量：

随母液带走的热量：
$$Q_3=G_2C_2t_2$$

式中：C_2——母液的比热〔kJ/（kg·℃)〕；

t_2——母液的温度（℃）。

随结晶带走的热量：　　$Q_4=G_3C_3t_3$

式中：C_3——晶体的比热〔kJ/（kg·℃)〕。

对于冷却结晶设备

冷却所带走的热量：　　$Q_5=G_0C_0\ (t'_0-t''_0)$

式中：G_0——冷却剂的用量（kg)；

C_0——冷却剂的比热〔kJ/（kg·℃)〕；

t'_0、t''_0——冷却剂在前后的温度（℃）。

对于蒸发结晶设备：　　$Q_5=0$

结晶设备向周围空气的散失热量：$Q_6=\alpha F_\tau \Delta t$

式中：τ——结晶的时间（h)；

α——结晶设备对周围空气的给热系数〔kJ/（m^2·h·℃)〕；

F——结晶设备的表面积（m^2)；

Δt——结晶设备壁面与周围空气的温度差（℃）。

$$\Delta t=t_{壁}-t_{空气}。$$

结晶设备容积和尺寸确定

设备的生产能力：

$$G=\frac{V_P B_\varphi}{T}$$

式中：V——结晶设备总容积（m^3)；

P——溶液的密度（kg/m^3)；

φ——结晶设备最终时充填系数，对于煮晶锅一般为 0.4～0.5；

B——按质量计算结晶溶液中含晶体的百分比；

T——每批结晶操作总时间（h）。

所以：

$$V=GT/P\varphi B$$

5.2.3.2　离心机

利用离心力达到分离的操作称为离心分离，完成离心操作的设备称为离心机。没食子酸生产使用的离心机主要用于脱水甩干，因此，它一般采用过滤式三足型离心机。

三足式离心机的优点是结构简单、操作平稳、占地面积小、滤渣颗粒不易磨损，它适用于过滤周期长、处理量大、且滤渣含水量要求较低的生产过程，对于粒状的、结晶状的、纤维状的脱水效果较好。特别是它具有控制分离时间可以适应产品湿度变化的要求，比较适宜于小批量，多品种的物料分离。

三足式离心机的主要缺点是上部卸出滤渣需要繁重的体力劳动，另外，这种离心机由于是下部驱动，轴承、传动装置在转鼓下方，不方便，且液体有可能漏入而发生腐蚀。

三足离心机有 SS-800、SS-600 型两种，其主要参数见表 62-13。

针对三足式离心机的不足，可采用江苏省泰兴县离心机厂生产的 ZLP820-N 振动式离心机。

表 62-13 SS-800、SS-600 型离心机主要技术参数

主要指标		SS-800	SS-600
转 鼓	内 径（mm）	800	600
	高 （mm）	400	350
	挡液板口径（mm）	.500	.420
	鼓壁厚度（mm）	4～4.5	4
	转 速（r/min）	1 200	1 600
	过滤面积（m^2）	1	0.5
	最大装料（kg）	135	75
	有效容积（L）	90	45
	分离因数	～700	860
电动机	型 号	JO_2-42-4	JO_2-32-4
	转 速（r/min）	1 440	1 440
	功 率（kW）	5.5	3
	电 压（V）	380	380

工作原理：该机利用离心力与振动的作用将送入转鼓中心处的滤浆甩向转鼓斜壁并沿着斜壁逐渐上升运动，从而使滤液从滤网中穿过进入滤液腔中，经排水口排出，使滤饼自动排入滤饼腔内，并在振动的作用下沿着环形滤饼腔运转，从排料口自动排出。

性能特点：①供料。过滤及排料均在全速运转下自动连续进行。②处理量大，产量高。③设备结构合理、坚固耐用，使用寿命长。④驱动设备功力小，功力消耗低。⑤宜于分离表面水，亦宜分离非表面水。技术参数见表 62-14。

表 62-14 技术参数

项 目	数 据
转鼓直径（mm）	820
有效高度（mm）	450
转速（r/min）	1 200
分离因数	670～750
处理能力（m^3/h）	3～4
振动频率（次/min）	960～1 400
振 幅	2～4
重量（kg）	1 350
外形尺寸（mm）	1 615×1 124×1 435

5.2.3.3 真空干燥

没食子酸产品有怕氧、避光、避高温的特点。采用真空干燥为好。以往国内生产大都采用箱式干燥，劳动强度大，托盘易腐蚀，产品易氧化、并增加粉碎工序。

为克服上述不足，没食子酸生产现已采用 GHb1200 型干燥混合机如图 62-24。

（1）工作原理：干燥混和机为双锥体的回转罐体，其物料装载容积为 65%左右，夹套装有回水管通蒸汽或热水使罐体受热，并且在罐体内不断抽取真空，驱动电机翻动物料均匀搅拌干燥物料（一般先按不同物料重量确定最佳干燥时间和转速为宜）。干燥后物料沿光滑壁体卸料完成此循环。

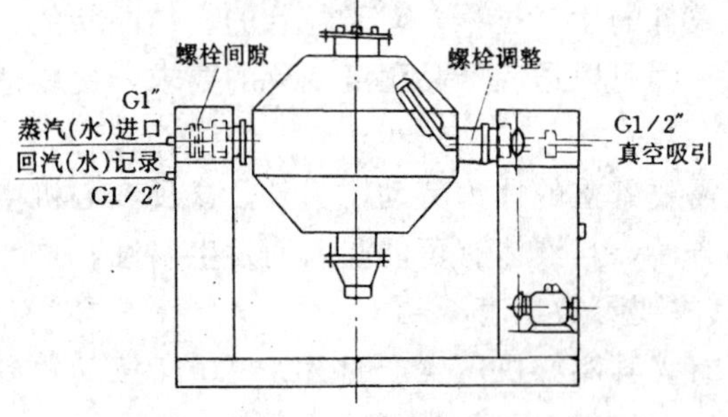

图 62-24 干燥混合机

该机在工作时罐体内处于真空状态加热、干燥、低速回转排除蒸发的水气加快物料干燥速度，故提高干燥效率又节约能源。

（2）工作特点：该机结构紧凑，运转平稳、

减轻劳动强度节省劳动力，干燥速度快，节约能源，经干燥后产品质量好，外形密封，清洁工作方便，特别适合精制车间，故本机是后处理工序的较为理想设备。但该干燥机也有两点不足：一是对进干燥机的湿料水分要求很严。高于 25%的水分很难干燥；二是无配套的水分控制装置，干燥程度全凭人工经验。

（3）主要技术参数：总容量：1 000L；载容量：600～700L；筒体直径：∅120mm；工作压力：容器 95.94～97.65kPa，夹套 0.3MPa；工作温度：容器＜80℃，夹套＜132℃；容器类别：一类；回转速度：4～14r/min；电机功率：3W；电机转速：960r/min；电机型号：Y132S-6；整机重量：3.1t；外形尺寸：3 050mm×1 450mm×2 760mm。

5.2.4　产品质量与检验方法

5.2.4.1　工业没食子酸

（1）质量指标：外观：工业没食子酸为白色或淡灰色晶形粉末。质量指标，见表 62-15。

表 62-15　工业没食子酸质量指标

指 标 名 称	特级品	一级品
没食子酸含量（以干基计，%）　≥	98.5	98.0
水溶解试验	符合（2.1）试验	
干燥失重（%）　≤	10.0	10.0
灼烧残渣（%）　≤	0.1	
硫酸盐（以 SO_4^{2-} 计）　≤	0.02	
单宁酸试验	符合（2.5）试验	

（2）检验方法：见中华人民共和国国家标准 GB5309—85。

5.2.4.2　试剂没食子酸

该产品由遵义第二化工厂参照美国化学试剂标准罗森第五版制定的。

性状：本品为白色或类似白色的结晶或粉末，易溶于乙醇或沸水中，微溶于冷水。

质量指标：见表 62-16。

表 62-16　试剂没食子酸质量指标

指标名称	质量指标
水溶解度	符合第一条试验
灼烧残渣（%）	≤0.05
硫酸根（%）	≤0.010
干燥失重（%）	7～10

检验方法：

水溶解度：2g 溶于 40ml 热水，应完全溶解。

灼烧残渣：称 2g 样品，置于已恒重的瓷坩锅中，加入 0.5ml 硫酸，先蒸发去酸，而后灼烧至恒重，残渣不得超过 1.0mg。

硫酸根，2g 样品溶于 40ml 热水，后在冰上冷却搅拌和过滤，取 20ml 滤液，加 1ml0.1mol/LHCl 和 2ml$BaCl_2$ 试液，放置 15min 后所呈任何浑浊度不得超过已经加入含 SO_4 根 0.1mg 的空白样。

干燥失重：1g 样品在 105℃干燥至恒重，失去重量在 7%～10%。

5.2.4.3　日本没食子酸工业标准（JISK8898）

该标准（见表 62-17）适用于化学试剂没食子酸。

性状：白色或浅黄色晶体或粉末，微溶于水，易溶于热水或乙醇。

质量：

检验方法：

试剂级：

水溶解性：以20ml沸水溶解1g样品，结果溶液呈浅黄色，然后得到几乎是清晰的溶液。

干燥损失：在105℃时干燥1g样品，重量损失不超过0.1g。

表62-17 日本没食子酸工业标准

指标名称	试剂级	工业特级
与水的可溶解性	试验合格	试验合格
干燥失重（%）<	10	10
灼烧残渣（%）<	0.05	0.1
氯化物（Cl）（%）<	0.001	
硫酸盐（SO_4）（%）<	0.005	0.02
单宁酸	试验合格	试验合格

灼烧残渣：渐渐加热2g样品并灼烧（着火）残渣不超过1mg。

氯化物：置2g样品入铂皿，然后加入5ml10%的碳酸钠以及10ml水。置入蒸汽浴上蒸发至干，然后炭化以及着火（燃烧）。冷却后将残渣溶解于10ml的硝酸（1+2），然后稀释至50ml，过滤。取25ml滤液加入0.2ml2%糊精和1ml2%硝酸根，然后静置15min。混浊度不超过以下控制范围，将2.5ml10%的碳酸钠，5ml硝酸（1+2）和1ml氯化物标准溶液的混合物稀释至25ml。然后按以上相同的试验方法静置15min。

硫酸盐（SO_4）将2g样品溶解于45ml热水，然后倒入冰水中边搅拌边冷却。将溶液稀释至50ml，然后通过干燥过滤纸过滤，除去第一层20ml的滤液。取25ml滤液加入0.3ml盐酸（2+1），3ml95%的乙醇和2ml10%氯化钡，静置1h。混浊度不超过以下规定的控制范围：将5ml硫酸盐标准溶液，稀释至25ml，然后如以上相同的试验法完成，然后静置1h。

单宁酸：将1g单宁酸与20ml水在一起摇晃混匀然后过滤。将5～6滴1%的明胶溶液加入该滤液中，没有出现混浊现象。

工业特级：

水溶性：将1g样品溶于20ml的沸水中呈微黄色，溶液稍混浊。

干燥损耗：采用鉴定许可试剂相同的试验方法。

灼烧残渣：为鉴定许可试剂进行的试验。用1g样品进行试验。

硫酸盐（SO_4）：为了鉴定许可试剂进行的试验。采用1g样品和10ml硫酸盐标准溶液，将此溶液静置30min。

单宁酸：为鉴定许可试剂进行的试验，稍混浊。

5.2.4.4 无水没食子酸

该产品可由带一个结晶水的没食子酸进一步干燥脱水而制得。无水没食子酸的质量标准见表62-18。

表62-18 无水没食子酸质量标准

项目	指标	项目	指标
没食子酸含量（%）	≥99.0	色数APHA	≤150
水溶解试验	在比较液以下	氯化物（%）	≤0.01
干燥失重（%）	≤0.5	硫酸盐（mg/L）	≤10.0
灼烧残渣（%）	≤0.1	单宁酸（mg/L）	≤1.0
浊度（mg/L）	≤10.0		

检测方法如下：

没食子酸含量：中华人民共和国国家标准GB5309—85。

水溶解试验：先配置比较液，即取0.1mol/L盐酸14ml加水50ml混匀，取出1ml稀释成 100ml，从中取出 6ml 加水 20ml，加硝酸溶液（1∶3）1ml，加 2%硝酸银溶液 1ml 混匀，放置 15min 后即为比较液。然后称取试样 1.0g，加 20ml 水，加热溶解的溶液生成无色或微黄色，其浑浊度应在比较液以下：

干燥失重：中华人民共和国国家标准 GB5309—85。

灼烧残渣：中华人民共和国国家标准 GB5309—85。

浊度：称取试样 10.0g，加 200ml99.5%乙醇，搅拌溶解后，用浊度计测试，用乙醇调零。

色数：称取 5g 试样放入烧杯中，加入 99.5%的甲醇 40ml，搅拌溶解后即转入比色管中，用甲醇稀释至 50ml，与同样容量的标准色比较，若试样在标准色之间则用深色号表示。其标准色按下法配置：称取 1.246g 氯铂酸钾和 1.0g 氯化钴溶于水中，加盐酸 100ml，水适量至 1 000ml容量瓶中定容。得到的铂钴液相当于 500 号 APHA，以此为标准原液并保留于暗处，每 6 个月重做一次。吸取 1ml 标准原液稀释至 100ml，此液为 5 号 APHA，以此类推，每增加 1ml 标准原液即增加 5 号 APHA，用此方法可配制所需要的 APHA，如配置 150 号 APHA 则取 30ml 标准原液稀释至 100ml 即可。

氯化物：在上述测定灼烧残渣的坩埚内加硝酸溶液（1∶3）10ml 溶解，过滤，加水洗残渣过滤，所有的滤液收集于 50ml 容量瓶中，定容。从中取 25ml 至比色管中，加 2%糊精溶液 0.2ml，2%硝酸银溶液 1ml 放置 15min，与加有 1ml 标准溶液（每毫升标准溶液含 0.1mg 氯）的对照液比较，不得更深。对照液的配制：在 50ml 比色管中加 1ml 标准氯化钠溶液，5ml 硝酸溶液，加水至 25ml，再加 2%糊精溶液 0.2ml，2%硝酸银溶液 1ml，摇匀。

硫酸盐：称取试样 20g 放入 1 000ml 烧杯中，加水 400ml，充分搅拌后用滤纸过滤，取滤液 170ml 至试管中，加盐酸 5ml，加 12%氯化钡试液 5ml，摇匀，30min 后用浊度计测定，用蒸馏水调节零点。

单宁酸：取测定硫酸盐时所配工作试液 180ml，加入 2%明胶溶液 5ml，30min 后用浊度计测定。

5.2.5 技术经济招标

近年来单宁酸、活性炭等原料价格涨落幅度较大，没食子酸的销售价相应变化。现就 1988 年某厂没食子酸生产技术经济指标简述如下：

原料消耗见表 62-19。

成本计算见表 62-20。

表 62-19　原料消耗

原　料	定额（t）	单价（元/t）	单位产品金额（元）
单宁酸	1.64	13 000	21 320
活性炭	0.20	3 600	720
硫　酸	0.40	290	116
草　酸	0.02	5 500	110

表 62-20　成本计算

指标	水电汽	包装	车间经费	企业管理费	工资	工厂成本	售价	利润	税金
元/t	649	80	300	630	324	24 233	28 000	961	2 800

5.3 焦性没食子酸

焦性没食子酸（又称连苯三酚，邻苯三酚，1，2，3-三羟基苯），分子式为 $C_6H_3(OH)_3$，分子量为126.1。

焦性没食子酸用途很广，在重量分析中，是测定铋、锑、金、银、汞盐、磷钼酸及磷钨酸的还原剂；在气体分析中，用于吸收氧；在测定铌、钽时，分离铁、钛和铝；用于亚硝酸盐、铜、钼、钛、铈、铋、金、银、铁、碘酸盐等的显色反应；焦性没食子酸是古老的显影剂，是红外线照相术的热敏剂；在高分子化学工业中，可做为阻聚剂和防老剂，在塑料工业中，可做还原型交换树脂；在石油工业中，焦性没食子酸在碱性溶液中能迅速脱石油中的硫醇；在医药工业中，焦性没食子酸可作治疗病毒性肝炎新药辅酶-Q 的抗氧稳定剂；是生产治疗癣药 8-甲氧基补骨脂素的重要辅料；是合成抗心绞痛药物三甲氧苄嗪的重要中间体。

5.3.1 焦性没食子酸的一般性质

5.3.1.1 物理性质

外观：白色有光泽的结晶

相对密度：1.453

熔点范围：131～136℃

沸点：309℃

溶解度：易溶于水，100份水中，13℃时可溶解40份，25℃时可溶解62.5份；易溶于乙醇及乙醚，不溶于氯仿、二硫化碳和苯。

燃烧热：2.668kJ/kg

吸氧量：245～264cm^3O_2/g

5.3.1.2 化学性质

自氧化性：焦性没食子酸的水溶液在碱性条件下能迅速自氧化，生成带色的中间产物，反应开始后溶液先变成黄棕色，几分钟后逐渐转绿，几小时后转变成黄棕色至深褐色。

这种“自氧化反应”过程十分复杂，它首先提供酚羟基的游离基即有效氢离子，而诱发键反应，反应最终产物为四羟基萘醌：

OH OH OH → O= OH → HO HO OH O= OH

→ HO HO OH CH=CH COOH C—C—OH O CH → HO HO OH O OH +HCOOH

pH值对自氧化影响很大，在碱性条件下自氧化迅速，而在酸性环境中却相当稳定。温度影响远比pH值要小得多。特别在25～27.5℃时，其影响差别小于4%，浓度影响则是以线性速率而增加。

利用焦性没食子酸的自氧化特性，常作药物有机反应的氧化保护剂。

阻聚性：焦性没食子酸中的羟基能形成亲电性的氢键。当加入到自由基比较活泼的单体中时。由于链自由基反应，形成非自由基物质或不能再引发的低活性自由基。使单体聚合速率降为零。因此焦性没食子酸是单体生产的有效阻聚剂。

还原性：焦性没食子酸是一个很强的还原剂。它可以把感光后的卤化银还原成金属银。是一个重要的显影剂。

与金属反应：焦性没食子酸能与锑、铋、镉、铈、金、钼、钽、钛等生成络合物沉淀或显色反应，因此焦性没食子酸为一常用分析试剂，如与 Sb^{3+} 的反应，得到的络合沉淀为：

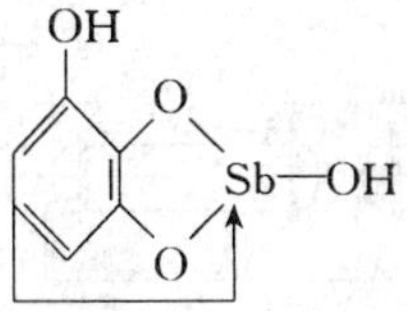

OH ; O ; Sb—OH ; O

甲基化反应：焦性没食子酸上的酚羟基，很易进行甲基化，如：

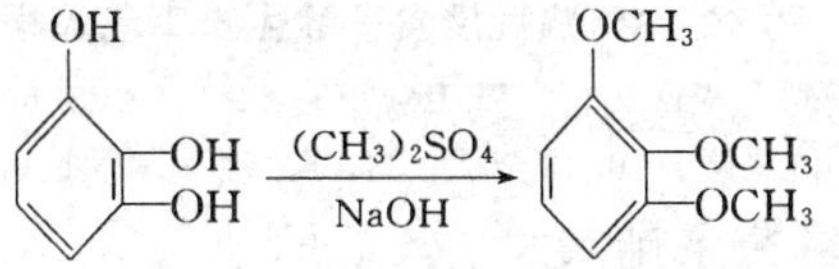

$$(OH)_3C_6H_3 \xrightarrow[NaOH]{(CH_3)_2SO_4} (OCH_3)_3C_6H_3$$

甲基化产物 1，2，3-三甲氧基苯为制取抗心绞痛药物三甲氧苄嗪的重要中间体。

乙酰化反应：焦性没食子酸与乙酸酐和无水乙酸钠共热，很易进行乙酰化反应：

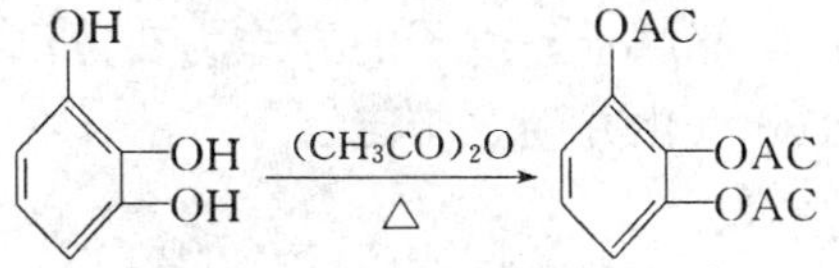

$$(OH)_3C_6H_3 \xrightarrow[\triangle]{(CH_3CO)_2O} (OAC)_3C_6H_3$$

反应是定量进行的，可作焦性没食子酸的定量测定。

5.3.2　以没食子酸为原料生产焦性没食子酸

焦性没食子酸可以用合成法制得，但由于成本问题未能实现工业化生产。现在世界上焦性没食子酸都是用没食子酸为原料经脱羧而制得。在美国、欧洲及日本，焦性没食子酸的工业制造方法是没食子酸的水溶液经高压脱羧再精制得到产品。该方法设备投资较大。

我国焦性没食子酸生产最早的厂为贵州遵义第二化工厂，该厂采用真空脱羧，此法收率偏低。最近国内研究部门研究了新工艺，采用常压脱羧方法生产焦性没食子酸，投资费用小，产品收率高，产品质量高。

真空脱羧制造焦性没食子酸方法如下：

反应原理：

以没食子酸为原料生产焦性没食子酸，主要过程为脱水和脱羧。

脱水　$(OH)_3C_6H_2COOH \cdot H_2O \xrightarrow[\triangle]{} (OH)_3C_6H_2COOH + H_2O\uparrow$

脱羧　$(OH)_3C_6H_2COOH \xrightarrow[\triangle]{} C_6H_3\ (OH)_3 + CO_2\uparrow$

其生产过程主要包括：烘干脱水、炒料、脱羧与升华、选料与包装。

工艺流程如图 62-25。

工艺说明：没食子酸物料分批称重，在烘盘 2 均匀分装，烘盘放入干燥室 1，用蒸汽加热，将物料烘干脱水，烘干物料运至炒料升华锅 3，用加热电炉 4 控制温度，不断翻铲物料进行炒料，直至物料成黑色融熔物。炒料时用抽风机 12 将粉尘回收至粉尘回收室 13。降温至一定温度，炒料锅内加一定量次品焦性没食子酸，搅匀后密封炉门及受器。开启真空泵 11，使真空度达到工艺要求值。控制炉温和气温进行脱羧升华，成品积集于受器 5、6、7 中。气流经洗

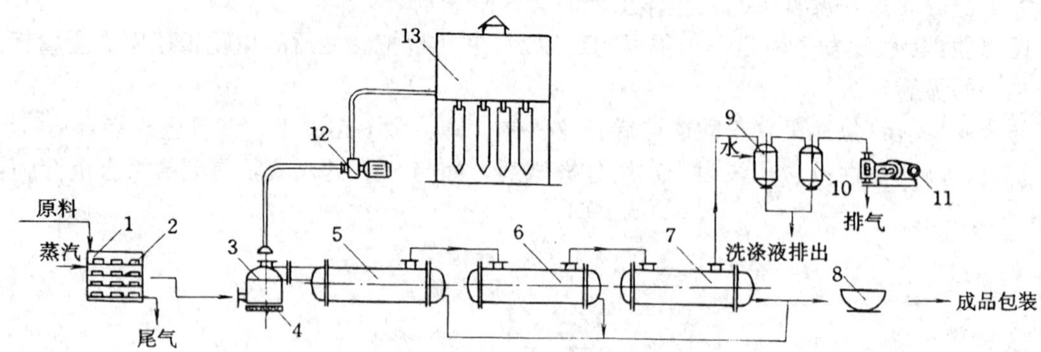

图 62-25 焦性没食子酸生产工艺流程

1. 干燥室；2. 烘盘；3. 炒料升华锅；4. 加热电炉；5. 受器（Ⅰ）；6. 受器（Ⅱ）；7. 受器（Ⅲ）；8. 成品贮存锅；9. 洗涤罐；10. 安全桶；11. 真空泵；12. 抽风机；13. 粉尘回收室

涤罐 9，安全桶 10 洗涤后由真空泵排入大气。

5.3.2.1 烘干脱水

工艺过程：在减压脱羧法生产焦性没食子酸之前，必须把物料中残存的水分，包括结晶水和附在结晶表面的自由水，全部烘干，烘干的方式为在蒸汽加热干燥室中，借助于干燥介质——热空气的热能，将其水分汽化并随之带走。

工艺控制：

温度：适当提高热空气的温度可以加快干燥速率，加大蒸发量，有利于干燥，但根据没食子酸的物料性质，控制干燥介质——热空气的温度在 100～120℃为宜，在密闭的烘房中，应避免因相对湿度饱和而影响干燥，此时可调节排气孔来降低相对湿度。

物料的分布：物料在烘盘上不应堆积太厚，并应保持厚度均匀，以增加干燥的表面积，使干燥速度加快。

干燥时间：20～25h

5.3.2.2 炒料、脱羧与升华

炒料：炒料是将烘干脱水的没食子酸物料放入升华锅内，在一定温度下，不断翻铲并打碎在翻铲中形成的块料，使之熔化成黑稀糊状的过程。炒料是脱羧、升华前的准备过程。焦性没食子酸次品在此过程中加入。

工艺控制：

炒料炉温控制在 280～340℃，气温控制在 180～200℃。加焦性没食子酸次品的炉温应降到 170～180℃。

脱羧：没食子酸加热至 225～240℃开始融熔，若再继续加热则开始发生脱羧反应。而生成邻苯三酚，这是因为没食子酸上的羧基处于对位。其分子离子化表现得很强，能引起 α-裂解，其重排反应为：

$$(HO)_3C_6H_2-\overset{O^+}{\overset{\|}{C}}-OH \xrightarrow{-OH} (HO)_3C_6H_2-\overset{O^+}{\overset{\|}{C}} \xrightarrow{-CO} (HO)_3C_6H_3$$

工艺控制：

原料杂质的影响：若原料中含有多量的硫酸，会明显地影响脱羧反应，在加热过程中它会起到催化剂的作用，使两个分子的没食子酸缩合成六羧基蒽醌，使产量明显降低。

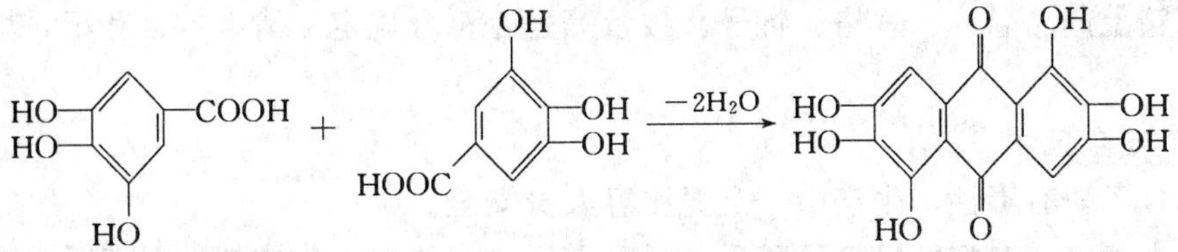

$$\text{没食子酸} + \text{没食子酸} \xrightarrow{-2H_2O} \text{六羟基蒽醌}$$

过量的灰分也会影响脱羧反应，因为多数金属离子均能与没食子酸生成络合物或碱金属盐，影响脱羧反应，草酸的存在也是影响产品质量的重要因素。因为草酸中的羧基有强烈吸引电子的效应。它可能影响没食子酸中羧基的重排反应，而影响产品质量。

脱羧温度：脱羧温度的高低直接影响产品的产量和质量，达不到脱羧温度，物料脱羧不完全就影响产量，脱羧温度过高，则物料容易炭化，实际操作时应控制脱羧温度在 280℃左右，在减压 0.67kPa 下温度在 180℃开始脱羧，边脱羧边升华出焦性没食子酸。

升华：脱羧后的物料，主要成分已是焦性没食子酸，必须经过升华阶段而提纯。由于焦性没食子酸具有较低的蒸汽分压，较高的凝固点，只要减压便很容易变成气体，而顺利地升华，达到提纯的目的。表 62-21 为焦性没食子酸在各种温度下的蒸汽压。

表 62-21　焦性没食子酸的温度与蒸汽压关系

温度（℃）	133.0	151.7	167.7	185.3	204.2	216.3	232.0	255.0	309.0
蒸汽压（kPa）	0	0.7	1.3	2.7	5.3	8.0	26.4	53.3	101.3

因此控制适当的真空度，在较低的温度下，即可达到升华提纯的目的。

工艺控制：

真空度：真空度越高，升华温度就越低，且升华速率就越快，这对产品的产量和质量都是关键，因此在生产中应控制升华锅内真空度大于 100kPa。

温度：根据操作经验，炉温掌握的高低对产品质量和产量影响都很大，一般初始升华时，炉温为 190℃，气温为 175℃较适宜。以后逐渐增高，至出料前炉温为 230℃，气温为 180℃左右。这样可避免物料过多炭化，且产量可提高。

5.3.2.3　选料与包装

选料：将大小船形锅内全部成品分层分段抽样检验。检验标准按：取焦性没食子酸 1g 溶解于 15ml 蒸馏水中，摇动 1～2min 待溶液气泡消失后，观察其透明度情况，透明无杂质，无沉淀物为二级合格品；微浑为三级合格品，浑浊为工业品。

将各级产品分别选出并分别装入清洁的料桶内过磅，写好标签、等级、重量、日期等放入料桶内，并盖好料桶，以免杂质混入影响质量。

包装：产品用天平计量后，装入干燥清洁的瓶子内，每瓶计量标准 100g，误差不超过±0.5g。

拧紧内外盖，贴好标签（要求贴正、整齐、清洁）。

用石蜡溶化后密封好瓶口，不使空气进入，待冷却后装入做好的纸箱内。

装箱时每箱 25 瓶（即 2.5kg），用纸花塞紧瓶与瓶之间的空隙，瓶上再铺上均匀的纸花，放上合格证及上格板，关于箱盖，用脱水纸封好纸箱口，再用塑料带打好包，检查箱上产品名称、规格、批号、数量是否符合规定，清点数目进行登记，填好入库单，作产品入库。

大包装时每箱25kg（误差不超过±0.125kg）内用玻璃纸及牛皮纸袋，外用塑料袋，特制的木箱或纸箱内逐层封好后，放上合格证，封好箱盖，用钉钉好箱盖，或脱水纸封好纸箱口，打包。检查箱上产品名称、规格、批号、数量等是否符合规定，清点数目登记，填入库单作产品入库。

5.3.3 生产安全技术

焦性没食子酸有毒性，生产中一定要注意人身安全。

毒性与中毒症状：焦性没食子酸吸入呼吸道后，能使血液生成变性血红朊，在长期的生产接触中，可产生职业性皮炎，发生湿疹或手指皱裂，较普遍的职业性症状为使人易疲倦、头昏、贫血。

中毒防止措施：保证设备、管道的严密，杜绝产品外逸。

在操作场地，加强排气通风，使有毒物质在空气中的浓度降至最大许可范围以下，并进行必要的分析测定。

操作人员应穿戴好必须的防护用品。在工作之后应洗澡、换衣服。

不断改进工艺操作，采用仪表和自控装置以及隔离操作等，采用密闭工艺流程，使操作人员尽量减少与有毒物质直接接触的机会。

5.3.4 产品质量与检验方法

贵州遵义第二化工厂目前生产试剂二级焦性没食子酸、试剂三级焦性没食子酸、工业焦性没食子酸，其中分析纯焦性没食子酸（试剂二级）质量标准为HGB3369—60，化学纯焦性没食子酸（试剂三级）的质量标准为黔Q/HG4—80，工业品焦性没食子酸暂行质量标准为企Q/HG8—83。

技术要求：见表62-22。

表62-22 焦性没食子酸技术指标

指标名称	二级品	三级品	工业品
外观	白色	结晶	淡黄结晶
熔点范围（℃）	131～133	130～133	129～133
水溶解试验	透明	微浑	浑浊
灼烧残渣（硫酸盐）（%） ≤	0.025	0.025	0.025
氯化物（Cl）（%） ≤	0.001	0.001	
硫酸盐（SO_4）（%） ≤	0.01	0.01	
没食子酸	无反应	无反应	无反应

检验方法：

水溶解试验：称1g样品，用15ml新煮沸已冷却的水溶解，应透明并无不溶物质。

灼烧残渣：称4g样品，加1ml硫酸缓缓灼烧至恒重，残渣重量不得大于1.0mg。

氯化物：称1g样品，用15ml水溶解，加1ml硝酸（相对密度1.15）及1ml0.1mol/L硝酸银溶液混匀，所呈乳色不得深于标准，标准是为同体积中含有0.01mgCl及与样品同时同样处理。

硫酸盐：称0.5g样品，用25ml水溶解加1ml3mol/L盐酸在30～35℃保温10min再加入3ml25%氯化钡溶液，混匀、放置30min，所呈混浊不得深于标准，标准为同体积中含有

0.05mgSO_4 与样品同时同样处理。

没食子酸：称 2g 粉状样品，加 5ml 乙醚，应呈透明。

5.4　甲氧苄氨嘧啶

甲氧苄氨嘧啶简称 TMP。化学名称为 2,4-二氨基-5-(3,4,5-三甲氧苄基)-嘧啶。

TMP 为白色或类白色结晶粉末、无臭，味苦，在氯仿中略溶，在乙醇中或丙酮中微溶，在水中极微溶，在冰醋酸中溶解。熔点为 199～203℃。

TMP 是一种广谱、高效、低毒的抗菌药物。如与各种磺胺药联合应用，可使磺胺药物的抗菌作用增强数倍至数十倍。自 1975 年以来，仅就本品与五种磺胺药（SMZ、SMD、DS-36、SIZ、SD）联合应用，有较完整的统计资料 2621 例来分析，即证明其对磺胺药增效达 2～64 倍。TMP 同磺胺类药物联合应用，在一些常见病的治疗方面优于抗生素，为临床广泛使用磺胺药打开了新局面。此外，本品对多种抗生素亦有增效作用，尤其对四环素和庆大霉素更为明显，对四环素抗流感菌作用可增强 4～16 倍；抗肺炎球菌作用可增强 4～32 倍；对庆大霉素抗这两种病菌的作用可增强 4～8 倍；由于疗效确切，使用方便，副作用小，在临床上深受欢迎，需要量日益增多。

5.4.1　以五倍子单宁酸为原料生产 TMP

TMP 为合成药物，按原料来源和化学反应中功能基团的转化，有几种合成路线。以单宁酸为原料的合成途径主要包括：甲酯化、肼化、氧化、缩合、环合和精制等部分。

5.4.1.1　甲酯化（3,4,5-三甲氧基苯甲酸甲酯的制备）

（1）工艺原理：用单宁酸直接制 3,4,5-三甲氧基苯甲酸甲酯称之为“一勺烩”。“一勺烩”的工艺包括甲基化、水解和酯化三步反应。这三步反应的工艺安排次序也可以变更，即水解、甲基化和酯化；所得结果是相同的。

单宁酸分子中的游离酚羟基在碱性下形成钠盐再与硫酸二甲酯反应，这是一个亲核取代反应，分子中带氧的阴离子向硫酸二甲酯的阳碳原子进攻，发生甲基化反应。用硫酸二甲酯进行甲基化时，一般在碱性下进行，以增加氧原子上阴电荷反应性。

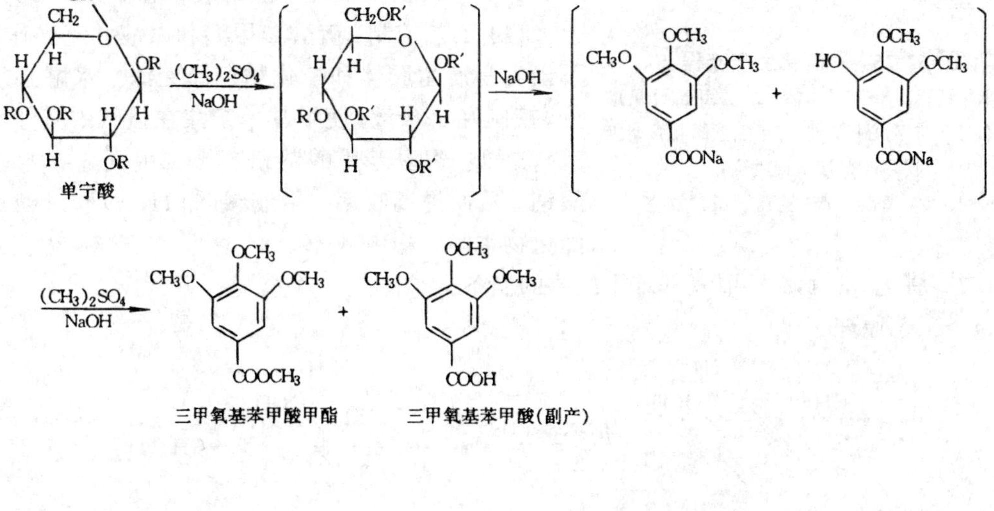

单宁酸

三甲氧基苯甲酸甲酯　　三甲氧基苯甲酸(副产)

$R=-\overset{O}{\overset{\|}{C}}-C_6H_2(OH)_2-O-\overset{O}{\overset{\|}{C}}-C_6H_2(OH)_3 \qquad R'=-\overset{O}{\overset{\|}{C}}-C_6H_2(OCH_3)_2-O-\overset{O}{\overset{\|}{C}}-C_6H_2(OCH_3)_3$

或 $R=-\overset{O}{\overset{\|}{C}}-C_6H_2(OH)_2-O\left[-\overset{O}{\overset{\|}{C}}-C_6H_2(OH)(O^-)-O\right]_{2\sim5}-\overset{O}{\overset{\|}{C}}-C_6H_2(OH)_3 \qquad R'=-\overset{O}{\overset{\|}{C}}-C_6H_2(OCH_3)_2-O\left[-\overset{O}{\overset{\|}{C}}-C_6H_2(OCH_3)(O^-)-O\right]_{2\sim5}-\overset{O}{\overset{\|}{C}}-C_6H_2(OCH_3)_3$

$$R-O^- \quad CH_3^+-O^--\overset{O}{\underset{O}{\overset{\|}{\underset{\|}{S}}}}-OCH_3 \longrightarrow R-O-CH_3 + CH_3SO_4^-$$

$$Ar-OH + (CH_3)_2SO_4 + NaOH \longrightarrow Ar-OCH_3 + CH_3HSO_4 + H_2O$$

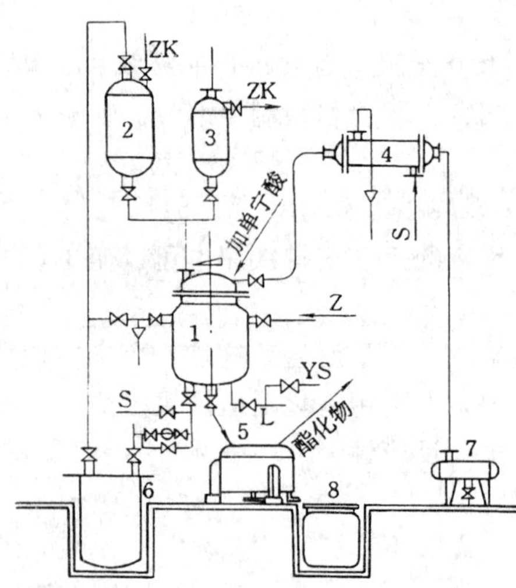

图 62-26 甲酯化生产流程

1. 甲酯化罐；2. 碱液计量罐；3. 二甲酯计量罐；4. 冷凝器；5. 离心机；6. 二甲酯贮罐；7. 水回收罐；8. 废液回收罐；

S. 水；Z. 蒸汽；YS. 空压；ZK. 真空

生产流程如图 62-26。将水和单宁酸投入反应罐中，在搅拌下加入第一次硫酸二甲酯，于室温下滴加第一次碱液，于 70～75℃，保温反应 30min。甲基化反应完毕，加第二次碱液，升温至回流，然后改成蒸水装置，蒸水约 2h 进行水解反应。反应完毕，降温到 43℃时加第二次硫酸二甲酯，加完后立即滴加碱液，控制 pH 值 8～7，于此温度下保持 1h，加水稀释、冷却、过滤、水洗得 3,4,5-三甲氧基苯甲酸甲酯，熔点 80～82℃，一次收率为 85%以上。

母液用盐酸中和至 pH 值 2～3，析出 3,4,5-三甲氧基苯甲酸。扣除回收的 3,4,5-三甲氧基苯甲酸后，3,4,5-三甲氧基苯甲酸甲酯的收率在 96%～98%。

(2) 工艺控制：硫酸二甲酯和碱液并流操作，控制不当容易产生胶体和酯化物色泽变深。水解必须要充分，控制好出水量，使甲基单宁酸在强碱中充分水解成 3,4,5-三甲氧基苯甲酸钠和 3,4-二甲氧基-5-羟基苯甲酸钠，从而提高收率。用液碱调 pH，过酸过碱都易使酯化物水解，影响收率。

5.4.1.2 肼化（3,4,5-三甲氧基苯甲酰肼的制备）

(1) 工艺原理：

$$(CH_3O)_3C_6H_2-COOCH_3 \xrightarrow{H_2NNH_2 \cdot H_2O} (CH_3O)_3C_6H_2-CONHNH_2 + CH_3OH$$

3,4,5-三甲氧基苯甲酸甲酯与水合肼的反应为双分子亲核取代（SN_2），酯的反应中心是羧基碳原子，反应按下列过程进行：

$$-\ddot{N}: + R-\overset{\delta^+}{C}(=\overset{\delta^-}{O})-OR' \rightleftharpoons R-C(-\overset{+}{N}-)(-\ddot{O}:^-)-OR' \xrightleftharpoons{:N-} R-C(-N:)(-\ddot{O}:^-)-OR' + NH_4^+$$

$$\rightleftharpoons R-C(=O)-NH_2NH_2 + {}^-OR'$$

生产流程如图 62-27。将水合肼，3,4,5-三甲氧基苯甲酸甲酯混合，加热至 95～97℃，回流反应 3h，反应毕加入热水，于 95℃搅拌 10min，使结晶全部溶解后，降温、甩滤、水洗即得 3,4,5-三甲氧基苯甲酰肼，熔点 158～162℃，收率为 84%～88%。母液用盐酸中和至 pH 值 2～3，可回收 3,4,5-三甲氧基苯甲酸。母液可再回收盐酸肼。

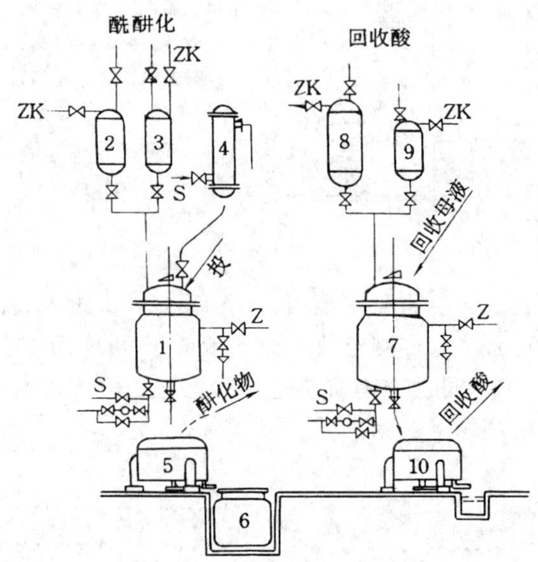

图 62-27　肼化生产流程

1. 肼化罐；2. 水合肼计量罐；3. 盐水计量罐；4. 冷凝器；5.、10. 离心机；6. 废液回收罐；7. 回收苯甲酸罐；8. 碱液计量罐；9. 盐酸计量罐

S. 水；Z. 蒸汽；YS. 空压；ZK. 真空

（2）工艺控制：回流反应要充分，同时要注意冷却水，以免水合肼挥发影响反应。

反应完，加水重结晶一定要充分回流，以提高肼化物质量。

5.4.1.3　氧化（3,4,5-三甲氧基苯甲醛的制备）

（1）工艺原理：现在生产上，采用铁氰化钾（赤血盐）为氧化剂，把酰肼氧化为醛。

$$(CH_3O)_3C_6H_2CONHNH_2 + 2K_3Fe(CN)_6 + 2NH_4OH \xrightarrow{\text{甲苯}} (CH_3O)_3C_6H_2CHO + 2K_3NH_4Fe(CN)_6 + 2H_2O + N_2\uparrow$$

铁氰化钾（赤血盐）是一个具有温和氧化能力的氧化剂。它是由高铁形式获得一个电子，变为低铁的形式（黄血盐），此反应须在过量的氨水中进行：

$$[Fe(CN)_6]^{3-} + e \longrightarrow [Fe(CN)_6]^{2-}$$

母液中的黄血盐可用高锰酸钾氧化为赤血盐，供回收套用。

$$3K_3NH_4Fe\ (CN)_6+KMnO_4+2H_2O \longrightarrow 3K_3Fe\ (CN)_6+MnO_2+3NH_4OH+KOH$$

生产流程如图 62-28。酰肼与氨水和甲苯混合，在 25℃以下滴加预先配制的赤血盐溶液，25℃±1℃保温反应 3h，反应毕，压滤，滤渣用甲苯洗涤，洗液与滤液合并，分层。水层中有黄血盐可回收。甲苯层分别用 2%盐酸、2%氢氧化钠和水各洗涤一次，弃去洗液，甲苯层减压蒸馏回收甲苯，至蒸尽为止。趁热出料，自然冷却、结晶，即得 3,4,5-三甲氧基苯甲醛，熔点 69～73℃，收率 85%～88%。

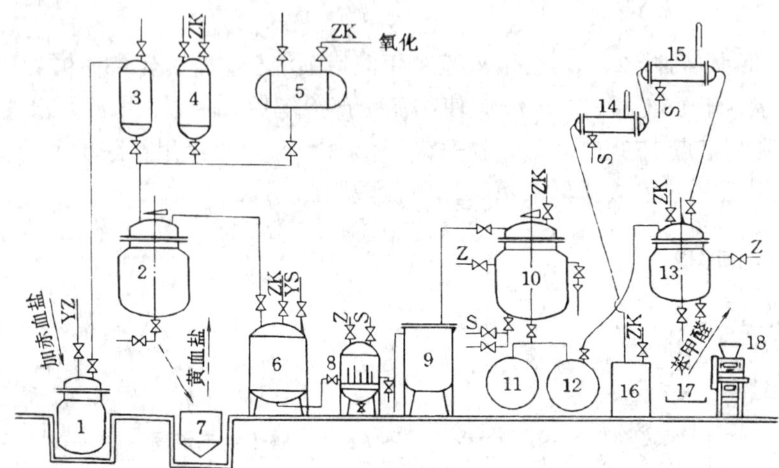

图 62-28 氧化生产流程

1. 赤血盐溶解罐；2. 氧化罐；3. 赤血盐计量罐；4. 甲苯计量罐；5. 甲苯贮罐；6. 压料贮罐；7. 减压滤斗；8. 加压滤斗；9. 滤液贮罐；10. 分层罐；11. 水层贮罐；12. 苯层贮罐；13. 蒸苯罐；14、15. 冷凝器；16. 苯贮罐；17. 冷却槽；18. 粉碎机

母液回收如图 62-29。首先将母液于减压下排去氨，将氨水蒸出，冷却后，分次投入高锰酸钾，于 50℃左右反应，加完后在 50～55℃保温 2h，取样测定黄血盐含量低于 2%以下方为合格。过滤除去二氧化锰，水洗，洗液与滤液合并，即为含有赤血盐的水溶液。测定赤血盐含量后，可用于下次投料用。赤血盐的回收率为 75%～80%。

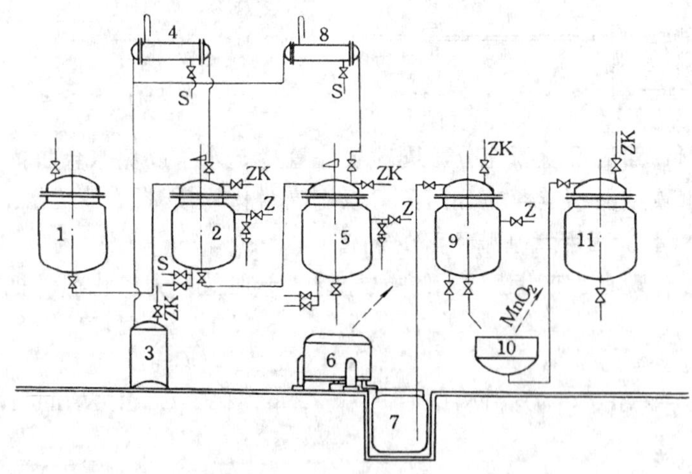

图 62-29 赤血盐回收流程

1. 母液贮槽；2. 去氨罐；3. 氨贮罐；4. 冷凝器；5. 小氧化罐；6. 离心机；7. 贮池；8. 冷凝器；9. 加热水冲罐；10. 减压滤斗；11. 赤血盐母液贮罐；S. 水；Z. 蒸汽；ZK. 真空

（2）工艺控制：要经常测定氨水含量，以保证氨水投料量正确，赤血盐溶解温度不宜太高，滴加速度不宜太快，以免影响收率。酸洗、碱洗、水洗要充分，以保证“醛”的质量。蒸甲苯后期，温度不过高，以免“醛”炭化分解。配制赤血盐溶液不宜过早，以免分解损失。氧化母液浓缩去氨，温度过高，黄血盐分解，温度过低，去氨不完全，赤血盐转化率降低。加高锰酸钾必须少量、分次、缓慢加入，以免高锰酸钾沉底，影响反应，锰泥必须洗涤充分和抽干，以免影响赤血盐回收率。

5.4.1.4 缩合（单甲醚的制备）

（1）工艺原理：单甲醚的制备是采用两步反应“一勺烩”的工艺，即将丙烯腈在醇钠催化下与甲醇发生亲核加成，形成甲氧丙腈（Ⅰ）。

$$CH_3O^- H^+ + CH_2{=}C{-}H{-}C{\equiv}N^- \xrightarrow{CH_3ONa} CH_3OCH_2CH_2CN$$

再与 3,4,5-三甲氧基苯甲醛（Ⅱ）进行克内费纳格尔（Knoerenagel）缩合反应：

$$(CH_3O)_3C_6H_2{-}CHO + CH_3OCH_2CH_2CN \xrightarrow{CH_3ONa} (CH_3O)_3C_6H_2{-}CH{=}C(CN){-}CH_2OCH_3 + H_2O$$

（Ⅱ）　（Ⅰ）

该缩合反应系指醛类或酮类在有机碱或其盐类存在下，与具有活性次甲基的化合物进行缩合可得相应的具有 α，β-不饱和缩合物。在此反应中，（Ⅰ）是具有活性次甲基的化合物，它在甲醇钠存在下可与（Ⅱ）进行缩合，反应过程如下：

$$CNCH_2CH_2OCH_3 + B \longrightarrow CNCHCH_2OCH_3 + BH^+$$

$$RCHO + \underset{CN}{CH}CH_2OCH_3 \longrightarrow R{-}\underset{O^-}{CH}{-}\underset{CH}{CH}{-}CH_2OCH_3$$

$$R\underset{O^-}{CH}{-}\underset{CN}{CH}{-}CH_2OCH_3 \xrightarrow{BH^+} R{-}\underset{OH}{CH}{-}\underset{CN}{CH}{-}CH_2OCH_3 + B$$

$$R{-}\underset{OH}{CH}{-}\underset{CN}{CH}{-}CH_2OCH_3 \longrightarrow R{-}CH{=}\underset{CN}{C}{-}CH_2OCH_3 + H_2O$$

生产流程如图 62-30，将甲醇钠投入干燥的反应罐内；加入少量乙酸乙酯，常温反应 30min，冷却 到 10℃时滴加甲醇和丙烯腈的混合液，控制温度不超过 25℃；加毕，投入 3，4，5-三甲氧基苯甲醛，并在 25℃下保温反应 10h，反应结束冷却到 5℃，甩滤水洗到中性，干燥得单甲醚。熔点为 80～84℃，收率 80%～82%。

（2）工艺控制：投料前必须检查化验甲醇钠、丙烯腈的水分，合格后方可投料。用的缩合反应温度必须要控制好，过高过低都要影响收率，单甲醚干燥温度不能超过 50℃，以免炭化。

5.4.1.5 环合（甲氧苄氨嘧啶的制备）

（1）工艺原理：在生产上，本工序是把四步化学反应连续进行“一勺烩”的工艺。①首先，在甲醇钠和无水乙醇中加入少量的乙酸乙酯（Ⅰ）进行水解反应，以除去游离碱（Ⅱ）；②由上工序制取的单甲醚（Ⅱ），制得双甲醚（Ⅳ）；③硝酸胍（Ⅴ）与甲醇钠生成游离胍（Ⅵ）；④双甲醚和游离胍环合，同时将生成的甲醇不断蒸出，促使反应完成，即得甲氧苄氨

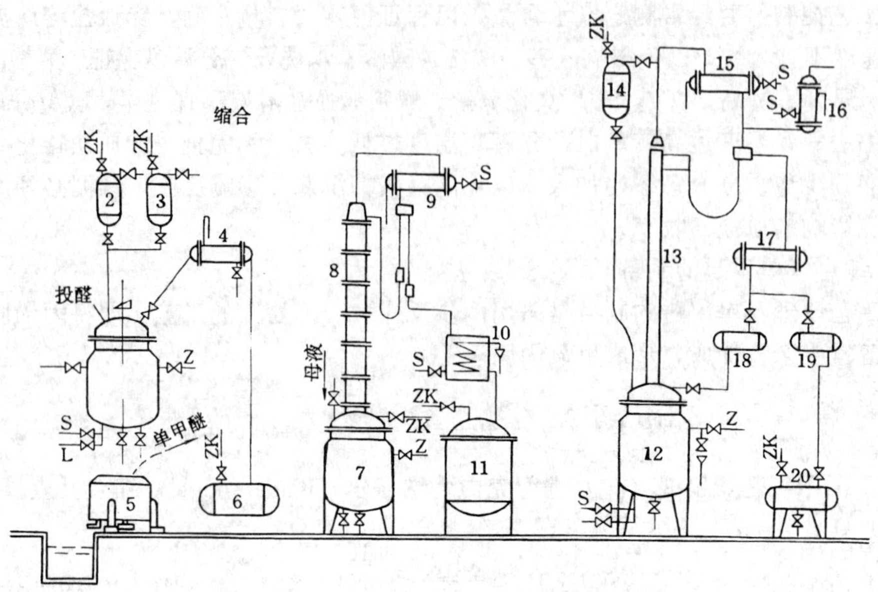

图 62-30 缩合生产流程

1. 缩合罐；2. 甲醇钠计量罐；3. 丙烯腈计量罐；4、9、15、16、17. 冷凝器；5. 离心机；6. 甲醇受器；7. 甲醇蒸馏釜；8. 甲醇蒸馏塔；10. 冷却器；11. 甲醇贮罐；12. 甲酸甲酯蒸馏釜；13. 甲酸甲酯蒸馏塔；14. 甲醇计量罐；18、19. 吸收器；20. 贮料罐

嘧啶（Ⅶ）。

$$\underset{(\text{I})}{CH_3COOC_2H_5} + \underset{(\text{II})}{NaOH} \longrightarrow CH_3COONa + C_2H_5OH$$

$$\underset{(\text{III})}{3,4,5\text{-}(CH_3O)_3C_6H_2-CH{=}\underset{\underset{CN}{|}}{C}-CH_2OCH_3} + CH_3OH \xrightarrow[C_2H_5OH]{CH_3ONa} \underset{(\text{IV})}{3,4,5\text{-}(CH_3O)_3C_6H_2-CH_2-\underset{\underset{CN}{|}}{CH}-CH\langle^{OCH_3}_{OCH_3}}$$

单甲醚与甲醇发生的亲核加成反应，其反应机理可能是单甲醚首先以丙烯重排方式双键发生1，3-重排，由于氰基的吸电子作用，C_3 上带正电荷，然后与甲氧基负离子进行亲核加成。

$$\underset{(\text{V})}{H_2N-\overset{\overset{NH}{\|}}{C}-NH_2HNO_3} \xrightarrow{CH_3ONa} \underset{(\text{VI})}{H_2N-\overset{\overset{NH}{\|}}{C}-NH_2} + NaNO_3 + CH_3OH$$

$$\underset{(\text{IV})}{3,4,5\text{-}(CH_3O)_3C_6H_2-CH_2\underset{\underset{CN}{|}}{CH}-CH\langle^{OCH_3}_{OCH_3}} \xrightarrow{H_2N\overset{\overset{NH}{\|}}{C}-NH_2(\text{VI})} \underset{(\text{VII})}{3,4,5\text{-}(CH_3O)_3C_6H_2-CH_2-(2,4\text{-diamino-5-pyrimidinyl})}$$

生成的双甲醚与胍脱去二分子甲醇、环合得甲氧苄氨嘧啶。

$$\underset{\substack{|\\ CN}}{R\text{-}CH\text{=}C}\text{-}CH_2OCH_3 \xrightleftharpoons{\text{重排}} RCH_2\text{-}\underset{\substack{|\\ C\equiv N^-}}{C}\text{=}CHOCH_3 \xrightarrow{CH_3O^-\ H^+} R\text{-}CH_2\text{-}\overset{H}{\underset{C\equiv N}{C}}\text{-}CH\langle^{OCH_3}_{OCH_3}$$

$$R\text{-}CH_2\text{-}\underset{H}{C}(C\equiv N)\text{-}CH\langle^{OCH_3}_{OCH_3} + H_2N\text{-}\overset{HN}{\overset{\|}{C}}\text{-}NH_2 \xrightarrow{-2CH_3OH} R\text{-}CH_2\text{-}(\text{嘧啶环})\text{-}NH_2$$

生产流程如图62-31。将甲醇钠、无水乙醇和乙酸乙酯投入烘干的反应罐内，在常温下反应30min后加入甲醚。升温到82±1℃，回流反应4h，反应完毕降至室温，投入硝酸胍，在74～76℃回流反应2h，然后开始蒸出乙醇，一直到内温达92℃为止，再于92～100℃回流反应4h，反应结束，趁热加入水和醇，加热回流30min，然后降温至10℃以下，甩滤、醇洗、水洗、干燥，得甲氧苄氨嘧啶粗品，熔点195℃以上。

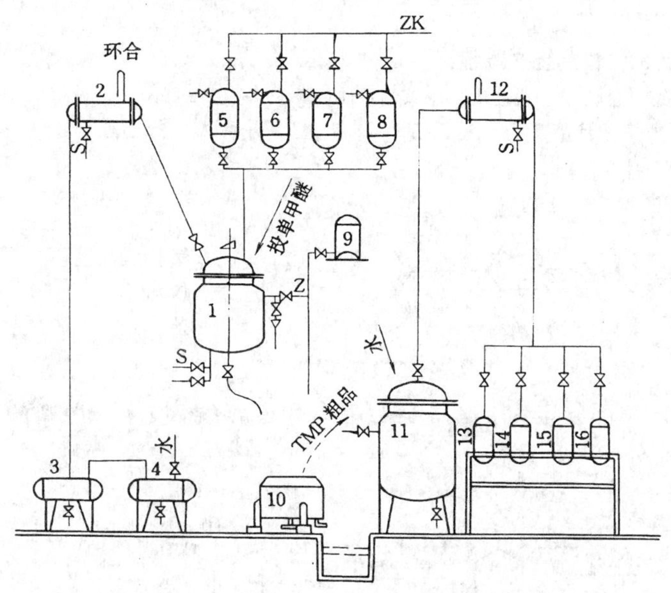

图62-31 环合生产流程

1. 环合罐；2、12. 冷凝器；3、4. 贮罐；5. 乙酯计量罐；6. 稀醇计量罐；7. 甲醇钠计量罐；8. 热水罐；9. 混醇计量罐；10. 离心机；11. 水蒸馏罐；13～16. 蒸馏受水器

(2) 工艺控制：投料前必须要化验无水乙醇、硝酸胍水分，符合规定后方能投料，制双醚和环合反应温度必须控制好，过高或过低对收率均有影响。加硝酸胍后，升温要缓慢，以免反应剧烈发生冲料。环合处理加醇、加水要回流搅拌充分，以免锅巴块混入粗品，影响质量。

5.4.1.6 精 制

(1) 工艺原理：将粗制品溶于稀醋酸中，于95～98℃加活性炭脱色1h，趁热过滤，滤液于70℃用氨水中和到pH值8.5～9.0，冷却、甩滤、用蒸馏水洗涤、干燥，得精制品。环合、

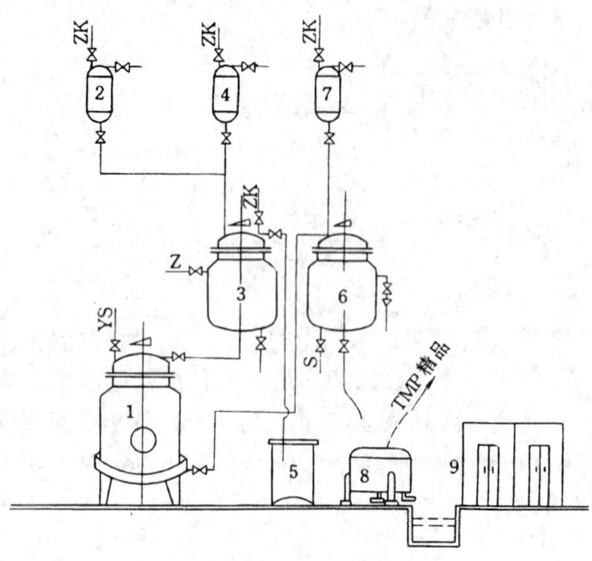

图 62-32 精制生产流程

1. 四芯压滤器；2. 冰醋酸计量罐；3. 脱色罐；4. 蒸馏水计量罐；5. 炭罐；6. 中和罐；7. 氨水计量罐；8. 离心机；9. 干燥室

精制两步效率为73%～74%。

生产流程如图 62-32。

(2) 工艺控制：压滤时要注意滤液澄清，防止漏炭，中和时 pH 值要准确，以免影响收率质量。成品甩滤时必须用水将醋酸氨洗净，过筛包装要注意，不要掉入异杂物而影响质量。

5.4.2 TMP 生产前景展望

从 TMP 的化学结构来看，它可以视为 A 和 B 两部分。B 部分又可视为 C、D 两部分，把 A 部分与 C 部分缩合，再与 D 部分环合，是合成 TMP 较为理想路线。

OCH_3, H_3CO, OCH_3, CH_2, N, NH_2, N, NH_2
A　B

6, 1, N, 2, NH_2, 5, 4, N, 3, H_2N
C　D

目前我国把生产 A 部分定为 3,4,5-三甲基苯甲醛路线，按生产原料的来源和化学反应中功能基团的特征，又分为 5 种途径。

3,4,5-三甲氧基苯甲醛合成路线

(1) 单宁酸 —$(CH_3)_2SO_4$, NaOH→ (3,4,5-三甲氧基, $COOCH_3$) —$NH_2NH_2 \cdot H_2O$→ (3,4,5-三甲氧基, $CONHNH_2$) —$K_3Fe(CN)_6$→

(2) (OH, OCH_3, CHO) —Br_2→ (Br, OH, OCH_3, CHO) —NaOH, Cu→ (HO, OH, OCH_3, CHO) —$(CH_3)_2SO_4$, NaOH→

(3) (NO_2, CH_3) —NaS, S / NaOH→ (NH_2, CHO) —1. $NaNO_2$, I^+ / 2. H_2O→ (OH, CHO) —Br_2→ (Br, OH, Br, CHO) —CH_3ONa / DMF→ (CH_3O, OH, OCH_3, CHO) —$(CH_3)_2SO_4$ / NaOH→ (CH_3O, OCH_3, OCH_3, CHO)

3,4,5-三甲氧基苯甲醛

(4)

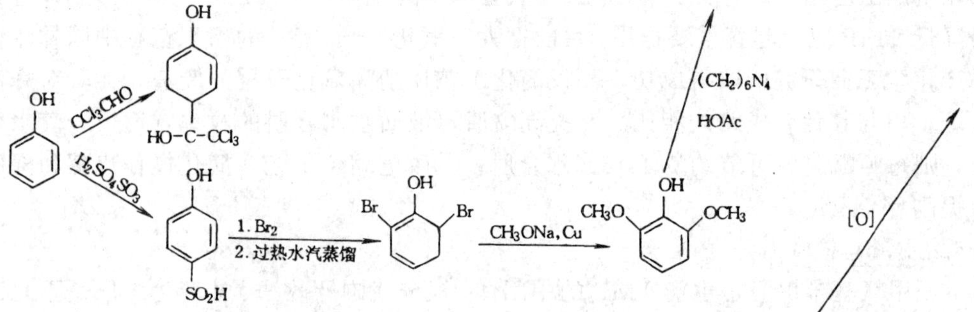

(5)

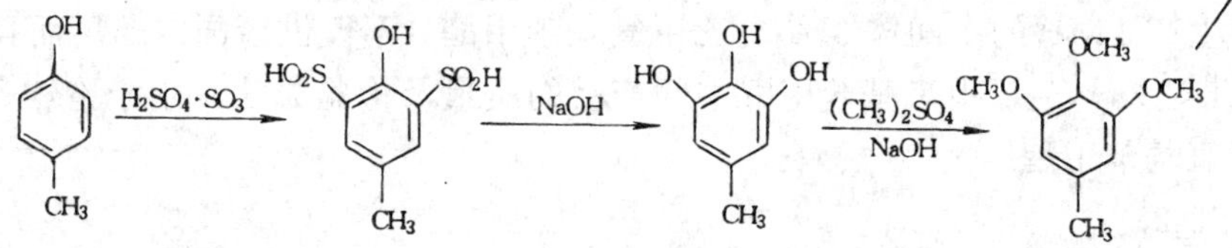

以往以单宁酸制 3,4,5-三甲氧基苯甲醛，由于原料来源方便，制备简单，价格便宜，被多数制药厂所采用。现在由于单宁酸、赤血盐等原料价格上涨，其他合成路线尽管工艺路线长，有三废污染，但因价格适中，质量高，现已在国内开始投产，成为单宁酸路线的有力竞争对手。

TMP 的结构改造工作一直在进行并取得重大进展，现已上市或进入临床研究的有：四氧普林 Tetroxoprim（TXP）、溴莫普林 Brodimoprim（BDP）、美替普林 Metioprim（MTP），其结构分别为：

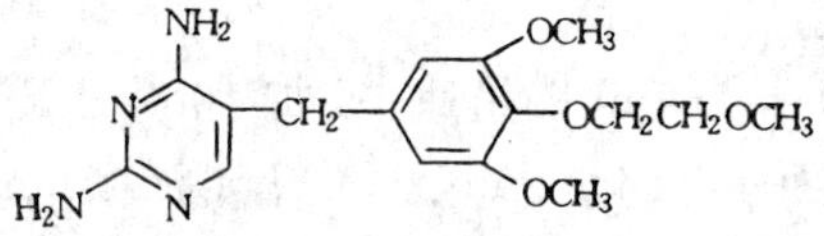

(TXP)

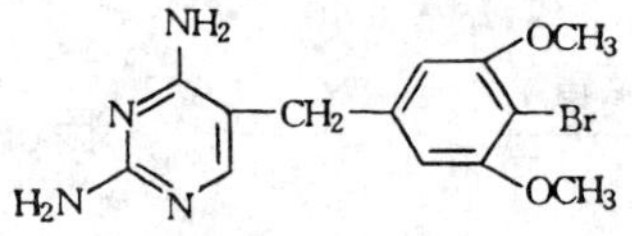

(BDP)

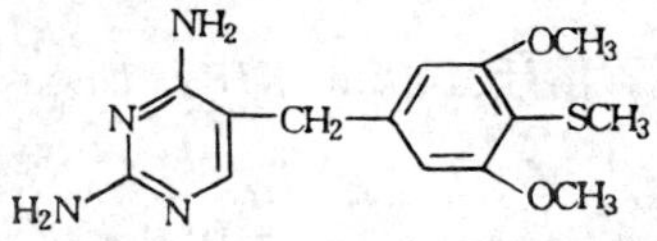

(MTP)

TXP 经 199 种细菌的体外试验表明活性比 TMP 低 8～16 倍，与 TMP 有完全交叉抗性，与磺胺嘧啶（SD）合用有增效作用，并可延缓微生物对它产生抗性。虽然 TXP 对细菌二氢叶酸还原酶的抑制活力和体外抗菌作用均较 TMP 差，但它的水溶性及脂溶性均比 TMP 好，生物浓度高，由于 TXP 的尿药浓度高，临床上最先推荐用于尿路感染。BDP 对多种细菌的抑制作用和体外抗菌作用与 TMP 相当，体内抗菌作用比 TMP 强，BDP 对慢性支气管炎、尿路感染伤害等有效，且耐受性好，由于半衰期长，一般每天服药一次。MTP 对多种细菌抑制作用以及体外抗菌作用比 TMP 强 2～4 倍与 SD 合用有增效作用。两者比例为 1∶1 时增效最为显著。

针对上述分析，以单宁酸制 TMP 生产路线需不断改进。现就有关措施简述如下：①在扩大单宁原料品种上下功夫，寻找来源广、价格便宜的单宁用于 TMP 生产上，倍花、塔拉等原料已开始在生产上应用。②生产3，4，5-三甲氧基苯甲醛是生产TMP的关键一步，改进其工艺路线对降低TMP成本起着重要作用。目前把大小氧化“一勺烩”的新工艺在中国林业科学研究院林产化学工业研究所取得成功，不仅简化工艺还消除氧化过程的废渣，尤其对降低成本十分显著，可与其他合成路线相比。③提高酰肼母液回收水合肼的收率，增设一套水合肼提浓设备，则每吨酰肼就可节约0.17t8%水合肼。④改进缩合工艺，简化操作步骤和降低辅料消耗，提高环合反应收率。

5.4.3　产品质量与检验方法

3,4,5-三甲氧基苯甲醛是生产TMP的中间体。根据我国药政法、林产化工厂是不允许生产原料药TMP，但可生产TMP的中间体3,4,5-三甲氧基苯甲醛，不仅供给国内药厂而且也能进入国际市场，因此对3,4,5-三甲氧基苯甲醛中间产品的质量及检验方法，给予论述。

5.4.3.1　3,4,5-三甲氧基苯甲醛

技术要求：见表62-23。

表62-23　3,4,5-三甲氧基苯甲醛技术要求

指标名称	粗醛	精醛
醛含量（干基剂）（%）	91～93	98
熔点（℃）	69～73	73～75
干燥失重（%）≤		0.5
灼烧残渣（%）≤		0.2

检验方法：

用亚硫酸氢钠加成法测醛含量：

称取0.15g（精确至0.000 2g）于250ml碘量瓶中，加10ml乙醇，加热溶解，然后加10ml蒸馏水冲洗，先加1ml2mol/L冰醋酸，再加0.2mol/L的$Na_2SO_3$10ml，置于冰箱中冷冻0.5h，用0.1mol/LI_2液滴定，加淀粉指示剂2ml，到蓝色为止。

$$含量\% = \frac{(空白-样重)\times N_{I_2}\times 0.0981}{样重}\times 100$$

0.1mol/L碘的制备：

称取13g再升华的磺片及35g碘化钾，溶于100ml水中，加入3滴盐酸及900ml水，摇匀，溶液保存于棕色瓶中。

吸25ml0.1mol/L碘溶液，加100ml水及5ml0.1mol/L盐酸，用标准0.1mol/L硫代硫酸钠滴定，近终点时加入3ml淀粉指示剂，继续滴定至蓝色刚消失为终点，另取100ml水，5ml0.1mol/L盐酸作空白试验。

$$N = \frac{N_1V_1}{V}$$

用盐酸羟胺法测醛含量：

精称样品1g左右于250ml塞三角瓶中，精确加入0.1mol/L盐酸羟胺溶液25ml及0.5mol/L氢氧化钠的乙醇溶液20ml，再加入4滴0.4%溴酚蓝指示剂塞紧瓶塞于室温下放置30min，以0.5mol/L标准盐酸溶液滴定至鲜黄色为终点。

$$含量\% = \frac{(V_{空白}-V_{样品})\ HCl\times NHCl\times 196}{W\times 1\,000}\times 100$$

试剂：

(1) 0.5mol/L 盐酸羟胺溶液：称取盐酸羟胺 35g 溶解于 160ml 水中以 95%乙醇稀释至 1 000ml。

(2) 0.5mol/L 氢氧化钠乙醇液：称取氢氧化钠 25g 溶于约 30ml 水中密闭，放置，待碳酸钠沉降，然后吸取澄清液，以 95%乙醇稀释至 1 000ml。

(3) 0.4%溴酚蓝指示剂：溴酚蓝 0.4g 溶解于 95%乙醇 100ml 中。

5.4.3.2 甲氧苄氨嘧啶

质量要求：

性状：本品为白色或类白色结晶性粉末，无臭、味苦，本品在氯仿中略溶，在乙醇或丙酮中微溶，在水中几乎不溶，在冰醋酸中易溶。

质量要求：见表 62-24。

表 62-24 甲氧苄氨嘧啶质量要求

指标项目	规格	指标项目	规格
熔点（℃）	199～203	干燥失重（%）≤	0.5
吸收系数	198～210	炽灼残渣（%）≤	0.1
含量（%）≥	99.0	有关杂质（%）≤	0.2
碱度（pH 值）	7.5～8.5	重金属（μg/g）≤	20
溶液的颜色与澄清度	澄清≤黄色 1 号 1/2		

检验方法：

甲氧苄氨嘧啶的熔点、吸收系数、含量、碱度、干燥失重。有关杂质、炽灼残渣、溶液的颜色与溶澄清度的检验，见《中华人民共和国药典》(1990 版)。

甲氧苄氨嘧啶重金属的检验，见《英国药典》(1990 版)。

5.4.4 技术经济指标

根据林产化工厂的特点，仅把某厂 1988 年生产 3,4,5-三甲氧基苯甲醛生产技术经济指标见表 62-25。

表 62-25 3,4,5-三甲氧基苯甲醛生产技术经济指标（年产 100t）

序号	项 目	单位	单耗（t）	单价（元/t）	单位成本（元/t）	年成本（万元）
一	直接费用				104.635	899.88
1	单宁酸	(t)	1 600	35 614	56 982	569.82
2	硫酸二甲酯	(t)	5 704	3 000	17 112	171.12
3	烧 碱	(t)	2 220	2 338	5 114	51.14
4	水合肼	(t)	0.823	13 000	10 699	106.99
5	黄血盐	(t)	0.200	7 000	1 400	0.14
6	甲 苯	(t)			6 580	
7	液 氨	(t)	0.750	1 500	1 125	0.112 5
8	碳酸钠	(t)	0.047	1 400	66	0.006 6
9	盐 酸	(t)	0.305	400	122	0.012 2
10	其他材料				600	0.06

（续）

序号	项 目	单位	单耗（t）	单价（元/t）	单位成本（元/t）	年成本（万元）
11	电	(kW·h)	5 500	0.25	1 375	0.137 5
12	水	(t)	2 500	0.20	500	0.05
13	蒸 汽	(t)	100	20	2 000	0.2
14	生产工人工资与附加	（元）	40人×12月	200元/（人·月）	960	0.096
二	车间经费				2 800	28
1	固定资产折旧	（元）			1 100	11
2	大修理基金	（元）			800	8
3	车间经费	（元）			900	9
三	企业管理费	（元）			2 100	21
	生产成本	（元）			109 565	1 095.65

5.5 五倍子系列产品的应用

5.5.1 在医药工业上的应用

中国五倍子自古以来以药用著称。公元1578年明代《本草纲目》详细记述了五倍子的药用价值：五倍子味涩，能敛肺止血、化痰、止渴收汗；其性寒，能散热解毒，疮肿，其性收，能除泄痢、湿烂。

五倍子直接用于医疗，主要利用单宁与蛋白质的沉淀作用而结成一层保护膜，同时沉淀了细胞表面及微血管内膜的胶状物质，使之硬化收缩，因而减轻了外界对神经末梢的刺激作用，消除疼感，减轻出血发炎过程。

随着科学的发展，医药工业不断前进，五倍子在医药上的应用也从天然药物向合成药物转化，用途也愈来愈广。没食子酸是许多合成药物的前体，没食子酸衍生物在医药中的地位和作用也愈来愈重要，没食子酸酯类、没食子酸酰胺类、没食子酸盐类及其他没食子酸衍生物，对冠心病、脑血栓、胃溃疡、抗菌、抗血吸虫、抗病毒肝炎、老年痴呆、抗肿瘤等显示出多方面功效。

5.5.1.1 没食子酸酯类

（1）降谷丙转氨酶的作用。

联苯双酯，其结构式为：

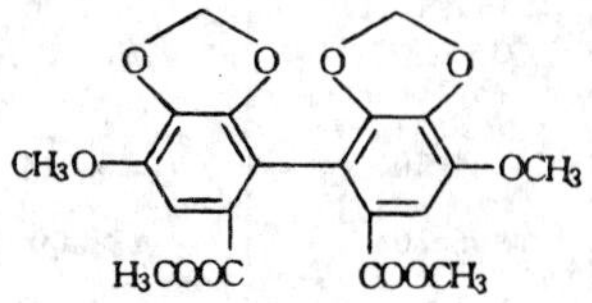

联苯双酯为中国医科院药物所研制，上海第十五制药厂生产。本品具有明显的降谷丙转氨酶的作用，是治疗慢性迁延型肝类新药。

（2）扩张冠状动脉作用。

①克冠卓，又名克冠二氮卓双酯嗪。结构式为：

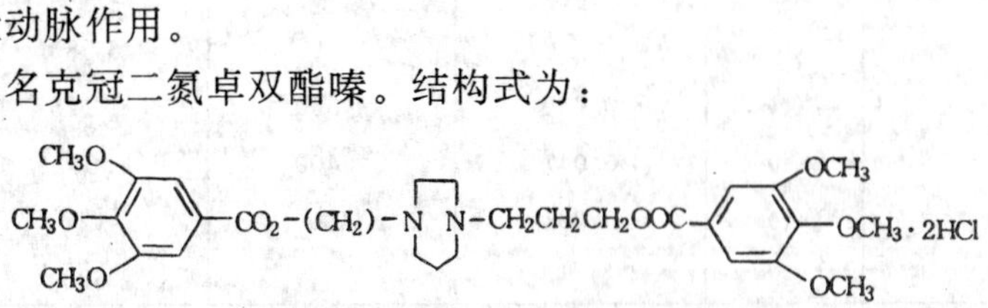

克冠卓是湖北医药工业研究所研制，武汉第四制药厂生产。国外商品名为Dilazep。它是

冠状动脉舒张药，临床用于治疗心绞痛、心衰、心肌梗塞恢复期等。日本近年来将其扩大应用于脑血管障碍后遗症和脑动脉硬化病，取得较好的效果。

②优心平 Ustimonum，又名克冠二胺，Reoxyl，st7090，HOF-25。英国、法国、美国和西欧国家名为 Hexobendine。其结构式为：

$$(CH_3O)_3C_6H_2-COO(CH_2)_3N(CH_3)CH_2CH_2N(CH_3)(CH_2)_3OOC-C_6H_2(OCH_3)_3\cdot 2HCl$$

本品是一种治疗心绞痛的药物，能增加冠脉血流量，减少心肌氧耗量，而不显著改变心收缩力，对心绞痛病人的症状改善疗效为 80%，心电图的改善为 50%，它也能改善脑血流量，减低脑血管障碍，并改善脑血流循环。

③心痛平 Mepramidilum，又名 Moderil，日本大阪 Dalnippon 公司名为 PF-26，其结构式为：

$$(C_6H_5)_2CHCH_2CH_2NHCH_2CH_2CH_2OOC-C_6H_2(OCH_3)_3\cdot HCl$$

本品是一种新的冠状动脉扩张剂，可显著增加心肌供氧量，而对心肌本身很少有抑制作用，用于心绞痛。

（3）抗血栓作用。

没食子酸丙酯，原名赤芍 801，商品名通脉酯，其结构式为：

$$(HO)_3C_6H_2-COOCH_2CH_2CH_3$$

本品为北京西苑医院、天津中药研究所和吉林公主岭市红光制药厂共同研制成功的一种抗脑血栓等疾病的新药。该药对冠心病，心绞痛、痛经也有一定疗效。

（4）抗病毒作用。

1988 年，J. M. Kane 等从 Sapinm，Sebifernm 植物的叶子中分离出没食子酸甲酯，具有抗病毒作用。结构式为：

$$(HO)_3C_6H_2-COOCH_3$$

本品对Ⅱ-型单纯疱疹效果明显。

5.5.1.2　没食子酸酰胺类

（1）抗胃溃疡作用。

1987 年由日本杏林制药株式会社开发的治疗胃溃疡的合成新药 Troxipide，并有镇痛和局部麻醉作用。已有商品上市。结构式为：

$$\text{3-(3,4,5-三甲氧基苯甲酰氨基)哌啶: } \mathrm{NHOC\text{-}C_6H_2(OCH_3)_3}$$

其药理作用为：①促进胃溃疡部位的修复作用；②对各种溃疡有抑制作用；③增加胃粘膜的血流量；④促进胃粘膜的代谢作用；⑤调整胃粘膜成分，使其正常化；⑥增加胃粘膜前列腺素的量。日本学者小池等将其与 H_2 受体拮剂合用，获得满意效果。23例患者治愈91.3%，有效率100%。

（2）抗血小板聚集和抗变态反应作用。

日本学者绪方，善武等从印度尼西亚植物 Phyllanthis niruril 中分离出没食子酸酰胺，发现具有抗血小板聚集活性，据此合成了一系列没食子酸酰胺类化合物，结构式为：

$$(HO)_3C_6H_2\text{—}CONHR$$

进行抗血小板聚集和抗变态反应的研究，结果表明：没食子酸酰胺类的抗血小板聚集作用较没食子酸丙酯强，具有显著的抗变态反应作用。这类化合物作为抗血小板聚集剂，可用于脑血栓，一过性缺血发作、心肌梗塞等；作为抗变态反应，可用于哮喘症等疾病。

（3）扩张血管作用。

克冠酸 Capobenatum，又名 C_3。国外已有商品，结构式为：

$$(CH_3O)_3C_6H_2\text{—}\overset{O}{\overset{\|}{C}}\text{—}NH(CH_2)_5COOH$$

本品为α-受体阻滞剂，用于急性心肌梗塞。其他作用　FecFarm Bucharest 公司最近研制了四个没食子酸酰胺硫脲化合物。它们的化学名和结构式为：

（1）N-（3-三氟甲基苯）-N_2-（3,4,5-三乙氧基苯甲酰）硫脲。

$$(C_2H_5O)_3C_6H_2\text{—}CONH\text{—}CS\text{—}NH\text{—}C_6H_4\text{—}CF_3\ (3\text{-})$$

（2）N′-（4-氯-2-硝基苯）-N_2-（3,4,5-三乙氧基苯甲酰）硫脲。

$$(C_2H_5O)_3C_6H_2\text{—}CONH\text{—}CS\text{—}NH\text{—}C_6H_3(O_2N)\text{—}Cl$$

（3）N′-（4-氟苯基）-N_2-（3,4,5-三乙氧基苯甲酰）硫脲。

$$(C_2H_5O)_3C_6H_2\text{—}CONH\text{—}CS\text{—}NH\text{—}C_6H_4\text{—}F$$

(4) N′-（2-萘）-N_2-（3,4,5-三乙氧基-苯甲酰）硫脲。

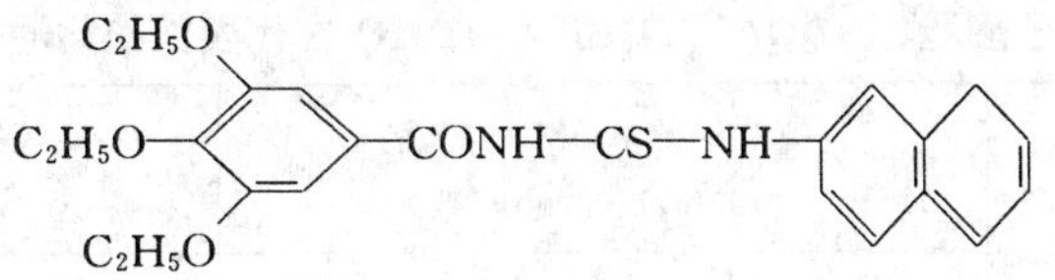

C_2H_5O

C_2H_5O—⟨苯环⟩—CONH—CS—NH—⟨萘环⟩

C_2H_5O

以上四个化合物，经小鼠口服或腹腔给药试验得出：化合物（1）和（4）降低血中胆固醇作用明显；（2）抗心律不齐效果较好；（3）对提高血清 GOT 和止痛效果颇佳。

5.5.1.3　没食子酸盐类

次没食子酸铋其结构式为：

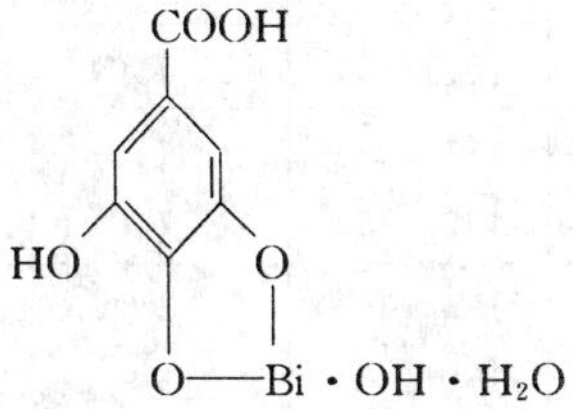

COOH

HO　O

O—Bi·OH·H_2O

分子量为：412.13

性质：该品为黄色粉末，无嗅无味，不溶于水、醇、醚等，能溶于 NaOH 液中，其溶液初呈黄色，在空气中吸收氧，渐渐变为赤色。该品无引湿性。

用途：①内用治肠炎及各种下痢。②外用为干燥收敛性撒布剂。③5%～10%的软膏，可治溃疡、创伤及皮肤病。④为栓剂用，治痢疾。

5.5.2　在食品工业中的应用

5.5.2.1　油脂抗氧剂

油脂抗氧剂是能阻止或延迟油脂及含油食品药物的氧化，以提高其稳定性和延长贮存期的物质。

抗氧剂只能阻碍氧化作用，延缓食品开始败坏的时间。但不能改变已经变坏的后果。因此，在使用抗氧剂时，必须注意掌握在尽早阶段，即油脂开始氧化以前，以发挥其抗氧化作用。对于没食子酸酯类抗氧剂、加入某些酸性物质（如柠檬酸、磷酸、抗坏血酸）可提高抗氧效果。

没食子酸烷基酯抗氧剂

没食子酸烷基酯类的抗氧作用是由 Bonm 和 Sobalifschka 在 1943 年发现的，随后许多国家批准它们用于食品中。没食子丙酯（PG）、没食子辛酯（OG）、没食子酸月桂酯（DG）已在澳大利亚、奥地利、巴西、比利时、丹麦、芬兰、法国、英国、希腊、印度、意大利、巴基斯坦、秘鲁、西班牙、瑞典、瑞士、土耳其等国家允许使用，日本、美国、朝鲜允许使用没食子酸丙酯。

没食子酸烷基酯类有以下几种：

没食子酸丙酯：简称 PG，白至淡黄色晶体粉末，熔点为 146～150℃。易溶于乙醇、乙醚，在 100 份花生油中溶解 0.05 份没食子酸丙酯。

没食子酸辛酯：简称 OG，白至淡黄色粉末，熔点为 100～102℃。不溶于水，易溶于乙醇和乙醚，在 10 份鱼肝油中溶解 1 份没食子酸辛酯。

没食子酸十二烷酯（月桂酯）简称 DG，淡黄色粉末，熔点为 95～97℃，不溶于水，易溶于乙醇和乙醚，较易溶于油脂；1 份月桂酯溶于 10 份鱼肝油，溶于 30 份杏仁油。

由于没食子酸酯含有三羟基结构，因此在油脂中有较高的抗氧性能。其结果见表 62-26。

表 62-26 没食子酸酯、NDGA、THBP 和 TBHQ 在代表性植物油里的抗氧效果

油的抗氧剂处理（wt%）	植物油的 AOM 稳定性（70mlg/kg 的小时数）			植物油的烘箱存放寿命（60℃不能产生腐败时的天数）		
	棉籽	黄豆	棕榈	棉籽	黄豆	棕榈
没食子酸丙酯 (0－01)	19（9）	21（11）	137（45）	13（9）	14（6）	75（45）
没食子酸丙酯 (0－02)	30（9）	26（11）	137（45）	19（9）	22（6）	75（45）
没食子酸辛酯（0－01）	11（8）	26（11）	137（45）	19（9）	22（6）	75（45）
没食子酸十二酯（0－02）	10（8）	26（11）	137（45）	19（9）	22（6）	75（45）
NDGA（0－02）	14（12）	26（13）	137（45）	12（10）	18（12）	75（45）
THBP (0－01)	13（10）	26（13）	137（45）	12（10）	18（12）	75（45）
THBP (0－02)	28（8）	26（13）	137（45）	12（10）	18（12）	75（45）
THBQ (0－01)	24（9）	29（11）	150（45）	15（9）	18（12）	118（47）
THBQ (0－02)	34（9）	41（11）	150（45）	23（9）	26（6）	118（47）

注：①NDGA：脱氢二疮酚；TBHP：3，4，5-三羟基苯丙甲酮；THBQ：2-特丁基对苯二酚；AOM：活性氧化方法。
②括号里的数值是没有加抗氧剂的，括号外的数值是加抗氧剂处理的。

由于没食子酸丙酯和丁酯存在着油溶解困难（易溶于水而难溶于油）的问题，则用没食子酸高级酯（如辛酯、十二烷基酯）来克服其溶解困难，但其抗氧性因侧链增长而降低。

由于没食子酸烷基酯与铁离子络合，发生深紫色反应，因而影响油脂的颜色。另外，它是热敏性物质，在碱性和高温下损失相当快，因此，将两种以上抗氧剂混合使用。日本用没食子酸和维生素 C 制成商品 G-1 000 的抗氧剂，G-1 000 用量是维生素 E 用量的 1/10 时，抗氧效果是维生素 E 的 2 倍。

EG-5 抗氧剂由维生素 E、维生素 C 和没食子酸配成，它分油溶性和水溶性两种。油溶性的 EG-5，含维生素 E3%、维生素 C 微量、乙醇 15%、没食子酸 54.9%，是淡黄色液体。水溶性的 EG-5 是一种乳液、是由 2%维生素 E、2%维生素 C、1%甘油脂肪酸脂，77%没食子酸组成。它主要用于水产加工和农产加工的保鲜剂和抗氧剂。这就解决了没食子酸存在的变色和溶解性差两个问题。

5.5.2.2 食品添加剂

单宁酸、没食子酸被公认是一种普通的安全物质，可直接用于食品。一般利用单宁酸、没食子酸可配制食品的调味剂、防腐剂、蛋类冷藏的保鲜剂等。

食品防腐剂：

防腐剂是一种具有杀死微生物或抑制其增长作用的物质。单宁酸、没食子酸具有收敛性，能与蛋白质结合为不溶物，从而可以抑制细菌、真菌、霉菌和病毒。因此，它是一种很好的防腐剂。棓酸盐作食品防腐剂，其毒性比苯甲酸低、老鼠的致死量为 3.8～6g/kg，苯甲酸为 2.7g/kg。它被世界卫生组织承认，主要用作脂肪、肉、奶粉和饮料的防腐剂。日本用单宁酸处理香肠防腐，经处理的无皮香肠在 30℃下保存 7d 不坏。单宁酸可以防止甜点心中月桂酸脂肪变质，使其在相对湿度 80%条件下保存 20d 不坏，未加单宁酸的不到 4d 就失去了香味。

将没食子酸衍生物和磷酸钠进行混合，可做食品防腐剂。这种防腐剂不会使食品脱色或增苦味。例如，将 500 份五倍子浓缩物同 400 份水和 150 份醋酸混合，回流 1h，收集深褐色沉淀物，洗涤，用活性炭脱色，得到的白粉与多磷酸钠 26%、偏磷酸钠 72%和焦磷酸 2%的混合物进行混合。酱油中加入 0.8%的上述产品，15d 没发现任何霉菌生长，而对照的仅 3d 霉菌就开始生长。

用十二烷基棓酸盐熏腌猪肉，在−1～5℃下贮藏 150d，其颜色稳定性好。

蛋类冷藏保鲜剂：

在−45℃冰冻蛋以前，将没食子酸丙酯（脂肪含量的 0.02%）与柠檬酸（蛋白含量的 0.05%）相混合后，加入聚氯乙烯容器包装的液体全蛋中，对在−18℃下贮藏小于 6 个月的蛋的质量有积极保护作用。用抗氧剂处理液体蛋，贮存 4 个月不影响水分、类脂以及游离脂肪酸的含量。

5.5.2.3 酒类澄清剂

贮藏在罐中或装在酒瓶里的酒常常会发生混浊。对于果酒、葡萄酒、清酒（相当于我国黄酒）的混浊，有微生物混浊和非微生物混浊两类。微生物混浊主要是污染了腐败性乳酸菌而引起的。这种混浊只要注意制酒过程中卫生管理就可避免。非微生物混浊主要是蛋白质混浊。蛋白质混浊的主体是一种糖蛋白，它与糖化型淀粉酶极为一致，酶蛋白变性的特点使酒发生混浊是不可避免的。

因此在酒的制造过程中，寻求理想的蛋白质吸附剂。

能够作为蛋白质吸附剂的物质很多，如活性炭、硅藻土、离子交换树脂、离子交换纤维素，但这样物质在吸附蛋白质的同时，还能吸附其他有机、无机化合物。酒中的色、香、味有关物质也将被除去，从而破坏了酒的风味。

五倍子单宁酸很早就作为蛋白质沉淀剂用于制酒、酿造行业。以往都是以添加剂的方式加入酿造品中，现已制成了专一的吸附蛋白质的固相单宁，使之成为酒类澄清的理想吸附剂。四川省林业科学研究院研制出固化单宁并进行了果酒、葡萄酒连续澄清试验，取得了成功。

固定化单宁：

制备：单宁酸与水不溶性载体结合来制取固定化单宁。

图 62-33 为 3-氯-1，2-环氧丙烷（表氯醇）固定化单宁制备方法模式图。将滤纸浆粕（东洋滤纸制）用 NaOH 融化，再用环氧氯丙烷活化，制成环氧活化纤维素，用二氨基乙烷作用于这种纤维素，使其二氨基已烷化，再用环氧氯丙烷活化后，使五倍子单宁酸与其共价键结合，即制成固定化单宁。

特性：制得的潮湿固定化单宁的水分为 81%，单宁含量 47.5%（以干基计）。固定化单宁对蛋白质的吸附容量用日本田边制药发酵用酶测定，1g 固形物大约吸附 300～400mg；对铁的吸附容量是用硫酸亚铁氨测定，1g 固形物大约吸附 6～10mg，吸附特性见表 62-27、表 62-28。

固定化单宁在果酒连续澄清中的应用：

用植物纤维素粉与中国倍子单宁以共价键结合的方式制备的固定化单宁，试样为浅棕色湿粉，含水 88%，试样中单宁酸含量 4.5%。

用固定化单宁柱法澄清中华猕猴桃酒，取直径 50mm 玻璃柱，填加固定化单宁 1g（干汁），加水搅拌均匀，待形成稳定柱层后用 500ml 水洗柱。室温 14℃下将原酒以 300ml/h 速度流下，澄清酒达 600ml 后，均匀取样，每 500ml 一瓶，密封后保存。酒样当天及每隔 1 个月的时间测其混浊度，结果如图 62-34。

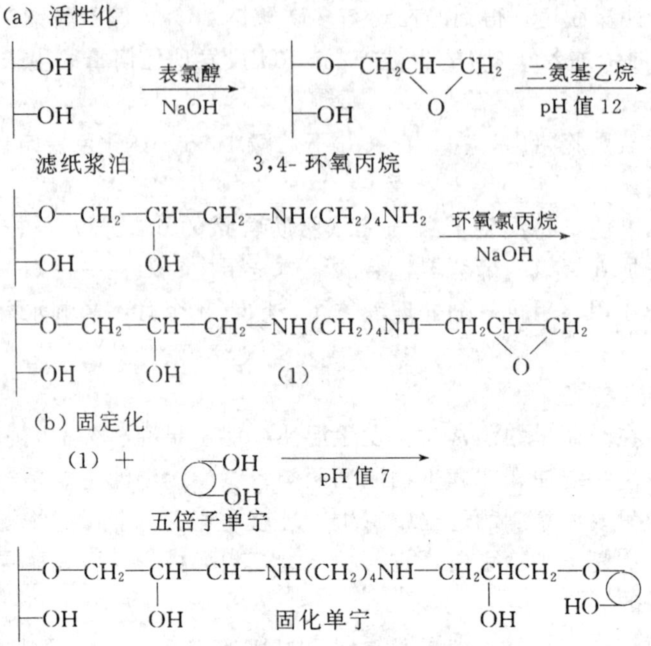

(a) 活性化

—OH 表氯醇/NaOH → —O—CH_2CH—CH_2（环氧，O）/ —OH → 二氨基乙烷/pH 值 12 →

滤纸浆泊　　3,4- 环氧丙烷

—O—CH_2—CH(OH)—CH_2—$NH(CH_2)_4NH_2$ / —OH → 环氧氯丙烷/NaOH →

—O—CH_2—CH(OH)—CH_2—$NH(CH_2)_4NH$—CH_2CH—CH_2（环氧，O）/ —OH　(1)

(b) 固定化

(1) ＋ （—OH，—OH）→ pH 值 7 →

五倍子单宁

—O—CH_2—CH(OH)—CH—$NH(CH_2)_4NH$—$CH_2CH(OH)CH_2$—O—（HO—）/ —OH　固化单宁

图 62-33　用环氧丙烷制备固定化单宁

表 62-27　固定化单宁对各种蛋白质的吸附

蛋白质		吸附率（%）			
		pH 值 2	pH 值 4	pH 值 7	pH 值 10
白蛋白（清蛋白）	卵清蛋白	—	5.4	49.5	0
	牛血清白蛋白	—	8.7	58.8	0
球蛋白	牛β乳球蛋白	—	18.9	75.0	5.1
	牛血清α球蛋白	—	24.0	83.4	27.5
	伴刀豆球蛋白	—	5.0	15.1	4.1
谷蛋白	小麦谷蛋白	21.3	12.3	—	—
麦胶蛋白（麦醇溶蛋白）	玉米（醇溶）蛋白	—	13.8	8.4	4.8
鱼精蛋白	鲑鱼精蛋白	—	9.6	55.9	94.0
硬蛋白	动物胶（明胶）	—	9.1	22.2	2.4
磷蛋白	牛乳酪蛋白	—	34.8	97.5	28.1
	大豆酪蛋白	—	42.9	52.2	31.2
色素蛋白	血红蛋白	—	0	44.6	16.4
糖蛋白	胃粘蛋白	—	27.6	58.8	25.4
酶	淀粉酶	—	69.1	43.3	0
	葡萄糖化酶	—	26.4	51.2	0
	溶菌酶	—	0	38.4	80.4
	胃蛋白酶	—	76.5	34.1	0
	胰蛋白酶	—	0	11.4	11.7

注：吸附率（%）$=\frac{\text{吸附的蛋白}}{\text{使用的蛋白}}\times 100$。

表 62-28　固定化单宁对金属离子的吸附特性

柱状流出液(分画 No) 60ml 分画	流出液中金属离子浓度							
	$MnSO_4$	$Fe(NH)_2^-(SO_4)_2$	$CoCl_2$	$Ni(CH_3\cdot COO)_2$	$CuSO_4$	$Zn(CH_2\cdot COO)_2$	$HgCl_2$	$Pb(CH_2\cdot COO)_2$
1	—	<0.05	7.5	5.7	—	3.0	0.8	<0.1
2	2.9	0.08	10.3	9.0	<0.03	6.2	2.4	<0.1
3	3.1	0.08	—	8.7	<0.03	6.0	—	—
4	3.2	0.08	—	—	<0.03	—	—	—
原液中的金属离子浓度	3.0	3.0	10.4	9.5	3.0	7.7	1.9	8.4

注：金属离子的吸附采用 4ml 的固定化单宁柱。

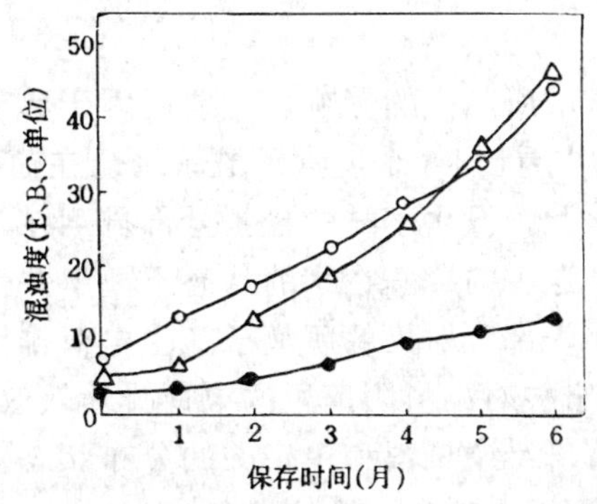

图 62-34　澄清酒保存时间与混浊度关系曲线

-○-○- 未经澄清的原酒　-△-△- 下胶法澄清酒　-●-●- 固定化单宁澄清酒

未经处理的原酒，其混浊度随保存时间的增加而显著增加，6 个月达到 47.8 单位。下胶法澄清的酒混浊度虽保存初期较低，随保存时间增加也显著增加。固定化单宁澄清的酒，不仅保存初期混浊度低，保存 6 个月以上仍然为清亮透明，其混浊度为上述值的 1/3。

食用单宁酸在啤酒生产中作澄清剂

啤酒中含有蛋白质，它容易与酒中的单宁（来源于制酒原料）结合生成沉淀，引起啤酒混浊。食用单宁酸可作为啤酒澄清剂，在西欧、美国用得较普遍，但在国内用得极少。中国林业科学研究院林产化学工业研究所最近开发了食用单宁酸产品，并与四川省林业科学研究院一起进行了该产品在啤酒生产中的应用试验。

试验在黑龙江省及四川省的啤酒厂进行，试验表明在啤酒厂的麦汁煮沸时添加 6g/100L，食用单宁酸就能降低蛋白质的含量，从而提高了啤酒胶体的稳定性，增加了啤酒的贮存期，并且不影响啤酒原来的风味。数据见表 62-29。

表 62-29　麦汁中添加食用单宁后蛋白质组成的变化

	高分子区分蛋白	蛋白质区分数（%）		
		A 区（高分子）	B 区	C 区
麦汁中添加 6g/100L 食用单宁酸	13mg/ml	19.6	12.1	68.3
对照	18mg/100ml	26.8	8.3	64.9

5.5.3 在印染工业中的应用

单宁酸、没食子酸用于印染织物已有很久的历史。目前它用于酸性染料染尼龙的固色剂；中性染料、活性染料染绵纶的固色剂；盐基染料染棉织物的媒染剂；合成媒染染料等方面。

5.5.3.1 作酸性染料染尼龙的固色剂

酸性染料是指能在酸性染浴中染色的染料，酸性染料被广泛地应用于尼龙纤维染色，但通常存在着越是均匀性好，其润湿牢度就差的缺陷，为此在染色中要有染料固色处理。单宁酸作为酸性染料的固色剂是闻名的。

酸性染料与单宁酸同属阴离子性，所以不能期望像具有阴离子的碱性染料那样，通过与单宁酸的离子结合而产生媒染效果。实际上，在事先经过单宁酸处理的尼龙中，酸性染料因受吸附单宁酸的电荷排斥效应，其上染量减少。可是同时发现，染料的扩散受到明显抑制，并由此产生显著的固色效果。

单宁酸对染料上染以及扩散所产生的影响，主要起因于单宁酸分子中的多个酚羟基的作用。从单宁酸分子的立体结构中看出：8个没食子酰基结合在葡萄糖分子周围，有两个没食子酰基在平面垂直方向结合。为此，没食子酰的羟基全部排列在单宁酸分子的外侧，能够与其他分子发生强烈的相互作用。这种酚羟基在水的状态下离解并带有负电性，其中一部分与尼龙中的氨基进行离子结合，另一部分对染料阴离子产生电荷排斥，强烈地抑制其上染。单宁酸处理的染色尼龙纤维中，单宁酸对染料阴离子的电荷排斥效应强烈地抑制着染料的扩散。与此同时，其排斥效应也影响着纤维中染料和单宁酸的分布状态。因此在用阴离子染料时发挥了良好的染料固色效果。

应用实例：

(1) 用1.5%二甲苯坚牢黄2GP染色尼龙，用占纤维3%的定影剂。在用甲酸将pH值调至3的浴中，在80～90℃处理20～30min，这种方法染色性牢，漂洗时不易褪色。定影剂制备方法：2 000份单宁酸和5份聚（含氧乙烯）甲基乙醚溶液。在2 000份用HCl饱和了的10%甲醇中回流48h，蒸发得到230份暗棕色糊状物（Ⅰ），50份酒石酸氧锑钾溶液（Ⅱ），搅拌下加入5份由500份20%单宁的萘磺酸甲醛缩合物的液体中，轻轻倒入混合物，用甲醇洗去沉淀，得到一个棕白色的糊状物（Ⅲ）；由物料（Ⅰ）30份、（Ⅱ）50份和（Ⅲ）10份共同混合在50℃下干燥，经粉碎即得定影剂。

(2) 酸性染料染色的尼龙6，放在含单宁酸和醋酸的溶液中浸渍30min（80℃），水洗，再放入氯化亚锡和醋酸中处理20min（温度70℃），干燥，在120℃下进行湿热固定60min，这样染色牢固，不退色性强。

(3) 尼龙6织物用2%特隆浅黄NG、2%特隆浅蓝RR。2%特隆浅红BL染色，用3%（按织物重）的3-N-甲基四丙烯五胺络合物在70℃下处理15min；然后在另一水浴上用1.5%的酒石酸氧锑钾于70℃处理15min；结果是染色均匀、色调好。

3-N-甲基四丙烯五胺络合物由100份单宁酸溶于300份水，后加进含有50份水和5份五乙基烯六胺溶液后过滤，干燥而成。

5.5.3.2 作中性络合染料、活性染料染绵纶的固色剂

活性染料是含有活性基团的可溶性染料，它能与纤维素纤维上的羟基或蛋白质上的氨基发生化学结合。活性染料与纤维发生化学结合后，染料成为纤维分子的一部分，因而大大提高了被染物的水洗、皂洗牢度。除此，它还具有染色简便、匀染性好、色泽鲜艳、色谱较齐、

价格便宜等优点，它在印染工业中占有重要地位，常用于代替价格昂贵的还原染料和可溶性染料。但是，它有不足之处，部分活性染料耐氯烟褪牢度差。为此，用单宁酸固色可以提高色泽牢度和抗氯性。

固色剂为单宁酸和吐酒石。用量按物重计算：单宁酸 2%、蚁酸（18%）2%，浴比1∶50，温度 65～75℃，时间 20min。染物脱水后，先在单宁酸蚁酸中处理 20min，将染物捞起，在处理浴中加入吐酒石，再处理 20min，充分水洗。弹力绵纶在业经染色后，尤其在再经固色后，弹性及柔软性均有所降低，需经柔软剂 VS 作柔软处理加以改善。

5.5.3.3 作盐基染料染棉织物的媒染剂

盐基染料又称碱性染料或阳离子染料，它是有机盐基与酸结合的盐类，溶解时分解成色素盐基和酸，色素盐基与动物纤维中的羧基结合成盐，所以能直接上染。但对棉类则无亲和能力，即或有颜色，经水洗后即又脱落，故必须先将棉织物用单宁酸媒染后，才能染着于纤维。因为单宁酸含有羧基（ —COOH ），而盐基染料均含有氨基（ $—NH_2$ ），它们相接触能生成 $—NH_2HOOC—$ 的不溶性色淀。所以单宁酸可作为盐基染料染棉时的媒染剂，按单宁酸一般具有高度的扩散性，遇水一部分即有再溶解的可能。因此在未用盐基染料染色前，先以锑盐（吐酒石）固着，使在棉布上单宁酸锑盐沉淀，然后再用盐基染料染色，染色时盐基染料与单宁酸锑盐在织物上生成色淀。

一般盐基染料在棉纤维和动物纤维上染色，牢度很差，日晒度低劣，所以在生产中很少应用，但对晴纶纤维，有些盐基，如盐基红 FG、盐基黄 3G 确有较高的牢度。晴纶纤维在水中呈阴性，盐基性染料的色素盐基呈阳性，因此它们有较高的结合力。单宁酸抑制色素基的游离，防止其溶出，起着固着作用，使染色均匀。

5.5.3.4 合成媒染染料

媒染染料是一种呈色淀形式的染料。这种在化学作用下所生成的色淀化合物，具有鲜艳的颜色和令人满意的坚牢度。用单宁酸、没食子酸可合成茜素棕染料，棓酸菁天蓝染料、棓酸紫染料、棓酸天蓝染料等。

（1）媒染茜素棕染料：

这种染料分子式为 $C_{14}H_8O_5$，是深棕色的糊状物或粉末，在市场上是以粉状的钠盐出售，糊状物不溶于水中，粉状溶解时呈棕色，在 310℃时熔融，升华呈黄色针状结晶（在硫酸中的光谱 λ=525.6nm）。此染料能经过铬媒染料剂处理，能将棉、毛和丝染成棕色，也应用于印花。

茜素棕是没食子酸和苯甲酸在无水硫酸中，在 120～135℃条件下缩合而成。其制取过程：将 40g 苯甲酸和 20g 没食子酸在常温下溶于 400g 的浓硫酸中，然后将此混合物在搅拌的情况下在油浴中加热。首先慢慢地加热到 70℃（反应开始），然后再在 8h 内将温度升到 125℃。冷却了的反应物料与 1kg 碎冰块搅和，将分离出来的褐色沉淀进行过滤，用水洗涤，然后在水中煮沸，以便除去未起变化的羧酸。为了达到进一步精制产品的目的，在装有回流冷凝器的瓶中，用稍微酸化了的无水酒精来处理。逐渐地用水稀释酒精溶液，当达到一定的浓度以后，染料就可以从酒精溶液中呈絮状沉淀析出，过滤、水洗，在陶器中进行干燥。

COOH + HOOC OH OH OH $\xrightarrow[H_2SO_4\ 120\sim135℃]{-2H_2O}$ O O OH OH OH

(2) 媒染棓酸菁天蓝：

分子式为 $C_{15}H_{12}O_5N_2$，主要由过量的硝基苯二甲胺盐酸盐加入沸腾的五倍子单宁酸和甲醇的悬浮液后生成的。它在水中的 λ_{max} 为 635.4nm。

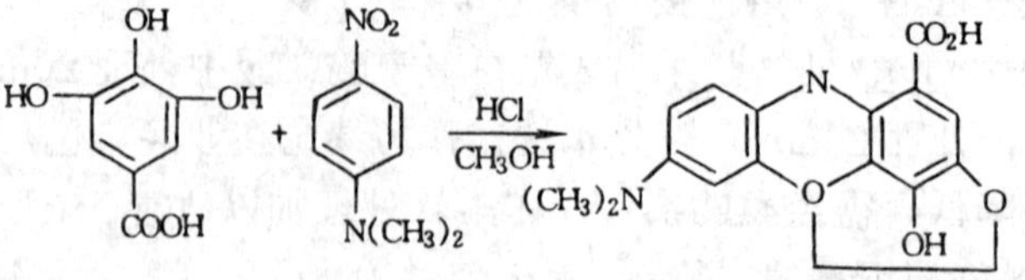

媒染棓酸菁天蓝的盐酸盐溶于沸水内呈蓝色，该染料是印花上有价值的媒染染料，此外它还可以用来制造色淀。

(3) 媒染棓酸紫：

分子式为 $C_{15}H_{14}O_4N_3Cl$，该染料是由亚硝基二甲基替苯胺的盐酸盐和五倍子酸的酰胺化合物在酒精溶液内作用后生成的，在加热过程中须装上回流冷凝装置。

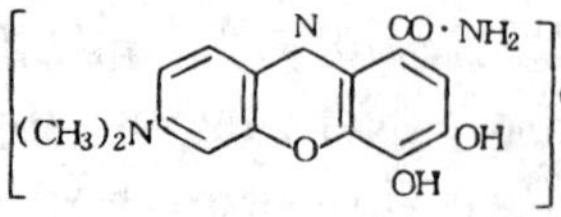

该染料是有绿色金属光泽的核形结晶。因为它难于溶解，所以将它与三倍量的亚硫酸氢钠放在一起，经过长时间的加热（约 80℃），使它变为亚硫酸氢盐化合物。在水中的 λ_{max} 为 650.76nm。

它在用络盐处理过的织品上生成鲜艳的紫蓝色，也用在印花方面。

(4) 媒染棓酸天蓝：

把媒染棓酸菁天蓝的盐酸盐和过量的苯胺作用就能生成这种染料。此过程苯胺基代替了羧基，以后再经过磺化，磺基便进到苯胺基的对位上。

该染料为褐色粉末或者是灰黑色的膏状物容易溶解于水，溶液为蓝紫色。在水中的 λ_{max} 为 543.5nm。

它用铬媒染剂能将羊毛染成蓝色。

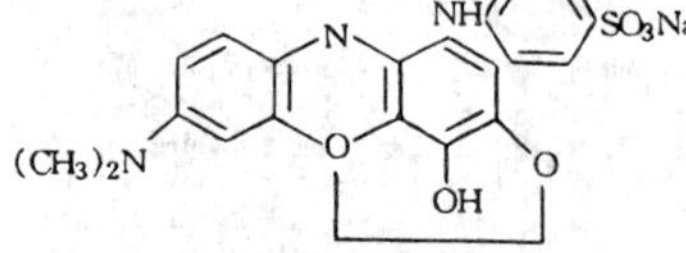

5.5.4　在涂料工业中的应用

5.5.4.1　钢铁防腐涂料

利用单宁处理钢铁表面已有较长的历史，考古者发现：从古老的栎木箱上取下的手工锻制的铁钉上有一层单宁酸铁盐，在潮湿环境中，虽然剧烈浸蚀达 250 年之久，铁钉仍然锋利；同皮革放在一起的金属物件，保存达 2 000 年，其完好程度令人吃惊。单宁的这种作用，主要取决于本身的化学结构。在它的分子结构上有大量的易氧化的酚羟基，能与多价金属离子形成单宁酸盐的络合物，并在金属表面形成一种抗大气腐蚀的薄膜。

单宁与铁的作用是一种电化学过程。氧对单宁酸盐薄膜的形成，起着关键的作用。单宁酸溶液和铁接触，首先把溶解的铁或二价的单宁酸铁氧化为三价的单宁酸铁，产生蓝黑色特征。如果没有氧的存在，就不会形成蓝色薄膜。其过程与普通生铁相同，即首先形成二价氧化铁，然后转变为三价氧化铁。这样形成的单宁酸盐薄膜，抗大气腐蚀性能小，粘结强度低。除氧外，单宁的酸度、钢铁表面的处理及涂刷的形式，都影响单宁酸盐薄膜的质量。一般认为单宁的 pH 值为 2～2.5。金属表面要彻底除去油垢，并用刷子涂刷，才能得到内聚力强，粘结能力好的坚实薄膜。

(1) 单宁转化带锈涂料：

转化型带锈涂料，也称为反应性带锈涂料。主要是利用各种与铁锈起反应的物质，把活泼铁锈转化为无害的或具有一定保护作用的络合物和螯合物。其中如果不含成膜物质，则称为表面处理液。如果含成膜物质，则称为转化型底漆。

用单宁作转化型带锈涂料，国外早在 20 世纪 60 年代已经开始研究和应用。英国生产一种名叫“福谬勒 E”的反应底漆，是一种单宁酸混合溶液。

前苏联用单宁酸配制成转化型带锈涂料，其配方见表 62-30。涂刷量为 160～200g/m^2 时，即可将厚 300μm 的铁锈层完全转化，再涂上油漆，在 400h 的试验中涂层具有高度的稳定性。

日本研究用没食子酸、单宁酸配制带锈涂料：

表 62-30　单宁酸转化型带锈涂料配方（%）

成　分	Ⅰ	Ⅱ
单宁酸	13.0	12.1
工业磷酸	48.3	60.7
工业甘油	38.7	
水玻璃（模数 3.11）		27.2

方法 1：用 280g 高二烯脂肪酸（饱和脂肪酸 4%、油酸 8%、共轭亚油酸 47%、非共轭亚油酸 41%）和 94g 没食子酸加热至 160℃，用 0.4gTi$(OCHMe_2)_4$ 处理，再经 220℃加热 4h，可得一种透明的产品（Ⅰ）。另外用环氧树脂（酚醛清漆型）195g、脱水蓖麻油脂肪酸 84g 和 $EtOCH_2$179g 的混合物，120℃下用 0.1gBu_3N 处理，并加热 4h，冷却至 60℃，用 16g 双磷酸盐处理，再在 60℃加热 2h。可得到一种固体：含量 61%的环氧酯（Ⅱ）溶液。用（Ⅰ）40 份、（Ⅱ）100 份、硅酸镁 10 份、偏硼酸钡 60 份和乙醇 350 份配成涂料，涂在上锈的钢板上。经 6 个月的风化试验，发现有很好的耐久性能。

方法 2：用丙烯酸乳剂 60 份，50%单宁酸水液 10 份和 0.5%聚丙烯酸钠水液 20 份配制成涂料，其粘度为 0.3Pa·s。涂料在生锈的钢件表面，絮凝化形成了黑色的涂层。在 5 个月内，钢件未生锈。而对照涂层在 1 个月内即生锈。

法国研究用单宁酸制钢板带锈涂料的方法是，将 6 份单宁酸于 54～60℃下，溶解在 34 份水中，并加入到 60 份含 50%羟基化丙烯酸盐-氯乙烯聚合物的胶乳中（玻璃化温度 7℃，pH 值 2.2），将配制的组分用钢丝刷涂在有锈的金属钢板上，5min 以后表面呈蓝黑色；48h 以后涂层变硬，有粘附性。这种涂层抗喷盐腐蚀。

在 70 年代，武汉水运工程学院研究用橡椀单宁做转化型带锈涂料，并成功地用于船舶的建造上。用单宁酸制成的转化型带锈底漆，系分装产品，施工前须按比例调制使用，配方见表 62-31。

表 62-31　转化型带锈底漆配方（重量%）

组　　成	磷酸-单宁酸型	组　　成	磷酸-单宁酸型
1. 转化液		3. 铁红浆	
磷酸（85%）	58.0	铁　红	47.1
亚铁氰化钾	—	E-44 环氧树脂	12.2
单宁酸（75%以上）	10.6	苯二甲酸二丁酯	12.2
乙　醇	27.8	蓖麻油	28.5
丁　醇	3.6	4. 带锈底漆（分袋）	
2. 缩丁醛液		转化液	70
聚乙烯缩丁醛	10	成膜液	
乙　醇	45	缩丁醛液	20
丁　醇	45	铁红浆	8
		E-44 环氧树脂	2

(2) 防腐涂料：

防止钢铁在自然条件下腐蚀的涂料，通常称为防锈漆。既防止自然腐蚀又防止生产过程中腐蚀的涂料，一般称为防腐（蚀）涂料。防锈涂料和防腐涂料是不能截然分开的，防腐是在防锈的基础上发展起来的。由于防腐涂料使用的条件比较苛刻，因此对于某些性能要予以强调：①对腐蚀介质要有良好的稳定性；②要有良好的抗渗性；③要有足够的强度。

用单宁酸、没食子酸配制防腐涂料实例。

单宁酸配制防腐涂料：用聚乙烯丁醛8份、酚醛树脂2份、铬酸锌5份、云母铁矿10份、乙醇60份、丁醇10份和环己醇5份配成主要成分，再加入含单宁酸5份、聚乙烯丁醛10份、水15份和乙醇70份配成的添加组分，将主组分与添加组分混合（比例为8：2）然后喷涂在去锈的钢板上。这样就得到粘性好、耐腐蚀、耐气候的涂层。

没食子酸配制钢板底漆：将脱水的蓖麻油880g、棓酸188g和$(Sio\text{-}PrO)_4Ti1.2g$的混合物在22℃下加热4h，可得到一种透明的液体。用上述透明液20.5%、H_3PO_4 4%、$HNO_3$0.8%、乙醇30%和H_2O43.7%配成组分，涂在除锈的钢板上，干燥1天，再涂上环氧树脂，钢板在海滩上放6个月，未受影响。

没食子酸制防腐蚀涂料：将新戊基乙二醇42.2份、间苯二酸30.1份、己二酸12.6份、1，2，4-苯三酸酐（Ⅰ）5份的混合物，在23.5℃下加热，直到酸值达20～25为止。冷却至100℃，加入没食子酸5份，加热30min，然后再加入（Ⅰ）5.1份，190℃加热1.5h，用$CH_3CH_2O(CH_2)_2OH$稀释到固体含量80%，冷却至50℃，再与8份水稀释，用二甲基乙醇胺5.5份进行中和，再用70份水稀释，可得到固体含量为44.8%的共聚物溶液（Ⅱ）。将（Ⅱ）溶液与一种有机异氰酸盐进行混合，当量比为1：0.8（以OH计），可制成一种组分。把制得的组分涂于钢板上，160℃下烘20min，可形成一层20μm厚的膜，具有铅笔硬度H，Erichsen试验针入度＞8mm，落镖冲击强度50cm（500g，直径15.24cm），盐水喷洒100h后腐蚀深度＜1mm。

没食子酸配制涂料硬化剂：将含有4，4-二氨基二甲苯2 000份、3-甲氧基乙酸丁酯100份，没食子酸60份和二甲苯10份的溶液在氮气的条件下，于150℃±5℃加热5h，可制成一种硬化剂。另外用丁基异丁烯酸盐-2-2-基异丁烯酸盐-苯乙烯共聚物200份。沉淀的$BaSO_4$20份和一种表面调节剂2份配成混合物，可制成一种树脂涂料，用于螯合粘合。

5.5.4.2 光敏涂料

(1) 光刻：

光刻是一种表面加工技术。一般对在光刻中作为蚀涂层用的感光树脂材料，称为光致抗蚀剂。对这类材料的要求是：能方便地涂敷，形成连续均匀的薄膜；对所需光刻表面有良好的粘结能力；具有足够的感光度，即能达到合适的感光速度，分辨率要高；腐蚀后容易除去胶膜；暗反应小，贮存稳定性高。单宁酸、没食子酸做光致抗蚀剂的应用实例如下：

石版印刷用的胶敏液：用100g1%的聚甲基丙烯酸溶液和2g单宁酸配制成脱敏液，用来处理一块显影的ZnO电子照相版，再将此脱敏溶液进行稀释，作为润湿液，进行胶版印刷。印出5 000份，没有发现任何缺陷。

耐光图案的固化液：用一种耐光树脂在不锈钢板上形成一种耐光图案，此种耐光树脂的主要组分是聚乙烯醇和$(NH_4)_2Cr_2O_7$。将此钢板浸入一种含2份钼酸铵、6份单宁酸和100份水的溶液中30s，然后洗净，并在200℃下加热，即形成一种固化图案。此种耐光图案经喷射

$FeCl_2$ 溶液进行蚀刻试验，证明牢固性很好。

做敏光板的光敏树脂：将 2-甲基间苯二酚-焦棓酚共聚物（1∶3 摩尔比）8.3g。用 α-重氮-1-萘酚-5-酰磺基氯化物 18.45g 处理，生成一种光敏树脂，再用此种树脂 1 份，甲酚-HCHO 树脂 3.25 份和甲基溶纤剂 33 份，混合后生成一种光敏树脂组分，它适用于石印版的预先敏光。

石版印刷用的光敏剂：将一块阳极化的铝板涂一层由萘醌-1，2-二叠氮-5-磺酰基氯化物酯化的产品加间苯二酚-甲醛树脂 3g、甲酚-热缩性酚醛树脂 9g、棓酸 0.36g、维克多纯蓝染料 BOH0.12g，以及二甲基二醇 100g 组成的涂料，接触影像曝光（距离 70cm，2kW 卤素灯，60s），用硅酸钠的 20％水液显影 45min（25℃）即形成石版印刷用板。用此种版可印刷大量优良的复制品。

水溶性光刻模型的硬化剂：将酪蛋白-$(NH_4)_2Cr_2O_7$ 混合物型抗光蚀剂浸入含对-甲苯磺酸 0.5％、二氯化镁 1％、单宁酸 0.5％的溶液中，然后在 230℃下加热，可得到一种耐刻蚀性改善的光刻模型。

（2）在特殊纸涂料上的应用：

喷雾印刷用纸涂料：配方是：聚乙二醇（分子量 20 000）100 份，$C_{16}H_{33}OH_{30}$和没食子酸 20 份，于 120℃熔化，在搅拌中加入聚乙烯醇 5 份，比例为 1∶1∶1 的丙烯酰胺-丙烯酰胺基丙烷磺酸-聚乙二醇（聚合度 70）、单（动物脂烷基）醚丙烯酸脂共聚物 90 份和水 550 份，将此种乳白膏涂于纸上（5g/m^2，干重计），干燥后只要与 $Fe_2(SO_4)_3$ 水溶液接触，就能显出浓墨色的印痕。

配制光热录像纸涂料：用 30gN-乙烯咔唑和 4-（对-二乙氨苯乙烯基）喹啉 24mg 分散在 250g18％的明胶溶液中，然后将 16g 单宁酸溶液涂在一种纸基上，可得到一种光热录像纸。这种录像纸在卤素灯下曝光摄影，然后用红色滤光片均匀地曝光，在卤素灯下，并在 100℃加热，可得到一种影像清晰的像片，这种像片耐光，抗变色性能很好。

（3）配制热分析记录纸涂料：

用含有 $NH_4VO_3$5 份，聚乙烯醇 2.5 份和水 30 份的组分涂在纸基上 5g/m^2，然后涂上聚乙烯（熔点 120℃）乳剂（4g/m^2），再涂上含没食子酸 2 份，乙基纤维素 2.5 份，MeCOEa30 份的组份（5g/m^2），可得到一种差示热分析记录用材料，这种材料的灵敏度和影像密度高，抗水性能很好。

（4）在照相材料上的应用：

没食子酸在卤化银摄影材料中，是起着改善储藏稳定性的作用，是一种明胶固化型显影剂。

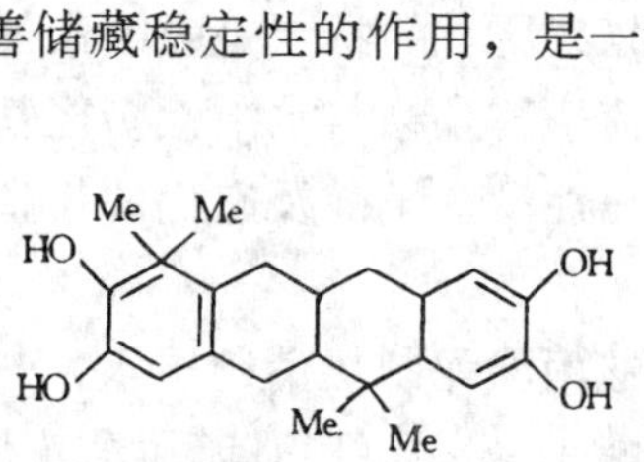

用（Ⅰ）23 份、（Ⅱ）14 份、二甲基甲酰胺 80 份，乙醇 50 份和 H_2O120 份混合。取此混合物 296.5g，6％皂角苷溶液 20g，1％苯并三唑溶液 4g 和 10％酒石黄溶液 250g 加入一种照相乳剂［含 1.5molAg（ErCl）和 175g 动物胶］。将此种乳剂涂于薄膜基，进行曝光、显影，所测相对光敏性，γ 值和 D 最大分别为 100、35 和 2.66。薄膜的稳定性也很好。能在冲洗后显出光密度高的影像。

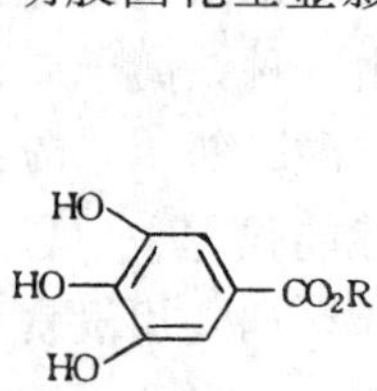

（Ⅰ）　（Ⅱ）

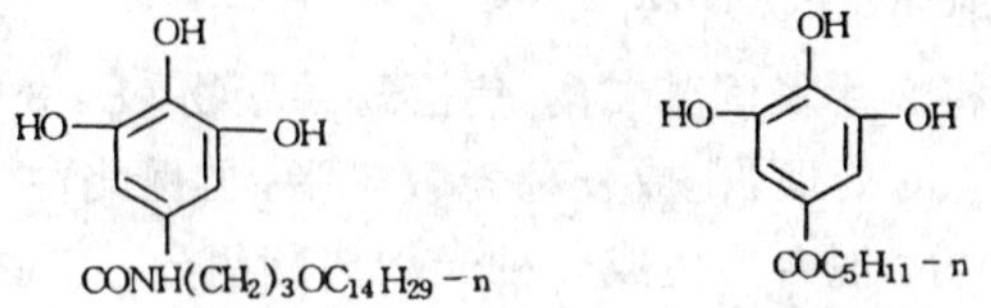

(Ⅰ) 结构式：苯环上带 OH、HO、OH，取代基 $CONH(CH_2)_3OC_{14}H_{29}-n$

(Ⅱ) 结构式：苯环上带 OH、HO、OH，取代基 $COC_5H_{11}-n$

焦棓酚化合物（Ⅰ）和（Ⅱ），用于彩色摄影乳剂，可防止潜影像的失真。

5.5.5 其他方面的利用

5.5.5.1 在日用化工中的应用

(1) 药物牙膏：

牙膏是口腔卫生制品。药物牙膏70年代迅速发展起来，它在各国的牙膏市场上占有很大比例。由于我国资源丰富，人口众多，药物牙膏的发展有着广阔前景。

配方：用2g单宁酸溶解在4ml热水中，溶液冷却后加入5g甘油，再加入0.2g含1mlEt_2O的薄荷醇、0.1g糖精、10ml2%的H_3BO_4、0.01g着色剂和1.5g香料，然后将50g沉淀的$CaCO_3$、1g十二烷基硫酸钠和3g药皂进行混合，即可制成牙膏。这种牙膏对防止龋齿腔洞和齿根发炎非常有效（18人中有17人有效）。

同叶绿酸酮钠（Ⅰ）还原牙膏中的单宁酸，能有效地防止牙齿腐坏、骨模的化脓性发炎，以及齿龈炎等，此外还能防止牙齿着色变黑。在单宁酸中加入叶绿酸酮钠，可以使单宁酸还原到在植物中的原来的形式。制法：用单宁酸（2%）2g和叶绿酸酮钠0.1g溶解在33ml水中，再用甘油35g、甲醇0.2g、糖精0.1g、硼酸（2%）10mg、着色剂0.005g和香料1.5g、碳酸钙50g、淀粉5g以及药皂3g进行混合，即可制成牙膏。临床试验证明，上述配方具有防龋和抗齿根炎等作用。

(2) 墨水：

墨水是人类书写和记录等不可缺少的材料之一，它对读书学习，传递语言信息及增加人类文明起着重要的作用。单宁酸是生产蓝墨水的主要原料。配制蓝墨水主要利用单宁酸与铁离子络合反应。这种墨水主要由单宁酸、亚铁盐、还原剂、保护胶颜料及防腐剂等组成。目前各国都在研究和生产特殊性墨水，以满足日益发展的科学技术的需要。

(3) 划线墨水：

划线墨水主要用于各种计算机、仪表及描图仪上，使之在高速运转情况下，划出点、线或其他图表记号。划线墨水的特点是吸收紫外线强、粘度低、书写后干得快。此种墨水主要由一种铁离子或钛离子螯合物与水溶性多羟基化合物组成，适宜的多羟基化合物是五倍子单宁酸、邻苯二酚、焦性没食子酸及它们的衍生物。其中以五倍子单宁酸为好，它在水中溶解性能强。

(4) 用没食子酸丙酯配制热消迹墨水：

用没食子酸丙酯10份、P-硝基苯甲酸1份、结晶紫丙酯1份、$CaCO_3$40份、石油40份、巴西棕榈蜡40份、石蜡20份、硬脂酸30份、聚乙烯5份，配制成一种蓝墨水。用熨斗在140～150℃下热烫，可消除此种墨水的印迹。

(5) 油墨：

近几年来，油墨工业迅速发展，特别是新型、多功能的合成树脂和性能良好高级颜料的广泛发展，印刷新技术、新设备的采用及特种纸张、新的表面材料的出现，使油墨工业达到了前所未有的水平。单宁酸及其衍生物在油墨生产上得到了应用。

柔性凸版油墨：单宁配制柔性凸版油墨的配方是：漆片调墨油（50%甲基化酒精）6%、赛璐沙夫（溶纤剂）5%、酒精（甲基化）65%、单宁酸12%、盐基品蓝10%、甲基紫2%。加单宁酸的作用是使染料进行“色淀化”，以提高染料的强度、耐光性、耐脂性，增加在酒精中的溶解性，降低在水中的溶解性。

喷墨印刷油墨：喷墨印刷工艺在国际上发展很快，它是利用专用设备把油墨颗粒喷射到印物上，形成字母或图像。用焦性没食子酸配制喷墨油墨的配方是：X_A（直接深黑）2份、甘油15份、KOH1份、脱氧乙酸钠0.1份、焦性没食子酸0.3份，水21.6份。这种油墨连续印刷6h后仍表现很稳定。

(6) 香烟过滤嘴：

将单宁酸与铁盐固定在一种载体上［如氧化铝、醋酸纤维素或在硅胶上喷聚乙烯吡咯烷酮(PVV)］，作为香烟过滤嘴中的吸附剂，比一般醋酸纤维素过滤嘴有更好的除去尼古丁、焦油及其他有害物质的性能。单宁与铁粉之间有4种造粒方法：流动层法、搅拌法、挤出法、离心流通涂层法。经研究发现，用离心流动涂层法可制得粒度分布狭窄、粉化率低的颗粒。

另外，可用含羧甲基纤维素76.7份、脱氧胆酸钠6.6份、单宁酸13.2份（干物重）的水溶液（190g这种混合物溶解在1L水中）浸渍过的氨基甲酸乙酯聚酯泡沫制造。过滤嘴的材料完全浸渍后，放在30～35℃的炉中干燥。这种过滤嘴可以从雪茄烟和纸烟中除去85%的烟碱和大于70%的3，4-氧杂萘酮。

(7) 在木材和纸张上的应用：

木材染色：

将木材在1%～3%的没食子酸溶液中（125℃、200kPa）浸渍5～6h，再在含等量的$FeCl_3$（浓度为6%左右）和一种溶解在焦木酸（125℃、200kPa）中铁溶液中浸泡5～6h，可使木材变黑。

将核桃木单板浸入7t含3kg对-苯二胺和3kg焦性没食子酸的水溶液中，于70～80℃加热1h,，然后与500g过硼酸钠混合3次，即可染成深紫色。

先用单宁溶液，后用氢氧化钠溶液处理木材表面，可使木材表面形成天然色彩。如用7.5g焦性没食子酸的软化水溶液1L处理松木家具，干燥2～24h；再用0.92%～0.98%氢氧化钠溶液处理，干燥3h；然后涂上不含酸的清漆，即可得到具有天然光泽的产品。

复印色纸：

取一种改性的松香酯15～40份和碱性的溶于酒精的染料10～30份，溶于30～50份酒精制成的溶液。此混合液加入单宁酸10～30份，柔软剂鲸油20～40份和乙二醇乙醚15～30份，配成染料混合物，然后将此混合物涂在纸张上，用这种色层加工的复印纸，其手感质量好，摩擦强度和防水性能好，写过字的色纸不干裂。单宁酸在复印色纸制造中所起的作用是媒染剂，使染料不溶于水，并对提高摩擦强度和防潮性也起良好的作用。

化学吸收纸：

将一种过滤纸浸入5%的单宁水溶液，于70℃经120min干燥，再在5%的$FeCl_3$水溶液中浸120min，用水洗涤，于105℃干燥。重度为102.1g/m^{2}的纸含螯合的单宁酸铁2.7g/m^2，用此种纸和活性炭吸收NH_3气体的量分别为$NH_3$111.6mg/g螯合物和$NH_3$2.7mg/g活性炭。

记录纸：

用O-和P-N-甲苯乙基硫酰胺35%，氯化石蜡油35%，没食子酸2%和叔丁基苯酚-甲醛共聚物28%进行混合，涂于记录纸上，当这种纸与含有微胶囊染料液滴的无炭纸CB-起用于印刷时，记录纸上即出现印刷符号很清晰的复制品。

5.5.5.2 在石油钻井泥浆中的应用

(1) 泥浆处理剂：

单宁酸很早就被应用在石油钻井泥浆中。单宁酸和烧碱作用，生成单宁酸钠加入泥浆中，可使泥浆粘度切力下降，失水也降低，它是较为有效的泥浆稀释剂。但是单宁酸钠热稳定性较差，当泥浆使用温度超过130℃时，就会失去稀释和降粘作用。因此，单宁酸钠不适应深井和超深井泥浆的需要。由于单宁酸是一种多元酚的衍生物，可以进行改性来克服单宁酸钠不耐温、不抗盐的缺点。一般的方法是：在碱性条件下，单宁酸与甲醛、亚硫酸盐进行磺甲基化反应，生成磺甲基化单宁（简称SMT），然后再与铁、铬、铝、钒、锑、锌等可溶性金属盐进行络合反应，生成磺甲基化单宁的金属络合物。如磺甲基化单宁酸铁（SMT-Fe）、磺甲基化单宁酸铬（SMT-Cr）等，它们在泥浆中溶化性能好，热稳定性高，在180℃的高温下，具有良好的稀释和降粘效果。

(2) 磺甲基化单宁酸络合物制备：

磺甲基化反应：将定量的水加到有搅拌器的反应罐中，再加甲醛、亚硫酸氢钠（或亚硫酸钠）搅拌，使其反应完全。反应时间一般控制在0.5～2h，反应终温取决于水温和试剂用量，这样就制成了磺甲基化剂溶液。在装有回流冷凝的反应罐内加入单宁酸，在搅拌下加入氢氧化钠溶液，待单宁酸完全溶解，升温至70℃，再徐徐加入磺甲基化剂溶液，保持温度在70～80℃，回流反应1～6h，反应过程中pH值由9～12逐渐降到7左右。这样就配制成了磺甲基化单宁。

配制磺甲基化剂所需要的硫化物，可为焦亚硫酸钠（$Na_2S_2O_5$）、亚硫酸钠（Na_2SO_3）和亚硫酸氢钠（$NaHSO_3$）与甲醛反应。

$$2HCHO + Na_2S_2O_5 + H_2O = 2HOCH_2SO_3Na$$

$$HCHO + Na_2SO_3 + H_2O = HOCH_2SO_3Na + NaOH$$

$$HCHO + NaHSO_3 = HOCH_2SO_3Na$$

在制备磺甲基化剂时，加水量应控制在反应系统中总干物质的30%～40%，水的作用是溶解单宁酸和亚硫酸盐。水量过少，则溶解困难；水量过大，则增加产品干燥和运输的困难。采用亚硫酸钠或硫酸氢钠与甲酚等摩尔比进行反应。用亚硫酸钠代替亚硫酸氢钠时应减少氢氧化钠的用量。

五倍子单宁酸是由一个分子的β-D-葡萄糖与8个左右的没食子酸以酯键相结合的混合物，由于结构复杂，很难确定磺甲基化反应的固定位置。但实际上磺甲基化单宁确可以方便地按预定条件生产，因此，为了计算方便，一般以双没食子酰基为结构单元，通常定为5个，五倍子单宁酸分子式为$C_{76}H_{52}O_{46}$，分子量为1701.25，所以单元分子量$M_D = \frac{1}{5} \times 1701.25 = 340$。

单宁酸与磺甲基化剂进行磺甲基化时的摩尔比为1∶1.05～2.64，一般认为在1∶1.9以上时泥浆的各种性能比较稳定。

氢氧化钠在磺甲基化中起溶解单宁酸的作用，它可控制磺甲基化的反应速度。为了便于进行络合反应，对氢氧化钠的用量，除了考虑磺甲基化反应，还应照顾到与金属盐络合时的条件。一般磺甲基化反应开始时的pH值为9～12，反应结束时pH值控制在7左右，使在下一步络合时不需再调pH值。

络合反应：将重铬酸钠或其他可溶性金属盐配成10%～15%的水溶液，在不断搅拌下，加到磺甲基化单宁酸溶液中，单宁酸与络合剂摩尔比控制在1∶0.21～1.58，温度保持在70～80℃，络合反应2h，即得到磺甲基化单宁酸的金属络合物水溶液。将此溶液经蒸发、干燥及粉碎，即成为固体产品。

磺甲基化单宁与铁盐络合，可用硫酸铁，但最好使用新沉淀的氢氧化铁。其制备方法是将三氯化铁溶于水。加入氨水沉淀出氢氧化铁，经过滤、洗涤，即可加入到磺甲基化单宁溶液中去进行络合。

（3）羧甲基单宁制备：

磺甲基化单宁稀释剂抗温性好，但抗盐效果不够显著。当泥浆中的NaCl含量大于0.5%时，泥浆失水明显增加。而羧甲基单宁则具有抗湿、抗盐特征。其制法是：将纤维素用240g/L的苛性钠溶液在19～23℃下处理1h，再除去过多的碱，直到重量为原纤维素的2.0～2.7倍时为止。然后再经过打浆分解（2h），再加入纤维素的3%或成品的1%的单宁混合，反应30min，反应后的混合物用氯代醋酸钠处理（氯代醋酸钠同纤维素的摩尔比为1.8～2∶1），产品经干燥后为固体粉状。这种方法制成的泥浆处理剂，能够在高矿化的泥浆中于200±5℃的高温下保持较低的失水量。

5.6　富含没食子单宁的其他原料——刺云实

中国五倍子是生产单宁酸、没食子酸及其衍生物产品的天然优质原料。由于五倍子生长条件要求较复杂，而且基本上处于野生野长的状态，因此产量受到限制。据原林业部的统计数据，1990年全国五倍子的总产量为5266t。随着国民经济的发展，国内外市场对五倍子加工产品的需求量增大，便面临着五倍子原料短缺的严重局面。在这种形势下，开发与五倍子同类的新原料资源成为一项重要的科研课题。

五倍子所含单宁属没食子单宁。在植物种类中，含没食子单宁较丰富的还有刺云实（英文名Tara，音译为塔拉，拉丁学名*Caesalpinia spinosa*），漆树叶和土耳其倍子等等。而刺云实（塔拉）由于资源较集中，产量较高，易于开发利用，其经济价值从20世纪六七十年代起逐步被人们认识。近10多年来，欧美、日本、中国等一些国家开始研究利用塔拉作为没食子酸及其衍生物产品的生产原料。90年代初期，国内一些五倍子化学加工厂纷纷进口塔拉粉代替五倍子生产产品，并新建了一批塔拉化学加工厂，年耗塔拉粉总量达数千吨。由于当时塔拉粉价格相对于五倍子来说较低廉，因此以塔拉为代用生产原料取得了较好的经济效益。

5.6.1　资源状况[35～38]

刺云实为云实科云实属的一种常绿、带刺的灌木或小乔木，一般称塔拉树（Tara tree），生长于南美洲西北部，盛产于秘鲁、厄瓜多尔，主要分布在靠近太平洋的安第斯山脉的山谷和河谷里（西经70°～80°，南纬5°～15°）。产地海拔1 200～2 900m，其中以秘鲁的卡哈马卡、特鲁希略、阿亚库乔、库斯科和厄瓜多尔的因巴布拉等地为主产区。

塔拉树适生区域的自然条件为：海拔高度1 600～3 000m；土壤条件：高原地带背风山谷、河谷，火成岩风化而成的砂土，pH值6.5～7.5；气候条件：属于气温较高、降水较少、湿度适中、风速不大的热带高原或热带海滨气候，全年气温8～27℃，降水量250mm左右。

塔拉树的适应性很强，在干旱地区仍然能很好生长，而在湿润地带则生长更茂盛。但大风会给树木和果实造成损害。这种树的自然生长寿命约为50年。成年树可高达10m，如生长条件较差也会长成较矮的灌木林。4年生的树即开花结果，较稳定的产果期约为10年，以后产量会逐年减少。

塔拉树叶片为椭圆形，约30mm×15mm，边缘圆平无齿，开成串的小黄花，每花有5片花瓣，花瓣上有明显的红色细条纹。果实为豆荚，每串多达20个。豆荚成扁平形，约为100mm×25mm，厚约6mm，成熟时为暗红色，气干后脆而易碎，内有4～7枚暗棕色的扁平种子。种子的外皮坚硬难碎。成熟的豆荚含有丰富的单宁，但种子不含单宁。

在产地，塔拉树历来是野生野长。近年来发展人工种植，先将种子育苗，然后再移栽。种子发芽需12～16d。移栽时行距约2m，株距约1～1.5m。

在海拔1 600～2 050m的产区，每年可开花结果3次；第一次开花期在2～3月，第二次在7～8月；第三次在10～11月；在海拔较低或较高的地区，则每年开花结果1～2次。一般每株树一年可收获豆荚12～24kg，长势好的树，每株每年可产100～400kg。主要的收获季节在7～8月。

据秘鲁国立农业大学的教授介绍，塔拉野生资源分布于整个安第斯山谷，估计近年来正在开发收购塔拉果荚的区域约有5万hm^2（约占秘鲁资源分布区的1/3)，其余地区的资源因种种原因尚未开发。

塔拉树是野生植物，在南美洲安第斯山区虽有较丰富的资源，但长久以来基本上没有被开发利用，仅用作薪炭柴，也有取其果叶作民间草药治病。后来将塔拉果荚用水浸提制取皮革鞣剂，主要用于鞣制轻革。目前，在南美洲的塔拉产区，农民采集成熟的塔拉豆荚，晒干后卖给中间商开设的收购站，再转运集中到塔拉加工厂。在工厂，原料豆荚经粉碎机粉碎后再风选分离除去其中的种子，即得塔拉粉（Tara powder)，然后出口到美国、日本、欧洲等地进行化学加工。80年代以来，随着塔拉单宁化学利用研究进展，塔拉的主要工业用途为制备没食子酸及其衍生物产品，其经济价值被进一步开发。从1990年起，中国也大批从秘鲁进口塔拉粉，在一定程度上替代五倍子加工生产没食子酸等产品，几年后成为秘鲁塔拉粉的主要进口国之一。

据测定，气干的成熟塔拉豆荚的堆积容重为200kg/m^3；粉碎后除去种子而制得的塔拉粉与种子的重量比约为6：4；塔拉粉的塔积容重为450kg/m^3。

塔拉粉中富含单宁物质。按中国林业行业标准LY/T1083－93《栲胶原料检验方法》对秘鲁产塔拉粉和厄瓜多尔产塔拉豆荚样品进行成分测定，结果见表62-32。

表62-32 塔拉粉样品成分分析结果

样品序号	水分（%）	总抽出物（%）	不溶物（%）	单宁（%）	非单宁（%）	pH值
1[36]	8～12	75～80	3～5	47～55	19～27	3.1～3.7
2[37]		85	1.5	60.5	23	
3[54]				51.9	16.4	

与中国五倍子相比，塔拉粉的可抽出物量相差不多，但单宁含量约低10～15个百分点，亦即非单宁成分较多，在纯度上与五倍子有较大的差异。

5.6.2　塔拉单宁化学基础研究与塔拉单宁酸

没食子单宁是自然界植物体中存在的没食子酰基酯，是水解类单宁中的重要分支。由于没食子酸在医药、化工、轻工、食品、军工等方面的广泛用途，没食子单宁研究历来受到各国研究人员的重视，这方面的进展在许多文献中都有报道[38~51]。

一种典型的没食子单宁是中国五倍子单宁，它是由多个没食子酰基与葡萄糖以酯键结合而成。与其同属一类的还有土耳其五倍子单宁、漆树单宁等。这类单宁水解后的主要产物是没食子酸和葡萄糖。

塔拉单宁则是另外一种典型的没食子单宁。现在人们通过长期的研究，已熟知它是没食子酰及聚没食子酰的奎尼酸酯的混合物，水解后的主要产物是没食子酸和奎尼酸；塔拉单宁的平均实验式为 $C_{35}H_{28}O_{32}$，相当于 1 个奎尼酸结合 4～5 个没食子酰基，其化学结构可能是以 3,4,5-三-O-没食子酰-奎尼酸为核心的聚没食子酸酯[40]。

在早期的研究中，Burton 等人曾经因发现塔拉单宁具有较明显的酸性，而将其划入鞣花单宁类别中[41]。但 White 等人通过纸色谱分析观察到塔拉单宁与已知的中国五倍子单宁有很多相似之处[42]，其较高的酸性来源于奎尼酸基核上的羧基。60 年代，Armitage、Haworth、Haslam 等进一步研究[43~47]，对塔拉单宁化学提出了完整准确的论点，他们的研究表明：将塔拉单宁完全水解可得到没食子酸和奎尼酸，二者的比率约为 4～5∶1，可见塔拉单宁与中国五倍子单宁的主要区别在于由一种酯环酸即奎尼酸取代了其中的葡萄糖。目前，一般认为塔拉单宁的化学结构可用下式表示[40,45,48~51]：

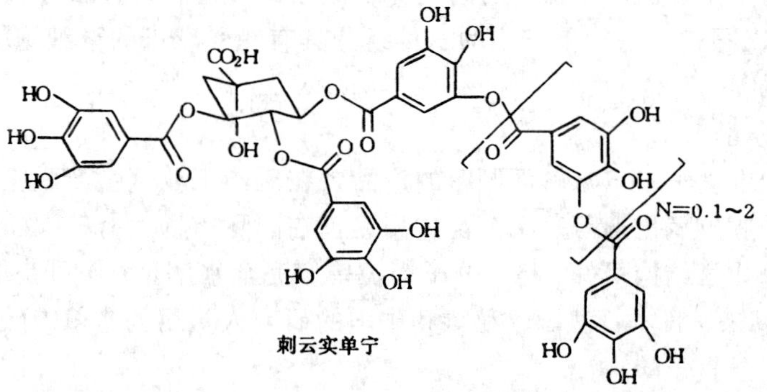

$N=0.1\sim2$

刺云实单宁

塔拉粉中富含刺云实单宁。用水浸提塔拉粉，所得的浸提液经浓缩、干燥，即可制得塔拉单宁酸产品。

与从五倍子浸取单宁酸相比，塔拉单宁酸很容易被水浸取。由于塔拉粉中含淀粉、胶类等物质，在高温条件下浸液会粘稠，浸渣很难分离，以至转液难以进行。

Rogers 等人的试验结果表明，用水浸提塔拉粉，浸提温度为 35℃，抽出率可达 97%[34]。

中国林业科学研究院林产化学工业研究所曾对塔拉粉进行罐组（3 罐）逆流浸提试验，在低温条件下浸提 6h，抽出率即可达 95%[38]。

比较合适的浸提工艺条件为：用 3～4 个罐进行罐组逆流浸提，水料比 8～10∶1，浸提温度＜40℃，浸提时间 6～8h，抽出率可达 92%～95%，1kg 塔拉粉可制得 650～700g 塔拉单宁酸。为提高浸提得率，浸提可以在搅拌条件下进行。

塔拉单宁酸是一种浅黄色的非晶形粉状产品。上述浸提条件下制备的塔拉单宁酸的质量分析结果（按照我国林业行业标准 LY/T1082－93《栲胶检验方法》测定）见表 62-33。

表 62-33 塔拉单宁酸样品质量分析结果

样品序号	水分（%）	单宁（%）	非单宁（%）	不溶物（%）	pH值	颜色	
						红色	黄色
1[36]	3.3	65.7	31.1	3.2	3.0	0.8	0.9
2[52]	6.7	63.7	25.3	4.2			
3[54]		68.0	28.5	2.3	3.8	0.5	2.9

用塔拉粉的水浸出物制取的塔拉单宁酸产品，单宁含量一般在65%～70%。为制取含量较高、杂质较少的单宁酸，可将塔拉粉的水浸出物再作提纯处理。中国林业科学研究院林产化学工业研究所研究了溶剂提纯塔拉单宁酸工艺，所用溶剂为乙酸乙酯，提纯后产品的单宁含量达到80%～85%，得率约为52%～55%。

塔拉单宁酸在70年代以前用作皮革鞣剂，用于鞣制轻革，成革颜色很好，与漆叶单宁相当；用于鞣制重革，成革轻软有弹性[37]。因此，塔拉单宁酸在当时被推荐作为漆叶栲胶、儿茶栲胶、荆树栲胶的代用品，尤其是用于轻革鞣制[35,53]。

此外，塔拉单宁酸还可用在纺织物的印染[54,55]以及用作钻井泥浆稀释剂[56]。

80年代以来，人们在天然产物中寻找抗艾滋病的活性药物时，研究发现了塔拉单宁有很强的抑制HIV-RT的活性[38,57]。1989年，M. Nishizawa等对比研究塔拉单宁、土耳其五倍子单宁、中国五倍子单宁与对照药物AET-三磷酸盐和PFA（磷酰基酯）的抗HIV-RT抑制作用，结果表明塔拉单宁的活性最强；其中一些组分既能抑制HIV-RT又能抑制HIV细胞生长，这在植物提取产物中是首例，与已知的同类抑制剂相比，它们具有独特的化学结构[58]。1990年，G. Nonaka等又报道了塔拉单宁中的三种组分具有在受感染的淋细胞中抑制HIV复制的作用，而且毒性低[59]。

5.6.3 制备没食子酸

没食子酸是用没食子单宁水解而制得的产品，在医药工业（生产磺胺抗菌素增效剂等）、食品工业（生产油脂抗氧化剂等）有广泛的用途，在国际市场上有较大的需求量。

从塔拉单宁的化学结构可知，将1分子塔拉单宁完全水解，平均可获得4～5个分子的没食子酸。70年代以来，日本、法国、秘鲁和中国的研究人员用酶水解、酸水解、和碱水解等不同方法研究制备没食子酸。

由于塔拉资源丰富，在90年代初期五倍子原料比较紧缺的情况下，塔拉粉曾一度替代了五倍子，成为国内外生产没食子酸的主要工业原料。

5.6.3.1 酶水解法

国外在这方面进行了较多的研究和开发工作，国内近年来也有研究。所采用的菌种主要有 *Penicillium chrysogenum*，*Aspergillus niger*，*Klebsiella pneumonia*，*Corybacterium species* 等。

Yashimara[60]等人和Dainippon制药公司等[58]分别采用 *Penicillium chrysogenum* 对塔拉粉或其萃取物作实验室水解试验。前者用125g塔拉粉制得43.5g，没食子酸，后者用20g塔拉粉制得6.7g没食子酸；Yamdde[62]等人也采用同一菌种在生物反应器内对塔拉单宁酸进行连续水解，进液中单宁浓度为40kg/m^3，出液中没食子酸浓度为17～19kg/m^3。

Deschams等人[63]采用 *Klebsiella pneumonia* 和 *Corybacterium species*，在几小时内可分解大量的塔拉单宁酸，在最佳的条件下，没食子酸的产率可达理论产率的55%。

Pourrat 等人[64]采用 *Aspergillus niger* 水解塔拉单宁酸，没食子酸产量为塔拉粉原料量的30%，有工业开发的前景。

近年来，我国邓厚璋等人也开发成功采用 *Aspergillus niger* 的酶水解工艺，以五倍子或塔拉为原料制备没食子酸[65]。

酶法水解工艺对环境污染较少，但生产周期长、占用设备、厂房较多。目前国内尚未有生产厂家用于塔拉粉制备没食子酸的生产中。

5.6.3.2　酸法水解

以塔拉单宁酸为原料的酸法水解制取没食子酸的工艺，与以五倍子单宁酸为原料的酸法水解工艺基本相似。

Reategui 等人[66]用 1～4mol/L 的硫酸在 100℃下对塔拉单宁酸水解 1.5～4h，制得的没食子酸纯度为 95.14%，产率为 11.40%。

国内已有一些厂家采用酸水解法以塔拉单宁酸为原料生产没食子酸。在塔拉单宁酸溶液中加入浓硫酸，常压下回流反应 8～10h，或在 0.2～0.3MPa 压力下反应 2～3h。塔拉单宁酸溶液浓度以 25%～28%为宜，浓硫酸用量为塔拉单宁酸干物量的 30%～35%，没食子酸产率约为 22%～23%。

这种水解工艺耗用化工原料成本较低。由于所用原料是塔拉单宁酸溶液，需事先对塔拉粉进行浸提并浓缩，加工工序较繁多，需较多的工厂投资；高温高压下所强酸水解，也影响设备寿命；对环境的污染较严重；没食子酸产率偏低。

5.6.3.3　碱法水解

80 年代末，Reategui 等人[66]曾进行了实验室规模的试验，以塔拉粉的乙醇-乙酸乙酯萃取物（塔拉单宁酸）为原料，用氢氧化钠水解 1h，中和后将水解产物精制得没食子酸，纯度为 98.6%，产率为 19.27%。

1990 年，中国林业科学研究院林产化学工业研究所陈笳鸿等人研究开发了塔拉粉直接碱水解生产没食子酸的新工艺[52]。这项新工艺省去了从塔拉粉浸取单宁酸以及浸提液浓缩等加工过程，试验数据表明，没食子酸的产率达 33%。工艺过程如下：

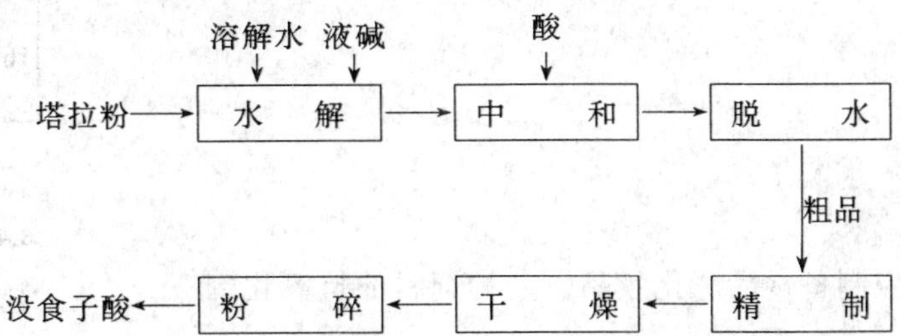

将塔拉粉溶解，加入 NaOH 溶液，升温反应；水解结束后，用酸中和；滤去塔拉残渣；滤液冷却结晶，脱去母液，得到没食子酸粗品；再精制后得到没食子酸产品，含量可达 98.5%以上。

该项新工艺已在国内多家林化厂的没食子酸生产中应用，具有加工过程简练、投资省、产品收率高的特点，可获得较好的经济效益。

5.6.4　制备没食子酸系列衍生物

没食子酸由于其分子结构中的苯环上有羧基、羟基官能团，因而可合成一系列没食子酸的衍生物，在医药、化工、食品加工方面有广泛应用。

塔拉单宁分子中有多个没食子酰基，可作为起始原料，进行某些化学反应，可以直接合成一系列没食子酸衍生物产品。

5.6.4.1 甲基化反应制备抗菌药物中间体

3,4,5-三甲氧基苯甲酸和3,4,5-三甲氧基苯甲酸甲酯是医药中间体。国内外都进行了利用塔拉单宁制备这类产品的研究。其技术路线是以塔拉单宁酸或塔拉粉为起始原料，在碱性条件下进行甲基化、水解反应，然后再酯化，精制后即制得3,4,5-三甲氧基苯甲酸甲酯；如将上述甲基化、水解后的产物再作中和处理精制后即制得3,4,5-三甲氧基苯甲酸。

据报道，国外Perisamy等人作上述试验，3,4,5-三甲氧基苯甲酸甲酯产率为54%～61%[67]；3,4,5-三甲氧基苯甲酸产率为84%～87%[68]。贵州遵义第二化工厂邱弘行等人研究开发上述的制备技术，其酯化收率达90%～99%，从而使后续产品甲氧苄氨嘧啶（TMP）的生产成本与用五倍子为原料相比降低10%以上[69]。中国林业科学研究院林产化学工业研究所陈笳鸿等人进行上述制备工艺研究，100g绝干塔拉单宁酸（含纯单宁约66g）可制得76g绝干酯化物（纯度在97%）以上；以塔拉粉为起始原料，100g绝干塔拉粉（含纯单宁约50%）可制得63g绝干酯化物；将酯化物再进一步合成3,4,5-三甲氧基苯甲酰肼，纯度93%～94%。

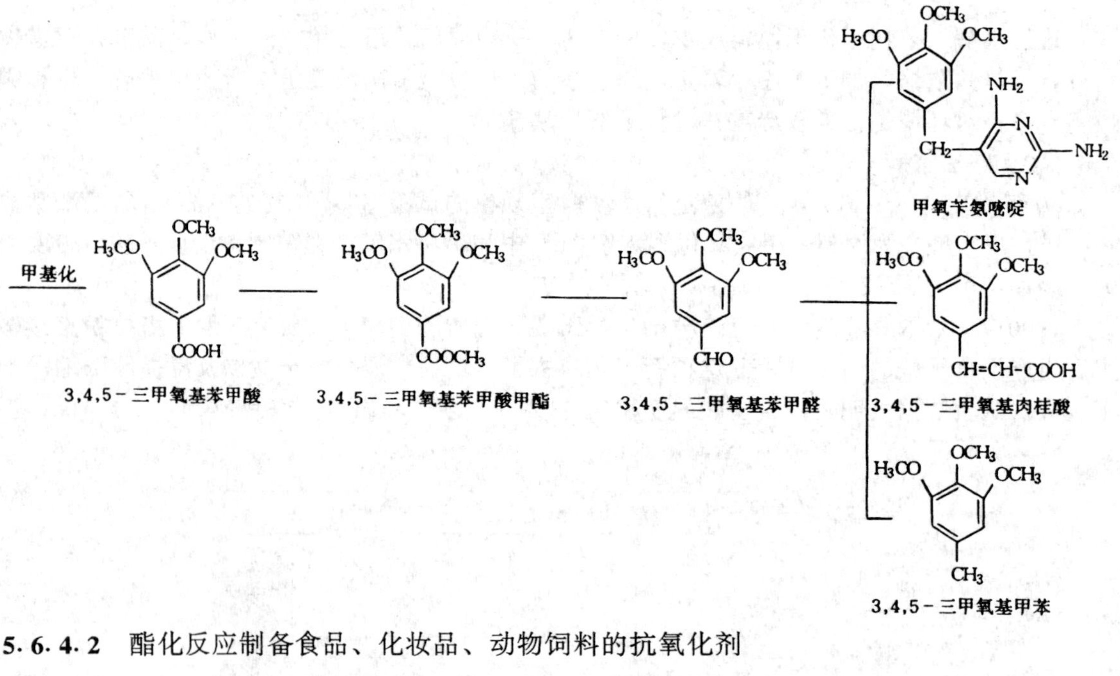

甲基化

3,4,5-三甲氧基苯甲酸（COOH）——3,4,5-三甲氧基苯甲酸甲酯（$COOCH_3$）——3,4,5-三甲氧基苯甲醛（CHO）——甲氧苄氨嘧啶；3,4,5-三甲氧基肉桂酸（CH=CH-COOH）；3,4,5-三甲氧基甲苯（CH_3）

5.6.4.2 酯化反应制备食品、化妆品、动物饲料的抗氧化剂

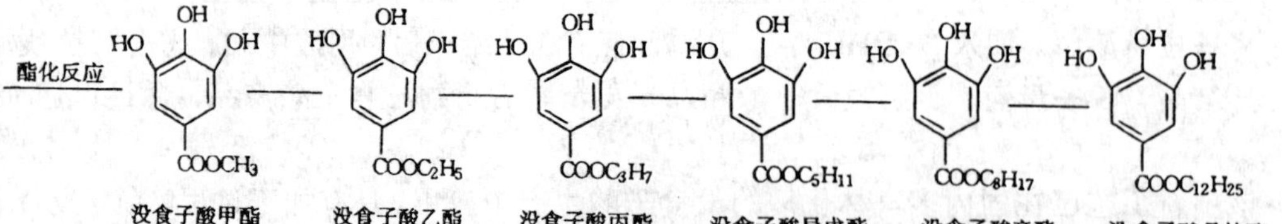

酯化反应

没食子酸甲酯（$COOCH_3$）——没食子酸乙酯（$COOC_2H_5$）——没食子酸丙酯（$COOC_3H_7$）——没食子酸异戊酯（$COOC_5H_{11}$）——没食子酸辛酯（$COOC_8H_{17}$）——没食子酸月桂酯（$COOC_{12}H_{25}$）

其中没食子酸丙酯是一种常用的油脂抗氧化剂，一般多采用没食子酸为原料酯化合成。Rebafka等人研究了一种用塔拉粉直接制备没食子酸丙酯的方法[70]。500g塔拉粉加入2kg正丙醇和50g无水硫酸，回流反应25h，可制得没食子酸丙酯，产率60%，纯度95%。

5.6.4.3　脱羧反应制备焦性没食子酸

焦性没食子酸即连苯三酚，一般采用没食子酸为原料经高温脱羧升华制成，是用作制备抗光蚀剂、农药、增感剂的化工产品。

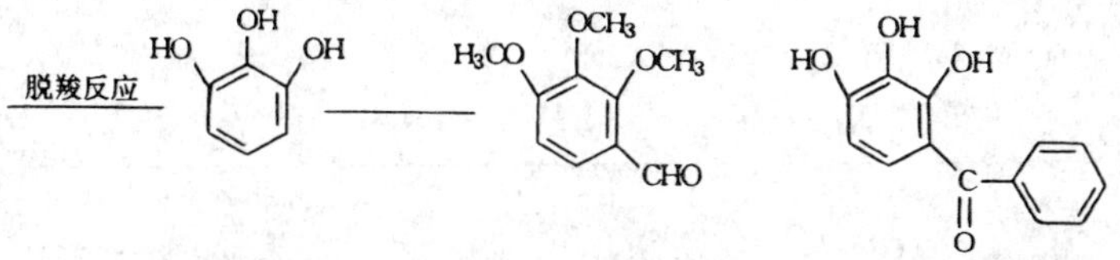

脱羧反应

焦性没食子酸　　2,3,4-三甲氧基苯甲醛　　2,3,4-三羟基苯基苯基酮

中国林业科学研究院林产化学工业研究所毕良武等人研究了一种用塔拉粉直接加热裂解制取焦性没食子酸的方法，将水解与脱羧两个反应在同一过程中完成，200g 塔拉粉可制得 22.4g 焦性没食子酸产品。这种新工艺具有省工省时、制备成本低的特点[71]。

5.6.5　种子的利用

塔拉种子呈扁平的椭圆形状（8mm×10mm），其重量约占气干果荚的 40%，是一种有重要利用价值的自然资源。

塔拉种子由外皮（Tegument）、子叶胚（Cotyledon-embryo）、乳胚（Albumen）三部分组成。据 Rahanitriniana 等人研究[72]，外皮约占种子重量的 38%～40%，子叶胚约占 27%～30%，乳胚约占 30%～34%。子叶胚的主要成分是类脂类物质和蛋白质。乳胚的主要成分是半乳甘露聚糖。这种天然聚糖（亦称塔拉胶）对水相系统有显著的增稠作用。有关塔拉胶的用途已有许多报道，例如：作增粘剂用于纺织、印染和造纸；作泥浆改性剂用于石油钻探；作乳化剂用于化妆品、药品、食品；作防渗漏剂用于聚丙烯酯以提高防水能力；还可用于矿石浮选。目前主要作胶凝剂或增稠剂用于食品和饲料工业[73～77]。

塔拉种子的加工利用，要去掉其坚韧的外皮。可以先将塔拉种子在一种由硫酸等多种成分配制成的溶液中浸泡 12h，再将其冻结使外皮破裂，分出多聚糖[78]。也可将含水 40%的湿种子压成薄片，干燥后磨碎，用水提取多聚糖[79]。还可用红外辐射加热的方法，经 $100kW/m^2$ 的红外射线辐射加热过塔拉种子，外皮很易去除，而所获得的聚糖物质未受影响[80]。

第63章 白蜡

张长海

1 白蜡虫与生产

1.1 概 述

白蜡是由白蜡虫 *Ericerus pela* Chavannes 雄虫分泌的物质。白蜡虫是重要的林业资源昆虫。它分布于中国、印度、朝鲜、日本、越南、俄罗斯及中南美洲等国，其中以我国产量最多。白蜡虫在我国分布于云南、四川、贵州、湖南、湖北、陕西、广东、广西、福建、浙江、江西、江苏、安徽、山东、河北、海南、西藏、黑龙江、辽宁、吉林、台湾等省（区），其中四川白蜡产量占全国首位；白蜡虫雌虫（即种虫）以云南昭通、贵州毕节、四川西昌、凉山彝族自治州等地所产者著称。

白蜡是轻、重工业不可缺少的原料，也是我国传统的出口物资，其产量和出口量均占世界第一位。白蜡原产于中国，外国人称它“Chinese wax”，“pe-la”或“Insect White wax”。在国内因四川、湖南产蜡最多，人们分别称之“川蜡”“湘蜡”。

白蜡生产，在我国有悠久的历史，据昆虫史学家邹树文[81]《白蜡虫利用的起源》一文考证，我国远在 1 700 多年前，在《澄类本草》中，关于白蜡的利用就有明确的记载，在1 000 年前唐朝元和年间已进行人工白蜡生产了，元代周密《癸辛杂识》，明代李时珍[82]《本草纲目》，明末清初徐光启[83]《农政全书》对白蜡虫的分布、生物学、寄主植物、繁殖饲养技术、白蜡加工利用等均有记载。可见我国劳动人民很早就已掌握白蜡生产技术了。

我国白蜡产量，据清朝末年记载，全国白蜡最高年产量达 5 000 多 t。其后由于军阀混战，白蜡生产遭到严重破坏。据 1949 年统计，全国白蜡产量下降为 200t。建国后，白蜡生产得到了恢复和发展，1975 年全国白蜡产量上升为 736.5t。目前，白蜡在国内外市场紧俏，已出现供不应求的局面。

1.2 白蜡虫形态特征

白蜡虫属同翅目 HOMOPTERA，蜡蚧科[84~86]COCCIDAE，是两性繁殖的昆虫。雌虫一生经过卵、若虫、成虫三个虫期，属不完全变态类；雄虫经过卵、幼虫、蛹、成虫四个虫期，属全变态类。

成虫

雌成虫：白蜡虫二龄雌幼虫蜕皮后为成虫。体形近似圆蚌壳状，体缘生有长圆锥形的蜡毛，触角 6 节，足 3 对，极细弱，胸部两对气门明显，并陷在气门隙中；虫体背、腹及体侧分布许多不同的腺体；腹部为 7 节，末端形成环形臀裂，有三角形半月形肛板两块，有 8 根细毛从肛管伸出。刚蜕皮的成虫，体色淡黄色。2～3 天后，变为褐色。未交尾的雌成虫，平均体长 2.600mm，体宽 2.195mm，体高 1.340mm；交尾后的雌成虫，虫体逐渐增大，一个月后，虫体平均体长 3.175mm，体宽 2.983mm，体高 2.110mm。在产卵期，虫体膨大为球形，平均体长 10.840mm，体宽 5.936mm，体高 8.913mm；虫口平均长 4.69mm，宽 3.80mm。产卵初期，体色为绯红色，产卵后期为淡棕色，产卵结束为深棕色。

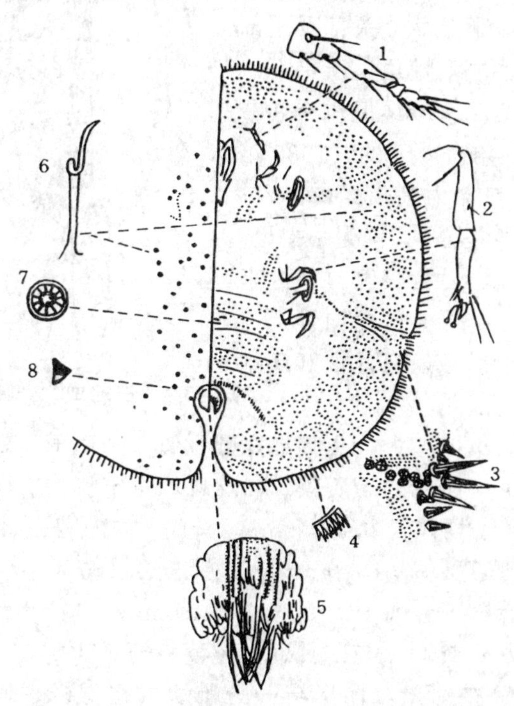

图 63-1　雌成虫

1. 触角；2. 中足末端；3. 气门陷、气门刺及气门腺；4. 蜡毛；5. 肛管及肛管刚毛；6. 管状腺；7. 多格腺；8. 刺突

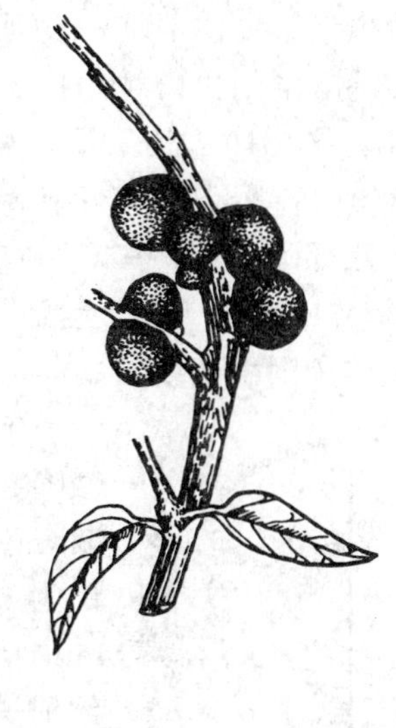

图 63-2　生活在寄主树上的产卵期雌成虫

雄成虫：真蛹蜕皮后为成虫。成虫体长平均2.097 5mm，体宽 0.667 5mm。头呈三角形，棕褐色，着生 6 对单眼，环形排列头部周围。口器已退化。触角丝状，10 节，触角平均长为 2.005mm，触角之长几乎与体等长，触角第一节基部较大，每节几乎等长，上有许多感觉毛，淡褐色。胸部较宽，中胸生翅 1 对，翅展平均长 5.000mm，翅呈三角形，透明，前缘淡棕色，具虹彩闪光，翅脉极度退化，后翅退化，呈平衡棒状，棕色。足 3 对，细长而多毛，腹部为 9 节，呈圆锥形，深棕色，腹部末端阳茎长 0.500mm，褐色，在阳茎两侧各生 1 根等长的白蜡丝，平均长 3.795mm。

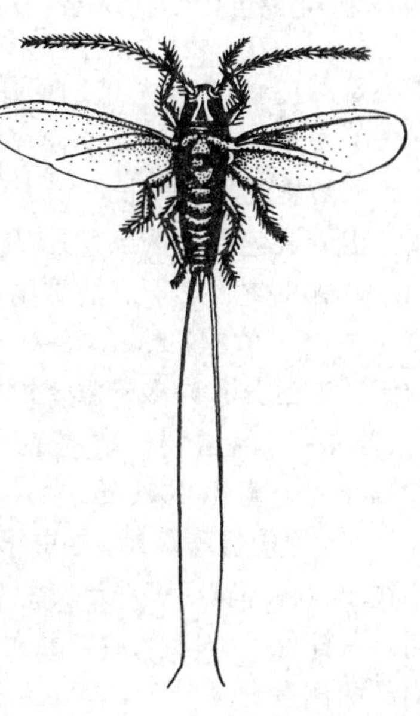

图 63-3　雄成虫

卵：雌雄卵多呈长圆形，但是，有的雄卵，一头椭圆，另一头稍尖，似鸡蛋形。卵在孵化前期，均为黄色，后期，雌雄卵色不同，雌卵为淡绯红色，雄卵仍为黄色。卵有光泽，在母腔内，被胶质粘成串状，卵之间有蜡粉相隔，起保护卵之用。卵在母体内，雄卵在母腔底部，雌卵在口部，并有蜡质

薄膜封盖，以免卵散出。卵平均长0.470 9mm，宽0.246mm。雌成虫怀卵量一般7 000粒左右，多者1万粒，少者几百粒。雌雄卵之比一般为1∶3，高者1∶6，低者1∶1.24。

幼虫：一龄雌幼虫长卵形，平均体长0.699 2mm，体宽0.404 8mm。刚孵化出来的雌幼虫，体色为淡绯红色，后变为橘红色，定叶后变为红色，最后变为紫红色。幼虫体节明显，胸区大，头部及尾部较狭。单眼一对，着生于头部两侧，呈黑色斑点状；触角生于头下口器基部两侧。一龄幼虫触角多为6节，一般长0.159mm，但也有8节的（日本蚧虫专家佐佐木[81,87]发现一龄幼虫触角有8节的，1980年发现有8节的一龄幼虫），触角长0.197 6mm。口器为刺吸式口器，口针长0.258 4～0.319 2mm。足3对，其长度几乎均等，前足、中足、后足长均为0.281 2mm。气门孔两对，位于中、后胸腹侧，并内陷形成凹隙。腹部为7节，其末端有两根白蜡丝，两根长度均等，为0.288 8～0.471 2mm。肛门上方有两块半月形肛板，有6根肛环刚毛。整个虫体周围生有细毛数根。

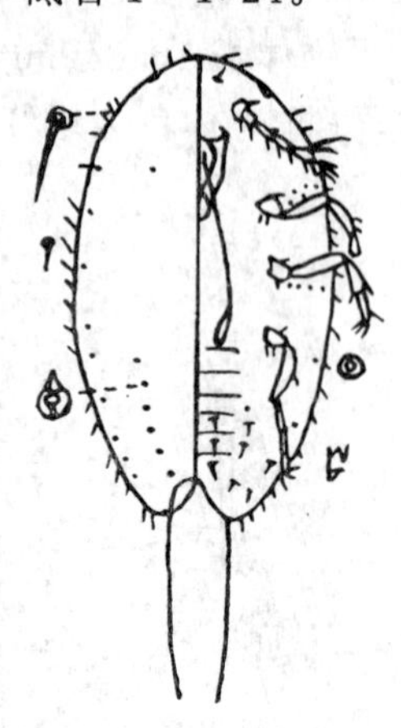

图63-4　白蜡虫（一龄幼虫）

二龄雌幼虫，虫体增大，头胸部宽圆，似长圆盾形，背部稍微隆起，虫体周围有白色的蜡质膜。二龄雌幼虫定杆后，体色由紫红色变为褐色。平均体长0.886 5mm，体宽0.521 2mm；触角仍为6节，长0.167 2～0.182 4mm，口针长0.440 8～0.471 2mm；足三对也增粗增长，每一对足长0.342 0mm。二龄雌幼虫蜡丝消失，这是区别一龄幼虫与二龄幼虫主要特征。

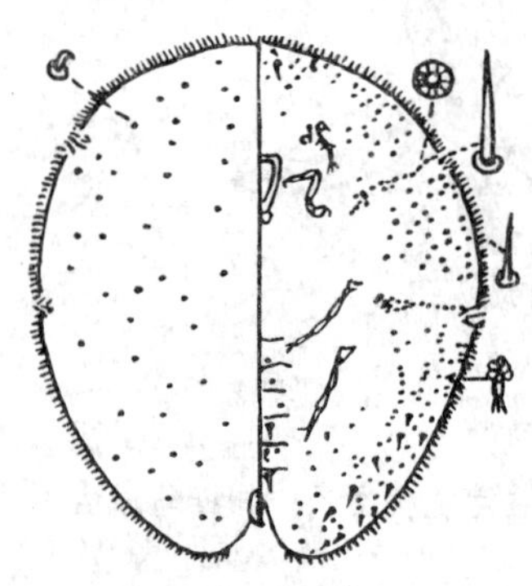

图63-5　白蜡虫（二龄雌幼虫）

雄幼虫：一龄雄幼虫，体形与一龄雌幼虫相似，平均体长0.780 9mm，体宽0.488 3mm。幼虫在孵化前后均为淡黄色，定叶后呈米黄色。眼黑色，触角6节，长0.136 8～0.182 4mm；口针长一般为0.456 0mm，口针粗0.007 6mm；足3对，前、中、后足几乎等长，每足长0.243 2mm；腹部7节，其末端生有白蜡丝一对，长0.288 8～0.516 8mm。肛环肛管比雌虫高，这也是区别雌雄幼虫一个主要特征。肛管上有刚毛6根，其他皆与雌虫相同。

二龄雄幼虫：体长卵形，平均体长0.814 0mm。二龄幼虫定杆后，体色由米黄色变为淡红色；眼黑色，触角7节，这是区别二龄雌雄虫和一龄雌雄虫生物学形态的重要特征。触角长0.174 9～0.197 0mm；口针长0.5168～0.547 2mm；3对足细长，每足长一般为0.326 8mm；虫体背面及侧面分布许多蜡腺，虫体腹面蜡腺甚少。雄虫二龄末期，体肥大，头部小，胸区增宽，腹部最宽，呈半椭圆形，整个虫体似梨形。长1.850mm，宽1.000mm。

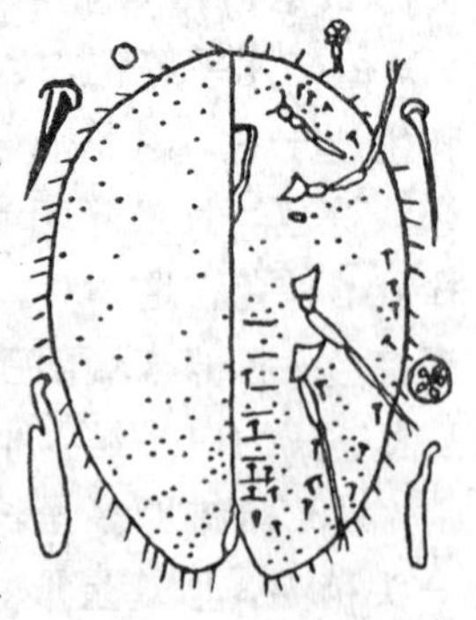

图63-6　白蜡虫（二龄雄幼虫）

蛹：分前蛹和真蛹。雄虫第二次蜕皮后进入前蛹期。前蛹似梨形，头部狭小，胸部宽，腹部比胸部更宽。眼微红色，触角短粗，紧贴头部两侧，淡棕色，2～3天后，触角逐渐张开，胸部背板、侧板、腹板明显，胸部两侧有翅芽一对，其长至腹部第二节，其他附肢十分清楚，腹部呈淡乳黄色。前蛹平均长2.155mm，宽0.995mm。肛环肛管两端蜡丝突极为明显。前蛹蜕皮后为真蛹，其形似成虫，头圆形，眼为褐红色，触角、翅芽及其他附肢均增长，触角分节较清楚，翅芽长至腹部第五节，体色初为淡棕色，后为褐色。真蛹体长平均 2.195mm，宽 0.9425mm。

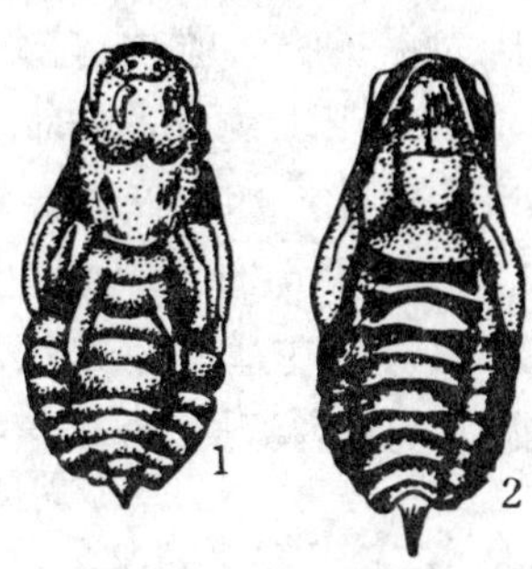

图 63-7　白蜡虫雄虫前蛹

1. 腹面；2. 背面

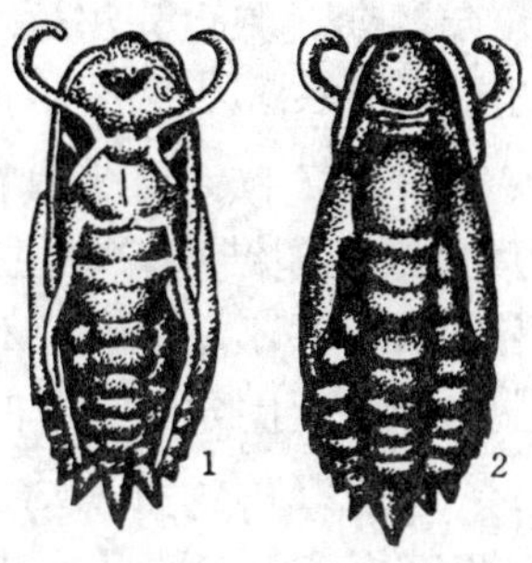

图 63-8　白蜡虫雄虫蛹

1. 腹面；2. 背面

1.3　白蜡虫生活史

白蜡虫世代基本上是一年一个世代。但因各地气候环境不同而有差异，即使在同一地区，由于每年的气候条件不同，其生活周期，世代的长短也不一样。处于我国南亚热带的云南景东白蜡虫[88]，每年大致 4 月中旬幼虫孵化，6 月中旬雌雄虫进入成虫期，受精雌成虫越冬，翌年 4 月中旬幼虫孵化，历时一年一个世代；我国南温带云南昭通白蜡虫，5 月中旬幼虫孵化，8 月下旬雌雄虫进入成虫期，受精雌成虫越冬，翌年 5 月中旬幼虫孵化；我国中温带东北辽宁白蜡虫[89]，6 月中旬幼虫孵化，9 月上旬进入成虫期，受精雌成虫越冬，翌年 6 月中旬幼虫孵化；日本东京地区白蜡虫[87]，6 月中旬幼虫孵化，9 月初进入成虫期，受精雌成虫越冬，翌年 6 月中旬幼虫孵化；俄罗斯南方滨海区白蜡虫[90]，7 月中旬幼虫孵化，9 月中旬进入成虫期，受精雌成虫越冬，翌年 7 月中旬幼虫孵化，历时一年一个世代。

综上所述，白蜡虫对不同的气候生态环境适应性很强，可塑性大。但生活周期的不同，世代提前或延迟是符合生物学，生态学规律的。因为昆虫在一定的适宜环境里，温度升高，其生长发育速度加快，生活周期缩短，世代提前。反之，若气温低，白蜡虫生长发育速度缓慢，生活周期，世代将延迟。根据对白蜡虫小气候的观测，白蜡虫生长发育速度，不但与温度有关，与光照也有直接的关系。因为昆虫属变温动物，体温在很大程度上取决于外界温度与光照，外界温度变化，其体温随之变化，外界光照变化，其体温也随之变化。因此，温度、光照与昆虫生长发育是密切相关的。然而大气候对昆虫影响更大，白蜡虫为了在自然界生存发展，只能适应生态环境，调节体内机制，使生长发育加快或延缓，不然将被自然界淘汰。白蜡虫对不同的气候环境，生态条件适应性很强，因而它有更广阔的发展范围。

1.4　白蜡虫习性

吊糖：雌成虫交尾后，虫体逐渐增大，到 12 月底或翌年 1～3 月，虫体膨胀为球形时，从肛门排出一种碳水化合物，开初数量不多，后大量排出，此物质透明，有粘性、味甜，称之蜜露。随着白蜡虫的生长发育，到产卵时大量排出蜜露，顺着虫体向下流，在虫体下部积增，开始呈水晶珠，以后逐渐聚增为球形，由于重量增加，使蜜露拉长并一滴一滴向下流的现象称为吊糖。吊糖是受孕的雌虫在产卵期的一种生理反应，在白蜡生产上出现这种现象，说明雌虫正处于产卵期。

产卵：雌虫产卵，先产雌卵，后产雄卵，雌卵产于虫体口部，雄卵在虫体底部，雌虫进入产卵盛期可连续产卵，很少间歇。产卵时腹部末端不断伸缩蠕动，卵产出后由于体腔表面附有粘液，使前后产出的卵相互粘连成串状连接在一起，随着腹部蠕动，整个卵串也不断的在卵腔内蠕动。在产卵期，雌虫分泌许多白色蜡粉混于卵间作为保护物，雌虫口部有一层蜡膜可防止卵粒流出。雌虫产卵[84,91~92]一般 1min 产出 1 粒，快的 20s 产 1 粒，每小时最多产 78 粒，最少产 22 粒，平均 57 粒。白蜡虫在产卵盛期，昼夜 24min 均能产卵，产卵高峰在上午 10 时，午夜很少产卵。产卵结束，雌虫腹壁几乎和背壁紧贴。产卵期历时 1 个月左右。

幼虫在体腔孵化后，并不马上爬出体外，仍在体腔内藏匿几天，在适宜的天气，幼虫便从口部爬出在寄主树叶片上固定下来，但是有的已孵化幼虫能在体腔内藏匿 20 多天。当幼虫爬出后，虫体扁平，呈深红色，看来幼虫很耐饥。

蜕皮：白蜡虫在成长过程中蜕几次皮才能发育成熟，每蜕一次皮，白蜡虫就增加一龄，虫体明显增大，其形态也发生变化，白蜡虫雌虫一生蜕两次皮，雄虫蜕 4 次皮。

孵化：胚胎从卵蜕出的过程，称之孵化。白蜡虫孵化一般在上午进行，下午很少孵化，夜间不孵化。在孵化开始，雌虫先于雄虫 1～2 天孵化。

涌散：幼虫孵化后，在母体腔内藏匿几天，便有从母壳口部向外爬觅食的现象。幼虫（若虫）群体从涌散开始到涌散结束所经历的时间称为涌散期。

白蜡虫涌散有它自己的规律，在正常天气，白蜡虫涌散一般在上午进行，下午很少涌散，晚上不涌散。若遇不正常天气，涌散提前或延缓，有时在 1 天中，时晴时雨或气温升高或下降，而幼虫涌散也随之而变，等天气变晴气温回升后它又开始涌散。

定叶：幼虫涌散后，爬行到寄主树的叶子上栖息，取食汁液而生，称为定叶。这是白蜡虫特有的生物学习性。雌虫在叶子正面顺着叶脉而固定；雄虫在叶的背面群栖而固定，定叶 2～3 天后开始分泌蜡花。

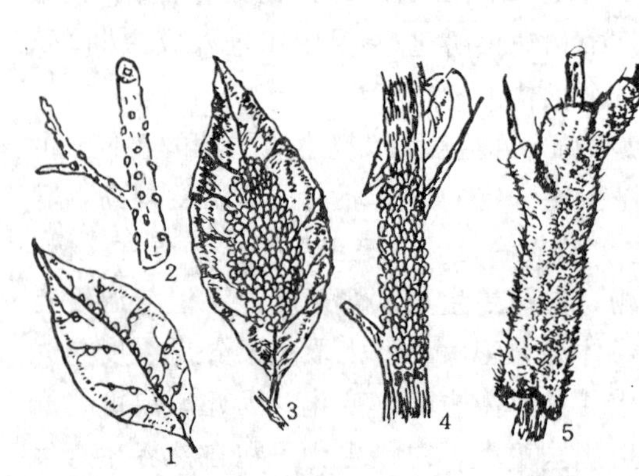

图 63-9　白蜡虫生活习性示意图

1. 雌幼虫在叶子正面顺叶脉而固定；
2. 二龄雌虫在枝条上分散而固定；
3. 雄幼虫在叶子的背面群集而固定；
4. 二龄雄虫在枝条上群集而固定；
5. 雄虫在枝条上分泌的蜡花

定杆：幼虫第一次蜕皮进入二龄后：雌雄虫分别从叶子上转移到枝条上栖息而生长发育称为定杆。雄虫定杆先于雌虫 3～5 天，雄虫一般选 2～3 年生适宜枝条的部位群栖固定。雄虫发育较整齐，一般 5 天左右全部定杆。头 3 天定杆达 70%，并且定杆呈有规则排列，其头均朝上；雌虫选择 1～2 年生适宜枝条分散固定，其头均朝下。雌虫发育不整齐，有的雌幼虫固定拖至 20 多天。雌雄幼虫定杆活动大都在上午进行，遇阴雨或降温天推迟定杆，雨天不定杆。雌虫在枝条上固定到产卵幼虫孵化和涌散为止，幼虫涌散固定后，若没有外界因素影响，虫壳仍固定在枝条上；雄虫固定到蛹期结束，进入成虫羽化为止。

趋光性与避光性：白蜡虫对光有反应。雌虫有趋光性，一龄幼虫固定在叶的正面，即向阳的叶片栖息；雄虫有避光性，一龄幼虫在叶的背面，即被阴叶面固定。进入二龄定杆时，雌虫均在光照好的枝条部位固定，雄虫仍在背阴枝条的部位固定，据笔者观察，雄虫是随阳光成反方向而固定。

泌蜡：是白蜡虫特有的生物学习性。在白蜡虫体壁上，分布着许多蜡腺。多数分布于气门两侧、体背及体侧。白蜡是由雄虫分泌的物质。雄虫定叶，定杆 2～3 天就开始分泌蜡花，10 天左右虫体即被蜡花包埋。蜡花的分泌是在幼虫阶段，主要是在雄虫二龄初、后期进行，到蛹期、成虫期均不再分泌蜡花。雌虫不泌蜡主要是产卵，繁殖后代。但是，雌虫在一、二龄幼虫发育阶段，在体缘和背部，腹部也分泌一些蜡质薄膜，主要起保护作用和固着作用。

爬行速度：白蜡虫雌雄幼虫爬行速度均不一样，雌虫每小时爬行 230cm，雄虫每小时爬行 100cm，由此可见，雌虫体强、活泼，善于爬行；雄虫体弱，不善于活动。在二龄定杆时，其习性也不一样，雄虫一旦找到适宜部位，便固定下来，而雌虫则相反，在枝条上来回游动，待找到适宜的部位才固定下来。

蛹：白蜡虫雄虫有蛹期，分前蛹和真蛹两个虫态。雄虫在蛹期不食不动，当受外界刺激时，进行轻微的伸缩运动，蛹期不泌蜡。据室内观察，前蛹期 2～4 天，真蛹期 6～7 天。在蜡花中，前蛹、真蛹头均倒立与枝条成直角形，真蛹蜕皮后进入成虫期。

放箭：真蛹蜕皮时，腹部进行有节奏的波浪式伸缩运动。尾部阳茎鞘突不断冲击蜡被，直到把蜡被穿破，在成虫末端阳茎鞘两侧的蜡丝突上便长出蜡丝，两天后，蜡丝长于虫体的 2 倍半，这时蜡丝穿孔而出，好像箭从蜡被孔中射出。故称为放箭。真蛹蜕皮进入成虫时一般在蜡孔中休息 1～3 天，若天气好，则成虫后足紧贴于腹部从蜡孔中退出，然后 2 只后足用力猛蹬蜡被，虫体即出。

交尾：雄虫从蜡孔中退出后，翅膀稍微展动一下，便折叠于背上，开始在枝条上缓缓爬行，起风时，成虫的翅膀才抖动一下，后又把翅膀折于背上，继续在枝条上来回爬行，寻找雌成虫交尾。交尾前雄虫发情，围绕雌成虫来回爬行，不时用前足，触角拍打雌虫，然后雄虫爬至雌虫背上，其尾部举高，阳茎上下微微摆动，阳茎与尾部形成直角“丁”字形，并向腹部收缩，似鱼钩形，直向雌虫尾部插去。交尾时，雄虫不断用前足拍打雌虫头部，交尾时间约 30～60s，后把阳茎抽出，此时阳茎与尾部仍成直角“丁”字形，待 1min 后，阳茎直立，休息片刻，继续爬行，再找其他雌成虫进行交尾。有的交尾后，雄虫死在雌虫体背上，雄虫一般与 1～3 个雌虫交尾，然后死去。

飞行：雄成虫找不到适宜的交尾对象，就爬行到枝条最高处，叶子的边缘张翅飞行，寻找其适宜的对象交尾。飞行方式是左右、上下呈曲线形飞行，飞行高度一般在 150～200cm 左右，最高达 300～500cm，飞行距离一般在 10m，有的在 20m 以上。

1.5 白蜡虫物候

物候一词，在我国由来已久。物候是指自然界中的生物和非生物受气候和其他环境因素影响，而出现的现象。物候学是研究自然界中植物（包括农作物）、动物和环境条件（气候、水文、土壤条件）的周期变化之间相互关系的科学。它的目的是服务于生产和科学研究。

白蜡虫在生长发育过程中，经历一定的时间，发生不同的虫期，在每个虫期，均出现一些不同的现象。这种现象包括虫体大小，颜色变化，形态变化，还有一些主要的习性，以及白蜡虫的分泌物和排泄物的变化等。掌握了这些现象，对白蜡生产具有重要意义。

白蜡虫雌虫一生经过卵、一龄幼虫、二龄幼虫、成虫 3 个虫态；雄虫一生经过卵、一龄幼虫、二龄幼虫、前蛹、真蛹、成虫五个虫态。在这些虫态中，出现一些不同的物候特征。

卵：区别雌雄卵，其一是根据卵形区分，雌卵一头大，一头稍小，似鸡蛋形；雄卵两头大小均等，为长椭圆形。其二是根据卵的颜色分，在孵化之前，雌卵为微红色；雄卵为淡黄色。

一龄幼虫：区别一龄雌雄幼虫，首先根据体色，雌虫为微红色；雄虫为淡黄色。其次是幼虫固定于叶面的不同习性区分雌雄虫。固定在叶的正面、顺着叶脉固定者为雌虫；群栖固定在叶的背面者为雄虫。

二龄幼虫：区别二龄幼虫。一是根据触角节数不同而区分，二龄雄虫触角为7节；雌虫为6节。二是根据在枝条上固定的不同方式区分，二龄雌虫分散固定在1～2年生枝条上，头朝下；雄虫群栖在2～3年生枝条上，并呈有规则整齐排列，头朝上。二龄雌雄虫与一龄雌雄虫的区别，除体形稍大外，一个很主要的特征是二龄雌雄虫尾部末端尾丝消失了。雄虫二龄中期、末期在蜡被内均呈瓦片状排列，蜡被表面光滑平整。

前蛹：雄虫第二次蜕皮后为前蛹。雄虫在前蛹期，头倒立，群体呈葡萄状排列，腹部、尾部椭圆，似梨形，腹部光亮，其体色初期为淡黄色，后期为褐色，不食不动于蜡花中。在蜡被上出现许多突起，其表面粗糙，出现这种现象，表明雄虫处于前蛹期。

真蛹：前蛹蜕皮后为真蛹。虫体仍倒立状排列于蜡花中。虫体瘦长、触角。翅芽变长，附肢明显。雄虫刚进入真蛹时，体色淡棕色，后变深棕色。前蛹蜕皮时，由于腹部伸缩运动。阳茎鞘突将蜡被冲出一个洞，在蜡被表面出现一些蜡粉、蜡团。这时表明雄虫进入了真蛹期。

雄成虫：真蛹蜕皮后为成虫。真蛹蜕皮时由于腹部有节奏的波浪式运动，阳茎鞘突将蜡被戳通，2～3天后，尾丝从蜡孔中伸出，称放箭。这说明雄虫进入成虫期。

二龄雌虫定杆后，约过10天，背、腹凸起，头部稍变宽，虫体呈胡萝卜状，这种现象称二龄初期。经7天左右，虫体胸部凸起更高，腹部第一节断裂，为二龄中期。再经7天，则尾部第五节发生断裂，整个虫体呈马鞍形，此时为二龄末期。大约5天幼虫即蜕皮进入成虫期。在成虫期，虫体的背凸更快、更明显，尤其是胸部更加凸高，虫体边缘也稍增高，似蚌壳状，称为低蚌壳状。交尾后，虫体迅速增大，背部高高凸起为高蚌壳状。吊糖前为圆贝壳状，吊糖初变为半球形，吊糖产卵期虫体膨胀为球形，体色为深棕色。吊糖结束，产卵结束，虫壳有弹性，证明“海底水已干”，即可采种。

1.6 白蜡虫涌散

白蜡虫放养是白蜡生产的关键环节，白蜡虫挂放的好坏，直接影响白蜡的产量和质量。白蜡虫幼虫在放养时，受外界诸因素制约，根据多年的研究，温度、湿度、光照、降雨、云量、云团、风速等生态因子对白蜡虫幼虫涌散有重大影响[93]；并摸清了白蜡虫的涌散规律，找出挂放白蜡虫适宜的时间和生态指标，为提高白蜡生产提出了科学依据。

白蜡虫在正常天气（无风，无云，无雨，无冰雹等因子的晴天）和不正常天气（有风，云，雨，冰雹的天气）挂放，其放养效果很不一样，即使同一天气，由于白蜡虫挂放的部位不同，其放养效果也不尽相同（见表63-1）。

表63-1 白蜡虫在正常天气向阳部位涌散情况 1981年4月8日

观测项目/虫数/时间	天气状况	挂放部位	温度（℃）	湿度（%）	光照（lx）	风速（m/s）	风向	云量	涌散头数
7:00	晴	向阳	12.2	79	100	0	0	0	1
8:00	晴	向阳	12.5	74	2 000	0	0	0	2
8:15	晴	向阳	13.6	71	4 300	0.02	S	0	12

（续）

时间＼观测项目＼虫数	天气状况	挂放部位	温度(℃)	湿度(%)	光照(lx)	风速(m/s)	风向	云量	涌散头数
8:30	晴	向阳	15.5	73	8 000	0.05	E	0	119
8:45	晴	向阳	16.0	75	12 500	0	0	0	270
9:00	晴	向阳	16.8	71	10 500	0.02	W	0	271
9:15	晴	向阳	17.4	66	15 000	0.04	E	0	312
9:30	晴	向阳	18.6	63	15 000	0.01	E	0	361
9:45	晴	向阳	19.2	59	16 000	0.03	NW	0	146
10:00	晴	向阳	20.6	55	16 000	0.04	NW	0	132
10:15	晴	向阳	21.8	50	16 000	0.04	NW	0	120
10:30	晴	向阳	23.0	46	16 000	0.05	NW	0	59
10:45	晴	向阳	24.2	42	16 500	0.01	NW	0	29
14:15	晴	向阳	28.8	22	20 000	0.06	NW	1/10	0

由表 63-1 可见，在正常天气情况下，白蜡虫种虫挂放于寄主树枝条的向阳部位，涌散起点：上午 7 时，生态指标：温度 12.5℃，湿度 79%，光照 100lx。涌散适宜的时间范围：8:30～10:15；生态指标：温度 15.5～21.8℃，湿度 73%～50%，光照 8 000～16 000lx。涌散结束：14:15，生态指标：温度 28.8℃，湿度 22%，光照 20 000lx。

在同一正常天气，白蜡虫种虫挂放于寄主树枝条的背阴部位，白蜡虫涌散也不相同。

表 63-2　白蜡虫在正常天气背阴部位涌散情况　　1981 年 4 月 8 日

时间＼观测项目＼虫数	天气状况	挂放部位	温度（℃）	湿度（%）	光照（lx）	风速（m/s）	风向	云量	涌散头数
7:00	晴	背阴	12.2	79	80	0	0	0	0
7:15	晴	背阴	12.4	83	150	0.05	W	0	1
8:45	晴	背阴	16.0	75	1 500	0	0	0	6
9:00	晴	背阴	16.8	71	1 500	0.02	W	0	67
9:15	晴	背阴	17.4	66	2 500	0.04	W	0	120
9:30	晴	背阴	18.6	63	3 000	0.01	E	0	171
9:45	晴	背阴	19.2	59	4 000	0.03	E	0	238
10:00	晴	背阴	20.6	55	7 000	0.04	NW	0	218
10:15	晴	背阴	21.8	50	5 000	0.04	NW	0	98
10:30	晴	背阴	23.0	46	5 500	0.05	NW	0	42
10:45	晴	背阴	24.2	42	1 500	0.01	NW	0	36
11:00	晴	背阴	24.4	40	1 500	0.12	NW	1/10	20
16:00	晴	背阴	30.2	21	1 600	0.17	NW	1/10	0

由表 63-2 可见，在同一天气情况下，白蜡虫挂放于寄主树枝条背阴部位，其涌散起点7:15，生态指标：温度 12.4℃，湿度 83%，光照 150lx；涌散高峰 9:45，涌散适宜时间范围8:45～10:30；生态指标：温度 16～23℃，湿度 75%～46%，光照 1 500～5 500lx；16:00 涌散结束，生态指标：温度 30.2℃，湿度 21%，光照 1 600lx。由此可见，白蛹虫幼虫涌散，就是在同一地区，同一天气，同样寄主树上挂放，由于种虫挂放于寄主树枝条的不同部位，向阳与背阴，寄主树上中下部，其涌散的时间，所需生态指标也不同。

白蜡虫在阴天的涌散情况（表 63-3、表 63-4）

表 63-3 白蜡虫在阴天向阳部位涌散情况 1981 年 4 月 7 日

时间＼观测项目＼虫数	天气状况	挂放部位	温度（℃）	湿度（%）	光照（lx）	风速（m/s）	风向	云量	涌散头数
7:00	雾雨	向阳	15.4	73	40	0.06	W	7/10	0
7:15	小雨	向阳	15.2	81	150	0	0	7/10	3
8:15	阴	向阳	16.1	76	1 500	0	0	7/10	2
8:30	阴	向阳	17.2	76	7 000	0	0	7/10	27
8:45	阴	向阳	17.6	76	9 300	0	0	7/10	71
9:00	阴	向阳	18.6	68	3 000	0.07	NW	7.5/10	121
9:15	阴	向阳	18.6	90	3 000	0	0	7.5/10	355
9:30	阴	向阳	18.6	72	3 400	0	0	7.5/10	274
9:45	阴	向阳	19.6	62	14 000	0	0	7/10	199
10:10	阴	向阳	20.8	54	11 000	0	0	7/10	183
10:15	阴	向阳	21.8	53	14 000	0.07	SW	7/10	93
10:30	阴	向阳	22.2	62	14 000	0.06	SW	7/10	67
10:45	阴	向阳	24.0	51	15 000	0.06	SW	7/10	10
13:00	阴	向阳	25.8	42	3 500	0.05	NW	7/10	0

表 63-4 白蜡虫在背阴部位涌散情况 1981 年 4 月 7 日

时间＼观测项目＼虫数	天气状况	挂放部位	温度(℃)	湿度(%)	光照(lx)	风速(m/s)	风向	云量	涌散头数
7:00	雾雨	背阴	15.4	73	25	0.06	SW	7/10	0
7:15	小雨	背阴	15.2	81	100	0	0	7/10	4
8:15	阴	背阴	16.1	76	1 100	0	0	7/10	13
8:30	阴	背阴	17.2	76	1 900	0	0	7/10	24
8:45	阴	背阴	17.6	76	2 300	0	0	7/10	30
9:00	阴	背阴	18.6	68	1 800	0	0	7/10	64
9:15	阴	背阴	18.6	90	2 000	0.07	NW	7.5/10	153
9:30	阴	背阴	18.6	72	2 400	0	0	7.5/10	255
9:45	阴	背阴	19.6	62	2 700	0	0	7.5/10	67
10:00	阴	背阴	20.8	54	3 000	0	0	7.5/10	20
10:15	阴	背阴	21.8	53	2 700	0	0	7.5/10	8
11:15	阴	背阴	25.0	45	3 000	0.07	W	7/10	0

从表 63-3、表 63-4 看，白蜡虫在阴天挂放于寄主树枝条的向阳或背阴部位，其涌散时间都是以 7:15 为起点，生态指标：温度 15.2℃，湿度 81%，光照 100lx。但挂放于向阳部位的白蜡虫适宜的涌散时间是 8:30～10:30，而挂放于背阴部位的白蜡虫适宜在 8:30～10:00涌散，生态指标范围：温度 17.2～20.8℃，湿度 76%～54%，光照 1 900～3 000lx；挂放向阳部位的白蜡虫比挂放于背阴处的涌散时间长，延长到 13 时结束。这是因为挂放于向阳部位的白蜡虫没有受地面遮阴物的影响，从而获得更多的热量和光照，而挂放于背阴部位的白蜡虫由于受遮阴物的影响，湿度和光照都较弱，从而抑制了白蜡虫的涌散，由此进一步说明，白

蜡虫幼虫没有光照是不涌散的，根据笔者多年观察，白蜡虫在夜间不涌散。

白蜡虫在低温阴雨天的涌散情况（表 63-5、表 63-6）。

表 63-5　白蜡虫在低温天气向阳部位涌散情况　　1981 年 4 月 13 日

时间 \ 观测项目 \ 虫数	天气状况	挂放部位	温度（℃）	湿度（%）	光照（lx）	风速（m/s）	风向	云量	涌散头数
6:50	阴	向阳	11.8	93	25	0.01	NW	10/10	0
7:00	阴	向阳	11.8	95	45	0.07	NW	10/10	0
8:00	阴	向阳	11.7	93	2 400	0	0	10/10	0
9:00	阴	向阳	12.8	91	2 700	0.04	NW	10/10	1
10:00	阴	向阳	14.0	90	3 500	0.02	E	10/10	1
11:00	阴	向阳	13.8	86	1 200	0.04	E	10/10	1
12:00	小雨	向阳	14.3	88	1 800	0.03	E	10/10	0
13:00	阴	向阳	13.7	91	1 300	0	0	10/10	0
14:00	阴	向阳	13.4	95	2 000	0.02	NW	10/10	0
15:00	阴	向阳	13.6	93	2 300	0	0	10/10	0
16:00	阴	向阳	13.8	95	1 300	0	0	10/10	0
17:00	阴	向阳	14.2	93	2 000	0	0	10/10	0

表 63-6　白蜡虫在低温阴雨天气背阴部位涌散情况　　1981 年 4 月 13 日

时间 \ 观测项目 \ 虫数	天气状况	挂放部位	温度(℃)	湿度(%)	光照(lx)	风速(m/s)	风向	云量	涌散头数
6:50	阴	背阴	11.8	93	20	0.01	NW	10/10	0
7:00	阴	背阴	11.8	95	40	0.07	NW	10/10	0
8:00	阴	背阴	11.7	93	2 100	0	0	10/10	1
9:00	阴	背阴	12.8	91	2 000	0.04	NW	10/10	2
10:00	阴	背阴	14.0	90	2 500	0.02	E	10/10	1
11:00	阴	背阴	13.8	86	1 400	0.04	E	10/10	0
12:00	阴	背阴	14.3	88	1 800	0.03	E	10/10	0
13:00	阴	背阴	13.7	91	1 000	0	0	10/10	0
14:00	阴	背阴	13.4	95	1 500	0.02	NW	10/10	0
15:00	阴	背阴	13.6	93	1 800	0	0	10/10	0
16:00	阴	背阴	13.8	95	800	0	0	10/10	0
17:00	阴	背阴	14.2	93	1 300	0	0	10/10	0

由表 63-5，表 63-6 所见，在低温阴雨天气，从 6:50 至 17:00，无论是挂放在原寄主树枝条向阳面的白蜡虫种虫，还是挂放于原枝条背阴面的种虫是很少涌散的。因为低温阴雨将抑制或延迟白蜡虫涌散。因此在白蜡生产中，一定要选择温暖、无大风的晴天挂放白蜡虫，不然，将会给白蜡生产带来重大损失。

白蜡虫在小雨、气温持续升高的天气下的涌散情况见表 63-7。

表 63-7 白蜡虫在阴雨气温持续升高天气涌散情况 1980年5月23日

时间＼观测项目＼虫数	天气状况	挂放部位	温度（℃）	湿度（%）	光照（lx）	风速（m/s）	风向	云量	涌散头数
6:00	阴	向阳	20.8	89	400	0	0	10/10	0
7:00	小雨	向阳	21.0	87	300	0	0	10/10	5
8:00	小雨	向阳	21.6	84	500	0	0	10/10	129
8:15	小雨	向阳	21.6	84	600	0	0	10/10	118
8:30	小雨	向阳	21.5	85	725	0	0	10/10	147
8:45	小雨	向阳	21.5	85	1 000	0	0	10/10	211
9:00	小雨	向阳	21.4	84	2 500	0	0	10/10	132
9:15	小雨	向阳	19.4	85	4 200	0	0	10/10	90
9:30	雨停	向阳	20.0	85	5 500	0	0	10/10	90
9:45	阴	向阳	23.0	85	7 400	0	0	10/10	168
10:00	转晴	向阳	23.4	85	8 000	0.02	NW	9.5/10	279
10:15	转晴	向阳	23.8	82	9 500	0	0	9/10	214
10:30	转晴	向阳	24.0	80	11 000	0	0	8/10	348
10:45	转晴	向阳	24.2	78	12 500	0.03	NW	7/10	318
11:00	转晴	向阳	24.8	76	14 600	0.05	N	6/10	346
11:15	转晴	向阳	25.7	75	13 500	0.04	NW	6/10	133
11:30	转晴	向阳	26.5	74	13 000	0.02	NW	5/10	129
11:45	转晴	向阳	27.5	72	13 500	0	0	6/10	114
12:00	晴	向阳	28.0	71	12 500	0	0	6/10	43
15:00	转雨	向阳	25.4	75	3 500	0	0	7/10	0
备注	①6:15开始下小雨。②9:30雨停。③9:00～9:30气温下降，白蜡虫涌散头数减少。④9:45气温升高，幼虫涌散头数增加。								

表63-7看出，在小雨气温持续升高的天气，当雨水没有流入种虫壳内，白蜡虫仍进行涌散，但孵化的幼虫数量不多。当雨停，天气转晴，气温升高，光照加强，白蜡虫涌散速度加快，涌散头数增加。但12:00后，虽然天气晴朗，气温升高，光照加强，但白蜡虫却很少涌散，到15:00涌散结束。实验表明：白蜡虫在28℃以上，是很少涌散的，据多年观察，白蜡虫涌散主要是在上午进行，下午很少涌散，这也是白蜡虫主要生物学特性之一。

白蜡虫在晴雨交错的天气涌散情况（表63-8）。1980年5月22日，笔者观察白蜡虫涌散时，碰到一个特殊天气，早晨6:00天气晴朗，7:45后天气转阴下小雨，8:20开始下大雨，9:20后雨停，接着天气转晴，当时，太阳暴晒，温度剧增，这种生态环境的突变，对白蜡虫的涌散，产生重大影响，见表63-8观察记录。

表63-8所见，在晴雨不定天气下，降雨对白蜡虫的涌散有抑制作用；雨过天晴，白蜡虫在适宜的生态环境里又继续涌散。本实验从10:00～11:00，生态因子变化幅度不大，白蜡虫幼虫涌散的头数几乎均等。但是到11:15，光照由11 000lx猛增到15 000lx时，笔者观察到，白蜡虫幼虫像滚雪球一样从虫壳口部涌散出来，从三个观测点观察到，同时在15min内，幼虫涌散分别为703头、660头、502头、出现这种现象，是雨后太阳暴晒，气温剧增，而使虫壳内温度猛增，白蜡虫幼虫在种虫壳内忍受不了这急剧变化的温度，故像滚雪球一样从虫壳内向外连滚带爬地涌出来。

表 63-8　白蜡虫在晴雨交错天气涌散情况　　1980 年 5 月 22 日

时间 观测项目 虫数	天气状况	挂放部位	温度（℃）	湿度（%）	光照（lx）	风速（m/s）	风向	云量	涌散头数
6:00	晴	向阳	21.2	86	210	0	0	0	0
6:15	晴	向阳	21.0		220	0	0	3/10	0
6:30	阴	向阳	21.6		230	0	0	7/10	0
6:45	小雨	向阳	20.2		240	0	0	10/10	2
7:00	小雨	向阳	19.8	94	250	0	0	10/10	4
8:00	小雨	向阳	19.8	94	1 000	0	0	10/10	12
8:15	小雨	向阳	19.7	96	1 200	0	0	10/10	9
8:30	大雨	向阳	19.5	97	1 300	0	0	10/10	0
8:45	大雨	向阳	19.5	97	1 400	0	0	10/10	0
9:00	大雨	向阳	19.4	98	1 500	0	0	10/10	0
9:15	雨小	向阳	19.4	98	1 400	0	0	10/10	0
9:30	雨小	向阳	19.9	95	1 800	0	0	10/10	0
9:45	雨停	向阳	20.5	93	2 400	0	0	9/10	0
10:00	转晴	向阳	21.0	90	8 500	0.02	NW	8/10	12
10:15	转晴	向阳	21.2	88	8 000	0.04	NW	7/10	11
10:30	转晴	向阳	21.3	87	7 500	0.03	NW	7/10	32
10:45	转晴	向阳	21.6	85	9 000	0.05	NW	7/10	12
11:00	转晴	向阳	22.4	83	11 000	0.05	NW	6/10	19
11:15	转晴	向阳	23.0	81	15 000	0.06	NW	6/10	502
11:30	转晴	向阳	24.0	75	14 000	0.08	N	6/10	316
11:45	转晴	向阳	24.4	72	12 000	0.12	NE	6/10	251
12:00	转晴	向阳	25.0	70	11 000	0.07	NE	5/10	188
12:15	转晴	向阳	25.2	70	9 500	0.06	NW	5/10	126
12:30	转晴	向阳	25.4	66	9 500	0.05	NW	5/10	19
12:45	转晴	向阳	25.2	69	10 000	0.05	NW	5/10	6
15:00	转晴	向阳	26.6	61	9 000	0.05	N	5/10	0
备　注	①6:45 下小雨 ②8:30～9:45 下大雨，使正在孵化的幼虫停止涌散。								

以上阴雨气温持续升高和晴雨不定的天气表明，在白蜡生产中，应避开这种天气挂放种虫。因为这种天气涌散出的幼虫，定叶、定杆不整齐，其后白蜡虫生长发育也不整齐，因此，对白蜡生产极为不利。

综上所述，研究白蜡虫涌散，其目的是探讨白蜡虫的涌散规律，找出白蜡虫涌散的生物学特性和所需的气候环境及生态指标，把握放养技术关键，为提高白蜡生产服务。白蜡虫涌散期因各地生态环境不同而不同，即使在同一地区，由于各年气候不同，其涌散时间也有差异。但总的来讲，白蜡虫涌散的时间，大致是在上午 8:00～12:00 进行，要求的温度范围18～25℃，光照 8 000～12 000lx，湿度 75%～55%为宜。根据笔者多年观察，白蜡虫涌散的时间不能绝对的说是在上午进行，要视生态环境，气候条件能否满足白蜡虫涌散的要求，若不能满足它的要求，将会抑制，推迟，延缓白蜡虫涌散时间，白蜡虫涌散所需的生态指标不是绝对的，气温低时，要求较强光照，温度高时，要求弱光照，由此说明温度与光照成负相关的关系。根据实验观测，风速，风向对白蜡虫涌散影响不大，但大风、云量、云团是有影响的。因而在白蜡生产中，要避开不利天气因素，一定要选择一个温暖晴朗无大风的好天气放虫，不然将给白蜡生产造成重大损失。

1.7 白蜡虫定杆

白蜡虫雌雄虫定叶后，首先在寄主树的叶上取食，后经蜕皮进入二龄幼虫，便爬到枝条上固定取食。白蜡虫雌雄虫在定杆过程中，也需要一定生态因子才能完成定杆活动。

白蜡虫雄虫在正常天气定杆情况见表63-9。

表63-9 雄虫在正常天气定杆情况 1981年4月8日

时间＼观测项目＼虫情	温度（℃）	湿度（%）	光照（lx）		风速（m/s）	风向	云量	天气状况	雄虫定杆情况
			直射光	散射光					
7:00	12.2	79	500	80	0	0	0	晴	0
7:45	12.5	74	1 000	400	0	0	0	晴	个别
8:00	12.5	78	1 500	600	0	0	0	晴	个别
8:15	13.6	71	9 000	1 000	0.02	S	0	晴	个别
8:30	15.5	73	10 100	1 400	0.05	E	0	晴	个别
8:45	16.0	75	14 000	1 400	0	0	0	晴	个别
9:00	16.8	71	15 000	1 400	0.02	W	0	晴	普遍
9:15	17.4	66	15 000	1 500	0.09	E	0	晴	普遍
9:30	16.6	63	16 500	1 500	0.01	E	0	晴	大量
9:45	19.2	59	15 000	2 000	0.03	NW	0	晴	大量
10:00	20.6	55	16 000	3 000	0.04	NW	0	晴	大量
10:15	21.8	50	17 500	4 000	0.04	NW	0	晴	下降
10:30	23.0	46	17 500	4 000	0.05	NW	0	晴	0
备注	说明：♀♂二龄幼虫定杆采用五个指数表示： 零：即雌雄虫无定杆活动或定杆结束 个别：指在15min内，♀♂虫定杆活动10头以下 普遍：♀♂虫定杆活动普遍进行 大量：表示在30min内，在一片叶上有200头以上幼虫定杆 下降：幼虫定杆活动减少 结束：幼虫定杆结束								

从表63-9所见，白蜡虫雄虫在正常天气定杆起点指标：温度12.5℃，湿度74%，直射光1 000lx，散射光400lx；时间一般在清晨进行。定杆适宜范围：温度17.4～19.2℃，湿度66%～59%，直射光1 500～1 650lx，散射光1 400～1 500lx；时间从9:15至9:45，定杆活动一般在10:30以前结束，其指标：温度23℃，湿度40%，直射光17 500lx，散射光4 000lx。

白蜡虫雄虫在阴天定杆情况见表63-10。

从表63-10所见，雄虫在阴天定杆活动与在正常天气的定杆推迟了1h多，温、湿度已达到正常天气雄虫定杆的起点指标，但由于光照弱，雄虫不进行定杆。这说明雄虫在定杆活动中需要一定的光照，特别是散射光，因而不能绝对的说，雄虫避光不需要光照。根据多年观测，白蜡虫雄虫定杆活动主要是需散射光，对直射光也是需要的，但光照强度不高，散射光的强度与直射光成正相关的关系。

表 63-10 雄虫在阴天定杆情况

1981年4月11日

观测时间 \ 虫情项目	温度（℃）	湿度（%）	光照（lx）		风速（m/s）	风向	云量	天气状况	雄虫定杆情况
			直射光	散射光					
7:00	14.9	71	20	2	0.03	NW	10/10	阴	0
8:15	15.0	74	1 600	80	0.07	NW	10/10	阴	个别
10:30	20.0	58	6 500	700	0	0	10/10	阴	个别
10:45	18.7	64	2 100	450	0.01	W	10/10	阴	个别
11:00	16.5	74	3 500	200	0.01	W	10/10	小雨	0
11:15	15.5	85	3 500	300	0.02	W	10/10	雨停	0
11:30	17.2	84	4 000	500	0.04	W	10/10	阴	0
11:45	17.6	82	4 200	400	0	0	9.5/10	阴	个别
12:00	18.5	67	5 000	500	0	0	9.5/10	阴	个别
12:15	17.8	74	5 500	1 400	0.01	W	9.5/10	阴	普遍
12:45	18.4	70	4 000	700	0	0	9/10	阴	大量
13:00	18.7	72	3 000	700	0	0	9/10	阴	大量
13:15	19.2	69	5 500	700	0	0	8/10	阴	大量
13:30	19.4	60	5 000	700	0	0	8/10	阴	大量
13:45	19.4	62	7 500	1 000	0	0	8/10	阴	大量
14:00	22.3	61	20 500	2 400	0	0	8/10	阴	大量
14:15	23.2	61	17 500	1 600	0	0	8/10	阴	大量
14:30	25.4	52	7 500	1 200	0.03	W	8/10	阴	下降
16:15	28.4	36	15 000	1 500	0.24	NW	4/10	晴	0
备注	从10:45至11:30，使正在活动定杆的雄虫停止下来，主要是阴天降温所至。小雨对雄虫定杆活动影响不大，因为当时只下了零星小雨，而且很快就结束了。								

从表63-10还可看出，10:45后，由于气温下降并下零星小雨，使得正在定杆的雄虫停止下来。由此说明，阴天降温对雄虫定杆活动有抑制作用。11:45雨停，气温回升，雄虫又开始活动定杆。因而当生态因子达到雄虫定杆所需的条件时，它又继续开始定杆；当然，超越它所需求的定杆生态指标，雄虫定杆活动就会停止。

表63-10说明，雄虫在阴天定杆所需的温度比正常天气下要高，主要由于阴天光照弱，说明雄虫定杆所需温度与光照成负相关的关系。雄虫在阴天的定杆延迟到16:15结束。说明雄虫定杆的时间，一般都在上午进行，要视天气状况而定。在正常天气雄虫定杆是在上午进行，若遇上不利生态因子将抑制和延缓雄虫定杆。

雄虫在低温阴雨天气定杆情况见表63-11。

表 63-11 雄虫在低温阴雨天气定杆情况 1981年4月3日

时间 \ 观测项目 \ 虫情	温度（℃）	湿度（%）	光照（lx）		风速（m/s）	风向	云量	天气状况	雄虫定杆情况
			直射光	散射光					
6:50	11.8	93	25	4	0.01	NW	10/10	阴	0
11:15	14.2	83	1 500	500	0.03	NW	10/10	阴	个别
11:30	14.5	84	6 800	800	0	0	10/10	阴	个别
11:45	14.5	86	4 900	800	0.01	W	10/10	阴	个别
12:00	14.3	88	1 600	200	0.03	W	10/10	小雨	个别
12:15	14.2	93	1 200	200	0.06	NW	10/10	小雨	个别
12:30	13.6	81	1 200	300	0	0	10/10	小雨	个别
12:45	13.2	85	1 200	300	0	0	10/10	小雨	个别
13:00	13.7	91	2 000	400	0	0	10/10	小雨	个别
13:15	13.7	95	3 300	400	0	0	10/10	小雨	个别
13:30	13.8	95	3 300	400	0.09	NW	10/10	小雨	个别
13:45	13.4	95	2 400	300	0.01	NW	10/10	小雨	个别
14:00	13.4	95	2 400	400	0.02	NW	10/10	小雨	个别
14:15	13.3	93	2 700	300	0.03	NW	10/10	小雨	个别
17:00	14.2	93	2 000	200	0	0	10/10	小雨	0

从表 63-11 所见，白蜡虫雄虫在低温阴雨天气，只是个别定杆，数量极少。从 11:15 至 14:15只出现极少数雄虫活动，但没有定杆，只在雄虫群居的叶背面活动，这是因为叶背面没有被雨淋湿之故。雨水淋湿的叶背面雄虫不活动。当温度继续下降，小雨继续下时，雄虫定杆停止。由此表明低温阴雨将抑制或延缓雄虫定杆，也使得正在定杆的雄虫停止活动。

白蜡虫雌虫在正常天气定杆情况。

表 63-12 雌虫在晴天定杆情况 1981年4月28日

时间 \ 观测项目 \ 虫情	温度（℃）	湿度（%）	光照（lx）	风速（m/s）	风向	云量	天气状况	雌虫定杆情况
7:30	16.0	76	1 800	0	0	5/10	晴	0
7:45	16.0	77	3 500	0	0	5/10	晴	0
8:00	17.5	70	6 000	0.02	E	4/10	晴	0
8:15	18.3	70	10 000	0	0	3/10	晴	个别
8:30	18.9	75	11 000	0	0	3/10	晴	个别
8:45	20.0	68	10 500	0.15	NW	2/10	晴	普遍
9:00	20.0	66	9 000	0	0	2/10	晴	大量
9:15	20.8	60	11 500	0	0	2/10	晴	大量
9:30	21.5	63	12 500	0.01	NW	2/10	晴	大量
9:45	22.8	58	12 500	0.01	E	2/10	晴	大量
10:00	24.0	50	15 000	0.01	W	2/10	晴	下降
10:15	24.8	53	18 000	0.04	NW	2/10	晴	个别
10:30	26.6	51	17 500	0.12	NW	1/10	晴	个别
10:45	25.8	47	18 000	0.11	NW	0.5/10	晴	0

从表 63-12 所见，白蜡虫雌虫在正常天气定杆活动所需的生态指标比雄虫在同样条件下所需的生态指标要高，定杆活动起点生态指标：温度 18.3℃，湿度 70%，光照 10 000lx，定杆起点时间在上午 8:00 以后，适宜的定杆生态指标范围：温度 20.0～22.8℃，湿度 66%～58%，光照 9 000～12 500lx；定杆一般在上午 9:00～10:00 进行；雌虫定杆结束在 10:45，温度 25.8℃，湿度 47%，光照 18 000lx。据多年观测，风速、风向对白蜡虫雌虫定杆影响不大，只是云团、云量、降雨、露水对雌虫定杆有重大影响。

白蜡虫雌虫在低温阴雨天气定杆情况见表 63-13。

表 63-13　雌虫在阴雨低温天气定杆情况　　1981 年 5 月 4 日

观测项目＼虫情＼时间	温度（℃）	湿度（%）	光照（lx）	风速（m/s）	风向	云量	天气状况	雌虫定杆情况
7:30	17.7	80	800	0.03	W	10/10	阴	0
8:00	17.7	79	1 800	0.02	W	10/10	阴	个别
8:15	17.9	79	1 900	0.01	S	10/10	阴	个别
8:30	17.9	79	900	0.02	W	10/10	阴	个别
8:45	17.7	83	700	0	0	10/10	小雨	0
9:00	17.2	89	600	0	0	10/10	小雨	0
9:15	17.2	89	800	0	0	10/10	小雨	0
9:30	16.7	92	800	0	0	10/10	小雨	0
9:45	16.8	92	800	0	0	10/10	小雨	0
10:00	16.5	92	700	0	0	10/10	中雨	0
10:15	16.5	94	1 000	0	0	10/10	小雨	0
10:30	16.5	95	1 000	0	0	10/10	小雨	0
10:45	16.4	86	1 000	0	0	10/10	小雨	0
11:00	16.5	80	2 500	0	0	10/10	小雨	0

表 63-13 中说明白蜡虫雌虫在低温阴雨天气很少定杆。因此低温阴雨同样对雌虫定杆有抑制、延缓、推迟作用。即使在正常天气，若雌虫所栖息的叶面有露水或被潮湿，就是其他生态指标再适宜，雌虫也不会定杆。只有等叶面露水干后，在适宜温度、湿度、光照条件下，雌虫才活动定杆。实验表明，不利天气因素对白蜡虫定杆活动产生重大影响。

1.8　白蜡虫蛹和成虫变化

白蜡虫雌雄虫定杆后，通过生长发育进入成虫期。由于白蜡虫雄虫属完全变态，在进入成虫期前，须经一个蛹期发育阶段，雄虫在蛹期的形态变化很大，在这些变化中，同样需要适宜的生态条件，才能完成其变态，促进生长发育，进入成虫期。

笔者等人对白蜡虫雄虫在蛹期发育阶段的观测是，采用野外和室内相结合的方法进行，由于在野外很难用小气候仪观测，因此把二龄末期雄虫置于室内观察，看温、湿度对它的影响。

前蛹：把二龄末雄虫置于室内培养皿观察，在平均室温 27.6～33.3℃，相对湿度 50%～75%的条件下，雄虫蜕皮进入前蛹期，此期为 2～4d。

真蛹：前蛹经发育变态进入真蛹期。在平均室温 29.3～31.9℃，相对湿度 62%～74%的条件下，前蛹经蜕皮进入真蛹期，雄虫真蛹期历时 6～7d。

在室内观察蛹期变化时，发现为数不多的蛹，尤其真蛹因蜕不下皮来而死亡。蛹蜕皮的时间很不一致，多数在上午4:00～10:00进行，蜕皮的时间长短也不一致。通过蛹期观察表明：白蜡虫在蛹期都不分泌蜡花，在白蜡生产中，掌握白蜡虫蛹期发育阶段，即可采蜡花进行白蜡加工。在蛹期采蜡花，可提高白蜡产量、质量。不然，蜡花采摘过早或过迟，都会给白蜡生产造成损失。

真蛹蜕皮后进入成虫期。白蜡虫雄虫羽化时也需要在适宜的生态条件下才可进行。

白蜡虫雄虫在正常天气羽化情况见表63-14。

表63-14 白蜡虫雄成虫在晴天羽化情况 1980年7月23日

观测时间 \ 虫情项目	温度(℃)	湿度(%)	光照(lx)	风速(m/s)	风向	云量	天气状况	雄虫羽化情况
6:15	18.4	89	3	0.05	N	0.2/10	晴	0
6:30	18.4	90	65	0	0	0.2/10	晴	0
6:45	18.6	96	300	0	0	0.2/10	晴	个别
7:00	18.8	94	400	0	0	0.2/10	晴	个别
7:30	18.9	94	3 500	0	0	1/10	晴	个别
8:00	20.0	89	7 500	0.07	N	1/10	晴	普遍
8:30	21.4	85	12 500	0.08	N	1/10	晴	大量
9:00	22.8	81	15 000	0.07	N	2/10	晴	大量
9:30	23.6	79	19 000	0.07	N	2/10	晴	下降
10:00	25.2	72	22 000	0.07	N	3/10	晴	个别
10:30	26.2	76	16 000	0.08	N	5/10	晴	0
备注	①个别羽化即在40cm蜡被上，每小时雄虫羽化1～10头。 ②普遍羽化，在40cm蜡被上，每小时雄虫羽化50～100头。 ③大量羽化，在40cm蜡被上，每小时雄虫羽化200～300头。 ④下降，即在雄虫羽化由高峰降低，雄虫羽化头数逐渐减少。 ⑤零，即雄虫未羽化或羽化结束。							

从表63-14所见，白蜡虫雄虫在正常天气羽化的起点时间为6:45，羽化起点生态指标：温度18.6℃，湿度96%，光照300lx；雄虫羽化适宜的生态指标范围：温度20.0～22.8℃，湿度89%～81%，光照7500～15 000lx；羽化结束：温度26.2℃，湿度76%，光照16 000lx。白蜡虫在羽化过程中，风速、风向对其影响不大，而低温阴雨对羽化有影响。

白蜡虫雄虫在阴雨天气羽化情况见表63-15。

表63-15 雄成虫在阴雨天羽化情况 1981年6月12日

观测时间 \ 虫情项目	温度(℃)	湿度(%)	光照(lx)	风速(m/s)	风向	云量	天气状况	雄虫羽化情况
6:30	19.4	97	45	0	0	10/10	小雨	0
6:45	19.7	98	178	0	0	10/10	小雨	0
7:00	20.1	96	1 280	0	0	10/10	小雨	0
7:15	20.0	96	1 280	0	0	10/10	中雨	0
7:30	19.8	96	1 480	0	0	10/10	中雨	0
7:45	19.6	95	1 320	0	0	10/10	中雨	0
8:00	19.6	95	2 200	0	0	10/10	中雨	0

（续）

时间 \ 观测项目 \ 虫情	温度（℃）	湿度（%）	光照（lx）	风速（m/s）	风向	云量	天气状况	雄虫羽化情况
8:15	19.2	97	1 500	0	0	10/10	中雨	0
8:30	18.9	97	1 500	0	0	10/10	小雨	个别
9:00	19.4	97	5 200	0	0	10/10	小雨	个别
9:15	19.6	98	3 800	0.02	NW	10/10	零星小雨	普遍
9:30	19.8	98	5 000	0	0	10/10	阴	大量
9:45	20.4	94	6 300	0	0	10/10	阴	大量
10:00	20.5	94	6 300	0	0	10/10	阴	大量
10:15	21.2	98	6 500	0	0	10/10	阴	大量
10:30	21.0	94	6 500	0	0	10/10	小雨	下降
11:00	21.0	95	8 000	0	0	10/10	小雨	0

由表 63-15 所见，白蜡虫雄成虫在雨天一般不羽化。但大、中雨天气将抑制、推迟，延缓雄虫羽化。那么小雨气温持续升高时，在蜡被没有淋湿的部位仍有少数雄成虫羽化，羽化的成虫躲在寄主树枝条的下部或叶片下面避雨，待天气好时，寻找雌成虫进行交尾，繁衍后代。

1.9　白蜡虫生态环境

我国著名产虫老区云南昭通，四川西昌、凉山和贵州毕节，大致沿金沙江流域分布于乌蒙山和凉山山系：位于东经 102°～106°，北纬 26°～28°，垂直分布。白蜡虫在这一地区分布在海拔 1 200～2 000m，优质白蜡虫分布在北纬 27°的牛栏江沿岸，海拔 1 400～1 800m 昭通的大寨、洪山、万和、炎山二半山区开阔地带。据云南省气象局划分气候带指标分析，优质种虫分布于北亚热带气候区。该区年平均温度 13.6～15.6℃，最冷月平均温度 4～6℃，极端最低温－5～－2℃，≥10℃年积温 4 200～5 000℃，年平均湿度 60%～70%，年日照 1 800～2 000h，年降雨量 740～850mm；土壤为红壤，pH 值 5.7～6.0，这是白蜡虫适宜的生态环境。但是，据笔者对全国虫，蜡区和分布区调查，以及多年引种白蜡虫实验表明，白蜡虫对不同的气候生态环境适应性很强，可塑性很大，因而并不是上述地区才可发展白蜡生产。白蜡虫在我国的地理分布[89,95～99]，大致从东经 85°08′的西藏吉隆，樟木到 121°23′的上海、宁波、台湾，从北纬 18°的海南到 42°的东北辽宁。在垂直分布方面，从海拔 4.7m 的上海到 2 000m 的云南昭通、贵州毕节、四川西昌、凉山及 2 000m 的西藏、吉隆、樟木等地区。在这辽阔区域内，从暖温带到北温带；从北亚热带到中、南亚热带均有白蜡虫分布。在不同气候的生态环境中，从年平均温度 9℃，最冷月平均温度－12.8℃，极端最低温度－30.4℃，≥10℃年积温 3 400℃的北温带辽宁鞍山、本溪到年平均温度 19.5℃，最冷月平均温度 11.2℃，极端最低温度 1.80℃，≥10℃年积温 6 672.2℃的南亚热带云南景东、墨江、永德等地，对白蜡虫引种实验结果表明，其种群均能繁衍后代，且在北纬 23°44′的永德和 22°32′的马关有白蜡虫自然种群分布，在极端最高温度 40.7℃，海拔 46.7m 的南昌；极端最高温度 40.6℃，海拔 44.9m 的长沙；极端最高温度 41.3℃，海拔 350m 的南充；极端最高温度 41.3℃，海拔 23.3m 的武汉；极端最高温度 44.0℃，海拔 351.1m 的重庆等地均有白蜡虫分布。据调查，这些地区的白蜡虫已有 30 多年的历史，其世代稳定，雌雄虫生长发育正常，产虫、产蜡均好。

表 63-16 白蜡虫种虫和蜡花厚度指标

项目/地区	纬度	海拔 (m)	白蜡虫种虫大小（mm）			蜡花平均厚度 (mm)	测定人	繁殖方式
			长	宽	高			
马关	22°32′	1400	9.42	8.78	8.17	5.35	张长海	人工放养
永德	23°40′	1 606.2	10.92	9.78	9.80	5.39	张长海	自然繁殖
景东	24°28′	1 162	10.90	9.60	9.48	5.95	张长海	人工放养
昆明	25°01′	1 850	11.39	9.88	10.10	6.28	张长海	自然繁殖
昭通	27°20′	1 949	10.70	9.70	9.70	—	张长海	人工放养
峨眉	29°36′	447.3	—	—	—	5.30	吴次彬	人工放养
南充	30°32′	380	8.40	9.40	9.20	—	郑发科	人工放养
武汉	30°38′	23	10.91	9.80	9.81	5.40	柯治国	人工放养
上海	31°07′	4.7	11.39	10.20	10.07	6.95	张长海	自然繁殖
鞍山	41°10′	50	12.92	11.36	11.35	5.52	张长海	自然繁殖

由表 63-16 可见，从北纬 22°32′的马关到 41°10′的鞍山；从海拔 4.7m 的上海到海拔 1 850m的昆明地区虫、蜡都长得好。

处于北纬 22°32′的马关人工放养白蜡虫，种虫长 9.42mm，宽 8.78mm，高 8.17mm，蜡花平均厚度 5.35mm。据调查，云南文山州 8 个县均有白蜡虫分布，当地苗族群众都知道白蜡生产和用途。

处于北纬 23°44′的永德自然分布的白蜡虫，其历史悠久，种虫长 10.92mm，宽 9.78mm，高 9.82mm；怀卵量平均 7 477 粒，最多 14 874 粒，最少 1576 粒；雌雄性比平均为 1∶4.05，最高 1∶5.85，最低 1∶3.15，卵平均长 0.51mm，宽 0.27mm，蜡熔点 82.5～83℃。值得指出，白蜡虫雄性比之高，卵之大在全国白蜡虫中是少见的。

处于北纬 41°10′的鞍山、本溪自然繁殖的白蜡虫，种虫之大，在全国是少有的，种虫长 11.25～14.75mm，宽 9.45～13.25mm，高 9.75～13.0mm，蜡花平均厚度 5.519mm，最厚 6.75mm，最薄 4.00mm。

处于北纬 31°07′，海拔 4.7m 的上海白蜡虫，历史悠久，虫、蜡皆好。明末清初徐光启《农政全书》，曾记载上海有白蜡虫分布（W. Lokhat，1853），把上海白蜡虫连同白蜡样品带到英国供研究。日本蚧虫专家（Inoklchl Kuwana，1921）在上海公园采得白蜡虫标本，60 年代初，浙江人在上海龙华一带放养白蜡虫，获得好收成。1984 年笔者等人在上海也采得白蜡虫标本，种虫长 8.95～12.75mm，宽 8.45～11.25mm，高 8.50～11.35mm，蜡花之厚可说是全国之冠，平均厚度 6.94mm，最厚 8.45mm，最薄 47mm。

1986 年笔者等在东经 119°20′，北纬 26°的福州发现白蜡虫自然种群；1987 年张再福等在东经 117°32′，北纬 26°13′的福建沙县湖源发现白蜡虫自然种群，种虫长 10.8mm，宽 10.9mm，高 8.60mm。事实证明了李时珍《本草纲目》关于白蜡虫在福建的记载。

位于北纬 25°01′，海拔 1 850m 的昆明地区自然繁殖的白蜡虫，不但雌虫长得好，雄虫泌蜡也好。种虫平均长 11.30mm，宽 9.88mm，高 10.10mm，怀卵量平均 7 583 粒，最多14 353 粒，最少 1 317 粒，蜡花平均厚 5.93mm，最厚 8.0mm，最薄 4.45mm。

1982～1985 年岑明等对广西作了大量考察，有 34 个县从清代开始放养白蜡虫，个别寄主树产白蜡 3kg 多，在 40 年代前，每年向湖南提供大量白蜡虫种虫，就是在 60 年代，湖南蜡农还到广西调种。

据中国科学院青藏高原综合科学考察队西藏考察，发现在东经85°08′，北纬28°26′，海拔2 500m的樟木和海拔2 800m的吉隆地区也有白蜡虫自然种群分布，从而说明白蜡虫对不同的气候，生态环境适应性极强，可塑性大，在我国各地几乎都可生存发展。

调查表明，无论在高海拔区，还是低海拔区均可放养白蜡虫。我国著名产蜡老区的四川峨眉，利用本地繁育的白蜡虫种虫产蜡，0.5kg种虫可产蜡1～2kg。海拔300m的南充地区过去很少产虫，1973年有12个县能产虫，年产虫16.5万kg，蜡25万kg，1979年全区产虫22.5万kg，名列全国之首；湖南育虫取得可喜成绩，海拔150m的衡阳县金溪庙科研点，年产种虫在2 000kg以上；芷江海拔450m的大树坳石竹坪科研点，在育种中注意对白蜡虫病虫害防治。从1978～1986年，共放种虫39.5kg，产虫1 102.9kg，平均繁殖27.9倍，最高84.8倍。1979年刘世悌等从海拔120m的江西萍乡上埠镇购210kg种虫，从中精选0.5kg进行放蜡实验，产商品蜡5.75kg，放收比（即放虫量与产蜡量之比）为1∶11.5，芷江艾头坪乡唐家村老蜡农王洪金，1985年用芷江种虫与云南王牌洪山、炎山种虫和四川种虫作对比实验。结果表明，芷江种虫的放收比为1∶4.25，洪山、炎山和四川种虫共放3.5kg，产蜡10.4kg，放收比为1∶2.97。由此可见，在低海拔地区不但能育虫，而且用育的虫进行放蜡，其质量、数量并不比高海拔的种虫差。近年来，湖南芷江虫蜡有较大的发展，据1990年统计，芷江年产白蜡占全国产蜡量的55.9%，因而说明，“高山育虫，低山放蜡”，“虫区不产蜡，蜡区不产虫”，以及白蜡虫“在北纬26°以南或33°以北均不适其繁殖”，垂直分布方面“低于海拔200m，则不适其繁殖”的说法，是值得商榷的。

在白蜡生产中，出现的“高山育虫，低山放蜡”，“虫区不产蜡”，“蜡区不产虫”之说，并不是气候原因造成，而是病虫危害的结果。据考察，无论是高纬度区，还是低纬度区；无论是高海拔区还是低海拔区；无论是温带还是亚热带，白蜡虫都有它本身天敌昆虫存在。从低纬度的22°32′云南马关，23°的永德到41°10′高纬度的东北鞍山、本溪；从低海拔4.7m的上海，23m的武汉，35.3m的汨罗，44.9m的长沙，46.7m的南昌，123.8m的赣州，200m的芷江，400m的乐山、南充、安康等地到2 000m的高海拔产虫老区云南昭通、贵州毕节、四川西昌、凉山都有白蜡虫天敌存在。有些天敌不但危害白蜡虫雌虫，且对雄虫危害也相当严重，相互寄生在白蜡虫雌雄虫体内。从危害程度看，不但低海拔区白蜡虫受天敌危害严重，高海拔区的白蜡虫同样也受害严重。据调查，全国著名产虫老区，海拔1 400m的云南昭通的永善县万和乡白蜡虫天敌寄生达45.5%，海拔1 950m的昭通市卡子村种虫被天敌寄生79.93%，海拔2 150m的巧家县王家坪种虫被寄生72.3%；最严重的是1982年永善县万和乡和1988年昭通，贵州威宁由于受天敌危害，多数地区白蜡虫已绝种。事实说明在高海拔区害虫危害同样严重。当地群众都知道，在种虫生产上常出现“三红三黑”的现象（即三年白蜡虫丰收，三年由于天敌危害，雌虫变黑而死，种虫生产失败），也有的群众把种虫生产好时叫“大年”，种虫欠收或失收时叫“小年”。其原因是由于天敌消长发生规律造成，当“三黑”发生后，害虫减少，危害减轻，因此出现“三红”现象，白蜡虫种虫红润，怀卵量高，出现“红三年”种虫丰收的年景。当害虫蔓延猖獗发生时，天敌危害严重，白蜡虫雌虫死亡变黑，就出现“三黑”现象，种虫怀卵少，有的死亡变黑，导致种虫歉收或失败。在白蜡虫种虫生产上出现的“三红三黑”现象，不可能是“火南风”引起。火南风不可能三年盛行，三年消失这样有规律变化；也不可能是利用寄主树不当，没有轮休造成的。若有“三红三黑”现象的发生也是局部的，不可能大面积都出现“三红三黑”。况且老产区注意到运用轮放生产制度，使白蜡生产取得好收成。因此，根据食物链的理论，在论及白蜡虫的分布，必然涉及到它本身天敌昆虫分布。今后在布局白蜡生产时，必须注意白蜡虫天敌昆虫的防治。

白蜡虫生态环境是一个复杂的总体，它包含着对白蜡虫生长发育繁衍的有利因素和不利因素。白蜡虫之所以分布这样广，一方面与白蜡虫对不同气候环境和生态条件具有较强的适应性，可塑性有关[8,20]；另一方面也与白蜡虫食物分布之广（即白蜡虫寄主树分布之广）有关。据考察，白蜡虫主要寄生于木樨科的女贞属和白蜡树属的树种。这些树种在我国的不同气候带和不同海拔地区均有分布。因此白蜡虫在不同的气候带中，只要有其食物因子存在，通过人工引种或其自然分布，白蜡虫是能够繁衍后代生存发展的。从而说明，白蜡虫对不同气候生态环境，有广阔的适应范围。

上述情况确认我国昆虫史学家邹树文对我国虫白蜡的考证。他认为：白蜡虫不但在我国北方陕西、河南有之，而且在南方的四川、湖南、湖北、滇南、广西、福建等地都有分布。因此凡有寄主树之地，很可能有白蜡虫存在。所以，在我国自南至北，自东至西，几乎各地都可放养白蜡虫。

总之白蜡虫在我国的地理分布范围，不但分布南、中、北温带，而且在北、中、南亚热带也有分布。这说明白蜡虫对气候生态环境适应性强，可塑性大，是属广温性昆虫，在这些地区只要有其食物因子，白蜡虫是能生存繁衍的。白蜡虫的这种适应特性和特点，为扩大我国白蜡产区，发展白蜡生产，提供了广阔前景。

2　白蜡生产

2.1　虫区与蜡区建设

过去，我国虫区多分布在云南昭通，四川西昌、凉山和贵州毕节等地区。这些地区以产虫为主，产蜡为辅，称之“虫区”；而四川乐山、峨眉、南充和湖南芷江等地区，以产蜡为主，产虫为辅，称之“蜡区”。历史上虫、蜡区之分，并不是白蜡虫雌雄虫要求不同的生态环[20]境及客观规律所致[100]。白蜡虫是雌雄异体昆虫，通过交尾，受精，产卵，孵化繁衍后代；白蜡虫雌雄虫对环境的要求基本上是一致的，否则，它们无法繁衍后代，也不可能在自然界生存。据调查和有关文献，虫、蜡分区的原因：一是传统的生产习惯；二是放蜡时间短，见效快；三是天敌昆虫互相寄生白蜡雌雄虫进行危害；四是白蜡雌雄虫对气候有不同适应性及自然规律所致[101]。导致虫、蜡分区原因主要是天敌昆虫危害造成的。

多年来，由于种虫供不应求和长途调运种虫所造成的严重损失，因此从60年代起在蜡区进行就地育虫。实践证明，蜡区不但能产蜡，而且也能产虫，这些地区称为“虫、蜡混合区”。

湖南芷江地区，通过多年育虫，总结出控制病虫危害的方法，在蜡区育虫设隔离带防止病虫害相互寄生蔓延，取得了可喜成果。在产虫区设立隔离带，这样做基本上控制病虫害蔓延，再加上对病虫害进行综合防治，可使白蜡稳产，高产，获得虫、蜡丰收。

虫、蜡区的选择应避免选在高温高湿的环境里，特别是湿度这一生态因子，一般来说，在相对湿度80%以上的生态环境，易使白蜡雌雄虫发生霉病。白蜡虫雌虫在进入吊糖期，湿度在75%以下为好，较干燥的生态环境有利于白蜡虫生长发育，产卵、孵化繁衍后代，使之健康生长，不然，白蜡虫雌虫易生霉病，对白蜡虫生长发育不利，影响虫、蜡产量。当白蜡虫雄虫进入二龄中、末期，在大量泌蜡期间，湿度最好在75%以下，若在80%以上则使蜡花表面生霉病，严重时，蜡花表面雄虫的呼吸孔堵塞，使白蜡虫雄虫窒息而死，从而对白蜡生产造成严重损失。因此虫、蜡区应选择在二半山区，通风向阳开阔地带，使林地通风透光，有利白蜡虫生长发育。绝对避免阴暗、潮湿、低凹地带建立虫、蜡基地，在海拔较低的地区建立虫、蜡基地，更应注意上述问题，虫、蜡基地要选在当地海拔稍高的开阔地带；在造林技术上，寄主树定植的株行距应相应拉大，一般株行距 3m×3m，3m×4m 或 4m×5m，要因地制宜；对寄主树进行修剪，使之通风透光，利于白蜡虫雌雄虫生长发育，使虫，蜡丰产。

2.2 白蜡虫寄主树种类

白蜡虫寄主树是白蜡虫生存的食物[102]因子，是白蜡虫赖以栖息生长发育繁衍后代的场所，也是白蜡生产的物质基础。

在我国，白蜡虫主要寄生于木樨科 OLEACEAE 女贞属 *Ligustrum* 的女贞树 *Ligustrum lucidum* Ait.，蜡子树 *L. acutissimum* Koehne.，小蜡树 *L. sinense* Lour.，瓦山蜡树 *L. delavayanum* Hariot.，小叶女贞 *L. quihoni* Carr.，水蜡树 *L. obtusifolium* Sieb. et Zucc.，兴山蜡树 *L. henryi* Hemsl.，日本女贞 *L. japonicum* Thunb.，长叶女贞 *L. compactum* Hook. f et Thoms.，辽宁小叶女贞 *L. qulhoul* Carr.，虫蜡树 *L. robustum* Bl. 散生女贞 *L. confusum* Decne.，黑龙江女贞 *L. amurense* Carr.，卵叶女贞 *L.*（medium F. et S.）*ovalifolium* Hasch.，光叶水蜡树 *L. sinense* var. *nitidum* Rehd.；寄生白蜡树属 Fraxinus 的白蜡树 *Fraxinus chinensis* Roxb.，大叶白蜡树 *F. chinensis* var. *rhync hopylla* Hemsl.，小叶白蜡 *F. bungeana* DC.，秦岭白蜡树 *F. paxiana* Lingelsh.，尖叶白蜡树 *F. chinensis* var. *acuminata* Lingelsh.，河北白蜡树 *F. hopeiensis* Tang.，水曲柳 *F. mandshurica* Rupr.，苦枥木 *F. retusa* Champ.，象蜡树 *F. platypoda* Oliv.，小蜡树 *F. mariesii* Hook. f.，云南白蜡树 *F. lingelsheimii* Rehd.，美国白蜡树 *F. americana* Linn. 长尖叶白蜡树 *F. longicuspis* S. et Z.，白枪杆 *F. malacophylla* Hemsl.，锈毛白蜡树 *F. ferruginea* Lingelsh.，香白蜡树 *F. suaveolans* W. W. Smith.，三叶白蜡树 *F. trifoliolata* W. W. Smith.，山涧白蜡 *F. sergentiana* Lingelsh.；流苏属 *Chionanthus* 的流苏树 *Chionanthus retusa* Lindl.。根据文献记载，白蜡虫还寄生于壳斗科 FAGACEAE 苦槠属 *Castanopsis* 的甜槠 *Castanopsis caudata* Franch.；锦葵科 MALVACEAE 木槿属 *Hibiscus* 的木槿树 *Hibiscus syriacus* Linn.；马鞭草科 VERBENACEAE 黄荆属 *Vitex* 的牡荆 *Vitex cannabifolia* Sieb. et Zucc.；漆树科 ANACARDIACEAE 漆树属 *Rhus* 的漆树 *Rhus vernicifluas* Stocks；冬青科 AQUIFOLIACEAE 冬青属 *Ilex* 的冬青 *Ilex* sp.。

在俄罗斯，白蜡虫主要寄生于木樨科女贞属的阿穆尔女贞 *Ligustrum amunenrir* Rupr.；白蜡树属的大叶白蜡树 *Fraxinusrhynchopylla* Hemsl.，水曲柳 *F. mandshurica* Rupr.；丁香属 *Syringa*. 的匈牙利丁香 *Syringa jasikala* Jack.

在日本，白蜡虫主要寄生在木樨科女贞属的日本女贞 *Ligustrum japonicum* Thunb.，卵叶女贞 *L. medium* F. et S.，水蜡树 *L. ibota* Sub.；白蜡树属的日本白蜡树 *Fraxinus longicuspis* S. et Z.，小叶白蜡树 *F. bungeana* DC；流苏树属 *Chionanthus* 的流苏树 *Chionanthus retusus* L. et P.。

综上所述，已知白蜡虫寄生于木樨科的女贞属、白蜡树属、丁香属、流苏树属；壳斗科的苦槠属、锦葵科的木槿属；马鞭草科的黄荆属；漆树科的漆树属；冬青科的冬青属共 6 科 9 属，45 种寄主树。由此证明，我国白蜡虫寄主树的种类是丰富的。关于白蜡虫的食性问题，国内外白蜡专家、学者历来认为，白蜡虫是寡食性昆虫。但从上述白蜡虫寄主树种类来看，对白蜡虫这一寡食性说法，应予纠正。

尽管白蜡虫寄主树的种类是丰富的，但在我国用于白蜡生产的寄主树，主要是大叶女贞 *Ligustrum lucidum* Ait. 和白蜡树 *Fraxinus chinensis* Roxb. 两种，其他寄主树却很少利用。原因之一是产区群众不了解这些寄主树的产虫，产蜡性能。原因之二是对寄主树选育工作还没有广泛开展研究。因此长期以来，我国白蜡生产寄主树种单一，从而成为影响我国白蜡产量的不稳定因素之一。近年来，为了探索白蜡稳产，高产，开展了白蜡虫寄主树良种选育[103]工作，通过研究，筛选出速生，耐旱，对水土条件要求不严格，抗病虫害，有效枝条多，冠幅开展的华南小蜡 *Ligustrum calleryanum* Decne. 等优良寄主树。在同样立地条件下，与我国著名优良白蜡虫寄主树女贞 *Ligustrum lucidum* Ait. 和白蜡树 *Fraxinum chinensis* Roxb. 进行对比实验。在不同的实验区，同时育苗，造林，进行放虫，放蜡鉴定。结果表明，华南小蜡造林 2 年后便可投产，而大叶女贞和白蜡树一般 3 年后才能投产。通过放虫鉴定，华南小蜡产虫放收比和产蜡放收比与大叶女贞和白蜡树放收比对照如下：华南小蜡产虫放收比为 1∶9.7，产蜡放收比为 1∶3.1；大叶女贞产虫放收比 1∶3.7，产蜡放收比 1∶2.1；白蜡树产虫放收比 1∶1.5，产蜡放收比 1∶2.9。由此可见，筛选出的华南小蜡树产虫，产蜡都好。

我国白蜡虫寄主树资源是丰富的，各地应进一步筛选一些优良寄主树和优良乡土树种。为我国白蜡生产提供大量物质基础，使我国白蜡生产繁荣昌盛的向前发展。

2.3 白蜡虫主要寄主树种

白蜡虫寄主树的种类很多，在此介绍我国白蜡生产中几种常用树种以及新选育的优良寄主树[103]，供白蜡产区择优使用。

图 63-10 女贞树

女贞树 *Ligustrum lucidum* Ait. 如图 63-10。

又名冬青树，爆格蚤，虫区农民称它为虫树，蜡区农民称为蜡树，也有人叫虫蜡树。

形态特征：女贞树是常绿乔木，通常高达 5～10m，最高 26m 以上。1980 年笔者在云南巧家县发现一棵直径 1.5m，高 26m 的巨型女贞树，当地群众称之为女贞之王。女贞树皮黄褐色或绿褐色，光滑无裂纹，树枝斜伸成广卵形树冠；幼枝黄色或青色，平滑而有星状细毛，皮孔褐色，椭圆形。单叶对生，叶片革质、卵状披针形，长 7～12cm，宽 4～6cm，基部圆形或广楔形，顶端尖或渐尖，边缘无缺刻；叶表面深绿有光泽，背面浅绿色，叶脉 6～8 对，柄长 1～2cm。花为白色圆锥花序，顶生，长 11～20cm，直径 9～15cm；花冠白色，雄蕊两个，生于花冠筒上，雌蕊长 2mm，子房上位，球形，2 室，每室有两个胚珠，柱头 2 裂；长约等于花柱的一半，6～7 月开花，11～12 月果实成熟。浆果状核果，长椭圆形，长 8～10mm，成熟时紫黑色。每一果实只有一粒种子。

女贞树产于云南、贵州、四川、湖南、湖北、江西、福建、浙江、江苏、安徽、广东、广西、陕西等省（区）；从海拔 4.7～2 500m 的地区均有分布。

生物学特性：女贞树成活率高，生长快，再生能力强，适应性广，对土壤、气候要求不严格，在我国温带、亚热带，热带均有栽培，它耐虫率高，除产虫区用于放虫外，湖南、云南、四川蜡区还用于挂蜡，是虫、蜡兼备的速生优良树种。除此之外，由于它四季常青，还可做庭院绿化；其木质细密，花纹好看，是家具的好材料，也是很好的薪材。女贞种子含油率 10%～15%，可做肥皂，花可提芳香油，果实含淀粉 26.4%，可用作酿酒，果和叶又可做药，是很好的强壮剂，有解热镇痛功能。

女贞树种子 11～12 月成熟，当果实表皮由青转为紫黑色时，即可采种。采下的种子摊于水泥地上，用砖头或平整的石头搓去果皮肉，若用冲钵冲去果皮肉则更好，后用清水反复淘洗干净摊于簸箕凉干，装于纱布中，待育苗时备用；若是干籽，先用温水浸泡半天，再用清水淘洗干净，凉干备用。

白蜡树 *Fraxinus chinensis* Roxb. 如图 63-11。

又名水蜡树、水白蜡树、蜡树等。

形态特征：白蜡树为落叶乔木，树高一般为 4～10m，最高为 15m 左右，树皮灰黄色，枝条淡灰黄或淡黄绿色，枝开展平滑无毛。叶为奇数羽状复叶，小叶 5～9 片，对生，革质；叶片呈椭圆形，长 3～12cm，宽 2.5～5cm，先端渐尖，基部楔形；叶柄很短，柄的基部膨大；边缘有波浪形的锯齿；叶的正面暗绿色，平滑无毛，背面苍绿色，沿中脉和侧脉上有短绒毛，有侧脉 5 对以上。花为圆锥花序，顶生或腋生，长 8～15cm，单被花，有萼片无花瓣，花萼似钟形，不规则分裂，无花冠，雄蕊 2 枚，花药卵形或长卵形，与花丝约等长，子房 2 室。果实为翅果，倒披针形，长 4～4.5cm，宽 4～6mm。白蜡树 5 月开花，10 月果实成熟。每个翅果内有 1～2 粒种子。

图 63-11　白蜡树

白蜡树产于四川、云南、广东、广西、福建、浙江、江苏、安徽、山东、河北、河南、黑龙江、辽宁、吉林各省（区）；朝鲜、越南等国。生于海拔350～2 000m 地区。

生物学特性：白蜡树是耐湿、速生，再生能力强的阳性优良树种。它适应性强，对土壤、气候要求不严格，广泛分布于我国各地。白蜡树枝条平滑而长，白蜡虫雌雄虫均可寄生，产蜡最好，但因它冬季落叶，对雌白蜡虫所需养分供应不足，影响白蜡虫生长发育，故白蜡树用来产虫不太理想。我国著名四川峨眉产蜡老区，主要是用这一树种进行挂蜡。它固虫率高，产蜡好，是我国白蜡虫优良寄主树之一。白蜡树除了用来放养白蜡虫外，还因它木质坚韧而有弹性，纹理通直，是制造家具，农具，车辆以及木制运动器材的好材料。雄虫分泌的蜡花如图 63-12。

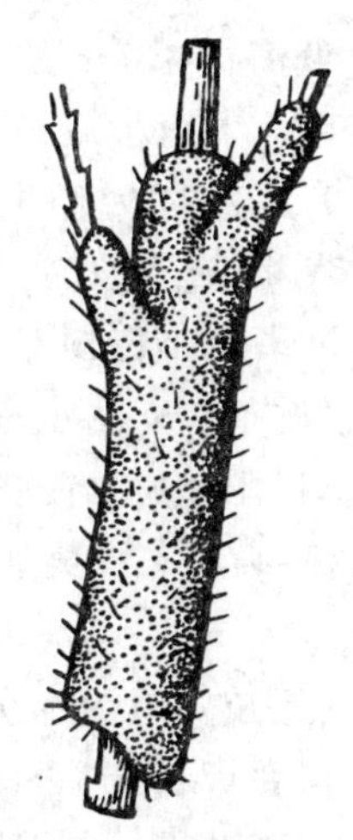

图 63-12　雄虫分泌的蜡花

白蜡树开花、结籽以及种子成熟时间，因各地气候不同而异。在南亚热带的景东，一般 3 月开花结籽，5～6 月采种育苗；在四川峨眉地区，一般是在 5 月开花结籽，10 月间果实成熟，进行采种。采下的种子和干砂混合起来，一层砂一层种子装在四面有孔的木箱内贮藏起来，待翌年 2 月对种子进行催芽处理，3 月即可播种。

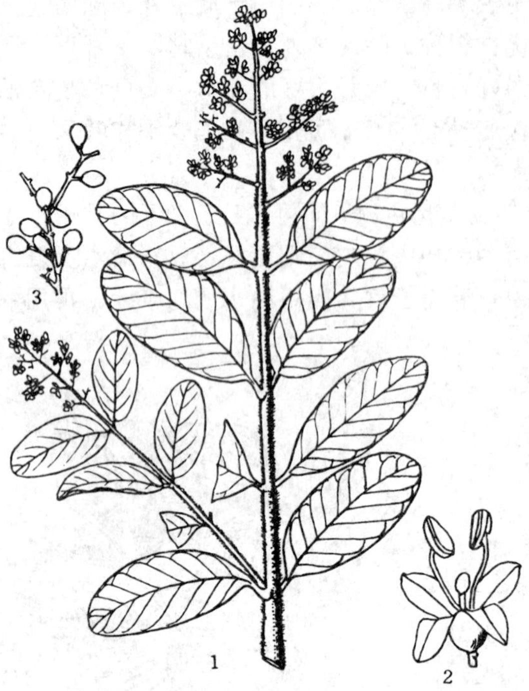

图 63-13 华南小蜡树

1. 花枝；2. 花；3. 果

（杨星池 王绍云 绘）

华南小蜡树 *Ligustrum calleryanum* Decne. 如图 63-13。

形态特征：华南小蜡树是木樨科女贞属的半常绿小乔木，树高 5.0～10.0m，分枝多，枝细长而开展，小枝生有短柔毛。单叶具短柄，叶对生，半革质，全缘，长椭圆形，长 2.1～5.3cm，宽 0.9～2.1cm，基部楔形，先端圆，叶面暗绿色，有光泽，叶背绿色，中脉生有短柔毛，叶柄长 2.0～5.0mm。顶生圆锥花序稀疏，长 5.3～11.0cm；两性花，花梗生有短柔毛。小白花具清香味，花萼钟状，四浅齿；花冠有开展之四裂片，长椭圆形，花冠管短于裂片；子房上位，球形，2 室，每室有胚珠 2，花柱圆筒形，柱头 2 裂；雄蕊 2 本，着生于花冠管喉部，花药伸出于花冠裂片，药以背部附着于花丝。果实卵圆形，长 0.5～0.6cm，宽 0.3～0.4cm，常见大小不等的 2 粒种子，小粒秕子，大粒饱满成熟，椭圆形，似槟麻子，种皮棕色，较光滑，背面和腹面各有一条颜色较深的纵沟。3 年生树进入生育期。4 月下旬现花蕾，5～8 月花期，9～11 月果期，12 月种子成熟。

华南小蜡树产于福建、广东、江西、湖南等地；生于海拔 150～1 860m 的平原，丘陵、山地、沟边，路旁均有分布。

生物学特性：华南小蜡树有较强的适应能力，1986 年，笔者从福建低海拔 180m 的三明地区引种，在海拔 1 200m 的云南景东枇杷山进行育苗栽培实验，结果表明，华南小蜡树植株生长快，长势好，宜蜡枝多，光合面积大，产虫好，在干旱瘠薄的山地上栽种的女贞树出现枯梢，并有臭蟠及钻心虫危害其叶和树干；但在同样立地条件下，同期营养袋苗上山造林的华南小蜡树却枝叶繁茂，生长发育良好，而且，也未发现病虫进行危害。华南小蜡树对土壤条件要求不严，对新环境适应性强，它根系发达，生长快，分枝多，有效枝条多，耐虫率高，树冠开展，耐干旱贫瘠，它不但是优良的白蜡虫寄主树种；而且也可用于荒山造林，防护林，薪材林的好树种；同时又因其树形美，花芳香也是行道树和庭园的观赏树种；其木纹美观，木质硬而细，是制作家具的好木材。

繁殖方法，宜用种子育苗，采条扦插成活率低。12 月采收种子，搓去果皮，用清水洗净，凉干，即可播种。若不立即播种，将种子凉干后，置阴凉处妥善保存，到翌年春季播种。播种前用 20～30℃温水浸泡 24h，取出播种，出芽率在 90%以上。为了缩短育苗期，提高造林成活率，采用营养袋育苗，造林效果最佳。在云南景东，通常在 3 月上旬进行营养袋育苗，播种 18～20 天，华南小蜡树大量出土，90 天后苗高 119.3cm，地径 1.0cm，在当年的 7 月上中旬即可上山定植，造林成活率达 98.3%。

云南白蜡树 *Fraxinus lingelsheimii* Rehd. 如图 63-14。

又名蛇尾巴树，断刀木，大叶白蜡树。

形态特征：云南白蜡树是木樨科白蜡树属的落叶小乔木，高4.0～10.0m。冬芽暗褐色，幼枝近四棱形，枝条灰褐色，奇数羽状复叶，长9.7～15.5cm，宽9.0～14.0cm，叶轴腹面有沟槽，叶柄和叶轴基部膨大，浅褐色。小叶纸质，对生，通常5枚，少见7枚，顶端小叶较其他小叶大而柄长，倒阔卵形，长8.5～9.7cm，宽5.6～6.7cm，柄长1.6～2.1cm，叶轴下部的2～3对小叶，形为宽卵形或椭圆形，长4.5～8.6cm，宽2.4～4.7cm，具短柄，长1.0～3.0mm，基部楔形，先端骤然尾状渐尖，叶面暗绿色，平滑无毛，叶背绿色，侧脉6～8对，上面叶脉下陷，背面叶脉凸出，生有短柔毛。顶生和侧生圆锥花序短而疏散，长5.2～10.0cm，苞片脱落，花轴上有褐色短柔毛。两性花与单性花共存，花蕾时花冠裂片内向镊合状排列；花萼钟状，不规则分裂，花冠缺；子房上位；雄蕊二本，花丝细，花药卵形，与花丝等长，药近外向开裂，翅果，倒披针形，长2.7～3.5cm，宽4.0～6.0mm，翅在果实顶端伸长，内有种子1粒，长椭圆形，扁平，两端尖，种皮薄。花期5～6月，果期7～10月。

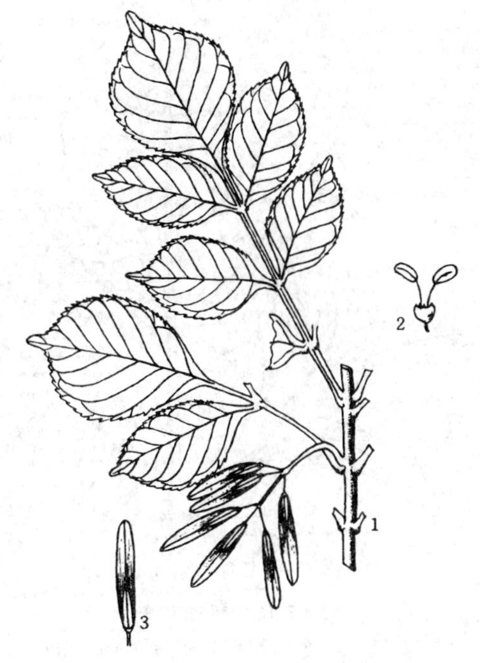

图63-14 云南白蜡树

1. 果枝；2. 果；3. 花

（杨星池 王绍云绘）

云南白蜡树产于云南的临沧、保山、德宏、思茅、西双版纳、昆明等地；在缅甸也有分布。云南白蜡树喜湿润、向阳、土层肥厚的低山、丘陵、坝区、山地沟谷两旁生长最好，一般分布在海拔1 000～1 800m的地区。

生物学特性：云南白蜡树产虫、产蜡性能都好，是优良虫、蜡兼备的白蜡虫寄主树，它耐虫率高，是目前白蜡树属中产白蜡虫种虫最好的树种。每年春夏、水分、热量充沛的季节，云南白蜡树枝叶繁茂，光合面积增大，树新陈代谢旺盛，养分积累多，为雄白蜡虫的正常生长发育创造了良好的生活环境，雄虫泌蜡多，蜡被丰满。冬季云南白蜡树虽然落叶，但对雌白蜡虫生长发育影响不大。云南白蜡树木质坚韧，当地农民叫它断刀木，因叶尖形状似蛇尾，又叫蛇尾巴树。其树干直，枝条长而柔软，可制农具，编制家具。云南白蜡树可扦插繁殖，也可用种子繁殖。扦插繁殖，通常选1～2年生树枝取插条进行扦插，发芽率可达90%，成活率在85%以上。种子育苗，在10月份采种后即可秋播，也可将种子放阴凉通风处保存，翌年春播前用湿沙催芽，待种子露白时即可播种。每亩播种量3.5～4.5kg。

散生女贞 *Ligustrum confusum* Decne. 如图63-15。

又名小叶女贞，皱叶女贞。

形态特征：散生女贞是木樨科女贞属常绿灌木或小乔木，高3.0～10.0m。枝开展，小枝圆柱形，有纵沟，嫩枝披短柔毛，老时无毛。单叶对生，近半革质，全缘，幼苗期叶片近圆形，二年生后呈卵披针形，长3.1～8.5cm，宽1.5～3.2cm，基部楔形，先端渐尖，叶面暗绿色，叶背灰绿色，两面无毛，4～6对侧脉，中脉上面凹陷，背面凸出，侧脉微平，叶柄长4.3～7.0mm。顶生圆锥花序稀疏、狭窄，长4～8cm。两性花近无梗，白色小花具芳香味。花萼钟

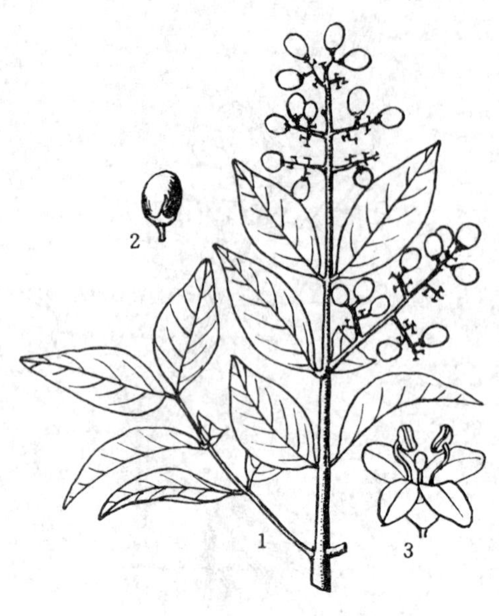

图 63-15 散生女贞

1. 果枝；2. 果；3. 花（杨星池 王绍云 绘）

状，四浅齿，无毛，花冠稍短于四裂片，雄蕊2本，花丝长1.5～2mm，花药椭圆形，长1.2mm；子房上位，球形，无毛，径约0.8mm，花柱长1.5mm，柱头呈头状。果萼宿存，浆果状核果，近椭圆形，长0.5～0.6cm，宽0.3～0.4cm，内有大小不等的2粒种子。小粒秕子，大粒饱满成熟，种子椭圆，两端钝，似槟麻子，种皮棕色，较光滑，背面和腹面各有1条纵沟。在云南景东栽培繁殖，3年生树普遍进入生育期，4月下旬现花蕾，5～8月花期，9～10月果期，12月份种子成熟。

散生女贞产于云南临沧、镇康、永德、双江、澜沧、勐腊、保山、昌宁、施甸、龙陵、盈江、蒙自、麻栗坡、福贡、文山、玉溪、楚雄和西藏。在国外分布于不丹、尼泊尔、印度、缅甸、泰国、越南等国。散生女贞分布在海拔900～2 600m的坝区，丘陵，山区的混交林灌木丛中。

生物学特性：散生女贞对土壤条件要求不严格，耐干旱，也是新选育的一种优良寄主树，白蜡虫雌雄虫均可寄生、产虫、产蜡也好。散生女贞又是绿化荒山，薪材造林的好树种。

散生女贞不宜扦插繁殖，常用种子育苗造林。散生女贞花白色，5～8月花期，9～11月果期，12月种子成熟采种，冲去种皮，用清水淘洗干净，凉干，待翌年春季播种育苗，出芽率为60%～70%。如果把凉干的种子，用一层沙，一层种子装入瓦罐内，置阴凉处保存，翌年春播，发芽率85%以上。1986年从云南临沧地区永德县引种子，3月9日播种。20～23天种子大量发芽出土，播种90天，平均苗高1 150cm，地径0.9cm，当年7月8日营养袋苗上山定植，造林成活率达98.1%。

长叶女贞 *Ligustrum compactum* Hook. f et Thoms. 如图63-16。

形态特征：长叶女贞是木樨科女贞属常绿小乔木，高5.0～10.0m，最高12m左右。小枝圆柱形，有短柔毛。单叶，对生，革质，边缘偶有粗锯齿，椭圆状披针形，长6.2～15.7cm，宽3.0～6.5cm，基部楔形，先端渐尖，表面深绿色，有光泽，背面浅绿色，8～15对侧脉，中脉上面凹，背面凸，侧脉两面凸，无毛，叶柄长0.6～1.2cm。顶生圆锥花序，长8.0～19.5cm。两性花，小白花近无梗，花萼钟状，四芽齿，花冠管与萼片等长，花冠四裂，外翻；雄蕊二本，花药椭圆形，药不伸出花冠，药与花冠裂片等长，子房上位，球形，二室，每室有胚珠2。果萼宿存，浆果状核果，近椭圆形弯曲，长0.5～0.7cm，宽0.3～0.5cm。嫩时绿色，成熟后变蓝绿色，内有种子1粒，长0.4～0.6cm，宽0.2～0.4cm，两端尖而色深，向内弯，内缝线少见开裂，种皮灰黄色，有6～7条纵纹，呈明显沟突，沟纹色深，突纹色浅。5～8月花期，9～12月果期，翌年1月上旬种子成熟。

长叶女贞产于云南临沧、蒙自、滇西北、滇东北及四川、贵州、湖北、西藏等地均有分布。长叶女贞分布在海拔1 200～3 000m的山地，丘陵，沟谷旁灌木丛中。

生物学特性：长叶女贞适应性很强，在不同气候条件下均可生长；对土壤要求不严格，但在水湿条件较好的地方长势更好。长叶女贞产虫、产蜡性能都好，也是新选育的白蜡虫优良寄主树之一。花期为5～7月，果期8～11月。常用种子繁殖，可冬播或春播；播种量鲜子每亩播种32～38kg，干种子每亩16～20kg。长叶女贞除用种子繁殖外，也可用插条进行繁殖，一般在12月至翌年1月进行扦插，其扦插育苗成活率都比其他女贞树的扦插成活率高。

本章介绍了6种白蜡虫寄主树，其中4种是新选育树种。据初步调查，白蜡虫寄主树有6科9属，大约有369种树种，已查明45种树能被白蜡虫寄生（包括变异种），占总数12.2%，但是，还有324种是否是白蜡虫寄主树，待放养白蜡虫鉴定后，才能确定。另外，其他科、属的树种是否适宜白蜡虫寄生，也待进一步研究。

图63-16 长叶女贞

1. 果枝；2. 花（杨星池、王绍云绘）

3 白蜡虫寄主树育苗

苗木是造林的物质基础。苗木的质量[104～106]和数量，直接影响造林工作的速度和质量。在育苗生产上既要培育优良品种和优质壮苗，又要缩短苗木的培育年限，增加苗木的产量。培育壮苗是造林成活、成林、成材的重要因素，也是白蜡生产育虫，挂蜡获得丰产的前提。因此苗木的质量与苗圃地的条件好坏有直接关系。为了营建速生、丰产白蜡虫寄主树林，必须选择条件较好的苗圃地培育优质苗木。

3.1 苗圃建设

苗圃地设在林地附近，就地育苗造林，可避免长途运输过程造成苗木土团颠散脱落，及苗木营养根晒干，使造林成活率降低。苗圃地应设在水源较近、土质较好、交通方便的地方，以便于苗木运送，有利造林。

3.2 整 地

整地是提高苗木质量达到丰产的重要措施。合理整地能改良土壤理化性质和结构，促进土壤微生物活动，提高肥力，消灭杂草和病虫害，为种子发芽，苗木生长创造良好的环境，以满足苗木对水分、养分、空气、热量等条件的需要。整地包括翻耕土壤和镇压。总的要求是平整土地，适当深耕，全面耕到，精细耙耢，除去石块和杂草，使苗圃地耙的平、松、匀、细，有利于播种育苗。

3.3 土壤消毒

在整地期间对土壤应进行消毒，主要是消灭土壤中的地下害虫和病菌。

为消灭地下害虫，在土地深翻后，配制1 000～1 500倍50%的敌敌畏乳油液，喷洒挖好的地块上，用塑料布盖好，一星期后取掉塑料布，进行开沟整床；或在整地前撒些巴丹粉，再挖地，对消灭地下害虫效果很好。消灭土壤中的病菌用硫酸亚铁或福尔马林。苗床整好后，在播种前5～7天，用硫酸亚铁1%～3%溶液，每平方米用药水3～4kg。也可把硫酸亚铁粉碎，按每亩用量10kg左右，均匀的撒在苗床或播种沟内。硫酸亚铁除杀菌作用外，还可改良碱性土壤，提供苗木所需要的铁。另外用40%的福尔马林50mL加水6～12kg进行稀释，在播种前10天将福尔马林稀释液喷于苗床上，用塑料布捂盖，在播种前3天把塑料布取掉，待福尔马林充分挥发后才能播种。福尔马林除能消灭土壤中的病原菌外，还能增进堆肥、化肥的肥效。经试用，硫酸亚铁和福尔马林灭菌效果很好。

3.4 施基肥

施肥是培育优质壮苗的基本措施之一。基肥是在播种前施入土壤的肥料，施足基肥不但提供整个生长期所需要的养料，而且对土壤改良，培育壮苗有重大的作用。基肥以迟效性的有机肥为好，但有时也加入部分速效性肥料，以适当调节各种养分的比例，有利于苗木的吸收生长发育。有机肥必须充分腐熟后施用，不然易造成苗木伤亡。基肥施入土壤的深度，一般要达到苗木根系分布最多的土层，大约15～20cm的深度，施肥原则是上层多施，下层少施。

基肥的施用量应根据土壤的性质，苗木需肥情况和肥料种类而定。一般每亩施饼肥100～150kg，厩肥4 000～5 000kg，塘泥12 500～15 000kg。施肥要适量，并非越多越好，若施肥量不当，常使育苗归于失败。

3.5 作苗床

为了给种子发芽和幼苗生长发育创造良好的条件，便于集约经营管理，在整地施肥的基础上，根据苗木不同的要求在苗圃地内进行作床。苗床分高床，低床和平床三种。但由于各地气候和土壤不同，在育苗中，通常采用高床或低床，平床很少采用。高床适于降雨多的地区，其优点：排水良好，能提高土温，增加肥土层的厚度，利用步行道进行侧方灌溉，促进土壤通气，使床面不致板结；低床适于降雨较少的干旱地区，有利于土壤蓄水、灌溉和苗木生长发育。无论高床或低床，其苗床宽一般为1.2m，其长度根据苗圃地大小而定。在苗床之间设35cm，深25cm的排水沟，雨天用以排水，晴天可作人行道，便于对苗木的田间管理。

3.6 苗床育苗

当苗圃地苗床整好后，即可播种育苗。白蜡树播种分秋播和春播；女贞树分冬播和春播，播种时间要因地制宜。但我国多数地区均在春季2～3月播种。

在苗床上育苗，先在苗床上开播种沟，播种沟相距20～30cm，沟宽15cm，深10～15cm。播种时，种子要撒放均匀，然后进行复土，一般复土1～2cm。在苗床上盖一层松毛或稻草、麦秆等覆盖物，保持土壤的温湿度，有利于种子发芽生长。女贞每亩播种30～40kg，干籽每亩15～20kg；白蜡树播种量每亩3～5kg。

3.7 容器育苗

是目前国内外育苗发展的方向之一，优点是造林成活率高。在容器育苗中，当前普遍采用营养袋育苗，即把配制好的营养土装入营养袋内进行播种育苗。营养土的配制：用1/3的有机肥，再加2/3肥土拌均匀，即可装袋。把装好的营养袋，放置于苗圃地平整的地面上(若没有苗圃地，可找一块平整的空地，把装好的营养袋放于其上)，紧密排列成苗床形式，待播种育苗时用。

营养袋育苗，先在营养袋口部的土中，用竹片或铁片打2cm深的播种穴，每穴播种量，无论是女贞种子还是白蜡树种子每袋播种4粒，待种子出土后间苗。播种后在营养袋上也要盖一层松毛或稻草，麦秆等覆盖物。播种覆盖后，无论是苗床育苗或是营养袋育苗，都要马上用喷壶进行浇水。第一次浇水量要多，使苗床和营养袋的土充分湿润，以后每天早晚进行浇水（切忌在烈日下浇水，以免把苗木烫伤)。

3.8 无性繁殖

无论是白蜡树还是女贞树都可用插条进行繁殖。根据实验，女贞用枝条扦插成活率不高，白蜡树扦插成活率在95%以上，有的成活率达100%。进行无性繁殖所需插条，要选无病虫害，枝条伸展，芽苞饱满，1～2年生已木质化、健壮的白蜡树上的枝条。长距离采运枝条，一般把枝条剪成1m左右，以20根或30根包扎成捆，外边用稻草或草席包紧，浇水后，最外层再加塑料布包扎紧（用塑料布包扎是为了保持枝条包内的水分和湿度），即可长途运行。在途中，早、晚要解开塑料布进行喷水，使稻草或草席保持一定的湿度；若天气干热，包内温度过高，可放置阴凉处，待包内温度降低后再喷水，次日起程前应喷水，用塑料布包扎好再起运。1982年、1984年、1986年笔者从云南的永德和四川的峨眉采白蜡树枝条，采用这种方法长途运输到景东进行插条繁殖实验，效果很好。当枝条运到目的地后，即在已准备好的苗床上进行扦插。把1m多长的枝条剪成33cm长，插条的一端砍平，另一端（即插入土壤部分）砍成马蹄形斜口。插条定植株行距5cm×30cm，入土部分为2/3，地上部分为1/3，与土面成60°角。地上部分要保留2～3个芽苞。枝条插后即进行浇水，苗床要浇透水，并经常保持潮湿。一般1个月左右就长出新芽，快者20天左右出芽。

3.9 苗期管理

播种或扦插后，要加强对苗圃地管理，要定人，定时每天早晚浇水，检查种子和插条发芽的情况，待种子长出1～2片真叶，应及时把覆盖的松毛，稻草或麦秆等覆盖物去掉。若发现苗木发生病虫害，应马上进行防治。当苗木长到1个月左右，要进行松土除草。一般在整个苗期，松土除草4～6次。松土除草应选在晴天进行，在拔草时，若发现草比苗高，要特别注意不要将苗根或苗木拔起。

3.10 间苗与补苗

在生产中由于播种量偏大或播种不匀，出现苗木稀密不均的现象，必须及时间苗加以调节。通过间苗可以调节苗木不同阶段的密度，给苗木生长创造良好的生态环境。间苗的原则是：适时间苗，留优去劣，分布均匀，合理定苗。间出的好苗可用来移植和补苗，使单位面积有一定产苗量，为培育优质苗木创造良好的条件。

间苗应及时进行，早期间苗不仅幼苗扎根浅容易拔除，而且还可减少被间幼苗对土壤水分和养分的消耗，改善保留苗的生长条件。间苗的次数应以苗木的生长速度和抵抗力的强弱而定。间苗和补苗的时间最好在雨后土壤比较潮润的时候进行（在阴雨天进行补苗成活率最高），补苗时用小铲或竹片，铁片撬一小穴补植于较稀之处，随即进行压实、浇水。

3.11 苗木追肥

育苗期间，为促进苗木生长，应及时追施速效肥，以促进苗木生长发育，提高产量和质量，为造林提供优质苗木。

追肥要根据天气，土壤和苗木状况进行。在苗木生长发育的不同阶段和苗木的需要按比例施用氮、磷、钾和微量元素。追肥时，视天气情况进行施肥，在炎热多雨的天气，要掌握少而勤施的原则；在施追肥前，对苗圃地的土壤应进行化验分析，土壤中缺什么元素就施什么元素；看苗施肥，要视苗木不同的种类，不同生长发育期和苗木缺肥的程度及形态表现来施肥。

苗木施肥分土壤施肥和根外施肥。土壤追肥有干施和湿施。干施是把肥料均匀散在苗床上，浅耙1～2次，把肥料翻在土壤中；或在苗木行间开沟施肥，沟开好后，把肥料均匀的施在沟中，然后盖土。湿施是把肥料溶解在水中，把其溶液全面地浇洒在苗床上。每次追肥后都应浇一次水使肥料充分溶解，便于苗木根系吸收。在根外追肥时，切忌把肥料撒在苗木的叶面上，以免苗木灼伤。

肥料用量视苗木种类、生长状况、肥料种类及土壤条件等确定。在育苗中用的追肥用量是：人粪尿肥每亩追肥用量225～350kg，尿素3～5kg，硫酸铵7～12kg，氯化铵4～8kg，硝酸铵4～8kg，过磷酸钙4～6kg，氯化钾4～6kg。

根外追肥，是在苗木生长期间将速效肥料的溶液直接喷洒在苗木的叶子上，让肥料溶液通过叶面气孔和角质层逐渐渗入叶部细胞，通过光合作用制造碳水化合物，最后合成苗木所需的各种营养物质。近年来，在育苗中，采用根外施肥，尤其是营养袋育苗，采用根外追肥的办法更好，可当年育苗当年造林。

根外追肥使用的肥料种类和浓度以苗木不同而异。如尿素用浓度0.2%～0.5%，每666.6m^2每次用量0.5～1kg；过磷酸钙0.5%～1%，每666.6m^2用量1.5～2kg；硫酸钾0.3%～0.5%，每666.6m^2用量0.7～1.5kg；微量元素采用钼酸钠和四硼酸钠，当幼苗长出5个真叶时用0.1%浓度的钼酸钠或同样浓度的四硼酸钠溶液对苗木的叶面进行喷施。喷施时间最好在傍晚或上午露水干后进行，在强日照和下雨天不能喷施。喷施后，若遇下雨，在雨停后，叶面上无水时再行补喷。根外施肥用量少，通常20d再喷施一次，其效果更佳。

3.12 苗木出圃

苗木经过抚育管理，根据造林需要，苗木长到一定的时期，即可出圃造林。苗床育苗达到造林要求，一般要长1～2年才能出圃，但营养袋育苗，一般苗木长3～4个月即可出圃造林。近年来，笔者采用营养袋育苗，多是当年育苗，当年用以造林，且造林成活率高。白蜡虫寄主树，一般造林二年后，便可投产放养白蜡虫。在苗木出圃前，应对苗木数量、质量进行调查，以便有计划的安排造林。苗木质量主要以苗高、地径、根系发育和苗木木质化程度等方面为依据。苗高是苗木分级的重要根据之一。优质壮苗首先应具有一定的苗高，若苗木达不到规定标准，则属于等外苗。根径是指苗木根颈部位的直径，根径与根系的发育状况与苗木的其他品质指标是成正相关的，所以根径能较全面的反应苗木的质量，它是评定苗木质量的重要指标。

苗木木质化的程度也是衡量苗木质量的标准之一。苗木木质化的程度与苗龄有很大的关系，一般来说，苗木在相同的生态环境中，在苗床育苗中，苗龄愈长，其木质化的程度愈高，造林后苗木成活率也高。但是用营养袋育的苗，其袋苗的质量标准不能以木质化程度为依据，因为营养袋育苗时间短，其苗木均达不到木质化就已出圃造林。在种苗生产上主要以苗高和地径两个关键指标作为划分苗木等级的依据。目前生产上一般把苗木分为Ⅰ、Ⅱ、Ⅲ级苗和等外苗（也叫废苗），Ⅰ、Ⅱ级苗是符合出圃造林的苗木，Ⅲ级苗是不合格苗。苗木质量好坏，直接影响造林质量。经过实验，在同样立地条件下，同样的抚育管理，Ⅲ级苗生长发育速度较Ⅰ、Ⅱ级苗相差一年或一年半。因此，在造林上要良种壮苗。

4 白蜡虫寄主树造林

造林前[107～109]，首先对造林地进行现场踏查和林地规划设计。调查造林地的海拔高度、坡向、坡度、坡位、水土状况和可利用面积，然后根据造林地的立地条件进行规划设计。

4.1 整 地

整地是造林前清理和翻垦造林地改善其生态环境条件（主要是土壤条件）的重要工序。它包括造林地的清理和整地两方面的内容。造林地的清理是在整地前的工序，先把造林地上杂草、灌木等物清理掉，为新造幼林创造有利的生长环境，同时也便于整地，栽种和幼林抚育管理工作。整地可改变局部小地形和种植点附近的日照时间及强度，林地温度、湿度等小气候因子；整地后土壤具备了适宜的空气，水分和温度条件，有利于土壤微生物的活动，加速有机物分解，使更多的土壤养分处于可利用状态；整地还可把种植点附近的土层加厚，把较肥沃的表土集中到苗木根系周围，使苗木生长的养分条件进一步得到改善。

各地经验表明，细致整地能使幼林生长提高20%～30%，整地对幼林生长的影响可持续好几年，整地越细致，则其影响期间越长，因此整地的好坏是造林成败的决定因素。

整地的方式，主要有全面整地和局部整地两种。

全面整地是在造林地上进行全面翻耕土壤，一般深耕30cm左右，这对改良土壤，促进幼林成活和减少幼林抚育管理次数等有良好的效果。白蜡生产多在山区进行，由于山地坡度较大，土质差，因此，在整地方式上多采用带状整地。在坡度25°以下地区，一般采用水平阶整地。即沿等高线挖成一级一级的小台阶，阶面宽在1m左右，然后按造林规划设计进行打塘（穴），在坡度大于25°以上的地区，用块状整地较好，按照造林规划，株行距，种植塘的规格进行打塘。块状整地较省工，成本低，因此在地块破碎的山地上造林多采用这种方式。根据我们多年造林经验，白蜡虫寄主树林地的株行距，一般2m×3m或2m×2m为宜，根据需要进行虫或蜡粮间作，其株行距3m×4m，或2m×4m，这样在树行的中间可间作农作物和其他经济作物，因而将获得更多的产品和产值，取得较多的经济效益。

种植塘的规格应根据苗木的种类、苗龄，袋苗或裸根苗的不同情况而定。一般讲，不同树种不同苗龄，袋苗与裸根苗木所要求的种植塘规格大小都不一样。根据多年造林经验，用袋苗造林，其种植塘规格一般为50cm×50cm×45cm，一年生裸根苗为60cm×60cm×50cm。

造林前，在种植塘内施一定量的有机肥如厩肥、人粪肥、草木灰、塘泥、河泥等，每塘施肥10～20kg；或无机肥，如钙、镁、磷等化肥作底肥，每塘施肥量约200g。施肥后加表土，充分拌均匀后，即可进行造林。

4.2 造林季节

造林是季节性很强的一项工作，何时造林最适宜，应根据各地气候条件和苗木生理特点来定。造林季节应具备适合苗木生根发芽所需的温度和水分条件，在我国一年四季都可进行造林，但是因各地气候不一，因此造林要因时因地进行。我国北方，一般采用春季造林，春季造林宜早不宜迟，只要土壤一解冻就开始栽树。春季气温开始回升，土壤湿润，土温增高，有利于苗木生根发芽，造林成活率高，幼林生长期长。在早春，苗木地上部分还未生长，而根系已开始活动，所以早栽的苗木先生根后发芽，蒸腾也小，苗木易成活。我国南方，多是在雨季造林，当雨水下透后，选择阴雨天气（小雨天气最好），一面起苗，一面造林，这样造林成活率高。起苗是育苗工作最后一道工序，这项工作做的好坏，直接影响苗木产量和质量，同时也影响造林成活率和造林后林木生长发育状况。即使是良种壮苗，若不按技术标准和操作规程起苗，不但育苗工作前功尽弃，也使造林工作归于失败。起苗时，要特别注意保持苗木有较完整的根系，严防苗根干燥 。起苗最好在阴雨天（小雨天气）进行；若天气干旱，由于造林的需要，在起苗前应适当向苗圃地灌水，使土壤湿润、疏松后，再进行起苗。起苗时不要伤根系，要带土起苗，最好随起苗，随造林，就地起苗，就地造林，这样才能提高造林成活率。

4.3 造林方法

分植苗造林，播种造林和分植造林3种。植苗造林是目前国内外普遍采用的方法，其优点主要是造林成活率高。栽树的根系要舒展，若苗木发生窝根，栽后就不易成活，即使暂时活了，由于根吸水能力不强，苗木长不起来，遇到干旱天气就会死掉。种植塘的规格大小，要以苗木在塘内根系舒展为标准。栽植时，将苗木放于塘的中央，使苗木根系舒展，扶正、复土、轻微的提一下苗，然后踩实，表面再覆一层松土，苗木栽的深浅要适当，栽的过浅，苗根接近地表，天气干旱时易干死。若栽得过深，则根系呼吸不畅，吸收能力不强，影响苗的生长发育，严重时，造成苗木死亡。栽培时，要使苗木根系与土壤紧密接合才能吸收水分，有利于苗木生长。所以覆土时土块一定要打碎，填土要踩紧，这样才能使苗木成活。用袋苗造林比地苗造林方便，造林时，只要把营养袋撕破取掉，保持苗木与营养土完整，把苗木置于种植塘中央，使根基与地面平齐，然后覆土踩紧即可。用袋苗造林不要进行提苗。

造林时，若苗木一时栽不完或造林地已栽完还有剩余的苗木，可将苗木假植起来，待需苗木时，再起苗定植。苗木假植是把苗木暂时集中起来埋在阴凉湿润的土壤中。但是剩余的袋苗不需要进行假植，把它们搬放在空地或集中于苗圃地。

4.4 林地抚育管理

白蜡虫寄主树造林后要进行抚育管理。要对幼林进行除草、松土、施肥、修剪，有条件的地区还要进行灌溉，若遇积水还要进行排水；“管”是对造林地进行管理、保护好。造林后要有专人对幼林地进行看管，防止牛、马牲畜及人为的破坏和山火的发生，若发现幼林有病虫害，还要及时防治。造林是“三分种、七分管”，说明在林业生产中，育苗、造林工作搞得再好，但管理不善，同样也会导致失败。

中耕除草是林地抚育管理的基本措施。造林后，隔上一段时间，林地杂草横生，杂草不仅夺取苗木所需要的养分、水分和光照，而且还直接影响幼林的生长发育，助长病虫害的危害与传播。另一方面，在南方地区由于雨水较多，经常使地表层土壤板结，不仅加速了林地的蒸发和减弱土壤的渗透性能，而且使土壤透气性不良，影响苗木根系的生长发育。因此，对林地进行中耕除草，可改善土壤通气条件，切断土壤毛细管，减少土壤水分蒸发，改善林地小环境，使苗木得到更多的水分，温度和光照，促进寄主树幼林健康成长。

造林后，林地中耕除草一般1年2次，但是在南方由于高温多雨，杂草生长旺盛，中耕除草1年3次为好。除草要掌握“除早、除小、除了”的原则。林地除草是一项繁重的工作，劳动量大，强度高，而且一般杂草生长迅速。繁殖力强，不易根除，因此用化学除草剂进行除草是个好办法。常用的除草剂是灭草灵，茅草枯，扑草净等。用化学除草剂除草，可提高工效，节约劳力，降低成本。

林地施肥，对寄主树幼林施肥是改善土壤养分，提高苗木生长的有力措施。造林后，随着苗木的生长发育，对营养元素需要量愈来愈多，若土壤贫瘠，苗木在生长发育阶段，对肥料的需要更为迫切。因此应及时对幼林地进行施肥。施用的肥料一般为速效肥，完全肥料。根据土壤状况进行施肥，若是酸性土壤，还可施些石灰，为改良土壤和苗木的生长发育创造有利条件。施肥一般一年施两次，施肥量根据苗木和土壤状况而定，施肥一般采用环状施肥法，施肥时间最好与中耕除草结合起来进行[85,86,110,111]。

白蜡虫寄主树的修剪，不同于一般树的修剪，也不同于果树的修剪，它的修剪方式，树型，其目的是为造就较多的有效枝条和良好的空间结构，为白蜡虫寄生和生长发育、泌蜡、繁殖后代创造良好的生活条件，也就是造就更多的适宜产虫、产蜡的寄主树枝条。根据白蜡虫雌雄虫对枝条不同要求，造就更多更好的适于白蜡虫雌虫寄生的1～2年生枝条，及适于雄虫寄生的2～3年生枝条，有利于白蜡虫生长发育，获得虫、蜡丰收。

白蜡虫寄主树定植后，一般二年就要对寄主树进行修剪，使寄主树更新复壮，恢复生机，使虫，蜡稳产高产。

寄主树修剪的要求，把老枝、弱枝、枯枝、徒长枝、下垂枝、绞枝、横枝、密枝、病虫枝及黄叶、病虫叶等修剪掉，如图63-17，把树上的地衣、藤子、蜘蛛网等全部除掉。作到树型美观，整齐一致，枝条分布均匀，生长旺盛，通风透光，达到“远看一把伞，近看光杆杆”。当然，修剪培育树型，要因地制宜。

寄主树的树型分高、中、矮桩、丛生、自然型5种，其中高、中、矮桩3种树型较理想。其优点：被利用的枝条多，枝丫分布均匀，强弱一致，通风透光好，风吹时枝条不致互相撞擦影响白蜡虫生长发育。在高、中、矮3种树型中，其中中桩、矮桩型（图63-18）又比高桩型好，便于白蜡生产。关于培养什么样的树型有利于白蜡生产，虫、蜡区应根据当地的气候条件，生态环境和生产习惯培育各自所需的树型。著名产虫区昭通，大多采用高、中桩树型进行生产。高桩型：在寄主树的主杆，离地面1.5～2m处锯断，使其萌生枝条；中桩型（图63-19)：在寄主树的主杆，离地面1～1.2m处锯断，使其生长枝条。四川蜡区多采用中桩型；湖南蜡区又喜欢矮桩型，即在寄主树的主杆基部，离地面20～30cm高处锯断，使其长枝条，用矮林作业发展白蜡生产，十分方便。因此各地应根据白蜡生产的实际情况和生产习惯，培育所需的寄主树树型，因地制宜的搞白蜡生产。

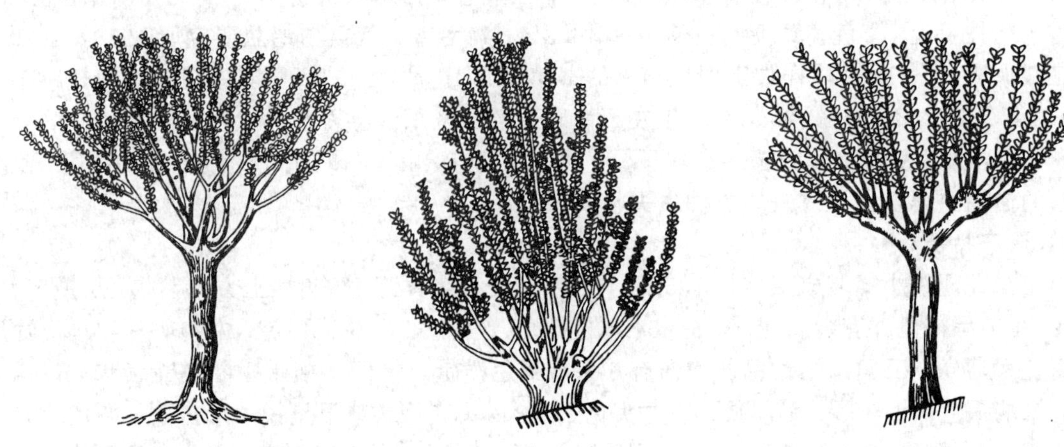

图63-17　修剪枝、叶后的树冠　　**图63-18　矮桩形**　　**图63-19　中桩形**

为了使白蜡生产稳产高产，应充分利用寄主树资源，对老寄主树进行更新改造，使其更新复壮，恢复生机，为白蜡生产提供物质基础。1982年，对云南墨江县女贞树进行了切杆更新[112]，取得了很好的效果，见表63-17。

表 63-17 白蜡虫寄主树女贞切杆更新生长量调查

地点	更新时间	调查时间	枝条大小(cm)								
			最长枝条			最短枝条			平均长		
			长度	基径	中径	长度	基径	中径	长度	基径	中径
车路队	1982.12下旬	1983.12	415.0	2.88	2.50	130.0	1.75	1.70	252.71	1.96	1.24
大冲队	1983.4下旬	1983.12	360.0	2.65	2.13	125.0	1.00	1.00	231.95	2.05	1.69

由表63-17可见，1982年12月下旬切杆更新的女贞树和1983年4月下旬更新的女贞树，新长出的枝条，到1983年12月30日调查结果表明：1982年12月底更新的女贞树新发枝条比1983年4月更新的女贞树枝条长。总的来讲，枝条长差距不大。由此说明，在云南对女贞切杆更新的时间，从12月至翌年4月均可进行，当年更新发出的枝条，第二年便可投产放养白蜡虫，这是多快好省地发展白蜡生产的一种重要技术措施。

5 白蜡虫病虫害及其防治

白蜡虫病虫害种类很多，危害最大，已成为影响虫、蜡生产的关键问题，除了天敌昆虫和霉病外，还有鸟、鼠、软体类和红蜘蛛等天敌对白蜡虫也进行危害。现就白蜡虫病虫害主要种类和发生规律及其防治方法作适当介绍。

5.1 白蜡虫花翅跳小蜂[84~85,113~114]

5.1.1 分布与危害

白蜡虫花翅跳小蜂 *Microterys ericeri* Ishii.，如图63-20。分布于我国云南，四川、湖南、陕西、福建、江西、贵州、浙江、江苏、河北、湖北、广西等白蜡产区和分布区；国外分布于日本、俄罗斯等国。白蜡虫花翅跳小蜂不仅对白蜡虫雌虫进行危害，而且也严重危害白蜡虫雄虫，据四川大学吴次彬教授1974年在峨眉蜡区调查，白蜡虫被寄生的占88%以上，在8根受害的蜡枝上观察，危害致死的白蜡虫占46.3%；湖南省芷江县白蜡虫研究所1978～1979年在芷江调查，7～12月从样枝上羽化出来的寄生蜂共10种，2653头，其中白蜡虫花翅跳小蜂1061头，占40%；1982年、1988年在云南昭通产虫区永善县万和乡，昭通县大水井的洒渔乡，巧家县大寨乡及贵州威宁县高坎子、后河等地调查，由于白蜡虫花翅跳小蜂的危害，使99.5%的白蜡虫死亡，导致白蜡虫种虫失收。

5.1.2 形态特征

白蜡虫花翅跳小蜂雌成虫体长1.5mm，体色一般淡红黄色；触角柄上方带蓝褐色，梗节、索节1～4节黑褐色并有金属光泽，5～6节白色，棒节黑色，末端黄褐色；中胸盾片和小盾片呈黑褐色发蓝光，三角片褐黄色；前翅有3条淡褐色横带，中间1横带中断呈断续状；足褐红色，末端褐色；头横形、头顶狭，约占头宽1/4，后头有缘，单眼呈锐角形排列，两侧单眼相距小于中侧单眼间距，侧单眼与复眼间距约为单眼直径的1/3，复眼青蓝色；中足胫节之距与第1跗节等长，距之下则有栉状刚毛；前翅缘脉长大于宽约2倍，几与肘脉等长。后缘脉短于缘脉。腹短于胸，末端收缩，产卵器略突出。雄虫体长1.2～1.5mm，黑褐色，显青蓝色光泽，胸部腹面及腹部为深褐色。前翅透明无暗色横带，触角索节和棒节均为褐色。

5.1.3 生活史和习性

白蜡虫花翅跳小蜂1年发生6～7代，除寄生于白蜡虫二龄雄虫体内外还寄生于二龄雌虫和雌成虫体内。白蜡虫在5～6月定杆后，花翅跳小蜂便产卵于二龄雄虫体内，7月上旬至下旬羽化为成虫，从雄虫腹末咬孔羽化而出，羽化后除继续寄生其他二龄雄虫，一部分则产卵于二龄雌虫体内。8 月下旬至 9 月上中旬从白蜡虫雌雄虫体内羽化出来跳小蜂成虫寄生白蜡虫雌成虫体内（白蜡虫雄虫已羽化交配而死，另一方面蜡花已全部摘除，雄虫已不存在）。在白蜡虫雌虫体内可寄生 1～8 个寄生蜂，雄虫只寄生 1 个。

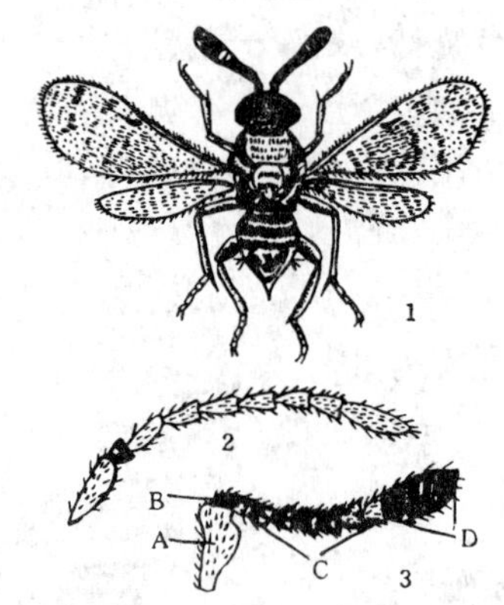

图 63-20　白蜡虫花翅跳小蜂

1. 雌成虫；2. 雄成虫触角；3. 雌成虫触角（A. 基节；B. 次节；C. 鞭节；D. 棒节）

白蜡虫花翅跳小蜂生活史和世代因气候不同而异，在南亚热带的云南景东 1 年发生 7～8 代，从 4～8 月，每代约 20～25d。4 月中下旬成虫羽化产卵于白蜡虫雄虫体内，5 月中下旬从雄虫腹末咬孔而出，继续寄生于其他二龄雄虫和雌虫体内。7 月中下旬从白蜡虫体内羽化后全部寄生于雌成虫体内。花翅跳小蜂对白蜡虫雌雄虫均可寄生，它以白蜡虫体内液体和组织为食，最后导致白蜡虫死亡，体色变黄而带褐色。

5.1.4　防治方法

（1）根据湖南省芷江县白蜡研究所的经验，在虫、蜡区之间设 5km 长的隔离带；基地与基地之间设 30km 以上的隔离带，这样可防止小蜂对白蜡虫雌雄虫互相寄生传播蔓延，效果很好（对其他病虫害防治效果也好）。

（2）实行虫、蜡区林地轮放制度，不但使寄主树休闲，恢复树势，更重要的是对病虫害进行防治，中断白蜡虫天敌昆虫与其寄主的食物链关系，使其灭亡。

（3）近年来，芷江县白蜡虫研究所和笔者均采用尼龙纱 50 目、60 目、70 目、80 目的材料做放虫包，不但放养白蜡虫效果好，而且对体大的蜡象，小蜂均可因在袋内，放养完毕把虫包收回，将虫包内的害虫倒入开水中捕杀，效果很好。

（4）在摊养种虫时用灯光诱杀，四川南充地区蜡农，掌握了小蜂羽化期比白蜡虫孵化期早的规律，在室内摊养种虫，把虫包排成一个圆圈，中间放置盛有稀浆糊或米汤的盆，在其上方 20cm 处，悬挂照明灯或黑光灯，当灯亮时小蜂从虫包爬出来飞向灯光处，跳到盆内，粘杀而死。

（5）提早采蜡花，防止小蜂转移到白蜡虫雌虫体内为害。小蜂羽化的时间，基本上与白蜡虫雄虫羽化的时间一致。故掌握这个特点，采蜡花加工白蜡时，应在白蜡虫雄虫放箭之前采，即在雄虫蛹期采蜡花（因为白蜡虫蛹期不泌蜡），蜡花采后，即进行白蜡加工，这样可捕杀大量小蜂和其他害虫。

（6）药剂防治，在白蜡虫雌虫定杆 1 个月后和采蜡花前 10d，分别用 50%敌敌畏乳油 1 000～1 500倍液或甲敌粉对林地进行喷药，毒杀羽化的小蜂，效果很好。

5.2　白蜡蚧长角象[84～85,114～115]

5.2.1　分布与危害

白蜡蚧长角象 *Anthribus lajieuorus* Chao.，也称蜡象、蜡牯牛、毛牯牛、象鼻虫等，如图 63-21。它分布于四川、云南、湖南、湖北、陕西、江西、福建、广西等省（区）。它是白蜡虫最严重的害虫之一，是白蜡生产的大敌。据四川大学生物系昆虫组 1974～1975 年对白蜡蚧长角象观察统计，蜡象一龄幼虫平均食白蜡虫卵67.8粒，二龄幼虫平均食卵192.3粒，三龄幼虫食卵1 240.2粒。整个幼虫期最低食卵1 164粒，最高1 789粒，平均1 500.5粒。若一个白蜡虫种虫平均怀卵7 500粒计，其危害率为20%。1974年该昆虫组在四川峨眉县调查，蜡象对白蜡虫寄生率高达95.2%；1984年和1986年在四川西昌产虫区调查，蜡象寄生白蜡虫种虫的寄生率为85.5%～96.4%；湖南芷江县白蜡虫研究所1973年在艾头坪、罗旧、垅坪三乡调查，寄生率分别为83.1%、82.9%、83.2%。可见，白蜡蚧长角象对白蜡虫的危害是相当严重的。

5.2.2 形态特征

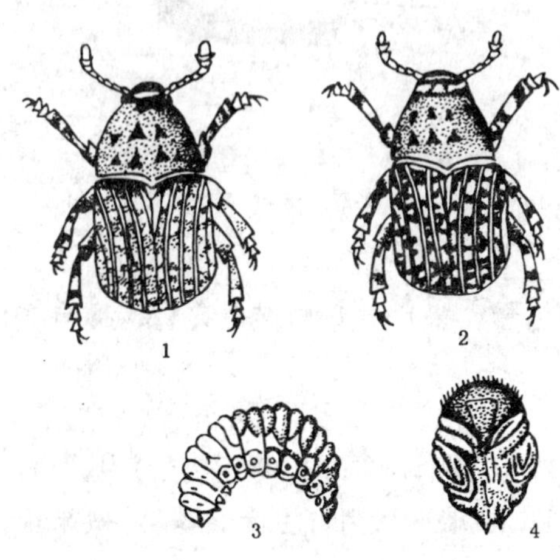

图63-21 蜡蚧长角象

1、2. 成虫；3. 卵；4. 幼虫；5. 蛹

雌成虫：体长3.5～5.5mm，黑色，密生灰白色绒毛。头部略扁平，触角11节，棒状。前胸背板梯形，有两排不规则的黑色斑纹。鞘翅上有隆起条纹11条，并生有6～8个黑色斑点；两鞘翅相合时，有明显的3～4个大黑斑。胸足腿节黑色，胫节为灰白色并与黑色毛斑交错排列。腹部臀板外露，可见5个腹板。

卵：长圆形，长0.7～1.0mm，宽0.4～0.6mm，卵为乳白色，临近孵化时变为黄白色。

幼虫：体肥大，多皱纹，乳白色，呈“C”形，胸部各节有疣状突起的胸足。腹部为10节。末龄体长6～8mm。

蛹：椭圆形，长3.5～5.5mm，乳白色，复眼褐色，上颚红褐色，前胸背板，翅芽和腹部各节均密生细毛。腹部末节有黄色短刺1对。

5.2.3 生活史和习性

白蜡蚧长角象一年发生一代。成虫在粗树皮下越夏、越冬。翌年3月中旬，当白蜡虫雌成虫吊糖产卵时，蜡象便从树皮下爬出飞向正在吊糖的白蜡虫取食，交配、产卵；4月上旬是产卵盛期；中旬卵孵化，4月中下旬为幼虫盛期。幼虫共3个龄期，历时20d左右，结茧化蛹；5月上旬为化蛹期，蛹10d羽化为成虫，成虫在白蜡虫体腔内停留3～8d咬破蜡虫体腔而出，飞向女贞树、白蜡树或桉树等树皮下、缝隙里进行夏眠，越冬。翌年3月中下旬又飞向吊糖的白蜡虫雌成虫，咬破蜡虫虫体，取食从孔内溢出的体液，产卵时在蜡虫体上咬产卵孔把卵产于蜡虫体内。蜡象幼虫有互相残杀的习性，成虫有假死现象。

5.2.4 防治方法

（1）用尼龙纱料50目、60目、70目、80目做放虫包。放养白蜡虫后，收回虫包，用开水烫杀蜡象，效果很好。

（2）人工捕杀，蜡象成虫受惊后有假死现象。因此，在树下铺一块塑料布，然后用竿猛击树枝，蜡象即迅速落地可捕杀之。

（3）药剂防治，在蜡虫“吊糖”后期，用35%“二二三”乳剂300倍液或7.5%鱼藤精1 500倍液喷于林地，每隔7d喷1次，连续喷3次，对蜡象有防治效果。

5.3 黑缘红瓢虫[84～85,114～116]

5.3.1 分布与危害

黑缘红瓢虫 *Chlocorus rubidus* Hope，又名花姑娘，半边豌豆虫，如图63-22。其幼虫习称蜡狗子。在国内分布于云南、四川、贵州、湖南、湖北、江西、福建、浙江、江苏、安徽、山东、河北、河南等省（区）。国外分布于日本，俄罗斯、澳大利亚、印度等国。黑缘红瓢虫也是白蜡产区大害虫。一龄幼虫只是咬伤蜡虫幼虫，吸取其体液，二龄幼虫食量开始增加，可以吃掉数十个蜡虫，三龄以后1d可吃200～300头蜡虫，四龄幼虫1d最多吃468头蜡虫，平均吃蜡虫300多头。整个幼虫期最低捕食1 945头蜡虫，最多3 847头，平均2 884头。越冬的黑缘红瓢虫成虫，在白蜡虫幼虫定叶阶段为害，1d可食100多头蜡虫。白蜡虫雄虫定杆后，它继续为害，从6月中旬至7月下旬，黑缘红瓢虫成虫，平均1d可食蜡虫220头，最多食562头。1头越冬成虫，在3个多月中可食白蜡虫8 000～9 000头。在收蜡花后，因无白蜡虫雄虫存在，它转移到白蜡虫雌成虫上继续危害。由此可见，黑缘红瓢虫对白蜡虫危害是相当严重的。

5.3.2　形态特征

成虫：体长5.2～7.0mm，体宽4.5～5.7mm。体近圆形，头部、前胸背板和鞘翅周缘黑色，背面半球形隆起，光滑无毛。鞘翅枣红色。复眼黑色，圆形。前胸背板侧缘平直，两角钝圆。胸、腹部为褐色。第五腹板后缘弧形外突，第六腹板几乎不外露；雄性第六腹板稍露出，后缘较平截。

卵：长椭圆形，长1mm，宽0.2mm，淡黄色，卵孵化前为灰色。

幼虫：体长7～10mm，纺锤形，稍扁，头黑色，近圆形，体色为淡灰色。从胸部至腹部沿背中线两侧各有3排毛状刺突，顶端生有1细长毛，刚毛黑褐色。

蛹：体长4～5mm，卵形，淡黄或棕褐色，自胸部至腹部的背面两侧各有褐色条纹1条。从1～5腹节背中线两侧各有一长方形黑横斑，第1腹节靠近后胸处有一和体色相同的乳头状突起。

5.3.3　生活史和习性

黑缘红瓢虫一年发生一代。成虫在10月下旬或11月上旬在草丛等隐蔽物下越冬，翌年5月中旬至6月上旬开始产卵，6月中旬出现幼虫，6月下旬至7月初出现蛹，7月上、中旬出现新一代成虫。黑缘红瓢虫成虫有多次交尾的习性。产卵期2个多月，从7～9月中旬在寄主树的叶、枝及蜡花上均可看到卵、幼虫、蛹和成虫各种虫态。卵产于叶子的背面和蜡花上，横置成块，排列不紧密。雌成虫产卵初期可连日连续产卵，后期产卵则间断进行，有时隔几天产一次。但产卵较多，产卵最多777粒，最少406粒，平均500粒，每天产1～30粒不等。产卵期最长72d，最短58d，平均66d。因此，由于产卵期长，在树上均可看到黑缘红瓢虫各种虫态。卵产后经8d左右孵化，幼虫孵化后停伏于卵壳上1至数小时，然后分散活动。幼虫共4龄，历期约16～20d，有的长达27d。幼虫老熟后分泌粘液将肛门外翻形成吸盘，把其粘于叶面、小枝和蜡花上，停止取食，身体渐缩短，进入预蛹期，经2～5d化蛹。化蛹时幼虫表皮从背中线裂开，蛹背面大部露出，侧面和腹面则包藏于幼虫蜕皮内。蛹经6～8d羽化为成虫，成虫羽化1d后翅渐舒展，体变硬、色变深，开始取食。当年不交尾也不产卵。黑缘红瓢虫有自相残杀的习性，其成虫不但捕食

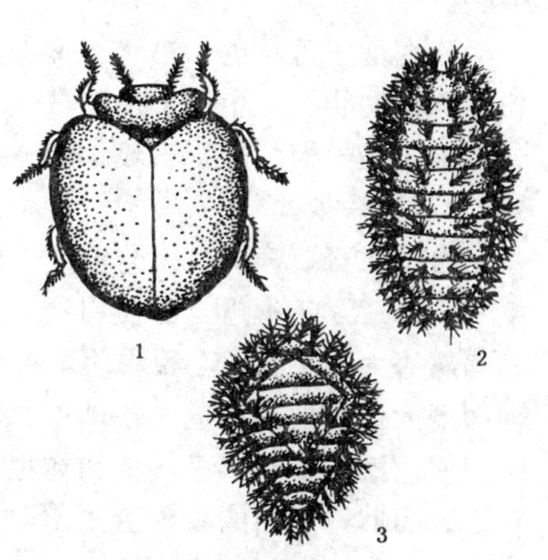

图63-22　黑缘红瓢虫
1. 成虫；2. 幼虫；3. 蛹

白蜡虫雌雄虫，而且还捕食其种内的卵，幼虫和蛹。

5.3.4 防治方法

(1) 利用天敌啮小蜂抑制黑缘红瓢虫对白蜡虫的危害。据调查，啮小蜂对黑缘红瓢虫最低寄生率为56.9%，最高89.9%。因此，用天敌进行防治，不但经济实惠，而且对环境无污染，对人和牲畜也无害。

(2) 白蜡虫雄虫定杆1个月后，因虫体被蜡花包埋，可用35%"二二三"乳油300倍液或7.5%鱼藤精1 000倍液，喷于寄主树枝、叶和蜡花上，可有效地防治黑缘红瓢虫。

(3) 近年来，笔者加强了对黑缘红瓢虫的防治，当黑缘红瓢虫进入蛹期阶段，用灭害灵喷射寄主树叶子上的蛹，其效果可100%的把叶上的黑缘红瓢虫杀死。用灭害灵毒杀其成虫效果也很好。只要把灭害灵药剂喷在黑缘红瓢虫成虫体上，几分钟内即可毒死。

(4) 当黑缘红瓢虫6～7月进入蛹期阶段，可摘除寄主树带有其蛹的叶子而集中烧之。

(5) 利用黑缘红瓢虫的假死性，用竹杆或木棒，猛击树干和枝条，使其落地捕杀之。

5.4 白蜡虫褐腐病

5.4.1 分布与危害[117,118]

白蜡虫褐腐病 *Gloesporium* sp. 属于黑盘孢科的半知菌。它分布于湖南、云南、贵州、陕西、广东、广西、福建、江西等地。白蜡虫褐腐病主要是对白蜡虫雌虫进行危害，雌虫感病后，其体出现灰褐色病斑，以后整个虫体变为褐色，使虫体逐渐皱缩干瘪而死。据湖南芷江县白蜡虫研究所1977～1978年对芷江县白蜡虫育虫区4个乡9个村调查，白蜡虫雌虫发病率为40%～83%。褐腐病轻度危害时，使白蜡虫雌虫卵量减少，造成种虫产量下降，重则造成雌成虫大量死亡，使白蜡生产归于失败。

5.4.2 形态特征

分生孢子盘黑色，垫状，位于虫体表皮下，成熟后突破表皮产生大量分生孢子，密集呈粉红色粘稠状。分生孢子梗单枝（偶有分枝）。无色，长短不一，紧密分布于分生孢子盘上。分生孢子呈长椭圆形，一般13.2～16.9μm×4.1～5.2μm。

5.4.3 发病规律

白蜡虫褐腐病的发生与温度、湿度有密切关系。据观测，在林地气温16～25℃，相对湿度70%以上的环境里，易使白蜡虫褐腐病发生，在气温20℃，湿度75%以上林地环境里最适宜褐腐病大发生。湖南秋季阴雨连绵，空气湿度大，温度高；同时，寄主树林地株行距又小，郁闭度大，林地通风透光条件差，因此，白蜡虫最易感染褐腐病。褐腐病一旦在寄主林地发生，就像四周扩展感染其他的蜡虫。病原菌的生活能力很强，一般可保持到下一年白蜡虫上树后。因此，对白蜡虫种虫一定要加强检疫，发现褐腐病应及时进行防治。

5.4.4 防治方法

(1) 对白蜡虫种进行检疫，防止病菌随调运种虫传播蔓延。种虫检疫用无菌水洗涤种虫，将洗液在显微镜下检查，若发现带褐腐病的种虫，应禁止调入。

(2) 药剂防治，用50%的可湿性托布津500倍液、30%特富灵1 000倍液和20%甲基立枯灵250倍液进行防治褐腐病，防治效果分别为90.7%、87.6%、82.3%，防治效果都很好。

(3) 从长远考虑，种虫基地应选在通风、向阳的二半山区；寄主林地的株行距应拉大，最好3m×4m；4m×5m为好，在行距之间作矮秆农作物或经济作物。此设计不但减少褐腐病发生，而且在单位面积上可获得更多的产品和产值。另外，对寄主树要经常修剪，使之通风透光，利于白蜡虫生长发育。

综上所述，白蜡虫病虫害是白蜡生产的大敌，是影响白蜡生产发展的关键因素。以上介绍的白蜡虫病虫害是危害白蜡虫最主要的种类，但是还有其他天敌昆虫虽然对白蜡虫影响不大，但是，随着环境的变化，有时它们也将成为白蜡虫危害的主要种类。白蜡虫病虫害[119~120]还有寄生蜂类的中华翅跳小蜂 *Microterys sinicus* Jiang. 黑褐纹翅跳小蜂 *Cerapteroceroides similis* Ishii. 日本纹翅跳小蜂 *C. japonicus* Ashmead.，白蜡虫蓝绿跳小蜂 *Blastothrix ericeri* Sug.，日本软蚧蚜小蜂 *Coccophagus japonicus* Compera.，蜡蚧阔柄跳小蜂 *Metaphycus tamakatakaigara* Tachikawa.，方柄扁角跳小蜂 *Paraceraptrocerus* sp.，刷盾长缘跳小蜂 *Cheiloneurus claviger* Thomsor.，白蜡虫啮小蜂 *Tetrasticus* sp.，宽缘柄腹金小蜂 *Pachyneuron* sp.，豹纹花翅小蜂 *Mariettapicta* Andre.，双带花角蚜小蜂 *Azotus perspeciosus* Girault.；袋蛾科中的大袋蛾 *Cryptothelea variegata* Snellen. 和茶袋蛾 *C. minuscula* Butler.。它们不但危害白蜡虫寄主树，而且还把蜡花拱掉食害雄虫；在瓢虫科中发现小红瓢虫 *Rodolia pumila* Weise. 和大红瓢虫 *R. rufopilosa* Mulsant. 对白蜡虫雌雄虫进行危害。小红瓢虫对白蜡虫雄虫的危害不亚于黑缘红瓢虫危害的程度。湖南省芷江白蜡虫研究所1975年在汪碧山白蜡虫繁殖实验点观察白蜡虫寄生蜂时发现，从样枝白蜡虫雌成虫中羽化10种寄生蜂2 653头，其中白蜡虫花翅跳小蜂1 061头，占40.0%；阔柄跳小蜂1 099头，占41%；软蚧蚜小蜂443头，占16.7%；啮小蜂31头，占1.2%；其余6种小蜂共占0.7%。另又随机取样调查从雄蜡虫中羽化出9 257头寄生蜂，其中白蜡虫花翅跳小蜂8 935头，占96.5%；啮小蜂332头，占3.5%。由此可见，病虫害的种类哪些是优势种，有时则因地区不同而不同。上述介绍的病虫害种类是全国虫、蜡区病虫害危害较严重的种类。

6　寄主树病虫害及其防治

白蜡虫寄主树病虫害的种类很多，这些种类不同的危害寄主树的苗木，树的枝杆和叶子等，严重时，使白蜡虫赖以生存和产虫，产蜡的物质基础寄主树全部毁掉。因而严重影响白蜡生产。现就寄主树危害较严重的种类进行介绍。

6.1　茶袋蛾

6.1.1　分布与危害[84~85,119]

茶袋蛾 *Cryptothelea minuscula* Butler.，如图63-23。国内分布于四川、贵州、云南、广东、广西、湖北、湖南、江西、福建、台湾、浙江、江苏、安徽、河南；国外分布于日本。茶袋蛾不但危害白蜡虫寄主树叶子，而且还危害白蜡虫雄虫；它是杂食性昆虫，另外它还危害茶树、悬铃木、大黄麻、山毛榉、柏树、紫薇、核桃、龙眼、南洋杉、槭树、柑橘、李等树种。

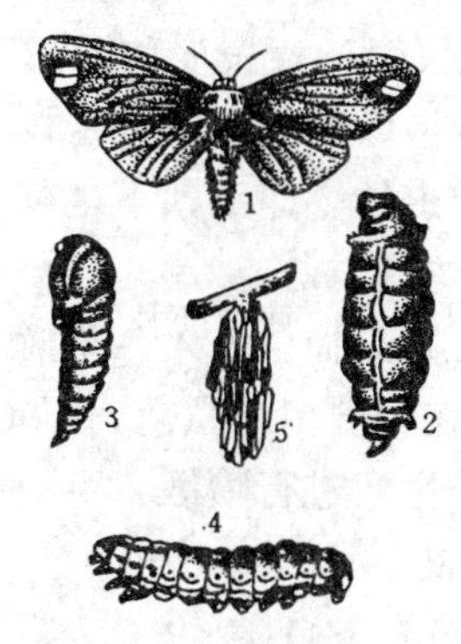

图63-23　茶袋蛾

1. 雄成虫；2. 雌虫蛹；3. 蛹；4. 幼虫；5. 护囊袋

茶袋蛾主要取食女贞树的叶片，严重时将树叶全部吃光，破坏了白蜡虫寄主树女贞光合作用的进行，严重影响寄主的生长发育和寄主树对白蜡虫营养物质的供应，从而使白蜡虫生长发育受到影响，使白蜡生产遭到损失；另一方面茶袋蛾在把寄主树叶子食光的同时，还取食白蜡虫雄虫，把蜡花拱脱，食蜡虫和部分蜡花。

6.1.2 形态特征

成虫：雌成虫体长15～20mm，米黄色。头小，生一对刺突。胸部各节背板明显，黄褐色。腹部肥大，4～7节周围有黄色绒毛。雄虫体长10～15mm，翅展20～30mm，体、翅茶褐色。前翅脉颜色略深，外缘有长方形透明斑2个。胸部背面有白色纵纹2条。

卵：椭圆形，黄白色，长径0.8mm，短径0.6mm。

幼虫：老熟幼虫体长20～24mm。头黄褐色，具黑褐色网状纹。胸、腹部肉黄色，背面中央较深，略带紫褐色。胸部各节背板上有褐色长形斑4个，前后相连成4条褐色纵带，正中2条明显，两侧有时愈合。腹部各节背面有肉黄色毛片4个，排成“八”字形，各生刚毛1根。

蛹：雌蛹纺锤形，长20mm。头小。腹部第3节背面后缘，第4、5节前后缘，第6～8节前缘各有小刺突一列，第8节有刺3个。雄蛹细长，长15mm。翅芽达第3腹节后缘，腹部背面第4～7节后缘，第8、9节前缘各有小刺一列，第8节小刺较大而明显。护囊长25～30mm，为幼虫成长之用。

6.1.3 生活史与习性

茶袋蛾的世代，因各地气候不同而异。在贵州一年发生1代，在福建、安徽、湖南一年发生1～2代，江西2代。广东、广西一年发生3代。老熟幼虫在护囊内悬垂于寄主树枝叶上越冬，翌年1～3月不取食，4月下旬化蛹，5月中旬产卵，6月下旬至7月上旬危害白蜡虫寄主树叶子，取食到10月中、下旬开始越冬。茶袋蛾雄蛾羽化后从护囊排泄孔爬出，飞到叶背面停息，蛹壳半露于囊外，其余留在囊内。雌成虫仍留在护囊内，其头部常露于囊外。交尾时雄蛾伏于雌成虫的护囊上，将腹部伸入雌虫护囊下端的排泄孔内进行交尾。雌虫交尾后即产卵于护囊内，产卵后虫体缩小，直到卵孵化后才从排泄孔掉出而死亡。雌虫产卵最多为3 000粒，平均产卵676粒。卵多在白天孵化，每天中午和下午孵化最多，孵化率为80%。幼虫孵化后先在护囊内取食卵壳，然后从护囊排泄孔蜂涌而出，迅速爬行或吐丝下垂，随风飘散到寄主树的叶子上后即吐丝缠绕其胸部，咬食叶子表皮，将碎叶片和丝一起织成和虫体大小相近的护囊。以后随虫体增大，护囊也相应增大，虫体一直隐藏在护囊中，取食和活动时将头和胸部伸出护囊外，以胸足爬行，负囊行动。幼虫取食多在清晨、中午，傍晚和阴天很少取食。幼虫仅食叶背表皮和叶肉，不食上表皮。叶子被危害后，出现黄褐色的透明斑。幼虫3龄后，食量增大，严重时可将树上的叶子全部吃光，并转移到枝条上食蜡虫。幼虫老熟后在护囊内倒转虫体，即头朝下尾朝上而化蛹。化蛹和越冬前均吐丝封闭囊口。紧附于枝叶上。

6.1.4 防治方法

(1) 人工捕杀。入冬季时，可上树摘除袋蛾护囊或用竹杆敲下护囊集中烧之。

(2) 在放养白蜡虫前，用90%晶体敌百虫800～1 000倍液；80%敌敌畏乳油1 000～1 500倍液对寄主树进行喷洒，可取得较好的效果。

6.2 白蜡

6.2.1 分布与危害

白蜡叶蜂叶蜂 *Macrophya fraxina* Zhow et Huang.[121]属膜翅目叶蜂科，分布于四川。危害白蜡树，大发生时将树叶全部吃光，使白蜡树林枯黄，似火烧过一般，严重影响白蜡树生长发育。叶蜂不但危害白蜡树，还将叶上的白蜡虫一起吃掉，给白蜡生产造成很大损失。

6.2.2 形态特征

白蜡叶蜂的形态如图63-24。

成虫：雌虫长8.5～11mm；体黑色有光泽，具淡黄色。头黑色有光泽，密生淡黄色绒毛，具分散孤立的刻点。触角黑，共9节，较腹部短，第3节与第4节之比为7∶4。单眼后区黑色，略呈正方形隆起；侧沟深，并向后加深。唇基鲜黄色，着生较长的黄色绒毛，其前缘为半圆形缺口，侧齿较尖锐。前胸背板黄色，中、后胸板黑色，中胸背板中叶背中线两侧有两个近三角形黄斑；中胸侧板有一不明显的黄斑。小盾片，盾片附器、后小盾片淡黄色。前、中足除基部端节及爪为褐色外，其余部分均为淡黄色；后足基节黑色，基部外侧斑点及端缘黄色，转节，腿节基半部、胫节中部及第2～5跗节黄色，腿节端半部，胫节基部及端部，第1跗节及爪黑色。第1～8腹节背板侧板各有1黄斑，个别体在斑中可见一黑点，第8腹节背板后缘中部有一个淡黄色横斑，第9腹节背板淡黄色。

卵：长椭圆形、绿色，一侧稍内凹，长约1.5mm，宽0.5～0.6mm。

幼虫：初孵化的幼虫长1.5～2.0mm。老熟幼虫体长16～20mm，宽3.0～3.5mm，黄绿色。头部淡黄绿色有光泽，顶部颅中沟两侧各有1方形黑褐色斑，头部密布细小刻点。单眼一对，位于近颊下缘，黑色，围眼区亦为黑色。触角短，3节，基节淡黄绿色，端部2节淡红褐色。上唇、下唇，上颚基半部与头部同色。上颚端半部及前、后关节处黑褐色。胸部黄绿色，胸足基部，节黄绿色，其余各节淡黄白色，爪黑色。臀节背板较光滑，淡绿色。虫体上疏生白色短绒毛。

蛹：长筒形，体长9～13mm，宽3～4mm，淡绿色，腹眼黑褐色，附肢伸于腹面，触角达中足基部，前翅芽达后足基节，后足端部伸达生殖节基部。

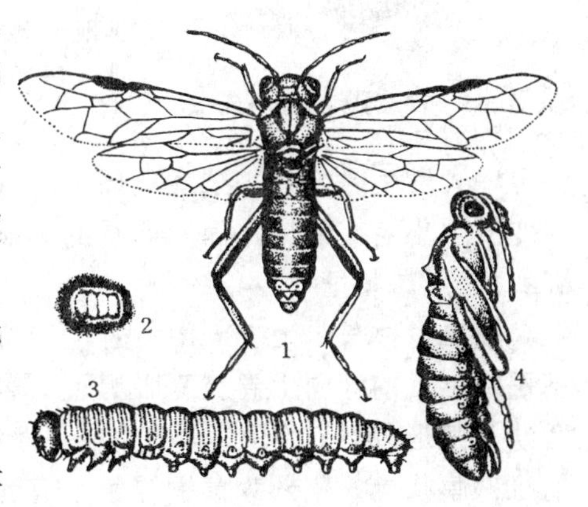

图63-24 白蜡叶蜂

1. 成虫；2. 卵块；3. 幼虫；4. 蛹

6.2.3 生活史与习性

白蜡叶蜂一年发生一代。末龄幼虫在土中筑土室越冬、越夏。越冬幼虫于翌年2月下旬至3月上旬开始在土室内化蛹，3月下旬羽化为成虫。成虫羽化后在土室内停留数日后，便钻出地面飞到树上危害树叶。阴天或气温低时则隐藏于树叶丛中，待天气好气温升高时又继续危害寄主树叶片。

白蜡叶蜂产卵于叶子的背面，产卵时用产卵器将叶背面切割成卵状大的小孔，然后将卵产于孔内的表皮与叶肉组织间，有卵处叶面稍隆起。产完一粒卵后紧接前一卵钻孔再产，卵与卵之间横轴近于相接。雌成虫最多产卵65粒，最少26粒，平均43粒。雌虫在产卵期间仍不断取食，产卵结束即死去。卵产后经10d左右即孵化为幼虫，取食叶片，1～2龄幼虫食量小，3龄后食量渐增，严重时可把叶子全部吃光。幼虫共7～10龄，1～3龄各龄历期较整齐，4龄后不同个体间龄期长短不等。幼虫在树上生活60～80d，从6月上旬至中、下旬最后一次脱皮不再取食，卷伏于叶背面5～10d后，多在夜晚沿树干爬下树至树干周围3cm左右深表皮层筑一椭圆形或不规则土室，并在土室内越夏越冬。

6.2.4 防治方法

（1）在白蜡叶蜂从7月至翌年3月越夏或越冬期间，对虫、蜡圆进行锄草松土，将土块敲碎，在高温或低温天气即可把叶蜂杀死。

（2）在4月下旬至5月上旬，当白蜡虫叶蜂幼虫3、4龄时可用40%乐果乳油2 000倍液；

或50%马拉硫磷乳油1 500倍液；或25%亚胺硫磷乳油1 000倍液；80%敌敌畏乳油2 500～4 000倍液；或50%磷胺乳油1 500倍液；或75%鱼藤精800倍液；90%晶体敌百虫1 000倍液喷雾于寄主树树冠，其效果很好。

(3) 在白蜡叶蜂发生地区，白蜡虫在放养前10d，用上述农药进行喷雾于寄主林地，可使白蜡虫挂放上树后不受其害。

6.3 铜绿丽金龟

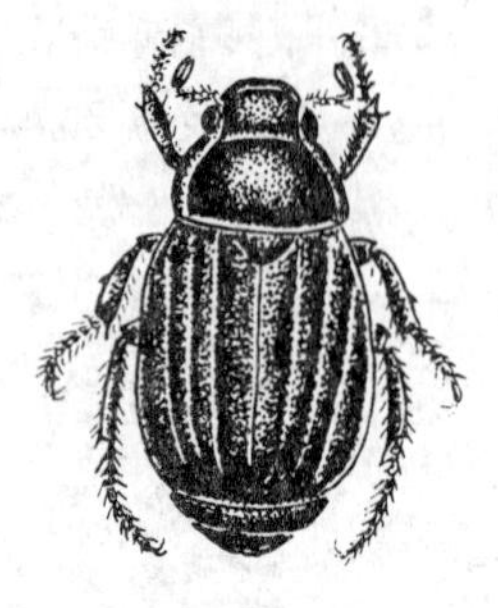

图63-25 铜绿丽金龟成虫

6.3.1 分布与危害

铜绿丽金龟 *Anomala corpulenta* Motschulsky.[122]，如图63-25。国内分布于黑龙江、辽宁、山西、内蒙古、河北、河南、湖北、湖南、山东、陕西、安徽、江苏、浙江、江西、云南等省(区)；国外分布于日本、朝鲜。它危害杨、柳、榆、松、杉、栎、油桐、板栗、乌桕、核桃、苹果、枫杨、沙果、花红、海棠、杜梨、梨、桃、杏、樱等多种树种和果树。近年来，在放养白蜡虫时，发现铜绿丽金龟对白蜡虫寄主树女贞危害相当严重，当铜绿丽金龟大发生时，几乎把女贞树上的叶子全部吃光，嫩芽咬断，使受害女贞树生长缓慢，有的变成“小老头”树，因而严重的影响白蜡生产。

6.3.2 形态特征

成虫：体长15～18mm，宽8～10mm。背面铜绿色，有光泽。头部较大，深铜绿色，唇基褐绿色，前缘向上卷。复眼黑色。触角9节，黄褐色。前胸背板前缘呈弧状内弯，侧缘和后缘呈弧形外弯，前角锐，后角钝，背板为闪光绿色。密布刻点，两侧边缘有1mm宽的黄边，前缘有膜状缘。鞘翅为黄铜绿色，有光泽，有不甚明显的隆起带，会合处隆起带较明显。胸部腹板黄褐色有细毛。腿节为黄褐色，胫节、跗节为深褐色，前胫节外侧具2齿，对面生一棘刺、跗节5节，在端部生一对不等大的爪。前、中足大爪端部分叉，小爪不分叉；后足爪也不分叉。腹部米黄色，有光泽、臀板三角形，上常有三角形一黑斑。雌虫腹面乳白色，末节为有一棕黄色横带；雄虫腹面棕黄色。

卵：初产时为长椭圆形，白色，长1.94mm，宽为2.16mm；卵壳表面平滑。

幼虫：中型，3龄幼虫平均头宽4.8mm，体长30mm左右。头暗黄色，近圆形，头部前顶毛每侧各为8根，后顶毛10～14根；下颚叶愈合；前爪大，后爪小。腹部末端两节为泥褐色且带微蓝色。臀节腹面具刺毛例，每列多由13～14根长锥刺组成，两列刺尖相交或相遇，其后端稍向外岔开，钩状毛布在刺毛列周围。肛门孔横列状。

蛹：椭圆形，长18mm，宽9.5mm。略扁，土黄色，末端圆平，雌蛹末节腹面平坦且有一细小的飞鸟形皱纹，雄蛹末节腹面中央有乳头状突起。

6.3.3 生活史与习性

铜绿丽金龟一年发生一代，老熟幼虫在土壤越冬。翌年4～5月化蛹，5月下旬至6月中旬雨季来时成虫羽化出土。成虫白天隐伏于灌木丛中，草皮或表皮内，当傍晚时成虫群集飞向白蜡虫寄主林地对女贞树进行危害，一般在傍晚6～10时食树上的叶子和嫩芽并同时进行交尾，晚9时以后其成虫逐渐离散，数量渐少。成虫有假死现象，受惊装死落地。成虫多栖息疏松潮湿的土壤中，潜入深度大约50～60cm左右。6月中旬至7月中旬雌成虫产卵于茅草地上。成虫每次产卵20～30粒左右。卵期10d左右，在土壤含水适量的情况下，其孵化率几乎为100%。一龄幼虫25d，二龄24d，三龄28d，老熟幼虫于4月下旬至5月上旬进入蛹期，化蛹前先作一个土室。预蛹期10～13d，蛹期7～9d。羽化前蛹的前胸背板和翅芽，足变为绿色。

6.3.4 防治方法

（1）利用铜绿丽金龟成虫有假死的习性进行捕杀。当傍晚成虫集中活动时，用竹竿敲打树上的成虫，铜绿丽金龟受惊假死落地后进行捕杀。

（2）在秋季对寄主树林地和苗圃地进行中耕锄草，一方面对苗木和寄主树进行抚育，另一方面破坏铜绿丽金龟的生态环境并消灭之。

（3）药物防治，用90%晶体敌百虫1 500倍液；80%敌敌畏乳油1 000～1 500倍液，选择在下午对寄主树林地喷施叶片，其效果很好。

综上所述，白蜡虫寄主树病虫害种类很多，而最严重的是害虫。根据调查和有关文献记载，白蜡虫寄主树害虫的种类还有以下多种[84,119～120]：对寄主树苗木危害的有华北蝼蛄 *Gryllotalpa unispina* Sauss.，大蟋蟀 *Brachytrupes portentosus* Lichtenstein.，非洲蝼蛄 *Gryllotalpa africana polisot* de Beauvois.，台湾蝼蛄 *G. formosana* Shiraki.，小蟋蟀 *Scapsipedus aspersus* Walker.，黑翅土白蚁 *Odontotermes*（O.）*formosanus* Shiraki.，对女贞树叶子和枝梢危害的有舌三叶女贞蚜 *Thecabius lingustrifoliae* Tseng et Tao.，斑衣蜡蝉 *Lycora delicatula* White.，大袋蛾 *Cryptothelea variegata* Snellen.，女贞卷叶蛾 *Adoxophyes orana* Fisher von Roslerstamm.，黄刺蛾 *Cnidocampa flavescens* Walker.，女贞卷叶绵蚜 *Prociphilus ligustrifoliae* Tseng et Tao.，白蜡绢野螟 *Diaphania nigropunctalis* Bramer.，星绒天蛾 *Dolbina tancrei* Staudinger.，柑橘粉虱 *Dialeurodes citri* Ashmead.，对女贞、白蜡树、木槿树干和枝条危害的有桑牙蚧 *Drosicha contrahens* Walker.，多毛白粉蚧 *Paraputo comantis* Wang.，白蜡绵粉蚧 *Phenacoccus fraxinus* Tang.，橙圆蚧 *Chrysomphalus dictyospermi* Morgan.，中国星片盾蚧 *Parlatoreopsis chinensis* Marlatt.，牡蛎蚧 *Lepidosaphes ulmi* Linnaeus.，油桐蚧 *Pseudaulacaspis pentagona* Targ.，梨片盾蚧 *P. desolator* Mck.，梨星片盾蚧 *P. pyri* Marl.，角蜡蚧 *Ceroplastes ceriferus* And.。吸寄主汁液的害虫有 *Neojurtina typica* Distant.。寄主的蛀杆害虫有瘤胸天牛 *Aristobia hispida* Saunders.，橘斑簇天牛 *Aristobia approximator* Thomson.，云斑天牛 *Batocera horsfieldi* Hope.，黑蚱 *Cryptotympana atrata* Fabricius.，桑盾蚧 *Pseudaulacaspis pentagona* Targioni.，白蜡蚧 *Ericerus pela* Chav.，中华铝天牛 *Megopis sinica* White.，另外对白蜡树枝、杆、芽危害的有白蜡脊虎天牛 *Xylotrechus rufilius* Savenius.，白蜡小蠹 *Crossotarsus niponicus* Blandford.，四点象天牛 *Mesosa myopes* Dalman.，水曲柳花小蠹 *Hylesinus fraxini* Panzer.，漆树白点叶甲 *Ophrida scaphoides* Baly.，白蜡梢距甲 *Temnaspis nankinea* Pic.，漆树叶甲 *Podontia lutea* Olivier.。寄主树白蜡树的食叶害虫有桦尺蠖 *Biston betularia* Linnaeus.，油茶尺蠖 *B. marginata* Shiraki.，水蜡尺蠖 *Garaeus parva distana* Warren.，刺槐尺蠖 *Napocheima robiniae* Chu.，四月尺蠖 *Selenia tetralunaria* Hufnagel.，白蜡树卷叶绵蚜 *Prociphilus bumeliae* Schrank.，女贞尺蠖 *Naxaseriaria Motschul* Sky.，柳扁蛾 *Phassus exerescens* Butler.，柳干木蠹蛾 *Holcocerus vicarius* Walker.，黄褐箩纹蛾 *Brahmaea certhia* Fabricius.，芝麻鬼脸天蛾 *Acherontia styx* Westwood.，黄次卷叶蛾 *Pseudargyrotoza conwagana* Fabricius.，环铅卷叶蛾 *Ptycholoma lecheana* Linnaeus.，栲黄卷叶蛾 *Archips xylosteana*（L.），白蜡卷叶螟

Glyphodes nigropuncttalis Bremer.，刺槐豹蠹蛾 *Zeuzera* sp.，栎干木蠹蛾 *Zeuzera leuconotum* Butler.，蒙古木蠹蛾 *Cossus cossus mongolicus* Erschoff，褐边绿刺蛾 *Parasa consocia* Walker.，黄脉天蛾 *Amorpha amurensis* Staudinger.，隐纹稻弄蝶 *Pelopides mathias* Fabr.。危害女贞树叶、枝梢、嫩芽的有白蠹袋蛾 *Chalioides kondonis* Matsumura.，黄颈麻纹灯蛾 *Spilosoma imparilis* Butle.，二点卷叶蛾 *Lozotaenia forsterana* Fabricius.，茶长卷叶蛾 *Homona magnanima* Diakonoff.，褐点粉灯蛾 *Alphaea phasma* Leech.，白肾锦夜蛾 *Euplexia lucipara* Linnaeus.，另外还有螨类危害女贞的叶、嫩芽，它们是女贞刺瘿螨 *Aculus ligustri* Keifer.，卵形短须螨 *Brevipalpus obovatus* Donnadieu.。黑点螟 *Margaronia nigropunctalis* Bremer. 危害女贞树的叶、芽。还有对水曲柳的叶、嫩芽危害的有棒褐卷叶蛾 *Pandemis corylana* Fabricius.，苹褐卷叶蛾 *P. heparana* Schiffermuller，水曲柳巢蛾 *Pray alpha* Moriuti.。另外，危害寄主树苗木的害虫有小地老虎 *Agrotis ypsilon* rottemberg.。

综上所述，寄主树病虫害的种类远多于白蜡虫天敌的种类，今后在进行白蜡生产时，应加强对寄主树病虫害防治的研究。

7　白蜡虫放养技术

白蜡虫放养[84～86,110～111]是白蜡生产关键环节之一。包括种虫繁育、质量、采收、摊晾、运输、挂放、蜡花采收、寄主树林地抚育管理等方面。这是白蜡生产中技术较复杂的过程，必须很好掌握。

7.1　选择白蜡虫种虫

在种虫生产中，由于各地气候生态条件不同，因而白蜡虫生长发育的周期长短也因气候而异。那么，种虫成熟的时间也不一致，采虫、放虫的时间也有所不同。

当种虫快成熟时，要有专人看管，观察雌虫发育情况，检查种虫的成熟度，种虫成熟的标准，从外观看：即种虫的颜色为深棕色；从内部观，从树上摘下一粒种虫，把虫分作两半，若虫壳内无浆汁出现，说明海低水已干，表明种虫已成熟。若还有浆汁出现，说明种虫未成熟。种虫成熟才能上树采虫。若采虫过早、过迟，都将给生产带来损失。因为采虫过早，种虫内的卵还未发育成熟，不但卵孵化不整齐，而且孵化出来的幼虫也不健康，甚至有些卵由于发育不成熟死在体腔内，因而给生产带来损失；若种虫已成熟，采虫过迟，一是幼虫已孵化出来，二是采虫也困难，虫壳易破碎，种虫损失大。因而种虫成熟时要适时采种。

采虫时间，要选择适宜的天气采虫，阴天可全天采虫，晴天早晚采虫，雨天采虫，种虫上有水，若摊晾不及时，种虫发热，易把虫卵烧死，造成损失。在烈日下虫壳易干燥破碎，不易采虫。

为了使虫、蜡获得丰收，必须选择优质种虫。要选颗粒大、卵多，虫壳红润饱满，富有光泽，无病虫害的种虫。若以产蜡为目的，除了按上述要求外，还要选雄性比例高的种虫。

根据上述要求，首先进行“园选”，就是在大田面积里选择良种，然后进行“株选”，即选择健壮寄主树上的优良种虫，最后进行“粒选”，即一粒一粒的进行选择优良种虫。

7.2　种虫采收与摊晾

种虫成熟后，要适时进行采种。采种前做好准备工作，采种工具要洗刷干净，晾干备用。采虫篮要通风，砍刀要快，手锯要好。采种方法有两种，一种是采种人员提篮上树，用拇指和食指捏住种虫，左右轻轻摇动，一粒一粒的采下来，轻轻放入篮内。在采种时千万不要进行抹虫，并注意不要把种虫的虫壳撕破，若虫卵出来，将造成很大损失。第二种是砍枝采种，采种与寄主树的修剪更新改造结合起来进行。过去云南、贵州、四川产虫老区，由于对寄主树修剪更新复壮技术没有掌握，因此，历年采用留枝采种法（树上有1～3年枝条的可以采用此法，但是有老、弱、病、残枝的树，用这种方法采种，对恢复树势很不利）。近年来，在采种时与寄主树更新改造结合起来进行，不但有利于寄主树的更新复壮恢复树势，而且也对种虫的增产创造了良好的条件。

种虫下树后，要及时摊晾。一是因为种虫是活的生物，虫壳内的卵不断地与外界进行气体交换，进行呼吸代谢；二是刚摘下的种虫，在虫壳内含有大量水分，若不及时摊晾，便产生热量，致使虫子烧死；三是由于温度升高，氧气减少，使卵呼吸窒息而死，谓之乌沙也。因此，种虫下树后，应立即在通风、干燥、凉爽、清洁房间的地板上或水磨石地板上，铺一层纸把种虫倒在上面进行摊晾；若无地板，在凉席，簸箕等物上铺上纸摊晾也可。摊晾时，把种虫摊成2cm厚，每天用手轻轻翻动3～4次，使上下种虫通风透气，以利于种虫水分蒸发，避免烧坏虫卵、产生乌沙。待种虫晾干，用手指翻动种虫时，听有响声，就可装袋起运，这样可减少乌沙发生。俗话说“干子装袋，响子运虫”，道理就在这里。种虫干后，装入麻布袋或塑料沙袋内。袋子规格大小，以每装种虫1kg为宜，虫装好后，用线把袋口缝起，分层放入有孔眼的竹篓内，即可起运。

7.3　种虫运输

种虫起运时，竹篓上要盖上树叶或青草，以防日晒。运输时间，最好在早晚进行；行路时，车速不宜快，防止颠掉虫卵；夜晚休息时，把虫包取出摊晾，每隔2～3h翻转虫包1次。若在途中发现卵已孵化，可在虫袋上喷洒茶叶红糖水，抑制虫壳内的卵孵化活动。

长期以来，调运种虫均用上述办法，即摘虫装袋引种法。这种办法，优点是：体积小，调运种虫多；缺点是：在长途运输过程中，不但由于车子颠簸，而且在途中又不断地进行摊晾翻动，即使是“木鱼口”的种虫（木鱼口，是白蜡虫雌虫寄生于女贞树上，其口部紧贴寄主树枝条，当成虫产卵结束，口不再吸取树的营养，口部便收缩，这时种虫口似寺庙里的木鱼上的口，故叫木鱼口，因此种虫内的卵一般不易逸出）。虫壳内的卵也是不断的从虫壳口部滚出来，因此，用这种方法调运种虫易翻沙（即虫卵从虫壳口部滚出，谓翻沙）。据调查，用摘虫装袋法远距离调运种虫损失达60%～70%，因此必须改进这种调种方法。

近年来，采用带枝引种的方法调运种虫。在采种时，用枝剪把带种虫的枝条剪下，不经种虫摊晾这道工序，而直接把带枝种虫放入有孔眼的竹筐内，或特制有孔眼的木箱内，装车起运。用这种方法调运种虫，在长途运输过程中，不必对种虫进行摊晾翻动，种虫也不会产生乌沙，即使车子颠簸虫壳内的卵也很难散出。因此，带枝种虫引种方便，安全可靠，种虫损失小。缺点是，体积大，运种虫不多。

7.4　白蜡虫放养方法

无论是进行种虫生产还是白蜡生产，在白蜡虫放养之前，都要做好下列各项准备工作。

清理寄主树林地。首先对寄主树进行修剪，把老、弱、病虫害枝、枯枝、黄叶、附生物、障碍物等全部清理掉；铲除林地和周围的杂草，使林地整齐、通风透光。

选好放养树，应选择健壮，有效枝条多的寄主树（适于白蜡虫寄生的1年生，2年生，3年生的枝条），这是保证白蜡丰产的关键因素之一。

对寄主树林地进行消毒。在白蜡虫放养前半个月，在清理好林地后，为更好的消除病虫害对白蜡虫的危害，对林地喷施90%晶体敌百虫1 000倍液，杀除树上和地面上的害虫。

准备好放虫袋，为控制病虫害传播蔓延，在进行白蜡和种虫生产时，需提前制作大量放虫袋。虫袋按一定的规格要求，用50～80目不同规格尼龙纱制作放虫袋。

白蜡虫放养方法是白蜡生产重要环节之一，放养的好坏，直接影响白蜡产量。白蜡虫放养方法有多种，归纳起来，即用包装材料把种虫包起来，绑在寄主树的枝条上进行放养，通称为"绑虫"，"挂放虫种"。我国传统的放养方法，是用油桐叶，玉米叶，或稻草等物将种虫包起来，绑在寄主树的枝条上进行放养。这种方法是可行的。但缺点是易使白蜡虫病虫害传播蔓延。为了消灭害虫和防止害虫发生蔓延。四川蜡农用棉纱布做放虫袋，把种虫装在袋里，缝好袋口，绑在寄主树的枝条上进行放养。因为白蜡虫幼虫体小，可以从袋的纱眼中爬出来，害虫体大出不来，等放完虫后再把虫包收回消灭袋中害虫。这种包装材料的缺点：一是棉纤维太多太长，阻碍白蜡虫幼虫爬行，不利幼虫很快上树定叶。二是棉纱虫包挂放于树上后，一旦遇到下雨，往往使棉纤维孔眼堵塞，况且，棉纱布又无弹性，因而把幼虫捂死在里边。三对防治小蜂有效果，但对蜡象防治效果不大，蜡象往往把棉纱咬破逃跑掉。因此用棉纱做包装材料是不理想的。随着白蜡生产的发展，近年来，改用尼龙纱50目的材料制作放虫包，通过对白蜡虫放养，效果很好。后来笔者改用尼龙纱60目、70目、80目的材料做放虫包，效果更为理想。由尼龙纱材料做的虫包，目前已在湖南广大虫、蜡产区推广应用。尼龙纱虫袋优点是：虫袋无纤维，富有弹性，通风透光，利于幼虫爬行很快上树固定；雨水对它毫无影响，尼龙纱袋牢固耐用，是捕杀害虫较理想的工具；放养结束，把虫包收回捕杀包内的害虫，再将袋洗净凉干收存好可再次利用。绑放虫包用的材料是用细铁丝，放虫后，铁丝可收回利用。

白蜡虫装入虫袋后，若虫卵未孵化，把虫包置于簸箕或席子上摊放一段时间，待部分幼虫孵化出来，才进行挂放，蜡农称这一过程为"养虫"。意思是待卵孵化整齐，让先孵化出的雌幼虫跑掉，留下雄虫进行放蜡。但是进行种虫生产的地区来说，就不能采用"养虫"的办法，若让雌幼虫跑掉，就无法进行种虫生产。在虫区，虫农在培育白蜡虫种虫的时候，先把摊晾好的种虫装入放虫包内，每天有专人观察包内种虫发育情况，检查虫包上是否有幼虫孵化出来，若发现有个别报信虫在活动（最早孵化出来的雌幼虫，群众叫报信虫），应立即组织人力进行放养，不然等雌虫大量孵化，再去放虫，为时已晚，种虫生产就有落空的危险。因此，放虫、放蜡要根据不同情况进行，应恰当处理。

白蜡虫放养应选择在无大风晴朗的天气里进行，要避免在低温阴雨和大风的天气里进行放虫。低温阴雨将抑制白蜡虫幼虫孵化和涌散；中大雨不但将已涌散出来但还未固定的幼虫冲掉，而且就是已经固定，但还未固定稳的幼虫也会冲掉；大风也会将已涌散出来还未固定的及未固定牢的幼虫吹掉。

严格控制放虫量，在白蜡生产中，放虫量过多，过少都不利白蜡生产。为了控制放虫量，首先要把放虫包设计好，放虫包的规格为：4cm×6cm，5cm×7cm，6cm×8cm，分大、中、小三种规格的放虫包。小包每包装4～5粒种虫，中包6～8粒，大包8～10粒，这样放养白蜡虫很方便。放虫时要做到"量树放虫""看树定包""小包高挂"的要求。"量树放虫"，就是打量树势的好坏而定放虫量，树好多放，树差少放或不放。"看枝定包"，就是根据枝条的长短、老嫩定包、大枝绑大包、小枝绑小包。这样虫子在树上分布较均匀。"小包高挂"，因为树的上部枝条小，虫包绑在树枝的上部，虫子涌散固定后就比较均匀。关于放虫量，一般来讲，在1m长的枝条上，雌幼虫固定满4～5叶片，雄虫固定满5～6叶片即可。若白蜡虫幼虫在叶子上固定过量，一要迅速转移虫包；二要适当摘减固定满的叶片；三用毛笔轻轻把过量的幼虫扫掉。二龄雌雄虫固定于枝条上过量，一定要适当地除去部分雌雄虫，用湿毛巾轻轻地抹去枝条上过量的雌雄虫。若发现寄主树上白蜡虫固定量过少，要及时采取加虫包进行放养，或在固定过多的枝条上留取适量的固虫叶片，待雌雄虫快进入二龄时，把固虫多的叶片摘下来，用图钉或大头针将固定叶片钉在固虫量少的枝条上，待雌雄虫进入二龄时，它便顺杆而固定。这个应急措施，对雄虫效果很好。因为雄虫进入二龄较整齐，固定时间短而快。而雌虫进入二龄不整齐，有的快、有的慢，快者和慢者相比差10d左右。而雄虫在3d内可定杆80%，有的2d内固定完，慢者5～7d左右固定完。

综上所述，在放养白蜡虫时，一定要按白蜡生产和种虫生产的技术要求去做，并在放养期间有专人检查白蜡虫挂放的质量，发现漏挂和重挂的虫包，应及时补挂和减少虫包。一定要严格认真控制放虫量，放虫过量不但造成"马鞭梢"（在白蜡种虫生产中，由于放虫过量，使寄主树超量寄生，寄主树供不上白蜡虫营养的需要，而造成寄主树枝条的中下部雌虫长的较大，枝条的上部，尤其是梢部雌虫越来越小，整个固虫枝条形似马鞭子，故群众叫马鞭梢）。雌虫生长发育不整齐，种虫怀卵量少，质量差，而且，还造成寄主树死亡；放虫量过少，造成白蜡虫种虫生产歉收。同样，对于产蜡来说，放虫量过多或过少都将给白蜡生产造成损失。放虫过量，白蜡虫雄虫在树上超量寄生，由于树营养供不上蜡虫的需要，故雄虫泌蜡少，在树枝上只有薄薄一层蜡花，使白蜡产量下降；放虫量过少，同样造成白蜡歉收。因此，在白蜡生产中，一要把握白蜡生产的各个技术环节，二要严格控制放虫量，使白蜡虫在树上寄生适量，才能使白蜡生产丰收。

7.5 虫、蜡园经营管理

随着白蜡科学和白蜡生产[123,124]的发展，白蜡生产必须进行科学的管理与生产，不然，有收无收在于天，其产量是不稳定的。因此虫、蜡园必须进行科学的管理和应用新的科学技术，才能提高白蜡产量。

（1）放虫后勤检查：虫、蜡园放虫后，要经常检查是否有病虫危害，一旦发现有危害现象，应立即进行防治。对林地进行中耕除草、施肥，一般每年进行中耕除草两次，第一次是在6～7月间，第二次在11～12月间。锄草时，要结合对寄主树的施肥一次进行，这样既省工又省时。寄主树放虫后，需要大量的水分和肥料，才能维持本身营养的吸收与代谢，向白蜡虫提供充足的营养，促使白蜡虫更好的生长发育，从而提供优良的种虫和优质的蜡，使白蜡稳产高产。

白蜡生产，在我国一般从放虫开始到收蜡花止，大约3～4个月的时间；种虫生产大约11个月或12个月的时间。因此，虫、蜡园的抚育管理是长期的工作，要坚持不懈的进行。

（2）实行轮放制度：为达到虫、蜡园永续利用稳产高产的目的，在虫、蜡园投产后必须处理好用树与养树的关系，有计划的实行分区轮放制度。在较大的虫、蜡园内分为几个区，进行轮流放养。根据生产计划和寄主树的生长情况，将虫园或蜡园分成2个区或3个区，每隔2年或3年轮流放养一次。分区轮放一般实行全株放养，有利于对寄主树的修剪和更新改造，有利于寄主树萌发新枝，不易造成寄主树老化。实行分区轮放制，既省工省时，又投产方便，便于经营管理，实现稳产高产。

（3）禁止原株留种：原株留种是白蜡虫种虫生产上一种落后方法。原株留种对寄主树和白蜡虫都有很大危害。其一造成白蜡虫世代紊乱，不但所产种虫质量低，子代白蜡虫生长发育不健康，怀卵量减少，雌雄性比不正常，导致种虫和白蜡虫产量下降，而且也导致病虫害蔓延和大发生。其二由于白蜡虫世代紊乱，打乱了白蜡生产的正常进行，对白蜡生产有害无利。因此，必须坚持人工放养，促进白蜡稳产高产。

（4）合理利用寄主树：就是要正确处理用树与养树的关系。一般讲，幼树以养为主，结合修剪培育树型；壮树以用为主，用养结合，老龄树则通过对白蜡虫的放养，进行改造和复壮。

对寄主树的利用，主要根据寄主树的种类，树龄和白蜡虫等因素，因地制宜地灵活掌握，不能强求一致。寄主树的利用强度要适当，既要发挥资源优势，又要利于长远生产，不能只顾利用而破坏了资源。利用要结合改造，改造是为了更好的利用。要把当前利益和长远利益结合起来。要改变只利用轻改造的状况，使白蜡生产持续稳定的向前发展。

（5）生态虫、蜡园建设：我国人多、山多，可耕面积少，发展白蜡生产从长远的战略目标看，单纯经营白蜡虫种虫和白蜡生产是不现实的。因此，在虫、蜡园单位面积上，充分的利用地力、水土，空间和阳光，间种农作物，经济作物，药用植物等，达到单位面积上获得更多的产品和产值，对改善生态环境，实现林农，林牧，林副，林药互相促进有着重要意义。

（6）实行中、矮林作业：目前我国白蜡生产和种虫生产，所用树型有高、中、矮三种。但是根据生产的实际情况，中、矮树型较好。它可节约劳力，方便生产。在进行白蜡生产和种虫生产时，有些地区也正是春耕、栽播、秋收农忙季节，劳力相当紧张，若生产安排不好，有顾此失彼的情况发生。因此，在虫、蜡区，利用中、矮型寄主树进行生产具有现实意义。

（7）在虫、蜡园中使用先进技术提高虫、蜡产量：随着白蜡生产深入和发展，愈来愈需要新技术，新方法在白蜡生产中应用，借以提高白蜡产量和质量。近年来，进行白蜡虫[125]杂交育种提高白蜡产量和质量已引起人们广泛关注。1987年吴次彬教授在四川峨眉，用峨眉和金口河白蜡虫进行杂交育种，结果表明，杂交种虫卵量比自交虫提高15.5%，蜡花厚度增长13.3%，蜡产量提高59%；1980～1982年和1987～1989年，笔者先后分别用云南永善县和四川西昌白蜡虫及昆明和祥云白蜡虫进行杂交育种，也取得了很好的效果。杂交种虫怀卵量比自交虫提高14.8%，蜡花厚度增长11.9%，蜡产量提高50%；1977年湖南芷江县白蜡虫研究所运用杂交育种技术，培育出“芷田77”杂交品种，较大面积地提高蜡量39.1%，并且抗逆性强，与云南、贵州、四川三省白蜡虫相比，发病率低4.5个百分点，蜂害率低17.9个百分点。另外，四川南充地区营山县杂交育种也取得了明显效果。由此说明，杂交白蜡虫具有明显优势，杂交白蜡虫第1代在生长势，生活力，繁殖力，抗逆性及产量和质量等方面都比亲本有很大优势。

杂交育种方法不复杂，在进行这项工作时，首先了解不同地区白蜡虫的优势性状，然后，引不同地区白蜡虫种虫进行放养杂交，通过杂交取各自的优良性状，产生新一代杂交品种。具体做法，把实验地里的树分为两组并标号，两组树距2m×3m或3m×4m，便于雌雄虫交尾。根据白蜡虫雌虫先于雄虫孵化2～3天的习性和特点，种虫成熟后，先把雌虫挂放于第一组树上，待2～3天雌虫定叶后，迅速取掉树上的虫包。在第二组的树上，挂放另一地区的雄虫为父本。在母本树上，若发现树叶上有雄虫，应立即摘除，或到白蜡虫二龄定杆后，用湿毛巾抹除枝条上的雄虫，只留雌虫，待雌雄虫生长发育为成虫后，第二组树上的雄虫便飞到第一组树上寻找雌虫进行交尾。

第二种方法，把枝条上的雌成虫用纱笼套起，放入另一地区雄虫进行杂交。当白蜡虫雌虫生长发育进入成虫时，用 20 目或 30 目的纱笼先把枝条上的雌虫套起来，把另一地区羽化的雄成虫，用软毛笔收入广口瓶内，放入有雌虫的纱笼袋内，使其进行交尾，待其他树上的蜡花收后，再取掉纱笼，即完成杂交工作。

1987 年，吴次彬教授用快中子辐照[126]白蜡虫卵提高白蜡产量。用镅-铍中子进行快中子辐照白蜡虫卵进行实验。结果表明，辐照组中$_1$、中$_2$、中$_3$ 比对照组提高蜡产量分别为 22.22%，29.63%和 21.60%；经辐照的种虫产量增产 54.01%，平均为 24.48%。由此可见，用快中子辐照白蜡虫的卵可大大提高白蜡产量和种虫产量。

杂交育种和辐照育种，在白蜡生产上已取得了可喜成果。另外，还可通过换种提高种虫产量。据笔者在云南昭通虫区调查，虫农为了提高种虫产量，防止白蜡虫退化，每隔 3～4 年把本地区白蜡虫品系淘汰，再从远地调进种虫生产，据说，用换种法可提高种虫产量 20%～30%。关于用换种虫提高产量的方法在外国也使用。在印度紫胶产区，胶农把本地胶虫生产几年后就淘汰掉，再从其他较远的地区调种虫进行生产。

近年来，除了在白蜡虫育种方面取得进展外，在白蜡虫寄主树良种选育方面也有所突破。过去由于对白蜡虫食物因子研究甚少，误认为白蜡虫只寄生女贞和白蜡树两种寄主树，笔者通过对全国虫、蜡区和分布区调查和引白蜡虫寄主树进行实验表明。白蜡虫可寄生 6 科 9 属 45 种寄主树。由此说明白蜡虫寄主树是丰富的，为虫、蜡区生产的发展提供了科学依据。

8　白蜡加工

采收蜡花和加工白蜡是白蜡生产的最后环节，做好这一环节的工作，对提高蜡的产量和质量有重要意义。

8.1　蜡花采收

蜡花适时采收是提高白蜡产量和质量的关键。过早、过迟采收蜡花，都将给白蜡生产造成损失。采集蜡花的适宜时间，要根据白蜡虫雄虫发育阶段来定，当雄虫进入蛹期时，是采收蜡花最佳时间。因为在蛹期，前蛹、真蛹都不泌蜡。若过早采收蜡花，即在白蜡虫雄幼虫阶段采收蜡花是不适宜的，因为白蜡虫泌蜡是在幼虫发育阶段。雄虫二龄末期又是泌蜡高峰期；若过迟采收蜡花，即在白蜡虫雄虫进入成虫放箭时采，由于这时大多数雄虫已羽化，会造成蜡花水分加速蒸发，致使蜡花紧贴树枝，若再遇干热天气，采摘蜡花便十分困难，即使勉强采收，蜡花也是碎的。虽可采用喷雾器把水喷于蜡花上，使蜡花潮湿后再采，但大面积生产很难做到。适时采收蜡花，除可提高蜡的产量和质量，而且还将获得 6%的米油蜡（即虫体蜡）。

适时采蜡花的方法：一放养白蜡虫后的 70～90d，在蜡园的树上对蜡花枝条进行取样，用手掰开蜡花块，若见雄虫已进入蛹期，即可采收，若其雄虫还处于幼虫阶段，就不能采收。二观察白蜡虫雄虫发育阶段出现的物候现象，进行适时采收。若雄虫处于幼虫阶段，其蜡花表面（即蜡被表面）光滑平整，出现这种物候现象，说明不能进行采摘；若雄虫进入蛹期阶段，蛹在蜡花中呈头倒立状态，这时观察到蜡被表面出现一些高低不平的突起，这种现象表明雄虫已处于前蛹阶段；若在蜡被上出现一些蜡粉、蜡粒，表明雄虫已进入真蛹期。掌握这些物候现象，就可进行采收。

采收蜡花应在清晨，阴天或细雨天进行。因为这种天气湿度大，蜡花湿润，易采收。

采收蜡花的方法，分砍枝采收和留枝采收两种。砍枝采收，是结合对寄主树更新改造进行，这样一面采收蜡花，一面对寄主树进行更新，可以一举两得。留枝采收，即不砍掉带蜡花的枝条，而是直接在树上采收蜡花。湖南广大蜡区多采用矮林作业进行白蜡生产，采收蜡花是用留枝采蜡花的方法，此法方便、省工、省力、省时。采蜡花者胸前挂一竹篓，一手扳着树枝，一手摘蜡花。以中桩型进行白蜡生产的四川蜡区，有的采用留枝摘蜡花法，也有的采用砍枝采蜡花法，结合对寄主树的修剪更新一起进行。

我国广大虫区，在育虫树上每年都有一定数量的蜡花，应把这些蜡花收回，不但增加了虫农的收益，还可消灭蜡花中的害虫。在采收蜡花时，要留足一定数量的蜡花，使雄虫羽化后与雌成虫交尾。留蜡花的数量，一般4～5年生的树，在虫树上留蜡花40～50cm，8～10年生的树留蜡花1.5m，10年生以上的树留蜡花1.5～2m的蜡花枝条即可，这样雌雄虫才能充分进行交尾，可获得好的种虫产量。雌雄虫交尾后，应及时收回虫树上的蜡花，杜绝害虫孳生。

蜡花采收后，应及时进行加工，加工不完，可摊晾席子上待第二天继续加工。摊晾蜡花时要摊的薄，以防霉烂。

8.2 白蜡加工流程与设备[85,86,110,111]

白蜡加工流程白熬煮蜡和蒸汽加工两种。熬煮蜡加工流程，加工时先向锅内加入锅体积1/3量的水，加温，向锅内加蜡花，熔化、退火、降温，蜡液舀入盆中，冷却，捣碎，装袋后放入锅中，加水、加温、挤压，袋内蜡液挤完，退火、降温、杂物沉底，把水上层蜡液舀入蜡模，冷却，即为白蜡。

炼蜡工具如图63-26，铁锅两口，直径80～100cm。灶为单锅灶或双锅灶。

蜡袋：长80～100cm，宽40cm，用细白布制成，10多支。

挤蜡棒：长1～1.2m，棒粗直径5cm，棒两端各有一截短压棍，长14cm，棍直径7cm，整个挤蜡棒为“工”字形（这是四川省蜡区采用的工具），是专为压榨蜡口袋用。

蜡夹：形似夹子，长1m左右，也是四川蜡区常用的压榨蜡口袋用的。

蜡凳：形似长凳，一头有凳腿，一头没有凳腿，而是放在煮蜡的锅上，凳上安一根可活动的压棍：用手压榨蜡液用。这是湖南省蜡区常用的主要加工工具。

夹棍：长1m左右，粗直径4～5cm，一端有30cm的V形开口，夹蜡口袋用。此夹四川、湖南省蜡区普遍采用。

十字架：放在煮蜡锅内支撑蜡口袋用，目的是使蜡口袋不与锅底接触。防止若蜡袋与锅底接触时间长，把口袋烧焦使蜡液及杂物流入锅内，造成加工困难。十字架规格视蜡锅大小而定，一般以放在锅内1/4或1/3处为宜。

蜡模：盛蜡液为白蜡定形用，以盆为好，大小规格不一。

此外，加工工具还有铲、瓢、筛等。

蒸蜡加工流程，在锅内加入锅体积1/3的清水，蒸笼置于锅上，笼内铺一块细白布，加入蜡花，加温，蜡花熔化，蜡液流入锅内，蜡花熔化掉可连续加，使蜡液不断流入锅内；加工一定量蜡花，退火，取蒸笼，蜡液舀入蜡模内，冷却，即为白蜡。

加工设备，锅，蒸笼，细白布，蜡模，瓢铲等。

为了提高白蜡产品质量，改善劳动强度，提高工效，湖南省芷江县白蜡虫研究所和县供销社土产公司，于1976年改进制蜡技术，试验用蒸汽制蜡获得成功。

蒸汽加工白蜡的方法，是从锅炉中输蒸汽到熔蜡桶。桶内的蜡花受喷出的蒸汽加热迅速

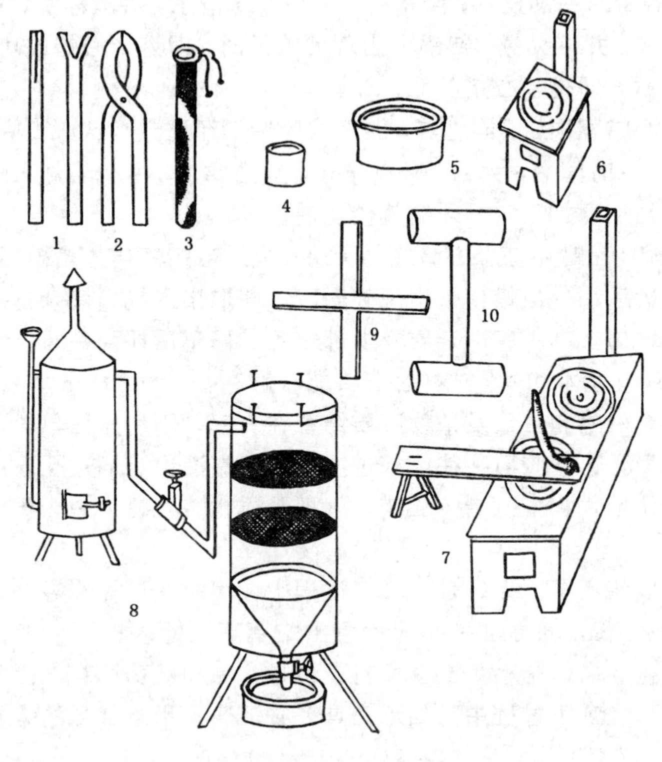

图 63-26 炼蜡工具

1. 夹棍；2. 蜡夹；3. 蜡袋；4. 蜡模；5. 盛蜡盆；6. 煮蜡灶；7. 蜡凳；8. 蒸蜡锅炉及熔蜡器；9. 十字架；10. 挤蜡棒

熔化。熔化的蜡液经两层20目铁筛过滤，流入盛蜡保温漏斗，打开盛蜡漏斗开关，纯洁的蜡液流入蜡模内冷却，即为白蜡成品。

蒸汽制蜡只需操纵开关，没有压榨，舀蜡液等繁重体力劳动，而且也较安全。蒸汽在液化过程中放出大量的汽化热，蜡花熔化快，加工50kg白蜡，只需40min；此法比湖南水煮压榨加工白蜡提高工效3倍，比四川熬煮蜡法加工白蜡提高工效10倍以上。因而蒸汽加工白蜡能极大提高工作效率。同时，这种加工方法，程序简化，操作简便，也不需很多的加工工具。但加工后杂物中的余蜡提取还待进一步研究。

8.3 白蜡加工技术

我国大规模的白蜡加工，主要采用熬煮蜡法。加工时，在锅内倒入锅体积1/3的清水，放入蜡花，即可熬煮。蜡花熔化后，退火或有微火，待温度降低，虫尸体或其他杂物沉淀后，将蜡液舀入盆中，冷却，即是头蜡。

头蜡取出后，将锅内剩下的余物舀入篓筐内，不断用清水冲洗，把污水全部冲尽，把筐内余蜡及杂物捣碎，若还有污水，再用清水冲净。把筐内余蜡及杂物装入细白布袋中，扎好袋口，放入盛有清水的锅中，继续加工，用大火提高锅内温度，不断用木夹夹挤，用木棒或竹片沾取蜡液，蜡袋松了，再紧再夹，直到锅内蜡液起白泡子，表明袋内的蜡液已尽，停止挤压。这时，用小火加温，并向锅内加入几瓢冷水，搅拌，盖上锅盖闷一下，使蜡渣下沉，再将水面上的蜡液舀起，放入盆中，冷却后，除去底部杂质，即是二蜡。

炼三蜡，二蜡提取后，所剩杂物和锅内的蜡液加热搅拌，舀出放入盆中，冷却后，表面有一层蜡质，除去杂物，然后再倒入锅内，加热熔化后，舀入盆中，冷却后，除杂质，即是三蜡。

米心蜡，加工米心蜡，一要配料恰当，二要激水适时。配料比例：头蜡占60%～70%，二蜡35%，三蜡4%～5%。按比例配好后，将蜡块打碎，每50kg蜡清水10kg，即进行熬煮，开始火要大，均匀。在加工过程中，不断用木棒搅拌，直到蜡全部熔化。开始蜡液呈牛眼泡，后转呈豌豆泡，再呈米花泡，此时，锅内出现"哗哗"声，后变为"泼泼"声，蜡液由茶色变为清油色，说明锅内温度已升到160～170℃；锅内清油冒烟，立即加入占用蜡量10%的冷水，使锅内蜡液温度骤然下降到120～130℃。这种方法叫激水。在激水时，开始向锅内倒水要慢，以免蜡液溅出锅外烫伤人。激水时要掌握炼蜡的火候和蜡液的成色，过早过迟激水，都将影响米心蜡的质量。因此，激水是炼米心蜡的关键技术，激水后，再加 5kg 清水，继续熬煮，直到锅内出现小鸡爪时，再加 2.5kg 清水，并继续煮，待锅内出现大鸡爪时，即炼米心蜡成功。退火，将蜡液舀出，倒入盆中，冷却后，即是米心蜡。

马牙蜡的加工技术基本与加工米心蜡相同，不同之点，加工马牙蜡不经过激水这道工序，而配制一、二、三蜡料无一定比例，加工时间短，大约 30～40min，火力要求不大。若加工的马牙蜡色黄，可加水继续熔化熬煮，经反复加工，马牙蜡就会变白。

白蜡加工，不管是加工头蜡，二蜡、三蜡还是米心蜡或马牙蜡，最后当蜡液舀入蜡模后，先用木棍在蜡模内打几圈，打圈时先大后小，当蜡模中出现旋涡时，即取出木棍，使杂物沉底，经冷凝为固体后，将蜡从蜡模中取出，刮去底部杂质及上部蜡片，修整后即商品蜡。

蒸蜡法和蒸汽加工白蜡技术，其原理基本相同。这样加工头蜡很顺利，大约 40min 就可。但提取二蜡，三蜡就很困难。因为剩余的蜡和虫尸及杂物胶质结合在一起，不用压榨单靠蒸取的办法是很难把蜡液挤出；另一方面，这些胶质往往堵塞过滤孔眼，蜡液很难通过孔眼流下。所以，用蒸笼或蒸汽锅炉加工头蜡后，加工二蜡，三蜡，就把胶质物装入蜡袋中，再用熬煮蜡法进行加工。

值得一提的湖南水煮蜡与四川水煮蜡不同之点，是在加工过程中，用蜡凳压榨蜡袋，它既省工又省时，加工 50kg 蜡花，大约 40min 要加工完毕，而且出蜡率高，可达 60%以上。

白蜡加工过程中应注意安全和卫生。白蜡是轻重工业原料，也是食品和医药原料。因此加工的白蜡产品，必须符合卫生要求。在加工过程中，加工工具务必洁净；用于加工的水要符合卫生标准，霉烂蜡花不得掺入加工。

在白蜡加工过程中，要注意安全和防火。白蜡属易燃物质，在加工过程中，用火要小心，用大火时，更要提高警惕，时刻注意锅内蜡液熬制动态，特别是激水时，要精神集中，避免蜡溅伤人和引起燃烧爆炸事故发生。

8.4 白蜡产品

蜡花加工的产品，主要是米心蜡和马牙蜡两种。市场上销售的也是这两种蜡，至于头蜡、二蜡、三蜡在市场上都很难销售。因此只能把头蜡，二蜡，三蜡混合加工成米心蜡或马牙蜡后才能在市场上销售。

米心蜡：是加工的成品蜡，表面似橘皮状皱纹，断面呈细密的白米状结晶，故称米心蜡。它质硬而脆，有蜡香气味，白色或微黄色，被认为是上品。

马牙蜡：也是加工的成品蜡，断面似马牙晶体，故称马牙蜡。它表面光滑，有光泽，质硬而脆，有蜡香味，白色或微黄色。

米心蜡和马牙蜡，都是成品蜡，市场上通称商品蜡，也称白蜡，虫蜡，虫白蜡。四川主要生产米心蜡和马牙蜡，其产量也多，质量也好。湖南主要生产马牙蜡。据对全国白蜡市场和用户单位调查，有些单位认为马牙蜡比米心蜡更好。

湖南还生产一种米油蜡，是蜡花加工马牙蜡后，剩余的虫尸体和未加工出来的蜡渣，经太阳晒后，再进行加工而成的。一般 100kg 蜡花除加工出马牙蜡外，还能加工出 6%的米油蜡。这种蜡在市场上也能销售出去，有些用户还喜欢这种蜡。

8.5 白蜡的储存

白蜡加工以后，其成品一般是由商业有关部门及时组织人员按规定进行收购，收购的产品一时销售不出去，应很好地储存[110]保管起来。

白蜡应储存在干燥，通风，凉爽的仓库中，仓库温度一般不超过30℃为宜。为了保证食品、医药工业部门的需要，白蜡最好专库存放。若与其他物品同库，但要严禁同有毒，不卫生，易发霉，易生虫，易串味的商品混合存放。

白蜡堆放的要求，白蜡堆放的垛地要铺上枕木，水泥地面不得低于15cm，泥土地面不得低于30cm，枕木上要用木板或竹条板垫平。其目的是便于白蜡堆整齐，不致于堆放后倒塌，受损失；另一方面，白蜡堆放在通风干燥的环境里不易发霉变质。

白蜡要分等级、品种堆放，切勿混放。并且，蜡的堆放垛距，垛与墙之间，一般要留30cm的距离，每两垛之间要留1m以上的人行横道，根据仓库堆放情况，还要留出2m宽的板车道路，便于运输白蜡。

对白蜡商品要有专人进行管理，仓管员应定期检查白蜡存放的情况，若发现白蜡有堆放歪斜的应组织人力重新堆放，以免蜡垛倒塌造成损失；若发现白蜡发霉，生虫，应及时进行再加工，以免造成更大损失；应防老鼠食害，并且，还要定期对仓库进行清扫，保持仓库内通风、干燥、凉爽的储蜡环境，防止白蜡发霉变质；白蜡是易燃物资，需预防火灾发生。

另外由于消费领域部门的需要，特别是医药卫生，食品工业部门的需要，对白蜡商品运输，最好是采用专车运输，并对运输工具要进行检查，清毒，清扫，保持运输车辆清洁，在装运白蜡时，要严禁与农药、化肥，有毒药品及不卫生，易串味商品混装同运。在装车过程中，若发现白蜡的包装有破洞，应及时调换和修补后再装车，以免运输途中造成损失。

运输白蜡的车辆，要加盖篷布，严禁烈日曝晒和雨淋。

9 白蜡质量与检验

白蜡产品质量，是用户单位关心的大问题。若产品质量不过关，达不到国家有关规定标准，就会影响轻、重工业，医药，食品等其他各部门生产环节的需要。白蜡又是我国出口物资，一向在国际市场上信誉很高，尤需严把质量关。

近年来，有些不法产蜡户在加工白蜡过程中掺假，影响极坏；另外，有些不法商人唯利是图，在纯白蜡中掺入其他蜡在市场上出售，以假充真，以劣充好，因此，对白蜡产品进行检验势在必行。这里介绍白蜡产品和对白蜡产品一些检验方法[110,127]，对提高白蜡产品质量有很大的推动作用。

9.1 影响白蜡质量的因素

白蜡质量的影响因素包括两个方面，一是原料生产，即虫，蜡区气候条件；寄主树种类；种虫繁育；白蜡虫放养；蜡花采收等，都会影响白蜡的产量和质量。二是白蜡加工；在加工过程中，是否按技术要求进行；加工的关键环节和火候是否掌握；熬煮白蜡成色的处理；加工用的水是否符合卫生标准；加工工具是否清洁卫生；杂质的提取和杂物的加入；加工时间的长短；加工成品是否发霉、生虫变质等方面，也都影响白蜡的质量和数量。因此，在白蜡生产过程中，对每一个生产环节，每一道工序和加工流程都要熟练的掌握，都要按技术要求和国家规定的白蜡产品质量标准去做，才能生产出更多的优质白蜡产品，满足建设事业的需要。

9.2 白蜡质量标准

按商业部和全国供销总社1980年虫白蜡GH011—80部标准，白蜡各产品标准如下：

米心蜡：白色或微黄色晶体，表面呈橘皮状，无明显杂质，质硬而脆，断面细密呈米心状，有蜡香气味。

马牙蜡：白色或微黄色晶体，表面光滑，有光泽，无明显杂质，质硬而脆，断面呈马牙状，有蜡香气味。

净头蜡：白色晶体，表面光滑，有光泽，无明显杂质，质硬而脆，断面呈条状白色结晶，有蜡香气味。

二蜡：白色或微黄色晶体，无光泽，质较头蜡软，断面呈针状结晶，有蜡香气味。

三蜡：黄色或黑灰色晶体，无光泽，质软，有油腻感，断面呈颗粒状结晶，有异味。

另外，白蜡不得掺入臭蜡、脚蜡、陈蜡、油蜡、焦锅蜡、明矾、石膏、石蜡、蜂蜡、紫胶蜡、矿物蜡、植物蜡、漆蜡、牛油、猪油、羊油、淀粉、碎石块、铁屑等。

白蜡的全面质量标准，还应包括白蜡的物理、化学性质，及白蜡产品的外观清洁度和规格等方面，见表63-18。

表63-18　白蜡理化性质标准

指标名称	类型				
	米心蜡	马牙蜡	净头蜡	二　蜡	三　蜡
色泽及外观	白色或微黄表面呈橘皮状，无明显杂质	白色或微黄，表面光滑，有光泽，无明显杂质	白色，表面光滑，有光泽，无明显杂质	白色或微黄，无光泽	黄色或黑灰色，无光泽
硬度及断面	质硬而脆，断面细密呈米心状	质硬而脆，断面呈马牙状，有光泽	硬脆，断面呈条状白色结晶体	较头蜡软，断面呈针状结晶体	质软，有油腻感，断面呈颗粒状结晶体
气味	有蜡香气味	有蜡香气味	有蜡香气味	有蜡香气味	有异味
熔点（C）	81～84	80～84	82～85	81～83.5	≥80
酸值(KOH mg/g)　≤	1.3	1.6	1.2	1.8	不规则
皂化值(KOH mg/g)	70～92	70～92	65～85	70～102	85～110
碘值(碘 g/100g)　≤	6.1	6.0	3.0	12.0	15.0
苯不溶物(%)　≤	0.3	0.4	0.2	0.4	0.6

9.3　白蜡检验方法

白蜡质量检验方法主要有感官和理化检验方法两种。

9.3.1　白蜡感官检验方法

是一项技术性、责任心很强的工作，是指收购人员利用人的感觉器官检验白蜡质量的一种方法。感官检验的白蜡项目，有色泽、外观、气味、硬度和断面。

目测检验：随机取一块白蜡，敲成两半，其断面呈米心状，表面呈橘皮状，白色至微黄色，即是米心蜡；若白蜡断面呈马牙状，表面光滑，有光泽，白色至微黄色，即是马牙蜡，净头蜡断面呈条状，表面光滑，有光泽，白色为净头蜡；若表面有光泽，白色至微黄色，断面呈针状即是二蜡；若表面无光，黄色或黑色，断面呈颗粒状，有油腻感是三蜡。

手指搓捏检验：取白蜡样一块，用手指甲在蜡表面起动，向前推进，若推出蜡粉沫的，是纯蜡，推出似刨花状的是假蜡；另外，用拇指和食指搓捻样蜡，若搓捻成粉沫的是纯蜡，搓捻成片状或团状的则是假蜡。

口尝鼻闻检验：取一块白蜡，敲成两半，用鼻嗅闻，有蜡香味的是纯蜡，蜡香味不浓或有异味的是次蜡或假蜡；另外，取一小块白蜡放入口中细嚼，有蜡香味的是纯蜡，有异味的是次蜡或假蜡。

白蜡中掺杂物的检验方法：

在白蜡中掺石蜡的假蜡：蜡表面及断面结构被破坏，断面呈石板状；用指甲推起似刨花片；颜色雪白；蜡味弱；熔点、皂化值、碘值比纯蜡低。在白蜡中掺石蜡10%，熔点81.8～82.0℃，皂化值63.09，碘值为0.81，掺石蜡30%，熔点77.8℃，皂化值47.70，碘值0.56。

在白蜡中掺漆蜡的假蜡：蜡表面青黄，断面结晶破坏，用火烧蜡块有漆油味，熔点降低，酸值，皂化值，碘值提高。在白蜡中掺入漆蜡10%，熔点81.5～82.0℃，酸值2.3312，皂化值80.58，碘值2.76；掺漆蜡30%，熔点80.5～80.8℃，酸值6.3463，皂化值102.78，碘值5.94。

在白蜡中掺油脂的假蜡：掺牛油、羊油、猪油、乌桕油的假蜡，色黄，光滑，蜡质软而粘，用火烤可闻到油味，滴在纸上有油渍。理化检验，熔点低，酸值，皂化值，碘值都比纯白蜡高。

在白蜡中掺明矾、石膏的假蜡：表面和断面结构被破坏，与纯白蜡特征不一样，蜡香味已减退。检验方法：称取白蜡样品2～3g，放入50ml烧杯中，加入苯或氯仿20ml，将烧杯放在50℃左右温水中，使蜡溶解15～30min，若烧杯中发现有不溶物质，即可证明其中掺有明矾或石膏等无机物。

在白蜡中掺入淀粉的假蜡：表现特征是，蜡香味减退，蜡表面及断面组织结构与纯蜡不一样。检验方法：取白蜡样品0.2～0.5g，放入50ml烧杯中，加入蒸馏水5ml煮沸致冷，加N/10碘液，显蓝色，加热后脱色，冷却又显蓝色。即确定是掺淀粉的假蜡。另一种检验方法是取白蜡样品小块，用火烧有糊味、即表明掺有淀粉，是假蜡。

在白蜡中掺石头，铁块的假蜡：用斧子把蜡劈开，见蜡中有石头和铁块即表明是假蜡。

在白蜡中掺水的假蜡：掺水的假蜡在外观与纯蜡的特征无明显区别，只要将蜡块摇晃就听到水声响；或把蜡用斧子打开，若见蜡内有水即是假蜡。

9.3.2　白蜡质量理化检验方法

理化检验白蜡的项目有熔点、酸值、皂化值、碘值、苯不溶等5个方面。

(1) 白蜡熔点测定（开口毛细管法）：

原理：一种物质由固态变为液态时的温度称为熔点。白蜡各种产品都有它固有的熔点，因此，熔点可做为鉴别白蜡纯度的物理常数。

制样：取小量白蜡样品放入坩埚中，在烘箱中用低温熔化后，吸入两端开口的毛细管，达10mm。在室温下冷却2h以上至完全凝固，用刀刮去管外粘的蜡。

测定方法：将温度计插入烧杯中，使温度计汞球部的底部与容器底部距25mm以上。向烧杯中加蒸馏水至温度计分浸线处，加热并不断搅拌，使温度保持均匀。当温度上升距预计熔点约低15℃时，将毛细管用橡皮筋附在温度计上，毛细管内容物部分与温度计汞球中心相平，调节升温速度每分钟上升1℃，温度上升至距预升熔点低5℃时，升温速度每分钟不超过0.5℃，当蜡在毛细管中升温时，温度计上显示的温度即为蜡的熔点。

另外，也可用熔点测定管代替烧杯，测定方法相同。加热用酒精灯加热，不必搅拌。

双试验误差不超过1℃，取平均值确定。

还有一种简易测定熔点的方法是取白蜡样品一小块，加温变软后，用手捏成片状，包在温度计汞球上，放在有温水的烧杯或试管中，在煤油炉，电炉或酒精灯上，慢慢加热，并注意观察包在温度计汞球上的白蜡熔化情况。当白蜡熔化时，温度计上显示的度数，即为测定的白蜡熔点，这种方法简便易行，但准确性稍差。

（2）白蜡酸值测定（酸碱中和法）：

原理：酸值是指中和1g脂肪，脂肪油或蜡内的游离脂肪酸所耗的氢氧化钾的g数。利用白蜡溶于有机溶剂的特性，用已知氢氧化钾溶液滴定，根据消耗氢氧化钾溶液ml数计算出酸值。在白蜡的酸值检验中，即1g白蜡所含的游离脂肪酸所需氢氧化钾毫克数。

测定方法：称取白蜡样品4～5g，置带盖磨口三角瓶中，加50ml乙醇甲苯（1∶1）混合溶剂，放在58～62℃水浴锅上约8～10min，待蜡样完全溶解后，用温热的乙醇甲苯混合液5ml冲洗瓶塞及瓶壁，加酚酞指示剂5滴，在溶蜡用的水浴上迅速用0.1N氢氧化钾乙醇标准液滴至粉红色（颜色持续30秒不褪）。记录氢氧化钾乙醇标准溶液消耗量，同时，做空白试验。

双试验允许误差：酸值小于1mg的不超过0.1mg；大于2mg的不超过0.3mg。取平均值。

（3）白蜡皂化值测定（酸碱滴定法）：

原理：皂化值是指中和皂化脂肪、脂肪油、蜡或类似物每克中含有游离酸和酯类所需氢氧化钾的毫克数。利用白蜡可被碱液皂化的特性，将白蜡与氢氧化钾乙醇液加热进行皂化，用标准酸液滴定剩余的碱，根据所消耗的碱液计算出白蜡的皂化值。白蜡皂化值、即中和皂化1g白蜡所消耗氢氧化钾的毫克数。

标定：称取在270～300℃干燥至恒重的基准无水碳酸钠0.8g（精确到0.000 2g）加水50ml溶解，加甲基红溴甲酚绿混合指示剂10滴，用上述盐酸滴至由绿色变为紫红色时，煮沸2min，冷却至室温，继续滴定至溶液由绿色变为暗紫色，记录盐酸标准液的消耗量。

测定方法：称取白蜡样品2g，置250ml三角瓶中，加二甲苯20ml，用移液管精确加入1N氢氧化钾乙醇溶液25ml，连接配橡皮塞的回流冷凝管在90～92℃水浴上沸腾回流（间歇摇动）2h，并以20ml乙醇液冲洗冷凝管壁及管口，加入5滴酚酞指示剂，趁热迅速用0.5N盐酸标准溶液滴定至红色退去为止。记录盐酸标准溶液消耗量。同时做空白试验。

双试验允许误差不超过3mg，取平均值。

（4）白蜡碘值测定（韦氏法）：

原理：白蜡中含有不饱和脂肪酸，能与卤素起加成反应。卤素中的碘比较稳定，因此，以一定量的碘与白蜡起加成作用，然后再测定多余的碘，计算所用碘量来测定白蜡中含脂肪酸不饱和程度。白蜡的碘值，即100g白蜡与碘作用，所消耗的克数。

标定：称取在120℃干燥至恒重的基准重铬酸钾0.15g（精确到0.000 2g）加蒸馏水25ml使溶解，加碘化钾2g，轻轻振摇使其溶解，加稀盐酸（1∶9）40ml，摇匀，密塞，在暗处放置10min，加50ml蒸馏水，用0.1N硫代硫酸钠滴定至淡黄色时加淀粉指示剂1～2ml，继续滴至蓝色消失而显亮绿色。记录硫代硫酸钠标准液的消耗量。

测定方法：称取白蜡样品1～1.2g，置定碘瓶中，加三氯甲烷30ml，在50℃水浴锅上溶解后稍冷却，精确加入N/5氯化碘液20ml，塞紧摇匀并在塞子骑缝处滴少量碘化钾液，置25℃暗处1h，取出加碘化钾溶液20ml和蒸馏水50ml，在不断振摇下用0.1硫代硫酸钠标准溶液滴定到淡黄色时，加入淀粉指示剂1ml，加塞后猛烈振荡1min，继续滴定至蓝色消失为止。同时做空白试验。

双试验允许误差，碘值在1g以下不超过0.1g；在1g以上不超过0.4g，取平均值。

(5) 白蜡苯不溶物测定：

原理：纯白蜡溶于苯。若白蜡中有不溶于苯的物质称为苯不溶物。这种物质就是杂质，杂质含量多少与白蜡的质量有直接的关系。

测定方法：称取白蜡样品 2～3g 放入烧杯加苯 30ml，在 50℃水浴中溶解，用恒重的热滤坩埚迅速抽气过滤，再用温热的苯 50ml 分 3 次冲洗，待苯干后，将坩埚在 105℃烘箱内干燥，直至恒重为止。同时做空白试验。

双试验允许误差不超过 0.04%，取平均值。

关于白蜡理化检验测定取样方法，根据商业部和全国供销总社 1980 年《关于虫白蜡部标准》规定，每批白蜡取样数量为：100 件以下（含 100 件）取样 2 个；101～500 件（含 500 件）取样 3 个；500 件以上取样 4 个。

取样时用干净的热刀子在蜡块上、中、下部分取体积相等的蜡样，经外观检验后，粉碎混合均匀，以四分法缩分为 200g 装入瓶内供化验测定使用。作仲裁检验的蜡样应保留块状，供外观检验用。

真假白蜡理化常数比较见表 63-19。

表 63-19 纯白蜡与含掺杂物白蜡理化常数值比较表

蜡类型＼测定项目		熔点（℃）	酸 值	皂 化 值	碘 值
纯白蜡		83～85.3	0.340 7	70.14	1.18
掺牛油（%）	10	80.2	0.371 3	85.66	5.50
	20	81.4～81.7	0.391 2	96.74	8.51
	30	80.9～81.3	0.516 9	106.69	13.00
掺猪油（%）	10	82.8	0.368 2	84.15	7.24
	20	82.0	0.426 1	92.90	13.75
	30	81.1～81.4	0.564 9	106.57	18.00
掺漆蜡（%）	10	81.5～82.0	2.331 2	80.58	2.76
	20	81.4～81.7	4.258 9	93.58	4.11
	30	80.5～80.8	6.346 3	102.78	5.94
掺石蜡（%）	10	81.8～82.0	—	63.09	0.81
	20	79.4～79.8	—	55.74	0.66
	30	77.8	—	47.70	0.56

10 白蜡的组成、理化性质及用途

10.1 白蜡的组成与结构[84,110,111]

白蜡是一种天然高分子化合物，是由高级一元酸和一元醇所生成的酯类物质。

化学成分，主要酸类：26 酸，28 酸，30 酸和醇类；26 醇，28 醇，30 醇及少量的棕榈酸，硬酯酸等。酯类含量占 95%～97%。此外，还含有游离酸，蜂蜡醇，烃类（27 烷）和树酯，其含量各占 1%。

白蜡主要成分为 26 酸 26 酯，其结构式为：

$$C_{25}—H_{51}—\overset{\overset{\displaystyle O}{\|}}{C}—O—C_{26}H_{53}$$

10.2 白蜡的理化性质

白蜡硬而脆，打碎成不规则块状，大小不一，断面呈马牙状，针状，或显小颗粒状晶体；白色或微黄色，不透明或微透明；表面平滑或有橘皮状皱纹，有光泽，触之有滑腻感，用手搓捏则粉碎；体轻，能浮于水面；无臭无味，嚼之如细沙样；熔点为81～85℃，15℃时相对密度为0.97，酸值0.7，皂化值79.5，碘值4.1，水分或挥发物0.09%，苯不溶物0.08%；凝结力强，在低于其熔点温度下即凝为结晶固体；不溶于水而溶于苯，二甲苯、甲苯、异丙醚、三氯乙烯，氯仿，石油醚，微溶于乙醇，醚等有机溶剂中。

10.3 白蜡的用途

据1984年对全国白蜡用途调查，白蜡广泛应用于轻、重工业、国防军工、医药、食品等工业部门。

在重工业方面：钢铁、机械、军工兵器、飞机制造、精密仪器生产中，白蜡是铸造模型最好的材料，成型精密度高，不变形，不起泡，光洁，质轻，可长期保存；同时，还可用于防潮，防腐，也是润滑剂的材料。在电子工业上，用于绝缘，防潮。在造纸工业上，用于产品的填充剂，着光剂，是制造铜板纸，蜡花纸，蜡纸原料，着光，防水性能好，画报，纸币，邮票，糖果纸，高级包装纸都是掺入白蜡制作的。在轻工、化工的鞋油，复写纸用量最多，我国金鸡，红鸟牌鞋油驰名中外，鞋油熔点高，光泽度好，尤其在热带地区的国家，深受欢迎，我国制造的复写纸在亮度、粘度、光泽方面优于外国同类产品；白蜡也是制造地板蜡，汽车上光蜡的原料。方兴未艾的蜡烛业，还在蓬勃发展。白蜡无毒无味，已逐步用在食品工业上，我国出口的巧克力、朱古力豆，在国外市场上畅销不衰。白蜡用于纺织，印染工业上，使丝绸和棉织品美观质量好。用于名贵家具，可使产品精美光亮。此外，白蜡在科学教育制作模型，用品也广为应用。

在医药方面[128,129]：白蜡有止血、生肌、止痛、补虚、续筋接骨、止咳止泻、润肺、厚肠胃、杀瘵虫、治下疳等作用；还可治疗子宫萎缩，盆腔炎，子宫癫痢炎，风湿病，头痛，头晕等病症。白蜡也是医药上很好的防潮和防腐剂。

参 考 文 献

1. Sukh Dey. Chemical nature of lac resin. Journal of the Indian Chemical Socisty, 1974, 11 (1): 149~155
2. 王定选等. 紫胶片质量研究. 林化科技, 1975, (5): 211~223
3. 王定选等. 用原胶直接制脱色片胶中间试验报告. 林化科技, 1979, (3): 127~135
4. 王定选等. 漂白胶贮存性质的研究 (Ⅰ), (Ⅱ). 林产化学与工业, 1987, 7 (1): 22~31, 32~38
5. 王定选等. 漂白胶贮存性质的研究 (Ⅲ). 林产化学与工业, 1992, 12 (2): 101~106
6. 王定选等. 漂白胶贮存性质的研究 (Ⅳ). 林产化学与工业, 1993, 13 (2): 103~108
7. 王定选等. 漂白胶贮存性质的研究 (Ⅴ). 林产化学与工业, 1997, 17 (1): 1~5
8. 吴统芳编著. 紫胶加工及利用. 北京: 中国林业出版社, 1990
9. 赖永祺. 五倍子丰产技术. 北京: 中国林业出版社, 1990
10. 国家标准局. 中华人民共和国国家标准 (五倍子) GB5848—86. 北京: 中国标准出版社, 1986
11. 南京林产工业学院. 栲胶生产工艺学. 北京: 中国林业出版社, 1983
12. 南京林产工业学院. 林产化学工业手册. 北京: 中国林业出版社, 1981
13. 中国林业科学研究院科技情报研究所. 国外栲胶技术. 北京: 中国林业出版社, 1981
14. 贺近恪. 中国树木提取物生产与科研发展. 林化科技通讯, 1987, (3): 2
15. 夏定久等. 我国的五倍子资源. 林产化学与工业, 1985, 5 (4): 40
16. 王蔚文, 李务强. 没食子酸发酵新工艺. 林化科技通讯, 1986, (3): 15
17. 山下喜代和. 固定化タンニンによる新じ分離技術化學技術志. 1982
18. 小笠原. タンニン酸による染料固着の機構染料と药品. 1984
19. 池田裕彦. 微生物法由单宁制倍酸的研究醱工 (日). 1972 Vol. 150
20. 无锡轻工业学院. 食品工程原理. 北京: 轻工业出版社, 1986
21. 天津大学. 化工原理. 天津: 天津科学技术出版社, 1983
22. 华南工学院. 发酵工程与设备. 北京: 轻工业出版社, 1986
23. 沈阳药学院. 化学制药工艺学. 北京: 化学工业出版社, 1980
24. 北京医学院. 中草药成分化学. 北京: 人民卫生出版社, 1985
25. 机电工程手册编委会. 机械工程手册. 北京: 机械工业出版社, 1982
26. 化工设备设计手册编写组. 化工设备设计手册. 上海: 上海人民出版社, 1975
27. 鞍山墨矿设计院. 除尘设计参考资料. 沈阳: 辽宁人民出版社, 1982
28. 邢其毅. 基础有机化学. 北京: 高等教育出版社, 1983
29. 霍尔兹贝赫. 无机分析中的有机试剂手册. 北京: 高等教育出版社, 1984
30. 刘正起. 染化药剂. 北京: 轻工业出版社, 1983
31. 斯库里 J C. 腐蚀原理. 北京: 水利电力出版社, 1984
32. 角田隆弘. 感光性树脂. 北京: 科学出版社, 1978
33. 马思托思 K. 喷雾干燥手册. 北京: 中国建筑工业出版社, 1983
34. 顾夏声. 水处理过程. 北京: 清华大学出版社, 1985
35. Howes N F. Vegetable Tanning Materials, London, 1953: 193~199
36. 江苏科技考察团. 秘鲁刺云实资源与利用技术考察报告. 林产化工通讯, 1992, (3): 31~34
37. Rogers J S et al. Leaching and tanning experiments with tara pods, J. Am. Leather Chem. Assoc., 1941, 36: 525~539

38. 陈笳鸿，吴在嵩，毕良武等．塔拉提取物化学利用的研究进展．林产化学与工业，1996，(3)：79～85

39. Haslam E et al. Gallotannins. Part I. J. Chem. Soc.，1961：1829

40. 孙达旺．植物单宁化学．北京：中国林业出版社，1992

41. Buton et al. The Chemistry of Vegetable Tannins，Soc. of Leather Trades' Chemists，Croydon，1956：57

42. White et al. J. Soc. Leather Trades' Chem.，1952：36，148

43. Armitage R et al. Gallotannins. Part Ⅲ. J. Chem. Soc.，1961：1842

44. Horler D F et al. The tannins of tara. J. Chem. Soc.，1961：3786

45. Haslam E et al. Gallotannins. Part Ⅶ. J. Chem. Soc.，1962：3814

46. Haslam E et al. Gallotannins Part Ⅷ. J. Chem. Soc.，1963：2173

47. Haslam E et al. Gallotannins Part. XIV. J. Chem. Soc.，1967：1734～1738

48. Regerat et al. J. Amer. Leather Chem. Assoc.，1989，Vol. 84：325

49. Bickley J C et al. Vegetable tannins and tanning. J. Soc. Leather Tech. Chem.，1992，Vol. 76：1

50. Beverini. Thesis Doct. Sci. Agr.，Nancy，1987

51. 南京林产工业学院．栲胶生产工艺学．北京：中国林业出版社，1983

52. 陈笳鸿，张宗和，汪咏梅等. 塔拉粉直接碱水解制备没食子酸的工艺研究及应用．林产化学与工业，1995，15 (1)：1～8

53. Vignolo-Lutati. The pods of *Caesalpinia tinctoria*. Atti ufficiali assoc. ital. Chim. tec. conciaria，1938，40：5～12

54. Bravo G. A. The tannin of pods of tara cultivated in Italy. Cuoio，pelli. mat. Conciati，1952，25～32

55. Huc P. Tanage of sheep skin with "tara" and with sulfur. Halle aux cuirs，1939，1～4

56. C. A. 52：21025

57. 毕良武，吴在嵩，陈笳鸿等．单宁在抗艾滋病研究中的应用. 林产化工通讯，1998，2：11～15

58. M. Nishizawa et al. Anti-Aids agents. 1. J. Natural Products，1989，52：762～768

59. G. Nonaka et al. Anti-Aids agents，2. J. Natural Products，1990，53：587～595

60. Yoshimara et al. Fermentative manufacture of gallic acid. 日本公开特许公报，JP7241550 (1973)

61. Dainippon Pharmaceutical Co. Ltd.，Showa Chem. Co. Ltd. 日本公开特许公报，JP8226591 (1982)

62. Yamdde K et al. Continuous gallic acid production from tara-tannin with an immobilized fungi bioreactor. 1984，6 (4)：237～242

63. Deschams A M et al. Production of gallic acid from tara tannin by bacterial strains. Biotechnol. Lett，1984，6 (4)：237～242

64. Pourrat H et al. Production of gallic acid from Tara by strain of *Aspergillus niger*. J. Ferment Technol.，1985，63 (4)：401～403

65. 邓厚璋等．专利申请公开说明书，CN 1083532 (1994)

66. Reategui G et al. Production of gallic acid from tannin extracted from *Caesalpinia spinosa* Kuntzs (Tara). C. A. 110：25702

67. Perisamy M. P. Trimethoxybenzoic acid and ester. C. A. 101：230157

68. Perisamy M. P. Trimethoxybenzoate salts and trimethoxybenzoic acid from tannin methylation and hydrolysis. C. A. 102：187062

69. 邱弘行等．专利申请公开说明书．CN1077951（1993）
70. 德国专利．DE 3403575（C1. C 07c 69/88），1985
71. 毕良武，吴在嵩，陈笳鸿等．塔拉粉一步法制备焦性没食子酸．林产化学与工业，1996（2）：7～10
72. Rahanitriniana *et al*. Rev. Fr. Corps，1984，31（6）：249
73. Beyerlein F. Technical application of galactomanans. C. A. 120：326057
74. Ger. Offen. DE 4224044. C. A. 120：325919
75. Neth. Appl. 7710960. C. A. 89：89124
76. South. African. 7503591. C. A. 87：66863
77. Benk E. C. A. 88：176989
78. M. Hefti C. Separation of nonsugar polysaccharide from plan seed or fruits. C. A. 51：8459
79. Elverum G W et al. Treating seeds containing galactomanan polysaccharides. C. A. 53：18524
80. Societe Fracaise Hoechst. Treatment of hard seeds for separation of pure polysaccharides. C. A. 103：162124
81. 邹树文．白蜡虫利用的起源．农史研究集刊．北京：科学出版社，1959：83～91.
82. [明] 李时珍．本草纲目．北京：人民出版社，1982，39：2234.
83. [明] 徐光启．中国农业遗产研究室校勘．农政全书．北京：中华书局，1956，7：28～37.
84. 吴次彬．白蜡虫及白蜡生产．北京：中国林业出版社，1989
85. 王辅．白蜡虫的养殖利用．成都：四川人民出版社，1978：38～61，88～112，114～117
86. 陕西省生物资源考察队编．白蜡虫与白蜡生产．西安：陕西人民出版社，1974：2～13，49～68
87. Kuwana S I. The Chinese white wax scale（Ericerus pela Chavannes）. The philippine J. Sci. 1923，22（4）：393～406
88. 张长海．白蜡虫在南亚热带的云南景东引种实验成功．动物学研究，1984，5（3）：275～281
89. 张长海等．在北纬41°10′的东北鞍山地区发现白蜡虫自然种群．动物学研究，1986，7（1）：46
90. Даиуич. E. M. Восковая пшноиуитовка（Ericerus pela Chavannes）Bcccp（Homoptera，Coccidae）Зоолоческийжукнал. 1965，44（4）：537～546. pue. 7
91. 张子有等．白蜡虫产卵生物学研究．动物学研究，1990，17（4）：311～315
92. 张子有等．白蜡虫优良种虫及种群性比组成的研究．林业科学，1990，26（1）：47～50
93. 张长海等．白蜡虫涌散生态因子的研究．林业科学研究，1993，6（1）：27～33
94. 张长海．四川南充地区白蜡虫生态环境．四川动物，1985，4（3）：24～25
95. 张长海．白蜡虫在我国的地理分布．林业科学研究，1991，4（2）：192～196
96. 张长海等．在北纬24°以南的云南永德县发现白蜡虫自然种群．昆虫学报，1986
97. 中国科学院青藏高原综合科学考察队．西藏昆虫．北京：科学出版社，1981：289
98. 张再福等．低海拔地区白蜡虫的繁殖研究．林业科学研究，1992. 5（3）：328～334
99. 廖定喜等．白蜡虫之研究．科学，1944，27（7～8）：29～31
100. 吴次彬．对“白蜡虫雌雄群体的生态适应性及其在生产上的应用”一文的商榷．林业科学，1980，16（4）：296～301
101. 王辅．白蜡虫雌雄群体的生态适应性及其在生产上的应用．林业科学，1963，8（2）：171～175
102. 张长海等．白蜡虫食性的研究．林业科学研究，1992，5（5）：581～583
103. 刘化琴等．白蜡虫寄主树良种选育研究．林业科学研究，1992，5（3）：361～364
104. 孙时轩等．林木种苗手册．北京：中国林业出版社，1985
105. 陈瑁．苗木培育．北京：中国林业出版社，1984：1～127
106. 缪美琴．南方苗木培育．北京：中国林业出版社，1986
107. 陈嵘．造林学各论．中国图书发行公司，1953，486～497

108. 江西省农林垦殖局编.造林手册.北京：农业出版社，1975
109. 中国树木志编委会主编.中国主要树种造林技术. 北京：中国林业出版社，1987
110. 蒋才学等.虫白蜡生产与检验技术.北京：中国商业出版社，1985
111. 徐世耕.白蜡. 北京：中国林业出版社，1959
112. 张长海等.女贞树切干更新试验. 林业科技通讯，1986，(5)：21
113. 郑发科.白蜡虫研究及群众放养经验调查.昆虫学报，1974，17 (4)：376～382
114. 中国科学院动物研究所等编.天敌昆虫图册.北京：科学出版社，1978
115. 四川大学生物系昆虫组.白蜡蚧长角象的研究.昆虫学报，1976，19 (4)：401～409
116. 吴次彬.黑缘红瓢虫的研究.四川大学学报. (4)：1980，93～98
117. 万益锋.白蜡虫褐腐病的发生和防治研究.资源昆虫，1987，(3)：8～14
118. 罗定一等.白蜡虫霉病的研究.资源昆虫，1987，(4)：14～18
119. 中国林业科学研究院.中国森林昆虫. 北京：中国林业出版社，1983：9～13，203～204，264～265，274～276，477～480，547～549
120. 中国林业科学研究院.中国森林昆虫名录.北京：中国林业出版社，1981
121. 吴次彬.白蜡叶蜂生物学和防治的初步研究. 四川大学学报，(2)：1981，137～143
122. 中国农作物病虫害编辑委员会编.中国农作物病虫害（下册）.北京：农业出版社，1981
123. 刘化琴等.紫胶园树种配置研究.林业科学，1987，(营林专辑)：12～18
124. 刘化琴等.紫胶园生物群落的研究.林业科学研究，1991，4 (1)：79～85
125. 吴次彬.白蜡虫杂种优势利用的初步研究.四川大学学报，1987，24 (2)：218～220
126. 吴次彬等.快中子辐照白蜡虫卵对白蜡增产效应的研究.林业科学，1987，23 (1)：100～103
127. 中华人民共和国供销合作总社.虫白蜡（部标准GH011—80). 1980：1～14
128. 全国中草药汇编编写组.全国中草药汇编（下册）.北京：人民卫生出版社，1983
129. 江苏新医学院编.中药大辞典.上海：上海人民出版社，1977

第18篇

木材造纸工业及其他林化工业污染防治

第64章 废水污染防治

刘光良　王静霞　杨殿隆

环境科学是研究环境及其与社会、经济持续发展相互关系和调控途径的科学。环境科学研究对象是人类——环境系统，核心问题是人与环境质量。工业环境保护和污染防治是环境科学的一个重要组成部分。木材制浆造纸工业以及木材水解、热解、松香及栲胶等其他林化工业是化学工业的一部分。特别是木材制浆造纸工业，在发达国家往往成为主要支柱行业。

木材制浆造纸工业及其他林化工业污染防治，既包括废水污染防治，又包括大气污染及废渣、噪声、土壤等的污染防治。木材制浆造纸及其他林化工业废水一般不含镉、氰化物、有机磷、铅、六价铬、汞的化合物及多氯联苯等毒害物质，废水中的悬浮及溶解有机物（BOD、COD、SS）一般不对人体造成直接危害，但消耗水中溶解氧，使水变臭，危及水生动植物生存和发展，影响生态平衡；木材制浆造纸工业及其他林化工业污染防治中所述大气污染防治，包括生产过程排放的硫氧化物（SO_x）、氮氧化物（NO_x）、酸雾（HCl）及气溶胶、松节油气体（萜烯类物质等）及恶臭气体（H_2S、CH_3S 及（$(CH_3)_2S$ 等）的防治。

我国原有的造纸及其他林化企业较为分散，规模小，工艺技术及装备落后，管理水平一般不高，原材料回收利用率低，污染十分严重。虽然近年来已逐渐认识到污染防治及保护环境的重要性，但治理资金严重短缺，治理工艺技术也并不完善，可供生产应用的防治技术并不很多。因此，摆在我们面前的任务无疑是艰巨的、长期的。在污染治理中，如何正确决择，既要从严从早治理污染，又要考虑资金及技术力量的困难；既要考虑治理技术的可行性，又要考虑到经济上的合理性，将治理目标与经济力量、技术力量统一起来，尽量少花钱，多回收，做到环境效益、社会效益与企业的经济效益三者的和谐、统一，这是我们第一步要为之努力的方向。

至21世纪进一步目标，是要以污染防止战略取代末端处理为主的污染防治战略。即首先考虑把污染物控制在生产过程之中，而不是产生后再去治理，开创“清洁生产”战略，采用清洁的能源、少废无废的清洁生产过程以及对环境无害的清洁产品，达到清洁生产和持续发展。

1　污染发生源及特征

1.1　污染物定义及其测定

一般来说，能够改变自然生态环境的物质，都称为污染物。污染物大致分为8类：需氧物质，致病物质，合成有机化合物，植物营养物，无机化学品和矿物质，沉降物，放射性物质及热排放物。对于木材制浆造纸工业及其他林化工业废水，主要污染物为：有机物质、有毒物质、悬浮物、残酸、残碱、有色物质。

1.1.1　有机物

有机物进入水体后，在微生物作用下氧化分解，使水中溶解氧逐渐减少，如果水体不能及时从大气中吸收足够的氧气来补充消耗，将会使水变臭，水生动物（如鱼）死亡（溶解氧量＜3～4mg/L）。有机物质又是微生物（其中包括致病细菌）生存繁殖的良好食料，将促进微生物在水中的生存、发展。通常，通过测定有机物氧化时所需氧的数量来反映废水中有机物的含量。如果已知有机物的确切组成，通过写出将有机物氧化成二氧化碳和水的反应式，则理论需氧量（Thod）就可以确定。例如，葡萄糖的理论需氧量：

$$C_6H_{12}O_6+6O_2 \longrightarrow 6CO_2+6H_2O$$

对于 200mg/L 葡萄糖溶液，可以根据上述反应式计算其理论需氧量：

$$200\text{mg/L}\times\frac{1\text{mol 葡萄糖}}{180\ 000\text{mg}}\times\frac{6\text{mol } O_2}{1\text{mol 葡萄糖}}\times\frac{32\ 000\text{mg } O_2}{1\text{mol } O_2}$$

$$=213\text{mg } O_2/\text{L}$$

但是，水体中有机物在好气条件下被微生物氧化分解的反应是相当复杂的，用简单的化学反应无法表示全部反应过程。因此，衡量水体的有机污染程度时，除规定的有毒有机物外，一般只测定有机污染综合指标来定量地反映水质的有机污染程度。有机污染综合指标主要有：生化需氧量（BOD）、化学需氧量（COD）、总有机碳（TOC）和总需氧量（TOD）。

(1) 生化需氧量（BOD）：生化需氧量是通过微生物氧化试样中的有机物所需氧量的一种测定方法，是间接表示水体中可被生物降解的有机物质含量的指标。常用单位体积废水所消耗的氧量（mg/L）来表示。生化需氧量越高，表示水中可生化分解的有机物越多。生物氧化过程一般分为两个阶段。第一阶段主要是有机物被转化成 CO_2、H_2O、NH_3；第二阶段主要是氨被转化为亚硝酸盐和硝酸盐。生化需氧量通常指第一阶段有机物氧化所需的氧量。

因为微生物的活动与温度有关，其最适宜的温度为 15～30℃。在测定生化需氧量时，一般以 20℃为标准。在 20℃时，一般的有机物至少需要 20d 左右才能基本完成第一阶段氧化分解过程（大约 95%～99%的有机物被生物氧化）。这样长的时间，在测定时显然有困难，所以目前大多数以 5 天作为标准时间，称为 BOD_5（北欧一般以 7d 为标准，用 BOD_7 来表示）。试验研究表明，一般有机物在 20℃，5 天内生物氧化只完成第一阶段的 60%～70%。

BOD_5 测定方法采用《稀释与接种法》，可参见中华人民共和国国家标准 GB7488—87。

(2) 化学需氧量（COD）：是表示废水中能被强氧化剂分解的有机物含量的参数，也以单位体积废水所消耗的氧量（mg/L）来表示。用重铬酸钾为氧化剂测得的化学需氧量以 COD_{Cr} 表示；用高锰酸钾为氧化剂测得的化学需氧量以 COD_{Mn}或 OC 表示，现在我国和英国、德国、日本等仍有采用此方法的。当被测溶液中氯离子含量高于 300mg/L 时，改用碱性高锰酸钾法（COD_{OH}）。

对于一定的废水 COD、BOD 及 TOC 有特定的相关性、互换性。一般来讲，$COD_{Cr}>BOD_5>COD_{Mn}$。

(3) 总有机碳（TOC）：它表示的是废水中有机污染物的总含碳量，它能较好地反映废水中有机污染物的总量。由于工业的发展，人工合成有机物种类大大增加，使 BOD、COD 的测定受到物种差异的影响，而 TOC 不受物种差异的影响。它是将一定量的试样注入高温炉，在有催化剂存在的条件下将有机碳转化成二氧化碳，再经红外分析仪定量测定二氧化碳，以确定废水中有机碳的含量（以 mg/L 表示）。TOC 分析法是在元素分析基础上发展起来的一种仪器分析法，可使有机物测定所需的时间缩短，但设备昂贵，生产上不常用。

(4) 总需氧量 (TOD)：废水中有机物及无机物在铂催化燃烧室内转化成稳定的产物，通过测定有氮载气体存在下的氧含量来确定TOD。这是用来测定废水中有机物的另一种仪器分析法，这种测定法能很快完成。该法多在科学研究中应用。

一般，ThOD>TOD>COD_{Cr}>BOD_5>COD_{Mn}。

(5) TOCl及AOX：未漂浆经氯、二氧化氯及次氯酸盐等含氯漂剂处理时，在废水中产生大量有机氯化物。为测定废水中总有机氯化物 (TOCl)，最简单、经济的方法是测定可吸附的有机卤化物(AOX)，比如国外常用AOX仪器分析——日本Mitsubishi TOX-10分析仪。国内标准推荐用库仑法测定。

必须指出的是，目前测得的AOX数据是一大类有机氯化物的混合物，经鉴定至少有300种以上，其中绝大部分有机氯化物证明是无毒、对环境不造成危害的。其中，只有占AOX 1%以下的EOX (溶剂可抽提有机卤化物、溶剂常用庚烷、环己烷等非极性溶剂) 可能与诸如2、3、7、8TCDD (四氯二苯对二噁唊)、TCDF (四氯二苯呋喃) 等脂溶性有机卤化物有关。

1983年，Germgard和Larsson提出TOCl预测方程式：

$$TOCl = K\ (C + 0.5H + 0.2D)$$

K——无因次常数，一般为0.07～0.11。

C、H、D分别为Cl_2、ClO^-、ClO_2用量

1989年，Eanl及Reeve又提出：

$$AOX = 0.10 \times [Cl_2 + 0.526 \times ClO_2] \pm 6\%$$

1.1.2 悬浮物

是指悬浮在废水中的直径约大于1μm，并能保留在过滤介质上的固体物质。它又可分为沉降悬浮物 (一般指在量筒中，在1～2h内可以沉降的部分) 和不沉降的悬浮物两种。悬浮物使水质混浊，降低水体的透光性，影响水生生物的呼吸、代谢作用，甚至使鱼类窒息死亡。悬浮物会阻塞土壤孔隙，形成河底淤泥，消耗水体中的溶解氧，使水体变质发臭。悬浮物可用滤纸法或石棉坩埚法测定。

1.1.3 有毒物质

如前述及，木材制浆造纸工业及其他林化工业废水一般属于无毒有害类废水。但随使用原料及加工工艺的不同，也存在一定数量的有毒物质。对于木材制浆废水，主要的毒性化合物见表64-1。松香加工工业废水，除生产过程中加入的化学药剂外，还有诸如海松酸、枞酸、长叶松酸等初生及次生树脂酸类物质以及α、β蒎烯、萜烯醇、苧烯等松节油类物质。

表64-1 制浆造纸过程生成主要毒性化合物

过 程	毒 性 化 合 物
剥皮	树脂酸包括松香酸、脱氢松香酸、异海松酸、长叶松酸、海松酸、山达脂海松酸和新海松酸。不饱和脂肪酸包括油酸、亚油酸和棕榈油酸。双萜烯醇包括海松醇、异海松醇、冷杉醇、12E-冷杉醇和13-表泪杉醇
硫酸盐法制浆	树脂酸包括松香酸、脱氢松香酸、异海松酸、长叶松酸、海松酸、山达脂海松酸和新松香酸。不饱和脂肪酸包括油酸、亚油酸、亚麻酸和棕榈油酸

（续）

过 程	毒性化合物
亚硫酸盐法制浆	树脂酸包括松香酸、脱氢松香酸、异海松酸、长叶松酸、海松酸、山达脂海松酸和新海松酸。不饱和脂肪酸包括油酸，亚麻酸、亚油酸和棕榈油酸，保幼冷杉酮类包括保幼冷杉酮，保幼冷杉醇，Δ′脱氢保幼冷杉酮和Δ′脱氢保幼冷杉醇。木质素降解产物包括丁香酚、异丁子香酚和3，3-二甲甲氧基-4和4-酸二羟-芪
机械法制浆	树脂酸包括松香酸、脱氢松香酸、异海松酸、长叶松酸、海松酸、山达脂海松酸和新海松酸。不饱和脂肪酸包括油酸、亚麻酸和棕榈油酸。双萜烯醇包括海松醇、异海松醇、冷杉醇、12E-冷杉醇和13-表泪杉醇。保幼冷杉酮类包括保幼冷杉酮、保幼冷杉醇、Δ′-脱氢保幼冷杉酮和Δ′-脱氢保幼冷杉醇
漂白和碱处理	氯化树脂酸包括一氯和二氯-脱氢松香酸。不饱和脂肪酸衍生物包括环氧硬脂酸和二氯-硬脂酸，3,4,5-三氯愈创木酚和3,4,5,6-四氯愈创酚

近年来，漂白废水的毒性问题已引起广泛重视。在传统的多段漂白程序中，由于氯化段大量元素氯的使用，使得废水AOX含量高达10kg/t，致使AOX中的一些高氯酚化合物，比如3,4,5-三氯愈创木酚及3,4,5,6-四氯愈创木酚及二噁唤形成。因此，目前国外大多数浆厂已逐步用ECF（无元素氯）及TCF（全无氯）流程代替传统漂白流程。

AOX化合物是一类复杂的混合物，漂白工艺及操作条件不同，鉴定出的300多种有机氯化物在ECF流程中只有30余种，而它们的毒性、持久性及生物蓄积性均尚无确切证据。加拿大一些学者认为，由浆厂排放的漂白废水并无长期毒性，AOX化合物易于被微生物及阳光分解降解，是高水溶性的，而不是亲脂肪性的，不会生物蓄积，漂白所产生的AOX化合物与环境损害没有关系，因此，他们认为对AOX的严厉要求，即到1999年12月31日AOX值达到0.8kg/t，2000年完全消除的规定，在理由上是不充分的，在经济上也是不合理的。

1.1.4 pH值

它也是工业废水重要的污染指标之一。过高或过低的pH值，不仅对设备、构筑物及工业管道带来危害，也危及水生生物的生存和繁殖，影响废水生物处理和水体自净过程。

1.1.5 颜 色

废水较高的色度主要由于废水中单宁、木质素类物质所致。不仅严重影响水体的感官质量以及水生生物的生存和发展，也是废水COD高的主要原因。

废水色度的测定目前仍主要采用稀释倍数法。

1.2 制浆造纸废水

1.2.1 废水来源及污染成分

废水主要来自：备料工段的湿式剥皮机废水；蒸煮和洗浆废水；碱回收废水；精选废水；漂白废水及纸机过剩白水等。废水排放量随工艺方法及设备而异，在80年代，一般为100～500m^3/t产品（目前已有达到20m^3/t最高水平的）。各生产工序废水的污染成分见表64-2。

1.2.2 废水的污染负荷

制浆造纸废水的污染负荷随制浆方法、原料种类、工艺及装备水平以及操作管理等因素而异，现将各种制浆方法产生的污染物及水平见表64-3。

表64-4是国外80年代不同制浆方法废水排放量及污染负荷量（BOD_5、COD_{Mn}和SS kg/t浆）。

表 64-2 各生产工序的废液和废水的污染成分

生产工序	废液和废水的污染成分
调木（湿式剥皮机）	树皮、木屑、木粉（悬浮物、色度）
蒸煮与洗浆	细小纤维（悬浮物）、木质素及多糖类（BOD、COD）等
回收（蒸发器排水）	醋酸、甲醇、（生化需氧量）
精 选	纤维束，细小纤维（悬浮物、生化需氧量、化学需氧量）
漂 白	氯化木素、还原糖、有机酸（生化需氧量、化学需氧量、色度）
抄 纸	细小纤维、粘土等填料（悬浮物）

表 64-3 主要制浆方法排放的污染物及水平

制浆方法	发生的主要污染物及水平
碱法：	
石灰法	大量悬浮物，中量BOD、COD、色度、毒性物质、粉尘
烧碱法	悬浮物，大量BOD、COD、色度、毒性物质、粉尘
硫酸盐法	悬浮物，大量BOD、COD、色度、毒性物质、臭气、粉尘
水解硫酸盐法或碱法	悬浮物，大量BOD、COD、色度、毒性物质、酸液、臭气、粉尘
亚硫酸盐法：	
酸性亚硫酸盐法 亚硫酸氢盐法 亚硫酸氢盐-亚硫酸盐法 碱性亚硫酸盐法	悬浮物，大量BOD、COD、色度、毒性物质、粉尘、SO_2
化学机械法：	
半化学法（NSSC）	悬浮物，中等BOD、COD、色度、毒性物质
化学机械法（CMP、CTMP）	悬浮物，少量BOD、COD、毒性物质
机械法：	
磨石磨木法（GW）	悬浮物，少量BOD、COD、毒性物质
木片磨木法	
普通木片磨木浆（RMP）	悬浮物，少量BOD、COD、毒性物质
预热木片磨木浆（TMP）	悬浮物，少量BOD、COD、毒性物质略多

表 64-4 80年代不同纸浆和纸的用水量和污染负荷

品 种	制浆得率（%）	用水量（m^3/t）	BOD_5（kg/t）	COD_{Mn}（kg/t）	SS（kg/t）
备料（湿法）	—	—	6～8 （7）	19～28 （24）	46～69 （58）
本色亚硫酸盐浆（无回收）	65～70 （67）	100～230 （160）	150～210 （180）	240～350 （300）	18～25 （22）
漂白亚硫酸盐浆	35～40 （36）	350～500 （400）	450～700 （600）	900～1 400 （1 200）	72～84 （75）
本色硫酸盐浆	45～55 （52）	90～120 （100）	11～14 （12）	21～26 （22）	13～20 （16）

（续）

品　　种	制浆得率（%）	用水量（m^3/t）	BOD_5	COD_{Mn}	SS
漂白硫酸盐浆	37～53（48）	140～200（150）	31～45（33）	50～73（52）	11～25（18）
漂白半化学浆（无回收）	65～80（74）	90～120（100）	130～350（200）	250～700（400）	14～30（20）
化学磨木浆	80～90（84）	90～110（100）	120～180（140）	210～300（250）	16～23（20）
磨木浆	—	15～45	7～11	—	18～36
纸箱纸板	—	8～57	9～18	—	23～32
瓦楞纸板	—	8～57	12～27	—	230～320
牛皮纸	—	8～45	2～7	—	7～11
新闻纸	—	45～60（50）	4～20（12）	4～22（13）	2～24（13）
薄页纸	—	100～200（170）	12～20（16）	32～48（36）	30～50（40）

注：括号内数字为平均值。

表 64-5 表示不同制浆方法对不同制浆材种（针叶材及阔叶材）BOD_5 发生量（kg/t 浆）。

表 64-5　木材原料不同制浆工艺发生的 BOD_5（kg/t 风干浆）

工艺方法	针叶材	阔叶材
亚硫酸盐法　低得率（50%）	260～300	不常使用
中得率（60%）	190～260	不常使用
高得率（70%）	140～230	不常使用
中性亚硫酸盐半化学浆（NSSC）	150～170	—
亚硫酸盐浆漂白(造纸用浆)	20～40	—
(溶解浆)	150～200	—
硫酸盐浆	250～400（无碱回收） 25～35（碱回收后）	320～400（无碱回收） 30～40（碱回收后）
硫酸盐浆漂白	10～15	10～15
磨石磨木浆	15～20	18～22
木片磨木浆	20～25	22～27
预热木片磨木浆	25～30	27～35
化学预热木片磨木浆	35～40	38～45
磨木浆漂白	5～10	—

表 64-6 是桦木、桉木以及松木硫酸盐法制浆过程得率污染负荷量（BOD_7、COD 及色度）数据。

表 64-6　硫酸盐法制浆过程的污染负荷（kg/t）

原　料	浆料得率（%）	BOD_7	COD	色度
桦　木	88	190	—	—
	53	270	—	—
	50	300～350	—	—
桉木	53	270	1 190	—
	53	350	1 550	2 150
松木	48	280	1 350	1 400

1.2.3 制浆造纸废水的毒性

评价废水毒性的方法是进行生物测试。通过生物测试确定半数致死浓度（LC_{50}）。LC_{50}是指造成50%受试生物在一定观察期内死亡的浓度。测试通常用符合要求的试验鱼放入各种浓度（静态或动态）的废水中，观察24、48及96h生存情况，然后计算出该条件下的半数致死浓度（LC_{50}）。在70年代以前常采用"平均耐受限（TLm）来表示。TLm和LC_{50}二者为同义语，现在用TLm来表示者已渐少。

废水毒性分级：如以48h LC_{50}为依据，小于0.5μg/g为剧毒，0.5～10μg/g为中等毒性，大于10μg/g为低毒；如以96h LC_{50}为依据，小于0.1μg/g为剧毒，0.1～1μg/g为高毒，1～10μg/g为中毒，大于10μg/g为低毒。

制浆造纸废水中可能有许多对鱼类有毒的物质。经研究证明，硫酸盐浆厂的黑液、漂白废水和污冷凝水含有对鱼类特别有毒的组分；黑液的毒性主要由松香酸和不饱和脂肪酸造成；污冷凝水中对鱼类有毒的物质是硫化氢、甲基硫、甲硫醚；漂白废水中的毒性物质主要来自氯化和第一碱抽提段。漂白废水中含有大量的有机氯化物，主要为氯化磷苯二酚、氯化愈创木酚和氯化香草醛。这些氯化物可能是二氯化物，也可能是三氯或四氯化物，视氯化的程度而异。这种有机氯化物往往比未氯化的有机物更不易被生物降解，而且易于在生物体内积累。漂白废水排入水体会破坏鱼类的繁殖和藻类的生长。在制浆和漂白过程中生成的不挥发性毒性化合物见表64-1。浆厂废水中可能含有的对鱼类有毒物质见表64-7。各种硫化物的毒性数据及硫酸盐浆厂废水毒性试验分别见表64-8、表64-9和表64-10。Leach和Thakore对硫酸盐浆碱处理物中分离出来的化合物的毒性进行了测定。在虹鳟鱼鱼苗的静态生物试验中，测定了这些化合物的96h半数致死浓度（LC_{50}）。毒性最大的化合物为3,4,5-三氯愈创木酚（0.75mg/L）；3,4,5,6-四氯愈创木酚（0.32mg/L）；一氯脱氢松香酸（0.6mg/L）；二氯脱氢松香酸（0.6mg/L）和9,10-环氧硬脂酸（1.5mg/L）。废水的毒性与氯酚类化合物的浓度有很大关系。因为氯酚类化合物在漂白废水中毒性最大，所以废水的毒性取决于浆中木质素的含量，换句话说，取决于浆的卡伯价，当然，更取决于漂白工艺。

表64-7 制浆厂废水中含有对鱼类有害的物质

化合物	毒性		
	大	中	小
树脂酸类：			
松香酸、脱氢松香酸、异海松酸、左旋海松酸、长叶松酸、海松酸、柏脂海松酸、新松香酸	KP，D M，S		
氯化树脂酸类：			
一氯及二氯脱氢松香酸		KP	
不饱和脂肪酸：			
油酸、亚油酸、亚麻酸、棕榈油酸		KP	D，M
氯酚：三氯及四氯愈创木酚		KP	
双萜醇类：海松醇、异海松醇、脱氧松香醇		M	D
保幼生物素类：			
保幼生物素、保幼生物酚、Δ″-脱氢保幼生物素、Δ″-脱氢保幼生物酚、脱氢保幼生物素			M

（续）

化　合　物	毒　　性		
	大	中	小
其他酸类：			
环氧硬脂酸、二氯硬脂酸、树脂分散剂		KP	
其他中性物：			
松香醇、12E-松香醇、13-表泪杉醇			D
木质素降解产物：			
丁子香酚、异丁子香酚、3,3′二甲氧基、4,4′-羟基芪		S	

注：K—硫酸盐　P—制浆　D—剥皮　M—机械浆　S—亚硫酸盐浆。

表 64-8　各种硫化物的毒性

化学药剂名称	分子式	临界浓度(mg/L)	开始死鱼浓度(mg/L)	最低致死浓度(mg/L)	水蚤		最低致死浓度(mg/L)			5 天杀死一切鲤科小鱼最低浓度(mg/L)	对鳟鱼 12h-LC_{50}(mg/L)
					24h-LC_{50}(mg/L)	48h-LC_{50}(mg/L)	鲤科鱼	水蚤	小鱼苗		
硫化氢	H_2S	0.5(a)		1.0(a)			1.0(b)	1.0(b)	1.0(b)	1.0(e)	0.7(a)
		0.3(e)	1.0(b)	1.0(e)							
甲硫醇	CH_3SH	0.9(a)		1.2(a)							
		0.5(e)	0.5(b)	0.9(e)			0.5(b)	1.0(b)	1.0(b)	0.5(e)	1.0(a)
二甲基硫	$(CH_3)_2S$				150(c)	23(c)					
二甲基二硫	$(CH_3)_2S_2$				15(c)	4(c)					
二甲基氧化硫	$(CH_3)_2SO$					54(c)					
硫化钠	Na_2S	1.0(a)	3.0(b)	3.0(a)							
		1.0(e)		3.0(e)	2(c)	0.5(c)	3(b)	10.0(b)	1.0(b)	3.0(e)	1.75(a)
硫代硫酸钠	$Na_2S_2O_3$			5.0(e)	5 500(c)	300(c)	5(c)				
亚硫酸钠	Na_2SO_3				3 500(c)	550(c)				100(e)	
硫酸钠	Na_2SO_4	2 500(a)		6 700(a)							
连二硫酸钠	$Na_2S_2O_4$	2 500(e)		6 700(e)	10 000(c)	750(c)					
					100(c)	—					
连四硫酸钠	$Na_2S_4O_6$				1 800(c)	100(c)					
硫氢化钠	NaSH	0.3(e)		1.8(e)						0.5(e)	
硫代亚硫酸钠	$Na_2S_2O_2$									5.0(e)	
氢氧化钠	NaOH	10(a)		35(a)							
		10(e)	20(e)				100(b)	100(b)			20(a)

注：(a)为 Haydue 等人对鳟鱼试验数据；

(b)为 Van Horn 等人数据；

(c)为 Jernelör 对水蚤试验数据；

(e)为 Cole 的数据；临界浓度，指的是未引起鱼类死亡的最大容许试验浓度；

最低致死浓度，指的是引起 100%死亡的最低浓度；

氢氧化钠的毒性，一并列入表内，以示对照。

表 64-9 漂白硫酸盐浆厂和未漂硫酸盐浆厂废水的毒性

废水种类	毒性试验(96h)LC_{50}(%)	研究者
漂白硫酸盐	12～15(体积)	Sprague 及 Mcleese
未漂硫酸盐	<15	Lock 及 Mcleese
漂白硫酸盐	<65^{++}	(废水经二次处理)
漂白硫酸盐	<100^{+++}	(废水经二次处理)
漂白硫酸盐	12～43	Servizi 等人
漂白硫酸盐	14	Betts 及 Wilson
未漂硫酸盐	4.5	Alderice 及 Brett
未漂硫酸盐	10	Podoba
漂白硫酸盐	22	Davis 及 Mason (未汽提水)
漂白硫酸盐	40～60	(汽提水)
漂白硫酸盐	29	Howard 及 Walden(静止水流)
漂白硫酸盐	12～15	(连续水流生物鉴定)
漂白硫酸盐	25	Warren 等人(有松节油回收)
未漂硫酸盐	7	Tokar 及 Owens

注:$^{++}$ 96h LC_{90};$^{+++}$ 96h LC_{20}。

表 64-10 硫酸盐浆厂各部分排出的废水毒性

排放地点	各种浓度下的半数致死时间(h)			
	100%	50%	18%	9%
蒸 煮	<1	154		
未漂浆	26	218		
化学车间	<1 500			
酸化地沟水	196			
碱性地沟水	15	370		
机械房	<1 500			
飞灰捕集器	<1 500			
苛化	<1	<1	<1	6
绿泥	1	<1	<1	<1 500
脏冷凝水	<1	8	<1	≈10
总冷凝水	<1	<1	≈30	<1 500
回收系统	<1	<1	≈30	<1 500
热回收槽	<1	<1	≈15	<1 500

1.3 其他林化工业废水

1.3.1 氯化锌法木质活性炭生产废水

(1)废水污染源、组成及数量:氯化锌法木质活性炭生产废水,主要来源于漂洗工序。废水的数量、组成随工艺条件(如漂洗的段数、水温度及洗涤方式)、设备及操作条件而异。一般,生产1t活性炭,大约排放80～120m^3废水。废水中主要污染物质有:①残存盐酸:主要为煮炭时所加的过量盐酸,致使废水有较强的酸性,其pH值为2～3;②氯化锌:废水中锌离子浓度约为200～600mg/L。据生产过程锌平衡调查,每生产1t活性炭,大约消耗0.4～0.5t氯化锌。就平板炉而论,大约有1/3以上的氯化锌随废水流失,即每生产1t活性炭,约从废水中流失150kg

以上的氯化锌；③随废水流失的细炭：据江西一个活性炭厂测定，废水中细炭含量为 0.2～0.8g/L，即每生产 1t 活性炭，将从废水中流失 20～80kg 细炭。

(2)废水特性及危害：废水中主要的污染物质是残存的盐酸、氯化锌及少量 Fe^{3+}、Fe^{2+}、Ca^{2+}、Al^{3+}、Mg^{2+} 等的氯化物，使废水具有较强的酸性。排放水对水生生物及农作物都是有害的。国外研究表明，废水中残存酸的氢离子可造成鱼鳃粘液絮凝沉集而致死。加拿大 EIFAC 推荐鱼类生存的 pH 值为 5～9。Hicks 及 Dewitt 认为 pH 值极限值为 3.9～10.1，超过此范围，鱼类平均耐受限(TLm)将大大缩短。Jones 认为，鱼类在含盐酸的废水中的 4 日生存最低 pH 值为 4.5(我国规定的排放标准为 6～9)。废水中残存的氯化锌对生物的危害已有不少研究。一般认为，氯化锌属低毒至中等毒性范围。对蓝鳞鳃太阳鱼，静态急性毒性试验表明，氯化锌废水 24h 及 48h 的 TLm 值为 7.24mg/L 及 5.76mg/L。显然，生产过程中排放的废水含大量氯化锌，其危害是严重的。

1.3.2　松香、松节油生产废水

(1)废水污染源：①松脂加工过程中的废水主要来自脂液澄清工序，其量约为加工工艺废水的 80%(约 0.5～1m^3/t 松香)，其余为油水分离器、盐析器所排出的废水；②浮油松香加工过程中的废水，主要来自硫酸酸化硫酸盐皂所产生的含硫酸钠的酸性废水和浮油精馏过程所排出的含酚类衍生物和脂肪酸的废水；③明子松香加工的废水主要来自蒸馏过程和溶剂回收过程。

(2)主要污染物、负荷量及废水特征：废水中污染物的组成、污染负荷量及排放量随原料品种、加工工艺方法及设备等条件而异。松脂加工废水属低数量高污染负荷的有机有毒类废水。废水中除含有在生产过程中加入的草酸外，尚含有树脂酸类物质(如左旋海松酸、枞酸、长叶松酸、海松酸等)、萜烯类物质(α、β-蒎烯、苧烯、倍半萜烯)及水溶性物质(糖类、单宁及其他)。废水 pH 值为 1～4；COD_{Cr}：5 000～15 000mg/L；树脂：1 300～3 300mg/L；悬浮物(总固体)：1 000～3 000mg/L。表 64-11 列出某松香厂 80 年代废水污染数据。

表 64-11　某松香厂废水污染数据

分析项目	澄清废水		废水塘	备　注
	Ⅰ	Ⅱ		
pH 值	4.9	2.2	6.4	Ⅰ-未加草酸
颜色及外观	灰褐色、浑浊	乳黄色	浅灰色	
COD_{Cr}(mg/L)	41 417-74 701	5 207	1 502	
COD_{Mn}(mg/L)	11 216	1 071	322	
树脂(mg/L)	32 780	1 342	3 528	乙醚抽提法
蒸发固形物(mg/L)	700	2 860	980	

由于废水含有树脂酸类物质，它消耗水体中的溶解氧，对鱼类等水生动物将产生危害。研究表明，树脂酸对鱼类的致死极限浓度为 1mg/L。

1.3.3　其他林化工业废水

1.3.3.1　栲胶生产废水

(1)废水污染源：栲胶生产工艺过程一般由原料粉碎、水浸提、净化、蒸发及干燥等工序组成。其废水来源有三：①栲胶浸提出渣冲渣废水，占总生产工艺废水的 80%左右；②雾沫除尘

器排水，约占10%；③蒸发工段污冷凝水，约占2%。废水量随原料品种、工艺及设备条件而异，一般为20～40m^3/t产品。

(2)废水成分及其特征：几个栲胶厂废水污染特征分析数据见表64-12。

表64-12　80年代测定的几个栲胶厂排放废水的污染数据

指　　标	广西某栲胶厂	内蒙古某栲胶厂	陕西某栲胶厂
栲胶原料	杨　梅	落叶松树皮	橡椀、红根、槲皮等
废水量(t/t产品)	20～40	350*	30～40
pH值	6.2～6.8	4.6	6.5
COD(mg/L)	1 278～1 910	57 800	646
总残渣量(mg/L)	400～1 200	5 373	—
单宁量(mg/L)	600～1 300	12	—
色度(总色度)	8～12	—	深褐色
砷(mg/L)	—	0.01	0.07
铬(mg/L)	—	—	0.004
酚(mg/L)	—	0.041	0.130
氰化物(mg/L)	—	0.000 4	0.004
硫酸盐(mg/L)	—	160	—

*　可能包括其他废水。

从表中数据可以看出，栲胶生产废水主要的污染物质是大量悬浮物及沉淀残渣。废水中除含有为提高浸提得率而加入的亚硫酸盐外，还含有残存单宁等有机物，因而造成排放废水较深的色度，较高的耗氧量，栲胶废水中的砷、铬、酚、氰等毒性物质均在地表水允许浓度之下。

栲胶废水的毒性研究尚不充分。一般认为，单宁物质并无全身致毒作用。国内曾研究橡椀栲胶急性及亚急性毒性，结果表明，由于栲胶具有酸性和收敛性，一次大量服用会对动物体造成危害，其半数致死量(LD_{50})为126.2mg/kg；少量的橡椀单宁，由于动物体本身的分解和排泄能力，不会造成危害作用。至于单宁物质的致病、致癌作用及其病原学等问题，有待进一步研究。

1.3.3.2　木材胶粘剂生产废水

(1)废水污染源及其特征：木材胶粘剂生产的废水主要来源于工艺过程的树脂脱水阶段及反应容器的冲洗水。废水的组成、污染负荷及排放量随制胶的种类、生产工艺及操作管理条件等因素而异。但各类制胶厂排放的废水属量少而高浓度的有机、有毒废水。比如，酚醛树脂胶生产过程中，剩余的游离酚高达4.6～6.9kg/t酚醛树脂，废水中酚浓度高达23 000mg/L；游离甲醛为5～7.5kg/t，废水中甲醛浓度为35 000mg/L。比国家规定的排放标准高出5万～7万倍。在脲醛树脂生产中，是以尿素、甲醛为主要原料，在一定条件下，经加热缩聚、减压脱水而成的。虽然尿素并不呈现严重毒性，但是，由于甲醛原料含有8%～12%的阻聚剂甲醇，在树脂的合成过程中，并未参加反应，而是在减压脱水时被带出，在脱出的废水中，甲醇高达15%左右，每生产1t脲醛树脂，大约向水体排放20～25kg甲醇。另外，废水中还含有残存的甲醛，因此，废水的污染危害是严重的。木材胶粘剂生产废水排放量一般为300～500kg/t胶。一个年产3万m^3的刨花板工厂，其脲醛树脂胶生产车间的日排放废水量为5 000kg。

(2)废水的毒害性：由于废水中含游离酚、甲醛、甲醇等毒性物质，对动物及人体均有严重危害。其毒性见表64-13。

表 64-13　酚、甲醛、甲醇的毒性

危害对象	酚	甲　醛	甲　醇
豚　鼠	经常吸入 50μg/g 蒸汽即可死亡	径口 LD_{50}值为 240mg/kg	—
大　鼠	径口 LD_{50}值为 530mg/kg	径口 LD_{50}值为 800mg/kg	径口 LD_{50}值为 12～14mg/kg
鲑鱼胚胎	24h LC_{50}值为 5mg/L	—	—
猫	—	2.0mg/L(1 600μg/g),4h 致死	380mg/L,3h 深度麻醉,再过数小时死亡
人　体	常由皮肤接触,吸入酚蒸汽而中毒,在人体皮肤上大面积附着,1h 内即可致死 工作场所最高允许浓度为 5μg/g(19mg/m³) 工业废水最高允许排放标准为 0.5mg/L 饮用水不超过 0.002mg/L	主要造成呼吸道粘膜、眼粘膜及皮肤损害,当成为习惯性时,能忍耐的浓度为 10～15μg/g 工作场所最高允许浓度为 5μg/g(6mg/m³) 地面水中最允许浓度为 0.5mg/L	由皮肤吸收造成蓄积性的神经中毒,特别对视觉神经作用更强 4 000μg/g(500g/m³)发生中毒 口服 1g/kg(或更少)引起失明、死亡 工作场所最高允许浓度为 200μg/g(260mg/m³)

1.3.3.3　木材水解和糠醛生产废水

(1)木材水解生产废水:木材稀酸高压水解生产工业酒精及饲料酵母,是典型的林产化学工业之一。由酒精精馏塔塔底排出的废水是生产过程中废水的主要来源。废水的 pH 值较低,主要由于废水中残存的醋酸、蚁酸、左旋糖醛酸等有机酸所致;总固物及有机耗氧物质含量较高,则归因于废水中的丙酮、杂醇油、木质素及其他悬浮物质。该废水属有机耗氧废水。COD 平均值在 15 000mg/L 左右,每生产 1t 酵母,大约排放 500m³ 废水。一个年产 4 000t 酒精、850t 饲料酵母的中型厂,年废水排放量约 40 万 m³以上。某个木材水解厂废水污染负荷实测数据见表 64-14。

表 64-14　木材水解酒精及酵母生产废水污染负荷

污染指标	酒精生产废水	酵母生产废水
颜　色	棕褐色	灰褐色
pH 值	4.5～5.0	5.0～6.5
悬浮物(mg/L)	124～1 620	842
总固形物(mg/L)	19 300	9 032
COD(mg/L)	5 000～20 000	8 000～12 000

(2)糠醛生产废水:糠醛生产过程中的废水主要来自蒸馏塔(或蒸馏釜)底排出的废液,一个年产 500t 的糠醛厂,每小时大约排出 1 440kg 废液,废液呈酸性,有机固形物含量极高;由换热器、冷凝器等排出的冷凝或冷却废水,每生产 1t 产品,大约排放 700t 这种废水;糠醛渣冲洗废水及备料工段水沫除尘器废水的污染特征是温度高、pH 值低、有较高的有机耗氧物质。某糠醛厂生产废水的污染数据,见表 64-15。

表 64-15　某糠醛厂生产废水污染负荷(实测)

污染指标	数　据	总固体的(%)
pH 值	2～3	
温　度	98.8	
总固形物(mg/L)	549	100

（续）

污染指标	数　据	总固体的(%)
不挥发性固体(mg/L)	115	20.9
挥发性固体(mg/L)	434	79.1
总悬浮物(mg/L)	178	32.4
总溶解固形物(mg/L)	371	67.6
BOD(mg/L)	10 500	
溶解氧(mg/L)	0	

2　水污染防治有关法规、环境标准及环境影响评价

2.1　水污染防治有关法规

2.1.1　中华人民共和国环境保护法

为了保护和改善生活环境与生态环境，防治污染和其他公害，保障人体健康，促进社会主义现代化建设的发展，制定本法。它适用于中华人民共和国领域和中华人民共和国管辖的其他海域。本法共分六章四十七条，详见《中华人民共和国环境保护法》(1989年12月26日公布并执行)。

2.1.2　中华人民共和国水污染防治法

为防治水污染，保护和改善环境，以保障人体健康，保证水资源有效利用，促进社会主义现代化建设的发展，特制定本法。它适用于中华人民共和国领域内的江河、湖泊、运河、渠道、水库等地表水体以及地下水体的污染防治(海洋污染防治另有法律规定)。本法共分七章四十六条。对"水环境质量标准和污染排放标准的制定""水污染防治的监督管理""防止地表水污染""防止地下水污染"及"法律责任"等作了明确规定。

2.1.3　建设项目环境保护管理办法

为加强建设项目的环境保护管理，严格控制新的污染，加快治理原有的污染，保护和改善环境，根据《中华人民共和国环境保护法》制定本办法。它适用于我国的工业、交通、水利、农林、商业、卫生、文教、科研、旅游、市政等对环境有影响的一切基本建设项目和技术改造项目以及区域开发建设项目。明确规定凡从事对环境有影响的建设项目都必须执行环境影响报告书的审批制度；执行防治污染及其他公害的设施与主体工程同时设计、同时施工、同时投产"三同时"制度。本办法共二十五条，详见[(86)国环字第003号]文件。本法自1986年3月26日公布执行。

2.2　水污染防治有关环境标准

环境标准是从保护人民健康和促进生态良性循环出发，为获得最佳的环境效益和经济效益，在综合研究的基础上，经有关部门批准并赋予法律效力的技术准则。它是环境保护法规体系的组成部分，是执行各种环境法规的具体依据。

2.2.1　地面水环境质量标准(GB3838—88)

为贯彻执行《中华人民共和国环境保护法》和《中华人民共和国水污染防治法》，控制水污染，保护水资源，制定了本标准。它是进行有效的环境管理和制定污水排放标准的依据。

本标准适用于我国的江、河、湖泊、水库等具有使用功能的地面水域。依据地面水域的使用目的和保护目标将其划分为五类：

Ⅰ类　主要适用于源头水、国家自然保护区。

Ⅱ类　主要适用于集中式生活饮用水水源地一级保护区、珍贵鱼类保护区、鱼虾产卵场等。

Ⅲ类　主要适用于集中或生活饮用水水源地二级保护区、一般鱼类保护区及游泳区。

Ⅳ类　主要适用于一般工业用水区及人体非直接接触的娱乐用水区。

Ⅴ类　主要适用于农业用水区及一般景观要求水域。

同一水域兼有多类功能的，依最高功能划分类别。有季节性功能的，可分季划分类别。

地面水环境质量标准见表 64-16。

表 64-16　地面水环境质量标准(GB3838—88)　(mg/L)

序　号	参　数		分　类				
			Ⅰ类	Ⅱ类	Ⅲ类	Ⅳ类	Ⅴ类
	基本要求		所有水体不应有非自然原因所导致的下述物质 a. 凡能沉淀而形成令人厌恶的沉积物； b. 漂浮物，诸如碎片、浮渣、油类或其他的一些引起感观不快的物质； c. 产生令人厌恶的色、臭、味或浑浊度的； d. 对人类、动物或植物有损害、毒性或不良生理反应的； e. 易滋生令人厌恶的水生生物的				
1	水温(℃)		人为造成的环境水温变化应限制在： 夏季周平均最大温升<1 冬季周平均最大温升<2				
2	pH 值		6.5～8.5				6～9
3	硫酸盐*(以 SO_4^{-2} 计)	≤	250 以下	250	250	250	250
4	氯化物*(以 Cl^- 计)	≤	250 以下	250	250	250	250
5	溶解性铁*	≤	0.3 以下	0.5	0.5	0.5	1.0
6	总　锰*	≤	0.1 以下	0.1	0.1	0.5	1.0
7	总　铜*	≤	0.01 以下	1.0(渔 0.1)	1.0(渔 0.01)	1.0	1.0
8	总　锌	≤	0.05	1.0(渔 0.1)	1.0(渔 0.1)	2.0	2.0
9	硝酸盐(以 N 计)	≤	10 以下	10	20	2.0	2.5
10	亚硝酸盐(以 N 计)	≤	0.06 以下	0.1	0.15	1.0	1.0
11	非离子氨	≤	0.02	0.02	0.02	0.2	0.2
12	凯氏氮	≤	0.5	0.5	1	2	2
13	总磷(以 P 计)	≤	0.02	0.1(湖库 0.025)	0.1(湖库 0.025)	0.2	0.2
14	高锰酸盐指数	≤	2	4	6	8	10
15	溶解氧	≥	饱和率 90%	6	5	3	2
16	化学需氧量(COD_{Cr})	≤	15 以下	15 以下	15	20	25
17	生化需氧量(BOD_5)	≤	3 以下	3	4	6	10
18	氟化物(以 F^- 计)	≤	1.0 以下	1.0	1.0	1.5	1.5
19	硒(四价)	≤	0.01 以下	0.01	0.01	0.02	0.02
20	总　砷	≤	0.05	0.15	0.05	0.1	0.1
21	总　汞**	≤	0.000 05	0.000 05	0.000 1	0.001	0.001
22	总　镉***	≤	0.001	0.005	0.005	0.005	0.01

（续）

序 号	参 数		分 类				
			Ⅰ类	Ⅱ类	Ⅲ类	Ⅳ类	Ⅴ类
23	铬(六价)	≤	0.01	0.05	0.05	0.05	0.1
24	总铅**	≤	0.01	0.05	0.05	0.05	0.1
25	总氮化物	≤	0.005	0.05(渔0.005)	0.2(渔0.005)	0.2	0.2
26	挥发酚**	≤	0.002	0.002	0.005	0.01	0.1
27	石油类**(石油醚萃取)	≤	0.05	0.05	0.05	0.5	1.0
28	阴离子表面活性剂	≤	0.2以下	0.2	0.2	0.3	0.3
29	总大肠菌群***(个/L)	≤			10 000		
30	苯并(a)芘***(μg/L)	≤	0.002 5	0.002 5	0.002 5		

* 允许根据地方水域背景值特征做适当调整的项目；** 规定分析检测方法的最低检出限达不到基准要求；*** 试行标准。

表64-17 农田灌溉水质标准(GB5084—92) (mg/L)

序 号	项 目		水 作	旱 作	蔬 菜
1	生化需氧量(BOD_5)	≤	80	150	80
2	化学需氧量(CODcr)	≤	200	300	150
3	悬浮物	≤	150	200	100
4	阴离子表面活性剂(LAS)	≤	5.0	8.0	5.0
5	凯氏氮	≤	12	30	30
6	总磷(以P计)	≤	5.0	10	10
7	水温(℃)	≤		35	
8	pH值	≤		5.5～8.5	
9	全盐量	≤		1 000(非盐碱土地区)2 000(盐碱土地区) 有条件的地区可以适当放宽	
10	氯化物	≤		250	
11	硫化物	≤		1.0	
12	总 汞	≤		0.001	
13	总 镉	≤		0.005	
14	总 砷	≤	0.05	0.1	0.05
15	铬(六价)	≤		0.1	
16	总 铅	≤		0.1	
17	总 铜	≤		1.0	
18	总 锌	≤		2.0	
19	总 硒	≤		0.02	
20	氟化物	≤		2.0(高氟区) 3.0(一般地区)	
21	氰化物	≤		0.5	
22	石油类	≤	5.0	10	1.0

（续）

序号	项目		水作	旱作	蔬菜
23	挥发酚	≤	1.0		
24	苯	≤	2.5		
25	三氯乙醛	≤	1.0	0.5	0.5
26	丙烯醛	≤	0.5		
27	硼	≤	1.0（对硼敏感作物，如：马铃薯、笋瓜、韭菜、洋葱、柑橘等） 2.0（对硼耐受性较强的作物，如小麦、玉米、青椒、小白菜、葱等） 3.0（对硼耐受性强的作物，如：水稻、萝卜、油菜、甘蓝等）		
28	粪大肠菌群数，个/L	≤	10 000		
29	蛔虫卵数，个/L	≤	2		

注：①在以下地区，全盐量水质标准可以适当放宽：具有一定的水利灌排工程设施，能保证一定的排水和地下水径流条件的地区。有一定淡水资源能满足冲洗土体中盐分的地区。②当本标准不能满足当地环境保护需要时，省、自治区、直辖市人民政府可以补充本标准中未规定的项目，作为地方补充标准，并报国务院环境保护行政主管部门备案。

2.2.2 农田灌溉水质标准(GB5084—92)

本标准适用于全国以地面水、地下水和处理后的城市污水及与城市污水水质相近的工业废水作水源的农田灌溉用水。本标准不适用医药、生化制品、化学试剂、农药、石油炼制、焦化和有机化工处理后的废水进行灌溉。农田灌溉水质标准见表 64-17。

2.2.3 渔业水质标准(GB11607—89)

本标准适用于鱼虾类的产卵场、索饵场、越冬场、回游通道和水产增养殖区等海、淡水的渔业水域。渔业水域的水质，应符合表 64-18。

表 64-18 渔业水质标准(GB11607—89) (mg/L)

项目序号	项目	标准值
1	色、臭、味	不得使鱼、虾、贝、藻类带有异色、异臭、异味
2	漂浮物质	水面不得出现明显油膜或浮沫
3	悬浮物质	人为增加的量不得超过 10，而且悬浮物质沉积于底部后，不得对鱼、虾、贝类产生有害的影响
4	pH 值	淡水 6.5～8.5，海水 7.0～8.5
5	溶解氧	连续 24h 中，16h 以上必须大于 5，其余任何时候不得低于 3，对于鲑科鱼类栖息水域冰封期其余任何时候不得低于 4
6	生化需氧量(5 天、20℃)	不超过 5，冰封期不超过 3
7	总大肠菌群	不超过 5 000 个/L(贝类养殖水质不超过 500 个/L)
8	汞	≤0.000 5
9	镉	≤0.005
10	铅	≤0.05
11	铬	≤0.1
12	铜	≤0.01
13	锌	≤0.1

（续）

项目序号	项　　目	标　　准　　值
14	镍	≤0.05
15	砷	≤0.05
16	氰化物	≤0.005
17	硫化物	≤0.2
18	氟化物(以 F^-计)	≤1
19	非离子氨	≤0.02
20	凯氏氮	≤0.05
21	挥发性酚	≤0.005
22	黄磷	≤0.001
23	石油类	≤0.05
24	丙烯腈	≤0.5
25	丙烯醛	≤0.02
26	六六六(丙体)	≤0.002
27	滴滴涕	≤0.001
28	马拉硫磷	≤0.005
29	五氯酚钠	≤0.01
30	乐果	≤0.1
31	甲胺磷	≤1
32	甲基对硫磷	≤0.000 5
33	呋喃丹	≤0.01

各项标准数值系指单项测定最高允许值。

标准值单项超标，即表明不能保证鱼、虾、贝正常生长繁殖，并产生危害，危害程度应参考背景值、渔业环境的调查数据及有关渔业水质基准资料进行综合评价。

2.2.4　污水综合排放标准(GB8978—88 及 GB8978—1996)

为了控制水污染，保护江河、湖泊、运河、渠道、水库和海洋等地面水水体以及地下水水体水质的良好状态，保障人体健康，维护生态平衡，促进国民经济和城乡建设的发展，1988 年制定了 GB8978—88 标准。

该标准按地面水域使用功能要求和污水排放去向，对向地面水域和城市下水道排放的污水分别执行一、二、三级标准。该标准将排放的污染物按其性质分为二类：

第一类污染物，指能在环境或动物体内蓄积，对人体健康产生长远不良影响者，含此类有害污染物质的污水，不分行业和污水排放方式，也不分受纳水体的功能类别，一律在车间或车间处理设施排出口取样，其最高允许排放浓度必须符合表 64-19 的规定。

表 64-19　第一类污染物最高允许排放浓度(mg/L)(GB8978—1996)

污染物	最高允许排放浓度
1. 总汞	0.05
2. 烷基汞	不得检出
3. 总镉	0.1
4. 总铬	1.5
5. 六价铬	0.5
6. 总砷	0.5
7. 总铅	1.0
8. 总镍	1.0
9. 苯并(a)芘	0.000 03
10. 总铍	0.005
11. 总银	0.5
12. 总 α 放射性	1Bg/L
13. 总 β 放射性	10Bg/L

第二类污染物，指其长远影响小于第一类污染物质，在排污单位排出口取样。

1996 年对 GB8978—88 标准进行了修订，制定了 GB8978—1996 新标准，并于 1996 年 10 月 4 日发布，1998 年 1 月 1 日实施。新标准以年限制代替原标准以现有企业和新扩改企业分类，对 1997 年 12 月 31 日前建设的单位，执行第一时间段规定的标准值；1998 年 1 月 1 日起建设的单位，执行第二时间段规定的标准值。

新修订的标准 GB8978—1996 与行业排放标准不交叉执行，造纸工业仍按 GB3544—92 标准执行；林化工业未单独规定，可参照新标准中“其他排污单位”实施。符合表 64-20 的规定。

表 64-20 与林化工业有关的第二类主要污染物最高允许排放浓度(GB8978—1996) (mg/L)

序号	污染物	1997 年 12 月 31 日前建设的单位			1998 年 1 月 1 日后建设的单位		
		一级标准	二级标准	三级标准	一级标准	二级标准	三级标准
1	pH 值	6～9	6～9	6～9	6～9	6～9	6～9
2	色度(稀释倍数)	50	80	—	50	80	—
3	悬浮物(SS)	70	200	400	70	150	400
4	5 天生化需氧量(BOD_5)	30	60	300	20	30	300
5	化学需氧量(COD)	100	150	500	100	150	500
6	挥发酚	0.5	0.5	2.0	0.5	0.5	2.0
7	硫化物	1.0	1.0	2.0	1.0	1.0	1.0
8	磷酸盐(以 P 计)	0.5	1.0	—	0.5	1.0	—
9	甲 醛	1.0	2.0	5.0	1.0	2.0	5.0
10	总 锌	2.0	5.0	5.0	2.0	5.0	5.0

① 详见 GB8978-1996 全文；② 造纸工业排放标准详见表 64-21。

2.2.5 造纸工业水污染物排放标准(GB3544—92)

虽然 1998 年 1 月 1 日修订了 GB8978—88《污水综合排放标准》。但对造纸工业等 12 个行业的标准仍按行业标准执行，即造纸工业仍按 GB3544—92 标准执行。1989 年 1 月 1 日前立项的建设项目及建成后投产的企业按表 64-21 执行；1989 年 1 月 1 日至 1992 年 6 月 30 日立项的建设项目及建成后投产的企业按表 64-22 执行。1992 年 7 月 1 日起立项的建设项目及建成后投产的企业按表 64-23 执行。

表 64-21

类 别			排水量	一 级				二 级				三 级			
				生化需氧量(BOD_5)	化学需氧量(COD_{Cr})	悬浮物(SS)	pH 值	生化需氧量(BOD_5)	化学需氧量(COD_{Cr})	悬浮物(SS)	pH 值	生化需氧量(BOD_5)	化学需氧量(COD_{Cr})	悬浮物(SS)	pH 值
			m^3/t(浆)	mg/L	mg/L	mg/L		mg/L	mg/L	mg/L		mg/L	mg/L	mg/L	
制浆、制浆造纸	木浆	本色	220.0	150	350	200	6～9	180	400	250	6～9	600	1 000	400	6～9
		漂白	320.0												
	非木浆	本色	270.0	150	350	200	6～9	200	450	250	6～9	600	1 000	400	6～9
		漂白	370.0												

（续）

类别		排水量	一级				二级				三级			
			生化需氧量（BOD_5）	化学需氧量（COD_{Cr}）	悬浮物（SS）	pH值	生化需氧量（BOD_5）	化学需氧量（COD_{Cr}）	悬浮物（SS）	pH值	生化需氧量（BOD_5）	化学需氧量（COD_{Cr}）	悬浮物（SS）	pH值
		m^3/t（浆）	mg/L	mg/L	mg/L		mg/L	mg/L	mg/L		mg/L	mg/L	mg/L	
造纸（无纸浆）	一般机制纸纸板及浆板	80.0m^3/t（纸）	60	150	100	6～9	80	200	250	6～9	500	1 000	400	6～9

表 64-22

类别			排水量	一级				二级				三级			
				生化需氧量（BOD_5）	化学需氧量（COD_{Cr}）	悬浮物（SS）	pH值	生化需氧量（BOD_5）	化学需氧量（COD_{Cr}）	悬浮物（SS）	pH值	生化需氧量（BOD_5）	化学需氧量（COD_{Cr}）	悬浮物（SS）	pH值
			m^3/t（浆）	mg/L	mg/L	mg/L		mg/L	mg/L	mg/L		mg/L	mg/L	mg/L	
制浆、制浆造纸	木浆	本色	190	30	100	70	6～9	150	350	200	6～9	600	800	400	6～9
		漂白	280												
	非木浆	本色	230	30	100	70	6～9	150	450	200	6～9	600	1 000	400	6～9
		漂白	330												
造纸（无纸浆）	一般机制纸纸板及浆板		70 m^3/t（纸）	30	100	70	6～9	60	150	200	6～9	500	500	400	6～9

表 64-23

类别			排水量	一级									二级			
				生化需氧量（BOD_5）		化学需氧量（COD_{Cr}）		悬浮物（SS）		可吸附有机卤化物（AOX）①		pH值	生化需氧量（BOD_5）		化学需氧量（COD_{Cr}）	
			m^3/t（浆）	kg/t（浆）②	mg/L	kg/t（浆）②	mg/L	kg/t（浆）②	mg/L	kg/t（浆）②	mg/L		kg/t（浆）②	mg/L	kg/t（浆）②	mg/L
制浆制浆造纸	木浆	本色	150	4. 5	30	15. 0	100	10. 5	70			6～9	15.0	100	52.5	350
		漂白	240	7. 2	30	24. 0	100	16. 8	70	1. 5	8	6～9	28.8	120	84.0	350
	非木浆	本色	190	5. 7	30	19. 0	100	13. 3	70			6～9	28.5	150	85.5	450
		漂白	290	8. 7	30	29. 0	100	20. 3	70	1. 5	7	6～9	43.5	150	130.5	450
造纸	一般机制纸、纸板及浆板		60 m^3/t（纸）	1.8 kg/t（纸）	30	6.0 kg/t（纸）	100	4.2 kg/t（纸）	70			6～9	3.6 kg/t（纸）	60	9.0 kg/t（纸）	150

（续）

类别			二级					三级						
			悬浮物（SS）		可吸附有机卤化物（AOX）①		pH值	生化需氧量（BOD_5）		化学需氧量（COD_{Cr}）		悬浮物（SS）		pH值
			kg/t（浆）②	mg/L	kg/t（浆）②	mg/L	（月均值）	kg/t（浆）②	mg/L	kg/t（浆）②	mg/L	kg/t（浆）②	mg/L	
制浆制浆造纸	木浆	本色	30	200			6～9	75	500	120	800	60	400	6～9
		漂白	48	200	2．5	10	6～9	120	500	192	800	96	400	6～9
	非木浆	本色	38	200			6～9	114	600	171	900	76	400	6～9
		漂白	58	200	2．5	9	6～9	174	600	261	900	116	400	6～9
造纸	一般机制纸、纸板及浆板		6.0 kg/t（纸）	100			6～9		400		500		400	

① AOX（可吸附有机卤化物）列为参考指标；② 吨浆污染物排放量为生产工艺参考指标。

2.2.6 地面水环境质量标准选配分析方法（见表 64-24、表 64-25）

表 64-24 地面水环境质量标准选配分析方法

字号	参数	测定方法		检测范围（mg/L）	注释	分析方法来源
1	水温					
2	pH 值	玻璃电极法				GB 6920—86
3	硫酸盐	硫酸钡重量法		10 以上	结果以 SO_4^{2-} 计	GB 5750—85
		铬酸钠比色法		5～200		
		硫酸钡比浊法		1～40		
4	氯化物	硝酸银容量法*		10 以上	结果以 Cl^- 计	GB 5750—85
		硝酸水容量法*		可测至 10 以下		
5	总铁	二氮杂菲比色法*		检出下限 0.05	测得为水体中溶解态、胶体态、悬浮颗粒以及生物体中的总铁量	GB 5750—85
		原子吸收分光光度法*		检出下限 0.3		
6	总锰	过硫酸铵比色法*		检出下限 0.05		
		原子吸收分光光度法*		检出下限 0.1		
7	总铜	原子吸收分光光度法	直接法	0.05～5	未过滤的样品经消解后测得的总铜量，包括溶解的和悬浮的	GB 7475—87
			螯合萃取法	0.001 0.05		
		二乙基二硫代氨基甲酸钠（铜试剂）分光光度法		检出下限 0.003（3cm 比色皿）0.02～0.70（1cm 比色皿）		GB 7474—87
		2，9-二甲基-1，10-二氮杂菲（新铜试剂）分光光度法		0.006～3		GB 7473—87

（续）

字号	参　数	测定方法	检测范围（mg/L）	注　　释	分析方法来源
8	总　锌	双硫腙分光光度法	0.005～0.05	经消化处理后测得的水样中总锌量	GB 7472—87
		原子吸收分光光度法	0.05～1		GB 7475—87
9	硝酸盐	酚二磺酸分光光度法	0.02～1	硝酸盐含量过高时应稀释后测定结果以氮（N）计	GB 7480—87
10	亚硝酸盐	分子吸收分光光度法	0.003～0.20	采样后应尽快分析。结果以氮（N）计	GB 7493—87
11	非离子氮（NH_3）	纳氏试剂比色法	0.05～2（分光光度法） 0.20～2（目视法）	测得结果是以氮（N）计的氨氮浓度，然后再根据附表，换算为非离子氨浓度	GB 7479—87
		水杨酸分光光度法	0.01～1		GB 7481—87
12	凯氏氮*		0.05～2（分光光度法） 0.02～2（目视法）	前处理后用纳氏比色法，测得为氨氮与有机氮之总和，结果以氮（N）计	
13	总　磷	钼蓝比色法*	0.025～0.6	结果为未过滤水样经消化处理后测得的溶解的和悬浮的总磷量（以P计）	
14	高锰酸盐指数	酸性高锰酸钾法*	0.5～4.5		
		碱性高锰酸钾法*	0.5～4.5		
15	溶解氧	碘量法	0.2～20	碘量法测定溶解氧有各种修正法，测定时应根据干扰情况具体选用	GB 7489—87
16	化学需氧量（COD_{Cr}）	重铬酸盐法*	10～800		
17	生化需氧量（BOD_5）	稀释与接种法	3以上		GB 7488—87
18	氟化物	氟试剂比色法	0.05～1.8	结果以F^-计	GB 7482—87
		茜素磺酸锆目视比色法	0.05～2.5		
		离子选择电极法	0.05～1 900		GB 7484—87
19	硒（四价）	二氨基联苯胺比色法	检出下限0.01		GB 5750—85
		荧光分光光度法	检出下限0.001		
20	总　砷	乙基二硫代氨基甲酸银分光光度法	0.007～0.5	测得为单体形态、无机或有机物中元素砷的总量	GB 7485—87

（续）

字号	参数	测定方法		检测范围（mg/L）	注释	分析方法来源
21	总汞	冷原子吸收分光光度法	高锰酸钾-过硫酸钾消解法	检出下限0.000 1（最佳条件0.000 05）	包括无机或有机结合的，可溶的和悬浮的全部汞	GB 7468—87
			溴酸钾-溴化钾消解法			
		高锰酸钾-过硫酸钾消解-双硫腙比色法		0.002～0.04		GB 7469—87
22	总镉	原子吸收分光光度法（螯合萃取法）		0.001～0.05	经酸硝解处理后，测得水样中的总镉量	GB 7475—87
		双硫腙分光光度法		0.001～0.05		GB7471—87
23	铬（六价）	二苯碳酰二肼分光光度法		0.004～1.0		GB 7467—87
24	总铅	原子吸收分光光度法	直接法	0.2～10	经酸硝解处理后，测得水样中的总铅量	GB 7475—87
			螯合萃取法	0.01～0.2		
		双硫腙分光光度法		0.01～0.30		GB 7470—87
25	总氰化物	异烟酸-吡啶啉酮比色法		0.004～0.25	包括全部简单氰化物和绝大部分络合氰化物，不包括钴氰络合物	GB 7486—87
		吡啶-巴比妥酸比色法		0.002～0.45		
26	挥发酚	蒸馏后4-氨基安替比林分光光度法（氯仿萃取法）		0.002～6		GB 7490—87
27	石油类	紫外分光光度法*		0.05～50		
28	阴离子表面活性剂	亚甲基蓝分光光度法		0.05～2.0	本法测得为亚甲基蓝活性物质（MBAS），结果以LAS计	GB 7494—87
29	总大肠菌群	多管发酵法				GB 5750—85
		滤膜法				
30	苯并（a）芘	纸层析-荧光分光光度法		2.5μg/L		GB 5750—85

* 暂时采用环境监测分析方法（1983年版），待方法标准发布后执行国家标准。

表64-25 污水分析和采样方法

序号	项目	测定方法	方法标准编号
1	总汞	冷原子吸收光度法	GB 7468—87
		过硫酸钾消解法 双硫肿分光光度法	GB 7469—87
2	烷基汞		
3	总镉	原子吸收分光光度法	GB 7475—87
		双硫腙分光光度法	GB 7471—87
4	总铬	高锰酸钾氧化-二苯碳酰二肼分光光度法	GB 7466—87
5	六价铬	二苯碳酰二肼分光光度法	GB 7467—87
6	总砷	二乙基二硫代氨基甲酸银分光光度法	GB 7485—87

（续）

序号	项　目	测定方法	方法标准编号
7	总　铅	原子吸收分光光度法	GB 7475—87
		双硫腙分光光度法	GB 7470—87
8	总　镍	原子吸收分光光度法①	
		丁二酮肟分光光度法①	
9	苯并（a）芘	纸层析-荧光分光光度法	GB 5750—85
10	pH 值	玻璃电极法	GB 6920—86
11	色　度	稀释倍数法①	
12	悬浮物	滤纸法②	
		石棉坩埚法②	
13	生化需氧量（BOD_5）	稀释与接种法	GB 7488—87
14	化学需氧量（COD_{Cr}）	重铬酸钾法①	
15	石油类	重量法②	
		非分散红外法②	
16	动植物油	重量法③	
17	挥发酚	蒸馏后用 4-氨基安替比林分光光度法	GB 7490—87
		蒸馏后用溴化容量法	GB 7491—87
18	氰化物	异烟酸-吡唑啉酮比色法	GB 7487—87
19	硫化物	碘量法（高浓度）②	
		对氨基二甲基苯胺比色法（低浓度）②	
20	氨氮（NH_3-N）	蒸馏-中相滴定法	GB 7478—87
		纳氏试剂比色法	GB 7479—87
		水杨酸分光光度法	GB 7481—87
21	氟化物	氟试剂分光光度法	GB 7483—87
		离子选择电极法	GB 7484—87
		茜素磺酸锆目视比色法	GB 7482—87
22	磷酸盐	钼蓝比色法③	
23	苯铵类	重氮偶合比色法或分光光度法①	
24	硝基苯类	还原-偶氮比色法或分光光度法①	
25	阴离子合成洗涤剂	亚甲蓝分光光度法	GB 7494—87
26	锌	原子吸收分光光度法	GB 7475—87
		双硫腙分光光度法	GB 7472—87
27	锰	原子吸收分光光度法①	
		过硫酸铵比色法①	
28	有机磷农药		
29	大肠菌群数	发酵法	GB 5750—85
30	样品采集与保存④	采样方法	

注：暂时采用下列方法，待国家方法标准发布后，执行国家标准。

①水和废水标准检验法（第15版），中国建筑工业出版社，1985。

②污染源统一管理分析方法（废水部分），技术标准出版社，1983。

③环境监测分析方法，城乡建设环境保护部环境保护局，1983。

④ISO 5667/1－3 水质——采样第一部分，第二部分，第三部分等。

2.3　环境影响评价

2.3.1　实行环境影响评价的目的

在《建设项目环境保护管理办法》中明确规定：凡从事对环境有影响的建设项目都必须执行环境影响报告书的审批制度；执行防治污染及其他公害的设施与主体工程同时设计、同时施工、同时投产使用的“三同时”制度。为了接受过去长期以来在建设项目中忽视甚至不考虑环境影响的教训，把计划新建项目的预期环境影响纳入建设计划的可行性研究之中，即对项目可能对环境造成的近期和远期影响，拟采取的防治措施进行评价，论证和选择技术上可行、经济、布局上合理，对环境的有害影响较小的最佳方案，为领导部门决策提供科学依据。

2.3.2　环境影响报告的基本内容

环境影响评价的内容十分广泛，它涉及自然科学、社会科学和工程科学等方面的知识。在我国目前尚不能全面推行。但是在建厂前因地制宜，量力而行地进行环境影响的调查分析，推行一定深度和广度的环境影响评价制度是十分必要的。

对环境影响报告的基本要求是：对现有环境状况和对将进行的建设项目会对环境带来什么影响提出定性和定量的简要报告。报告应充分利用其他相似的实际环境做比较，尽量避免进行定量分析。能迅速为建设项目的决策者和计划设计者，在工程上马和进行施工设计时提供一定的依据和采取必要的措施，避免投产后的不必要的被动和更大损失。

环境影响报告的主要内容有：①工程投产后排放什么污染物，污染负荷为多少，环境本身的状况如何，将对环境造成什么影响；②在何地建厂对环境影响最小；③为控制和减少污染，拟采取什么措施，控制和减少的程度如何；④投资和运行费用要多少；⑤采取措施后，对环境还有什么影响，影响程度如何，是否符合环境的最低要求。

2.3.3　编制环境影响报告的步骤

环境影响报告应在建设项目的拟议和规划阶段进行，并将环境影响结合在建设项目的总可行性研究或总的评价中。

环境影响报告可分两阶段进行。第一阶段先进行初步调查研究，如初步调研结果表明开发计划对环境没有明显影响，则环境报告可以结束。如调研结果表明该计划可能导致明显的环境影响或在关键指标上不能肯定时，才有必要进行第二阶段的深入工作。

初步调查研究的步骤为：①明确问题及提出可供选择的比较方案，说明问题的所在和要求，并对比较方案作出说明。②尽可能收集每种可供选择的比较方案（包括厂址、工艺方法）的有关数据和国内外相似工程的有关数据。③明确污染控制深度，即只限于厂内处理，还是需要厂外处理。④确认初步影响。用可供利用的数据权衡各选择比较方案对环境的影响关系及其影响程度。⑤初步评价。经筛选比较，明确该发展计划对环境是否产生潜在的不良影响。如无明显影响，则提出结论报告，不需进一步调查研究。反之，则需进行深入详细的调查研究。

详细调查研究：①制定详细的调研计划。确定进一步调查研究的参考项目，组织工作小组，进一步收集、分析数据；②明确对现有环境的预期影响及可能采取的控制措施，确认和证实潜在的不良影响；③从方位、自然环境特征、直接性、累积性等各方面对该项目所产生的影响进行评价；④综合并提出报告，列举综合图表，推荐必须的监测规定。通过详细调查研究后，证实没有不良影响或所具有的潜在不良影响已被排除时，则不需进一步工作。如仍存在不肯定因素，则应考虑研究采取进一步措施以最大限度减少和避免其影响。

2.3.4 制定环境影响评价的技术程序

国际上在进行环境影响评价时，采用如图 64-1 的技术程序。

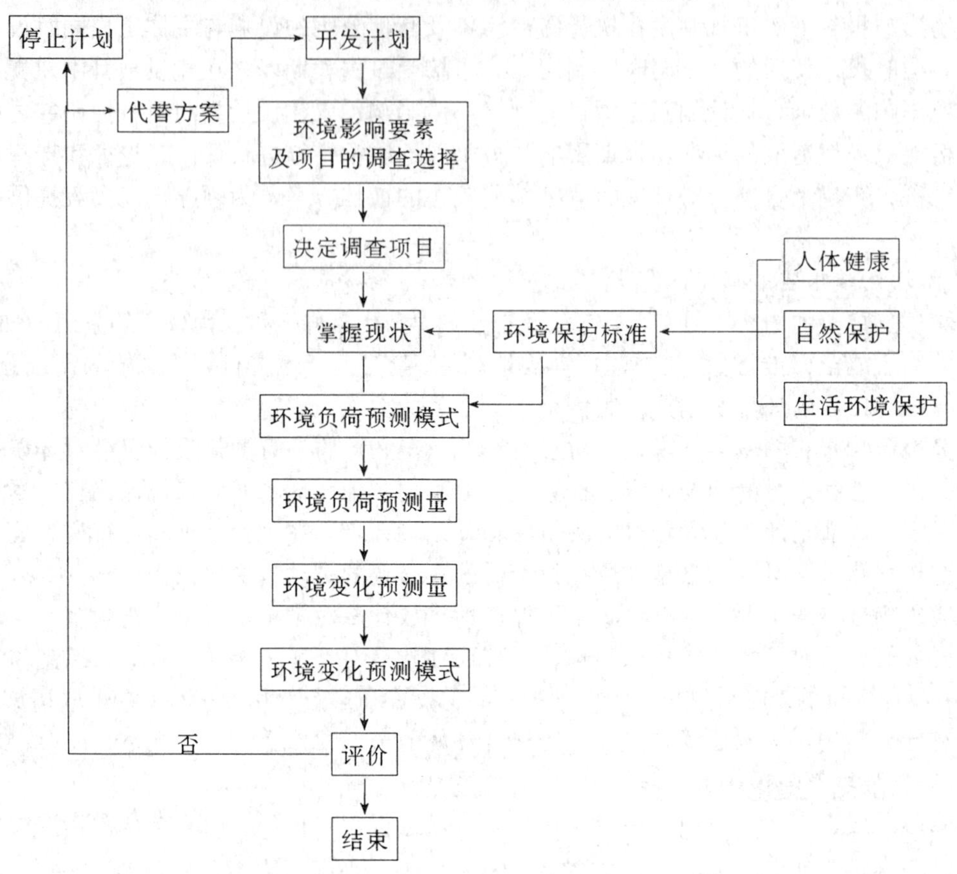

图 64-1 环境影响评价的技术程序示意

2.3.5 环境影响评价的审批程序

根据《建设项目环境保护管理办法》，由建设单位负责在可行性研究阶段提出环境影响报告书（或环境影响报告表），经建设项目的主管部门预审后报环保部门审批。

对环境影响较小的大中型基本建设项目和限额以上技术改造项目，经省级环保部门确认，可只填报环境影响报告表。

小型基建项目和限额以下技改项目（包括乡镇、街道、个体生产经营者的建设项目），填报环境影响报告表，县级或县级以上环保部门确认为对环境有较大影响的建设项目，要编制环境影响报告书。

大中型基本建设项目和限额以上技术改造项目的环境影响报告书（或报告表），经省级以上（含省级）的项目主管部门预审后，报项目所在地的省级环境保护部门审批，同时报国家环保局备案。

大中型基本建设项目和限额以上技改项目有下列情况之一者，环境影响报告书须报送国家环境保护局审查或批准：①跨越省、自治区、直辖市界区的建设项目；②特殊性质的建设项目（如核设施、绝密工程等）；③特大型的建设项目（报国务院审批）。

小型基建项目和限额以下技改项目的环境影响报告书（或表）按各地区规定的审批权限办理。

对环境问题有争论的建设项目，其环境影响报告书（或表）可提交上一级环境部门审批。

环境保护部门自接到环境影响报告书（或表）之日起，要在 2 个月（或 1 个月）内予以批复或签署意见。逾期不批复或未签署意见的，可视其上报方案已被确认。特殊性质或特大型建设项目的审批时间经国家环保局批准可适当延长。

未经批准环境影响报告书或报告表的建设项目不得进行设计。

环境影响评价管理程序，如图 64-2。

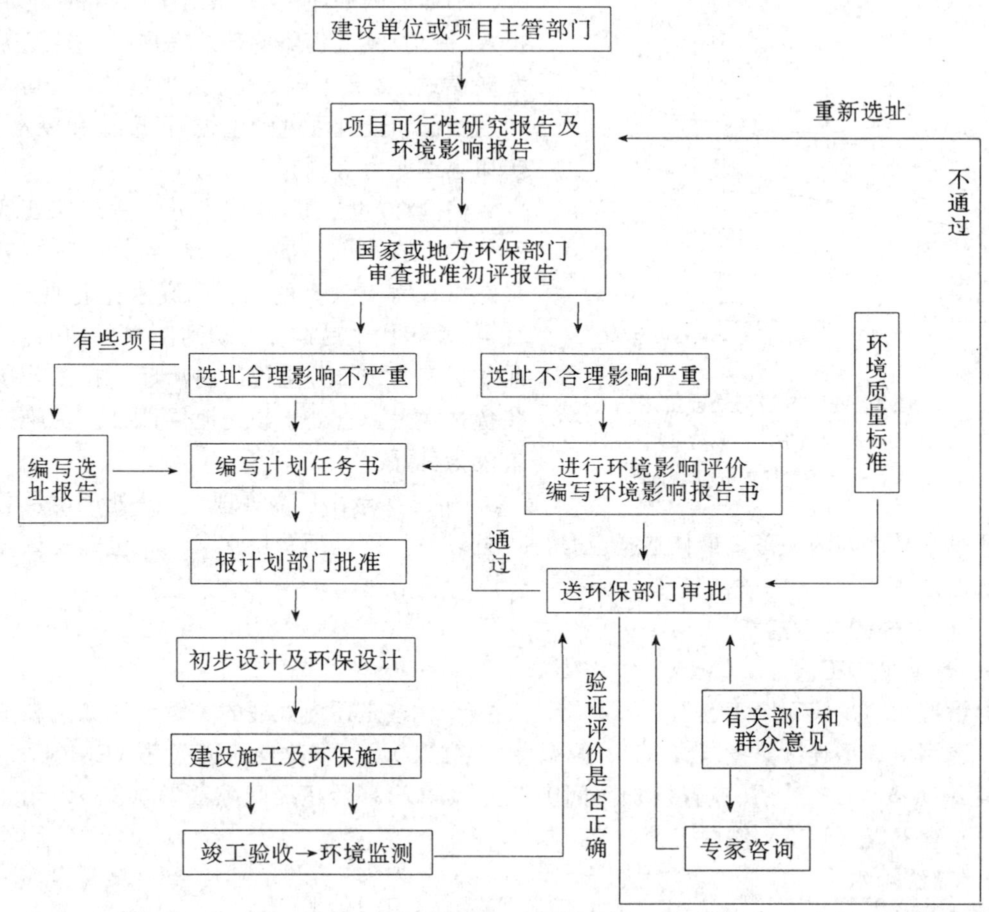

图64-2　环境影响评价管理程序

3　废水的厂内处理及负荷控制

3.1　厂内处理的基本原则

从污染源厂内治理工程出发，现阶段采用的治理技术路线是以厂内处理为主，厂外治理为辅的方针。即尽量通过生产工艺技术的改革和提高，装备水平的更新和完善，现代科学管理方法的采用，使污染物的发生控制在加工过程之中，而不是产生了污染然后去寻求治理。近年来，世界上发达国家工业污染控制已逐步由污染防止战略取代末端处理为主的消极防治战略。联合国环境规划署工业环境活动中心称这种新战略为“清洁生产”战略。这种工艺为“少废无废工艺”“无公害工艺”“废料最少化”“减废技术”“污染预防”“清洁工艺”“绿色工艺”“生态工艺”。统称“清洁生产”。

清洁生产以下面两点为目标：①通过资源的综合利用，短缺资源的取代，二次资源的利用以及节能、省料、节水以实现合理利用资源；②在生产过程中，减少直至消除废料和污染物的发生和排放，促进产品生产和消费过程与环境相容，减少整个工业活动对人类和环境的危害。

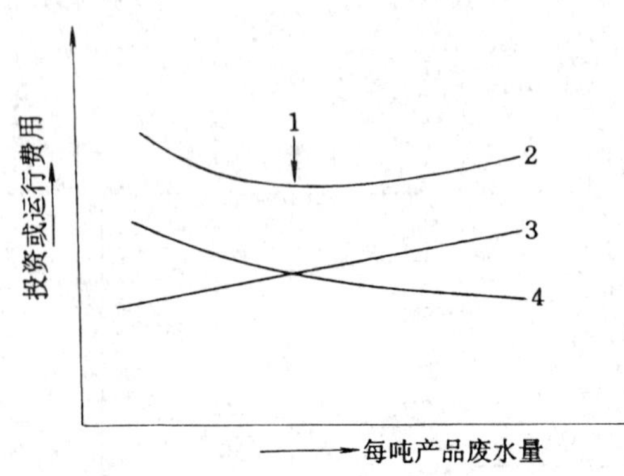

图 64-3 处理方法与处理费用

1. 优选费用；2. 总费用；3. 厂外处理费用；4. 厂内处理费用

加强厂内处理，实行清洁生产，将使落后的高投入、高消耗、高污染的传统发展模式转变为持续发展模式。提高生产效率、适当消费、最高限度地利用资源和最低限度产生废料、废液和废水，使生产和容纳能力协调起来。

美国20世纪50年代十分注意末端处理，即厂外治理技术的发展，到70年代90%的美国制浆造纸厂都有大型的完善的废水生化处理设施，直至70年代中后期才意识到厂内处理的重要性；北欧国家历来十分重视厂内治理，在工艺技术及装备技术上一直处于领先地位，因此，污染控制效果极为良好。

图64-3示出厂内处理、厂外处理以及总费用与处理废水量之间的关系。最佳选择应是厂内处理及厂外处理费用交叉点，也是总处理费用之最低点。

3.2 厂内处理的基本措施

3.2.1 改革生产工艺

尽量选用“少废无废工艺”，争取“清洁生产”，这是厂内处理的关键。比如，在造纸工业中，选用改良型连续蒸煮（MCC）、等温蒸煮（ITC）、延伸改良连续蒸煮（EMCC）、低固形物连续蒸煮（LSC），快速置换加热间隙蒸煮（RDH）及超级间隙蒸煮（SB）、无元素氯（ECF）、全无氯（TCF）漂白工艺。

3.2.2 节约用水

用适当的方法节约清水用量，改革工艺，充分循环回用生产用水，不仅可以节省能源消耗，还能提高产品得率和降低药品消耗，减少污染物的排放，节省厂外处理费用。目前，每生产1t漂白硫酸盐浆，清水用量最好的水平已由80年代100m^{3}降至20m^3，每生产1tBCTMP，只需要10m^{3}清水。

3.2.3 防止高峰污染负荷

高峰污染负荷往往发生在清洗设备，容器或更换产品品种时产生；锅炉软化水在再生离子交换装置时，也会有大量酸碱排出，致使废水pH值发生很大变化，而使厂外处理系统失控。为此，除加强操作管理外，足够大的废水调节池显然更为必要。

3.2.4　减少事故排放

事故排放是造成水质污染的主要原因之一。由于生产技术的进步，正常排放日趋减少，而事故排放所占比例更为突出。为此，必须加强生产管理和完善预防事故排放的措施。为防备不测事故，必须有足够大的废水贮存池来贮存。此外，必须加强管理，不出人为事故，尽量采用自动化管理方式也至关重要。

3.2.5　防止生产设备超负荷运行

超负荷运行增加产量，致使生产用水增加，废液、废水大量流失，污染负荷急剧上升，应切实予以防止。

3.2.6　加强生产工序中的废水管理

将生产工序中废水排放浓度，排放量作为生产过程的考核指标。

3.3　制浆造纸厂废水的厂内处理

对于木材制浆造纸厂的备料、蒸煮、洗涤、筛选、漂白、抄纸及废液回收等工序，通过工艺技术的改革，加强操作管理，可使废水污染负荷量大大降低，甚至达到零排放标准。由于木材制浆方法、产品品种各不相同，采取的厂内治理措施也各不相同。

3.3.1　对湿法剥皮废水的治理

湿法剥皮由于可获得较好质量的剥皮材，且生产效率较高，因而获得较广泛的采用。但是，用水量较大，一般为 $30m^3/m^3$ 实积材。虽然可以用中段废水或纸机白水代替部分清水，但污染依然存在。从剥皮鼓排出的废水，常采用具假底的流槽输送器（常用两段串联），用粗筛去除树皮（去除率约 85%），排水中细小颗粒形成较高的悬浮物含量。由于树种、水温及剥皮操作各不相同，废水悬浮物约为 $2\sim10kg/m^3$ 实积材。因木材和树皮抽出物的溶解，致使排水含有较高的溶解有机物，废水色度、COD、BOD 增高。一般，BOD 为 $1\sim6kg/m^3$ 实积材。其处理方法如下：

3.3.1.1　封闭循环回用

图 64-4 是剥皮废水先经粗筛除去较大悬浮树皮，树皮经压榨、脱水、干燥后作燃料。废水经澄清槽澄清或气浮槽分离，以去除细微悬浮物。经处理后的水，可部分循环回用至剥皮鼓。如要求更高，可添加少量凝聚—絮凝药剂，使部分溶解有机物去除，并使回用水色度、COD降低，但处理成本将增加，且化学污泥脱水较困难。不同处理措施的湿法剥皮废水悬浮物的排放量，见表 64-26。

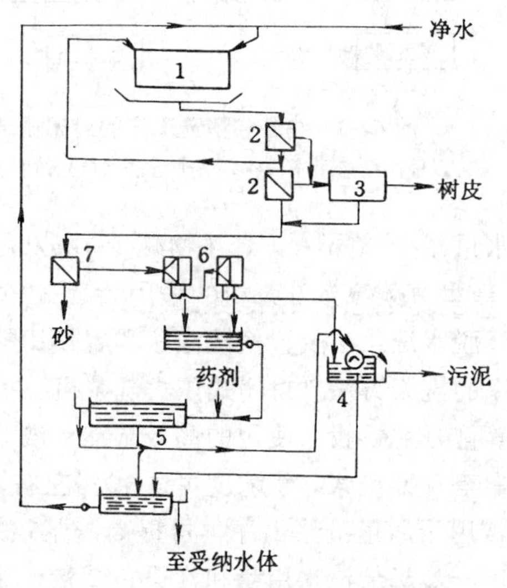

图 64-4　湿法剥皮废水处理及封闭循环流程

1. 剥皮鼓；2. 粗筛；3. 树皮压榨；4. 真空过滤机；5. 气浮池；6. 分级筛；7. 沉砂池

3.3.1.2　改湿法剥皮为干法剥皮

虽然干法剥皮木材损失较大，但废水污染负荷可大幅度降低。干法剥皮与湿法剥皮系统污染负荷对照数据，见表 64-27。

表 64-26　不同处理措施的湿法剥皮及废水悬浮物量（kg/m^3 实积材）

措　施	悬浮物量
粗　筛	4
粗筛及 SS 去除	2
粗筛及 SS 去除后再用	
沉清设施	1
气浮设施	0.6
粗筛及其他废水一起最终处理	1

表 64-27　干法剥皮与湿法剥皮系统污染排放量比较

剥皮方法	用水量（m^3/m^3 实积木材）	SS（kg/m^3 实积木材）	BOD_7（kg/m^3 实积木材）
干法剥皮	0～2	0～2	0～1
湿法剥皮：			
开放系统	5～30	3～10	3～6
封闭系统	1～5	0.5～3	2～3

3.3.2　洗浆工序和未漂浆精选工序封闭循环

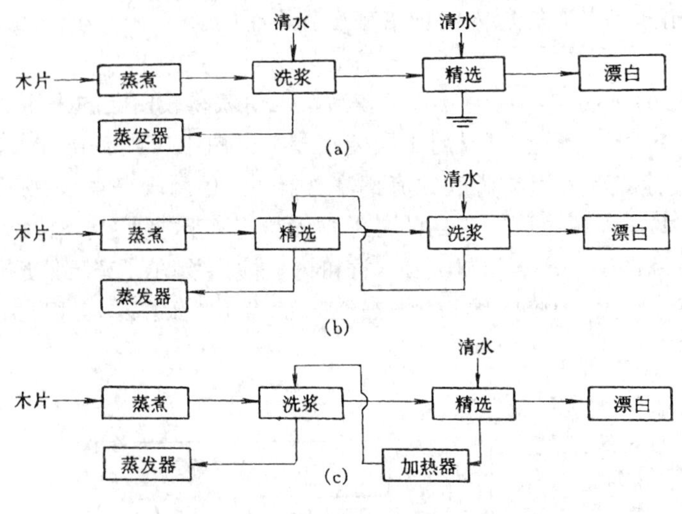

图 64-5　洗涤和精选工序的封闭循环

(a) 以前的精选工序；(b) 热筛选法；(c) 改良热筛选法

硫酸盐浆厂洗浆及精选工段是废水量、污染负荷主要发生源。采用热法筛选，对洗浆及精选工序实现封闭循环，对减少废水量，提高黑液提取浓度都极为有效。把精选工序安排在蒸煮工序和洗浆工序之间，可以使精选工序成为封闭系统，即“热法筛选”。筛选时不加清水，洗浆机只用少量清水。

图 64-5 示出热筛选、改良热筛选与传统的精选对比程序。采用图 64-5（b）程序，废水量减少 $100m^3/t$，悬浮物减少 14kg/t，BOD 减少 9kg/t；用 64-5（c）程序，废水量减少 $50m^3/t$，悬浮物减少 7kg/t，BOD 减少 3kg/t。

3.3.3　新型高效高浓洗浆机的采用

稀释脱水洗浆法及置换洗涤法和置换压榨洗浆法都能得到较高的纸浆浓度和洗净度，都是高效率的洗浆方法。封闭式压力洗浆机、扩散洗浆机、“V”型圆盘压力洗浆机、置换压榨洗浆机等都是业已投入使用的高效浓缩、洗浆设备。扩散洗浆机特别适宜于蒸煮后的洗浆工序和漂白塔顶部洗浆，浆浓度可达10%左右，由于是封闭式洗浆，它可采用高温洗浆；压力洗浆机常用于后道洗浆工序，可提高洗浆效果，并可把浆浓度由 10%～15%提高到 40%～45%，进一步降低清水用量和污染负荷量。

3.3.4　蒸煮及蒸发冷凝水的汽提回用

污冷凝水含大量醋酸（亚硫酸盐浆）和甲醇（硫酸盐浆）等污染物，是形成BOD和臭味的主要原因，不能直接回用，常常以废水形式排放。为了改善水质，防止臭气，通常在汽提塔内用蒸汽和空气汽提，汽提出来的气体引入石灰窑内燃烧处理，汽提水回用作热洗浆水。通过汽提废水量可减少 $5m^3/t$ 浆，BOD 降低 14kg/t 浆。

图 64-6 示出硫酸盐浆厂污冷凝水汽提及热水回收流程。蒸煮器废气冷凝器排水与松节油分离水一起流入贮存槽，然后采用汽提塔进行汽提处理。

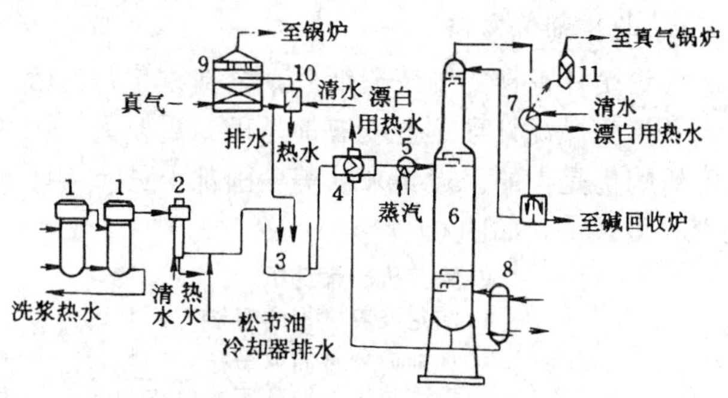

图 64-6　硫酸盐浆厂污冷凝水汽提及热水回用

1. 蒸发器；2. 表面冷凝器；3. 贮槽；4. 1# 预热器；5. 2# 预热器；6. 蒸馏塔；7. 蒸馏液冷却器；8. 再沸塔；9. 臭气冷却塔；10. 冷却器；11. 逆火防止塔

3.3.5　漂白工序采用逆流洗浆

漂白洗浆是主要废水污染源。为了尽可能减少漂白工序用水量，并趋于封闭式系统，当今世界各国都致力于采用完善的逆流洗浆。比如瑞典采用逆流洗浆，用水量由 $100m^3/t$ 降至 $30m^3/t$；美国采用顺流式逆流洗浆用水量由 54～$96m^3/t$ 降至 31～$39m^3/t$，采用分流式逆流洗浆降至 35～$43m^3/t$，采用跨段式逆流洗浆降至 47～$52m^3/t$；日本一个 400t/d 漂白硫酸盐浆厂，采用 CEHPD 五段漂流程，用水量 $100m^3/t$，采用逆流洗染后用水量降低一半。

3.3.6　改进漂白工艺流程

在传统的多段漂白程序中，氯化段和碱抽提段是废水污染负荷最高，毒性最大的发生源。为此，80 年代末和 90 年代初，世界先进造纸国家纸浆厂陆续采用二氧化氯（ClO_2）取代氯气的漂白技术，称无元素氯漂白 ECF（Elementally－chlorine Free）。比如，1991 年，瑞典一个年产量为 57.5 万 t 的硫酸盐浆厂改 D/C-E-D-E-D 漂白流程为 D-E-D-E-D 的 ECF 漂白流程，漂白废水 AOX 含量由 2.4kg/t 浆降至 0.6kg/t 浆，每吨浆成本大约提高 20 美元。1993 年又将 D-E-D-E-DECF 漂白程序中 35％产量改为 Q-P 段的全无氯漂白 TCF（Totally－chlonine Free）程序，其中 Q 为乙二胺四醋酸酯，P 为过氧化氢漂白段。AOX 又由 0.6kg/t 浆降至 0.2kg/t 浆，生产成本较 ECF 程序又增加了 80 美元/t 浆。

在无氯漂白流程中，氧脱木质素是当今最成熟最有效的脱木质素手段，臭氧漂白及生物酶处理也显示了广阔应用发展前景。

3.3.7　氧漂技术的广泛采用

氧脱木质素自 70 年代发展以来，由于中浓技术的应用，氧脱木质素得到进一步的利用，目前已成为一个成熟的工艺路线，1992 年世界已有 122 套氧脱木质素装置投入生产，总生产能力达到 3 200 万 t/年。氧脱木质素由于大幅度降低未漂浆木质素含量，使原浆卡伯值降低 50％左右，因而减轻了漂白工序的脱木质素负担，漂白化学药剂可以大幅度降低，因而漂白废水污染负荷也大幅度下降，BOD、COD 下降 40％～50％，色度下降 75％～85％，AOX 下降 90％以上。

氧脱木质素废水经未漂浆精选工序和洗浆工序回用之后，由于废水不含氯化物，容易浓缩，送硫酸盐浆碱回收炉燃烧。因此，虽然氧脱木质素本身产生的废水，由于脱木质素的机理与氯漂脱木质素机理各不相同，产生的分解产物（有色基团）不同，废水有较高 COD、BOD 及色度，在回收及燃烧时得到解决，因而使排放水污染大幅度降低。

由于氧漂要在高温、高压和高浓条件下进行，所以这种方法的缺点是设备投资费高。

3.3.8 收集泄漏废液

无论是什么样的制浆造纸厂，全部收集从蒸煮、洗浆、浓缩和燃烧工序中泄漏出来的废液，并浓缩燃烧处理这些废液都是极为重要的。因为污染负荷高的废液即使量少，对废水水质的影响仍是大的。近年来欧美各国都十分重视收集泄漏废液。硫酸盐浆厂的泄漏点和泄漏废液收集系统，如图64-7。

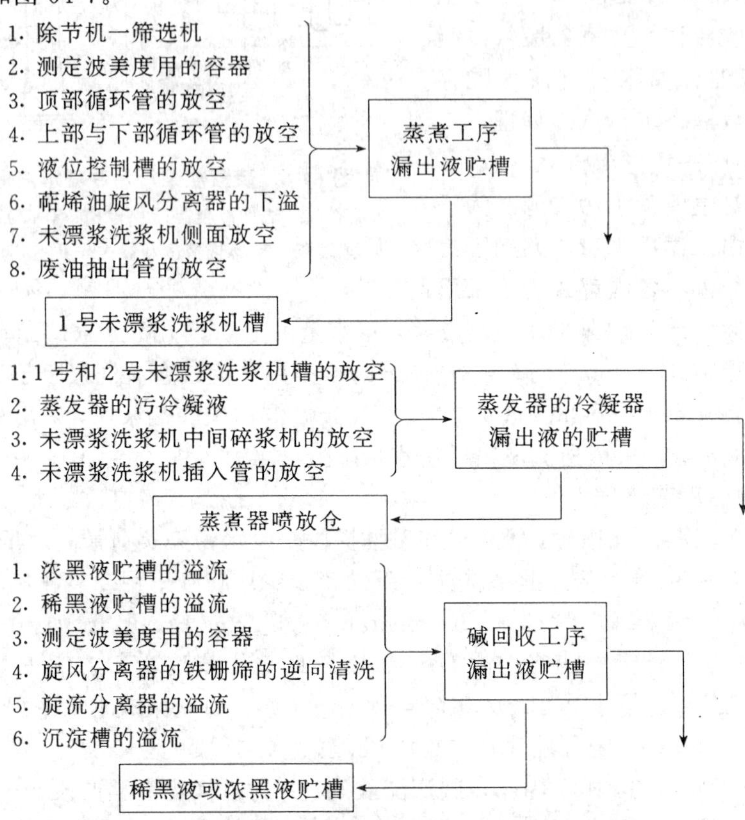

图64-7 硫酸盐浆厂的泄漏点和泄漏废液收集系统

与其他方法相比，泄漏液收集系统的设备费很低，效果良好，所以被认为是厂内处理废水最实用的措施之一。

4 废水的厂外处理技术

4.1 厂外处理的目的、方法及三个效益的统一

木材制浆造纸工业及林产化学工业的产品以及所使用的原材料，加工工艺技术各不相同，排放的废水特征及污染负荷也各不相同。废水的基本污染物质及污染特征包括有：①腐败性有机物（木材抽出物、半纤维素、松脂等分解产物，形成BOD）；②还原性物质（木素化合物、单宁类物质、亚硫酸盐、细小纤维等，形成COD）；③悬浮物（细小纤维、树皮、无机填料等）；④色度（木素化合物、单宁、染料添加剂等）；⑤有毒有害物质及恶臭气体（总还原硫化物TRS、氯化氢、氯化锌、有机硫化物、萜烯类物质以及二噁唤等）；⑥废水中过高的残酸或残碱，致使pH值大于6～9。

废水厂外处理的目的是尽量采用简单而有效的方法，尽可能多地去除上述污染物质，使排放水符合规定的排放标准，达到环境效益、社会效益及企业经济效益的和谐和统一。

废水厂外处理的方法主要取决于原废水的性质、污染负荷量及接纳水体水质排放标准。基本的处理目标有以下 4 项：①调节 pH 值至 6～9；②固液分离，去除悬浮物；③氧化腐败性有机物和还原性物质；降低废水的 BOD 和 COD；④去除有毒物质。

为达到上述处理目标，处理的方法大致有：物理方法、化学方法、生物方法以及这 3 种方法的巧妙组合。物理方法包括依靠重力和浮力作用的沉淀分离法和气浮分离法及过滤法等。化学方法包括采用各种化学药剂的氧化法、还原法、中和法、凝聚处理法等。生物方法是利用微生物的高效氧化还原特性的处理方法。其中包括利用需氧微生物的需氧处理方法（如曝气稳定塘法、活性污泥法、生物过滤法等）和利用厌氧微生物的厌氧处理方法（甲烷发酵法等）。

此外，近年来，利用水生植物的吸附、吸收和分解作用处理生活和工业废水有较大发展。

根据不同要求，废水处理分为一级处理、二级处理和三级处理。这种分类法起源于美国城市污水处理，所谓“一级处理”主要是以物理方法为主，包括废水调节（水量和水质）、悬浮物去除（沉淀或气浮）、油水分离、pH 值调节；在日本，把 COD 去除措施的凝聚（沉淀或气浮）、澄清过滤有时也划为一级处理（一般列为三级处理范畴）；“二级处理”是生物处理，典型的方法有活性污泥法、生物过滤法等；“三级处理”主要是指活性炭吸附法、电渗析法、离子交换法、反渗透法等。根据具体情况，有时也可将凝聚沉淀三级处理组合至三级处理中，目的是当 COD 脱色、除磷等。三级处理主要是去除一级、二级处理不能去除的微量污染物质。

所谓“高级次处理”是指三级以上的处理。将一级处理至高级次处理组合而成的最新的有效处理系统，称为“深度处理”。必须指出，随着处理次数的增加，设备的投资费和运行费随着增加。1983 年，加拿大环保局提供造纸废水不同品种、不同处理程度参考费用见表 64-28。废水处理费用的增长与处理效率的关系如图 64-8。对于某一特定废水，采用何种处理方法及其组合，处理到何种程度，应通过试验后才能正确确定，只有这样，才能做到三个效益的统一。

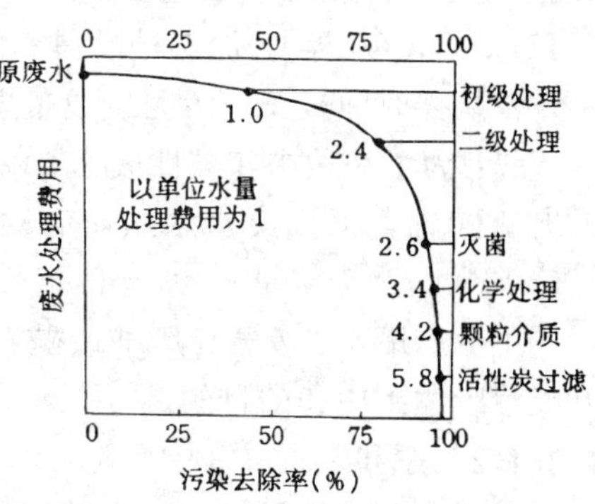

图 64-8　废水处理费用的增长与处理效率的关系

表 64-28　不同废水处理系统的投资费用

产品加工方法	浆板 漂白针叶木硫酸盐	箱板纸 本色硫酸盐	新闻纸 磨木浆加亚硫酸盐	新闻纸 预热木片磨木浆
产量（风干）(t/d)	700	700	750	500
处理前废水				
流量（m^3/d）	60 000	35 000	75 000	35 000
（m^3/t）	85.7	50	100	70
SS（kg/d）	25 000	15 000	24 000	15 000
（kg/t）	35.7	21.4	32	30
BOD（kg/d）	20 000	10 000	30 000	13 000
（kg/t）	28.6	14.3	40	26

（续）

产品加工方法	浆板 漂白针叶木硫酸盐	箱板纸 本色硫酸盐	新闻纸 磨木浆加亚硫酸盐	新闻纸 预热木片磨木浆
产量（风干）(t/d)	700	700	750	500
处理费用（百万加元）				
一级处理	4	3	5	3
二级处理	12	7	15	9
合　计	16	10	20	12

4.2 厂外处理的基本方法

4.2.1 pH值调节方法

按中和原理，碱类化合物是酸性废水的pH值调节剂或中和剂，酸是碱性废水的pH值调节剂或中和剂。然而，从经济考虑易于供应和使用方便等而论，可供实用的中和剂是有限的。

4.2.1.1 中和剂

碱类化合物：钠类化合物（NaOH、Na_2CO_3），优点是溶解度大，处理和供应容易、方便，反应速度快，污泥生成量少，易于用气浮法分离。缺点是价格较贵；石灰类［CaO、$Ca(OH)_2$、$CaCO_3$等］。优点是易得、价廉，形成的絮凝体易于沉淀分离。缺点是溶解度低，反应慢，搅拌时间较长，污泥生成量多。

酸：为了快速中和碱性废水，以添加强酸（硫酸）最适宜和最廉价。中和含Ca^{2+}废水，会析出硫酸钙，根据废水水质，有时也采用比硫酸昂贵的强酸（盐酸）来中和，弱酸气体（CO_2）常作为废水量不大，pH值不太高的碱性废水中和之用。

用生产废水、废气和废酸废碱：以酸性废水中和碱性废水，或以碱性废水中和酸性废水，以废治废达到中和的目的。

4.2.1.2 中和装置——中和池

采用中和池的目的在于搅拌废水，导致湍流，迅速混合中和剂，促进中和反应。中和池大小因废水水质、废水量及中和剂种类而异。一般停留时间为5～30min（平均15min）。方形池不必设置挡板。为了控制pH值，中和池容量要大，搅拌要充分。从经济角度出发，多池串联式比大容量搅拌池省。

林化废水的流量、成分有时变化很大，必须随时调节中和剂添加量，因此，采用pH值自动控制装置是必要的。pH值的多池串联控制方式如图64-9。

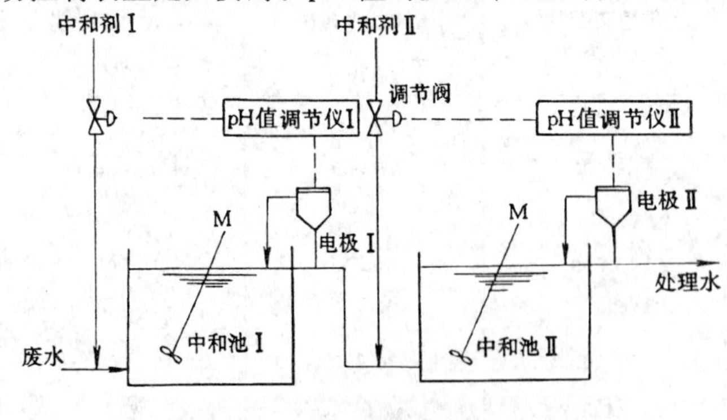

图64-9 pH值的多池串联控制方式

4.2.2 悬浮物去除方法

由于悬浮物是悬浮于废水中的非溶解性固形物，因此通常采用沉淀、气浮、过滤、离心分离等方法处理。为了除去大块悬浮物和杂物，有时还采用筛滤作前处理。

(1)筛滤：筛滤的目的在于去除废水中的大块悬浮物和杂物，减轻泵的损坏和堵塞，减少废水处理设施的负担，并使废水处理容易进行。常用的装置有：①条状格栅；②旋转筛滤装置。

（2）沉淀分离：沉淀分离又分为澄清与浓缩。澄清的目的是将低悬浮物的废水沉淀获得澄清水。浓缩的目的在于获得污泥。悬浮物自身的沉降称为单纯沉淀或自然沉淀。投加絮凝剂而强制使其沉降的称为凝聚沉淀。到目前为止，沉降分离理论虽然业已建立，但仍属研究发展缓慢的领域之一，因此，在设计沉淀分离装置时，经济因素仍起很大作用。

常用的分离装置有：①自然沉淀装置，包括各种澄清池和浓缩池，由进水区、澄清——沉淀区、集水——出水区、集泥装置、刮泥装置等组成。②凝聚沉淀装置，是工业废水主要处理装置之一。它主要用于根据不同废水，选择性添加铝盐，进行凝聚——絮凝，以去除沉降速度小于 1cm/min 的悬浮物和絮凝体，并去除废水色度、油或溶解有机物。凝聚装置的形式各不相同，基本由三部分组成，即凝聚剂投加设备、流量计和 pH 值控制装置组成的凝聚——絮凝反应区、凝聚作用区和沉降浓缩分离区。典型的沉淀装置如图 64-10、图 64-11。

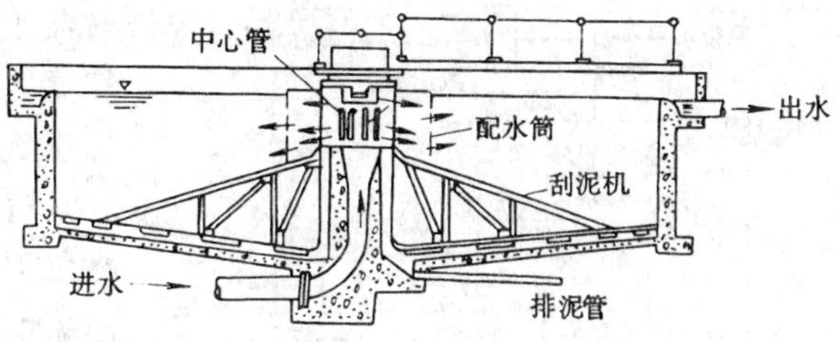

图 64-10　辐流式沉淀池

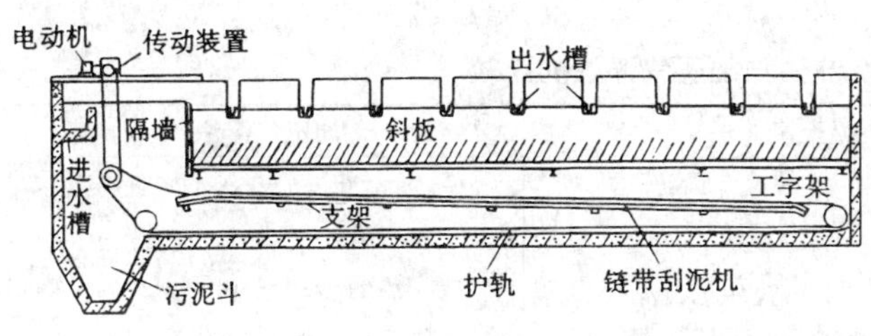

图 64-11　斜管（斜板）沉淀池

（3）气浮分离：当废水中悬浮物颗粒相对密度比水小时，悬浮颗粒因浮力作用而浮到水面上。对于与水相对密度差小，而难于上浮和沉降的悬浮物，如果使细小气泡附在这些悬浮物颗粒表面上，增大浮力，也可迅速将这些颗粒上浮起来进行分离。前者称为自然上浮，后者称为“气浮”。气浮法又分为汽泡接触法和气泡释放法两种。在工业废水处理中，几乎都采用后者，就是说首先使空气过量地溶解于加压水中，通过使加压水减压而使空气在水中呈过饱和状态，细小气泡释放出来，并附着于悬浮物颗粒表面而气浮上来。气浮理论基于斯托克斯公式：

$$v=\frac{1}{18}\frac{\rho_w-\rho_s}{\mu}gD_{ps}^2$$

式中：v——悬浮物颗粒的上浮速度（cm/s）；

ρ_w——废水的密度（g/cm^3）；

ρ_s——上浮颗粒的密度（g/cm^3）；

D_{ps}——带气悬浮颗粒的直径（cm）；

μ——废水的粘滞系数［g/（cm·s)］；

g——重力加速度（cm/s^3）。

从上式可知，悬浮物颗粒的上浮速度与水和颗粒之间的相对密度差以及颗粒直径的二次方成正比。

空气的溶解与释放基于亨利定律，即溶解到一定量液体中的空气重量与该气体的压力成正比。

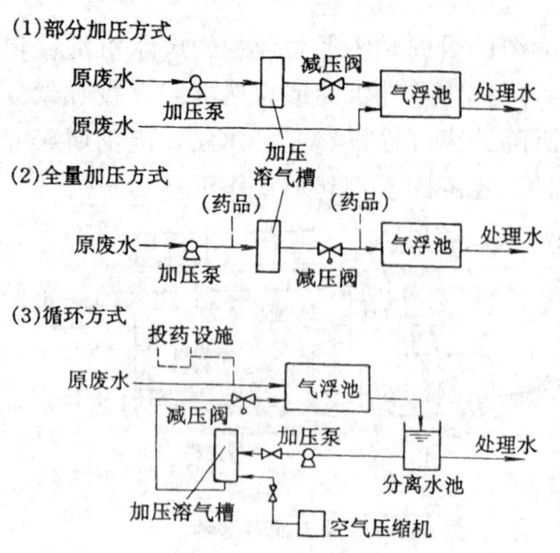

图 64-12 各种加压气浮分离方式

$$P=Hx$$

式中：P——溶解气体的分压（Pa）；

x——溶液中溶质的克分子份数；

H——亨利常数。

加压气浮池由以下几部分组成：由加压泵或喷射器组成的进气装置、在300～400kPa下操作的溶气罐、减压阀、气浮池、刮泥池、刮泥装置等。各种加压气浮分离方式，如图64-12。

气浮池的特点是：①由于上浮速度高，因而废水在气浮池内停留的时间为10～30min即可；②分离出来的污泥浓度比沉淀法高。凝聚沉淀法与气浮法的比较见表64-29。

斜板式加压气浮池如图64-13。这是一种新型高效气浮池。其特点是尽可能防止因进水异重流导致的紊流和环流现象；絮凝物有效地上浮分离，各气浮室的处理水在池内并不合流到一块，而是各自流出池外。因此，气浮室的深度虽比以前的气浮池浅，但却可采用高的表面负荷。

表 64-29 凝聚沉淀法与加压气浮法的比较

项　目	凝聚沉淀法	加压气浮法
处理水水质	良	良
分离池 池子尺寸	大	小
分离池 停留时间	长（1～2h）	短（10～30min）
分离池 沉降或上浮速度	低（1～3m/h）	高（5～8m/h）
加压槽	不需要	需要
排泥浓度	较稀薄	浓
投资费	低	高
运行费	高	低
占地面积	大	小

(4) 过滤：过滤法用于工业废水三级处理，使处理水循环回用是近年来发展的方法。过滤方法很多，通常使用的是砂滤法。砂滤法又分慢滤法和快滤法。慢滤法是充分利用自然净化作用的方法，它能有效地除去细菌、氨态氮的氧化，除锰、去除酚类等。为了达到自然净化的目的，慢滤法必须有足够的溶解氧，因此它不适宜需氧高的废水。此外，慢滤法过滤速率慢，需较大过滤面积是它的主要缺点。快滤法通常与其他方法配合，作为三级处理用来去除凝聚沉淀池排放水中少量悬浮物之用。快滤池有两种，重力式和压力式。工业废水过滤常用压力式。采用凝聚澄清池和快滤池处理纸机白水的流程如图64-14。

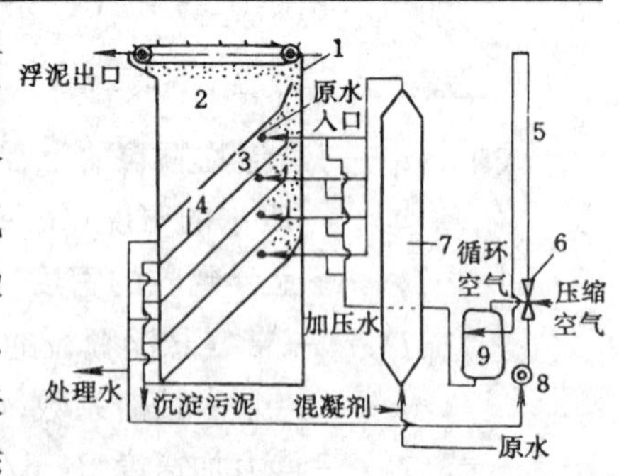

图 64-13 斜板式加压气浮池

1. 气浮池；2. 污泥浓缩室；3. 气浮室；4. 斜板；5. 垂直混合管；6. 射流器；7. 混凝槽；8. 加压泵；9. 分离槽

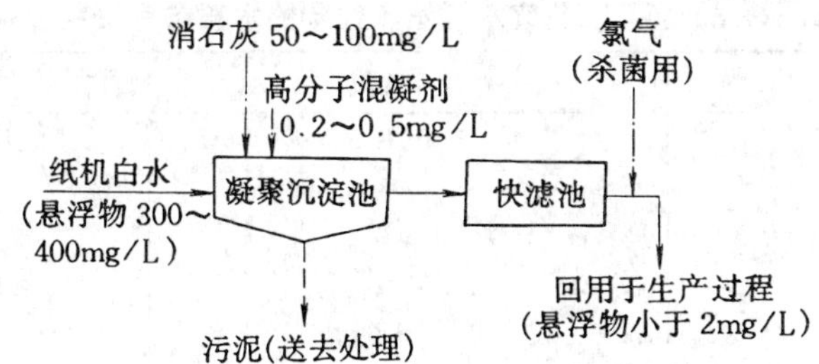

图 64-14 纸机白水处理流程

4.2.3 BOD 去除方法

4.2.3.1 需氧微生物处理方法

去除有机废水的BOD最佳方法是利用微生物进行生物处理。对于低浓有机废水，宜于采用需氧微生物处理。需氧微生物处理是基于河流自净作用原理很好地用于废水处理的一种方法。即依靠在有氧条件下生长繁殖的需氧微生物，把废水中溶解有机物分解为二氧化碳和水等稳定的无机物。在处理时，适当添加氮、磷等营养物质，补充氧化作用所需氧（或空气），调节pH值和维持适当水温都极为必要。

需氧微生物处理主要方法有：活性污泥法、生物过滤法、接触氧化法和稳定塘法等。为提高活性污泥法的效率，近年来发展的HCR（High officiency compact Reactor）及SBR（Sequencing Batch Reactor）方法得到广泛应用。这几种方法有各自的特点和适应性，对某一特定的工厂，选择何种需氧生物处理方法，应根据本厂废水特征，通过试验后，因地制宜决定。

4.2.3.2 高浓有机废水的厌氧处理

由于厌氧发酵不需要充氧曝气，能耗较低，污泥量少，所需的营养物质少，运行费用低。近年来在处理高浓有机废水方面得到较大发展。自1955年Schrofer等提出厌氧接触法后，60年代末期以来相继出现了厌氧滤池（1967年），升流式厌氧污泥层反应器（1974年）、厌氧膨胀床（1978年）和厌氧流化床等新工艺，被称为第二代厌氧反应器。这些新工艺的出现改变了过去厌氧发酵需要较高温度、较长的水力停留时间，处理效率低等缺点。

目前发展的厌氧反应方法及反应器有：厌氧滤池、升流式厌氧污泥床反应器（UASB）、厌氧附着膨胀床和流化床（AAFEB和AFB），厌氧接触法，两相厌氧消化，垂直折流厌氧污泥床（VBASB）、挡板式厌氧反应器（ABR）以及一些其他厌氧处理装置。

在高浓废水治理中，在某些特定的环境下，常将厌氧消化与需氧生物处理或土地处理、或水生植物稳定塘处理结合起来，形成一种综合回收处理流程，因地制宜巧妙地结合起来，也可获得成功实例。

4.2.3.3 土地处理法及水生植物净化处理

(1) 土地处理法：废水先经适当的预处理（比如调节pH值，厌氧消化等）后，用于农作物或森林灌溉，废水中污染物质（氨氮、有机物等）经土层过滤和微生物分解吸收，使废水得以充分利用和净化。废水作为灌溉用水，必须在悬浮物、无机盐种类及浓度，有机物种类及浓度，温度以及pH值和细菌数量等方面符合规定要求。工业废水灌溉农作物的水质参考资料见表64-30（1972年在石家庄召开的“工业废水灌溉农田经验交流座谈会”上提出）。

表 64-30　工业废水灌溉农作物的水质参考资料

项　目	容许数值	备　注
pH值	5.5～8.5	英国、美国 4～8
温　度（℃）	≥35	
总固体（mg/l）	1 500	前苏联<1 700
悬浮物（mg/l）	300	英国、美国 525～1 400
含盐量（mg/l）	800～1 000	日本 500
氯化物（mg/l）	300	美国 249～426，日本 250
酚　类（mg/l）	5	前苏联 125，日本 0.9
氰化物（mg/l）	0.1	日本规定不出现致病
铅　（mg/l）	0.1	
砷　（mg/l）	0.2	
硫化物（mg/l）	5	
铬　（mg/l）	0.1	
镉　（mg/l）	0.1	日本、前苏联
汞　（mg/l）	0.005	

土地处理法应根据气候、地下水、地形以及土壤性质等条件因地制宜统筹设计。地表布水法大约有 3 种：①慢速渗滤法如图 64-15；②快速-渗滤法如图 64-16；③地表漫流如图 64-17。

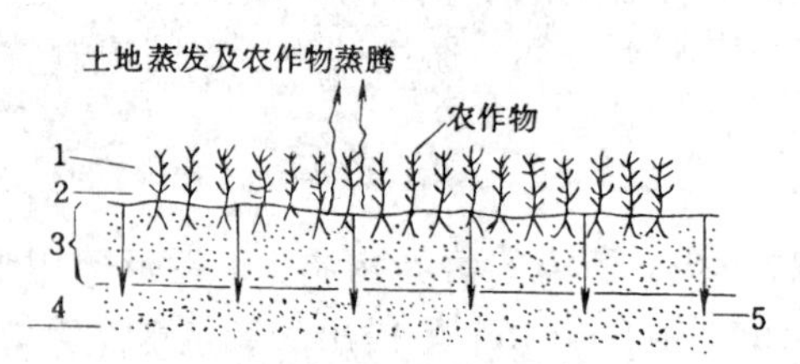

图 64-15　慢速渗滤法

1. 喷洒；2. 地表灌溉；3. 根区；4. 下层土；5. 深度渗滤

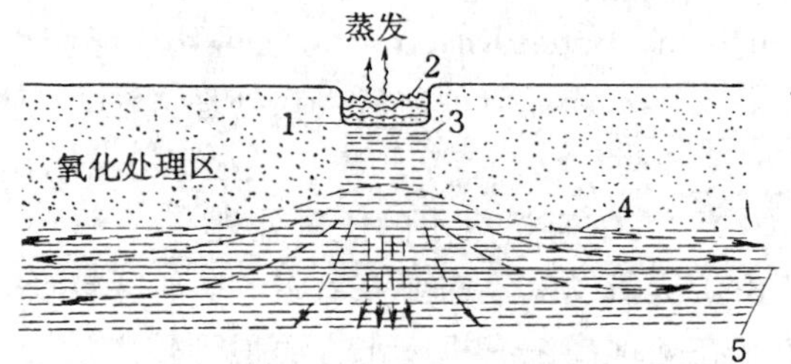

图 64-16　快速渗滤法

1. 渗滤；2. 喷洒或地表灌溉；3. 渗滤通过未饱和区　4. 新地下水位；5. 原来地下水位

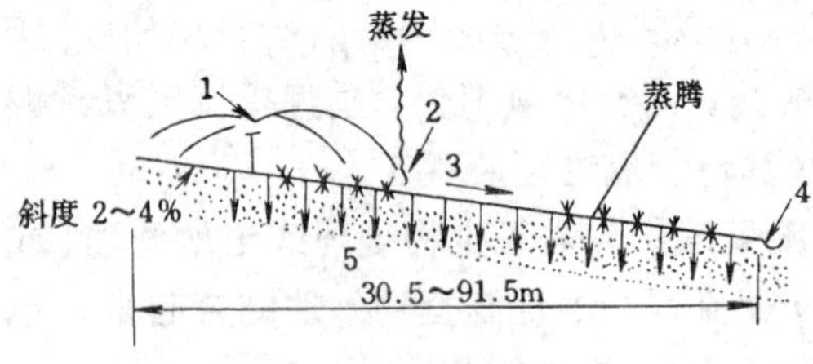

图 64-17　地表漫流

1. 喷洒布水；2. 草和植物的垃圾；3. 薄层水流（径流）；4. 径流水收集沟；5. 渗滤

（2）水生植物塘：20 世纪 70 年代以来，国外广泛采用水生植物塘净化生活污水。澳大利亚曾观察了芦苇、香蒲、灯芯草对制浆废水的净化作用。1980 年以来，中国林业科学研究院林产化学工业研究所废水研究组研究了江南常见的 4 种水生植物凤眼莲 *Eichhornia crassipes*、水花生 *Alternanthera phloxerioides*、水浮莲 *Pistia stratictes* 及浮萍 *Lemna* sp. 对各种制浆废水的净化效果。研究证明了凤眼莲、水花生由于发达的根系，通过吸附、吸收和分解等作用，能有效地去除制浆废水的 BOD、COD 和色度，并提高废水的溶解氧量。研究认为，水生植物宜于用作多级处理的最后一级处理，以确保排放水有更高的质量。

4.2.4　COD 去除方法

（1）凝聚-絮凝处理：凝聚-絮凝方法是工业废水最常用的处理方法之一。它不仅能有效去除废水中的悬浮物，还可以去除与 COD 和色度有关的溶解有机物。在凝聚处理中，常用的凝聚剂有各种铝盐（硫酸铝、氧化铝、聚合氯化铝等）、各种铁盐（亚铁盐、硫酸铁、硫酸亚铁、氧化铁等）以及钙盐（石灰、消石灰、碳酸钙等）。常用的高分子絮凝剂分子量一般在 300 万～500 万，有阴离子型、阳离子型和非离子型三种。高分子絮凝剂通常用作助凝剂，将无机絮凝反应生成的细小絮凝体絮聚成较大的絮凝体，以便沉降或气浮分离。废水的凝聚-絮凝处理，是基于电荷中和。吸附及桥连理论。对不同的废水有不同的凝聚-絮凝条件（pH 值、凝聚-絮凝剂种类及添加量、反应时间等），最适宜的凝聚-絮凝工艺及其条件，应根据试验来得到，切不可生搬硬套。

（2）凝聚-絮凝处理由废水调节池、反应池（药剂计量及添加装置）、沉淀及气浮分离池等组成。凝聚-絮凝处理设计应根据废水特征和试验研究结果因地制宜进行，尽量降低基建投资和运转费用，收到较好的环境社会效益。

4.2.5　污泥处理

（1）污泥处理：污泥指的是由生物处理及凝聚-絮凝处理废水后经沉淀或气浮分离所得到的固体物质。废水种类不同，处理方法不同，所得的污泥组成及性质各不相同。由于活性污泥及凝聚沉淀污泥含水率一般高达 95%～99%。因此，首先必须对污泥进行脱水干化。

（2）污泥干化和脱水：污泥干化场（晒泥场）是一片滤水性能良好的平坦场地。含水率高的污泥在干化场形成薄层，经水分自然蒸发和渗滤作用而逐渐变干，一般可使污泥含水率降至 75%左右。形成潮湿泥块，可以用铁锹起出处置。干化场应按规定设计、施工。污泥干化场的平面及剖面图如图 64-18。

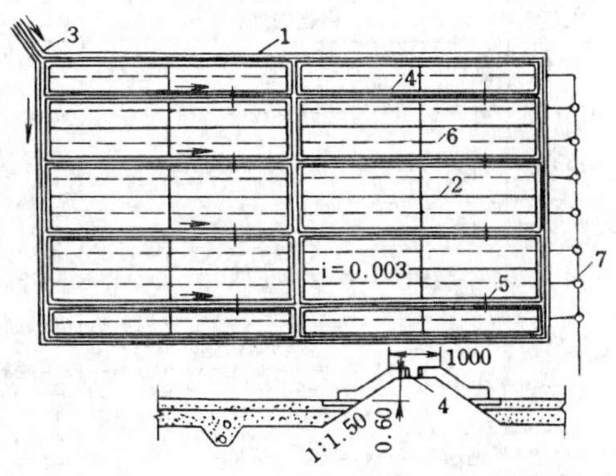

图 64-18　污泥干化场平面及剖面图

1. 围堤；2. 隔板；3. 输泥管；4. 输泥槽；5. 放泥口；6. 渗水管；7. 排水管

干化场是最普遍，最简单污泥脱水干化方法，基建投资和运行费用都不大，但它具有一系列缺点：①占地面积大；②受气候条件影响；③干化场周围可能散发臭气；④管理人员多；⑤不适宜用于难干化的粘稠污泥。

污泥的机械脱水　常用的机械脱水装置有：①污泥真空过滤机（转鼓式和带式）；②对高粘稠难脱水污泥宜用压滤机（板框、厢式、带式、V 型加压式等）；③各种立式（连续式、间隙式）、卧式（连续圆筒式和间隙式）离心机。

在设计时，选用何种干化、脱水设备应根据污泥组成、特征、经小型模拟试验后确定。

（3）污泥处置及利用：污泥经干化、脱水后，干固物可达 25%左右，经进一步干燥、粉碎后可在锅炉内或专门设计的污泥焚烧炉内焚烧。根据污泥组成和性质，可分别用作土壤改良剂、蚯蚓的饲料、建筑材料、活性炭及凝聚脱色助剂等。

4.2.6　废水的深度处理

如果对废水处理后的质量要求很高，以达到循环回用或特殊要求的目的，除采用生化处理、化学凝聚处理等措施外，还必须采用深度处理措施。深度处理主要有活性炭吸附法、反渗透法和超滤法。但在当前，吸附法在工业废水处理中得到更多的实际应用。

通常吸附法是使吸附剂与被处理废水接触，在吸附剂吸附了被吸附物质后，再将它们分开。吸附法通常用来吸附微量物质，它将发挥出其它方法所达不到的效果。水处理用的吸附剂有活性炭、硅藻土、酸性白土、活性白土、硅胶、活性氧化铝、分子筛和离子交换树脂等。活性炭属于疏水性吸附剂，它具有吸附废水中分子量在几百至几千的有机物质的优良性能。因此，在工业废水处理中，除活性炭外，很少用其它吸附剂来进行废水处理。吸附运行方式有4种：①间隙式接触法；②固定床吸附法；③移动床吸附法；④流动床吸附法。从经济角度讲，已吸附了有机物的失效活性炭应在再生炉内再生。

4.3 制浆造纸废水的厂外处理

4.3.1 厂外处理方法的选择

4.3.1.1 制浆造纸废水厂外处理技术

根据制浆造纸废水水质特征，污染物质种类，建议采用表64-31方法进行厂外处理。

表64-31 制浆造纸废水厂外处理技术

水质	污染物质	处理方法
pH值	酸性废水、碱性废水	中和、蒸发浓缩、离子交换等
悬浮物	树皮、纤维、填料等	过滤、沉淀、上浮分离
BOD	糖类、淀粉、悬浮有机物等	悬浮物：过滤、沉淀、上浮分离、活性污泥法等 溶解物质：活性污泥法、凝聚沉淀、活性炭吸附、氧化还原分解、离子交换等
COD	木素物质、亚硫酸盐等	悬浮物：过滤、沉淀、上浮分离、活性污泥法等 溶解物质：凝聚沉淀、活性炭吸附、离子交换、氧化还原分解等
色度	木素物质、色素、染料等	悬浮物：过滤、沉淀、上浮分离等 溶解物质：凝聚沉淀、活性炭吸附、离子交换、氧化还原分解等
浊度	一般的悬浮物	过滤、沉淀、上浮分离等
臭气	硫化氢、硫醇等	单纯曝气、氧化还原分解、吸附等
盐类	溶解盐类	蒸发浓缩、沉淀、离子交换、反渗透、超过滤等

各种处理方法的处理特征见表64-32。

表64-32 各种处理方法的处理特征

处理方法		处理设备	效果	备注
物理和化学法	沉淀法	沉淀池或沉淀槽及排除污泥设备、絮凝沉淀槽（添加药剂）、排除污泥设备	减少悬浮物、回收纤维，去除部分BOD、COD和色素	污泥脱水困难，致使絮凝剂污泥处理困难
	过滤法	各种筛和真空过滤机、加压过滤机	减少悬浮物，回收纤维	滤出物可回收利用，或脱水后将废弃物烧掉
	浮选法	加药装置、充气设备、浮选分离槽及其他附属设备	捕集悬浮物	
	中和处理	中和池或槽	调节pH值	使用酸碱中和剂
	氧化除臭	曝气槽、空气压缩机、加氧或ClO_2、Cl_2等	除臭，也能除去一些BOD	
	脱色处理	活性炭法、石灰法、絮凝沉淀法、超滤、反渗透和离子交换等法	去除有色物质和COD	
	燃烧法	流化床和各种燃烧炉	烧掉污泥	可能增加大气污染

（续）

处理方法		处理设备	效　果	备　注
生物法	氧化稳定塘	自然净化用池塘	去除 BOD	去除率低
	各种曝气氧化塘	池塘中装有能上下浮动的曝气机等	去除 BOD	效果较稳定塘好
	生物滤池	初级沉淀池、塔滤或一般滤池、污泥沉淀池，加营养盐装置	去除 BOD	不适于处理悬浮物较多的废水
	活性污泥法（曝气方法较多）	沉淀池、曝气槽、加营养盐装置、污泥沉淀池等	去除 BOD	操作管理要求较高、污泥处理困难
	生物转盘法	初级沉淀池、生物转盘、污泥沉淀池、加营养盐装置	去除 BOD	与生物滤池原理相同，但生物膜转动
	土地处理法	泵和管线、储池等灌溉系统	全部处理	利用泥土进行生化处理，年久日长土壤变质
	厌氧分解	密封槽罐	去除 BOD，产生甲烷、H_2、CO_2、H_2S	产生可燃气体
	与城市污水合并处理	泵和管线	全部处理	
	高效生化法	深井曝气、纯氧曝气 HCR、SBR 等新方法	去除 BOD	
	河流充氧	充氧设备	加速去除排入水体中的 BOD_5 污染	
其他方法	深井排水	高压泵、排水系统、深井	全部处理	会影响地下水
	直接排河海	泵及排水系统、多孔长管	全部处理	造成河海污染

4.3.1.2　处理方法选择指南

为选择适当的处理方法，必须慎重研究和考虑如下事项：

（1）去除物质：根据去除物质——有机物（高分子量或低分子量）、糖类、无机盐类等，选择处理方法。

（2）达到预期的处理效果：选择适当的处理方法，以达到 BOD、COD、悬浮物和色度等水质项目的预期处理效果。

（3）处理方式的组合：综合地判断工厂的现场条件。废水处理所产生的污泥的处置方法。全厂废水的 pH 值平衡等，确定组合处理方式。

（4）适当的处理浓度：由于各种方法有各自的适当的处理浓度，所以必须适当调配待处理废水。

（5）处理水的用途：将处理水排放时或回用于生产过程时，废水的处理程度是不一样的。

考虑到上述几项，废水最好是先进行一级处理，若需要则进行二级处理——生化处理，而后采用砂过滤或活性炭等深度处理。

4.3.2　硫酸盐浆厂废水的厂外处理

4.3.2.1　未漂硫酸盐浆废水的处理

未漂硫酸盐浆废水的厂外处理流程及处理条件和效果，如图 64-19。废水先经活性污泥处理及凝聚沉淀处理，废水 COD 和 BOD 已降至很低的水平，已能充分满足排放标准要求。如经进一步砂滤和颗粒活性炭处理，废水 COD_{Mn} 可去除 99%，达 5mg/L，而 BOD 及 SS 几乎 100% 被去除，仅存微量，这种处理水宜于循环回用。

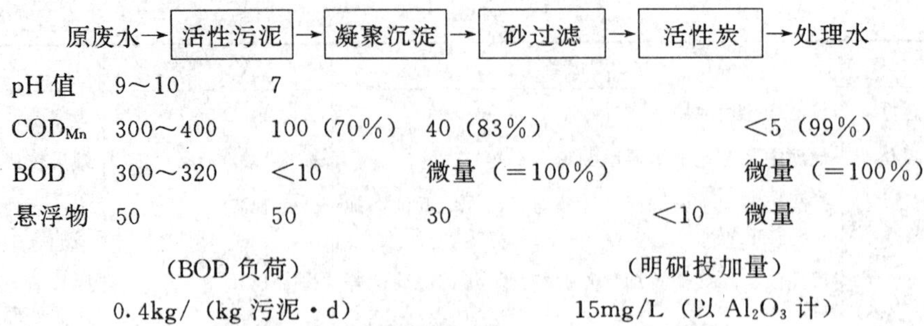

图 64-19 未漂硫酸盐浆废水的厂外处理

4.3.2.2 硫酸盐浆漂白废水的处理

废水→	中和 →	活性污泥 →	凝聚沉淀 →	砂过滤 →	活性炭 →	处理水
pH值	2	6～7	6～7	5～6		5～6
COD_{Mn}	670		550（18%）	70（90%）		<10（99%）
BOD	250		20（92%）	<20		<10（96%）
悬浮物	50		50	30	<10	微量
木质素	470		470	60（87%）		<5（99%）
色度	1 945		1 945	100（95%）		<10（99.5%）

（BOD负荷） 0.3kg/kg污泥·d　　（$FeCl_3$投加量） 400mg/L

图 64-20 硫酸盐浆漂白酸性废水的处理

硫酸盐浆漂白酸性废水处理流程、条件及效果如图64-20。漂白废水先经中和，pH值由2提高至6～7，宜于下一段活性污泥处理，漂白废水经活性污泥法处理后，COD_{Mn}下降不多，而BOD去除92%，色度几乎不变，废水再经铁盐凝聚处理，COD_{Mn}去除90%，色度去除95%，此时已充分满足排放标准要求。这样的处理水自经砂滤、活性炭吸附，COD_{Mn}可降至10mg/L以下，色度去除99.5%，SS及木质素（COD_{Mn}）微量，可循环回用至生产过程。

4.3.2.3 漂白硫酸盐浆综合废水处理

漂白硫酸盐浆厂综合废水（包括洗浆废水和漂白废水）处理程序、条件及效果如图64-21所示。一般，通过中和——活性污泥——凝聚沉淀程序已能充分满足排放标准要求。显然，砂滤——活性炭处理是为了更高的处理水水质，以利循环回用之需。

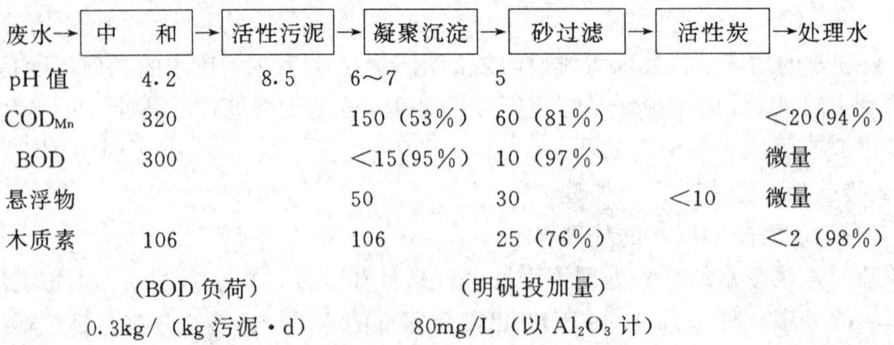

图 64-21 漂白硫酸盐浆综合废水的处理

4.3.3　高得率浆废水的厂外处理

高得率浆（TMP、CMP、CTMP 以及 APP 或 APMP）等由于具有得率高，化学药剂用量少，投资省，产品适应范围广等优点，是当今世界主要发展浆种之一。它产生的废液和废水有如下主要特征：①废水量少。在较好的磨浆及浓缩设备条件下，废水量一般为 10～20m^3/t 浆，$BOD_5$35～150kg/t 浆，COD 为 70～250kg/t 浆。如此，高得率浆废液、废水作为浓缩燃烧处理浓度似乎太低，而作为废水处理浓度又较高；②由于高得率浆化学及热预处理较弱，主要借助机械方法分离纤维，得率较高，废液废水中有机污染物质 90%以上为低分子有机物质（木材抽出物及低分子糖及木质素降解产物），在选择处理方法时必须充分注意。

（1）化学磨木浆（CGW）废水处理如图 64-22。这类废水 COD_{Mn}和 BOD_5 均较高，分别为 1 100mg/L 及 1 000mg/L。经活性污泥处理后，BOD_5 去除 92%，COD_{Mn}去除 55%，再用铝盐凝聚沉淀，COD_{Mn}可去除 82%，BOD 由 92%提高至 96%，显然 COD 去除较 BOD 去除更有效。这样的处理水排放已能完全满足标准要求，如需循环回用，则必须再经砂滤——活性炭处理，最后使处理水 COD_{Mn}及 BOD_5 均低于 10mg/L。

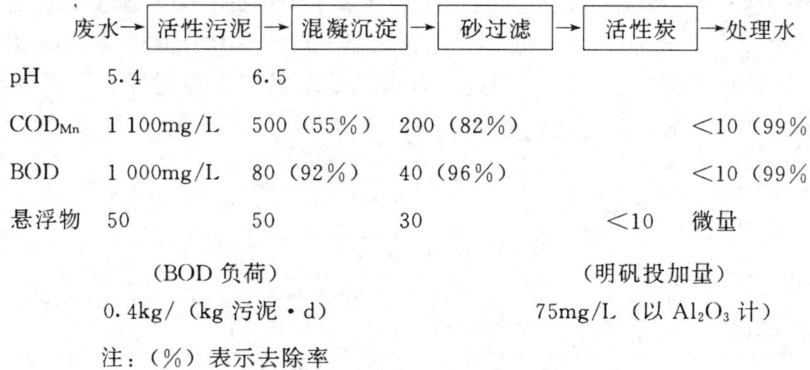

图 64-22　化学磨木浆废水的处理

（2）CTMP 废水的好氧生物处理。漂白化学热磨机械浆（BCTMP）废液、废水主要组成见表 64-33。废水中 COD、BOD 主要为溶出的木材多糖、有机酸及低分子木素化合物。在 COD 中，10%～15%为多糖、35%～40%为有机酸，30%～40%为低分子量木质素。

表 64-33　BCTMP 的废水成分

项　目	浓度（mg/L）	项　目	浓度（mg/L）
COD	6 000～9 000	悬浮固体	500
BOD	3 000～4 000	硫酸盐离子	500
乙酸	1 500	过氧化氢	0～500
碳水化合物	1 000	DTPA	100
木材抽出物	1 000		

BCTMP 废水最适宜采用好氧生物降解处理。北欧及北美洲的许多工厂多采用活性污泥法式改进活性污泥法净化处理，COD 可有效去除 60%左右，BOD 能确保去除 90%左右，且操作控制稳定，成本费用不高。

图 64-23 是 CTMP 废水经冷却、初级沉淀去悬浮物、经平衡稳定后，废水进入活性污泥曝气塘，然后经二次澄清，再入接触氧化稳定塘，最后排放至河流。这个流程最主要的优点

是处理效果稳定，处理费用低，操作管理十分方便，对土地辽阔的加拿大、美国、澳大利亚都十分适宜。

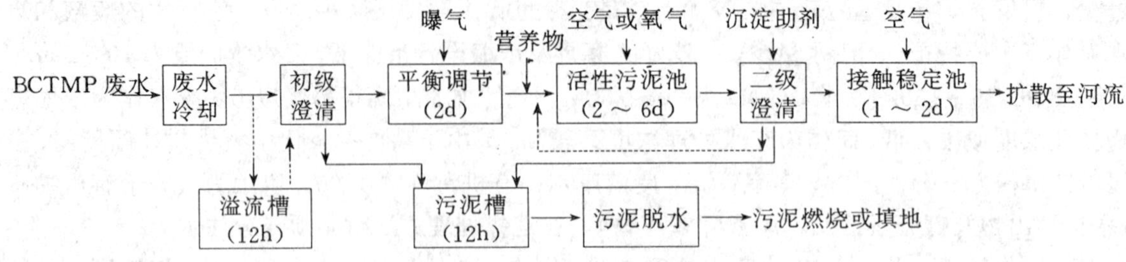

图 64-23　CTMP 废水好氧生物处理流程

(3) CTMP 废水的厌氧-好氧生物处理。高浓有机废水厌氧处理由于能耗低（不需氧），污泥量少，营养物质耗用量低，在较高温度下操作，气体可作燃料等优点，因而成为近年来主攻方向之一。BCTMP 废水中硫化物及硫的其它化合物（SO_3^{2-}、SO_4^{2-} 等）、漂白螯合剂(DTPA)、残存漂白剂 H_2O_2 等对厌氧微生物产生严重毒害，抑制了厌氧微生物的生存和发展。因此，BCTMP 废水厌氧处理前，必须进行脱毒预处理；此外，由于厌氧处理 COD 只能去除40%～60%，BOD 只能去除 80%左右，因此，在厌氧处理后接着再用好氧生物处理，可获得良好的处理效果。厌氧-好氧综合处理流程如图 64-24。CTMP 废水厌氧-好氧处理目前仍处于生产性试验阶段。

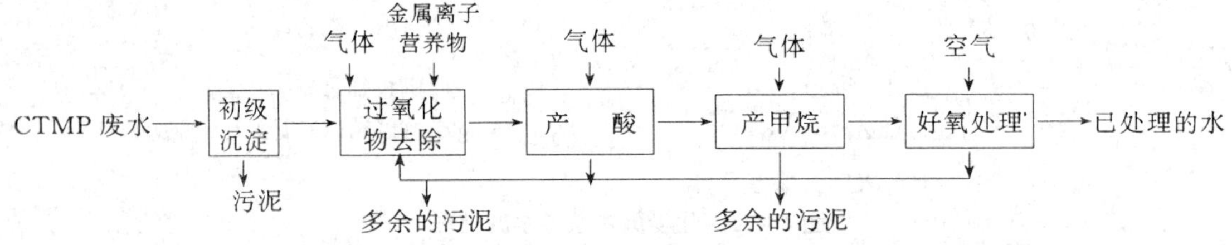

图 64-24　CTMP 废水厌氧-好氧综合处理流程

4.4　其他林化工业废水的厂外处理

4.4.1　氯化锌法木质活性炭生产废水处理

氯化锌法木质活性炭生产废水，经石灰中和絮凝沉淀、浓缩、脱水处理，可得含锌量极高的化学污泥。污泥经加盐酸反应、过滤、滤液去杂质。再过滤、蒸发等程序处理，得到的氯化锌回收液可回用于生产。用这种回收液浸泡木屑，在常规条件下进行活化，与用 100%新配制的氯化锌溶液所得产品相比，有相同的质量。由于污泥中大量锌得到了回收，不仅消除了污泥对环境的二次污染，也降低了产品的生产成本。废水处理及污泥回收的成本不仅可由回收的氯化锌加以弥补，且尚有盈余。做到了环境效益、经济效益、社会效益的三统一。

该法是中国林业科学研究院林产化学工业研究所研究并在 1984 年推广应用的成果。该处理技术对中、小型木质活性炭厂尤为适用。活性炭生产废水处理及回收流程如图 64-25。

4.4.2　栲胶生产废水处理

栲胶废水主要含单宁（鞣酸）和废渣粉末，废渣粉末可用沉降法去除。单宁是多羟基酚的衍生物，在单宁分子中所含的羟基能与金属盐和生物碱作用成不溶性的单宁酸盐。根据栲胶废水的特性，选用既便宜又易得的石灰来处理废水是合适的。生成的单宁酸钙收集起来又可回收一部分栲胶。栲胶生产废水处理流程如图 64-26。

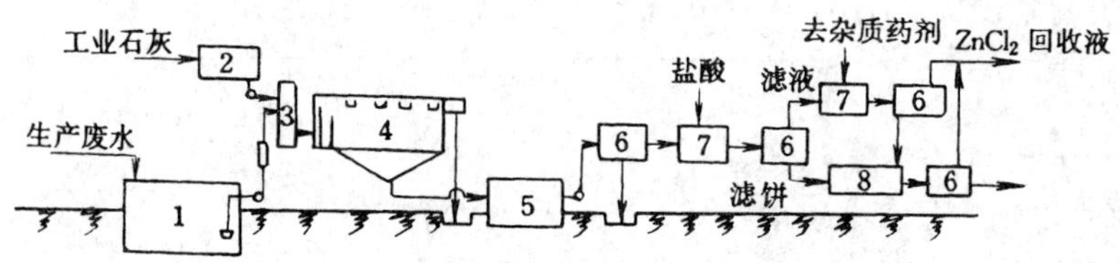

图 64-25　活性炭生产废水处理及回收流程

1. 调节池；2. 石灰净化系统；3. 反应器；4. 斜板沉淀槽
5. 稀污泥罐；6. 过滤器；7. 反应器；8. 搅拌罐

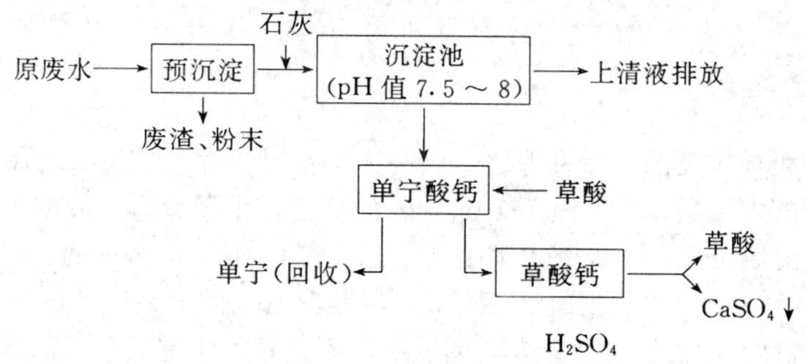

图 64-26　栲胶生产废水处理流程

4.4.3　松脂加工废水处理

松脂加工废水属于数量少而污染负荷高的有机有毒废水，废水组成复杂，一般来讲，难以直接进行生化处理，即必须先进行必要的预处理，以去除废水中悬浮固体物质和部分溶解性有机物和毒性物质，使污染负荷降低，然后再行生化处理。松脂加工废水净化处理流程如图 64-27。

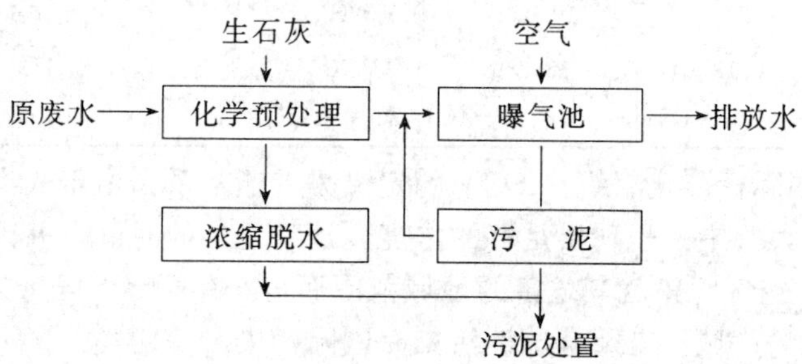

图 64-27　松脂加工废水净化处理流程

第65章 废气、废渣及噪声污染防治

刘光良　王静霞　杨殿隆

1　废气污染防治

空气同水一样是最重要的自然资源之一，是人类赖以生存、繁衍、发展的基本条件。一般认为，地球周围的大气层，从地面至1 000km的高空是由干燥清洁的空气、水蒸气和各种杂质所组成。干燥清洁空气的组成基本上是不变的（表65-1）；水蒸气的含量随季节、地区而不同，变化幅度较大（干旱地区仅有200μg/g，温暖湿润气候下高达6 000μg/g）；各种杂质（粉尘、烟、有害气体）则由于自然、人为的影响，不论种类还是数量，都有很大的变化，甚至造成空气污染。

表65-1　海平面上干燥清洁空气的组成（体积比）

成　分	分子量	浓度（%）	成　分	分子量	浓度（%）
氮（N_2）	28.01	78.09	甲烷（CH_4）	16.04	1.5
氧（O_2）	32.00	20.94	氪（Kr）	83.80	1
氩（Ar）	39.94	0.934	一氧化二氮（N_2O）	44.01	0.5
二氧化碳（CO_2）	44.01	0.032	氢（H_2）	2.016	0.5
氖（Ne）	20.18	18μg/g	氙（Xe）	131.30	0.08
氦（He）	4.003	5.2	臭氧（O_3）	48.00	0.01～0.04

“空气污染”，国际标准化组织（ISO）的定义是“通常系指由于人类的活动和自然过程引起的某种物质进入大气中，呈现出足够的浓度，达到足够的时间，并因此而危害了人体健康、舒适感或环境”。空气污染就其危害的地域范围而言，有局部地区污染、一个地区的地区性污染、更广泛地区的广域污染及全球性污染（国际污染）等四类。

同样，按照国际标准化组织（ISO）的定义，“空气污染物”系指由于人类的活动或自然过程进入大气的并对人或环境产生有害影响的那些物质。依据存在状态，空气污染物可以分为气溶胶态污染物（即指沉降速度可以忽略的固体粒子、液体粒子或固体粒子和液体粒子在气体介质中的悬浮体。如：粉尘、烟、飞灰、液滴、雾等）和气态污染物（即指含硫化合物：SO_2、H_2S；氮氧化物：NO_2、NO；碳的氧化物：CO、CO_2；碳氢化合物：醛、酮；卤素化合物：HF、HCl等五类）。

1.1　大气污染防治标准

《中华人民共和国大气污染防治法》是1987年9月5日颁布的。根据大气污染防治法制定的大气污染防治法实施细则自1991年7月1日起施行。

目前，大气污染控制标准可以分为三大类，即大气环境质量标准、废气排放标准和工业企业设计卫生标准。

大气环境质量标准(GB3095—82)标准中规定的空气污染物三级标准浓度限值见表 65-2。大气质量标准根据对自然生态、人群健康、动植物的不同危害程度分为三级，即一级标准、二级标准及三级标准。大气环境质量区则是根据各地区的地理、气候、生态、政治、经济和大气污染程度分为三类，即一类区（由国家确定）、二类区及三类区（由当地人民政府确定）。各类大气环境质量区执行标准的级别规定为：一类区一般执行一级标准；二类区一般执行二级标准；三类区一般执行三级标准。

表 65-2　空气污染物三级标准浓度限值（GB3095—82）

污染物名称	浓度限值(mg/m³)			
	取值时间	一级标准	二级标准	三级标准
总悬浮微粒	日平均①	0.15	0.30	0.50
	任何一次②	0.30	1.00	1.50
飘　尘	日平均	0.05	0.15	0.25
	任何一次	0.15	0.50	0.70
二氧化硫	年日平均③	0.02	0.06	0.10
	日平均	0.05	0.15	0.25
	任何一次	0.15	0.50	0.70
氮氧化物	日平均	0.05	0.10	0.15
	任何一次	0.10	0.15	0.30
一氧化碳	日平均	4.00	4.00	6.00
	任何一次	10.00	10.00	20.00
光化学氧化剂（O_3）	1h 平均	0.12	0.16	0.20

①“日平均”为任何一日的平均浓度不许超过的限值。

②“任何一次”为任何一次采样测定不许超过的浓度限值。不同污染物“任何一次”采样时间见有关规定。

③“年日平均”为任何一年的日平均浓度均值不许超过的限值。

锅炉烟尘排放标准（GB3841—83）本标准适用于生产用、采暖用、生活用锅炉，不适用于电站锅炉。各类区域锅炉烟尘排放标准见表 65-3；锅炉烟囱高度应符合表 65-4 的规定。

表 65-3　各类区域锅炉烟尘排放标准值（GB3841—83）

区域类别	适用地区	标准值	
		最大容许烟尘浓度(mg/m³)	最大容许林格曼黑度(级)
1	自然保护区、风景游览区、疗养地、名胜古迹区、重要建筑物周围	200	1
2	市区、郊区、工业区、县以上城镇	400	1
	其他地区	600	2

表 65-4　生产用、采暖用和生活用锅炉烟囱高度（GB3841—83）

锅炉总额定出力(t/h 或相当于 t/h)	<1	1～<2	2～<6	6～<10	10～<20	20～>35
烟囱最低高度（m）	20	25	30	35	40	45

注：在烟囱周围半径 200m 的距离内有建筑物时，烟囱高度一般应高出最高建筑物 3m 以上。

工业炉窑烟尘排放标准（GB9078—88）本标准适用于燃煤、燃油、燃气工业炉窑。各类区域燃煤炉窑烟尘排放标准值见表 65-5。

表 65-5　各类区域燃煤炉窑烟尘排放标准值（GB9078—88）

区域类别	适用区域	容许烟尘浓度，mg/Nm³		容许林格曼黑度级
		现　有	新扩建	
1	风景名胜区、自然保护区和其他需要特殊保护区域	200	—	1
2	规划居民区	300	—	1
3	工业区、郊区及县城	300	200	1
4	其他地区	600	400	2

① 各类燃油燃气炉窑，排烟黑度不得大于林格曼黑度一级。

② 燃用其他燃料的工业炉窑执行本标准。

③ 炉窑烟囱高最低不低于 15m。在烟囱周围半径 200m 的距离内有建筑物时，烟囱高度一般应高出最高建筑物 3m。

④ 烟尘浓度和林格曼黑度的测试方法，以 GB9079—88《工业炉窑烟尘测试方法》为准。

保护农作物的大气污染物最高允许浓度（GB9137—88）是 GB3095—82《大气环境质量标准》的补充，用于保护具有重要经济价值的作物、蔬菜、果树、桑茶和牧草。各项污染物的浓度限值见表 65-6。

表 65-6　保护农作物的大气污染物浓度限值（GB9137—88）

污染物	作物敏感程度	生长季平均浓度①	日平均浓度②	任何一次③	农作物种类
二氧化硫④	敏感作物	0.05	0.15	0.50	冬小麦、春小麦、大麦、荞麦、大豆、甜菜、芝麻 菠菜、青菜、白菜、莴苣、黄瓜、南瓜、西葫芦、马铃薯 苹果、梨、葡萄 苜蓿、三叶草、野茅、黑麦草
	中等敏感作物	0.08	0.25	0.70	水稻、玉米、燕麦、高粱、棉花、烟草、番茄、茄子、胡萝卜 桃、杏、李、柑橘、樱桃
	抗性作物	0.12	0.30	0.80	蚕豆、油菜、向日葵 甘蓝、芋头 草莓
氟化物⑤	敏感作物	1.0	5.0		冬小麦、花生 甘蓝、菜豆 苹果、梨、桃、杏、李、葡萄、草莓、樱桃、桑 紫花苜蓿、黑燕麦、野茅
	中等敏感作物	2.0	10.0		大麦、水稻、玉米、高粱、大豆 白菜、芥菜、花椰菜、柑橘 三叶草
	抗性作物	4.5	15.0		向日葵、棉花、茶 茴香、番茄、茄子、辣椒、马铃薯

① “生长季平均浓度”为任何一个生长季的日平均浓度值不许超过的限值。

② “日平均浓度”为任何一日的平均浓度不许超过的限值。

③ “任何一次”为任何一次采样测定不许超过的浓度限值。

④ 二氧化硫浓度单位为 mg/m³。

⑤ 氟化物浓度单位为 μg (dm²·d)。

工业“三废”排放试行标准（GBJ4—73）是 1973 年 11 月 17 日颁布的，其中第二章“废气”，根据对人体的危害程度及我国的现实情况，暂订十三类有害物质的排放标准。凡排放上述有害物质，其排出口的排放量（或浓度）均应符合该标准要求。十三类有害物质的排放标准见表 65-7。

表 65-7　十三类有害物质的排放标准（BGJ4—73）

序号	有害物质名称	排放有害物企业[①]	排放标准		
			排放筒高度（m）	排放量[②]（kg/h）	排放浓度（mg/m^3）
1	二氧化硫	电站	30	82	
			45	170	
			60	310	
			80	650	
			100	1 200	
			120	1 700	
			150	2 400	
		冶金	30	52	
			45	91	
			60	140	
			80	230	
			100	450	
			120	670	
		化工	30	34	
			45	66	
			60	110	
			80	190	
			100	280	
2	二硫化碳	轻工	20	5.1	
			40	15	
			60	30	
			80	51	
			100	76	
			120	110	
3	硫化氢	化工、轻工	20	1.3	
			40	3.8	
			60	7.6	
			80	13	
			100	19	
			120	27	
4	氟化物（换算成 F）	化工	30	1.8	
			50	4.1	
		冶金	120	24	
5	氮氧化物（换算成 NO_2）	化工	20	12	
			40	37	
			60	86	
			80	160	
			100	230	
6	氯	化工、冶金	20	2.8	
			30	5.1	
			50	12	
		冶金	80	27	
			100	41	

（续）

序号	有害物质名称	排放有害物企业[①]	排放标准		
			排放筒高度（m）	排放量[②]（kg/h）	排放浓度（mg/m^3）
7	氯化氢	化工、冶金	20	1.4	
			30	2.5	
			50	5.9	
		冶金	80	14	
			100	20	
8	一氧化碳	化工、冶金	30	160	
			60	620	
			100	1 700	
9	硫酸（雾）	化工	30～45		260
			60～80		600
10	铅	冶金	100		34
			120		47
11	汞	轻工	20		0.01
			30		0.02
12	铍化物（换算成Be）		45～80		0.015
13	烟尘及生产性粉尘	电站（煤粉）	30	82	
			45	170	
			60	310	
			80	650	
			100	1 200	
			120	1 700	
			150	2 400	
		工业及采暖锅炉			200
		炼钢电炉			200
		炼钢转炉			
		（小于12t）			200
		（大于12t）			150
		水泥			150
		生产性粉尘[③]			
		（第一类）			100
		（第二类）			150

①表中未列入的企业，其有害物质的排放量可参照本表类似企业。

②表中所列数据按平原地区，大气为中性状态，点源连续排放制定，间断排放者，若每天多次排放，其排放量按表中规定；若每天排放一次而又小于1h，则二氧化硫、烟尘及生产性粉尘、二硫化碳、氟化物、氯、氯化氢、一氧化碳七类物质的排放量可为表中规定量的三倍。

③系指局部通风除尘后所允许的排放浓度。

第一类指：含10%以上的游离二氧化硅或石棉的粉尘、玻璃棉和矿渣棉粉尘、铝化物粉尘等。

第二类指：含10%以下的游离二氧化硅的煤尘及其他粉尘。

工业企业设计卫生标准（TJ36—79）是由国家计划委员会和卫生部于1979年修订后颁布实施。有关工业性大气污染，标准中规定了“居住区大气中有害物质的最高容许浓度”及“车间空气中有害物质的最高容许浓度”，分别见表65-8、表65-9。最高容许浓度是指大气中对人体无直接或间接危害及不良影响，不会降低劳动能力，对人的主观感觉和情绪均不产生不良影响的污染浓度。

表 65-8　居住区大气中有害物质的最高容许浓度（TJ36—79）

编号	物质名称	最高容许浓度（mg/m³）	
		一次	日平均
1	一氧化碳	3.00	1.00
2	乙　醛	0.01	
3	二甲苯	0.30	
4	二氧化硫	0.50	0.15
5	二硫化碳	0.04	
6	五氧化二磷	0.15	0.05
7	丙烯腈		0.05
8	丙烯醛	0.10	
9	丙　酮	0.80	
10	甲基对硫磷（甲基 E605）	0.01	
11	甲　醇	3.00	1.00
12	甲　醛	0.05	
13	汞		0.000 3
14	吡　啶	0.08	0.80
15	苯	2.40	0.80
16	苯乙烯	0.01	
17	苯　胺	0.10	0.03
18	环氧氯丙烷	0.20	
19	氟化物（换算成 F）	0.02	0.007
20	氨	0.20	
21	氧化氮（换算成 NO_2）	0.15	
22	砷化物（换算成 As）		0.003
23	敌百虫	0.10	
24	酚	0.02	
25	硫化氢	0.01	
26	硫　酸	0.30	0.10
27	硝基苯	0.01	
28	铅及其无机化合物（换算成 Pb）		0.000 7
29	氯	0.10	0.03
30	氯丁二烯	0.10	
31	氯化氢	0.05	0.015
32	铬（六价）	0.001 5	
33	锰及其化合物（换算成 MnO_2）		0.01
34	飘　尘	0.50	0.15

注：①一次最高容许浓度，指任何一次测定结果的最大容许值。

②日平均最高容许浓度，指任何一日的平均浓度的最大容许值。

③本表所列各项有害物质的检验方法应按卫生部批准的现行《大气监测方法》执行。

④灰尘自然沉降量，可在当地清洁区实测数据的基础上增加 3～5t/km²/m。

表 65-9　车间空气中有害物质的最高容许浓度（TJ36—79）

编号	物　质　名　称	最高容许浓度（mg/m³）
	（一）有毒物质	
1	一氧化碳	30
2	一甲胺	5
3	乙　醚	500

（续）

编号	物　质　名　称	最高容许浓度（mg/m^3）
4	乙　腈	3
5	二甲胺	10
6	二甲苯	100
7	二甲基甲酰胺（皮）	10
8	二甲基二氯硅烷	2
9	二氧化硫	15
10	二氧化硒	0.1
11	二氯丙醇（皮）	5
12	二硫化碳（皮）	10
13	二异氰酸甲苯酯	0.2
14	丁　烯	100
15	丁二烯	100
16	丁　醛	10
17	三乙基氯化锡（皮）	0.01
18	三氧化二砷及五氧化二砷	0.3
19	三氧化铬、铬酸盐、重铬酸盐（换算成CrO_3）	0.05
20	三氯氢硅	3
21	己内酰胺	10
22	五氧化二磷	1
23	五氯酚及其钠盐	0.3
24	六六六	0.1
25	丙体六六六	0.05
26	丙　酮	400
27	丙烯腈（皮）	2
28	丙烯醛	0.3
29	丙烯醇（皮）	2
30	甲　苯	100
31	甲　醛	3
32	光　气	0.5
	有机磷化合物	
33	内吸磷（E095）（皮）	0.02
34	对硫磷（E605）（皮）	0.05
35	甲拌磷（3911）（皮）	0.01
36	马拉硫磷（40　49）（皮）	2
37	甲基内吸磷（甲基E059）（皮）	0.2
38	甲基对硫磷（甲基E605）（皮）	0.1
39	乐戈（乐果）（皮）	1
40	敌百虫（皮）	1
41	敌敌畏（皮）	0.3
42	吡啶	4
	汞及其他化合物	
43	金属汞	0.01
44	升　汞	0.1
45	有机汞化合物（皮）	0.005
46	松节油	300
47	环氧氯丙烷（皮）	1

（续）

编号	物 质 名 称	最高容许浓度 (mg/m^3)
48	环氧乙烷	5
49	环己酮	50
50	环己醇	50
51	环己烷	100
52	苯（皮）	40
53	苯及其同系物的一硝基化合物（硝基苯及硝基甲苯等）（皮）	5
54	苯及其同系物的二及三硝基化合物（二硝基苯、三硝基甲苯等）（皮）	1
55	苯的硝基及二硝基氯化物（一硝基氯苯、二硝基氯苯等）（皮）	1
56	苯胺、甲苯胺、二甲苯胺（皮）	5
57	苯乙烯	40
	钒及其他化合物	
58	五氧化钒烟	0.1
59	五氧化二钒粉尘	0.5
60	钒铁合金	1
61	苛性碱（换算成 NaOH）	0.5
62	氟化氢及氟化物（换算成 F）	1
63	氨	30
64	臭 氧	0.3
65	氧化氮（换算成 NO_2）	5
66	氧化锌	5
67	氧化镉	0.1
68	砷化氢	0.3
	铅及其他化合物	
69	铅 烟	0.03
70	铅 尘	0.05
71	四乙基铅（皮）	0.005
72	硫化铅	0.5
73	铍及其化合物	0.001
74	钼（可溶性化合物）	4
75	钼（不溶性化合物）	6
76	黄 磷	0.03
77	酚（皮）	5
78	萘烷、四氢化萘	100
79	氰化氢及氢氰酸盐（换算成 HCN）（皮）	0.3
80	联苯-联苯醚	7
81	硫化氢	10
82	硫酸及三氧化硫	2
83	锆及其化合物	5
84	锰及其化合物（换算成 MnO_2）	0.2
85	氯	1
86	氯化氢及盐酸	15
87	氯 苯	50
88	氯萘及氯联苯（皮）	1
89	氯化苦	1
	氯化烃	
90	二氯乙烷	25

（续）

编号	物 质 名 称	最高容许浓度（mg/m^3）
91	三氯乙烯	30
92	四氯化烯（皮）	25
93	氮乙烯	30
94	氯丁二烯（皮）	2
95	溴甲烷（皮）	1
96	碘甲烷（皮）	1
97	溶剂汽油	350
98	滴滴涕	0.3
99	羰基镍	0.001
100	钨及碳化钨	6
	醋酸酯	
101	醋酸甲酯	100
102	醋酸乙酯	300
103	醋酸丙酯	300
104	醋酸丁酯	300
105	醋酸戊酯	100
	醇	
106	甲 醇	50
107	丙 醇	200
108	丁 醇	200
109	戊 醇	100
110	糠 醛	10
111	磷化氢	0.3
	（二）生产性粉尘	
1	含有10%以上游离二氧化硅的粉尘（石英、石英岩等）*	2
2	石棉粉尘及含有10%以上石棉的粉尘	2
3	含有10%以下游离二氧化硅的滑石粉尘**	4
4	含有10%以下游离二氧化硅的水泥粉尘	6
5	含有10%以下游离二氧化硅的煤尘	10
6	铝、氧化铝、铝合金粉尘	4
7	玻璃棉和矿渣棉粉尘	5
8	烟草及茶叶粉尘	3
9	其他粉尘***	10

注：①表中最高容许浓度是工人工作地点空气中有害物质所不应超过的数值。工作地点系指工人为观察和管理生产过程而经常或定时停留的地点，如生产操作在车间内许多不同点进行。则整个车间均为工作地点。

②有（皮）标记者为除经呼吸道吸收外，尚易经皮肤吸收的有毒物质。

③工人在车间内停留时间短暂，经采取措施仍不能达到上表检定的浓度时，可与省、市、自治区卫生主管部门协商解决。

* 一氧化碳的最高容许浓度在作业时间短暂时可予放宽：作业时间1h以内，一氧化碳浓度容许达到$50mg/m^3$；30min以内，$100mg/m^3$；15～20min，$200mg/m^3$。在上述条件下反复作业时，两次作业之间需间隔2h以上。

** 含有80%以上游离二氧化硅的生产性粉尘，宜不超过$1mg/m^3$。

*** 其他粉尘系指二氧化硅含量在10%以下，不含有毒物质的矿物性和动植物性粉尘。

④本表所列各项有害物质的检验方法应按卫生部批准的现行《车间空气监测检验方法》执行。

世界卫生组织推荐的大气卫生标准见表65-10，美国环境保护局制定的大气质量标准见表65-11，日本大气质量标准见表65-12。

表 65-10 世界卫生组织推荐的大气卫生标准

污染物	大气卫生标准（mg/m^3）	污染物	大气卫生标准（mg/m^3）
二氧化硫	0.06（年平均值）	一氧化碳	10（8h 平均值）
	0.20（98%的样本低于此水平）		40（1h 最高值）
飘　尘	0.04（年平均值）	氧化剂	0.06（8h 平均值）
	0.12（98%的样本低于此水平）		0.12（1h 最高值）

表 65-11 美国环境保护局制定的大气质量标准

污染物	达到平衡时间（h）	联邦政府标准		
		一级	二级	方法
光化学氧化剂（已作 NO_2 的校正）	1	160μg/m³（0.08μg/g）	160μg/m³（0.08μg/g）	化学发光法
一氧化碳	12	—		
	3	10mg/m³（9μg/g）	和一级标准相同	非分散红外光谱法
	1	40mg/m³（35μg/g）		
二氧化硫	年平均值	80μg/m³（0.03μg/g）	60μg/m³（0.02μg/g）	副蔷薇苯胺法
	24	365μg/m³（0.14μg/g）	260μg/m³（0.10μg/g）	
	3	—	1300μg/m³（0.5μg/g）	
	1	—	—	
二氧化氮	年平均值	100μg/m³（0.05μg/g）	和一级标准相同	用 NaOH 进行比色测定
	1	—		
悬浮粒子物质	年几何平均数	75μg/m³	60μg/m³	高容积取样法
	24	260μg/m³	150μg/m³	
碳氢化物（已作甲烷校正）	3（6～9a.m.）	160μg/m³（0.24μg/g）	和一级标准相同	用气相色谱法进行火焰离子法检测

表 65-12 日本大气质量标准

污染物	大气质量标准
二氧化硫	1h 的日平均值在 0.04μg/g 以下，且 1h 值在 0.1μg/g 以下
一氧化碳	1h 的日平均值在 10μg/g 以下，1h 的 8h 平均值在 20μg/g 以下
飘尘	1h 的日平均值在 0.10mg/m³ 以下，且 1h 值在 0.20mg/m³ 以下
二氧化氮	1h 的日平均值在 0.02μg/g 以下
光化学氧化剂	1h 值在 0.06μg/g 以下

1.2 大气污染散发源及特征

1.2.1 制浆造纸

1.2.1.1 硫酸盐法浆厂

目前，在制浆造纸工业中仍占主要地位的硫酸盐法浆厂有严重的大气污染。据统计，每生产 1t 化学浆将向大气排放 4.9 万 m³ 废气，废气中各种含硫气态物质大约含硫 5.8kg，还向大气排放 30kg 左右粉尘。

硫酸盐法浆厂的污染气体，几乎在生产的各个过程都有散发。间歇蒸煮系统和连续蒸煮系统污染气体主要散发点如图 65-1、图 65-2。

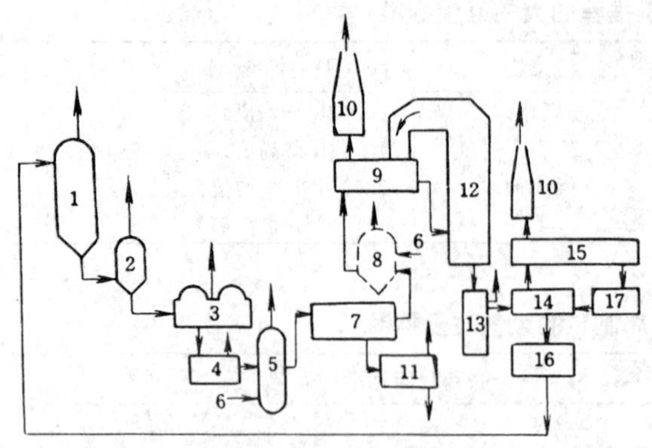

图 65-1 间歇蒸煮系统污染气体主要散发点

1. 蒸煮器；2. 喷放槽；3. 洗浆机；4. 水封槽；5. 稀黑液氧化器；6. 空气；7. 多效蒸发器；8. 浓黑液氧化器；9. 直接蒸发器；10. 烟囱；11. 水封槽；12. 碱回收炉；13. 溶解槽；14. 苛化器；15. 石灰炉；16. 白液槽；17. 消化器

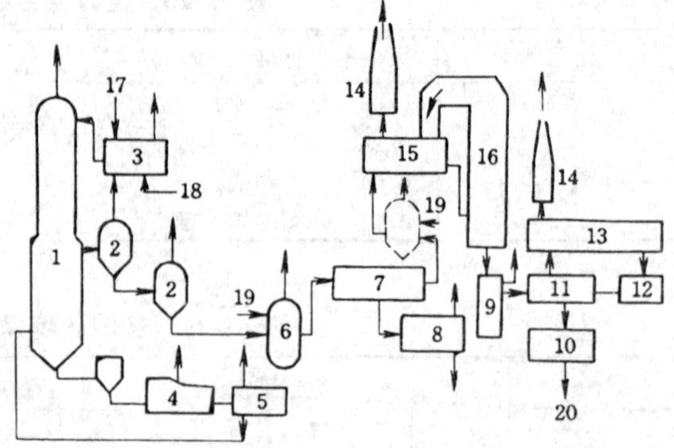

图 65-2 连续蒸煮系统污染气体主要散发源

1. 连续蒸煮器；2. 闪急槽；3. 汽蒸器；4. 洗浆机；5. 水封槽；6. 稀黑液氧化器；7. 多效蒸发器；8. 水封槽；9. 溶解槽；10. 白液槽；11. 苛化器；12. 消化器；13. 石灰炉；14. 烟囱；15. 直接蒸发器；16. 碱回收炉；17. 木片；18. 补充蒸汽；19. 空气；20. 白液

各散发点排出的污染气体浓度、数量见表 65-13。因为生产操作条件的差异，每生产 1t 风干浆，排出的含硫气态污染物质的数量见表 65-14。

表 65-13 硫酸盐浆厂气体散发物的特征

散发源	过程废气特性			还原硫气体浓度(μg/g 容积)			
	流速①(m^3/t)	温度(℃)	水分(%)	H_2S	CH_3SH	CH_3SCH_3	CH_3SSCH_3
间歇蒸煮器：							
喷放气体	3～6 000	65～100	30～99	0～1 000	0～10 000	100～45 000	10～10 000
放气气体	0.3～100	25～660	3～20	0～2 000	10～5 000	100～60 000	100～60 000
连续蒸煮器：	0.6～6	75～150	35～70	10～300	500～10 000	1 500～7 500	500～3 000
洗浆机罩排气	1 500～6 000	20～45	2～10	0～5	0～5	0～15	0～3
洗浆机密封箱	300～1 000	55～75	15～35	0～2	10～50	10 700	1～150
蒸发器冷凝水槽	0.3～12	80～145	50～90	600～9 000	300～3 000	500～5 000	5 000～6 000
黑液氧化器排气	500～1 500	70～80	30～40	0～10	0～25	10～500	2～95
碱回收炉	6 000～12 000	120～180	25～35	在直接接触蒸发器之后			
				0～1 500	0～200	0～100	2～95
熔融物溶解槽	50～1 000	7～110	35～45	0～75	0～2	0～4	0～3
石灰炉排气	1 000～1 600	65～95	25～35	0～250	0～100	0～50	0～20
石灰消化器排气	12～30	65～75	20～25	0～20	0～1	0～1	0～1

① 在干燥气体标准条件下，21.1℃及 101kPa，每吨纸浆的废气流速。

表 65-14 硫酸盐浆厂排放的还原硫化物数量

(每吨风干浆千克数)

排放点	H_2S	CH_3SH	CH_3SCH_3	CH_3SSCH_3
间歇蒸煮：				
喷放气体	0～0.1	0～1.0	0～2.5	0～1.0
减压气体	0～0.05	0～0.3	0.05～0.8	0.05～1.0
连续蒸煮：	0～0.1	0.5～1.0	0.05～0.5	0.05～0.4
洗浆机罩排气	0～0.1	0.05～1.0	0.05～1.0	0.05～0.4

（续）

排放点	H_2S	CH_3SH	CH_3SCH_3	CH_3SSCH_3
洗浆密封槽	0～0.01	0～0.01	0～0.05	0～0.03
蒸发热水井	0.05～1.5	0.05～0.8	0.05～1.0	0.05～1.0
氧化塔排气	0～0.01	0～0.1	0～0.4	0～0.3
碱回收炉（直接蒸发器以后）	0～25	0～2	0～1	0～0.3
熔融物溶解槽	0～1	0～0.8	0～0.5	0～0.3
石灰炉排气	0～0.5	0～0.2	0～0.1	0～0.05
石灰消化槽	0～0.01	0～0.01	0～0.01	0～0.01

硫酸盐法浆厂散发的几种含硫化合物的物理化学性质见表 65-15、表 65-16、表 65-17。

表 65-15　硫酸盐浆厂散发的几种主要污染气体的物理化学性质

污染气体	分子式	沸　点（在 100kPa 下，℃）	燃烧值（kJ/mol）	离解常数（在 100℃水溶液）
硫化氢	H_2S	−59.6	521	$K_1=5.7\times10^{-7}$
				$K_2=1.2\times10^{-15}$
甲硫醇	CH_3SH	7.6	1 256	$K=4.3\times10^{-11}$
甲硫醚	$(CH_3)_2S$	37.5	1 919	不离解
二甲基二硫化物	$(CH_3)_2S_2$	117	2 226	不离解

表 65-16　几种主要污染气体的物理特征及爆炸极限

污染气体	臭味特征	颜色	在空气中爆炸极限（%）	
			下限	上限
二氧化硫	强窒息性	无	不爆炸	
硫化氢	腐蛋味	无	4.3	45.0
甲硫醇	烂洋白菜臭味	无	3.9	21.8
二甲基二硫化物	烂蔬菜的硫化物臭味	无	2.2	19.7

由表 65-17 可知，这些含硫化合物气体的嗅觉极限都很低，如硫化氢及甲硫醇若有极微量存在即可被人所感觉，硫酸盐法浆厂大气污染控制的重要性、艰巨性就可想而知了。

硫酸盐法浆厂的粉尘污染，主要来自黑液回收系统及动力锅炉系统，散发的 SO_x、NO_x 的浓度、数量见表 65-18、表 65-19。

表 65-17　几种污染气体在空气中的嗅觉极限（臭阈值）

污染气体	嗅觉极限（μg/g）
二氧化硫	1.0～5.0
硫化氢	0.000 45
甲硫醇	0.000 43
甲硫醚	0.001 1
二甲基二硫化物	0.002 2

表 65-18　硫酸盐法浆厂 SO_x 和 NO_x 的散发

散发源	浓度（μg/g 以容积计）			散发率（kg/t）①		
	SO_2	SO_3	NO_x（作为 NO_2）	SO_2	SO_3	NO_x（作为 NO_2）
回收炉	0～1200	0～100	10～70	0～40	0～4	0.7～5.0
回收炉使用辅助燃料	0～1 500	0～150	50～400	0～50	0～6	1.2～10.6
石灰窑烟囱	0～200	—	100～260	0～1.4	—	10～25
熔融物溶解槽	0～100	—	—	0～0.2	—	—

① 为每吨风干浆的千克数。

表 65-19 硫酸盐法浆厂散发粒子物质的速率和浓度

散发源	浓度 (g/SCM)①	散发速率 (kg/t)
回收锅炉 (静电除尘器后)	0.06～1.1	0.5～12
石灰窑	0.07～1.1	0.15～2.5
熔融物溶解槽	0.04～2.3	0.01～0.5

① SCM 为平均标准立方米。

1.2.1.2 亚硫酸盐法、中性亚硫酸盐法浆厂

亚硫酸盐法浆厂与中性亚硫酸盐法浆厂的大气污染程度较之硫酸盐法浆厂为轻。这二种制浆方法不产生硫化氢，更无甲硫醇、甲硫醚及二甲基二硫化物等有机硫化物生成。只是散发一定数量的二氧化硫及粉尘物质。

亚硫酸盐法浆厂以使用钙盐基对大气污染最严重，铵盐基次之，镁盐基及钠盐基最小。在亚硫酸盐浆厂二氧化硫主要散发源有：蒸煮锅的喷放池，废液蒸发系统，废液燃烧系统，浆料洗涤系统及制酸系统。蒸煮液酸度不同，盐基不同，浆的种类不同以及回收方法不同，散发的二氧化硫也各不相同，变化的幅度较大。北欧、美国亚硫酸盐法浆厂的操作特征及污染物散发情况见表 65-20、表 65-21。铵盐基亚硫酸盐回收炉散发的氮氧化物的浓度与数量见表 65-22。

表 65-20 北欧亚硫酸盐法浆厂操作特征及大气污染物质散发情况

参数	工厂								
	1	2	3	4	5	6	7	8	9
盐基种类	Ca	Ca	Mg	Mg	Na	Na	Na	NH_4	NH_4
蒸煮 pH 值	1～2	1～2	1～2	3～5	3～5	3～5	3～5	3～5	3～5
蒸煮得率 (%)	50	50	55	55	50	75	75	75	75
废液提取率 (%)	0	70	85	85	90	0	85	0	85
废液浓缩	无	有	有	有	有	无	有	无	有
废液燃烧	无	有	有	有	有	无	有	无	有
化学回收	无	无	有	有	有	无	有	无	有
硫损失 (kg SO_2/t)									
喷放、洗涤	210	56	20	40	15	100	16	100	16
跑、冒、滴、漏	0	20	10	10	10	0	10	0	10
冷凝水	0	26	15	110	10	0	8	0	8
排气	10	10	10	2	2	2	2	2	2
烟气	0	85	15	25	20	0	14	0	74
粉尘	0	25	0	0	0	0	0	0	0
补充硫 (kg SO_2/t)	220	220	70	87	57	100	50	100	100
总 SO_2 散发量 (kg SO_2/t)	10	93	25	27	22	2	16	2	76
烟气粉尘含量 (kg/t)	0	90	70	100	20	0	10	0	0
粉尘捕集效率 (%)	0	80	99	99	97	0	97	0	0
粉尘散发量 (kg/t)	0	18	1	1	1	0	0	0	0

表 65-21　北美国家亚硫酸盐法浆厂典型的散发实例

项　目	厂号			
	1	2	3	4
盐　基	钙	镁	镁	铵
蒸煮类型	酸性亚硫酸盐	酸性亚硫酸盐	亚硫酸氢盐	酸性亚硫酸盐
粗浆得率（%）	45	43	50	50
废液蒸发	无	有	有	有
废液燃烧	无	有	有	有
化学回收	无	有	有	无
SO_2 散发（kg/t 浆）				
蒸煮喷放	75	8.5	8.5	1.5①
洗浆机和筛浆机	—	2	2	2
蒸发器	—	2.5	2.5	5
锅　炉	—	9.5	10①	200
酸　塔	2.5	—	—	0.25
粒子物质散发(kg/t 浆)	0	1	1	1.5

注：① 填充吸收塔消除了 91%的 SO_2。
② 回收锅炉的文丘里吸收器。

表 65-22　铵盐基亚硫酸法浆厂回收炉氮氧化物①的散发

情　况	浓度（μg/g 容积计）	散发率②			
		$kgNO_x$/t 浆	$lbNO_x$/t 浆	$kgNO_x/10^6kJ$	$lbNO_x/10^6Btu$
平　均	350	8.3	(16.6)	0.36	(0.84)
最　小	200	4.7	(9.4)	0.22	(0.51)
最　大	500	11.8	(23.6)	0.52	(1.22)

① 氮的氧化物以二氧化氮来计算。
② 依 $625m^3$/（h・t）能力［24 300ft^3/（h・t）］的流速和废热值为 22.7MJ/kg（9 750Btu/lb）计算。

中性亚硫酸盐法的药液以亚硫酸根离子为主，pH 值在 6～9，多用于阔叶材为原料生产半化学浆。因此，二氧化硫散发量就更少，从放料池只散发大约 10kg 二氧化硫/t 浆；采用冷喷放法，二氧化硫散发量更低，一般在 2kg/t 浆以下。硫酸盐法浆厂和烧碱法半化学浆厂的大气污染对比见表 65-23。

表 65-23　硫酸盐法浆厂和烧碱法半化学浆厂的大气污染对比

散发物	硫酸盐浆厂①	烧碱法半化学浆厂①	散发物	硫酸盐浆厂①	烧碱法半化学浆厂①
还原硫	0.12	0.000 2	粉　尘	2.8	2.7
	(0.25)	(0.000 4)		(4.6)	(5.4)
SO_2	2.3	0.9	NO_x	21.9	27.1
	(4.6)	(1.8)		(43.8)	(54.2)

① 所有数值为 kg/t 或 lb/ton（括号内数字）。

各种制浆方法对大气产生的污染比较见表 65-24。

表 65-24 各种制浆方法对大气污染的比较

项 目	硫酸盐法	烧碱法	半化学浆法	氧碱法	预热木片磨木浆法	氧气木片法	二氧化氯法	溶剂法	拉普逊法
还原硫	0.12 (0.25)	0.000 2 (0.000 4)	0.000 2 (0.000 4)	0.000 2 (0.000 4)	0 (0)	0 (0)	0 (0)	0 (0)	0.12 ( )
SO_2	2.3 (4.6)	0.9 (1.8)	0.3 (0.6)	1.2 (2.4)	0.5 (1.0)	0.6 (1.2)	0.8 (1.6)	—	2 (4)
粉 尘	2.8 (5.6)	2.7 (5.4)	3.0 (6.0)	3.6 (7.2)	1.5 (3.0)	1.8 (3.6)	2.6 (5.2)	—	5.1 (10.2)
NO_x	21.9 (43.8)	27.1 (54.2)	7.2 (14.4)	19.2 (38.4)	3.4 (6.8)	3.4 (6.8)	8.9 (17.8)	—	21.9 (43.8)
其 他				NaI 0.2 (0.4) CO 0～0.05 (0～0.1)	NaI 0.2 (0.4) CO 0～0.05 (0～0.1)		有机蒸汽		HCl 10

注：所有数值为 kg/t 浆（括号内为 lb/t 浆）。

1.2.2 其他林化工业

1.2.2.1 氯化锌法木质活性炭厂

氯化锌法生产木质活性炭，使用氯化锌、盐酸等化学药剂。因此，在生产过程中散发出酸性气体，不但使工厂周围树木、农作物枯萎死亡，建筑物腐蚀，而且直接刺激人的呼吸器官、皮肤，对大气环境造成巨大危害。

氯化锌法木质活性炭生产过程中，在炭化阶段、活化阶段都会散发出酸性气体。污染气体散发量随设备、操作条件变化较大。对转炉生产，污染气体散发量为 3 万～3.6 万 m^3/t 产品，而平板炉尚无准确的统计资料。

污染气体中有两类有害物质：氯化氢和含锌化合物。污染气体的酸性是由氯化氢造成的，其来源有二个：一是调节氯化锌浸泡液 pH 值加入的盐酸；二是在活化过程中，氯化锌的高温分解（$ZnCl_2+2H_2O \xlongequal{\triangle} ZnO+2HCl\uparrow$），氯化锌分解数量随温度变化而有所变动，一般约为加入氯化锌的 16%。对于转炉，污染气体中，氯化氢含量为 0.184 9～1.59g/m^3。另外，在木屑炭化过程中还产生一定数量的有机酸（醋酸等），在活化料堆存、运输、漂洗、酸煮过程也有大量酸性气体散发出来。污染气体中的含锌化合物为氯化锌和氧化锌，其来源于：氯化锌在炭化温度下挥发出来，数量因炉型、操作条件而异，约为加入量的 5%～15%；氯化锌高温分解产生的氧化锌；木屑干燥时，随水蒸气带出的氯化锌。据报道，转炉废气中锌含量为10～15g/m^3。粗略估计，随污染气体散发到大气中的氯化锌约为加入氯化锌的 20%～30%。

活性炭厂的炭尘污染也很严重，主要污染源是球磨机和成品包装车间。活性炭尘的特点是具有高分散性、黑、沾污性极强，洗净很困难。

1.2.2.2 松脂、明子加工

松脂加工中，在松香包装、冷却过程中会散发出松节油（萜烯类）。松节油散发到空气中，使空气呈现强烈异味。车间空气中，松节油的最高容许浓度为 300mg/m^3。

浮油松香加工，在硫酸盐皂酸化过程中，会有硫化氢、甲硫醇、甲硫醚等还原性硫化物散发，散发量为 1～20m^3/t。

松树明子加工的大气污染，主要为生产过程的泄漏，出料及溶剂回收等过程。主要污染物为浸提溶剂（汽油-松节油或汽油-丁醇）、萜烯类混合物等。溶剂汽油、丁醇在车间空气中

最高容许浓度分别为 350mg/m³、200mg/m³。

合成樟脑生产中除散发松节油外，还会有樟脑散发到车间空气中。

1.2.2.3　栲胶生产

栲胶生产中的大气污染主要为粉尘污染。污染源为原料粉碎、筛选、输送过程及成品喷雾干燥、包装等工序。据年产 2 000t 的栲胶厂估计，成品干燥塔后采用分离器组进行分离、回收，仍然有 3%的成品损失率。可见，造成的经济损失是很可观的。

1.2.2.4　水解厂

在木材水解厂，从水解锅放料会有硫酸雾散发；在糠醛厂由放料排出的废气除有糠醛外，也含有硫酸雾。在车间空气中，硫酸的最高容许含量为 2mg/m³，糠醛则为 10mg/m³。

1.2.2.5　锅炉烟尘

当今世界各国的能源主要还是矿物质能（石油、煤炭、天然气）、水电、核能和生物质能四类。燃料的燃烧成为大气污染物质的主要来源。大气中几种主要污染物质的来源比例见表 65-25。

表 65-25　大气中几种主要污染物质的来源比例（%）

污染物来源	污染物				
	粉　尘	硫氧化物 (SO_x)	氮氧化物 (NO_x)	一氧化碳 (CO)	碳氢化物 (HC)
燃料燃烧	42	73.4	43.2	2.0	2.4
交通运输（内燃机燃料燃烧）	5.5	1.3	49.1	68.4	60.0
工业过程	34.8	23.0	1.3	11.3	12.0
固体物质处理	4.5	0.3	5.1	8.1	5.2
其他	13.2	2.0	3.2	10.2	20.5

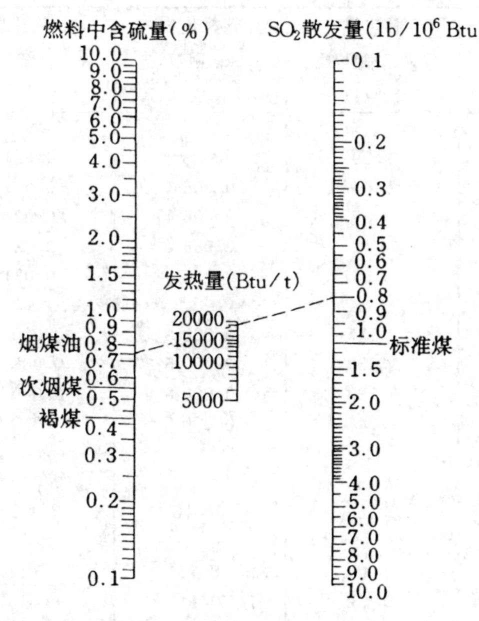

图 65-3　燃料含硫量、热值与二氧化硫散发量共线图

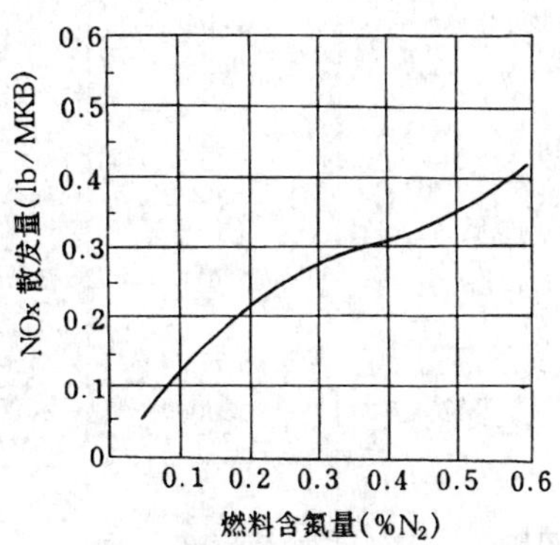

图 65-4　燃料含氮量与烟气中氮的氧化物散发量之间的关系

在我国，电站，生产、生活用锅炉，工业炉窑及民用炊事的主要能源是煤，大部分的煤不进行加工处理，以灰分高、硫分高的原煤直接燃烧方式消耗。燃炉设备以中、小型为主，效率低、烟囱低矮，大量烟气未经净化即行低空排放。烟尘污染具有面广量大，危害严重的特点。

燃料燃烧产生的污染物，因燃料种类不同而有较大差别。燃煤时主要污染物是烟尘和二氧化硫，其次为二氧化氮；燃油主要二氧化硫，其次为二氧化氮；天然气燃烧主要为二氧化氮；废木材燃烧主要产生粉尘、碳氢化物及氮氧化物。以同一发热量计，二氧化氮、二氧化硫、烟尘的排放量，以燃煤为最大，燃油次之，燃天然气为最小。燃料含硫量、热值与二氧化硫散发量的共线图如图65-3。燃料含氮量与烟气中氮的氧化物散发量之间的关系如图65-4。

以煤、废材为燃料的动力锅炉散发飞灰粒度分布情况见表65-26。

表65-26 以煤、废材为燃料的动力锅炉散发的飞灰粒度分布情况

粉尘直径（μm）	以下型式燃煤炉所占（%）					树皮锅炉（%）
	粉　煤	旋风式	扩散加料	旋转加料	下部加料	
0.1	25	72	11	—	7	12
10～20	24	15	12	—	8	10
20～30	16	6	9	11	6	7
30～40	14	2	10	—	9	6
40～75	13	—	12	12	8	14
75～150	6	5	17	30	19	16
150以上	2	—	29	47	43	35
总计	100	100	100	100	100	100

制浆造纸厂动力锅炉散发的大气污染物质见表65-27。

表65-27 制浆造纸厂动力锅炉散发的污染物质

燃　料及燃烧情况	粉尘（kg/10^6kJ）	二氧化硫（kg二氧化碳/10^6kJ）	氧化氮（kg二氧化氮/10^6kJ）	碳氢化物（kg甲烷/10^6kJ）	一氧化碳（kg一氧化碳/10^6kJ）
烟煤					
一般粉煤	0.34	0.82	0.39	0.006 4	0.021
粉煤湿底	0.28	0.82	0.64	0.006 4	0.021
粉煤干底	0.37	0.82	0.39	0.006 4	0.021
粉煤旋风	0.04	0.82	1.17	0.006 4	0.021
扩散加煤	0.28	0.82	0.32	0.006 4	0.021
燃油					
废油（切线）	0.023	0.46	0.115	0.000 5	0.000 5
废油（水平）	0.023	0.46	0.230	0.000 5	0.000 5
蒸馏油（切线）	0.015	0.41	0.123	0.000 5	0.000 5
蒸馏油（水平）	0.015	0.41	0.246	0.000 5	0.000 5
天然气					
锅炉燃烧	0.006	0.000 48	0.160	0.016	0.000 5
燃气机	0.006	0.000 48	0.183	0.016	0.000 5
废木材					
无再喷射	1.50	0.16	0.43	0.11	0.11
50%再喷射	1.79	0.16	0.43	0.11	0.11
100%再喷射	2.32	0.16	0.43	0.11	0.11

燃料燃烧产生的烟尘是燃料灰分形成的微粒，其化学组成、粒度因燃料种类、燃烧过程不同而变动较大，以氧化物表示，大致组成见表65-28。

表 65-28　灰分微粒的化学组成

化学成分	含量（%）	化学成分	含量（%）
二氧化硅	20～60	氧化镁	0.3～4
氧化铝	10～35	氧化钛	0.5～2.5
三氧化二铁	5～35	氧化钠、氧化钾	1～4
氧化钙	1～20	二氧化硫	0.1～12

与林产化学工业有关的大气污染物质毒性如表 65-29。

表 65-29　林产化学工业大气污染物质毒性

名　称	人或实验动物	投给途径	毒性数据
松香酸	可致职业性哮喘		
蒽　醌	正常使用不可能产生急性危害		低毒
	大鼠	po	LD_{50}＞5.0g/kg
苯并［a］芘(3,4-苯并芘)	对实验动物有强致癌性。对人可疑有致癌性。具有潜在的职业性致癌危险。		
铍	对人危害：吸入属剧毒，5 类（y）。可溶性和不溶性铍化合物均有毒。其毒性大小取决于被吸入金属的量和曝露的时间。吸入铍或其化合物对人和动物有高毒性。吸入的危害较经口危害大。铍化合物不易由胃肠道或皮肤吸收。可刺激和损伤皮肤粘膜。 铍及某些含铍化合物对人可疑有或可能有致癌作用，证据不充分，也缺少流行病学的支持。虽如此，一些国家职业安全卫生部门仍认为铍是一种强力的人的致癌物。 成人吸入最小致死量 0.1g/m^3。		
冰　片(龙脑,莰醇-(2))			高毒
	大鼠	po	LD　约 2.0g/kg
樟　脑	对人危害：皮肤刺激性属中等毒，3 类（x）；吸入，经皮和经口均属低毒，2 类（x）。幼儿致死量推定为 2g。成人最小致死量为 1g 或 2g		
	大鼠	ip	LD_{50}　0.9g/kg
	豚鼠	po	MLD　1.5～1.8g/kg
樟脑油			高毒
樟脑酮			高毒
二氧化碳	对人危害：吸入属中等毒，3 类（x）；高浓度可致呼吸麻痹		
	空气中二氧化碳浓度（%）	成人吸入反应	
	1～2	数小时有危险	
	2	呼吸加深，吸气量增加 30%	
	3	作业能力下降，血压脉搏等生理功能出现变化，呼吸次数增加 2 倍	
	4	呼吸更加加速，呼吸困难，不舒适	
	5	喘，强度呼吸困难，头痛，不能耐受的恶心（30min 内出现中毒症状）	
	7～9	重度呼吸困难（15min 昏迷），头痛，头晕，精神错乱	
	10～11	10min 可出现意识丧失，人事不省	
	15～20	能生存 1h 以上	
	＞20	成人吸入 10～15min 死亡	
	25～30	呼吸消失，血压下降，昏迷，反射消失，感觉消失，窒息死亡	
二硫化碳			剧毒
	对人危害：皮肤刺激性属高毒，4 类（x）；吸入属剧毒，5 类（z）；经皮和经口均属中等毒，3 类（x）。属神经毒。其蒸汽可严重刺激眼，皮肤和粘膜。其液体接触皮肤可致二和三度灼伤，并致皮肤过敏。人中毒浓度 1.5mg/L。成人经口最小致死量约 10ml。		

（续）

名　称	人或实验动物	投给途径	毒性数据

二硫化碳

空气中二硫化碳浓度	成人吸入反应
150μg/g	有危险
160～230μg/g（0.5～0.7mg/L）	短时间人无急性中毒症状
320～390μg/g（1.0～1.2mg/L）	可耐受数小时，8h后头痛不适
1 150μg/g（3.6mg/L）	30～60min内产生不规律呼吸及感觉异常等轻度中毒；
（6.0mg/L）	眩晕，30min内严重中毒
2 000～3 200μg/g（6.4～10mg/L）	30min内有死亡危险

一氧化碳　　剧毒

对人危害：吸入属剧毒，5类（Z）。

空气中一氧化碳浓度（μg/g）	平衡时碳氧血红蛋白浓度（%）	主要症状
50	7	轻微头痛
100	12	中度头痛，头晕
250	25	严重头痛，头晕
500	45	恶心呕吐，虚脱
1 000	60	昏迷
10 000	95	致死

人中毒血浓度值15～35mg%，致死血浓度值50mg%

氯　　剧毒

对人危害：皮肤刺激性属中等毒，3类（Z）；吸入属剧毒，3类（Z）。与皮肤水分反应生成酸对皮肤、眼及粘膜有强刺激性和腐蚀性。高浓度时为窒息剂。尚可致职业性哮喘。

空气中氯浓度		对人危害程度
μg/g	mg/m^3	
0.2～0.5	0.3～1.5	无害
0.5	1.5	微臭
1～3	3～6	臭明显，刺激眼、鼻、咽
6	15	刺激咽
30	90	剧咳
40～60	120～180	30～60min引起严重损害
100	300	引起致死性损害
1 000	3 000	危及生命

二氧化氯　　剧毒

有腐蚀性和爆炸性。对眼及呼吸道的刺激与氯气类似，但危害程度更严重。

松　香　　可致职业性哮喘

乙硫醇　　正常贮存时可分解产生危害

氟化物　　无机氟化合物的毒性取决于在水中的溶解度和离解成为氟离子的程度。几不溶性的氟化物为中等毒或低毒。可溶性氟化物属高毒。可溶性氟硅酸盐为高毒。氟氢化物属剧毒。难溶性氟化物及盐，如冰晶石，没有人经口致死的报道。含氟化物和氟硅酸盐的酸性溶液属剧毒。

空气中氟化物粉尘浓度为0.1μg/g时，人吸入有危险。

氟　　剧毒

（续）

名　称	人或实验动物	投给途径	毒性数据
	强腐蚀性气体。毒性比氟化氢更大。人耐受量仅 1μg/g。氟化氢为 7μg/g。对人危害：皮肤刺激性和吸入均属剧毒，5 类（z）		
	大鼠	inh1h	LD_{50}　185μg/g
甲　醛	对人危害：皮肤刺激性属高毒，4 类（y）；经皮也属高毒，4 类（※）；吸入属中等毒，3 类（z）；经口也属中等毒，3 类（※）。强烈刺激眼、呼吸道粘膜。皮肤、呼吸道接触过敏。可致职业性哮喘。甲醛气体对大鼠有致癌性，证据充分。对人的致癌性缺乏足够的流行病学证据。有认为甲醛对人似有致癌危险。美国环保局已列为致癌物。		

空气中甲醛浓度（μg/g）	人吸入反应
1	感觉有味
4～5	大多数成人可耐受（最大安全浓度）
10～20	高度烦燥不安
0.5mg/L	致死

名　称	人或实验动物	投给途径	毒性数据
糠　醛 （呋喃甲醛）	毒性为甲醛的 1/3。其蒸汽对皮肤、粘膜和呼吸道有强刺激性。		中等毒
	大鼠	po	LD_{50}　0.05～0.1g/kg
糠　醇 （2-呋喃甲醇）	大鼠	po	LD_{50}　0.275g/kg
汽　油	对人危害：皮肤刺激性属无毒，1 类（x）；经皮和吸入属中等毒，3 类（x）；经口属低毒，2 类（x）。成人吸入空气中汽油最大安全浓度为 500μg/g。几乎所有动物暴露于 10 000μg/g 浓度下均可迅即死亡。		
氯化氢 （无水盐酸）	属强刺激性、强腐蚀性的剧毒气体。腐蚀眼、皮肤和粘膜并可引起烧伤。对人危害：皮肤刺激性属剧毒，5 类（※）；吸入也属剧毒，5 类（z）；经皮和经口属中等毒，3 类（x）。		

空气中氯化氢浓度			对人影响
μg/g	mg/m³	mg/L	
1～5	1.5～7.5		感有气味，轻微刺激
10	15		强烈刺激
10～15	15～7.5		作业有困难，但可进行
50～100	75～105		可耐受 1h，不能劳动
1 000	1 470		短时间接触后有肺水肿的危险
		0.013	6h 无显著影响
		0.06～0.13	0.5～1h 无任何影响
		1.0	人中毒浓度
		1.8～2.6	0.5～1h 死亡
		4.5	10min 有死亡危险
		5.5	立即死亡

名　称	人或实验动物	投给途径	毒性数据
	0.13%～0.2%的浓度可使哺乳动物在几分钟内致死		
氟化氢 （无水氢氟酸，氢氟酸气）	属强刺激性，强腐蚀性的剧毒气体。可引起严重难愈合的烧伤。对人危害（气体和溶液）：吸入和皮肤刺激性均属剧毒，5 类（z）；经皮和经口均属高毒，4 类（x）。成人急性中毒量估计约 70mg（按氟计）		剧毒

（续）

名　称	人或实验动物	投给途径	毒性数据
（无水氢氟酸，氢氟酸气）	空气中氟化氢浓度	人吸入反应	
	26mg/m^3	几分钟后人不适	
	3μg/g	人有危险	
	0.1mg/L	人中毒浓度	
	50μg/g	30～60min 内死亡	
	0.1mg/L（按氟计）	＜1min 皮肤、眼结膜刺痛，呼吸道刺激	
	0.05mg/L（按氟计）	＜1min 结膜、鼻刺激	
	0.026mg/L（按氟计）	几分钟人有某些不安	
	大鼠	inh 1h	LC_{50}　1 278μg/g
	猴	inh 1h	LC_{50}　1 780μg/g
过氧化氢	对人危害（35%、50%及90%过氧化氢溶液）：皮肤刺激性属剧毒，5类（x）；经皮和经口属高毒，4类（x）。较高浓度（＞20%）的溶液即属腐蚀性物质，刺激皮肤和粘膜且毒性也较高。3%水溶液的毒性与0.1%的升汞液相同。疑有致癌性。		
硫化氢			剧毒或特毒
	对人危害：吸入属剧毒，5类（x）；有认为属特毒。本品毒性像氰化氢。		
	空气中硫化氢浓度	成人吸入反应	
	＞20μg/g（＞0.002%）	有危险	
	50μg/g（0.005%）	产生中毒症状	
	200μg/g（0.02%）	致死	
	360～500μg/g（0.036～0.05%）	30～60min 生命有危险	
	420～600μg/g（0.042～0.06%）（0.6～0.84mg/L）	30～60min 死亡	
	850～1 000μg/g（0.085～0.1%）（1.2～2.8mg/L）	立即死亡	
	0.1～0.2%	数分钟内致死	
	或＞1 000μg/g	立即致死	
	温血动物	inh 1min	LC　1.8mg/L
	狗	inh 1min	LC　0.7mg/L（500μg/g）
铅	对人危害：皮肤刺激性和经皮属无毒，1类（x）；吸入属剧毒，5类（x）。铅及某些可溶性铅盐对人致癌性证据不足。有人介绍对人和哺乳动物有致畸性。人中毒血浓度值0.07或0.13mg%，致死血浓度值为0.11mg%～0.35mg%。成人经口或吸入铅粉尘被吸收的铅最小致死量为0.5g。本品也可致职业性哮喘。		
汞			剧毒
（水银，金属汞，元素汞）	毒性为铅的5倍。人中毒血浓度值0.1mg%，致死浓度值≥0.6mg%。人致死量0.5g或1～4g。空气中汞蒸汽浓度＞0.1mg/m^{3}时人有危险，浓度为1.2～8.5mg/m^{3}时人吸入急性中毒。液体及蒸汽形式汞有相同毒性。成人一周可耐受的摄入量最高300μg/人或5.0μg/kg。对哺乳动物有致畸性。		
汞　盐	一价汞盐毒性低或无毒，但体组织和红细胞可氧化一价汞为高毒性的二价汞。有机汞化合物通常属高毒，例如甲基汞、乙基汞等。人二价汞盐中毒量为5mg，致死量为0.15～0.3g。成人离解汞致死量约0.5～1.0g。成人经口量＜1g时严重中毒，成人致死量约1.0g。汞盐对胎儿也有危害。		

（续）

名　称	人或实验动物	投给途径	毒性数据
甲　醇	对人危害：皮肤刺激性属无毒，1 类（※）；经皮属低毒，2 类（※）。人中毒血浓度值 20mg%，致死血浓度值≥89mg%。成人经口中毒量 5～10ml，经口最小致死量 30～60ml、75ml。成人经口致死量 100～200ml、57～223g、70～100ml、100ml、60～250ml 及 100～250ml 等。有介绍，人误服5～10ml 可致严重中毒，15ml 可致失明，30ml 左右可致死。人暴露空气中甲醇的最大安全浓度 200μg/g。		
	大鼠	po	LD_{50}　8.8～13.0ml/kg
	大鼠	inh8h	LC　83.6mg/L
	狗	po	LD　7.5～8.0ml/kg
甲硫醇			高毒
	高浓度可使人麻醉		
	大鼠	inh 15min	LD　10 000μg/g
二氧化氮			剧毒
	对人危害：皮肤刺激性属中等毒，3 类（x）；吸入属剧毒，5 类（z）。有腐蚀性。空气中二氧化氮浓度为 500μg/g 时，人暴露 48h 致死；浓度为 0.6～1.0mg/L 时，人暴露 0.5～1h 死亡。		
	大鼠	inh 30min	LC_{50}　162μg/g
	家兔	inh 15min	LC_{50}　315μg/g
氧化氮			剧毒
（一氧化氮）	对人危害：皮肤刺激性属中等毒，3 类（※）；吸入属剧毒，5 类（z）。成人暴露空气中氧化氮最大安全浓度 25μg/g。		
	小鼠	inh 30min	LC　500μg/g
	猫	inh 60min	LC　330μg/g
四氧化氮			剧毒
	对人危害：皮肤刺激性属中等毒，3 类（x）；吸入属剧毒，5 类（z）。		
三氧化氮	吸入显中至高毒性		
	大鼠	inh 4h	LC　2 500μg/g
一氧化二氮			低毒
（氧化亚氮）	对哺乳动物有致畸性		
松　油	成人最小致死量 15g		中等毒
松节油	对人危害：皮肤刺激性和经口属低毒，2 类（※）；吸入和经皮属低毒，2 类（x）。成人经口致死性中毒量 15g，成人最小致死量 30ml，成人经口致死量 60～100g 或 140～150ml。小儿经口致死量 15ml 或约一茶匙。人在 10.5g/m^3 浓度下吸入 1～4h 可发生中毒。空气中松节油浓度＞100μg/g 时人暴露后有危险		
	大鼠经口未稀释品估计致死范围 2～3ml/kg		
	大鼠	inh 1～6h	LC_{50}约 12～15mg/L
焦　油	焦油的毒性与其理化性质（尤其挥发性）、加工工艺及来源有关。焦油对人有致癌性（皮肤癌）。其致癌活性与热加工温度有关，温度愈高致癌性也愈强。对皮肤和呼吸道粘膜有刺激性和致敏性。		
臭　氧			剧毒
	属剧毒刺激性气体。液体臭氧与皮肤、粘膜接触时致严重灼伤		

（续）

名 称	人或实验动物	投给途径	毒性数据
臭 氧	空气中臭氧浓度（μg/g）	成人吸入反应	
	0.1	刺激眼和上呼吸道（也为最大安全浓度）	
	0.37～0.75	暴露2h后肺功能改变，呼吸频率快	
	0.48～0.72	0.5h后烦闷和有呼吸道刺激症状	
	0.54	55min后轻微气梗，鼻和结膜有刺激性	
	0.6～0.8	2h后干咳	
	0.96	90min后咳嗽、疲乏	
	1.0	＞0.5h，特臭，头痛不适	
	1.5～2.0	2h后高度烦燥不安	
	2.0	＜60min敏感人呼吸道有严重刺激症状	
	9.0	断续吸入3～14天后引起严重肺炎	
	5～10.0	吸入1h后致死	
	11.2	15min后迅即人事不省	
	50.0	吸入0.5h后人致死	
	＞1 700	数分钟致死	
	最近美国学者发现，本品对仓鼠和老鼠有致癌性		
	猫	inh 3h	LC_{50} 22.8或34.1μg/g
	家兔	inh 3h	LC_{50} 23.8μg/g
石油烃			
(1)"60溶剂"	人暴露于蒸汽浓度1.7mg/L（340μg/g）可耐受8h以上		
	大鼠	inh 4h	LC_{50} 24mg/L（4 900μg/g）
(2)"70溶剂"	人暴露于蒸汽浓度0.32mg/L（59μg/g）可耐受8h以上		
	大鼠一次吸入4.4mg/L（810μg/g）8h不死		
(3)"140°闪光脂族溶剂"	人暴露于饱和蒸汽中可耐受15min。人暴露于蒸汽浓度0.31mg/L（49μg/g）可耐受8h以上		
	大鼠、猫或狗暴露于饱和蒸汽中8h不死		
粉末炭	对人毒性很低		
二氧化硅	小鼠 大鼠	po	LD_{50}＞3.0g/kg
二氧化硫	属刺激性很强的剧毒性气体。强烈刺激皮肤和上呼吸道粘膜。吸入属剧毒。在较高浓度下吸入时可急性中毒		
	空气中二氧化硫浓度	人吸入反应	
	10μg/g	不安全	
	0.06～0.1mg/L	6h无明显影响	
	0.17～0.64mg/L	0.5～1h无任何影响	
	0.4～0.5mg/L	0.5～1h得病	
	400～500μg/g	短时间吸入有危险或严重中毒死亡	
	1.4～1.7mg/L	0.5～1h死亡	
	小鼠	inh20min	LC 2.0mg/L（800μg/g）
	大鼠	inh20min	LC 2.6mg/L（1 000μg/g）
	猫	inh30～60min	LC 500～600μg/g
	鱼		LC 0.5μg/g
硫酸雾	属强腐蚀性、强灼伤性和强刺激性物质		
三氧化硫	属强刺激性剧毒性气体。其刺激性比二氧化硫更强		
糅 酸			中等毒

（续）

名　称	人或实验动物	投给途径	毒性数据
（单宁，单宁酸）	国外文献报导，小鼠或大鼠皮下注射可诱发肝癌，涂布于动物表皮可经皮吸收致癌。对人类是否致癌尚未确定。但有研究表明，木工易患鼻腺癌的主要原因是木尘中的鞣酸所致。本品局部应用或注射投给也是一种肝毒剂。人经口致死量估计 0.5～5.0g/kg		
	小鼠	po	LD_{100}　6.0g/kg
	小鼠	iv	LD_{100}　80mg/kg
	大鼠	po	LD_{50}　2.26g/kg
	豚鼠	iv	LD　76～126mg/kg（过敏死亡）
氯化锌	对人危害：皮肤刺激性属高毒，4 类（x）；经皮属低毒，2 类（x）；经口属中等毒，3 类（x）。属强腐蚀性物质。固体氯化锌腐蚀皮肤和粘膜。10%或 10%以上的水溶液也有腐蚀性，可引起皮炎和化学灼伤。水溶液对眼非常危险。吸入严重刺激呼吸道或肺炎致死。对实验动物（大鼠）可致睾丸癌。		
氧化锌	对人危害：皮肤刺激性和经皮属无毒，1 类（x）；吸入属中等毒，3 类（z）；经口属低毒，2 类（x）。空气中氧化锌粉尘浓度＞15μg/g 时成人吸入有危险。		

表中符号说明：

1. LD　致死量：笼统表示某物质杀死动物和机体或使其致命的剂量。
2. LC　致死浓度：笼统表示某物质杀死动物和机体或使其致命的浓度。
3. LD_{50}或 LC_{50}：半数致死量或半数致死浓度。即致半数实验动物死亡的剂量或浓度。
4. MLD 或 MLC：最小致死量或最小致死浓度。即致全组动物中个别动物死亡的剂量或浓度。
5. po：经口（或口服）
6. ip：腹腔内（或腹腔注射）
7. iv：静脉内（或静脉注射）
8. inh：吸入
9. mg/kg：mg/千克体重
10. ml/kg：ml/千克体重
11. μg/kg：mg/千克体重
12. g/kg：g/千克体重
13. mg%：100ml 体液（包括血液）中物质毫克数
14. 毒性分级表

毒性分级	人经口可能致死量	
	每千克体重	总重（70kg 体重）
6 级　特毒	＜5mg	＜7 滴
5 级　剧毒	5～50mg	7 滴～1 茶匙
4 级　高毒	50～500mg	1 茶匙～30g
3 级　中等毒	0.5～5g	30g～1lb
2 级　低毒	5～15g	1～2.2lb
1 级　几无毒	＞15g	＞2.2lb

15. 化合物危害分类表

分　类	经　口 （大鼠 LD_{50}g/kg）	经　皮 （兔 LD_{50}ml/kg）	吸　入 （大鼠吸入饱和蒸汽，死亡数）	皮肤刺激性 （家兔）
1类危害	>10	>20	8h，0/6→3/6（或吸入128 000μg/g 4h为0→4/6）	未稀释品仅引起皮肤毛细血管充满者
2类危害	1～10	2～20	2或4h，2/6→4/6（或吸入16 000μg/g 4h为0→4/6）	未稀释品仅引起皮肤轻微红斑者
3类危害	0.1～0.99	0.2～1.99	1/4～1h，2/6→4/6（或吸2 000μg/g 4h，0→4/6）	未稀释品引起皮肤红斑和轻度浮肿者
4类危害	0.01～0.099	0.02～0.19	2或5min，2/6→4/6（或吸入250μg/g，0→4/6）	未稀释品引起皮肤坏死者
5类危害	<0.01	<0.02	2min，5/6（或吸入250μg/g 5/6→6/6）	稀释品（10%）引起皮肤坏死者

注：按本分类法在化合物的具体分类中标有：

（x）符号，表示分类仅根据其有相类似结构物质的毒性类推评价的；

（y）符号，表示其分类是通过物质的物理特性或其他理由，牵强的依据一种非标准试验结果评价的；

（z）符号，表示其分类是根据人的经验评价的，而不是依据实验动物的实验数据；

（※）符号，表示其分类均根据实验动物的标准试验结果推算评价的。

1.3　大气污染控制技术

1.3.1　大气污染控制方法及设备

大气污染控制技术应包括两个方面的内容，首先考虑从改革工艺入手，减少污染物质的排放数量和种类；其次对已经产生的污染物质进行净化处理。

工业有害气体净化方法有：吸收法，吸附法，焚烧法，冷凝法。

（1）吸收法：用液体处理污染气体，将其中的一种或数种气态污染物质除去，是净化污染气体最常用的方法之一。吸收法适用于净化除去硫氧化物、氮氧化物、氨、硫化氢、氯化氢、氟化氢等。对于处理大流量的污染气体，吸收法的适应性更好。吸收法所用设备的特性、优缺点见表65-30。

表65-30　吸附法设备的特性和优缺点

吸收设备	特　　性	优　　点	缺　　点
填料塔	空塔气速0.3～1.5m/s，液气比0.5～2.0L/m³，塔高2～5m，压力损失500Pa/m填料	结构简单，气液接触效果较好，压力损失较小，便于用耐腐蚀材料制造	气体流速过大时，呈液乏，不能再运转；当烟气中含有颗粒物和吸收液中有沉淀物时，易堵塞
喷雾塔	空塔气速0.6～1.2m/s，液气比0.7～2.7L/m³，压力损失小于250Pa	结构简单造价低，压力损失小，适宜于含尘气体的吸收净化，操作稳定方便	喷嘴易堵塞，气流分布不易均匀，设备庞大，效率低，耗水量及占地面积均较大
文丘里吸收器	喉部气速20～30m/s，液气比5.5～11L/m³，压力损失2 000～9 000Pa	设备小，可以处理大体积量气体，吸收效率高	压力损失大
板式塔	空塔气速1.0～2.5m/s，液气比0.5～1.2L/m³，压力损失800～2 000Pa/板	处理能力大，压降小，板效率高，制作安装简单，金属耗量少，造价低	负荷范围比较窄，必须维持恒定的操作条件，小孔径的筛孔容易堵塞

（2）吸附法：吸附法是用各种吸附剂脱除气态污染物质的方法，常用于处理浓度低、毒性大、排放要求高的污染气体净化，如用活性碳吸附有机蒸汽，用分子筛吸附氮氧化物，用

活性氧化铝吸附氟化氢等。常用的吸附剂特性见表 65-31。各种吸附剂可去除的污染物质见表 65-32。

表 65-31　常用吸附剂特性

吸附剂特性	吸附剂种类					
	活性炭	活性氧化铝	硅　胶	沸石分子筛*		
				4A	5A	13X
堆积密度（kg/m^3）	200～600	750～1 000	800	800	800	800
热容〔$J/(kg\cdot K)$〕	836～1 254	836～1 045	920	794	794	—
操作温度上限（K）	423	773	673	873	873	873
平均孔径（nm）	1.5～2.5	1.8～4.8	2.2	0.4	0.5	1.3
再生温度（K）	373～413	473～523	393～423	473～573	473～573	473～573
比表面积（m^2/g）	600～1 600	210～360	600	—	—	—

表 65-32　各种吸附剂可去除的污染物质

吸附剂种类	可去除的污染物质
活性炭	苯、甲苯、二甲苯、丙酮、乙醇、乙醚、甲醛、苯乙烯、氯乙烯、恶臭物质、硫化氢、氯气、硫氧化物、氮氧化物、氯仿、一氧化碳
浸渍活性炭	烯烃、胺、酸雾、碱雾、硫醇、二氧化硫、氟化氢、氯化氢、氨气、甲醛、汞
活性氧化铝	硫化氢、二氧化硫、氟化氢、烃类
浸渍活性氧化铝	甲醛、氯化氢、酸雾、汞
硅　胶	氮氧化物、二氧化硫、乙炔
分子筛	氮氧化物、二氧化硫、硫化氢、氯仿、烃类

（3）焚烧法：焚烧法是用热氧化过程，将废气中的烃类转化为二氧化碳和水。燃烧法用于处理含有机溶剂蒸汽，碳氢化合物的污染气体，也可用于除烟和除臭。在炼油厂及石油化工厂常见到的“火炬”就是燃烧法净化系统的实例。采用燃烧法时，存在着可燃物与空气的混合物、高温、明火等危险因素，设置统一和安全控制系统是该法应用中的关键问题，必须十分注意。

（4）冷凝法：冷凝法是根据不同物质在不同温度下具有不同的饱和蒸汽压，通过冷却使处于蒸汽状态的污染物质冷凝成液体与废气分离，使废气净化。这种方法效率低，常用于浓度较高的有机气体，或预先回收可利用的物质，或作为吸附、燃烧等的预处理。常用设备为接触式冷凝器或表面冷凝器。

1.3.2　硫酸盐法浆厂恶臭去除技术

硫酸盐法浆厂各个生产工序，大气污染物质特征不同，污染气体及粉尘的控制方法是不一样的。硫酸盐法浆厂大气污染厂内控制技术见表 65-33。

表 65-33　硫酸盐法浆厂大气污染厂内控制技术

大气污染源	气体污染控制方法	粉尘污染控制方法
蒸　煮	冷凝；燃烧	—
洗　浆	燃烧	—
蒸　发	冷凝；洗涤；燃烧	—
冷凝水	气提；汽提	—
冷凝水气提	燃烧	—

（续）

大气污染源	气体污染控制方法	粉尘污染控制方法
黑液氧化	燃烧	—
塔儿油回收系统	洗涤	—
碱回收炉	洗涤	沉降；洗涤；过滤
熔融物溶解槽	洗涤	洗涤
石灰回收炉	洗涤	洗涤；沉降
消化器	—	洗涤
漂白车间	洗涤	—
抄纸机	燃烧；吸收；冷凝	—
动力锅炉	—	旋风分离；除尘；洗涤

间歇蒸煮：间歇蒸煮系统小放气、喷放气的气体冷凝及热回收流程如图 65-5。

粗略计算表明，间歇蒸煮喷放时，每吨风干浆大约产生 1t 蒸汽。一个 200m^3 蒸煮锅在 539.4kPa 压力下喷放，大约可得 20t 浆，并在 20min 内产生 34 000m^3 蒸汽。为此，必须按高峰气体流量进行设计，安装足够能力的冷凝器、热回收系统及反应迅速且运转可靠的控制仪表。

连续蒸煮：连续蒸煮系统污染气体处理流程（由德霍门法）如图 65-6。

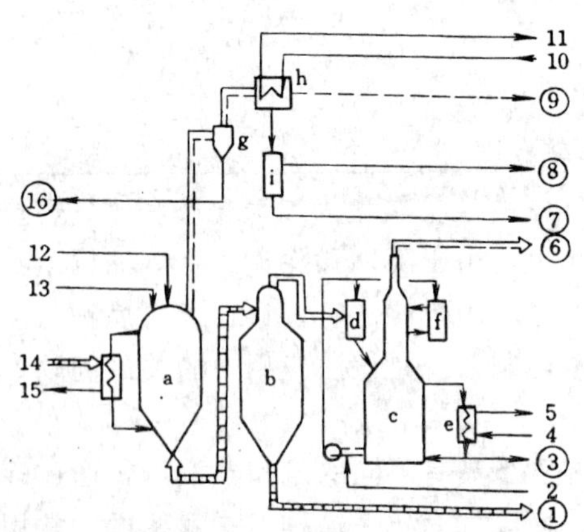

图 65-5　典型间歇蒸煮小放气及喷放气体冷凝及热回收系统流程

a. 间歇蒸煮锅；b. 喷放槽；c. 热水槽；d. 一级冷凝器；e. 热交换器；f. 二级冷凝器；g. 分离器；h. 冷凝器；i. 滗析器

1. 纸浆和黑液；2. 清水；3. 喷放冷凝水出口；4. 冷水；5. 热水；6. 喷放器；7. 污冷凝水；8. 松节油；9. 小放气；10. 冷却水；11. 热水；12. 木片；13. 白液；14. 蒸汽；15. 冷凝水；16. 黑液

注：图中有"○"标记，为污染物散发点。

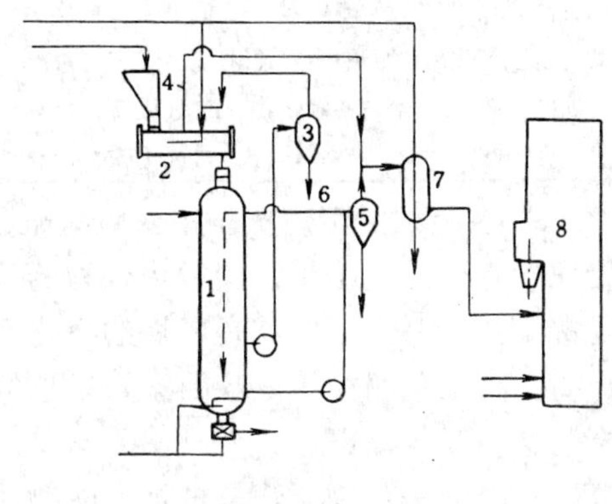

图 65-6　连续蒸煮污染气体处理流程

1. 连续蒸煮器；2. 预蒸器；3. 分离器；4. 预蒸器排气管；5. 分离器；6. 排气管；7. 过热器；8. 碱回收炉

该流程将减压放气后的污染气体和蒸汽一道进入碱回收炉（或动力锅炉、石灰炉）进行燃烧。这样，整个蒸煮过程不排出任何污染物，既除去了气体污染，也消除了冷凝水的污染。

蒸发系统：蒸发系统的气态污染物质主要为硫化氢及甲硫醇。通常采用碱液洗涤，能有效地减轻或消除大气污染。主要的方法都是采用清水或冷白液循环洗涤、吸收硫化氢和甲硫醇。

用清水（或白液）直接接触冷凝器洗涤蒸发尾气如图 65-7。

用清水(或白液)在两级表面冷凝器洗涤蒸发尾气如图65-8,优点是冷凝液量少并可得清洁热水。

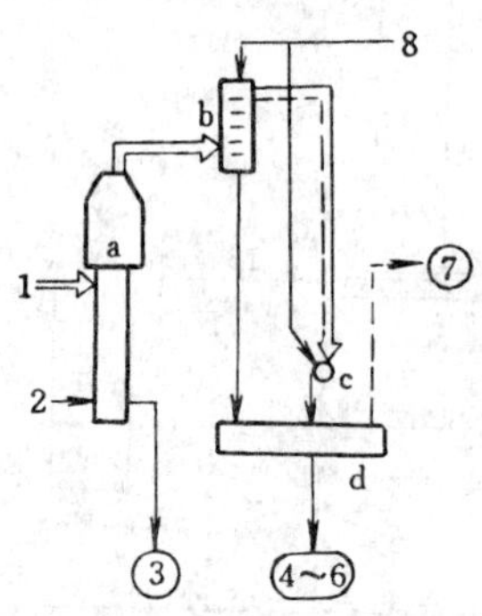

图65-7 用水环真空泵的直接接触冷凝器的蒸发系统

a. 多效蒸发系统最后一效;b. 直接接触冷凝器;c. 水环式真空泵;d. 热水井

1. 蒸汽;2. 冷凝水;3. 二次冷凝水;4、5、6. 尾部冷凝水;7. 排气;8. 清水

注:图中有"○"标记为臭气散发源。

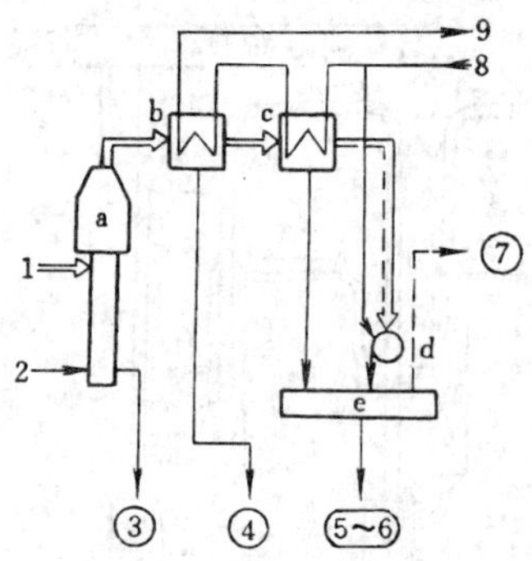

图65-8 用水环真空泵的两级表面冷凝器蒸发系统

a. 多效蒸发系统最后一效;b. 一级表现冷凝器;c. 二级表面冷凝器;d. 水环式真空泵;e. 热水井

1. 蒸汽;2. 冷凝水;3. 二次冷凝水;4. 表面冷凝水;5、6. 二级表面冷凝器及真空泵冷凝水;7. 排气;8. 清水;9. 温水

注:图中有"○"标记为臭气散发源。

图65-9为用白液逆流洗涤热水井的不凝气体装置。蒸发车间热水井排出的不凝气体,经填料塔(内装拉西环),用白液逆流喷淋洗涤,以去除硫化氢。

碱液洗涤不冷凝气装置如图65-10,用二段喷雾、二段冷凝的方法以碱液吸收硫化氢。

碱回收炉:吸收法处理装置是去除碱回收炉烟气中恶臭硫化物的切实可行的方法,吸收装置位于电除尘器之后。

不列颠哥伦比亚研究会吸收洗涤法(B.C.R.C专利)如图65-11,它是用较浓的碳酸钠溶液从填料吸收塔顶部喷入,与烟气逆流接触,吸收液由塔底排出。

威耶豪斯总还原硫洗涤系统如图65-12。该法是应用铁氯螯合剂(Nalco)水溶液使被吸收的硫化物转化成元素硫。

碱回收炉气体净化流程如图65-13,其特点是先用碱液吸收炉气中二氧化硫,其他气体在氯化塔内被氯氧化,再经碱液吸收,最后无臭气体由烟囱排出。碱耗用量为1~3kgNaOH/t浆,氯用量约为0.25kg/t浆,氯化温度50~80℃。

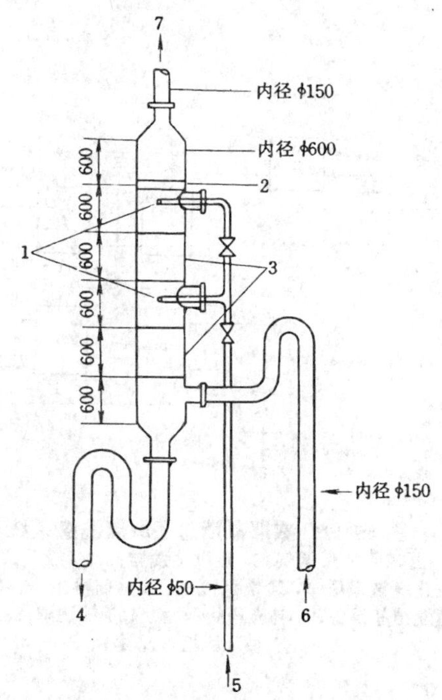

图65-9 蒸发系统热水井尾气洗涤器

1. 喷嘴;2. 消雾器;3. 直径25mm拉西环;4. 返回的白液;5. 冷却白液(最大流量$50m^3/h$);6. 热水井排气(最大流量1 000m^3/h);7. 洗涤气

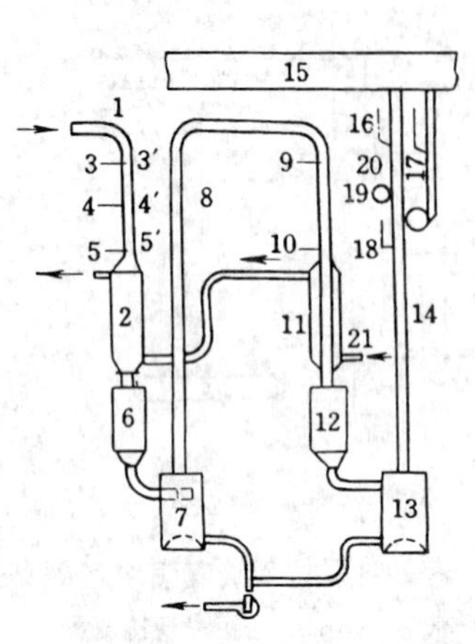

图 65-10　蒸发不冷凝气碱液洗涤装置

1. 废气入口；2. 冷凝器；3、4、5. 喷管；3′、4′、5′. 喷嘴；6. 凝聚器；7. 贮槽；8. 管；9、10. 喷嘴；11. 冷凝器；12. 凝聚器；13. 贮槽；14. 管；15. 总管；16、17. 流量计；18. 温度计；19. 压力计；20、21. 连接管

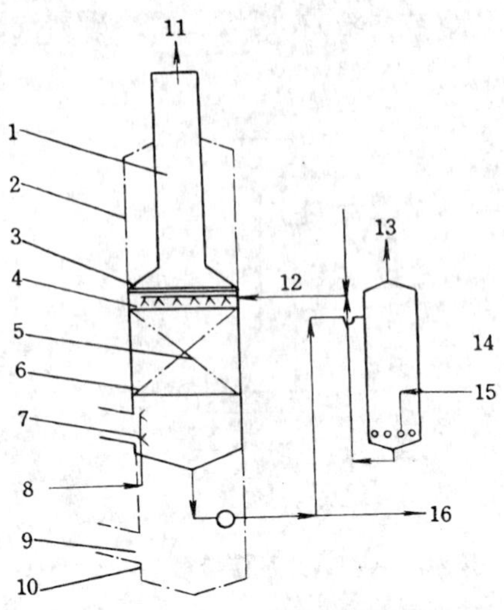

图 65-11　B. C. R. C 设计的烟气洗涤器流程

1. 烟囱；2. 可回收热量的部位；3. 消雾器；4. 喷嘴；5. 填料；6. 吸收塔；7. 碱回收炉来烟气；8. 冷却水；9. 循环泵；10. 可回收二氧化硫及粉尘的部位；11. 无硫化氢的烟气；12. 补充碱液；13. 空气和氧出口；14. 氧化器；15. 压缩空气；16. 回收的碳酸钠、硫代硫酸钠、硫化钠及硫氢化物送浆厂

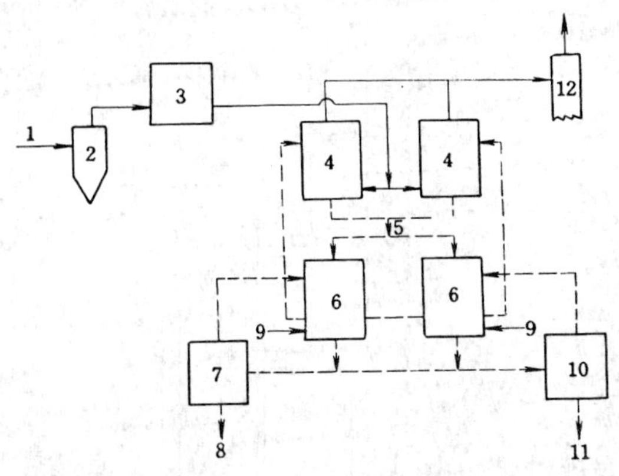

图 65-12　威耶豪斯总还原硫洗涤系统

1. 由碱回炉来烟气；2. 旋风蒸发器；3. 二级湿式洗涤器；4. 硫化氢洗涤塔；5. 废洗涤液；6. 催化剂再生塔；7. 盐饼回收蒸发结晶设备；8. 补充药品；9. 氧气；10. 沉降离心系统；11. 循环回用；12. 烟囱

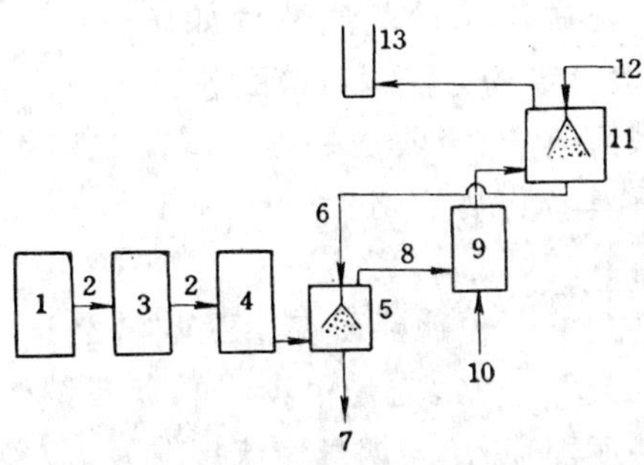

图 65-13　碱回收气体净化流程

1. 碱回收炉；2. 气体管道；3. 直接蒸发器；4. 粉尘捕集器；5. 二氧化硫洗涤器；6. 废碱液；7. 无臭排放水；8. 无二氧化硫气体管道；9. 氯化塔；10. 氯气；11. 洗涤器；12. 碱液进口；13. 烟囱

石灰回收系统　石灰回收所用的转炉及沸腾炉散发的粉尘主要的控制方法，是对排出的烟气进行洗涤。洗涤设备以冲击式洗涤器应用最广泛，新建厂多采用文丘里洗涤器。两种设备的操作特性见表 65-34。

表 65-34　冲击式洗涤器、文丘里洗涤器在石灰回收烟气除尘中的操作特性

参　数	洗涤器类型	
	冲击式	文丘里式
喷淋率(L/m³)	0.54～2.0	1.73～3.21
泥浆固形物(%)	1～2	10～30
压力降(kPa)	1.20～1.73	2.53～3.73
动力消耗(kW/t・d)①	0.041～0.049	0.082～0.099
动力消耗(kW/t・d)②	0.13～0.16	0.27～0.34

① 以每吨风干浆计；② 以每吨石灰计。

1.3.3　亚硫酸盐法、中性亚硫酸盐法浆厂的大气污染控制

这两类工厂散发出的二氧化硫，一般采用碱液吸收方法，常用设备有填料塔、文丘里吸收器、湍流塔等，回收率一般都在 90%以上；粉尘类物质采用旋风捕集器、各种洗涤器及静电除尘器等类设备进行净化处理。

1.3.4　氯化锌法木质活性炭厂废气治理技术

采用转炉生产的废气沉降、冷凝及吸收装置如图 65-14。用这个流程处理，可使 99%以上的锌化合物得到回收。转炉废气用静电除尘器进行净化也进行过研究，有待于生产实践的检验。

平板炉废气的处理，目前尚无成熟的技术可供直接应用。最关键的问题是解决各散发点废气的收集和集中。图 65-15 为一推荐流程。

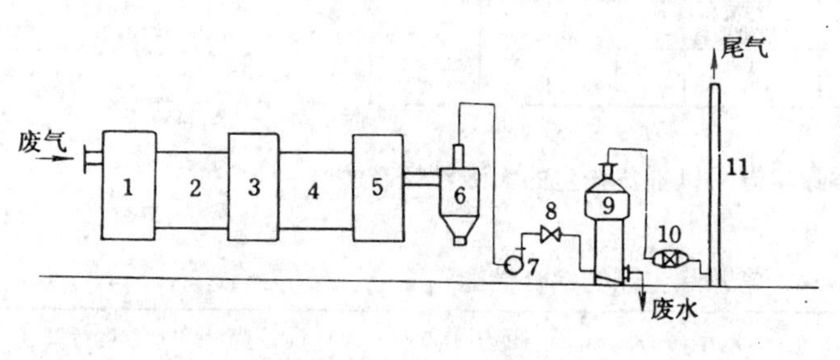

图 65-14　转炉气体净化回收流程

1. 第一沉降室；2. 第一石墨冷凝器；3. 第二沉降室；4. 第二石墨冷凝器；5. 第三沉降室；6. 复挡除雾器；7. 罗茨风机；8. 文丘里管；9. 湍流塔；10. 除雾装置；11. 塑料烟囱

图 65-15　平板炉气体净化回收流程

1. 塑料引风机；2. 文丘里管；3. 吸收塔；4. 石灰乳池；5. 循环泵

1.3.5　粉尘防治

从废气中分离颗粒物的设备称为除尘器，它是大气污染防治中的重要技术装备。其作用不仅能除去废气中有害粉尘，也是回收废气中有用物质的有效设备。常用的除尘器有：机械除尘器、电除尘器、袋式除尘器及洗涤除尘器等。各种除尘器的分级效率见表 65-35。

表 65-35 除尘器的分级效率

除尘器名称	总效率(%)	不同粒径(μm)时的分级效率①(%)				
		0～5	5～10	10～20	20～44	＞44
带档板的重力沉降室	58.6	7.5	22	43	80	90
普通旋风除尘器	65.3	12	33	57	82	91
长锥体旋风除尘器	84.2	40	79	92	99.5	100
重力喷雾洗涤除尘塔	94.5	72	96	98	100	100
电除尘器	97.0	90	94.5	97	99.5	100
文丘里洗涤除尘器②	99.5	99	99.5	100	100	100
袋式除尘器	99.7	99.5	100	100	100	100

① 这是用典型粉尘(密度为 2700kg/m^3)对不同除尘器进行试验后得出的分级效率；

② 压力损失为 9 500Pa 时的除尘效率。

各类除尘器捕集粉尘大致粒径范围如图 65-16。

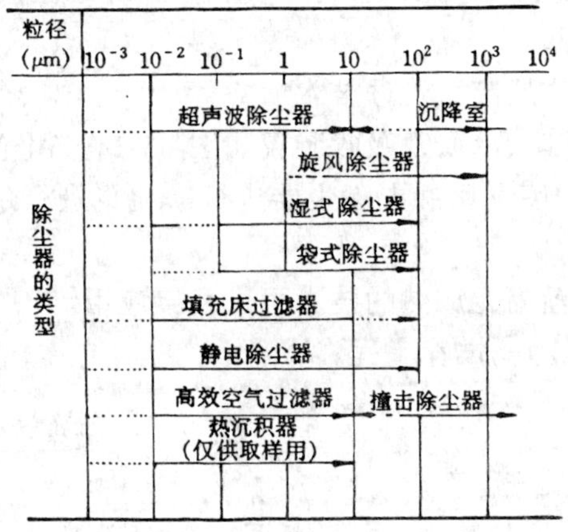

图 65-16 各类除尘器可以捕集粉尘的大致粒径范围

常用除尘器的综合性能见表 65-36。

表 65-36 常用除尘器的综合性能

除尘器名称	适用的粒径范围(μm)	效率(%)	阻力(Pa)	设备费	运行费
重力沉降室	＞50	＜50	50～130	少	少
惯性除尘器	20～50	50～70	300～800	少	少
旋风除尘器	5～30	60～70	800～1 500	少	中
旋筒水膜除尘器	≥5	95～98	800～1 200	少	中下
冲击水浴除尘器	1～10	80～95	600～1 200	少	中下
冲击式除尘器	≥5	95	1 000～1 600	中	中上
文丘里洗涤除尘器	0.5～1.0	90～98	4 000～10 000	少	多
电除尘器	0.5～1.0	90～98	50～130	多	中上
袋式除尘器	0.5～1.0	95～99	1 000～1 500	中上	多

常用除尘器的投资费用及运行费用比较见表 65-37。

表 65-37 常用除尘器投资费用及运行费用比较①

除尘器名称	投资费用	运行费用
高效旋风除尘器	100	100
袋式除尘器	250	250
电除尘器	450	150
重力喷雾洗涤除尘塔	270	260
文丘里洗涤除尘器	220	500

① 以高效旋风除尘器的投资费用和运行费用为 100。

1.3.6 防污绿化

绿色植物在防治污染、保护和改善环境质量方面，起着特殊的作用。绿色植物具有调温、调湿、吸灰尘、减弱噪声等功能。开展植树造林、绿化环境，对改善小气候，净化空气，保护环境具有重要意义，是环境保护的重要工作。

绿色植物对环境的保护作用见表 65-38。

表 65-38 绿色植物对环境的保护作用

序 号	作 用	简 要 说 明
1	吸收 CO_2 放出 O_2	地球上绿色植物每年吸收 CO_2 近 936 亿 t。空气中 60%的 O_2 来源于森林等绿地。通常 $1hm^2$ 阔叶林在生长季节，一天可以吸收 $1tCO_2$，放出 $0.73tO_2$。如果以成年人每天需氧量为 0.75kg，吸出 $CO_2$0.9kg 计算，则每人有 $10m^2$ 的森林面积就足够了。 生长正常的草坪，在进行光合作用时，每 $1m^2$ 面积上 1h 可吸收 $CO_2$1.5g。每人每小时平均呼出 CO_2 约 38g，有 $50m^2$ 的草坪就足以将其全部吸收。
2	吸收 HF	在绿化树种，泡桐、梧桐、大叶黄杨、女贞等抗氟和吸氟的能力都比较强，是良好的净化空气的树种。加拿大白杨吸氟能力也较强，但抗性差，故只能在氟污染较轻的地区种植。美人蕉、蓖麻等草本植物虽然抗氟能力不如一般树木，但恢复能力强，且易于在氟污染地区大量种植。
3	吸收 SO_2	植物叶片吸收 SO_2 的能力为所占土地吸收能力的 8 倍以上。$1hm^2$ 柳杉林每年可吸收 $720kgSO_2$。对吸收 SO_2 能力较强(即 1g 干叶吸硫在 20mg 以上)的有垂柳、悬铃木等；吸收能力中等(1g 干叶可吸 $SO_2$10～20mg)的有女贞、刺槐、桃树、蓝桉等。 一般落叶树(如构树、臭椿、垂柳、悬铃木等)吸硫能力最强，常绿阔叶树(如广玉兰、女贞、棕榈、大叶冬青等)次之；针叶树(如白皮松、雪松、柏木等)较差(其中二年生叶比当年生叶吸硫能力强)。
4	吸收 Cl_2	各种植物都有不同程度的吸氯能力。若按每公顷阔叶林干叶量为 2.5t 计算，则生长在污染源 400～500m 处的树木每公顷吸氯量为：刺槐 42kg，银桦 35kg，蓝桉 32.5kg。
5	吸收 NH_3	几乎所有的植物都能吸收氨气。生长在含有 NH_3 气的空气中的植物，能直接吸收空气中的氨，以满足本身所需要的总氨量的 10%～20%。
6	吸收 O_3	大多数植物都能吸收臭氧。其中银杏、柳杉、日本扁柏、樟树、海桐、青冈栎、日本女贞、夹竹桃、栎树、刺槐、悬铃木、连翘、冬青等吸收 O_3 的作用较好。
7	吸收重金属	不少植物在汞气体的环境中不仅生长良好，不受危害，并且能吸收一部分汞的气体，数量从每克干叶吸收几微克到 100μg。 有些植物可从大气中吸收一定数量的铅、锌、铜、镉、铁等金属，数量从百万分之几到几千不等。

（续）

序号	作用	简要说明
8	防尘	树木对粉尘有明显的阻挡、过滤和吸附作用。树木枝冠能降低风速，使灰尘下降，叶子表面不平，还分泌粘性的油汁和汁浆，能吸附空气中的尘埃。在绿化的街道上，树下距地面1.5m高处的空气，含尘量较未绿化地段低56.7%。某工厂绿化的树木使降尘量减少23%～25%；飘尘量减少37%～60%。一般落叶阔叶树比常绿阔叶树滞尘能力要强。
9	吸收放射性物质	树木可以阻隔放射性物质和辐射的传播，起到过滤和吸收的作用。据研究，阔叶林比常绿针叶林的净化能和净化速度要大得多
10	杀菌	绿化植物可以减少空气中的细菌数量。杀菌能力很强的树种可以使细菌在几秒钟(如黑胡椒)到10h(如雪松)内死亡。
11	净化水质	据统计，从无林山坡流下来的水中，其溶解物质含量为11.9t/km^2；而从有林的山坡流下来的水中，其溶解物质含量只有6.4t/km^2。径流通过30～40m宽的林带，能使其中NH_3含量减低到原来的1/1.5～1/2，细菌数量减少1/2。 树林可以使水库和湖泊的水温降低，避免产生热污染。 从种有芦苇的水池排出的水，其悬浮物要减少30%，氨减少66%，总硬度减少33%。 水葱具有很强的净化污水的能力。它不仅能吸收污水中营养成分(氮、磷、钾等)、微量元素(铁、锰、镁等)，而且还吸收各种有机化合物(酚、苯、胺)。水葱还能降低水体的BOD及COD。
12	减弱噪声	树木对减弱噪声具有良好的作用。据介绍：穿过12m宽的悬铃木树冠，从公路上传到路旁住宅的交通噪声可减低3～5dB；20m宽的多层行道树可减低噪声8～10dB；45m宽的悬铃木幼树林可减低噪声15dB；4.4m宽枝叶浓密的绿篱墙(由椤木，海桐各一行组成)可降低噪声6dB。 据国外测定：40m宽的林带可减低噪声10～15dB；30m宽的林带可减低噪声6～8dB。
13	监测环境污染	绿色植物既可监测大气污染，也可监测水质污染： 1. 大气污染：可根据植物受害症状、程度、敏感性，体内污染物质含量及树木年轮等了解污染情。例如SO_2可使植物叶脉褪色或产生坏死斑点；HF常使植物叶片由边缘开始枯萎坏死；Cl_2使叶子黄化；臭氧使叶子表面产生黄褐色细密斑点。 2. 水质污染：许多水生植物对水质污染十分敏感，如凤眼莲对砷很敏感，当水中砷含量仅为1mg/L时，它的外部形态即出现受害症状。
14	调节和改善小气候	在夏季高温季节里，绿地内的气温比非绿地低3～5℃，而较建筑物地区低10℃左右。 树木庞大的根系不断地从土壤中吸收水分，然后通过枝叶蒸腾到空中去。因此，绿地的湿度比非绿地大，相对湿度大10%～20%。 绿化树木能减低风速防止大气吹袭。秋季能减低风速70%～80%，夏季能减低风速50%以上。 树林能调节气候，增加雨量，有林区的雨量比无林区平均多7.4%，最高多26.6%，最低也要多3.8%。

抵抗、吸收有害气体的绿化植物见表65-39。

表65-39 防尘和抗有害气体的绿化植物

防污染种类		绿化树种
防尘		构树、桑树、广玉兰、刺槐、蓝桉、银桦、黄葛榕、槐树、朴树、木槿、梧桐、悬铃木、女贞、臭椿、乌桕、桧柏、楝树、夹竹桃、丝棉木、紫薇、沙枣、榆树、侧柏
二氧化硫	抗性强	夹竹桃、日本女贞、厚皮香、海桐、大叶黄杨、广玉兰、山茶、女贞、珊瑚树、栀子、棕榈、冬青、梧桐、青冈栎、栓皮槭、银杏、刺槐、垂柳、悬铃木、构树、瓜子黄杨、蚊母、华北卫矛、凤尾兰、白蜡、沙枣、加拿大白杨、皂荚、臭椿
	抗性较强	樟树、枫香、桃、苹果、酸樱桃、李、杨树、槐树、合欢、麻栎、丝棉木、山楂、桧柏、白皮松、华山松、云杉、朴树、桑树、玉兰、木槿、泡桐、梓树、罗汉松、楝树、乌桕、榆树、桂花、枣、侧柏

（续）

防污染种类		绿化树种
氯气	抗性强	丝棉木、女贞、棕榈、白蜡、构树、沙枣、侧柏、枣、地锦、大叶黄杨、瓜子黄杨、夹竹桃、广玉兰、海桐、蚊母、龙柏、青冈栎、山茶、木槿、凤尾兰、乌桕、玉米、茄子、六月禾、冬青、辣椒、大豆等
	抗性较强	珊瑚树、梧桐、小叶女贞、泡桐、板栗、臭椿、麻栎、玉兰、朴树、樟树、合欢、罗汉松、榆树、皂荚、刺槐、槐树、银杏、华北卫茅、桧柏、云杉、黄槿、蓝桉、蒲葵、蝴蝶果、黄葛榕、银桦、桂花、楝树、杜鹃、菜豆、黄瓜、葡萄等
氟化氢	抗性强	刺槐、瓜子黄杨、蚊母、桧柏、合欢、棕榈、构树、山茶、青冈栎、蒲葵、华北卫矛、白蜡、沙枣、云杉、侧柏、五叶地锦、接骨木、月季、紫茉莉、常春藤等
	抗性较强	槐树、梧桐、丝棉木、大叶黄杨、山楂、海桐、凤尾兰、杉松、珊瑚树、女贞、臭椿、皂荚、朴树、桑树、龙柏、樟树、玉兰、榆树、泡桐、石榴、垂柳、罗汉松、乌桕、白蜡、广玉兰、悬铃木、苹果、大麦、樱桃、柑桔、高粱、向日葵、核桃等
氯化氢		瓜子黄杨、大叶黄杨、构树、凤尾兰、无花果、紫藤、臭椿、华北卫矛、榆树、沙枣、柽树、槐树、刺槐、丝棉木
二氧化氮		桑树、泡桐、石榴、无花果
硫化氢		构树、桑树、无花果、瓜子黄杨、海桐、泡桐、龙柏、女贞、桃、苹果等
二硫化碳		构树、夹竹桃等
臭氧		樟树、银杏、柳杉、日本扁柏、海桐、夹竹桃、栎树、刺槐、冬青、日本女贞、悬铃木、连翘、日本黑松樱花、梨等

有关绿化占地面积比例见表65-40。

表65-40　绿化占地面积

绿地类型	占总用地面积比例(%)	绿地类型	占总用地面积比例(%)
轻工业工厂	30～50	医疗机构	60
重工业工厂	多数小于10	幼托、学校	50
化工厂	多数小于10	前苏联轻工业工厂	30～73
精密仪器厂	48～50	前苏联重工业工厂	10～30
居民区	30～50	日本新工厂	15～20
一般工厂	30		

绿化树种的配比，应根据工厂污染物质组成、地区、气候特点决定，表65-41的数据可供参考。

表65-41　绿化树种配比参考表

种　类	配　比(%)	种　类	配　比(%)
乔　木	60	常绿乔木	70～30
灌　木	20	落叶乔木	30～70
草　坪	15	常绿灌木	70～30
花　卉	5	落叶灌木	30～70

1.4　大气污染检测技术

大气检测目的是检查污染源排放的有害物质是否符合现行排放标准的规定；评价净化装置及污染防治设施的性能和使用状况；为大气质量管理与评价提供依据。为了得到可靠的数据，检测时，生产设备应处于正常运转的条件下，对生产过程变化的污染源，应根据其变化特点和规律进行系统测定，以确保所得数据的真实可靠。其检测的内容包括：有害物质的排放浓度，以 mg/(s·d·m³)(标准状态·干空气·立方米)表示;废气排放量,以 s·d·m³/h 表示;排放的持续时间,以分或时表示。

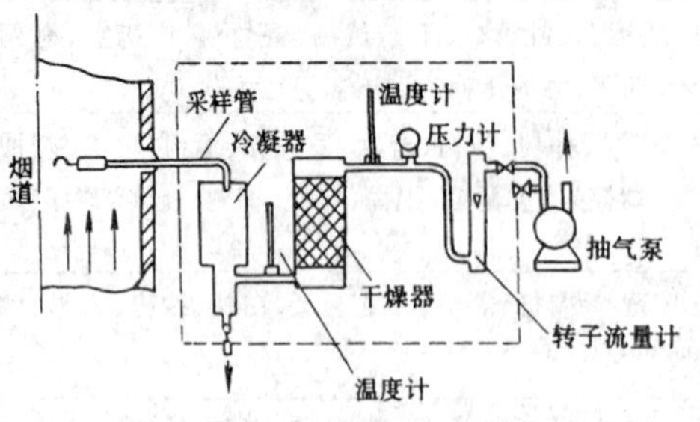

图 65-17　尘粒采样系统

1.4.1　大气污染物的采样方法

大气污染物采样方法可分为:尘粒采样方法和气体采样方法两种。

尘粒采样方法用于有害气体中含有雾滴或粒状物质的气体采样。尘粒采样须用等速采样法,即气体进入采样嘴的速度与烟道内采样点的速度相等。尘粒采样系统如图 65-17。尘粒采样系统所用的设备有:采样管、滤筒、流量测量装置及抽气泵等。

气体采样方法不需要用等速采样,只要在靠近烟道中心采样即可。根据采气量的大小,气体采样有两种系统:采集 3L 以上体积的气体用抽气泵采样系统,如图 65-18;采集少量气体用注射器采样系统,如图 65-19。所使用的设备包括采样管、吸收瓶(捕集装置)、流量测量装置、抽气泵或注射器(硬质玻璃、带有阀门)。

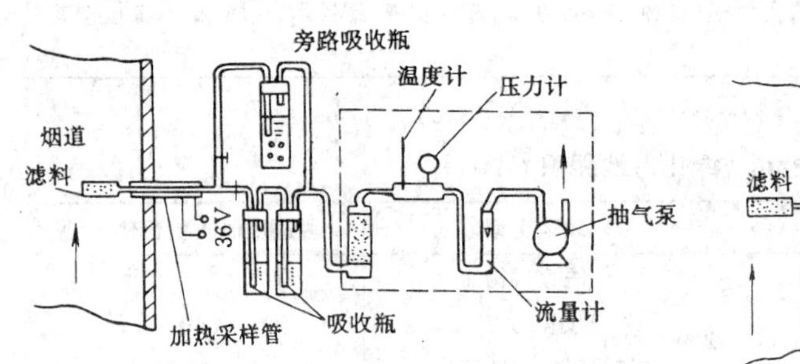

图 65-18　抽气泵采样系统

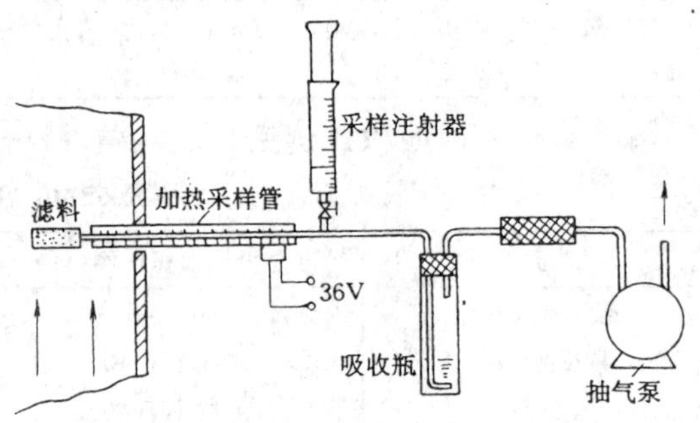

图 65-19　注射器采样系统

1.4.2　常见大气污染物的分析方法

在《大气环境质量标准》(GB3095－82)中对总悬浮微粒、飘尘、二氧化硫、氮氧化物、一氧化碳、光化学氧化剂(O_3)等都规定了应采用的分析方法,见表 65-42。

表 65-42　常见大气污染物分析方法

污染物名称	监测方法	标　准
总悬浮微粒	滤膜采样、重量法	GB8902－88
飘　　尘	重量法	GB6921－86
二氧化硫	盐酸副玫瑰苯胺比色法	GB8970－88
氮氧化物(以 NO_2 计)	盐酸萘乙二胺比色法	GB8969－88
一氧化碳	非分散红外法	GB8901－88
光化学氧化剂(O_3)	硼酸碘化钾法(要扣除同步监测的 NO_X 干扰)	

1.4.3　制浆造纸及其他林产化学工业生产中,有毒有害气体分析方法

林产化学工业大气污染物的分析方法,尚无标准方法可循,现依据《污染源统一监测分析方法(废气部分)》及有关资料列出:松节油、糠醛、甲硫醇、氯、氯化氢、硫酸雾、硫化氢、甲醛、甲

醇、酚、氟、烟尘及生产性粉尘等分析方法见表 65-43。

表 65-43 大气污染物分析方法

序号	项 目	分析方法	方法梗概	备 注
1	松节油	香草素比色法	松节油在乙醇溶液中与香草素作用生成翠绿色物质，按颜色深浅比色定量	
2	糠醛	醋酸苯胺比色法	糠醛在浓醋酸存在下与苯胺作用生成红色化合物，比色定量	
3	甲硫醇	对氨基二甲苯胺比色法	甲硫醇与对氨基二甲苯胺反应生成红色化合物，比色定量	可用气相色谱法
4	氯	甲基橙比色法	在酸性溶液中，氯遇溴化钾置换出溴，溴能破坏甲基橙分子结构，使其褪色，根据褪色程度比色定量	也可用碘量法
5	氯化氢	硫氰酸汞比色法	氯离子与硫氰酸汞作用，置换出的硫氰酸根与高铁离子反应而显红色，比色定量	也可用硝酸银容量法
6	硫酸雾	中和滴定法	硫酸雾以甲基-亚甲蓝为指示剂，用标准氢氧化钠溶液滴定，计算硫酸雾含量	也可用铬酸钡比色法
7	硫化氢	碘量法	硫化氢与锌离子作用生成硫化锌沉淀，在酸性条件下被碘氧化。过量碘用硫代硫酸钠溶液反滴定，计算硫化氢含量	也可用亚甲基蓝比色法
8	甲 醛	品红亚硫酸比色法	甲醛与品红亚硫酸作用呈玫瑰红色，遇硫酸后成深蓝色，比色定量	
9	甲 醇	品红亚硫酸比色法	甲醇在酸性溶液中被高锰酸钾氧化成甲醛，甲醛与品红亚硫酸作用，生成浅蓝色化合物，比色定量	
10	酚	4-氨基安替比林比色法	酚吸收在碱溶液中，在氧化剂存在下，与 4-氨基安替比林作用，生成红色安替比林染料，比色定量	
11	氟	离子选择电极法	氟离子选择电极，在含氟离子溶液中，其电极电位与溶液中氟离子活度的对数成线性关系。通过标准系列，由所测得的电位值得到氟离子的含量	也可用茜素络合酮比色法、硝酸钍容量法
12	烟尘及生产性粉尘	重量法	使一定体积的含尘烟气，通过已知重量的滤筒，烟气中的尘粒被阻留，根据滤筒采样前、后的重量差及采样体积，计算含尘浓度	

2 废渣回收处理

废渣通常是指工业废渣和城市生活废弃物。工业废渣是在工业生产过程中排出的，生产过程又不再需要而丢弃的固体或半固体（如泥状）物质。从废渣的污染防治考虑，工业废渣可以分为：一般废渣和有害废渣两大类。一般废渣面广量大，危害较小，如钢渣、铁渣、煤矸石、粉煤灰等；有害废渣主要来自化工、石油、冶金和能源工业，约占废渣量的 10%～20%。

目前，我国和多数国家一样，根据工业废渣的以下六项指标，判定其属于一般废渣还是有害废渣。六项有害特性指标是：浸出毒性、易燃性、腐蚀性、化学反应性、急性毒性、放射性等。凡是具有其中一种或一种以上特性的工业废渣，均属有害工业废渣。有害工业废渣种类繁多，成分复杂，在鉴别分类时，需要优先考虑的有害成分见表 65-44。

工业废渣对环境的危害主要是：需要侵占大量土地堆存；废渣长期露天堆放损害地表土壤，以至无法耕种而废弃；废渣中有害物质随雨水、渗滤水流入地表水、地下水，从而大面积污染江、河、湖、海；废渣中有害成分进入大气中造成二次污染。

表 65-44 需要优先考虑的有害成分

1. 砷及其化合物
2. 汞及其化合物
3. 镉及其化合物
4. 铊及其化合物
5. 铍及其化合物
6. 铬（Ⅵ）化合物
7. 铅及其化合物
8. 锑及其化合物
9. 酚衍生物
10. 氰化物
11. 异氰酸盐
12. 有机卤化物（包括惰性聚合物及其他与此表有关或为其他处置有毒或危险废物条例所包括的物质）
13. 氯化物溶剂
14. 有机溶剂
15. 杀虫剂和除莠剂
16. 精炼过程产生的柏油物和蒸馏过程产生的焦油残留物
17. 药剂化合物
18. 过氧化物、氯酸盐、高氯酸盐、叠氮化物
19. 乙 醚
20. 对环境影响尚不清楚的、新的或难以确定的化学试验材料
21. 石 棉
22. 硒及其化合物
23. 锑及其化合物
24. 环状芳香族碳水化合物（致癌）
25. 金属羰络合物
26. 可溶性铜化合物
27. 用于金属表面处理和精加工的酸、碱物

2.1 废渣处理法规

目前，我国“废渣”排放标准仍然沿用由国家计划委员会、国家建设委员会和卫生部联合颁发的《工业“三废”排放试行标准》(GBJ4—73，自1974年1月1日试行)。在这个试行标准中，对于工业废渣排放只作了原则性的规定（17条、18条、19条），主要内容为：“废渣”是一种自然资源，凡已有综合利用经验的，必须纳入工艺设计、基本建设与产品计划，不得任意丢弃；“废渣”堆放场所，要尽量少占农田，不占良田，并有防止扬散、流失等措施，以防对大气、水源、土壤的污染；对可溶性剧毒“废渣”（含有汞、镉、砷、六价铬、铅、氰化物、黄磷等）必须专设具有防水、防渗措施的存放场所，禁止埋入地下与排入地面水体。

《工业企业设计卫生标准》(TJ36—79)，对“废渣”处置确定的原则与GBJ4—3是相同的。

农用污泥中污染物控制标准(GB4284—84)见表65-45。这个标准适用于农田中施用城市

污水处理厂污泥、城市下水沉淀池污泥、某些有机物生产厂的下水污泥以及江、河、湖、库、塘、沟、渠的沉淀底泥。

表 65-45　农用污泥中污染物控制标准值（GB4284—84）**mg/kg 干污泥**

项　　目	最高允许含量	
	在酸性土壤上（pH 值<6.5）	在中性和碱性土壤上（pH 值≥6.5）
镉及其化合物（以 Cd 计）	5	20
汞及其化合物（以 Hg 计）	5	15
铅及其化合物（以 Pb 计）	300	1 000
铬及其化合物（以 Cr 计）①	600	1 000
砷及其化合物（以 As 计）	75	75
硼及其化合物（以水溶性 B 计）	150	150
矿物油	3 000	3 000
苯并（α）芘	3	3
铜及其化合物（以 Cu 计）②	250	500
锌及其化合物（以 Zn 计）②	500	1 000
镍及其化合物（以 Ni 计）②	100	200

①　铬的控制标准适用于一般含六价铬极少的具有农用价值的各种污泥，不适用于含有大量六价铬的工业废渣或某些化工厂的沉积物。

②　暂作参考标准。

《农用粉煤灰中污染物控制标准》（GB8173—87）适用于火力发电厂湿法排出的，经过一年以上风化的、用于改良土壤的粉煤灰。施用本标准规定的粉煤灰，累计用量每亩不得超过 3 000kg（以干灰计）。粉煤灰宜于用在粘质土壤，而壤质土壤和缺乏微量元素的土壤应酌情使用，砂质土壤不宜施用。施用粉煤灰不应对农业环境造成污染，也不应影响农作物生长，不能使农产品中有害物质超过食品卫生标准、饲料卫生标准。农用粉煤灰中污染物最高允许含量见表 65-46。

表 65-46　农用粉煤中污染物控制标准值（GB8178—87）**mg/kg 干粉煤灰**

项　　目	最高允许含量	
	在酸性土壤上（pH 值<6.5）	在中性和碱性土壤上（pH 值≥6.5）
总镉（以 Cd 计）	5	10
总砷（以 As 计）	75	75
总钼（以 Mo 计）	10	10
总硒（以 Se 计）	15	15
总硼（以水溶性 B 计）		
敏感作物	5	5
抗性较强作物	25	25

（续）

项　　目	最高允许含量	
	在酸性土壤上 （pH值<6.5）	在中性和碱性土壤上 （pH值≥6.5）
抗性强作物	50	50
总镍（以Ni计）	200	300
总铬（以Cr计）	250	500
总铜（以Cu计）	250	500
总铅（以Pb计）	250	500
全盐量与氯化物	非盐碱土	盐碱土
	3 000（其中氯化物1 000）	2 000（其中氯化物600）
pH值	10.0	8.7

2.2　制浆造纸及其他林产化学工业废渣

2.2.1　制浆造纸

制浆造纸厂排出的废渣，主要来源于：原木场、备料车间产生的树皮、锯末、碎屑；制浆造纸各工序流失的纤维、排出的浆渣；硫酸盐浆厂碱回收排出的苛化白泥、石灰消化残留的渣石；动力锅炉排出的煤灰等。

硫酸盐浆厂碱回收的苛化白泥量，每吨粗浆约得0.5～0.65t苛化白泥，其主要成分为碳酸钙（碳酸钙折合成氧化钙，其含量大于50%）。

制浆造纸厂废渣的单位发生量（这是根据新闻纸、高级印刷纸及瓦楞原纸等生产所排出的废渣汇总的）见表65-47。

表65-47　废渣的单位发生量

产　品	种　类	发生量 （kg/t产品）	摘　　要
纸　浆	磨木浆	8	以洗浆机浆渣为主，估计发生量8～10kg/t浆
	普通木片磨木浆	21	主要是洗浆机浆渣和木片洗涤处理的污泥
	化学磨木浆	6	主要是洗浆机浆渣
	半化学浆	6	主要是洗浆机浆渣
	未漂亚硫酸盐浆	21	主要是洗浆机浆渣
	亚硫酸盐溶解浆	86	包括筛渣、洗浆机浆渣、焚烧残渣等
	阔叶材漂白硫酸盐浆	43	
	废纸纸浆	137	大部分废渣来自脱墨浮选池和澄清池
纸	新闻纸	29	大部分废渣是流失纤维和来自压榨部废水等的废渣
	牛皮纸	11	主要是洗浆机浆渣、澄清池的沉淀污泥
	高级印刷纸	19	主要是凝聚沉淀的沉淀污泥
	涂布纸	6	
	薄型纸	19	

（续）

产　品	种　类	发生量（kg/t 产品）	摘　要
制浆造纸	薄页纸	5	
	瓦楞原纸　衬里	80	
	芯纸	81	主要是筛渣、洗浆机浆渣、沉淀污泥
	白板纸	27	
	新闻纸　调杠序	267	原料是针、阔叶材原木。当针叶材采用湿式剥皮、阔叶材采用干式剥皮时，废渣主要是树皮。
	其他	33.4	原料中，普通木片磨木浆、化学磨木浆、亚硫酸盐浆各占40%，40%，20%。不包括废水处理的污泥
	高级印刷纸	62	
	瓦楞原纸	69	以原料为木片，同时抄造衬里和芯纸的工厂，切片屑约占废渣量的 50%

制浆造纸厂脱水滤饼的发热量、灰分等见表 65-48。这部分废渣一般经压榨脱水后作动力锅炉燃料。

表 65-48　脱水滤饼的发热量

脱　水　泥　饼	水分（%）	灰分（%）	发热量（kCa/kg 绝干量）
树皮屑	55	5～7	4 200～4 800
亚硫酸盐浆浆渣、硫酸盐浆浆渣	65～75	3～7	4 250～4 500
纸机白水沉淀污泥	70～75	45～50	2 500
制浆废水沉淀污泥	65	25～30	3 400
制浆造纸废水凝聚沉淀污泥	80～85	20～45	1 800～3 500
活性污泥	88～92	12～15	4 500～5 200
一般城市污水污泥	70～75	32～60	2 000～3 400

2.2.2　水解生产

木材稀酸高压水解厂排出的水解木素约为 1.2t/t 酒精；水解液中和过程有石膏残泥生成，其数量约为 3t/t 酒精。石膏残泥经水洗后，得水洗石膏，其化学成分为：含水 20.17%、CaO31.40%、$SO_3$40.40%、酸不溶物 2.11%、烧失量 4.77%。

糠醛生产有糠醛渣排出。通常情况下，每生产 1t 糠醛要产生 10～12t、含水率 50%的糠醛渣。糠醛渣的主要成分是纤维素和木质素。另外还有从糠醛精制蒸馏釜或精制塔底排放出的醛泥。

2.2.3　栲胶生产

栲胶原料用水浸提单宁后，残留大量栲胶渣，据粗略估计，每年约 10 万余 t。栲胶渣因原料不同，成分差异较大。三种不同原料栲胶废渣成分见表 65-49。

表 65-49　栲胶废渣化学成分（%）

种　类	木　素	纤维素	易水解多糖	多缩戊糖
落叶松渣	43.9	23.6	10	7.64
橡椀渣	28.5	34.41	—	25.6
杨梅渣	36.65	26.71	—	15.04

2.2.4 污 泥

废水处理过程是应用物理的、化学的、生物化学方法，分离废水中悬浮的、溶解的、胶体的污染物质。在这些过程中产生的沉渣，统称为污泥。依据污泥从废水中分离过程，污泥分为二类：沉淀污泥（包括初级沉淀污泥、化学沉淀污泥）；生物污泥（包括好氧消化污泥、厌氧消化污泥）。

废水处理中产生的污泥，具有以下的特征：随废水的性质不同、处理条件不同、污泥的组成复杂、性质差异很大；污泥的数量大、浓度稀、固形物含量很少；生物污泥中含有的有机物是与原废水有机物不同的另一类有机物，会发生分解产生令人讨厌的物质。因此，妥善处置污泥比废水处理更为复杂，更为困难。

硫酸盐浆厂洗浆废水，以硫酸铝为絮凝剂进行化学絮凝处理所得化学污泥的组成及特征见表65-50。

表65-50 化学污泥的组成及特征

项 目	针叶混合材洗浆废水污泥		杨木洗浆废水污泥	
	Ⅰ	Ⅱ	Ⅰ	Ⅱ
水分（%）	2.3	2.7	6.2	6.1
苯醇抽出物（%）	19.75	19.8	26.0	25.8
二氧六环抽出物（%）	20.96	18.2	4.0	6.3
总有机可燃物（%）	84.6	85.3	85.9	85.4
灰分（%）	14.6	14.7	14.1	14.6
发热量（kJ/千克）	22 064.4		20 356.2	
含硫量（%）	1.33		1.65	
Al_2O_3 含量（%）	10.36		10..49	

注：除水分外，指标均以绝干污泥计。

2.3 废渣处置方法

2.3.1 白泥回收及处置

大型硫酸盐法浆厂的碱回收系统，工业完整，设备齐全，都有白泥回收装置。白泥在石灰窑煅烧后，重新用作苛化绿液。在有白泥回收窑的工厂，新石灰的消耗量降低到40～50 kg/t浆（每吨浆的石灰消耗量约为300～350kg）。

国内中小型硫酸盐浆厂的简易碱回收系统，不设白泥回收窑，苛化排出的白泥处置极为困难。目前，白泥综合利用的途径有：

(1) 废白泥制砖：将白泥按比例（掺入量可达40%）掺入黄土中，经二道混合后成型，可烧制出抗压强度比原砖高的机制砖。

(2) 废白泥调制建筑砂浆：用白泥代替建筑砂浆中的50%石灰膏调制：水泥砂浆、水泥混合砂浆、石灰砂浆及粉刷砂浆。

(3) 白泥用作筑路材料：按白泥：电厂煤渣：黄土为15：35：50的比例拌合均匀，代替石块铺在路的最底层，厚度15～20cm，经压紧即可成型。

2.3.2 水解厂废渣处置

(1) 水解木素的利用：水解木素的利用对于水解厂的经济问题有重大影响。水解木素经炭化所得到的炭有特殊的性能，可制取多种用途的活性炭以及制造 CS_2 的原料；水解木素热处理制取焦油，生产的抗氧剂与木焦油生产的抗氧剂质量指标相近；水解木素高压氢化，使木素液化，液化油中有相当数量的苯酚类产物，是有机合成工业的原料来源；水解木素经缩合，再用硝酸处理，可得草酸、苯甲酸及硝基苯酚等。

(2) 石膏利用：水解厂石膏残泥，经水洗、烘干得半水石膏，其抗压强度可达 12.6MPa，达到国家一级建筑石膏标准，可用作生产轻质建筑石膏板。

(3) 糠醛渣：糠醛渣直接成型、炭化、活化可制得活性炭。糠醛渣还可用于生产酒精、酵母、CS_2 以及用作燃料、堆肥等。

2.3.3　栲胶废渣处置

栲胶废渣用作燃料由来已久。近年，对栲胶废渣的综合利用受到重视，研制、生产的产品日渐增多，应用范围更广泛。

栲胶废渣用亚硫酸钠，在中性或碱性条件下磺化所得产物可以制取：陶瓷生产的减水剂、石膏缓凝剂；混凝土工程的减水剂；湿法水泥生产的稀释剂；农业生产的氮肥增效刺激剂以及作为蓄电池的有机添加剂。栲胶废渣作为精细化工的原料可制成染料分散剂、合成鞣剂、水处理剂、锅炉除垢剂、钻探泥浆添加剂等产品。栲胶废渣还可作制取渗炭剂、活性炭、糠醛的原料。利用余甘树皮及橡椀浸提废渣，作为碳源材料培养猴头菌取得成功，其产量比木屑培养基栽培的猴头菌还要高。

2.3.4　污泥处置

污泥处置过程和方法见表 65-51。

表 65-51　污泥处置过程和处置方法

单元操作，单元过程或处理方法	作　用	单元操作，单元过程或处理方法	作　用
初步处理		离心机	缩小体积
污泥粉碎	使颗粒变小	污泥干化场	缩小体积
去除污泥中的杂粒	去除杂粒	贮留池	贮存，缩小体积
污泥混合	混合	干化	
污泥贮存	贮存	急骤干燥器	降低重量，缩小体积
浓缩		喷雾干燥器	降低重量，缩小体积
重力浓缩	缩小体积	转动干燥器	降低重量，缩小体积
浮选浓缩	缩小体积	多层床干燥器	降低重量，缩小体积
离心浓缩	缩小体积	再现油脱水	降低重量，缩小体积
稳定		堆肥	
氯氧化	稳定	堆肥（污泥单独堆肥）	回收产物，缩小体积
石灰稳定	稳定	和固体废物合并堆肥	回收产物，缩小体积
热处理	稳定	热减缩	
厌氧消化	稳定，减少质量	多层床焚烧	缩小体积，回收资源
好氧消化	稳定，减少质量	流化床焚烧	缩小体积
调理		急骤燃烧	缩小体积
化学调理	污泥调理	和固体废物合并焚烧	缩小体积
淘洗	浸析	和固体废物合并高温分解	缩小体积，回收资源
热处理	污泥调理	湿氧化	缩小体积

（续）

单元操作，单元过程或处理方法	作　用	单元操作，单元过程或处理方法	作　用
消　毒		最后处置	
消　毒	消　毒	填　地	最后处置
脱　水		土地利用	最后处置
真空滤机	缩小体积	回　收	最后处置，土壤改良
压滤机	缩小体积	回　用	最后处置，回收资源
水平带式滤机	缩小体积		

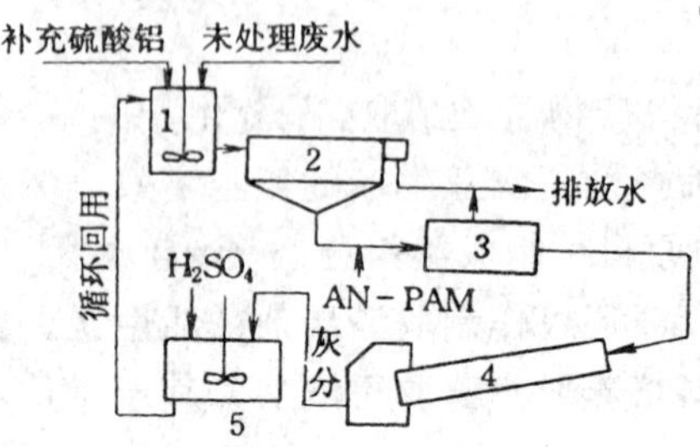

图 65-20　制浆废水化学污泥回收处置流程

1. 混合槽；2. 沉淀槽；3. 污泥浓缩脱水；4. 污泥干燥燃烧；5. 反应槽

从化学污泥中回收化学药剂的流程见图 65-20。化学污泥是用硫酸铝为絮凝剂处理硫酸盐法制浆的洗浆废水而产生的。

3　噪声污染防治

噪声是声音的一种，它是紊乱断续或统计上随机的声振荡。噪声是不需要的声音。环境噪声是在某一环境下总的噪声，常是由多个不同位置的声源产生的。

噪声按来源可分为工业噪声、交通噪声及生活噪声三类。工业噪声又可分为空气动力性噪声（气体的振动造成的）、机械性噪声（固体振动造成的）和电磁性噪声（电磁振动产生的）三种。

各种环境的噪声级见表 65-52。

各种工业生产设备噪声级见表 65-53。

部分土建施工设备噪声见表 65-54。

机动车辆噪声强度见表 65-55。

表 65-52　各种环境的噪声级

声级 [dB (A)]		声　源
有害区	140	喷气式飞机
	130	风镐、铆钉锤、痛阈
	120	风动工具、螺旋桨飞机
	110	岩石电钻、凿岩机、大型球磨机、电锯、锅炉风机
临界区	100	金属轧板机、冲床、织布车间、气锤
	90	重型车辆、空压机、汽轮机、送风机
	80	繁忙的车流，一般工厂金属切削机床
	70	小汽车、货运列车
	60	普通谈话
安全区	50	一般住宅、办公室
	40	收音机、轻音乐、安静的办公室
	30	轻声耳语
	20	寂静的居民住宅
	10	树叶的沙沙声
	0	听阈

表 65-53　各种工业生产设备噪声

声级［dB（A）］		声　　源
分贝	130	风铲、风铆、大型鼓风机、锅炉排气放空
	125	轧材热锯（峰值）、锻锤（峰值）、818-N08 鼓风机
	120	有齿锯锯钢材、大型球磨机、加压制砖机（炉砖）
	115	柴油机试车、双水内冷发电机试车、振捣台、6 500 抽风机、热风炉鼓风机、震动筛、桥梁生产线
	110	罗茨鼓风机、电锯、无齿锯
	105	织布机、电刨、大螺杆压缩机、破碎机
	100	麻、毛、化纤织机、柴油发电机、大型鼓风机站、矿山破运车间、电杆机
	95	织带机、棉纱厂细纱车间、轮转印刷机
	90	经纺机、纬纺机、空压机站、泵房、冷冻机房、轧钢车间、饼干成型、汽水瓶封盖、柴油机汽油机加工流水线
	85	车、铣、刨床、凹印、铅印、鲁林、平台印刷机、折页机、装钉机、酥糖机、纸机、制砖机、切草机
	80	织袜机、针织机、羊毛衫横机、平印连动机、漆包线机
	75	上胶机、过滤机、蒸发机
	75	拷贝机、放大机、电子刻版、真空镀膜、无线电线、晶体
	以下	装配、电线成盘机

表 65-54　部分土建施工设备噪声

设备名称	噪声强度（dB）	设备名称	噪声强度（dB）
打桩机	95～105	卷扬机	75～90
推土机	79～98	挖土机	80～95
气锤、气钻	85～100	运土卡车	85～95
混凝土破碎机	85～90		

表 65-55　机动车辆噪声强度

噪声类型	声压级（dB）	备　注
重型大卡车	78～87	速度增加 1 倍，噪声增加 9 分贝
中型 130 卡车	70～80	
公共汽车	81～84	
摩托车	73～90	
小轿车	64～73	
拖拉机	81～90	
最响的汽车喇叭	110	
火车机车	85～110	机车车辆附近
〔车速 50～150（km/h）〕	90	距火车 10m 远
	75	距火车 100m 远

噪声的大小是用声强和声压表示的，而高低则用频率表示。

声压是在有声波时，媒质中压力与静压的差值，单位是帕（Pa，静压是指没有声波存在时，媒质中的压力）。正常人刚刚能听到的声音的声压称为听阈声压，其值为 $2\times10^{-5}N/m^2$（在空气中作为基准声压）；若声压高达 $20N/m^2$，人的耳朵产生疼痛感觉，称之为痛阈声压。

声强是声音能量的表示法，即在某一点上，一个与指定方向垂直的单位面积上，在单位时间内通过的平均声强，单位为 W/m^2。从听阈到痛阈，声强的变化值为 $10^{-12}\sim1W/m^2$。

由上述可知：从听阈到痛阈，声压绝对值之比有百万倍之大（$1:10^6$），声强的绝对值之比则有亿万倍之大（$10^{-12}:1$）。显然，用声压、声强来表示声音大小是极不方便的，于是采用一个成倍比关系的对数量——声级来表示声音的大小，就是声压级和声强级。

声压级是声压与基准声压之比的以10为底的对数乘以20，单位以分贝计，即：

$$L_P=20\lg\frac{P}{P_0} \tag{65-1}$$

式中：L_P——对应于声压 P 的声压级（dB）；

P——声压（N/m^2）；

P_0——基准声压，$P_0=2\times10^{-5}$（N/m^2）。

声强级是声强与基准声强之比的以10为底的对数乘以10，单位以分贝计，即：

$$L_I=10\lg\frac{I}{I_0} \tag{65-2}$$

式中：L_I——对于声强 I 的声强级（dB）；

I——声强（W/m^2）；

I_0——基准声强，$I_0=10^{-12}W/m^2$。

将听阈声压（$2\times10^{-5}N/m^2$）和痛阈声压（$20N/m^2$）代入式（65-1），而将听阈声强（$10^{-12}W/m^2$）和痛阈声强（$1W/m^2$）代入式（65-2），则声压级和声强级的变化范围就在0～120dB，0dB表示正常人耳刚能听到的声音。声强、声压与分贝之间的关系见表65-56。

表65-56 声强、声压与分贝之间的关系

声强（W/m^2）	声压级（dB）	声压（N/m^2）	声强（W/m^2）	声压级（dB）	声压（N/m^2）
10^2	140	2×10^2	10^{-4}	80	2×10^{-1}
	134	10^2	10^{-5}	70	
10	130		10^{-6}	60	2×10^{-2}
1	120	20	10^{-7}	50	
	114	10	10^{-8}	40	2×10^{-3}
10^{-1}	110		10^{-9}	30	
	100	2	10^{-10}	20	2×10^{-4}
	94	1	10^{-11}	10	
10^{-3}	90		10^{-12}	0	2×10^{-5}

在有多个噪声源的环境中，为求出总噪声值，常需要将单独测得的两个或两个以上的噪声值相加。两个声级相加的计算图如图65-21，用该图进行噪声值相加的计算，方便、误差小。三个以上的噪声值的相加，以高噪声作起点，先把两个噪声值相加，再把已相加的噪声值与第三个噪声相加，依次类推，可得出总噪声值。噪声的危害见表65-57。

表 65-57 噪声的危害

危害	内容
影响正常生活	噪声使人惶惶不安、烦恼异常、妨害休息、睡眠、干扰谈话，影响听广播，打电话，上课和开会，使人没有一个安静的休息、学习环境
对人体听觉的损伤	长年累月在强噪声（90dB 以上）下工作，将导致暂时性听阈偏移，久而久之会转变成永久性听阈偏移；当 500Hz、1 000Hz、2 000Hz听阈平均偏移 25dB，叫噪声性耳聋
引起多种疾病	1. 噪声作用于人的中枢神经系统，使人的基本生理过程失调，引起神经衰弱症； 2. 噪声对心血管系统的影响，将引起血管痉挛或血管紧张度降低，血压改变，心律不齐等； 3. 使人们的消化机能衰退，胃功能紊乱，消化不良，食欲不振，体质减弱；
影响安全生产和降低劳动生产力	1. 在嘈杂环境里工作，人们心情烦躁，容易疲乏，反应迟钝，注意力不集中，影响工作进度和质量，也容易引起工伤事故； 2. 由于噪声的掩蔽效应，使人听不到事故的前兆和各种警戒信号，更容易发生事故

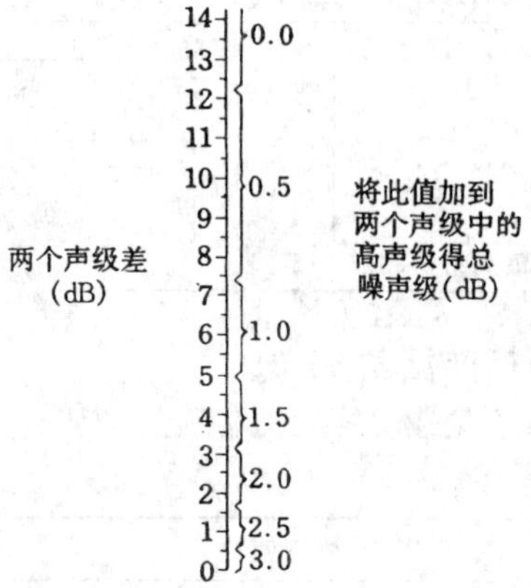

图 65-21 两个声级相加的计算图

3.1 噪声控制标准

《城市区域环境噪声标准》GB3096—82，这是为了控制城市区域噪声危害而制定的，适用于城市区域环境。城市各类区域环境噪声标准值见表 65-58。

表 65-58 城市各类区域环境噪声标准值（GB3096—82）

单位：等效声级 Leq［dB（A）］

适用区域	昼间	夜间
特殊住宅区	45	35
居民、文教区	50	40
一类混合区	55	45
商业中心区、二类混合区	60	50
工业集中区	65	55
交通干线道路两侧	70	55

注：适用区域的划定："特殊住宅区"是指特别需要安静的住宅区；"居民、文教区"是指纯居民区和文教、机关区；"一类混合区"是指一般商业与居民混合区；"二类混合区"是指工业、商业、少量交通与居民混合区；"商业中心"是指商业集中的繁华地区；"工业集中区"是指在一个城市或区域内规划明确确定的工业区；"交通干线道路两侧"是指车流量每小时 100 辆以上的道路两侧。

《工业企业噪声卫生标准》（试行草案）是由卫生部和国家劳动总局颁发、试行（1979 年 8 月 31 日颁发，1980 年 1 月 1 日试行）。标准适用于工业企业的生产车间或作业场所（脉冲声除外）。标准对现有企业和新建、扩建、改建企业提出了不同的噪声控制要求。现有企业噪声控制标准见表 65-59；新建、扩建、改建企业噪声控制标准见表 65-60。

表 65-59 现有企业噪声控制标准

每个工作日接触噪声时间(h)	允许噪声［dB (A)］
8	90
4	93
2	96
1	99
最高不得超过115	

表 65-60 新建、扩建、改建企业噪声控制标准

每个工作日接触噪声时间(h)	允许噪声［dB (A)］
8	85
4	88
2	91
1	94
最高不得超过115	

国际标准化组织（ISO）、英国、前苏联、美国的环境噪声标准见表65-61。

国际标准化组织（ISO）及美国等11个国家的职业噪声标准见表65-62。

表 65-61 国外环境噪声标准

国家名称	地区分类与标准值 dB (A)		修正值
ISO第43技术委员会（声学）	基本值：35～45		
	不同地区噪声标准的修正值：		时间修正：白天 0；晚上 －5；深夜 －10～－15
	乡村住宅、医疗地	0	
	郊区住宅、小马路	＋5	
	城区住宅	＋10	脉冲性与纯音性噪声修正＋5
	工厂附近或主要街道道旁的住宅	＋15	
	城市中心	＋20	
	工业地区	＋25	
英 国	基本值：50		
	不同地区噪声标准的修正值：		时间修正：工作日8：00～18：00 ＋5；夜间22：00～7：00 －5；其他 0
	乡村	－5	
	郊区，少量交通	＋0	
	城市居住区	＋5	
	居住为主，但混有一些轻工业或主要道路	＋10	新工厂、新结构、新工艺 0；非特定区的已建工厂 ＋5；特定区内旧厂 ＋10
	一般工业区	＋15	
	主要工业区，很少居民	＋20	
前苏联	住宅区（距墙2m）、中学、幼儿园	45	时间修正：白天 ＋10；夜间 0
	疗养区	40	

（续）

国家名称	地区分类与标准值 dB（A）				修正值
美国 白天/夜间	新设计的住宅区	45			持续时间 56%～100% 0 18%～56% +5 6%～18% +10 <6% +15
	居民点的住宅区	50			
	区　域	基本噪声级	常见的峰值	不常见的峰值	
	医院、疗养院	45/35	50/45	55/50	
	安静居住区	55/45	65/55	70/65	
	混合区	60/45	70/55	75/65	
	商业区	60/50	70/60	75/65	
	工业区	65/55	75/60	80/70	
	主要交通干线	70/65	80/70	90/80	

表 65-62　国外职业噪声标准

国家名称	8h 暴露允许值 dB（A）	最高限值 dB（A）	暴露时间减半允许增加 dB（A）	备　注
ISO（国际标准化组织）	85～90	115	3	
澳大利亚	90	115	3	
加拿大	90	115	5	阿伯塔（Alberta）州规定为 85dB（A）
法　国	90	—	3	但 85dB（A）以上即为有听力损伤危险
意大利	90	115	5	
日　本	90	—	—	不足 8h 按频带给出不同时间的不同限值
英　国	90	—	3	
前苏联	85	—	～3	对不同地区另有规定，有些协会建议 85dB（A）
美　国	90	115	5	
南斯拉夫	90	—	5	
瑞　典	85	115	3	
丹　麦	90	115	3	

3.2　工厂噪声污染

在各类林产化学工业的工厂中，由于应用多种设备，室外的生产设备多，敞开式的设备多，生产厂房结构简单，并且多数工厂实行连续制生产。因此，产生的噪声污染是很严重的，这不但危及工厂周围的居民，而且对生产操作人员造成危害。防治噪声污染应当作为工厂环境保护工作的内容之一，给予足够的重视。

各类工厂的主要噪声源见表 65-63。

表 65-63 各类工厂的主要噪声源

工厂类型	噪声源
制浆造纸厂	圆锯或带锯，削片机，旋风分离器，木片筛，木片风送系统（风机、管道、分离器），蒸煮锅放气，喷放锅，打浆机，造纸机，罗茨鼓风机，空压机（站），碱回收炉鼓风机，熔融物溶解槽，石灰回收炉，鼓风机，粉碎机，锅炉鼓风机、引风机、磨浆机
水解厂	削片机，旋风分离器，木片筛，水解锅放气，喷放槽，空压机，鼓风机，引风机
松脂厂	松脂溶解锅，蒸馏锅，鼓风机，引风机
栲胶厂	锤式粉碎机，振动筛，原料风送装（风机、管道、分离器），鼓风机，引风机
活性炭厂	回转炉，球磨机，鼓风机，引风机

3.3 噪声测量

3.3.1 测量方法

《城市环境噪声测量方法》(GB3222—82)，适用于城市区域环境噪声、交通干线噪声的测量。包括：城市区域环境噪声测量方法；城市交通噪声测试方法；城市环境噪声长期监测。

《工业企业噪声测量规范》(GBJ122—88)，适用于工业企业生产环境、非生产环境与厂界的稳态噪声和除脉冲噪声以外的非稳态噪声测量。

3.3.2 测量仪器

测量噪声的仪器叫声级计。按照精度声级计可分为四种类型:O 型用于精确测量及作为标准声级计，精度为±0.4dB；1 型用于实验室及一般用途，精度为±0.7dB；2 型用于一般现场测量，精度为±1.0dB；3 型用于现场测量和普查噪声，精度为 1.5dB。

分析噪声频谱是采用频率分析仪。

频谱仪是由传声放大器或声级计与滤波器组合而成，它既可以进行声级测量，也可进行频谱分析。

频谱仪与自动记录仪连用，可以自动记录噪声级和频谱，给噪声测量工作带来很大方便。

3.4 噪声控制方法

噪声是由噪声源向四周辐射的一种压力波。噪声在环境中不积累，当声源停止发声，噪声立即消失。噪声对人的干扰是局部性的。只有在噪声源、噪声传播途径和接受者同时存在时，才能对接受者产生干扰。为此，降低噪声源、阻止噪声传播，对接受者进行个人防护是噪声控制的基本方法。

噪声控制的基本途径见表 65-64。

表 65-64 噪声控制的基本途径

途径	主要措施
降低声源噪声	1. 改造生产工艺和选用低噪声设备：如以焊代铆，以液压代替冲压，气动等 2. 提高机械加工及装配精度，以减少机械振动和摩擦产生的噪声； 3. 对高压、高速气流要降低压差和流速或改变气流喷嘴形状。
在传播途径上控制	1. 在总体设计上合理布局，在工厂总平面设计时，应将主要噪声源车间或装置远离要求安静的车间、试验室和办公室等，或将高噪声设备尽量集中以便于控制； 2. 利用屏障阻止噪声传播，如利用天然地形如山岗、土坡、树林、草丛或不怕吵闹的高大建筑物或构筑物（如仓库、贮罐等）； 3. 利用声源的指向性特点来控制噪声，如将高压锅炉排汽、高炉放风、制氧机排气等的排出口朝向旷野或天空，以减少对环境的影响。

（续）

途　径	主　要　措　施
对接受者的防护	1. 对工人进行个人防护，如配带耳塞、耳罩、头盔等防噪声用品； 2. 采取工人轮换作业，缩短工人进入高噪声环境的工作时间。

若用表 65-64 所列的各种措施仍然不能满足控制要求时，可选用表 65-65 所列的技术措施解决。应当注意：选用这些措施和技术方法控制噪声时，一方面要满足噪声控制标准，另外还要符合技术、经济的合理性。

表 65-65　几种常用的声学技术方法

技术措施	适用范围	技术措施	适用范围
消声器	降低风机等进、排气口的空气动力性噪声	隔振	阻止固体声传递，减少二次辐射
隔声间（罩）	隔绝各种声源噪声	阻尼减振	减少板壳振动辐射噪声
吸声处理	吸收室（罩）内的混响声		

图 65-22 为安装有鼓风机的车间可供选择的几种噪声控制技术方法。一个车间应该选用哪种技术方法，应当根据具体情况决定。

噪声控制的技术方法有：吸声、隔声、消声、隔振、个人防护以及绿化等，分别概述如下：

3.4.1　吸　声

吸声是利用吸声材料和吸声结构以吸收声能从而降低噪声的方法。

吸声材料及吸声结构见表 65-66。

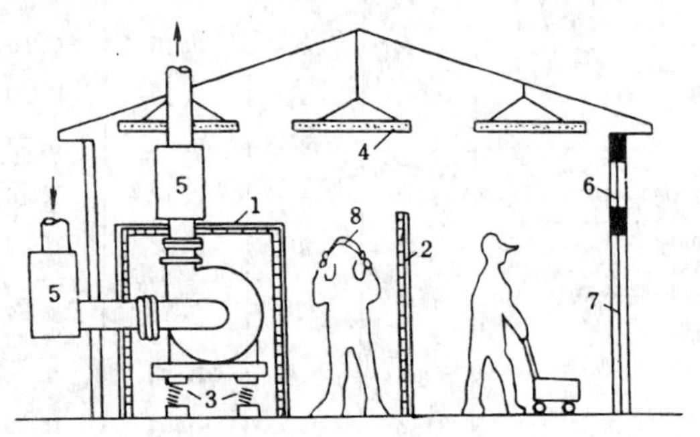

图 65-22　车间噪声控制示意

1. 风机隔声罩；2. 隔声屏；3. 减振弹簧；4. 空间吸声体；5. 消声器；6. 隔声窗；7. 隔声门；8. 防声耳罩

表 65-66　吸声材料及吸声结构

类　别	多孔吸声材料	薄板振动吸声结构	共振吸声结构	穿孔板组合吸声结构	特殊吸声结构
构造图例					
举例	玻璃棉、矿渣棉、木丝板、泡沫塑料、半穿孔纤维板、微孔砖	胶合板、硬质纤维板、石膏板、石棉水泥板、铝板	各种特制共振吸声器	穿孔胶合板、穿孔铝板、微穿孔板	各种空间吸声体、帘幕、尖劈
备注		m—板的单位面积重量（kg/m^2）； D—板后空气层厚度（cm）。	V—空腔体积（cm^3）； S—颈口面积（cm^2）； L—颈的实际长度（cm）； d—颈的直径（cm）。		

常用多孔吸声材料的吸声系数见表 65-67。

表 65-67　常用多孔吸声材料吸声系数（α_0）

材料名称	容重 (kg/m³)	厚度 (cm)	各频率下的吸声系数（α_0）						产地
			125	250	500	1 000	2 000	4 000	
	15	2.5	0.02	0.07	0.22	0.59	0.94	0.94	
	15	5	0.05	0.24	0.72	0.97	0.90	0.98	
超细玻璃棉	15	10	0.11	0.85	0.88	0.83	0.93	0.97	上海
	20	5	0.10	0.35	0.85	0.85	0.86	0.86	
	20	10	0.25	0.60	0.85	0.87	0.87	0.85	
	240	6	0.25	0.55	0.78	0.75	0.87	0.91	
矿渣棉	240	8	0.35	0.65	0.65	0.75	0.88	0.92	北京
	150	8	0.30	0.84	0.93	0.78	0.93	0.94	
聚氨酯泡沫塑料	40	4	0.10	0.19	0.36	0.70	0.75	0.80	上海
	45	8	0.20	0.40	0.95	0.90	0.98	0.85	
		2	0.15	0.15	0.16	0.34	0.78	0.52	
木丝板		4	0.19	0.20	0.48	0.79	0.42	0.70	北京
		8	0.25	0.53	0.82	0.63	0.84	0.59	
水泥膨胀珍珠岩板	350	5	0.16	0.46	0.64	0.48	0.56	0.56	北京
	350	8	0.34	0.47	0.40	0.37	0.48	0.55	上海
矿渣膨胀珍珠岩吸声砖		11.5	0.38	0.54	0.60	0.69	0.7		北京
	80	2.5	0.04	0.09	0.24	0.57	0.93	0.97	
	150	2.5	0.04	0.09	0.32	0.65	0.95	0.95	
	80	5	0.08	0.22	0.60	0.93	0.976	0.985	
岩棉板	120	5	0.1	0.30	0.69	0.92	0.91	0.965	北京
	150	5	0.115	0.33	0.73	0.90	0.89	0.963	
	80	7.5	0.31	0.59	0.87	0.83	0.91	0.97	
	80	10	0.35	0.64	0.89	0.90	0.96	0.98	

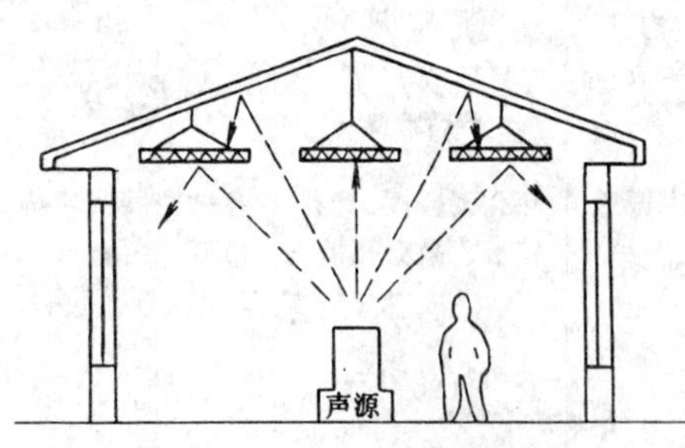

图 65-23　空间吸声体布置示意

空间吸声体布置示意如图 65-23。这样装设吸声体，声波不仅可以被正面的吸声材料吸收，而且一部分能绕射或反射到吸声体背面，使吸声体的另一面也能吸收部分声能。

3.4.2　隔　声

隔声是将噪声源或需要安静的场所，封闭在一个小空间中，使其与周围环境隔绝。隔声是一般工厂控制噪声最有效的方法之一。

隔声材料要求密实而厚重，如砖墙、钢板、混凝土、木板等，隔声能力的大小除与材料的单位面积重量（kg/m²）有关外，还与噪声频率有关，即高频声易隔绝，而低频声难隔绝。几种材料的隔声量见表 65-68。

表 65-68　几种材料的隔声量（dB）

类别	结构	频率（Hz）					
		125	250	500	1 000	2 000	4 000
砖墙	1/4 砖	26	30	30	34	41	40
	1/2 砖	33	37	38	46	52	53
	1 砖	40	45	40	53	54	54
木材	9mm 三夹板	12	17	22	25	26	20
玻璃	6mm	20	24	29	33	25	30
	9mm	20	26	30	30	32	39
钢板	3mm	22	28	34	40	45	32
	6mm	28	34	40	45	37	42
铝板	3mm	14	19	25	31	36	29
	8mm	19	25	30	36	30	32

隔声构件有单层密实均匀构件与有空气夹层的双层密实构件两类。

隔声装置有隔声罩，如图 65-24；隔声屏及隔声室等。

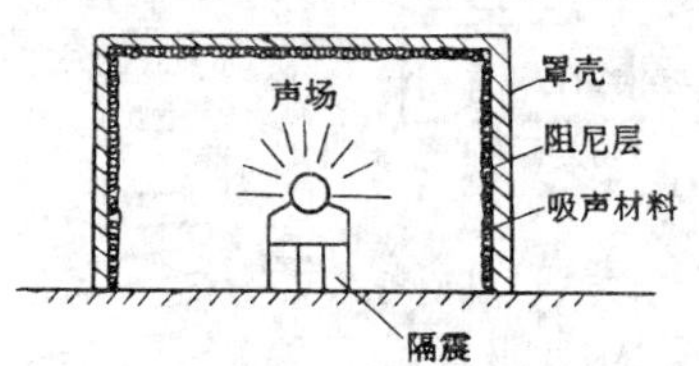

图 65-24　隔声罩

3.4.3　消声器

消声器是一种允许气流通过又能使声能衰减的装置。消声器安装在空气动力设备管道上可以降低该设备的噪声。消声器是防治空气动力噪声的主要设备。

消声器种类、性能见表 65-69。

表 65-69　国产消声器消声性能

类别	型号	用途	适用流量范围 (m^3/h)	消声量 ΔL [dB (A)]
阻性消声器	D 型（折板式）	用于罗茨叶式鼓风机及高压离心式风机进、排气消声	75～15 000	≥30
	ZHZ-55 型（直管式）		1 680～6 720	>25
	ZY 型（圆筒式）		60～15 000	20～25
	ZP 型（阻片式）		7 800～88 200	20～30
	Z_1 型（改良折板式）		75～12 000	>20
	Z_2 型（圆管加芯式）		75～12 000	>20
	XZ-02 型	低压离心式风机进、排气消声	1 330～116 900	>20
	XZ-03 型	高、中压离心式风机进、排气消声	620～48 800	20～25
	ZDL 型	中、低压离心风机进、排气消声	1 000～350 000	15～40
抗性消声器	CP 型（开孔扩压和迷路式）	柴油机排气消声	ϕ70～ϕ300	≥30
	CUK 型（多级扩容减压式）	锅炉排气放空消声	适用于锅炉容量 1～65t/h，出口压力 400～3 500kPa	
阻抗复合式消声器	F 型	高压离心通风机进排气及封闭式机房进风口	2 000～50 000	≥25
	K 型（阻性和迷路抗性）	空压机进气口消声	180～6 000	20～25
	KZK 型		90～15 000	>30
	J 型		60～3 600	20～25

（续）

类别	型 号	用 途	适用流量范围 (m^3/h)	消声量 ΔL [dB (A)]
阻抗复合式消声器	T701-6 型	空调采暖通风系统中的中、低压风机	2 000～60 000	低频 10～15 中频 15～25 高频 25～30
	P 型	锅炉排气消声	适用压力为 100～1 800kPa	30～40

3.4.4 隔 振

机械或板的振动是噪声源之一。为此，若要降低噪声，必须减小振动。通常采用的减振方法是隔振和阻尼。

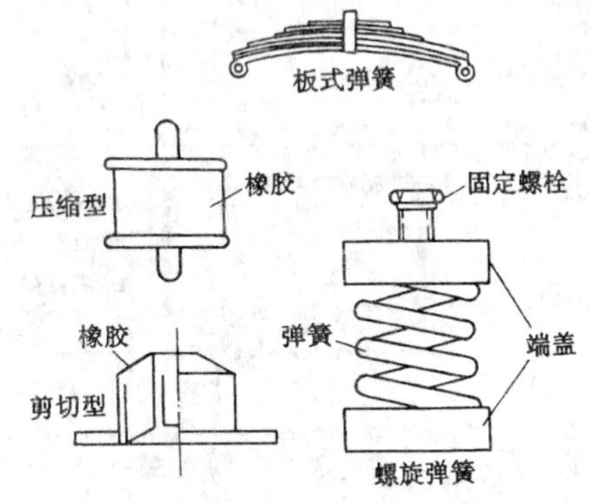

图 65-25 几种减振器

隔振装置的基本型式是由弹性支承部件和能量消耗部件（阻尼）组成。几种减振器如图 65-25，几种阻力装置如图 65-26。

在振动源与基础之间（或怕振动的仪器与基础之间）除了安装减振器（称积极减振），还可以做减振垫层（称为消极减振）。用作垫层的材料为橡胶、软木、玻璃纤维毡、矿渣棉、沥青毛毡等。几种垫层材料性能、规格如下：

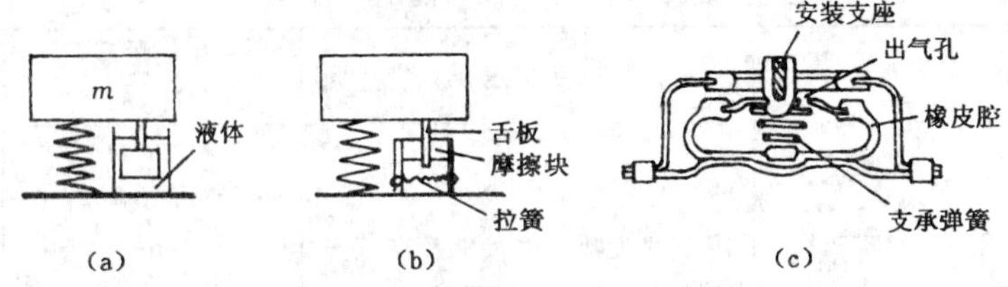

图 65-26 带有减振器的阻尼装置

(a) 液体阻尼器；(b) 摩擦阻尼器；(c) 空气阻尼器

矿渣棉毡	厚度 2～10cm	负荷 500kg/m^2
玻璃纤维	厚度 10～15cm	负荷 1～2t/m^2
软 木		负荷 15～20t/m^2

空气动力管道、机器的防护壁、隔声罩外壳等，常可将机器的噪声辐射出来。为防止这类辐射噪声，常在其外部涂一层阻尼浆层。阻尼材料是内损耗、内摩擦大的材料，如沥青、软橡胶以及其他高分子涂料。常用的阻尼涂料有：J-70-1 防振隔热阻尼浆、软木防热隔振阻尼浆、沥青阻力浆等。

3.4.5 个人防护

当操作人员必须在机器旁操作，而有效的噪声控制尚不能实现时，就必须采取个人防护措施，以减少噪声对人听觉及身体的危害。个人防护用品，主要有耳塞、耳罩及防声头盔。

（1）耳塞：耳塞是插入外耳道的护耳器，通常用软橡胶或软塑料制成。国产的耳塞有：耳研-5 型耳塞，其低频隔声量 10～15dB、中频隔声量 20～30dB、高频隔声量超过 30dB；锦铁塑Ⅱ型耳塞，其高频隔声量可达 30～48dB。

（2）耳罩：耳罩是将整个耳廓封闭的护耳器，其外壳由硬塑料、金属板、硬橡胶等制成，内衬泡沫塑料。一般性能良好的耳罩，高频隔声量可达 15～30dB。

（3）帽盔：帽盔又称航空帽，它戴在整个头颅上。其优点是隔声量大，可以减少噪声通过颅骨传导对内耳的损伤，对头部有防振和保护作用；缺点是体积大，价格昂贵，使用不方便。只是对特别强的噪声才使用帽盔。

另外，防声棉耳塞，是由直径 1～3μm 的超细玻璃棉经化学软化处理制成的，在中频隔声量达 15dB，高频隔声量可达 20～40dB；用棉花球塞耳道，隔声量也可达 10dB；用石蜡或油浸透的棉花塞入耳道，可隔声 20dB 左右。

3.4.6　绿　化

植树造林，对于减少噪声危害具有良好的作用。表 65-70 列出森林减弱噪声的程度。

表 65-70　森林减弱噪声的程度

森林类别	林内距离							
	10m	20m	30m	40m	50m	60m	80m	100m
	噪声响度减弱平均值（dB）							
阔叶树次生林	1.2	2.7	3.8	4.7	5.3	5.8	6.5	7.0
日本落叶松林	1.2	2.5	3.6	4.4	5.0	5.6	6.3	6.7
阔叶树林	6.5	9.3	10.3	10.7	10.7	10.7		
	卡车通过声响减弱最大值（dB）							
阔叶树次生林	1.1	2.7	4.1	5.1	6.0	6.7	7.8	8.5
日本落叶松林	0.3	1.3	2.5	3.6	4.7	5.5	6.8	7.8
阔叶树林	4.7	6.8	7.5	7.6	7.6	7.5		

据测定，40m 宽的林带可降低噪声 10～15dB；30m 宽的林带可以吸收 6～8dB 噪声。一般认为，阔叶树的吸声效果比针叶树好；矮树冠的乔木比高树冠的乔木防噪声能力大；灌木丛的吸声能力显著高于乔木；几条狭林带比一条宽林带吸声作用大。为此，防噪声绿化应将乔木、灌木、草本搭配，常绿树种与落叶树种搭配，高、中、低搭配，组成多层次的隔声林带，取得较好的防噪声效果。

参 考 文 献

1. 丁树荣主编．绿色技术．南京：江苏科学技术出版社，1993
2. JP 凯西．制浆造纸工艺学（第三版）．北京：轻工业出版社，1979
3. 张珂等．造纸工业污染防治技术与环境管理．北京：轻工业出版社，1988
4. 日本制浆造纸技术协会编（蒋立人等译）．制浆造纸工业的污染与防治．北京：轻工业出版社，1985
5. 蔡宏道主编．环境污染与卫生监测．北京：人民卫生出版社，1981
6. Proceedings of Seminars on water Pollution Abatement Technology in the pulp and paper Industry，1975，Ecomomic and Technical Review Report EPS 3-WP-76-4
7. 刘光良等．木质活性炭生产废水的处理及回收利用．环境科学，1985，(5)，61～62
8. M. Sittig，Pulp and Paper Manufacture Energy Conservation and Pollution Prevention，1977
9. Sung Nien Lo. H. W. Liu. S. Rousseau and H. C. Lavellee，Characterization of Pollutants at Source and Biological treatment of a CTMP Effluent，Appita Vol. 44，(2)，133－139，1991：133－139
10. Matinen R.，et al.，Effluent Characterization and Treatment of CTMP，SPCI Int. Mch. Pulping Conf. Proc. 1985：267～273
11. Anderson P. E.，et al.，Anaerobic Treatment of CTMP Effluent，PPC. 88 (7)，1987：233－236
12. 佘文涛．环境与能源．北京：科学出版社，1981
13. 钱易等．工业环境污染的防治．北京：中国科学技术出版社，1989
14. 温玉麟．药物与化学物质毒性数据．天津：天津科学技术出版社，1989
15. 污染源统一监测分析方法编写组．污染源统一监测分析方法—废气部分．北京：技术标准出版社，1983
16. 污染源统一监测分析方法编写组．污染源统一监测分析方法—废水部分．北京：技术标准出版社，1983
17. 刘光良，陈有地．制浆造纸大气污染控制．北京：轻工业出版社，1983
18. 高拯民，李宪法主编．城市污水土地处理利用设计手册．北京：中国标准出版社，1991
19. 李献文主编．城市污水稳定塘设计手册．北京：中国建筑工业出版社，1990
20. Metcalf & Eddy，Inc，Wastewater Engineering，Treatment，Disposal，Reuse，Second Edition，Mcgraw-Hill Book Company，1979
21. 陆庆武．安全技术．北京：中国科学技术出版社，1988
22. 江苏省植物研究所．城市绿化与环境保护．北京：中国建筑工业出版社，1977
23. 赵玉峰等．工厂与环境无形的污染及防治．北京：工人出版社，1983

汉英林产化学工业名词索引
（按汉语拼音字母顺序排列）

严文瑛　蔡之权　姚文章　谭红梅　王体科　佘允怡

A

B

C

D

E

F

G

H

J

K

L

Q

R

S

W

X

Y

Z